建筑施工手册

(第六版)

6

《建筑施工手册》(第六版)编委会

中国建筑工业出版社

图书在版编目（CIP）数据

建筑施工手册. 6 /《建筑施工手册》（第六版）编委会编著. -- 北京 : 中国建筑工业出版社, 2024.10.
ISBN 978-7-112-30306-9

Ⅰ. TU7-62

中国国家版本馆 CIP 数据核字第 2024KQ5039 号

《建筑施工手册》（第六版）在第五版的基础上进行了全面革新，遵循最新的标准规范，广泛吸纳建筑施工领域最新成果，重点展示行业广泛推广的新技术、新工艺、新材料及新设备。《建筑施工手册》（第六版）共 6 个分册，本册为第 6 分册。本册共分 6 章，主要内容包括：机电工程施工通则；建筑给水排水及供暖工程；通风与空调工程；建筑电气安装工程；智能建筑工程；电梯安装工程。

本手册内容全面系统、条理清晰、信息丰富且新颖独特，充分彰显了其权威性、科学性、前沿性、实用性和便捷性，是建筑施工技术人员和管理人员不可或缺的得力助手，也可作为相关专业师生的学习参考资料。

责任编辑：王华月　张　磊
责任校对：张　颖

建筑施工手册

（第六版）

6

《建筑施工手册》（第六版）编委会

*

中国建筑工业出版社出版、发行（北京海淀三里河路 9 号）
各地新华书店、建筑书店经销
北京红光制版公司制版
廊坊市海涛印刷有限公司印刷

*

开本：787 毫米×1092 毫米　1/16　印张：72½　字数：1810 千字
2025 年 5 月第一版　　2025 年 5 月第一次印刷
定价：**198.00** 元
ISBN 978-7-112-30306-9
（43536）

版权所有　翻印必究
如有内容及印装质量问题，请与本社读者服务中心联系
电话：(010) 58337283　QQ：2885381756
（地址：北京海淀三里河路 9 号中国建筑工业出版社 604 室　邮政编码：100037）

第六版出版说明

《建筑施工手册》自 1980 年问世，1988 年出版了第二版，1997 年出版了第三版，2003 年出版了第四版，2012 年出版了第五版，作为建筑施工人员的常备工具书，长期以来在工程技术人员心中有着较高的地位，为促进工程技术进步和工程建设发展作出了重要的贡献。

近年来，建筑工程领域新技术、新工艺的应用和发展日新月异，数字建造、智能建造、绿色建造等理念深入人心，建筑施工行业的整体面貌正在发生深刻的变化。同时，我国加大了建筑标准领域的改革，多部全文强制性标准陆续发布实施。为使手册紧密结合现行规范，充分体现权威性、科学性、先进性、实用性、便捷性，内容更全面、更系统、更丰富、更新颖，我们对《建筑施工手册》（第五版）进行了全面修订。

第六版分为 6 册，全书共 41 章，与第五版相比在结构和内容上有较大变化，主要为：

（1）根据行业发展需要，在编写过程中强化了信息化建造、绿色建造、工业化建造的内容，新增了 3 个章节："3 数字化施工""4 绿色建造""19 装配式混凝土工程"。

（2）根据广大人民群众对于美好生活环境的需求，增加"园林工程"内容，与原来的"31 古建筑工程"放在一起，组成新的"35 古建筑与园林工程"。

为发扬中华传统建筑文化，满足低碳、环保的行业需求，增加"25 木结构工程"一章。

同时，为切实满足一线工程技术人员需求，充分体现作者的权威性和广泛性，本次修订工作在组织模式等方面相比第五版有了进一步创新，主要表现在以下几个方面：

（1）在第五版编写单位的基础上，本次修订增加了山西建设投资集团有限公司、浙江省建设投资集团股份有限公司、湖南建设投资集团有限责任公司、广西建工集团有限责任公司、河北建设集团股份有限公司等多家参编单位，使手册内容更能覆盖全国，更加具有广泛性。

（2）相比过去五版手册，本次修订大大增加了审查专家的数量，每一章都由多位相关专业的顶尖专家进行审核，参与审核的专家接近两百人。

手册本轮修订自 2017 年启动以来经过全国数百位专家近 10 年不断打磨，终于定稿出版。本手册在修订、审稿过程中，得到了各编写单位及专家的大力支持和帮助，在此我们表示衷心的感谢；同时感谢第一版至第五版所有参与编写工作的专家对我们的支持，希望手册第六版能继续成为建筑施工技术人员的好参谋、好助手。

中国建筑工业出版社
2025 年 4 月

《建筑施工手册》（第六版）编委会

主　　　任： 肖绪文　刘新锋

委　　　员：（按姓氏笔画排序）

马　记　亓立刚　叶浩文　刘明生　刘福建
苏群山　李　凯　李云贵　李景芳　杨双田
杨会峰　肖玉明　何静姿　张　琨　张晋勋
张峰亮　陈　浩　陈振明　陈硕晖　陈跃熙
范业庶　金　睿　贾　滨　高秋利　郭海山
黄延铮　黄克起　黄晨光　龚　剑　焦　莹
甄志禄　谭立新　翟　雷

主编单位： 中国建筑股份有限公司
中国建筑出版传媒有限公司（中国建筑工业出版社）

副主编单位： 上海建工集团股份有限公司
北京城建集团有限责任公司
中国建筑股份有限公司技术中心
北京建工集团有限责任公司
中国建筑第五工程局有限公司
中建三局集团有限公司
中国建筑第八工程局有限公司
中国建筑一局（集团）有限公司
中建安装集团有限公司
中国建筑装饰集团有限公司
中国建筑第四工程局有限公司
中国建筑业协会绿色建造与智能建筑分会
浙江省建设投资集团股份有限公司
湖南建设投资集团有限责任公司

河北建设集团股份有限公司
广西建工集团有限责任公司
中国建筑第六工程局有限公司
中国建筑第七工程局有限公司
中建科技集团有限公司
中建钢构股份有限公司
中国建筑第二工程局有限公司
陕西建工集团股份有限公司
南京工业大学
浙江亚厦装饰股份有限公司
山西建设投资集团有限公司
四川华西集团有限公司
江苏省工业设备安装集团有限公司
上海市安装工程集团有限公司
河南省第二建设集团有限公司
北京市园林古建工程有限公司

编写分工

1 **施工项目管理**
   主编单位：中国建筑第五工程局有限公司
   参编单位：中建三局集团有限公司
   　　　　　上海建工二建集团有限公司
   执 笔 人：谭立新　王贵君　何昌杰　许　宁　钟　伟　邹友清　姚付猛　蒋运高
   　　　　　刘湘兰　蒋　婧　赵新宇　刘鹏昆　邓　维　龙岳甫　孙金桥　王　辉
   　　　　　叶建洪　健王伟　尤伟军　汪　浩　王　洁　刘　恒　许国伟
   　　　　　付　国　席金虎　富秋实　曹美英　姜　涛　吴旭欢
   审稿专家：王要武　张守健　尤　完

2 **施工项目科技管理**
   主编单位：中建三局集团有限公司
   参编单位：中建三局工程总承包公司
   　　　　　中建三局第一建设工程有限公司
   　　　　　中建三局第二建设工程有限公司
   执 笔 人：黄晨光　周鹏华　余地华　刘　波　戴小松　文江涛　饶　亮　范　巍
   　　　　　程　剑　陈　骏　饶　淇　叶　建　王树峰　叶亦盛
   审稿专家：景　万　张晶波

3 **数字化施工**
   主编单位：中国建筑股份有限公司技术中心
   参编单位：广州优比建筑咨询有限公司
   　　　　　中国建筑科学研究院有限公司
   　　　　　浙江省建工集团有限责任公司
   　　　　　广联达信息技术有限公司
   　　　　　杭州品茗安控信息技术股份有限公司
   　　　　　中国建筑一局（集团）有限公司
   　　　　　中国建筑第三工程局有限公司
   　　　　　中国建筑第八工程局有限公司
   　　　　　中建三局第一建设工程有限责任公司
   执 笔 人：邱奎宁　何关培　金　睿　刘　刚　楼跃清　王　静　陈津滨　赵　欣
   　　　　　李自可　方海存　孙克平　姜月菊　赛　菡　汪小东
   审稿专家：李久林　杨晓毅　苏亚武

4 **绿色建造**
   主编单位：中国建筑业协会绿色建造与智能建筑分会
   参编单位：中国建筑服务有限公司技术中心
   　　　　　湖南建设投资集团有限责任公司
   　　　　　中国建筑第八工程局有限公司

中亿丰建设集团股份有限公司
执 笔 人：肖绪文 于震平 黄 宁 陈 浩 王 磊 李国建 赵 静 刘 星
彭琳娜 刘 鹏 宋 敏 卢海陆 阳 凡 胡 伟 楚洪亮 马 杰
审稿专家：汪道金 王爱勋

5 **施工常用数据**
主编单位：中国建筑股份有限公司技术中心
中国建筑第四工程局有限公司
参编单位：哈尔滨工业大学
中国建筑标准设计研究院有限公司
浙江省建设投资集团股份有限公司
湖南建设投资集团有限责任公司
河北建设集团安装工程有限公司
执 笔 人：李景芳 于 光 王 军 黄晨光 陈 凯 董 艺 王要武 钱宏亮
王化杰 高志强 武子斌 王 力 叶启军 曲 侃 李亚 陈 浩
张明亮 彭琳娜 汤明雷 李 青 汪 超
审稿专家：彭明祥 王玉岭

6 **施工常用结构计算**
主编单位：中国建筑股份有限公司技术中心
中国建筑第四工程局有限公司
参编单位：哈尔滨工业大学
中国建筑标准设计研究院有限公司
执 笔 人：李景芳 于 光 王 军 黄晨光 陈 凯 董 艺 王要武 钱宏亮
王化杰 高志强 王 力 武子斌
审稿专家：高秋利

7 **试验与检验**
主编单位：北京城建集团有限责任公司
参编单位：北京城建二建设工程有限公司
北京经纬建元建筑工程检测有限公司
北京博大经开建设有限公司
执 笔 人：张晋勋 李鸿飞 钟生平 董 伟 邓有冠 孙殿文 孙 冰 王 浩
崔颜伟 温美娟 沙雨亭 刘宏黎 秦小芳 王付亮 姜依茹
审稿专家：马洪晔 杨秀云 张先群 李 翀 刘继伟

8 **施工机械与设备**
主编单位：上海建工集团股份有限公司
参编单位：上海建工五建集团有限公司
上海建工二建集团有限公司
上海华东建筑机械厂有限公司
中联重科股份有限公司
抚顺永茂建筑机械有限公司
执 笔 人：陈晓明 王美华 吕 达 龙莉波 潘 峰 汪思满 徐大为 富秋实
李增辉 陈 敏 黄大为 才 冰 雍有军 陈 泽 王宝强

审稿专家：吴学松　张　珂　周贤彪

9 建筑施工测量
　　主编单位：北京城建集团有限责任公司
　　参编单位：北京城建二建设工程有限公司
　　　　　　　北京城建安装工程有限公司
　　　　　　　北京城建勘测设计研究院有限责任公司
　　　　　　　北京城建中南土木工程集团有限公司
　　　　　　　北京城建深港装饰工程有限公司
　　　　　　　北京城建建设工程有限公司
　　执 笔 人：张晋勖　秦长利　陈大勇　李北超　刘　建　马全明　王荣权　任润德
　　　　　　　汤发树　耿长良　熊琦智　宋　超　佘永明　侯进峰
　　审稿专家：杨伯钢　张胜良

10 季节性施工
　　主编单位：中国建筑第八工程局有限公司
　　参编单位：中国建筑第八工程局有限公司东北分公司
　　执 笔 人：白　羽　潘东旭　姜　尚　刘文斗　郑　洪
　　审稿专家：朱广祥　霍小妹

11 土石方及爆破工程
　　主编单位：湖南建设投资集团有限责任公司
　　参编单位：湖南省第四工程有限公司
　　　　　　　湖南建工集团有限公司
　　　　　　　湖南省第三工程有限公司
　　　　　　　湖南省第五工程有限公司
　　　　　　　湖南省第六工程有限公司
　　　　　　　湖南省第一工程有限公司
　　　　　　　中南大学
　　　　　　　国防科技大学
　　执 笔 人：陈　浩　陈维超　张明亮　孙志勇　龙新乐　王江营　李　杰　张可能
　　　　　　　李必红　李　芳　易　谦　刘令良　朱文峰　曾庆国　李　晓
　　审稿专家：康景文　张继春

12 基坑工程
　　主编单位：上海建工集团股份有限公司
　　参编单位：上海建工一建集团有限公司
　　　　　　　上海市基础工程集团有限公司
　　　　　　　同济大学
　　　　　　　上海交通大学
　　执 笔 人：龚　剑　王美华　朱毅敏　周　涛　李耀良　罗云峰　李伟强　黄泽涛
　　　　　　　李增辉　袁　勇　周生华　沈水龙　李明广
　　审稿专家：侯伟生　王卫东　陈云彬

13 地基与桩基工程
　　主编单位：北京城建集团有限责任公司

参编单位：北京城建勘测设计研究院有限责任公司
　　　　　　　中国建筑科学研究院有限公司
　　　　　　　北京市轨道交通设计研究院有限公司
　　　　　　　北京城建中南土木工程集团有限公司
　　　　　　　中建一局集团建设发展有限公司
　　　　　　　天津市勘察设计院集团有限公司
　　　　　　　天津市建筑科学研究院有限公司
　　　　　　　天津大学
　　　　　　　天津建城基业集团有限公司
　　执 笔 人：张晋勋　高文新　金　淮　刘金波　郑　刚　周玉明　杨浩军　刘卫未
　　　　　　　于海亮　徐　燕　娄志会　刘朋辉　刘永超　李克鹏
　　审稿专家：李耀良　高文生

14 脚手架及支撑架工程
　　主编单位：上海建工集团股份有限公司
　　参编单位：上海建工七建集团有限公司
　　　　　　　中国建筑科学研究院有限公司
　　　　　　　上海建工四建集团有限公司
　　　　　　　北京卓良模板有限公司
　　执 笔 人：龚　剑　王美华　汪思满　尤雪春　李增辉　刘　群　曹文根　陈洪帅
　　　　　　　吴炜程　吴仍辉
　　审稿专家：姜传库　张有闻

15 吊装工程
　　主编单位：河北建设集团股份有限公司
　　参编单位：河北大学建筑工程学院
　　　　　　　河北省安装工程有限公司
　　　　　　　中建钢构股份有限公司
　　　　　　　河北建设集团安装工程有限公司
　　　　　　　河北冶平建筑设备租赁有限公司
　　执 笔 人：史东库　李战体　陈宗学　高瑞国　陈振明　郭红星　杨三强　宋喜艳
　　审稿专家：刘洪亮　陈晓明

16 模板工程
　　主编单位：广西建工集团有限责任公司
　　参编单位：中国建筑第六工程局有限公司
　　　　　　　广西建工第一建筑工程集团有限公司
　　　　　　　中建三局集团有限公司
　　　　　　　广西建工第五建筑工程集团有限公司
　　　　　　　海螺（安徽）节能环保新材料股份有限公司
　　执 笔 人：肖玉明　黄克起　焦　莹　谢鸿卫　唐长东　余　流　袁　波　谢江美
　　　　　　　张绮雯　刘晓敏　张　倩　徐　皓　杨　渊　刘　威　李福昆　李书文
　　　　　　　刘正江
　　审稿专家：胡铁毅　姜传库

17 钢筋工程
  主编单位：中国建筑第七工程局有限公司
  参编单位：重庆大学中建七局第四建筑有限公司
      天津市银丰机械系统工程有限公司
      哈尔滨工业大学
      南通四建集团有限公司
  执 笔 人：黄延铮　张中善　冯大阔　闫亚召　叶雨山　刘红军　魏金桥　梅晓彬
      严佳川　季　豪
  审稿专家：赵正嘉　徐瑞榕　钱冠龙

18 现浇混凝土工程
  主编单位：上海建工集团股份有限公司
  参编单位：上海建工建材科技集团股份有限公司
      上海建工一建集团有限公司
      大连理工大学
  执 笔 人：龚　剑　王美华　吴　杰　朱敏涛　陈逸群　瞿　威　吕计委　徐　磊
      张忆州　李增辉　贾金青　张丽华　金自清　张小雪
  审稿专家：王巧莉　胡德均

19 装配式混凝土工程
  主编单位：中建科技集团有限公司
  参编单位：北京住总集团有限责任公司
      北京住总第三开发建设有限公司
  执 笔 人：叶浩文　刘若南　杨健康　胡延红　张海波　田春雨　刘治国　郑　义
      陈　杭　白　松　刘　今　苏衍江
  审稿专家：李晨光　彭其兵　孙岩波

20 预应力工程
  主编单位：北京市建筑工程研究院有限责任公司
  参编单位：北京中建建筑科学研究院有限公司
      天津大学
  执 笔 人：李晨光　王泽强　张开臣　尤德清　张　喆　刘　航　司　波　胡　洋
      王长军　芦　燕　李　铭　高晋栋　孙岩波
  审稿专家：曾　滨　郭正兴　李东彬

21 钢结构工程
  主编单位：中建钢构股份有限公司
  参编单位：同济大学
      华中科技大学
      中建科工集团有限公司
  执 笔 人：陈振明　周军红　赖永强　罗永峰　高　飞　霍宗诚　黄世涛　费新华
      黎　健　李龙海　冉旭勇　宋利鹏　刘传印　周创佳　姚　钊　国贤慧
  审稿专家：侯兆新　尹卫泽

22 索膜结构工程
  主编单位：浙江省建工集团有限责任公司

参编单位：浙江大学
　　　　　　　天津大学
　　　　　　　绍兴文理学院
　　　　　　　浙江科技大学
　　　　　　　浙江省建设投资集团股份有限公司
　　执 笔 人：金　睿　赵　阳　刘红波　程　骥　肖　锋　胡雪雅　冷新中　戚珈峰
　　　　　　　徐能彬
　　审稿专家：张其林　张毅刚

23 钢-混凝土组合结构工程
　　主编单位：中国建筑第二工程局有限公司
　　参编单位：中建二局安装工程有限公司
　　　　　　　中国建筑第二工程局有限公司华南分公司
　　　　　　　中国建筑第二工程局有限公司西南分公司
　　执 笔 人：翟　雷　张志明　孙顺利　石立国　范玉峰　王冬雁　张智勇　陈　峰
　　　　　　　郝海龙　刘　培　张　茅
　　审稿专家：李景芳　时　炜　李　峰

24 砌体工程
　　主编单位：陕西建工集团股份有限公司
　　参编单位：陕西省建筑科学研究院有限公司
　　　　　　　陕西建工第二建设集团有限公司
　　　　　　　陕西建工第三建设集团有限公司
　　　　　　　陕西建工第五建设集团有限公司
　　　　　　　中建八局西北建设有限公司
　　执 笔 人：刘明生　时　炜　张昌叙　吴　洁　宋瑞琨　郭钦涛　杨　斌　王奇维
　　　　　　　孙永民　刘建明　刘瑞牛　董红刚　王永红　夏　巍　梁保真　柏　海
　　　　　　　袁　博　李列娟　李　磊
　　审稿专家：林文修　吴　体

25 木结构工程
　　主编单位：南京工业大学
　　参编单位：哈尔滨工业大学（威海）
　　　　　　　中国建筑西南设计研究院有限公司
　　　　　　　中国林业科学研究院木材工业研究所
　　　　　　　同济大学
　　　　　　　加拿大木业协会
　　　　　　　北京林业大学
　　　　　　　苏州昆仑绿建木结构科技股份有限公司
　　　　　　　大连双华木结构建筑工程有限公司
　　执 笔 人：杨会峰　陆伟东　祝恩淳　杨学兵　任海青　宋晓滨　倪　竣　岳　孔
　　　　　　　朱亚鼎　高　颖　陈志坚　史本凯　陶昊天　欧加加　王　璐　牛　爽
　　　　　　　张聪聪
　　审稿专家：张　晋　何敏娟

26 幕墙工程
　　主编单位：中建不二幕墙装饰有限公司
　　参编单位：中国建筑第五工程局有限公司
　　执 笔 人：李水生　郭　琳　刘国军　谭　卡　李基顺　贺雄英　谭　乐　蔡燕君
　　　　　　　涂战红　唐　安　陈　杰
　　审稿专家：鲁开明　刘长龙

27 门窗工程
　　主编单位：中国建筑装饰集团有限公司
　　参编单位：中建深圳装饰有限公司
　　　　　　　中建装饰总承包工程有限公司
　　执 笔 人：刘凌峰　郑　春　彭中要　周　昕
　　审稿专家：刘清泉　胡本国　呆晓东

28 建筑装饰装修工程
　　主编单位：浙江亚厦装饰股份有限公司
　　参编单位：北京中铁装饰工程有限公司
　　　　　　　深圳广田集团股份有限公司
　　　　　　　中建东方装饰有限公司
　　　　　　　深圳海外装饰工程有限公司
　　执 笔 人：何静姿　丁泽成　张长庆　余国潮　陈继云　王伟光　徐　立　安　峣
　　　　　　　彭中飞　陈汉成
　　审稿专家：胡本国　武利平

29 建筑地面工程
　　主编单位：中国建筑第八工程局有限公司
　　参编单位：中建八局第二建设有限公司
　　执 笔 人：潘玉珀　韩　璐　王　堃　郑　垒　邓程来　董福永　郑　洪　吕家玉
　　　　　　　杨　林　毕研超　李垭辉　张玉良　周　锋　汲　东　申庆赟　史　越
　　　　　　　金传东
　　审稿专家：朱学农　邓学才　佟贵森

30 屋面工程
　　主编单位：山西建设投资集团有限公司
　　参编单位：山西三建集团有限公司
　　　　　　　北京建工集团有限责任公司
　　执 笔 人：张太清　李卫俊　霍瑞琴　吴晓兵　郝永利　唐永讯　闫永茂　胡　俊
　　　　　　　徐　震　谢　群
　　审稿专家：曹征富　张文华

31 防水工程
　　主编单位：北京建工集团有限责任公司
　　参编单位：北京市建筑工程研究院有限责任公司
　　　　　　　北京六建集团有限责任公司
　　　　　　　北京建工博海建设有限公司
　　　　　　　山西建设投资集团有限公司

执 笔 人：张显来　唐永讯　刘迎红　尹　硕　赵　武　延汝萍　李雁鸣　李玉屏
　　　　　　　王荣香　王　昕　王雪飞　岳晓东　刘玉彬　刘文凭
　　审稿专家：叶林标　曲　慧　张文华

32　建筑防腐蚀工程
　　主编单位：中建三局集团有限公司
　　参编单位：东方雨虹防水技术股份有限公司
　　　　　　　中建三局数字工程有限公司
　　　　　　　中建三局第三建设工程有限公司
　　　　　　　中建三局集团北京有限公司
　　执 笔 人：黄晨光　卢　松　丁红梅　裴以军　孙克平　丁伟祥　李庆达　伍荣刚
　　　　　　　王银斌　卢长林　邱成祥　单红波
　　审稿专家：陆士平　刘福云

33　建筑节能与保温隔热工程
　　主编单位：北京中建建筑科学研究院有限公司
　　参编单位：中国建筑一局（集团）有限公司
　　　　　　　中建一局集团第二建筑有限公司
　　　　　　　中建一局集团第三建筑有限公司
　　　　　　　中建一局集团建设发展有限公司
　　　　　　　中建一局集团安装工程有限公司
　　　　　　　北京市建设工程质量第六检测所有限公司
　　　　　　　北京住总集团有限责任公司
　　　　　　　北京科尔建筑节能技术有限公司
　　执 笔 人：王长军　唐一文　唐葆华　任　静　张金花　孟繁军　姚　丽　梅晓丽
　　　　　　　郭建军　詹必雄　董润萍　周大伟　蒋建云　鲍宇清　吴亚洲
　　审稿专家：金鸿祥　杨玉忠　宋　波

34　建筑工程鉴定、加固与改造
　　主编单位：四川华西集团有限公司
　　参编单位：四川省建筑科学研究院有限公司
　　　　　　　西南交通大学
　　　　　　　四川省第四建筑有限公司
　　　　　　　中建一局集团第五建筑有限公司
　　执 笔 人：陈跃熙　罗苓隆　徐　帅　黎红兵　刘汉昆　薛伶俐　潘　毅　黄喜兵
　　　　　　　唐忠茂　游锐涵　刘嘉茵　刘东超
　　审稿专家：张　鑫　雷宏刚　卜良桃

35　古建筑与园林工程
　　主编单位：北京市园林古建工程有限公司
　　参编单位：中外园林建设有限公司
　　执 笔 人：
　　古建筑工程编写人员：张峰亮　张莹雪　张宇鹏　李辉坚
　　　　　　　　　　　　刘大可　马炳坚　路化林　蒋广全
　　园林工程编写人员：温志平　刘忠坤　李　楠　吴　凡　张慧秀　郭剑楠　段成林

审稿专家：刘大可（古建）　向星政（园林）
36　机电工程施工通则
　　　主编单位：江苏省工业设备安装集团有限公司
　　　参编单位：中国建筑土木建设有限公司
　　　　　　　　河海大学
　　　　　　　　中建八局第一建设有限公司
　　　　　　　　中国核工业华兴建设有限公司
　　　　　　　　北京市设备安装工程集团有限公司
　　　　　　　　中亿丰建设集团股份有限公司
　　　执 笔 人：马　记　季华卫　马致远　刘益安　陈固定　王元祥　王　毅　王　鑫
　　　　　　　　柏万林　刘　玮
　　　审稿专家：徐义明　李本勇
37　建筑给水排水及供暖工程
　　　主编单位：中建一局集团安装工程有限公司
　　　参编单位：中国建筑一局（集团）有限公司
　　　　　　　　北京中建建筑科学研究院有限公司
　　　　　　　　北京市设备安装工程集团有限公司
　　　　　　　　中建一局集团建设发展有限公司
　　　　　　　　北京建工集团有限责任公司
　　　　　　　　北京住总建设安装工程有限责任公司
　　　　　　　　长安大学
　　　　　　　　北京城建集团安装公司
　　　　　　　　北京住总第三开发建设有限公司
　　　执 笔 人：孟庆礼　赵　艳　周大伟　王　毅　张　军　王长军　吴　余　唐葆华
　　　　　　　　张项宁　王志伟　高惠润　吕　莉　杨利伟　李志勇　田春城
　　　审稿专家：徐义明　杜伟国
38　通风与空调工程
　　　主编单位：上海市安装工程集团有限公司
　　　参编单位：上海理工大学
　　　　　　　　上海新晃空调设备股份有限公司
　　　执 笔 人：张　勤　张宁波　陈晓文　潘　健　邹志军　许光明　卢佳华　汤　毅
　　　　　　　　许　骏　王坚安　金　华　葛兰英　王晓波　王　非　姜慧娜　徐一堃
　　　　　　　　陆丹丹
　　　审稿专家：马　记　王　毅
39　建筑电气安装工程
　　　主编单位：河南省第二建设集团有限公司
　　　参编单位：南通安装集团股份有限公司
　　　　　　　　河南省安装集团有限责任公司
　　　执 笔 人：苏群山　刘利强　董新红　杨利剑　胡永光　李　明　白　克　谷永哲
　　　　　　　　耿玉博　丁建华　唐仁明　陆桂龙　蔡春磊　黄克政　刘杰亮　廖红盈
　　　　　　　　张　华　付永锋　王宝洋

审稿专家：王五奇　陈洪兴　史均社

40　智能建筑工程
主编单位：中建安装集团有限公司
参编单位：中建电子信息技术有限公司
执　笔　人：刘　淼　毕　林　温　馨　王　婕　刘　迪　何连祥　胡江稳　汪远辰
审稿专家：洪劲飞　董玉安　吴悦明

41　电梯安装工程
主编单位：中建安装集团有限公司
参编单位：通力电梯有限公司
　　　　　江苏维阳机电工程科技有限公司
执　笔　人：刘长沙　项海巍　于济生　王　学　白咸学　唐春园　纪宝松　刘　杰
　　　　　魏晓斌　余　雷
审稿专家：陈凤旺　蔡金泉

出版社审编人员

岳建光　范业庶　张　磊　张伯熙　万　李　王砾瑶　杨　杰　王华月　曹丹丹
高　悦　沈文帅　徐仲莉　王　治　边　琨　张建文

第五版出版说明

《建筑施工手册》自1980年问世，1988年出版了第二版，1997年出版了第三版，2003年出版了第四版，作为建筑施工人员的常备工具书，长期以来在工程技术人员心中有着较高的地位，对促进工程技术进步和工程建设发展作出了重要的贡献。

近年来，建筑工程领域新技术、新工艺、新材料的应用和发展日新月异，我国先后对建筑材料、建筑结构设计、建筑技术、建筑施工质量验收等标准、规范进行了全面的修订，并陆续颁布出版。为使手册紧密结合现行规范，符合新规范要求，充分体现权威性、科学性、先进性、实用性、便捷性，内容更全面、更系统、更丰富、更新颖，我们对《建筑施工手册》（第四版）进行了全面修订。

第五版分5册，全书共37章，与第四版相比在结构和内容上有很大变化，主要为：

（1）根据建筑施工技术人员的实际需要，取消建筑施工管理分册，将第四版中"31 施工项目管理"、"32 建筑工程造价"、"33 工程施工招标与投标"、"34 施工组织设计"、"35 建筑施工安全技术与管理"、"36 建设工程监理"共计6章内容改为"1 施工项目管理"、"2 施工项目技术管理"两章。

（2）将第四版中"6 土方与基坑工程"拆分为"8 土石方及爆破工程"、"9 基坑工程"两章；将第四版中"17 地下防水工程"扩充为"27 防水工程"；将第四版中"19 建筑装饰装修工程"拆分为"22 幕墙工程"、"23 门窗工程"、"24 建筑装饰装修工程"；将第四版中"22 冬期施工"扩充为"21 季节性施工"。

（3）取消第四版中"15 滑动模板施工"、"21 构筑物工程"、"25 设备安装常用数据与基本要求"。在本版中增加"6 通用施工机械与设备"、"18 索膜结构工程"、"19 钢—混凝土组合结构工程"、"30 既有建筑鉴定与加固"、"32 机电工程施工通则"。

同时，为了切实满足一线工程技术人员需要，充分体现作者的权威性和广泛性，本次修订工作在组织模式、表现形式等方面也进行了创新，主要有以下几个方面：

（1）本次修订采用由我社组织、单位参编的模式，以中国建筑工程总公司（中国建筑股份有限公司）为主编单位，以上海建工集团股份有限公司、北京城建集团有限责任公司、北京建工集团有限责任公司等单位为副主编单位，以同济大学等单位为参编单位。

（2）书后贴有网上增值服务标，凭ID、SN号可享受网络增值服务。增值服务内容由我社和编写单位提供，包括：标准规范更新信息以及手册中相应内容的更新；新工艺、新工法、新材料、新设备等内容的介绍；施工技术、质量、安全、管理等方面的案例；施工类相关图书的简介；读者反馈及问题解答等。

本手册修订、审稿过程中，得到了各编写单位及专家的大力支持和帮助，我们表示衷心地感谢；同时也感谢第一版至第四版所有参与编写工作的专家对我们出版工作的热情支持，希望手册第五版能继续成为建筑施工技术人员的好参谋、好助手。

中国建筑工业出版社
2012年12月

《建筑施工手册》(第五版) 编委会

主　　任：王珮云　肖绪文
委　　员：(按姓氏笔画排序)
　　　　　马荣全　马福玲　王玉岭　王存贵　邓明胜
　　　　　冉志伟　冯　跃　李景芳　杨健康　吴月华
　　　　　张　琨　张志明　张学助　张晋勋　欧亚明
　　　　　赵志缙　赵福明　胡永旭　侯君伟　龚　剑
　　　　　蒋立红　焦安亮　谭立新　虢明跃
主编单位：中国建筑股份有限公司
副主编单位：上海建工集团股份有限公司
　　　　　　北京城建集团有限责任公司
　　　　　　北京建工集团有限责任公司
　　　　　　北京住总集团有限责任公司
　　　　　　中国建筑一局（集团）有限公司
　　　　　　中国建筑第二工程局有限公司
　　　　　　中国建筑第三工程局有限公司
　　　　　　中国建筑第八工程局有限公司
　　　　　　中建国际建设有限公司
　　　　　　中国建筑发展有限公司

参 编 单 位

同济大学	中建二局土木工程有限公司
哈尔滨工业大学	中建钢构有限公司
东南大学	中国建筑第四工程局有限公司
华东理工大学	贵州中建建筑科研设计院有限公司
上海建工一建集团有限公司	中国建筑第五工程局有限公司
上海建工二建集团有限公司	中建五局装饰幕墙有限公司
上海建工四建集团有限公司	中建（长沙）不二幕墙装饰有限公司
上海建工五建集团有限公司	中国建筑第六工程局有限公司
上海建工七建集团有限公司	中国建筑第七工程局有限公司
上海市机械施工有限公司	中建八局第一建设有限公司
上海市基础工程有限公司	中建八局第二建设有限公司
上海建工材料工程有限公司	中建八局第三建设有限公司
上海市建筑构件制品有限公司	中建八局第四建设有限公司
上海华东建筑机械厂有限公司	上海中建八局装饰装修有限公司
北京城建二建设工程有限公司	中建八局工业设备安装有限责任公司
北京城建安装工程有限公司	中建土木工程有限公司
北京城建勘测设计研究院有限责任公司	中建城市建设发展有限公司
北京城建中南土木工程集团有限公司	中外园林建设有限公司
北京市第三建筑工程有限公司	中国建筑装饰工程有限公司
北京市建筑工程研究院有限责任公司	深圳海外装993工程有限公司
北京建工集团有限责任公司总承包部	北京房地集团有限公司
北京建工博海建设有限公司	中建电子工程有限公司
北京中建建筑科学研究院有限公司	江苏扬安机电设备工程有限公司
全国化工施工标准化管理中心站	

第五版执笔人

1

1	施工项目管理	赵福明	田金信	刘 杨	周爱民	姜 旭
		张守健	李忠富	李晓东	尉家鑫	王 锋
2	施工项目技术管理	邓明胜	王建英	冯爱民	杨 峰	肖绪文
		黄会华	唐 晓	王立营	陈文刚	尹文斌
		李江涛				
3	施工常用数据	王要武	赵福明	彭明祥	刘 杨	关 柯
		宋福渊	刘长滨	罗兆烈		
4	施工常用结构计算	肖绪文	王要武	赵福明	刘 杨	原长庆
		耿冬青	张连一	赵志缙	赵 帆	
5	试验与检验	李鸿飞	宫远贵	宗兆民	秦国平	邓有冠
		付伟杰	曹旭明	温美娟	韩军旺	陈 洁
		孟凡辉	李海军	王志伟	张 青	
6	通用施工机械与设备	龚 剑	王正平	黄跃申	汪思满	姜向红
		龚满哗	章尚驰			

2

7	建筑施工测量	张晋勋	秦长利	李北超	刘 建	马全明
		王荣权	罗华丽	纪学文	张志刚	李 剑
		许彦特	任润德	吴来瑞	邓学才	陈云祥
8	土石方及爆破工程	李景芳	沙友德	张巧芬	黄兆利	江正荣
9	基坑工程	龚 剑	朱毅敏	李耀良	姜 峰	袁 芬
		袁 勇	葛兆源	赵志缙	赵 帆	
10	地基与桩基工程	张晋勋	金 淮	高文新	李 玲	刘金波
		庞 炜	马 健	高志刚	江正荣	
11	脚手架工程	龚 剑	王美华	邱锡宏	刘 群	尤雪春
		张 铭	徐 伟	葛兆源	杜荣军	姜传库
12	吊装工程	张 琨	周 明	高 杰	梁建智	叶映辉
13	模板工程	张显来	侯君伟	毛凤林	汪亚东	胡裕新
		王京生	安兰慧	崔桂兰	任海波	阎明伟
		邵 畅				

3

14	钢筋工程	秦家顺	沈兴东	赵海峰	王士群	刘广文
		程建军	杨宗放			

15	混凝土工程	龚 剑	吴德龙	吴 杰	冯为民	朱毅敏
		汤洪家	陈尧亮	王庆生		
16	预应力工程	李晨光	王 丰	仝为民	徐瑞龙	钱英欣
		刘 航	周黎光	宋慧杰	杨宗放	
17	钢结构工程	王 宏	黄 刚	戴立先	陈华周	刘 曙
		李 迪	郑伟盛	赵志缙	赵 帆	王 辉
18	索膜结构工程	龚 剑	朱 骏	张其林	吴明儿	郝晨均
19	钢-混凝土组合结构工程	陈成林	丁志强	肖绪文	马荣全	赵锡玉
		刘玉法				
20	砌体工程	谭 青	黄延铮	朱维益		
21	季节性施工	万利民	蔡庆军	刘桂新	赵亚军	王桂玲
		项蕃行				
22	幕墙工程	李水生	贺雄英	李群生	李基顺	张 权
		侯君伟				
23	门窗工程	张晓勇	戈祥林	葛乃剑	黄 贵	朱帷财
		唐际宇	王寿华			

4

24	建筑装饰装修工程	赵福明	高 岗	王 伟	谷晓峰	徐 立
		刘 杨	邓 力	王文胜	陈智坚	罗春雄
		曲彦斌	白 洁	宓文喆	李世伟	侯君伟
25	建筑地面工程	李忠卫	韩兴争	王 涛	金传东	赵 俭
		王 杰	熊杰民			
26	屋面工程	杨秉钧	朱文键	董 曦	谢 群	葛 磊
		杨 东	张文华	项桦太		
27	防水工程	李雁鸣	刘迎红	张 建	刘爱玲	杨玉芹
		谢 婧	薛振东	邹爱玲	吴 明	王 天
28	建筑防腐蚀工程	侯锐钢	王瑞堂	芦 天	修良军	
29	建筑节能与保温隔热工程	费慧慧	张 军	刘 强	肖文凤	孟庆礼
		梅晓丽	鲍宇清	金鸿祥	杨善勤	
30	既有建筑鉴定与加固改造	薛 刚	吴学军	邓美龙	陈 娣	李金元
		张立敏	王林枫			
31	古建筑工程	赵福明	马福玲	刘大可	马炳坚	路化林
		蒋广全	王金满	安大庆	刘 杨	林其浩
		谭 放	梁 军			

5

32	机电工程施工通则	刘 青	韦 薇	鞠 东		

33	建筑给水排水及采暖工程	纪宝松	张成林	曹丹桂	陈　静	孙　勇
		赵民生	王建鹏	邵　娜	刘　涛	苗冬梅
		赵培森	王树英	田会杰	王志伟	
34	通风与空调工程	孔祥建	向金梅	王　安	王　宇	李耀峰
		吕善志	鞠硕华	刘长庚	张学助	孟昭荣
35	建筑电气安装工程	王世强	谢刚奎	张希峰	陈国科	章小燕
		王建军	张玉年	李显煜	王文学	万金林
		高克送	陈御平			
36	智能建筑工程	苗　地	邓明胜	崔春明	薛居明	庞　晖
		刘　淼	郎云涛	陈文晖	刘亚红	霍冬伟
		张　伟	孙述璞	张青虎		
37	电梯安装工程	李爱武	刘长沙	李本勇	秦　宾	史美鹤
		纪学文				

手册第五版审编组成员（按姓氏笔画排列）

卜一德　马荣华　叶林标　任俊和　刘国琦　李清江　杨嗣信　汪仲琦　张学助
张金序　张婀娜　陆文华　陈秀中　赵志缙　侯君伟　施锦飞　唐九如　韩东林

出版社审编人员

胡永旭　余永祯　刘　江　郦锁林　周世明　曲汝铎　郭　栋　岳建光　范业庶
曾　威　张伯熙　赵晓菲　张　磊　万　李　王砾瑶

第四版出版说明

《建筑施工手册》自1980年出版问世，1988年出版了第二版，1997年出版了第三版。由于近年来我国建筑工程勘察设计、施工质量验收、材料等标准规范的全面修订，新技术、新工艺、新材料的应用和发展，以及为了适应我国加入WTO以后建筑业与国际接轨的形势，我们对《建筑施工手册》(第三版)进行了全面修订。此次修订遵循以下原则：

1. 继承发扬前三版的优点，充分体现出手册的权威性、科学性、先进性、实用性，同时反映我国加入WTO后，建筑施工管理与国际接轨，把国外先进的施工技术、管理方法吸收进来。精心修订，使手册成为名副其实的精品图书，畅销不衰。

2. 近年来，我国先后对建筑材料、建筑结构设计、建筑工程施工质量验收规范进行了全面修订并实施，手册修订内容紧密结合相应规范，符合新规范要求，既作为一本资料齐全、查找方便的工具书，也可作为规范实施的技术性工具书。

3. 根据国家施工质量验收规范要求，增加建筑安装技术内容，使建筑安装施工技术更完整、全面，进一步扩大了手册实用性，满足全国广大建筑安装施工技术人员的需要。

4. 增加补充建设部重点推广的新技术、新工艺、新材料，删除已经落后的、不常用的施工工艺和方法。

第四版仍分5册，全书共36章。与第三版相比，在结构和内容上有很大变化，第四版第1、2、3册主要介绍建筑施工技术，第4册主要介绍建筑安装技术，第5册主要介绍建筑施工管理。与第三版相比，构架不同点在于：(1)建筑施工管理部分内容集中单独成册；(2)根据国家新编建筑工程施工质量验收规范要求，增加建筑安装技术内容，使建筑施工技术更完整、全面；(3)将第三版其中22装配式大板与升板法施工、23滑动模板施工、24大模板施工精简压缩成滑动模板施工一章；15木结构工程、27门窗工程、28装饰工程合并为建筑装饰装修工程一章；根据需要，增加古建筑施工一章。

第四版由中国建筑工业出版社组织修订，来自全国各施工单位、科研院校、建筑工程施工质量验收规范编制组等专家、教授共61人组成手册编写组。同时成立了《建筑施工手册》(第四版)审编组，在中国建筑工业出版社主持下，负责各章的审稿和部分章节的修改工作。

本手册修订、审稿过程中，得到了很多单位及个人的大力支持和帮助，我们表示衷心地感谢。

第四版总目（主要执笔人）

1

1 施工常用数据　　　　　　　　关　柯　刘长滨　罗兆烈
2 常用结构计算　　　　　　　　赵志缙　赵　帆
3 材料试验与结构检验　　　　　张　青
4 施工测量　　　　　　　　　　吴来瑞　邓学才　陈云祥
5 脚手架工程和垂直运输设施　　杜荣军　姜传库
6 土方与基坑工程　　　　　　　江正荣　赵志缙　赵　帆
7 地基处理与桩基工程　　　　　江正荣

2

8 模板工程　　　　　　　　　　侯君伟
9 钢筋工程　　　　　　　　　　杨宗放
10 混凝土工程　　　　　　　　　王庆生
11 预应力工程　　　　　　　　　杨宗放
12 钢结构工程　　　　　　　　　赵志缙　赵　帆　王　辉
13 砌体工程　　　　　　　　　　朱维益
14 起重设备与混凝土结构吊装工程　梁建智　叶映辉
15 滑动模板施工　　　　　　　　毛凤林

3

16 屋面工程　　　　　　　　　　张文华　项桦太
17 地下防水工程　　　　　　　　薛振东　邹爱玲　吴　明　王　天
18 建筑地面工程　　　　　　　　熊杰民
19 建筑装饰装修工程　　　　　　侯君伟　王寿华
20 建筑防腐蚀工程　　　　　　　侯锐钢　芦　天
21 构筑物工程　　　　　　　　　王寿华　温　刚
22 冬期施工　　　　　　　　　　项蔷行
23 建筑节能与保温隔热工程　　　金鸿祥　杨善勤
24 古建筑施工　　　　　　　　　刘大可　马炳坚　路化林　蒋广全

4

25 设备安装常用数据与基本要求　陈御平　田会杰
26 建筑给水排水及采暖工程　　　赵培森　王树瑛　田会杰　王志伟
27 建筑电气安装工程　　　　　　杨南方　尹　辉　陈御平
28 智能建筑工程　　　　　　　　孙述璞　张青虎
29 通风与空调工程　　　　　　　张学助　孟昭荣
30 电梯安装工程　　　　　　　　纪学文

5

31 施工项目管理　　　　　　　　田金信　周爱民

32	建筑工程造价	丛培经				
33	工程施工招标与投标	张 琰	郝小兵			
34	施工组织设计	关 柯	王长林	董玉学	刘志才	
35	建筑施工安全技术与管理	杜荣军				
36	建设工程监理	张 莹	张稚麟			

手册第四版审编组成员（按姓氏笔画排列）

王寿华　王家隽　朱维益　吴之昕　张学助　张　琰　张惠宗
林贤光　陈御平　杨嗣信　侯君伟　赵志缙　黄崇国　彭圣浩

出版社审编人员

胡永旭　余永祯　周世明　林婉华　刘　江　时咏梅　郦锁林

第三版出版说明

《建筑施工手册》自1980年出版问世，1988年出版了第二版。从手册出版、二版至今已16年，发行了200余万册，施工企业技术人员几乎人手一册，成为常备工具书。这套手册对于我国施工技术水平的提高，施工队伍素质的培养，起了巨大的推动作用。手册第一版荣获1971～1981年度全国优秀科技图书奖。第二版荣获1990年建设部首届全国优秀建筑科技图书部级奖一等奖。在1991年8月5日的新闻出版报上，这套手册被誉为"推动着我国科技进步的十部著作"之一。同时，在港、澳地区和日本、前苏联等国，这套手册也有相当的影响，享有一定的声誉。

近十年来，随着我国经济的振兴和改革的深入，建筑业的发展十分迅速，各地陆续兴建了一批对国计民生有重大影响的重点工程，高层和超高层建筑如雨后春笋，拔地而起。通过长期的工程实践和技术交流，我国建筑施工技术和管理经验有了长足的进步，积累了丰富的经验。与此同时，许多新的施工验收规范、技术规程、建筑工程质量验评标准及有关基础定额均已颁布执行。这一切为修订《建筑施工手册》第三版创造了条件。

现在，我们奉献给读者的是《建筑施工手册》（第三版）。第三版是跨世纪的版本，修订的宗旨是：要全面总结改革开放以来我国在建筑工程施工中的最新成果，最先进的建筑施工技术，以及在建筑业管理等软科学方面的改革成果，使我国在建筑业管理方面逐步与国际接轨，以适应跨世纪的要求。

新推出的手册第三版，在结构上作了调整，将手册第二版上、中、下3册分为5个分册，共32章。第1、2分册为施工准备阶段和建筑业管理等各项内容，分10章介绍；除保留第二版中的各章外，增加了建设监理和建筑施工安全技术两章。3～5册为各分部工程的施工技术，分22章介绍；将第二版各章在顺序上作了调整，对工程中应用较少的技术，作了合并或简化，如将砌块工程并入砌体工程，预应力板柱并入预应力工程，装配式大板与升板工程合并；同时，根据工程技术的发展和国家的技术政策，补充了门窗工程和建筑节能两部分。各章中着重补充近十年采用的新结构、新技术、新材料、新设备、新工艺，对建设部颁发的建筑业"九五"期间重点推广的10项新技术，在有关各章中均作了重点补充。这次修订，还将前一版中存在的问题作了订正。各章内容均符合国家新颁规范、标准的要求，内容范围进一步扩大，突出了资料齐全、查找方便的特点。

我们衷心地感谢广大读者对我们的热情支持。我们希望手册第三版继续成为建筑施工技术人员工作中的好参谋、好帮手。

1997年4月

手册第三版主要执笔人

第1册

1　常用数据　　　　　　关　柯　刘长滨　罗兆烈

2	施工常用结构计算	赵志缙 赵 帆
3	材料试验与结构检验	项蕃行
4	施工测量	吴来瑞 陈云祥
5	脚手架工程和垂直运输设施	杜荣军 姜传库
6	建筑施工安全技术和管理	杜荣军

第 2 册

7	施工组织设计和项目管理	关 柯 王长林 田金信 刘志才 董玉学 周爱民
8	建筑工程造价	唐连珏
9	工程施工的招标与投标	张 琰
10	建设监理	张稚麟

第 3 册

11	土方与爆破工程	江正荣 赵志缙 赵 帆
12	地基与基础工程	江正荣
13	地下防水工程	薛振东
14	砌体工程	朱维益
15	木结构工程	王寿华
16	钢结构工程	赵志缙 赵 帆 范懋达 王 辉

第 4 册

17	模板工程	侯君伟 赵志缙
18	钢筋工程	杨宗放
19	混凝土工程	徐 帆
20	预应力混凝土工程	杨宗放 杜荣军
21	混凝土结构吊装工程	梁建智 叶映辉 赵志缙
22	装配式大板与升板法施工	侯君伟 戎 贤 朱维益 张晋元 孙 克
23	滑动模板施工	毛凤林
24	大模板施工	侯君伟 赵志缙

第 5 册

25	屋面工程	杨 扬 项桦太
26	建筑地面工程	熊杰民
27	门窗工程	王寿华
28	装饰工程	侯君伟
29	防腐蚀工程	芦 天 侯锐钢 白 月 陆士平
30	工程构筑物	王寿华
31	冬季施工	项蕃行
32	隔热保温工程与建筑节能	张竹荪

第二版出版说明

《建筑施工手册》(第一版)自 1980 年出版以来,先后重印七次,累计印数达 150 万册左右,受到广大读者的欢迎和社会的好评,曾荣获 1971~1981 年度全国优秀科技图书奖。不少读者还对第一版的内容提出了许多宝贵的意见和建议,在此我们向广大读者表示深深的谢意。

近几年,我国执行改革、开放政策,建筑业蓬勃发展,高层建筑日益增多,其平面布局、结构类型复杂、多样,各种新的建筑材料的应用,使得建筑施工技术有了很大的进步。同时,新的施工规范、标准、定额等已颁布执行,这就使得第一版的内容远远不能满足当前施工的需要。因此,我们对手册进行了全面的修订。

手册第二版仍分上、中、下三册,以量大面广的一般工业与民用建筑,包括相应的附属构筑物的施工技术为主。但是,内容范围较第一版略有扩大。第一版全书共 29 个项目,第二版扩大为 31 个项目,增加了"砌块工程施工"和"预应力板柱工程施工"两章。并将原第 3 章改名为"施工组织与管理"、原第 4 章改名为"建筑工程招标投标及工程概预算"、原第 9 章改名为"脚手架工程和垂直运输设施"、原第 17 章改名为"钢筋混凝土结构吊装"、原第 18 章改名为"装配式大板工程施工"。除第 17 章外,其他各章均增加了很多新内容,以更适应当前施工的需要。其余各章均作了全面修订,删去了陈旧的和不常用的资料,补充了不少新工艺、新技术、新材料,特别是施工常用结构计算、地基与基础工程、地下防水工程、装饰工程等章,修改补充后,内容更为丰富。

手册第二版根据新的国家规范、标准、定额进行修订,采用国家颁布的法定计量单位,单位均用符号表示。但是,对个别计算公式采用法定计量单位计算数值有困难时,仍用非法定单位计算,计算结果取近似值换算为法定单位。

对于手册第一版中存在的各种问题,这次修订时,我们均尽可能一一作了订正。

在手册第二版的修订、审稿过程中,得到了许多单位和个人的大力支持和帮助,我们衷心地表示感谢。

手册第二版主要执笔人

上 册

项 目 名 称	修 订 者
1. 常用数据	关 柯　刘长滨
2. 施工常用结构计算	赵志缙　应惠清　陈 杰
3. 施工组织与管理	关 柯　王长林　董五学　田金信
4. 建筑工程招标投标及工程概预算	侯君伟
5. 材料试验与结构检验	项蔷行
6. 施工测量	吴来瑞　陈云祥

7. 土方与爆破工程 　　　　　　　　　　　　　　江正荣
8. 地基与基础工程 　　　　　　　　　　　江正荣　朱国梁
9. 脚手架工程和垂直运输设施 　　　　　　　　　　杜荣军

中　　册

10. 砖石工程 　　　　　　　　　　　　　　　　　朱维益
11. 木结构工程 　　　　　　　　　　　　　　　　王寿华
12. 钢结构工程 　　　　　　　　　　赵志缙　范懋达　王　辉
13. 模板工程 　　　　　　　　　　　　　　　　　王壮飞
14. 钢筋工程 　　　　　　　　　　　　　　　　　杨宗放
15. 混凝土工程 　　　　　　　　　　　　　　　　徐　帆
16. 预应力混凝土工程 　　　　　　　　　　　　　杨宗放
17. 钢筋混凝土结构吊装 　　　　　　　　　　　　朱维益
18. 装配式大板工程施工 　　　　　　　　　　　　侯君伟

下　　册

19. 砌块工程施工 　　　　　　　　　　　　　　　张稚麟
20. 预应力板柱工程施工 　　　　　　　　　　　　杜荣军
21. 滑升模板施工 　　　　　　　　　　　　　　　王壮飞
22. 大模板施工 　　　　　　　　　　　　　　　　侯君伟
23. 升板法施工 　　　　　　　　　　　　　　　　朱维益
24. 屋面工程 　　　　　　　　　　　　　　　　　项桦太
25. 地下防水工程 　　　　　　　　　　　　　　　薛振东
26. 隔热保温工程 　　　　　　　　　　　　　　　韦延年
27. 地面与楼面工程 　　　　　　　　　　　　　　熊杰民
28. 装饰工程 　　　　　　　　　　　　　侯君伟　徐小洪
29. 防腐蚀工程 　　　　　　　　　　　　　　　　侯君伟
30. 工程构筑物 　　　　　　　　　　　　　　　　王寿华
31. 冬期施工 　　　　　　　　　　　　　　　　　项蓍行

1988 年 12 月

第一版出版说明

《建筑施工手册》分上、中、下三册，全书共二十九个项目。内容以量大面广的一般工业与民用建筑，包括相应的附属构筑物的施工技术为主，同时适当介绍了各工种工程的常用材料和施工机具。

手册在总结我国建筑施工经验的基础上，系统地介绍了各工种工程传统的基本施工方法和施工要点，同时介绍了近年来应用日广的新技术和新工艺。目的是给广大施工人员，特别是基层施工技术人员提供一本资料齐全、查找方便的工具书。但是，就这个本子看来，有的项目新资料收入不多，有的项目写法上欠简练，名词术语也不尽统一；某些规范、定额，因为正在修订中，有的数据规定仍取用旧的。这些均有待再版时，改进提高。

本手册由国家建筑工程总局组织编写，共十三个单位组成手册编写组。北京市建筑工程局主持了编写过程的编辑审稿工作。

本手册编写和审查过程中，得到各省市基建单位的大力支持和帮助，我们表示衷心的感谢。

手册第一版主要执笔人

上 册

1. 常用数据	哈尔滨建筑工程学院	关 柯　陈德蔚
2. 施工常用结构计算	同济大学	赵志缙　周士富
		潘宝根
	上海市建筑工程局	黄进生
3. 施工组织设计	哈尔滨建筑工程学院	关 柯　陈德蔚
		王长林
4. 工程概预算	镇江市城建局	左鹏高
5. 材料试验与结构检验	国家建筑工程总局第一工程局	杜荣军
6. 施工测量	国家建筑工程总局第一工程局	严必达
7. 土方与爆破工程	四川省第一机械化施工公司	郭瑞田
	四川省土石方公司	杨洪福
8. 地基与基础工程	广东省第一建筑工程公司	梁 润
	广东省建筑工程局	郭汝铭
9. 脚手架工程	河南省第四建筑工程公司	张肇贤

中 册

10. 砌体工程	广州市建筑工程局	余福荫
	广东省第一建筑工程公司	伍于聪
	上海市第七建筑工程公司	方 枚

11. 木结构工程	山西省建筑工程局	王寿华
12. 钢结构工程	同济大学	赵志缙　胡学仁
	上海市华东建筑机械厂	郑正国
	北京市建筑机械厂	范懋达
13. 模板工程	河南省第三建筑工程公司	王壮飞
14. 钢筋工程	南京工学院	杨宗放
15. 混凝土工程	江苏省建筑工程局	熊杰民
16. 预应力混凝土工程	陕西省建筑科学研究院	徐汉康　濮小龙
	中国建筑科学研究院建筑结构研究所	裴骦　黄金城
17. 结构吊装	陕西省机械施工公司	梁建智　于近安
18. 墙板工程	北京市建筑工程研究所	侯君伟
	北京市第二住宅建筑工程公司	方志刚

下　册

19. 滑升模板施工	河南省第三建筑工程公司	王壮飞
	山西省建筑工程局	赵全龙
20. 大模板施工	北京市第一建筑工程公司	万嗣诠　戴振国
21. 升板法施工	陕西省机械施工公司	梁建智
	陕西省建筑工程局	朱维益
22. 屋面工程	四川省建筑工程局建筑工程学校	刘占黑
23. 地下防水工程	天津市建筑工程局	叶祖涵　邹连华
24. 隔热保温工程	四川省建筑科学研究所	韦延年
	四川省建筑勘测设计院	侯远贵
25. 地面工程	北京市第五建筑工程公司	白金铭　阎崇贵
26. 装饰工程	北京市第一建筑工程公司	凌关荣
	北京市建筑工程研究所	张兴大　徐晓洪
27. 防腐蚀工程	北京市第一建筑工程公司	王伯龙
28. 工程构筑物	国家建筑工程总局第一工程局二公司	陆仁元
	山西省建筑工程局	王寿华　赵全龙
29. 冬季施工	哈尔滨市第一建筑工程公司	吕元骐
	哈尔滨建筑工程学院	刘宗仁
	大庆建筑公司	黄可荣

手册编写组组长单位	北京市建筑工程局（主持人：徐仁祥　梅璋　张悦勤）
手册编写组副组长单位	国家建筑工程总局第一工程局（主持人：俞佾文）
	同济大学（主持人：赵志缙　黄进生）
手册审编组成员	王壮飞　王寿华　朱维益　张悦勤　项薵行　侯君伟　赵志缙
出版社审编人员	夏行时　包瑞麟　曲士蕴　李伯宁　陈淑英　周谊　林婉华
	胡凤仪　徐竞达　徐焰珍　蔡秉乾

1980 年 12 月

目 录

36 机电工程施工通则 ... 1

36.1 常用机电工程设计图例与图示 ... 1
- 36.1.1 建筑给水排水及供暖工程设计图例 ... 1
- 36.1.2 通风与空调工程设计图例 ... 7
- 36.1.3 建筑电气工程设计图例 ... 11
- 36.1.4 智能建筑工程设计图例 ... 17

36.2 机电工程深化设计管理 ... 22
- 36.2.1 机电工程深化设计的依据 ... 22
- 36.2.2 机电工程深化设计工作流程 ... 23
- 36.2.3 机电工程深化设计工作内容 ... 26
- 36.2.4 机电工程深化设计深度 ... 27
  - 36.2.4.1 机电管线综合预留预埋图 ... 27
  - 36.2.4.2 机电管线综合协调图 ... 27
  - 36.2.4.3 机电管线专业平面图 ... 28
  - 36.2.4.4 设备间大样图 ... 29
  - 36.2.4.5 机电末端装修配合图 ... 31
  - 36.2.4.6 机电系统相关计算 ... 31
- 36.2.5 机电工程深化设计协调 ... 31
  - 36.2.5.1 机电工程各专业间协调 ... 31
  - 36.2.5.2 机电工程专业和土建专业的协调 ... 32
  - 36.2.5.3 机电专业和精装修专业的协调 ... 32
  - 36.2.5.4 机电管线综合协调原则 ... 32
- 36.2.6 BIM 技术在机电深化设计中的应用 ... 33
  - 36.2.6.1 BIM 技术的深化设计工作流程 ... 33
  - 36.2.6.2 机电深化设计软件介绍 ... 34

36.3 机电工程施工管理 ... 34
- 36.3.1 机电工程现场布置与标准化工地 ... 34
  - 36.3.1.1 机电工程现场布置与标准化工地的策划 ... 34
  - 36.3.1.2 机电工程现场布置 ... 35
  - 36.3.1.3 现场标准化工地实施 ... 36
- 36.3.2 机电工程资源管理 ... 37
  - 36.3.2.1 设备、材料的基本要求 ... 37
  - 36.3.2.2 设备、材料的检验与试验 ... 37
  - 36.3.2.3 设备、材料现场保管的要求 ... 38
  - 36.3.2.4 建筑工人实名制管理 ... 38
- 36.3.3 机电工程造价管理 ... 39
  - 36.3.3.1 现场成本管理 ... 39
  - 36.3.3.2 机电工程合同管理 ... 41
  - 36.3.3.3 机电工程合同变更与索赔 ... 42
  - 36.3.3.4 资金管理 ... 42
- 36.3.4 机电工程设计与技术管理 ... 43
- 36.3.5 机电工程质量管理 ... 43
  - 36.3.5.1 建立现场质量管理体系和质量责任制度 ... 43
  - 36.3.5.2 建立严格的施工技术管理体系 ... 44
  - 36.3.5.3 样板引路及实物交底制度 ... 44
  - 36.3.5.4 现场会议制度 ... 44
  - 36.3.5.5 现场质量检验制度 ... 45
  - 36.3.5.6 质量事故报告和处理制度 ... 45
- 36.3.6 机电工程进度控制 ... 46
  - 36.3.6.1 施工作业计划编制 ... 46
  - 36.3.6.2 施工作业计划实施 ... 46
  - 36.3.6.3 施工作业计划调整 ... 46
  - 36.3.6.4 加强沟通协调,保障现场施工条件 ... 46
  - 36.3.6.5 制定奖惩制度 ... 47
- 36.3.7 机电工程安全管理 ... 47
  - 36.3.7.1 项目安全技术职责划分 ... 47
  - 36.3.7.2 机电工程施工安全管理制度 ... 47
  - 36.3.7.3 施工安全技术交底 ... 47
  - 36.3.7.4 作业环境安全管理 ... 48

36.3.7.5 针对安全危险较大的施工作业制定安全技术措施……………… 48
　　36.3.7.6 制定应急措施及事故处理预案……………………………… 49
　　36.3.7.7 现场安全事故处理程序…… 49
　36.3.8 机电工程档案管理…………… 50
　　36.3.8.1 机电工程档案管理的质量要求………………………… 50
　　36.3.8.2 机电工程档案管理的主要内容………………………… 50
　36.3.9 机电工程收尾管理…………… 50
　　36.3.9.1 工程项目收尾管理的要求…… 50
36.4 机电工程绿色施工管理 …………… 51
　36.4.1 机电绿色施工的基本规定…… 51
　36.4.2 机电绿色施工的资源节约…… 52
　　36.4.2.1 节约土地………………… 52
　　36.4.2.2 节约能源………………… 53
　　36.4.2.3 节约用水………………… 53
　　36.4.2.4 节约材料………………… 54
　36.4.3 机电绿色施工的环境保护…… 55
　　36.4.3.1 施工环境影响控制……… 55
　　36.4.3.2 扬尘固体悬浮物污染控制…… 55
　　36.4.3.3 废水排放污染控制……… 56
　　36.4.3.4 噪声污染控制…………… 56
　　36.4.3.5 光污染控制……………… 57
　　36.4.3.6 固体废弃物污染控制…… 57
　　36.4.3.7 有害气体排放污染控制…… 57
　36.4.4 机电绿色施工的职业健康与安全………………………… 57
　　36.4.4.1 职业健康防控…………… 57
　　36.4.4.2 卫生防疫防控…………… 58
　　36.4.4.3 作业环境安全防控……… 58
　36.4.5 机电绿色施工新技术………… 59
36.5 机电工程施工的协调与配合 …… 59
　36.5.1 与建设、设计、监理方的协调与配合…………………………… 59
　　36.5.1.1 建立沟通管理制度，制定具体沟通计划……………… 60
　　36.5.1.2 施工准备阶段的协调与沟通………………………… 60
　　36.5.1.3 施工阶段的协调与沟通…… 60
　　36.5.1.4 竣工阶段的沟通与协调…… 61
　　36.5.1.5 外部沟通与协调………… 61
　36.5.2 与土建专业的协调与配合…… 61
　　36.5.2.1 施工前的协调与配合…… 62
　　36.5.2.2 施工阶段的协调与配合…… 62
　　36.5.2.3 其他与土建配合施工应注意的问题……………………… 62
　36.5.3 与精装修专业的协调与配合…… 62
　36.5.4 与幕墙专业的协调与配合…… 63
　36.5.5 与供货商的协调与配合……… 63
　36.5.6 机电系统各专业间的协调与配合………………………… 64
　　36.5.6.1 给水排水与通风和空调专业间的协调与配合………… 64
　　36.5.6.2 给水排水与建筑电气专业间的协调与配合…………… 65
　　36.5.6.3 建筑电气与通风、空调专业间的协调与配合………… 65
　　36.5.6.4 给水排水、建筑电气、通风与空调、智能建筑专业间的协调与配合………………… 65
36.6 机电工程支吊架系统 …………… 66
　36.6.1 机电工程支吊架系统一般说明…… 66
　36.6.2 机电工程支吊架材料的选用…… 68
　36.6.3 机电工程支吊架安装的技术要求………………………… 70
36.7 机电工程标识 …………………… 72
　36.7.1 机电工程标识的要求………… 72
　36.7.2 识别符号……………………… 74
　36.7.3 管道标识操作要求…………… 75
　36.7.4 管道标识用材料要求………… 80
36.8 机电系统联合调试 ……………… 80
　36.8.1 机电系统联合调试前提条件…… 80
　36.8.2 联合调试的总体策划………… 81
　36.8.3 机电系统联合调试内容……… 82
36.9 机电工程成品、半成品保护 …… 86
　36.9.1 制定合理机电设备进场计划…… 86
　36.9.2 成品保护主要内容…………… 86
　36.9.3 对进场材料及设备的管理…… 86
　36.9.4 对施工过程中成品、半成品的管理………………………… 87
　36.9.5 对已施工完成品的管理……… 87
　36.9.6 成品保护专项措施…………… 88
参考文献 ………………………………… 90

37 建筑给水排水及供暖工程 …… 91

37.1 室内给水排水系统施工基本要求 …… 91
37.1.1 质量管理 …… 91
37.1.2 施工过程的质量控制 …… 91
37.1.3 管道标识 …… 93

37.2 室内给水系统安装 …… 95
37.2.1 建筑给水系统 …… 95
37.2.2 建筑给水管道及附件安装 …… 98
37.2.2.1 室内给水管道施工安装工艺流程 …… 98
37.2.2.2 给水铝塑复合管安装 …… 98
37.2.2.3 给水钢塑复合管安装 …… 99
37.2.2.4 给水硬聚氯乙烯管管道连接 …… 103
37.2.2.5 给水聚丙烯（PPR）管管道安装 …… 106
37.2.2.6 给水铜管管道安装 …… 108
37.2.2.7 不锈钢给水管道施工技术 …… 113
37.2.2.8 给水碳钢管道安装 …… 117
37.2.2.9 给水铸铁管道安装 …… 120
37.2.3 给水管道支架安装 …… 121
37.2.4 给水管道附件安装 …… 124
37.2.4.1 水表安装要求 …… 124
37.2.4.2 压力表安装要求 …… 125
37.2.4.3 阀门安装 …… 125
37.2.5 水泵及水泵房安装 …… 126
37.2.5.1 施工要求 …… 126
37.2.5.2 设备运输 …… 126
37.2.5.3 基础验收复核 …… 126
37.2.5.4 水泵机组安装 …… 127
37.2.6 水池、水箱及其配管安装 …… 133
37.2.6.1 水箱安装 …… 133
37.2.6.2 室内给水水泵及水箱安装的允许偏差 …… 134
37.2.6.3 给水设备试验与检验 …… 135
37.2.6.4 设备保温 …… 135
37.2.7 气压给水设备安装 …… 137
37.2.8 无负压给水设备安装 …… 137
37.2.9 给水系统调试 …… 139

37.3 建筑灭火系统安装 …… 142
37.3.1 室内外消火栓系统安装 …… 142
37.3.1.1 室外消火栓系统安装 …… 142
37.3.1.2 室内消火栓系统安装 …… 145
37.3.1.3 强度试验、冲洗和严密性试验 …… 146
37.3.2 自动喷水灭火系统安装 …… 148
37.3.2.1 安装工序 …… 148
37.3.2.2 安装要求 …… 148
37.3.2.3 系统冲洗、试压 …… 156
37.3.2.4 系统调试 …… 157
37.3.3 水喷雾灭火系统安装 …… 158
37.3.3.1 安装要求 …… 158
37.3.3.2 系统的冲洗、试压 …… 158
37.3.3.3 系统调试 …… 158
37.3.4 细水雾灭火系统安装 …… 159
37.3.4.1 细水雾灭火系统安装要点 …… 159
37.3.4.2 细水雾灭火系统安装质量标准 …… 161
37.3.5 大空间智能型主动喷水灭火系统安装 …… 161
37.3.5.1 大空间智能型主动喷水灭火系统安装要点 …… 161
37.3.5.2 大空间智能型主动喷水灭火系统试验 …… 163
37.3.6 气体灭火系统安装 …… 163
37.3.6.1 气体灭火产品介绍 …… 163
37.3.6.2 气体灭火系统安装要点 …… 164
37.3.6.3 气体灭火系统的试验 …… 167

37.4 室内排水系统安装 …… 169
37.4.1 室内排水系统的分类和组成 …… 169
37.4.1.1 室内排水系统的分类 …… 169
37.4.1.2 建筑内排水系统的组成 …… 169
37.4.2 排水管道安装 …… 170
37.4.2.1 一般规定 …… 170
37.4.2.2 排水铸铁管道安装 …… 171
37.4.2.3 硬聚乙烯排水管道安装 …… 174
37.4.3 卫生器具安装 …… 178
37.4.3.1 卫生器具分类 …… 178
37.4.3.2 施工工艺 …… 179
37.4.4 压力排水与真空排水系统安装 …… 188
37.4.4.1 压力排水系统安装 …… 188

37.4.4.2　真空排水系统安装 …………… 189
　37.4.5　同层排水系统安装 ……………… 190
　　　37.4.5.1　分类和选用 ………………… 190
　　　37.4.5.2　安装要点及方式 …………… 191
　37.4.6　高层建筑排水系统安装 ………… 193
　　　37.4.6.1　系统分类 …………………… 193
　　　37.4.6.2　安装要点 …………………… 193
37.5　雨水系统安装 …………………………… 194
　37.5.1　雨水系统的分类及组成 ………… 194
　　　37.5.1.1　建筑雨水系统的分类 ……… 194
　　　37.5.1.2　建筑雨水系统的组成 ……… 194
　37.5.2　雨水管道及配件安装 …………… 194
　　　37.5.2.1　施工工艺 …………………… 194
　　　37.5.2.2　检测与试验 ………………… 195
　37.5.3　虹吸雨水施工技术 ……………… 195
　　　37.5.3.1　虹吸式屋面雨水系统的
　　　　　　　 组成 ……………………… 195
　　　37.5.3.2　虹吸式屋面雨水系统的
　　　　　　　 安装 ……………………… 196
　37.5.4　室外雨水系统安装 ……………… 199
　　　37.5.4.1　雨水口 ………………………… 199
　　　37.5.4.2　连接管 ………………………… 199
　　　37.5.4.3　检查井 ………………………… 199
　　　37.5.4.4　跌水井 ………………………… 200
　　　37.5.4.5　管道敷设 ……………………… 200
　　　37.5.4.6　雨水明沟（渠）……………… 201
　37.5.5　建筑雨水利用技术 ……………… 201
　　　37.5.5.1　建筑雨水利用技术的组成 … 201
　　　37.5.5.2　建筑雨水利用系统的施工 … 201
　　　37.5.5.3　建筑雨水利用系统的试验与
　　　　　　　 调试 ……………………… 203
37.6　建筑中水系统 …………………………… 203
　37.6.1　建筑中水系统的定义与组成 …… 203
　　　37.6.1.1　建筑中水系统的定义 ……… 203
　　　37.6.1.2　建筑中水系统的组成 ……… 204
　37.6.2　常用管材、附件及连接方式 …… 204
　　　37.6.2.1　常用管材材质 ……………… 204
　　　37.6.2.2　常用附件 …………………… 204
　　　37.6.2.3　管道连接方式 ……………… 204
　37.6.3　建筑中水系统管道及附件安装 … 205
　　　37.6.3.1　施工工艺流程及基本规定 … 205
　　　37.6.3.2　管道及附件安装要点 ……… 205
　37.6.4　建筑中水系统设备安装 ………… 206

　　　37.6.4.1　中水给水设备 ……………… 206
　　　37.6.4.2　中水处理站设置及处理设备
　　　　　　　 安装 ……………………… 206
　37.6.5　建筑中水系统试验及调试 ……… 207
　　　37.6.5.1　中水系统施工试验 ………… 207
　　　37.6.5.2　设备单机调试 ……………… 207
　　　37.6.5.3　清水联动试运行 …………… 207
　　　37.6.5.4　系统调试 …………………… 208
37.7　管道直饮水系统 ………………………… 208
　37.7.1　管道直饮水系统的定义和分类 … 208
　37.7.2　管道直饮水系统设置的一般
　　　　 规定 …………………………… 208
　37.7.3　管道直饮水系统的施工安装
　　　　 要点 …………………………… 208
37.8　室内热水供应系统安装 ………………… 210
　37.8.1　热水供应系统组成 ………………… 210
　37.8.2　热水管道及附件安装 ……………… 211
　　　37.8.2.1　热水系统管道和管件的
　　　　　　　 要求 ……………………… 211
　　　37.8.2.2　热水供应系统的附件安装 … 211
　　　37.8.2.3　热水系统管道和管件安装 … 213
　37.8.3　热水系统设备安装 ……………… 213
　　　37.8.3.1　换热器安装 ………………… 213
　　　37.8.3.2　电热水器安装 ……………… 215
　　　37.8.3.3　燃气热水器安装 …………… 215
　　　37.8.3.4　水泵安装 …………………… 217
　　　37.8.3.5　水箱安装 …………………… 217
　37.8.4　太阳能热水系统 ………………… 217
　　　37.8.4.1　太阳能热水系统组成 ……… 217
　　　37.8.4.2　太阳能热水系统安装 ……… 217
　　　37.8.4.3　太阳能热水系统的试运行 … 222
　37.8.5　系统试验与调试 ………………… 223
　　　37.8.5.1　系统试验 …………………… 223
　　　37.8.5.2　系统调试 …………………… 224
37.9　建筑特殊给水排水系统安装 …………… 224
　37.9.1　游泳池与水上游乐池 ……………… 224
　　　37.9.1.1　水循环系统的安装 ………… 224
　　　37.9.1.2　水的净化 …………………… 225
　　　37.9.1.3　游泳池、水上游乐池附属
　　　　　　　 设施安装要求 …………… 228
　　　37.9.1.4　排水及回收利用 …………… 233
　　　37.9.1.5　系统试验与调试 …………… 234

37.9.2 洗衣房 ………………………… 236
37.9.3 公共浴室 ………………………… 237
37.9.4 水景喷泉工程 …………………… 238
37.9.5 医用建筑 ………………………… 239
37.9.6 体育场馆 ………………………… 242
37.9.7 绿地灌溉 ………………………… 243
37.9.8 湿陷性黄土地区给水排水 ……… 245
37.9.9 地震区给水排水 ………………… 248
37.10 建筑室外给水排水工程 …………… 250
  37.10.1 室外给水管网 ………………… 250
    37.10.1.1 常用管材 ………………… 250
    37.10.1.2 管沟开挖 ………………… 251
    37.10.1.3 室外给水管网管道及附件
              安装 ………………………… 252
    37.10.1.4 附属构筑物（井室）
              施工 ………………………… 258
    37.10.1.5 管沟回填 ………………… 259
    37.10.1.6 室外给水管网试验 ……… 260
  37.10.2 室外排水管网 ………………… 261
    37.10.2.1 开槽法施工要点 ………… 262
    37.10.2.2 非开挖法施工要点 ……… 265
    37.10.2.3 附属构筑物（井室）
              施工 ………………………… 278
    37.10.2.4 室外排水管网试验 ……… 279
37.11 建筑燃气系统 ……………………… 280
  37.11.1 常用管材、附件及连接方式 … 280
    37.11.1.1 燃气管道常用管材 ……… 280
    37.11.1.2 燃气管道特有附件 ……… 280
    37.11.1.3 燃气管道连接方式 ……… 281
  37.11.2 室外燃气系统管道及附件安装 … 281
    37.11.2.1 燃气管道的布置与敷设 … 281
    37.11.2.2 地下燃气管道安装要点 … 283
  37.11.3 室内燃气系统管道及燃烧器具
          安装 ……………………………… 285
  37.11.4 建筑燃气系统试验 …………… 290
    37.11.4.1 室外燃气管道试验 ……… 290
    37.11.4.2 室内燃气管道试验 ……… 292
  37.11.5 建筑燃气系统管道防腐、保温、
          标识 ……………………………… 293
    37.11.5.1 燃气管道防腐 …………… 293
    37.11.5.2 燃气管道保温 …………… 298
    37.11.5.3 燃气管道标识 …………… 298
37.12 建筑供暖工程 ……………………… 299

37.12.1 室内供暖系统安装 …………… 299
  37.12.1.1 供暖管道及设备安装 …… 299
  37.12.1.2 散热器安装 ……………… 307
  37.12.1.3 热力入口装置 …………… 308
  37.12.1.4 地板辐射供暖系统安装 … 309
  37.12.1.5 电热供暖系统安装 ……… 312
  37.12.1.6 供暖系统的试验与调节 … 313
37.12.2 室外供热管网 ………………… 315
  37.12.2.1 室外热力管道支架安装 … 315
  37.12.2.2 补偿器的安装 …………… 316
  37.12.2.3 阀门 ……………………… 316
  37.12.2.4 碳素钢管的焊接 ………… 317
  37.12.2.5 室外热力管道铺设 ……… 320
  37.12.2.6 管道防腐与绝热 ………… 324
  37.12.2.7 管道系统的试压与吹洗 … 327
37.12.3 供热锅炉及辅助设备安装 …… 329
  37.12.3.1 整装锅炉安装 …………… 329
  37.12.3.2 辅助设备及管道安装 …… 333
  37.12.3.3 烘炉与煮炉 ……………… 337
  37.12.3.4 蒸汽严密性试验、安全阀
            调整与试运行 …………… 339
37.12.4 热力站设备及管道安装 ……… 340
  37.12.4.1 换热器安装 ……………… 340
  37.12.4.2 水泵安装及试运转 ……… 342
  37.12.4.3 管道及附件安装 ………… 342
参考文献 ……………………………………… 343

38 通风与空调工程 …………………… 344

38.1 通风与空调工程设计中的有关
     规定 ………………………………… 344
  38.1.1 供暖通风与空气调节设计规定 … 344
  38.1.2 建筑设计防火相关规定 ……… 348
  38.1.3 人防相关设计规定 …………… 350
38.2 通风与空调工程相关机具
     设备 ………………………………… 351
  38.2.1 通风空调风管加工及安装的机具
         设备 ……………………………… 351
    38.2.1.1 板材的剪切机具设备 …… 351
    38.2.1.2 板材的卷圆及折方设备 … 353
    38.2.1.3 金属板材的连接设备 …… 355
    38.2.1.4 法兰与无法兰连接件加工
             设备 ……………………… 356

38.2.1.5 风管加工的配套工具 ……… 358
38.2.1.6 全自动矩形风管生产线
设备 …………………… 360
38.2.1.7 全自动螺旋风管设备 ……… 361
38.2.1.8 风管安装常用工具 ………… 362
38.2.2 空调管道加工及安装的机具
设备 …………………………… 364
38.2.2.1 管道切割机具设备 ………… 364
38.2.2.2 管道连接设备 ……………… 365
38.2.2.3 管道安装常用工具 ………… 368
38.2.3 通风与空调设备材料吊装运输
设备 …………………………… 371
38.3 风管的加工制作 …………………… 373
38.3.1 一般要求 ……………………… 373
38.3.1.1 风管系统分类和技术要求 … 373
38.3.1.2 风管的板材厚度和连接
方式 …………………… 375
38.3.1.3 风管系统加工草图的绘制 … 380
38.3.1.4 风管展开下料 ……………… 382
38.3.2 金属风管的制作 ……………… 382
38.3.2.1 金属风管制作的要求 ……… 382
38.3.2.2 钢板风管的制作 …………… 383
38.3.2.3 不锈钢风管的制作 ………… 385
38.3.2.4 铝板风管的制作 …………… 386
38.3.3 非金属风管的制作 …………… 386
38.3.3.1 非金属风管的制作要求 …… 386
38.3.3.2 无机或有机玻璃钢风管的
制作 …………………… 386
38.3.3.3 硬聚氯乙烯风管的制作 …… 389
38.3.4 复合材料风管制作 …………… 391
38.3.4.1 复合材料风管的制作要求 … 391
38.3.4.2 酚醛或聚氨酯复合风管的
制作 …………………… 391
38.3.4.3 玻璃纤维复合材料风管的
制作 …………………… 393
38.3.4.4 机制玻镁复合风管的制作 … 395
38.3.4.5 钢板内衬玻璃纤维隔热材料
风管的制作 …………… 398
38.3.5 柔性风管的制作 ……………… 399
38.3.6 织物布风管的制作 …………… 399
38.3.7 净化系统风管的制作 ………… 400
38.3.7.1 净化系统风管材料准备 …… 400
38.3.7.2 净化系统风管制作 ………… 400

38.3.7.3 净化系统风管及配件连接 … 401
38.3.7.4 净化系统风管及配件清洗与
密封 …………………… 401
38.3.7.5 净化系统风管加固 ………… 401
38.3.8 风管配件的制作 ……………… 401
38.3.8.1 变径管的加工 ……………… 401
38.3.8.2 弯头的加工 ………………… 405
38.3.8.3 三通的加工 ………………… 408
38.3.8.4 来回弯的加工 ……………… 412
38.3.8.5 风管法兰的加工 …………… 414
38.3.9 风管的组配 …………………… 420
38.3.9.1 法兰和风管的连接 ………… 420
38.3.9.2 弯头和三通的检查 ………… 420
38.3.9.3 直管的组配 ………………… 420
38.4 风管安装 …………………………… 421
38.4.1 一般要求 ……………………… 421
38.4.2 支吊架制作与安装 …………… 421
38.4.2.1 支吊架的制作 ……………… 421
38.4.2.2 支吊架安装要求 …………… 422
38.4.2.3 常规支吊架的安装 ………… 423
38.4.2.4 装配式支吊架的安装 ……… 426
38.4.3 风管连接的密封 ……………… 426
38.4.3.1 一般要求 …………………… 426
38.4.3.2 垫料的选用 ………………… 427
38.4.4 金属风管的安装 ……………… 428
38.4.4.1 风管的连接 ………………… 428
38.4.4.2 风管系统的安装 …………… 429
38.4.5 非金属风管的安装 …………… 430
38.4.5.1 风管的连接 ………………… 430
38.4.5.2 风管系统的安装 …………… 430
38.4.6 复合材料风管的安装 ………… 431
38.4.7 柔性风管的安装 ……………… 432
38.4.8 织物布风管的安装 …………… 432
38.4.9 净化系统风管的安装 ………… 433
38.4.10 系统风管严密性检验 ………… 433
38.4.10.1 严密性检验规定 …………… 433
38.4.10.2 严密性检验方法 …………… 434
38.5 风管部件制作和安装 ……………… 434
38.5.1 风阀的制作和安装 …………… 435
38.5.1.1 风阀的制作 ………………… 435
38.5.1.2 风阀的安装 ………………… 437
38.5.2 消声器的制作和安装 ………… 438
38.5.2.1 消声器的制作 ……………… 438

38.5.2.2　消声器的安装 …………… 439
38.5.3　风罩的制作和安装 …………… 440
　38.5.3.1　风罩的制作 …………… 440
　38.5.3.2　风罩的安装 …………… 440
38.5.4　风帽的制作和安装 …………… 441
　38.5.4.1　风帽的制作 …………… 441
　38.5.4.2　风帽的安装 …………… 441
38.5.5　风口的制作和安装 …………… 442
　38.5.5.1　风口的制作 …………… 442
　38.5.5.2　风口的安装 …………… 443
38.5.6　柔性短管的制作和安装 ……… 444
　38.5.6.1　柔性短管的制作 ……… 444
　38.5.6.2　柔性短管的安装 ……… 445
38.5.7　其他部件的制作和安装 ……… 445
　38.5.7.1　过滤器的安装 ………… 445
　38.5.7.2　风管内加热器的安装 … 445
　38.5.7.3　检查门的制作和安装 … 446
38.6　通风与空调设备安装 ……………… 446
　38.6.1　组合式空调机组安装 ………… 446
　　38.6.1.1　组合式空调机组现场安装 … 446
　　38.6.1.2　组合式空调机组漏风量
　　　　　　　测试 …………………… 448
　38.6.2　风机安装 ……………………… 448
　　38.6.2.1　风机安装工艺流程 …… 448
　　38.6.2.2　离心式风机安装 ……… 448
　　38.6.2.3　轴流式风机安装 ……… 450
　　38.6.2.4　风机的减振 …………… 450
　38.6.3　热回收装置安装 ……………… 451
　　38.6.3.1　转轮式热回收装置安装 …… 451
　　38.6.3.2　液体循环式热回收装置
　　　　　　　安装 …………………… 452
　　38.6.3.3　板式显热回收装置安装 …… 452
　　38.6.3.4　热管式热回收装置安装 …… 453
　38.6.4　末端设备安装 ………………… 454
　　38.6.4.1　风机盘管机组安装 …… 454
　　38.6.4.2　诱导器安装 …………… 454
　　38.6.4.3　变风量末端装置安装 … 455
　　38.6.4.4　冷辐射系统末端安装 … 456
　38.6.5　加湿和除湿设备安装 ………… 458
　　38.6.5.1　加湿设备安装 ………… 458
　　38.6.5.2　除湿设备安装 ………… 459
　38.6.6　油烟净化器安装 ……………… 460
　　38.6.6.1　油烟净化设备分类 …… 460

38.6.6.2　油烟净化设备安装 ………… 461
38.6.7　过滤器安装 …………………… 462
　38.6.7.1　过滤器的分类 ………… 462
　38.6.7.2　过滤器的安装 ………… 463
38.6.8　空气洁净设备安装 …………… 464
　38.6.8.1　选择原则 ……………… 464
　38.6.8.2　高效过滤器的安装 …… 465
　38.6.8.3　洁净工作台的安装 …… 466
　38.6.8.4　层流罩的安装 ………… 466
　38.6.8.5　风机过滤器单元的安装 … 467
　38.6.8.6　高效过滤器送风口的安装 … 468
　38.6.8.7　吹淋室的安装 ………… 468
　38.6.8.8　生物安全柜的安装 …… 468
　38.6.8.9　装配式洁净室的安装 … 469
38.7　空调水管加工与安装 …………… 469
　38.7.1　空调水管加工 ………………… 469
　　38.7.1.1　空调水管的技术性能 … 469
　　38.7.1.2　管道支吊架加工 ……… 471
　　38.7.1.3　空调水管的加工 ……… 471
　　38.7.1.4　空调水管的存放 ……… 474
　38.7.2　空调水管安装 ………………… 475
　　38.7.2.1　管材与管件进场检验 … 475
　　38.7.2.2　管道安装流程 ………… 475
　　38.7.2.3　套管的安装 …………… 475
　　38.7.2.4　管道支吊架安装 ……… 476
　　38.7.2.5　管道安装 ……………… 477
　　38.7.2.6　管道试压与冲洗 ……… 481
　38.7.3　空调水阀类组件安装 ………… 483
　　38.7.3.1　空调水阀类组件进场检验 … 483
　　38.7.3.2　空调水阀类组件试压 … 483
　　38.7.3.3　空调水阀类组件安装 … 484
38.8　制冷设备的安装 ………………… 484
　38.8.1　制冷设备安装工艺流程 ……… 484
　　38.8.1.1　施工工具和材料的准备 … 484
　　38.8.1.2　施工技术资料的审定 … 488
　38.8.2　制冷机组的安装 ……………… 488
　　38.8.2.1　活塞式制冷机组的安装 … 488
　　38.8.2.2　螺杆式制冷机组的安装 … 492
　　38.8.2.3　离心式制冷机组的安装 … 495
　　38.8.2.4　溴化锂吸收式制冷机组的
　　　　　　　安装 …………………… 495
　38.8.3　热泵机组的安装 ……………… 498
　　38.8.3.1　空气源热泵机组 ……… 498

38.8.3.2　地源热泵 …………… 499
　　38.8.3.3　水环热泵 …………… 506
　38.8.4　单元式空气调节机的安装 …… 508
　　38.8.4.1　空调机的分类 ………… 508
　　38.8.4.2　空调机的安装 ………… 508
　38.8.5　VRV 变制冷剂流量多联机
　　　　　安装 …………………… 509
　　38.8.5.1　多联机系统的组成 …… 509
　　38.8.5.2　多联机的分类 ………… 509
　　38.8.5.3　多联机的安装 ………… 510
　38.8.6　空调蓄冷设备安装 …………… 518
　　38.8.6.1　水蓄冷系统 …………… 518
　　38.8.6.2　冰蓄冷系统 …………… 519
　　38.8.6.3　蓄冷系统设备的安装 … 520
　　38.8.6.4　蓄冷空调系统的调试 … 522
38.9　空调水系统设备安装 …………… 523
　38.9.1　水泵安装 ……………………… 523
　　38.9.1.1　水泵的分类 …………… 523
　　38.9.1.2　水泵的安装工艺流程 … 523
　　38.9.1.3　离心泵安装 …………… 523
　　38.9.1.4　管道泵安装 …………… 524
　　38.9.1.5　水泵的隔振 …………… 524
　38.9.2　冷却塔安装 …………………… 528
　　38.9.2.1　冷却塔的分类 …………… 528
　　38.9.2.2　冷却塔的安装工艺流程 … 529
　　38.9.2.3　冷却塔的安装 …………… 529
　　38.9.2.4　冷却塔防冻设施安装 … 532
　38.9.3　空调水处理设备的安装 ……… 532
　　38.9.3.1　水处理设备安装工艺流程 … 532
　　38.9.3.2　软化水设备安装 ……… 532
　　38.9.3.3　电子水处理器安装 …… 533
　　38.9.3.4　全程水处理器安装 …… 534
　　38.9.3.5　加药装置安装 ………… 535
　38.9.4　空调系统稳压补水设备安装 … 535
　　38.9.4.1　空调系统稳压补水方式 … 535
　　38.9.4.2　自动稳压补水设备安装 … 537
　38.9.5　板式换热器安装 ……………… 538
　　38.9.5.1　板式换热器结构原理及
　　　　　　　特点 ………………… 538
　　38.9.5.2　板式换热器单机安装 … 538
　　38.9.5.3　板式换热机组安装 …… 539
　　38.9.5.4　板式换热机组运行和维护 … 539
　38.9.6　分水器与集水器安装 ………… 539

　　38.9.6.1　分水器与集水器概述 …… 539
　　38.9.6.2　分水器与集水器安装要点 … 540
38.10　管道与设备的防腐与绝热 …… 540
　38.10.1　防腐工程 …………………… 540
　　38.10.1.1　防腐施工工艺流程 …… 540
　　38.10.1.2　防腐施工的一般要求 … 540
　　38.10.1.3　材料进场检查及保管 … 541
　　38.10.1.4　防腐施工的作业条件 … 541
　　38.10.1.5　防腐材料的选用 ……… 541
　　38.10.1.6　防腐施工具体操作 …… 543
　38.10.2　绝热工程 …………………… 545
　　38.10.2.1　绝热主材的选择 ……… 545
　　38.10.2.2　常用的绝热材料 ……… 546
　　38.10.2.3　材料进场检查及保管 … 547
　　38.10.2.4　绝热工程的施工条件 … 547
　　38.10.2.5　绝热工程的施工程序 … 548
　　38.10.2.6　绝热层（隔热层）工艺技术
　　　　　　　要求 ………………… 548
　　38.10.2.7　风管绝热层的施工 …… 549
　　38.10.2.8　水管绝热层的施工 …… 551
　　38.10.2.9　设备绝热层的施工 …… 552
　　38.10.2.10　隔汽层（防潮层）的
　　　　　　　　施工 ……………… 552
　　38.10.2.11　保护层工艺技术要求和
　　　　　　　　施工 ……………… 553
38.11　通风与空调系统调试 ………… 553
　38.11.1　试运转和调试的准备 ……… 554
　　38.11.1.1　试运转和调试主控项目 … 554
　　38.11.1.2　试运转和调试一般项目 … 555
　　38.11.1.3　调试人员的准备 ……… 556
　　38.11.1.4　调试仪器的准备 ……… 556
　　38.11.1.5　资料的准备与审核 …… 558
　　38.11.1.6　调试方案编制 ………… 558
　38.11.2　单机试运转与测试 ………… 559
　　38.11.2.1　风机的试运转 ………… 559
　　38.11.2.2　水泵的试运转 ………… 560
　　38.11.2.3　冷却塔的试运转 ……… 562
　　38.11.2.4　水处理设备的试运转 … 563
　　38.11.2.5　冷水机组的试运转 …… 563
　　38.11.2.6　空调机组及新风机组的单机
　　　　　　　试运转 ……………… 574
　　38.11.2.7　风机盘管的单机试运转 … 576
　　38.11.2.8　定压补水装置的试运转 … 577

38.11.2.9 真空脱气装置的试运转…… 578	39.1.1 一般规定……………… 601
38.11.3 系统测试调整……………… 579	39.1.1.1 适用范围……………… 601
38.11.3.1 单向流洁净室平均速度及	39.1.1.2 常用技术数据………… 601
速度不均匀度的测定…… 579	39.1.1.3 材料质量要求………… 607
38.11.3.2 水系统平衡调整……… 579	39.1.1.4 施工质量要求………… 607
38.11.3.3 风系统平衡调整……… 579	39.1.2 直埋电缆敷设……………… 608
38.11.3.4 防排烟系统的测定与	39.1.2.1 材料要求……………… 608
调整…………………… 581	39.1.2.2 施工机具……………… 608
38.11.3.5 系统温湿度测试……… 582	39.1.2.3 工艺流程……………… 608
38.11.3.6 空气洁净度测试……… 583	39.1.2.4 电缆沟开挖…………… 608
38.11.3.7 系统噪声测试………… 585	39.1.2.5 电缆敷设……………… 610
38.11.3.8 风管漏风量测试……… 585	39.1.3 矿物绝缘电缆敷设………… 612
38.11.4 净化空调系统调试………… 586	39.1.3.1 材料要求……………… 612
38.11.4.1 自动调节系统的试验	39.1.3.2 施工机具……………… 612
调整…………………… 586	39.1.3.3 作业条件……………… 612
38.11.4.2 洁净室内高效过滤器的	39.1.3.4 工艺流程……………… 613
泄漏检测……………… 587	39.1.3.5 施工准备……………… 613
38.11.4.3 室内气流组织的测定… 588	39.1.3.6 电缆敷设……………… 613
38.11.4.4 洁净区域压力梯度的	39.1.3.7 矿物绝缘终端头施工… 616
测定…………………… 589	39.1.4 预分支电缆敷设…………… 618
38.11.4.5 洁净区域照度的测定… 589	39.1.4.1 材料要求……………… 618
38.11.5 系统在线仪表调校………… 590	39.1.4.2 施工机具……………… 619
38.11.5.1 压力传感器的调校…… 590	39.1.4.3 作业条件……………… 619
38.11.5.2 温度传感器的调校…… 593	39.1.4.4 工艺流程……………… 619
38.11.5.3 流量传感器的调校…… 594	39.1.4.5 施工准备……………… 619
38.11.5.4 物位仪表的调校……… 594	39.1.4.6 电缆敷设……………… 619
38.12 通风与空调系统调适效能	39.1.4.7 其他电缆分支工艺…… 622
评价………………………………… 597	39.1.5 超高层建筑垂直电缆敷设… 623
38.12.1 建筑热环境性能评价……… 597	39.1.6 母线槽安装………………… 624
38.12.1.1 预计平均热感觉指数	39.1.6.1 材料要求……………… 624
PMV…………………… 597	39.1.6.2 施工机具……………… 629
38.12.1.2 涡动气流强度………… 598	39.1.6.3 作业条件……………… 629
38.12.2 室内空气品质评价………… 598	39.1.6.4 工艺流程……………… 629
38.12.2.1 室内空气质量标准…… 598	39.1.6.5 施工准备……………… 629
38.12.2.2 NR 噪声评价曲线…… 599	39.1.6.6 母线槽敷设…………… 630
38.12.2.3 室内噪声标准………… 599	39.1.6.7 接地检查、绝缘、耐压
38.12.3 通风与空调系统能效评估… 599	试验…………………… 635
38.12.3.1 空调冷热水系统输送能	39.1.6.8 试运行验收…………… 636
效比…………………… 599	39.1.7 电缆敷设试运行及验收…… 637
38.12.3.2 风机风量耗功率……… 600	39.1.7.1 电缆绝缘电阻测量…… 637
38.12.3.3 空调系统能效评价…… 600	39.1.7.2 电缆直流耐压试验和直流
39 建筑电气安装工程……………… 601	泄漏试验……………… 637
39.1 电缆敷设………………………… 601	39.1.7.3 电缆相位检查………… 638

39.1.7.4	试运行 …… 638	39.2.5.5	配线 …… 665
39.1.7.5	电缆敷设施工质量验收 …… 638	39.2.5.6	穿带线 …… 665
39.2	**电气装置 1kV 以下配电线路** …… 639	39.2.5.7	清扫线管 …… 665
39.2.1	金属配管敷设 …… 639	39.2.5.8	放线、断线和导线绝缘层剥切 …… 665
39.2.1.1	材料要求 …… 639		
39.2.1.2	施工机具 …… 640	39.2.5.9	管内穿线 …… 665
39.2.1.3	作业条件 …… 640	39.2.5.10	线槽敷线 …… 666
39.2.1.4	厚壁金属电线管配管 …… 640	39.2.6	塑料护套线敷设 …… 666
39.2.1.5	薄壁金属电线管配管 …… 644	39.2.6.1	材料要求 …… 666
39.2.1.6	装设补偿盒 …… 645	39.2.6.2	施工机具 …… 667
39.2.2	可弯曲金属导管敷设 …… 647	39.2.6.3	作业条件 …… 667
39.2.2.1	材料要求 …… 647	39.2.6.4	工艺流程 …… 667
39.2.2.2	施工机具 …… 647	39.2.6.5	弹线定位 …… 667
39.2.2.3	作业条件 …… 647	39.2.6.6	埋设件安装 …… 667
39.2.2.4	工艺流程 …… 647	39.2.6.7	配线 …… 667
39.2.2.5	暗管敷设 …… 648	39.2.6.8	导线连接 …… 668
39.2.2.6	明管敷设 …… 649	39.2.6.9	线路检查及绝缘测试 …… 668
39.2.3	塑料导管敷设 …… 650	39.2.7	钢索配线 …… 668
39.2.3.1	适用范围 …… 650	39.2.7.1	材料要求 …… 668
39.2.3.2	材料要求 …… 650	39.2.7.2	施工机具 …… 669
39.2.3.3	施工机具 …… 651	39.2.7.3	作业条件 …… 669
39.2.3.4	作业条件及要求 …… 651	39.2.7.4	工艺流程 …… 669
39.2.3.5	工艺流程 …… 651	39.2.7.5	预制加工配（附）件 …… 669
39.2.3.6	测量放线、定位 …… 651	39.2.7.6	预埋件安装和预留孔洞 …… 669
39.2.3.7	下料与预割加工 …… 651	39.2.7.7	弹线定位 …… 669
39.2.3.8	塑料管与盒（箱）的连接 …… 651	39.2.7.8	固定支架 …… 669
39.2.3.9	塑料管的连接方法 …… 651	39.2.7.9	安装钢索 …… 669
39.2.3.10	安装要求 …… 652	39.2.7.10	保护接地 …… 670
39.2.3.11	施工过程质量控制要点 …… 652	39.2.7.11	钢索配线 …… 670
39.2.3.12	装设补偿盒 …… 652	39.2.8	电缆头制作及测试 …… 671
39.2.4	梯架、托盘和槽盒安装 …… 654	39.2.8.1	干包电缆头制作 …… 672
39.2.4.1	适用范围 …… 655	39.2.8.2	热缩电缆头制作 …… 674
39.2.4.2	材料要求 …… 655	39.2.8.3	冷缩电缆头制作 …… 677
39.2.4.3	施工机具 …… 655	39.2.9	导线连接 …… 680
39.2.4.4	作业条件 …… 656	39.2.9.1	材料要求 …… 680
39.2.4.5	工艺流程 …… 656	39.2.9.2	施工机具 …… 681
39.2.4.6	支、吊架制作安装 …… 656	39.2.9.3	作业条件 …… 681
39.2.4.7	梯架、托盘和槽盒安装 …… 659	39.2.9.4	工艺流程 …… 681
39.2.5	管内穿线 …… 664	39.2.9.5	绝缘电阻测试 …… 681
39.2.5.1	材料要求 …… 664	39.2.9.6	导线绝缘层的剥切 …… 681
39.2.5.2	施工机具 …… 665	39.2.9.7	导线连接 …… 682
39.2.5.3	作业条件 …… 665	39.2.9.8	线路检查及绝缘测试 …… 684
39.2.5.4	工艺流程 …… 665	39.3	**35kV 及以下配线工程** …… 685

- 39.3.1 一般规定 …… 685
  - 39.3.1.1 常用技术数据 …… 685
  - 39.3.1.2 材料质量要求 …… 690
  - 39.3.1.3 施工质量技术要求 …… 690
  - 39.3.1.4 施工常用机具 …… 691
  - 39.3.1.5 作业条件 …… 691
- 39.3.2 电缆沟内电缆敷设 …… 692
  - 39.3.2.1 适用范围 …… 692
  - 39.3.2.2 材料要求 …… 692
  - 39.3.2.3 施工机具 …… 692
  - 39.3.2.4 作业条件 …… 692
  - 39.3.2.5 工艺流程 …… 692
  - 39.3.2.6 电缆沟验收 …… 693
  - 39.3.2.7 支架制作 …… 695
  - 39.3.2.8 支架安装 …… 697
  - 39.3.2.9 电缆敷设 …… 701
- 39.3.3 电缆穿保护管敷设 …… 701
  - 39.3.3.1 适用范围 …… 702
  - 39.3.3.2 材料要求 …… 702
  - 39.3.3.3 施工机具 …… 703
  - 39.3.3.4 作业条件 …… 703
  - 39.3.3.5 工艺流程 …… 703
  - 39.3.3.6 电缆保护管加工制作 …… 703
  - 39.3.3.7 电缆保护管连接安装 …… 704
  - 39.3.3.8 电缆穿保护管敷设 …… 705
  - 39.3.3.9 非开挖电力管线敷设 …… 707
- 39.3.4 电缆桥架内电缆敷设 …… 709
- 39.3.5 35kV 及以下配电线路测试及验收 …… 712
  - 39.3.5.1 测试资料 …… 712
  - 39.3.5.2 验收项目 …… 712
  - 39.3.5.3 35kV 及以下配电线路工程交接验收 …… 712
- 39.4 电气照明装置安装 …… 712
  - 39.4.1 普通灯具的安装 …… 713
    - 39.4.1.1 一般规定 …… 713
    - 39.4.1.2 灯具的固定 …… 713
  - 39.4.2 专用灯具安装 …… 714
    - 39.4.2.1 景观灯具、航空障碍标志灯及庭院灯具的安装 …… 714
    - 39.4.2.2 智能照明系统的安装 …… 717
    - 39.4.2.3 应急照明灯具安装 …… 719
    - 39.4.2.4 太阳能灯具的安装 …… 722
    - 39.4.2.5 防爆灯具的安装 …… 722
    - 39.4.2.6 手术台无影灯的安装 …… 723
    - 39.4.2.7 其他专用灯具的安装 …… 723
  - 39.4.3 插座、开关、吊扇、壁扇安装 …… 724
    - 39.4.3.1 施工准备 …… 724
    - 39.4.3.2 施工工艺 …… 725
  - 39.4.4 电气照明装置调试运行及验收 …… 726
    - 39.4.4.1 施工准备 …… 726
    - 39.4.4.2 作业条件 …… 727
    - 39.4.4.3 通电试运行技术要求 …… 727
    - 39.4.4.4 运行中的故障预防 …… 727
    - 39.4.4.5 绿色照明检测及评价标准 …… 727
    - 39.4.4.6 工程交接验收 …… 732
- 39.5 电气设备安装 …… 732
  - 39.5.1 施工准备 …… 733
    - 39.5.1.1 常用器具 …… 733
    - 39.5.1.2 作业条件 …… 733
    - 39.5.1.3 一般规定 …… 733
  - 39.5.2 变压器安装通用部分 …… 734
    - 39.5.2.1 设备及材料进场验收 …… 734
    - 39.5.2.2 作业条件 …… 737
    - 39.5.2.3 安装前检查测试 …… 738
  - 39.5.3 干式变压器的安装 …… 738
    - 39.5.3.1 工艺流程 …… 738
    - 39.5.3.2 施工准备 …… 738
    - 39.5.3.3 变压器二次搬运 …… 738
    - 39.5.3.4 本体安装 …… 738
    - 39.5.3.5 附件安装 …… 740
    - 39.5.3.6 电压切换装置的安装 …… 740
    - 39.5.3.7 变压器联线 …… 740
    - 39.5.3.8 变压器的交接试验 …… 740
    - 39.5.3.9 变压器送电前检查 …… 740
    - 39.5.3.10 变压器送电试运行验收 …… 741
    - 39.5.3.11 竣工验收 …… 741
  - 39.5.4 油浸变压器安装 …… 741
    - 39.5.4.1 工艺流程 …… 741
    - 39.5.4.2 施工准备 …… 741
    - 39.5.4.3 设备点件检查 …… 741
    - 39.5.4.4 变压器二次搬运 …… 742
    - 39.5.4.5 变压器就位 …… 742
    - 39.5.4.6 附件安装 …… 742
    - 39.5.4.7 器身检查 …… 745
    - 39.5.4.8 变压器的内部安装、连接 …… 745

- 39.5.4.9 注油 746
- 39.5.4.10 变压器交接试验 747
- 39.5.4.11 变压器送电前的检查 747
- 39.5.4.12 变压器送电试运行验收 747
- 39.5.5 箱式变电站（预装式变电站）安装 747
  - 39.5.5.1 设备及材料进场验收要求 748
  - 39.5.5.2 常用技术数据 748
  - 39.5.5.3 工艺流程 748
  - 39.5.5.4 箱式变电站安装步骤 748
- 39.5.6 成套配电柜（盘）安装 751
  - 39.5.6.1 设备及材料进场验收 751
  - 39.5.6.2 作业条件 754
  - 39.5.6.3 施工工艺流程 754
  - 39.5.6.4 盘柜安装步骤 754
  - 39.5.6.5 调试 759
  - 39.5.6.6 送电试运行 760
  - 39.5.6.7 验收 761
- 39.5.7 变配电室内外母线安装 761
  - 39.5.7.1 材料进场验收 761
  - 39.5.7.2 母线常用参数 762
  - 39.5.7.3 施工工艺流程 764
  - 39.5.7.4 测量定位 764
  - 39.5.7.5 裸母线预制加工 765
  - 39.5.7.6 裸母线连接 766
  - 39.5.7.7 裸母线安装 766
  - 39.5.7.8 母线在支柱绝缘子上固定时的要求 768
  - 39.5.7.9 绝缘子与穿墙套管安装 768
  - 39.5.7.10 封闭母线支吊架制作安装 768
  - 39.5.7.11 封闭插接母线安装 768
  - 39.5.7.12 接地 768
  - 39.5.7.13 防火封堵 769
  - 39.5.7.14 试运行验收 769
- 39.5.8 电气火灾监控系统安装 769
  - 39.5.8.1 作业条件 769
  - 39.5.8.2 设备及材料进场验收 769
  - 39.5.8.3 工艺流程 770
  - 39.5.8.4 设备安装 770
  - 39.5.8.5 试验与检查 771
  - 39.5.8.6 试运行与验收 772
- 39.6 应急备用电源安装 772
  - 39.6.1 柴油发电机组安装 773
    - 39.6.1.1 一般规定 773
    - 39.6.1.2 柴油发电机组安装 773
  - 39.6.2 UPS/EPS 安装 780
    - 39.6.2.1 一般规定 780
    - 39.6.2.2 不间断电源 UPS 780
    - 39.6.2.3 应急电源 EPS 781
- 39.7 电动机、电加热器及电动执行机构检查接线 785
  - 39.7.1 电动机的分类 785
    - 39.7.1.1 按机壳防护形式分类 785
    - 39.7.1.2 按照电机中心高或定子铁芯外径尺寸大小分类 786
  - 39.7.2 三相异步电动机的型号组成及主要技术数据 786
    - 39.7.2.1 型号 786
    - 39.7.2.2 主要技术数据 787
  - 39.7.3 电动机、电加热器及电动执行机构检查接线 787
    - 39.7.3.1 电动机、电加热器及电动执行机构检查接线施工工艺及流程 787
  - 39.7.4 控制、保护和启动设备安装 790
  - 39.7.5 电动机的试验 790
  - 39.7.6 电动机的试运行及验收 791
    - 39.7.6.1 电动机启动前的检查 791
    - 39.7.6.2 电动机的试运行 791
    - 39.7.6.3 电动机的验收 792
- 39.8 建筑物的防雷与接地装置 792
  - 39.8.1 一般规定 793
    - 39.8.1.1 技术要求 793
    - 39.8.1.2 材料要求 800
    - 39.8.1.3 主要机具 802
    - 39.8.1.4 作业条件 802
  - 39.8.2 接地装置安装 802
    - 39.8.2.1 接地装置的划分 802
    - 39.8.2.2 施工要求 803
    - 39.8.2.3 施工工艺 804
    - 39.8.2.4 定位放线 804
    - 39.8.2.5 人工接地体制作 804
    - 39.8.2.6 自然接地体安装 805
    - 39.8.2.7 人工接地体的安装 806

- 39.8.2.8 接地干线安装 …… 806
- 39.8.2.9 需注意的其他问题 …… 809
- 39.8.3 引下线及均压环安装 …… 809
  - 39.8.3.1 引下线安装 …… 809
  - 39.8.3.2 均压环安装 …… 811
- 39.8.4 接闪器安装 …… 812
  - 39.8.4.1 弯件制作 …… 812
  - 39.8.4.2 支持件安装 …… 812
  - 39.8.4.3 接闪带、接闪网安装 …… 812
- 39.8.5 试验与调试 …… 815
- 39.9 等电位联结 …… 816
  - 39.9.1 总等电位联结 …… 816
    - 39.9.1.1 建筑物内的总等电位联结 …… 816
    - 39.9.1.2 保护等电位联结线截面的选取原则 …… 817
    - 39.9.1.3 总等电位联结的方法 …… 817
  - 39.9.2 辅助等电位联结 …… 819
  - 39.9.3 局部等电位联结 …… 819
    - 39.9.3.1 卫生间、浴室等有防水要求的房间等电位联结 …… 819
    - 39.9.3.2 游泳池等电位联结 …… 820
    - 39.9.3.3 典型医疗场所等电位联结 …… 821
    - 39.9.3.4 电梯井道和配电间等电位联结 …… 821
    - 39.9.3.5 典型室外用电设备等电位联结 …… 822
    - 39.9.3.6 功能等电位联结 …… 823
  - 39.9.4 等电位联结的安装要求 …… 823
  - 39.9.5 等电位联结的导通性测试 …… 824
- 39.10 建筑一体化光伏电站的安装 …… 824
  - 39.10.1 准备工作 …… 824
  - 39.10.2 施工工艺流程 …… 825
  - 39.10.3 设备基础 …… 826
    - 39.10.3.1 后锚固型施工要求 …… 826
    - 39.10.3.2 配重型施工要求 …… 827
  - 39.10.4 支架安装 …… 827
    - 39.10.4.1 光伏支架结构 …… 827
    - 39.10.4.2 光伏支架的安装（金属屋面） …… 828
    - 39.10.4.3 光伏支架的安装（水泥屋面） …… 828
    - 39.10.4.4 光伏支架的安装（幕墙） …… 829
  - 39.10.5 光伏组件安装 …… 830
    - 39.10.5.1 施工流程 …… 830
    - 39.10.5.2 光伏组件安装准备工作 …… 830
    - 39.10.5.3 光伏组件的安装要求 …… 830
  - 39.10.6 汇流箱安装 …… 830
    - 39.10.6.1 施工准备 …… 830
    - 39.10.6.2 汇流箱的安装 …… 831
    - 39.10.6.3 汇流箱的接线 …… 831
  - 39.10.7 逆变器安装 …… 831
    - 39.10.7.1 施工准备 …… 831
    - 39.10.7.2 逆变器的安装 …… 831
    - 39.10.7.3 逆变器的接线 …… 831
  - 39.10.8 线路敷设 …… 832
    - 39.10.8.1 光伏（直流）电缆敷设 …… 832
    - 39.10.8.2 光伏（交流）电缆敷设 …… 832
  - 39.10.9 光伏系统防雷与接地 …… 833
    - 39.10.9.1 施工准备 …… 833
    - 39.10.9.2 施工要求 …… 833
  - 39.10.10 设备和系统调试 …… 833
    - 39.10.10.1 光伏组件串调试 …… 833
    - 39.10.10.2 汇流箱调试 …… 833
    - 39.10.10.3 逆变器调试 …… 834
    - 39.10.10.4 二次系统调试 …… 835
    - 39.10.10.5 计算机监控系统调试 …… 835
    - 39.10.10.6 继电保护系统调试 …… 835
    - 39.10.10.7 远动通信系统调试 …… 835
    - 39.10.10.8 电能量信息采集系统调试 …… 835
    - 39.10.10.9 不间断电源系统调试 …… 836
    - 39.10.10.10 二次系统安全防护调试 …… 836
    - 39.10.10.11 其他电气设备调试 …… 836
  - 39.10.11 并入电网 …… 836
- 39.11 防火封堵 …… 837
  - 39.11.1 电缆穿墙防火封堵施工 …… 837
  - 39.11.2 电缆穿楼板防火封堵施工 …… 840
  - 39.11.3 电缆进盘、柜、箱防火封堵施工 …… 844
  - 39.11.4 电缆竖井防火封堵施工 …… 850
  - 39.11.5 电缆隧（沟）道防火封堵施工 …… 857
  - 39.11.6 电缆穿保护管防火封堵施工 …… 861
- 39.12 试验与调试 …… 861

- 39.12.1 建筑电气试验项目与调试的系统 …… 862
  - 39.12.1.1 基本试验项目 …… 862
  - 39.12.1.2 基本电气调试系统 …… 862
- 39.12.2 准备工作 …… 862
  - 39.12.2.1 技术准备工作 …… 862
  - 39.12.2.2 仪器仪表与工机具的准备 …… 862
  - 39.12.2.3 调试现场条件的准备 …… 864
- 39.12.3 建筑电气试验与调试一般要求 …… 864
  - 39.12.3.1 建筑电气试验的要求 …… 864
  - 39.12.3.2 建筑电气系统调试的要求 …… 865
- 39.12.4 建筑电气试验工序和调试工序 …… 866
  - 39.12.4.1 建筑电气试验的工序 …… 866
  - 39.12.4.2 建筑电气调试的工序 …… 866
- 39.12.5 建筑电气试验项目工作内容 …… 867
  - 39.12.5.1 接地系统的试验项目 …… 867
  - 39.12.5.2 高压成套设备及线路试验项目 …… 868
  - 39.12.5.3 变压器及附属设备试验 …… 877
  - 39.12.5.4 低压成套设备及线路试验项目 …… 880
- 39.12.6 建筑电气系统调试工作内容 …… 883
  - 39.12.6.1 建筑电气系统调试基本内容和过程划分 …… 883
  - 39.12.6.2 高低压变配电所（室）的调试 …… 883
  - 39.12.6.3 低压配电系统的调试 …… 885
  - 39.12.6.4 负荷端电气设备的调试 …… 886
- 39.12.7 电气安全技术 …… 892
  - 39.12.7.1 试验有关的安全规定 …… 892
  - 39.12.7.2 试验工作中的安全注意事项 …… 893
- 39.12.8 质量验收移交与资料整理 …… 893
  - 39.12.8.1 质量验收移交 …… 893
  - 39.12.8.2 资料整理 …… 894
- 参考文献 …… 895

40 智能建筑工程 …… 896

40.1 智能建筑工程总体概述 …… 896

- 40.1.1 智能建筑工程的定义 …… 896
- 40.1.2 主要标准与规范 …… 897
- 40.1.3 施工与管理的通用性要求 …… 897
  - 40.1.3.1 施工准备 …… 897
  - 40.1.3.2 施工管理 …… 899

40.2 综合管线 …… 905

- 40.2.1 施工准备 …… 905
- 40.2.2 施工工序流程 …… 906
  - 40.2.2.1 桥架安装 …… 906
  - 40.2.2.2 管路敷设 …… 906
  - 40.2.2.3 线缆敷设 …… 906
- 40.2.3 综合管线安装要求 …… 907
- 40.2.4 施工质量控制 …… 909
  - 40.2.4.1 施工质量控制要点 …… 909
  - 40.2.4.2 质量记录 …… 910
- 40.2.5 检验 …… 910
  - 40.2.5.1 检测验收 …… 910
  - 40.2.5.2 资料整理与归档 …… 910

40.3 综合布线系统 …… 910

- 40.3.1 综合布线系统结构 …… 910
  - 40.3.1.1 系统组成 …… 910
  - 40.3.1.2 系统的应用 …… 911
- 40.3.2 施工工序流程 …… 912
- 40.3.3 综合布线系统的安装要求 …… 912
  - 40.3.3.1 施工准备 …… 912
  - 40.3.3.2 主干线缆的敷设 …… 913
  - 40.3.3.3 水平线缆的敷设 …… 915
  - 40.3.3.4 工作区器材的安装与连接 …… 915
  - 40.3.3.5 管理子系统的安装与端接 …… 917
  - 40.3.3.6 综合布线系统的施工要求 …… 917
- 40.3.4 施工质量控制 …… 919
- 40.3.5 系统的检测与检验 …… 919
  - 40.3.5.1 系统检测 …… 919
  - 40.3.5.2 资料整理 …… 921
- 40.3.6 综合布线新术介绍 …… 921
  - 40.3.6.1 电缆新技术介绍 …… 921
  - 40.3.6.2 配线管理新技术介绍 …… 921

40.4 通信网络系统 …… 921

- 40.4.1 通信系统组成与功能 …… 922
  - 40.4.1.1 通信系统组成 …… 922
  - 40.4.1.2 通信系统功能 …… 922
- 40.4.2 施工工序流程 …… 923

40.4.3 通信网络系统的安装施工 …… 924
　40.4.3.1 通信网络系统的施工准备 … 924
　40.4.3.2 通信网络系统的安装施工 … 924
40.4.4 通信网络系统的质量控制 …… 925
40.4.5 通信网络系统的调试与检验 … 926
　40.4.5.1 通信网络系统调试 ……… 926
　40.4.5.2 通信网络系统检验 ……… 926
　40.4.5.3 资料整理与归档 ………… 927
40.4.6 通信网络发展动向和趋势介绍 … 927

40.5 卫星电视及有线电视系统 …………… 928
　40.5.1 卫星电视及有线电视系统结构 … 928
　　40.5.1.1 电视系统组成 …………… 928
　　40.5.1.2 电视系统应用 …………… 930
　40.5.2 施工工序流程 ………………… 930
　40.5.3 电视系统安装施工 …………… 930
　　40.5.3.1 电视系统的施工准备 …… 930
　　40.5.3.2 卫星电视的安装施工 …… 931
　　40.5.3.3 电视系统布线与设备的安装 ……………………… 933
　　40.5.3.4 电视系统安装的施工要求 … 934
　40.5.4 施工质量控制 ………………… 935
　40.5.5 卫星电视有线电视调试与检验 … 936
　　40.5.5.1 卫星电视有线电视系统调试 ……………………… 936
　　40.5.5.2 卫星电视有线电视检测 … 936
　　40.5.5.3 资料整理与归档 ………… 939

40.6 公共广播系统 ……………………… 939
　40.6.1 广播系统结构 ………………… 939
　　40.6.1.1 广播系统组成 …………… 939
　　40.6.1.2 广播系统结构 …………… 939
　　40.6.1.3 广播系统功能 …………… 940
　40.6.2 施工工序流程 ………………… 941
　40.6.3 公共广播系统的安装 ………… 941
　　40.6.3.1 公共广播系统的施工准备 … 941
　　40.6.3.2 公共广播系统的安装施工 … 941
　40.6.4 施工质量控制 ………………… 942
　40.6.5 公共广播系统的调试与测试 …… 943
　　40.6.5.1 公共广播系统调试 ……… 943
　　40.6.5.2 公共广播系统的检测与检验 ………………………… 943

40.7 信息网络系统 ……………………… 944
　40.7.1 信息网络系统结构 …………… 944

40.7.1.1 计算机网络组成 ………… 944
40.7.1.2 网络设备和网络连接 …… 946
40.7.2 施工工序流程 ………………… 948
40.7.3 网络设备与软件安装 ………… 948
　40.7.3.1 网络设备安装前的准备工作 ………………………… 948
　40.7.3.2 信息网络系统的设备与软件安装 ………………………… 950
　40.7.3.3 网络连接器材的安装 …… 951
40.7.4 网络设备与软件调试 ………… 952
　40.7.4.1 网络调试的准备工作 …… 952
　40.7.4.2 网络设备与软件的调试 …… 952
40.7.5 计算机网络管理系统 ………… 954
　40.7.5.1 网络管理系统的功能与模式 ……………………… 954
　40.7.5.2 网络管理系统安装 ……… 955
　40.7.5.3 网络管理系统调试 ……… 955
40.7.6 施工质量控制 ………………… 955
40.7.7 信息网络系统的检测和验收 …… 956
　40.7.7.1 网络安全系统检测 ……… 956
　40.7.7.2 应用层安全检测 ………… 957
　40.7.7.3 资料整理与归档 ………… 957

40.8 视频会议系统 ……………………… 957
　40.8.1 视频会议系统结构 …………… 957
　　40.8.1.1 视频会议系统组成 ……… 957
　　40.8.1.2 视频会议系统结构 ……… 958
　40.8.2 施工工序流程 ………………… 963
　40.8.3 视频会议系统的安装施工 …… 963
　　40.8.3.1 施工准备 ………………… 963
　　40.8.3.2 视频会议系统安装施工要求 ……………………… 964
　40.8.4 施工质量控制 ………………… 970
　40.8.5 会议系统的调试与检测 ……… 971
　　40.8.5.1 会议系统的调试 ………… 971
　　40.8.5.2 会议系统的检测与检验 …… 972
　　40.8.5.3 资料整理与归档 ………… 973

40.9 时钟系统 …………………………… 973
　40.9.1 时钟系统组成与结构 ………… 973
　　40.9.1.1 时钟系统组成 …………… 973
　　40.9.1.2 时钟系统的结构 ………… 973
　　40.9.1.3 时钟系统的功能 ………… 975
　40.9.2 施工工序流程 ………………… 975
　40.9.3 系统的安装要求 ……………… 976

40.9.4 系统的检测与检验 …………… 976
   40.9.4.1 系统的检测 …………… 976
   40.9.4.2 系统的检验 …………… 977
   40.9.4.3 资料整理与归档 ……… 977
40.10 信息导引及发布系统 ………… 977
  40.10.1 信息导引及发布系统组成与
    结构 …………………………… 977
   40.10.1.1 信息导引及发布系统
     组成 ……………………… 977
   40.10.1.2 信息导引及发布系统
     结构 ……………………… 978
   40.10.1.3 信息导引及发布系统
     功能 ……………………… 979
  40.10.2 施工工序流程 ……………… 980
  40.10.3 系统的安装 ………………… 980
   40.10.3.1 系统的施工准备 ……… 980
   40.10.3.2 系统的安装 …………… 980
  40.10.4 施工质量控制 ……………… 981
  40.10.5 系统的检测与检验 ………… 981
   40.10.5.1 系统的检测 …………… 981
   40.10.5.2 系统的检验 …………… 983
   40.10.5.3 资料整理与归档 ……… 983
  40.10.6 设备安装 …………………… 983
   40.10.6.1 施工准备 ……………… 983
   40.10.6.2 技术准备 ……………… 984
   40.10.6.3 建筑设备监控系统的
     安装 ……………………… 984
  40.10.7 施工质量控制 ……………… 987
  40.10.8 建筑设备监控系统调试 …… 989
   40.10.8.1 系统调试准备 ………… 989
   40.10.8.2 系统调试 ……………… 989
  40.10.9 系统的检测与检验 ………… 991
   40.10.9.1 系统检测 ……………… 991
   40.10.9.2 系统检验 ……………… 993
   40.10.9.3 资料整理与归档 ……… 995
40.11 火灾自动报警及消防联动
  控制系统 ……………………… 996
  40.11.1 火灾自动报警及消防联动控制
    系统结构 …………………… 996
   40.11.1.1 系统组成 ……………… 996
   40.11.1.2 火灾自动报警及消防联动
     控制 ……………………… 996

40.11.2 系统的安装施工 …………… 997
  40.11.2.1 系统安装施工准备 …… 997
  40.11.2.2 系统安装施工要求 …… 998
40.11.3 施工质量控制 ……………… 1001
40.11.4 系统的调试、测试与检验 … 1002
  40.11.4.1 系统调试 …………… 1002
  40.11.4.2 系统的检测与检验 … 1007
  40.11.4.3 资料整理与归档 …… 1007
40.12 安全防范系统 ………………… 1007
  40.12.1 安全防范系统的组成 …… 1007
  40.12.2 安全防范系统工序流程 … 1008
  40.12.3 系统安装、调试与检测 … 1008
   40.12.3.1 施工准备 …………… 1008
   40.12.3.2 入侵报警系统 ……… 1009
   40.12.3.3 视频安防监控系统 … 1012
   40.12.3.4 出入口控制（门禁）
     系统 …………………… 1016
   40.12.3.5 巡更（电子巡查）系统 … 1022
   40.12.3.6 停车场（库）管理系统 … 1023
   40.12.3.7 可视对讲系统 ……… 1026
   40.12.3.8 安全检测系统 ……… 1027
  40.12.4 施工质量控制 …………… 1029
  40.12.5 安全防范系统检测 ……… 1029
40.13 机房工程 ……………………… 1030
  40.13.1 系统的安装工序流程 …… 1031
  40.13.2 系统的安装、调试 ……… 1031
   40.13.2.1 施工前准备 ………… 1031
   40.13.2.2 场地集中监控系统安装
     调试 …………………… 1031
   40.13.2.3 机房电磁屏蔽系统安装
     调试 …………………… 1032
  40.13.3 施工质量控制 …………… 1033
  40.13.4 机房的系统测试与检验 … 1033
   40.13.4.1 系统的调试 ………… 1033
   40.13.4.2 系统的检测与检验 … 1034
   40.13.4.3 资料整理与归档 …… 1037
40.14 智能化集成系统 ……………… 1037
  40.14.1 智能化集成系统组成与结构 … 1037
   40.14.1.1 智能化集成系统组成 … 1037
   40.14.1.2 智能化集成系统结构 … 1038
  40.14.2 信息集成系统施工工艺流程 … 1039
  40.14.3 智能化集成系统的安装 …… 1039

  40.14.3.1 系统安装前期准备工作 … 1039
  40.14.3.2 系统的安装 …………… 1039
 40.14.4 系统施工质量控制 …………… 1040
 40.14.5 智能化集成系统的调试与
     检验 ………………………… 1041
  40.14.5.1 系统调试 ……………… 1041
  40.14.5.2 系统检测 ……………… 1042
  40.14.5.3 资料整理与归档 ……… 1043

41 电梯安装工程 …………………… 1044

41.1 概述 ………………………………… 1044
 41.1.1 电梯的分类 …………………… 1044
 41.1.2 电梯的主参数 ………………… 1044
 41.1.3 电梯的基本构成 ……………… 1045
 41.1.4 自动扶梯与自动人行道的基本
    构成 …………………………… 1045
  41.1.4.1 自动扶梯的基本构成 …… 1045
  41.1.4.2 自动人行道的基本构成 … 1045
 41.1.5 其他电梯的特点 ……………… 1045
 41.1.6 电梯安装的要求 ……………… 1045
  41.1.6.1 电梯安装前具备的条件 … 1045
  41.1.6.2 电梯电源和电气设备接地、
     绝缘的要求 …………… 1046

41.2 曳引电梯安装 ……………………… 1047
 41.2.1 井道测量 ……………………… 1047
  41.2.1.1 常用工具及机具 ……… 1047
  41.2.1.2 施工条件 ……………… 1047
  41.2.1.3 施工工艺流程 ………… 1048
  41.2.1.4 施工中安全注意事项 … 1049
  41.2.1.5 质量要求 ……………… 1049
 41.2.2 导轨支架和导轨的安装 ……… 1049
  41.2.2.1 常用工具及机具 ……… 1049
  41.2.2.2 施工条件 ……………… 1049
  41.2.2.3 施工工艺流程 ………… 1049
  41.2.2.4 施工中安全注意事项 … 1053
  41.2.2.5 质量要求 ……………… 1053
 41.2.3 轿厢及对重安装 ……………… 1054
  41.2.3.1 常用工具及机具 ……… 1054
  41.2.3.2 施工条件 ……………… 1054
  41.2.3.3 施工工艺流程 ………… 1054
  41.2.3.4 施工中安全注意事项 … 1059
  41.2.3.5 质量要求 ……………… 1059
 41.2.4 层门安装 ……………………… 1059
  41.2.4.1 常用工具及机具 ……… 1059
  41.2.4.2 施工条件 ……………… 1059
  41.2.4.3 施工工艺流程 ………… 1059
  41.2.4.4 施工中安全注意事项 … 1060
  41.2.4.5 质量要求 ……………… 1060
 41.2.5 机房曳引装置及限速器装置
    安装 …………………………… 1061
  41.2.5.1 常用工具及机具 ……… 1061
  41.2.5.2 施工条件 ……………… 1061
  41.2.5.3 施工工艺流程 ………… 1061
  41.2.5.4 施工中安全注意事项 … 1063
  41.2.5.5 质量要求 ……………… 1063
 41.2.6 井道机械设备安装 …………… 1063
  41.2.6.1 常用机具及工具 ……… 1063
  41.2.6.2 施工条件 ……………… 1063
  41.2.6.3 施工工艺流程 ………… 1064
  41.2.6.4 施工中安全注意事项 … 1064
  41.2.6.5 质量要求 ……………… 1065
 41.2.7 钢丝绳安装 …………………… 1065
  41.2.7.1 常用工具及机具 ……… 1065
  41.2.7.2 施工条件 ……………… 1065
  41.2.7.3 施工工艺流程 ………… 1065
  41.2.7.4 质量要求 ……………… 1066
 41.2.8 电气装置安装 ………………… 1066
  41.2.8.1 常用工具及机具 ……… 1066
  41.2.8.2 施工条件 ……………… 1066
  41.2.8.3 施工工艺流程 ………… 1066
  41.2.8.4 施工中安全注意事项 … 1068
  41.2.8.5 质量要求 ……………… 1068
 41.2.9 电梯调试、试验运行 ………… 1068
  41.2.9.1 常用工具及仪器 ……… 1068
  41.2.9.2 调试运行前的检查准备
     工作 …………………… 1068
  41.2.9.3 电梯的整机运行调试 … 1069
  41.2.9.4 试验运行 ……………… 1070
 41.2.10 自导式无脚手架安装 ……… 1075
  41.2.10.1 常用工机具及仪器 …… 1075
  41.2.10.2 施工条件 ……………… 1075
  41.2.10.3 施工工艺流程 ………… 1075
  41.2.10.4 施工中安全注意事项 …… 1080
  41.2.10.5 成品保护措施 ………… 1080
 41.2.11 曳引无机房电梯安装 ……… 1080
  41.2.11.1 常用工具及仪器 ………… 1080

41.2.11.2 施工条件 …………… 1080	工程 …………………………… 1094
41.2.11.3 施工工艺流程 ………… 1081	41.4.1 土建测量 …………………… 1094
41.2.11.4 施工中安全注意事项 … 1083	41.4.1.1 常用机具 …………… 1094
41.2.11.5 质量要求 …………… 1083	41.4.1.2 施工条件 …………… 1094
41.2.12 能量回馈装置安装 ………… 1083	41.4.1.3 施工方法 …………… 1094
41.2.12.1 接线示意图 ………… 1083	41.4.1.4 施工中安全注意事项 … 1095
41.2.12.2 安装前测量数据 …… 1084	41.4.1.5 质量要求 …………… 1095
41.2.12.3 接线及注意事项 …… 1084	41.4.1.6 成品保护 …………… 1095
41.2.12.4 调节阀值电压 ……… 1084	41.4.2 桁架的组装 ………………… 1095
41.2.13 双层轿厢安装 ……………… 1085	41.4.2.1 常用机具 …………… 1095
41.3 液压电梯安装 …………………… 1085	41.4.2.2 施工条件 …………… 1095
41.3.1 井道测量 …………………… 1085	41.4.2.3 施工方法 …………… 1095
41.3.2 导轨支架和导轨（轿厢导轨、	41.4.2.4 施工中安全注意事项 … 1096
油缸导轨）的安装 ………… 1085	41.4.3 桁架的定中心 ……………… 1096
41.3.3 油缸的安装 ………………… 1085	41.4.3.1 施工方法 …………… 1096
41.3.3.1 常用工具及机具……… 1085	41.4.3.2 质量要求 …………… 1097
41.3.3.2 施工条件 …………… 1085	41.4.4 导轨类的安装 ……………… 1097
41.3.3.3 施工工艺流程 ………… 1086	41.4.4.1 常用工具 …………… 1097
41.3.3.4 施工中安全注意事项 … 1087	41.4.4.2 施工条件 …………… 1097
41.3.3.5 质量要求 …………… 1087	41.4.4.3 施工方法 …………… 1097
41.3.4 轮及钢丝绳的安装 ………… 1087	41.4.4.4 施工中安全注意事项 … 1098
41.3.4.1 常用工具及机具……… 1087	41.4.4.5 质量要求 …………… 1098
41.3.4.2 施工条件 …………… 1088	41.4.4.6 成品保护 …………… 1098
41.3.4.3 施工工艺流程 ………… 1088	41.4.5 扶手装置的安装 …………… 1098
41.3.4.4 施工中安全注意事项 … 1089	41.4.5.1 常用机具 …………… 1098
41.3.4.5 质量要求 …………… 1089	41.4.5.2 施工条件 …………… 1098
41.3.5 轿厢安装 …………………… 1089	41.4.5.3 施工方法 …………… 1098
41.3.6 机房设备及油管的安装 …… 1089	41.4.5.4 施工中安全注意事项 … 1099
41.3.6.1 常用工具及机具……… 1089	41.4.5.5 质量要求 …………… 1099
41.3.6.2 施工条件 …………… 1089	41.4.5.6 成品保护 …………… 1100
41.3.6.3 施工工艺流程 ………… 1089	41.4.6 挂扶手带 …………………… 1100
41.3.6.4 施工中安全注意事项 … 1091	41.4.6.1 常用机具 …………… 1100
41.3.6.5 质量要求 …………… 1091	41.4.6.2 施工条件 …………… 1100
41.3.7 平衡重及安全钳限速器安装 … 1091	41.4.6.3 施工方法 …………… 1100
41.3.8 层门的安装 ………………… 1091	41.4.6.4 施工中安全注意事项 … 1100
41.3.9 电气装置安装 ……………… 1091	41.4.6.5 质量要求 …………… 1100
41.3.10 调试运行 ………………… 1091	41.4.6.6 成品保护 …………… 1101
41.3.10.1 常用工具及机具 …… 1091	41.4.7 裙板及内外盖板的组装 …… 1101
41.3.10.2 施工条件 …………… 1092	41.4.7.1 常用机具 …………… 1101
41.3.10.3 施工工艺流程 ……… 1092	41.4.7.2 施工条件 …………… 1101
41.3.10.4 施工中安全注意事项 … 1093	41.4.7.3 施工方法 …………… 1101
41.3.10.5 质量要求 …………… 1093	41.4.7.4 施工中安全注意事项…… 1101
41.4 自动扶梯及自动人行道安装	41.4.7.5 质量要求 …………… 1101

- 41.4.7.6 成品保护 …… 1102
- 41.4.8 梯级链的引入 …… 1102
  - 41.4.8.1 常用机具 …… 1102
  - 41.4.8.2 施工条件 …… 1102
  - 41.4.8.3 施工方法 …… 1102
  - 41.4.8.4 施工中安全注意事项 …… 1102
  - 41.4.8.5 质量要求 …… 1102
- 41.4.9 配管、配线 …… 1102
  - 41.4.9.1 常用机具 …… 1102
  - 41.4.9.2 施工条件 …… 1102
  - 41.4.9.3 施工方法 …… 1102
  - 41.4.9.4 施工中安全注意事项 …… 1103
  - 41.4.9.5 质量要求 …… 1103
  - 41.4.9.6 成品保护 …… 1103
- 41.4.10 梯级梳齿板的安装 …… 1103
  - 41.4.10.1 常用机具 …… 1103
  - 41.4.10.2 施工条件 …… 1103
  - 41.4.10.3 施工方法 …… 1103
  - 41.4.10.4 施工中安全注意事项 …… 1104
- 41.4.10.5 质量要求 …… 1104
- 41.4.10.6 成品保护 …… 1104
- 41.4.11 安全装置安装 …… 1104
- 41.4.12 调试、调整 …… 1105
  - 41.4.12.1 常用机具 …… 1105
  - 41.4.12.2 施工条件 …… 1105
  - 41.4.12.3 施工方法 …… 1105
  - 41.4.12.4 施工中安全注意事项 …… 1106
  - 41.4.12.5 质量要求 …… 1106
  - 41.4.12.6 成品保护 …… 1106
- 41.4.13 试验运行 …… 1106
- 41.5 电梯物联网技术 …… 1106
- 41.6 电梯安装监督检验 …… 1108
  - 41.6.1 电梯安装前的告知 …… 1108
  - 41.6.2 电梯的验收取证 …… 1109
  - 41.6.3 电梯使用注册登记 …… 1109
- 参考文献 …… 1109

36 机电工程施工通则

36.1 常用机电工程设计图例与图示

机电工程是建筑工程的重要组成部分,机电工程所涉及的内容根据建筑物功能不同而有所不同。根据功能和专业性质的不同,机电工程主要分为:建筑给水排水及供暖、通风与空调、建筑电气、智能建筑等。机电工程图中大多采用统一的图形符号并加注文字符号绘制而成,施工技术人员必须理解和熟识图例、符号所代表的内容,以便更好地从事相关工作。

以下是常用机电工程设计图例及说明。

36.1.1 建筑给水排水及供暖工程设计图例

建筑给水排水及供暖工程按专业系统和类别划分为 14 个子分部工程,主要包括给水系统、排水系统、热水系统、卫生器具、供暖系统、建筑中水系统及雨水利用系统、监测与控制仪表等。

常用的设计图例可分为管道、管道附件、管道连接、管件、阀门、给水配件、消防设施、卫生设备及水池、小型给水排水构筑物、给水排水设备和仪表图例,详见表 36-1。

建筑给水排水及供暖设计图例　　　　　　表 36-1

图例	名称	图例	名称	图例	名称
管道					
——J——	生活给水管	——F——	废水管	- - - - - -	伴热管
——RJ——	热水给水管	——YF——	压力废水管	↑↑↑↑	多孔管
——RH——	热水回水管	——T——	通气管	═ ═ ═ ═	地沟管
——ZJ——	中水给水管	——W——	污水管	▭▭	防护套管
——XJ——	循环冷却给水管	——YW——	压力污水管	XL-1 平面　XL-1 系统	管道立管
——XH——	循环冷却回水管	——Y——	雨水管	——KN——	空调凝结水管
——RMJ——	热媒给水管	——YY——	压力雨水管	坡向 →	排水明沟
——RMH——	热媒回水管	——HY——	虹吸雨水管	坡向 →	排水暗沟

续表

图例	名称	图例	名称	图例	名称
—Z—	蒸汽管	—PZ—	膨胀管	—	—
—N—	凝结水管	～～～	保温管	—	—
管道附件					
⊢═══⊣	管道伸缩器	平面 系统	清扫口	⊢╫⊣	减压孔板
⊢⊓⊐	方形伸缩器	成品 蘑菇形	通气帽	⊤	Y形除污器
刚性防水套管	刚性防水套管	YD YD 平面 系统	雨水斗	⊘ 平面 系统	毛发聚集器
柔性防水套管	柔性防水套管	平面 系统	排水漏斗	←	倒流防止器
⋈	波纹管	平面 系统	圆形地漏	▽	吸气阀
单球 双球	可曲挠橡胶接头	平面 系统	方形地漏	↑	真空破坏器
—※—※—	管道固定支架		自动冲洗水箱口	▨	防虫网罩
⊢	立管检查口	⌐	挡墩	⋀⋁⋀⋁	金属软管
管道连接					
—‖—	法兰连接	—‖ ‖—	法兰堵盖	高 低	管道丁字下接
—◖—	承插连接	—⊢ ⊣—	盲板	低 高	管道交叉
—⊢⊣—	活接头	高 低 低 高	弯折管	—	—

续表

图例	名称	图例	名称	图例	名称
	管堵	高低	管道丁字上接	—	—
管件					
	偏心异径管		S形存水弯		斜三通
	同心异径管		P形存水弯		正四通
	乙字管		90°弯头		斜四通
	喇叭口		正三通		浴盆排水管
	转动接头		TY三通	—	—
阀门					
	闸阀		截止阀		气动闸阀
	角阀		蝶阀		电动蝶阀
	三通阀		电动闸阀		液动蝶阀
	四通阀		液动闸阀		气动蝶阀
	减压阀		温度调节阀		平衡锤安全阀
平面 系统	旋塞阀		压力调节阀	平面 系统	自动排气阀
平面 系统	底阀		电磁阀	平面 系统	浮球阀
	球阀		止回阀	平面 系统	水力液位控制阀

续表

图例	名称	图例	名称	图例	名称
	隔膜阀		消声止回阀		延时自闭冲洗阀
	气开隔膜阀		持压阀		感应式冲洗阀
	气闭隔膜阀		泄压阀	平面　系统	吸水喇叭口
	电动隔膜阀		弹簧安全阀		疏水器
给水配件					
平面　系统	水嘴		肘式水嘴		浴盆带喷头
平面　系统	皮带水嘴		脚踏开关水嘴		蹲便器脚踏开关
	洒水（栓）水嘴		混合水嘴	—	—
	化验水嘴		旋转水嘴	—	—
消防设施					
—XH—	消火栓给水管		水泵接合器	平面　系统	下垂型水幕喷头
—ZP—	自动喷水灭火给水管	平面　系统	自动喷洒头（开式）	平面　系统	干式报警阀
—YL—	雨淋灭火给水管	平面　系统	自动喷洒头（闭式）	平面　系统	湿式报警阀
—SM—	水幕灭火给水管	平面　系统	自动喷洒头（闭式）	平面　系统	预作用报警阀

36.1 常用机电工程设计图例与图示

续表

图例	名称	图例	名称	图例	名称
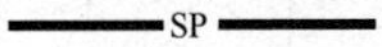 —SP—	水炮灭火给水管	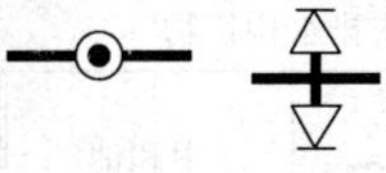 平面 / 系统	自动喷洒头（闭式）	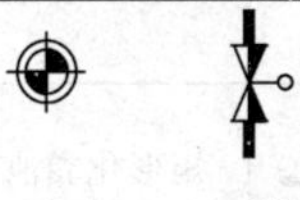 平面 / 系统	雨淋阀
	室外消火栓	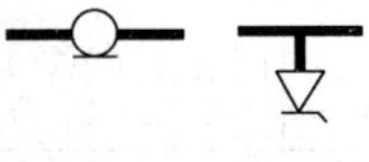 平面 / 系统	侧墙式自动喷洒头		信号闸阀
平面 / 系统	室内消火栓（单口）	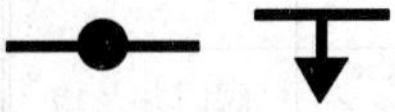 平面 / 系统	水喷雾喷头	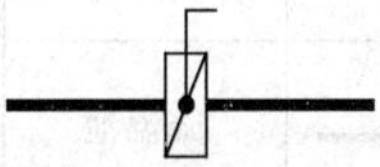	信号蝶阀
 平面 / 系统	室内消火栓（双口）	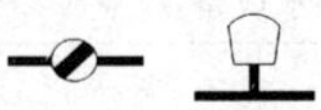 平面 / 系统	直立型水幕喷头	 平面 / 系统	消防炮
	水流指示器	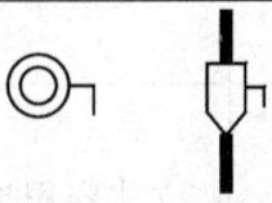 平面 / 系统	末端试水装置	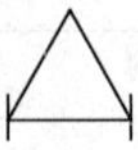	推车式灭火器
	水力警铃		手提式灭火器	—	—
卫生设备及水池					
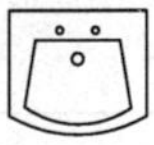	立式洗脸盆	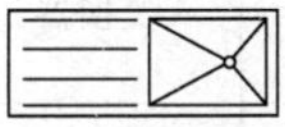	带沥水板洗涤盆	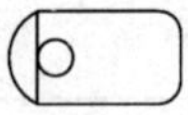	蹲式大便器
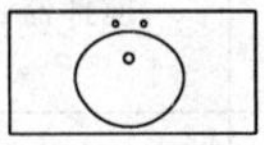	台式洗脸盆	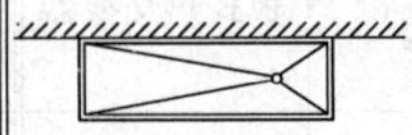	盥洗槽	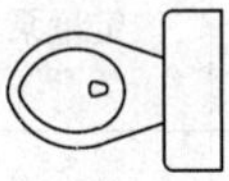	坐式大便器
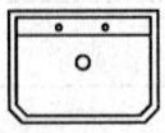	挂式洗脸盆		污水池		小便槽
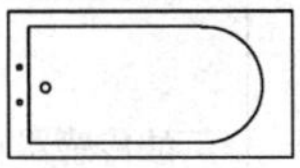	浴盆	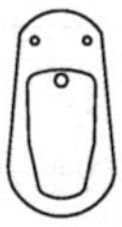	妇女净身盆		淋浴喷头
	化验盆、洗涤盆	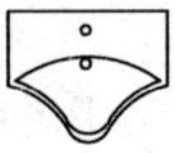	立式小便器	—	—
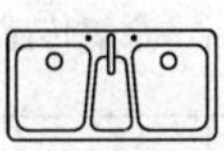	厨房洗涤盆		壁挂式小便器	—	—

续表

图例	名称	图例	名称	图例	名称
小型给水排水构筑物					
(HC)	矩形化粪池	(ZC)	中和池	(水封井符号)	水封井
(YC)	隔油池	(雨水口单箅符号)	雨水口（单箅）	(跌水井符号)	跌水井
(CC)	沉淀池	(雨水口双箅符号)	雨水口（双箅）	(水表井符号)	水表井
(JC)	降温池	J-×× W-×× Y-×× / J-×× W-×× Y-××	阀门井及检查井	—	—
给水排水设备					
平面 / 系统（或）	卧式水泵	(卧式容器符号)	卧式容积热交换器	(喷射器符号)	喷射器
平面 / 系统	立式水泵	(立式容器符号)	立式容积热交换器	(除垢器符号)	除垢器
(潜水泵符号)	潜水泵	(快速管式符号)	快速管式热交换器	(水锤消除器符号)	水锤消除器
(定量泵符号)	定量泵	(板式热交换器符号)	板式热交换器	(M 搅拌器符号)	搅拌器
(管道泵符号)	管道泵	(开水器符号)	开水器	ZWX	紫外线消毒器
仪表					
(温度计符号)	温度计	(自动记录流量表符号)	自动记录流量表	——pH——	pH 传感器
(压力表符号)	压力表	平面 / 系统	转子流量计	——H——	酸传感器
(自动记录压力表符号)	自动记录压力表	(真空表符号)	真空表	——Na——	碱传感器
(压力控制器符号)	压力控制器	——T——	温度传感器	——Cl——	余氯传感器
(水表符号)	水表	——P——	压力传感器	—	—

36.1.2 通风与空调工程设计图例

通风与空调工程根据专业系统及类别可分为20个子分部工程,主要包括送风系统、排风系统、防排烟系统、空调水系统、冷凝水系统、冷却水系统等。

常用的设计图例可分为管道代号,阀门和附件,风道,风口和附件代号,暖通空调设备,调控装置及仪表图例,详见表36-2、表36-3。

通风与空调工程设计图例(一)　　　　　表36-2

图例	名称	图例	名称	图例	名称
水、汽管道代号					
RG	供暖热水供水管	LM	冷媒管	YS	盐溶液管
RH	供暖热水回水管	YG	乙二醇供水管	XI	连续排污管
LG	空调冷水供水管	YH	乙二醇回水管	XD	定期排污管
LH	空调冷水回水管	BG	冰水供水管	XS	泄水管
KRG	空调热水供水管	BH	冰水回水管	YS	溢水(油)管
KRH	空调热水回水管	ZG	过热蒸汽管	R_1G	一次热水供水管
LRG	空调冷、热水供水管	ZB	饱和蒸汽管	R_1H	一次热水回水管
LRH	空调冷、热水回水管	Z2	二次蒸汽管	F	放空管
LQG	冷却水供水管	N	凝结水管	FAQ	安全阀放空管
LQH	冷却水回水管	J	给水管	O1	柴油供油管
n	空调冷凝水管	SR	软化水管	O2	柴油回水管
PZ	膨胀水管	CY	除氧水管	OZ1	重油供油管
BS	补水管	GG	锅炉进水管	OZ2	重油回油管
X	循环管	JY	加药管	OP	排油管
水、汽管道阀门和附件					
⋈	截止阀	(角阀图例)	角阀	(减压阀图例)	减压阀(左高右低)
⋈	闸阀	(底阀图例)	底阀	(除垢器图例)	直通型(或反冲型)除垢器
⋈	球阀	(漏斗图例)	漏斗	(除垢仪图例)	除垢仪
⋈	柱塞阀	(地漏图例)	地漏	(补偿器图例)	补偿器
⋈	快开阀	(明沟排水图例)	明沟排水	(矩形补偿器图例)	矩形补偿器

续表

图例	名称	图例	名称	图例	名称
	蝶阀	○	向上弯头		套管补偿器
	旋塞阀	○	向下弯头		波纹管补偿器
	止回阀		法兰封头或管封		弧形补偿器
	浮球阀	○	上出三通		球形补偿器
	三通阀	○	下出三通		伴热管
	平衡阀		变径管		保护套管
	定流量阀		活接头或法兰连接		爆破膜
	自动排气阀		固定支架		阻火器
	集气罐、放气阀		导向支架		节流孔板、减压孔板
	节流阀		活动支架		快速接头
	调节止回关断阀		金属软管	→ 或 ⇒	介质流向
	膨胀阀		可屈挠橡胶软接头	$i=0.003$ 或 $i=0.003$	坡度及坡向
	排入大气或室外		Y形过滤器		
	安全阀		疏水器		

通风与空调工程设计图例（二） 表36-3

图例	名称	图例	名称	图例	名称
风道代号					
SF	送风管	XF	新风管	P（Y）	排风排烟兼用风管
HF	回风管	PY	消防排烟风管	XB	消防补风风管
PF	排风管	ZY	加压送风管	S（B）	送风兼消防补风风管

36.1 常用机电工程设计图例与图示

续表

图例	名称	图例	名称	图例	名称
风道、阀门及附件					
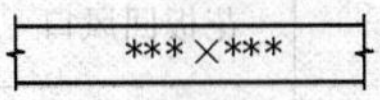	矩形风管 宽×高（mm）	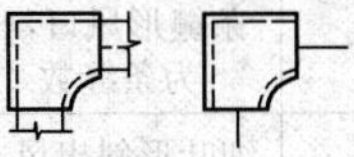	消声弯头	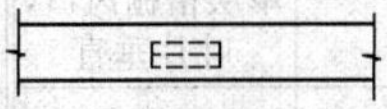	条缝形风口
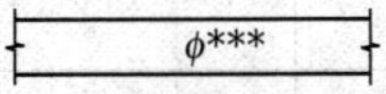	圆形风管 φ 直径（mm）	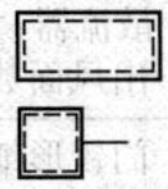	消声静压箱	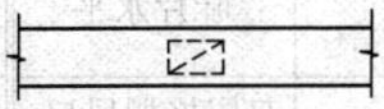	矩形风口
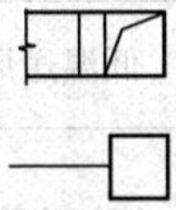	风管向上	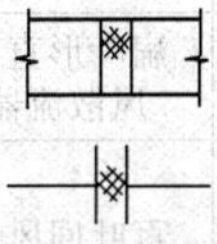	风管软接头	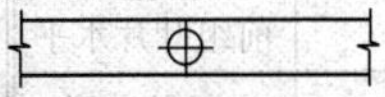	圆形风口
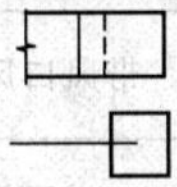	风管向下	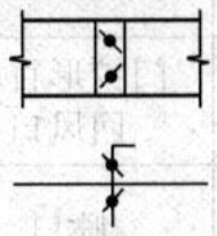	对开多叶调节风阀	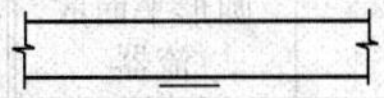	侧面风口
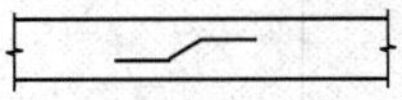	风管上升摇手弯	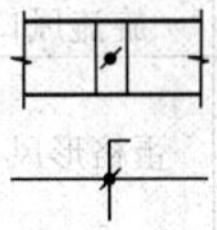	蝶阀	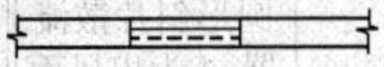	防雨百叶
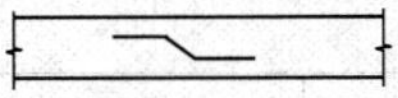	风管下降摇手弯	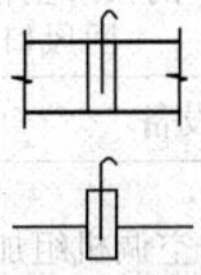	插板阀	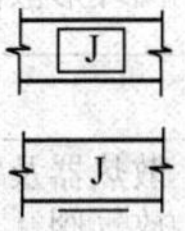	检修门
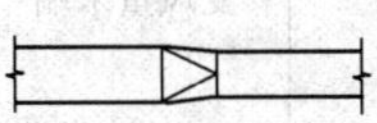	天圆地方（左接矩形风管，右接圆形风管）	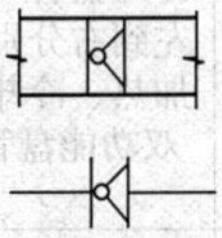	止回风阀	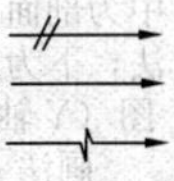	气流方向（上为通用表示法，中表示送风，下表示回风）
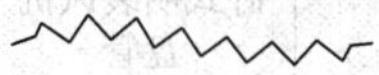	软风管	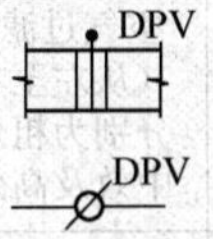	余压阀		远程手控盒
	圆弧形弯头	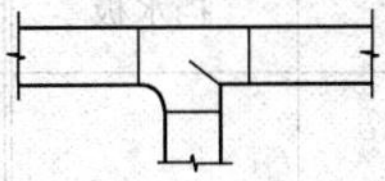	三通调节阀		防雨罩
	带导流片的矩形弯头	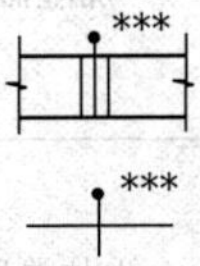	防烟、防火阀（＊＊＊表示防烟、防火阀名称代号）		—
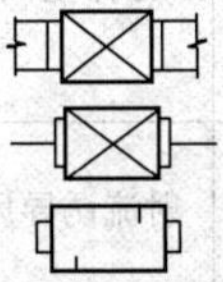	消声器	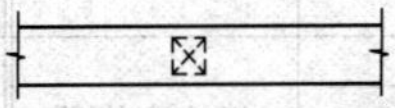	方形风口		—

续表

图例	名称	图例	名称	图例	名称
风口和附件代号					
AV	单层格栅风口,叶片垂直	E*	条缝形风口,*为条缝数	L	花板回风口
AH	单层格栅风口,叶片水平	F*	细叶形斜出风散流器,*为出风面数量	CB	自垂百叶
BV	双层格栅风口,前组叶片垂直	FH	门铰形细叶回风口	N	防结露送风口
BH	双层格栅风口,前组叶片水平	G	扁叶形直出风散流器	T	低温送风口
C*	矩形散流器,*为出风面数量	H	百叶回风口	W	防雨百叶
DF	圆形平面散流器	HH	门铰形百叶回风口	B	带风口风箱
DS	圆形凸面散流器	J	喷口	D	带风阀
DP	圆盘形散流器	SD	旋流风口	F	带过滤网
DX*	圆形斜片散流器,*为出风面数量	K	蛋格形风口	—	—
DH	圆环形散流器	KH	门铰形蛋格式回风口	—	—
暖通空调设备					
	散热器及手动放气阀〔上为平面图画法,中为剖面图画法,下为系统图(Y轴测)画法〕		空调机组加热、冷却盘管(从左到右分别为加热、冷却及双功能盘管)		变风量末端
	散热器及温控阀		空气过滤器(从左至右分别为粗效、中效及高效)		卧式明装风机盘管
	轴流风机		挡水板		卧式暗装风机盘管
	轴(混)流式管道风机		加湿器		窗式空调器
	离心式管道风机		电加热器	室内机 室外机	分体空调器
	吊顶式排气扇		板式交换器		射流诱导风机

续表

图例	名称	图例	名称	图例	名称
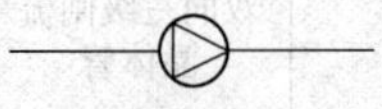 ⊘	水泵	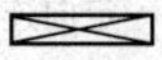 ⊠	立式明装风机盘管	⊙ △	左为平面图画法，右为剖面图画法
 ⌀	手摇泵	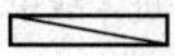 ▱	立式暗装风机盘管	—	
调控装置及仪表图例						
T	温度传感器	 ∥	温度计	○	电动（调节）执行机构
H	湿度传感器	(压力表图)	压力表	(气动图)	气动执行机构
P	压力传感器	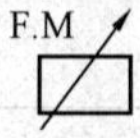 F.M	流量计	 (浮力图)	浮力执行机构
ΔP	压差传感器	 E.M	能量计	DI	数字输入量
F	流量传感器	 ⌇	弹簧执行机构	DO	数字输出量
S	烟感器	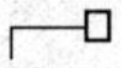 ⌐	重力执行机构	AI	模拟输入量
FS	流量开关	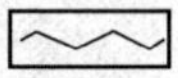 ⌇⌇	记录仪	AO	模拟输出量
C	控制器	⊠	电磁（双位）执行机构	—	
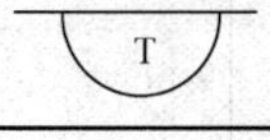 T	吸顶式温度感应器	□	电动（双位）执行机构	—	

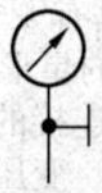

36.1.3 建筑电气工程设计图例

建筑电气工程根据专业系统及类别可分为7个子分部工程，主要包括变配电室、供电干线、电气动力、电气照明、备用和不间断电源和防雷及接地等，其常用设计图例分别见表36-4。

建筑电气工程设计图例（一） 表36-4

图例	名称	图例	名称	图例	名称
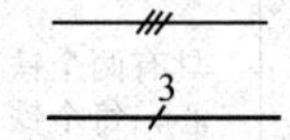 ⫽3	导线组	 +	跨线连接（跨越连接）	 ⟂	电容器
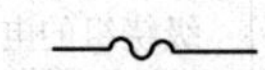 ∿	软连接	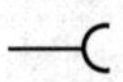 ⌒	阴接触件	 ▽	半导体二极管
○	端子	 ▬	阳接触件	 ▽	发光二极管

续表

图例	名称	图例	名称	图例	名称
	端子板		定向连接		双向三级闸流晶体管
	T形连接		进入线束的点		PNP 晶体管
	导线的双 T		电阻器		电机
	三相笼式感应电动机		具有 4 个抽头的星形-星形连接的三相变压器		三相感应调压器
	单相笼式感应电动机		单相变压器组成的三相变压器，星形-三角形连接		电抗器
	三相绕线式转子感应电动机		具有分接开关的三相变压器，星形-三角形连接		电压互感器
	双绕组变压器		三相变压器，星形-星形-三角形连接		电流互感器
	绕组间有屏蔽的双绕组变压器		自耦变压器		具有两个铁心，每个铁心有一个一次绕组的电流互感器

续表

图例	名称	图例	名称	图例	名称
	一个绕组上有中间抽头的变压器		三相自耦变压器，星形连接		在一个铁心上具有两个次级绕组的电流互感器
	星形-三角形连接的三相变压器		可调压的单相自耦变压器		具有三条穿线一次导体的脉冲变压器或电流互感器
	三个电流互感器（四个次级引线引出）		整流器		动断（常闭）触点
	具有两个铁心，每个铁心有一个次级绕组的三个电流互感器		逆变器		先断后合的转换触点
	两个电流互感器，导线 L1 和导线 L3；三个次级引线引出		整流器/逆变器		中间断开的转换器点

续表

图例	名称	图例	名称	图例	名称
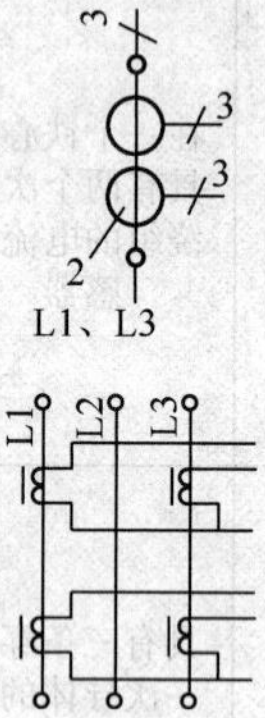 （L1, L3 图示）	具有两个铁心，每个铁心有一个次级绕组的两个电流互感器	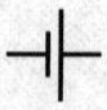 ⊣⊢	原电池	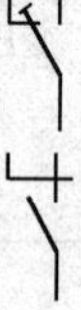	先合后断的双向转换触点
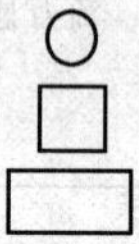	物件	 G	静止电能发生器	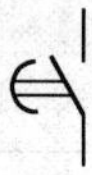	延时闭合的动合触点
 ~/u-	有稳定输出电压的变换器	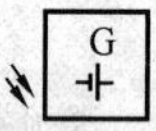 G	光电发生器	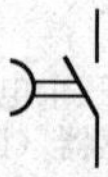	延时断开的动合触点
 f1/f2	频率由f1变到f2的变频器	 I_Δ	剩余电流监视器		延时断开的动断触点
 -/-	直流/直流变换器		动合（常开）触点，一般符号，开关，一般符号		延时闭合的动断触点
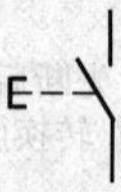 E	自动复位的手动按钮开关	 $*$	带隔离功能断路器	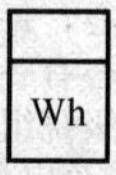 Wh	电度表（瓦时计）
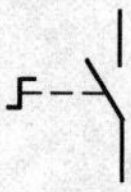 F	无自动复位的手动旋钮开关	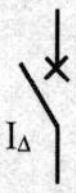 I_Δ	剩余电流动作断路器	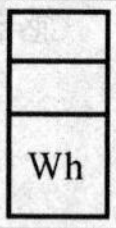 Wh	复费率电度表（示出二费率）
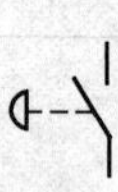	具有动合触点且自动复位的蘑菇头式的应急按钮开关	 $*$ I_Δ	带隔离功能的剩余电流动作断路器	⊗	信号灯
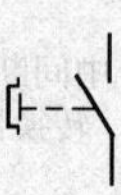	带有防止无意操作的手动控制的具有动合触点的按钮开关	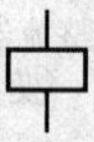	继电器线圈		音响信号装置
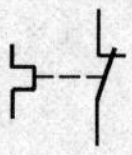	热继电器、动断触点	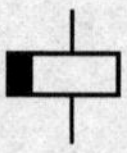	缓慢释放继电器线圈		蜂鸣器

续表

图例	名称	图例	名称	图例	名称
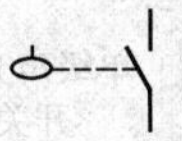	液位控制开关，动合触点	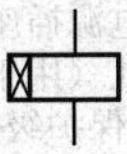	缓慢吸合继电器线圈		发电站，规划的
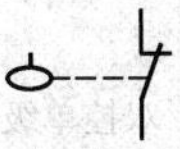	液位控制开关，动断触点	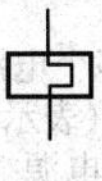	热继电器的驱动器件		发电站，运行的
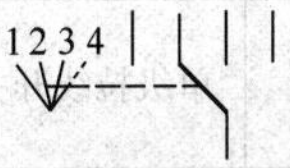 1 2 3 4	带位置图示的多位开关，最多四位		熔断器		热电联产发电站，规划的
	接触器；接触器的主动合触点		熔断式隔离器		热电联产发电站，运行的
	接触器；接触器的主动断触点		熔断器式隔离开关		变电站、配电所，规划的
	隔离器		火花间隙	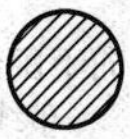	变电站、配电所，运行的
	隔离开关		避雷器	•	接闪杆
	带自动释放功能的隔离开关	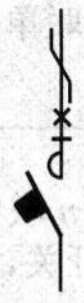	多功能电器控制与保护开关电器	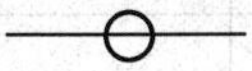	架空线路
	断路器	 V	电压表	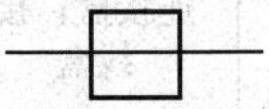	电力电缆井/人孔
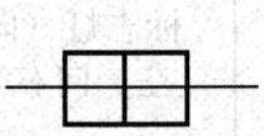	手孔	 SAT	带自耦变压器的启动器	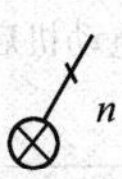 n	带指示灯的n联单控开关，$n>3$
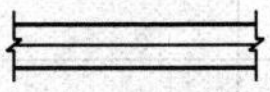	电缆梯架、托盘和槽盒线路	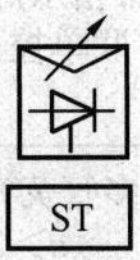 ST	带可控硅整流器的调节-启动器	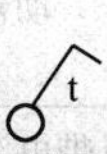 t	单级限时开关

续表

图例	名称	图例	名称	图例	名称
	电缆沟线路		电源插座、插孔（用于不带保护级的电源插座）	SL	单级声光控开关
	中性线	3	多个电源插座（表示三个电源插座）		双控单级开关
	保护线		带保护级的电源插座		单级拉线开关
	保护线和中性线共用线		单相二、三级电源插座		风机盘管三速开关
	带中性线和保护线的三相线路		带保护和单级开关的电源插座	◎	按钮
	向上配线或布线		带隔离变压器的电源插座（剃须插座）	⊗	带指示灯的按钮
	向下配线或布线		开关（单联单控开关）	◎	防止无意操作的按钮
	垂直通过配线或布线		双联单控开关	⊗	灯
	由下引来配线或布线		三联单控开关	E	应急疏散指示标志灯
	由上引来配线或布线	n	n联单控开关，n>3	→	应急疏散指示标志灯（向右）
⊙	连接盒；接线盒		带指示灯的开关（带指示灯的单联单控开关）	←	应急疏散指示标志灯（向左）
MS	电动机启动器		带指示灯的双联单控开关	⇄	应急疏散指示标志灯（向左、向右）
SDS	星-三角启动器		带指示灯的三联单控开关		专用电路上的应急照明灯
	自带电源的应急照明灯	n	多管荧光灯，n>3		投光灯

续表

图例	名称	图例	名称	图例	名称
⊢—⊣	单管荧光灯	⊡	单管格栅灯	⊗→	聚光灯
⊨=⊨	二管荧光灯	⊟	双管格栅灯	⌀	风扇，风机
≡	三管荧光灯	⊞	三管格栅灯		

注：1. 当电气元器件需要说明类型和敷设方式时，宜在符号旁标注下列字母：EX-防爆；EN-密闭；C-暗装。
2. 当电机需要区分不同类型时，符号"★"可采用下列字母表示：G-发电机；GP-永磁发电机；GS-同步发电机；M-电动机；MG-能作为发电机或电动机使用的电机；MS-同步电动机；MGS-同步发电机-电动机等。
3. 符号中加上端子符号（○）表明是一个器件，如果使用了端子代号，则端子符号可以省略。
4. □可作为电气箱（柜、屏）的图形符号，当需要区分其类型时，宜在□内标注下列字母：LB-照明配电箱；ELB-应急照明配电箱；PB-动力配电箱；EPB-应急动力配电箱；WB-电度表箱；SB-信号箱；TB-电源切换箱；CB-控制箱、操作箱。
5. 当信号灯需要指示颜色，宜在符号旁标注下列字母：YE-黄；RD-红；GN-绿；BU-蓝；WH-白。如果需要指示光源种类，宜在符号旁标注下列字母：Na-钠气；Xe-氙；Ne-氖；IN-白炽灯；Hg-汞；I-碘；EL-电致发光；ARC-弧光；IR-红外线；FL-荧光；UV-紫外线；LED-发光二极管。
6. 当电源插座需要区分不同类型时，宜在符号旁标注下列字母：1P-单相；3P-三相；1C-单相暗敷；3C-三相暗敷；1EX-单相防爆；3EX-三相防爆；1EN-单相密闭；3EN-三相密闭。
7. 当灯具需要区分不同类型时，宜在符号旁标注下列字母：ST-备用照明；SA-安全照明；LL-局部照明灯；W-壁灯；C-吸顶灯；R-筒灯；EN-密闭灯；G-圆球灯；EX-防爆灯；E-应急灯；L-花灯；P-吊灯；BM-浴霸。

36.1.4 智能建筑工程设计图例

智能建筑工程根据专业系统及类别可分为19个子分部工程，主要包括通信及综合布线系统、火灾自动报警系统、有线电视及卫星电视接收系统、广播系统、安全技术防范系统、建筑设备监控系统等，其常用设计图例分别见表36-5～表36-7。

智能建筑工程设计图例（一） 表36-5

图例	名称	图例	名称	图例	名称
通信及综合布线系统					
MDF	总配线架（柜）	BD	建筑物配线架（柜）	TP / TP	电话插座
ODF	光纤配线架（柜）	FD	楼层配线架（柜）	TD / TD	数据插座

续表

图例	名称	图例	名称	图例	名称
IDF	中间配线架（柜）	HUB	集线器	TO/TO	信息插座
BD/BD	建筑物配线架（柜）	SW	交换机	nTO/nTO	n 孔信息插座，n 为信息孔数量
FD/FD	楼层配线架（柜）	CP	集合点	MUTO	多用户信息插座
CD	建筑群配线架（柜）	LIU	光纤连接盒	—	—
火灾自动报警系统					
见注1	火灾报警控制器	N	感温火灾探测器（点型、非地址码型）	S	感烟火灾探测器（点型）
见注2	控制和指示设备	EX	感温火灾探测器（点型、防爆型）	S N	感烟火灾探测器（点型、非地址码）
	感温火灾探测器（点型）		感温火灾探测器（线型）	S EX	感烟火灾探测器（点型、防爆型）
	感光火灾探测器（点型）		光束感烟感温火灾探测器（线型、发射部分）		火灾声光警报器

续表

图例	名称	图例	名称	图例	名称
△	红外感光火灾探测器（点型）	↘|	光束感烟感温火灾探测器（线型、接收部分）	◁	火灾应急广播扬声器
⊼	紫外感光火灾探测器（点型）	Y	手动火灾报警按钮	↗ / L	水流指示器（组）
∠	可燃气体探测器（点型）	Y	消火栓启泵按钮	P	压力开关
∧S	复合式感光感烟火灾探测器（点型）	☏	火警电话	⊖ 70℃	70℃动作的常开防火阀
∧|	复合式感光感温火灾探测器（点型）	⊙	火警电话插孔（对讲电话插孔）	⊖ 280℃	280℃动作的常开排烟阀
⊞	线型差定温火灾探测器	YO	带火警电话插孔的手动报警按钮	⌽ 280℃	280℃动作的常闭排烟阀
→S	光束感烟火灾探测器（线型、发射部分）	⊠	火警电铃	⌽	加压送风口
S→	光束感烟火灾探测器（线型、接收部分）	⊠	火灾发声警报器	⌽ SE	排烟口
S|	复合式感温感烟火灾探测器（点型）	⊠	火灾光警报器		

注：1. 当火灾报警控制器需要区分不同类型时，符号"★"号可采用以下字母表示：C-集中型火灾报警控制器；Z-区域型火灾报警控制器；G-通用火灾报警控制器；S-可燃气体报警控制器。
2. 当控制和指示设备需要区分不同类型时，符号"★"可采用下列字母表示：RS-防火卷帘门控制器；RD-防火门磁释放器；I/O-输入/输出模块；I-输入模块；O-输出模块；P-电源模块；T-电信模块；SI-短路隔离器；M-模块箱；SB-安全帽；D-火灾显示盘；FI-楼层显示盘；CRT-火灾计算机图形显示系统；FPA-火警广播系统；MT-对讲电话主机；BO-总线广播模块；TP-总线电话模块。

智能建筑工程设计图例（二） 表36-6

图例	名称	图例	名称	图例	名称
有线电视及卫星电视接收系统					
Y	天线	─◢─	可变均衡器	─▷	分配器（表示三路分配器）

续表

图例	名称	图例	名称	图例	名称
	带馈线的抛物面天线	A	固定衰减器		分配器（表示四路分配器）
	有本地天线引入的前段（符号表示一条馈线支路）	A	可变衰减器		分支器（表示一个信号分支）
	无本地天线引入的前段（符号表示一条输入和一条输出通路）	DEM	解调器		分支器（表示两个信号分支）
	放大器、中继器	MO	调制器		分支器（表示四个信号分支）
	双向分配放大器	MOD	调制解调器		混合器
	均衡器		分配器（表示两路分配器）	TV / TV	电视插座
广播系统					
	传声器	见注1	扬声器箱、音箱、声柱	见注2	放大器
见注1	扬声器		号筒式扬声器	M	传声器插座
	嵌入式安装扬声器箱		调谐器、无线电接收机		

注：1. 当扬声器箱、音箱、声柱需要区分不同的安装形式时，宜在符号旁标注下列字母：C-吸顶式安装；R-嵌入式安装；W-壁挂式安装。
2. 当放大器需要区分不同类型时，宜在符号旁标注下列字母：A-扩大机；PRA-前置放大器；AP-功率放大器。

智能建筑工程设计图例（三） 表 36-7

图例	名称	图例	名称	图例	名称
安全技术防范系统					
	摄像机		彩色摄像机		彩色转黑白摄像机

36.1 常用机电工程设计图例与图示 21

续表

图例	名称	图例	名称	图例	名称
带云台的摄像机	带云台的摄像机	✓	紧急脚挑开关	□—LD—□	激光探测器
OH	有室外防护罩的摄像机	⊙	紧急按钮开关		对讲系统主机
IP	网络（数字）摄像机	⌣	门磁开关		对讲电话分机
IR	红外摄像机	◇B	玻璃破碎探测器		可视对讲机
IR⊗	红外带照明灯摄像机	◇A	振动探测器		可视对讲户外机
H	半球形摄像机	▷IR	被动红外入侵探测器		指纹识别器
R	全球摄像机	▷M	微波入侵探测器	M	磁力锁
	监视器	▷IR/M	被动红外/微波双技术探测器	E	电锁按键
	彩色监视器	Tx—IR—Rx	主动红外探测器	EL	电控锁
	读卡器	Tx—M—Rx	遮挡式微波探测器		投影机
KP	键盘读卡器	□—L—□	埋入线电场扰动探测器		
	保安巡查打卡器	□—C—□	弯曲或振动电缆探测器		
建筑设备监控系统					
T	温度传感器	TT*	温度变送器	A/D	模拟/数字变换器
P	压力传感器	MT*	湿度变送器	D/A	数字/模拟变换器
		HT*			
M H	湿度传感器	GT*	位置变送器	HM	热能表

续表

图例	名称	图例	名称	图例	名称
PD / ΔP	压差传感器	ST*	速率变送器	GM	燃气表
GE*	流量测量元件	PDT* / ΔPT*	压差变送器	WM	水表
GT*	流量变送器	IT*	电流变送器	M⋈	电动阀
LT*	液位变送器	UT*	电压变送器	M⋈	电磁阀
PT*	压力变送器	ET*	电能变送器	—	

注：＊为位号。

36.2 机电工程深化设计管理

深化设计是指由施工方负责，以设计院图纸为依据，以满足业主技术规范为目的，结合施工现场的具体情况，从计算校核、系统优化、设备选型、设计完善、综合协调、配合装修等各方面进行的技术性工作。深化设计不能违背原设计原则和原设计意图，是对招标图纸或原施工图的补充完善与细化优化，使之成为更加合理、方便实施的施工图。

通过深化设计，可对机电工程各系统的设备、管线进行精确定位，明确各设备、管线的细部做法，直接指导施工；还可综合协调机房、各楼层、机电管井内各专业管线；墙壁、顶棚上各类机电末端器具的位置，力求各专业的管线及设备布置合理、整齐美观，并提前解决图纸中可能存在的问题，避免因变更和拆改造成不必要的损失。在满足规范的前提下，合理布置机电管线，为建设单位提供最大的使用空间和最好的功能。

通过深化设计，设计师的设计理念、设计意图在施工过程中得到充分体现，在满足建设单位需求的前提下，施工图纸将更加符合现场实际情况，有利于加深建设单位对需求的理解，及时合理地调整设计方案；同时可弥补原设计的不足，减少因此造成的各种损失，有利于建设单位节省资源，实现成本控制；同时，也实现了施工单位的施工理念在设计阶段的延伸。通过深化设计，施工单位可更好地为建设单位服务，满足现场不断变化的需要；施工单位在满足工程功能的前提下，可提高施工效率，降低作业难度，减少二次施工，有利于降低成本，同时可提升产品品质。

36.2.1 机电工程深化设计的依据

设计图是机电工程深化设计的前提。在这前提下，机电工程深化设计的依据有：

1. 相关国家、行业设计及施工标准、规范和图集

设计图纸及施工合同中规定的应执行标准、规范和图集是深化设计的基础，对深化设计具有指导和规范意义。

2. 技术说明书以及技术答疑回复

施工合同中规定的技术说明书（包括建设单位的技术性文件），招标过程中建设单位对承包方的技术答疑回复是深化设计重要的参考依据。如在投标过程中，建设单位已通过技术答疑的形式对机电原系统进行了部分调整，如取消某设备或增加某系统，若在深化设计过程中没有体现的话，深化设计的成果则不能充分体现建设单位对项目的需求，不能用来指导施工。

3. 设计变更和工程洽商

工程实施过程中，设计单位对原设计资料做出的补充、完善、优化；建设单位使用功能的改变等，形成的设计变更和工程洽商资料，也是机电工程为实现系统功能而进行深化设计协调的基础。

4. 供货商所提供的图纸以及设备信息

供货商所提供的图纸以及设备信息，是进行系统校验计算的基础，是进行机电工程深化设计的关键信息。只有在此基础上进行的深化设计，才能保证系统的准确性。

5. 专业分包商提供的图纸

专业性较强、技术要求特殊的分部分项工程，如玻璃幕墙、电梯、消防、智能化等，其专业分包商提供的深化设计图纸能更为有效地表达其专业系统的功能要求，更有效地指导专业系统的施工。

6. 建设单位的有效指令

综合执行以上依据，尤其是涉及变更图纸的相关内容，才使得机电工程的深化设计工作合理有效；才能为后期的二次经营创造有利的条件，才能使深化设计的图纸更能满足建设单位要求，有效地指导现场施工。

36.2.2 机电工程深化设计工作流程

机电工程深化设计工作流程，如图36-1所示。

1. 收集合同、图纸、标准规范

在开展机电工程深化设计工作之前，先要完成相关的准备工作，包括合同、图纸和相关标准规范、图集的收集，这是深化设计工作的前提和依据。

2. 图纸会审

图纸会审前，施工单位应先组织各专业施工技术人员进行内部的图纸会审；涉及合同或设计图纸的问题，应提出问题清单，以便建设单位或设计院更好地交底和答疑；其他问题内部研究解决，并对相关设计人员做好设计交底。在这过程中，各专业负责人宜将本专业的大概情况向其他专业技术人员进行交底，让其他专业技术人员对其有一个初步的了解，为下一步的机电综合做好准备。

图纸会审可以澄清设计疑点、消除设计缺陷；有助于施工单位、建设单位有关人员进一步了解设计意图和设计要点；施工单位可从施工角度提出改进性意见，以减少设计变更，降低工程造价。图纸会审对后期施工质量、进度等方面起着重要作用；图纸会审的质

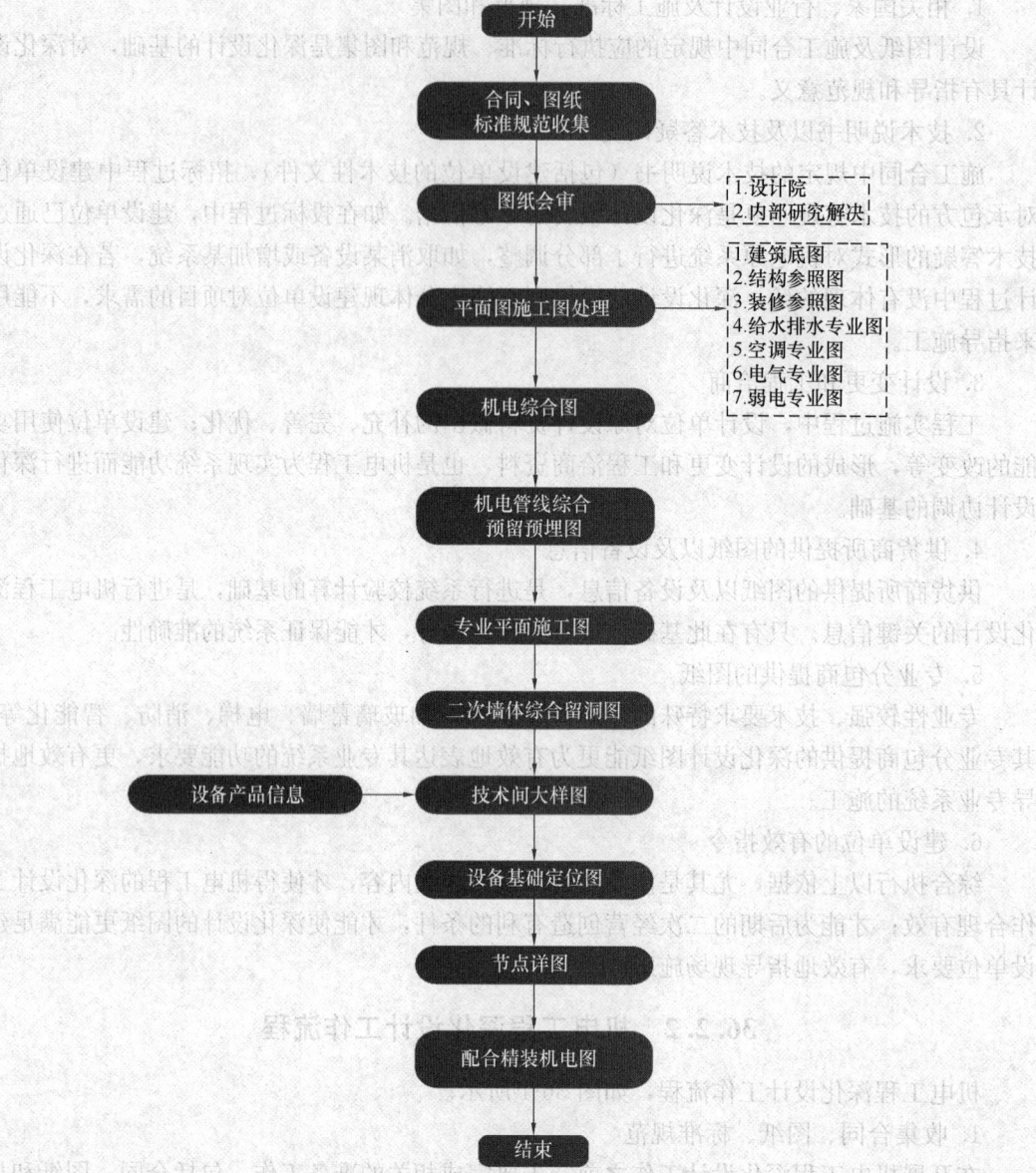

图 36-1 深化设计工作流程图

量将直接影响深化工作的效率和准确性。

3. 平面施工图处理

为在图纸上突出显示机电专业的信息,应对平面施工图进行处理,如将建筑底图中无用的标注、字体等隐藏或删除。图纸信息量过大可能导致机器运行速度降低,影响正常设计工作进度,因此,建议删除及清理无用的图纸信息。

在图层处理的同时,需充分考虑各种情况,包括原图纸的合理性、完整性,以免发生遗漏,尤其是穿透结构梁、结构剪力墙、承重墙等地方,更要注意。为保证图纸的美观度和整洁性,需统一各专业的绘图原则。各专业的管线及文字应保持统一绘图原则,且使用不同的图层,设置易于区别不同专业系统的色系及颜色。

此阶段另一个重要任务就是检查图纸设计的完整性和正确性。有些项目，尤其是国外的项目，所接收到的图纸处于扩初设计阶段，甚至只是初设阶段，图纸、项目的技术规范书和相关的标准等难免会存在些冲突。此时，在各专业的平面施工图处理阶段，就要将相关的问题及时地发现并更改，特别是各专业的主管线。若在这阶段没有发现，后面的工作量就会成倍地增长。

4. 机电综合图

机电管线综合协调图设计流程，如图36-2所示，机电综合图包括机电综合平面图和机电综合剖面图。在深化设计过程中，两者是相辅相成、同时进行的，平面图是剖面图的基础，剖面图可检验平面图的正确、合理性，并有助于工程人员对图纸的准确掌握。

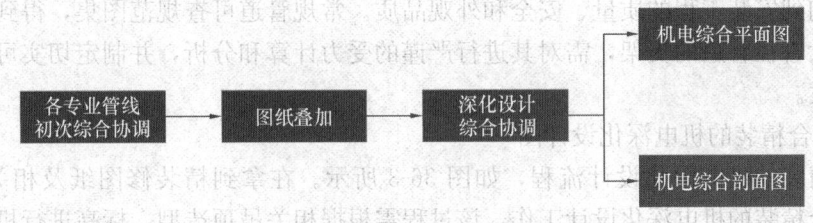

图36-2 机电管线综合协调图设计流程

为方便深化设计信息的准确表达与交流，提高工程各参与方工作的沟通和协作效率，该过程需统一制图标准和工作要求，采用统一的机电系统颜色标识等对各专业管线进行综合协调设计。

机电图纸叠加前，应先进行各专业管线的初次综合协调，尤其是各专业管线路径的综合协调，以利于加强对图纸的熟识度并提高综合协调的工作效率。然后将各专业的图纸叠加在一张图纸上，分区进行综合协调。

若机电管线综合协调图是在管线预留预埋图设计完成后进行设计，此时，综合协调图就需要将预留预埋图作为首要图层叠加在图纸上，各专业管线首先要在此套管或预留洞内穿过，才能保证综合协调图满足现场实际施工要求。

综合协调完毕后，需出具相关平面图和剖面图，完成机电综合图设计。

5. 机电管线综合预留预埋图

预留预埋是机电安装施工的重点、难点，它和其他工序相辅相成而又相互制约。控制好预留预埋的质量，不但能缩短工期和节约成本，而且可保证后续安装的工程质量。

为避免预留预埋套管或预留洞错位，预留预埋图一般是在机电综合图设计完成后进行设计的，该过程中需对管线/基础定位，将所要预留预埋的套管或预留洞的轴线位置反映在图纸上，包括套管或预留洞的标高、专业归属、洞口功能，若该套管是防水套管等特殊要求，还需要在图纸上将其反映出来。

预留预埋图纸出图前，应提交给结构专业进行核实，若结构专业认为套管或预留洞的位置影响结构，甚至无法实现，如在结构梁的边缘处预留一个占结构梁高3/4的预留洞，机电专业就要根据结构专业的意见调整相关的套管或预留洞，以保证实际施工的可行性。

只有最终经过结构专业的审核，机电管线综合预留预埋图才算设计完毕。

6. 专业平面施工图

机电综合协调和预留预埋设计完毕后，各专业管线从机电综合图中分离出来，并对管线大小、位置和标高加以整理标注,完成各专业平面施工图的设计。

7. 二次墙体综合留洞图

上述工作完成后,可出具各专业二次墙体综合留洞图,以便各专业施工的顺利进行。

8. 设备间大样图/设备基础定位图

机电设备采购完成后,需根据设备产品信息、技术参数以及相关标准规范和安装图集,对机电各专业进行综合布置,力求安装工程经济合理、维护方便和整齐美观。综合布置后,及时出具设备间大样图和设备基础定位图。

9. 节点详图

上述工作完成后,可进行节点详图的设计。在节点详图的设计过程中,支吊架的选型将直接影响到安装工程的质量、安全和外观品质。常规管道可查规范图集,得到相应的支架选型。大管径管道的支架,需对其进行严谨的受力计算和分析,并制定切实可行的支吊架设计方案。

10. 配合精装的机电深化设计图

配合精装的机电深化设计流程,如图36-3所示。在拿到精装修图纸及相关资料后,需开展配合精装的机电深化设计工作,该过程需根据相关吊顶造型、标高进行机电管线的综合排布,对机电专业末端(如风口、灯具、火灾自动报警探头等)的位置及时调整,以保证图纸的统一性。

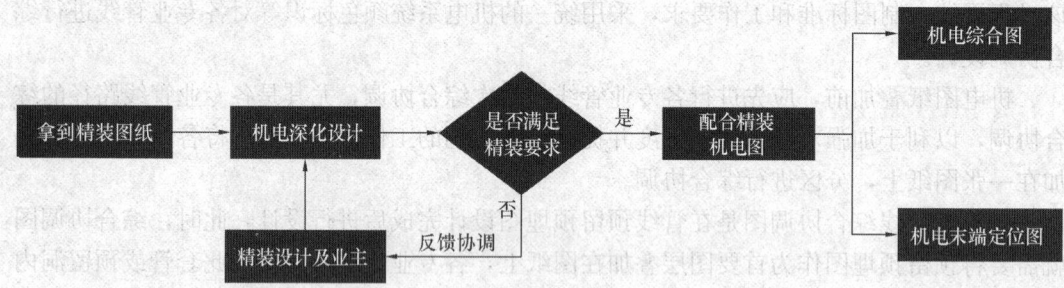

图36-3 配合精装机电图设计流程

根据精装修图纸,完成机电管线综合协调后,需与精装设计及建设单位进行沟通,确保吊顶区域的标高控制在机电管线综合排布可接受的范围之内。

配合精装的机电深化设计图通过监理或建设单位的审批后,应对深化设计中的图纸和相关资料进行整理和归档。至此,一个项目的机电深化设计工作基本结束。

36.2.3 机电工程深化设计工作内容

机电工程深化设计的具体工作内容取决于与建设单位合同的约定,一般包括以下内容:

(1) 熟悉工程合同中涉及的标准、规范、图集、相关技术性文件和建设单位的有效指令文件。

(2) 熟悉相关的设计交底,全面了解设计情况、设计意图及施工图的要求。

(3) 补充原图纸中缺失的、具有指导施工的部分,如安装节点详图、各种支架(吊架和托架)的结构图、设备的基础图、预留孔图、预埋件位置和构造等。

（4）在不改变原始设计中机电各系统的设备、材料、规格、型号和使用功能的前提下，合理布置和优化设备位置、管线位置及走向，达到性价比最高的目的。

（5）复核计算系统的容量、负荷、管线支吊架等，发现问题及时向建设单位、设计院提出，并提供相关的支持性文件。

对相关设备或管线在深化设计中发生的移位或长度变化，可能导致的电气线路压降、管道管路阻力、风管的风量损失和阻力损失发生变化，需进行校验计算。核算设备能力是否满足要求，如果能力不能满足或能力有过量富余时，则需对原有设计选型的设备规格中的某些参数进行调整。例如管道工程中水泵的扬程、空调工程中风机的风量、电气工程中的电缆截面积等。

（6）深化设计后的图纸及设计资料，需根据合同规定，送交原设计单位或建设单位指定单位审批。只有经审批确认的深化设计图纸，才能作为施工的依据。

36.2.4　机电工程深化设计深度

36.2.4.1　机电管线综合预留预埋图

机电管线综合预留预埋，是指机电各专业在土建楼板、剪力墙、承重墙和结构梁等建筑结构上，在浇筑混凝土或砌筑砖墙前，在相应位置预留好套管或构件，以方便后期机电工程施工。

机电管线综合预留预埋图，就是反映这些预留套管或构件的安装尺寸、标高和位置，同时附注简短的说明，如专业归属、洞口功能等，方便现场施工时核实，以免遗漏。

机电管线综合预留预埋图，主要反映较大的机电管线和暗装的设备（如配电箱、消火栓等）的套管或构件的安装信息。较小的机电管线和设备，比如电气专业的照明、插座管线、火灾自动报警系统的管线、给水排水系统的末端管线等，在建筑结构施工时，同步敷设和埋设；这部分管线数量多，体积小，若反映到预留预埋图，不但烦琐，且不能保证准确。因此，这部分内容一般不反映到预留预埋图纸中。

36.2.4.2　机电管线综合协调图

管线综合协调是机电工程深化设计工作的重点、难点。管线综合协调需对机电工程各专业系统的水管、风管和桥梁等进行综合协调，同时应综合考虑机电管线与相关设备的安装，预留好安装位置及检修空间。

机电管线综合协调图的设计，需满足四个基本要求：

（1）满足管线交叉要求，包括满足各专业本身与其他专业之间交叉敷设的要求，如净距离要求、空间排布要求、检修维护要求等。

（2）满足净高要求，尤其是有吊顶区域的高度要求。

（3）节省成本的要求，尽可能地减少翻弯。

（4）满足管线布置整洁美观。

综合协调平面图有时不能完全说明各专业管线的平面协调关系和空间位置，尤其是在关键部位和管线复杂的地方，这时可借助综合协调剖面图进行补充说明，剖面图将直观地反映出机电专业与建筑结构专业的相关信息，反映出各专业管线平面协调关系、空间排布位置和管线的安装方式，还可直观地知道其净高的情况，如图36-4、图36-5所示。

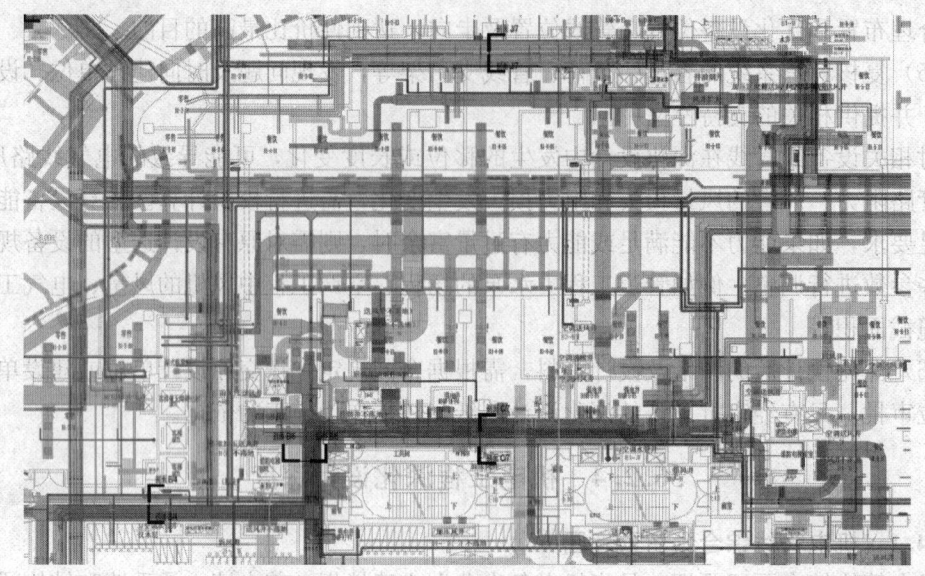

图 36-4　某工程综合协调平面图

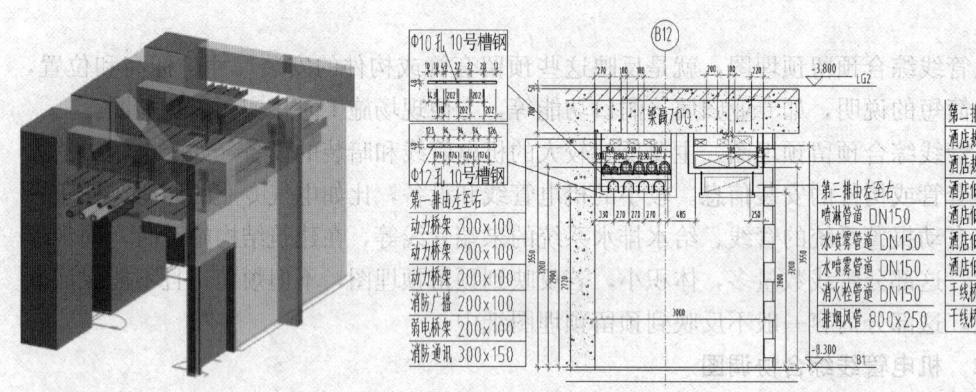

图 36-5　某工程综合协调三维效果图及剖面图

36.2.4.3　机电管线专业平面图

机电管线专业平面图主要包括给水排水平面图、空调水管平面图、通风与空调风管平面图、电气专业平面图等。

平面图中应绘制出相关建筑信息,如建筑轮廓、轴线号、轴线尺寸、室内外地面标高、房间名称、指北针等。消防相关专业的平面图中还应体现防火、防烟分区,防火、防烟分区面积及编号等。

给水排水平面图和空调水管平面图中应绘制管道、管件、阀门、管道附件和相关设备。平面图中应标注水管管径、标高、坡度、坡向及定位尺寸;标注管路材质、设计流量及流速;标注各种设备及排水口的定位尺寸和编号。空调水管平面图中,还应标注出干管及立管位置、编号;管道的阀门、放气、泄水、固定支架(包括安装详图)、补偿器、入口装置、减压装置、疏水器、管沟及检查人孔位置等。

通风与空调风管平面图主要包括空调风管平面图和消防风管平面图。平面图中应绘制风管、阀门、附件和风口等，标注出风管尺寸、标高及风口尺寸、设计风量及风速；各种设备及风口安装的定位尺寸和编号；消声器、调节阀、防火阀等各种部件位置及风管、风口的气流方向。

电气专业平面图中主要包括灯具、开关、插座平面布置；管线选型、管线的敷设；防雷接线图的网络尺寸、定位尺寸、接地网的安装要求、接地电阻、管井的接地干线、主设备房的接地要求等；配电箱、母线、桥架的选型、定位，二次原理图的控制要求等。

36.2.4.4 设备间大样图

1. 给水排水专业

包括卫生间大样图、生活和消防水泵房大样图、水箱间大样图、中水机房大样图、直饮水机房大样图、气体灭火机房大样图等，这些图均须标注设备及管道尺寸及平面定位和标高。

2. 暖通专业

（1）平面图

1）机房图中应绘出通风与空调相关制冷设备（如冷水机组、新风机组、空调器、冷热水泵、冷却水泵、通风机、消声器、水箱等）的轮廓位置及编号，注明设备和基础距离墙或轴线的尺寸。

2）绘出连接设备的风管、水管位置及走向；注明尺寸、管径、标高、设计流量及流速。

3）标注机房内所有设备、管道附件（各种仪表、阀门、柔性短管、过滤器等）的位置；注明管道阀门、补偿器、管道固定支架安装位置以及就地安装一次测量仪表的位置等。

（2）剖面图

剖面图可以较为全面地体现管道相对关系及竖向位置，剖面图中应绘出对应于机房平面图的设备、设备基础、管道和附件的竖向位置、竖向尺寸和标高。标注连接设备的管道位置尺寸；注明设备和附件编号以及详图索引编号。

（3）系统原理图

空调、制冷机房应有控制原理图，图中以图例绘出设备、传感器及控制元件位置，并配备相关的文字说明。注明控制要求、逻辑程序及必要的控制参数。

3. 锅炉房及换热间大样图

（1）绘出设备平面布置图和设备剖面图，注明设备定位尺寸及设备编号。

（2）绘出汽、水、风、烟等管道布置平面图和剖面图，注明管道阀门、补偿器、管道固定支架安装位置以及就地安装一次测量仪表的位置等。注明各种管道管径尺寸、设计流量和流速及安装标高，还应注明管道坡度及坡向。

（3）系统原理图中，应绘出设备、各种管道工艺流程，绘出就地测量仪表设置的位置。按本专业制图规定注明符号、管径、标高及介质流向，并注明设备名称或设备编号。标注控制要求、逻辑程序及必要的控制参数。

（4）其他图纸，如机械化运输平、剖面布置图、设备安装详图、非标准设备制造图或制作条件图（如油罐等）应根据工程情况进行绘制。

4. 机电管井

机电管井大样图主要包括设备管井及电气竖井两类。在管井大样排布前，首先要明确管井中所涉及内容，将所有管线及设备综合后进行综合排布。

（1）设备管井

1）设备管井的排布要以井外管线为依据，排布时要考虑管线检修问题，将需要检修的管线排布在检修门侧。按照规范要求保持管线间距，并留出足够空间以满足保温、支架的安装要求。

2）各层管井的排布要上下层保持贯通，即上下层管线位置一致，避免仅做本层排布而导致管线位置颠倒。

3）管井排布需要参考结构梁等的建筑结构施工图和现场实际情况，避免过于理想化导致现场施工困难。

4）在设备管井中既有风管又有水管时，要将风管与水管分开排列，切忌交错排布。

（2）电气竖井

电气竖井的综合排布，需要明确所有设备及管线，注意与强弱电专业密切配合，并注意以下几点：

1）配电箱柜及进出管线路由要合理优化布置，做到进出线路顺畅、排布协调，及时出具线管、桥架和母线的预留预埋图。

2）配电箱的定位需要考虑安装及检修方便，定位标注要以轴线为基准，上下层间管线路由同样需要保持贯通。

另外，电气专业的变配电室大样图中需要标注高压柜、低压柜、模拟屏、直流屏、变压器等的布置，灯具开关和插座的平面布置，管线的选型和敷设。应急发电机房大样图中需要标注发电机的布置、灯具开关和插座的平面布置、管线的选型和敷设等信息。

深化设计应具有前瞻性，如果发现建筑设计预留管井规格偏小，则可以通过以下三种方法进行沟通解决：

1）校核管线规格，看在满足设计规范的前提下管线规格是否有优化的可能性，通过优化管线截面来解决管井空间不够的问题。

2）及时与专业设计、建筑设计及建设单位沟通，看是否能够对原有竖井规格进行扩大。这种情况下，竖井将占去更多使用空间，需要与建设单位及时沟通。

3）在满足规范的前提下没有优化空间，并且由于建筑、结构问题不能进行管井扩大的情况下，则需要建筑及机电设计改变原有方案，进行管井的移位等。

管井大样图的排布过程中，需要注意土建专业是否留出检修门或检修口位置，如果没有留出或者数量位置有误，需要深化设计人员与土建技术部门进行及时沟通。通常，在水管立管装有阀门或检查口位置需要预留检修门。有些时候风管立管上装有阀门，也需要在阀门附近竖井上预留检修门。

机电管井大样图的绘制，可以正确指导现场施工，协调各专业间的配合，并及时发现原设计不足并加以补充协调，以减少施工的二次拆改并保证施工的顺利进行。良好的机电管井排布，对于后期物业维保工作也具有重大意义。同时，在满足设计与施工验收规范及建设单位要求的前提下，增强机电管井内视觉效果，也是体现施工单位实力的很好载体。

因此，在深化设计及现场施工过程中，机电管井大样图具有举足轻重的作用。

36.2.4.5 机电末端装修配合图

1. 立面及节点配合

精装造型包括平面及立面造型，机电管线排布时在考虑平面造型及标高是否满足的同时，也要考虑到立面造型的机电末端配合，如侧风口的规格及定位、防雨百叶的定位、排烟防火阀手动按钮定位等。

2. 综合顶棚图纸的配合

在配合精装施工图纸中，综合顶棚图的配合是一项重要内容。一般意义上，机电工程各末端需要由机电设计提至精装设计，双方进行沟通，在综合考虑技术与观感因素后，精装设计给出综合顶棚图。该图纸经过各相关施工单位校核与沟通后，最终由精装设计出图，精装设计、机电设计及建设单位签字下发施工单位。

3. 地砖排布的配合

由于在地面上有机电专业的给水排水地漏、疏散指示灯和地插等末端，按照精装设计要求，需要在地砖排布时进行协调。一般机电末端都是按照设计规范要求进行定位，在排布时只能微调，过程同顶棚末端定位。

4. 开关面板等末端定位

电气开关插座等末端一般都是按照施工验收规范进行预留或定位，在配合精装设计过程中，需要精装设计考虑此因素来确定墙面、柱面等处理方式。

36.2.4.6 机电系统相关计算

机电系统的计算主要包括水力计算、电气负荷计算、支吊架受力计算、管系抗震计算等。

空调水等系统因设备选型变更等原因，会导致管网管径和阻力的变化，因此，在深化设计的过程中需要对系统进行水力计算，分析比摩阻 R 取值范围的不同对管材、阀门、附件、工程造价带来的影响，并选取最佳方案。

电气专业设备选型的不同或其他专业的调整变更，会影响电气负荷的最终计算。因此在深化设计过程中需要对电力负荷重新进行核算，以保证供电系统的安全性、稳定性和经济性。

支吊架是用来承受管道或设备荷载、限制位移、控制振动，并将荷载传递至承载结构的各类组件或装置。支吊架的正确计算选型对维护建筑结构和机电专业的安全性、可靠性具有重要作用。而常规的支吊架选型一般都是根据经验估算的，选取一个认为保守的方案，缺乏足够的计算依据，系统的安全性得不到保障，因此，在深化设计过程中需要对支吊架进行受力计算及分析。尤其是在机电设备和管线密集而大的区域，如制冷机房、管道井、设备层和地下车库等，需要对其支吊架进行细致的计算、检验。

36.2.5 机电工程深化设计协调

36.2.5.1 机电工程各专业间协调

机电专业在设计过程中，除了进行各专业安装空间协调外，还要进行各专业系统功能的协调配合。比如：空调专业要和电气专业进行设备电气参数以及控制方式的协调配合，要为电气专业设备间提供空调通风系统；空调专业要为给水排水专业提供足够的热源，提供本专业排水点位置和管线尺寸等;空调专业与弱电专业进行设备自控方式、控制流程,以及点位等相关信息的综合协调。机电工程各专业需要全面协调配合,从而保证各系统功能的实现,安全高效运行。

36.2.5.2 机电工程专业和土建专业的协调

机电专业在设计过程中,需要与土建专业密切配合。

(1) 土建专业需要提供准确的建筑底图,提供必要的建筑信息,机电专业综合协调过程中,各专业要正确结合,避免出现"错漏碰缺",绘制机电专业管线预留预埋图纸,并反馈土建专业相关问题。

(2) 与土建专业的配合,还包括设备间设备基础的配合,尤其是安装在屋顶上的大型设备,土建专业有可能要根据设备的基础增加次梁等设计。因而,机电专业还应绘制设备基础定位图。

图纸绘制完成后,要与土建专业进行协调,报土建专业审核。

36.2.5.3 机电专业和精装修专业的协调

机电深化设计工作开展的一般比较早,不能静待精装修专业图纸。机电深化设计中各专业的设备管线和机电末端有可能进行了调整、优化,而精装修专业也是在原图纸的基础上进行设计的,如果此过程中没有与精装修专业建立起有效地协调途径,后期有可能发生较大的冲突,尤其是净高的冲突。投资方为节省成本,都不可能将层高建设得过高,而又希望将精装区域的吊顶尽量调高,所带来的结果就是机电专业与精装修专业在净高的要求上,往往有较大的冲突。因此,机电专业与精装修专业需要充分地沟通,在满足规范要求的基础上,尽可能地保证吊顶的安装高度。

36.2.5.4 机电管线综合协调原则

1. 总体原则

风管布置在上方。桥架和水管在同一高度时,水平分开布置;在同一垂直方向时,桥架在上、水管在下进行布置。综合协调,利用可用的空间,避免隐患。

2. 避让原则

有压管让无压管,小管线让大管线,施工简单的避让施工难度大的。

3. 管道间距

考虑到水管外壁,空调水管、空调风管保温层的厚度,电气桥架、水管,外壁距离墙壁的距离,最小应有100mm的距离,直管段风管距墙距离最小应有150mm,沿结构墙需90°拐弯风管及有消声器、较大阀部件等区域,根据实际情况确定距墙柱距离,管线布置时考虑无压管道的坡度。不同专业管线间距离,尽量满足施工规范要求。

4. 考虑机电末端空间

整个管线的布置过程应考虑到以后灯具、烟感探头、喷头等的安装,电气桥架安装后放线的操作空间及以后的维修空间。

5. 垂直面排列管道

热介质管道在上,冷介质管道在下;

无腐蚀介质管道在上,腐蚀性介质管道在下;

气体介质管道在上,液体介质管道在下;

保温管道在上,不保温管道在下;

高压管道在上,低压管道在下;

金属管道在上,非金属管道在下;

不经常检修管道在上,经常检修的管道在下。

上述为管线布置基本原则,管线综合协调过程中根据实际情况综合布置管线间距离,以便于安装、检修为原则。具体尺寸要参照相关的规范。

36.2.6 BIM 技术在机电深化设计中的应用

BIM 技术即建筑信息模型(Building Information Modeling)是建筑信息化的核心技术,在工程项目全生命周期(含投资规划、勘察设计、施工、运营维护等阶段)阶段,通过综合应用 BIM 技术,工程各参与方可提高信息沟通效率和效益,有利于提高企业综合效益。

机电工程各专业的设备选型、设备布置及管理、专业协调、管线综合、净高控制、参数复核、支吊架设计及荷载验算、机电末端和预留预埋定位等均可采用 BIM 技术进行深化设计。

36.2.6.1 BIM 技术的深化设计工作流程

BIM 技术的深化设计工作流程,详见图 36-6。

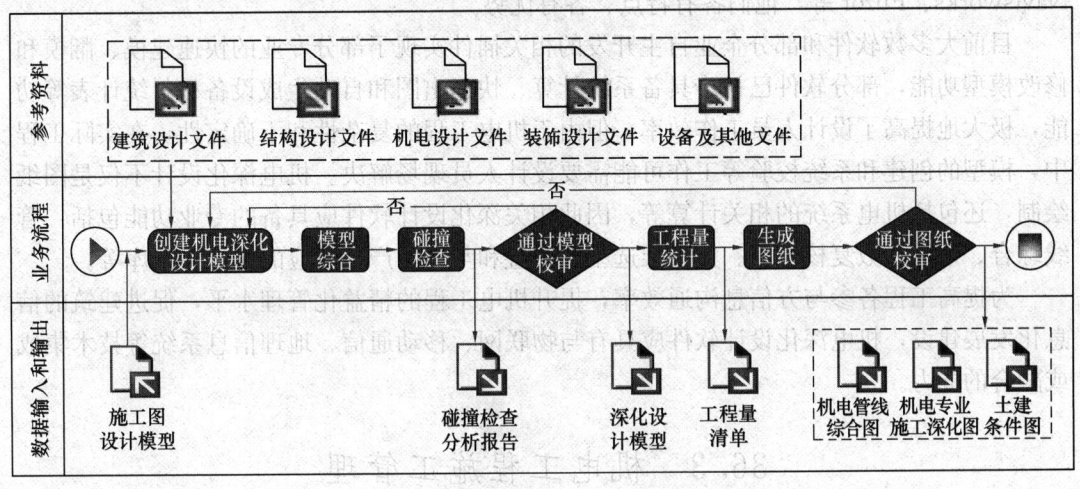

图 36-6 BIM 技术的深化设计工作流程

根据建筑、结构、机电和装饰专业设计文件或施工图设计模型创建机电深化设计模型,完成管线综合调整布置,校核系统合理性,最终生成碰撞检查分析报告、机电深化设计模型、工程量清单和机电深化设计图(含机电管线综合图、机电专业施工深化设计图、相关专业配合条件图)等。

机电深化设计图中应体现的模型元素及信息,详见表 36-8。在设计图中应确定各模型元素的具体尺寸、标高、定位和形状,并补充必要的专业信息和产品信息。

机电管线综合布置完成后,应补充或完善模型中未确定的设备、附件、末端等模型元素,复核水泵扬程及流量、风机风压及风量、冷热负荷、电气负荷、灯光照度、管线截面尺寸、支架受力等系统参数。

机电深化设计模型元素及信息　　　　　　　表36-8

专业	模型元素	模型元素信息
给水排水	给水排水及消防管道、管件、阀门、仪表、管道末端（喷头等）、卫浴器具、消防器具、机械设备（水箱、水泵、换热器等）、管道设备支吊架等	几何信息包括： 1. 尺寸大小等形状信息； 2. 平面位置、标高等定位信息。 非几何信息包括： 1. 规格型号、材料和材质信息、技术参数等产品信息； 2. 系统类型、连接方式、安装部位、安装要求、施工工艺等安装信息
暖通空调	风管、风管管件、风道末端、管道、管件、阀门、仪表、机械设备（制冷机、锅炉、风机等）、管道设备支吊架等	
建筑电气	桥架、桥架配件、母线、机柜、照明设备、开关插座、智能化系统末端装置、机械设备（变压器、配电箱、开关柜、柴油发电机等）、桥架设备支吊架等	

36.2.6.2 机电深化设计软件介绍

目前市场上有很多机电工程深化设计软件，民用建筑工程经常用到的软件，有Autodesk Revit、鸿业科技机电安装BIM软件、广联达BIM系列软件、杭州品茗BIM系列软件、鲁班BIM系列软件以及PKPM设备系列软件等；工业安装和基础设施工程的Bentley；钢结构工程的Tekla tructures等；模型碰撞分析和施工模拟类软件有Autodesk Navisworks、Fuzor等，他们各有特点、各有优势。

目前大多数软件和部分企业自主开发的相关插件实现了部分专业的快速建模、翻模和修改模型功能，部分软件已初步具备系统计算、快速出图和自动生成设备材料统计表等功能，极大地提高了设计人员工作效率，但由于机电工程的复杂性和不确定性，在实际工程中，模型的创建和系统校验等工作可能需要设计人员现场解决。机电深化设计不仅是图纸绘制，还包括机电系统的相关计算等，因此相关深化设计软件应具备的专业功能包括：管线综合、系统参数复核计算、支吊架选型及布置及与厂家产品对应的模型元素库等。

为提高工程各参与方信息沟通效率，提升机电工程的精益化管理水平，促进建筑的信息化发展建设，机电深化设计软件应具有与物联网、移动通信、地理信息系统等技术集成或融合的能力。

36.3　机电工程施工管理

机电工程施工现场管理，应遵循国家、地方、行业有关法律法规和强制性条文的规定，现场各方责任主体应建立完善的组织机构，明确职责和要求；规范作业，文明施工；加强科学技术研究和先进技术的推广应用；提高机电施工现场管理水平，实现施工现场管理科学化、规范化、标准化和数字化。

36.3.1　机电工程现场布置与标准化工地

36.3.1.1　机电工程现场布置与标准化工地的策划

机电工程现场布置主要从施工区、办公区、生活区3个方面进行策划。

针对工地实际情况，标准化工地策划方案主要从策划目标、保证体系、管理机构及职责、管理制度及办法、创建要点及办法、检查及考核办法等方面进行策划。

36.3.1.2 机电工程现场布置

1. 布置原则

紧凑有序，在满足施工的条件下，尽量节约施工用地；

在保证场内交通运输畅通和满足施工对材料要求的前提下，最大限度地减少场内运输，特别是减少场内二次搬运；

施工区域的划分和场地临时占用区域应符合总体部署和施工流程的要求，尽量避免各专业用地交叉而造成的相互影响干扰；

充分利用既有建（构）筑物和既有设施为项目服务，尽量避免对周围环境的干扰和影响，降低临时设施的建造费用；

在满足施工生产需要前提下，按照美观、实用、节能、环保、安全、消防的原则进行规划；

临时设施应方便生产和生活，办公区、生活区、生产区宜分区域设置；

遵守当地主管部门和建设单位关于现场安全文明施工的相关规定。

2. 布置内容

目前很多企业都编制了自己的施工现场标准化图册，对下述内容都做了统一要求，在现场统一进行VI形象的策划，目的是管好现场、塑造品牌、拓展市场、做到可持续发展。

生产区：大门、围墙、门卫室、人员进出管理、道路、车辆冲洗、施工图牌、导向牌、公示牌、喷淋降尘、视频监控、材料堆放、材料仓库、加工区、安全防护、设备管理、临时用电、消防设施、安全管理、临时设施、样板展示、成品保护等。

办公区：大门、围墙、门卫室、人员进出管理、办公楼、会议室、旗杆、管理人员着装、安全帽、胸卡、名片、视频监控等。

生活区：宿舍、食堂、卫生间、浴室、视频监控等。

3. BIM现场布置软件简介

目前进行BIM现场布置的软件也很多，主要有广联达、鲁班、品茗等。施工现场BIM三维布置软件为建筑工程行业技术人员提供施工现场三维仿真和施工模拟，解决规划时考虑不周全带来的施工速度慢、调整多等问题，同时有效减少施工过程中的变更，减少不必要的场地硬化，减少材料二次转运等（图36-7）。

图36-7 BIM现场布置软件三维效果图

36.3.1.3 现场标准化工地实施

创建标准化工地涉及项目管理的各个方面，如安全、质量、环保、物资设备、文明施工、现场管理、过程控制，规范、齐全、清晰的内业资料管理等，其创建要点可概括为四句话：管理制度标准化、人员配置标准化、现场管理标准化、过程控制标准化。

(1) 管理制度标准化

管理制度标准化的目标任务是：构建结构清晰、职责分明、内容稳定的管理要求，实施有规范、操作有程序、过程有控制、结果有考核的项目机构管理制度。管理制度要明确管理目标，提出工作要求，细化工作程序，落实人员责任，完善考核制度。理顺施工管理体制，明确职责分工，规范管理工作。

认真组织学习管理制度，使人员熟悉制度、自觉执行制度，将制度作为管理的依据，特别是领导应带头执行制度；将管理制度分类汇编成册，发放到管理人员；加强对制度执行情况的监督，将执行制度纳入工作人员考核范围，严格追究不执行制度人员的责任，形成以执行制度为荣的工作环境；征求单位人员执行制度的意见，将制度标准化建设和执行情况作为年度工作的主要内容。

(2) 人员配备标准化

人员素质决定了管理水平和效率，是实行标准化管理的根本。人员配备标准化就是根据工作岗位要求配备具有相应技能、能力、知识以及协调能力的人员，实现岗位设置满足管理要求，人员素质满足岗位要求，使项目管理机构成为实现目标工作团队。

明确项目管理人员在施工各个阶段的岗位职责、工作内容、工作方法、工作程序、工作要点，以及应掌握的专业知识和管理知识。建立学习培训制度，定期组织管理人员学习管理和业务知识。切实提高管理人员对标准化管理的认识和实施标准化的能力，有计划地做好人才培训、培养和储备工作，对有一定管理经历的人员要进行新知识培训，对有专业知识但缺乏实践经验人员要进行现场培训，对少量高端人才可采用引进方式解决。

(3) 现场管理标准化

现场是各种建设要素的集合，是实施标准化管理的载体。现场管理是对现场资源进行有效整合以达到目标的动态创造性活动。现场管理标准化就是将现场管理工作内容具体化、定量化，把现场布置要求、检查内容和检查方法等转换为工作标准，实现文明施工，规范建设。

现场管理标准化主要有：办公室建设标准化，加工产地标准化，现场围挡标准化，仓库管理标准化，现场标识标准化，现场样板展示区标准化，加工工具标准化（人字梯、三级配电箱、移动式登高作业平台、支架统一下料机具等），资料模板标准化，临时照明标准化，消防环保管理标准化，质量管理标准化，安全管理标准化等。

(4) 过程控制标准化

过程控制标准化是将现场标准化管理贯穿于整个建设过程，通过标准化对建设实施全过程管理。将过程控制工作具体化、定量化，形成过程管理工作标准，按照工作标准实施过程管理。

完善建设项目质量管理体系和质量管理制度，按照创建精品工程的要求，完善项目质量控制标准；建立项目安全管理体系，按照实施安全工程的目标，制定安全生产管理标准；科学合理安排工期，按照精细管理的方法，建立工期管理标准；建立环保工程管理标准，加强环境保护管理；坚持科技创新，建立项目技术创新工作标准。建立过程控制动态调整机制和应急预案，保证过程控制工作的实施效果。

36.3.2 机电工程资源管理

机电工程资源管理，主要包括人力资源、劳务管理，设备、材料管理。

36.3.2.1 设备、材料的基本要求

机电工程所使用的主要材料、成品、半成品、配件、器具和设备必须符合国家或行业的现行技术标准，满足设计要求。其基本要求如下：

（1）实行生产许可证和安全认证制度的产品，比如：机电设备、施工机具、照明灯具、开关插座、安保器材、仪器仪表、管件阀门等，必须具有许可证编号和安全认证标志，相关证明性资料齐全有效。

（2）在施工中应用的设备、材料必须具有质量合格证明文件，规格、型号及性能检测报告应符合国家技术标准和设计要求。进场时应做检查验收，对其规格、型号、数量及外观质量进行检查，不合格的产品应立即退货。涉及安全、节能、环保等功能的产品，应按各专业工程质量验收规范的规定进行复验（试），复验合格并经监理工程师检查认可后方可使用。

（3）按规定须进行抽检的设备、材料，应按规定程序由相关单位委托具有法定资质的检测机构，会同监理（建设）、施工单位，按相关标准规定的取样方法、数量和判定原则，进行现场抽样检验。施工单位应根据工程需要配备相应的检测设备，检测设备的性能应符合有关施工质量检测的规定。

（4）建筑给水、排水及供暖工程所使用的管材、管件、配件、器具及设备必须是认证厂家生产的合格品，并有中文质量合格证明文件，生活给水系统所涉及的材料必须达到饮用水卫生标准。

（5）主要器具和设备必须有完整的安装使用说明书，设备有铭牌，注明厂家、型号。在运输、保管和施工过程中，应采取有效措施防止损坏或腐蚀。

（6）机电设备安装施工用的辅助材料原则上使用厂家指定产品，非指定产品必须要求材料供应商提供材料的材质证明及合格证，其规格和质量必须符合工艺标准规定的技术参数指标，以确保达到工程质量标准。

（7）管道配件的压力等级、尺寸规格等应和管道配套。塑料和复合管材、管件、胶粘剂、橡胶圈及其他附件应是同一厂家的配套产品。

（8）电气设备上计量仪表和与电气保护有关的仪表应检定合格，投入试运行时，应在有效期内。

（9）电力变压器、柴油发电机组、不间断电源柜、高低压成套配电柜、控制柜（屏、台）及动力、照明配电箱（盘）等重要电力设备应有出厂试验记录及完整的技术资料。

（10）防腐保温材料除应符合设计的质量要求外，还应符合环保、消防等方面的技术规范要求。

（11）工程中使用的设备、材料优先选用环保节能产品，辅助材料必须满足有关环保及消防要求。

36.3.2.2 设备、材料的检验与试验

机电工程的设备、材料、成品和半成品必须进行入场检验，查验产品外包装、品种、

规格、附件等。如对产品质量有异议应送有资质第三方检验机构进行抽样检测，并出具检测报告，确认符合相关技术标准规定并满足设计要求，才能在施工中应用。

成套设备或控制系统除符合相关技术标准规定外，还应有出厂检验与性能试验记录，并提供安装、调试、使用和维修的完整技术资料，确认符合相关技术规范规定和设计要求，才能在施工中应用。入场检验工作应由工程总承包方牵头，协调施工、建设、监理和供货商共同参与完成，检验工作程序规范，结论明确，记录完整。

机电工程其他专用设备、附件、辅材均应符合相关质量要求，有产品合格证及性能检测报告或厂家的质量证明书，并符合工程设计要求，有些产品需要 3C 认证。仪表设备的性能试验应按现行相关技术规范的规定执行。根据国家和地方要求，有些产品需要送有资质的检测站进行进场后二次复检。

36.3.2.3　设备、材料现场保管的要求

进入现场的设备、材料要妥善安放，入库材料应由有关责任人和仓库保管员负责入库验收。验收内容为材料的类别、规格、型号、数量以及采购材料的合格证明等。室外保管要有完整的外包装，采取防雨、防晒、防风和防火等必要的防护措施。室内保管要注意防潮防火，易破碎物品要采取保护措施并予以醒目标识。具体要求如下：

(1) 现场的材料应按型号、品种分区摆放，并分别编号、标识。

(2) 易燃易爆的材料应专门存放、专人负责保管，并有严格的防火、防爆措施。

(3) 有防湿、防潮要求的材料，应采取防湿、防潮措施，并做好标识。

(4) 有保质期的库存材料应定期检查，防止过期，并做好标识。

(5) 易损坏的材料应保护好外包装，防止损坏。

(6) 材料的账、卡、物及其质量保证文件齐全、相符。

(7) 仪表设备及材料验收后，应按其要求的保管条件分区保管。主要的仪表材料应按照其材质、型号及规格分类保管。

(8) 仪表设备及材料在安装前的保管期限，不应超过一年。当超期保管时，应符合设备及材料保管的专门规定。

(9) 油漆、涂料必须在有效期内使用。

(10) 保温材料在贮存、运输、现场保管过程中应不受潮及机械损伤。

(11) 灯具、材料在搬运存放过程中应注意防振、防潮，不得随意抛扔、超高码放。应存放在干燥通风，不受撞击的场所。

36.3.2.4　建筑工人实名制管理

为规范建筑市场秩序，加强建筑工人管理，维护建筑工人和建筑企业合法权益，保障工程质量和安全生产，培育专业型、技能型建筑产业工人队伍，促进建筑业持续健康发展，国家相关部门制定了建筑工人实名制管理办法。

建筑工人实名制管理办法是对建筑企业所招用建筑工人的从业、培训、技能和权益保障等以真实身份信息认证方式进行综合管理的制度。住房和城乡建设部、人力资源社会保障部负责制定全国建筑工人管理服务信息平台数据标准。省（自治区、直辖市）级以下住房和城乡建设部门、人力资源社会保障部门负责本行政区域建筑工人实名制管理工作，确保各项数据的完整、及时、准确，实现与全国建筑工人管理服务信息平台联通、共享。

建设单位按照工程进度将建筑工人工资按时足额付至建筑企业在银行开设的工资专用账户。

建筑企业应承担施工现场建筑工人实名制管理职责，制定本企业建筑工人实名制管理制度，配备专（兼）职建筑工人实名制管理人员，通过信息化手段将相关数据实时、准确、完整上传至相关部门的建筑工人实名制管理平台。

总承包企业（包括施工总承包、工程总承包以及依法与建设单位直接签订合同的专业承包企业，下同）对所承接工程项目的建筑工人实名制管理负总责，分包企业对其招用的建筑工人实名制管理负直接责任，配合总承包企业做好相关工作。

坚持建筑企业与农民工先签订劳动合同后进场施工。项目负责人、技术负责人、质量负责人、安全负责人、劳务负责人等项目管理人员应承担所承接项目的建筑工人实名制管理相应责任。进入施工现场的建设单位、承包单位、监理单位的项目管理人员及建筑工人均纳入建筑工人实名制管理范畴。

建筑工人实名制信息由基本信息、从业信息、诚信信息等内容组成。基本信息应包括建筑工人和项目管理人员的身份证信息、文化程度、工种（专业）、技能（职称或岗位证书）等级和基本安全培训等信息。从业信息应包括工作岗位、劳动合同签订、考勤、工资支付和从业记录等信息。诚信信息应包括诚信评价、举报投诉、良好及不良行为记录等信息。

总承包企业应以真实身份信息为基础，采集进入施工现场的建筑工人和项目管理人员的基本信息，并及时核实、实时更新；真实完整记录建筑工人工作岗位、劳动合同签订情况、考勤、工资支付等从业信息，建立建筑工人实名制管理台账；按项目所在地建筑工人实名制管理要求，将采集的建筑工人信息及时上传相关部门。已录入全国建筑工人管理服务信息平台的建筑工人，1年以上（含1年）无数据更新的，再次从事建筑作业时，建筑企业应对其重新进行基本安全培训，记录相关信息，否则不得进入施工现场上岗作业。

建筑企业应配备实现建筑工人实名制管理所必需的硬件设施设备，施工现场原则上实施封闭式管理，设立进出场门禁系统，采用人脸、指纹、虹膜等生物识别技术进行电子打卡；不具备封闭式管理条件的工程项目，应采用移动定位、电子围栏等技术实施考勤管理。相关电子考勤和图像、影像等电子档案保存期限不少于2年。

实施建筑工人实名制管理所需费用可列入安全文明施工费和管理费。建筑企业应依法按劳动合同约定，通过工资专用账户按月足额将工资直接发放给建筑工人，并按规定在施工现场显著位置设置"建筑工人维权告示牌"，公开相关信息。各级住房和城乡建设部门可将建筑工人实名制管理列入标准化工地考核内容。

36.3.3 机电工程造价管理

机电工程施工涉及众多学科和专业，大量采用新技术、新工艺、新材料、新设备，具有安装工艺流程复杂、技术更新快、科技含量高的特点。随着智能化建筑的推广普及，机电工程在建设项目造价中所占比例越来越大，技术标准也在不断提高，这些使得施工现场造价管理成为项目施工的关键环节。

36.3.3.1 现场成本管理

现场成本管理的原则是合理配置生产要素，采用优化配置、动态控制和科学调度等手段,对施工的全过程中所消耗的人力资源、物质资源和费用开支,进行指导、监督、调节和限制,及时纠正已经发生和控制将要发生的偏差,以使各项费用控制在计划成本的范围内,保证成本目标的实现。

(1) 人力资源管理

实行人力资源的优化配置。按照机电安装工人劳动生产率定额、施工进度计划、工程量、施工技术方案和施工人员素质等制定劳动力需求计划,原则是满足基本施工需求、适当留有余地,注意工种组合及技工配比。

根据施工需要对人力资源进行动态管理,及时协调、调配、补充或减员,实现人力资源的优化组合,对劳动力的表现进行跟踪考核,并记入用工档案。

按要求组织员工培训,根据工程特点、技术难点、四新技术的应用,组织作业人员进行技术操作培训和岗前培训。建立特种作业人员管理档案,记录培训考试、证书审验、岗位调配和工作业绩等。

加强对员工作业质量和效率的检查评比,建立激励机制,兑现绩效奖励。

(2) 工程设备和材料管理

根据设计文件的要求,组织制定工程设备和主要材料需用量计划以及辅助材料需用量计划,并按施工进度计划确定分期分批供货计划。

按需用量计划和分批供货计划组织采购,建立设备制造商和供应商信息数据库,了解供应商的产品价格、性能、信用、供货能力,建立长远、稳定、多渠道、可选择的货源基地。

机电工程所需材料的采购根据企业的性质和管理制度授权进行采购。对集中采购率、公开采购率、上网采购率、电子招标率有要求的企业要严格按照要求进行。

项目经理部应编制需求计划,报企业物资部门批准,根据授权进行采购。物资部门应分类建立工程设备和材料台账,严格履行物料收发手续,做到账、物相符。贵重物品应跟踪使用,并做好记录。

建立使用限额领料制度和周转材料保管、使用制度,做好使用、报废、节约及超用状况记录。

实施材料使用监督制度,定期检查、定期盘点,及时办理剩余材料、部件和配件的退库手续,做好包装物及废料的回收和处理。

(3) 施工机械设备和计量器具管理

项目经理部根据施工进度计划、施工技术方案的要求,制定施工机械设备和计量器具使用计划。

施工机械设备和计量器具进入现场时,应进行完好程度、使用文件齐全状况等检查。机械设备的能力、计量器具的量程、设备和计量器具的精度和数量等应满足机电安装工程的需要。

建立施工现场的机械设备和计量器具台账,制定相关的定机定人定岗位的责任制和操作规程,使用中做好维护和保养,使设备始终处于完好状态,计量器具保持有效性,保证使用安全合理。

加强施工机械设备和计量器具的动态管理,合理调度和协调,既能满足施工需要,又能提高其利用率。定期或随时抽检设备所处状态及操作或使用的合理性、安全性,做好记录,发现问题应及时分析和处理。

36.3.3.2 机电工程合同管理

(1) 机电工程合同的构成

《建设工程施工合同（示范文本）》GF-2017—0201（简称：《施工合同示范文本》）由合同协议书、通用合同条款和专用合同条款三部分组成。

《施工合同示范文本》合同协议书主要包括：工程概况、合同工期、质量标准、签约合同价和合同价格形式、项目经理、合同文件构成、承诺以及合同生效条件等重要内容，集中约定了合同当事人基本的合同权利义务。

通用合同条款是合同当事人根据《中华人民共和国建筑法》《中华人民共和国合同法》等法律法规的规定，就工程建设的实施及相关事项，对合同当事人的权利义务作出的原则性约定。具体条款分别为：一般约定、发包人、承包人、监理人、工程质量、安全文明施工与环境保护、工期和进度、材料与设备、试验与检验、变更、价格调整、合同价格、计量与支付、验收和工程试车、竣工结算、缺陷责任与保修、违约、不可抗力、保险、索赔和争议解决。前述条款安排既考虑了现行法律法规对工程建设的有关要求，也考虑了建设工程施工管理的特殊需要。

专用合同条款是对通用合同条款原则性约定的细化、完善、补充、修改或另行约定的条款。合同当事人可以根据不同建设工程的特点及具体情况，通过双方的谈判、协商对相应的专用合同条款进行修改补充。在使用专用合同条款时，应注意以下事项：

专用合同条款的编号应与相应的通用合同条款的编号一致；

合同当事人可以通过对专用合同条款的修改，满足具体建设工程的特殊要求，避免直接修改通用合同条款；

在专用合同条款中有横道线的地方，合同当事人可针对相应的通用合同条款进行细化、完善、补充、修改或另行约定；如无细化、完善、补充、修改或另行约定，则填写"无"或划"/"。

(2)《施工合同示范文本》的性质和适用范围

《施工合同示范文本》为非强制性使用文本。《施工合同示范文本》适用于房屋建筑工程、土木工程、线路管道和设备安装工程、装修工程等建设工程的施工承发包活动，合同当事人可结合建设工程具体情况，根据《施工合同示范文本》订立合同，并按照法律法规规定和合同约定承担相应的法律责任及合同权利义务。

(3) 机电安装现场合同管理的类型

机电安装现场合同管理的类型主要有：机电安装承包合同、劳务合同、采购合同、租赁合同、服务合同等。

(4) 机电安装现场合同的实施

机电工程项目合同的实施是指合同签订后，依据合同，通过合同分析、合同交底及合同控制等基础工作进行管理来完成工程项目的活动。

合同分析的重点内容：合同责任，工程范围；合同价格，计价方法和价格补偿条件；工期要求和顺延条件，工程受干扰的法律后果，合同双方的违约责任；合同变更方式，工程验收方法，索赔程序和争执的解决等。

合同交底：主要是参与从投标开始到合同签订完后，结合公司对该项目的管理目标，公司合同管理人对合同实施团队进行合同交底。合同交底要形成书面记录。合同交底的主要任务是：对合同的主要内容达成一致理解；将各种合同事件的责任分解落实到各工程小组或分包人；将工程项目和任务分解，明确其质量和技术要求以及实施的注意要点等；明确各项工作或各个工程的工期要求；明确成本目标和消耗标准；明确相关事件之间的逻辑关系；明确各个工程小组（分包人）之间的责任界限；明确完不成任务的影响和法律后果；明确合同有关各方（如建设单位、监理工程师）的责任和义务。

合同控制：在工程实施的过程中要对合同的履行情况进行合同实施监督、跟踪与调整，并加强工程变更管理，保证合同的顺利履行。签订合同后，加强合同变更管理。

合同管理应从施工准备、进场施工、工序交验、竣工验收、工程保修以及技术、质量、安全、进度、工程款支付等进行全过程的管理。

36.3.3.3 机电工程合同变更与索赔

（1）机电工程合同变更

按照《施工合同示范文本》的约定，工程变更包括设计变更和工程质量标准等其他实质性内容的变更，其中机电工程设计变更主要包括：参数更改、规格型号变换；增减合同中约定的工程量；改变有关工程中的施工时间和顺序等。

机电工程项目合同变更的影响：导致定义工程目标和工程实施情况的各种文件作相应的修改和变更。相关的其他计划也应作相应调整，还会引起其他合同的变更。引起合同双方、总承包商和分包商之间合同责任的变化。工程变更有时还会引起已完工程的返工、现场工程施工的停滞、施工秩序被打乱及已购材料出现损失。

机电工程项目合同变更形式：合同双方经过会谈达成一致。然后双方签署会谈纪要、备忘录、修正案等变更协议。建设单位或工程师发出各种变更指令，最常见的是工程变更指令。在实际工程中，这种变更较多。

（2）机电工程项目索赔

机电工程项目索赔发生的原因：合同对方违约、合同条文问题、合同变更、工程环境变化、不可抗力因素。

机电工程项目索赔的分类：按索赔目的，分为工期索赔和费用索赔；按索赔发生的原因，分为延期索赔、工程范围变更索赔、施工加速索赔和不利现场条件索赔。

机电工程项目索赔的实施过程：意向通知→资料准备→索赔报告的编写→索赔报告的提交→索赔报告的评审→索赔谈判→争端的解决。

机电工程项目索赔费用包括：人工费索赔、材料费索赔、施工机械费索赔、管理费索赔等。

36.3.3.4 资金管理

（1）依据工程承包合同的付款方式和施工进度计划做出项目收入预测表，统一对外收支和结算，及时催收预付款和结算工程款。

（2）根据成本费用控制计划、项目管理实施规划和施工组织总设计、工程设备和材料储备计划和工程进度计划做出资金支出预测，合理调配资金支付各项支出，重视资金支出的时间价值，提高资金利用效率。

（3）按资金收支对比差额筹措资金。在充分利用自有资金的基础上，多渠道筹措资金，尽量利用低利率贷款。

36.3.4 机电工程设计与技术管理

机电工程设计与技术管理主要内容有：图纸管理、BIM技术深化设计、机电施工组织设计及方案编制、项目管理实施规划编制、质量及创优规划编制；技术交底、现场平面布置、技术核定单、隐蔽单、各项功能检测、材料需求计划、进度计划编制；技术创新、新技术应用；专利、工法、科技进步奖策划、技术论文、项目技术总结的编写等。

施工前技术准备工作：施工技术资料准备；施工现场、作业环境的技术准备；参与设计图纸的会审和设计交底；编制施工组织总设计、单位工程施工组织设计和施工方案；项目施工人员的资格认定；技术交底和施工安全技术交底；编制工程设备和材料、施工机械设备以及计量器具的需用计划等。

施工过程中技术管理工作：施工指导和监督；办理设计修改、材料或设备变更手续；因施工条件变化修订原施工技术方案；指导和处理新技术的应用工作；制定调试和试运转方案；参加质量事故、安全事故的处理；及时填写技术日志等。

交竣工验收中技术管理工作：收集、汇总和整理工程技术资料；绘制竣工图、参加工程竣工自检工作；参加交竣工各类文件资料的检查、整理和编制工程档案；编写工程施工技术总结等；进行专利、工法、奖项的申报。

《建筑业10项新技术（2017版）》的推广和应用。其中，机电安装部分的新技术有：基于BIM的管线综合技术、导线连接器应用技术、可弯曲金属导管安装技术、工业化成品支吊架技术、机电管线及设备工厂化预制技术、薄壁金属管道新型连接安装施工技术、内保温金属风管施工技术、金属风管预制安装施工技术、超高层垂直高压电缆敷设技术、机电消声减振综合施工技术、建筑机电系统全过程调试技术。

BIM技术应用的几个方面：虚拟建造及演示、管线综合平衡、三维可视化交底及指导施工、智能算量和决策支持、数据共享提升企业精细化管理、绿色建造技术支撑、参数信息模型建立、智能机电运维平台建立、进度管理、成本管理等。

新技术的研发和企业自有新技术的应用：及时总结项目上的自创技术，形成工法、专利、科技成果等。积极推广企业自有新技术，提高生产效率，保证工程进度和质量。

36.3.5 机电工程质量管理

施工现场质量管理主要包括：工程质量管理体系和责任制度建立与落实、设备与材料质量控制、施工过程管理与控制、现场质量检验与试验、质量事故处理等全面质量管理工作。

36.3.5.1 建立现场质量管理体系和质量责任制度

项目经理部应建立现场质量管理体系和质量责任制度，并做好下列工作：

（1）明确规定工程项目领导和各级管理人员的质量责任。

（2）明确规定从事各项质量管理活动人员的责任和权限。

（3）规定各项工作之间的衔接、控制内容和控制措施。

（4）审核施工单位资质、人员资格和能力。施工管理人员、班组长、操作人员应具备相应的管理业务水平和技术操作能力，建筑电工、焊工、建筑起重信号司索工、电气调试人员等按相关文件规定持证上岗。

(5) 定期、不定期地检查工程质量控制和质量保证情况，并做出客观的评价。

(6) 在合同中明确质量管理的奖罚措施。

36.3.5.2 建立严格的施工技术管理体系

(1) 针对工程的特点，组建现场技术管理体系，解决施工过程中遇到的技术性问题，严格控制工程施工质量。

(2) 施工前，认真组织各专业技术人员，熟悉掌握图纸和进行专业技术图纸会审，进行设计交底和施工技术交底，明确下达施工任务单，操作人员按任务单施工。

(3) 机电工程设计中若需要技术变更，应事先得到厂家及建设单位（监理工程师）的签字确认后进行，技术变更应保持完整记录。

(4) 严格遵守技术复核制度，对建筑物的方位、标高、高度、轴线、图纸尺寸、误差等作复核记录，经复核无误后再进行资料存档管理。

(5) 隐蔽工程施工时，质量检查人员、专业技术负责人和专职质检员必须共同进行监督，没有相关人员签字，不准进入下一道工序。

(6) 在分部分项工程施工中，相关专业工种之间应进行交接检验并形成记录，未经监理工程师（建设单位技术负责人）检查认可不得进行下道工序施工。

36.3.5.3 样板引路及实物交底制度

样板施工目的：为保证施工质量，采用样板引路的质量保证措施。检验样板段深化设计、管线综合、管线平衡的效果；验证各功能房的净空是否满足建设单位要求。

综合机电管线图绘制完成，各专业现场复核标高完成，并通过各专业会签及机电设计、顾问、建设单位的审批后，即可实施样板段的施工。样板段施工在分项工程（工序）施工前进行。

各专业工程师根据机电综合图及样板部位的实际情况，制定各专业样板实施专项方案，提出质量要求，并报监理审批后实施。

样板施工前各部位作法已确定，各种材料需按进度要求进场，现场见证取样送检合格，各施工机具到场并安全检查合格。

样板施工，应做到统一操作程序、统一施工做法、统一质量验收标准。在样板施工部位挂牌注明工序名称、施工责任人、技术交底人、操作班长、施工日期等。样板集中展示部位需将各操作规程、质量管理制度、措施、安全施工注意事项全部挂牌上墙。

样板验收合格的部位或构件要挂"验收合格标识牌"，验收不合格的要立即整改，直到合格为止，并将实测实量的结果标注于被测量的构件上。施工过程中应做好现场文明施工工作，做到工完场清，现场无垃圾、杂物、无剩余材料，并派专人进行日常维护。

施工过程中，应及时收集样板施工、图片、影像资料，及时办理隐蔽验收手续，确保有案可查，施工完成后可制作幻灯片作为后期施工交底资料。样板施工完成后，应将各部位构件作法详细标注在构件上，隐蔽部分应用墨线标出。样板施工完成后，标注各管线色标、色环，对各管线及样板区挂标识牌。及时将相关资料报监理、建设单位、质量监督人员检查验收。样板验收合格后方可进行大面积施工。

36.3.5.4 现场会议制度

(1) 施工现场必须建立、健全和完善现场会议制度，并协调有关单位间的业务活动。

(2) 定期或不定期召开现场质量检查会议，及时分析、通报工程质量状况，保证施工的各个环节在相应管理层次的监督下有序进行。

36.3.5.5 现场质量检验制度

（1）根据设计要求和产品质量标准，对工程设备、材料进行检查和验收，施工监理参与检验并确认。

（2）控制重点施工部位或关键工序，施工技术人员和质量检验人员事先对工序进行分析，针对施工过程中容易出现的质量问题，采取质量预控措施予以预防。

（3）施工现场质量管理按《施工现场质量管理检查记录》进行检查记录。

（4）隐蔽工程质量检验和试验应按已制定的质量检验计划的规定进行。如接地系统测试、管道强度试验、通球和吹扫试验等，经测试合格并形成验收记录，各方签字确认后，才能进行隐蔽施工。

（5）机电设备安装完成后，按规定进行单机调试和试运转，按工艺系统进行联动调试和试运转，以检验设备功能特性和安装质量是否符合工艺设计的要求，达到设计预期使用功能。

（6）严格按施工验收规范要求填写机电设备运行和试验记录、安全测试记录、试运行记录、工序交接验收合格等施工安装记录。

（7）建立质量统计报表制度，对已完成的检验批、分项工程、分部工程的质量评价情况进行统计分析，提高质量管理工作的科学性和时效性。

36.3.5.6 质量事故报告和处理制度

工程质量事故是指由于建设管理、监理、勘测、设计、咨询、施工、材料、设备等原因造成工程质量不符合规程、规范和合同规定的质量标准，影响使用寿命和对工程安全运行造成隐患及危害的事件。发生质量事故后，施工单位在做好现场处置工作外，尚应做好下列工作：

（1）提供真实数据资料

施工单位提供有关合同的合同文件，如工程承包合同、设计合同、设备、材料采购合同、监理合同及分包工程合同等；有关技术文件和档案，如有关设计文件；与施工有关的技术文件和档案资料；施工组织设计或施工方案、施工计划、施工记录、施工日志、有关材料的质量证明文件资料、有关设备检验材料、质量事故发生后事故状况的观测、试验记录和试验、检测报告等。

（2）提交质量事故报告

施工单位在质量事故发生后应提交报告。内容包括质量事故发生的时间、地点、工程项目名称及工程的概况；质量事故状况的描述；质量事故现场勘察笔录、证物照片、录像、证据资料、调查笔录等；质量事故的发展变化情况等。

（3）确定质量事故的原因

在事故调查与分析基础上，必要时请第三方进行试验验证，确认事故原因，并明确责任。

（4）提交完整的事故处理报告

事故处理后应提交完整的事故处理报告，其内容包括：事故调查的原始资料、测试数据；事故原因分析、论证；事故处理依据；事故处理方案、方法及技术措施；事故处理结论等。

36.3.6 机电工程进度控制

现场进度管理,要根据机电工程施工作业工序多、交叉作业量大、工艺复杂的特点,重点抓好施工组织的连续性和均衡性,协调好各个工种的相互配合,合理调配人力资源,保障施工机具、设备、材料按计划供应,及时解决施工中出现的各种问题,确保进度计划正常实现。

36.3.6.1 施工作业计划编制

(1) 根据项目总进度计划和单位工程进度计划的实施情况或建设单位提出的实时进度指标,项目经理部在掌握和了解各单位工程中各分部分项工程的施工资源、现场条件、设备与材料供应等情况基础上,编制月、旬作业计划。

(2) 施工的月、旬作业计划应明确:具体的计划任务目标;所需要的各种资源量;各工种之间和相关方的具体搭接与接口关系;存在问题及解决问题的途径和方法等。

(3) 施工进度计划常采用横道图形式,也可采用网络图形式。施工进度计划应有计划编制说明和实施措施。

(4) 编制步骤:划分施工过程、计算工作量、确定劳动量和机械台班数量、确定各施工过程的持续施工时间(天或周)、编制施工进度计划的初始方案、检查和调整施工进度计划初始方案。

36.3.6.2 施工作业计划实施

(1) 项目经理部在计划实施前要进行计划交底,并对分承包方和施工队下达计划任务书。

(2) 施工队应根据施工月、旬作业计划编制施工任务单,将计划任务落实到施工作业班组;施工任务单的内容应有具体的施工形象进度和工程实物量、技术措施和质量要求等。在实施进度计划过程中要做好施工记录,任务完成后,进行检查验收。

(3) 根据月、旬施工进度计划,掌握计划实施情况,协调施工中的各个环节、各个专业工种、各相关方之间协作配合关系,采取措施调度生产要素,加强薄弱环节,处理施工中出现的各种矛盾,保证施工有条不紊地按计划进行。

36.3.6.3 施工作业计划调整

施工作业出现进度偏差时,一般采用的调整主要方法有:

(1) 局部工作增加或减少施工内容。

(2) 改变施工方案和施工方法,使单位时间内工程量增加或减少。

(3) 在相应工作时差允许范围内改变起止时间。

(4) 调整施工作业计划的方法和措施确定后,重新编制符合实际情况的进度计划。

36.3.6.4 加强沟通协调,保障现场施工条件

(1) 施工单位应加强与建设方和监理方的沟通协调,就施工进度及其影响因素进行密切交流与协商,争取得到各方的支持与配合。

(2) 处理好施工现场与周边单位的关系,保证施工现场的水、电、气供应,协调好交通运输、社区安全、环保、消防等各方面,保障现场的作业环境和施工条件。

(3) 施工过程中要随时掌握现场气候、环境、交通、安全等影响施工的信息,制定各种应急预案,及时调整部署,从容应对各种突发事件。

(4) 按施工进度计划制定分期分批供货计划，按时组织采购、进货、验收和供应。采购部门或人员应随时了解施工现场情况，配合现场施工进度及时调整采购计划，避免物料供应与施工进度脱节，造成物料积压或不足的现象。

36.3.6.5 制定奖惩制度

对于优质高效、完成施工计划并积极为下道工序创造条件的人员给予适当的奖励，对于无故延期、返工、浪费材料以及影响其他工序的进度和质量的人员给予必要的处罚并追究相关管理人员的责任。

36.3.7 机电工程安全管理

机电工程施工安全管理包括施工安全组织、制度建设、施工管理、风险防控、技术措施、应急预案、事故处理等诸多方面。

36.3.7.1 项目安全技术职责划分

(1) 项目经理对本工程项目的安全生产负全面领导责任，应组织并落实施工组织设计中安全技术措施，监督施工中安全技术交底制度和机械设备、设施验收制度的实施。

(2) 项目总工程师对本工程项目的安全生产负技术责任，参加并组织编制施工组织设计及编制、审批施工方案时，要制定、审查安全技术措施，保证其可行性与针对性，并随时检查、监督、落实。

(3) 工长（施工员）对所管辖劳务队（或班组）的安全生产负直接领导责任，针对生产任务特点，向管辖的劳务队（或班组）进行书面安全技术交底，履行签认手续，并对规程、措施、交底要求的执行情况经常检查，随时纠正违章作业。

(4) 安全员负责按照安全技术交底的内容进行监督、检查，随时纠正违章作业。

(5) 劳务队长或班组长要认真落实安全技术交底，每天做好班前教育。

36.3.7.2 机电工程施工安全管理制度

(1) 严格遵守国家、地方政府、行业和企业制定的建筑施工安全管理制度和相应的安全技术操作规程，贯彻执行安全生产的各项规定，确保施工安全。

(2) 严格执行用工管理制度，建立三级教育、特种作业教育和经常性教育体系，承担专业技术工种作业的工人如建筑电工、焊工、建筑起重信号司索工等，必须达到该项作业的技术等级要求，持证上岗。未经培训或考核不合格者，不得独立操作。

(3) 制定设备检测、维修、使用和报废管理制度，大型施工机具设备设专人负责管理，定期维护保养，保证其技术状况良好。手持式电动工具的管理、使用、检查和维修，应符合现行国家标准《手持式电动工具的管理、使用、检查和维修安全技术规程》GB/T 3787 的规定。

36.3.7.3 施工安全技术交底

(1) 工程开工前，工程技术负责人要将工程概况、施工方法、安全技术措施等向全体职工进行详细交底。

(2) 分项、分部工程施工前，项目部相关人员向所管辖的班组进行安全技术措施交底。

(3) 两个以上施工队或工种配合施工时，项目部相关人员要按工程进度向班组长进行交叉作业的安全技术交底。

(4) 班组长要认真落实安全技术交底，每天要对工人进行施工要求、作业环境的安全交底。

(5) 针对新工艺、新技术、新设备、新材料施工的特殊性进行安全技术交底。

(6) 项目部相关人员进行书面交底后，应保存安全技术交底记录和所有参加交底人员的签字。安全技术交底记录一式三份，分别由项目部、施工班组、安全员留存。

36.3.7.4 作业环境安全管理

(1) 施工现场用电、照明用电、使用各种电气机具必须符合现行行业标准《建筑与市政工程施工现场临时用电安全技术标准》JGJ/T 46 的要求，配电箱、开关箱处悬挂安全用电警示牌及安全危险标志，所有用电施工设备一机一闸，严禁随意私拉乱接电源线，供电容量应与用电负荷相符。

(2) "五口"（楼梯口、电梯口、外墙预备洞口、通道口和地坑口）必须有防护设施，有明显的警示标识。

(3) 施工现场高大脚手架、塔式起重机等大型机械设备应与架空输电导线保持安全距离，高压线路应采用绝缘材料进行安全防护。

(4) 施工现场必须按规定设置安全网，凡 4m 以上的在建工程，必须随施工层支 3m 宽的安全网，首层必须固定一道 3~6m 宽的安全网。高层施工时，除在首层固定一道安全网外，每隔四层还要固定一道安全网。

(5) 施工现场必须严格遵守消防管理制度，配置消防设施，有明火作业的施工现场，要有专人负责，作业结束后必须认真清理现场，消除各种火灾隐患。

(6) 施工现场应按要求正确挂置安全标志。安全标志能够通过禁止、警告、指令和提示的方式指导工作人员安全作业、规避危险，从而达到避免事故发生的目的。

(7) 施工现场应按照环保要求做好施工现场的作业环境管理。

36.3.7.5 针对安全危险较大的施工作业制定安全技术措施

(1) 设备调试和试运行必须严格按调试、试运行方案、操作规程和有关规定进行操作，事先制定相应的应急预案并采取必要的安全防护措施，参加调试、试运行的指挥人员和操作人员及监护人员不得随意改变操作程序和内容。

(2) 制定高空作业、机械操作、起重吊装作业、动用明火作业、在密闭容器内作业、带电调试作业、管道和容器的压力试验、临时用电、单机试车和联动试车等工程项目施工全过程的安全技术措施。

(3) 确定重大危险源的部位和过程，对危险大和专业性较强的工程项目施工，如大型设备吊装、大型网架整体提升、在易燃易爆或危险化学品区域施工作业、动用明火、高电压作业和高压试验等，必须先进行安全论证，制定相应的安全技术措施。依据有关法规规定，报送相关的监督机构审批。

(4) 针对采用新工艺、新技术、新设备、新材料施工以及工程项目的特殊性制定相应的安全技术措施。针对特殊需求，补充相应的安全操作规程或措施。

(5) 针对特殊气候条件如雨期、高温、冰雪、大风以及夜间施工等制定相应的安全技术措施。按各施工专业、工种的特点以及施工各阶段、交叉作业等编制针对性的安全技术措施。

36.3.7.6 制定应急措施及事故处理预案

(1) 项目经理部应主动识别可能的紧急情况和突发过程的风险因素，编制项目应急准备与响应预案。应急准备与响应预案应包括：
1) 应急目标和部门（责任人）职责；
2) 突发过程的风险因素及评估；
3) 应急响应程序和措施；
4) 应急准备与响应能力测试；
5) 需要准备的相关资源。

(2) 项目经理部应对应急预案进行专项演练，对预案的有效性和可操作性进行评价和修改完善。

(3) 发生安全事故，项目经理部应启动应急准备与响应预案，有组织、有秩序地抢险救人，采取有效措施防止事故蔓延扩大。

(4) 保护事故现场，妥善保管有关证物、现场痕迹、设备和物料状态，直至事故结案。

(5) 及时报告有关部门，妥善处置后续工作。

36.3.7.7 现场安全事故处理程序

(1) 事故报告：事故发生后，事故现场有关人员应当立即向本单位负责人报告，单位负责人接到报告后，应当在1h内向事故发生地县级以上人民政府安全生产监督管理部门和负有安全生产监督管理职责的有关部门报告。情况紧急时，事故现场有关人员可以直接向事故发生地县级以上人民政府安全生产监督管理部门和负有安全生产监督管理职责的有关部门报告。特种设备发生事故的，还应当同时向特种设备安全监督管理部门报告。

报告事故应当包括下列内容：事故发生单位概况；事故发生的时间、地点以及事故现场情况；事故的简要经过；事故已经造成或者可能造成的伤亡人数（包括下落不明的人数）和初步估计的直接经济损失；已经采取的措施；其他应当报告的情况。

(2) 事故分类：按其严重程度分为特别重大事故、重大事故、较大事故、一般事故。

特别重大事故，是指造成30人以上死亡，或者100人以上重伤，或者1亿元以上直接经济损失的事故；

重大事故，是指造成10人以上30人以下死亡，或者50人以上100人以下重伤，或者5000万元以上1亿元以下直接经济损失的事故；

较大事故，是指造成3人以上10人以下死亡，或者10人以上50人以下重伤，或者1000万元以上5000万元以下直接经济损失的事故；

一般事故，是指造成3人以下死亡，或者10人以下重伤，或者100万元以上1000万元以下直接经济损失的事故。

(3) 事故调查：特别重大事故由国务院或者国务院授权有关部门组织事故调查组进行调查。重大事故、较大事故、一般事故分别由事故发生地省级人民政府、设区的市级人民政府、县级人民政府负责调查。省级人民政府、设区的市级人民政府、县级人民政府可以直接组织事故调查组进行调查，也可以授权或者委托有关部门组织事故调查组进行调查。未造成人员伤亡的一般事故，县级人民政府也可以委托事故发生单位组织事故调查组进行调查。

（4）事故处理：参照《关于进一步规范房屋建筑和市政工程生产安全事故报告和调查处理工作的若干意见》（建质［2007］257号）及当地规定执行。特种设备事故执行《特种设备事故报告和调查处理规定》（国家市场监督总局令第50号）的规定。

36.3.8　机电工程档案管理

36.3.8.1　机电工程档案管理的质量要求

（1）工程档案为具有永久和长期保存价值的资料，其必须完整、准确和系统。

（2）工程档案必须为原件，因各种原因不能使用原件的，应在复印件上加盖原件存放单位公章、注明原件存放处，并有经办人签字及时间。

（3）工程档案应保证字迹清晰，签字、盖章手续齐全。工程档案的填写和编制应采用档案规定用笔或采用计算机打印，同时还要符合档案缩微管理和计算机输入的要求。

（4）工程档案的照片（含底片）及声像资料应图像清晰，声音清楚，文字说明或内容准确。

（5）工程档案是项目施工依据和实施结果记录的文件资料，应该真实、完整、正确、有效，其收集、保管、发放（借用）、使用、流转、回收应当有序、及时、无误。

36.3.8.2　机电工程档案管理的主要内容

（1）施工管理资料：工程概况表、企业资质证书及相关专业人员岗位证书、质量事故处理记录、施工日志等。

（2）施工技术资料：施工组织设计、专项方案、技术交底；图纸会审、设计变更、技术核定单、工程洽商记录等。

（3）施工物资资料：设备、产品质量合格证、质量保证书；进场检验检查记录、试运行记录；见证取样复试报告等。

（4）施工记录：预检记录、安装记录、试验记录、隐蔽工程检查记录、试运行与调试记录等。

（5）工程质量验收记录：检验批质量验收记录、分项工程质量验收记录、分部（子分部）工程质量验收记录、单位工程质量验收记录等。

（6）竣工图。

（7）其他需要向建设单位移交的有关文件和实物照片及音像、光盘等。

36.3.9　机电工程收尾管理

工程项目收尾阶段是工程项目管理全过程的最后阶段，包括竣工收尾、验收、结算、决算、回访保修和管理考核评价等方面的管理。

36.3.9.1　工程项目收尾管理的要求

工程项目收尾阶段的工作内容多，应制定涵盖各项工作的计划，并提出要求将其纳入项目管理体系进行运行控制。工程项目收尾阶段各项管理工作应符合以下要求：

（1）工程项目竣工收尾。工程在项目竣工验收前，项目经理部应检查合同约定的哪些工作内容已经完成，或完成到什么程度，并将检查结果记录并形成文件；总分包之间还有哪些连带工作需要收尾接口，项目近外层和远外层关系还有哪些工作需要沟通协调等，以保证竣工收尾顺利完成。

(2) 工程项目竣工验收。工程项目竣工收尾工作内容按计划完成后，除了承包人的自检评价外，应及时地向发包人递交竣工工程申请验收报告，实行建设监理的项目，监理人还应当签署工程竣工审查意见。发包人应按竣工验收法规向参与项目各方发出竣工验收通知单，组织进行项目竣工验收。

(3) 工程项目竣工结算。工程项目竣工验收条件具备后，承包人应按合同约定和工程价款结算的规定，及时编制并向发包人递交项目竣工结算报告及完整的结算资料，经双方确认后，按有关规定办理项目竣工结算。办完竣工结算，承包人应履约按时移交工程成品，并建立交接记录，完善交工手续。

(4) 工程项目回访保修。工程项目竣工验收后，承包人应按工程建设法律、法规的规定，履行工程质量保修义务，并采取适宜的回访方式为顾客提供售后服务。工程项目回访与质量保修制度应纳入承包人的质量管理体系，明确组织和人员的职责，提出服务工作计划，按管理程序进行控制。

(5) 工程项目考核评价。工程项目结束后，应对工程项目管理的运行情况进行全面评价。工程项目考核评价是对项目实施效果从不同角度进行的评价和总结。通过定量指标和定性指标的分析、比较，从不同的管理范围总结项目管理经验，找出差距，提出改进处理意见。

36.4 机电工程绿色施工管理

绿色施工是指在工程建设中，在保证质量、安全等基本要求的前提下，通过科学管理和技术进步，最大限度地节约资源与减少对环境负面影响的施工活动，实现"四节一环保"（节能、节地、节水、节材和环境保护）的目标。

实施绿色施工，应建立绿色施工管理体系，并制定相应的管理制度与目标。项目经理为绿色施工第一责任人，负责组织绿色施工的实施，并确保目标的实现。

绿色施工管理包括规划管理、实施管理、评价管理、施工人员职业安全健康管理等，应对整个施工过程实施动态管理，加强对施工策划、材料采购、现场施工、工程验收、工程维保等各阶段的控制，实行施工全过程的管理和监督。

36.4.1 机电绿色施工的基本规定

机电工程的绿色施工应符合国家法律、法规及相关的标准规范，按因地制宜的原则，贯彻执行国家、行业和地方相关的技术经济政策，实现经济效益、社会效益和环境效益的统一。具体要求和规定如下：

(1) 机电工程施工必须严格遵守《中华人民共和国环境保护法》《中华人民共和国水污染防治法》《中华人民共和国大气污染防治法》《中华人民共和国固体废物污染环境防治法》《中华人民共和国环境噪声污染防治法》《中华人民共和国水污染防治法实施细则》《建设项目环境保护管理条例》等国家关于保护和改善环境、防治污染的法律法规。

(2) 绿色施工应积极采用先进的生产工艺、技术措施和施工方法，发展绿色施工的新技术、新设备、新材料与新工艺，限制和淘汰能耗高的技术、工艺、设备和材料，提供功能型、智能型、节能型、环保型、经济型的绿色建筑，积极推行节能环保的应用示范工程。

(3) 加强信息技术应用，如绿色施工的三维虚拟现实施工技术、三维建筑模型的工程量自动统计、绿色施工组织设计数据库建立与应用系统、数字化工地、基于电子商务的建筑工程材料、设备与物联网系统、互联网＋系统等，利用现代信息技术对施工进行科学策划、设计，实现精细化管理和施工，提高绿色施工效率，降低施工成本。

(4) 绿色施工管理应将有关内容分解到管理体系目标中，施工前应根据设计图纸、标准规范编制机电工程施工质量、安全、环境和成本节约控制措施，并严格实施过程控制，避免因施工管理缺失或控制措施不到位而导致质量事故、安全事故、设备损坏、资源浪费、环境污染等。

(5) 施工前，项目部应组织技术人员对施工班组进行交底，交底内容包括：每项作业活动所涉及的环境控制措施、环境保护措施、环境检测方法；防火、防爆、设备试车等应急准备响应中的关键特性和注意事项。避免因作业人员不掌握环境方面的基本要求而造成噪声超标，有害气体、废水排放，热辐射、光污染、振动、扬尘、遗洒、漏油、废物遗弃、污染大气、污染土地和地下水等环境影响。

(6) 在施工过程中，建立环境安全监测评价体系，定期对重点工序和作业场地进行环境评测，记录评测结果，必要时，进行绿色施工绩效考核，奖优罚劣。对于发现的问题或不足，通过调整作业程序、改变施工工艺、更换设备和材料等措施及时改进，不断提高绿色施工管理绩效。

(7) 报废的机电器材、包装材料、容器用具、施工辅料、建筑垃圾以及废旧电池、墨盒、试剂等应分类回收与存放，妥善保管，收集一个运输单位后交有资质单位或环卫部门处理，防止乱扔污染土地、污染地下水。

(8) 施工中应具备文物保护意识，涉及文物古迹、古建筑、古树名木保护的，由建设单位提供政府主管部门批准的文件，未经批准，不得施工。建设项目场址内因特殊情况不能避开地上文物的，应积极履行经文物行政主管部门审核批准的原址保护方案，确保其不受施工活动损害。

36.4.2 机电绿色施工的资源节约

机电工程施工应根据绿色施工总体目标制定工程项目节能降耗的具体措施，控制施工过程中的资源消耗，提高资源利用效率。

36.4.2.1 节约土地

机电工程施工应遵守建筑施工现场管理规范，最大限度地节约使用土地，减少施工活动对土地环境的污染破坏。

(1) 根据施工规模及现场条件等因素合理确定临时设施，如临时加工厂、现场作业棚、材料堆放场地、办公生活设施等的占地指标，临时设施的占地面积应按用地指标所需的最低面积设计。

(2) 要求平面布置合理、紧凑，在满足环境、职业健康与安全及文明施工要求的前提下，尽可能减少废弃地和死角，临时设施占地面积有效利用率大于90%。

(3) 红线外临时占地应尽量使用荒地、废地，不应占用农田和耕地。工程完工后，及时对红线外占地恢复原地形、地貌，使施工活动对周边环境的影响降至最低。

(4) 利用和保护施工用地范围内原有绿色植被，对于施工周期较长的现场，可按建筑永久绿化的要求,提前设计和安排场地新建绿化。

(5) 施工总平面布置应做到科学、合理,充分利用原有建筑物、构筑物、道路、管线为施工服务,施工期间充分利用场地及周边现有给水、排水、供暖、供电、燃气、通信等市政管线工程。

(6) 工程开工前,建设单位应组织对施工场地所在地区的土壤环境现状进行调查,制定科学的保护或控制措施,防止施工过程中造成土壤侵蚀、退化,减少施工活动对土壤环境的破坏和污染。

(7) 对于因施工而破坏的植被、造成的裸土,必须及时采取有效措施,避免土壤侵蚀、流失、扬尘等。如采取覆盖砂石或密目网、种植速生草种等措施。施工结束后,被破坏的原有植被场地必须恢复或进行合理绿化。

36.4.2.2 节约能源

机电工程施工应遵守《中华人民共和国节约能源法》《民用建筑节能管理规定》《公共建筑节能设计标准》GB 50189、《环境管理体系 要求及使用指南》GB/T 24001等国家、地方法律法规及标准规范的规定,推进建筑节能降耗,最大限度地节约资源和保护环境。

(1) 机电施工过程中,在满足设计要求前提下,应采用节能型的建筑结构、材料、设备、器具和产品,禁止使用《淘汰落后生产能力、工艺和产品目录》所限制或淘汰的产品与材料,推广使用节能环保型产品(如节水阀门、节能灯具等);积极开发利用太阳能、风能、地热、沼气等可再生能源和新能源,积极推广使用节能新技术、新工艺、新设备和新材料,提高能源利用率。

(2) 在编制机电工程施工组织设计或专项方案中,应有节能降耗的专项措施,内容应满足法律法规要求和达到建筑节能降耗的技术标准,具体包括节能降耗对象、目标(定额)、施工方法和途径、资源配置和考核奖惩等。

(3) 机电施工过程中,合理安排各分项工程施工工序,优先使用国家、行业推荐的节能、高效、环保的施工设备和机具,如选用变频技术的节能施工设备、低能耗的手持电动工具等,选择功率与负载相匹配的施工机械设备,避免大功率施工机械设备低负载长时间运行,提高机械的使用率和满载率;加强各种机械的日常维护和保养,降低各种设备的单位耗能。

(4) 推广运用冷热回收技术、变频节能技术、智能照明控制技术、均衡供热管理技术和新能源综合利用等节能新技术、新工艺,提高系统的用能效率,降低系统的运行维护费用,实现良好的节能效果。

(5) 现场供电系统应保持正常完好,所用线路及配件应符合产品质量要求;施工中应安排专人对供电系统及其配套设施进行检查维护,及时消除系统存在的各种隐患,避免发生电气短路、断路等问题。

(6) 施工现场应实行用电计量管理,分别设定生产、生活、办公的用电控制指标,严格控制施工用电量。

36.4.2.3 节约用水

机电工程施工现场应对现场用水实行总量控制和分级管理,尽可能使用循环水、雨水和废水回收再利用,达到节水的控制目标。

（1）施工现场用水器具必须符合国家现行标准《节水型生活用水器具》CJ/T 164 标准中的规定及《节水型产品通用技术条件》GB/T 18870 的要求。

（2）施工现场分别对生活用水与生产用水确定用水定额指标，并分别计量管理；在水源处应设置明显的节约用水标识，严格控制。

（3）施工作业过程中应加强对供水系统的检查维护，及时消除系统存在的各种隐患。

（4）施工现场供水管网应根据用水量设计布置，管径合理、管路简捷，采取有效措施减少管网和用水器具的漏损。

（5）施工中优先采用先进的节水施工工艺及针对性的节水措施，现场机具、设备、车辆冲洗用水应尽量采用地下水或收集的雨水，且必须设立循环用水装置。

（6）大型施工现场，可建立雨水或可再利用废水的收集处理系统，使水资源得到梯级循环利用。

36.4.2.4　节约材料

机电施工过程中，通过制度建设和加强管理，严格控制施工材料的采购、运输、保管、发放、使用和回收等各环节，防止产生非生产性消耗和施工浪费。

（1）在编制机电工程施工组织设计或专项方案中，应审核材料消耗的相关内容，优化施工方案，避免现场临时变更设计或不合理施工造成的浪费。优先选用绿色环保材料，积极推广新材料、新工艺；对标准层或标准段，积极推行材料定尺化采购，促进材料的合理使用，降低材料消耗量。

（2）根据施工进度、材料周转时间、库存情况等制定采购计划，合理确定采购数量、进场时间和批次，减少库存，避免积压浪费。材料发放时，应对有保质期要求的材料（如水泥、油漆、涂料、耐火材料、保温材料等）做到先进先出，避免材料过期失效或增加检测费用，造成额外损耗。

（3）所有材料应执行限额领料制度，按领料单控制发放，做到账物相符；计划外用料执行严格审批制度，避免乱领、错领、多领、先领后批的不良习惯，防止可能产生的浪费、失窃等现象。

（4）电气安装前应根据工艺流程，合理安排施工顺序，避免施工顺序颠倒造成费时或返工，增加能耗，浪费材料。

（5）管道施工前应按设计图纸和实际路径计算管道的长度，合理安排管道的取料尺寸，避免长料短用，减少管道接头和管道余料，减少管道丝接和焊接工作量。

（6）风管管件和部件等材料的选用必须符合有关质量和环境管理的要求，下料前先做好整体规划设计，加工过程中注意材料的合理利用及边角料的再利用。

（7）施工现场应建立可回收再利用物资清单，制定并实施可回收废料的回收管理办法，提高废料回收利用率；临时设施（临设用设备、照明、给水排水、消防管道及消防设备）应采用可拆卸可循环使用材料，并在相关专项方案中列出回收再利用措施，对周转材料进行保养维护，维护其质量状态，延长其使用寿命。

（8）现场材料堆放有序，按照材料存放要求进行搬运、装卸和保管，并定期对库存料进行盘点建账，防止材料积压浪费；材料储存环境适宜，措施得当，保管制度健全，责任落实，避免因保管不善而导致浪费。

36.4.3 机电绿色施工的环境保护

机电施工过程中必须自觉遵守《中华人民共和国环境保护法》等国家关于保护和改善环境、防治污染的法律法规，最大限度地降低噪声、水污染、光污染、废弃物和有害气体排放，保障安全生产和施工人员的身体健康。

36.4.3.1 施工环境影响控制

施工单位必须强化环保责任意识，结合施工项目特点和现场环境建立绿色施工管理体系和控制目标，制定具体的控制措施并落实到每个作业现场，对施工全过程进行严格监督管理，实现绿色施工管理目标。

（1）施工前，要做好施工项目的环境管理策划，制定环境控制目标，提供足够的资金，配置必需的物资和人力资源，明确环境主管部门、人员的职责和权限，制定项目专项的环境管理措施、程序和应急响应准备计划，并严格实施。

（2）施工单位应按总体要求及有关规定进行施工过程控制，编制施工方案时应根据工程特点、工期要求、施工条件等因素进行综合权衡，选择适用于本工程重要环境因素控制的先进、经济、合理的方法，以达到保证工程质量、控制环境影响的效果。

（3）施工前，应针对项目施工的重大环境因素、环境法律法规及其他要求、控制方法和措施等进行环境管理培训，使相关人员树立环境保护意识，遵守环境保护的法律法规及其他要求，预防环境污染事故。

（4）施工前，组织施工班组人员针对每项作业所涉及的环境影响因素进行专项环境交底，避免因作业人员不掌握环境控制要求而造成噪声超标，有害气体、废水排放，热辐射、光污染、振动、扬尘、遗洒、漏油、跑水、气体泄漏、废物遗弃、火灾、爆破等环境污染。

（5）在施工过程中，应按企业和法律法规要求，对噪声、有害气体、废水排放，热辐射、光污染、振动、扬尘、遗洒、漏油、跑水、气体泄漏、废物遗弃、火灾、爆破等重要环境因素进行严格控制；对噪声、扬尘、废水排放向当地环保部门办理相关手续，对火灾、爆炸、泄漏等环境事故或事件及时上报并按环保部门的意见进行处置。

（6）施工中，对项目分包方、供应商按合同或协议进行全程管控或监督，使整个工程的环境影响因素都处于受控状态，保证各种环境控制措施和程序能得到有效实施。

（7）机电工程施工中应优先选用环保的材料与产品，坚持能源、资源的回收利用与审慎利用相结合的原则，一方面对废弃后可以再生利用的材料、能源和资源，应考虑其再生利用；另一方面，对废弃处理后难以再利用和降解的物资、材料审慎利用，避免产生新的环境污染。

（8）妥善处置施工产生的废弃物及包装物，涂刷油漆、涂料、处理剂和胶粘剂的工具报废后不得随意抛弃，收集后归类统一处理，以免污染环境。

（9）办公产生的废电池、墨盒、笔芯、废纸等办公垃圾，不得随意丢弃，需收集归类统一处置，避免污染环境。

36.4.3.2 扬尘固体悬浮物污染控制

（1）施工现场堆放易飞扬、细颗粒散体材料应采取覆盖措施，粉末状材料应密闭存放，施工场地应全部硬化，未做硬化的场地，要定期压实地面和洒水，减少灰尘对周围环境的污染。

（2）运输残土、垃圾及容易散落、飞扬、流漏物料的车辆，必须采取措施封闭严密，保证车辆清洁。施工现场主要道路应根据用途进行硬化处理。

（3）施工现场非作业区达到目测无扬尘的要求。对现场易飞扬物质采取有效措施，如洒水、地面硬化、围挡、密网覆盖、封闭等，防止扬尘产生。

（4）拆卸设备、管道及其他易产生扬尘的爆破拆除作业，采取封闭、洒水、覆盖等防护措施，达到作业区目测扬尘高度小于 1.5m，不扩散到场区外。

（5）结构、设备、管道安装施工，机械剔凿或打孔作业可用局部遮挡、掩盖、水淋等防护措施防尘，作业区目测扬尘高度小于 0.5m。

（6）设备、管路、工作场地等除尘尽量使用吸尘器，避免使用压缩空气吹扫等易产生扬尘的设备。高层或多层建筑清理垃圾应搭设封闭性临时专用道或采用容器吊运。

36.4.3.3 废水排放污染控制

（1）施工现场应设置排水沟及沉淀池，现场废水不得直接排入市政污水管网和河流，污水排放应达到现行国家标准《污水综合排放标准》GB 8978 的要求。

（2）在施工现场对于化学品等有毒材料、油料的储存地，应设置严格的隔水层，做好渗漏液收集和处理，并交由专业机构或厂商处理。

（3）化学除锈液、清洗液、乳化除油液、脱脂剂使用后经沉淀，安排专人清除废渣后循环使用；废弃的酸性或碱性液体应经中和、稀释达到排放标准后才能排入市政污水管网，未经处理的废液不得随意泼洒或直接排放。

（4）保护地下水环境。采用隔水性能好的边坡支护技术。在缺水地区或地下水位持续下降的地区，基坑降水尽可能少地抽取地下水；当基坑开挖抽水量大于 50 万 m^3 时，应进行地下水回灌，并避免地下水被污染。

（5）搅拌机前台、混凝土输送泵及运输车辆清洗处应设置沉淀池，废水不得直接排入市政污水管网，经二次沉淀后循环使用或用于洒水降尘。

（6）生活区的食堂、盥洗间的下水管线应设置隔油池，厕所、淋浴间的下水管线应设置化粪池，并定期对隔油池和化粪池进行清掏处理。经当地环保部门审批同意后隔油池和化粪池的出水管线应与市政污水管线连接，并保证排水通畅。隔油池和化粪池必须进行抗渗处理，防止渗入地下，污染地下水。

36.4.3.4 噪声污染控制

（1）施工现场应按照现行国家标准《建筑施工场界环境噪声排放标准》GB 12523 的规定对噪声进行实时监测与控制。

（2）使用强噪声和振动的施工机具、设备时，应当采取消声、吸声、隔声等降噪措施，减少噪声的污染。

（3）合理安排施工工序，防止强噪声设备夜间作业扰民。对因生产工艺要求或其他特殊需要，确需在夜间进行强噪声施工的，施工单位应在施工前向有关部门提出申请，经批准后方可进行夜间施工，应公告附近居民，并采取有效措施最大限度减少施工噪声。

（4）施工现场应优先使用低噪声、低能耗的施工机具。施工过程中设专人定期对施工机具设备进行检查和保养，发现问题及时维修，以降低作业噪声和保证施工安全。

36.4.3.5 光污染控制

（1）施工照明按有关部门的规定执行，对施工照明器具的种类、灯光亮度及照射范围严格管理和控制，减少施工照明对周围居民的危害。

（2）施工现场大型照明灯安装要有俯射角度，要设置挡光板控制照明光的照射角度，应无直射光线射入非施工区。

（3）进行电焊作业时应采取遮挡措施，避免电弧光外泄对眼睛造成伤害。

（4）夜间施工应合理调整灯光照射范围和方向，在保证现场施工作业面有足够光照的条件下，尽量减少对周围居民生活的干扰。

36.4.3.6 固体废弃物污染控制

（1）施工中应减少施工固体废弃物的产生，工程结束后，对施工中产生的固体废弃物必须全部清除，并集中堆放和定期处置。

（2）施工现场生活区设置封闭式垃圾容器，施工场地生活垃圾实行袋装化，及时清运；对建筑垃圾进行分类，并收集到现场封闭式垃圾站，集中运出。

（3）施工现场应设置密闭式垃圾站，垃圾应按普通建筑垃圾、可回收利用垃圾和有毒有害废弃物分类存放，及时分拣和回收利用，严禁随意抛撒施工垃圾。

（4）施工中产生的施工辅料、包装材料、容器用具等废弃物应分类存放，集中清运，严禁随意丢弃，做到工完场清。

（5）施工车辆运输砂石、土方、渣土和建筑垃圾，必须采取密封、覆盖措施，避免泄漏、遗撒，垃圾清运必须运到批准的消纳场地，严禁乱倒乱卸。

（6）施工现场严禁焚烧各类废弃物及汽油、松香水等危化品。

36.4.3.7 有害气体排放污染控制

（1）机电施工辅助材料必须满足现行国家标准《室内装饰装修材料 人造板及其制品中甲醛释放限量》GB 18580 和《建筑材料放射性核素限量》GB 6566 的要求，防止有害物质超标。

（2）施工中，可能接触有毒有害气体的作业人员应接受相关培训，了解环境控制的要求，熟练掌握操作技术，避免操作不当造成环境污染。

（3）易挥发的油漆、油料、有机溶剂和其他化学品，未使用部分和使用后应及时进行封闭、覆盖，避免直接向大气挥发。

（4）不得在施工现场熔融沥青，严禁在施工现场焚烧含有毒、有害化学成分的装饰废料、油毡、油漆、垃圾等各类废弃物。

36.4.4 机电绿色施工的职业健康与安全

机电绿色施工应针对作业要求和环境情况落实必要的安全防护措施，严格执行安全生产管理制度和卫生防疫制度，确保施工人员的长期职业健康。

36.4.4.1 职业健康防控

（1）机电工程特种作业人员必须持证上岗。所有作业人员应按规定着装，并佩戴相应的个人劳动防护用品。劳动防护用品的配备应符合现行国家标准《个体防护装备配备规范 第1部分：总则》GB 39800.1 规定。

（2）施工现场应在易产生职业病危害的作业岗位和设备场所设置警示标识或标语；根

据施工现场多发性事故,如高处坠落、触电、物体打击、机械伤害、坍塌事故、火灾爆炸事故、职业中毒窒息事故、放射性辐射事故等,分别预先制定应急预案和急救措施,并配备相应的急救器材。

(3) 制定施工防尘、防毒、防辐射等职业危害的防护措施,定期对从事有毒有害作业人员进行职业健康培训和体检,指导操作人员正确使用职业病防护设备和个人劳动防护用品。

(4) 施工现场应采用低噪声设备,推广使用自动化、密闭化施工工艺,降低机械噪声。作业时,操作人员应戴耳塞进行听力保护。

(5) 深井、地下隧道、管道施工、地下室防腐、防水作业等不能保证良好自然通风的作业区,应配备强制通风设施。操作人员在有毒有害气体作业场所应戴防毒面具或防护口罩。

(6) 在粉尘作业场所,应采取喷淋或吸尘器等设施降低粉尘浓度,操作人员应佩戴防尘口罩;焊接作业时,操作人员应佩戴防护面罩、护目镜及电焊手套等个人防护用品。

(7) 防腐、保温作业人员实施涂刷、喷漆、充填、打磨等有毒有害作业时,必须戴防毒口罩和防护用品,并使用其他规定的劳动防护用品。

(8) 施工过程中,如操作人员发生恶心、头晕、过敏等情况时,要立即停止工作,撤离现场休息,由专人看护,如有异常应马上送医院进行处理。

(9) 高温作业时,施工现场应配备防暑降温用品,合理安排作息时间。冬季严寒季节室外作业时,施工现场应配备临时取暖设施及防冻用品。

36.4.4.2 卫生防疫防控

(1) 施工现场建立卫生急救、保健防疫制度,利用板报、网络等形式向职工介绍防病的知识和方法,针对季节性流行病、传染病做好对职工卫生防病的宣传教育工作。

(2) 施工人员发生传染病、食物中毒、急性职业中毒时,应及时向发生地的卫生防疫部门和建设主管部门报告,并按照卫生防疫部门的有关规定进行处置。

(3) 合理布置施工场地,保护生活及办公区不受施工活动的有害影响,办公区和生活区应设专职或兼职保洁员,负责卫生清扫和保洁,并有灭鼠、蚊、蝇、蟑螂等措施。

(4) 施工现场员工膳食、饮水、休息场所应符合卫生标准,生活区应设置密闭式容器,垃圾分类存放,定期灭蝇,及时清运。

(5) 食堂应有相关部门发放的卫生许可证,各类器具及时清洗消毒,炊事人员必须持有有效的健康证且每年复查一次,上岗应穿戴洁净的工作服、工作帽和口罩,并应保持个人卫生。

36.4.4.3 作业环境安全防控

(1) 施工现场必须采用封闭式硬质围挡,一般路段工地围挡高度不得低于1.8m,市区主要路段工地围挡要高于2.5m。

(2) 施工区域、办公区域和生活区域应有明确划分及隔离设施,设标志牌,明确负责人。施工现场办公区域和生活区域应根据实际条件进行绿化。办公室、宿舍和更衣室要保持清洁有序。

(3) 施工现场应在明显处设置企业标识和"五牌一图"(工程概况牌、组织机构和管理人员名单及监督联系电话牌、消防保卫牌、安全生产牌、文明施工牌和现场平面布置图），公示突发事件应急处置流程图。

（4）施工现场出入口、施工起重机械、临时用电设施、脚手架、出入通道口、楼梯口、电梯井口、孔洞口、桥梁口、隧道口、基坑边沿、爆破物及有害危险气体和液体存放处等危险部位，应设置明显的安全警示标志，安全警示标志必须符合国家标准。

36.4.5　机电绿色施工新技术

（1）发展适合机电绿色施工的资源利用与环境保护技术，对落后的施工方案进行限制或淘汰，鼓励机电绿色施工技术的发展，推动机电绿色施工技术的创新。

（2）积极推广《建筑业10项新技术（2017版）》中的虚拟仿真、预制技术，通过工厂化预制，节约材料、降低现场污染。这类技术包括：基于BIM的管线综合技术、导线连接器应用技术、可弯曲金属导管安装技术、工厂化成品支吊架技术、机电管线及设备工厂化预制技术、薄壁金属管道新型连接安装施工技术、内保温金属风管施工技术、金属风管预制安装施工技术、超高层垂直高压电缆敷设技术、机电消声减振综合施工技术、建筑机电系统全过程调试技术等。

（3）积极推广《建筑业10项新技术（2017版）》中的绿色施工技术，节约能源、降低现场污染。这类技术包括：封闭降水及水收集综合利用技术；建筑垃圾减量化与资源化利用技术；施工现场太阳能、空气能利用技术；施工扬尘控制技术；施工噪声控制技术；绿色施工在线监测评价技术；工具式定型化临时设施技术；垃圾管道垂直运输技术等。

（4）积极推广《建筑业10项新技术（2017版）》中的信息化技术，通过精密规划、设计、精心建造和优化集成，实现与提高机电绿色施工的各项指标。这类技术包括：基于BIM的现场施工管理信息技术；基于GIS和物联网的建筑垃圾监管技术；基于智能化的装配式建筑产品生产与施工管理信息技术等。

36.5　机电工程施工的协调与配合

机电工程施工涉及设备、电气、管道、暖通空调、智能化等多个专业领域，具有工艺复杂、技术标准高、工序衔接紧密、交叉作业多等特点。因此，施工中各专业之间的协调和配合尤为重要，如进度安排、工作面交接、工序衔接、各专业管线的综合布置等都应在统一管理下有条不紊地进行。加强协调与配合是按时完成施工进度计划和确保工程质量的重要保证。

36.5.1　与建设、设计、监理方的协调与配合

为确保机电工程项目的顺利实施，项目管理人员必须与建设单位、设计单位、监理单位建立良好的合作关系。其中，项目经理承担主导角色，应就工程项目实施过程中的诸多问题与相关方进行充分交流、协商、相互配合，以对建设单位和工程负责的态度，严格履行工程合同，详细了解设计意图，认真听取客户的要求和意见，接受监理单位的监督检查，并且将其贯穿于建设工程项目实施的全过程。

与建设单位、设计单位、监理单位的协调要本着平等协商、相互沟通、求得共识、避免导入诉讼的原则进行。协调的形式以会议座谈为主，个别交流沟通为辅。

36.5.1.1 建立沟通管理制度，制定具体沟通计划

（1）沟通计划应明确沟通的具体内容、对象、方式、目标、责任人、完成时间、奖罚措施等，并定期或不定期地进行检查、考核和评价，确保沟通计划落到实处。

（2）沟通计划内容主要有：施工进度、质量、安全、文明施工、环保、图纸设计交底及会审、设计变更、工程索赔、甲供材料与设备供应、进度款等。

（3）按时间分主要有：项目总体计划、年度计划、半年计划、季度计划、月计划、旬计划、周计划等。

（4）项目管理人员应利用各种先进的方法和手段，在项目实施全过程与相关方进行充分、准确、及时地沟通与协调，并针对项目实施的不同阶段出现的矛盾和问题，调整和修正沟通计划。

36.5.1.2 施工准备阶段的协调与沟通

（1）项目经理应要求建设单位按规定时间履行合同约定的责任，并配合做好征地拆迁、施工场地规划、道路交通、水电及通信接入、施工审批手续等工作，为工程顺利开工创造条件。

（2）工程开工前，施工单位在全面理解设计图纸的基础上，会同建设单位、监理单位与设计单位进行充分的交流沟通和图纸会审，相关方就机电设计的具体问题，如设备安装位置、管线布局走向、标高、暖通、给水排水、供配电以及安保、消防、智能化系统等机电系统的匹配设计等进行讨论协商，修正可能出现的设计错误或遗漏，最大限度地减少施工过程中的临时修改和设计变更。

（3）机电项目开工前，施工单位在做好全部施工准备的基础上，会同建设单位与监理单位进行充分的交流沟通和施工交底，就项目的进度计划、成本控制、质量保障、安全保障以及施工队伍、作业机械、环境影响等方面进行详细讨论说明，争取与建设单位与监理单位达成高度一致，以便在后续的施工过程中得到建设单位和监理单位的支持与配合。

（4）积极配合施工监理或建设单位代表审查施工组织设计与专项施工方案，细化施工图设计，绘制出主要电气设备、控制装置、管线综合布置、设备机房、强电竖井、弱电竖井等部位安装详图，说明技术关键和施工难点，主动接受施工监理或建设单位代表的监督审查，认真听取其审查意见并予以落实。

（5）引入竞争机制，采取招标的方式，选择符合要求的施工分包商。在施工管理、作业内容、质量目标、成本控制、进度计划以及风险控制、事故预防、安全环保等各方面充分协商一致的基础上签订分包合同并严格履行。

36.5.1.3 施工阶段的协调与沟通

（1）施工期间，施工单位应按时向建设、设计、监理等单位报送施工计划、统计报表和工程事故报告等资料，接受其检查、监督和管理；对拨付工程款、设计变更、隐蔽工程签证等关键问题，应取得相关方的认同，并完善相应手续和资料。对材料供应单位严格按合同办事，根据施工进度协商调整材料供应数量。

（2）建立专门的协调会议制度，施工过程中，施工单位与建设单位、监理单位人员应定期举行协调会议，沟通情况，解决施工中存在的问题。

（3）在施工全过程中，严格按照经建设单位和监理批准的施工方案、施工组织设计等进行质量管理。各分部分项工程均在施工单位自检合格的基础上,接受监理的检查验收,并按照监理的要求予以整改。对可能出现的工作意见不一致的情况,遵循"先执行监理的指导,后予以磋商统一"的原则,在现场质量管理工作中,维护好监理的权威性。

(4) 依据相关施工程序及建设监理条例,建立严格的隐蔽验收与中间验收制度,严格执行"上道工序不合格,下道工序不施工"的准则,隐蔽工程遮蔽前和分部分项工程竣工交接前,施工方应主动协调相关的建设、监理方到现场进行审核、验收,签字确认;对于工程中发现的问题,及时采取有效手段予以解决和补救,防止以后出现推诿扯皮现象。

(5) 实行物料报审制度,所有进入现场使用的成品、半成品、设备、材料、器具,均主动向监理提交产品合格证或质量证明书;按照规定使用前需进行复试的材料、设备,主动向监理申请见证取样送审;在大批量物料订货前向监理及建设单位提供样品审核并封样,经审核满足设计要求与质量标准方可订货。

(6) 施工过程中,施工单位要在严格履行项目合同的基础上,与各相关方共享项目实施有关的信息。通过及时、全面的信息交流,让客户了解自己的项目进度计划、质量目标、保证措施以及其他客户关心的内容,以坦诚公开的态度,得到客户的信任和支持。

36.5.1.4　竣工阶段的沟通与协调

(1) 机电施工单位主动协调建设单位、监理单位、供货商、分包施工单位等相关单位的技术人员参与机电设备或系统的试压、试车、试运行等调试作业,协同相关各方共同进行验收,确认合格后再投入使用。

(2) 竣工验收阶段,按照建设工程竣工验收的有关规范和要求,积极配合建设单位搞好工程验收工作,及时提交有关资料,确保工程顺利移交。

(3) 对项目实施各阶段出现的矛盾和问题,项目管理人员应积极主动通过与各相关方的有效沟通与协调,取得各方的认同、配合或支持,达到解决问题、排除障碍、形成合力、确保建设工程项目管理目标实现的目的。

36.5.1.5　外部沟通与协调

(1) 施工期间,施工单位应自觉以法律、法规和社会公德约束自身行为,主动协调政府有关职能部门(如建委、城管、环保、公安、司法、消防、人防、防雷、节能等部门)、新闻机构、社区街道及其居民等外层关系,取得政府部门、社会各界的支持、理解与配合。当出现矛盾和问题时,首先应按程序沟通解决,必要时借助社会中介组织的力量,调节矛盾、化解纠纷,妥善解决项目实施过程中的各种问题。

(2) 项目管理者要运用现代信息和通信技术,以计算机、网络通信、数据库为技术支撑,对项目全过程所产生的各种沟通与协调信息进行汇总、整理,形成完整的档案资料,使其具有可追溯性。

36.5.2　与土建专业的协调与配合

机电工程各专业施工贯穿于整个建筑工程的各个环节之中。在土建施工的不同阶段,都要为机电各专业做好预埋预留工作,机电专业施工也要兼顾土建施工的工艺特点和结构要求。如果双方配合不到位,不仅影响后续施工进度和质量,还会给整个工程造成难以弥补的损失。因此,机电工程与土建施工的协调配合十分重要。

36.5.2.1 施工前的协调与配合

(1) 施工前,机电工程技术人员应会同土建技术人员共同审核土建和机电施工图纸,明确对土建结构施工的预留预埋要求,如大型设备的吊装孔、人防工程的通风管、给水排水管道的孔洞预留、穿墙穿梁套管预埋、通风空调的设备构件预留、电气设备和线路的固定件预埋等,并落实到土建图纸上。其他机电施工的特殊要求也应在图纸上注明,以防遗漏和发生差错。

(2) 机电安装人员应了解土建施工进度计划、施工方法和顺序,尤其是梁、柱、地面、屋面的施工工艺和工序,以利于预埋施工。

(3) 机房、设备间、控制室等机电设备集中的地方应设置排水设施,施工前应给出具体施工要求,并反映在土建施工图纸上,交由土建单位实施。

36.5.2.2 施工阶段的协调与配合

(1) 在基础工程施工时,机电安装专业的施工员应配合土建,做好防雷接地极及均压环的焊接、给水排水管道穿墙套管的预埋、大型机电设备(如中央空调主机)型钢构件的预埋、进户电缆穿墙管及止水挡板的预埋工作。这些工作应在地下室底板和外墙墙体防水处理之前完成,避免电气施工破坏防水层造成墙体渗漏。

(2) 在主体结构施工阶段,机电安装专业应密切配合土建浇筑混凝土的进度要求及作业的顺序,及时完成各种预埋构件、管线的施工任务。

(3) 在装修阶段,一切可能损害装饰层的工作都必须在墙面工程施工前完成。配合土建墙面工程,机电安装施工人员应仔细核对土建施工中的预埋件、预留工作有无遗漏,暗配管路有无堵塞,以便进行必要的补救工作。

36.5.2.3 其他与土建配合施工应注意的问题

(1) 机电安装施工员要与土建施工员做好每个阶段的交接工作,准确把握土建施工进度,及时跟进,确保预埋件、预埋管线、预留孔洞的位置准确、无遗漏。

(2) 在浇捣混凝土过程中机电安装人员必须时时跟踪,以保证预埋管件的完好性。并时刻与土建施工员保持联系,以便在土建施工到位时能够及时跟进预留到位,机电施工人员应随时检查由土建负责的预留孔洞,以防遗漏。

(3) 加强给水排水与建筑结构的协调,如卫生间等地方给水排水管线预留孔洞与卫生洁具安装位置之间的协调,以及管线标高、穿楼板水管的防渗漏等。

(4) 配合土建结构施工进度,及时做好各层的防雷引下线焊接工作,如利用柱子主筋作防雷引下线,应按图纸要求将作为防雷引下线的两根钢筋用油漆做好标记。继续在每层对该柱子的主筋绑扎接头按工艺要求作焊接处理,一直到楼层顶端,再用 $\phi 12$ 镀锌圆钢与柱子主筋焊接引出女儿墙与屋面防雷网连接。

36.5.3 与精装修专业的协调与配合

机电工程与精装修施工配合主要是协调好作业顺序和互相做好成品保护,原则上要以精装修施工进度为主,机电专业紧密配合交叉进行。具体要点如下:

(1) 机电施工与建筑装修方共同审核设计图纸,排出配合交叉施工的计划,明确各自的施工工序和作业时间,施工过程中注意协调配合,避免发生遗漏和差错,对于建筑装修与机电图纸有冲突的地方,及时沟通,协调解决。

(2) 在装修施工之前，根据装修机电设计图纸进行墙内和吊顶内管线敷设，预埋好各种配件，并按设计做好防腐保温工作。

(3) 装修吊顶内敷设的冷凝水管道和排水管道必须采取防结露措施，保证冷凝水管道的坡度要求，避免管道倒坡或集水盘溢水淋湿吊顶面板，防止凝结水下滴产生透水痕迹。

(4) 装修吊顶施工前，应根据装修造型要求，对图纸中风口、灯具、烟感、喷头等的点位进行统一排布；管线按专业分区域布置，同时严格按照图纸标定的标高施工，以便为装修提供最大的净空高度。

(5) 建筑物走廊吊顶内汇集较多管线，施工单位应根据通风空调管道、消防喷淋管道、电气管线、照明等设计图纸进行综合布置，绘制走廊吊顶内各种管线综合布置图，协调各专业的施工顺序，并与装修作业配合施工。

(6) 露出吊顶的设备，如灯具、送排风口、烟感、喷头等，必须与建筑装修的整体风格协调一致。开关、插座及照明配电箱等，外形、颜色必须与建设单位、监理及装修承包商协商；送风口、回风口的形状、颜色、外观与装饰协调统一，位置准确，表面平整，与建筑物的顶棚、灯具、柱、墙面配合严密、整齐、美观、协调。

(7) 施工人员在安装风口、卫生洁具、五金配件、开关、插座面板、喷头等机电产品时，应戴白手套，用专用工具仔细安装，防止损伤机电产品的表面，注意保护精装修的墙面。机电产品完成后，要因地制宜制定切实可行的成品保护措施，保证已安装完的机电产品完好如初地移交给建设单位。

(8) 在多个专业队伍交叉施工中要特别注意合理安排各工种施工顺序，密切配合，避免相互干扰和影响作业质量，装修后期的机电安装作业，尤其要注意对于已经完成装修的建筑物表面的成品保护。

36.5.4 与幕墙专业的协调与配合

与幕墙专业的配合，涉及机电专业的主要有预埋管件、墙盒、照明灯座以及防雷接地等内容，配合施工要点如下：

(1) 幕墙与主体结构连接件和机电预埋管件应在主体结构施工时，按设计要求的数量、位置和方法进行埋设。若建筑设计或幕墙承包商有特殊要求时，应给出书面要求并提供预埋件图、样品等，反馈给土建施工方，在主体结构施工图中注明要求。

(2) 机电施工人员应在幕墙安装前检查预埋管件是否齐全，位置是否符合设计要求，并完成穿线、稳固墙盒、支架、基座等作业，配合后续的幕墙安装作业。

(3) 涉及建筑电气、有线电视、计算机网络、安保、消防等安装作业应在幕墙施工完成，现场清理干净之后进行。施工过程中采取保护措施，防止损坏幕墙。

(4) 幕墙施工应充分考虑建筑物雨水管道、防雷测试点的安装要求，按设计要求为幕墙防雷提供足够的接地引出点，以便与防雷系统连接。

36.5.5 与供货商的协调与配合

施工单位需要按照施工进度和采购计划与供货商协调好机电设备、材料的订货、采购；按供货合同及时联系和安排供货商送货、验收以及退换货工作，并联系供货商或厂家对设备的安装、调试提供技术支持和售后服务，以保证施工进度和工程质量。

(1) 按法定程序选择有资质的材料设备供应商；严格按机电设备、材料的质量标准和设计要求进行订货、采购。在与供应商签订合同之前，就设备材料的产品质量、技术要求、配套设施、零配件供应、售后服务以及交货时间、检验方法和运输保管等进行充分交流沟通，并体现在订货合同中。

(2) 机电设备、材料进入施工现场，施工单位应组织进场检验，经监理工程师检查认可后，和供货商办理交接手续。有复试要求的，应及时送检、复试。进场检验，应检查货物是否符合规范要求，核对设备、材料的型号、规格、性能参数是否与设计一致；清点说明书、合格证、零配件，安全认证标志及外观检查；做好开箱记录，并妥善保管。

(3) 机电设备、材料进场时，应附有出厂合格证、质量证明书等质量保证资料。

(4) 对材料质量发生怀疑时，应现场封样，及时送当地有资质的检测部门检验，合格后方能进入现场投入使用。

(5) 设备、材料因质量问题不能安装使用，应及时协调供货商进行退、换货处理，避免长时间积压造成浪费。

(6) 大型设备、高技术产品和较复杂系统签订采购合同时，应附加安装调试技术支持的内容，设备安装、调试、试运行期间，施工方应协调厂方派技术人员提供现场支持，帮助处理相关的技术问题，并由厂方提供设备保修服务。

(7) 设备在安装、调试期间发生故障，应及时联系供货商协调解决，禁止随意拆卸或破坏设备上的封签，影响责任认定。

36.5.6 机电系统各专业间的协调与配合

机电系统各专业之间存在大量交叉作业和工序衔接问题，各方在施工场地、作业时间、操作空间以及排管布线、设备安装、系统调试等诸多方面有冲突和矛盾，需要加强沟通协调，密切合作才能顺利完成施工任务。任何一方都不能忽略与各相关专业的协调配合而擅自施工，以免延误工期甚至造成返工浪费或质量事故。

36.5.6.1 给水排水与通风和空调专业间的协调与配合

给水排水与通风和空调专业间的冲突主要在于管道安装空间。通风与空调系统的管路体积大、占据空间多，具有施工难度高、工程量大的特点。给水排水专业施工应合理避让，通过协商妥善解决施工过程中的矛盾。

(1) 施工前，给水排水、通风与空调系统应进行管路综合设计，将建筑内各种管线统一布置，以便发现各种管线设计上存在的问题；对原管线的走向、位置有不合理或与其他工程发生冲突的情况，提出调整位置或相互协调的意见，并会同有关单位商讨解决。

(2) 合理安排各系统管线在建筑内的空间位置，协调设计单位解决各专业诸如因多管道并列等原因引起的标高、位置之间的矛盾，并积极修正可能出现的设计错误，既要便于管线工程的施工，又要便于以后的运行使用、维修管理。

(3) 在保证施工总进度计划的基础上，编制消防、给水排水、通风与空调工程进度计划，根据各分项施工的实际情况，协调好施工时间和顺序，灵活选择分步施工、穿插作业、交叉作业等施工组织形式，同时搞好分项图纸审查及有关变更工作，确认无误再行施工，避免返工浪费。

(4) 加强各专业管线交叉施工协调管理，遵循管线避让规则，合理安排管线标高和坡度，避免出现气囊现象影响管网循环，在不可避免出现气囊部位设置排气阀，并将排气管出口接至利于系统排气处，施工中加强协调，及时解决现场遇到的技术问题。

36.5.6.2 给水排水与建筑电气专业间的协调与配合

给水排水与建筑电气专业间的矛盾主要在于排管位置发生冲突时的处理，很多问题可以在深化设计或图纸会审时协商解决，施工现场如果出现问题应按保证安全和管线避让规则，通过协调解决。

(1) 施工前，根据现场情况进行水、电、暖通专业之间综合布置图的深化设计，细化各系统的空间布置、管线走向、交叉避让等细节设计，修正设计错误和偏差，防止施工时被迫变更设计，影响工程进度和质量。

(2) 给水排水与建筑电气管线交叉避让应遵循避让规则，保证相对位置关系的准确。

(3) 主配电缆桥架、母线槽和主干钢管的敷设与给水排水管路发生矛盾时，应主动与给水排水专业人员商讨，必要时调整线路，优先保证排水管道在该位置上的标高，确保其排水坡度。

(4) 给水排水和电气工程师应熟悉对方的图纸，保持经常沟通，施工中注意避让水表、阀门、散热器、仪表盘、控制箱（柜）、电源插座、开关等位置，防止先期作业给后续作业造成障碍，避免由此引发的矛盾和纠纷，进而影响整体工程质量。

36.5.6.3 建筑电气与通风、空调专业间的协调与配合

建筑电气与通风、空调专业间的矛盾主要发生在线路布置、风口与灯具的安装位置等方面。

(1) 施工前仔细审查施工图，协商解决建筑电气与通风、空调专业管线交叉问题，依照"小让大"的原则修改电气线路设计，合理布置控制盘、柜；通风、空调专业对供电的要求也一并讨论确认，并经设计、监理、建设单位审查确认。

(2) 通风、空调专业的管线应先于电气管线施工，当通风管线穿梁或楼面净空受限时，在确保通风截面的前提下可以采用异型风管，电气管线也可以与通风管线共用支吊架，但应事先充分协调，不影响各自的安装与后期维护。

(3) 小型照明灯具应避让风口；避免通风口直接吹向照明灯具。

(4) 建筑电气与通风、空调系统应合理布局，并明确标识。

36.5.6.4 给水排水、建筑电气、通风与空调、智能建筑专业间的协调与配合

给水排水、建筑电气、通风与空调、智能建筑专业间的施工存在多工种交叉作业、多方协同配合的问题。协调配合的重点是前期的图纸会审、管线综合布置，工程总承包方应召集各专业技术人员，会同设计、监理和建设单位单位进行图纸会审、管线综合布置。之前充分讨论，之后严格按审定的施工图施工，现场发生冲突，按既定的避让规则协商处理。

(1) 施工前应做好管线综合布置，在设备机房、公共管廊、公共走廊、电梯前室等管线密集的地方，由总承包单位利用 BIM 技术对给水排水、建筑电气、通风与空调、智能建筑等所有专业管线进行三维建模综合排布，管线综合排布方案经各方签字确认，并商定各专业的施工先后顺序。施工时严格按照签字确认的管线综合排布方案及商定的施工顺序施工。

(2) 多系统交叉作业时，应注意现场施工顺序和位置的协调，里边的管线先施工，需保温的管线放在易施工的位置；优先保证重力流水管线的布置，满足其坡度的要求，达到水流通畅；电缆（动力、自控、通信）桥架与水系统的管线应分开布置，以免管道渗漏时，损坏电缆或造成更大的事故，若必须在一起敷设，电缆应考虑设套管等保护措施；管线安装一般是先布置管径大的管线，后考虑管径小的管线；先固定支、托、吊架，后安装管道；注意预留安装间距、支托吊架的距离和检查维修的空间。

(3) 在公共区大厅的顶棚上端涉及风管、水管、照明灯具以及通信、消防系统的安装位置，施工前必须协调好各系统的位置、尺寸、连接、固定以及后期安装和维修施工工艺问题，施工时应严格按照装修图纸中风口、灯具、烟感、喷头等位置进行施工；管线按专业分区域布置，布置整齐有序，便于以后管理和维护。

(4) 设备区管线较多，需要前期工程预留足够的安装空间，对于机房、设备间、控制室及照明配电室等设备集中处，施工前应画出详细的平面布置图及管线布置图，协调土建、装修等相关各方配合，严格按图纸要求进行施工。

(5) 根据各种管线位置和各系统安装要求，合理编排施工顺序和分阶段施工计划。原则上按先上后下，先大后小排序，即大风管、管道、电缆先行施工，弱电系统、末端设备及中央设备安装均集中在后期进行。

(6) 施工中各专业强调互相支持和协作，先施工的为后续施工预留空间和场地，后续施工注意成品保护，交叉施工时注意管道保护，及时沟通信息，提醒工序交接的操作要点和注意事项，避免相互影响或造成施工障碍。

(7) 管道施工过程中未封闭的管口要做临时封堵，在焊接钢管安装前必须用机械或人工清除污垢和锈斑，当管内壁清理干净后，将管口封闭待装，以免污物进入，管道连接封闭前要仔细检查并清污。

36.6　机电工程支吊架系统

36.6.1　机电工程支吊架系统一般说明

机电工程支吊架系统主要是指由角钢、槽钢、H型钢、扁钢、圆钢等型钢以及螺栓、减震等连接件所组成的支撑体系，用于将机电系统设备、阀部件、管道稳固在建筑结构上，保证各机电系统实现功能的同时能够安全运行。

从支吊架功能角度划分，可以将机电工程支吊架系统分为普通支吊架系统和抗震支吊架系统。普通支吊架系统的主要功能是为了满足机电系统运行稳定的需要。按照使用功能，普通支吊架系统又可以分为固定支吊架、刚性吊架、导向支吊架、弹簧支吊架、滑动支吊架、滚动支架等型式；抗震支吊架系统主要为满足地震时，减轻地震破坏，防止次生灾害，避免人员伤亡，减少经济损失等目的。抗震支吊架系统又可分为侧向抗震支吊架、纵向抗震支吊架、单管（杆）抗震支吊架、门型抗震支吊架等型式。

从支撑对象角度划分，可以将机电工程支吊架系统分为设备支吊架、管道支吊架以及阀部件支吊架。设备支吊架主要为满足设备运行稳定，一般大型设备机组支架形式大多采用槽钢等型钢制作的框架基础结构型式；部分体积大、重量相对轻的风机设备，为了更加合理的利用空间，采取高空吊装的支撑形式。对于运行存在一定振动的设备，如水泵、风机等，在设计支吊架时还会考虑从设备底座、吊杆等部位处增设橡胶减振或弹簧减振，用以抵消设备振动对建筑结构的影响。管道支吊架使用数量多、支撑型式多样、安装环境复杂，是机电安装工程中的难点。

1. 普通支吊架系统

(1) 固定支架

固定支架用于不允许管道有任何位移的部位。它除承受管道的重量外，还分段控制着管道的热胀冷缩变形。因此固定支架必须固定在 C20 级以上的钢筋混凝土结构上或专设的构筑物上。

(2) 刚性吊架

用于不便安装滑动支架的地方。对于没有温度变形的管道，吊架的吊杆要垂直安装；对于有温度变形的管道，吊杆要向管道热膨胀相反方向偏移一定距离倾斜安装，其偏移值为该处安全热膨胀位移量的二分之一。

(3) 导向支架

用于限制管子径向位移，使管子在支架上滑动时，不致偏移管子轴心线。通常的做法是，在管子托架的两侧 3～5 mm 处各焊接一块短角钢或扁钢，使管子托架在角（扁）钢制成的导向板范围内自由伸缩。

(4) 弹簧支吊架

用于具有垂直位移的管道上。有水平位移时，弹簧支架应加装滚柱。

(5) 滑动支架

滑动支架主要承受管道的重量和因管道热位移摩擦而产生的水平推力，保证在管道发生温度变化时，能够使其变形自由移动，滑动支架在管道工程上用的最为广泛。

(6) 滚动支架

装有滚筒或球盘使管道在位移时产生滚动摩擦的支架称为滚动支架。滚动支架分滚珠和滚柱支架，主要用于管径较大而无横向位移的管道，两者比较起来，滚珠支架可承受较高的介质温度，而滚柱支架的摩擦力较滚珠大。

2. 抗震支吊架

抗震支吊架是对机电设备及管线进行有效保护的重要抗震措施，其构成由锚固件、加固吊杆、抗震连接构件及抗震斜撑组成。

(1) 侧向抗震支吊架

用于抵御侧向水平地震力。

(2) 纵向抗震支吊架

用于抵御纵向水平地震力。

(3) 单管（杆）抗震支吊架

由一根承重吊架和抗震斜撑组成的抗震支吊架。

(4) 门型抗震支吊架

由两根及以上承重吊架和横梁、抗震斜撑组成的抗震支吊架。

3. 机电工程支吊架的选用原则

(1) 支吊架的设置和造型，要能正确的支吊设备、阀部件、管道，并满足设备、阀部件、管道的强度、刚度、输送介质的温度、压力、位移条件等各方面的要求。

（2）支吊架还要能承受一定量的机电系统在安装状态、工作状态中外来荷载作用。如室外的风荷载、雪荷载、外加荷载；室内的碰撞等外加荷载。

（3）管线上的固定支架，设计者根据工程实际和使用要求作了综合考虑，一般都在施工图上作标注，安装时，按设计要求施工即可。

（4）固定支架是固定管道不得有任何位移的，因此固定支架要生根在牢固的厂房结构或专设的建（构）筑物上。

（5）在管道上无垂直位移或垂直位移很小的地方，可安装活动支架或刚性吊架，以承受管道重量，增强管道的稳定性。活动支架的形式要根据管道对支架的不同摩擦作用力来选取。

1）对由于摩擦而产生的作用力无严格限制时，可采用滑动支架；

2）当要求减少管道轴向摩擦作用力，可采用滚柱支架；当要求减少管道水平位移的摩擦作用，可采用滚珠支架。滚柱和滚珠支架结构较为复杂，一般只用于介质温度较高和管径较大的管路上。

（6）在水平管道上只允许管道单向水平位移的地方、铸铁阀门两侧、方形补偿器两侧从弯头起弯点算起的第二个支架应设导向支架。

（7）塑料管的强度刚度比铸铁管和钢管都差，因此，凡管径＞50mm 的塑料管道上安装阀门、水表等必须设独立的支架（座）。

（8）轴向波纹管补偿器的两侧均需设导向支架，导向支架间距要根据波纹管补偿器的规格、要求确定。轴向波纹管补偿器和填料式补偿器要设双向限位导向支架，防止轴向和径向位移超过补偿器的允许值。

（9）凡连接 $DN>65$mm 的法兰闸阀的管路上，法兰闸阀处需加设独立支承。

（10）对于架空敷设的大规格管道的独立支架，要设计成柔性和半铰接的支架，也可采用可靠的滚动支架，尽量避免采用刚性支架或滑动支架。

（11）填料式补偿器轴向推力大，易渗漏；当管道稍有角向位移和径向位移时，易造成套筒卡住，故使用单向填料式补偿器，并要在补偿器两侧设置导向支架。

36.6.2 机电工程支吊架材料的选用

1. 机电工程支吊架材料选用步骤

（1）确定承载物可能产生的荷载力大小

设备支吊架主要考虑设备重量对其产生的荷载。管道及阀部件支吊架，当阀部件没有单独设置支吊架时，管道支吊架要考虑阀部件重量对其产生的荷载。在分析管道支吊架受到的荷载作用力时，一般情况仅考虑管道重量、管道内介质重量及管道保温重量即可；对于输送介质温度与工作环境温度、安装环境温度有偏差时，管道支吊架需要考虑管道伸缩变形时对其产生的推力影响，当温度偏差较大，布设了补偿器时，管道固定支吊架还需考虑补偿器对其的补偿反弹力影响；当管道上布设有橡胶软连接、金属软连接以及内、外压不平衡式的补偿器时，管道支吊架还要考虑沿管道轴向产生的不平衡内力对其的影响。

（2）确定承载物支吊架框架结构

根据安装位置及建筑结构情况进行分析，确定在建筑结构上的生根点位置，支吊架布设结构型式、布设间距。支吊架安装布设型式、位置、间距等需满足各机电专业国家标准规范要求。

(3) 机电工程支吊架型钢材料选用

机电工程支吊架所承担的荷载，管道规格、数量、排布间距、支吊架长度在国家标准图集范围内的，可参考图集，选取支吊架型钢规格、尺寸。

当支吊架设计型式、尺寸超出规范及图集标准范围时，需根据支吊架所受荷载，进行支吊架计算分析，并出具计算书提交相关单位审批，审核通过后方可施工。

2. 机电工程支吊架设计

(1) 机电工程支吊架设计组成

根据支吊架结构形式，主要需要确定支吊架框架、管道连接部件、中间连接件、建筑结构连接件等四部分型钢规格、外形尺寸。抗震支吊架、组合支吊架应按相关规范进行设计。

(2) 常用支吊架部件验算公式

1) 横担抗弯强度按下式计算：

$$\frac{M_x}{r_x W_x} + \frac{M_y}{r_y W_y} \leqslant f \tag{36-1}$$

式中 r_x、r_y——截面塑性发展系数；

M_x、M_y——所验算截面绕 x 轴和绕 y 轴的弯矩（N·mm）；

W_x、W_y——所验算截面对 x 轴和对 y 轴的净截面模量（mm³）；

f——钢材的抗弯强度设计值（MPa）。

2) 横担抗剪强度计算：

$$\tau = \frac{VS}{I_x t_w} \leqslant f_v \tag{36-2}$$

式中 τ——抗剪强度（MPa）；

V——计算截面沿腹板平面作用的剪力（N）；

S——计算剪力处以上毛截面对中和轴的面积矩（mm³）；

I_x——毛截面惯性矩（mm⁴）；

t_w——腹板厚度（mm）；

f_v——钢材的抗剪强度设计值（MPa）。

3) 梁上翼缘受集中荷载，验算局部承压强度

当梁上翼缘受有沿腹板平面作用的集中荷载，且该荷载处又未设置支承加劲肋时，腹板计算高度上边缘的局部承压强度应按下列公式计算：

$$\sigma_c = \frac{\varphi F}{t_w l_z} \leqslant f \tag{36-3}$$

$$l_z = 3.25 \sqrt[3]{\frac{I_R + I_f}{t_w}} \tag{36-4}$$

$$l_z = a + 5h_y + 2h_R \tag{36-5}$$

式中 F——集中荷载设计值,对动力荷载应考虑动力系数(N);
  φ——集中荷载增大系数;对重级工作制吊车梁,$\varphi=1.35$;对其他梁,$\varphi=1.0$;
  l_z——集中荷载在腹板计算高度上边缘的假定分布长度,宜按式(36-4)计算,也可采用简化式(36-5)计算(mm);
  I_R——轨道绕自身形心轴的惯性矩(mm^4);
  I_f——梁上翼缘绕翼缘中面的惯性矩(mm^4);
  a——集中荷载沿梁跨度方向的支承长度,对钢轨上的轮压可取50mm(mm);
  h_y——自梁顶面至腹板计算高度上边缘的距离;对焊接梁为上翼缘厚度,对轧制工字形截面梁,是梁顶面到腹板过渡完成点的距离(mm);
  h_R——轨道的高度,对梁顶无轨道的梁取值为0(mm);
  f——钢材的抗压强度设计值(MPa)。

4) 折算应力

在梁的腹板计算高度边缘处,若同时承受较大的正应力、剪应力和局部压应力,或同时承受较大的正应力和剪应力时,其折算应力应按下列公式计算:

$$\sqrt{\sigma^2 + \sigma_c^2 - \sigma\sigma_c + 3\tau^2} \leqslant \beta_1 f \tag{36-6}$$

$$\sigma = \frac{M}{I_n} y_1 \tag{36-7}$$

式中 σ、τ、σ_c——腹板计算高度边缘同一点上同时产生的正应力、剪应力和局部压应力,τ 和 σ_c 应按式(36-2)和式(36-3)计算,σ 应按式(36-7)计算,σ 和 σ_c 以拉应力为正值,压应力为负值(MPa);
  I_n——梁净截面惯性矩(mm^4);
  y_1——所计算点至梁中和轴的距离(mm);
  β_1——强度增大系数;当 σ 与 σ_c 异号时,取 $\beta_1=1.2$;当 σ 与 σ_c 同号或 $\sigma_c=0$ 时,取 $\beta_1=1.1$。

5) 稳定验算

$$\frac{M_x}{\varphi_b W_x [f]} \leqslant 1.0 \tag{36-8}$$

式中 M_x——绕强轴作用的最大弯矩设计值(N·mm);
  W_x——按受压最大纤维确定的梁毛截面模量(mm^3);
  φ_b——梁的整体稳定性系数。

36.6.3 机电工程支吊架安装的技术要求

(1) 支吊架的制作要遵守下列规定:
1) 支吊架的型式、材质、加工尺寸、精度及焊接等要符合设计和使用要求。
2) 支架底板及支吊架弹簧盒的工作面要平整。
3) 支吊架焊缝要进行外观检查,不能有漏焊、欠焊、裂纹、咬肉等缺陷。

4）制作合格的支吊架成品要进行防腐处理，合金钢支吊架要有材质标记。

（2）支吊架在安装固定前要进行标高和坡度测量并放线，固定后的支吊架位置要正确，安装要平整牢固、与管子接触良好，栽埋式安装的支架，填充的砂浆要饱满、密实。

（3）导向支架或滑动支架的滑动面要平整，不能有歪斜和卡涩现象，滑托与滑槽两侧要有3～5mm间隙，安装位置要从支承面中心向位移反向偏移，偏移值为移位值一半。保温层不能妨碍热位移。

（4）弹簧支吊架的安装高度，要按设计要求调整，并作好记录。弹簧的临时固定件，要待系统安装、试压、绝热完毕后，方可拆除。

（5）管架紧固在槽钢或工字钢的翼板斜面上时，其螺栓要有相应的斜垫片。

（6）无热位移的管道，吊架的吊杆要垂直安装；有热位移的管道，在热负荷状态下，要及时对支吊架进行检查与调整。

（7）管道固定点间的最大间距按设计要求，如果设计无明确要求时，按照不同专业章节中要求布设。

（8）室内中、低压钢管活动支架的间距要按设计要求布置，如果设计无明确要求时，按照不同专业章节中要求布设，并不能以过墙套管作支承点。

（9）对于室外管道的跨距，要根据输送介质的特点，分别按强度及刚度计算选用。

（10）垂直管道穿过楼板或屋面时，要设套管，套管不得限制管道位移和承受管道垂直荷载。

（11）固定在建筑结构上的管架，不能影响结构安全。

（12）在预埋钢板上焊接支吊架时，要注意下列检验要点：

1）在柱子或墙面上的预埋板，均应在土建施工时进行预埋。焊接支吊架前要测量预埋钢板的标高及坡降，经过测量后要在预埋钢板上划线确定位置，按照划线来焊接支吊架。

2）在测量预埋钢板的同时，要检查预埋钢板的牢固性，当发现预埋钢板不牢固时，要用混凝土补强后，方可焊接支吊架。

（13）在砖墙上设置管道支架时，要注意下述操作程序：

1）孔洞不能打得过大，四周的砖层不要由于受震而松动。

2）安装支吊架浇筑混凝土之前要将孔洞内的沙子及砖砾用水冲洗干净，以使混凝土和砖层牢固结合。浇筑混凝土不低于C20级。

3）混凝土强度没达到预计强度的65％～70％时，不能安装管道。

（14）采用膨胀螺栓和射钉锚固管道支吊架时要注意下述几项内容：

1）螺栓孔放线正确。钻孔或射钉位置准确。

2）在砖墙上钻孔和射钉时应避免在砖缝内。

3）钻头直径应与螺栓直径相匹配。

36.7 机电工程标识

36.7.1 机电工程标识的要求

机电工程标识是采用一定的标注方式，对机电工程设备、管道、桥架（梯架、托盘、槽盒等）、风管、电缆等进行标注、识别和管理的过程。

机电工程中设备、管线、电气设备与线路标识一般由基本识别色（表面色）和（或）识别符号或其他标志（安全标志、消防标志）组成，其主要目的是便于识别、操作、检修，便于管理，促进安全生产。

《建筑给水排水与节水通用规范》GB 55020—2021 自 2022 年 4 月 1 日起实施。项目采用此规范时，给水排水管道应采用色环标识。未采用此规范、设计无具体规定时，可参考一般要求实施。

1. 《建筑给水排水与节水通用规范》GB 55020—2021 规定

给水、排水、中水、雨水回用及海水利用管道应有不同的标识，并应符合下列规定：

（1）给水管道应为蓝色环；
（2）热水供水管道应为黄色环、热水回水管道应为棕色环；
（3）中水管道、雨水回用和海水利用管道应为淡绿色环；
（4）排水管道应为黄棕色环。

2. 机电工程标识一般要求

（1）机电工程基本识别色

机电工程最常用的标识方法是基本识别色标识方法，部分基本识别色如表 36-9 所示。

基本识别色和色样及颜色标准编号　　　　　　　　表 36-9

介质种类	基本识别色	颜色标准编号
给水	艳绿	G03
消防	红色	R03
空调冷、热水	黄色	—
空调冷却水	蓝色	—
空调冷凝水、补水	淡绿	—
蒸汽管道	大红	R03
空调通风管	白色	—
防排烟管道	黑色	—
桥架	灰色	—
煤气、天然气	淡黄色	Y06

注：1. 空调部分色标摘自现行国家标准《通风与空调工程施工规范》GB 50738；
　　2. 消防、燃气等部分色标摘自现行行业标准《城镇燃气标志标准》CJJ/T 153；
　　3. 蒸汽、给水等部分色标摘自现行国家标准《工业管道的基本识别色、识别符号和安全标识》GB 7231。

(2) 管线设备标识方法分类
1) 管线全长涂刷标识色；
2) 在管线上喷涂"色环+箭头"、"文字+箭头"标识；
3) 在管线上喷涂"色环"标识；
4) 在管线、设备上系或喷涂标牌标识；
5) 在管线、设备上喷涂或悬挂识别符号。

根据设计文件、本专业标准的规定，结合现场实际情况，管线设备的标识可采用上述标识方法中的一种或几种方式的组合。

(3) 具体要求
1) 管道的文字、箭头应与管道直径相适应，一般情况字体为宋体；字的大小按管道直径的 0.3~0.5 倍考虑，箭头的长度按管道直径考虑，直径≤80mm，长度为管径的 2~2.5 倍；直径>80mm，长度为 200~400mm。

2) 所有箭头的方向应与管线内介质流向一致，为保持美观一致，成排管线，标识文字部分位置一致，箭头位置也一致（无论箭头朝向都成排一致），统一制定模板后涂刷或喷涂。

3) 成排管道标识名称长度尽量一致，成排管线标识位置应集中布置。

4) 色环的参考尺寸（长×宽）：L (200~400) ×W (80~150)，箭头参考尺寸：L=200~400，具体可根据管道直径、桥架宽度选择，标准清晰醒目、美观精致，色环直线段间距 15~20m；管井内的色环每层一道，高度一致。

5) 文字和箭头一律标识在醒目位置，管道标识应从设备的管接头、阀体上方醒目处开始标注，应涂制在所有管道交叉点以及桥架三通处，当管道或桥架穿墙、穿楼板时应在离墙或楼板上方 1m 左右标识。

6) 当标识直接涂刷或粘贴在的管道上困难且不宜识别时，也可在所有需要识别的部位挂设标牌，标牌上应标明介质名称和管径。

7) 设备、阀门、线缆上的标牌尽可能采用电缆扎带绑扎，且绑扎牢固，标牌字体朝外，标识清晰、醒目。

8) 管道、设备标识应设置在通道一侧或操作面一侧醒目部位，并朝向道路、操作通道或检修侧，同一面的标识应喷涂在同一高度上。

9) 管道的起点、终点、转弯处、阀门处、分支处、设备进出口处、穿墙管道两侧以及跨越装置和系统边界处应设置标识。直管道上标识间隔宜为 10m。

10) 管道标识应尽可能安装于正常视线高度，架空管道标识安装于通道上方，朝向应便于观察。

11) 对于不锈钢管、有色金属管、玻璃管、室外地沟的管道、保温管道、涂沥青的防腐管道、塑料管以及保温外用金属皮保护层时，均不全长涂色，仅做标识。

12) 管道、阀门较为密集复杂、易出差错的区域必须重点标识。

13) 管线上所有标识可采用涂刷法（喷涂法）、粘贴法、挂牌法、小规格线缆可采用号码管，管道设备应首选油漆喷涂，在喷涂确有困难时，经甲方确认，可以采取聚苯乙烯带粘贴，但标识内容和颜色不变。

14) 所有标识内的示范文字可以根据实际情况做适当的调整，但在同一项目上样式、风格应尽量保持统一。

(4) 消防水管道标识要求

1) 消防水管道应执行现行国家标准《消防安全标志 第1部分：标志》GB 13495.1的有关规定，对消防水附属设施应该设立明显的标志。

2) 消防水管道标识应采用表面涂色和色环进行标识。

3) 架空管道外应刷红色油漆或涂红色环圈标志，并应注明管道名称和水流方向标识。红色环圈标志，宽度不应小于20mm，间隔不宜大于4m，在一个独立的单元内环圈不宜少于2处。

4) 自动喷水灭火系统配水干管、配水管应做红色或红色环圈标志。红色环圈标志宽度不应小于20mm，间隔不宜大于4m，在一个独立单元内环圈不宜少于2处。

5) 消防水泵接合器永久性固定标志应能识别其所对应的消防给水系统或水灭火系统，当有分区时应有分区标识。

6) 室内消火栓及消防软管卷盘应设置明显的永久性固定标志，当室内消火栓因美观要求需要隐蔽安装时，应有明显的标志，并应便于开启使用。

7) 消火栓箱门上应用红色字体注明"消火栓"字样。

36.7.2 识 别 符 号

管道识别符号由介质名称、流向和主要工艺参数等组成，其标识应符合下列要求：

(1) 介质名称的标识

1) 介质全称。例如：氮气、硫酸、甲醇。

2) 化学分子式。例如：N_2、H_2SO_4、CH_3OH。

(2) 标注的样式

1) 管道内介质的流向用箭头表示，如图36-8所示，如果管道内介质的流向是双向的，则以双向箭头表示。

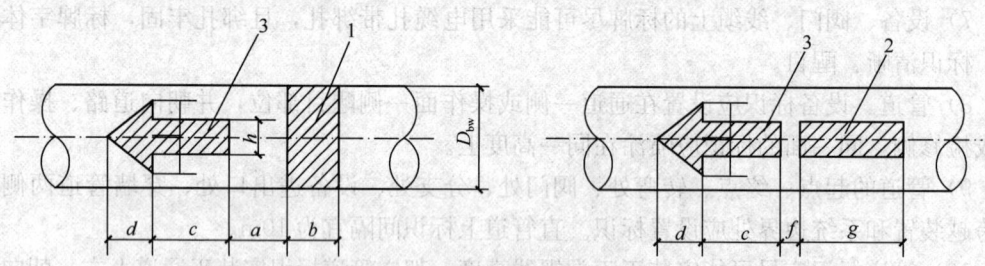

图36-8 管道的色环、介质名称及介质流向箭头的位置和形状
1—色环；2—介质名称；3—介质流向箭头；
a、b、c、d、f、g、h—长度，数值参见表36-10；D_{bw}—公称直径

2) 当基本识别色的标识方法采用标牌时，则标牌的指向就作为表示管道内的介质流向，如果管道内介质流向是双向的，则标牌指向应做成双向的。

(3) 介质的压力、温度、流速等主要工艺参数的标识，使用方可按需自行确定采用。

(4) 标识中的字母、数字的最小字体，以及箭头的最小外形尺寸，应以能清楚观察识别符号来确定。

5)对于外径小于76mm的管道,当在管道上直接涂刷介质名称和介质流向箭头不易识别时,需在识别的部位挂标示牌。

6)主蒸汽、再热蒸汽管道的焊缝、蠕胀测点处,应设蓝色位置标记。

(3)标注位置要求

1)管道弯头、穿墙处、管道密集处等不易识别的地方及各运转层、各行走通道、运行人员巡视线路附近的管道必须有色环、介质名称及介质流向箭头。

2)同一管道的色环、介质名称及介质流向标识间距一般应在10~15m之间,并在距管道弯头至少500mm的直管段上,如两个弯头距离不够1m时应选择中间位置。距离设备的出入口1~2m必须标识色环、介质名称及介质流向箭头。支管色环的位置应距母管或联箱1~2m(表36-10)。

管道的色环、介质名称及介质流向箭头的位置、形状尺寸　　　表36-10

序号	保温外径或防腐管道外径 D_{bw}	a	b	c	d	f	g	h
1	≤50	24	30			45	100	20
2	51~100	28	30			55	100	25
3	101~200	35	70	$\frac{1}{5}D_{bw}+50$	$\frac{1}{2}c$	60	200	50
4	201~300	55	85			80	200	70
5	>300	65	130			80	400	100

36.7.3　管道标识操作要求

1. 一般要求

(1)管道的表面色应根据其重要程度和不同介质,涂刷不同的表面色和标识。

(2)凡表面层采用搪瓷、陶瓷、塑料、橡胶、有色金属、不锈钢、镀锌薄钢板(管)、合金铝板、石棉水泥等材料的设备和管道可保持制造厂出厂色或材料表色,不再涂色,只刷标识。

(3)对涂刷变色漆的设备和管道的表面严禁再涂色,但应刷标识,且标识不得妨碍对变色漆的观察。

(4)厚型防火涂料的外表面不宜涂表面色。确需涂装时,按规定采用与钢结构涂色相协调的颜色。

(5)选用管道基本识别色和标识的原则:

1)表面色要求美观、雅静、色彩协调,色差不宜过大。

2)尽可能采用基本识别色。

3)颜色要统一。同一个工程内同一介质的管道应刷同一种颜色,以便操作管理。

2. 图例

相关内容见表36-11、表36-12、图36-9~图36-17。

机电安装工程管线表面色和标志(注：本表为化工行业要求，民用无具体要求，喷漆颜色可根据管线底色确定) 表36-11

序号	系统	管道、设备、线缆名称	表面色	标识颜色	标识样式	标识参考尺寸(mm)	箭头(L=200~400)	标识材质	操作方法	识别方法	标注位置	备注
1	空调水系统	空调一、二次供水	原色	黄底蓝字	空调一次供水	L(200~400)×W(80~150)	↑	油漆	喷涂	色带	1.机房；2.竖井；3.主干；4.分支；5.三通、弯头、或直线段10~15m；6.穿越防火区(墙、门)前后；7.设备出口；8.末端	《通风与空调施工规范》GB 50738的规定
2		空调一、二次回水	原色	黄底蓝字	空调一次回水		↑	油漆	喷涂	色带		
3		空调冷凝水	原色	浅绿底字	空调冷凝水		↑	油漆	喷涂	色带		
4		空调冷却水补水	原色	浅绿底字	空调二次回水		↑	油漆	喷涂	色带		
5		空调热水供、回水	原色	黄底蓝字	空调热水供水		↑	油漆	喷涂	色带		
6		冷却水供、回水	原色	蓝底白字	冷却水供水		↑	油漆	喷涂	色带		
7		蒸汽管道	原色	红底白字	蒸汽管道		↑	油漆	喷涂	色带		
8	给水系统	生活一次热水供、回水	原色	红底白字	生活一次热水供水		↑	油漆	喷涂	色带		
9		*号楼生活热水低中、高区	原色	樱红底白字	*号楼生活热水低区		↑	油漆	喷涂	全长		
10		*号楼生活给水	绿色	绿底白字	*号楼生活给水		↑	油漆	喷涂	全长		
11		市政给水管	绿色	绿底白字	市政给水管		↑	油漆	喷涂	全长		
12	消防系统	消火栓管	红色	红底白字	消火栓管		↑	油漆	喷涂	全长		
13		自动喷淋	红色	红底白字	自动喷淋		↑	油漆	喷涂	全长		
14		消防水泡	红色	红底白字	消防水泡		↑	油漆	喷涂	全长		
15		气体灭火	红色	红底白字	气体灭火		↑	油漆	喷涂	全长		
16		中水	紫色	浅绿色白字	中水		↑	油漆	喷涂	全长		
17	排水系统	污废水管(金属管)	黑色	黑底白字	污废管		↑	油漆	喷涂	全长		
18		污废水管(塑料管)	黑色	黑底白字			↑					
19		雨水管	原色	浅绿底白字	雨水管		↑	油漆	喷涂	全长		
20		空调冷凝水	原色	青绿底白字	冷凝水管		↑	油漆	喷涂	全长		
21	燃气	天然气	黄色	黄底红字	天然气		↑	油漆	喷涂	全长		

续表

序号	系统	管道、设备、线缆名称	表面色	标识颜色	标识样式	标识参考尺寸(mm)	箭头(L=200~400)	标识材质	操作方法	识别方法	标注位置	备注
22	通风系统	空调送、回风管	原色	蓝底白字	空调送风管	L(300~400)×W(80~150)	↑	油漆	喷涂	色带	1. 机房；2. 竖井；3. 主干；4. 分支；5. 弯头或三通；6. 直线段10~15m；7. 穿越防火区(墙、门)前后；8. 设备出口；9. 末端	
23		新风管、送风管	原色	水绿底白字	新风管		↑	油漆	喷涂	色带		
24		正压送风管	原色	水绿底蓝字	正压送风管		↑	油漆	喷涂	色带		
25		排风管	原色	黄底蓝字	排风管		↑	油漆	喷涂	全长		
26		排风兼排烟管	原色	黑底白字	排风兼排烟管		↑	油漆	喷涂	全长		
27		排烟风管	原色	黑底白字	排烟风管		↑	油漆	喷涂	全长		
28		排烟管(锅炉、发电机)	原色	红底白字	排烟管(锅炉、发电机)		无	油漆	喷涂	全长		
29	电气系统	强电电缆桥架	原色	红底白字	强电	80×150	无	亚克力板(δ≥3mm)	绑扎	标牌	1) 起点；2) 终点；3) 转角弯+500mm；4) 直线段每隔20m；5) 电井	
30		弱电电缆桥架	原色	蓝底白字	网络	30×150	无	亚克力板(δ≥3mm)	绑扎	标牌		
31		电缆	原色	白底黑字	回路编号：起点：终点：电缆规格型号：线缆长度：生产厂家：	L(300~400)×W(100~150)	无	聚苯乙烯带	粘贴	色带		
32		弱电线路	原色	白底黑字		15~150	无	油漆	喷涂	全长		
33		母线槽	原色	黄底黑字			无		打印穿制	色带		
34		明敷接地母线	原色	黄绿色带	见相关规定		无			线号管	接线端	
35		电线、电缆(线径10mm以下)	原色	线号管字体黑色		20~22	无	PVC线号管	打印穿制			
36			原色	热缩管原色黑体字			无	热缩线号管	烫印穿制			
37		配电柜内系统图		白底黑字	见相关规定		无	纸质	粘贴		箱门内侧	

一般机电设备标识指引表 表 36-12

序号	设备名称	设备涂色	设备标识样式	标识材质（mm）	标识参考尺寸（mm）	标识方法	备注
1	消防泵喷淋泵	红色	设备名称： 编号 功率： 转速： 启动方式： 服务区域： 生产厂家：	亚克力板（$\delta \geqslant 3$）	100×200	挂牌	
2	生活泵	蓝色	设备名称： 编号 功率： 转速： 启动方式： 服务区域： 生产厂家：	亚克力板（$\delta \geqslant 3$）		挂牌	
3	潜水泵	黑色	名称： 编号 功率： 转速： 启动方式： 生产厂家：	亚克力板（$\delta \geqslant 3$）	80×150	贴牌（控制箱门板内侧）	
4	风机	原色	名称： 编号 功率： 转速： 启动方式： 生产厂家：	亚克力板（$\delta \geqslant 3$）		挂牌	
5	阀门（水风、空调）	原色	名称： 编号 型号： 生产厂家：	亚克力板（$\delta \geqslant 3$）	50×90	挂牌	
6	电表箱	原色	室号：	亚克力板（$\delta \geqslant 3$）	80×120	油漆、喷涂	

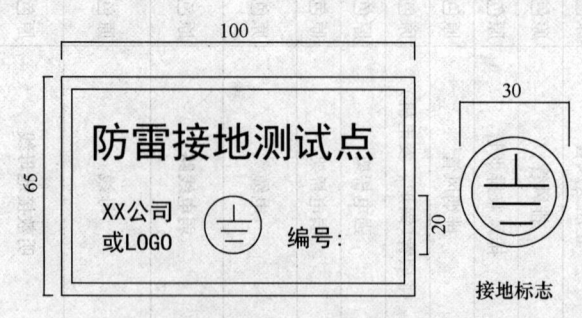

图 36-9 接地测试点标识图例（材质宜为铝板，字体为黑体）

36.7 机电工程标识

```
设备名称：消火栓泵
设备编号：2号
设备功率：22kW
转速：1490转/分
启动方式：星三角
服务区域：1-3号楼及地下车库A区
生产厂家：上海凯泉泵业有限公司
```
图 36-10　消火栓泵标识图例

```
名称：防火阀
规格：200*400
型号：FD-WS
正常状态：常闭
生产厂家：上海百富勤空调附件有限公司
```
图 36-11　防火阀标识图例

```
回路编号：AA7-9-6
起点：AA7-6
终点：2号冷冻机
母线规格：密集型800A
母线长度：56m
生产厂家：施耐德电气有限公司
```
图 36-12　母线标识图例

```
回路编号：AA8-08
电缆类型：WDZA-YJV-1kV-4*70+1*35
起点：2B2(公变)-AA8(低压柜)-08(回路)
终点：6号楼电梯双切箱
电缆长度：166m
生产厂家：江苏宝胜电缆有限公司
```
图 36-13　电缆标识图例

注：标识牌的材质应根据现场实际情况选定，设置在室外或潮湿、腐蚀环境下宜采用不锈钢材质标识牌。

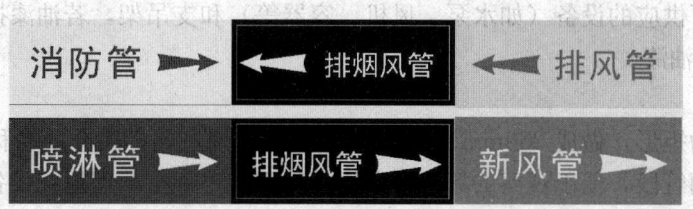

图 36-14　横管标识图例

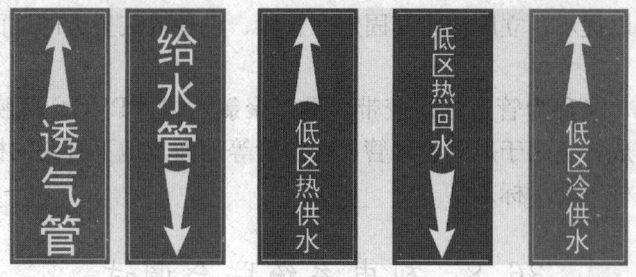

图 36-15　立管标识图例

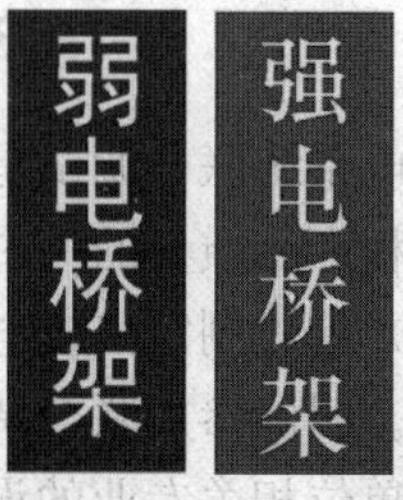

图 36-16　水平桥架、母线标识图例　　　　图 36-17　竖向桥架图例

以上图例可以根据具体情况添加公司名称或公司 logo。

36.7.4　管道标识用材料要求

1. 油漆

不保温的设备和管道应根据防腐工艺要求和油漆的性能选用油漆，选用的油漆种类、颜色和涂刷遍数应符合下列规定：

（1）室内布置的设备和管道，宜先涂刷 2 遍防锈漆，再涂刷 1～2 遍油性调和漆；室外布置的设备和汽水管道，宜先涂刷 2 遍环氧底漆，再涂刷 2 遍醇酸磁漆或环氧磁漆；室外布置的气体管道，宜先涂刷 2 遍云母氧化铁酚醛底漆，再涂刷 2 遍云母氧化铁面漆。

（2）油管道和设备外壁，宜先涂刷 1～2 遍醇酸底漆，再涂刷 1～2 遍醇酸磁漆；油箱、油罐内壁，宜先涂刷 2 遍环氧底漆，再涂刷 1～2 遍铝粉缩醛磁漆或环氧耐油漆。

（3）管沟中的管道，宜先涂刷 2 遍防锈漆，再涂刷 2 遍环氧沥青漆。

（4）循环水管道、工业水管道、工业水箱等设备，宜先涂刷 2 遍防锈漆，再涂刷 2 遍沥青漆；直径较大的循环水管道内壁，宜涂刷 2 遍环氧富锌底漆。

（5）排汽管道应涂刷 1～2 遍耐高温防锈漆。

（6）制造厂供应的设备（如水泵、风机、容器等）和支吊架，若油漆损坏时，可涂刷 1 遍颜色相同的油漆。

2. 标牌

标牌一般为矩形，做成 250mm×150mm 大小。标牌上要标明介质名称，标出介质流向。单根、空间管段，便于观察的场合可采用挂牌方式；架空、埋地或设备装置中多根管段，可采用立牌方式。铭牌固定应牢固，位置应便于观察。挂牌应采用金属箍或钢丝等材料将其固定在压力管道的起、止端处或靠近设备的管段上，高度宜为 1.5～1.7m，并采用醒目的单根色环加以提示；立牌应将其固定在管段、设备或装置旁的地面或平台上。

3. 色带

管道标识色带，又称为管道标识胶带，是以聚氯乙烯（PVC）薄膜为基材，使用橡胶型压敏胶制造而成，适用于风管、水管、输油管等地面及地下管路的标识。斜纹印刷色带可用于地面、立柱等警示标志。

36.8　机电系统联合调试

36.8.1　机电系统联合调试前提条件

机电系统联合调试是检验安装工程各分部设计、安装等环节质量的一个重要工序，是保证工程产品质量的一个重要依据。

（1）首先制定出机电系统联合调试方案，调试方案应包括现场安全措施与事故应急处理方案。明确参加联合调试的施工单位、建设单位、监理单位联合调试的现场负责人，以及设计单位相关专业的设计人员。明确现场各专业技术负责人，便于协调及解决联合调试过程中出现的一些重大技术问题。

(2) 联合调试方案应报送监理工程师审核批准，调试结束后，提供完整的调试报告及调试资料。

(3) 联合调试的人员应经过相关的培训，掌握调试方法，熟悉调试内容，并应考试合格。

(4) 联合调试前，应准备好有关的设计图纸和技术文件，相关的水、电、天然气、动力等具备调试的使用条件。机电设备及其附属设施的施工已完成，且相应的门窗齐全，场地打扫干净。

(5) 联合调试工作所需的测试仪器仪表应性能稳定可靠，其精度等级及最小分度值应满足测定的需要，并应符合国家计量法规及检定规程的规定，并应在有效期内。

(6) 联合调试过程中，各专业相互交叉又需相互提供条件，调试流程必须合理安排，做好先后工序的配合工作，以及与设计单位、监理单位、建设单位、第三方检测机构、政府相关职能部门、专业分包、装修等单位的配合协调。

(7) 联合调试前，机电设备的单机试运转及调试必须全部合格。

(8) 通风与空调工程系统非设计满负荷条件下的联合试运转及调试，应在制冷设备和通风与空调设备单机试运转合格后进行。

(9) 空调系统中相关设备的联合试运转：
1) 空调机组运转；
2) 冷冻水、冷却水系统及热水系统运转；
3) 空调冷水机组运转；
4) 冷冻水压差调节系统和空调控制系统运行；
5) 自动调节及检测系统的联动运转。

(10) 空调系统带冷热源的正常联合连续试运转时间不应少于8h，当竣工季节与设计条件相差较大时，仅做不带冷热源的试运转。联合试运行与调试不在制冷期或供暖期时，仅做不带冷热源的试运行与调试，并在第一个制冷期或供暖期内补做。

(11) 通风、除尘系统的连续试运转时间不应少于2h。

(12) 净化空调系统运行前应在新风口、回风口处，以及在粗效、中效过滤器前设置临时用过滤器（如无纺布等），对净化空调系统进行保护。

(13) 净化空调系统的检测和调整，应在对系统进行了全面清扫工作，并且系统已连续运行24h及以上时间达到稳定后进行。调试人员应穿洁净工作服，无关人员不应进入。

(14) 净化空调系统的检测和调试应在系统正常运行24h及以上，达到稳定后进行。洁净室空气洁净度等级的检测，应在空态或静态下进行（或按合约规定进行）。在进行室内空气含尘浓度的检测时，测定人员不宜多于3人，并应穿着与洁净室内洁净度等级相适应的洁净工作服。

36.8.2 联合调试的总体策划

(1) 总体策划的主要内容
1) 联合调试组织机构的策划；
2) 联合调试实施流程和技术方案的策划与制定；
3) 联合调试开始时间和总体计划；

4) 联合调试各阶段的各项保证措施;
5) 与相关方的协调措施;
6) 与第三方检测单位之间的协调措施;
7) 与相关职能部门的协调措施;
8) 与业主、监理、设计等单位的协调与配合措施;
9) 与专业分包、装修等单位的沟通、协调与配合措施;
10) 调试过程中可能出现问题的预案的应对措施。

(2) 过程策划的内容

1) 对于交叉作业的预见与协调;
2) 多专业、多工种同时作业之间工序协调;
3) 调试过程中出现问题的协调措施;
4) 调试过程中各相关方的协调。

36.8.3 机电系统联合调试内容

系统联动调试是一项综合性工作。联动调试由总承包联动调试管理小组为组织协调单位,以弱电工程为主要实施单位,各机电专业紧密配合,在各专业系统调试完成的基础上进行。为保证系统联动调试顺利进行,各专业工程实施单位做好以下工作:

1. 调试工作实施条件（表 36-13）

调试工作实施条件表 表 36-13

序号	调试名称	实施条件
1	高压供电调试	1) 高压配电室土建施工完成,门窗安装完毕
		2) 供电局验收完成
2	低压送电调试	1) 建筑条件满足送电要求,配电间墙面和地面施工完成
		2) 低压电缆进线和配电箱柜上口压线完成
		3) 照明安装完成,门锁安装完毕
3	各机电专业调试	1) 所有调试的系统安装完成
		2) 送电调试完成,能够把电安全地送到相关设备内
		3) 单机试运转合格
		4) 建筑、装饰及相关专业满足专业调试要求
4	联动调试	1) 各机电专业调试合格
		2) 调试环境清洁
		3) 基本具备竣工条件

2. 调试系统的工作流程（图 36-18）
3. 联动试运行前必须具备的条件（表 36-14）

36.8 机电系统联合调试

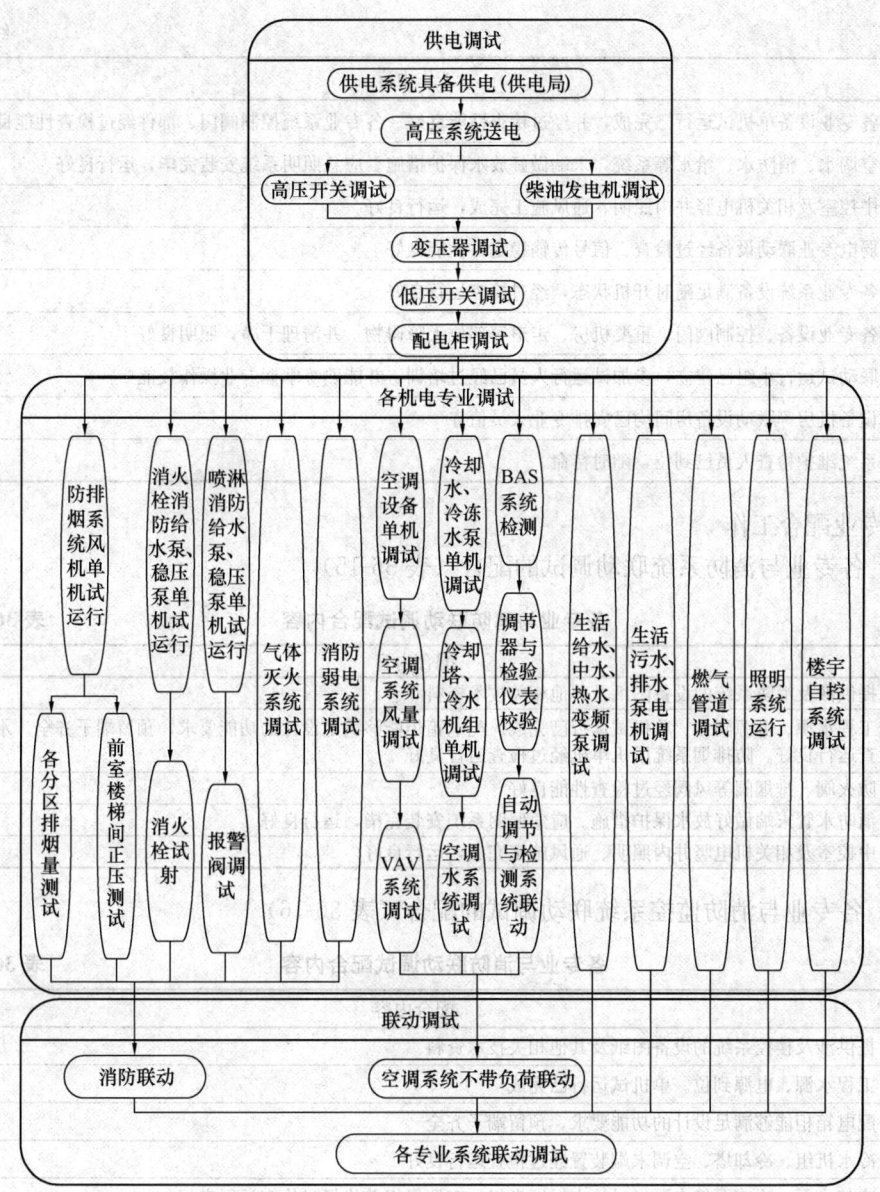

图 36-18 调试系统工作流程

联动调试准备工作表　　　　　　　　　　　　　　　表 36-14

序号	工作内容
1	联动试运行方案已按审批流程获得批准
2	试运行区域内的工程已按设计文件规定的内容全部完成，并按施工质量验收规范的标准检验合格，各专业系统调试已全部完成，系统满足随时运转的条件
3	各专业系统的试验、调试等记录、施工图纸等相关资料已整理汇总
4	试运行区域内的电气系统和仪表装置的检测系统、自动控制系统、连锁及报警系统等均符合设计要求及相关规范规定，各专项检测报告结论均为合格
5	水源、电源、试运行所需燃料等到位，并确保稳定供应。各种物资和测试仪表、工具均已齐备

续表

序号	工作内容
6	各专业设备单机试运行已完成,并经过检查性能良好。各专业系统控制阀门、部件经过检查性能良好
7	空调水、消防水、给水等系统,末端做好放水保护措施。应急照明系统安装完毕,运行良好
8	中控室及相关机电竖井内照明、通风施工完成,运行良好
9	弱电专业联动设备经过检查、信号传输稳定,性能良好
10	各专业系统设备满足随时开机状态,经过检查运行良好
11	各专业设备、控制阀门、重要机房、走道等部位无障碍物,并清理干净,照明良好
12	联动试运行小组已建立,参加试运行人员已经过培训,并能熟练掌握专业操作技能
13	设备机房等联动设备房间均已安排专业人员值守
14	系统维护检查人员已到位,随时待命

4. 专业配合工作

(1) 各专业与消防系统联动调试的配合(表36-15)

各专业与消防联动调试配合内容　　　　　　　　表36-15

序号	配合内容
1	提供涉及消防系统的设备图纸及其他相关技术资料
2	工程水源、电源到位。单机试运行已完成。配电箱柜能够满足设计的功能要求,预留端子齐全。水泵经过检查运行良好。防排烟系统风机单机经过检查运行良好
3	防火阀、排烟阀等风阀经过检查性能良好
4	消防水管末端做好放水保护措施。应急照明系统安装完毕,运行良好
5	中控室及相关机电竖井内照明、通风施工完成,运行良好

(2) 各专业与消防监控系统联动调试的配合(表36-16)

各专业与消防联动调试配合内容　　　　　　　　表36-16

序号	配合内容
1	提供涉及楼控系统的设备图纸及其他相关技术资料
2	工程水源、电源到位。单机试运行已完成
3	配电箱柜能够满足设计的功能要求,预留端子齐全
4	冷水机组、冷却塔、空调末端装置经过检查运行良好
5	冷却水泵、冷冻泵等水泵经过检查运行良好。空调机组单机经过检查运行良好
6	风阀经过检查性能良好。通风空调系统风平衡、水平衡初调完成
7	智能照明系统安装完毕,运行良好。中控室及相关机电竖井内照明、通风施工完成,运行良好

(3) 联动试运转达到的标准(表36-17)

专业与消防联动调试配合内容　　　　　　　　表36-17

序号	配合内容
1	联动试运行系统应按设计要求全面投运,各项测试指标应符合设计要求,连续运行时间应达到48h
2	参加试运行的人员应熟练掌握系统运行的启、停操作程序,并具备对系统运行故障的判断和处理能力
3	联动试运行后,所有参加试运行的有关单位,对联动试运行结果进行分析与评价。试运行评价合格后,整理联动时运行相关资料,编制试运行合格报告,报相关部门核准

5. 机电工程系统试运行的维护管理

在工程移交业主管理前,机电系统将陆续投入试运行。通过一段时间的试运行验证系统的各项技术指标,进一步对设备及系统运行状况进行检验,保证设备及系统今后安全、高效运行。

(1) 组织专业操作维护人员进行机电系统的运行维护,对各机电系统进行科学的运行管理。主要工作见表 36-18。

机电系统试运行工作内容 表 36-18

序号	系统运行维护管理内容
1	编制试运行设备的操作规程,并严格按操作规程进行各项操作
2	制定系统的启动和停机的程序及制度
3	系统的启动程序和方法,以及启动过程中机组正常工作的标志
4	系统的停机程序和方法,以及停机后的维护方法
5	事故紧急停机处理程序和方法,以及事故紧急停机的善后处理工作等内容
6	系统进入运行状态后,应按时对系统进行巡视,主要巡视内容如下: 1) 动力设备的运行情况,包括风机、水泵、电动机的振动、润滑、传动、工作电流、转速、声响等; 2) 空调设备的喷水室、表面式冷却器、加湿器等设备的运行情况; 3) 空调系统空气过滤器的工作状态(是否过脏),各有关执行调节机构是否正常; 4) 制冷系统运行情况,包括冷水机组、冷冻水泵、冷却水泵、冷却塔等运行情况,以及冷却及冷冻水的温度等; 5) 机电设备动力系统运行数据是否稳定; 6) 机电设备机房内部积水、排水情况
7	设备机房看护,无关人员不准随便入内,工作人员凭证出入

(2) 组织相关专业工程实施单位,编制各专业系统用户手册,并对用户维管人员进行培训。

(3) 机电系统调试过程文档的建立与保存

在调试过程中,要求各专业执行单位对相应的调试过程要留有过程文件,并形成过程资料管理体系,针对在机电系统调试过程形成的过程文档要有完善的保存机制。保证在调试过程中一旦出现问题有可追溯性,及时纠偏。

(4) 机电系统试运行报告书的编制

编制报告书的过程能够检验其是否按设计意图得到施工及维护,在测定设备的性能后可以进行调整以使其符合设计意图;通过了解和掌握相关的技术可以预防和解决由于设备间的相互不均衡所导致的问题;此外报告书为今后设备的运行及保修提供可指导性的资料,为节约能源,提高维护效率创造了条件。调试工作报告书将会给今后空调设备的有效运行及管理提供有益的书面材料,主要具有以下目的:

设备概况的记述;设计值与测定值的比较审核;标出设计、施工状态问题点及提出改善方案;设定运行启动标准;记述调试作业程序、执行及结果。报告书的编制内容如表 36-19 描述:

机电系统运行报告书内容　　　　　表36-19

序号	综合报告书内容	序号	综合报告书内容
1	前言、目录、缩略语说明、参考文献	7	结论概要及分析
2	执行目的	8	设备设计概要
3	执行范围及内容	9	测量范围、测量方法及测量结果
4	建筑物概述及功能	10	问题点及特殊事项
5	执行期间及日程	11	测量记录
6	执行组织	—	—

36.9 机电工程成品、半成品保护

36.9.1 制定合理机电设备进场计划

机电设备进场时间应配合安装时间，避免在现场闲置时间过长，增加设备保护成本和管理难度。

36.9.2 成品保护主要内容

结合工程实际情况，机电重要设备（如风机盘管、风机、水泵、水箱、冷水机组、空调机组、冷却塔等）、所有面层装置（如阀门、灯具、开关、插座、风口等）要重点采取措施防盗、防破坏、防污染。

36.9.3 对进场材料及设备的管理

（1）进场小型材料及设备、部件，在库房内统一堆放保管。

（2）对于大宗、大型材料及设备，现场统一堆放，外设围栏防护；对进场的材料设备进行标识和整理，派专人负责看守。

（3）在现场搭设库房，以便材料的存放，防止风、雨的侵蚀。对于易受潮、易锈蚀的材料，在库房内搭设货架存放。存放时码放整齐，注意码放高度及稳固。

（4）材料吊放和堆放，应选择好吊点和支点，并采取防止扭曲变形及损坏措施。对材料表面涂层，应采取有效保护措施。对表面涂层受损者，应及时进行处理。重心高的材料、设备立放要设置临时支撑，或紧靠立柱绑扎牢固，以防倾倒损坏。

（5）材料设备的堆放方式、堆放允许高度、层数等应符合有关规定。材料堆放要放平放稳，支座处垫平。多层水平堆放的材料，材料之间用垫木隔开，各层垫木应使其在同一垂线上，以保证堆放时不发生变形。

（6）材料现场堆放场地应平整坚实、干燥，并有排水措施，应防止雨水、泥土的污损。

（7）材料、设备搬运过程中，对于易损材料、设备，轻拿轻放，搬运到操作面后再拆

除外包装,严禁为便于搬运提前拆除外包装。

(8) 对于必须安装而且易损坏、丢失的材料、设备及机房内的设备要在形成封闭条件后再安装,并设专人负责管理。安装完毕后,如有其他承包商进入施工,要办理登记并要有保护措施后方可施工,施工完毕后要进行及时检查,如发现有损坏,立即向项目经理报告,由项目经理与责任方协调解决。

36.9.4 对施工过程中成品、半成品的管理

机电安装工程中的成品、半成品较多,如套管、管道设备支架、管道、风管等,施工过程中应严加保护。如对成品、半成品挂标牌进行标识,统一堆码;风管分层分施工部位进行堆放;采取必要的防护措施,防止损坏和丢失。

作好工序标识工作,在施工过程中对易受污染、破坏的成品、半成品悬挂"正在施工,注意保护"的标牌。现场采取"护、包、盖、封"等保护措施,对成品和半成品进行防护,经常巡视检查;对发生成品损坏的,要及时恢复(图36-19)。

制定正确的施工顺序,制定重要部位的施工工序流程,将土建、水、电、消防等各专业工序相互协调,排出一个部位的工序流程表,各专业工序均按此流程进行施工,严禁违反施工程序的做法。

大型设备吊装时,要合理选择吊点,绳索在设备、配件上的绑扎处加软垫,并且要按顺序安装,避免返工。

图36-19 套管保护措施

36.9.5 对已施工完成品的管理

(1) 在总承包商的管理下,工作面移交全部采用书面形式由双方签字认可,由下道工序作业人员和成品保护负责人同时签字确认,并保存工序交接书面材料,下道工序作业人员对防止成品的污染、损坏或丢失负直接责任。

(2) 施工完成的管道及时用塑料薄膜进行包裹,在施工过程中要注意不得蹬踏各种卫生器具、电气设备、水暖管道等。

(3) 管道安装好后,应将阀门的手轮卸下,保管好,竣工时统一装好。系统试压、冲洗时,将易损部件暂时拆下,待试压、冲洗完毕后再重新安装好。

(4) 通水试验前应检查地漏是否畅通,分户阀门是否关好,然后按层段、分房间逐一

进行通水试验，以免漏水使装修工程受损。

（5）对使用的人字梯、高凳的下脚要用麻布或胶皮包好，以防止滑倒和碰坏已施工完成的地砖等地面。

（6）所有设备、管线、配电箱和水系统闸阀按照图纸标注在两端及中间检修位置分别标签，标签应统一规格，标明"保护成品，请勿乱动"等字样，标签文字应为印刷体，颜色醒目且易于识别，具有防脱落、防水、防高温、防腐蚀性。重要的控制箱、盘，通电后设立明显的"禁止触摸"标志，防止无关人员随意触动，引起误操作，造成设备损坏。

36.9.6 成品保护专项措施

（1）电气专业成品保护专项措施（表36-20）

电气专业成品保护专项措施　　　　　　　　　　　表36-20

序号	作业内容	保护对象	主要问题	保护措施
1	钢管敷设	钢筋、墙面、地面	移位、剔凿、磕碰、污染	加强工序配合、梯子包脚，谨慎运输、仔细补漆
		管路	移位、堵塞	现场监督、管口封堵
2	管内穿绝缘导线	电线	丢失、污染	盒、管口封堵、现场监督
		墙面、门窗	污染、磕碰	精心施工、梯子包脚
3	电缆、电线敷设	电缆、电线	丢失、损坏、死弯	合理计划、工序衔接紧凑；将预留量盘成圈用编织袋包好，防死弯
4	桥架安装	桥架	污染、划痕	合理安排工序、竖井内外侧均用塑料膜包缠
		墙面、门窗	污染、磕碰	合理安排工序、谨慎运输
5	照明槽盒安装	槽盒	污染、损坏	合理安排工序、现场监督，竖井内外侧均用塑料膜包缠
		楼板	出现废孔	精确定位
6	封闭母线安装	母线	污染、水淋	井道封闭、房间上锁；合理安排工序、母线包裹
		墙面、门窗	磕碰	合理安排工序、现场监督
7	灯具安装	灯具	丢失、污染、损坏	合理码放、注意防潮；合理安排工序、交接检
		墙面、顶棚门窗、地面	污染、磕碰	谨慎运输、合理安排工序、戴白手套、梯子包脚
8	开关插座安装	开关插座	丢失、污染、损坏	合理安排工序、交接检；盒内清洁无杂物，及时盖板
		墙面	污染	施工时戴白手套
9	配电箱柜安装	配电箱	污染、磕碰、划痕	合理安排工序、现场监督；用塑料膜全部包封
		墙体、墙面	剔凿、污染	合理安排工序、加强工序配合、戴白手套

(2) 给水排水专业成品保护专项措施（表36-21）

给水排水专业成品保护专项措施　　表36-21

序号	作业内容	保护对象	主要问题	保护措施
1	给水排水立管安装及地漏	管道、地漏	管子污染；保温层污染破损；管子及地漏，尤其冷凝水、地漏易堵	临时封堵、包裹。现场施工完毕后，及时进行管口封堵；土建浇管井混凝土时，管根部缠塑料布；土建浇筑墙混凝土及垫层混凝土时，在保温层或管外缠塑料布；地漏用锯末包堵
		墙体、楼板	剔凿、磕碰	加强预留工作、谨慎运输
2	给水排水支管安装	管道	堵塞、击穿、污染	临时封堵、包裹、专业间配合
		楼板、瓷砖	出现废孔、剔凿	精确定位、梯子包脚
3	管道防腐保温	防腐层、保温层	破坏、划伤、污染	合理安排工序、包裹
		地面、墙面、顶棚	污染	合理安排工序、梯子包脚
4	设备吊运	墙体、楼板、设备本体	磕碰、砸压	精心策划、以方案指导施工；合理安排路线，阳角保护
5	设备安装	设备本体	砸压、进杂物、丢失、损坏部件、污染	外部防护覆盖、封堵、机房上锁、专人看管；用塑料布包裹
6	管道试压	墙面、顶棚	污染、剔凿	加强过程控制、现场监督
7	消防水泵	消防水泵	污染	合理安排工序、现场监督消防泵房上锁并派专人看管、交接检查
8	消防管道安装	墙面、顶棚	污染	材料进场检验、交接检
9	末端支管、喷头安装	末端支管、喷头	易堵、污染、损坏	合理安排工序、加强管理、交接检，末端封堵
		吊顶地面	污染磕碰	戴白手套、梯子包脚
10	消火栓箱安装	消火栓箱内配件	丢失、变形、污染、划痕	合理安排工序、加强管理、交接检；公共区用纸板覆盖，用塑料布包裹
11	PE、PVC管	PE、PVC管口	交叉施工中破坏	管道定位后用丝堵或胶带封口
12	仪表	仪表	镀层损坏、磕碰、砸压	对镀层易损的用包塑料布，管井内仪表待精装完成后安装

(3) 通风与空调专业成品保护专项措施（表36-22）

通风与空调专业成品保护专项措施　　表36-22

序号	作业内容	保护对象	主要问题	保护措施
1	空调水管道安装	管道	踩踏、砸压、生锈	合理码放、封堵、包裹、专人看管
		墙体、楼板	剔凿、磕碰	加强预留工作、谨慎运输

续表

序号	作业内容	保护对象	主要问题	保护措施
2	管道试压	墙面、顶棚	污染、剔凿	加强过程控制、现场监督
3	风管制作安装	风管	变形、水淋污染、进杂物	合理码放、轻拿轻放,开口封闭、谨慎运输
3	风管制作安装	顶棚	出现废孔、剔凿	加强预留工作、精确定位
4	风口安装	风口	饰面划痕	加强教育、谨慎运输、包裹
4	风口安装	顶棚、地面	污染、损坏	施工时戴白手套、梯子包脚
5	设备吊运	墙体、楼板	磕碰、砸压	精心策划、以方案指导施工;合理安排路线、阳角保护
6	冷冻机房	管道	磕碰、污染、进杂物	冷冻机房上锁并派专人看管、交接检查
6	冷冻机房	设备	水淋、污染、砸压、进杂物、丢失、损坏部件	冷冻机房上锁并派专人看管、交接检查
7	空调机组安装	设备本体	砸压、进杂物、丢失、损坏部件	空调机房上锁并派专人看管、交接检查
8	风机安装	风机	损坏、污染	谨慎运输、专人看护
9	系统调试	设备	丢失、损坏	门窗封闭、上锁;专人看护、交接检查

参 考 文 献

[1] 中华人民共和国住房和城乡建设部. 建筑业 10 项新技术(2017)[M]. 北京:中国建筑工业出版社,2017.

[2] 中华人民共和国住房和城乡建设部、国家工商行政管理总局. 建设工程施工合同(示范文本)GF-2017-0201 [S]. 北京:中国建筑工业出版社,2017.

[3] 陆耀庆. 实用供热空调设计手册[M]. 北京:中国建筑工业出版社,2008.

[4] 施振球. 动力管道设计手册[M]. 北京:机械工业出版社,2006.

[5] 马记. 机电工程常用规范理解与应用[M]. 北京:机械工业出版社,2016.

[6] 王五奇. 机电工程创优策划及细部做法实施指南[M]. 北京:机械工业出版社,2016.

37 建筑给水排水及供暖工程

37.1 室内给水排水系统施工基本要求

37.1.1 质量管理

(1) 建筑给水、排水及供暖工程施工现场应具有必要的施工技术标准、健全的质量管理体系和工程质量检测制度，实现施工全过程质量控制。

(2) 建筑给水、排水及供暖工程的施工应按照批准的工程设计文件和施工技术标准进行施工。修改设计应有设计单位出具的设计变更通知单。

(3) 建筑给水、排水及供暖工程的施工应编制施工组织设计或施工方案，经批准后方可实施。

37.1.2 施工过程的质量控制

(1) 建筑给水、排水及供暖工程与相关各专业之间，应进行交接质量检验，并形成记录。

(2) 隐蔽工程应经验收各方检验合格后，才能隐蔽，并形成记录。

(3) 地下室或地下构筑物外墙有管道穿过的，应采取防水措施。对有严格防水要求的建筑物，必须采用柔性防水套管。

(4) 明装管道成排安装时，直线部分应互相平行。曲线部分：当管道水平或垂直并行时，应与直线部分保持等距；当管道水平上下并行时，弯管部分的曲率半径应一致。

(5) 管道支、吊、托架的安装，应符合下列规定：

1) 固定支架与管道接触应紧密，固定应牢靠。

2) 滑动支架应灵活，滑托与滑槽两侧间应留有3～5mm的间隙。

3) 无热伸长管道的吊架、吊杆应垂直安装。

4) 有热伸长管道的吊架、吊杆应向热膨胀的反方向偏移。

5) 固定在建筑结构上的管道支、吊架不得影响结构的安全。

6) 不可支撑在轻质隔墙上。

(6) 钢管水平安装的支架间距不应大于表37-1的规定。

(7) 供暖、给水及热水供应系统的塑料管及复合管垂直或水平安装的支架间距应符合表37-2的规定。采用金属制作的管道支架，应在管道与支架间加衬非金属垫或套管。

钢管管道支架的最大间距 表37-1

公称直径（mm）		15	20	25	32	40	50	70	80	100	125	150	200	250	300
支架的最大间距（m）	保温管	2	2.5	2.5	2.5	3	3	4	4	4.5	6	7	7	8	8.5
	不保温管	2.5	3	3.5	4	4.5	5	6	6	6.5	7	8	9.5	11	12

塑料管及复合管管道支架的最大间距 表37-2

管径（mm）			12	14	16	18	20	25	32	40	50	63	75	90	110
最大间距（m）	立管		0.5	0.6	0.7	0.8	0.9	1.0	1.1	1.3	1.6	1.8	2	2.2	2.4
	水平管	冷水管	0.4	0.4	0.5	0.5	0.6	0.7	0.8	0.9	1	1.1	1.2	1.35	1.55
		热水管	0.2	0.2	0.25	0.3	0.3	0.35	0.4	0.5	0.5	0.6	0.8	—	—

(8) 铜管垂直或水平安装的支架间距应符合表37-3的规定。

铜管管道支架的最大间距 表37-3

公称直径（mm）		15	20	25	32	40	50	65	80	100	125	150	200
支架的最大间距（m）	垂直管	1.8	2.4	2.4	3	3	3	3.5	3.5	3.5	3.5	4	4
	水平管	1.2	1.8	1.8	2.4	2.4	2.4	3	3	3	3	3.5	3.5

(9) 不锈钢管道支架安装。

1) 薄壁不锈钢管的固定支架的根部必须支撑在地面、混凝土柱、墙面上。

2) 支架应安装在管接头附近，特别是在弯管、变径、分支、接口附近。安装支架一定要在管接头卡压前进行，如后安装支架，卡压时易造成管子的弯曲。配管如果很长时，在外层套管上固定，有保温层的即在保温层外加以固定。

3) 根据《薄壁不锈钢管道技术规范》GB/T 29038—2012 第6.3节薄壁不锈钢管固定支架间距不宜大于15m，热水管固定支架间距应根据管线热胀量、膨胀节允许补偿量等确定，固定支架宜设置在变径、分支、接口及穿越承重墙、楼板的两侧等处。活动支架的间距可按表37-4选用。

不锈钢管管道活动支架的最大间距 表37-4

公称直径（mm）	10~15	20~25	32~40	50~65	80~125	150~200
水平管（mm）	1000	1500	2000	2500	3000	3500
立管（mm）	1500	2000	2500	3000	3500	4000

4) 管道支架为非不锈钢、塑料制品时，金属支架或管卡与薄壁不锈钢管材间必须采用塑料或橡皮隔离，以免使不锈钢管受到腐蚀。公称直径不大于25mm的管道安装时，可采用塑料管卡。采用金属管卡或吊架时，金属管卡或吊架与管道之间应采用塑料带或橡胶等软物隔垫。

5) 薄壁不锈钢管管壁较薄，若按相同管径施工规范规定的支架间距进行安装，难以保证管道的强度，根据施工经验，卡压薄壁不锈钢管的支架间距不大于2m。

6) 管道的固定支架间距应根据直线管端的伸缩量、设置波形膨胀节的允许伸缩量和管段走向的布置等因素确定，一般不宜大于15m。立管底部应设固定支架。

(10) 沟槽管道支架安装。

1) 立管支架（管卡）：当楼层高度不大于5m时，每层必须安装1个；当楼层高度大于5m时，每层不少于2个。当立管上无支管接出时，支管（管卡）安装高度宜距地面1.2～1.6m。

2) 横管吊架（托架）：每一直线管段必须设置1个；直线管段上2个吊架（托架）间的距离不得大于表37-5的规定。

沟槽管道活动支架的间距　　　　　　　　　表37-5

公称直径（mm）	50	70	80	100	125	150	200	250	300	350～400	450～600
刚性接头（m）	3	3.65		4.25		5.15	5.75			7	
挠性接头（m）		3.6			4.2			4.8		5.4	6

注：本表适用于非保温管道。对保温管道，应按管道上保温材料重量的影响相应缩小吊架的间距。

3) 横管吊架（托架）应设置在接头（刚性接头、挠性接头，支管接头）两侧和三通、四通、弯头、异径管等管件上下游连接接头的两侧。吊架（托架）与接头的净间距不宜小于150mm和大于300mm。

(11) 供暖、给水及热水供应系统的金属管道立管管卡安装应符合下列规定：

1) 楼层高度小于或等于5m，每层必须安装1个。

2) 楼层高度大于5m，每层不得少于2个。

3) 管卡安装高度，距地面应为1.5～1.8m，2个以上管卡应匀称安装，同一房间管卡应安装在同一高度上。

(12) 管道及管道支墩（座），严禁铺设在冻土和未经处理的松土上。

(13) 一般钢管、铸铁管道穿过墙壁和楼板，应设置金属或塑料套管。安装在楼板内的套管，其顶部应高出装饰地面20mm；安装在有水房间的套管，其顶部应高出装饰地面50mm，底部应与楼板底面相平；安装在墙壁内的套管，其两端应与饰面相平。

(14) 螺纹连接管道安装后的管螺纹根部应有2～3扣的外露螺纹，多余的麻丝应清理干净并作防腐处理。

(15) 承插口采用水泥捻口时，油麻必须清洁、填塞密实，水泥应捻入并密实饱满，其接口面凹入承口边缘的深度不得大于2mm。

(16) 卡箍（套）式连接两管口端应平整、无缝隙，沟槽应均匀，卡紧螺栓后管道应平直，卡箍（套）安装方向应一致。

37.1.3 管 道 标 识

1. 管道标识的基本方法

(1) 在管道全长上标识。

(2) 在管道上以宽为150mm的色环标识。

(3) 在管道上以带箭头的长方形识别色标牌标识。

(4) 在管道上以系挂的识别色标牌标识。

(5) 在管道上可采用附有文字说明和不同颜色的自粘式胶带进行标识。

管道标识样式可参考图37-1所示。

2. 管道标识的设置部位

管道的起点、终点、交叉点、转弯处、阀门、穿墙孔两侧、技术层、吊顶内、管井内

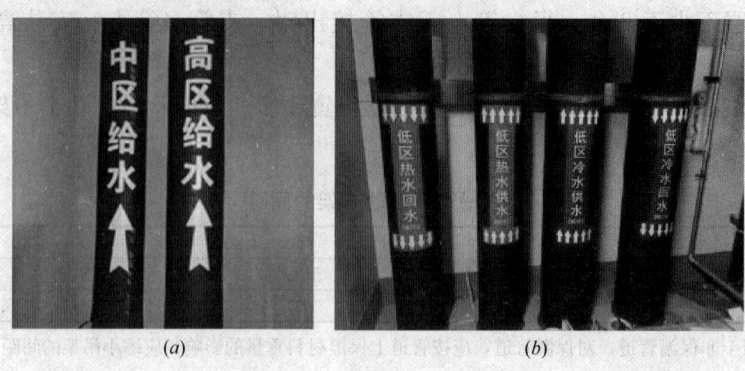

图 37-1 管道标识样式
(a) 管道全长上标识；(b) 自粘式胶带标识

管道的检查口和检修口、走廊顶下明露管道、设备机房内的管道等和其他需要标识的部位。两个标识之间的最小间距应为 10m。竖向管道的粘贴高度应为 1.5m。

3. 管道标识的施工操作

清洁管道表面，并在管道表面用标记笔标出粘贴位置，将标识自底纸撕下并贴于管道表面。粘贴标识的原则是：所有标识的部位，应以易于查看部位为宜，管井内管道文字标识应以朝向管井门或与管井成 45°为宜；顶棚内的管道宜标识在管道底部；上下布置的管道，上部管线的标识应以放置在管道侧向为宜。

有流向标识要求的管道标识两端跟流向箭头标识一同使用，剪下两条箭头带，撕开底纸，并分别绕贴于标识两端，注意确认箭头指向与管内流体流向一致。如图 37-2、表 37-6 所示。

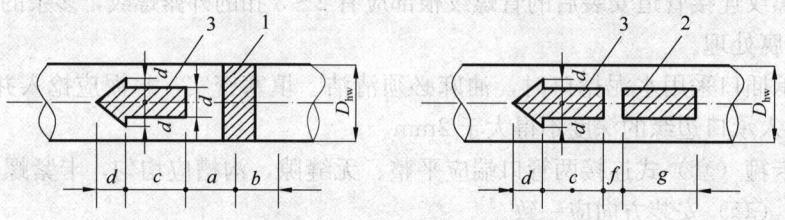

图 37-2 管道的色环、介质流向箭头的位置和形状
1—色环；2—介质名称；3—介质流向箭头

管道的色环、介质名称及介质流向箭头的位置、形状尺寸（mm）　　表 37-6

序号	保温管道外径或防腐管道外径 D_{hw}	a	b	c	d	f	g
1	≤50	24	30			45	100
2	51~100	28	30			55	100
3	101~200	35	70	$\frac{1}{5}D_{hw}+50$	$\frac{1}{2}$	60	200
4	201~300	55	85			80	200
5	>300	65	130			80	400

37.2 室内给水系统安装

37.2.1 建筑给水系统

1. 给水管道布置
2. 给水管道敷设要求

(1) 给水横干管宜敷设在地下室、技术层、吊顶或管沟内，立管可敷设在管道井内。生活给水管道暗设时，应便于安装和检修。塑料给水管道室内宜暗设，明设时立管应布置在不宜受撞击处，如不能避免时，应在管外加保护措施。

(2) 塑料给水管道不得布置在灶台上边缘，塑料给水立管明设时距灶边不得小于0.4m，距燃气热水器边缘不得小于0.2m，达不到此要求必须有保护措施。塑料热水管道不得与水加热器或热水炉直接连接，应有不小于0.4m的过渡段。

(3) 给水管道穿过承重墙或基础处应预留洞口，且管顶上部净空不得小于建筑物的沉降量，一般不小于0.1m。

(4) 给水管道穿越地下室或地下构筑物外墙时，应采取防水措施。对有严格防水要求的建筑物，必须采用柔性防水套管，如图37-3、图37-4所示。刚性防水套管见图37-5～图37-7。

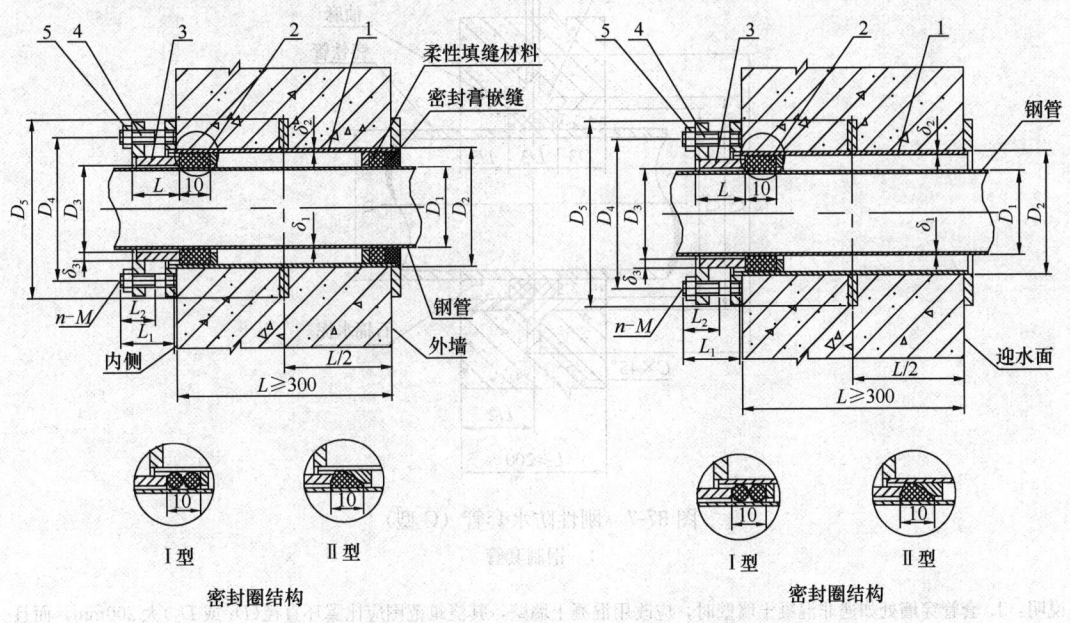

图 37-3　柔性防水套管（A型）　　　　图 37-4　柔性防水套管（B型）
1—套管；2—密封圈I型、II型；3—法兰压盖；4—螺柱；5—螺母

说明：1. 柔性防水套管（A型），当迎水面为腐蚀性介质时，可采用封堵材料将缝隙封堵。
2. 柔性防水套管（B型），柔性填料材料为沥青麻丝、聚苯乙烯板、聚氯乙烯泡沫塑料板。密封膏为聚硫密封膏、聚氨酯密封膏。
3. 套管穿墙处如遇非混凝土墙壁时，应局部改用混凝土墙壁，其浇筑范围应比翼环直径（D_5）大200mm，而且必须将套管一次浇固于墙内。
4. 穿墙处混凝土墙厚应不小于300mm，否则应使墙壁一边加厚或两边加厚。加厚部分的直径至少为D_5+200。
5. 套管的质量以$L=300$mm计算，如墙厚大于300mm时，应另行计算。

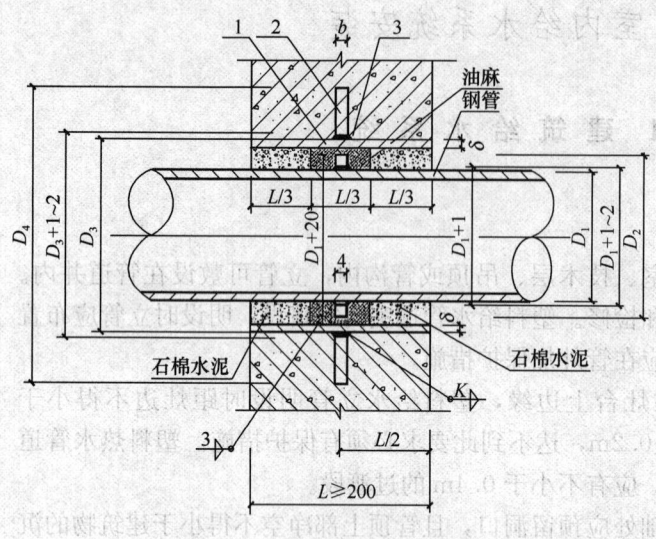

图 37-5　刚性防水套管（A 型）
1—钢制套管；2—翼环；3—挡圈

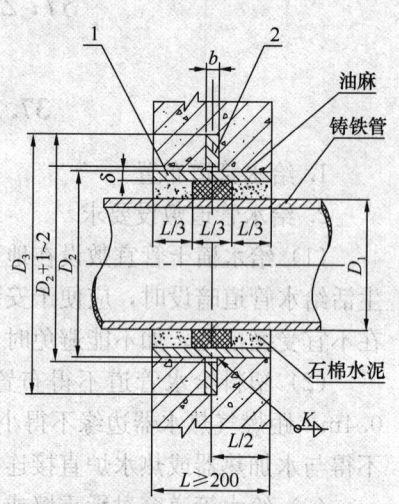

图 37-6　刚性防水套管（B 型）
1—钢制套管；2—翼环

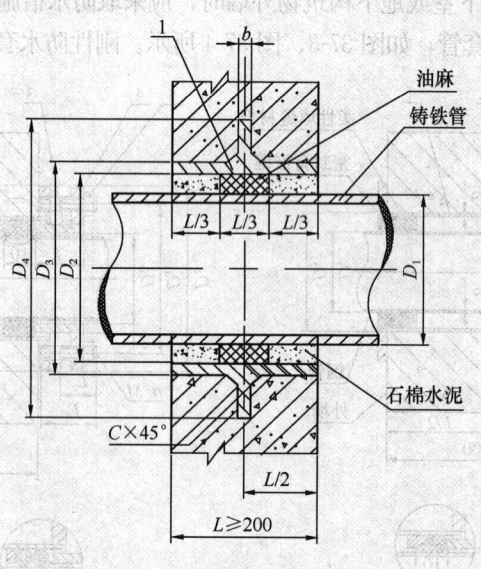

图 37-7　刚性防水套管（C 型）
1—钢制套管

说明：1. 套管穿墙处如遇非混凝土墙壁时，应改用混凝土墙壁，其浇筑范围应比翼环直径（D_4 或 D_3）大 200mm，而且必须将套管一次浇固于墙内。套管内的填料应紧密捣实。
2. 穿墙处混凝土墙厚应不小于 200mm，否则应使墙壁一边加厚或两边加厚。加厚部分的直径至少为 D_4（D_3）+200mm。
3. 当套管（件 1）采用卷制成型时，周长允许偏差为：D_3（D_2）≤600mm，±2mm，D_3（D_2）>600mm，±0.0035D_3（D_2）。
4. 套管的质量以 L=200mm 计算，当 L>200mm 时，应另行计算。

(5) 给水管道穿楼板时宜预留孔洞,避免在施工安装时凿打楼板面。孔洞尺寸一般宜较通过的管径大50～100mm,管道通过楼板段需设套管。

(6) 给水管道不宜穿过伸缩缝、沉降缝和防震缝,管道必须穿过结构伸缩缝、防震缝及沉降缝敷设时,可选取下列保护措施:
1) 在墙体两侧采取柔性连接(图37-8)。
2) 在管道或保温层外皮上、下部留有不小于150mm的净空。
3) 在穿墙处做成方形补偿器,水平安装(图37-9)。

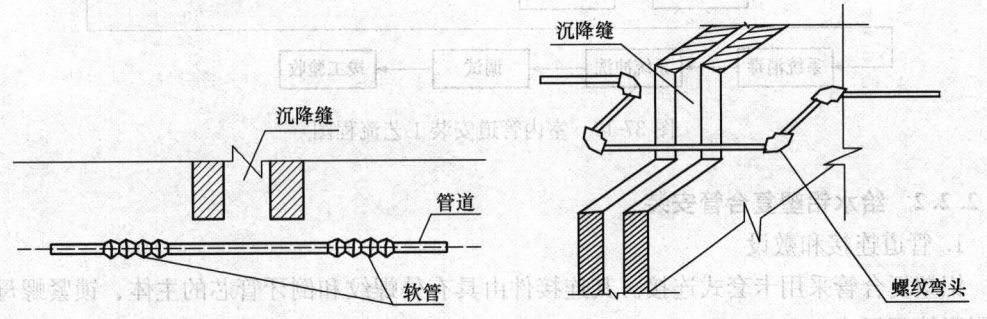

图37-8 墙体两侧采用柔性连接　　图37-9 在穿墙处水平安装示意

4) 活动支架法:将沉降缝两侧的支架做成能使管道垂直位移而不能水平横向位移,以适应沉降缝的变形应力。

(7) 给水立管和装有3个或3个以上配水点的支管始端,均应安装可拆卸的连接件。

(8) 冷、热水管道同时安装应符合下列规定:
1) 上、下平行安装时热水管应在冷水管上方。
2) 垂直平行安装时热水管应在冷水管左侧。

(9) 明装支管沿墙敷设时,管外皮距墙面应有20～30mm的距离。

(10) 管与管及与建筑物构件之间的最小净距详见表37-7。

管与管及与建筑物构件之间的最小净距　　表37-7

名称	最小净距(mm)
水平干管	1. 与排水管道的水平净距一般不小于500。 2. 与其他管道的净距不小于100。 3. 与墙、地沟壁的净距不小于80～100。 4. 与柱、梁、设备的净距不小于50。 5. 与排水管的交叉垂直净距不小于100
立管	不同管径下的距离要求如下: 1. 当DN≤32,至墙的净距不小于25。 2. 当DN为32～50,至墙面的净距不小于35。 3. 当DN为70～100,至墙面的净距不小于50。 4. 当DN为125～150,至墙面的净距不小于65
支管	与墙面净距一般为20～25
引入管	1. 在平面上与排水管道的净距不小于1000。 2. 与排水管水平交叉时,净距不小于150

37.2.2 建筑给水管道及附件安装

37.2.2.1 室内给水管道施工安装工艺流程（图37-10）

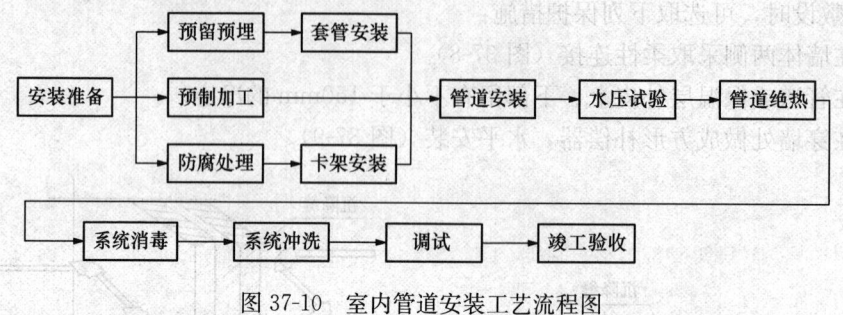

图37-10 室内管道安装工艺流程图

37.2.2.2 给水铝塑复合管安装

1. 管道连接和敷设

铝塑复合管采用卡套式连接。其连接件由具有外螺纹和倒牙管芯的主体、锁紧螺母及金属紧箍环组成。

(1) 公称外径 D_e 不大于25mm的管道，安装时应先将管盘卷展开、调直。

(2) 管道安装应使用管材生产厂家配套的管件及专用工具进行施工。截断管材应使用专用管剪或管子割刀。

(3) 管道宜采用卡套式连接时应按下列程序进行：

1) 管道截断后，应检查管口，如发现有毛刺、不平整或端面不垂直于管轴线时应修正。

2) 使用专用刮刀将管口处的聚乙烯内层削坡口，坡角为20°~30°，深度为1~1.5mm，且应用清洁的纸或布将坡口残屑擦干净。

3) 用整圆器将管口整圆。将锁紧螺母、C形紧箍环套在管上，用力将管芯插入管内，至管口达管芯根部。

4) 将C形紧箍环移至距管口0.5~1.5mm处，再将锁紧螺母与管道本体拧紧。

(4) 直埋敷设管道的管槽，宜配合土建施工时预留，管槽的底和壁应平整，无凸出尖锐物。管槽宽度宜比管道公称外径大40~50mm，管槽深度宜比管道公称外径大20~25mm。管道安装后，应用管卡将管道固定牢固。

2. 管道穿越无防水要求的墙体、梁、板的做法规定

(1) 靠近穿越孔洞的一端应设固定支承件将管道固定。

(2) 管道与套管或孔洞之间的环形缝隙应用M7.5的水泥砂浆填实。

3. 管道的最大支承间距（表37-8）

4. 管道支承和支承件

(1) 无伸缩补偿装置的直线管段，固定支承件的最大间距：冷水管不宜大于6m，热水管不宜大于3m，且应设置在固定配件附近。

(2) 有管道伸缩器的直线管段，固定支承件的间距应经计算确定，管道伸缩补偿器应设在两个固定支承件的中间部位。

铝塑复合管管道最大支承间距 表37-8

公称外径 D_e (mm)	立管间距 (mm)	横管间距 (mm)	公称外径 D_e (mm)	立管间距 (mm)	横管间距 (mm)
12	500	400	40	1300	1000
14	600	400	50	1600	1200
16	700	500	63	1800	1400
18	800	500	75	2000	1600
20	900	600	90	2200	1800
25	1000	700	110	2400	2000
32	1100	800	—	—	—

(3) 采用管道折角进行伸缩补偿时，悬臂长度不应大于3m，自由臂长度不应小于300mm。

(4) 固定支承件的管卡与管道表面应为面接触，管卡的宽度宜为管道公称外径的1/2，收紧管卡时不得损坏管壁。

(5) 滑动支承件的管卡应卡住管道，可允许管道轴向滑动，但不允许管道产生横向位移。

(6) 管道穿越楼板、屋面时，穿越部位应设置固定支撑件，并应有严格的防水措施。

37.2.2.3 给水钢塑复合管安装

1. 一般规定

(1) 涂塑镀锌焊接钢管（焊接钢管）应符合现行行业标准《给水涂塑复合钢管》CJ/T 120的有关要求。

(2) 衬塑镀锌焊接钢管（焊接钢管）应符合现行行业标准《不锈钢衬塑复合管材与管件》CJ/T 184的要求。衬塑无缝钢管应符合现行行业标准的有关要求。

(3) 内衬不锈钢复合钢管应符合现行行业标准《内衬不锈钢复合钢管》CJ/T 192的要求。

(4) 给水系统采用的钢塑复合管管件应符合下列要求：

1) 衬塑可锻铸铁管管件应符合现行行业标准的要求。

2) 衬塑钢件应符合现行行业标准的有关要求。

3) 涂塑钢管件、涂塑球墨铸铁管件、涂塑铸钢管件应符合现行行业标准《给水涂塑复合钢管》CJ/T 120的有关要求。

4) 与内衬不锈钢复合管配套使用的管件，应采用衬不锈钢可锻铸铁管件、衬塑可锻铸铁管件、镀合金可锻铸铁管件或不锈钢管件。

5) 输送冷热水管道的管件采用的橡胶密封圈，其材质应按温度要求选用并符合现行国家标准《橡胶密封件给、排水管及污水管道用接口密封圈 材料规范》GB/T 21873的规定。

(5) 钢塑复合管安装前应符合下列要求：

1) 室内埋地管道应在底层土建地坪施工前安装。

2) 室内埋地管道安装埋设深度应不小于300mm，安装至外墙的管道埋设深度应不小于700mm，管口应及时封堵。

3）钢塑复合管不得埋设于钢筋混凝土结构层中。

2. 钢塑复合管螺纹连接

（1）套丝应符合下列要求：

1）钢塑复合管套丝应采用自动套丝机。

2）套丝机应使用润滑油润滑。

3）圆锥形管螺纹应符合现行国家标准的要求，并应采用标准螺纹规检验。

（2）管端清理：

1）用细锉将金属管端的毛边修光。

2）使用棉丝和毛刷清除管端和螺纹内的油、水和金属切屑。

3）衬塑管应采用专用绞刀，按衬塑层厚度1/2倒角，倒角坡度宜为10°～15°。

4）涂塑管应用削刀削成内倒角。

（3）管端、管螺纹清理加工后，应进行防腐、密封处理，宜采用防锈密封胶和聚四氟乙烯生料带缠绕螺纹，同时应用色笔在管壁上标记拧入深度。

（4）不得采用非衬塑可锻铸铁管件。

（5）管子与配件连接前，应检查衬塑可锻铸铁管件内橡胶密封圈或密封胶。然后将配件用手捻上管端丝扣，在确认管件接口已插入衬（涂）塑钢管后，用管子钳进行管子与配件的连接。（注：不得逆向旋转）

（6）管子与配件连接后，外露螺纹部分及所有钳痕和表面损伤的部位应涂防锈密封胶。

（7）用密封胶密封的管接头，养护期不得少于24h，期间不得进行试压。

（8）钢塑复合管不得与阀门直接连接，采用黄铜质内衬塑的内外螺纹专用过渡管接头。

（9）钢塑复合管不得与给水栓直接连接，应采用黄铜质专用内螺纹管接头。

（10）钢塑复合管与铜管、塑料管连接时应采用专用过渡接头。

（11）当采用内衬塑的内外螺纹专用过渡接头与其他材质的管配件、附件连接时，应在外螺纹的端部采取防腐处理。

3. 钢塑复合管法兰连接

（1）钢塑复合管法兰现场连接应符合下列要求：

1）在现场配接法兰时，应采用内衬塑凸面带颈螺纹钢制管法兰。

2）被连接的钢塑复合管上应绞螺纹密封用的管螺纹，其牙形应符合现行国家标准《55°密封管螺纹 第2部分：圆锥内螺纹与圆锥外螺纹》GB/T 7306.2的有关规定。

（2）钢塑复合管法兰连接根据施工人员技术熟练程度采取一次安装法或二次安装法。

1）一次安装法：现场测量、绘制管道单线加工图，送专业工厂进行管段、配件涂（衬）加工后，再运抵现场安装。

2）二次安装法：现场用非涂（衬）钢管和管件，法兰焊接，拼装管道，然后拆下运抵专业加工厂进行涂（衬）加工，再运抵现场进行安装。

（3）钢塑复合管法兰连接当采用二次安装法时，现场安装的管段、管件、阀件和法兰盘均应打上钢印编号。

4. 钢塑复合管沟槽连接

（1）沟槽式管接头的工作压力应与管道工作压力相匹配。

（2）用于输送热水的沟槽式管接头应采用耐温型橡胶密封圈。用于饮用纯净水的管道的橡胶材质应符合现行国家标准《生活饮用水输配水设备及防护材料的安全性评价标准》GB/T 17219 的要求。

（3）对于衬塑复合钢管，当采用现场加工沟槽并进行管道安装时，应优先采用成品沟槽式涂塑管件。

（4）连接管段的长度应是管段两端口净长度减去 6~8mm 断料，每个连接口之间应有 3~4mm 间隙并用钢印编号。

（5）当采用机械截管时，截面应垂直于轴心，允许偏差为：管径不大于 100mm 时，偏差不大于 1mm；管径大于 125mm 时，偏差不大于 1.5mm。

（6）管外壁端面应用机械加工 1/2 壁厚的圆角。

（7）应用专用滚槽机压槽，压槽时管段应保持水平，钢管与滚槽机正面成 90°。压槽时应持续渐进，槽深应符合表 37-9 的规定，并应用标准量规测量槽的全周深度。如沟槽过浅，应调整压槽机后再行加工。沟槽过深，则应作废品处理。

沟槽标准深度及公差（mm） 表 37-9

管径	沟槽深度	公差
65~80	2.2	+0.3
100~150	2.2	+0.3
200~250	2.5	+0.3
300	3	+0.5

（8）涂塑复合钢管的沟槽连接方式，宜用于现场测量、工厂预涂塑加工、现场安装。

1）管段在涂塑前应压制标准沟槽。

2）管段涂塑除涂内、外壁外，还应涂管口端和管端外壁与橡胶密封圈接触部位。

（9）衬（涂）塑复合钢管的沟槽连接应按下列程序进行：

1）检查橡胶密封圈是否匹配，涂润滑剂，并将其套在一根管段的末端；将对接的另一根管段套上，然后将胶圈移至连接段中央。

2）将卡箍套在胶圈外，边缘卡入沟槽中。

3）将带变形块的螺栓插入螺栓孔，并用螺母旋紧。对称交替旋紧，防止胶圈起皱。

（10）内衬不锈钢复合管沟槽式卡箍连接

1）在管材、管件平口端的接头部位加工环形沟槽后，用拼合式卡箍件、C 形橡胶密封圈和紧固件组成的快速拼装接头。

2）安装时在相邻管端套上橡胶密封圈，将卡箍的内缘嵌固在管端沟槽内，用拧紧箍上的螺栓紧固。

3）按构造不同可将卡箍分为刚性卡箍和柔性卡箍两种。柔性卡箍允许相邻管端有少量相对角变位和相应的轴向转动。

（11）超薄壁不锈钢塑料复合管管材和管件的要求

1）管材、管件内外表面应光滑平整，色泽一致，无明显的痕纹凹陷，断口平直，冷热水管标志醒目，内壁清洁无污染。

2) 管材压力条块等级为 1.6MPa，规格和壁厚见表 37-10。

超薄壁不锈钢塑料复合管管材规格和壁厚（mm） 表 37-10

	公称外径 DN		16	20	25	32	40	50	63	75	90	110
1	不锈钢厚度		0.25	0.25	0.28	0.3	0.35	0.4	0.45	0.5	0.55	0.6
2	粘结层厚度		0.1	0.1	0.1	0.1	0.1	0.2	0.2	0.2	0.25	0.25
3	1)	PE 类塑料厚度	1.65	1.65	2.12	2.6	3.05	3.4	4.35	5.3	6.2	7.15
		管壁总厚	2	2	2.5	3	3.5	4	5	6	7	8
	2)	聚氯类塑料厚度	1.15	1.15	1.62	2.1	2.05	2.4	2.85	3.3	3.7	4.15
		管壁总厚	1.5	1.5	2	2.5	2.5	3	3.5	4	4.5	5

3) 管材、管件的物理力学性能应符合表 37-11 的规定。

超薄壁不锈钢塑料复合管管材、管件的物理力学性能 表 37-11

项目	技术性能
外表质量	表面平整光滑，无裂纹、拉丝痕迹、凹陷
压扁性能	压至 50%，壳体与塑料不分离
耐压试验（1h）	DN<90mm 时为 6.7MPa，DN≥90mm 时为 4.5MPa
管材、管件组合性能试验（15℃）	4.2MPa 下维持 100h，连接处无渗漏；2.5MPa 下维持 165h，连接处无渗漏
热水管冷热水循环试验	1MPa，20～95℃，冷热水循环 500 次，内层塑料不变形、不分离，连接点不渗漏

4) 管材、管件在运输或工地搬运时，应小心轻放，不得剧烈碰撞、抛摔、滚拖、受油腻沾污。

5) 沟槽式卡箍接头安装：

沟槽式卡箍接头安装程序见表 37-12 内的图例。

沟槽式卡箍管件安装图 表 37-12

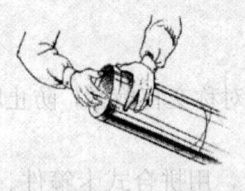	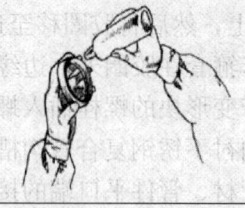
1. 检查沟槽是否符合标准，去掉管子和密封圈上的毛刺、铁锈、油污等杂质	2. 在管子端部和橡胶圈上涂上润滑剂
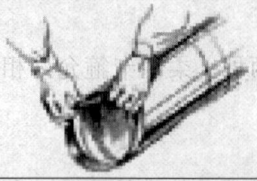	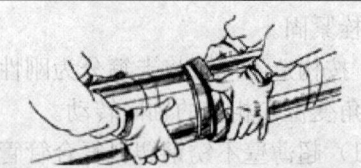
3. 将密封橡胶垫圈套入一根钢管的密封部位	4. 将另一根加工好的沟槽的钢管靠拢，将橡胶圈套入管端，使橡胶圈刚好位于两根管子的密封部位

续表

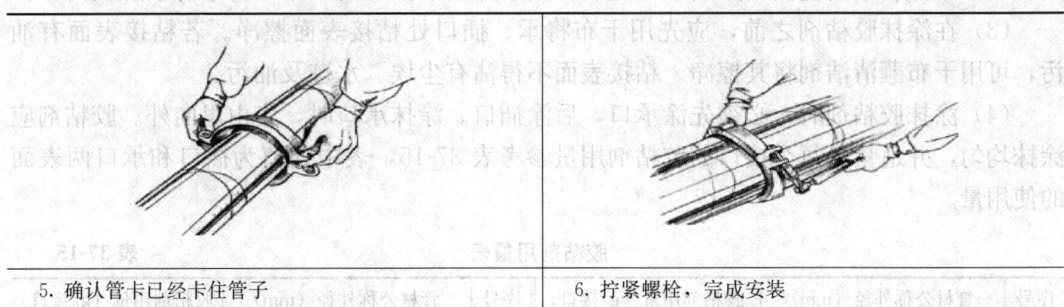

5. 确认管卡已经卡住管子	6. 拧紧螺栓,完成安装

5. 管道支承

(1) 支承设置时注意横管的任何两个接头之间均应有支承,支撑点不得设置在接头上。

(2) 管道最大支承间距应不大于表 37-13 规定的最小值。

管道最大支承间距　　　　　　　　　　表 37-13

管径 (mm)	最大支承间距 (m)
65～100	3.5
125～200	4.2
250～315	5

37.2.2.4 给水硬聚氯乙烯管管道连接

给水硬聚氯乙烯管管道配管时,应对承插口的配合程度进行检验(图 37-11)。将承插口进行试插,自然试插深度以承口长度的 1/2～2/3 为宜,并作出标记。采用粘接接口时,管端插入承口的深度不得小于表 37-14 的规定。

(a)

(b)

图 37-11　给水硬聚氯乙烯管
(a) 硬聚氯乙烯管管材;(b) 硬聚氯乙烯管管件

管端插入承口的深度　　　　　　　　　　表 37-14

公称直径 (mm)	20	25	32	40	50	75	100	125	140
插入深度 (mm)	16	19	22	26	31	44	61	69	75

1. 管道的粘接连接

(1) 管道粘接不宜在湿度很大的环境下进行,操作场所应远离火源,防止撞击和阳光直射。在 -20℃ 以下的环境中不得操作。

(2) 涂抹胶粘剂应使用鬃刷或尼龙刷。用于擦揩承插口的干布不得带有油腻及污垢。

(3) 在涂抹胶粘剂之前，应先用干布将承、插口处粘接表面擦净。若粘接表面有油污，可用干布蘸清洁剂将其擦净。粘接表面不得沾有尘埃、水迹及油污。

(4) 涂抹胶粘剂时，必须先涂承口，后涂插口。涂抹承口时，应由里向外。胶粘剂应涂抹均匀，并适量。每个接口的胶粘剂用量参考表 37-15，表中数值为插口和承口两表面的使用量。

胶粘剂用量表　　　　　表 37-15

序号	管材公称外径（mm）	胶粘剂用量（g/接口）	序号	管材公称外径（mm）	胶粘剂用量（g/接口）
1	20	0.4	7	75	4.1
2	25	0.58	8	90	5.73
3	32	0.88	9	110	8.34
4	40	1.31	10	125	10.75
5	50	1.94	11	140	13.37
6	63	2.97	12	160	17.28

(5) 涂抹胶粘剂后，应在 20s 内完成粘接。若操作过程中胶粘剂出现干涸，应在清除干涸的胶粘剂后，重新涂抹。

(6) 粘接时，应将插口轻轻插入承口中，对准轴线，迅速完成。插入深度至少应超过标记。插接过程中，可稍作旋转，但不得超过 1/4 圈。不得插到底后进行旋转（图 37-12）。

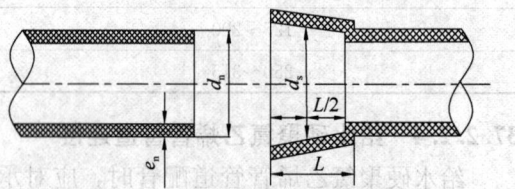

图 37-12　塑料管粘接连接承插口

(7) 粘接完毕，应立刻将接头处多余的胶粘剂擦干净。

(8) 初粘接好的接头，应避免受力，须静置固化一定时间，牢固后方可继续安装。

(9) 在零度以下粘接操作时，不得使胶粘剂冻结。不得采用明火或电炉等加热装置加热胶粘剂。

(10) 塑料管道粘接承口尺寸如表 37-16 所示。

粘接承口尺寸（mm）　　　　　表 37-16

公称外径	最小深度	中部平均内径（d_s）	
		最小	最大
20	16	20.1	20.3
25	18.5	25.1	25.3
32	22	32.1	32.3
40	26	40.1	40.3
50	31	50.1	50.3
63	37.5	63.1	63.3
75	43.5	75.1	75.3
90	51	90.1	90.3
110	61	110.1	110.4

2. 橡胶圈柔性连接

(1) 清理干净承插口工作面，根据表 37-33 中数据划出插入长度标记线。

(2) 正确安装橡胶圈，不得装反或扭曲。

(3) 把润滑剂均匀涂于承口处、橡胶圈和管插口端外表面，严禁用黄油及其他油类作润滑剂以防腐蚀胶圈。

(4) 将连接管道的插口对准承口，使用拉力工具，将管在平直状态下一次插入至标线。若插入阻力过大，应及时检查橡胶圈是否正常。用塞尺沿管材周围检查安装情况是否正常。

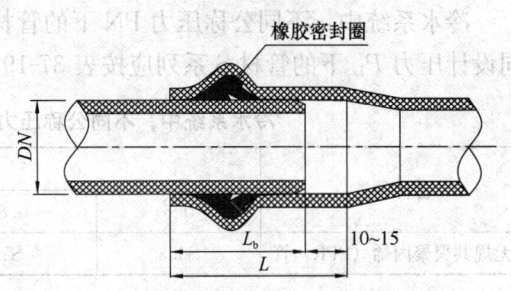

图 37-13 橡胶圈柔性连接

(5) 橡胶圈连接见图 37-13，管长 6m 的管道伸缩量如表 37-17 所示。

管长 6m 的管道伸缩量 表 37-17

施工时最低环境温度（℃）	设计最大温差（℃）	伸缩量（mm）
15	25	10.5
10	30	12.6
5	35	14.7

3. 塑料管与金属管配件的螺纹连接

(1) 塑料管与金属管配件采用螺纹连接的管道系统，其连接部位管道的管径不得大于 63mm。塑料管与金属管配件连接采用螺纹连接时，必须采用注射成型的螺纹塑料管件，聚丙烯管材料和管件详见图 37-14。

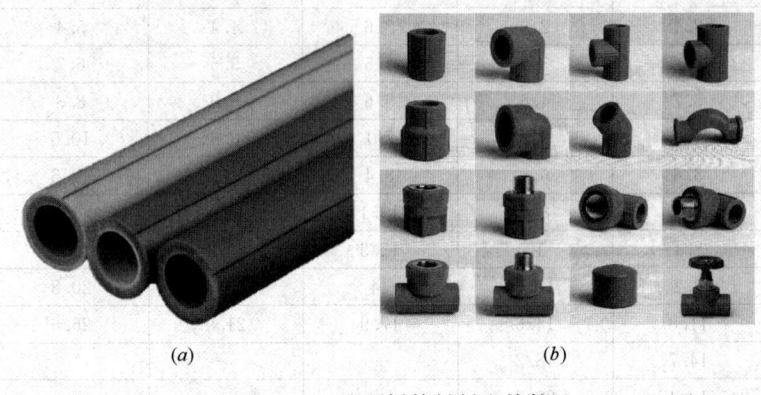

图 37-14 聚丙烯管材料和管件
(a) 给水聚丙烯管材；(b) 给水聚丙烯管

(2) 注射成型的螺纹塑料管件与金属管配件螺纹连接时，宜将塑料管件作为外螺纹，金属管配件为内螺纹；若塑料管件为内螺纹，则宜使用注射螺纹端外部嵌有金属加固圈的塑料连接件。

(3) 注射成型的螺纹塑料管件与金属管配件螺纹连接，宜采用聚四氟乙烯生料带作为密封填充物，不宜使用厚白漆、麻丝。

37.2.2.5 给水聚丙烯（PPR）管管道安装

1. 给水聚丙烯（PPR）管的选用

冷水系统中，不同公称压力 PN 下的管材 S 系列应按表 37-18 选用；热水系统中，不同设计压力 P_D 下的管材 S 系列应按表 37-19 选用。

冷水系统中，不同公称压力 PN 下的管材 S 系列选用表　　　　表 37-18

管材种类	管材的公称压力 PN（MPa）				
	0.6	0.8	1	1.25	1.6
无规共聚聚丙烯（PPR）管	S6.3	S5	S5	S5	S4

热水系统中，不同设计压力 P_D 下的管材 S 系列选用表　　　　表 37-19

管材种类	管材的设计压力 P_D（MPa）			
	0.4	0.6	0.8	1
无规共聚聚丙烯（PPR）管	S4	S3.2	S2.5	S2

注：热水管材工作温度不大于70℃。

给水聚丙烯管材 S（SDR）系列管材壁厚应符合表 37-20 的规定。

给水聚丙烯管材 S（SDR）系列管材壁厚（mm）　　　　表 37-20

公称外径 d_n	管系列					
	S6.3	S5	S4	S3.2	S2.5	S2
	SDR13.6	SDR11	SDR9	SDR7.4	SDR6	SDR5
16	1.8	2	2	2.2	2.7	3.3
20	2	2	2.3	2.8	3.4	4.1
25	2	2.3	2.8	3.5	4.2	5.1
32	2.4	2.9	3.6	4.4	5.4	6.5
40	3	3.7	4.5	5.5	6.7	8.1
50	3.7	4.6	5.6	6.9	8.3	10.1
63	4.7	5.8	7.1	8.6	10.5	12.7
75	5.6	6.8	8.4	10.3	12.5	15.1
90	6.7	8.2	10.1	12.3	15	18.1
110	8.1	10	12.3	15.1	18.3	22.1
125	9.2	11.4	14	17.1	20.8	25.1
160	11.8	14.6	17.9	21.9	26.6	32.1
200	14.7	18.2	—	—	—	—
250	18.4	22.7	—	—	—	—
315	23.2	28.6	—	—	—	—

2. 管道连接一般要求

（1）同种材质的给水聚丙烯管材与管件应采用热熔连接或电熔连接，安装时应采用配套的专用热熔工具。

（2）给水聚丙烯管道与金属管道、阀门及配水管件连接时，应采用带金属嵌件的聚丙烯过渡管件，该管件与聚丙烯管应采用热熔连接，与金属管及配件应采用丝扣或法兰连接。

(3) 暗敷在地坪面层下或墙体内的管道，不得采用丝扣或法兰连接。

3. 管道热熔连接

(1) 接通热熔专用工具电源，待其达到设定工作温度后，方可操作。

(2) 管道切割应使用专用的管剪或管道切割机，管道切割后的断面应去除毛边和毛刺，管道的截面必须垂直于管轴线。

(3) 熔接时，管材和管件的连接部位必须清洁、干燥、无油。

(4) 管道热熔时，应量出热熔的深度，并做好标记，热熔深度应符合表37-21的规定。在环境温度小于5℃时，加热时间应延长50%。

热熔连接技术要求　　　　　　　　　　　　表37-21

公称外径（mm）	热熔深度（mm）	加热时间（s）	加工时间（s）	冷却时间（min）
20	14	5	4	3
25	16	7	4	3
32	20	8	4	4
40	21	12	6	4
50	22.5	18	6	5
63	24	24	6	6
75	26	30	10	8
90	32	40	10	8
110	38.5	50	15	10

(5) 安装熔接弯头或三通时，应在管件和管材的直线方向上，用辅助标志明确其方向。

(6) 连接时，把管端插入加热套内，插到所标志的深度，同时把管件推到加热头上达到规定标志处。加热时间应满足表37-22的规定。

(7) 达到加热时间后，立即把管材与管件从加热套与加热头上同时取下，迅速无旋转地直线均匀插入到所标深度，使接头处形成均匀凸缘。

(8) 在规定的加工时间内，刚熔好的接头还可校正，但严禁旋转。管道连接如图37-15所示。

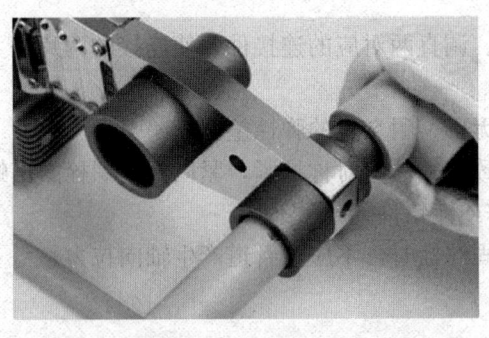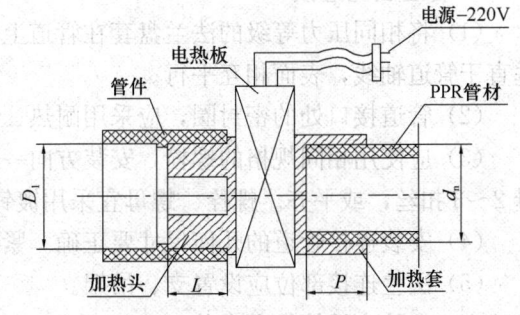

图 37-15　承口、插口热熔连接

4. 管道电熔连接

（1）电熔连接主要用于大口径管道或安装困难场合。应保持电熔管件与管材的熔合部位不受潮。

（2）电熔承插连接管材的连接端应切割垂直，并应用洁净棉布擦净管材和管件连接面上的污物，标出插入深度，刮净其表面。

（3）调直两面对应的连接件，使其处于同一轴线上。

（4）电熔连接机具与电熔管件的导线连接应正确。检查通电加热的电压，加热时间应符合电熔连接机具与电熔管件生产厂家的有关规定。

（5）在电熔连接时，在熔合及冷却过程中，不得移动、转动电熔管件和熔合的管道，不得在连接件上施加任何压力。

（6）电熔连接的标准加热时间应由生产厂家提供，并应根据环境温度的不同而加以调整。电熔连接的加热时间与环境温度的关系可参考表 37-22 的规定。若电熔机具有自动补偿功能，则不需调整加热时间。电熔连接见图 37-16。

（7）电熔过程中，当信号眼内熔体有突出沿口现象时，表明通电加热完成。

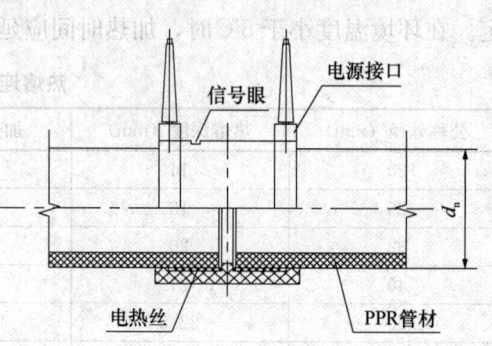

图 37-16　电熔连接

电熔连接的加热时间与环境温度的关系　　　　表 37-22

环境温度 T（℃）	修正值	加热时间（s）
−10	$T+12\%T$	112
0	$T+8\%T$	108
+10	$T+4\%T$	104
+20	标准加热时间 T	100
+30	$T-4\%T$	96
+40	$T-8\%T$	92
+50	$T-12\%T$	88

5. 管道法兰连接

（1）将相同压力等级的法兰盘套在管道上。调直两对应的连接件，使连接的两片法兰垂直于管道轴线，表面相互平行。

（2）管道接口处的密封圈，应采用耐热、无毒、耐老化的弹性垫圈。

（3）应使用相同规格的螺栓，安装方向一致。螺栓应对称拧紧，紧固好的螺栓露出螺母 2~3 扣丝，或平齐。螺栓、螺母宜采用镀锌或镀铬件。

（4）安装连接管道的几何尺寸要正确。紧固螺栓时，不应使管道产生轴向拉力。

（5）法兰连接部位应设置支、吊架。

37.2.2.6　给水铜管管道安装

1. 建筑给水系统的铜管管材

（1）铜管采用钎焊、卡套、卡压连接时，其规格可按表 37-23 确定。

建筑给水铜管管材规格（mm） 表33-23

公称直径 DN	公称外径 D_e	工作压力 1MPa		工作压力 1.6MPa		工作压力 2.5MPa	
		壁厚 δ	计算内径 D_j	壁厚 δ	计算内径 D_j	壁厚 δ	计算内径 D_j
6	8	0.6	6.8	0.6	6.8		
8	10	0.6	8.8	0.6	8.8		
10	12	0.6	10.8	0.6	10.8		
15	15	0.7	13.6	0.7	13.6		
20	22	0.9	20.2	0.9	20.2		
25	28	0.9	26.2	0.9	26.2		
32	35	1.2	32.6	1.2	32.6		
40	42	1.2	39.6	1.2	39.6		
50	54	1.2	51.6	1.2	51.6		
65	67	1.2	64.6	1.5	64.0		
80	85	1.5	82	1.5	82		
100	108	1.5	105	2.5	103	3.5	101
125	133	1.5	130	3	127	3.5	126
150	150	2	155	3	153	4	151
200	200	4	211	4	211	5	209
250	250	4	259	5	257	6	255
300	300		315	6	313	8	309

注：1. 采用沟槽连接时，管壁应符合表37-24的要求。
　　2. 外径允许偏差应采用高精级。

（2）采用沟槽连接的铜管应选用硬态铜管，其壁厚不应小于表37-24规定的数值。

沟槽连接时铜管的最小壁厚（mm） 表37-24

公称直径 DN	公称外径 D_e	最小壁厚 δ	公称直径 DN	公称外径 D_e	最小壁厚 δ
50	54	2	150	159	4
65	67	2	200	219	6
80	85	2.5	250	267	6
100	108	3.5	300	325	6
125	133	3.5			

2. 铜管安装一般规定

（1）管径不大于25mm的半硬态铜管可采用专用工具冷弯；管径大于25mm的铜管转弯时宜使用弯头。

（2）采用铜管加工补偿器时，应先将补偿器预制成型后再进行安装。采用定型产品套筒式或波纹管式补偿器时，也宜将其与相邻管子预制成管段后再进行安装，特别是选用不锈钢等异种材料需与铜管钎焊连接的补偿器时，一般应将补偿器与铜管先预制成管段后，再进行安装。敷设管道所需的支吊架,应按施工图标明的形式和数量进行加工预制。

(3) 铜管连接可采用卡套连接、卡压连接或焊接,当管道公称直径不大于 25mm 时可采用软钎焊,管道公称直径不大于 50mm 时可采用卡套连接或卡压连接。

(4) 采用胀口或翻边连接的管材,施工前应每批抽 1% 且不少于两根作胀口或翻边试验。当有裂纹时,应在退火处理后重作试验。如仍有裂纹,则该批管材应逐根作退火试验,不合格者不得使用。

(5) 在施工过程中应防止铜管与酸、碱等有腐蚀性的液体、污物接触。

3. 铜管钎焊

(1) 铜管钎焊连接前应先确认管材、管件的规格尺寸是否满足连接要求。依据图纸现场实测配管长度,下料应正确。铜管钎焊宜采用氧乙炔火焰或氧丙烷火焰。软钎焊也可用丙烷空气火焰和电加热。

(2) 钎焊强度小,一般焊口采用搭接形式。搭接长度为管壁厚度的 6~8 倍,管道的外径 D 小于等于 28mm 时,搭接长度为 (1.2~1.5) D (mm)。

(3) 焊接前应对铜管外壁和管件内壁用细砂纸、钢丝刷或含其他磨料的布砂纸将钎焊处外壁和管道内壁的污垢与氧化膜清除干净。

(4) 硬钎焊可用各种规格的铜管与管件连接,宜选用含磷的铜基无银、低银钎料。铜管硬钎焊可不添加钎焊剂,但与铜合金管件钎焊时,应添加钎焊剂。

(5) 软钎焊可用于管道公称直径不大于 25mm 的铜管与管件的连接,可选用无铅锡基、无铅锡银钎料。焊接时应添加钎焊剂,但不得使用含氨钎焊剂。

(6) 钎焊时应根据工件大小选用合适的火焰功率,对接头处铜管与承口均匀加热,达到钎焊温度时即向接头处添加钎料(钎焊火焰构造详见图 37-17),并继续加热,钎料

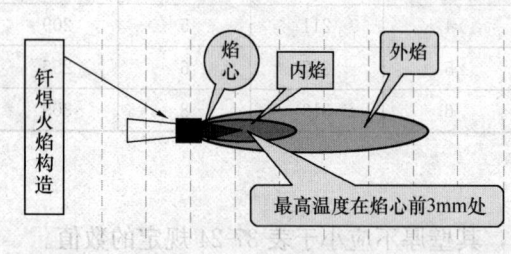

图 37-17 钎焊火焰构造

填满焊缝后应立即停止加热,保持自然冷却。

(7) 焊接过程中,焊嘴应根据管径大小选用得当,焊接处及焊条应加热均匀,不得出现过热现象,焊料渗满焊缝后应立即停止加热,并保持静止,自然冷却。

(8) 铜管与铜合金管件或铜合金管件与铜合金管件间焊接时,应在铜合金管件焊接处使用助焊剂,并在焊接完后,清除管道外壁的残余熔剂。

(9) 覆塑铜管焊接时应将钎焊接头处的铜管覆塑层剥离,剥出长度不小于 200mm 裸铜管,并在两端连接点缠绕湿布冷却,钎焊完成后复原覆塑层。

(10) 钎焊后的管件,必须在 8h 内进行清洗,除去残留的熔剂和熔渣。常用煮沸的 10%~15% 的明矾水溶液或 10% 的柠檬酸水溶液涂刷接头处,然后用水冲擦干净。

(11) 焊接安装时应尽量避免倒立焊。钎焊铜管承、插口规格尺寸见表 37-25。

4. 铜管卡套连接

(1) 对公称直径不大于 50mm、需拆卸的铜管可采用卡套连接。

(2) 管口断面垂直、平整,且应使用专用工具将其整圆或扩口。

(3) 应使用活络扳手或专用扳手,严禁使用管钳旋紧螺母。

钎焊铜管承、插口规格尺寸（mm）　　表 37-25

公称直径 DN	铜管外径 D_e	插口外径	承口内径	承口长度	插口长度	最小管壁 1MPa	最小管壁 1.6MPa	最小管壁 2.5MPa
6	8	8±0.03	8+0.05	7	9	0.75		
8	10	10±0.03	10+0.05	7	9	0.75		
10	12	12±0.03	12+0.05	9	11	0.75		
15	15	15±0.03	15+0.05	11	13	0.75		
20	22	22±0.04	22+0.06	15	17	0.75		
25	28	28±0.04	28+0.08	17	19	1		—
32	35	35±0.05	35+0.08	20	22	1		—
40	42	42±0.05	42+0.12	22	24	1	1.5	—
50	54	54±0.05	54+0.15	25	27	1	1.5	—
65	67	67±0.06	67+0.15	28	30		2	—
80	85	85±0.06	85+0.23	32	34	1.5	2.5	—
100	108	108±0.06	108+0.25	36	38	2	3	3.5
125	133	133±0.10	133+0.28	38	41	2.5	3.5	4
150	159	159±0.18	159+0.28	42	45	3	4	4.5
200	219	219±0.30	219+0.30	45	48	4	5	6
250	267	273±0.25	273+0.30	48	51	4	5	6
300	325	325±0.25	325+0.30	50	53	5	5	8

（4）连接部位宜采用二次装配，第二次装配中，拧紧螺母时应从力矩激增点后再将螺母旋转 1/4 圈。

（5）一次完成卡套连接，拧紧螺母时应从力矩激增点起再旋转 1～1.25 圈，使卡套刃口切入管子，但不可旋得过紧。

（6）卡套连接铜管的规格尺寸详见表 37-26。

卡套连接铜管的规格尺寸（mm）　　表 37-26

公称直径 DN	铜管外径 D_e	承口内径 最大	承口内径 最小	铜管壁厚	螺纹最小长度
15	15	15.3	15.1	1.2	8
20	22	22.3	22.1	1.5	9
25	28	28.3	28.1	1.6	12
32	35	35.3	35.1	1.8	12
40	42	42.3	42.1	2	12
50	54	54.3	54.1	2.3	15

5. 铜管卡压连接

（1）公称直径不大于 50mm 的铜管可采用卡压连接，采用专用的与管径相匹配的连接管件和卡压机具。

(2) 在铜管插入管件的过程中，管件内密封圈不得扭曲变形。管材插入管件到底后，应轻轻转动管子，使管材与管件的结合段保持同轴后再卡压。

(3) 压接时，卡钳端面应与管件轴线垂直，达到规定卡压压力后应保持 1~2s，方可松开卡钳卡压。

(4) 卡压连接应采用硬态铜管，卡压连接铜管规格尺寸见表 37-27。

卡压连接铜管的规格尺寸（mm） 表 37-27

公称直径 DN	铜管外径 D_e	承口内径		铜管壁厚
		最大	最小	
15	15	15.2	15.35	0.7
20	22	22.2	22.35	0.9
25	28	28.25	28.4	0.9
32	35	35.3	35.5	1.2
40	42	42.3	42.5	1.2
50	54	54.3	54.5	1.2

6. 铜管法兰连接

(1) 法兰连接时，松套法兰规格应满足规定。垫片可采用耐温夹布橡胶板或铜垫片，紧固件应采用镀锌螺栓，对称旋紧。

(2) 铜及铜合金管道上采用的法兰根据承受压力的不同，可选用不同形式的法兰连接。法兰连接的形式一般有翻边活套法兰、平焊法兰和对焊法兰等，具体选用应按设计要求。一般管道压力在 2.5MPa 以内时采用光滑面铸铜法兰连接。法兰及螺栓材料牌号应根据国家颁布的有关标准选用。

(3) 与铜管及铜合金管道连接的铜法兰宜采用焊接，焊接方法和质量要求应与钢管道的焊接一致。当设计无明确规定时，铜及铜合金管道法兰连接中的垫片一般可采用聚四氟垫或铜垫片，也可以根据输送介质的温度和压力选择其他材质的垫片。

(4) 法兰外缘的圆柱面上应打出材料牌号、公称压力和公称通径的印记。

(5) 管道采用活套法兰连接时，有两种结构：一种是管子翻边（图 37-18），另一种是管端焊接焊环。焊环的材质与管材相同。

(6) 铜及铜合金管翻边模具有内模及外模。内模是一圆锥形的钢模，其外径应与翻边管子内径相等或略小。外模是两片长颈法兰，见图 37-19。

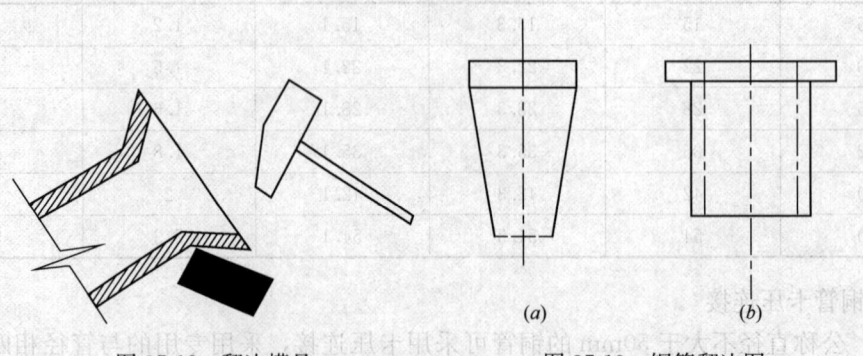

图 37-18　翻边模具　　　　　图 37-19　铜管翻边图

(7) 为了消除翻边部分材料的内应力，在管子翻边前，先量出管端翻边宽度（表37-28），然后划好线。将这段长度用气焊嘴加热至再结晶温度以上，一般为450℃左右。然后自然冷却或浇水急冷。待管端冷却后，将内外模套上并固定在工作平台上，用手锤敲击翻边或使用压力机。全部翻转后再敲光锉平，即完成翻边操作。

铜管翻边宽度（mm） 表37-28

公称直径DN	15	20	25	32	40	50	65	80	100	125	150	200	250
翻边宽度	11	13	16	18	18	18	18	18	18	20	20	20	24

(8) 铜管翻边连接应保持两管同轴，公称直径不大于50mm时，其偏差不大于1mm；公称直径大于50mm时，其偏差不大于2mm。

7. 铜管沟槽连接

(1) 公称直径不小于50mm的铜管可采用沟槽连接。

(2) 当沟槽连接件为非铜材质时，其接触面应采取必要的防腐措施。

(3) 铜管槽口尺寸见表37-29。

铜管槽口尺寸（mm） 表37-29

公称直径DN	铜管外径D_e	铜管壁厚	槽宽	槽深
50	54	14.5	9.5	2.2
65	67			
80	85			
100	108			
125	133	16		
150	159			
200	219		13	2.5
250	267	19		
300	325			3.3

8. 黄铜配件与附件连接

黄铜配件与附件螺纹连接时，宜采用聚四氟乙烯生料带，先用手拧入2～3扣，再用扳手一次拧紧，不得倒回，装紧后应留有2～3扣螺尾。

37.2.2.7 不锈钢给水管道施工技术

1. 建筑给水薄壁不锈钢管材、管件

(1) 管材、管件应符合现行国家标准《流体输送用不锈钢焊接钢管》GB/T 12771、《生活饮用水输配水设备及防护材料的安全性评价规范》（卫法监发〔2001〕161号文附件2）和《不锈钢卡压式管件组件 第2部分：连接用薄壁不锈钢管》GB/T 19228.2 的要求。

(2) 给水不锈钢管道与其他材料的管材、管件和附件相连接时，应采取防止电化学腐蚀的措施。

(3) 对暗埋敷设的不锈钢钢管，其管材牌号宜采用0Cr17Ni12Mo2，并对外壁采取防腐蚀措施。

(4) 在引入管、折角进户管件、支管、接出和仪表接口处，应采用螺纹转换接头或法兰连接。

(5) 当热水水平干管与支管连接，水平干管与立管连接，立管与每层热水支管连接时，应采取在管道伸缩时相互不受影响的措施。

(6) 给水不锈钢管明敷时，应采取防止结露的措施，当嵌墙敷设时，公称直径不大于20mm的热水配水支管，可采用覆塑薄壁不锈钢水管，公称直径大于20mm的热水管应采用保温措施，保温材料应采用不腐蚀不锈钢管的材料。

2. 不锈钢管道卡压连接

(1) 卡压式管件连接：根据施工要求，考虑接头本体插入长度，决定管子的切割长度，管子的插入长度按表37-30选用。

不锈钢管插接长度（mm） 表37-30

公称直径DN	10	15	20	25	32	40	50	65
插入长度（mm）	18	21	24	24	39	47	52	64

(2) 管子切断前必须确认没有损伤和变形，使用产生毛刺和切屑较少的旋转式管子切割器垂直于管的轴心线切断，切割时不能用力过大以防止管子失圆。切断后应清除管端的毛刺和切屑，粘附在管子内外的垃圾和异物用棉丝或纱布等擦干净。锉刀和除毛刺器一定要为不锈钢专用。

(3) 将管子笔直、慢慢地插入接头本体，确保标记到接头端面在2mm以内。插入前要确认密封圈安装在U形位置上。如插入过紧可在管子上沾点水，不得使用油脂润滑，以免油脂使密封圈变性失效。

(4) 卡压连接：

1) 管道的连接采用专用管件，先按插入长度表在管端划线作标记，用力将管子插入管件到划线处。

2) 将专用卡压工具的凹槽与管件环形凸槽贴合，确认钳口与管子垂直后开始作业，缓慢提升卡压机的压力至35~40MPa，压至卡压工具上，当下钳口闭合时，完成卡压连接。

3) 卡压完成后应缓慢卸压，以防压力表被打坏。要确认卡压钳口凹槽安置在接头本体圆弧突出部位，卡压时应按住卡压工具，直到解除压力，卡压处若有松弛现象，可在原卡压处重新卡压一次。

4) 带螺纹的管件应先锁紧螺纹后再卡压，以免造成卡压好的接头因拧螺纹而松脱。

5) 配管弯曲时，应在直管部位修正，不可在管件部位矫正，否则可能引起卡压处松弛造成泄漏。对DN65mm~DN100mm的管件用环压模具，然后再次加压到位。见表37-31。

不锈钢管卡压压力 表37-31

公称直径DN（mm）	卡压压力（MPa）	公称直径DN（mm）	卡压压力（MPa）
15~25	40	65~100	60
32~50	50		

(5) 卡压检查：卡压完成后检查划线处与接头端部的距离，若DN15mm~DN25mm距离超过3mm，DN32mm~DN50mm距离超过4mm，则属于不合格，需切除后重新施工。卡压处使用六角量规测量，能够完全卡入六角量规的判定为合格。若有松弛现象，可在原位

重新卡压,直至用六角量规测量合格。二次卡压仍达不到卡规测量要求时,应检查卡压钳口是否磨损。一般情况下卡压机连续使用三个月或卡压5000次就应送供货商检验保养。

(6) 采用 EPDM 或 CIIR 橡胶圈,放入管件端部 U 形槽内时,不得使用任何润滑剂。

3. 不锈钢压缩式管件的安装

(1) 断管,用砂轮切割机将配管切断,切口应垂直,且把切口内外毛刺修净。

(2) 将管件端口部分螺母拧开,并把螺母套在配管上。用专用工具(胀形器)将配管内胀成山形台的凸缘或外边加一挡圈。

(3) 将硅胶密封圈放入管件端口内,将事先套入螺母的配管插入管件内。

(4) 手拧螺母,并用扳手拧紧,完成配管与管件一个部分的连接。

(5) 配管胀形前,先将需连接的管件端口部分螺母拧开,并将其套在配管上。

(6) 胀形器按不同管径附有模具,公称直径15~20mm 用卡箍式(外加一挡圈),公称直径25~50mm 用胀箍式(内胀成一个山形台),装卸合模时借助木锤轻击。

(7) 配管胀形过程中凭借胀形器专用模具自动定位,上下拉动摇杆至手感力约30~50kg,配管卡箍或胀箍位置应满足表37-32的规定。

管子胀形位置基准值(mm) 表37-32

公称直径 DN	15	20	25	32	40	50
胀形位置外径 ϕ	16.85	22.85	28.85	37.7	42.8	53.8

1) 硅胶密封圈应平放在管件端口内,严禁使用润滑油。把胀形后的配管插入管件时,切忌损坏密封圈或改变其平整状态。

2) 不锈钢压缩式管件承口尺寸的规格应符合图37-20和表37-33的规定。

3) 不锈钢压缩式管材与管材连接见图37-21。

4. 不锈钢管焊接

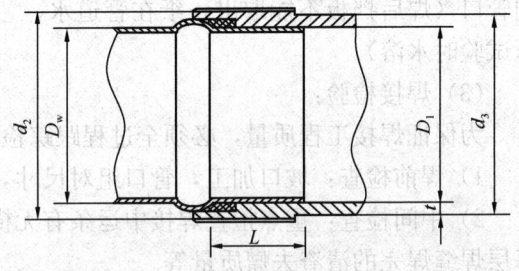

图37-20 不锈钢压缩式管件承口

(1) 不锈钢管管道焊接可分为承插搭接焊和对接焊两种。影响手工氩弧焊焊接质量的主要因素有:喷嘴孔径,气体流量,喷嘴至工件的距离,钨极伸出长度,焊接速度,焊枪和焊丝与工件间的角度等。喷嘴孔径范围一般为5~20mm,喷嘴孔径越大,保护范围越大;但喷嘴孔径过大,氩气耗量大,焊接成本高,而且影响焊工的视线和操作。对接氩弧焊管材与管材连接见图37-22。

不锈钢压缩式管件承口尺寸(mm) 表37-33

公称直径 DN	管外径 D_w	承口内径 D_1	螺纹尺寸 d_2	承口外径 d_3	壁厚 t	承口长度 L
15	14	$14^{+0.07}_{-0.02}$	G1/2	18.4	2.2	10
20	20	$20^{+0.09}_{-0.02}$	G3/4	24	2	10
25	26	$26^{+0.104}_{-0.02}$	G1	30	2	12
32	35	$35^{+0.15}_{-0.05}$	G1 1/4	38.6	1.8	12
40	40	$40^{+0.15}_{-0.05}$	G1 1/2	44.4	2.2	14
50	50	$50^{+0.15}_{-0.05}$	G2	56.2	3.1	14

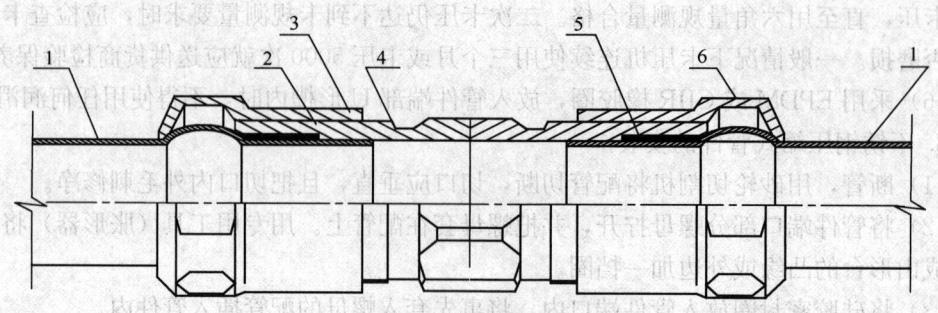

图 37-21 不锈钢压缩式管材与管材连接
1—不锈钢管；2—圆柱外螺纹；3—圆柱内螺纹；4—外螺纹直通；5—硅橡胶密封圈；6—螺母

(2) 氩气流速范围在 5～25L/min，流速的选择应与喷嘴相匹配，流速过低，喷出气速体的挺度差，影响保护效果；流速过大，喷出的气流会变成紊流，卷进空气，也会影响保护效果。焊接时不仅要往焊枪内充氩气，还要在焊前往管子内充满氩气，使焊缝内外均与空气不接触。管道尾端的封闭焊口必须用水溶纸代替挡板封闭管口（焊后挡板不能取出，纸在管道水压试验时水溶）。

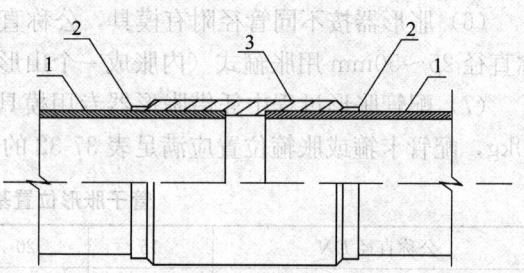

图 37-22 不锈钢氩弧焊管材与管材连接
1—不锈钢管；2—TIC 焊；3—双承直通

(3) 焊接检验：

为保证焊接工程质量，必须全过程跟踪检查。

1) 焊前检查：坡口加工，管口组对尺寸，焊条干燥情况，环境温度等。

2) 中间检查：重点检查焊接中运条有无横向摆动，会不会产生层间温度过高的情况，每层焊缝焊完的清渣去瘤质量等。

3) 焊后检查：进行外观检查，若发现不合格焊口，对同标记焊口加倍抽检。不合格焊口，必须返修或割掉重焊，同一焊缝返修不能超过两次，焊后再次检查。必须及时真实填写检验记录、测试报告。

5. 不锈钢管法兰式连接

(1) 被连接的管道分别装上一个带槽环的法兰盘，对两根管材端口进行 90°翻边工艺处理，翻边后的端口平面打磨，应垂直、平整，无毛刺，无凹凸、变形，管口需要专用工具整圆，应无微裂纹，厚薄均匀，宽度相同。

(2) 将两侧已装好 O 形密封圈的金属密封环，嵌入带槽环的法兰盘内。用螺栓将法兰盘孔连接，对称拧紧螺栓组件。拧紧过程中，沿轴向推动两根管材的各翻边平面，均匀压缩两侧 O 形密封圈，使接头密封。

6. 不锈钢管卡箍法兰式连接

(1) 左右两法兰片分别与需要连接的两管材端口，用氩弧焊焊接，焊角尺寸不小于管壁厚度。

(2) 左右两法兰片间衬密封垫，用卡箍卡住两法兰片，用后紧定螺钉紧固。

(3) 不锈钢卡箍法兰式管道连接见图 37-23。

7. 不锈钢管沟槽连接

(1) 不锈钢管沟槽连接时，先将被连接的管材端部用专业厂提供的滚槽机加工出沟槽。对接时将两片卡箍件卡入沟槽内，用力矩扳手对称拧紧卡箍上的螺栓，起密封和紧固作用。

(2) 不锈钢沟槽式管道连接见图 37-24。

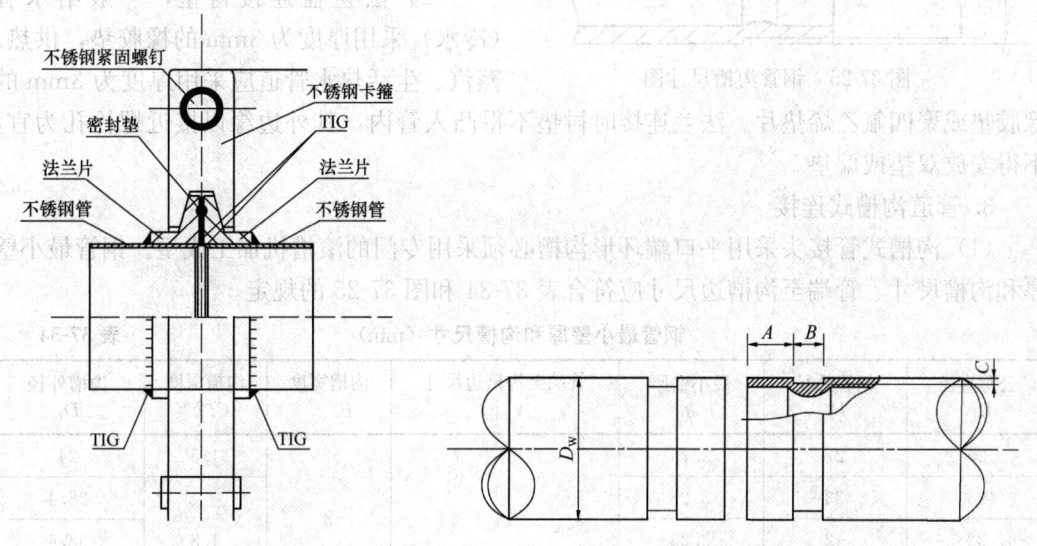

图 37-23　不锈钢卡箍法兰式管道连接　　图 37-24　不锈钢沟槽式管道连接

8. 阀门与不锈钢管道连接

不锈钢管道与阀门、水表、水嘴等的连接采用转换接头，严禁在薄壁不锈钢水管上套丝。安装完毕的干管，不得有明显的起伏、弯曲等现象，管外壁无损伤。

9. 不锈钢水管道的消毒冲洗

饮用水不锈钢管道在试压合格后宜采用 0.03% 的高锰酸钾消毒液灌满管道进行消毒，应将消毒液倒入管道中静置 24h，排空后再用饮用水冲洗。冲洗前应对系统内的仪表加以保护，并将有碍冲洗的节流阀、止回阀等管道附件拆除和妥善保管，待冲洗后复位。饮用水水质应达到现行国家标准《生活饮用水卫生标准》GB 5749 的要求。

37.2.2.8　给水碳钢管道安装

1. 管道螺纹连接

螺纹连接管道安装后的管螺纹根部应有 2~3 扣的外露螺纹，多余的麻丝等填料应清理干净并作防腐处理。

(1) 套丝：将断好的管材，按管径尺寸分次套制丝扣，一般以管径 15~32mm 者套两次，40~50mm 者套三次，70mm 以上者套 3~4 次为宜。

(2) 配装管件：配装管件时应将所需管件带入管丝扣，试试松紧度（一般用手带入 3 扣为宜），在丝扣处涂抹铅油、缠麻后（或生料带等）带入管件（缠麻方向要顺管件上紧方向），然后用管钳将管件拧紧，使丝扣外露 2~3 扣，去掉麻头，擦净铅油（或生料带等多余部分），编号放到适当位置等待调直。

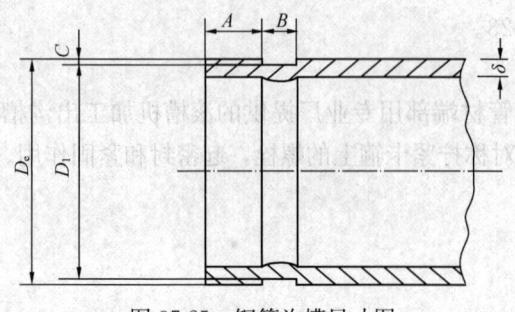

图 37-25 钢管沟槽尺寸图

2. 管道法兰连接

(1) 法兰盘的连接螺栓直径、长度应符合标准要求,紧固法兰盘螺栓时要对称拧紧,紧固好的螺栓,突出螺母的丝扣长度应为2~3扣,不应大于螺栓直径的1/2。

(2) 法兰盘连接衬垫,一般给水管(冷水)采用厚度为3mm的橡胶垫,供热、蒸汽、生活热水管道应采用厚度为3mm的橡胶垫或聚四氟乙烯垫片。法兰连接时衬垫不得凸入管内,其外边缘以接近螺栓孔为宜,不得安放双垫或偏垫。

3. 管道沟槽式连接

(1) 沟槽式管接头采用平口端环形沟槽必须采用专门的滚槽机加工成型。钢管最小壁厚和沟槽尺寸、管端至沟槽边尺寸应符合表37-34和图37-25的规定。

钢管最小壁厚和沟槽尺寸 (mm)　　　　表 37-34

公称直径 DN	钢管外径 D_e	最小壁厚 δ	管端至沟槽边尺寸 $A^{+0}_{-0.5}$	沟槽宽度 $B^{+0.5}_{-0}$	沟槽深度 $C^{+0.5}_{-0}$	沟槽外径 D_1
20	27	2.75	14	8	1.5	24
25	33	3.25			1.8	28.4
32	42	3.25			1.8	38.4
40	48	3.5				44.4
50	57	3.5				52.6
50	60	3.5	14.5			55.6
65	76	3.75				71.6
80	89	4				84.6
100	108	4		9.5	2.2	103.6
100	114	4				109.6
125	133	4.5	16			128.6
125	140	4.5				135.6
150	159	4.5				154.6
150	165	4.5				160.6
150	168	4.5				163.6
200	219	6	19		2.5	214
250	273	6.5				268
300	325	7.5				319
350	377	9	25	13	5.5	366
400	426	9				415
450	480	9				469
500	530	9				519
600	630	9				619

(2) 当立管上设置支管时,应采取标准规格的沟槽式三通、沟槽式四通等管件连接。

(3) 沟槽式管接头、沟槽式管件、附件在装卸、运输、堆放时,应小心轻放,严禁抛、摔、滚、拖和剧烈撞击。严禁与有腐蚀和有害于橡胶的物资接触,避免雨水淋袭。橡胶密封圈应放置在卡箍内一起贮运和存放,不得另行分包。紧固件应与卡箍件螺栓孔松套相连。

(4) 管材切割应按配管图先标定管子外径,外径误差和壁厚误差应在允许公差范围内。管材切口端面应垂直于管道中心轴线,其倾斜角偏差 e 不得大于表37-35的规定。

切割面倾斜角允许偏差(mm) 表37-35

公称直径 DN	切割端面倾斜角允许偏差 e
≤80	0.8
100~150	1.2
≥200	1.6

(5) 管道切割应采用机械方法。切口表面应平整,无裂缝、凹凸、缩口、熔渣、氧化物,并打磨光滑。当管端沟槽加工部位的管口不圆整时应整圆,壁厚应均匀,表面的污物、油漆、铁锈、碎屑等应予清除。

(6) 用滚槽机加工沟槽时应按下列步骤进行:

1) 将切割合格的管子架设在滚槽机上或滚槽机尾架上。

2) 在管子上用水平仪量测,使其处于水平位置。

3) 停机,用游标卡尺量测沟槽的深度和宽度,在确认沟槽尺寸符合要求后,滚槽机卸荷,取出管子。

4) 在滚槽机滚压沟槽过程中,严禁管子出现纵向位移和角位移。

(7) 滚槽机滚压成型的沟槽应符合下列要求:

1) 管端至沟槽段的表面应平整,无凹凸、无滚痕。

2) 沟槽圆心应与管壁同心,沟槽宽度和深度符合要求。

3) 用滚槽机对管材加工成型的沟槽,不得损坏管子的镀锌层及内壁各种涂层和内衬层。

4) 滚槽时,加工一个沟槽的时间不宜小于表37-36的要求。

沟槽加工用时一览表 表37-36

公称直径 DN(mm)	50	65	80	100	125	150	200	250	300	350	400	450	500	600
时间(min)	2	2	2.5	2.5	3	3	4	5	6	7	8	10	12	16

5) 滚槽机应有限位装置。

(8) 在管道上开孔应按下列步骤进行:

1) 开孔的中心线和钻头中心线必须对准管道中轴线。

2) 启动电机转动钻头,转动手轮使钻头缓慢向下钻孔,并适时、适量地向钻头添加润滑剂直至钻头在管道上钻完孔洞。

3) 开孔完毕后,摇回手轮,使开孔机的钻头复位。

4) 撤除开孔机后,清除开孔部位的钻落金属和残渣,并将孔洞打磨光滑。

(9) 沟槽式接头安装步骤:

1) 用游标卡尺检查管材、管件的沟槽是否符合规定，以及卡箍件的型号是否正确。

2) 在橡胶密封圈上涂抹润滑剂，润滑剂可采用肥皂水或洗洁剂，不得采用油润滑剂。

3) 连接时先将橡胶密封圈安装在接口中间部位，可将橡胶密封圈先套在一侧管端，定位后再套上另一侧管端，校直管道中轴线。

4) 在橡胶密封圈的外侧安装卡箍件，必须将卡箍件内缘嵌固在沟槽内，并将其固定在沟槽中心部位。

5) 压紧卡箍件至端面闭合后，即刻安装紧固件，应均匀交替拧紧螺栓。

6) 在安装卡箍件过程中，必须目测检查橡胶密封圈，防止起皱。

7) 安装完毕后，检查并确认卡箍件内缘全圆周嵌固在沟槽内。

(10) 支管接头安装应按下列步骤进行：

1) 在已开孔洞的管道上安装机械三通或机械四通时，卡箍件上连接支管的管中心必须与管道上孔洞的中心对准。

2) 安装后机械三通、机械四通内的橡胶密封圈，必须与管道上的孔洞同心，间隙均匀。

3) 压紧支管卡箍件至两端面闭合，即刻安装紧固件，应均匀交替拧紧螺栓。

4) 在安装支管卡箍件过程中，必须目测检查橡胶密封圈，防止起皱。

37.2.2.9 给水铸铁管道安装

1. 膨胀水泥接口

(1) 拌合填料：以粒径 0.2～0.5mm 清洗晒干的砂和硅酸盐水泥为拌合料，按砂：水泥：水＝1：1：(0.28～0.32)(重量比)的配合比拌合而成，拌好后的砂浆和石棉水泥的湿度相似，拌好的灰浆在 1h 内用完。冬期施工时，须用 80℃ 左右的热水拌合。

(2) 操作：按照石棉水泥接口标准要求填塞油麻。再将调好的砂浆一次塞满在填好油麻的承插间隙内，一面塞入填料，一面用灰凿分层捣实，可不用手锴。表面捣出有稀浆为止，如不能和承口相平，则再填充后找平。一天内不得受到大的碰撞。

(3) 养护：接口完毕后，2h 内不准在接口上浇水，直接用湿泥封口，上留检查口浇水，烈日直射时，用草袋覆盖住。冬期可覆土保湿，定期浇水。夏天不少于 2d，冬天不少于 3d，也可对管内充水进行养护，充水压力不超过 200kPa。

2. 承插铸铁给水管橡胶圈接口

(1) 安放胶圈：胶圈应擦拭干净，扭曲，然后放入承口内的圈槽里，使胶圈均匀严整地紧贴承口内壁，如有隆起或扭曲现象，必须调平。

(2) 画安装线：对于装入的合格管，清除内部及插口工作面的粘附物，根据要插入的深度，沿管子插口外表面画出安装线，安装面应与管轴相垂直。

(3) 涂润滑剂：向管子插口工作面和胶圈内表面刷水擦上肥皂。

(4) 安装安管器：安管器有电动、液压汽动，出力在 50kN 以下，最大不超过 100kN。

(5) 插入：管子经调整对正后，缓慢启动安管器，使管子沿圆周均匀地进入并随时检查胶圈，防止被卷入，直至承口端与插口端的安装线齐平为止。

(6) 橡胶圈接口的管道，每个接口的最大偏转角不得超过如下规定：$DN \leqslant 200mm$

时，允许偏转角度最大为 5°；200mm＜DN≤350mm 时，为 4°；DN＝400mm 时，为 3°。

（7）检查接口、插入深度、胶圈位置（不得离位或扭曲），如有问题必须拔出重新安装。

（8）采用橡胶圈接口的埋地给水管道，在土壤或地下水对橡胶有腐蚀的地段，在回填土前应用沥青胶泥、沥青麻丝或沥青锯末等材料封闭橡胶圈接口。

37.2.3 给水管道支架安装

（1）墙上有预留孔洞的，可将支架横梁埋入墙内。埋设前应清除洞内的碎砖及灰尘，并用水将洞浇湿。填塞用 M5 水泥砂浆，要填得密实饱满。

（2）钢筋混凝土构件上的支架，可于浇筑时在各支架的位置预埋钢板，然后将支架横梁焊接在预埋钢板上。

（3）在没有预留和预埋钢板的砖墙或混凝土构件上，可以用射钉或膨胀螺栓安装支架。

（4）沿柱敷设的管道，可采用抱柱式支架。

（5）室内给水排水管道支架安装的几种形式见图 37-26 所示。

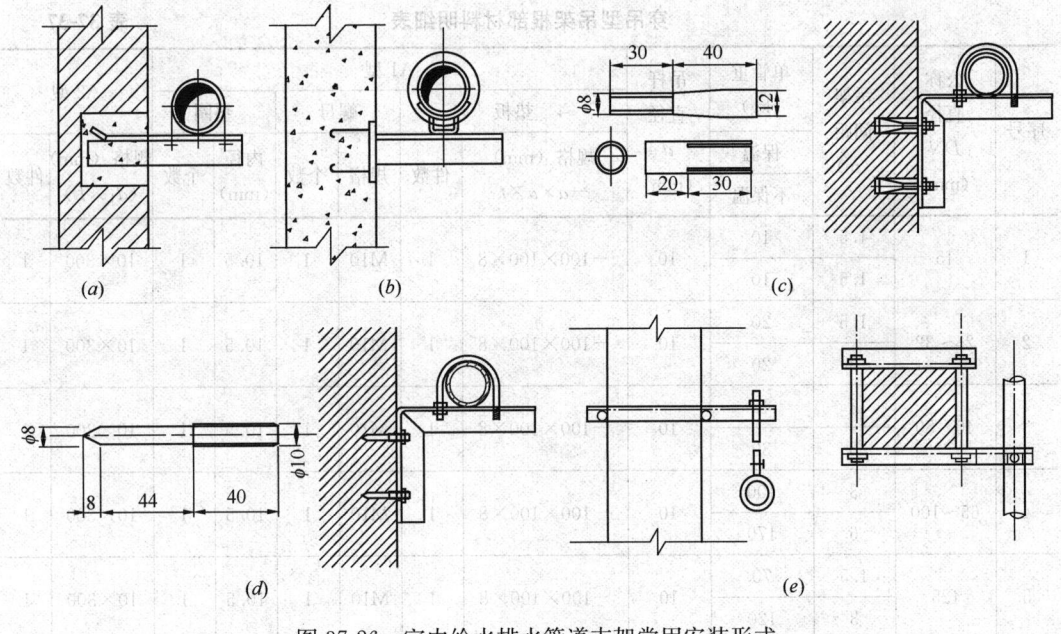

图 37-26 室内给水排水管道支架常用安装形式
(a) 栽培法；(b) 预埋钢板法；(c) 膨胀螺栓法；(d) 射钉法；(e) 抱柱法

（6）型钢支、吊架根据全国通用图集《室内管道支架及吊架》03S402 选用。

（7）吊架根部：根据安装方法，常用的吊架根部有下面几种类型。

1）穿吊型：吊架安装在楼板上，吊杆贯穿楼板，适用于公称直径 15～300mm 的管道。使用时必须在楼板面施工前钻孔安装。常用的有 A1 型和 A2 型两种形式，如图 37-27 所示，材料及尺寸见表 37-37。

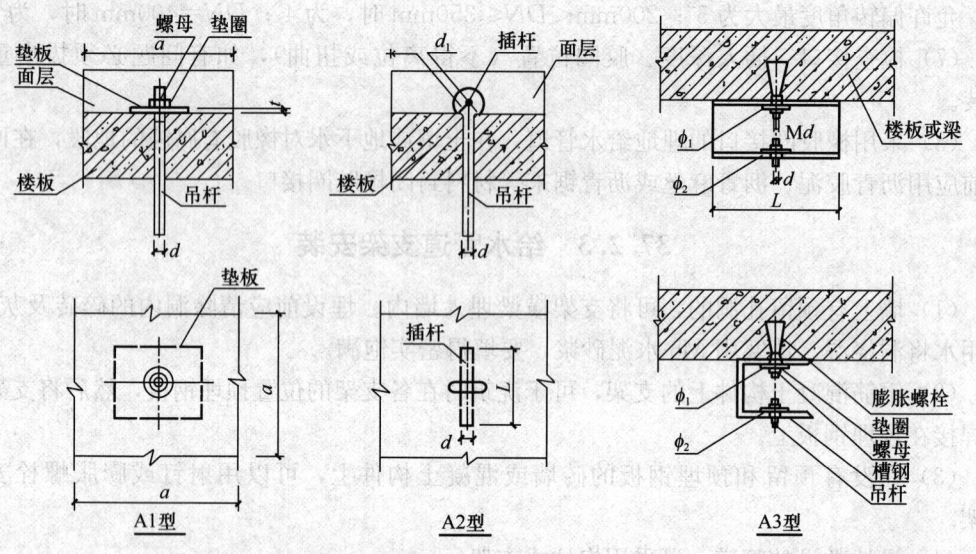

图 37-27 穿吊型吊架根部　　　　图 37-28 锚固型吊架根部

穿吊型吊架根部材料明细表　　　　表 37-37

序号	公称直径 DN (mm)	吊架间距 (m)	单管重 (kg) 保温 不保温	吊杆直径 d (mm)	A1型 垫板 规格 (mm) $-a \times a \times t$	件数	螺母 规格	个数	垫圈 内径 (mm)	个数	A2型 规格 (mm) $(d_1 \times L)$	件数
1	15	1.5	10	10	$-100 \times 100 \times 8$	1	M10	1	10.5	1	10×300	1
		1.5	10									
2	25~32	1.5	20	10	$-100 \times 100 \times 8$	1	M10	1	10.5	1	10×300	1
		3	20									
3	40~50	3	40	10	$-100 \times 100 \times 8$	1	M10	1	10.5	1	10×300	1
		3	30									
4	65~100	3	100	10	$-100 \times 100 \times 8$	1	M10	1	10.5	1	10×300	1
		6	170									
5	125	1.5	70	10	$-100 \times 100 \times 8$	1	M10	1	10.5	1	10×300	1
		3	120									
6	150	3	180	10	$-100 \times 100 \times 8$	1	M10	1	10.5	1	12×360 10×300	1
		3	160									
7	200~250	3	450	12	$-120 \times 120 \times 10$	1	M12	1	12.5	1	14×420	1
		3	420									
8	300	3	620	16	$-120 \times 120 \times 10$	1	M16	1	16.5	1	18×540	1
		3	590									
9	125	3	140	10	$-100 \times 100 \times 8$	1	M10	1	10.5	1	12×360	1
		6	240									

续表

序号	公称直径 DN (mm)	吊架间距 (m)	单管重 (kg) 保温 / 不保温	吊杆直径 d (mm)	A1型 垫板 规格 (mm) $-a \times a \times t$	A1型 垫板 件数	A1型 螺母 规格	A1型 螺母 个数	A1型 垫圈 内径 (mm)	A1型 垫圈 个数	A2型 规格 (mm) $(d_1 \times t)$	A2型 件数
10	150	6	360	10	$-120 \times 120 \times 10$	1	M12	1	12.5	1	14×420	1
		6	320			1					12×360	
11	200	6	610	16	$-120 \times 120 \times 10$	1	M16	1	16.5	1	18×540	1
		6	570			1					14×420	
12	250	6	890	16	$-120 \times 120 \times 10$		M20	1	21.5	1	18×540	1
		6	840				M16		16.5			
13	300	6	1240	20	$-160 \times 160 \times 12$		M20	1	21.5	1	22×660	1
		6	1180		$-120 \times 120 \times 10$						18×540	

2）锚固型：吊架根部用膨胀螺栓锚固在楼板或梁上，如图37-28所示，适用于公称直径15～150mm的管道。材料及尺寸见表37-38。

锚固型吊架材料明细表　　表37-38

序号	公称直径 DN (mm)	吊架间距 (m)	管重 (kg) 保温 / 不保温	吊杆直径 d (mm)	A3型 胀锚螺栓 规格 Md	A3型 胀锚螺栓 个数	A3型 螺母 规格	A3型 螺母 个数	A3型 垫圈 内径 (mm)	A3型 垫圈 个数	A4型 槽钢 规格	A4型 槽钢 长度 (mm)	A4型 槽钢 件数	A4型 槽钢 质量 (kg)
1	15	1.5	10	10	M12	1	M12	1	12.5	1	C10	100	1	1
		1.5	10											
2	20～32	1.5	20	10	M12	1	M12	1	12.5	1	C10	100	1	1
		3	20											
3	40～50	3	40	10	M12	1	M12	1	12.5	1	C10	100	1	1
		3	30											
4	65～100	3	100	10	M12	1	M12	1	12.5	1	C10	100	1	1
		6	170											
5	125	1.5	70	10	M12	1	M12	1	12.5	1	C10	100	1	1
		3	120											
6	125	3	140	10	M12	1	M12	1	12.5	1	C10	100	1	1
		6	240											
7	125	3	180	10	M12	1	M12	1	12.5	1	C10	100	1	1
		6	320	12										

3）焊接型：吊架根部焊接在梁侧预埋钢板或钢结构型钢上，适用于公称直径15～300mm的管道。常用的有A4、A5、A6型几种形式。如图37-29所示。

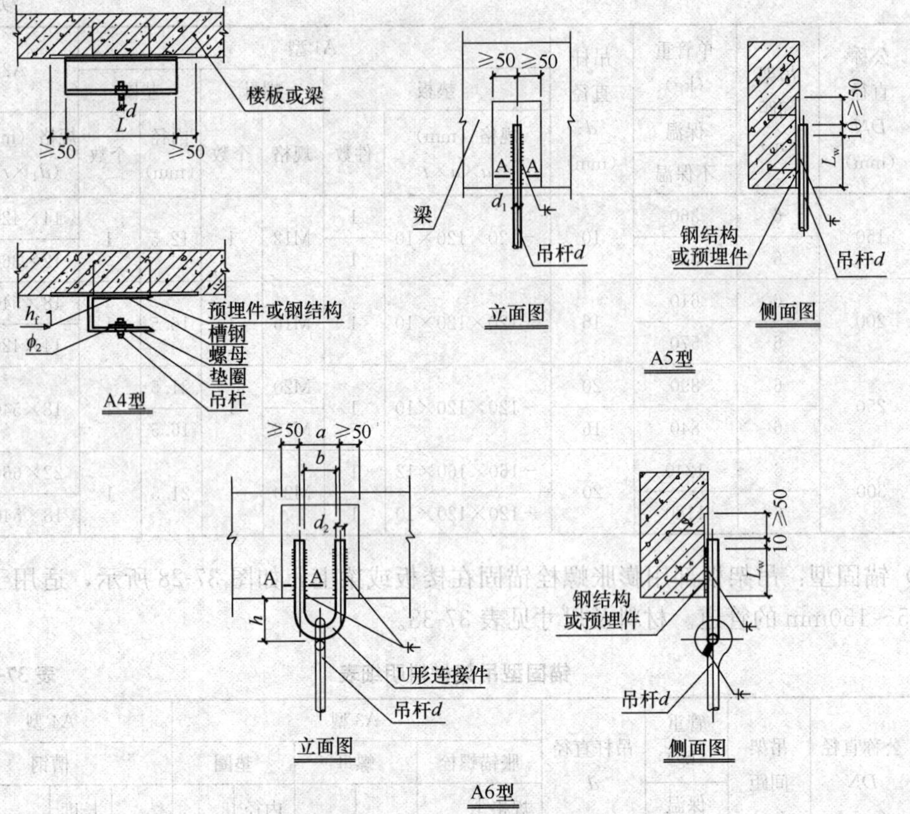

图 37-29 焊接型吊架根部

37.2.4 给水管道附件安装

37.2.4.1 水表安装要求

(1) 水表应安装在便于检修和读数，不受曝晒、冻结、污染和机械损伤的地方。

(2) 螺翼式水表的上游侧，应保证长度为 8～10 倍水表公称直径的直管段，其他类型水表前后直线管端的长度，应不小于 300mm 或符合产品标准规定的要求（图 37-30）。

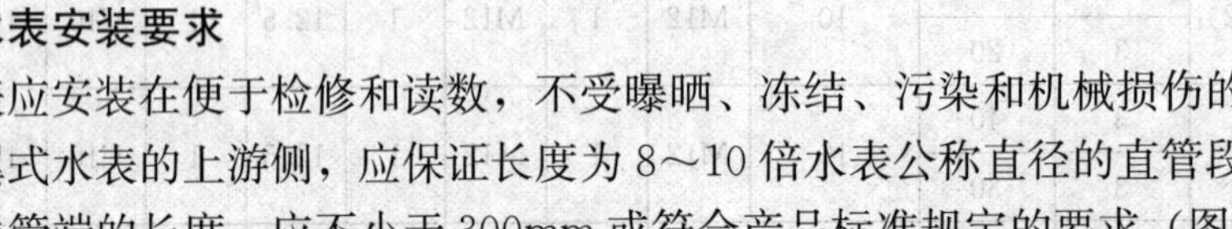

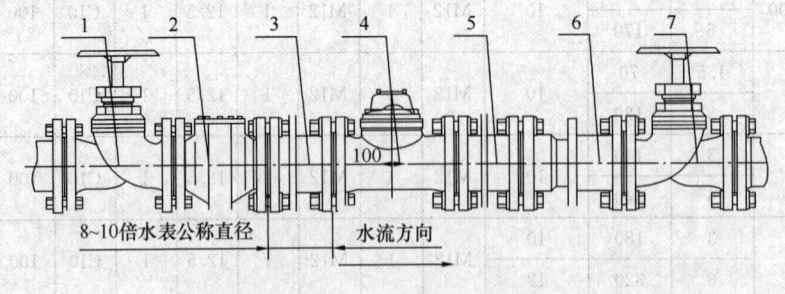

图 37-30 水表安装示意图
1—进水阀门；2—过滤器；3—整流直管段；4—水表；5—整流直管段；6—伸缩节；7—出水阀门

(3) 注意水表安装方向，应使进水方向与表上标志方向一致。旋翼式水表和垂直螺翼式水表应水平安装，水平螺翼式和容积式水表可根据实际情况确定水平、倾斜或垂直安装；垂直安装时，水流方向必须自下而上。

（4）水表前后和旁通管上均安装检修阀门，水表与水表后阀门间装设泄水装置。为减少水头损失并保证表前管内水流的直线流动，表前检修阀门宜采用闸阀。住宅中的分户水表，其表后检修阀及专用泄水装置可不设。

（5）明装在室内的分户水表，表外壳距墙不得大于30mm。

（6）水表下方设置表托架宜采用25mm×25mm×3mm的角钢制作，应牢固、形式合理。

37.2.4.2 压力表安装要求

（1）在管道上取压时，取压点应选择在流速稳定的直线管段上，不应在管路分岔、弯曲、死角等管段上取压（图37-31）。

（2）在容器内取压时，取压点应选择在容器内介质流动最小、最平稳的区域。

（3）取压点一般应距焊缝100mm以上，距法兰300mm以上。如在同一管段上安装两个以上压力表（或其取压点）时，其间距不应小于150mm。

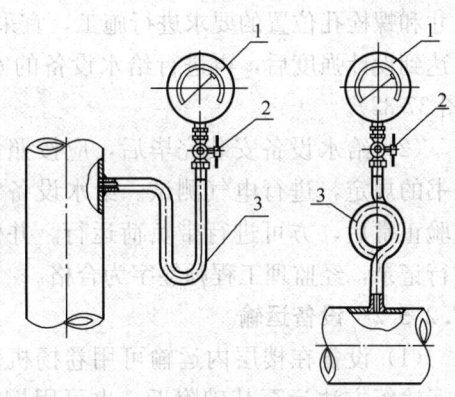

图37-31 压力表安装示意图
1—压力表；2—三通旋塞；3—环形管

（4）取压部件一般不得伸入设备和管道内壁，应保证内部平齐。

（5）安装取压部件时，不宜采取气焊切割开孔。

（6）压力表应安装在便于观察和吹洗的位置，并防止受高温、冰冻和振动的影响。

（7）应有环形管。压力表和环形管之间应安装旋塞。

（8）压力表的刻度极限值，应为工作压力的1.5~2倍，精度等级为1.6级。

37.2.4.3 阀门安装

（1）水平管道上的阀门安装位置尽量保证手轮朝上或者倾斜45°或者水平安装，不得朝下安装。

（2）阀门法兰盘与钢管法兰盘相互平行，一般误差应小于2mm，法兰要垂直于管道中心线，选择适合介质参数的垫片置于两法兰盘的中心密封面上。

（3）连接法兰的螺栓、螺杆突出螺母的长度不宜大于螺杆直径的1/2。螺栓同法兰配套，安装方向一致；法兰平面同管轴线垂直，焊接时要把法兰的螺孔与阀门的螺孔先对好，然后焊接。

（4）安装阀门时注意介质的流向，水流指示器、止回阀、减压阀及截止阀等阀门不允许反装。阀体上标识箭头，应与介质流动方向一致。

（5）螺纹式阀门，要保持螺纹完整，按介质不同涂以密封填料，拧紧后螺纹要有3扣的预留量，以保证阀体不致拧变形或损坏。

（6）过滤器：安装时要将清扫部位朝下，并要便于拆卸。

（7）明杆阀门不能安装在潮湿的地下室，以防阀杆锈蚀，阀杆上可涂裹黄油防腐。

（8）较重的阀门吊装时，不允许将钢丝绳拴在阀杆手轮及其他传动杆件和零件上，而应拴在阀体的法兰处。

（9）塑料给水管道中，阀门可以采用配套产品，其阀门型号、承压能力必须满足设计要求，符合现行国家标准《生活饮用水卫生标准》GB 5749 要求。

37.2.5 水泵及水泵房安装

37.2.5.1 施工要求

（1）给水设备在安装前，应按设计图纸对设备基础的混凝土强度、坐标、标高、几何尺寸和螺栓孔位置的要求进行施工，宜采用预留螺栓孔洞的方法，进行二次灌浆。待混凝土达到设计强度后，再进行给水设备的安装。立式水泵的减振装置不得采用弹簧减振器（图 37-32）。

（2）给水设备安装完毕后，应按照设备说明书的规定，进行电气测试。给水设备无负荷试验正常后，方可进行带负荷运行。并做好试运行记录，经监理工程师签字为合格。

37.2.5.2 设备运输

（1）设备在楼层内运输可用卷扬机牵引拖排运输等方法运至基础附近，也可用捯链、撬棍、滚杠等拖运，有条件时可用铲车运送。

（2）不得将钢丝绳、索具直接绑在设备的非承力外壳或加工面上，钢丝绳与设备接触处要用软木条或胶皮垫等保护，避免划伤设备。

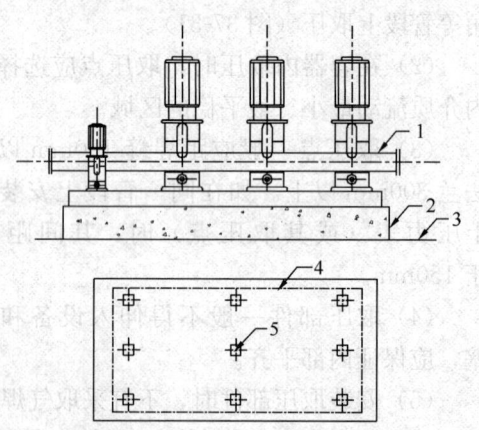

图 37-32 水泵基础示意图
1—吸入管；2—水泵基础；3—地面；
4—水泵基座；5—螺栓

（3）严禁碰撞与敲击设备，以保证设备运输、装卸安全。

（4）因吊装及运输需要，需拆卸设备的部件时，按设备部件装配的相反顺序来拆卸，并及时在其非工作面上作上标记，避免以后装配时发生错误。

（5）由于受到层高及高度的限制，当设备无法吊送到位时，要搭设专用平台，先将设备吊送至平台上，再用拖排运至室内。

37.2.5.3 基础验收复核

（1）土建移交设备基础时，组织施工班组依照土建施工图及提交的有关技术资料和各种测量记录、安装图和设备实际尺寸对基础进行验收，并做好记录。

（2）具体验收内容包括以下各项：

1）检查土建提供的中心线、标高点是否准确。

2）对照设备和工艺图检查基础的外形尺寸、标高及相互位置尺寸等。

3）基础外观不得有裂纹、蜂窝、空洞、露筋等缺陷。

4）所有遗留的模板和露出混凝土的钢筋等必须清除，并将设备安装场地及地脚螺栓孔内的脏物、积水等全部清除干净。

5）设备基础部分的偏差必须符合表 37-39 的要求。

设备基础部分的偏差 表37-39

项次	项目		允许偏差（mm）	检验方法
1	基础坐标值		20	经纬仪、拉线和尺量检查
2	基础各不同平面的标高		0，-20	水准仪、拉线尺量检查
3	基础平面外形尺寸		20	尺量检查
4	凸台上平面尺寸		0，-20	
5	凹穴尺寸		+20，0	
6	基础上平面水平度	每米	5	水平仪（水平尺）和楔形塞尺检查
		全长	10	
7	竖向偏差	每米	5	经纬仪或吊线和尺量检查
		全高	10	
8	预埋地脚螺栓	标高（顶端）	+20，0	水准仪、拉线和尺量检查
		中心距（根部）	2	
9	预留地脚螺栓孔	中心位置	10	尺量检查
		深度	-20，0	
		孔壁垂直度	10	吊线和尺量检查
10	预埋活动地脚螺栓锚板	中心位置	5	拉线和尺量检查
		标高	+20，0	
		水平度（带槽锚板）	5	水平尺和楔形塞尺检查
		水平度（带螺纹孔锚板）	2	

37.2.5.4 水泵机组安装

1. 水泵机组安装

（1）带底座水泵的安装（图37-33）：

1）安装带底座的小型水泵时，先在基础面和底座面上划出水泵中心线，然后将底座吊装在基础上，套上地脚螺栓和螺母，调整底座位置，使底座上的中心线和基础上的中心线一致。

2）垫铁的平面尺寸一般为：60mm×800mm～100mm×150mm，厚度为10～20mm。垫铁一般放置在底座的地脚螺栓附近。每处叠加的数量不宜多于三块。

3）垫铁找平后，拧紧设备地脚螺栓上的螺母，并对底座水平度再次进行复核。

4）底座装好后，把水泵吊放在底座上，并对水泵的轴线、进、出水口中心线和水泵的水平度进行检查和调整。

5）如果底座上已装有水泵和电动机时，

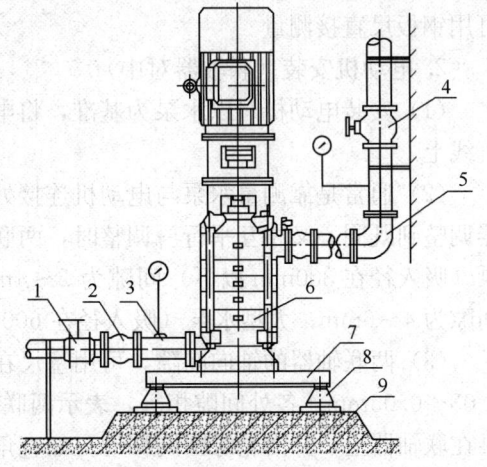

图37-33 带底座水泵安装图
1—球阀；2—挠性接头；3—取压直管；
4—闸阀；5—弯管；6—水泵；7—联结板；
8—JGD隔振器；9—水泥台座

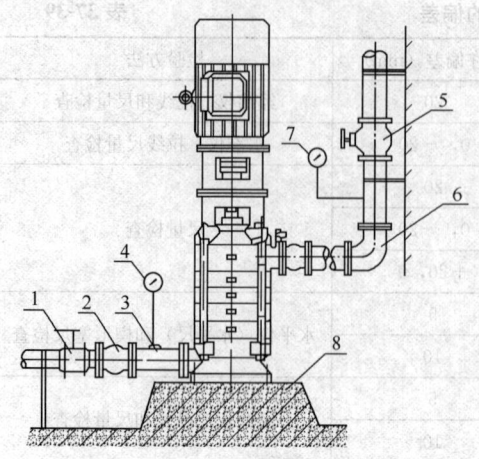

图 37-34　无共用底座水泵安装图
1—球阀；2—挠性接头；3—取压直管；
4—压力表；5—闸阀；6—弯管；
7—压力表；8—水泥台座

可以不卸下水泵和电动机而直接进行安装，其安装方法与无共用底座水泵的安装方法相同。

(2) 无共用底座水泵的安装（图37-34）：

1) 安装顺序是先安装水泵，待其位置与进出水管的位置找正后，再安装电动机。吊水泵可采用三角架，钢线绳不能系在泵体上，轴承架上，只能系在吊装环上。

2) 水泵就位后应进行找正。找正找平要在同一平面内两个或两个以上的方向上进行，找平要根据要求用垫铁调整精度，不得用松紧地脚螺栓或其他局部加压的方法调整。

3) 中心线找正：用墨线在基础表面弹出水泵的纵横中心线。然后在水泵的进水口中心和轴的中心分别用线坠吊垂线，移动水泵，使线锤尖和基础表面的纵横中心线相交。

4) 水平找正：水平找正可用水准仪或0.1～0.3mm/m精度的水平尺测量。小型水泵一般用水平尺测量。操作时，把水平尺放在水泵轴上测其轴向水平，调整水泵的轴向位置，使水平尺气泡居中，误差不应超过0.1mm/m，然后把水平尺平行靠边在水泵进出水口法兰的垂直面上，测其径向水平。大型水泵找平可用水准仪或吊垂线法进行测量。吊垂线法是将垂线从水泵进出口吊下，如用钢板尺测出法兰面距垂线的距离，上下相等，即为水平；若不相等，说明水泵不水平，应进行调整，直到上下相等为止。

5) 标高找正：标高找正的目的是检查水泵轴中心线的高程是否与设计要求的安装高程相符，以保证水泵能在允许的吸水高度内工作。标高找正可用水准仪测量，小型水泵也可用钢板尺直接测量。

2. 电动机安装（联轴器对中）

(1) 安装电动机时以水泵为基准，将电动机轴中心调整到与水泵的轴中心线在同一条直线上。

(2) 通常是靠测量水泵与电动机连接处两个联轴器的相对位置来完成。即把两个联轴器调整到既同心又相互平行。调整时，两联轴器间的轴向间隙，应符合下列要求：小型水泵（吸入径在300mm以下）间隙为2～4mm；中型水泵（吸入径在350～500mm以下）间隙为4～6mm；大型水泵（吸入径在600mm以上）间隙为4～8mm。

(3) 两联轴器的轴向间隙，可用塞尺在联轴器间的上下左右四点测得；塞尺片最薄为0.03～0.05mm。各处间隙相等，表示两联轴器平行。测定径向间隙时，可把直角尺一边靠在联轴器上，并沿轮缘圆周移动。如直角尺各点都和两个轮缘的表面靠紧，则表示联轴器同心。

(4) 在安装过程中，应同时填写"水泵安装记录"。

3. 潜水泵安装

安装前制造厂为防止部件损坏而包装的防护粘贴不得提早撕离，底座安装要调整水平，水平度不大于1/1000，安装位置和标高符合设计要求，平面位置偏差要小于±10mm，标高偏差不大于±20mm；潜水泵出水法兰面必须与管道连接法兰面对齐、平直紧密。

4. 水泵隔振措施

（1）水泵机组隔振方式应采用支承式，当设有惰性块或型钢机座时隔振元件应设置在惰性块或型钢机座的下面。

（2）橡胶隔振器或弹簧隔振器安装见图37-35，橡胶隔振垫安装见图37-36。SD型橡胶隔振垫安装见图37-37。

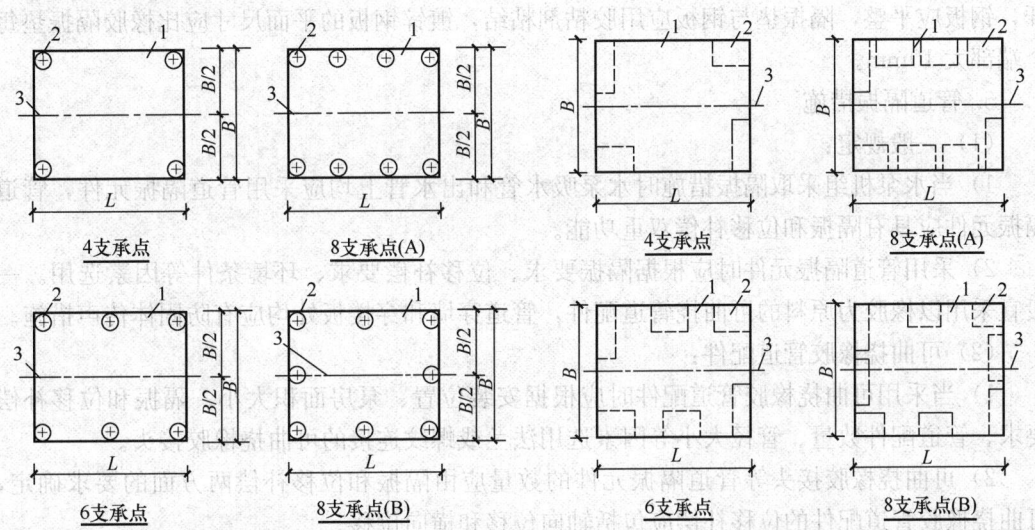

图37-35 橡胶隔振器或弹簧隔振器安装平面示意图　　图37-36 橡胶隔振垫安装平面示意图
1—基座；2—橡胶隔振器或弹簧隔振器；　　　　　　　1—基座；2—橡胶隔振垫；
3—水泵机组中轴线　　　　　　　　　　　　　　　　3—水泵机组中轴线

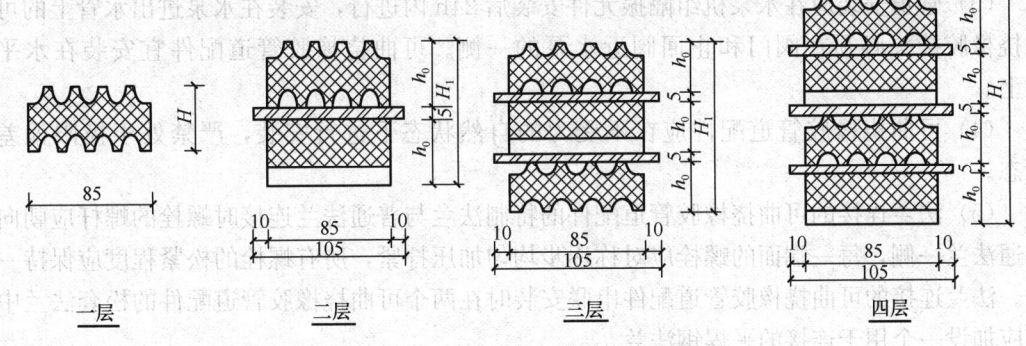

图37-37 SD型橡胶隔振垫安装图

（3）隔振元件应按水泵机组的中轴线作对称布置，橡胶隔振垫的平面布置可按顺时针方向或逆时针方向布置，当机组隔振元件采用六个支承点时，其中四个布置在惰性块或型钢机座四角，另两个应设置在长边线上。

（4）卧式水泵机组隔振安装橡胶隔振垫或阻尼弹簧隔振器时，一般情况下橡胶隔振垫和阻尼弹簧隔振器与地面及与惰性块或型钢机座之间无需粘结或固定。

（5）立式水泵机组隔振安装使用橡胶隔振器时在水泵机组底座下宜设置型钢机座并采

用锚固式安装,型钢机座与橡胶隔振器之间应用螺栓加设弹簧垫圈固定。在地面或楼面中设置地脚螺栓,橡胶隔振器通过地脚螺栓固定在地面或楼面上,橡胶隔振垫的边线不得超过惰性块的边线。

(6) 型钢机座的支承面积应不小于隔振元件顶部的支承面积,橡胶隔振垫单层布置频率比不能满足要求时可采取多层串联布置,但隔振垫层数不宜多于五层,串联设置的各层橡胶隔振垫其型号、块数、面积及橡胶硬度均应完全一致。

(7) 橡胶隔振垫多层串联设置时每层隔振垫之间用厚度不小于4mm的镀锌钢板隔开,钢板应平整,隔振垫与钢板应用胶粘剂粘结,镀锌钢板的平面尺寸应比橡胶隔振垫每个端部大10mm。

5. 管道隔振措施

(1) 一般规定:

1) 当水泵机组采取隔振措施时水泵吸水管和出水管上均应采用管道隔振元件,管道隔振元件应具有隔振和位移补偿双重功能。

2) 采用管道隔振元件时应根据隔振要求、位移补偿要求、环境条件等因素选用。一般宜采用以橡胶为原料的可曲挠管道配件,管道穿墙和穿楼板处均应有防固体传声措施。

(2) 可曲挠橡胶管道配件:

1) 当采用可曲挠橡胶管道配件时应根据安装位置、泵房面积大小、隔振和位移补偿要求、管道配件数量、管径大小等因素选用法兰或螺纹连接的可曲挠橡胶接头。

2) 可曲挠橡胶接头等管道隔振元件的数量应由隔振和位移补偿两方面的要求确定,可曲挠橡胶管道配件的位移补偿应包括轴向位移和横向位移。

3) 可曲挠橡胶管道配件的橡胶材料应根据流体介质成分、温度等环境条件确定,用于生活饮水管道的可曲挠橡胶管道配件其水质仍应符合饮用水水质标准;水泵出水管的可曲挠橡胶管道配件应按工作压力选用;用于水泵吸水管时应按真空度选用取。

(3) 管道安装应在水泵机组隔振元件安装后24h内进行,安装在水泵进出水管上的可曲挠橡胶接头必须在阀门和止回阀近水泵的一侧。可曲挠橡胶管道配件宜安装在水平管上。

(4) 可曲挠橡胶管道配件应在不受力的自然状态下进行安装,严禁处于极限偏差状态。

(5) 法兰连接的可曲挠橡胶管道配件的特制法兰与普通法兰连接时螺栓的螺杆应朝向普通法兰一侧,每一端面的螺栓应对称逐步均匀加压拧紧,所有螺栓的松紧程度应保持一致。法兰连接的可曲挠橡胶管道配件串联安装时在两个可曲挠橡胶管道配件的松套法兰中间应加设一个用于连接的平焊钢法兰。

6. 室内给水设备安装的允许偏差

应符合表37-40的规定。

7. 地脚螺栓灌浆及二次灌浆

(1) 找正找平、隐蔽工程检查合格后方可进行预留孔灌浆工作。用比基础混凝土强度等级高一级的细石混凝土浇灌,捣固密实,且不影响地脚螺栓和安装精度。

(2) 强度达到设计强度的75%以上时,方可进行设备的精平及紧固地脚螺栓工作。最终找正找平后将地脚螺栓拧紧,每组垫铁点焊牢固。

(3) 拧紧螺栓时应对称、均匀,并保持满足螺栓的外露螺纹 2~3 扣的要求。

水泵设备安装的允许偏差和检验方法　　　　表 37-40

项次	项目		允许偏差 (mm)	检验方法
1	离心式水泵	立式泵体垂直度 (m)	0.1	水平尺和塞尺检查
		卧式泵体垂直度 (m)	0.1	水平尺和塞尺检查
	联轴器同心度	轴向倾斜 (每米)	0.8	在联轴器互相垂直的四个位置上用水准仪、百分表或测微螺钉和塞尺检查
		径向位移	0.1	

(4) 在隐蔽工程检查合格、最终找正找平并检查合格后 24h 内进行二次灌浆工作。二次灌浆要敷设外模板,模板拆除后表面要抹面处理。一台设备要一次浇灌完成。

8. 水泵配管

(1) 在水泵二次灌浆混凝土强度达到 75%,水泵经过精校后,可进行配管安装。

(2) 配管时,管道与泵体连接不得强行组合连接,且管道重量不能附加在泵体上 (图 37-38)。

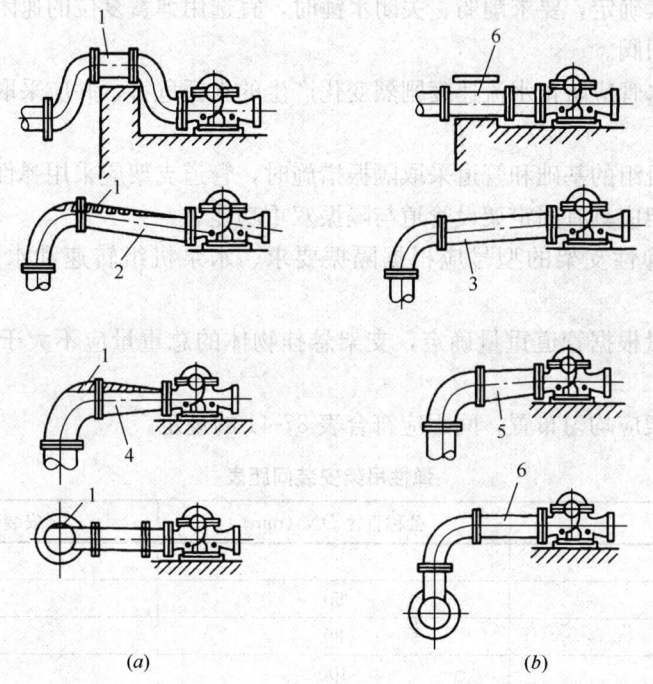

图 37-38　水泵接管安装要求
(a) 不正确;(b) 正确

1—气囊;2—向水泵下降;3—向水泵上升;4—同心大小头;5—偏心大小头;6—直管段

(3) 对水平吸水管有以下几点要求:

1) 水泵吸水管道如变径,应采用偏心大小头,并使平面朝上,带斜度的一段朝下 (以防止产生"气囊")。

2) 为防止吸水管中积存空气而影响水泵运转,吸水管的安装应具有沿水流方向连续上升的坡度接至水泵入口，坡度应小于0.005。

3）吸水管道靠近水泵进水口处，应有一段长约2～3倍管道直径的直管段，避免直接安装弯头，否则水泵进水口处流速不均匀，使流量减少。

4）水泵底阀与水底距离，一般不小于底阀或吸水喇叭口的外径；水泵出水管安装止回阀和阀门，止回阀应安装在靠近水泵一侧。

9. 减振降噪措施

(1) 建筑物内的给水泵房，应采用下列减振防噪措施：

1）应选用低噪声水泵机组。

2）吸水管和出水管上应设置减振装置。

3）水泵机组的基础应设置减振装置。

4）管道支架、吊架和管道穿墙、楼板处，应采取防止固体传声措施。

5）必要时，泵房的墙壁和顶棚应采取隔声、吸声处理。

(2) 隔声防噪要求严格的场所，给水管道的支架应采用隔振支架；配水管起端宜设置水锤消除装置；配水支管与卫生器具配水件的连接宜采用软管连接。

(3) 止回阀选型应根据止回阀安装部位、阀前水压、关闭后的密闭性能要求和关闭时引发的水锤等因素确定，要求削弱、关闭水锤时，宜选用弹簧复位的速闭止回阀或后阶段有缓闭功能的止回阀。

(4) 压力输水管应防止水流速度剧烈变化产生的水锤危害，并应采取有效的水锤防护措施。

(5) 当水泵机组的基础和管道采取隔振措施时，管道支架应采用弹性支架。

(6) 弹性支架应具有固定架设管道与隔振双重功能。

(7) 框架式弹性支架的型号应根据隔振要求、水泵机组转速和水泵机组安装位置确定。

(8) 支架数量根据管道重量确定，支架悬挂物体的总重量应不大于支架容许额定荷载量。

(9) 弹性吊架应均匀布置，间距应符合表37-41的规定。

弹性吊架安装间距表　　　　　表37-41

序号	公称直径DN (mm)	安装间距 (m)
1	25	2～3
2	50	2.5～3.5
3	80	3～4
4	100	5～6
5	125	7～8
6	150	8～10

10. 多功能水泵控制阀安装

(1) 多功水泵控制阀应设置在单向流动的管道上，其设置应方便维修。

(2) 多功能水泵控制阀可设置在水平管道或立管上。水平安装时，阀盖必须朝上；立式安装时，介质流向必须向上。

(3) 多功能水泵控制阀宜设置在水泵出口处，其出口端应设置检修用的阀门，不应另设止回阀。

（4）多功能水泵控制阀的进水口和出水口宜安装压力表。

（5）每台水泵出口处应单独设置多功能水泵控制阀。多功能水泵控制阀可与水泵一起采取多台并联的安装方式。

（6）在管道可能产生水柱中断的部位，应装有真空破坏阀。

（7）配置多功能水泵控制阀的水泵，在水泵进水管道上不宜设置底阀；当必须设置底阀时，应采用缓闭式底阀。

（8）当多功能水泵控制阀的出口静压与进口静压之差小于 0.05MPa 时，应设高位补给水箱或采取其他能增大阀门出口与进口间静压差的技术措施。

（9）安装前应先检查阀门各部件是否完好，确保紧固件齐全、无松动。

（10）安装时应注意阀体上箭头指示方向与水流方向一致，不得反装。

（11）安装后，应检查阀体与管路连接是否紧固。

11. 消防供水设施安装与施工

（1）消防水泵、消防水箱、消防气压给水设备、消防水泵接合器等供水及其附属管道的安装，应消除其内部污垢和杂物。安装中断时，其敞口处应封闭。

（2）供水设施安装时，其环境温度不应低于 5℃。

12. 消防水泵、稳压泵的安装

（1）应符合现行国家标准《机械设备安装工程施工及验收通用规范》GB 50231 的有关规定。

（2）当设计无要求时，消防水泵的出水管上应安装止回阀和压力表，并宜安装检查和试水用的放水阀门，消防水泵泵组的总出水管上还应安装压力表和泄压阀，安装压力表时应加设缓冲装置。压力表和缓冲装置之间安装旋塞，压力表量程应为工作压力的 1.5～3 倍。

（3）吸水管及其附件的安装应符合下列要求：

1）吸水管上的控制阀应在消防水泵固定于基础上之后再进行安装，其直径不应小于消防水泵吸水直径，且不应采有蝶阀。

2）当消防水泵和消防水池位于独立的两个基础上且为刚性连接时，吸水管上应加设柔性连接管。

37.2.6　水池、水箱及其配管安装

37.2.6.1　水箱安装

1. 水箱安装

（1）作好设备检查，并填写"设备开箱记录"。水箱如在现场制作，应按设计图纸或标准图进行。

（2）设备吊装就位，进行校正找平工作。

（3）按设计要求现场制作成水箱后须作满水试验。

（4）水箱支架或底座安装，其尺寸及位置应符合设计规范规定，埋设平整牢固，美观大方，防腐良好。

（5）按图纸安装进水管、出水管、溢流管、排污管、水位信号管等。水箱溢流管和泄

放管应设置在排水地点附近，但不得与排水管直接连接。

(6) 水箱水位计下方应设置带冲洗的角阀，生活给水系统总供水管上应设置消毒装置(图37-39)。

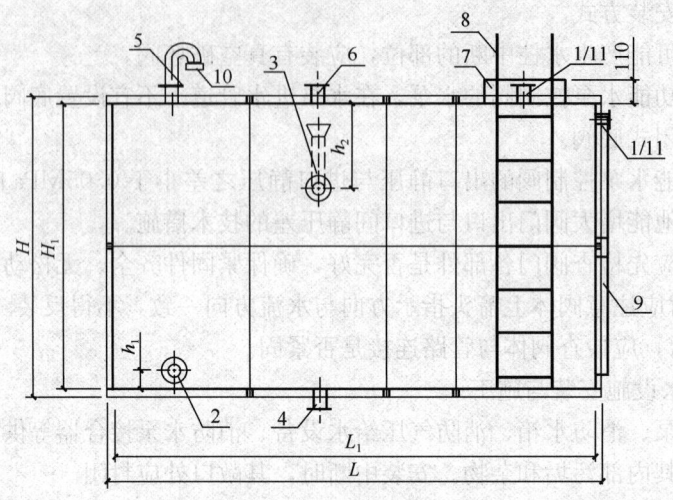

图 37-39　水箱立面图
1—进水管；2—出水管；3—溢流管；4—排污管；5—通气管；6—水位信号管；
7—人孔；8—外人梯；9—水位计；10—防虫网；11—锁

2. 消防水箱安装

(1) 消防水箱的容积、安装位置应符合设计要求。消防水箱间的主要通道宽度不应小于0.7m；消防水箱顶部至楼板或梁底的距离不得小于0.6m。

(2) 消防水箱的溢流管、泄水管不得与生产或生活用水的排水系统直接相连。

3. 消防气压给水设备安装

消防气压给水设备安装位置，进水管及出水管方向，应符合设计要求，安装时其四周应预留检修通道，其宽度不应小于0.7m，消防气压给水设备顶部至楼台板或梁底的距离不得小于1m。

37.2.6.2　室内给水水泵及水箱安装的允许偏差

(1) 室内给水水泵及水箱安装的允许偏差和检验方法见表37-42所示。

室内给水水泵及水箱安装的允许偏差和检验方法　　　　表37-42

项次	项	目	允许偏差（mm）	检验方法
1	静止设备	坐标	15	经纬仪或拉线、尺量检查
		标高	±5	水准仪、拉线和尺量检查
		垂直度（每米）	5	吊线和尺量检查
2	离心式水泵	立式泵体垂直度（每米）	0.1	水平尺和塞尺检查
		卧式泵体水平度（每米）	0.1	水平尺和塞尺检查
		联轴器同心度	轴向倾斜（每米）	0.8	在联轴器互相垂直的四个位置上用水准仪、百分表或测微螺钉和塞尺检查
			径向位移	0.1	

(2) 管道及设备保温层的厚度和平整度的允许偏差和检验方法应符合表 33-43 的规定。

管道及设备保温层的厚度和平整度的允许偏差和检验方法　　表 33-43

项次	项目		允许偏差（mm）	检验方法
1	厚度		$+0.1\delta$ -0.05δ	用钢针刺入
2	表面平整度	卷材	5	用 2m 靠尺和楔形塞尺检查
		涂抹	10	

注：δ 为保温层厚度。

37.2.6.3　给水设备试验与检验

1. 设备耐压及严密性试验

(1) 设备耐压和严密性试验用以验证设备无变形（局部膨胀、延伸）及泄漏等各种异常现象，在设计压力下检测设备有无微量渗透。

(2) 耐压和严密性试验可分别采用水压进行。

(3) 图纸标明的不耐压部件要用盲板隔离或拆除。

(4) 试验时在设备的最高、低处安装压力表，以最高处的读数为准。

(5) 对注明无须作耐压试验的设备可只作严密性试验。

2. 水箱试验

(1) 敞口水箱的满水试验：将水箱充满水，经 2～3h 后用锤（一般 0.5～15kg）沿焊缝两侧约 150mm 的部位轻敲，不得有漏水现象；若发现漏水部位须重新焊接，再进行试验。

(2) 敞口水箱的满水试验和密闭水箱（罐）的水压试验如无设计要求，应符合下列规定：敞口箱、罐安装前，应作满水试验；满水试验静置 24h 观察，不渗不漏为合格。密闭箱、罐，水压试验在试验压力下 10min 压力不下降，不渗不漏为合格。

37.2.6.4　设备保温

1. 设备胶泥结构保温

(1) 设备胶泥保温结构的做法及所用的保温材料与管道保温基本相同。如图 37-40 所示。

(2) 保温钩钉：

保温钩钉用直径 5～6mm 的圆钢制作。将设备外壁清扫干净，焊保温钩钉，间距 250～300mm。

(3) 涂抹与外包：

刷防锈漆后，再将已经拌合好的保温胶泥分层进行涂抹。第一层可用较稀的胶泥散敷，厚度为 3～5mm，待完全干燥后再敷第二层，厚度为 10～15mm。第二层干燥后再敷第三层，厚度为 20～25mm。以后分层涂抹，直至达到设计要求厚度为止。然后外包镀锌钢丝网一层，用镀锌

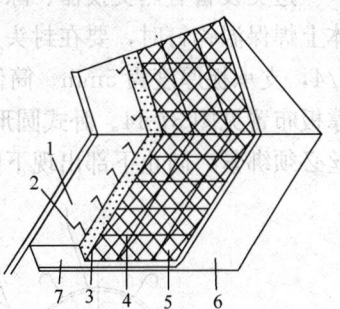

图 37-40　胶泥保温结构
1—热力设备；2—保温钩钉；
3—保温层；4—镀锌钢丝；
5—镀锌钢丝网；6—保护层；
7—支承板

钢丝绑在保温钩钉上。如果保温厚度在 100mm 以上或形状特殊，保温材料容易脱落的，可用两层镀锌钢丝网，外面再做 15～20mm 的保护层。保护层应抹成表面光滑无裂缝。

（4）保温层厚度均匀，结构牢固，无空鼓；表面平整度允许偏差10mm；厚度允许偏差－5‰～＋10‰。

2. 平壁设备保温结构

保温预制板的纵横接缝要错开。但每层要分别固定，而且内外层纵横接缝要错开，板与板之间的接缝必须用相同的保温材料填充。在外面再包上镀锌钢丝网，平整地绑在保温钩钉上，为做保护层作准备。最后做石棉水泥或其他保护层，涂抹时必须有一部分透过镀锌钢丝网与保温层接触。外表面一定要抹得平整、光滑、棱角整齐，而且不允许有镀锌钢丝或镀锌钢丝网露出保护层外表面。

3. 立式圆形设备保温结构

该类设备有立式热交换器、给水箱、软水罐、塔类等。保温钩钉布置结构见图37-41、图37-42所示。

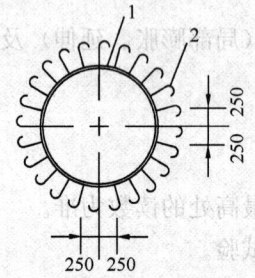 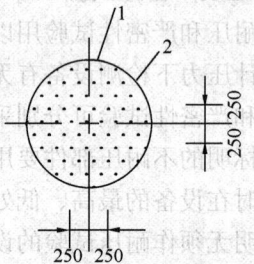

图37-41 筒体上保温钩钉布置　　图37-42 顶部及底部封头保温钩钉布置
1—筒体；2—保温钩钉　　　　　1—顶部或底部封头；2—保温钩钉

施工方法与平壁设备保温结构基本相同，敷设保温板材宜根据筒体弧度制成的弧形瓦，如果筒体直径很大时，可用平板的保温板材进行施工。

4. 卧式圆形设备保温结构

这类设备有热交换器、除氧器以及其他设备。施工方法基本与立式圆形设备相同。筒体上焊保温钩钉时，要在封头及筒体中间焊接水平支承板，支承板的宽度为保温层厚度的3/4，支承板厚度为5mm。筒体保温钩钉及支撑板布置见图37-43；封头上保温钩钉及支撑板布置见图37-44。卧式圆形设备上半部施工比较方便，封头及下半部施工较困难。钢丝必须绑紧，防止下部出现下坠现象。外面包上镀锌钢丝网，再包保护层。

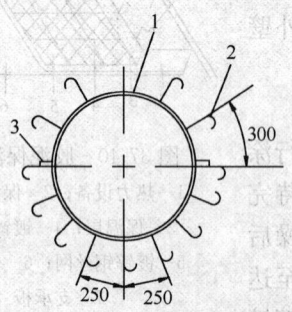 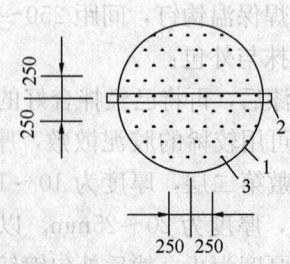

图37-43 卧式设备上保温钩钉及支承板布置　　图37-44 封头上保温钩钉及支承板布置
1—卧式圆形设备筒体；2—保温钩钉；3—支撑板　　1—封头；2—支承板；3—保温钩钉

5. 设备自锁垫圈结构保温

(1) 保温钉及自锁垫圈的制作：

各种不同类型的保温钉分别用直径 6mm 的圆钢、尼龙、锌锌薄钢板制作。保温钉的直径应比自锁垫圈上的孔大 0.3mm。

自锁垫圈用厚度 0.5mm 的镀锌钢板制作，制作工艺如下：下料→冲孔→切开→压筋。用模具及冲床冲制。

(2) 施工方法：

先将设备表面除锈，清扫干净，焊保温钉，涂刷防锈漆，保温钉的间距应按保温板材或棉毡的外形尺寸来确定，一般为 250mm 左右，但每块保温板以不少于两个保温钉为宜。然后敷设保温板，卡在保温钉上，使保温钉露出头，再将镀锌钢丝网敷上，用自锁垫圈嵌入保温钉上，压紧镀锌钢丝网，嵌入后保温钉至少应露出 5～6mm。镀锌钢丝网必须平整并紧贴在保温材料上，外面做保护层。圆形设备、平壁设备施工方法相同，但底部封头施工比较麻烦，敷上保温材料就要嵌上自锁垫圈，然后再敷设镀锌钢丝网，在镀锌钢丝网外面再嵌一个自锁垫圈，这样做是防止底部或曲率过大部分的保温材料下沉或翘起，最后做保护层。

37.2.7 气压给水设备安装

气压给水设备各部件组成如图 37-45 所示。

气压给水设备安装应符合下列要求。

1. 设备基础及定位

气压给水设备安装位置，进水管及出水管方向，应符合设计要求，安装时其四周应设检修通道，其宽度不应小于 0.7m。消防气压给水设备顶部至楼台板或梁底的距离不得小于 0.6m。

2. 气压给水设备安装

(1) 气压给水设备的气压罐，其容积、气压、水位及工作压力应符合设计要求。

(2) 气压给水设备上的安全阀、压力表、泄水管、水位指示器等的安装应符合产品使用说明书的要求。

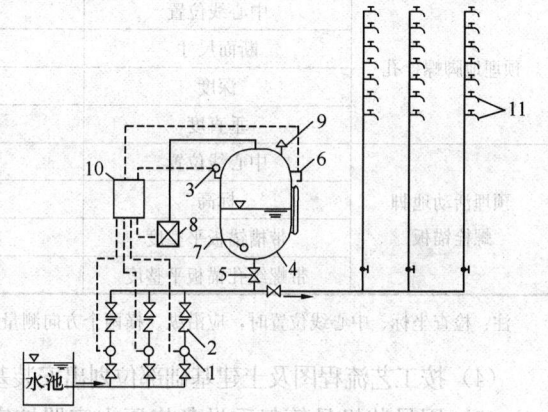

图 37-45　气压供水设备
1—水泵；2—止回阀；3—压力信号器；4—气压水罐；
5—阀门；6—液位信号器；7—排气阀；8—补气装置；
9—安全阀；10—控制器；11—用户水龙头

(3) 稳压泵的规格、型号应符合设计要求，并应有产品合格证和安装使用说明书。

(4) 稳压泵的安装应符合现行国家标准《机械设备安装工程施工及验收通用规范》GB 50231 和《风机、压缩机、泵安装工程施工及验收规范》GB 50275 的有关规定。

37.2.8 无负压给水设备安装

1. 稳流调节器安装

(1) 安装前，对基础自检合格，对设备基础纵向、横向基线中心线以及标高基准点的有关测量资料进行复核,对其数据进行复查。

(2) 设备基础的偏差应符合规范要求(表37-44)。

(3) 根据基准点定设备放纵向中心线和横向中心线,并用油墨将各线作出标记和记录。

混凝土设备基础位置和尺寸允许偏差和检验方法　　　　表37-44

项目		允许偏差(mm)	检查方法
轴线位置		20	经纬仪及尺量检查
不同平面标高		0,-20	水准仪或拉线、尺量检查
平面外形尺寸		±20	尺量检查
凸台上平面外形尺寸		0,-20	尺量检查
凹槽尺寸		+20,0	尺量检查
平面水平度	每米	5	水平尺、塞尺检查
	全长	10	水准仪或拉线、尺量检查
垂直度	每米	5	经纬仪或吊线、尺量检查
	全高	10	经纬仪或吊线、尺量检查
预埋地脚螺栓	中心位置	2	尺量检查
	顶标高	+20,0	水准仪或拉线、尺量检查
	中心距	±2	尺量检查
	垂直度	5	吊线、尺量检查
预埋地脚螺栓孔	中心线位置	10	尺量检查
	断面尺寸	+20,0	尺量检查
	深度	+20,0	尺量检查
	垂直度	10	吊线、尺量检查
预埋活动地脚螺栓锚板	中心线位置	5	尺量检查
	标高	+20,0	水准仪或拉线、尺量检查
	带槽锚板平整度	5	钢尺、塞尺检查
	带螺纹孔锚板平整度	2	钢尺、塞尺检查

注:检查坐标、中心线位置时,应沿纵、横两个方向测量,并取其中偏差的较大值。

(4) 按工艺流程图及土建基础部位划出安装基础线及定位标记,并检验是否符合要求。

(5) 用吊装机具等起重设备将压力容器按定位标记吊装就位。

(6) 调整找正设备使其与基准标记重合,并加以固定。

(7) 稳流调节器支座应符合《容器支座　第1部分:鞍式支座》NB/T 47065.1的规定。

(8) 稳流调节器的承压焊缝,应采用氩弧焊和自动电弧焊,焊丝应符合《焊接用不锈钢丝》YB/T 5092的规定,焊接坡口形式和尺寸应符合现行国家标准《气焊、焊条电弧焊、气体保护焊和高能束焊的推荐坡口》GB/T 985.1的规定,焊缝高度不应小于母材厚度,焊缝与母材应圆滑过渡,表面不应有裂纹、未焊缝、未熔合、咬边、气孔、弧坑、未填满和肉眼可见的夹渣等缺陷。对于稳流调节器A类、B类的承压焊缝按《承压设备无损检测　第2部分:射线检测》NB/T 47013.2的要求进行局部无损检测,不应低于NB/T 47013.2要求的AB级检测技术等级,且不低于Ⅲ级。

2. 水泵安装

(1) 设备配置的水泵应优先选用低噪声和高效率的不锈钢离心泵。应具有生产许可证，符合产品标准的规定，且有产品合格证。水泵性能应符合现行国家标准《离心泵技术条件（Ⅲ类）》GB/T 5657的规定，与水泵配套的电机性能应符合《旋转电机定额和性能》GB/T 755的规定。

（2）水泵连接管的内部和管端清洗干净，管中无杂物，密封面和螺纹不损伤，管道设置支架，连接法兰端面平行，螺纹管接头轴线对中，不借法兰螺栓或管道接头强行连接管道。

（3）水泵与管道连接后，复检水泵的原找正精度，发现偏差及时调整管道，水泵与管道连接后，不在管道上进行焊接或气割，确因需要拆下管道时应采取必要措施，以防渣物进入水泵。

（4）与水泵有关的润滑、密封、冷却和液压系统的管道清洗干净，保持畅通。

（5）水泵安装后进行水泵及附属系统的运转调试，保证运转良好，仪表信号指示正常。

（6）在泵的进、出口管路上安装调节阀，在泵出口附近安装压力表，以控制泵在额定工况内运行，确保泵的正常使用。

（7）排出管路如装止回阀应装在闸阀的外面。

（8）在水泵的进水总管与出水总管之间，绕过水泵机组宜设有旁通管路，旁通管路的公称直径不应小于单台泵出水管的直径，应装设止回阀。在市政给水管网的最高压力不能满足设备供水区域最低点的供水压力要求时，可不加旁通管路系统。

3. 管路、阀门及仪表安装

（1）管道、管件和法兰应采用不锈钢材质，且化学成分不应低于对奥氏体不锈钢06Cr19Ni10（S30408）的要求。对于公称直径不小于50mm的管道壁厚应不小于3mm，应采用无缝钢管，且符合现行国家标准《钢制对焊管件　类型与参数》GB/T 12459的规定。管道和管件的公称压力或最大允许工作压力不应小于其最高工作压力。

（2）管道与设备、阀门的连接应采用法兰连接。各连接法兰及法兰盖不应低于管道的设计压力，且应符合现行国家标准《钢制管法兰　第1部分：PN系列》GB/T 9124.1和《钢制管法兰　第2部分：Class系列》GB/T 9124.2的规定。法兰垫一定要摆放正确，螺栓预紧一定要使得每个螺栓同步上紧，避免一部分上紧后破坏垫片表面组织，造成给水后产生漏水现象。

37.2.9　给水系统调试

1. 水泵等设备调试

1）试运转前检查

① 调试前应核对水泵的技术资料。

② 清洗泵外表，检查泵体有无杂物。

③ 各紧固件连接部位、地脚螺栓的紧固情况，不得有松动。

④ 润滑状况良好，润滑油已按规定加入。

⑤ 附属设备及管路是否冲洗干净，管路是否保持畅通，吸入口有无杂物。

⑥ 盘车灵活，声音正常。

⑦ 各指示仪表、安全保护装置及电控装置应灵活、准确、可靠。

⑧ 检查所有接地装置；水泵试运转前必须进行绝缘测试。
⑨ 检查电源供应及电压是否正常。
⑩ 水泵、阀门、泵送排水管道等的安装是否符合要求。
⑪ 检查水位控制器的安装是否符合要求。
⑫ 检查水泵轴封是否有泄漏。
2) 无负荷试运转
① 全开启入口阀门，全关闭出口阀门，防止水泵启动电流过大。
② 启动泵，运转 1～3min 后停车。
③ 运转中有无不正常声响，各紧固部分无松动现象，轴承无明显的温升。
3) 负荷试运转
① 系统运行正常，其压力、温度、流量等符合设计要求。
② 泵运转无杂声，泵体无泄漏。
③ 各紧固部位无松动。
④ 电动机启动电流和负荷运转电流符合要求。
4) 减压阀的调试
① 关闭减压阀前的闸阀，开启减压阀后的闸阀，制造下游低压环境。
② 将调节螺钉按逆时针旋转至最上位置（相对最低出口压力），然后关闭减压阀后闸阀。
③ 慢慢开启减压阀前的闸阀至全开。
④ 顺时针慢慢旋转调节螺钉，将出口压力调至所需要的压力（以阀后表压为准）；调整好后，将锁紧螺母锁紧，打开减压阀后闸阀。
⑤ 如在调整时出口压力高于设定压力，须从第一步开始重新调整，即只能从低压向高压调。

2. 水池满水试验
① 满水试验的准备应符合下列规定：
a. 选定洁净、充足的水源；注水和放水系统设施及安全措施准备完毕。
b. 有盖池体顶部的通气孔、人孔盖已安装完毕，必要的防护设施和照明等标志已配备齐全。
c. 安装水位观测标尺，标定水位测针。
d. 现场测定蒸发量的设备应选用不透水材料制成，试验时固定在水池中。
e. 对池体有沉降观测要求时，应选定观测点，并测量记录池体各观测点初始高程。
② 池内注水应符合下列规定：
a. 向池内注水应分三次进行，每次注水为设计水深的 1/3；对大、中型池体，可先注水至池壁底部施工缝以上，检查底板抗渗质量，无明显渗漏时，再继续注水至第一次注水深度。
b. 注水时水位上升速度不宜超过 2m/d；相邻两次注水的间隔时间不应小于 24h。
c. 每次注水应记录 24h 的水位下降值，计算渗水量，在注水过程中和注水以后，应对池体作外观和沉降量检测；发现渗水量或沉降量过大时，应停止注水，待作出妥善处理后，方可继续注水。

　　d. 设计有特殊要求时，应按设计要求执行。

　③ 水位观测应符合下列规定：

　　a. 利用水位标尺测针观测、记录注水时的水位值。

　　b. 注水至设计水深进行水量测定时，应采用水位测针测定水位，水位测针的读数精确度应达 1/10mm。

　　c. 注水至设计水深 24h 后，开始测读水位测针的初读数。

　　d. 测读水位的初读数与末读数之间的间隔时间应不少于 24h。

　　e. 测定时间必须连续。测定的渗水量符合标准时，须连续测定两次以上；测定的渗水量超过允许标准，而以后的渗水量逐渐减少时，可继续延长观测；延长观测的时间应在渗水量符合标准时止。

　④ 蒸发量测定应符合下列规定：

　　a. 池体有盖时蒸发量忽略不计。

　　b. 池体无盖时，必须进行蒸发量测定。

　　c. 每次测定水池中水位时，同时测定水箱中的水位。

　⑤ 满水试验合格标准应符合下列规定：

　　a. 水池渗水量应按池壁（不含内隔墙）和池底的浸湿面积计算。

　　b. 钢筋混凝土结构水池渗水量不得超过 2L/（m^2·d）；砌体结构水池渗水量不得超过 3L/（m^2·d）。

3. 系统试压

1) 灌水前的检查工作

① 检查全系统管路、设备、阀件、支架等，必须安装无误。各连接处均无遗漏。

② 检查全系统试压的实际情况，检查系统上各类阀门的开、关状态，不得漏检。

③ 检查试压用的压力表灵敏度。

④ 水压试验系统中的阀门都处于全关闭状态。待试压中需要开启时再打开，控制阀门打开后，派专人巡视。

2) 向管道系统注水

用自来水从下往上向系统送水，注水时，应该将楼内给水系统最高点的阀门打开，待管道系统内的空气全部排净见水后，才可将阀门关闭，此时表明管道系统注水已满（应反复关闭数次进行验证）。

3) 向管道系统加压

管道系统注满水后，启动加压泵使系统水压逐渐升高，先升至工作压力，停泵检查，观察各部位无破裂、无渗漏时，再将压力升至试验压力。室内给水管道的水压试验必须符合设计要求。当设计未注明时，各种材质的给水管道系统试验压力均为工作压力的 1.5 倍，但不得小于 0.6MPa。金属及复合管给水管道系统在试验压力下观测 10min，压力降不应大于 0.02MPa，然后降到工作压力进行检查，应不渗不漏；塑料管给水系统应在试验压力下稳压 1h，压力降不得超过 0.05MPa，然后在工作压力的 1.15 倍状态下稳压 2h，压力降不得超过 0.03MPa，同时检查各连接处不得渗漏。

4) 泄水

系统试压合格后，放掉管道内的全部存水，特别注意将系统低处的存水泄掉。

注：给水系统中除生活给水外，还需对消火栓给水、喷淋给水等系统进行水压试验。

5) 冲洗、消毒

① 给水系统冲洗应该先冲洗底部干管，后冲洗各环路支管。冲洗前，将管道系统内的止回阀阀芯等拆除，待冲洗合格后重新安上。

② 将临时自来水接至供水水平主管向系统供水。关闭其他支管控制阀门，只开启干管末端支管最底层的阀门，由底层放水并引至排水系统内。观察出水口处水质的变化。底层干管冲洗后再依次冲洗各分支，直至全系统管路冲洗完毕为止。

③ 冲洗时水压应该大于系统供水工作压力，保证出水口的排水流速 $u \geqslant 1.5 \text{m/s}$。

④ 出水口处的管径截面不小于被冲洗管径截面的 3/5。

⑤ 冲洗前结合生活饮用水消毒规定，先进行处理，即用每升水中含 20～30mg 游离氯的水灌满管道，并在管中留置 24h 以上，然后再进行冲洗。系统通水能力、室内生活通水能力检查，按设计要求同时开放最大数量配水点，看是否全部达到额定流量。

4. 热水系统调试

1) 热水系统调试的主要内容是管道系统试压、冲洗、消毒试验，通水能力检查及水温检查。

2) 参照给水系统试压，特别应该注意将热水系统各高处的排气阀打开，防止"气堵"现象，灌满后，关闭排气阀和进水阀。

3) 参照给水系统冲洗。

4) 水温检查：热水系统由于管线较长，用水点水温调节控制是一个重要环节，能否保证远距离用水点的设计热水温度是关键，特别注意混合水阀是否正确安装。

5. 室外给水系统调试

室外给水系统的调试主要是试压、冲洗工作，参照室内给水系统试压、冲洗，由于室外整个系统管线很长，可以拆除其中部分阀门，用盲板封堵进行分段试验。

37.3 建筑灭火系统安装

37.3.1 室内外消火栓系统安装

37.3.1.1 室外消火栓系统安装

1. 安装工序

检查室外消火栓等设备→砌筑支墩→安装支管→安装消火栓和阀门→水压试验→连接管道防腐→处理管道穿井壁等间隙。

2. 室外消防管道安装要求

（1）管道安装应根据设计、压力要求选用管材。

（2）焊接管道在焊接前应清除接口处的铁锈、污垢及油脂。

（3）室外消火栓安装前，管件内外壁均涂沥青冷底子油两遍，外壁需另加热沥青两遍、面漆一遍，埋入土中的法兰盘接口涂沥青冷底子油两遍，外壁需另加热沥青两遍、面漆一遍，并用沥青麻布包严。

3. 室外消火栓栓体安装要求

(1) 室外消火栓安装按国标图集《室外消火栓及消防水鹤安装》13S201 的要求进行。消火栓安装位于人行道道沿上 1m 处，采用钢制双盘短管调整高度，短管应作内外防腐。

(2) 室外地上式消火栓安装时，消火栓顶距地面高为 640mm，立管应垂直、稳固，控制阀门井与室外消火栓的距离不应超过 1500mm，消火栓弯管底部应设支墩或支座（图 37-46）。

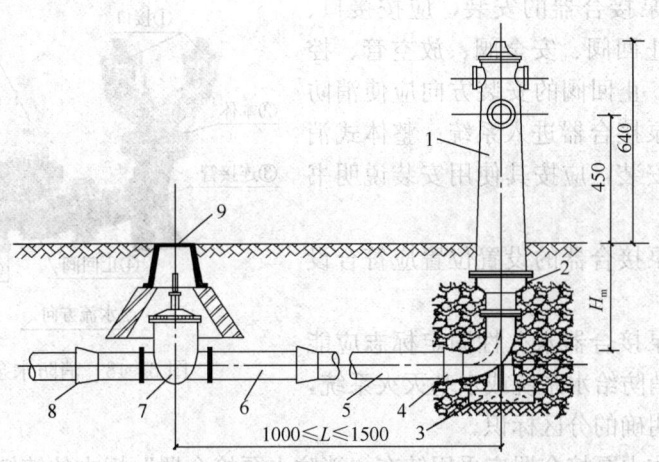

图 37-46 室外地上式消火栓安装
1—地上式消火栓；2—排水口；3—阀座；4—弯管底座；5—铸铁管；
6—短管乙；7—阀门；8—短管甲；9—阀门井盖

(3) 室外地下式消火栓应安装在消火栓井内，消火栓井一般用 MU7.5 红砖、M7.5 水泥砂浆砌筑。消火栓井内径不应小于 1m，井内应设爬梯以方便阀门的维修（图 37-47）。

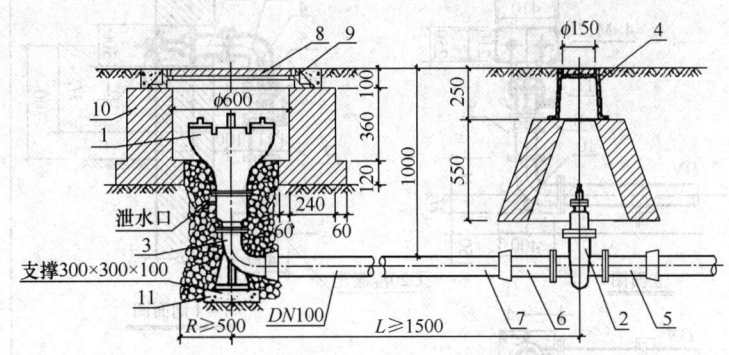

图 37-47 室外地下式消火栓安装
1—地下式消火栓；2—闸阀；3—弯管底座；4—阀门套筒；5—短管；6—短管；
7—铸铁管；8—井盖；9—井座；10—砖砌井室；11—混凝土支墩

(4) 消火栓与主管连接的三通或弯头下部位应带底座，无底座时应设混凝土支墩，支墩与三通，弯头底部用 M7.5 水泥砂浆抹成八字托座。

(5) 消火栓井内供水主管底部距井底不应小于 0.2m，消火栓顶部至井盖底距离最小不应小于 0.2m，冬期室外温度低于 −20℃ 的地区，地下消火栓井口需作保温处理。

(6) 安装室外地上式消火栓时,其放水口应用粒径为 20~30mm 的卵石做渗水层,铺设半径为 500mm,铺设厚度自地面下 100mm 至槽底。铺设渗水层时,应保护好放水弯头,以免损坏。

(7) 同一建筑物或同一小区设置的室外消火栓应采用统一规格的栓口及配件。

(8) 室外消火栓应设置明显的永久性固定标志。

4. 消防水泵接合器的安装

(1) 消防水泵接合器的安装,应按接口、本体、连接管、止回阀、安全阀、放空管、控制阀的顺序进行,止回阀的安装方向应使消防用水能从消防水泵接合器进入系统。整体式消防水泵接合器的安装,应按其使用安装说明书进行(图 37-48)。

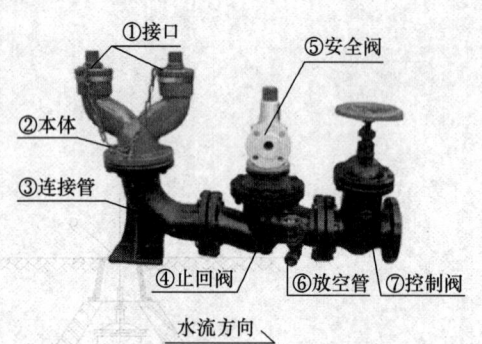

(2) 消防水泵接合器的设置位置应符合设计要求。

(3) 消防水泵接合器永久性固定标志应能识别其所对应的消防给水系统或水基灭火系统,当有分区时应有明确的分区标识。

图 37-48 消防水泵接合器

(4) 地下消防水泵接合器应采用铸有"消防水泵接合器"标志的铸铁井盖,并应在其附近设置指示其位置的永久性固定标志。

(5) 墙壁消防水泵接合器的安装应符合设计要求。设计无要求时,其安装高度距地面宜为 0.7m;与墙面上的门、窗、孔、洞的净距离不应小于 2m,且不应安装在玻璃幕墙下方(图 37-49)。

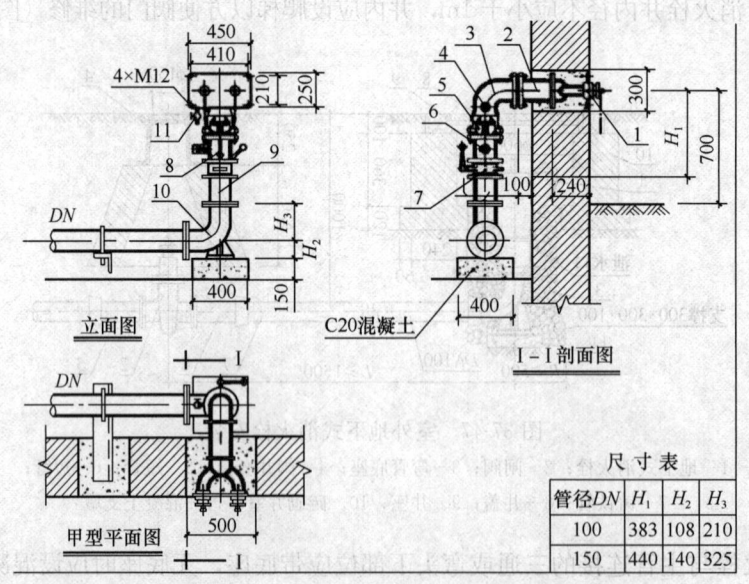

图 37-49 墙壁式水泵接合器安装示意
1—消防接口;2—法兰直管;3—弯管阀体;4—排水阀;5—止回阀;6—安全阀;
7—蝶阀;8—连接管;9—法兰直管;10—90°弯头;11—截止阀

(6) 地下消防水泵接合器的安装,应使进水口与井盖底面的距离不大于 0.4m,且不应小于井盖的半径(图 37-50)。

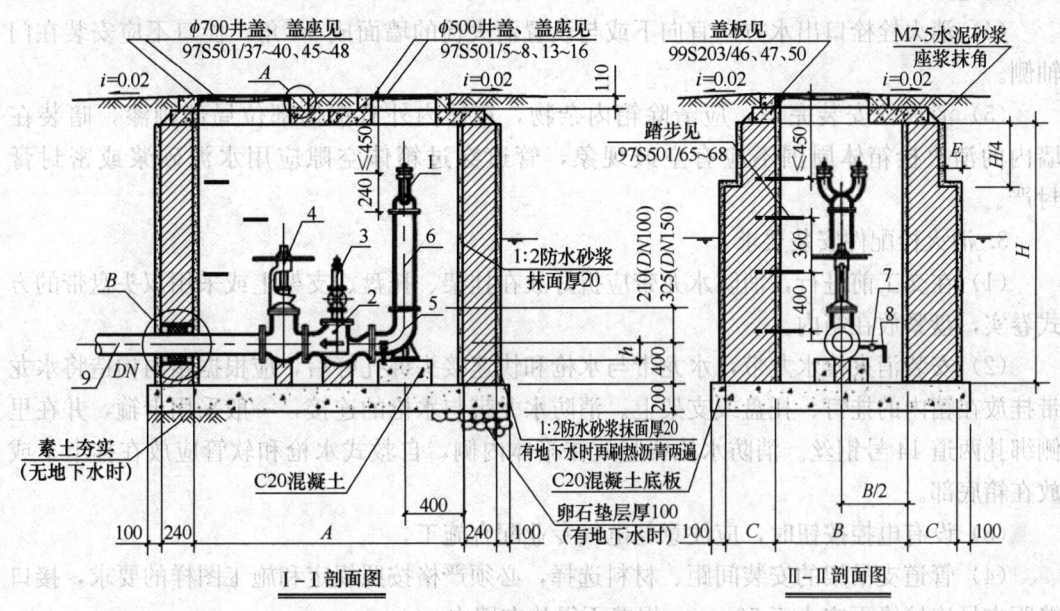

图 37-50　地下式水泵接合器安装示意图
1—消防接口;2—止回阀;3—安全阀;4—闸阀;5—90°弯头;6—法兰短管;
7—截止阀;8—镀锌钢管;9—法兰支管

(7) 消火栓水泵接合器与消防通道之间不应设有妨碍消防车加压供水的障碍物。

(8) 地下消防水泵接合器井的砌筑应有防水和排水措施。

37.3.1.2　室内消火栓系统安装

1. 室内消火栓箱安装工序

安装准备→干管安装→立管安装→箱体及支管安装→消火栓安装→试压→冲洗→消火栓内配件安装→通水调试及检查验收。

2. 消火栓箱安装要求

(1) 安装消火栓支管,以栓阀的坐标、标高定位,甩口。核定后稳固消火栓箱。对于暗装的消火栓箱应先核实预留洞口的位置、尺寸大小,不适合的应进行修正,然后把消火栓箱预放入孔洞内,无误后用专用机具在消火栓箱上管道穿越的地方开孔,如箱体预留有穿越孔则把该孔内铁片敲落,开孔大小合适,且应保证管道居中穿越。位置确定无误后进行稳装。安装好消火栓支管后协调土建填实封闭孔洞。

(2) 对于明装的消火栓箱,先在箱体背面四角适当位置用专用工具开螺栓孔,大小适宜。然后用专用机具在消火栓箱上管道穿越的地方开孔,如箱体预留有穿越孔则将铁片敲掉,开孔大小合适。确定消火栓箱位置,保证安装后箱体平正牢固,穿越管道居中。在墙体或支架的对应位置上安装固定螺栓,位置正确、牢固。稳装消火栓箱,消火栓箱体安装在轻质隔墙上时,应有加固措施。

(3) 封堵消火栓箱支管穿越箱体处孔洞，与箱体吻合，无明显缝隙，平滑，色泽与箱体一致。工程竣工，安放消火栓配件前安装消火栓箱框，箱门开闭灵活，门框接触紧密，无明显缝隙，平正牢固。

(4) 消火栓栓口出水方向宜向下或与设置消火栓的墙面成 90°角，栓口不应安装在门轴侧。

(5) 消火栓安装完毕，应清除箱内杂物，箱体内外有损伤部位局部刷漆，暗装在墙内的消火栓箱体周围不应有空鼓现象，管道穿过箱体空隙应用水泥砂浆或密封膏封严。

3. 消火栓配件安装要求

(1) 在交工前进行，消防水龙带应折好放在挂架、托盘、支架上或采用双头盘带的方式卷实，盘紧放在箱内。

(2) 安装消火栓水龙带，水龙带与水枪和快速接头绑扎好后，应根据箱内构造将水龙带挂放在箱内的挂钉、托盘或支架上。消防水龙带与水枪的连接，一般采用卡箍，并在里侧绑扎两道 14 号钢丝。消防水枪要竖放在箱体内侧，自救式水枪和软管应放在挂卡上或放在箱底部。

(3) 设有电控按钮时，应注意与电气专业配合施工。

(4) 管道支吊架的安装间距、材料选择，必须严格按照规定和施工图样的要求，接口缝距支吊连接缘不应小于 50mm，焊缝不得放在墙内。

(5) 阀门的安装应紧固、严密，与管道中心垂直，操作机构灵活、准确。

37.3.1.3 强度试验、冲洗和严密性试验

管网安装完毕后，应对其进行强度试验、冲洗和严密性试验。消防给水系统的水源干管、进户管和室内埋地管道应在回填前单独或与系统同时进行水压强度试验和水压严密性试验；管道系统强度及严密性试验可分层、分区、分段进行。埋地、吊顶内、保温等暗装管道在隐蔽前应做好单项水压试验。管道系统安装完后进行综合水压试验。

1. 强度试验

(1) 强度试验和严密性试验宜采用水作为介质进行试验。

(2) 系统试压前应具备下列条件：

1) 应对管道防晃支架、支吊架等进行检查，必要时应采取加固措施，埋地管道的位置及管道基础、支墩经复查符合设计要求。

2) 试压用的压力表不应少于两只，精度不应低于 1.6 级，量程为试验压力值的 1.5～2 倍。

3) 试压方案已经批准。

4) 对不能参与试压的设备、仪表、阀门及附件加以隔离或拆除；加设的临时盲板要具有突出于法兰的边牙，且作明显标志，并记录临时盲板的数量。

(3) 系统试压完成后，应及时拆除所有临时盲板及试验用的管道，并应与记录核对无误，且应填写试压记录。

(4) 系统试压过程中出现泄漏时，要停止试压，并应放空管网中的试验介质，消除缺陷后再试。

(5) 水压试验和水冲洗宜采用生活用水进行，不应使用含有腐蚀性化学物质

的水。

(6) 管道水压强度试验的压力应符合表 37-45 的规定。

(7) 作水压试验时,环境温度不宜低于 5℃,当低于 5℃时,应采取防冻措施,以确保水压试验正常进行。

管道水压强度试验压力　　　　　　　　　　　　　　　　表 37-45

管材类型	系统工作压力 P (MPa)	试验压力 P (MPa)
钢管	≤1	$1.5P$ 且不应小于 1.4
	>1	$P+0.4$
球墨铸铁管	≤0.5	$2P$
	>0.5	$P=0.5$
钢丝网骨架塑料管	P	$1.5P$ 且不应小于 0.8

2. 管道冲洗

(1) 管网冲洗应在试压合格后分段进行。冲洗顺序应先室外,后室内;先地下,后地上。室内部分的冲洗应按供水干管、水平管和立管的顺序进行。管网冲洗结束后,应将管网内的水排除干净。

(2) 对不能经受冲洗的设备和冲洗后可能存留脏物、杂物的管段,应进行清理。

(3) 管网冲洗宜用水进行,冲洗前,应对系统的仪表采取保护措施。

(4) 冲洗管道公称直径大于 100mm 时,应对其死角和底部进行振动,但不应损伤管道。

(5) 管道冲洗的水流流速、流量,不应小于系统设计的水流流速、流量,管道冲洗宜分区、分段进行,水平官网冲洗时,其排水管位置应低于冲洗管网。

(6) 官网冲洗的水流方向应与灭火时管网的水流方向一致。

(7) 官网冲洗应连续进行,当出口处水的颜色、透明度与入口处水的颜色、透明度基本一致时,冲洗可结束。

(8) 管道冲洗宜设置临时专业排水管道,其排放应畅通和安全,排水管道的截面面积不应小于被冲洗管道截面面积的 60%。

(9) 管网的地上管道与地下管道连接前,应在管道连接处加设堵头,对地下管道进行冲洗。

3. 严密性试验

(1) 干式消火栓系统应作气压试验,气压严密性试验的介质宜采用空气或氮气,试验压力应为 0.28MPa,稳压 24h,且压力降不应大于 0.01MPa。

(2) 水压严密性试验应在水压强度试验和管网冲洗合格后进行,试验压力应为系统工作压力,稳压 24h,应无渗漏。

37.3.2 自动喷水灭火系统安装

37.3.2.1 安装工序

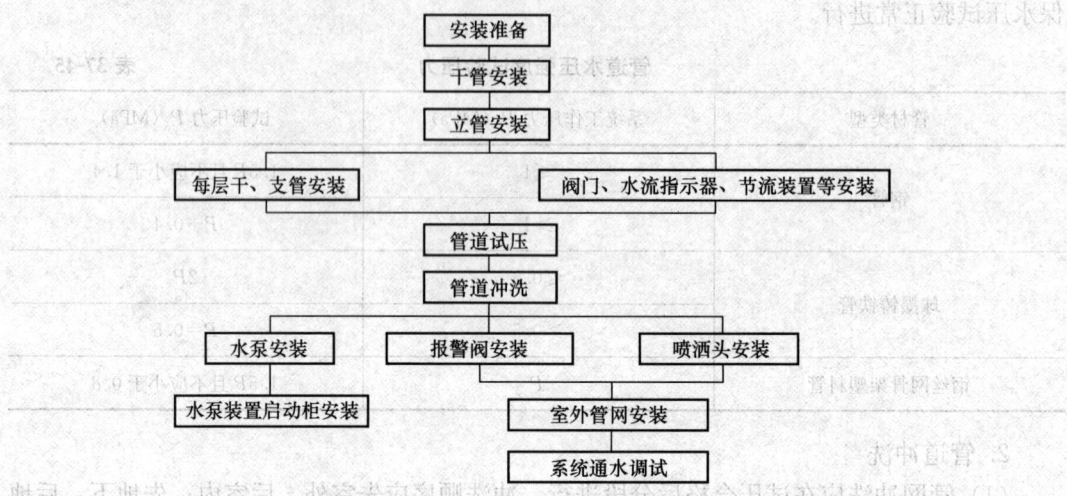

图 37-51 自动喷水灭火系统安装工序

37.3.2.2 安装要求

1. 喷头的安装

（1）不正确安装喷头（图 37-52），会损坏喷头或在火灾时使喷头失效，所以在喷头的施工安装中应严格遵循厂家的安装要求和标准规定，以确保喷头能可靠工作。

（2）喷头安装应在管道系统试压合格并冲洗干净后进行，安装前已按建筑装修图确定位置，吊顶龙骨安装完毕按吊顶材料厚度确定喷头的标高。封吊顶时按喷头预留口位置在吊顶板上开孔。喷头安装在系统管网试压、冲洗合格，油漆管道完后进行。核查各甩口位置准确，甩口中心成排成线。

（3）喷头连接螺纹严禁使用麻丝，应使用聚四氟乙烯防漏胶带（俗称生料带）或非固化管道螺纹连接剂。必须使用制造厂规定的喷头专用安装工具（图 37-53），且只能扳拧喷头六方扳口处，严禁直接着力于喷头框架支撑臂来达到拧紧的目的，以避免支架扭曲而使整个结构发生松动，出现产生渗漏现象或使喷头在火灾时过早动作或失效；也应避免因其他任何原因造成喷头整体的扭曲、松动、变形。凡已扭曲、松动、变形的喷头，不得安装。在安装过程中应注意不能碰撞及损坏玻璃球，以免误喷和影响其感温性能。

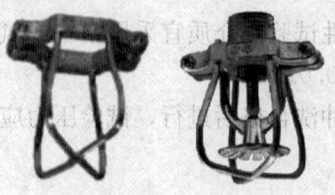

图 37-52 喷头

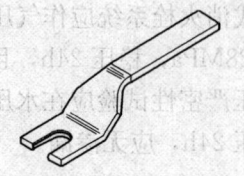

图 37-53 喷头专用扳手

（4）喷头安装时，不得对喷头进行拆装、振动，严禁在喷头上附加任何装饰性涂层。

(5) 安装时应防止喷头磕碰，将已装有喷头的配水支管穿越建筑物结构定位时，严禁将配水支管在结构物上拖动/滑动，避免发生对喷头的碰撞，造成喷头严重损坏。

(6) 在喷头安装高度较低，易受到机械损伤的地方，喷头应安装保护架。

(7) 连接喷头的支管管径一律为25mm，并且用 25mm×15mm 的异径管箍与喷头连接，不同类型的喷头按照下列要求安装：

1) 直立型喷头（图 37-54）应连接 $DN25mm$ 的短立管或者直接向上直立安装于配水支管上。

2) 下垂型喷头（图 37-54）应连接 $DN25mm$ 的短立管或者直接下垂安装于配水支管上。

3) 边墙型喷头（图 37-55）根据选定的规格型号，可以水平安装于顶棚（吊顶）下的边墙上，或者直立向上、下垂安装于顶棚下。

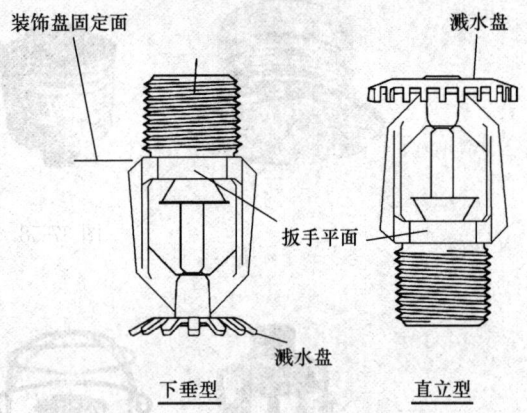

图 37-54 下垂型/直立型喷头

4) 干式喷头连接于特殊的短立管上（图 37-56），根据其保护区域结构特征和喷头规格型号，直立向上、下垂或者水平安装于配水支管上，短立管入口处设置密封件，阻止水流在喷头动作前进入立管。

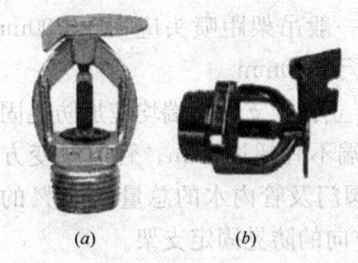

图 37-55 边墙型喷头
(a) 直立边墙型喷头；(b) 水平边墙型喷头

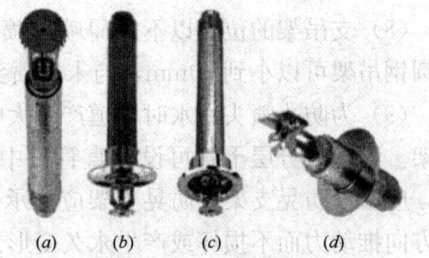

图 37-56 干式喷头
(a) 直立式；(b) 下垂式；(c) 嵌入式；(d) 边墙型

5) 嵌入式喷头（图 37-57）、隐蔽式喷头（图 37-58）安装时，喷头根部螺纹及其部分或者全部本体嵌入吊顶防护罩（图 37-59）内，喷头下垂安装于配水支管上。

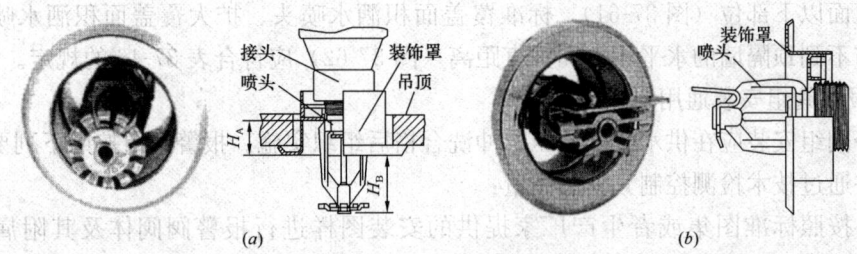

图 37-57 嵌入式喷头
(a) 下垂型嵌入式喷头；(b) 水平边墙型嵌入式喷头

6) 齐平式喷头（图37-60）安装时，喷头根部螺纹及其部分本体下垂安装于吊顶内的配水支管上，部分或者全部热敏元件随部分喷头本体安装于吊顶下。

图 37-58　隐蔽式喷头

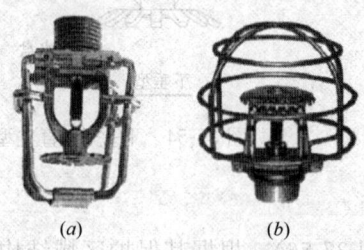

图 37-59　带防护罩喷头实物示例
(a) 带防护罩下垂型喷头；(b) 带防护罩直立型喷头

图 37-60　齐平式喷头

(8) 支吊架的位置以不妨碍喷头喷洒效果为原则。一般吊架距喷头应大于300mm，对圆钢吊架可以小到70mm，与末端喷头之间的距离不大于750mm。

(9) 为防止喷头喷水时管道产生大幅度晃动，干管、立管、支管末端均应加防晃固定支架。干管或分层干管可设在直管段中间，距主管及末端不宜超过12m。管道改变方向时，应增设防晃支架。防晃支架应能承受管道、零件、阀门及管内水的总量和50%的水平方向推动力而不损坏或产生永久变形。立管要设两个方向的防晃固定支架。

(10) 按照消防设计文件要求确定喷头的位置、间距，根据土建工程中吊顶、顶板、门、窗、洞口或者其他障碍物以及仓库的堆垛、货架设置等实际情况，适当调整喷头位置，以符合现行国家标准《自动喷水灭火系统设计规范》GB 50084中关于建筑最大净空高度、作用面积和仓库内喷头设置等技术参数，以及喷头溅水盘与吊顶、门、窗、洞口或者障碍物的距离要求。当梁、通风管道、排管、桥架宽度大于1.2m时，增设的喷头应安装在其腹面以下部位（图37-61）。标准覆盖面积洒水喷头、扩大覆盖面积洒水喷头和家用喷头与不到顶隔墙的水平距离和垂直距离（图37-62）应符合表37-46的规定。

2. 报警阀组安装通用要求

报警阀组安装应在供水管网试压、冲洗合格后组织实施。报警阀组按照下列要求进行安装，并通过技术检测控制其安装质量：

(1) 按照标准图集或者生产厂家提供的安装图样进行报警阀阀体及其附属管路的安装。

(2) 报警阀组垂直安装在配水干管上，水源控制阀、报警阀组水流标识与系统水流方向一致。报警阀组的安装顺序为先安装水源控制阀、报警阀,再进行报警阀辅助管道的连接。

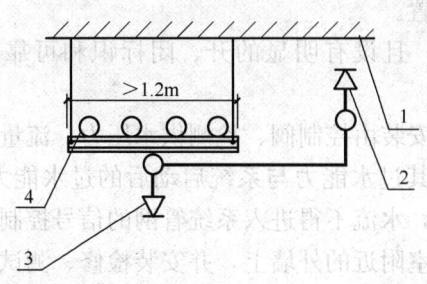 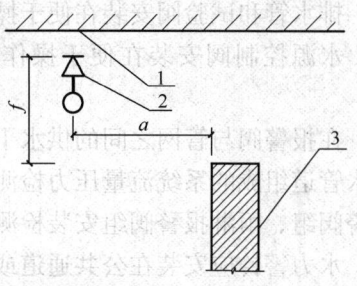

图37-61 障碍物下方增设喷头示意图　　图37-62 喷头与不到顶障碍物的水平距离
1—顶板;2—直立型喷头;3—下垂型喷头;　　1—顶板;2—喷头;3—不到顶隔墙
4—成排布置的管道(或梁、通风管道、桥架等)

喷头与不到顶隔墙的水平距离和垂直距离(mm)　　表37-46

喷头与不到顶隔墙的水平距离 a	喷头溅水盘与不到顶隔墙的垂直距离 f
$a \leqslant 150$	$f \geqslant 80$
$150 \leqslant a < 300$	$f \geqslant 150$
$300 \leqslant a < 450$	$f \geqslant 240$
$450 \leqslant a < 600$	$f \geqslant 310$
$600 \leqslant a < 750$	$f \geqslant 390$
$a \geqslant 750$	$f \geqslant 450$

(3) 按照设计图样中确定的位置安装报警阀组;设计未予明确的,报警阀组安装在便于操作、监控的明显位置。

(4) 报警阀阀体底边距室内地面高度为1.2m,侧边与墙的距离不小于0.5m,正面与墙的距离不小于1.2m,报警阀组凸出部位之间的距离不小于0.5m。

(5) 报警阀组安装在室内时,室内地面增设排水设施(图37-63、图37-64)。

图37-63 报警阀室水管　　图37-64 成排水力警铃

3. 附件安装要求

报警阀组相关附件按照下列要求确定其安装位置、进行安装,并通过技术检测控制其安装质量：

(1) 压力表安装在报警阀上便于观测的位置。

(2) 排水管和试验阀安装在便于操作的位置。

(3) 水源控制阀安装在便于操作的位置，且设有明显的开、闭标识和可靠的锁定设施。

(4) 在报警阀与管网之间的供水干管上，安装由控制阀、检测供水压力、流量用的仪表及排水管道组成的系统流量压力检测装置，其过水能力与系统启动后的过水能力一致；干式报警阀组、雨淋报警阀组安装检测管路时，水流不得进入系统管网的信号控制阀。

(5) 水力警铃应安装在公共通道或者值班室附近的外墙上，并安装检修、测试用的阀门，水力警铃穿墙安装示意图见图37-65。

(6) 水力警铃和报警阀的连接，采用热镀锌钢管，当镀锌钢管的公称直径为20mm时，其长度不宜大于20m。

(7) 安装完毕的水力警铃启动时，警铃声强度不小于70dB。

(8) 系统管网试压和冲洗合格后，排气阀安装在配水干管顶部、配水管的末端。

4. 湿式报警阀组安装要求

湿式报警阀组（图37-66）除按照报警阀组安装的共性要求进行安装外，还需符合下列要求：

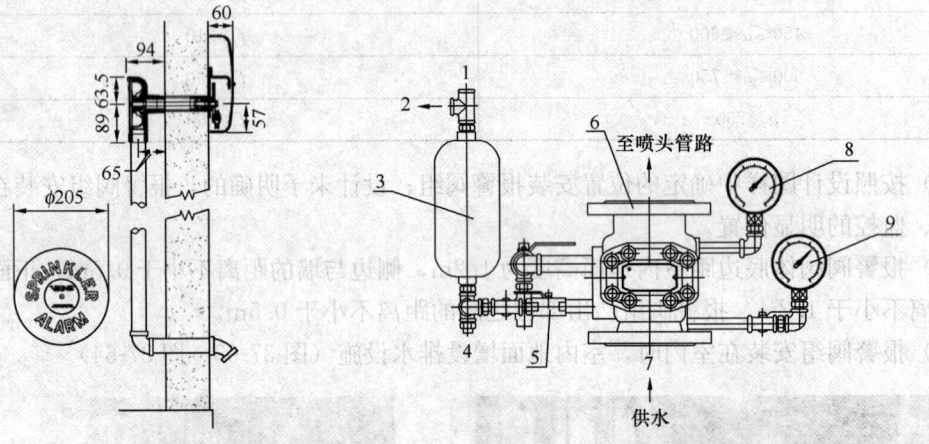

图37-65　水力警铃穿墙安装示意图

图37-66　湿式报警阀组
1—接压力开关；2—接水力警铃；3—延迟器；4—接排水沟并保持畅通；
5—报警管路控制阀（常开）；6—报警阀；7—水源监控阀（全开）；
8—系统侧压力表；9—供水侧压力表

(1) 报警阀前后的管道能够快速充满水；压力波动时，水力警铃不发生误报警。

(2) 过滤器安装在报警水流管路上，其位置在延迟器前，且便于排渣操作。

5. 干式报警阀组安装要求

干式报警阀组（图37-67）除按照报警阀组安装的共性要求进行安装外，还需符合下列要求：

(1) 安装在不发生冰冻的场所。

(2) 安装完成后，向报警阀气室注入高度为50～100mm的清水。

(3) 充气连接管路的接口安装在报警阀气室充注水位以上部位，充气连接管道的直径不得小于15mm；止回阀、截止阀安装在充气连接管路上。

(4) 按照消防设计文件要求安装气源设备，符合现行国家工程建设相关技术标准的规定。

(5) 安全排气阀安装在气源与报警阀组之间，靠近报警阀组一侧。

(6) 加速器安装在靠近报警阀的位置，设有防止水流进入加速器的措施。

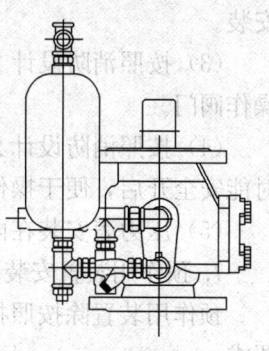

图 37-67 干式报警阀组

(7) 低气压预报警装置安装在配水干管一侧。

(8) 报警阀充水一侧和充气一侧、空气压缩机的气泵和储气罐以及加速器等部位分别安装监控用压力表；管网充气压力符合消防设计文件的规定值。

6. 雨淋报警阀组安装要求

雨淋报警阀组（图37-68）除按照报警阀组安装的共性要求进行安装外，还需符合下列要求：

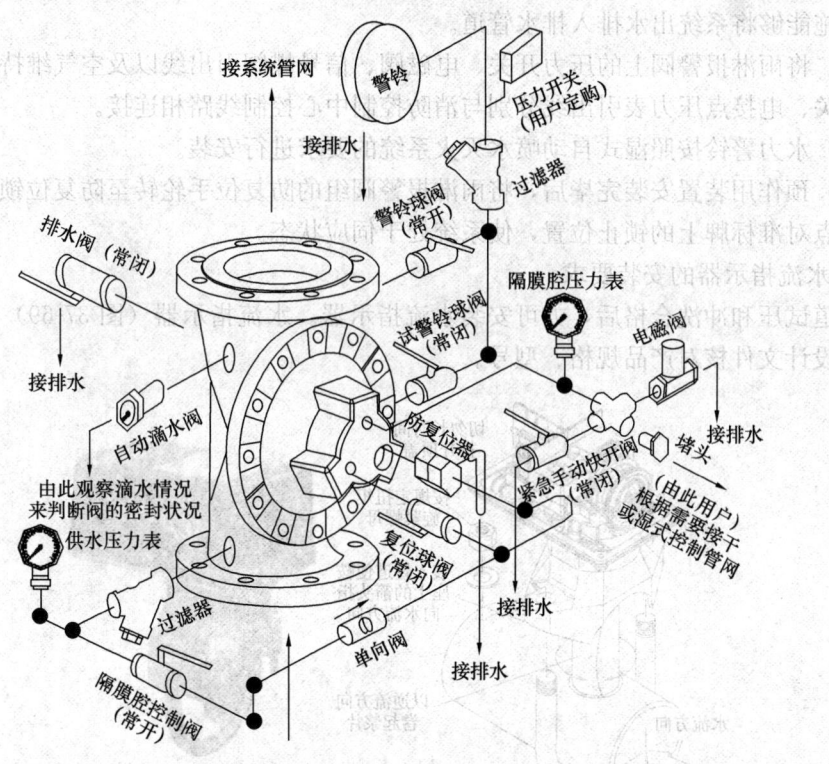

图 37-68 雨淋报警阀（隔膜式）配置示意图

(1) 雨淋报警阀组可采用电动开启、传动管开启或者手动开启等控制方式，开启控制装置安装在安全可靠的位置，水传动管的安装按照湿式系统的有关要求实施。

(2) 需要充气的预作用系统的雨淋报警阀组，按照干式报警阀组的有关要求进行安装。

（3）按照消防设计文件要求，在便于观测和操作的位置，设置雨淋阀组的观测仪表和操作阀门。

（4）按照消防设计文件要求，确定雨淋阀组手动开启装置的安装位置，以便发生火灾时能安全开启，便于操作。

（5）压力表安装在雨淋阀的水源一侧。

7. 预作用装置安装要求

预作用装置除按照报警阀组安装的共性要求进行安装、技术检测外，还需符合下列要求：

（1）系统主供水信号蝶阀、雨淋报警阀、湿式报警阀等集中垂直安装在被保护区附近，且最低环境温度不低于4℃的室内，以免低温使隔膜腔内的存水冰冻而导致系统失灵。

（2）在雨淋报警阀组的水源侧管道法兰和雨淋报警阀系统侧出水口处分别放入密封垫，拧紧法兰螺栓，再与系统管网连接。在湿式报警阀的平直管段上开孔接管，与低气压开关、空气压缩机、电接点压力表等空气维持装置相连接。

（3）系统放水阀、电磁阀、手动快开阀、水力警铃、补水漏斗等部位设置排水设施，排水设施能够将系统出水排入排水管道。

（4）将雨淋报警阀上的压力开关、电磁阀、信号蝶阀引出线以及空气维持装置上的低气压开关、电接点压力表引出线分别与消防控制中心控制线路相连接。

（5）水力警铃按照湿式自动喷水灭火系统的要求进行安装。

（6）预作用装置安装完毕后，将雨淋报警阀组的防复位手轮转至防复位锁止位置，手轮上红点对准标牌上的锁止位置，使系统处于伺应状态。

8. 水流指示器的安装要求

管道试压和冲洗合格后，方可安装水流指示器。水流指示器（图 37-69）安装前，对照消防设计文件核对产品规格、型号。

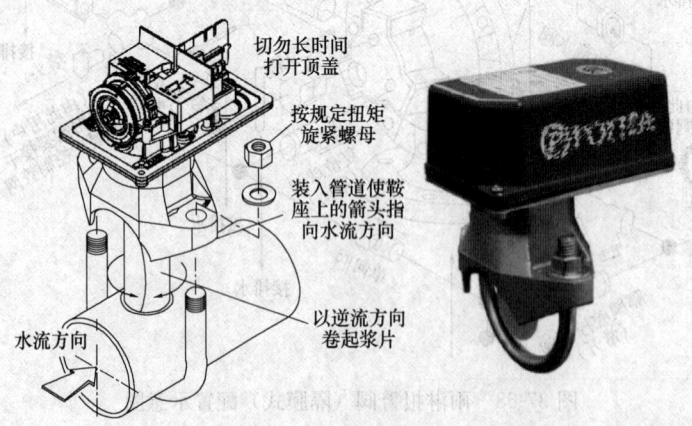

图 37-69 水流指示器

（1）水流指示器应有清晰的铭牌、安全操作指示标志和产品说明书；还应有水流方向的永久性标志。

(2)水流指示器的规格、型号应符号设计要求,并应在系统试压、冲洗合格后进行安装。

(3)水流指示器一般安装在每层的水平分支干管或某区域的分支干管上。水流指示器的电气元件(部件)竖直安装在水平管道上侧;安装后的水流指示器浆片、膜片应动作灵活,不应与管壁发生碰擦。水流指示器前后应保持有五倍安装管径的直线段,安装时应注意水流方向与指示器的箭头方向一致。同时,使用信号蝶阀和水流指示器控制的自动喷水灭火系统,信号蝶阀应安装在水流指示器前的管道上,且与水流指示器间的距离不小于300mm。

9. 压力开关的安装要求

(1)压力开关竖直安装在通往水力警铃的管道上,安装中不得拆装改动。

(2)按照消防设计文件或者厂家提供的安装图样安装管网上的压力控制装置。

10. 节流装置的安装要求

(1)在高层消防系统中,低层的喷头和消火栓流量过大,可采用减压孔板或节流管等装置均衡。

(2)减压孔板应设置在直径不小于50mm的水平管段上,孔口直径不应小于安装管段直径的50%,孔板应安装在水流转弯处下游一侧的直管段上。

(3)与弯管的距离不应小于设置管段直径的两倍,采用节流管时,其长度不宜小于1m。节流管直径按表37-47选用。

节流管直径 表37-47

管段直径(mm)	50	70	80	100	125	150	200
节流直径(mm)	25	32	40	50	80	80	100

11. 水泵接合器的安装要求

(1)水泵接合器规格应根据设计选定,其安装位置应有明显的标志,阀门位置应便于操作,接合器附近不得有障碍物。

(2)安全阀应按系统工作压力定压,防止消防车加压过高破坏室内管网及部件,接合器应安装泄水阀。

详见37.3.2小节的相关规定。

12. 末端试水装置的安装要求

(1)每个报警阀组控制的最不利点喷头处,应设末端试水装置,其他防火分区、楼层的最不利点喷头处,均应设直径为25mm的试水阀。

(2)末端试水装置应由试水阀、压力表以及试水接头组成。试水接头出水口的流量系数,应等同于同楼层或防火分区内的最小流量系数喷头。末端试水装置出水,应采取孔口出流的方式排入排水管道(图37-70)。

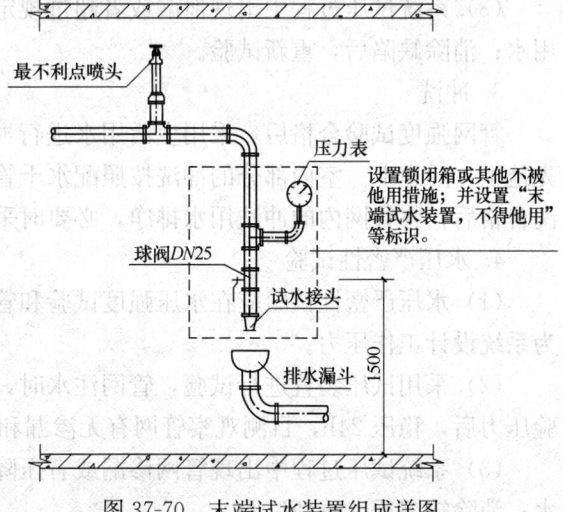

图37-70 末端试水装置组成详图

37.3.2.3 系统冲洗、试压

为确保管网安装后不出现漏水、管道及管件承压能力不足、杂质及污损物影响系统正常使用等问题，管网安装完毕后，组织实施管网强度试验、严密性试验和冲洗。

1. 系统试压、冲洗基本要求

(1) 强度试验和严密性试验采用水作为介质。干式自动喷水灭火系统、预作用自动喷水灭火系统采用水、空气或者氮气作为介质分别进行水压试验和气压试验。系统试压完成后，填写冲洗、试压记录，及时拆除所有临时盲板和试验用管道，并核对记录是否无误。

(2) 管网试压用的压力表不少于两只，精度不低于1.6级，量程为试验压力值的1.5～2倍。

(3) 对不能参与试压的设备、仪表、阀门及附件加以隔离或拆除；加设的临时盲板要具有突出于法兰的边牙，且作明显标志。

(4) 系统试压过程中出现泄漏时，要停止试压，并放空管网中的试验介质，消除缺陷后再试。

(5) 管道系统强度及严密性试验可分层、分区、分段进行。埋地、吊顶内、保温等暗装管道在隐蔽前应做好单项水压试验。管道系统安装完后进行综合水压试验。

(6) 自动喷水灭火系统水压强度试验和水压严密性试验除对系统管网进行试验外，也可将回填的水源、干管、进户管和室内埋地管等一并纳入试验范围，所有管网全数测试。

(7) 作水压试验时，环境温度不宜低于5℃，当低于5℃时，应采取防冻措施，以确保水压试验正常进行。

2. 水压强度试验

(1) 水压强度试验压力规定如下：系统设计工作压力不大于1MPa的，水压强度试验压力为设计工作压力的1.5倍，且不低于1.4MPa；系统设计工作压力大于1MPa的，水压强度试验压力为工作压力加0.4MPa。

(2) 水压强度试验的测试点应设在系统管网的最低点，管网注水时，将管网内的空气排净，缓慢升压；达到试验压力后，稳压30min，管网无泄漏、无变形，且压力降不大于0.05MPa为合格。

(3) 系统试压过程中出现泄漏或者超过规定压降时，应停止试压，放空管网中的试验用水；消除缺陷后，重新试验。

3. 冲洗

管网强度试验合格后，采用生活用水进行冲洗。管网冲洗的顺序为先室外，后室内；先地下，后地上。室内部分的冲洗按照配水干管、配水管、配水支管的顺序进行。管网冲洗合格后，将管网内的冲洗用水排净，必要时采用压缩空气吹干。

4. 水压严密性试验

(1) 水压严密性试验应在水压强度试验和管网冲洗合格后进行。水压严密性试验压力为系统设计工作压力。

(2) 采用试压装置进行试验，管网注水时，将管网内的空气排净，缓慢升压；达到试验压力后，稳压24h，目测观察管网有无渗漏和测压用压力表压降。管网无泄漏为合格。

(3) 系统试压过程中出现管网渗漏或者压降较大的，停止试验，放空管网中的试验用水；消除缺陷后，重新试验。

5. 气压试验

(1) 气压严密性试验压力为 0.28MPa，稳压 24h，压力降不大于 0.01MPa 为合格。

(2) 采用气压试压装置进行试验，目测观察测压用压力表的压降。系统试压过程中，压降超过规定的，停止试验，放空管网中的试验气体；消除缺陷后，重新试验。

37.3.2.4 系统调试

1. 准备工作

系统调试应在其施工完成后进行，且具备下列条件：消防水池、消防水箱已储备设计要求的水量；系统供电正常；气压给水设备的水位、气压符合设计要求；灭火系统管网内已充满水；阀门均无泄漏；配套的火灾自动报警系统处于正常工作状态。

2. 调试内容

水源测试、消防水泵调试、稳压泵调试、报警阀调试等和联动试验。

3. 调试要求

(1) 水源测试：

按设计要求核实消防水箱的容积、设置高度及消防储水不作他用的技术措施；按设计要求核实水泵接合器的数量和供水能力。

(2) 消防水泵调试：

以自动或手动方式启动消防水泵时，消防水泵应在 55s 内投入正常运行；备用电源切换时，消防水泵应在 1min 内投入正常运行；稳压泵调试，模拟设计压力时，稳压泵应自动停止运行。

(3) 报警阀调试

报警阀组调试按照湿式报警阀组、干式报警阀组、预作用装置、雨淋报警阀组各自的特点进行调试，报警阀组调试前，首先检查报警阀组组件，确保其组件齐全、装配正确，在确认安装符合消防设计要求和消防技术标准规定后，进行调试。

1) 湿式报警阀组调试时，从试水装置处放水，当湿式报警阀进水压力大于 0.14MPa、放水流量大于 1L/s 时，报警阀启动，带延迟器的水力警铃在 5~90s 内发出报警铃声，不带延迟器的水力警铃应在 15s 内发出报警铃声，压力开关动作，并反馈信号。

2) 干式报警阀组调试时，开启系统试验阀，报警阀的启动时间、启动点压力、水流到试验装置出口所需时间等符合消防设计要求。

3) 雨淋报警阀组调试采用检测、试验管道进行供水。自动和手动方式启动的雨淋报警阀，在联动信号发出或者手动控制操作后 15s 内启动；公称直径大于 200mm 的雨淋报警阀，在 60s 之内启动。雨淋报警阀调试时，当报警水压为 0.05MPa，水力警铃发出报警铃声。

4) 预作用装置的调试按照湿式报警阀组和雨淋报警阀组的调试要求进行综合调试。湿式报警阀组、干式报警阀组、预作用装置、雨淋报警阀组采用压力表、流量计、秒表、声强计测量，并进行观察检查。

(4) 联动调试及检测

1) 湿式系统：将系统控制装置设置为"自动"控制方式，启动一只喷头或者开启末端试水装置，流量保持在 0.94~1.5L/s，水流指示器、报警阀、压力开关、水力警铃和消防水泵等及时动作，并有相应组件的动作信号反馈到消防联动控制设备。

2) 干式系统：将系统控制装置设置为"自动"控制方式，启动一只喷头或者模拟一只喷头的排气量排气，报警阀、压力开关、水力警铃和消防水泵等及时动作并有相应的组件信号反馈。

3) 预作用系统、雨淋系统、水幕系统：将系统控制装置设置为"自动"控制方式，采用专用测试仪表或者其他方式，模拟火灾自动报警系统输入各类火灾探测信号，报警控制器输出声光报警信号，启动自动喷水灭火系统。采用传动管启动的雨淋系统、水幕系统联动试验时，启动一只喷头，雨淋报警阀打开，压力开关动作，消防水泵启动，并有相应组件信号反馈。

37.3.3 水喷雾灭火系统安装

水喷雾灭火系统是由水源、供水设备、管道、雨淋阀组、过滤器和水雾喷头等组成，向保护对象喷射水雾灭火或防护冷却的灭火系统。

37.3.3.1 安装要求

水喷雾灭火系统的供水设施及管网的安装同自动喷水灭火系统，不再赘述。

1. 喷头安装

喷头安装应在系统试压、冲洗合格后进行。喷头安装时，不得对喷头进行拆装、改动，并严禁给喷头附加任何装饰性涂层。喷头安装应使用专用扳手，严禁利用喷头的框架施拧，喷头的框架、溅水盘产生变形或释放元件损伤时，应采用规格、型号相同的喷头更换。安装前检查喷头的型号、规格、使用场所，应符合设计要求。

2. 雨淋阀组安装

(1) 报警阀组安装前应对供水管网试压、冲洗合格。

(2) 安装顺序应先安装水源控制阀、报警阀，然后进行报警阀辅助管道的连接，水源控制阀、报警阀与所配水平管的连接，应使水流方向一致。

(3) 报警阀组安装的位置应符合设计要求；当设计无要求时，宜位于保护对象附近并便于操作的地点。距室内地面高度宜为1.2m，两侧与墙的距离不应小于0.5m，正面与墙的距离不应小于1.2m；报警阀组凸出部位之间的距离不应小于0.5m。安装报警阀组的室内地面应有排水设施。

37.3.3.2 系统的冲洗、试压

系统管网安装完毕后进行的冲洗、强度试验、严密性试验与其他自动喷水灭火系统相同，详见37.3.3节。

37.3.3.3 系统调试

(1) 系统调试应在系统施工完成后进行。

(2) 系统调试应具备下列条件：

1) 消防水池、消防水箱已储存设计要求的水量。

2) 系统供电正常。系统阀门均无泄漏。

3) 与系统配套的火灾自动报警系统处于工作状态。

(3) 系统调试方法：

1) 报警阀调试宜利用检测、试验管道进行。自动和手动方式启动的雨淋阀应在15s之内启动；公称直径大于200mm的报警阀调试时，应在60s之内启动；报警阀调试时，

当报警水压为0.05MPa，水力警铃应发出报警铃声。

2）水喷雾系统的联动试验，可采用专用测试仪表或其他方式。对火灾自动报警系统的各种探测器输入模拟火灾信号，火灾自动报警控制器应发出声光报警信号并启动水喷雾灭火系统。采用传动管启动的水喷雾系统联动试验时，启动一只喷头或试水装置，雨淋阀打开，压力开关动作，水泵启动。

3）调试过程中，系统排出的水应通过排水设施全部排走。

37.3.4 细水喷雾灭火系统安装

37.3.4.1 细水喷雾灭火系统安装要点

1. 管道安装

（1）管道连接后不应减少过水横断面面积。热镀锌钢管安装采用螺纹、沟槽式管件连接或法兰连接。当使用铜管、不锈钢管等其他管材时，应符合相应技术要求。

（2）管网连接前应校直管道，并清除管道内部的杂物，在具有腐蚀性的场所，安装前应校直管道，并按设计要求对管道、管件等进行防腐处理，安装时应随时清除管道内部的杂物。

（3）沟槽式管件连接应符合下列要求：

1）沟槽式管件连接时，其管道连接沟槽和开孔应用专用滚槽机和开孔机加工，并应作防腐处理。连接前应检查沟槽和孔洞尺寸，加工质量应符合技术要求，沟槽、孔洞不得有毛刺、破损性裂纹和脏物。

2）橡胶密封圈应无破损和变形。沟槽式管件的凸边应卡进沟槽后再紧固螺栓，两边应同时紧固，紧固时发现橡胶圈起皱应及时更换新橡胶圈。

3）机械三通连接时，应检查机械三通与孔洞的间隙，各部位应均匀，然后再紧固到位。机械三通开孔间距不应小于1000mm，机械三通、机械四通连接时支管口径应满足表37-48的要求。

采用支管接头（机械三通、机械四通）时的支管最大允许管径（mm） 表37-48

主管公称直径 DN		50	65	80	100	125	150	200	250
支管直径	机械三通	25	40	40	65	80	100	100	100
	机械四通	—	32	40	50	65	80	100	100

4）配水干管（立管）与配水管（水平管）连接，应采用沟槽式管件，不应采用机械三通。

（4）螺纹连接应符合下列要求：

1）管道宜采用机械切割，切割面不得有飞边、毛刺，管道螺纹密封面应符合现行国家标准《普通螺纹基本尺寸》GB/T 196、《普通螺纹 公差》GB/T 197、《普通螺纹管路系列》GB/T 1414的有关规定。

2）当管道变径时，宜采用异径接头。在管道弯头处不宜采用补芯，当需要采用补芯时，三通上可用一个，四通上不超过两个。公称直径大于50mm的管道不宜采用活接头。

3）螺纹连接的密封填料应均匀附着在管道的螺纹部分，拧紧螺纹时，不得将填料挤入管道内。连接后，应将连接处外部清理干净。

(5) 法兰连接可采用焊接法兰或螺纹法兰。焊接法兰处应作防腐处理,并宜重新镀锌后再连接。

(6) 细水雾灭火系统的取水设施应采取防止被杂物堵塞的措施,严寒和寒冷地区的细水喷雾灭火系统的给水设施应采取防冻措施。

(7) 管道减压措施:管道采用减压孔板时宜采用圆缺型孔板。减压孔板的圆缺孔应位于管道底部,减压孔板前水平直管段的长度不应小于该段管道公称直径的 2 倍。

(8) 管道采用节流管时,节流管内水的流速不应大于 20m/s,长度不宜小于 1m。其公称直径宜按表 37-49 选用。

节流管公称直径(mm)　　　　表 37-49

管道	50	65	80	100	125	150	200	250
节流管	40	50	65	80	100	125	150	200
	32	40	50	65	80	100	125	150
	25	32	40	50	65	80	100	125

(9) 给水管道应符合下列要求:
1) 过滤器后的管道,应采用内外镀锌钢管,且宜采用丝扣连接。
2) 雨淋阀后的管道上不应设置其他用水设施。
3) 应设泄水阀、排污口。

2. 系统组件要求

(1) 水雾喷头、雨淋阀组等必须采用经国家消防产品质量监督检测中心检测,并符合现行的有关国家标准的产品。

(2) 水雾喷头的选型应符合下列要求:
1) 扑救电气火灾应选用离心雾化型水雾喷头。
2) 腐蚀性环境应选用防腐型水雾喷头。
3) 粉尘场所设置的水雾喷头应有防尘罩。

(3) 雨淋阀组的功能应符合下列要求:
1) 接通或关断水喷雾灭火系统的供水。
2) 接收电控信号可电动开启雨淋阀,接收传动管信号可液动或气动开启雨淋阀。
3) 具有手动应急操作阀。
4) 显示雨淋阀启、闭状态。
5) 驱动水力警铃。
6) 监测供水压力。
7) 电磁阀前应设过滤器。

(4) 雨淋阀组应设在环境温度不低于 4℃并有排水设施的室内,其安装位置宜在靠近保护对象并便于操作的地点。

(5) 雨淋阀前的管道应设置过滤器,当水雾喷头无滤网时,雨淋阀后的管道亦应设过滤器。

3. 给水

(1) 细水喷雾灭火系统的用水可由给水管网、工厂消防给水管网、消防水池或天然水源供给,并确保用水量。

(2) 细水喷雾灭火系统的取水设施应采取防止被杂物堵塞的措施,寒冷地区的水喷雾灭火系统的给水设施应采取防冻措施。

37.3.4.2 细水喷雾灭火系统安装质量标准

(1) 雨淋阀组的安装:

1) 雨淋阀组可采用电动开启、传动管开启或手动开启,开启控制装置的安装应安全可靠。水传动管的安装应符合湿式系统的有关要求。

2) 预作用系统雨淋阀组后的管道若需充气,其安装应按干式报警阀组的有关要求进行。

3) 雨淋阀组的观测仪表和操作阀门的安装位置应符合设计要求,并便于观测和操作。

4) 雨淋阀组手动开启装置的安装位置应符合设计要求,且在发生火灾时应能安全开启和便于观察。

5) 压力表应安装在雨淋阀的水源一侧。

(2) 雨淋阀调试宜利用检测、试验管道进行。自动和手动方式启动雨淋阀时,应在15s之内启动。公称直径大于200mm的雨淋阀调试时,应在60s内启动。雨淋阀调试时,当报警水压为0.05MPa,水力警铃应发出报警铃声。

(3) 预作用系统、雨淋系统、水幕系统的联动试验,可采用专用测试仪表或其他方式,对火灾自动报警系统的各种探测器输入模拟火灾信号,火灾自动报警控制器应发出声光报警信号并启动自动喷水灭火系统。采用传动器启动的雨淋系统、水幕系统联动试验时,启动一只喷头,雨淋阀打开,压力开关动作,水泵启动。

37.3.5 大空间智能型主动喷水灭火系统安装

37.3.5.1 大空间智能型主动喷水灭火系统安装要点

1. 消防水炮安装方式及要求

设置大空间智能型主动喷水灭火系统的场所,当喷头或高空水炮为边墙式或悬空式安装,且喷头及高空水炮以上空间无可燃物时,设置场所的净空高度可不受限制。各种喷头和高空水炮应下垂式安装。同一个隔间内宜采用同一种喷头或高空水炮,如要混合采用多种喷头或高空水炮,且合用一组供水设施时,应在供水管路的水流指示器前,将供水管道分开设置,并根据不同喷头的工作压力要求、安装高度及管道水头损失来考虑是否设置减压装置。

2. 水炮配管形式及安装主要要求

(1) 在系统管网最不利点处设置模拟末端试水装置,出口接 $DN100mm$ 的排水管。

(2) 水箱与自动喷水灭火系统和消火栓系统的水箱共用,出水管单独接出,设置止回阀及检修阀。

(3) 所选用的智能灭火系统是由智能灭火装置中的红外探测组件直接通过电气启动水泵进行喷水灭火。

(4) 系统中电磁阀的安装位置靠近灭火装置。

(5) 联动控制柜安装于最底层楼面处,其中心线距楼面高度为1.5m,且应周围无明显的障碍物,以便现场控制。

3. 智能型红外探测组件设置

(1) 智能型红外探测组件应平行或低于吊顶、梁底、屋架底和风管底设置。大空间智能灭火装置的智能型红外探测组件安装要求：安装高度应与喷头安装高度相同；一个智能型红外探测组件最多可覆盖 4 个喷头（喷头为矩形布置时）的保护区；设在舞台上方时每个智能型红外探测组件控制 1 个喷头；设在其他场所时一个智能型红外探测组件可控制 1~4 个喷头；一个智能型红外探测组件控制 1 个喷头时，智能型红外探测组件与喷头的水平安装距离不应大于 600mm；一个智能型红外探测组件控制 2~4 个喷头时，智能型红外探测组件距各喷头布置平面中心位置的水平安装距离不应大于 600mm。

(2) 自动扫描射水灭火装置和自动扫描射水高空水炮灭火装置的智能型红外探测组件与扫描射水喷头（高空水炮）为一体设置。智能型红外探测组件的安装应符合以下规定：安装高度与喷头（高空水炮）安装高度相同；一个智能型红外探测组件的探测区域应覆盖 1 个喷头（高空水炮）的保护区域；一个智能型红外探测组件只控制 1 个喷头（高空水炮）。

4. 电磁阀

(1) 大空间智能型主动喷水灭火系统灭火装置配套的电磁阀，阀体及内件应采用不锈钢或铜质材料；电磁阀在不通电的条件下应处于关闭状态；电磁阀的开启压力不应大于 0.04MPa；电磁阀的公称压力不应小于 1.6MPa。

(2) 电磁阀的安装要求：电磁阀宜靠近智能型灭火装置设置，若电磁阀设置在吊顶内，吊顶在电磁阀的位置应预留检修孔洞。

(3) 电磁阀的控制方式：由红外探测组件自动控制；消防控制室手动强制控制并设有防误操作设施；现场人工控制（严禁误喷场所）。

5. 水流指示器

(1) 水流指示器的性能应符合现行国家标准《自动喷水灭火系统 第7部分：水流指示器》GB 5135.7 的要求。

(2) 每个防火分区或每个楼层均应设置水流指示器。

(3) 大空间智能型主动喷水灭火系统与其他自动喷水灭火系统合用一套供水系统时，应独立设置水流指示器，且应在其他自动喷水灭火系统湿式报警阀或雨淋阀前将管道分开。

(4) 水流指示器应安装在配水管上、信号阀出口之后。

(5) 水流指示器公称压力不应小于系统的工作压力。

(6) 水流指示器应安装在便于检修的位置，如安装在吊顶内，吊顶应预留检修孔洞。

6. 信号阀

(1) 每个防火分区或每个楼层均应设置信号阀。

(2) 大空间智能型主动喷水灭火系统与其他自动喷水系统合用一套供水系统时，应独立设置信号阀，且应在其他自动喷水灭火系统湿式报警阀或雨淋阀前将管道分开。

(3) 信号阀应安装在配水管上。

(4) 信号阀正常情况下应处于开启位置。

(5) 信号阀的公称压力应大于或等于系统工作压力。

(6) 信号阀应安装在便于检修的位置，如安装在吊顶内，吊顶应预留有检修孔洞。

(7) 信号阀应安装在水流指示器前。

(8) 信号阀的公称直径应与配水管管径相同。

7. 管道安装

(1) 配水管的工作压力不应大于1.2MPa，并不应设置其他用水设施。

(2) 室内管道应采用内外壁热镀锌钢管、不锈钢内衬热镀锌钢管、涂塑钢管，不得采用普通焊接钢管、铸铁管及各种塑料管。

(3) 室外埋地管道应采用内外壁热镀锌钢管、不锈钢内衬热镀锌钢管、涂塑钢管、塑料管和塑料复合管，不得采用普通焊接钢管、铸铁管。

(4) 室内管道的直径不宜大于200mm，大于200mm时宜采用环状管双向供水。

(5) 室内外系统金属管道、金属复合管的连接，应采用沟槽式连接件（卡箍），或丝扣、法兰连接。室外埋地塑料管道应采用承插、法兰、热熔或胶粘方式连接。

(6) 系统中室内外直径大于或等于100mm的架空安装的管道，应分段采用法兰或沟槽式连接件（卡箍）连接。水平管道上法兰（卡箍）间的管道长度不宜大于20m；立管上法兰（卡箍）间的距离，不应跨越3个及以上楼层。净空高度大于8m的场所内，立管上应采用法兰或沟槽式连接。

(7) 配水管水平管道入口处的压力超过限定值时，应设置减压装置，或采取其他减压措施。

(8) 水平安装的管道宜有坡度，并应坡向泄水阀，管道的坡度不宜小于2‰。

(9) 当管道穿越建筑变形缝时，应采取吸收变形的补偿措施。

(10) 室内管道应涂与其他管道区别的识别色及文字或符号。

(11) 当管道穿越承重墙、地下室等时应设金属套管，并采取防水措施。

37.3.5.2　大空间智能型主动喷水灭火系统试验

(1) 水炮系统管道稳压30min，压力降不得大于0.05MPa，管网无变形、无渗漏。

(2) 水压严密性试验在水压强度试验和管网冲洗合格后进行，试验压力为设计的工作压力，稳压24h，应无渗漏。

(3) 管道在隐蔽前做好单项水压试验。系统安装完后进行综合水压试验。

(4) 管道试压注水要从底部缓慢进行，等最高点放气阀出水，确认无空气时再打压，打至工作压力时检查管道以及各接口、阀门有无渗漏，如无渗漏时再继续升压至试验压力，如有渗漏时要及时修好，重新打压。如均无渗漏，在持续规定时间内，观察其压力下降在允许范围内，通知有关人员验收，办理交接手续，然后把水泄尽。

(5) 试压前要先封好盲板，认真检查管路是否连接正确，有无管内堵死现象；把不能参与试压的设备、阀门隔断封闭好，确保其安全。

(6) 试压时要设多人进行巡回检查，严防跑水、冒水现象。

37.3.6　气体灭火系统安装

37.3.6.1　气体灭火产品介绍

按照不同的分类方法，气体灭火产品主要有以下分类：

(1) 按照灭火剂类型分为：七氟丙烷、卤代烷1301、IG541、IG01、IG100、IG55、二氧化碳等。

(2) 按照应用方式分为：全淹没系统，局部应用系统。

(3) 按装配形式分为：有管网灭火系统和无管网系统（又称预制式灭火装置或柜式灭

火装置)。

(4) 按照保护的防护区的数量分为：组合分配灭火系统，单元独立灭火系统。

37.3.6.2 气体灭火系统安装要点

1. 灭火剂输送管道的安装

(1) 灭火剂输送管道连接应符合下列规定：

1) 采用螺纹连接时，管材宜采用机械切割；螺纹不得有缺纹、断纹等现象；螺纹连接的密封材料应均匀附着在管道的螺纹部分，拧紧螺纹时，不得将填料挤入管道内；安装后的螺纹根部应有2~3条外露螺纹；连接后，应将连接处外部清理干净并作防腐处理。

2) 采用法兰连接时，衬垫不得凸入管内，其外边缘宜接近螺栓，不得放双垫或偏垫。连接法兰的螺栓，直径和长度应符合标准，拧紧后，凸出螺母的长度不应大于螺杆直径的1/2且保证有不少于2条外露螺纹。

3) 已经防腐处理的无缝钢管不宜采用焊接连接，与选择阀等个别连接部位需采用法兰焊接连接时，应对被焊接损坏的防腐层进行二次防腐处理。

4) 焊接后的管道应进行二次防腐处理。

5) 铜管道连接采用扩口接头，把扩口螺母带入铜管，然后用指定的胀管工具扩管，不能用其他方法扩管。使用专用扳手把扩口螺母拧紧，不能采用活动扳手等。

6) 三通的水平分流：由于灭火剂喷放时，在管网中呈气液两相流动，且压力越低流体中含气率越大，为较准确地控制流量分配，管道三通管接头分流出口应水平安装。

(2) 管道穿过墙壁、楼板处应安装套管。套管公称直径比管道公称直径至少应大2级，穿墙套管长度应与墙厚相等，穿楼板套管长度应高出地板50mm。管道与套管间的空隙应采用防火封堵材料填塞密实。当管道穿越建筑物的变形缝时，应设置柔性管段。

(3) 管道支、吊架的安装应符合下列规定：

1) 管道应固定牢靠，管道支、吊架的最大间距应符合表37-50的规定。

管道支、吊架之间最大间距 表37-50

公称直径DN (mm)	15	20	25	32	40	50	65	80	100	150
最大间距 (m)	1.5	1.8	2.1	2.4	2.7	3	3.4	3.7	4.3	5.2

2) 管道末端应采用防晃支架固定，支架与末端喷嘴间的距离不应大于500mm。

3) 公称直径大于或等于50mm的主干管道，垂直方向和水平方向至少应各安装1个防晃支架，当穿过建筑物楼层时，每层应设1个防晃支架。当水平管道改变方向时，应增设防晃支架。

(4) 灭火剂输送管道安装完毕后，应进行强度试验和气压严密性试验，并合格。

(5) 灭火剂输送管道的外表面宜涂红色油漆，并宜标注灭火剂流动方向。在吊顶内、活动地板下等隐蔽场所内的管道，可涂红色油漆色环，色环宽度不应小于50mm。每个防护区或保护对象的色环宽度应一致，间距应均匀。

(6) 当管道、管道连接件及支吊架采用不同材质时，应采取防止发生电化学腐蚀的措施。

2. 灭火剂储存装置的安装

(1) 储存装置的安装位置应符合设计文件的要求。

(2) 灭火剂储存装置安装后,泄压装置的泄压方向不应朝向操作面。低压二氧化碳灭火系统的安全阀应通过专用的泄压管接到室外。

(3) 储存装置上压力计、液位计、称重显示装置的安装位置应便于人员观察和操作。

(4) 储存容器的支、框架应固定牢靠,并应作防腐处理。

(5) 储存容器宜涂红色油漆,正面应标明设计规定的灭火剂名称和储存容器的编号。

(6) 安装集流管前应检查内腔,确保清洁。

(7) 集流管上的泄压装置的泄压方向不应朝向操作面。

(8) 连接储存容器与集流管间的单向阀的流向指示箭头应指向介质流动方向。

(9) 集流管应固定在支、框架上,支、框架应固定牢靠,并作防腐处理。

(10) 集流管外表面宜涂红色油漆。

3. 选择阀及信号反馈装置的安装

(1) 选择阀操作手柄应安装在操作面一侧,当安装高度超过1.7m时应采取便于操作的措施。

(2) 采用螺纹连接的选择阀,其与管网连接处宜采用活接。

(3) 选择阀的流向指示箭头应指向介质流动方向。

(4) 选择阀上应设置标明防护区或保护对象名称或编号的永久性标志牌,并应便于观察。

(5) 信号反馈装置的安装应符合设计要求(图37-71)。

4. 阀驱动装置的安装

(1) 电磁驱动装置的安装要求:

1) 安装前检查:电磁驱动装置的电源电压应符合系统设计要求(图37-72)。通过检查电磁铁芯,其行程应能满足系统启动要求,且动作灵活,无卡阻现象。

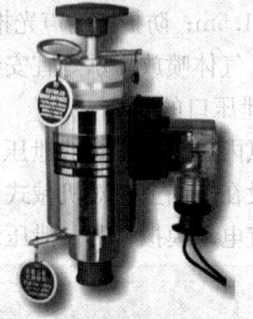

图 37-71 选择阀   图 37-72 电磁驱动装置

2) 安装过程:电磁驱动装置驱动器的电气连接线应沿固定灭火剂储存容器的支、框架或墙面固定。

(2) 气动驱动装置的安装应符合下列规定:气动驱动装置的气瓶支、框架或箱体应固定牢靠,且应作防腐处理,并标明驱动介质的名称和对应防护区名称、编号。气动驱动装置的管道安装应符合下列要求:管道布置应符合设计要求;竖直管道应在其始端和终端设

防晃支架或采用管卡固定；水平管道应采用管卡固定，管卡的间距不宜大于 0.6m，转弯处应增设 1 个管卡。

气动驱动装置的管道安装后应作气压严密性试验，并合格（图 37-73）。

5. 喷嘴的安装

（1）喷嘴与连接管的连接，采用聚四氟乙烯缠绕丝牙部分或密封胶密封，安装时不得将密封材料挤入管内和喷嘴内。

（2）安装在吊顶下的不带装饰罩的喷嘴时，其连接管管端螺纹不应露出吊顶；安装在吊顶下的带装饰罩的喷嘴时，其装饰罩应紧贴吊顶。

图 37-73 气动驱动装置

（3）喷嘴安装位置应根据设计图安装，并逐个核对其型号、规格、喷孔方向，使之符合设计要求（图 37-74）。

图 37-74 气体喷嘴

6. 控制组件的安装

（1）灭火控制装置的安装应符合设计要求，防护区内火灾探测器的安装应符合现行国家标准《火灾自动报警系统施工及验收标准》GB 50166 的规定。

（2）设置在防护区处的手动、自动转换开关应安装在防护区入口便于操作的部位，安装高度为中心点距地（楼）面 1.5m。

（3）手动启动、停止按钮应安装在防护区入口便于操作的部位，安装高度为中心点距地（楼）面 1.5m；防护区的声光报警装置安装应符合设计要求，并应安装牢固，不得倾斜。

（4）气体喷放指示灯宜安装在防护区入口的正上方。

7. 泄压口的安装

七氟丙烷灭火系统的泄压装置应位于防护区净高的 2/3 以上。防护区设置的泄压装置，宜设在外墙上。对机械式自动泄压装置，可手动模拟开启泄压装置，针对电动式泄压装置，宜电动模拟打开。泄压装置的启闭应灵活，无卡阻（图 37-75）。

图 37-75 泄压口

37.3.6.3 气体灭火系统的试验

1. 水压试验

(1) 水压强度试验压力应按下列数值取值：

1) 对高压二氧化碳灭火系统取15MPa；对低压二氧化碳灭火系统取4MPa。

2) 对IG541混合气体灭火系统、IG01气体灭火系统、IG100气体灭火系统、IG55气体灭火系统应取13MPa。

3) 对卤代烷1301和七氟丙烷灭火系统，应取1.5倍系统工作最大压力。系统最大工作压力按表37-51选取。

系统储存压力、最大工作压力　　　　　　　　　　　表37-51

系统类别	最大充装密度（kg/m³）	储压压力（MPa）	最大工作压力（MPa）（50℃）
IG01气体灭火系统	—	15	17.2
	—	20	23.2
IG100气体灭火系统	—	15	17.2
	—	20	23.2
IG55气体灭火系统	—	15	17.2
	—	20	23.2
（IG541）混合气体灭火系统	—	15	17.2
	—	20	23.2
卤代烷1301灭火系统	1125	2.5	3.93
	1125	4.2	5.8
七氟丙烷灭火系统	1150	2.5	4.2
	950	4.2	5.3
	1120	4.2	6.7
	1000	5.6	7.2
高压二氧化碳灭火系统	600	5.7	12.4

(2) 进行水压试验时，以不大于0.5MPa/s的升压速率缓慢升压至试验压力，保压5min，检查管道各处无渗漏、无变形为合格。

(3) 当水压强度试验条件不具备时，可采用气压强度试验代替。气压强度试验压力取值：二氧化碳灭火系统取80%水压强度试验压力；IG541混合气体灭火系统取10.5MPa；卤代烷1301灭火系统和七氟丙烷灭火系统取1.15倍最大工作压力。

气压强度试验应遵守下列要求：试验前，必须用加压介质进行预试验，预试验压力为0.2MPa；试验时应逐步缓慢增加压力，当压力升至试验压力的50%时，如未发现异状或泄漏，则继续按试验压力的10%逐级升压，每级稳压3min，直至试验压力。保压检查管道各处无变形、无渗漏为合格。

(4) 灭火剂输送管道经水压强度试验合格后，还应进行气密性试验，经气压强度试验合格且在试验后未拆卸过的管道可不进行气密性试验。

气密试验压力应按下列规定取值。对灭火剂输送管道，应取水压强度试验压力的2/3，对气动管道，应取驱动气体储存压力。

进行气密试验时，应以不大于 0.5MPa/s 的升压速率缓慢升压至试验压力，关断试验气源 3min 内压力降不超过试验压力的 10% 为合格。

气压试验必须采取有效的安全措施，加压介质可采用空气或氮气。气动管道试验时应采取防止误喷射的措施。

（5）灭火剂输送管道在水压强度试验合格后，或气密性试验前，应进行吹扫。吹扫管道可采用压缩空气或氮气，吹扫时，管道末端的气体流速不应小于 20m/s，采用白布检查，直至无铁锈、尘土、水渍及其他异物。

2. 系统调试

（1）一般规定

1）气体灭火系统的调试应在系统安装完毕，并宜在相关的火灾报警系统和开口自动关闭装置、通风机械和防火阀等联动设备调试完成后进行。

2）调试前应检查系统组件和材料的型号、规格、数量以及系统安装质量，并应及时处理所发现的问题。

3）进行调试试验时，应采取可靠措施，确保人员和财产安全。

4）调试项目应包括模拟启动试验、模拟喷气试验和模拟切换操作试验。调试完成后应将系统各部件及联动设备恢复正常状态。

（2）系统调试

1）模拟启动试验方法

系统调试采用手动和自动两种操作的模拟试验，因此调试工作不仅要在自身系统安装完毕，而且要在有关的火灾自动报警系统和开口自动关闭装置、通风机械和防火阀等联动设备安装完毕并经调试后才能进行。进行调试试验时，应采取可靠的安全措施，确保人员安全和避免灭火剂的误喷射。试验要求见表 37-52。

模拟启动试验方法　　　　　　　　　　　　　　表 37-52

试验内容	试验要求
手动模拟试验	按下手动启动按钮，观察相关动作信号及联动设备动作是否正常（如发出声、光报警，启动输出端的负载响应，关闭通风空调、防火阀等）。人工使压力信号反馈装置动作，观察相关防护区门外的气体喷放指示灯是否正常
自动模拟启动试验	将灭火控制器的启动输出端与灭火系统相应防护区驱动装置连接，驱动装置应与阀门的动作机构脱离，也可以用一个启动电压、电流与驱动装置的启动电压、电流相同的负载代替。 人工模拟火警使该防护区内任意一个火灾探测器动作，观察单一火警信号输出后，相关报警设备动作是否正常（如警铃、蜂鸣器发出报警声等）。 人工模拟火警使该防护区内另一个火灾探测器动作，观察复合火警信号输出后，相关动作信号及联动设备动作是否正常（如发出声、光报警，启动输出端负载，关闭通风空调、防火阀等）
模拟启动试验结果	延迟时间与设定时间相符，响应时间满足要求。 有关声、光报警信号正确。 联动设备动作正确。 驱动装置动作可靠

2) 模拟喷气试验方法

① IG541混合气体灭火系统及高压二氧化碳灭火系统应采用其充装的灭火剂进行喷气模拟试验。试验采用的储存容器数应为选定试验的防护区域或保护对象设计用量所需容器总数的5%，且不少于1个。

② 低压二氧化碳灭火系统应采用二氧化碳灭火剂进行模拟喷气试验。试验应选定输送管道最长的防护区或保护对象进行，喷放量不应小于设计用量的10%。

③ 卤代烷灭火系统模拟喷气试验不应采用卤代烷灭火剂，宜采用氮气，也可采用压缩空气。氮气或压缩空气储存容器与被试验的防护区或保护对象用的灭火剂储存容器的结构、型号、规格应相同。连接与控制方式应一致，氮气或压缩空气的充装压力按设计要求执行。氮气或压缩空气储存容器数不少于灭火剂储存容器的20%，且不得少于一个。

④ 模拟喷气试验宜采用自动启动方式。

模拟喷气试验结果应符合下列规定：

① 延迟时间与设定时间相符，响应时间满足要求。
② 有关声、光报警信号正确。
③ 有关控制阀门工作正常。
④ 信号反馈装置动作后，气体防护区门外的气体喷放指示灯应正常工作。
⑤ 储存容器间内设备和对应防护区域或保护对象的灭火剂输送管道无明显晃动和机械损坏。
⑥ 试验气体能喷入被试防护区内或喷在保护对象上，且应能从每个喷嘴喷出。

3) 模拟切换试验

按使用说明书的操作方法，将系统使用状态从主用量灭火剂储存容器切换为备用量灭火剂储存容器的使用状态。

37.4　室内排水系统安装

37.4.1　室内排水系统的分类和组成

37.4.1.1　室内排水系统的分类

（1）生活污水系统：用于排除住宅、公共建筑和工厂各种卫生器具排出的污水，还可分为粪便污水和生活废水。

（2）雨水排水系统：排除屋面的雨水和融化的雪水。

（3）工业废水排水系统：排除工业企业在生产过程中所产生的工业污水和工业废水。

37.4.1.2　建筑内排水系统的组成

建筑内排水系统的组成　　　　　　　　表37-53

名称	组成
受水器	受水器是接收污、废水并转向排水管道输送的设备，如各种卫生器具、地漏、排放工业污水或废水的设备、排除雨水的雨水斗等
存水弯	存水弯指的是在卫生器具内部或器具排水管段上设置的一种内有水封的配件。卫生器具本身带有存水弯的就不必再设存水弯

名称	组成
清通部件	清通设备指的是在管道上设置的检查口、清扫口等清理、疏通管道的部件
排水支管	排水支管为连接卫生器具和横支管之间的一段短管,除坐便器以外其他还包括水封装置
排水立管	接收来自各横支管的污水,然后再排至排出管
排水干管	排水干管是连接两根或两根以上排水立管的总横支管。在一般建筑中,排水干管埋地敷设,在高层多功能建筑中,排水干管往往设置在专门的管道转换层
排出管	排出管是室内排水立管或干管与室外排水检查井之间的连接管段
通气管	通气管通常是指立管向上延伸出屋面的一段(称伸顶通气管);当建筑物到达一定层数且排水支管连接卫生器具大于一定数量时,设有通气管

37.4.2 排 水 管 道 安 装

37.4.2.1 一般规定

(1) 金属排水管道上的吊钩或卡箍应固定在承重结构上。固定件间距:横管不大于2m;立管不大于3m。楼层高度小于或等于4m时,立管可安装1个固定件。立管底部的弯管处应设支墩或采取固定措施。

(2) 用于室内排水的水平管道与水平管道、水平管道与立管的连接,应采用45°三通或45°四通和90°斜三通或90°斜四通。立管与排出管端部的连接,应采用两个45°弯头或曲率半径不小于4倍管径的90°弯头或90°变径弯头。当排水支管、排水立管接入横干管时,应在横干管管顶或其两侧45°范围内采用45°斜三通接入。

(3) 在生活污水管道上设置的检查口或清扫口,当设计无要求时应符合下列规定:

1) 如排水支管设在吊顶内,应在每层立管上均装立管检查口,以便作灌水试验。

2) 在转角小于135°的污水横管上,应设置检查口或清扫口。

3) 污水横管的直线管段,应按设计要求的距离设置检查口或清扫口。

4) 埋在地下或地板下的排水管道的检查口,应设在检查井内。井底表面标高与检查口的法兰相平,井底表面应有5%的坡度坡向检查口。

(4) 通向室外的排水管,穿过墙壁或基础必须下返时,应采用45°三通和45°弯头连接,并应在垂直管段顶部设置清扫口。

(5) 由室内通向室外排水检查井的排水管,井内引入管应高于排出管或两管顶相平,并有不小于90°的水流转角,如跌落差大于300mm可不受角度限制。

(6) 排水通气管不得与风道或烟道相连,且应符合下列规定:

1) 排气管高出屋面层的高度应从屋顶最终完成面算起。

2) 通气管口不宜设置在建筑物屋檐檐口、阳台和雨篷等挑出部分的下面,并不得封闭在井道内。

(7) 排放未经消毒处理的医院含菌污水管道,不得与其他排水管道直接连接。

(8) 贮存食品或饮料的冷库地面排水管及饮用水水箱的泄水管与溢流管,不得与排水管道直接连接,并应留出不小于100mm的隔断空间。

(9) 钢支架螺纹孔径≤M12的管道支架,不得使用电气焊开孔、切割、扩孔,应使用台钻。螺纹孔径≥M12的管道支架，如需电气焊开孔、切割时应对开孔或切割处进行处理。支架孔眼及支架边缘应光滑平整，孔径不得超过穿孔螺栓或圆钢直径5mm。

（10）穿墙套管的长度不得小于墙厚，穿楼板套管应高出楼板结构面50mm。当设计无规定时，套管内径可采用比排水铸铁管外径大50mm。铸铁管与套管间的空隙应采用填缝材料填实后封堵。穿内墙的管道和管道之间的空隙，宜采用沥青玛瑞脂、橡胶类腻子等弹性材料填缝和封口。穿越防火墙时应采用防火材料填缝和封口。当外墙有防水要求时，应结合外墙防水层施工达到穿墙管处的密封要求。

（11）污水横管的直线管段较长时，为便于疏通、防止堵塞，应按表37-54的规定设置检查口或清扫口。

污水横管上检查口或清扫口的最大间距 表37-54

管径 DN (mm)	生产废水	生活污水及与之类似的生产污水	含有较多悬浮物和沉淀物的生产污水	清扫设备种类
		最大间距（m）		
≤75	15	12	10	检查口
≤75	10	8	6	清扫口
100~150	15	10	8	清扫口
100~150	20	15	12	检查口
200	25	20	15	检查口

（12）地漏的作用是排除地面污水，因此地漏应设置在房间最低处，地漏上表面应与装饰地面平齐，带水封的地漏其水封深度不得低于50mm，水封深度小于50mm的地漏不得使用。无水封地漏下方应设置水封高度不低于50mm的存水弯，并应优先采用具有防干涸功能的地漏，严禁使用钟罩式（扣碗式）地漏。

（13）室内排水管道应采取防结露隔热措施：为防止夏季排水管表面结露，设置在楼板下、吊顶内及会因管道结露影响使用要求的生活污水排水横管，应按设计要求做好防结露措施，保温材料和厚度应符合设计规定。

（14）隐蔽或埋地的排水管道在隐蔽前必须作灌水试验和通球试验。

37.4.2.2 排水铸铁管道安装

1. 柔性接口承插式铸铁管连接

（1）承插式柔性接口排水铸铁管宜在有下列情况时采用：

1）要求管道系统接口具有较大的轴向转角和伸缩变形能力。

2）对管道接口安装误差的要求相对较低时。

3）对管道的稳定性要求较高时。

（2）柔性接口铸铁管的紧固件材质应为热镀锌碳素钢。当埋地敷设时，其接口紧固件应为不锈钢材质或采取相应防腐措施。

（3）安装前应将铸铁直管及管件内外表面粘结的污垢、杂物和承口、插口、法兰压盖结合面上的泥砂等附着物清除干净。用手锤轻轻敲击管材，确认无裂缝后才可以使用，法兰密封圈质量应合格。

（4）插入过程中，插入管的轴线与承口管的轴线应在同一直线上，在插口端先套法兰压盖，再套入橡胶密封圈，橡胶密封圈右侧边缘与安装线对齐。将法兰压盖套入插口端，再套入橡胶密封圈。

（5）将直管或管件插口端插入承口，并使插口端部与承口内底留有5mm的安装间隙。在插入过程中，应尽量保证插入管的轴线与承口管的轴线在同一直线上。

（6）校准直管或管件位置，使橡胶密封圈均匀紧贴在承口倒角上，用支（吊）架初步固定管道。

（7）将法兰压盖与承口法兰螺孔对正，紧固连接螺栓。紧固螺栓时应注意使橡胶密封圈均匀受力。三耳压盖螺栓应三个角同步进行，逐个逐次拧紧；四耳、六耳、八耳压盖螺栓应按对角线方向依次逐步拧紧。拧紧应分多次交替进行，使橡胶圈均匀受力，不得一次拧完。

（8）法兰连接螺栓长度合适，紧固后外露丝扣为螺栓直径的1/2。螺栓布置时朝向应一致，螺栓安装前要抹黄油。螺栓紧固时要用力均匀，防止密封垫偏斜或将螺栓紧裂。

（9）铸铁直管须切割时，其切口端面应与直管轴线相垂直，并将切口处打磨光滑。建筑排水柔性接口法兰承插式铸铁管与塑料管或钢管连接时，如两者外径相等，应采用柔性接口；如两者外径不等，可采用刚性接口。

2. 卡箍式铸铁管连接

（1）卡箍式柔性接口排水铸铁管宜在下列情况时采用：

1）安装要求的平面位置小，需设置在尺寸较小的管道井内或需紧贴墙面安装时。

2）需各层同步安装和快速施工时。

3）需分期修建或有改建、扩建要求的建筑。

（2）安装前，必须将管材、管件内部的泥砂等杂物清除干净，并用手锤轻轻敲击管材，确认无裂缝后才可以使用。

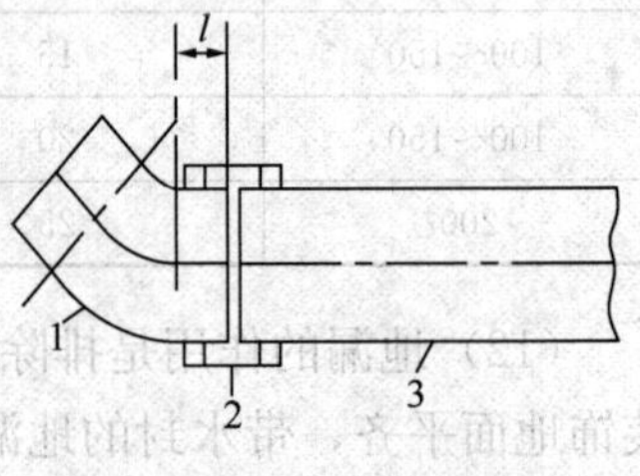

图37-76 卡箍接口安装
1—管件；2—不锈钢卡箍；3—直管

（3）连接时，取出卡箍内的橡胶密封套。卡箍为整圆不锈钢套环时，可将卡箍先套在接口一端的管材管件上（图37-76、表37-55、表37-56）。

密封区长度（mm） 表37-55

公称直径 DN	密封区长度 l	公称直径 DN	密封区长度 l
50	30	150	50
75	35	200	60
100	40	250	70
125	45	300	80

橡胶密封圈尺寸（mm） 表37-56

公称直径 DN	橡胶密封圈内径 D_1	橡胶密封圈外径 D_2	F	E
50	60	80	24	4
75	85	105	24	4
100	110	130	24	4

续表

公称直径 DN	橡胶密封圈内径 D_1	橡胶密封圈外径 D_2	F	E
125	135.5	159	28	4.5
150	160	184	28	4.5
200	212	244	34	4.6
250	263.5	310	38	9
300	297	317.5	38	12

（4）在接口相邻管端的一端套上橡胶密封圈封套，使管口达到并紧贴在橡胶密封圈套中间肋的侧边上。将橡胶密封套的另一端向外翻转。

（5）将连接管的管端固定，并紧贴在橡胶密封套中间肋的另侧边上，再将橡胶密封套翻回套在连接管的管端上。

（6）安装卡箍前应将橡胶密封套擦拭干净。当卡箍产品要求在橡胶密封套上涂抹润滑剂时，可按产品要求涂抹。润滑剂应由卡箍生产厂配套提供。

（7）在拧紧卡箍上的紧固螺栓前应分多次交替进行，使橡胶密封套均匀紧贴在管端外壁上。

3. 钢带型卡箍连接

钢带型卡箍可用在高、低层建筑物的平口铸铁管排水管道系统。管道系统遇到下列部位/出现下列情况时宜采用加强型卡箍：

（1）生活排水管道系统立管管道的转弯处。

（2）屋面雨水排水系统的雨水接口处和管道转弯处。

（3）管道末端堵头处。

（4）无支管接入的排水立管和雨水管，且管道不允许出现偏转角时。

4. 管道支（吊）架

（1）建筑排水柔性接口铸铁管安装，其上部管道重量不应传递给下部管道。立管重量应由支架承受，横管重量应由支（吊）架承受。

（2）建筑排水柔性接口铸铁管立管应采用管卡在柱上或墙体等承重结构部位锚固。

（3）管道支（吊）架设置位置应正确，埋设应牢固。管卡或吊卡与管道接触应紧密，并不得损伤管道外表面。管道支吊架可按给水管道支架选用。其固定件间距：横管不大于2m，立管不大于3m（楼层高度小于或等于4m时，立管可安装一个固定件）；立管底部的弯管处应设支墩或其他固定措施。对于高层建筑，排水铸铁管的立管应每隔一~二层设置落地式型钢卡架。

（4）管道支（吊）架应为金属件，并作防腐处理，有条件时宜由直管、管件生产厂配套供应。

（5）排水立管应每层设支架固定，支架间距不宜大于1.5m，但层高小于或等于3m时可只设一个立管支架。法兰承插式接口立管管卡应设在承口下方，且与接口间的净距不宜大于300mm。

（6）排水横管每3m管长应设两个支（吊）架，支（吊）架应靠近接口部位设置（法兰承插式接口应设在承口一侧），且与接口间的净距不宜大于300mm。排水横管支（吊）

架与接入立管或水平管中心线的距离宜为300~500mm。排水横管在平面转弯时，弯头处应增设支（吊）架。排水横管起端和终端应采用防晃支架或防晃吊架固定。当横干管长度较长时，为防止管道水平位移，横干管直线段防晃支架或防晃吊架的设置间距不应大于12m。

5. 防渗漏填塞措施

建筑排水柔性接口铸铁管穿越楼板、屋面板预留孔洞缝隙处应严格采取下述其中一项措施。

（1）采用二次浇捣方法用C20细石混凝土将缝隙填实，楼板面层用沥青油膏或其他防水油膏嵌缝，屋面层可用水泥砂浆做防水馒头。

（2）先在排水铸铁管外壁位于楼板、屋面板中间位置套上橡胶密封圈，再采用上述第（1）项措施封堵孔洞缝隙。

37.4.2.3 硬聚乙烯排水管道安装

1. 建筑排水用硬聚氯乙烯排水管道安装要点

（1）硬聚氯乙烯排水管道安装前应对其管材、管件等材料进行检验。管材、管件应有产品合格证，管材应标有规格、生产厂名和执行的标准号；在管件上应有明显的商标和规格；包装上应标有批号、数量、生产日期和检验代号。胶粘剂应有生产厂名、生产日期和有效日期，并具有出厂合格证和说明书。

（2）生活污水塑料管道的坡度必须符合设计或国家规范的要求。坡度值见表37-57。

生活污水塑料管道坡度值　　　　　　　　　　表37-57

项次	管径（mm）	标准坡度（‰）	最小坡度（‰）
1	50	25	12
2	75	15	8
3	110	12	6
4	125	10	5
5	160	7	4

（3）排水塑料管道支、吊架间距应符合表37-58的规定。

排水塑料管道支、吊架最大间距（m）　　　　　　表37-58

管径（mm）	50	75	110	125	160
立管	1.2	1.5	2.0	2.0	2.0
横管	0.5	0.75	1.10	1.30	1.60

（4）排水塑料管必须按设计要求及位置装设伸缩节，如设计无要求时，伸缩节的间距不得大于4m。排水横管上的伸缩节位置必须装设固定支架。

（5）立管伸缩节设置位置应靠近水流汇合管件处，并应符合下列规定：

1）立管穿越楼层处为固定支承且排水支管在楼板之上接入时，伸缩节应设置于水流汇合管件之下。

2）立管穿越楼层处为固定支承且排水支管在楼板之下接入时，伸缩节应设置于水流汇合管件之上。

3) 立管穿越楼层处为不固定支承时,伸缩节应设置于水流汇合管件之上或之下。

(6) 排水立管仅设伸顶通气管时,最低横支管与立管连接处至排出管管底的垂直距离 h 不得小于表 37-59 的规定。

最低横支管与立管连接处至排出管管底的垂直距离　　　表 37-59

建筑层数	垂直距离 h (m)	建筑层数	垂直距离 h (m)
≤4	0.45	13~19	3
5~6	0.75		
7~12	1.2	≥20	6

注:1. 当立管底部、排出管管径放大一号时,可将表中垂直距离缩小一挡。
　　2. 当立管底部不能满足本条要求时,最低排水横支管应单独排出。

(7) 塑料排水(雨水)管道伸缩节应符合设计要求,设计无要求时应符合以下规定:
1) 当层高小于或等于 4m 时,污水立管和通气管应每层设一个伸缩节。
2) 污水横支管、横干管、通气管、环形通气管和汇合通气管上无汇合管件的直线管段大于 2m 时,应设伸缩节,伸缩节之间的最大距离不得大于 4m。高层建筑中明设排水塑料管应按设计要求设置阻火圈或防火套管。
3) 伸缩节设置位置应靠近水流汇合管件。立管和横管应按设计要求设置伸缩节。横管伸缩节应采用弹性橡胶密封圈管件;当管径大于或等于 160mm 时,横干管宜采用弹性橡胶密封圈连接形式。当设计对伸缩量无规定时,管端插入伸缩节处预留的间隙应为:夏季 5~10mm;冬季 15~20mm。

(8) 结合通气管当采用 H 管时可隔层设置,H 管与通气立管的连接点应高出卫生器具上边缘 0.15m。当生活污水立管与生活废水立管合用一根通气立管,且采用 H 管为连接管件时,H 管可错层分别与生活污水立管和废水立管间隔连接,但最低生活污水横支管连接点以下应装设结合通气管。

(9) 立管管件承口外侧与墙饰面的距离宜为 20~50mm。

(10) 管道的配管及坡口应符合下列规定:
1) 锯管长度应根据实测并结合各连接件的尺寸逐段确定。
2) 锯管工具宜选用细齿锯、割管机等机具。端面应平整并垂直于轴线;应清除端面毛刺,管口端面处不得有裂痕、凹陷。
3) 插口处可用中号板锉锉成 15°~30°坡口。坡口厚度宜为管壁厚度的 1/3~1/2。坡口完成后应将残屑清除干净。

(11) 塑料管与铸铁管连接时,宜采用专用配件。当采用水泥捻口连接时,应先将塑料管插入承口部分的外侧,用砂纸打毛或涂刷胶粘剂后滚粘干燥的粗黄砂;插入后应用油麻丝填嵌均匀,用水泥捻口。塑料管与钢管、排水栓连接时应采用专用配件。

(12) 管道穿越楼层处的施工应符合下列规定:
1) 管道穿越楼板处为固定支承点时,管道安装结束应配合土建进行支模,并应采用 C20 细石混凝土分两次浇捣密实。浇筑结束后,结合找平层或面层施工,在管道周围应筑成厚度不小于 20mm,宽度不小于 30mm 的阻水圈。
2) 管道穿越楼板处为非固定支承时,应加装金属或塑料套管,套管内径可比穿越管外径大 10~20mm，套管高出地面不得小于 50mm。

3) 高层建筑内明敷管道，当设计要求采取防止火灾贯穿措施时，应符合下列规定：

① 立管管径大于或等于 110mm 时，在楼板贯穿部位应设置阻火圈或长度不小于 500mm 的防火套管。

② 管径大于或等于 110mm 的横支管与暗设立管相连时，墙体贯穿部位应设置阻火圈或长度不小于 300mm 的防火套管，且防火套管的明露部分长度不宜小于 200mm（图 37-77）。

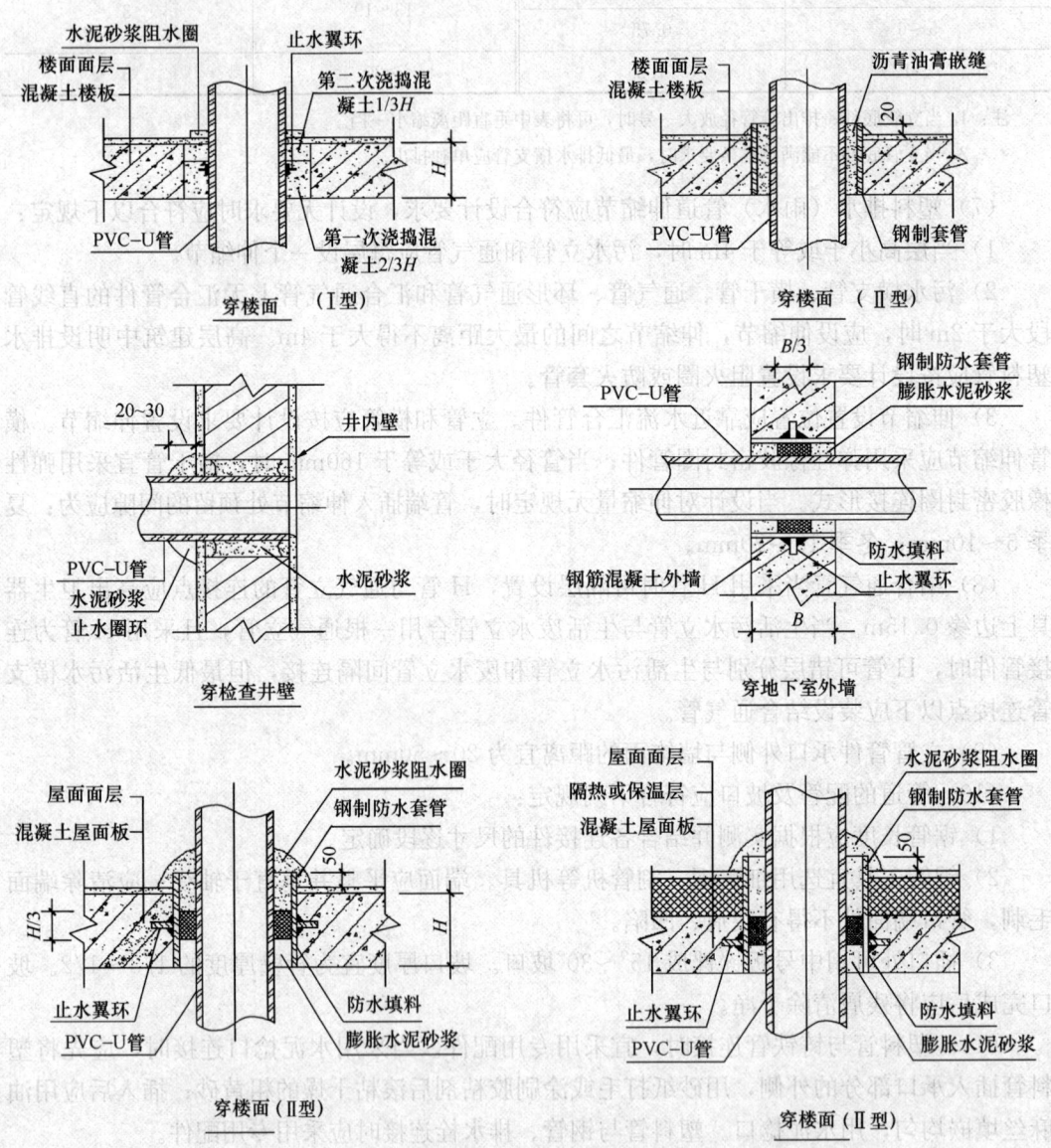

图 37-77 管道穿楼面、屋面、地下室外墙及检查井壁

说明：1. 管道穿越楼、屋面板、地下室外墙及检查井壁处外表面用砂纸打毛，或刷胶粘剂后涂干燥黄砂一层。
2. 管道与检查井壁嵌接部位缝隙应用 M7.5 水泥砂浆分两次嵌实，不得留孔隙，第一次为井壁中心段，井内外壁各留 20~30mm，待第一次嵌缝的水泥砂浆初凝后，再进行第二次嵌实。
3. 上述步骤进行完毕，用水泥砂浆在检查井外壁周围抹起突起的止水圆环，圈环厚度为 20~30mm。

2. 排水塑料管道支、吊架间距

(1) 非固定支承件的内壁应光滑，与管壁之间应留有微隙。

(2) 管道支承件的间距，立管管径为 50mm 的，不得大于 1.2m；管径大于或等于 75mm 的，不得大于 2m；横管直线管段支承件间距宜符合表 37-60 的规定。

排水塑料管道支、吊架最大间距 表 37-60

管径（mm）	50	75	110	125	160
立管（m）	1.2	1.5	2	2	2
横管（m）	0.5	0.75	1.1	1.3	1.6

3. 建筑排水用硬聚氯乙烯内螺旋管管道安装

(1) 在高层建筑中，管道布置应符合下列规定：

1) 立管宜敷设在建筑物的管道井内，并靠近一端的井墙。

2) 管径不小于 110mm 的明设立管，在穿越井内楼层楼板处应有防火贯穿的措施。

3) 管径不小于 110mm 的明设排水横管接入管道井内立管时，在穿越井壁处应有防止火贯穿的措施。当管道井内在每层楼板处有防火分隔时，上述横管在穿越井壁处可不设防火措施。

(2) 管道连接应符合下列要求：

横管接入立管的三通和四通管件，必须采用具有螺母挤压密封圈接头的旋转进水型管件。横管接头宜采用螺母挤压密封圈接头，亦可采用粘接接头。

(3) 伸缩节的设置：

1) 当层高不大于 4m 时，内螺旋管立管可不设置伸缩节。

2) 横管应采用可伸缩的螺母挤压密封圈接头。当其直线管段长度不大于 4m 时可不设置伸缩节。

3) 横管采用粘接接头时，其伸缩节的设置应符合下列规定：

① 横管上固定支承到立管的距离小于 4m 时，可不设置伸缩节。

② 横管上固定支承（或三通、弯头等连接管件）之间的直线距离大于 2m 时应设置伸缩节，两个伸缩节之间的距离不宜大于 4m。

③ 横管上直线距离大于 4m 时，应根据管道设计伸缩量和伸缩节最大允许伸缩量，由计算确定。

④ 管道设计伸缩量不得大于伸缩节的允许伸缩量。横管伸缩节宜设在水流汇合管件上游端。

⑤ 埋地排出管上一般不设置伸缩节。

⑥ 埋设于混凝土墙或柱内的管道不应设置伸缩节。

(4) 立管支座的设置应符合下列规定：

1) 立管穿越楼板处应按固定支座设计。建筑物管道井内的立管固定支座，应设置在每层楼板位置井内的刚性平台或支架上。

2) 当层高不大于 4m 时，立管在每层可设一个滑动支座；当层高大于 4m 时，滑动支座间距不宜大于 2m。

(5) 横管支座的设置应符合下列规定：

1) 管托的管卡或管箍的内壁应光滑。在活动支座处，管卡或管箍与管壁之间应留有微隙；在固定支座处，应箍紧管壁并保持符合要求的固定度。

2) 固定支座的支架应采用型钢制作并锚固在墙或柱上；悬吊在楼板、梁或屋架下的横管的固定支座，其吊架应采用型钢制作并锚固在支承结构内。

3) 悬吊于地下室的架空排出管，对立管底部肘管处应设置吊架或托架，应考虑管内落水的冲击力。在高层建筑中，当管径 $d \leqslant 100\text{mm}$ 时，不宜小于 30kN；管径 $d=160\text{mm}$ 时，不宜小于 60kN。

(6) 室内管道安装可按下列规定进行：

1) 室内明设管道的安装宜在墙面粉饰完成后连续进行。安装前应复核预留孔洞的标高及位置；发现不符合要求时，应在安装前采取措施满足安装要求。

2) 安装前应按实测尺寸绘制小样图，选定合格的管材和管件，进行配管和断管。预制管段配制完成后，应按小样图核对节点尺寸及管件接口朝向。

3) 管道安装宜自下向上分层进行，先安装立管，后安装横管，连续施工，安装间断时，敞口处应临时封闭。

(7) 立管安装可按下列规定进行：

1) 应按设计要求设置固定支座和滑动支座后，进行立管吊装。

2) 立管采用旋转进水型管件，连接管管端插入深度应按施工现场温度计算确定，亦可按规范采用。

3) 安装时先将管段吊正，随即将立管固定在预设的支座上。立管管件螺母外侧与饰面的距离不得小于 25mm，不宜大于 50mm。

4) 立管安装完毕后，应按设计图纸将其穿板处的孔洞封严。

5) 立管顶端伸出屋顶的通气管安装后，应立即安装通气帽。

(8) 横管安装可按下列规定进行：

1) 应先按设计要求设置固定支座和滑动支座。楼板下的悬吊管应设置固定吊架和吊杆。

2) 先将配制好的管段用钢丝吊挂在预埋的支承件或临时设置的吊件上，查看无误后进行伸缩节安装及管段间的连接。

3) 管道连接后应及时调整位置，其坡度不得小于设计规定值。当设计无规定时，坡度可采用 2‰~2.5‰。

4) 采用粘接接头的管道可采取临时固定措施，待粘接固化后再紧固支座上的管卡，拆除钢丝。

37.4.3 卫生器具安装

37.4.3.1 卫生器具分类

卫生器具，是建筑内部排水系统的重要组成部分，是收集和排除生活及生产中产生的污、废水的设备。按其作用分为以下几类。

1. 便溺用卫生器具

(1) 厕所或卫生间中的便溺用卫生器具，主要作用是收集和排除粪便污水。

(2) 我国常用的大便器有坐式、蹲式和大便槽式三种类型。

(3) 大便器按其构造形式分盘形和漏斗形。按冲洗的水力原理,大便器分冲洗式和虹吸式两种。冲洗式大便器是利用冲洗设备具有的水头冲洗,而虹吸式大便器是借冲洗水头和虹吸作用冲洗。

(4) 小便器分为壁挂式、落地式和小便槽三种。

2. 盥洗、淋浴用卫生器具

(1) 洗脸盆分为台上盆、台下盆、立柱盆、挂盆、碗盆等。

(2) 盥洗槽设在公共建筑、集体宿舍、旅馆等的盥洗室里,有长条形和圆形两种。

(3) 浴盆一般设在宾馆、高级住宅、医院的卫生间及公共浴室内。

(4) 淋浴器有成品也有现场组装的。

3. 洗涤用卫生器具

如洗涤盆、化验盆、污水盆等。

4. 专用卫生器具

如医疗、科学研究实验室等特殊需要的卫生器具。

37.4.3.2 施工工艺

1. 卫生器具安装通用要求

(1) 卫生器具的安装应采用预埋螺栓或膨胀螺栓固定。

(2) 卫生器具的安装高度如无设计要求应符合表37-61 的规定。

卫生器具的安装高度　　　　　　　　　表37-61

项次	卫生器具名称		卫生器具安装高度（mm）		备注
			居住和公共建筑	幼儿园	
1	污水盆（池）	架空式	800	800	
		落地式	500	500	
2	洗涤盆（池）		800	800	
3	洗脸盆、洗手盆（有塞、无塞）		800	500	
4	盥洗槽		800	500	
5	浴盆		480	—	自地面至器具上边缘
	残障人用浴盆		450	—	
	按摩浴盆		450	—	
	淋浴盆		100	—	
6	蹲式大便器	高水箱	1800	1800	自台阶面至高水箱底
		低水箱	900	900	自台阶面至低水箱底
7	坐式大便器	高水箱	1800	1800	自地面至高水箱底
		低水箱 外露排水管式	510	370	自地面至低水箱底
		虹吸喷射式	470		
		分体式	370~410	270	自地面至器具上边缘
		连体式	370~410	—	
		感应式	380		
		壁挂式	390~420		
		残障人用	450		
8	小便器	挂式	600	450	自地面至下边缘
9	小便槽		200	150	自地面至台阶面
10	大便槽冲洗水箱		≥2000	—	自台阶面至水箱底
11	妇女卫生盆		360	—	自地面至器具上边缘
12	化验盆		800	—	自地面至器具上边缘

(3) 卫生器具的支、托架必须防腐良好，安装平整、牢固，与器具接触紧密、平稳。

(4) 卫生器具安装的允许偏差应符合表 37-62 的规定。

(5) 卫生器具的安装应参照产品说明及相关图集。

卫生器具安装的允许偏差和检验方法　　　　　表 37-62

项次	项目		允许偏差（mm）	检验方法
1	坐标	单独器具	10	拉线、吊线和尺量检查
		成排器具	5	
2	标高	单独器具	±15	
		成排器具	±10	
3	器具水平度		2	尺量检查
4	器具垂直度		3	吊线和尺量检查

2. 洗脸（手）盆安装

(1) PT 型支柱式洗脸盆安装：按照排水管口中心画出竖线，将支柱立好，将脸盆放在支柱上，使脸盆中心对准竖线，找平后画好脸盆固定孔眼位置。同时，将支柱在地面位置作好印记。按墙上印记打出 $\phi 10mm \times 80mm$ 的孔洞，栽好固定螺栓；将地面支柱印记内放好白灰膏，稳好支柱及脸盆，将固定螺栓加胶皮垫、眼圈，戴上螺母拧至松紧适度；再次将脸盆面找平，支柱找直。将支柱与脸盆接触处及支柱与地面接触处用白水泥勾缝抹光。

(2) 台上盆安装：将脸盆放置在依据脸盆尺寸预制的脸盆台面上，保证脸盆边缘能与台面严密接触，且接触部位能有效保证承受脸盆水满的重量。脸盆安装好后在脸盆边缘与上台面接触部位的接缝处使用防水性能较好的硅酸铜密封胶或玻璃胶进行抹缝处理，宽度均匀、光滑、严密连续，宜为白色或透明的，保证缝隙处理美观。

(3) 台下盆安装：依据脸盆尺寸、台面高度及脸盆自带固定支架形式，使用膨胀螺栓固定住脸盆支架。在脸盆支架的高度微调螺栓与脸盆间垫入橡胶垫，利用微调螺栓调整脸盆高度，使脸盆伤口与台面下平面严密接触。洗脸盆安装好后在脸盆边缘与台面下平面接触部位的内接缝处使用防水性能好的硅酸铜密封胶进行抹缝处理，宽度均匀、光滑、严密连续，宜为白色或透明的，保证缝隙处理美观。

(4) 常见洗脸盆安装见图 37-78～图 37-81。

3. 净身盆安装

(1) 净身盆配件安装完以后，应接通临时水试验，无渗漏后方可进行稳装。

(2) 将排水预留管口周围清理干净，将临时管堵取下，检查有无杂物。将净身盆排水三通下口管道装好。

(3) 将净身盆排水管插入预留排水管口内，将净身盆稳平找正。净身盆尾部距墙尺寸一致。将净身盆固定螺栓孔及底座画好印记，移开净身盆。

(4) 将固定螺栓孔印记画好十字线，剔成 $\phi 20mm \times 60mm$ 的孔眼，将螺栓插入洞内栽好，再将净身盆孔眼对准螺栓放好，与原印记吻合后再将净身盆下垫好白灰膏，排水管套上护口盘。净身盆稳牢、找平、找正。固定螺栓上加胶垫、眼圈，拧紧螺母。清除余灰，擦拭干净。将护口盘内加满油灰与地面按实。净身盆底座与地面有缝隙之处，嵌入白水泥浆补齐、抹光。

37.4 室内排水系统安装   181

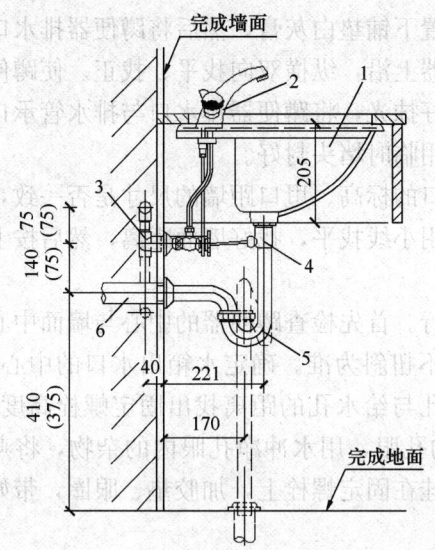
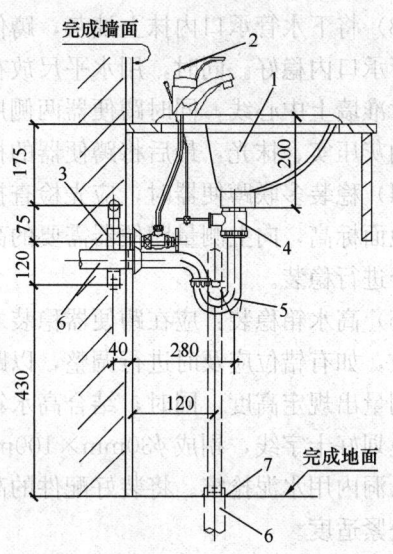

图 37-78 双柄单孔龙头台下式洗脸盆安装图
1—洗脸盆；2—龙头；3—内螺纹弯头；4—提拉排水装置；5—存水弯；6—排水管

图 37-79 单柄龙头台上式洗脸盆安装图
1—洗脸盆；2—龙头；3—内螺纹弯头；4—提拉排水装置；5—存水弯；6—排水管；7—罩盖

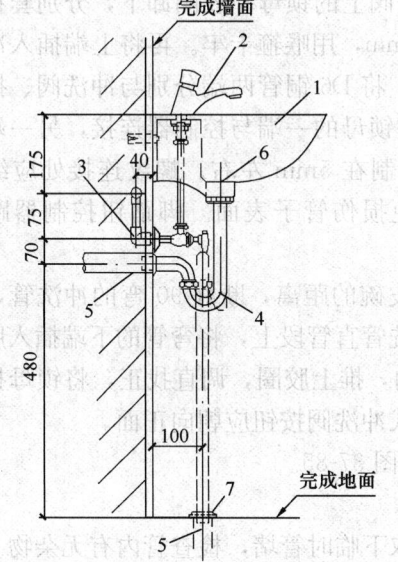
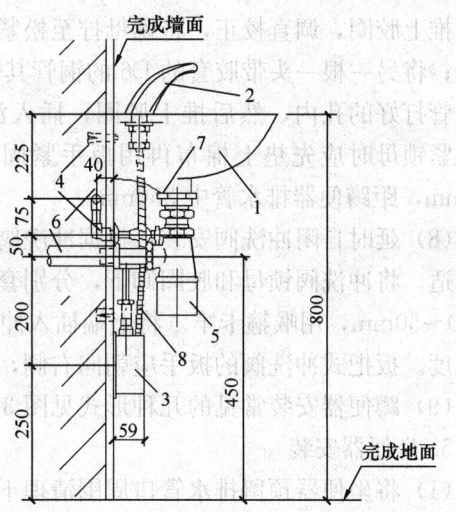

图 37-80 延时自闭式水龙头洗手盆安装图
1—洗脸盆；2—龙头；3—提拉排水装置；4—存水弯；5—排水管；6—排水柱；7—罩盖

图 37-81 红外感应龙头洗手盆安装图
1—洗脸盆；2—龙头；3—内螺纹弯头；4—提拉排水装置；5—存水弯；6—排水管；7—排水栓；8—连接软管

4. 蹲便器安装

（1）首先，将胶皮碗套在蹲便器进水口上，要套正、套实，胶皮碗大小两头用成品喉箍紧固，或用 14 号的铜丝分别绑两道，严禁压接在一条线上，铜丝拧紧要错位 90°左右。

（2）将预留排水口周围清扫干净，把临时管堵取下，同时检查管内有无杂物。找出排水管口的中心线，并画在墙上，用水平尺（或线坠）找好竖线。

(3) 将下水管承口内抹上油灰，蹲便器位置下铺垫白灰膏，然后将蹲便器排水口插入排水管承口内稳好。同时，用水平尺放在蹲便器上沿，纵横双向找平、找正。使蹲便器进水口对准墙上中心线，同时蹲便器两侧用砖砌好抹光，将蹲便器排水口与排水管承口接触处的油灰压实、抹光，最后将蹲便器的排水口用临时堵头封好。

(4) 稳装多联蹲便器时，应先检查排水管口的标高、甩口距墙的尺寸是否一致，找出标准地面标高，向上测量蹲便器需要的高度，用小线找平，找好墙面距离，然后按上述方法逐个进行稳装。

(5) 高水箱稳装：应在蹲便器稳装之后进行。首先检查蹲便器的中心与墙面中心线是否一致，如有错位应及时进行调整，以蹲便器不扭斜为准。确定水箱出水口的中心位置，向上测量出规定高度。同时，结合高水箱固定孔与给水孔的距离找出固定螺栓高度位置，在墙上划好十字线，剔成 $\phi 30mm \times 100mm$ 深的孔眼，用水冲净孔眼内的杂物，将燕尾螺栓插入洞内用水泥捻牢。将装好配件的高水箱挂在固定螺栓上，加胶垫、眼圈，带好螺母拧至松紧适度。

(6) 多联高水箱应按上述做法先挂两端的水箱，然后拉线找平、找直，再稳装中间水箱。

(7) 远传脚踏式冲洗阀安装：将冲洗弯管固定在台钻卡盘上，在与蹲便器连接的直管上打 D8 孔，孔应打在安装冲洗阀的一侧；将冲洗阀上的锁母和胶圈卸下，分别套在冲洗管直管段上，将弯管的下端插入胶皮碗内 20~50mm，用喉箍卡牢。再将上端插入冲洗阀内，推上胶圈，调直校正，将螺母拧至松紧适度。将 D6 铜管两端分别与冲洗阀、控制器连接；将另一根一头带胶套的 D6 的铜管其带螺纹锁母的一端与控制器连接，另一端插入冲洗管打好的孔内，然后推上胶圈，插入深度控制在 5mm 左右。螺纹连接处应缠生料带，紧锁时应先垫上棉布再用扳手紧固，以免损伤管子表面。脚踏钮控制器距后墙 500mm，距蹲便器排水管中 350mm。

(8) 延时自闭冲洗阀安装：根据冲洗阀至胶皮碗的距离，断好 90°弯的冲洗管，使两端合适。将冲洗阀锁母和胶圈卸下，分别套在冲洗管直管段上，将弯管的下端插入胶皮碗内 40~50mm，用喉箍卡牢。将上端插入冲洗阀内，推上胶圈，调直找正，将锁母拧至松紧适度。扳把式冲洗阀的扳手应朝向右侧，按钮式冲洗阀按钮应朝向正面。

(9) 蹲便器安装常见的几种形式见图 37-82~图 37-85。

5. 坐便器安装

(1) 将坐便器预留排水管口周围清理干净，取下临时管堵，检查管内有无杂物。

(2) 将坐便器出水口对准预留排水口放平找正，在坐便器两侧固定螺栓眼处画好印记后，移开坐便器，将印记画好十字线。

(3) 在十字线中心处剔 $\phi 20mm \times 60mm$ 的孔洞，把 $\phi 10mm$ 的螺栓插入孔洞内用水泥栽牢，将坐便器试稳装，使固定螺栓与坐便器吻合，移开坐便器。将坐便器排水口及排水管口周围抹上油灰后将坐便器对准螺栓放平、找正，螺栓上套好胶皮垫，带上眼圈、螺母拧至松紧适度。

37.4 室内排水系统安装　183

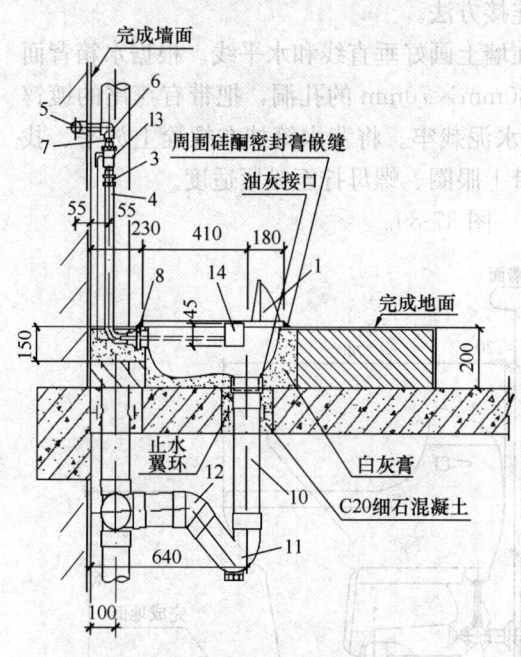

图 37-82　液压脚踏阀蹲式大便器安装图

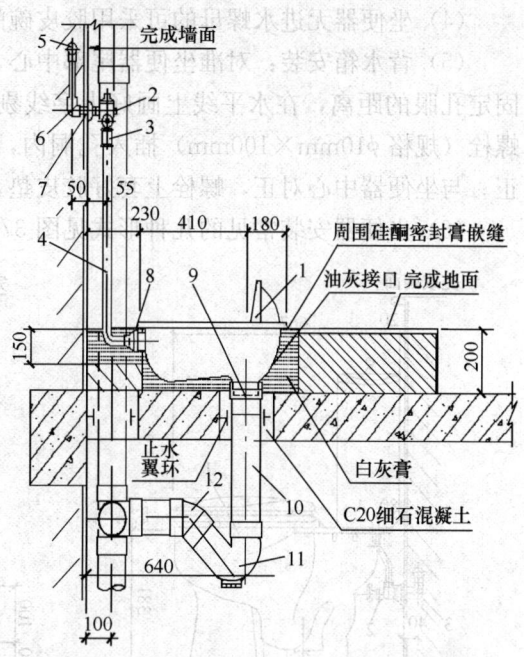

图 37-83　自闭式冲洗阀蹲式大便器安装图

1—蹲式大便器；2—自闭式冲洗阀；3—防污器；4—冲洗弯管；5—冷水管；6—内螺纹弯头；7—外螺纹短管；8—胶皮碗；9—便器接头；10—排水管；11—P型存水弯；12—45°弯头；13—液压脚踏阀；14—脚踏控制器

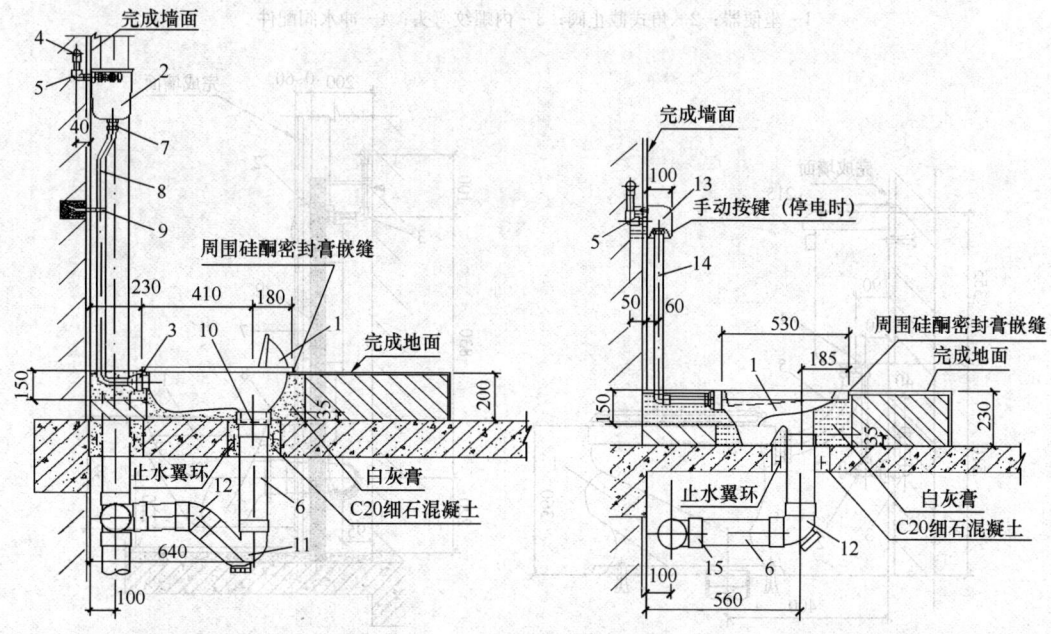

图 37-84　高水箱蹲式大便器安装图　　　图 37-85　感应式冲洗阀蹲式大便器安装图

1—蹲式大便器；2—高水箱；3—胶皮碗；4—冷水管；5—内螺纹弯头；6—排水管；7—高水箱配件；8—高水箱冲洗阀；9—管卡；10—便器接头；11—P型存水弯；12—45°弯头；13—45°或90°弯头；14—冲洗弯头；15—90°顺水三通

(4) 坐便器无进水螺母的可采用胶皮碗的连接方法。

(5) 背水箱安装：对准坐便器尾部中心，在墙上画好垂直线和水平线。根据水箱背面固定孔眼的距离，在水平线上画好十字线剔 $\phi 30\text{mm} \times 70\text{mm}$ 的孔洞，把带有燕尾的镀锌螺栓（规格 $\phi 10\text{mm} \times 100\text{mm}$）插入孔洞内，用水泥栽牢。将背水箱挂在螺栓上放平、找正。与坐便器中心对正，螺栓上套好胶皮垫，带上眼圈、螺母拧至松紧适度。

(6) 坐便器安装常见的几种形式见图 37-86～图 37-89。

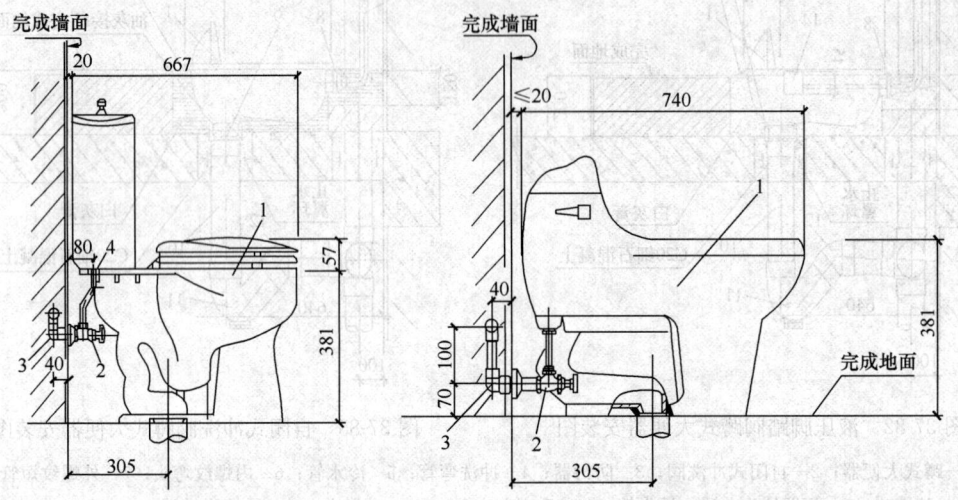

图 37-86 坐箱式坐便器安装图　　图 37-87 连体式坐便器安装图
1—坐便器；2—角式截止阀；3—内螺纹弯头；4—冲水阀配件

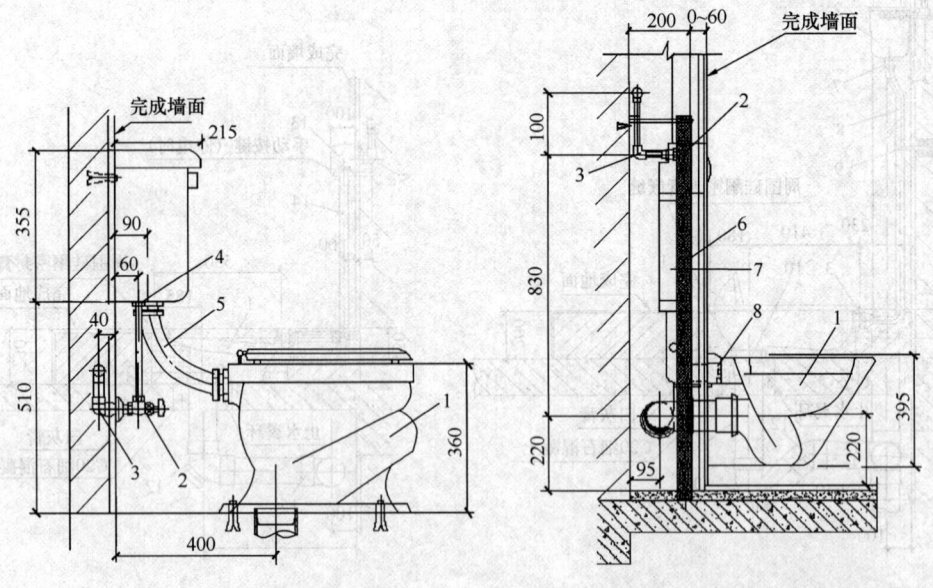

图 37-88 挂箱式坐便器安装图　　图 37-89 壁挂式坐便器安装图
1—坐便器；2—角式截止阀；3—内螺纹弯头；4—冲水阀配件；5—角尺弯；
6—金属柜架；7—水箱及冲水弯管；8—密封圈

6. 小便器安装

(1) 挂式小便器安装：首先，对准给水管中心画一条垂线，由地坪向上量出规定的高度画一水平线。根据产品规格尺寸，由中心向两侧固定孔眼的距离，在横线上画好十字线，再画出上、下孔眼的位置；将孔眼位置剔成 φ10mm×60mm 的孔眼，栽入 φ6mm 的螺栓。托起小便器挂在螺栓上。把胶垫、眼圈套入螺栓，将螺母拧至松紧适度。将小便器与墙面的缝隙嵌入白水泥浆补齐、抹光。

(2) 立式小便器安装：立式小便器安装前应检查给、排水预留管口是否在一条垂线上，间距是否一致。符合要求后按照管口找出中心线；将下水管周围清理干净，取下临时管堵，抹好油灰，在立式小便器下铺垫水泥、白灰膏的混合灰（比例为 1：5）。将立式小便器稳装找平、找正。立式小便器与墙面、地面缝隙嵌入白水泥浆抹平、抹光。

7. 隐蔽式自动感应出水冲洗阀安装

(1) 根据设计图纸及施工图集在所要设置的墙体上标出安装位置及盒体尺寸。

(2) 依据墙体材质及做法的不同进行电磁阀盒的安装固定。对于砌筑墙体应采用剔凿的方式；对于轻钢龙骨隔墙则使用螺栓或铆钉将盒体固定在预留的轻钢龙骨上。

(3) 将电磁阀的进水管与预留的给水管进行连接安装。

(4) 将电磁阀的出水口与出水管进行连接，并连接电源线（电源供电）及控制线（感应龙头）。

(5) 将感应面板安装到位，应采用吸盘进行操作，以免损坏面板。

(6) 对于感应龙头将电磁阀控制线连接到龙头的感应器上。

(7) 明装自动感应出水阀安装：将电磁阀与外保护盒盒体进行固定安装；用短管将给水管预留口与电磁阀进水口连接固定。安装后应保持盒体周正；用出水冲洗短管连接电磁阀出水口及卫生器具冲洗口，并连接电源线或者安放电池。

(8) 小便器安装常见的几种形式见图 37-90～图 37-93。

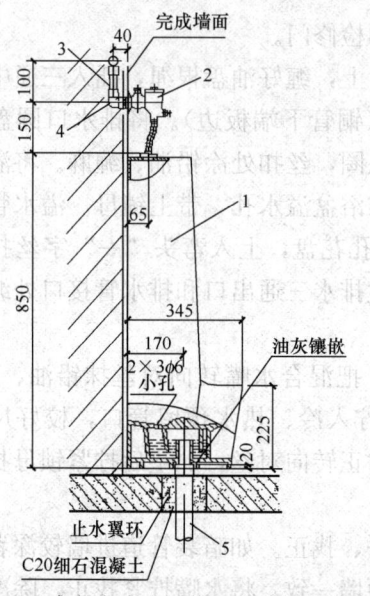 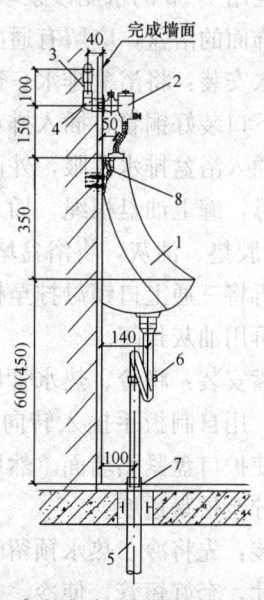

图 37-90　感应式冲洗阀落地式小便器安装图　　图 37-91　感应式冲洗阀壁挂式小便器安装图
1—小便器；2—冲洗阀；3—冷水管；　　　　　　1—小便器；2—冲洗阀；3—冷水管；4—内螺纹弯头；
4—内螺纹弯头；5—排水管　　　　　　　　　　　5—排水管；6—存水管；7—罩盖；8—挂钩

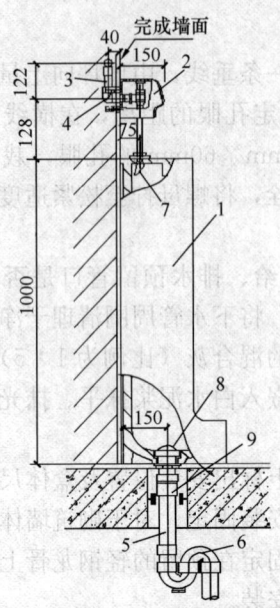
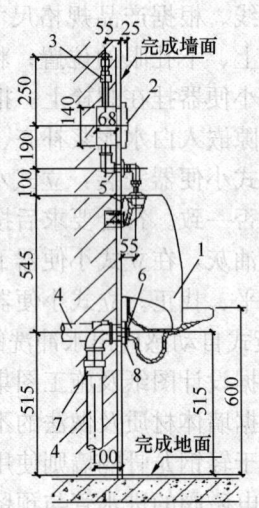

图 37-92 自闭式冲洗阀落地式小便器安装图
1—小便器；2—冲洗阀；3—冷水管；4—内螺纹弯头；
5—排水管；6—存水弯；7—喷水鸭嘴；
8—花篮罩；9—转换弯头

图 37-93 自闭式冲洗阀斗式小便器安装图
1—小便器；2—冲洗阀；3—内螺纹弯头；
4—排水管；5—挂钩；6—橡胶止水环；
7—转换弯头；8—排水法兰盘

8. 浴盆安装

(1) 浴盆稳装前应将浴盆内表面擦拭干净，同时检查瓷面是否完好。带腿的浴盆先将腿部的螺栓卸下，将销母插入浴盆底卧槽内，把腿扣在浴盆上，带好螺母拧紧找平。浴盆如砌砖腿时，应配合土建施工把砖腿按标高砌好。将浴盆稳于砖台上，找平、找正，浴盆与砖腿缝隙处用 1∶3 的水泥砂浆填充抹平。

(2) 有饰面的浴盆，应留有通向浴盆排水口的检修门。

浴盆排水安装：将浴盆排水三通套在排水横管上，缠好油盘根绳，插入三通中，拧紧锁母。三通下口装好铜管，插入排水预留管口内（铜管下端板边）。将排水口圆盘下加胶垫、油灰，插入浴盆排水孔眼，外面再套胶垫、眼圈，丝扣处涂铅油、缠麻。将溢水立管下端套上锁母，缠上油盘根绳，插入三通上口对准浴盆溢水孔，带上锁母。溢水管弯头处加 1mm 厚的胶垫、油灰，将浴盆堵螺栓穿过溢水孔花盘，上入弯头"一"字丝扣上，无松动即可。再将三通上口锁母拧至松紧适度。浴盆排水三通出口和排水管接口处缠绕油盘根绳捻实，再用油灰封闭。

混合水嘴安装：将冷、热水管口找平、找正，把混合水嘴转向对丝抹铅油、缠麻丝，带好护口盘，用自制扳手插入转向对丝内，分别拧入冷、热水预留管口，校好尺寸，找平、找正，使护口盘紧贴墙面。然后将混合水嘴对正转向对丝，加垫后拧紧锁母找平、找正，用扳手拧至松紧适度。

水嘴安装：先将冷、热水预留管口用短管找平、找正。如暗装管道进墙较深者，应先量出短管尺寸，套好短管，使冷、热水嘴安完后距墙一致。将水嘴拧紧找正，除净外露麻丝。有饰面的浴盆，应留有通向浴盆排水口的检修门。

(3) 浴盆安装常见的几种形式见图 37-94～图 37-96。

37.4 室内排水系统安装

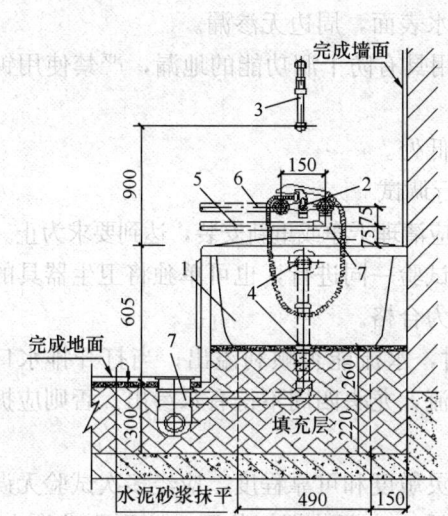

图37-94 双柄龙头裙边浴盆(同层排水)安装图
1—浴盆；2—水龙头；3—滑竿；4—排水配件；
5—冷水管；6—热水管；7—90°弯头

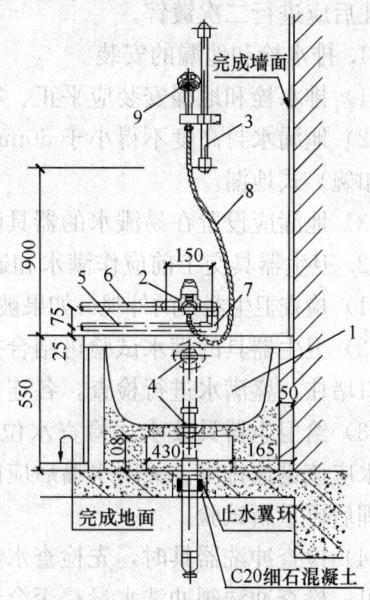

图37-95 单柄龙头普通浴盆安装图
1—浴盆；2—水龙头；3—滑竿；4—排水配件；
5—冷水管；6—热水管；7—90°弯头；
8—金属软管；9—手提式花洒

9. 淋浴器安装

(1) 暗装管道先将冷、热水预留管口加试管找平、找正。量好短管尺寸，断管、套丝、涂铅油、缠麻，将弯头上好。明装管道按规定标高揻好"Ⅱ"弯（俗称元宝弯），上好管箍。

(2) 淋浴器锁母外丝丝头处抹铅油、缠麻。用自制扳手卡住内筋，上入弯头或管箍内。再将淋浴器对准锁母外丝，将锁母拧紧。将固定圆盘上的孔眼找平、找正。画出标记，卸淋浴器，将印记剔成 $\phi 10mm \times 40mm$ 孔眼，栽好镀锌薄钢板卷。再将锁母外丝口加垫抹铅油，将淋浴器对准锁母外丝口，用扳手拧至松紧适度。再将固定圆盘与墙面靠严，孔眼平正，用木螺钉固定在墙上。

(3) 将淋浴器上部铜管预装在三通口上，使立管垂直，固定圆盘与墙面贴实，孔眼平正，画出孔眼标记，栽入镀锌薄钢板卷，锁母外加垫抹铅油，将锁母拧至松紧适度。将固定圆盘采用木螺钉固定在墙面上。

(4) 浴盆软管淋浴器挂钩的安装高度，如设计无要求，应距地面1.8m。

10. 小便槽安装

小便槽冲洗管应采用镀锌管或硬质塑料管。冲洗孔应斜向下方安装，冲洗水流同墙面成45°角。镀锌钢

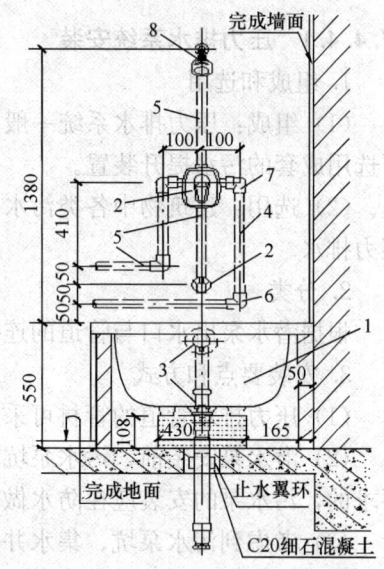

图37-96 入墙式单柄龙头
浴盆安装图

1—浴盆；2—水龙头；3—排水配件；
4—冷水管；5—热水管；6—90°弯头；
7—内螺纹弯头；8—莲蓬头

管钻孔后应进行二次镀锌。

11. 排水栓和地漏的安装

(1) 排水栓和地漏安装应平正、牢固,低于排水表面,周边无渗漏。

(2) 地漏水封高度不得小于50mm,应优先选用具有防干涸功能的地漏,严禁使用钟罩(扣碗)式地漏。

(3) 地漏应设置在易溅水的器具附近地面的最低处。

12. 卫生器具交工前应作满水和通水试验,进行调试

(1) 检查卫生器具的外观,如果被污染或损伤,应清理干净或重新安装,达到要求为止。

(2) 卫生器具的满水试验可结合排水管道满水试验一同进行,也可单独将卫生器具的排水口堵住,盛满水进行检查,各连接件不渗不漏为合格。

(3) 给卫生器具放水,检查水位超过溢流孔时,水流能否顺利溢出;当打开排水口时,水应该迅速排出。关闭水嘴后应能立即关住水流,龙头四周不得有水渗出。否则应拆下修理后再重新试验。

(4) 检查冲洗器具时,先检查水箱浮球装置的灵敏度和可靠程度,应经多次试验无误后方可。检查冲洗阀冲洗水量是否合适,如果不合适,应调节螺钉位置,达到要求为止。连体坐便水箱内的浮球容易脱落,造成关闭不严而长流水,调试时应缠好填料将浮球拧紧。冲洗阀内的虹吸小孔容易堵塞,从而造成冲洗后无法关闭,遇此情况,应拆下来进行清洗,达到合格为止。

(5) 通水试验以给、排水畅通为合格。

37.4.4　压力排水与真空排水系统安装

37.4.4.1　压力排水系统安装

1. 组成和选用

(1) 组成:压力排水系统一般由集水坑、潜水泵、软接头、止回阀、闸阀等组成,也可选用成套的污水提升装置。

(2) 选用:建筑物中各类污水、废水,靠重力无法自行排至室外总排水管时,可采用压力排水。

2. 分类

根据潜水泵出水口与管道的连接方式,可以分为移动式、固定式和自动耦合式。

3. 安装要点和方式

(1) 压力排水管道的管材可采用耐压塑料管、金属管或钢塑复合管。

(2) 潜水泵安装前,污水泵坑、集水井内应清理干净,底部应平整;污水坑内有防水要求的,污水泵的安装应在防水做完后进行,安装时应注意不要破坏防水层。

(3) 考虑到污水泵坑、集水井内的水中携带的杂质较多,为避免水泵叶轮在工作中受损,在水泵的底部应设置杂质隔离网。

(4) 污水池盖板应密闭并设置通气管,清洁排水废水池宜采用格栅盖板。

(5) 安装潜水泵时,应使用水泵自带的吊环为吊装受力点,切忌不要扯拽污水泵的电源线,同时保证电源线的绝缘性能良好。

(6) 自动耦合式潜水泵安装前,水泵底座应固定在池底,导杆支架固定于池顶侧壁。

(7) 自动耦合式潜水泵安装，应用螺栓将泵与耦合接口相连，将耦合接口半圆孔导入导杆；泵沿导杆向下滑动，依靠泵的自重使两片法兰自动贴紧。

37.4.4.2 真空排水系统安装

1. 组成与选用

(1) 组成：

真空排水系统由真空泵站、真空排水管道、真空切断阀、真空收集器和自动冲洗系统组成。

1) 真空泵站由真空收集罐、真空泵、污水泵、排水管和自动控制装置组成。
2) 真空排水管道由真空排水管、检修口或清扫口组成。
3) 真空收集器由真空便器、真空地漏和污水收集器组成。
4) 自动冲洗系统由冲洗管和冲洗控制阀组成。

(2) 选用：

室内真空排水系统一般适用于以下场所：

1) 因空间不足，无法设置集水坑或管道安装无法满足重力排水坡度要求的场所。
2) 需要设置独立密闭或隔离防护排水系统的场所。
3) 排水点距离室外市政管线距离过长，靠重力流不能满足要求的场所。
4) 使用频繁，有节水要求的场所。

2. 管材的选用及连接方式

室内真空排水系统应选用承压管材和管件，其材质应具有耐腐蚀、耐磨特性。

管材材质的选用和连接方式，见表37-63。

管材的选用及连接方式　　　　　　　　表 37-63

项次	管道材质	连接方式
1	PVC-U 管	粘接、法兰连接
2	HDPE 管	电熔连接、法兰连接
3	不锈钢管	焊接、法兰连接

说明：1. PVC-U 管、HDPE 管不得与排放热水的设备直接连接，应有不小于 0.4m 的金属过渡管。
　　　2. 因真空排水的密闭性要求，建议管道减少使用法兰连接，根据管道的不同材质尽可能采用粘接、电熔连接和焊接。

3. 安装要点

(1) 室内真空排水系统管道敷设应采用提升集水弯的形式，相邻提升集水弯间距不得大于 25m，且集水弯间的坡度不应小于 0.2%。

(2) 提升集水弯直横管段长度宜为 0.5~1m。

(3) 无真空罐的真空排水主管各管段累计提升高度不宜大于 2.5m；有真空罐的真空排水主管累计提升高度不宜大于 5m。

(4) 真空排水管道应在水平主横管的最低点设置检查口或清扫口，相邻检查口或清扫口的间距不应大于 35m。

(5) 管道检查口或清扫口安装方法与普通重力排水安装方法一致。

(6) 支管接入横主管道必须采用斜 45°提升三通或提升弯头从横主管道上方接入，使水气混合尽可能理想，以便保持污水高速传输。

(7) 配备真空罐的真空排水系统应设置管径不小于100mm的通气管，通气管应有不小于0.5‰的坡度，坡向真空泵站。

(8) 连接至真空排水收集器的管道应坡向收集器，坡度应满足相关规范的要求。

(9) 真空排水收集器应设置在便于检修且不易踩碰的位置。

(10) 卫生器具的排水支管上应设置止回阀，以防止真空系统意外破坏导致污水倒流至器具。

(11) 真空坐便器与真空蹲便器的安装方式与普通蹲（坐）便器的安装方式相同。按真空阀及传输配件的安装位置可以分为：与坐便器一体、在坐便器后部明装和蹲（坐）便器真空阀及传输配件在夹墙内暗装三种，可根据装饰装修的做法选用不同方式。

蹲（坐）便器真空阀及传输配件在夹墙内暗装和在坐便器后部明装（一体）示意图见图37-97。

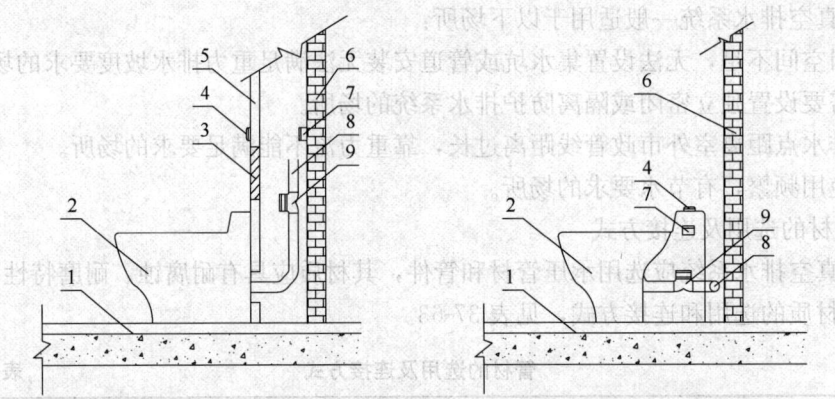

图37-97 蹲（坐）便器真空阀在夹墙内暗装和在坐便器后部明装示意图
1—结构装饰地面；2—真空便器；3—检修门；4—冲水按钮；
5—隔墙；6—结构墙；7—控制单元；8—真空管道；9—真空阀

37.4.5 同层排水系统安装

37.4.5.1 分类和选用

同层排水系统是排水支管不穿越本层楼板到下层空间与卫生器具同层敷设并接入排水立管的排水系统。

1. 分类

同层排水系统按排水横管敷设方式可分为墙体敷设和地面敷设两种。

2. 选用

(1) 地面敷设方式可采用降板和不降板（抬高面层）两种结构形式，降板可分为整体降板或局部降板。

(2) 当卫生间净空高度要求较高时，宜采用同层排水墙体敷设方式；当卫生间净空高度足够时，宜采用同层排水系统地面敷设方式。

(3) 根据管道井（管窿）位置和卫生器具布置，墙体敷设方式和地面敷设方式可在同一卫生间中结合使用。

37.4.5.2 安装要点及方式

1. 一般规定

（1）同层排水系统卫生器具排水管和排水横支管应与卫生器具同层敷设，不得穿越楼板进入下层空间，排水立管可穿越楼板。

（2）同层排水系统适用于重力作用下的生活排水。

（3）同层排水系统宜采用污废水合流系统。

（4）同层排水系统在满足卫生和功能要求的前提下，应符合节能、节水和环保的要求。同层排水系统的卫生器具应选用符合国家要求的节水型产品。除卫生器具自带存水弯外，选用带存水弯的排水附件应具有安装和检修方便的特点。

（5）同层排水系统的底层排水支管宜单独排出。

（6）同层排水系统采用的管材、管件和配件应满足系统设计使用寿命。

（7）同层排水系统的设计不应产生不利影响，不应发生影响用户健康和安全的情况。

（8）同层排水系统的排水管道井（管窿）平面位置宜上、下楼层对准布置。

（9）当排水管道井（管窿）面积较小、难以设置专用通气立管时，宜采用特殊单立管排水系统。

（10）构造内无存水弯的卫生器具及地漏等配件，与生活排水管道或其他可能产生有害气体的排水管道连接时，必须在卫生器具及地漏的排水口下设存水弯。存水弯管径不应小于卫生器具排水管管径，并尽量缩短卫生器具与存水弯之间的管道长度。

（11）存水弯的水封深度不得小于50mm，水封出水端的断面面积不宜小于进水端的断面面积。

（12）同层排水系统中不得采用存水弯串联设置。

（13）当给水管道利用同层排水系统暗敷区域敷设时，给水管道材质应耐腐蚀，具有足够的强度和刚度，接口应严格防渗。

2. 管道布置和敷设

（1）同层排水的塑料排水管敷设时应考虑因温度变化而引起的管道在长度方向的伸缩。立管的伸缩节设置应符合相关规范的要求，横管一般可采取以下方法：设置自由壁；设置伸缩节（敷设于管窿、附加夹墙或架空地面空间内的排水横管不宜采用伸缩节）；采用固定支架固定；敷设在地面混凝土等材质的回填层内。

（2）当排水横管敷设于内隔夹墙或架空地面的空间内时，应按下列要求设置固定支架：

1）建筑排水硬聚氯乙烯排水管和建筑排水高密度聚乙烯排水管横管的直线管段大于2m时，应按每2m设置一个固定支架。

2）建筑排水柔性接口铸铁管的横管，在承插口连接部位必须设置固定支架。

3）固定支架应固定在承重结构上，其支承力应大于管道因温度变化引起的膨胀力。

（3）器具排水横支管布置的标高不得造成排水滞留和地漏冒溢。

（4）埋设在墙体或地面内的管道不得采用橡胶圈密封接口。

3. 墙体敷设方式

（1）一般规定

1）墙体敷设方式的排水管道及其管件应敷设在非承重隔墙或内隔墙内，该墙体厚度应满足排水管道和附件的敷设要求。当采用隐蔽式水箱时，还应满足该水箱的敷设要求。

2）卫生器具的布置应有利于排水管道及其管件的敷设，排水管道不宜穿越承重墙体。

3）卫生器具宜布置在同一墙面或相邻墙面上。

4）大便器应靠近排水立管布置，地漏宜靠近排水立管布置。

（2）卫生器具和排水附件选用

1）大便器应采用壁挂式坐便器或后排式坐（蹲）便器。壁挂式坐便器宜采用隐蔽式冲洗水箱，冲洗水箱宜采用整体成型工艺。

2）净身盆和小便器应采用后排式，宜为壁挂式。

3）浴盆及淋浴房宜采用内置存水弯的排水附件。

4）地漏宜采用内置水封的直埋式，水封深度不得小于50mm，严禁使用钟罩（扣碗）式。

（3）卫生器具支架

1）采用墙体敷设方式的卫生器具应采用配套的支架，支架应有足够的强度、刚度及防腐措施。壁挂式卫生器具应固定在隐蔽式支架上。

2）隐蔽式支架应安装在非承重墙或内隔墙内，并固定牢固。

（4）管道布置和敷设

1）排水支管的高差不大于1000mm时，其展开长度不应大于表37-64的数值。当排水支管的高差大于1000mm或展开长度大于表37-64内的数值时，应放大一级管径或设置器具通气管。

高差大于 1000mm 时排水支管的最大展开长度　　　　　　表 37-64

公称直径 DN（mm）		排水支管的最大展开长度（m）
50		3
75		5
100	大便器	5
	非大便器	10

2）宜单独接入排水立管。

3）当排水横支管与立管的连接采用球形四通等特殊配件时，应由厂方提供配件产品的水力参数。

4）排水横支管始端宜设置清扫口。

4. 地面敷设方式

（1）一般规定

1）地面敷设方式宜采用降板结构形式。

2）排水管的连接可采用排水管道通用配件或排水汇集器等。

3）卫生间应根据卫生器具的布置采用局部降板或整体降板，在保证管道敷设、施工维修等要求的前提下宜缩小降板的区域。降板区域的净高度应根据卫生器具的布置、接管要求、管道材质及降板方式等确定。采用排水管道通用配件时，住宅卫生间局部降板高度不宜小于260mm，整体降板高度不宜小于300mm；采用排水汇集器时，降板高度应根据产品的要求确定。

4）排水横管宜敷设在填充层内，当有特殊要求时也可敷设在架空层内。

5）设置在沟槽内的排水横支管的回填材料、面层应能承载器具、设备的荷载。

(2) 卫生器具和排水附件选用

1）大便器宜采用下排式坐便器或后排式蹲便器。当采用隐蔽式水箱时，可采用壁挂式坐便器。

2）排水汇集器应符合下列规定：

① 断面设计应保证汇集器内的水流不会回流到汇集器上游管道内。

② 材质和技术要求应符合现行的有关产品标准的规定和检测机构的认可。

③ 排水汇集器宜采用铸铁或硬聚氯乙烯等材质。当采用塑料材质时，应符合国家有关的消防规范、标准。

④ 排水汇集器应在生产工厂内组装成型，并通过产品标准规定的密封性试验。

⑤ 排水汇集器应有专用清扫口。

(3) 管道布置和敷设

1）地漏接入排水横管时，接入位置沿水流方向宜在大便器、浴盆排水管接入口的上游。

2）排水汇集器的管道连接应符合下列规定：

① 各卫生器具和地漏的排水管应单独与排水汇集器相连。

② 排水汇集器排出管的管径应经水力计算确定，但不应小于接入排水汇集器的最大横管的管径。

③ 排水汇集器的设置位置应便于清通。

3）卫生间降板区域楼板面与完成地面层均应采取有效的防水措施。

4）在降板区域防水层施工完毕后方可进行排水管道的安装，排水管道的支架应有效、可靠，支架的固定不得破坏已做好的防水层。

37.4.6 高层建筑排水系统安装

37.4.6.1 系统分类

根据排水立管和透气立管的数量，高层建筑排水系统分为：

（1）双立管系统：双立管系统为一根立管排水，一根立管通气的排水系统。

（2）三立管系统：三立管系统是指污水立管与废水立管共用一根通气立管的系统。

（3）特殊单立管系统：特殊单立管系统是指在单立管排水系统中安装特殊部件（如：气水混合器、旋流接头、环流器、特殊排水弯头、气水分离器等），以达到解决排水量大和水流冲击造成的水舌、水塞、水跃等问题的系统。

37.4.6.2 安装要点

高层建筑排水系统安装与多层建筑管道的安装方式相同，但应注意以下几点：

（1）十层及十层以上高层建筑卫生间的生活污水立管应设置通气立管。

（2）高层建筑尤其是超高层建筑，应按设计要求设置乙字弯或在设备层（转换层）设置水平管进行消能。

（3）当排水立管不在同一中心线上时，应选用乙字弯或45°弯头进行连接。

（4）高层建筑排水系统的排水支横管与主立管管道连接时，应优先选用水利条件较好的斜45°顺水三通、四通。

（5）高层建筑排水系统的立管底部宜选用曲率半径不小于3D（3D弯头是指弯头轴线的弯曲半径为管子公称直径3倍的一种弯头）的大半径弯头，需要变径时宜采用大半径异径弯头。

（6）排水立管管道底部弯头处、横支管与立管连接部位的连接件宜采用防脱加强卡箍，并应单独设置管道支架，避免水流冲击造成接口脱落或漏水。

37.5 雨水系统安装

37.5.1 雨水系统的分类及组成

37.5.1.1 建筑雨水系统的分类

建筑屋面雨水系统的分类与管道内的压力、水流状态、管道的设置和屋面排水条件等有关。

（1）按管道内的压力和雨水流态可分为：半有压流（87斗）、压力流（虹吸式）和重力流雨水系统。

（2）按建筑物内部是否有雨水管道分为：内排水系统、外排水系统。

（3）按屋面的排水条件分为：檐沟排水、天沟排水和无沟排水。

（4）按出户埋地横干管是否存在自由水面分为：密闭式系统和敞开式系统。密闭式系统连接埋地干管的检查井内用密闭的三通连接，敞开式系统连接埋地干管的检查井是普通检查井。

（5）建筑物中还存在一种非重力排放的雨水系统，即水泵提升雨水系统。

37.5.1.2 建筑雨水系统的组成

普通外排水雨水系统由檐沟和敷设在建筑物外墙的立管组成，天沟外排水雨水系统由天沟、雨水斗和建筑外墙的立管组成；建筑内排水系统一般由雨水斗、连接管、悬吊管、立管、排出管、埋地干管和附属构筑物等几部分组成。

37.5.2 雨水管道及配件安装

37.5.2.1 施工工艺

（1）雨水管道的安装可结合建筑排水系统安装章节所述内容。

（2）雨水管穿过墙壁或楼板时，应设置金属或塑料套管。楼板内套管其顶部应高出装饰地面20mm，底部与楼板底面齐平。墙壁内的套管，其两端应与饰面齐平。套管与管道之间的间隙应采用阻燃密实材料填实。

（3）在安装过程中，管道和雨水斗敞开口应采取临时封堵措施。

（4）雨水斗应水平安装，与屋面相连处做好防水处理。

（5）雨水管道转向处宜作顺水连接：雨水连接管下端采用45°顺水三通与悬吊管连接，悬吊管与立管、立管与排出管的连接宜采用2个45°弯头或45°顺水三通。

（6）悬吊管的敷设坡度不宜小于5‰，且不应小于3‰。

（7）悬吊管长度大于15m时应设检查口，检查口或带法兰堵口的三通的间距不得大于表37-65的规定。

悬吊管检查口间距　　　　　　　　　　　表 37-65

项次	悬吊管直径（mm）	检查口间距（m）
1	≤150	≤15
2	≥200	≤20

（8）悬吊管跨越建筑的伸缩缝、变形缝时，应设置伸缩器或金属软管。

（9）屋面雨水排出管有埋地时，立管底部距地面 1m 处宜设检查口，在立管底部弯管处应设支墩或采取牢固的固定措施。

（10）排出管或横干管长度超过 30m 或管道交汇时，应设检查口。

（11）排出管穿地下室外墙处应做防水套管。

（12）埋地雨水管道的最小坡度，应符合表 37-66 的规定。

地下埋设雨水排水管道的最小坡度　　　　表 37-66

项次	管径（mm）	最小坡度（‰）
1	50	20
2	75	15
3	100	8
4	125	6
5	150	5
6	200	3
7	300	1.5

（13）雨水埋地管在管道交汇、转弯、坡度及管径改变以及长度超过 30m 时，均应设检查井，井内横管应采用管顶平接。

（14）雨水潜水泵出水立管应独立伸出池外。各出水管在方便操作的高度上顺水流方向依次设排水止回阀、闸阀。阀组的下游两出水管可以合并为一根，排到室外雨水检查井。不同集水池的压力雨水管独立排出室外，不宜合并。

（15）雨水管道如采用塑料管，其伸缩节应符合设计要求。

（16）雨水管道不得与生活污水管道相连接。

37.5.2.2　检测与试验

（1）雨水斗安装完毕后应进行闭水试验。将屋面所有雨水斗进行封堵，并向屋顶或天沟内灌水，灌水高度应淹没雨水斗，保持 1h 后，雨水斗周围屋面应无渗漏现象。

（2）建筑内雨水管道安装完毕后，应根据管材和建筑物高度选择整段方式或分段方式进行灌水试验。整段试验的灌水高度应达到立管上部的雨水斗，当立管高度大于 250m 时，应对下部 250m 高度管段进行灌水试验，其余部分进行通水试验。灌水达到稳定水面后观察 1h，管道及连接处无渗漏为合格。

37.5.3　虹吸雨水施工技术

37.5.3.1　虹吸式屋面雨水系统的组成

1. 虹吸式屋面雨水系统的组成

由虹吸雨水斗、管道（连接管、悬吊管、立管、排出管）、管件和固定件组成。

2. 管材和管件

虹吸式屋面雨水系统的管道，应采用高密度聚乙烯（HDPE）管、不锈钢管、涂塑钢管、镀锌钢管、铸铁管等材料。用于同一系统的管材（含与雨水斗的连接管）和管件，宜采用相同的材质。这些管材除承受正压外，还应能承受负压。

3. 固定件

管道安装时应设置固定件。固定件必须能承受满流管道的重量和高速水流所产生的作用力及管道热胀冷缩产生的轴向应力。对高密度聚乙烯（HDPE）管道必须采用二次悬吊系统固定。

37.5.3.2 虹吸式屋面雨水系统的安装

1. 虹吸雨水斗的安装

(1) 虹吸雨水斗应按产品说明书的要求和顺序进行安装。

(2) 在屋面结构施工时，应配合土建工程预留符合虹吸雨水斗安装需要的预留孔。

(3) 虹吸雨水斗的进水口应水平安装，进水口高度应保证天沟内的雨水能通过雨水斗排净。

(4) 虹吸雨水斗的出水短管可采用焊接、法兰、卡箍等方式与连接管连接。安装在钢板或不锈钢天沟（檐沟）内的虹吸雨水斗，可采用氩弧焊等与天沟（檐沟）焊接。

(5) 虹吸雨水斗安装过程中，敞开口应采取临时封堵措施；且在屋面防水施工完成、确认雨水管道畅通、清除流入短管内的密封膏后，再安装整流器、导流罩等部件。

(6) 虹吸雨水斗安装后，其边缘与屋面相连处应严密不漏。

2. 钢管的安装

(1) 镀锌钢管和涂塑钢管应采用螺纹连接、法兰连接或沟槽式连接。不锈钢管应采用焊接式连接、沟槽式连接（用于虹吸式屋面雨水系统的正压段）、压接式连接、法兰式连接（局部）。

(2) 镀锌钢管和涂塑钢管应采用机械方法切割；不锈钢管应采用机械或等离子方法切割；钢管切割后，切口应平整，并与管道的中轴线垂直。

(3) 当采用螺纹连接时，管螺纹根部应有2～3扣的外露螺纹，多余的填料应清理干净并作防腐处理。

(4) 当采用法兰连接时，法兰应垂直于管道中心线，两个法兰的表面应相互平行，紧固螺栓的方向一致，紧固后螺栓端部宜与螺母齐平。

(5) 当采用钢管焊接时，焊缝应按要求进行坡口处理，组对时内壁错边量不应超过壁厚的10%，且不应大于2mm。不锈钢管焊接宜采用钨极氩弧焊、焊条电弧焊，或氩弧焊打底、手工电弧焊盖面、管内充氩气保护的焊接工艺，焊接后，应对焊缝表面及周围进行酸洗钝化处理。

(6) 当采用沟槽连接时应检查沟槽加工的深度和宽度尺寸是否符合产品要求。安装橡胶密封圈时应检查是否有损伤，并涂抹润滑剂。卡箍紧固后其内缘应卡进沟槽内。

3. 铸铁管的安装

(1) 铸铁管应采用机械式接口连接或卡箍式连接。

(2) 铸铁管应采用机械方法切割，切口表面应平整、无裂缝。

(3) 铸铁管连接时，应先除去连接部位的沥青、砂、毛刺等。

(4) 采用机械式接口连接时，在插口端应先套入法兰压盖，再套入橡胶密封圈，然后应将插口端推入承口内，对称交叉地紧固法兰压盖上的螺栓。

(5) 采用卡箍式连接时，应将管道或管件的端口插入橡胶套筒和不锈钢节套内，然后拧紧节套上的螺栓。

4. 高密度聚乙烯（HDPE）管的安装

(1) 应采用热熔对焊连接或电熔连接。

(2) 应采用管道切割机切割，切口应垂直于管中心。

(3) 在悬吊的水平管上宜采用电熔连接，且与固定件配合安装。

(4) HDPE管与不锈钢管的连接：采用法兰连接。法兰通常采用后安装的方法，待管道安装好，导向支架与固定支架安装定位后，再安装法兰，以确保法兰的同心度不受影响。

5. 管道支吊架及固定件安装

(1) 管道支架应固定在承重结构上，位置应正确，埋设应牢固。

(2) 钢管、不锈钢管的支吊架间距，横管不应大于表37-67、表37-68的规定；立管应每层设置一个。

钢管管道支架最大间距   表37-67

公称直径 DN（mm）	50	80	100	125	150	200	250	300
保温管（mm）	3.1	4	4.5	6	7	7	8	8.5
不保温管（mm）	5	6	6.5	7	8	9.5	11	12

不锈钢管管道支架最大间距   表37-68

公称直径 DN（mm）	50	80	100	125	150	200	250	300
保温管（mm）	2	2.5	3	3	3.5	4	5	5
不保温管（mm）	3	3	4	4	5	6	6	6

(3) 铸铁管的支吊架间距，横管不应大于2m，立管不应大于3m。当楼层高度不大于4m时，立管可安装1个支架。

(4) 钢管沟槽式接口、铸铁管机械接口和卡箍式接口的支、吊架位置应靠近接口，但不妨碍接口的拆装。卡箍式铸铁管在弯管处应安装拉杆装置进行固定。

(5) 高密度聚乙烯（HDPE）悬挂管宜采用导向管卡和锚固管卡连接在方形钢导管上，进行固定。方形钢导管的尺寸应符合表37-69的规定。方形钢导管悬挂点间距和导向管卡、锚固管卡的设置间距（图37-98），应符合表37-70的规定。

(6) 高密度聚乙烯（HDPE）悬吊管的锚固管卡安装在管道的端部和末端，以及Y形支管的每个方向上，2个锚固管卡间距不应大于5m。当雨水斗与立管之间的悬吊长度超过1m时，应安装带有锚固管卡的固定件。当悬吊管的管径大于250mm时，在每个固定点上使用2个锚固管卡。

方形钢导管尺寸（mm）   表37-69

HDPE管外径	方形钢导管尺寸 A×B
40～200	30×30
250～315	40×60

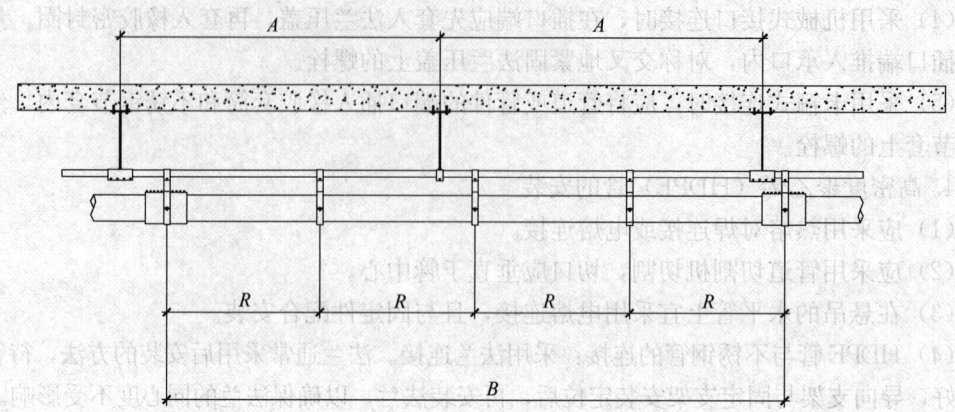

图 37-98　HDPE 管悬吊管的管卡布置

HDPE 悬吊管管卡最大间距（mm）　　　　表 37-70

HDPE 管外径	悬挂点间距 A	锚固管卡间距 B	导向管卡间距 R
40～90	2500	5000	800
110	2500	5000	1100
125	2500	5000	1200
160	2500	5000	1600
200～315	2500	5000	1700

（7）高密度聚乙烯（HDPE）TPN 立管锚固管卡间距不应大于 5m，导向管卡间距不应大于 15 倍管径（图 37-99）。

（8）当虹吸雨水斗的下端与悬吊管的距离不小于 750mm 时，在方形钢导管上或悬吊管上应增加 2 个侧向管卡。

6. 虹吸式屋面雨水系统的试验与检验

（1）虹吸雨水斗安装完毕后应进行闭水试验。

（2）虹吸式屋面雨水管道安装完毕后，应进行灌水试验。

（3）对虹吸式屋面雨水系统的安全性有较高要求时，也可根据施工现场的条件，参考《虹吸式屋面雨水排水系统技术规程》CECS 183 附录的容积式测试法和流量测试法进行实测验证。

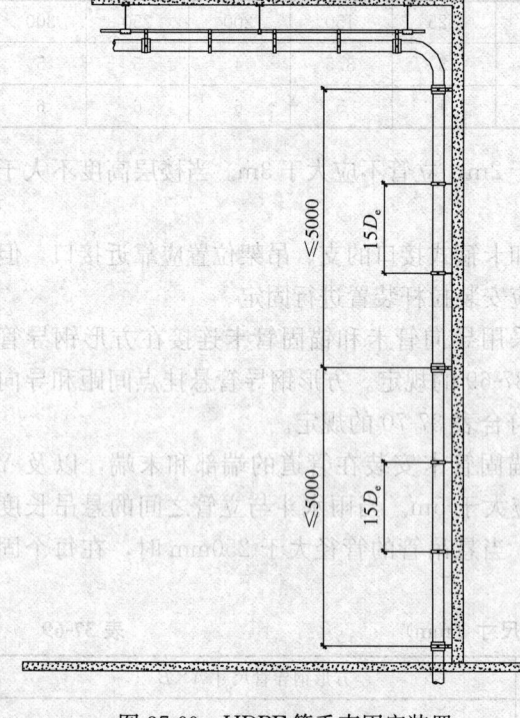

图 37-99　HDPE 管垂直固定装置

37.5.4 室外雨水系统安装

建筑室外雨水系统由雨水口、连接管、检查井（跌水井）、管道等组成。

37.5.4.1 雨水口

（1）雨水口一般采用砖砌式、预制混凝土装配式或塑料制。室外雨水口的设置位置应符合设计要求。

（2）无道牙的路面和广场、停车场，用平箅式雨水口；有道牙的路面，用偏沟式或立箅式雨水口；有道牙路面的低洼处用联合式雨水口。

（3）道路上的雨水口宜每隔25~40m设置一个。当道路纵坡大于0.02时，雨水口的间距可大于50m。

（4）雨水口深度不宜大于1m。

（5）平箅式雨水口长边应与道路平行，箅面宜低于路面20~30mm，在土地面时宜低30~50mm。

37.5.4.2 连接管

（1）雨水口连接管的长度不宜超过25m，连接管上口串联的雨水口不宜超过3个。

（2）单箅雨水口连接管最小管径为200mm，坡度为0.01，管顶覆土厚度不宜超过0.7m。

37.5.4.3 检查井

（1）检查井一般采用塑料成品、混凝土模块式、混凝土预制、混凝土现浇或砖砌，设在管道的交接处和转弯处、管径或坡度的改变处、跌水处、直线管道上每隔一定距离处。

（2）室外直线管段上检查井间的最大间距按表37-71采用。

雨水检查井最大间距 表37-71

管径（mm）	200~300	400	>500
最大间距（m）	40	50	70

（3）检查井内同高度上接入的管道数量不宜多于3条。

（4）室外雨水检查井的土方工程、管道穿井壁处的处理、检查井周围的回填要求等，可参照给水检查井的规定执行。

（5）塑料检查井基础施工应符合设计要求，设计无明确要求时，宜采用砂砾石垫层基础。对于一般土质，基底可铺设厚度为100mm的粗砂基础一层。对软土地基应用砂砾石置换软土，其厚度不应小于200mm。砂砾石垫层的压实系数不宜小于0.95。垫层应按沟槽宽度铺垫，并摊平、拍实。

（6）塑料检查井的回填材料及回填要求应符合下列规定：

1）检查井回填的纵向长度，每侧为井壁管管径的3倍。回填的横向宽度至两侧槽帮，且每侧回填材料的宽度不小于400mm。

2）检查井四周应分层对称回填并夯实，回填土的材料及压实要求应符合表37-72的规定。

回填土的密实度要求 表37-72

井坑内的部位	压实系数	回填土质
超控部分	≥0.95	砂石料或最大粒径小于40mm的碎石
井坑基础	≥0.95	中砂、粗砂
检查井周围	≥0.9	不得采用淤泥、淤泥质土、湿陷性土、膨胀土、冻土,最大粒径不得超过40mm

3) 回填土的压实系数不得小于道路或地面设计要求。

4) 当检查井位于道路路基范围内时,应采用石灰土、砂、砂砾等材料回填,其回填宽度不宜小于400mm。

5) 当检查井位于寒冷或严寒地区时,应在井壁周围采用中粗砂、砂卵石、炉渣或炉渣石灰土等非冻胀性材料回填,宽度不宜小于100mm。

(7) 检查井井盖选用应正确,标志应明显,标高应符合设计要求。在车行道上时应采用重型铸铁井盖。道路上的检查井盖应设置防止人员落入井内的措施。

37.5.4.4 跌水井

(1) 管道跌水水头大于2m时,应设跌水井;跌水水头为1~2m时,宜设跌水井。

(2) 跌水井不得有支管接入。

(3) 管道转弯处不宜设置跌水井。

(4) 跌水井的一次跌失水水头如表37-73所示。

雨水检查井最大间距 表37-73

进水管管径(mm)	≤200	300~600	>600
最大跌水高度(m)	≤6	≤4	按设计要求

37.5.4.5 管道敷设

(1) 室外雨水管道常采用硬聚氯乙烯（PVC-U）或高密度聚乙烯（HDPE）双壁波纹塑料管、加筋塑料管、钢带增强聚乙烯（PE/HDPE）螺旋波纹管、混凝土和钢筋混凝土管、玻璃钢夹砂管等,穿越管沟等特殊地段采用钢管或铸铁管。钢管采用焊接接口,双壁波纹塑料管和加筋塑料管采用弹性密封圈连接,HDPE螺旋波纹管采用热熔或电热熔焊连接,混凝土和钢筋混凝土管采用承插或橡胶圈接口,玻璃钢夹砂管采用密封圈承插或承插粘接,其他管材常采用橡胶圈接口。

(2) 室外雨水管道的施工可参照建筑室外排水管网相关章节的内容。

(3) 室外雨水管道的坡度必须符合设计要求,严禁无坡或倒坡。

(4) 室外雨水塑料埋地管道敷设前应平整沟底,铺设一层厚度为100~150mm、宽带为管外径2.5倍的砂垫层,并整平压实至设计标高。回填土应采用细粒黏土或黄砂分层回填,先回填至管顶上方200mm处,经夯实后再回填至设计标高、夯实。

(5) 室外雨水管道应尽量远离生活饮用水管道,与给水管的最小净距应为0.8~1.5m。当雨水管与污水管、给水管并列布置时,雨水管宜布置在给水管和污水管之间。

(6) 雨水管道在检查井内宜采用管顶平接法,井内出水管管径不宜小于进水管。

(7) 当管径小于300mm时,雨水管道转弯或交接处的水流转角应不小于90°。

(8) 不受冰冻或外部荷载的影响时,雨水管道管顶的覆土厚度不宜小于0.6m;但管道在车行道下时，管顶覆土厚度不得小于0.7m，否则应采用金属套管等防止管道受压破损的技术措施。

（9）室外雨水管道埋设前必须进行灌水试验和通水试验，按雨水检查井分段试验，试验水头应以试验段上游管顶加1m，时间不小于30min，逐段观察，排水应畅通，无堵塞，管接口无渗漏。

37.5.4.6 雨水明沟（渠）

（1）明沟与管道互相连接时，连接处必须采取防止冲刷管道基础的措施。

（2）明沟下游与管道连接处，应设格栅和挡土墙。

（3）室外雨水管沟的土方工程、沟底的处理、管沟周围的回填要求等，可参照给水管沟的规定执行。

37.5.5 建筑雨水利用技术

37.5.5.1 建筑雨水利用技术的组成

建筑雨水利用技术应采用雨水入渗系统、收集回用系统、调蓄排放系统中的单一系统或多种系统组合，其组成如下：

（1）雨水入渗系统由雨水收集、储存、入渗设施组成。

（2）收集回用系统应设雨水收集、储存、处理和回用水管网等设施。

（3）调蓄排放系统应设雨水收集、调蓄设施和排放管道等。

雨水利用技术优先采用入渗系统或（和）收集回用系统，当受条件限制或条件不具备时，常增设调蓄排放系统。

37.5.5.2 建筑雨水利用系统的施工

1. 建筑雨水埋地渗透设施的施工

（1）渗透设施开挖、填埋、碾压施工时，应进行现场事前调查、选择施工方法、编制工程计划和安全规程，施工不应降低自然土壤的渗透能力。

（2）入渗井、渗透管沟、入渗池等渗透设施的施工工序为：挖掘→铺砂→铺透水土工布→充填碎石→渗透设施安装→充填碎石→铺透水土工布→回填→残土处理→清扫整理→渗透能力的确认。

（3）土方开挖后沟槽底面不应夯实。应严格控制开挖范围和深度，避免超挖，超挖时不得用超挖土回填，应用碎石填充。

（4）碎石应采用透水土工布与渗透土壤层隔离，挖掘面应便于透水土工布的施工和固定。

2. 透水地面的施工

（1）透水铺装地面应按下列工序施工：土基挖槽→底基层→基层→找平层→透水面层→清扫整理→渗透能力的确认。

（2）透水面层混凝土宜采用透水性水泥混凝土和透水性沥青混凝土；水泥宜选用高强度等级的矿渣硅酸盐水泥，石子粒径宜为5～10mm。透水性混凝土的孔隙率不应小于20%。

（3）浇筑透水性混凝土宜采用碾压或平板振动器轻振铺平后的透水性混凝土混合料，不得使用高频振动器。

(4) 透水性混凝土每 30～40m² 做一道接缝，养护后灌注接缝材料；养护时间宜大于 7d，并宜采用塑料薄膜覆盖路面和路基。

3. 拼装组合水池的施工

(1) 硅砂砌块拼装的组合渗透池的钢筋混凝土底板上应铺设透水土工布；硅砂砌块拼装的组合蓄水池应在底板浇筑前铺设不透水土工膜，底板下压埋的不透水土工膜宽度不应小于 500mm，且超出底板周边长度不应小于 300mm，设于底板下的不透水土工膜应在底板浇筑前完成焊接和检查工作。

(2) 硅砂砌块池体砌筑应采用水泥砂浆粘结砌块，砌筑前应将硅砂砌块用水浸透；从下往上逐层进行，层与层之间采用错缝砌筑；砌筑后的池体应及时养护。池顶不透水土工膜上应铺粗砂保护层，铺设厚度宜为 100mm。采用钢筋混凝土预制板封盖，板间缝隙应用混凝土封堵。管道穿过硅砂蓄水池墙体时，穿墙部位应做好防水。

(3) 透水土工布、不透水土工膜施工，宜采用双道焊缝接缝方式，按设计铺膜方向，用热焊机焊接；焊接后，应及时对焊缝焊接质量进行检测；不透水土工膜的搭接宽度不应小于 100mm；当不透水土工膜出现 T 形缝及双 T 形缝时，应采用母材补疤，疤的转角处均应修圆。焊接时应调节温度和速度，严禁拼缝弯曲、重叠、焊接不牢或烫穿焊缝。

(4) 在水池外围包裹的土工布或土工膜工序完毕后尽快进行水池四周沟槽及顶部的回填。水池四周沟槽及顶部的回填应沿水池四周进行，水池底部向上对称分层实施、人工操作，不得采用机械推土回填，分层厚度不应大于 200mm。回填材质靠近土工布或土工膜一侧应为不小于 100mm 厚的中砂，外侧可用碎石屑或土质良好的原土。水池顶面以上 500mm 内，应先在土工布或土工膜上铺 100mm 厚的中砂层，中砂层以上应人工回填夯实，每层厚度宜为 200mm，回填材料可用中砂、碎石屑或土质良好的原土；水池顶面以上 500mm 外，应分层回填原土，可采用机械回填压实。

(5) 水池四周沟槽及顶部的回填土密实度在设计无要求时，水池四周沟槽宜为 90%，水池顶面上部 500mm 内宜为 85%，水池顶面上部 500mm 以上宜为 80%。

(6) 室外地下雨水蓄水池（罐）的人孔或检查口应设置防止人员落入水中的双层井盖。

4. 管道敷设

(1) 建筑室内雨水利用系统的收集管道和回用给水管道的施工，结合建筑雨水、建筑排水、建筑给水系统的相关章节。

(2) 雨水利用的给水管道不宜暗装于墙内。当必须暗装于墙槽内时，应在管道上设置永久性标志。

(3) 雨水利用的给水管道严禁与生活饮用水给水管道连接。当回用雨水采用生活饮用水补水时，应采取防止生活饮用水被污染的措施，包括：

1) 清水池（箱）内的自来水补水管出水口应高于清水池（箱）内溢流水位，其间距不小于 2.5 倍补水管管径，且不小于 150mm。

2) 向蓄水池（箱）补水时，补水管口应设在池外，且应高于室外地面。

(4) 雨水利用的给水管道与生活饮用水管道、排水管道平行埋设时，其水平净距离不得小于 0.5m。交叉埋设时，雨水供水管道应位于生活饮用水管道下面，排水管道上面，其净距离不应小于 0.15m。

(5) 雨水利用的给水管道不得装设取水水嘴；雨水利用的雨水池（箱）、阀门、水表、给水栓及取水口均应有"雨水"标识；公共场所及绿化的雨水给水栓应设带锁装置或专门开启工具，防止误接、误用、误饮。

(6) 室外埋地雨水管道管沟的沟底应采用原土层，或夯实的回填土，沟底应平整，不得有突出的尖硬物体。管顶上部500mm内，不得回填直径大于100mm的块石和冻土块；500mm以上部分，不得集中回填块石或冻土块。

(7) 室外雨水回用埋地管道覆土深度，应根据土壤冰冻深度、车辆荷载、管道材质及管道交叉等因素确定。管顶最小覆土深度不得小于土壤冰冻线以下0.15m，车行道下的管顶覆土深度不宜小于0.7m。

(8) 雨水收集和排放管道在回填土前应进行无压力管道严密性试验，并应符合现行国家标准《给水排水管道工程施工及验收规范》GB 50268的规定。

5. 设备安装

(1) 雨水处理站与给水泵房及生活水池的水平距离不得小于10m。雨水处理设施应设置超越管。

(2) 建筑雨水水箱（池）应与生活水箱（池）分设在不同的房间内，如条件不允许必须设在同一房间时，与生活水箱（池）之间应加设独立的分隔墙。

(3) 雨水处理设备安装应按工艺要求进行。在线仪表安装位置和方向应正确，不得少装、漏装。

(4) 建筑物内的设备、水泵等应采取可靠的减振装置，其噪声应符合现行国家标准《民用建筑隔声设计规范》GB 50118的规定。

(5) 设备中的阀门、取样口等应排列整齐、间隔均匀，不得渗漏。

37.5.5.3 建筑雨水利用系统的试验与调试

(1) 收集回用系统的雨水蓄水池（箱）应作满水试验。

(2) 雨水给水泵的调试应符合下列要求：

以自动方式启动雨水给水泵，水泵应能投入正常运行。

备用泵能自动切换投入运行。

(3) 小流量调节水泵应在设定流量下自动启动。当雨水给水泵启动时，小流量调节泵应停止运行。

(4) 雨水利用系统调试应具备下列条件：

1) 雨水清水池（箱）已按设计要求储存水量。
2) 雨水处理设施调试完成，出水水质应符合设计要求。
3) 系统供电正常。

37.6 建筑中水系统

37.6.1 建筑中水系统的定义与组成

37.6.1.1 建筑中水系统的定义

建筑中水是建筑小区中水和建筑物中水的总称。建筑中水系统是以建筑物的杂排水或其他可利用的水源，经过物化处理或生物处理与物化处理相结合的工艺流程，用于冲厕、绿化、洗车、道路浇洒、建筑施工、空调冷却及水景等非饮用水系统。

37.6.1.2 建筑中水系统的组成

1. 系统组成

中水系统由原水系统、处理系统和给水系统三部分组成。

2. 系统形式

建筑物中水通常采用原水污、废分流，中水专供的完全分流系统。

3. 建筑小区中水通常采用的形式

（1）完全分流系统：原水（污、废）分流管系和中水供水管系在建筑小区内全面覆盖。

（2）半完全分流系统：无原水分流管系（原水为综合污水或外接市政中水），只有污废分流管系而无中水给水管或只有中水给水管系，处理后用于室外杂用。

（3）无分流简化系统：无原水分流管系和中水供水管系，中水原水采用生活污水或外接水源，处理后仅用于河道景观、小区绿化等室外杂用，中水并不进建筑物内。

37.6.2 常用管材、附件及连接方式

37.6.2.1 常用管材材质

由于中水具有一定的腐蚀性，其水质、处理水温度及工作压力等都不尽相同，因而，在管材选择时要综合考虑各方面要素。

（1）室外埋地敷设管道材质

埋地管道应具有耐腐蚀和能承受相应地面荷载的能力，通常采用内外衬塑钢管、玻璃钢管、高密度聚乙烯（HDPE）给水管等。

（2）室内供水系统及水处理系统管道、管件材质

室内供水系统及水处理系统管道通常采用衬塑钢管、热镀锌钢管、聚氯乙烯（PVC）给水管、氯化聚氯乙烯（CPVC）给水管、聚乙烯（PE）给水管、聚丁烯（PB）给水管、无规共聚聚丙烯（PPR）给水管等。

37.6.2.2 常用附件

中水管道常用附件有阀门、水表、压力表、倒流防止器、真空破坏器、过滤器等。阀门包括闸阀、截止阀、旋塞阀、止回阀、节流阀、安全阀、减压阀、蝶阀、排气阀、浮球阀等。

37.6.2.3 管道连接方式

根据管道材质不同，其连接方式见表 37-74。

管道连接　　　　　　　　　　　表 37-74

序号	管道材质	连接方式
1	衬塑钢管	丝扣连接、焊接连接、法兰连接、卡箍连接
2	玻璃钢管	承插粘接
3	热镀锌钢管	丝扣连接、法兰连接、卡箍连接
4	聚氯乙烯（PVC）给水管	粘接连接、弹性密封胶圈连接、螺纹连接、法兰连接

续表

序号	管道材质	连接方式
5	氯化聚氯乙烯（CPVC）给水管	粘接连接、螺纹连接、法兰连接
6	聚乙烯（PE）给水管	热熔连接、电熔连接、卡箍式弹性连接
7	聚丁烯（PB）给水管	热熔连接、电熔连接
8	聚丙烯（PPR）给水管	热熔连接、电熔连接

37.6.3 建筑中水系统管道及附件安装

37.6.3.1 施工工艺流程及基本规定

1. 施工工艺流程

建筑中水系统施工的工艺流程，见图37-100。

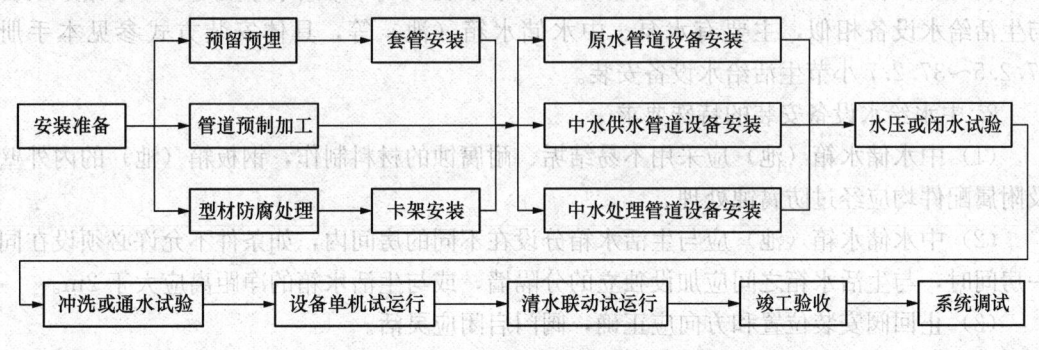

图37-100 建筑中水系统施工工艺流程

2. 基本规定

（1）原水管道及附件安装方式与排水系统管道、附件安装相同，具体参见本手册37.4节的有关内容。

（2）中水供水管道及附件安装方式与给水系统管道、附件安装相同，具体参见本手册37.2节的有关内容。

（3）中水处理管道及附件安装方式与给水、排水系统管道、附件安装相同，具体参见本手册37.2及37.4节的有关内容。

（4）中水原水管道系统宜采用分流集水系统，宜采用洗浴、空调冷却水、洗衣机排水及杂排水等为水源，以便于选择污染较轻的原水，简化处理流程和设备，降低处理经费。

（5）中水供水系统必须单独设置。中水管道严禁与生活饮用水给水管道连接，中水管道及设备、受水器等外壁应涂浅绿色标识。

37.6.3.2 管道及附件安装要点

（1）除卫生间外，中水系统管道不宜暗装于墙内。当受安装条件所限必须暗装于墙槽内时，应在管道上设置明显且不易脱落的永久性标志。

（2）中水管道与生活饮用水管道、排水管道平行埋设时，其水平净距离不得小于0.5m；交叉埋设时，中水管道应位于生活饮用水管道下方，排水管道上方，其净距离不应小于0.15m。

（3）原水系统应设分流、溢流及超越管道，其标高及坡度应能满足排放要求。为使系统安全平稳运行，原水集流干管宜采用重力流敷设入中水处理站内。

（4）中水给水管道严禁装设取水水嘴。便器冲洗宜采用密闭型设备和器具。

（5）公共场所及绿化、浇洒、汽车冲洗应设带锁装置的给水栓，宜采用壁式或地下式。

（6）中水系统管道应考虑维修的便捷性，在系统低点设置放空阀。

37.6.4　建筑中水系统设备安装

37.6.4.1　中水给水设备

1. 设备安装基本规定

中水给水系统是给水系统的一个特殊部分，所以其给水方式与给水系统相同。主要依靠最后处理设备的余压给水系统、水泵加压给水系统和气压罐给水系统等。中水给水设备与生活给水设备相似，主要有水泵、中水储水箱（池）等，具体安装方式参见本手册37.2.5～37.2.7小节生活给水设备安装。

2. 中水给水设备安装的特殊要求

（1）中水储水箱（池）应采用不易结垢、耐腐蚀的材料制作，钢板箱（池）的内外壁及附属配件均应经过防腐蚀处理。

（2）中水储水箱（池）应与生活水箱分设在不同的房间内，如条件不允许必须设在同一房间时，与生活水箱之间应加设独立的分隔墙，或与生活水箱的净距离应大于2m。

（3）止回阀安装位置和方向应正确，阀门启闭应灵活。

（4）中水储水箱（池）补水为市政生活给水的，需要设置有效的空气隔断装置。

（5）为了避免中水误用，中水增压泵、中水储水箱（池）等给水设备以及阀门、水表及给水栓均应设置醒目的中文标识。

37.6.4.2　中水处理站设置及处理设备安装

1. 中水处理站设置

（1）处理站位置设置应根据总体规划、原水收集接驳点位置、中水给水点的位置、用水量、周边环境与维护管理要求等条件确定。

1）建筑小区处理站：

① 通常独立设置，为地下式或封闭式。

② 应设置在靠近原水收集接驳点或主要中水给水点附近，并设置车辆通道。

③ 处理站应尽量避免影响生活用房的环境，做到隐蔽且与周边环境相协调。

④ 当原水为生活排水时，地面处理站与住宅或公共建筑间距不小于15m。

2）建筑内的处理站：

① 应独立设置在建筑物的最底层，或适宜的设备层。

② 应尽量选择靠近辅助入口方向的边角，避开建筑的主立面、主要通道入口等重要场所，并与室外结合方便的位置。

③ 应能满足原水重力流引入和事故时重力排入污水管道。

（2）中水处理间的高度应满足处理构筑物及设备的安装、维修要求，并留有满足最大设备的进出口，各处理构筑物上部人员活动区域净空不宜小于1.2m。

(3) 需现场制备消毒剂的中水处理站,其加药间应与其他房间隔开,并设直通室外的门。

(4) 除站内集水井外,建筑内处理站的盛水构筑物均应为独立的结构形式,即不得利用建筑物的结构本体作为构筑物的底板、顶板和侧板。

(5) 处理站内应有满足处理工艺的供暖、通风、供电、照明、给水排水设施。

(6) 中水处理站应采取隔声、降噪措施,其噪声值应符合现行国家标准《声环境质量标准》GB 3096 的规定。

2. 处理设备安装

(1) 安装人员必须熟悉中水处理工艺流程,熟悉构筑物及设备的构造,对井室、池体、基础进行几何尺寸的校核,检查其外观质量是否符合安装要求,检查预埋件位置、尺寸是否符合设计图纸及设备安装要求。

(2) 各种设备安装按照设备安装说明书进行,安装顺序一般为:先主要设备后附属设备,先水下设备后水上设备,先地面设备后架空设备,先安装设备后进行配管安装。

(3) 原水处理设备安装后,应经试运行检测中水水质符合国家标准后,方可办理验收手续。

37.6.5 建筑中水系统试验及调试

37.6.5.1 中水系统施工试验

施工试验及验收按照给水系统及排水系统的规定执行。

37.6.5.2 设备单机调试

各设备的单机试车严格按照设备说明书进行,同时做好详细的运行记录。

1. 风机试运行

(1) 检查风机的转向是否与转向指示方向一致。

(2) 观察压力表的压力指示。

(3) 水处理槽内必须装满水后,才能运行风机。

(4) 检查电机和风机各部件运转、温度是否正常,是否有异常声音。

2. 加压泵、反冲洗泵等泵类试运行

(1) 运转前应用兆欧表检查电动机定子绕组对地的绝缘电阻,最低不小于 $1M\Omega$。

(2) 检查电缆有无破损、折断等现象;将电缆中的接地线可靠接地,以防发生中触电事故。

(3) 接通电源,检查转子运行方向,从上向下看应为顺时针方向。

(4) 有水启动时要打开进口阀门,关闭出水管路阀门,调节出口阀开度至所需工况,检查轴封泄露情况,检查电机、轴承处温度,应不大于70℃。

3. 水箱满水试验

分别向各类水池(箱)内放水,检查水池(箱)是否有漏水现象,并停留48h无渗漏现象,同时检查各水池(箱)的水位和高程是否满足设计和使用要求。

37.6.5.3 清水联动试运行

所有设备单机试运行后,需对整个工艺系统进行设计水量的清水联动试车。开启水处理设施及管道中所有阀门,启动进水泵送水,根据各构筑物进水情况,沿工艺流程逐步启动其他设备，联通所有工艺设施。

37.6.5.4 系统调试

在工程竣工验收合格后，正式投入使用前，应进行建筑中水系统调试。建筑中水处理站调试应在原水水质和水量相对稳定时进行。系统调试应由建设单位组织，设计单位、施工单位、设施运行管理单位相关人员参与。系统调试连续时间不应少于两周，有生物处理的不应少于六周。系统调试过程中应主要检验整个系统和工艺设备的运行情况，并形成系统调试记录。

37.7 管道直饮水系统

37.7.1 管道直饮水系统的定义和分类

（1）管道直饮水系统是指原水经过深度净化处理达到标准后，通过管道供给人们直接饮用的给水系统。原水是指未经深度净化处理的城镇自来水或符合生活饮用水水源标准的其他水源。

（2）管道直饮水按照水源和水处理工艺的不同，分为管道饮用净水、管道饮用纯净水和其他类型的管道直饮水。

37.7.2 管道直饮水系统设置的一般规定

1. 管道直饮水系统组成

管道直饮水系统必须是独立的系统，包括：制水供水系统、管网系统、用户终端系统。

（1）管网系统，包括小区供水管网系统和回水管网系统。

（2）制水供水系统：设立直饮水机房。

（3）用户终端系统，包括智能水表、后置抑菌装置、龙头组等。

2. 直饮水机房的设置

净水机房应单独设置，不应与其他功能用房合并，且宜靠近集中用水点。净水设备宜按工艺流程进行布置，同类设备应相对集中布置。机房上方不应设置卫生间、浴室、盥洗室、厨房、污水处理间等。除生活饮用水以外的其他管道不得进入净水机房。

3. 直饮水系统管材要求

（1）管道直饮水系统采用的管材、管件、设备、辅助材料应符合国家现行有关标准，卫生性能应符合现行国家标准《生活饮用水输配水设备及防护材料的安全性评价标准》GB/T 17219 的规定。

（2）应选用不锈钢管、铜管或其他符合食品级要求的优质管材。系统中宜采用与管道同种材质的管件及附配件，采用直饮水专用水嘴。

37.7.3 管道直饮水系统的施工安装要点

1. 一般规定

（1）同一工程应安装同类型的设施或管道配件，除有特殊要求外，应采用相同的安装方法。

(2) 不同的管材、管件或阀门连接时，应使用专用转换连接件。

(3) 管道安装前，管内外和接头处应清洁，受污染的管材和管件应清理干净；安装过程中严禁杂物及施工碎屑落入管内；施工后应及时对敞口管道采取临时封堵措施。

(4) 丝扣连接时，宜采用聚四氟乙烯生料带等材料，不得使用厚白漆、麻丝等对水质可能产生污染的材料。

(5) 系统控制阀门应安装在易于操作的明显部位，不得安装在住户内。

2. 管道敷设

(1) 室外埋地管道的覆土深度，应根据各地区土壤冰冻深度、车辆荷载、管道材质及管道交叉等因素确定，管顶最小覆土深度不得小于土壤冰冻线以下 0.15m，行车道下的管顶覆土深度不宜小于 0.7m。

(2) 室外埋地管道管沟的沟底应为原土层，或为夯实的回填土，沟底应平整，不得有突出的尖硬物体。沟底土壤的颗粒直径大于 12mm 时宜铺 100mm 厚的砂垫层。管周回填土不得夹杂硬物直接与管壁接触。应先用砂土或颗粒粒径不大于 1.2mm 的土壤回填至管顶上侧 300mm 处，经夯实后方可回填原土。

(3) 建筑物内埋地敷设的直饮水管道埋深不宜小于 300mm。埋地金属管道应作防腐处理。

(4) 建筑物内埋地敷设的直饮水管道与排水管之间平行埋设时净距不应小于 0.5m；交叉埋设时净距不应小于 0.15m，且直饮水管应在排水管的上方。

(5) 室外明装管道应进行保温隔热处理，室内明装管道宜在建筑装修完成后进行。

(6) 室内直饮水管道与热水管上下平行敷设时应在热水管下方。

(7) 直饮水管道不得敷设在烟道、风道、电梯井、排水沟、卫生间内。直饮水管道穿越橱窗、壁柜时应设置套管，套管内不得有接头。

(8) 直埋暗管封闭后，应在墙面或地面标明暗管的位置、属性和走向。

(9) 减压阀组的安装应符合下列规定：

1) 减压阀组应先组装、试压，在系统冲洗合格后安装到管道上。

2) 可调式减压阀组运行前应进行调压，调至设计要求压力。

(10) 水表安装应符合现行国家标准《饮用冷水水表和热水水表 第 2 部分：试验方法》GB/T 778.2 的规定，外壳距墙壁净距不宜小于 10mm，距上方障碍物不宜小于 150mm。

3. 支吊架安装

(1) 管道安装支吊架间距、安装方式应符合国家现行标准《薄壁不锈钢管道技术规范》GB/T 29038 和《建筑给水金属管道工程技术标准》CJJ/T 154 的相关规定。

(2) 管道应按不同管径和要求设置管卡或吊架，位置准确，埋设应平整。管道固定支架宜设置在变径、分支、接口及穿越承重墙和楼板的两侧处，直管道固定支架间距不大于 15m。

(3) 管卡与管道接触紧密，采用金属管卡或吊架时，金属管卡或吊架与管道之间应采用塑料环或橡胶等软物隔垫。

4. 设备安装

(1) 净水设备的安装必须按照工艺要求进行。在线仪表安装位置和方向应正确，不得少装、漏装。

(2) 筒体、水箱、滤器及膜的安装方向应正确，位置应合理，并应满足正常运行、换料、清洗和维修要求。

(3) 设备与管道的连接及可能需要拆换的部分应采用活接头连接方式。

(4) 设备排水应采取间接排水方式，不应与下水道直接连接，出口处应设防护网罩。

(5) 设备、水泵等应采取可靠的减振装置，其噪声应符合现行国家标准《民用建筑隔声设计规范》GB 50118 的规定。

(6) 设备中的阀门、取样口等应排列整齐，间隔均匀，不得渗漏。

5. 管道试压、清洗和消毒

(1) 管道试压：

1) 管道安装完成后，应分别对立管、支管及室外管段进行水压试验。系统中不同材质的管道应分别试压。水压试验必须符合设计要求。不得使用气压试验代替水压试验。

2) 当设计未注明时，各种材质的管道系统试验压力应为管道工作压力的 1.5 倍，且不得小于 0.6MPa。暗装管道必须在隐蔽前进行试压及验收。

3) 金属及复合管管道系统在试验压力下观察 10min，压力降不应大于 0.02MPa，然后降到工作压力进行检查，管道及各连接处不得渗漏。

4) 净水水罐（箱）应作满水试验。

(2) 管道清洗和消毒：

1) 管道直饮水系统试压合格后应对整个系统进行清洗和消毒。

2) 直饮水系统冲洗前，应对系统内的仪表、水嘴等加以保护，并将有碍冲洗工作的减压阀等部件拆除，用临时短管代替，待冲洗后复位。

3) 管道直饮水系统应采用自来水进行冲洗。冲洗水流速宜大于 2m/s，冲洗时应保证系统中每个环节均能被冲洗到。系统最低点应设排水口，以保证系统中的冲洗水能完全排出。清洗标准为冲洗出口处（循环管出口）的水质与进水水质相同。

4) 直饮水系统较大时，应利用管网中设置的阀门分区、分幢、分单元进行冲洗。

5) 用户支管部分的管道使用前应再进行冲洗。

6) 在系统冲洗的过程中，应同时根据水质情况进行系统的调试。

7) 直饮水系统经冲洗后，应采用消毒液对管网灌洗消毒。可采用 20~30mg/L 的游离氯或过氧化氢溶液，或其他合适的消毒液，或委托当地卫生防疫部门进行。

8) 循环管出水口处的消毒液浓度应与进水口相同，消毒液在管网中应滞留 24h 以上。

9) 管网消毒后，应使用直饮水进行冲洗，直至各用水点出水水质与进水口相同为止。

10) 净水设备的调试应根据设计要求进行。石英砂、活性炭应经清洗后才能正式通水运行；连接管道等正式使用前应进行清洗消毒。

37.8 室内热水供应系统安装

37.8.1 热水供应系统组成

热水供应系统主要由热源供应设备、换热设备、热水贮存设备、管道系统和其他设备组成。

1. 热源供应设备

热源供应设备主要是锅炉,当有条件时也可以利用工业余热、废热、地热和太阳能为热源。

2. 换热设备和热水贮存设备

换热设备主要指加热水箱和换热器,通过蒸汽或高温水把冷水加热成热水。热水贮存设备包括热水箱和热水罐,用于贮存热水。

3. 管道系统

管道系统有冷水供应管道系统和热水供应管道系统。冷水供应管道系统主要是向锅炉、换热设备和热水贮存设备供应冷水;热水供应管道系统主要是向用水器具(如洗脸盆、洗涤池、浴盆、淋浴器等)供应热水。管道系统除管道外,还在管道上安装有阀门、补偿器、排气阀、泄水装置、调压阀、计量装置等附件。

4. 其他设备

在全循环、半循环热水供应系统中,其循环管道上安装有循环水泵。为了控制加热水温,在换热设备的进热媒管道上安装有温度自控装置,在蒸汽管道末端安装有疏水器。

37.8.2 热水管道及附件安装

37.8.2.1 热水系统管道和管件的要求

由于热水供应系统的使用温度高、温差大,所以系统使用的管材、管件除应满足室内给水系统的相关要求外,还应满足以下要求和规定:

(1) 热水系统采用的管材和管件,应符合现行产品标准的要求。管道的工作压力和工作温度不得大于产品标准标定的允许工作压力和工作温度。

(2) 热水管道应选用耐腐蚀和安装连接方便可靠的管材。一般可采用薄壁铜管、不锈钢管、塑料热水管、镀锌钢管和金属复合热水管等。

(3) 当采用塑料热水管或塑料和金属复合热水管材时应符合下列要求:

1) 管道的工作压力应按相应温度下的允许工作压力选择。
2) 管件宜采用和管道相同的材质。
3) 定时供应热水不宜选用塑料热水管。
4) 设备机房内的管道不宜采用塑料热水管。

37.8.2.2 热水供应系统的附件安装

(1) 热水供应系统中为实现节能、节水、安全给水,在水加热设备的热媒管道上一般装设自动温度调节装置来控制出水温度。自动调温装置有直接式和电动式两种类型。自动温度调节装置安装位置应正确,接触紧密(图 37-101)。

(2) 疏水器:

热水供应系统以蒸汽作热媒时,为保证凝结水及时排放,同时又防止蒸汽漏失,在用汽设备的凝结水回水管上应每台设备设疏水器,当水加热器的换热设备能确保凝结水回水温度不大于 80℃时,可不装疏水器。

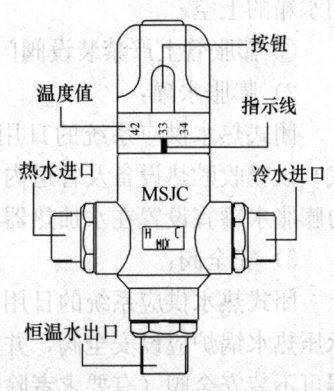

图 37-101 自动温度调节装置

疏水器的安装应符合下列要求：

1) 疏水器的安装位置应便于检修，并尽量靠近用汽设备，安装高度应低于设备或蒸汽管道底部 150mm 以上，以便凝结水排出。

2) 浮筒式或钟形浮子式疏水器应水平安装。

3) 加热设备宜各自单独安装疏水器，以保证系统正常工作。

4) 疏水器一般不装设旁通管道，但对于特别重要的加热设备，如不允许短时间中断排除凝结水或生产上要求速热时，可考虑装设旁通管道。旁通管道应在疏水器上方或同一平面上安装，避免在疏水器下方安装。

5) 当采用余压回水系统、回水管高于疏水器时，应在疏水器后装设止回阀。

6) 当疏水器距加热设备较远时，宜在疏水器与加热设备之间安装回汽支管。

7) 当凝结水量很大，一个疏水器不能排除时，则需几个疏水器并联安装。并联安装的疏水器应同型号、同规格，一般宜并联 2 个或 3 个疏水器，且必须安装在同一平面内。

(3) 减压阀：

热水供应系统中的加热器以蒸汽为热媒时，若蒸汽管道供应的压力大于水加热器的需求压力，则应设减压阀把蒸汽压力降到需要值，才能保证设备使用安全。

减压阀的安装要求：

1) 减压阀应安装在水平管段上，阀体应保持垂直。

2) 阀前、阀后均应安装闸阀和压力表，阀后应设安全阀，一般情况下还应设置旁路管。

(4) 自动排气阀：

为排除热水管道系统中热水汽化产生的气体，以保证管内热水畅通，防止管道腐蚀，上行下给式系统的配水干管最高处应设自动排气阀。

(5) 膨胀管、膨胀水罐和安全阀：

1) 膨胀管用于高位冷水箱向水加热器供应冷水的开式热水系统，膨胀管的设置应符合下列要求：

① 当热水系统由生活饮用高位冷水箱补水时，不得将膨胀管引至高位冷水箱上空，以防止热水系统中的水体升温膨胀时，将膨胀的水量返至生活用冷水箱，引起冷水箱内水体的热污染。通常可将膨胀管引入同一建筑物的中水给水箱、专用消防给水箱等非生活饮用水箱的上空。

② 膨胀管上严禁装设阀门，且应防冻，以确保热水供应系统的安全。

2) 膨胀水罐：

闭式热水供应系统的日用热水量大于 10m³ 时，应设压力膨胀水罐（隔膜式或胶囊式）以吸收贮热设备及管道内水升温时的膨胀量，防止系统超压，保证系统安全运行。压力膨胀水罐宜设置在水加热器和止回阀之间的冷水进水管或热水回水管的分支管上。

3) 安全阀：

闭式热水供应系统的日用热水量小于或等于 10m³ 时，可采用设安全阀泄压的措施。承压热水锅炉应设安全阀，并由制造厂配套提供。开式热水供应系统的热水锅炉和水加热器可不装安全阀（有要求者除外）。设置安全阀的具体要求如下：

① 水加热器采用微启式弹簧安全阀，安全阀应设防止随意调整螺栓的装置。

② 安全阀的开启压力，一般取热水系统工作压力的 1.1 倍，但不得大于水加热器本体的设计压力。

③ 安全阀应直立安装在水加热器的顶部。

④ 安全阀装设位置应便于检修。其排出口应设导管将排泄的热水引至安全地点。

⑤ 安全阀与设备之间，不得装设取水管、引气管或阀门。

（6）自然补偿管道和伸缩器：

1）热水供应系统中管道因受热膨胀而伸长，为保证管网使用安全，在热水管网上应采取补偿管道温度伸缩的措施，以避免管道因为承受了超过自身所许可的内应力而导致弯曲甚至破裂。

2）补偿管道热伸长技术措施有两种，即自然补偿和设置伸缩器补偿。自然补偿即利用管道敷设自然形成的 L 形或 Z 形弯曲管段，来补偿管道的温度变形。通常的做法是在转弯前后的直线段上设置固定支架，让其伸缩在弯头处补偿。弯曲两侧管段的长度不宜超过表 37-75 中数值。

不同管材弯曲两侧管段允许的长度　　　　　　　　　表 37-75

管材	薄壁铜管	薄壁不锈钢管	衬塑钢管	PPR	PEX	PB	铝塑管
长度（m）	10	10	8	1.5	1.5	2	3

3）当直线管段较长，不能依靠管路弯曲的自然补偿作用时，每隔一定的距离应设置不锈钢波纹管、多球橡胶软管等伸缩器来补偿管道伸缩量。

4）热水管道系统中使用最方便、效果最佳的是波形伸缩器，即由不锈钢制成的波纹管，用法兰或螺纹连接，具有安装方便、节省面积、外形美观及耐高温、耐腐蚀、寿命长等优点。

5）近年来也有在热水管中采用可曲挠橡胶接头代替伸缩器的做法，但必须注意采用耐热橡胶。

（7）热计量装置：

热计量装置一般采用热量表，热量表是计算热量的仪表，一般由流量计、温度传感器和计算仪组成。一对温度传感器分别安装在通过载热流体的上行管和下行管上，给出表示温度高低的模拟信号。计算仪采集来自流量和温度传感器的信号，利用计算公式算出热交换系统获得的热量。

37.8.2.3 热水系统管道和管件安装

热水系统管道和管件安装参见 37.2 节的相应要求。

37.8.3 热水系统设备安装

热水系统设备主要有集热器、换热器、热水器、水箱、水泵等，热水器指住宅等民用建筑中局部热水供应的燃气热水器、电热水器和太阳能热水器。

37.8.3.1 换热器安装

1. 设备基础验收及处理

（1）设备安装前，应对基础进行检查，混凝土基础的外形尺寸、坐标位置及预埋件，应符合设备图纸的要求。

(2) 预埋地脚螺栓的螺纹，应无损坏、锈蚀，且有保护措施。

(3) 滑动端预埋板上表面的标高、纵横向中心线及外形尺寸、地脚螺栓，应符合设计图纸的要求。

(4) 预埋板表面应光滑平整，不得有挂渣、飞溅及油污。

(5) 在基础验收合格后，在放置垫铁的位置处凿出麻面。

2．垫铁的选用及安装要求

(1) 设备每个地脚螺栓近旁放置一组垫铁，垫铁组尽量靠近地脚螺栓。

(2) 垫铁组尽量放置在设备底座的加强筋下，相邻两垫铁组的距离宜为500m。

(3) 每一组垫铁组的高度一般为30~70mm，且不超过5块，设备安装后垫铁露出设备支板边缘10~20mm。斜垫铁成对使用，斜面要相向使用，搭接长度不小于全长的3/4，偏斜角度不超过3°。

3．设备及其附件检查

(1) 设备及其附件进场后应进行检验，并需提供出厂合格证及安装说明书。

(2) 设备开箱应有施工方、生产厂家和建设单位（监理单位）几方共同参加，按照装箱清单，逐一核实设备及零部件的名称、型号和规格。

(3) 检查设备和零部件的外观和包装情况，如有缺陷、损坏和锈蚀，应作出记录，并报建设单位进行处理。

(4) 开箱检查完好的设备如不能马上就位，必须对设备及其零部件和专用工具进行妥善保管，不得使其变形、损坏、锈蚀、错乱或丢失。

(5) 设备和备件、附件及技术文件等验收后，应清点登记，并妥善保管，形成验收记录。

(6) 换热设备存放地点，应设在地势较高、易排水、道路通畅的场所。在露天存放的换热设备，应用不透明的覆盖物遮盖，所有管口必须封闭。

(7) 不锈钢换热设备的壳体、管束及板片等不得与碳钢设备及碳钢材料接触混放。

4．换热设备安装

(1) 换热设备安装前，设备上的油污、泥土等杂物均应清除干净。

(2) 根据设计图纸核对设备的管口方位、中心线和重心位置，确认无误后方可就位。设备的找正与找平应按基础上的安装基准线（中心标记、水平标记）对应设备上的基准测点进行调整和测量。设备各支承的底面标高应以基础上的标高基准线为基准。

(3) 整体换热器安装：根据现场条件采用叉车、滚杠等将换热器运到安装部位；采用汽车式起重机、拔杆、悬吊式滑轮组等设备机具将换热器吊到预先准备好的支架或支座上，同时进行设备定位复核（许多整体换热器都带有支座，直接吊装到位即可）。

(4) 设备找平，应采用垫铁或其他调整件进行，严禁采用改变地脚螺栓紧固程度的方法。

(5) 换热设备安装的允许偏差，应符合规范要求。

(6) 卧式换热设备的安装坡度，应按设计图样或技术文件的要求确定。

(7) 滑动支座上的开孔位置、形状尺寸应符合设计图样要求，确保滑动端长圆孔正确安装。

(8) 地脚螺栓与相应的长圆孔两端的间距，应符合设计图样或技术文件的要求。不符合要求时，允许扩孔修理，滑动端地脚螺栓的螺母松紧适度，保证滑动端支座在换热器运行时能顺畅滑动，释放热应力。

(9) 换热器设备安装合格后应及时紧固地脚螺栓。

(10) 换热设备的配管完成后，应松动滑动端支座螺母，使其与支座板面间留出1~3mm的间隙，然后再安装一个锁紧螺母。

(11) 换热器重叠安装时，应按制造厂的施工图样进行组装。重叠支座间的调整垫板，应在试压合格后焊在下层换热设备的支座上。

(12) 对热交换器以最大工作压力的1.5倍作水压试验，蒸汽部分应不低于蒸汽供汽压力加0.3MPa；热水部分应不低于0.4MPa。在试验压力下，保持10min压力不降为合格。

(13) 壳管式热交换器的安装，如设计无要求时，其封头与墙壁或屋顶的距离不得小于换热管的长度。

(14) 管道连接和仪表安装：各种控制阀门应布置在便于操作和维修的部位。仪表安装位置应便于观察和更换。交换器蒸汽入口处应按要求装设减压装置。交换器上应装压力表和安全阀。回水入口应设置温度计，热水出口设温度计和放气阀。

(15) 换热器安装完毕进行保温施工。

37.8.3.2 电热水器安装

电热水器分为贮水式和快热式两种。

(1) 电热水器不应安装在易燃物堆放或对燃气管、表或电气设备产生影响及有腐蚀性气体和灰尘多的地方。

(2) 电热水器必须带有接地等保证使用安全的装置。

(3) 不同容量壁挂式电热水器的湿重范围为50~160kg，通过支架悬挂在墙上，应按不同的墙体承载能力确定安装方法。对承重墙用膨胀螺钉固定支架；对轻质隔墙及墙厚小于120mm的砌体应采用穿透螺栓固定支架；对加气混凝土等非承重砌块用膨胀螺钉固定支架，并加托架支撑热水器本体。

(4) 落地贮水式电热水器应放在室内平整的地面或者高度50mm以上的基座上。

(5) 热水器的安装位置宜尽量靠近热水使用点，并留有足够空间进行操作维修或更换零件。

(6) 贮水式电热水器，给水管道上应设置止回阀；当给水压力超过热水器铭牌上规定的最大压力值时，应在止回阀前设减压阀。

37.8.3.3 燃气热水器安装

燃气热水器按给气排气方式及安装位置分为烟道式、强制排气式、平衡式、室外式和强制给气排气式。按构造分为容积式和快通式。

(1) 燃气热水器不应安装在易燃物堆放或对燃气管、表或电气设备产生影响及有腐蚀性气体和灰尘多的地方。

(2) 燃气热水器必须带有保证使用安全的装置。严禁在浴室内安装直接排气式燃气热水器等在使用空间内积聚有害气体的加热设备。

(3) 对燃气容积式热水器，给水管道上应设置止回阀。当给水压力超过热水器铭牌上规定的最大压力值时，应在止回阀前设减压阀。

(4) 燃气热水器应安装在不可燃材料建造的墙面上。当安装部位是可燃材料或难燃材料时，应采用金属防热板隔热，隔热板与墙面距离应大于10mm。给气排气管穿墙部分可采用设预制带洞混凝土块或预埋钢管留洞方式。

(5) 燃气热水器所配备的给气排气管应采用不锈钢或钢板双面搪瓷处理（厚度不小于0.3mm），或同等级耐腐、耐温及耐燃的其他材料。其密封件应采用耐腐蚀的材料。

(6) 燃气热水器本体与以可燃材料、难燃材料装修的建筑物部位的间隔距离应大于表37-76的数值。

燃气热水器与以可燃材料、难燃材料装修的建筑物部位的最小距离（mm）　　表37-76

型　式			间　隔　距　离			
			上方	侧方	后方	前方
室内式	烟道式强制排气式	热负荷11.6kW以下	—	45	45	45
		热负荷11.6~69.8kW	—	150(45)	150(45)	150
	平衡式强制给气排气式	快速式	45	45	45	45
		容积式	45	45	45	45
室外式	自然排气式	无烟罩	600(300)	150(45)	150(45)	150
		有烟罩	150(100)	150(45)	150(45)	150
	强制排气式		150(45)	150(45)	150(45)	150(45)

注："（　）"内表示安装隔热板时的最小间距。

(7) 燃气热水器的给气排气管与以可燃材料、难燃材料装修的建筑物间的相隔距离应符合表37-77的要求。

燃气热水器的给气排气管与以可燃材料、难燃材料装修的建筑物间的距离（mm）

表37-77

烟气温度		260℃及以上	260℃以下	
部位		排气筒		给气排气筒
开放部位	无隔热层	150以上	D/2以上	0以上
	有隔热层	隔热层厚度100以上时，0以上	隔热层厚度20以上时，0以上	—
隐蔽部位		隔热层厚度100以上时，0以上	隔热层厚度20以上时，0以上	20以上
贯通部位措施		应有下列措施之一： (1) 150以上的空间。 (2) 钢制保护板：150以上。 (3) 混凝土保护板：100以上	应有下列措施之一： (1) D/2以上的空间。 (2) 钢制保护板：D/2以上。 (3) 非金属不燃材料卷制或缠绕：20以上	0以上

注：D为排气管直径。

(8) 给气排气管风帽与周围建筑物的相隔距离

烟道式热水器的给气排气管风帽伸出屋顶的垂直高度必须大于600mm，并高出相邻1000mm内建筑物屋檐600mm以上，以避开正压区，防止倒烟。

强制排气式、平衡式、强制给气排气式风帽排气出口与以可燃材料、难燃材料装修的建筑物的距离,以及室外式的排气出口与周围的距离应符合有关规定。

37.8.3.4 水泵安装
水泵安装参见室内给水系统。

37.8.3.5 水箱安装
水箱安装参见室内给水系统。

37.8.4 太阳能热水系统

37.8.4.1 太阳能热水系统组成
太阳能热水系统包括集热系统(或称为热源系统)、热水供应系统和控制系统三部分(图37-102、图37-103)。

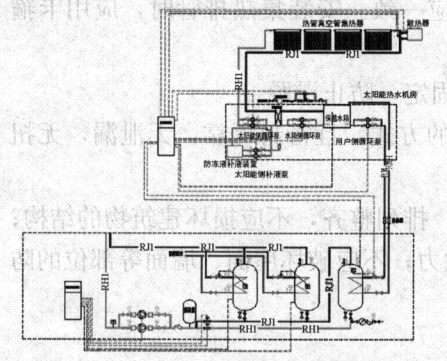

图37-102 太阳能热水系统图(闭式)　　图37-103 太阳能热水系统图(开式)

(1) 集热系统主要包括太阳能集热器、储热水箱、辅助加热装置、热交换器、循环管道、循环泵、水处理装置、定压装置等设备与附件。

(2) 热水供应系统组成主要包括热水供水管道、回水管道、热水循环泵、供水设备、用水器具等设备与配件。

(3) 控制系统主要包括:控制柜(控制模块、扩展模块、显示屏)、水温水位传感器、电气线路。

37.8.4.2 太阳能热水系统安装
1. 集热器安装

(1) 集热器基础

1) 集热器的固定,根据不同现场情况,应预制混凝土支墩或焊接钢支架,或斜拉安全索固定。钢支架焊接、固定必须牢固,支架应作防腐处理。

2) 基础高度除考虑建筑结构、防风及甲方其他要求外,还必须考虑当地的积雪厚度,防止雪埋造成集热器的损坏,应不影响屋面防水层的维护和维修。

3) 已完工建筑(既有建筑),在屋面荷载满足承重要求的前提下,可采用混凝土基础、斜拉安全索或角钢等刚性材料连接等固定方式。若集热器基础高度高于500mm时,宜采用钢结构基础。

4) 在建建筑,可预埋螺栓或钢板,再与支架基础连接。安装在屋面的太阳能集热器与建筑主体结构通过预埋件（或锚栓）连接，预埋件应在主体结构施工时埋入，预埋件的位置应准确定位。

5）设置在地面的基础应考虑冻土深度，基础埋地深度应大于冻土层深度。

6）集热器架高设计时，要考虑安装维修通道（通道宽度和护栏高度不少于500mm的通道及护栏）及爬梯，集热器需要避开消防通道或人员活动区域（如果避不开，需要做好防坠落、防漏水、防烫伤等措施）。

7）沿海地区、风力较大地区或者高层建筑安装太阳能系统时，要考虑防风措施和风载校核；沿海地区应采取有效的防腐蚀措施。

(2) 集热器设备安装

1）在安装太阳能集热器玻璃前，应对集热排管和上、下集热管作水压试验，试验压力为工作压力的1.5倍。试验压力下10min内压力不降，不渗不漏为合格。

2）制作吸热钢板凹槽时，其圆度应准确，间距应一致。安装集热排管时，应用卡箍和钢丝紧固在钢板凹槽内。

3）集热器应与建筑主体结构或集热器支架牢靠固定，防止滑脱。

4）集热器与集热器之间的连接应按照设计规定的方式，且密封可靠，无泄漏，无扭曲变形。集热器之间的连接件，应便于拆卸和更换。

5）安装在建筑物上的太阳能集热器应规则有序、排列整齐，不应损坏建筑物的结构；不应影响建筑物在设计使用年限内承受各种荷载的能力；不应破坏屋面、墙面等部位的防水和保温层及建筑物的附属设施。

(3) 集热器倾角要求

1）竖插管集热器：朝南摆放集热器安装倾角等于当地纬度；如系统侧重在夏季使用，其安装角应等于当地纬度减10°；如系统侧重在冬季使用，其安装角应等于当地纬度加10°；东西向摆放的集热器倾角不应高于15°且不得小于5°，纬度大于30°的地区不宜使用；东西向对摆的集热器朝东和朝西的集热器阵列宜单独控制（东西方向的集热器可采用两套传感器，两个系统进行温度比较，进行温差循环）。

2）横插管集热器：不宜低于10°（高纬度地区应考虑真空管之间的遮挡），不宜高于40°。

3）热管集热器：不应低于15°，不宜低于30°。

4）U形管集热器：东西向可小角度倾角，但要考虑真空管间的遮挡。

5）阳台式（自然循环）：U形管集热器与立面墙夹角为10°~20°；平板集热器与立面墙夹角为20°~30°。自然循环集热器出水端安装挂孔比尾座端安装挂孔高20mm，穿墙套管（宜$DN65mm$）由室外进室内应有3°~5°的上坡。

6）平板式集热器：与当地纬度相一致，如系统侧重在夏季使用，其安装角应等于当地纬度减10°；如系统侧重在冬季使用，其安装角应等于当地纬度加10°，最小角度不得低于5°。

(4) 集热器方位角要求

1）集热器宜朝正南或正南偏东、偏西不宜超过30°。不同地区按照太阳能集热器面积补偿系数补偿。

2）安装固定式太阳能热水器朝向应正南，如受条件限制时，其偏移角不得大于15°。集热器的倾角，对于春、夏、秋三个季节使用的，应采用当地纬度为倾角；若以夏季为主,可比当地纬度减少10°。

2. 集热循环水箱及贮热水箱安装

(1) 水箱必须放置于承重位置,由设计院进行校核,严禁水箱直接放在屋面上。

(2) 水箱间内应有防水、排水、通风等措施。排污口、溢流口采用管道连接后须接至排水口或室外(不得直接与建筑排水管等相连接);排气须采用管道连接后接至室外。连接室外的排气管道要求安装坡度不低于0.3%。

(3) 组合水箱开口:

1) 开孔宜在1m×1m外壳模块上,1m×0.5m外壳尽量不开孔,特殊情况可开1个口。

2) 电加热预留开口,距板块底边为120mm,距板块侧边不小于100mm,两孔之间间距为200mm。且电加热上部尽量不布置水嘴,电加热应三相均布。

3) 排污口和溢流口宜在一条垂直线上,方便统一连接管路排水至预留的排水区域。若基础高度高于500mm,宜采用底排污(距板底边500mm);若基础高度低于500mm,宜采用侧排污(距板底边100mm)。排污口公称直径为40~80mm(参看水箱图集),溢流口口径至少比冷水进水口径大一号。

4) 集热水箱和给水水箱间循环回水口开孔距上板边300~500mm,集热循环出水口、辅助热源循环出水口、热水给水口、双水箱中集热水箱的冷水补水口距侧板底边应为150mm(水嘴的外径距板边宜大于50mm)。集热水箱和给水水箱之间循环回水管径比循环给水与冷水补水管径之和大(按流量计算)。

注:集热水箱出水口尽量比集热循环出水口高50mm以上(保证集热器系统不缺水)。

5) 锤式传感器口、溢流口距侧板顶边100mm。锤式传感器口不宜开在电加热口上方,也不应开在水箱死水区。

6) 液位压力传感器需在水箱侧板底部100mm的位置开$DN25mm$的水口;在给水水口之上150mm的位置设置水温传感器,管预留$DN25mm$丝口,安装盲管长度350mm。

7) 排气口不允许开在人孔盖板上。

8) 水箱的冷水补水口要远离热水供水、水箱间循环回水,以防止混水。

9) 水箱的集热循环回水、管道循环回水口可以开在水箱的顶板上(非人孔板)。

10) 水箱人孔板应加安全锁。

(4) 直接加热的贮热水箱制作安装:

1) 给水应引至水箱底部,可采用补给水箱或漏斗配水方式。

2) 热水应从水箱上部流出,接管高度一般比上循环管进口低50~100mm,为保证水箱内的水能全部使用,应从水箱底部接出管与上部热水管并联。

3) 上循环管接自水箱上部,一般比水箱顶低200mm左右,并要保证正常循环时淹没在水面以下,并使浮球阀安装后工作正常。

4) 下循环管接自水箱下部,为防止水箱沉积物进入集热器,出水口宜高出水箱底50mm以上。

5) 由集热器上、下集管接往热水箱的循环管道,应有不小于0.5‰的坡度。

6) 水箱应设有泄水管、透气管、溢流管和需要的仪表装置,水箱通向大气的开口应设置不锈钢防蚊虫网,并应采用法兰夹紧。

7）自然循环的热水箱底部与集热器上集管之间的距离为0.3~1m，上下集管设在集热器以外时应高出600mm以上。

8）集热循环水箱及贮热水箱应按设计要求固定在支承物（基础）上，与底座固定牢靠。自然循环的集热循环水箱的底部与集热器上集管之间的距离不应小于0.3m。

3. 管道安装

（1）为减少循环水头损失，应尽力缩短上、下循环管道的长度和减少弯头数量，应采用大于4倍曲率半径、内壁光滑的弯头和顺流三通。

（2）管路上不宜设置阀门。

（3）在设置几台集热器时，集热器可以并联、串联或混联，循环管路应对称安装，各回路的循环水头损失平衡。

（4）循环管路（包括上下集管）安装应有不小于1‰的坡度，以便于排气。管路最高点应设通气管或自动排气阀。

（5）循环管路系统最低点应加泄水阀，使系统存水能全部泄净。每台集热器出口应加温度计。

（6）机械循环系统适合大型热水器设备使用。安装要求与自然循环系统基本相同，还应注意以下几点：

1）水泵安装应能满足系统100℃高温下正常运行。间接加热系统高点应设膨胀管或膨胀水箱。

2）热水器系统安装完毕，在交工前按设计要求安装温控仪表。

3）凡以水作介质的太阳能热水器，在0℃以下地区使用，应采取防冻措施。热水箱及上、下集管等循环管道均应保温。

4）太阳能热水器系统交工前进行调试运行。系统上满水，排除空气，检查循环管路有无气阻和滞流，机械循环系统应检查水泵运行情况及各回路温升是否均衡，做好温升记录，水通过集热器一般应升温3~5℃。符合要求后办理交工验收手续。

5）流速、流量：集热循环管道流速宜按照现行国家标准《建筑给水排水设计标准》GB 50015推荐的热水流速进行选择。国家标准要求每平方米的流量为0.01~0.02L/s，应根据当地辐照强度、选择集热器的性能及工质进行计算校核。集热系统管网热水流速推荐值见表37-78。

集热系统管网热水流速表　　　　　　　　　　　表37-78

公称直径 DN（mm）	15~20	25~40	≥50
流速 v（m/s）	≤0.8	≤1	≤1.2

6）管道布设：管道应同程，热水（高温）管道尽量短，绕行的应为冷水（低温）管道。回水管道可排空时，不必敷设伴热带。

（7）管道材质：

1）介质为水时，宜选不锈钢管，可选热镀锌管、耐高温金属复合管等。

2）介质为防冻液（乙二醇溶液、丙二醇水溶液）时，宜选不锈钢管、铜管、碳钢管（特殊地区符合当地规范要求），不应采用热镀锌钢管；管道必须与介质相容，防止内壁腐蚀。

3）循环管路应有3‰~5‰的坡度，避免气塞，满足循环、排空或回流的要求。在自然循环系统中，应使循环管路有朝向高位水箱的向上坡度，不允许有反坡。在排空系统中，管路的坡度应使系统中的水自动回流，不应积存。

4）在循环管路中翻身处高点设置自动放风阀，低位设置泄水阀。

(8) 管道补偿：

1）紫铜管：长直管道超过10m应进行补偿，补偿量不小于25mm。

2）薄壁不锈钢管：长直管道超过15m应进行补偿，补偿量不小于30mm。

3）PPR管：长直管道超过6m应进行补偿，补偿量不小于70mm。

4）热镀锌管：长直管道超过30m应进行补偿，补偿量不小于40mm。

注：管道穿（跨）过变形缝应加装补偿器。补偿方式：可选用矩形补偿器、套管伸缩器、软连接或规范中规定的其他补偿方式。不同管道按照安装规程采用适宜的补偿方式；在图纸中标注补偿器的位置及补偿量。

(9) 管道的支、吊架间距应符合设计规范。

1）水平钢管通道支架的最大间距，见表37-79。

水平钢管通道支架的最大间距 表37-79

公称直径 DN（mm）		15	20	25	32	40	50	70	80	100	125	150	200	250	300
支架的最大间距（m）	保温管	2.5	2.5	2.5	2.5	3	3	4	4	4.5	6	7	7	8	8
	不保温管	2.5	3	3.5	4	4.5	5	6	6	6.5	7	8	9.5	11	12

2）塑料管及复合管道支架的最大间距，见表37-80。

塑料管及复合管道支架的最大间距 表37-80

管径（mm）			12	14	16	18	20	25	32	40	50	63	75	90	110
支架的最大间距（m）	立管		0.5	0.6	0.7	0.8	0.9	1	1.1	1.3	1.6	1.8	2	2.2	2.4
	水平管	冷水管	0.4	0.4	0.5	0.5	0.6	0.7	0.8	0.9	1	1.1	1.2	1.35	1.55
		热水管	0.2	0.2	0.25	0.3	0.3	0.35	0.4	0.5	0.6	0.7	0.8	—	—

3）铜管道支架的最大间距，见表37-81。

铜管道支架的最大间距 表37-81

公称直径 DN（mm）		15	20	25	32	40	50	65	80	100	125	150	200
支架的最大间距（m）	垂直管	1.8	2.4	2.4	3	3	3	3.5	3.5	3.5	3.5	4	4
	水平管	1.2	1.8	1.8	2.4	2.4	2.4	3	3	3	3	3.5	3.5

4）薄壁不锈钢管活动支架的最大间距，见表37-82。

薄壁不锈钢管活动支架的最大间距 表37-82

公称直径 DN（mm）		10～15	20～25	32～40	50～65	80～125	150～200
支架的最大间距（m）	水平管	1	1.5	2	2.5	3	3.5
	立管	1.5	2	2.5	3	3.5	4

(10) 管道保温材料的防火等级应根据建筑设计要求确定，可选用聚乙烯、聚氨酯、橡塑、离心玻璃棉等。

(11) 管道外防护：防锈铝板、镀锌板、不锈钢板。

(12) 管道连接方式：
1) 镀锌管道：丝接、卡接。
2) 不锈钢管道：双卡接、螺纹连接、卡接、焊接。
3) 紫铜管：焊接。
4) PPR 管：热熔、法兰连接。
5) 铝塑复合管：卡接。
(13) 多根管道交汇情况见图 37-104、图 37-105。

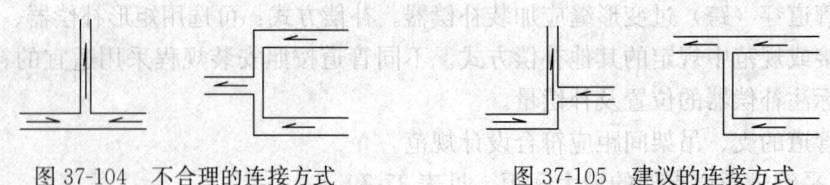

图 37-104　不合理的连接方式　　　　图 37-105　建议的连接方式

4. 阀门安装
(1) 当水泵的流量比设计值大时，可在水泵增加旁路及阀门进行流量调节。
(2) 电磁阀（电动阀）安装时应加过滤器、旁路及辅助阀门。管径大于 40mm 时宜采用电动阀。
(3) 水压大于 0.35MPa 时，先要对水进行减压处理，然后再接电动阀或电磁阀。
(4) 水泵前后加阀门及软接头，出口加止回阀。开式系统中落差较大的（超过 10m）宜采用消声止回阀。

5. 控制系统
(1) 控制柜必须安装在室内，远离强干扰源或采取防干扰措施。在与电梯、变频泵、电锅炉等大功率设备或软启动设备共用电源或与多用电设备共用电源时为防止干扰宜单独接地并采取屏蔽措施。控制柜安装位置环境温度 0～40℃，湿度小于 80%。控制柜必须可靠接地。
(2) 落地式控制柜应预置不低于 200mm 的基础，且控制柜与基础支架加绝缘橡胶垫。
(3) 控制柜与传感器间的距离不宜超过 100m。若超过此距离，注意信号线线径须加大。
(4) 高海拔地区应考虑电气设备的降容，防止因空气稀薄导致电气散热不良而过热损毁电气设备。
(5) 高原地区高温断续循环温度的设定应考虑当地的沸点。
(6) 采用防冻带的系统，选用能控制防冻带自动启动的控制柜。

37.8.4.3　太阳能热水系统的试运行

1. 水压试压与冲洗
(1) 太阳能热水系统安装完毕后，在设备和管路保温之前，应进行水压试验。试验压力应符合设计要求。当设计未注明时，应符合现行国家标准《建筑给水排水及采暖工程施工质量验收规范》GB 50242 的相关规定。
(2) 非承压管路系统和设备应作灌水试验。应符合现行国家标准《建筑给水排水及采暖工程施工质量验收规范》GB 50242 的相关规定。

（3）太阳能热水系统水压试验合格后，应对系统进行冲洗直至排出的水不浑浊、无杂质为止。太阳能热水系统水压试验合格及冲洗完毕，应填写《太阳能热水系统水压试验与冲洗检验记录》。

2. 系统调试与系统试运行

（1）太阳能热水系统调试包括设备单机或部件调试和系统联动调试。

（2）设备单机或部件调试应包括水泵、阀门、电磁阀、自动控制设备、监控显示设备及辅助能源加热设备等。

（3）检查水泵安装。在设计负荷下连续运转 2h，水泵应工作正常，无渗漏，无异响振动和声响，电机电流和功率不超过额定值，温度在正常范围内。

（4）检查电磁阀安装。电磁阀安装位置、方向应正确，手动通断电试验时，开启正常、动作灵活，密封严密。

（5）温度、温差、水位、光照控制、时钟控制等仪表应显示正常，动作准确。

（6）电气控制系统应达到设计要求的功能，控制动作准确可靠。

（7）防冻系统装置、超压保护装置、过热保护装置、漏电保护装置等应正常工作。

（8）各种阀门应开启灵活，密封严密。

（9）辅助能源加热设备应达到设计要求，工作灵活。

（10）太阳能热水系统联动调试是按照设计要求，对集热系统、辅助加热系统及热水供应系统的实际运行工况进行全系统的调试，其内容包括：

1) 调整水泵控制阀门。

2) 调整电磁控制阀门，电磁阀的阀前阀后压力应处在设计要求的压力范围内。

3) 调整各个分支回路的调节阀门，各回路流量应平衡。

4) 调试辅助能源加热系统，使辅助加热装置与太阳能集热系统相匹配。

37.8.5　系统试验与调试

37.8.5.1　系统试验

1. 热水供应系统安装完毕，管道保温之前应进行水压试验

（1）试验压力应符合设计要求。当设计未注明时，热水供应系统水压试验压力应为系统顶点的工作压力加 0.1MPa，同时在系统顶点的试验压力不小于 0.3MPa。

（2）钢管或复合管道系统试验压力下 10min 内压力降不大于 0.02MPa，然后降至工作压力检查，压力应不降，且不渗不漏；塑料管道系统在试验压力下稳压 1h，压力降不得超过 0.05MPa，然后在工作压力 1.15 倍状态下稳压 2h，压力降不得超过 0.03MPa，连接处不得渗漏。

（3）热水供应系统调试前，必须对热水给水、回水及凝结水管道进行冲洗，以清除管道内的焊渣、锈屑等杂物，一般在管道压力试验合格后进行。对于管道内杂质较多的管道系统，可在压力试验合格前进行。冲洗前，应将阻碍水流的调节阀、减压阀及其他可能损坏的温度计等仪表拆除，待冲洗合格后重新装上。如管道分支较多、末端截面较小时，可将干管中的阀门拆掉 1~2 个，分段进行清洗；如分支管道不多，排水管可以从管道末端接出，排水管截面积不应小于被冲洗管道截面积的 60%。排水管应接至排水井或排水沟，

并应保证排泄和安全。冲洗时，以系统可能达到的最大压力和流量进行，同时开启设计要求同时开放的最大数量的配水点，直至所有配水点均放出洁净水为合格。

2. 辅助设备要进行单机调试

水箱试水合格，水泵也应 2h 单机试运转合格，热水锅炉、热水器也要调试合格。

37.8.5.2 系统调试

（1）系统按照设计要求全部安装完毕、工序检验合格后，开始进行全面、有效的各项调试工作。

（2）制订调试人员分工处理紧急情况的各项措施，备好修理、排水、通信及照明等器具。

（3）调试人员按责任分工，分别检查供暖系统中的泄水阀门是否关闭，立、支管上阀门是否打开。

（4）向系统内充入热水，打开系统最高点的放气阀门，同时应反复开闭系统的最高点放气阀，直至系统中冷空气排净为止。充水前应先关闭用户入口内的总给水阀门，开启循环管和总回水管的阀门，由回水总干管送热水，以利系统排除空气。待系统的最高点充满水后再打开总给水阀，关闭循环管阀门，使系统正常循环。

（5）在巡查中如发现问题，先查明原因，然后在最小的范围内关闭给、回水阀门。及时处理和返修，修好后随即开启阀门。

（6）系统正常运行后，如发现热水不均，应调整各个分路、立管和支管上的阀门，使其基本达到平衡。

37.9 建筑特殊给水排水系统安装

37.9.1 游泳池与水上游乐池

37.9.1.1 水循环系统的安装

（1）游泳池应设置循环净化水系统。

（2）池水的循环应保证被净化过的水能均匀到达游泳池的各个部位；应保证池水能均匀、有效排除，并回到池水净化处理系统进行处理。

（3）不同使用要求的游泳池应分别设置各自独立的池水循环净化过滤系统。

（4）水上游乐池采用多座不连通的池子共用一套池水循环净化系统时应符合下列规定：

1）净化后的池水应经过分水器分别接至不同用途的游乐池。

2）应有确保每个池子的循环水流量、水温的措施。

3）水上游乐设施功能性循环给水系统的设置，应符合下列规定：

① 滑道润滑水和环流河的水推流系统应采用独立的循环给水排水系统。

② 瀑布和喷泉宜采用独立的循环给水系统。

③ 根据数量、水量、水压和分布地点等因素，一般水景宜组合成若干组循环给水系统。

4）儿童戏水池设置的水滑梯的润滑水供应，应符合下列规定：

① 儿童戏水池补充水利用城市自来水直接供应时，供水管应设倒流防止器。
② 从池水循环水净化系统单独接出管道供水时，供水管应设控制阀门。
③ 润滑水供水量和供水管径可根据供应商产品要求确定，但设计时应进行核算。

5）平衡水池的设置应符合下列要求：
① 平衡水池的最高水面与游泳池的水面应保持一致。
② 平衡水池内底表面应低于游泳池回水管以下 700mm。
③ 游泳池采用城市给水补水时，补水管应接入该池；当补水管口与该池内最高水面的间隙小于 2.5 倍补水管管径时，补水管上应安装倒流防止器。
④ 平衡水池应设检修人孔、水泵吸水坑和有防虫网的溢水管、泄水管。
⑤ 平衡水池有效尺寸应满足施工安装和检修等要求。
⑥ 平衡水池应采用表面光滑、耐腐蚀、不污染水质、不变形和不透水的材料建造。当采用钢筋混凝土材质时，其内壁应涂刷或衬贴不污染水质的防腐涂料和材料。

6）均衡水池的设置应符合下列要求：
① 池水采用逆流式和混合流式循环时，应设置均衡水池。
② 均衡水池内最高水面应低于游泳池溢流回水管管底不小于 300mm。
③ 均衡水池内应安装电磁阀补水装置。
④ 接入均衡水池的补水管应根据第 5）条第③款的规定安装倒流防止器。
⑤ 均衡水池应设检修人孔、进水管、水位计、水泵吸水坑和有防虫网的溢水管、泄水管。
⑥ 均衡水池应采用不变形、耐腐蚀和不透水材料建造。当为钢筋混凝土材质时，池内壁应衬贴或涂刷防腐材料。

7）池水循环净化处理系统中的阀门应对型号、规格、附件、水流方向标志及制造、外观检查无缺陷后，再对其进行强度和严密性试验，其试验方法应符合现行国家标准《建筑给水排水及采暖工程施工质量验收规范》GB 50242 的规定。试验压力应符合下列规定：
① 强度试验压力应为 1.5 倍的公称压力，且持续时间应不少于表 37-83 的规定。
② 严密性试验压力应为 1.1 倍的公称压力，且持续时间应不少于表 37-83 的规定。
③ 两种试验在试验压力下和持续时间内压力无变化，且壳体填料和阀瓣密封面无渗漏。

阀门试验持续时间　　　　　　　表 37-83

公称直径 DN（mm）	最短试验持续时间（s）		
	严密性试验		强度试验
	金属密封	非金属密封	
≤50	15	15	15
65～200	30	15	60
250～450	60	30	180

37.9.1.2 水的净化

1. 预净化设备

（1）使用过的池水在进行过滤净化之前，应先经过毛发聚集器对池水进行预净化。
（2）毛发聚集器的设置应符合下列规定：

1) 应装设在循环水泵的吸水管上。
2) 过滤筒（网）应可清洗或更换。
3) 当为两台循环水泵时，应交替运行。
(3) 毛发聚集器的构造应符合下列规定：
1) 外壳耐压不应小于0.4MPa，且构造应简单、方便拆卸。
2) 外壳应为耐腐蚀的材料，如为碳钢或铸钢材质时，应进行防锈处理。
3) 过滤芯为过滤筒时，孔眼的总面积不应小于连接管道截面面积的2倍，过滤筒的孔眼直径宜采用3～4mm。
4) 过滤芯为过滤网时，过滤网眼宜采用10～15目。
5) 过滤筒（网）应采用耐腐蚀的铜、不锈钢或高密度塑料等材料制造。

2. 石英砂过滤器

(1) 石英砂过滤器内的滤料应符合下列规定：
1) 比表面积大，孔隙率高，截污能力强，使用周期长。
2) 不含杂物和污泥，不含危害游泳者健康的有毒、有害物质。
3) 化学性能稳定，不恶化水质。
4) 机械强度高，耐磨损，抗压性能好。
(2) 石英砂压力过滤器的过滤速度宜按下列规定选用：
1) 竞赛池、公共池、专用池、休闲游乐池等，宜采用15～25m/h中速过滤。
2) 私人池、放松池等，可采用超过本手册规定的过滤速度。
(3) 压力过滤器的滤料组成、过滤速度和滤料层厚度，应经试验后确定。当试验有困难时，可按表37-84选用。

压力过滤器的滤料组成、过滤速度和滤料层厚度选用表　　　　　　表37-84

滤料种类		滤料组成粒径（mm）			过滤速度（m/h）
		粒径（mm）	不均匀系数（$K80$）	厚度（mm）	
单层滤料	级配石英砂	$D_{min}=0.5$ $D_{max}=1$	<2	≤700	15～25
	均匀石英砂	$D_{min}=0.6$ $D_{max}=0.8$	<1.4	≥700	15～25
		$D_{min}=0.5$ $D_{max}=0.7$			
双层滤料	无烟煤	$D_{min}=0.85$ $D_{max}=1.6$	<2	300～400	14～18
	石英砂	$D_{min}=0.5$ $D_{max}=1$		300～400	
多层滤料	沸石	$D_{min}=0.75$ $D_{max}=1.2$	<1.7	350	20～30
	活性炭	$D_{min}=1.2$ $D_{max}=2$	<1.7	600	
	石英砂	$D_{min}=0.8$ $D_{max}=1.2$	<1.7	400	

注：1. 其他滤料如纤维球、树脂、纸芯等，可按生产厂商提供并经有关部门认证的数据选用。
　　2. 滤料的相对密度：石英砂2.5～2.7，无烟煤1.4～1.6，重质矿石4.4～5.2。
　　3. 压力过滤器的承托厚度和卵石粒径，可根据配水形式按生产厂商提供并经有关部门认证的资料确定。

(4) 石英砂压力过滤器应符合下列规定:
1) 应设置保证布水均匀的布水装置。
2) 集水、配水装置下面的死水区宜采用混凝土填充。
3) 应设置检修孔、进水管、出水管、泄水管、自动排气机人工排气管、取样管、观察窗、卸料口、各类阀件和各种仪表。
4) 必要时,还应设置空气反冲洗或表面冲洗装置。
5) 反冲洗排水管应设可观察冲洗排水清澈度的透明管段或装置。
(5) 压力过滤器采用石英砂或石英砂-无烟煤作为滤料时,承托的组成和厚度应根据配水形式经试验确定;有困难时,可按下列规定确定:
1) 采用大阻力配水系统时,可按表37-85采用。

大阻力配水系统滤料选用表　　　　　　　　　　　表37-85

层次(自上而下)	材料	粒径(mm)	厚度(mm)
1	卵石	2~4	100
2	卵石	4~8	100
3	卵石	8~16	100
4	卵石	16~32	100(从配水系统管顶算起)

2) 采用中阻力配水系统或小阻力配水系统时,承托层应由粒径为1~2mm的粗砂层组成,其厚度应高出配水系统管顶或滤头帽顶不小于100mm。

3. 硅藻土过滤器
(1) 硅藻土过滤器的选用宜符合下列规定:
1) 宜采用牌号为700号的硅藻土助滤剂。
2) 单位过滤面积的硅藻土用量宜为$0.5 \sim 1 kg/m^2$。
3) 硅藻土预涂膜厚度不应小于2mm,且厚度应均匀一致。
4) 根据所用硅藻土特性和出水水质要求,过滤速度应经试验确定。
(2) 硅藻土过滤器外壳及附件的材质质量应符合下列规定:
1) 板框式硅藻土过滤器的板框应用高强度、耐压、耐腐蚀、不变形和不污染水质的工程塑料。
2) 烛式压力硅藻土过滤器外壳的材质应符合本规程的规定。
3) 硅藻土过滤器滤芯的材质不应变形,并耐腐蚀。
4) 滤布(网)应纺织密度均匀、伸缩性小、捕捉性能强。
(3) 采用硅藻土过滤机时不应少于2台。

4. 过滤器反冲洗
(1) 过滤器应采用水进行反冲洗。有条件时,石英砂过滤器宜采用气、水组合进行冲洗。
(2) 过滤器宜采用池水进行反冲洗,如采用城市生活饮用水反冲洗时,应设隔断水箱。
(3) 重力式过滤器的反冲洗,应按有关标准和设备制造厂商提供的产品要求确定。

(4) 压力过滤器采用水反冲洗时的反冲强度和反冲时间,可按表 37-86 执行。

(5) 过滤器的反冲洗应符合下列规定:

1) 利用城市生活饮用水时,水质应符合现行国家标准《生活饮用水卫生标准》GB 5749 的要求。

2) 利用游泳池水时,反冲洗应在游泳池每日停止使用后进行。

反冲强度和反冲时间要求表 表 37-86

滤料类型		反冲洗强度[L/(s·m²)]	膨胀率(%)	冲洗持续时间(min)
单层石英砂		12～15	45	10～8
双层滤料		13～16	50	10～8
三层滤料		16～17	55	7～5
硅藻土	板框式	1.4		1～2
	烛式	3		1～2

(6) 压力过滤器采用气、水组合反冲洗时,应符合下列规定:

1) 气源应洁净,不含杂质,无油污。

2) 应先气冲洗,后水冲洗。

3) 气水冲洗强度及冲洗持续时间,可按表 37-87 采用。

气水冲洗强度及冲洗持续时间选用表 表 37-87

滤料类别	先气冲洗		后水冲洗	
	强度[L/(s·m²)]	持续时间(min)	强度[L/(s·m²)]	持续时间(min)
单层级配砂滤料	15～20	3～1	8～10	7～5
双层煤、砂级配滤料	15～20	3～1	6.5～10	6～5

(7) 压力过滤器的反冲洗排水管不得直接与其他排水管连接。当有困难时,应设置防止污水或雨水倒流的装置。

37.9.1.3 游泳池、水上游乐池附属设施安装要求

1. 管道安装

(1) 有压管道的水压试验应符合设计要求。当设计未注明时,各种管道系统的水压试验压力不应小于 1.5 倍该系统的工作压力,检查方法:

1) 金属管道应在试验压力下持续观察 10min 且压力降不应超过 0.02MPa,然后将试验压力降到系统工作压力进行管路检查,各部位均不应出现渗漏。

2) 非金属管道应在试验压力下稳压 1h,其压力降不应超过 0.05MPa;然后将试验压力降低到系统工作压力的 1.15 倍后稳压 2h,压力降不应超过 0.03MPa,且同时检查试压管道各部位均不应出现渗漏。

(2) 埋在混凝土垫层内和地面下的管道、附配件等应在池底板混凝土强度达到设计强度后进行安装,并应符合下列规定:

1) 管道、给水口及附件的材质、管径、位置和标高,应符合设计要求。

2) 管道隐蔽应采取保证管道不移位、不被压伤和不被冲击损坏的措施。

(3) 设备机房、管廊及管沟内的管道在符合下列规定时方可进行安装:

1) 土建工程粉饰工作应基本完成。
2) 穿越构筑物及建筑物壁、墙预留的管套、孔洞的位置、数量及尺寸应符合设计要求。
3) 设备及配套设施应完成就位、固定工作。
4) 管道、管件、阀门和附件规格、型号均应按设计文件要求备齐,且表面应已清理干净、无油污,管内无杂物。
5) 管道支架、吊架的材质及间隔应符合设计要求。

(4) 池水净化处理系统管道的安装应符合下列规定:
1) 管道不应出现轴向偏斜、扭曲、错口或不同心等缺陷。
2) 管道坡度应符合设计要求。
3) 多根管道在管廊、管沟内敷设时应符合下列规定:
① 平行敷设时管外壁之间的水平距离不应小于最大管道管径加50mm。
② 多层敷设时管外壁与上层管道支架或管道吊架下沿的垂直距离不应小于最大管道管径加100mm。
③ 廊、管沟内最下层管道外壁距廊道底或沟底的垂直距离不应小于200mm。
④ 管道伸缩变形补偿器、固定支架的位置应符合设计要求。
4) 多根管道埋地敷设时应水平平行敷设,并符合下列规定:
① 平行埋设时管外壁之间的水平间距不应小于500mm。
② 平行埋设管垂直交叉时,两管道外壁的垂直距离不应小于200mm。
5) 非金属管道施工安装的环境温度不应低于5℃。
6) 埋设在池子底板混凝土垫层内的管道应符合下列规定:
① 非金属配水管应在池底给水口接管处用水泥砂浆或细石混凝土予以稳固;回水管或泄水管应按每3m间距用细石混凝土支座予以稳固。
② 金属管应做好防腐处理,在有喷气嘴处应以水泥砂浆予以稳固。
7) 非保温明装管道(含管廊、管沟)应将管道外壁印有商标、规格、耐压等级等产品信息的字样面向维护检修侧。管道安装允许偏差及检验方法见表37-88。

管道安装允许偏差及检验方法 表37-88

序号	检查项目	检查尺度及条件	允许偏差(mm)	检验方法	检查数量
1	立管垂直度	高度不超过5.m 高度为5~10m 高度为5~20m	≤5 ≤10 ≤20	吊线锤和尺量检查	全数检查
2	横管水平度	长度不超过25m 长度超过25m	≤20 ≤25	水平尺、拉线和尺量检查	
3	成排管道间距	每支座	≤3	尺量检查	
4	垂直管道间距	交叉点 管沟、管廊多层管道	≤10 ≤10	尺量检查	
5	标高	—	≤10	水平尺、拉线和尺量检查	
6	坐标	—	≤10	吊线锤和尺量检查	

（5）管道支架的设置应符合下列规定：

1）非金属管道支架间距，当管径小于或等于110mm时应按现行国家标准《建筑给水排水及采暖工程施工质量验收规范》GB 50242的规定设置；管径大于或等于160mm时的支架间距应按生产企业的要求设置。

2）管道阀门、附配件等部位应增设支承支架。

3）管道应在下列部位设置固定支架：

① 管道转弯处、横管或立管有支管接出处、补偿器或柔性接口处、穿池壁防水套管处。

② 直线塑料管为PVC-U时每25m位置处；PVC-C每12m处；ABS管每18m处。

4）抗震设防烈度大于或等于6度的地区应设抗震支吊架，间距由专业公司计算确定。

5）管道支架不应作为施工过程中攀、拉其他用途的支吊架。

（6）非金属管道的切割应符合下列规定：

1）断管切割应采用专用切割管机或手工锯，不应采用盘锯，切口端面应垂直于管子轴线。

2）切割后的管端面应除去毛边、毛刺和切屑，并将切口管端面外沿打磨成15°或20°倒角，且坡口长度不应大于4mm。

3）切口管端面应无油污且干燥。

（7）管道连接应符合下列规定：

1）非金属管道热熔、电熔连接时的加热时间，电流、电压及连接工具等，应符合产品说明书要求。

2）非金属管道采用专用胶粘剂连接时，应测量承口长度，并在插入管端标出插入长度线，再涂刷胶粘剂后插入，并应用洁净棉纱或棉布擦净连接处的胶粘剂。

3）非金属管道热熔、电熔及采用胶粘剂等连接完成后保持的静置时间，应符合该管道材质产品说明书的要求。

4）不同材质的管道连接时，应采用专用的转换管件或连接件，不应在非金属管道上套丝连接。

5）管道与阀门、附件采用法兰连接时应符合下列规定：

① 法兰孔数应与设备预留接管、阀门、附配件上的孔径、孔数一致。

② 法兰连接时两法兰的面应互相平行，并应垂直于管道、阀门、附配件的中心线。

③ 法兰之间应设厚度不应小于3mm的密封垫圈，且密封垫圈的材质应与所输送介质兼容。

④ 紧固法兰的螺栓规格、安装方向应一致，并应对称紧固，保持管道水平和使管道不产生轴向拉力。

（8）非金属管道的支架和吊架安装应符合下列规定：

1）管道的支架、吊架应固定牢靠、平整；吊杆应垂吊竖直。

2）管道支架、吊架的间距应符合相应材质管道施工安装要求，且标高应准确。

3）金属支架和管卡与非金属管道之间应设置橡胶或塑料隔离垫，并不应损伤非金属管道的表面，且应满足管道与管卡、支架接触紧密和适于管道的伸缩。

4）阀门应另设支架，确保阀门重量不承受在设备本体上。

5) 管道弯头、三通等部位应视弯转条件设置固定支架。

2. 阀门和附配件安装

(1) 各类阀门、附配件的安装应符合下列规定：

1) 阀门应在关闭状态下按介质流向安装，安装前应将其内部杂质清除干净。阀门与管道和设备的连接应受力均匀，不应强力连接。

2) 阀门位置应满足方便操作和维修所需要的空间，水平管道上的阀门阀杆和传动装置应允许水平安装。

(2) 管道温度伸缩补偿器的安装应符合下列规定：

1) 安装前应按设计文件要求核对位置、伸缩量及伸缩方向。

2) 安装时应与管道保持同心，不应歪斜。

3) 水平安装时应与管道坡度一致。

4) 固定支架应位于非允许伸缩一侧。

(3) 安全阀应垂直安装，并应按设计要求核对安装位置及开启压力。

3. 水泵安装

(1) 水泵机组的安装除应按现行国家标准《机械设备安装工程施工及验收通用规范》GB 50231 和《风机、压缩机、泵安装工程施工及验收规范》GB 50275 的规定执行外，其基础的混凝土强度和厚度应达到设计要求，并应符合下列规定：

1) 基础坐标位置和外形尺寸允许偏差应为 20mm。

2) 基础表面水平度允许偏差不应超过 5mm/m。

3) 基础表面距室内地面高度和预留地脚螺栓孔中心允许偏差不应超过 10mm。

(2) 经过平衡试验无异常现象的与毛发聚集器连体型专用泵、泵与电动机组装型的水泵不应随意拆卸、分件安装。

(3) 水泵机组安装就位后应符合下列规定方可进行紧固螺栓、焊牢垫铁、二次混凝土的浇筑：

1) 卧式水泵的水平度与联轴器的同心度允许偏差不应超过 0.1mm/m。

2) 立式水泵的垂直度允许偏差不应超过 0.1mm/m。

(4) 水泵机组的隔振装置应符合设计要求。隔振装置应有产品质量合格证及安装使用说明。

(5) 水泵附配件的安装应符合下列规定：

1) 水泵吸水口和出水口应安装可曲挠接头或软接管，并应处于自然状态，且吸水口和出水口的法兰盘应垂直于管道中心。

2) 水泵吸水管上的毛发聚集器、过滤器、阀门、止回阀、真空压力表、压力表的规格、型号应符合设计要求，安装位置应正确、严密、不漏水。

3) 当真空压力表、压力表设计无要求时，真空压力表的量程应在 0~0.1MPa 范围内；压力表量程应在 0~1MPa 范围；两种表的分辨率不应大于 0.01MPa；表盘直径不宜小于 150mm。

4. 过滤设备及相关设备安装

(1) 池水净化处理系统中所用的过滤器、活性炭吸附器和臭氧接触反应罐安装前应符合下列规定：

1) 设备性能参数应符合设计要求。

2) 设备基础数量、位置、尺寸、标高、平整度等应符合设计要求，允许偏差应符合本手册第 3 条第 (1) 款的规定。

3) 应对设备外部接管和内部配件进行检查，确保配件齐全和固定牢靠。

(2) 池水净化处理系统中所用过滤器、活性炭吸附器、臭氧接触反应罐等静置设备的安装应符合下列规定：

1) 坐标允许偏差应为 ±15mm。

2) 标高允许偏差应为 ±5mm。

3) 垂直度允许偏差应为 ±2mm/m。

(3) 池水净化处理系统中所用过滤器、活性炭吸附器、臭氧接触反应罐的外部附配件的安装应符合下列规定：

1) 阀门、仪表的位置应便于观察和操作。

2) 反冲洗排水管上透明水流短管的位置应便于观察。

3) 压力表表盘直径不应小于 150mm，分辨率不应大于 0.01MPa，表盘量程应为 0~1MPa。

4) 流量计量程应为 1.5 倍的反冲洗量值，分辨率不应大于 1L。

5) 设备本体上的部件、配件、接管短管等不应作为梯架。

(4) 池水净化处理系统中所用颗粒过滤设备滤料，承托层的填料应符合下列规定：

1) 安装设备内集配水系统滤管、滤头时，应先进补充水以检查滤管、滤头缝隙的通畅度。

2) 应关闭设备上的接管阀门，并向壳体内注入 1/3 容积的清水，以避免投入承托石料及滤料时对内部部件、附配件造成过度冲击。

3) 承托层及滤料层应分层填铺，每层应平整、厚度均匀，厚度误差不应大于 10mm。

4) 滤料初次填充完成后应进行反冲洗检查。反冲洗完成后滤料表面应平整、无裂缝。

5. 消毒剂制取设备安装

(1) 消毒剂制取设备系统的臭氧发生器、次氯酸钠发生器的安装应符合下列规定：

1) 消毒制取设备房间应在土建工程完工，设备基础的混凝土强度、尺寸、坐标、标高符合设计要求，并应完成施工交叉作业程序后进行。

2) 房间内给水排水、通风空调、电气供应等条件应已施工到位，并应符合设备安装要求。

3) 消毒设备及配套装置应齐全、型号、规格、性能参数应符合设计要求。

(2) 消毒剂制取设备的安装应符合下列规定：

1) 应由设备生产企业派专员安装或由设备生产企业现场指导水净化处理工程承包企业人员进行安装。

2) 设备安装允许误差应符合设备安装使用说明的要求。

6. 池水加热设备安装

(1) 池水加热设备与非金属管道连接时，设备接管口与非金属管道之间应增设长度不小于 500mm 的金属过渡管段。

(2) 池水加热设备应设有下列仪器仪表：

1) 应装设电子比例恒温器和电动温度控制阀门。
2) 被加热水的进水管、出水管均应装设下列仪表：
① 温度计：量程应为0～100℃，分辨率不宜大于0.5℃。
② 压力表：直径应为100mm，量程应为0～1MPa，分辨率应为0.01MPa。
（3）被加热水管道上的加压水泵的吸水管和出水管及冷热水混合器的出水管均应装设本条第（2）条第2）款规定的仪表。

7. 专用附配件安装

（1）游泳池给水口的安装应符合下列规定：
1) 给水口的规格、数量和材质应符合设计要求。
2) 给水口流量调节装置应在安装时初步调节到位。
3) 侧壁和穿池底给水口，应在土建工程施工时，按设计文件要求的规格、位置预埋有防水翼环的防水套管。
4) 给水口的位置和标高的安装允许偏差应为±5mm。
5) 给水口接管与预埋套管间的空隙，应以防水胶泥嵌实固定，其深度不应小于池壁、池底厚度的50%，剩余部分应以M10的防水水泥砂浆嵌实。
6) 金属给水口与非金属管道应采用螺纹连接。非金属管采用外螺纹，金属给水口采用内螺纹。两者之间宜采用四氟乙烯生料带作密封填充物。
7) 给水口格栅护盖外表面应与池底或池壁装饰面相平。

（2）游泳池、水上游乐池、文艺演出池的回水口、泄水口及溢水口的安装应符合下列规定：
1) 池底回水口、溢流回水槽内回水口、溢流水槽内回水口的规格、数量、材质和位置等应符合设计要求。
2) 池底回水口和泄水口的格栅盖板应固定牢固，且不得凸出池底表面。

（3）溢流回水槽及溢流水槽的格栅盖板表面应与池岸地面装饰面相平。

（4）池岸冲洗排水采用排水地漏时，其箅盖材质、形状、颜色应与池岸地面装饰面一致。

37.9.1.4 排水及回收利用

1. 池岸清洗排水

（1）游泳池、水上游乐池及文艺演出水池应设清洁池岸排水设施，并应符合下列规定：
1) 清洗池岸的排水不得排入逆流和混流式游泳池的溢流回水槽。
2) 逆流和混流式游泳池池岸清洗排水应在池岸外侧另设独立的排水系统。设有观众看台的游泳池应沿看台墙设置排水沟；无观众看台的游泳池应沿建筑墙设置排水沟，且不应与其他排水系统直接连接。
3) 宜选用线性排水沟，且池岸应以不小于0.5%的坡度坡向排水沟或排水收集装置。

（2）露天游泳池及水上游乐池的池岸排水应沿围护栏设置排水沟，并应符合下列规定：
1) 排水沟的断面尺寸应考虑受水面积内的雨水量。
2) 雨水量应按工程总图设计重现期计算。

3) 排水沟排水应接入工程地块内的雨水管道或雨水回用系统。当接入雨水排水系统时，应采取防止雨水系统回流污染的措施。

2. 水池泄水

(1) 游泳池等应设置紧急泄水系统，泄水时间不应超过 6h。

(2) 设在地面层以上的游泳池，当池水换水或池体检修泄水时，可采用重力泄水方式排至雨水排水管道，并应设置防止雨水倒灌的措施。

(3) 利用循环水泵压力泄水时，循环水泵应设置不经过水处理设备的超越管接至室外雨水排水系统。

(4) 当池水排放至天然水体时，应按当地卫生监督部门、环境保护部门的规定排放标准进行处理后排放。经无害化处理后的池水可排至小区或城市雨水管道。

(5) 当因池水出现传染性病毒、致病微生物而泄水时，应按当地卫生监督部门的要求，对池水进行无害化处理后方可排放。

3. 其他排水

(1) 硅藻土的反冲洗排水宜将硅藻土回收后的排水作为中水原水予以回收利用。

(2) 供游泳者泳前及泳后淋浴的废水宜作为中水原水进行回收利用。

(3) 清洗化学药品、设备等的废水，应与其他排水进行中和、稀释或处理后，再排入排水管道。

37.9.1.5 系统试验与调试

1. 管道安装检测

(1) 池水净化处理系统各种承压管道安装完毕之后，均应对管道进行强度试验和严密性试验；非承压管道和设备应作闭水试验。

(2) 管道水压试验前应具备下列条件：

1) 管道规格、材质、位置、标高、阀门、仪表及支承件数量和形式、管道连接处洁净度应符合设计文件要求。

2) 非金属管道系统应在安装完毕之后常温条件下养护 24h。

3) 应关闭所有设备、配套设施与管道系统连接的隔断阀门和封堵管道的甩口，同时应打开试压管道系统上的阀门。

4) 试压用水应符合现行国家标准《生活饮用水卫生标准》GB 5749 的规定。

5) 水压试验时的环境温度不应低于 5℃；低于 5℃的环境下进行水压试验时应采取有效防冻措施，并在试压结束后立即泄空管内试验用水。

(3) 管道系统应进行强度试验和严密性试验，其试验压力应符合下列规定：

1) 强度试验水压力应为系统工作压力的 1.5 倍，且不应小于 0.6MPa。

2) 严密性试验的水压力应为系统工作压力的 1.15 倍，且不应小于 0.4MPa。

3) 严密性试验应在强度试验合格后连续进行。

(4) 管道系统强度试验和严密性试验应符合下列规定：

1) 应缓慢向管内充满试验用水，彻底排除管内气体。

2) 水压试验用压力表应经过校验，数量不应少于 2 只，精度不应低于 1.6 级，量程应为 2 倍的试验压力值，且压力表应置于系统的最底部。

3) 用试验加压装置向充满水的管内加压补水，缓慢升压至试验压力的升压时间不应少于 10min。

4）管道补水升压至试验压力值后停止加压，并应稳压 1h，当压力降不超过 0.05MPa 时，判定管道强度试验合格。

5）管道强度试验合格后，应将强度试验压力值降至本条第（3）项规定的严密性试验压力值，并稳压 24h，如压力降不超过 0.03MPa，同时管道所有连接部位无渗漏、管道无变形，判定管道严密性试验合格。

（5）管道系统水压试验过程中，如管道出现水泄漏，应停止加压补水，并应放空管内试验用水，对漏水部位的缺陷进行修复，缺陷修复完成后，应按本条第（4）项的规定重新对管道系统进行水压试验。

（6）重力流管道应按现行国家标准《建筑给水排水及采暖工程施工质量验收规范》GB 50242 的规定进行闭水通水试验。

2. 设备安装检测

（1）水泵单机检测试验的内容、要求和方法应符合现行国家标准《机械设备安装工程施工及验收通用规范》GB 50231 和《风机、压缩机、泵安装工程施工及验收规范》GB 50275 的规定。

（2）池水净化处理系统中的压力容器、配套设施及控制仪器仪表应提供质量合格证。

（3）水池（箱）应根据所用材质按现行国家标准《给水排水构筑物工程施工及验收规范》GB 50141 和《建筑给水排水及采暖工程施工质量验收规范》GB 50242 的规定进行满水试验及密封耐压的检测检验。

3. 系统调试

（1）池水循环净化处理系统应在系统施工全部完成，各分部工程、子分部工程检测、试验全部合格之后进行。

（2）池水净化处理系统调试运行应具备下列条件：

1）编制的调试运转方案、记录表格、参加人员等已经业主及相关主管部门认可。

2）各水池场馆施工、装修均已完成，并达到使用条件。

3）游泳池及均（平）衡水池等均已充满水，并符合设计要求。

4）水处理系统设备机房供水、排水、供电、供热、通风等均已接通并具备正式使用条件，现场环境无污染杂质及尘埃。

5）水净化处理系统的设备安装和单机试运转的参数已调整到允许范围，并符合设计要求。

6）水净化处理系统的全部阀门、附配件和仪表水质监测系统、控制系统等均已处于工作状态位置。

7）消毒及水质平衡化学药品符合设计文件要求，溶液浓度、剂量等均已配置完成。

（3）池水净化处理系统调试运行时，人工检测仪器仪表应符合下列规定：

1）测试温度、湿度、pH、余氯、ORP、浑浊度、电工仪表等仪表的精度级别不应低于被测对象在线仪表的级别。

2）搬用和使用仪器仪表时应轻拿轻放，防止振动和撞击；不使用时应放在专用的工具盒或箱内。

（4）池水循环净化处理系统功能调试运行应符合下列规定：

1) 不同用途水池的池水净化系统应分别进行。
　　2) 应在设备满负荷工况下进行。
　　3) 调试运行应持续72h不间断运行。
　(5) 池水净化处理系统的调试运行应包括下列各项内容:
　　1) 池水净化处理系统监测应包括下列内容:
　　① 泳池初次充水时间和加热时间。
　　② 循环流量、循环周期、过滤速度及反冲洗强度。
　　③ 过滤器过滤效果:进水浑浊度、出水浑浊度及进水与出水的压力变化。
　　④ 活性炭吸附器吸附效果:进水口臭氧含量、出水口臭氧含量。
　　⑤ 加热设备被加热水流量及进水和出水温度、经混合器混合后水温度、泳池回水口水温。
　　2) 水质监测应包括下列内容:
　　① 毒剂投加量及池水回水中的剩余量、池水中的含量。
　　② pH调整剂投加量、池内水中和回水中的pH读数。
　　③ 混凝剂投加量。
　　④ 各种在线仪表读数与设定值偏离值,与池内水检测数值的偏差。
　　⑤ 各种探测器、控制器与加药计量泵的工作状态及联锁控制。
　　⑥ 臭氧水接触反应罐进水管和出水管的臭氧浓度。
　　3) 池水循环水泵检测应包括下列内容:
　　① 水泵自动或手动开启至水泵正常运行不应超过1min,自动切换备用泵及备用泵正常运行不应超过2min。
　　② 各种水泵运行工况,泵组吸水管与出水管压力变化、电动机电流和电压等与产品检测报告和泵组铭牌的对比无偏差。
　　4) 臭氧发生器工作参数:电流、电压、频率、空气进气量、臭氧产量和浓度、可调产量幅度等应与设计文件和设备铭牌的数值进行对比检测。
　　5) 次氯酸钠发生器、盐氯发生器的各种参数应与设计文件及产品铭牌进行对比检测。

37.9.2 洗 衣 房

1. 一般规定

　　洗衣房主要设备有:全自动干洗机(干洗机)、自动洗衣脱水机(水洗机)、烘干机(干衣机)、自动熨平机、自动折叠机、自动人像机、去渍机和整烫设备等,均为成套设备,由设备供应商供应及安装,给水排水专业要根据设备要求提供充足的水源和顺畅的排水设施,具体接入方式按设计要求进行。

2. 安装要求

　(1) 洗衣设备与管道连接的要求:
　　1) 洗衣房内各种管道与设备,应采用软管连接。
　　2) 洗衣设备的给水管、热水管和蒸汽管上,应装设过滤器和阀门。
　　3) 在接入洗衣设备前的给水和热水管上,应设置空气隔断器,以防止水质被污染。
　　4) 各种洗衣设备上的蒸汽管、压缩空气管、洗涤液管宜采用铜管。

(2) 洗衣房的排水宜采用带格栅或穿孔盖板的排水沟，洗涤设备排水出口下宜设集水坑，以防止泄水时外溢，排水管径不小于100mm。

37.9.3 公共浴室

1. 给水系统

(1) 公共浴室的热源，应根据当地条件、耗热量大小等因素，按下列顺序选用：
1) 工业余热、废热、地热和太阳能。
2) 全年供热的城市热力管网。
3) 区域性锅炉房或合用锅炉房。
4) 专用锅炉房。

(2) 利用废热（废汽、烟气、高温废液等）作为热源时，应采取下列措施：
1) 加热设备应防腐，其构造应便于清除水垢和杂物。
2) 防止热源管道渗漏而污染水质。
3) 消除废汽压力波动。
4) 废汽应除油。

(3) 利用地热水作为热源或沐浴用水时，应视地热水的水温、水质、水量和水压状况，采取相应的技术措施，使处理后的地热水符合使用要求。

(4) 利用太阳能作为热源时，应根据当地气候条件和使用要求，配置辅助加热装置。

(5) 用热水锅炉直接制备热水的给水系统，应设置贮水罐，且冷水给水管应由贮水罐底部接入。

(6) 采用蒸汽直接加热的加热方式，宜用于开式热水供应系统，蒸汽中应不含油质及有毒物质，并应采用消声措施，控制噪声不高于允许值。

(7) 在设有高位热水箱的热水供应系统中，应设置冷水补给水箱。

(8) 热水箱溢流管管底标高，高于冷水箱最高水位标高的高差，不应小于0.1m。

(9) 在设有热水贮水罐或容积式水加热器的开式热水供应系统中，应设膨胀管。膨胀管引至冷水箱，且其最高点标高应高于冷水箱溢流水位0.3m。

(10) 膨胀管上严禁装设阀门，当膨胀管有可能冻结时，应采取保温措施。膨胀管的最小管径，宜按表37-89确定。

膨胀管最小管径   表37-89

锅炉或水加热器的传热面积（m²）	<10	10～15	15～20	20
膨胀管最下管径（mm）	25	32	40	50

(11) 在闭式热水供应系统中应设置安全阀或隔膜式压力膨胀罐。安全阀应装设在锅炉或加热设备的顶部。

(12) 隔膜式压力膨胀罐应装设在加热设备与止回阀之间的冷水进水管或热水器回水管的分支管上，其调节容积应大于热水供应系统内水加热后的最大膨胀量。

(13) 冷水箱有效容积应根据给水的保证程度确定，可采用0.5～1.5h的设计小时流量。

(14) 公共浴室淋浴宜采用带脚踏开关的双管系统、单管热水供应系统或其他节水型热水供应系统。

（15）带脚踏开关双管淋浴系统的双管配水管网，最小管径不宜小于32mm。

（16）公共浴室的热水管网，一般不设置循环管道，当热水干管长度大于60m时，可对热水干管设置循环管道，并应用水泵强制循环。在循环回水干管接入加热设备或贮水罐前应装设止回阀。

（17）淋浴器或带淋浴器浴盆的出水水温应稳定且便于调节，宜采取下列措施：

1）宜采用开式热水供应系统。

2）淋浴器及带淋浴器浴盆的配水管网宜独立设置。

3）多于3个淋浴器的配水管道，宜布置成环形。

4）成组淋浴器配水支管的沿程水头损失：当淋浴器数量小于或等于6个时，可采用每米不大于200Pa；当淋浴器数量大于6个时，可采用每米不大于350Pa。

5）淋浴器配水支管的最小管径不得小于25mm。

（18）向浴池供水的给水配水口高出浴池壁顶面的空气间隙，不得小于配水出口处给水管径的2.5倍。

（19）浴池池水用蒸汽直接加热时，应控制噪声不高于允许值，并应采取防止热水倒流入蒸汽管的措施，对蒸汽管道可能被浴者触及处，应采取安全防护措施。

（20）公共浴池应采用水质循环净化、消毒加热装置。

2. 排水系统

（1）公共浴室的生活废水与粪便污水应分流排出。

（2）公共浴室淋浴间宜采用排水明沟排水，沟宽不得小于150mm，沟起点有效水深不得小于20mm，沟底坡度不得小于0.01，在有人通行处应设沟活动盖板，受水段应做箅子，排水沟末端应设集水坑和活动格网。

（3）淋浴用水排水管道管径不得小于100mm，且应设置毛发聚集器。

（4）淋浴排水地漏应采用网框式，地漏的直径宜按表37-90采用。当采用排水沟排水时，8个淋浴器可设一个直径为100mm的地漏。

（5）浴池泄空时间不得大于4h，浴池排水管径不得小于100mm，在其排水管道上应安装排水栓和排水阀。

淋浴排水地漏直径表　　　　　　　表37-90

淋浴器数量（个）	地漏直径（mm）
1~2	50
3	75
4~5	100

37.9.4 水景喷泉工程

1. 给水排水设备安装

（1）水景喷泉水池土建主体，应预埋各种预埋件。

（2）潜水泵安装应符合下列规定：

1）同组喷泉用的潜水水泵应安装在同一高程。

2) 潜水泵吸水口淹没深度小于500mm时，泵吸入口处应加装防涡流网罩。
(4) 水景喷泉的喷头安装应符合下列规定：
1) 喷头应在管网安装完成并冲洗后进行安装。
2) 同组喷泉用喷头的安装形式宜相同。
3) 隐蔽安装的喷头，其水流轨迹上不应有障碍物。
(5) 高压人工造雾装置正面的操作空间宽度不宜小于1.5m，当采用落地式安装且设置侧、后开门或有可拆下安装的面板时，操作空间宽度不宜小于1m。
(6) 高压人工造雾装置的金属框架和基础型钢应接地（PE）或接零（PEN）；装有电器的可开启门、门和框架的接地端子间应用裸编铜线连接，且有标识。接地连接线的最小截面积应符合现行国家标准《建筑电气工程施工质量验收规范》GB 50303的规定。
(7) 高压人工造雾配水管网中的管材与配件、配件与喷头之间宜采用卡套式专用接头连接。连接应密封可靠，不漏水。
(8) 水幕系统安装应符合下列规定：
1) 固定水幕系统的钢结构施工应符合现行国家标准《钢结构工程施工质量验收标准》GB 50205的有关规定。
2) 扇形水幕发生器与设施的连接应牢固。
3) 矩形水幕发生器与连接管及固定支架的连接应可靠。

2. 其他附属设施安装

(1) 当利用自来水作为补给水水源时，给水口应设有防止回流污染给水管网的措施，如安装倒流防止器等。空气隔断间距应不小于2.5倍给水口直径，否则还应设置真空破坏器。安装倒流防止器的场地应有排水措施，不得被水淹没。
(2) 固定式水景喷泉工程的给水管上应安装用水计量装置。
(3) 所有穿池壁和池底的管道，均应设止水环或防水套管。水池的沉降缝、伸缩缝等应设止水带。
(4) 水池的水深大于0.5m时，水池外围应设围护措施（池壁、台阶、护栏、警戒线等）。
(5) 水泉的水深大于0.7m时，池内岸边宜做缓冲台阶等。
(6) 旱泉、水旱泉的地面和水泉供儿童涉水部分的池底应采取防滑措施。
(7) 无护栏景观水体的近岸2m范围内和园桥、汀步附近2m范围内，水深不应大于0.5m。
(8) 在天然湖泊、河流等景观水体两岸应设有警戒线、警示标志等安全措施。

37.9.5 医用建筑

1. 给水系统

(1) 医院生活给水水质，应符合现行国家标准《生活饮用水卫生标准》GB 5749的有关规定。
(2) 锅炉用水和冷冻机冷却循环水系统的补充水等应根据工艺确定。
(3) 烧伤病房、中心（消毒）供应室等场所的供水，应根据医院工艺要求设置供水点。

(4) 下列场所的用水点应安装非手动开关，并应采取防止污水外溅的措施：
1) 公共卫生间的洗手盆、小便斗、大便器。
2) 护士站、治疗室、中心（消毒）供应室、监护病房等房间的洗手盆。
3) 产房、手术室刷手池、无菌室、血液病房和烧伤病房等房间的洗手盆。
4) 诊室、检验科等房间的洗手盆。
5) 有无菌要求或防止院内感染场所的卫生器具。
(5) 采用非手动开关的用水点应符合下列要求：
1) 公共卫生间的洗手盆宜采用感应自动水龙头，小便斗宜采用自动冲洗阀，蹲式大便器宜采用脚踏式自闭冲洗阀或感应冲洗阀。
2) 护士站、治疗室、洁净室和消毒供应中心、监护病房和烧伤病房等房间的洗手盆，应采用感应自动、膝动或肘动开关水龙头。
3) 产房、手术室刷手池、洁净无菌室、血液病房和烧伤病房等房间的洗手盆，应采用感应自动水龙头。
4) 有无菌要求或防止院内感染场所的卫生器具，应按本条第1)～第3)款的要求选择水龙头或冲洗阀。

2. 排水系统

(1) 医院的宿舍区生活污水应直接排入城市污水排水管道，院区内的普通生活污废水有条件时，可直接排入城市污水排水管道。
(2) 下列场所应采用独立的排水系统或间接排放，并应符合下列要求：
1) 传染病门急诊和病房的污水应单独收集处理。
2) 放射性废水应单独收集处理。
3) 牙科废水宜单独收集处理。
4) 锅炉排污水、中心（消毒）供应室的消毒凝结水等，应单独收集并设置降温池或降温井。
5) 分析化验采用的有腐蚀性的化学试剂宜单独收集，并应综合处理后再排入院区污水管道或回收利用。
6) 其他医疗设备或设施的排水管道应采用间接排水。
7) 太平间和解剖室应在室内采用独立的排水系统，且主通气管应伸到屋顶无不良处。
(3) 室内卫生间排水系统宜符合下列要求：
1) 当建筑高度超过2层且为暗卫生间或建筑高度超过10层时，卫生间的排水系统可采用专用通气立管系统。
2) 公共卫生间排水横管超过10m或大便器超过3个时，宜采用环形通气管。
3) 卫生间器具排水支管长度不宜超过1.5m。
4) 浴缸宜采取防虹吸措施。
(4) 中心（消毒）供应室、中药加工室、口腔科等场所的排水管道的管径，应大于计算管径1～2级，且不得小于100mm，支管管径不得小于75mm。
(5) 排放含有放射性污水的管道应采用机制含铅的铸铁管道，水平横管应敷设在垫层内或专用防辐射吊顶内，立管应安装在壁厚不小于150mm的混凝土管道井内。
(6) 存水弯的水封高度不得小于50mm，且不得大于100mm。

(7) 医院地面排水地漏的设置，应符合下列要求：
1) 浴室和空调机房等经常有水流的房间应设置地漏。
2) 卫生间有可能形成水流的房间宜设置地漏。
3) 对于需要季节性地面排水的空调机房，以及需要排放冲洗废水的医疗用房等，应采用可开启式密封地漏。
4) 应采用带过滤网的无水封直通型地漏加存水弯，地漏的通水能力应满足地面排水的要求。
5) 地漏附近有洗手盆时，宜采用洗手盆的排水给地漏水封补水。

3. 饮用水

(1) 饮用水可采用下列方式供应：
1) 当采用管道直饮水系统时，供水点宜根据需要分散设置。
2) 当采用蒸汽间接加热时，蒸汽开水炉宜集中设置。饮用水供应至护理单元和科室。
3) 当采用电开水器时，可在楼层或护理单元、科室设置。
4) 当采用桶装水饮水机时，供水点宜根据需要分散设置。
5) 当采用蒸汽开水炉和电开水器时，自来水进开水器前应设置过滤器和止回阀。

(2) 当采用管道直饮水系统时，应符合下列要求：
1) 管道直饮水的水源应符合国家现行标准《生活饮用水卫生标准》GB 5749 和《饮用净水水质标准》CJ/T 94 等的要求。
2) 管道直饮水水处理宜符合工艺流程要求（图 37-106），最后一级膜过滤应采用孔径为 0.2～0.45μm 的膜。

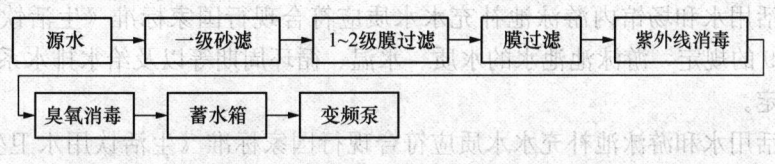

图 37-106 管道直饮水水处理工艺流程图

3) 管道直饮水宜采用循环给水系统，回水管流速宜为 1～1.5m/s，回水经膜滤和消毒后再用。管网末端盲管的最大长度不宜超过 0.5m。
4) 管道直饮水蓄水箱的有效容积不宜小于最大日用水量的 1.2 倍。
5) 应设水质分析室，直饮水水质分析每班不应少于 2 次。
6) 饮用水设备和龙头应设置在卫生条件良好、通风的房间或场所，不应设置在公共卫生间内。

4. 消防用水

(1) 室内消火栓的布置应符合下列要求：
1) 消火栓的布置应保证 2 股水柱同时到达任何位置，消火栓宜布置在楼梯口附近。
2) 手术部的消火栓宜设置在清洁区域的楼梯口附近或走廊。必须设置在洁净区域时，应满足洁净区域的卫生要求。
3) 护士站宜设置消防软管卷盘。

(2) 自动喷水灭火系统的设置应符合下列要求：

1) 建筑物内除与水发生剧烈反应或不宜用水扑救的场所外，均应根据其发生火灾所造成的危险的程度及其扑救难度等实际情况设置洒水喷头。
　　2) 病房应采用快速反应喷头。
　　3) 手术部洁净和清洁走廊宜采用隐蔽型喷头。
　　(3) 医院的贵重设备用房、病案室和信息中心（网络）机房，应设置气体灭火装置。
　　(4) 血液病房、手术室和有创检查的设备机房，不应设置自动灭火系统。
　　5. 污水处理
　　(1) 医疗污水排放应符合现行国家标准《医疗机构水污染物排放标准》GB 18466 的有关规定，并应符合下列要求：
　　1) 当医疗污水排入有城市污水处理厂的城市排水管道时，应采用消毒处理工艺。
　　2) 当医疗污水直接或间接排入自然水体时，应采用二级生化污水处理工艺。
　　3) 医疗污水不得作为中水水源。
　　(2) 放射性污水的排放，应符合现行国家标准《电离辐射防护与辐射源安全基本标准》GB 18871 的有关规定。

37.9.6 体 育 场 馆

　　1. 一般规定
　　(1) 体育建筑和设施应设室内外给水排水及消防给水系统，满足生活用水、空调用水、道路绿化用水、体育工艺用水及消防用水的要求，并选择与其等级和规模相适应的器具设备。
　　(2) 生活用水和场馆内游泳池补充水水质应符合现行国家标准《生活饮用水卫生标准》GB 5749 的规定，游泳池池水的水质、水温、循环周期等以及给水排水系统应符合有关标准的规定。
　　(3) 生活用水和游泳池补充水水质应符合现行国家标准《生活饮用水卫生标准》GB 5749 的规定，游泳池池水的水质、水温、循环周期等以及给水排水系统应符合有关标准的规定。
　　(4) 当采用非饮用水作冲洗和浇洒用水时，应用明显的标志标出。非饮用水管道不得与饮用水管道相连，并应符合现行国家标准《建筑中水设计标准》GB 50336 的规定。
　　2. 设施安装
　　(1) 喷头和管网间连接采用铰接接头，防止由机械冲击或人为活动而引起的管道和喷头损坏。
　　(2) 足球场等场地应有养护草坪和跑道的喷洒装置。乙等以上体育场应设固定的喷洒系统，喷头应采用可升降、喷水角度可调型。在场地内采用360°旋转喷水，场地边缘或跑道内沿采用180°旋转喷水，在场地各角落采用90°旋转喷水。三种不同角度的喷水器应分别连接到各自的给水支管上。喷水系统应配套电控制器以及相应的水泵和贮水池等设施。
　　(3) 室外比赛场区和练习场区应设排水管网，以排除排水沟、交通沟以及跳高、跳远的砂坑和障碍赛跑的跳跃水池等处的积水。
　　(4) 排水系统应根据室外排水系统的制度和有利于废水回收利用的原则，选择生活污水与废水合流或分流,并设置中水回用系统。场馆室内排水系统水平排出管较长时,应采取措施,防止产生堵塞问题。

(5) 在缺水地区,宜根据降雨情况采取雨水收集回用的措施。

(6) 体育场馆运动员和贵宾的卫生间以及场馆内的浴室应设热水供应装置或系统。淋浴热水的加热设备,当采用燃气加热器时,不得设于淋浴室内(平衡式燃气热水器除外),并应设置可靠的通风排气设备。根据需要可以适当设置水按摩池或浴盆。

(7) 当采用生活饮用水作为杂用水补充给水时,应安装防止回流污染的措施。

(8) 当生活饮用水的贮水池(箱)只作为有赛事时才使用的体育场(馆)和生活饮用水的贮水池(箱)的水容积超过最高日用水量的50%时,宜设置二次消毒装置。

(9) 当采用非饮用水作为浇洒、冲洗用水时,其加压设备、贮存装置、输送管道、用水器具等均应用明显的标志标识,以防误饮误用。非饮用水管道不得与饮用水管道相连接。

37.9.7 绿地灌溉

1. 灌水器安装

(1) 喷头安装

1) 绿地灌溉所用喷头按安装方式可分为外露式喷头和地藏式喷头,一般应优先选用地藏式喷头。在同一轮灌区里,不宜选择不同类型和规格的喷头。

2) 对于普通绿地,喷头与管道可采用PVC管直接连接。对于运动场绿地,喷头与管道宜采用铰接杆或其他柔性连接(图37-107)。

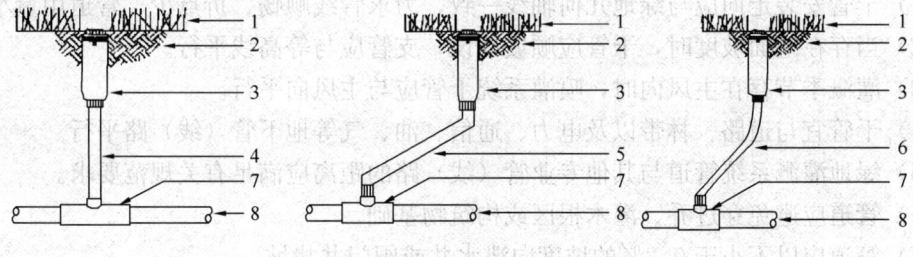

图 37-107 喷头的连接
1—草坪;2—回填土;3—地藏式喷头;4—PVC竖管;5—铰接杆;
6—PE连接管;7—异径三通;8—PVC支管

3) 在绿地边界处,喷头距边界的距离应小于20cm;在绿地拐角处,喷头应安装在拐角的平分线上;喷头与乔灌木或其他构筑物的距离应大于2/3射程。

4) 在非工作状态下,地藏式喷头的顶部应与草坪根部或灌木的正常养护高度平齐;在工作状态下,喷头喷嘴应能高于草坪或灌木顶部。

5) 对于平坦或坡度不大的绿地,喷头的安装轴线应与地面垂直;当地形坡度大于20°时,喷头的安装轴线应平分铅垂线和地面垂线构成的夹角。

(2) 涌水头安装

1) 涌水头可安装在绿地表面,也可安装在地面以下。当安装在绿地表面时,应设积水坑;当安装在地面以下时,应与专用箅笼配套使用。

2) 当绿地存在地形变化时，安装在低洼区域的涌水头应具有止溢功能。

3) 当用于乔木灌溉时，在有条件的情况下应采用多点对称安装方式，涌水头到树木的距离约为树冠半径的 2/3。

(3) 渗水管安装

1) 渗水管宜地下铺设，特殊情况下也可铺设在绿地表面，但应避免阳光直射。

2) 在坡地使用渗水管时，应沿等高线铺设安装；在土壤渗透性很大或地面坡度较陡且无法沿等高线铺设渗水管时不宜采用渗灌方式。

3) 渗水管的埋设深度取决于土壤质地和植物种类。一般情况下，黏性土壤可深埋，砂性土壤可浅埋。针对不同植物，渗水管的埋设深度可参考表 37-91 确定。

渗水管的埋设深度（m） 表 37-91

草坪	花卉	灌木
0.1～0.2	0.2～0.3	0.3～0.5

4) 渗水管的铺设间距取决于土壤质地。对于规模较大的渗灌系统，应根据实测资料确定。没有实测资料时，可参考表 37-92 确定。

渗水管的铺设间距（m） 表 37-92

砂土	粉土	黏土
1.2	1～1.5	1.2～1.8

2. 管道安装

(1) 干管安装走向应与绿地几何轴线一致，力求管线顺畅、折点少、管道用量小。

(2) 当存在地面坡度时，干管应顺坡铺设，支管应与等高线平行。

(3) 灌溉季节存在主风向时，喷灌系统干管应与主风向平行。

(4) 干管宜与道路、林带以及电力、通信、油、气等地下管（线）路平行。

(5) 绿地灌溉系统管道与其他专业管（线）路的距离应满足有关规范要求。

(6) 管道应避免穿过乔、灌木根区或构筑物基础。

(7) 管道应以不小于 0.2% 的坡度向泄水井或阀门井找坡。

(8) 管道埋深应满足灌水器安装和泄水要求，但不得小于 30cm。

(9) 过路管的埋深与防护应使其具有承受道路设计荷载的能力。

3. 附属设施安装

(1) 在手控灌溉系统中，球阀可用于灌溉区的运行控制，但应避免使用 $DN65mm$ 以上的球阀；在程控灌溉系统中，球阀一般与电磁阀组合使用，这时，球阀应安装在电磁阀上游，并处于常开状态（图 37-108）。

(2) 在绿地灌溉系统中，闸阀多与加压设备或过滤器配套使用，也可安装在相邻两个轮灌区的连接管上。

(3) 取水阀是绿地灌溉系统必备的便捷取水装置，用于对植物的补充灌水，在灌溉区域内，应按照一定间距安装独立于轮灌区的取水阀。取水阀的安装可直接埋地，也可安装在阀门井里，安装时需要加固。如图 37-109 所示。

(4) 绿地灌溉系统常用的减压阀有薄膜式、弹簧薄膜式和波纹管式。减压阀一般安装在管道急剧下降的较低位置、大规格的直长管道或弯头处。

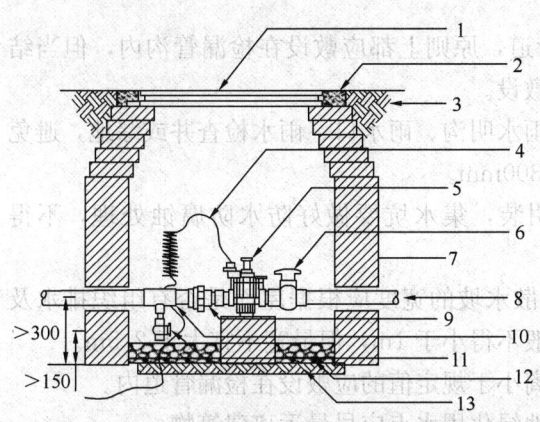

图 37-108 程控灌溉系统专用阀门井安装
1—阀门井盖；2—混凝土井圈；3—回填土；4—控制电缆；
5—电磁阀；6—控制球阀；7—阀门井壁；8—PVC 管；
9—活接头；10—异径三通；11—泄水球阀；12—砾石层；
13—原土

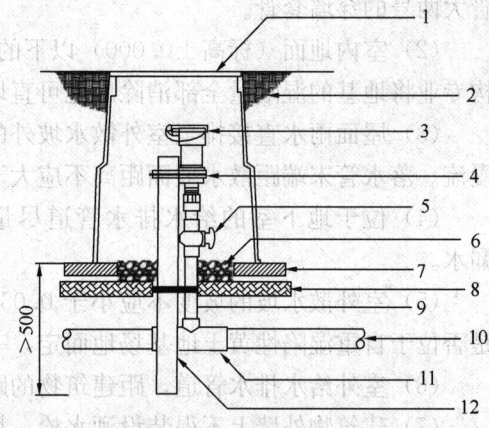

图 37-109 取水阀安装
1—阀门箱；2—回填土；3—取水阀；
4—固定卡；5—球阀；6—砾石层；7—砖基；
8—原土；9—PVC 竖管；10—PVC 横管；
11—异径三通；12—固定钢管

（5）对于加压灌溉系统，止回阀应安装在水泵出口处，避免停泵引起的水流倒灌。

（6）当使用市政给水作为灌溉水源且灌水器被安装在绿地表面或地面以下时，在水源接入处应安装真空破坏阀，防止灌溉系统的水倒流进入市政给水管网。

（7）加压灌溉系统应安装排气阀。排气阀的安装位置应在主干管的最高点，在灌溉系统首部设备附近也可安装排气阀。

（8）为了防止意外停电或误操作失误引发的水锤事故，在加压或大型灌溉系统中应安装水锤消除阀。

（9）自动泄水阀的作用是防止冰冻对灌溉系统的破坏。自动泄水阀应安装在地势较低的管道上，阀底向下。应在自动泄水阀的安装位置构筑一个铺垫厚度不小于 15cm 的碎石坑，以汇集管道中排出的水，并防止回流。

（10）控制器的安装位置应具有良好的通风和防水条件，并符合电气设备安装规范，与电气设备的距离应大于 3m，安装高度应便于操作和检修。

（11）遥控器由接收器和发射器组成。接收器通常安装在控制器附近，其安装位置应远离电机、配电箱和金属构件等物体；接收器应避免直接与墙体接触，其前方不得有物体遮挡。

（12）传感器包括降水传感器和土壤湿度传感器，降水传感器将降水量作为监控对象，其受水部件的安装位置不得受到遮挡；土壤湿度传感器的受水部件应埋在具有代表性的灌溉区域里，埋设深度应能够反映植物根系土壤的湿度情况。

37.9.8 湿陷性黄土地区给水排水

1. 管道安装

（1）室内地面（标高±0.000）以上的管道，位于普通建筑物内的一般采取明装；重要或高层建筑内的竖向管道应尽可能敷设在管道井内。当横管穿越承重墙时应预留比穿越管大两号的穿墙套管。

（2）室内地面（标高±0.000）以下的管道，原则上都应敷设在检漏管沟内，但当结构专业将地基的湿陷量全部消除后也可直埋敷设。

（3）屋面雨水直接排至室外散水坡外的雨水明沟、雨水口、雨水检查井或绿地，避免漫流。落水管末端距散水坡面距离不应大于300mm。

（4）位于地下室的给水排水管道尽量明装，集水坑要做好防水防腐蚀处理，不得漏水。

（5）室外散水坡的坡度不应小于0.05，散水坡的宽度应根据屋面是否有组织排水及是否位于自重湿陷性黄土地基场地而定，一般不得小于1m，但最宽不宜大于2.5m。

（6）室外给水排水管道，距建筑物的距离小于规定值的应敷设在检漏管道内。

（7）建筑物外墙上不得装设洒水栓，场地绿化用水点应尽量远离建筑物。

（8）与建筑物距离大于规定的室外给水排水管道可不设检漏管沟，但应对管道基础进行处理，施工详见《湿陷性黄土地区给水排水管道基础及接口》04S531-1。

2. 防水及检漏措施

（1）管道接口应严密、不漏水，并具有柔性。

（2）对埋地铸铁管应作防腐处理，对埋地钢管及钢配件要加强防腐层。

（3）对检漏防水措施，应采用砖壁混凝土槽形底检漏管沟或砖壁钢筋混凝土槽形底检漏管沟。

（4）对严格防水措施，采用钢筋混凝土检修管沟。在自重湿陷性黄土场地，对地基受水浸湿可能性大的建筑，要增设可靠的防水层，且防水层应做好保护层。

（5）检漏井、阀门井和检查井等都要作防水处理，并应防止地面水、雨水流入检漏井或阀门井内。在防护范围内的检漏井、阀门井和检查井等，宜采用与检漏管沟相应的材料。

（6）在湿陷性黄土场地，对地下管道及其附属构筑物的地基应设150～300mm厚的土垫层；对埋地的重要管道或大型压力管道及其附属构筑物，尚应在土垫层上设300mm厚的灰土垫层；对埋地的非金属自流管道，还应设置混凝土条形基础。

（7）当管道穿过井（沟）时，应在井（沟）壁处预留洞孔，管道与洞孔间的缝隙，采用不透水的柔性材料填塞。

（8）管道穿过水池的池壁处，应安装柔性防水套管或在管道上加设柔性接头。

（9）位于水池周围防护范围以内的管道应敷设在严格防水的检修管沟内。

3. 管道和水池施工要求

（1）湿陷性黄土地区由于地基容易浸水湿陷，在管道施工及其附属构筑物的地基施工时，应将槽底夯实多遍，并采取快速分段流水作业，迅速完成各分段工序，敷设完毕应及时回填。

（2）敷设管道时，管道接口应严密不漏水，管道应与管基（支架）密合，进水管道的焊口接缝不得低于Ⅲ级。新、旧管道连接时，应先做好排水设施。当昼夜温差大或在0℃下施工时，管道敷设后宜及时保温。

（3）穿过池（井、沟）壁的管道与埋件，应预先设置防水套管及埋件，不得打洞。

(4) 管道和水池等施工完毕,必须进行水压试验,不合格的应返修,直到合格为止。清洗管道用水、水池用水和试验用水必须引致排水系统,不得随意排放。

(5) 埋地压力管道的水压试验,应符合下列规定:

1) 管道试压应逐段进行,每段长度在场地内不宜超过400m,在场地外空旷地区不超过1000m。分段试压合格后,两段之间管道连接处的接口应通水检查,确保不漏水后方可回填。

2) 在非自重湿陷性黄土场地,管基经检查合格后,沟槽间回填至管顶上方0.5m后(接口处暂不回填),应进行1次强度和严密性试验。

3) 在自重湿陷性黄土场地,非金属管道的管基经检查合格后,应进行2次强度和严密性试验:沟槽回填前,应分段进行强度和严密性的预先试验;沟槽回填后,应进行强度和严密性的最后试验;对金属管道应进行1次强度和严密性试验。

4) 对城镇和建筑群(小区)的室外埋地压力管道,试验压力应符合表37-93的规定值。

管道水压试验压力表　　　　　　　　　　表37-93

管材种类	工作压力 P	试验压力
钢管	P	$P+0.5$ 且不应小于0.9
球墨铸铁管	≤0.5MPa	$2P$
	>0.5MPa	$P+0.5$MPa
预应力钢筋混凝土管及塑料管	≤0.6MPa	$1.5P$
	>0.6MPa	$P+0.3$MPa

注:压力管道强度和严密性试验的方法与质量标准,应符合现行国家标准《给水排水管道工程施工及验收规范》GB 50268的有关规定。

5) 建筑物内埋地压力管道的试验压力,不应小于0.6MPa;生活饮用水和生产、消防合用管道的试验压力为工作压力的1.5倍。

6) 强度试验,应先加压至试验压力,保持恒压10min,检查接口、管道和管道附件无破损及无漏水现象时,管道强度试验为合格。

7) 严密性试验,应在强度试验合格后进行,对管道进行严密性试验时,宜将试验压力降至工作压力加0.1MPa;金属管道恒压2h不漏水,非金属管道恒压4h不漏水,可认为合格,并记录为保持试验压力所补充的水量。

8) 在严密性的最后试验中,为保持试验压力所补充的水量,不应超过预先试验时各分段补充水量及阀件等渗水量的总和。

(6) 埋地无压管道(包括检查井、雨水管)的水压试验,应符合下列规定:

1) 水压试验采用闭水法进行。

2) 试验应分段进行,宜以相邻两座检查井间的管段为一分段。对每一分段均应进行两次严密性试验:沟槽回填前进行预先试验,沟槽回填至管顶上方0.5m以后,再进行复查试验。

3) 室外埋地无压管道闭水试验的方法,应符合现行国家标准《给水排水管道工程施工及验收规范》GB 50268的有关规定。

4) 对埋地管道的沟槽,应分区回填夯实,具体做法见《湿陷性黄土地区给水排水管道基础及接口》04S531-1。

5) 对水池（包括给水、排水）应按设计水位进行满水试验。其方法与质量标准应符合现行国家标准《给水排水构筑物工程施工及验收规范》GB 50141 的有关规定。

6) 室内埋地无压管道闭水试验的水头应为一层楼的高度，并不应超过8m；对室内雨水管道闭水试验的水头，应为注满立管上部雨水斗的水位高度。

37.9.9 地震区给水排水

1. 一般规定

我国主要城镇抗震设防烈度及设计地震分组参考现行国家标准《建筑抗震设计规范》GB 50011 附录。

2. 管道安装要求

总的原则是将管道安装在主体结构上，并留有一定的自由空间且保持一定的柔性，以利于保护管道的安全性。

(1) 管道材质：

1) 金属管道是一种比较好的具有一定弹性变形的管道，对于克服抗震作用所形成的层间位移是有利的。因此，采用铜管、薄壁不锈钢管、钢塑复合管、铝塑管等，连接方式无论是管件连接、焊接或其他连接基本上都能满足抗震要求。

2) 非金属管道可采用PPR管、PERT管、PVC管及其他适合于给水的管材。

3) 消防给水管道：用于消火栓系统的管道可采用焊接钢管，焊接或丝扣连接；也可以采用涂塑钢管。用于自动喷水灭火系统的管道可采用内、外热镀锌钢管，卡箍连接，也可采用双面涂塑钢管，卡箍连接；还可采用薄壁不锈钢管等。

4) 室内排水管道宜采用柔性接口承插式铸铁管及管件，不宜采用非承插接口的铸铁管和管件。

5) 塑料排水管在抗震地区宜在多层或高度不超过50m的建筑中采用，或支管全部采用塑料管而立管及排出管采用柔性接口承插式铸铁管及管件。

(2) 管道布置：

1) 室内管道应按有关设计和施工规范（程）设置支、吊、托架和支墩，自动喷水和气体灭火等消防系统还应按相关施工规范设置防晃支架。防晃吊架做法见图37-110。

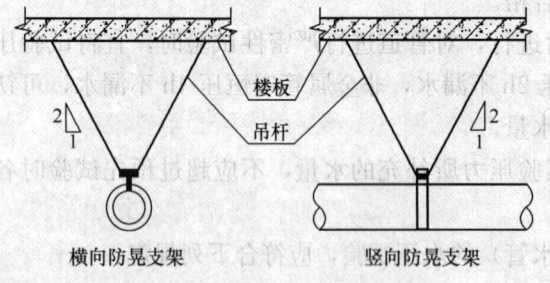

图 37-110 防晃支架

2) 管道不应穿过防震缝，要求防震缝两边各成独立系统。当给水管道必须穿越防震缝时，须在防震缝两边各装一个柔性管接头或在通过防震缝处安装Ⅱ形弯或设伸缩节。

3) 管道穿过内墙或楼板时，应安装套管，套管与管道间的缝隙，应填柔性耐火材料。

4) 管道穿越建筑物基础时，基础与管道间须留一定空隙。

5) 室外给水排水管道应避免敷设在高坎、深坑、崩塌、滑坡地段。

6) 管道宜采用埋地敷设，尽量避免架空敷设。

7) 排水管道宜采用塑料类管材，如双壁波纹管（PVC、PE）或其他类型的化学管材，钢筋混凝土管也是常用的排水管，排水管的接口应采用柔性接口。禁用陶土管、石棉水泥管。

8) 抗震设防烈度 8 度Ⅲ、Ⅳ类场地或抗震设防烈度 9 度时，应采用承插式管，其接口处填料应采用柔性材料。

（3）设备安装要求：

1）水泵采用限位器进行固定，见图 37-111 所示。设置限位器的作用是防止水泵地震时产生移动，甚至倾覆，扭坏管道。

2）水箱固定可采用如图 37-112 所示的做法。

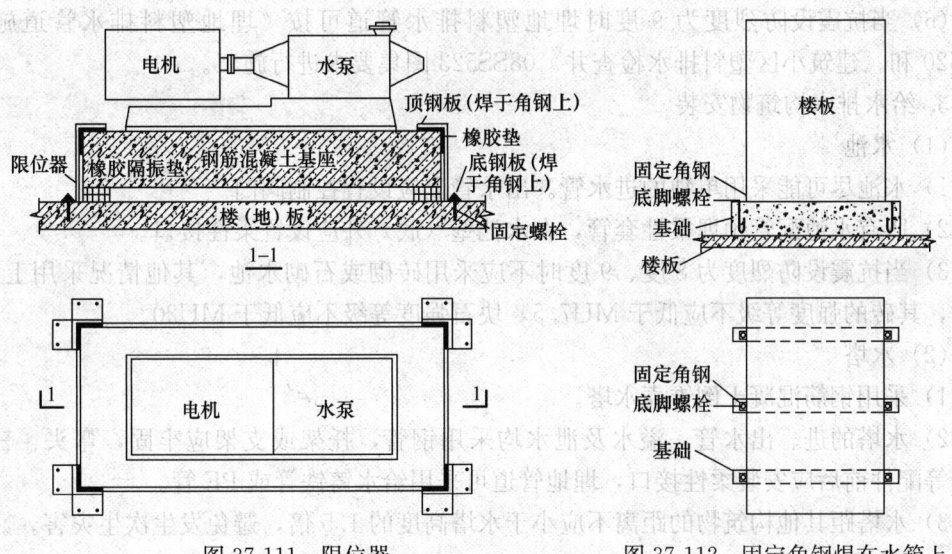

图 37-111　限位器　　　　　图 37-112　固定角钢焊在水箱上

3）加热器固定可采用如图 37-113 所示的做法。

4）其他如氯瓶、气体灭火采用的钢瓶等可采用如图 37-114 所示的做法进行固定。

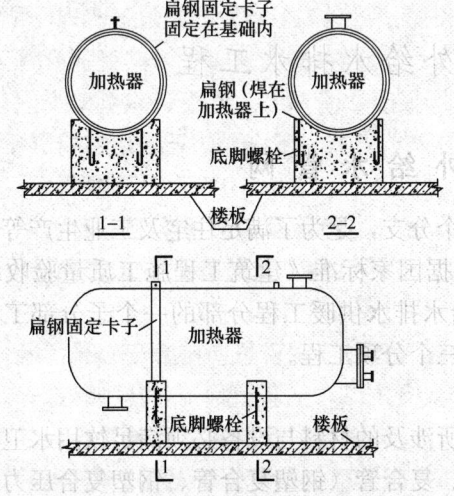

图 37-113　加热器固定（允许胀缩）

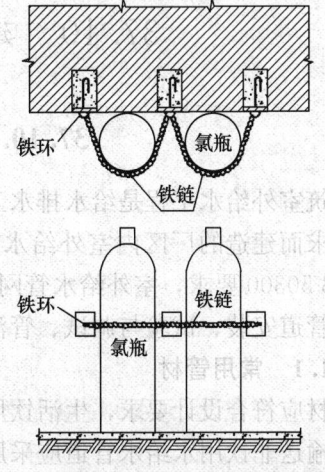

图 37-114　利用铁链和铁环固定

以上各种固定方式是一种措施，目的就是防止因地震而发生移动所造成的次生灾害，也可以采取其他可靠的措施。

(4) 地下直埋承插式圆形管道和矩形管道在下列部位应设柔性接头及变形缝：

1) 地基土质突变处。

2) 穿越铁路及其他重要交通干线两端。

3) 承插式管道的三通、四通、大于45°的弯头等附件与直线管段连接处。

4) 附件支墩的设计应符合该处设置柔性连接的条件。

(5) 当抗震设防烈度为8度以下及8度时混凝土排水管道可按《混凝土排水管道基础及接口》23S516图集进行施工。

(6) 当抗震设防烈度为9度时埋地塑料排水管道可按《埋地塑料排水管道施工》04S520和《建筑小区塑料排水检查井》08SS523图集要求进行施工。

3. 给水排水构筑物安装

(1) 水池

1) 水池尽可能采用单独的进水管。出水管上应设置控制阀门。

2) 所有水池配管预埋柔性套管，在水池壁（底）外应设置柔性接口。

3) 当抗震设防烈度为8度、9度时不应采用砖砌或石砌水池，其他情况采用上述材料时，其砖的强度等级不应低于MU7.5，块石强度等级不应低于MU20。

(2) 水塔

1) 采用钢筋混凝土倒锥壳水塔。

2) 水塔的进、出水管，溢水及泄水均采用钢管，托架或支架应牢固，弯头、三通、阀门等配件前后应安装柔性接口，埋地管道可采用给水铸铁管或PE管。

3) 水塔距其他构筑物的距离不应小于水塔高度的1.5倍，避免发生次生灾害。

(3) 水泵房

1) 泵房内的管道应有牢靠的横向支撑，沿墙管道应做支架或托架，避免晃动。

2) 凡穿越外墙壁或水池壁的管道均做柔性防水套管，同时在墙外侧或池外侧设柔性接口。若采用刚性套管时应增设可曲挠接头。

37.10 建筑室外给水排水工程

37.10.1 室外给水管网

建筑室外给水工程是给水排水工程的一个分支，是为了满足住宅及工业生产等建筑物用水需求而建造的厂区内室外给水工程。依据国家标准《建筑工程施工质量验收统一标准》GB 50300要求，室外给水管网是建筑给水排水供暖工程分部的一个子分部工程，包括给水管道安装、试验与调试、管沟及井室三个分项工程。

37.10.1.1 常用管材

管材应符合设计要求，生活饮用水系统所涉及的材料与设备必须满足饮用水卫生安全要求。输送非饮用水给水管道应采用塑料管、复合管（钢塑复合管、钢塑复合压力管、不锈钢塑料复合管、钢骨架塑料复合管），塑料管道不得露天架空铺设，必须露天架设时应有保温和防紫外线等措施。输送生活给水（中水、生活饮用水）的管道应采用给水塑料管、复合管或给水球墨铸铁管等管材。

37.10.1.2 管沟开挖

管沟开挖前需按图纸位置和坐标进行定位测量放线，沟底标高需符合设计要求。

管沟的常见断面形式有直沟、梯形沟、混合沟等，如图 37-115 所示。

根据管道埋设深度及土质情况合理选择所开挖沟槽的形式。管沟形式的选择还应考虑管沟断面尺寸、水文地质条件、施工方法等因素。管沟断面尺寸的确定应满足以下要求：

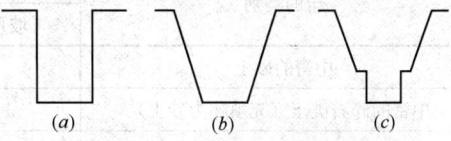

图 37-115 管沟形式
(a) 直沟；(b) 梯形沟；(c) 混合沟

(1) 管沟底部开挖宽度可按式（37-1）确定。

$$B = D_o + 2(b_1 + b_2 + b_3) \tag{37-1}$$

式中 B——管道沟槽底部的开挖宽度（mm）；

D_o——管道结构的外缘宽度（mm）；

b_1——管道一侧的工作面宽度，可按表 37-94 选用（mm）；

b_2——有支撑要求时，管道一侧的支撑厚度，取 150～200mm；

b_3——现场浇筑混凝土或钢筋混凝土管渠一侧模板的厚度（mm）。

管道单侧的工作面宽度（mm）　　　　　　　　表 37-94

管道结构的外缘宽度 D_o	管道单侧的工作面宽度 b_1		
	混凝土类管道		金属管道、化学建材管道
≤500	刚性接口	400	300
	柔性接口	300	
500＜D_o≤1000	刚性接口	500	400
	柔性接口	400	
1000＜D_o≤1500	刚性接口	600	500
	柔性接口	500	
1500＜D_o≤3000	刚性接口	800～1000	700
	柔性接口	600	

(2) 地质条件良好，土质均匀，地下水位低于沟底高程，且边坡不加支撑时，管沟深度符合表 37-95 要求的，可不设边坡。

管沟不设边坡的允许深度　　　　　　　　表 37-95

土的类别	允许深度值（m）
密实、中密的砂土，碎石类土	1
硬塑、可塑的粉土，粉质黏土	1.25
硬塑、可塑的黏土	1.5
坚硬的黏土	2

管沟深度超过表37-96数值,且深在5m以内,不加支撑的管沟边坡坡度可参照表37-96。

管沟边坡坡度值 表37-96

土的类别	边坡坡度(高:宽)		
	坡顶无载荷	坡顶有静载	坡顶有动载
中密的砂土	1:1	1:1.25	1:1.5
中密的碎石类土(充填物为砂土)	1:0.75	1:1	1:1.25
硬塑的粉土	1:0.67	1:0.75	1:1
中密的碎石类土(充填物为黏性土)	1:0.5	1:0.67	1:0.75
硬塑的粉质黏土、黏土	1:0.33	1:0.5	1:0.67
老黄土	1:0.1	1:0.25	1:0.33
软土(经井点降水后)	1:1.25	—	—

(3) 槽边临时堆土时,不得影响建筑物、原有管道和其他设施的安全。堆土的高度不超过1.5m,距沟槽边缘不小于0.8m,且堆土不得掩埋测量标志、原有消火栓及阀门井等设施。

(4) 为有效控制沟底高程和坡度,控制点在管道直线段的间距保持在20m左右,在曲线段上根据曲率半径应加密设置。

(5) 采用机械开挖时,沟底应预留200mm,由人工清理至设计标高。

(6) 管沟开挖前应与相关单位沟通,事先了解地下原有构筑物敷设情况,做好保护预案,严防对原有地下管道的破坏。

(7) 管沟开挖要严防超挖,做到不扰动天然地基。

1) 沟壁应平整。

2) 边坡坡度符合规定。

3) 管道中心线每侧的净宽不小于规定尺寸。

4) 管沟底面高程允许偏差:土壤底面±20mm;岩石底面0~200mm。

5) 如沟底为岩石、砾石或不易清除的块石时,沟底应下挖100~200mm,铺填细砂或粒径不大于5mm的细土,然后进行夯实,到设计沟底标高后再进行管道敷设。

6) 管沟开挖注意保护新建临近地下建筑物防水和保护层。

7) 管沟如在新近回填土中开挖时,需注意基底是否满足管沟基础密实度要求,不满足时需进行处理。

37.10.1.3 室外给水管网管道及附件安装

1. 工艺流程

安装准备→管道及阀部件等就位→下管→清理管堂、管口→对口、接口及养护→阀部件安装→管道试压→管道冲洗→验收→回填土。

2. 管道安装要点

根据设计要求,确定施工方案和施工程序并进行施工前的安全检查。沟槽开挖后进行槽底处理时,即可将管道运至沟边,沿沟布管;布管应保持管道与沟边有足够的安全距离,确保管道不滚动、不坠坑。当管道排布完成后再对管沟进行一次综合检查,确定标高、槽底回填合格后方可进行下管工作。

(1) 下管

根据每节管道的重量及现场环境的影响,选择机械下管或人工下管。

1) 人工下管:一般使用溜管法、压绳下管法、抱杆倒链施工法。常用的人工下管方法为压绳下管法,如图 37-116 所示。

压绳法的具体操作方法为:把绳索的一端系在距沟边较远的地锚上,绳索的另一端从管底穿过,在地锚上绕一圈后拉在手中,用撬杠把管子滚到沟边,使管子沿沟槽壁或斜方木滑落到沟底。

2) 机械下管:要注意采用两点起吊,钢丝绳不得从管芯穿过吊装,下管应轻落,以免造成管材损坏,下管用的起重机应停放在坚实的地面上,若地面松软,要用方木、钢板等铺垫进行加固。机械在架空高压输电线路附近作业时,与线路之间必须保持安全的距离。下管时要有专人指挥。

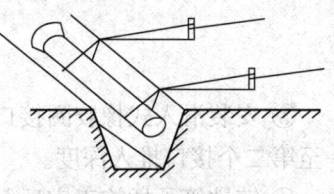

图 37-116 压绳下管法

(2) 给水铸铁管安装

管道下沟后检查管节及管件表面,应光滑平整,不得有裂纹;对口前应用钢丝刷、棉纱布等仔细将承口内腔和插口端外表面的泥砂及其他异物清理干净,不得含有泥砂、油污及其他异物,不得影响接口密封效果。

1) 铸铁管承接口的对口间隙应小于 3mm,最大间隙需符合表 37-97 的要求。

铸铁管承插口的对口最大间隙   表 37-97

管径 (mm)	沿直线敷设 (mm)	沿曲线敷设 (mm)
75	4	5
100~250	5	7~13
300~500	6	14~22

铸铁管承插口的环形间隙应满足表 37-98 的要求。

铸铁管承插口的环形间隙   表 37-98

管径 (mm)	环形间隙 (mm)	允许偏差 (mm)
75~200	10	+3 -2
250~450	11	+4 -2
500~900	12	

2) 承插式铸铁管常用的柔性接口,如图 37-117 所示。

3) 柔性接口采用专用橡胶圈密封接口:

① 管道接口清理干净后,将随管配套的胶圈清理干净并捏成心形或"8"字形安放在承口内。

② 胶圈安放完毕后用中性环保型清洁剂作润滑剂或厂家配套专用润滑剂,将承口内胶圈和插口端充分湿润,起到润滑作用,安装时可减轻施工难度。

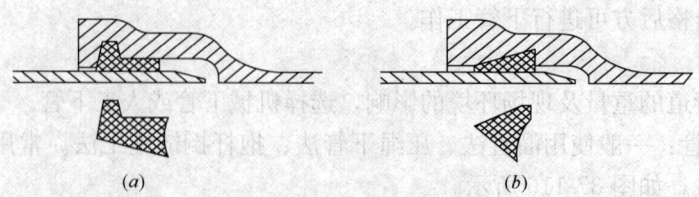

图 37-117 柔性接口形式
(a) 梯唇形；(b) 楔形

③ 安装滑入式橡胶圈接口时，推入深度应达到标记环，并复查与相邻已安装好的第一至第二个接口推入深度。

④ 铸铁管承插施工完后，管道承插头处及中部立即回填土，轻夯压实，避免铸铁管在施工时发生偏移。

（3）给水硬聚氯乙烯管安装、接口形式及操作方法

1）橡胶圈接口

① 自承口内取出橡胶圈擦拭干净，沟槽内也相应擦拭干净，然后再将胶圈套回槽内，橡胶圈方向必须安装正确。

② 插口端标注插入长度记号，插入长度必须考虑由温差产生的影响。

③ 橡胶圈内面与插口部分可以涂敷润滑剂，以利于橡胶圈套入；润滑剂应采用厂家配套产品或中性无污染清洁剂。

④ 两管套接后中心应位于同一轴线上，管道套接完毕后应用米尺插入两管的间隙，以测量胶圈位置，并复查与相邻已安装好的第一至第二个接口推入深度，若位移须重新套接。如图 37-118 所示。

2）粘接接口

① 承口内壁及管端外壁插入范围，先用干布或中性无污染清洁剂擦拭干净，检查承口与插口的紧密程度，划出插入承口深度的标线，插入范围分别涂上适量的配套胶粘剂。

② 管道沿对准的轴线插入后，将管道旋转四分之一圈，保持管道接口直度并施加外力 1min 以上。

③ 插接完成后，应及时清理接口部位外溢的胶粘剂。

④ 管道粘接后，应根据管材表面温度维持约 20min 以上，同时应避免管道受力。

⑤ 粘接接头应保持干燥，不应在环境温度低于 5℃ 以下操作。如图 37-119 所示。

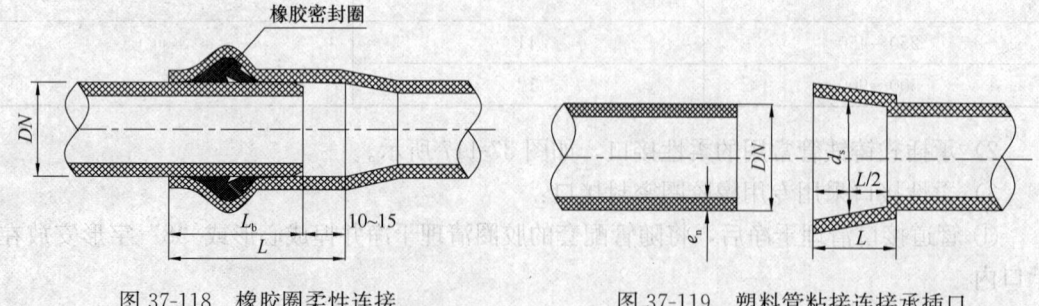

图 37-118 橡胶圈柔性连接　　图 37-119 塑料管粘接连接承插口

(4) 给水聚乙烯管安装

1) 热熔连接：

① 将待连接管材置于焊机夹具上并夹紧。

② 清洁管材待连接端并铣削连接面，采用洁净干布清理连接面，可采用丙酮或95%无水酒精配合清洗。

③ 将管子夹紧在熔焊设备上，通过推进器使两管端相接触，检查两表面的一致性，严格保证管端正确对中，使用双面修整机具修整两个焊接接头端面，校直两对接件，使其错位量不大于壁厚的10%。

④ 取出修整机具。

⑤ 在两端面之间插入210℃左右的加热板，以指定压力推进管子，将管端压紧在加热板上，完成加热后迅速移出加热板，避免加热板与管子熔化端摩擦，以指定的连接压力将两管端推进至结合，形成一个双翻边的熔化束（两侧翻边、内外翻边的环状凸起），熔焊接头冷却至少30min。

⑥ 加热板的温度由焊机自动控制在预先设定的范围内。如果控制设施失控，加热板温度过高，会造成熔化端面的PE材料失去活性，相互间不能熔合。

⑦ 连接步骤如图37-120所示。

对正夹紧管道

使用锉刀切削管口

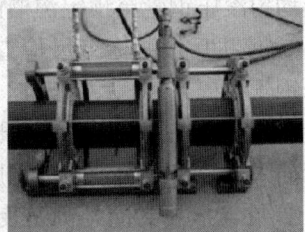
加热板加热管口

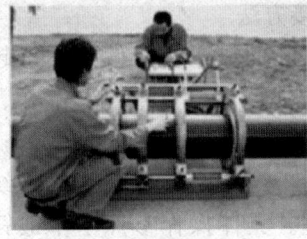
管道对接连接

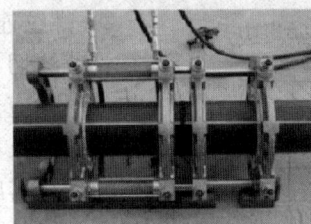
保持夹紧冷却定型

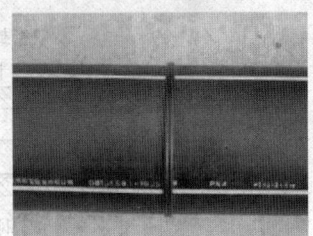
对焊完成

图37-120 连接步骤

2) 电熔焊接如图37-121所示。

① 清理管子接头内外表面及端面，清理长度要大于插入管件的长度。

② 管子接头外表面（熔合面）用专用工具刨掉薄薄的一层，保证接头外表面的老化层和污染层彻底被除去。

③ 将处理好的两个管接头插入管件。

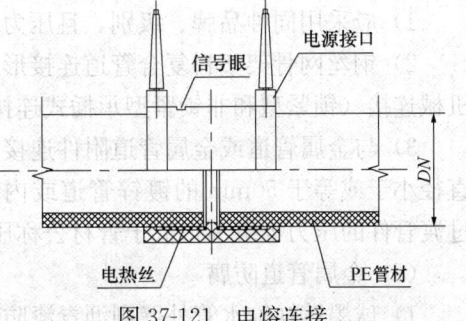

图37-121 电熔连接

④ 将焊接设备连到管件的电极上,启动焊接设备,输入焊接加热时间。开始焊接直到焊机在设定时间停止加热。

⑤ 焊接接头冷却期间严禁移动管子。

(5) 给水衬塑钢管安装

衬塑钢管继承了钢管和塑料管各自的优点,广泛应用于给水系统。连接方式有沟槽(卡箍)连接和丝扣连接,施工工艺类似钢管的沟槽连接与丝扣连接。沟槽式接头分为刚性接头、挠性接头。刚性接头卡箍件对接面呈斜面,在接头处,相邻管端不允许有相对角变位和轴向线位移;挠性接头卡箍件对接面呈平面,在接头处,相邻管端允许有一定量的相对角变位和相应的轴向转动,是一种柔性接头。

1) 管道沟槽连接

① 用切管机将钢管按需要的长度切割,用水平仪检查切口断面,确保切口断面与管道中轴线垂直。切口如果有毛刺,应用砂轮机打磨光滑。

② 将需要加工沟槽的钢管架设在滚槽机和滚槽机尾架上,用水平尺抄平,使管道处于水平位置。

③ 将钢管加工端断面紧贴滚槽机,使钢管中轴线与滚轮面垂直。

④ 缓缓压下千斤顶,使上压轮贴紧管材管道,开动滚槽机,徐徐压下千斤顶,使上压轮均匀滚压钢管至预定沟槽深度为止,压槽不得损坏管道内衬塑层。

⑤ 停机后用游标卡尺检查沟槽深度和宽度,确认符合标准要求后,将千斤顶卸荷,取出钢管。

⑥ 将橡胶密封圈套在一根钢管端部,将另一根端部周边已涂抹润滑剂(非油性)的钢管插入橡胶密封圈,转动橡胶密封圈,使其位于接口中间部位。

⑦ 在橡胶密封圈外侧安装上下卡箍,并将卡箍凸边送进沟槽内,拧紧螺栓即完成。

⑧ 沟槽件剖面示意图如图 37-122 所示。

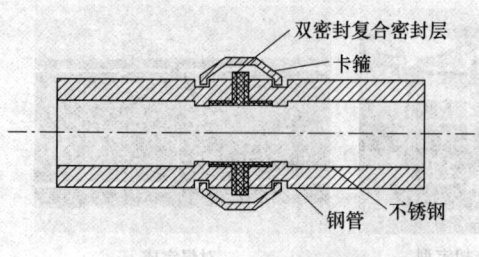

图 37-122 沟槽剖面示意

2) 螺纹连接方法

管节的切口断面应平整,偏差不得超过一扣;丝扣应光洁,不得有毛刺、乱扣、断口,缺口总长不得超过丝扣全长的 10%;接口紧固后宜露出 2~3 扣螺纹,露出的螺纹必须进行防腐处理。具体操作参照本章镀锌钢管螺纹连接。

(6) 钢丝网骨架塑料复合管安装

1) 应采用同种品牌、级别,且压力等级相同的管材、管件以及管道附件。

2) 钢丝网骨架塑料复合管道连接形式为电熔连接(电熔承插连接和电熔鞍形连接)、机械连接(锁紧型和非锁紧型承插式连接、法兰连接、钢塑过渡连接)。

3) 与金属管道或金属管道附件连接时,应采用法兰或钢塑过渡接头连接。当与公称直径小于或等于 50mm 的镀锌管道或内衬塑镀锌管连接时,应采用锁紧型承插式连接;过渡管件的压力等级不得低于管材公称压力。

(7) 金属管道防腐

1) 球墨铸铁给水管外壁刷沥青漆防腐。

2) 无缝钢管的埋地防腐必须符合设计要求,如设计无规定时,可按表37-99的规定执行。卷材与管材间应粘贴牢固,无空鼓、滑移、接口不严等现象。

管道防腐层种类 表37-99

防腐层层次(从金属表面起)	正常防腐层	加强防腐层	特加强防腐层
1	冷底子油	冷底子油	冷底子油
2	沥青涂层	沥青涂层	沥青涂层
3	外包保护层	加强包扎层	加强保护层
	—	(封闭层)	(封闭层)
4	—	沥青涂层	沥青涂层
5	—	外保护层	加强包扎层
	—	—	(封闭层)
6	—	—	沥青涂层
7	—	—	外包保护层
8	聚乙烯防腐胶带	聚乙烯防腐胶带	聚乙烯防腐胶带
防腐层厚度不小于(mm)	3	6	9

3) 管道和金属支架的防腐漆涂刷应附着良好,无脱皮、起泡、流淌和漏涂等缺陷。

3. 管道附件安装要点

(1) 阀门安装

1) 阀门在搬运和吊装时,不得使阀杆及法兰螺栓孔成为吊点,应将吊点放在阀体上。

2) 室外埋地管道上的阀门应阀杆垂直向上地安装于阀门井内,以便于维修操作。

3) 管道法兰与阀门法兰不得加力对正,阀门安装前应使管道上的两片法兰端面相互平行及同心。拧紧螺栓时应十字交叉进行,以免加力不均导致密封不严。如图37-123所示。

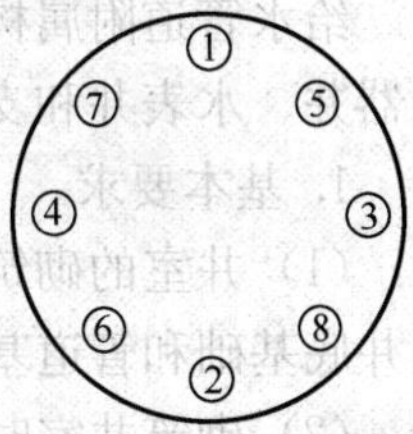

4) 安装止回阀、截止阀等阀门时须使水流方向与阀体上的箭头方向一致。

5) 大口径阀门及阀门组须设置独立的支墩。

(2) 室外水表安装

1) 安装时进水方向必须与水表上的箭头方向一致。

图37-123 法兰螺栓紧固顺序示意

2) 为避免紊流现象影响水表的计量准确性,表前阀门与水表的安装距离应大于8~10倍管径。

3) 大口径水表前后应设置伸缩节。

4) 水表阀门组应设置单独的支墩,如图37-124所示。

(3) 室外消火栓安装

1) 室外消火栓一般设在绿化带内,距人行道边1m左右,安装位置及布置一定要符合设计及规范要求。

2) 室外地下式消火栓与主管连接的三通及弯头处应固定在混凝土支墩上,消火栓处应有明显标记。

3) 室外地上式消火栓的安装一般高出地面640mm。

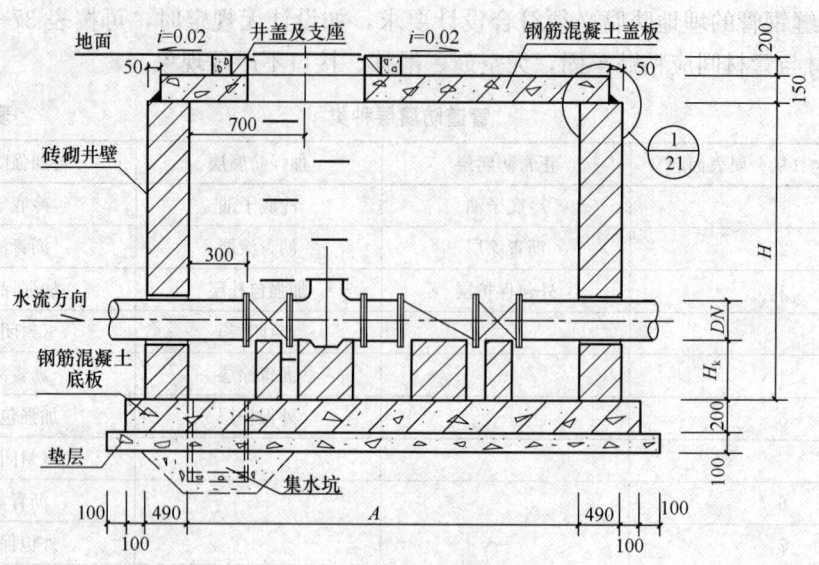

图 37-124 水表井示意图

(4) 消防水泵接合器安装

1) 消防水泵接合器的安装位置必须符合设计要求,若设计没有要求时,其安装位置应为距人行道边 1m 处。

2) 安装于消防水泵接合器上的止回阀、安全阀的位置及方向应正确。

3) 地下式消防水泵接合器顶部进水口与井盖底面距离不大于 400mm,以便于连接。

37.10.1.4 附属构筑物(井室)施工

给水管道附属构筑物的施工。给水管道附属构筑物包括阀门井、消火栓及消防水泵接合器井、水表井和支墩等。

1. 基本要求

(1) 井室的砌筑应按设计施工。井室的基层应打 100mm 厚的混凝土底板。各类井室的井底基础和管道基础应同时浇筑。

(2) 砌筑井室时,用水冲净、湿润基础后方可铺浆砌筑。砌筑应采用水泥砂浆,砌块必须做到满铺满挤,上下搭砌,砌块间灰缝厚度为 10mm 左右。

(3) 砌筑圆筒形井室时,应随时检测直径尺寸,当需要收口时若四面收进,每次收进不得大于 30mm,若三面收进,则每次收进不得大于 50mm。

(4) 井室内壁应用原浆勾缝,有抹面要求时内壁抹面应分层压实,内表面抹灰后应严密不透水,外壁用砂浆搓缝并应挤压密实。

(5) 各类井室的井盖须符合设计要求,有明显的标志,且各类井盖不得混用。

(6) 设在车行道下的井室必须使用重型井盖,人行道下的井室采用轻型井盖,井盖表面与道路相平;绿化带上的井室可采用轻型井盖,井盖上表面高出地坪 50mm,井口周围设置 2% 的水泥砂浆护坡。

(7) 重型铸铁井盖不得直接安装在井室的砖墙上,应安装在厚度不小于 80mm 的混凝土垫圈上。

(8) 管道穿过井壁处,应用水泥砂浆分两次填塞严密、抹平,不得渗漏。

(9) 附属构筑物严禁使用国家明令淘汰的材料。
(10) 井室的勾缝抹面和防渗层应符合质量要求。
(11) 阀门的手柄应与井口对中。
(12) 检查井允许偏差应符合表 37-100 的要求。

检查井尺寸允许偏差表　　　　　表 37-100

序号	项目		允许偏差 (mm)	检验频率		检验方法
				范围	点数	
1	井深尺寸	长、宽	±20	每座	2	尺量
		直径	±20	每座	2	尺量
2	井盖高程	非路面	±20	每座	1	水准仪
		路面	与道路平	每座	1	水准仪
3	井底高程	D<1000mm	±10	每座	1	水准仪
		D>1000mm	±15	每座	1	水准仪

2. 阀门井砌筑要点

(1) 井室砌筑前应进行砌筑材料洒水湿润工作，使砌筑时砌块吸水率不小于 35%。

(2) 阀门井应在管道和阀门安装完成后开始砌筑，其尺寸应按照设计或设计指定的图集施工，阀门的法兰不得砌在井外或井壁内，为便于维修阀门的法兰外缘一般距井壁 250mm。

(3) 砌筑时应随时检测直径尺寸，注意井筒的表面平整。

(4) 井内爬梯应与井盖口边位置一致，铁爬梯安装后，在砌筑砂浆及混凝土未达到规定抗压强度前不得踩踏。

3. 支墩

埋地给水管网的支墩应符合设计要求。由于给水管道的弯头、三通等处在水压作用下产生较大的推力，易使承插口松动而漏水，因而管道弯头、三通等部位应设置支墩，以防止管口松动。根据现场实际情况支墩一般采用砖砌或混凝土浇筑。塑料管道上设置的阀门、水表等附件在井内应单独设置支墩。直埋式阀门应安装在已处理好的支墩上。

37.10.1.5 管沟回填

回填工作在管道安装完成，并经验收合格后进行。回填采用分层、分段的方式。回填时管道接口处的前后端 200mm 范围内不得回填，以便在管道试水时观察接口是否存在漏水现象，且应保证回填土的厚度不少于管顶 500mm，以防止试水时管道出现移位。试压合格后再进行大范围回填。

1. 沟槽回填要求

管沟回填应分为三部分进行，每部分再分为若干层进行回填。三部分分别为管道两侧（Ⅰ），管顶以上 500mm 内（Ⅱ），管顶以上 500mm 外（Ⅲ），见图 37-125 所示。

(1) 管顶上部 200mm 以内应用砂子或不含冻土、块石的土回填，采用人工夯实。打夯时不得损伤管道及管道防腐，压实度不小于 85%。

(2) 管道两侧需同时回填并采取人工夯实的方法分层进行，压实度须达到 95%，管口操作坑必须仔细回填夯实。

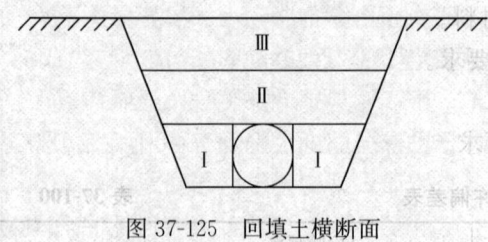

图 37-125 回填土横断面

(3) 管顶 500mm 以内回填土中不得含有直径大于 100mm 的块石或冻土块。500mm 以上部分回填土中的块石或冻土块不得集中。

(4) 管顶 500mm 以外可以采用机械回填，机械不得直接作用于管道上，回填土压实度不小于 95%。

(5) 管沟回填宜在管道充满水的情况下进行，管道敷设后不宜长期处于空管状态。

2. 管沟回填方法

(1) 先将沟内积水排除，以免形成夹水覆土，产生"橡皮土"，造成以后地面沉陷。

(2) 选用无腐蚀性、无砖瓦石块等硬物并且较干燥的土覆盖于管道的两侧与上方。

(3) 当沟边土不符合要求时，可过筛再用或换合格的土壤。

(4) 管道两侧及管顶以上 0.5m 内的回填土不得含有碎石、砖块、垃圾等杂物，不得用冻土回填。距离管顶 0.5m 以上的回填土内允许有少量直径不大于 100mm 的石块。

(5) 回填土时应将管道两侧回填土同时夯实。

(6) 沟槽应分层回填，分层夯实。一般情况下每层铺土厚度，人工木夯为 20～25cm，蛙式夯为 25～30cm，振动压实机为 25～30cm，压路机为 25～40cm。

(7) 沟槽的支撑应在保证施工安全的情况下，按回填进度依次拆除。拆除竖板桩后，应以砂土填实缝隙。

(8) 对石方段管沟，应用细土回填超挖的管沟，其厚度不得小于 300mm。严禁用片石或碎石回填。

(9) 当地下水位较高或雨期进行管道施工时，沟槽内应采取降水、排水措施，防止扰动基层土，如扰动基层土应换填。

(10) 雨期回填时，应先测土壤含水量，对过湿的土壤应晒干或加白灰拌合后回填。沟内有水时，应先排除。应随填随夯，防止松土淋雨。

37.10.1.6 室外给水管网试验

室外给水管网试验应符合设计要求和施工质量验收规范要求。

1. 管道水压试验

(1) 管道试压前应具备以下条件：

1) 水压试验前，管道节点、接口、支墩等及其他附属构筑物等已施工完毕并且符合设计要求。

2) 管道的排气、排水装置已经准备到位。

3) 试压应做后背，试压后背墙必须平直并与管道轴线垂直。

4) 水压试验装置如图 37-126 所示，管道试压前，向试压管道充水，充水时水自管道低端流入，并打开排气阀，当充水

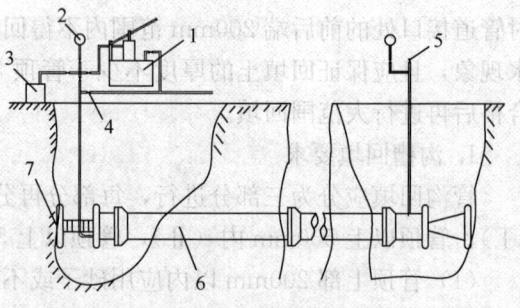

图 37-126 水压试验装置

1—手摇泵；2—压力泵；3—储水箱；4—注水管；
5—排水管；6—试验管段；7—后背

至排出的水流中不带气泡且水流连续时，关闭排气阀，停止充水。试压管道充水浸泡的时间一般是钢管不少于24h，塑料管不少于48h。

5) 管道试验长度不超过1km，一般以500~600m为宜。

(2) 管道试压要求：

管道试压具有危险性，应做好各项安全技术措施。试验用的临时加固措施应经检查确认安全可靠，并做好标识。试验用压力表应在检定合格期内，精度不低于1.6级，量程是被测压力的1.3~1.5倍，试压系统中的压力表不得少于2块。管道试验压力为工作压力的1.5倍，但不得小于0.6MPa。如遇泄漏，不得带压修理，缺陷消除后，应重新试压。

1) 钢管、铸铁管试压，在试验压力下10min内压力降不得大于0.05MPa，然后降至工作压力检查，压力保持不变，不渗漏为合格。

2) 塑料管、铝塑复合管试压，在试验压力下稳压1h，压力降不大于0.05MPa，然后降至工作压力进行检查，压力降保持不变，不渗漏为合格。

2. 管道冲洗和消毒

管道试压合格后应进行通水冲洗和消毒，以使管道输送的水质能够符合现行国家标准《生活饮用水卫生标准》GB 5749的有关规定。

(1) 管道冲洗：

管道冲洗分为消毒前冲洗和消毒后冲洗。消毒前冲洗是对管道内的杂质进行清洗；消毒后冲洗是对管道内的余氯进行清洗，使水中余氯能够达到卫生指标要求的规定值。

(2) 冲洗管道的水流速不小于1m/s，冲洗应连续进行，直至出水洁净度与冲洗进水相同。

(3) 一次冲洗管道长度不宜超过1000m，以防止冲洗前蓄积的杂物在管道内移动困难。

(4) 放水路线不得影响交通及附近建筑物的安全。

(5) 安装放水口的管上应装有阀门、排气管和放水取样龙头，放水管的截面不应小于进水管截面的1/2。

(6) 冲洗时先打开出水阀门，再开来水阀门。注意冲洗管段，特别是出水口的工作情况，做好排气工作，并派专人监护放水路线，有问题及时处理。

(7) 管道消毒：

生活饮用水管道，冲洗完毕后，管内应存水24h以上再化验。如水质化验达不到标准，应用含氯消毒剂（如漂白粉、二氧化氯等）溶液注入管道浸泡消毒，然后再冲洗，经水质部门检验合格后交付验收。

37.10.2 室外排水管网

室外排水管网一般包括污（废）水管网、雨水管网。依据现行国家标准《建筑工程施工质量验收统一标准》GB 50300要求，室外排水管网是建筑给水排水供暖工程分部的一个子分部工程，包括排水管道安装、排水管沟与井池两个分项工程。

室外排水管网所采用的管道材质种类较多，各种管材所选用的管件、接口形式、基础类型、施工方法及验收标准均有相对应的标准规范。常用的管材包括：化学建材管（埋地排水塑料管）、钢筋混凝土管（包括常规钢筋混凝土管、自（预）应力混凝土管、预应力钢筒混凝土管）、离心铸造排水铸铁管、玻璃纤维夹砂管等。

近几年发展起来的化学建材管（埋地排水塑料管）种类及型号很多，有着美观轻便、严密可靠、耐腐蚀、耐老化、机械强度好、便于施工等优点，应优先采用。比较常见的有：聚氯乙烯直壁管、环向（或螺旋）加肋管、双壁波纹管、高密度聚乙烯双重壁缠绕管和非热塑性夹砂玻璃纤维管等。

37.10.2.1 开槽法施工要点

开槽法施工包括沟槽（土方）开挖、管沟排水、管道基础施工、管道施工、构筑物砌筑和土方回填等流程。

1. 沟槽（土方）开挖

参照本节 37.10.1.2 和 37.10.1.5 条的内容。

2. 施工排水

当管道雨期施工或管道敷设在地下水位以下时，沟槽应当采取有效的降低地下水位的方法，一般采用明沟排水和井点降水法。

明沟排水法适用于挖深浅、土质好和排出降雨等地面水的施工环境中；井点降水法适用于地下水位比较高、挖深大、砂性土质的施工环境中。

（1）明沟排水

明沟排水包括地面截水和坑内排水。

1）地面截水

用于排除地表水和雨水，通常利用所挖沟槽土沿沟槽侧筑 0.5～0.8m 高的土堤，地面截水应尽量利用天然排水沟道，当需要挖排水沟排水时，应注意已有构筑物的安全。

2）坑内排水

当沟槽开挖过程中遇到地下水时，在沟底随同挖方一起设置积水坑，并沿沟底开挖排水沟，使水流入积水坑内，然后用水泵抽出坑外。明沟排水一般先挖积水坑，再挖沟槽，以便干槽施工。详见图 37-127。

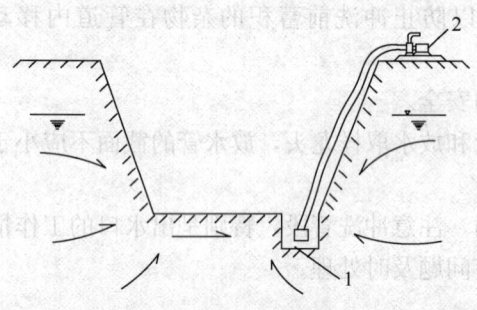

图 37-127 排水明沟
1—积水坑；2—排水泵

进入积水坑的排水沟尺寸一般不小于 0.3m×0.3m，按 1‰～5‰ 的坡度坡向积水坑，积水坑应设在沟槽的同一侧。根据地下水量的大小和水泵的排水能力，一般每隔 50～100m 设置一个。积水坑的直径（或边长）不小于 0.7m，积水坑底应低于槽底 1～2m。坑壁应用木板、铁笼、混凝土滤水管等简易支撑加固。坑底应铺设 30cm 左右厚的碎石或粗砂滤水层，以免抽水时将泥砂抽出，并防止坑底的土被搅动。

（2）井点降水

井点降水就是在沟槽开挖前预先埋设一定数量的滤水管，利用真空原理，不断抽出地下水，以达到降低水位的目的。在管道铺设完成前抽水工作不能间断，当管道铺设完成后再停止抽水，拆除井点设备，恢复地貌。

3. 排水管道基础

管道基础的作用是分散较为集中的管道荷载，减少管道对单位面积上地基的作用力，同时减少土方对管壁的作用力。

排水管道的基础包括平基和管座，管座包角度数一般分为三种，即 90°、120°、180°。如图 37-128 所示。

管道基础的施工需符合设计或设计指定的标准图集的要求。

4. 管道安装工艺流程及要点

（1）下管

为保证管道安装质量及施工安全，安装前应按规范要求对管道及管沟、基础、机械设备等作如下检查和准备：

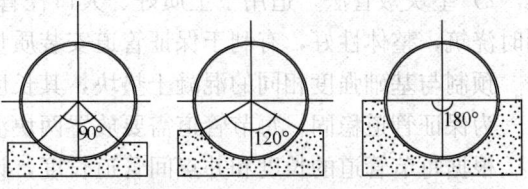

图 37-128 管道基础

1）需检查管子是否符合规范要求，塑料管材内壁应光滑，管身不得有裂缝，管口不得有破损、裂口、变形等缺陷；混凝土管内外表面应无空鼓、露筋、裂纹、缺边等缺陷。

2）管沟标高、坐标、中心线、坡度等符合图纸设计要求，检查井是否根据图纸要求与管沟一起开挖。

3）检查管道平基和检查井基础是否满足设计要求。

4）管道施工所需机械及临时设施是否完好，人员组织是否到位且有统一指挥。

5）采用沟边布管法，管道承口方向迎着水流方向排布，以减少沟内管道运输量，安装应由下游向上游进行。

6）根据所安装管道直径和工程量选择合适的下管方法。

7）塑料埋地管道敷设前应平整沟底，铺设一层厚度为 100～150mm、宽度为管外径 2.5 倍的砂垫层，并整平压实至设计标高。回填土应采用细粒黏土或黄砂分层回填，先回填至管顶上方 200mm 处，经夯实后再回填至设计标高，夯实。

（2）稳管

稳管是管道对中、对高程、对接口间隙和坡度等的操作。

1）管道接口、对中按下述程序进行：将管道用捯链吊起，一人使用撬棍将被吊起的管道与已安装的管道对接，当接口合拢时，管材两侧的捯链应同步落下，使管道就位。

2）为防止已经就位的管道轴线位移，需采用灌满黄砂的编织袋或砌块稳固在管道两侧。

3）管道对口间隙、环形间隙应符合相关要求。

（3）排水管道铺设

排水管道铺设方法有平基铺管法和垫块敷管法两种。管道及管道支墩（座），严禁铺设在冻土和未经处理的松土上。

1）平基铺管法，适用于地基土质不良、雨期和管径大于 700mm 的情况。

沟槽开挖验收合格后，根据所铺设管道管径不同，确定平基宽度后，沿沟槽设置模板，所支设的模板应便于二次浇筑时的模板搭接。

管道平基浇筑的高程不得高于设计高程。

混凝土基础浇筑后应注意维护保养，在混凝土强度达到设计强度的 50% 或抗压强度不小于 5MPa 时方可下管。

下管前平基础表面应清洁,管道铺设后应立刻进行管座混凝土的浇筑工作,混凝土的浇筑应在管道两侧同时进行,以免混凝土将铺设的管道挤偏。

振捣时,振动棒应沿平基和模板拖曳行走,不得碰触管身。

管座浇筑角度需满足设计要求,其振捣面应密实,不得有蜂窝、疏松等缺陷。

2)垫块敷管法,适用于土质好、大口径管道和工期紧张的情况,优点是平基与管座同时浇筑,整体性好,有利于保证管道安装质量。

预制与基础强度相同的混凝土垫块,其长度和高度等于基础的宽度和高度。

为保证管道稳固,每节管道需要放置两块混凝土垫块。

根据每节管道的长度和井点间管道长度,计算并提前布置混凝土垫块的安放位置,管道直接放置于垫块上并对接完毕后应使用砌块等稳住管道,以免管道自垫块上滚落。

管道安装一定数量后开始支设模板,混凝土的浇筑同平基管座的浇筑相同,以免发生质量事故。

(4)管道交叉施工

管道施工交叉较为常见,因而后增加管道施工前必须及时了解原有地下管线埋设情况,并在管沟开挖前做好标记,否则若处理不当将会发生严重的事故,严重影响管道施工。

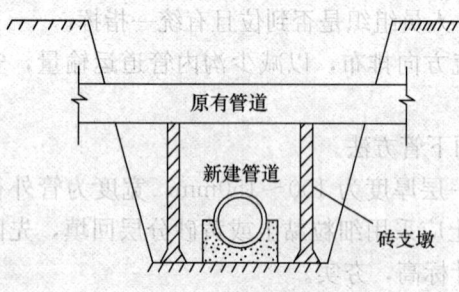

图 37-129 管道保护支撑管墩

1)在已建金属管下新建排水管

当新建管道沟槽开挖后遇原有管道,应按设计要求处理,并应通知相关单位确认,管道交叉一般按下列原则处理。

当所交叉的钢管道或铸铁管道的管径不大于 400mm 时,宜在混凝土管道两侧砌筑砖墩支承,如图 37-129 所示。

所挖沟槽较窄时,可用同级配砂石或灰土回填。

砖砌支墩基础压力不应小于地基承载力。

沟槽回填土时,应分层回填、夯实,回填至已建管道下部时,应用木夯捣实。

2)排水管道在上、金属管道在下,同期施工

当排水管道与金属管道同期施工,且在金属管道下方敷设时,安装于下方的管道需要加设套管或管廊,如图 37-130 所示。

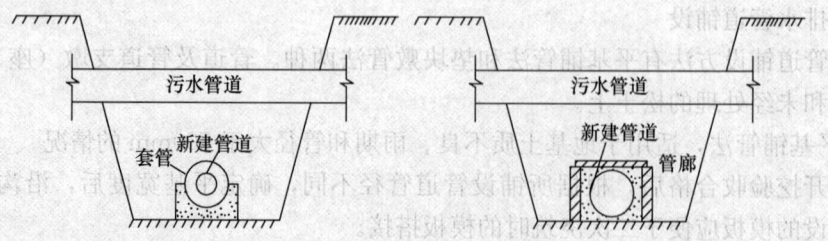

图 37-130 管道交叉保护

套管或管廊的净宽不小于管子外径加 300mm。

套管或管廊的长度不宜小于上方排水管道基础宽度加管道交叉高差的3倍，且不宜小于基础宽度加1m。

套管及管廊两端应封堵严密。

3）在已建电缆管块下铺设排水管道

由于电缆管块每节长度较短，排水管道开挖遇到此管道时需采用吊架或托架及时支撑，以免电缆管块掉落，损伤电缆，如图37-131所示。

排水管道施工到此部位时要加快施工进度，缩短管道外露时间。

当回填至电缆块下方10cm左右时，浇筑混凝土底板以支撑被扰动的电缆管块。

当所浇筑混凝土强度达到75%时，方可拆除支撑，回填此管段。

4）管道敷设高程相同时的处理

施工前需认真熟悉图纸，发现问题提前协调修改，以免管道施工后因管线交叉而影响全部的管道安装方案。

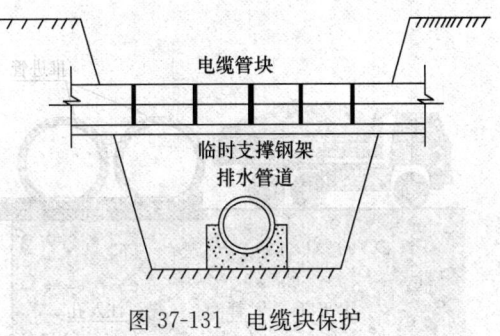

图37-131 电缆块保护

若交叉冲突点位不多，应参照下列原则施工：压力管道避让重力流管道；小口径管道避让大口径管道。

（5）金属管道及管件防腐

1）排水铸铁管在安装前管道外壁应除锈，并涂沥青漆两遍。

2）金属管件、紧固件、支架在安装后，埋设前，应进行防腐处理，涂沥青漆两遍。

3）管道和金属支架的涂漆应附着良好，无脱皮、起泡、流淌和漏涂等缺陷。

5. 管沟回填

排水管沟及井池的土方回填要求，参建给水管沟及井室的回填方法及要求。

塑料检查井回填时，回填的纵向长度，每侧为井壁管管径的3倍。回填的横向宽度，大于等于槽帮，且每侧回填材料的宽度不小于400mm。

检查井四周分层对称回填，逐层夯实，回填土土质及压实系数应符合表37-101要求。

回填土的密实度要求　　　　　　　　　表37-101

井坑内部	压实系数	回填土质
超挖部分	≥0.95	砂石料或最大粒径小于40mm的碎石
井坑基础	≥0.95	中砂、粗砂
检查井周围	≥0.9	不得采用淤泥、淤泥质土、湿陷性土、膨胀土、冻土，最大粒径不得超过40mm

回填土的压实系数应大于道路或地面设计要求。

当检查井位于道路路基范围内时，应采用石灰土、砂、砂砾等材料回填，回填宽度不宜小于400mm。当检查井位于寒冷地区或严寒地区时，应在井壁周围采用中粗砂、砂卵石、炉渣或炉渣石灰土等非冻胀性材料回填，宽度不应小于100mm。

37.10.2.2 非开挖法施工要点

常见非开挖施工方法有顶管法、导向/定向钻进铺管法、气动矛铺管法、夯管锤铺管法等,其中顶管法应用最早。

1. 顶管施工法

顶管施工是从地面开挖两个基坑井,然后将管节从工作井安放,通过主顶千斤顶和中继间的顶推机械的顶进,推动管节从工作井预留口穿出,穿越土层到达接收井的预留口边,然后通过接收井的预留口穿出,形成管道的施工。

顶管施工法分为人工顶管(图37-132)和机械顶管(图37-133)。

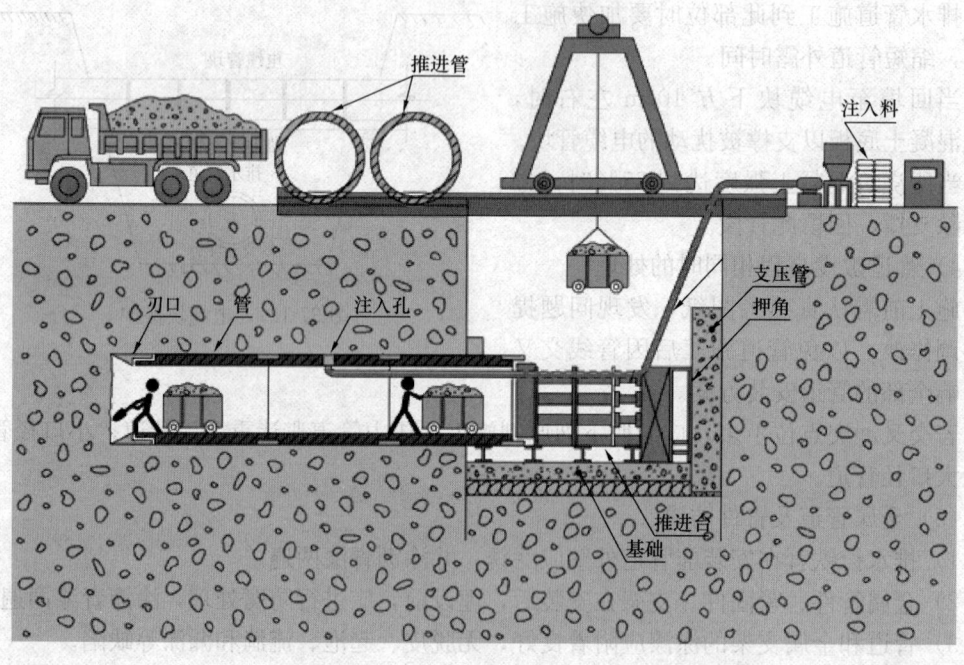

图37-132 人工顶管原理示意图

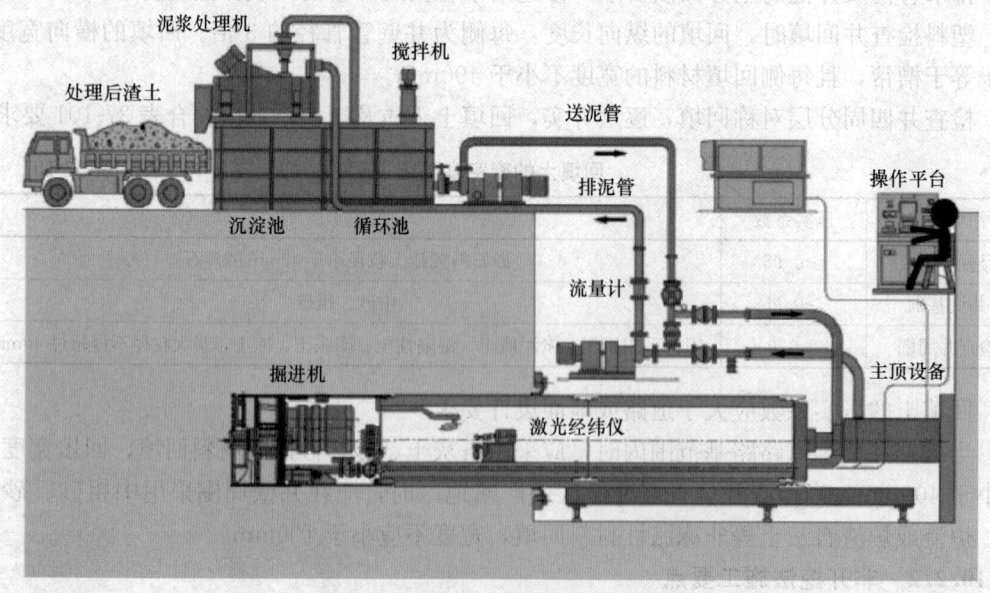

图37-133 机械顶管原理示意图

(1) 施工准备工作

1) 现场调研

① 掌握所埋设管道的管径、材质及接口形式。

② 勘探所埋设管道沿线 5m 范围内土质情况、地下水位情况及相关资料。

③ 全面了解所穿越部位的原有管线情况，并有原有管线施工图纸，必要时探管核查。

④ 研究现场情况，确定顶进井和接收井的位置。

⑤ 制订符合现场实际情况的施工方案。

2) 工作坑尺寸确定

工作坑尽量选在管道井室的位置，且便于排水、出土和运输；在地下水位以下顶进时，工作坑要设在管线下游，逆管道坡度方向顶进，有利于管道排水。工作坑宽度可按式 (37-2) 计算。

$$B = D_1 + S \tag{37-2}$$

式中　B——矩形工作坑的底部宽度 (m)；

D_1——管道外径 (m)；

S——操作宽度可取 2.4～3.2m。

工作坑底长可按式 (37-3) 计算。

$$L = L_1 + L_2 + L_3 + L_4 + L_5 \tag{37-3}$$

式中　L——矩形工作坑的底部长度 (m)；

L_1——顶管掘进机长度 (m)，当采用管道第一节作为顶管掘进机时，钢筋混凝土管不宜小于 0.3m，钢管不宜小于 0.6m；

L_2——管节长度 (m)；

L_3——输土工作间长度 (m)；

L_4——千斤顶长度 (m)；

L_5——后座墙的厚度 (m)。

3) 后座墙施工

后座墙是顶进管道时为千斤顶提供反作用力的一种结构，也称为后背墙等。后座墙必须保持稳定，一旦后座墙遭到破坏，顶管施工就要停顿。

后座墙的结构形式一般可分为整体式和装配式两类。一般较常采用结构简单、拆装方便的装配式后座墙。

① 装配式后座墙宜采用方木、型钢或钢板等组装，组装后的后座墙应有足够的强度和刚度。

② 后座墙土体壁面应平整，并与管道顶进方向垂直。

③ 装配式后座墙的底端宜在工作坑底以下。

④ 后座墙土体壁面应与后座墙贴紧，有间隙时应采用砂石料填塞密实。

⑤ 组装后座墙的构件在同层内的规格应一致，各层之间的接触应紧贴，并层层固定。

⑥ 顶管工作坑及装配式后座墙的墙面应与管道轴线垂直，其施工允许偏差应符合表 37-102 的规定。

工作坑及装配式后座墙的允许偏差 表 37-102

项目		允许偏差
工作坑每侧	宽度	不小于施工设计规定
	长度	
装配式后座墙	垂直度	0.1%H
	水平扭转度	0.1%L

注：1. H 为装配式后墙的高度（mm）。
　　2. L 为装配式后墙的长度（mm）。

4) 导轨的施工

导轨是在基础上安装的轨道，管节在顶进前先安放在导轨上。在顶进管道入土前，导轨承担导向功能，以保证管节按设计高程和方向前进。

由于导轨面标高与管子底的标高是相等的，因此两轨道之间的宽度 B 可以根据式(37-4)计算。

$$B = \sqrt{D_0^2 - D^2} \tag{37-4}$$

式中　B——基坑导轨两轨间的宽度（m）；
　　　D_0——顶进管道外径（mm）；
　　　D——顶进管道内径（mm）。

导轨形式见图 37-134 所示。

导轨安装应符合下列要求：

① 两导轨应顺直、平行、等高，其坡度应与管道设计坡度一致。当管道坡度大于 1‰ 时，导轨可按平坡铺设。

② 导轨安装的允许偏差应为：

轴线位置：3mm；

顶面高程：0～±3mm；

两轨内距：±2mm。

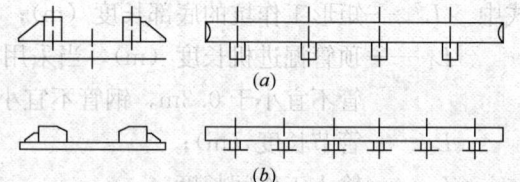

图 37-134　导轨形式
(a) 普通导轨；(b) 复合型导轨

③ 安装后的导轨必须稳固，在顶进中承受各种负载时不产生位移、不沉降、不变形。

④ 导轨安放前，应先复核管道中心的位置，并应在施工中经常检查校核。

5) 顶力计算

顶管施工必须有足够的顶进力才能克服土对顶进管道的摩擦力，为保证设备选型正确，顶进力可按式（37-5）计算。

$$P = f \times r \times D_1 \times \left[2H + (2H + D_1) \times \tan^2\left(45° - \frac{g}{2}\right) + \frac{\omega}{r + D_1} \right] \times L + P_s \tag{37-5}$$

式中　P——计算的总顶力（kN）；
　　　r——管道所处顶土层的重力密度（kN/m³）；
　　　D_1——管道外径（mm）；
　　　H——管道顶部以上覆土深度（m）；
　　　g——管道所处土层的内摩擦角（°）；

37.10 建筑室外给水排水工程

ω ——管道单位长度的自重（kN）；
L ——管道的计算顶进长度（m）；
f ——顶进时，管道表面与其周围土层之间的摩擦系数，见表37-103。
P_s ——顶进时顶管掘进机的迎面阻力（kN）。

顶进管道与其周围土层的摩擦系数　　　　　表 37-103

土层类型	湿	干	土层类型	湿	干
黏土、粉质黏土	0.2~0.3	0.4~0.5	砂土、砂质粉土	0.3~0.4	0.5~0.6

6) 顶进设备

顶进设备包括：顶管掘进机、主顶装置（主顶油缸、主顶油泵和操纵台及油管）及顶铁、输土装置、地面起吊设备、注浆系统等。

(2) 施工工艺（图 37-135）

1) 顶管设备的安装与调试

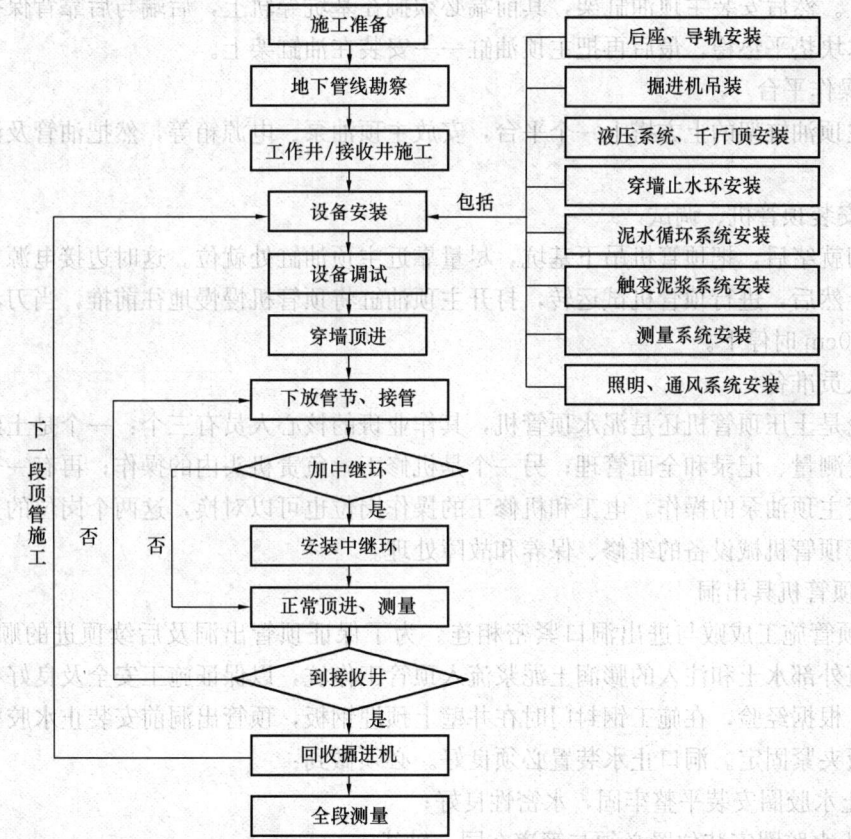

图 37-135 施工工艺流程图

顶管施工质量的好坏与设备的安装精确度有直接的关系。安装前，根据已知的控制点、标高，准确无误地测放出进出洞口的标高和顶管的轴线，并依此测放设备的安装位置。导轨、千斤顶支架、靠背等设备必须安放准确牢固，以保证顶管的顺利进行。在正式顶进前对掘进机、油泵、油缸、注浆设备进行试运转,确定符合性能要求后方可正式顶进。

① 导轨

导轨安装应保证水平位置和顶管轴线重合,同时保证标高符合设计要求,导轨的前段尽量靠近洞口,并安装焊接牢固,用支撑在导轨左右两侧固定好。安装后的导轨轴线和标高误差小于 2mm;主顶油缸和后座的安装也要满足牢固的要求,其水平和垂直误差小于 10mm。在土体较软的施工段,用砖块和水泥浆砌成一个圆弧形托作为延长导轨,其导轨面与基坑导轨相一致,防止机头出洞以后产生偏低的情况。

② 止水胶板

止水胶板的安装必须保证胶板的圆心和顶管洞口轴线重合,压紧胶板的钢环板中心也必须保证和洞口轴线重合,使工具头进洞时胶板切入均匀,保证泥浆和土体不从此处流出。

③ 后靠背

基坑导轨安装好以后就可以安装后靠背。后靠背安装要注意使其表面与基坑导轨轴线保持垂直。然后安装主顶油缸架,其前端必须搁在基坑导轨上,后端与后靠背保持一定距离后用木块垫平垫稳。最后再把主顶油缸一一安装在油缸架上。

④ 操作平台

在主顶油缸架的上方搭上一个平台,安放主顶油泵、电源箱等,然把油管及油泵电源接上。

⑤ 安装顶管机、调试

一切就绪后,把顶管机吊下基坑,尽量靠近主顶油缸处就位。这时边接电源,边安装全站仪。然后,进行顶管机试运转,打开主顶油缸将顶管机慢慢地往前推,当刀盘距洞口约 70~80cm 时停下。

⑥ 人员准备

无论是土压顶管机还是泥水顶管机,其作业班的核心人员有三个:一个是土建技术人员,负责测量、记录和全面管理;另一个是机修工,负责机头内的操作;再有一个就是电工,负责主顶油泵的操作。电工和机修工的操作岗位也可以对换,这两个岗位的另一个任务是负责顶管机械设备的维修、保养和故障处理。

2) 顶管机具出洞

① 顶管施工成败与进出洞口紧密相连。为了保证顶管出洞及后续顶进的顺利进行,控制管道外部水土和注入的膨润土泥浆流入顶管工作坑,以保证施工安全及良好有效的浆套形成。根据经验,在施工钢封门时在井壁上预埋钢板,顶管出洞前安装止水胶板,并用外夹钢板夹紧固定。洞口止水装置必须良好。必须做到:

a. 止水胶圈安装平整牢固,水密性良好;

b. 止水胶圈安装位置必须与管道在同一轴线。

② 在工具管进洞时,严格控制其水平偏差不大于 5mm,其高程应为设计标高加以抛高数(其数值可根据土质情况、管径大小、工具管自身重量和顶进速度等因素设定),以抵消工具管出坑后的"磕头"而引起的误差。出现"磕头"时应迅速调整,必要时应拉出后重新顶进,但必须抓紧时间迅速完成,以减少对正面土体的扰动。为防止工具管出现"磕头",可采用以下措施:在工具管后两节管子上预埋钢板,通过螺栓将工具管与其连接

起来；在预留孔处填入良性黏土，使导轨与预留孔底保持水平。

③ 在粉砂层中顶管时，洞口橡胶圈磨损厉害，可采用两道止水圈，内圈平时与管道不接触，只有在外圈损坏需更换时，才将内圈充气，起到止水作用，然后更换外圈；对于渗水量较大的砾石层顶管，可将出洞口周围泥土固化，起到止水效果。

④ 工具头出洞前必须对所有设备进行全面检查，并经过试运转无故障，同时认真核对止水胶板安装位置是否准确，外夹板安装是否牢固，确认无误后才可破除洞口。

⑤ 出洞时注意止水胶板压入是否均匀，有无翻转、破损等问题，如有将工具头拔出处理好后重新出洞。掘进机出洞时，要严格控制出洞时的顶进偏差。中心偏差不得大于50mm，高低偏差宜抛高5~10mm。若达不到上述要求，也应拉出作第二次出洞。顶进初始阶段的质量对后续管道轴线等有重要的影响。

⑥ 在顶管结束后，对工作坑、接收坑预留洞的环向间隙使用快硬微膨胀水泥进行封堵，封堵在顶管结束时迅速进行。

⑦ 管道顶进完成后，利用管节上的注浆孔对管外壁的膨润土泥浆进行置换，待水泥浆从注浆孔流出后确认置换完毕，即封堵注浆孔并清理管道。

3) 管道顶进及纠偏

① 掘进机出洞后顶进的起始阶段，机头的方向主要受导轨安装方向控制，一方面要减慢主顶推进速度，另一方面要不断地调整油缸纠偏和机头纠偏。严格控制前5m管道的顶进偏差，其左右及高程偏差均不能超过50mm。在顶进过程中坚持"勤顶、勤纠"或"勤顶、勤挖、勤测、勤纠"的原则。应在顶进中纠偏；应采用小角度逐渐纠偏；纠偏角度保持在$10'\sim20'$，不大于$1°$。

纠偏办法：

a. 挖土校正法：校正误差范围一般不要大于10~20mm。多用于黏土或地下水以上的砂土中。

b. 强制校正法：偏差大于20mm时，可用圆木或方木顶在管子偏离中心一侧管壁上，另一端装在垫有钢板或木板的管前土壤上，支架稳固后，利用千斤顶给管子施力，使管子得到校正。

c. 衬垫校正法：对淤泥、流砂地段的管子，因其地基承载力弱，常出现管子低头现象，这时在管底或管之一侧加木楔，将木楔做成光面或包一层镀锌薄钢板，稍有些斜坡，使之慢慢恢复原状。

② 注浆与顶进同步进行，其原则是先注浆、后顶进、随顶进、随注浆，以保证管外围泥浆套的形成，充分发挥减阻和支承作用。在顶进过程中避免长时间的泥浆停注，保证顶进的全部管段形成良好的泥浆套。

③ 顶进过程中根据顶力变化和偏差情况随时调整顶进速度，速度一般控制在35mm/min左右，最大不超过50mm/min。

④ 顶进过程中根据顶力计算和实际顶力变化情况及时安放中继环，坚持安放后即使用，以减小后方千斤顶的工作负荷，减小设备磨损。

⑤ 通风设施根据顶进距离的延伸和管道内空气质量的变化提前安装到位，并根据距离的延伸调整通风机的开启频率，保证管道内有足够的新鲜空气。

⑥ 管道顶进到离工作井前方内壁50cm时卸载，收回油缸和垫铁安装管节，然后继续

顶进。

4）管节安装

① 当一个顶程结束，收回千斤顶和环形垫铁，即可在工作坑内再下一根管节。

② 在管节吊入工作井以前，首先在地面上进行质量检查，确认合格后，在管前端口安放楔形橡胶圈，并在橡胶圈表面涂抹硅油，减小管节相接时的摩擦力。

③ 在企口端面安放胶合板衬垫，衬垫采用胶粘在管端面，以防止顶进过程中管端面局部破坏。

④ 下管时工作坑内严禁站人，当管节距导轨小于50cm时，操作人员方可下井准备管道对口。

⑤ 以上工作完成后再将管节吊放在工作坑内轨道上稳好，使后部管节插口端对正前管的承口中心，缓缓顶入，直至两个管节端面密贴衬垫，并检查接口密封胶圈及衬垫是否良好，如发现胶圈损坏、扭转、翻出等问题，拔出重新插入，确认完好后再布置顶铁进行下一顶程。

5）顶进出土

对于土压平衡顶管机，管内运土采用自制土斗车。采用龙门吊垂直运输。顶管出土需在现场临时堆放，稍加晾晒，即可运至永久堆放处。

运土量在理论上应与顶进管节占据的体积相等。由于土的可松性及泥土处理程度的差异，实际运土量要略大于管节的体积，出土量可用下式计算（以$DN1000$mm管为例）：

$$V = 1.1 \times 3.14 \times D^2 \div 4 \times 2.5 = 1.1 \times 3.14 \times 1^2 \div 4 \times 2.5 = 2.16 \text{m}^3$$

即$DN1000$mm单位管节（单节2.5m）出土量为2.16m^3。

6）注浆减阻

顶力控制的关键是最大限度地降低顶进阻力，而降低顶进阻力最有效的方法是注入膨润土泥浆。设想在管外壁与土层之间形成一个完整的环状泥浆润滑套，变原来的干摩擦状态为液体摩擦状态。这样就可以极大地减少顶进阻力。为达到这一目的，采取如下措施：

① 根据地质资料，选用触变泥浆的浓度大些，能较容易地在管外围形成润滑浆套，触变泥浆的消耗量略大于地层土体的损失量，经计算每顶进1m触变泥浆的消耗量为：

$$V = \pi/4 \times (1.952 - 1.922) \times 1.5 = 0.14 \text{m}^3$$

② 选择优质的触变泥浆材料，对膨润土取样测试，主要指标为造浆率、失水量、静切力、动切力和动塑比。这些指标必须满足设计要求。

③ 在管节制作时根据设计要求预埋压浆孔，设计压浆孔时在掘进机后连续放置三到四节有注浆孔的管子，不断注浆使浆套在管子外面保持得比较完整，然后再间隔两节管子放置一节有注浆孔的管子用以补浆；安装注浆管时，每个预埋压浆孔里要设置单向阀，目的是防止注浆压力不够时管外壁浑浊的泥浆液倒流。

④ 触变泥浆的配制、搅拌、静置时间，都必须按照膨润土的特性要求执行。

a. 一般膨润土的配制按表37-104所列比例进行，根据实际试拌情况再行调整。

膨润土的配制比例　　　　表37-104

膨润土	水	纯碱	CMC	稠度
400	850	6	2.5	12~14

b. 根据地质资料，对于土层中粉粒、粉质黏土含量较高，渗透系数适中，泥浆扩散较慢的，泥浆相对密度保持在 1～1.3 之间；对于土层中的砂砾、圆砾含量较高，渗透系数较高的，为防止泥浆扩散较快，在泥浆中加入一定比例的黏土，还应增加粉煤灰、木屑等，泥浆的相对密度保持在 1.4～1.8 之间。

　　c. 泥浆的拌制要均匀。首先将定量的水放入拌合桶内，开动拌合机徐徐投入膨润土，拌合 2～3min，静置片刻，再搅拌 7～8min，即成泥浆，制成的泥浆排放入贮浆池内贮存 10h，使膨润土、水、碱发生置换作用，形成稳定性良好，且有一定黏度的泥浆，使用时用注浆泵通过连接注浆孔的管道注入管道外围。

　　d. 为了防止贮浆池内泥浆离析，间歇地对贮浆池内泥浆进行搅拌。

　⑤ 泥浆的压注方法：

　　a. 泥水压力核算：

$$P \geqslant P_\mathrm{w} + \Delta P \tag{37-6}$$

式中　P——表示泥水舱管道基准面泥浆压力（kPa）；

　　　P_w——表示相对于管道基准面地下水压力（kPa）；

　　　ΔP——表示泥水舱建立高于地下水压力（kPa），一般设为 20kPa。

$$P_\mathrm{w} = V_\mathrm{w} \times h \tag{37-7}$$

式中　h——地下水位相对管底基准面水头高度（m）。

　　b. 黏土层中，由于基础渗透系数极小，无论采用的是泥水还是清水，在较短时间内，都不会产生不良状况，这时在顶进过程中应考虑以土压力作为基础。在较硬的黏土中，土层相对稳定，这时，即使采用清水而不用泥水，也不会造成挖掘面失稳现象。然而，在较软的黏土中，泥水压力大于其主动土压力，从理论上讲是可以防止挖掘面失稳的。但实际上，即使在静止土压力范围内，顶进停止时间过长，也会使挖掘面失稳，从而导致地面下陷。这时应适当提高泥水压力。

　　c. 注入管材与土壤内的浆液压力要略高于地下水压力，一般在 0.02～0.15MPa，随距离增加压力增加。

　⑥ 注浆设备的选用：

　　在顶进中，选用螺杆式注浆泵。

　⑦ 泥浆的置换：

　　全段管道顶进完成后，立即用 1:1 水泥浆与粉煤灰的混合液置换润滑泥浆，以确保管道外围土体有足够的支撑和减少渗漏水。然后对管缝及注浆孔按照设计要求进行封堵。

　7）机具进洞

　　顶管机头进洞时，在接收坑内预先安置枕垫和滚筒。当顶管机头接近封门时严禁挤压，拆除封门后顶入接收坑。当管节顶进接收坑后施工技术人员应考虑顶进坑和接收坑各留出的管节长度，以：

　　a. 尽量避免敲拆玻璃钢管。

　　b. 方便接口施工。

　　c. 露出的管段应小于管长的三分之一，以使管节重心继续留在土层中。

掘进机脱离管子时必须采取措施，防止管节接头中的橡胶圈松动。

　8）测量监控

顶管施工主要在市政道路及居民区进行,控制好地面沉降及确保按设计管道轴线顶进是顶管施工中的核心问题。

① 前期测量

顶管前,先根据领桩点,利用全站仪准确测放出本工程的平面控制点及临时水准点,将每个工作坑的中心放出并设置管道轴线控制桩和临时水准点、工作坑护桩,以便复核顶管轴线和工作坑位置是否移动。在工作坑施工完成后,管道顶进开始前,准确测量掘进机中心的轴线和标高偏差,并作好原始记录。在机具内,要安装倾斜仪传感器,操作者可以随时得到机头的水平状态,指导刀盘的旋转方向和纠偏。

② 顶进测量

a. 测量仪器固定安放在工作井的后部、千斤顶架子中心,并在工作井内建立临时测量系统。顶管过程中必须按要求测量和控制管道标高及中心偏差,并作好记录。每顶进 50cm 必须测量一次,要勤测量,多微调,纠偏角度保持在 $10'\sim 20'$ 并不得大于 $1°$。每节管道顶进结束时,及时测量管道中心的轴线和标高偏差,记录交工程师审核确认;每顶进完成一段顶管工程校正测量仪器一次,每一次交接班时必须校核测量一次。

b. 测量时采用全站仪,直接测出高程及轴线偏差。通过全站仪在机具后部标尺靶盘上的投影,准确测设机具目前所在位置。在每一顶程开始推进之前,必须先制订坡度计划,该坡度计划根据工作坑及接收坑的洞口实际高差进行测放,可对设计坡度线加以调整,以方便施工并最终符合设计坡度的要求和质量标准为原则。

③ 竣工测量

管道顶完后,立即在每节管道上选点,测量其中心位置和管底标高。根据测量结果,绘制竣工曲线,以便进行管道质量评定。管段经过周围房屋建筑或已有管线时,在顶进过程中必须测量周围地面的沉降及管道沉降,并随时调整顶进速度及注浆压力,以确保将顶管施工对周围环境的影响降低到规范允许的范围之内。

(3) 施工注意事项

① 在管道顶进的全部过程中,应控制顶管掘进机前进的方向,并应根据测量结果分析偏差产生的原因和发展趋势,确定纠偏的措施。

② 管道顶进过程中,顶管掘进机的中心和高程测量应每顶进 300mm,测量不应少于一次,管道进入土层后正常顶进时,每顶进 1000mm,测量不应少于一次,纠偏时应增加测量次数。

③ 顶管穿越铁路或公路时,除应遵守顶管施工规范外,还应符合铁路或公路有关技术安全规定。

④ 管道顶进应连续作业。

2. 直接顶进施工法

管道直接顶进法是将锥形头或管帽安装在管道端部,顶进时将锥形头顶入土内,在土中形成一个大于管径的孔洞,顶进的管道阻力和摩擦力主要来自锥形头,因而管道本身摩擦阻力并不大,此种方法适用于小口径短距离顶入的钢管或铸铁管,工作坑的长短由管道的长度决定,管子的中心位置和高程由管子的导向架控制。

3. 定向钻管道施工法

(1) 施工工艺

地质勘察→管道路由范围内地下障碍物探测→穿越曲线设计→测量磁方位角→钻机就位→钻导向孔→扩孔→回拖→环境保护→地貌恢复。

(2) 设备就位、安装、调试

钻机就位前对施工场地进行平整，保证设备顺畅通行及进出场。设备及材料存放场地须高出自然地面不小于15cm，推平、碾压，并设断面不小于0.3m的边沟。打好轴线后，根据入土点、入土角度结合现场实际情况使钻机准确就位。钻机设备、泥浆设备、固控设备安装完成后，对设备进行调试、检查、测试，确保设备安全运行。控向设备仪器安装完成后，对其进行调试，确保导向孔的精度。入土端泥浆储运坑及出土端泥浆储运坑的多余泥浆由吸污车集中清运。

(3) 钻导向孔

根据地层情况，选择并设计出导向孔轨迹曲线。钻导向孔的成功与否关键在于如何防止塌方的问题，故此在钻导向孔时按照地质构造的不同详细制订出合理的泥浆配比方案，规定在不同的地质情况下选用不同的泥浆配方，必要时需加适量大分子聚合物及一些多功能处理剂，增加泥浆的黏度、降低泥浆的失水，使其性能控制在密度1.02~1.05g/cm左右、黏度45~55s、失水10mL，以利于更好地保护孔壁，提高泥浆在孔洞中的悬浮携带能力。在造斜段使用的泥浆中添加适量的润滑剂，降低孔壁的摩擦系数，从而可以防钻具粘卡。

为保证预扩孔及回拖工作的顺利进行，钻导向孔时要求造斜段应严格按设计曲线钻进。经过对轴线及钻机就位情况进行校准，检查无误后方能开始钻进施工。探头装入探头盒，标定、校准后再把导向钻头连接到钻杆上，转动钻杆测试探头发射信号是否正常，回转钻进2m后方可开始按照设计轨迹进行穿越。控向设备宜采用有缆控向系统，以提高钻进的准确性，导向孔完成并经检查合格后方可进行预扩孔。

(4) 预扩孔及磨孔

1) 采用导向钻机进行预扩孔，边扩孔边打入泥浆，视旋转压力及回拉压力逐渐加大扩孔级别。

2) 扩孔次数需视钻机回转压力及回拖压力而定。

3) 扩孔前要做好泥浆循环系统的准备工作，根据定向钻机配套的泥浆系统工作性能，每小时的最大工作流量，计算出每一个工作日的最大循环流量，在入土点、出土点旁各开挖一个泥浆坑，并配有清运泥浆的专用设备。保证施工现场的清洁卫生，做到文明施工。

(5) 拖管（图37-136）

1) 拖管采用专门的回拖器，同时采用边打泥浆边旋转回拖的方法，从而保证钢管防腐层不被破坏。

2) 旋转分动器采用特制的结构。

3) 扶正器与工作管的连接要牢固，并要求工作管与拉管器的连接要牢固、安全、密封，做到可靠。

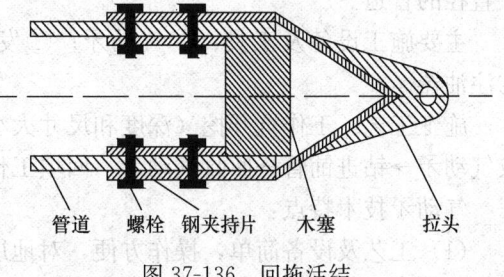

管道　螺栓　钢夹持片　木塞　拉头

图37-136　回拖活结

4) 采用小密度高黏度泥浆，加入适合地质结构的泥浆处理剂和管孔润滑剂等措施以减少回拖时的阻力，减小钻机工作负载。

5) 在回拖前，验证扩孔后孔内是否有充足泥浆，以便回拖中起到护壁润滑作用。

6) 经确认钢管焊接、防腐合格后，将钢管拖入端与回拖器连接牢固，检查所有回拖系统（含设备、工艺保障措施）是否处于最佳状态。

7) 回拖前，在待回拖管道下，每间隔20m摆放1个托辊，并用起重机配合，以防止在回拖中擦伤管道外壁。

8) 回拖启动后，要做到平稳、匀速（回拖中不能停留），速度控制在0.08m/s。操作手时刻观察回拖压力变化，及时上报，以便采取必要措施，使钢管顺利回拖成功。

9) 拖管时，大部分泥浆将循环使用，需挖两个坑暂存，一个为泥浆倒坑，一个为净化好的泥浆坑。

(6) 地形地貌的恢复

工作管回拖完毕后，清理现场并撤出所用施工设备，恢复场地的地形地貌。

(7) 操作施工注意事项

1) 根据穿越部位的地质情况，选择合适的钻头和导向板。

2) 钻头在钻机的推力作用下由钻机驱动旋转切削地层，不断前进，每钻完一根钻杆要测量一次钻头的实际位置，以便及时调整钻头的钻进方向，保证所完成的导向孔曲线符合设计要求，如此反复，直到钻头在预定位置出土，完成整个导向孔的钻孔作业。

3) 由于钻出的孔往往小于回拖管线的直径，为了使钻出的孔径达到回拖管线直径的1.3~1.5倍，需要用扩孔器从出土点拖回入土点，将导向孔扩大至要求的直径。

4) 经过预扩孔，达到了回拖要求之后，将钻杆、扩孔器、回拖活节和被安装管线依次连接好，从出土点开始，再将管线回拖至入土点，管道安装工作即完成。

5) 管道拖拉完毕后，应安管道试压规程进行试压，验收合格后方可进行管道接驳。

4. 气动矛铺管法

气动矛由钢质外套（矛体）、活塞和配气装置组成。气动矛在压缩空气作用下，矛体内的活塞作往复运动，不断冲击矛头，矛头在土层中挤压周围土体，形成钻孔并带动矛体前进。形成钻孔后可以直接将待铺管道拉入，也可以通过拉扩法将钻孔扩大，以便铺设更大直径的管道。

主要施工设备及工具：①气动矛；②发射架；③空压机；④瞄准仪；⑤高压胶管；⑥注油器。

施工工艺：工作坑开挖（深度和尺寸大小取决于埋设深度和气动矛大小）→安装及调校气动矛→钻进铺管→回收气动矛，回填工作坑并恢复原地面。

气动矛技术特点：

(1) 工艺及设备简单，操作方便，对地层干扰小，施工成本低。

(2) 可铺设PE管、PVC管和钢管。

(3) 适用于短距离（一般30m以内）、小直径管道的穿越铺设。

(4) 适用于狭小空间内施工。

5. 夯管锤铺管法

夯管施工法是一种用夯管锤将待铺的钢管沿设计路线直接夯入地层，实现非开挖铺管的技术（图37-137）。

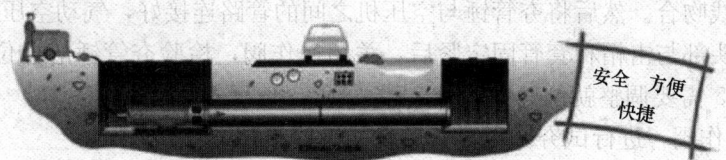

图 37-137　夯管锤工作原理

由于管材要承受相当大的冲击力，因此，夯管施工法仅限于钢管施工，一般使用无缝钢管，且壁厚要满足一定要求，管径范围为200~2000mm，铺设长度根据夯管锤的功率、管径、地质条件确定，一般在80m内，最长可达150m。

(1) 施工工艺流程（图37-138）：

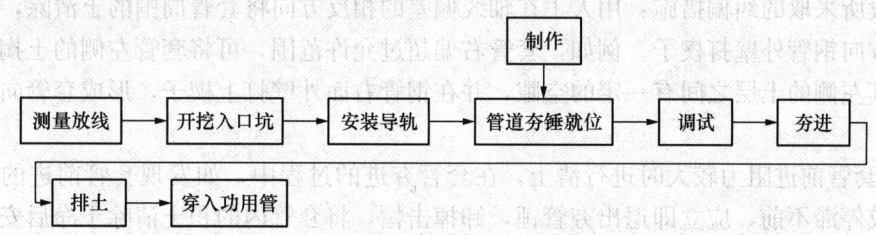

图 37-138　施工工艺流程图

(2) 施工技术要点：

1) 场地平整：选择运输方便、平坦无障碍的一侧，修建施工便道。

2) 测量放线：根据设计图纸和现场交桩放出的穿越管段的中心线和夯进操作坑、接收操作坑的位置，打上控制桩。穿越管段中心线时应避开地下电缆、光缆、管道等地下障碍物。

3) 开挖夯进操作坑和接收操作坑：根据地质情况和地下水位的不同，确定坑底是否做基础和是否采取排降水措施。对于易坍塌的地层，应采取钢板桩或临时支撑的方法以保证操作坑内的施工安全。

4) 施工设备及套管运输进场：夯管施工的主要设备为夯管锤和空压机、发电机、电焊机等；运输进场的套管长度应比设计穿越障碍的长度2~3m。

5) 设备和套管安装就位：

① 夯管操作坑挖好后，根据单根套管长度在坑底埋好若干枕木（枕木顶端比坑底高出约3~5mm，间距2~3m）并找平，将导轨放到枕木上，用全站仪按设计中心线找正、找平（一般导轨靠近套管入土的一端比另一端高，但不超过0.5°，以防止夯管过程中套管低头），然后将导轨固定在枕木上。导轨应按设计要求的精度找正，因为导轨的位置决定了套管及夯管锤的摆放位置，从而影响穿越的精度误差。

② 将套管吊入夯进操作坑中放到导轨上。为防止套管的防腐层被破坏，应在套管与导轨之间每隔2~3m的距离放上弧形铁板，并在铁板上垫上胶皮，另外，在第一根套管入土端的管口内外侧安装削土器。

③ 安装击帽。根据管径大小选择配套的击帽安装在套管上。

④ 安装夯管锤。将夯管锤吊入操作坑中与击帽连接后找正，使夯管锤、套管的中心线与设计中心线吻合。然后将夯管锤与空压机之间的管路连接好，气动空压机，打开操作阀，将夯管锤头部与击帽和套管固定紧后，关闭操作阀，检验夯管锤的方位与水平角度，如偏差超过 0.5°需要调整就位。

⑤ 打开操作阀，进行试夯，无异常后方能进行夯管施工。

6) 夯进第一根套管：

启动空压机，打开操作阀，夯管锤在气压的作用下开始夯进套管。由于第一根套管夯进方向的准确性是关键，所以在第一根套管夯进 500mm 后，应认真测量一下套管的方位与水平角度，角度偏差不超过 0.5°、轴线偏差不超过夯进长度的 1‰时可继续夯进。若轴线偏差超过允许范围，应进行纠偏，将轴线偏差调整到允许范围后继续夯进工作，直到管头到达指定位置（管头留在操作坑外 0.6m 左右以便和第二根套管进行焊接）。

一般所采取的纠偏措施：用人工在轴线偏差的相反方向将套管周围的土清除，在轴线偏差的方向钢管外壁打楔子。例如，套管右偏超过允许范围，可将套管左侧的土掏空，使套管与其左侧的土层之间有一定的空隙，并在钢管右面外壁打上楔子，形成套管向左前进的趋势。

7) 套管前进阻力较大时进行清土。在套管夯进的过程中，如发现套管前进的速度非常缓慢或停滞不前，应立即退出夯管锤，卸掉击帽，将套管内的积土清除干净后安装击帽和夯管锤继续夯进。清土时，可用高压水枪将套管内的积土冲出（采用该方法清土时，要在夯进操作坑的适当位置挖出积水坑，并将积水及时排出）；对于 $DN1020mm$ 以上的大口径套管，也可用人工进入套管内进行套土的方法将积土清除。

8) 第二根套管焊接和补口补伤。

第一根套管夯到预定位置后，退出夯管锤，卸掉击帽，吊入第二根套管与第一根套管进行组对焊接和补口补伤，均按设计要求的施工规范进行操作。要保证对口的质量，以防止套管夯偏。

9) 套管作业开始以后，要求连续进行，尽量减少作业间歇时间，且不宜中途停止。因为间歇时间过长，会造成土层和管外壁粘在一起，增大摩擦力，从而使夯进阻力增大（可采取在管外壁涂抹润滑油脂的方式减小摩擦力，但会增加施工成本），另外若地下水位较高，停止作业后水位上升，会给施工带来不便。

10) 清除套管内的积土。套管全部敷设到位后，根据管径的大小采取不同的方式清除套管内的积土；对于公称直径不小于 700mm 的大口径套管，采取人工套土的方式清土；对于小口径套管，可采用压气、高压水射流或螺旋钻杆等方法清土。

37.10.2.3 附属构筑物（井室）施工

1. 检查井、雨水口施工

（1）井室砌筑要点：

1) 井底基础与管道基础应同时浇筑。

2) 砖砌检查井应随砌随检查尺寸，收口时每次收进不大于 30mm，三面收进时每次不大于 50mm。

3) 检查井的流槽宜在井壁砌至管顶以上时砌筑。污水管道流槽高度应与所安管道的管顶平，雨水管道流槽应达到所安管道管径的一半。

4) 检查井预留支管应随砌随稳。
5) 管道进入检查井的部位应砌拱砖。
6) 检查井及雨水井砌筑完毕后应及时浇筑井圈,以便安装井盖。
7) 井室内壁及导流槽应作抹面压光处理。

(2) 各种排水井、池应按设计要求施工,生活排水检查井应优先选用塑料排水检查井。塑料排水检查井具有"四节一环保"及施工快捷等优点,具有良好的经济、社会和环境效益。

2. 化粪池施工

化粪池的容积、结构尺寸、砌筑材料等均应符合设计或设计指定的图集的要求。

砌筑化粪池所用的材料应有产品的合格证书、产品性能检测报告。块材、水泥、钢筋、外加剂等应有材料主要性能的进场复验报告。

(1) 砖砌式化粪池底均应采用厚度不小于100mm,强度不低于C25的混凝土做底板,无地下水的使用素混凝土,有地下水的采用钢筋混凝土。

(2) 砌筑用机砖及嵌缝抹面砂浆须符合设计要求,严禁使用干砖或含水饱和的砖;抹面砂浆必须是防水砂浆,厚度不得低于20mm,且应作压光处理。

(3) 化粪池进出水口标高要符合设计要求,其允许偏差不得大于±15mm。

(4) 大容积化粪池砌筑时在墙体中间部位应设置圈梁,以利于结构的稳定性。

(5) 化粪池顶盖板应使用钢筋混凝土盖板。

3. 调蓄水设施施工

雨水调蓄池是一种雨水收集设施,主要是把雨水径流的高峰流量暂留其内,待最大流量下降后再从调蓄池中将雨水慢慢地排出。

调蓄池既可是专用人工构筑物(如地上蓄水池、地下混凝土池),也可是天然场所或已有设施(如河道、池塘、人工湖、景观水池等)。

常见的专用人工构筑物调蓄水池有:现浇钢筋混凝土调蓄水池、预制钢筋混凝土调蓄水池、PP模块调蓄水池。

钢筋混凝土调蓄水池施工:常用的有预制、现浇及预应力钢筋混凝土调蓄水池。

调蓄水池的容积、结构尺寸、材质等均应符合设计或设计指定的图集的要求。

所用的材料应有产品的合格证书、产品性能检测报告。块材、水泥、钢筋、外加剂等应有材料主要性能的进场复验报告。

调蓄水池的基础、垫层、伸缩缝施工需符合设计或图集要求。

PP雨水收集模块施工:若干个雨水收集模块单元组合起来,形成一个地下贮水池。在水池周围根据工程需要包裹防渗土工布或透水土工布,组成贮水池、渗透池、调洪池等不同类型。用雨水收集模块组装水池,安装方便,承载力大,不滋生蚊蝇及藻类,且在临建地区域使用后,可以拆除迁移到其他区域继续使用。PP雨水收集模块大大减少了时间成本、运输成本、人工成本和后期维护成本。

37.10.2.4 室外排水管网试验

管道埋设前必须进行灌水试验和通水试验,排水应畅通,无堵塞,管接口无渗漏。按排水检查井分段试验,全数检查。试验前需将全部预留孔应用刚质堵板封堵严密,不得渗水,管井出口处应封闭。

管网使用时排水管道中虽没有水压压力，但不应渗漏。管道或接口长期渗漏处可导致管基下沉，管道悬空。因此，要求在施工过程中，在两检查井间管道安装后埋设前，必须作灌水试验。试验水头应以试验段上游管顶加1m，时间不小于30min，逐段观察，管接口无渗漏。

通水试验是检验管网使用功能，即管道排水能力的手段，工程施工过程中一般情况下与灌水试验同时进行。随着从上游不断向下游作灌水试验的同时，也检验了通水的能力。

试验合格后，排净管道中的积水并封堵各管口，并按照相应要求对管道进行防腐修补处理。

37.11 建筑燃气系统

37.11.1 常用管材、附件及连接方式

37.11.1.1 燃气管道常用管材

（1）燃气管道常用的管材有钢管和聚乙烯管，有时还使用有色金属管材，如铜管和铝管，由于价格昂贵只在特殊场合下使用，引入管、室内埋墙管及灶前管已广泛使用不锈钢波纹管。

（2）中压和低压燃气管道宜采用聚乙烯管、钢管或钢骨架聚乙烯塑料复合管。聚乙烯及其复合管严禁用于地上燃气管道和室外明设燃气管道。

（3）高压、次高压燃气管道应采用钢管。管道附件不得采用螺旋焊缝钢管制作。

37.11.1.2 燃气管道特有附件

为保证管网安全运行，并考虑到检修、接线的需要，在管道的适当地点设置必要的附属设备。除常见的阀门、法兰、波纹补偿器等以外，燃气管道还有以下附件。

1. 凝水缸

主要设置在人工煤气管道上。天然气管道因气质干燥，一般不设置凝水缸。

2. 检漏管

检漏管是用来检查燃气管道可能出现的渗漏问题，通常安装在燃气管道检查段最高点。

3. 放散管

要排掉燃气管道内的空气及燃气与空气的混合气体，或者检修时排掉管内残留的燃气时，都要用到放散管，放散管应设置在管路最高点和每个阀门之前，当燃气管道正常运行时，必须关闭放散管上的球阀。

4. 盲板、盲板环及盲板支承

盲板、盲板环和盲板支撑应设置在燃气管道的适当部位，以备在管道检修时使用。盲板环平时安装在处于运行状态的管道中间，而与其配套等厚的盲板平时备用放置在旁边，一旦需要完全切断燃气输送时，就松开螺栓将盲板环取出，并换装上盲板。盲板分承压盲板和不承压盲板，停用或停气检修时，用不承压盲板；在燃气管道运行状态下进行检修时，用承压盲板。盲板环、盲板的安装位置通常在两法兰之间或阀门后面（按气流方向）。盲板支撑是为了便于拆除盲板环和安装盲板时撑开法兰而设置的。

37.11.1.3 燃气管道连接方式

1. 钢管的连接

钢管可以用螺纹、焊接和法兰进行连接。室内管道管径较小、压力较低,一般用螺纹连接。高层建筑有时也用焊接连接。室外输配管道以焊接连接为主。设备与管道的连接通常用法兰连接。

焊接是管道连接的主要形式,可采用的方法很多,有气焊、手工电弧焊、手工氩弧焊、埋弧自动焊、埋弧半自动焊、接触焊和气压焊等。

2. 聚乙烯(PE)管的连接

随着塑料管的广泛应用,它的连接方法越来越简便和多样化。聚乙烯管道的连接通常采用热熔连接、电熔连接。

PE和金属管道通常使用钢塑转换接头连接。

37.11.2 室外燃气系统管道及附件安装

37.11.2.1 燃气管道的布置与敷设

1. 架空管道

(1) 室外架空的燃气管道,可沿建筑物外墙或支柱敷设,并应符合下列要求:

1) 中压和低压燃气管道,可沿建筑耐火等级不低于二级的住宅或公共建筑的外墙敷设;次高压B、中压和低压燃气管道,可沿建筑耐火等级不低于二级的丁、戊类生产厂房的外墙敷设。

2) 沿建筑物外墙的燃气管道距住宅或公共建筑物门、窗洞口的净距,中压管道不应小于0.5m,低压管道不应小于0.3m。燃气管道距生产厂房建筑物门、窗洞口的净距不限。

3) 架空燃气管道与铁路、道路、其他管线交叉时的垂直净距不应小于表37-105的规定。

架空燃气管道与铁路、道路、其他管线交叉时的垂直净距 表37-105

建筑物和管线名称		最小垂直净距(m)	
		燃气管道下	燃气管道上
铁路轨顶		6	—
城市道路路面		5.5	—
厂区道路路面		5.0	—
人行道路路面		2.2	—
架空电力线,电压	3kV以下	—	1.5
	3~10kV	—	3
	35~66kV	—	4
其他管道,管径	≤300mm	同管道直径,但不小于0.1	同左
	>300mm	0.3	0.3

注:1. 厂区内部的燃气管道,在保证安全的情况下,管底至道路路面的垂直净距可取4.5m;管底至铁路轨顶的垂直净距,可取5.5m。在车辆和人行道以外的地区,可在从地面到管底高度不小于0.35m的低支柱上敷设燃气管道。
2. 电气机车铁路除外。
3. 架空电力线与燃气管道的交叉垂直净距尚应考虑导线的最大垂度。

(2) 工业企业内燃气管道沿支柱敷设时，尚应符合现行国家标准《工业企业煤气安全规程》GB 6222 的规定。

2. 地下埋设管道

1) 地下燃气管道埋设的最小覆土厚度（路面至管顶）应符合下列要求：

① 埋设在车行道下时，不得小于 0.9m。

② 埋设在非车行道（含人行道）下时，不得小于 0.6m。

③ 埋设在庭院（指绿化地及载货汽车不能进入之地）内时，不得小于 0.3m。

④ 埋设在水田下时，不得小于 0.8m。

⑤ 当采取行之有效的防护措施后，上述规定均可适当降低。

2) 输送湿燃气的燃气管道，应埋设在土壤冰冻线以下。输送湿燃气的管道应采取排水措施，在寒冷地区还应采取保温措施。燃气管道坡向凝水缸的坡度不宜小于 0.003。

3) 地下燃气管道穿过排水管、热力管沟、联合地沟、隧道及其他各种用途沟槽时应将燃气管道敷设于套管内。套管伸出构筑物外壁不应小于燃气管道与该构筑物的水平净距。套管两端应采用柔性的防腐、防水材料密封。

4) 燃气管道穿越铁路、高速公路、电车轨道和城镇主要干道时应符合下列要求：

① 穿越铁路和高速公路的燃气管道，其外应加套管。当燃气管道采用定向钻穿越并取得铁路或高速公路部门同意时，可不加套管。

② 穿越铁路的燃气管道的套管，应符合下列要求。

a. 套管埋设深度：铁路轨底至套管顶不应小于 1.2m，并应符合铁路管理部门的要求。

b. 套管宜采用钢管或钢筋混凝土管。

c. 套管内径比燃气管道外径大 100mm 以上。

d. 套管两端与燃气管的间隙应采用柔性的防腐、防水材料密封，其一端应装设检漏管。

e. 套管端部距路堤坡脚外距离不应小于 2m。

③ 燃气管道穿越电车轨道和城镇主要干道时宜敷设在套管或地沟内；穿越高速公路燃气管道的套管，穿越电车轨道和城镇主要干道的燃气管道的套管或地沟，应符合下列要求：

a. 套管内径应比燃气管道外径大 100mm 以上，套管或地沟两端应密封，在重要地段的套管或地沟端部宜安装检漏管。

b. 套管端部距电车道边轨不应小于 2m，距道路边缘不应小于 1m。

④ 燃气管道宜垂直穿越铁路、高速公路、电车轨道和城镇主要干道。

5) 燃气管道通过河流时，可采用穿越河底或采用管桥跨越的形式。当条件许可时也可利用道路桥梁跨越河流，并应符合下列要求：

① 利用道路桥梁跨越河流的燃气管道，其管道的输送压力不应大于 0.4MPa。

② 当燃气管道随桥梁敷设或采用管桥跨越河流时，必须采取安全防护措施。

③ 燃气管道随桥梁敷设，宜采取如下安全防护措施：

a. 敷设于桥梁上的燃气管道应采用加厚的无缝钢管或焊接钢管，尽量减少焊缝，对焊缝进行 100% 无损探伤。

b. 跨越通航河流的燃气管底标高，应符合通航净空的要求，管架外侧应设置护桩。

c. 在确定管道位置时，与随桥敷设的其他管道的间距应符合现行国家标准《工业企业煤气安全规程》GB 6222 关于支架敷管的有关规定。

d. 管道应设置必要的补偿和减振措施。

e. 对管道应作较高等级的防腐防护。对于采用阴极保护的埋地钢管与随桥管道之间应设置绝缘装置。

f. 跨越河流的燃气管道的支座（架）应采用不燃烧材料制作。

6）燃气管道穿越河底时，应符合下列要求：

① 燃气管道宜采用钢管。

② 燃气管道至规划河底的覆土厚度，应根据水流冲刷条件确定，对不通航河流不应小于 0.5m；对通航的河流不应小于 1m，还应考虑疏浚和投锚深度。

③ 稳管措施应根据计算确定。

④ 在埋设燃气管道位置的河流两岸上、下游应设立标志。

7）穿越或跨越重要河流的燃气管道，在河流两岸均应设置阀门。

8）在次高压、中压燃气干管上，应设置分段阀门，并在阀门两侧设置放散管。在燃气支管的起点处，应设置阀门。

37.11.2.2 地下燃气管道安装要点

1. 地下燃气管道安装基本流程

测量放线→沟槽开挖→沟槽检查→管道外防腐→吊装下管→管道连接→支架与管道安装→部件安装→标志桩埋设→回填。

2. 钢管燃气管道（含防腐管道）

（1）地下燃气钢管安装流程

槽下稳管、修口、挖工作坑→焊固定口→安装管件与附件→固定口包绝缘层→管道检查→吹扫→强度试验→气密性试验→固定焊口防腐。

（2）地下燃气钢管安装要点

1）管道应在沟底标高和管基质量检查合格后，方可安装。

2）管道下沟前，应清除沟内的所有杂物，管沟内积水应抽净。

3）管道下沟宜使用吊装机具，严禁采用抛、滚、撬等破坏防腐层的做法。吊装时应保护管口不受损伤。

4）管道下沟前必须对防腐层进行 100% 的外观检查，回填前应进行 1% 的电火花检漏，回填后必须对防腐层完整性进行全线检查。不合格必须返工处理直至合格。

5）穿越铁路、公路、河流及城市道路时，应减少管道环向焊缝的数量。

3. 塑料管道（聚乙烯燃气管道）

（1）安装工艺流程

安装准备→画线切割、清理→弯管→管道连接→支架与管道安装→部件安装→管道试验。

（2）管道连接

1）当管材存放处与施工现场温差较大时，连接前应将管材在施工现场放置一定时间，使其温度接近施工现场温度。

2) 聚乙烯管材的切割应采用专用割刀或切管工具，切割端面应平整、光滑、无毛刺，端面应垂直于管轴线。

3) 聚乙烯燃气管材的连接，必须根据不同连接形式选用专用的连接机具，不得采用螺纹连接或粘接。连接时，严禁采用明火加热。

4) 聚乙烯燃气管材的连接应采用热熔对接连接或电熔连接（电熔承插连接、电熔鞍形连接）；聚乙烯燃气管道与金属管道或金属附件连接，应采用法兰连接或钢塑转换接头连接；采用法兰连接时宜设置检查井。

5) 管道热熔或电熔连接的环境温度宜在−5～45℃范围内。在环境温度低于−5℃或风力大于5级的条件下进行热熔或电熔连接操作时，应采取保温、防风措施，并应调整连接工艺；在炎热的夏季进行热熔或电熔连接操作时，应采取遮阳措施。

6) 管道热熔或电熔连接时，在冷却期间不得移动连接件或在连接件上施加任何外力。

7) 管道连接时，每次收工，管口应采取临时封堵措施。

8) 热熔连接：

① 根据管材规格，选用相应的夹具，将连接件的连接端伸出夹具，自由长度不应小于公称直径的10%，移动夹具使连接件端面接触，并校直对应的待连接件，使其在同一轴线上，错边不应大于壁厚的10%。

② 将聚乙烯管材的连接部位擦净，并铣削连接件端面，使其与轴线垂直。切削平均厚度不宜大于0.2mm，切削后的熔接面应防止污染。

③ 连接件的端面应采用热熔对接连接设备加热。

④ 吸热时间达到工艺要求后，应迅速撤出加热板，检查连接件加热面熔化的均匀性，不得有损伤。在规定的时间内用均匀外力使连接面完全接触，并翻边形成均匀一致的对称凸缘。

9) 电熔连接：

① 将管材连接部位擦拭干净，测量管件承口长度，并在管材插入端标出插入长度和刮除插入长度加10mm的插入段表皮，刮削氧化皮厚度宜为0.1～0.2mm。

② 钢骨架聚乙烯复合管道和公称直径小于90mm的聚乙烯管道，因管材不圆度影响安装时，应用整圆工具对插入端进行整圆。

③ 将管材插入端插入电熔承插管件承口内，至插入长度标记位置，并应检查配合尺寸。

④ 通电前，应校直两对应的连接件，使其在同一轴线上，并应采用专用夹具固定管材。

⑤ 电熔鞍形连接操作应符合下列规定：

a. 应采用机械装置固定干管连接部位的管段，使其保持直线度和圆度。

b. 应将管材连接部位擦拭干净，并宜采用刮刀刮除管材连接部位表皮。

c. 通电前，应将电熔鞍形连接管件用机械装置固定在管材连接部位。

10) 法兰连接：

① 聚乙烯管端的法兰盘连接应符合下列规定：

a. 应将法兰盘套入待连接的聚乙烯法兰连接件的端部。

b. 按热熔或电熔连接要求，将法兰连接件平口端与聚乙烯管道进行连接。

② 两法兰盘上螺孔应对中，法兰面相互平行，螺栓孔螺栓直径应配套，螺栓规格应一致，螺母应在同一侧；紧固法兰盘上的螺栓应按对称顺序分次均匀紧固，不应强力组装；螺栓拧紧后宜伸出螺母 1～3 丝扣。

③ 法兰密封面、密封件不得有影响密封性能的划痕、凹坑等缺陷，材质应符合输送城镇燃气的要求。

④ 法兰盘、紧固件应经防腐处理，并应符合设计要求。

11）钢塑转换接头连接：

① 钢塑转换接头的聚乙烯管端与聚乙烯管道连接应符合上述热熔或电熔连接的规定。

② 钢塑转换接头钢管端与金属管道连接应符合相应的钢管焊接或法兰连接的规定。

③ 钢塑转换接头钢管端与钢管焊接时，在钢塑过渡段应采取降温措施。

④ 钢塑转换接头连接后应对接头进行防腐处理，防腐等级应符合设计要求。

(3) 管道敷设

1）聚乙烯管道宜蜿蜒状敷设，并可随地形自然弯曲。管道允许弯曲半径不应小于 25 倍公称直径；当弯曲管段上有承口管件时，管道允许弯曲半径不应小于 125 倍公称直径。

2）钢骨架聚乙烯复合管道宜自然直线敷设。钢丝网骨架聚乙烯复合管道允许弯曲半径应符合表 37-106 的规定，孔网钢带聚乙烯复合管道允许弯曲半径应符合表 37-107 的规定。

钢丝网骨架聚乙烯复合管道允许弯曲半径（mm） 表 37-106

管道公称直径 DN	允许弯曲半径 R
50≤DN≤150	80DN
150<DN≤300	100DN
300<DN≤500	110DN

孔网钢带聚乙烯复合管道允许弯曲半径（mm） 表 37-107

管道公称直径 DN	允许弯曲半径 R
50≤DN≤110	150DN
140<DN≤250	250DN
DN≥315	350DN

3）管道在地下水位较高的地区或雨期施工时，应采取降低水位或排水措施，及时清除沟内积水。管道在漂浮状态下严禁回填。

37.11.3 室内燃气系统管道及燃烧器具安装

室内管道安装一般应先安装引入管，后安装干管、立管、水平管、支管等。室内水平管道遇到障碍物，直管不能通过时，可采取撅弯或使用管件绕过障碍物。当两层楼的墙面不在同一平面上时，应采用"来回弯"形式敷设。

1. 引入管安装

(1) 引入管是指连接室内、外燃气管道的一段管道。一般可采用地下引入和地上引入两种方式引入室内。

1）地下引入法如图 37-139 所示。燃气管道由室外直接引入室内，管材采用无缝钢管撅弯，套管可用普通钢管，外墙至室内地面之间的管段采用加强防腐层。引入管室内竖管部分宜靠实体墙固定。

2）地上引入法如图 37-140 所示。适用于北方寒冷地区。管材采用镀锌钢管丝扣方式连接作特加强级防腐，以及填充膨胀珍珠岩保温，砖砌台封闭保护。

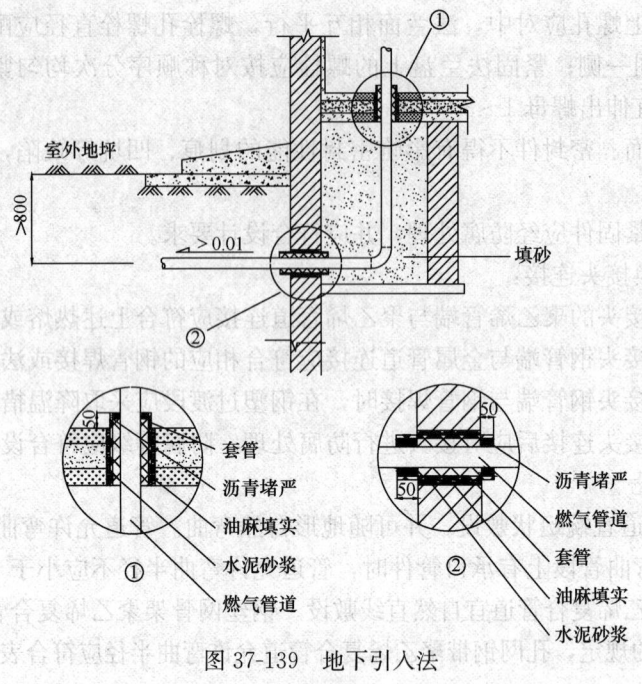

图 37-139 地下引入法

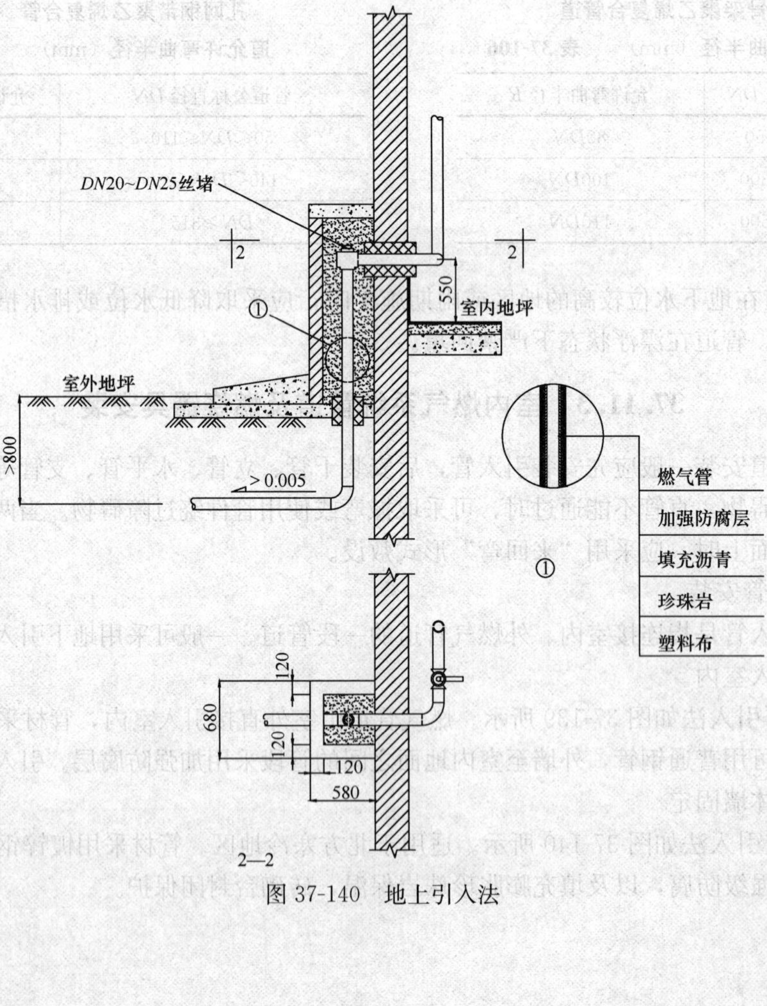

图 37-140 地上引入法

① 引入管与建筑物外墙之间的净距应便于安装和维修，宜为 0.1~0.15m。

② 引入管上端弯曲处设置的清扫口宜采用焊接连接。

③ 引入管保温层的材料、厚度及结构应符合设计文件的规定，保温层表面应平整，凹凸偏差不宜超过±2mm。

（2）在地下室、半地下室、设备层和地上密闭房间及地下车库安装燃气引入管道时应符合设计文件的规定；当设计文件无明确要求时，应符合下列规定：

引入管道应使用钢号为 10、20 的无缝钢管或具有同等及同等以上性能的其他金属管材；管道的连接必须采用焊接连接。

（3）输送湿燃气的引入管应坡向室外，其坡度宜大于或等于 0.01。

（4）燃气引入管不得敷设在卧室、卫生间、易燃或易爆品的仓库、有腐蚀性介质的房间、发电间、配电间、变电室、不使用燃气的空调机房、通风机房、计算机房、电缆沟、暖气沟、烟道和进风道、垃圾道等地方。

（5）住宅燃气引入管宜设在厨房、走廊、与厨房相连的封闭阳台（寒冷地区输送湿燃气时阳台应封闭）等便于检修的非居住房间内。当确有困难时，可从楼梯间引入（高层建筑除外），但应采用金属管道且引入管阀门宜设在室外。

2. 干管安装

干管安装是从引入管之后或者分支路管开始。安装时，在实际安装的结构位置作标记，按标记分段量出实际安装的准确尺寸，绘制在施工草图上，再按草图进行管段的预制加工，按系统分组编号，码放整齐，准备安装。

（1）燃气水平干管和立管不得穿过易燃易爆品仓库、配电间、变电室、电缆沟、烟道、进风道和电梯井等。

（2）敷设在地下室、半地下室、设备层和地上密闭房间以及竖井、住宅汽车库（不使用燃气，并能设置钢套管的除外）的燃气管道时应符合下列要求：

1）管材、管件及阀门、阀件的公称压力应按提高一个压力等级进行设计。

2）管道宜采用钢号为 10、20 的无缝钢管或具有同等及同等以上性能的其他金属管材。

3）除阀门、仪表等部位和采用加厚的低压管道外，均应焊接和法兰连接；应尽量减少焊缝数量，钢管道固定焊口应进行100%射线照相检验，活动焊口应进行10%射线照相检验，其质量不得低于现行国家标准《现场设备、工业管道焊接工程施工规范》GB 50236 中的Ⅲ级标准；其他金属管材的焊接质量应符合相关标准的规定。

（3）燃气室内水平干管宜明设，当建筑设计有特殊美观要求时可敷设在能安全操作、通风良好和检修方便的吊顶内；当吊顶内设有可能产生明火的电气设备或空调回风管时，燃气干管宜设在与吊顶底平的独立密封∩形管槽内，管槽底宜采用可卸式活动百叶或带孔板。燃气水平干管不宜穿过建筑物的沉降缝。

（4）室内明设或暗封形式敷设的燃气管道与装饰后墙面的净距，应满足维护、检查的需要并宜符合表 37-108 的要求；铜管、薄壁不锈钢管、不锈钢波纹软管和铝塑复合管与墙之间净距应满足安装的要求。

（5）室内燃气管道和电气设备、相邻管道、设备之间的净距不应小于表 37-109 的规定。

室内燃气管道与装饰后墙面的净距 表37-108

管子公称直径（mm）	<50	25～40	50	≥50
与墙净距（mm）	≥30	≥50	≥70	≥90

室内燃气管道与电气设备、相邻管道、设备之间的最小净距（mm） 表37-109

管道和设备		平行敷设	交叉敷设
电气设备	明装的绝缘电线或电缆	250	100
	暗装或管内绝缘电线	5（从所做的槽或管子的边缘算起）	10
	电插座、电源开关	150	不允许
	电压小于1000V的裸露电线	1000	1000
	配电盘或配电箱、电表	300	不允许
相邻管道		应保证燃气管道、相邻管道的安装、检查和维修	2
燃具		主立管与燃具水平距离不应小于300mm；灶前管与燃具水平净距不得小于200mm；当燃气管道在燃具上方通过时，应位于抽油烟机上时，且与燃具的垂直净距应大于1000mm	

注：1. 当明装电线加绝缘套管且套管的两端各伸出燃气管道1000mm时，套管与燃气管道的交叉净距可降至10mm。
2. 当布置确有困难时，采取有效措施后可适当减小净距。
3. 灶前管不含铝塑复合管。

3. 立管安装

（1）立管安装应垂直，每层偏差不应大于3mm/m且全长不大于20mm。当因上层与下层墙壁壁厚不同而无法垂于一线时，宜做乙字弯进行安装。当燃气管道垂直交叉敷设时，大管宜置于小管外侧。

（2）安装前先卸下阀门盖，有钢套管的先穿到管上，按编号从第一节开始安装。涂铅油缠麻丝，将立管对准接口转动入口，拧到松紧适度，对准调直标记，丝扣外露2～3扣，预留口子正为止，并清净麻头。

（3）燃气立管一般敷设在厨房内或楼梯间。当室内立管管径不大于50mm时，一般每隔一层楼装设一个活接头，位置距地面不小于1.2m。遇有阀门时，必须装设活接头，活接头的位置应设在阀门后边。管径大于50mm的管道上可不设活接头。

（4）燃气立管不得敷设在卧室或卫生间内。立管穿过通风不良的吊顶时应设在套管内。

（5）室内立管宜明设，当设在便于安装和检修的管道竖井内时，应符合下列要求：

1）燃气立管可与空气、惰性气体、给水排水、热力管道等设在一个公用竖井内，但不得与电线、电气设备或氧气管、进风管、回风管、排气管、排烟管、垃圾道等共用一个竖井。

2）竖井内的燃气管道尽量不设或少设阀门等附件。竖井内燃气管道的最高压力不得大于0.2MPa；燃气管道应涂黄色防腐识别漆。

3）竖井应每隔2～3层做相当于楼板耐火极限的不燃烧体进行防火分隔，且应设法采取保证平时竖井内自然通风和火灾时防止产生"烟囱"作用的措施。

4）每隔4～5层设一燃气浓度检测报警器，上、下两个报警器的高度差不应大于20m。

5）管道竖井墙体为耐火极限不低于1h的不燃烧体，井壁上的检查门采用丙级防火门。

（6）高层建筑的燃气立管应有承受自重和热伸缩推拉的固定支架和活动支架。

4. 支管安装

（1）检查煤气表安装位置及立管预留口是否准确。量出支管尺寸和灯叉弯的大小，管道与墙面的净距为30～50mm，水平管应保持0.1%～0.3%的坡度，坡向燃具。

（2）安装支管，按量出支管的尺寸，然后断管、套丝、摵弯和调直。将灯叉弯或短管两头缠聚四氟乙烯胶带，装好活接头，接煤气表。

5. 阀门安装

室内燃气管道在燃气引入管、调压器前和燃气表前、燃气用具前、测压计前、放散管起点等部位应设置阀门，阀门宜采用球阀。

6. 燃气表安装

（1）宜安装在不燃或难燃结构的室内通风良好和便于查表、检修的地方。

（2）严禁安装在下列场所：

1）卧室、卫生间、更衣室内。

2）有电源、电器开关及其他电气设备的管道井内，或有可能滞留泄漏燃气的隐蔽场所。

3）环境温度高于45℃的地方。

4）经常潮湿的地方。

5）堆放易燃易爆、易腐蚀或有放射性物质等危险的地方。

6）有变、配电等电气设备的地方。

7）有明显振动影响的地方。

8）高层建筑中的避难层及安全疏散楼梯间内。

（3）燃气计量表与燃具、电气设施的最小水平净距应符合表37-110的要求：

燃气计量表与燃具、电气设施之间的最小水平净距（mm）　　表37-110

名称	与燃气计量表的最小水平净距
相邻管道、燃气管道	便于安装、检查及维修
家用燃气灶具	300（表高位安装时）
热水器	300
电压小于1000V的裸露电线	1000
配电盘或配电箱、电表	500
电源插座、电源开关	200
燃气计量表	便于安装、检查及维修

1）燃气计量表安装后应横平竖直，不得倾斜。

2）燃气计量表应使用专用的表连接件安装。

3）燃气计量表宜加有效的固定支架。

37.11.4 建筑燃气系统试验

37.11.4.1 室外燃气管道试验

燃气管道应在系统安装完毕，外观检查合格后，依次进行管道吹扫、强度试验和严密性试验。

1. 管道的吹扫

(1) 管道吹扫应按下列要求选择气体吹扫或清管球清扫：

1) 聚乙烯管道、钢骨架聚乙烯复合管道和公称直径小于100mm或长度小于100m的钢质管道，可采用气体吹扫。

2) 公称直径大于或等于100mm的钢质管道，宜采用清管球进行清扫。

(2) 管道吹扫应符合下列要求：

1) 应按主管、支管、庭院管的顺序进行吹扫，吹扫出的脏物不得进入已合格的管道。

2) 吹扫管段内的调压器、阀门、孔板、过滤网、燃气表等设备不应参与吹扫，待吹扫合格后再安装复位。

3) 吹扫口应设在开阔地段并加固，吹扫时应设安全区域，吹扫出口前严禁站人。

4) 吹扫压力不得大于管道的设计压力，且不应大于0.3MPa。

5) 吹扫介质宜采用压缩空气，严禁采用氧气和可燃性气体。

6) 吹扫合格设备复位后，不得再进行影响管内清洁的其他作业。

(3) 气体吹扫应符合下列要求：

1) 吹扫气体流速不宜小于20m/s。

2) 吹扫口与地面的夹角应在30°～45°之间，吹扫口管段与被吹扫管段必须采取平缓过渡对焊，吹扫口公称直径应符合表37-111的规定。

吹扫口公称直径 (mm)　　　　　表37-111

末端管道公称直径 DN	DN<150	150<DN<300	DN≥350
吹扫口公称直径	与管道同径	150	250

3) 每次吹扫管道的长度不宜超过500m；当管道长度超过500m时，宜分段吹扫。

4) 当管道长度在200m以上且无其他管段或储气容器可利用时，应在适当部位安装吹扫阀，采取分段储气，轮换吹扫；当管道长度不足200m时，可采用管道自身储气放散的方式吹扫，打压点与放散点应分别设在管道的两端。

5) 当目测排气无烟尘时，应在排气口设置白布或涂白漆木靶板检验，5min内靶上无铁锈、尘土等其他杂物为合格。

(4) 清管球清扫应符合下列要求：

1) 管道直径必须是同一规格，不同管径的管道应断开分别进行清扫。

2) 对影响清管球通过的管件、设施，在清管前应采取必要措施。

3) 清管球清扫完成后，用白布或涂白漆木靶板进行检验，如不合格可采用气体再清扫至合格。

2. 管道的试压

(1) 强度试验

1）管道采用水压试验前，应核算管道及其支撑结构的强度，必要时应临时加固。试压宜在环境温度5℃以上时进行，否则应采取防冻措施。

2）管道应分段进行压力试验，试验管道分段最大长度宜按表37-112执行。

管道试压分段最大长度 表37-112

设计压力PN（MPa）	试验管段最大长度（m）
PN≤0.4	1000
0.4＜PN≤1.6	5000
1.6＜PN≤4	10000

3）强度试验压力和介质应符合表37-113的规定。

强度试验压力和介质 表37-113

管道类型	设计压力PN（MPa）	试验介质	试验压力（MPa）
钢管	PN＞0.8	清洁水	1.5PN
	PN≤0.8		1.5PN且≥0.4
钢骨架聚乙烯复合管	PN	压缩空气	1.5PN且≥0.4
聚乙烯管	PN（SDR11）		1.5PN且≥0.4
	PN（SDR17.6）		1.5PN且≥0.2

4）试验管段的焊缝应外露，不得有防腐层。

5）进行强度试验时，压力应逐步缓升，首先升至试验压力的50%，应进行初检，如无泄漏、异常，继续升压至试验压力，然后稳压1h后，观察压力计不应少于30min，无压力降为合格。可使用肥皂液涂抹焊口、法兰等部位的方法进行外观检查。

6）试压时所发现的缺陷，必须待试验压力降至大气压后进行处理，处理合格后应重新进行试验。

(2) 严密性试验

1）严密性试验在强度试验合格、管线全线回填后进行。回填土至管顶0.5m以上为宜。

2）试验介质宜采用空气，试验压力应满足下列要求：

① 设计压力小于5kPa时，试验压力应为20kPa。

② 设计压力大于或等于5kPa时，试验压力应为设计压力的1.15倍，且不得小于0.1MPa。

3）严密性试验稳压的持续时间应为24h，每小时记录不应少于1次，当修正压力降小于133Pa为合格。修正压力降应按式（37-8）确定：

$$\Delta P' = (H_1+B_1)-(H_2+B_2)(273+t_1)/(273+t_2) \quad (37-8)$$

式中 $\Delta P'$——修正压力降（Pa）；

H_1、H_2——试验开始和结束时的压力计读数（Pa）；

B_1、B_2——试验开始和结束时的气压计读数（Pa）；

t_1、t_2——试验开始和结束时的管内介质温度（℃）。

4）所有未参加严密性试验的设备、仪表、管件，应在严密性试验合格后进行复位，然后按设计压力对系统升压，应采用发泡剂检查设备、仪表、管件及其与管道的连接处，不漏为合格。

3. 燃气管道内气体置换

新建燃气管道投入使用时，往新建管道内输入燃气时将出现混合气体，所以应先进行燃气置换，且必须在严密的安全技术措施保证前提下才可进行置换工作。

(1) 置换方法

1) 间接置换法是用不活泼的气体（一般用氮气）先将管内空气置换，然后再输入燃气置换。此工艺在置换过程中安全可靠，缺点是费用高昂、顺序繁多。

2) 直接置换法。在新建管道与老管道连通后，即可利用老管道燃气的工作压力直接排放新建管道内的空气，当置换到管道内燃气含量达到合格标准（取样及格）后便可正式投产使用。该工艺操作简便、迅速，但由于在用燃气直接置换管道内空气的过程中，燃气与空气的混合气体随着燃气输入量的增加其浓度可达到爆炸极限，此时在常温及常压下遇到火种就会爆炸。所以，从安全角度上严格来讲，新建燃气管道（特别是大口径管道）用燃气直接置换空气的方法是不够安全的。但是鉴于施工现场条件限制和节约的原则，如果采取相应的安全措施，用燃气直接置换法是一种既经济又快速的换气工艺。

(2) 置换注意事项

1) 在换气时间内杜绝火种，关闭门窗，建立放散点周围 20m 以上的安全区。放散点上空有架空电缆线部位时应将放散管延伸避让。组织消防队伍，确定消防器材现场设置点。

2) 换气工作不宜选择在晚间和阴天进行。因阴雨天气压较低，置换过程中放散的燃气不易扩散，故一般选择在天气晴朗的上午为好。风量大的天气虽然能加速气体扩散，但应注意下风向处的安全措施。

3) 在换气开始时，燃气的压力不能快速升高。特别对于大口径的中压管道，在开启阀门时应逐渐进行，边开启边观察压力变化情况。因为阀门快速开启容易在置换管道内产生涡流，出现燃气抢先至放散（取样）孔排出，会产生取样"合格"的假象。施工现场阀门启闭应由专人控制并听从指挥人员的命令。

37.11.4.2 室内燃气管道试验

1. 强度试验

(1) 试验范围：

1) 明管敷设时，居民用户应为引入管阀门至燃气计量表前阀门之间的管道；暗埋或暗封敷设时，居民用户应为引入管阀门至燃具接入管阀门（含阀门）之间的管道。

2) 工业企业和商业用户应为引入管阀门至燃具接入管阀门（含阀门）之间的管道（含暗埋或暗封的燃气管道）。

(2) 试验压力：试验压力应为设计压力的 1.5 倍且不得低于为 0.1MPa。试验介质应采用空气或氮气。

1) 在低压燃气管道系统达到试验压力时，稳压不少于 0.5h 后，用发泡剂检查所有接头，无渗漏、压力表无压力降为合格。

2) 在中压燃气管道系统达到试验压力时，稳压不少于 0.5h 后，用发泡剂检查所有接头，无渗漏、压力表无压力降为合格；或稳压不少于 1h，观察压力表，无压力降为合格。

3) 当中压以上燃气管道系统进行强度试验时，应在达到试验压力的 50% 时停止不少于15min，用发泡剂检查所有接头，无渗漏后方可继续缓慢升压至试验压力并稳压不少于1h后，压力表无压力降为合格。

2. 严密性试验

严密性试验范围为引入管阀门至燃具前阀门之间的管道。通气前要对燃具前阀门至燃具之间的管道进行检查。严密性试验应在强度试验合格之后进行。

(1) 低压管道试验压力应为设计压力且不得低于5kPa。在试验压力下，居民用户稳压不少于15min，商业和工业企业用户稳压不少于30min，并用发泡剂检查全部连接点，无渗漏、压力表无压力降为合格。

当试验系统中有不锈钢波纹软管、覆塑铜管、铝塑复合管、耐油胶管时，在试验压力下的稳压时间不宜小于1h，除对各密封点进行检查外，还应对外包覆层端面是否有渗漏现象进行检查。

(2) 中压以上管道的试验压力应为设计压力且不得低于0.1MPa，在试验压力下稳压不得少于2h，用发泡剂检查全部连接点，无渗漏、压力表无压力降为合格。

(3) 低压燃气管道严密性试验应采用U形压力计。

37.11.5 建筑燃气系统管道防腐、保温、标识

37.11.5.1 燃气管道防腐

钢管在土壤中的腐蚀过程主要是电化学溶解过程，由于形成了腐蚀电池从而导致管道的锈蚀穿孔。燃气管道一旦蚀穿漏气会造成起火、爆炸，往往会导致重大人身伤亡和财产损失。因此，城镇燃气埋地钢质管道必须采用防腐层进行外保护。涂层保护埋地敷设的钢质燃气干管宜同时采用阴极保护。

(1) 钢管防腐绝缘层种类

埋地钢管所采用的防腐绝缘层种类很多，有沥青绝缘层、煤焦油沥青绝缘层、聚氯乙烯包扎带、塑料薄膜涂层等。沥青是以前应用最多和效果较好的防腐材料，但塑料绝缘层在强度、弹性、受撞击、粘结力、化学稳定性、防水性和电绝缘性等方面，均优于沥青绝缘体，所以目前在我国大量应用聚乙烯胶粘带防腐层、聚乙烯防腐层等进行防腐。

1) 石油沥青防腐层

① 石油沥青防腐层施工要点：

a. 石油沥青防腐层等级及结构应符合表37-114的要求。

石油沥青防腐层等级及结构 表37-114

防腐等级	防腐层结构	总厚度（mm）	每层沥青厚度
普通级（三油三布）	底漆-石油沥青-玻璃布-石油沥青-玻璃布-石油沥青-外保护层	≥4	
加强级（四油四布）	底漆-石油沥青-玻璃布-石油沥青-玻璃布-石油沥青-玻璃布-石油沥青-外保护层	≥5.5	第一道石油沥青厚度不小于1.5mm，其余每道宜在1～1.5mm之间
特加强级（五油五布）	底漆-石油沥青-玻璃布-石油沥青-玻璃布-石油沥青-玻璃布-石油沥青-玻璃布-石油沥青-外保护层	≥7	

b. 钢管除锈。清除钢管表面的焊渣、毛刺、油污和铁锈等附着物,露出金属本色。

c. 底漆涂刷。严禁使用含铅汽油调制底漆,配制底漆用的汽油应沉淀脱水,底漆涂刷应均匀,不得漏涂,不得有凝块和流痕等缺陷,厚度应为0.1～0.2mm。

d. 沥青熬制。熬制开始时缓慢加热,温度控制在230℃左右,最高不超过250℃。熬制中经常搅拌,清除表面上的漂浮物。熬制时间控制在4～5h,确保脱水完全。

e. 沥青涂刷。底漆干后即可涂刷热沥青,涂刷时保持厚度均匀。管子两端应按管径大小预留出一段不涂石油沥青,管端预留段的长度为150～200mm。

f. 玻璃布包扎。涂刷热沥青后立即缠绕玻璃布,玻璃布应干燥、清洁。缠绕时应紧密无褶皱,压边均匀,压边宽度为20～30mm,搭接长度为100～150mm,玻璃布的石油沥青浸透率应达到95%以上,严禁出现大于50mm×50mm的空白。

g. 外包保护层。外保护层包扎应松紧适宜,无破损、皱褶、脱壳现象,压边宽度为20～30mm,搭接长度为100～150mm。

② 石油沥青防腐层的质量检查:

a. 外观。用目测法逐根检查防腐层的外观质量,表面应平整,无明显气泡、麻面、皱纹、凸痕等缺陷。

b. 厚度。用防腐层测厚仪检测,厚度应符合表37-114的规定。

c. 粘结力。在防腐层上切一夹角为45°～60°的切口,切口边长约为40～50mm,从角尖端撕开防腐层,撕开面积宜为300～500mm^2。防腐层应不易撕开,且撕开后粘附在钢管表面上的第一层石油沥青或底漆占撕开面积的100%为合格。

d. 涂层连续完整性。按《管道防腐层性能试验方法 第11部分:漏点检测》SY/T 4113.11中的规定,采用高压电火花检漏仪对防腐管逐根进行检查,其检漏电压应符合表37-115的规定。

检漏电压 表37-115

防腐等级	普通级	加强级	特加强级
检漏电压(kV)	16	18	20

e. 补口与补伤。管道对接焊缝经外观检查、无损检测合格后,应进行补口。应使用与管本体相同的防腐材料、防腐等级及结构进行补口、补伤。玻璃布之间、外包保护层之间的搭接宽度应大于50mm。当损伤面积小于100mm^2时,可直接用石油沥青修补。

2) 环氧煤沥青防腐层

环氧沥青防腐涂料由环氧树脂、煤焦油沥青、颜料、填料、溶剂及固化剂等组成,具有漆膜坚硬、耐磨、对底材有极好的附着力、耐水性好、抗微生物侵蚀性好等特点,并具有良好的耐化学药品性能以及一定的绝缘性能。可按设计配方由厂家配套供货。

① 环氧煤沥青防腐层施工要点:

a. 环氧煤沥青防腐层等级及结构应符合表37-116的规定。

b. 钢管除锈。钢管表面应干净,无灰尘,无焊瘤、棱角及毛刺。

c. 涂料配制。由专人按产品使用说明书所规定的比例往漆料中加入固化剂,并搅拌均匀。使用前应静置熟化15～30min,熟化时间视温度的高低而缩短或延长。

环氧煤沥青防腐层等级及结构　　　　　　　　　　　　　　表 37-116

等级	结构	干膜厚度（mm）
普通级	底漆-面漆-面漆-面漆	≥0.3
加强级	底漆-面漆-面漆、玻璃布、面漆-面漆	≥0.4
特加强级	底漆-面漆-面漆、玻璃布、面漆-面漆、玻璃布、面漆-面漆	≥0.6

注："面漆、玻璃布、面漆"应连续涂敷，也可用一层浸满面漆的玻璃布代替。

d. 底漆涂刷。钢管表面预处理合格后应尽快涂底漆。涂敷均匀，无漏涂，无气泡和凝块。

e. 打腻子。在底漆表干后，对高于钢管表面 2mm 的焊缝两侧，应抹腻子使其形成平滑过渡面。腻子由配好固化剂的面漆加入滑石粉调匀制成，调制时不能加入稀释剂，调好的腻子宜在 4h 内用完。

f. 涂面漆和缠玻璃布。底漆或腻子表干后、固化前涂第一道面漆。涂刷均匀，无漏涂。

每道面漆实干后、固化前涂下一道面漆，直至达到规定层数。加强级防腐层，第一道面漆实干后、固化前涂第二道面漆，随即缠绕玻璃布。玻璃布要拉紧，表面平整，无皱褶和鼓包，压边宽度为 20~25mm，布头搭接长度为 100~150mm。玻璃布缠绕后即涂第三道漆，要求漆量饱满，玻璃布所有网眼应灌满涂料。第三道面漆实干后，涂第四道面漆。

也可用浸满面漆的玻璃布进行缠绕，代替第二道面漆、玻璃布和第三道面漆，待其实干后，涂第四道面漆。

特加强级防腐层涂面漆和缠玻璃布依此类推。

g. 涂敷好的防腐层，宜静置自然固化。防腐层的干性检查：

表干——手指轻触防腐层不粘手或虽发黏，但无漆粘在手指上。

实干——手指用力推防腐层不移动。

固化——手指甲用力刻防腐层不留痕迹。

② 环氧煤沥青防腐层的质量检查：

a. 外观。

应逐根目测检查。无玻璃布的普通级防腐层，漆膜表面应平整、光滑，对缺陷处应在固化前补涂面漆至符合要求。有玻璃布的加强级和特加强级防腐层，要求表面平整、无空鼓和皱褶，压边和搭边粘接紧密。

b. 厚度。

用磁性测厚仪抽查，对厚度不合格的防腐管，应在涂层未固化前修补至合格。

c. 漏点检查。

应采用电火花检漏仪对防腐管逐根进行漏点检查，以无漏点为合格。检漏电压为：普通级：2000V；加强级 2500V；特加强级 3000V。也可设定检漏探头发生的火花长度至少是防腐层设计厚度的 2 倍。在连续检测时，检漏电压或火花长度应每 4h 校正一次。检查时探头应接触防腐层表面，以约 0.2m/s 的速度移动。漏点应补涂，将漏点周围约 50mm 范围内的防腐层用砂轮或砂纸打毛，然后涂刷面漆至符合要求，固化后应再次进行漏点检查。

d. 粘结力检查。

（a）普通级防腐层应符合下列规定：

用锋利刀刃垂直划透防腐层，形成边长约 40mm、夹角约 45°的 V 形切口，用刀尖从切割线交点挑剥切口内的防腐层，符合下列条件之一认为防腐层粘结力合格：

a）实干后只能在刀尖作用处被局部挑起，其他部位的防腐层应和钢管粘结良好，不出现成片挑起或层间剥离的情况。

b）固化后很难将防腐层挑起，挑起处的防腐层呈脆性点状断裂，不出现成片挑起或层间剥离的情况。

（b）加强级和特加强级防腐层应符合下列规定：

用锋利刀刃垂直划透防腐层，形成边长约 100mm、夹角约 45°～60°的 V 形切口，从切口尖端撕开玻璃布，符合下列条件之一认为防腐层粘结力合格：

a）实干后的防腐层，撕开面积约 $500mm^2$，撕开处应不露铁，底漆与面漆普遍粘结。

b）固化后的防腐层，只能撕裂，且破坏处不露铁，底漆与面漆普遍粘结。

粘结力不合格的防腐管，不允许补涂处理，应铲掉全部防腐层重新施工。

e. 补口与补伤。应使用与管本体相同的防腐材料、防腐等级及结构进行补口、补伤。

3）聚乙烯防腐层

聚乙烯防腐层一般在工厂使用专用的塑料挤出机，将聚乙烯粒料加热熔融，然后挤向经过清除并被加热至 160～180℃的钢管表面，涂层冷却后聚乙烯膜牢固地粘附在管壁上。

① 挤压聚乙烯防腐层质量检验：

a. 防腐层外观采用目测法逐根检查。聚乙烯层表面应平滑，无暗泡、麻点、皱折、裂纹，色泽应均匀。管端预留长度应为 100～150mm，且聚乙烯层端面应形成小于或等于 30°的倒角。

b. 防腐层的漏点采用在线电火花检漏仪检查，检漏电压为 25kV，无漏点为合格。单管有两个或两个以下漏点时，可按规定进行修补；单管有两个以上漏点或单个漏点沿轴向尺寸大于 300mm 时，该管为不合格。

c. 采用磁性测厚仪测量钢管圆周方向均匀分布的四点的防腐层厚度，结果应符合表 37-117 的规定，每 4h 至少在两个温度下各抽测一次。

防腐层的厚度　　　　　　　　　　　　　　　　表 37-117

钢管公称直径 DN（mm）	环氧粉末涂层（μm）	胶粘剂层（μm）	防腐层最小厚度（mm）	
$DN \leqslant 100$	≥80	170～250	1.8	2.5
$100 < DN \leqslant 250$			2	2.7
$250 < DN < 500$			2.2	2.9
$500 \leqslant DN < 800$			2.5	3.2
$DN \geqslant 800$			3	3.7

② 挤压聚乙烯防腐管的存放：

a. 挤压聚乙烯防腐管的吊装应采用尼龙带或其他不损坏防腐层的吊具。

b. 堆放时，防腐管底部应采用两道或以上支垫垫起，支垫间距为 4～8m，支垫最小宽度为100mm，防腐管离地面不得少于100mm，支垫与防腐管及防腐管相互之间应垫上柔性隔离物。运输时，宜使用尼龙带等捆绑固定。装车过程中，应避免硬物混入管垛。

c. 挤压聚乙烯防腐管的允许堆放层数应符合表37-118的规定。

挤压聚乙烯防腐管的允许堆放层数 表37-118

公称直径 DN (mm)	$DN<200$	$200 \leqslant DN<300$	$300 \leqslant DN<400$	$400 \leqslant DN<600$	$600 \leqslant DN<800$	$DN \geqslant 800$
堆放层数	$\leqslant 10$	$\leqslant 8$	$\leqslant 6$	$\leqslant 5$	$\leqslant 4$	$\leqslant 3$

d. 挤压聚乙烯防腐管露天存放时间不宜超过一年；若需存放一年以上时，应用不透明的遮盖物对防腐管加以保护。

4）聚乙烯胶粘带防腐层

聚乙烯胶粘带防腐层是一种在聚乙烯薄膜上涂以特殊的胶粘剂而制成的防腐材料。在常温下有压敏粘结性能，温度升高后能固化而与金属有很好的附着力。

① 聚乙烯胶粘带防腐层质量检验：

a. 对防腐层进行100%目测检查。防腐层表面应平整，搭接均匀，无永久性气泡，无皱褶和破损。工厂预制聚乙烯胶粘带防腐层，管端应有150±10mm的焊接预留段。

b. 每20根防腐管随机抽查一根，每根测三个部位，每个部位测量沿圆周方向均匀分布的四点的防腐层厚度。每个补口、补伤随机抽查一个部位。不合格时应加倍抽查，仍不合格时则判为不合格。不合格的部分应进行修复。

c. 工厂预制防腐层，应逐根进行电火花检漏；现场涂敷的防腐层应进行全线电火花检漏，补口、补伤逐个检查。发现漏点及时修补。检漏时，探头移动速度不大于0.3m/s。

d. 剥离强度测试在缠好胶粘带24h后进行。测试时的温度宜为20～30℃。

② 聚乙烯胶粘带防腐管的存放：

a. 防腐管的吊装应采用宽尼龙带或专用吊具，轻吊轻放，严禁损伤防腐层。

b. 防腐管的堆放层数以不损伤防腐层为原则，不同类型的防腐管应分别堆放，并在防腐管间及底部垫上软质垫层。

c. 埋地用聚乙烯胶粘带防腐管露天堆放时间不宜超过三个月。

（2）阴极保护（牺牲阳极）

阴极保护是通过降低腐蚀电位，使管道腐蚀速率显著减小而实现电化学保护的一种方法。牺牲阳极就是与被保护管道偶接而形成电化学电池，并在其中呈低电位的阳极，通过阳极溶解释放负电流以对管道实现阴极保护的金属组元。牺牲阳极通常有镁、锌、铝三类。

① 牺牲阳极埋设有立式和卧式两种，埋设位置分轴向和径向。阳极埋设位置一般距管道3～5m，最小不宜小于0.3m；埋设深度以阳极顶部距地面不小于1m为宜，必须埋设在土壤冰冻线以下，在地下水位低于3m的干燥地带，阳极应适当加深埋设；在河流中阳极应埋设在河床的安全地带，以防洪水冲刷和挖泥清淤时损坏。

② 注意阳极与管道之间不应有金属构筑物。成组布置时，阳极间距以2～3m为宜。

③ 立式阳极宜采用钻孔法施工，卧式阳极宜采用开槽法施工。

④ 牺牲阳极使用前应对表面进行处理，清除表面的氧化膜及油污，使其呈金属光泽。

⑤ 阳极连接电缆的埋设深度不应小于0.7m，四周垫有5～100mm厚的细砂，砂的上部应覆盖水泥护板或红砖。敷设时，电缆长度要留有一定裕量。

⑥ 阳极电缆可以直接焊接到被保护管道上，也可通过测试桩中的连接片相连。与钢质管道相连接的电缆应采用铝热焊接技术。焊点应重新进行防腐绝缘处理，防腐材料和等级应和原有覆盖层相一致。

⑦ 电缆和阳极钢芯宜采用焊接连接，双边焊缝长度不得小于50mm。电缆与阳极钢芯焊接后，应采取必要的保护措施，以防施工中连接部位断裂。

⑧ 阳极端面、电缆连接部位及钢芯均要防腐绝缘。

⑨ 为改善埋地阳极工作条件而填塞在阳极四周的导电性材料叫填包料。

填包料可在室内包装，也可在现场包装，其厚度不应小于50mm。无论用什么方式，都应保证阳极四周的填包料厚度一致、密实。室内预包装的袋子必须采用天然纤维（棉布或麻袋）织品，严禁使用人造纤维织品。

填包料应调拌均匀，不得混入石块、泥土、杂草等。阳极埋地后充分灌水并达到饱和。

⑩ 阴极保护使用的电绝缘装置可包括绝缘法兰、绝缘接头和绝缘垫块等。

高压、次高压、中压管道宜使用整体埋地型绝缘接头。

⑪ 下列部位应安装绝缘接头或绝缘法兰：

a. 被保护管道的两端及保护与非保护管道的分界处。

b. 储配站、门站、调压站（箱）的进口与出口处。

c. 杂散电流干扰区的管道。

d. 大型穿跨越地区的管道两端。

e. 需要保护的引入管末端。

⑫ 阴极保护系统宜适量埋设检查片，且应符合下列规定：

a. 应选择不同类型的地段和土壤环境埋设。

b. 检查片的制作、埋设及测试方法应符合现行国家标准《埋地钢质检查片应用技术规范》SY/T 0029的规定。

37.11.5.2 燃气管道保温

管道保温是指在管道外部按一定要求所做的以绝热材料为主的绝热结构，通常称为保温结构。管道保温结构通常由三部分组成：保温层、保护层和防潮层。具体施工要求可参照《工业设备及管道绝热工程施工规范》GB 50126。

1. 一般规定

（1）保温绝热工程施工前应对绝热材料及其制品的质检资料进行核查。

（2）燃气设备及管道的绝热工程施工，宜在设备及管道压力强度试验、严密性试验及防腐工程完工合格后进行。

（3）雨雪天气不宜进行室外绝热工程施工，当在雨雪天、寒冷季节进行室外绝热工程施工时，应采取防雨雪和防冻措施。

37.11.5.3 燃气管道标识

（1）燃气管道宜涂以黄色的防腐识别漆。

(2) 室内暗埋燃气管道的色标,应在砂浆内添加带色颜料作为永久色标。当设计无明确规定时,颜料宜为黄色。

(3) 埋地燃气管道警示带和管道路面标识的设置要求应符合下列规定:

1) 警示带敷设:

① 埋设燃气管道的沿线应连续敷设警示带。警示带敷设前应将敷设面压实,并平整地敷设在管道的正上方,距管顶的距离宜为0.3~0.5m,但不得敷设于路基和路面里。

② 警示带平面布置可按表37-119的规定执行。

警示带平面布置 表37-119

管道公称直径(mm)	≤400	>400
警示带数量(条)	1	2
警示带(间距)	—	150

③ 警示带宜采用黄色聚乙烯等不易分解的材料,并印有明显、牢固的警示语,字体不宜小于100mm×100mm。

2) 管道路面标识设置:

① 当燃气管道设计压力大于或等于0.8MPa时,管道沿线宜设置路面标识。

对混凝土和沥青路面,宜使用不锈钢标识;对人行道和土路,宜使用混凝土方砖标识;对绿化带、荒地和耕地,宜使用钢筋混凝土桩标识。

② 路面标识应设置在燃气管道的正上方,并能正确、明显地指示管道的走向和地下设施。设置位置应为管道转弯、三通、四通、管道末端等处,直线管段路面标识的设置间隔不宜大于200m。

③ 路面上已有能标明燃气管线位置的阀门井、凝水缸部件时,该部件可视为路面标识。

④ 路面标识上应标注"燃气"字样,可选择标注"管道标志""三通"及其他说明燃气设施的字样或符号和"不得移动、覆盖"等警示语。

⑤ 不锈钢板标识和混凝土方砖标识的强度和结构应考虑汽车的荷载,使用后不松动或脱落;钢筋混凝土桩标识的强度和结构应满足不被人力折断或拔出。标识上的字体应端正、清晰,并凹进表面。

⑥ 不锈钢板标识和混凝土方砖标识埋入后与路面平齐;钢筋混凝土桩标识埋入的深度,应使回填后不遮挡字体。混凝土方砖标识和钢筋混凝土桩标识埋入后,采用红漆将字体描红。

37.12 建筑供暖工程

37.12.1 室内供暖系统安装

37.12.1.1 供暖管道及设备安装

1. 供暖管道安装

(1) 施工工艺流程

施工准备→套管预埋→支架预制、安装→干管安装→立、支管安装→调试、保温。

(2) 套管预埋

1) 管道穿过墙壁和楼板处应配合土建预埋套管或预留孔洞，如设计无要求，应符合表37-120的规定。

预留孔洞尺寸　　　　　　　　　　　　　　　　　表37-120

项次	管道名称		明管 孔洞尺寸（mm）长×宽	暗管 孔洞尺寸（mm）长×宽
1	供暖立管	管径≤25mm	100×100	130×130
		管径32～50mm	150×150	150×130
		管径70～100mm	200×200	200×200
2	两根供暖立管	管径≤32mm	150×100	200×130
3	供暖主立管	管径≤80mm	300×250	—
		管径100～125mm	350×300	—
4	散热器支管	管径≤25mm	100×100	60×60
		管径32～40mm	150×130	150×100

2) 安装在楼板内的套管，其顶部应高出装饰地面20mm；安装在卫生间及厨房间的套管，其顶部高出装饰地面50mm，底部应与楼板底面相平；安装在墙壁内的套管其两端与饰面相平。穿过楼板的套管与管道之间缝隙，应用阻燃密实填塞，防水油膏封口，端面应光滑。

(3) 管道支、吊、托架及管托安装

1) 管道支架材料采用普通型钢或镀锌型钢加工而成，金属管道的管托及管卡采用金属制成品，铝塑复合管和非金属管道采用专用的非金属管卡。

2) 支架型式、尺寸、规格要符合设计和现场实际要求，支架孔、眼一律使用电钻或冲床加工，其孔径应比管卡或吊杆直径大1～2mm，管卡的尺寸与管子的配合要接触紧密。

3) 管卡要安装于保温层外，管卡部位的保温层厚度与管道保温层厚度设计一致，选用中硬度的木材或硬质人造发泡绝热材料，使之具有足够的支撑强度、较好的绝热性能和一定的使用年限。

4) 支、吊架的生根结构，特别是固定支架的生根部位，尽可能地选择在梁、柱等建筑结构上，采用预埋钢板或者膨胀螺栓固定。

5) 立管和支管的支架可能要设置到砖墙、空心砌块等轻质墙体上，根据实际情况，采取事先预留孔洞的办法，支架安装后，与土建专业密切配合，及时填塞C20细石混凝土，并捣固密实，当砌体达到强度的75%时，方可安装管道，否则不允许使用该支架固定管道。

6) 安装滑动支架的管道支座和零件时，考虑到管道的热位移，要向管道膨胀的相反方向偏移该处全部热位移的1/2距离。滑动支架应灵活，滑托与滑槽两侧间应留有3～5mm的间隙，纵向移动量要符合设计要求。

7) 选用吊架安装时，有热位移的管道吊杆要向管道膨胀的相反方向偏移该处全部热位移的 1/2 距离，注意双管吊架不能同时吊置热位移方向相反的任何两条管道。

8) 固定支架与管道接触紧密，固定牢固，其设置数量和具体位置应根据图纸设计和现场实际情况进行布置。

9) 立管管卡的安装按下列规定：

① 当楼层高度小于或等于 5m 时，每层的每根管道应安装不少于 1 个管卡。

② 当楼层高度大于 5m 时，每层的每根管道应安装不少于 2 个管卡。

③ 当每层的每根管道安装 2 个以上管卡时，安装位置应匀称。

④ 管卡安装高度距地面应为 1.5~1.8m，且同一房间的管卡应安装在同一高度上。

10) 其他参照室内给水、热水管道支架安装要求。

(4) 干管安装

1) 干管安装应从进户或分支路点开始，安装前检查管道内是否干净。

2) 按设计要求确定的管道走向和轴线位置，在墙（柱）上弹画出管道安装的定位坡度线。

3) 按经过深化设计后的施工图进行管段的加工预制，包括：断管、套螺纹、上零件、调直、核对好尺寸，按环路分组编号，码放整齐。

4) 按设计要求或规范规定的间距进行支吊架安装，吊卡安装时，先把吊杆按坡向、顺序依次穿在型钢上，吊环按间距位置套在管上，再把管道抬起穿上螺栓拧上螺母，将管道固定。安装托架上的管道时，先把管道就位在托架上，把第一节管道装好 U 形卡，然后安装第二节管道，以后各节管道均照此进行，紧固好螺栓。

5) 遇有伸缩器，应考虑预拉伸及固定支架的配合。干管转弯作为自然补偿时，应采用撼制弯头。

6) 在管道干管上焊接垂直或水平分支管道时，干管开孔所产生的钢渣及管壁等废弃物不得残留管内，且分支管道在焊接时不得插入干管内。

7) 钢质干管连接时，其变径处应顶平偏心连接。

8) 架空布置的供暖干管，一般沿墙敷设，遇到墙面有突出立柱的，管道可移至柱外直线敷设，支架的横梁加长，避免绕柱。

9) 地面上沿墙敷设的，遇到墙面突出立柱时，管道应制成方形弯管绕柱敷设，方形弯管相当于方形补偿器，但弯管可采用冲压弯头或焊接弯头组成，也可采用曲率半径为 2~2.5 倍外管径的弯管组成。

10) 地面上沿墙布置的水平管，在过门地沟处，最低处应安装放水丝堵，地沟上返高处应安装排气阀。

11) 管道安装完毕，检查坐标、标高、预留口位置和管道变径等是否正确，然后找直，用水平尺等校对复核坡度，调整合格后，再调整吊卡螺栓、U 形卡，使其松紧适度，平正一致，最后焊牢固定卡处的止动板。

12) 摆正或安装好管道穿结构处的套管，填堵管洞口，预留口处应加好临时管堵。

(5) 立、支管安装

1) 核对各层预留孔位置是否垂直，吊线、剔眼、栽卡子，将预制好的管道按编号顺序运到安装地点。

2) 安装前先卸下阀门盖，有钢套管的先穿到管上，按编号从第一节管开始安装。涂铅油缠麻，将立管对准接口转动入扣，一把管钳咬住管件，一把管钳拧管，拧到松紧适度，对准调直时的标记要求，螺纹外露2～3个螺距，预留口平正为止，清净麻头。

3) 检查立管的每个预留口标高、方向、半圆弯等是否准确、平正。将事先安装好的支架卡子松开，把管放入卡内拧紧螺栓，用吊杆、线坠从第一节管开始找好垂直度，扶正钢套管，最后填堵孔洞，预留口必须加好临时丝堵。

4) 立管遇支管垂直交叉时，支管应该设半圆形让弯绕过立管，如图37-141所示，让弯的尺寸见表37-121。

让弯尺寸表（mm） 表37-121

DN	α (°)	α_1 (°)	R	L	H
15	94	47	50	146	32
20	82	41	65	170	35
25	72	36	85	198	38
32	72	36	105	244	42

5) 室内干管与立管连接不应采用丁字连接，应撅乙字弯或用弯头连接形成自然补偿器，如图37-142所示。

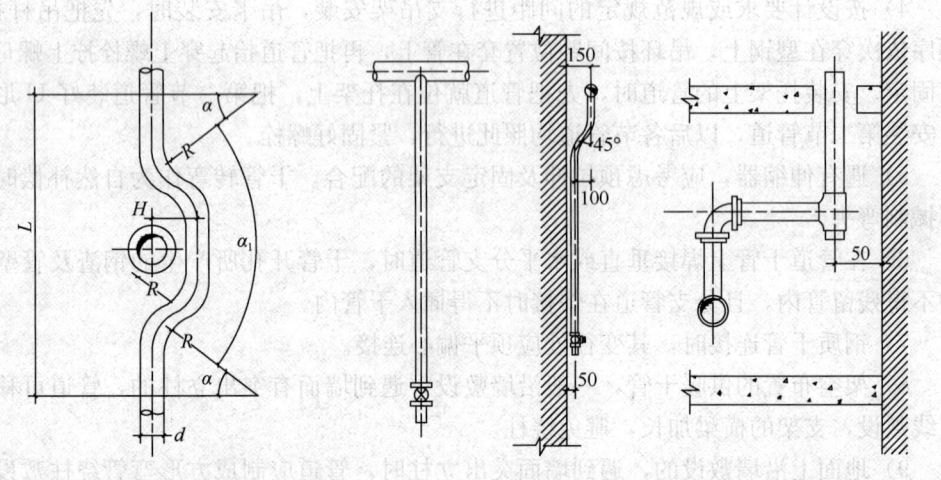

图37-141 支管让弯立管安装示意图　　图37-142 干管与立管连接

(6) 供暖管道安装的允许偏差。

供暖管道安装的允许偏差应符合表37-122的规定。

供暖管道安装的允许偏差和检验方法　　表37-122

项次	项目		允许偏差	检验方法
1	横管道纵、横方向弯曲（mm）	每1m 管径≤100mm	1mm	用水平尺、直尺、拉线和尺量检查
		每1m 管径>100mm	1.5mm	
		全长（25m以上）管径≤100mm	≤13mm	
		全长（25m以上）管径>100mm	≤25mm	
2	立管垂直度（mm）	每1m	2mm	吊线和尺量检查
		全长（5m以上）	≤10mm	

续表

项次	项目		允许偏差	检验方法
3	弯管	椭圆率 $\dfrac{D_{max}-D_{min}}{D_{max}}$	管径≤100mm 10%	用外卡钳和尺量检查
			管径>100mm 8%	
		折皱不平度（mm）	管径≤100mm 4mm	
			管径>100mm 5mm	

注：D_{max}、D_{min} 分别为管子最大外径和最小外径。

2. 供暖设备安装

（1）膨胀水箱

膨胀水箱用来贮存热水供暖系统加热的膨胀水量，在自然循环上供下回式系统中，还起着排气作用。膨胀水箱的另一个作用是恒定供暖系统的压力。

膨胀水箱一般采用碳钢板或不锈钢板制成，通常是圆形或者矩形。水箱上连有膨胀管、溢流管、信号管、排水管及循环管等管路。

1）膨胀水箱安装在系统最高点并高出集气罐顶300mm以上，安装时应平正，距离安装地面250mm以上。

2）在机械循环系统和自然循环系统中，循环管应接到系统定压点前的水平回水干管上（图37-143），膨胀管与系统的连接点之间保持1.5~3m的距离，这样可让少量热水能缓慢地通过循环管和膨胀管流过水箱，以防水箱里的水冻结，同时膨胀水箱要考虑保温。

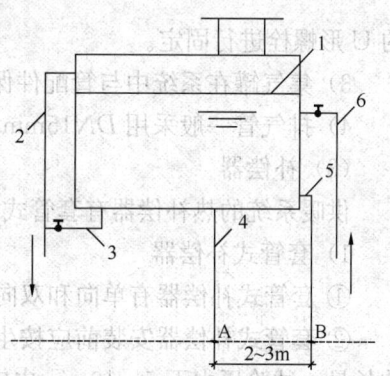

图37-143 膨胀水箱连接管示意图
1—膨胀水箱；2—溢流管；3—排污管；
4—膨胀管；5—循环管；6—补水管

3）在膨胀管、循环管和溢流管上，严禁安装阀门，以防止系统超压、水箱水冻结或水从水箱内溢出。

4）溢水管的管径应大于水箱的补水管管径。

5）排污管安装在靠近水箱溢流管的底部，出水箱后与溢流管相连，经过排水漏斗后接入污水系统。

6）膨胀水箱安装完毕，进行灌水试验，检查其强度及是否渗漏。

7）供暖系统冲水时，水位到达信号管高度即可。

（2）集气罐

集气罐是由直径为100~250mm的短管制成，有立式、卧式之分，其构造如图37-144所示。集气罐顶部设有DN15mm的放气管，管端装有排气阀门，就近接到污水盆或其他卫生设备处。在系统工作期间，手动集气罐应定期打开阀门将积聚在罐内的空气排出系统。若安装集气罐的空间尺寸允许，应尽量采用容量较大的立式集气罐。集气罐的安装位置在上拱式系统中应为管网的最高点，为了利于排气，应使供水干管水流方向与空气气泡浮升方向相一致，这就要求管道坡度与水流方向相反，否则设计时应注意使管道的水流速度小于气泡浮升速度，以防气泡被水流卷走。

1）集气罐一般安装于供暖房间内，否则应采取防冻措施。

2）安装时应有牢固的支架支承，一般采用角钢裁埋于墙内作为横梁，再配以ϕ12mm

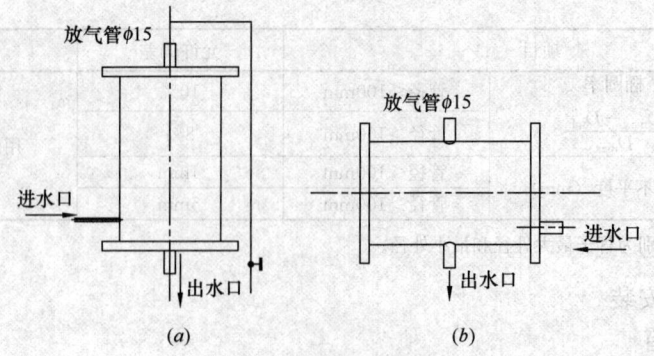

图 37-144 集气罐示意图
(a) 立式；(b) 卧式

的 U 形螺栓进行固定。

3) 集气罐在系统中与管配件保持 5～6 倍直径的距离，以防涡流影响空气的分流。

4) 排气管一般采用 $DN15mm$，其上应设截止阀，中心距地面 1.8m 为宜。

（3）补偿器

供暖系统的热补偿器有套管式、球形、波纹及方形补偿器四大类。

1) 套管式补偿器

① 套管式补偿器有单向和双向两种形式。

② 套管式补偿器安装前应按生产厂给定的试验压力试压。试压时，套管应处于最大伸长量，试验压力下 5～10min 内应不渗不漏。

③ 套管补偿器安装长度应考虑预拉伸伸出长度。双向套管补偿器安装于两固定支架中间，两侧管道最少应各安装两个导向支架。单向补偿器靠一端固定支架安装时，另一端应安装两个以上导向支架。

④ 套管补偿器安装时，应保证其中心线与管线中心线一致，不可歪斜。

2) 球形补偿器

① 用于有三向位移的管道，其折曲角一般不大于 30°。

② 球形补偿器不能单个使用，根据管路系统可由 2～4 个配套使用。

③ 球形补偿器两侧管支架，宜用滚动支架。

④ 用作供暖管道的球形补偿器安装时，需进行预压缩，其折曲角应向反方向偏转。

3) 波纹补偿器

补偿器接口有法兰连接和焊口连接两种方式，安装方法一种是随着管道敷设同时安装补偿器；也可以先安装管道，系统试压冲洗后，再安装补偿器。视条件和需要确定。

① 先测量好波纹补偿器的长度，在管道波纹补偿器安装位置上画出切断线。

② 依线切断管道。

③ 先用临时支、吊架将补偿器支吊好，使两边的接口同时对好口，同时点焊。检查补偿器安装是否合适，合适后按顺序施焊。焊后拆除临时支吊架。

④ 法兰接口的补偿器：先将管道接口用的法兰、垫片临时安装到波纹补偿器的法兰盘上，用临时支、吊架将补偿器支撑就位，补偿器两端的接口要同时对好管口，同时将法

兰盘点焊。检查补偿器位置合适后，卸下法兰螺栓，卸下临时支、吊架和补偿器。然后对管口法兰进行对称施焊，按照焊接质量要求清理焊渣，检查焊接质量，合格后对内外焊口进行防腐处理。最后将波纹补偿器进行正式连接。

⑤ 选用内衬套筒的波纹补偿器时，套筒有焊缝的一端应处于介质流向的上游。

⑥ 波纹补偿器在安装前，应按工作压力的1.5倍进行水压试验。

⑦ 波纹补偿器的预拉伸应由厂方进行，订货时应提供预拉伸量或必要的数据。波纹管补偿器由于生产厂家不同，应按厂家安装说明书进行安装。

4）方形补偿器

方形补偿器由4个90°的揻弯弯管组成，它的优点是制作简单，便于安装，补偿量大，工作安全可靠；缺点是占地面积大、架空敷设不大美观等，因此凡有条件的情况下才可选用。

① 方形补偿器尽量用一根管子揻制，若用多根管子揻制，其顶端（水平段）不得有焊口。焊口应放置在外伸臂的中点处。

② 方形补偿器组对时，应在平地上拼接，组对时尺寸要准确、两边应对称，其偏差不得大于3mm/m，垂直臂长度偏差不应大于10mm，弯头必须是90°。

③ 为了减少热应力和增大补偿量，方形补偿器安装前应进行预拉伸。

④ 作为供暖系统的补偿器，安装时应预拉伸。室内供暖系统推荐采用撑顶装置，拉伸长度应为该段最大膨胀变形量的2/5。

⑤ 方形补偿器应安装在两固定支架中间，其顶部应设活动支架或吊架，安装后应将拉杆拆除。

（4）疏水器

疏水器用于蒸汽供暖系统中，其作用在于能自动而迅速地排出散热设备及管网中的凝结水和空气，同时可以阻止蒸汽的溢漏。

1）根据疏水器的作用原理不同，可分为机械型疏水器、热动力型疏水器、热静力型（恒温型）疏水器。

2）根据图纸的设计规格进行组配安装，组配时，其阀体应与水平回水干管相垂直，不得倾斜，以利于排水。

3）其介质流向与阀体标志应一致。

4）同时安排好旁通管、冲洗管、止回阀、过滤器等部件的位置，并设置必要的法兰、活接头等零件，以便于检修拆卸。蒸汽干管疏水器组安装如图37-145所示。

（5）除污器

1）除污器一般设置在供暖系统用户引入口的供水总管上、循环水泵的吸入管段上、热交换设备的进水管段等位置。除污器有立、卧式和角形三种。除污器安装如图37-146所示。

2）除污器在安装前应进行水压试验，合格并经防腐处理后方可安装。

3）安装除污器时，须注意出入口方向，切勿装反。

4）单台设置的除污器前后应装设阀门，并设旁通管，以保证除污器排污、出现故障或清理污物时热水能从旁通管通过而连续供热。

5）除污器应设置单独的支架。

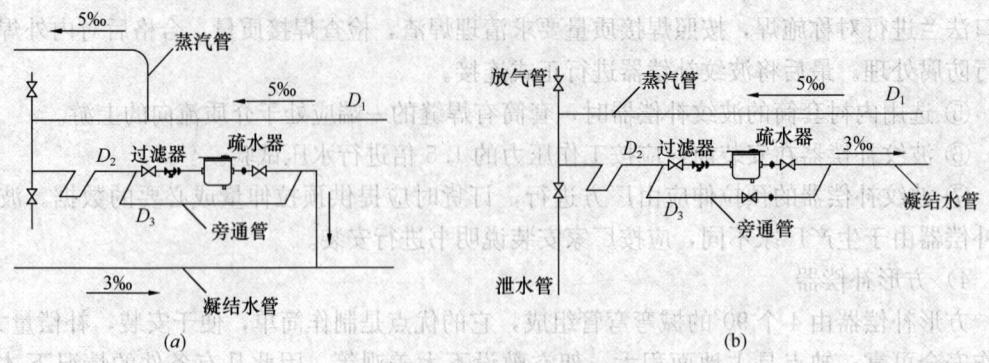

图 37-145 蒸汽干管疏水器组安装图
(a) 中途疏水器组；(b) 末端疏水器组

6) 系统试压和冲洗完成后，应清洗除污器过滤网滤下的污物。

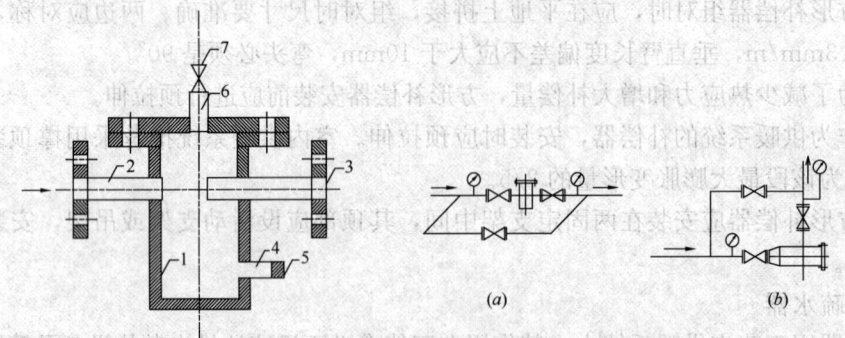

图 37-146 除污器安装
(a) 直通式；(b) 角通式
1—筒体；2—进水管；3—出水管；4—排污管；5—排污丝堵；6—放气管；7—截止阀

(6) 减压阀和安全阀

1) 减压阀是利用蒸汽通过断面收缩阀孔时因节流损失而降低压力的原理制成，它可以依靠启闭阀孔对蒸汽节流而达到减压的目的，且能够控制阀后压力。常用的减压阀有活塞式、波纹管式两种，分别适用于工作温度不高于 300℃ 和 200℃ 的蒸汽管路上。

2) 安全阀是保证蒸汽供暖系统不超过允许压力范围的一种安全控制装置。一旦系统的压力超过设计规定的最高允许值，阀门自动开启放出蒸汽，直至压力回降到允许值才会自动关闭。有微启式、全启式和速启式三种类型，供暖系统中多用微启式安全阀。

3) 蒸汽减压阀和管道及设备商安全阀的型号、规格、公称压力及安装位置应符合设计要求。安装完毕后应根据系统工作压力进行调试，并作出标志。

(7) 热量表

1) 分为单户用热量表和管网热量表，热量表安装位置应保证仪表正常工作要求，不应安装在有碍检修、易受机械损伤、有腐蚀和振动的位置。

2) 热量表安装方式都可以分为水平和垂直安装。

3) 热量表安装前，生产厂家应提供对温度传感器进行校核的资料。

4) 户用热量表的流量传感器宜装在供水管上,且热量表前应设置除污装置。

5) 安装不同厂家的热量表时,应满足各厂家安装使用说明书的要求。

6) 热量表计算器的安装应远离变频设备和电磁干扰源,计算器安装高度不宜大于1.6m,应便于读数。

37.12.1.2 散热器安装

现场组装和整组出厂的散热器,安装前应作单组水压试验,试验压力为工作压力的1.5倍,但不得小于0.6MPa,试验压力下2min压力不降且不渗不漏为合格。

散热器恒温控制阀的技术参数、规格、公称压力及安装位置应符合设计要求。安装完毕后,阀门应根据设计要求进行阻力预设定及温度限定。安装远程式散热器恒温控制阀时,不得遮挡传感器。

1. 铸铁散热器安装

铸铁散热器可以现场组装,也可以由厂家按照订货要求直接组装,多用于民用建筑及公共场所等。

(1) 按图纸设计要求分段分层分规格统计出散热器的组数、每组片数,列成表以便组对和安装时使用。

(2) 组对散热器的垫片应使用成品,垫片的材质当设计无要求时,应采用耐热橡胶制品,组对后的散热器垫片露出颈部不应大于1mm。

(3) 组对片式散热器需用专用钥匙,逐片组对。一组散热器少于14片时,应在两端片上装带腿片;大于或等于15片时,应在中间再增组一带腿片。

(4) 柱形散热器落地安装时,应首先栽好上部抱卡,根据偶数和奇数片定好抱卡位置,以保持散热器中心线与窗中心线一致。

(5) 处于系统顶端的散热器宜在丝堵处设放风阀。

2. 钢质散热器安装

(1) 根据外形分为光管型散热器、钢质柱式散热器、板式散热器和扁管式散热器等。

(2) 散热器厂家一般都配套专用支架,安装时先将支架用膨胀螺栓固定好,再将散热器挂上。

(3) 散热器进出口应安装活接头,以便于检修。

3. 铝质散热器安装

(1) 铝质散热器主要有高压铸铝和拉伸铝合金焊接两种,从外形上可分为翼形和闭合式两种。

(2) 铝质散热器不应与钢管直接相连接,应采用铜管件或塑料管件连接。

(3) 铝质散热器进出口处应安装铜质阀门。

(4) 其他安装要求同钢质散热器。

4. 双金属复合散热器安装

双金属复合散热器以铜铝复合或钢铝复合为主,铝合金作外界散热物质,钢(铜)作内管与水接触,采用辐射+对流散热方式,适合高低温供水。适合温控和热计量技术要求,更加节能环保。与其他材质散热器相比,它散热均衡,散热效果也非常好,不受供暖系统限制。其安装方法基本与铝质散热器安装相同。

5. 散热器安装的有关标准

（1）铸铁或钢质散热器表面的防腐及面漆应附着良好、色泽均匀，无脱落、起泡、流淌和漏涂缺陷。

（2）散热器组对应平直紧密，组对后的平直度应符合表37-123的规定。

柱形散热器规格表　　　　　　　　　　　　　　　　　　　表37-123

项次	散热器类型	片数（片）	允许偏差（mm）
1	翼形 （片长＞80mm）	2～4	4
		5～7	6
2	铸铁片式	3～15	4
	钢质片式	16～25	6

（3）散热器支、托架安装，位置应正确，埋设应牢固。散热器支、托架数量应符合设计或产品说明书的要求。如设计未注明时，则应符合表37-124的要求。

散热器支、托架数量　　　　　　　　　　　　　　　　　　　表37-124

项次	散热器形式	安装方式	每组片数（片）	上部托钩或卡架数（个）	下部托钩或卡架数（个）
1	翼形 （片长＞80mm）	挂墙	2～4	1	2
			5	2	2
			6	2	3
			7	2	4
2	柱形 柱翼形	挂墙	3～8	1	2
			9～12	1	3
			13～16	2	4
			17～20	2	5
			21～25	2	6
3	翼形 （片长＞80mm） 柱形 柱翼形	带足落地	3～8	1	—
			8～12	1	—
			13～16	2	—
			17～20	2	—
			21～25	2	—

（4）散热器背面与装饰后的墙内表面安装距离，应符合设计或产品说明书要求。如设计未注明，应为30mm。

（5）散热器安装高度参考《散热器选用与管道安装》17K408。

（6）散热器安装允许偏差应符合表37-125的规定。

散热器安装允许偏差和检验方法　　　　　　　　　　　　　　表37-125

项次	项目	允许偏差（mm）	检验方法
1	散热器背面与墙内表面距离	3	尺量检查
2	与窗中心线或设计定位尺寸	20	
3	散热器垂直度	3	吊线和尺量检查

37.12.1.3　热力入口装置

1. 低温热水供暖系统热力入口

低温热水供暖系统热力管道一般通过暖沟的形式入户，如图37-147所示。

（1）热力入口处宜设计量表检查井，适合人员进出操作和检修。

(2) 暖沟内设集水坑，设自动排水泵，防止暖沟内积水。
(3) 室内暖沟标高要高于室外暖沟标高，防止出现积水倒灌的意外。
(4) 热力入口处的阀门、附件等应适合拆卸，利于检修。
(5) 循环管的管径要比进出管小1～2号。
(6) 供暖季节里，如果要停止供暖，可以关闭7、9号阀门，打开8号阀门，以防室外干管发生冻结。供暖季节结束，整个供暖系统不应放水。

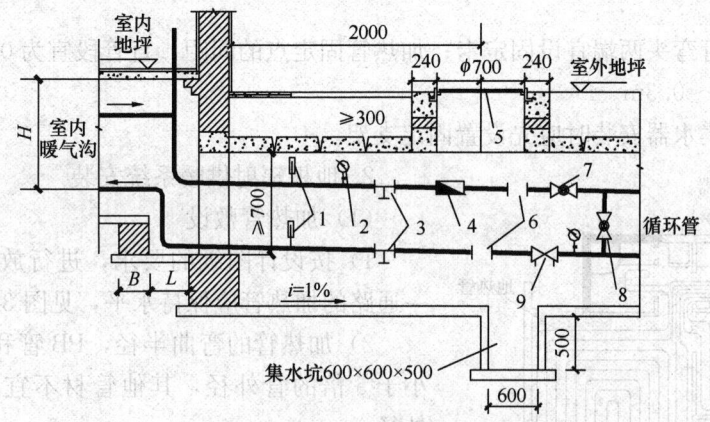

图 37-147 低温热水供暖入口图
1—温度计；2—压力表；3—泄水堵；4—热计量表；5—铸铁井盖；
6—过滤器；7—供水管闸阀；8—闸阀；9—自立式压差控制阀

2. 低压蒸汽供暖系统入口

低压蒸汽入户可通过暖沟形式，也可以直接由架空或直埋的方式入户，以后者方式入户时，控制阀组可设在室内。

3. 高压蒸汽供暖系统入口

高压蒸汽供暖系统入户时，应通过减压阀组进行减压后再接入蒸汽分汽缸供用户使用。减压阀组应包括安全阀、过滤器、截止阀、旁通阀、疏水器、压力表等。

(1) 减压阀组设在离地面1.2m左右处，沿墙敷设，如设在离地面3m时，须设永久性操作平台。
(2) 减压阀须安装在水平管道上，前后一律采用法兰截止阀。
(3) 减压阀前后的压差不得大于0.5MPa，否则应二次减压。
(4) 减压阀有方向性，安装时切勿装反，并使其垂直地安装在水平管道上。对于带有均压管的减压阀，均压管应连接到低压管一边；使用波纹管式减压阀时，波纹管应朝下安装。
(5) 减压阀安装完毕，应根据使用压力进行调试，并作出调试后的标志。
(6) 减压阀组的安全阀应设定起跳压力为工作压力加0.02MPa，安全阀在安装前需经当地技术质量监督部门校核、铅封。安全阀出口不得朝向设备、人员和其他建筑物。

37.12.1.4 地板辐射供暖系统安装

1. 支架制作安装

(1) 管道支架应在管道安装前埋设，应根据不同管径和要求设置管卡和吊架，位置应准确，埋设要平整，管卡与管道接触应紧密，不得损伤管道表面。

(2) 加热管的支架一般采用厂家配套的成品管卡，加热管的固定方式包括：
1) 用固定卡将加热管直接固定在绝热板或设有复合面层的绝热板上。
2) 用扎带将加热管固定在铺设于绝热层上的网格上。
3) 直接卡在铺设于绝热层表面的专用管架或管卡上。
4) 直接固定于绝热层表面凸起间形成的凹槽内。

(3) 加热管安装时应防止管道扭曲，弯曲管道时，圆弧的顶部应加以限制，并用管卡进行固定。

(4) 加热管弯头两端宜设固定卡；加热管固定点的间距，直管段宜为 0.5～0.7m，弯曲管段宜为 0.2～0.3m。

(5) 分、集水器安装时应先设置固定支架。

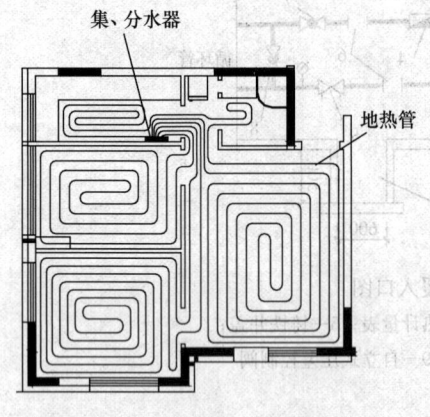

图 37-148 地热管路平面布置图

2. 地板辐射供暖系统安装

(1) 加热管敷设

1) 按设计图纸的要求，进行放线并配管，同一通路的加热管应保持水平，见图 37-148 所示。

2) 加热管的弯曲半径，PB 管和 PE-X 管不宜小于 5 倍的管外径，其他管材不宜小于 6 倍的管外径。

3) 填充层内的加热管不应有接头。

4) 采用专用工具断管，断口应平整，断口面应垂直于管轴线。

5) 加热管应用固定卡子直接固定在敷有复合面层的绝热板上，用扎带将加热管绑扎在铺设于绝热层表面的钢丝网上，或将加热管卡在铺设于绝热层表面的专用管架或管卡上。

6) 加热管固定点的间距，直管段不应大于 700mm，弯曲管段不应大于 350mm。

7) 根据国家现行标准《辐射供暖供冷技术规程》JGJ 142，施工验收后，发现加热管损坏，需要增设接头时，应先报建设单位或监理工程师，提出书面补救方案，经批准后方可实施。增设接头时，应根据加热管的材质，采用热熔或电熔插接式连接，或卡套式、卡压式铜制管接头连接，并应做好密封。铜管宜采用机械连接或焊接连接。无论采用何种接头，均应在竣工图上清晰表示，并记录归档。

8) 地热管弯头两端宜设固定卡；加热管固定点的间距，直管段宜为 0.5～0.7m，弯曲管段宜为 0.2～0.3m。

9) 在分水器、集水器附近以及其他局部加热管排列比较密集的部位，当管间距小于 100mm 时，加热管外部应采取设置柔性套管等措施，见图 37-149 所示。

10) 加热管出地面至分水器、集水器连接处，弯管部分不宜露出地面装饰层。加热管出地面至分水器、集水器下部球阀接口之间的明装管段，外部应加

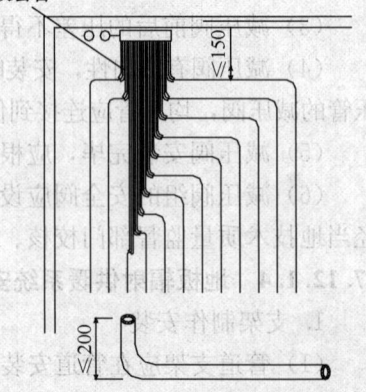

图 37-149 分、集水器附近接管做法

装塑料套管。套管应高出装饰面 150~200mm。

11）加热管与分水器、集水器连接，应采用卡套式、卡压式挤压夹紧连接；连接件材料宜为铜质；铜质连接件与 PP-R 或 PP-B 直接接触的表面必须镀镍。

12）加热管的环路布置不宜穿越填充层内的伸缩缝。必须穿越时，伸缩缝处应设长度不小于 200mm 的柔性套管，见图 37-150。

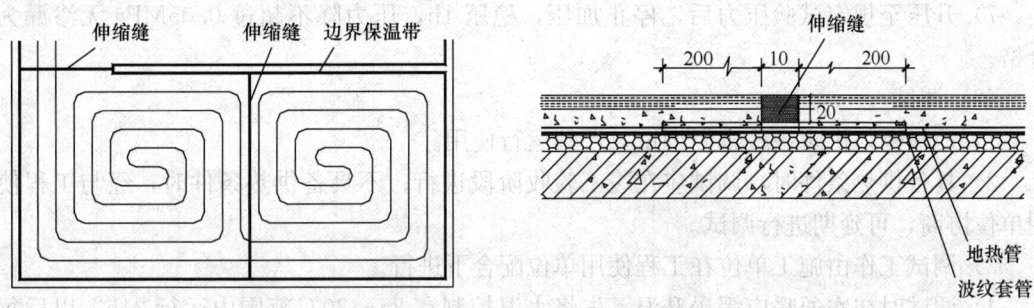

图 37-150 地热管穿伸缩缝处做法

13）伸缩缝的设置应符合下列规定：

① 在与内外墙、柱等垂直构件交界处应留不间断的伸缩缝，伸缩缝填充材料应采用搭接方式连接，搭接宽度不应小于 10mm；伸缩缝填充材料与墙、柱应有可靠的固定措施，与地面绝热层连接应紧密，伸缩缝宽度不宜小于 10mm。伸缩缝填充材料宜采用高发泡聚乙烯泡沫塑料。

② 当地面面积超过 30m² 或边长超过 6m 时，应按不大于 6m 间距设置伸缩缝，伸缩缝宽度不应小于 8mm。伸缩缝宜采用高发泡聚乙烯泡沫塑料或内满填弹性膨胀膏。

③ 伸缩缝应从绝热层的上边缘做到填充层的上边缘。

(2) 集、分水器安装

1）集、分水器应加以固定，当水平安装时，一般宜将分水器安装在上，集水器安装在下，中心距宜为 200mm，集水器中心距地面应不小于 300mm；当垂直安装时，分、集水器下端距地面应不小于 150mm。

2）加热管始末端出地面至连接配件的管段，应设置在硬质套管内，套管外皮不宜超出集配装置外皮的投影面。加热管与集配装置分路阀门的连接，应采用专用卡套式连接件或插接式连接件。

3）加热管始末端的适当距离内或其他管道密度较大处，当管间距不大于 100m 时，应设置柔性套管等保温措施。

4）加热管与集、分水器牢固连接后，或在填充层养护期后，应对加热管每一通路逐一进行冲洗，至出水清净为止。

3. 地板辐射供暖系统的检验、调试

(1) 水压试验

浇捣混凝土填充层之前和混凝土填充层养护期满之后，应分别进行系统水压试验。水压试验应符合下列要求：

1）水压试验之前，应对试压管道和构件采取安全有效的固定和保护措施。

2）试验压力应为工作压力的 1.5 倍，但不得小于 0.6MPa。

3) 冬期进行水压试验时，应采取可靠的防冻措施，试验合格后，应将管线内的水吹净，以免冻结。

4) 试验时首先经分水器缓慢注水，同时将管道内空气排出。

5) 充满水后，进行水密性检查。

6) 采用手动试压泵缓慢升压，升压时间不得少于15min。

7) 升压至规定试验压力后，停止加压，稳压1h，压力降不超过0.05MPa无渗漏为合格。

(2) 调试

1) 地板辐射供暖系统未经调试，严禁运行使用。

2) 具备供热条件时，调试应在竣工验收阶段进行；不具备供热条件时，经与工程使用单位协商，可延期进行调试。

3) 调试工作由施工单位在工程使用单位配合下进行。

4) 调试时初次通暖应缓慢升温，先将水温控制在25~30℃范围内运行24h，以后每隔24h温升不超过5℃，直至达到设计水温。

5) 调试过程应持续在设计水温条件下连续供暖24h，并调节每一环路水温达到正常范围。

37.12.1.5 电热供暖系统安装

1. 电热膜安装

1) 剪切电热膜时必须沿电热膜的剪切线。

2) 电热膜末端用耐温90℃的热熔胶贴塑料绝缘胶带。

3) 电热膜敷设时必须满足电热膜与墙及其他设施的最小距离要求，电热膜载流条距金属龙骨边缘不应小于10mm。

4) 每组电热膜敷设在金属龙骨之间，用自攻钉沿膜两边将电热膜固定在纵向龙骨的边槽内，钉距1000mm。

5) 电热膜敷设时应平整，严禁有褶皱。

6) 严禁在电热膜载流条10mm以内及发热区刺破电热膜。

7) 电热膜接线端的载流条上装专用的导线连接卡，安装时必须用专用的压接工具，连接卡压接要对齐、牢固，如出现错位、活动必须更换连接卡。

2. 电热膜接线

1) 电热膜接线用导线应分颜色使用：

① 相线——与本户电源颜色一致。

② 控制线——黑色绝缘导线。

③ N线——蓝色绝缘导线。

④ PE线——黄绿相间的绝缘导线。

2) 电热膜组间接线用导线并接，接点在专用连接卡的筒形管中用专用的压接钳压紧，用拉拽电线的方法检查导线的连接性。连接卡用绝缘罩作绝缘，内充填热熔胶。

3) 电热膜组间的连接导线应穿金属软管保护，其弯曲半径不应小于软管外径的6倍。金属软管两端应加装保护线的护口，并不应退绞、松散、中间接头。软管内导线严禁有接头。

3. 温控器的安装

1）土建及其他工程完工之后，按设计图纸确定的位置和高度安装温控器。

2）温控器安装在暗盒上，盒的四周不应有空隙，温控器安装应端正，其面板应紧贴墙面。

3）温控器应按说明书和设计的要求接线。

37.12.1.6 供暖系统的试验与调节

1. 供暖系统的水压试验

供暖系统安装完毕，管道保温之前应进行水压试验。

（1）水压试验程序

供暖系统在施工工程中的水压试验包括两方面：一是过程中所有需要隐蔽的管道和附件在隐蔽前必须进行水压试验的隐蔽性试验；二是系统安装完毕，系统的所有组成部分必须进行系统水压试验的最终试验。

室内供暖管道进行强度和严密性试验时，系统工作压力按循环水泵扬程确定，以不超过散热器承压能力为原则。系统试验压力由设计确定，设计未注明时应按表 37-126 中的规定。

室内供暖系统水压试验的试验压力　　　　　　　　　　　表 37-126

管道类别	工作压力	试验压力	
		强度试验（MPa）	严密性试验
蒸汽、热水供暖系统	P	顶点工作压力+0.1，顶点的试验压力不小于 0.3	P
使用塑料管和复合管的供暖系统	P	顶点工作压力+0.2，顶点的试验压力不小于 0.4	塑料管为 $1.15 \times P$，复合管为 P

（2）检验方法

1）使用钢管及复合管的供暖系统应在强度试验压力下 10min 内压力降不大于 0.02MPa，降至工作压力后检查不渗不漏为合格。

2）使用塑料管的供暖系统应在强度试验压力下 1h 内压力降不大于 0.05MPa，然后降压至工作压力的 1.15 倍，稳压 2h，压力降不大于 0.03MPa，同时各连接处不渗不漏为合格。

（3）水压试验过程

1）根据现场实际和工程系统情况，编制并上报系统水压试验方案，经审批后严格执行。

2）检查全系统管路、设备、阀件、支架、套管等，必须安装无误，达到试验条件。

3）打开系统最高点处的排气阀，开始向供暖系统注水，待水灌满后，关闭排气阀和进水阀，停止注水。

4）注水应缓慢进行，并进行巡检，注意检查系统管路是否有渗漏情况。

5）使用电动或手动试压泵开始加压，压力值一般分 2~3 次升至试验压力，升压过程中注意观察压力值逐渐升高的情况及管路是否渗漏。

6）按照前述的检验方法进行检验，经监理工程师检查试验合格，作好水压试验记录。

7）在系统最低点卸掉管道内的所有存水，冬期时还应采用压缩空气进行管路吹扫，防止管路内存水冻坏管道和设备。

8）拆掉临时试压管路，将供暖系统恢复原位。

2. 供暖系统的冲洗

系统试验合格后，应对系统进行冲洗和清扫过滤器及除污器。

(1) 冲洗方法

供暖系统冲洗的方法一般包括水冲洗和蒸汽吹洗。

1）水冲洗。供暖系统在使用前应进行水冲洗，冲洗水源可以采用自来水或工业纯净水。冲洗前按照前述的准备工作要求进行认真准备，冲洗时，冲洗水以不小于 $1.5m/s$ 的流速进行冲洗，冲洗应连续进行，并保证管路畅通、无堵塞现象，直到冲洗合格。

2）蒸汽吹洗。蒸汽供暖系统的吹洗以蒸汽吹扫为宜，也可以采用压缩空气进行。蒸汽吹扫时，应缓慢升温，以恒温 1h 左右进行吹扫为宜，然后降温到室温，再升温、暖管、恒温进行二次吹扫，直到吹扫合格。

(2) 检验方法

1）系统水冲洗时，现场观察，直至排出水不含泥砂、铁屑等杂质且水色不浑浊为合格。

2）蒸汽吹洗时，在蒸汽排出口设置一块抛光的木板，上贴干净的白纸，检验时将白纸靠近蒸汽排出口，让排出的蒸汽吹到白纸上，检查白纸上无锈蚀物及脏物为合格。

3. 供暖系统的调试

供暖系统冲洗完毕应充水、加热，进行试运行和调试。

(1) 先联系好热源，制订出通暖调试方案、人员分工和处理紧急情况的各项措施。备好修理、泄水等器具。

(2) 参加调试的人员按分工各就各位，分别检查供暖系统中的泄水阀门是否关闭，干、立、支管上的阀门是否打开。

(3) 向系统内充水（以软化水为宜），开始先打开系统最高点的排气阀，指定专人看管。慢慢打开系统回水干管的阀门，待最高点的排气阀见水后立即关闭；然后开启总进口供水管的阀门，最高点的排气阀须反复开闭数次，直至将系统中的冷空气排净。

(4) 在巡视检查中如发现隐患，应尽量关闭小范围内的供、回水阀门，及时处理和抢修。修好后随即开启阀门。

(5) 全系统运行时，遇有不热处要先查明原因。如需冲洗检修，先关闭供、回水阀，泄水后再先后打开供、回水阀门，反复放水冲洗。冲洗完后再按上述程序通暖运行，直到运行正常为止。

(6) 若发现热度不均，应调整各个分路、立管、支管上的阀门，使其基本达到平衡后，邀请各有关单位检查验收，并办理验收手续。

(7) 高层建筑的供暖管道冲洗与通热，可按设计系统的特点进行划分，按区域、独立系统、分若干层等逐段进行。

37.12.2 室外供热管网

37.12.2.1 室外热力管道支架安装

室外地沟内管道的支座与室内管道支座安装方法相同，室外架空管道的支座一般包括钢筋混凝土管架、钢管管架和钢结构管架等。如图37-251所示。

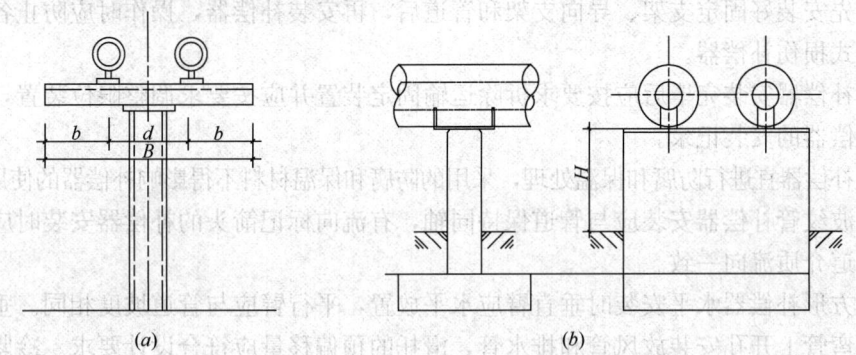

图 37-151 室外架空管道支架安装形式
(a) 钢管或钢结构T形管架；(b) 混凝土管架

1) 支架安装位置应正确，埋设应平整牢固。固定支架与管道接触应紧密，固定应牢靠。

2) 滑动支架应灵活，滑托与滑槽两侧间应留有3~5mm的间隙，纵向移动量应符合设计要求。

3) 滑动支座的允许热位移量，按支座实长减去50mm得出，所以在施工时，支座必须进行偏心安装，偏心尺寸为支座前进边缘（靠伸缩节的一方）与支承板中心线相距50mm。

4) 管道支架附近的焊口，与支架净距大于50mm，最好位于两个支座间距的1/5位置上。

5) 固定在建筑结构上的管道支架不得影响结构的安全。

6) 支架横梁、受力部件、螺栓等所用材料的规格及材质，支架的安装形式和方法等，应符合设计要求及规范规定。

7) 大直径管道上的阀门应设专用支架支承，不得用管道承受阀体重量。

8) 管道支架、吊架安装的允许偏差及检验方法应符合《城镇供热管网工程施工及验收规范》CJJ 28—2014及表37-127的规定。

管道支架、吊架安装的允许偏差及检验方法　　　　表 37-127

项目		允许偏差（mm）	量具
支架、吊架中心点平面位置		0~25	钢尺
支架标高△		−10~0	水准仪
两个固定支架间的其他支架中心线	距固定支架每10m处	0~5	钢尺
	中心处	0~25	钢尺

注：表中带"△"为主控项目，其余为一般项目。

37.12.2.2 补偿器的安装

(1) 补偿器安装前应对补偿器的外观进行检查，按照设计图纸核对每个补偿器的型号、规格、技术参数和安装位置，检查产品安装长度是否符合管网设计要求，检查接管尺寸是否符合管网设计要求，校对产品合格证。

(2) 需要进行预变形的补偿器预变形量应符合设计要求并记录补偿器的预变形量。

(3) 先安装好固定支架、导向支架和管道后，再安装补偿器，操作时应防止各种不当的操作方式损伤补偿器。

(4) 补偿器安装完毕后应按要求拆除运输固定装置并应按要求调整限位装置，施工单位应有补偿器的安装记录。

(5) 补偿器宜进行防腐和保温处理，采用的防腐和保温材料不得影响补偿器的使用寿命。

(6) 波纹管补偿器安装应与管道保持同轴，有流向标记箭头的补偿器安装时应使流向标记与管道介质流向一致。

(7) 方形补偿器水平安装时垂直臂应水平放置，平行臂应与管道坡度相同。垂直安装时不得在弯管上开孔安装放风管和排水管，滑托的预偏移量应符合设计要求。冷紧应在两端同时均匀对称地进行，冷紧值的允许误差为10mm。安装就位时起吊点应为3个，以保持补偿器的平衡受力。

(8) 自然补偿管段的冷紧应符合下列规定：

1) 预变位焊口位置应留在利于操作的地方，预变位长度应符合设计规定。

2) 预变位段两端的固定支架已安装完毕，并应达到设计强度；管道与固定支架已固定连接。

3) 管段上的支、吊架已安装完毕，冷紧焊口附近吊架的吊杆应预留足够的位移量。

4) 管段上的其他焊口已全部焊完并经检验合格。

5) 管段的倾斜方向及坡度应符合设计规定。

6) 法兰、仪表、阀门的螺栓均已拧紧。

7) 预变位焊口焊接完毕并经检验合格后，方可拆除预变位卡具。

8) 管道冷紧应填写记录。

37.12.2.3 阀门

(1) 阀门进场前应进行强度和严密性试验，试验完成后应进行记录。

(2) 泄水阀和放气阀与管道连接的插入式支管台应采用厚壁管，厚壁管厚度不得小于母管厚度的62%，且不得大于8mm。插入式支管台的连接应符合《城镇供热管网工程施工及验收规范》CJJ 28—2014 的规定（图37-152、表37-128）。

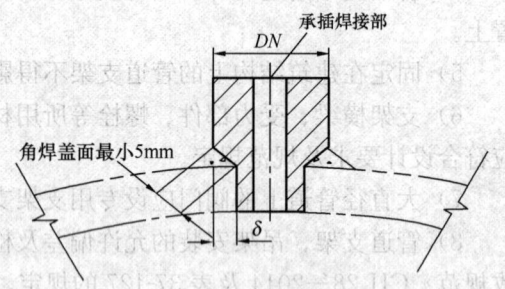

图37-152 插入式支管台示意图

插入式支管台的尺寸 表37-128

公称直径 DN（mm）	插入式支管台的尺寸 δ（mm）	公称直径 DN（mm）	插入式支管台的尺寸 δ（mm）
25	2	50	4

(3) 阀门安装应符合下列规定:

1) 阀门吊装应平稳,不得用阀门手轮作为吊装的承重点,不得损坏阀门,已安装就位的阀门应防止重物撞击。

2) 安装前应清除阀口的封闭物及其他杂物。

3) 阀门的开关手轮应安装于便于操作的位置。

4) 阀门应按标注方向进行安装。

5) 当闸阀、截止阀水平安装时,阀杆应处于上半周范围内。

6) 阀门的焊接应符合《城镇供热管网工程施工及验收规范》CJJ 28—2014 第5.7节的规定。

7) 当焊接安装时,焊机地线应搭在同侧焊口的钢管上,不得搭在阀体上。

8) 阀门焊接完成降至环境温度后方可操作。

9) 焊接蝶阀的安装应符合下列规定:阀板的轴应安装在水平方向上,轴与水平面的最大夹角不应大于60°,不得垂直安装;安装焊接前应关闭阀板,并应采取保护措施。

10) 当焊接球阀水平安装时应将阀门完全开启;当垂直于管道安装,且焊接阀体下方焊缝时应将阀门关闭。焊接过程中应对阀体进行降温。

11) 阀门安装完毕后应正常开启2~3次。

12) 阀门不得作为管道末端的堵板使用,应在阀门后加堵板,热水管道应在阀门和堵板之间充满水。

13) 电动调节阀的安装应符合下列规定:电动调节阀安装之前应将管道内的污物和焊渣清除干净;当电动调节阀安装在露天或高温场合时,应采取防水、降温措施;当电动调节阀安装在有震源的地方时,应采取防震措施;电动调节阀应按介质流向安装;电动调节阀宜水平或垂直安装,当倾斜安装时,应对阀体采取支承措施;电动调节阀安装好后应对阀门进行清洗。

37.12.2.4 碳素钢管的焊接

1. 手工电弧焊

(1) 管道坡口加工

管道坡口的加工可选用机械坡口、氧乙炔火焰切割、空气等离子切割等方法,采用热加工方法加工坡口后,应除去坡口表面的氧化皮、熔渣及影响接头质量的表面层,并应将凹凸不平处打磨平整。

坡口的形式和尺寸根据管道材质、壁厚等不同而选用,如设计文件无要求时,可按表37-129选用坡口形式。

焊接坡口形式及尺寸　　　　　　　　　表37-129

序号	厚度 T (mm)	坡口名称	坡口形式	坡口尺寸			备注
				间隙 C (mm)	钝边 P (mm)	坡口角度 α (°)	
1	1~3	I形坡口		0~1.5	—	—	单面焊
	3~6			1~2.5			双面焊

续表

序号	厚度 T (mm)	坡口名称	坡口形式	坡口尺寸 间隙 C (mm)	钝边 P (mm)	坡口角度 α (°)	备注
2	3～9	V形坡口		0～2	0～2	65～75	
	9～26			0～3	0～3	55～65	
3	6～9	带垫板V形坡口		3～5	0～2	45～55	
	9～26		δ=4～6 d=20～40	4～6	0～2		

(2) 管道的施焊

1) 室外热力管道材质多为Q235、20，手工电弧焊选用E4303（对应牌号J422）焊条。焊缝的焊接层数与选用焊条的直径、电流大小、管道壁厚、焊口位置、坡口形式有关，见表37-130所示。

焊接焊条、电流选用　　　　　　表37-130

序号	管壁厚度（mm）	焊接层数	焊条直径（mm）	焊接电流（A）
1	3～6	2	2～3.2	80～120
2	6～10	2～3	3.2	105～120
			4	160～200
3	10～13	3～4	3.2～4	105～180
			4	160～200
4	13～16	4～5	3.2～4	105～180
			4	160～200
5	16～22	5～6	3.2～4	105～180
			4～5	160～250

2) 焊条不得出现涂层剥离、污物、老化、受潮或者生锈迹象。焊条必须保存在专门的干燥的容器内。为减少焊缝处的内应力，施焊时应有防风、雨、雪措施，管道内还应防止穿堂风。

3) 管道对口采用支架或者吊架调整中心，在没有引起两管中心位移的情况下保留开口端空间，管道对口时必须外壁平齐，用钢直尺紧靠一侧管道外表面，在距焊口200mm的另一侧管道外表面处测量，管道与管件之间的对口，也要做到外壁平齐。

4) 钢管对好口后进行点焊，点焊与第一层焊接厚度一致，但不超过管壁厚的70%，其焊缝根部必须焊透，点焊位置均匀对称。

5) 与母材焊接的工卡具其材质宜与母材相同或同一类别号拆除工卡具时不应损伤母

材,拆除后应将残留焊疤打磨修整至与母材表面齐平。严禁在坡口之外的母材表面引弧和试验电流并应防止电弧擦伤母材。

6) 焊接时应采取合理的施焊方法和顺序,施焊过程中应保证起弧和收弧处的质量,收弧时应将弧坑填满,多层焊的层间接头应错开。

7) 采用多面焊时,在焊下一层之前,应用砂轮机、钢丝刷认真清除层间熔渣,并等管道自然冷却,然后进行下一层的焊接。各层引弧点和熄弧点均错开20mm或错开30°角。如发现层间表面缺陷,及时修磨补焊。

8) 焊缝均满焊,焊接后立刻将焊缝上的焊渣、氧化物清除,每个焊缝在焊接完成后立即标记出焊工的标识。

9) 除工艺或检验要求需分次焊接外,每条焊缝宜一次连续焊完,当因故中断焊接时,应根据工艺要求采取保温缓冷或后热等防止产生裂纹的措施,再次焊接前应检查焊层表面,确认无裂纹后方可按原工艺要求继续施焊。

10) 需预拉伸或预压缩的管道焊缝组对时,所使用的工卡具应在整个焊缝焊接及热处理完毕并经检验合格后方可拆除。

11) 焊工的自检工作贯穿整个焊接过程,如打底、层间、盖面的检查。检查内容包括:焊缝表面是否有气孔、夹渣、裂纹、咬边、弧坑等缺陷,接头是否良好,填充金属与母材熔合是否良好等。如有问题,采用机械加工法清除缺陷后,再进行补焊。焊工、班组长自检合格后,填写好检查记录交给质检员,质检员按照自检记录表格对焊口进行100%的外观检测,检测合格后由技术员填写无损检测委托单交与热处理及无损人员,自检记录要求书写工整、详细、真实,并使用碳素笔。

(3) 焊缝质量控制

焊缝咬边深度不大于0.5mm,连续咬边长度不应大于100mm,且焊缝两侧咬边总长不大于该焊缝全长的10%。焊缝表面不得低于管道表面,焊缝余高 $\Delta h \leqslant 1+0.2 \times$ 组对后坡口的最大宽度,且不大于3mm。接头错边不应大于壁厚的10%,且不大于2mm。

2. 氩电联焊

采用手工钨极氩弧焊打底、手工电弧焊盖面焊接工艺,即我们通常所说的氩电联焊,对比采用手工电弧焊焊接工艺具有焊接质量好、射线探伤合格率高;效率高、速度快、易于掌握;工艺易于掌握、容易操作等特点,在室外热力管线工程施工中,氩电联焊工艺适用于低压蒸汽管线以及大口径的供暖管线。

氩电联焊焊缝坡口加工同手工电弧焊,焊丝选择 H08MnA,氩气保护。采用手工钨极氩弧焊打底焊时,钨极直径为2.5~4mm,氩气流量为6~10L/min,焊接电流为80~120A。钨极氩弧焊的操作技术包括引弧、填丝焊接、收弧等过程。

(1) 引弧

短路引弧法(接触引弧法):即在钨极与焊件瞬间短路时,立即稍稍提起,在焊件和钨极之间便产生了电弧。

高频引弧法:是利用高频引弧器把普通工频交流电(220V或380V,50Hz)转换成高频(150~260kHz)、高压(2000~3000V)电,把氩气击穿电离,从而引燃电弧。

(2) 收弧

增加焊速法:即在焊接即将终止时,焊炬逐渐增加移动速度。

电流衰减法：焊接终止时，停止填丝使焊接电流逐渐减少，从而使熔池体积不断缩小，最后断电，焊枪或焊炬停止行走。

(3) 填丝焊接

填丝时必须等母材熔化充分后才可添加，以免未熔合，一定要填到熔池前沿部位，并且焊丝收回时尽量不要马上脱离氩气保护区。

3. 管道焊缝的无损检测

管道焊缝应进行无损检测，并应符合下列规定：

(1) 管道直径大于 200mm 的管网系统应进行无损检测。

(2) 现场制作的各种承压设备、管件，应进行无损探伤检测。

(3) 管线与设备、阀门连接处及折点处焊缝，应进行无损探伤检测。

(4) 无损检测合格标准应符合设计要求。当设计未要求时，射线探伤不得低于《无损检测 金属管道熔化焊环向对接接头射线照相检测方法》GB/T 12605—2008 中的Ⅲ级质量要求，超声波探伤不得低于《焊缝无损检测 超声检测技术、检测等级和评定》GB/T 11345—2013 中的 B 级质量要求。

检验数量：全数检查。其他无损探伤检测数量应按表 37-131 的规定执行，且每个焊工不应少于一道焊缝。

供热管网工程焊缝无损检验数量 表 37-131

焊缝无损探伤检验数量（%）							
地上敷设	通行及半通行管沟敷设	不通行管沟敷设（含套管敷设）				直埋敷设		
		DN<500mm		DN≥500mm				
		固定焊口	转动焊口	固定焊口	转动焊口	主要道路	一般道路	其他
12	20	30	20	50	30	60	40	30

检验方法：采用射线探伤或超声探伤，角焊缝处的无损检测可采用磁粉或渗透探伤。

37.12.2.5 室外热力管道铺设

管道水平敷设坡度应符合设计要求。

1. 地沟内管道铺设

地沟敷设方法分为通行地沟、半通行地沟和不通行地沟三种形式。

(1) 通行地沟敷设

当管道通过不允许挖开的路面处时；热力管道数量多或管径较大，管道垂直排列高度大于或等于 1.5m 时，可以考虑采用通行地沟敷设。

在通行地沟内采用单侧布管和双侧布管两种方法，见图 37-153 所示。自管子保温层外表面至沟壁的距离为 120～150mm；至沟顶的距离为 300～350mm；至沟底的距离为 150～200mm。无论单排布管或双排布管，通道的宽度应不小于 0.7m，通行地沟的净高不低于 1.8m。通行地沟的弯角处和直线段每隔 100m 应设一个安装孔，安装孔的长度应能安下长度为 12.5m 的热轧钢管，一般为 0.8m×5m，以保证该线段最大一根管子或附件的装卸所必须的条件。在安装孔内，需设铁梯或扒钉，以供操作人员出入地沟之用。

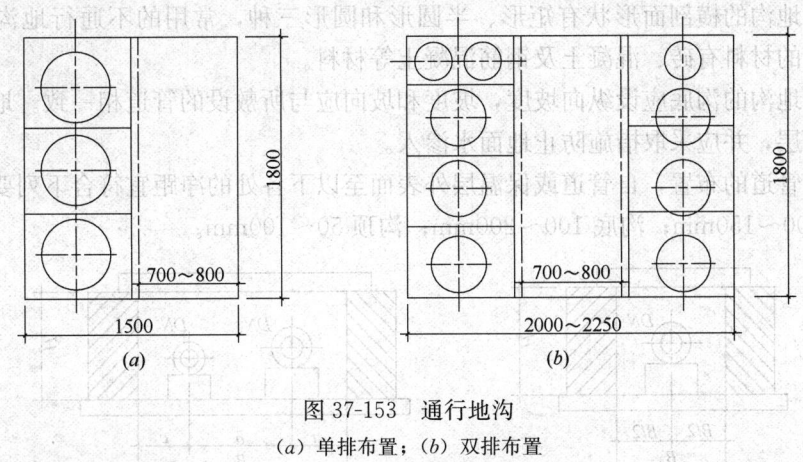

图 37-153 通行地沟
(a) 单排布置；(b) 双排布置

(2) 半通行地沟敷设

当管道通过的地面不允许挖开，且采用架空敷设不合理时，或当管子数量较多，采用不通行地沟敷设由于管道单排水平布置地沟宽度受到限制时，需定期检修的管道（如热力、供暖管）可采用半通行地沟敷设，如图 37-154 所示。

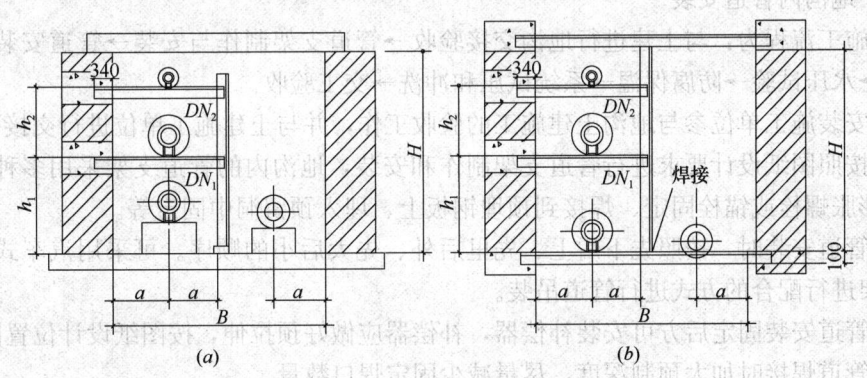

图 37-154 半通行地沟
(a) 安装滑动支架；(b) 安装固定支架

由于维护检修人员需进入半通行地沟内对热力管道进行检修，因此半通行地沟的高度一般为 1.2～1.4m。当采用单侧布置时，通道净宽不小于 0.5m，当采用双侧布置时，通道宽度不小于 0.7m。在直线长度超过 60m 时，应设置一个检修出入口（人孔），人孔应高出周围地面。

半通行地沟内管的布置，自管道或保温层外表面至以下各处的净距宜符合下列要求：沟壁 100～150mm；沟底 100～200mm；沟顶 200～300mm。

(3) 不通行地沟敷设

不通行地沟是应用最广泛的一种敷设形式。它适用于下列情况：土壤干燥，地下水位低，管道根数不多且管径小，维修工作量不大。在地下直接埋设热力管道时，在管道转弯及伸缩器处都应采用不通行地沟，如图 37-155 所示。

不通行地沟外形尺寸较小，占地面积小，并能保证管道在地沟内自由变形，同时地沟所耗费的材料较少。它的最大缺点是难于发现管道中的缺陷和事故，维护检修也不方便。

不通行地沟的横剖面形状有矩形、半圆形和圆形三种，常用的不通行地沟为矩形剖面。地沟壁的材料有砖、混凝土及钢筋混凝土等材料。

不通行地沟的沟底应设纵向坡度，坡度和坡向应与所敷设的管道相一致。地沟盖板上部应有覆土层，并应采取措施防止地面水渗入。

地沟内管道的布置，自管道或保温层外表面至以下各处的净距宜符合下列要求：
沟壁 100～150mm；沟底 100～200mm；沟顶 50～100mm。

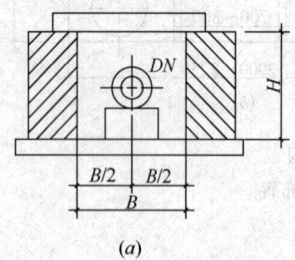 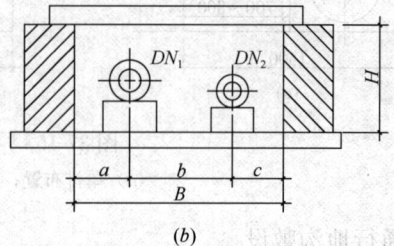

图 37-155 不通行地沟
(a) 单管敷设；(b) 双管敷设

(4) 地沟内管道安装

1) 施工流程为：与土建进行地沟交接验收→管道支架制作与安装→管道安装→补偿器安装→水压试验→防腐保温→系统试压和冲洗→交工验收。

2) 安装施工单位参与地沟土建施工的验收工作，并与土建施工单位进行交接。

3) 按照图纸设计要求进行管道支架制作和安装，地沟内的管道支架采用多种固定方式，如膨胀螺栓或锚栓固定、焊接到预埋钢板上、埋入预留洞中固定等。

4) 管道安装时，按照先下后上、先里后外、先大后小的顺序。可采用汽车式起重机或龙门架进行配合的方式进行管道吊装。

5) 管道安装固定后方可安装补偿器，补偿器应做好预拉伸，按图纸设计位置固定。

6) 管道焊接时加大预制深度，尽量减少固定焊口数量。

2. 直埋管道铺设

直埋是各类管道最常见的敷设方式，室外热力管道一般采用高密度聚乙烯作保温外壳的"管中管"直埋技术。

(1) 直埋保温管道和管件应采用工厂预制，并应分别符合国家现行标准《建筑给水复合管道工程技术规程》CJJ/T 155、《玻璃纤维增强塑料外护层聚氨酯泡沫塑料预制直埋保温管》CJ/T 129 和《城镇供热直埋热水管道技术规程》CJJ/T 81 的规定。

(2) 直埋管道施工流程：沟槽验收→管道敷设→阀门、附件安装→水压试验和冲洗→防腐保温→验收回填。

(3) 直埋保温管道安装应按设计要求进行，管道安装坡度应与设计一致，在管道安装过程中出现折角时必须经设计确认。

(4) 对于钢管必须做好防腐、绝缘，尤其在接口处，试压合格后必须补做保护层，保温层及保护层或绝缘层，其等级不低于母管。

(5) 预制直埋保温管的现场切割应符合下列规定：

1) 管道配管长度不宜小于 2m。

2) 在切割时应采取措施防止外护管脆裂。
3) 切割后的工作钢管裸露长度应与原成品管的工作钢管裸露长度一致。
4) 切割后裸露的工作钢管外表面应清洁,不得有泡沫、残渣。

(6) 直埋保温管接头的保温和密封应符合下列规定:
1) 接头施工采取的工艺应有合格的检验报告。
2) 接头的保温和密封应在接头焊口检验合格后进行。
3) 接头处钢管表面应干净、干燥。
4) 当周围环境温度低于接头原料的工艺使用温度时应采取有效措施保证接头质量。
5) 接头外观不应出现熔胶溢出、过烧、鼓包、翘边、褶皱或层间脱离等现象。
6) 一级管网的现场安装的接头密封应进行100%的气密性检验,二级管网的现场安装的接头密封应进行不少于20%的气密性检验,气密性检验的压力为0.02MPa,用肥皂水仔细检查密封处,无气泡为合格。

(7) 在雨雪天进行接头焊接和保温施工时应搭盖罩棚。
(8) 预制直埋保温管道在运输现场存放安装过程中应采取必要措施封闭端口,不得拖拽保温管,不得损坏端口和外护层。
(9) 直埋保温管道安装质量的检验项目及检验方法应符合表37-132的规定。

直埋管道安装质量的检验项目及检验方法　　　　表37-132

序号	项目	质量标准		检验范围	检验方法
1	连接预警系统	满足产品预警系统的技术要求		100%	用仪表检查整体线路
2	节点的保温和密封△	外观检查		无缺陷 100%	目测
		气密性试验	一级管网	无气泡 100%	气密性试验
			二级管网	无气泡 20%	

注:△为主控项目,其余为一般项目。

3. 架空管道铺设
室外热力管道架空铺设在钢结构管廊、独立管架或钢筋混凝土支座上。
(1) 架空管道施工流程为:测量定位→架空支架施工→安装支座→管道预制、吊装→管道连接→补偿器安装→水压试验→防腐保温。
(2) 按设计文件进行管架的定位、施工,管中心距离支架横梁边缘的距离按表37-133计算。

管中心至支架横梁边缘最小距离表(mm)　　　　表37-133

DN	50	65	80	100	125	150	200	250	300
保温管	190	210	215	220	250	260	300	320	350
不保温管	130	135	145	155	165	180	210	235	265

(3) 管道在地面上进行预制、组装和防腐,防腐时注意留出焊口部位。
(4) 使用人工或机械进行吊装,吊装后及时进行固定,防止管道滚动。
(5) 加大预制深度,尽量减少固定口的数量,架空管道的活动口和固定口的位置距离支架应大于150mm以上。

(6) 管道安装后，用水平尺进行复查，找坡调直，安装允许误差符合规范规定。

(7) 按设计要求的位置安装阀门、补偿器、疏水器等附属设备。

(8) 经试压合格后进行管道防腐和保温。

37.12.2.6 管道防腐与绝热

管道现场保温施工质量应符合现行国家标准《工业设备及管道绝热工程施工质量验收标准》GB/T 50185 的相关要求，且支架处保温不应阻碍管道伸缩。

1. 室外热力管道防腐

室外热力管道施工时，应按照设计要求进行防腐处理。防腐工作包括管道表面处理和管道外壁涂漆。

（1）管道表面处理

为了增加油漆的附着力和防腐效果，在涂刷底漆前，必须将管道或设备表面的锈渍和污物清除干净，并保持干燥。在室外热力工程施工中，碳钢管道表面处理方法包括手动工具除锈、电动工具除锈和喷砂或喷丸除锈。

（2）管道涂漆

施工中防腐蚀涂料的种类、层数和厚度按设计文件执行，涂漆方法包括手工刷漆和压缩空气喷涂两种。

① 根据漆料厂家说明书、设计要求和环境温度调配好漆料，漆料应在配置后 8h 内用完，当贮存的漆料出现沉淀时，使用前应搅匀。

② 手工涂刷时，选择软硬适宜的毛刷进行涂刷，用力要均匀，涂刷的顺序：自上而下、从左到右、先里后外、先斜后直、先难后易，纵横交错进行。保持涂层的均匀性，不得有漏涂现象。涂刷时，涂料不应有堆积和流淌以及露刷现象。

③ 喷漆时，调整好涂料的黏稠度和压缩空气的压力，其所用的空气压力一般为 0.2~0.4MPa，保持喷头与金属表面之间的距离，当表面是平面时，一般为 250~350mm；当表面是圆弧形时，一般以 400mm 左右为宜。压缩空气压力要稳定，操作时移动速度均匀，速度一般为 10~15m/min。喷枪喷射出的漆流应与喷漆面垂直，使管道表面形成均匀的漆膜。

④ 当要求涂刷两遍以上时，要等前一遍漆层干燥后再涂下一层。每遍涂层不宜太厚，以 0.3~0.4mm 为宜。

⑤ 当涂漆时的环境温度低于 5℃时，应采取防冻措施；若遇雨、雪、雾、大风天气时，不宜在室外进行涂刷防腐作业；空气湿度大于 75% 时，不宜进行涂刷作业。

⑥ 管道涂层的补口和补伤的防腐蚀涂层材料要与原管道涂层相同，管道压力试验合格后，对焊口部位进行防锈处理并进行漆料的补涂。

⑦ 用涂料和玻璃纤维做加强防腐层时除遵守上述的有关规定外还应符合下列规定：

a. 按设计规定涂刷的底漆应均匀、完整，无空白凝块和流痕。

b. 玻璃纤维的厚度、密度、层数应符合设计要求，缠绕重叠部分宽度应大于布宽的 1/2，压边量宜为 10~15mm，用机械缠绕时缠布机应稳定匀速前进，并与钢管旋转转速相配合。

c. 玻璃纤维两面沾油应均匀，经刮板或挤压滚轮后布面无空白，不得淌油和滴油。

d. 防腐层的厚度不得低于设计厚度。玻璃纤维与管壁应粘结牢固，缠绕紧密均匀。

表面应光滑，不得有气孔、针孔和裂纹。钢管两端应留 200～250mm 空白段。

⑧直埋管道的防腐材质和结构应符合设计要求和工程质量验收规范的规定。

2. 室外热力管道绝热

(1) 保温层施工

保温层的施工方法取决于保温材料的形状和特性。

1) 涂抹法保温

涂抹法保温适用于膨胀珍珠岩、膨胀蛭石、石棉白云石粉、石棉纤维等不定形的散状材料。保温施工时，按一定比例用水调成胶泥状，加入胶粘剂，如水泥、水玻璃、耐火黏土等，再加入促凝剂，加水混拌均匀，成为塑性泥团，用手或工具分层涂抹，第一层用较稀的胶泥涂抹，其厚度为 5mm，以增加胶泥与管壁的附着力，第二层用干一些的胶泥涂抹，厚度为 10～15mm，以后每层涂抹厚度为 15～25mm。每层涂抹均应在前一层干燥后进行，直到要求的厚度为止。其结构如图 37-156 所示。

涂抹法保温整体性好，保温层和保温面结合紧密，且不受保温物体形状的限制。多用于热力管道和设备的保温。

2) 绑扎法保温

绑扎法保温适用于预制保温瓦或板块料，用镀锌钢丝将保温材料绑扎在管道的防锈层表面上。

保温施工时，先在保温材料块的内侧抹 5mm 的石棉粉或石棉硅藻土胶泥，以使保温材料与管壁能紧密结合，对于矿棉渣、玻璃棉、岩棉等矿纤材料预制品，因为它们的抗湿性能差，可不涂抹胶泥，然后将保温材料绑扎在管壁上。见图 37-157 所示。

3) 粘贴法保温

粘贴法保温适用于各种加工成型的保温预制品，它用胶粘剂与保温物体表面固定，多用于空调和制冷系统的保温。见图 37-158 所示。选用胶粘剂时，对一般保温材料可用石油沥青玛琋脂作胶粘剂。对聚苯乙烯泡沫塑料保温材料制品，不能用热沥青或沥青玛琋脂作胶粘剂，而用聚氨酸预聚体（即 101 胶）或醋酸乙烯乳胶、酚醛树脂、环氧树脂等材料作胶粘剂。

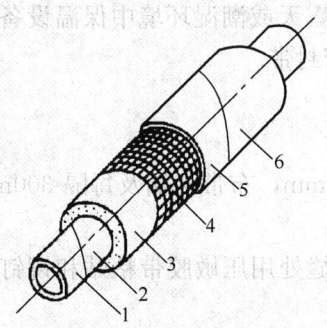

图 37-156 涂抹法保温结构
1—管道；2—防锈漆；3—保温层；
4—钢丝网；5—保护层；
6—防腐漆

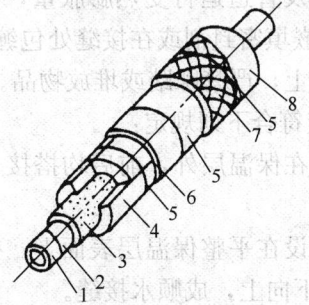

图 37-157 绑扎法保温结构
1—管道；2—防锈漆；3—胶泥；
4—保温材料；5—镀锌钢丝；
6—沥青油毡；7—玻璃丝布；
8—防腐漆

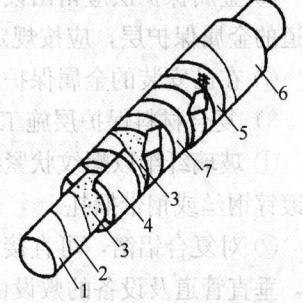

图 37-158 粘贴法保温结构
1—管道；2—防锈漆；3—胶粘剂；
4—保温材料；5—玻璃丝布；
6—防腐漆；7—聚乙烯薄膜

4）缠包法保温

缠包法保温适用于矿渣棉毡、玻璃棉毡等保温材料。保温施工时，先根据管径的大小将保温材料裁成适当宽度条带，以螺旋状包缠到管道的防锈层表面（图37-159a），或者按管子的外圆周长加上搭接宽度，把保温材料剪成适当纵向长度的条块，将其平包到管道的防锈层表面（图37-159b），缠包保温棉毡时，如棉毡的厚度达不到要求时，可适当增加缠包层数，直至达到保温厚度要求为止。

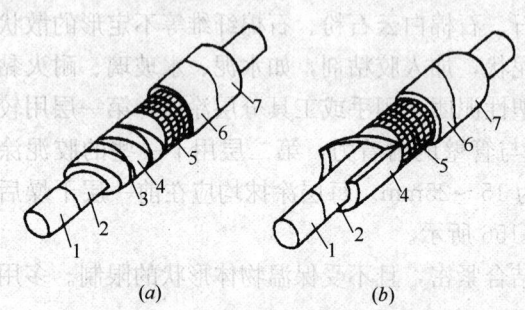

图37-159 缠包法保温结构
1—管道；2—防锈漆；3—镀锌钢丝；
4—保温毡；5—钢丝网；6—保护层；
7—防腐漆

（2）保护层施工

无论是保温结构还是保冷结构，都应设置保护层，常用保护层的材料有沥青油毡和玻璃丝布构成的保护层；单独用玻璃丝布缠包的保护层；石棉石膏、石棉水泥等保护层；金属薄板保护层。

1）绝热层的保护层种类和施工要求应按设计文件执行。保护层应做在干燥、经检查合格的绝热层表面上，应确保各种保护层的严密性和牢固性。

2）金属保护层施工应符合下列规定：

① 按设计要求选用镀锌钢板、铝板或不锈钢板等保护层。

② 安装前，金属板两边先压出两道半圆凸缘。对设备保温可在每张金属板对角线上压两条交叉筋线。

③ 垂直方向的施工应将相邻两张金属板的半圆凸缘重叠搭接，自下而上顺序施工，上层板压下层板，搭接长度宜为50mm。

④ 水平管道的施工可直接将金属板卷合在保温层外，按管道坡向自下而上顺序施工，两板环向半圆凸缘重叠，纵向搭口向下，搭接处重叠宜为50mm。

⑤ 搭接处应采用铆钉固定，间距不得大于200mm。

⑥ 金属保护层应留出设备及管道运行受热膨胀量，在露天或潮湿环境中保温设备和管道的金属保护层，应按规定嵌填密封剂或在接缝处包缠密封带。

⑦ 在已安装的金属保护层上，严禁踩踏或堆放物品。

3）复合材料保护层施工应符合下列规定：

① 玻璃纤维以螺纹状紧缠在保温层外，前后均搭接50mm，布带两端及每隔300mm用镀锌钢丝或钢带捆扎。

② 对复合铝箔，可直接敷设在平整保温层表面上。接缝处用压敏胶带粘贴和铆钉固定，垂直管道及设备的敷设由下向上，成顺水接缝。

③ 对玻璃钢材料，保护壳连接处用铆钉固定，纵向搭接尺寸宜为50～60mm，环向搭接宜为40～50mm，垂直管道及设备敷设由下向上成顺水接缝。

④ 对铝塑复合板，可用于软质绝热材料的保护层，施工中铝塑复合板正面应朝外，不得损伤其表面，轴向接缝用保温钉固定，间距宜为60～80mm，环向搭接宜为30～40mm，纵向搭接不得小于10mm，垂直管道的敷设由下向上成顺水接缝。

⑤ 抹面保护层的灰浆密度不得大于 1000kg/m²,抗压强度不应小于 0.8MPa,干燥后不得产生裂缝、脱壳等现象,不得腐蚀金属。

⑥ 抹石棉水泥保护层以前,应检查钢丝网有无松动部位,并对有缺陷的部位进行修整,保温层的空隙应采用胶泥充填,保护层分两次抹成,第一层找平和挤压严实,第一层稍干后再加灰泥压实、压光。

⑦ 抹面保护层未硬化前应有防雨雪措施,当环境温度低于5℃时应有冬期施工方案,采取防寒措施。

4) 保护层表面不平度允许偏差及检验方法应符合表 37-134 的规定。

保护层表面不平度的允许偏差和检验方法　　　　　表 37-134

序号	项目	允许偏差(mm)	检验频率	检验方法
1	涂抹保护层	<10	每隔 20m 取一点	外观
2	缠绕式保护层	<10	每隔 20m 取一点	外观
3	金属保护层	<5	每隔 20m 取一点	2m 靠尺和塞尺检查
4	复合材料保护层	<5	每隔 20m 取一点	外观

37.12.2.7 管道系统的试压与吹洗

1. 室外热力管网水压试验

(1) 室外热力管网水压试验时,将管路上的阀门开启,试验管道与非试验管道隔离,打开系统中的排气阀,往管路内缓慢注水,注水时安排人员对试验管段进行巡视,发现漏水时立即进行修复。

(2) 注水完毕后开始进行强度试验,使用电动试压泵分阶段加压,先升压至试验压力的 1/2。全面检查试验管段是否有渗漏现象,然后继续加压,一般分 2~3 次升压到试验压力,稳压 10min 压力降不大于 0.05MPa,强度试验为合格。

2. 管道系统的吹洗

管道试压合格后,应进行冲洗,冲洗应符合现行国家标准《工业金属管道工程施工规范》GB 50235 的相关规定。当管道内介质为热水、凝结水、补给水时,管道采用水冲洗,现场观察,以水色不浑浊为合格;当管道内介质为蒸汽时,一般采用蒸汽吹洗。

(1) 热水管道的水冲洗

1) 冲洗应按先主管再支管的顺序进行,吹出的脏物及时排除,不得进入设备或已吹洗后的管内。

2) 吹洗压力一般不大于工作压力,且不小于工作压力的 25%,流速为 1~1.5m/s。

3) 吹洗时间试实际情况而定,直至排出口的水色和透明度与入口处目测一致为合格,会同有关单位工程师共同检查,及时填写"管道系统吹洗记录"和签字认可。

(2) 蒸汽管道的蒸汽吹扫

1) 蒸汽管道试压后进行蒸汽吹扫,选择管线末端或管道垂直升高处设置吹扫口,吹扫口应不影响环境、设备和人员的安全,吹扫口处装设阀门,管道也要进行加固。吹扫原理是利用蒸汽在管道内的高速流动对杂物产生的冲刷力将杂物带走;同时,利用吹扫过程中管道温度的升降,使氧化皮、焊渣等因与管道母材金属热膨胀系数的差异,产生相对位移而脱落,并被蒸汽吹出管外。冲刷力的大小取决于吹扫蒸汽的能量(动量),能量越大效果越好。吹扫时影响蒸汽介质能量的因素有：吹扫时的蒸汽压力、温度、流量；蒸汽管道的水力特性；吹扫时阀门开度的大小等。

2）吹扫步骤及方法。

吹扫步骤：暖管升温、升压→吹扫→降温、降压→暖管升温、升压→吹扫→降温、降压的方法重复进行。

吹扫方法：管道升温、升压到一定值后，全开吹扫端控制阀，利用降压产生的动能进行 3～5min 的吹扫，吹扫时应保证所吹扫管路压降不大于 0.3MPa，且蒸汽母管压力下降不超过锅炉安全运行压力下限偏差的 50%。完毕后，管道降温、降压、打开疏水，重新升温、升压，准备再次吹扫。

吹扫过程中可用各段压差与额定负荷下的各段压差之比来校核吹管系数，一般使吹扫蒸汽在各不同压力等级管道下的流速达到以下标准时即可满足吹扫要求：

高压蒸汽管道（4～12MPa）：≥60m/s。

中压蒸汽管道（1～4MPa）：≥40m/s。

低压蒸汽管道（<1MPa）：≥30m/s。

3）送蒸汽开始加热管路，要缓慢开启蒸汽阀门，逐渐增大蒸汽的流量，在加热过程中不断地检查管道的严密性以及补偿器、支架、疏水系统的工作状态，发现问题及时处理。

4）加热完毕后，即可开始吹扫。先将吹扫口阀门全部打开，逐渐开大总阀门，增加蒸汽流量，吹扫时间约 20～30min，当吹扫口排出的蒸汽清洁时停止吹扫，自然降温至环境温度，再加热吹扫，如此反复不少于 3 次。

5）吹扫质量采用铝靶板进行检验，吹扫后连续两次杂物在靶板上冲击疤痕直径不大于 0.6mm，痕深小于 0.5mm，斑痕小于 1 个/cm^2，且目测斑痕总数不超过 8 点，时间 15min，连续两次合格，经有关人员确认合格后，蒸汽吹扫结束，拆除临时装置，将蒸汽管线复位。

(3) 压缩空气吹扫

室外热力管道还可以采用压缩空气进行吹扫，一般压缩空气吹洗压力不得大于管道工作压力，流速不小于 20m/s。

3. 室外供热管网子分部工程施工质量验收

室外供热管道安装的允许偏差和检验方法应符合表 37-135 的规定。

室外供热管道安装的允许偏差和检验方法　　　　表 37-135

项次	项目		允许偏差	检验方法
1	坐标（mm）	敷设在沟槽内及架空	20	用水平尺、直尺、拉线和尺量检查
		埋地	50	
2	标高（mm）	敷设在沟槽内及架空	±10	尺量检查
		埋地	±15	
3	水平管道纵、横方向弯曲（mm）	每 1m　　管径≤100mm	1	用水准仪（水平尺）、直尺、拉线和尺量检查
		管径>100mm	1.5	
		全长（25m 以上）　管径≤100mm	≤13	
		管径>100mm	≤25	

续表

项次	项目			允许偏差	检验方法
4	弯管	椭圆率 $\dfrac{D_{max}-D_{min}}{D_{max}}$	管径≤100mm	8%	用外卡钳和尺量检查
			管径>100mm	5%	
		折皱不平度（mm）	管径≤100mm	4	
			管径125～200mm	5	
			管径200～400mm	7	

37.12.3 供热锅炉及辅助设备安装

供热锅炉共有三种型式：承压锅炉、真空锅炉、常压锅炉。承压锅炉安装及运行危险性高，属于特种设备，受国家特种设备监察机构监督。

本节适用于建筑供热和生活热水供应的额定压力不大于3.82MPa、热水温度不超过130℃的蒸汽和热水锅炉及辅助设备安装工程的质量检验与验收。

37.12.3.1 整装锅炉安装

按照燃烧介质的不同分为燃煤、燃气和燃油锅炉。

1. 锅炉安装流程（图37-160）

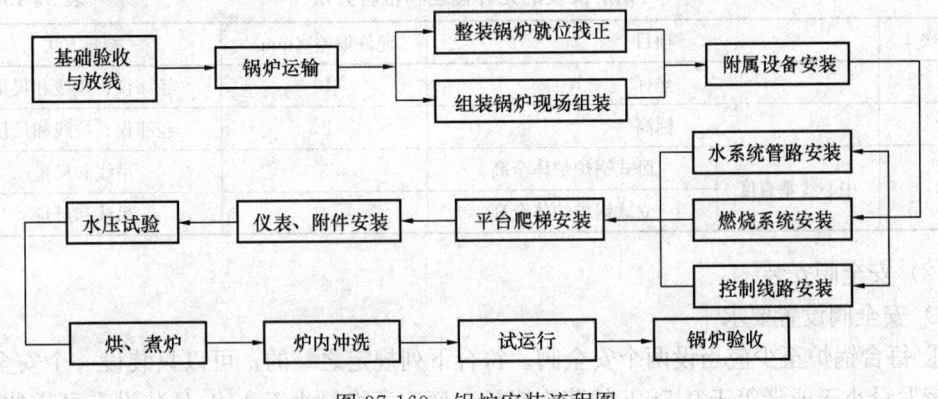

图37-160 锅炉安装流程图

2. 锅炉及附件安装

（1）锅炉本体安装

1）锅炉的运输

运输前应选好运输方法和运输路线，可以选择汽车式起重机进行垂直运输，卷扬机加滚杠道木进行水平运输的方式。

2）锅炉就位

① 当锅炉运到基础上以后，不撤滚杠先进行找正，应达到下列要求：

a. 锅炉炉排前轴中心线应与基础前轴中心基准线相吻合，允许误差±2mm。

b. 锅炉纵向中心线与基础纵向中心基准线相吻合，或锅炉支架纵向中心线与条形基础纵向中心基准线相吻合，允许偏差±10mm。

② 撤出滚杠使锅炉就位：

撤滚杠时用道木或木方将锅炉一端垫好，用2个千斤顶将锅炉的另一端顶起，撤出滚杠，使锅炉的一端落在基础上。再用千斤顶将锅炉的另一端顶起，撤出剩余的滚杠和木方，落下千斤顶使锅炉全部落到基础上。如不能直接落到基础上，应再垫木方逐步使锅炉平稳地落到基础上。锅炉就位后应使用千斤顶进行校正。

3) 锅炉找平、找正

① 锅炉的纵向找正：

用水平尺放到炉排的纵排面上，检查炉排面的纵向水平度，检查点最小为炉排前后两处。要求炉排面纵向应水平或炉排面略坡向炉膛后部，最大倾斜度不大于10mm。

当锅炉纵向不平时，可用千斤顶将过低的一端顶起，在锅炉的支架下垫以适当厚度的钢板，使锅炉的水平度达到要求，垫铁的间距一般为500～1000mm。

② 锅炉的横向找正：

用水平尺放到炉排的横排面上，检查炉排面的横向水平度，检查点最小为炉排前后两处。炉排的横向倾斜度不得大于5mm（过大会导致炉排跑偏）。

当炉排横向不平时，解决做法同纵向找正。

③ 锅炉标高确定：在锅炉进行纵、横方向找平时同时兼顾标高的确定。

④ 锅炉坐标、标高、中心线和垂直度的允许偏差应符合表37-136的规定。

锅炉安装的允许偏差和检验方法   表37-136

项次	项目		允许偏差（mm）	检验方法
1	坐标		10	经纬仪、拉线和尺量
2	标高		±5	经纬仪、拉线和尺量
3	中心线垂直度	卧式锅炉炉体全高	3	吊线和尺量
		立式锅炉炉体全高	4	吊线和尺量

(2) 安全阀安装

1) 安全阀设置要求

① 每台锅炉至少应当设两个安全阀。符合下列规定之一的，可以只装设一个安全阀：额定蒸发量小于或者等于0.5t/h的蒸汽锅炉；额定蒸发量小于4t/h且装设有可靠的超压联锁保护装置的蒸汽锅炉；额定热功率小于或者等于2.8MW的热水锅炉。

② 可分式省煤器出口处必须装设安全阀。

2) 安全阀装置要求

① 静重式安全阀应当有防止重片飞脱的装置。

② 弹簧式安全阀应当有提升手把和防止随便拧动调整螺钉的装置。

③ 杠杆式安全阀应当有防止重锤自行移动的装置和限制杠杆越出的导架。

④ 控制式安全阀应当有可靠的动力源和电源。

⑤ 脉冲式安全阀的冲量介入导管上的阀门保持全开并且加铅封。

⑥ 用压缩空气控制的安全阀有可靠的气源和电源。

⑦ 液压控制式安全阀有可靠的液压传送系统和电源。

⑧ 电磁控制式安全阀有可靠的电源。

3) 蒸汽锅炉安全阀排汽管

① 排汽管应当直通安全地点，并且有足够的流通截面积，保证排汽畅通，同时排汽

管应当予以固定，不应当有任何来自排汽管的外力施加到安全阀上。

② 安全阀排汽管底部应当装有接到安全地点的疏水管，在疏水管上不应当装设阀门。

③ 两个独立的安全阀的排汽管不应该相连。

④ 安全阀排汽管上如果装有消声器，其结构应当有足够的流通截面积和可靠的疏水装置。

⑤ 露天布置的排汽管如果加装防护罩，防护罩的安装不应当妨碍安全阀的正常动作和维修。

4）热水锅炉安全阀排水管

热水锅炉的安全阀应当装设排水管（如果采用杠杆安全阀应当增加阀芯两侧的排水装置），排水管应当直通安全地点，并且有足够的排放流通面积，保证排放畅通。在排水管上不应当装设阀门，并且应当有防冻措施。

(3) 测温仪表安装

锅炉系统的测温仪表包括测温取源部件、水银温度计、热电阻和热电偶温度计。

1）在管道上采用机械加工或气割的方法开孔，孔口应磨圆挫光。设备上的开孔应在厂家出厂前预留好。

2）测温取源部件的安装要求如下：

① 取源部件的开孔和焊接，必须在防腐和压力试验前进行。

② 测温元件应装在介质温度变化灵敏和具有代表性的地方，不应装在管道和设备的死角处。

③ 温度计插座的材质应与主管道相同。

④ 温度仪表外接线路的补偿电阻，应符合仪表的规定值，线路电阻值的允许偏差：热电偶为±0.2Ω，热电阻为±0.1Ω。

⑤ 在易受被测介质强烈冲击的位置或水平安装时，插入深度大于1m以及被测温度高于700℃时的测温元件，安装应采取防弯曲措施。

⑥ 安装在管道拐弯处时，宜逆着介质流向，取源部件的轴线应与工艺管道轴线相重合。

⑦ 与管道呈一定倾斜角度安装时，宜逆着介质流向，取源部件轴线应与工艺管道轴线相交。

⑧ 与管道相互垂直安装时，取源部件轴线应与工艺管道轴线垂直相交。

3）水压试验和水冲洗时，拆除测温仪表，防止损坏。

(4) 测压仪表安装

锅炉系统的测压仪表包括测压取源部件、就地压力表、远传压力表。

1）开孔和焊接同测温元器件安装。

2）压力测点应选择在管道的直线段上，即介质流束稳定的地方。

3）检测带有灰尘、固体颗粒或沉淀物等浑浊物料的压力时，在垂直和倾斜的设备和管道上，取源部件应倾斜向上安装，在水平管道上宜顺物料流束成锐角安装。

4）压力取源部件安装在倾斜和水平的管段上时，取压点的设置应符合下列要求：

① 测量蒸汽时，取压点宜选在管道上半部以及下半部与管道水平中心线为0°~45°夹角的范围内。

② 测量气体时，应选在管道上半部。
③ 测量液体时，应在管道的下半部与管道水平中心线为0°～45°夹角的范围内。
④ 就地压力表所测介质温度高于60℃时，二次门前应装U形或环形管。
⑤ 就地压力表所测为波动剧烈的压力时，在二次门后应安装缓冲装置。
⑥ 压力取源部件与温度取源部件安装在同一管段上时，压力取源部件应安装在温度取源部件的上游侧。

5) 测量低压的压力表或变送器的安装高度宜与取压点的高度一致。测量高压的压力表安装在操作岗位附近时，宜距地面1.8m以上，或在仪表正面加护罩。

6) 水压试验和水冲洗时，拆除测压仪表，防止损坏。

（5）流量仪表安装

1) 流量装置安装应按设计文件规定，同时应符合随机技术文件的有关要求。

2) 孔板、喷嘴和文丘里皮托管前后直段在规定的最小长度内，不应设取源部件或测温元件。

3) 节流装置安装在水平和倾斜的管道上时，取压口的方位设置应符合下列要求：
① 测量气体流量时，应在管道上半部。
② 测量液体流量时，应在管道的下半部与管道的水平中心线为0°～45°夹角的范围内。
③ 测量蒸汽流量时，应在管道的上半部与管道水平中心线为0°～45°夹角的范围内。
④ 皮托管、文丘里式皮托管和均速管等流量检测元件的取源部件的轴线，必须与管道轴线垂直相交。

4) 其他安装要求同测温仪表安装。

（6）分析仪表安装

1) 设置位置应在流速、压力稳定并能准确反映被测介质真实成分变化的地方，不应设置在死角处。

2) 在水平或倾斜管段上设置的分析取源部件，其安装位置应符合压力仪表的有关规定。

3) 气体内含有固体或液体杂质时，取源部件的轴线与水平线之间仰角应大于15°。

（7）液位仪表安装

1) 安装位置应选在物位变化灵敏，且物料不会对检测元件造成冲击的地方。

2) 每台锅炉至少应安装两个彼此独立的液位计，额定蒸发量不大于0.2t/h的锅炉可以安装1个液位计。

3) 静压液位计取源部件的安装位置应远离液体进出口。

4) 玻璃管（板）式水位表的标高与锅筒正常水位线允许偏差为2mm；表上应标明"最高水位""最低水位"和"正常水位"标记。

5) 内浮筒液位计和浮球液位计的导向管或其他导向装置必须垂直安装，并保证导向管内液体流畅，法兰短管连接应保证浮球能在全程范围内自由活动。

6) 电接点水位表应垂直安装，其设计零点应与锅筒正常水位相重合。

7) 锅筒水位平衡容器安装前，应核查制造尺寸和内部管道的严密性，应垂直安装，正、负压管应水平引出，并使平衡器的设计零位与正常水位线相重合。

(8) 风压仪表安装

1) 风压的取压孔径应与取压装置管径相符,且不应小于 12mm。

2) 安装在炉墙和烟道上的取压装置应倾斜向上,并与水平线夹角宜大于 30°,在水平管道上宜顺物料流束成锐角安装,且不应伸入炉墙和烟道的内壁。

3) 在风道上测风压时应逆着流束成锐角安装,与水平线夹角宜大于 30°。

37.12.3.2 辅助设备及管道安装

1. 送、引风机安装

(1) 基础验收合格后进行交接,基础放线。

(2) 风机经过开箱验收以后,安装垫铁,将风机吊装就位,开始找正、找平。

(3) 经检查风机的坐标、标高、水平度、垂直度满足现行国家标准《风机、压缩机、泵安装工程施工及验收规范》GB 50275 的规定,进行地脚螺栓孔的灌浆,待混凝土强度达到 75% 时,复查风机的水平度,紧固好风机的地脚螺栓。

(4) 安装进出口风管(道)。通风管(道)安装时,其重量不可加在风机上,应设置支吊架进行支撑,并与基础或其他建筑物连接牢固。风管与风机连接时,如果错口不得强制对口勉强连接上,应重新调整合适后再连接。

(5) 风机试运转。试运行前先用手转动风机,检查是否灵活,接通电源,进行点试,检查风机转向是否正确,有无摩擦和振动。正式启动风机,连续运转 2h,检查风机的轴温和振动值是否正常,滑动轴承温升最高不得超过 60℃,滚动轴承温升最高不得超过 80℃(或高于室温 40℃),轴承径向单振幅应符合:风机转速小于 1000r/min 时,不应超过 0.10mm;风机转速为 1000~1450r/min 时,不应超过 0.08mm。同时做好试运转记录。

2. 除尘器安装

(1) 安装前首先核对除尘器的旋转方向与引风机的旋转方向是否一致,安装位置是否便于清灰、运灰。除尘器落灰口距地面高度一般为 0.6~1m。检查除尘器内壁耐磨涂料有无脱落。

(2) 安装除尘器支架:将地脚螺栓安装在支架上,然后把支架放在划好基准线的基础上。

(3) 安装除尘器:支架安装好后,吊装除尘器,紧好除尘器与支架连接的螺栓。吊装时根据情况(立式或卧式)可分段安装,也可整体安装。除尘器的蜗壳与锥形体连接的法兰要连接严密,用 ϕ10mm 的石棉扭绳作垫料,垫料应加在连接螺栓的内侧。

(4) 烟道安装:先从省煤器的出口或锅炉后烟箱的出口安装烟道和除尘器的扩散管。烟道之间的法兰连接用 ϕ10mm 的石棉扭绳作垫料,垫料应加在连接螺栓的内侧,连接要严密。烟道与引风机连接时应采用软接头,不得将烟道重量压在风机上。烟道安装后,检查扩散管的法兰与除尘器的进口法兰位置是否正确。

(5) 检查除尘器的垂直度和水平度:除尘器的垂直度和水平度允许偏差为 1/1000,找正后进行地脚螺栓孔灌浆,混凝土强度达到 75% 以上时,将地脚螺栓拧紧。

(6) 锁气器安装:锁气器是除尘器的重要部件,是保证除尘器效果的关键部件之一,因此锁气器的连接处和舌形板接触要严密,配重或挂环要合适。

(7) 除尘器应按图纸位置安装,安装后再安装烟道。设计无要求时,弯头(虾米腰)

的弯曲半径不应小于管径的 1.5 倍，扩散管渐扩角度不得大于 20°。

(8) 安装完毕后，整个引风除尘系统进行严密性风压试验，合格后可投入运行。

3. 贮罐类设备安装

(1) 按照规范和设计规定进行设备基础验收、基础放线和设备进场检查验收等工作。

(2) 利用设备本体上带有的吊耳或者直接采用钢丝绳捆绑式进行吊装就位，注意设备的各类进出口位置满足设计要求。

(3) 设备进行找正找平，允许偏差满足表 37-137 的规定。

贮罐类设备安装允许偏差 表 37-137

项次	项目	允许偏差（mm）	检验方法
1	坐标	15	经纬仪、拉线或尺量
2	标高	±5	水准仪、拉线或尺量
3	卧式罐水平度	2L/1000	水平仪
4	立式罐垂直度	2H/1000 但不大于 10mm	吊线和尺量

注：L 为设备长度；H 为设备高度。

(4) 设备安装完毕后，敞口箱、罐应进行满水试验，满水后静置 24h 检查不渗不漏为合格，密闭箱、罐以工作压力的 1.5 倍作水压试验，但不得小于 0.4MPa，稳压 10min 内无压降，不渗不漏为合格。

(5) 地下直埋的油罐在埋地前应作气密性试验，试验压力降不应大于 0.03MPa，试验压力下观察 30min 不渗、不漏、无压降为合格。

4. 软化水装置安装

锅炉设备做到安全、经济运行，与锅炉水处理有直接关系。新安装的锅炉没有水处理措施不准投入运行。

(1) 锅炉用水水质应符合现行国家标准《工业锅炉水质》GB/T 1576 的要求。

(2) 软化水装置安装：

对于各类型软化水装置，可按设计规定和设备厂家说明书规定的方法进行安装，如无明确规定，可按下列要求进行安装：

1) 安装前应根据设计规定对设备的规格、型号、尺寸、制造材料以及随机附件进行核对检查，对设备的表面质量和内部的布水设施进行细致的检查，特别是有机玻璃和塑料制品，要严格检查，符合要求后方可安装。

2) 对设备基础进行验收检查，应满足设备安装要求。

3) 按设备出厂技术文件和技术要求对设备支架和设备进行找正找平，无基础及地脚螺栓的设备应采用膨胀螺栓的形式保证设备及支架的平稳和牢固。

4) 设备安装完毕后进行设备配管，管道施工时不得以设备作为支撑，不得损坏设备。

5) 安装完毕后应进行调试和试运行，检查设备本体、管路、阀门等是否满足使用要求。

5. 水泵安装

可以参照前面有关章节。

6. 油泵安装

(1) 油泵安装严格按照厂家说明书进行。

(2) 从锅炉房贮油罐输油到室内油箱的输油泵,不应少于2台,其中1台应为备用。输油泵的容量不应小于锅炉房小时最大计算耗油量的110%。

(3) 在输油泵进口母管上应设置油过滤器2台,其中1台应为备用。油过滤器的滤网网孔宜为8~12目/cm,滤网流通截面积宜为其进口管截面积的8~10倍。

(4) 油泵房至贮油罐之间的管道宜采用地上敷设。当采用地沟敷设时,地沟与建筑物外墙连接处应填砂或用耐火材料隔断。

(5) 供油泵的扬程,不应小于下列各项的代数和:
1) 供油系统的压力降。
2) 供油系统的油位差。
3) 燃烧器前所需的油压。
4) 本款上述3项和的10%~20%富余量。

(6) 不带安全阀的窖积式供油泵,在其出口的阀门前靠近油泵处的管段上,必须装设安全阀。

(7) 燃油锅炉房室内油箱的总容量,重油不应超过$5m^3$,轻柴油不应超过$1m^3$。室内油箱应安装在单独的房间内。当锅炉房总蒸发量大于等于30t/h,或总热功率大于等于21MW时,室内油箱应采用连续进油的自动控制装置。当锅炉房发生火灾事故时,室内油箱应自动停止进油。

(8) 设置在锅炉房外的中间油箱,其总容量不宜超过锅炉房1d的计算耗油量。

(9) 室内油箱应采用闭式。油箱上应装设直通室外的通气管,通气管上应设置阻火器和防雨设施。油箱上不应采用玻璃管式油位表。

(10) 油箱的布置高度,宜使供油泵有足够的灌注头。

(11) 室内油箱应装设将油排放到室外贮油罐或事故贮油罐的紧急排放管。排放管上应并列装设手动和自动紧急排油阀。排放管上的阀门应装设在安全和便于操作的地点。对地下(室)锅炉房,室内油箱直接排油有困难时,应设事故排油泵。

7. 水管道安装

水管道安装参见室内给水、供暖管道安装等有关章节。

8. 蒸汽管道安装

蒸汽管道安装参见室内供暖管道安装等有关章节。

9. 燃油管道安装

(1) 锅炉房的供油管道宜采用单母管,常年不间断供热时,宜采用双母管,回油管道宜采用单母管。采用双母管时,每一母管的流量宜按锅炉房最大计算耗油量和回油量之和的75%计算。

(2) 重油供油系统,宜采用经锅炉燃烧器的单管循环系统。

(3) 重油供油管道应保温,当重油在输送过程中,由于温度降低不能满足生产要求时,应进行伴热。在重油回油管道可能引起人员烫伤或凝固的部位,应采取隔热或保温措施。

(4) 油管道宜采用顺坡敷设,但接入燃烧器的重油管道不宜坡向燃烧器,轻柴油管道的坡度不应小于0.3%,重油管道的坡度不应小于0.4%。

(5) 在重油供油系统的设备和管道上,应装吹扫口,吹扫口位置应能够吹净设备和管道内的重油。吹扫介质宜采用蒸汽，亦可采用轻油置换，吹扫用蒸汽压力宜为 0.6～1MPa（表压）。

（6）固定连接的蒸汽吹扫口，应有防止重油倒灌的措施。

（7）每台锅炉的供油干管上，应装设关闭阀和快速切断阀。每个燃烧器前的燃油支管上，应装设关闭阀。当设置 2 台或 2 台以上锅炉时，应在每台锅炉的回油总管上装设止回阀。

（8）在供油泵进口母管上，应设置油过滤器 2 台，其中 1 台备用。滤网流通面积宜为其进口管截面积的 8～10 倍。油过滤器的滤网网孔，应符合下列要求：

1）离心泵、蒸汽往复泵为 8～12 目/cm。

2）螺杆泵、齿轮泵为 16～32 目/cm。

（9）采用机械雾化燃烧器（不包括转杯式）时，在油加热器和燃烧器之间的管段上，应设置油过滤器。油过滤器滤网的网孔，不宜小于 20 目/cm，滤网的流通面积不宜小于其进口管截面积的 2 倍。

（10）燃油管道应采用输送流体的无缝钢管，并应符合现行国家标准《输送流体用无缝钢管》GB/T 8163 的有关规定；燃油管道除与设备、阀门附件等处可用法兰连接外，其余宜采用氩弧焊打底的焊接连接。

（11）室内油箱间至锅炉燃烧器的供油管和回油管宜采用地沟敷设，地沟内宜填砂，地沟上面应采用非燃材料封盖。

（12）燃油管道垂直穿越建筑物楼层时，应设置在管道井内，并宜靠外墙敷设。管道井的检查门应采用丙级防火门，燃油管道穿越每层楼板处，应设置相当于楼板耐火极限的防火隔断，管道井底部应设深度为 300mm 的填砂集油坑。

（13）油箱（罐）的进油管和回油管，应从油箱（罐）体顶部插入，管口应位于油液面下，并应距离箱（罐）底 200mm。

（14）当室内油箱与贮油罐的油位有高差时，应有防止虹吸的设施。

（15）燃油管道穿越楼板、隔墙时应敷设在套管内，套管的内径与油管的外径四周间隙不应小于 20mm。套管内管段不得有接头，管道与套管之间的空隙应用麻丝填实，并应用不燃材料封口。管道穿越楼板的套管，上端应高出楼板 60～80mm，套管下端与楼板底面（吊顶底面）平齐。

（16）燃油管道与蒸汽管道上下平行布置时，燃油管道应位于蒸汽管道的下方。

（17）燃油管道采用法兰连接时，宜设有防止漏油事故的集油措施。

（18）燃油系统附件严禁采用能被燃油腐蚀或溶解的材料。

（19）管道焊接和安装应符合现行国家标准《工业金属管道工程施工规范》GB 50235 和《现场设备、工业管道焊接工程施工规范》GB 50236 的规定。

10. 蒸汽和热水分水器安装

蒸汽分配器和热水分水器都为压力容器，一般可根据用户的要求和图纸尺寸在专业厂家加工制作。当现场制作时，必须持有关部门颁发的压力容器制作加工证书，否则不允许自行加工制作。

（1）现场制作必须采用冲压制的封头，无缝钢管直径一般是根据循环水量确定的，分水器长度根据接出管的数量及接出管的管径而定。接出管间距应满足接出管上安装的阀门有足够的距离，一般接管间距如图 37-161 所示。

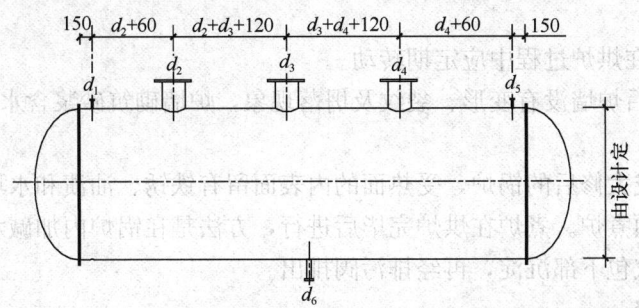

图 37-161 分配器接管间距尺寸

(2) 焊接短管法兰盘时，应保证安装阀门后，手轮操作朝向一致。两端封头部位不允许开洞接管。接出短管高度一致，不得低于保温层的厚度。接管还应考虑安装在分配器上的压力表和温度计的位置。

(3) 分配器一般靠墙安装，安装时可采用型钢支架，将分配器支起，用 U 形圆钢管卡将其固定在支架上，或者设备制作的时候直接增加设备支腿，设备支腿的高度按照设计要求或者安装高度来定，使用地脚螺栓或者膨胀螺栓进行分配器的固定。

37.12.3.3 烘炉与煮炉

1. 烘炉

烘炉可采用火焰烘炉、热风烘炉、蒸汽烘炉等方法，其中火焰烘炉使用较多，要求如下：

锅炉必须由小火和较低的温度开始，慢慢加温。点火要先使用木材，不要距炉墙过近，靠自然通风燃烧，以后逐渐加煤，并开启引风机和鼓风机，风量不要太大。

1) 木柴烘炉阶段

① 关闭所有阀门，打开锅筒排气阀，并向锅炉内注入清水，使其达到锅炉运行的最低水位。

② 加进木柴，将木柴集中在炉排中间，约占炉排 1/2 后点火。开始可以单靠自然通风，按温升情况控制火焰的大小。起始的 2～3h 内，烟道挡板开启约为烟道剖面的 1/3，待温升后加大引力时，把烟道挡板关至紧留 1/6 为止。炉膛保持负压。

③ 最初 2d，木柴燃烧须稳定、均匀，不得在木柴已经熄火时再急增火力，直至第三昼夜，略填少量煤，开始向下个阶段过渡。

2) 煤炭烘炉阶段

① 首先缓缓开动炉排及鼓、引风机，烟道挡板开到烟道面积 1/6～1/3 的位置上，不得让烟火从看火孔或其他地方冒出，注意打开上部检查门排除炉墙气体。

② 一般情况下烘炉不少于 4d，燃烧均匀，升温缓慢，后期烟温不高于 160℃，且持续时间不应少于 24h。冬期烘炉要酌情将木柴烘炉时间延迟若干天。

③ 烘炉中水位下降时及时补充清水，保持正常水位。烘炉初期开启连续排污，到中期每隔 6～8h 进行一次排污，排污后注意及时补进软水，保持锅炉正常水位。

④ 烘炉期间，火焰应保持在炉膛中央，不应直接烧烤炉墙及炉拱，不得时旺时弱。

烘炉时锅炉不升压。烘炉期少开检查门、看火门、人孔等，防止冷空气进入炉膛，严禁将冷水洒在炉墙上。

⑤ 链条炉排在烘炉过程中应定期转动。

⑥ 烘炉结束后炉墙没有变形、裂纹及坍落现象，炉墙砌筑砂浆含水率达到7％以下。

2. 煮炉

新装、移装或大修后的锅炉，受热面的内表面留有铁锈、油渍和水垢，为保证运行中的汽水品质，必须煮炉。煮炉在烘炉完毕后进行，方法是在锅炉内加碱水，使油垢脱离炉内金属壁面，在汽包下部沉淀，再经排污阀排出。

(1) 加药规定

1) 若设计无规定，按表37-138中规定的用量向锅炉内加药。

煮炉所用药品和数量　　　　　　　表37-138

药品名称	加药量（kg/m³ 水）		
	铁锈较轻	铁锈较重	迁装锅炉
氢氧化钠 NaOH	2～3	3～4	5～6
磷酸三钠 $Na_3PO_4 \cdot 12H_2O$	2～3	2～3	5～6

2) 有加热器的锅炉，在最低水位加入药量，否则可以在上锅筒一次加入。

3) 当碱度低于45mg当量/L时，应补充加药量。

4) 药品可按100％纯度计算，无磷酸三钠时，可用碳酸钠代替，数量为磷酸三钠的1.5倍。

5) 对于铁锈较薄的锅炉，也可以只用无水磷酸钠进行煮炉，其用量为6kg/m³炉水。

6) 铁锈特别严重时，加药数量可按表37-138再增加50％～100％。

(2) 煮炉的方法

1) 为了节约时间和燃料，在烘炉后期应开始煮炉，按设计及锅炉出厂说明书的规定加药。

2) 加强燃烧，使炉水缓慢沸腾，待产生蒸汽后由空气阀或安全阀排出，使锅炉不受压，维持10～12h。

3) 减弱燃烧，将压力降到0.1MPa，打开定期排污阀逐个排污一次，并补充给水或加入未加完的药溶液，维持水位。

4) 再加强燃烧，把压力升到工作压力的75％～100％范围内，运行12～24h。

5) 停炉冷却后排出炉水，并及时用清水（温水）将锅炉内部冲洗干净。

(3) 注意事项

1) 煮炉时间一般应为2～3d，如蒸汽压力较低，可适当延长煮炉时间。非砌筑或浇筑保温材料保温的锅炉，安装后可直接进行煮炉。煮炉结束后，打开锅筒和集箱检查孔检查，锅筒和集箱内壁应无油垢，擦去附着物后金属表面应无锈斑。

2) 煮炉期间，炉水水位控制在最高，水位降低时，及时补充给水。每隔3～4h由上、下锅筒及各集箱排污处进行炉水取样，当碱度低于45mg当量/L时，应补充加药量。

3) 需要排污时，应将压力降低后，前后左右对称排污，清洗干净后，打开人孔、手孔进行检查，清除沉淀物。

37.12.3.4 蒸汽严密性试验、安全阀调整与试运行

锅炉在烘炉、煮炉合格后,应进行带负荷连续试运行,同时应进行安全阀的热状态定压检验和调整。

1. 锅炉蒸汽严密性试验

锅炉烘炉、煮炉合格后,进行蒸汽严密性试验,做法如下:

(1) 升压至 0.3~0.4MPa,对锅炉的法兰、人孔、手孔和其他连接螺栓进行一次热态下的紧固。

(2) 升压至工作压力,检查各人孔、手孔、阀门、法兰和填料等处是否有漏水、漏气现象,同时观察锅筒、集箱、管路和支架等各处的热膨胀情况是否正常。

(3) 经检查合格后,详细记录并请监理单位认可。

2. 安全阀校验

蒸汽严密性试验合格后可升压进行安全阀调整,要求如下:

(1) 为了防止锅炉上所有的安全阀同时工作,锅筒上的安全阀分为控制安全阀和工作安全阀两种。控制安全阀的开启压力低于工作安全阀的开启压力,安全阀开启压力按表37-139及表37-140的规定,安全阀的定压必须由当地锅炉安全监察机构指定的专业检测单位进行校验,并出具检测报告和进行铅封。

蒸汽锅炉安全阀整定压力 表37-139

额定工作压力 (MPa)	安全阀整定压力	
	最低值	最高值
$p\leqslant 0.8$	工作压力加 0.03MPa	工作压力加 0.05MPa
$0.8<p\leqslant 5.9$	1.04 倍工作压力	1.06 倍工作压力

热水锅炉安全阀整定压力 表37-140

最低值	最高值
1.1倍工作压力但是不小于工作压力加 0.07MPa	1.12倍工作压力但是不小于工作压力加 0.1MPa

(2) 一般锅炉装有 2 个安全阀的,一个按表中较高值调整,另一个按较低值调整。先调整锅筒上开启压力较高的安全阀,然后再调整开启压力较低的安全阀。

(3) 安全阀的回座压差,一般应为起座压力的 4%~7%,最大不得超过起座压力的 10%。

(4) 安全阀在运行压力下应具有良好的密封性能。

(5) 定压工作完成后,应作一次安全阀自动排汽试验,启动合格后应铅封,同时将始启压力、起座压力、回座压力进行记录。

(6) 安全阀定压调试记录应有甲乙双方、监理及锅检部门共同签字确认。

3. 锅炉试运行

安全阀调整后,现场组装的锅炉应带负荷正常连续试运行 48h,整体出厂的锅炉应带负荷连续试运行 4~24h,并作好试运行记录。锅炉试运行应按照设计、厂家安装使用说明书的要求进行。

(1) 操作要点如下:

1) 打开进水阀,关闭蒸汽出口阀,启动给水泵向炉内注水(软化水),水位至水位计的最低水位处,检查水位是否稳定,如水位下降应检查排污阀是否关闭不严。

2) 点火升温,初始升温升压需缓慢,一般从初始升压至工作压力的时间以3~4h为宜,这期间应进行一次水位计的冲洗,同时观测两侧压力表指示是否一致,检查人孔等处有无泄漏蒸汽处。

3) 当蒸汽压力稳定后,如安全阀未预先进行调整,开启动作压力时,可进行带压调整,但应注意严格控制炉内蒸汽压力。先调整开启压力高的一只,降压后再调整开启压力低的另一只。多台锅炉应逐台进行单独调整。

4) 在试运转过程中,应进行排水以检查排污阀启闭是否正常,并同时给锅炉上水保证低水位线。

5) 上述均正常后逐渐打开蒸汽主阀进行暖管,一般可送至分汽缸内,再打开紧急放空阀向室外排放。此时应及时进行补水,观察水位变化,并保证炉内蒸汽压力,补水应按少补勤补的原则,避免一次补水量过大影响蒸汽压力。

(2) 锅炉供汽(或供热水)带负荷后连续试运行。在试运行期间,所有辅助设备应同时或陆续或轮换投入运行;锅炉本体、辅助机械和附属系统均应工作正常,其膨胀、严密性、轴承温度及振动等均应符合技术要求;锅炉蒸汽参数(或热水出水温度)、燃烧情况等均应基本达到设计要求。

(3) 锅炉停启炉时操作如下:

1) 正常停炉压火,应先停运鼓风机,再停运引风机,停止供煤或其他燃料,但循环水泵不能停运。当系统水温降至50~60℃以下时再停循环水泵。

2) 再次启炉时,应先开启循环水泵,使系统内的水达到正常循环后,开启引风机、鼓风机,启动炉排及上煤系统,逐渐恢复燃烧。

(4) 锅炉试运行结束后,应办理整套试运行签证和设备验收移交工作。

37.12.4 热力站设备及管道安装

为保证热力站内具有充足的设备、管道的检修空间和整体使用效果,应在站房设备安装前对设备排布和管道布置进行深化设计。

37.12.4.1 换热器安装

换热器安装前应对管道进行冲洗。

换热器的安装坡度、坡向应符合设计或产品说明书的规定,安装的允许偏差及检验方法应符合表37-141的规定。

换热器安装的允许偏差及检验方法　　　　表37-141

项目	允许偏差(mm)	检验方法
标高	±10	拉线和钢尺测量
水平度	5L/1000	经纬仪或吊线、水平仪(水平尺)、钢尺测量
垂直度	5H/1000	经纬仪或吊线、水平仪(水平尺)、钢尺测量

注:L为设备长度;H为设备高度。

1. 板式换热器

(1) 板式换热器的安装

1) 按照交换站经过审批后的深化设计设备布置图进行换热器的安装。

2) 板式换热器在出厂时在两块压紧板上设置4个吊耳,供起吊时使用,吊绳不得挂在法兰口接管、定位横梁或板片上。

3) 换热器就位后进行找正、找平,经检查设备的坐标、标高、垂直度、水平度满足设计和规范要求后,开始地脚螺栓孔的灌浆,或者使用膨胀螺栓进行固定。

4) 换热器周围要留有1m左右的空间,以便于检修。

5) 冷热介质进出口接管之安装,应严格按照出厂铭牌所规定的方向连接,否则,换热器性能将受到影响。

6) 安装管路时,应按照设计要求在管路上配齐阀门、压力表、温度计,流量控制阀应装在换热器进口处,在出口处应装排气阀。

7) 连接换热器的管线要进行冲洗、清理干净,防止砂石、焊渣等杂物进入换热器,造成堵塞。

8) 当使用介质不干净,有较大颗粒或长纤维时,进口处应装有过滤器。

(2) 板式换热器的调试和使用

1) 板式换热器使用前应进行水压试验,对热媒管路和使用管路分开进行,试验压力为工作压力的1.5倍,蒸汽部分应不低于蒸汽供汽压力加0.3MPa,热水部分应不低于0.4MPa,稳压10min压力不降为合格。

2) 管路进行冲洗时,板式换热器进口处可加设过滤网或者不参与管线冲洗。

3) 开始运行试运操作时,先打开使用端管路阀门,开始正常循环后,再缓慢打开热媒管路阀门,慢慢增加热媒介质流量,直至达到设计要求的温度和压力等参数。

4) 停车运行时应缓慢切断热媒管路阀门,再切断使用端管路阀门,这样有助于延长换热器的使用寿命。

5) 板式换热器如长时间地使用,板片会有一定的沉积物结垢而影响换热效果,因此须定期拆洗。拆洗时将换热器解体,用棕刷洗刷板片表面污垢,也可用无腐蚀性的化学清洗剂洗刷,注意不得用金属刷洗刷,以免损伤板片影响防腐能力。一般情况可不解体清洗,用水以与介质流动相反方向冲洗,可冲出杂物,但压力不得高于工作压力,也可用对不锈钢无腐蚀性的化学清洗剂清洗。

2. 容积式换热器

(1) 容积式换热器分为立式和卧式,在出厂前应设置吊装用的吊耳,安装时利用吊耳进行吊装就位。

(2) 就位后对换热器进行找正找平,其坐标、标高、垂直度和水平度满足设计和规范要求,采用地脚螺栓或者膨胀螺栓进行固定。

(3) 按照图纸设计进行设备配管。

(4) 换热器和站房内的管道试压和冲洗等参考板式换热器。

(5) 为防止热损失,换热器在使用前对壳体外表面进行保温,保温层材料和保护壳等做法可按照设计文件执行。

(6) 容积式换热器的使用操作方法同板式换热器。

(7) 为确保运行安全，必须设置安全装置，可采用：在容积式换热器的顶部安装与设备最高工作压力相适应的安全阀；在容积式换热器的顶部装设与大气相通的引出管，管的内径应不小于 25mm；装设与容积式换热器相连通的膨胀水箱。

(8) 容积式换热器每年至少进行一次外部检查；每三年至少进行一次内、外部检查，每六年至少进行一次全面检查。检查的内容与要求按《固定式压力容器安全技术监察规程》TSG 21 执行。

3. 管壳式换热器

(1) 设备安装前应对管程和壳程分别进行水压试验，如果发现压力异常，可进行抽芯检查。

(2) 换热器安装时可利用吊耳或者使用钢丝绳绑扎式吊装就位。

(3) 换热器找平找正后，使用地脚螺栓进行固定。换热器支座的地脚螺栓孔一端为固定孔，一端为滑动孔，滑动孔的地脚螺栓应采用双螺母，第一个螺母拧紧后倒退一圈，然后用第二个螺母锁紧，以便鞍座能在基础上自由滑动。

(4) 根据换热器的类型不同，换热器的两端或一端应留有一定的空间，保证管箱可吊装及拆除，方便设备检修。

(5) 换热器运行和停止使用与前述换热器一致。

(6) 运行过程中发现有局部换热管渗漏时，允许将其两端堵死，但被堵的管子数量不得超过管子总数的 10%。

(7) 对于介质易堵塞的换热器要定期检查，清理管中的污物及污垢等，以利热交换。对于运行年限较长的设备应每年检测设备的整体等受压元件的壁厚，看其是否满足最小厚度要求，并确定能否继续运行。

37.12.4.2 水泵安装及试运转

参见前文所述有关内容。

37.12.4.3 管道及附件安装

设备配管前，先进行站房管线布置的深化设计，使各系统管线层次分明，分布合理，保证站房内具有充足的设备、管道的检修空间和整体使用效果。

1. 管道安装

(1) 管道安装坡向、坡度应符合设计要求。

(2) 站房内设备配管应按照由上而下、由里而外、由大到小的顺序进行施工。

(3) 配管时遵循小管让大管、有压让无压的原则进行。

(4) 管道配管前应按照深化设计图纸，加大预制深度，较少固定口地焊接，提高焊缝的焊接质量。

(5) 成排安装的管道、阀门、管件等标高应一致，排列整齐。

(6) 管道安装完毕进行水压试验和水冲洗，试验合格进行管道、设备的防腐和保温。

2. 安全阀安装

(1) 热力站内安全阀设置位置应符合设计要求。

(2) 安装前应送具有检测资质的单位按设计要求进行调校。

(3) 应垂直安装，并应在两个方向检查其垂直度，发现倾斜时应予以校正。

(4) 安全阀的开启压力和回座压力应符合设计规定值，安全阀最终调校后，在工作压力下不得泄漏。

(5) 安全阀调校合格后，应填写安全阀调整试验记录。

3. 热计量装置

应符合产品说明书和设计要求，且装置所标注的水流方向应与管道内热媒流动的方向一致。

4. 管道支吊架安装

(1) 安装位置应准确，埋设应平整、牢固。

(2) 固定支架卡板与管道接触应紧密，固定应牢固。

(3) 滑动支架的滑动面应灵活，滑板与滑槽两侧间应留有 3~5mm 的空隙，偏移量应符合设计要求。

(4) 无热位移管道的支架、吊杆应垂直安装，有热位移管道的吊架、吊杆应向热膨胀的反方向偏移。

(5) 依据《建筑抗震设计规范》GB 50011 及《建筑机电工程抗震设计规范》GB 50981 要求，$DN25mm$ 以上蒸汽管道及 $DN65mm$ 的所有管道系统均应设置抗震支吊架。

参 考 文 献

[1] 中国建筑设计研究院有限公司. 建筑给水排水设计手册[M]. 3 版. 北京：中国建筑工业出版社，2018.
[2] 宋梅，李静. 建筑给水排水[M]. 北京：化学工业出版社，2016.
[3] 李亚峰，班福忱，蒋白懿，等. 高层建筑给水排水工程[M]. 北京：化学工业出版社，2016.
[4] 汪琦，章菁. 真空排水系统在大型商业广场建筑中的应用[J]. 工业用水与废水，2012.
[5] 黄慧珍. 真空排水系统在北京南站改扩建工程中的应用[J]. 建厂科技交流，2008，34(1).
[6] 《建筑施工手册》(第五版)编委会. 建筑施工手册[M]. 5 版. 北京：中国建筑工业出版社，2012.
[7] 中华人民共和国住房和城乡建设部工程质量安全监管司，中国建筑标准设计研究院. 全国民用建筑工程设计技术措施：给水排水(2009 年版)[M]. 北京：中国计划出版社，2009.
[8] 王增长. 建筑给水排水工程[M]. 7 版. 北京：中国建筑工业出版社，2016.
[9] 全国二级建造师执业资格考试用书编写委员会. 机电工程管理与实务 2H200000：2019 版[M]. 北京：中国建筑工业出版社，2019.

38 通风与空调工程

38.1 通风与空调工程设计中的有关规定

38.1.1 供暖通风与空气调节设计规定

(1) 当建筑物存在大量余热余湿及有害物质时，宜优先采用通风措施加以消除。建筑通风应从总体规划、建筑设计和工艺等方面采取有效的综合预防和治理措施。

(2) 对不可避免放散的有害或污染环境的物质，在排放前必须采取通风净化措施，并达到国家有关大气环境质量标准和各种污染物排放标准的要求。

(3) 应首先考虑采用自然通风消除建筑物余热、余湿和进行室内污染物浓度控制。对于室外空气污染和噪声污染严重的地区，不宜采用自然通风。当自然通风不能满足要求时，应采用机械通风，或自然通风和机械通风结合的复合通风。

(4) 设有机械通风的房间，人员所需的新风量应满足现行国家标准《民用建筑供暖通风与空气调节设计规范》GB 50736 的要求。

(5) 对建筑物内放散热、蒸汽或有害物质的设备，宜采用局部排风。当不能采用局部排风或局部排风达不到卫生要求时，应辅以全面通风或采用全面通风。

(6) 凡属下列情况之一时，应单独设置排风系统：
1) 两种或两种以上的有害物质混合后能引起燃烧或爆炸时；
2) 混合后能形成毒害更大或腐蚀性的混合物、化合物时；
3) 混合后易使蒸汽凝结并聚积粉尘时；
4) 散发剧毒物质的房间和设备；
5) 建筑物内设有储存易燃易爆物质的单独房间或有防火防爆要求的单独房间；
6) 有防疫的卫生要求时。

(7) 采用机械通风时，重要房间或重要场所的通风系统应具备防止以空气传播为途径的疾病通过通风系统交叉传染的功能。

(8) 机械送风系统进风口的位置，应符合下列规定：
1) 应设在室外空气较清洁的地点。
2) 应避免进风、排风短路；
3) 进风口的下缘距室外地坪不宜小于 2m，当设在绿化地带时，不宜小于 1m。

(9) 建筑物全面排风系统吸风口的布置，应符合下列规定：
1) 位于房间上部区域的吸风口，除用于排除氢气与空气混合物时，吸风口上缘至顶棚平面或屋顶的距离不大于 0.4m。

2) 用于排除氢气与空气混合物时，吸风口上缘至顶棚平面或屋顶的距离不大于0.1m。

3) 用于排出密度大于空气的有害气体时，位于房间下部区域的排风口，其下缘至地板距离不大于0.3m。

4) 因建筑结构造成有爆炸危险气体排出的死角处，应设置导流设施。

(10) 公共厨房通风应符合下列规定：

1) 发热量大且散发大量油烟和蒸汽的厨房设备应设排气罩等局部机械排风设施；其他区域当自然通风达不到要求时，应设置机械通风。

2) 采用机械排风的区域，当自然补风满足不了要求时，应采用机械补风。厨房相对于其他区域应保持负压，补风量应与排风量相匹配，且宜为排风量的80%～90%。严寒和寒冷地区宜对机械补风采取加热措施。

3) 产生油烟设备的排风应设置油烟净化设施，其油烟排放浓度及净化设备的最低去除效率不应低于国家现行相关标准的规定，对于排除有害气体的通风系统，其风管的排风口宜设置在建筑物顶端，且宜采用防雨风帽。屋面送、排风（烟）机的吸、排风（烟）口应考虑冬季不被积雪掩埋的措施。

4) 厨房排油烟风道不应与防火排烟风道共用。

5) 排风罩、排油烟风道及排风机设置安装应便于油、水的收集和油污清理，且应采取防止油烟气味外溢的措施。

(11) 公共卫生间和浴室通风应符合下列规定：

1) 公共卫生间应设置机械排风系统。公共浴室宜设气窗；无条件设气窗时，应设独立的机械排风系统。应采取措施保证浴室、卫生间对更衣室以及其他公共区域的负压。

2) 公共卫生间、浴室及附属房间采用机械通风时，其通风量宜按换气次数确定。

(12) 设备机房通风应符合下列规定：

1) 设备机房应保持良好的通风，无自然通风条件时，应设置机械通风系统。设备有特殊要求时，其通风应满足设备工艺要求。

2) 制冷机房的通风应符合下列规定：

① 制冷机房设备间排风系统宜独立设置且应直接排向室外。冬季室内温度不宜低于10℃，夏季不宜高于35℃，冬季值班温度不应低于5℃。

② 机械排风宜按制冷剂的种类确定事故排风口的高度。当设于地下制冷机房，且泄漏气体密度大于空气时，排风口应上、下分别设置。

③ 氟制冷机房应分别计算通风量和事故通风量。当机房内设备放热量的数据不全时，通风量可取4～6次/h。事故通风量不应小于12次/h。事故排风口上沿距室内地坪的距离不应大于1.2m。

④ 氨冷冻站应设置机械排风和事故通风排风系统。通风量不应小于3次/h，事故通风量宜按$183m^3/(m^2 \cdot h)$进行计算，且最小排风量不应小于$34000m^3/h$。事故排风机应选用防爆型，排风口应位于侧墙高处或屋顶。

⑤ 直燃溴化锂制冷机房宜设置独立的送、排风系统。燃气直燃溴化锂制冷机房的通风量不应小于6次/h，事故通风量不应小于12次/h。燃油直燃溴化锂制冷机房的通风量

不应小于3次/h，事故通风量不应小于6次/h。机房的送风量应为排风量与燃烧所需的空气量之和。

3) 柴油发电机房宜设置独立的送、排风系统。其送风量应为排风量与发电机组燃烧所需的空气量之和。

4) 变配电室宜设置独立的送、排风系统。设在地下的变配电室送风气流宜从高低压配电区流向变压器区，从变压器区排至室外。排风温度不宜高于40℃。当通风无法保障变配电室设备工作要求时，宜设置空调降温系统。

5) 泵房、热力机房、中水处理机房、电梯机房等采用机械通风时，换气次数可按表38-1选用。

部分设备机械通风换气次数　　　　　表38-1

机房名称	清水泵房	软化水间	污水泵房	中水处理机房	蓄电池室	电梯机房	热力机房
换气次数（次/h）	4	4	8～12	8～12	10～12	10	6～12

(13) 汽车库通风应符合下列规定：

1) 自然通风时，车库内CO最高允许浓度大于$30mg/m^3$时，应设机械通风系统。

2) 地下汽车库，宜设置独立的送风、排风系统；具备自然进风条件时，可采用自然进风、机械排风的方式。室外排风口应设于建筑下风向，且远离人员活动区并宜做消声处理。

3) 送排风量宜采用稀释浓度法计算，对于单层停放的汽车库可采用换气次数法计算，并应取两者较大值。送风量宜为排风量的80%～90%。

4) 可采用风管通风或诱导通风方式，以保证室内不产生气流死角。

5) 车流量随时间变化较大的车库，风机宜采用多台并联方式或设置风机调速装置。

6) 严寒和寒冷地区，地下汽车库宜在坡道出入口处设热空气幕。

7) 车库内排风与排烟可共用一套系统，但应满足消防规范要求。

(14) 事故通风应符合下列规定：

1) 可能突然放散大量有害气体或有爆炸危险气体的场所应设置事故通风。事故通风量宜根据放散物的种类、安全及卫生浓度要求，按全面排风计算确定，且换气次数不应小于12次/h。

2) 事故通风应根据放散物的种类，设置相应的检测报警及控制系统。事故通风的手动控制装置应在室内外便于操作的地点分别设置。

3) 放散有爆炸危险气体的场所应设置防爆通风设备。

4) 事故排风宜由经常使用的通风系统和事故通风系统共同保证，当事故通风量大于经常使用的通风系统所要求的风量时，宜设置双风机或变频调速风机；但在发生事故时，必须保证事故通风要求。

5) 事故排风系统室内吸风口和传感器位置应根据放散物的位置及密度合理设计。

6) 事故排风的室外排风口应符合下列规定：

① 不应布置在人员经常停留或经常通行的地点以及邻近窗户、天窗、室门等设施的位置。

② 排风口与机械送风系统的进风口的水平距离不应小于20m；当水平距离不足20m

时，排风口应高出进风口，并不宜小于6m。

③ 当排气中含有可燃气体时，事故通风系统排风口应远离火源30m以上，距可能火花溅落地点应大于20m。

④ 排风口不应朝向室外空气动力阴影区，不宜朝向空气正压区。

(15) 通风、空调系统的风管，宜采用圆形、扁圆形或长、短边之比不宜大于4的矩形截面。风管的截面尺寸宜按现行国家标准《通风与空调工程施工质量验收规范》GB 50243的有关规定执行。

(16) 通风与空调系统的风管材料、配件及柔性接头等应符合现行国家标准《建筑设计防火规范》GB 50016的有关规定。当输送腐蚀性或潮湿气体时，应采用防腐材料或采取相应的防腐措施。

(17) 机械通风的进排风口风速宜按表38-2采用。

机械通风系统的进排风口空气流速（m/s）　　　表38-2

部位		新风入口	风机出口
空气流速	住宅和公共建筑	3.5～4.5	5.0～10.5
	机房、库房	4.5～5.0	8.0～14.0

(18) 风管与通风机及空气处理机组等振动设备的连接处，应装设柔性接头，其长度宜为150～300mm。

(19) 通风、空调系统通风机及空气处理机组等设备的进风或出风口处宜设调节阀，调节阀宜选用多叶式或花瓣式。

(20) 矩形风管采取内外同心弧形弯管时，曲率半径宜大于1.5倍的平面边长；当平面边长大于500mm，且曲率半径小于1.5倍的平面边长时，应设置弯管导流叶片。

(21) 风管系统的主干支管应设置风管测定孔、风管检查孔和清洗孔。

(22) 当风管内设有电加热器时，电加热器前后各800mm范围内的风管和穿过设有火源等容易起火房间的风管及其保温材料均应采用不燃材料。

(23) 当风管内可能产生沉积物、凝结水或其他液体时，风管应设置不小于0.005的坡度，并在风管的最低点和通风机的底部设排液装置；当排除有氢气或其他比空气密度小的可燃气体混合物时，排风系统的风管应沿气体流动方向具有上倾的坡度，其值不小于0.005。

(24) 对于排除有害气体的通风系统，其风管的排风口宜设置在建筑物顶端，且宜采用防雨风帽。屋面送、排风（烟）机的吸、排风（烟）口应考虑冬季不被积雪掩埋的措施。

(25) 有消声要求的通风与空调系统，其风管内的空气流速，宜按表38-3选用。

风管内的空气风速　　　表38-3

室内允许噪声级（dB）（A）	主管风速（m/s）	支管风速（m/s）
25～35	3～4	≤2
35～50	4～7	2～3

注：通风机与消声装置之间的风管，其风速可采用8～10m/s。

38.1.2 建筑设计防火相关规定

(1) 供暖、通风和空气调节系统应采取防火措施。

(2) 通风和空气调节系统，横向宜按防火分区设置，竖向不宜超过五层，当管道设置防止回流设施或防火阀时，其管道布置可不受此限制，竖向风管应设置在管井内。

(3) 空气中含有易燃、易爆危险物质的房间，其送、排风系统应采用防爆型的通风设备，当送风机布置在单独分隔的通风机房内且送风干管上设置防止回流设施时，可采用普通型的通风设备。

(4) 通风、空气调节系统的风管在下列部位应设置公称动作温度为70℃的防火阀：

1) 穿越防火分区处；

2) 穿越通风、空气调节机房的房间隔墙和楼板处；

3) 穿越重要或火灾危险性大的场所的房间隔墙和楼板处；

4) 穿越防火分隔处的变形缝两侧；

5) 竖向风管与每层水平风管交接处的水平管段上。但当建筑内每个防火分区的通风、空气调节系统均独立设置时，水平风管与竖向总管的交接处可不设置防火阀。

(5) 公共建筑的浴室、卫生间和厨房的竖向排风管，应采取防止回流措施并宜在支管上设置公称动作温度为70℃的防火阀。公共建筑内厨房的排油烟管道宜按防火分区设置，且在与竖向排风管连接的支管处应设置公称动作温度为150℃的防火阀。

(6) 防火阀的设置应符合下列规定：

1) 防火阀宜靠近防火分隔处设置。

2) 防火阀暗装时，应在安装部位设置方便维护的检修口。

3) 在防火阀两侧各2.0m范围内的风管及其绝热材料应采用不燃材料。

4) 防火阀应符合现行国家标准《建筑通风和排烟系统用防火阀门》GB 15930 的规定。

(7) 除下列情况外，通风、空气调节系统的风管应采用不燃材料：

1) 接触腐蚀性介质的风管和柔性接头可采用难燃材料。

2) 体育馆、展览馆、候机(车、船)建筑(厅)等大空间建筑，单、多层办公建筑和丙、丁、戊类厂房内通风、空气调节系统的风管，当不跨越防火分区且在穿越房间隔墙处设置防火阀时，可采用难燃材料。

(8) 设备和风管的绝热材料、用于加湿器的加湿材料、消声材料及其胶粘剂，宜采用不燃材料，确有困难时，可采用难燃材料。风管内设置电加热器时，电加热器的开关应与风机的启停联锁控制。电加热器前后各0.8m范围内的风管和穿过有高温、火源等容易起火房间的风管，均应采用不燃材料。

(9) 燃油或燃气锅炉房应设置自然通风或机械通风设施。燃气锅炉房应选用防爆型的事故排风机。当采取机械通风时，机械通风设施应设置导除静电的接地装置，通风量应符合下列规定：

1) 燃油锅炉房的正常通风量应按换气次数不小于3次/h确定，事故排风量应按换气次数不少于6次/h确定。

2) 燃气锅炉房的正常通风量应按换气次数不小于6次/h确定，事故排风量应按换次数不少于12次/h确定。

（10）民用建筑内空气中含有容易起火或爆炸危险物质的房间，应设置自然通风或独立的机械通风设施，且其空气不应循环使用。

（11）当空气中含有比空气轻的可燃气体时，其水平排风管全长应顺气流方向向上坡度敷设。

（12）可燃气体管道和甲、乙、丙类液体管道不应穿过通风机房和通风管道，且不应紧贴通风管道的外壁敷设。

（13）排烟风机宜设置在排烟系统的最高处，烟气出口宜朝上，并应高于加压送风机和补风机的进风口，送风机的进风口不应与排烟风机的出风口设在同一面上。当确有困难时，送风机的进风口与排烟风机的出风口应分开布置，且竖向布置时，送风机的进风口应设置在排烟出口的下方，其两者边缘最小垂直距离不应小于6.0m；水平布置时，两者边缘最小水平距离不应小于20.0m。

（14）排烟风机应满足280℃时连续工作30min的要求，排烟风机应与风机入口处的排烟防火阀联锁，当该阀关闭时，排烟风机应能停止运转。

（15）排烟管道的设置和耐火极限应符合下列规定：

1) 排烟管道及其连接部件应能在280℃时连续30min保证其结构完整性。

2) 竖向设置的排烟管道应设置在独立的管道井内，排烟管道的耐火极限不应低于0.50h。

3) 水平设置的排烟管道应设置在吊顶内，其耐火极限不应低于0.50h；当确有困难时，可直接设置在室内，但管道的耐火极限不应小于1.00h。

4) 设置在走道部位吊顶内的排烟管道，以及穿越防火分区的排烟管道，其管道的耐火极限不应小于1.00h，但设备用房和汽车库的排烟管道耐火极限可不低于0.50h。

（16）当排烟口设在吊顶内且通过吊顶上部空间进行排烟时，应符合下列规定：

1) 吊顶应采用不燃材料，且吊顶内不应有可燃物。

2) 封闭式吊顶上设置的烟气流入口的颈部烟气速度不宜大于1.5m/s。

3) 非封闭式吊顶的开孔率不应小于吊顶净面积的25%，且孔洞应均匀布置。

（17）当吊顶内有可燃物时，吊顶内的排烟管道应采用不燃材料进行隔热，并应与可燃物保持不小于150mm的距离。

（18）排烟口的设置应按现行国家标准《建筑防烟排烟系统技术标准》GB 51251计算确定，且防烟分区内任一点与最近的排烟口之间的水平距离不应大于30m。除规定的情况以外，排烟口的设置尚应符合下列规定：

1) 排烟口宜设置在顶棚或靠近顶棚的墙面上。

2) 排烟口应设在储烟仓内，但走道、室内空间净高不大于3m的区域，其排烟口可设置在其净空高度的1/2以上；当设置在侧墙时，吊顶与其最近边缘的距离不应大于0.5m。

3) 对于需要设置机械排烟系统的房间，当其建筑面积小于50m²时，可通过走道排烟，排烟口可设置在疏散走道。

4) 火灾时由火灾自动报警系统联动开启排烟区域的排烟阀或排烟口，应在现场设置手动开启装置。

5) 排烟口的设置宜使烟流方向与人员疏散方向相反，排烟口与附近安全出口相邻边缘之间的水平距离不应小于1.5m。

6) 每个排烟口的排烟量不应大于最大允许排烟量，最大允许排烟量应按现行国家标准《建筑防烟排烟系统技术标准》GB 51251计算确定。

7) 排烟口的风速不宜大于10m/s。

(19) 垂直主排烟管道与每层水平排烟管道连接处的水平管段上，一个排烟系统负担多个防烟分区的排烟支管上，排烟风机的入口处，排烟管道穿越防火分区处应设置排烟防火阀；该排烟防火阀应具有在280℃时自行关闭和联锁关闭排烟风机、补风机的功能。

(20) 下列材料应使用不燃材料：
1) 机械加压送风系统、排烟系统的风管；
2) 有耐火极限要求的风管的本体、框架与固定材料、密封垫料等；
3) 防烟、排烟系统柔性短管的制作材料；
4) 排烟风管的法兰垫片；
5) 风管与风机的连接的柔性短软管；
6) 当风管穿越隔墙或楼板时，风管与隔墙之间的空隙应采用水泥砂浆等。

(21) 补风系统应能直接从室外引入空气补风，且补风量和补风口的风速应满足排烟系统有效排烟的要求。补风系统可采用疏散外门、手动或自动可开启外窗等自然进风方式以及机械送风方式。防火门、窗不得用做补风设施。风机应设置在专用机房内。补风口与排烟口设置在同一空间内相邻的防烟分区时，补风口位置不限；当补风口与排烟口设置在同一防烟分区时，补风口应设在储烟仓下沿以下；补风口与排烟口水平距离不应少于5m。补风系统应与排烟系统联动开启或关闭。机械补风口的风速不宜大于10m/s，人员密集场所补风口的风速不宜大于5m/s；自然补风口的风速不宜大于3m/s。补风管道耐火极限不应低于0.50h，当补风管道跨越防火分区时，管道的耐火极限不应小于1.50h。

(22) 机械加压送风量应满足走廊至前室至楼梯间的压力呈递增分布，余压值应符合下列规定：
1) 前室、封闭避难层（间）与走道之间的压差应为25～30Pa。
2) 楼梯间与走道之间的压差应为40～50Pa。
3) 当系统余压值超过最大允许压力差时应采取泄压措施。最大允许压力差应按现行国家标准《建筑防烟排烟系统技术标准》GB 51251计算确定。

38.1.3 人防相关设计规定

(1) 防空地下室的供暖通风与空气调节系统应分别与上部建筑的供暖通风与空气调节系统分开设置。

(2) 供暖通风与空调系统的平战结合设计，应符合下列要求：
1) 平战功能转换措施必须满足防空地下室战时的防护要求和使用要求。
2) 在规定的临战转换时限内完成战时功能转换。
3) 专供平时使用的进风口、排风口和排烟口，战时采取的防护密闭措施，应符合现行国家标准《人民防空地下室设计规范》GB 50038中的相关要求。

(3) 防空地下室两个以上防护单元平时合并设置一套通风系统时，应符合下列要求：

1) 必须确保战时每个防护单元有独立的通风系统。

2) 临战转换时应保证两个防护单元之间密闭隔墙上的平时通风管、孔在规定时间实施封堵,并符合战时的防护要求。

(4) 防空地下室战时的进(排)风口或竖井,宜结合平时的进(排)风口或竖井设置。平战结合的进风口宜选用门式防爆波活门。平时通过该活门的风量,宜按防爆波活门门扇全开时的风速不大于 10m/s 确定。

(5) 防空地下室内的厕所、盥洗室、污水泵房等排风房间,宜按防护单元单独设置排风系统,且宜平战两用。

(6) 防空地下室战时的通风管道及风口,应尽量利用平时的通风管道及风口,但应在接口处设置转换阀门。

(7) 战时防护通风设计,必须有完整的施工设计图纸,标注相关预埋件、预留孔位置。

(8) 柴油发电机房宜设置独立的进、排风系统。

(9) 穿过防护密闭墙的通风管,应采取可靠的防护密闭措施,并应在土建施工时一次预埋到位。

38.2 通风与空调工程相关机具设备

38.2.1 通风空调风管加工及安装的机具设备

38.2.1.1 板材的剪切机具设备

1. 剪板机

剪板机(图 38-1)主要使用于将各种板材加工、剪切成各种规格的材料。剪板机按刀架的运动轨迹可分为摆式剪板机和闸式剪板机;按传动方式可分为机械传动剪板机和液压传动剪板机;按上刀与下刀安装形式可分为平刃剪板机和斜刃剪板机。

2. 手剪

手剪也叫白铁剪,是最常用的剪切工具。手剪口为硬质合金,用于剪切薄钢板,分直线剪和弯曲剪两种。直线剪用于剪切直线和曲线的外圆;弯曲剪便于剪曲线的内圆。常用的规格有 300mm 和 600mm 两种。用手剪剪切时,剪刀刀刃相互紧靠,将剪刀的下部钩环靠住地面,用左手将板材上抬起,右脚踏住右半边,右手操作剪刀向前剪切。手剪的剪切厚度一般

图 38-1 剪板机

不超过 1.2mm,适合于剪切剪缝不长的工件。剪切时,手剪不能粘有油污;严禁剪切比刃口还硬的金属和用手锤锤击剪刀背;保管过程中应防止损坏剪刀的刃口。

3. 电动曲线锯及电动剪刀

风管制作工程中常用的 J1Qz-3 型电动曲线锯(图 38-2),能在薄钢板、有色金属板及塑料板等板材上剪出曲率半径较小的几何形状。锯条分粗、中、细三种,根据板材的材质更换锯条,锯切钢板最大厚度为 3mm。表 38-4 为 J1Qz-3 型电动曲线锯的性能参数。

JIQz-3 型电动曲线锯性能参数表　　表 38-4

最大切割厚度（mm）		额定功率（V）	输入功率（W）	锯割次数（次/分）	锯条行程（mm）	重量（kg）
普通钢板	木板					
3	40	220	250	1600	25	1.7

电动剪刀（图38-3）适用于薄钢板、有色金属板及塑料板直线或曲线剪切。使用电动剪刀时必须按照不同型号的使用说明书，特别是剪切时必须符合说明书的要求。表38-5为J1J型电动剪刀的性能参数。

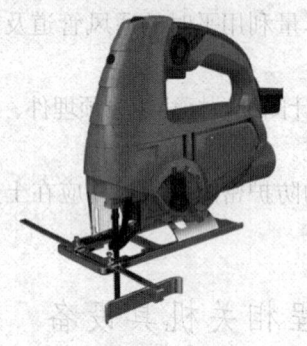
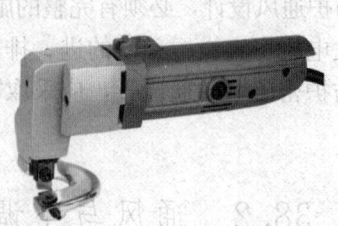

图 38-2　电动曲线锯　　　　图 38-3　电动剪刀

J1J 型电动剪刀性能参数表　　表 38-5

最大剪切厚度（mm）	额定功率（V）	输入功率（W）	刀轴往复次数（次/分）	重量（kg）
2.0	220	230/250	1200/1500	2.0/2.3
2.5	220	340	1800	2.5
3.0	220	430	700	4.0

4. 双轮直线剪板机

双轮直线剪板机又名牛头剪（图38-4），该机由电动机通过皮带轮和涡轮减速，由齿轮带动两根固定在机架上的轴相对旋转，利用两轴轴端装设的圆盘刀进行剪切。剪切直线时，可按所需的剪切宽度，根据平台上的标尺，将挡块条调整至所需切割的宽度，并将挡块条上的螺栓拧紧固定。圆盘刀和滚轴用保护罩遮挡固定，防止在剪切小料和曲线用手扶板材时，将手卷入发生事故。这种剪板机适用于剪切板厚1.5mm以内的直线和曲率不大的曲线板材。

5. 风剪

风剪又叫气剪刀（图38-5），以压缩空气为动力进行薄板的剪切，性能参数见表38-6。风管制件工程中常用的风剪由剪体、减速器、风马达、节流阀等部件，及刀架、上下刀片外壳等零件组成。节流阀部件是由阀座、开关套、节流阀、阀壳、压缩空气管等组成，用来调节进气流量。风马达是由气缸前盖、调整圈、转子、滑片、气缸、气缸后盖等组成。减速器是由曲轴、齿轮架、行星齿轮、内齿轮等组成。曲轴的旋转带动挺杆做上下往复运动。刀架上装有下刀片和上刀片。上刀片固定在挺杆下端，随挺杆做上下往复运动，并与下刀片配合完成剪切功能。

 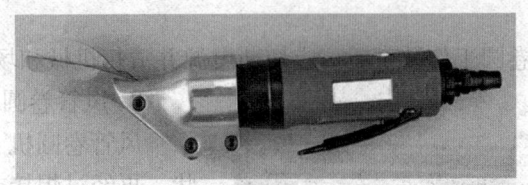

图 38-4　双轮直线剪板机　　　　图 38-5　风剪

风剪性能参数表　　　　　　　　　　表 38-6

剪切最大厚度（mm）			空转冲剪频率（Hz）	负荷耗气量（L/S）	功率（kW）	机重（kg）	气管内径（mm）
钢板	不锈钢板	铝板					
2	1.2	2.5	3.5	6.67	0.184	2	8

注：工作气压 0.588MPa。

38.2.1.2　板材的卷圆及折方设备

1. 卷板机

卷板机也叫滚板机，一种利用旋转的工作辊使板材弯曲成型的机械。卷板机的工作原理是通过液压力、机械力等外力的作用，使工作辊运动，从而使板材压弯或卷弯成型。

（1）卷板机的种类

卷板机按轴辊的数量和相对位置，可分为对称三轴辊卷板机、三轴辊不对称卷板机和四轴辊卷板机，如图 38-6 所示。对称三轴辊卷板机结构简单，操作方便，但对卷板机端部弯曲有一定局限性，如图 38-7 所示。

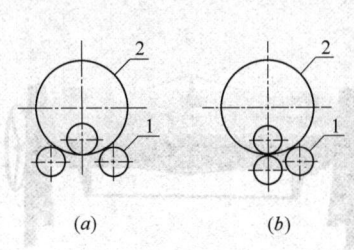　　

图 38-6　卷板机的种类　　　　图 38-7　三轴辊卷板机
(a) 对称三轴辊卷板机；(b) 三轴辊不对称卷板机；
(c) 四轴辊卷板机
1—辊轴；2—被加工板材

（2）卷板机的使用

1）卷钢板前，首先注油润滑卷板机并检查减速箱内的油面及清洁度；同时必须开空机检查传动部分是否正常，发现问题应及时检修。

2）卷板厚度不能超过卷板机允许最大板厚，决不能超载运转，以防损坏设备。

3）卷板操作者，在机械运转时不许站立在卷板上。

4) 卷较大直径筒件时,必须有吊车等机具配合,以防钢板自重使卷过圆弧部分由于自身压力产生回直而反向变形,或发生质量缺陷。

5) 卷成圆的大直径薄壁半成品圆筒,为防止变形,不能将圆筒卧放,应立放以减少变形。

6) 卷圆工作结束后,应切断电源并清扫机械和场地。

2. 风管卷圆机

图 38-8 风管卷圆机

风管卷圆机(图 38-8)用于将薄板料卷成圆筒形状,再经过焊接或咬口连接,加工成金属圆形风管。

卷圆机结构原理是在焊接组成的机架上装有两根铸铁支柱,支柱间用拉杆连接。立柱轴承上配置三根滚轴,即下滚轴和两根侧滚轴。除了上下滚轴做旋转运动外,侧滚轴也可移动,以便卷成所需直径的圆形卷筒。侧滚轴的移动由电动机通过传动链、涡轮减速器及螺杆传动使其驱动。卷成卷筒后,利用上轴端子上的汽缸将滚轴端的轴承打开并抬起后将其取出。卷圆机的机械操纵由位于左立柱(从传动装置一侧看)的控制板控制,紧急踏杆配置在机械的底座上。卷圆机有两种工作制,一是使机构做断续运转,另一种是连续运转。某型风管卷圆机的技术参数见表 38-7。

风管卷圆机技术参数表　　　表 38-7

型号规格	最大卷板厚度 (mm)	最大卷板宽度 (mm)	外形尺寸(长×宽×高)(mm)
2×1020	2	1020	1400×500×610
1.5×1270	1.5	1270	1600×500×610
1.2×1530	1.2	1530	1910×500×610
1×2040	1	2040	2420×500×610

3. 折方机

折方机主要用于矩形通风管道的直边折方。按驱动方式可分为手动折方机、液压折方机、电动折方机和气动折方机。以手动型折方机(图 38-9)为例,该机可弯曲 0.3~2mm 厚、2000mm 宽的薄钢板,调整下模可使钢板成型角度 45°、90°、120° 和 150°。其操作方法如下:

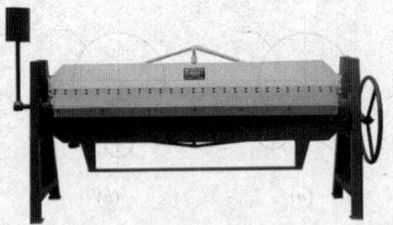

图 38-9 手动折方机

(1) 根据板材厚度和折角形状,调整下模。

(2) 调整上刀片:用随机带来的专用扳手,旋转上刀架两端的调整拉杆,使上刀片与下模间的间距适当,并使两端的距离误差不大于 0.5mm。逆时针旋转调整拉杆上的紧固螺母,使它与下轴瓦靠紧。

(3) 调整下刀架:调整下刀架与机架间连接螺杆,使上刀片中心线与下模的中心线重合。

(4) 调整靠尺:当进行批量折方时,可调整靠尺到所需的尺寸位置,并使靠尺的正面与上刀片平行,然后加以固定。

(5) 折方成型:当加工较薄或较窄的板材时,只需转动手轮,使上刀片向下滑动,并与下模将板材折弯。当加工较厚的板材时,可用加力杠杆插入棘轮做往复摇动,就可将板材折弯。如果杠杆与手轮同时使用,转向应该相同。

(6) 每班在使用前应对各个油孔和上刀架的滑道加注润滑脂。

4. 塑料板电动折方机

(1) 塑料板电动折方机,用于塑料板厚度为3~25mm、宽度3m以内的硬聚氯乙烯塑料板通风管道的折方工序,某型塑料板电动折方机的技术参数见表38-8。由滚道式上料台架、电动折方机、电加热器及电气控制柜等部分组成。该机除上料、夹紧由手工完成,其余动作均可根据需要,通过调节整定时间按预定程序完成。

塑料板电动折方机技术参数表　　　　表38-8

型号	ZW-3000	加热额定电压（V）	220/380
折边厚度（mm）	3~25	总功率（kW）	8
折边宽度（mm）	3~3050	总重量（kg）	1850
折边角度（°）	0~95	外形尺寸（mm）	3750×3050×1200
工作气压（MPa）	0.4~1.0	加工材质	PP/PVC/PA/PE/PVDF/ABS

(2) 塑料板电动折方机的折方工作程序如下:

1) 手工上料,压紧装置压紧。

2) 打开电磁阀接通气源,动作气罐牵动连杆,电加热管移到板材弯线上下各15mm处。

3) 接通电源,电加热管升温至150℃左右。

4) 电加热管复原。

5) 电动折方机缓慢转动将塑料板折成90°,板材自然冷却,折方机复原。

6) 松开压紧装置取出折好的塑料板。塑料板的加热和冷却温度根据材质和厚度经实验决定。使用塑料折方机使塑料板折方,其角度准确,曲率半径小（$R=3mm$）,棱角光滑、挺直、美观,对原料无损伤,保证了塑料风管的质量。

38.2.1.3　金属板材的连接设备

1. 电动液压铆接钳

电动液压铆接钳采用液压为动力,工作时无噪声,用以铆接风管的法兰接口,比手工操作可提高工效2~4倍,铆接质量好。电动液压铆接钳的重量约4kg,活塞推力为30kN,工作行程28mm。

2. 电动拉铆枪

电动拉铆枪是抽芯铆钉铆接的专用工具,其动力有电动和风动两种,但在通风空调工程中多用电动拉铆枪。

(1) 原理说明:主要由交直流两用单相电动机、传动装置和头部拉铆机构组成。电动机以两级减速由离合器使拉铆杆做往复直线运动,头部拉铆机构和拉铆杆相连接,在拉铆杆往复运动中完成铆接动作。

(2) 操作注意事项:只需在铆接的位置钻好孔,放入抽芯铝铆钉,将拉铆枪头套住铆钉轴并顶紧铆钉头开启电源,将拉铆机构的外套往电动机方向拉动约9mm,启动离合器,使拉铆杆动作后放开外套，瞬间将铆钉轴拉断，铆接完。

38.2.1.4 法兰与无法兰连接件加工设备

1. 弯头咬口机

可制作钢板弯头，在弯头及通风管上做加固筋及扩口，切割钢板及环圈的端头、弯头及环圈成型，以及在通风管端部做凸棱加工等。常用的弯头咬口机的技术性能见表38-9。

弯头咬口机的技术性能 　　　　　表38-9

序号	指标	数据
1	加工钢板的最大厚度（mm）	2
2	从板边到凸棱的最大距离（mm）	750
3	加工圆环和弯头的直径（mm）	315～1015
4	最大轧压速度（m/min） 最小轧压速度（m/min）	10 6.6
5	电动机功率（kW） 转速（r/min）	1.1/1.6 960/1240
6	外形尺寸（mm）	1390×820×1700
7	重量（kg）	1100

2. 弯头咬口折边机

弯头咬口折边机将矩形弯头两片扇形管壁的板料滚轧成雄咬口，由直接咬口折边机将两侧管壁的板料滚轧成雌咬口，再根据管壁的厚度和尺寸的大小，由人工或卷板机弯曲成一定的曲率半径的弯度，经合缝后制成弯头。

3. 法兰弯曲机

法兰弯曲机是将碳钢、不锈钢、有色金属型材（如角钢、扁钢等）冷弯卷圆的专用机具，主要分为机械式和液压式两种。弯制卷圆的操作程序是将扁钢或角钢放到转动弯曲轧辊的料槽内，随后通过3个弯曲轧辊，并受到压模外圆的弯曲，即形成圆环或法兰形状。常用的法兰弯曲机的技术性能见表38-10。

法兰弯曲机技术性能 　　　　　表38-10

序号	指标	数据
1	加工法兰用钢材（$\delta_b \leqslant 450MPa$）的截面（mm） 扁钢 角钢	 25×4 <25×3～36×4
2	弯曲轧辊回转速度（r/min）	50.5
3	弯曲轧辊的圆周速度（m/min）	17.5
4	电动机功率（kW） 转速（r/min）	3 1450
5	外形尺寸（mm）	1520×630×1130
6	重量（kg）	1010

4. 共板法兰成型机

共板法兰成型机是法兰成型于风管自身板材连接端口的专用设备,如图 38-10 所示,主要由机架部分、机芯部分和传动系统组成。机架部分由型材和板材焊接而成,具有良好的刚性。机芯部分由减速装置、轧辊部分和进出料调节部分组成,其运动过程由电动机带动减速器运转,然后减速器再传到辊轮组,由上下辊轮同时运动进行碾角运动,且进料处有可调挡板,可调节到所须尺寸。传动系统由电动机和相应元器件组成,将电动机安装在机架底部,主要元件安装在电器盒盖上,电器盒安装在出料端机架下面,拆下盒盖就可方便进行检修。某型共板法兰成型机的加工性能参数见表 38-11。

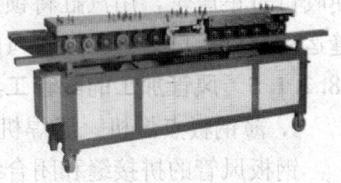

图 38-10 共板法兰成型机

T-12 型共板法兰成型机参数表　　　表 38-11

型号规格	电机功率（kW）	板材厚度（mm）	法兰高度（mm）	重量（kg）	尺寸（mm）
T12	3	0.5~1.2	35	1500	2800×600×1120

5. 咬口机

图 38-11 咬口机

咬口机如图 38-11 所示,用机械咬口的方法将金属板制风管、管件端口逐次压成不同的咬口形状,使端口互相咬接形成风管（或管件）。该机在框式铸造的机架上,用螺栓紧固一排下凸轮传动装置。上凸轮传动装置与下凸轮装置相接触。在传动装置铸成的机壳内装有齿轮,以驱动上转轴及下转轴。传动轴共有 9 对,其上套装锥状滚珠轴承,在轴颈外镶有咬口凸轮。整个机械用电动机驱动,电动机紧固在机架内的调节底板上,可调节传动皮带的紧度。由电动机通过皮带轮减速器及齿轮带动上下转轴转动。咬口时,靠盘状弹簧使上下凸轮传动装置形成压力,并以螺母进行压力调节。在工作台上平放咬口的通风管板材。工作台的进料一侧装有两列平行导轨,可将金属板材托平、顺直并送入凸轮内。在板材出料的一端也有两列导轨,用以防止在咬口过程中板材跑偏。机械的运转靠安装在下凸轮传动装置外壳上的按钮开关控制。咬口机可轧制厚度为 1.5mm 以下的金属薄板的咬口,这时,盘环状弹簧不能压紧到头,通常上下凸轮之间的空隙留有调节的余地。为确保凸轮的正常工作,凸轮端面应处于一个平面上,在使用过程中,应注意凸轮的润滑。

6. 压口机

压口机的结构原理是在焊制的钢架上装有上梁,上梁用两根对扣的槽钢制成。槽钢的下缘用于带电动装置的小轴架的导轨,小轴架上装有压缝工作头及压缝凸轮,可沿着阴模底梁移动。阴模底梁的一端装有锁紧装置,并有汽缸用以控制阴模底梁自由端开闭装置。上梁装有终端开关,用以控制小轴架到达极限位置时自动停车。自行式工作头上备有气缸,用以将压缝工作轮压紧到阴模底梁上,工作头与供气系统和供电系统靠软管与电缆相连接。阴模底梁与上梁一样,用于承受压紧咬口缝时所产生的力。阴模底梁的自由端装有尾杆,在尾杆上套装上梁的锁紧器。压口的过程如下:将咬好口的板件放到阴模底梁上,使咬口对正压轮，用汽缸将锁紧器关闭，落下压轮并且开动自行式工作头，使其沿着咬口缝运动进行压口。已压好咬口的通风管或板件必须先打开锁紧器才能从阴模底梁上取出。

38.2.1.5 风管加工的配套工具

1. 薄钢板点焊机、缝焊机

钢板风管的拼接缝和闭合缝在焊接时，先打开冷却水，接通电源，然后将要焊接的拼接缝放在钢棒焊头中间，用脚将踏板踩下，焊头就压紧钢板，同时接通电路。由于电流加热和触头的压力，使钢板接触处熔焊在一起。钢板搭接缝还可用缝焊机来进行焊接。焊接时，应先打开冷却水，接通电源，然后将须焊接的搭接缝放在两个辊子之间，踩下踏板，辊子即压紧焊件，接通焊接电流，同时转动使焊件移动。接触处即被加热、挤压熔接在一起。使用点焊机（图38-12）和缝焊机，不但焊接效率高，而且焊件外表平整，焊缝比咬口牢固严密，凡是有条件的地方均可采用。

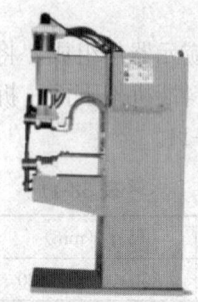

图 38-12　点焊机

2. 烙铁

烙铁是锡焊工具，有火烙铁和电烙铁两种，因紫铜容易加热并容易保存热量和加热焊锡表面，所以烙铁头一般都用紫铜做成。电烙铁按受热结构形式分为内热式和外热式，功率规格在 20~500W，工程使用的电烙铁一般都在 200W 以上。由于锡焊耐温低，强度差，所以一般只在通风、空调中用镀锌钢板制作风管时，配合咬口使用，使咬口更牢固、更严密。烙铁的大小和端部形状，根据焊件的大小和焊缝位置而定，一般以使用方便、焊接迅速为原则。烙铁使用前应先镀上锡。方法是将烙铁烧热，用锉刀将烙铁端部锉干净，不应有锐边和毛口。然后放在氯化锌溶液里浸一下，再与锡反复摩擦，使烙铁端部均匀地沾上一层焊锡。烙铁的温度应掌握好，一般将烙铁加热到冒烟时，就能使焊锡保持足够的流动性，温度就比较合适。

3. 塑料电热焊工具

塑料电热焊又叫热风焊接，有时称为热枪焊接。它是利用热气流来升高待焊面和焊条的温度，使焊条与母体融合而达到焊接的目的。操作时，先清洁焊面，然后用热空气流同时加热待焊面和焊条，这种焊接要求焊条材质和母体材料相同或相近，并具有相容性。当焊条软化发黏、尚未完全熔化时，就在黏稠状态下施加一定的压力，使得焊条和母体熔融粘合在一起，冷却后形成焊缝。操作中必须控制气流温度、气流量、焊条位置、焊枪的位置及其移动速度等。

非金属风管制作工程中，塑料电热焊工具由以下部件组成：

（1）电热焊枪：如图 38-13 所示，由金属的管状外壳、带锥形的焊嘴和焊枪手把组成。管状外壳内装有带圆柱形孔道的瓷管，在孔道内装有螺旋状的电热丝，其功率为 415~500W，使用电压 36~45V。

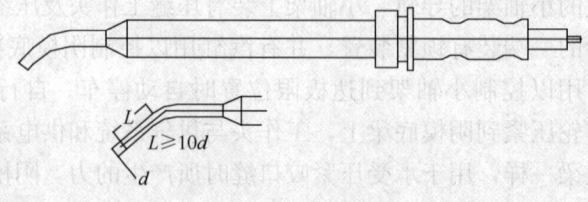

图 38-13　电热焊枪

(2) 调压变压器：将220V的外接电源降压调至36～45V。

(3) 气流控制阀：控制焊接过程中热气流的气流量。

(4) 空气过滤器或油水分离器：因压缩机送出来的空气中混有油脂及水分，会降低焊缝强度及降低焊枪内电热器的使用寿命，所以应设置此设备。其送出的压力为0.08～0.1MPa。

(5) 小型空压机：按供给焊枪的数量来选定，每个焊枪的耗气量为2～3m³/h，塑料焊接装置的连接形式如图38-14所示。

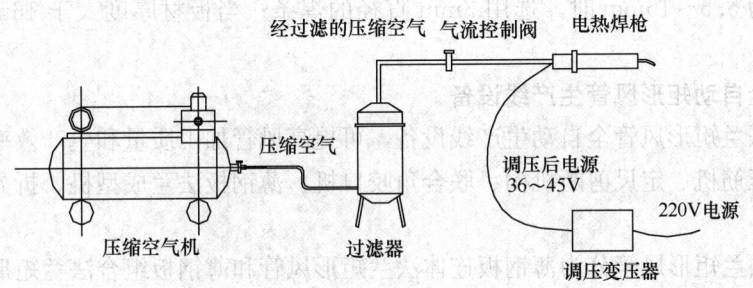

图38-14 塑料焊接装置连接方式示意图

使用该套塑料焊接设备时应注意以下事项：

1) 焊接时的最适宜室温为10～25℃。

2) 焊接时焊枪喷口出来的空气温度以210～250℃最适宜。温度对焊接速度及焊缝强度都有影响，当使用焊条直径为3mm，空气压力为0.05～0.06MPa，焊枪喷口直径为3mm时，焊枪喷嘴温度用水银温度计在距焊嘴5mm处，沿平行气流方向经15s稳定后测定，其结果见表38-12。

温度对焊接速度及焊缝强度的影响　　　　表38-12

焊枪喷嘴温度（℃）	单列焊缝的焊接速度（m/min）	X形焊缝的抗拉强度（MPa）	为材料强度的（%）
200	0.11	27.5	55
210	0.14	33	60
220	0.15	33.5	67
230	0.16	32.5	65
240	0.17	29.5	59
260	0.18	25.5	51
280	0.21	23.5	47
300	0.22	20.4	40.7

3) 焊枪内的压缩空气压力，应保持在0.05～0.1MPa之间，压力过大会使焊缝表面粗糙，影响焊接区域外观。

4) 焊枪喷嘴直径一般以与焊条直径相同为宜。其对焊接强度的影响，当为X形焊缝，坡口张角为90°，板厚为5mm，焊接用的空气温度为240℃，空气流量为2～3m³/h，压力为0.05～0.06MPa时的影响列于表38-13中。

焊条直径及焊枪喷嘴直径对塑料焊缝强度影响　　　　表 38-13

焊条直径（mm）	焊枪喷嘴直径（mm）	焊缝的抗拉强度（MPa）
2.6	3.5	31
3.2	3.5	39.6
3.4	3.5	40

5）焊枪使用时，先通入压缩空气，然后接通电源。

6）焊条直径的选用：当塑料板厚为 2～5mm 时，选用 2mm 直径的聚氯乙烯焊条；当板材厚度为 5.5～16mm 时，选用 3mm 直径的焊条；当板材厚度大于 16mm 时，选用 3.5mm 焊条。

38.2.1.6 全自动矩形风管生产线设备

薄钢板法兰矩形风管全自动生产线设备，可提高风管加工质量和生产效率，主要由开卷机、校平压筋机、定尺剪断机构、联合角咬口机、薄钢板法兰成型机、折方机和控制主机等组成。

薄钢板法兰矩形风管分为薄钢板连体法兰矩形风管和薄钢板组合法兰矩形风管两种形式。其生产制作工序为：

（1）薄钢板连体法兰矩形风管：板材整平、管壁轧加强筋、裁剪下料、冲角、冲槽、轧制咬口、轧制连体薄壁法兰边、折成 L 形片、合缝成型、铆固角连接件、加固、涂密封胶。

（2）薄钢板组合法兰矩形风管：板材整平、管壁轧加强筋、裁剪下料、冲角、冲槽、轧制咬口、折成 L 形片、合缝成型、组合法兰铆接、加固、涂密封胶。

组合法兰条的加工是将相应规格的镀锌带钢卷材在法兰轧制机上轧制成带状型钢，在切割机上切割成相应的长度。四条法兰条与四个角连接件组合后铆固而成一个组合法兰，将组合法兰插入风管，最后将组合法兰与风管铆固成一体。

根据需要，生产线中可增加保温功能段，在板材轧制法兰边后，进行喷胶、贴棉、打保温钉等工艺，可制作成机械成型玻璃纤维内衬风管，具体生产工艺过程如图 38-15 所示。

图 38-15 全自动矩形风管生产线生产工艺过程
(*a*) 卷筒上架；(*b*) 整平轧筋；(*c*) 裁剪下料及冲角冲槽；(*d*) 轧制咬口及法兰；

图 38-15 全自动矩形风管生产线生产工艺过程（续）

（e）薄钢板表面上胶（仅适用于内保温风管）；（f）铺设内衬棉（仅适用于内保温风管）；
（g）打保温钉（仅适用于内保温风管）；（h）折弯；（i）合缝成型；（j）法兰镶角；（k）风管成型

38.2.1.7 全自动螺旋风管设备

全自动螺旋风管设备，如图 38-16 所示，采用电脑 PLC 控制、触摸屏操作系统、人性化操作界面，可根据具体需求调节风管直径。目前有些品牌机器可制作最大直径为 2500mm，可对铝板、不锈钢板、镀锌板、彩钢板等材料进行加工，适用于现场施工快速生产不同管径的通风管道。全自动螺旋风管设备被广泛地应用于通风管道行业。

某品牌全自动螺旋风管加工设备的技术参数见表 38-14。

图 38-16 全自动螺旋风管生产设备

某品牌全自动螺旋风管机的技术参数 表 38-14

型号	1602 STANDARD 型	型号	2020 型
卷管直径	80～1600mm	卷管直径	80～2500mm
材料厚度	镀锌钢板：0.4～1.3mm； 不锈钢板：0.4～0.6mm； 铝板：0.4～1.3mm	材料厚度	镀锌钢板：0.4～2.0mm； 不锈钢板：0.4～1.3mm； 铝板：0.4～2.0mm

续表

型号	1602 STANDARD 型	型号	2020 型
加工速度 （3m 长风管）	厚度 0.5mm/直径 100mm：180 根管/h； 厚度 0.7mm/直径 500mm：53 根管/h； 厚度 0.9mm/直径 1250mm：23 根管/h	加工速度 （3m 长风管）	厚度 0.5mm/直径 100mm：180 根管/h； 厚度 0.7mm/直径 500mm：53 根管/h； 厚度 0.9mm/直径 1250mm：23 根管/h； 厚度 1.25mm/直径 1600mm：19 根管/h； 厚度 2.0mm/直径 2000mm：15 根管/h， 压筋
电控系统	电脑 PLC 控制、变频调速、触摸屏操作	电控系统	电脑 PLC 控制、变频调速、触摸屏操作

38.2.1.8 风管安装常用工具

1. 型材切割机

型材切割机是由电动机通过皮带轮来带动砂轮片以 3000r/min 左右的转速，专门用来切断金属型材的机械。砂轮片规格用外圆直径×厚度×内孔直径来表示，如 $\phi300\times3\times25.4(mm)$、$\phi400\times3\times32(mm)$ 等。纤维增强树脂切割砂轮片，厚度虽薄，但不容易断裂。

型材切割机应可靠接地，切割时应防止火星四溅，并远离易燃易爆物品。发现砂轮片转速下降时，应移动电动机拉紧三角皮带。

型材切割机的实物如图 38-17 所示，基本参数见表 38-15。

图 38-17 型材切割机

型材切割机基本参数　　　　　　　　　表 38-15

规格代号	额定输出功率（W）	额定输出转矩（N·m）	最大切割直径（mm）	说明
类型	A/B	A/B	A/B	—
300	≥800/1100	≥3.5/4.2	30	—
350	≥900/1250	≥4.2/5.6	35	—
400	≥1100	≥5.5	50	单相电容切割机
	≥2000	≥6.7		三相切割机

注：表中的额定输出功率和额定转矩以砂轮最高工作线速度为 72m/s 来确定，基本参数适用于最高工作线速度为 72m/s、80m/s 的切割机。

2. 电动冲切机

电动冲切机可对 4～8mm 厚的钢板、铝板等板材进行切断下料或切裁成型。与气割工艺相比，具有切割速度快、切口平整、光洁、无氧化皮及工件不产生变形等优点。

某型电动冲切机的技术参数见表 38-16。

某型电动冲切机的性能　　　　　　　　　表 38-16

项目	技术参数	项目	技术参数
冲切厚度 低碳钢 不锈钢	4～6mm 4mm	额定电流	9.7A
		电源频率	50Hz
		冲击频率	480 次/min

续表

项目	技术参数	项目	技术参数
切口宽度	7mm	理论最小冲切速度	≈1.4m/min
电机输入功率	2kW	工作方式	40%工作制
额定电压	AC 220V	最小冲切半径	110mm

3. 电动钻孔机

电动钻孔机为单轴单速,用于在钢材、木材、塑料、砖及混凝土上钻孔。电动钻孔机有两种类型:

直式——钻杆与电动机同轴或并轴;

角式——钻孔与电动机转轴成一角度。

4. 手电钻

手电钻以交流电源或直流电源为动力,用于金属材料、木材、塑料等钻孔的工具,是手持式电动工具中的一种。手电钻由转子、定子、齿轮、输出轴、钻夹头、电源线、机壳、开关组成。

手电钻按基本参数和用途可分为:A型(普通型)电钻、B型(重型)电钻、C型(轻型)电钻,手电钻基本参数参见表38-17。

手电钻基本参数　　表38-17

电钻规格(mm)		额定输出功率(W)	额定转矩(N·m)
4	A	≥80	≥0.35
	C	≥90	≥0.50
6	A	≥120	≥0.85
	B	≥160	≥1.20
	C	≥120	≥1.00
8	A	≥160	≥1.60
	B	≥200	≥2.20
	C	≥140	≥1.50
10	A	≥180	≥2.20
	B	≥230	≥3.00
	C	≥200	≥2.50
13	A	≥230	≥4.00
	B	≥320	≥6.00
16	A	≥320	≥7.00
	B	≥400	≥9.00
19	A	≥400	≥12.00
23	A	≥400	≥16.00
32	A	≥500	≥32.00

注:电钻规格指电钻钻削抗拉强度为390MPa钢材时所允许使用的最大钻头直径。

（1）A型电钻主要用于普通钢材的钻孔，也可用于塑料和其他材料的钻孔，具有较高的钻削生产率，通用性强，适用于一般体力劳动者。

（2）B型电钻的额定输出功率和转矩比A型大，主要用于优质钢材及各种钢材的钻孔，具有很高的钻削生产率；B型电钻结构可靠、可施加较大的轴向力。

（3）C型电钻的额定输出功率和转矩比A型小，主要用于有色金属、铸铁和塑料等材料的钻孔，尚能用于普通钢材的钻削；C型电钻轻便，结构简单，施加较小的轴向力。

5. 冲击电钻

冲击电钻是一种旋转并伴随冲击运动的特殊电钻。除了可在金属上钻孔外，还能在混凝土、预制墙板、瓷砖及砖墙上钻孔，应用膨胀螺栓来固定风管支架。钻孔或冲钻，由冲击电钻上的变换调节块进行选择，冲钻时必须使用镶有硬质合金的钻头。

冲击电钻基本参数见表38-18。

冲击电钻基本参数　　　　表38-18

规格（mm）	额定输出功率（W）	额定转矩（N·m）	额定冲击次数（次/min）
10	≥220	≥1.2	≥46400
13	≥280	≥1.7	≥43200
16	≥350	≥2.1	≥41600
20	≥430	≥2.8	≥38400

注：1. 冲击电钻规格指加工砖石、轻质混凝土等材料时的最大钻孔直径。
　　2. 对双速冲击电钻表中的基本参数系指高速挡时的参数，对电子调速冲击电钻是以电子装置调节到给定转速最高值时的参数。

38.2.2　空调管道加工及安装的机具设备

38.2.2.1　管道切割机具设备

1. 等离子切割机

常用等离子切割机型号及主要技术数据见表38-19。

等离子切割机的型号及主要技术数据　　　　表38-19

型号		LG-400-2	LHG-300
名称		等离子切割机	等离子焊接切割机
空载电压（V）		300（直流）	割 70～140 焊 140～280
工作电压（V）		100～150	割 25～40 焊 90～150
工作电流（A）		100～500	≤300
电极直径（mm）		5.5	—
自动切割速度（mm/min）		3～150	割 3～120 焊 15～240
切割厚度（mm）	钢、铝	80（最大100）	焊（不锈钢）8
	紫铜	50	切割（不锈钢、铝、碳钢）40
割圆直径（mm）		120以上	—
切割气体流量（L/h）		3000	—
配用电源		ZXG2-400	ZXG-300

注：当切割时，电源用ZXG-300四台串联。

2. 电动切管机

电动切管机使用前先进行检查，在设备完好的情况下方可使用。工作时，将另一只刀架上离合器打开，避免两只刀同时进给。切管时，为了防止管子晃动使刀折断，采用三只中心滑轮挡牢。滑轮在管子最大外径处做微量接触，不宜过紧。两只刀架上分别装有割刀和坡口刀，两刀间中心偏距必须选择合理，否则影响割管后坡口操作的顺利进行，如图38-18所示。

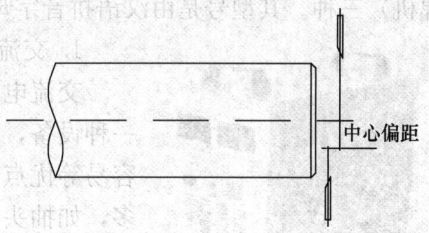

图 38-18　两刀间中心偏距选择

操作完毕，先将刀架外移，脱离切割的管端，然后取下管子，防止装卸管子时用力过猛，撞断刀架。冷却系统保持清洁，防止杂质、铁屑进入油路，阻塞管嘴，冷却剂一般使用乳化油。

3. 自爬式电动割管机

自爬式电动割管机是切割较大口径金属管材用的电动工具，也可用于钢管焊接及坡口加工。自爬式电动割管机由电动机、变速箱、爬行进给离合器、进刀机构、爬行夹紧机构及切割刀具等组成。

当割管机装在须切割的管子上后，通过夹紧机构将它紧夹在管体上。管子的切割分两部分来完成，一部分是由切割刀具对管子进行铣削，另一部分是由爬轮带动整个割管机沿管子爬行进给。刀具切入或退出由操纵人员通过进刀机构的摇动手柄来实现。这种割管机具有体积小、重量轻、切割效率高等优点。

4. 磁轮气割机

CG2-11型磁轮气割机具有永磁性行走车轮，能直接吸附在钢管上自动完成低碳钢管道圆周方向的切断，切削管径≥φ108；切割表面粗糙度为2.5。

使用时，将机体轻轻吸附在待切割的钢管上，使两对磁行走车轮同时接触管壁。接好电源，控制电线及电源，转动电位器旋钮，选择行走速度（即切割速度），并打开控制箱上电源开关，指示灯亮后根据割口的要求，调节割炬位置和角度，并依次拧紧锁紧用手柄，使割炬固定。点燃预热火焰，根据被割件的厚度，选择适宜的参数；当打开切割氧的旋钮，使被割件穿透后，立即打开行走开关，启动气割机行车，自行切割。若改变气割机的行走方向，应先关闭行走开关，使之停车，随即扳动倒顺开关，再打开行走开关，气割机向相反方向行走。

切割完毕应一手握机体手柄，一手抓住减速箱，强力扭动，将气割机从被割件上取下。

该机应经常维护保养，磁性轮上吸附的污物应随时清除干净，切勿碰伤磁性轮轮面，以免影响行走精度。

减速箱内应定期补充二硫化钼润滑脂，其他转动部分的油孔，应经常注入20号机油，以使其润滑良好。工作结束，设备应置于干燥处保管，防止电气元件受潮或机件生锈，避免与异磁物接触，防止磁轮漏磁。

38.2.2.2　管道连接设备

手工弧焊用的电焊机分为焊接发电机（直流焊机）、焊接整流器和焊接变压器（交流焊机）三种。其型号是由汉语拼音字母和阿拉伯数字组成。

1. 交流电焊机

图 38-19　交流电焊机

交流电焊机（即焊接变压器）是手弧焊电源中简单通用的一种设备，具有节省材料、成本低、效率高、使用可靠、维修容易等优点。我国目前所使用的交流弧焊机（图 38-19）类型很多，如抽头式、可动线圈式、可动铁芯式和综合式等。各种类型的交流焊机在结构上大同小异，工作原理基本相同。

交流弧焊机使用时应注意如下事项：

（1）按照焊机的额定焊接电流和负载率来使用，不应使焊机过载以免损坏。

（2）焊机不允许长时间短路，在非焊接时间内，不可使焊钳与焊件直接接触。

（3）调节焊接电流应在空载时进行。

（4）应经常检查接线柱上的螺母，使导线接触良好；检查保险丝是否完好，机壳是否接地，调节机构是否良好。

（5）焊机放在干燥通风的地方，保持焊机整洁。露天使用时应罩好，防止灰尘或雨水侵入。

（6）焊机放置应保持平稳，转动时避免强烈振动。工作完毕或临时离开工作场地时，必须及时切断焊机的电源。

（7）焊机应定期检修。

2. 直流电焊机

ZX7 逆变直流电焊机，由目前最先进的逆变电路构成，机内大部分电路由电子元件组成，因为高频逆变的交变电流极易通过变压器，所以变压器可做的极小，因此重量非常轻便，且因为变压器部分的电损较小，所以非常节省电能，一般耗电只需要普通变压器型焊机的 50% 以下，重量更是变压器机型的几分之一。同时由于其采用先进的逆变式电子电路，所以性能更为先进，可调节引弧电流、推力电流、远控、电流智能控制，重量轻，耗电省，功率因数特别高，目前已经广泛应用于野外作业的行业，同时由于其高效率、低工耗，性能优异，节省制造用材的特点，成为整个焊接行业的一个发展方向。

3. 电动钻孔套丝机

管道敷设工程，输水管道上接口安装新的管线，可用电动钻孔套丝机来实现，适宜在输水管道上进行公称直径 $DN20 \sim DN50$ 的钻孔及攻丝。电动钻孔套丝机主要由以下几部分组成：

（1）机座及紧固机构：包括马鞍座、吊钩、链条。

（2）驱动机构：包括电动机、大小皮带轮、蜗轮箱、转轴及驱动盘等。

（3）进刀机构：包括龙门架、丝杆、手轮及攻丝套筒。

（4）钻套及组合丝锥：包括钻套及 20～50mm 丝锥丝钻各一套。

操作顺序及注意事项：

1）按照装配顺序，安放橡胶垫、机架，利用链条及紧固件将钻孔机固定于须钻孔的管段上，钻机安装必须牢固，保证转机工作时不摇动；装上电动机与皮带，并用斜楔块张紧皮带。

2) 将组合好的丝钻安装于钻套上，紧固后，穿入打机轴套内，套入驱动盘，用手将钻套拉上，启动电动机将钻套慢慢放下，再用手轮逐步进刀。

3) 在管道表面层钻孔，待孔将穿通时放慢进刀速度，不宜进刀太快，防止钻头刀片断裂。

4) 钻头穿孔后攻丝时，DN25～DN50 可放下攻丝套筒能同步攻丝，DN20 攻丝时用手动控制手轮给进量，尽量跟上螺纹进刀的速度，以免丝扣"烂牙"。

5) 攻丝完毕后立即停机。

6) 钻孔攻丝结束后，可取下钻机。

7) 钻孔操作时，发现异常现象应立即切断电源，并采取措施排除故障。

4. 液压弯管机

工程中使用较普遍的 WG-60 液压弯管机是一种能弯 $1/2''\sim 2''$（壁厚 $1.6\sim 4.5$mm）各种不同管径的弯管机，弯管能力见表 38-20。部分材料采用铝合金，液压部分采用了快慢手摇泵，并装有三个行走小轮，具有重量轻、结构先进、体积小等特点。使用可靠，携带方便，最适于水、电及煤气管道的安装与维修。

弯管能力　　　　　　　　　　　　　　　表 38-20

	管子规格	$\frac{1''}{2}$	$\frac{3''}{4}$	$1''$	$1\frac{1''}{4}$	$1\frac{1''}{2}$	$2''$
镀锌钢管	外径×壁厚（mm）	21.75×2.75	26.75×2.75	33.5×3.25	42.25×3.25	48×.5	60×3.5
电线管（黑钢管）	管子规格	$\frac{5''}{8}$		$\frac{3''}{4}$		$1''$	$1\frac{1''}{4}$
	外径×壁厚（mm）	15.87×1.6		19.05×1.8		25.4×1.8	31.75×1.8
不锈钢管	管子公称直径	14，16，18，20，22，25，30，32，50					

液压弯管机的使用方法如下：

(1) 将回油开关处于关闭位置。

(2) 根据所弯管径选择相应弯管模，并装到油缸活塞杆顶端，再将两个与支承轮相应尺寸的凹槽转向弯管模，且放在两翼板相应尺寸的孔内，用插销销住（也可先放管子，再放支承轮）。

(3) 将所弯管子插入槽中，先用快泵使弯管模压到管壁上，再用慢泵将管子弯到所需的角度。当管子弯好后，打开回油开关，工作活塞将自动复位。

5. 电动弯管机

电动弯管机的种类及结构型式也很多，使用较多的有 WA-27-60 型、WB-27-108 型和 WY27-159 型等几种，最大能揻制≤159mm 的弯管。这类弯管机是由电动机通过皮带、齿轮或涡轮蜗杆带动主轴以及固定在主轴上的弯管模一起旋转运动，以完成弯管操作。用电动弯管机弯管时，先使管子在管模和压紧模之间压紧后再启动电动机，使弯管模和压紧模带着管子一起围绕弯管模旋转，直到旋转至所需的弯曲角度时停车。弯管时，使用的弯管模、导板和压紧模必须与被弯管子的外径相符，以免管子产生不允许的变形。

6. 中频弯管机

中频弯管机采用中频电感应加热，将工件局部加热，同时用机械拖动管子旋转，喷水冷却，使弯管工作在连续不断地进行协调的情况下进行弯曲。与一般冷态弯管机相比，不仅不需成套的专用胎具，而且机床体积也只占同样规格的冷态弯管机的 1/3～1/2。采用这种弯管机，可弯制 $\phi325\times10$ 的弯头。

38.2.2.3 管道安装常用工具

1. 射钉枪

射钉枪，如图 38-20 所示，是仿效枪炮利用炸药剧烈燃烧发射弹头的原理，将射钉直

图 38-20 射钉枪

接射入混凝土、钢铁和砖石砌体并固定的工具。射钉的直径有 $\phi6$、$\phi8$、$\phi10$ 等。射入砌体的一端为尖形，另一端有螺纹或带孔。使用射钉枪时，根据射钉的大小和固定射钉材料的类别来选择弹壳的装药量进行装药。新型射钉枪的弹壳是封固的，以端部的不同颜色标记表示壳内装药量的多少。由于各种射钉枪构造、性能及所用炸药的类别不一样，所以在使用时必须严格按说明书的要求去操作。射钉时砌体背面的人员应该暂时离开。不宜太靠近柱边或墙角边射钉，以免柱边和墙角边裂口，射钉固定不牢。当射钉较多时，操作人员应注意保护耳膜，以免影响听觉。

2. 扳手

（1）活动扳手

活动扳手在通风工程施工中使用广泛，常用规格见表 38-21。

活动扳手规格表（mm）　　　　　　　表 38-21

长度	100	150	200	250	300	375	450	600
最大开口宽度	13	18	24	30	36	46	55	65

（2）双头扳手

有单件双头扳手，也有 6 件、8 件、10 件的成套双头扳手。每件扳手由于两端开口宽度不同，每把扳手可适用两种规格的六角头或方头螺栓、螺母。

（3）套筒扳手

由各种套筒（头）、传动件和连接件组成，除具有一般扳手紧固或拆卸六角头螺栓、螺母的功能外，特别适用于工作空间狭小或深凹场合。一般以成套（盒）形式供应，有 6～32 件多种规格。

（4）梅花扳手

只适用于六角螺栓、螺母，承受扭矩大，使用安全，特别适用于场地狭小、位于凹处不能容纳双头扳手的工作场合。

（5）扳手使用要点

1) 扳手扳口不得有油污、铁锈等杂物，以防工作时打滑。工作完毕应将扳手擦净保管。

2) 使用活动扳手，一定要将活络扳扣调整到与螺栓、螺母的大小相适合。

3) 使用扳手时，扳手应与螺栓、螺母的轴线相垂直。

3. 水平尺

在通风与空调工程中,对支架、风管、设备等安装的水平度和垂直度都有一定的要求。水平尺和线坠是用来检测安装水平度和垂直度的工具。通风与空调工程安装常用的是铁水平尺,由铸铁尺身和尺身上镶装的水平水准器和垂直水准器组成,铁水平尺的规格见表38-22。

铁水平尺规格表 表38-22

长度（mm）	150	200,250,300,350,400,450,500,550,600
主水准刻度值（mm/m）	0.5	2

4. 线坠

（1）金属线坠

有铜质和铁质（包括不锈钢）两种,其规格见表38-23。

线坠规格表 表38-23

材料	重量（kg）
铜质	0.0125,0.025,0.05,0.1,0.15,0.2,0.25,0.3,0.4,0.5,0.6,0.75,1,1.5
铁质	0.1,0.15,0.2,0.25,0.3,0.4,0.5,0.75,1,1.5,2,2.5

（2）磁力线坠

磁力线坠适用于一般设备和管道安装的水平和垂直度测量。这种量具的外形与钢卷尺相似,由壳体、线坠、钢带、水泡、磁钢、线轮等零件组成。它可牢固地吸附于被测的管道上,检测高度2.5m。

5. 气焊工具

乙炔瓶是用以贮存乙炔和运输乙炔的容器,其外形似氧气瓶,瓶内装浸透丙酮的多孔性填料,利用乙炔能大量溶解于丙酮的特性,将乙炔稳定而又安全地贮存在瓶内。使用时,乙炔能从丙酮中分解出来,多孔性填料由活性炭、木屑、浮石及硅藻土合制而成。乙炔瓶的工作压力为1.5MPa。

（1）乙炔瓶的压力,不应超过表38-24的规定。

充装静置8h后压力 表38-24

环境温度（℃）	−20	−15	−10	−5	0	5	10	15	20	25	30	35	40
静置后压力（MPa）	0.5	0.6	0.7	0.8	0.9	1.05	1.2	1.4	1.6	1.8	2.0	2.25	2.5

（2）乙炔减压器：用来将乙炔瓶内的高压乙炔气减压至焊枪所需的压力并保持压力稳定。常用的 QD-20 单级乙炔减压器进气口最高压力 2MPa,出口压力范围 0.01～0.15MPa,公称流量 9m³/h,进口连接螺纹为夹环连接,重量2kg。

（3）氧气瓶：氧气是助燃气体,由氧气厂（站）生产并充注到氧气瓶内运到现场使用,氧气瓶的规格参见表38-25。

氧气瓶规格表　　　　　　　　　　　　　　　　　　表38-25

工作压力（MPa）	容积（L）	瓶外径	高度（mm）	重量（kg）	水压试验压力（MPa）	与瓶阀连接螺纹
15.0	33	φ219	1150±20	45±2	22.5	14牙/英寸
	40		1370±20	55±2		
	44		1490±20	57±2		

（4）氧气表：将贮存在氧气瓶内的高压氧气减压至焊接所需的压力并保持压力稳定，氧气表的型号和规格可参见表38-26。

氧气减压器规格表　　　　　　　　　　　　　　　　　　表38-26

型号	名称	进气口最高压力（MPa）	出口压力范围（MPa）	公称流量（m³/h）	进口连接螺纹	重量（kg）
QD-1	单级氧气减压器	15.0	0.1~0.25	80	C5/8″	4
QD-2A			0.1~1.0	40		2
QD-3A			0.01~0.2	10		2

（5）焊枪：将氧—乙炔气体混合并燃烧产生高温，用来进行焊接的工具。焊枪的规格一般分大、中、小型，每套焊枪都有7个焊嘴。通风工程中一般使用小型焊枪。小型焊枪的7个焊嘴每小时的耗气量分别为50L、75L、100L、150L、225L、350L和500L。焊嘴的选择一般根据板厚来选用适当的焊嘴和焊丝，参见表38-27。

焊嘴及焊丝选用表　　　　　　　　　　　　　　　　　　表38-27

板厚（mm）	1~2	3~4
焊嘴（L）	75~100	150~250
焊丝直径（mm）	1.5~2.0	2.5~3.0

（6）橡胶导管：用来连接焊枪与乙炔瓶和氧气瓶，向焊枪输送乙炔和氧气。一般分为氧气导管和乙炔导管两种，氧气管为蓝色，允许工作压力1.5MPa；乙炔管为红色，允许工作压力为0.5~1.0MPa。

6. 经纬仪

经纬仪，如图38-21所示，是一种高精度的测量仪器，一般由水平度盘、圆水准器、望远镜、光学对点器、读数显微镜、目镜、反光镜、瞄准器、复测器等组成。

经纬仪的使用方法如下：

（1）三脚架调成等长并适合操作者身高，将仪器固定在三脚架上，使仪器基座面与三脚架上顶面平行。

（2）将仪器摆放在测站上，目估大致对中后，踩稳一条架脚，调好光学对中器目镜（看清十字丝）与物镜（看清测站点），用双手各提一条架脚前后、左右摆动，眼观对中器使十字丝交点与测站点重合，

图38-21　经纬仪

放稳并踩实架脚。

(3) 伸缩三脚架腿长整平圆水准器。

(4) 将水准管平行两定平螺旋,整平水准管。

(5) 平转照准部90°,用第三个螺旋整平水准管。

(6) 检查光学对中,若有少量偏差,可打开连接螺旋平移基座,使其精确对中,旋紧连接螺旋,再检查水准气泡居中,测量垂直线和基础位置等。

7. 水准仪

水准仪(图38-22)由长水准管、圆水准器、目镜、瞄准器、气泡观察孔、脚螺栓、调整螺栓等组成。

水准仪的使用方法如下:

(1) 用水准仪进行测量时,先将水准仪安装在三角架上,用眼睛估计将三角架的顶面大致放成水平的位置后,将三角架的3个角踏入土中(或放在混凝土平面上)。

图38-22 水准仪

(2) 转动脚螺栓使圆水准器圆气泡居中,一般反复操作2~3次即可使气泡居中。

(3) 根据设备安装的施工图纸,对设备基础的标高进行测定。用前述方法安装三角架、调整圆气泡于中间位置,望远镜的视线处于水平位置,扳松望远镜的制动扳手,使水准仪目镜能水平转动。

(4) 在设备基础上(最好是立于垫铁位置)立放一根长标尺,用望远镜瞄准长标尺转动微倾螺栓,使观察孔中两个气泡的影像吻合,指挥立放长标尺的人在标心上用铅笔划一条与望远镜十字丝相重合的水平线。

(5) 分别对基础上各点进行测定。

38.2.3 通风与空调设备材料吊装运输设备

1. 滑车

滑车又叫起重滑车,规格按滑轮直径分为63mm、71mm、85mm、112mm、132mm、160mm、180mm、210mm、240mm、280mm、315mm、355mm、400mm和450mm等,开口吊钩型滑车规格见表38-28。

起重滑车规格表 表38-28

结构型式	型式代号(通用滑车)	额定起重重量(t)
滚针轴承	HQGZK1	0.32、0.5、1、2、3.2、5、8、10
滑动轴承	HQGK1	0.32、0.5、1、2、3.2、5、8、10、16、20

2. 手拉捯链

手拉捯链又叫手拉葫芦、捯链是一种使用简单、携带方便的手动起重机械,手拉捯链的基本参数见表38-29。

手拉捯链参数表　　　　　　　　表38-29

额定起重量（t）	工作级别	标准起升高度（m）	标准手拉链条长度（m）	自重（不大于）(kg)	
				Z	Q
0.5	Z级 Q级	2.5	2.5	11	14
1				14	17
1.6				19	23
2				25	30
2.5				33	37
3.2				38	45
5				50	70
8				70	90
10				95	130
6		3	3	150	—
20				250	—
32	Z级			400	—
40				550	—

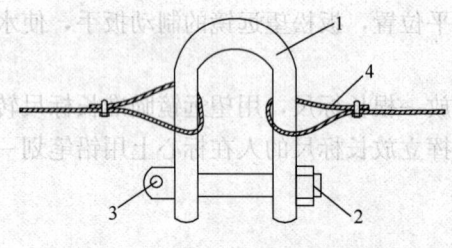

图38-23　卸扣错误使用示意图
1—扣体；2—制动螺母；3—挡销螺孔；
4—钢丝绳

3. 卸扣

卸扣又称为卡环，是一种栓连工具，在起重作业中主要用于连接起重滑轮、固定钢丝绳等。主要分为D形和弓形两种，卸扣标准有美标、日标、国标等。使用卸扣时，应只承受纵向拉力，严禁横向受力（图38-23），以防受力时使卸扣变形，损坏挡销的螺纹，发生事故。卸扣在使用前应认真检查，不得有裂纹、夹层或销轴弯曲等缺陷，卸扣上应有最大荷载标识，严禁过载使用。

4. 钢丝绳

钢丝绳在起重作业中应用比较广泛，它可用做起吊、牵引、捆扎、缆风等，其安全系数见表38-30。

钢丝绳的安全系数　　　　　　　　表38-30

钢丝绳的用途	最小安全系数	钢丝绳的用途	最小安全系数
缆风绳	3.5	作吊索无弯曲	6
缆索起重机承重绳	3.75	作捆绑吊索	8
手动起重设备跑绳	4.5	用于载人升降机	14
机动起重设备跑绳	5	—	—

钢丝绳的使用注意事项包括以下几个方面：
（1）钢丝绳使用前应检查钢丝绳的磨损、锈蚀、疲劳、变形、断丝、绳芯露出的程度。

(2) 钢丝绳应针对用途进行受力计算校核,不得超过其自身的极限工作载荷。

(3) 在捆绑或吊装时,应避免钢丝绳和物件的尖棱、锐角直接接触,应用木板、胶皮或其他衬垫保护,以免钢丝被切断。

(4) 钢丝绳穿绕滑车时,滑车的边缘不应有破裂等缺陷;同时滑轮槽的直径应比钢丝绳的直径大1~2.5mm。

(5) 钢丝绳不得与电焊导线或其他电线接触,在交叉处应采取防护措施。

(6) 钢丝绳在高温环境工作时,应对钢丝绳采取隔热措施。

(7) 钢丝绳应根据用途、工作环境和钢丝绳种类进行清洁和保养。

(8) 钢丝绳报废应符合现行国家标准《起重机 钢丝绳 保养、维护、检验和报废》GB/T 5972的有关规定。

38.3 风管的加工制作

38.3.1 一般要求

风管的加工制作应符合设计和国家相关标准的规定,如工程无特殊要求,风管规格应采用国家标准系列,以利于实现标准化生产,降低生产成本,方便安装和维修。同一种类、规格的风管、配件之间应具有互换性。

38.3.1.1 风管系统分类和技术要求

1. 风管系统分类

(1) 风管系统按其横截面形状可分为:矩形风管和圆形风管。

(2) 风管系统按其工作压力可分为微压、低压、中压与高压系统四种类别,各类别对应的工作压力和密封要求见表38-31。

不同工作压力风管系统类别划分及密封要求   表38-31

类别	风管系统工作压力 P (Pa)		密封要求
	管内正压	管内负压	
微压	$P \leqslant 125$	$P \geqslant -125$	接缝及接管连接处应严密
低压	$125 < P \leqslant 500$	$-500 \leqslant P < -125$	接缝及接管连接处应严密,密封面宜设在风管的正压侧
中压	$500 < P \leqslant 1500$	$-1000 \leqslant P < -500$	接缝及接管连接处应加设密封措施
高压	$1500 < P \leqslant 2500$	$-2000 \leqslant P < -1000$	所有的拼接缝及接管连接处,均应采取密封措施

(3) 风管按材料可分为:

1) 金属风管:包括普通钢板风管、镀锌钢板风管、不锈钢板风管及铝板风管等。

2) 非金属风管:包括无机玻璃钢风管、有机玻璃钢风管、硬聚氯乙烯风管、聚丙烯风管等。

3) 复合材料风管:包括酚醛或聚氨酯板复合材料风管、玻璃纤维板复合材料风管、彩钢玻璃纤维板复合材料风管、机制玻镁复合板风管、钢板内衬玻璃纤维隔热材料风管等。

4) 柔性风管:包括铝箔聚酯膜复合柔性风管、软橡胶板风管等。

5）织物布风管：包括帆布树脂玻璃布风管、增强石棉布风管等。

2. 风管制作要求

风管制作的材质、规格、强度、严密性与成品外观质量等方面，应符合设计和现行国家标准《通风与空调工程施工质量验收规范》GB 50243 的要求。

（1）风管规格应符合下列规定：

金属风管规格应以外径或外边长为准，非金属风管和风道规格应以内径或内边长为准。圆形风管规格宜符合表 38-32 的规定，矩形风管规格宜符合表 38-33 的规定。圆形风管应优先采用基本系列，非规则椭圆形风管应参照矩形风管，并应以平面边长及短径径长为准。

圆形风管规格（mm）　　　　　　　　　　　　　　　　　表 38-32

风管直径 D		风管直径 D	
基本系列	辅助系列	基本系列	辅助系列
100	80	500	480
	90	560	530
120	110	630	600
140	130	700	670
160	150	800	750
180	170	900	850
200	190	1000	950
220	210	1120	1060
250	240	1250	1180
280	260	1400	1320
320	300	1600	1500
360	340	1800	1700
400	380	2000	1900
450	420	—	—

矩形风管规格（mm）　　　　　　　　　　　　　　　　　表 38-33

风管边长 b				
120	320	800	2000	4000
160	400	1000	2500	—
200	500	1250	3000	—
250	630	1600	3500	—

（2）风管强度和严密性要求应符合下列规定：

1）风管在试验压力保持 5min 及以上时，接缝处应无开裂，整体结构应无永久性的变形及损伤。试验压力应符合下列规定：

低压风管应为 1.5 倍的工作压力；

中压风管应为 1.2 倍的工作压力，且不低于 750Pa；

高压风管应为 1.2 倍的工作压力。

2）矩形金属风管的严密性检验，在工作压力下的风管允许漏风量应符合表 38-34 的规定。

矩形金属风管允许漏风量　　　　表 38-34

风管类别	允许漏风量 [m³/(h·m²)]
低压风管	$Q_l \leqslant 0.1056 P^{0.65}$
中压风管	$Q_m \leqslant 0.0352 P^{0.65}$
高压风管	$Q_h \leqslant 0.0117 P^{0.65}$

注：1. Q_l—低压风管允许漏风量；Q_m—中压风管允许漏风量；Q_h—高压风管允许漏风量。
   2. P—系统风管工作压力（Pa）。

3）低压、中压圆形金属与复合材料风管，以及采用非法兰形式的非金属风管的允许漏风量，应为矩形金属风管规定值的 50%。

4）砖、混凝土风道的允许漏风量不应大于矩形金属低压风管规定值的 1.5 倍。

（3）排烟、除尘、低温送风及变风量空调系统风管的严密性应符合中压风管的规定，N1～N5 级净化空调系统风管的严密性，应符合高压风管的规定。

（4）展开下料时应检查板材的质量，合理利用板材，减少纵向拼接，拼接缝位置不应放在管道底部，宜放在顶部或两侧，以防风管内部积尘及积水。

（5）风管的密封应以板材连接的密封为主，接缝处可辅助采用密封胶嵌缝或胶带粘贴密封，密封面宜设在风管的正压侧，密封胶或胶粘剂性能应符合使用环境的要求。

（6）风管的直径、管段长度或总表面积过大时，应采取加固措施。

（7）防火风管的本体、框架与固定材料、密封垫料必须为不燃材料，其耐火等级应符合设计规定。

38.3.1.2　风管的板材厚度和连接方式

1. 风管板材厚度规定

（1）金属风管的材料品种、规格、性能与厚度应符合设计要求。当设计无厚度规定时，钢板风管板材厚度应符合表 38-35 的规定，不锈钢板风管板材厚度应符合表 38-36 的规定，铝板风管板材厚度应符合表 38-37 的规定。

钢板风管板材厚度　　　　表 38-35

风管直径 D 或长边尺寸 b (mm)	类别				
	板材厚度 (mm)				
	微压、低压系统风管	中压系统风管		高压系统风管	除尘系统风管
		圆形	矩形		
$D(b) \leqslant 320$	0.5	0.5	0.5	0.75	2.0
$320 < D(b) \leqslant 450$	0.5	0.6	0.6	0.75	2.0
$450 < D(b) \leqslant 630$	0.6	0.75	0.75	1.0	3.0
$630 < D(b) \leqslant 1000$	0.75	0.75	0.75	1.0	4.0
$1000 < D(b) \leqslant 1500$	1.0	1.0	1.0	1.2	5.0

续表

风管直径 D 或长边尺寸 b (mm)	类别 板材厚度 (mm)				
	微压、低压系统风管	中压系统风管		高压系统风管	除尘系统风管
		圆形	矩形		
1500< D(b) ≤2000	1.0	1.2	1.2	1.5	按设计要求
2000< D(b) ≤4000	1.2	按设计要求	1.2	按设计要求	按设计要求

注：1. 螺旋风管的钢板厚度可按圆形风管减少 10%～15%。
　　2. 排烟系统风管钢板厚度可按高压系统。
　　3. 不适用于地下人防与防火隔墙的预埋管。

不锈钢板风管板材厚度　　　　　　　　　　　　　　　　　　表 38-36

风管直径 D 或长边尺寸 b (mm)	微压、低压、中压 (mm)	高压 (mm)
D(b) ≤450	0.5	0.75
450< D(b) ≤1120	0.75	1.0
1120< D(b) ≤2000	1.0	1.2
2000< D(b) ≤4000	1.2	按设计要求

铝板风管板材厚度　　　　　　　　　　　　　　　　　　　　表 38-37

风管直径 D 或长边尺寸 b (mm)	微压、低压、中压 (mm)
D(b) ≤320	1.0
320< D(b) ≤630	1.5
630< D(b) ≤2000	2.0
2000< D(b) ≤4000	按设计要求

（2）非金属风管的材料品种、规格、性能与厚度等应符合设计要求。当设计无厚度规定时，硬聚氯乙烯圆形风管板材厚度应符合表 38-38 的规定，硬聚氯乙烯矩形风管板材厚度应符合表 38-39 的规定。

硬聚氯乙烯圆形风管板材厚度　　　　　　　　　　　　　　　表 38-38

风管直径 D (mm)	板材厚度 (mm)	
	微压、低压	中压
D≤320	3.0	4.0
320< D ≤800	4.0	6.0
800< D ≤1200	5.0	8.0
1200< D ≤2000	6.0	10.0
D>2000	按设计要求	

硬聚氯乙烯矩形风管板材厚度 表38-39

风管长边尺寸b (mm)	板材厚度 (mm)	
	微压、低压	中压
b≤320	3.0	4.0
320<b≤500	4.0	5.0
500<b≤800	5.0	6.0
800<b≤1250	6.0	8.0
1250<b≤2000	8.0	10.0

有机玻璃钢风管板材厚度应符合表38-40的规定；无机玻璃钢风管板材厚度应符合表38-41的规定，相应的玻璃纤维布厚度与层数应符合表38-42的规定。

微压及低压和中压有机玻璃钢风管板材厚度表 表38-40

风管直径D或长边尺寸b (mm)	壁厚 (mm)
D(b)≤200	2.5
200<D(b)≤400	3.2
400<D(b)≤630	4.0
630<D(b)≤1000	4.8
1000<D(b)≤2000	6.2

微压及低压和中压无机玻璃钢风管板材厚度 表38-41

风管直径D或长边尺寸b (mm)	壁厚 (mm)
D(b)≤300	2.5~3.5
300<D(b)≤500	3.5~4.5
500<D(b)≤1000	4.5~5.5
1000<D(b)≤1500	5.5~6.5
1500<D(b)≤2000	6.5~7.5
D(b)>2000	7.5~8.5

微压、低压和中压无机玻璃钢风管玻璃纤维布厚度与层数 表38-42

风管直径D或长边尺寸b (mm)	风管管体玻璃纤维布厚度		风管法兰玻璃纤维布厚度	
	0.3 (mm)	0.4 (mm)	0.3 (mm)	0.4 (mm)
	玻璃布层数			
D(b)≤300	5	4	8	7
300<D(b)≤500	7	5	10	8
500<D(b)≤1000	8	6	13	9
1000<D(b)≤1500	9	7	14	10
1500<D(b)≤2000	12	8	16	14
D(b)>2000	14	9	20	16

复合材料风管板材厚度应符合表38-43的规定。

复合材料风管板材的技术参数及适用范围　　　　表38-43

名称	密度（kg/m³）	板材厚度（mm）	燃烧性能	（弯曲、拉伸）强度或吸水率、导热系数	适用范围
酚醛复合板风管	隔热材料密度大于或等于60；整体表观密度大于或等于130	≥20	B₁级	弯曲强度：双铝面层大于或等于1.05MPa；彩钢板面层大于或等于1.30MPa；吸水率：浸水大于或等于4d，小于或等于3.4%；导热系数：0.023W/(m·K)/25℃	双面铝箔板材适用于工作压力小于或等于800Pa的空调系统及潮湿环境的风管；彩钢板面层适用于工作压力小于或等于2000Pa的空调系统风管
聚氨酯复合板风管	≥45	≥20		弯曲强度：双铝面层大于或等于1.05MPa；彩钢板面层大于或等于1.30MPa	
玻璃纤维板复合材料风管	≥70	≥25		—	工作压力小于或等于1000Pa的空调系统

2. 风管板材的连接方法

金属风管的连接可采用咬口连接、铆钉连接、焊接等不同连接方法，应根据板材的材质、厚度和保证结构连接的强度、稳定性和施工的技术力量、加工设备等条件综合确定连接方式。

风管板材拼接的接缝应错开，不得有十字形拼接缝。

镀锌钢板及含有各类复合保护层的钢板，应采用咬口连接或铆接，不得采用焊接连接。

金属风管板材的咬口连接应根据适用范围选择咬口形式，适用范围可参照表38-44。

金属风管板材连接常用咬口及其适用范围　　　　表38-44

名称	连接形式	适用范围
单咬口	内平咬口	微、低、中、高压系统
	外平咬口	微、低、中、高压系统
联合角咬口		微、低、中、高压系统 矩形风管及配件四角咬接
转角咬口		微、低、中、高压系统 矩形风管或配件四角咬接

续表

名称	连接形式		适用范围
按扣式咬口			微、低、中压矩形风管或配件四角咬接 微、低压圆形风管
立咬口			圆、矩形风管横向连接或纵向接缝 圆形弯头制作不加铆钉

铆接是将板材搭接钻孔用铆钉固定,搭接量为板厚的6~8倍,钻孔位于搭接量的1/2处,孔距一般为40~100mm,铆钉直径为2倍板厚,但不得小于3mm,铆钉长度应根据板材厚度而定,铆接时铆钉应垂直板面,铆接后板材连接应紧密,严密性要求高时,孔距应适当缩小并做密封处理。

焊接风管板面连接可采用搭接、角接和对接三种形式,焊缝位置如图38-24所示。风管焊接前应除锈、除油,焊缝应熔合良好、平整,表面不应有裂纹、焊瘤、穿透的夹渣和气孔等缺陷,焊后的板材变形应矫正,焊渣及飞溅物应清除干净。壁厚大于1.2mm的风管与法兰连接可采用连续焊或翻边断续焊。管壁与法兰内口应紧贴,焊缝不得凸出法兰端面,断续焊的焊缝长度宜为30~50mm,间距不应大于50mm。

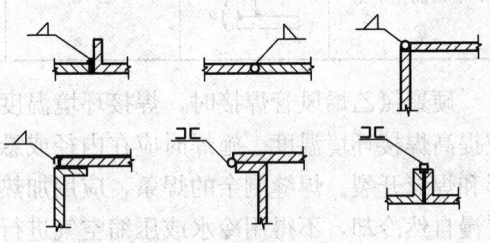

图38-24 焊接风管焊缝位置

硬聚氯乙烯风管板材焊接要求:

(1) 焊缝应饱满,排列应整齐,不应有焦黄断裂现象。

(2) 矩形风管的四角可采用搣角或焊接连接。当采用搣角连接时,纵向焊缝距搣角处宜大于80mm。

(3) 焊缝形式及适用范围应符合表38-45的规定。

硬聚氯乙烯板焊缝形式及适用范围   表38-45

焊缝形式	图示	焊缝高度(mm)	板材厚度(mm)	坡口角度α(°)	适用范围
V形对接焊缝		2~3	3~5	70~90	单面焊的风管
X形对接焊缝		2~3	≥5	70~90	风管法兰及厚板的拼接
搭接焊缝		≥最小板厚	3~10	—	风管或配件的加固

续表

焊缝形式	图示	焊缝高度（mm）	板材厚度（mm）	坡口角度 α（°）	适用范围
角焊缝（无坡口）		2～3	6～18	—	风管或配件的加固
		≥最小板厚	≥3	—	风管配件的角焊
V形单面角焊缝		2～3	3～8	70～90	风管角部焊接
V形双面角焊缝		2～3	6～15	70～90	厚壁风管角部焊接

硬聚氯乙烯风管焊接时，焊接环境温度应在5℃以上，如低于5℃时，应对焊件预热或提高焊接环境温度。施焊时应在内径或悬空焊接部位及周围设有支撑设施，防止凹陷变形和焊缝开裂。焊缝剩余的焊条，应用加热的刀具切断以防损伤焊缝，焊接完毕的焊缝应缓慢自然冷却，不得用冷水或压缩空气进行冷却，以防焊缝及其受热区域集中快速冷却收缩，造成焊件变形。

38.3.1.3 风管系统加工草图的绘制

风管系统加工草图是通风管道加工的基础，其以设计图纸为依据，根据现场测量数据进一步确定通风管道各部分的尺寸和数量，计算出通风管道的材料品种数量、加工工时和工程进度。加工草图应内容详细，尺寸准确，数据清楚，见表38-46。

1. 前期准备工作

风管加工前首先必须认真核对图纸，了解风管标高、走向，风口布置位置、标高，土建层高、梁高，以及风管穿过房间的其他管线的情况，尤其应注意有无交叉现象发生，复核图纸确定无误后方可进行下一步加工操作。

风管与配件加工草图　　　　　　表38-46

项目		内容				备注
		编号	断面尺寸	长度	数量	
直风管		1	D：500	L：2000	5	材料：0.5mm厚镀锌板；加工要求：1 咬口连接 2 法兰 L25×3
		2	D：500	L：1800	2	
		3	D：400	L：1500	2	
		编号	断面尺寸	R	角度	数量	
弯头		1	500	500	90	2	材料：0.5mm厚镀锌板；加工要求：1 咬口连接 2 法兰 L25×3

续表

项目	内容								备注
三通	编号	D	D_1	d	角度	H	H_1	数量	材料： 0.5mm 厚镀锌板； 加工要求： 1 咬口连接 2 法兰 L25×3
	1	500	400	360	30	780	640	2	
变径管	编号	D	$A \times B$	C	H	数量			材料： 0.5mm 厚镀锌板； 加工要求： 1 咬口连接 2 法兰 L25×3
	1	360	500×500	150	760	1			
来回弯	编号	D	L	e	数量				材料： 0.5mm 厚镀锌板； 加工要求： 1 咬口连接 2 法兰 L25×3
	1	500	1650	440	1				
风口	编号	D	数量						
	1	500	3						
风阀	编号	D	数量						
	1	500	3						
其他	编号	伞形风帽	D	数量					
	1		320	1					

2. 绘制步骤

(1) 根据图纸确定风管标高尺寸，并根据实际复核情况进行更正、完善。

(2) 标明风管与墙、柱子等的间距，风管应尽可能地靠近墙或柱子以利于节省空间和支吊架的安装。确定风管与墙和柱子的间距，并预留安装法兰、螺栓的操作空间。

(3) 现行国家标准按照《通风与空调工程施工质量验收规范》GB 50243 和现行行业标准《通风管道技术规程》JGJ/T 141 的要求以及具体安装位置确定弯管曲率半径、三通高度及夹角等数据。

(4) 按照支管之间距离和三通高度、夹角或弯管的曲率半径，确定直风管的长度。

(5) 按照设计图纸确定空气处理末端装置等部件的标高，计算出支管长度。

(6) 按照现行国家标准《通风与空调工程施工质量验收规范》GB 50243 和设计要求及现场其他情况确定风管支架形式、间距和安装位置及安装方法。

(7) 根据图纸和实际情况确定风管高度是否有变化、水平敷设走向是否有变化，尤其应综合其他专业管线的敷设情况，风管与其他管线交叉处，由于风管尺寸相对较大，应尽可能按照水管避让风管的原则施工。上述问题确定后方可统计风管系统三通、四通、弯头等部件的数量。

38.3.1.4 风管展开下料

风管展开下料是风管、配件及部件加工的第一步。风管展开是根据风管、配件及部件的几何形状，按照平面投影原理，求出一般位置直线的实长、平面的实形及两面的夹角，进而得出实物几何形状外表面的展开形状。

风管展开下料可分为手工展开下料和计算机机械展开下料两种方法。手工展开下料操作方便、局限性小，可现场加工操作；计算机机械展开下料效率高、准确性好，适合标准化生产。无论采用哪一种方法，都应熟练掌握展开下料技术，以保证质量为前提，合理进行排料，提高材料利用率。

展开方法包括平行线法、放射线法、三角形法及不可展开近似法等。

划线时应根据板材材质和要求合理使用划线工具，对防腐性要求高的风管，不能使用划针进行划线。

风管展开下料前必须明确风管板材厚度、板材接缝方式、风管连接方式等内容，针对不同情况确定预留咬口与连接法兰的余量，采用对焊连接和焊接法兰时可不留余量。对于采用无法兰插条连接的风管，必须明确不同边长的插条插接法兰和共板法兰所使用的加工设备，以便下料时留出必要的加工余量。

38.3.2 金属风管的制作

38.3.2.1 金属风管制作的要求

1. 金属风管加工制作工艺流程

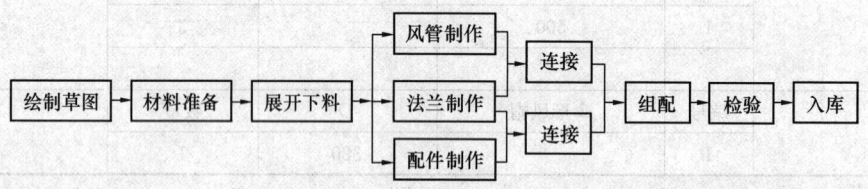

风管、配件、部件的连接，一般使用角钢法兰连接，法兰连接使用方便，维修简便，法兰与风管一样分为矩形法兰、圆形法兰。采用连体法兰连接的风管，可省略角钢法兰的加工。

2. 风管制作的一般要求

（1）制作风管前应首先检查所采用的材料是否符合质量要求，有否出厂合格证或质量证明书，并进行外观检查。

（2）风管和配件表面应平整、圆弧均匀、纵向接缝应错开；咬口缝应紧密，宽度均匀。

（3）风管连接形式的选择：

1）薄钢板风管的板厚小于或等于1.2mm的应采用咬口连接；板厚大于1.2mm的，可采用焊接。镀锌钢板风管，板厚小于或等于1.2mm，采用咬口连接；板厚大于1.2mm的，采用铆钉连接。

2）不锈钢板风管制作，板厚小于或等于1mm，采用咬口连接，板厚大于1mm，采用焊接。

3) 铝板风管制作，板厚小于或等于1.5mm，采用咬口连接；板厚大于1.5mm，其咬口缝宽度较大，不利于机械加工，应采用焊接。

4) 风管的密封，主要靠板材连接时的密封来实现，只有当密封要求较高时，才在咬口涂密封胶嵌缝，密封面宜设在风管的正压侧。

5) 制作金属风管时，板材的拼接咬口和圆形风管的闭合咬口可采用单咬口；矩形风管或配件的四角组合可采用转角咬口、联合角咬口、按扣式咬口；圆形弯管的组合可采用立咬口。制作风管时，板面应保持平整，应严格控制四边的角度，防止咬口后产生扭曲、翘角等现象。咬口缝应严密，宽度均匀，纵面接缝应错开一定距离。

6) 风管板材的拼接表面应平整，咬口缝应严密，宽度应一致，并不得有十字交叉的拼接缝。如板材的拼接为焊接，除焊接时应采取防止产生变形的焊接工艺外，焊接后应对板材的变形进行矫正。对焊缝应做外观检查，不得有气孔、夹渣、裂缝等缺陷。

(4) 风管的加工长度和外径（或外边长）偏差的控制

1) 风管各管段的连接应采用可拆卸的形式，管段长度宜为1.8～4.0m，焊接风管和螺旋风管可适当加长。风管的加工长度应比实测时的计算长度放长30～50mm。

2) 风管外径或外边长的允许偏差应按负偏差控制，当外径或外边长小于或等于300mm时为$-2\sim0$mm；当外径或外边长大于300mm时为$-3\sim0$mm。

3) 管口平面度的允许偏差均为2mm，矩形风管两条对角线长度之差不应大于3mm；圆形法兰任意正交两直径之差不应大于2mm。

(5) 法兰连接风管制作的有关规定

1) 法兰平面度的允许偏差为2mm，同一规格法兰的螺孔排列应一致，并具有互换性，法兰的制作焊缝应熔合良好。

2) 风管与法兰采用铆接连接时，不应有脱铆和漏铆；风管翻边应平整，紧贴法兰，宽度一致，且翻边宽度不应小于6mm，咬缝与四角处不应有开裂与孔洞。

3) 风管与法兰采用焊接连接时，风管端面不得高于法兰接口平面。除尘系统的风管，宜采用内侧满焊、外侧间断焊形式，风管端面距法兰接口平面不应小于5mm。

4) 当风管与法兰采用点焊固定连接时，焊点应融合良好，间距不应大于100mm；法兰与风管应紧贴，不应有缝隙或孔洞。

38.3.2.2 钢板风管的制作

1. 材料准备

普通钢、镀锌钢风管的材料品种、规格、性能与厚度等应符合设计要求和国家标准的规定。

2. 展开下料

排版应合理紧凑，充分利用板材，避免浪费，应根据风管连接方式留出咬口、连接法兰的余量，采用对焊连接、焊接法兰可不留余量。

风管展开时应对板材规方，使板材四边垂直，避免风管制作后产生翘角、扭曲现象。

3. 钢板风管制作

(1) 钢板风管应根据板材厚度选用成型连接方式。采用咬口连接时，首先确定咬口形式，板材宽度小于风管周长、大于1/2周长时，可设两个转角咬口连接；当风管周长更大时，可在风管四个边角，分别设四个角咬口连接。

(2) 矩形风管下料并制作咬口后,可用机械折方。矩形风管一般以板长1800mm、2000mm作为管段长度。

(3) 圆形风管的制作尺寸应以外径为准。圆形风管的展开可直接在板材上画线,在画线展开之前,应对板材的四边严格角方,根据图纸或测绘草图给定的直径D、管节长度L,然后按风管的圆周长πD及L的尺寸作矩形,并应根据板材厚度留出咬口裕量M和法兰翻边量(翻边量一般为8~10mm)。风管如采用对接焊时,则不放咬口裕量。法兰与风管采用焊接连接时,也不再放翻边量。

展开好的板材,可用手工或机械进行剪切,并进行卷圆、咬口压实,即成风管。机械卷圆一般用卷圆机进行。卷圆机适用于厚度为2mm以内,板宽为2000mm以内的板材卷圆。

(4) 圆形风管的管段长度,应按现场的实测需要和板材规格来决定,一般可接至3~4m设一副法兰。

(5) 采用铆钉连接时,应根据板材厚度留出搭接量,铆钉规格、铆钉孔距应符合设计制作要求,铆钉应压紧且排列整齐,严密性要求高时,做密封处理。

(6) 采用焊接连接时,风管的展开应注意图形排列,纵向焊缝应交错设置,尽量节省板料或减少板料接缝长度。当拼接板材纵向和横向咬口时,应将咬口端部切出斜角,避免咬口处出现凸瘤。风管与法兰采用焊接连接时,焊缝应低于法兰的端面。除尘系统风管宜采用内侧满焊、外侧间断焊形式。

(7) 镀锌钢板或彩色涂塑层钢板的拼接,应采用咬接或铆接,且不得有十字形拼接缝。彩色钢板的涂塑面应设在风管内侧,加工时应避免损坏涂塑层,已损坏的涂塑层应进行修补。

4. 金属风管加固

大截面的矩形风管或大直径圆形风管及配件,为防止因自重产生变形或运行时管壁产生振动、噪声,以及影响连接结构强度等缺陷,应采取加固措施,以增加结构的刚度及稳定性,加固措施参考现行国家标准《通风与空调工程施工质量验收规范》GB 50243相关条文要求。

5. 普通金属风管防腐处理

普通钢板风管需涂漆防腐,风管喷涂漆防腐不应在低于5℃和相对湿度不大于80%的环境下进行,喷涂漆前应清除表面灰尘、污垢与锈斑并保持干燥。喷涂漆时应使漆膜均匀,不得有堆积、漏涂、皱纹、气泡及混色等缺陷。普通钢板在压口时必须先喷一道防锈漆,保证咬缝内不易生锈。薄钢板的防腐油漆如设计无要求,可参照表38-47的规定执行。

薄钢板防腐油漆喷涂要求 表38-47

序号	风管所输送的气体介质	油漆类别	油漆遍数
1	不含灰尘且温度不高于70℃的空气	内表面涂防锈底漆	2
		外表面涂防锈底漆	1
		外表面涂面漆(调合漆等)	2
2	不含灰尘且温度不高于70℃的空气	内、外表面各涂耐热漆	2

续表

序号	风管所输送的气体介质	油漆类别	油漆遍数
3	含有粉尘或粉屑空气	内表面涂防锈底漆 外表面涂防锈底漆 外表面涂面漆	1 1 2
4	含有腐蚀性介质的空气	内外表面涂耐酸底漆 内外表面涂耐酸面漆	≥2 ≥2

注：需保温的风管外表面不涂胶粘剂时，宜涂防锈漆两遍。

38.3.2.3 不锈钢风管的制作

不锈钢风管的制作工艺、方法与普通钢板风管基本相同，由于不锈钢材质的特性与普通钢板略有区别，不锈钢风管加工也有一些特殊要求。

不锈钢板材因为晶体结构与普通钢板不同，不锈钢经过敲击打会引起内应力变化，造成不均匀的变形，板材变硬，防腐蚀性能也会降低，加工时应尽量减少敲击次数。不锈钢与普通碳素钢接触，不锈钢表面的钝化层会产生局部腐蚀，影响不锈钢的防腐蚀性，在加工、存放时应避免与普通碳素钢接触。

1. 材料准备

不锈钢风管制作板材的品种、规格及厚度，其应符合设计要求和现行国家标准的规定，表面不能有划伤、腐蚀情况。不锈钢板材表面如果损伤严重可用喷砂处理，喷砂可去除受损表面，消除划痕、擦伤、锈迹等疵点，使表面生成新的钝化层，提高防腐性能。

2. 展开下料

不锈钢风管展开方法与钢板风管相同，为了保护不锈钢表面的钝化层，划线时应使用铅笔或色笔，不能用金属划针划线，形状复杂的配件可先做好样板，用样板进行划线。

3. 风管制作

不锈钢风管制作工艺流程、制作要求与普通钢板风管制作工艺相同，在加工过程中应保护不锈钢表面的钝化层，应达到以下要求：

（1）加工机械设备及环境应保持清洁，以免铁锈或氧化物落在表面上产生局部腐蚀。

（2）加工前调试好设备，加工做到一次成型，避免多次敲击降低耐腐蚀性能。优先使用机械加工，如果需用手工加工，应优先使用木锤、木方打板、铜锤、不锈钢锤等工具，尽量不用碳素钢制的工具。

（3）不锈钢板厚度小于或等于1mm时，板材拼接应采用咬接或铆接；板材厚度大于1mm时，宜采用氩弧焊，不得采用气焊。焊接时，焊材应与母材相匹配，并应防止焊接飞溅物沾污表面，焊后应将焊渣及飞溅物清除干净。应用于排油烟工程的不锈钢风管法兰与管体应采用焊接且应满焊。

（4）使用铆接时，铆钉应采用与风管材质相同或不产生电化学腐蚀的材料。

（5）不锈钢风管保管堆放时应避免或减少与碳素钢接触。

（6）不锈钢板风管应优先使用不锈钢法兰，通风系统在要求不甚高的情况下可使用一般碳素钢法兰，但应做防腐处理。

4. 风管加固

不锈钢风管加固规定与普通钢风管加固相同。不锈钢风管使用角钢或内支撑加固时，应使用与风管相同材质材料，如果使用普通钢应根据设计要求做防腐处理。

38.3.2.4 铝板风管的制作

1. 材料准备

铝板风管制作板材的品种、规格及厚度，其应符合设计要求和现行国家标准规定，表面不能有划伤、防腐膜脱落情况。

2. 展开下料

铝板风管展开方法与钢板风管相同，为了保护铝板表面的氧化膜，划线时应使用铅笔或色笔，不能用金属划针，制作较复杂形状的配件时可先做好样板，用样板进行划线。

3. 风管制作

铝板风管制作工艺流程、制作要求与普通钢板风管制作工艺相同，在加工过程中应保护铝板表面的氧化膜，应达到以下要求：

(1) 铝板厚度小于或等于1.5mm时，板材的平接和角接可采用咬口连接，但不得采用按扣式咬口。板厚大于1.5mm时，可采用折边铆接或缀缝焊接。严密性要求较高时应采用氩弧焊焊接。

(2) 铝板焊接的焊材应与母材相匹配。焊前应清除焊口处的氧化膜并脱脂；焊缝不得有未熔合、烧穿等缺陷，焊缝表面应清除飞溅、焊渣、焊药等。

(3) 铝风管材质比较软，采用咬口连接时，不应采用按扣式咬口。不宜采用C、S平插条形式的无法兰连接方法。

(4) 铝板风管应优先使用铝法兰，若采用碳素钢法兰时，法兰应镀锌或做防腐绝缘处理，铝风管铆接应用铝铆钉。

4. 风管加固

铝风管加固规定与普通钢风管加固相同，应使用与风管相同的材质材料，如果使用角钢或内支撑加固时，根据设计要求做防腐处理。

38.3.3 非金属风管的制作

38.3.3.1 非金属风管的制作要求

非金属风管材质种类多，各种材质的性质差异比较大，具体制作要求应因材质而异。

38.3.3.2 无机或有机玻璃钢风管的制作

1. 材料准备

无机玻璃钢风管主要由玻璃纤维布、镁水泥胶凝材料压制而成，按组合方式分为整体型风管、组合型风管。无机玻璃钢风管采用的无碱、中碱或抗碱玻璃纤维网格布宜符合现行行业标准《增强用玻璃纤维网布 第1部分：树脂砂轮用玻璃纤维网布》JC/T 561.1，以及现行国家标准《玻璃纤维无捻粗纱》GB/T 18369 的规定。镁水泥风管氧化镁的品质应符合现行行业标准《菱镁制品用轻烧氧化镁》WB/T 1019 的规定。

不燃无机玻璃钢耐腐蚀，其燃烧性能应达到不燃材料A级，并符合现行国家标准《通风管道耐火试验方法》GB/T 17428 的要求。

无机胶凝材料硬化体的pH值应小于8.8，并不应对玻璃纤维有碱性腐蚀。应根据风管规格选用模具，风管与法兰一体制作。

2. 风管制作

(1) 无机或有机玻璃钢风管的制作工艺流程

支模→成型（一层胶粘剂一层玻纤布）→检验→固化→钻孔→入库。

(2) 无机或有机玻璃钢风管的制作质量要求

1) 整体型无机玻璃钢风管制作参数应符合表38-48的规定，有机玻璃钢风管板材的厚度不应小于表38-49的规定要求。

整体无机玻璃钢风管制作技术参数 表38-48

风管直径 D 或长边尺寸 b	风管管体			法兰							孔距 L (mm)	螺栓孔 (mm)
	壁厚 (mm)	玻璃纤维布层数		高度 (mm)		厚度 (mm)		玻璃纤维布层数				
		C_1	C_2	值	偏差	值	偏差	C_1	C_2		
$D(b) \leqslant 320$	$\geqslant 3$	4	5	40	+2.0, −0.5	10	+1.5, −0.5	7	9	微、低、中压: $L \leqslant 120$ 高压: $L \leqslant 100$	8
$320 < D(b) \leqslant 500$	$\geqslant 4$	5	7	45		12		8	11		10
$500 < D(b) \leqslant 1000$	$\geqslant 5$	6	8	45		14		9	12		10
$1000 < D(b) \leqslant 1600$	$\geqslant 6$	7	9	50		16		10	14		12
$1600 < D(b) \leqslant 2000$	$\geqslant 7$	8	12	50		18		14	18		12
$2000 < D(b) \leqslant 3000$	$\geqslant 8$	9	14	55		20		16	20		12

有机玻璃钢风管板材的厚度 (mm) 表38-49

风管直径 D 或长边尺寸 b	壁厚
$D(b) \leqslant 200$	2.5
$200 < D(b) \leqslant 400$	3.2
$400 < D(b) \leqslant 630$	4.0
$630 < D(b) \leqslant 1000$	4.8
$1000 < D(b) \leqslant 2000$	6.2

2) 玻璃纤维网格布相邻层之间的纵、横搭接缝距离应大于300mm，同层搭接缝距离不得小于500mm。搭接长度应大于50mm。风管表层浆料厚度以压平玻璃纤维网格布为宜（可见布纹），表面不得有密集气孔和漏浆。整体型风管法兰处的玻璃纤维网格布应延伸至风管管体处。法兰与管体转角处的过渡圆弧半径宜为壁厚的0.8～1.2倍。

3) 管口平面度的允许偏差为2mm，矩形风管两条对角线长度之差不应大于3mm；圆形法兰任意正交两直径之差不应大于5mm，矩形风管的两对角线之差不应大于5mm。

4) 无机或有机玻璃钢风管法兰规格应符合表38-50的规定，法兰平面度的允许偏差为2mm，管口平面度的允许偏差为3mm；同一批量加工的相同规格法兰的螺孔排列应均匀，其螺栓孔的间距不得大于120mm；矩形风管法兰的四角处，应设有螺孔；螺孔至管壁的距离应一致，允许偏差为2mm并具有互换性。

无机或有机玻璃钢风管法兰规格 (mm) 表38-50

风管直径 D 或长边尺寸 b	材料规格（宽×厚）	连接螺栓
$D(b) \leqslant 400$	30×4	M8
$400 < D(b) \leqslant 1000$	40×6	M8
$1000 < D(b) \leqslant 2000$	50×8	M10

5）无机玻璃钢风管的外形尺寸允许偏差应符合表38-51的规定。

无机玻璃钢风管外形尺寸（mm） 表38-51

直径或长边	矩形风管外表平面度	矩形风管管口对角线之差	法兰平面度	圆形风管两直径之差
≤300	≤3	≤3	≤3	≤3
301～500	≤3	≤4	≤2	≤3
501～1000	≤4	≤5	≤2	≤4
1001～1500	≤4	≤6	≤3	≤5
1501～2000	≤5	≤7	≤3	≤5
>2000	≤6	≤8	≤3	≤5

6）无机玻璃钢风管的表面应光洁、无裂纹、无明显泛霜和分层现象。

7）无机玻璃钢风管制作完毕，待胶凝材料固化后除去内模，并置于干燥、通风处养护6d以上，方可安装。

8）有机玻璃钢风管不应有明显扭曲，内表面应平整光滑，外表面应整齐美观，厚度应均匀，且边缘无毛刺，并无气泡及分层现象。法兰应与风管成一整体，应有过渡圆弧，并与风管轴线成直角。

9）有机玻璃钢风管制作场地应避免太阳直射，环境温度宜为15～30℃、湿度应为75%以下。玻璃纤维网格布之间的接缝应相互错开，搭缝宽度不应小于50mm。

10）有机玻璃钢矩形风管的边长大于900mm，且管段长度大于1250mm时，应加固。加固筋的分布应均匀、整齐。无机玻璃钢风管边宽大于等于2m，单节长度不超过2m，中间增一道加强筋，加强筋材料可用50mm×5mm扁钢。

（3）风管加固

无机或有机玻璃钢风管加固规定与金属风管相同，还应符合无机或有机玻璃钢风管的边长大于900mm，且管段长大于1250mm的要求，并采取加固措施。加固筋的分布应均匀、整齐，且应在铺层达到70%以上时再埋入，加固筋应为本体材料或防腐性能相同的材料。

无机玻璃钢风管四角、边可采用角形金属型材加固，风管内支撑加固点个数及纵向外加固框间距应符合表38-52或表38-53的规定。

整体型风管内支撑横向加固点数及外加固框和内支撑加固点纵向间距 表38-52

类别		系统工作压力（Pa）				
		500<P≤630	630<P≤820	820<P≤1120	1120<P≤1610	1610<P≤2500
		内支撑横向加固点数				
风管边长（mm）	630<b≤1000	—	—	1	1	1
	1000<b≤1600	1	1	1	1	2
	1600<b≤2000	1	1	1	1	2
	2000<b≤3000	1	1	1	2	2
	3000<b≤4000	2	2	3	3	4
纵向加固间距（mm）		≤1420	≤1240	≤890	≤740	≤590

组合型风管内支撑加固点数及外加固框和内支撑加固点纵向间距　　　表 38-53

类别		系统工作压力（Pa）				
		500<P≤600	600<P≤740	740<P≤920	920<P≤1160	1160<P≤1500
		内支撑横向加固点数				
风管边长 （mm）	500<b≤1000	—	—	1	1	1
	1000<b≤1600	1	1	1	1	2
	1600<b≤2000	1	1	2	2	2
	2000<b≤3000	2	2	3	3	4
	3000<b≤4000	3	3	4	4	5
纵向加固间距（mm）		≤1100	≤1000	≤900	≤800	≤700

注：横向加固点数为 5 个时应加加固框，并与内支撑固定为一整体。

38.3.3.3 硬聚氯乙烯风管的制作

1. 材料准备

硬聚氯乙烯风管的材料品种、规格、性能与厚度等应符合设计要求和现行国家产品标准的规定。硬聚氯乙烯板材不得出现气泡、分层、碳化、变形和裂纹等缺陷。板材厚度不得小于表 38-54 的规定，硬聚氯乙烯、聚丙烯（PP）矩形风管板材厚度不得小于表 38-55 的规定。

硬聚氯乙烯及聚丙烯（PP）圆形风管板材厚度（mm）　　　表 38-54

风管直径 D	板材厚度	
	微压、低压	中压
D≤320	3	4
320<D≤800	4	6
800<D≤1250	5	8
1250<D≤2000	6	10
D>2000	按设计	

注：高压按设计规定。

硬聚氯乙烯及聚丙烯（PP）矩形风管板材厚度（mm）　　　表 38-55

风管长边尺寸 b	板材厚度	
	微压、低压	中压
b≤320	3	4
320<b≤500	4	5
500<b≤800	5	6
800<b≤1250	6	8
1250<b≤2000	8	10
D>2000	按设计	

注：高压按设计规定。

2. 放样下料

（1）划线应采用铅笔，不能用划针或锯条，以免板材表面形成伤痕，发生折裂。硬聚氯乙烯板材在加热冷却时会出现膨胀和收缩的现象，所以在划线时，应适当地放出收缩余量。收缩余量随加热时间和工厂生产过程而异，应对每批材料先进行加热试验，以确定其收缩余量。

(2) 划线时，应按图纸尺寸，根据板材规格和现有加热箱的大小等具体情况，合理安排每张板上的图形，尽量减少切割和焊缝，又要注意节省原材料。

(3) 矩形风管的四角宜采用加热折方成型，板材纵向焊缝距四角处宜大于 80mm。

3. 风管制作

(1) 硬聚氯乙烯风管制作工艺流程

领料→放样划线→切割→下料→坡口→加热→焊接成型→检验→出厂。

(2) 硬聚氯乙烯风管制作要求

1) 成型胎具

圆形风管及配件热成型前应制备胎具。胎具可比所需规格大一个板材厚度，内端应有加坡设施，胎具要求尺寸准确，圆弧过渡均匀，外表面应光滑。

2) 圆形风管成型

① 圆形风管直径小于或等于 DN200 时，宜采用管材；直径大于 DN200 时，应采用板材制作。

② 进行圆形直管的加热成型时，先使电热箱的温度保持在 130～140℃，待箱内温度稳定后，再将板材放入箱内加热。加热的时间和板材的厚度有关，不同板材厚度加热持续时间见表 38-56。

硬聚氯乙烯板材加热时间　　　　表 38-56

板材厚度（mm）	2～4	5～6	8～10	11～15
加热时间（min）	3～7	7～10	10～14	15～24

③ 当板材在烘箱内按加热时间加热到柔软状态时，从烘箱内将板材平拉出来置于铺放帆布的工作平台上，用帆布紧包贴板材与胎具徐徐滚动使风管成型，待完全冷却定型后，将塑料管取出即可。如果加工的批量较大，还可采用简易成型机进行成型。

3) 矩形风管成型

矩形直管的四角可采用焊接成型或加热折方成型，采用加热折方成型时，纵向焊缝距折方处宜大于 80mm。

4) 管件成型

① 矩形及圆形变径管、天圆地方的热加工成型，可按金属风管展开放样下料，并留出加热后的收缩裕量。矩形变径管可按矩形风管方法加热折方成型；圆形变径管和天圆地方，应将已切割下好料的板材放入电热箱中加热，再利用胎模成型。胎模可用薄钢板或木材制成，一般可按整体的 1/2 制作，当断面较大时，也可按整体的 1/4 制作。

② 制作圆形弯头时，应注意各管节的纵向焊缝应互相错开，不得设在弯头同一侧。也可利用已经加工好的圆直管，用管节的展开样板画线下料，然后用若干个管节组焊成圆形弯头。

③ 制作矩形弯头时，弯头的两块侧面板可按图形切割下料，背板和里板应放出加热后的收缩裕量再切割下料，然后用相同圆弧的圆形直管作胎模加热成型。

④ 圆形三通可用样板紧贴在加工好的圆形大小头或圆形直管上,沿样板画出曲线锯割,可焊接成型。

⑤ 矩形三通的制作方法与矩形弯头制作方法相似。

4. 风管加固

风管直径大于400mm或长边大于500mm时,应采用加固措施,加固宜采用外加固框形式,加固框的设置应符合表38-57的规定,加固框的规格宜与法兰相同,并应采用焊接将加固框与风管紧固。

风管加固圈规格尺寸（mm）　　　　表38-57

圆形				矩形			
风管直径 D	管壁厚度	加固框		风管长边尺寸 b	管壁厚度	加固框	
		规格（宽×厚）	间距			规格（宽×厚）	间距
D≤320	3(4)	—	—	b≤320	3(4)	—	—
320<D≤400	4(6)	—	—	320<b≤500	4(5)	—	—
400<D≤500	4(6)	35×10	800	500<b≤800	5(6)	40×10	800
500<D≤800	4(6)	40×10	800	800<b≤1250	6(8)	45×12	400
800<D≤1250	5(8)	45×12	800	1250<b≤1600	8(10)	50×15	400
1250<D≤1400	6(10)	45×12	800	1600<b≤2000	8(10)	60×18	400
1400<D≤1600	6(10)	50×15	400	—	—	—	—
1600<D≤2000	6(10)	60×15	400	—	—	—	—
2000<D		按照设计规定		—	—	—	—

注:（ ）内为中压风管管壁厚度。

38.3.4 复合材料风管制作

38.3.4.1 复合材料风管的制作要求

复合材料风管按材质可分为:酚醛或聚氨酯复合材料风管、玻璃纤维复合材料风管、钢板内衬玻璃纤维隔热材料风管等,将酚醛、聚氨酯或玻璃纤维板材与铝箔、彩钢板或镀锌钢板复合而成。

由于复合风管种类较多,各类材质的物化性能差异较大,具体制作要求因材质而异。复合材料风管的覆面材料必须为不燃材料,内部的绝热材料应为不燃或难燃,且对人体无害的材料。复合风管粘结应采用与风管材质相匹配的环保阻燃型胶粘剂,适用温度上限不得低于80℃。

38.3.4.2 酚醛或聚氨酯复合风管的制作

酚醛或聚氨酯复合材料风管的芯材为酚醛或聚氨酯,覆面材料可是铝箔、彩钢板或镀锌钢板等,可制作成单面覆面或双面覆面。

1. 材料准备

酚醛或聚氨酯复合材料应符合设计要求和现行国家标准,板材的复合面粘合应牢固,粘合表面单面凹穴、变形、分层、起泡等缺陷不得大于6‰,法兰连接件及加固件等材料应不低于难燃B1级,胶粘剂、铝箔胶带及密封胶应与其板材材质相匹配,并应符合环保要求。

2. 放样下料

酚醛或聚氨酯复合材料风管应根据设计要求和拼接方式进行放样，画出板材切断线、V形槽线、45°斜坡线。划线不得使用金属划针，以免破坏覆面材料，可采用彩色笔。

3. 风管制作

(1) 酚醛或聚氨酯复合材料风管的制作工艺流程

放样下料→切割、压弯→粘合成型→加固。

(2) 酚醛或聚氨酯复合材料风管的制作要求

1) 风管板材开槽须用专用刀具开制，风管板材的拼接方式采用45°角粘结或"工"形加固条拼接方式，如图38-25所示，拼接处应涂胶粘剂粘合。当风管边长小于或等于1600mm时，宜采用45°角形槽口直接粘结，并在粘结缝处两侧粘贴铝箔胶带；当边长大于1600mm时，宜采用"工"形PVC加固条在接缝处拼接；当采用单层彩钢板（或镀锌钢板）面的复合板材拼接时，板面一侧应预留15～20mm钢板面在面层拼接处用铝制拉铆钉（或自攻螺栓）固定，铆钉间距不应大于100mm，接缝处采用胶粘剂粘结严密。

2) 风管下料可采用一片法、二片法或四片法形式组合成型，如图38-26所示。切口处应均匀涂满胶粘剂粘合，粘结缝应平整，不得有歪扭、错位、局部开裂缺陷。粘合前清洁板材，涂胶后折成直角粘合，定型后风管内接缝粘结压敏铝箔胶带，压敏铝箔胶带宽度不小于20mm，风管内四角边，密封胶封堵，两对角线长度差不应大于3mm。

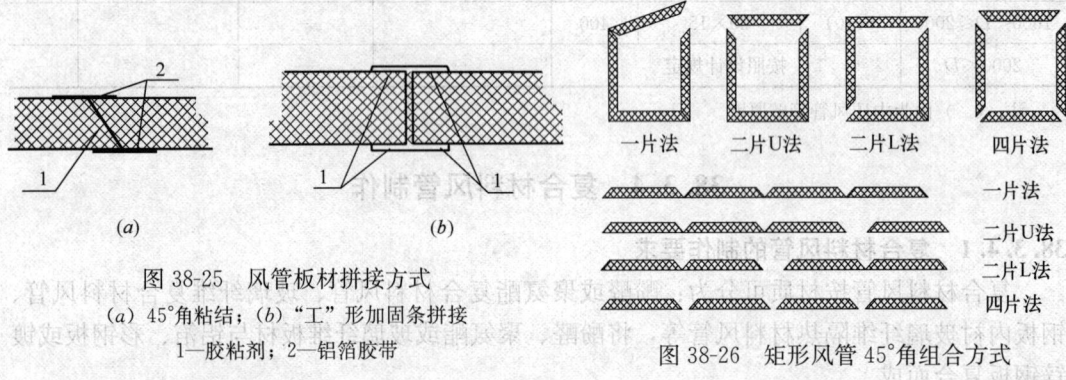

图38-25 风管板材拼接方式
(a) 45°角粘结；(b) "工"形加固条拼接
1—胶粘剂；2—铝箔胶带

图38-26 矩形风管45°角组合方式

3) 风管以内边长为标注尺寸，边长宜为$120 \leqslant L \leqslant 3000$，且长边与短边比不大于4∶1。

4) 风管为单面钢面面层时，合缝的角接处需用钢板护角条压接，采用$\phi 4 \times 10$的自攻钉在护角条上固定用于边角合缝处的加强，间距不应大于150mm；或在钢板面层处直接翻边，用插接方式合角缝，亦可在下料时在板边预留25mm的钢面面层直接翻边做加固角以自攻螺栓（铝制拉铆钉）加固。

5) 中、高压风管的内角缝应采用密封材料封堵。风管外角缝的铝箔断开处，应采用铝箔胶带封贴，钢板面层用钢板角条封边并采用自攻螺栓（或铝制拉铆钉）固定。

6) 当低压风管边长大于2000mm、中高压风管边长大于或等于1600mm时，风管法兰应采用铝合金等刚性复合材料。钢板面层的风管采用法兰连接时，法兰与风管应采用自攻螺栓或拉铆钉固定，自攻螺栓不应小于$\phi 4 \times 10$，间距不应大于120mm。

4. 风管加固

(1) 酚醛或聚氨酯复合材料风管加固规定与金属风管相同，还应根据系统工作压力及产品技术标准的规定执行。

(2) 酚醛或聚氨酯复合材料风管的加固有两种方法：角加固和螺杆内支撑加固。矩形风管边长小于等于400mm时采用角加固，边长大于400mm时采用螺杆内支撑加固。角加固是在矩形风管四角粘贴厚度大于0.75mm的镀锌直角钢片，直角钢片的宽度应与风管板材厚度相等，边长不小于55mm，如图38-27所示。

(3) 风管内支撑加固形式可参考金属风管内支撑形式，横向加固点数及纵向加固间距应按表38-58的规定。边长大于2000mm时，需增加外加固，外加固采用大于30mm×3mm以上规格的角钢，制作成抱箍加固风管。

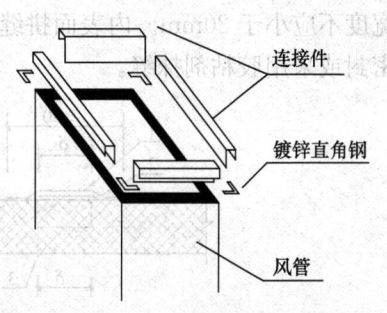

图38-27 角加固示意图

酚醛与聚氨酯复合板风管横向加固点数及纵向加固间距　　　　表38-58

类别		压力（Pa）						
		P<300	300≤P<500	500≤P<750	750≤P<1000	1000≤P<1250	1250≤P<1500	1500≤P<2000
		横向加固点数						
风管边长尺寸 b (mm)	410<b≤600	—	—	—	1	1	1	1
	600<b≤800	—	1	1	1	1	1	2
	800<b≤1000	1	1	1	1	1	1	2
	1000<b≤1200	1	1	1	1	1	2	2
	1200<b≤1500	1	1	1	2	2	2	2
	1500<b≤1700	2	2	2	2	2	2	2
	1700<b≤2000	2	2	2	2	2	2	3
		纵向加固间距（mm）						
聚氨酯复合板风管		≤1000	≤800		≤600			≤400
酚醛复合板风管		≤800						—

38.3.4.3 玻璃纤维复合材料风管的制作

1. 材料准备

(1) 风管内表面层的玻璃纤维布应采用无碱或中碱性材料，并符合现行国家标准《玻璃纤维无捻粗纱布》GB/T 18370的规定。内表面层玻璃纤维布不得有断丝、断裂等现象。

(2) 玻璃纤维复合板内、外表面层与玻璃纤维隔热材料应粘结牢固，复合板表面应能防止纤维脱落。风管内壁采用涂层材料时，其材料应符合对人体无害的卫生规定。

2. 放样下料

(1) 根据设计要求和成型方法正确划线，确定槽口位置。成型方法与酚醛复合材料风管类似。其封闭口处应留有大于35mm的搭接边量。

（2）风管宜采用整板材料制作。如果风管尺寸较大，板材需拼接时，应按图38-28所示，在结合口处涂满胶并紧密粘合，表面拼缝处预留宽30mm的外护层涂胶密封后，采用大于或等于50mm宽热敏（压敏）铝箔胶带粘贴密封。粘贴密封时，接缝处单边粘贴宽度不应小于20mm。内表面拼缝处可采用大于或等于30mm宽铝箔复合玻璃纤维布粘贴密封或采用胶粘剂抹缝。

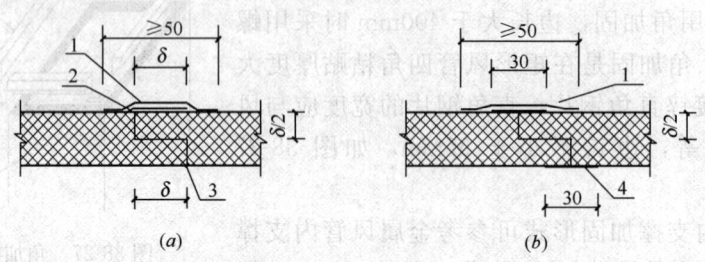

图38-28 玻璃纤维复合板拼接
(a) 外表面预留搭接覆面层；(b) 外表面无预留搭接覆面层
1—热敏（压敏）铝箔胶带；2—预留外保护层；3—密封胶抹缝；4—玻璃纤维布

3. 风管制作

（1）玻璃纤维铝箔复合风管制作工艺流程

放样下料→板材开槽→风管成型→密封→加固。

（2）玻璃纤维复合材料风管制作

1）当风管连接采用插入接口形式时，接缝处的粘结应严密、牢固，外表面铝箔胶带密封的每一边粘贴宽度不应小于25mm，并应有辅助的连接固定措施。当风管的连接采用法兰形式时，法兰与风管的连接应牢固，并应能防止板材纤维逸出和冷桥。

2）风管表面应平整、两端面平行，无明显凹处、变形、起泡，铝箔无破损等。

3）风管板槽口切割时，应选用专用刀具，不得破坏覆面材料。组合风管时，应清理粘合面，涂胶粘剂应均匀饱满，接缝处不得有玻璃纤维外露。

4）风管成型后，管端为阴、阳榫的管段应水平放置，管端为法兰的管段可立放。风管应待胶液干燥固化后方可挪动、叠放或安装。风管应存放在防潮、防雨和防风沙的场地。

5）如果覆面材料采用彩钢板或镀锌钢板时，彩钢板（或镀锌钢板）的板材厚度应按表38-59选取。为了保证风管的严密性、刚性及承压性能，彩钢板下料不宜采用多片法下料制作。

双面彩钢板（或镀锌钢板）复合风管板材厚度（mm）　　　　表38-59

风管长边尺寸 b	板矩形风管			
	微、低、中压系统		高压系统	
	内板	外板	内板	外板
b≤500	0.30	0.30	0.35	0.30
500<b≤1000	0.35	0.35	0.50	0.35
1000<b≤2000	0.35	0.35	0.50	0.35
b>2000	按设计要求			

6) 风管法兰采用 PVC（硬聚氯乙烯）槽形封闭法兰或铝合金断桥隔热法兰。微、低、中压风管长边尺寸 $b \leqslant 2000mm$ 时，采用 PVC（硬聚氯乙烯）槽形封闭法兰，$b>2000mm$ 时，采用铝合金断桥隔热法兰；高压风管长边尺寸 $b \leqslant 1000mm$ 时，采用 PVC（硬聚氯乙烯）槽形封闭法兰，当 $b>1000mm$ 时，采用铝合金断桥隔热法兰。

4. 风管加固

（1）玻璃纤维复合材料风管加固规定与金属风管相同，还应根据系统工作压力及产品技术标准的规定执行。玻璃纤维铝箔复合矩形风管内支撑及外加固应符合表 38-60 的规定。

（2）采用角钢法兰、外套槽形法兰连接时，其法兰连接处可视为一外加固点。其他连接方式风管的长边大于或等于 1250mm 时，距法兰 150mm 内应设纵向加固。采用阴、阳榫连接的风管，应在距榫口 100mm 内设纵向加固。

玻璃纤维复合材料风管内支撑横向加固点数及外加固框纵向间距　　　表 38-60

类别		压力（Pa）				
		$P\leqslant100$	$100<P\leqslant250$	$250<P\leqslant500$	$500<P\leqslant750$	$750<P\leqslant1000$
		内支撑横向加固点数				
风管边长 b（mm）	$320<b\leqslant400$	—	—	—	—	1
	$400<b\leqslant500$	—	—	1	1	1
	$500<b\leqslant630$	—	1	1	1	1
	$630<b\leqslant800$	1	1	1	2	2
	$800<b\leqslant1000$	1	1	2	2	3
	$1000<b\leqslant1250$	1	2	2	3	3
	$1250<b\leqslant1400$	2	2	3	3	4
	$1400<b\leqslant1600$	2	3	3	4	5
	$1600<b\leqslant1800$	2	3	4	4	5
	$1800<b\leqslant2000$	3	3	4	5	6
槽形外加固框纵向间距（mm）		$\leqslant600$		$\leqslant400$		$\leqslant350$

38.3.4.4 机制玻镁复合风管的制作

1. 材料准备

（1）强度结构层、夹心层应粘合牢固，无分层现象。

（2）机制玻镁复合板风管采用无碱或中碱玻璃纤维网格布时，应符合现行行业标准《菱镁制品用玻璃纤维布》WB/T 1036 的规定；镁水泥中的氧化镁应符合现行行业标准《菱镁制品用轻烧氧化镁》WB/T 1019 的规定。

（3）机制玻镁复合板风管按其分类风管参数应符合表 38-61 的规定。

机制玻镁复合板风管物理性能参数　　　表 38-61

风管分类	节能（或低温节能）、洁净、普通隔热型	排烟型	防火、耐火型
表面强度结构层厚度（mm）	$\geqslant2$		
EPS 隔热材料密度（kg/m³）	$\geqslant18$	—	
玻璃纤维布总层数	$\geqslant2$ 层		

续表

风管分类	节能（或低温节能）、洁净、普通隔热型	排烟型	防火、耐火型
燃烧性能	不低于 B1 级	A 级	
风管板面密度（kg/m²）	≤9	≤11	18~25
抗折荷载（N）	≥1200	≥1200	≥1500
软化系数（%）	浸水时间大于或等于 2d，软化系数大于或等于 85		

2. 放样下料

机制玻镁复合风管应根据设计要求和拼接方式进行放样，板材切割线应平直，切割面和板面应垂直，切割后的风管板对角线长度的允许偏差为 5mm；切割风管侧板时，应同时切割出组合用的阶梯线，并切除阶梯线外夹芯层，切割深度不应触及板材外覆面层，如图 38-29 所示。

3. 风管制作

（1）直风管可由四块板粘结而成，如图 38-30 所示，变径风管的制作方法与直风管相同，长度不应小于两端面边长之差。

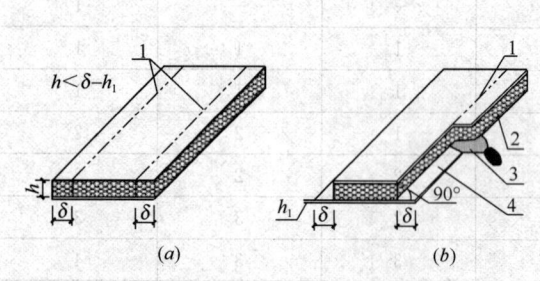

图 38-29 风管侧板阶梯线切割示意图
(a) 板材阶梯线切割示意图；(b) 用刮刀切至尺寸示意图
δ—风管板厚；h—切割深度；h_1—覆面层厚度；
1—阶梯线；2—待去除夹芯层；3—刮刀；
4—风管板外履面层

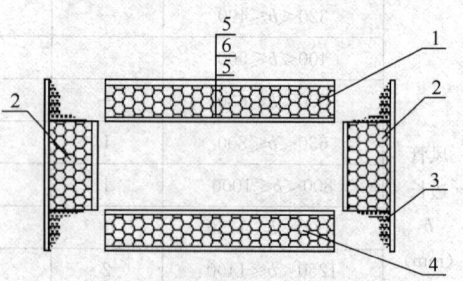

图 38-30 机制玻镁复合板矩形风管组装示意图
1—风管顶板；2—风管侧板；3—涂专用胶粘剂处；
4—风管底板；5—履面层；6—夹芯层

（2）边长大于 2260mm 的风管可采用板材对接粘结的方式制作，如图 38-31 所示，接缝的两侧应分别粘贴 3~4 层宽度不小于 50mm 的玻璃纤维布增强，粘贴前应采用砂纸打磨贴面，清除粉尘，粘贴牢固。

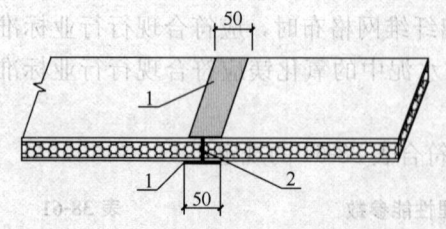

图 38-31 复合板拼接方法示意图
1—玻璃纤维布；2—风管对接处

（3）胶粘剂应按产品技术文件的要求进行配置。

（4）风管组合粘结成型时风管端口应制作成错位接口形式，风管组装顺序依次为图 3-32(a)、图 3-32(b)、图 3-32(c)，对口纵向粘结侧板时应与上下面板错位不少于 100mm。

（5）风管组装完成后，应在组合好的风管两端扣上角钢制成的 Π 型箍，Π 型箍的内边尺寸应比风管长边尺寸大 3~5mm，高度应与风管短边尺寸相同。然后用捆扎带对风管进行捆扎，捆扎间距不应大于 700mm，捆扎带离

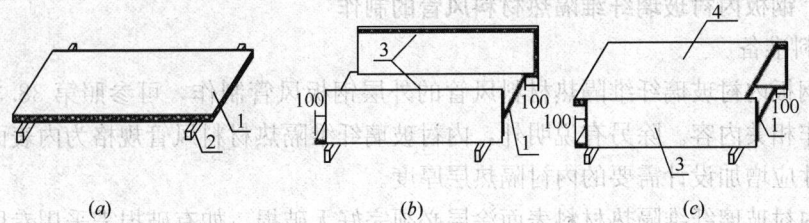

图 38-32　风管组装示意图
(a) 风管底板放于组装垫块上；(b) 安装风管侧板；(c) 安装顶板
1—底板；2—垫块；3—侧板；4—顶板

风管两端短板的距离应小于 50mm，如图 38-33 所示。风管捆扎后，应保持风管四角平直，其端口对角线的允许偏差应符合现行行业标准《通风管道技术规程》JGJ/T 141 的规定，并及时清除管内外壁挤出的余胶，填充空隙。

4. 风管加固

(1) 矩形风管的加固宜采用直径大于或等于 10mm 的镀锌丝杆做内支撑，支撑件穿过管壁处应进行密封处理，如图 38-34 所示；负压风管高度大于 800mm 时，内支撑应采用大于或等于 φ15 的镀锌钢管。

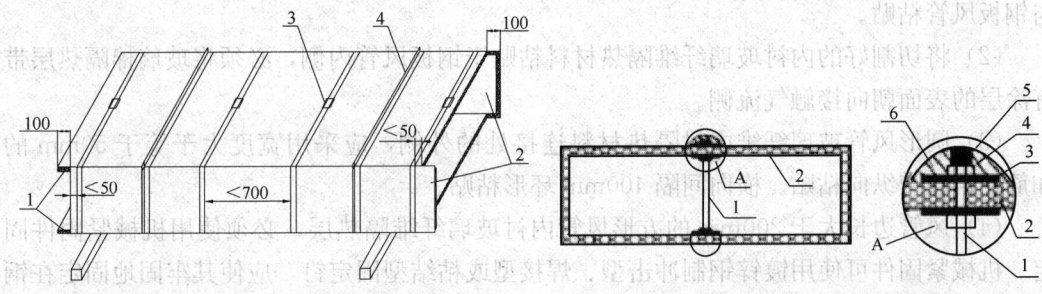

图 38-33　风管捆扎示意图　　　图 38-34　隔热风管内支撑加固示意图
1—风管上下板；2—风管侧面板；　　1—镀锌螺杆；2—风管；3—镀锌垫圈；4—紧固螺母；
3—扎带紧固；4—Ⅱ形箍　　　　　　5—隔热罩；6—填塞隔热材料

(2) 风管内支撑横向加固数量应符合表 38-62 的规定，风管加固的纵向间距应小于或等于 1300mm；距风机 5m 内的风管，在系统工作压力的基础上增加 500Pa，对照表 38-62 的规定计算内支撑数量。

风管内支撑横向加固数量　　　　　　　　　表 38-62

风管长边尺寸 b (mm)	系统设计工作压力（Pa）											
	微、低压系统 $P \leqslant 500$				中压系统 $500 < P \leqslant 1500$				高压系统 $1500 < P \leqslant 2500$			
	复合板厚度（mm）				复合板厚度（mm）				复合板厚度（mm）			
	18	25	31	43	18	25	31	43	18	25	31	43
$1250 \leqslant b < 1600$	1	—	—	—	1	—	—	—	1	1	—	—
$1600 \leqslant b < 2000$	1	1	1	1	2	1	1	1	2	2	1	1
$2000 \leqslant b < 2500$	2	2	1	1	2	2	2	1	3	2	2	2
$2500 \leqslant b$	按设计要求											

38.3.4.5 钢板内衬玻璃纤维隔热材料风管的制作

1. 材料准备

(1) 钢板内衬玻璃纤维隔热材料风管的外层钢板风管制作，可参照第38.3.2.2节钢板风管制作相关内容。除另有说明外，内衬玻璃纤维隔热材料风管规格为内表面尺寸，风管外部尺寸应增加设计需要的内衬隔热层厚度。

(2) 内衬玻璃纤维隔热材料表面涂层必须完好无破损，如有破损需采用专用胶粘剂进行修补。

(3) 胶粘剂应满足粘贴性能并符合环保要求。

2. 放样下料

(1) 内衬玻璃纤维隔热材料的切割应采用专用刀具或其他适合的尖锐刀具手工切割或电脑放样水刀切割。

(2) 圆形风管直管段内衬玻璃纤维隔热层制作必须使用专用开槽机具，以保证槽间距均匀、刀口整齐。

3. 风管制作

(1) 在制作好的钢板风管内侧涂刷胶粘剂，胶粘剂可采用辊涂、喷涂或刷涂，涂刷面积不应小于90%，圆形风管内衬隔热层两端的外表面至少涂抹80mm宽的胶粘剂，利于与钢板风管粘贴。

(2) 将切割好的内衬玻璃纤维隔热材料粘贴于钢板风管内侧，必须将玻璃棉隔热层带有涂层的表面朝向接触气流侧。

(3) 圆形风管玻璃纤维内衬隔热材料连接处的外侧，应采用宽度大于等于50mm的加筋铝箔胶带纵向粘贴、横向间隔400mm环形粘贴。

(4) 风管边长大于200mm的方形风管内衬玻璃纤维隔热层，必须使用机械紧固件固定。机械紧固件可使用镀锌钢制冲击型、焊接型或粘结型固定钉，应使其牢固地固定在钢板上。

(5) 金属紧固钉直径不应小于1.5mm、非金属紧固钉直径不应小于5mm，紧固件头或垫圈直径不应小于25mm，厚度不应小于0.25mm，并应当使用杯形或斜面形紧固钉。安装后，被压缩的内衬隔热层厚度不应超过3mm。

(6) 机械紧固件在风管内部应按照气流方向、气流速度合理布置。紧固件间距不应大于表38-63的规定。

内衬隔热风管管内风速与紧固件间距　　　　表38-63

间距情况	风速 (m/s)	
	≤12	>12
纵向靠边第一列距内衬隔热层折角	100mm	100mm
横向靠端头第一排距内衬隔热层横向端头	75mm	75mm
纵向每列间距	300mm	150mm
横向每排间距	450mm	400mm

注：排——沿气流横向；列——沿气流方向。

(7) 圆形风管玻璃纤维内衬隔热层不宜使用机械紧固件固定。当需使用时,紧固件头或垫圈不能压缩玻璃纤维内衬隔热层。

(8) 将上述涂胶、贴棉及机械紧固三个步骤增加至钢板风管全自动生产流水线中,可实现钢板内衬玻璃纤维隔热材料风管一体成型。

38.3.5 柔性风管的制作

柔性风管制作要求如下:

(1) 风管直径小于等于 250mm 时,板材厚度应大于等于 0.09mm;直径在 250~500mm 时,板材厚度应大于等于 0.12mm;直径大于 500mm 时板材厚度应大于等于 0.2mm。

(2) 铝箔聚酯膜复合柔性风管的壁厚应大于或等于 0.021mm,钢丝表面应有防腐涂层,且符合《胎圈用钢丝》GB/T 14450 规定,钢丝规格见表 38-64。

聚酯膜铝箔复合柔性风管钢丝规格(mm)　　　　　表 38-64

柔性风管直径 D	D≤200	200<D≤400	D>400
钢丝直径	0.96	1.2	1.42

(3) 可伸缩的柔性风管安装后可充分伸展,伸展度宜为 80%~95%。弯曲角度应不大于 90°。

(4) 圆形金属柔性风管直径小于等于 300mm 时,宜用不少于 3 个螺栓圆周上均匀紧固;直径大于 300mm 的风管宜用不少于 5 个螺栓紧固。螺栓距离风管端部应大于 12mm。

(5) 采用角钢法兰连接时,应采用厚度大于等于 0.5mm 的镀锌板与角钢法兰紧固,如图 38-35 所示。

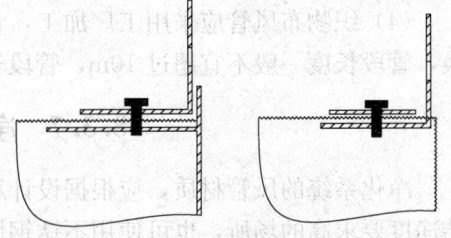

图 38-35　柔性风管角钢法兰连接

(6) 圆形风管宜采用承插连接卡箍紧固,插接长度应大于 50mm。当连接套管直径大于 300mm 时,应在套管端面 10~15mm 处压制环形凸槽,安装卡箍应在套管环形凸槽后面。

38.3.6 织物布风管的制作

织物布风管又称为布风管、布袋风管、布质风管或纤维布风管等,是一种由特殊纤维织成的柔性空气分布系统,其主要作用是替代传统送风管、风阀、散流器等的一种送风系统。

1. 材质性能

织物布风管的材质性能应符合下列规定:

(1) 布面抗拉强度满足中压风管运行压力下布面不懈缝、接缝不撕裂,撕裂强度满足现行国家标准《纺织品　织物撕破性能　第 1 部分:冲击摆锤法撕破强力的测定》GB/T 3917.1 的规定。

（2）健康安全性能达到现行国家标准《国家纺织产品基本安全技术规范》GB 18401规定的指标。

（3）在200Pa测试压力下渗透率符合现行国家标准《纺织品 织物透气性的测定》GB/T 5453规定的10～400mm/s的要求。

（4）风管的抗静电性能应符合现行国家标准《纺织品 静电性能的评定 第4部分：电阻率》GB/T 12703.4的相关规定。

（5）抗凝露性能应符合现行行业标准《非金属及复合风管》JG/T 258的相关规定。

（6）产品规格应以计算规格为准，特殊情况可采用半圆形、90°角扇形、锥形等形状，规格尺寸误差为5mm；其布面厚度不应小于0.23mm，材料密度在90～300g/m² 之间，其制作形式应采用符合设计要求的产品形式及规格。

2. 布料的剪裁与缝制

织物布风管布料的剪裁与缝制应符合下列规定：

（1）织物布风管下料时应采用专用切割机进行裁剪，以保证布料切口处纤维融塑，无毛屑脱落。

（2）风管的接缝应采用顺气流方向，接缝应严密，管内织物布边缘不应出现毛边。

（3）缝纫线应与织物布风管材料选择强度相匹配。

（4）织物布风管应采用工厂加工，直风管应分段进行制作，为了便于拆装、清洗、更换，管段长度一般不宜超过10m，管段长度误差为±10mm。

38.3.7 净化系统风管的制作

净化系统的风管材质，应根据设计和规范的要求选用，一般采用镀锌钢板制作，而对洁净度要求高的场所，也可使用不锈钢风管。

38.3.7.1 净化系统风管材料准备

制作洁净风管本体、部件及配件所使用的板材，及型材的规格、品种和厚度，应符合国家相应规范或设计的要求。在制作前，必须对风管的型材和板件表面进行必要的除锈、清洗和脱脂处理，使风管表面达到清洁光滑的要求。

38.3.7.2 净化系统风管制作

净化系统风管制作工艺流程与一般风管大致相同，但制作的质量要求更加严格。应根据其不同的使用材料情况，不但应符合一般金属或非金属风管的制作规定，还应符合下列规定：

（1）矩形风管底边宽度小于或等于900mm时，底面不应有拼接缝；大于900mm且小于或等于1800mm时，底面拼接缝不得多于1条；大于1800mm且小于或等于2700mm时，底面拼接缝不得多于2条。风管不应有横向拼接缝。

（2）风管所用的螺母、螺栓以及铆钉和垫圈均应使用与风管本体管材性能相匹配，且不产生电化学腐蚀的材料，或采取合理的防腐措施，不得采用抽芯铆钉。

（3）不得在风管内设任何形式的加固框及加固筋，无法兰风管的连接不得使用直角形插条、S形插条或立联合角形插条等。

（4）当空气洁净度等级为N1～N5级时，风管不得采用按扣式咬口连接。

(5) 用于风管清洗的清洁剂不得对人体或风管材质产生危害。

(6) 风管制作、存放及安装的现场应保持清洁,存放风管时应避免受潮和积尘。风管的折边、铆接及咬口缝等处有破损时,应做防腐处理。

(7) 铆钉孔的间距,当洁净度等级为 N1~N5 级时,不得大于 80mm;当洁净度为 N6~N9 级时,不得大于 120mm。

(8) 静压箱本体以及内部高效过滤器的固定件或框架应做相应的防腐处理。

(9) 制作完的风管本体、部件及配件,应进行第二次清洗,清洗完成后应经过检查,满足清洁要求后及时封口,封口后的风管避免粉尘进入。

38.3.7.3 净化系统风管及配件连接

法兰及设备连接处、管道清扫口和检视门等处,应选弹性好、不漏气、强度高的密封材料,为了保证严密性,应尽量减少接头,接头必须按榫形或阶梯形连接(图38-36),并应涂密封胶粘牢。垫料的位置和尺寸应正确;法兰均匀压紧后,衬垫宽度与法兰内壁应平齐。

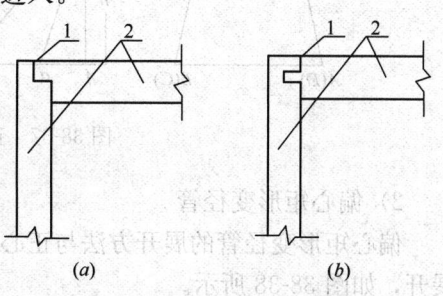

图 38-36 净化风管法兰接头
(a) 阶梯接口;(b) 榫形接口
1—密封胶;2—法兰垫料

38.3.7.4 净化系统风管及配件清洗与密封

清洗以去尘、脱脂、脱去板材本体的油污为主要目的,采用丝光毛巾或半干丝绸布揩擦方式,用于风管本体的清洗液一般采用工业酒精,清洗达到要求后应及时封口。

洁净风管的内部铆钉、咬缝、法兰的翻边四角应密封,所采用的密封胶宜为氯丁橡胶、异丁基橡胶、变性硅胶等。在密封时应注意均匀性和连续性,并充分压实,铆钉处应做到内外密封,不得出现密封胶断裂、虚粘、漏涂的现象,余胶应擦拭干净。

38.3.7.5 净化系统风管加固

对于风管的加固要求,洁净系统的风管与一般风管相同。为了保证净化系统内部不积灰尘、冷凝水及其他杂物,同时保证风管内部流体流动的均匀,净化风管系统只允许采用外加固。

38.3.8 风管配件的制作

风管配件包括变径管、弯头、三通、异径管及来回弯管等,配件的材质、规格应与风管相同,配件制作规定、连接方法及质量要求应与匹配风管制作规定相同。

38.3.8.1 变径管的加工

变径管是用来连接不同断面(圆形或矩形)的风管,以及风管尺寸变更的配件。如设计图纸无明确规定时,变径管的扩张角一般应在 25°~30°之间,具体长度可按现场条件及安装需求而定。按形状可分为矩形变径管(矩形大小头)、圆形变径管(圆形大小头)和矩形变圆形变径管(天方地圆)。

1. 金属变径管加工

(1) 金属矩形变径管

矩形变径管用于连接两种不同规格的矩形风管,有正心矩形和偏心矩形变径管两种

1) 正心矩形变径管

正心矩形变径管的展开，根据已知大口管边尺寸、小口管边尺寸和变径管高度尺寸，画出主视图和俯视图，求出侧面边线实长，再展开，如果变径管尺寸较小，可连续展开，边线折方，如图 38-37 所示。

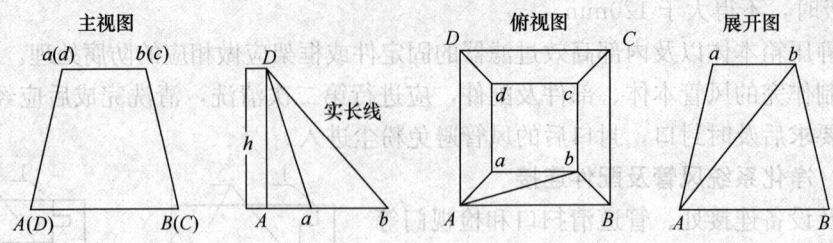

图 38-37　正心矩形变径管的展开图

2) 偏心矩形变径管

偏心矩形变径管的展开方法与正心矩形变径管的展开相同，用三角形法求出实长，再展开，如图 38-38 所示。

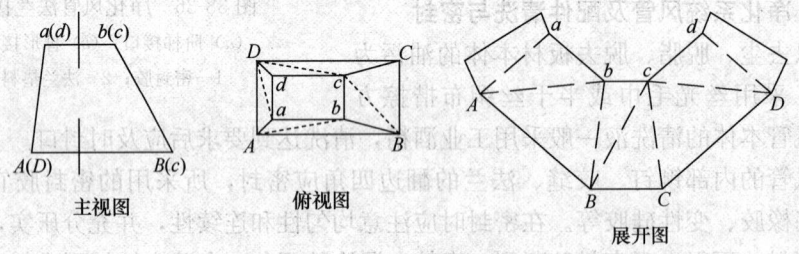

图 38-38　偏心矩形变径管的展开

(2) 金属圆形变径管

圆形变径管用于连接两种不同管径圆形风管，可分为正心变径管和偏心变径管，正心变径管又分为可得到顶点的和不易得到顶点的两种。

1) 易得到顶点正心变径管

可得到顶点正心变径管的展开，可用放射线法画出，画法如图 38-39 所示。

2) 不易得到顶点正心变径管

不易得到顶点正心变径管大小口直径相差比较小，不能用放射线法展开，一般采用近似画法展开，画法如图 38-40 所示。

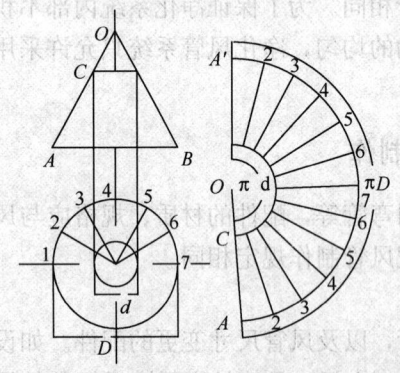

图 38-39　正心变径管的展开

3) 偏心圆形变径管

偏心圆形变径管的展开可用三角形法展开，其画法如图 38-41 所示。根据大口直径 D 和小口直径 d 及偏心距和高度 h，先划出主视图和俯视图，然后按三角形法进行展开。

(3) 金属矩形变圆形变径管（天圆地方）

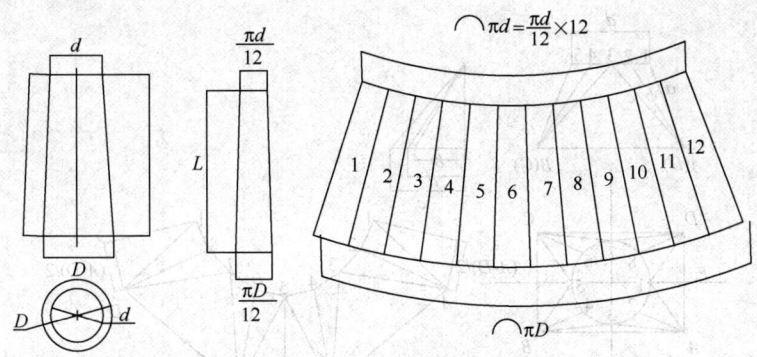

图 38-40 不易得到顶点正心变径管的展开

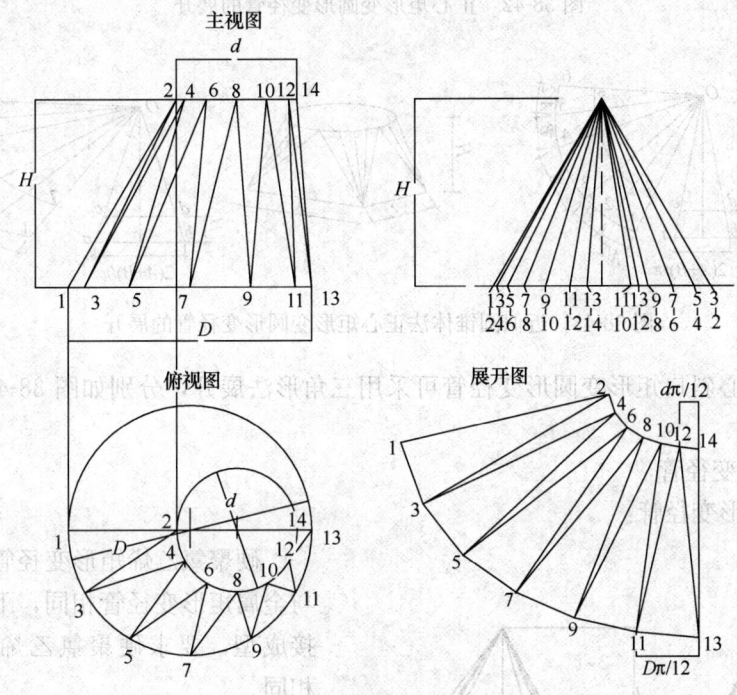

图 38-41 偏心圆形变径管的展开

矩形变圆形变径管用于风管与风机、空调机、空气加热器等设备的连接，以及矩形圆形断面互换部位的连接。分为正心和偏心两种。

1) 正心矩形变圆形变径管

正心矩形变圆形变径管采用三角形法展开，根据已知的圆管直径 D，矩形风管边长 A-B、B-C 和高度 h，划出主视图和俯视图，并将圆形管口等分编号，再用三角形法划展开图，如图 38-42 所示。

正心矩形变圆形变径管采用近似圆锥体法展开，如图 38-43 所示，此方法比较简便，圆口和方口尺寸正确，但是高度比规定高度稍小，加工制作时可在加长法兰的短直管上进行修正。

2) 偏心矩形变圆形变径管

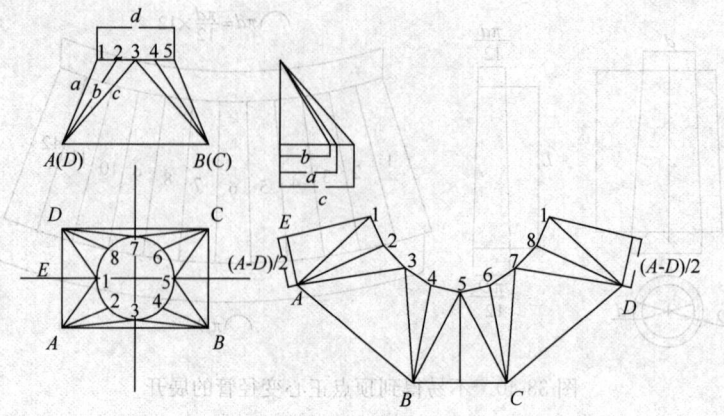

图 38-42 正心矩形变圆形变径管的展开

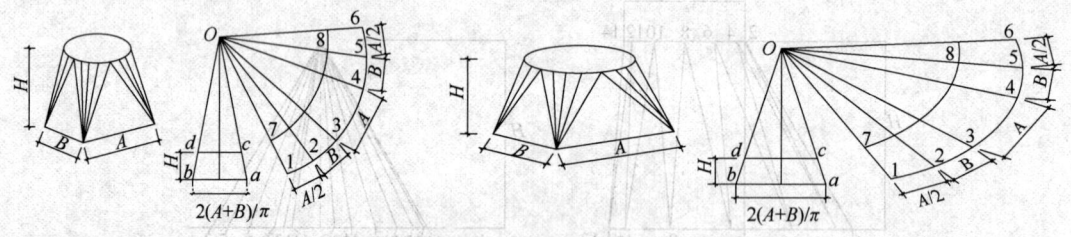

图 38-43 近似圆锥体法正心矩形变圆形变径管的展开

偏心和偏心斜口矩形变圆形变径管可采用三角形法展开,分别如图 38-44 和图 38-45 所示。

2. 非金属变径管

非金属矩形变径管:

硬聚氯乙烯矩形变径管的展开方法与金属矩形变径管相同,下料后坡口焊接成型,要求硬聚氯乙烯与矩形风管相同。

3. 复合材料风管变径管

(1) 酚醛或聚氨酯复合风管矩形变径管

酚醛或聚氨酯复合风管矩形变径管由四块板组成,展开时应首先按设计尺寸,放样切割出侧板,然后量出侧板边长,侧板边长为盖板长边,画出切断线、45°斜坡线、压弯线和 V 形槽线,如图 38-46 所示。用专用切割刀切断,压弯线采用机械压弯,轧压深度不宜超过 5mm。粘结质量规定与风管相同。

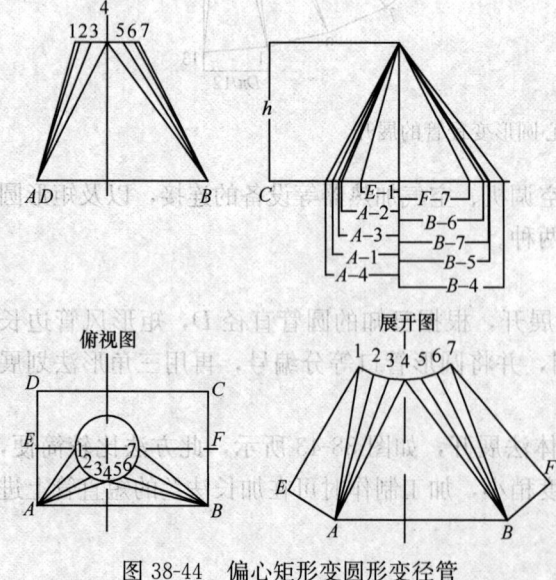

图 38-44 偏心矩形变圆形变径管

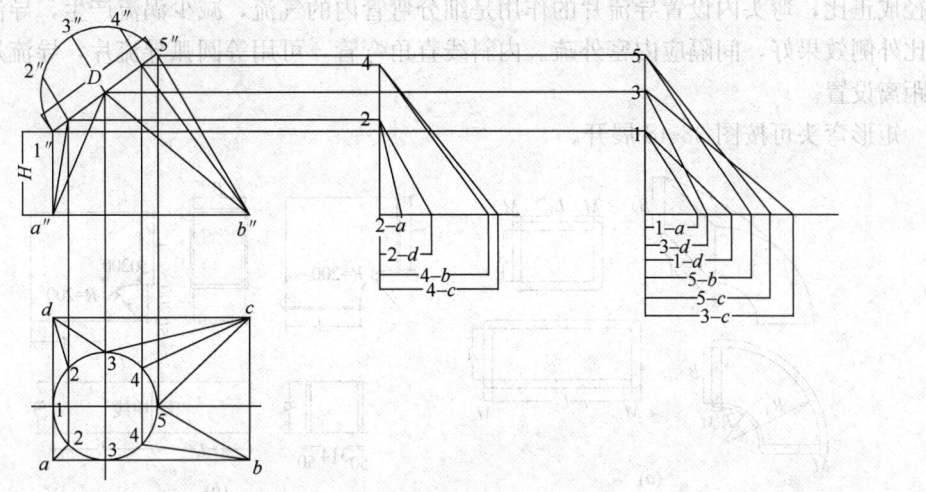

图 38-45 偏心斜口矩形变圆形变径管

(2) 玻璃纤维复合板矩形变径管

玻璃纤维复合矩形变径管展开方法与酚醛或聚氨酯复合风管矩形变径管相同,玻璃纤维复合矩形变径管组合成型方法和质量要求与玻璃纤维复合风管相同。

38.3.8.2 弯头的加工

弯头是用来改变风管内气流流动方向的配件,按材质同样可分为金属弯头、非金属弯头和复合材料弯头,按截面可分为矩形弯头和圆形弯头。为保证通风畅通、减少阻力和结构连接的强度及稳定,弯头放样下料时应首先确定合理的弯曲半径。

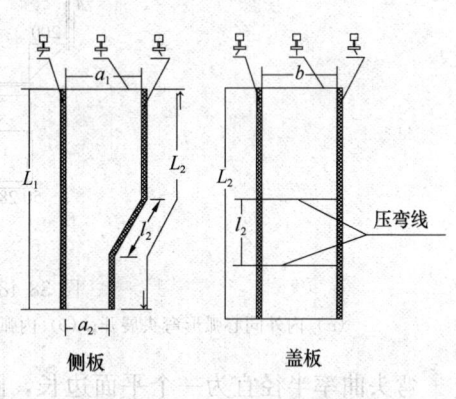

图 38-46 矩形变径管放样图

1. 金属弯头

(1) 金属矩形弯头

矩形弯头成型如果采用咬口连接,弯头放样下料应根据咬口的形式确定所需的加工余量。采用翻边方式与法兰连接,下料应留出短直管段和翻边量,短直管段用于装配调节法兰角度,留量等于法兰宽度,翻边量为 10mm。

矩形弯头中心合理的弯曲半径 R 与边长 a 关系,一般为 $R=1.5a$。矩形弯头如图 38-47 所示。

矩形弯头内的气流容易产生湍流,为了使气流平稳,减少噪声,矩形弯头内应设置导流片。矩形弯头以同心弧形弯头风阻最小,宜优先采用。风阻与弯头的曲率

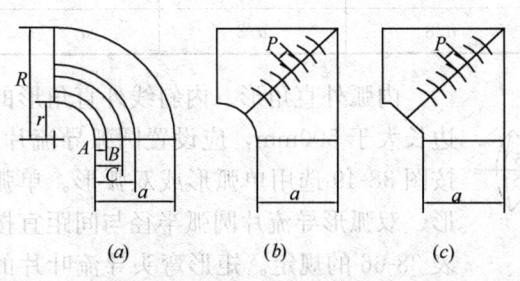

图 38-47 矩形弯头示意图

(a) 同心弧形;(b) 内弧外直角形;(c) 内斜线外直角形

半径成正比,弯头内设置导流片的作用是细分弯管内的气流,减少涡流产生,导流片在内侧比外侧效果好,间隔应内密外疏。内斜线直角弯管,可用等圆弧导流片,导流片多时须等距离设置。

矩形弯头可按图38-48展开。

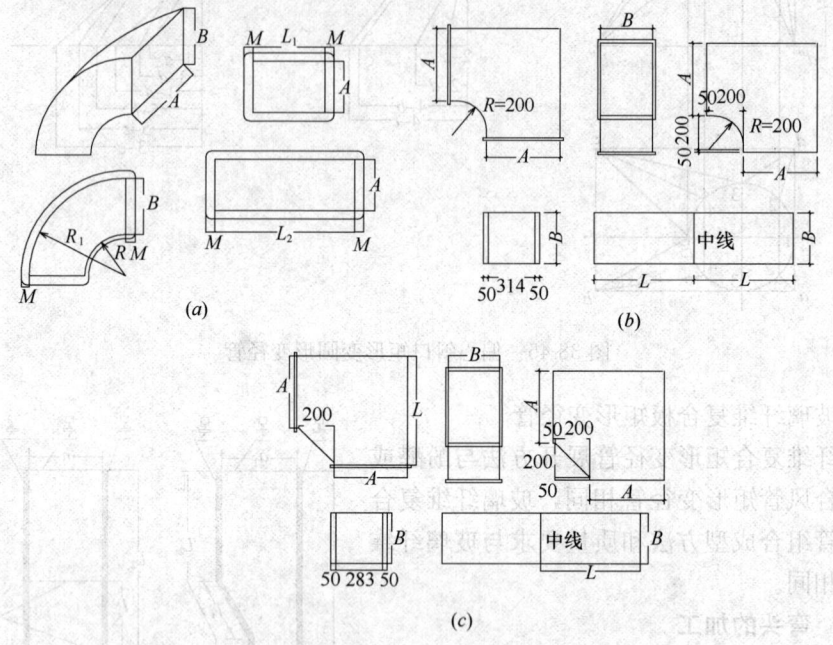

图38-48 矩形弯头展开图

(a) 内外同心弧形弯头展开;(b) 内弧外直角形弯头展开;(c) 内斜线外直角形弯头展开

弯头曲率半径宜为一个平面边长,圆弧应均匀。当内外弧形矩形弯头平面边长大于500mm,且内弧半径r与弯管平面边长a之比(r/a)小于或等于0.25时应设置导流片。导流片弧度应与弯管角度相等,片数应按表38-65及图38-49(a)的规定。

内外弧形矩形弯头导流片位置　　　　　　　　　　表38-65

弯管平面边长 a (mm)	导流片数	导流片位置		
		A	B	C
$500 < a \leqslant 1000$	1	$a/3$	—	—
$1000 < a \leqslant 1500$	2	$a/4$	$a/2$	—
$a > 1500$	3	$a/8$	$a/3$	$a/2$

内弧外直角形、内斜线外直角形的边长大于500mm,应设置圆弧导流片。按图38-49选用单弧形或双弧形。单弧形、双弧形导流片圆弧半径与间距宜按表38-66的规定。矩形弯头导流叶片的迎风侧边缘应圆滑,固定应牢固,导流

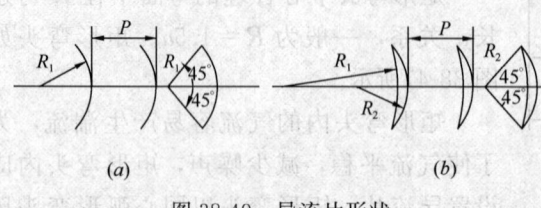

图38-49 导流片形状

(a) 单弧形;(b) 双弧形

叶片长度超过1250mm时,应有加强措施。

单弧形或双弧形导流片的圆弧半径及间距　　　　表38-66

单圆弧导流片 (镀锌板厚度宜为0.8mm)		双圆弧导流片 (镀锌板厚度宜为0.6mm)	
$R_1=50$ $P=38$	$R_1=115$ $P=83$	$R_1=50$ $R_2=25$ $P=54$	$R_1=115$ $R_2=51$ $P=83$

(2) 金属圆形弯头

金属圆形弯头根据弯曲角度,由若干个带有双斜口的中节和两个带有单斜口的端节组合而成。弯头角度有90°、60°、45°、30°四种,弯头的节数根据管径确定,弯头曲率与弯头直径关系为半径$R=1D\sim1.5D$。弯头曲率半径(以中心线计)和最小分节数应符合表38-67的规定。弯头的弯曲角度允许偏差应不大于3°。

圆形弯头曲率半径和最少节数　　　　表38-67

弯头直径D (mm)	曲率半径R (mm)	弯头角度和最少节数							
		90°		60°		45°		30°	
		中节	端节	中节	端节	中节	端节	中节	端节
80<D≤220	≥1.5D	2	2	1	2	1	2	—	2
220<D≤450	1D~1.5D	3	2	2	2	1	2	—	2
450<D≤800	1D~1.5D	4	2	2	2	1	2	1	2
800<D≤1400	1D	5	2	2	2	2	2	1	2
1400<D≤2000	1D	8	2	5	2	2	2	2	2

圆形弯头可按图38-50展开,成型连接、制作和质量规定与矩形弯头要求相同。

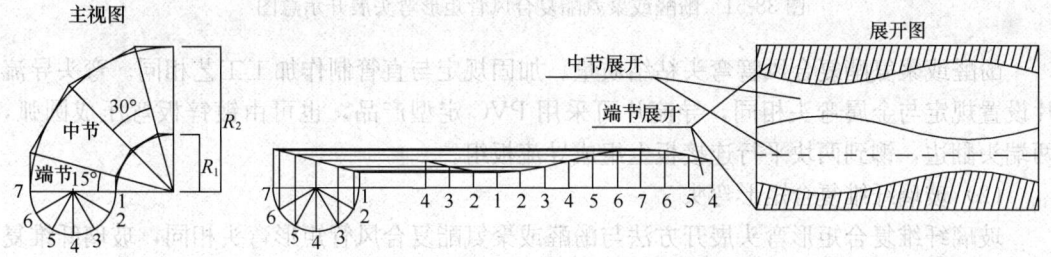

图38-50　圆形弯头展开

2. 非金属弯头

(1) 非金属矩形弯头

硬聚氯乙烯矩形弯头:

硬聚氯乙烯矩形弯头由两块侧面弯板和上下盖板四块板构成,展开方法与金属矩形弯头相同,两侧弧形板的划线应精细,保证弯曲弧度,然后将上下盖板加热后贴在弧形胎模上成型。展开时应保留法兰留量。下料后,为保证表面焊接质量,焊接工艺同直管制作工艺。

(2) 非金属(硬聚氯乙烯)圆形弯头

硬聚氯乙烯圆形弯头有两种制作方法,一种方法是用样板在板材上展开下料,加热后,放在胎膜上压曲成型,待完全冷却后坡口焊接成型。另一种方法是用样板紧贴在已经加工好的圆形直管上,展开划线,沿划线截成弯头的短节,坡口焊接成型。圆形弯头展开时应预留法兰留量。

3. 复合风管弯头

(1) 酚醛或聚氨酯复合风管矩形弯头

酚醛或聚氨酯复合风管矩形弯头由四块板组成。用专用切割刀切断,内外盖板弯曲面采用机械压弯成型,其曲率半径小于150mm时,轧压间距宜为20~35mm;曲率半径为150~300mm时,轧压间距宜在35~50mm之间;曲率半径大于300mm时,轧压间距宜在50~70mm。轧压深度不宜超过5mm,展开如图38-51所示。

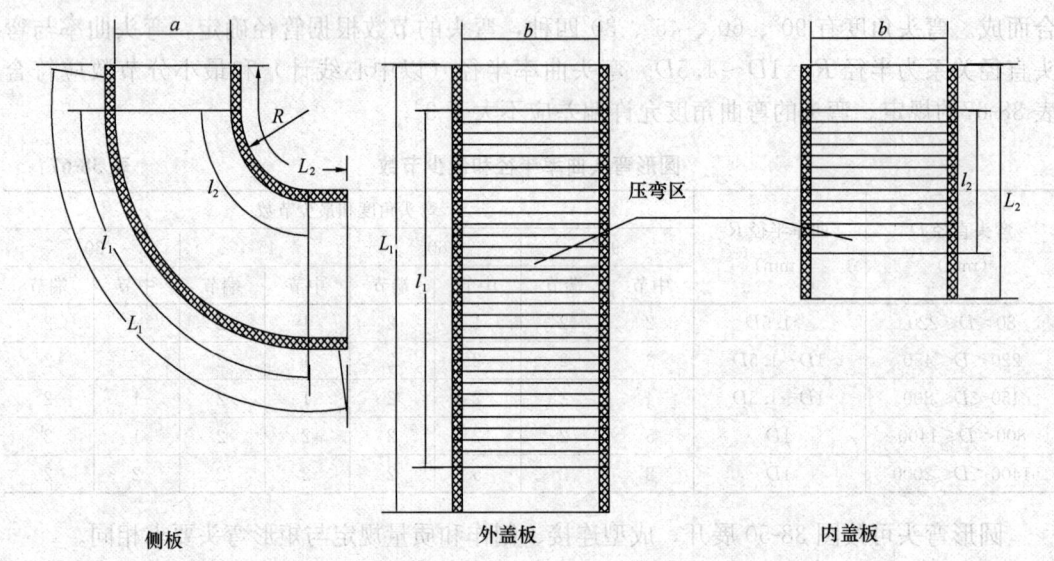

图 38-51 酚醛或聚氨酯复合风管矩形弯头展开示意图

酚醛或聚氨酯复合风管弯头粘结质量、加固规定与直管制作加工工艺相同。弯头导流片设置规定与金属弯头相同,导流片可采用PVC定型产品,也可由镀锌板弯压成圆弧,两端头翻边,铆到两块平行连接板上组成导流板组。

(2) 玻璃纤维复合矩形弯头

玻璃纤维复合矩形弯头展开方法与酚醛或聚氨酯复合风管矩形弯头相同,玻璃纤维复合矩形弯头组合成型方法和质量要求与玻璃纤维复合风管要求相同。

38.3.8.3 三通的加工

三通是用于分流或汇集气流的配件,按截面形状可分为矩形和圆形三通,按干管与支管位置可分为正三通、斜三通、分叉三通及组合三通等。

在加工断面较大的三通时,为不使三通高度过大,应采用较大的交角。保证通风畅通、减少阻力和结构连接的强度及稳定性,通风管道的三通或四通夹角多数采用30°~45°之间,角度偏差应小于3°。

1. 金属三通

(1) 金属矩形三通

金属矩形三通有整体式三通、插管式三通及弯管组合式三通等。

1) 整体式三通

整体式三通有正三通和斜三通，正三通外形构造及展开如图 38-52 所示，斜三通外形构造及展开如图 38-53 所示。

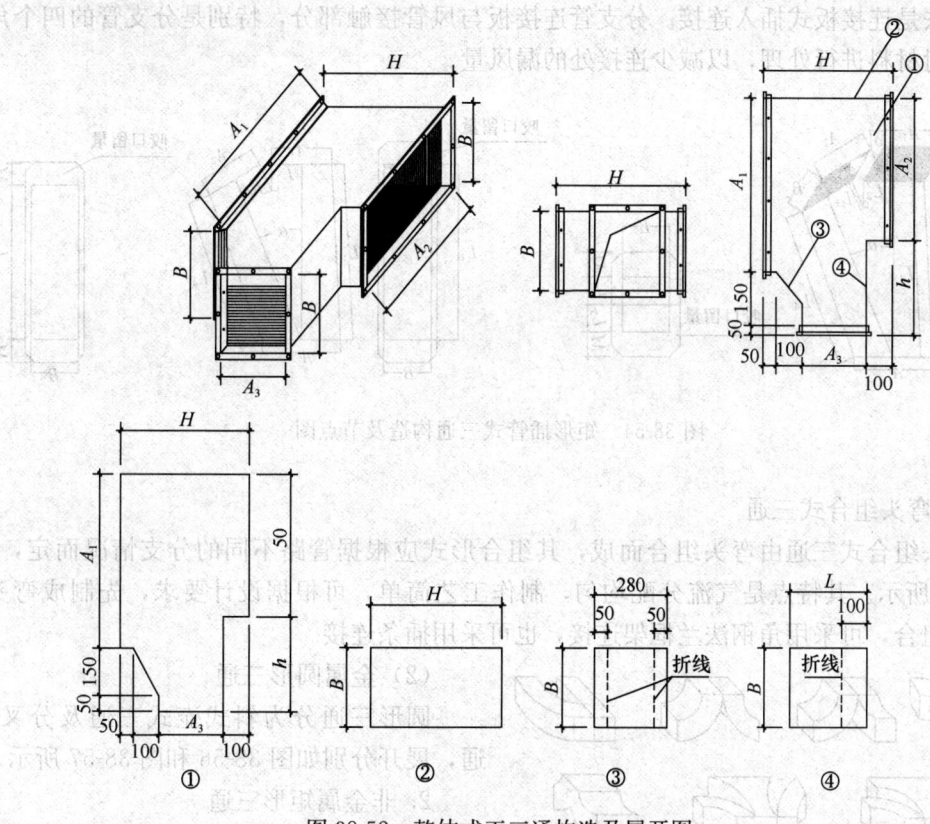

图 38-52 整体式正三通构造及展开图

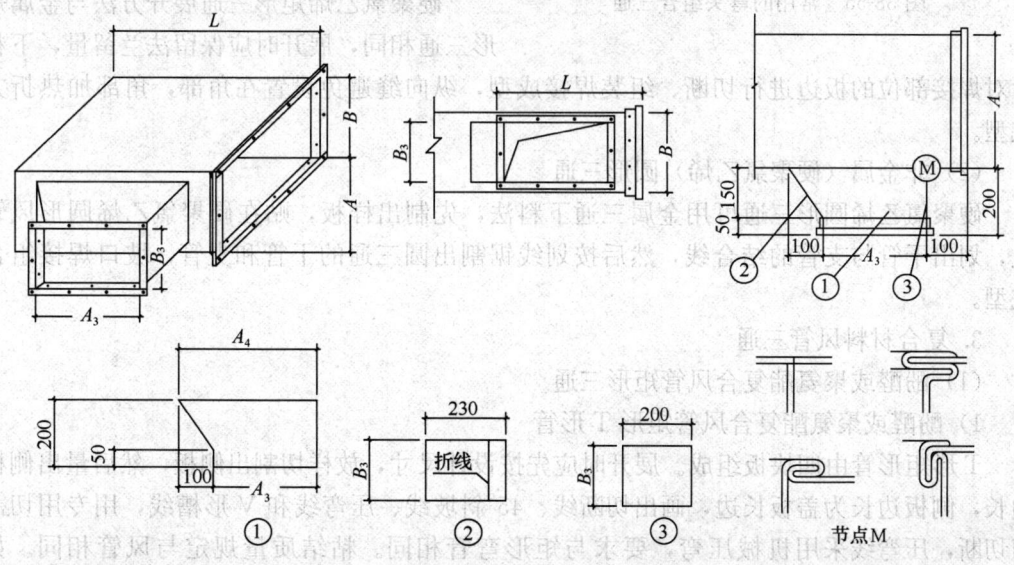

图 38-53 整体式斜三通构造及展开图

2) 插管式三通

插管式三通是在风管的直管段侧面连接一段分支管,其特点是灵活、方便,而且省工省料。风管直管段与分支管有两种连接方法,一种方法是咬口连接,如图38-54所示;另一种方法是连接板式插入连接。分支管连接板与风管接触部分,特别是分支管的四个角,应用密封材料进行处理,以减少连接处的漏风量。

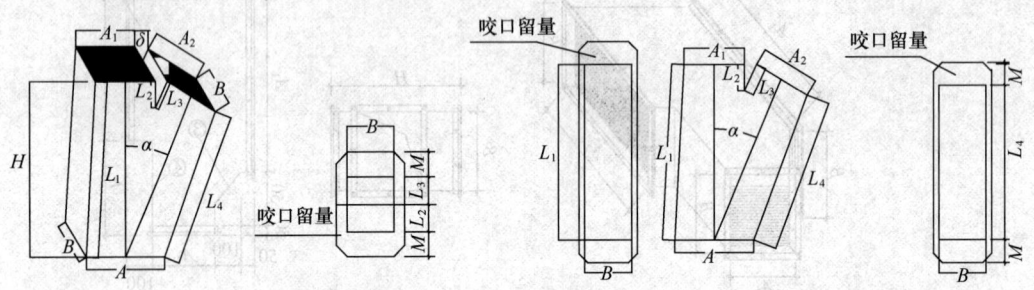

图 38-54 矩形插管式三通构造及节点图

3) 弯头组合式三通

弯头组合式三通由弯头组合而成,其组合形式应根据管路不同的分支情况而定,如图38-55所示。其特点是气流分配均匀,制作工艺简单,可根据设计要求,先制成弯头,再连接组合,可采用角钢法兰框架连接,也可采用插条连接。

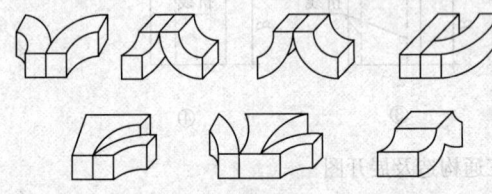

图 38-55 常用的弯头组合三通

(2) 金属圆形三通

圆形三通分为斜式壶式三通及分叉三通,展开分别如图38-56和图38-57所示。

2. 非金属矩形三通

(1) 硬聚氯乙烯矩形三通

硬聚氯乙烯矩形三通展开方法与金属矩形三通相同,展开时应保留法兰留量,下料后对焊接部位的板边进行切断、组装焊接成型,纵向缝避免设置在角部,角部加热折方成型。

(2) 非金属(硬聚氯乙烯)圆形三通

硬聚氯乙烯圆形三通可用金属三通下料法,先制出样板,贴在硬聚氯乙烯圆形风管上,划出干管与支管的结合线,然后按划线锯割出圆三通的干管和支管,坡口焊接组合成型。

3. 复合材料风管三通

(1) 酚醛或聚氨酯复合风管矩形三通

1) 酚醛或聚氨酯复合风管矩形 T 形管

T 形矩形管由四块板组成。展开时应先按设计尺寸,放样切割出侧板,然后量出侧板边长,侧板边长为盖板长边,画出切断线、45°斜坡线、压弯线和 V 形槽线,用专用切割刀切断,压弯线采用机械压弯,要求与矩形弯管相同。粘结质量规定与风管相同。如图38-58所示。

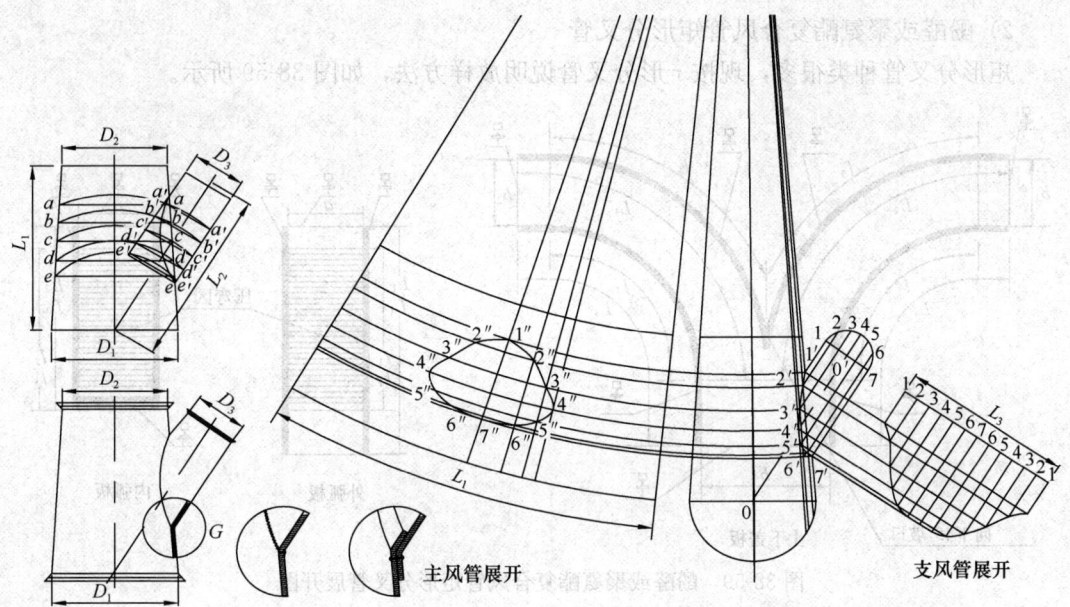

图 38-56　圆形斜壶三通展开图

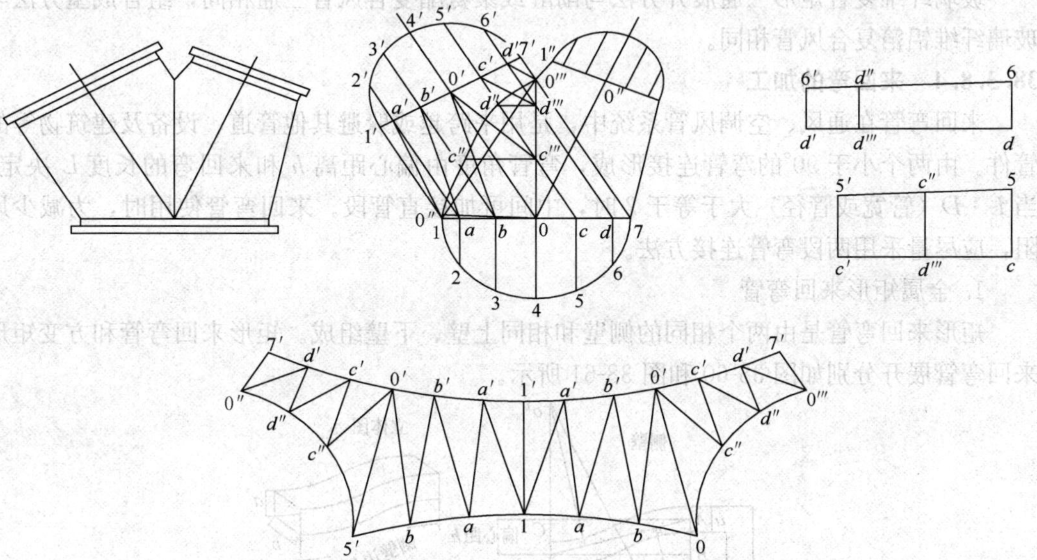

图 38-57　圆形分叉三通展开图

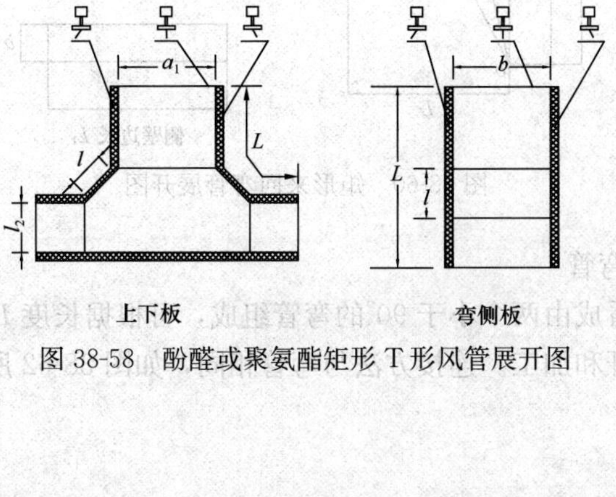

图 38-58　酚醛或聚氨酯矩形 T 形风管展开图

2) 酚醛或聚氨酯复合风管矩形分叉管

矩形分叉管种类很多，现按 r 形分叉管说明放样方法，如图 38-59 所示。

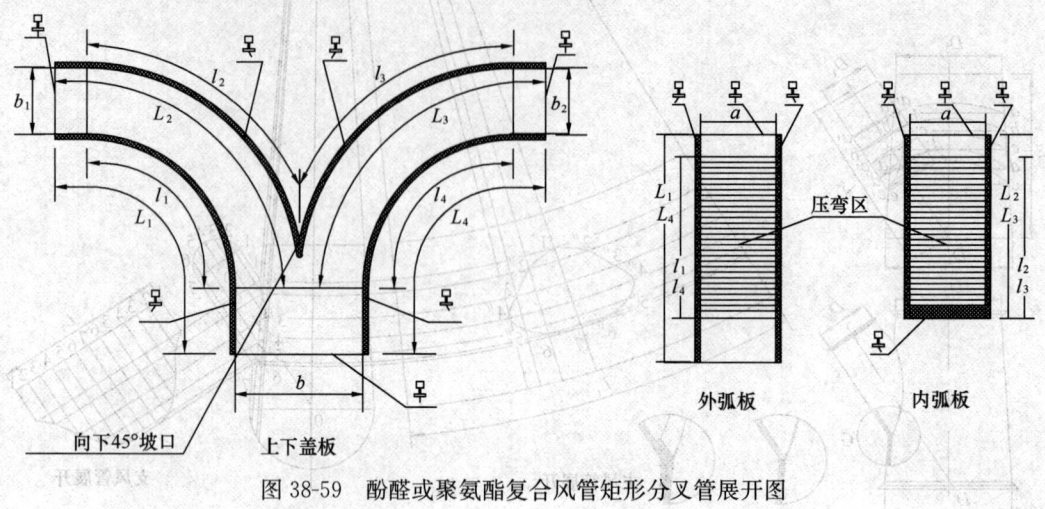

图 38-59　酚醛或聚氨酯复合风管矩形分叉管展开图

（2）玻璃纤维复合板矩形三通

玻璃纤维复合矩形三通展开方法与酚醛或聚氨酯复合风管三通相同，组合成型方法与玻璃纤维铝箔复合风管相同。

38.3.8.4　来回弯的加工

来回弯管在通风、空调风管系统中，是用来跨越或躲避其他管道、设备及建筑物等的管件。由两个小于 90°的弯管连接形成，弯管角度由偏心距离 h 和来回弯的长度 L 决定。当 $L:D$（管宽或管径）大于等于 2 时，中间可加接直管段。来回弯管使用时，为减少风阻，应尽量采用两段弯管连接方法。

1. 金属矩形来回弯管

矩形来回弯管是由两个相同的侧壁和相同上壁、下壁组成。矩形来回弯管和方变矩形来回弯管展开分别如图 38-60 和图 38-61 所示。

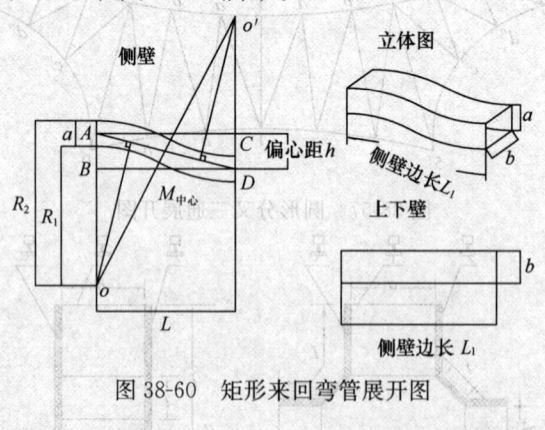

图 38-60　矩形来回弯管展开图

2. 金属圆形来回弯管

圆形来回弯管可看成由两个小于 90°的弯管组成，可根据长度 L 和偏心距 h 将其分解成两个弯管，进行展开和加工。连接方法与弯管相同，如图 38-62 所示。

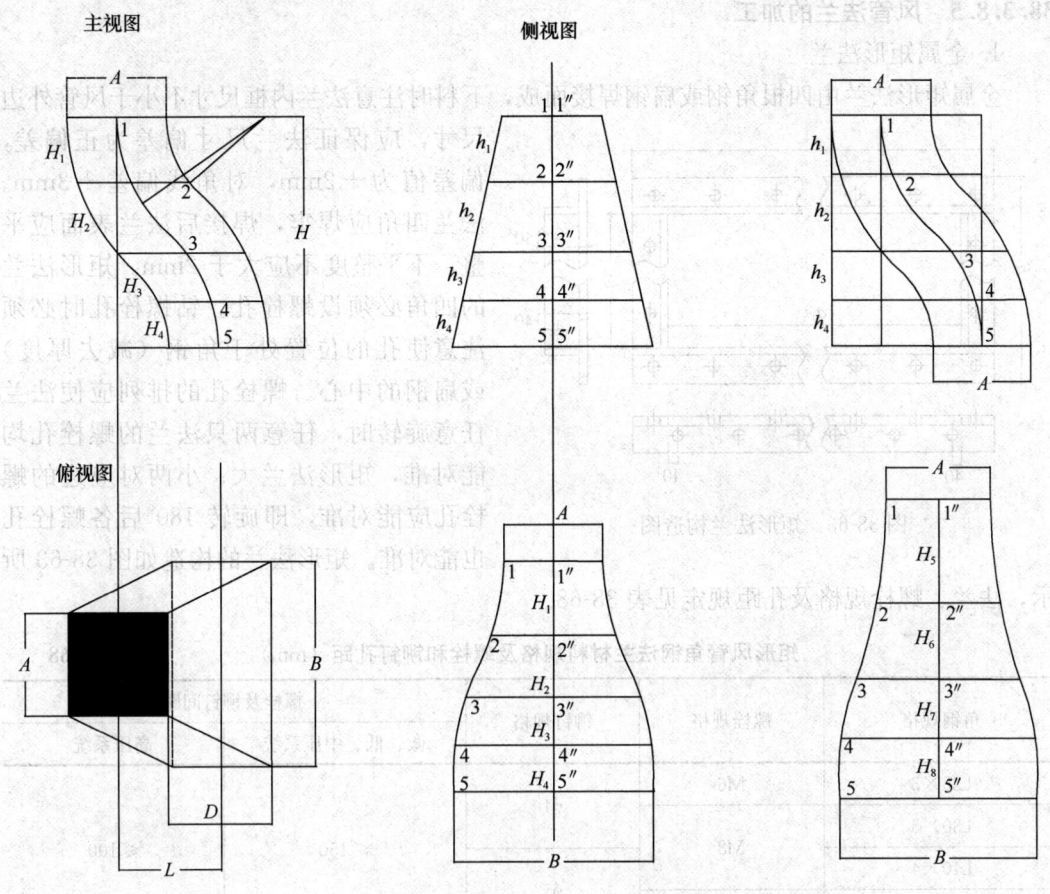

图 38-61 方变矩形来回弯管展开图

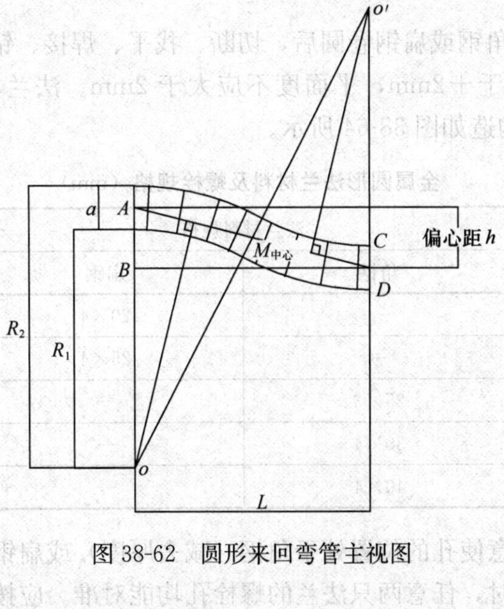

图 38-62 圆形来回弯管主视图

38.3.8.5 风管法兰的加工

1. 金属矩形法兰

金属矩形法兰由四根角钢或扁钢焊接而成，下料时注意法兰内框尺寸不小于风管外边尺寸，应保证法兰尺寸偏差为正偏差，偏差值为+2mm，对角线偏差+3mm。法兰四角应焊牢，焊接后法兰表面应平整，不平整度不应大于2mm。矩形法兰的四角必须设螺栓孔。钻螺栓孔时必须注意使孔的位置处于角钢（减去厚度）或扁钢的中心。螺栓孔的排列应使法兰任意旋转时，任意两只法兰的螺栓孔均能对准，矩形法兰大、小两对应边的螺栓孔应能对准，即旋转180°后各螺栓孔也能对准。矩形法兰的构造如图38-63所示，法兰、螺栓规格及孔距规定见表38-68。

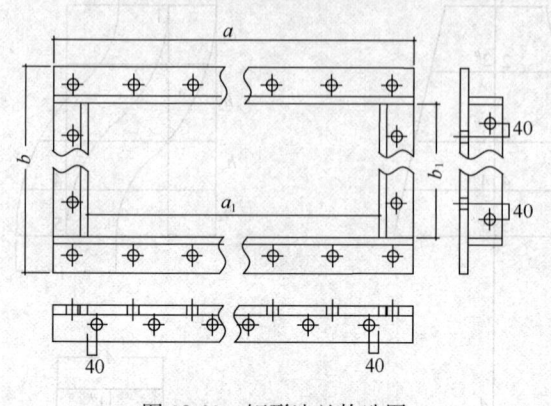

图38-63 矩形法兰构造图

矩形风管角钢法兰材料规格及螺栓和铆钉孔距（mm） 表38-68

角钢规格	螺栓规格	铆钉规格	螺栓及铆钉间距	
			微、低、中压系统	高压系统
L25×3	M6	φ4	≤150	≤100
L30×3	M8			
L40×4		φ5		
L50×5	M8或M10			

2. 金属圆形法兰

金属圆形法兰可用角钢或扁钢卷圆后，切断、找平、焊接、钻孔制成，要求法兰任意两内径尺寸偏差不应大于+2mm，平面度不应大于2mm。法兰材质规格及螺栓规格见表38-69，圆形法兰的构造如图38-64所示。

金属圆形法兰材料及螺栓规格（mm） 表38-69

风管直径 D	法兰材料规格		螺栓规格
	角钢	扁钢	
D≤140	—	20×4	M6
140<D≤280	—	25×4	
280<D≤630	25×3	—	
630<D≤1250	30×4	—	M8
1250<D≤2000	40×4	—	

钻螺栓孔时必须注意使孔的位置处于角钢（减去厚度）或扁钢的中心。螺栓孔的排列应使圆形法兰任意旋转时，任意两只法兰的螺栓孔均能对准。应按表38-70规定的螺栓规格，确定螺栓孔径，孔距应均匀分布。

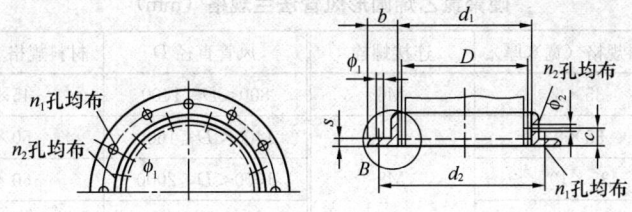

图 38-64　圆形法兰构造图

圆形法兰螺铆尺寸表　　　　　　　　　表 38-70

序号	风管直径 D (mm)	螺孔		铆孔		配用螺栓规格	配用铆钉规格
		ϕ_1 (mm)	n_1 (个)	ϕ_2 (mm)	n_2 (个)		
1	80~90	7.5	4	—	—	M6×20	—
2	100~140		6				
3	150~200		8				
4	210~280		8	4.5	8	M6×20	ϕ4×8
5	300~360		10		10		
6	380~500		12		12		
7	530~600	9.5	14	5.5	14	M8×25	ϕ5×10
8	600~630		16		16		
9	670~700		18		18		
10	750~800		20		20		
11	850~900		22		22		
12	950~1000		24		24		
13	1000~1120		26		26		
14	1180~1250		28		28		
15	1320~140		32		32		
16	1500~1600		36		36		
17	1700~1800		40		40		
18	1900~2000		44		44		

3. 硬聚氯乙烯法兰

硬聚氯乙烯法兰制作的允许偏差和金属法兰相同。焊接要求与风管焊接相同。

硬聚氯乙烯圆形法兰制作，将板材按表 38-71 规定锯成板条，开内圆坡口后加热，加热用胎具揻成圆形，待板材冷却定型后焊接、钻孔。直径较小的圆形法兰，可在车床上车制。硬聚氯乙烯矩形法兰制作，将板材按表 38-72 规定锯成条形，开好坡口组对焊接、钻孔。硬聚氯乙烯法兰螺栓孔的间距不得大于 120mm；矩形风管法兰的四角处应设有螺孔；当系统洁净度的等级为 N1~N5 级时，不应大于 65mm；为 N6~N9 级时，不应大于 100mm。风管与法兰连接除焊接外，还应加焊加固三角支撑，三角支撑的间距为 300~400mm。

硬聚氯乙烯圆形风管法兰规格（mm） 表 38-71

风管直径 D	材料规格（宽×厚）	连接螺栓	风管直径 D	材料规格（宽×厚）	连接螺栓
D≤180	35×6	M6	800<D≤1400	45×12	
180<D≤400	35×8		1400<D≤1600	50×15	M10
400<D≤500	35×10	M8	1600<D≤2000	60×15	
500<D≤800	40×10		D>2000	按设计	

硬聚氯乙烯矩形风管法兰规格（mm） 表 38-72

风管边长 b	材料规格（宽×厚）	连接螺栓	风管边长 b	材料规格（宽×厚）	连接螺栓
D≤160	35×6	M6	800<D≤1250	45×12	
160<D≤400	35×8	M8	1250<D≤1600	50×15	M10
400<D≤500	35×10		1600<D≤2000	60×18	
500<D≤800	40×10	M10	D>2000	按设计	

4. 金属风管无法兰连接

（1）无法兰连接又称为连体法兰连接，是使用薄钢板制作的连接件（薄钢板法兰或共板法兰）连接。

（2）无法兰连接按结构形式，可分为承插、插条、咬合、混合式的连接方式。矩形风管无法兰连接及连接件应符合式表 38-73 的要求，圆形风管无法兰连接及连接件应符合表 38-74 的要求，圆形风管芯管连接应符合表 38-75 的要求。

矩形风管无法兰连接形式 表 38-73

无法兰连接形式		附件板厚（mm）	使用范围
S形插条		≥0.7	低压风管，单独使用连接处必须有固定措施
C形插条		≥0.7	中、低压风管
立插条		≥0.7	中、低压风管
立咬口		≥0.7	中、低压风管
包边立咬口		≥0.7	中、低压风管
薄钢板法兰插条		≥1.0	中、低压风管

续表

无法兰连接形式		附件板厚（mm）	使用范围
薄钢板法兰弹簧夹		≥1.0	中、低压风管
直角形平插条		≥0.7	低压风管
立联合角形插条		≥0.8	低压风管

注：薄钢板法兰风管也可采用铆接法兰条连接。

圆形风管与法兰连接形式　　　　　　　　　　　　　　　表 38-74

无法兰连接形式		附件板厚（mm）	接口要求	使用范围
承插连接		—	插入深度≥30mm，有密封要求	低压风管，直径<700mm
带加强筋承插		—	插入深度≥20mm，有密封要求	中、低压风管
角钢加固承插		—	插入深度≥20mm，有密封要求	中、低压风管
芯管连接		≥管板厚	插入深度≥20mm，有密封要求	中、低压风管
立筋抱箍连接		≥管板厚	翻边与棱筋匹配一致，紧固严密	中、低压风管
抱箍连接		≥管板厚	对口尽量靠近不重叠，抱箍应居中	中、低压风管，宽度≥100mm

圆形风管的芯管连接　　　　　　　　　　　　　　　　表 38-75

风管直径 D (mm)	芯管长度 L (mm)	螺钉或铆钉数量 (个)	外径允许偏差（mm）	
			圆管	芯管
120	120	3×2	—1～0	—4～—3
300	160	4×2		

续表

风管直径 D (mm)	芯管长度 L (mm)	螺钉或铆钉数量 （个）	外径允许偏差（mm）	
			圆管	芯管
400	200	4×2		
700	200	6×2	$-2\sim 0$	$-5\sim -4$
900	200	8×2		
1000	200	8×2		

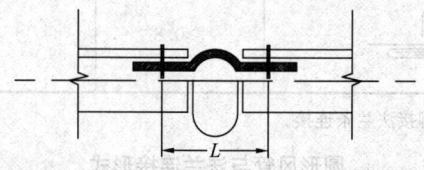

(3) 薄钢板法兰矩形风管的接口及附件，其尺寸应准确，形状应规则，接口处应严密。薄钢板法兰的折边（或法兰条）应平直，弯曲度不应大于5/1000；弹性插条或弹簧夹应与薄钢板法兰相匹配；角件与风管薄钢板法兰四角接口的固定应稳固、紧贴，端面应平整、相连处不应有缝隙大于2mm的连续穿透缝。

(4) 采用C、S形插条连接的矩形风管，其边长不应大于630mm，插条与风管加工插口的宽度应匹配一致，允许偏差为2mm，连接应平整、严密，插条两端压倒长度不应小于20mm。

(5) 采用立咬口、包边立咬口连接的矩形风管，其立筋的高度应大于或等于同规格风管的角钢法兰宽度。同一规格风管的立咬口、包边立咬口的高度应一致，折角应倾角、平直度允许偏差为5/1000，咬口连接铆钉的间距应均匀，间隔不应大于150mm；立咬口四角连接处的铆固，应紧密、无孔洞。

(6) 风管无法兰连接适用于中、低压通风系统，风管直径或边长不大于1000mm的风管连接，使用时应按照规范要求，严格控制每种无法兰接头使用范围，除薄钢板法兰弹簧夹（包括铁皮法兰插条）在安装对接面加密封垫外，其他形式接缝外使用风管专用密封胶密封。

(7) 圆形风管采用芯管连接后铆钉孔或螺钉孔应使用风管专用密封胶密封。

5. 非金属风管无法兰连接

非金属风管无法兰连接可采用粘结、焊接、专用连接件、套管连接及承插连接方式。

(1) 硬聚氯乙烯风管无法兰连接

硬聚氯乙烯圆形风管直径小于或等于200mm，也可采用套管连接、承插连接。采用套管连接时，套管长度宜为150～250mm，其厚度不应小于风管壁厚。采用承插连接时，插口深度宜为40～80mm。粘结处应严密和牢固，如图38-65所示。

(2) 有机玻璃钢风管无法兰连接

有机玻璃钢风管可采用套管连接，应与硬聚氯乙烯风管套管连接相同。

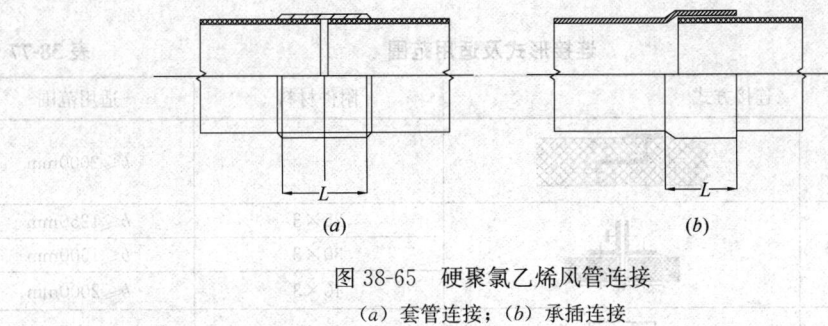

图 38-65 硬聚氯乙烯风管连接
(a) 套管连接；(b) 承插连接

6. 复合材料风管无法兰连接

(1) 酚醛或聚氨酯复合风管无法兰连接

酚醛或聚氨酯复合风管连接可采用 45°角粘结、专用连接件连接。专用连接件形式多样，有硬聚氯乙烯和铝合金两种材质。专用连接件壁厚应大于等于 1.5mm，槽宽大于板材厚度 0.1~0.5mm，专用连接件使用胶粘剂与板材连接，接头处的内边应填密封胶。风管边长大于 630mm，应在风管四角粘贴镀锌板直角垫片加固。低压风管边长大于 2000mm、中高压风管边长大于 1500mm 时，连接件应采用铝合金材料。连接形式及适用范围见表 38-76。

专用连接形式及适用范围　　　　表 38-76

连接方式		附件材料	适用范围
45°角粘结		铝箔胶带	$b \leqslant 500$mm
槽形插件连接		PVC	低压风管 $b \leqslant 2000$mm 中、高压风管 $b \leqslant 1500$mm
工形插件连接		铝合金	$b \leqslant 3000$mm
"H"连接法兰		PVC、铝合金	用于风管与阀部件、设备连接

注：b 为风管内边长。

(2) 玻璃纤维铝箔复合风管无法兰连接

玻璃纤维铝箔复合风管与风管、风管与配件连接可采用榫接，也可采用法兰连接。采用榫接时风管的两端应用专用刀具开出阴榫与阳榫，如图 38-66 所示。

阴榫与阳榫涂满胶粘合，内外表面处理与玻璃纤维铝箔板材拼接相同。采用 PVC 或铝合金法兰连接与酚醛、聚氨酯复合风管相同。连接形式及适用范围

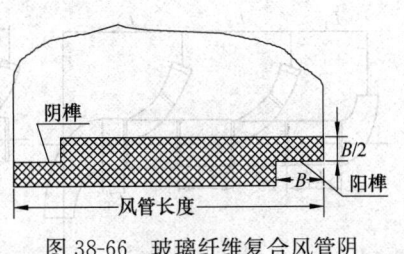

图 38-66 玻璃纤维复合风管阴榫及阳榫尺寸

见表38-77。

连接形式及适用范围　　　　　表38-77

连接方式		附件材料	适用范围
榫接		—	$b \leqslant 2000mm$
外套角钢法兰		25×3	$b \leqslant 1250mm$
		30×3	$b \leqslant 1500mm$
		40×3	$b \leqslant 2000mm$
C形专用连接件		镀锌板≥1.2mm	$b \leqslant 1500mm$
外套槽形连接件		镀锌板≥1.2mm	玻璃纤维复合风管

注：b 为风管内边长。

38.3.9 风管的组配

加工制作好的风管、配件及部件，安装前应根据加工图纸的尺寸进行组配。检查各部分的规格、数量和质量。

38.3.9.1 法兰和风管的连接

法兰与风管采用铆接连接时，铆接应牢固、不应有脱铆和漏铆现象；翻边应平整、紧贴法兰，其宽度应一致，且不应小于6mm，不得过大盖过法兰螺栓孔，应将咬口重叠突出部分铲平；咬缝与四角处不应有开裂与孔洞。

法兰与风管采用焊接连接时，焊缝应熔合良好、饱满，无假焊和孔洞。风管端面不得高于法兰接口平面，端面距法兰接口平面不应小于5mm，法兰平面度的允许偏差为2mm。除尘系统的风管，宜采用内侧满焊、外侧间断焊形式，法兰与风管采用点焊，间距不应大于100mm；法兰与风管应紧贴。

38.3.9.2 弯头和三通的检查

1. 弯头与法兰连接

弯头与法兰连接方式应根据弯头的材质、板厚情况而定，可采用翻边、铆接或焊接方式。连接前，应检查弯头和法兰的质量、口径尺寸，合格后方可进行组装连接。

2. 三通与法兰连接

三通与法兰连接应根据三通的材质、板厚情况，可采用翻边、铆接或焊接方式连接。连接前，应检查三通和法兰的质量、口径尺寸，合格后方可进行组装连接。

38.3.9.3 直管的组配

风管、弯管、三通等配件与法兰连接后，按加工草图将一个系统相邻的三通或弯管临时连接，量出两个三通中心实际距离 L_2' 与加工图要求距离 L_2 之差为直管长

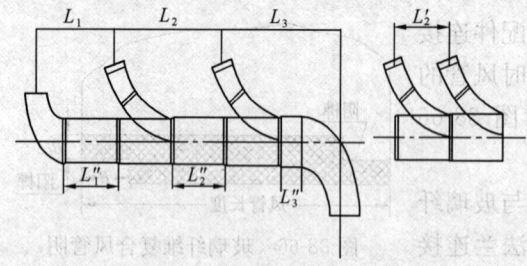

图38-67　风管组配示意图

度 $L_{2'}$（$L_{2''}=L_2-L_{2'}$），如图 38-67 所示。同样求出 $L_{1''}$ 和 $L_{3''}$。得出直管长度后，应按长度加工或修改风管，使其符合要求。

38.4 风管安装

38.4.1 一般要求

风管系统的安装，一般在围护结构施工完成后，安装区域已经清理所有障碍物和杂物的条件下进行。对洁净室内的风管安装，应在安装区域的地面施工已经完成，墙面已抹灰完毕，安装区域有防尘措施且室内没有灰尘的条件下进行。除尘系统的风管安装，一般在厂房内的工艺设备已经安装完或基础已定，设备的罩体及连接管方位已知的条件下进行。安装前检查现场预留孔洞的尺寸和位置是否符合设计图纸的要求，确保无遗漏，一般预留孔洞的尺寸比风管实际截面尺寸每条边大 100mm。一般来说，作业地点应具有相应的辅助设备，如架子、梯子、安全装置、防护设备及消防器材等。

（1）当风管穿过需封闭的防火、防爆的墙体或楼板时，必须设置厚度不小于 1.6mm 的钢制防护套管；风管与防护套管之间应采用不燃柔性材料封堵严密。

（2）风管的安装应符合下列规定：

1）风管在安装前，清除风管内和管外的杂物，做好保护工作和清洁工作；风管内严禁其他管线穿越。

2）风管安装的标高、位置、走向应符合图纸的要求；现场接口配置过程中，不得缩小风管的有效截面。

3）输送含有易燃、易爆气体或安装在易燃、易爆环境的风管系统必须设置可靠的防静电接地装置。

4）输送含有易燃、易爆气体的风管系统通过生活区或其他辅助生产房间时不得设置接口。

5）室外风管系统的拉索等金属固定件严禁与避雷针或避雷网连接。

6）连接法兰的螺栓应均匀拧紧，螺母在同一侧。

7）不锈钢板或铝板风管与碳素钢支架的接触处，应具有隔绝或防腐绝缘措施。

（3）风管的连接必须平直，明装风管如水平安装，其水平度的允许偏差量为 3/1000，且总偏差量应保证不大于 20mm；明装风管如垂直安装，其垂直度的允许偏差量为 2/1000，且保证总偏差量不大于 20mm；暗装风管的位置正确且无明显的偏差；除尘系统的风管，安装时宜垂直或倾斜敷设，当倾斜敷设时，风管与水平的夹角宜大于或等于 45°；受现场条件等因素限制时，现场敷设采用小坡度或水平连接管；对含凝结水，或含其他液体的风管，安装坡度应符合设计要求，并应在最低处设排液装置。

38.4.2 支吊架制作与安装

38.4.2.1 支吊架的制作

（1）支架的悬臂、吊架的吊铁采用槽钢或角钢制成，支架斜撑的材料为角钢，吊杆采用圆钢，抱箍一般用扁钢制作。

(2) 在支吊架制作前,首先应矫正型钢,矫正的方法为热矫正和冷矫正两种;一般冷矫正适合小型的型钢,较大的型钢应加热到900℃左右进行热矫正。

(3) 钢材切断和打孔,不得使用气焊切割;风管的弧度与抱箍的弧度应一致;支架焊缝应饱满,以保证有足够的承载力。

(4) 吊杆所使用的圆钢应根据风管的安装标高适当截取,套丝不过长。

(5) 不锈钢、铝板风管的支架和抱箍,应按设计的要求做好绝缘防腐处理,以避免电化学腐蚀的发生。

(6) 风管支吊架不应设置在风口、阀门、检查门及自控机构处,离风口或插接管的距离不小于200mm。

38.4.2.2 支吊架安装要求

(1) 风管的支架应根据风管重量和现场具体情况,选用扁钢、圆钢或角钢等材料制作,大型风管的支架构件也可用槽钢制成;风管支架制作时,既要节约钢材,又应充分保证支架的强度,防止支架变形。

(2) 风管吊架吊杆的露出部分应不大于30mm,保温风管和长边尺寸大于或等于1250mm的风管吊架,应配备两只螺母。

(3) 金属风管或金属保温风管水平安装时,支吊架的最大间距应符合表38-78的规定;现场安装的水平非金属风管中,支吊架的最大间距应符合表38-79的规定。

金属风管支吊架的最大间距(mm) 表38-78

风管长边或直径尺寸	矩形风管系统支吊架最大距离	圆形风管系统支吊架最大距离	
		纵向咬口风管	螺旋咬口风管
≤400	4000	4000	5000
>400	3000	3000	3750

注:薄钢板法兰、S形插条法兰、C形插条法兰的支吊架间距不大于3000mm。

水平安装非金属风管支吊架最大间距(mm) 表38-79

风管类别	风管长边尺寸					
	$b≤400$	$400<b≤500$	$500<b≤800$	$800<b≤1000$	$1000<b≤1600$	$1600<b≤2000$
	支吊架最大间距					
聚氨酯铝箔复合板风管	≤4000				≤3000	
酚醛铝箔复合板风管		≤2000			≤1500	≤1000
玻璃纤维复合板风管		≤2400		≤2200	≤1800	
玻璃钢风管		≤3000			≤2500	≤2000
硬聚氯乙烯、聚丙烯(PP)风管	≤4000			≤3000		

(4) 支吊架预埋件应牢固可靠,埋入的位置正确,埋入的部分应防腐、除油污、除

锈，并不能涂漆，支吊架的外露部分应做防腐处理。

（5）保温风管的支吊架以及托架，应设置在保温层外部，设置时不能损坏保温层；风管不能直接与支吊架及托架接触，应在两者之间垫坚固的隔热材料，其厚度与保温层相同，以避免产生"冷桥"。

（6）风管始端，空调机组或风机以及其他可能产生振动的设备连接时，设备与风管的接头处应增设支吊架；干管上有较长的支管时，支管上必须相应设置支、吊、托架，以免将支管的重量传递到干管上，从而造成管道的破坏现象。

（7）风管转弯处的两端应加设支架，由于风管穿屋面或穿楼板时，竖风管支架只能起到导向作用，所以风管穿楼板或屋面时应加设固定支架。

（8）靠墙或靠柱的水平风管支架，应选用有支撑或悬臂的支架、或采用托底吊架；直径或边长小于400mm的风管可采用吊架或吊带；靠墙或靠柱安装的垂直风管应采用有斜撑的支架或悬臂托架；穿越楼板且不靠墙柱的风管，可采用抱箍支架固定，室外立管应采用拉索固定。

38.4.2.3 常规支吊架的安装

1. 支吊架固定点的设置

（1）支吊架的预埋件应由专业人员按图纸布置的位置、坐标和间距，牢固地固定在建筑结构上。

（2）墙上的凿孔或预留孔，应根据风管的安装标高，计算得出支架的离地标高（或土建相对地面的标高线），找到安装支架孔洞的正确位置。

（3）当采用胀锚螺栓来固定支吊架时，所使用的膨胀螺栓应符合胀锚螺栓使用的相关规定。胀锚螺栓应安装于强度等级不低于C15的混凝土构件上；至混凝土构件边缘距离不得小于螺栓直径的8倍；当螺栓组合使用时，其间距不小于螺栓直径的10倍。螺栓孔钻孔深度和直径应符合表38-80的规定，成孔后应分别对钻孔深度和直径进行检查。

常用胀锚螺栓的型号及钻孔直径和钻孔深度（mm）　　　　表38-80

胀锚螺栓种类	图示	规格	螺栓总长	钻孔直径	钻孔深度
内螺纹胀锚螺栓		M6	25	8	32~42
		M8	30	10	42~52
		M10	40	12	43~53
		M12	50	15	54~64
单胀管式胀锚螺栓		M8	95	10	65~75
		M10	110	12	75~85
		M12	125	18.5	80~90
双胀管式胀锚螺栓		M12	125	18.5	80~90
		M16	155	23	110~120

（4）采用射钉的方法安装支架时，此方法仅适用于支架承托直径小于800mm的支管上，其安装要求同膨胀螺栓。

（5）使用电锤透孔在建筑楼板上预留埋件时，当确定风管吊杆的位置后，使用电锤在楼板上打一个透孔，并在该孔上端剔一个深20mm、长300mm的槽，将吊杆镶进槽中，最后用水泥砂浆将槽填平。

2. 支架在砖墙上敷设

(1) 支架在砖墙上敷设时，应先按风管安装的部位标高和轴线，检查预留孔洞，支架的外形如图 38-68 所示。

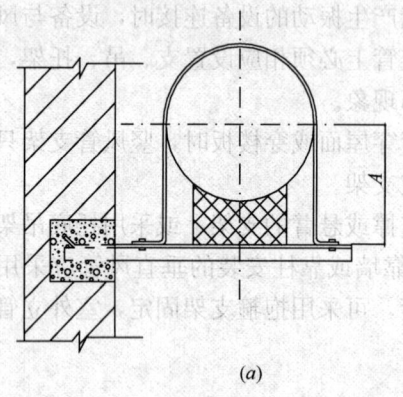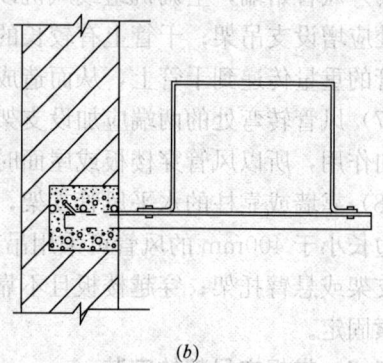

图 38-68　墙上托架
(a) 圆形风管；(b) 矩形风管

(2) 支架安装时，应根据图纸要求确定支架安装的位置和标高。埋入墙内的支架深度不小于 150mm，入墙内端应开脚；如有预留孔洞，应将支架放入孔洞内，位置和标高找正后，对墙洞用水冲洗。冲洗的目的是将洞内尘砂冲干净并充分润湿孔洞，以便水泥砂浆充塞。冲洗墙洞完毕后，用 1∶3 的水泥砂浆进行填塞，在填塞时，可适当填一些浸水碎砖或石块，以便支架固定，砂浆填塞应密实、饱满，充填后洞口凹进 3～5mm，以便墙洞抹灰和装修。

(3) 支架在柱上敷设，当柱子表面埋设钢板时，可将支架的型钢焊接于铁件上；当为预埋螺栓的形式时，可将支架型钢紧固于上面，也可用抱箍将支架夹于柱上。柱上支架安装的形式如图 38-69 所示，如风管较长时，应在柱子上安装支架，这时先安装好两端支架，再以该两端支架的标高为基准，在支架型钢的上表面拉直钢丝，如此便于中间支架标高的确定，以确保风管安装的水平度。当风管太长时，可适当在中间增加几个支架做基准面，以防钢丝下垂造成误差偏大。圆形风管存在变径时，为保证风管水平度，应注意相应的变径尺寸。

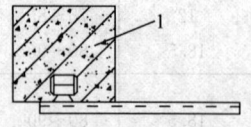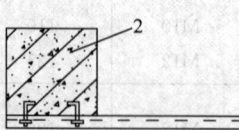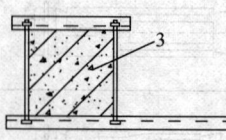

图 38-69　柱上支架安装
1—预埋件；2—预埋螺栓；3—带帽螺栓；4—抱箍

3. 吊架安装

管道敷设在屋面、楼板、梁下或桁架下，并离墙较远时，一般采用吊架固定风管。矩形风管吊架的组成件一般是吊杆和托铁，圆形风管吊架则由抱箍和吊杆组成，如

图 38-70 所示。吊杆较长时，在吊杆中间可装花篮螺栓，以调节各杆段长度，以便套丝和紧固。圆风管的抱箍可按管道直径采用扁钢制成，为便于安装，抱箍设置成两个半边的形式。单杆长度较大时，为防止风管摇晃，应隔两个单吊杆加一个双吊杆。一般使用角钢材料制作风管系统的铁托，当风管较重时，可采用槽钢材料。铁托吊杆的螺孔距离，一般比风管尺寸宽 60mm，如果是保温风管，则比风管宽 200mm，一般使用双吊杆进行固定。为便于风管标高的调节，吊杆可进行分节，且在端部套上长 50~60mm 的丝扣。

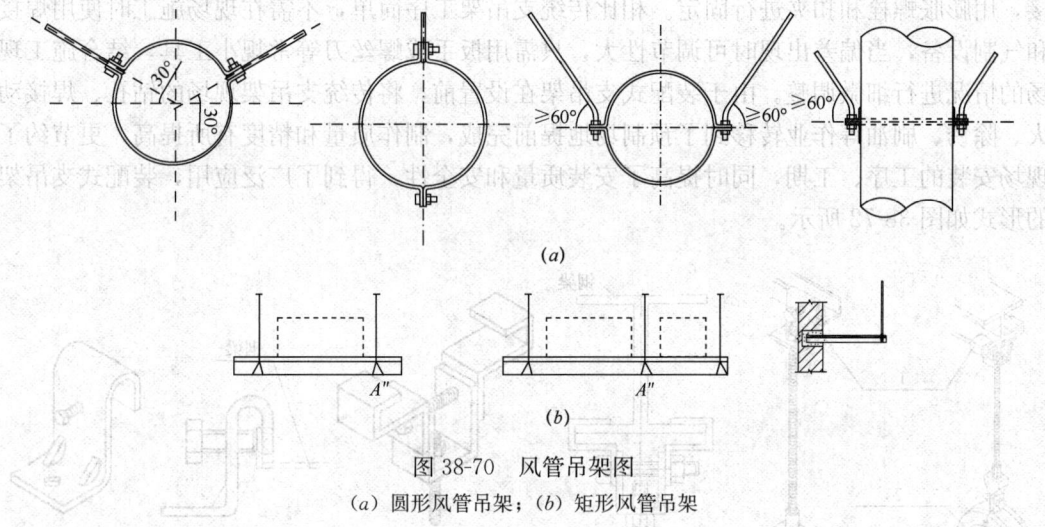

图 38-70 风管吊架图
(a) 圆形风管吊架；(b) 矩形风管吊架

吊杆应根据建筑物实际的情况设置，使用螺栓或电焊连接的吊杆固定于钢筋混凝土梁、楼板或钢梁上的设置形式可参照图 38-71。

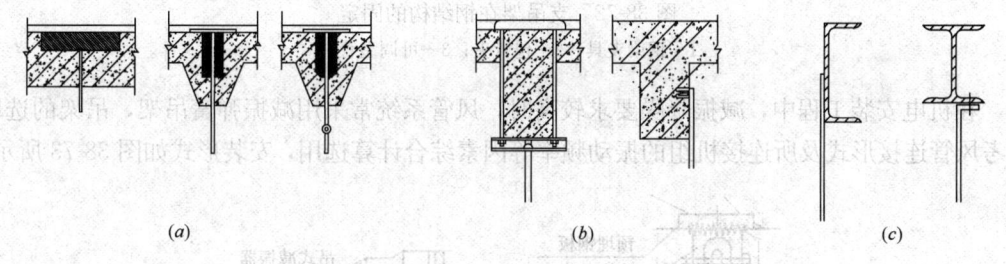

图 38-71 吊架在建筑物不同位置上的固定
(a) 楼板或屋面板上；(b) 钢筋混凝土梁上；(c) 钢梁上

安装时，应根据风管中心线找出吊杆敷设的位置，单吊杆的敷设位置一般在风管的中心线上，双吊杆则按风管的中心线，或托盘的螺孔间距进行对称安装。吊杆根据其自身形式可焊接或悬挂在吊件上，焊接后应涂防锈漆。立管的管卡在安装时，一般先在管卡半圆弧的中点划线，然后先固定最上面的管卡，再使用线坠，在中心线处吊直线，以便下方的管卡精准固定。楼板上进行吊杆固定时，固定点应尽量设置在楼板缝中，如位置不合适，使用手锤或尖錾等工具打洞。在洞快打穿时，注意用的力度，以免造成楼板下表面大面积被破坏，从而影响建筑专业的施工质量。风管较长应安装成排吊架时，可先安装两端吊架，以两端支架为基准，用拉直线的方式确定中间的支架标高，随后进行安装。

采用打洞的方式将支架用强度不小于 C10 的混凝土填埋。螺栓的使用规格为圆形风

管直径 $\phi \leqslant 800$mm 时用 M8 螺栓，直径 $\phi > 800$mm 时用 M10 螺栓；输送冷介质的风管垫块应采取必要的防潮措施。

用穿心螺栓的方式固定，当墙厚度小于 370mm 时，可打孔后使用穿心螺栓的方式进行固定。

38.4.2.4 装配式支吊架的安装

装配式支吊架是在现场使用的一种多用途金属构架的支吊架组合形式，采用螺栓连接，用膨胀螺栓和扣夹进行固定。相比传统支吊架工序简单，不需在现场施工时使用焊接和气割设备，当偏差出现时可调节性大，只需用扳手或螺丝刀等常规小工具，结合施工现场的情况进行细微调整。由于装配式支吊架在设置前，将传统支吊架现场的钻孔、焊接动火、除锈、刷油等作业转移到了预制场地提前完成，制作质量和精度有所提高，更节约了现场安装的工序、工期，同时提高了安装质量和安全性，得到了广泛应用，装配式支吊架的形式如图 38-72 所示。

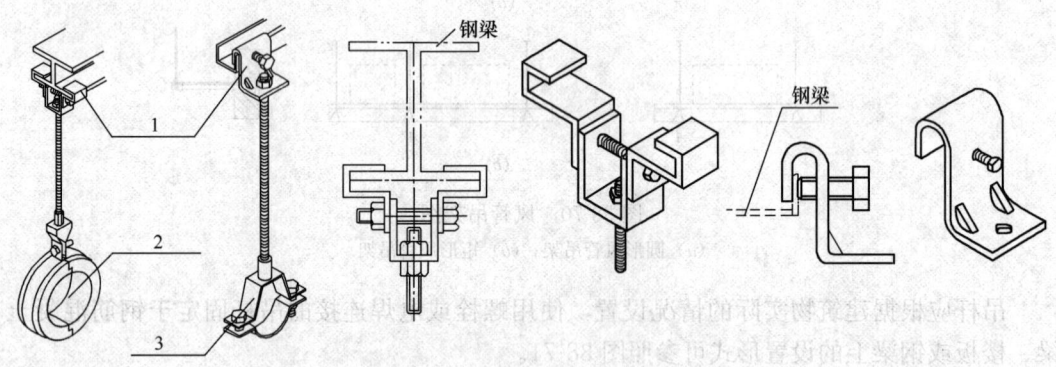

图 38-72　支吊架在钢结构的固定
1—钢梁夹具；2—包管夹；3—可调型管夹

在机电安装工程中，减振降噪要求较高时，风管系统常采用减振弹簧吊架，吊架的选取参考风管连接形式及所连接机组的振动频率等因素综合计算选用，安装形式如图 38-73 所示。

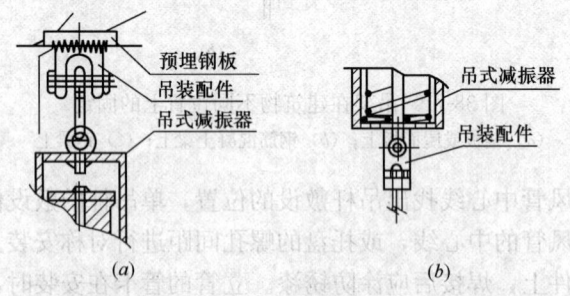

图 38-73　风管弹簧吊架安装
(a) 上部吊装方式；(b) 下部吊装方式

38.4.3　风管连接的密封

38.4.3.1　一般要求

风管连接的长度，按风管法兰连接形式、风管壁厚、安装结构部位，以及风管吊装方法等因素综合确定。为安装便利,在施工现场条件允许前提下,应尽量在地面进行风管的连接,一般连接的长度控制在10~12m左右。风管连接时,应避免将风管的接口敷设在墙或楼板内,因此计算风管长度时应加以重视和控制。

金属风管的密封可采用密封胶或密封垫,薄钢板(或组合式)法兰风管的法兰角件连接处应进行密封。而非金属风管采用铝合金或PVC插条连接时,应对四角连接处或漏风的缝隙处进行密封。玻璃纤维风管其连接处的子母口榫接,缝隙处插接密封,风管其余的密封要求和操作图解可参考现行行业标准《通风管道技术规程》JGJ/T 141中相关内容。

38.4.3.2 垫料的选用

风管连接所使用的密封材料,应对风管的材质没有不良影响,同时满足系统的功能,并具良好的气密性。法兰垫料的耐热和燃烧性能符合表38-81的规定。法兰上的螺栓拧紧后,周边间隙不超2mm,风管内表面应与垫料平齐。

风管法兰垫料的种类和特性　　　　表38-81

种类	燃烧性能	主要基材耐热性能
橡胶石棉板	不燃A级	—
陶瓷类	不燃A级	600℃
玻璃纤维类	不燃A级	300℃
硅玻钛金胶板	不燃A级	300℃
硅胶制品	难燃B1级	225℃
丁腈橡胶类	难燃B1级	120℃
氯丁橡胶类	难燃B1级	100℃
聚氯乙烯	难燃B1级	100℃
8501密封胶带	难燃B1级	80℃
异丁基橡胶类	难燃B1级	80℃

当设计无要求时,法兰垫料的厚度一般宜为3~5mm,空气净化系统的法兰垫料,其厚度宜为5~8mm。安装时注意避免垫料挤入风管内,以防止增大空气流动阻力和降低密封性,同时增加管内灰尘积聚的可能。用于连接法兰螺栓的螺母,应设置在同一侧,法兰垫料的选用,当设计无明确规定时,可参考下列原则选用:

(1) 管内输送流质低于70℃的风管,可选用密封胶带、橡胶板或闭孔弹性材料;管内输送流质高于70℃的风管,可根据管内流动介质的工作温度及其特性,选用耐高温、不燃或防火材料密封,防排烟系统选用不燃同时耐高温的防火材料密封。

(2) 当风管内输送含有腐蚀性的介质时,可选用耐酸橡胶板或软聚氯乙烯板等。

(3) 当风管内输送可能产生的凝结水,或输送含有蒸汽的潮湿空气风管,可选用闭孔海绵橡胶板或普通橡胶板。

(4) 除尘系统的风管用不影响系统功能实现的橡胶板。

(5) 输送洁净空气的风管,用不产尘、不易老化、不影响系统功能实现的橡胶板、闭

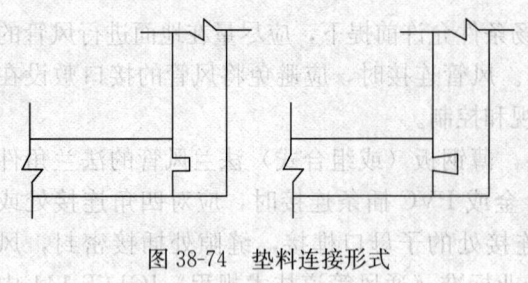

图 38-74　垫料连接形式

孔海绵橡胶板。

使用垫料前，应了解各种材质垫料的使用范围，防止用错垫料；对空气洁净系统的风管垫料，严禁用易产生灰尘的材料。法兰垫料应尽量减少接头，接头必须采用楔形或榫形连接，涂胶应粘牢，垫料连接形式如图 38-74 所示。法兰均匀压紧后，垫料的宽度应与风管内壁平齐。

38.4.4　金属风管的安装

38.4.4.1　风管的连接

1. 风管法兰连接

按设计要求装填垫料后，取两片法兰对正，穿螺栓并配置螺母，暂时先不紧固。用尖头圆钢塞进可能无法穿螺栓的螺孔中，将螺孔撬正，直到确认所有螺栓都可顺利穿进，再将螺栓拧紧。为防止螺栓滑扣，紧固螺栓时应按十字交叉，对称均匀地拧紧。连接好的风管，应以两端的法兰为准，拉线检查风管连接是否平直。

2. 风管无法兰连接

无法兰连接的风管，其接口处应牢固和严密，矩形风管的四角必须有密封及定位措施，风管连接应平直，不能出现错位和扭曲。螺旋风管一般采用无法兰连接。

（1）抱箍式：该形式主要用于圆风管的连接。制作过程中将每一个管段端部轧制凸棱，使一端缩为小口。现场安装时，按气流流动的方向将小口插入大口中，在风管外部使用两片钢制抱箍，将两个凸棱抱紧连接。最后以螺栓的形式穿在耳环中并拧紧，做法如图 38-75 所示。

抱箍式连接

插入式连接

图 38-75　无法兰连接形式

（2）插入式连接：该形式可用于连接矩形或圆形风管，连接方式为先制作连接管，插入风管后用自攻螺栓或铆钉固定。

（3）插条式连接：该形式适用于连接矩形风管。风管制作中将风管连接端部轧成平折咬口，随后将两端合拢，插入插条，然后压实。折耳插条的风管在转角处将折耳拍弯，再插入相邻的插条。风管较长时，或插条需对接时，也可将折耳插入另一根对接插条中，如图 38-76 所示。

（4）软管式连接：该形式主要用于风管与部件（静压箱、散流器及侧送风口等）的连接。安装时，软管两端套在连接的管外，然后用特制软卡将软管箍紧。

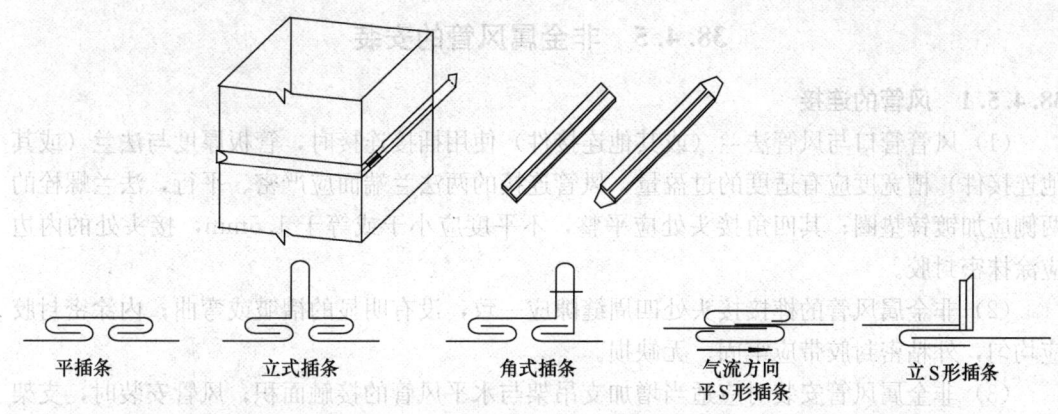

图 38-76 插条式连接

38.4.4.2 风管系统的安装

风管系统的安装，应符合下列规定：

(1) 为便于螺栓和支架的安装作业，应根据现场情况和风管的安装标高，分别使用高凳、梯子或脚手架等工具进行安装。当采用脚手架时，应搭设牢固，以防止发生安全事故。

(2) 输送产生凝结水或含蒸汽的潮湿空气风管，安装坡度应按照设计的要求，并应在管底最低处设置带封堵的泄水口。风管底部不宜设置接缝，所有接缝处应做密封处理，密封可用密封膏、锡焊、涂抹腻子的方式。

(3) 输送易燃、易爆气体的系统和处于易燃易爆介质环境的通风系统，都必须严密，并不能设置接口。易燃、易爆系统的风管通过生活间或辅助生产房间时，在这些房间内不能有接口。

(4) 风管穿屋面应设置防雨罩。一般将防雨罩设置在预制的井圈外侧，能避免雨水沿壁面漏到层内；穿屋面长度大于 1.5m 的立管，应设置拉索进行固定；拉索应避免设置在避雷针、避雷网，或风管法兰上。

(5) 风管在安装前，先检查支吊（托）架的位置，并检查其是否牢固可靠。参照施工方案以确定吊装方法（整体吊装或逐节吊装），按先干管后支管的程序进行吊装。

(6) 吊装前，根据现场具体情况，在梁和柱的相应节点处挂好滑车，穿上麻绳，牢固地捆扎风管，然后再进行起吊。

(7) 起吊过程中，先慢慢地拉紧系重绳，使绳子受力均衡。在风管离地 200~300mm 时，停止起吊，并检查滑轮受力点，以及所绑扎的绳扣和绳子之间是否牢固，风管重心是否正确。检查无误后，再继续起吊至安装标高，将风管平稳放在支吊架上，加以稳固后，才可解开绳扣。

(8) 水平安装的风管，风管的水平找正可用吊架上的调节螺栓，或在支架上用调整垫块的方法。风管在安装后，可用拉线、吊线、水平尺检验的方法检查风管的水平度和垂直度。

(9) 若风管安装区域的建筑节点上不便悬挂滑轮，或需连接的风管重量轻、长度短，可用麻绳先将风管拉至脚手架上，再抬到支架上进行分段安装。先固定一段后，再起吊另一段风管。

38.4.5 非金属风管的安装

38.4.5.1 风管的连接

（1）风管管口与风管法兰（或其他连接件）使用插接连接时，管板厚度与法兰（或其他连接件）槽宽度应有适度的过盈量，风管连接的两法兰端面应严密、平行，法兰螺栓的两侧应加镀锌垫圈；其四角接头处应平整，不平度应小于或等于1.5mm，接头处的内边应涂抹密封胶。

（2）非金属风管的榫接接头处四周缝隙应一致，没有明显的褶皱或弯曲；内涂密封胶应均匀，外粘密封胶带应牢固、无缺损。

（3）非金属风管安装时应适当增加支吊架与水平风管的接触面积；风管安装时，支架间垂直或水平间距应符合设计或国家现行规范的要求。

（4）无机玻璃钢风管还应符合下列规定：

1）垂直安装的风管支架间距不应超过3m，单根立管应有至少2个固定点。

2）风管的长边尺寸（直径）大于1250mm处安装的三通、弯管、消声器、阀门、消声弯管、风机等处，应设单独的支吊架。

3）风管长边或直径大于2000mm的超高、超宽特殊风管的支吊架规格及安装间距应进行必要的载荷计算。

4）长边（或直径）超过1250mm的风管在吊装时不超过2节。

5）法兰螺栓两侧应加设镀锌垫圈，并应均匀拧紧。

6）组合型保温式的无机玻璃钢风管，其保温隔热层的切割面应采用与风管材质相同的树脂或胶凝材料加以涂封；风管在安装前应擦拭附在风管内外壁面的灰尘及切割飞散物。

（5）硬聚氯乙烯风管还应符合下列规定：

1）承插连接的圆形风管，当直径不大于200mm时，插口深度宜为40～80mm，粘结处应严密牢固；当采用套管连接时，套管长度宜为150～250mm，套管厚度不小于风管壁厚，连接形式如图38-77所示。

2）法兰垫料宜采用3～5mm厚的耐酸橡胶板或软聚氯乙烯板，连接法兰的螺栓应加钢制垫圈。

3）风管上使用的金属部件和附件，应做防腐处理。

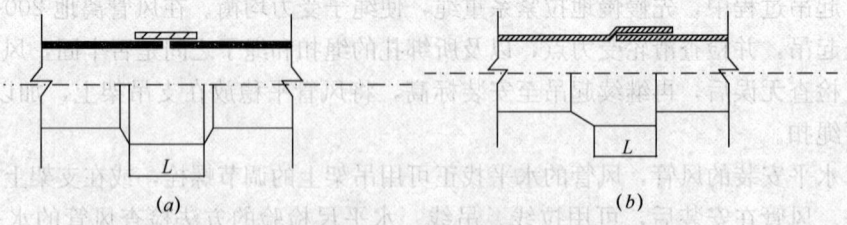

图38-77 聚氯乙烯圆形风管的连接形式
(a) 套管连接；(b) 承插连接

38.4.5.2 风管系统的安装

非金属风管的安装要求基本类同于金属风管的安装，但还应该注意以下事项：

(1) 风管穿过密封的墙体或楼板时，除无机玻璃钢风管外，均应采用外包金属套管或金属短管。套管板厚应符合金属风管的板材厚度规定，系统中与防火阀、电加热器连接的风管材料必须采用不燃材料。

(2) 塑料风管的安装应符合下列规定：

1) 塑料风管一般沿柱、墙或板下敷设，安装时一般使用吊架，也可用托架；但风管和吊架间，应垫入3~5mm厚的塑料垫片，并使用胶粘剂粘合。

2) 由于管内外温度的影响，可能造成塑料风管下垂，因此塑料风管支架间距相比金属风管更小，一般为1.5~3m。另外塑料风管相比金属风管轻，支架所用的钢材可比金属风管小一号。

3) 由于塑料风管线膨胀系数大，故支架抱箍不能固定得太紧，风管和抱箍间留有一定的空隙，便于风管的伸缩；塑料风管管段过长时，每隔15~20m设置一个伸缩节，便于补偿其伸缩量。

4) 法兰连接时，可用3~6mm厚的软聚氯乙烯塑料板作为垫片，法兰螺栓处应加硬聚氯乙烯塑料制成垫圈。螺栓紧固时，应注意塑料的脆性，应十字交叉、均匀地拧紧螺栓。

5) 安装的风管与散热较强的设备，以及风管与热力管道之间，应留有足够的距离，以防止风管受热变形；室外敷设的风管以及其他塑料部件，为避免太阳照射加速其老化，风管及部件的外表面应刷白色油漆或铝粉漆。

38.4.6 复合材料风管的安装

复合材料风管的连接工艺可参考现行国家标准《通风与空调工程施工规范》GB 50738的相关规定，其安装除应符合本书非金属风管的连接要求外，还应满足下列要求：

(1) 复合风管的连接处，应接缝牢固，不应有开裂和孔洞。当插接时，接口应与风管匹配，不能出现松动的现象，端口的缝隙不大于5mm。

(2) 复合风管当采用金属法兰时，应采用防冷桥的措施。

(3) 玻璃纤维复合风管还应符合以下规定：

1) 板材搬运过程中，应避免破坏覆面或树脂涂层。

2) 榫连接风管在连接处应涂榫口胶粘剂，连接后的外接缝处用骑缝扒钉进行加固，间距不大于50mm，用宽度大于50mm热敏胶带进行粘贴密封。

3) 风管预制连接的长度不超过2.8m。

4) 采用槽形插接等构件连接时，风管端切口用铝箔胶带封堵，或用密封胶封堵。

5) 采用插条式构件或钢制槽形法兰连接的风管纵向固定处，在风管外壁用槽钢或角钢抱箍、内壁垫镀锌金属内套，用镀锌螺栓穿管壁，将内套与抱箍固定；螺孔间距不大于120mm，螺母位于风管外，螺栓穿管壁处进行密封处理。

6) 玻璃纤维板复合材料风管竖井内垂直固定时，用角钢法兰制成"井"形套，突出部分可用做风管固定的吊耳。

(4) 聚氨酯铝箔复合板与酚醛铝箔复合板风管的安装还应符合下列规定：

1) 法兰插条的长度宜小于风管的内边1~2mm，其不平面度不大于2mm。

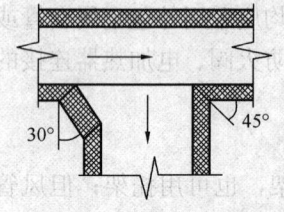

图 38-78 主风管上直接开口连接支风管

2) 中、高压风管插接法兰之间加密封垫或采取其他密封措施。

3) 插接法兰四角插条端头应先涂抹密封胶后再插护角。

4) 风管边长不大于 500mm 的支管与主管接连时,可采用在主、支管接口处切 45°坡口,然后直接粘结的连接方式,如图 38-78 所示;也可按照现行行业标准《通风管道技术规程》JGJ/T 141 中的规定,在连接件四角处涂抹密封胶并粘贴严密。

38.4.7 柔性风管的安装

柔性风管的安装应符合下列规定:

(1) 在风管系统安装前,建筑的结构及门窗,地面施工已完成。

(2) 风管安装场地上所用的机具应保持清洁,安装人员穿戴清洁的工作服、工作鞋和手套。

(3) 清洗干净并包装密封的风管及部件,安装前不能拆卸;安装时,风管及部件拆开端口封膜后应立即连接;如安装中途停顿,应将端口重新密封。

(4) 风管与洁净室的隔墙及吊顶等围护结构的接缝应严密。

(5) 非金属柔性风管的安装位置应远离热源设备。

(6) 柔性风管在安装后应能充分伸展,伸展度应大于或等于 60%;风管在转弯处的截面不得缩小。

(7) 圆形柔性风管采用金属材料时,使用抱箍将风管与法兰紧固的形式,当直接采用螺栓紧固时,紧固螺栓距风管端部应大于 12mm,螺栓间距应小于 150mm。

(8) 用于支管安装的铝箔聚酯膜复合柔性风管长度应小于 5m;当风管与角钢法兰连接时,采用厚度不小于 0.5mm 的镀锌板将风管与法兰紧固,如图 38-79 所示;圆形风管的连接宜采用卡箍紧固,插接长度应大于 50mm,当用于连接的套管直径大于 300mm 时,应在套管端面 10~15mm 处压制环形凸槽,安装时卡箍应放置在套管的环形凸槽后面。

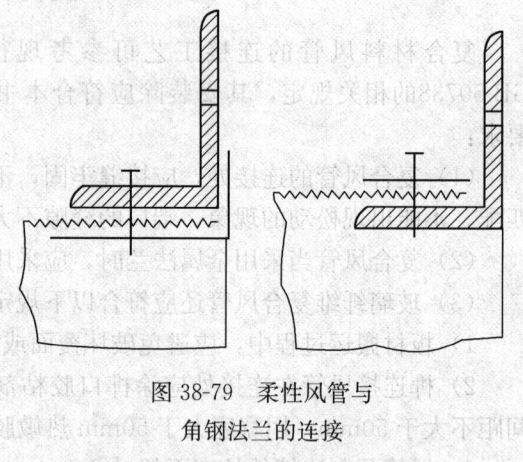

图 38-79 柔性风管与角钢法兰的连接

38.4.8 织物布风管的安装

织物布风管的安装应符合下列规定:

(1) 应按图纸要求对缝纫、连接或开孔(或网格条缝),以及管件搭配等进行出厂质量检验。

(2) 风管的安装以滑轨、悬索吊挂形式为主。悬索两端的固定点在建筑主体上应紧绷,基本无下垂,一端设可调节的法兰螺栓,悬索长度如大于 15m 时,应增设悬挂点,以防止风管中段下垂。风管的安装形式有单索（轨）、双索（轨）和多排钢索等；双索和多索在吊装时，索绳之间应平行，间距与布风管的吊点一致，并符合下列规定：

1) 绳索的材质应为不锈钢绳索或镀锌绳索。

2) 滑轨的材质应为金属或非金属滑轨。

3) 滑轨之间的对接处应连接紧密，不得有错位现象，以防止布风管吊钩在滑动时被卡住；对接后滑轨在同一直线上，不得弯曲；双排滑轨安装时应保持滑轨间平行，滑轨固定螺栓的纵向间距为 300~700mm。

(3) 风管与金属风管的连接可使用抱箍的方式，金属风管的管口应有翻边及距口30~50mm 的环形滚筋凸台。连接风管的金属接口板厚宜为 1.0~1.2mm、有效长度为120~150mm、外口直径应比风管直径小 5~8mm，插接后抱箍箍紧。

(4) 风管的安装顺序从进风处向末端进行，基本原则为先主管后支管，连接接口应严密。

(5) 安装完成后风管不应有打结、扭转或错位等现象，保持风管平直并处于自然下垂及伸直状态；总长度偏差不大于 200mm，安装高度偏差不大于 5mm。

(6) 遇有影响风管走向的障碍时，不应直接利用风管的柔性绕过障碍物。

38.4.9 净化系统风管的安装

净化系统风管的安装应符合下列规定：

(1) 在风管安装前，风管、静压箱及其他部件的内外表面应擦拭干净，观察其表面应无浮尘和油污，在施工停止时，端口应封闭。

(2) 净化系统风管的法兰垫料厚度应为 5~8mm，不得采用乳胶海绵。法兰垫料应不产生灰尘、不易老化，且有一定的强度和弹性；法兰垫片应减少拼接，不得在垫料表面涂刷涂料。

(3) 当风管穿过洁净区的吊顶、隔墙等围护结构时，应采用合理可靠的密封措施。

(4) 风管系统安装时，所使用的螺栓、螺母、垫圈及铆钉等材料，均不能对风管系统造成腐蚀。

38.4.10 系统风管严密性检验

38.4.10.1 严密性检验规定

风管系统在安装完毕后，应按系统类别进行严密性检验，漏风量应符合设计要求。风管系统的严密性检验应符合下列规定：

(1) 风管的严密性测试应分为观感质量检验与漏风量测试。观感质量检验可用于微压风管，也可作为其他压力风管工艺质量的检验，目测风管结构严密，无明显穿透的缝隙或孔洞为合格。漏风量检验应为规定工作压力下，对风管系统漏风量测试不大于规定值为合格。系统漏风量检验，应以总管或干管为主，采用分段检测、汇总综合分析的方式。检测数量应符合设计或现行国家标准《通风与空调工程施工质量验收规范》GB 50243 的规定。检测样本宜大于 3 节以上，且总表面积不小于 15m^2。不同压力的风管系统漏风量应满足表 38-82 的要求。

风管允许漏风量　　　　　　　　　　　　　表 38-82

风管类别	允许漏风量 [m³/(h·m²)]
低压风管	$Q_l \leqslant 0.1056 P^{0.65}$
中压风管	$Q_m \leqslant 0.0352 P^{0.65}$
高压风管	$Q_h \leqslant 0.0117 P^{0.65}$

注：1. Q_l—低压风管允许漏风量；Q_m—中压风管允许漏风量；Q_h—高压风管允许漏风量。
　　2. P—系统风管工作压力（Pa）。

（2）净化系统风管的严密性检验，排烟、除尘、低温送风系统按中压系统风管的规定；N1~N5级的系统按高压系统风管的规定执行；N6~N9级的系统风管必须通过工艺性的检测或验证。

（3）低压、中压圆形金属与复合材料风管，以及采用非法兰形式的非金属风管的允许漏风量，应为矩形风管规定值的50%。

（4）砖、混凝土风道的允许漏风量不大于矩形低压系统风管规定值的1.5倍。

38.4.10.2　严密性检验方法

系统风管的严密性检验，以漏风量测试的方式进行。漏风量应采用检验合格的专用仪器进行测量，或采用符合现行国家标准《用安装在圆形截面管道中的差压装置测量满管流体流量 第1部分：一般原理和要求》GB/T 2624.1 中规定的计量元件搭设的测量装置。

风管系统的漏风量测试应符合下列规定：

（1）系统风管与设备的漏风量测试，应分正压试验和负压试验两类。应根据被测风管的工作状态决定，也可采用正压测试来检验。

（2）系统风管漏风量测试可采用整体或分段进行，测试时，被测系统的所有开口均应封闭，不应漏风。

（3）被测系统风管的漏风量超过设计或《通风与空调工程施工质量验收规范》GB 50243的规定时，应查出漏风部位（可用听、摸、飘带、水膜或烟检漏），做好标记；修补完工后，应重新测试，直至合格。

（4）将专用的漏风量测试装置用软管与被测风管系统连接并检查连接严密。

（5）打开漏风量测试装置电源，并调节变频器频率，当风管系统内静压达到设定值后，测出漏风量测试装置上流量节流器的压差值 ΔP。

（6）测出流量节流器的压差值 ΔP 后，计算出流量值 Q（m³/h），该流量值 Q（m³/h）再除以被测风管系统的展开面积 F（m²），即为被测风管系统处于实验压力下的漏风量 Q_A [(m³/h·m²)]。

38.5　风管部件制作和安装

通风与空调系统风管的部件包括风阀、消声器、风罩、风帽、风口、柔性短管及过滤器等，这些部件是保证通风与空调系统正常安全运行，并起到调节、控制和检测维修作用的重要组成部分。目前，国内风管部件的生产已转向专业化、标准化发展，大多数部件均由专业企业生产，只有少数部件由施工单位生产。风管部件制作的质量，应符合设计要求和国家有关标准的规定。

38.5.1 风阀的制作和安装

38.5.1.1 风阀的制作

通风与空调系统的风阀是用来调节通风与空调系统风量,平衡各支管或送、回风口风量的阀门,在特定情况下还可通过开启、关闭相关风阀,达到防火、排烟的目的。风阀是通风与空调工程风管系统大量使用的重要部件。

常用风阀包括蝶阀、多叶调节阀、插板阀、止回阀、三通调节阀、排烟防火阀等。

1. 风阀制作规定

(1) 手动风阀的手轮或手柄应以顺时针方向转动为关闭,其调节范围及开启角度指示应与叶片开启角度相一致。用于除尘系统间歇工作点的风阀,关闭时应能密封。手动风阀的制作应符合下列规定:

1) 结构应牢固,启闭应灵活,法兰应与风管的材质相一致。
2) 叶片的搭接应贴合一致,与阀体缝隙应小于 2mm。
3) 截面积大于 $1.2m^2$ 的风阀应实施分组调节。

(2) 电动、气动调节风阀的驱动执行装置,动作应可靠,在最大工作压力下工作应正常。

(3) 防火阀和排烟阀(排烟口)的制作必须符合有关消防产品标准的规定,并应具有相应的产品合格证明文件。

(4) 防爆系统风阀的制作材料必须符合设计规定,不得自行更换。

(5) 净化空调系统的风阀,其活动件、固定件以及紧固件均应采取防腐措施;风阀叶片主轴与阀体轴套配合应严密,且应采取密封措施。

(6) 工作压力大于 1000Pa 的调节风阀,生产厂家应提供在 1.5 倍工作压力下能自由开关的强度测试合格的证书或试验报告。

(7) 定风量风阀的风量恒定范围和精度应符合工程设计及产品技术文件要求。

(8) 风阀法兰尺寸允许偏差应符合表 38-83 的规定。

风阀法兰尺寸允许偏差   表 38-83

风阀长边尺寸 b 或直径 D (mm)	允许偏差(mm)			
	边长或直径偏差	矩形风阀端口对角线之差	法兰或端口端面平面度	圆形风阀法兰任意正交两直径之差
$b(D) \leqslant 320$	±2	±3	0~2	±2
$320 < b(D) \leqslant 2000$	±3	±3	0~2	±2

2. 风阀制作工艺流程

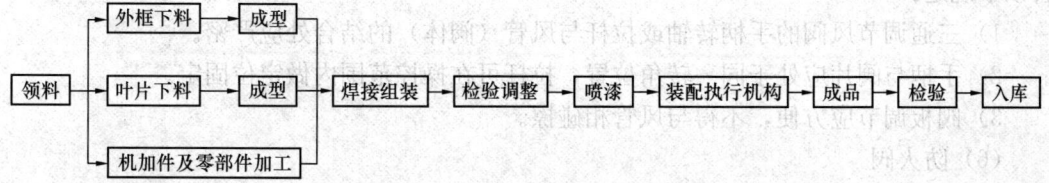

3. 常用风阀的制作

(1) 蝶阀

蝶阀一般用于分支风管的通风量调节。蝶阀主要由短管、阀板、调节装置构成，通过转动调节阀板的角度来调节风量。蝶阀的制作应符合以下规定：

1) 组装时手柄、手轮转动应灵活，以顺时针方向转动为关闭。
2) 调节范围及开启角度指示应与叶片开启角度相一致。

(2) 多叶调节阀

多叶调节阀用于调整风管系统各支管或风口的风量，分为对开式和顺开式。多叶调节阀可通过手轮和蜗杆调节叶片角度以达到风量调节的要求，各叶片一边应贴有闭孔海绵橡胶条，保证多叶调节阀关闭的严密性。多叶调节阀的制作应符合以下规定：

1) 多叶调节阀的结构应牢固，启闭应灵活，法兰材质应与风管相一致。
2) 截面积大于 $1.2m^2$ 的多叶调节阀，应分组调节。
3) 多叶调节阀的叶片闭合时应严密，叶片搭接量应一致，与阀体间隙应小于2mm。
4) 多叶调节阀应配备叶片开启角度指示装置。
5) 用于净化空调系统的多叶调节阀，阀体的活动件、固定件、紧固件应采用防腐处理，阀体与外界相通的缝隙处，应进行严格密封处理。

(3) 插板阀

插板阀常用于通风、除尘系统风管中，用来调节各支风管的风量。插板阀的制作应符合以下规定：

1) 插板阀的阀体应严密，内壁应做防腐处理。
2) 插板应平整，启闭应灵活，并应有定位固定装置。
3) 斜插板风阀的上下接管应成直线。

(4) 止回阀

止回阀又称单向阀，在通风与空调系统中，特别是在净化空调系统中，常用于防止风机停止运转后气流倒流。在风机开启后，止回阀阀板在风压作用下开启，风机停止运转后，阀板自动关闭；为使阀板开闭灵活，阀板应采用轻质材料。止回阀分为水平式和垂直式两种，其制作应符合以下规定：

1) 止回阀的阀轴必须灵活，阀板关闭应严密。
2) 阀片的铰链和转轴应采用耐锈蚀材料制作。
3) 阀片的强度应保证在最大负荷压力下不弯曲变形。

(5) 三通调节阀

三通调节阀用来调节通风与空调系统总风管对支风管的通风量，通过改变阀板位置来实现支风管通风量的变化。三通调节阀阀板分为手柄式和拉杆式，三通调节阀的制作应符合以下规定：

1) 三通调节风阀的手柄转轴或拉杆与风管（阀体）的结合处应严密。
2) 手柄与阀片应处于同一转角位置，拉杆可在操控范围内做定位固定。
3) 阀板调节应方便，不得与风管相碰擦。

(6) 防火阀

1) 防火阀的外壳应用厚度不小于2mm的钢板材料制作，防止失火时受热变形，影响阀板的关闭。

2) 防火阀的转动部件应转动灵活,应采用黄铜、青铜、不锈钢和镀锌或电镀铁件等耐腐蚀的金属材料制作。

3) 防火阀的易熔件应采用符合国家相关标准的产品,其熔点温度应符合设计要求(一般要求易熔件在温度升至68℃时即熔断)。感烟感温器动作温度280℃,温度允许偏差为−2℃。

4) 防火阀关闭时必须严密,禁止气流通过。

5) 防火阀在阀体制作完成后应加装执行机构并逐台进行检验。

38.5.1.2 风阀的安装

1. 常规风阀的安装

常规风阀安装前应检查其框架结构是否牢固,调节、定位装置是否灵活。风阀安装时应将其法兰与风管或设备的法兰对正,加上密封垫圈后用螺栓连接固定。

常规风阀的安装应符合下列规定:

(1) 风阀应安装在便于操作及检修的部位,安装后,手动或电动操作装置应灵活可靠,阀板关闭应严密。

(2) 风阀的气流方向应与风阀标注一致。

(3) 风阀的开闭方向、开启程度应在阀体上有明显、准确的标志。

(4) 位于高处的风阀操作装置应距地面或平台1~1.5m,以便于操作风阀。

(5) 斜插板风阀安装时,阀板应顺气流方向插入;水平安装时,阀板应向上开启。

(6) 止回阀、定风量阀的安装方向应正确。

(7) 除尘系统风管,不应使用蝶阀,可采用密封式斜插板阀。为防止运行中积尘,安装位置应选在不易积尘的管段上。斜插板阀应顺气流方向与风管成45°角安装,垂直安装时阀板应向上拉启,水平安装时阀板应顺气流方向插入。

(8) 余压阀是保证洁净室内静压维持恒定的重要部件,安装时应保证阀体与墙体连接处的严密性。

2. 防火阀的安装

(1) 防火阀安装规定

1) 防火阀安装前应对防火阀的质量进行检查,按设计要求和国家相关标准的规定,从规格、材质、外观、性能等方面进行检查,技术质量符合要求后,才能进行安装。

2) 防火阀、排烟阀(口)的安装位置、方向应正确。位于防火分区隔墙两侧的防火阀,距墙表面不应大于200mm。

3) 防火阀直径或长边尺寸大于等于630mm时,应设有独立的支吊架,防止风管变形影响防火阀关闭。

4) 防火阀安装时应注意阀门的方向,易熔件应迎气流方向。

5) 防火阀中的易熔件须在系统安装完成后再进行安装;易熔件(熔断器)安装后,必须逐一检查并确认处于正常状态。

(2) 防火阀安装要求

1) 防火阀水平安装时,可根据防火阀的安装部位采用支架或吊架固定,保证防火阀稳固,如图38-80(a)和图38-80(b)所示。

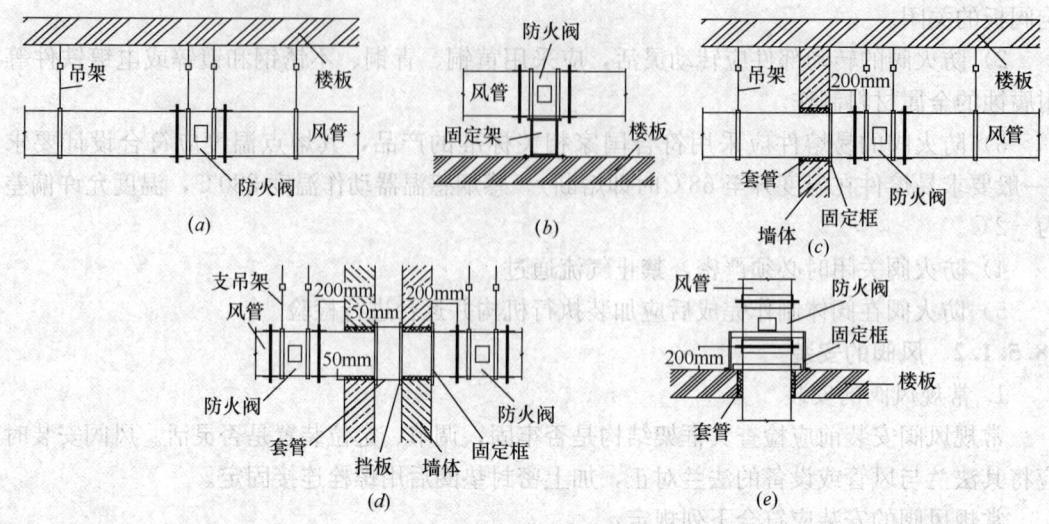

图 38-80 防火阀穿墙安装
(a) 防火阀水平吊架安装；(b) 防火阀水平固定架安装；(c) 穿越防火墙防火阀安装；
(d) 变形缝处防火阀安装；(e) 穿越楼板防火阀安装

2) 风管穿越防火墙安装防火阀时，防火阀距墙表面不应大于200mm，墙体内应预留壁厚不小于1.6mm的钢制套管，套管与风管之间应有5～10mm的间隙。防火阀安装后，墙洞与防火阀间应用水泥砂浆密实封堵，如图38-80(c)所示。

3) 穿越变形缝处安装防火阀时，应在变形缝两侧分别安装防火阀，穿墙套管与墙体之间留有50mm的缝隙，缝隙处用玻璃棉或矿棉材料填充密实，保证墙体沉降时风管正常工作，套管中间应设挡板以防止填充材料外漏滑落，套管一端设有固定挡板，示例如图38-80(d)所示。

4) 风管垂直穿越楼板时，风管、防火阀由固定支架固定，风管与楼板缝隙用玻璃棉或矿棉填充密实，楼板下面应设挡板以防止填充物脱落，楼板上面设防护圈保护风管，防护圈高度20～50mm，如图38-80(e)所示。

38.5.2 消声器的制作和安装

38.5.2.1 消声器的制作

1. 消声器制作工艺流程

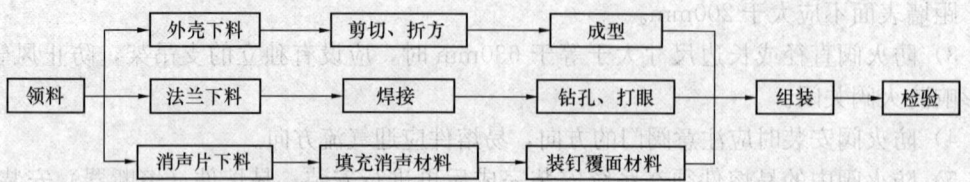

2. 消声器制作的结构质量要求

消声器的制作应符合下列规定：

(1) 消声器的类别、消声性能及空气阻力应符合设计要求和产品技术文件的规定。

(2) 矩形消声弯管平面边长大于800mm时，应设置吸声导流片。

(3) 消声器内消声材料的织物覆面层应平整，不应有破损，并应顺气流方向进行搭接。

(4) 消声器内的织物覆面层应有保护层，保护层应采用不易锈蚀的材料，不得使用普通钢丝网。当使用穿孔板保护层时，穿孔率应大于20%。

(5) 净化空调系统消声器内的覆面材料应采用尼龙布等不易产尘的材料。

(6) 微穿孔（缝）消声器的孔径或孔缝、穿孔率及板材厚度应符合产品设计要求，综合消声量应符合产品技术文件要求。

(7) 消声材料的材质应符合工程设计的规定，外壳应牢固严密，不得漏风。

(8) 阻性消声器充填的消声材料，密度应符合设计要求，铺设应均匀，并应采取防止下沉的措施。片式阻性消声器消声片的材质、厚度及片距，应符合产品技术文件要求。

(9) 现场组装的消声室（段），消声片的结构、数量、片距及固定应符合设计要求。

(10) 抗性消声器，不能任意改变膨胀室的尺寸。

(11) 共振性消声器不能任意改变关键部分的尺寸。穿孔板应平整，孔眼排列形式、尺寸应准确、均匀，不得有飞边、毛刺，穿孔板的孔径和穿孔率应符合设计要求。共振腔的隔板尺寸应正确，隔板与壁板连接处紧贴。应按设计要求严格进行，不能任意改变有关的结构尺寸及其零、部件的形状，以防改变和降低共振消声性能。

(12) 阻抗复合式消声器中的阻性吸声片是在框架内填超细玻璃棉，外包玻璃布。填充的吸声材料应符合设计要求，并均匀铺设，覆面层不得破损。

(13) 阻抗复合式、微穿孔（缝）板式消声器的隔板与壁板的结合处应紧贴严密；板面应平整、无毛刺，孔径（缝宽）和穿孔（开缝）率及共振腔的尺寸应符合国家现行标准的有关规定。

(14) 消声器与消声静压箱接口应与相连接的风管相匹配，尺寸的允许偏差应符合表38-84的规定。

消声器与消声静压箱接口尺寸允许偏差　　　　　表38-84

长边尺寸 b 或直径 D (mm)	允许偏差（mm）			
	边长或直径偏差	矩形端口对角线之差	法兰或端口端面平面度	圆形法兰任意正交两直径之差
$b(D) \leqslant 320$	±2	±3	0～2	±2
$320 < b(D) \leqslant 2000$	±3	±3	0～2	±2

38.5.2.2　消声器的安装

消声器的安装应符合下列规定：

(1) 消声器安装前应进行质量检查，按设计要求和国家相关标准的规定，从规格、材质、外观、防火、防潮、防腐等方面进行检查。技术质量符合要求后，方可进行安装。

(2) 安装前，应对运达现场的成品消声器，加强管理和检查。在运输和安装过程中，不得损坏和受潮，填充的消声材料不应有明显下沉。

(3) 消声器安装时，应严格注意方向，不得装反，安装后的方向应正确。

(4) 片式消声器消声片单体安装时，其固定端不得松动，片距应均匀，否则影响消声效果。

(5) 消声器安装使用的支吊架的型式、安装位置和固定强度，必须符合设计和相关标准的规定。

(6) 消声器及消声弯管安装时，其重量不得由风管承担，应设置独立支吊架，固定应牢固。

(7) 当回风箱作为静压箱时，回风口处应装设过滤网。

38.5.3　风罩的制作和安装

风罩是通风与空调系统中的局部排气部件，用于将有害物质及气体吸入并排出室外。风罩的种类较多，按结构可分为密封罩和开口罩，按使用要求可分为上吸式、下吸式、槽边式、侧吸式、可升降式、回转式等。

38.5.3.1　风罩的制作

1. 风罩制作工艺流程

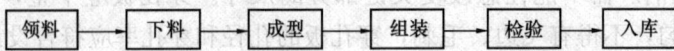

（1）根据使用要求的不同，风罩可选用普通钢板、镀锌钢板、不锈钢板或聚氯乙烯板等材料制作。

（2）风罩制作的展开下料方法与风管配件相同，可按其几何形状，用平行线法、放射线法、三角形法等展开。

（3）风罩成型组装时根据采用板材的情况，可采用咬接、铆接及焊接等方法，制作要求与风管相同。

2. 风罩制作质量要求

风罩的制作应符合以下规定：

（1）风罩的结构应牢固，形状应规则，表面应平整光滑，转角处弧度应均匀，外壳不得有尖锐的边角。

（2）具有回转式或升降式结构的风罩，活动部件转动应灵活，操作机构使用方便。

（3）槽边侧吸罩、条缝抽风罩的尺寸应正确，吸口应平整，罩口加强板间距应均匀。

（4）厨房排烟罩应采用不易锈蚀的材料制作，其下部集水槽应严密不漏水，并应坡向排放口。罩内安装的过滤器应便于拆卸和清洗。

（5）风罩与风管连接的法兰应与风管法兰相匹配。

38.5.3.2　风罩的安装

风罩的安装应符合下列规定：

（1）风罩的安装宜在设备就位后进行。

（2）风罩安装时，位置应正确，固定应牢固可靠。

（3）风罩应设置独立支吊架，且不应影响生产工艺设备的操作。

（4）风罩的安装应排列整齐、牢固可靠，安装位置和标高允许偏差应为±10mm，水平度的允许偏差应为3‰，且不得大于20mm。

（5）用于排除潮湿气体的伞形风罩，安装时应在罩口内采取排除凝结水的措施。

（6）风罩的安装高度对其实际效果影响很大，应严格按照设计要求安装。

38.5.4 风帽的制作和安装

风帽是通风与空调系统向室外排放气体的出口,按形状可分为伞形风帽、锥形风帽和筒形风帽,如图38-81所示。伞形风帽适用于一般机械排风系统,锥形风帽适用于除尘系统,筒形风帽适用于自然排风系统。

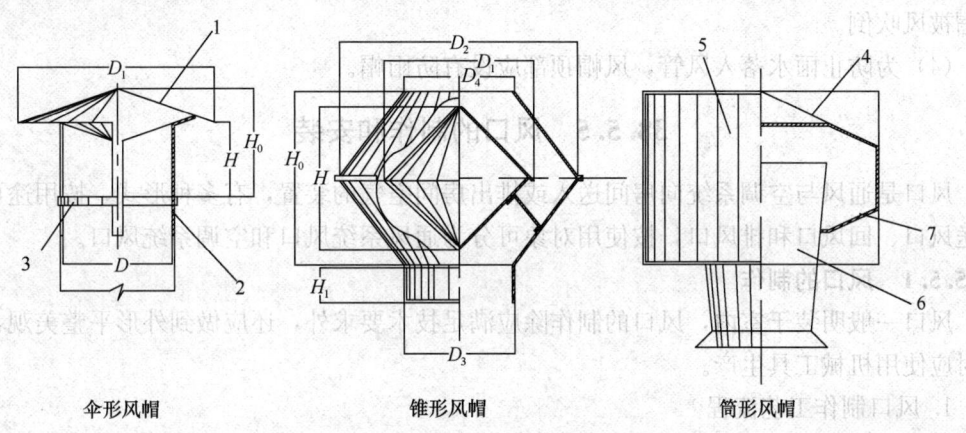

图 38-81 风帽类型
1—伞形罩;2—支撑;3—固定箍;4—伞形罩;5—外筒;6—扩散管;7—支撑

38.5.4.1 风帽的制作

1. 风帽制作工艺流程

(1) 风帽可采用普通钢板、镀锌钢板或其他适宜的材料进行制作。

(2) 风帽的展开下料方法与风管配件相同,可按其几何形状,用平行线法、放射线法、三角形法等展开。

(3) 风帽的成型组装根据采用板材的情况,可采用咬接、铆接及焊接等方法,制作要求与风管相同。

2. 风帽制作质量要求

风帽的制作应符合下列规定:

(1) 风帽的结构应牢固,形状应规则,表面应平整。

(2) 与风管连接的法兰应与风管法兰相匹配。

(3) 伞形风帽伞盖的边缘应采取加固措施,各支撑的高度尺寸应一致。

(4) 锥形风帽内外锥体的中心应同心,锥体组合的连接缝应顺水,下部排水口应畅通。

(5) 筒形风帽外筒体的上下沿口应采取加固措施,不圆度不应大于直径的2%。伞盖边缘与外筒体的距离应一致,挡风圈的位置应准确。

(6) 旋流型屋顶自然通风器的外形应规整,转动应平稳流畅,且不应有碰擦音。

38.5.4.2 风帽的安装

风帽一般有两种安装方法,可穿过墙壁伸出室外,也可直穿屋顶伸出室外。风帽的安装应符合下列规定：

(1) 风帽的安装应牢固，连接风管与屋面或墙面的交接处不应渗水。

(2) 不连接风管的筒形风帽，可用法兰固定在屋顶混凝土或木底座上，当排放气体湿度较大时，为防止冷凝水漏入屋内，风帽底部应设有滴水盘和排水装置。

(3) 风帽安装高度高于屋顶1.5m时，应用拉索固定牢固，拉索不得少于3根，防止风帽被风吹倒。

(4) 为防止雨水落入风管，风帽顶部应设有防雨帽。

38.5.5 风口的制作和安装

风口是通风与空调系统向房间送入或排出房间空气的装置，有多种形式，按用途可分为送风口、回风口和排风口，按使用对象可分为通风系统风口和空调系统风口。

38.5.5.1 风口的制作

风口一般明装于室内，风口的制作除应满足技术要求外，还应做到外形平整美观，制作时应使用机械工具生产。

1. 风口制作工艺流程

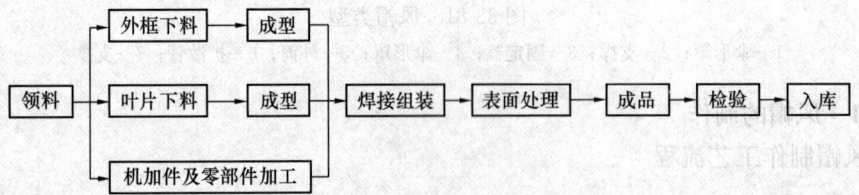

(1) 风口材质应符合设计要求，可采用普通钢、不锈钢、铝板等材质制作。

(2) 风口的展开下料方法与风管配件相同，可按其几何形状，用平行线法、放射线法、三角形法等展开。

(3) 风口的成型组装根据采用板材的情况，可采用咬接、铆接或焊接等方法，制作要求与风管相同。

2. 风口制作质量要求

风口的制作应符合下列规定：

(1) 风口的外形尺寸，必须符合风管及设备连接的尺寸，其偏差不应大于2mm。

(2) 矩形风口应方正，四角应为直角，对角线的偏差不应大于3mm；圆形风口应圆整，不得制成椭圆形，其任意正交两直径的尺寸偏差不应大于2mm。

(3) 风口制作所用金属材料的材质应符合设计规定，制作组装后应无变形，以避免叶片与外框相互擦碰，活动部位应便于调节、转动灵活。

(4) 风口调节机构的连接处应松紧适度，为防止锈蚀，在装配前应除锈、涂漆，装配后应加注润滑油。

(5) 风口的结构应牢固，形状应规则，外表装饰面应平整。

(6) 风口的叶片或扩散环的分布应匀称。

(7) 风口各部位的颜色应一致，不应有明显的划伤和压痕。调节机构应转动灵活、定位可靠。

(8) 风口应以颈部的外径或外边长尺寸为准,风口颈部尺寸应符合表 38-85 的规定。

风口颈部尺寸允许偏差 表 38-85

圆形风口（mm）		
直径	≤250	>250
允许偏差	-2～0	-3～0

矩形风口（mm）			
大边长	<300	300～800	>800
允许偏差	-1～0	-2～0	-3～0
对角线长度	<300	300～500	>500
对角线长度之差	0～1	0～2	0～3

(9) 百叶风口的叶片间距应均匀,两端轴中心应在同一直线上,叶片与边框铆接应松紧适度。如风口规格较大,应在适当部位叶片及外框上采取加固措施。

(10) 散流器的扩散环和调节环应同轴,轴向间距翻边应均匀。

(11) 孔板式风口不得有毛刺,孔径和间距应符合设计要求。

(12) 排烟口关闭时必须严密,禁止气流通过。

38.5.5.2 风口的安装

风口安装前应检查风口质量,达到结构牢固、外框平直、表面平整、调节转动灵活的要求。

1. 风口安装要求

(1) 风口的安装位置应符合设计要求,风口或结构风口与风管的连接应严密牢固,不应存在可察觉的漏风点或部位,风口与装饰面贴合应紧密。X 射线发射房间的送、排风口应采取防止射线外泄的措施。

(2) 风口表面应平整、不变形,调节应灵活、可靠。同一厅室、房间内的相同风口的安装高度应一致,排列应整齐。

(3) 明装无吊顶的风口,安装位置和标高允许偏差应为 10mm。

(4) 风口水平安装,水平度的允许偏差应为 3‰。

(5) 风口垂直安装,垂直度的允许偏差应为 2‰。

(6) 排风口的安装应排列整齐、牢固可靠,安装位置和标高允许偏差应为 ±10mm,水平度的允许偏差应为 3‰,且不得大于 20mm。

(7) 吸顶风口或散流器的风口应与顶棚平齐,风口位置应对称,在室内的外露部分应与室内线条形成直线。

(8) 室内成排风口的安装排列应整齐划一,与其他末端的布局应协调美观,且不应造成室内气流组织的短路。

2. 常用风口的安装

(1) 矩形联动可调式百叶窗风口

矩形联动可调式百叶窗风口的安装,可根据是否有风量调节阀来确定。

有风量调节阀时,应先安装调节阀框,后安装叶片框。风管与风口连接时风管应伸出风口调节阀外框 10mm 并剪除连接榫头,调节阀外框安装时将榫头插入外框条状孔内,折弯榫头贴近固定外框,再安装叶片框,并与外框连接固定。也可将风口直接固定在预留洞上,不与风管直接连接,将调节阀外框插入预留洞内,用螺钉将外框固定在预留的木榫或木框上,然后再安装叶片框。

无风量调节阀时,应在风管内或预留洞内木框上采用铆接或固定脚形卡子,然后再安装叶片框。

风口的风量调节,用螺丝刀由叶片间伸入,旋转调节螺钉,带动连杆来调节叶片的开启度,达到调节风量的目的。

风口的气流吹出角度,应根据气流组织情况,用不同角度的专业扳手调节,直到扳手卡住叶片旋转到接触相邻叶片为宜。

（2）洁净室（区）内风口

洁净室（区）内风口的安装除应符合常规风口安装的相关规定外,尚应符合下列规定:

1）风口安装前应擦拭干净,不得有油污、浮尘等。

2）风口边框与建筑顶棚或墙壁装饰面应紧贴,接缝处应采取可靠的密封措施。

3）带高效空气过滤器的送风口,四角应设置可调节高度的吊杆。

（3）球形旋转风口

球形旋转风口与静压箱、顶棚连接时可采用自攻螺钉、拉铆钉、螺栓等,连接固定应牢固,球形旋转头应灵活而不晃动。

3. 排烟口的安装

（1）排烟口安装前,应按照设计要求和国家相关标准的规定,从规格、材质、外观、性能等方面对其质量进行检查,符合要求后方能安装。

（2）排烟口及手控装置（包括预埋套管）的安装位置应符合设计规定,预埋套管不得有死弯及瘪陷。

（3）排烟口垂直吊顶安装时应设置独立吊架。

（4）排烟口在通风竖井墙水平安装前,应在墙体预埋角钢框（L40×40×4）,预留洞尺寸见表38-86。排烟口安装前应制作钢板安装框,安装框与预留角钢框连接,然后将排烟口插入安装框固定。排烟口如与风管连接,钢板安装框一侧应与风管法兰连接,再安装排烟口。

排烟口预留洞尺寸（mm） 表38-86

排烟口规格	500×500	630×630	700×700	800×630	1000×630	1250×630	800×800	1000×800	1000×1000	1250×1000	1600×1000
预留洞尺寸	765×515	895×645	965×715	1065×645	1265×645	1515×645	1065×815	1265×815	1265×1015	1515×1015	1865×1015

38.5.6　柔性短管的制作和安装

38.5.6.1　柔性短管的制作

柔性短管的制作应符合下列规定:

（1）外径或外边长应与风管尺寸相匹配。

(2) 应采用抗腐、防潮、不透气及不易霉变的柔性材料。
(3) 用于净化空调系统的还应是内壁光滑、不易产生尘埃的材料。
(4) 柔性短管的长度宜为150~250mm，接缝的缝制或粘结应牢固、可靠，不应有开裂；成型短管应平整，无扭曲等现象。
(5) 柔性短管不应为异径连接管；矩形柔性短管与风管连接不得采用抱箍固定的形式。
(6) 柔性短管与法兰组装宜采用压板铆接连接，铆钉间距宜为60~80mm。
(7) 排烟系统柔性短管的制作材料必须为不燃材料。
(8) 柔性短管应具有能使自身保持基本定型状态的支撑结构，防止塌陷与扭曲、影响有效截面积。
(9) 柔性短管用于空调系统时，应采取防止结露的措施，外隔热风管应包覆防潮层，隔热材料不得外露。
(10) 直径小于或等于250mm的金属圆形柔性风管，其壁厚应大于或等于0.09mm；直径为250~500mm的风管，其壁厚应大于或等于0.12mm；直径大于500mm的风管，其壁厚应大于或等于0.2mm。

38.5.6.2 柔性短管的安装

柔性短管的安装应符合下列规定：
(1) 柔性短管的安装宜采用法兰接口形式。
(2) 柔性短管安装后应松紧适度、不应扭曲，并不应作为找正、找平的异径连接管。
(3) 可伸缩的柔性风管安装后，应能充分伸展，伸展度宜大于或等于60%，风管转弯处其截面不得缩小。
(4) 金属圆形柔性风管宜采用抱箍将风管与法兰紧固，当直接采用螺栓紧固时，紧固螺栓距离风管端部应大于12mm，螺栓间距应小于150mm。

38.5.7 其他部件的制作和安装

通风与空调系统的其他部件主要包括过滤器、风管内加热器和检查门等。

38.5.7.1 过滤器的安装

风管内过滤器的安装应符合下列规定：
(1) 过滤器的种类、规格应符合设计要求。
(2) 过滤器应便于拆卸和更换。
(3) 过滤器与框架及框架与风管或机组壳体之间连接应严密。
(4) 静电空气过滤器的安装应能保证金属外壳接地良好。

38.5.7.2 风管内加热器的安装

风管内加热器的安装应符合下列规定：
(1) 电加热器接线柱外露时，应加装安全防护罩。
(2) 连接电加热器的风管法兰垫料应采用耐热、不燃材料。
(3) 风管内电加热器的加热管与外框及管壁的连接应牢固可靠，绝缘良好，金属外壳应与PE线可靠连接。

38.5.7.3 检查门的制作和安装

检查门的制作和安装应符合下列规定：

（1）检查门应平整，启闭应灵活，关闭应严密，与风管或空气处理室的连接处应采取密封措施，且不应有渗漏点。

（2）净化空调系统风管检查门的密封垫料，应采用成型密封胶带或软橡胶条。

38.6 通风与空调设备安装

38.6.1 组合式空调机组安装

38.6.1.1 组合式空调机组现场安装

组合式空气处理机组应在工厂内按要求组装成功能单元体进行关联测试后分段（或整机）运输。应根据实际情况，将机组拆成最少段数进行运输，再在现场进行拼装；散件进场的机组，应在现场进行所有功能段的组装拼接后，逐项检查机组的平整度、牢固度、密封性。安装施工基本步骤如下：

1．初步检查

（1）预备审核：审核安装位置及驳运通道尺寸，确保机组顺利驳运。

（2）安装位置：机组安装位置应方便检修及接驳相关管线。

（3）安装空间：机组维修和保养时所须空间各侧面不小于1.2m，周围空气流通。

1）若在室外，机组顶部宜设置遮棚以防雨防雪，且遮棚离机组顶部的间距应方便接管。

2）机组设检修门时，开启侧预留空间≥1m，以方便维修与保养。

（4）安装基础：机组应安装在坚实、牢固且表面平坦的混凝土基础或金属钢架上。组合式空气处理机组安装应根据图纸将所含功能段体按序放置于基础上，机组与基础间应放置厚度为10mm以上橡胶减振垫。对防振要求较高的场合，机组与基础间应放置弹性强度适配的弹簧减振垫或配置混凝土减振架台。

（5）收货和检查：机组运抵规定交货地点后，需方应组织相关人员进行开箱验收。

1）检查机组随机资料附件是否齐全，包括安装使用说明书、用户服务指南等。

2）根据随机文件核对设备型号及规格。

3）检查机组有无损坏，零部件是否齐全。

4）若发现损坏或有疑问，应及时向供货商追责咨询并妥善处理。

5）设备开箱检查完毕后，应采取保护措施，不宜过早拆除包装，以免设备受损。

2．现场驳运

（1）机组驳运时，随机的限位垫木应保留。

（2）搬运期间应采用衬垫以免机组和零件受到损伤。

（3）垂直升降时须使用起重设备或吊车，水平位移宜采用滚筒或滑轨，不允许强行拖动机组。

（4）散件进场时，择优实施拆箱单件吊装或整箱吊装。

3．位置与间隙

(1) 机组必须安装在水平的槽钢、混凝土基座上或垂直吊杆上（吊装式机组），基座或吊杆必须能承受机组运行时重量。

(2) 机组不宜置于潮湿、有腐蚀气体的环境，应避免被安装在低温、露天环境下（室外型机组除外）。

(3) 安装时应考虑排水、通风和适当的维修距离。

(4) 机组各功能段箱体连接，段体间须用适配材质垫料进行可靠密封。

4. 安装

(1) 安装过程中，须注意机组架构型材与面板的承重。

(2) 大风量的空调机组应放置在专门的空调机房内。

(3) 机组的外接管线应与墙面或吊顶等建筑主体有效隔离。

(4) 外接风管接口处应采取柔性材料连接，以避免振动传递及风管重量传递到机组框架上。

(5) 外接风管接口处应选用防腐、防潮、不透气、不易霉变的柔性材料。用于空调系统的应采取防止结露措施；用于净化空调系统的还应是内壁光滑、不易产生尘埃的材料。

(6) 柔性短管的长度，一般宜为150～300mm，其连接处应严密、牢固可靠。

(7) 柔性短管不宜作为找正、找平的异径连接管。

(8) 风管的大小尺寸应以保证管内合理风速为基础，以避免风速过高造成噪声过大，甚至将机组水汽夹带至管路系统。

(9) 外接进出水管时应采用软接头。

(10) 机组安装后必须保证整体水平，以免影响凝结水排放和风机运行的动平衡。

(11) 机组各功能段的组装，应符合设计规定的顺序，各功能段之间的连接应严密，整体应平直。

(12) 机组热交换器的供回水配管一般按逆流方式接入，供回水接管流向一般为低进高出，特殊工质接管方式按接管示意图或箭头标贴接驳。

(13) 采用蒸汽形式加热时，蒸汽配管流向一般为"上进下出"，最高使用压力不宜超过1.4MPa，凝结水管上应加装疏水器。

(14) 调试运行时特别注意机组一般应在额定电流以下运行，以免造成损坏。

(15) 机组进出水管上必须配置能有效关断的水阀。

(16) 凝结水管安装时必须保证一定的坡度，以便排水顺畅；机组安装在地面基础之上，必须考虑存水弯的有效水封高度和排水压差；外接排水管应设置"U"或"P"形存水弯；排水压差高度宜大于机组内风机全静压值换算的水柱高度。

(17) 在启动风机之前，须再次确认皮带的位置及皮带是否处于正确的松紧度。用一个手指压住皮带，变形量约为20mm，如图38-82所示。

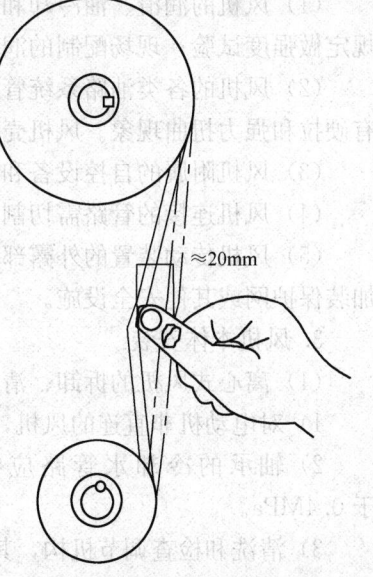

图38-82 V形皮带松紧度调整

38.6.1.2 组合式空调机组漏风量测试

(1) 现场组装的组合式空调机组各功能段之间连接应严密,并应做整机漏风量检测。

(2) 漏风量检测应符合现行国家标准《组合式空调机组》GB/T 14294 的规定,机组内静压保持正压段 700Pa、负压段－400Pa 时,机组漏风率不大于 2%;用于净化空调系统的机组,机组内静压应保持 1000Pa,机组漏风率不大于 1%。

38.6.2 风机安装

风机的安装应有装箱清单、说明书、合格证书等随机文件,进口设备还应具有商检合格证明文件。风机安装前,应进行开箱检查,并形成验收文字记录。风机的型号、规格应符合设计规定,其出风口方向应适配。

38.6.2.1 风机安装工艺流程

风机安装的一般工艺流程如下:

基础检查、验收→设备开箱检查→清洗处理→设备搬运就位→设备找正、找平和对准中心→一次灌浆(衬垫)→精确找平和对准中心→二次灌浆(衬垫)→试运转验收

38.6.2.2 离心式风机安装

1. 搬运和吊装

(1) 整体安装的风机,搬运和吊装的绳索不得捆绑在转子和机壳或轴盖的吊环上。

(2) 现场组装的风机,绳索的捆绑不得损伤机件的表面,转子、轴径和轴封等处均不应作为捆绑部位。

(3) 输送特殊介质的风机转子和机壳内如涂有保护层,应严加保护,不得损伤。

(4) 不应将转子和齿轮直接放在地上滚动或移动。

2. 相关附件设备安装

(1) 风机的润滑、油冷却和密封系统的管路,应清洗干净和畅通,其受压部分均应按规定做强度试验;现场配制的润滑油、密封管路应进行除锈、清洗处理。

(2) 风机的各类油路系统管路应有独立的支撑,并与基础或其他构件连接牢固,不应有硬拉和强力扭曲现象。风机壳不应承受其他机件重量,无变形。

(3) 风机附属的自控设备和观测仪器、仪表的安装,应按设备技术文件规定执行。

(4) 风机连接的管路需切割或焊接时,一般宜在管路与机壳脱开后进行。

(5) 风机传动装置的外露部分应有防护罩;风机的排气口或进气管路直通大气时,应加装保护网或其他安全设施。

3. 风机本体安装

(1) 离心式风机的拆卸、清洗和装配应符合下列规定:

1) 对电动机非直连的风机,应将机壳和轴承箱卸下清洗。

2) 轴承的冷却水管路应畅通,并应对整个系统试压;试验压力一般不应低于 0.4MPa。

3) 清洗和检查调节机构,其转动应灵活。

(2) 整体机组的安装,应直接放置在基础上,用成对斜垫铁找平。

(3) 现场组装的机组,底座上的切削加工面应妥善保护,无锈蚀或损伤,用成对斜垫

铁找平。

(4) 如果底座安装在减振装置上，安装减振器时，应注意各组减振器所承受的荷载应均匀；安装后保护措施有效。

(5) 离心式风机直接安装在基础上，其基础各部位的尺寸应符合设计要求。设备就位前应对基础进行验收，合格后方能安装。预留孔灌浆前应清除杂物，将风机用成对斜垫铁找平，最后用碎石混凝土灌浆。灌孔所用的混凝土强度等级应比基础高一级，并捣固密实，地脚螺栓不准歪斜。

(6) 离心式风机的地脚螺栓应带有防松动的垫圈和防松螺母，固定风机的地脚螺栓应拧紧。

(7) 输送产生凝结水的潮湿空气的风机，机壳底部应安装一个直径为12~20mm的放水阀或水封管。

(8) 离心式风机的叶轮旋转后，每次都不应停留在同一位置，并不得碰机壳。

(9) 离心式风机安装后的允许偏差见表38-87。

风机安装允许偏差（mm）　　　　　　　　　表38-87

项目		允许偏差	检查方法
中心线的平面位移		10mm	经纬仪或拉线和尺量检查
标高		±10mm	水准仪或水平仪、直尺、拉线和尺量检查
皮带轮轮宽中心平面偏移		1mm	在主、从动皮带轮端面拉线和尺量检查
传动轴水平度		纵向：0.2/1000 横向：0.3/1000	在轴或皮带0°和180°的两个位置上，用水平仪检查
联轴器	两轴芯径向位移	0.05mm	在联轴器互相垂直的四个位置上，用百分表检查
	两轴线倾斜	0.2/1000	

(10) 电动机应水平安装在滑座上或固定在基础上，其找平、找正应以装好的风机为准。用三角皮带传动时，电动机可在滑轨上进行调整，滑轨的位置应保证风机和电动机的两个轴中心线互相平行，并水平地固定在基础上。滑轨的方向不能装反。风机和电动机的中心线间距及皮带的规格应符合设计要求。安装皮带时，应使电动机轴和风机轴的中心线平行，皮带的拉紧程度应适当，一般以用手敲打皮带中间，稍有弹跳为准。

(11) 轴瓦研刮前，应先将转子轴心线校正，同时调整叶轮与进气口间的间隙和主轴与机壳后侧轴孔间的间隙，使其符合设备技术文件规定。

(12) 主轴和轴瓦组装时，应按设备技术文件的规定进行检查。轴承盖与轴瓦间应保持0.03~0.07mm的过盈（测量轴瓦的外径和轴承座的内径）。

(13) 机壳组装时，应以转子轴心线为基准找正机壳的位置，并将叶轮进气口与机壳进气口间的轴向和径向间隙调整至设备技术文件规定的范围内，同时检查地脚螺栓是否紧固。其间隙值如设备技术文件无规定时，一般轴向间隙为叶轮外径的1/100，径向间隙应均匀分布，其数值应为叶轮外径的1.5/1000~3/1000（外径小者取大值）。调整时力求间隙小一些，以提高风机效率。

(14) 离心式风机找正时，风机轴与电机轴的不同轴度的径向位移不应超过0.05mm，倾斜不应超过0.2/1000。

(15) 滚动轴承装配的风机,两轴承架上轴承的不同轴度,可待转子装好后,以转动灵活为准。

38.6.2.3 轴流式风机安装

(1) 轴流式风机的拆卸、清洗和装配应符合下列要求:

1) 检查叶片是否损坏,紧固螺母是否松动。

2) 立式机组应清洗变速箱、齿轮组或涡轮涡杆。

(2) 整体机组的安装应直接放置在基础上,用成对斜垫铁找平后灌浆。安装在无减振器的支架上,应垫上4~5mm厚的橡胶板,找平、找正后固定,并注意风机的气流方向。安装在墙洞内的风机,应配合土建预留墙洞,并预埋挡板框和支架。

(3) 现场组装的机组,组装时应符合下列要求:

1) 水平剖分机组应将风筒上部和转子拆下,并将主体风筒下部、轴承座和底座等在基础上组装后,用成对垫铁找平。

2) 垂直部分机组应将进气室安放在基础上,用成对垫铁找平,再安装轴承座,要求轴承座与底平面应均匀接触,两轴承孔对公共轴线的不同轴度不应超过0.05mm;轴瓦研刮后,将主轴平放在轴瓦上,用划针固定在主轴轴头上,以进气室密封圈为基准,侧主轴和进气室的不同轴度不应超过2mm;然后依次装上叶轮、机壳、静子和扩压器。

3) 立式机组的水平度不应超过0.2/1000,用水平仪在轮毂上测量;传动轴与电动机的不同轴度:径向位移不应超过0.05mm,倾斜不应超过0.2/1000。

4) 水平剖分和垂直剖分机组的风机轴与电动机的不同轴度:径向位移不应超过0.05mm,倾斜不应超过0.2/1000;机组的纵向不水平度不应超过0.2/1000,横向不水平度不应超过0.3/1000,用水平仪分别在主轴和轴承座的水平中分面上测量。

(4) 叶轮校正时,应按照设备技术文件的规定校正各个叶片的角度,并锁紧固定叶片的螺母,如果需将叶片自轮毂上卸下时,必须按打好的字头对号入座,应防止位置错乱,破坏转子的平衡。如果叶片损坏需更换时,在叶片更换后,必须锁紧螺母并符合设备技术文件规定的要求。

(5) 现场组装的轴流式风机叶片安装角度应一致,达到在同一平面内运转,叶轮与筒体之间的间隙应均匀,水平度允许偏差为1/1000。

(6) 主轴和轴瓦组装时,应按照设备技术文件的规定进行检查。

(7) 叶轮与主体风筒间的间隙应均匀分布并应符合设备技术文件的规定。

(8) 主体风筒上部接缝或进气室与机壳、静子之间的连接法兰以及前后风筒和扩压器的连接法兰均应对中贴平,接合严密。前、后风箱和扩压器等应与基础连接牢固,其重量不得加在主体风筒上,防止机体变形。

38.6.2.4 风机的减振

1. 风机减振的方法

(1) 概述

风机减振的方法是将风机安装在减振台座上,在台座与楼板或基础之间安装减振器或减振垫,从而起到减振的作用。

高层建筑及安装要求高的建筑,风机的安装大多置于基础上的减振台座上,减振台座由槽钢、角钢等型钢制作,通过各类减振器支承于混凝土基础上。

(2) 常见减振台座的形式

1) 钢筋混凝土台座是用型钢制作框架,并在框架内布置钢筋,再浇混凝土制成。这种台座的重量大、台座振动小,运行比较平稳,但制作不太方便。

2) 型钢台座多用槽钢焊接或螺栓连接制成。型钢台座的重量较轻,制作安装方便,应用较普遍,但是台座的振动较大。

2. 常见的减振器及其安装

常见的减振器有橡胶减振器和弹簧减振器。安装减振器时,除了要求地面或荷载承受面平整外,还应按设计要求选择和布置减振器。各组减振器承受荷载后的压缩量应均匀,不得偏心。安装后如发现减振器的压缩量受力不均匀时,应根据实际情况移动和调整。

38.6.3 热回收装置安装

热回收装置按能量回收类型分为全热回收装置和显热回收装置。全热回收装置主要由专用纤维采用特殊工艺制成,这种材料具有透湿率高、气密性好、抗撕裂、耐老化的特点,较适用于室内外温差小、湿差大的地区。显热回收装置一般由金属材料制成,寿命长且温度传导率高,较适用于室内外温差大、湿差小的地区。

38.6.3.1 转轮式热回收装置安装

转轮式热回收装置主要应用于建筑物通风或空调设备的排风系统中,将排风中所蓄含的能量(冷量、热量)转化到新风之中。

1. 工作原理

转轮式热回收装置由蓄热轮、壳体、动力机构、密封件等组成。蓄热轮为圆盘状并呈蜂窝状,在动力机构作用下,做旋转运动。新风/送风通过一半转轮的同时,排风/回风反向通过转轮的另一半。以夏季制冷工况为例,转轮的传热介质在回风/排风侧被干燥冷空气作用,吸收冷量释放热量,温度降低、含湿量减少;继续旋转至新风/送风侧时,吸收热量释放冷量,温度升高、含湿量加大。由于蓄热轮周而复始地旋转,包含在排风中的70%~90%的能量传递到了新风之中。

2. 工作过程

(1) 进入冷风区:转轮刚从热风区突然进到冷风区,温度下降很快,热量被冷风吸收,冷空气温度有所提高。由于有较高的温差,这时热量转化效率较高。同时,转轮介质表面的水分也会进入到干燥的冷空气当中。

(2) 冷风区中部:转轮蓄热体转到中部时,其温度进一步降低,表面水分继续散失,通过转轮的干空气继续被加热并加湿,由于蓄热体表面温湿度与进入的冷空气差别不大,所以热交换效率有所下降。

(3) 离开冷风区:转轮蓄热体即将离开冷风区,其表面温湿度已经完全与进入的冷空气状态相同。这时冷空气与蓄热体之间没有了热湿交换过程,冷空气流经蓄热体后其工况不再有任何变化。蓄热体温度降到最低,表面干燥度达到最高。

(4) 进入热风区:转轮蓄热体继续旋转,离开冷风区后,马上进入到热风区。热风以与冷风相反的方向流过蓄热介质,由于两者之间的温湿度差别较大,此时热传递效率较高,潮湿的热空气温度迅速降低,内含水分也被蓄热介质大量吸收。

(5) 热风区中部:热风区中部,由于蓄热介质温度已经有所提高,与进入的热风温差有所减少,所以两者之间的热湿传递速度呈下降趋势。表面吸湿剂渐趋饱和,吸湿能力逐渐下降,此时转轮的热交换效率降低。

(6) 离开热风区:转轮蓄热体已经完全被加热,其温度与进入的热空气相同,而且湿交换作用也已停止,热交换效率等于零。

3. 结构形式

转轮式热回收装置由蓄热体与外壳组成。全热回收型转轮的蓄热体,由铝箔材料制成,呈蜂窝状。蓄热轮体与壳体采用双重空气密封系统,密封材料柔软致密,摩擦阻力小,密封效果好。

为避免转轮旋转时将污风带入新风,热交换器应设置双清洁扇面,使污风侧到新风侧的泄漏率小于0.3%。

4. 风机与转轮的位置安排

(1) 送风机和排风机分置于转轮两侧,同时以负压的形式作用于转轮。

(2) 送风机和排风机分置于转轮同侧,新风以正压形式、排风以负压的形式作用于转轮。新风侧与排风侧压力差一般不大于600Pa;或采取特殊措施降低泄漏率。

(3) 送风机和排风机分置于转轮两侧,同时以正压的形式作用于转轮。

(4) 送风机和排风机分置于转轮同侧,新风以负压形式、排风以正压的形式作用于转轮,此时泄漏率较高,应关注适用与否。

5. 驱动及运行控制

(1) 转轮在驱动机构作用下,旋转工作。驱动机构主要由电机、涡轮、涡杆、减速机、皮带轮和V形皮带组成。

(2) 运行控制一般有两种方式,一种是转轮侧板处设有驱动电机接线盒,另配开关,根据需要进行启停控制。若没有其他调速装置,转轮转速侧为固定的12~15rpm。另一种方式为采用智能控制器,根据程序设定,自动地控制转轮的启停和旋转速度。

38.6.3.2 液体循环式热回收装置安装

液体循环式热回收装置,习惯上也称为中间热媒式热回收装置或组合式热回收装置,它是由装置在排风管和新风管内的两组"水—空气"热交换器(空气冷却器/加热器)通过管道的连接而组成的系统。为了让管道中的液体不停地循环流动,管路中装置有循环水泵。

在冬季,由于排风温度高于循环水的温度,空气与水之间存在温度差,当排风流过"水—空气"换热器时,排风中的显热向循环水传递,排风温度降低,水温升高;同时,由于循环水的温度高于新风的进风温度,水又将从排风中获得的热量传递给新风,新风得热温度升高。

在夏季,工艺流程相同,但热传递的方向相反。液体一般为水,在严寒和寒冷地区,为了防止结霜、结冰,宜采用乙烯乙二醇水溶液;并应根据当地室外温度的高低和乙烯乙二醇的凝固点,选择采用不同的浓度。

液体循环式热回收装置的安装,应根据系统不同部位,按照相应的安装要求进行。

38.6.3.3 板式显热回收装置安装

板式显热回收装置一般由金属材料制成,寿命长而且温度传导率高。当室内外温差大湿差小时,显热回收装置比较适用。

为了易于布置机内的气流通道以缩小整机体积，板式显热回收装置多采用交叉气流形式、平板热交换器，即：冷、热气体的运动方向相互垂直。在热交换器内气流属于湍流边界层内的对流换热性质。因此其热交换比较充分，可达到较高的热交换效率。

板式显热回收装置可与组合式空调机组或柜式空调机组配合使用，也可与空气净化设备配合使用，对室外新风进行预处理，节能效果明显。板式显热回收装置具有低噪声、高能量回收的特点，可采用吊顶暗装或明装，小型的也可采用窗式安装，较大型的则多采用落地立柜式或组合式安装。

38.6.3.4 热管式热回收装置安装

热管式热回收装置的组成部分包括：热管式热回收器、送排风机、空气过滤器、冷热盘管以及加湿器等。热管式热回收器由多根平行布置的热管元件组成，并形成多种循环回路。热管管壳一般采用铝材、铜材制成，并带有铜质或铝质的翅片以增大传热面积，内部工质采用卤烃类混合物。

热管式热回收装置工作温度在−40~80℃之间，显热回收效率一般为50%~70%，其自身无需动力，属于静止式显热回收装置，新风、排风交叉污染和泄漏率≤1%。

1. 热管式热回收的原理

热管式热回收利用热管元件作为能量回收芯体，对通过的新风和排风进行能量交换，从而实现能量的回收利用。热管是在真空的管子内充入某种工质，依靠毛细结构的抽吸作用来驱动工作介质循环流动的蒸发、凝结传热元件。热管种类繁多，主要有重力热管形式和水平热管形式两大类。

(1) 重力热管的热端（蒸发段）从流经热管的热气流吸收热量后，热管内的挥发性液体蒸发，产生的高饱和蒸汽流向冷端（冷凝段），冷气流吸收了蒸汽释放的冷凝热后，这些蒸汽冷凝成液体并依靠重力回流到蒸发段，如此完成了蒸发到冷凝的循环，也完成了热量交换。重力热管通常采用略微倾斜的布置方式。

(2) 水平热管的蒸发、冷凝循环机理与重力热管相同，热管成型工艺一般采用三维结构，使工作介质的毛细结构抽吸与不同端面温差、介质压差相互结合，在微小高程范围内满足循环微驱动要求，既完成了热量交换的过程，也实现了水平放置状态下的双向传热。

2. 热管式热回收装置的安装

热管式热回收装置的安装应符合下列规定：

(1) 热管到达现场开箱后，应对热管的型号和规格进行校核。

(2) 通向室外的新风口与排风口必须保证一定距离，以防止排风重新进入室内，室外新风口与排风口应做好防雨、防虫措施。

(3) 三维水平热管安装后必须用水平仪调整水平，使热管保证绝对水平。

(4) 热管箱体制作完成后，将热管放在箱内集水盘上，集水盘应留有一定坡度以便于排水。

(5) 热管箱体上各风口应正确地与室外新风口、室内送风管、室内回风管、室外排风口相连接，接口处应密封良好。

(6) 外接风管的重量不得由热管箱体承担。

(7) 新风口及回风口前应加设过滤器，防止热管受到污染而降低效率。

(8) 热管安装完毕后，应检查新风、排风之间是否有交叉渗漏。

38.6.4 末端设备安装

38.6.4.1 风机盘管机组安装

1. 风机盘管机组的分类

风机盘管机组按结构形式可分为卧式暗装（吊挂）、卧式明装（吊挂）、立式暗装、立式明装、卡式（吊挂）、低矮式明装、低矮式暗装、地板式和壁挂式等类型；按接管方式可分为两管制、四管制等形式；按运行用途可分为通用型、干式、大温差式、单制热式等形式。工程上常用的为卧式暗装型风机盘管。

2. 卧式暗装风机盘管的安装

（1）吊装螺栓的安装：吊装螺栓的安装形式包括如下几种。

1）木制构造：在梁上横跨放置方棒材并安装吊装螺栓。

2）原有混凝土坯，用嵌衬、埋入螺栓等安装吊装螺栓。

3）新设混凝土坯，用埋入式螺栓、埋入式拉栓、埋入式塞柱等安装吊装螺栓。

4）钢梁桁结构：设置并直接利用支撑用角钢安装吊装螺栓。

（2）机组安装：机组应由支吊架固定，并便于拆卸和维修，注意保持机组外部完整无损，内部各转动部件不得相碰，安装时应防止杂物进入风机叶轮、电机和换热器，同时保证排水端较另一端至少低3～5mm，以确保冷凝水顺利排出。在机组搬运和安装时，连接管两端不能作手柄之用，以防出现断裂现象。

（3）风管连接：回风口应安装过滤器，以防尘埃堵塞翅片，确保热交换器传热效果。

（4）水管安装：空调供回水采用低进高出方式，水管与风机盘管连接应采用软管，进出水管应保温，螺纹连接处应采用聚四氟乙烯生料带密封，冷凝水管应保证足够的坡度，以保证冷凝水顺利排出。风机盘管应在管道清洗排污后连接，以免堵塞热交换器。风管和水管的重量不能由风机盘管来承受，应选用支、吊、托架固定，确保安装的牢固。

3. 其他形式风机盘管机组的安装

（1）机组安装：立式明（暗）、低矮式明（暗）装机组应自带可调节底座固定；卧式明装、卡式（吊挂）吊装方式同卧式暗装机组；地板式机组由按项目要求配套的可调节托架固定；壁挂式机组应由自带背架构件固定。机组安装应注意留有检修面空间以便于拆卸和维修，注意保持机组外部完整无损，内部各转动部件不得相碰，安装时应防止杂物进入风机叶轮、电机和换热器，凝结水盘按制造商产品说明书保持必要坡度，以确保冷凝水顺利排出。在机组搬运和安装时，进出水连接管两端不能作手柄之用，以防出现断裂现象。

（2）风管连接：机组回风口应安装过滤器，以防尘埃堵塞翅片，确保热交换器传热效果。

（3）水管安装：供回水采用低进高出方式，水管与机组内热交换器连接应采用软管，进出水管应保温，螺纹连接处应采用聚四氟乙烯生料带密封，防止渗漏，冷凝水管应保证足够的坡度，以保证冷凝水顺利排出。风机盘管应在管道清洗排污后连接，以免堵塞热交换器。水管的重量不能由风机盘管来承受，应选用支、吊、托架固定。立式、低矮式、地板式机组穿过楼板时应敷设带保温的安全套管。

38.6.4.2 诱导器安装

1. 诱导器的结构及工作原理

（1）诱导器的结构：由外壳、热交换器、喷嘴、静压箱和一次风连接管组成。

(2) 诱导器的工作原理:经过集中处理的一次风首先进入诱导器的静压箱,然后高速从喷嘴喷出,在喷射气流的作用下,诱导器内部形成负压将二次风诱导进来,再与一次风混合形成空调房间的送风。二次风经过热交换器时可被加热、冷却减湿。

2. 诱导器的安装

(1) 诱导器安装前必须逐台进行质量检查,具体内容如下:

1) 各连接部分不能出现松动、变形和产生破裂等情况;

2) 喷嘴不能脱落、堵塞;

3) 静压箱封头处的缝隙密封材料,不能有裂痕和脱落;

4) 一次风调节阀必须灵活可靠,并调到全开位置,以便于安装后的系统调试。

(2) 诱导器经检查符合质量要求后,即可进行正式安装,具体要求如下:

1) 按设计规定的型号就位安装,并检查喷嘴的型号是否正确;

2) 暗装卧式诱导器应由支、吊架固定,并便于拆卸和维修;

3) 诱导器与一次风管连接处应密闭,防止漏风;

4) 水管与诱导器连接宜采用软管,接管应平直,严禁渗漏;

5) 诱导器水管接头方向和回风面朝向应符合设计要求,立式双面回风诱导器,应将靠墙一面留 50mm 以上的空间,以利于回风;卧式双回风诱导器,要保证靠楼板一面留有足够的空间;

6) 诱导器与风管、回风室及风口的连接处应严密,出风口或回风口的百叶格栅有效通风面积不能小于 80%;

7) 诱导器的进出水管接头和排水管接头不得漏水,连接支管上应装有阀门,便于调节和拆装,排水坡度应正确;

8) 进出水管必须保温,防止产生凝结水。

38.6.4.3 变风量末端装置安装

1. 变风量末端装置的分类

变风量末端装置主要由风机、分风箱、控制器、传感器、执行器、风阀等构成。变风量末端装置的分类方法多种多样,分类举例见表 38-88。

变风量末端装置分类　　　　　表 38-88

分类名称	类型
末端型式	单风管型、双风管型、诱导型、旁通型、串联式风机动力型、并联式风机动力型
再热方式	无再热型、热水再热型、电热再热型
风量调节	压力相关型、压力无关型
调节阀	单叶平板式、多叶平板式、文丘里管式、皮囊式
风量检测	比托管式、风车式、热线热膜式、超声波式
控制方式	电气模拟控制、电子模拟控制、DDC 控制
箱体	圆形、矩形、风口型
保温消声	带/无保温型、带/无消声

2. 变风量末端装置的安装

变风量末端装置的安装应符合下列规定:

(1) 产品的性能、技术参数应符合设计要求;

(2) 安装位置应正确,固定应牢固、平整、便于检修;

(3) 安装时应设独立的支、吊架,与风管连接前宜做动试验,且应符合产品的性能要求;

(4) 叶轮应转动灵活、方向正确,机械部分无摩擦、松脱,电机接线无误;应通电进行试运转,电气部分不漏电,声音正常;

(5) 与进、出风管连接时,均应设置柔性短管;

(6) 与冷热水管道的连接,宜采用金属软管;

(7) 冷热水管道上的阀门及过滤器应靠近变风量末端装置安装;

(8) 金属软管及阀门均应保温。

38.6.4.4 冷辐射系统末端安装

冷辐射空调系统是指通过辐射传导提供空调环境的末端设备系统。在实际运行中,通常是冷辐射系统+新风系统,空调前区可设风机盘管。通过智能控制,在预处理热湿环境达到冷辐射系统开启的条件时,冷辐射系统开启,同时控制冷辐射系统回水管电动阀和新风机组的送风参数,防止冷辐射板结露。冷辐射吊顶分裸露式和装饰扣板式,市场主流为装饰扣板式产品;冷辐射壁板一般均为扣板式产品。

1. 冷辐射吊顶系统安装

(1) 冷辐射顶棚施工工艺流程

施工准备→放线→龙骨安装调平→灯带、包梁板安装调平→机电末端开孔→顶棚、软管和全铜转换接头的试压实验→金属冷辐射顶棚安装调缝→收口板测量和安装→风机盘管安装调缝→收边收口板装→冷辐射顶棚和冷冻水管试压→精调缝→调试运行

(2) 龙骨安装施工

1) 冷辐射吊顶由龙骨和顶棚两部分组成,龙骨由一级龙骨和二级龙骨组成。房间的隔墙完成且满足龙骨放线精度后可进行龙骨的安装;墙体缺失的,可利用墙体的定位线进行定位。

2) 龙骨应在做好机电综合布线且管道安装、试压、保温等工序完成并验收合格后进行。施工时严格控制放线精度,确保龙骨定位准确,安装地面轴线用水平仪标出顶面正确的钻孔位置,来进行安装吊杆的作业。

3) 吊杆和龙骨的材质规格、安装间距以及连接方式应符合设计要求。吊点设置安全牢固,吊杆、一级龙骨、斜撑、二级龙骨之间连接牢固紧密。

4) 龙骨的标高、尺寸、起拱高度应符合设计要求。

5) 吊杆间距应符合设计要求。一般吊点之间的距离应小于1m。龙骨调整应使用放线方法,在二级龙骨完成后进行整个龙骨系的精调。

6) 冷辐射板吊挂系统的四条安全吊杆强度足以承担吊顶通水后的重量,吊杆长度适宜辐射板放下且满足检修空间。

7) 应注意保护顶棚内已经安装好的各种管线,吊杆、龙骨不得固定在通风管道或其他设备上,其他专业的吊挂件也不得吊挂在已经装好的龙骨上。

(3) 协调与配合

1) 在龙骨安装过程中,应按照机电末端图纸做好相关烟感、喷淋头、灯、弱电管线、

放线留位工作，机电末端应由机电施工单位在吊顶平面图上布置，并得到设计单位确认。

2）应系统地、前瞻地考虑冷辐射顶棚的安装与机电、装修、土建的协调与配合。

(4) 顶棚施工

1）冷辐射板主要由冷盘管、盘管基座、顶棚面板组成，附属部分还包括用以减少冷损失的保温棉及用以吸声的吸声纸。完成面应干净、整洁，无色差。

2）铜管弯管半径应统一，端口切割平整，管壁厚度符合设计要求。

3）传热基板与吸声纸连接应牢靠，吸声纸必须完整且强度满足设计要求，传热胶的粘结强度必须保证在较大外力作用下传热基板也不与吸声纸分离。

4）保温材料必须完全覆盖冷辐射板背面，周边与冷辐射板接触处严实，保温厚度满足保冷要求。

(5) 产品防护与试压

1）冷辐射板易变形，在运输、搬运、仓储以及施工过程中，应做好防水、防霉、防火、防污染、防生锈工作，搬运与安装过程中，应至少由两名工人双手扶辐射板长边进行操作。

2）到货后应抽取每一批次的顶棚、软管、全铜转换插接头、电动阀以及截止阀进行统一试压，在规定试验压力下，稳压30min无压力降，再将压力降至工作压力保压120min，承压合格且外观检查无泄露为合格。

(6) 安装位置

1）冷辐射板应按安装位置进行编号，面板规格与安装位置应适配，精细控制缝隙，做到横平竖直，宽窄一致。

2）施工中应及时掌握材料的配置和分配，小配件应做到件件有型号和数量标记，及时合理配发每个施工区域的用量。

(7) 软接

1）冷辐射板转换接头连接应牢固，连接冷辐射板的金属软管应无折压、盘曲且具有一定弹性和足够的柔性，无扭曲瘪管，长度满足现场安装要求，软管套头插进铜管约20mm，插软管时不能撬接铜管，以免水流不畅。

2）冷辐射板背面的铜管和软管连接时应注意软管箍套与铜管连接紧密，无渗漏。

3）一个供冷单元串联的冷辐射板之间用不锈钢软管进行连接。

2. 辐射壁板系统安装

辐射壁板主要由冷（热）盘管、盘管基座、壁板面板组成，附属部分包括用以减少热传导的保温棉及用以吸声的吸声纸。辐射壁板的安装应符合下列规定：

(1) 同一规格的辐射壁板各部位尺寸必须相同，完成面应干净整洁，无色差。

(2) 铜管弯管半径应统一，端口切割平整，管壁厚度符合设计要求。

(3) 传热基板与吸声纸连接应牢靠，吸声纸完整且强度满足设计要求，传热胶的粘结强度必须保证在较大外力作用下传热基板也不与吸声纸分离。

(4) 保温材料完全覆盖辐射壁板背面，周边与辐射壁板接触应严实，保温良好。

(5) 辐射壁板龙骨可采用金属或木质材料，金属材质龙骨应做好保温绝缘措施，木质龙骨应进行防腐绝缘处理；辐射壁板龙骨安装工艺流程与冷辐射吊顶相似，壁板龙骨施工前应放线检查墙面平整度，满足龙骨放线精度后再进行龙骨的安装。一级龙骨、斜撑、二级龙骨之间连接应牢固紧密，一级龙骨应至少用 3 颗自攻螺栓固定连接件且连接紧密。

（6）辐射壁板调平、机电末端开孔、接管、软管和全铜转换接头的试压实验、壁板安装调缝、收口板测量和安装等工艺与冷辐射吊顶相似；墙面插座、开关应预先正确定位开孔，全金属龙骨配金属辐射壁板时应采取安全接地措施。

38.6.5　加湿和除湿设备安装

38.6.5.1　加湿设备安装

1. 加湿器的分类

气化式加湿器：滴下浸透气化式、透湿膜式；

蒸汽式加湿器：干蒸汽式、间接蒸汽式、电热式、PTC 加热式、红外线式、电极式、环形加热式；

水喷雾式加湿器：高压喷雾式、高压微雾式、超声波式、双流体式、离心式。

2. 气化式加湿器

（1）工作原理

气化式加湿器通过给加湿材料均匀滴水，使加湿材料充分浸透水分或形成水膜，空气流过加湿材料表面时产生热交换，发生自然蒸发而实现加湿。气化式加湿器的加湿材质应为具备吸水性的材料，工作原理如图 38-83 所示。

（2）安装位置

气化式加湿器主要与空调机组配套使用，需吸收热量才能有效加湿，一般安装在加热盘管下游侧（即出风面侧）。

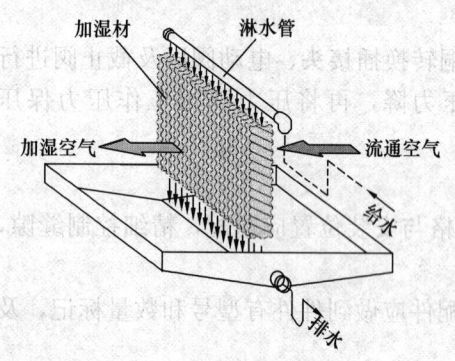

图 38-83　气化式加湿器原理图

（3）尺寸确认

气化式加湿器是根据空调机组截面尺寸非标订做的产品，需适配空调机组内腔尺寸。

（4）主机安装

将气化式加湿器主机拆散（均为不锈钢螺栓组装部件），装进空调机组加湿段，再次组装后安装固定在加热盘管的法兰框架上或机组内部框架上，可采用自攻螺栓安装固定。

（5）部件安装

气化式加湿器的控制部件（给水电磁阀等）均组装在一个控制箱内，给水部件还包括过滤器、减压阀和一些配管，一般将其安装在空调机组的外侧面板上。

3. 高压喷雾式加湿器

（1）工作原理

高压喷雾式加湿器利用小型增压水泵将常压水增压到 0.3～0.4MPa，并通过喷雾集管输送到末端喷嘴，使喷出的雾状水滴与流通的空气进行接触而实现加湿。

（2）安装位置

高压喷雾式加湿器主要由主机（水泵）、喷嘴系统和挡水板三部分组成，安装在加热盘管出风侧，同时须增加挡水板。

(3) 主体安装

高压喷雾式加湿器主机安装在空调机组加湿段的外壁板上；喷嘴系统则根据机组截面大小和喷嘴数量均匀布置在加湿段内，喷嘴集管固定在支架上，安装时将主机与喷嘴系统连接即可。

(4) 集管连接

高压喷雾式加湿器主机与喷雾集管之间采用软铜管连接，在机组侧壁开孔并将软铜管插入，与集管接口密封连接。

(5) 挡水板安装

高压喷雾加湿器挡水板与喷嘴的距离应大于400mm，下方须设置不锈钢泄水盘及排水口。

4. 干蒸汽式加湿器

(1) 工作原理

将外源饱和蒸汽通过加湿器进行减压干燥，成为低压干燥蒸汽，再通过喷雾管喷射到空调箱中与流通的空气混合，从而实现加湿。

(2) 加湿器安装

干蒸汽式加湿器主机分为干燥室和喷雾管两大部分，安装时根据机组实际截面尺寸，可将加湿器整体安装在空调箱体内，或只将喷雾管部分安装在空调箱体内。

5. 电热式加湿器

(1) 工作原理

电热式加湿器利用电加热棒加热罐中的水产生蒸汽进行喷雾加湿，控制性能良好，可实现比例/开关两种控制模式。

(2) 加湿器安装

电热式加湿器主要由主机和喷雾管组成，安装在加热盘管下游侧。主机须配置给水管、排水管并安装在机组加湿段外侧，利用蒸汽软管将主机产生的蒸汽输送至机组内的喷雾管进行喷雾加湿，须在加湿段设置泄水盘。

38.6.5.2 除湿设备安装

除湿设备按工作原理不同，分为制冷除湿机、转轮式除湿机和除湿热管三大类型。

1. 制冷式除湿机

一般由制冷压缩机、表面式蒸发器、风冷式冷凝器和风机、空气过滤器等部件组成，多为整体立柜式机组，顶部送风。

制冷除湿机的安装方式分为固定式和移动式两种，固定式除湿机固定设置在土建台座上，移动式除湿机则在底座下设有可转动轮子。

无论固定式还是移动式，在制冷除湿机四周，不得有高大障碍物阻碍空气流通而影响除湿效果。此外，制冷式除湿机应适配排水设施以便凝结水排出。

2. 转轮式除湿机

(1) 概述

转轮式除湿机主要由转轮系统和再生系统两大部分组成，除湿能力强，性能稳定，广泛适用于潮湿场所（如地下建筑、洞库等）。

(2) 安装

转轮式除湿机可落地安装，也可架空安装，应符合下列规定：

1) 除湿机的室外空气进口，应尽可能避免与再生空气排出口布置在同一侧，或采取有效措施防止气流短路。

2) 再生系统的风管，应采用耐热、耐湿、不燃或难燃材料制作。

3) 再生后空气的排出管应有不小于2‰的坡度，且坡向出口方向。

4) 再生后空气的排出管，长度不宜过长，并应做绝热处理。

5) 安装转轮式除湿机的环境温度，应高于处理空气的露点温度，如无法保证时，须对处理空气的风管进行绝热处理，防止产生冷凝水而损坏转轮。

3. 除湿热管

(1) 概述

除湿热管是一种热量传递装置，能将回风端的大量热量传递到送风端，其特点是热管内部充以液体工质，利用液体蒸发和冷凝的过程传热，工作时无传动能源消耗。

1) 除湿热管一般是基于水平热管的三维结构，使工质的毛细结构抽吸与不同端面温差、介质压差相互结合，在微小高程范围内满足循环微驱动要求。

2) 除湿热管由两个区段组成，第一个区段设置在空调冷盘管前的空气入口处，第二个区段设置在空调冷盘管后的空气出口处。热气流经过第一个区段时，热管内的液体蒸发，将热量传送到第二个区段。空气通过冷盘管后温度降低，水分凝结除湿。过冷的空气被第二个区段利用吸收自第一个区段的相同热量加热成温度舒适且湿度较低的空气。

3) 由于除湿热管是被动传热，整个预冷和再热过程没有能源消耗。

(2) 安装

除湿热管的安装应符合下列规定：

1) 除湿热管到达现场开箱后，应对型号、规格等进行校核；

2) 除湿热管前应加设G4以上过滤器，以防热管受到污染，效率降低；

3) 应注意产品气流方向标识是否与空调系统气流方向一致；

4) 除湿热管安装后必须用水平仪调整水平度，使热管保证绝对水平；

5) 整个除湿热管和冷却盘管必须安装在集水盘内，以防冷凝水外泄；

6) 除湿热管安装完毕后，应检查热管、冷却盘管、箱体间各封板是否有渗漏或气流短路现象。

38.6.6 油烟净化器安装

38.6.6.1 油烟净化设备分类

1. 静电式油烟净化设备

静电式油烟净化设备利用高压电在极板之间形成电场，当油烟颗粒或液滴通过时被电离，使其带电而被极板吸附净化。

2. 多段式油烟净化设备

多段式油烟净化设备在静电式油烟净化设备的基础上叠加不同的功能段，如前置功能段（重油过滤器、防火阀、前置滤网等）和后置功能段（活性碳过滤器、紫外灯杀菌段等)。

不同的功能段可拦截不同粒径的油雾、粉尘,使设备发挥其最佳工作效率。一般采用分体式设计,现场拼装,连接各功能段的法兰并做好密封即可。

38.6.6.2 油烟净化设备安装

多段式油烟净化设备的安装内容可涵盖前述两种类型油烟净化设备,以多段式设备安装为例,包括3大部分:前置管路、净化设备主机、后置功能段。

1. 单台设备独立安装

(1) 前置管路的安装

前置管路包括集烟罩和前置风管,根据风量和均匀性要求,需制作适配的风管。

1) 风管截面尺寸的确定

① 综合考虑经济性和空间限制,一般风管的横截面积不应小于油烟净化设备主机进风口的横截面积。

② 当风管与油烟净化设备主机连接时,进风管段应有2倍以上直径的直管段,以便气流运行稳态。空间受限时,可在主机进口处设置容积较大的静压箱体,确保气流平缓进入处理设备。

2) 风管材料厚度的选择

油烟净化管道多采用镀锌钢板角钢法兰连接,角钢型号以3.5号以上为宜,镀锌钢板厚度一般1万 m^3/h 对应0.75mm,1.5万~2万 m^3/h 对应1.2mm,2万 m^3/h 以上对应1.5mm。

3) 风管制作安装

① 弯头应采用低阻力大圆弧弯头,避免直角弯头产生涡流增阻。

② 风管咬口处和法兰处的制作应注意防止滴油。

③ 风管两法兰连接处应加耐油橡胶密封垫。

④ 管路的最低处应设置排油口。

(2) 净化设备主机的安装

1) 开箱检查应在干净场所进行,以免零部件被污染,设备外观完好,备件齐全。

2) 电子净化设备主机的固定。预先拆下预过滤器、后过滤器以及离子箱,并妥善放置于一旁。主机机箱采用吊装或台基支架安装,检修门前应留出离子箱和过滤器的拆卸空间,安装要点如下:

① 根据产品的组合重量,选用合适的紧固件,并视现场情况安全固定。

② 根据产品叠加外形制作角钢吊(托)架,螺栓连接或焊接,将多台主机机箱拼装固定。

③ 固定时须进行整体调整,使机体保持水平,装入离子箱。

④ 扣紧电控箱;室外安装时,需搭建雨篷并完善防雨措施。

(3) 后置功能段的安装

后置功能段一般为紫外灯功能段,活性炭功能段和其他种类的滤网。使用螺栓将后置功能段通过自带法兰(或变径法兰短管)与主机机箱连接起来,并采用适配垫料密封。

(4) 附件安装

1) 清洗系统的安装(仅适用于带自动清洗功能的设备)

① 清洗系统应靠近设备，距离一般≤6m。
② 必须留出清洁桶定期填充洗涤剂和安装水力泵组的空间。
③ 放置位置确定后可通过预留孔用固定块固定，也可通过螺栓连接或焊接固定。
④ 清洗管路的连接应考虑实际工况（温度、清洗液特性等）选用适配水管，并按产品说明书要求安装相关部件，并连接排水管。
2）控制器的安装
① 控制器安装高度一般为0.6～1.7m，并尽可能地靠近空气净化机主机位置。
② 控制器应安装在室内；安装在室外时，须配备防雨措施。
2. 多台设备叠加安装
根据不同的风量要求，可选用多台净化器并联，进行设备的叠加安装。
(1) 实施步骤
1）确定安装方式是台基安装或吊架安装。画出叠加方案草图并在设备上编号标记。
2）依设计方案进行叠加，直至达到所需叠加数量和高度。
3）对于带自动清洗功能的设备，有主副机之分；副机无上盖箱板，叠加时须拆掉所有下层机箱顶板，并在顶层副机上安装盖板。
4）叠加清洗装置的时候需妥善连接各层排水通路。
5）在机箱之间安装密封垫圈，通过机箱内顶上的预设螺母用内六角螺钉连接机箱。
6）所有叠加完成后，将接线盒自顶向下逐个直接串接起来，以便使用一个控制器控制整个组合。
(2) 注意事项
1）一般同型号设备可叠加，不同型号设备无法叠加。
2）由主副机搭配的时候，主机须放在最下层。
3）使用台基安装的时候，保证设备离地不低于500mm，以便于排水。
4）安装平台和设备之间通过螺栓连接固定。
5）当安装的设备超过3层后，须有额外的加强来保证支撑。
6）叠加后的设备组合不建议采用简单吊装；或设置安全可靠的承台式吊架。

38.6.7 过滤器安装

38.6.7.1 过滤器的分类

1. 按过滤效率，一般分为初效过滤器、中效过滤器和高效过滤器3种。
(1) 初效空气过滤器
一般用于空调系统的初级过滤、洁净系统回风过滤和预过滤。主要有G1～G4无纺布初效过滤器、尼龙网初效过滤器、金属网初效过滤器和活性炭初效过滤器。
(2) 中效空气过滤器
可捕集1～5μm尘埃粒子，广泛应用于空调通风系统中级过滤，如制药、医院、电子、化妆品、精密机械、食品等行业。主要有袋式中效过滤器、板式中效过滤器，滤料一般为特殊无纺布或玻璃纤维，效率为60%～95%@1～5μm（比色法）。
(3) 高效空气过滤器
可捕集0.1～0.5μm的细小微粒，适用于各类洁净空间及其他须严格控制空气污染的地方。滤料一般采用超细玻璃纤维纸,效率为 99.999%@0.3μm(DOP 法)。

2. 按过滤材料分类

大致可分为介质型、静电型和滤筒型。介质型滤料一般为特殊无纺布、玻璃纤维或高性能纸质复合材料;滤筒型滤料一般为各种等级木质活性炭或植物壳体碳化物;静电型滤料一般由金属电离丝(针)和金属集尘片(平板式或蜂窝式)组成。

38.6.7.2 过滤器的安装

1. 介质型过滤器安装

介质型过滤器的运输、存储及安装应符合下列规定:

(1) 在运输、存储及搬运过程中,不得挤压产品,不得攀爬、踩踏。

(2) 产品的搬运必须使用叉车或其他专用搬运设备,专业人员操作。

(3) 运输及存储过程中,应确保环境的干燥,禁止将产品安放在潮湿及开放的场所。

(4) 运输及存储过程中必须以包装上所指的方向向上放置,不得横放、倒放。

(5) 严禁倾倒、摔落,避免滤网碰触其他物品。

(6) 开箱前应先检查包装纸箱是否完整,如有破损或受碰撞痕迹,应妥善更换处置。

(7) 首先拆除包扎带,然后依次将过滤器搬到使用现场,按既定过滤框架进行轨道式或紧扣式安装。

(8) 部分中高效过滤器安装前应根据要求配置过滤框密封条。

2. 静电型过滤器安装

静电型过滤器的安装主要有风管式或机组箱体内安装两种形式;机组内安装位置一般是过滤段中,板式初效过滤器后,须预留不少于 400mm 的空段。

(1) 安装模块

模块与模块之间采用暗接触点的形式通电,最终汇集到一侧的布线槽,集成到外面的电源箱内。

(2) 安装净化模块导轨

在机组预留空间位置底部放置两条电场模块安装导轨,并用适配紧固件固定。

(3) 安装净化模块靠板

将净化模块靠板安装在空调机组的侧壁上,并妥善固定,在机组安装靠板的侧壁合适位置上开一个 $\phi 16$ 孔,套上保护套,穿上绝缘管,将高压接线插头插在靠板的相应的插片上并从该孔穿出,待外部接线用。

(4) 安装电场模块

将电场模块按照配置表的数量放置在导轨上,并靠紧模块,每层模块间用连接线连接。

(5) 封板

电场模块的组合尺寸和机组内腔间空隙,须用挡板进行密封,并用直角条固定。

(6) 安装电控箱

电控箱一般安装在空调机组的面板上,并靠近电场靠板一侧,电控箱含有高压电源,安装时控制箱离地高度宜≥1.5m。高压线从电控箱引出套上波纹管接入空调机组内。

(7) 接线

1) 高压线:正极连接针板,负极连接模块外壳,由靠板引出的高压线接入电控箱,插在相应的高压接线端上。

2) 信号线：接上高压箱的信号线，并将信号线插头接到控制箱信号输入端相应端口。

3) 电源线：电源进线应采用≥1.5mm² 的电源线，并与外接电源接线端正确连接。

4) 远程控制线采用≥0.5mm² 的电源线，由远程控制端提供一组触点信号，用于控制净化装置联动工作。

38.6.8　空气洁净设备安装

38.6.8.1　选择原则

空气洁净设备的安装适用于各类洁净空间及相关吹淋室、气闸室、净化空调机组、生物安全柜等设备；有特殊要求的设备安装，应按设备的技术文件的规定执行。具体选型应根据洁净空间洁净度等级、构成和净化方式等因素综合确定。

1. 洁净度等级

现行国家标准《洁净厂房设计规范》GB 50073 给出了以空气中悬浮粒子浓度为划分依据的洁净度等级标准，共9个等级。洁净空间不但对洁净度等级有严格规定，而且对温度、湿度、压力、新风量等参数都有具体规定。

2. 洁净室的分类

（1）洁净室按照净化形式可分为全面净化和局部净化，通过空气净化等措施，使室内整个工作区成为洁净空气环境的称为全面净化；仅使室内局部工作区域空间形成洁净空气环境的称为局部净化。局部净化可用局部净化设备或局部净化系统送风的方式来实现。

（2）按照气流组织形式可分为单向流洁净室和非单向流洁净室。

（3）按构造可分为整体式洁净室、装配式洁净室和局部净化式洁净室三类。

3. 洁净室的构成

（1）整体式洁净室

采用土建围护结构，根据工艺要求，构成一个或若干个房间，并配置适当的内饰。一般采用洁净空气处理机组集中送风、全面净化或全面净化与局部净化相结合的洁净室。

（2）装配式洁净室

采用风机和过滤器机组、洁净工作台、空气自净器等设备中的一部分或全部，与拼装式壁板、顶板、地板等在工厂预制，在现场拼装成型。并配置温度、湿度处理装置。

（3）局部净化式洁净室

通常是在一般空调空间内，对个别房间或局部空间实现空气净化；或在低洁净度环境中对局部区域实现较高洁净度的空气净化。实现局部净化的方式，一般包括如下三种做法：

1) 在已有建筑物内用轻质密封结构围成一间或几间小室，设置一个或几个独立的净化系统，作为小室的送、回风。空气处理设备可集中设在机房内，也可就地设置。

2) 根据工艺需要，安装装配式洁净室。

3) 根据工艺需要，安装各种形式的局部净化设备。

4. 一般规定

（1）空气洁净设备应按出厂时外包装标志的方向装车、放置，运输过程中防止剧烈振动和碰撞。

(2) 空气洁净设备运到现场开箱之前,应在较清洁的地方存放,并注意防潮。允许短时间在室外存放,但应有防雨、防潮措施。

(3) 空气洁净设备开箱应在较干净的环境下进行,设备开箱检查合格后应立即安装。

(4) 应按装箱单进行检查,做到设备无缺件,表面无损坏和锈蚀等情况,且内部各部分连接牢固。

(5) 空气洁净设备的安装一般情况下应在建筑内部装饰和净化空调系统施工安装完成,并进行全面清扫、擦拭干净之后进行。但与洁净室围护结构相连的设备或其排风、排水管道必须与围护结构同时施工安装,与围护结构连接的缝隙应采取密封措施;设备及其管道的端口应封闭;每台设备安装完毕后,洁净室投入运行前,均应将各类端口封闭。

(6) 安装空气洁净设备的地面应平整,设备在安装就位后应保持纵轴垂直、横轴水平。

(7) 带风机的气闸室或空气吹淋室与地面之间应设隔振装置。

(8) 凡有机械联锁或电气联锁的空气洁净设备(如传递窗、气闸室、生物安全柜等),安装调试后应保证联锁处于正常状态。

(9) 凡有风机的空气洁净设备,安装后风机应进行试运转,试运转旋转方向须正确;试运转时间按设备的技术文件要求确定,一般不应少于2h。

(10) 空气洁净设备的验收标准应符合该设备的技术文件要求。

38.6.8.2 高效过滤器的安装

1. 概述

高效过滤器是净化空调系统终端过滤设备,是净化设备的核心,按照现行国家标准《高效空气过滤器性能试验方法 效率和阻力》GB/T 6165进行测定的效率不低于99.9%。

高效过滤器是空气净化系统的重要净化设备,安装质量直接影响着洁净空间最终的净化效率。高效过滤器除安装于净化工作台内做局部净化、安装于洁净室内做洁净系统的集中净化外,还可分散地安装于空气洁净系统的末端,作为各个送风口处的空气再净化设备。

2. 安装技术要求

高效过滤器一般安装于金属框架中,按照过滤器产品的外形尺寸现场制作好安装框架后,应保证过滤器与安装框架嵌接的严密性。

(1) 应按亚高效、高效过滤器出厂标志竖向搬运和存放,以防止由超细玻璃棉制作的滤纸被过滤层隔板压折。

(2) 必须在洁净室全部安装工程完毕,并全面清扫、吹洗和系统连续试车12h以上后,才能在现场开箱检查过滤器产品并安装。

(3) 安装前须进行外观检查和仪器检漏。目测不得有变形、脱落、断裂等破损现象;仪器抽检检漏应符合产品质量文件的规定。合格后立即安装,方向正确,安装后的高效过滤器四周及接口,应严密不漏;在调试前应进行扫描检漏。

(4) 框架端面或刀口端面应平直,单只断面平整度允差≤1mm,安装时对过滤器的外框不得修改。

(5) 过滤器与安装框架之间必须垫密封垫料(如海绵橡胶板),或涂抹硅橡胶。密封垫料厚度为6~8mm,定位粘贴在过滤器边框上,安装后垫料压缩应均匀,压缩率宜为

25%～30%。

(6) 采用硅橡胶作密封时，应先清扫过滤器表框上的杂物和油垢，挤抹硅橡胶应饱满、均匀、平整并应在常温下施工。

(7) 采用液槽密封时，槽架应水平安装，不得有渗漏现象，槽内无污物和水分，槽内密封液高度不应超过2/3槽深。密封液的熔点宜高于50℃；

(8) 过滤器外框上的箭头应与气流方向一致。

(9) 高效过滤器送风口风速应在0.3～0.6m/s之间，或参照国家标准相关条款选型。

38.6.8.3 洁净工作台的安装

1. 概述和分类

洁净工作台的新风或回风口经预过滤器过滤吸入，空气由风机加压、经高效过滤器过滤的洁净空气送到操作区，然后排到室内或室外。有些洁净工作台设置有空气幕，带空气幕的洁净工作台操作区的风速可适当降低。

(1) 洁净工作台按气流流型可分为非单向流（又称乱流）式和单向流（又称平行流）式，其中单向流式又可分为水平单向流式和垂直单向流式。

(2) 洁净工作台按风系统形式可分为直流式和循环式，介于两者之间的称为半直流式或半循环式。

(3) 洁净工作台按用途可分为通用式和专用式。

(4) 洁净工作台按结构可分为整体式和脱开式。

2. 选用原则

(1) 工艺装备或器具在水平方向对气流阻挡最小时，选用水平单向流洁净工作台；在垂直方向对气流阻挡最小时，选用垂直单向流洁净工作台。

(2) 当工艺过程产生有害气体或粉尘时，选用排气式洁净工作台。

(3) 当工艺过程对防振要求较高时，可选用脱开式洁净工作台。

(4) 水平单向流洁净工作台对放布置时，其净间距不小于3m。

3. 单向流洁净工作台性能要求

(1) 当洁净工作台设有空气幕时，操作区初始平均风速为0.3～0.4m/s。无空气幕时，操作区初始平均风速为0.4～0.5m/s，操作区断面风速波动范围应在20%以内。

(2) 操作区气流应均匀，流线基本平行。

(3) 操作区洁净度在一般室内环境下，可达到3级。

(4) 噪声要求不大于62dB(A)。

(5) 通用洁净工作台操作区的照度一般不小于300lx，光线应柔和均匀。专用洁净工作台操作区的照度按工艺要求确定。

38.6.8.4 层流罩的安装

(1) 设备的开箱应在清洁的环境下进行，应检查合格证、装箱清单，表面有无损坏和锈蚀等；合格后即进行安装；不得长时间暴露于不清洁环境中。

(2) 在建筑物内部装饰和净化空调系统施工完成并进行全面清扫、擦拭干净后方可进行层流罩的安装。

(3) 层流罩与建筑构件连接的接缝应采取密封措施，吊装时应设有密封及隔振措施。

(4) 应设置独立的防晃动的吊杆，安装后应保持纵向垂直，横向水平，允差合格。

(5) 有风机的层流罩应加装隔振垫层；有联锁要求的应保持连锁状态正常。

38.6.8.5 风机过滤器单元的安装

风机过滤器单元（FFU），广泛应用于洁净室、洁净工作台、洁净生产线和局部百级等洁净工作场所。其工作原理为：空气由风机从 FFU 顶部吸入并经过滤器过滤，过滤后的洁净空气以 0.45m/s±20% 的风速经由出风面均匀送出。

1. FFU 产品运输及存储

(1) 顶部风机组件

1) 在运输装箱及存储过程中，产品不许堆叠，表面不得堆放任何物品。不得挤压产品，不得攀爬、踩踏。产品的搬运必须使用叉车等专用的搬运设备，专业人员操作。

2) 确保环境干燥，禁止将产品安放在潮湿及开放的场所。必须以包装上所指的方向向上放置，不得横放、倒放。

(2) 过滤器组件

1) 包装箱放置必须以箱上所示箭头朝上的方式放置，不得倒置或平躺放置。

2) 包装箱堆置层数：规格 570mm 以下以 3 层为限；规格 570～760mm 以 2 层为限；规格 1170mm 及以上以 1 层为限。

3) 包装箱上严禁摆放其他物品，严禁倾倒、摔落，避免滤网碰触其他物品。

4) 确保环境的干燥，禁止将产品安放在潮湿及开放的场所。

2. FFU 产品拆箱

(1) 顶部风机组件

1) 开箱前应先检查包装纸箱是否完整，如有破损或受碰撞痕迹，应妥善更换处置。

2) 开箱工作至少需四位工人同时进行，并严格遵守搬运说明及注意事项。

3) 拆除包扎带后依次将每个组件搬到平整及洁净的地面上，注意操作必须缓慢、平稳且有专人保护，避免包装箱摔落及碰撞。

4) 拆箱时应小心割开密封胶带。拆箱后将上部开口展开，并由两人慢慢地将箱体倒置过来；然后两人从两侧同时慢慢地提起纸箱。小心剥去外面的塑料袋，动作不应过大，以免拉倒设备。

5) 如不能马上安装，应不进行拆箱操作。

(2) 过滤器组件

1) 开箱前应先检查包装纸箱是否完整，如有破损或受碰撞痕迹，应妥善更换处置。

2) 开箱工作至少需两位工人同时进行，并严格遵守搬运说明及注意事项。

3) 拆箱时应用美工刀片小心割开密封胶带，勿伤及箱内物品。

4) 拆箱后必须由两人合力各持滤芯之一端型材，将过滤芯由箱内保护纸衬板中往上取出，须轻取轻放，避免滤网受碰撞或摔落。然后将滤芯的塑料袋取下，避免用力拉扯；应避免在取下塑料袋时伤及滤材。

5) 除抽验工作外，过滤芯在施工安装前应勿拆箱，避免拆箱后放置过久再施工安装。

6) 严禁将手或工具放于过滤器组件上；严禁将过滤器的过滤面平躺放置在其他表面上；应按照过滤器纸箱上所指示的方向放置以避免损伤。

3. FFU 安装

(1) 风机过滤器单元的高效过滤器安装前应按现行国家标准《洁净室施工及验收规

范》GB 50591 的规定进行检漏，合格后进行安装，方向必须正确；安装后风机过滤器单元应便于检修。

（2）风机过滤器单元的安装应保持整体平整，与吊顶衔接完好，风机箱与过滤器、过滤器单元与吊顶框架间应有可靠密封。

（3）安装时应小心地将设备从运输包装中移出并仔细检查产品是否完好。

（4）取下设备外面的塑料袋并妥善移至所要安装该设备的洁净房间。

（5）设备须安装在顶棚龙骨上，使用起重设备将设备升高，穿过顶棚再降下，小心地放置到事先装好垫片的顶棚龙骨上。

（6）根据 FFU 外框长度、外框宽度龙骨宽度常数 a（由龙骨厂家产品选型手册查得）确定安装尺寸并施工。

38.6.8.6 高效过滤器送风口的安装

净化空调系统的高效过滤器送风口一般为成品，材质包括铝合金板、不锈钢板、钢板喷塑或镀锌等，其安装应符合下列规定：

（1）安装前应检查高效过滤器送风口的表面是否有损伤，破坏的涂层必须修补好。

（2）高效过滤器送风口应清洁，其边框与建筑顶棚或墙面间的接缝处应加设密封垫料或密封胶，不得漏风。

（3）高效过滤器送风口安装应采用可分别调节高度的吊杆。

（4）高效过滤器送风口安装完成后应和风管完善连接，并将开口封好，防止灰尘进入。

38.6.8.7 吹淋室的安装

吹淋室是洁净室（或洁净厂房）的配套设备，一般位于洁净室入口处，对工作人员进行人身净化。同时，吹淋室还可起到气闸的作用，防止未被净化的空气进入洁净室内。

吹淋室的安装应符合下列规定：

（1）吹淋室的安装应按工程设计要求正确定位。

（2）外形尺寸应正确，结构部件应齐全、无变形，喷头不应有异常或松动等现象。

（3）空气吹淋室与地面之间应设有减振垫，与围护结构之间应采取密封措施。

（4）空气吹淋室的水平度允许偏差为 2‰；对产品进行不少于 1h 的连续试运转，设备联锁和运行性能良好。

38.6.8.8 生物安全柜的安装

生物安全柜的安装应符合下列规定：

（1）安装搬运过程中，严禁将其横倒放置和拆卸，应在搬入安装现场后拆开包装。

（2）在设计未指明时，应避开人流频繁处，并应避免房间气流对操作口空气幕的干扰。

（3）生物安全柜背面、侧面离开墙距离应保持在 80~300mm 之间；对于地面和底边紧贴地面的安全柜，所有沿地边缝应加以密封。

（4）生物安全柜排风管道的连接，必须便于排风过滤器的更换。

（5）生物安全柜在每次安装、移动之后，必须进行现场试验，符合设计要求。

（6）无明确设计要求时，Ⅱ级生物安全柜的试验应进行相关压力渗漏、高效空气过滤器渗漏、操作区气流速度、操作口气流速度、操作口负压、洗涤盆漏水程度、接地装置的接地线路电阻各类试验,并符合相关规范要求。

38.6.8.9 装配式洁净室的安装

1. 概述。装配式洁净室由送风、回风单元、风淋室、空调机组、围护结构、传递窗和电气控制箱等模块组合而成,其围护结构(壁板、顶棚、地格栅)及各种装配部件均采用标准化和通用化产品,由于采用标准构件和单元组合,可灵活拼装成多种不同使用面积的洁净室。

装配式洁净室可分为水平单向流装配式洁净室系列和垂直单向流装配式洁净室系列两大类,装配式洁净室按配置又有带空调机组和不带空调机组之分。

2. 安装要点

(1) 装配式洁净室安放在温湿度符合要求的空调房间内时,可不另行接风管。

(2) 装配式洁净室的净化等级为现行国家标准《洁净厂房设计规范》GB 50073规定的4级以上标准时,空态噪声应小于65dB(A);水平单向流断面风速应为0.35m/s;垂直单向流断面风速应为0.30m/s;室内新风量一般按送风量的10%考虑。

(3) 装配式洁净室的周围应留有一定的操作距离。在有送风单元的一端,应留出1m的操作距离;装配式洁净室的正立面前,除应留出放置吹淋室的距离外,还应兼顾人员通行、门的开启、传递物品的方便;其他面的操作距离一般为0.5m。

(4) 装配式洁净室的电气控制箱应安装好后接通电源即可投入运行,电气控制箱的操作面可根据需要向内或向外设置。

(5) 装配式洁净室的地面应平整、干燥,平整度允许偏差为1/1000。墙板的拼装必须根据结构型式按次序进行。装配后洁净室墙板间、墙板和顶棚、顶板间的拼缝,应平整严密。墙板的垂直允许偏差为2/1000。洁净室的顶板和墙板均应为不燃材料。顶棚应平直拉紧,压条应全部贴紧。顶板为槽形板时,其接头应对齐,墙板转角应为直角。装配后,顶板水平度的允许偏差与每个单间的几何尺寸与设计要求的偏差均不应大于2/1000,否则须重新复测中心位置及水平度。

38.7 空调水管加工与安装

38.7.1 空调水管加工

38.7.1.1 空调水管的技术性能

空调水管施工常用的管道有无缝钢管、镀锌钢管、焊接钢管、PPR管、UPVC管和玻璃钢管等。

1. 无缝钢管

按制造方法分为热拔和冷拔(轧)管。冷拔(轧)管的最大公称直径为200mm;热轧管的最大公称直径为600mm。在工程中,管径超过57mm时,常常选用热轧管,管径在ϕ57以内时常用冷拔(轧)管。无缝钢管根据现行国家标准《输送流体用无缝钢管》GB/T 8163采用普通碳素钢、优质碳素钢制造,广泛用于中、低压工业管道工程中。无缝钢管按外径和壁厚供货,在同一外径下有多种壁厚,承受的压力范围较大。冷拔(轧)管外径5~200mm,壁厚0.25~75mm。热轧无缝钢管长度一般为3~12.5m;冷拔管的长度一般为 1.5~9m。

2. 塑料管

(1) 硬聚氯乙烯管

硬聚氯乙烯是硬聚氯乙烯塑料的简称,以聚氯乙烯树脂为主要原料,加入增塑剂、稳定剂、润滑剂、颜料和填料等,再经过捏合、混炼及加工成型等过程而制成。硬聚氯乙烯性能指标主要分为物理性能和机械性能,见表 38-89。

硬聚氯乙烯物理和机械性能 表 38-89

主要性能指标	计量单位	指标值
比重	g/cm³	1.3~1.4
抗拉强度极限	MPa	40~60
抗压强度极限	MPa	80~100
抗弯强度极限	MPa	90~120
断裂伸长率	%	10~15
冲击韧性	J/cm²	10~15
布氏硬度(HB)	—	13~16
弹性模数	—	40000
耐热性	℃	65
热容量	kJ/(kg·K)	1.34~2.14
导热系数	W/(m·K)	0.16~0.17
线膨胀系数 a	—	$(6~7)×10^{-5}$
焊接温度	℃	200~240
适用温度范围	℃	-10~+60

硬聚氯乙烯塑料管制作长度为 4m,管材在常温下的使用压力为轻型管≤0.6MPa,重型管≤1MPa。

(2) 聚丙烯管

聚丙烯管材具有环保节能、优异的耐热稳定性及优良的卫生性能等优点,在空调水管道应用广泛。PP-R 是由丙烯单体和少量的乙烯单体在加热、加压和催化剂作用下共聚得到的,乙烯单体无规、随机地分布到丙烯的长链中。乙烯的加入降低了聚合物的结晶度和熔点,改善了材料的冲击、长期耐静水压、长期耐热氧化及管材加工成型等方面的性能。PP-R 分子链结构、乙烯单体含量等指标对材料的长期热稳定性、力学性能及加工性能都有着直接的影响。聚丙烯管的性能见表 38-90。

聚丙烯管物理机械性能 表 38-90

主要性能指标	计量单位	指标值
比重	g/cm³	0.90~0.91
吸水率	%	0.03~0.04
抗拉强度极限	MPa	35~40
抗弯强度极限	MPa	42~56
冲击韧性(有缺口)	J/cm²	0.22~0.5
伸长率	%	200
线膨胀系数 a	—	10.8~11.2
导热系数	W/(m·K)	0.24
热变形温度(182.45N/cm²)	℃	55~65

38.7.1.2 管道支吊架加工

1. 支吊架的选用

(1) 有较大位移的管段设置固定支架，固定支架应生根在厂房结构或专设的结构物上。

(2) 在管道上无垂直位移或垂直位移很小的地方，可装活动支架或刚性支架。活动支架的型式应根据管道对摩擦作用的不同来选择：

1) 由于摩擦而产生的作用力无严格限制时，可采用滑动支架。

2) 当要求减少管道轴向摩擦作用力时，可采用滚柱支架。

3) 当要减少管道水平位移的摩擦作用力时，可采用滚珠支架。

(3) 在水平管道上只允许管道单向水平位移的地方，在铸铁阀件的两侧，Π型补偿器的两侧适当距离的地方，装设导向支架。

(4) 在管道具有垂直位称的地方，装设弹簧吊架，在不便装设弹簧吊架时，也可采用弹簧支架，在同时具有水平位移时，采用滚珠弹簧支架。

2. 支吊架的制作

(1) 管道支吊架的型式、材质、加工尺寸、精度及焊接等符合设计要求。

(2) 支架底板及支、吊架弹簧盒的工作面应平整。

(3) 管道支吊架焊缝应进行外观检查，不能有漏焊、欠焊、褶皱等缺陷，焊接变形应该矫正。

38.7.1.3 空调水管的加工

1. 管子的调直

(1) 管道检查

1) 短管检查是将管子一端抬起，用一只眼睛从一端向另一端看，管子表面上多点都在一条线上的为直的；反之就是弯曲的。

2) 长管检查采用滚动法，即将管子平躺放在两根平行的角钢上轻轻的滚动，当管子以均匀的速度滚动而无摆动，并可能于任意位置停止时，则为直管。如果管子滚动有快有慢，而且来回摆动，并在停止时每次都是那一面向下，就说明管子有弯曲，凸面向下。

(2) 小管径管道调直

1) 冷调：弯曲确定后，用两把手锤，一把顶在管子弯里（凹面）的短端作支点，另一把则敲打背面（凸面）高点。两把手锤不能对着打，应有一定的距离。长管调直时，将长管躺放在长木板上，一人在管子的一端观察管子的弯曲部位，另一人按观察者的指点，用锤在弯曲部位敲打，经几个翻转，管子就能调直。

2) 热调：先将管子弯曲部分放在烘炉上加热到 600~800℃，然后平着抬放在用四根以上管子组成的滚动支承架上滚动，使火口处在中央，管子的重量分别支承在火口两端的管子上。由于管子组成的滚动支承是同一水平的，所以热状态的管子在其上面滚动，可利用重力弯曲的原理而变直。弯曲大者可将弯背向上轻轻向下压直再滚，为加速冷却可用废机油均匀地涂在火口上。

(3) 硬聚氯乙烯管调直

硬聚氯乙烯管道若产生弯曲，必须调直后才能使用。调直方法是将弯曲的管子放在平直的调直平台上，在管内通入蒸汽，使管子变软，以其本身自重调直。

2. 管子切断

（1）镀锌钢管和公称直径小于或等于50mm的中、低压碳素钢管，采用机械法切割；高压钢管或合金钢管用机械法切割；不锈钢和有色金属管用机械或等离子方法切割。不锈钢管用砂轮切割或修磨时，应用专用砂轮片；铸铁管用钢锯、钢铲或月牙挤刀切割，也可用爆炸切断法切割；硬聚氯乙烯管用木工锯或粗齿钢锯切割，坡口使用木工锉加工成45°坡口。

（2）管子切口质量应符合下列规定：

1）切口表面平整，不能有裂纹、重皮、毛刺、凸凹、缩口、熔渣、氧化铁、铁屑等。

2）切口平面倾斜偏差为管子直径的1%，但不能超过3mm。

3）高压钢管或合金钢管切断后应及时标上原有标记。

（3）管道加工厂内的机械切管设备有专用切管机、普通车床和锯床等。在安装现场的少量切割操作则使用便携式机具，也可使用圆锯和无齿锯。使用专用切管机可获得优质切割，切割面光滑平整，无需进一步加工。切割时应在管子割口去除外管端毛刺，并开好焊接坡口。

3. 管螺纹加工

（1）手工套丝：用套丝板在管端上铰出相应的螺纹。

（2）机械套丝：使用机械套丝常用的设备有车床和套丝机。套丝机有两种类型：一是管子固定起来，用电动机带动套丝板旋转；另一种是固定套丝板，用电机带动管子旋转。前种套丝机一般重量较轻，后种套丝机一般重量较沉，但大都带有割刀，可进行切管。

（3）管螺纹加工长度：管螺纹加工长度就是螺纹工作长度加螺纹尾的长度，同时与管径有关，管螺纹加工长度见表38-91。

管子螺纹加工长度表　　　　　表38-91

管径（in）	$\frac{1}{2}$	$\frac{3}{4}$	1	$1\frac{1}{4}$	$1\frac{1}{2}$	2	$2\frac{1}{2}$	3	4
螺纹长度（mm）	14	16	18	20	22	24	27	30	36
螺纹扣数（扣）	8	9	8	9	10	11	12	13	15

（4）螺纹加工注意事项

1）丝扣应完整，不完整会影响管螺纹连接的严密性和强度，如果比例尺扣操作占全螺纹的10%以上时，将报废不能使用。

2）丝扣表面应光滑，丝扣表面不光滑，在进行安装时容易将缠上去的填料割断和降低严密性。

3）丝扣的松紧程度应适当，套好的丝扣上紧后，在管件外部应留3~4扣为宜。

4. 弯管制作

（1）一般规定

1) 弯管的最小弯曲半径应符合表 38-92 的规定。

弯管的最小弯曲半径 表 38-92

管子类别	弯管制作方式	最小弯曲半径
中低压钢管	热弯	$3.5D_w$
	冷弯	$4.0D_w$
	褶皱弯	$2.5D_w$
	压制	$1.0D_w$
	热推弯	$1.5D_w$
有色金属管	冷热弯	$3.5D_w$

2) 管子采用热撖时,升温宜缓慢、均匀,保证管子热透,防止烧过和渗碳。

3) 碳素钢、合金钢管在冷弯后按规定进行热处理;有应力腐蚀的弯管,不论管壁厚度大小均应做消除应力的热处理。

4) 弯制焊接钢管时,其纵向焊缝应放在距中性线 45°的地方,如图 38-84 所示,图中 A、B、C、D 四个位置的任何一个都可以。制作折皱弯头时,焊缝应当放在非加热区的边缘。

(2) 弯制质量要求

1) 无裂纹、分层、过烧等缺陷。

2) 壁厚减薄率应符合要求,中、低压管弯管前壁厚—弯管后壁厚不超过 15%,且不小于设计计算壁厚,椭圆率不超过 8%。

3) 中、低压弯管的弯曲角度 α 的偏差值 Δ 如图 38-85 所示,机械弯管不超过 ±3mm/m,当直管长度大于 3m 时,总偏差不超过 ±10mm;地炉弯管不超过 ±5mm/m,当直管长度大于 ±3m 时,总偏差不超过 ±15mm。

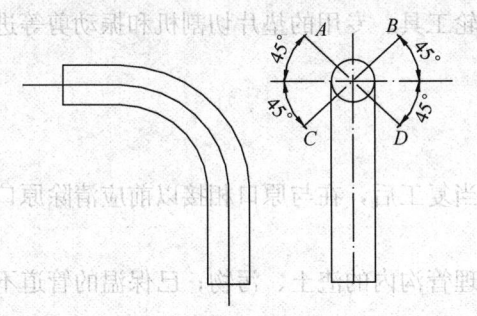

图 38-84 有缝钢管弯头焊缝的位置

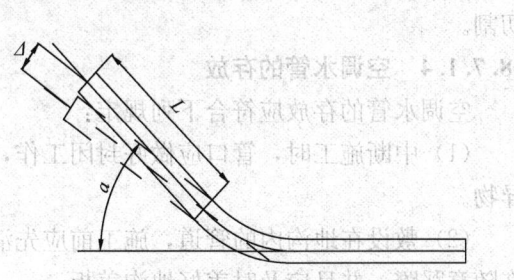

图 38-85 弯曲角度及管端轴线偏差

(3) 硬聚氯乙烯管弯管制作

1) 加热:硬聚氯乙烯管加热温度控制在 135~150℃,在此温度下,硬聚氯乙烯管的延伸率为 100%。加热方法采用空气烘热(电炉或煤炉)和浸入甘油锅内加热法。空气加热的温度为 135±5℃,甘油加热法的温度为 140~150℃。

2) 热弯:外径小于 40mm 的硬聚氯乙烯管热弯时可不灌砂,直接在电炉或煤炉上加热,加热长度为弯头的展开长度;当弯成所需角度后,立即用湿布擦拭,使之冷却定型。

5. 翻边

(1) 金属管道翻边

1) 管口翻边采用冲压成型的接头。

2) 管口翻边后不能有裂纹、豁口及褶皱等缺陷，并应有良好的密封面。

3) 翻边端面与管子中心线垂直，允许偏差小于或等于1mm，厚度减薄率小于或等于10%。

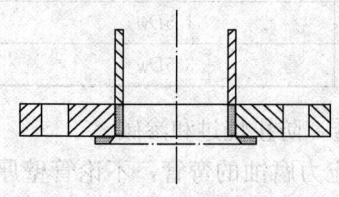

图 38-86 卷边活套法兰

(2) 聚氯乙烯管翻边

采用卷边活套法兰连接的聚氯乙烯管口必须翻出卷边肩，如图 38-86 所示。管口翻边时严格掌握温度，使用甘油加热锅时，锅底应垫一层厚 30mm 的砂，防止加热的管端与锅底接触。翻边的操作步骤如下：

1) 用木工锉在翻边的管口内锉成 15°~30°角，并留 1mm 钝边；用红色笔在管外壁做好翻边的长度标记。

2) 在管端套入法兰后，倒插入热甘油锅内。甘油保持在 140~150℃左右，插入深度等于翻边宽度加 10mm；加热过程中，经常转动管子以保持均匀受热，同时将翻边的内模加热到 80℃左右；加热至规定时间后，从甘油锅内迅速取出管端，放到翻边外模夹具内，再插入内模，旋转内模使翻边成型，直到管口翻边压平为止；缓慢浇水冷却，然后退模。

3) 检查翻边质量，卷边处不得有裂缝及皱折等缺陷。

6. 法兰垫片加工

(1) 法兰垫片的材料应符合设计要求；法兰垫片的内径等于管子内径，允许偏差不超过 3mm，外径应与法兰的螺栓相接触。

(2) 法兰垫片的制作可使用切割规、滚刀轮工具、专用的垫片切割机和振动剪等进行切割。

38.7.1.4 空调水管的存放

空调水管的存放应符合下列规定：

(1) 中断施工时，管口应做好封闭工作，当复工后，在与原口相接以前应清除原口内异物。

(2) 敷设在地沟内的管道，施工前应先清理管沟内的渣土、污物；已保温的管道不允许随意踩蹬，并且应及时盖好地沟盖板。

(3) 搬运阀门时，不允许随手抛掷；吊装时，绳索应拴在阀体与阀盖的法兰连接处，不得拴在手轮或阀杆上。

(4) 加工好的管端密封面应沉入法兰内 3~5mm，并及时填写相应的记录备查；加工好的管子暂不安装时，应在加工面上涂油防锈并封闭管口，妥善保管。

(5) 硬聚氯乙烯管强度较低，并且脆性高，为减少破损率，在同一安装部位应将其他材质管道安装完后再进行安装；硬聚氯乙烯管材堆放应平整，防止遭受日晒和冷冻；管子、管道附件及阀门等在施工过程中应妥善保管和维护，不能混淆堆放。

38.7.2 空调水管安装

38.7.2.1 管材与管件进场检验

1. 一般规定

(1) 管材、管件必须具有制造厂的合格证明书,否则应补做所缺项目的检验。

(2) 管材、管件在使用前应按设计要求核对其规格、材质和型号。

(3) 管材、管件在使用前进行外观检查,并符合下列规定:

1) 表面无裂纹、缩孔、夹渣、折叠、重皮等缺陷。

2) 不超过壁厚负偏差的锈蚀或凹陷。

3) 螺纹密封面良好,精度及粗糙度达到设计要求或制造标准。

4) 特殊管材、管件应有材质标记。

5) 管材直径偏差应符合要求。

2. 钢管件的检验

(1) 弯头、异径管、三通、法兰、盲板、补偿器及紧固件等须进行检查,其尺寸偏差符合国家标准。

(2) 法兰密封面平整光洁,不得有毛刺及径向沟槽;法兰螺纹部分完整、无损伤。

(3) 螺栓及螺母螺纹完整、无伤痕、毛刺等缺陷;螺栓与螺母配合良好,无松动或卡涩现象。

(4) 石棉橡胶、橡胶、塑料等非金属垫片质地柔韧,无老化变质分层现象;表面没有折损、皱纹等缺陷。

38.7.2.2 管道安装流程

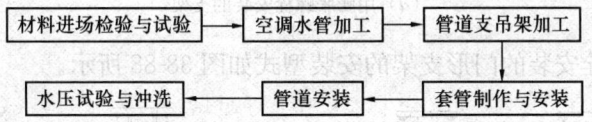

38.7.2.3 套管的安装

1. 金属管道套管

(1) 管道穿越墙体或楼板处设置钢制套管,管道接口不能置于套管内,钢制套管应与墙体饰面或楼底部平齐,上部应高出楼层地面20~50mm,并不得将套管作为管道支撑。

(2) 保温管道与套管四周间隙应使用不燃绝热材料填塞紧密。

2. 非金属管道套管

(1) 制作套管:套管可用板加热卷制,长度为主管公称直径的2.2倍,壁厚与主管壁相同或见表38-93。

对焊连接的套管规格　　表38-93

公称直径 DN (mm)	25	32	40	50	65	80	100	125	150	200
套管长度 B	56	72	94	124	146	172	220	270	330	436
套管壁厚 s		3			4		5		6	7

(2) 加装套管:先用酒精或丙酮将主管外壁和套内壁擦洗干净,并涂上PVC塑料胶,

再将套管套在主管对接缝处,使套管两端与焊缝保持等距,套管与主管间隙不大于0.3mm。

(3) 封口:封口采用热空气熔化焊接,先焊接套管纵缝,再完成套管两端主管的封口焊。

38.7.2.4 管道支吊架安装

管道支吊架安装应符合下列规定:

(1) 墙上有预留孔洞的,可将支架横梁埋入墙内,如图 38-87(a) 所示。

(2) 钢筋混凝土构件上的支架,浇筑时应在各支架的位置预埋钢板,然后将支架横梁焊接在预埋钢板上,如图 38-87(b) 所示。

(3) 在没有预留孔洞和预埋钢板的砖或混凝土构件上,可用射钉或膨胀螺栓安装支架,但不应安装推力较大的固定支架。

(4) 用射钉安装的支架如图 38-87(c) 所示;用膨胀螺栓安装的支架如图 38-87(d) 所示,必要时应加斜撑。

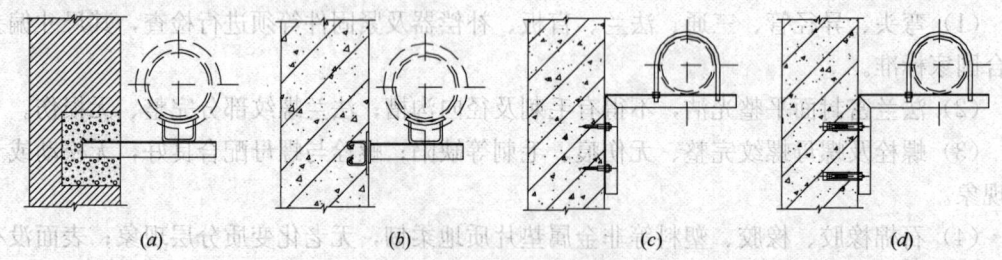

图 38-87 支架的安装型式
(a) 埋入墙内支架; (b) 焊接到预埋钢板上的支架; (c) 用射钉安装的支架;
(d) 用膨胀螺栓安装的支架

(5) 用膨胀螺栓安装的门形支架的安装型式如图 38-88 所示。

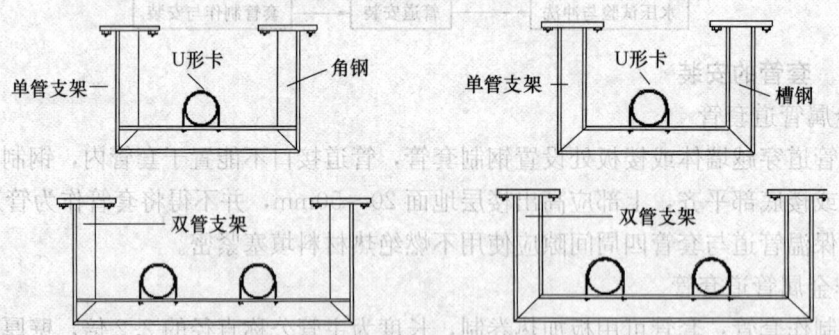

图 38-88 膨胀螺栓安装的门形支架的安装型式

(6) 非金属管道支吊架的安装还应满足下列要求:

1) 硬聚氯乙烯管道不能直接与金属支吊架接触,在管道与支架之间应垫上软塑料垫。

2) 由于硬聚氯乙烯强度低、刚度小,支承管子的支吊架间距应小。管径小,工作温度或大气温度较高时,应在管子全长上用角钢支托,以防止管子向下挠曲,并应注意防振。

38.7.2.5 管道安装

1. 金属管道安装

（1）一般规定

1）钢制管道在安装前，将管道内、外壁的污物和锈蚀清除干净；当管道安装间断时，及时封闭敞开的管口。

2）冷凝水排水管坡度，应符合设计文件规定；当设计无规定时，其坡度大于或等于8‰；软管连接的长度，不大于150mm。

3）冷热水管道与支吊架之间有绝热衬垫，其厚度不小于绝热层厚度，宽度大于支吊架支承面的宽度；衬垫的表面平整，衬垫接合面的空隙应填补。

4）管道安装的坐标、标高和纵、横向弯曲度应符合表38-94的规定；在吊顶内等暗装管道的位置应正确，无明显的偏差。

管道安装的允许偏差和检验方法　　　表38-94

项目			允许偏差（mm）	检查方法
坐标	架空及地沟	室外	25	按系统检查管道的起点、终点、分支点和变向及各点之间的直管。用经纬仪、水准仪、液体连通器、水平仪、拉线和尺量检查
		室内	15	
	埋地		60	
标高	架空及地沟	室外	±20	
		室内	±15	
	埋地		±25	
水平管道平直度	$DN \leqslant 100$		2L‰，最大40	用直尺、拉线和尺量检查
	$DN > 100$		3L‰，最大60	
立管垂直度			5L‰，最大25	用直尺、线锤、拉线和尺量检查
成排管段间距			15	用直尺、尺量检查
成排管段或成排阀门在同一平面上			3	用直尺、拉线和尺量检查

（2）焊接连接

1）管道焊接材料的品种、规格、性能应符合设计要求。管道对接焊口的组对和坡口形式等符合表38-95的规定，对口的平直度为1/100，全长不大于10mm；管道固定焊口应远离设备，且不应与设备接口中心线相重合，管道对接焊缝与支吊架的距离应大于50mm。

管道焊接坡口形式和尺寸　　　表38-95

项次	厚度 T（mm）	坡口名称	坡口形式	坡口尺寸			备注
				间隙 C（mm）	钝边 P（mm）	坡口角度 a	
1	1~3	I形坡口		0~1.5			内壁错边量 $\leqslant 0.1T$ 且 $\leqslant 2$mm，外壁 $\leqslant 3$mm
	3~6 双面焊			0~2.5			
2	6~9	V形坡口		0~2.0	0~2	65~75	
	9~26			0~3.0	0~3	55~65	

续表

项次	厚度 T (mm)	坡口名称	坡口形式	坡口尺寸			备注
				间隙 C (mm)	钝边 P (mm)	坡口角度 a	
3	2~30	T形坡口		0~2.0	—	—	内壁错边量≤0.1T 且≤2mm，外壁≤3mm

2）对口清理

① 清除接口处的浮锈、污垢及油脂。

② 钢管切割时，其割口断面与管子中心线垂直，以保证管子焊接完毕的同心度。

③ 坡口成型采用气割或使用坡口机加工，并应清除渣屑和氧化铁，并打磨直至露出金属光泽。

④ 直径相同的管子对焊时，两管壁厚度差不大于3mm。

3）禁止用强力组对的方法来减少错边量或不同心度偏差，也不能用加热法来缩小对口间隙。

4）钢管焊接，一般采用电焊和气焊，由于电焊比气焊的焊缝强度高，而且经济，因此钢管大多数采用电焊，只有当管壁厚度小于4mm时，才采用气焊连接。管道焊缝的加强高度和遮盖面宽度，如设计无要求，电焊应符合表38-96的规定。

电焊焊缝加强面高度和宽度（mm） 表38-96

	厚度	2~3	4~6	7~10
无坡口	焊缝加强高度	1~1.5	1.5~2	—
	焊缝宽度	5~6	7~9	—
有坡口	焊缝加强高度	—	1.5~2	2
	焊缝宽度		盖过每边坡口2mm	

5）管道焊口尺寸的允许偏差应符合表38-97的规定。

焊口尺寸允许偏差表 表38-97

项目		允许偏差
焊口平直度	管壁厚度<10mm	管壁厚度的1/4
焊缝加强面	高度	+1
	宽度	
	深度	小于0.5mm
咬边长度	连续长度	25mm
	总长度（两侧）	小于焊缝长度的10%

（3）螺纹连接

1）在外螺纹的管头或管件上缠好麻丝或密封带，用于将其拧入带内螺纹的管件内

2~3扣。

2) 用管钳拧转管子（或管件），直到拧紧为止；对三通、弯头类的管件，拧紧力矩可大些，对阀门类的拧紧力矩，可小些。

3) 螺纹拧紧后，密封填料不能挤入管内，露出螺纹尾以1~2扣为宜，挤出的密封填料应清除干净。

4) 活接头连接由三个单件组成，即公口、母口和套母。连接时公口上加垫，蒸汽管道加石棉橡胶垫，上水或冷冻水管道加橡胶垫；套母应加在公口一端并使套母挂内丝的一面向着母口，如忘记装套母或套母的方向颠倒了，须将公口拆下来进行返工；套母在锁紧前，必须将公口和母口找正找平，否则容易出现渗漏现象。

(4) 沟槽连接

1) 沟槽连接流程

2) 压槽：利用电动机械压槽机加工时，应根据管道口径大小配置（调正）相应的压槽模具，同时调正好管道滚动托架的高度，保持加工管道的水平，并与电动机械压槽机中心对直，保证管道加工时旋转平稳，确保沟槽加工质量。

3) 管端检查：管道的沟槽压制加工后，应严格检查沟槽加工的深度与宽度必须符合要求，管端与沟槽外部必须无划痕、凸起或滚轮的印记等缺陷。

4) 管道组对及夹箍的衬垫检查：管道在组对安装前，应检查使用的夹箍衬垫的型号、规格必须符合设计和产品要求。

5) 管道的夹箍外壳安装：夹箍外壳安装时应先拆下夹箍外壳上其中一端的一只螺栓，然后套在管道衬垫的外面，移动夹箍外壳，使夹箍外壳的两条筋与沟槽吻合，再插入螺栓定位，待检查管道安装的同心度或管道的三通、弯头与阀类安装、开启方向均符合设计施工图要求时，方可轮流、均匀地上紧两侧螺栓，确保管道的夹箍外壳两条筋与管道沟槽均匀、紧密接触。

(5) 法兰连接

1) 法兰螺孔应对正，螺孔与螺栓直径配套，法兰连接螺栓长短一致，螺母在同一侧，螺栓拧紧后应伸出螺母1~3扣，法兰的螺栓拧紧顺序如图38-89所示。

2) 法兰接口不能埋入土中，而应该安装在检查井或地沟内，如果必须将其埋入土中时，应采取防腐措施。

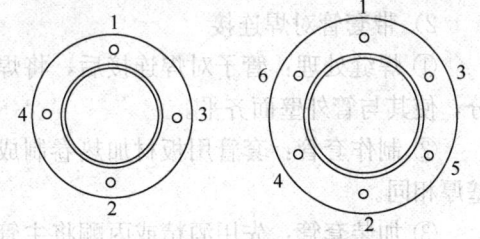

图38-89 法兰螺栓拧紧顺序

3) 平焊法兰焊接时，管子插入法兰厚度的1/2~2/3，并在互为90°角的两个方向进行垂直检查；平焊法兰与管道装配时，管道外径与法兰内孔的间隙不大于2mm。

4) 法兰密封面与管道中心线垂直，管道中心线垂直于法兰面、法兰外径的允许偏差$DN \leqslant 300$时为1mm；$DN > 300$mm时为2mm。

5) 平焊法兰与管道装配时，管道外径与法兰内孔的间隙不超过 2mm。

2. 非金属管道安装

(1) 一般规定

1) 非金属管道应在下列条件已经满足的情况下才能进行安装：

① 与管道有关的土建工程已经检查合格，满足了安装施工要求。

② 所需图纸资料和技术文件等已齐备，并且已经通过图纸会审、设计交底。

③ 与管道连接的设备找正校平合格，固定、二次灌浆工作已完毕。

④ 管子、管件及阀门均已验收合格，并且具备有关技术资料（如合格证等）。与设备校对无误，内部清洗干净，不存在杂物。

⑤ 必须在管道安装前完成的有关工序（如清洗、脱脂等）已进行完毕。

2) 采用建筑用硬聚氯乙烯、聚丙烯与交联聚乙烯等管道时，管道与金属支吊架之间应有隔绝措施，不可直接接触。当为热水管道时，还应该加宽接触面积。

3) 管道与设备的连接，在设备安装完毕后进行，与水泵、制冷机组的接管必须为柔性接口。柔性接管不能强行对口连接，与其连接管道应设置独立支架。

4) 冷热水及冷却水系统在系统冲洗、排污合格，再循环试运行 2h 以上，且水质正常后才能与制冷机组、空调设备相贯通。

(2) 焊接连接

1) 对焊连接

焊接操作：焊接时的加热温度一般为 200~240℃，由于热空气到达焊接表面时，温度还要降低，所以从焊嘴喷出的热空气温度还应高些，一般为 230~270℃。在焊接过程中，向焊条施加压力应均匀；施力方向使焊条和焊件基本保持垂直。焊条切勿向后倾斜。虽然这样焊接又快又省力，但这样用力所产生的水平分力会使刚刚粘上去的焊条拉裂，再冷缩进产生裂纹。反之，如果焊条向前倾斜，焊条受热变软的一段就太长，焊条会弯曲过早，使焊条和焊件粘不牢，水平分力还会将刚焊上的焊条挤出皱纹来，焊接喷嘴和焊件夹角一般保持在 30°~45°。焊条粗、焊件薄的应多加热焊条，即夹角应小些；反之，则夹角应大些。为了使焊条加热均匀，焊枪应上下左右抖动。

2) 带套管对焊连接

① 焊缝处理：管子对焊连接后，将焊缝铲平，铲去主管外表面上对接焊缝的高出部分，使其与管外壁面齐平。

② 制作套管：套管用板材加热卷制成，长度为主管公称直径的 2.2 倍，壁厚与主管壁厚相同。

③ 加装套管：先用酒精或丙酮将主管外壁和套管内壁擦洗干净，并涂上 PVC 塑料胶，再将套管套在主管对接缝处，使套管两端与焊缝保持等距，套管与主管间隙不大于 0.3mm。

④ 封口：封口采用热空气熔化焊接，先焊接套管纵缝，再完成套管两端主管的封口焊。

(3) 焊接连接

硬聚氯乙烯管直径小于 200mm 的挤压管多采用承插连接，如图 38-90 所示。

1) 承口加工：首先将应扩胀为承口的管子端部加工成 45°外坡口。再将有内坡口端置于140~150℃甘油内加热，并均匀地转动管子。取出后将有外坡口的管子插入已加热变软的管内，插入深度为管子外径的1~1.5倍，成型后取出插入的管子。

2) 接口清洗：用酒精或丙酮将承口内壁和插口外壁清洗干净。

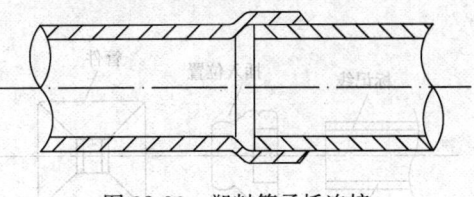

图38-90　塑料管承插连接

3) 涂胶：在清洗干净的承口内壁和插口外壁涂上PVC塑料胶（601胶），涂层均匀。

4) 插接：将插口插入承口内，一次性插足，承插间隙不大于0.3mm。

5) 封口：承插口外部采用硬聚氯乙烯塑料焊条进行热空气熔化焊接封口，直径大于100mm的管子，可用木制或钢制冲模在插口端部预先扩口，以便于承插接口。

3. 法兰连接

(1) 焊环活套法兰连接

在管端焊上一挡环，用钢法兰连接。施工方便，可拆卸，适用较大的管径，但焊缝处易拉断；小直径管子用翻边活套法兰连接，法兰垫片用软聚氯乙烯塑料垫片。

(2) 扩口活套法兰连接

扩口方法与承插连接的承口加工方法相同。这种接口强度高，能承受一定压力，可用于直径在20mm以下的管道连接。法兰为钢制，尺寸同一般管道，但由于塑料管强度低，法兰厚度可适当减薄，活套法兰密封面应该锉平。

(3) 平焊塑料法兰连接

用硬聚氯乙烯塑料板制作法兰，直接焊在管道上。连接简单，拆卸方便，适用于压力较低的管道。法兰尺寸和平焊钢法兰一致，但法兰厚度大些，垫片选用布满密封面的轻质宽垫片，否则拧紧螺栓时易损伤法兰。

4. 螺纹连接

对硬聚氯乙烯来说，螺纹连接一般只用于连接阀件、仪表或设备上。密封填料用聚四氟乙烯密封带，拧紧螺纹用力应适度，不能拧的过紧，螺纹加工由制作品厂家完成，不能现场制作。

5. 聚丙烯管熔融连接

管端加工成约30°坡口，钝边为1/3~2/3壁厚，并将连接的管件和管道用棉纱擦拭干净，使之无油无尘。分别做出插入深度的标记并插入胎具中进行加热，加热时不断进行转动，当达到270~300℃时，管道和管件出现熔融状态时，即行脱模，将管道用力旋转插入管件，并保持30s后方能脱手。在接口周围有熔融的焊珠挤出时，说明连接情况良好。用外加热胎时，先将外加热胎具加热到预定温度后，再将管子和管件插入熔融，取下胎具进行连接，如图38-91所示。

38.7.2.6 管道试压与冲洗

1. 管道试压

管道安装完毕，须对管道系统进行压力试验。按试验的目的，可分为检查机械性能的强度试验和检查管道连接情况的严密性试验。按试验使用的介质，可分为用水作介质的水压试验和用气体作介质的气压试验。

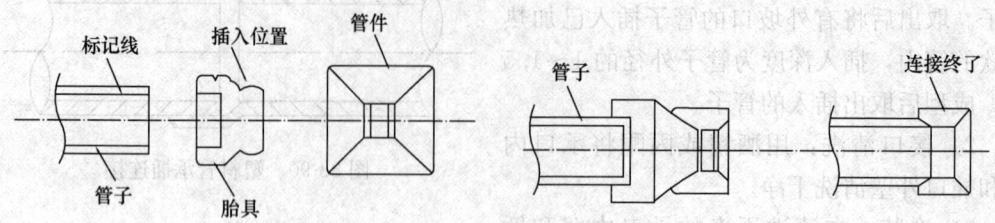

图 38-91 聚丙烯管熔融连接过程

(1) 水压试验

1) 试验压力

金属管道强度试验当工作压力小于或等于 1.0MPa 时，应为 1.5 倍工作压力，最低不应小于 0.6MPa；当工作压力大于 1.0MPa 时，应为工作压力加 0.5MPa；严密性试验压力应为工作压力。各类耐压塑料管的强度试验压力（冷水）应为 1.5 倍工作压力，且不应小于 0.9MPa；严密性试验压力应为 1.15 倍的工作压力。

2) 试验过程

水压试验应用清洁的水作介质，向管内灌水时，打开管道各高处的排气阀，待水灌满后关闭排气阀和进气阀，用手摇式水泵或电动泵加压，压力逐渐升高，加压到一定数值时，停下来对管道进行检查，无问题时再继续加压，一般分 2~3 次升至试验压力。当系统最低点压力达到试验压力时，停止加压，管道在试验压力下保持 10min。如管道未发现异常现象，压力下降不超过 0.02MPa，即认为强度试验合格。然后将压力降至工作压力进行严密性试验，在工作压力下对管道进行全面检查，并用重量 1.5kg 以下圆头小锤在距焊缝 10~20mm 处沿焊缝方向轻轻敲击。到检查完毕，管道焊缝及法兰连接处未发现渗漏现象，即认为试验合格。

(2) 气压试验

1) 试验压力

气压强度试验压力为设计压力的 1.15 倍，真空管道为 0.2MPa；严密性试验压力按工作压力进行，但真空管道不小于 0.1MPa。

2) 试验过程

气压试验一般为空气，也可用氮气或其他惰性气体进行。气压试验前，应对管道及管件的耐压强度进行验算，验算时采用的安全系数不小于 2.5。试验时，压力应逐渐升高，达到试验压力时停止升高。在焊缝和法兰连接处涂上肥皂水，检查是否有气体泄漏。如发现有泄漏的地方，应做上记号，泄压后进行修理。消除缺陷后再升压至试验压力，在试验压力下保持 30min，如压力不下降，即认为强度试验合格。强度试验合格后，降至设计压力进行严密性试验，用涂肥皂水的方法检查，如无泄漏，稳压半小时，压力不降，则严密性试验为合格。

2. 管道清洗

工作介质为液体的管道，一般进行水冲洗，如不能用水冲洗或不能满足清洁要求时，可在压力试验前进行吹扫，但应采取措施。

清洗前，将管道系统内的流量孔板、滤网、温度计、调节阀阀芯、止回阀阀芯等拆除，待清洗合格后再重新装上。热水、供水、回水及凝结水管道系统用清水进行冲洗。如果管道分支较多，末端面积较小时，可将干管中的阀门拆掉1~2个，分段进行冲洗。如果管道分支不多，排水管可从管道末端接出。排水管截面各不小于被冲洗管截面积的60%。排水管应接至排水沟并保证排泄安全。冲洗时，以系统内可能达到的最大压力和流量（不小于1.5m/s）进行，直到出口处的水色和透明度与入口处目测一致为合格。管道冲洗后将水排尽，需要时可用压缩空气吹干或采取其他保护措施。

38.7.3 空调水阀类组件安装

38.7.3.1 空调水阀类组件进场检验

空调水阀类组件进场时和安装前必须进行整体检查，并符合下列规定：

（1）阀门的铭牌应符合现行国家标准《工业阀门 标志》GB/T 12220的有关规定，阀体上的有关标志应正确、齐全、清晰，附有产品合格证、检验报告、使用说明书。

（2）阀门外表不得有裂纹、砂眼、机械损伤、锈蚀等缺陷和缺件，以及脏污、铭牌脱落、色标不符等情况。

（3）阀体内应无积水、锈蚀、脏污和损伤等缺陷，法兰密封面不得有径向沟槽及其他影响密封性能的损伤，阀门两端应有防护盖保护。

（4）球阀和旋塞阀的启闭件应处于开启位置，其他阀门的启闭件应处于关闭位置，止回阀的启闭件应处于关闭位置并做临时固定。

（5）阀门的手柄或转轮应操作灵活、无卡涩现象；止回阀的阀瓣或阀芯应动作灵活正确，无偏心、移位或歪斜现象。

（6）旋塞阀的开闭标记应与通孔方位一致，装配后塞子应有足够的研磨余量。

（7）主要零部件如阀杆、阀杆螺母、连接螺母的螺纹应光洁，不得有毛刺、凹疤与裂纹等缺陷，外露的螺纹部分应予以保护。

（8）补偿器应有限位保护装置，其他特种阀门应有木箱等相应的保护措施。

38.7.3.2 空调水阀类组件试压

空调水阀类组件安装前，必须先进行强度和严密性试验，不合格的不得进行安装。

（1）工作压力大于1.0MPa及在主干管上起到切断作用和系统冷、热水运行转换调节功能的阀门和止回阀，应进行壳体强度和阀瓣密封性能的试验，且应试验合格；其他阀门可不单独进行试验。

（2）壳体强度试验压力应为常温条件下公称压力的1.5倍，持续时间不应少于5min，阀门的壳体、填料应无渗漏。

（3）严密性试验压力应为公称压力的1.1倍，在试验持续的时间内应保持压力不变，阀门压力试验持续时间与允许泄漏量应符合表38-98的规定。

（4）阀门压力试验的介质为洁净水，用于不锈钢阀门的试验水，氯离子含量不得高于25mg/L。

阀门压力试验持续时间与允许泄漏量　　　表 38-98

公称直径 DN（mm）	最短试验持续时间（s） 严密性试验（s）	
	止回阀	其他阀门
≤50	60	15
65～300	60	60
200～300	60	120
≥350	120	120
允许泄漏量	3 滴×(DN/25)/min	小于 DN65 为 0 滴，其他为 2 滴×(DN/25)/min

38.7.3.3 空调水阀类组件安装

空调水阀类组件的安装应符合下列规定：

(1) 阀门的安装位置、高度、进出口方向应符合设计和产品使用说明书要求，连接应牢固紧密，不妨碍设备的操作和维修，同时也便于阀门自身的操作和检修。

(2) 水平管道上的阀门应朝上或水平安装，不得朝下安装。

(3) 动态与静态平衡阀的工作压力应符合系统设计要求，安装方向应正确；阀门在系统运行时，应按设计参数要求进行校核、调整。

(4) 电动阀门的执行机构应能全程控制阀门的开启与关闭。

(5) 法兰垫片通常采用 4～6mm 橡胶垫片或聚四氟乙烯垫片。

38.8 制冷设备的安装

38.8.1 制冷设备安装工艺流程

制冷设备的安装可参照图 38-92 所示工艺流程进行，施工过程中应严格执行相关标准、规范。

38.8.1.1 施工工具和材料的准备

1. 钢丝绳

钢丝绳在起重作业中应用比较广泛，它可用做起吊、牵引、捆扎、缆风等。钢丝绳由高强度碳素钢丝捻制而成，其特点是强度高、有挠性、工作可靠、耐磨、无噪声、运转平稳等；磨损后，外表会出现许多毛刺，易于检查；破断前有断丝的预兆。

钢丝绳的最小安全系数按表 38-99 选用。

钢丝绳的最小安全系数　　　表 38-99

用途	最小安全系数	用途	最小安全系数
作缆风	3.5	作吊索无弯矩时	6
手动起重设备跑绳	4.5	作捆绑吊索	8
机动起重设备跑绳	5	用于载人的升降机	14

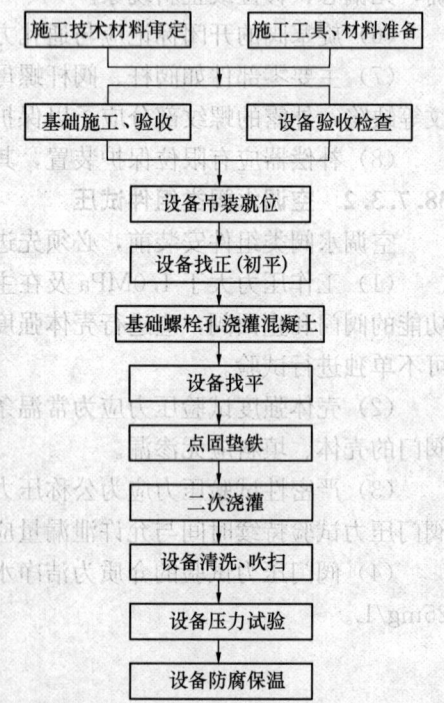

图 38-92 制冷设备安装工艺流程图

2. 麻绳

麻绳具有轻便、容易捆绑等优点，同时麻绳具有强度低、易磨损和腐蚀等缺点，在起重作业中常用做溜绳等辅助作业。

麻绳按使用的原料不同一般分为白棕绳、混合绳和线麻绳三种。麻绳使用时，驱动力只能是人力，不得用机械动力驱动。

3. 合成纤维吊装带

合成纤维吊装带主要材质为聚酰胺、聚酯、聚丙烯等。聚酯能抵抗大多数无机酸，但不耐碱；聚酰胺耐碱，但易受无机酸的侵蚀；聚丙烯几乎不受酸碱侵蚀。

按形状主要分为合成纤维扁平形吊装带和合成纤维圆形吊装带。

4. 吊钩

吊钩常见于起重机械上，一般分为单钩和双钩。单钩较为常用，构造简单，使用方便。双钩因为受力对称，适用于起重量大的装置上。吊钩表面应光滑，不得有裂纹、刻痕、剥裂、锐角等现象，每次使用前应仔细检查，不合格者应停止使用。

5. 卸扣

卸扣又称为卡环，主要由扣体和销轴等两个易拆零件装配成的组合件，其构造简单，使用方便。卸扣在起重作业中常用做栓连工具，用于连接起重滑车和固定吊索等。

常用卸扣主要分为D形和弓形两种。

6. 手拉倒链

手拉倒链又叫神仙倒链、环链倒链，是一种使用简单、携带方便的手动起重机械。

使用前应认真检查各零部件的安全可靠性，吊钩、链条等是否良好，传动及刹车装置是否良好，吊钩、链轮、倒卡等有无变形，链条有无断节和裂纹。

7. 千斤顶

千斤顶是一种能将重物顶升、降低或移动的起重工具。优点是结构简单、使用方便、安全可靠，缺点是工作行程较短。

千斤顶按其构造可分为螺旋千斤顶、液压千斤顶和齿条式千斤顶，前两种较为常用。

8. 电动卷扬机

电动卷扬机由于结构简单、操作方便、起重能力大，在起重作业中常用于物件的垂直提升、水平或倾斜拽引。

电动卷扬机主要由电动机、卷筒、减速器和钢丝绳等部件组成。一般按卷筒数目分为单卷筒卷扬机和双卷筒卷扬机，按牵引速度分为快速卷扬机和慢速卷扬机。在起重作业中常用的是慢速卷扬机。

9. 常用量具

在设备安装过程中，除了常用的平尺、塞尺、卡钳、游标卡尺外，还需用到测量精度更高的水平仪、千分表等。

(1) 水平仪：主要用来测量设备机加工面平面的水平度，测量精度可达 0.01mm/m。常用的主要分为条形水平仪和框式水平仪。

(2) 千分表：通常带表架一起使用，用来测定工件的平面、锥度、圆度和配合间隙，其测量精度可达 0.001mm。

10. 制冷剂

在制冷装置中通过相态变化，不断循环产生冷效应的物质称为制冷剂，也称制冷工质。制冷剂在蒸发器内吸收被冷却介质（水或空气等）的热量而汽化，在冷凝器中将热量传递给周围空气或水而冷凝。常用制冷剂的主要物理性质见表 38-100，其适用特性见表 38-101。

常用制冷剂的主要物理性质　　　　　表 38-100

代号	名称	化学分子式	分子质量	沸点（℃）	凝固点（℃）	临界温度（℃）	临界压力（MPa）
R11	一氟三氯甲烷	$CFCl_3$	137.38	23.82	−111	198	4.406
R12	二氟二氯甲烷	CF_2Cl_2	120.93	−29.79	−158	112	4.113
R13	三氟一氯甲烷	CF_3Cl	104.47	−81.4	−181	28.8	3.865
R21	一氟二氯甲烷	$CHFCl_2$	109.2	8.8	−135	178.5	5.168
R22	二氟一氯甲烷	CHF_2Cl	86.48	−40.76	−160	96	4.974
R23	三氟甲烷	CHF_3	70.02	−82.1	−155	25.6	4.833
R114	四氟二氯乙烷	$C_2F_4Cl_2$	170.94	3.8	−94	145.7	3.259
R115	五氟一氯乙烷	C_2F_5Cl	154.48	−39.1	−106	79.9	3.153
R501	R22/R12 (84.5/15.5)	—	—	−41.5	—	—	—
R502	R22/R115 (48.8/51.2)	—	111.63	−45.4	—	82.2	4.072
R503	R23/R13 (40.1/59.9)	—	87.5	−88.7	—	19.5	4.182
R717	氨	NH_3	17.03	−33.3	−77.7	133	11.417
R728	氮	N_2	28.013	−198.8	−210	−146.9	3.396
R744	二氧化碳	CO_2	44.01	−78.4	−56.6	31.1	7.372
R718	水	H_2O	18.02	100	0	374.2	22.103

常用制冷剂的适用特性　　　　　表 38-101

代号	适用范围			
	温度区间（℃）	制冷机型式	特点	用途
R11	−5～10	离心式	沸点高、无毒、不燃烧	大型空调及其他工业
R12	−60～10	活塞式、离心式、回转式	压力适中、压缩终温度、化学稳定、无毒	冷藏、空调、化学工业及其他工业，从家用空调到大型离心制冷机
R13	−100～−60	活塞式、离心式	沸点低、临界温度低、无毒、不燃烧	用低温研究和低温化学工业
R21	−20～10	活塞式、离心式、回转式	冷凝压力低	用于空调、化学工业小型制冷机，适用于高温车间及起重机控制室的风冷式降温设备

续表

代号	适用范围			
	温度区间（℃）	制冷机型式	特点	用途
R22	−80～0	活塞式、离心式、回转式	压力适中、制冷能力比R12高、排气温度比R12低	用于冷藏、空调、化学工业及其他工业
R114	−20～10	活塞式、离心式、回转式	沸点比R21低，介于R12和R11之间	主要用于小型制冷机
R502	−80～0	活塞式、离心式	无毒、不燃烧，压力和制冷能力与R22近似	特别适用于全封闭式制冷压缩机
R717	−60～10	活塞式、离心式、回转式	压力适中、有毒	用于制冷、冷藏、化学工业及其他工业；不宜在人员密集的地方

11. 润滑油

润滑油是用在各种机械设备上以减少摩擦的液体或半固体润滑剂，主要起润滑、辅助冷却、清洁、防锈、密封等作用。常用冷冻机油规格及主要性能指标详见表38-102。

国产冷冻机油的规格及主要性能指标　　　　表38-102

项目	质量指标				
黏度等级	N15	N22	N32	N46	N68
运动黏度（mm²/s）	13.5～16.5	19.8～24.2	28.8～35.2	41.4～50.6	61.2～74.8
闪点（℃），不低于	150	160	160	170	180
凝点（℃），不高于	−40				−35
酸值（mgKOH/g），不大于	0.02			0.03	0.05
氧化后酸值，不大于	0.05	0.2	0.05	0.1	
氧化沉淀物，不大于	0.01%	0.02%	0.01%	0.02%	
水分	无				
机械杂质	无				

12. 清洗剂

在制冷设备安装过程中，须对部分设备零部件和机加工面进行清洗，常用清洗剂有汽油、煤油、丙酮、酒精、松节油、松香水及香蕉水等。

汽油、煤油可用于清洗机件表面油脂、污垢和积尘，以及一些机械杂质；丙酮适用于清洗质量要求高的机件，尤其适用于不锈钢材质的机件；酒精可用于清洗一般设备加工面所涂的防锈透明漆；松节油可用于清洗一般油基漆、天然树脂漆、醇酸树脂漆的漆膜；松香水可用于清洗油性调合漆、醇酸漆、磁漆、油性清漆及沥青等；香蕉水可用于清洗机械设备表面的防锈漆。

13. 防冻剂

为防止制冷设备内结冰影响机组正常运行，经常要使用到防冻剂，目前较为常用的防冻剂溶液包括氯化钙、乙醇、乙二醇、甲醇、醋酸钾、丙二醇和氯化钠。

在氯化钙使用过程中应特别注意其不相容性：氯化钙暴露于空气中，会腐蚀大多数的金属；会侵蚀铝（及其合金）及铜锌合金；与硫酸反应生成具有腐蚀性、刺激性及反应能力的氯化氢；能够与可和水发生反应的物质，如：钠，发生放热反应；与甲基、乙烯基醚发生失去控制的聚合反应；在溶解状态下，与锌（电镀后）发生反应，形成具有爆炸性的氢气。

乙醇气体对静电放电敏感，应采取措施避免乙醇溢出物/渗漏物，同时，应备有适当的通风及保护装置，远离热源、火花或火焰。溢出物应在适当的容器内保存，或使用适当的有吸收能力的材料来吸收，以便进行适当的处理。

乙二醇存放处应与下水道、排雨管道、水面及土壤表面远离。此物质比水密度大，且与水极易相容。对于乙二醇的少量溢出物，须用具有吸收能力的物质及收集器吸收入容器中。对于大量溢出物，应避免水路的污染。将其通过挖沟引入或用泵打入适当的容器中。用具有吸收能力的物质吸收残余物，并用水冲洗该处。

对于氯化钠防冻液溢出物/渗漏物所采取的措施：如果溢出量或渗漏量很少，应使用装备有特殊过滤器的有全方位的密闭头盔面罩的空气净化呼吸器。在任何情况下都应戴眼部保护装置。对于少量溢出物，应清扫及处理到规定的废物容器中。应将物质与下水道、排水道、水面及土壤远离。

38.8.1.2 施工技术资料的审定

空调制冷设备在安装前应做好施工技术资料的审定工作，主要包括施工图会审、施工方案制定及技术措施可行性论证等。

1. 施工图会审

施工图会审是各参建单位在收到有效的施工图设计文件后，在设计交底前全面细致地熟悉图纸，审查出施工图中存在的问题并提交处理的一项重要活动。

会审前，施工单位应组织有关技术人员熟悉设计图纸、领会设计意图、掌握工程特点、难点。

2. 施工方案和技术措施

施工方案的制定应针对项目施工中的特点、难点、成本、工期和安全等因素，选用技术上先进、经济上合理的施工方法和技术措施，从而达到降低工程成本、保证工程质量、确保施工安全提高经济、社会效益的目的。

施工单位对超过一定规模的危险性较大的设备安装、吊装工程，除应编制专项施工方案外，还须组织专家对专项方案进行论证。

38.8.2 制冷机组的安装

空调工程中常用制冷机组按其制冷原理不同可分为压缩式和吸收式两大类。压缩式制冷机组根据其压缩机类型不同，分为活塞式、螺杆式和离心式三种。吸收式制冷机组根据其获取热量的途径不同，分为蒸汽或热水式和直燃式两种。

38.8.2.1 活塞式制冷机组的安装

活塞式制冷机组多为卧式框架结构，整个机组部件通常安装在同一个底座上。在一台制冷机组中，选用单台压缩机的称为单机头制冷机组，选用多台压缩机组装的称为多机头制冷机组。

活塞式制冷机组的安装过程如下：

1. 基础验收

设备安装前,安装单位应会同土建单位共同对基础、地坪和相关建筑结构等进行检查。设备基础的位置和尺寸允许偏差应按表38-103的规定进场复检,相关数据应填入"基础验收记录"表中。基础有防震隔离要求时,应按工程设计要求施工完毕,基础四周应设有排水设施。

设备基础位置和尺寸的允许偏差   表38-103

项目		允许偏差(mm)
坐标位置(纵横轴线)		±20
不同平面的标高		0 −20
平面外形尺寸		±20
凸台上平面外形尺寸		0 −20
凹穴尺寸		+20 0
平面水平度(包括地坪上需安装设备的部分)		每米5且全长10
垂直度		每米5且全长10
预埋地脚螺栓	标高(顶部测量)	+20 0
	中心距(在根部与顶部两处测量)	±2
预埋地脚螺栓孔	中心位置	10
	深度	+20 0
	孔壁铅垂度	10
预埋地脚螺栓锚板	标高	+20 0
	中心位置	5
预埋活动地脚螺栓锚板	带槽的锚板与混凝土面的平整度	5
	带螺纹孔的锚板与混凝土面的平整度	2

2. 放样划线

设备就位前,应按施工图和相关建筑物的轴线、边缘线、标高线,在地面或基础上划定设备安装的纵横基准线。相互有连接、衔接或排列关系的设备,应划定共同的安装基准线。设备安装纵横基准线与墙、柱间的距离,其允许偏差为±20mm,设备间的允许偏差为±10mm。

3. 设备开箱

设备开箱之前应将箱体清扫干净,然后查看箱体外形有无损伤,并核实箱号是否有误。

设备开箱时应由安装单位、建设单位、监理单位、供货单位共同在场进行检查验收,并填写设备开箱检验记录。

设备开箱后根据随机出厂装箱清单及其他技术文件，核对设备的型号、规格、外观、数量、附件、标识和质量证明资料、相关技术文件等。重点检查机组及出厂附件是否损坏、锈蚀，设备充填的保护气体有无泄漏，油封应完好。

开箱完机组如不能及时安装，应将机组遮盖住，防止灰尘及产生锈蚀；设备附件、专用工具等应放入仓库进行妥善保管。

4. 设备就位

设备就位就是将开箱后的设备吊装、拖运至设备基础上。设备吊装前应核实设备、运输通道和吊装孔的尺寸、运输通道的结构承载能力、吊索具的极限负载能力等是否符合安全要求。设备吊装或拖运时，应捆扎稳固，保持平衡，确保吊索具牢固。具有公共底座的设备吊装，其受力点不应使设备底座产生扭曲和变形。

5. 设备找正

设备找正的目的是使设备本体的纵横中心线与基础上划定的纵横中心线对齐。设备定位基准可按随机技术文件查得，可通过线锤和量具进行测量找正。当设备找正有偏差时，可用撬棍、千斤顶、手拉葫芦等进行调整，允许偏差范围±10mm。

6. 设备初平

设备初平主要是初步调整设备的水平（或垂直）和标高。设备的初平也称粗平，也就是在设备就位找正后粗略地将设备的水平度调整到接近要求的程度。对于地脚螺栓还未进行灌浆固定的，设备的地脚螺栓还不能紧固。当设备的地脚螺栓是与基础同时浇灌埋设的，可跳过粗平步骤直接进行精平。对于设备有隔振要求的，应在底脚处放置隔振装置，隔振装置应符合相关技术要求。

设备初平最常用的为垫铁，垫铁选用应符合随机技术文件的规定，当无规定时，可参照现行国家标准《机械设备安装工程施工及验收通用规范》GB 50231 的规定制作和使用。常用垫铁种类有平垫铁、斜垫铁、开口垫铁等。

7. 一次灌浆

一次灌浆是指在设备初平后，对预留地脚螺栓孔进行灌浆。如果初平后超过 48h 灌浆，则须重新复测中心位置及水平度。

地脚螺栓、螺母和垫圈一般都是作为随机件带来，应符合设计和设备安装技术文件的规定。如无规定则可参照下列原则选用：

地脚螺栓的直径应小于设备底座上地脚螺栓孔，其关系可按表 38-104 选用。

设备底座孔径与地脚螺栓直径的关系　　　　　表 38-104

底座孔径（mm）	12～13	14～17	18～22	23～27	28～33	34～40	41～48	49～55	56～65
螺栓直径（mm）	10	12	16	20	24	30	36	42	48

地脚螺栓的长度应按施工图纸的规定，如无规定，可按式（38-1）确定：

$$L = 15D + S + (5 \sim 10) \tag{38-1}$$

式中　L——地脚螺栓的长度（mm）；

　　　D——地脚螺栓的直径（mm）；

　　　S——垫铁高度、设备底座和螺母厚度以及预留余量的总和（mm）。

地脚螺栓安放前应将预留孔中的杂物清理干净。地脚螺栓在预留孔内应保持垂直,不铅垂度不应超过10‰,任一部位与孔壁的间距不宜小于15mm,底端不接触孔底。安装地脚螺栓时,应将其上的油污和氧化皮清除干净,螺纹部分应涂上油脂。

预留地脚螺栓孔灌浆前,应清洗洁净,孔内不得存有积水。灌浆宜采用细碎石混凝土,其强度应比基础或地坪强度高一级。灌浆时应捣实,不应使地脚螺栓歪斜。

灌浆时,灌浆料须从一侧持续灌入,不能间断。灌浆料应捣实,不应残留空气在内,影响灌浆效果。

8. 精平

设备精平一般在地脚螺栓孔内混凝土灌浆层强度达到设计强度的75%以上后进行。一般机组整体出厂时已校好压缩机、电动机等设备,只需对公共底座进行调平即可,其纵、横向偏差均不应大于1/1000。制冷机组及附属设备安装位置、标高的允许偏差,应符合表38-105的规定。

制冷设备及制冷附属设备安装允许偏差和检验方法　　　　表38-105

项次	项目	允许偏差(mm)	检验方法
1	平面位移	10	经纬仪或拉线和尺量检查
2	标高	±10	水准仪或经纬仪、拉线和尺量检查

解体出厂的制冷机组及其附属设备的安装水平,应在相应的底座或与水平面平行的加工面上进行检测,其纵、横向偏差均不应大于1/1000。对于有直立汽缸的机组(如立式及W型),可用水平仪在汽缸的端面或飞轮外缘上测量水平度。

9. 二次灌浆

二次灌浆是指设备精平后,用灌浆料填满设备底座与基础间的空隙,并将垫铁埋在灌浆料内。

设备底座与基础间灌浆前,预留孔内灌浆料强度达到设计强度的75%以上时方可拧紧地脚螺栓,各螺栓的拧紧力应均匀。拧紧地脚螺栓螺母,螺栓应露出螺母,露出长度宜为2～3个螺距。灌浆前垫铁组应进行点焊,敷设的外模板与设备底座外缘的间距不宜小于60mm。

一般灌浆层应略高于设备底座面,以防止灌浆后由于砂浆收缩产生空隙,采用隔振措施的除外。

灌浆后应做好灌浆层养护工作,严禁在其上做冲击性或任何敲打的操作,养护天数不得少于7d。夏季养护期间应在灌浆层上覆盖麻袋、布料等片状物,并洒水进行保湿。冬季养护时裸露部分应覆盖塑料薄膜并加盖保温材料,日平均气温接近0℃时,不得洒水养护。养护结束拆除模板后,灌浆层表面应进行抹面处理。根据抹面砂浆功能的不同,一般可将抹面砂浆分为普通抹面砂浆、装饰砂浆、防水砂浆和具有某些特殊功能的抹面砂浆(如绝热、耐酸、防射线砂浆)等。

10. 机组水系统接管的安装

制冷机组水系统接管在现场安装时,应符合下列要求:

(1) 机组冷冻水进出口水管连接在蒸发器上,在系统最高处安装排气阀,在进水管路上安装水过滤器,以防蒸发器损坏。进出水管路中应安装带有截止阀、表弯、旋塞阀的水压表、管路活接头、软接头、截止阀、温度计、泄水阀、流量开关、排气阀等。

(2) 机组冷却水进出口水管连接在冷凝器上，进水管道必须安装流量开关，并安装水过滤器，以防冷凝器堵塞或损坏。进出水管上须装排气阀、带有截止阀、表弯、旋塞阀的水压力表、管路活接头、软接头、截止阀、温度计、泄水阀、流量计等。

(3) 进出水管接到蒸发器和冷凝器，管道上应设隔振垫和支架，以免机组受力；接管安装时，不能占用安装、维修及操作空间。

(4) 在液体管道上接支管，应从主管的底部或侧部接出；供液管不应出现上凸的弯曲。

(5) 设备之间制冷剂管道连接的坡向及坡度，当设计或随机技术文件无规定时，应符合《制冷设备、空气分离设备安装工程施工及验收规范》GB 50274 的规定。

(6) 法兰、螺纹等连接处的密封材料，应选用金属石墨垫、聚四氟乙烯、氯丁橡胶密封液或甘油一氧化铝；与制冷剂氨接触的管路附件，不得使用铜和铜合金材料；与制冷剂接触的铝密封垫片应使用纯度高的铝材。

11. 机组电气控制设备的安装

机组安装就位、水管安装完成后，须对电气控制设备进行安装与接线。对于常规控制仪表的安装应进行下列工作：

(1) 安装前应对单体调节设备进行调试工作，使其调节精度达到要求。

(2) 就地安装的一次仪表，应安装在光线充足、测量操作和维修方便的部位。必须达到牢固、平正，不能敲击、振动。

(3) 直接安装在冷却水和冷冻水管路上的仪表，应在管路吹扫后、试压前安装，保证接口的严密性。

(4) 仪表与电气设备的接线应进行绞线并注明线号，与接线端子连接牢固可靠，排列整齐、美观。

12. 机组的隔振

机组的隔振主要是在机组底座与混凝土基础之间装设隔振装置，减弱机组振动的传递，防止振动的干扰对人、建筑物、仪表设备及周围环境带来直接的危害。

机组常用隔振装置有橡胶隔振垫和弹簧隔振器。当机组选用隔振装置进行调平安装，应符合下列要求：

(1) 设备基础应符合随机技术文件的规定，放置隔振装置的部位应平整。

(2) 隔振装置的种类、规格、数量及安装位置应符合产品技术文件的要求。

(3) 使用橡胶隔振垫的机组，可在其下方增减平垫铁厚度进行机组调平。调平后将螺母锁紧，经过 7~14d 后，应再次进行调平。无预留地脚螺栓孔的基础，可采用膨胀地脚螺栓固定。

(4) 当机组底座安装在弹簧隔振器上时，各个弹簧隔振器受力应均匀，在其调整范围内应留有余量，还应设有防止机组运行时水平位移的定位装置。

38.8.2.2 螺杆式制冷机组的安装

螺杆式制冷机组安装方法基本与活塞式制冷机组相似，重点是联轴器的检查和校准。联轴器示意图如图 38-93 所示。联轴器一般出厂前已调整完毕，为了避免机组在运输过程中可能产生形变或位移，机组安装就位后必须检验，使电动机与压缩机同轴，其同轴度应符合机组的技术文件要求。

联轴器找正对中方法有单表找正法和双表找正法等,常用的是双表找正对中法,下面对双表找正对中法进行阐述。

1. 测量前期准备工作

(1) 拆除电动机和压缩机联轴器间的连接轴;检查联轴器是否能自由转动;清除联轴器上的油垢和锈斑;清理支座处的污物;检查各支脚处螺栓螺母是否松动,拧紧各支座地脚螺栓。

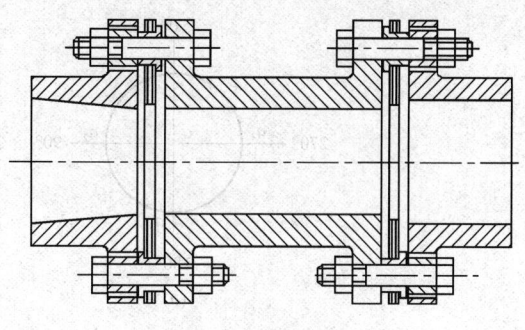

图 38-93 联轴器示意图

(2) 联轴器打表找正前,可先用钢尺等进行初步测量;一般机组出厂前已经过调整,当偏差超差时,可先进行粗调。

(3) 将百分表磁性表座固定在压缩机联轴器(从动轴)处,百分表测量头应对准电动机联轴器(主动轴)轮毂的外圆面和端面靠近边缘处,并保持垂直。

(4) 百分表、表架及磁性表座安装如图 38-94 所示。当两轮毂端面间距足够,可在轮毂正面进行测量,如图 38-94(a) 所示;否则,可在轮毂背面进行测量,如图 38-94(b) 所示。百分表 1 测量头对准轮毂外圆面,百分表 2 测量头对准轮毂端面。

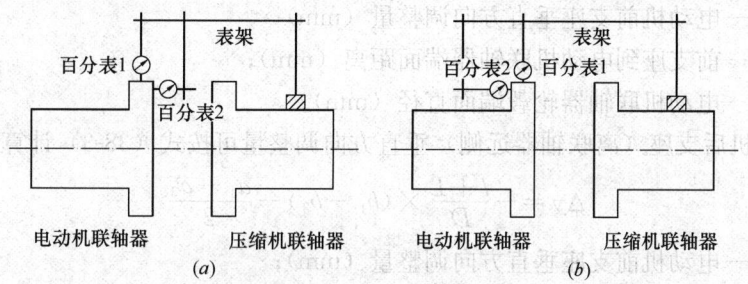

图 38-94 打表法示意图
(a) 轮毂正面测量;(b) 轮毂背面测量

(5) 为满足测量量程需要,测量前应调整百分表测量头的压缩量,将百分表调至量程一半左右。

(6) 百分表、支架和磁性表座安装完后,转动联轴器一圈,百分表、表架和表座转动过程应不碰及周围物体,否则须进行位置调整。

2. 测量方法

测量开始前,在电动机联轴器轮毂的外圆面和端面每间隔 90°标记测点位置,如图 38-95 所示。a_1、a_2、a_3、a_4 为轮毂外圆面测点位置,b_1、b_2、b_3、b_4 为轮毂端面测点位置。

在测量起始点位置 a_1 点和 b_1 点处,将两只百分表指针调至"0"位。同步顺时针旋转电动机和压缩机联轴器,在 90°、180°、270°分别记录测出的 a_2、b_2、a_3、b_3、a_4、b_4 数据。当两联轴器旋转一周重新回到 0°位置时,百分表指针读数应对应"0"位。否则,应检查百分表等是否固定牢固,轴是否有窜动等状况,消除状况后重新进行上述步骤测量,

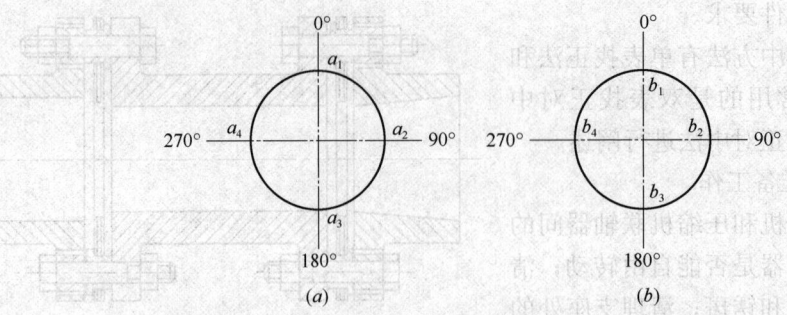

图 38-95 测量位置示意图
(a) 径向测量；(b) 轴向测量

直至测量数据准确为止。测量完后可用式 $a_1+a_3=a_2+a_4$ 和 $b_1+b_3=b_2+b_4$ 检查测量结果是否正确，误差一般控制在 ≤0.02mm。

3. 电动机支座调整量计算

(1) 垂直方向调整量计算

1) 电动机前支座（离联轴器近侧）垂直方向调整量可按式（38-2）计算：

$$\Delta x = -\frac{l}{D} \times (b_1 - b_3) - \frac{a_1 - a_3}{2} \tag{38-2}$$

式中　Δx——电动机前支座垂直方向调整量（mm）；
　　　l——前支座到电动机联轴器端面距离（mm）；
　　　D——电动机联轴器轮毂端面直径（mm）。

2) 电动机后支座（离联轴器远侧）垂直方向调整量可按式（38-3）计算：

$$\Delta y = -\frac{l+L}{D} \times (b_1 - b_3) - \frac{a_1 - a_3}{2} \tag{38-3}$$

式中　Δy——电动机前支座垂直方向调整量（mm）；
　　　L——前后支座间距（mm）；
　　　l——前支座到电动机联轴器端面距离（mm）；
　　　D——电动机联轴器轮毂端面直径（mm）。

(2) 水平方向调整量计算

1) 电动机前支座水平方向调整量可按式（38-4）计算：

$$\Delta x' = -\frac{l}{D} \times (b_2 - b_4) - \frac{a_2 - a_4}{2} \tag{38-4}$$

式中　$\Delta x'$——电动机前支座水平方向调整量（mm）；
　　　l——前支座到电动机联轴器端面距离（mm）；
　　　D——电动机联轴器轮毂端面直径（mm）。

2) 电动机后支座水平方向调整量可按式（38-5）计算：

$$\Delta y' = -\frac{l+L}{D} \times (b_2 - b_4) - \frac{a_2 - a_4}{2} \tag{38-5}$$

式中　$\Delta y'$——电动机后支座水平方向调整量（mm）；

L——前后支座间距（mm）；

l——前支座到电动机联轴器端面距离（mm）；

D——电动机联轴器轮毂端面直径（mm）。

在垂直、水平方向调整量计算结果中，若垂直方向计算数值为正值时，支座向上调整，负值时，则向下调整；若水平方向计算数值为正值时，支座向左调整，负值时，则向右调整。

38.8.2.3 离心式制冷机组的安装

离心式制冷机组出厂时一般共用底座。离心式制冷机组安装方法基本与活塞式制冷机组相似，但需注意以下几点：

(1) 设备开箱时，应自上而下进行拆箱，注意保护机组的管路、仪表及电器设备等。拆箱后检查机组充气有无泄漏，充气压力应符合设备技术文件的规定。在制造厂内已充气的机组，所充干燥氮气压力应保持在30～50kPa，真空出厂的机组，内部压力上升即为不合格。

(2) 整体出厂机组在吊装过程中，吊索具设置应牢固，只允许在机组标明的位置起吊。使用钢丝绳吊索直接起吊的，应在机组相关位置加设保护垫。起吊过程应保持机组水平，机组应设置溜绳，防止机组在空中打转。

(3) 机组本体找平固定后，安装管路、仪表及附属设备。机组的法兰连接处的垫片，应使用高压耐油石棉橡胶垫片；螺纹连接处的填料，应使用氧化铅甘油、聚四氟乙烯薄膜等填料。

38.8.2.4 溴化锂吸收式制冷机组的安装

溴化锂吸收式制冷机组根据机组动力来源不同，分为蒸汽或热水式溴化锂制冷机组和直燃式溴化锂制冷机组。溴化锂吸收式制冷机组安装方法基本与活塞式制冷机组相似，下面针对不同之处进行阐述。

1. 机组就位

溴化锂吸收式制冷机组是高真空设备，机组开箱、搬运、吊装等须严格遵守随机技术文件规定。机组起吊过程设备严禁碰撞，吊装点应设置在规定的吊点处。分体机组运至施工现场后，应及时运入机房进行组装，并抽真空。机组水平度按设备技术文件规定的基准面找正、找平，其纵向、横向不水平度均不得超过1/1000，双筒吸收式制冷机组应分别找正上下筒的水平。

2. 真空泵和屏蔽泵

真空泵和屏蔽泵就位后应找正、找平，一般机组出厂前已安装完成。屏蔽泵电线接头处应采取防水密封。真空泵抽气连接管宜采用直径与真空泵进口直径相同的金属管，采用橡胶管时，宜采用真空胶管，并对管接头处采取密封措施。

3. 蒸汽式溴化锂制冷机组

蒸汽式溴化锂制冷机组必须保持蒸汽压稳定和蒸汽凝结水的畅通，以保证机组的技术性能和使用寿命，供汽系统的配管工艺与一般蒸汽管道相同，但应注意以下事项：

(1) 为保证供汽压力稳定，蒸汽表压高于0.8MPa时，应在机组的蒸汽调节阀与过滤器之间安装减压阀，其位置应设在距机组3m之内。减压阀前后的压差P_1-P_2一般应大于0.2MPa，压比$P_1/P_2 \leqslant 0.8$，才能起到有效的减压作用。蒸汽调节阀与温度传感器等组成自动调节系统,其调节阀应距离机组的蒸汽入口处 1.2m 为宜,以使蒸汽均匀分配至各传热管。

(2) 如蒸汽的干度低于 0.95 或蒸汽锅炉容量较小时,为保证发生器的传热效果,应在管路入口处装设水分离器。分离出的水通过疏水器流至锅炉房。

(3) 为观测运行中各部位蒸汽压力,应在减压阀两侧及蒸汽调节阀前后装设压力表。

(4) 减压阀和蒸汽调节阀处应安装截止阀的旁通管路,便于检修时可手动调节。

(5) 蒸汽凝结水管应使机组的背压保持在表压 0.05~0.25MPa 以内,为防止在低负荷或停运时凝结水反流回高压发生器管束,可在机组的蒸汽凝结水的出口处安装止回阀或排水阀。

(6) 在双效吸收式冷水机组中,为充分利用蒸汽和提高热效率,一般应装设凝结水回热器。经凝结水回热器的凝水温度一般为 90~95℃。

4. 燃油型直燃式溴化锂制冷机组

燃油型直燃式溴化锂制冷机组主要部件的安装方法与蒸汽式溴化锂制冷机组大致相同,但一些不同之处应注意:

(1) 燃油型直燃式制冷机组若是在高层建筑中使用时,应符合现行国家标准《建筑设计防火规范》GB 50016 的要求。

(2) 燃油型直燃式冷热水机组在安装燃油管路系统时应注意以下事项:

1) 机房内油箱的容积不应大于 $1m^3$,油位应高于燃烧器 0.10~0.15m 之间,油箱顶部应安装呼吸阀,油箱还应设油位指示器。

2) 为防止油箱中的杂质进入燃烧器、油泵及电磁阀等部件,影响正常运转和降低使用寿命,在燃油管路中设置过滤器,一般设在油箱的出口处。油箱的出口处应采用 60 目的过滤器,而燃烧器的入口处采用 140 目较细的过滤器。

3) 燃油管路应采用无缝钢管,焊接前应清除管内的铁锈和污物,焊接后经压力试验和渗漏试验。

4) 燃油管路的最低压力处应设排污阀,最高处应设排空阀。

5) 装有喷油泵回油管路时,回油管路系统中应装有旋塞、阀门等部件,保证管路畅通无阻。

6) 在无日用油箱的供油系统,必须安装空气分离器。空气分离器安装在储油箱和燃烧器中间,并应靠近机组,其分离器的容量为机组 2h 消耗的燃油量。

5. 燃气型直燃式溴化锂制冷机组

燃气型直燃式溴化锂制冷机组主要部件的安装方法与蒸汽式溴化锂制冷机组大致相同,但一些不同之处应注意:

(1) 燃气型直燃式冷热水机组若是在高层建筑中使用时,应符合现行国家标准《建筑设计防火规范》GB 50016 的要求。

(2) 机组设在地下一层除应靠外墙和外围护墙部位外,人员疏散的安全出口不应少于两个。

(3) 利用吊装口进行泄压时,其位置应避开人员集中场所和主要交通道路,并宜靠近易发生爆炸部位,其泄压比值应按 $0.05 \sim 0.22 m^2/m^3$ 计算。

(4) 吊装口应采用轻质材料作为泄压面积，不能采用普通玻璃作为泄压面积，应设防冰雪积聚措施，其质量不宜超过 60kg/m²。

(5) 机房内应设置火灾自动报警、灭火系统和天然气浓度检漏报警装置，并与消防控制系统联动。天然气浓度检漏报警装置检测点不少于两处，应布置在易泄漏的设备或部位的上方。当泄漏浓度达到爆炸下限 20% 时，浓度及监控系统能及时准确报警，切断天然气总管的阀门及非消防电源，并自动启动事故送、排风系统。

(6) 机组设于高层建筑地下室内时，主机房设置的送风、排风系统不能出现负压，其排风系统的换气次数不小于 15 次/h，送风量不能小于燃烧所需的空气量（1.55m³/kW）和工作人员所需的新风量之和，以保证天然气浓度低于爆炸下限值。

(7) 机房内的电气设备应按现行国家标准《爆炸危险环境电力装置设计规范》GB 50058 选型和《电气装置安装工程 爆炸和火灾危险环境电气装置施工及验收规范》GB 50257 施工。

(8) 燃气管路系统燃气的种类、供应压力等技术参数应与机组中燃烧器的技术要求相符合，在安装中应注意下列事项：

1) 管路应采用无缝钢管，并采用明敷设。特殊情况下采用暗敷设时，必须便于安装和检查。

2) 燃气管道不得敷设或穿越卧室、易燃易爆品仓库、配电间、变电室、电缆沟、烟道及进风等部位。

3) 燃气进入机组的压力高于使用范围，应装设减压装置。

4) 燃气管路进入机房后，应按设计要求配置球阀、压力表过滤器及流量计等。

5) 机房内的燃气管道应设置管径大于 20mm 的放散管，其管口应防雨并高出屋顶 1m 以上。

6) 燃气管道采用焊接连接，并进行气密性试验，确保无泄漏。

7) 燃气管道与设备供应的配件连接前，必须进行吹扫，其清洁度应达到现行国家标准《工业金属管道工程施工规范》GB 50235 的要求。

6. 烟道和烟囱的安装

直燃式溴化锂制冷机组区别于其他机组的重要特点就是须安装烟道和烟囱。在烟道和烟囱的安装过程中应注意以下事项：

(1) 烟囱的安装应按施工图和技术文件进行。烟囱与墙、梁等的间距不小于 50mm，周围不允许有易燃物，必要时应采用挡火件和隔板。

(2) 烟囱的出口与冷却塔应有足够的距离，距离民用住宅的门、窗及通风口等 3m 以上。

(3) 烟囱采用钢制时，其钢板厚度应大于或等于 4mm 为宜。

(4) 直燃机组可与同种燃料的锅炉共用烟囱、烟道，共用烟囱、烟道截面积应是两个支烟道面积之和的 1.2 倍。与非同种燃料的锅护等设备不能共用烟囱和烟道。

(5) 制作烟囱时，其焊接及法兰连接必须严密，法兰密封垫片应采用石棉板、石棉绳等耐热材料。烟道和烟囱所有的连接螺栓的丝扣部分应涂以石墨，便于检修时易于拆卸。

(6) 烟囱口应设置防风、防雨的风帽，并根据具体情况应设置避雷针。如采用烟囱为避雷体，除顶端焊接圆钢避雷针外，烟囱各连接部位用圆钢跨接（焊接）。

（7）水平烟道应设置放水管，以排除烟道内的凝结水。

（8）立式烟囱的底部应设置除尘检查门，水平烟道在适当的部位设置检查门和防爆门，防爆门不能朝向操作人员一侧。

（9）水平烟道应向上倾斜，其倾斜度应根据机房的高度确定。

（10）水平烟道应设单独吊架，吊架间距不应大于4m。

（11）垂直烟道的导向支架间距不应大于7m。

（12）钢制烟道应进行保温，保温材料应采用耐高温的玻璃纤维棉、矿棉等，其保温厚度为50mm，外包玻璃丝布，外部保护壳可采用铝箔或镀锌钢板。

（13）直线度除系统设计另有规定外，直烟道的任意管段长度不大于5m时，其偏差不应大于8mm，当大于5m时，其偏差不应大于该长度的2/1000和25mm中的较大值。

（14）垂直度除系统设计另有规定外，烟囱的垂直度不应大于25mm和高度的1/1000中的较大值。

38.8.3 热泵机组的安装

热泵是一种利用高位能使热量从低位热源流向高位热源的节能装置。目前，在工程实际中较为常用的是空气源热泵机组、地源热泵机组和水环热泵空调系统，现分述如下。

38.8.3.1 空气源热泵机组

以空气为低位热源的空气/水热泵机组称为空气源热泵冷（热）水机组，该机组通常为整体组装式的制冷设备。

1. 安装场地的选择

空气源热泵冷（热）水机组一般安装在屋顶、阳台、地面等通风良好的场所。机组安装位置应平坦坚实，四周排水应顺畅。机组四周应按产品说明书的要求留有足够的通风、维修操作空间，机组顶吹出风口上方不应有遮挡物，最小留有3m的垂直空间。图38-96所示为一台容量为400kW的空气源热泵冷（热）水机组的安装位置图。

2. 开箱检查

空气源热泵机组安装前应进行开箱检查，重点检查机组的外观是否有损伤，管道是否有裂缝、变形，压力表是否正常，机组是否有制冷剂泄漏。

3. 机组吊运

对于安装在屋顶的空气源热泵机组，优先选择塔吊、汽车吊等进行吊装就位，当现场条件限制时可在屋顶设置桅杆进行吊装。对于无法直接吊装就位的机组，还应进行水平拖运，拖运操作可参考制冷机组拖运内容。

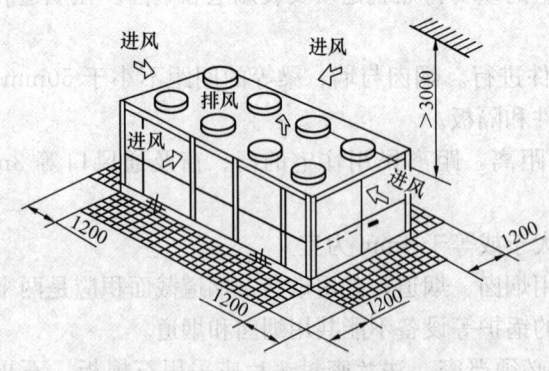

图 38-96 空气源热泵冷（热）水机组安装位置图

4. 机组施工

混凝土基础应符合机组的功能要求及荷载要求，当设计无基础时，可用槽钢、工字钢等型材制作。型钢或混凝土基础的规格和尺寸应与机组匹配，基础位置应满足机组通风、检修的空间要求。基础表面应平整、坚固，四周应有排水设施。

同规格机组成排就位时，安装位置尺寸应一致，各机组间应留有一定的间距。隔振装置的种类、规格、数量及安装位置应符合产品技术文件的要求。在隔振要求不高的场所，一般机组出厂时会随机附带橡胶隔振垫，安装时放置在机组底座与基础之间，机组通过膨胀螺栓与基础进行固定。在隔振要求较高的场所，可采用弹簧隔振器，其应与机组和基础间互相固定牢固，当无法进行固定时，应设有防止机组运行时水平位移的定位装置。

5. 机组就位及找平与找正

机组就位、找平、找正方法与制冷机组大致相同，需注意的是：在机组就位时应注意防止空气源热泵机组的变形与对翅片换热器的保护；机组设备的纵横向水平度的允许偏差均为 0.2/1000。

6. 安装防雪罩

在有冰雪覆盖的场合安装室外机组时，应在室外机组的排风口和进风口加装防雪罩，并设置较高的底座或基础，如图 38-97 所示。

7. 机组配管安装

机组配管与室内机安装应同步进行；机组与管道连接应在管道冲（吹）洗合格后方可进行；与机组连接的管路上应按设计及产品技术文件的要求安装过滤器、阀门、部件、仪表灯，位置应正确，排列应规整；机组与管道连接时，应设置

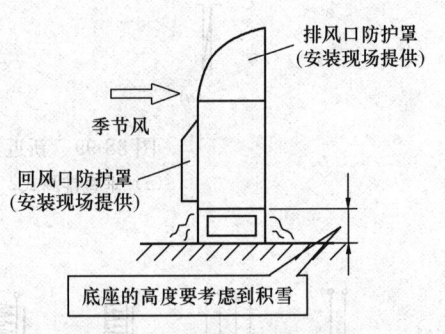

图 38-97　防雪罩安装示意图

软接头，管道应设独立的支吊架；压力表距阀门位置不宜小于 200mm；机组的进水侧应安装水力开关，并应与制冷机的启动开关联锁；水力开关的前端宜有 4 倍管径及以上的直管段。

8. 电气系统安装

按说明书的规定，将电线、电缆正确连接到位。在连接电源线时，应注意将压缩机曲轴箱底部安装的润滑油电加热器电源连接于压缩机主电源空气开关的上部，以免在机组停机时，操作人员将空气开关拉开后，同时将润滑油加热器切断。

38.8.3.2　地源热泵

根据地热能交换系统形式的不同，地源热泵系统分为地埋管地源热泵系统、地下水地源热泵系统和地表水地源热泵系统。

本节重点对三种不同换热系统的施工过程进行阐述。

1. 地埋管换热系统施工

地埋管换热器一般分为水平地埋管换热器和竖直地埋管换热器两大类。水平地埋管换热器形式如图 38-98 和图 38-99 所示；竖直地埋管换热器形式如图 38-100 所示。

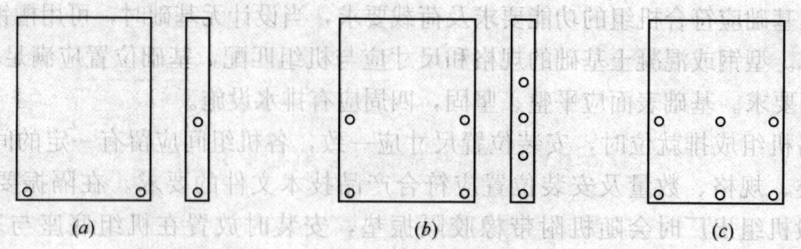

图 38-98 几种常见的水平地埋管换热器形式
(a) 单或双环路；(b) 双或四环路；(c) 三或六环路

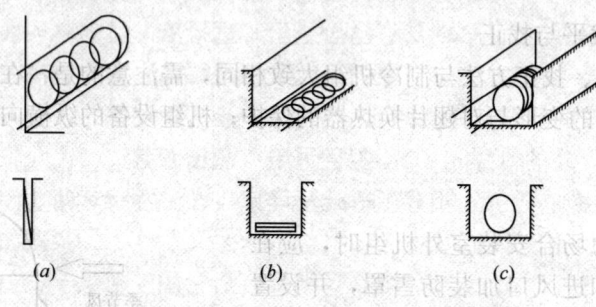

图 38-99 新近开发的水平地埋管换热器形式
(a) 垂直排圈式；(b) 水平排圈式；(c) 水平螺旋式

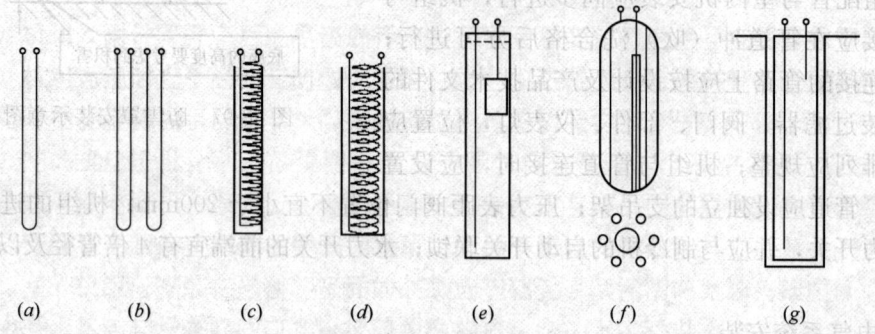

图 38-100 竖直地埋管换热器形式
(a) 单U形管；(b) 双U形管；(c) 小直径螺旋盘管；(d) 大直径螺旋盘管；
(e) 立柱状；(f) 蜘蛛状；(g) 套管式

(1) 水平地埋管换热器施工

1) 换热器管沟开挖

水平地埋管换热器铺设前，应根据施工图在现场画出管沟位置线，采用小型挖掘机或人工进行开挖至设计深度，并进行人工平整。垫层找平并留有一定坡度，使水平汇总管方便排气。

2) 换热器铺设与回填

换热器铺设前应在沟槽底部铺设相当于管径厚度的细砂。换热器安装时，应防止石块等重物撞击管身，管道不应有折断、扭结等问题，转弯处应光滑，且应采取固定措施。

换热器回填料应细小、松散、均匀,且不应含石块及土块。回填压实过程应均匀,回填料应与管道接触紧密,且不得损伤管道。回填应在管道两侧同步进行。同一沟槽中有多排管道时,管道之间与管道和槽壁之间的回填压实应对称进行。

3) 系统冲洗

地埋管换热器安装前、与环路集管装配完成后,以及系统全部安装完后,均应对管道系统进行冲洗。

(2) 竖直地埋管换热器施工

综合工程造价和施工方面原因,在实际工程中常用的是钻孔埋入U形管的施工工艺。

1) 钻孔

根据设计图纸,对地埋管孔位用木桩等进行精确定位,确保钻孔位置偏差在10cm范围内。最小钻孔孔径应满足U形管埋设要求,推荐值见表38-106。一般U形埋管外径为25~40mm,最常用的为外径32mm的U形管。常用钻孔孔径在150~200mm范围,垂直钻孔的不垂直度不应大于1.5‰。不同地层硬度下选用的钻孔方法,可参照表38-107。

不同管径的最小钻孔孔径及竖井深度 表38-106

管径(mm)	20	25	32	40
最小钻孔孔径(mm)	75	90	100	120
竖井深度(m)	30~60	45~90	75~150	90~180

钻孔方法 表38-107

地层类型	钻孔方法	备注
第四纪土层或砂砾层	螺旋钻孔	有时需临时套管
	回转钻孔	需临时套管和泥浆添加剂
第四纪土层、泥土或黏土层	螺旋钻孔	多数情况下可采用此方法
	回转钻孔	需临时套管和用泥浆添加剂
岩石或中硬地层	回转钻孔	牙轮钻头,有时需加入泥浆添加剂
	潜孔锤钻孔	需用大的压缩机
岩石,硬地层到高硬地层	回转钻孔	用凿岩钻头或硬合金球齿钻头,钻速较低
	潜孔锤钻孔	需用大的压缩机
	钉锤钻孔	深度约为70m,需专门的配套工具
超负荷岩层	ODEX钻孔	配潜孔锤

钻机钻孔时,应确保钻机钻杆垂直度,钻孔深度应超过设计深度0.2~1m。钻孔是竖直地埋管换热器施工最重要的工序,如果土质较好,可采用裸孔钻进;如果是砂层,孔壁容易坍塌,则必须下套管。

2) U形管预制

地埋管道采用PE材质,预制是指将需下井的PE管、U形弯制作成型。PE管道连接应符合现行行业标准《埋地塑料给水管道工程技术规程》CJJ 101的有关规定。PE管采用热熔连接,熔接时插入深度、加热时间和保持时间,见表38-108。U形弯管接头应选用定型的U形弯头成品件,不宜采用直管道揻制弯头。直管段应采用整管。U形管的组对长度应能满足插入钻孔后与环路集管连接的要求，组对好的U形管的两开口端部，应及时密封。

PE管插入深度及加热时间和保持时间的要求 表38-108

管子外径（mm）	32	40	50	63	75	90
插入深度（mm）	20	22	25	28	31	35
加热时间（s）	8	12	18	24	30	40
保持时间（s）	20	20	30	30	40	40

3）U形管下管

U形地埋管下管前应进行冲洗、试压，将两端口密封。U形管应在钻孔钻好且孔壁固化后立即进行。考虑到钻孔内有大量积水且含有泥沙，因此下管过程中，U形管内宜充满水，利用增加自重来减少一部分浮力和阻力的影响，冬期施工防止冻裂管道，应加注防冻液。

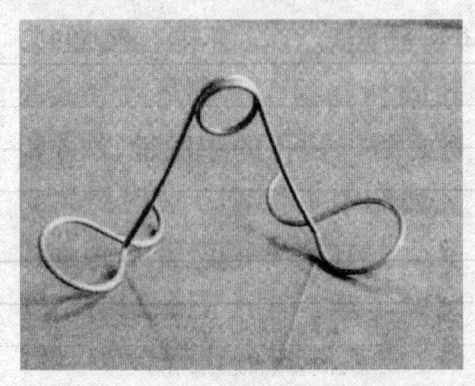

图38-101 地热弹簧

下管过程中宜采取措施使U形管两支管处于分开状态：一种方法是利用专用的地热弹簧（图38-101）将两支管分开，同时使其与灌浆管牵连在一起，当灌浆管自下而上抽出时，地热弹簧将两个支管弹离分开；另一种方法是用塑料管卡或塑料短管等支撑物将两支管撑开，然后将支撑物绑缚在支管上。两支撑物间距一般为2～4m。U形管端部应设防护装置，以防止在下管过程中的损伤。

当钻孔较浅或泥浆密度较小时，一般采用人工下管。反之，可采用机械下管。常用的机械下管方法是利用钻机钻杆或灌浆管，将U形管送入钻孔深处，此时U形管端部的保护尤为重要。

U形管的长度应比孔深略长些，以使其能够露出地面。下管完成后，做第二次水压试验，确认U形管无渗漏后，方可封井。

4）灌浆封孔

U形管安装完毕后，应立即灌浆回填封孔。当埋管深度超过40m时，灌浆回填应在周围临近钻孔都钻凿完毕后进行。

灌浆回填料宜采用膨润土和细砂（或水泥）的混合浆或专用灌浆材料。当地埋管换热器设在密实或坚硬的岩土体中时，宜采用水泥基料灌浆回填。

主要的灌浆回填方法是利用泥浆泵通过灌浆管将回填材料灌入孔中（图38-102）。灌浆时应保持连续性，根据灌浆的速度将灌浆管逐渐抽出，使回填材料自下而上注入封孔，确保钻孔回灌密实、无空腔。当室外环境温度低于0℃时，不宜进行换热器施工。

（3）环路集管连接

将地下U形埋管与水平管的连接称为环路集管连接。为防止未来其他管线敷设对集管连接管的影响或破坏，水平管埋设深度距地面不小于1.5m或埋设于冻土层以下0.6m。

管道沟挖好后，沟底应夯实，填一层细砂或细土，并留有 0.003～0.005 的坡度，在管道弯头附近应人工回填以避免管道出现波浪弯。集管连接管在地上连接成若干个管段，再置于地沟与 U 形管相接，构成完整的闭式环路（图 38-103）。在分、集水器的最高端或最低端宜设置排气装置或除污排水装置，并设检查井。管道沟回填时，应分层用木夯夯实。

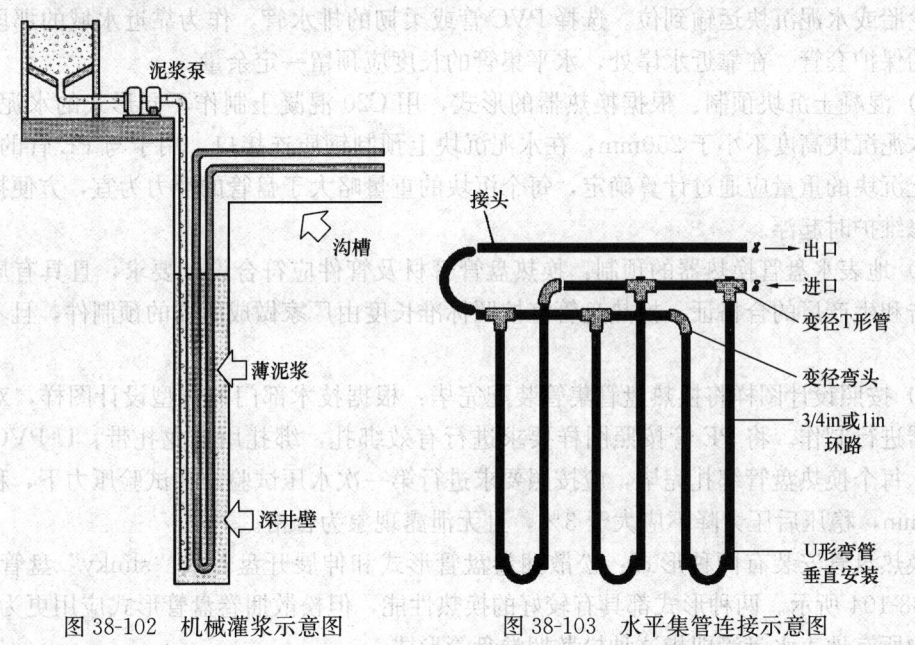

图 38-102 机械灌浆示意图　　图 38-103 水平集管连接示意图

水平集管连接的方式主要有两种。一种是沿钻孔的一侧或两排钻孔的中间铺设供水和回水集管。另一种是将供水和回水集管引至埋设地下 U 形管区域的中央位置。供、回环路集管的间距应大于 0.6m。

(4) 地埋管换热系统的检验

地埋管换热系统安装过程中，应进行现场检验，并应提供检验报告。回填过程的检验应与安装地埋管同步进行。换热器检验内容应符合下列规定：

1) 管材、管件等材料应符合国家现行标准的规定。
2) 钻孔、水平埋管的位置和深度、地埋管的直径、壁厚及长度均应符合设计要求。
3) 回填料及其配合比应符合设计要求。
4) 水压试验应合格。
5) 各环路流量应平衡，且应满足设计要求。
6) 防冻剂和防腐剂的特性及浓度应符合设计要求。
7) 循环水流量及进出水温差均应符合设计要求。

(5) 水压试验

水压试验宜采用手动泵缓慢升压，升压过程中应随时观察与检查，不得有渗漏；不得以气压试验代替水压试验。

水压试验压力：当工作压力小于等于 1.0MPa 时，试验压力应为工作压力的 1.5 倍，且不应小于 0.6MPa；当工作压力大于 1.0MPa 时，试验压力应为工作压力加 0.5MPa。

2. 地表水换热系统施工

(1) 换热器施工

1) 熟悉设计图样：充分了解设计意图，编制合理的施工流程图。

2) 选择合理的施工场地：选择近水旁作为盘管制作及熔接的加工场地。将盘管及附属的轮胎或水泥沉块运输到位。选择 PVC 管或柔韧的排水管，作为靠近水域的那段水平集管的保护套管。在靠近水岸处，水平集管的长度应预留一定余量。

3) 混凝土沉块预制：根据换热器的形式，用 C20 混凝土制作不同形式的水泥沉块，要求水泥沉块高度不小于 250mm，在水泥沉块上预制钢质连接口，用于与 PE 管的绑扎。混凝土沉块的重量应通过计算确定，每个沉块的重量略大于盘管的浮力为宜，方便换热盘管检修维护时起浮。

4) 地表水盘管换热器的预制：换热盘管管材及管件应符合设计要求，且具有质量检验报告和生产厂的合格证。换热盘管宜按照标准长度由厂家做成所需的预制件，且不应有扭曲。

5) 按照设计图样将换热盘管集管装配完毕：根据技术部门的选型设计图样，对湖水换热器进行制作。将 PE 管按照图样要求进行有效绑扎，绑扎用尼龙扎带、U-PVC 管等辅材，每个换热盘管绑扎完毕，应按照要求进行第一次水压试验。在试验压力下，稳压至少 15min，稳压后压力降不应大于 3%，且无泄露现象为合格。

换热盘管安装有两种形式：松散捆卷盘管形式和伸展开盘管或"slinky"盘管形式，如图 38-104 所示。两种形式都具有较好的换热性能，但松散捆卷盘管形式应用更为普遍，本节中所有地表水盘管即指这种松散捆卷盘管形式。

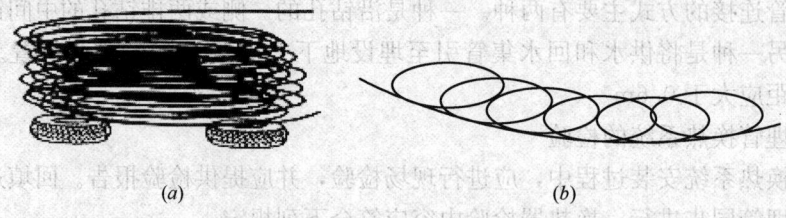

图 38-104 换热盘管安装形式示意图
(a) 松散捆卷盘管形式；(b) 伸展开盘管或"slinky"盘管形式

6) 地表水换热器的就位安装：将装配好的集管和换热盘管转运至浅水区，先将换热盘管固定位置，利用船等工具搭建施工平台，进行换热盘管和集管装配连接。换热盘管安装前应排净水，保证施工时换热盘管利用自身的浮力浮在水面上。

闭式地表水换热系统宜为同程系统。每个环路集管内的换热环路数宜相同，且宜并联连接；环路集管布置应与水平形状相适应，供、回水管应分开布置。

地表水换热器装配完毕应进行第二次水压试验，在试验压力下，稳压至少 30min，稳压后压力降不应大于 3%，且无泄露现象为合格。水压试验合格后，将地表水换热器运至指定区域。地表水换热器转运和下沉时应带压施工。

换热盘管固定在水体底部时，换热盘管下应安装衬垫物。衬垫物的平面定位允许偏差应为 200mm，高度允许偏差应为 ±50mm。安装时，将旧轮胎或混凝土石块捆绑在盘管下面，以起到支撑（防止水底淤泥淹没盘管）及帮助下沉（作为重物）的作用。加载配重块重量略大于地表水换热器为宜。换热盘管应牢固安装在水体底部,地表水的最低水位与换热盘管距离不应小于1.5m。换热盘管设置处水体的静压应在换热盘管的承压范围内。

安装完毕的地表水换热器,应注意确保水位下降时,水平集管不会暴露在空气中。在集管伸出管沟进入水体的部分,应当用保护套管将集管包围;在水平集管管沟回填前,应检查环路压力。

7) 标记:换热器沉入湖底时,在湖面做好标记,方便使用过程检修和维护。供、回水管进入地表水源处应设明显标志,同样也应在盘管下沉地点的水面做好标记,可参照图38-105的浮标做法。

8) 水平汇总管连接:水平管沟的开挖应从建筑物向过渡点的顺序进行。过渡点处管沟开挖的扰动土应采用机械方式夯实,作为"堤坝"以防止地表水渗流到建筑物中。

管沟开挖完毕,铺上保护衬层(一般采用无尖锐的黄沙),然后进行环路集管与机房分集水器装配。装配完成后,应进行第三次水压试验。在试验压力下,稳压至少12h,稳压后压力降不应大于3%。

(2) 换热器调试

1) 系统冲洗。系统试压合格后,打开系统排污阀门,利用循环水泵,对地表水换热器分支路进行冲洗。冲洗标准按现行国家标准《给水排水管道工程施工及验收规范》GB 50268 的规定执行。

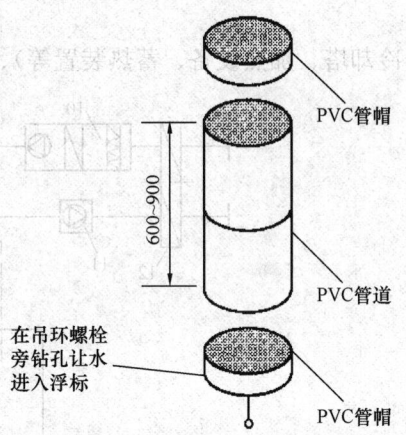

图38-105 用于标记盘管位置的浮标

2) 冲洗验收合格,充注防冻和防腐剂。充注时应注意深度,同时应排气。

3) 起动循环水泵,调节各地表水换热器流量。

3. 地下水换热系统施工

地下水换热系统是指与地下水进行热交换的地热能交换系统,分为直接地下水换热系统和间接地下水换热系统。

地下水换热系统必须采取可靠的回灌措施,确保置换冷量或热量后的地下水全部回灌到同一含水层,并不得对地下水资源造成浪费及污染。地下水的持续出水量应满足地源热泵系统最大吸热量或释热量的要求。

地下水换热系统施工前应具备热源井及其周围区域的工程勘察资料、设计文件和施工图纸,并完成施工组织设计。

(1) 热源井施工

热源井施工前应先建造试验井,试验井施工方法与热源井施工相同。试验井施工完后应按照相关标准进行测试,测试内容包括水流和水质的检测。

(2) 管路连接

水管管路连接应注意以下问题:

1) 地下水供水管、回灌管不得与市政管道连接。

2) 取水井应设置反冲洗装置,管路系统构成如图38-106所示。

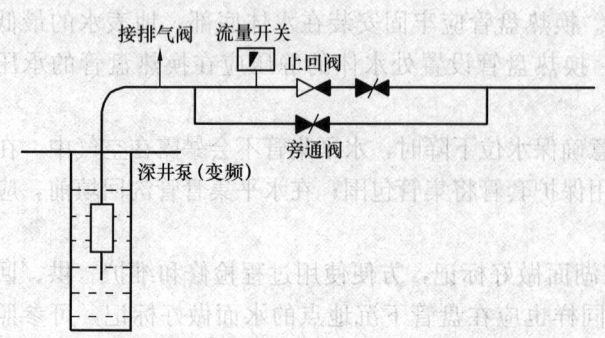

图 38-106 取水井管路系统构成

3）回水井设成有压回灌，加设法兰密封井口。

4）应根据不同水质采用不同的管道，一般采用耐酸、耐碱、耐腐蚀的塑料管，管道埋深一般在冻土层以下。

38.8.3.3 水环热泵

水环热泵空调系统由四部分组成：室内水源热泵机组（水/空气热泵机组）、水循环环路、辅助设备（冷却塔、加热设备、蓄热装置等）、新风与排风系统，如图38-107所示。

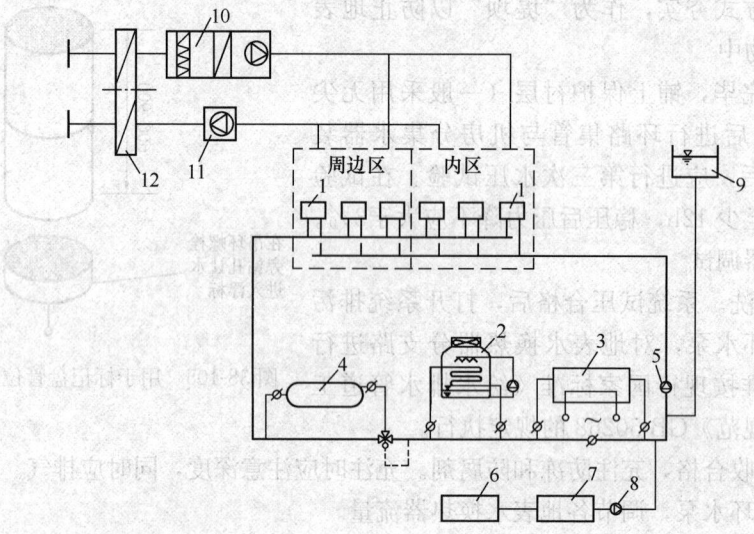

图 38-107 水环热泵空调系统原理图
1—水/空气热泵机组；2—闭式冷却塔；3—加热设备（如燃油、气、电锅炉）；
4—蓄热容器；5—水环路的循环水泵；6—水处理装置；7—补给水水箱；
8—补给水泵；9—定压装置；10—新风机组；11—排风机组；12—热回收装置

水环热泵空调系统的安装工艺流程如图38-108所示。

1. 室内机组的施工安装

室内机组的安装与风机盘管的安装工艺大致相同，但在室内机组的施工时应注意以下几个方面的问题：

（1）施工前，应根据设计要求及现场的实际情况，采用管线布置综合技术确定室内的小型水/空气热泵机组的标高和位置。掌握好管道的坡度要求，既要避免交叉时产生冲突，同时还应配合并满足结构及装修的各个位置要求。

（2）吊顶空间内的水环热泵机组避免安装在人员工作或生活区上部，应尽量放在过道、贮藏间、卫生间及其他不经常使用的房间的吊顶内。建筑各楼层的热泵机组尽量安装在相对应的位置，以便减少水管、电气导管和新风管道的安装费用，同时也便于检修。

（3）机组安装时应留有一定的检修空间，以便于接管、接线，检修空气过滤器、风机叶轮、盘管、电动机、压缩机，清洁集水盘等，并应在机组附近的吊顶上留有大小适当的检修孔。顶棚的吊架不应与风管接触。所有顶棚、风管、管件和机组都应设有单独的吊架。

（4）由于水环热泵空调系统的末端安装在室内，因此做好吸声措施尤为重要，常用的吸声减振措施有：

1) 吊顶内机组的正下方应设吸声板，吸声板面积应大于机组底部面积的 2 倍，吸声板厚度 25mm。

2) 安装机组的房间，吸声系数不应小于 0.20。影响吸声系数的因素有：墙体材料（混凝土、钢架、砖、石等）、顶棚的结构和材料、室内的家具和摆设、墙体保温材料、地板（或地毯）等。

3) 检查机组时，机组本身应有如下降低噪声的措施：压缩机应装设专门的减振弹簧；机箱内侧全部贴有专门的吸声及保温材料；风机与压缩机的空间分开，以避免压缩机噪声传至室内。

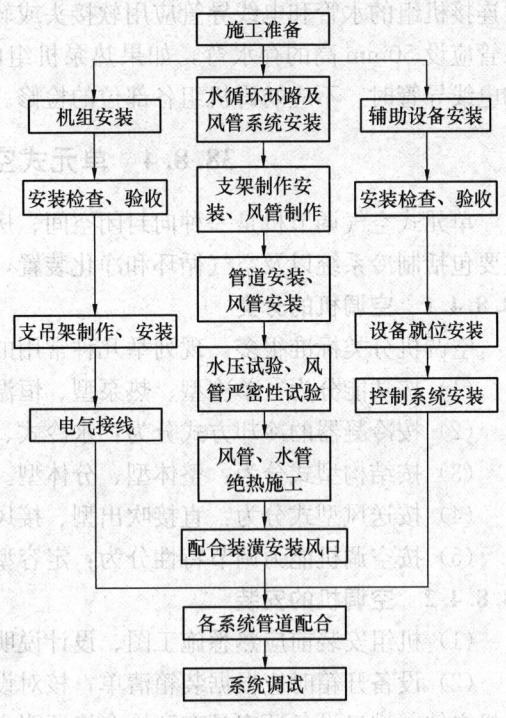

图 38-108 水环热泵系统安装工艺流程

4) 落地式机组的基座应装设橡胶隔振垫；吊装机组应采用弹簧减振吊架。

另外还可采用分体式水源热泵机组，将压缩机等运动部件设置在走廊或卫生间等辅助房间内。

2. 风管及风口施工安装

水环热泵系统的风管与风口安装方法可参考普通风管和风口安装方法进行施工，需注意的是水环热泵空调系统中的风管特别应做好以下消声措施：

（1）机组进出口应装设一段内贴吸声材料的风管，不应在机组进出口直接安装风口，防止噪声反射到房间内。吸声材料一般采用超细玻璃棉，厚度 25mm，按消声器标准制作。

（2）机组进出风口与风管之间采用软接头连接，防止机组振动直接传到风管上。

（3）送风机出口应保持气流的畅通，避免阻力的增加和产生二次噪声。

（4）送风口应避免直接开在主风管上，尤其是风管较短时，可接一个 90°的弯头出风。

（5）安装于小室内的机组，应防止噪声从回风口传至空调房间，应在回风口处装设吸声板。

（6）弯头、三通和阀门等风管管件之间应有 4～5 倍风管直径或风管长边边长的距离，以使气流平稳。散流器、格栅和调节阀之间也应保持适当距离。

3. 水管安装施工

水环热泵系统的水管安装方法可参考风机盘管系统水管安装方法进行施工，同时应注意连接机组的水管和电线导管应用软接头或软管，防止振动传播；机组集水盘的凝结水排水管应设50mm高的存水弯，如果热泵机组的凝水口在正压区则无需存水弯；安装水管和电线导管时，不应妨碍机组各部位的检修。

38.8.4　单元式空气调节机的安装

单元式空气调节机是一种向封闭空间、房间或区域直接提供经过处理空气的设备。它主要包括制冷系统以及空气循环和净化装置，还可包括加热、加湿和通风装置。

38.8.4.1　空调机的分类

空调机分类标准很多，现列举几种常用的分类方法。
（1）按功能分为：单冷型、热泵型、恒温恒湿型。
（2）按冷凝器的冷却方式分为：水冷式、风冷式。
（3）按结构型式分为：整体型、分体型。
（4）按送风型式分为：直接吹出型、接风管型。
（5）按空调机能力调节特性分为：定容型、非定容型。

38.8.4.2　空调机的安装

（1）机组安装前应熟悉施工图、设计说明等资料。
（2）设备开箱时应根据装箱清单，核对设备说明书、产品合格证书、性能检测报告等随机文件，进口设备还应具有商检合格证明文件。查验设备及附件是否齐全，设备外观是否有损伤。
（3）机组及附件等开箱后应尽快进行安装，暂时不安装的附件等应妥善保管。
（4）机组运输时应平稳，有防振、防滑、防潮、防碰撞、防倾斜等安全保护措施；机组吊装时，捆扎应稳固，吊索与机组接触部位应衬垫软质材料。
（5）空调机应按设计和产品说明书要求进行安装。整体式水冷空调机一般安装在室内；整体式风冷空调机一般安装在墙的孔洞中；分体式空调机由室内机和室外机组成，一般室内机安装在房间内，室外机安装在屋顶、阳台等通风良好的地方。
（6）室外机组应安装在平整、坚固的混凝土基础上或型钢基础上。基础应能承受机组重量且水平，基础与设备之间应加设橡胶隔振垫。
（7）机组不应安装在有易燃、易爆、腐蚀性气体及严重灰尘污染的地方，四周应预留安装、维修空间，方便配管、电源布线。
（8）电器接线应牢靠，并符合规范要求。机组应有可靠的接地。根据机组接线盒及管口位置合理选择便于接线接管的方向和位置。电器接线前应确认电源是规定的电压。每台机组应有独立电源，并应有独立切断和过流保护装置。
（9）控制器安装应牢靠，美观，不得出现歪斜松动现象。
（10）施工过程中，风管必须伸直，不得出现强扭、挤压、死弯等。
（11）冷凝水管出口处应设置存水弯，水封高度不小于50mm，冷凝管道水平段应留有不小于0.01的坡度，竖直段应垂直，且应保温。安装后应进行排水试验，保证冷盘无过多积水，无渗漏。
（12）对于出厂时没有充注制冷剂，而是充注保护性气体的空调机，检测压力表，确保无泄漏情况，而后抽空保护性气体并按说明书要求充注相应种类和质量的制冷剂。

38.8.5 VRV 变制冷剂流量多联机安装

多联机空调（热泵）系统是用规定管道将一台或数台室外机和数台不同或相同型式、容量的室内机组连接、安装组成的单一制冷循环直接蒸发式空气调节系统，简称多联机系统。

38.8.5.1 多联机系统的组成

多联机系统由室内机、室外机、制冷剂配管及辅件、自动控制器件及系统等部分组成。图 38-109 是变频控制 K 系列 VRV 系统，该系统又分为单冷、热泵、热回收三种机型。

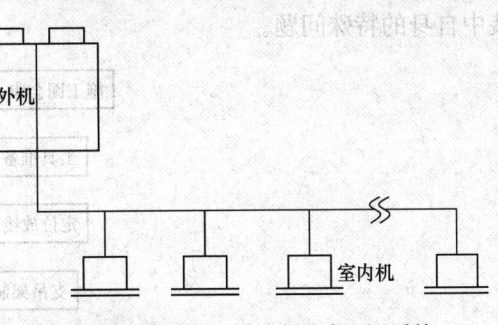

图 38-109 变频 K 系列多联式空调系统

超级 K 系列是在 K 系列基础上改进了的系统，如图 38-110 所示。

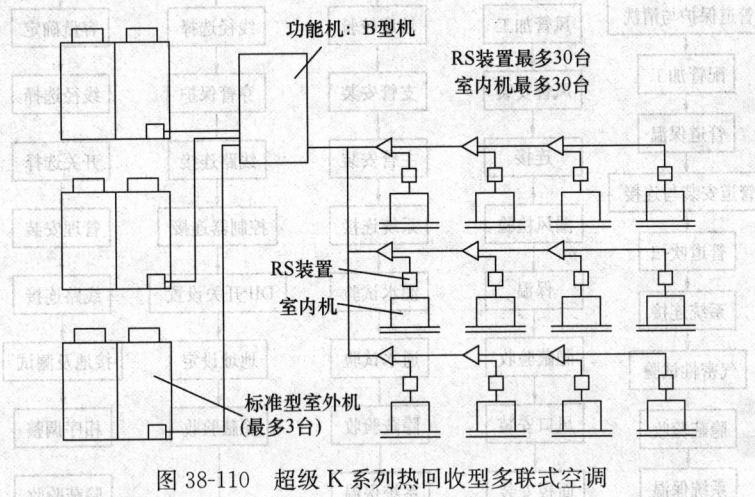

图 38-110 超级 K 系列热回收型多联式空调

38.8.5.2 多联机的分类

(1) 按室外机的冷却方式分为：风冷式、水冷式。
(2) 按实现变流量的原理分为：数码涡旋式、变频式。
(3) 按功能分为：单冷型、热泵型、电热型。
(4) 按气候环境分为：T1、T2、T3，机组的正常工作环境温度见表 38-109。

多联机正常工作环境温度（℃） 表 38-109

机组型式	气候类型		
	T1	T2	T3
单冷型	18～43	10～35	21～52
热泵型	－7～43	－7～35	－7～52
电热型	－43	－35	－52

38.8.5.3 多联机的安装

多联机安装流程如图 38-111 所示，其中很多安装步骤，如支吊架制作、风管系统安装、配电系统安装等，已经在别的章节中有介绍，这里不再赘述。本节详细介绍多联机安装中自身的特殊问题。

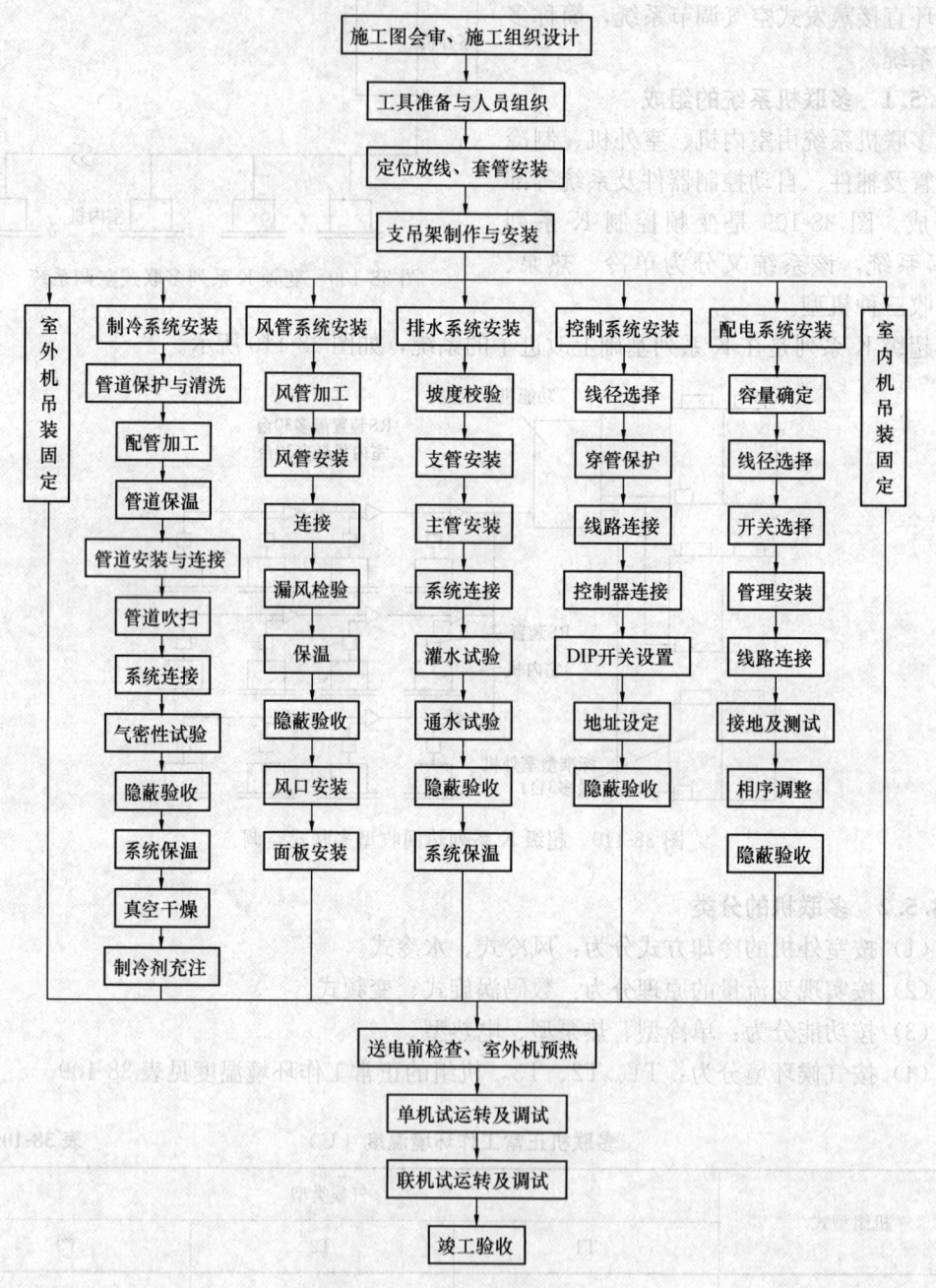

图 38-111 多联机安装流程图

1. 施工工具

多联机安装过程中常用的工具见表 38-110。

多联机安装常用工具表　　　　　　　　　　　　　表 38-110

序号	名称	备注	序号	名称	备注
1	割管器	0～50mm	14	真空表	－75mmHg
2	弯管器	弹簧、机械	15	真空泵	4L/S 以上
3	胀管器	所需管径大小	16	电阻测试仪	—
4	扩口器	所需管径大小	17	测电笔	—
5	钢锯	—	18	万用表	—
6	刮刀	—	19	切线钳	—
7	锉刀	—	20	充注软管	0～3.5MPa，0～5.0MPa
8	钎焊工具	所需喷嘴大小	21	氮气减压阀	3.5MPa，5.0MPa
9	称重计	精确度 0.01kg	22	截止阀	—
10	温度计	范围 －10～100℃	23	螺丝刀	"＋""－"型
11	米尺	—	24	活动扳手	—
12	压力表	4.0MPa，5.0MPa	25	内六角扳手	4～12mm
13	双头压力表	4.0MPa，5.4MPa	26	检漏仪	—

2. 多联机的安装

（1）施工前的准备

施工前应熟悉施工图及设计说明、产品技术文件、系统管路走向及与各专业位置关系。主要设备、材料、仪表等应进行开箱检查，设备外表面应无损伤、密封良好，随机文件和配件齐全。安装工具准备齐全，应能满足施工需要。

（2）室内机的安装

室内机安装的步骤很多与风机盘管类似，这里仅简要叙述安装过程和要点。

室内机主要安装步骤：确定安装位置→划线定位→打膨胀螺栓→吊装室内机。

1）室内机布置应满足房间气流组织要求。当室内机采用风管式时，空调房间的送风方式宜采用侧送下回或上送上回，送风气流宜贴附；当有吊顶可利用时，可采用散流器上送。

2）室内机的搬运应做好保护工作，防止因搬运造成机组的损伤。

3）安装室内机时，应选择合适位置，确保有必须的送风、检修空间，并保证整体的美观性。

4）吊装室内机的吊杆下端必须采用双螺母对拧锁紧方式固定。

5）室内机应独立固定，不应与其他设备、管线共用支吊架或悬挂在其他专业的吊架上。

6）吊装时应使用四根吊杆，吊杆采用直径不小于 M8 的丝杆（螺纹杆）；吊杆长度超过 1.5m 时，应采取相应措施防止运行时出现晃动。

7）当室内机吊装在封闭吊顶内时，室内机的电控箱位置处应预留不小于 450mm×450mm 的检修口。

8）室内机及配件产生的噪声，当自然衰减不能达到国家现行有关标准的规定时，应设置消声设备或采取隔声隔振等措施。

(3) 室外机的安装

1) 室外机布置应遵循以下原则：

① 应设置在通风良好的场所，并考虑季风和楼群风对室外机排风的影响。

② 宜设置于阴凉处，且不应设置在多尘或污染严重的地方。

③ 应远离电磁波辐射源，与辐射源间距至少为1m。

④ 机组的排风不应影响邻居住户的开窗通风。

⑤ 机组的设置宜减少连接管总长度。

⑥ 机组之间、机组与周围障碍物之间应有安装、维护空间或通道，并符合产品的技术要求。

⑦ 当多台室外机集中布置时，应在机组周围留有充足的通风空间，防止进、排风的气流短路或吸入其他机组的排风。

2) 室外机吊装时不应拆去任何包装，采用两根吊索在四个方向吊装，保持机器平衡，安全平稳地提升。起吊过程吊索的夹角必须小于40°，在无包装搬运时，应用垫板或包装物进行保护。

3) 室外机安装在屋檐下或上方有水平障碍物时，机组的安装位置应选择通风良好的地方并应满足产品制造商技术文件要求。必要时，室外机应安装风帽及气流导向格栅，以防进、排风短路。

4) 在有冰雪覆盖的场合安装室外机时，应在室外机的排风口和进风口加装防雪罩，并设置较高的底座或基础。

5) 室外机应安装在水平且可承重的基础上，基础的高度应大于100mm。其长度和宽度应根据室外机的机型和台数确定。

6) 室外机与基础之间应安装隔振装置，当无明确要求时，可采用橡胶隔振垫。

7) 室外机应用地脚螺栓固定在基础上，螺栓型号应符合产品制造商技术文件的要求。

8) 当采用混凝土基础时，混凝土基础的强度应满足机组运行时的相关要求。

9) 当采用钢结构基础时，基础的表面应平整、光洁，并进行防锈和防腐处理。

10) 将室外机安装在墙上时，应采用钢结构墙挂式基础对室外机进行固定，其做法和强度应经过计算确定。

11) 室外机基础周围应有排水措施，以便排出凝结水和融霜水，并避免在人经常走动的地方排水。

12) 室外机安装施工时，不应破坏层面等处的防水层，配管需穿越的楼板、外墙处应有密封防水处理措施。

13) 室外机应有可靠的接地，当安装在屋顶等高处时，应有防雷措施。

(4) 制冷剂管路安装

多联机制冷系统对制冷剂铜管系统内部的洁净性、干燥性、密封性有严格的要求，制冷管道的材料和施工工艺是多联机系统正常运行的关键所在。

1) 制冷剂配管材料

制冷剂铜管采用空调用磷脱氧无缝拉制紫铜管。管道的内外表面应无针孔、裂纹、起皮、起泡、夹杂、铜粉、积炭层、绿锈、脏污和严重氧化膜，也不允许存在明显的划伤、凹坑、斑点等缺陷。

2) 铜管管道内壁清洗

如果购买的铜管未清洗过，则须在现场清洗铜管内壁。清洗时采用挥发性极强、溶解性极好的清洗剂。清洗方法如下：

① 对于盘管，使用压力为 6kPa 的氮气或洁净干燥的空气吹扫铜管内壁，吹出灰尘和异物，确保内部的洁净性。

② 对于直管，可采用纱布（或绸子布）球拉洗法。用洁净的细钢丝缠上一块洁净纱布球，纱布上滴一些三氯乙烯清洗剂，纱布球直径大于铜管直径 1cm 左右。使纱布从铜管的一端进入，然后从另一端拉出。每拉出一次，纱布都应三氯乙烯浸洗，将纱布上灰尘和杂质洗掉，反复清洗直至管内无灰尘、杂质。清洗完毕，铜管管端应使用盖套或胶带及时封堵，在清洗过程中不允许纱布球掉丝屑。

3) 制冷剂管道安装作业流程

制冷剂管道安装的一般顺序为：定位放线→支、吊、托架制作安装→铜管穿保温套管→管道清洗、吹扫→铜管按图纸要求和实际长度下料→管道加工→管道连接→管道校直→管道固定→室外机的连接→管道系统吹污→室内机的连接→气密性试验→管道保温。

4) 安装要点

① 按设计的走向、位置、标高、型号、尺寸及相互间连接关系安装制冷剂管道。

② 室外机在室内机上方时，若立管为气管，每提升 10m，必须安装一个回油弯，回油弯高度为管道外径的 3~5 倍。

③ 制冷剂管道穿越楼板、防火墙时应安装套管，套管管径应大于制冷剂管径 100mm，长度应伸出墙面 20mm，套管内用柔性阻燃材料填充，套管不可作为支撑。

④ 尽量缩短室内、外机间，各室内机间管长、高差，不可超出厂家规定的范围。多联机管路较长，防漏及保温十分必要。室外机到室内第一个分歧管间的距离不宜过大。

⑤ 气、液管平行铺设，管长、线路相同。

⑥ 制冷剂管道与其他管道之间应保持足够的安全距离。制冷剂管道应单独固定，不可与其他管道共用支撑。制冷剂管道的支、吊、托架之间的最小间距见表 38-111。

制冷剂管道的支、吊架及托架之间的最小间距　　　　表 38-111

管道外径（mm）	横管间距（m）	立管间距（m）
≤20	1.0	1.5
20~40	1.5	2.0
≥40	2.0	2.5

5) 分歧管安装

多联机系统配管的连接方式可分为三类：配管接头连接方式，端管连接方式和混合式，如图 38-112 所示。其中分歧管是最常用的管路分支配件。

① 分歧管的选用方法依据室内机的负荷大小，参照选用标准进行逆向推算，即从最末端的分歧管型号选定开始逐级向前推算，分歧管的型号依据它下游的所有室内机的负荷大小来确定。

② 分歧管应尽量靠近室内机安装，室外机到室内第一个分歧管的距离及第一个分歧管到最不利室内机的距离均不可超出产品限定值。

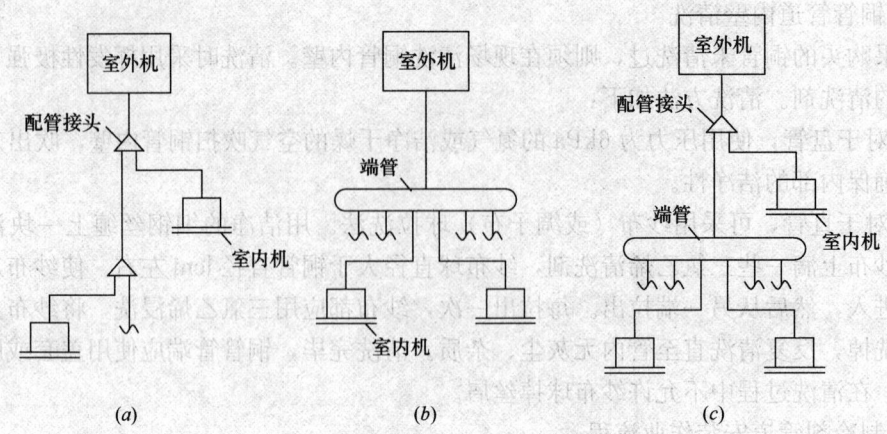

图 38-112 多联机系统配管的连接方式
(a) 管接头连接；(b) 端管连接；(c) 混合式连接

③ 分歧管主管端口前应留有不小于 500mm 的直管段。

④ 分歧管的安装形式：水平安装和竖直安装。水平安装要求三个端口在同一个水平面上，不得改变分歧管的定型尺寸和装配角度。竖直安装时可向上或向下，保证三个端口的平面与水平面垂直，如图 38-113 所示。

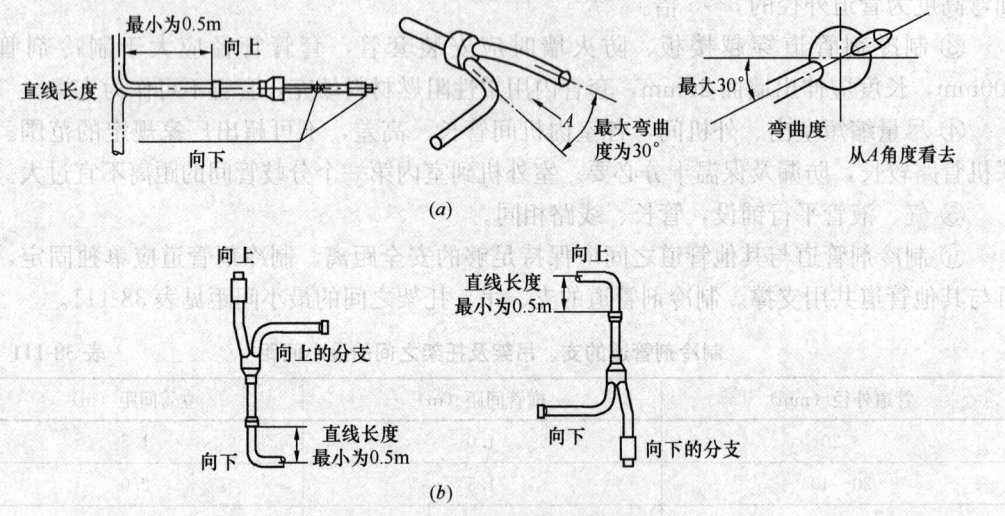

图 38-113 分歧管的安装形式
(a) 水平安装；(b) 垂直安装

6) 管道吹扫

① 目的：除去焊接过程中氮气替换不足时产生的氧化物及管道封堵不严时进入管内的杂质和水分。

② 方法

a. 吹扫应在制冷剂管安装完毕、与室外机连接后、与室内机连接前进行。

b. 使用有压氮气或干燥空气进行吹扫。

c. 将氮气瓶压力调节阀与室外管路系统的充气口连接好，取室内管路系统中的一个管口为排污口，其余管口堵住，用干净的白色硬板抵住排污口，压力调节至0.6MPa左右向管内充气，直至手抵不住时快速释放，赃物及水分随着氮气一起排出。如此反复对每个管口吹扫若干次，直至污物水分排出。

d. 白色硬板上显示不再有污染物被冲出视为合格。

7）气密性试验

① 目的：在充注制冷剂前，对系统进行检漏，查找漏点并进行修补。

② 原理：如图38-114所示。

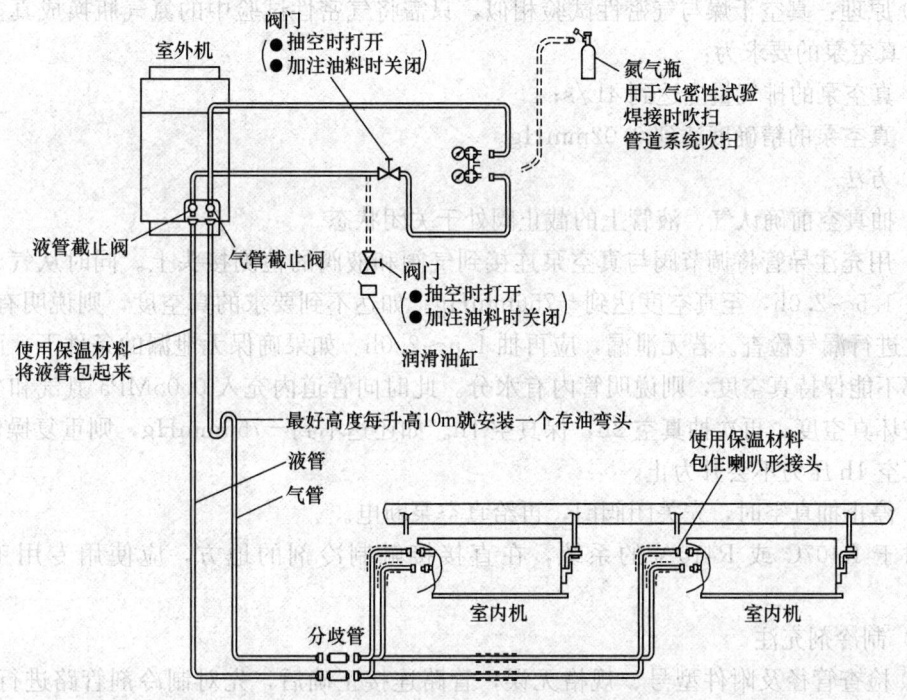

图38-114 管道和室内机气密性试验原理图

③ 方法步骤

a. 确认室外机气、液管截止阀关闭严密，防止压力试验时将氮气打入室外机。

b. 在室内、外机纳子帽与管道系统连接时，应在纳子帽和管端处涂少量矿物油，并应在固定纳子帽时采用两只扳手操作。

c. 选用干燥氮气进行气密性试验，同时从气管和液管充注氮气，加压应缓慢，试压压力表量程为4.0MPa。对于冷剂为R22的多联机系统，分三步进行：

（a）缓慢加压至0.5MPa，加压过程应长于5min，保压5min以上，进行泄漏检查，以发现大的渗漏。保压时间内压力维持不变为合格。

（b）缓慢加压至1.5MPa，加压过程应长于5min，保压5min以上，进行气密性检查，以发现小的渗漏。保压时间内压力维持不变为合格。

（c）缓慢加压至3.0MPa，加压过程应长于5min，进行强度气密性试验，以发现细微渗漏或砂眼。保压时间内压力维持不变为合格。

对于R407C制冷剂，则压力最高加至3.3MPa。

检查有无泄漏可采用手感、听感、肥皂水检查，或在氮气试压完成后将氮气放至 0.3MPa 后加制冷剂，至压力为 0.5MPa 时用电子检漏仪检漏。

d. 同时记录压力表示数、环境温度及试压时间。

e. 按温度变化 1℃，压力相应变化 0.01MPa 进行压力修正。

长时间保压时，应将压力降至 1MPa 以下，以防高压导致焊接部位渗漏。

8) 真空干燥

① 目的：清除管道内的水分及不凝气体。

② 原理：真空干燥与气密性试验相似，只需将气密性试验中的氮气瓶换成真空泵即可。对真空泵的要求为：

a. 真空泵的排气量应达到 4L/s；

b. 真空泵的精确度达到 0.02mmHg。

③ 方法

a. 抽真空前确认气、液管上的截止阀处于关闭状态。

b. 用充注导管将调节阀与真空泵连接到气阀和液阀的检测接头上。同时从气、液管抽真空 1.5～2.0h，至真空度达到 -756mmHg。如达不到要求的真空度，则说明有泄漏，应再次进行漏气检查。若无泄漏，应再抽 1.5～2.0h。如果确保无泄漏的条件下，两次抽真空都不能保持真空度，则说明管内有水分。此时向管道内充入 0.05MPa 氮气和少量制冷剂破坏真空度，再次抽真空 2h，保真空 1h。如还达不到 -756mmHg，则重复操作，直至保真空 1h 压力不会升为止。

c. 停止抽真空时，先关闭阀门，再给真空泵断电。

对于 R407C 或 R410A 的系统，在直接接触制冷剂的地方，应使用专用工具和仪表。

9) 制冷剂充注

① 检查管径及附件型号、规格无误，管路连接正确后，先对制冷剂管路进行吹扫、气密性试验，对漏点进行不漏测试，试压满足要求后，对管路进行真空干燥，然后才能充注制冷剂。

② 按现场的安装情况统计制冷剂管道型号、管长，按厂家所给公式计算制冷剂的充灌量，按需充注相应种类的制冷剂。

③ 制冷剂充灌应在未开机状态下从气、液管同时充注。如果制冷剂不能完全加入，可在开机时，从气管检测接口处充注气态制冷剂。

④ 制冷剂质量的计量应在允许误差范围内。

⑤ 充注的制冷剂量应做记录，以便日后维修保养。

(5) 冷凝水管安装

多联机的冷凝水的排放方式分为自然排水和强制排水。自然排水的安装方式与风机盘管相同，其要点如下：

1) 排水管管径应大于等于连接管管径。

2) 冷凝水管应做保温以防止结露。

3) 水平排水管坡度不小于 0.01。

4) 排水软管悬挂支架间距为 1～1.5m 为宜。

5) 集中排水管的管径应与室内机运行容量相匹配。图 38-115 为集中排水管安装示意图。

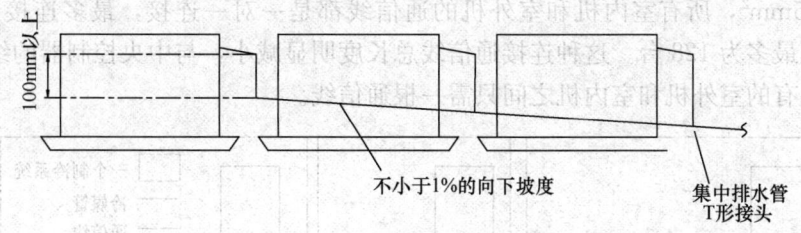

图 38-115　集中冷凝水管连接图

6) 配管作业结束后应检查排水流向，确保排水顺利。

有些室内机内标准配置排水提升泵，属于强制排水。此时，排水升程管高度应小于 310mm，与室内机距离小于 300mm，并以适当拐角进入室内机，如图 38-116 所示为某产品样本上给出的室内机冷凝水管安装图。若现场将自然排水改为强制排水时，需加装排水泵。安装排水泵时，应将原有排水口用橡胶塞封堵，并将水泵排水管引至室内机上侧备用排水口。

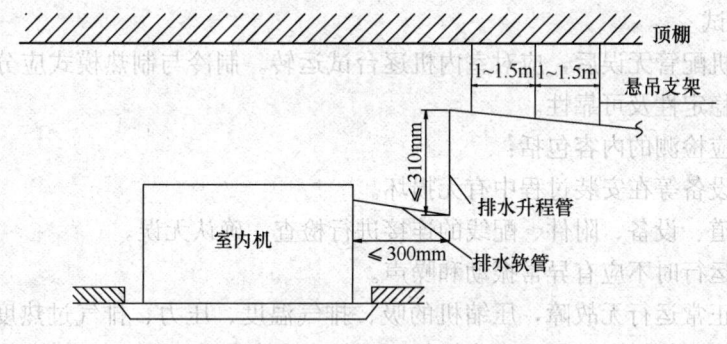

图 38-116　冷凝水管连接图

(6) 电气系统安装

多联机系统电气系统的安装应注意：

1) 每台室外机必须安装独立电源，并应满足产品要求的电压和电流。

2) 电线、接线器、接线柱、电源开关、漏点开关等电器部件应符合国家电工标准，严格按照技术要求选择。

3) 共用一台室外机的室内机的电源尽量在同一回路上。

4) 电源电压应与设备额定电压相符，误差不超过 ±10%。配电系统应能满足设备对电压、电流和功率的要求。

5) 机组外壳应有可靠的接地。

6) 强电线缆不可和控制弱电接线共穿一根管。

7) 室内机的有线控制器应按用户要求安装在方便操作的地方，避开有油污、腐蚀性气体、灰尘产生的地方，避免将控制器安装在可能有易燃气体泄露的地方，并应远离强电磁辐射源。

8) 对于同一室外机系统，室外机与室内机的通信线采用一对一连接，即将一个系统内的室外机和室内机通过通信线串联起来。

图 38-117 为某品牌设备控制线连接实例示意图。该控制系统采用屏蔽双绞线,线径不小于 0.75mm²,所有室内机和室外机的通信线都是一对一连接,最多连接 16 台室外机,室内机最多为 128 台。这种连接通信线总长度明显减小,与中央控制器的线路连接简便,同时所有的室外机和室内机之间只需一根通信线。

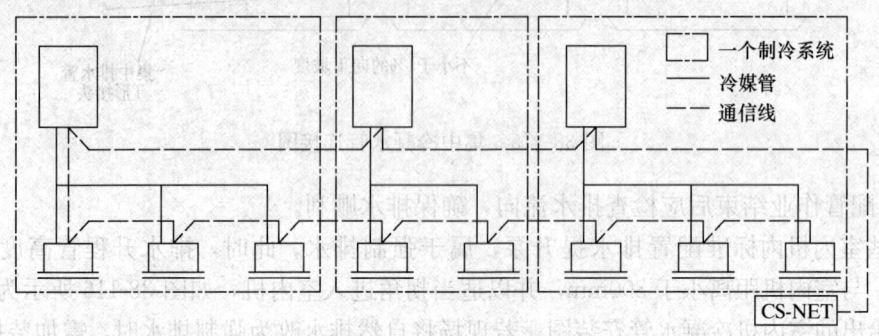

图 38-117　H-LINK 系统实例示意图

3. 系统调试

检查室内机配管无误后,应对室内机逐台试运转。制冷与制热模式应分别进行测试,以判断系统的稳定性及可靠性。

试运转时应检测的内容包括:

(1) 检查设备等在安装过程中有无损坏。

(2) 对管道、设备、附件、配线的连接进行检查,确认无误。

(3) 系统运行时不应有异常振动和噪声。

(4) 系统正常运行无故障,压缩机的吸、排气温度、压力、排气过热度、室内温度、送风温度、气、液管温度、电子膨胀阀的开度等应在合理范围内。工作电流应在规定范围内;风机叶轮旋转方向应正确,运行应平稳;控制设备、安全装置应正常动作。

(5) 室内状态参数满足设计要求。

(6) 系统冷凝水排除顺畅,提升泵工作正常。

(7) 先对室内机进行逐一试运行,再对整个系统进行联合运行调试。

38.8.6　空调蓄冷设备安装

蓄冷空调系统指将冷量以显热、潜热的形式蓄存在某种介质中,并能够在需要时释放出冷量的空调系统,应用最为广泛的是水蓄冷和冰蓄冷系统。

38.8.6.1　水蓄冷系统

水蓄冷系统是指利用水的显热蓄存冷量的蓄冷系统。水蓄冷系统原理如图 38-118 所示。

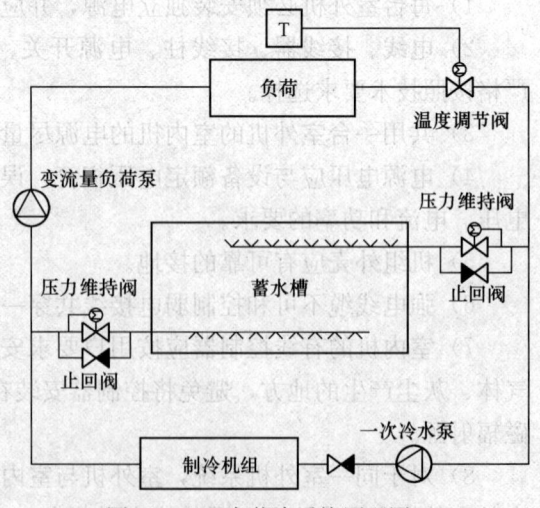

图 38-118　水蓄冷系统原理图

38.8.6.2 冰蓄冷系统

冰蓄冷系统指的是通过制冰方式，以冰的相变潜热为主蓄存冷量的蓄冷系统。

冰蓄冷系统可采用并联或串联两种布置方式。

(1) 并联系统

双工况制冷机组与蓄冰装置并联设置时，两个设备均处在高温端，能均衡发挥各自的效率，适用于全蓄冷系统和供水温差小的部分蓄冷系统，并联系统如图 38-119 所示。

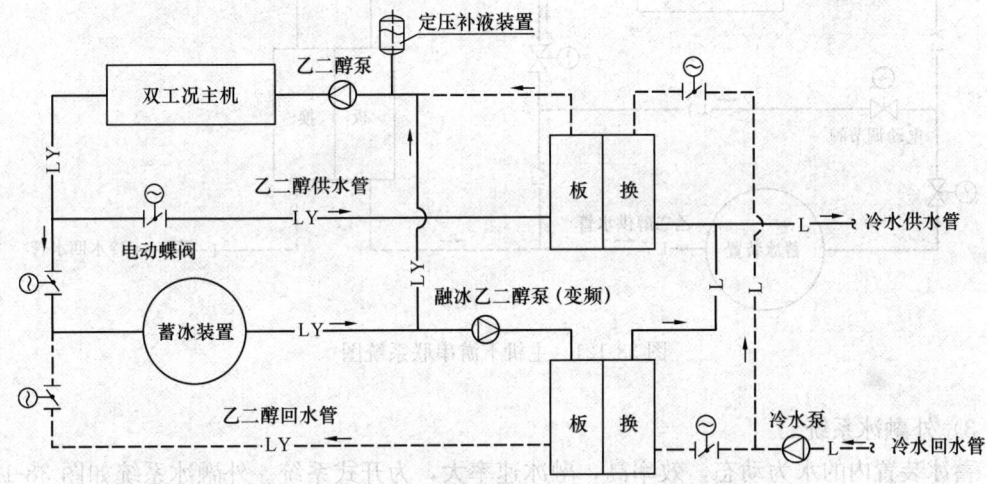

图 38-119　双工况制冷机组与蓄冰装置并联系统图

(2) 串联系统

双工况主机与蓄冰装置串联布置时，控制点明确，运行稳定，可提供较大温差供冷。

1) 主机上游

制冷机组处于高温端，制冷效率高；蓄冰装置处于低温端，融冰效率低。主机上游串联系统如图 38-120 所示。

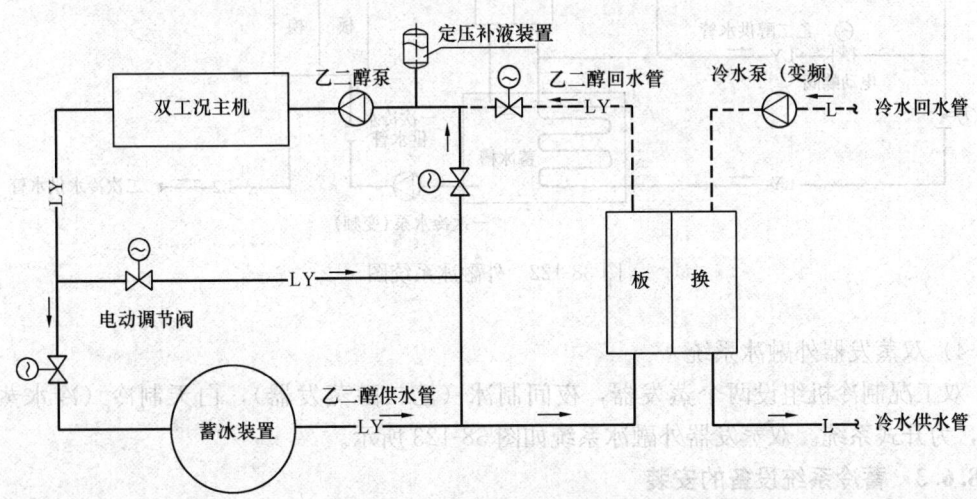

图 38-120　主机上游串联系统图

2) 主机下游

制冷机组处于低温端，制冷效率低；蓄冰装置处于高温端，融冰效率高。主机下游串联系统如图 38-121 所示。

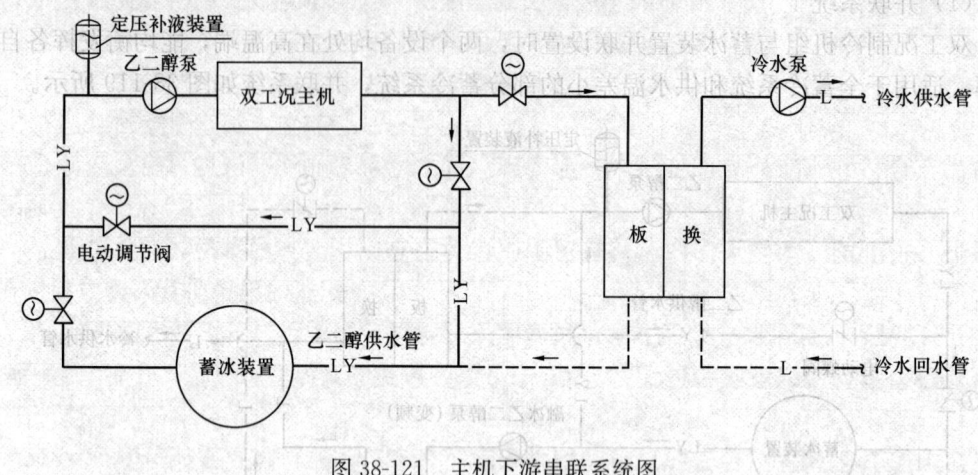

图 38-121　主机下游串联系统图

3) 外融冰系统

蓄冰装置内的水为动态，效率高，融冰速率大，为开式系统。外融冰系统如图 38-122 所示。

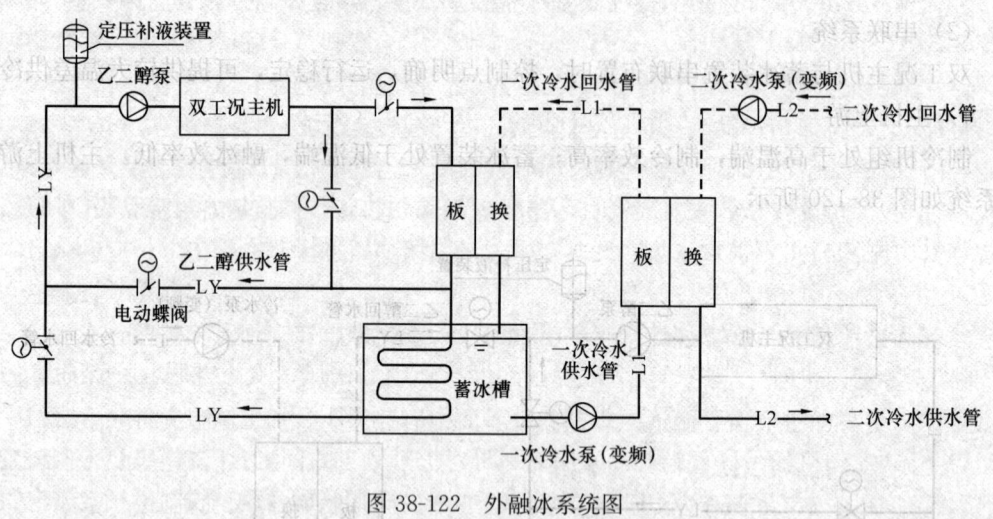

图 38-122　外融冰系统图

4) 双蒸发器外融冰系统

双工况制冷机组设两个蒸发器，夜间制冰（乙二醇蒸发器），白天制冷（冷水蒸发器），为开式系统。双蒸发器外融冰系统如图 38-123 所示。

38.8.6.3　蓄冷系统设备的安装

蓄冷系统中的制冷机组、水泵和换热器等设备的安装方法与常规安装方法类似，重点阐述蓄冷设备的安装。

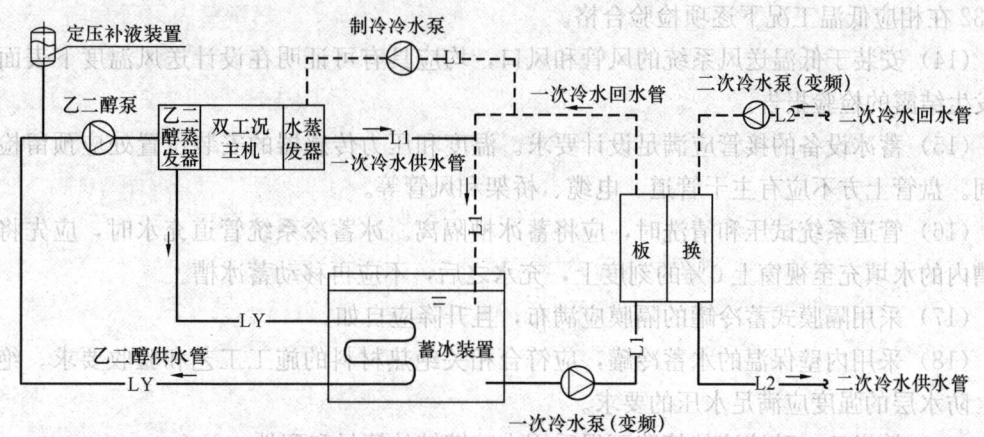

图 38-123 双蒸发器外融冰系统图

(1) 蓄冷设备安装前应进行设备基础验收，整装蓄冷设备的基础表面应平整，倾斜度不应大于5‰。

(2) 蓄冷设备到场后，应进行开箱检查，并做好验收记录。

(3) 整装蓄冷设备在临时存放及运输过程中，与设备底面的接触面应平整。盘管式蓄冷设备在运输及安装时，应保持水平。

(4) 蓄冰槽吊装前，应清除蓄冰槽内或封板上的水、冰及其他残渣。

(5) 蓄冰盘管吊装至预定位置后进行找正、找平。蓄冰盘管布置应紧凑，蓄冰槽上方应预留不小于1.2m的净高作为检修空间。盘管式蓄冰设备进液口必须安装过滤器，且过滤器的滤网应满足盘管厂家的要求。

(6) 蓄冷设备安装时应采用加垫片的方式进行找平。同一系统中多台蓄冷设备基础的标高应一致，平面位置允许偏差为10mm，标高允许偏差为±10mm。

(7) 现场制作钢制水蓄冷槽等装置时，其焊接应符合现行国家标准《立式圆筒形钢制焊接储罐施工规范》GB 50128、《钢结构工程施工质量验收标准》GB 50205 和《现场设备、工业管道焊接工程施工规范》GB 50236 的有关规定。

(8) 蓄冷槽（罐）与底座应进行绝热处理，并应连续均匀地放置在水平平台上，不得采用局部垫铁方法校正设备的水平度。

(9) 封装式蓄冰设备安装时，冰球装罐时应防止冰球与钢铁、混凝土等物体相碰击或冰球之间的互相撞击，安装时严禁杂物进入罐内。

(10) 整装蓄冷设备底部与基础之间应加设绝热保温措施，绝热材料与厚度应符合设计要求。

(11) 现场制作开式蓄冷装置时，装置顶部应预留检修口；槽内宜做集水坑；排水泵可采用固定安装或移动安装方式；装置应安装注水管，最低处应设置排污管，并在排污管上加设阀门。

(12) 冰片滑落式蓄冰设备进行现场组装时，布水器水平度误差不应大于1‰，蒸发器垂直误差不应大于1‰。

(13) 大温差低温供水的风机盘管，应按照现行国家标准《风机盘管机组》GB/T

19232 在相应低温工况下逐项检验合格。

(14) 安装于低温送风系统的风管和风口，均应具有可证明在设计送风温度下表面不会发生结露的检验报告。

(15) 蓄冰设备的接管应满足设计要求。温度和压力传感器的安装位置处应预留检修空间。盘管上方不应有主干管道、电缆、桥架和风管等。

(16) 管道系统试压和清洗时，应将蓄冰槽隔离。冰蓄冷系统管道充水时，应先将蓄冰槽内的水填充至视窗上 0% 的刻度上，充水之后，不应再移动蓄冰槽。

(17) 采用隔膜式蓄冷罐的隔膜应满布，且升降应自如。

(18) 采用内壁保温的水蓄冷罐，应符合相关绝热材料的施工工艺和验收要求。绝热层、防水层的强度应满足水压的要求。

(19) 输送乙二醇溶液的管路不得采用内壁镀锌的管材和配件。

(20) 乙二醇溶液的成分及比例应符合设计要求；添加乙二醇溶液前，管道应试压合格，且冲洗干净；乙二醇溶液添加完毕后，在开始蓄冰模式运转前，系统应运转不少于 6h，系统内的空气应完全排出，乙二醇溶液应混合均匀，再次测试乙二醇溶液的密度，浓度应符合要求。

(21) 乙二醇管路系统中所有的手动和电动阀门，均应保证其动作灵活且严密性好，既无外漏也无内漏；电动阀门应严格按照设计要求的压力来选择，并核实阀门的阀板所能承受的压力；电动阀门的两侧应设置检修阀，以便系统检修。

(22) 封闭容器或管路中的安全阀应按设计要求设置，并应在设定压力情况下开启灵活，系统中的膨胀罐应工作正常。

(23) 蓄冷系统的接管应满足设计要求。当多台蓄冷设备支管与总管相接时，应顺向插入，两支管接入点的间距不宜小于 5 倍总管管径长度。

(24) 蓄冷系统保温材料的强度、密度、导热系数、耐热性能、吸水率及品种、规格均应符合设计要求。一般施工顺序为先绝热层、后防潮层、再保护层。

38.8.6.4 蓄冷空调系统的调试

蓄冷空调系统的调试应符合下列规定：

(1) 蓄冷空调系统调试前，应进行制冷机组、水泵、蓄冷设备、换热器、末端空调系统等单体设备的试运行和调试。

(2) 系统中载冷剂的种类及浓度应符合设计要求。

(3) 在各种运行模式下系统运行应正常平稳；运行模式转换时，动作应灵敏可靠。

(4) 系统各项保护措施反应应灵敏，动作应可靠。

(5) 蓄冷系统在设计最大负荷工况下运行应正常。

(6) 系统正常运转不应少于一个完整的蓄冷—释冷周期。

(7) 系统运行过程中管路不应产生凝结水等现象。

(8) 自控计量检测元件及执行机构工作应正常，系统各项参数的反馈及动作应正确、及时。

38.9 空调水系统设备安装

38.9.1 水泵安装

38.9.1.1 水泵的分类

水泵的种类比较多,空调用水泵主要是离心式水泵。按水泵的安装形式分为立式离心水泵、卧式离心水泵等,以下主要针对离心式水泵安装进行阐述。

38.9.1.2 水泵的安装工艺流程

基础验收→设备开箱检查→吊装就位→水泵找平→配管及附属设备安装→水泵试运转。

38.9.1.3 离心泵安装

1. 基础验收

(1) 基础规格和尺寸应满足设计要求。

(2) 基础表面应平整,无蜂窝、裂纹、麻面和露筋。

(3) 基础四周应有排水设施。

(4) 基础位置应满足操作及检修的空间要求。

2. 设备开箱检查

按装箱单清点泵的零件和部件、附件和专用工具,应无缺件;防锈包装应完好,无损坏和锈蚀;管口保护物和堵盖应完好。核对泵的主要安装尺寸,并应与工程设计相符。

3. 吊装就位

在起吊搬运离心泵时,绳索应该拴在离心泵底座位置上,不能单独对电机或泵体施力,进行拖运或吊装。绳索的扣节应牢固,在悬吊状态下,离心泵应保持平稳。

4. 水泵找平

整体安装的泵安装水平度、垂直度,应在泵的进、出口法兰面或其他机加工面上进行检测;卧式水泵纵向安装水平偏差不应大于 0.10/1000,横向安装水平偏差不应大于 0.20/1000;立式水泵安装垂直度偏差不应大于 0.10/1000。

解体安装的泵的安装水平,应在水平中分面、轴的外露部分、底座的水平加工面上纵、横向放置水平仪进行检测,其偏差均不应大于 0.05/1000。

联轴器的径向位移、轴向倾斜和端面间隙,应符合随机技术文件的规定;无规定时,应符合现行国家标准《机械设备安装工程施工及验收通用规范》GB 50231 的有关规定;联轴器应设置护罩,护罩应能罩住联轴器的所有旋转零件。

5. 配管及附属设备安装

(1) 管道安装要求

1) 管子内部和管端应清洗洁净,并应清除杂物;密封面和螺纹不应损伤。

2) 泵的进、出管道应有各自的支架,泵不得直接承受管道等的质量。

3) 相互连接的法兰端面应平行;螺纹管接头轴线应对中,不应借法兰螺栓或管接头强行连接;泵体不得受外力而产生变形。

4) 密封的内部管路和外部管路,应按设计规定和标记进行组装;其进、出口和密封介质的流动方向，严禁发生错乱。

5）管道与泵连接后，应复检泵的原找正精度；当发现管道连接引起偏差时，应调整管道。

6）管道与泵连接后，不应在其上进行焊接和气割；当需焊接和气割时，应拆下管道或采取必要的措施，并应防止焊渣进入泵内。

(2) 附属设备的安装

水泵进出口管道的附属设备包括压力表、真空表和各种阀门等，其安装应符合下列要求：

1）管道上真空表、压力表等仪表节点的开孔和焊接应在管道安装前进行。

2）就地安装的显示仪表应安装在手动操作阀门便于观察仪表显示的位置；仪表安装前应外观完整、附件齐全，其型号、规格和材质应符合设计要求；仪表安装时不应敲击及振动，安装后应牢固、平整。

3）各种阀门的位置应安装正确，动作灵活，严密不漏。

38.9.1.4 管道泵安装

管道泵一般为单吸单级离心泵，其进、出水口相同并在同一直线上，为立式泵。管道泵适用于小型的空调水循环系统，直接安装在循环水管道上，不需设置基础。安装时应注意以下几点：

(1) 管道泵在防锈保证期内不宜拆卸，可只清洗外表。

(2) 设备的密封部位在安装时应保持清洁，密封零件应进行清洗，密封端面完好无损，防止杂质和灰尘带入密封部位。

(3) 在安装过程中严禁碰击、敲打，以免使机械密封摩擦时破损而密封失效。

(4) 安装时在与密封相接触的表面应涂一层清洁的机械油，以便能顺利安装。

(5) 安装静环压盖时，拧紧螺栓必须受力均匀，保证静环端面与轴心线的垂直要求。

(6) 设备在运转前必须充满介质，以防止干摩擦而使密封失效。

38.9.1.5 水泵的隔振

对于有噪声控制要求的场所内，水泵安装应采取隔振措施，水泵隔振主要包括以下几个内容：水泵机组、管道、支架隔振。对于隔振要求严格的场所，还可通过浮筑楼板施工进行隔振降噪。

1. 水泵机组隔振

(1) 水泵机组隔振的一般规定

1）水泵机组隔振方式应采用支撑式。一般在水泵机组下面设置混凝土台座或型钢机座，在混凝土台座或型钢机座与设备基础间安装隔振装置。

2）水泵机组隔振应根据水泵型号规格、转速、荷载值、频率比要求等因素选用隔振装置。常用隔振装置有橡胶隔振器、橡胶隔振垫和弹簧隔振器。

3）立式水泵机组不应采用弹簧隔振器。

4）采用弹簧隔振器安装时，水泵机组应有限制位移措施。

5）同一台水泵机组的各个支承点的隔振装置，应选用同种规格、型号的隔振元件。

6）水泵机组隔振装置应成对放置，且不小于4个。

7）水泵机组隔振装置应符合下列要求：弹性性能优良，固有频率合适；承载力大，强度高，阻尼比适当；性能稳定，耐久性好；抗酸、碱、油的侵蚀能力较好；维修、更换方便。

（2）隔振装置的安装要求

1）隔振装置应按水泵机组的中轴线做对称布置。橡胶隔振垫的平面布置可顺时针或逆时针方向布置。

2）当水泵机组隔振装置采用六个支承点时，其中四个布置在混凝土台座或型钢机座四角，另两个应设置在长边线上，并调节其位置，使六个隔振装置的压缩变形量尽可能保持一致。

3）立式水泵机组隔振安装使用橡胶隔振器时，在水泵机组底座下，宜设置型钢机座并采用锚固式安装；型钢机座与橡胶隔振器之间应用螺栓（加设弹簧垫圈）固定。橡胶隔振器与设备基础应通过地脚螺栓固定。

4）橡胶隔振垫的边线不得超过混凝土台座或型钢机座的边线；型钢机座的支承面积不小于隔振装置顶部的支承面积。

5）橡胶隔振垫单层布置，频率比不能满足要求时，可采取多层串联布置，但隔振垫层数不宜多于五层。串联设置的各层橡胶隔振垫，其型号、块数、面积及橡胶硬度均应完全一致。

6）橡胶隔振垫多层串联设置时，每层隔振垫之间用厚度不小于4mm的镀锌钢板隔开，钢板应平整，隔振垫与钢板应用胶粘剂粘结。镀锌钢板的平面尺寸应比橡胶隔振垫每个端部大10mm。镀锌钢板上、下层粘结的橡胶隔振垫应交错设置。

7）施工安装前应及时检查，安装时应使隔振装置的静态压缩变形量不得超过最大允许值。

8）水泵机组安装时，其安装水泵机组的支承地面要求平整，且应具备足够的承载能力。

9）机组隔振装置应避免与酸、碱和有机溶剂等物质相接触。

（3）混凝土台座和型钢机座

1）一般在水泵机组底座下宜设置混凝土台座或型钢机座，当水泵机组底座的刚度和质量满足设计要求时，可不设置混凝土台座，但应设置型钢机座。

2）水泵机组在混凝土机座上的布置，应力求其重心和混凝土台座的平面中心在同一垂直线上。

3）混凝土台座的尺寸应按下列规定确定：

① 长度应不小于水泵机组共用底座的长度。

② 宽度应不小于水泵机组共用底座的宽度，且共用底座的地脚螺栓中心距混凝土台座边线不宜小于150mm。

③ 高度为长度的1/10~1/8，且不小于150mm。

④ 混凝土台座的质量应不小于水泵机组的总质量，一般宜为水泵机组总质量的1.0~1.5倍。

⑤ 混凝土台座尺寸以10mm整倍数计。

4）混凝土台座与水泵机组底座的固定宜采用锚固式安装方式。一般可在混凝土台座上表面预埋钢板、上焊螺栓；或在混凝土台座上预留贯穿地脚螺栓孔，用地脚螺栓将水泵底座与混凝土台座固定后，进行灌浆封孔。

5）混凝土台座应配钢筋，其混凝土强度等级不应小于C18。

6）混凝土台座和型钢机座安装时与墙面净距离应不小于0.7m。

2. 管道隔振

（1）管道隔振的一般规定

1）当水泵机组采取隔振措施时，水泵吸水管和出水管均应采用管道隔振装置。

2）管道隔振装置应具有隔振和位移补偿双重功能。

3）采用管道隔振装置时，应根据隔振、位移要求和环境条件等因素选用，应采用可曲挠管道配件。

4）当采用可曲挠管道配件时，应根据安装位置、泵房面大小、隔振和位移补偿要求、管道配件数量、管径大小等因素，选用法兰或螺纹连接的可曲挠接头、弯头或其他可曲挠管道配件。

5）管道穿墙和穿楼板处，均应有防固体传声措施。

（2）管道隔振的安装要求

1）管道安装应在水泵机组隔振装置安装24h后进行。

2）安装在水泵进、出水管上的可曲挠软接头，必须安装在紧邻水泵进、出口处。

3）可曲挠管道配件应在不受力的自然状态下进行安装，严禁处于极限偏差状态。

4）可曲挠管道配件可明装，也可暗装。配件外严禁刷油漆，橡胶材质软接头应避免与酸碱、油类和有机溶剂相接触。

5）法兰连接的可曲挠管道配件的特制法兰与普通法兰连接时，螺栓的螺杆应朝向普通法兰一侧。

3. 支架隔振

（1）当水泵机组的基础和管道采取隔振措施时，管道支架应采用弹性支架。

（2）弹性支架应具有固定加设管道与隔振双重功能。

（3）支架隔振装置应根据管道的直径、重量、数量、隔振要求和与楼板或地面的距离，可选用弹性支架、弹性托架、弹性吊架。

（4）框架式弹性支架的型号应根据隔振要求、水泵机组转速和水泵机组安装位置确定。

（5）弹性支架数量应根据管道重量确定，支架悬挂物体的总重量应不大于支架容许额定荷载量。

（6）弹性吊架应均匀布置，间距可按表38-112的规定。

弹性吊架安装间距表　　　　　　　　　　　　　　表38-112

序号	公称直径 DN（mm）	安装间距（m）
1	25	2～3
2	50	2.5～3.5
3	80	3～4
4	100	5～6
5	125	7～8
6	150	8～10

4. 浮筑楼板隔振

建筑工程中对于隔振降噪要求较高的设备层或设备机房,可通过浮筑楼板缩减动力设备运行、维护保养等产生的振动噪声对楼下及四周的传递。浮筑楼板主要由敷设在建筑结构楼面上的橡胶隔振垫或橡胶隔振器和玻璃棉、钢板、防水层、钢筋混凝土浇筑的浮筑层组成。

(1) 结构形式

按照隔振层铺设形式可分为点铺式和满铺式两种方式,具体结构如图 38-124 所示。动力设备、管道按照普通隔振方法安装在浮筑楼板上方,能起到双层复合隔振效果,比普通隔振效率更高。

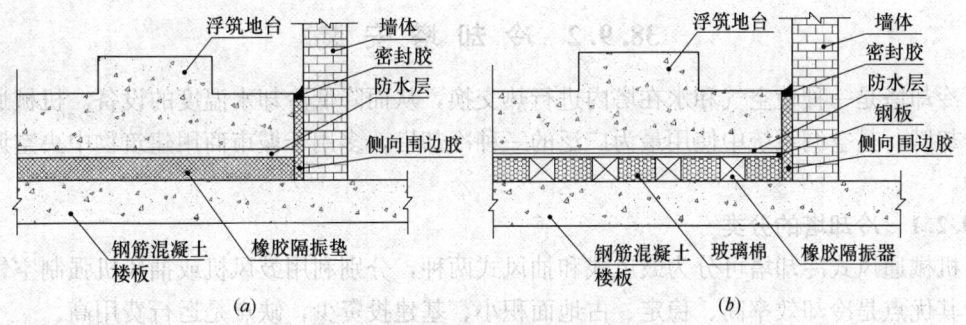

图 38-124 浮筑楼板结构示意图
(a) 满铺式;(b) 点铺式

(2) 施工工艺流程

结构楼板找平和防水处理→围边胶安装→橡胶隔振器(垫)安装→安装钢板和防水层→浮筑地台施工→密封胶安装。

(3) 施工要点

1) 施工前应将结构楼板面上杂物清除,用水泥砂浆做不小于 20mm 厚找平层;找平层清理干净后在其上刷两遍聚合物水泥防水涂料,四周上翻 300mm 高,然后再用水泥砂浆做 20mm 厚防水保护层;重点处理好地漏、管道、墙、门洞等重要部位处的防水节点。

2) 清理干净现场,复核摆放隔振器位置处的地面平整度,使用仪器进行测量,精度控制在地板平面每平方米内高差不超过 3mm。

3) 在墙体上安装围边胶时,围边胶应安装牢靠,不能刚性固定在墙面上,高度应符合设计图纸要求。对于采取局部浮筑楼板施工方法时,砌筑砖墙的高度应不低于 200mm。

4) 点铺式应根据图纸要求弹线确认隔振器位置,按设计间距放置浮筑地板隔振器,位置误差不应超过 3cm。遇墙身不规则时,须保证隔振器边缘距墙面不超过 150mm,否则应增加一列隔振器。用少量万能胶将隔振器与地面粘贴固定,最后在所有隔振器间铺满玻璃棉。

5) 满铺式在铺满隔振垫后,在其上面铺设一层防水纸。点铺式需在隔振器上方安装 3mm 厚的钢板,钢板间用电焊固定,然后再铺设一层防水纸。

6) 防水纸应卷在围边胶上口,与墙面接触,避免渗水进入隔振层中。防水纸铺设搭边不小于 50mm,用胶水或胶带将搭边处粘贴封死。

7) 浮筑地台应根据设计要求布设钢筋网片，钢筋一般采用 10mm 的螺纹钢，间距 200mm，双层双向，然后浇筑混凝土。

8) 混凝土采用的强度等级应根据设计要求选用。混凝土浇筑前，与墙壁踢脚相接处应用木板隔开，待混凝土凝固后再取出木板。混凝土应一次性浇筑完成，厚度一般不小于 100mm。

9) 混凝土浇筑完待达到设计强度后，修整围边胶，然后填防水嵌缝密封胶，并确保外观质量符合要求。

10) 浮筑地板全部施工完成后必须完全独立，与周边墙体、结构楼板等无任何刚性连接。

38.9.2 冷却塔安装

冷却塔是一种使空气和水在塔内进行热交换，从而降低冷却水温度的设备。机械通风式冷却塔，是空调系统中使用最为广泛的一种冷却塔，多用于城市商用建筑物中央空调系统中。

38.9.2.1 冷却塔的分类

机械通风式冷却塔可分为鼓风式和抽风式两种，分别利用鼓风机或抽风机强制空气流动。其优点是冷却效率高、稳定、占地面积小、基建投资少，缺点是运行费用高。

1. 机械通风冷却塔的分类

鼓风式：点滴式、薄膜式、点滴薄膜式→逆流式。

抽风式：点滴式、薄膜式→逆流式或横流式、点滴薄膜式→逆流式。

2. 机械通风冷却塔的组成

抽风式冷却塔应用较多，按水和空气在填料中的流动方向分为逆流式和横流式。鼓风式冷却塔主要用于小型冷却塔或水对风机有侵蚀性的冷却塔中。

冷却塔的组成及各部分的作用，见表 38-113。

冷却塔组成各个部分作用　　　　　　　表 38-113

编号	名称	作用	备注
1	淋水装置	将热水溅散成水滴或形成水膜，增加水与空气接触面积和时间，促进水与空气的热交换，使水冷却	分点滴式和薄膜式
2	配水装置	由管路与喷头组成，将热水均匀地分配到整个淋水装置上，分布是否均匀，直接冷却效果、飘水多少	分固定式、池式、旋转布水
3	通风设备	机械通风冷却塔由电机、传动轴、风机组成，产生设计要求的空气流量，达到要求的冷却效果	—
4	空气分配装置	由进风口、百叶窗、导风板等组成，引导空气均匀分布在冷却塔整个截面上	—
5	通风筒	创造良好的空气动力条件，减少通风阻力并将塔内的湿空气送往高空，减少湿热空气回流	机械通风冷却塔又称筒体
6	除水器	将要排出去的湿热空气中的水滴与空气分离，减少逸出水量损失和对周围环境的影响	又称收水器

续表

编号	名称	作用	备注
7	塔体	外部围护结构。机械通风与风筒式的塔体是封闭的,起支撑、围护和组合气流的功能	—
8	集水池	位于塔下部或另设汇集经淋水装置冷却的水,集水池还起调节流量作用,应有一定的储备容积	
9	输水系统	进水管将热水送往配水系统,进水管上设阀门,调节进塔水量,出水管将冷水送往用水设备或循环水泵,必要时多塔之间可设置连通管	集水池设补充水管、排污管、放空管等
10	其他设施	检修门、检修梯、走道、照明灯、电气控制、避雷装置及测试所需的测试部件等	—

38.9.2.2 冷却塔的安装工艺流程

施工准备→基础检验→设备开箱检查→设备搬运→冷却塔本体安装→冷却塔各个部件安装→配管安装→试运转、检查验收。

38.9.2.3 冷却塔的安装

1. 机械通风冷却塔

逆流式和横流式冷却塔的性能比较,见表 38-114。

逆流式和横流式冷却塔的性能比较 表 38-114

塔型	性能比较
逆流式	1. 冷却水与空气逆流接触,热交换效率高,当循环水量和容积散质系数相同,填料容积比横流式要少约 15%~20%; 2. 循环水量和热工性能相同,造价比横流塔低约 20%~30%; 3. 成组布置时,湿热空气回流影响比横流塔小; 4. 因淋水填料面积基本同塔体面积,故占地面积要比横流塔小约 20%~30%
横流式	1. 塔内有进入空间,采用池式布水,维修比逆流塔方便; 2. 高度比逆流塔低,结构稳定性好,并有利于建筑物立面布置和外观要求; 3. 风阻比逆流塔小,风机节电约 20%~30%; 4. 配水系统所需水压比逆流塔低,循环水泵节电约 15%~20%; 5. 填料底部为塔底,滴水声小,同等条件下噪声值比逆流塔低 3~4dB(A)

2. 冷却塔的布置

冷却塔的布置应按照设计单位的施工图纸确定。

(1) 单侧进风的冷却塔,进风口宜面向夏季主导风向。

(2) 双侧进风的冷却塔,塔排的长轴宜平行于夏季主导风向。

(3) 多台(排)冷却塔布置时,冷却塔相互间距应符合设计规范要求。

(4) 冷却塔的位置宜靠近主要用水装置。

(5) 冷却塔进风口侧的建(构)筑物不应影响冷却塔的通风。

3. 玻璃钢冷却塔的安装

冷却塔安装应符合现行国家标准《通风与空调工程施工规范》GB 50738 的规定,并参照设备生产厂家的技术文件进行安装和组装。

(1) 施工前熟悉有关技术资料和施工图，了解设备的布置、方位、基础的外形结构、周围的环境条件、管线的基本布置等，明确设备的型号、外形、重量、到现场的安装形式等。

(2) 冷却塔基础应符合设计要求，按现行国家标准《机械设备安装工程施工及验收通用规范》GB 50231 的规定进行复检，进风侧距建筑物应大于 1m。

(3) 冷却塔包装必须牢固可靠，有安全起吊标志。产品随机文件包括出厂合格证、装箱单、产品易损件明细表、产品说明书。

(4) 冷却塔与基础预埋件应连接牢固，连接件应采用热镀锌或不锈钢螺栓，其紧固力应一致，均匀。

(5) 设备搬运时，齿轮减速器不可倒放，塔体和风机叶片及填料等上面不准堆放重物。

(6) 冷却塔设备各部件的组装应全部采用螺栓连接，不可现场焊接。对冷却塔各构件进行外观检查且无明显变形或缺陷，结构件防腐符合要求。

(7) 冷却塔安装应水平，单台冷却塔安装的水平度和垂直度允许偏差均为 2/1000。同一冷却水系统的多台冷却塔安装时，各台冷却塔的水面高度应一致，高度偏差值不应大于 30mm。

(8) 整装冷却塔安装

1) 确定地脚螺栓的设置方法。用水准仪测量设备基础上垫铁的标高并进行调整，每组垫铁应放置整齐平稳，并接触良好。

2) 冷却塔吊装一般采用塔吊或汽车吊。吊装时吊索应设置在钢架位置，且应采取措施防止损伤防腐层，必要时应设置吊装横梁。

3) 冷却塔的纵横轴线位置及进、出水口及喷嘴的方位与设计图一致。冷却塔安装必须保持水平，布水均匀。地脚螺栓固定应牢固。垫铁点焊时必须配备足够的灭火器材并派专人实施防火监护才能施焊。

(9) 组装冷却塔安装

1) 支架及下塔体安装

依据设备图及纵横轴线确定地脚螺栓的位置，按规范要求对冷却塔基础进行处理，用水准仪测量、调整垫铁的标高。安装两个及两个以上冷却塔时其出水口位置应处于同一平面。

冷却塔出厂前在厂内预先试装且对各构件进行编号，现场组装时必须一一对号实施装配。

下塔体组装应确保密封无泄漏，并采用液体连通器测量下塔体上沿口，其水平度误差应符合规范要求。

2) 壳体安装

产品表面平整光滑无折皱，板块四周边缘无分层、裂隙和漏胶现象。依次将壳体板按从下往上的顺序连同密封条与下塔体（集水槽）拼接，板间连接与搭接用镀锌螺栓连接，待所有螺栓都穿入后，方可分两次拧紧螺栓。板筋横平竖直、上下左右呈直线，确保密封无泄漏。

3）填料安装

贮存填料成型片的地面应平整，按标志要求堆放整齐，高度不宜超过2m，并远离热源，防止暴晒。对暂时不用的应采用"三防布"遮盖，隔离火源。填料安装时要求间隙均匀、顶面平整、无塌落和叠片现象，填料片不得穿孔破裂。

在确认冷却塔支架安装完毕，具备不再动火条件下，方可将填料装入塔体内，严禁在填料上方进行焊接作业。安装时应注意组装块上下的方向性，每层顶面应铺放平整，层间应清理干净，不得有杂物堵塞。安装过程中需在填料上作业时，必须铺上平板进行，严禁直接踩踏造成产品损坏。

4）布水器安装

布水器（配水槽）必须严格按照平面布置和组装设计图纸的要求进行安装，保证布水器处于水平状态，喷嘴的方向和位置与设计相一致，应将冷却水均匀布洒在填料顶部。

采用旋转布水器布水时，应保证布水管正常运转，管上开孔方向正确、孔口光滑，管端与塔体间隙以20mm为宜，管底与填料间隙宜不小于50mm。

横流塔宜采用带盖板的池式布水，配水池应水平，孔口光滑，积水深度宜不小于50mm。

5）风机安装

风机叶片应强度可靠，表面光洁，各截面过渡均匀，无裂纹、缺口、毛刺等缺陷。风机叶片的表面，其可见气泡直径不大于3mm，展向每100mm区域内气泡数不超过三个；风机安装前应置于室内储存。

风机出厂前已完成静平衡，现场装配时，叶片与轮毂法兰对号安装。多塔时风机不可混装，必须保证叶片与轮毂、连接螺栓与螺母不得随意互相调换。电机在上部叶片安装前应预先放入已拼装好的塔体内，待电动机安装固定后，再装叶片，螺母止退片必须锁紧。有减速器的再和减速器进行装配。用手盘动检查，应无卡、阻现象。

冷却塔风机叶片端部与四周的径向间隙应均匀，对于可调节角度的叶片，角度应一致，风机的电流不超过额定值。

（10）配管安装

管道安装应采用场外预制、现场装配的施工方式。在冷却塔设备安装就位后，通过实地精确测量，确定进、出口水管的坐标位置及法兰面与螺孔的偏转量，同时确定活口的位置，必要时可增加连接法兰。在远离塔区处进行配管和管架制作，有条件的宜进行预拼装，然后运至现场二次组装，法兰间加橡胶垫片，螺栓均为镀锌件。

与冷却塔连接的进出水管应设独立支架，避免管道的重量直接作用在塔壁上，连接时管道应处于自然状态，以免影响到冷却塔的正常运转。

循环水泵吸入部分应设置在低于冷却塔水槽水面的位置。为减少返回水量，应在水泵出水口设置单向阀。高于冷却塔水槽水面位置的管道，尤其是冷却塔上的横向设置管道应尽量做得短，并应尽量减少冷却塔停止时的返回水量。散水槽有多个时，在各自散水槽的输入口部设置水量调节阀。

（11）电气安装

冷却塔本体周围电气配管应采用场内实地测量，场外预制、预装并焊好接地螺栓，用不小于4mm²的镀锡铜线进行跨接。现场组装时冷却塔上部支架利用冷却塔壳体连接螺栓进行固定,需另行开孔时则采用电钻钻孔的方法。

冷却塔专用电机是在高温水雾中工作,故机件各个部位应严格密封,以保证电机内部干燥,不受潮湿,电机接线后应密封接线盒能可靠防水。

38.9.2.4 冷却塔防冻设施安装

寒冷地区的冷却塔应按下列要求采取防冻措施:

(1) 应在进风口设置防止水滴外溅的设施。

(2) 当同一循环冷却水系统冷却塔的数量较多时,宜减少运行冷却塔数量,停止运行的冷却塔的集水池应保持一定量热水循环或采取其他保温措施。

(3) 可采用减小风机叶片安装角、停止部分风机运行、选用允许倒转的风机等措施。

(4) 在进风口上下缘及易结冰部位设热水化冰管,化冰管的热水流量应与防冻化冰要求相适应。

(5) 设置能通过部分或全部循环水量的旁路水管,当冬季运行或热负荷较低时,循环水可通过旁路直接进入集水池。

(6) 冬季可在进风口加挡风板。

38.9.3 空调水处理设备的安装

38.9.3.1 水处理设备安装工艺流程

设备基础检查、放线→吊装就位→找平、调正→配管→试运转→化验、调控。

38.9.3.2 软化水设备安装

软水器是一种利用钠型阳离子交换树脂去除水中钙、镁离子,降低原水硬度,达到软化硬水目的的装置。其工作流程一般由运行(工作)、反洗、吸盐(再生)、正洗(置换)、注水五个过程循环组成。

全自动软水器是一种运行再生等过程全自动控制的离子交换软水器。其结构主要由自动控制器、多路阀、树脂罐、盐罐和配管等组成。

全自动软水器安装要求:

(1) 软水器的安装场地应平整,基础应符合规范要求,附近应设有排水沟。

(2) 盐罐安装位置应靠近树脂罐,并应尽量缩短吸盐管的长度。

(3) 现场环境温度应符合产品技术要求。

(4) 过滤型的软水器应按设备上的水流方向标识安装,不应装反;非过滤型的软水器安装时可根据实际情况选择进出口。

(5) 软水器的电控器上方或沿电控器开启方向应预留不小于600mm的检修空间。

(6) 软水器进、出水管道上应装有压力表和手动阀门,进、出水管道之间应安装旁通阀,出水管道阀门前应安装取样阀,进水管道宜安装Y形过滤器。

(7) 排水管道上不应安装阀门,排水管道不应直接与污水管道连接。

(8) 与软水器连接的各种管道都必须设独立支架。

(9) 树脂装填前用胶带等将中心管管口封住,防止树脂进入中心管;将处理好的树脂按规定的装填量沿中心管周围填入树脂罐。

38.9.3.3 电子水处理器安装

1. 结构特点

电子水处理器按照电场的种类分为高频电磁场、高压静电场和低压电场三种电子水处理器,其主要功能有阻垢、杀菌、灭藻和缓蚀。其中高频电磁场电子水处理器按照其结构型式可分为筒体式和棒式,筒体式一般串接在管路中,棒式则通过锥管螺纹与管路连接。

(1) 筒体式电子水处理器

筒体式电子水处理器一般由电控器和水处理器组成,水处理器由电极和主管、进出水口等构成。电控器和水处理器通常组装为一体式,如图 38-125 所示,也可为分体式。

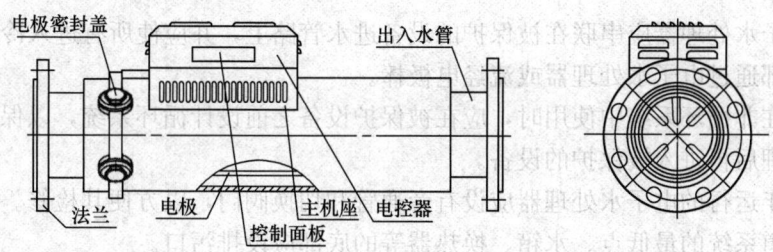

图 38-125 筒体式电子水处理器结构示意图

(2) 棒式电子水处理器

棒式电子水处理器由电控器、电极及信号线三部分组成,电极主要由探头、中心棒、安装头等构成,如图 38-126 所示,为分体安装。

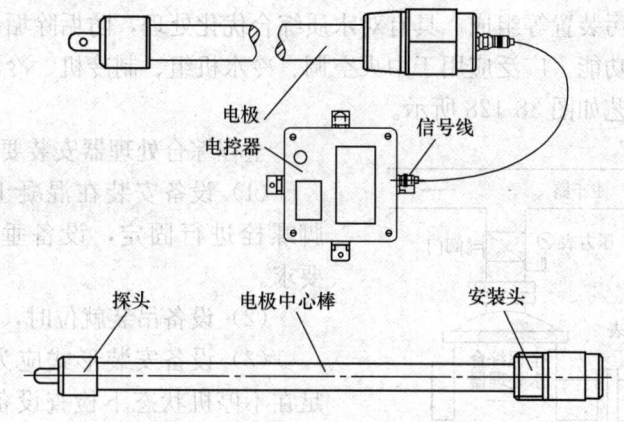

图 38-126 棒式电子水处理器结构示意图

2. 安装要点

(1) 筒体式电子水处理器可垂直安装,也可水平安装;可一体安装,也可分体安装。

(2) 棒式电子水处理器的电极棒必须安装在内径大于 75mm 的管路中,且应保证每根电极棒的处理量不超过其处理范围。

(3) 棒式电子水处理器的电极棒必须安装在金属管路内,如必须与非金属管路接通,可考虑另增加金属管路以作为电极棒的辅助阴极。

(4) 棒式电子水处理器应安装于用户管路的三通处或拐弯处,不应安装于水流死角处,且一般建议逆水流安装,如图 38-127 所示。

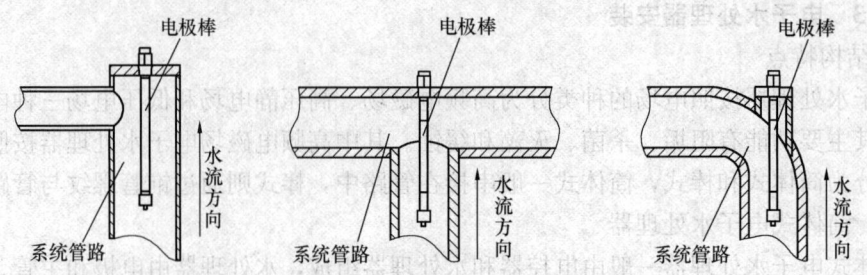

图 38-127 棒式电子水处理器安装示意图

(5) 电子水处理器应串联在被保护的设备进水管路上,并应使所有进入冷却系统或换热器的水全部通过电子水处理器或流经电极棒。

(6) 当在非循环系统中使用时,应在被保护设备之前设计循环系统,以保证水经过充分的循环处理后再进入被保护的设备。

(7) 常年运行的电子水处理器应设有旁通管和切换阀门,以方便其检修。

(8) 管道系统的最低点、水箱、换热器等的底部应设排污口。

(9) 安装电子水处理器前应冲刷、清洗系统管路;已结垢系统如已造成管路堵塞,必须进行疏通后方能加装电子水处理器。

(10) 电子水处理器安装使用地点应无腐蚀性的气体或液体,无剧烈振动和冲击。

38.9.3.4 全程水处理器安装

全程综合水处理器主要由优质碳钢筒体、特殊结构的不锈钢网、高频电磁场发生器、电晕场发生器及排污装置等组成。具有对水质综合优化处理、防垢除垢、除锈防腐、杀菌灭藻、超净过滤等功能。广泛应用于中央空调、冷水机组、制冷机、冷却和冷冻循环水系统等,典型安装工艺如图 38-128 所示。

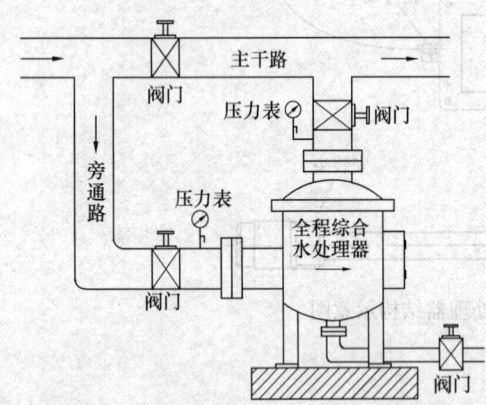

图 38-128 全程综合水处理器安装示意图

全程综合处理器安装要点:

(1) 设备安装在混凝土基础上,通过地脚螺栓进行固定,设备垂直度应符合规范要求。

(2) 设备吊装就位时,严禁碰撞控制器。

(3) 设备安装形式应为旁通式安装,满足在不停机状态下检查设备及反复冲洗滤体的需要。

(4) 设备进水口、出水口、排污口、旁通管均需加装阀门(排污阀需为快速阀),进水管路、出水管路上加装压力表。

(5) 设备进出口的管道上,应在靠近管口处设置管道支架;直接与容器管口相连接的大于或等于 $DN150$ 的阀门下面宜设置支架。

(6) 设备主体顶端防护罩及旁通管与构筑物间的距离应大于 400mm。

(7) 主体最大外径距墙体距离应大于 400mm。

(8) 禁止在无水状态下长时间开启设备。

38.9.3.5 加药装置安装

(1) 全自动加药装置结构

中央空调循环水系统配套水处理系统，主要是以全自动加药装置为主。全自动加药装置主要由溶药箱、加药计量泵、自动控制系统和管路阀门等组成，这些设备一般都组合在同一个底座上，出厂前已组合完毕。

(2) 全自动加药装置性能特点

1) 结构新颖：全自动加药装置施工安装简单、运行维护方便。

2) 应用面广：全自动加药装置的溶药箱容积和计量泵工艺参数及数量可根据加药对象要求任意组合，能满足各行各业水处理工艺化学加药的要求。

3) 安装、操作简单：施工安装时，装置就位后接好进水口、出药口并接通电源即可交付调试运行；在运行中只需向装置提供药源，即可具备立即配置药液的条件，又能定时定量向目的地投加药液的基本功能；加药量可在 0～100% 范围内进行调整。

4) 可靠性高：全自动加药装置既可采用手动调节，也可采用自动加药方式，运行稳定可靠。通过在线仪表电流信号控制计量泵的加药量，实现装置自动调节功能。

(3) 全自动加药装置组合类型可参见（但不局限于）表 38-115，可根据用户要求进行调整。

全自动加药装置组合类型　　　　表 38-115

装置名称	组合型式	溶药箱容积 (m^3)	计量泵			控制方式
			型式	流量 (L/h)	压力 (MPa)	
联胺除氧加药装置	1 箱 2 泵	1.0	机械隔膜式 液压隔膜式 柱塞式	10～1000	0.4～25	手动 自动
磷酸盐加药装置	2 箱 2 泵	1.5				
缓蚀剂（阻垢剂）加药装置	2 箱 3 泵	2.0				
调节 pH 值加酸（加碱）装置	3 箱 3 泵	3.0				

38.9.4 空调系统稳压补水设备安装

38.9.4.1 空调系统稳压补水方式

空调循环水系统的定压设备，根据定压型式的不同分为开式膨胀水箱定压、气压罐定压和变频补水泵定压三种。

1. 开式膨胀水箱定压

开式膨胀水箱可用做空调循环水系统的补水、定压设备。水箱位置应设在系统的最高处。此定压方式在中小型空调系统中应用比较普遍，且控制简单，系统水力稳定性好。

开式膨胀水箱的有效容积 V (m^3) 可按式 (38-6) 计算：

$$V = V_t + V_p \tag{38-6}$$

式中　V_t——水箱的调节容积（m^3），一般不应小于 3min 平时运行的补水量，且保持水箱调节水位高差不小于 200mm；

V_p——系统最大膨胀水量（m^3），

供热时：$V_p = V_c \cdot (\rho_0/\rho_m - 1)$；

供冷时：$V_p = V_c \cdot (1 - \rho_0/\rho_m)$；

V_c ——系统水容量（m^3）；

ρ_0 ——系统水的起始密度（kg/m^3），供热时可取水温 $t_0 = 5℃$ 时对应的密度值；供冷时可取 $t_0 = 35℃$ 时对应的密度值；

ρ_m ——系统运行时水的平均密度（kg/m^3），按 $(\rho_s + \rho_r)/2$ 取值；

ρ_s ——设计供水温度下水的密度（kg/m^3）；

ρ_r ——设计回水温度下水的密度（kg/m^3）。

一般情况下，V_p/V_c 值可按表 38-116 取值。

V_p/V_c 的参考值   表 38-116

系统	空调冷水	热水	供暖
供/回水温度（℃）	7/12	60/50	85/60
水的启始温度（℃）	35	5	5
膨胀水量 V_p/V_c	0.0053	0.01451	0.02422

膨胀水量 V_p（m^3），也可按式（38-7）估算：

$$V_p = \alpha \Delta t V_c = 0.0006 \times \Delta t V_c \quad (38-7)$$

式中　α ——水的体积膨胀系数，$\alpha = 0.0006 L/℃$；

Δt ——最大的水温变化值（℃）；

V_c ——系统水容量（m^3），可近似按表 38-117 确定。

系统的水容量（L/m^2 建筑面积）　　表 38-117

运行制式	系统型式	
	全空气系统	空气—水系统
供冷	0.4～0.55	0.7～1.30
供暖（热水锅炉）	1.25～2.00	1.20～1.90
供暖（热交换器）	0.40～0.55	0.70～1.30

2. 气压罐定压

适用于水质净化要求、含氧量要求较高的空调循环水系统，且安装位置较灵活。其易于实现自动补水、自动排气、自动泄水和自动过压保护等，但需设置闭式（补）水箱，还应回收膨胀水量。

气压罐的实际容积 V（m^3）可按式（38-8）和式（38-9）计算：

$$V = V_{min} = \beta V_t/(1-\alpha) \quad (38-8)$$
$$\alpha = (P_1 + 100)/(P_2 + 100) \quad (38-9)$$

式中　V ——气压罐实际总容积（m^3）；

V_{min} ——气压罐最小总容积（m^3）；

V_t ——气压罐的调节容积（m^3）；

β ——容积附加系数，隔膜式气压罐一般取 1.05；

P_1 ——补水泵的启泵压力（kPa）；

P_2 ——补水泵的停泵压力（kPa）；

α ——综合考虑气压罐容积和系统的最高运行工作压力等因素，宜取 0.65～0.85，必要时可取 0.50～0.90。

3. 变频补水泵定压

变频补水泵定压方式运行稳定,用于规模较大、耗水量不确定的系统,不适用于中小规模的空调系统。各个循环水系统宜分别设置补水泵,补水泵的扬程应该比系统补水点的压力高 30~50kPa。当补水管的长度比较长时,应该注意校核补水管的阻力。补水泵的小时流量,宜取系统水容量的 5%,不应大于系统水容量的 10%。

38.9.4.2 自动稳压补水设备安装

1. 开式膨胀水箱安装

(1) 成品水箱按箱体分为方形和圆形,采用装配式或焊接式安装。

(2) 膨胀水箱最低水位应高于空调水系统最高点 1.0m 以上。

(3) 现场制作的水箱,满水试验合格后,应将水箱内外表面除锈、打磨焊缝,以及防腐处理。采用人工除锈应达到 St3 级,水箱外部一般刷红丹漆两遍,水箱表面经处理后,不得在水箱本体上直接焊接。

(4) 水箱安装应水平,箱体可放在条形支座上,支座长度应超出底板外缘 100mm 以上,支座高度不小于 300mm。

(5) 水箱水位采用自动控制时,水位上限应低于溢水管接口下缘至少 100mm,水位下限应高于箱底 200mm。水箱液位测量方法主要有浮筒(球)式液位测量、浮球液位开关、电极式液位开关、电容式液位测量和静压式液位测量等。

(6) 水箱高度 $H \geqslant 1500$mm 时,应设置内、外人梯;$H \geqslant 1800$mm 时,应设置两组玻璃管液位计。液位计可采用法兰连接或螺纹连接,搭设长度为 70~200mm。

(7) 在机械循环空调水系统中,为了确保膨胀水箱和水系统的正常工作,膨胀水箱的膨胀管应接至系统定压点上,一般为循环水泵的吸入口前。在重力循环系统中,膨胀管应该安装在供水总立管的顶端。

(8) 膨胀水箱上必须配置供连接各种功能用管接口,见表 38-118。

膨胀水箱的配管 表 38-118

序号	名称	功能	说明
1	膨胀管	膨胀水箱与水系统之间的连通管,通过它将系统中因膨胀而增加的水量导入水箱;在水冷却时,通过它将水箱中的水导入系统	接管入口应略高水箱底面,防止沉积物流入系统。膨胀管上不应装置阀门
2	循环管	防止冬季水箱内的水结冻,使水箱内的存水在两接点压差的作用下缓慢地流动。不可能结冻的系统可不设此管	循环管必须与膨胀管连接在同一条管道上,两条管道接口间的水平距离应保持 1.5~3.0m
3	溢流管	供出现故障时,让超过水箱容积的水,有组织地间接排至下水道	必须通过漏斗间接相连,防止产生虹吸现象
4	排污管	供定期清洗水箱时排出污水	应与下水连接
5	补水管	自动保持膨胀水箱的恒定水位	必须与给水系统相连;如采用软化水,则应与该系统相连
6	通气管	使水箱和大气保持相通,防止产生真空	—

2. 气压罐安装

(1) 气压罐的定压点通常放在系统循环水泵吸入端。

(2) 气压罐的配管应采用热浸镀锌钢管或热浸镀锌无缝钢管。

(3) 气压罐应设有泄水装置，在管路系统上应设安全阀、电接点压力表等附件。

(4) 气压罐与补水泵可组合安装在钢支座上。

(5) 气压罐与墙面或其他设备之间应留有不小于 0.7m 的距离。

(6) 气压罐安装后应进行水压强度试验和严密性试验。

(7) 气压罐水压强度试验和严密性试验合格后按要求进行调试。调试完成后，应确保充气嘴不漏气。

(8) 气压罐工作压力值

安全阀的开启压力 P_4；膨胀水量开始流回补水箱时电磁阀的开启压力 P_3，可取 $P_3=0.9P_4$；补水泵的停泵压力 P_2，可取 $P_2=0.9P_3$；补水泵的启动压力 P_1，在满足定压点最低要求的基础上，增加 10kPa 的裕量。

3. 变频补水泵安装

(1) 水泵基础分钢筋混凝土基础或型钢基础两种，一般采用钢筋混凝土基础。

(2) 水泵配管的安装应从水泵开始向外安装，水泵配管及其附件的重量不得加压在水泵上，吸水管和供水管都应有各自的支吊架。

(3) 水泵机组、管道及支吊架均应采取隔振措施。

(4) 同一台水泵机组的隔振器（垫），其型号、性能、块数、层数、面积、尺寸和硬度应一致，每个支承点的载荷应基本相等。

(5) 管道隔振应在水泵进、出水管上安装可曲挠橡胶接头（异径接头、弯头），管道重量不应压在可曲挠橡胶接头上。

(6) 支架的隔振，应在管道固定处采用弹性吊架或弹性托架。

38.9.5 板式换热器安装

38.9.5.1 板式换热器结构原理及特点

板式换热器主要由固定压紧板、活动压紧板、支柱、上下导杆、夹紧螺柱、换热板片、垫片、接管、法兰等组成。波纹板片通过叠装而成，各板片之间形成薄矩形通道，通过板片进行热量交换。

板式换热器工作压力一般为 1.0~1.6MPa，工作温度一般低于 160℃。板式换热器应用范围广，结构紧凑、占地面积小、换热效率高，安装和清洗方便。

38.9.5.2 板式换热器单机安装

(1) 设备基础的规格和尺寸应与换热器相匹配，基础表面应平整，无蜂窝、裂纹、麻面和露筋。

(2) 设备开箱后，应根据装箱清单核对设备的型号、规格、外观、附件和质量证明资料、相关技术文件等。

(3) 板式换热器一般为整机出厂。安装前应清理干净设备上的油污、灰尘等杂物，设备所有的孔塞或盖，在安装前不应拆除。

(4) 按照施工图核对换热器的管口方位、中心线，确认无误后再就位。

(5) 吊运换热器前，仔细阅读设备说明书，吊点设置应满足起吊要求。吊装时，需注意对换热器采取保护措施，避免碰撞和坠落事件的发生。

(6) 换热器周围应留有足够的清洗、维修空间。换热器之间、换热器与其他设备之间的净距不宜小于 800mm。

(7) 换热器与管道冷热介质进出口的接管应符合设计及产品技术文件的要求，并应在管道上安装阀门、压力表、温度计、过滤器等；流量控制阀应安装在换热器的进口处。

38.9.5.3 板式换热机组安装

板式换热机组是集板式换热器、水泵、阀门、相连管道及电控仪表于一体的设备，具有结构紧凑、占地面积小、自动化程度高等特点。

(1) 机组可直接水平安装在混凝土基础上，基础距地面高度 100mm，设备底脚用地脚螺栓与基础进行固定。

(2) 机组安装位置一定要注意接管方向，周围应留有 1m 以上的操作空间。

(3) 当两台或两台以上机组并联使用时，每台机组的出水管需安装止回阀。

(4) 当机组安装在楼板上时，需核对楼板承载能力。

(5) 与机组连接的所有接管应在机组安装前清理干净后方可接管。

(6) 与机组连接的管路系统的最高点应安装自动排气阀，最低点应安装泄水阀。

(7) 机组安装完毕后应进行耐压试验，并应认真详细记录试验过程数据。机组启用前，必须认真检查机组各个部分的部件是否完整。

38.9.5.4 板式换热机组运行和维护

(1) 板式换热机组与其相连接的空调系统等管网必须经过吹净、冲洗、试压、验收合格后，机组方可启动运行。

(2) 换热机组及其系统内应充满软化水。

(3) 换热机组启动前各个阀门都应处于关闭状态。准备启动换热机组时，应先将二次管网上的进水阀门和一次管网上的回水阀门打开，循环水泵出口阀门微启。启动循环水泵，然后逐步开大循环水泵出口阀门。严禁断水运行。此时注意泵的启动电流是否超过额定值，并随时检查有无跑、冒、滴、漏现象，以及换热机组和系统中有无堵塞现象，若有这些现象应立即排除。

(4) 当冷侧系统压力趋于稳定时，再缓慢开启一次管网上的所有阀门。当系统达到稳定后，定时记录各个点温度、压力及流量值。

(5) 换热机组稳定工作后，应 2~6h 记录一次管网和二次管网的温度、压力和压差等数据，确保机组在正常范围内运行，做好维护保养和定期检修工作。

(6) 冬季停运期间，应该放净系统内的存水，以防冻胀破坏管路和设备。供暖期结束换热机组停运期间，必须打开机组的排水阀门和除污器下部的排污阀门，将剩余的积水放掉，并关闭相应接口阀门。板式热交换器应定期维护、清洗。

38.9.6 分水器与集水器安装

38.9.6.1 分水器与集水器概述

分水器、集水器是利用一定长度、直径较粗的短管，焊上多根并联接管而形成的并联接管设备。分水器、集水器按国家质检总局颁布的《固定式压力容器安全技术监察规程》

TSG 21 及现行国家标准《压力容器 第 4 部分：制造、检验和验收》GB/T 150.4 进行制造、试验、检验及验收。分水器、集水器进入现场后，必须由监理、施工、供货单位共同进行验收，检查其产品质量合格证及焊缝无损探伤检验报告、强度试验记录等，并对其进行外观检查，合格后方可安装。

38.9.6.2 分水器与集水器安装要点

（1）分水器、集水器安装前，应对设备基础坐标位置、标高、外形尺寸进行复检。

（2）设备基础表面应平整，无蜂窝、裂纹、麻面和露筋；基础表面的油污、碎石、泥土、积水应清除干净，放置垫铁的基础表面应平整。

（3）支架安装应满足筒体热胀冷缩的要求，应一端固定另一端采用活动或滑动支架，确保筒体工作状态下的热胀冷缩。

（4）分水器、集水器一般采用胀锚地脚螺栓固定，胀锚地脚螺栓的安装应符合现行国家标准《机械设备安装工程施工及验收通用规范》GB 50231 的相关规定。

（5）分水器、集水器的安装，支架或底座的尺寸、位置符合设计要求。设备与支架接触紧密，安装平正、牢固。平面位置允许偏差为±10mm，标高允许偏差为±5mm，支架垂直度允许偏差为1‰。

（6）分水器、集水器找正调平并紧固后，对设备底座和基础间进行灌浆，灌浆料采用细石混凝土。设备底座与基础之间灌浆厚度不应小于 25mm。

（7）支架安装高度由工程设计人员决定，但不得大于 1m。支架安装前应进行防腐处理，刷防锈漆两道，外刷面漆。

（8）当工作压力大于等于 1.0MPa 时，应在分（集）水器与压力表之间设置阀门。

38.10 管道与设备的防腐与绝热

38.10.1 防腐工程

38.10.1.1 防腐施工工艺流程

除锈→表面清理→刷底漆→刷面漆。

38.10.1.2 防腐施工的一般要求

（1）油漆施工前，应检查被油漆表面处理工作是否符合要求，清除被油漆表面的铁锈、油污、灰尘、水分等杂物，并保持其清洁、干燥，不得因上述缺陷而影响油漆的附着力。

（2）油漆作业的方法应根据施工要求、涂料性能、施工条件和设备情况等因素进行选择。

（3）当介质温度低于 120℃时，设备和管道的表面应涂刷防锈漆；当介质温度高于 120℃时，设备和管道的表面宜涂刷高温防锈漆。

（4）普通薄钢板在制作风管前，宜预涂防锈漆一遍；采用薄铝板或镀锌薄钢板作保护层时，其表面可不刷油漆；支吊架的防腐处理应与风管相一致，其明装部分必须涂面漆。

（5）下道油漆的涂刷工作应在上道油漆表干后进行，已做好防腐层的管道及设备之间应隔开，不得粘连，以免破坏防腐层。

(6) 油漆施工时不准吸烟,附近不得有电、气焊或气割作业,主要施工人员在施工之前应进行安全教育和职业培训,高空作业应执行相应安全标准要求;每天施工后,应及时对作业场所的废弃材料进行清理,避免污染环境。

(7) 油漆施工时应采取防火、防冻和防雨等措施,并不应在低温或潮湿环境下作业;油漆不宜在环境温度低于5℃,相对湿度大于85%的环境下施工;明装部分的最后一遍面漆,宜在安装完毕后进行;刷油前先清理好周围环境,保持清洁,如遇雨、雪不得露天作业。

(8) 涂漆的管道、设备及容器,漆层在干燥过程中应防止冻结、撞击、振动和温度剧烈变化,在漆膜干燥之前,应防止灰尘、杂物污染漆膜。

38.10.1.3　材料进场检查及保管

(1) 材料进场时应符合下列规定:
1) 对品种、规格、外观等进行验收。
2) 材料的包装应完好,表面无外力冲击破损。
3) 合格证及相关质量证明文件齐全。

(2) 应对进场材料妥善保管,采取有效措施防止材料损坏或腐蚀。

38.10.1.4　防腐施工的作业条件

防腐施工的作业条件主要包括如下内容:

(1) 现场土建结构已完工,金属管道和设备已安装完,无大量施工用水情况发生,具备防腐施工条件;管材、型材及板材按照使用要求已进行矫正调整处理。

(2) 油漆按照产品说明书要求配制完毕,熟化时间达到油漆使用要求;为达到设计漆膜的厚度,根据油漆厂家说明书的内容,确定底漆和面漆所需涂刷的遍数。

(3) 油漆施工前,待防腐处理的构件表面应无灰尘、铁锈、油污等污物,并保持干燥。

(4) 待涂刷的焊缝应检验(或检查)合格,焊渣、药皮、飞溅等已清理干净。

(5) 场地应清洁干净,有良好的照明设施,冬、雨期施工应有防冻、防雨雪等措施。

(6) 管道支吊架处的木衬垫缺损或漏装的应补齐,仪表接管部件等均已安装完毕,金属管道和设备已安装完,具备防腐条件。

(7) 温度应符合所用涂料的温度限制,有的涂料需低温固化,有的则需高温固化。

(8) 涂装作业时,周围环境对涂装质量有重要影响,包括照明、通风、脚手架、风力等条件。涂装时的相对湿度一般不能超过85%,被涂物表面温度比露点高3℃以上方可进行涂装。

38.10.1.5　防腐材料的选用

(1) 当底漆与面漆采用不同厂家的产品时,涂刷面漆前应做粘结力检验,合格后方可施工;防腐施工的方法、层次和防腐油漆的品种、规格必须符合设计要求。

(2) 油漆施工前,应熟悉油漆的性能参数,包括油漆的表干时间、实干时间、理论用量以及按说明书施工情况下的漆膜厚度等。

(3) 熟悉厂家说明书的内容,了解各油漆的组分和配比。油漆种类和涂刷遍数符合设计要求,附着良好,无脱皮、起泡和漏涂,漆膜厚度均匀,色泽一致,无流坠及污染现象。

1) 根据设计要求，按不同管道、设备、介质及用途选择涂料。
2) 将选择好的涂料桶开盖，根据涂料的稀稠程度加入适量稀释剂；涂料的调合程度应考虑涂刷方法，调合至适合手工刷涂或喷涂的稠度；喷涂时，稀释剂和涂料应搅拌均匀，以可刷不流淌、不出刷纹为准，即可准备涂刷。
3) 如所用涂料为双组分包装，施工时必须严格按油漆制造厂商的使用说明书中规定的配合比进行配制。涂料配制时，应充分搅拌均匀，避免水和杂物混入，同时根据气温条件，在规定的范围内，适当调整各组分的加入量，调整涂料的黏度至适于施工。两组分混合搅匀后应按规定放置一定时间，配制好的涂料应在规定时间内用完，以免胶化报废。

（4）常用油漆及油漆的选用分别见表 38-119 和表 38-120。

常用油漆　　　　　　　　　　　　　　表 38-119

序号	名称	适用范围
1	锌黄防锈漆	金属表面底漆，防海洋性空气及海水腐蚀
2	铁红防锈漆	黑色金属表面底漆或面漆
3	混合红丹防锈漆	黑色金属底漆
4	铁红醇酸底漆	高温黑色金属
5	环氧铁红底漆	黑色金属表面底漆，防锈耐水性好
6	铝粉漆	供暖系统，金属零件
7	耐酸漆	金属表面防酸腐蚀
8	耐碱漆	金属表面防碱腐蚀
9	耐热铝粉漆	300℃以下部件
10	耐热烟囱漆	≤300℃以下金属表面如烟囱系统
11	防锈富锌底漆	镀锌金属表面修补或高腐蚀环境

油漆选用　　　　　　　　　　　　　　表 38-120

管道种类	表面温度（℃）	序号	油漆种类	
			底漆	面漆
不保温管道	≤60	1	铝粉环氧防腐底漆	环氧防腐漆
		2	无机富锌底漆	环氧防腐漆
		3	环氧沥青底漆	环氧沥青防腐漆
		4	乙烯磷化底漆＋过氯乙烯底漆	过氯乙烯防腐漆
		5	铁红醇酸底漆	醇酸防腐漆
		6	红丹醇酸底漆	醇酸耐酸漆
		7	氯磺化聚乙烯底漆	氯磺化聚乙烯磁漆
	60～250	8	无机富锌底漆	环氧耐热磁漆、清漆
		9	环氧耐热底漆	环氧耐热磁漆、清漆
保温管道	保温	10	铁红酚醛防锈漆	—
	保冷	11	石油沥青	—
		12	沥青底漆	—

38.10.1.6 防腐施工具体操作

1. 去污除锈

刷油前,为了增强其表面油漆的附着力,保证油漆质量,必须将其表面的杂物、铁锈、油脂和氧化皮等处理干净,使表面呈现金属光泽。清除油污一般采用碱性溶剂进行清洗。除锈方法有人工除锈和喷砂除锈,人工除锈就是用钢丝刷、钢丝布和砂布等擦拭,再用棉纱、破布等将表面擦干净。对于要求较严格的系统,喷砂除锈的效果较好。对于管道内表面除锈,可用圆形钢丝刷,两头绑上绳子来回拉檫,至刮露出金属光泽为合格。

2. 涂刷油漆

(1) 涂漆的方式主要分为手工涂刷和机械喷涂。手工涂刷应分层涂刷,每层应往复进行,并保持涂层均匀,不得漏涂;快干漆不宜采用手工涂刷。机械喷涂采用的工具为喷枪,以压缩空气为动力。喷射的漆流应和喷漆面垂直,喷漆面为平面时,喷嘴与喷漆面应相距250~350mm;喷漆面如为曲面时,喷嘴与喷漆面的距离应为400mm左右。喷涂施工时,喷嘴的移动应均匀,速度宜保持在10~18m/min;喷漆使用的压缩空气压力为0.3~0.4MPa。

(2) 涂漆施工程序是否合理对漆膜的质量影响很大,应符合下列要求:

1) 第一层底漆或防锈漆,直接涂在工件表面上,与工件表面紧密结合,起防锈、防腐、防水、层间结合的作用;第二层面漆涂刷应精细,使工件获得要求的色彩。

2) 一般底漆或防锈漆应涂刷一道到两道;第二层的颜色最好与第一层颜色略有区别,以检查第二层是否有漏涂现象;每层涂刷不宜过厚,以免起皱和影响干燥;如发现不干、皱皮、流挂、露底时,需进行修补或重新涂刷。

3) 表面涂调合漆或磁漆时,应尽量涂得薄而均匀;如果涂料的覆盖力较差,也不允许任意增加厚度,则应逐次分层涂刷覆盖;每涂一层漆后,应有一个充分干燥的时间,待前一层表干后才能涂下一层,每层漆膜的厚度应符合设计要求。

(3) 涂刷施工要点

1) 在底漆涂刷之前,应对结构转角处和焊缝表面凹凸不平处,用与涂料配套的腻子抹平整或圆滑过渡,必要时,应用细砂纸打磨腻子表面,以保证涂层的质量要求。涂料施工时,层间应纵横交错,每层宜往复进行(快干漆除外),均匀为止。

2) 涂层数应符合设计要求,面层应顺介质流向涂刷。表面应平滑无痕,颜色一致,无针孔、气泡、流坠、粉化和破损等现象。喷、刷好的漆膜,不得有堆积、漏涂、起皱、产生气泡、掺杂和混色等缺陷。

3) 涂层间隔时间一般为24h(25℃),如施工交叉不能及时进行下道涂层施工时,在施工下道涂层前应先用细砂布打毛并除灰后再涂。第一道涂层的表面如有损伤部分时,应先进行局部表面处理或砂纸打磨,再彻底清除灰土,补涂后进行涂漆,对漏涂或未达到涂膜厚度的涂面应加以补涂。涂漆时应特别注意边缘、角落、裂缝、铆钉、螺栓、螺母、焊缝和其他形状复杂的部位。当使用同一涂料进行多层涂刷时,宜采用同一品种不同颜色的涂料调配成颜色不同的涂料,以防止漏涂。

4) 设备、管道和管件防腐蚀涂层的施工宜在设备、管道的强度试验和严密性试验合格后进行。如在试验前进行涂覆,应将全部焊缝留出,并将焊缝两侧的涂层做成阶梯接头,待试验合格后,按设备、管道的涂层要求补涂。

5) 贮存油漆的房间应与存有其他易燃易爆品及有火源的房间隔开，不得在油漆房内安放火源和吸烟，同时还应有防火设施。

6) 薄钢板风管的油漆如设计无规定时，可参照表 38-121 的规定选用。

薄钢板风管油漆　　　　表 38-121

序号	风管内输送气体	油漆类别	油漆遍数
1	不含有灰尘且温度不高于 70℃ 的空气	内表面涂防锈底漆 外表面涂防锈底漆 外表面涂面漆	2 1 2
2	不含有灰尘且温度高于 70℃ 的空气	内外表面涂耐热漆	2
3	含有粉尘或粉屑的空气	内表面涂防锈底漆 外表面涂防锈底漆 外表面涂面漆	1 1 2
4	含腐蚀性介质的空气	内表面涂耐酸底漆 外表面涂耐酸面漆	≥2 ≥2

注：需保温的分管外表面不涂胶粘剂时，宜涂防锈漆两遍。

7) 刷油漆时，应在周围温度 5℃ 以上，相对湿度 85% 以下的条件下进行，防止温度过低出现厚薄不均，难于干燥；也应防止湿度过高而附着力差，容易出现气孔等。

8) 刷第二遍油漆，应在底漆完全干燥后进行；刚刷好油漆的风管配件，不能暴晒、雨淋，以免影响油漆质量和观感；风管咬口前，应刷一遍防锈漆，以保证咬口处的防腐能力，延长使用寿命；室内风管、送风口、回风口等外表面的颜色漆，如设计无规定时，应与室内墙壁颜色相协调。

9) 安装在室外的硬聚氯乙烯板风管，外表面宜涂铝粉漆两遍；空调制冷各系统管道的外表面，应按设计规定做色标。

10) 油漆工程应与通风施工交叉进行，如通风零、部件组装前的油漆。风管外表面最后一道面漆，应在风管安装完毕后进行涂刷。保温风管外表面的油漆，如保温层用热沥青粘于风管上，其底漆应该刷冷汽油沥青；如保温层无粘结料直接铺于风管上，应刷红丹防锈漆。

11) 空气净化系统的油漆，如设计无具体规定时，可参照表 38-122 的规定进行。

空气净化系统油漆　　　　表 38-122

风管部位	油漆类别	油漆遍数	系统部位
内表面	醇酸类底漆	2	
外表面（保温）	醇酸类磁漆	2	1. 中效过滤器前的送风罐及回风管； 2. 中效过滤器后和高效过滤器前的送风管
外表面（非保温）	铁红底漆	2	
	铁红底漆	1	
	调合漆	2	

12) 制冷系统管道的油漆，应符合设计要求，如设计无具体要求时，可按表 38-123 的要求进行涂漆；此外，制冷系统的紫铜管，一般不涂漆。

制冷管道油漆   表 38-123

管道类别		油漆类别	油漆遍数
低压系统	保温层以沥青为胶粘剂	沥青漆	2
	保温层不以沥青为胶粘剂	防锈底漆	2
高压系统		防锈底漆	2
		色漆	2

38.10.2 绝 热 工 程

38.10.2.1 绝热主材的选择

绝热的主材必须是导热系数小的材料，宜采用成品型。理想的绝热材料除导热系数小外，还应当具备质量轻、有一定机械强度、稀释率低、抗水蒸气渗透性强、耐热、不燃、无毒、无臭味、不腐蚀金属、能避免鼠咬虫蛀、不易霉烂、经久耐用、施工方便、价格低廉等特点。需经常维护和操作的设备、管道及附件等应采用便于拆装的成型绝热材料。

(1) 用于保温的绝热材料及其制品，其密度不得大于 400kg/m³，但应具有一定的机械强度；用于保冷的绝热材料及其制品，其密度不得大于 220kg/m³。

(2) 绝热材料及其制品应具有耐燃性能、膨胀性能和防潮性能的数据或说明书，并应符合使用要求。

(3) 绝热材料及其制品应具有稳定的化学性能，对金属不得有腐蚀作用。当用在奥氏体不锈钢设备或管道上时，其氯离子含量指标应符合要求。

(4) 用于充填结构的散装绝热材料，不得混有杂物及尘土。纤维类绝热材料中大于或等于 0.5mm 的渣球含量应为矿渣棉小于 10%，岩棉小于 6%，玻璃棉小于 0.4%。直径小于 0.3mm 的多孔性颗粒类绝热材料，不宜使用。

(5) 用于保温的绝热材料及其制品，其允许使用温度应高于在正常操作情况下管道介质的最高温度，不腐蚀金属，易于施工，造价低廉，在高温条件下，经综合比较后，可选用复合材料；用于保冷的绝热材料及其制品，其允许使用温度应低于在正常操作情况下管道介质的最低温度，无毒、无味、不腐烂，在低温下能长期使用，吸水率及含水率低，其质量分数分别不大于 3.3% 和 1%。

(6) 对于保冷材料而言，还需满足以下要求：保冷材料应是闭孔、憎水、不燃、难燃或阻燃材料，其氧指数不小于 30，室内使用时应不低于 32；应具有良好的化学稳定性，对设备和管道无腐蚀作用；当遭受火灾时，不至于大量逸散有毒气体，应符合现行国家标准《建筑材料燃烧或分解的烟密度试验方法》GB/T 8627 烟密度等级（SDR）不大于 75；材料的导热系数要小，常温下，泡沫塑料及其制品的导热系数应不大于 0.0442W/(m·K)；材料的密度低，泡沫塑料及其制品的密度不应大于 60kg/m³，应具有一定的机械强度，有机硬质成型制品的抗压强度不应小于 0.15MPa，无机硬质成型制品的抗压强度不应小于 0.3MPa。在不稳定导热的情况下，材料仍能保持热物理与机械性能。

(7) 风管和管道的绝热材料应采用不燃或难燃的材料，其材质、密度、规格及厚度应符合设计要求。如采用难燃材料，应对难燃材料进行检测，合格后方可使用。

(8) 穿越防火隔墙两侧 2m 范围内的风管、管道和绝热层必须采用不燃材料，以防止风管或管道成为火灾传递的通道。

(9) 洁净室内的风管的绝热，不应采用易产尘的材料（如玻璃纤维、短纤维矿棉等）。

(10) 用于冰蓄冷系统的保冷材料，应采用闭孔型材料和对异性部位保冷简便的材料。

(11) 电加热器及其前后 800mm 处的保温应根据设计的要求选用保温材料，电加热器前后 800mm 风管的绝热必须选用不燃材料。

38.10.2.2 常用的绝热材料

通风与空调工程中常用的绝热材料为柔性泡沫橡塑、绝热用玻璃棉和绝热用硬质聚氨酯。

(1) 目前国内使用的柔性泡沫橡塑材料，按燃烧性能分为两类：Ⅰ类为燃烧性能等级为 B1 级，即难燃级；Ⅱ类为燃烧性能等级为 B2 级，即可燃级。通风与空调工程中只能采用难燃级和不燃级，所以只能采用 B1 类柔性泡沫橡塑，其主要性能见表 38-124。

柔性泡沫橡塑材料性能　　　　表 38-124

项目	单位	性能指标			
		Ⅰ类		Ⅱ类	
		板	管	板	管
表观密度	kg/m³	40～95		40～110	
燃烧性能	—	B1		B2	
导热系数	W/(m·K)	—		—	
平均温度（℃）	—	—		—	
−20		0.036		0.040	
0		0.038		0.042	
40		0.043		0.046	
透湿系数	kg/(m·s·Pa)	4.4×10^{-10}			
湿阻因子	—	4500			
真空吸水率	%	10			
抗老化性 150h	—	轻微起皱，无裂纹，无针孔，无变形			

注：表中导热系数可拟合成计算公式：$0.038+0.0001 \times t_m$ 和 $0.042+0.0001 \times t_m$。

(2) 设备和管道绝热用玻璃棉可分为玻璃棉、玻璃棉板、玻璃棉带、玻璃棉毯、玻璃棉毡和玻璃棉管壳。通风与空调工程主要采用玻璃棉板、玻璃棉管壳，其主要性能见表 38-125。

设备和管道绝热用玻璃棉的技术性能　　　　表 38-125

名称			密度（kg/m³）	导热系数 [W/(m·K)]	可燃性	使用温度（℃）	备注
玻璃棉制品	短棉	沥青玻璃棉毡	≤80	0.041～0.047	不燃	≤250	
		醇醛玻璃棉毡	120～150	0.041～0.047		≤300	
	超细棉	醇醛超细玻璃棉毡	<20	0.035～0.042		≤400	
		醇醛超细玻璃棉管壳	≤60	0.035～0.042		≤300	
		醇醛超细玻璃棉板	≤60	0.035～0.042		≤300	
		无碱超细玻璃棉板	≤60	0.033～0.040		≤600	
	中级纤维	中级玻璃纤维板	80	0.041～0.047		−25～300	
		中级玻璃纤维管壳	80	0.041～0.047		−25～300	

(3) 聚氨酯硬泡体材料是一种高分子合成材料，具有独特的不透水性和优良的保温、绝热性能，是一种集防水、保温于一身的理想材料。硬质聚氨酯的物理性质见表38-126。

硬质聚氨酯的物理性质   表38-126

使用密度 (kg/m^3)	使用温度 (℃)	推荐使用温度 (℃)	常温导热系数 λ_0 (25℃) $[W/(m \cdot K)]$	要求
30~60	-180~100	-65~80	0.0275	材料的燃烧性能应符合难燃性材料规定

38.10.2.3 材料进场检查及保管

绝热工程的材料进场检查及保管应符合下列规定：

(1) 材料进场时，应严格检查，一定要具备出厂合格证或质量鉴定文件，材料的材质、规格及性能参数应符合设计要求和规范要求，并且在有效期内。

(2) 现场应该对如材料规格、厚度等项目按规定的数量进行观察抽检，对材料是否有可燃性进行点燃试验。

(3) 对于自熄性聚苯乙烯保温材料，可在现场进行试验。其方法为，将聚苯乙烯泡沫板放在火上燃烧，移开火源后1~2s内自行熄灭为合格。

(4) 材料检验所采用的测试方法及仪器，应符合现行国家有关标准的规定。

(5) 绝热材料应放在干燥处妥善保管，露天堆放应有防潮、防雨和防雪措施，尽可能存放于库房中或用防水材料遮盖并与地面架空。操作人员在施工中不得脚踏挤压或将工具放在已施工好的绝热层上，防止绝热材料挤压损伤变形。

(6) 镀锌钢丝、玻璃丝布、保温钉及保温胶等材料应放在库房内保管。绝热材料应合理使用，收工时剩余的材料应及时带回保管或堆放在不影响施工的地方，防止丢失和损坏。

38.10.2.4 绝热工程的施工条件

绝热工程的施工条件主要包括如下内容：

(1) 现场土建结构已完工，无大量施工用水情况发生，通风及消防设施能满足规定要求。

(2) 场地应清洁干净，有良好的照明设施，有满足要求的脚手架；冬、雨期施工时应有防冻、防雨雪等设施；管道及设备在绝热施工前，外表面应保持清洁、干燥。

(3) 风管与部件及空调设备的绝热工程施工应在风管系统严密性检验合格后进行。

(4) 空调工程的制冷系统和空调水系统绝热工程的施工，应在管路系统强度与严密性检验合格和防腐处理结束后进行。

(5) 管道及设备的绝热应在防腐及水压试验合格后进行，如果先做绝热层，应将管道的接口及焊接处留出，待水压试验合格后再做接口处的绝热施工。建筑物的吊顶和管井内的管道的绝热施工，必须在防腐试压合格后进行，隐蔽验收检查合格后，土建才能最后封闭，严禁颠倒施工工序。风管与部件的安装质量应符合质量标准，须在防腐部件已做好刷漆工作后。

(6) 对有难燃要求的绝热材料，必须进行其耐燃性能的验证，合格后方能使用。易燃、易爆、有毒物品设危险品库存放，并有严格的管理制度和消防设施。

(7) 管道支吊架处的木衬垫，缺损或漏装的应补齐，仪表接管部件等均已安装完毕。

(8) 应有施工人员的书面技术、质量、安全交底，《限额领料记录》已经签发。保温前应进行隐检。绝热工程所采用的主要材料应有制造厂合格证明书或分析检验报告，其种类、规格、性能应符合设计要求。

(9) 保温材料应放在干燥处妥善保管，露天堆放应有防潮、防雨、防雪措施，并与地面架空，防止挤压损伤变形。冬期施工时，湿作业的灰泥保护壳应有防冻措施。

(10) 普通薄钢板在制作前，宜预涂防锈漆一遍；支吊架的防腐处理应与风管和管道相一致，其明装部分必须涂面漆；明装部分的最后一遍色漆的涂装，宜在安装完毕后进行（不应在低温或潮湿环境下作业）。

(11) 玻璃丝布的径向和纬向密度应满足设计要求，玻璃丝布的宽度应符合实际施工的需要；保温钉、胶粘剂等附属材料均应符合防火及环保的相关要求。

(12) 多层管道或施工地点狭窄时，应制定绝热施工的先后程序，加强对已完成品的保护。

(13) 绝热施工前，应清除风管、水管及设备表面的杂物，及时修补破损的防腐层。

38.10.2.5 绝热工程的施工程序

绝热工程的施工应遵循先里后外，先上后下的原则，具体的施工程序如下：

隐蔽工程检查→绝热层（隔热层）→防潮层（隔汽层）（保冷必须设防潮层）→保护层→检验。

1. 一般材料保温绝热工艺流程

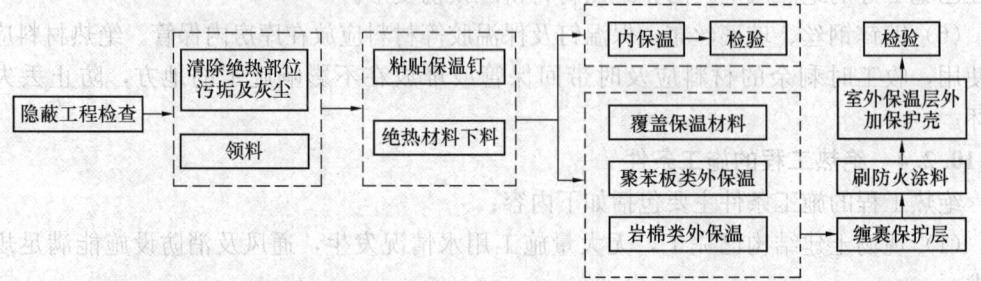

2. 橡胶保温绝热工艺流程

领料→下料→刷胶水→粘贴→接头处贴胶带→检验

3. 铝镁质保温绝热工艺流程

涂抹膏料→粘贴→接缝处理→收光→缠玻纤布→刷防水层→检验

38.10.2.6 绝热层（隔热层）工艺技术要求

绝热层（隔热层）的工艺技术要求主要包括如下内容：

(1) 粘结保温钉前应将风管、水管和设备上的尘土、油污擦净，将胶粘剂分别涂抹在管壁和保温钉的粘结面上，稍后再将其粘上；绝热材料与风管、水管道、部件和设备的表面应紧密接合。

(2) 风、水管道穿室内隔墙时，绝热材料应连续通过。穿防火墙时，穿墙套管内要用不燃材料封堵严密；绝热层的材料接缝及端部应密封处理。绝热管道的施工，除伴热管道外，应单根进行。风管系统部件的绝热，不得影响其操作功能，风管绝热层采用保温钉连接固定。

(3) 对于输送介质温度低于周围空气露点温度的管道，当采用非闭孔性绝热材料时，隔汽层（防潮层）必须完整，且封闭良好，其搭接缝应顺水。

(4) 绝热层结构中有防潮层时，在金属保护层施工过程中，不得刺破或损坏防潮层。

(5) 绝热材料层应密实，无裂缝、空隙等缺陷，表面平整，当采用卷材或板材时，允许偏差为5mm；采用涂抹或其他方式时，允许偏差为10mm。

(6) 绝热涂料作绝热层时，应分层涂抹，厚度均匀，不得有气泡和漏涂等缺陷，表面固化层应光滑，牢固无缝隙；管道阀门、过滤器及法兰部位的绝热结构应能单独拆卸。

(7) 采用玻璃纤维布作绝热保护层时，搭接宽度应均匀，宜为30～50mm，松紧适度。

(8) 施工时应严格遵循先上后下、先里后外的原则，确保已经施工完的保温层不被损坏。

(9) 带有防潮隔汽层绝热材料的拼接处，应用粘胶带封严，粘胶带的宽度不应小于50mm，粘胶带应牢固地粘贴在防潮面层上，不得有胀裂和脱落。

(10) 硬质或半硬质绝热管壳的拼接缝隙，保温时不应大于5mm、保冷时不应大于2mm，并用粘结材料勾缝填满；纵缝应错开，外层的水平接缝应设在侧下方；当绝热层的厚度大于100mm时，应分层铺设，层间应压缝。

(11) 硬质或半硬质绝热管壳应用金属丝或难腐织带捆扎，其间距为300～350mm，且每节至少捆扎2道。

(12) 松散或软质绝热材料应按规定的密度压缩其体积，疏密应均匀；毡类材料在管道上包扎时，搭接处不应有空隙。

(13) 绝热层的其他质量要求见表38-127。

绝热层的其他质量要求 表38-127

检查项目		允许偏差	检查方法
表面平面度	涂抹层	<10mm	用2m靠尺和楔形塞尺检查
	金属保护层	<5mm	
	防潮层	<10mm	
厚度	预制块	<+5%	用针刺入绝热层和用尺检查
	毡、席材料	<+8%	
	填充品	<+10%	
宽度	膨胀缝	<5mm	用尺检查

38.10.2.7 风管绝热层的施工

(1) 直管段立管应按自下而上的顺序进行，水平管应从一侧或从弯头直管段处进行。

(2) 绝热材料下料应准确，切割端面应平直，绝热材料铺覆应使纵、横缝错开，如图38-129所示，小块绝热材料应尽量铺

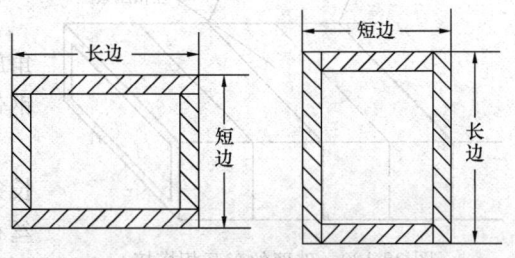

图38-129 绝热材料纵横缝错开

覆在风管上表面。

(3) 矩形风管或设备保温钉的分布应均匀，保温钉的数量应符合表 38-128 的规定。首行保温钉至风管或保温材料边沿的距离应小于 120mm。粘贴保温钉前应将风管壁上的尘土、油污擦净，将胶粘剂分别涂抹在管壁和保温钉粘结面上，稍后再将其粘上。

风管保温钉数量（个/m²）　　　　　表 38-128

隔热层材料	风管底面	侧面	顶面
铝箔岩棉保温板	≥20	≥16	≥10
铝箔玻璃棉保温板（毡）	≥16	≥10	≥8

(4) 硬质绝热层管壳，可采用 16～18 号镀锌钢丝双股捆扎，捆扎的间距不应大于 400mm，并用粘结材料紧贴在管道上；管壳之间的缝隙不应大于 2mm，并用粘结材料勾缝填满，环缝应错开，错开距离不小于 75mm，管壳缝隙设在管道轴线的左右侧，当绝热层大于 80mm 时，绝热层应分层铺设，层间应压缝。

(5) 半硬质及软质绝热制品的绝热层可采用包装钢带或 14～16 号镀锌钢丝进行捆扎，其捆扎间距，对半硬质绝缘热制品不应大于 300mm，对软质不大于 200mm；每块绝热制品上捆扎件不得少于两道，不得采用螺旋式缠绕捆扎。

(6) 弯头处应采用定型的弯头管壳或用直管壳加工成虾米腰块，每个应不少于 3 块，确保管壳与管壁紧密结合，美观平滑；设备管道上的人孔、手孔、阀门、法兰及其他可拆卸部件端部应做成 45°斜坡，并留出螺栓长度加 25mm 的空隙；管道的支架处应留膨胀伸缩缝。

(7) 一般风管和设备的保温层厚度可参见表 38-129。

一般风管和设备保温层厚度　　　　　表 38-129

材料	类别			
	室内平顶内风管	机房内风管	室外风管	风机及空气洗涤室
铝箔玻璃毡	25	50	—	50
聚苯乙烯泡沫塑料	25	50	100	50
矿渣棉毡	25	50	—	50

(8) 各类绝热材料的施工方法区别如下：

1) 内绝热：绝热材料如采用岩棉类，铺覆后应在法兰处绝热材料断面上涂抹固定胶，防止纤维被吹起来，岩棉内表面应涂有固化涂层。

2) 聚苯板类外绝热：聚苯板铺好后，在四角放上短包角，然后薄钢带作箍用打包钳卡紧，钢带箍每隔 500mm 打一道。

3) 岩棉类外绝热：对明管绝热后在四角加长条薄钢板包角，用玻璃丝布缠紧，缠绕玻璃丝布时应使其互相搭接，使绝热材料外表形成双层玻璃丝布缠绕，如图 38-130 所示。玻璃丝

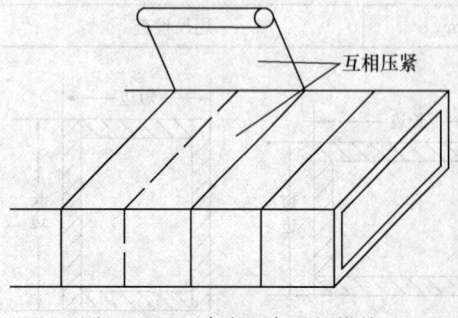

图 38-130　玻璃丝布互相搭接

布外表应刷两道防火涂料，涂层应严密均匀。

(9) 室外明露风管在绝热层外宜加上一层镀锌钢板或铝皮保护层。

(10) 风管绝热层采用粘结方法固定时，施工应符合下列规定：

1) 胶粘剂的性能应符合使用温度和环境卫生的要求，并与绝热材料相匹配。

2) 胶粘材料宜均匀地涂在风管、部件或设备的外表面上，绝热材料与风管、部件及设备表面应紧密贴合，无空隙。

3) 绝热层纵、横向的连缝，应错开。

4) 绝热层粘贴后，如进行包扎或捆扎，包扎的搭连处应均匀、贴紧；捆扎的应松紧适度，不得损坏绝热层。

38.10.2.8 水管绝热层的施工

(1) 垂直管道自下而上施工，其管壳纵向接缝应错开，水平管道绝热管壳应在侧面纵向接缝。垂直管道绝热时，为了防止材料下坠，应隔一定间距设置保温支撑环来支撑绝热材料。

(2) 水管道采用玻璃棉、岩棉、聚氨酯、橡塑、聚乙烯等管壳作绝热层材料时，胶粘剂（绝热胶）应分别均匀地涂在管壁和管壳粘结面上，稍后再将其管壳覆盖。

(3) 管道上的温度计插座宜高出所设计的保温层厚度，不保温的管道不应同保温管道敷设在一起，保温管道应与建筑物保持足够的距离。

(4) 管道穿墙、穿楼板套管处的绝热，应用相近效果的软散材料填实。

(5) 管道阀门、过滤器及法兰部位的绝热结构应能单独拆卸，便于维修和更换。

(6) 遇到三通处应先做主干管，后分支管。凡穿过建筑物的保温管道套管与管子四周间隙应用保温材料填塞密实。支托架处的保温层不得影响管道活动面的自由伸缩，与垫木支架接触紧密，管道托架内及套管内的保温，应充填饱满。

(7) 管道交叉时，如果两根管道均需绝热但距离又不够，这时应该先保低温管道，后保高温管道。低温管绝热，尤其是和高温管交叉的部位应用整节的管壳，纵向接缝应放在上面，管壳的纵横向接缝应用胶带密封，不得有间隙。高温管和低温管相接处的间隙用碎保温材料塞严，并用胶带密封。如果其中只有一根管道需绝热时，应该将不需绝热的管道在与绝热管道交叉处两侧各延伸200～300mm进行绝热处理，以防止冷桥产生。

(8) 绝热产品的材质和规格，应符合设计要求，管壳的粘贴应牢固、铺设应平整；绑扎应紧密，无滑动、松弛与断裂现象。

(9) 硬质或半硬质绝热管壳的拼接缝隙，保温时不应大于5mm、保冷时不应大于2mm，并用胶粘材料勾缝填满；纵缝应错开，外层的水平接缝应设在侧下方。当绝热层的厚度大于100mm时，应分层铺设，层间应压缝。

(10) 硬质或半硬质绝热管壳应用金属丝或难腐织带捆扎，其间距为300～350mm，且每节至少捆扎两道；松散或软质绝热材料应按规定的密度压缩其体积，疏密应均匀；毡类材料在管道上包扎时，搭接处不应有空隙。

(11) 热、冷绝热层，同层的预制管壳应错缝，内、外层应盖缝，外层的水平缝应在侧面；预制管壳缝隙一般热保温应小于5mm，冷保温应小于2mm，缝隙应用胶泥填充密实；每个预制管壳最少应有两道镀锌钢丝或箍带，不得采用螺旋形捆扎。

(12) 立管保温设置托盘时，托盘直径不大于保温层的厚度。

(13) 用管壳制品作保温层,其操作方法一般由两个人配合,一人将壳缝剖开对包在管上,两手用力挤住,另外一人缠裹保护壳,缠裹时用力应均匀,压楞应平整,粗细应一致。

(14) 管道绝热用薄钢板做保护层,其纵缝搭口应朝下,薄钢板的搭接长度一般为30mm。

38.10.2.9 设备绝热层的施工

设备绝热层的施工应符合下列规定:

(1) 设备绝热层的施工应在风管或水管系统严密性检验合格后进行。

(2) 各种设备绝热材料的施工,不得遮盖铭牌标志和影响其正常功能使用。

(3) 设备绝热材料采用板材下料时切割面应平整,尺寸应准确;保温时单层纵缝应错开,双层或多层的内层应错开,外层的纵、横缝应和内层缝错开并覆盖;绝热板按顺序铺覆,残缺部分应填满,不得留有空隙。

(4) 设备绝热材料采用卷材时应按设备表面形状建材下料,不同形状部位不得连续铺覆。

(5) 设备绝热材料采用成型硬质预制块时一般用预制块连接或砂浆砌筑,预制块的间隙应用导热系数相近的软质保温材料填充或勾缝。

(6) 绝热材料的固定一般通过涂胶粘剂、粘胶钉或焊钩钉(采用焊接时可在设备封头处加支撑环)及根据需要加打抱箍带。

(7) 阀门或法兰处的绝热施工,当有热紧或冷紧要求时,应在管道热、冷紧完毕后进行;绝热层结构应易于拆装,法兰一侧应留有螺栓长度加25mm的空隙;阀门的绝热层应不妨碍填料的更换。

(8) 风机保温前进行试运转,需确认连接处不漏风,运转平稳,将风机铭牌取下进行保温,保温做好后将铭牌钉上。

(9) 风机保温使用材料及厚度见表38-130。

风机保温使用材料及厚度　　　　表38-130

材料名称	密度(kg/m³)	热导率[W/(m·K)]	保温厚度		
			Ⅰ区	Ⅱ区	Ⅲ区
玻璃纤维板	90~120	0.035~0.047	25	35	55
软木板	200~240	0.058~0.07	30	55	75
水玻璃膨胀珍珠岩板	200~300	0.056~0.07	30	55	75
水泥膨胀珍珠岩板	250~250	0.07~0.08	35	60	—
聚苯乙烯泡沫塑料板	30~50	0.035~0.047	25	35	55

38.10.2.10 隔汽层(防潮层)的施工

隔汽层(防潮层)的施工应符合下列规定:

(1) 输送介质温度低于周围空气露点温度的管道,当采用非闭孔性绝热材料时,隔汽层(防潮层)必须完整,且封闭良好。防潮层施工前应检查基体(隔热层)有无损坏,材料接缝处是否处理严密、表面是否平整,如有上述情况需做处理后再做防潮层施工。

(2) 立管的防潮层,应从管道的低端向高端敷设,环向搭接的缝口应朝向低端,纵向的搭接缝应位于管的侧面，并应顺水。

(3) 防潮层应紧紧粘贴在绝热层上，封闭良好，厚度均匀，松紧适度，无气泡、折皱或裂缝等缺陷。

(4) 冷保温管道或地沟内的热保温管道应有防潮层，防潮层的施工应在干燥的绝热层上。防潮层结构应易于拆装，法兰一侧应留有螺栓长度加25mm的空隙。

38.10.2.11 保护层工艺技术要求和施工

保温层外必须设置保护层，一般采用玻璃丝布、塑料布、油毡包缠或采用金属保护壳。

(1) 用玻璃丝布缠裹，对垂直管应自下而上，对水平管则应按从低向高的顺序进行，开始应缠裹两圈，然后再呈螺旋状缠裹，搭接宽度应为1/2布宽，起点和终点应用胶粘剂或镀锌钢丝捆扎。缠裹应严密，搭接宽度均匀一致，无松脱、翻边、皱折等现象，表面应平整。

(2) 玻璃丝布刷涂料或油漆前应清除表面的尘土和油污，油刷上蘸的涂料不宜太多，以防滴落在地上或其他设备上。

(3) 有防潮层时，保护层施工不得使用自攻螺栓，以免刺破防潮层，保护层端头应封闭。

(4) 当采用玻璃纤维布作绝热保护层时搭接宽度应均匀，宜为30～50mm。

(5) 金属保护壳的材料，宜采用镀锌钢板或薄铝合金板。当采用普通钢板时，其内外表面必须涂敷防锈涂料，对立管应自下而上，对水平管应按从低到高的顺序进行，使横向搭接缝口朝顺坡方向；纵向搭缝应放在管子两侧，缝口朝下，如采用平搭缝，其搭缝宜为30～40mm。

(6) 金属保护壳的施工应紧贴绝热层，不得有脱壳、褶皱和强行接口等现象；接口的搭接应顺水，并有凸筋加强，搭接尺寸为20～25mm；当采用自攻螺栓固定时，螺钉间距应匀称，并不得刺破防潮层。

(7) 户外金属保护壳的纵、横向接缝，应顺水，其纵向接缝应位于管道的侧面，金属保护壳与外墙或屋顶的交接处应加设泛水。

(8) 直管段金属保护壳的外圆周长下料，应比绝热层外圆周长加长30～50mm。

(9) 垂直管道或斜度大于45°的斜立管道上的金属保护壳，应分段固定在支撑件上。

(10) 管道金属保护层的接缝除环向活动缝外，应用抽芯铆钉固定；保温管道也可用自攻螺钉固定，固定间距应为200mm，但每道缝不得少于4个。

(11) 金属保护层应压边、箍紧，不得有脱壳或凸凹不平，其环缝和纵缝应搭接，缝口应朝下，用自攻螺钉紧固时不得刺破防潮层，螺钉间距不应大于20mm，保护层端头应封闭。

38.11 通风与空调系统调试

施工单位在完成通风、空调工程的安装工作之后，应对通风、空调系统进行全面的系统调试工作，也是对通风、空调系统设计、安装优劣的考核。施工单位应重视这方面的工作，应设置通风与空调系统调试的部门及配置专业技术人员，配备齐全相关的调试设备，掌握现行国家标准《通风与空调工程施工质量验收规范》GB 50243 中的有关系统调试内容及相关规定。

通风、空调系统调试工作是安装工作之后一项技术性能较强的综合性工作。从一般情况来看，在进行通风、空调系统调试工作的过程中，会发现一些甚至很多需解决的一般性问题和专业技术性问题，尤其是后一方面的问题。如在通风、空调工程设计中存在着一些技术缺陷问题、设备中存在着一些性能参数问题、安装施工中存在着一些质量问题等。

按照国家有关规定，通风与空调工程的施工应按规定的程序进行，并与土建及其他专业工种相互配合。通风与空调工程竣工的系统调试，应在建设和监理单位的共同参与下进行，施工单位应具有专业调试人员和符合有关标准规定的调试设备。系统调试工作结束后，施工单位必须提供完整的调试资料和调试报告。

38.11.1　试运转和调试的准备

为确保通风与空调系统的试运转和调试工作顺利进行，前期应根据项目的性质、工期、质量要求等策划、编制切实可行的专项调试方案。专项调试方案应经施工单位审核后报送建设单位或监理单位审批，经专业监理工程师审核批准后方可实施。

38.11.1.1　试运转和调试主控项目

1. 设备单机试运转及调试

（1）风机、空气处理机组中的风机叶轮旋转方向应正确，运转应平稳，应无异常振动与声响，电机运行功率应符合设备设计文件要求。

（2）水泵叶轮旋转方向应正确，应无异常振动和响声，紧固连接部位应无松动，电机运行功率应符合设备设计文件要求。

（3）冷却塔风机与冷却水系统循环试运行不应小于 2h，运行应无异常；冷却塔本体应稳固、无异常振动；冷却塔中风机的试运转应符合风机试运转的规定。

（4）制冷机组的试运行除应符合设备技术文件和现行国家标准《制冷设备、空气分离设备安装工程施工及验收规范》GB 50274 的有关规定；正常运转不应小于 8h。

（5）多联式空调（热泵）机组系统应在充灌定量制冷剂后，进行系统试运转，系统应能正常输出冷风或热风，在常温条件下可进行冷热的切换与调控；室外机试运转应符合现行国家标准《通风与空调工程施工质量验收规范》GB 50243 的规定；室内机的试运转不应有异常振动与声响，百叶板动作应正常，不应有渗漏水现象，运行噪声应符合设计技术文件要求；具有可同时供冷、热的系统，应在满足当季工况运行条件下，实现局部内机反向工况的运行。

（6）电动调节阀、电动防火阀、防排烟风阀（口）的手动、电动操作应灵活可靠，信号输出应正确。

（7）变风量末端装置单机试运转及调试过程中信号及反馈应正确，不应有故障显示；启动送风系统，按控制模式进行模拟测试，装置的一次风阀动作应灵敏可靠；带风机的变风量末端装置，风机应能根据信号要求运转，叶轮旋转方向应正确，运转应平稳，不应有异常振动与声响；带再热的末端装置应能根据室内温度实现自动开启与关闭。

2. 系统非设计满负荷条件下的联合试运转及调试

（1）系统总风量调试结果与设计风量的允许偏差应为 −5%~10%，建筑内各区域的压差应符合设计要求。

(2) 变风量空调系统联合调试应符合空气处理机组在设计参数范围内对风机实现变频调速；空气处理机组在设计机外余压条件下，系统总风量应满足本条第一款的要求。

(3) 空调冷（热）水系统、冷却水系统的总流量与设计流量的偏差不应大于10%。

(4) 制冷（热泵）机组进出口处水温应符合设计要求。

(5) 地源（水源）热泵换热器的水温与流量应符合设计要求。

(6) 舒适空调与恒温、恒湿空调室内空气温度、相对湿度及波动范围应符合或优于设计要求。

3. 防排烟系统联合试运行与调试

防排烟系统联合试运行与调试的结果应符合设计要求及国家现行标准的有关规定。

4. 空调系统

净化空调系统除应符合一般空调系统的规定外，尚应符合下列规定：

(1) 单向流洁净室系统的系统总风量允许偏差应为0～+10%，室内各风口风量的允许偏差应为0～+15%。

(2) 单向流洁净室系统的室内截面平均风速的允许偏差应为0～+10%，且截面风速不均匀度不应大于0.25。

(3) 相邻不同级别洁净室之间和洁净室与非洁净室之间的静压差不应小于5Pa，洁净室与室外的静压差不应小于10Pa。

(4) 洁净室内空气洁净度等级应符合设计要求或为商定验收状态下的等级要求。

(5) 各类通风、化学实验柜、生物安全柜在符合或优于设计要求的负压下运行应正常。

5. 联合试运转及调试

制冷系统、空调水系统与空调风系统的非设计满负荷下的联合试运转及调试，正常运转不应少于8h，除尘系统不应少于2h。

38.11.1.2 试运转和调试一般项目

1. 设备单机试运转及调试

(1) 风机盘管机组的调速、温控阀的动作应正确，并应与机组运行状态一一对应，中挡风量的实测值应符合设计要求。

(2) 风机、空气处理机组、风机盘管机组、多联式空调（热泵）机组等设备运行时，产生的噪声不应大于设计及设备技术文件要求。

(3) 水泵运行时壳体密封处不得渗漏，紧固连接部位不应松动，轴封的温升应正常，普通填料密封的泄漏水量不应大于60mL/h，机械密封的泄漏水量不应大于5mL/h。

(4) 冷却塔运行产生的噪声不应大于设计和设备技术文件的规定值，水流量应符合设计要求；冷却塔的自动补水阀应动作灵活，试运转工作结束后，集水盘应清洗干净。

2. 通风系统非设计满负荷条件下的联合试运行及调试

(1) 系统经过风量平衡调整，各风口及吸风罩的风量与设计风量的允许偏差不应大于15%。

(2) 设备及系统主要部件的联动应符合设计要求，动作应协调正确，不应有异常现象。

(3) 湿式除尘与淋洗设备的供、排水系统运行应正常。

3. 空调系统非设计满负荷条件下的联合试运转及调试

(1) 空调水系统应排除管道系统中的空气，系统连续运行应正常平稳，水泵的流量、压差和水泵电机的电流不应出现 10% 以上的波动。

(2) 水系统平衡调整后，定流量系统的各空气处理机组的水流量应符合设计要求，允许偏差应为 15%；变流量系统的各空气处理机组的水流量应符合设计要求，允许偏差应为 10%。

(3) 冷水机组的供回水温度和冷却塔的出水温度应符合设计要求；多台制冷机或冷却塔并联运行时，各台制冷机及冷却塔的水流量与设计流量的偏差不应大于 10%。

(4) 舒适性空调的室内温度应优于或等于设计要求，恒温恒湿和净化空调的室内温、湿度应符合设计要求。

(5) 室内（包括净化区域）噪声应符合设计要求。

(6) 环境噪声有要求的场所，制冷、空调设备机组应按现行国家标准《采暖通风与空气调节设备噪声声功率级的测定 工程法》GB/T 9068 的有关规定进行测定。

(7) 压差有要求的房间、厅堂与其他相邻房间之间的气流流向应正确。

4. 系统监测与控制系统调试

通风与空调工程通过系统调试后，监控设备与系统中检测元件和执行机构应正常沟通，应正确显示系统运行的状态，并应完成设备的联锁、自动调节和保护等功能。

38.11.1.3 调试人员的准备

施工单位在即将完成通风与空调工程的安装工作前，应根据项目的具体情况提前做好调试人员的准备工作。调试人员应由以下有关人员组成：

(1) 项目技术负责人（项目工程师）；
(2) 调试负责人；
(3) 空调风系统调试人员；
(4) 空调水系统调试人员；
(5) 电气调试配合人员；
(6) 参与施工安装的施工人员。

此外，工程建设单位、设计单位相关人员应参与和配合调试工作，设备生产厂家可根据实际情况派有关技术人员参与调试工作。

38.11.1.4 调试仪器的准备

调试所使用的测量仪器仪表性能应稳定可靠，其精度等级及最小分度值应能满足测量的需要，并应符合国家有关计量法规及检定规程的规定。

通风与空调系统调试常用的测量仪器仪表有：

1. 温湿度计

(1) 玻璃管液体温度计：玻璃管内液体一般为水银、乙醇等液体。

(2) 热电偶温度计：传感器由两种不同性质的金属导体组成，如铂铑铂热电偶、铜康铜热电偶温度计。

(3) 通风式干湿球温度计：通过测量空气干球温度与湿球温度，可在相应的焓湿图上查出空气的相对湿度等热工参数。

(4) 自记式温湿度计：根据双金属测温、毛发测相对湿度的原理制造的自动记录式测量仪表。可方便地同时连续测量记录一段时间的空气温湿度变化情况。其温度测量精度一般为±1℃，不适用于高精度的恒温恒湿空调系统。

(5) 便携式数字显示温湿度计：一般为电阻或半导体热敏电阻温度计、电容或半导体热敏电阻湿度计等测湿技术组成的便携式测量仪表。

(6) 便携式数字显示表面温度计：是专门用来测量设备、管路等表面温度的温度计，分接触式与非接触式。

2. 风速仪

(1) 热电风速仪：测量范围较大，为0～30m/s，灵敏度和测量精度高，反应速度快，最小可测0.05m/s的微风速，测头体积较小使用方便，可测脉动风速，即瞬间风速。分为指针显示与数字显示两种。

(2) 叶轮风速仪：测量范围为0.4～35m/s，测头强度相对较高，适用于环境温度范围－10～50℃，可多点测试自动计算平均值。

(3) 杯式风速仪：测量范围大1～40m/s，测头强度高，不能测脉动风速，有计时装置，并带有风标及指南针可测量风向，主要用于测量室外气象条件参数。

(4) 毕托管：由毕托管与压差计及胶管组成的测试系统，可测风管内断面的全压、静压及动压（全压与静压差）。测量出动压进而可算出相应的风速，一般是测量平均风速。

(5) 热敏低风速测试仪：测量范围0～10m/s，适用于剧场、净化空调等低风速系统。

(6) 风罩式风量罩：测量范围环境温度－10～50℃，湿度0～100%RH，风速0～14m/s，风量40～4000m³/h，压力（差压）－120～120Pa。

3. 压力计

(1) U形玻璃管液柱压力计：简单便宜，测量时需两次读值，测压差时接胶管随意。根据具体测量情况可使用水、水银、四氯化碳作为工作液体。

(2) 补偿式压力计：灵敏度与测量精度高，工作介质为水。

(3) 倾斜式液柱压力计：提高了测量小压力压差的灵敏度与测量精度，测量一次读值，用乙醇作为工作液体。

(4) 便携式数字显示压力计：测量范围大，使用携带非常方便，可进行正压、负压及压差的测量。主要用于测量通风、空调系统中设备与风管的压力压差；风量测量（测量管内空气动压）。

4. 流量计

(1) 速度流量计：根据所测得的平均速度与断面面积，计算出流量，工程中应用广泛。

(2) 孔板流量计：事先在水平管路上安装标准孔板节流装置，通过测量流体流过孔板所产生的静压差，据孔板流通面积及查得相应流量系数，用流量计算公式计算出流量数值。

(3) 涡轮流量计：测量准确度较高，使用温度口径有4～500mm，可测流量范围0.01～7000m³/h。

(4) 超声波流量计：因为是在管道外壁布置传感器，不需在管路上安装测量装置，故不增加系统阻力。测量管径为25～250mm及以上，要求传感器安装位置前10D、后5D

以上直管段距离,且前 30D 内不能安装水泵、阀门等扰动设备部件。

5. 含尘浓度测定仪

(1) 管内粉尘(烟尘)浓度测定仪:用于通风除尘系统中风管内粉尘、烟尘浓度的测定。

(2) 粒子计数器:用于净化空调系统中洁净室内悬浮粒子含尘浓度(空气洁净度等级)的测定。粒子计数器采样流量有 1L/min、2.83L/min、28.3L/min 等几种,所测定的悬浮粒子含尘浓度为计数浓度,测量单位为粒/L、粒/2.83L 和粒/28.3L(粒/ft^3)。

6. 噪声仪

一般常使用能测定 A 声级的噪声仪,如测定要求较高时应使用带多频程分析的噪声仪。

(1) 其他测量仪器仪表

(2) 转数表:测量风机、电动机,以及各种动力设备和机械设备的旋转速度,分接触式与非接触式。

(3) 钳形电流表:测量风机、电动机以及各种动力设备的运行电流。

(4) 万用表及绝缘电阻表:相关设备线缆连续性及绝缘电阻值等测量。

38.11.1.5 资料的准备与审核

将要进行通风、空调系统调试的设计施工图纸、设计变更图纸,以及有关设备使用操作说明书等准备齐全。具体内容为:

(1) 通风与空调工程设计说明。

(2) 通风、空调工程设备、附件明细表。

(3) 通风、空调系统的送风、回风、排风管路平面布置图。

(4) 防排、烟系统的送风、排风管路平面布置图。

(5) 通风、空调系统的送风、回风、排风系统图。

(6) 防排、烟系统的送风、排风系统图。

(7) 通风、空调系统设计风量数据。

(8) 空调机组各功能段设计技术参数。

(9) 有关设备使用操作说明书。

(10) 所使用的测试仪器和仪表,在有效期间的检验标定证书。

施工单位调试负责人应对以上技术资料的准备情况进行认真详细地审核。

38.11.1.6 调试方案编制

根据项目的实际情况编制专项调试方案,并应包含以下内容:

(1) 项目概况;

(2) 调试部署及调试进度计划;

(3) 主要实物工作量;

(4) 主要依据及执行标准;

(5) 技术措施;

(6) 质量保证体系;

(7) 安全保证系统。

38.11.2 单机试运转与测试

38.11.2.1 风机的试运转

通风、空调系统涉及的风机，按用途划分可分为空调机组风机、新风机组风机、除尘机组风机、风机盘管风机、风机（送、排）、防排烟风机等。按气体流动方向可分为离心式、轴流式、横流式和混流式。试运行前应查阅相关设计文件、设备技术文件等资料，备好调试所需的仪器仪表和必要工具。

1. 风机外观检查

（1）核对风机、电动机的型号、规格及皮带轮是否符合设计要求。

（2）检查风机、电动机的皮带轮（或联轴器）的中心是否在一直线上，地脚螺栓是否已紧固，机座是否稳固等。

（3）检查轴承处是否有足够的润滑油，加注润滑油的种类和数量应符合设备技术文件的要求。

（4）检查电机、风机、风管接地线连接的可靠性。

（5）检查风机调节阀门，动作是否灵活，定位装置是否可靠，且已固定在全开位置。

（6）检查风机传动皮带的松紧程度是否合适。

2. 风机的启动和运行

（1）风机初次启动应经一次点动，即稍做启动则立即停止运转，检查风机叶轮与机壳有无摩擦和不正常的声音，检查风机叶轮的旋转方向是否正确，应与机壳上箭头所示方向一致。

（2）风机启动时用钳形电流表测量电动机的三相启动电流，如果发现风机电动机的启动电流过大时，应停机检查。待风机进入正常平稳运转后再次测量电动机的三相工作电流，如果风机在稳定运行时，发现风机电动机的工作电流过大（超过额定电流）时，则应调节风机出口或进口处的风阀，直到风机电动机的工作电流小于额定电流时为止。

（3）风机正常运行中用转速表测定转速，将测量结果与风机铭牌或设计给定的参数进行核对，以保证风机的风压和风量满足设计要求。

（4）风机运转过程中应仔细倾听轴承内是否有杂声，以判别风机轴承是否有损坏或润滑油中是否有杂质。风机正常运行 2h 以后，用温度计测量轴承处外壳温度，不应超过设备说明书的规定。如无具体规定时，一般滑动轴承温升不超过 35℃，温度不超过 70℃；滚动轴承温升不超过 40℃，最高温度不超过 80℃。

（5）风机运转中轴承的径向振幅应符合设备技术文件的规定。

（6）对大型风机，建议先试电机，电机运转正常后再联动试机组，风机试运行时间不应少于 2h。如果运转正常，风机试运行可以结束。

（7）在风机运转过程中如果发现不正常现象，应立即停机检查，查明原因并消除或处理后，再进行试运转。风机经运转检查正常后，可进行连续运转，其运转时间不应少于 2h。

3. 试运转报告

试运行后应填写《风机试运行记录》，内容包括：

（1）风机的电动机启动电流和工作电流；

(2) 风机的轴承温度；
(3) 风机的转速；
(4) 风机试运行中的异常情况和处理结果。

38.11.2.2 水泵的试运转

1. 核查水泵及管路系统的技术参数

(1) 除水泵的水量必须满足系统的负荷要求外，应对水泵的扬程进行核查。很多工程设计者对密封的水循环系统往往未考虑膨胀水箱或冷却塔的静压压头，致使水泵的扬程偏高，使得剩余的压头转为流量，导致水泵的流量过大。如不将水泵出口调节阀的开度减少，会引起电动机过载而烧毁。

(2) 水泵的试运转是空调水系统清洗的开始，在水泵未开启前，应核查清洗的临时短接管路是否能连接，决不允许冷水、冷却水直接进入冷水机组的蒸发器和冷凝器中而污染或堵塞，末端装置（如风机盘管等）也应采取防堵塞的措施。

(3) 为便于调节水泵的出口压力和水量，防止由于设计的扬程与管路的阻力相差较大而引起的电动机过载，水泵出口的阀门必须是截止阀，不应安装闸门阀、蝶阀。闸门阀、蝶阀按其结构及阀门的调节特性，仅能用于全开或全关的状态。

(4) 水泵出口的压力表安装的位置应正确，必须安装在水泵出口截止阀的后边，压力表所测的压力应为管网的压力。

2. 准备工作

水泵在试运转前必须进行下列项目的检查：

(1) 水泵及其附属配件是否安装齐全；
(2) 地脚螺栓及水泵同机座连接螺栓的紧固情况；
(3) 水泵、电机联轴器的连接情况；
(4) 用手盘动叶轮应转动灵活，无卡阻和摩擦等现象；
(5) 轴承内润滑油的油量是否足够，对单独的润滑油系统，应全面检查油系统，确保无问题；
(6) 轴封盘根是否压紧，通往轴封液压密封圈的水管是否接好通水；
(7) 接好轴承水室的冷却水管。

3. 水泵的试运行

经上述检查合格后，按下列步骤进行试运。

(1) 关闭出水管上的阀门；
(2) 水泵内注满水，排除泵内空气；
(3) 开动电机，当水泵达到正常转速后，打开出水管上的阀门，正式送水。

4. 水泵常见故障及原因

(1) 水泵不出水

原因分析：进水管和泵体内有空气。

1) 水泵启动前未灌满足够水，看上去灌水已从放气孔溢出，但未转动泵轴使空气完全排出，致使少许空气残留进水管或泵体中。

2) 与水泵接触进水管水平段逆水流方向应用0.5%以上下降坡度，连接水泵进口一端为最高，不应完全水平。向上翘起，进水管内会存留空气，降低了水管和水泵中真空度，影响吸水。

3) 进水管弯管处出现裂痕，进水管与水泵连接处出现微小间隙，都有可能使空气进入到进水管。

(2) 水泵转速低

1) 人为因素：有部分用户因原配电机损坏，就随意配上另一台电动机带动，结果造成了流量小、扬程低不上水的后果。

2) 水泵本身机械故障：叶轮与泵轴紧固螺母松脱或泵轴变形弯曲，造成叶轮偏移，直接与泵体摩擦，或轴承损坏，都有可能降低水泵转速。

3) 动力机维修不灵：电动机因绕组烧毁，而失磁，维修中绕组匝数、线径、接线方法改变，或维修中故障未彻底排除因素也会使水泵转速改变。

(3) 水泵吸程太大

有些水源较深，有些水源外围势较平坦处，而忽略了水泵容许吸程，产生了吸水少或根本吸不上水的结果。水泵吸水口处能建立真空度是有限度的，绝对真空吸程约为 10m 水柱高，而水泵不可能建立绝对真空。真空度过大，易使泵内水气化，对水泵工作不利。各离心泵都有其最大容许吸程，一般在 3～8.5m 之间，安装水泵时切不可只图方便简单。

(4) 水流进出水管中阻力损失过大

有些用户测量，蓄水池或水塔到水源水面垂直距离还略小于水泵扬程，但提水量小或提不上水。其原因常是管道太长、水管弯道多，水流管道中阻力损失过大。一般情况下 90°弯管比 120°弯管阻力大，每一个 90°弯管扬程损失约 0.5～1m，每 20m 管道阻力可使扬程损失约 1m。此外，有部分用户还随意变更水泵进、出管管径，这些对扬程也有一定影响。

5. 常用简易设备故障诊断方法

常用简易状态监测方法主要有听诊法、触测法和观察法等。

(1) 听诊法：设备正常运转时，伴随发生声响总是具有一定音律和节奏。熟悉和掌握这些正常音律和节奏，人听觉功能就能对比出设备是否出现了重、杂、怪、乱异常噪声，判断设备内部出现松动、撞击、不平衡等隐患。用手锤敲打零件，听其是否发生破裂杂声，可判断有无裂纹产生。

(2) 触测法：用人手触觉可监测设备温度、振动及间隙变化情况。人手上神经纤维对温度比较敏感，可比较准确分辨出 80℃ 以内温度。触摸时，应试触后再细触，以估计机件温升情况。用手晃动机件可感觉出 0.1～0.3mm 间隙大小。用手触摸机件可感觉振动强弱变化和是否产生冲击，以及溜板爬行情况。用配有表面热电偶探头温度计测量滚动轴承、滑动轴承、主轴箱、电动机等机件表面温度，则具有判断热异常位置迅速、数据准确、触测过程方便的特点。

(3) 观察法：人视觉可观察设备上机件有无松动、裂纹及其他损伤等；可检查润滑是否正常，有无干摩擦和跑、冒、滴、漏现象；可查看油箱沉积物中金属磨粒多少、大小及特点，以判断相关零件磨损情况；可监测设备运动是否正常，有无异常现象发生；可观看设备上安装各种反映设备工作状态的仪表，了解数据变化情况，可测量工具和直接观察表面状况，检测产品质量，判断设备工作状况。将观察各种信息进行综合分析，就能对设备是否存故障、故障部位、故障程度及故障原因作出判断。

38.11.2.3 冷却塔的试运转

1. 准备工作

（1）将冷却塔内清理干净，用清水冲洗填料中的灰尘和杂物，不得出现冷却水或冷凝器系统堵塞现象。

（2）用水冲洗冷却塔内部和冷却塔水管路系统，不得有漏水情况存在。在冲洗过程中不能将水通入冷凝器中，应采用临时短路措施，待管路冲洗干净后再将冷凝器与管路连接。

（3）冷却塔内的补给水和溢流水位应符合设备技术文件的规定；自动补水阀的动作应灵活、准确。

（4）检查横流式冷却塔配水池的水位，逆流式冷却塔旋转布水器的转速等，应调整冷却塔的喷水量和吸入水量使之达到平衡的状态。

（5）冷却塔的冷风机旋转方向应正确，电动机的绝缘状态及接地应符合标准要求。

2. 冷却塔试运转

（1）运转中应认真检查冷风机转动情况是否正常，循环水系统有无障碍和水流不畅等现象。

（2）冷却塔喷水量和吸入水量是否基本平衡，补给水和积水池的水位是否正常，应达到冷却水不跑不漏的良好状态。出、入口冷却水温度是否符合标准要求。

（3）电动机的起动和运转电流是否在标准允许的范围内，有无过载现象。

（4）冷风机轴承温度应不超过设备技术文件的规定，冷却塔应无振动和噪声等问题。

（5）冷却塔喷水时，有无出现偏流情况。

（6）正常运转后，运行应不小于2h。

（7）试运转结束后，应及时清理从管道和空气中带入积水池内的泥砂和尘土。冷却塔试运行后，长时间不启动时，应将管路和积水池内的存水排净，以免冻坏设备和水管道。必须保证系统带空调冷负荷连续运转8h且间歇运转72h无故障。

3. 冷却塔故障及排除

冷却塔常见故障的原因分析及排除对策参见表38-131。

冷却塔故障排除　　　　　　表38-131

故障	原因	对策
在散热材部分的水分配不良	1. 散热材破损； 2. 散水头破损或堵塞	1. 更换散热材破损部分； 2. 清理集水池的外来物或清理被堵塞的散水头
过度的飞溅损失	1. 水量超额； 2. 风扇的倾斜度超过设计，风量太大； 3. 挡水帘部分堵塞	1. 核对流量； 2. 风扇的倾斜度调整到设计状况； 3. 清理或换新的挡水帘
集水管系统泄露	1. 水压超出； 2. 进口管轴的轴心线不对； 3. 在管口与栓口结合处的垫圈不在定位以及不吻合； 4. 阀门构成部分松动； 5. 垫圈泄露	1. 查核泵浦压力，不能超过设计压力； 2. 查核提升管垂直，纵向横向的移位； 3. 按照需要，将集水管的垫圈重新定位； 4. 锁紧阀体的各构成部分

38.11.2.4 水处理设备的试运转

空调系统中的水处理设备进行水处理的原理包括化学处理法和物理处理法,化学处理法的水处理设备种类较多,其安装后应参照设备技术文件进行。

物理法水处理设备即常用的电子水处理器或静电水处理器,安装后应在系统管道冲洗后,即可对其进行试运转。试运转时应注意下列事项:

(1) 按照设备铭牌上的额定电压接通电源,指示灯应亮。

(2) 在空调水循环系统中,如采用水泵运行控制的接点达到水处理设备自动投入或断开的目的,应在水泵运转前,对其控制系统进行检查,确认控制的动作必须正确。

(3) 设备的主机出厂前已调试过,在运转中不能随意再行调整。

(4) 设备安装在循环管道系统中或自动补水系统中,开机后自动运行,不需任何操作。

(5) 设备若安装在手动补水系统中,应先开水处理设备,后补水,补水后先关补水阀,后关水处理设备。

38.11.2.5 冷水机组的试运转

通风与空调工程中常用的冷水机组分为压缩式和吸收式两种,试运转和测试应执行现行国家标准《风机、压缩机、泵安装工程施工及验收规范》GB 50275 和《制冷设备、空气分离设备安装工程施工及验收规范》GB 50274 中的相关规定。

1. 活塞式制冷压缩机的试运转

(1) 试运转准备

活塞式制冷压缩机试运转前应符合如下要求:

1) 气缸盖、吸排气阀及曲轴箱盖等应拆下检查,其内部的清洁及固定情况应良好;气缸内壁面应加少量冷冻机油,再装上气缸盖等;盘动压缩机数转,各运动部件应转动灵活,无过紧及卡阻现象。

2) 加入曲轴箱冷冻机油的规格及油面高度,应符合设备技术文件的规定。

3) 冷却水系统供水应畅通。

4) 安全阀应经校验、整定,其动作应灵敏可靠。

5) 压力、温度、压差等继电器的整定值应符合设备技术文件的规定。

6) 点动电动机的检查,其转向应正确,但半封闭压缩机可不检查此项。

(2) 空负荷试运转要求

1) 应先拆去气缸盖和吸、排气阀组并固定气缸套;

2) 启动压缩机并应运转 10min,停车后检查各部位的润滑和温升,应无异常,而后应再继续运转 1~2h。

3) 压缩机的运转应平稳,无异常声响和剧烈振动。

4) 主轴承外侧面和轴封外侧面的温度应正常。

5) 油泵供油应正常。

6) 油封处不应有油的滴漏现象。

7) 停车后,检查气缸内壁面应无异常的磨损。

(3) 空气负荷试运转要求

1) 吸、排气阀组安装固定后,应调整活塞的止点间隙,并应符合设备技术文件的规定。

2）压缩机的吸气口应加装空气滤清器。

3）启动压缩机，当吸气压力为大气压力时，其排气压力，对于有水冷却的应为 0.3MPa（绝对压力），对于无水冷却的应为 0.2MPa（绝对压力），并应连续运转且不得少于 1h。

4）压缩机运转时的排气温度应该严格控制，不同的制冷剂，最高的排气温度也不同。如果排气温度微超规定值，应暂时停车，待设备的温度冷却下来后再运转。

5）油压调节阀的操作应灵活，调节的油压宜比吸气压力高 0.15～0.3MPa。

6）能量调节装置的操作应灵活、正确。

7）压缩机各部位的允许温升应符合表 38-132 的规定。

压缩机各部位的允许温升值　　　表 38-132

检查部位	有水冷却（℃）	无水冷却（℃）
主轴承外侧	≤40	≤60
轴封外侧		
润滑油	≤40	≤50

8）气缸套的冷却水进口水温不应大于 35℃，出口温度不应大于 45℃。

9）润滑油压力应比吸气压力高 0.15～0.3MPa，温度不能超过 70℃。

10）吸、排气阀的阀片跳动声响应正常；

11）各连接部位、轴封、填料、气缸盖和阀件应无漏气、漏油、漏水现象。

12）空气负荷试运转后，应拆洗空气滤清器和油过滤器，并更换润滑油。

(4) 抽真空试验

压缩机的抽真空试验，是指压缩机本机的抽真空试验。抽真空试验为试运转应进行的工序，抽真空试验前应将吸、排气截止阀关闭，并将放气通孔开启，再启动压缩机进行抽真空。制冷系统的真空试验必须在气密性试验合格后，并将系统内压力排放完进行。氟利昂制冷系统真空试验要求剩余绝对压力不高于 5.3kPa，保持 24h，其回升压力不大于 0.53kPa 为合格。氨制冷系统真空试验要求剩余压力不高于 6.5kPa，保持 24h，系统回升压力不大于 0.65kPa 为合格。

(5) 制冷系统的负荷运转

1) 准备工作

① 检查安全保护、压差继电器和压力继电器的整定值。

② 核对油箱的油面高度是否符合要求。

③ 开启压缩机上的排气阀和吸气阀。

④ 冷却水（或风冷的风机）和冷冻水系统正常运行，向冷却水套、冷凝器及蒸发器供水。

⑤ 直接蒸发式表面冷却器系统，送风机应开启。

⑥ 将能量调节装置调到最小负荷的位置。

⑦ 氟利昂制冷压缩机应按设备技术文件的要求将曲轴箱中的润滑油加热。

2) 制冷压缩机启动的运转

制冷压缩机启动后，应立即检查油压，吸、排气压力，倾听机器运转的声音是否正常,如吸气压力降至 0.1MPa 以下时,应慢慢开启吸气阀,使压缩机进入正常运转状态。根据制冷系统运转情况,进一步调整供液阀、膨胀阀、回油阀的开度,使油压、吸气压力、排气压力达到设备技术文件要求的范围。

① 压缩机的吸气温度最高不应超过 15℃。

② 压缩机的最高排气温度应符合表 38-133 的规定。

压缩机的最高排气温度 表 38-133

制冷剂	最高排气温度（℃）
R717	150
R22	145
R12	125
R502	145

③ 油压应比吸气压力高 0.15~0.3MPa,运转中润滑油的油温,开启式压缩机不应大于 70℃,半封闭压缩机不应大于 80℃。

④ 压缩机运转应无任何敲击声。

⑤ 压缩机各部位的发热正常,无剧热处。

(6) 制冷系统残留空气的排除

空气是不凝性气体,制冷系统中混入空气将会使冷凝压力升高,影响制冷系统的正常运转。排放制冷系统中的空气,按下列方法进行:

1) 先将贮液器的出液阀关闭。

2) 开启压缩机,将系统中的制冷剂全部压入贮液器内。

3) 低压被抽成稳定的真空压力后可停车。

4) 开启排气阀多用通道,压缩机中高压气体从中排出,用手挡住排出的气体,如果排出的是空气,手感像吹风,无冷感觉,直到手感有油迹和冷感现象,此时说明系统中的空气基本排放干净。

(7) 常见故障及产生原因

活塞式制冷压缩机的常见故障及产生原因见表 38-134。

活塞式制冷压缩机常见故障及原因 表 38-134

故障名称	产生原因
压缩机启动不了或启动后立即停车	1. 空气开关脱扣后未曾复位； 2. 温度继电器、压力继电器未调整好； 3. 油压继电器的加热装置未冷却或复位按钮未曾复位； 4. 冷凝器的冷却水未开或风冷式冷凝器风机未开； 5. 压缩机的排气阀未开； 6. 降压启动降压太多； 7. 压缩机内有故障,如卡住等
压缩机正常运转突然停车	1. 吸气压力过低或排气压力过高,致使压力继电器的低压触点或高压触点断路； 2. 油压与吸气压力差较低,致使无差继电器的触点断路； 3. 压缩机的电机负荷过载,热继电器的热元件跳脱

续表

故障名称	产生原因
压缩机有敲击声，声响从气缸发出	1. 死隙太小，活塞撞击阀板； 2. 活塞销与连杆小头衬套间隙因磨损增大； 3. 阀片断裂落入气缸，或阀底螺钉松脱、断裂落入气缸； 4. 压缩机奔油产生液击； 5. 膨胀阀开度较大，液态制冷剂大量吸入压缩机产生液击
压缩机有敲击声，声响从曲轴箱发出	1. 连杆大头瓦与曲轴颈的间隙磨损增大； 2. 主轴承间隙因磨损增大； 3. 连杆螺栓的螺母松脱
排气压力过高	1. 系统中有空气； 2. 冷凝器的冷却水水压太小，水量不足； 3. 冷凝器的污垢较多； 4. 制冷剂充灌得太多
排气压力过低	1. 制冷剂充灌的不足； 2. 排气阀片不严密； 3. 冷凝器的冷却水水量过大或水温过低
吸气压力过高	1. 膨胀阀开得过大； 2. 吸气阀片断裂或有泄漏； 3. 系统中有空气； 4. 阀板的上下纸箔高低压间被打穿； 5. 膨胀阀感温包未扎紧
吸气压力过低	1. 膨胀阀感温包填充剂泄漏及膨胀阀开的过小或膨胀阀产生"冰塞"； 2. 吸气阀未开足或吸气管路不畅通； 3. 出液阀未开足或电磁阀未开启； 4. 系统中制冷量不足
油泵没有压力	1. 油压表损坏或油压表接管堵塞； 2. 油泵吸入管堵塞或油泵内有空气； 3. 油泵传动件损坏
油压压力过高	1. 油压表损坏或失灵； 2. 油泵接出管道堵塞； 3. 油泵压力调节阀开度过小
油泵压力过低	1. 曲轴箱中油量过少； 2. 吸入管路受阻或油过滤器堵塞； 3. 油泵压力调节阀开度过大； 4. 曲轴箱油中混有氟利昂制冷剂

2. 螺杆式制冷压缩机组的试运转

螺杆式制冷压缩机的安装和试运行，应按现行国家标准《风机、压缩机、泵安装工程施工及验收规范》GB 50275 的有关规定执行。

(1) 试运转准备

1) 将电机与螺杆式制冷压缩机分开,并检查电动机的转向是否正确。

2) 检查油泵转向是否正确。

3) 检查吸气侧、排气侧压力继电器、过滤器用的压差继电器、油压与冷却水用的压力继电器和油压继电器的动作是否灵敏。

4) 安装联轴节,并重新找正。压缩机轴线与电机轴线的不同轴度应符合有关设备技术文件的规定。

5) 制冷机油加入油分离器或冷却器中,加油量应保持在视油镜的 1/2~3/4 处。

6) 按规定向系统充灌制冷剂。

(2) 试运转要求

1) 启动运转应按有关设备技术文件的程序进行。

2) 润滑油的压力、温度和各部分的供油情况,应符合有关设备技术文件的规定。

3) 油冷却器的水管供水应畅通。

4) 应启动油泵,通过油压调节阀来调节油压,使之与排气压力差符合有关设备技术文件的规定。

5) 应调节四通阀,使之处于减负荷或增负荷的位置,并检查滑阀移动是否正常。

6) 应使压缩机做短时间的全速运转,并观察压力表的压力、电流表的电流,检查主机机体与轴承处的温度,听听有无异常声音。

7) 试运转的操作程序为:

① 启动油泵;

② 油压上升;

③ 滑阀处于零位;

④ 开启供液阀;

⑤ 启动压缩机;

⑥ 正常运转后增能至 100%;

⑦ 调整膨胀阀。

(3) 制冷系统的故障分析及排除

螺杆式制冷压缩机常见故障现象及排除对策见表 38-135。

螺杆式制冷压缩机的故障及主要原因和处理 表 38-135

现象	可能的原因	处理
启动负荷过大或根本不能启动	1. 压缩机排气端压力过高; 2. 滑阀未停在"0"位; 3. 机体内充满润滑油或液体制冷剂; 4. 运动部件严重磨损、烧伤; 5. 电压不足	1. 通过旁通阀使高压气体流到低压系统; 2. 将滑阀调至"0"位; 3. 盘车排出积液和积油; 4. 拆卸检修或更换零部件; 5. 检修电网
机组发生不正常振动	1. 机组地脚螺栓未紧固; 2. 管路振动引起机组振动加剧; 3. 联轴器同心度不好; 4. 吸入过多的油或制冷剂液体; 5. 滑阀不能定位且振动; 6. 吸气腔真空度过高	1. 旋紧地脚螺栓; 2. 加支撑点或改变支撑点; 3. 重新找正; 4. 停机,盘车使液体排出压缩机; 5. 检查卸载机构; 6. 开吸气阀、检查吸气过滤器

续表

现象	可能的原因	处理
压缩机运转后自动停机	1. 自动保护设定值不合适； 2. 控制电路存在故障； 3. 电机过载	1. 检查并适当调整设定值； 2. 检查电路，消除故障
排气温度或油温下降	1. 吸入湿蒸汽或液体制冷剂； 2. 连续无负荷运转； 3. 排气压力异常低	1. 减小供液量，降低负荷； 2. 检查卸载机构； 3. 减小供水量及冷凝器投入台数
压缩机制冷能力不足	1. 滑阀的位置不合适或其他故障； 2. 吸气过滤器堵塞； 3. 机器磨损严重，造成间隙过大； 4. 吸气管路阻力损失过大； 5. 高低压系统间泄漏； 6. 喷油量不足，密封能力减弱； 7. 排气压力远高于冷凝压力	1. 检查指示器或角位移传感器的位置，检修滑阀； 2. 拆下吸气过滤网并清洗； 3. 调整或更换零件； 4. 检查吸气截止阀或止回阀； 5. 检查旁通阀及回油阀； 6. 检查油路系统； 7. 检查排气管路及阀门，清除排气系统内阻力
运转时机器出现异常响声	1. 转子齿槽内有杂物； 2. 止推轴承损坏； 3. 主轴承磨损，转子与机体摩擦； 4. 滑阀偏斜； 5. 运动部件连接处松动	1. 检修转子及吸气过滤器； 2. 更换止推轴承； 3. 更换主轴承； 4. 检修滑阀导向块及导向柱； 5. 拆开机器检修，紧固运动部件
排气温度过高	1. 压缩比较大； 2. 油温过高； 3. 吸气严重过热，或旁通阀泄漏； 4. 喷油量不足； 5. 机器内部有不正常摩擦	1. 降低排压，减小负荷； 2. 清洗油冷，降低水温或加大水量； 3. 增加供液量，加强吸气保温，检查旁通管路； 4. 检查油泵及供油管路； 5. 拆检机器
滑阀动作太快	1. 手动阀开启度过大； 2. 喷油压力过高	1. 关小进油截止阀； 2. 调小喷油压力
滑阀动作不灵活或不动作	1. 电磁阀动作不灵活； 2. 油管路有堵塞； 3. 手动截止阀开度太小或关闭； 4. 油活塞卡住或漏油； 5. 滑阀或导向键卡住	1. 检修电磁阀； 2. 检修油管路； 3. 开大截止阀； 4. 检修油活塞或更换密封圈； 5. 检修滑阀或导向键
油分油面上升	1. 系统内的油回到压缩机； 2. 过多的制冷剂进入油内； 3. 立式油分液面计有凝液	1. 放油； 2. 提高油温，加快蒸发； 3. 计算实际高度
压缩机机体温度过高	1. 压缩比过大； 2. 喷油量不足； 3. 吸气严重过热，或旁通阀泄漏； 4. 运动部件有不正常摩擦	同排气温度过高，最主要的原因是运动部件有不正常摩擦，检修压缩机或更换止推轴承

续表

现象	可能的原因	处理
喷油压力过低	1. 油分内油量不足; 2. 油中制冷剂含量过多; 3. 油温度过高; 4. 油泵磨损或油压调节阀故障; 5. 油粗、精过滤器脏堵; 6. 压缩机内部泄油量大	1. 加油或回油; 2. 停机,进行油加热; 3. 降低油温; 4. 检修或更换,或调整油压调节阀; 5. 清洗滤芯; 6. 检修转子、滑阀、平衡活塞
压缩机耗油量增大	1. 油压过高或喷油量过多; 2. 压缩机回液; 3. 排气温度高,油分效率降低; 4. 分油滤芯效率降低; 5. 分油滤芯脱落或松动; 6. 二级油分内油位过高; 7. 回油管路堵塞	1. 调整油压或检修压缩机; 2. 关小蒸发器及经济器节流阀; 3. 参考排气温度过高; 4. 更换滤芯; 5. 紧固或更换胶圈; 6. 放油或回油,降低油位; 7. 清洗疏通油路
停机时反转	1. 吸、排气止回阀关闭不严; 2. 防倒转的旁通管路失效	1. 检修,消除卡阻; 2. 检查旁通管路及电磁阀
吸气温度过高	1. 系统制冷剂不足,过热度增大; 2. 供液阀开度小或管路堵塞; 3. 旁通阀泄漏; 4. 吸气管路保温不良	1. 检漏、充注制冷剂; 2. 增加供液、检查管路; 3. 检查 A、B 电磁阀及回油阀; 4. 检修或更换绝热层
吸气温度低	1. 蒸发器供液量过大; 2. 蒸发器换热效果降低	1. 调整节流阀或热力膨胀阀; 2. 清洗蒸发器或放油
吸气压力过低	1. 蒸发温度过低,换热温差大; 2. 系统制冷剂不足; 3. 供液阀开度小,回气管路阻力过大; 4. 吸气截止阀开度小或故障; 5. 吸气过滤器脏堵或冰堵	1. 检修蒸发器,增大载冷剂流量,减少压缩机负荷; 2. 检漏、充注制冷剂; 3. 增加供液、检查管路; 4. 开大吸气阀或检查阀头; 5. 清洗过滤网、清除水分
冷凝压力过高	1. 冷却水温度高或水量(风量)不足; 2. 对蒸发量来说,空气湿度过大; 3. 冷凝器结垢或有油污; 4. 冷凝器积液过多; 5. 不凝性气体过多	1. 降低水温或增大水量(风量); 2. 加大风量; 3. 清洗除垢、放油; 4. 及时排放过多凝液; 5. 及时排放空气

3. 离心式制冷压缩机组的试运转

离心式冷水机组目前在大型空调中已广泛采用,就国外生产的机组而言,有开利、特灵、约克及日立等产品,虽然基本的原理相同,但局部的结构和自动调节的方式不甚相同,应根据厂家提供的安装使用说明进行试运转。

离心式制冷压缩机的安装和试运行,应按现行国家标准《风机、压缩机、泵安装工程施工及验收规范》GB 50275 的有关规定执行。

(1) 试运转准备

1) 应按设备技术文件的规定冲洗润滑系统。
2) 加入油箱的冷冻机油的规格及油面高度应符合技术文件的要求。
3) 抽气回收装置中压缩机的油位应正常,转向应正确,运转应无异常现象。
4) 各保护继电器的整定值应整定正确。
5) 导叶实际开度和仪表指示值,应按设备技术文件的要求调整一致。

(2) 试运转内容

1) 润滑系统试验

油泵转向正确后,应开动油泵,使润滑油循环 8h 以上,然后拆洗滤油器,更换新油,重新进行运转。运转中的油温、油压、油面高度应符合设备技术文件的规定。

2) 系统气密性试验

系统安装后,应将干燥空气或氮气充入系统,使其符合设备技术文件规定的试验压力,然后宜用发泡剂检查或在干燥空气中混入适量规定的制冷剂,用卤素检漏仪检查。所有设备、管道、法兰及其接头处,不得有渗漏现象。试验压力也可采用回收装置的小压缩机来产生,但必须严格按设备技术文件规定的要求进行。

3) 抽真空试验

应将系统抽至剩余压力小于 5.332kPa (40mmHg),并保持 24h,系统升压不应超过 0.667kPa (5mmHg)。抽真空时,应另备真空泵或用系统中回收装置的小压缩机来进行。达不到真空要求时,应再次进行气密性试验,查明泄漏处,予以修复,然后再次进行抽真空试验,直至合格。

4) 系统充灌制冷剂

系统气密性试验和抽真空试验达到要求后,可利用系统的真空度进行充灌制冷剂,加入量应符合设备技术文件规定,如不足或过多都会对机组的正常使用产生不利影响。

5) 无负荷运转

无负荷运转的目的是检查主电动机的转向和各附件动作是否正常,机组的机械运转是否良好。空调工程中常用的离心式冷水机组的无负荷运转可在工厂总装后完成。

6) 空气负荷试运转

① 应关闭压缩机吸气口的导向叶片,拆除浮球室盖板和蒸发器上的视孔法兰,吸排气口应与大气相通。
② 应按要求供给冷却水。
③ 启动油泵及调节润滑系统,其供油应正常。
④ 点动电动机的检查,转向应正确,其转动应无阻滞现象。
⑤ 启动压缩机,当机组的电机为通水冷却时,其连续运转时间不应小于 0.5h;当机组的电机为通氟冷却时,其连续运转时间不应大于 10min;同时检查油温、油压,轴承部位的温升,机器的声响和振动均应正常。
⑥ 导向叶片的开度应进行调节试验;导叶的启闭应灵活、可靠;当导叶开度大于 40% 时,试验运转时间宜缩短。

7) 负荷试运转要求

① 接通油箱电加热器,将油加热至 50~55℃。

② 按要求供给冷却水和载冷剂。
③ 启动油泵、调节润滑系统，其供油应正常。
④ 按设备技术文件的规定启动抽气回收装置，排除系统中的空气。
⑤ 启动压缩机应逐步开启导向叶片，并应快速通过喘振区，使压缩机正常工作。
⑥ 检查机组的声响、振动、轴承部位的温升应正常；当机器发生喘振时，应立即采取措施予以消除故障或停机。
⑦ 油箱的油温宜为 50~65℃，油冷却器出口的油温宜为 35~55℃。滤油器和油箱内的油压差，制冷剂为 R11 的机组应大于 0.1MPa，R12 机组应大于 0.2MPa。
⑧ 能量调节机构的工作应正常。
⑨ 机组载冷剂出口处的温度及流量应符合设备技术文件的规定。

8) 负荷试运转过程

离心式制冷机组负荷试运转的目的是确认机组在制冷工况下运转是否良好。负荷试运转的过程如下：

① 制冷机组在充注制冷剂后，油泵润滑系统、冷冻水系统、冷却水系统具备负荷运转条件，浮球室内的浮球应处于正常工作状态，吸气阀和导向叶片应该全部关闭，调节仪表和指示灯应无损坏。

② 将转向开关指向手动位置，启动主电机，根据主机运转情况，逐步开启吸气阀和能量调节导向叶片。导向叶片开启度连续调整到 30%~50%，使其迅速通过喘振区，检查主电机电流和其他部位均正常后，再继续增大导向叶片的开启度，逐步增加机组负荷，直至全负荷为止，无异常情况下连续运转 2h。

③ 手动开机无异常后，进入自动开机试运转。将转向开关指向自动位置，人工启动，进入自动运转，制冷系统自行调节。当控制仪表动作后机组自动停机时，控制盘上会有指示。自动试运转应在各种仪表继电器等进行调整和校核后才能进行，自动试运转须连续运转 4h。

(3) 参数检查与记录

离心式制冷机组试运转过程中应检查和记录机组下列参数：

1) 润滑油压力、温度及油箱中的油位高度；
2) 蒸发器中制冷剂的液位高度；
3) 电机温升；
4) 冷却水、冷冻水的压力及温度；
5) 冷凝压力、蒸发压力；
6) 冷凝压力和蒸发压力的变化。

(4) 试运转停车程序

离心式制冷机组试运转结束后应按下列程序停车：

1) 切断主电机的电源后，当电机完全停止运转后，才能停止油泵的转动，保证润滑油系统畅通。
2) 然后再停止冷却水和冷冻水水泵的运转，并关闭管网上的阀门。
3) 如随后继续运转，应接通油箱上的电加热器，使其自动调节保证润滑油温度维持在给定的范围，为下次运转做准备。

(5) 常见故障及产生原因

离心式制冷机组试运转过程中出现的主要故障和产生原因见表38-136。

离心式制冷压缩机的常见故障及产生原因 表38-136

故障名称	产生原因
冷凝压力过高	1. 冷凝器内混有空气; 2. 冷却水量不足或冷却水温过高; 3. 浮球阀打不开; 4. 制冷剂含有杂质
蒸发压力过低	1. 制冷剂不足; 2. 制冷剂含有杂质; 3. 浮球阀开度太小
蒸发压力过高	1. 制冷剂不足; 2. 制冷剂含有杂质; 3. 浮球阀开度太小
冷凝压力过低	1. 浮球阀液封未有形成; 2. 冷却水量过多或水温过低
主电机超负荷	1. 制冷量负荷过大; 2. 压缩机吸入带液滴的气体
压缩机喘振	1. 冷凝压力过高; 2. 蒸发压力过低; 3. 导向叶片开度太小; 4. 空调冷负荷过低
运转中油压过低	1. 油压调节阀调节的不当; 2. 滤油器不清洁; 3. 油面太低; 4. 油管有漏油现象; 5. 轴承间隙过大

4. 溴化锂吸收式制冷机组的试运转

(1) 试运转要求

1) 启动要求

① 应向冷却水系统供水和向蒸发器供冷媒水,水温均不应低于20℃,水量应符合设备技术文件的规定。

② 启动了发生器泵、吸收器泵及真空泵,使溶液循环,继续将系统内空气抽除,使真空度高于0.133kPa (1mmHg)。

③ 应逐渐开启蒸汽阀门,向发生器供汽,使机器先在较低蒸汽压力状态下运转,无异常现象后,再逐渐提高蒸汽压力至设备技术文件的规定值,并调节制冷机,使其正常运转。

2) 运转要求

① 稀溶液、浓溶液和混合溶液的浓度和温度应符合设备技术文件的规定。

② 冷却水、冷媒水的水量、水温和进出口温度差应符合设备技术文件的规定。
③ 加热蒸汽的压力、温度和凝结水的温度、流量应符合设备技术文件的规定。
④ 冷剂水中溴化锂的比重不应超过 1.1。
⑤ 系统应保持规定的真空度。
⑥ 屏蔽泵的工作稳定,应无阻塞、过热、异常声响等现象。
⑦ 各种仪表指示应正常。

(2) 停止运转步骤

1) 关闭蒸汽调节阀,停止供汽。
2) 停汽后,冷冻水泵、冷却水泵和吸收器泵、发生器泵、蒸发器泵继续运行,待发生器的浓溶液和吸收器的稀溶液充分混合,浓度趋于均衡后再停泵。
3) 停止运转后,及时观察并记录各液位高度和真空度。
4) 主要故障及排除方法

溴化锂吸收式制冷机组的主要故障和产生原因及排除方法见表 38-137。

溴化锂吸收式制冷机组的主要故障和产生原因及排除方法　　表 38-137

主要故障	产生原因	排除方法
冷水流量不足或断水	1. 水泵(或马达)损坏; 2. 补水不足; 3. 过滤器堵塞; 4. 吸入管漏气	1. 修理或启动备用泵; 2. 及时补充水; 3. 清理; 4. 及时处理、排除
冷水出口温度过低	1. 冷水量过小或冷负荷过小; 2. 冷却水水温低或量过大	1. 降低蒸汽压力; 2. 调整冷却水水温或水量
发生器溶液温度过高	1. 蒸汽压力过高或冷负荷过小; 2. 溶液循环量小; 3. 有不凝性气体	1. 降低蒸汽压力; 2. 加大溶液循环量; 3. 抽真空
熔晶管高温(结晶)	1. 冷却水水温过低或量过大; 2. 蒸汽压力过高; 3. 蒸汽压力波动太大; 4. 发生器循环量过小; 5. 有不凝性气体; 6. 溶液循环量过大	1. 调整冷却水水温(如关风机)或流量; 2. 调整蒸汽压力; 3. 稳定蒸汽压力; 4. 加大发生器循环量; 5. 抽真空; 6. 减少循环量
冷凝器高温 (冷却水断水)	1. 水泵(马达)损坏; 2. 补水不足; 3. 过滤器堵塞; 4. 吸入管漏气; 5. 换热管太脏; 6. 有不凝性气体	1. 修理或启动备用泵; 2. 及时补水; 3. 清理; 4. 及时处理,排除; 5. 清理; 6. 抽真空,排除不凝性气体、检漏
冷却水低温	室外湿球温度低	关冷却塔风机
发生器高压	1. 蒸汽量太大; 2. 溶液循环量小; 3. 有不凝性气体	1. 降低蒸汽压力; 2. 加大溶液供应量; 3. 排除不凝性气体

续表

主要故障	产生原因	排除方法
屏蔽泵过流	1. 设定电流值过小； 2. 负荷过大； 3. 泵性能不良； 4. 电源不正常； 5. 结晶	1. 按额定电流设定； 2. 适当调整流量寻找原因； 3. 检修或更换屏蔽泵； 4. 检查电源及是否缺相； 5. 熔晶
蒸汽压力过高	供汽汽压过高	降低蒸汽压力
制冷量低于设定值	1. 溶液循环量不当； 2. 不凝性气体渗漏； 3. 真空泵性能不良； 4. 传热管污垢； 5. 冷剂水被污染； 6. 蒸汽压力过低； 7. 溶液注入量不足； 8 屏蔽泵汽蚀； 9. 冷却水流量过小； 10. 冷却水温度过高； 11. 辛醇添加量不足	1. 调整发生器液位； 2. 正确使用自抽装置，开启真空泵抽真空，检漏； 3. 排除真空泵故障； 4. 清洗换热管； 5. 冷剂水再生； 6. 调高蒸汽压力； 7. 适当补充溶液； 8. 调整液位，补充溶液，更换屏蔽泵； 9. 增大冷却水流量； 10. 检查冷却水系统（冷却塔及其风机等）； 11. 适量添加辛醇
冷剂水被污染	1. 发生器液位过高； 2. 蒸汽压力过高； 3. 冷却水温度低而且量大； 4. 低压（温）发生器稀溶液温度过高	1. 调低液位； 2. 降低蒸汽压力； 3. 适当调整； 4. 降低凝水排水温度
抽气能力差	1. 真空泵油乳化； 2. 溶液进真空泵； 3. 溶液没过抽气管； 4. 自抽引射器堵塞； 5. 真空泵性能下降	1. 放水补油或更换； 2. 彻底清洗； 3. 降低吸收器液位； 4. 清理； 5. 进行检修
停车后结晶	1. 停车时冷剂水没有旁通； 2. 稀释循环时间太短； 3. 周围环境过低； 4. 蒸汽阀门未关严	1. 周围环境温度＜25℃时，应彻底旁通； 2. 延长稀释时间； 3. 核对结晶曲线，提高周围温度； 4. 关严
停机时真空下降	机组泄漏	正压找漏

38.11.2.6 空调机组及新风机组的单机试运转

1. 注意事项

空调机组及新风机组的组成设备除换热设备和过滤器外，主要设备就是风机，风机的试运转应参照风机试运转的规定进行。空调机组及新风机组的试运转过程中应注意下列事项：

（1）试运转前必须将其机组的内外部和机房的环境清扫干净，用于空气洁净的空调机组的内部必须彻底的擦拭干净，并防止已擦拭干净的风管再次污染。

(2) 空气洁净系统试运转前，应将总送风阀、新风阀开启，而总回风阀关闭，风机开启后即可进行风管的吹扫，将带有灰尘的空气从洁净室排出。

(3) 机组试运转后，根据系统试验调整的连续性，连续运转一段时间，将风管内的灰尘吹干净，然后清洗粗效空气过滤器。

(4) 机组的送风、回风和新风口装有电动调节阀时，应在风机试运转前，先行运转，各电动调节风阀应开关灵活，在风机运转中，再进行检验。

(5) 用于洁净度较高的洁净系统的空调机组有漏风量要求，应先检验泄漏量再进行机组的试运转。

2. 空气洁净设备的试运转

(1) 空气吹淋室

空气吹淋室有两个作用，一是为了减少洁净室的污染尘源，利用高速洁净空气除去身上的灰尘；二是吹淋室兼起气闸作用，以防止室外污染空气进入洁净室。

1) 根据设备技术文件，对规定的各种动作进行试验调整，使其各项指标达到要求。如风机启动、电加热器的投入对吹淋的加热、两门的联锁及时间继电器的整定等，在各项检查合乎要求后，可进行试运转。

2) 为保证吹淋效果，必须调整喷嘴的角度，使喷射出的气流吹到被吹淋人员的全身。喷嘴角度一般为顶部向下 20°，两侧水平交错 10°，向下 10°。

(2) 自净器

自净器是用来设置在非单向流洁净室的四角或气流涡流区以减少灰尘滞留的机会，也可作为操作点的临时净化措施，由风机、粗效、中效和高（亚高）效过滤器及送风口、进风口等部件组成。

自净器在试运转前，洁净室的净化系统应正常运转，洁净室的卫生必须处于洁净条件，才能试运行。否则不应盲目试运转，防止对空气过滤器的污染。自净器试运转时，应对风机电机的启动电流和运转电流进行测定，实测电流应在额定范围内，并检查无异常现象。

(3) 余压阀

余压阀分两种形式，重锤型和压差调节型。余压阀安装在洁净室壁板下侧，用于保证洁净室处于设计要求的压力范围内。当室内压力大于设计允许压力时，余压阀将会自动开启，释放多余压力。

余压阀的试运转，须在洁净室的送、回、排风风量调整完成后再进行。

3. 空调机组的启动与停机

(1) 空调机组启动前的准备工作

1) 检查电机、风机、电加热器、水泵、表冷器或喷水室、供热设备及自动控制与调节系统等，确认其技术状态良好。

2) 检查各管路系统连接处的紧固、严密程度，不允许有松动、泄漏现象，管路支架稳固可靠。

3) 对空调系统中有关运转设备，应检查各轴承的供油情况，若发现缺油现象应及时加油。

4) 检查供配电系统，保证按设备要求正确供电。
5) 检查各种安全保护装置的工作设定值是否在规定的范围内。

(2) 空调机组的启动

空调机组的启动包括风系统，冷、热源系统和自动控制与调节系统等。首先应保证供、配电网运行良好，然后按规定的程序启动各子系统设备。

(3) 空调机组的停机

空调机组的停机分为正常停机和事故停机两种情况。空调机组正常停机的操作要求是：接到停机指令或达到定时停机时间时，应首先停止制冷装置的运行或切断空调机组的冷、热源供应，然后再停空调机组的送、回、排风机。

在空调机组运行过程中若电力供应系统或控制系统突然发生故障，为保护整个系统的安全应做紧急停机处置，紧急停机又称为事故停机，其操作方法是：

1) 供电系统发生故障时，应迅速切断冷、热源的供应，然后切断空调机组的电源开关。

2) 在空调机组运行过程中，若由于风机及其拖动电机发生故障；或由于加热器、表冷器，以及冷、热源输送管道突然发生破裂而产生大量蒸汽或水外漏；或由于控制系统中控制器或执行调节机构（如加湿器调节阀、加热器调节阀、表冷器冷冻水调节阀等）突然发生故障，不能关闭或关闭不严，或无法打开；在系统无法正常工作或危及运行和空调房间安全时，应首先切断冷、热源的供应，然后按正常停机操作方法使系统停止运行。

3) 若在空调机组运行过程中，报警装置发出火灾报警信号，值班人员应迅速判断出发生火情的部位，立即停止有关风机的运行，并向有关单位报警。为防止意外，在灭火过程中按正常停机操作方法，使空调机组停止工作。

38.11.2.7 风机盘管的单机试运转

风机盘管安装前应对盘管进行水压试验；安装时控制凝水盘坡向并做排水试验，保证凝结水能顺畅流向凝水排出管；盘管与水系统管道连接多用金属或非金属柔性短管，水系统管道必须清洗排污后才能与盘管接通。

(1) 风机盘管试运转前应完成包括固定、连接和电路在内的全部静态检查，并符合设计和安装的技术要求。用500V绝缘电阻仪和接地电阻仪测量，带电部分与非带电部分的绝缘电阻和对地绝缘电阻，以及接地电阻均应符合设备技术文件的规定。无规定时，绝缘电阻不得小于2MΩ，接地电阻不得大于4Ω。

(2) 启动依照手动、点动、运行的步骤，要求风机与电机运行平稳，方向正确。目前风机普遍采用手动三挡变速，应在各转速挡（低速、中速、高速）上各启动3次，每次启动应在电动机停止转动后再进行，风机在各转速挡上均能正常运转。在高速挡运转应不少于10min，然后停机检查零部件之间有无松动。对于风机与电动水阀联锁方式，风机启动时电动水阀应及时打开。

(3) 高静压大型风机盘管应将处理后的空气由风管送到几个风口，试运行合格后应对风口风量进行调整，使其达到设计要求。当风机盘管换挡运行时，各风口风量同时改变，但调定比例不会改变。

(4) 由于采用低噪声电机，风机和机体安装采用了减振措施，运行时噪声应该很低，振动很小。如果发现有明显异常噪声和振动，应该立即停机分析查明原因：是转动件的摩擦、轴承噪声、部件松动还是减振装置出现问题，应针对具体情况排除故障。有环境噪声要求的场所，应按照相应的方法进行测定，室内的噪声应符合设计的规定。

(5) 试运转注意事项：

1) 对于风机盘管安装时间较长空气过滤器受严重堵塞的，必须在机组试运转前清洗干净。

2) 机组试运转前应检查卧式风机盘管上平面是否保持水平，暗装型风机盘管是否留有检修口。

3) 通电运转前 UI 与接线应严格检查，必须按照设备的接线图进行接线。

38.11.2.8 定压补水装置的试运转

1. 概述

定压补水装置设备采用系统静压作为膨胀水箱内的设计初始压力水头，采用保证系统内热水不汽化的压力作为膨胀水箱内终端压力水头。初始运行时首先启动补水泵向系统及气压罐内的水室中充水，系统充满后多余的水被挤进胶囊内。因为水的不可压缩性，随着水量的不断增加，水室的体积也不断的扩大而压缩气室，罐内的压力也不断的升高。当压力达到设计压力时，通过压力控制器使补水泵关闭。当系统内的水受热膨胀使系统压力升高超过设计压力时，多余的水通过安全阀排至补水箱循环使用；当系统中的水由于泄露或温度下降而体积缩小，系统压力降低时，胶囊中的水被不断压入管网补充系统的压降损失；当系统压力至设计允许的最低压力时，通过压力控制器使补水泵重新启动向管网及气压罐内补水，如此周而复始。

2. 准备工作

(1) 检查软水供水压力是否足够，检查供水管路是否畅通。

(2) 检查所有管口连接无误，机组上的所有手动阀门处于全开启状态。

(3) 检查电源、控制线路连接无误。

(4) 预先对整个系统进行人工补水，并对整个系统管线进行排气处理。

3. 试运转

当系统准备运行时，开启补水泵，水被送至管网的同时也被送至压力罐的水室，水室扩大并将罐内的气体压缩，罐内的压力随之升高，当压力升高至最高工作压力时（系统最高点和定压点之间的高差加上 $3\sim 5mH_2O$），水泵停转，系统已充满水，利用压力罐内的压力来维持管网的压力。

4. 常见故障及排除方法

定压补水装置的常见故障和产生原因及排除方法参见表 38-138。

定压补水装置常见故障及排除方法 表 38-138

故障现象	故障原因	排除
出现"低压"（压力值达不到工作要求）	设备未启动	按启动键启动
	系统管路漏水	查修管路
	水泵出水口管路堵塞	排除堵塞
	压力传感器故障	更换压力传感器
	进出口过滤器堵塞	更换或清洗过滤器
	热继电器启动过载保护或损坏	热继电器按复位键复位或更换热继电器

续表

故障现象	故障原因	排除
出现水泵"过载"	热继电器故障	检查热继电器
	电机长时间超出工作范围	检查工况条件
	缺相，电流比额定值大	检查电路
水泵发热	水泵轴封处积气	立即断开水泵电源，通过水泵排气孔排气
	水泵进水口过滤器堵塞，水泵空转	清理过滤器
电磁阀漏水	系统水质差，电磁阀堵塞	清洗电磁阀
电磁阀有噪声	电磁阀本体螺栓松动	旋紧螺栓
水泵运转，但系统压力不增加	水泵积气	打开水泵排气阀排气
	水泵损坏	维修水泵
	水泵出水口与系统连接口之间的管路积气	排除气体
	系统设定工作压力过高，超过了水泵的扬程	修改工作压力

38.11.2.9 真空脱气装置的试运转

1. 概述

供暖及制冷水循环系统中不可避免地会存有一些空气，采用真空脱气方法，脱除系统内的游离气体及溶解性气体，使系统能够安全可靠的运行。

2. 准备工作

（1）启动前，机组水泵和吸入管路必须排气，慢慢打开进口端的手动阀门和泵前手动阀门，并用输送介质灌泵。排气时，关闭机组出水口的阀门，打开水泵泵头上的螺堵，直到稳定的水流涌出排气螺堵，然后拧紧排气螺堵。注意：排气时注意涌出的介质不要伤人，尤其是高温介质。

（2）检查机组水泵电机的旋转方向，电机风扇罩上的转向牌表示电机的旋转方向，严禁反转，可通过点动确认，如旋转方向错误，可通过调整电源进线解决。

（3）通过控制系统内的手动功能，点动检查水泵和各电动阀门是否可正常启停和开关。

3. 试运转

（1）启动

1) 慢慢打开机组进口管路手动阀门和泵前手动阀门至全开。

2) 慢慢打开机组出水管路阀门至全开。

3) 通过控制系统监控页面观察用户循环系统的当前压力，并调整设置机组各项运行参数，具体设置方法应阅读随机的控制系统说明书。

4) 将控制系统功能设定为自动模式。

（2）停机

1) 慢慢关闭机组进出口阀门及各种仪表。

2) 切断电源。

3) 如长期停用，应注意保护好机组各部件，排空管道和脱气罐内的水，防止锈蚀，并做好整个机组的防尘防水。

38.11.3 系统测试调整

38.11.3.1 单向流洁净室平均速度及速度不均匀度的测定

洁净室垂直单向流的风速测点,应选择在距墙或围护结构内表面 0.5m,离地面高度 0.5~1.5m 作为工作区。水平单向流以距送风墙或围护结构内表面 0.5m 的纵断面为第一工作区。

风速测定截面的测点数应大于 10 个,测点间距不大于 2m(一般为 0.3~0.6m),使用热球风速仪测量。

在测定风速时应采用测定架固定风速仪,以避免受到测定人员的人体干扰。如不得不用手持风速仪测定时,则应做到手臂伸至最长位置,以尽量使测点人员远离风速探头位置。

38.11.3.2 水系统平衡调整

根据设计要求,对水系统中的冷冻水、冷却水、热水系统进行水流量测定与调整。

系统流量测试平衡前,系统稳压装置应正常运行,稳压装置参数符合设计要求。项目部提供试压和冲洗合格报告。所需进行空调水系统的流量平衡调试施工的系统,已经按照要求灌满水、排净系统内的空气,泵系统循环运转处于正常的工况。

(1) 使用流量计测量水流量,或根据水泵前后压力表查水泵性能曲线,调整水流量在设计参数左右。

(2) 对各设备或各主要分支干管的水量进行测定调整。

(3) 用铅封固定好各分支干管上的水阀门(选用带有指示开度的调节阀门较为方便)。

38.11.3.3 风系统平衡调整

系统风量测定与调整的内容,包括有系统总送风量、新风量、回风量、排风量;各送风口风量;各排风口风量等。

风量测定的方法为风管法、风口法;风量调整的方法为流量等比分配法、基准风口调整法。

1. 风量测定方法

(1) 风管法

测量仪器包括皮托管、热球式风速仪、微压计、橡皮管等。

1) 测定截面位置的选择:测定截面的位置原则上应选择在气流比较均匀稳定的部位,尽可能远离产生涡流的局部阻力部件处。一般选在管道中的局部阻力部件之后的 4~5 倍管径(或风管大边尺寸)以及局部阻力部件之前的 1.5~2 倍管径(或风管大边尺寸)的支管段上。

2) 测定截面中测点位置的确定:风管截面上的风速是不相同的,即要求对测定截面进行多点测定,计算出截面风速平均值。测定截面内测点的位置和数目,是按风管的形状和尺寸而定。

① 对于矩形风管:将测定截面分成若干个相等的小截面,每个小截面尽可能接近正方形,边长最好不大于 200mm,测点设于各小截面的中心位置。矩形截面内的测点位置如图 38-131 所示。

② 对于圆形风管:按照等面积圆环法划分测定截面和确定测点数。根据管径的大小,

将截面分成若干个面积相等的同心圆环,在每个圆环上对称地测量四个点。所划分的圆环数,可按表38-139选用,圆形截面内的测点位置如图38-132所示。

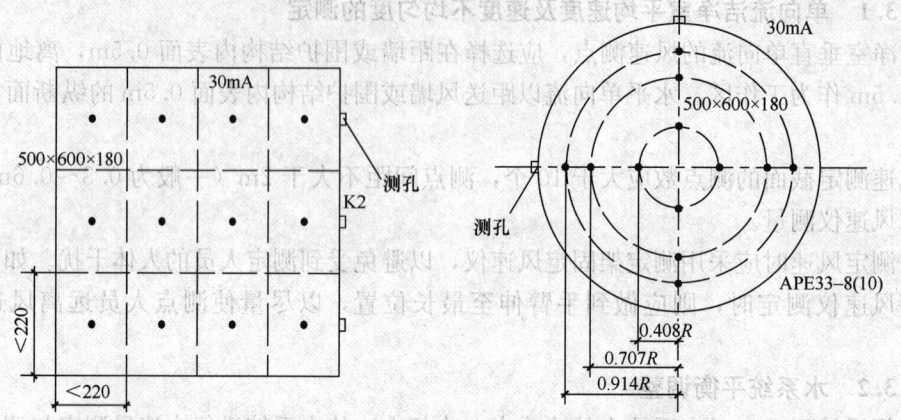

图38-131 矩形截面的测点位置　　图38-132 圆形截面内的测点位置

圆形风管划分圆环数表　　　　　　　　　　表38-139

圆形风管直径（mm）	<200	200～400	400～700	>700
圆环数（个）	3	4	5	5～6

3) 风量的测定及计算:通过风管截面积的风量可按式(38-10)计算:

$$L = 3600Av \qquad (38-10)$$

式中　L——通过风管截面积的风量（m^3/h）;
　　　A——风管截面积（m^2）;
　　　v——测定截面内平均风速（m/s）。

(2) 风口法

测量仪器包括热球式风速仪、叶轮式风速仪、风量罩等。

1) 直接测量法:使用风量罩直接测试,根据待测风口的尺寸、面积,选择与风口的面积较接近的风量罩罩体。

2) 辅助风管法:当空气从带有格栅、网格、散流器、扩散孔板等形式的送风口送出时,将出现网格的有效面积与外框面积相差很大或气流出现贴附等现象,很难测出准确的风量。对于要求较高的系统,为了测出风口的准确风速,可在风口的外框套上与风口截面相同的套管,使其风口出口风速均匀。辅助风管长度应为0.3～0.5m且断面尺寸与风口相同。

在辅助风管出口平面上,测点不少于6个,且均匀布置,如图38-133所示。

风口风速应按式(38-11)计算:

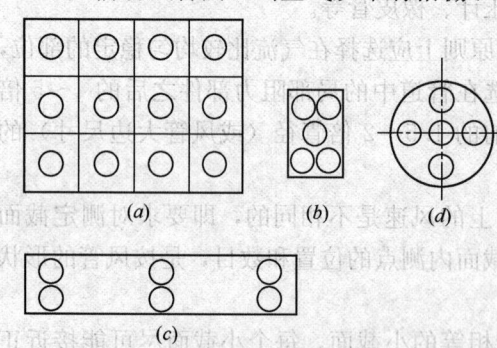

图38-133 各种形式风口测点布置
(a) 较大矩形风口;(b) 较小矩形风口;
(c) 条缝形风口;(d) 圆形风口

$$v = \frac{v_1 + v_2 + \cdots\cdots + v_n}{n} \tag{38-11}$$

式中 v_1、v_2、……v_n——各测点的风速（m/s）。

2. 风量调整方法

对通风、空调系统中的风量进行调整时，常用的方法有：等比流量分配法、基准风口法、逐段分支调整法。由于每种方法都有其适应性，因此，应根据调试对象的具体情况，采取相应的方法进行调整。

在风量调整前，通风、空调系统中得到所有调节阀均应处于开启状态。为了减少送风系统与回风系统同时开机给风量调整带来的干扰，宜在调整时暂不开启送风机，只开启回风机，即先调整回风的风量。因此，可将空调房间的门、窗打开，以便由室外空气向室内补充。对于净化系统则不可开启门、窗。待回风系统调整基本达到平衡后，开启送风机，关闭空调房间的门、窗，使空调系统中的送、回风系统同时运行，再对送风系统进行风量调整。

(1) 风量测定和调整顺序

系统风量测定和调整顺序为：

1) 对各送风系统进行编号，对各送风口进行编号。
2) 按设计要求调整送风和回风各干、支风管，各送（回）风口的风量。
3) 按设计要求调整空调机组的风量。
4) 在系统风量经调整达到平衡之后，进一步调整风机的风量，使之满足空调系统的要求。
5) 经调整后在各部分、调节阀不变动的情况下，重新测定各处的风量作为最后的实测风量。

(2) 流量等比分配法

流量等比分配法的特点，是在系统风量调整时，一般应从系统最远管段也就是从最不利的风口开始，逐步地调向总风管。

(3) 基准风口调整法

调整前先用风速仪将全部送风口的送风量初测一遍，并将计算出来的各个送风口的实测风量与设计风量的比值引入表中，从表中找出各支管最小比值的风口。然后选用各支管最小比值的风口为各自的基准风口，以此来对各支管的风口进行调整，使各比值近似相等。各支管风量的调整，用调节支管调节阀使相邻支管的基准风口的实测风量与设计风量比值近似相等，只要相邻两支管的基准风口调整后达到平衡，则说明两支管也达到平衡。最后调整总风量达到设计值，再测量一遍风口风量，即为风口的实际风量。

38.11.3.4 防排烟系统的测定与调整

(1) 正压送风、排烟风机额定风量及全压值的测定在风机试运转章节中已描述，此处不再赘述。

(2) 排烟系统各排风口风速、风量的测定与调整

排烟风机单机试运转完成后，启动机械排烟风机，使之投入正常运行。排烟口处风速不宜大于 10m/s。

(3) 安全区正压的测定与调整

防烟楼梯间的设计余压值为50Pa，合用前室的设计余压值为25Pa。

(4) 模拟状态下安全区烟雾扩散试验。

38.11.3.5　系统温湿度测试

通常根据空调房间室温允许波动范围的大小和设计的特殊要求，具体地确定需测定的内容。对于一般舒适性空调系统，测定的内容可简化。下面是以恒温恒湿空调系统为例的测定内容。

(1) 为了考核空调设备的工作能力，并复核制冷系统和供热系统在综合效果测定期间所能提供的最大制冷量和供热量，需测量空气处理过程中各环节的状态参数，以便作出空调工况分析，特别是应分析各工况点参数的变化对室内温、湿度的影响。

综合效果的测定应在夏季工况或冬季工况进行，也就是尽可能选择在新风参数达到或接近于夏、冬季设计参数的条件下进行较好，但一般空调系统难以做到。

(2) 检验自动调节系统投入运行后，房间工作区域内温、湿度的变化。

(3) 自动调节系统和自动控制设备和元件，除经长时间的考核能安全可靠运行外，应在综合效果测定期间继续检查各环节工况的调节精度能否达到设计要求，如达不到要求，仍需做适当的调整。

温、湿度的测定，一般应采用足够精度的玻璃水银温度计、热电偶及电子温、湿度测定器，测定间隔不大于30min。其测点应布置在如下点位：

1) 送、回风口处；

2) 恒温工作区具有代表点的部位（如沿着工艺设备周围或等距离布置）；

3) 恒温房间和洁净室中心；

4) 测点一般应布置在距外墙表面大于0.5m，离地面0.8～1.2m的同一高度的工作区；也可根据恒温区大小和工艺的特殊要求，分别布置在离地不同高度的几个平面上。测点数应符合表38-140的规定。

温、湿度测点数　　　　　　　表38-140

波动范围	室内面积≤50m²	每增加20～50m²
±0.5～±2℃	5	增加2～5
±5%RH～±10%RH		
Δt≤±0.5℃	点距不大于2m，点数不应少于5个	
ΔRH≤±t×5%RH		

(4) 空调房间的温、湿度的测定：对于舒适性空调系统，其空调房间的温度应稳定在设计的舒适性范围内；对于恒温恒湿空调系统，其室温波动范围按各自测点的各次温度中偏差控制点温度的最大值，占测点总数的百分比整理成累积统计曲线。如90%以上测点偏差在室温波动范围内，为符合设计要求，反之为不合格。

(5) 温、湿度检测步骤及方法：

1) 根据设计图纸绘制房间平面图，对各房间进行统一编号。

2) 检查测试仪表是否满足使用要求。

3) 检查空调系统是否正常运行，对于舒适性空调，系统运行时间不少于6h。

4) 根据系统形式和测点布置原则布置测点。

5）待系统运行稳定后，依据仪表的操作规程，对各项参数进行检测并记录测试数据。

6）对于舒适性空调系统测量一次。

38.11.3.6 空气洁净度测试

空气洁净度等级的检测应在设计指定的占用状态（空态、静态、动态）下进行，一般情况下为空态或静态。洁净室含尘浓度测定应选用采样速率大于1L/min的光学粒子计数器（使用采样流量为2.83L/min的粒子计数器较多），应考虑粒径鉴别能力、粒子浓度适应范围，仪器应有有效的标定合格证书。

1. 采样点的规定

采样点应均匀分布于整个面积内，并位于工作区的高度（距地坪0.8m的平面）与设计或建设单位指定的位置，其最低限度的采样点数见表38-141。

最低限度的采样点数 N_L 表38-141

测点数 N_L	2	3	4	5	6	7	8	9	10
洁净区面积 A （m²）	2.1~6.0	6.1~12.0	12.1~20.0	20.1~30.0	30.1~42.0	42.1~56.0	56.1~72.0	72.1~90.0	90.1~110.0

注：1. 在水平单向流时，面积 A 为与空气方向呈垂直的流动空气截面的面积；
   2. 最低限度的采样点数 N_L 按公式 $N_L = A^{0.5}$ 计算（四舍五入取整数）。

2. 采样量的确定

测定时的采样量决定于洁净度的级别及粒径的大小，其最小采样量见表38-142，每个测点的最少采样时间为1min。

每次采样最少采样量 V_S （L） 表 表38-142

洁净度等级	粒径					
	0.1μm	0.2μm	0.3μm	0.5μm	1.0μm	5.0μm
1	2000	8400	—	—	—	—
2	200	840	1960	5680	—	—
3	200	84	196	568	2400	—
4	2	8	20	57	240	—
5	2	2	2	6	24	680
6	2	2	2	2	2	68
7	—	—	—	2	2	7
8	—	—	—	2	2	2
9	—	—	—	2	2	2

3. 空气含尘浓度的采样测定及相关要求

（1）对被测洁净室进行图纸编号，对已确定的采样点进行特定编号准备。

（2）采样时采样口处的气流速度，应尽可能接近室内的设计气流速度。

（3）对单向流洁净室的测定，采样口应朝向气流方向；对非单向流洁净室，采样口宜朝上。

(4) 采样管必须干净，连接处无渗漏。采样管长度应符合仪器说明书的要求，如无规定时，不宜大于1.5m。

(5) 测定人员不能超过3名，而且必须穿洁净工作服，并应远离或位于采样点的下风侧静止不动或微动。

(6) 室内洁净度等级必须符合设计规定的等级或在商定验收状态下的等级要求。在洁净度的测试中，必须计算每个测点的平均粒子浓度 C_i 值、全部采样的平均粒子浓度（N）及其标准差。

(7) 洁净度高于或等于5级的单向流洁净室，应在门开启的状态下，在出入口的室内侧0.6m处不应测出超过室内洁净度等级上限的浓度数值。

(8) 对各洁净室全部采样点位置，在图纸上进行特定编号标注及说明。

(9) 标注测定日期与测定人员。

4. 测定数据的整理要求

在对空气洁净度的测试中，当全室（区）测点为2~9点时，必须计算每个采样点的平均粒子浓度值 C_i、全部采样点的平均粒子浓度值 N（算术平均值）及其标准误差，导出95%置信上限值；采样点超过9点时，可采用算术平均值 N 作为置信上限值。

(1) 每个测点的平均粒子浓度 C_i 应小于或等于表38-143的洁净度等级规定的限值。

洁净度等级及悬浮粒子浓度限值　　　　　　　　　表38-143

洁净度等级	大于或等于表中粒径（D）的最大浓度 C_n（PC/m³）					
	0.1μm	0.2μm	0.3μm	0.5μm	1.0μm	5.0μm
1	10	2	—	—	—	—
2	100	24	10	4	—	—
3	1000	237	102	35	8	—
4	10000	2370	1020	352	83	—
5	100000	23700	10200	3520	832	29
6	1000000	237000	102000	35200	8320	293
7	—	—	—	352000	83200	2930
8	—	—	—	3520000	832000	29300
9	—	—	—	352000000	8320000	293000

对于非整数洁净度等级，其对应于粒子粒径 D（μm）的最大浓度限值 C_n，应按式(38-12)求取：

$$C_n = 10^n \times \left(\frac{0.1}{D}\right)^{2.08} \tag{38-12}$$

洁净度等级定级粒径范围为0.1~5.0μm，用于定级的粒径数不应大于3个，且其粒径的顺序差不应小于1.5倍。

(2) 全部采样点的平均粒子浓度 N 的95%置信上限值，应小于或等于洁净度等级规定的限值。

(3) 对异常测试值进行说明及数据处理。

38.11.3.7 系统噪声测试

空调系统的噪声测定仪器,应采用带倍频程分析的声级计。一般仅测定 A 声级的噪声数值,必要时测倍频程声压级。测量的对象是通风空调系统中的设备、空调房间及洁净室等。

1. 测点的选择

对通风空调设备噪声测量,测点位置应选择在距离设备 1m、高 1.5m 处;测定消声器性能应将测头插入其前后的风管内进行;测定空调房间、洁净室的噪声测点布置应按照面积均分,每 50m² 设置一点,测点位于其中心。房间面积在 15m² 以下时,可在室中心位置测量,测点高度距地面 1.1m。

2. 检测步骤及方法

(1) 根据设计图纸绘制房间平面图,对各房间进行统一编号。
(2) 检查测试仪表是否满足使用要求。
(3) 检查空调系统是否正常运行。
(4) 根据测点布置原则布置测点。
(5) 关掉所有空调设备,测量背景噪声。
(6) 依据仪表的操作规程,测量各测点噪声。

38.11.3.8 风管漏风量测试

1. 风管漏风量测试要求

(1) 微压风管以目测检验工艺质量为主,不进行严密性能测试;微压以上的风管按规定进行严密性的测试,其漏风量不应大于该类别风管的规定。

(2) 风管类别划分应符合:微压为 $P \leqslant 125\text{Pa}$,低压为 $125\text{Pa} < P \leqslant 500\text{Pa}$,中压为 $500\text{Pa} < P \leqslant 1500\text{Pa}$,高压为 $1500\text{Pa} < P \leqslant 2500\text{Pa}$。

(3) 风管系统工作压力为 P 时,系统允许漏风量应符合下列规定:
1) 低压系统风管:$Q_L \leqslant 0.1056P0.65$;
2) 中压系统风管:$Q_L \leqslant 0.0352P0.65$;
3) 高压系统风管:$Q_L \leqslant 0.0117P0.65$。

(4) 试验总面积为不含支管的直管段(不含阀门)。
(5) 面积计算方法为试验段风管周长×长度。
(6) 系统检测分段数应根据试验管段允许总漏风量及测试设备的容量选定。
(7) 试验压力及试验喷嘴类型应根据系统工作压力及测试设备选定。
(8) 测试结论合格标准:在核定所测压力下,实测总漏风量<系统允许总漏风量。

2. 风管漏风量测试仪器

漏风量测试仪是测试通风系统中漏风量的专用设备,适用于公用、民用工程通风系统中风管、空调机、防火阀、调节阀等严密性质量的测试。

风管漏风量测试仪漏风量测试连接状态如图 38-134 所示。

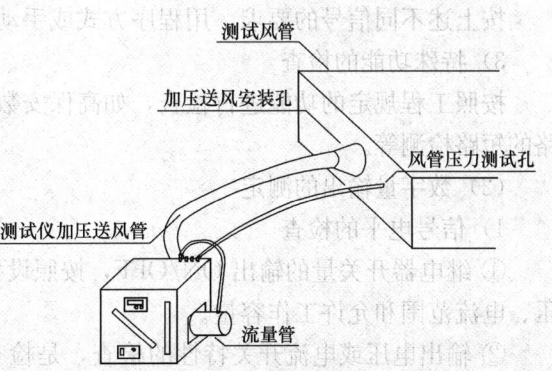

图 38-134 漏风量测试连接状态示意图

38.11.4　净化空调系统调试

38.11.4.1　自动调节系统的试验调整

自动调节系统的试验调整包括以下内容：

1. 安装后的接线或接管检查

（1）核对传感器、调节器、检测仪表（二次仪表）、调节执行机构的型号规格，以及安装的部位是否与设计图纸上的要求相符。

（2）根据接线图对控制盘下端子的接线进行校队。

（3）根据控制原理图和盘内接线图，对控制盘内端子以上盘内接线进行校对。

2. 自动调节装置的性能检验

（1）传感器的性能试验；

（2）调节器和检测仪表的刻度校验及动作试验与调整；

（3）调节阀和其他执行机构的调节性能、全行程距离、全行程时间的试验与调整。

3. 系统联动试验

在对系统安装后的接线检查和自动调节装置性能检验之后，在自动调节系统未投入联动之前，应先进行模拟实验，以校验系统的动作是否达到设计要求。如无误时，才可进行自动调节系统联动，并检查合格后投入系统工作。

4. 调节系统性能试验与调整

空调自动调节系统投入运行后，应查明影响系统调节品质的因素，进行系统正常运行效果的分析，并判断能否达到预期的效果。

5. 计算机控制系统的调试

空调系统的计算机控制系统应在传感器、现场控制器、网络控制器控制、计算机控制的终端——显示器均已安装、调校完毕，所有的线路敷设已结束并与相应设备的连线已完成且检查无误，方可进行系统的调试。

（1）数字量输入的测定

1）信号电平的检查

① 干节点输入信号按设备说明书和设计要求确认其逻辑值。

② 电压或电流信号（有源与无源）按设备说明书和设计要求进行确认。

2）全部测点的测试

按上述不同信号的要求，用程序方式或手动方式对全部测点进行测试，并记录其值。

3）特殊功能的检查

按照工程规定的功能进行检查，如高保安数字量输入及正常、报警、线路、开路、线路的短路检测等。

（2）数字量输出的测定

1）信号电平的检查

① 继电器开关量的输出 ON/OFF，按照设备说明书和设计要求确认其输出规定的电压、电流范围和允许工作容量。

② 输出电压或电流开关特性的检查，是检查其电压或电流的输出，必须符合设备说明书和设计的要求。

2) 动作试验

用程序方式或手动方式测试全部数字量的输出，同时记录其测试数值和观察受控设备的电气控制开关的工作状态是否正常；如果受控设备在送电后运行正常，则此时即可在受控设备正常运转条件下仔细地观察受控设备的运转情况。如发现异常，必须立即进行现场处理。

(3) 模拟量输入的测试

1) 检查输入信号是否正确。

2) 按照设备使用说明书和设计要求，确认有源或无源的模拟量输入的类型、量程、容量或设定值（设计值）是否符合规定。

3) 动作试验：用程序方式或手动方式对全部的模拟量（AI）测试点进行逐点扫描测试，同时记录各测点的数值，并确认所测的数值与实际值是否一致，将这些数值逐一填入一定的表格内。

4) 模拟量输入的精度测试：使用程序或手动方式测试其每一点，在其量程范围内读取三个测点，三个测点的分布为全量程的 10%、50%、90%，测试精度应达到各设备使用说明书所规定的要求。

5) 其他有关的功能检查，可按设计要求进行。

(4) 模拟量输出的测试

1) 动作检查：用程序或手动方式对全部 AO 测试点逐一进行扫描测试，并记录各测点的数值，将测得的数值填入一定的表格内，与此同时还必须注意观察受控设备的工作状态是否正常。

2) 测试模拟量的输出精度，以确定是否达到了规定的精度。

3) 特殊功能的检查可根据要求进行。

(5) 现场控制器（DDC）的测试

现场控制器的测试一般按照产品使用说明书及使用的具体条件进行，通常应测试下述内容：

1) 运行的可靠性测试可随机抽检某受控设备设定的监控程序，测试其受控设备的运行记录和状态，以确定其可靠性。

2) DDC 软件主要功能及其实施性测试可按照产品说明书和调试大纲的具体要求进行测试。

38.11.4.2 洁净室内高效过滤器的泄漏检测

高效过滤器的泄漏，是由于过滤器本身或过滤器与框架、框架与围护结构之间的泄漏。因此，过滤器安装在 5 级或高于 5 级的洁净室都必须检测。高效过滤器的泄漏检测是洁净室效果测定的基础，高效过滤器确认无泄漏，洁净室的效果测定结果才有意义。

对于安装在送、排风末端的高效过滤器，应用扫描法对过滤器边框和全断面进行检测。扫描法包括检漏仪法（浊度计）和采样量大于 1L/min 的粒子计数器法两种。对于超级高效过滤器，扫描法包括凝结核计数器法和激光计数器法两种。

1. 检测要点

(1) 被检测过滤器已测定过风量，在设计风量的 80%～120% 之间。

(2) 采用粒子计数器检测时，其上风侧应引入均匀浓度的大气尘或其他气溶胶空气。

对大于等于 0.5μm 尘粒，浓度应大于或等于 3.5×10^5PC/m^3 或对大于等于 0.1μm 尘粒，浓度应大于或等于 3.5×10^7PC/m^3；如检测超级高效过滤器，对大于等于 0.1μm 尘粒，浓度应大于或等于 3.5×10^9PC/m^3。

（3）检测时将计数器的等动力采样头放在过滤器的下风侧，距离过滤器被检部位表面 20～30mm，以 5～20mm/s 的速度移动，沿其表面、边框和封头胶处扫描。在移动扫描中，应对计数突然递增的部位进行定点检测。

（4）将受检高效过滤器下风侧测得的泄漏浓度换算成透过率，高效过滤器不能大于出厂合格透过率的 2 倍；超级高效过滤器不能大于出厂合格透过率的 3 倍。

（5）在施工现场如发现有泄漏部位，可用 KS 系列密封胶、硅胶堵漏密封。

2. 检测要求

高效过滤器扫描检漏应符合下列规定：

（1）对送、排（回）风高效空气过滤器的现场检漏，应采用扫描法，采用光度计或粒子计数器在过滤器与安装框架接触面、过滤器边框与滤纸接触面以及其全部滤芯出风面上进行。过滤器上游用于现场扫描检漏检测的气溶胶可为液态，也可为固态。

（2）当高效过滤器上游大气尘浓度低于 4000 粒/L，且过滤器上游系统上可设置检漏气溶胶注入点时，可采用光度计法进行检漏。

（3）粒子计数器法可适用于所有等级的洁净场所过滤器检漏，适用过滤器最大穿透率可低至 0.00005% 或更低。

（4）采用光度计扫描检漏时，高效过滤器上游气溶胶浓度宜在 20～80mg/m^3，不得低于 10mg/m^3；采用粒子计数器扫描检漏时，高效过滤器上游浓度及采样流量应符合表 38-144 的规定。当上游浓度达不到规定要求时，应采用适当措施增加上游浓度。

粒子计数器扫描检漏时的参数 表 38-144

高效过滤器	采样流量（L/min）	过滤器上游浓度（粒/L）
普通高效过滤器（国标 A、B、C 类）	≥2.83	≥0.5μm：≥4000
超高效过滤器（国标 D、E、F 类）	≥28.3	≥0.3μm：≥60000

3. 检测方法

高效过滤器扫描检漏应按下列方法进行：

（1）检漏时将采样口放在距离被检过滤器表面 2～3cm 处，宜以 1.5cm/s（2.83L/min）或 2cm/s（28.3L/min）的速度移动，对被检过滤器进行扫描。

（2）当上游浓度较大时可提高扫描速度。

（3）采用光度计扫描检漏时，过滤器局部透过率不应超过 0.01%；采用粒子计数器扫描检漏时，粒子计数器显示值为检测结果。

38.11.4.3 室内气流组织的测定

洁净室内气流组织测定应在空调系统风量调整后以及空调机组正常运转情况下进行。

1. 测点布置

（1）垂直单向流（层流）洁净室选择纵、横剖面各一个，以及距地面高度 0.8m、1.5m 的水平面各一个；水平单向流（层流）洁净室选择纵、横剖面和工作区高度水平面各一个，以及距送、回风墙面 0.5m 和房间中心处等 3 个横剖面，所有面上的测点间距均为 0.2~1m。

(2) 乱流洁净室选择通过代表性送风口中心的纵、横剖面和工作区高度的水平面各一个，剖面上测点间距为 0.2~0.5m，水平面上测点间距为 0.5~1m，两个风口之间的中线上应有测点。

2. 测定方法

用发烟器或悬挂单线丝线的方法逐点观察和记录气流流向，并在有测点布置的剖面图上标出流向。

3. 测定要求

(1) 不应用气流动态数值模拟（CFD）的分析结果代替洁净室气流检测。

(2) 气流检测包括气流流型、气流流向、流线平行性等，可采用丝线法或示踪剂法（发烟等）等，逐点观察和记录气流流向，并可用量角器测量气流角度，也可采用照相机或摄像机等图像处理技术进行记录，采用热球式风速仪或超声三维风速仪等测量各点气流速度。

(3) 采用丝线法时可采用尼龙单丝线、薄膜带等轻质材料，放置在测试杆的末端，或装在气流中细丝格栅上，直接观察出气流的方向和因干扰引起的波动。

(4) 采用示踪剂法时，可采用去离子（DI）水，用固态二氧化碳（干冰）或超声波雾化器等生成直径为 0.5~50μm 的水雾，采用四氯化钛（TiCL4）等"酸雾"作示踪剂时，应确保不致对洁净室、室内设备以及操作人员产生危害。

(5) 气流流向检测时，应在被测区域内前后之间设置多个测点。

(6) 流线平行性检测时，应在每台过滤器下设置测点。

38.11.4.4 洁净区域压力梯度的测定

洁净区静压差的检测应符合下列规定：

(1) 静压差检测点布置应在所有门关闭的条件下进行，宜由平面布置上与外界最远的里间房间开始，依次向外测定，通过门缝或预留测孔等位置进行检测。

(2) 静压差可按下列检测步骤及方法进行：

1) 静压差的测试应在风量调试完成后进行；

2) 根据房间平面图，制定检测顺序，检测前确认所有房间门关闭；

3) 根据安排好的顺序，依次对各房间的静压差进行检测，记录检测数据。

38.11.4.5 洁净区域照度的测定

1. 测定要求

(1) 室内照度的检测应测定除局部照明之外的一般照明的照度。

(2) 室内照度的测量可采用便捷式照度计，其最小刻度不应大于 2lx。

(3) 室内照度的测定必须在室温趋于稳定之后进行，并且荧光灯已有 100h 以上的使用期，测量前已点亮 15min 以上；白炽灯已有 10h 以上的使用期，测量前已点亮 5min 以上。

(4) 测点距地面高 800mm，按 1~2m 间距布置测点。30m^2 以内的房间测点距墙面 500mm，超过 30m^2 的房间，测点高墙面 1m。

2. 测定方法

(1) 为保证测量的正确性，每个测点读数不少于两次，取其算术平均值。

(2) 照度计指示应为稳定后的读数。
(3) 如光源的直射光有被遮挡的空间时,其被遮挡的空间中心部位再增加一个测点。

38.11.5　系统在线仪表调校

38.11.5.1　压力传感器的调校

1. 概述

压力传感器有电动和气动两大类,电动压力传感器的标准化输出信号为 0~10mA 和 4~20mA(或 1~5V)的直流电信号,气动压力传感器的标准化输出信号主要为 20~100kPa 的气体压力,不排除具有特殊规定的其他标准化输出信号。

压力传感器按原理可分为电容式、谐振式、压阻式、力(力矩)平衡式、电感式和应变式等。

压力传感器通常由两部分组成:感压单元、信号处理和转换单元,有些传感器增加了显示单元,有些还具有现场总线功能。压力传感器的结构原理如图 38-135 所示。

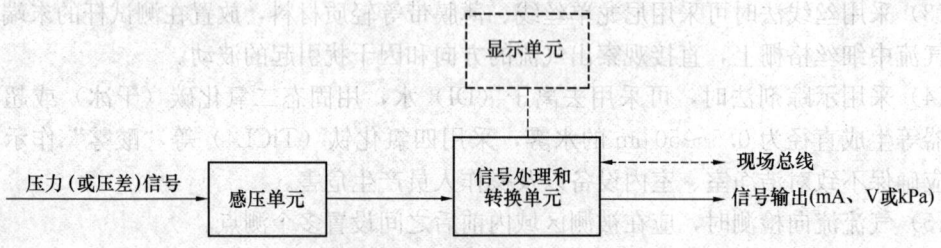

图 38-135　压力传感器结构原理图

2. 调校性能要求

(1) 测量误差

压力传感器的测量误差按准确度等级划分,应不超过表 38-145 的规定。

准确度等级及最大允许误差和回差　　　　表 38-145

准确度等级	最大允许误差(%)		回差(%)	
	电动	气动	电动	气动
0.05	±0.05	—	0.05	—
0.1	±0.1	—	0.08	—
0.2(0.25)	±0.2(0.25)	—	0.16(0.20)	—
0.5	±0.5	±0.5	0.4	0.25
1.0	±1.0	±1.0	0.8	0.5
1.5	±1.5	±1.5	1.2	0.75
2.0	±2.0	±2.0	1.6	1.0
2.5	—	±2.5	—	1.25

注:最大允许误差和回差以输出量程的百分数表示。

(2) 回差

首次检定的压力传感器,其回差应不超过表 38-158 的规定,后续检定和使用中检验的压力传感器,其回差不应超过最大允许误差的绝对值。

(3) 静压影响

其他类型压差传感器的静压影响应不超过制造厂技术说明书或企业标准的规定。

3. 通用技术要求

(1) 外观

1) 传感器的铭牌应完整、清晰,并具有以下信息:产品名称、型号规格、测量范围、准确度等级、额定工作压力等主要技术指标;制造厂的名称或商标、出厂编号、制造年月、制造计量器具许可证标志及编号;防爆产品还应有相应的防爆标志。压差传感器的高、低压容室应有明确标记。

2) 传感器的配套零部件应完好无损,外观不应有影响技能特性的锈蚀或损伤。各部件应装配牢固,不应有松动、脱焊或接触不良的现象。

(2) 密封性

压力传感器的测量部分在承受测量压力上限时(压差传感器为额定工作压力),不得有泄漏现象。

4. 调校条件

(1) 环境条件

1) 环境温度为 20±5℃,每 10min 变化不大于 1℃;

2) 相对湿度为 45%～75%;

3) 压力传感器所处环境应无影响输出稳定的机械振动;

4) 电动传感器周围除地磁场外,应无影响其他正常工作的外磁场。

(2) 其他条件

1) 交流供电的压力传感器,其电压变化不超过额定值的±1%、频率变化不超过额定值±1%;直流供电的压力传感器,其电压变化不得超过额定值的±1%。

2) 压力源稳定无泄漏。

(3) 调校仪器

压力传感器调校常用仪器设备规格见表 38-146。

调校仪器设备规格　　　　　　　　表 38-146

序号	仪器设备名称	技术要求	用途
1	智能过程校准仪	$-20\sim20$mA,$-10\sim10$V	使用压力模块测量/输出压力
2	压力模块	$-100\sim2000$kPa	—
3	压力模块	$-1\sim20$bar	—
4	压力模块	$-14.5\sim300$psi	—
5	压力模块	$0\sim10$MPa	—
6	压力模块	$0\sim100$bar	—
7	便携式自动压力校准仪	$30\sim100$psi	—

5. 调校内容及方法

(1) 外观检查

1) 同前述通用技术要求的外观部分。

2) 密封性检查

平稳地升压（或疏空），使压力传感器测量室压力达到测量上限值（或当地大气压力90%的疏空度），关闭压力源。密封 15min，应无泄漏。在最后 5min 内通过压力表现值，其压力下降（或上升）不得超过测量上限值的 2%（也可通过传感器输出信号的等效变化来观察）。

3) 绝缘电阻

在环境温度为 15～35℃，相对湿度为 45%～75%时，传感器各组端子（包括外壳）之间的绝缘电阻应不小于 20MΩ。

二进制的传感器只进行输出端子对外壳的绝缘试验。

(2) 测量误差的校准

1) 设备配置与连接

校准设备和被检传感器按正确方法进行连接，并使导压管内充满传压介质。首次校准和使用中检测的差压传感器，静态过程压力可以是大气压力（即低压力容室通大气）。

2) 电动传感器除制造厂另有规定外，一般须通电预热 15min。

3) 选择校准点

校准点的选择应按量程基本均匀，一般包括上限值、下限值（或其附近 10% 输入量程以内）在内的不少于 5 个点。优于 0.1 级和 0.05 级的压力传感器应不少于 9 个点。

对于输入量程可调的传感器，首次校准的压力传感器应将输入量程调到规定的最小、最大分别进行校准，使用中的检测的压力传感器可只进行常用量程的检测。

4) 校准前的调整

校准前用改变输入压力的办法对输出下限值和上限值进行调整，使其与理论的下限值和上限值相一致。一般可通过调整"零点"和"满量程"来完成。具有现场总线的压力传感器，必须分别调整输入部分及输出部分的"零点"和"满量程"，同时将压力传感器的阻尼值调整为零。

绝对压力传感器的零点绝对压力应尽可能小，由此引起的误差应不超过允许误差的 1/20～1/10。

5) 校准方法

从下限开始平稳地输入压力信号到各校准点，读取并记录输出值直至上限，然后反方向平稳改变压力信号到各被校点，读取并记录输出值直至下限。此为一次循环，如此进行两个循环的校准。

在校准过程中不允许调整零点和量程，不允许轻敲和振动传感器，在接近校准点时，输入压力信号应足够慢，避免过冲现象。

6. 校准结果

(1) 为便于数据处理，被校传感器的校准数据一般用 mA 表示。

(2) 平均值为每一被测量点各次测量实际值之间的平均值，可比各次测量实际值多取一位小数。

(3) 误差为各次平均值与理论输出值之差，一般用 μA 表示。

(4) 出具的校准记录应给出校准点和与之相应的实际值，并找出被校传感器示值与各次测量实际值之间的最大差值作为被校传感器的最大基本误差。

(5) 出具的校准结论应给出传感器最大允许误差及最大基本误差。
(6) 验证结论应给出控制要求，并说明是否满足使用要求。
(7) 判断被校传感器是否符合技术指标要求，应以修约后的数据为依据。

7. 复校时间间隔

压力传感器的校准周期为1年，使用单位可根据使用环境条件、频繁程度和重要性调整复校时间间隔，但最长不可超过1年。

38.11.5.2　温度传感器的调校

温度传感器的调校近似于压力传感器的调校，故本节侧重说明温度传感器调校与压力传感器调校的不同之处。

1. 概述

温度传感器是一种将温度变量转换为可传送的标准化输出信号的仪表，主要用于温度参数的测量和控制。

带传感器的温度传感器通常由两部分组成：传感器和信号转换器。传感器主要是热电偶和热电阻；信号转换器主要由测量单元、信号处理和转换单元组成，有些传感器增加了显示单元，有些还具有显示单元和现场总线功能，如图38-136所示。

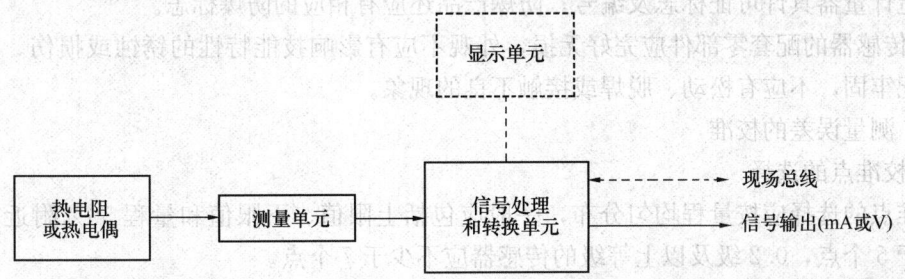

图38-136　温度传感器原理图

传感器的输出信号与温度变量之间有一给定的连续函数关系（通常为线性函数），早期生产的传感器其输出信号与温度传感器的电阻值（或电压值）之间呈线性函数关系。

标准化输出信号主要为0～10mA和4～20mA（或1～5V）的直流电信号，不排除有特殊规定的其他标准化输出信号。

温度传感器的供电接线方式可分为二线制和四线制。

2. 校准条件

(1) 环境条件

环境温度15～35℃；相对湿度＜85%；传感器周围除地磁场外，应无影响其他正常工作的外磁场。

(2) 电源

交流供电的传感器，其电压变化不超过额定值的±1%、频率变化不超过额定值的±1%；直流供电的传感器，其电压变化不得超过额定值的±1%。

(3) 调校仪器

温度传感器调校常用的仪器设备技术要求见表38-147。

温度传感器调校仪器设备技术要求　　　　　表 38-147

序号	仪器设备名称	技术要求
1	智能过程校准仪	量程：-200～600℃； 精度：0.011℃+0.009%读数
2	Pt1000	量程：0～850℃； 精度：0.022℃+0.01%读数
3	电流发生仪	量程：0～25mA； 精度：0.75μA+0.0075%读数
4	高精度计量炉	量程：-25～150℃； 精度：±0.2℃

3. 调校内容及方法

（1）外观

1）传感器的铭牌应完整、清晰，并具有以下信息：产品名称、型号规格、测量范围、准确度等级、额定工作压力等主要技术指标；制造厂的名称或商标、出厂编号、制造年月、制造计量器具许可证标志及编号；防爆产品还应有相应的防爆标志。

2）传感器的配套零部件应完好无损，外观不应有影响技能特性的锈蚀或损伤。各部件应装配牢固，不应有松动、脱焊或接触不良的现象。

（2）测量误差的校准

1）校准点的选择

校准点的选择应按量程均匀分布，一般应包括上限值、下限值和量程50%附近在内的不少于5个点，0.2级及以上等级的传感器应不少于7个点。

2）测量误差的计算

温度传感器测量误差的计算同前述压力传感器测量误差的计算部分。

（3）回差的校准

温度传感器回差的校准同前述压力传感器回差的校准部分。

38.11.5.3　流量传感器的调校

根据现行国家标准《自动化仪表工程施工及质量验收规范》GB 50093 的规定，现场不具备校准条件的流量检测仪表，应对制造厂的产品合格证和有效的检定证明进行验证。

仪表到货时先进行外观和出厂合格证及校验合格报告单的检查，当合格证及合格报告单在有效期内时，可不进行检定，只进行通电检查。当外观出现明显冲击或合格证及报告单超过有效期时，必须进行计量标定，由流量标定站出具检验合格证及记录。

如果是智能流量计，可根据设计数据表，用 HART 通讯器对仪表的位号、量程、管径、介质、密度、流量系数（K）及小信号切除数据复验。

38.11.5.4　物位仪表的调校

1. 概述

物位测量通常指对工业生产过程中封闭式或敞开容器中物料（固体或液位）的高度进行检测。

按测量手段来区分主要有直读式、浮力式（浮球、浮子、磁翻转、电浮筒、磁致伸缩等）；回波反射式（超声、微波、导波雷达等）；电容式；重锤探测式；音叉式；阻旋式；静压式等多种；其他还有核辐射式、激光式等用于特殊场合的测量方法。

2. 示值误差

（1）磁浮子液位计

1）示值最大允许误差应不大于±10mm。

2）指示液位的标尺长度不小于液位测量范围，标尺的示值误差应不大于2mm/m，标尺全量程最大允许误差不大于±5mm。

（2）浮球液位计

示值最大允许误差应不大于±1.5%FS。

（3）电接点液位计

示值最大允许误差应不大于±2mm。

（4）电容物位计

准确度等级0.5级，不大于±0.5%FS；准确度等级1.0级，不大于±1.0%FS。

（5）电动浮筒液位计

示值最大允许误差应不大于±0.5%FS。

（6）玻璃管或玻璃板液位计

示值最大允许误差应不大于±5mm。

（7）脉冲雷达物位计

准确度等级0.1级，不大于±0.1%FS；准确度等级0.2级，不大于±0.2%FS；准确度等级0.5级，不大于±0.5%FS；准确度等级1.0级，不大于±1.0%FS。

（8）高能声波物位计

示值最大允许误差应不大于±0.2%FS。

（9）导波雷达物位计

示值最大允许误差应不大于±10mm。

（10）超声波物位计

示值最大允许误差应不大于±0.5%FS。

3. 校准条件

（1）环境条件

1）环境温度15～35℃；相对湿度<85%。

2）试验场地应无影响液位计正常使用的振动、磁场等。

3）磁浮子液位计周围不得有干扰仪表正常工作的磁场（不大于10GS）；在距离仪表100mm内不得有能被磁化的物质。

4）高能声波物位计的空气流速应小于0.5m/s。

5）波导雷达物位计的环境温度最大变化率为1℃/10min，但不得超过3℃/h。

（2）电源

交流供电的传感器，其电压变化不超过额定值的±1%，频率变化不超过额定值的±1%；直流供电的传感器，其电压变化不得超过额定值的±1%。

4. 调校内容及方法

（1）外观检查参照前述温度传感器的调校中调校内容及方法的外观部分。

(2) 浮筒液位传感器宜用水校法校验，校验时应确保零点液位准确，输出和输入信号应按介质密度进行换算。

当测量两种液体的界面时，仪表上的密度值应定于两介质的密度差处，零点及上限水位高度分别按式（38-13）和式（38-14）计算，水位变化范围按式（38-15）计算：

$$h_s = \frac{\rho_Q}{\rho_s} H \tag{38-13}$$

$$h_s = \frac{\rho_Z}{\rho_s} H \tag{38-14}$$

$$\Delta h_s = \frac{\rho_Z - \rho_Q}{\rho_s} H \tag{38-15}$$

式中 ρ_Z——重介质密度（g/cm³）；
H——最大液面刻度（mm）；
ρ_Q——轻介质密度（g/cm³）。

(3) 浮球液位计校准时，应手动操作平衡杆，使其与水平面夹角分别为+11.5°、0°、-11.5°，传感器输出信号分别为0%、50%、100%，其基本误差及变差均不应超差。

(4) 浮球式液位开关检查时，应手动操作平衡杆或浮球，使其上、下移动，带动磁钢使微动开关触点动作。

(5) 电容式物位开关检查时，使用500V兆欧表检查电极，其绝缘电阻应大于10MΩ。调整门限电压，使物位开关处于翻转的临界状态，将探头插入物料后，状态指示灯亮，输出继电器应动作。

(6) 音叉式物位开关检查时，将音叉股悬空放置，通电后（有指示灯的应亮）用手指按压音叉端部强迫停振，并用万用表测量，其常开或常闭触点应动作。

(7) 智能超声波物位计校验时，通电后液晶显示面板及状态指示灯工作正常，检查超声波测量系统配置，零点、量程校验，并符合下列规定：

1) 零点校验：容器空置测量介质为0%，选择"空罐校验"功能，仪表自动显示到物位的距离和测量值，配合工艺检尺核对，没问题选择"距离检查确认"，自动完成校验。

2) 测量盲区设定：根据工艺要求，一般满罐液位距离溢出液位有一定空间，将其设置为"盲区"。

3) 满量程校验：容器充满测量介质为100%，选择"满罐校验"功能，仪表自动显示到物位的距离和测量值，配合工艺检尺核对，没问题选择"距离检查确认"，自动完成校验；核对超声波发射源高度=满量程距离+盲区距离。

(8) 智能导波、微波雷达液位计的校验还应作探头长度校正，测量介质固体、液体根据工艺设计操作条件，按介电常数细分设置参数。

(9) 阻旋式物位开关检查时，通电后用手指阻挡叶片旋转，调整灵敏度弹簧，输出继电器应动作。

(10) 重锤式物位计校验时，当分别给传感器、控制显示器送电后，液晶显示面板及状态指示灯工作应正常，参数设置开关应符合工艺测量要求，定时工作时间占空比不应大于50%，并按下列步骤校验：

1) 仪表稳定10min后，调整零点电阻器，使输出电流为4mA或20mA。

2)按下启动按钮,使重锤下降到料仓的底部,当电动机开始反转时,输出电流为最大或最小。

3)待重锤返回到原位,运行指示灯熄灭后,调整量程电位器使输出电流为20mA或4mA。

(11)浮子钢带液位计校验时,应用手动装置升、降浮子至罐体的顶部或底部,分别调整仪表指针和输出信号,使指示值和输出值符合该仪表精度要求。

5. 复校时间间隔

物位仪表的校准周期为1年,使用单位可根据使用环境条件、频繁程度和重要性调整间隔,但最长不可超过1年。

38.12 通风与空调系统调适效能评价

通风空调系统调适属于建筑调适的一部分,属于建筑机电安装调适范畴。通风空调系统安装结束后,经过单机试运转、空调通风设备性能测试,及其系统平衡调试,室内环境检测和验证后,承包商或第三方测试单位应提出较为完整的调试资料和报告。同时也对所调试测定的通风空调系统综合情况进行掌握。通过对调试测定后的通风空调系统的综合效果与设计要求相比较,与国家有关设计标准、施工要求相比较,可对通风空调系统在设计方面、设备材料选用方面、施工安装方面,以及可采取的节能措施等方面进行基本的技术评价与分析总结,本节主要从建筑热环境性能评价、室内空气品质评价、通风空调系统能效评价三方面介绍。

38.12.1 建筑热环境性能评价

通风空调系统安装调试后主要为建筑提供一个合适的人工环境,该室内环境对于民用建筑主要满足人们的热舒适要求,工业建筑满足生产工艺要求。民用建筑室内环境的主要控制参数是温度、湿度(表38-148),工业建筑室内环境主要控制参数参考其设计要求。

室内环境的主要控制参数   表38-148

热舒适度等级	夏季		冬季	
	温度(℃)	相对湿度(%)	温度(℃)	相对湿度(%)
Ⅰ	24~26	40~60	22~24	≥30
Ⅱ	26~28	≤70	18~22	—

热舒适等级是建筑热环境性能主要评价指标,主要以预计平均热感觉指数 PMV、预计不满意者的百分数 PPD 和涡动气流强度 DR 为主要评价指标。

38.12.1.1 预计平均热感觉指数 PMV

PMV 指数是根据人体热平衡的基本方程式和生理学主观热感觉,考虑了人体热舒适感的诸多有关因素的综合评价指标。其采用了7级分度(表38-149),详细计算方法参考现行国家标准《热环境的人类工效学 通过计算 PMV 和 PPD 指数与局部热舒适准则对热舒适进行分析测定与解释》GB/T 18049。

PMV 热感觉标尺 表 38-149

热感觉	热	暖	微暖	适中	微凉	凉	冷
PMV 值	+3	+2	+1	0	−1	−2	−3

在明确了人体活动强度条件下，影响 PMV 指数的参数主要有环境参数及人的衣着，其中环境参数包括空气温度、空气水蒸气分压力、平均辐射温度、空气风速。环境参数之间的不同组合可实现同样的 PMV 指数。

不同热舒适度等级所对应的 PMV 值划分见表 38-150。

不同热舒适度等级所对应的 PMV 值 表 38-150

热舒适等级	冬季	夏季
Ⅰ 级	$-0.5 \leqslant PMV \leqslant 0$	$0 \leqslant PMV \leqslant 0.5$
Ⅱ 级	$-1 \leqslant PMV \leqslant -0.5$	$0.5 \leqslant PMV \leqslant 1$

38.12.1.2 涡动气流强度

DR 指数是由于吹风感而引起的人群不满意率百分数，可按式（38-16）计算：

$$DR = (34 - t_a)(v_a - 0.05)^{0.62}(0.37 v_a Tu + 3.14) \tag{38-16}$$

式中 DR——涡动气流强度，即由于涡动气流而不满意的人群的百分数（%）；

t_a——局部空气温度（℃）；

v_a——局部平均空气流速（m/s）；

Tu——局部湍流强度（%），其定义为局部空气流速的标准方差与局部平均空气流速之比，夏季取 40%，冬季取 20%。

当 $v_a < 0.05 \text{m/s}$ 时，取 $v_a = 0.05 \text{m/s}$；当 $DR > 100\%$ 时，取 $DR = 100\%$。

参照国际通用标准 ISO 7730 和 ASHRAE 55，并结合我国实际国情，DR 计算值应不大于 20%。

38.12.2 室内空气品质评价

在日常的工作和生活中，人有 80% 的时间是在室内度过的，室内空气品质的优劣直接影响人体健康。建筑在施工和装修过程中大量使用各种化工产品和装饰材料，导致室内空气质量下降，威胁居住者身体健康。由于通风空调系统的空气流动动力主要来自于风机，风机的噪声会随着管道和空气流动传播到室内，影响人们的健康。因此有必要对建筑室内空气品质进行评价。

38.12.2.1 室内空气质量标准

室内空气质量评价应按现行国家标准《室内空气质量标准》GB/T 18883 执行，该标准适用于住宅和办公建筑物，其他建筑室内环境也可参照。几类主要污染物参数标准见表 38-151。

污染物浓度参数标准 表 38-151

污染物	单位	标准值	备注
二氧化碳 CO_2	%	0.10	1d 均值
氨 NH_3	mg/m³	0.20	1h 均值

续表

污染物	单位	标准值	备注
甲醛 HCHO	mg/m³	0.10	1h 均值
总挥发性有机物 TVOC	mg/m³	0.60	8h 均值

38.12.2.2 NR 噪声评价曲线

国际标准化组织 ISO 提出的一组评价曲线（即 NR 噪声评价曲线），是目前使用最广泛的用于评价用户对噪声反应的评价曲线，也可用于噪声治理（图 38-137）。NR 噪声评价曲线反映了 NR 噪声评价数与倍频程声压级之间的关系，NR 曲线的序号表示该曲线位于中心频率 1000Hz 时的声压级数值。

用 NR 曲线作为环境噪声标准的评价指标，确定了某条曲线作为限制曲线之后，就要求现场实测的各个倍频程声压级不得超过该曲线规定的声压级值。例如某住宅规定的噪声限值为 NR40，则实测的倍频带中心频率为 63Hz、125Hz、250Hz、500Hz、1000Hz、2000Hz、4000Hz 和 8000Hz 的倍频程声压级分别不得超过 68dB、57dB、50dB、45dB、40dB、37dB、35dB 和 34dB。反之可通过现场实测求得 NR 曲线来判断现场环境噪声是否达标。

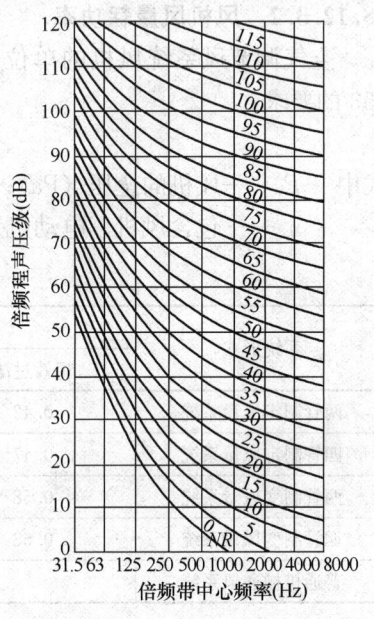

图 38-137 噪声评价曲线 NR

38.12.2.3 室内噪声标准

在实际建筑施工过程中，建筑室内噪声环境应按现行国家标准《民用建筑隔声设计规范》GB 50118 执行，该标准以 A 声级作为评价指标，A 声级与 NR 数之间的近似关系为 $L_A = NR + 5dB$。

38.12.3 通风与空调系统能效评估

通风与空调系统能耗一般占整个建筑能耗的 50% 左右，因此控制通风与空调系统能耗对建筑节能很重要。空调与通风系统能耗主要来自于空气和水的输送系统，以及冷热源系统。

38.12.3.1 空调冷热水系统输送能效比

空调水系统输送能效比 ER 定义为空调冷热水循环水泵在设计工况点的轴功率与所输送的冷热负荷的比值，可按式（38-17）计算：

$$ER = 0.002342H/(\Delta T \eta) \qquad (38-17)$$

式中 H —— 水泵设计扬程（m）；

ΔT —— 供回水温差（℃）；

η —— 水泵在设计工作点的效率（%）。

空调冷热水系统的最大输送能效比 ER 见表 38-152。

空调冷热水系统的最大输送能效比　　　　　表38-152

管道类型	两管制热水系统			四管制热水管道	空调冷水管道
	严寒地区	寒冷地区/夏热冬冷地区	夏热冬暖地区		
ER	0.00577	0.00433	0.00865	0.00673	0.0241

38.12.3.2　风机风量耗功率

空气调节风系统风机的单位风量耗功率 W_S 按式（38-18）计算，并要求满足表38-153的要求。

$$W_S = P/(3600\,\eta_t) \tag{38-18}$$

式中　　P——风机的全压（Pa）；

η_t——包含风机、电动机及传动效率在内的总效率（%）。

风机的单位耗功量限值　　　　　表38-153

系统形式	办公建筑		商业、旅馆建筑	
	粗效过滤	粗、中效过滤	粗效过滤	粗、中效过滤
两管制定风量系统	0.42	0.48	0.46	0.52
四管制定风量系统	0.47	0.53	0.51	0.58
两管制变风量系统	0.58	0.64	0.62	0.68
四管制变风量系统	0.63	0.69	0.67	0.74
普通机械通风系统	0.32			

38.12.3.3　空调系统能效评价

对于电制冷水冷式冷水机组的制冷机房，制冷机房系统包括冷水机组、冷却水泵和冷却塔及其管道系统。空调系统能耗比 EER_s 即冷水机组制冷量之和与冷水机组、冷却水泵及冷却塔的用电量之和的比值，是评价制冷机房系统效能的重要指标。

EER_s 的测量，须测定以下参数：

（1）制冷机房系统的总用电量；

（2）冷冻水供、回水温度及流量；

（3）冷却水供、回水温度、流量和补水量；

（4）室外空气的干球温度和湿球温度。

制冷系统能效比的计算方法参考现行国家标准《空气调节系统经济运行》GB/T 17981，电制冷水冷式冷水机组的制冷机房能效比限值见表38-154。

电制冷水冷式冷水机组的制冷机房能效比限值　　　　　表38-154

单机冷水机组额定冷量 CL (kW)	制冷系统能效比限值	
	全年累计	典型工况
$CL \leqslant 528$	4.3	3.4
$528 < CL \leqslant 1163$	4.5	4.0
$CL > 1163$	4.7	4.2

39 建筑电气安装工程

39.1 电缆敷设

电缆是一种特殊的导线，它是将一根或数根绝缘导线组合成线芯，外面再包裹上包扎层而成。电缆按照用途主要分为电力电缆和控制电缆两大类。

电力电缆主要用于传输和分配电能，主要有聚乙烯电缆、交联聚乙烯电缆、橡套电缆、预分支电缆、矿物绝缘电缆、低烟无卤阻燃（耐火）电缆等。

控制电缆主要用于连接电气仪表、传输操作电流、继电保护和自控回路以及测量等，一般运行电压在 1kV 以下，多芯且芯线截面面积小。

聚乙烯电缆性能较好，抗腐蚀，具有一定的机械强度，不延燃，制造加工简单，重量轻。

交联聚乙烯电缆具有泄漏电流小、介质损耗小、耐热性能突出、重量轻等优点，且安装、运行、维护方便。钢带铠装型还能承受一定的机械力。

橡套电缆柔软，适合于移动频繁、敷设弯曲半径小的场合。

预分支电缆由主干电缆、分支线、起吊装置组成。具有供电安全可靠、安装简便、占建筑空间小、故障率低和免维护等优点，广泛应用于中高层、超高层建筑竖井供电。

矿物绝缘电缆是一种无机材料电缆，电缆外层为无缝铜护套，护套与金属线芯之间是一层经紧密压实的氧化镁绝缘层。具有耐火、防爆、防水、操作温度高、使用寿命长、外径小、载流量大、机械强度高以及耐腐蚀性高等优点，但矿物绝缘电缆造价较高。

低烟无卤阻燃（耐火）电缆由于在不降低阻燃（耐火）等级的前提下，燃烧时释放的气体具有低烟、无卤、低毒的特点，特别适合使用在高层建筑、地铁、车站、机场、电站和商场等相对封闭或人员集中的重要建筑和设施内。

39.1.1 一 般 规 定

39.1.1.1 适用范围

适用于 10kV 及以下建筑电气电缆敷设。

39.1.1.2 常用技术数据

1. 常用电缆型号

电缆一般由线芯导体、绝缘层和保护层构成，电缆结构如图 39-1。线芯导体由多股铜或铝导线组成来输送电流；绝缘层用于线芯导体间和导体与保护层间的隔离；在绝缘层外包裹的覆盖层为保护层。电缆的

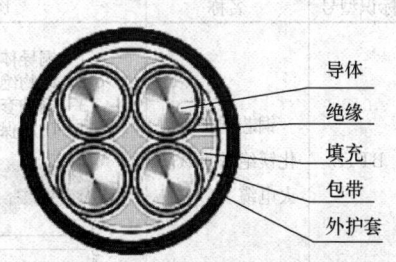

图 39-1 常见电缆结构示意图

保护层主要有金属护层、橡塑护层和组合护层三大类。

电缆型号由以下七部分组成：

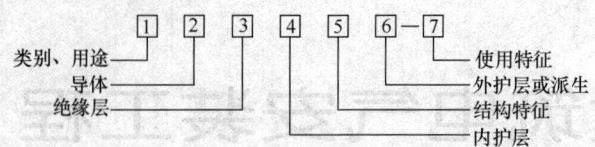

1~5项和第7项用拼音字母表示，高分子材料用英文名的首位字母表示，每项可以是1~2个字母；第6项是1~3个数字。第7项是各种特殊使用场合或附加特殊使用要求的标记，在"—"后以拼音字母标记。有时为了突出该项，把此项写到最前面，见表39-1。

电缆型号字母含义　　　　　　　　　　　表39-1

用途	导线材料	绝缘	内护层	结构特征	外护层或派生
K—控制电缆 Y—移动电缆 P—信号电缆 H—市内电话电缆	L—铝芯 T—铜芯（一般省略）	Z—纸绝缘 X—橡胶绝缘 V—聚氯乙烯 Y—聚乙烯 YJ—交联聚乙烯	Q—铅护套 L—铝护套 H—橡胶套（H） F—非燃性橡套 V—聚氯乙烯护套 Y—聚乙烯护套	D—不滴流 F—分相铅包 P—贫油式 C—重型	1—麻皮 2—钢带铠装 20—裸钢带铠装 3—细钢丝铠装 30—裸细钢丝铠装 5—单层粗钢丝铠装 11—防腐护层 12—钢带铠装有防腐层 120—裸钢带铠装有防腐层

2. 新型电缆型号介绍

（1）矿物绝缘电缆

矿物绝缘电缆又称防火电缆，由于设备对电力供应要求越来越高，矿物绝缘电缆起到避免设备损坏、火灾等情况发生，并且能避免二次灾害发生。

目前国内市场上主要有四种矿物绝缘电缆见表39-2：

1）由实心铜杆、氧化镁绝缘、无缝铜管护套构成（型号为BTTZ）；

2）由铜绞线、矿物化合物绝缘、矿物化合物护套构成（型号为BBTRZ）；

3）由铜绞线、氟云母带绝缘、铜带纵向包裹连续焊接护套构成（型号为YTTW）；

4）由铜绞线、金云母带绝缘、无缝铝管护套、隔氧层填充、隔离耐火层、低烟无卤护套构成（型号BTLY）。

常见四种矿物绝缘电缆对比　　　　　　　表39-2

标识型号	名称	图片及结构简介	优点	缺点
BTTZ	铜芯铜护套氧化镁绝缘重载防火电缆	1—铜导体 2—矿物绝缘材料（氧化镁） 3—铜护套 4—防腐保护外护套	完全防火，过载保护能力强，工作温度高防腐，防爆性能好，使用寿命长	投资成本高，接头处易受潮，施工难度大，施工工作量较大，防火效果最好，防撞击性强

标识型号	名称	图片及结构简介	优点	缺点
BBTRZ	柔性矿物绝缘电缆	1—铜导电线芯；2—绝缘层；3—隔热防火；4—外护层；5—耐火层	不易吸潮，绝缘性能更稳定，可多芯、定长生产，无需中间接头，结构柔性较好，便于弯曲，无需专用终端	防火性能较好，达到BS6387 CWZ防火要求，防撞击性无
BTLY (NG-A)	新型铝套连续挤包矿物绝缘电缆（隔离型柔性耐火电缆）	1—铜导体；2—金云母带绝缘材料；3—铝金属套；4—交联隔离套；5—Mg(OH)或Al(OH)耐火层；6—无卤低烟聚烯烃外护套	不易吸潮，可多芯定长生产，无需中间接头，无需专用终端	电缆结构相对复杂，防火性能较好，达到BS6387 CWZ防火要求，柔韧性强，防撞击性强
YTTW	柔性防火电缆	1—绞合铜导体；2—无机绝缘材料；3—无机纤维填充料；4—铜护套；5—外护套（可选）	不易吸潮，可多芯、定长生产，无需中间接头，无需专用终端，结构紧凑	成本较其他产品略高，柔韧性较好，大截面的电缆偏硬，防火性能较好，达到BS6387 CWZ防火要求，防撞击性弱

（2）低烟无卤电缆

阻燃或耐火电线电缆的型号由燃烧特性和电缆型号两部分组成，电缆型号由用途、材料和结构特征组成，见表39-3～表39-5。

电缆燃烧特性代号表　　　　　　　　　　　　　　　　表39-3

名称	阻燃A级	阻燃B级	阻燃C级	阻燃D级	耐火	无卤低烟
代号	ZA	ZB	ZC	ZD	N	WD

电缆用途代号表　　　　　　　　　　　　　　　　　　表39-4

名称	电力	控制	布线	数字传输
代号	省略	K	B	HS

电缆材料代号表　　　　　　　　表 39-5

名称	铜导体	聚氯乙烯绝缘	交联聚乙烯绝缘	聚烯烃护套	铜护套
代号	省略	V	YJ	Y(E)	T

如：交联聚乙烯绝缘聚烯烃护套阻燃 B 类阻燃低烟无卤电缆，3 芯，240mm²，表示为 WDZB-YJY3×240

(3) 预分支电缆

预分支电缆是由工厂预制成完整连续的成套电缆，在主干电缆规定部位按照要求，将主干电缆和分支电缆的导体，通过铜或铜合金管压缩连接，并进行完整的绝缘处理。垂直敷设时，其上端具有合适的起吊装置；水平敷设时，牵引构件可任选。起吊装置或牵引机构处的电缆端也应有完整的绝缘处理。

预分支电力电缆型号和规格含义见图 39-2。

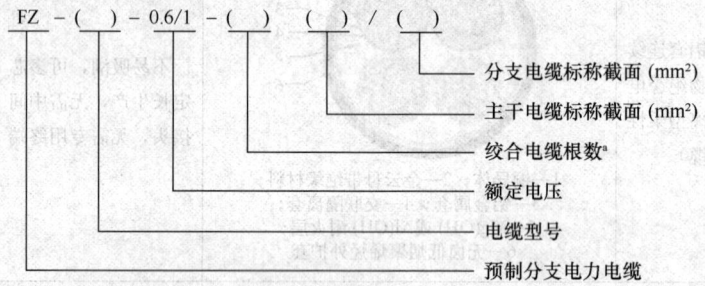

图 39-2　预分支电力电缆型号和规格含义

注：a 非绞合电缆省略。

3. 导体选择的一般原则和规定

(1) 导体材料选择：民用建筑宜采用铜芯电缆，下列场所应选用铜芯电缆。

1) 易燃、易爆场所；
2) 特别潮湿场所和对铝有腐蚀的场所；
3) 人员聚集较多的场所，如影剧院、商场、医院、娱乐场所等；
4) 重要的资料室、计算机房、重要的库房；
5) 移动设备或剧烈震动场所；
6) 有特殊规定的其他场所。

(2) 除上述情况外，电缆导体可选用铜或铝导体。

4. 电缆线路附属设施的施工

(1) 电缆导管

1) 管口应无毛刺和尖锐棱角，管口宜做成喇叭形。
2) 电缆管在弯制后，不应有裂缝和明显的凹瘪现象，其弯扁程度不宜大于管子外径的 10%；电缆管弯曲半径不应小于所穿电缆的最小允许弯曲半径。
3) 电缆管的内径与电缆外径之比不得小于 1.5，电缆钢导管的管径选择可参照表 39-6。
4) 每根电缆管的弯头不应超过 3 个，直角弯不应超过 2 个。

电缆钢导管管径选择表 表39-6

钢管直径 (mm)	四芯电力电缆截面积 (mm²)	纸绝缘三芯电缆截面面积 (mm²)		
		1kV	6kV	10kV
50	≤50	≤70	≤25	—
70	70～120	95～150	35～70	≤50
80	150～185	185	95～150	70～120
100	240	240	185～240	150～240

5) 金属电缆管严禁对口熔焊连接，宜采用套管焊接的方式，连接时应两管口对准、连接牢固、密封良好；套接的短套管或带螺纹的管接头的长度，不应小于电缆管外径的2.2倍；镀锌和壁厚小于2mm的钢导管不得套管熔焊连接。

6) 地下埋管距地面深度不应小于0.7m；在人行道下面敷设时，不应小于0.5m；与铁路交叉处距路基不宜小于1.0m；距排水沟底不宜小于0.3m；并列管间宜有不小于20mm的间隙。

(2) 电缆支架及桥架

1) 钢材应平直，无明显扭曲。下料误差应在5mm范围内，切口应无卷边、毛刺。

2) 支架焊接应牢固，无显著变形。各横撑间的垂直净距与设计偏差不应大于5mm。

3) 电缆支架的层间允许最小距离，见表39-7；层间净距不应小于2倍电缆外径加10mm，35kV及以上高压电缆不应小于2倍电缆外径加50mm。

电缆支架的层间允许最小距离值 (mm) 表39-7

电缆类型和敷设特征		支（吊）架	桥架
控制电缆明敷		120	200
电力电缆明敷	10kV及以下（除6～10kV交联聚乙烯绝缘外）	150～200	250
	6～10kV交联聚乙烯绝缘	200～250	300
	35kV单芯	250	300
	35kV三芯	300	350
电缆敷设于槽盒内		h+100	

注：h表示槽盒高度。

4) 电缆支架安装牢固，横平竖直。各支架的同层横挡应在同一水平面上，其高低偏差不大于5mm，托架支吊架沿桥架走向左右的偏差不大于10mm。电缆支架最上层及最下层至沟顶、楼板或沟底、地面的距离，见表39-8。金属电缆支架必须与保护导体可靠连接。

电缆支架最上层及最下层至沟顶、楼板或沟底、地面的距离 (mm) 表39-8

敷设方式	电缆隧道及夹层	电缆沟	吊架	桥架
最上层至沟内或楼板	300～350	150～200	150～200	350～450
最下层至沟底或地面	100～150	50～100	—	100～150

5) 电缆水平敷设需在电缆首末两端、转弯及接头的两端处固定；垂直敷设或超过45°敷设时，在每个支架上均需固定。电缆各支持点间的距离应符合设计规定，当设计无规定时，不应大于表39-9规定。

电缆各支持点间的距离（mm）　　　　　表 39-9

电缆种类		敷设方式	
		水平	垂直
电力电缆	全塑型	400	1000
	除全塑型外的中低压电缆	800	1500
	35kV 及以上高压电缆	1500	2000
控制电缆		800	1000

5. 电缆敷设的最小弯曲半径

电缆敷设的最小弯曲半径应符合表 39-10 规定。

电缆最小弯曲半径　　　　　表 39-10

电缆型式		电缆外径（mm）	多芯	单芯
控制电缆	非铠装型、屏蔽型软电缆	—	6D	—
	铠装型、铜屏蔽型	—	12D	—
	其他	—	10D	—
橡皮绝缘电力电缆		—		10D
塑料绝缘电缆	无铠装	—	15D	20D
	有铠装	—	12D	15D
铝合金导体电力电缆		—		7D
氧化镁绝缘刚性矿物绝缘电缆		<7		2D
		≥7，且<12		3D
		≥12，且<15		4D
		≥15		6D
其他矿物绝缘电缆		—		15D

注：D 为电缆外径。

6. 电缆预留附加长度的计算

电缆敷设长度应根据敷设路径的水平和垂直敷设长度按表 39-11 增加附加长度。

电缆预留附加长度表　　　　　表 39-11

序号	项目	预留长度（附加）	说明
1	电缆敷设弛度、波形弯度、交叉	2.5%	按电缆全长计算
2	电缆进入建筑物	2.0m	规范规定最小值
3	电缆进入沟内或吊架时引上（下）预留	1.5m	规范规定最小值
4	变电所进线、出线	1.5m	规范规定最小值
5	电缆终端头	1.5m	检修余量最小值
6	电缆中间接头盒	两端各留 2.0m	检修余量最小值
7	电缆进控制、保护屏及模拟盘等	高+宽	按盘面尺寸
8	高压开关柜及低压配电盘、箱	2.0m	盘下进出线
9	电缆至电动机	0.5m	从电机接线盒起算
10	厂用变压器	3.0m	从地坪起算
11	电缆绕过梁、柱等增加长度	按实计算	按被绕物的断面情况计算增加长度
12	电梯电缆与电缆架固定点	每处 0.5m	规范最小值

7. 电缆敷设的其他要求

(1) 三相四线制系统中应采用四芯电力电缆，不得采用三芯另加一根单芯电缆或导线、电缆金属护套作中性线；三相五线制亦应采用五芯电缆。

(2) 并联使用的电力电缆其长度、规格、型号应相同。

(3) 电缆进入电缆沟、隧道、竖井、建筑物、盘（柜）以及穿入管子时，出入口应封闭，管口应密封。

(4) 电缆防火封堵根据各不同情况可采用防火胶泥、耐火隔板、填料阻火包、防火帽等方式和方法，内容详见39章第11节。

39.1.1.3　材料质量要求

(1) 电缆及附件的规格、型号、长度应符合设计及订货要求，符合国家现行标准及相关产品标准的规定，并应有产品标识及合格证。

(2) 产品的技术文件应齐全。

(3) 电缆盘上应标明型号、规格、电压等级、长度、生产厂家等。

(4) 电缆外观不应受损，不得有错装压扁、电缆绞拧、护层折裂等机械损伤，电缆应绝缘良好、电缆封端应严密。

(5) 电缆终端头应是定型产品，附件齐全，套管应完好，并应有合格证和试验数据记录。

(6) 电缆及其附件安装用的钢制紧固件，除地脚螺栓外，应采用热镀锌或等同热镀锌性能的制品。

(7) 电缆在保管期间，电缆盘及包装应完好，标识应齐全，封端应严密。

(8) 电缆现场抽样检测一般要求：

绝缘导线、电缆等主要材料的进场验收需进行现场抽样检测。一般由材料供应商、采购单位、总包、监理等共同见证。

同厂家、同批次、同型号、同规格的，每批至少抽取一个样本；因有异议的绝缘导线、电缆，同厂家、同批次、不同规格的，应抽检10%，且不少于2个规格；当抽样检测结果出现不合格，可加倍抽样检测，仍不合格时，则该批材料应判定为不合格品，不得使用。

39.1.1.4　施工质量要求

(1) 电缆敷设前应按设计和实际路径计算每根电缆的长度，合理安排每盘电缆，减少电缆接头。

(2) 电缆排列整齐，少交叉，坐标和标高正确，标志桩、标志牌设置正确；电缆的首末端、分支处、人孔及工作井处应设电缆标志牌，注明线路编号，或者电缆型号、规格及起讫点；并联使用的电缆应有顺序号。标志牌的字迹清晰不易脱落。

(3) 交流单芯电缆或分相后的每相电缆不得单根独穿于钢导管内，固定用的夹具和支架不应形成闭合磁路。

(4) 电缆耐压试验及绝缘电阻测试需符合设计及施工规范要求。

(5) 竖井内高压、低压和应急电源的电气线路，相互之间应保持0.3m及以上距离或采取隔离措施，并分别设有明显标志。

39.1.2 直埋电缆敷设

直埋电缆敷设是将电缆线路直接埋设在地下0.7～1.5m间的土壤里的一种电缆敷设方式，具有投资小、散热好、施工周期短、经济便携、不影响美观等优点。

39.1.2.1 材料要求

(1) 直埋电缆宜选用钢带铠装（有麻被层）电缆，在有腐蚀性土壤的地区，应选用有塑料外护层的铠装电缆。

(2) 电缆到场查验产品合格证，合格证有生产许可编号，并应符合设计和规范要求。

(3) 除电缆外，查验各种电缆附件、电缆保护盖板、过路套管等主要材料，应有产品质量合格证明文件。

39.1.2.2 施工机具

(1) 挖掘机械，电缆倒运机械；

(2) 电缆牵引机械、滚轮、电缆敷设用支架等；

(3) 电工刀、喷灯、钢锯架、钢锯条、钢卷尺等；

(4) 兆欧表、直流高压试验器等。

39.1.2.3 工艺流程

测量放线→电缆沟开挖→电缆敷设→覆软土或细沙→盖电缆保护盖板→回填土→设电缆标志桩

39.1.2.4 电缆沟开挖

(1) 电缆线路路径上有可能使电缆受到机械性损伤、化学作用、地下电流、振动、热影响、腐蚀物质、虫鼠等危害的地段，应采取保护措施。开挖电缆沟时，应按复测确定的合理电缆线路走向，用白灰在地面上划出电缆走向的线路和电缆沟的宽度。拐弯处电缆沟的弯曲半径应满足电缆弯曲半径的要求。山坡上的电缆沟，应挖成蛇形曲线状，曲线的振幅为1.5m。

(2) 电缆沟的开挖宽，一般可根据电缆在沟内平行敷设时电缆间最小净距加上电缆外径计算，在同沟敷设一根电缆时，沟宽度为0.4～0.5m，敷设两根电缆时，沟宽度约为0.6m，每增加一根电缆，沟宽度加大170～180mm。

(3) 电缆沟开挖深度一般不小于850mm，同时还应满足与其他地下管线的距离要求。

(4) 各电压等级电缆同沟直埋敷设电缆沟如图39-3所示。

(5) 直埋敷设于非冻土地区时，电缆埋置深度应符合下列规定：

1) 电缆外皮至地下构筑物基础，不得小于0.3m；

2) 电缆外皮至地面深度，不得小于0.7m；当位于车行道或耕地下时，应适度加深，且不宜小于1m；在引入建筑物、与建筑物交叉及绕过地下建筑物处可浅埋，但应采取保护措施。

(6) 直埋敷设于冻土地区时，宜埋入冻土层以下，当无法深埋时可在土壤排水性好的干燥冻土层或回填土中埋设，也可采取其他防止电缆受到损伤的措施。

(7) 直埋敷设的电缆，严禁位于地下管道的正上方或下方。高电压等级的电缆宜敷设在低电压等级电缆的下面。电缆与电缆或管道、道路、构筑物等相互间容许最小距离，应符合表39-12的规定。

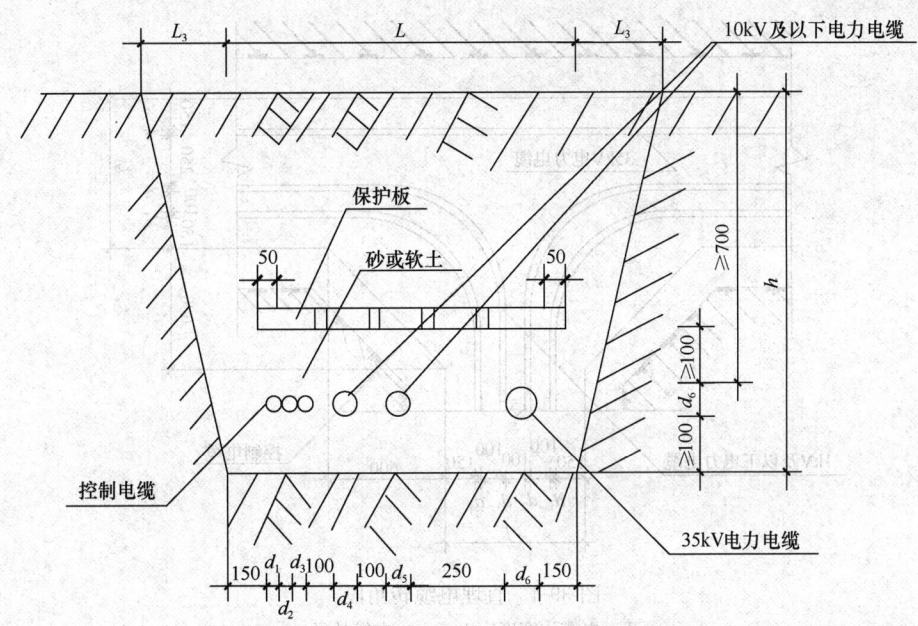

图 39-3 各电压等级电缆同沟直埋敷设
L—电缆壕沟宽度;$d_1 \sim d_6$—电缆外径;h—电缆沟深度

电缆与电缆或管道、道路、构筑物等相互间容许最小距离（m）　　表 39-12

直埋电缆敷设时的配置情况		平行	交叉
控制电缆之间		—	0.5*
电力电缆之间或其与控制电缆之间	10kV 及以下动力电缆	0.1	0.5*
	10kV 以上动力电缆	0.25**	0.5*
不同部门使用的电缆		0.5**	0.5*
电缆与地下管沟	热力管沟	2***	0.5*
	油管或易燃气管道	1	0.5*
	其他管道	0.5	0.5*
电缆与铁路	非直流电气化铁路路轨	3	1.0
	直流电气化铁路路轨	10	1.0
电缆与建筑物基础		0.6***	—
电缆与公路边		1.0***	—
电缆与排水沟		1.0***	—
电缆与树木的主干		0.7	
电缆与 1kV 以下架空线电杆		1.0***	
电缆与 1kV 以上线塔基础		4.0***	

注：* 用隔板或电缆穿管时可分为 0.25m；** 用隔板或电缆穿管时可为 0.1m；*** 特殊情况可酌减且最多减少一半值。

(8) 直埋电缆沟在转弯处应挖成圆弧形，以保证电缆的弯曲半径；直埋电缆转角段和分支段做法如图 39-4、图 39-5 所示。

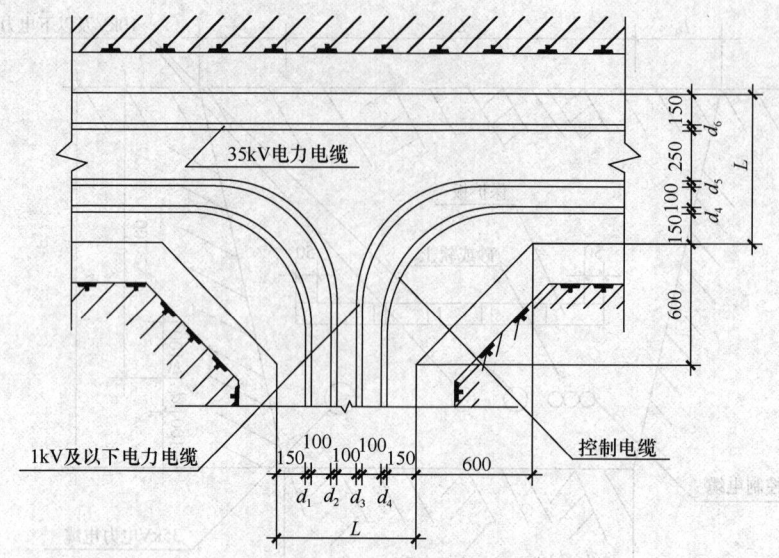

图 39-4 直埋电缆转角段
L—电缆沟宽度；$d_1 \sim d_6$—电缆外径

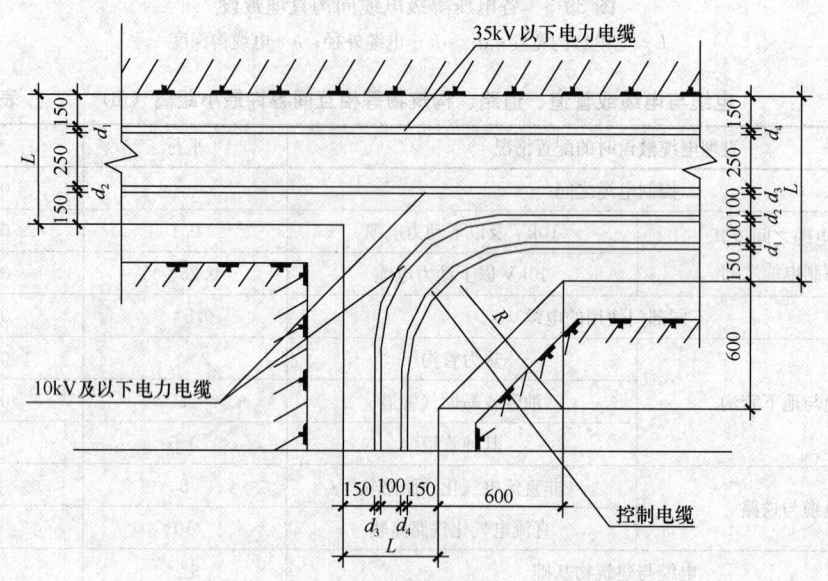

图 39-5 直埋电缆分支段
L—电缆沟宽度；$d_1 \sim d_4$—电缆外径；R—弯曲半径

电缆沟开挖全部完成后，应将沟底铲平夯实；再在铲平夯实的电缆沟铺上一层100mm 厚的细砂或软土，作为电缆的垫层。

39.1.2.5 电缆敷设

电缆沟内放置滚轮，其设置间距一般为 3~5m 一个，转弯处应加放一个，然后以人力牵引或机械牵引（大截面、重型电缆）的方式施放电缆。

电缆应松弛敷设在沟底，作蛇形或波浪形摆放，全长预留 1.0%~1.5%的余量，已补偿在各种运行环境温度下因热胀冷缩引起的长度变化；在电缆接头处也留有余量，为故障时的检修提供方便。

单芯电力电缆直埋敷设时，将单芯电缆按品字形排列，并隔1000mm采用电缆卡进行捆扎，捆扎后电缆外径按单芯电缆外径的2倍计算。控制电缆在沟内排列间距不作规定。

电缆与铁路、公路、城市街道、厂区道路交叉时，应敷设于坚固的保护管或隧道内。电缆管的两端宜伸出道路路基两边0.5m以上，伸出排水沟0.5m，在城市街道应伸出车道路面。

电缆敷设完毕，隐蔽工程验收合格后，回填料应分层夯实。在电缆上面覆盖一层100mm的细砂或软土，然后盖上保护盖板或砖，覆盖宽度应超出电缆两侧各50mm，板与板间连接处应紧靠。然后再向电缆沟内回填覆土，覆土前沟内若有积水应抽干，覆土要高出地面150～200mm，以备松土沉降。覆土完毕，清理场地。

直埋电缆在直线段每隔50～100m处、电缆接头处、转弯处、进入建筑物等处，应设置明显的方位标志或标示桩，以便于电缆检修时查找和防止外来机械损伤。

在每根直埋电缆敷设同时，对应挂装电缆标志牌。标志牌上应注明线路编号，当无编号时，应写明电缆型号、规格及起讫地点。标志牌规格宜统一，直埋电缆标志牌应能防腐，宜用2mm厚的（钢）铅板制成，文字用钢印压制，标志牌挂装应牢固。

直埋电缆标示桩，如图39-6所示。图中直埋电缆标示桩（一）采用C15钢筋混凝土预制，埋设于电缆壕沟中心；图中直埋电缆标示桩（二）采用C15钢筋混凝土预制，埋设于沿送电方向的右侧。

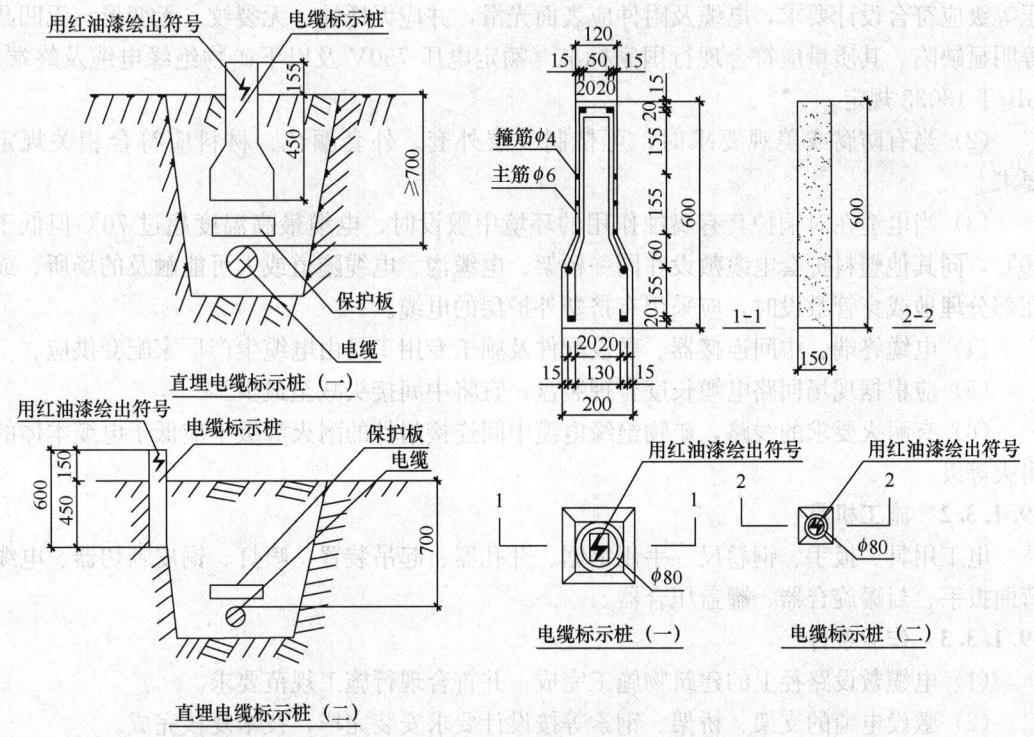

图39-6 直埋电缆标示桩

直埋电缆由电缆沟内引入建筑物的敷设时,应穿电缆保护管防护,保护管两端成喇叭口,如图39-7所示,图中为电缆弯曲半径。

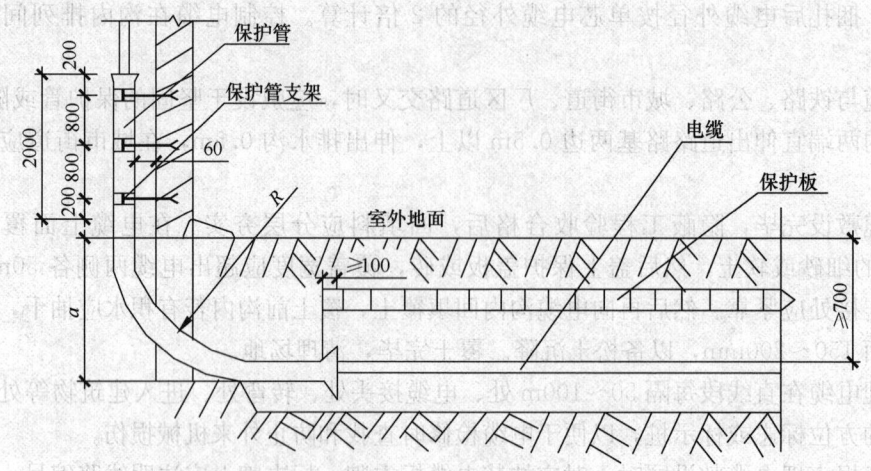

图39-7 直埋电缆由电缆沟内引入建筑物的敷设

39.1.3 矿物绝缘电缆敷设

39.1.3.1 材料要求

(1) 矿物绝缘电缆及其附件应有合格证、质量证明文件及产品标识;其规格型号及电压等级应符合设计要求,电缆及附件应表面光滑,并应无锈蚀、无裂纹、无变形、无凹凸等明显缺陷。其质量应符合现行国家标准《额定电压750V及以下矿物绝缘电缆及终端》GB/T 13033规定。

(2) 当有防腐或美观要求时,可挤制一层外套。外套颜色、材料应符合相关规定要求。

(3) 当电缆在对铜护套有腐蚀作用的环境中敷设时,电缆最高温度超过70℃但低于90℃,同其他塑料护套电缆敷设在同一桥架、电缆沟、电缆隧道或人可能触及的场所、或在部分埋地或穿管敷设时,应采用有挤塑外护层的电缆。

(4) 电缆终端、中间连接器、敷设配件及施工专用工具由电缆生产厂家配套供应。

(5) 应根据现场回路电缆长度合理装盘,宜将中间接头减至最少。

(6) 有耐火要求的线路,矿物绝缘电缆中间连接附件的耐火等级不应低于电缆本体的耐火等级。

39.1.3.2 施工机具

电工用具、扳手、钢卷尺、手用钢锯、开孔器、起吊装置、喷灯、铜皮剥切器、电缆弯曲扳手、封罐旋合器、罐盖压合器。

39.1.3.3 作业条件

(1) 电缆敷设路径上的建筑物施工完成,并符合现行施工规范要求。

(2) 敷设电缆的支架、桥架、钢索等按设计要求安装完毕,技术复核完成。

(3) 电缆及其配套部件均已到场,电缆外观检查完好,绝缘电阻测试符合标准规定要求。

39.1.3.4 工艺流程

电缆支架、桥架等敷设→现场测量订货→到货验收→电缆敷设→中间、终端接头制作→绝缘复测→终端头接线→通电试运行。

39.1.3.5 施工准备

(1) 组织施工人员进行技术培训和技术指导，使其充分了解矿物绝缘电缆特性、敷设要求、技术标准，特别是电缆接头制作方法、绝缘测试方法、步骤，使施工人员充分掌握关键节点施工技能，达到熟练操作；

(2) 熟悉图纸及设计要求，按照图纸及施工方案确定电缆型号、规格、走向、排列方式及敷设方式；单芯电缆敷设相序排列方式见表39-13；

单芯电缆敷设相序排列方式　　　　表39-13

敷设形式	三相三线	三相四线
单路电缆	L_1 / $L_2 L_3$; $L_1 L_2 L_3$	$L_1 N$ / $L_2 L_3$; $L_1 L_2 L_3 N$
两路平行电缆	d $2d$ d 排列；$L_1 L_2 L_3$ $L_1 L_2 L_3$	d $2d$ d 排列；$L_1 L_2 L_3 N$ $N L_1 L_2 L_3$
两路以上平行电缆	d $2d$ d $2d$ d 排列；$L_1 L_2 L_3$ $L_1 L_2 L_3$ $L_1 L_2 L_3$	d $2d$ d $2d$ d 排列；$L_1 L_2 L_3 N$ $L_1 L_2 L_3 N$ $L_1 L_2 L_3 N$

注：d—电缆外径。

(3) 复核电缆路径走向，路径应满足表39-10规定的电缆最小弯曲半径的要求；

(4) 计算敷设电缆所需长度时，应考虑留有不少于1%的余量；

(5) 电缆敷设前应矫直；

(6) 电缆敷设前应测试电缆的绝缘电阻，电缆绝缘电阻值不应小于100MΩ。

39.1.3.6 电缆敷设

1. 电缆敷设的一般要求

(1) 矿物绝缘电缆、终端和中间联接器的安装，应严格按图集《矿物绝缘电缆敷设》09D101-6或设计要求进行。

(2) 电缆在直线敷设的适当场合、过建筑物伸缩缝和沉降缝时，应采取补偿措施（如设置电缆膨胀环），电缆弯曲半径 R 应不小于电缆外径的6倍，见图39-8。

(3) 电缆在有振动源设备的布线，如电动机进线或发电机出线等，应将引至振动源设备接线盒处电缆弯成环形或"S"形，见图39-9。

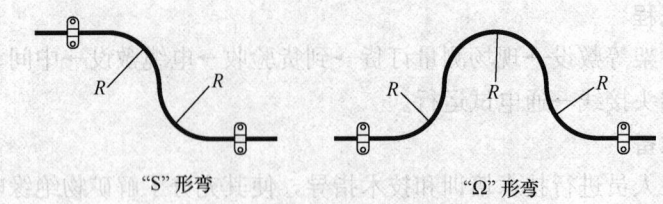

图 39-8 膨胀环

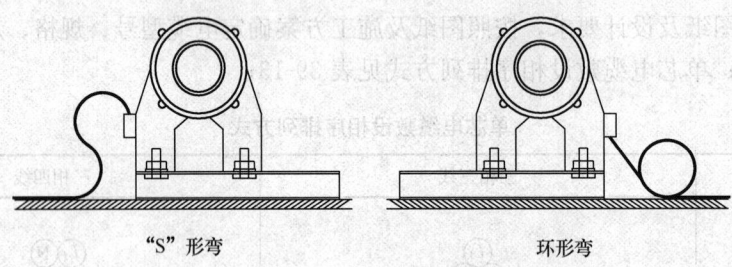

图 39-9 电缆防振措施

(4) 电缆敷设时,其固定点之间的间距,除支架敷设在支架处固定外,其余按表 39-14 规定固定。电缆弯曲时,在弯头两侧 100mm 处设置支架并用电缆卡子固定。

电缆固定点或支架间的最大距离(mm)　　　　表 39-14

电缆外径(mm)		$D<9$	$9 \leqslant D<15$	$15 \leqslant D \leqslant 20$	$D>20$
固定点间的最大间距	水平	600	900	1500	2000
	垂直	800	1200	2000	2500

电缆倾斜敷设时,电缆与垂直方向成 30°及以下时,按垂直间距固定;大于 30°时,按水平间距固定。

(5) 施工中,由于电缆绝缘氧化镁粉极易吸潮,电缆一旦锯开,应立即进行下道工序施工,否则电缆端部应及时做好防潮处理,并应做好标识。当有潮气侵入电缆端部,可用喷灯火焰直接对电缆受潮段进行加热驱潮,直到用 1000V 兆欧表测试电缆绝缘电阻达到 100MΩ 以上,才能进行中间联接器或终端安装。

(6) 在电缆终端和中间联接器安装过程中,要多次及时地测量电缆的绝缘电阻值。终端和中间联接器安装完成后,应经绝缘电阻测试达 20MΩ 以上才能使用。

(7) 电缆在接续端子前应可靠固定,电气元器件或设备端子不得承受电缆荷载;利用电缆铜护套作接地线时,应接地可靠。

(8) 电缆平行敷设时,如有多只中间联接器,其位置应相互错开。

(9) 交流系统单芯电缆敷设应采取下列防涡流措施:

1) 电缆应分回路进出钢制配电箱(柜)、桥架;

2) 电缆应采用非磁性材料固定,且不得形成闭合铁磁回路;

3) 当电缆穿过钢管(钢套管)或钢筋混凝土楼板、墙体的预留洞时,电缆应分回路敷设。

(10) 电缆穿管敷设时应有防铜护套损伤的措施,管内径应大于电缆外径(包括单芯成束的每路电缆外径之和)的 1.5 倍,单芯电缆成束后应按回路穿管敷设。

(11) 矿物绝缘电缆宜穿直通管,长度超过30m的直通管应增设检修井或接线箱。

(12) 终端的芯线相序连接正确,色标明显(特别是单芯电缆在敷设时要做好标识,电缆终端施工前要核对相序),电缆首末、分支处、中间接头、拐弯处及竖井两端及人孔井内等处应设电缆标志牌,标志牌规格应统一,字迹清晰不易脱落,标牌做防腐处理,挂装应牢固。且标牌上应注明线路编号、规格、型号及电压等级、起讫地点。

(13) 电缆铜护套、敷设电缆的支吊架、金属桥架及金属保护管应可靠接地,当采用无挤塑外护层电缆敷设在潮湿环境时,支吊架与电缆铜护套直接接触的部位应采取防电化腐蚀措施;当采用无挤塑外护层电缆敷设于人体易触及的部位时,电缆与伸臂范围内的金属物体应做辅助等电位联结。

(14) 当电缆铜护套作为保护导体使用时,终端接地铜片的最小截面积不应小于电缆铜护套截面积。

(15) 当电缆穿越不同防火分区时,其洞口应采用不燃材料进行封堵。

2. 电缆敷设

(1) 电缆在水平桥架内敷设,见图39-10;电缆在桥架横断面的填充率应符合:电力电缆不应大于40%,控制电缆不应大于50%,分支处应单独设置分支箱且安装位置应便于检修。

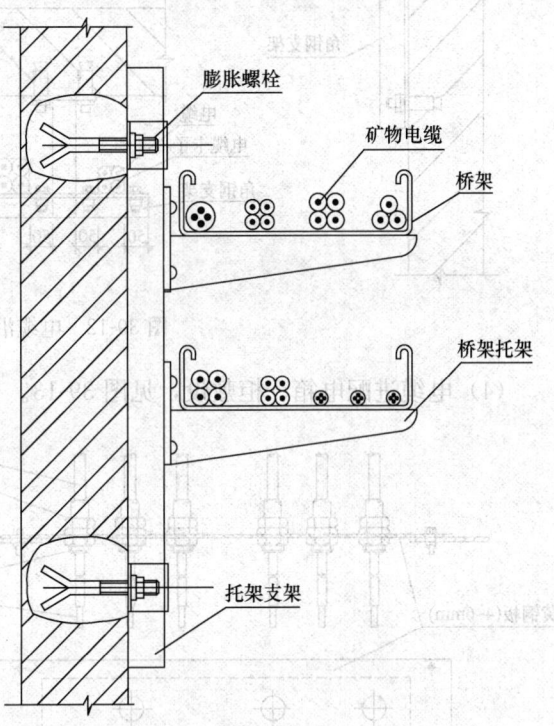

图39-10 电缆在水平桥架内敷设

(2) 电缆在电缆隧道和电缆沟内敷设,见图39-11。

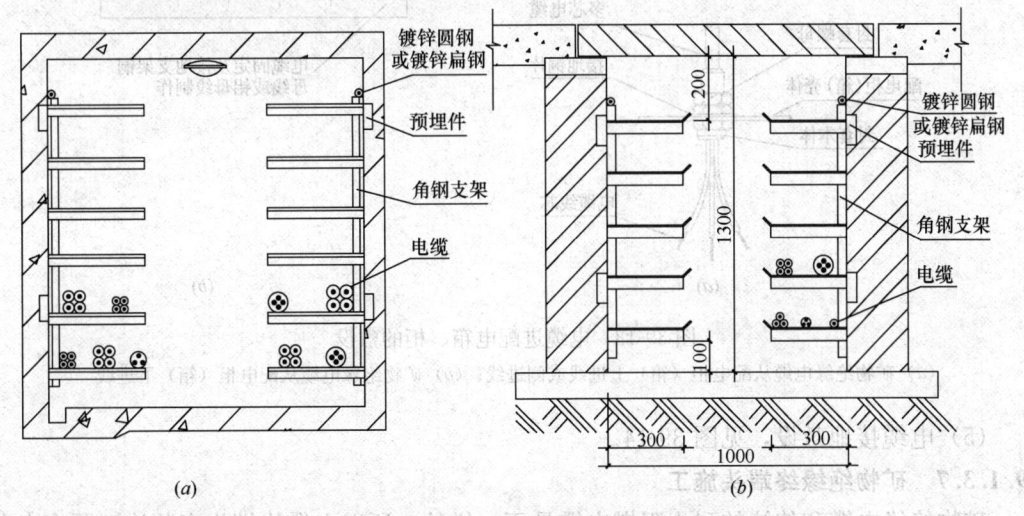

图39-11 电缆在电缆隧道或电缆沟内敷设
(a) 电缆在电缆隧道内敷设;(b) 电缆在电缆沟内敷设

(3) 电缆沿支架敷设,见图39-12。

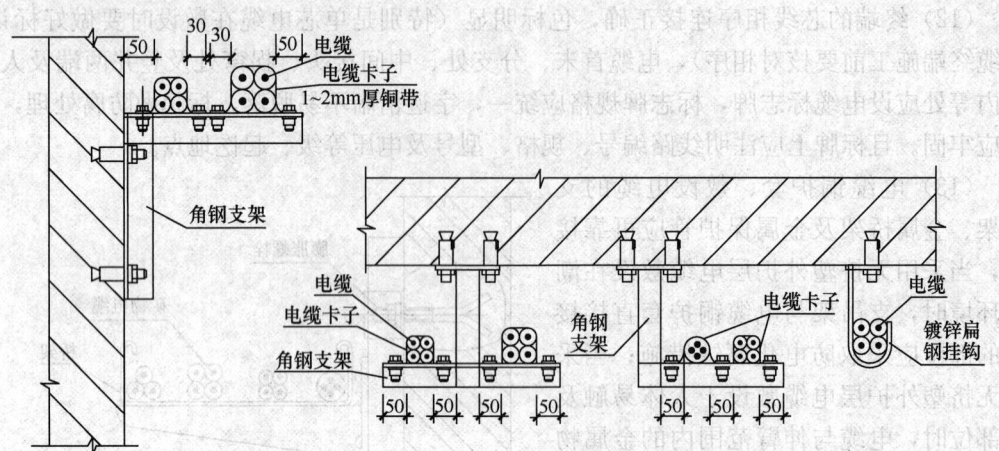

图39-12 电缆沿支架敷设

(4) 电缆进配电箱、柜敷设,见图39-13。

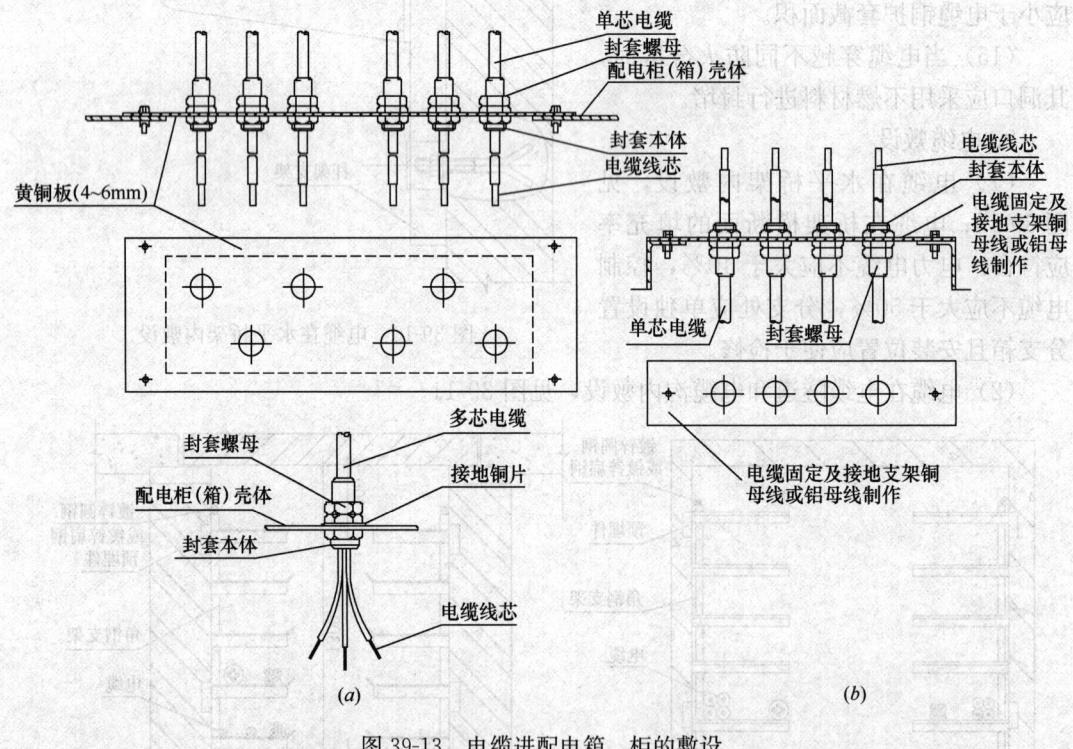

图39-13 电缆进配电箱、柜的敷设
(a) 矿物绝缘电缆从配电柜(箱)上进线或侧进线;(b) 矿物绝缘电缆从配电柜(箱)下进线

(5) 电缆接地敷设,见图39-14。

39.1.3.7 矿物绝缘终端头施工

矿物绝缘电缆和传统的耐火阻燃电缆是不一样的,所以电缆终端头安装施工要有专业的技术指导或按厂家说明书的要求及流程来操作。

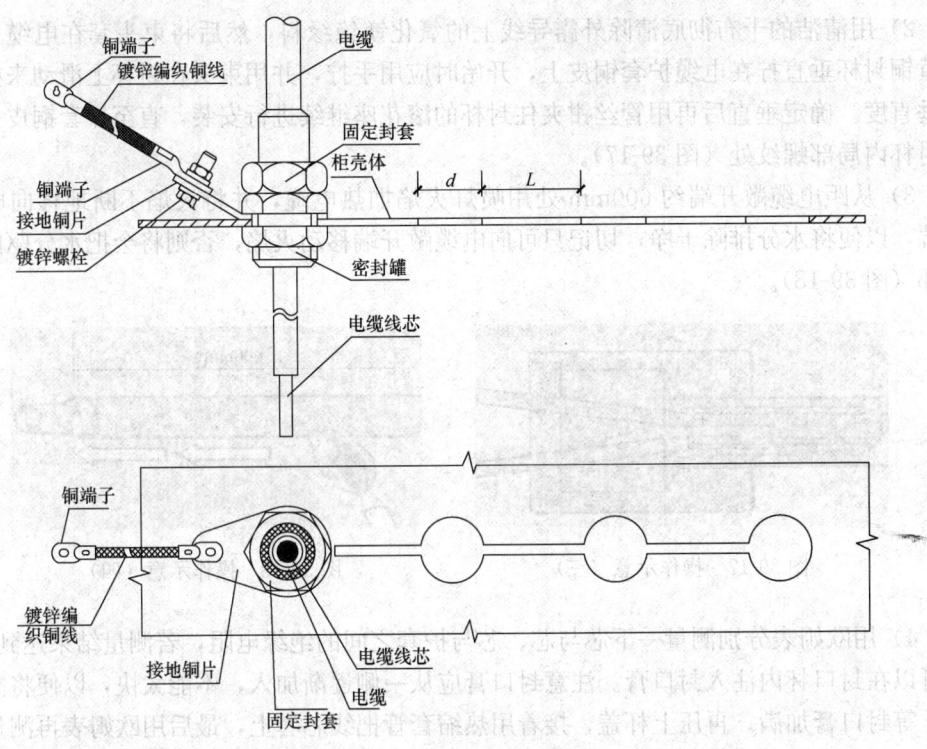

图 39-14 电缆接地敷设示意图

(1) 电缆在通电使用前，需采用一种永久性的终端将电缆与电气设备相连接；终端有两种作用：

1) 能使电缆绝缘材料（氧化镁）与外界隔离起密封作用。
2) 将电缆连接到开关柜或用电设备上起固定作用。

因而终端由两部分构成：

3) 密封部分：一般由黄铜罐（或热收缩管）、罐盖、密封材料和导体的绝缘套管所组成。
4) 压盖部分：一般由压盖本体、压缩环和压盖螺母组成。

(2) 矿物绝缘电缆终端头安装施工方法：

1) 将电缆按所需长度先用管子割刀在上面割一道痕线（铜护套不能割断），见图 39-15。再用斜口钳将护套铜皮夹在钳口之间按顺时针方向扭转，以一步步地夹住护套铜皮的边并以较小角度进行转动剥离，直至割痕处（图 39-16）。

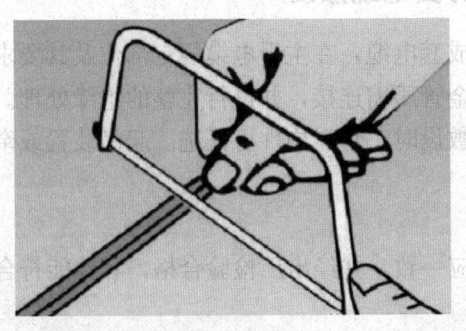

图 39-15 操作示意（一）

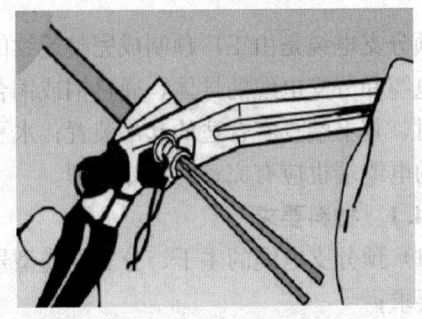

图 39-16 操作示意（二）

2) 用清洁的干布彻底清除外露导线上的氧化镁绝缘料，然后将束头套在电缆上，并将黄铜封杯垂直拧在电缆护套铜皮上，开始时应用手拧，并用束头在封杯上滑动来检查杯的垂直度。确定垂直后再用管丝钳夹住封杯的滚花座继续进行安装，直至护套铜皮一端低于封杯内局部螺纹处（图 39-17）。

3) 从距电缆敞开端约 600mm 处用喷灯火焰加热电缆，并将火焰不断地移向电缆敞开端，以便将水分排除干净，切记只可向电缆敞开端移动火焰，否则将会把水分驱向电缆内部（图 39-18）。

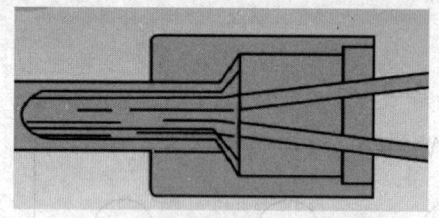
图 39-17 操作示意（三）

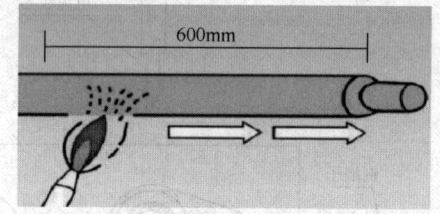
图 39-18 操作示意（四）

4) 用欧姆表分别测量一下芯与芯、芯与护套之间的绝缘电阻，若测量结果达到要求，则可以在封口杯内注入封口膏。注意封口膏应从一侧逐渐加入，不能太快，以便将空气排尽。等封口膏加满，再压上杯盖，接着用热缩套管把线芯套上，最后用欧姆表再测量一下绝缘电阻，如果绝缘偏低，则重新再做一次（图 39-19）。

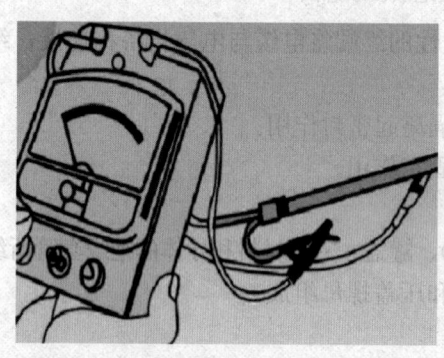
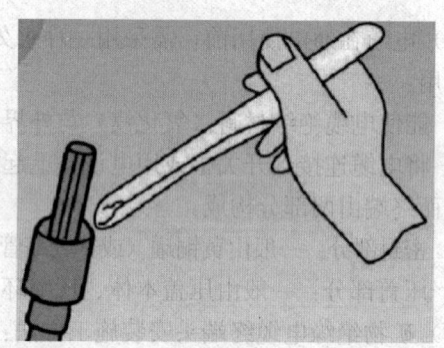
图 39-19 操作示意（五）

39.1.4 预分支电缆敷设

预分支电缆是由工厂预制成完整连续的成套电缆，在主干电缆规定部位及其要求，将主干电缆和分支电缆的导体，通过铜或铜合金管压缩连接，并进行完整的绝缘处理。垂直敷设时，其上端具有合适的起吊装置；水平敷设时，牵引构件可任选。起吊装置或牵引机构处的电缆端也应有完整的绝缘处理。

39.1.4.1 材料要求

（1）预分支电缆的主干、分支电缆型号应一致，并经出厂检验合格，其性能符合国家标准要求；

（2）主、分电缆外径尺寸均匀，符合产品标准，表面标识清晰、耐擦、光洁、平整、色泽均匀、无划痕等与良好产品不相称的缺陷；

（3）预分支电缆及其附件规格、型号等应符合设计图纸要求，技术资料齐全，并有出厂合格证；

（4）预分支电缆的安装配件由厂家配套提供。

39.1.4.2　施工机具

卷扬机、吊具、滑轮、电工工具、扳手、吊钩等。

39.1.4.3　作业条件

（1）电缆敷设路径及路径支持件（如支架、桥架等）已完成，符合设计及规范要求，验收通过；

（2）根据电缆的敷设方式，相应构筑物（如竖井、电缆沟、隧道等）应完成，并符合设计相关规定要求；

（3）高层及超高层建筑竖井敷设时，应留有电缆及施工机具运输通道，可选择由上往下敷设或由下往上敷设；

（4）应根据高层及超高层建筑吊运工具尺寸、规格要求，合理装盘。

39.1.4.4　工艺流程

电缆支吊架或桥架安装→电缆长度测量→主干电缆敷设固定→分支电缆敷设固定→电缆接线测试→通电试运行。

39.1.4.5　施工准备

（1）电气竖井预留洞大小和位置经过技术复核，符合设计要求；

（2）根据电缆的敷设方式，完成电缆支持件（如支架、桥架等）的施工，并通过验收；

（3）预分支电缆订货选型时，向生产厂家提出主干电缆和各分支电缆的规格与长度、建筑物楼层层高剖面图、分支接头距离楼层地坪高度以及分支电缆进楼层配电箱的进线方式；

（4）卷扬机、滑轮等施工机具按施工方案布置完毕。

39.1.4.6　电缆敷设

1. 一般要求

（1）预分支电力电缆导体的最高额定温度：交联聚乙烯绝缘为90℃，聚氯乙烯绝缘为70℃。

（2）当预制分支电力电缆垂直敷设时，为了保证强度，主干电缆的导体标称截面不宜小于10mm^2，而水平敷设时，主干电缆标称截面可按需要选定。

（3）聚氯乙烯绝缘预制分支电力电缆敷设时环境温度不应低于0℃，允许弯曲半径为电缆外径的30倍；交联聚乙烯绝缘预制分支电力电缆允许弯曲半径为电缆外径的30倍。

（4）预分支电缆若为单芯电缆时，应考虑防止涡流效应，禁止使用封闭导磁金具夹具。

（5）预制分支电缆布线，分支电缆的长度不应大于3m，如不能满足要求应在不超过3m处装设过电流保护装置。

（6）预分支电缆敷设穿越不同防火分区时，应采取相应的防火封堵措施，并符合设计要求。

(7) 电缆敷设完成后,在首末端、分支处挂上电缆标牌。
(8) 电缆敷设时,待主干电缆安装固定后,再将分支电缆绑扎解开,安装时不应过分强拉分支电缆。

2. 敷设方法

(1) 分支电缆吊装方法,见图 39-20。
(2) 分支电缆在竖井内安装:
1) 支架敷设,见图 39-21;
2) 竖井桥架内敷设,见图 39-22。

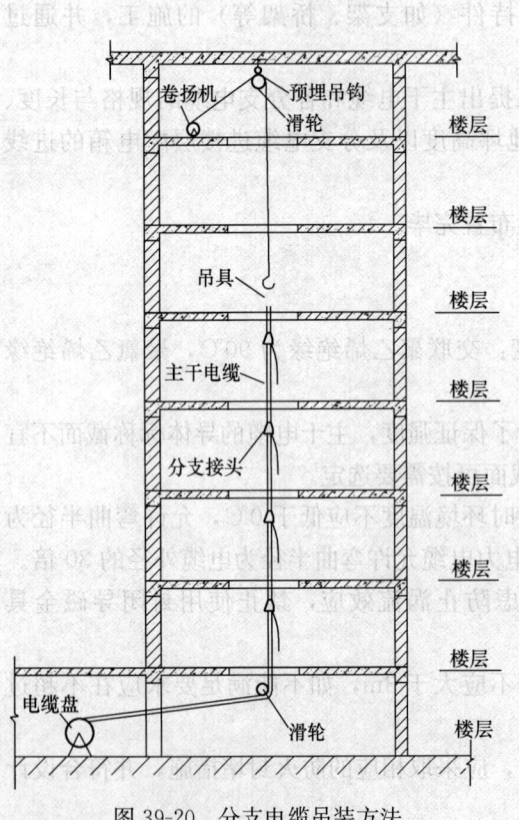

图 39-20 分支电缆吊装方法

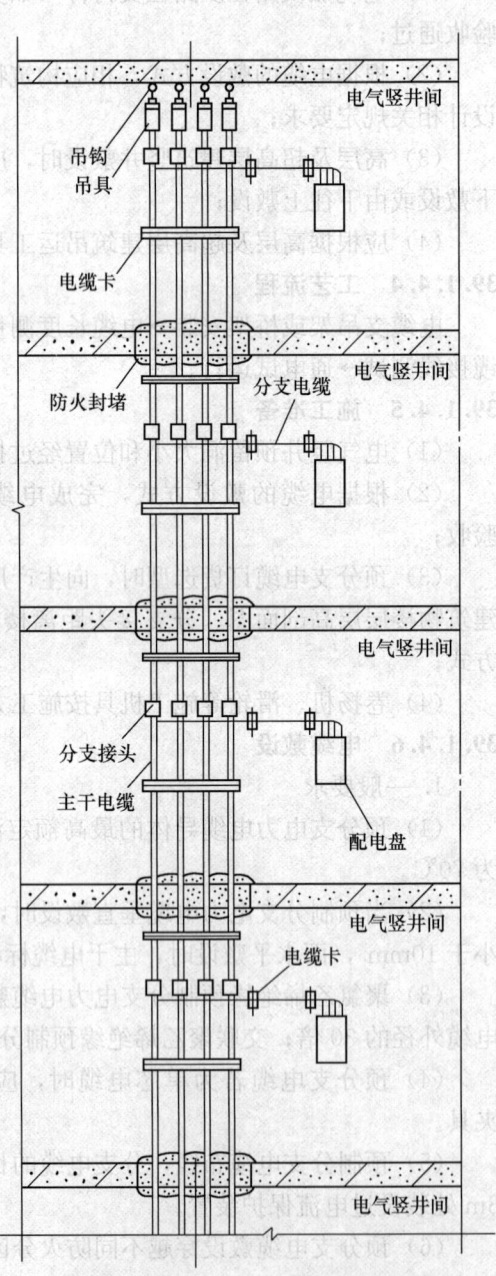

图 39-21 分支电缆在竖井支架敷设

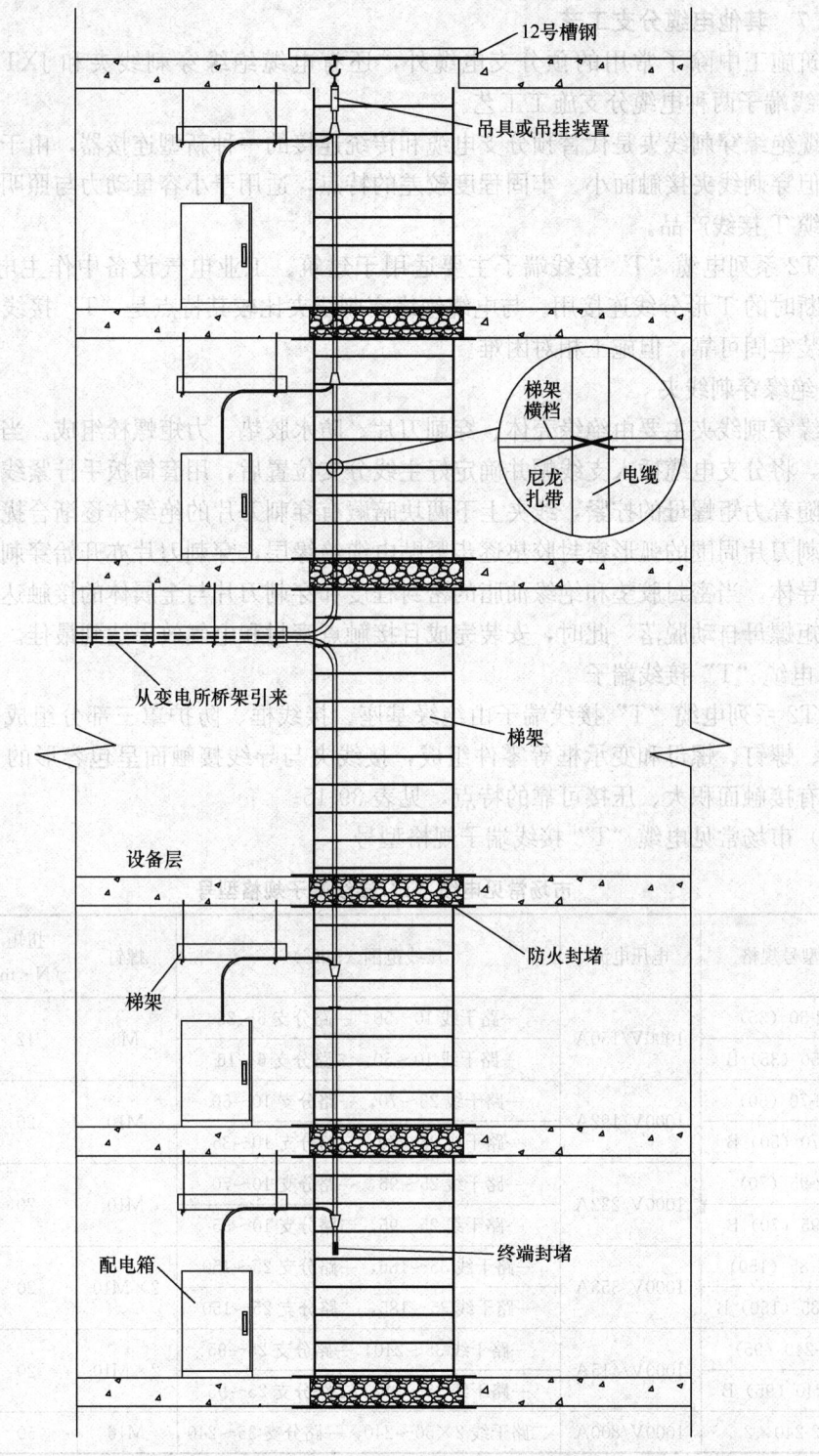

图 39-22 分支电缆竖井桥架内敷设

注：1. 设备层往下敷设的电缆，应在桥架每根横担上绑扎固定，设备层往上敷设的电缆，桥架内绑扎间距不大于 1m；

2. 上层至设备层预分支电缆应由上往下吊装敷设，下层至设备层预分支电缆应由下往上吊装敷设。

39.1.4.7 其他电缆分支工艺

建筑施工中除了常用的预分支电缆外，还有电缆绝缘穿刺线夹和 JXT2 系列电缆"T"接线端子两种电缆分支施工工艺。

电缆绝缘穿刺线夹是代替预分支电缆和传统连接的一种新型连接器，由于其施工简单快捷，但穿刺线夹接触面小、牢固程度较差的特点，适用于小容量动力与照明供电系统的新型电缆 T 接线产品。

JXT2 系列电缆"T"接线端子主要适用于建筑、工业电气设备中作主电缆（干线）不能切断时的 T 形分线连接用。与电缆绝缘穿刺线夹比较其特点是"T"接线端子接触面大，安装牢固可靠，但施工相对困难。

1. 绝缘穿刺线夹

绝缘穿刺线夹主要由绝缘壳体、穿刺刀片、防水胶垫、力矩螺栓组成。当作电缆分支连接时，将分支电缆插入支线帽并确定好主线分支位置后，用套筒扳手拧紧线夹上的力矩螺母，随着力矩螺母的拧紧，线夹上下两块暗藏有穿刺刀片的绝缘体逐渐合拢，同时，包裹在穿刺刀片周围的弧形密封胶垫逐步紧贴电缆绝缘层，穿刺刀片亦开始穿刺电缆绝缘层及金属导体。当密封胶垫和绝缘油脂的密封程度和穿刺刀片与金属体的接触达到最佳效果时，力矩螺母自动脱落，此时，安装完成且接触点密封和电气效果达到最佳。

2. 电缆"T"接线端子

JXT2 系列电缆"T"接线端子由绝缘基座、接线框、防护罩三部分组成，接线框由导线夹、螺钉、螺母和变承框等零件组成，接线夹与导线接触面呈包容形的犬牙交错结构，具有接触面积大、压接可靠的特点，见表 39-15。

（1）市场常见电缆"T"接线端子规格型号

市场常见电缆"T"接线端子规格型号　　　　　表 39-15

产品型号规格	电压电流	压线范围（mm²）	螺钉	扭矩（N·m）	剥线长度（mm）
JXT2-50（35）	1000V/150A	一路干线 10～50，一路分支 6～35	M8	12	25/25
JXT2-50（35）B		一路干线 10～50，二路分支 6～16			
JXT2-70（50）	1000V/192A	一路干线 25～70，一路分支 10～50	M10	20	30/30
JXT2-70（50）B		一路干线 25～70，二路分支 10～35			
JXT2-95（70）	1000V/232A	一路干线 25～95，一路分支 10～70	M10	20	30/30
JXT2-95（70）B		一路干线 25～95，二路分支 10～35			
JXT21-85（150）	1000V/353A	一路干线 35～185，一路分支 25～150	2×M10	20	50/50
JXT2-185（150）B		一路干线 35～185，二路分支 25～150			50/25
JXT2-240（95）	1000V/415A	一路干线 35～240，一路分支 25～95	2×M10	20	50/50
JXT2-240（95）B		一路干线 35～240，二路分支 25～95			50/25
JXT2-240×2	1000V/800A	二路干线 2×50～240，一路分支 35～240	M16	50	45/45

（2）工艺流程

现场材料、工具、安装条件检查→干、支线电缆敷设→T 形端子选型→电缆绝缘剥除→取下防护罩、导线夹→装入主线→安装固定导线夹→装入分支线→"T"接线端子压接处理→电缆整理、挂标志牌→绝缘测试。

(3) 施工方法

1) 电缆分接前准备工作，由于同一桥架内有多根电缆，分接前要仔细检查，核实需分接的电缆，并检查干、支线电缆外观，确保完好无损，无机械损伤，无明显皱折和扭曲现象，电缆外皮绝缘层无老化及裂纹现象。

2) 对压接点做预处理，选择与电缆型号匹配的"T"接线端子，确保其与所接电缆干、支线截面匹配，以免出现压接质量问题，并检查"T"接线端子外观无破损，各附件齐全完好。

3) 干线电缆外绝缘剥除，外绝缘剥取长度要根据芯线压接点排列，总长度严格控制，剥电缆线芯要使用专用剥线工具，严防线芯受损。"T"接线端子分接不需要切断干线电缆。

4) 支线电缆外绝缘剥除，选取支线电缆内各芯线分接位置要预先进行考虑，确定支线电缆分接需用长度后，选择最捷径分支点，再进行外绝缘剥除，减少支线电缆浪费，做好支线电缆头，封闭处理。

5) 支电缆内绝缘剥除，剥取长度要严格按端子压接长度量取。现场要严格控制，不得剥取过长，导致线芯裸露在端子外；也不得剥取过少，导致线芯压接不实；剥除内绝缘时不得损伤电缆线芯，以免影响电缆载流量。

6) 对干、支线电缆芯线分别进行压接处理，在压接前特别注意要进行相序核对，即干线 L_1 相与支线 L_1 相压接，干线 L_2 相与支线 L_2 相压接，依次类推。

7) 将干、支线压入端子中，确保干线在下、支线在上的压接原则，先在端子内装入主干线，之后安装固定导线夹，其次在端子内装入支线，最后将干、支线电缆分支处压接固定牢固。

8) 压接完毕后，端子密封固定。到此，电缆干、支线分接的其中一对芯线分接完毕，其他各芯线做法相同。全部压接完毕后，电缆按回路排列。固定牢固，同一回路电缆各压接端子位置错开排列，电缆在桥架内根据缆径大小选用塑料绑扎带固定，固定点间距2m。

9) 电缆分支连接后，需对电缆的绝缘电阻进行摇测，低压电线和电缆，线间和线对地间的绝缘电阻值必须大于 $0.5M\Omega$，检查合格后挂标志牌。

39.1.5 超高层建筑垂直电缆敷设

现在的超高层建筑一般都将副变电所分布设计在大楼的不同位置，采用10kV电缆从建筑底层高压变电所直供至相应楼层的副变电所。高压电缆垂直段布设在强电井道中，通常采用一次性超高敷设的方法，尽量减少接头，既降低了成本又节省了工期，但同时也引发了一系列施工难题。一方面，垂直段超高、电缆一次性敷设较重，造成了电缆摇摆幅度较大、易被自身重量拉伤的风险。另一方面，强电井空间相对狭窄，无法设置大吨位、大容绳量的卷扬机，施工人员也不易进出操作，在电缆数量密集的井道中，电缆绝缘皮也容易被洞口划伤破坏。国内超高层建筑成功应用的电缆敷设技术主要有如下三种：垂吊式电缆敷设法、钢丝绳牵引法、阻尼缓冲器法。

(1) 垂吊式电缆敷设

超高层垂吊式电缆是一种特殊结构电缆，电缆在垂直敷设段带有3根钢丝绳，并配吊装圆盘。钢丝绳用扇形塑料包覆，并与三根电缆芯绞合，水平敷设段电缆不带钢丝绳。垂吊式电缆是一种新材料，可替代传统的铠装电力电缆，自身可承受较大的拉力，缆体受力均匀，可以按常规方法敷设，不用考虑超高层因素，敷设安装所需的空间小、效率高，但垂吊式电缆采购周期长、成本高。典型应用如上海环球金融中心工程。

(2) 钢丝绳牵引法

在电缆垂直敷设段的上部楼层设置卷扬机，利用吊具抱箍、卡具等把电缆分段固定到钢丝绳上，卷扬机通过提升钢丝绳提升电缆，电缆垂直吊装过程中主要是钢丝绳受力，在电缆敷设到位后，依次拆除吊具、抱箍卡具。这种方法对井道空间要求小，采用小型卷扬机提供牵引力，把电缆分段抱箍在钢丝绳上，解决了牵引力、电缆自重大于电缆抗拉能力而引起电缆变形或破坏。目前，钢丝绳牵引法垂直敷设技术应用最广，施工组织灵活，牵引设备易获得，但需要加主吊绳，对吊具、抱箍卡具及施工人员素质要求较高。典型工程应用如央视新台址、上海中心大厦、广州新电视塔工程。

(3) 阻尼缓冲器法

阻尼缓冲器法垂直敷设是利用高位势能把电缆由上往下输送，阻尼缓冲器由3个轮子和型钢支架组成，分段设置阻尼缓冲器以确保安全的下放速度。阻尼缓冲器法垂直敷设所需装置简易、成本低、人工少、安全，且能有效避免电缆损伤，但对施工人员的操作熟练程度要求高，对现场条件和施工组织要求较高。在塔式起重机拆除前，利用塔式起重机把电缆盘吊运至上面楼层，通常电缆盘在楼层中放置时间较长，因此保护成本提高，近期较少使用此方法。典型应用如广东国际大厦工程。

39.1.6 母线槽安装

母线槽为所有类型的负载配电和输送电能，适用于工业、商业或类似用途，导体系统形式的封闭成套设备。该导体系统由管道、槽或相似外壳中绝缘材料间隔和支撑的母线构成。母线槽在建筑施工中的常规应用见图39-23。

39.1.6.1 材料要求

(1) 选用母线槽时应综合考虑使用环境、负载性质、经济截面、安装条件等因素。母线槽应选用具有3C强制认证标记的产品，并有型式试验报告。

母线槽的外壳防护等级选择应符合设计，室内普通场所不低于IP40等级，室内有防溅水要求的场所不低于IP54等级，室内潮湿场所或有防喷水要求的场所采用IP65及以上等级，对于不低于IP54防护等级的外壳应检查相应的检测报告。常见防护等级含义如下：

IP40——"4"表示防止直径不小于1mm的固体异物进入壳内，"0"表示无防护。

IP42——"4"表示防止直径不小于1mm的固体异物进入壳内，"2"表示防止15°滴水进入。

IP54——"5"表示防尘，"4"表示防溅水。

IP65——"6"表示尘密，"5"表示防喷水。

(2) 母线槽常见的有：密集绝缘插接母线槽（CMC）、空气绝缘型封闭母线槽（FMC）、高强度封闭母线槽（CFW）、高压共箱母线槽（GM）、铝壳母线槽（AMC2）、防火母线槽（NHMC）、高强封闭母线（2A）、CKX2系列封闭母线槽、照明母线槽、KFM型母线槽、KFM-4A分离绝缘母线等。

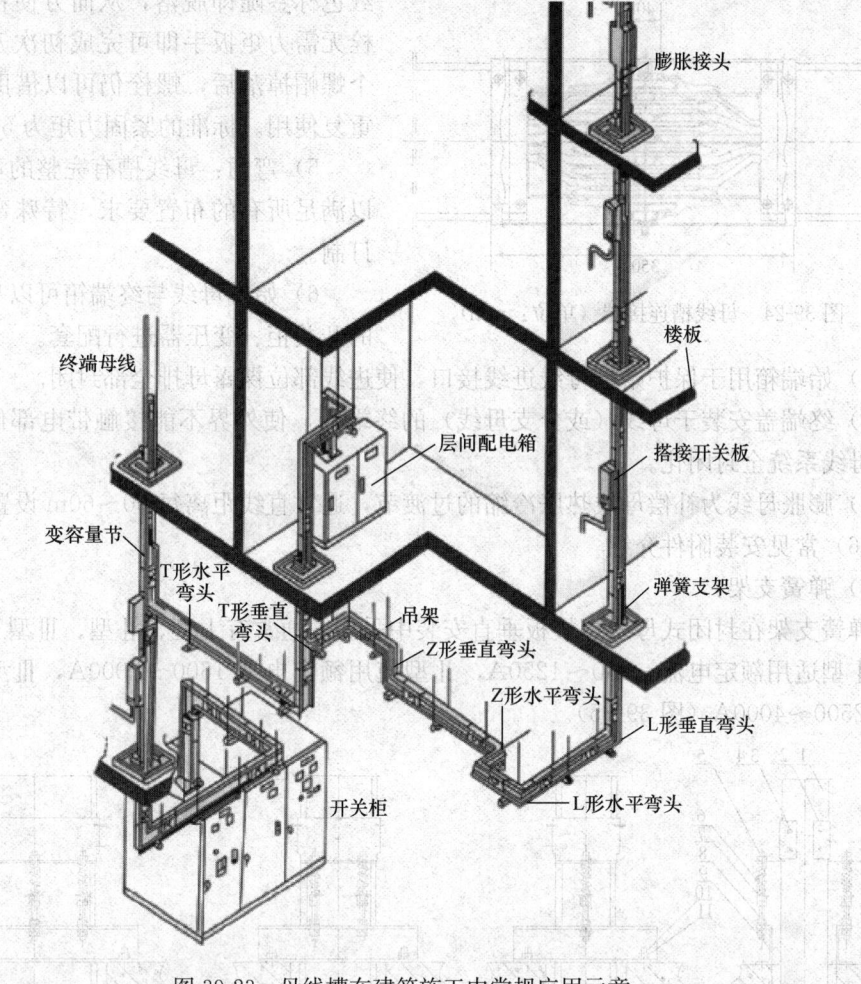

图 39-23 母线槽在建筑施工中常规应用示意

(3) 母线槽水平安装,且支架能根据需要设置时,宜采用长度为3m左右的母线槽。垂直安装时,应根据楼层高度确定。

(4) 母线槽开箱时应检查下列项目:

1) 产品合格证和出厂检验报告的对象与实物一致,本体和附件与发货单相符。

2) 外观无损坏、变形等缺陷,表面防腐层色泽一致,母线端部绝缘层完整。

3) 母线截面及材质符合设计要求,每节母线槽的绝缘电阻不低于 20MΩ。

(5) 常见功能单元介绍:

1) 馈入式直线段,承载来自电源的电流,不设插接口,标准长度 L 为 3m 或 4m,最小长度 0.4m。

2) 插入式直线段:标准长度为 3m 或 4m,最小长度为 1m。插入式母线槽插接口设置灵活,双面都可以设插口。3m长标准段单侧最多可以配置 4 个插口。

3) 连接器:常见有带双头力矩剪切螺栓的专用连接器,当达到正确的力矩值时,顶部螺栓头将断开,确保了接头连接紧固可靠(图 39-24)。

4) 双头力矩剪切螺栓:当达到正确的力矩值,连接器被拧紧时,顶部螺栓头将断开,

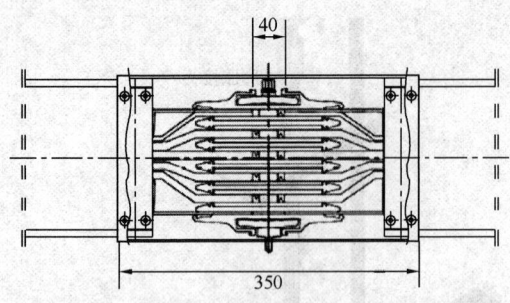

图 39-24 母线槽连接器（单位：mm）

红色标签随即脱落，从而方便检查。该螺栓无需力矩扳手即可完成初次安装。第一个螺帽掉落后，螺栓仍可以借助力矩扳手重复使用。标准的紧固力矩为 68N·m。

5）弯通：母线槽有完整的弯通单元可以满足所有的布置要求，特殊弯通均可以订制。

6）始端母线与终端箱可以与任何型号的开关柜、变压器进行配套。

7）始端箱用于保护始端母线进线接口，使进线部位裸露母排全部封闭。

8）终端盖安装于母线（或分支母线）的终端处，使外界不能接触带电部位，从而使整个母线系统全封闭化。

9）膨胀母线为补偿母线热胀冷缩的过渡节，通常直线距离每 50~60m 设置一处。

（6）常见安装附件介绍

1）弹簧支架：

弹簧支架在封闭式母线穿楼板垂直安装中采用，通常有Ⅰ型、Ⅱ型、Ⅲ型三种安装方式，Ⅰ型适用额定电流：250~1250A，Ⅱ型使用额定电流 1600~2000A，Ⅲ型适用额定电流 2500~4000A（图 39-25）。

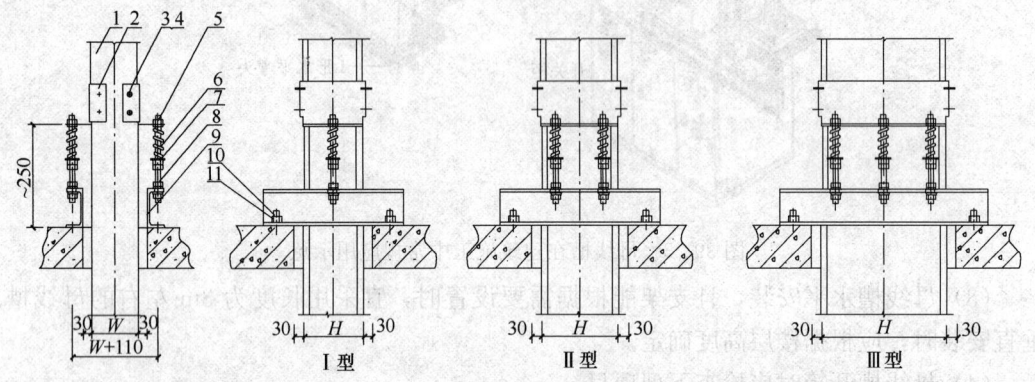

图 39-25 母线槽弹簧支架示意图（单位 mm）

1—封闭式母线；2—支件；3—螺钉；4—螺母；5—螺栓；6—弹簧；7—垫圈；
8—螺母；9—槽钢支架；10—胀锚螺栓；11—弹簧垫圈；H—封闭母线高度；
W—封闭母线宽度

2）垂直固定支架：

为减少超高层建筑（为柔性构造部分）因自身持有振动性和随动性及抗震性等因素对竖井内封闭母线的作用，建议母线的固定方式：每 3~4 层固定，支持中间采用游动支持方式（弹簧支架）（图 39-26）。

3）离墙固定支架：当母线槽垂直安装于超过 3.5m 高度的楼层内时，除楼板上使用弹簧支架外，一般在两层楼之间的墙上使用沿墙固定支架，以防止母线槽水平方向的移动（图 39-27、图 39-28）。

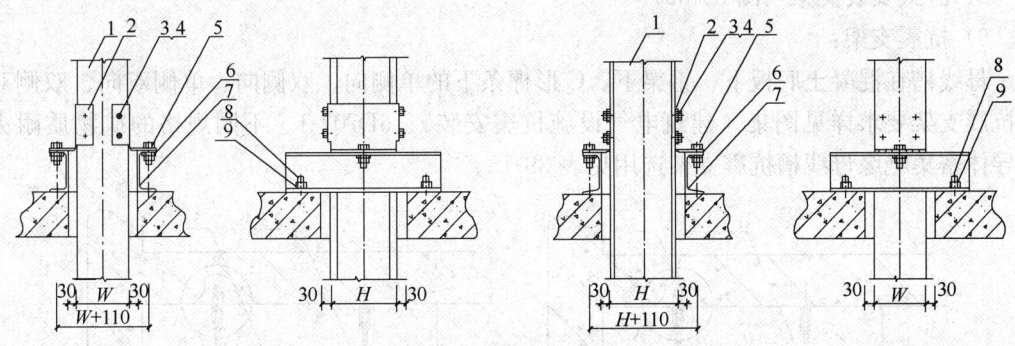

图 39-26 母线槽垂直固定支架示意图（单位 mm）
1—封闭式母线；2—支件；3—螺钉；4—螺母；5—螺栓；
6—垫圈；7—槽钢支架；8—胀锚螺栓；9—弹簧垫圈

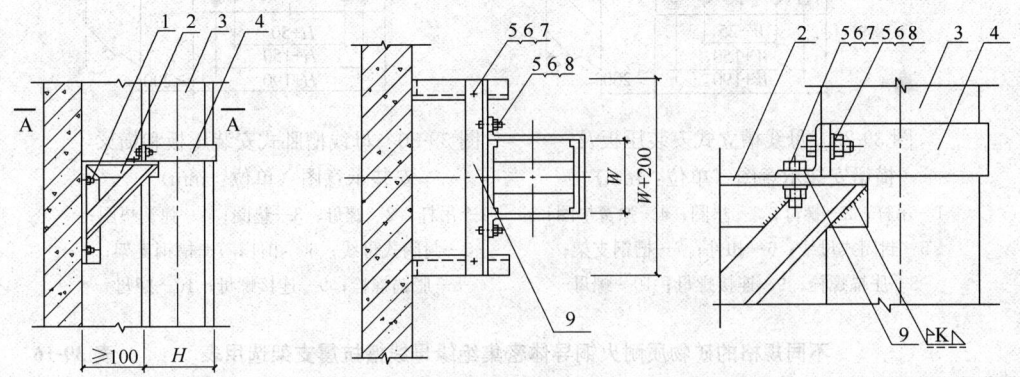

图 39-27 母线槽离墙固定支架 1 示意图
1—胀锚螺栓；2—支架；3—封闭式母线；4—抱箍；5—螺栓；
6—螺母；7—垫圈；8—弹簧垫圈；9—角钢

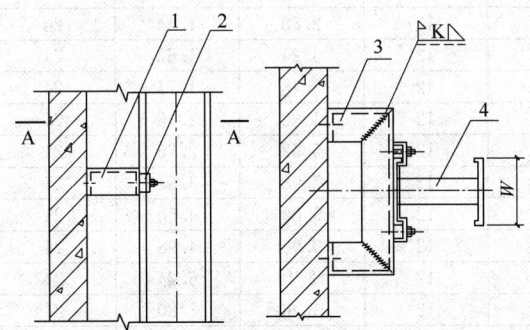

图 39-28 母线槽离墙固定支架 2 示意图
1—支架；2—压板；3—胀锚螺栓；4—封闭式母线

4) 立式安装支架（图 39-29）。
5) 卧式安装支架（图 39-30）。
6) 抗震支架：

母线槽在混凝土底板下、钢梁下、C形檩条下的单侧向、双侧向、单侧双向、双侧双向抗震支架要求详见图集《建筑电气设施抗震安装》16D707-1。不同规格的矿物质耐火铜导体密集绝缘母线槽抗震支架选用见表 39-16。

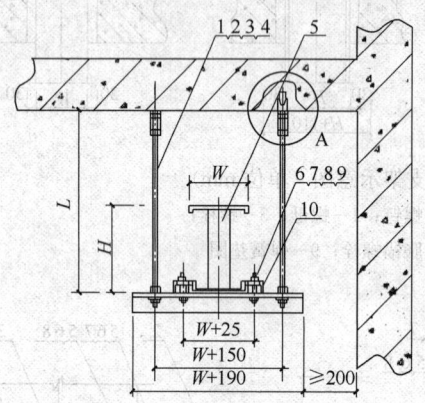

图 39-29 母线槽立式安装压板及横梁安装示意图（单位：mm）
1—吊杆；2—螺母；3—垫圈；4—弹簧垫圈；
5—封闭式母线；6—扣件；7—槽钢支架；
8—胀锚螺栓；9—连接螺母；10—螺母

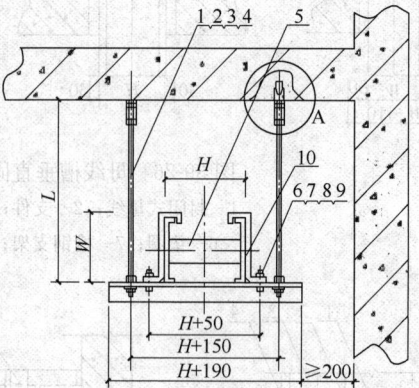

图 39-30 母线槽卧式安装压板和横梁安装示意图（单位：mm）
1—吊杆；2—螺母；3—垫圈；4—弹簧垫圈；
5—封闭式母线；6—扣件；7—槽钢支架；
8—胀锚螺栓；9—连接螺母；10—螺母

不同规格的矿物质耐火铜导体密集绝缘母线槽抗震支架选用表　　表 39-16

序号	铜芯密集绝缘母线槽规格（A）	每米母线槽选用重量（kg）	侧向抗震支吊架布置间距（m）	12m母线槽重力载荷（kN）	12m侧向地震作用标准值（kN）	纵向抗震支架布置间距（m）	24m母线槽重力载荷（kN）	24m侧向地震作用标准值（kN）
1	400	22	12	2.64	1.32	24	5.28	2.64
2	500	24	12	2.88	1.44	24	5.76	2.88
3	630	27	12	3.24	1.62	24	6.48	3.24
4	800	29	12	3.48	1.74	24	6.96	3.48
5	1000	36	12	4.32	2.16	24	8.64	4.32
6	1250	46	12	5.52	2.76	24	11.04	5.52
7	1600	59	12	7.08	3.54	24	14.16	7.08
8	1800	75	12	9.00	4.50	24	18.00	9.00
9	2000	83	12	9.96	4.98	24	19.92	9.96
10	2500	104	12	12.48	6.24	24	24.96	12.48
11	3150	130	12	15.60	7.80	24	31.20	15.60
12	4000	170	12	20.76	10.38	24	41.52	10.38
13	5000	242	12	29.04	14.52	24	58.08	14.52

注：1. 本表适用范围为抗震设防烈度 6 度及以下区域的乙类、丙类建筑；
2. 工程中每米母线槽选用重量超过本表格数据时需另行验算，其他类型母线可按其重量参考上述表中参数选用，当选用的母线槽重量小于 22kg/m 时，按 22kg/m 选取；
3. 本表依据水平地震作用系数为 0.5 进行计算，如为其他值需另行验算。

(7) 插接箱将电能从母线槽分配到负载上,并且作为开断分支电流的机构,插接箱是用户使用最为频繁、分支电流保护的关键部位,同时要根据消防图纸选择是否带分励脱扣来实现切除非消防电源的功能。

(8) 各种规格的型钢应无明显锈蚀,卡件、各种螺栓、垫圈应符合设计要求,应是热镀锌制品。

39.1.6.2 施工机具

工作台及施工梯、台虎钳、钢锯、锤子、油压煨弯器、电钻、电锤、电焊工具、力矩扳手、钢丝刷、铜丝刷、钢角尺、钢卷尺、水平尺、绝缘摇表等。

39.1.6.3 作业条件

(1) 建筑物内凡母线槽安装经过的场所,土建抹灰、喷浆等湿作业全部完成,建筑装饰工程,如吊顶、门窗、油漆等内装作业,暖卫通风等基本结束,确认扫尾施工不会影响已安装的母线槽,方可安装。

(2) 在安装场所内无爆炸危险介质,且介质中无足以腐蚀金属和破坏绝缘的气体和尘埃(包括导电尘埃),在其附近不允许堆放任何易燃易爆物品,门窗齐全,并采取防水、防潮、放火、防盗等措施。

(3) 预留孔洞及预埋件尺寸、强度均符合设计及安装的要求。对穿楼板等需要的防水台已完成或已有防水措施。

(4) 母线槽连接的电气设备(变压器、开关柜等)已就位并安装完毕。

(5) 母线槽及附件已验收合格,母线槽已编号,走向图与现场及设计相符。

39.1.6.4 工艺流程

放线测量→设备点件检查→支架制作及安装→封闭插接母线安装→接地检查,绝缘测试、耐压试验→防火封堵→试运行验收。

39.1.6.5 施工准备

1. 放线测量

(1) 进入现场后根据母线及支架敷设的不同情况,核对是否与图纸相符。放线测量:核对沿母线敷设全长方向有无障碍物,有无与建筑结构或设备管道、通风等安装部件交叉现象,母线槽不应平行于水管下方敷设。

(2) 放线测量出各段母线加工尺寸、支架尺寸,并划出支架安装距离及剔洞或固定件安装位置。

(3) 母线槽定位及安装均要考虑施工、检修的最小空间应满足图 39-31 要求。

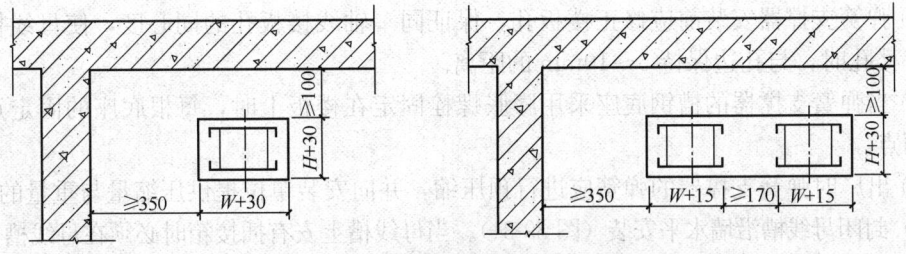

图 39-31 母线槽离墙最小距离
注:W—封闭母线宽度;H—封闭母线高度。

当母线槽靠墙水平或垂直安装时,必须为安装插接箱预留一定尺寸。

图 39-32 中预留的最小距离,需根据所选厂家插接箱的尺寸确定,常规尺寸参考见表 39-17。

母线槽插接箱预留最小距离表 表 39-17

插接箱电流等级（A）	100	250	400	630	800	1000
L（mm）	150	195	210	230	260	300

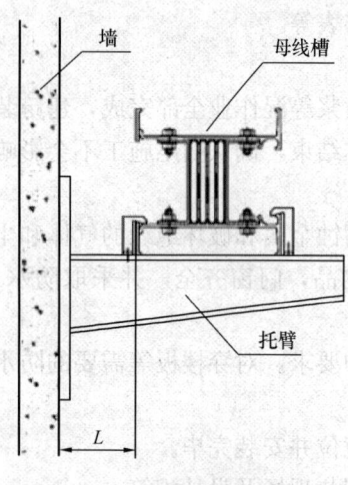

图 39-32 母线槽插接箱预留最小距离示意图

2. 设备点件检查

(1) 备开箱点件检查,应由安装单位、建设单位、监理单位和供货单位共同进行,并做好记录。

(2) 根据装箱单检查设备及附件,其规格、数量、品种应符合设计要求。

(3) 检查设备及附件,分段标志应清晰齐全、外观无损伤变形,母线绝缘电阻符合设计要求。

(4) 检查发现设备及附件不符合设计和质量要求时,必须进行妥善处理,经过设计认可后再进行安装。

39.1.6.6 母线槽敷设

(1) 封闭母线应按设计和产品技术文件规定进行组装,组装前应进行绝缘测试,每单元母线槽相间、相地间、相零间的绝缘电阻应大于 $20M\Omega$ 方可组对安装。

(2) 按照母线排列图,将各节母线、插接开关箱、进线箱运至各安装地点。按母线排列图从起始端（或电气竖井入口处）开始向上,向前安装。大型母线槽工程可先将水平和垂直段整体安装好,垂直与水平或与设备碰头处由厂家二次测量后加工。

(3) 安装母线槽时应采用尼龙绳或麻绳捆扎吊装,不得用裸钢丝绳起吊和绑扎,母线槽不得任意堆放和在地面上拖拉,外壳上不得进行其他作业,外壳内不得有遗留物。

(4) 母线槽常见的安装方式:

1) 垂直安装（图 39-33）

① 当母线槽垂直安装时,安装弹簧支撑器应符合设计规定,当设计无规定时,每层安装一副。

② 当母线槽沿墙垂直安装时,弹簧支撑器应安装在母线槽的两侧。

③ 弹簧支撑器安装前应修正楼板孔,保证同一轴线楼板孔的同心度,使母线槽穿越任何一楼孔时,与孔边保持 5~10mm 的距离。

④ 当弹簧支撑器的槽钢底座采用膨胀螺栓固定在楼板上时,每根底座的固定点不应少于两点。

⑤ 出厂时弹簧支撑器的弹簧应进行预压缩,并向安装单位提供压缩量与重量的关系。

2) 封闭母线槽沿墙水平安装（图 39-34）。当母线槽上安有插接箱时必须在母线槽与墙壁及其他物体间为安装插接箱预留一定的尺寸（最小尺寸应根据插接箱的规格、生产厂家确定）,安装高度应符合设计要求,无要求时不应距地小于 2.2m,母线应可靠固定在支架上。

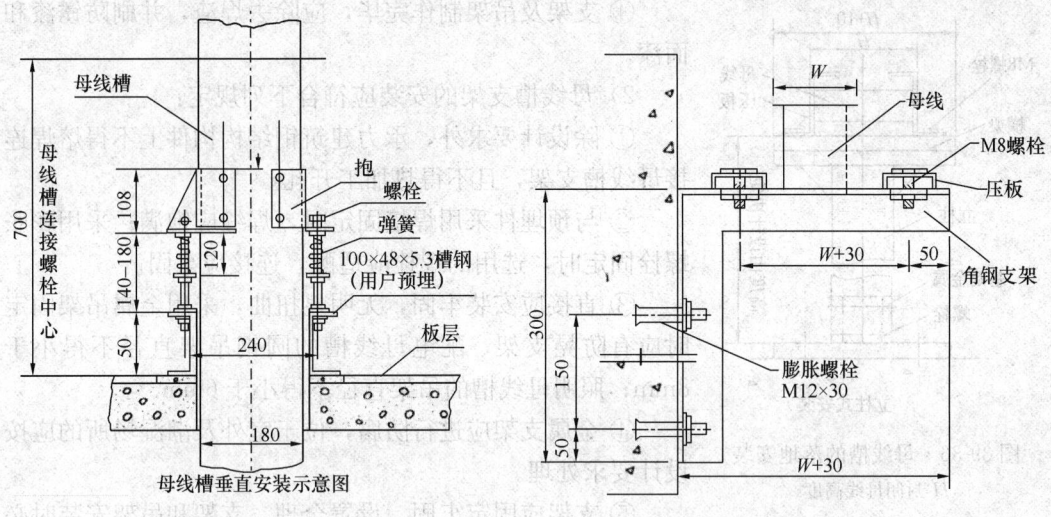

图 39-33　母线槽垂直安装示意图

图 39-34　母线槽沿墙壁水平安装
W-封闭母线宽度

3) 封闭母线槽悬挂吊装（图 39-35）。吊杆直径按产品技术文件要求选择，螺母应能调节。

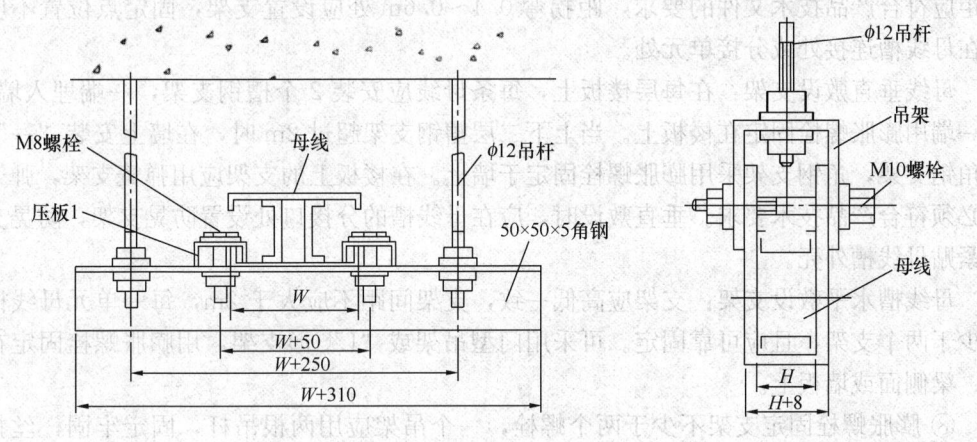

图 39-35　母线槽悬挂吊装
W-封闭母线宽度；H-封闭母线高度

4) 封闭母线槽的落地安装（图 39-36）。安装高度应按设计要求，设计无要求时应符合规范要求。立柱可采用钢管或型钢制作。

(5) 母线槽支架的制作及安装

1) 若供应商未提供配套支架或配套支架不适合现场安装时，应根据设计和产品技术文件规定进行支架制作。具体要求如下：

① 根据施工现场结构类型，支架应采用角钢、槽钢或圆钢制作。应采用"一"字形、"L"形、"Π"字形、"T"字形四种形式。

② 支架应用切割机下料，加工尺寸最大误差为 5mm。用台钻、手电钻钻孔，严禁用气割开孔，孔径不得超过螺栓直径的 2mm。

③ 吊杆螺纹应用套丝机或套丝板加工，不许断丝。

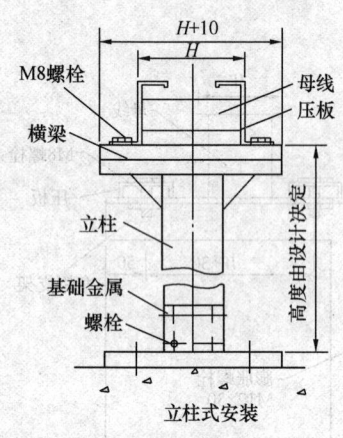

图 39-36 母线槽的落地安装
H—封闭母线高度

④ 支架及吊架制作完毕，应除去焊渣，并刷防锈漆和面漆。

2) 母线槽支架的安装应符合下列规定：

① 除设计要求外，承力建筑钢结构构件上不得熔焊连接母线槽支架，且不得热加工开孔。

② 与预埋件采用焊接固定时，焊缝应饱满；采用膨胀螺栓固定时，选用的螺栓应适配，连接应牢固。

③ 直接应安装牢固，无明显扭曲，采用金属吊架固定时应有防晃支架，配电母线槽的圆钢吊架直径不得小于8mm；照明母线槽的吊架直径不得小于6mm。

④ 金属支架应进行防腐，位于室外及潮湿场所的应按设计要求处理。

⑤ 支架应固定牢固，设置合理。支架和吊架安装时必须拉线或吊线锤，以保证成排支架或吊架的横平竖直，并按规定间距设置支架和吊架。

⑥ 母线槽的拐弯处以及与配电箱、柜连接处必须安装支架。

⑦ 水平或垂直敷设的母线槽固定点应每段设置一个，且每层不得少于一个支架，其间距应符合产品技术文件的要求，距拐弯 0.4~0.6m 处应设置支架，固定点位置不应设置在母线槽连接处或分接单元处。

母线垂直敷设支架：在每层楼板上，每条母线应安装 2 个槽钢支架，一端埋入墙内，另一端用膨胀螺栓固定在楼板上。当上下二层槽钢支架超过 2m 时，在墙上安装"一"字形角钢支架，角钢支架采用膨胀螺栓固定于墙上。在楼板上的支架应用弹簧支架，弹簧数量必须符合产品技术要求。垂直敷设时，应在母线槽的分接口处设置防晃支架，防晃支架应紧贴母线槽外壳。

母线槽水平敷设支架：支架应高低一致，支架间距不应大于 2m，每一单元母线槽不应少于两个支架，且应可靠固定。可采用门型吊架或"L"形支架，用膨胀螺栓固定在顶板、梁侧面或墙板上。

⑧ 膨胀螺栓固定支架不少于两个螺栓，一个吊架应用两根吊杆，固定牢固，丝扣外露 2~4 扣，膨胀螺栓应加平垫和弹簧垫，吊架应用双螺母夹紧。

⑨ 支架与母线槽之间采取压紧连接。

⑩ 支架及支架与埋件焊接处刷防腐油漆应均匀，无漏刷，不污染建筑物。

(6) 母线的连接方法应符合产品技术文件要求，母线槽连接用部件的防护等级应与母线槽本体的防护等级一致。外壳与底座间、外壳各连接部位及母线的连接螺栓应按产品技术文件要求选择正确、连接紧固。

(7) 当母线槽段与段连接时，两相邻段母线及外壳宜对准，相序应正确。当母线槽对口插接时，不应采取撞击安装。垂直安装时，可利用母线槽自重插入；水平安装时，可人工拖位插入。段与段连接时，包括母线与电器或设备接线端子搭接，搭接面的处理应符合下列规定：

1) 铜与铜：当处于室外，高温且潮湿的室内时，搭接面应搪锡或镀银；干燥的室内，可不搪锡、不镀银。

2) 铝与铝：可直接搭接。

3) 钢与钢：搭接面应搪锡或镀锌。

4) 铜与铝：在干燥的室内，铜导体搭接面应搪锡；在潮湿场所，铜导体搭接面应搪锡或镀银，且应采用铜铝过渡连接。

5) 钢与铜或铝：钢搭接面应镀锌或搪锡。

(8) 两相邻段母线及外壳应对准，母线与外壳同心，允许误差为5mm，连接后不应使母线及外壳受到额外应力，母线槽连接示意见图39-37。

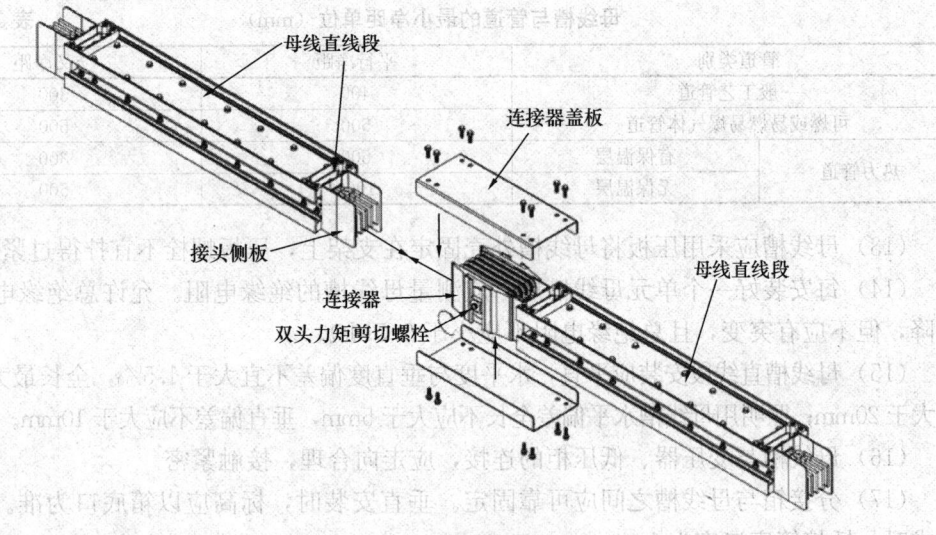

图 39-37　母线槽连接示意图

(9) 母线槽初步对接就位后，插接部位应清扫干净，装上保护板，并用力矩扳手拧紧穿芯螺栓。当母线与母线、电器或设备接线端子采用螺栓搭接连接时，连接处距绝缘子的支持夹板边缘不应小于50mm，并应符合下列规定：

1) 母线的各类搭接连接的钻孔直径和搭接长度应符合现行国家标准《建筑电气工程施工质量验收规范》GB 50303的规定，连接螺栓的力矩值应符合要求，见表39-18。当一个连接处需要多个螺栓连接时，每个螺栓的拧紧力矩值应一致。

母线搭接螺栓的拧紧力矩表　　　　　　　　表39-18

序号	螺栓规格	力矩值 (N·m)
1	M8	8.8～10.8
2	M10	17.7～22.5
3	M12	31.4～39.2
4	M14	51.0～60.8
5	M16	78.5～98.1
6	M18	98.0～127.4
7	M20	156.9～196.2
8	M24	274.6～343.2

2) 母线接触面应保持清洁，宜涂抗氧化剂，螺栓孔周边应无毛刺。

3) 连接螺栓两侧应有平垫圈，相邻垫圈间应大于3mm的间隙，螺母侧应装有弹簧垫圈或锁紧螺母。

4) 螺栓受力应均匀，不应使电器或设备的接线端子受额外应力。

(10) 当垂直安装的母线槽外壳与弹簧支撑器之间连接固定后,应调整支撑器弹簧的弹力,使其处于正常状态。

(11) 应采用线坠检查垂直安装母线槽插接口两侧 1m 长度范围内的垂直度,并调整弹簧支撑器两侧的调整螺母,使其垂直度达到要求。垂直母线槽终端处应加盖板,用螺栓紧固。

(12) 水平安装的母线槽不宜安装在水管正下方,否则应采取有效防护措施。

母线槽与各类管道平行或交叉的近距离应符合表 39-19 规定:

母线槽与管道的最小净距单位（mm） 表 39-19

管道类别		平行净距	交叉净距
一般工艺管道		400	300
可燃或易燃易爆气体管道		500	500
热力管道	有保温层	500	300
	无保温层	1000	500

(13) 母线槽应采用压板将母线槽外壳固定在支架上,压板螺栓不宜拧得过紧。

(14) 每安装好一个单元母线槽后,应测量母线槽的绝缘电阻。允许总绝缘电阻逐段下降,但不应有突变,且总绝缘电阻不应小于 $0.5M\Omega$。

(15) 母线槽直线段安装应平直,水平度与垂直度偏差不宜大于 1.5‰,全长最大偏差不宜大于 20mm;照明用母线槽水平偏差全长不应大于 5mm,垂直偏差不应大于 10mm。

(16) 母线槽与变压器、低压柜的连接,应走向合理,接触紧密。

(17) 分接箱与母线槽之间应可靠固定。垂直安装时,标高应以箱底口为准。设计无要求时,插接箱底口宜为 1.4m。

(18) 母线槽跨越建筑物变形缝处时,应设置补偿装置;母线槽直线敷设长度超过 80m,每 50~60m 宜设置伸缩节。

(19) 母线槽连接好后,母线槽的金属外壳等外露可导电部分应与保护导体可靠连接,并应符合下列规定:

每段母线槽的金属外壳间应连接可靠,且母线槽全长与保护导体可靠连接不应少于 2 处;分支母线槽的金属外壳末端应与保护导体可靠连接;连接导体的材质、截面积应符合设计要求。

(20) 母线槽上无插接部位的接插口及母线端部应采用专用的封板封堵完好。

(21) 封闭母线槽与设备连接（图 39-38、图 39-39）。

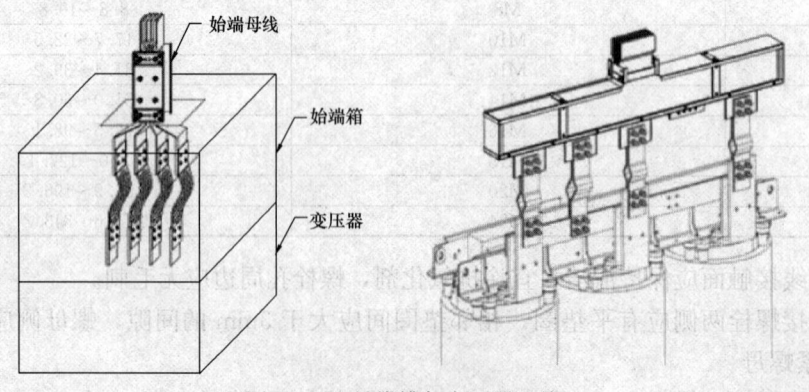

图 39-38 母线槽与变压器连接

当设计无要求时,母线的相序排列及涂色应符合下列规定:

1) 对于上下布置的交流母线,由上至下或由下至上排列分别为 L_1、L_2、L_3;直流母线应正极在上,负极在下。

2) 对于水平布置的交流母线,由柜后向柜前或由柜前向柜后排列应分别为 L_1、L_2、L_3;直流母线应正极在后、负极在前。

3) 对于面对引下线的交流母线,由左至右排列应分别为 L_1、L_2、L_3;直流母线应正极在左、负极在右。

4) 对于母线的涂色,交流母线 L_1、L_2、L_3 应分别为黄色、绿色和红色,中性导体应为淡蓝色;直流母线应正极为赭色,负极为蓝色;保护接地导体 PE 应为黄—绿双色组合色,保护中性导体(PEN)应为全长黄—绿双色、终端用淡蓝色或全长淡蓝色、终端用黄—绿双色;在连接处或支撑件边缘两侧 10mm 以及不应涂色。

(22) 封闭式母线垂直安装距地 1.8m 以下应采取保护措施(电气专用竖井、配电室、电机室、技术层等除外)。

(23) 母线槽段与段的连接口不应设置在穿越楼板或墙体处,垂直穿越楼板处应设置高度为 50mm 及以上的防水台,并应采取防火封堵措施。

(24) 母线槽安装完毕后,应对穿越防火分区时的孔洞进行防火封堵。用防火堵料将母线槽与建筑物间的缝隙填满,防火堵料厚度不低于结构厚度,防火堵料必须符合设计及国家有关规定,母线槽穿墙防火封堵安装见图 39-40。

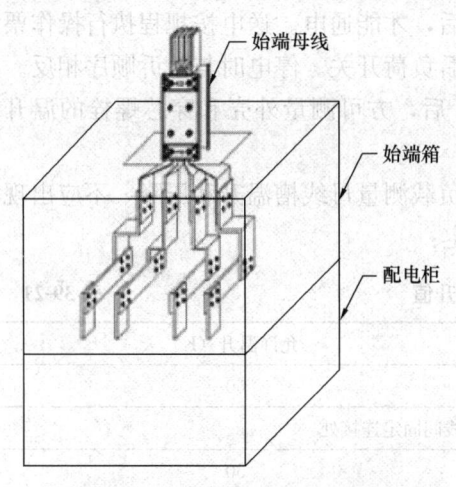

图 39-39 母线槽与配电柜连接

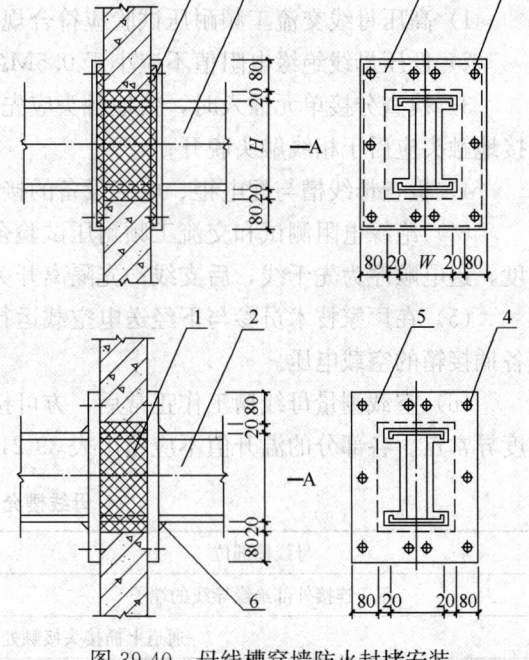

图 39-40 母线槽穿墙防火封堵安装
1—防火堵料;2—封闭式母线;3—防火隔板;
4—胀锚螺栓;5—防火隔板;6—防火堵料

39.1.6.7 接地检查、绝缘、耐压试验

(1) 母线槽的金属壳体、外露穿芯螺栓应可靠接地,与 PE 线间的电阻符合规范要求。母线槽始端金属外壳上设置的接地端子与 PE 排应有可靠明显的连接,接地端子应符合表 39-20 要求。母线槽外壳的接地端子应采用铜材制成。

母线槽接地端子最小规格　　　　　　　表 39-20

额定电流 I_e（A）	接地螺母最小规格
$I_e \leqslant 630$	M8
$630 < I_e \leqslant 1000$	M10
$I_e > 1000$	M12

（2）相间和相对地间的绝缘电阻值应大于 0.5MΩ。

（3）电气装置的交流工频耐压试验电压为 1kV，当绝缘电阻值大于 10MΩ 时，可采用 2500V 兆欧表摇测替代，试验持续时间 1min，无击穿闪络现象。

39.1.6.8　试运行验收

（1）试运行条件：变配电室已达到送电条件，土建及装饰工程及其他工程全部完工，并清理干净，母线槽防水台及防火封堵已完成。与插接式母线连接设备及联线安装完毕，绝缘良好。

（2）对母线槽进行全面的检查，清扫干净，母线槽接头连接紧密，相序正确，外壳接地（PE）良好。

（3）母线槽通电运行前应进行检验或试验，并符合下列规定：

1）高压母线交流工频耐压试验应符合规范规定的交接试验并合格；

2）低压母线绝缘电阻值不应小于 0.5MΩ；

3）检查分接单元插入时，接地触头应先于相线触头接触，且触头连接紧密，退出时，接地触头应后于相线触头脱开；

4）检查母线槽与配电柜、电气设备的接线相序应一致。

（4）绝缘电阻测试和交流工频耐压试验合格后，才能通电。送电按规程执行操作票制度，送电顺序为先干线，后支线；先隔离开关，后负荷开关。停电时与上诉顺序相反。

（5）在厂家技术员参与下经送电空载运行 1h 后，方可测量外壳和穿芯螺栓的温升和各插接箱的空载电压。

（6）空载测量母线槽工作正常后，方可接上负载测量母线槽温升和压降，不应出现温度异常点。各部分的温升值不应超出表 39-21 规定：

母线槽允许温升值　　　　　　　表 39-21

母线槽部位	允许温升（K）
用于连接外部绝缘导线的端子	60
通道上插接头接触处与母线间固定连接处	
铜-铜	50
铜镀锡-铜镀锡	60
铝镀锡-铝镀锡	55
铜镀银-铜镀银	60
可接触的外壳和覆板	
金属表面	30
绝缘材料表面	40

(7) 试运行。送电空载运行 24h 无异常现象，经监理、甲方验收合格，办理验收手续。

(8) 提交各种验收资料。

39.1.7　电缆敷设试运行及验收

电缆施工完成后，需按要求对电缆进行绝缘电阻、耐压等测试，合格后方可试运行和验收。

39.1.7.1　电缆绝缘电阻测量

测量各电缆线芯对地或对金属屏蔽层和各线芯间的绝缘电阻，测量方法见图 39-41。测量绝缘用兆欧表的额定电压，宜采用如下等级：

(1) 0.6/1kV 电缆用 1000V 兆欧表。

(2) 0.6/1kV 以上电缆用 2500V 兆欧表；6/6kV 及以上电缆也可用 5000V 兆欧表。

(3) 橡塑电缆外护套、内衬层的测量用 500V 兆欧表。

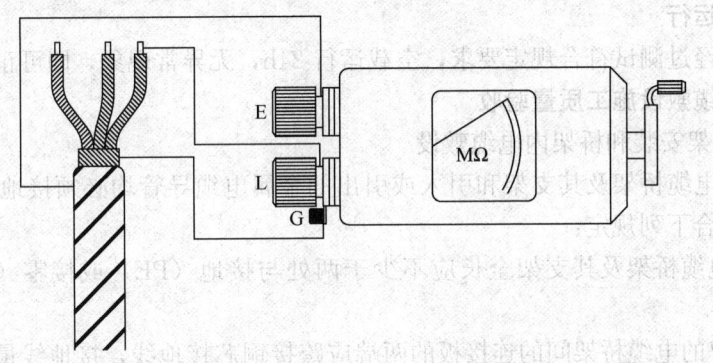

图 39-41　绝缘电阻测量接线图

注：500V 兆欧表 3 个接线柱分别为：L—线缆端；E—接地端；G—屏蔽端。

(4) 试验前后，绝缘电阻测量应无明显变化。橡塑电缆外护套、内衬套的绝缘电阻不低于 0.5MΩ/km。

39.1.7.2　电缆直流耐压试验和直流泄漏试验

1. 测试方法

试验方法，见图 39-42。

2. 试验要求

(1) 18/30kV 及以下电压等级的橡塑绝缘电缆直流耐压试验电压 U_t，应按下式计算：

$$U_t = 4 \times U_0 \tag{39-1}$$

式中　U_t——电缆直流耐压试验电压；
　　　U_0——电缆额定相电压。

(2) 试验时，试验电压可分 4～6 阶段均匀升压，每阶段停留 1min，并读取泄漏电流值。试验电压升至规定值后维持 15min，其间读取 1min 和 15min 时泄漏电流。测量时应消除杂散电流的影响。

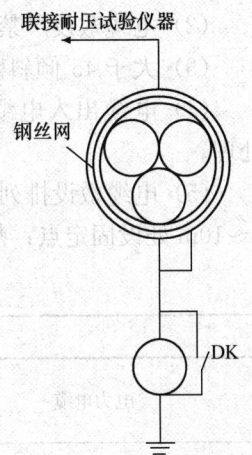

图 39-42　电缆直流耐压和直流泄露试验接线示意图

(3) 对额定电压为 0.6/1kV 的电缆线路应用 2500V 兆欧表测量导体对地绝缘电阻代替耐压试验，试验时间 1min。

39.1.7.3　电缆相位检查

对于新敷设的电缆或运行中重装接线盒或拆过接线头的电缆线路应检查电缆线路的相位，并且同电网相位一致。

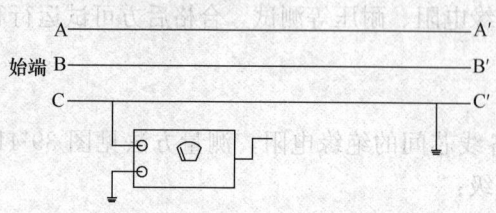

图 39-43　万用表核对电缆相位接线方法

1. 万用表法

利用万用表核对电缆线路相位，接线方法如图 39-43，当线路接通后表示同一相，否则换其他相试。每相都要试。

2. 指示灯法

如图 39-43 中的万用表换成干电池，并核对电缆相位接线方法串入指示灯泡接地，在线路末端逐相接地测量，若灯亮，表示同一相。不亮换另一相再试。每相都要试。

39.1.7.4　试运行

电缆线路经过测试符合规定要求，空载运行 24h，无异常现象，即可正式投入使用。

39.1.7.5　电缆敷设施工质量验收

1. 电缆桥架安装和桥架内电缆敷设

（1）金属电缆桥架及其支架和引入或引出的金属电缆导管均必须接地（PE）或接零（PEN），并符合下列规定：

1）金属电缆桥架及其支架全长应不少于两处与接地（PE）或接零（PEN）干线相连接；

2）非镀锌的电缆桥架间的连接板的两端应跨接铜芯接地线，接地线最小允许截面应不小于 $4mm^2$；

3）镀锌电缆桥架间连接板两端可不跨接接地线，但连接板两边不应少于两个有防松螺帽或防松垫圈的连接固定螺栓。

（2）电缆敷设严禁有绞拧、铠装压扁、护层断裂和表面严重划伤等缺陷。

（3）大于 45°倾斜敷设的电缆每隔 2m 处固定。

（4）电缆出入电缆沟、竖井、建筑物、柜（盘）、台处以及管子管口处等应做密封处理。

（5）电缆敷设排列整齐，桥架或托盘内水平敷设的电缆，首尾两端、转弯两侧及每隔 5~10m 处设固定点；敷设与垂直桥架内的电缆固定点间距，不大于表 39-22 的规定。

电缆固定点的间距（mm）　　表 39-22

电缆种类		固定点的间距
电力电缆	全塑型	1000
	除全塑型外的电缆	1500
控制电缆		1000

（6）电缆的首端、末端和分支处应设标志牌。

2. 电缆沟内和竖井内电缆敷设

(1) 金属电缆支架、电缆导管均必须接地（PE）或接零（PEN）。

(2) 电缆敷设严禁有绞拧、铠装压扁、护层断裂和表面严重划伤等缺陷。当设计无要求时，电缆支架最上层至竖井顶部或楼板的距离应满足电缆引接至上方配电柜、台、盘、箱电缆弯曲半径的要求且不小于200mm；电缆支架最下层至沟底或地面的距离不小于50mm。

(3) 当设计无要求时，电缆支架层间最小允许距离应符合表39-23的规定：

电缆支架层间最小允许距离（mm） 表39-23

电缆种类	支架层间最小距离
控制电缆	120
10kV及以下电力电缆	150～200

(4) 电缆在支架上敷设，转弯处的最小允许弯曲半径应符合表39-10的规定。

(5) 电缆敷设固定应符合下列规定：

1) 垂直敷设或超过45°倾斜敷设的电缆在每个支架上固定；

2) 交流单芯电缆或分相后的每相电缆固定用的夹具和支架，不形成闭合铁磁回路；

3) 电缆排列整齐，少交叉；当设计无要求时，电缆固定点间距，不大于表39-22的规定；

4) 敷设电缆的电缆沟和竖井，按设计要求位置，有防火封堵措施。

(6) 电缆的首端、末端和分支处应设标志牌，标志牌宜采用不易老化、不易折断的材料制作，采用塑料绑扎带扎于电缆上，绑扎位置便于查看。标志牌应标明电缆型号、起点、终点及编号等。

39.2 电气装置1kV以下配电线路

建筑电气配电线路中1kV以下是指建筑内的普通动力、普通照明、消防动力、消防照明的配电线路。配电线路按其布设方式可分为：暗敷设配电线路和明敷设配电线路。

明、暗敷设配电线路在现有民用建设上均采用穿管（金属管或塑料管）和线槽（金属线槽或塑料线槽）的方式。室内配电线路的保护管和线路所用工艺和材料选择必须符合设计和国家规定要求，确保用户的使用安全和使用功能，避免因材料质量问题和施工质量引起的用电事故。

39.2.1 金属配管敷设

厚壁金属电线管适用于新建和改造工程中的照明、动力、电话、消防等系统的管路敷设（材质为镀锌钢管），可进行明敷设、暗敷设，可敷设于墙体内，也可敷设于吊顶内，不适用于腐蚀性场所。

薄壁镀锌钢管（材质为JDG、KBG）适用于新建和改造工程中的照明、动力、电话、消防等系统的管路敷设，可进行明敷设、暗敷设，可敷设于墙体内，也可敷设于吊顶内。不适用于腐蚀性场所和爆炸危险环境。

39.2.1.1 材料要求

(1) 所有管材必须证件（合格证、检验报告、产品质量证明书）齐全，并要求是原件，不是原件的证件必须加盖供货单位公章，并注明原件存放地及经办人签字。

(2) 钢管壁厚均匀，无劈裂、砂眼、棱刺、锈蚀和凹扁现象；镀锌钢管镀锌层要完好无损，锌层厚度均匀一致，不得有剥落、气泡等现象；KBG管的镀锌件，其镀锌层完整无劈裂，而端头光滑无毛刺。

(3) 管箍：大小要符合国家规范要求镀锌层均匀，无剥落、无劈裂，两端光滑无毛刺。锁紧螺母：尺寸符合国家标准要求，外层完好无损，丝扣清晰、均匀、不乱扣、镀锌层均匀。

(4) 盒、箱：铁制盒、箱的大小尺寸以及壁厚应符合设计及规范要求，无变形，敲落孔完整无损，面板的安装孔应齐全，丝扣清晰，面板、盖板应与盒、箱配套，外形完整无损且颜色均一，无锈蚀等现象。

39.2.1.2 施工机具

(1) 主要安装机具：压力工作台、煨管器、液压开孔器、套丝机、扣压器、砂轮锯、无齿锯、钢锯、刀锯、锉刀、活扳手、电焊机、粉线袋等。

(2) 主要检测机具：游标卡尺、卷尺、摇表等。

39.2.1.3 作业条件

(1) 暗配管中，现浇混凝土结构内配管，要在底层钢筋绑扎完成，上层钢筋未绑扎前进行，根据施工图尺寸位置进行布线管固定牢固，且配管完成后应经检查确认后进行上层钢筋绑扎和浇捣混凝土。明配管必须在土建抹灰刮完腻子后进行，按施工图进行测放线定位，按坐标和标高、走向，确定接线盒的位置。

(2) 首先土建应弹出准确的结构50线或1m标高线，用以确定开关、插座等电气装置的位置，再根据抄测的标高及时配合土建专业把布线配管随墙预埋好。

39.2.1.4 厚壁金属电线管配管

1. 管子的下料

(1) 管路防腐

焊接钢管预埋在混凝土内必须进行内壁防腐处理。

(2) 管子切断

配管前根据现场的实际放线及管路走向把管子进行切割，切口应垂直、无毛刺，切口斜度不应大于2°；切断完后，要用锉刀把管口的毛刺清理干净。

(3) 套丝

镀锌钢管进盒采用套丝，锁母连接。

(4) 煨管

煨管器的大小要根据管径的大小选用相适配的；管路的弯扁度要不大于管外径的10%，弯曲角度不宜小于90°，弯曲处不可有折皱、凹穴和裂缝等现象；暗配管时弯曲半径不应小于管外径的10倍。

2. 厚壁金属电线管暗敷

(1) 工艺流程

1) 镀锌钢管工艺流程

定位→管子切断→套丝→煨弯→配管→管线补偿→跨接地线连接。

2) 焊接钢管暗敷设工艺流程

管线防腐→管子切断→煨弯→配管→管线补偿→管路焊接→跨接地线焊接。

(2) 管路连接

1) 管进盒连接

① 镀锌管进盒采用螺母连接,带上锁母的管端在盒内露出锁紧螺母的螺纹应为2~4扣,不能过长或过短,如采用金属护口,在盒内可不用锁紧螺母,但入盒的管端须加锁紧螺母。多根管线同时入箱时,其入箱部分的管端长度应一致,管口宜平齐。

② 焊接钢管与盒、箱的连接采用焊接连接,盒内管露出2~3mm为宜。

2) 管与管连接

① 管径20mm及其以下钢管以及各种管径电线管,必须用管箍连接。管口滑平整,接头应牢固紧密。管径25mm及其以上钢管,可采用管箍连接或套管焊接。镀锌钢导管或壁厚小于或等于2mm的钢导管,不得采用套管熔焊连接。

② 管路超过下列长度,应加装接线盒,其位置应便于穿线:无弯时45m、有一个弯时30m、有两个弯时20m、有三个弯时12m。

③ 镀锌管管与管的连接采用管箍丝接,具体做法见图39-44;

④ 焊接钢管,管与管连接采用套管焊接,具体做法见图39-45:

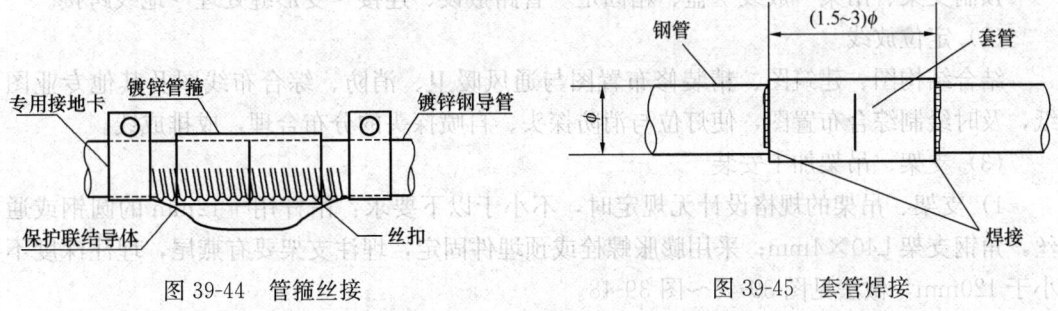

图39-44 管箍丝接　　　　　　　图39-45 套管焊接

(3) 管路敷设

1) 现浇混凝土楼板中管路敷设需注意:其管径不能大于楼板混凝土厚度的1/2。要根据实际情况分层、分段进行。并行管子间距不小于25mm,使管子周围能够充满混凝土。注意避开土建所预留的洞。

2) 现浇混凝土墙、柱内管路敷设:在两层钢筋网中沿最近的路径敷设配管,沿钢筋内侧进行固定,固定间距小于1m。柱内管线须与主筋固定,伸出柱外的短管不要过长,管线并行时,注意其管间距不小于25mm。管线穿外墙必须加刚性防水套管保护。

3) 梁内的管线敷设:管路的敷设要尽量避开梁。不可避免时,注意以下要求:竖向穿梁管线较多时,管间的间距不能小于25mm。横向穿时,管线距底箱上侧的距离不小于50mm。

4) 垫层内管线敷设:管线固定牢固后再打垫层,敷设于楼板混凝土垫层内管线的保护层厚度不小于15mm,其跨接地线接头在其侧面。

5) 多孔砖墙内的管线敷设:在砌筑墙体前,根据现场放线,确定盒、箱的位置及管线路径,进行预制加工、管线与盒、箱连接。管盒安装完成后,开始砌墙;在砌墙过程中,要调整盒、箱口与墙面的相对位置,使其符合设计及规范要求。管线经过部位要采用普通砖立砌;当多根管进箱时,用圆钢将管线固定好,管口宜平齐、入箱长度小于5mm。

(4) 接地

焊接钢管与接线盒（过线盒）连接处采用圆钢焊接进行接地跨接，规格见表39-24；镀锌钢管连接处采用不小于4mm²黄绿双色多股软导线进行跨接，用专用接地卡连接，严禁焊接。

跨接钢管规格表（mm） 表39-24

管径（DN）	圆钢	扁钢	管径（DN）	圆钢	扁钢
15～25	φ6	—	50～65	φ10	25×3
32	φ6	—	≥65	φ8×2	(25×3)×2
40	φ8	—			

3. 厚壁金属电线管明敷

厚壁金属电线管明敷设（吊顶内敷设）应采用镀锌钢管，其工艺与暗敷设工艺相同。

(1) 施工工艺流程

预制支架、吊架→放线→盒、箱固定→管路敷设、连接→变形缝处理→地线跨接。

(2) 定位放线

结合结构图、建筑图、精装修布置图与通风暖卫、消防、综合布线图及其他专业图纸，及时绘制综合布置图，使灯位与消防探头、自喷探头的分布合理，成排成线。

(3) 支架、吊架加工安装

1) 支架、吊架的规格设计无规定时，不小于以下要求：吊杆用ϕ12mm的圆钢或通丝，角钢支架L40×4mm；采用膨胀螺栓或预埋件固定，埋注支架要有燕尾，埋注深度不小于120mm，做法见图39-46～图39-48。

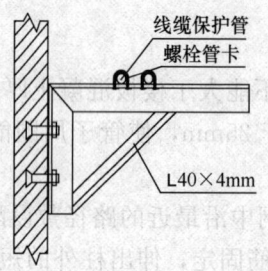

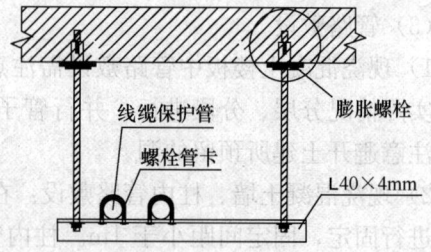

图39-46 明配管沿墙平行敷设支架做法　　图39-47 线缆保护管在楼板下敷设吊架做法

2) 管路固定点（支吊架）的间距不得大于1000mm，固定点的距离应均匀。受力灯头盒应用吊杆固定，在管入盒处及弯曲部位两端150～500mm处加固定卡子（支吊架）固定。

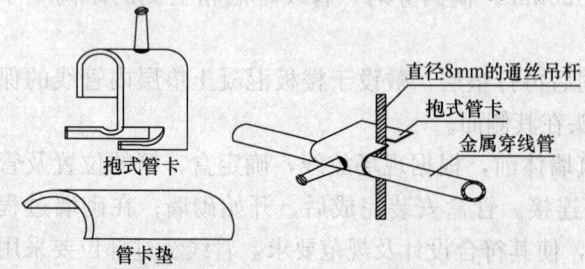

图39-48 单个管路支吊架采用抱式管卡做法

3) 盒、箱固定：地面引出管路至照明箱时，可直接固定在角钢支架上，采用定型盘、箱，需在盘、箱下侧100～150mm处加稳固支架，将管固定在支架上。盒、箱安装应牢固平整,盒、箱安装应牢固平整,开孔整齐与管径相吻合。要求一管一孔,不得开长孔。铁制盒、箱严禁用电气焊开孔(图39-49)。

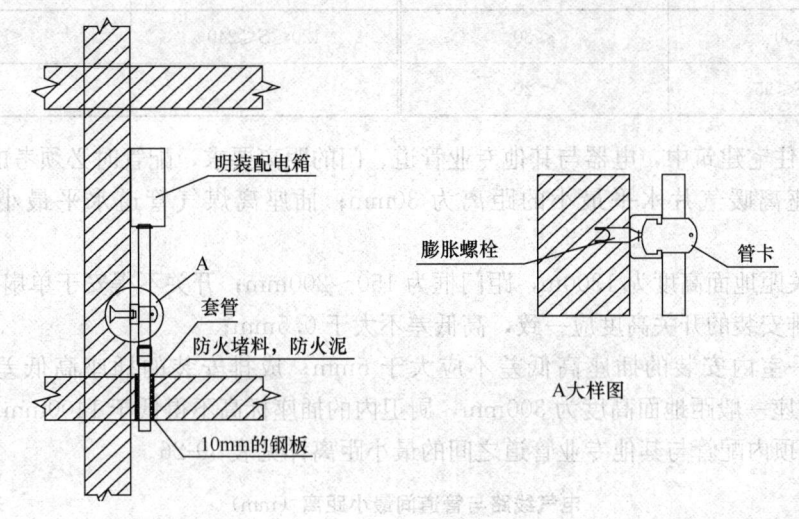

图39-49 沿墙(柱)竖向敷设,进明箱做法

4. 管路敷设

(1) 管路敷设:上人吊顶内、水平或垂直敷设明配管允许偏差值,管路在2m以内时,偏差为3mm,全长不能超过管子内径的1/2。

(2) 敷管时,先将管卡一端的螺丝拧紧一半,然后将管敷设在管卡内,逐个拧牢。使用铁支架时,可将钢管固定在支架上,不许将钢管焊接在其他管道上。

(3) 吊顶内灯头盒至灯位可采用阻燃型普利卡金属软管过渡,动力工程长度不宜大于0.8m;照明工程长度不宜大于1.2m;其两端应使用专用接头。吊顶内各种盒、箱的安装,盒箱口的方向应朝向检查口以利于维修检查。

(4) 管路敷设必须牢固畅顺,禁止做拦腰管或拌脚管。遇有长丝接管时,必须在管箍后面加锁紧螺母。

5. 注意事项

(1) 弯管时管子的弯扁程度应不大于管外径的10%,弯曲半径应符合以下要求:

1) 明配线管的弯曲半径,常规不应小于管外径的6倍。如只有一个弯时,可不小于管外径的4倍。

2) 暗配线管弯曲半径,常规不应小于管外径的6倍。直埋入地下时,其弯曲半径不应小于管外径的10倍。

(2) 单层面积大的建筑,有可能造成管线长度过长,所以当管路超过以下长度时,要在适当位置上加设接线盒:管子长度每超过40m,无弯曲;管子长度每超过30m,有一个弯曲时;管子长度每超过20m,有两个弯曲时;管子长度每超过10m,有三个弯曲时。

(3) 垂直敷设管路加接线盒要求见表39-25。

垂直敷设管路加接线盒要求　　　　表 39-25

管内导线截面 S（mm）	管线长度（m）	管内导线截面 S（mm）	管线长度（m）
$S \leqslant 50$	<30	$120 \leqslant S \leqslant 240$	$\leqslant 18$
$70 \leqslant S \leqslant 95$	<20	—	—

（4）在住宅建筑中，电器与其他专业管道、门的距离要求，配管时必须考虑：

1）插座离暖气片水平最小的距离为 30mm；插座离煤气管道水平最小的距离为 15mm；

2）开关距地面高度为 1300m，距门框为 150～200mm；开关不得安于单扇门后；

3）成排安装的开关高度应一致，高低差不大于 0.5mm；

4）同一室内安装的插座高低差不应大于 5mm；成排安装的插座高低差不应大于 0.5mm；插座一般距地面高度为 300mm，厨卫内的插座标高不得低于 1400mm。

（5）吊顶内配管与其他专业管道之间的最小距离详见表 39-26。

电气线路与管道间最小距离（mm）　　　　表 39-26

管道名称	配线方式		穿管配线	绝缘导线明配线
蒸汽管	平行	管道上	1000	1000
		管道下	500	500
	交叉		300	300
暖气管、热水管	平行	管道上	300	300
		管道下	200	200
	交叉		100	100
通风、给水排水及压缩空气管	平行		100	200
	交叉			100

注：1. 对蒸汽管道，当在管外包隔热层后，上下平行距离可减至 200mm。
　　2. 暖气管、热水管应设隔热层。

39.2.1.5 薄壁金属电线管配管

薄壁金属电线管又分为"紧定式金属电线管"（JDG 管）和"扣压式金属电线管"（KBG）配管，用于主体预埋和明配管线。

1. 薄壁钢管暗管敷设工艺流程

弯管、箱、盒预制→测位→剔槽孔→爪型螺纹管接头与箱、盒紧固→箱、盒定向稳装→管路敷设→管路连接→压接接地→管路固定。

2. 薄壁钢管明管（吊顶内）敷设工艺流程

弯管、吊支架预制→测位→爪型螺纹管接头与箱、盒紧固→箱、盒定向稳装→管路敷设→管路连接→压接接地→管路固定。

3. 施工工艺

（1）JDG 管和 KBG 管的敷设除管路连接的施工工艺与厚壁金属管明配管不同外，其余均相同。

（2）JDG 管和 KBG 管的连接方式，具体做法见图 39-50、图 39-51。

4. 薄壁金属电线管配管敷设注意要点

(1) 管入箱、盒要采用专用螺纹管接头。螺纹接头为双面镀锌保护。螺纹接头与接线箱、盒连接的一端，带有一个爪形螺母和一个六角形螺母。安装时爪型螺母扣在接线盒内侧露出的螺纹接头的丝扣上，六角形螺母在接线盒外侧，用紧定扳手使爪形螺母和六角形螺母加紧接线盒壁。

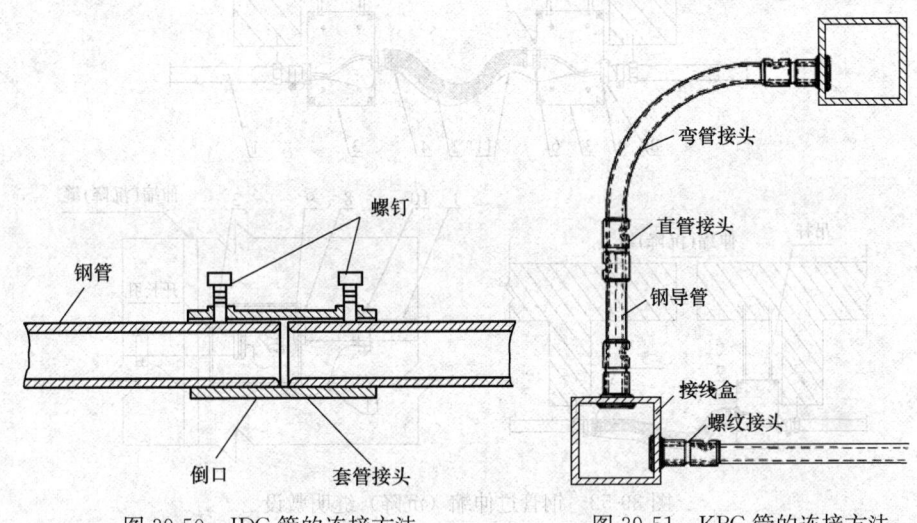

图 39-50　JDG 管的连接方法　　　　图 39-51　KBG 管的连接方法

(2) JDG 管与管的连接采用专用直管接头进行连接，安装时先把钢管插入管接头，使与管接头插紧定位，然后再持续拧紧紧定螺钉，直至拧断脖颈，使钢管与管接头成一体，无需再作跨地线。不同规格的钢管应选用不同规格与之相配套的管接头。

(3) KBG 管与管的连接采用专用的直管接头进行连接，其长度应为管外径的 2.0～3.0 倍，管的接口应在直管接头内中心即 1/2 处。根据配管线路的要求采用 90°直角弯管接头时，管的接口应插入直角弯管的承插口处，并应到位，再使用压接器压接，其扣压点应不少于两点。压接后，在连接口处涂抹铅油，使整个线路形成完整的统一接地体。

(4) 箱、盒开孔应整齐，与管径相吻合，要求一管一孔，不得开长孔。铁制箱、盒严禁用电气焊开孔。两根以上管入箱、盒，要长短一致，间距均匀，排列整齐。

(5) 管路固定：

1) 钢筋混凝土墙及楼板内的管路，每 1m 左右用铅丝绑扎在钢筋上。

2) 砖墙或砌体墙剔槽敷设的管路，每 1m 左右用铅丝、铁钉固定。

3) 预制圆孔板上的管路，可利用板孔用铅丝绑扎固定。

39.2.1.6　装设补偿盒

1. 钢管过伸缩（沉降）缝明敷设

钢管过伸缩（沉降）缝明敷设，具体做法见图 39-52：

2. 钢管过伸缩（沉降）缝暗敷设

钢管过伸缩（沉降）缝暗敷设时，具体做法见图 39-53：

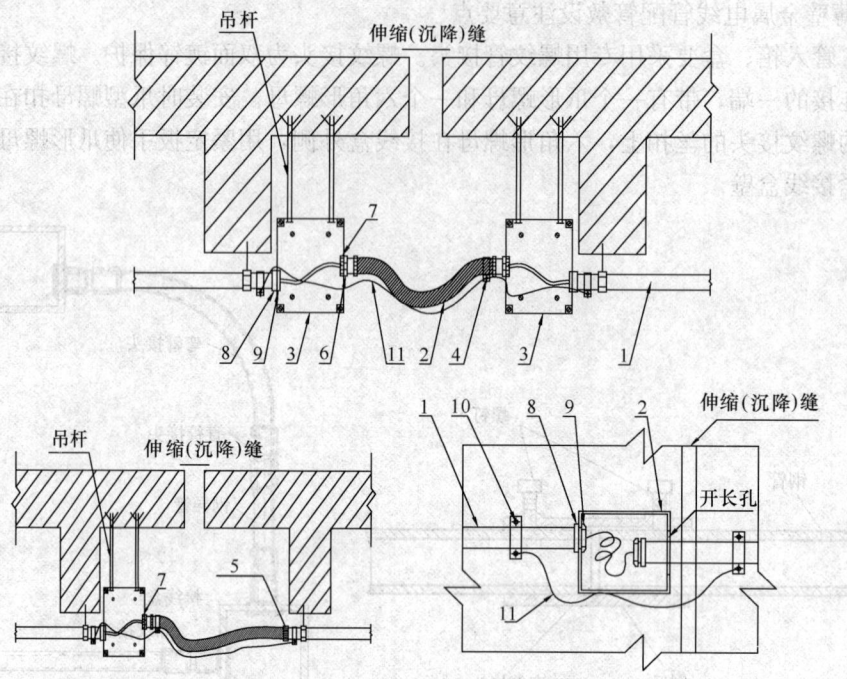

图 39-52 钢管过伸缩（沉降）缝明敷设

1—钢管；2—可弯曲性金属电线保护管；3—接线盒；4—接地夹；5—KG 混合连接器；
6—BG 接线箱连接器；7—BP 绝缘护套；8—锁母；9—护圈帽；10—管卡子；11—接地线

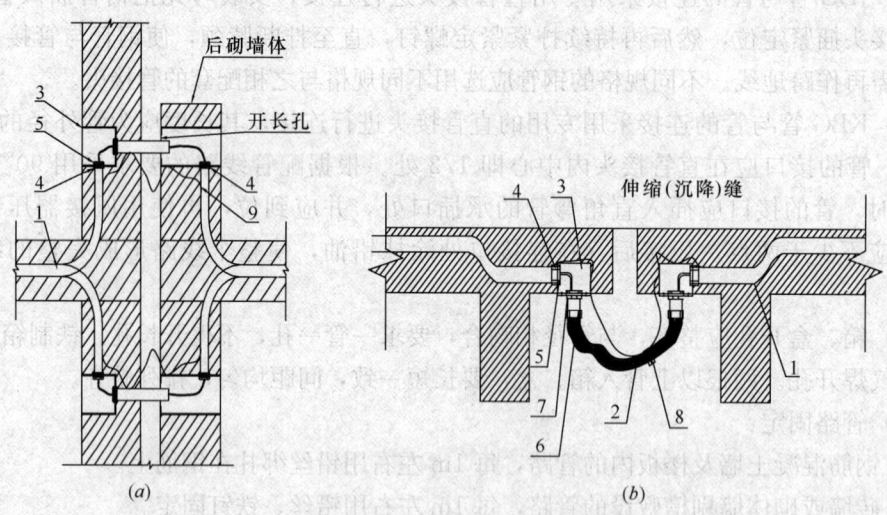

图 39-53 钢管过伸缩（沉降）缝暗敷设

(a) 暗配管遇建筑伸缩（沉降）缝处一侧有墙时的做法；(b) 沿楼板过伸缩（沉降）缝敷设

1—钢管；2—可弯曲性金属电线保护管；3—接线盒；4—锁母；5—KG 护圈帽；
6—BG 接线箱连接器；7—BP 绝缘护套；8—接地夹；9—接地线

39.2.2 可弯曲金属导管敷设

本工艺标准适用于一般工业、民用建筑工程1kV及其以下照明、动力、弱电的可弯曲金属电线管的明、暗敷设及吊顶内和护墙板内可弯曲金属电线管敷设工程。可弯曲金属导管内层为热固性粉末涂料，粉末通过静电喷涂，均匀吸附在钢带上，经200℃高温加热液化再固化，形成质密又稳定的涂层，涂层自身具有绝缘、防腐、阻燃、耐磨损等特性，厚度为0.03mm，可弯曲金属导管是我国建筑材料行业新一代电线电缆外保护材料，已被编入设计施工与验收规范，逐步成为一种较理想的电线电缆外保护材料。

39.2.2.1 材料要求

（1）可弯曲金属电线管及其附件，应符合国家现行技术标准的有关规定，并应有合格证。同时还应具有当地消防部门出示的阻燃证明。

（2）可弯曲金属电线管配线工程采用的管卡、支架、吊杆、连接件及盒、箱等附件，均应镀锌或涂防锈漆。

（3）可弯曲金属电线管及配套附件器材的规格型号应符合国家规范的规定和设计要求。潮湿环境暗敷时应采用防水型。

（4）其他所需材料：电线钢管、接线箱、灯头盒、插座盒、配电箱、接线箱连接器、混合管接头、锁紧螺母、固定卡子、接地卡子、圆钢、扁钢、角钢、支架、吊杆、螺栓、螺母、垫圈、弹簧垫圈、膨胀螺栓、木螺钉、自攻螺钉等，金属部件均应镀锌处理或作防锈处理。

39.2.2.2 施工机具

（1）可弯曲金属电线管专用切割刀、液压开孔器、无齿锯、台钻、手电钻、电锤、电焊机、射钉枪。

（2）钢锯、活扳手、鱼尾钳、手锤、錾子、半圆锉、钻头、钳子、改锥、电工刀等。

（3）水平尺、角尺、盒尺、铅笔、线坠、灰桶、灰铲、粉线袋等。

39.2.2.3 作业条件

（1）暗管敷设：

1）配合混凝土结构暗敷设施工时，根据设计图纸要求，在钢筋绑扎完、混凝土浇灌前进行配管稳盒，下埋件预留盒、箱位置。

2）配合砖混结构暗敷管路施工时，应随墙立管，安装盒、箱或预留盒、箱位置。

3）配合吊顶内或轻隔墙板内暗敷设管路时，应按土建大样图，先弹线确定灯具、插座等位置，随吊顶、立墙龙骨进行配管、稳盒。

4）吊顶内采用单独支撑，吊挂的暗敷管路，应在吊顶龙骨安装前进行配管做盒。

（2）明管敷设：

1）应在建筑结构期间安装好预埋件、预留孔、洞工作。

2）采用预埋法固定支架，应在抹灰前完成；采用膨胀螺栓固定支架时，应在抹灰后进行。

3）配管稳盒应在土建喷浆装修后进行。

39.2.2.4 工艺流程

（1）暗管敷设：

箱盒测位→箱盒固定→管路敷设→断管、安装附件→管与管、管与箱盒连接→卡接地线→管路固定。

(2) 明管敷设：

箱盒测位→箱盒固定→支架固定→管路敷设→断管、安装附件→管与管、管与箱盒连接→卡接地线→管路固定。

39.2.2.5 暗管敷设

1. 箱、盒测位

根据施工图纸确定箱、盒轴线位置，以土建弹出的水平线、轴线为基准，挂线找平找位，线坠找正，标出箱、盒实际位置。成排、成列的箱、盒位置，应挂通线或十字线。

2. 管路敷设的基本要求

(1) 暗敷在现浇混凝土结构中的管路，管路应敷设在两层钢筋中间。垂直方向的管路宜沿同侧竖向钢筋敷设，水平方向的管路宜沿同侧横向钢筋敷设。

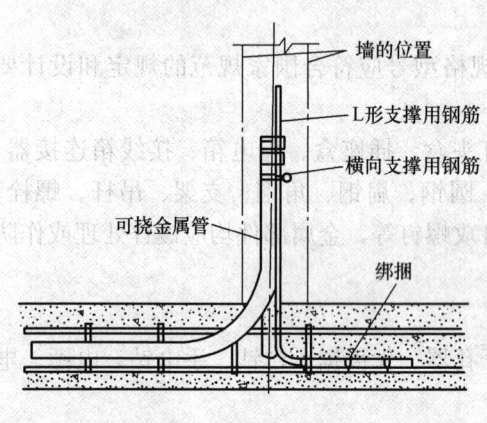

图 39-54　可弯曲金属导管暗敷

(2) 砖混结构随墙暗敷时，向上引管应及时堵好管口，并用临时支杆将管沿敷设方向挑起。具体做法见图 39-54。

(3) 剔槽敷设时，应在槽两边先弹线，用开槽机开槽或快錾子剔槽，槽宽及槽深均以比管径大 5mm 为宜。加气混凝土墙宜用电动刀锯开槽。剔槽敷设时，严禁剔横槽。

(4) 吊顶内暗敷时，管路可敷设在主龙骨上。单独吊挂的管路，其吊点不宜超出 1000mm。盒、箱两侧的管路固定点，不宜大于 300mm。

(5) 护墙板内暗敷时，应随土建立龙骨同时进行。其管路固定，应用可弯曲金属电线管配套的卡子进行固定。

(6) 进入箱盘的管路，应排列整齐，并安装好绝缘护口。当进入落地式配电箱、屏的可弯曲金属电线管，除应高出配电箱基础面不少于 50～80mm 外，还宜做排管的固定支架。可弯曲金属电线管暗敷时，其弯曲半径不应小于外径的 6 倍。

(7) 暗敷于建筑物、构筑物内的管路与建筑物、构筑物表面的最小保护层不应小于 15mm。

(8) 在暗敷时，可弯曲金属电线管有可能受重物压力或明显机械冲击处，应采取有效保护措施。

(9) 可弯曲金属电线管经过建筑物、构筑物的沉降缝或伸缩缝，应采取补偿措施，导线应留有余量。

(10) 当可弯曲金属电线管遇下列情况之一时，应设置接线盒或过路盒：

1) 无弯时，管长每超过 30m；
2) 有一个弯时，管长每超过 20m；
3) 有两个弯时，管长每超过 15m；
4) 有三个弯时，管长每超过 8m；

5) 不同直径的管相连时。

(11) 垂直敷设的可弯曲金属电线管,在下列情况下,应设置固定导线用的过路盒:
1) 管内导线截面为 50mm² 及以下,长度每超过 30m 时;
2) 管内导线截面为 70~95mm²,长度每超过 20m 时;
3) 管内导线截面为 120~240mm²,长度每超过 18m 时。

3. 管路固定

(1) 敷设在钢筋混凝土中的管路,应与钢筋绑扎牢固,管子绑扎点间距不宜大于 500mm,绑扎点距盒、箱不应大于 300mm。绑扎线可采用细铁丝。

(2) 砖墙或砌体墙剔槽敷设的管路,每隔不大于 1000mm 距离,用细铅丝、铁钉固定。

(3) 吊顶内及护墙板内管路,每隔不大于 1000mm 的距离,采用专用卡子固定。在与接线箱、盒连接处,固定点距离不应大于 300mm。

(4) 预制板(圆孔板)上的管路,可利用板孔用钉子、铅丝固定后再砂浆保护。

4. 管路连接

(1) 可弯曲金属电线管与可弯曲金属电线管连接以及与钢制电线管、厚铁管、各类箱盒的连接时,均应采用其配套的专用附件。

(2) 可弯曲金属电线管与箱盒连接时除采用专用配套附件外,还应做到:箱盒开孔排列整齐,孔径与管径相吻合,做到一管一孔,不得开长孔,铁制箱盒严禁用电气焊开孔。

(3) 可弯曲金属电线管与可弯曲金属电线管联接可采用 KS 系列连接器,由于管子、连接配件自身有螺纹,可用手将管子直接拧入拧紧。

5. 管子切断方法

(1) 可弯曲金属电线管的切断,应采用专用的切割刀进行,也可以用普通钢锯进行切断。

(2) 用手握住可弯曲金属电线管或放置在工作台上用手压住,刀刃轴向垂直对准管子纹沟,边压边切即可断管。

(3) 切面处理:管子切断后,便可直接与连接配件连接。但为便于与附件连接,可用刀背敲掉毛刺,使其断面光滑。内侧用刀柄旋转绞动一圈,更便于过线。

6. 地线连接

(1) 可弯曲金属电线管与管、箱盒等连接处,必须采用可弯曲金属电线管配套的接地夹子进行连接,其接地跨接线截面不小于 4mm² 铜线。可弯曲金属电线管不得采用熔焊连接地线。

(2) 可弯曲金属电线管,盒、箱等均应连接一体可靠接地。

(3) 可弯曲金属电线管不得作为电气接地线。交流 50V、直流 120V 及以下配管可不跨接接地线。

39.2.2.6 明管敷设

(1) 根据设计图纸要求,结合土建结构、装修特点,注意通风、暖卫、消防等专业的影响前提下,确定管路走向、箱盒准确安装位置,进行弹线定位。

(2) 预制管路支架、吊架,根据排管数量和管径钻好管卡固定孔位。箱盒进管孔,预先按连接器外径开好,做到一管一孔,排列整齐。接线盒上无用敲落孔不允许敲掉,配电箱（盘）不允许开长孔和电气焊开孔。

（3）首先用膨胀螺栓将箱盒稳装好。而后计算确定支架、吊架的具体位置再进行支架、吊架安装。应做到固定点间距均匀，转角处对称。

（4）支架、吊架与终端、转弯点、电气器具或接线盒、配电箱（盘）边缘的距离为150～300mm 为宜。管长不超出 1000mm 时，应最少固定两处。中间的支架、吊架的最大距离不应超出表 39-27 规定值。

可弯曲性金属电线管明敷固定点间距　　　　　　表 39-27

敷设条件	固定点间距（mm）
建筑物侧面或下面水平敷设	<1000
人可能触及的部位	<1000
可弯曲金属电线管连接，与接线箱或器具连接	固定点间距连接处小于 300

（5）明配时，可弯曲金属电线管其弯曲，弯曲半径不应小于管径的 3 倍。抱柱、梁弯曲时，可采用专用的 30°弯附件进行配接。

（6）上人吊顶内可弯曲金属电线管敷设应按明管要求进行敷设。

（7）吊顶板内接线盒如采用可弯曲金属电线管引至灯具或设备时，其长度不宜超出 1000mm，两端应采用配套的连接器锁固，其管外皮保护接地线应与接线盒处管进行连接成与盒内 PE 保护线连接。

（8）水平或垂直敷设的明配可弯曲金属电线管，其允许偏差为 5‰，全长偏差不应大于管内径的 1/2。明敷前应注意不要使可弯曲金属电线管出现碎弯，否则不易达到质量标准。

（9）沉降缝或伸缩缝应作补偿处理。

39.2.3 塑料导管敷设

根据现行国家标准要求：塑料电线管（PVC 电线管）必须为刚性阻燃型塑料电线管，其优势在于降低造价、节约钢材、质量轻，可减轻建筑主体结构负荷、便于施工、节省人工。

39.2.3.1 适用范围

随着建筑技术的进步和各专业标准的日益完善，根据 PVC 管近几年在建筑上的使用情况，现行国家规范制定要求：明配适用于公用建筑物、工厂、住宅等建筑物的电气配管，可浇筑于混凝土内，也可明装于室内及吊顶等场所；适用于室内或有酸、碱等腐蚀介质的场所照明配管敷设安装（不得在 40℃以上的场所和易受机械冲击、摩擦等场所敷设）。暗配适用于一般民用建筑内的照明配管系统，在混凝土结构内及砖混结构暗配管敷设工程（不得在高温场所和顶棚内敷设）。

39.2.3.2 材料要求

（1）塑料电线管根据目前国家建筑市场中的型号可分为：轻型、中型、重型三种；在建筑施工中宜采用中型、重型。

（2）所有塑料电线管必须证件齐全（合格证、检验报告、3C 认证书），必须提供原件，不是原件的证件必须加盖供货单位公章，并注明原件存放地及经办人签字。

（3）塑料电线管及其附件的选择：

1) 所有塑料电线管必须经过阻燃防火工艺处理，其含氧指数要达到国家标准要求；管材表面应有阻燃标记和制造厂标。

2) 材料进场必须经过现场检验，其质量要求应具有阻燃、耐热、耐冲击的性能，其内外径应符合国家现行技术标准。对阻燃性能有异议时，应按批抽样送有资质的试验室检测。

39.2.3.3 施工机具

(1) 主要安装机具：弹簧煨管器、扳手、剪管器、钢锯、刀锯、锉刀、粉线袋等。

(2) 主要检测机具：卷尺。

39.2.3.4 作业条件及要求

(1) 按施工图进行测放线定位，按坐标和标高、走向、确定接线盒的位置。

(2) 暗配管中，现浇混凝土结构内配管，要在底部钢筋组装固定之后，根据施工图尺寸位置进行布线管固定牢固。

(3) 砌体施工过要及时准确地将布线配管随墙预埋好。

39.2.3.5 工艺流程

弹线定位→加工弯管→稳住盒箱→暗敷管路→扫管穿引线。

39.2.3.6 测量放线、定位

与金属管道要求一致。

39.2.3.7 下料与预割加工

1. 管子切断

配管前根据图纸要求的实际尺寸将管线切断，PVC管用钢锯锯断，管材锯断后，必须将管口锉平齐、光滑。

2. 煨弯

(1) 管径在25mm及其以下使用冷煨法，将弯簧插入（PVC）管内需煨弯处，两手抓住弯簧两端头，膝盖顶在被弯处，用手扳逐步煨出所需弯度，考虑到管子的回弯，弯曲角度要稍大一些，然后抽出弯簧。

(2) 当管径大时采用热燥法：用电炉子、热风机等加热均匀，烘烤管子煨弯处，待管被加热到可随意弯曲时，立即将管子放在木板上，固定管子一头，逐步弯出所需管弯度，并用湿布抹擦使弯曲部位冷却定型，然后抽出弯簧。不得因为煨弯使管出现烤伤、变色、破裂等现象。

39.2.3.8 塑料管与盒（箱）的连接

管进盒、箱，一管一孔，先接端接头然后用内锁母固定在盒、箱上，在管孔上用顶帽型护口堵好管口，最后用纸或泡沫塑料块堵好盒子口（堵盒子口的材料可采用现场现有柔软物件，如水泥纸袋等）。

39.2.3.9 塑料管的连接方法

(1) 管路连接应使用套箍连接（包括端接头接管）。用小刷子蘸配套供应的塑料管胶粘剂，均匀涂抹在管外壁上，将管子插入套箍，管口应到位，接口应密封牢固。粘结性能要求粘结后1min内不移位，黏性保持时间长，并具有防水性，具体做法见图39-55。

(2) 管路垂直或水平敷设时，每隔1m距离

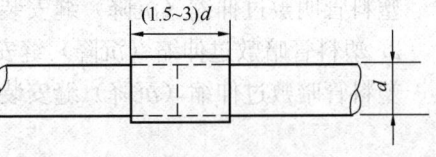

图39-55 套箍连接

应有一个固定点，在弯曲部位应以圆弧中心点为始点距两端 300～500mm 处各加一个固定点。

39.2.3.10 安装要求

(1) 盒、箱固定应平整牢固、灰浆饱满，纵横坐标准确，符合设计和施工验收规范规定。

(2) 管路暗敷设：

1) 现浇混凝土墙板内管路暗敷设：管路应敷设在两层钢筋中间，管进盒、箱时应煨成等叉弯，管路每隔 1m 处用镀锌铁丝绑扎牢，弯曲部位按要求固定，往上引管不宜过长，以能煨弯为准，向墙外引管可使用"管帽"预留管口待拆模后取出"管帽"再接管。

2) 现浇混凝土楼板管路暗敷设：根据已确定的灯头盒位置，将端接头、内锁母固定在盒子的管孔上，使用顶帽护口堵好管口，并堵好盒口，将固定好盒子，用机螺丝或短钢筋固定在底筋上。跟着敷管、管路应敷设在弓筋的下面，底筋的上面，管路每隔 1m 处用镀锌铁丝绑扎牢。引向隔断墙的管子，可使用"管帽"预留管口，拆模后取出管帽再接管。

3) 灰土层内管路暗敷设：灰土层夯实后进行挖管路槽，接着敷设管路，然后在管路上面用混凝土砂浆埋护，厚度不宜小于 80mm。

39.2.3.11 施工过程质量控制要点

(1) 阻燃塑料管敷设与煨弯对环境温度的要求如下：阻燃塑料管及其配件的敷设，安装和煨弯制作，均应在原材料规定的允许环境温度下进行，其温度不宜低于-15℃。

(2) 要考虑插座开关距门边和其他专业管道的距离：与金属管道要求相同。

(3) 现浇混凝土楼板上配管时，注意不要踩坏钢筋，土建浇筑混凝土时，应留专人看守，以免振捣时损坏配管及盒、箱移位。遇有管路损坏时，及时修复。

(4) 管路敷设完毕后注意成品保护，特别是在现浇混凝土结构施工中，应派电工看护，以防管路移位或受机械损伤。在合模和拆模时，应注意保护管路不要移位、砸扁或踩坏等现象。

(5) 对于现浇混凝土结构，如墙、楼板应及时进行扫管，即随拆模随扫管，这样能够及时发现堵管不通现象，便于在混凝土未终凝时，修补管路。对于砖混结构墙体，在抹灰前进行扫管，有问题时修改管路，便于土建修复。经过扫管后确认管路畅通，及时穿好带线，并将管口、盒口、箱口堵好，加强成品配管保护，防止出现二次堵塞管路现象。

(6) 直埋于地下或楼板内的塑料导管，在穿地面或楼板易机械损伤的一段应采取保护措施。

39.2.3.12 装设补偿盒

1. 塑料管明敷过伸缩（沉降）缝安装

塑料管明敷过伸缩（沉降）缝安装方式有三种，具体做法见图 39-56。

2. 塑料管暗敷过伸缩（沉降）缝安装

塑料管暗敷过伸缩（沉降）缝安装具体做法见图 39-57、图 39-58。

39.2 电气装置1kV以下配电线路

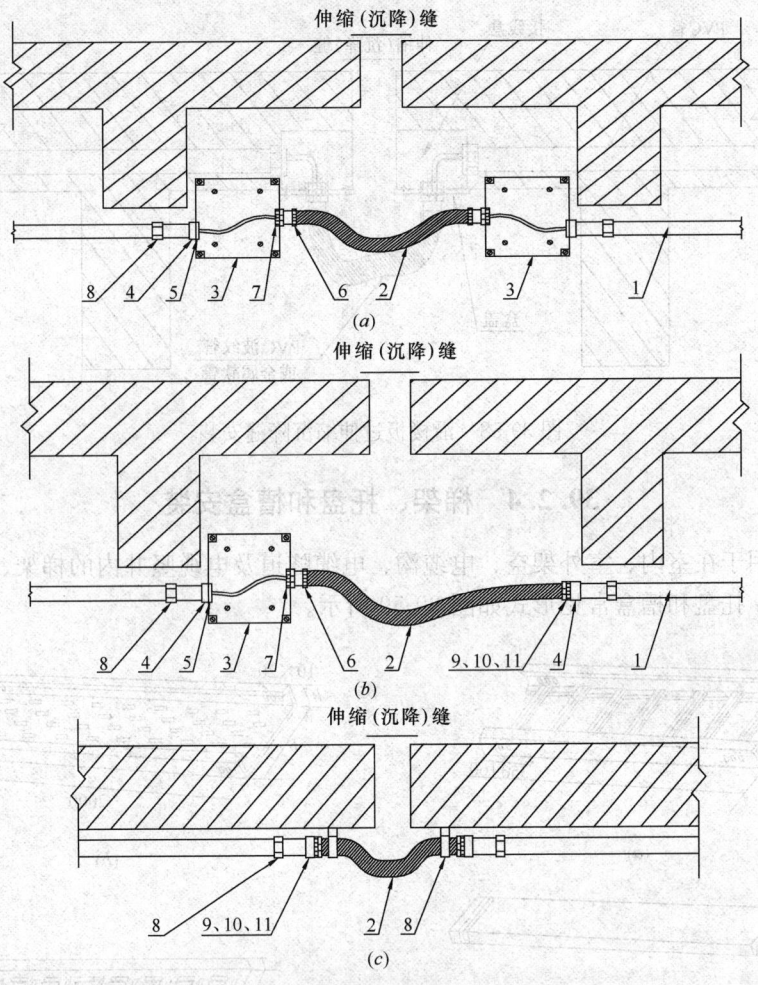

图39-56 塑料管明敷过伸缩（沉降缝）安装

1—硬塑料管；2—PVC波纹管或金属软管；3—塑料接线盒；4—入盒接头；5—入盒锁扣；6—波纹管入盒接头；
7—波纹管入盒锁扣；8—管卡或管夹；9—卡口短接口；10—卡口螺帽；11—花瓣式垫圈

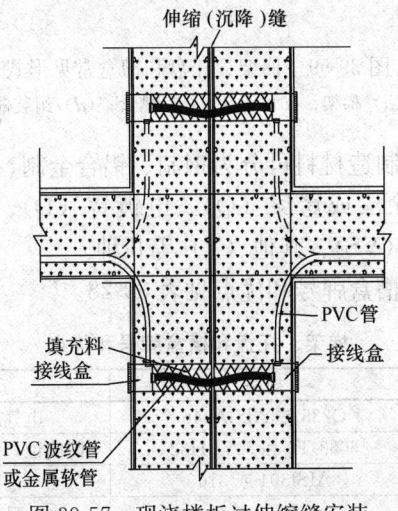

图39-57 现浇楼板过伸缩缝安装

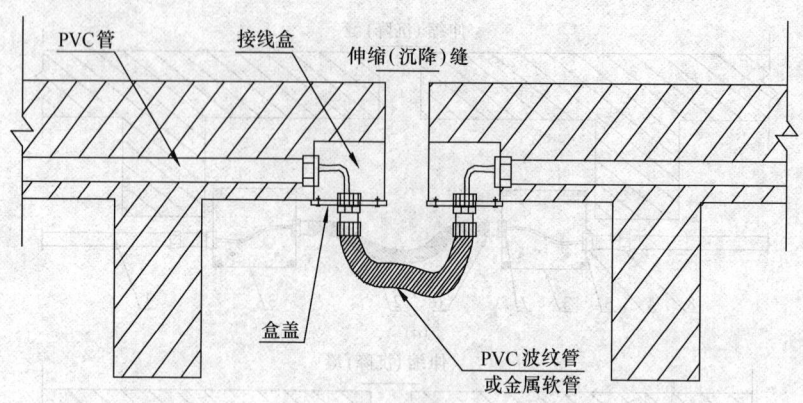

图 39-58 沿楼板过伸缩沉降缝安装

39.2.4 梯架、托盘和槽盒安装

本节适用于在室内、室外架空、电缆沟、电缆隧道及电缆竖井内的梯架、托盘和槽盒安装。梯架、托盘和槽盒常见形式如图 39-59 所示。

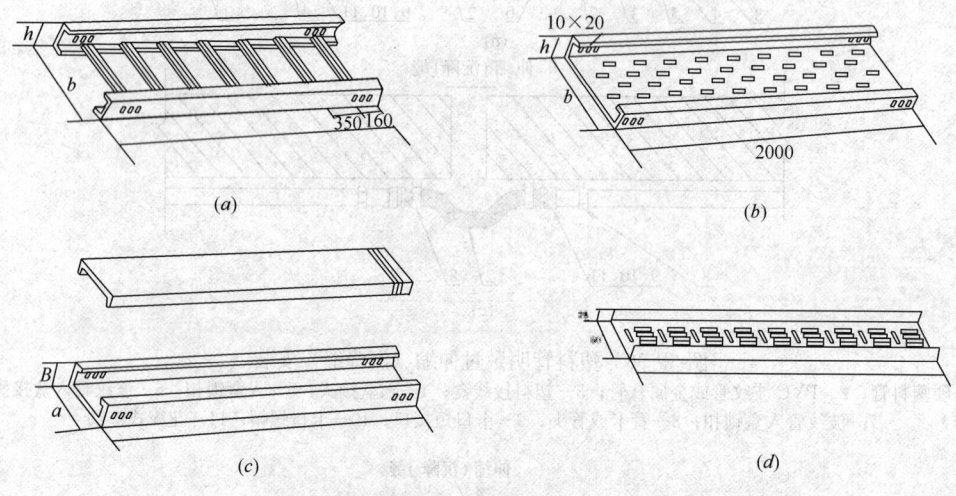

图 39-59 梯架、托盘和槽盒常见形式
(a) 梯架；(b) 托盘；(c) 槽盒；(d) 组装式

梯架、托盘和槽盒根据制造材料可分为钢制、铝合金制、玻璃钢制以及防火式。钢制按表面防腐处理还可分为涂漆或烤漆（Q）、电镀锌（D）、喷涂粉末（P）、热浸镀锌（R）、VCI 双金属复合涂层（VS）、其他（T）等几种。

各种材质梯架、托盘和槽盒牌号和优点见表 39-28。

梯架、托盘和槽盒牌号和优点　　　　　　　　　表 39-28

材料	规格	优点
钢	Q235 或 AISIA446	电气屏蔽、镀层可选择，热膨胀小
铝合金	6063-T6 和 5052-H32	防腐蚀，导电性能好，质轻，现场制作方便
不锈钢	AISI304 或 316	超防腐蚀，耐高温
玻璃纤维	—	自重轻，耐腐蚀，绝缘性能好

防火式梯架、托盘和槽盒是在托盘、梯架添加具有耐火或难燃性的板、网材料构成封闭或半封闭式结构，并在其表面涂刷符合《钢结构防火涂料应用技术规程》T/CECS 24—2020（中国工程建设标准化协会标准）的防火涂层等措施，其整体耐火性还应符合国家有关规范或标准的要求。

梯架、托盘和槽盒的安装主要有沿顶板安装、沿墙水平和垂直安装、沿竖井安装、沿地面安装。安装所用支（吊）架可选用成品或自制，支（吊）架的固定方式主要有预埋铁件上焊接、膨胀螺栓固定等。

39.2.4.1 适用范围

（1）在地下水位较高的地方、化学腐蚀液体溢流的场所，厂房内可采用梯架、托盘和槽盒敷设。

（2）建筑物或厂区不便于地下敷设时，可用梯架、托盘和槽盒架空敷设。

（3）垂直走向的电缆，沿墙、柱敷设数量较多时，可采用梯架、托盘和槽盒敷设。

（4）梯架、托盘和槽盒形式选择应符合下列规定：

1）在有易燃粉尘场所，或需屏蔽外部的电气干扰，应采用无孔托盘。

2）高温、腐蚀性液体或油的溅落等需防护场所，宜用托盘。

3）需因地制宜组装时，可用组装式托盘。

4）除1）～3）项外，宜用梯架。

（5）对耐腐蚀性能要求较高或要求洁净的场所，宜选用铝合金或不锈钢梯架、托盘和槽盒。

（6）要求防火的区域采用防火梯架、托盘和槽盒。

（7）在容易积聚粉尘的场所，梯架、托盘和槽盒应选用盖板；在公共通道或室外跨越道路段，底层宜加垫板或使用无孔托盘。

39.2.4.2 材料要求

（1）梯架、托盘和槽盒内外应光滑平整、无棱刺，不应有扭曲、翘边等变形现象；热镀锌梯架、托盘和槽盒锌层表面应均匀，无毛刺、过烧、挂灰、伤痕、局部未镀锌（直径2mm以上）等缺陷，不得有影响安装的锌瘤。螺纹的镀层应光滑、螺栓连接件应能拧入；喷涂粉末防腐处理的梯架、托盘和槽盒喷涂外观均匀光滑、不起泡、无裂痕、色泽均匀一致。

（2）梯架、托盘和槽盒螺栓孔径，在螺杆直径不大于M16时，可比螺杆直径大2mm。同一组内相邻两孔间距误差±0.7mm；同一组内任意两孔间距误差±1mm；相邻两组的端孔间距误差±1.2mm。

（3）各种金属型钢不应有明显锈蚀，管内无毛刺。所有紧固螺栓，均应采用镀锌件；膨胀螺栓应根据允许拉力和剪力进行选择。

39.2.4.3 施工机具

1. 主要安装机具

电锤、电钻、开孔机、活扳手、铅笔、粉线袋、卷尺、高凳等。

2. 主要检测机具

经纬仪、水平仪、兆欧表、万用表、绝缘电阻测试仪等。

39.2.4.4 作业条件

(1) 配合土建的结构施工，预留孔洞、预埋铁和预埋件等全部完成。

(2) 室外架空走廊结构、电缆沟、电缆隧道及电气竖井完工，室内顶棚和墙面的喷浆、油漆全部完工后，方可进行梯架、托盘和槽盒敷设。

(3) 线路上的障碍物已清除干净。

39.2.4.5 工艺流程

弹线定位→预埋铁件或膨胀螺栓→支吊架安装→梯架、托盘和槽盒安装→保护地线安装。

39.2.4.6 支、吊架制作安装

梯架、托盘和槽盒支、吊架包括托臂（卡接式、螺栓固定式）、立柱（工字钢、槽钢、角钢、异形钢立柱）、吊架（圆钢单、双杆式；角钢单、双杆式；工字钢单、双杆式；槽钢单、双杆式；异形钢单、双杆式），其他固定支架如垂直、斜面等固定用支架等。梯架、托盘和槽盒托臂和立柱如图 39-60 所示，常用槽钢双杆式和圆钢双杆式吊架如图 39-61 所示，梯架、托盘和槽盒沿墙垂直安装使用门形支架固定，门形支架如图 39-62 所示。

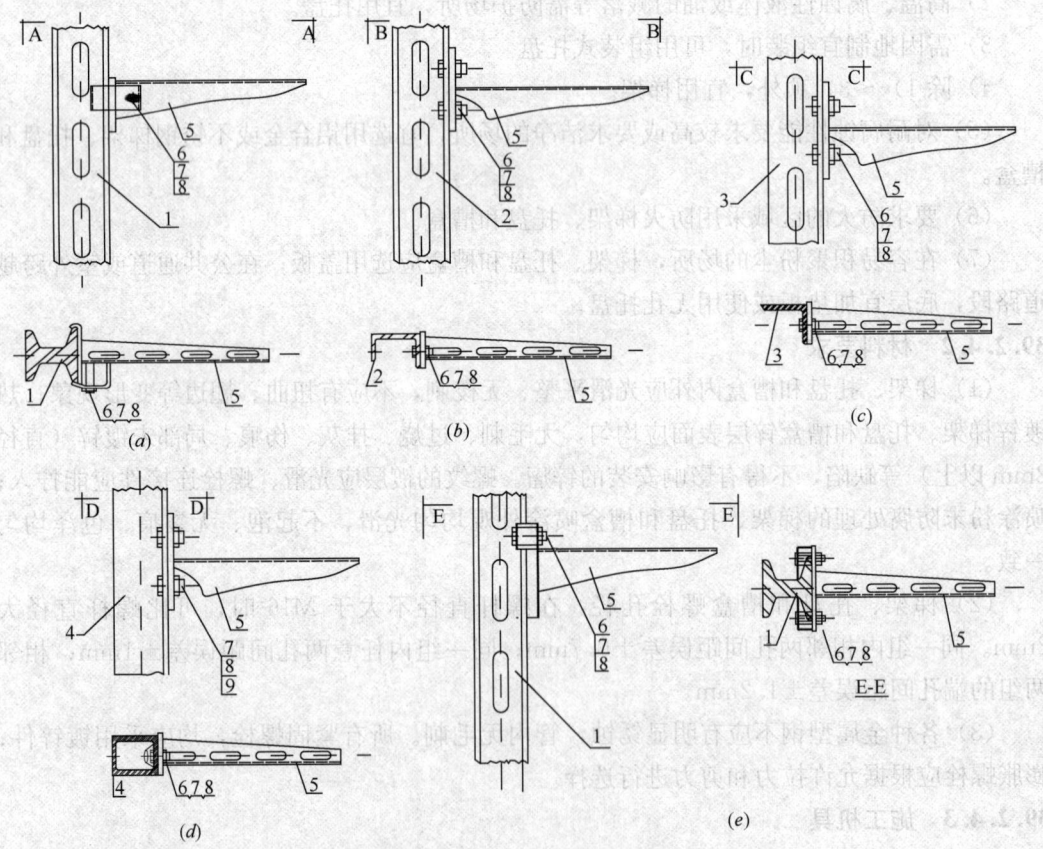

图 39-60 梯架、托盘和槽盒托臂和立柱

(a) 方案 1；(b) 方案 2；(c) 方案 3；(d) 方案 4；(e) 方案 5

1—工字钢支柱；2—槽钢形支柱；3—角钢形支柱；4—异型钢单支柱；5—托臂；
6—螺栓 M10×50；7—螺母 M10；8—垫圈；9—T 形螺栓 M10×30

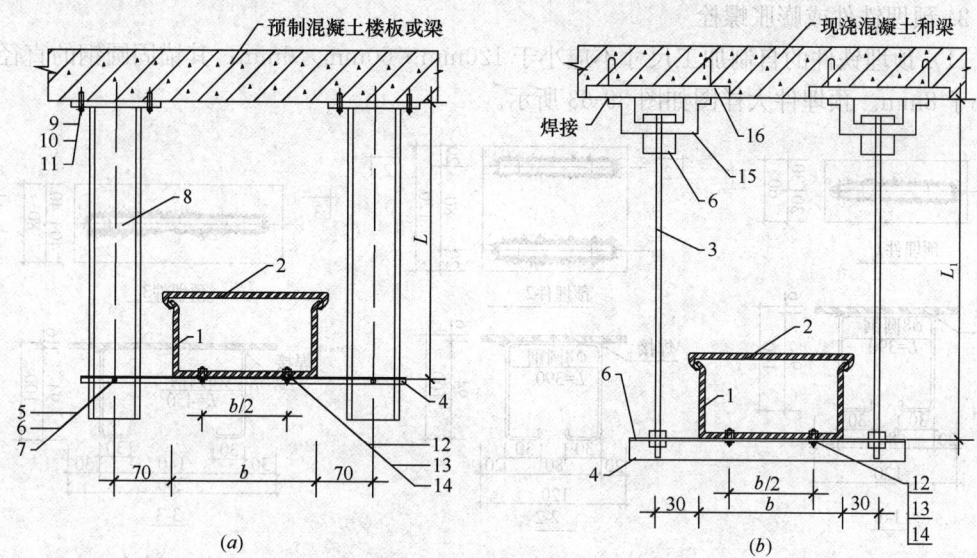

图 39-61 梯架、托盘和槽盒悬吊支架（槽钢双杆式；圆钢双杆式）
(a) 方案 1；(b) 方案 2

1—桥架；2—盖板；3—吊杆；4—横担；5—螺栓 M10×50；6—螺母 M10；7—垫圈 10；8—悬吊式槽钢支柱；
9—螺栓 M12×105；10—螺母 M12；11—垫圈 12；12—螺栓 M8×30；13—螺母 M8；14—垫圈 8；
15—固定架—40×4；16—预埋件；b—梯架、托盘和槽盒的宽度；
L、L_1—梯架、托盘和槽盒底距顶板下底高度

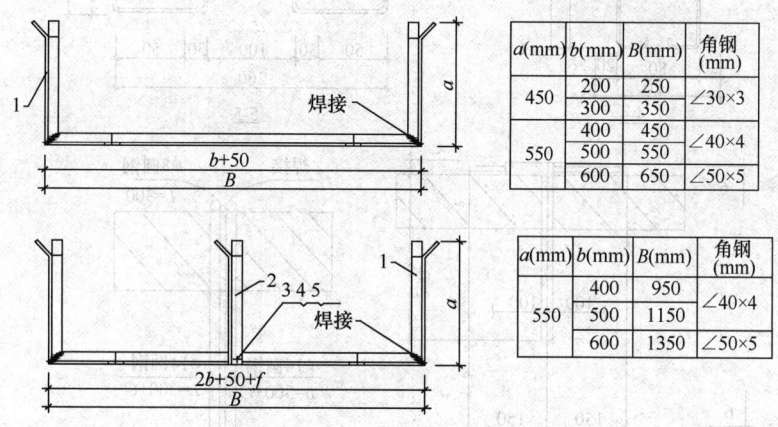

a(mm)	b(mm)	B(mm)	角钢(mm)
450	200	250	∠30×3
	300	350	
550	400	450	∠40×4
	500	550	
	600	650	∠50×5

a(mm)	b(mm)	B(mm)	角钢(mm)
550	400	950	∠40×4
	500	1150	
	600	1350	∠50×5

图 39-62 梯架、托盘和槽盒门形支架

1—角钢门形架；2—支架腿；3—半圆头方径螺栓（M8～M10）×30；
4—螺母 M8～M10；5—垫圈 M8～M10
注：$f=100$mm。

1. 弹线定位

(1) 根据图纸确定始端到终端，找好水平或垂直线，用粉线袋沿墙壁、顶棚和模板等处，在线路的中心线进行弹线。

(2) 按设计图的要求，分匀挡距并用笔标出具体位置。

2. 预埋铁件或膨胀螺栓

(1) 预埋铁件的自制加工尺寸不应小于 120mm×60mm×6mm；其锚固圆钢的直径不应小于 8mm。预埋件大样图如图 39-63 所示。

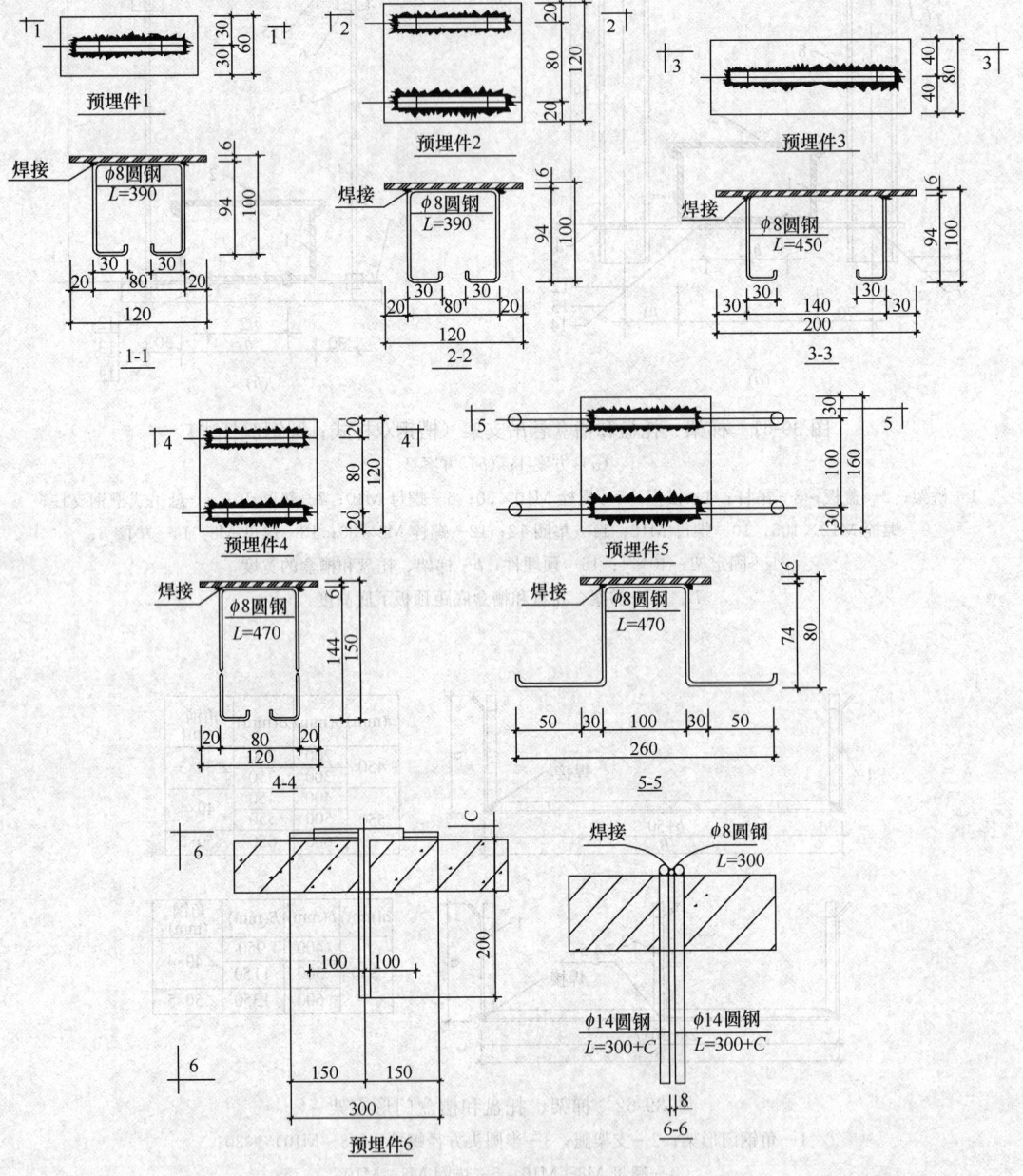

图 39-63 预埋件大样图

(2) 紧密配合土建结构的施工，将预埋铁件的平面放在钢筋网片下面，紧贴模板，可以采用绑扎或焊接的方法将锚固圆钢固定在钢筋网上。模板拆除后，预埋铁件的平面应明露或吃进深度一般在 2～3cm，再将成品支架或角钢制成的支架、吊架焊在上面固定。

(3) 根据支架承受的荷重，选择相应的膨胀螺栓及钻头；埋好螺栓后，可用螺母配上相应的垫圈将支架或吊架直接固定在金属膨胀螺栓上。

3. 支吊架安装

（1）支架与吊架所用钢材应平直，无显著扭曲。下料后长短偏差应在5mm范围内，切口处应无卷边、毛刺。

（2）支架与预埋件焊接固定时，焊缝饱满，膨胀螺栓固定时，选用螺栓适配，连接紧固，防松零件齐全。钢支架与吊架应焊接牢固，无显著变形，焊缝均匀平整，焊缝长度应符合要求，不得出现裂纹、咬边、气孔、凹陷、漏焊等缺陷。

（3）支架与吊架应安装牢固，保证横平竖直，在有坡度的建筑物上安装支架与吊架应与建筑物有相同坡度。

（4）支架与吊架的规格一般不应小于扁钢30mm×3mm，角钢25mm×25mm×3mm。

（5）严禁用电气焊切割钢结构或轻制龙骨任何部位。承力建筑钢结构构件上不得熔焊支架，且不得热加工开孔。

（6）万能吊具应采用定型产品，并应有各自独立的吊装卡具或支撑系统。

（7）梯架、托盘和槽盒水平安装时，宜按荷载曲线选取最佳跨距进行支撑，跨距一般为1.5~3m。垂直敷设时，其固定点间距不宜大于2m。在进出接线盒、箱、柜、转角、转弯和变形缝两端及丁字接头的三端500mm以内应设固定支持点。

（8）严禁用木砖固定支架与吊架。

（9）金属支架应进行防腐，位于室外及潮湿场所的应按设计要求做处理。

39.2.4.7 梯架、托盘和槽盒安装

（1）梯架、托盘和槽盒水平敷设时，支撑跨距一般为1.5~3m，梯架、托盘和槽盒垂直敷设时，固定点间距不大于2m。梯架、托盘和槽盒弯通弯曲半径不大于300mm时，应在距弯曲段与直线段结合处300~600mm的直线段侧设置一个支、吊架。当弯曲半径大于300mm时，还应在弯通中部增设一个支、吊架。梯架、托盘和槽盒转弯处的弯曲平径，不小于梯架、托盘和槽盒内电缆最小允许弯曲半径，电缆的最小允许弯曲半径见表39-29的规定。梯架、托盘和槽盒与支架间螺栓、梯架、托盘和槽盒连接板螺栓固定紧固无遗漏，螺母位于梯架、托盘和槽盒外侧。

电缆最小允许弯曲半径 表39-29

电缆形式		电缆外径（mm）	多芯电缆	单芯电缆
塑料绝缘电缆	无铠装	—	15D	20D
	有铠装	—	12D	15D
橡皮绝缘电缆		—	10D	
控制电缆	非铠装型、屏蔽型软电缆	—	5D	
	铠装型、屏蔽型	—	12D	—
	其他	—	10D	
铝合金导体电力电缆		—	7D	
氧化镁绝缘刚性矿物绝缘电缆		<7	2D	
		≥7，且<12	3D	
		≥12，且<15	4D	
		≥15	6D	
其他绝缘刚性矿物绝缘电缆		—	15D	

注：D为电缆外径。

(2) 梯架、托盘和槽盒在电缆沟和电缆隧道内安装：

梯架、托盘和槽盒在电缆沟和电缆隧道内安装，应使用托臂固定在异形钢单立柱上，支持梯架、托盘和槽盒。电缆隧道内异形钢立柱在 120mm×120mm×240mm 预制混凝土砌块内与埋件焊接固定，焊脚高度为 3mm，电缆沟内异型钢立柱可以用固定板安装，也可以用膨胀螺栓固定。异型钢立柱固定板安装如图 39-64，异型钢立柱用膨胀螺栓固定安装如图 39-65。

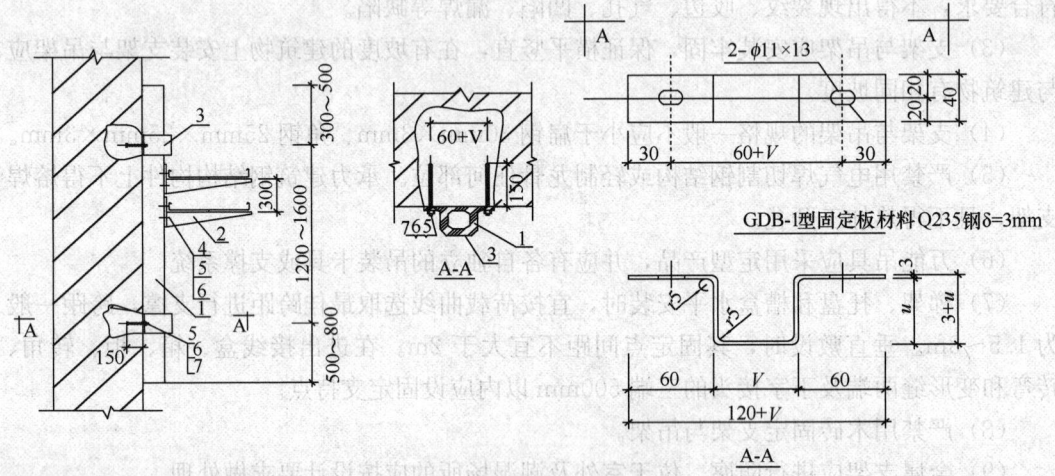

图 39-64　异型钢立柱固定板安装

1—异形钢单立柱；2—托臂；3—固定板 GCB-1；4—T 形螺栓 M10×36；
5—螺母 M10；6—垫圈 10；7—预埋螺栓 M10×200

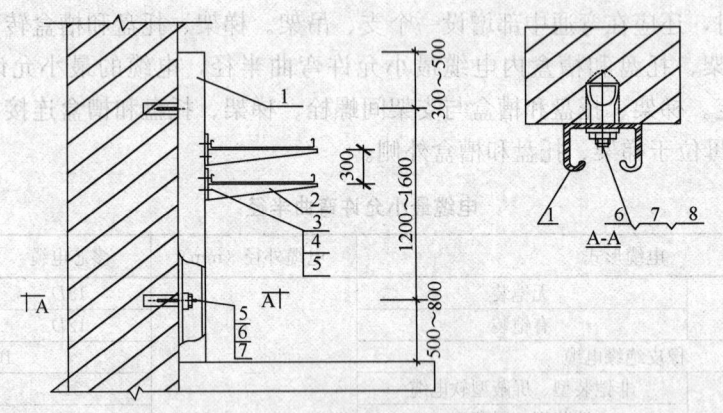

图 39-65　异型钢立柱用膨胀螺栓固定安装

1—异形钢单立柱；2—托臂；3—T 形螺栓 M10×30；4—螺母 M10；5—垫圈 M10；
6—膨胀螺栓 M12×105；7—螺母 M12；8—垫圈 12

(3) 梯架、托盘和槽盒安装应做到安装牢固，横平竖直，沿梯架、托盘和槽盒水平走向的支吊架左右偏差应不大于 10mm，其高低偏差不大于 5mm。

(4) 梯架、托盘和槽盒在电气竖井内安装：

1)敷设在电气竖井内穿楼板处和穿越不同防火区的梯架、托盘和槽盒,应有防火隔堵措施。

2)敷设在电气竖井内的梯架或托盘,其固定支架不应安装在固定电缆的横担上,且每隔3~5层应设置承重支架。

(5)当直线段钢制或塑料梯架、托盘和槽盒的直线段超过30m,铝合金或玻璃钢制梯架、托盘和槽盒超过15m时,应设置伸缩节;当梯架、托盘和槽盒经过建筑伸缩(沉降)缝时,应留有不少于20mm的伸缩缝,其连接宜采用伸缩连接板(图39-66)。

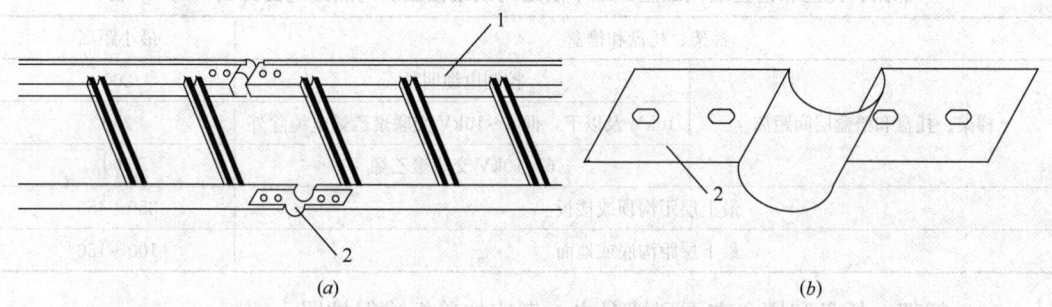

图 39-66 安装伸缩连接板的梯架
(a)装伸缩连接板的梯架;(b)伸缩连接片
1—梯架;2—伸缩连接片

(6)梯架、托盘和槽盒水平安装时的距地高度一般不宜低于2.50m,垂直安装时距地1.80m以下部分应加金属盖板保护,但敷设在电气专用房间(如配电室、电气竖井、技术层等)内时除外。

(7)几组梯架、托盘和槽盒在同一高度平行安装时,各相邻梯架、托盘和槽盒间应考虑维护、检修距离。梯架、托盘和槽盒与工艺管道共架安装时,梯架、托盘和槽盒应布置在管架的一侧,当有易燃气体管道时,梯架、托盘和槽盒应设置在危险程度较低的供电一侧。梯架、托盘和槽盒不宜与腐蚀性液体管道、热力管道和易燃易爆气体管道平行敷设,当无法避免时,应安装在腐蚀性液体管道的上方、热力管道的下方,易燃易爆气体比空气重时,应在管道上方,比空气轻时,应在管道下方;或者采取防腐、隔热措施。梯架、托盘和槽盒与各种管道平行或交叉时,其最小净距应符合表39-30的规定,梯架、托盘和槽盒与工艺管道共架安装如图39-67所示。

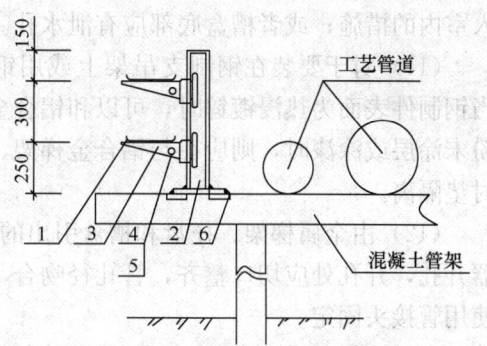

图 39-67 梯架、托盘和槽盒与
工艺管道共架安装
1—大跨距桥架;2—偏荷载支架;3—托臂;
4—螺栓 M10×50;5—垫圈;6—预埋件
注:在混凝土管架上可以用膨胀螺栓固定,如在钢结构管架上可直接焊接固定。

(8)当设计无规定时,梯架、托盘和槽盒层间最上层至沟顶或楼板及最下层至沟底或地面距离不宜小于表39-31的规定。

梯架、托盘和槽盒与各种管道的最小净距　　　　　　　　　表39-30

管道类别		平行净距（m）	交叉净距（m）
一般工艺管道		0.4	0.3
具有腐蚀性液体（或气体）管道		0.5	0.5
热力管道	有保温层	0.3	0.5
	无保温层	1.0	0.5

梯架、托盘和槽盒层间最上或最下层至沟顶或楼板及沟底或地面距离（mm）表39-31

梯架、托盘和槽盒		最小距离
梯架、托盘和槽盒层间距离	控制电缆明敷	200
	10kV及以下，但6～10kV交联聚乙烯电缆除外	250
	6～10kV交联聚乙烯	300
最上层距沟顶或楼板		350～450
最下层距沟底或地面		100～150

（9）梯架、托盘和槽盒在下列情况之一者应加盖板或保护罩：

1）梯架、托盘和槽盒在铁箅子或类似带孔装置下安装时，最上层应加盖板或保护罩，如果在最上层梯架、托盘和槽盒宽度小于下层时，下层梯架、托盘和槽盒也应加盖板或保护罩。

2）梯架、托盘和槽盒安装在容易受到机械损伤的地方时应加保护罩。

（10）梯架、托盘和槽盒由室内穿墙至室外时，在墙的外侧应采取防雨措施。由室外较高处引到室内时，应先向下倾斜，然后水平引到室内，当采用托盘时，应有防止雨水进入室内的措施；或者槽盒底部应有泄水孔。

（11）对于要装在钢制支吊架上或用钢制附件固定的铝合金钢制梯架、托盘和槽盒。当钢制件表面为热浸镀锌时，可以和铝合金梯架、托盘和槽盒直接接触。当其表面为喷涂粉末涂层或涂漆时，则应在与铝合金梯架、托盘和槽盒接触面之间用聚氯乙烯或氯丁橡胶衬垫隔离。

（12）由金属梯架、托盘和槽盒引出的配管应使用钢管，当桥架需开孔时，应用开孔器开孔，开孔处应切口整齐，管孔径吻合，严禁用气、电焊开孔。钢管与桥架连接时，应使用管接头固定。

（13）梯架、托盘和槽盒在穿越不同的防火分区、防火楼板时，应采取防火隔离措施。

（14）梯架、托盘和槽盒安装的注意事项：

梯架、托盘和槽盒严禁作为人行通道、梯子或站人平台，其支吊架不得作为吊挂重物的支架使用，在钢制梯架、托盘和槽盒中敷设电缆时，严禁利用钢制梯架、托盘和槽盒的支吊架做固定起吊装置，做拖动装置及滑轮和支架。

在有腐蚀性环境条件下安装的梯架、托盘和槽盒，应采取措施防止损伤钢制梯架、托盘和槽盒表面保护层，在切割、钻孔后应对其裸露的金属表面用相应的涂料或油漆修补。

（15）梯架、托盘和槽盒的接地：

梯架、托盘和槽盒系统应有可靠的电气连接并接地。

1）金属梯架、托盘和槽盒及其支架和引入或引出的金属电缆导管必须接地（PE）或接零（PEN）可靠，且必须符合下列规定：

① 梯架、托盘和槽盒及其支架全长不大于 30m 时，不应不少于 2 处与保护导体可靠连接；全长大于 30m 时，每隔 20～30m 应增加一个连接点，起始端和终点端均应可靠接地。

② 非镀锌梯架、托盘和槽盒间连接板的两端应跨接保护连接导体，保护连接导体的截面积应符合设计要求。

③ 镀锌梯架、托盘和槽盒间连接板的两端不跨接接地线，但连接板两端不少于 2 个有防松螺帽或防松垫圈的连接固定螺栓。

2）当允许利用梯架、托盘和槽盒系统构成接地干线回路时，应符合下列要求：

① 梯架、托盘和槽盒及其支吊架、连接板应能承受接地故障电流。当钢制梯架、托盘和槽盒表面有绝缘涂层时，应将接地点或需要电气连接处的绝缘涂层清除干净，测量托盘、梯架端部之间连接处的接触电阻值小于 4Ω。

② 在梯架、托盘和槽盒全程各伸缩缝或连续铰连接板处应采用编织铜线或不小于 $6mm^2$ 的塑铜软线跨接，保证梯架、托盘和槽盒的电气通路的连续性。

3）位于振动场所的梯架、托盘和槽盒包括接地部位的螺栓连接处，应装置弹簧垫圈。

4）使用玻璃钢梯架、托盘和槽盒，应沿梯架、托盘和槽盒全长另敷设专用接地线。

5）沿梯架、托盘和槽盒全长另敷设接地干线时，接地线应沿梯架、托盘和槽盒侧板敷设，每段（包括非直线段）托盘、梯架应至少有一点与接地干线可靠连接，转弯处应增加固定点；梯架、托盘和槽盒有数层时，接地线只架设在顶层梯架、托盘和槽盒侧板上安装，并每隔 20～30m 与下面各层梯架、托盘和槽盒跨接一次。接地线沿梯架、托盘和槽盒敷设做法如图 39-68 所示。

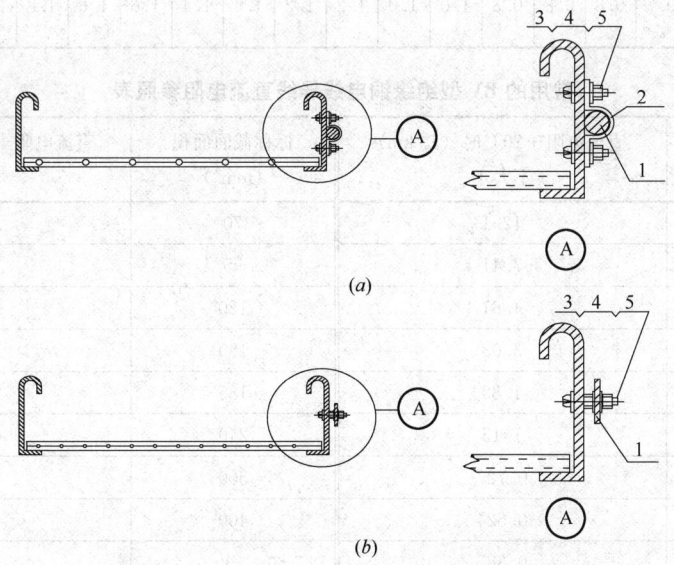

图 39-68 接地线沿梯架、托盘和槽盒敷设做法
(a) 铜绞线接地线；(b) 矩形导体接地线
1—铜绞线或矩形导体接地线；2—卡子；3—螺栓 M5×20；
4—螺母；5—垫圈 M5（矩形导体加弹簧垫圈）

6) 梯架、托盘和槽盒在电缆沟和电缆隧道内敷设时,接地线在电缆敷设前与支柱焊接,所有零部件及焊缝要作防锈处理,涂红丹漆二度,灰漆二度。

7) 梯架、托盘和槽盒在建筑变形缝要做跨接地线,跨接地线要留有余量。

39.2.5 管 内 穿 线

39.2.5.1 材料要求

(1) 电线:导线的规格、型号必须符合设计要求,并有出厂合格证、备案证及3C认证书,所有资料必须原件;不是原件的证件必须加盖供货单位公章,并注明原件存放地及经办人签字。

(2) 电线外护层应有明显标识和制造厂标。电线的绝缘性能应符合产品技术标准或产品技术文件的规定。常用的BV型缘电线的绝缘层厚度应符合表39-32的规定。

(3) 电线的标称截面积应符合设计要求,其导体电阻值应符合现行国家标准《电缆的导体》GB/T 3956的有关规定。当对电线的导电性能、绝缘性能、绝缘厚度、机械性能和阻燃耐火性能有异议时,应按批抽样送有资质的试验室检测。常用的BV型绝缘铜电线导线直流电阻见表39-33的规定。

(4) 电缆的材料质量控制要求参见39.1.1.3。

常用的BV型绝缘电线的绝缘层厚度　　　　　表39-32

序号	1	2	3	4	5	6	7	8	9	10	11	12	13	14	15	16	17
电线芯线标称截面面积(mm^2)	1.5	2.5	4	6	10	16	25	35	50	70	95	120	150	185	240	300	400
绝缘层厚底规定值(mm)	0.7	0.8	0.8	0.8	1.0	1.0	1.2	1.2	1.4	1.4	1.6	1.6	1.8	2.0	2.2	2.4	2.6

常用的BV型绝缘铜电线导线直流电阻参照表　　　　　表39-33

标称截面面积(mm^2)	直流电阻+20℃时(Ω/km) 不大于	标称截面面积(mm^2)	直流电阻+20℃时(Ω/km) 不大于
1.5	12.1	70	0.268
2.5	7.41	95	0.193
4	4.61	120	0.153
6	3.08	150	0.124
10	1.83	185	0.0791
16	1.15	240	0.0754
25	0.727	300	0.0601
35	0.524	400	0.047
50	0.387	—	—

(5) 镀锌铁丝钢丝:应顺直无背扣、扭接等现象,并具有相应的机械拉力。

(6) 护口:应根据管径的大小选择相应规格的护口。

(7) 辅助材料:滑石粉、布条等均符合要求并有产品合格证。

39.2.5.2 施工机具

(1) 主要安装机具：克丝钳、尖嘴钳、剥线钳、压接钳、电炉、锡锅、锡勺、电烙铁、放线架、一（十）字槽螺钉旋具、电工刀、高凳等。

(2) 主要检测机具：万用表、兆欧表、卷尺等。

39.2.5.3 作业条件

(1) 土建专业抹灰、刮腻子等粗装修工程完成。

(2) 管路或线槽安装完毕，箱、盒安装符合设计要求，并应完好无损无污染。

(3) 线管内无积水及潮气浸入，如果有积水必须用皮老虎或空压泵吹出，并用带线带上布条拉擦干净。

39.2.5.4 工艺流程

配线（选择电线电缆）→穿带线扫管→放线→电线与带线的绑扎→带护口→放线及断线。

39.2.5.5 配线

(1) 应根据设计图要求选择导线。进（出）户的导线应使用橡胶绝缘导线，并不小于 $10mm^2$，严禁使用塑料绝缘导线。

(2) 相线、中性线及保护地线的颜色应加以区分（应 L_1 为黄色、L_2 为绿色、L_3 为红色为宜），用黄绿色相间的导线做保护地线，淡蓝色导线做中性线。

39.2.5.6 穿带线

(1) 带线一般均采用 $\phi 1.2\sim\phi 2.0mm$ 的钢丝，先将钢丝的一端弯成不封口的圆圈，再利用穿线器将带线穿入管路内，在管路的两端均应留有 10~15cm 的余量。

(2) 在管路较长或转弯较多时，可以在敷设管路的同时将带线一并穿好。

(3) 穿带线受阻时，应用两根钢丝同时搅动，使两根钢丝的端头互相钩绞在一起，然后将带线拉出。

(4) 阻燃型塑料波纹管的管壁呈波纹状，带线的端头要弯成圆形。

39.2.5.7 清扫线管

将布条的两端牢固地绑扎在带线上，两人来回拉动带线，将管内的积水、潮气及杂物清净。

39.2.5.8 放线、断线和导线绝缘层剥切

1. 放线

(1) 放线前应根据施工图和技术交底核对导线的规格、型号、相线的分色进行核对。

(2) 放线时导线应理顺，不能搅乱和拧劲，应置于放线车或放线架上。

2. 断线

剪断导线时，导线的预留长度应符合以下要求：接线盒、开关盒、插销盒及灯头盒内导线的预留长度应为 15cm；配电箱内导线的预留长度应为配电箱体周长的 1/2；出户导线的预留长度应为 1.5m；公用导线在分支处，可不剪断导线而直接穿过。

39.2.5.9 管内穿线

(1) 电线管在穿线前，首先检查各个管口的护口是否齐整，如有遗漏和破损，均应补齐和更换。

(2) 当管路较长或转弯较多时，在穿线前往管内吹入适量的滑石粉，穿线时，应配合

协调，一拉一送，要同时使劲，不能用蛮力强行拉扯电线。

(3) 穿线时应注意下列问题：

1) 同一交流回路的导线必须穿于同一管内。

2) 不同回路、不同电压和交流与直流的导线，不得穿入同一管内，但以下几种情况除外：额定电压为50V以下的回路；同一设备或同一流水作业线设备的电力回路和无特殊防干扰要求的控制回路；同一花灯的几个回路；同类照明的几个回路，但管内的导线总数不应多于8根，防止发生短路故障和干扰。

3) 导线在变形缝处，补偿装置应活动自如。导线应留有一定的余度。

4) 敷设于垂直管路中的导线，当超过下列长度时，应在管口处和接线盒中加以固定：截面积为50mm²及以下的导线为30m；截面积为70～95mm²的导线为20m；截面积在180～240mm²之间的导线为18m。

39.2.5.10 线槽敷线

(1) 线槽内在配线之前应消除线槽内的积水和污物。

(2) 同一线槽内（包括绝缘在内）的导线截面积总和应不超过内部截面的40%。

(3) 线槽底向下配线时，应将分支导线分别用尼龙绑扎带绑扎成束，并定在线槽底板上，以防导线下坠。

(4) 不同电压、不同回路、不同频率的导线应加隔板放在同一线槽内下列情况时，可直接放在同一线槽内：电压在65V及以下；同一设备或同一流水线的动力和控制回路；照明花灯的所有回路；三相四线制的照明回路。

(5) 导线较多时，除采用导线外皮颜色区分相序外，也可利用在导线端头和转弯处做标记的方法来区分。

(6) 在穿越建筑物的变形缝时，导线应留有补偿余量。

(7) 接线盒内的导线预留长度不应超过150mm；盘、箱内的导线预留长度应为其周长的1/2。

(8) 从室外引入室内的导线，穿过墙外的一段应采用橡胶绝缘导线，不允许采用塑料绝缘导线。穿墙保护管的外侧应有防水措施。

39.2.6 塑料护套线敷设

塑料护套线是具有双层塑料保护层的单芯或多芯构成的铜芯绝缘导线。具有防温、防腐和耐酸的功能，可直接明敷设在建筑物内部或空心楼板内；严禁直接敷设在建筑屋顶棚内、墙体内、抹灰层内、保温层内、装饰面内或可燃物表面。

39.2.6.1 材料要求

(1) 导线的规格型号必须符合设计和国家现行技术标准规范的要求，并具备产品质量合格证、检验报告、备案证。

(2) 工程上使用的塑料护套线必须保证最小芯线截面为2.5mm²、塑料护套线采用明敷设时，导线截面积一般不宜大于10mm²。

(3) 要根据导线截面和导线的根数选择相应型号的旋接线钮。

(4) 连接套管要和线芯同一材质，采用铜制套管。

(5) 根据导线的根数和总截面选择相匹配定型制品接线端子。

(6) 辅助材料：接线盒、铝卡子、镀锌木螺栓、焊锡、焊剂、钉子、橡胶绝缘带、粘塑料绝缘带、黑胶布等。

39.2.6.2　施工机具

电工工具、万用表、兆欧表、划线笔、粉线、圆钢钉、手锤、錾子、手电钻、电锤、高凳等。

39.2.6.3　作业条件

（1）配合土建结构施工预埋保护管、预留孔洞。

（2）建筑物内部装饰施工结束，配电箱箱体安装完毕。

39.2.6.4　工艺流程

弹线定位→埋设件安装→配线→导线连接→线路检查及绝缘测试。

39.2.6.5　弹线定位

（1）根据施工图纸确定用电设备或器件（灯具、开关）等电气器具固定点的位置，从始端至终端找好水平或垂直线，用粉线袋在线路中心弹线，分匀挡位，用笔画出加挡位位置。再细检查木砖是否齐全，位置是否正确，否则应及时补齐。

（2）在固定点位置钻孔，埋入塑料膨胀管或伞形螺栓。弹线时不应弄脏建筑物表面。

39.2.6.6　埋设件安装

（1）根据施工图和现场实际情况在建筑结构施工中，将木砖和保护套管准确地埋设已确定位置上。预埋数量、位置要准确。

1）根据找准的水平线和垂直线严格控制木砖埋设的位置。梯形木砖较小的一面要与墙面找平，要考虑墙面抹灰厚度。

2）预埋保护套管的两端要突出墙面 5～10mm。

（2）按弹线定位的方法来确定塑料胀管固定的位置，根据塑料胀管的外径和长度选用匹配的钻头进行钻孔，孔深要大于胀管的长度，下胀管后要与墙面平齐。

39.2.6.7　配线

（1）将铝卡片用钉子固定在木砖上，用木螺栓将各种盒固定在塑料胀管上。根据线路实际长度量出导线长度准确剪断。由线路一端开始逐段地敷设，随敷随固定。然后将导线理顺调直，不松弛、扭绞，确保整齐、美观。

（2）放线要确保布线时导线顺直，不能拉乱，或者导线产生扭曲现象。

（3）导线直敷设时必须横平竖直，具体做法为：一手持导线，另一手将导线固定在铝片卡上锁紧卡扣。如几根导线同时布线时可采取夹板将导线收紧临时固定，然后将导线逐根扭平、扎实，用铝片卡固定扣紧。竖向垂直布线时，应自上而下作业。

（4）塑料护套线与保护导体或不发热管道等紧贴和交叉处及穿梁、墙、楼板处等易机械损伤的部位，应采取防护措施。塑料护套线在室内沿建筑物表面水平敷设高度距地面不应小于 2.5m，垂直敷设时距地面高度 1.8m 以下的部分应采取保护措施。

（5）布线必须转弯布线时，可在转弯处装设接线盒，以求得整齐、美观、装饰性强。如布线采取导线本身自然转弯时，必须保持相互垂直，弯曲角要均匀，弯曲处护套和导线绝缘层应完整无损伤，侧弯和平弯弯曲半径应分别不小于护套线宽度和厚度的 3 倍。

（6）塑料护套线进入盒（箱）或设备、器具连接，其护套层应进入盒（箱）或设备、器具内，护套层与盒（箱）入口处应密封。塑料护套线的接头应设在明装盒（箱）或器具内，多尘场所应采用IP5X等级的密闭式盒（箱），潮湿场所应采用IPX5等级的密闭式盒（箱），盒（箱）的配件应齐全，固定应可靠。

（7）护套线应采用线卡固定，固定应顺直、不松弛、不扭绞，固定点间距应均匀、不松动，固定点间距宜为150～200mm；在终端、转弯和进入盒（箱）、设备或器具等处，均应装设线卡固定，线卡距终端、转弯中点、盒（箱）、设备或器具边缘的距离宜为50～100mm。

（8）暗敷布线时：

1）如导线穿越墙壁和楼板时，要加保护管。穿楼板处必须使用钢管保护，其保护高度距地面不应低于1.8m；装设开关的地方可引至开关位置。

2）过变形缝时应做补偿处理。

3）在空心楼板板孔内暗配敷设时，不得损伤护套线，并应便于更换导线。在板孔内不得有接头，板孔应洁净，无积水和无杂物。

（9）塑料护套线也可穿管敷设，操作技术要求和线管配线相同。

39.2.6.8 导线连接

（1）根据配电箱、接线盒的几何尺寸预留导线长度，削去绝缘层。按导线绝缘层颜色区分相线、中性线或保护地线，用万用表测试。操作技术要求和线管配线相同。

（2）导线连接方式：有螺旋接线钮连接、LC安全型压线帽连接、铜导线焊接等方法。操作技术要求和线管配线相同。见39.2.9。

39.2.6.9 线路检查及绝缘测试

操作技术要求和线管配线相同，见39.2.9.8。

39.2.7 钢索配线

钢索配线是由钢索承受配电线路全部荷载，是将绝缘导线及配件和灯具吊钩在钢索上形成一个完整的配电体系。适用于工业厂房和室外景观照明等场所，在潮湿、有腐蚀性介质及易积蓄纤维灰尘的场所，应采用带塑料护套的钢索。

39.2.7.1 材料要求

（1）钢索：采用钢铰线作为钢索，应采用镀锌钢索，不应采用含油芯的钢索。其截面积应根据实际跨距、荷重及机械强度选择，最小截面不小于10mm^2。钢索的钢丝直径应小于0.5mm，钢索不应有扭曲、断股、背扣、松股等缺陷。如果用镀锌圆钢作为钢索，其直径不应小于10mm。

（2）镀锌圆钢吊钩：圆钢的直径不应小于8mm。

（3）镀锌圆钢耳环：圆钢的直径不应小于10mm。耳环孔的直径不应小于30mm，接口处应焊死，尾端应弯成燕尾。

（4）镀锌铁丝：应顺直无背扣、扭接等现象，并具有规定的机械拉力。

（5）扁钢吊架：应采用镀锌扁钢，其厚度不应小于1.5mm，宽度不应小于20mm，镀锌层无脱落现象。

（6）导线的规格、型号必须符合设计要求，并有出厂合格证。

（7）选用时应采用与导线材质、规格相应的套管。

（8）要根据导线的根数和总截面选择相应规格的接线端子。

39.2.7.2 施工机具

(1) 主要安装机具：电焊机、砂轮锯、套管机、铣刀、气焊工具、压力工作台、煨管器、滑轮、捯链、牙管、电炉、锡锅、锡勺、电烙铁、手锤、錾子、钢锯、锉、套丝板、常用电工工具等。

(2) 主要检测机具：钢盘尺、水平尺、万用表、兆欧表等。

39.2.7.3 作业条件

(1) 拉环安装牢固，使其能承受钢索在全部荷载下的拉力。

(2) 钢索配管的预埋件及预留孔，应预埋、预留完成；装修工程除地面外基本结束。

39.2.7.4 工艺流程

预制加工工件→预埋铁件→弹线定位→固定支架→组装钢索→钢索吊金属（塑料）管→保护地线安装→钢索吊磁柱（珠）→钢索配线→线路检查绝缘测试→钢索吊护套线。

39.2.7.5 预制加工配（附）件

(1) 加工预埋铁件：其尺寸不应小于120mm×60mm×6mm；焊在铁件上的锚固钢筋其直径不应小于8mm，其尾部要弯成燕尾状。

(2) 根据设计图的要求尺寸加工好预留孔洞的框架；加工好抱箍、支架、吊架、吊钩、耳环、固定卡子等镀锌铁件。非镀锌铁件应先除锈再刷上防锈漆。

(3) 钢管或电线管进行调直、切断、套丝、煨弯，为管路连接做好准备。

(4) 塑料管进行煨管、断管，为管路连接做好准备。

(5) 采用镀锌钢绞线或圆钢作为钢索时，应按实际所需长度剪断，擦去表面的油污，预先将其抻直，以减少其伸长率。

39.2.7.6 预埋件安装和预留孔洞

预埋铁件及预留孔洞：应根据设计图标注的尺寸位置，在土建结构施工的将预埋件固定好；并配合土建准确地将孔洞留好。钢索终端拉环埋件应牢固可靠并应能承受在钢索全部负荷下的拉力，在挂索前应对拉环做过载试验，过载试验的拉力应为设计承载拉力的3.5倍。

39.2.7.7 弹线定位

根据设计图确定出固定点的位置，弹出粉线，均匀分出挡距，并用色漆做出明显标记。

39.2.7.8 固定支架

将已经加工好的抱箍支架固定在结构上，将心形环穿套在耳环和花篮螺栓上用于吊装钢索。固定好的支架可作为线路的始端、中间点和终端。钢索中间吊架间距不应大于12m，吊架与钢索连接处的吊钩深度不应小于20mm，并应有防止钢索跳出的锁定零件。

39.2.7.9 安装钢索

(1) 将预先拉直的钢索一端穿入耳环，并折回穿入心形环，再用两只钢索卡固定两道。为了防止钢索尾端松散，可用铁丝将其绑紧。

(2) 将花篮螺栓两端的螺杆均旋进螺母，使其保持最大距离，以备继续调整钢索的松紧度。

(3) 将绑在钢索尾端的铁丝拆去，将钢索穿过花篮螺栓和耳环，折回后嵌进心形环，再用两只钢索卡固定两道。固定钢索的线卡不应少于2个,钢索端头应用镀锌铁线绑扎紧密,且应与保护导体可靠连接。

(4) 将钢索与花篮螺栓同时拉起,并钩住另一端的耳环,然后用大绳把钢索收紧,由中间开始,把钢索固定在吊钩上,调节花篮螺栓的螺杆使钢索的松紧度符合要求。

(5) 钢索的长度小于或等于50m时,应在钢索一端装设锁具螺旋扣紧固;当钢索长度大于50m时,应在钢索两端装设锁具螺旋扣紧固;两端均应装设花篮螺栓;长度每增加50m,就应加装一个锁具螺旋扣紧固。

39.2.7.10 保护接地

钢索就位后,在钢索的一端必须装有明显的保护连接导体,每个花篮螺栓处均应做好跨接保护连接导体。

39.2.7.11 钢索配线

1. 钢索吊装金属管

(1) 根据设计要求选择金属管、三通及五通专用明配接线盒,相应规格的吊卡。

(2) 在吊装管路时,应按照先干线后支线的顺序进行,把加工好的管子从始端到终端按顺序连接起来,与接线盒连接的丝扣应该拧牢固,进盒的丝扣不得超过2扣。吊卡的间距应符合施工及验收规范要求。每个灯头盒均应用2个吊卡固定在钢索上。

(3) 双管并行吊装时,可将两个吊卡对接起来的方式进行吊装,管与钢索应在同一平面内。

(4) 吊装完毕后应做整体的接地保护,接线盒的两端应有跨接地线。

2. 钢索吊装塑料管

(1) 根据设计要求选择塑料管、专用明配接线盒及灯头盒、管子接头及吊卡。

(2) 管路的吊装方法同于金属管的吊装,管进入接线盒及灯头盒时,可以用管接头进行连接;两管对接可用管箍粘结法。

(3) 吊卡应固定平整,吊卡间距应均匀。

3. 钢索吊瓷柱(珠)

(1) 根据设计图,在钢索上准确地量出灯位、吊架的位置及固定卡子之间的间距,要用色漆做出明显标记。

(2) 应对自制加工的二线式扁钢吊架和四线式扁钢吊架进行调平、找正、打孔,然后再将瓷柱(珠)找垂直平整,牢固地固定在吊架上

(3) 将上好瓷柱(珠)的吊架,按照已确定的位置用螺栓固定在钢索上。钢索上的吊架不应有歪斜和松动现象。

(4) 终端吊架与固定卡子之间必须用镀锌拉线连接牢固。

(5) 瓷柱(珠)及支架的安装规定:

1) 瓷柱(珠)用吊架或支架安装时,一般使用不小于30mm×30mm×3mm的角钢或使用不小于40mm×4mm的扁钢。

2) 瓷柱(珠)固定在望板上时,望板的厚度不应小于20mm。

3) 瓷柱(珠)配线时其支持点间距及导线的允许距离应符合表39-34的规定。

4) 瓷柱(珠)配线时导线至建筑物的最小距离应符合表39-35的规定。

5) 瓷柱(珠)配线时其绝缘导线距地面最低距离应符合表39-36的规定。

支持点及线间允许距离 表39-34

导线截面 (mm²)	瓷柱（珠）型号	支持点间最大水平距离 (mm)	线间最小允许距离 (mm)	线路分支、转角处至电门、灯具等处支点距离 (mm)	导线边线对建筑物最小水平距离 (mm)
1.5～4	G38（296）	1500	50	100	60
6～10	G50（294）	2000	20	100	60

导线至建筑物最小距离 表39-35

导线敷设方式	最小间距（mm）
水平敷设时的垂直距离，距阳台、平台上方，跨越屋顶	2500
在窗户上方	200
在窗户下方	800
垂直敷设时至阳台、窗户的水平间距	600
导线至墙壁、构架的间距（挑檐除外）	35

导线距地面的最小距离 表39-36

导线敷设方式		最小距离（mm）
导线水平敷设	室内	2500
	室外	2700
导线垂直敷设	室内	1800
	室外	2700

4. 钢索吊护套线

（1）根据设计图，在钢索上量出灯位及固定的位置。将护套线按段剪断，调直后放在放线架上。

（2）敷设时应从钢索的一端开始，放线时应先将导线理顺，同时用铝卡子在标出固定点的位置上将护套线固定在钢索上，直至终端。

（3）在接线盒两端100～150mm处应加卡子固定，盒内导线应留有适当余量。

（4）绝缘导线和灯具在钢索上安装后，钢索应承受全部负载，且钢索表面应整洁、无锈蚀。钢索配线的支持件之间及支持件与灯头盒之间最大距离应符合表39-37的规定。

钢索配线的支持件之间及支持件与灯头盒之间最大距离（mm） 表39-37

配线类别	支持件之间最大距离	支持件与灯头盒之间最大距离
钢管	1500	200
塑料导管	1000	150
塑料护套线	200	100

（5）灯具为吊装灯时，从接线盒至灯头的导线应依次编叉在吊链内，导线不应受力。吊链为瓜子链时，可用塑料线将导致垂直绑在吊链上。

39.2.8 电缆头制作及测试

本节适用于1kV以下一般工业与民用建筑电气工程的塑料控制电缆、矿物绝缘电力电缆、交联聚乙烯绝缘电力电缆及聚氯乙烯绝缘电力电缆及聚氯乙烯绝缘电力电缆敷设；交联聚乙烯绝缘电力电缆、聚氯乙烯绝缘电力电缆及矿物绝缘电力电缆的户内、外终端头和接头的制作安装。热缩型电缆头可用于污秽环境，其他类型的电缆终端头只适用于一般环境中。

39.2.8.1 干包电缆头制作

1. 材料和设备

干包电缆头是用聚氯乙烯手套、塑料乙烯带包缠而成，体积小、工艺简单、成本低，只适用于室内电缆终端。材料有：聚氯乙烯带、聚氯乙烯手套、塑料管、尼龙绳、铜接线鼻子、绝缘胶带等。

2. 施工机具

锉刀、手用钢锯、电工刀、平口螺丝刀、喷灯、液压压线钳、老虎钳、电工工具等。

3. 作业条件

(1) 电缆敷设完成，并经绝缘测试合格；
(2) 电缆头附件材料齐全无损伤，规格与电缆一致；
(3) 施工机具齐全，便于操作，状况清洁；
(4) 作业现场应保持清洁，空气干燥，光线充足，温度满足要求；
(5) 绝缘材料不得受潮，密封材料不得失效。

4. 技术要求

(1) 电缆头制作，应由经过培训的熟悉工艺的操作人员进行；
(2) 制作电缆头，从剥切电缆开始应连续操作直至完成，缩短绝缘暴露时间；
(3) 剥切电缆时不应损伤线芯和保留的绝缘层；
(4) 附加绝缘的包绕、装配、热缩等应清洁；
(5) 三芯电缆接头两侧电缆的金属屏蔽层（或金属套）铠装层应分别连接良好，不得中断；
(6) 电缆终端上应有明显的相色标识，且应与系统的相位一致；
(7) 电缆手套吹气检查无泄露，表面平整、光洁、无皱纹、空洞和内部气隙。

5. 电缆头制作工艺流程

施工准备→剥切外护层→清洁铅（铝）包→焊接地线→剥切电缆铅（铝）包→剥统包绝缘和分芯→包缠内包层→套手套、塑料软管→压线鼻子→包缠外包层→试验。

6. 电缆头制作工艺

(1) 施工准备

准备所需材料、施工机具，测试电缆是否受潮、测量绝缘电阻，检查相序以及施工现场必要的安全措施。

(2) 剥切外护层

电缆头的剥切尺寸见图 39-69。

1) 确定钢带剥切点，把由此向下的一段 100mm 的钢带，用汽油擦拭干净，锉光滑，表面搪锡；
2) 装好接地铜线，固定电缆钢带卡子；
3) 用钢锯在卡子的外边缘沿电缆一圈锯一道浅痕，用平口螺丝刀逆着钢带绕向把它撕下，用同样方法剥掉第二层钢带，用锉刀锉掉切口毛刺。

(3) 清洁铅（铝）包

可用喷灯稍稍给电缆加热，使沥青融化，逐层撕下沥青纸，再用带汽油或煤油的抹布

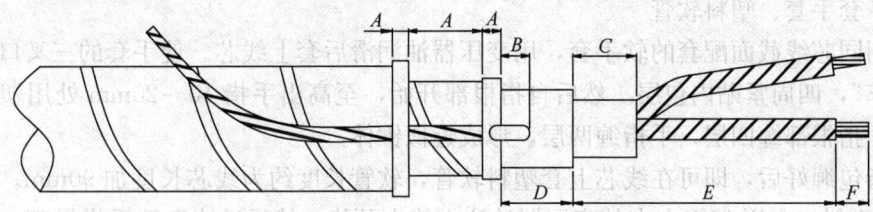

图 39-69 电缆头剥切尺寸

A—电缆卡子及卡子间尺寸,为钢带宽度或 50mm;B—接地线焊接尺寸,10～15mm;
C—预留统包尺寸,25、50mm;D—预留铅(铝)包,铅(铝)包外径+60mm;
E—包扎长度,依安装位置确定;F—线芯剥切长度,线鼻子+5mm

将铅(铝)包擦拭干净。

(4) 焊接地线

接地线选用多股软铜线或铜编织带,焊点选在两道卡子间,焊接应牢固光滑,速度要快,时间不宜过长。

(5) 剥切电缆铅(铝)包

先确定喇叭口位置,用电工刀先沿铅(铝)包周围切一圈深痕,再沿纵向在铅(铝)包上切割两道深痕,然后剥掉已切成两块的铅(铝)皮,用专用工具把铅(铝)包做成喇叭口状。

(6) 剥统包绝缘和分芯

将电缆喇叭口向末端 25mm 段用塑料带顺统包绕向包绕几层做临时保护,然后撕掉保护带以上至电缆末端的统包绝缘纸,分开芯线,切割掉芯线之间的填充物。

(7) 包缠内包层

从线芯的分叉根部开始,包缠 1～2 层塑料带,保护线芯绝缘,以防套管时受损。在芯线三叉口处填以环氧聚酰胺腻子,压入第一个"风车","风车"也叫"三角带",是用塑料带制作的,见图 39-70。第一个"风车"绝缘带不应太宽,否则会勒不紧,且在三叉口处容易形成空隙,"风车"必须紧紧地压入三叉口,放置平整。在内包层快完时,压入第二个"风车",绝缘带的宽度可增至 15～20mm,向下勒紧,散带应均匀分开,摆放平整,再把内包层全部包完。内包层应包成橄榄形,中间大、两头小,最大直径在喇叭口处,为铅包外径加 10mm 左右,如图 39-71 所示。

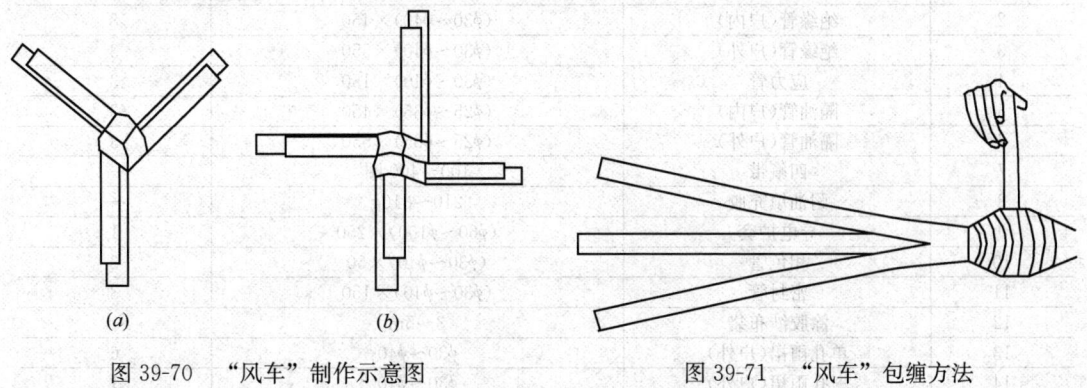

图 39-70 "风车"制作示意图
(a) 三芯电缆用;(b) 四芯电缆用

图 39-71 "风车"包缠方法

(8) 套手套、塑料软管

选用同芯线截面配套的软手套,用变压器油润滑后套上线芯。使手套的三叉口紧贴压芯"风车",四周紧贴内包层。然后自指根部开始,至高出手指 10~20mm 处用塑料粘胶带包缠,指根部缠四层,手指缠两层,形成近似锥体。

手指包缠好后,即可在线芯上套塑料软管,软管长度约为线芯长度加 90mm。将套入端剪成 45°斜口,用 80℃左右的变压器油注入管内预热,然后迅速套至手指根部,手套的手指与软管搭接部分用 1.5mm 的尼龙绳绑扎,长度不小于 30mm,其中越过搭接处 5mm。然后绑扎手套根部,绑扎时先从上到下排出手套内部空气,再在手套端部包缠一层塑料带,在其上绑扎 20~30mm 的尼龙绳,要保证其中 10mm 尼龙绳绑扎在手套与铅(铝)包的接触部位上。尼龙绳绑扎时要用力扎紧,每匝尼龙绳要紧密相靠,但不能叠加。

(9) 压线鼻子

确定好线芯实际用长度,剥去线芯端部绝缘层,长度为线鼻子孔深加 5mm,然后压线鼻子。用塑料带填实裸线芯部分,翻上塑料软管,盖住端子压坑,用尼龙绳绑扎软管与端子重叠部分,再在外面包缠分色塑料带,以区别相序。

(10) 包缠外包层

从线芯三叉口起,在塑料软管外面用黄蜡带包两层,再用塑料带包两层,以区别相序。三叉口处用塑料带包缠,先后压入 2~3 个"风车",填实勒紧。外包层最大直径为铅(铝)包直径加 25mm。

(11) 试验

电缆头完成后及时进行直流耐压试验和泄露电流测定,合格后就可接线。

39.2.8.2 热缩电缆头制作

1. 材料和设备

热缩型电缆头分纸绝缘电缆型和交联电缆型两大类,前者适用于浸渍纸电缆,后者适用于交联和塑料电缆。

(1) 热缩型油浸纸绝缘电缆终端头主要材料表见表 39-38。

热缩型油浸纸绝缘电缆终端头主要材料　　　　表 39-38

序号	材料名称	规格(mm)	数量
1	三指套	$\phi50\sim\phi80$	1
2	绝缘管(户内)	$(\phi30\sim\phi40)\times450$	3
3	绝缘管(户外)	$(\phi30\sim\phi40)\times550$	3
4	应力管	$(\phi30\sim\phi40)\times150$	3
5	隔油管(户内)	$(\phi25\sim\phi35)\times450$	3
6	隔油管(户外)	$(\phi25\sim\phi35)\times550$	3
7	四氟带	100~400 圈	—
8	耐油填充胶	210~310g	—
9	导电护套	$(\phi60\sim\phi100)\times250$	1
10	相色管	$(\phi30\sim\phi40)\times50$	3
11	密封管	$(\phi30\sim\phi40)\times150$	3
12	涂胶纱布袋	3~5m	—
13	单孔雨裙(户外)	$\phi30\sim\phi40$	6
14	三孔雨裙(户外)	$\phi30\sim\phi40$	1
15	接线端子	与电缆线芯相配,采用 DL 和 DT 系列	—
16	接地线		—

(2) 热缩型交联聚乙烯绝缘电缆终端头头材料表见表39-39。

热缩型交联聚乙烯绝缘电缆终端头头材料表　　　表39-39

序号	材料名称	备注
1	三指套	$\phi70\sim\phi110$
2	绝缘管	$(\phi30\sim\phi40)\times450$
3	应力控制管	$(\phi25\sim\phi35)\times150$
4	绝缘副管	$(\phi35\sim\phi40)\times100$
5	相色管	$(\phi35\sim\phi40)\times50$
6	填充胶	—
7	接地线	—
8	接线端子	与电缆线芯相配,采用DL和DT系列
9	绑扎铜丝	$1/\phi2.1mm$
10	焊锡丝	—

(3) 热缩型塑料绝缘电缆终端头材料表见表39-40。

热缩型塑料绝缘电缆终端头材料表　　　表39-40

序号	材料名称	备注
1	接线端子	与电缆线芯相配,采用DL和DT系列
2	三指套（或四指）	与电缆芯截面相配
3	外绝缘管	$(\phi10\sim\phi35)\times300$
4	相色聚氯乙烯带	红、黄、绿、黑四色
5	接地线	—
6	填充胶	—
7	绑扎铜丝	$1/\phi2.1mm$
8	焊锡丝	

(4) 热缩型塑料绝缘电缆接头材料表见表39-41。

热缩型塑料绝缘电缆接头材料表　　　表39-41

序号	名称	规格（mm）	长度（mm）	数量
1	热缩绝缘管	$\phi10\sim\phi35$	400	3或4
2	热缩护套管	$\phi50\sim\phi100$	1000	1
3	填充胶	—	—	—
4	接地铜线		1000	1
5	连接管			3或4
6	PVC带	宽25mm	—	—

2. 施工机具

液压压线钳、喷灯、刻刀、电工刀、分相塞尺、剥线刀、剖塑刀、割塑钳、克丝钳、钢卷尺、钢锯、电烙铁、剪刀、扳手、锉刀、电工工具、万用表、摇表等。

3. 作业条件

(1) 电缆敷设完毕，电缆型号、规格、电压等级等核对无误，电缆绝缘电阻测试和耐压试验符合要求；

(2) 作业场所温度在5℃以上，相对湿度在70%以下；

(3) 施工现场干净、光线充足；施工现场应备有220V交流电源；

(4) 电缆头施工，应由经过培训的熟练工人操作；

(5) 制作电缆头的材料、工具、附件等均准备齐全。

4. 技术要求

(1) 喷灯宜是丙烷喷灯，热缩温度在110~130℃之间；

(2) 加热收缩管件时火焰要缓慢接近热缩材料，并在周围沿圆周方向移动，待径向收缩均匀后再轴向延伸；

(3) 热缩管包覆密封金属部位时，金属部位应预热至60~70℃；

(4) 套装热缩管前应清洁包敷部位，热缩管收缩后必须清除火焰在其表面残留的碳迹；

(5) 热收缩完毕的热收缩管应光滑、无折皱、气泡，能比较清晰地看出其内部的结构轮廓，密封部位一般应有少量的密封胶溢出；

(6) 交联聚乙烯绝缘电缆终端头的钢带铠装和铜带屏蔽层，在电缆运行时应连接在一起并按供电系统的要求接地。

5. 电缆头制作工艺流程

热缩型交联电缆终端头制作工艺流程：

剥切→安装接地线→填充胶、固定手套→剥离→固定应力管→压线鼻子→固定绝缘管、密封管。

6. 电缆头制作工艺

热缩型交联绝缘终端头制作，见图39-72。

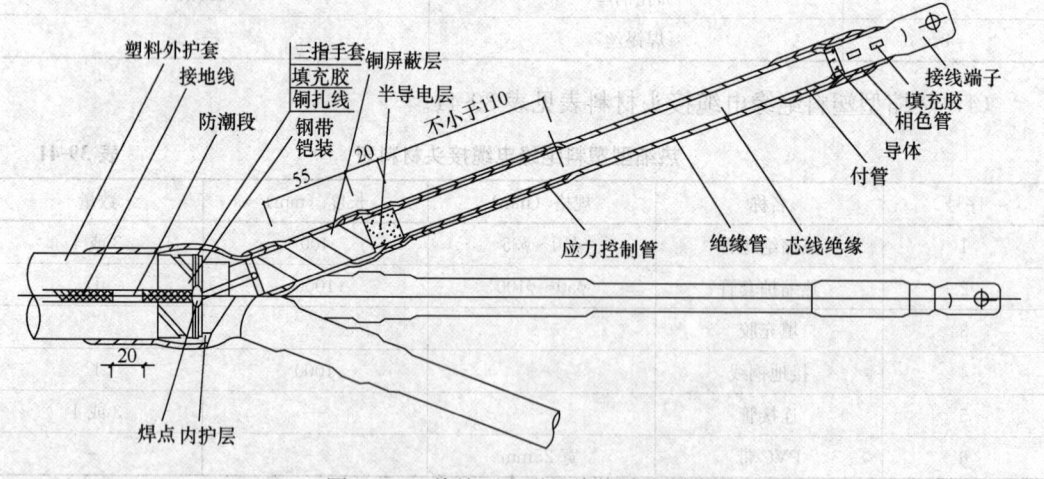

图39-72 热缩型交联绝缘终端头制作

(1) 剥切

校直电缆后，按规定的尺寸剥切外护套，见图39-73，从外护套切口处留30mm钢铠,去漆,用铜线绑扎后,锯除其余部分,在钢带切口处留 20mm 内衬层,除去填充物,分开线芯。

(2) 安装接地线

用铜线将接地线紧紧地绑扎在去漆的钢铠上,用焊锡焊牢,扎丝不得少于 3 道焊点。

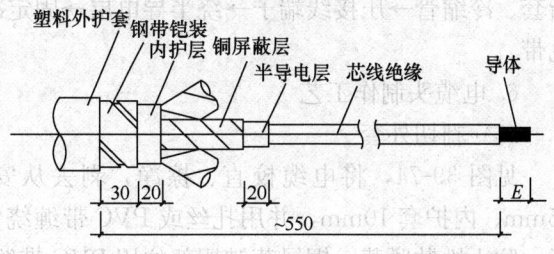

图 39-73 热缩型交联聚乙烯绝缘电缆终端头剥切尺寸
E-接线端子孔深+5

(3) 填充胶、固定手套

用电缆填充胶填充三叉根部空隙,外形似橄榄状。钢铠向下擦净 60mm 外护套,绕包一层密封胶。将手套套入从三叉根部加热收缩固定,加热时,从手套根部依次向两端收缩固定。

(4) 剥离

从手指部向上保留 55mm 铜屏蔽层,整齐剥离其余,但半导电层保留 20mm,不要损伤主绝缘,然后用溶剂清洁芯线绝缘。

(5) 固定应力管

套入应力管,与铜屏蔽搭接 20mm,加热收缩固定。

(6) 压线鼻子

线芯端部剥除线鼻子孔深加 5mm 长度绝缘,再压上线鼻子并锉平毛刺,在端子和芯绝缘之间包绕密封胶并搭接端子 10mm。

(7) 固定绝缘管、密封管

套入绝缘管至三叉手套根部,管上端超出填充胶 10mm,并由根部起均匀加热固定。然后预热线鼻子,在线鼻子接管部位套上密封管,由上端起加热固定。将相色管套在密封管上,然后加热固定。若是户外电缆头,最后还应将雨裙加热颈部固定。

39.2.8.3 冷缩电缆头制作

1. 材料和设备

护套管、分支管、密封管、纱布、各式胶带、绝缘胶等。

2. 施工机具

液压钳、电工刀、锉刀、万用表、摇表等。

3. 作业条件

(1) 电缆冷缩终端头的制作环境应清洁;

(2) 制作电缆头的材料、工具、附件等均准备齐全;

(3) 电缆敷设完毕,电缆型号、规格、电压等级等核对无误,电缆绝缘电阻测试和耐压试验符合要求。

4. 技术要求

(1) 电缆终端头从开始剥切到制作完成必须连续进行,一次完成,防止受潮;

(2) 剥切电缆时不得伤及线芯绝缘;

(3) 同一电缆线芯的两端,相色应一致,且与连接母线的相序相对应。

5. 电缆头制作工艺流程

剥切外套→接地处理→缠填充胶→铜屏蔽地线固定→缠自粘带和 PVC 带→固定冷缩

指套、冷缩管→压接线端子→绕半导电层→固定冷缩终端、密封管→密封冷缩指套→缠相色带。

6. 电缆头制作工艺

(1) 剥切外套

见图39-74,将电缆校直、擦净,剥去从安装位置到接线端子的外护套、留钢铠25mm、内护套10mm,并用扎丝或PVC带缠绕钢铠以防松散。铜屏蔽端头用PVC带缠紧,防止松散脱落,铜屏蔽皱褶部位用PVC带缠绕,以防划伤冷缩管。

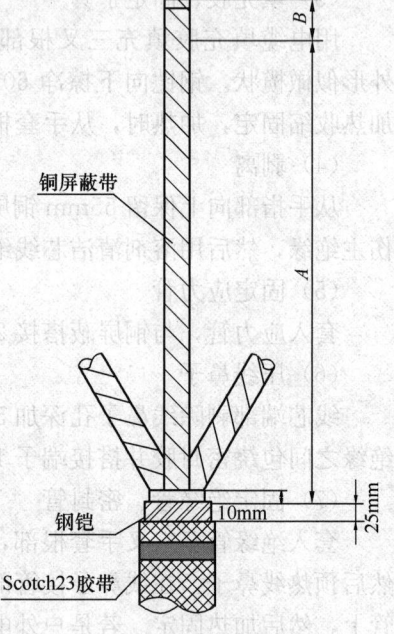

导体截面 (mm)	绝缘外径 (mm)	PVC带缠绕长度A (mm)	芯线剥切长度 B
25~70	14~22	560	
95~240	20~33	680	接线端子孔深+5mm
300~500	28~46	680	

图39-74 电缆头剥切尺寸

注:由于开关尺寸和安装方式的不同,A尺寸供参考,具体的电缆外护套开剥长度应根据实际情况确定。

(2) 接地处理

将三角垫锥用力塞入电缆分岔处,钢铠去漆,用恒力弹簧将钢铠地线固定在钢铠上。为了牢固,地线要留10~20mm的头,恒力弹簧将其绕一圈后,把露的头反折回来,再用恒力弹簧缠绕,如图39-75所示。

(3) 缠填充胶

自断口以下50mm至整个恒力弹簧、钢铠及内护层,用填充胶缠绕两层,三岔口处多缠一层。

(4) 铜屏蔽地线固定

如图39-76所示。将一端分成三股的地线分别用三个小恒力弹簧固定在三相铜屏蔽带上,缠好后尽量把弹簧往里推,钢铠地线与铜屏蔽地线不能短接。

(5) 缠自粘带和PVC胶带

如图39-77所示。在填充胶及小恒力弹簧外缠一层黑色自粘带,再缠几层PVC胶带,防止水汽沿接地线缝隙进入,也更容易抽出冷缩指套内的塑料条。

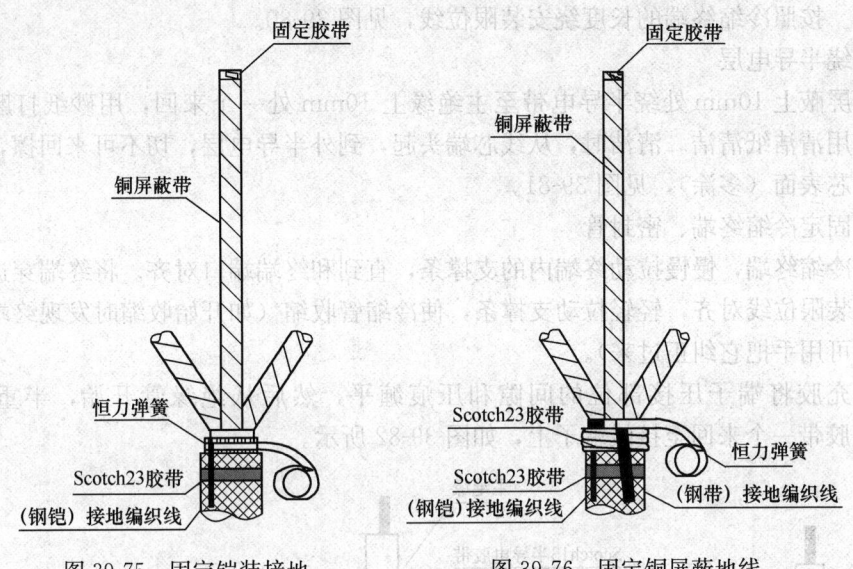

图 39-75 固定铠装接地　　图 39-76 固定铜屏蔽地线

(6) 固定冷缩指套、冷缩管

将指端的三个小支撑管略微拽出一点，将指套套入尽量下压，逆时针先抽手套端塑料条，再抽手指端塑料条，见图 39-78。

套入冷缩管，与三叉手套搭接 15mm（应以产品随带技术文件为准备），拉出芯绳，从下向上收缩。户外头需安装边群带的绝缘管，与上一绝缘管搭接 10mm，从下向上收缩，见图 39-79。

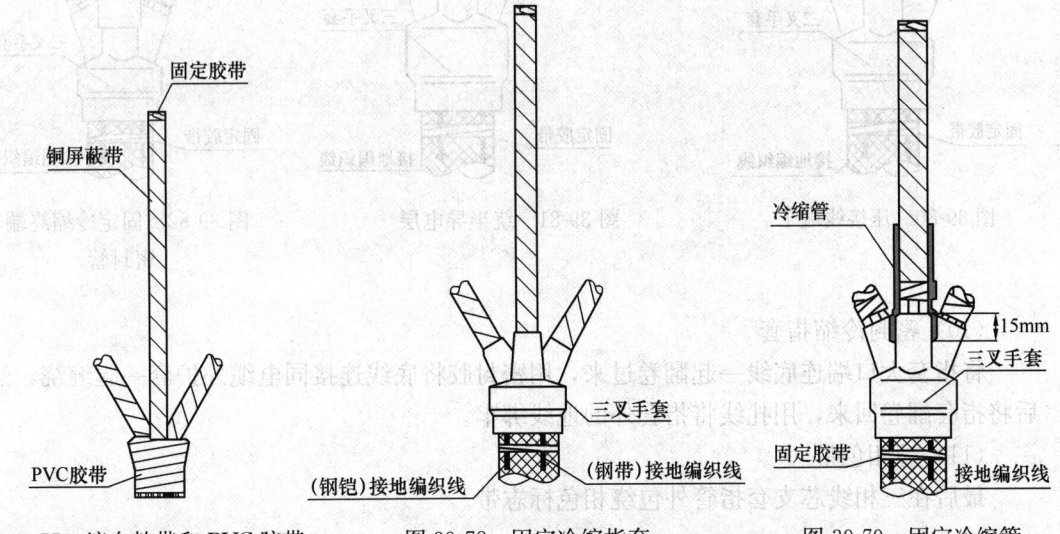

图 39-77 缠自粘带和 PVC 胶带　　图 39-78 固定冷缩指套　　图 39-79 固定冷缩管

(7) 压接线端子

距冷缩管 30mm 剥去铜屏蔽，记住相色线。距铜屏蔽 10mm，剥去外半导层，按接线端子孔深剥除各相绝缘。将外半导电层及绝缘体末端用刀具倒角，按原相色缠绕相色条，压上端子。按照冷缩终端的长度绕安装限位线,见图 39-80。

(8) 绕半导电层

从铜屏蔽上 10mm 处绕半导电带至主绝缘上 10mm 处一个来回,用砂纸打磨绝缘层表面,并用清洁纸清洁。清洁时,从线芯端头起,到外半导电层,切不可来回擦,并将硅脂涂在线芯表面(多涂),见图 39-81。

(9) 固定冷缩终端、密封管

套入冷缩终端,慢慢拉动终端内的支撑条,直到和终端端口对齐。将终端穿进电缆线芯并和安装限位线对齐,轻轻拉动支撑条,使冷缩管收缩(如开始收缩时发现终端和限位线错位,可用手把它纠正过来)。

用填充胶将端子压接部位的间隙和压痕缠平,然后从绝缘管开始,半重叠绕包 Scotch70 胶带一个来回至接线端子上,如图 39-82 所示。

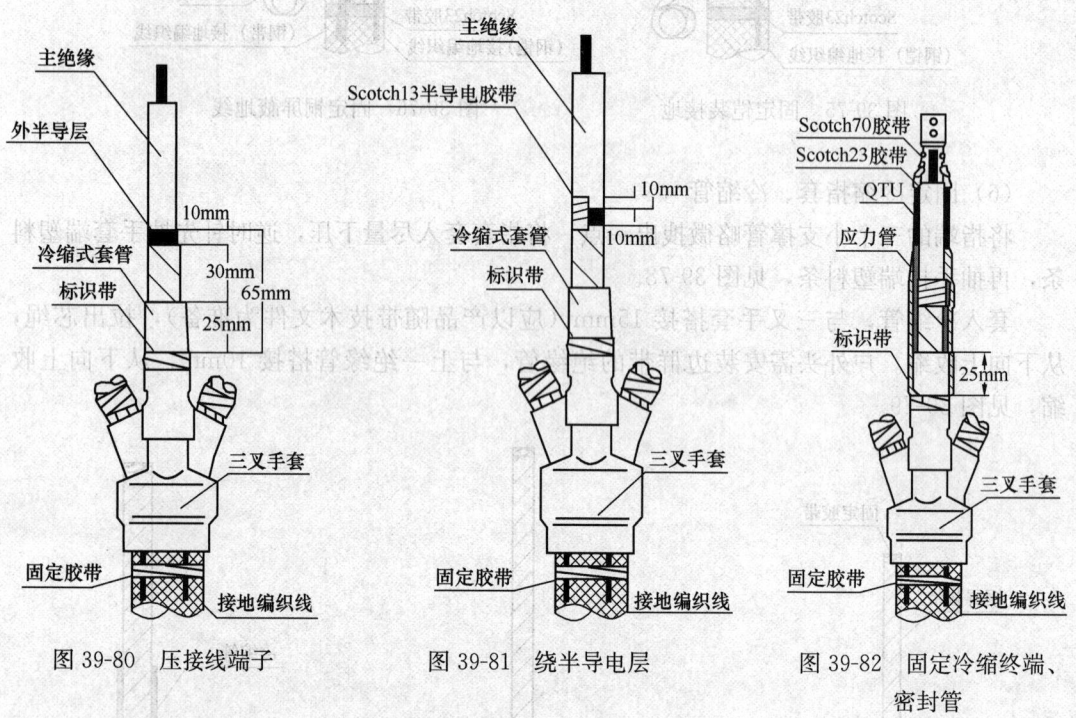

图 39-80　压接线端子　　　图 39-81　绕半导电层　　　图 39-82　固定冷缩终端、密封管

(10) 密封冷缩指套

将指套大口端连底线一起翻卷过来,用密封胶将底线连接同电缆外护套一起缠绕,然后将指套翻卷回来,用扎线将指套外的地线绑牢。

(11) 缠相色带

最后在三相线芯支套指管外包绕相色标志带。

39.2.9　导　线　连　接

39.2.9.1　材料要求

(1) 螺旋接线钮:应根据导线截面和导线根数,选择相应型号的螺旋接线钮。

(2) 尼龙压接线帽:适用于 2.5mm² 以下铜导线的压接,应根据导线截面和导线根数，选择相应型号的接线帽。

（3）压接套管：应根据导线材质和截面，选择相应型号的压接套管。

（4）接线端子（接线鼻子）：应根据导线的根数和总截面选择相应规格的接线端子。

（5）焊锡：由锡、铅和锑等元素组合的低熔点（185～260℃）合金。焊锡制成条状或丝状，必须要质量合格，不含杂质。

（6）焊剂：能清除污物和抑制工件表面氧化物。一般焊接应采用松香液，将天然松香溶解在酒精中制成乳状液体，适用于铜及铜合金焊件。

（7）辅助材料：橡胶（或粘塑料）绝缘带、黑胶布。

39.2.9.2　施工机具

（1）主要安装机具：尖嘴钳、剥线钳、压接钳、电炉、锡锅、锡勺、电烙铁、一（十）字槽螺钉旋具、电工刀等。

（2）主要检测机具：万用表、兆欧表等。

39.2.9.3　作业条件

（1）线管内导线敷设完成；线管内无积水。

（2）导线绝缘层无破损。

39.2.9.4　工艺流程

测试导线绝缘电阻→剥线→导线连接或压接→连接处包绝缘层→线路测试。

39.2.9.5　绝缘电阻测试

通过绝缘电阻测试，检查和掌握线路敷设和电气安装的施工质量，避免发生漏电、短路等用电安全事故。

（1）电气线路敷设中的明配线，暗配线均应作绝缘电阻测试。

（2）用500V兆欧表（摇表）进行测试，测试工具应有计量检测（型号、编号、有效期）；低压线路的绝缘电阻值不小于0.5MΩ。

39.2.9.6　导线绝缘层的剥切

（1）削绝缘使用工具：常用的工具有电工刀、克丝钳和剥线钳，可进行削、勒及剥削绝缘层。一般4mm²以下的导线原则上使用剥线钳，使用电工刀时，不允许采用刀在导线周围转圈剥削绝缘层的方法，以免破坏电线的线芯。

（2）剥削绝缘方法：

单层剥削法：不允许采用电工刀转圈剥削绝缘层，必须使用线钳，具体做法见图39-83。

分层剥削法：一般用于多层绝缘导线剥削，如绵织橡皮绝缘导线，线芯长度随接线方法和要求的机械强度而定，具体做法见图39-84。

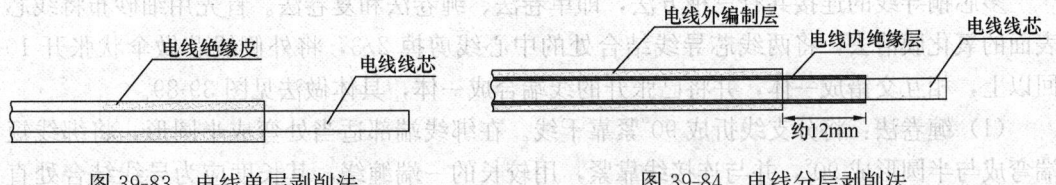

图39-83　电线单层剥削法　　　　图39-84　电线分层剥削法

斜削法：用电工刀以45°角倾斜切入绝缘层，当切近线芯时就应停止用力，接着应使刀面的倾斜角度改为15°左右，沿着线芯表面向前头端部推出，然后把残存的绝缘层离线芯，用刀口插入背部以 45°角削断，具体做法见图 39-85。

39.2.9.7 导线连接

1. 导线与设备、器具的连接要求

（1）截面积在 10mm² 及以下的单股铜芯线和单股铝/铝合金芯线可直接与设备或器具的端子连接。

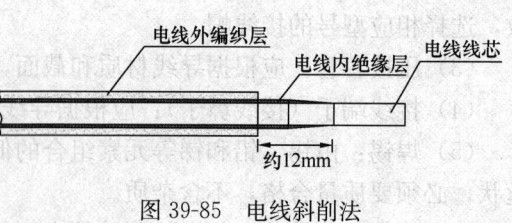

图 39-85 电线斜削法

（2）截面积在 2.5mm² 及以下的多股铜芯线应接续端子或拧紧搪锡后再与设备或器具的端子连接。

（3）截面积大于 2.5mm² 的多股铜芯线，除设备自带插接式端子外，应接续端子后与设备或器具的端子连接；多芯铜芯线与插接式端子连接前，端部应拧紧搪锡。

（4）多芯铝芯线应接续端子后与设备、器具的端子连接，多芯铝芯线接续端子前应去除氧化层并涂抗氧化剂，连接完成后应清洁干净。

（5）每个设备或器具的端子接线不多于 2 根导线或 2 个导线端子。

2. 单芯铜导线的直线（分支）连接

（1）绞接法：适用于 4mm² 以下的单芯线。用分支线路的导线往干线上交叉，先打好一个圈结以防止脱落，然后再密绕 5 圈。分线缠绕完后，剪去余线，具体做法见图 39-86。

（2）缠卷法：适用于 6mm² 及以上的单芯线的连接。将分支线折成 90°紧靠干线，其公卷的长度为导线直径的 10 倍，单卷缠绕 5 圈后剪断余下线头，具体做法见图 39-87。

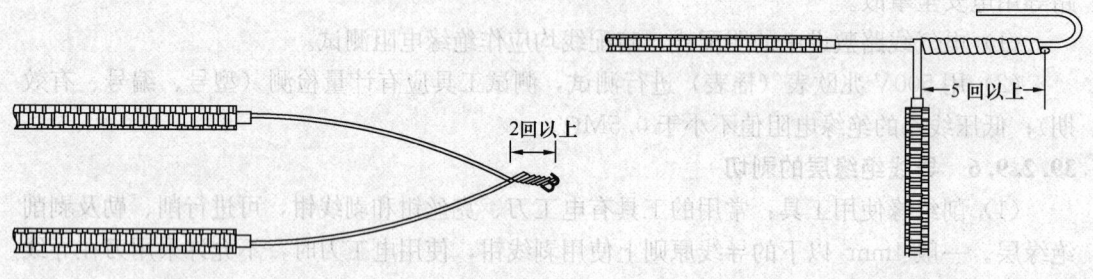

图 39-86 接线盒内普通绞接法　　图 39-87 接线盒内普通缠卷法

（3）十字分支连接法：将两个分支线路的导线往干线上交叉，然后在密绕 10 圈分线缠绕完后，剪去余线，具体做法见图 39-88。

3. 多芯铜线直线（分支）连接

多芯铜导线的连接共有三种方法，即单卷法、缠卷法和复卷法。首先用细砂布将线芯表面的氧化膜清去，将两线芯导线结合处的中心线剪掉 2/3，将外侧线芯做伞状张开 10 回以上，相互交错成一体，并将已张开的线端合成一体，具体做法见图 39-89。

（1）缠卷法：将分支线折成 90°紧靠干线。在绑线端部适当处弯成半圆形，将绑线短端弯成与半圆形成 90°，并与连接线靠紧，用较长的一端缠绕，其长度应为导线结合处直径 5 倍，再将绑线两端捻绞 2 圈，剪掉余线。

（2）单卷法：将分支线破开（或劈开两半），根部折成 90°紧靠干线，用分支线其中的一根在干线上缠圈，缠绕 3~5 圈后剪断，再用另一根线芯继续缠绕 3~5 圈后剪断，按此方法直至连接到两边导线直径的 5 倍时为止，应保证各剪断处在同一直线上。

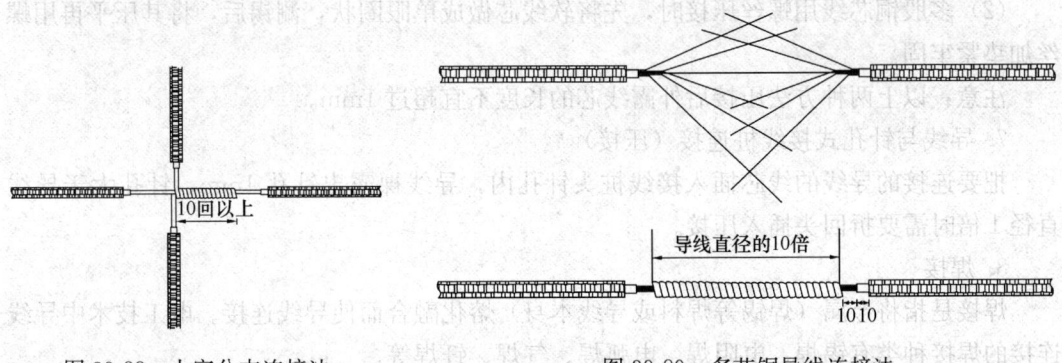

图 39-88　十字分支连接法　　　　图 39-89　多芯铜导线连接法

(3) 复卷法：将分支线端破开劈成两半后与干线连接处中央相交叉，将分支线向干线两侧分别紧密缠绕后，余线按阶梯形剪断，长度为导线直径的 10 倍，具体做法见图 39-90。

4. 单股铜导线与多股铜导线的连接。

单股铜导线与多股铜导线的连接方法如图 39-91 所示，先将多股导线的芯线绞合拧紧成单股状，再将其紧密缠绕在单股导线的芯线上 5~8 圈，最后将单股芯线线头折回并压紧在缠绕部位即可。

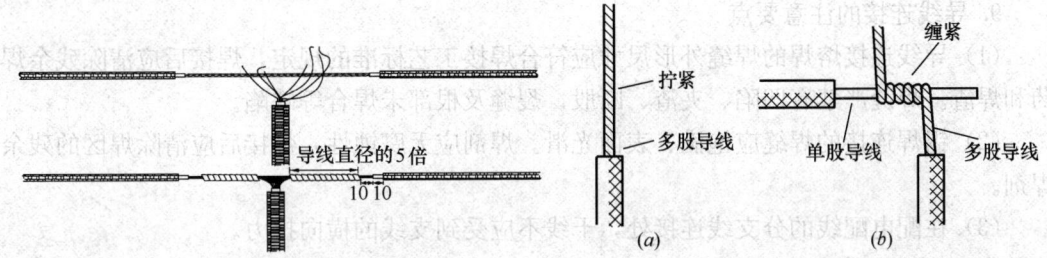

图 39-90　多芯铜导线分支复卷法　　　图 39-91　单股铜导线与多股铜导线的连接

5. 铜导线在接线盒内的连接

(1) 单芯线并接头：导线绝缘台并齐合拢。在距绝缘台约 12mm 处用其中一根线芯在其连接端缠绕 5~7 圈后剪断，把余头并齐折回压在缠绕线上。

(2) 不同直径导线接头：多芯软线时，先进行涮锡处理。再将细线在粗线上距离绝缘台 15mm 处交叉，并将线端部向粗导线（独根）端缠绕 5~7 圈，将粗导线端折回压在细线上。

(3) 接线端子压接：多股铜导线可采用与导线同材质且相应规格的接线端子（铜鼻子）。削去导线的绝缘层，不要碰伤线芯，将线芯紧紧地绞在一起，清除套管、接线端子孔内的氧化膜，将线芯插入，用压接钳压紧，导线外露部分应小于 1mm，具体做法见图 39-92。

6. 导线与水平式接线柱连接

(1) 单芯线连接：用一字或十字机螺丝压接时，导线要顺着螺钉旋进方向紧绕一圈后再紧固。不允

图 39-92　多芯铜导线采用铜鼻子压接

许反圈压接，盘圈开口不宜大于 2m。

（2）多股铜芯线用螺丝压接时，先将软线芯做成单眼圈状，涮锡后，将其压平再用螺丝加垫紧牢固。

注意：以上两种方法压接后外露线芯的长度不宜超过 1mm。

7. 导线与针孔式接线桩连接（压接）

把要连接的导线的线芯插入接线桩头针孔内，导线裸露出针孔 1mm，针孔大于导线直径 1 倍时需要折回头插入压接。

8. 焊接

焊接是指将金属（焊锡等焊料或导线本身）熔化融合而使导线连接。电工技术中导线连接的焊接种类有锡焊、电阻焊、电弧焊、气焊、钎焊等。

较细的铜导线接头可用大功率（例如 150W）电烙铁进行焊接。焊接前应先清除铜芯线接头部位的氧化层和黏污物。为增加连接可靠性和机械强度，可将待连接的两根芯线先行绞合，再涂上无酸助焊剂，用电烙铁蘸焊锡进行焊接即可。焊接中应使焊锡充分熔融渗入导线接头缝隙中，焊接完成的接点应牢固光滑。

较粗（一般指截面 16mm^2 以上）的铜导线接头可用浇焊法连接。浇焊前同样应先清除铜芯线接头部位的氧化层，涂上无酸助焊剂，并将线头绞合。将焊锡放在化锡锅内加热熔化，当熔化的焊锡表面呈磷黄色说明锡液已达符合要求的高温，即可进行浇焊。浇焊的接头表面也应光洁平滑。

9. 导线连接的注意要点

（1）导线连接熔焊的焊缝外形尺寸应符合焊接工艺标准的规定，焊接后应清除残余焊药和焊渣。焊缝严禁有凹陷、夹渣、断股、裂缝及根部未焊合等缺陷。

（2）锡焊连接的焊缝应饱满、表面光滑。焊剂应无腐蚀性，焊接后应清除焊区的残余焊剂。

（3）在配电配线的分支线连接处，干线不应受到支线的横向拉力。

39.2.9.8 线路检查及绝缘测试

1. 线路检查

接、焊、包全部完成后，要进行自检和互检；检查导线接、焊、包是否符合设计要求及有关施工验收规范及质量验评标准的规定。不符合规定时要立即纠正，检查无误后再进行绝缘摇测。

2. 绝缘摇测

照明线路的绝缘摇测一般选用 500V、量程为 0～500MΩ 的兆欧表。一般照明绝缘线路绝缘摇测有以下两种情况：

（1）电气器具未安装前进行线路绝缘摇测时，首先将灯头盒内导线分开，开关盒内导线连通。摇测应将干线和支线分开，一人摇测，一人应及时读数并记录。摇动速度应保持在 120r/min 左右，读数应采用 1min 后的读数为宜。

（2）电气器具全部安装完在送电前进行摇测时，应先将线路上的开关、刀闸、仪表、设备等用电开关全部置于断开位置，摇测方法同上所述，确认绝缘摇测无误后在进行送电试运行。

39.3 35kV及以下配线工程

35kV及以下配线工程，包括35kV及以下架空线路配线工程、35kV及以下电缆线路配线工程。

随着我国城市现代化建设的不断加快，同时为科学有效利用有限的城市地上空间，越来越多地将电力电缆工程建设于地下。由于电缆线路与架空线路相比，具有受外界气候干扰小、安全可靠、隐蔽、较少维护、经久耐用、占地少、可在各种场合下敷设等优点，近年来，电缆线路在工矿企业、城镇街道、高层建筑应用增长迅速，35kV及以下配线工程中，电缆线路应用日益广泛。

35kV及以下架空线路配线工程，在本节中不再赘述。

电缆线路施工按敷设方式又分为直埋敷设、电缆沟内敷设、隧道内敷设、沿电缆支架敷设、电缆桥架内敷设、穿电缆保护管（钢管、硬质聚氯乙烯管）敷设、水底敷设、桥梁上敷设、钢索悬挂敷设等。其中，隧道内敷设、沿电缆支架敷设、水底敷设、桥梁上敷设、钢索悬挂敷设等敷设方式多应用在市政室外供配电线路中，在建筑电气工程中应用较少，在本节中省略，不作阐述。

建筑电气工程35kV室外电缆线路敷设通常采用直埋地敷设、沿电缆沟敷设、穿套管敷设和电缆桥架内敷设。直埋地敷设的特点是散热好，施工简便，投资少，但检修不方便、易受腐蚀和外界机械损伤；电缆沟敷设虽然检修方便，但造价高；而采用套管敷设和电缆桥架内敷设，施工简单，投资省，检修方便，因此在目前的工程施工中普遍被采用。35kV室内电缆线路多采用沿电缆沟敷设、穿电缆保护管敷设和电缆桥架内敷设。

直埋电缆敷设相关内容，在本节中不再赘述。

39.3.1 一般规定

39.3.1.1 常用技术数据

（1）35kV及以下配线工程施工必须符合设计和国家现行规范的要求，确保配电线路运行的安全性和可靠性，并且其使用功能应满足设计要求。

（2）35kV及以下配线工程所需的设备材料必须符合国家现行技术标准和施工规范的有关规定。

1）技术文件应齐全。

2）设备材料的型号规格及外观质量应符合设计要求、国家现行规范和技术标准的规定：

① 按批查验合格证或出厂质量证明书；

② 外观检查：包装完好，电缆绝缘层应完整无损；

③ 对产品质量有异议时，按批抽样送有资质的试验室检测。

3）35kV及以下配线工程所用的主要设备、材料、成品和半成品的进场，必须对其进行验收。验收应经监理工程师认可，并形成相应的质量记录。确认设备、材料、成品和半成品的品种、规格和质量符合设计要求和国家现行标准的规定后，方可在施工中应用。当设计无要求时应符合国家现行标准的规定。对于国家明令淘汰的材料严禁使用。

4) 常用电缆导体最高允许温度应符合表 39-42 规定。

常用电缆导体最高允许温度　　　　　表 39-42

电缆			最高允许温度（℃）	
绝缘类别	型式特征	电压（kV）	持续工作	短路暂态
聚氯乙烯	普通	≤1	70	160（140）
交联聚乙烯	普通	≤500	90	250
自容式充油	普通牛皮纸	≤500	80	160
	半合皮纸	≤500	85	160

注：括号内数值适用于截面大于 300mm 的聚氯乙烯绝缘电缆。

5) 电缆允许敷设的最低温度如表 39-43 所示。

电缆允许敷设最低温度　　　　　表 39-43

电缆类型	电缆结构	允许敷设最低温度（℃）
油浸纸绝缘电力电缆	充油电缆	−10
	其他油纸电缆	0
橡皮绝缘电力电缆	橡皮或聚氯乙烯护套	−15
	裸铅套	−20
	铅护套钢带铠装	−7
塑料绝缘电力电缆		0
控制电缆	耐寒护套	−20
	橡皮绝缘聚氯乙烯护套	−15
	聚氯乙烯绝缘聚氯乙烯护套	−10

6) 10kV 及以下常用电力电缆允许持续载流量如表 39-44～表 39-47 所示。

1～3kV 油纸、聚氯乙烯绝缘电缆空气中敷设时允许载流量（A）　　　表 39-44

绝缘类型		不滴流纸			聚氯乙烯	
护套		有钢铠护套			无钢铠护套	
电缆导体最高工作温度（℃）		80			70	
电缆芯数		单芯	二芯	三芯或四芯	单芯	二芯	三芯或四芯
电缆导体截面（mm²）	2.5	—	—	—	—	18	15
	4	—	30	26	—	24	21
	6	—	40	35	—	31	27
	10	—	52	44	—	44	38
	16	—	69	59	—	60	52
	25	116	93	79	95	79	69
	35	142	111	98	115	95	82
	50	174	138	116	147	121	104
	70	218	174	151	179	147	129
	95	267	214	182	221	181	155
	120	312	245	214	257	211	181
	150	356	280	250	294	242	211
	185	414	—	285	340	—	246
	240	495	—	338	410	—	294
	300	570	—	383	473	—	328
环境温度（℃）				40			

注：1. 适用于铝芯电缆；铜芯电缆的允许持续载流量值可乘以 1.29。
　　2. 单芯只适用于直流。

39.3　35kV及以下配线工程

1～3kV交联聚乙烯绝缘电缆空气中敷设时允许载流量（A）　　表 39-45

电缆芯数		三芯		单芯							
单芯电缆排列方式				品字形				水平形			
金属层接地点				单侧		双侧		单侧		双侧	
电缆导体材质		铝	铜	铝	铜	铝	铜	铝	铜	铝	铜
电缆导体截面（mm²）	25	91	118	100	132	100	132	114	150	114	150
	35	114	150	127	164	127	164	146	182	141	178
	50	146	182	155	196	155	196	173	228	168	209
	70	178	228	196	255	196	251	228	292	214	264
	95	214	273	241	310	241	305	278	356	260	310
	120	246	314	283	360	278	351	319	410	292	351
	150	278	360	328	419	319	401	365	479	337	392
	185	319	410	372	479	365	461	424	546	369	438
	240	378	483	442	565	424	546	502	643	424	502
	300	419	552	506	643	493	611	588	738	479	552
	400	—	—	611	771	579	716	707	908	546	625
	500	—	—	712	885	661	803	830	1026	611	693
	630	—	—	826	1008	734	894	963	1177	680	757
环境温度（℃）		40									
电缆导体最高工作温度（℃）		90									

注：1. 电缆导体工作温度大于70℃的电缆，计算持续允许载流量时，应符合下列规定：
　　（1）数量较多的该类电缆敷设于未装机械通风的隧道、竖井时，应计入对环境温升的影响。
　　（2）直埋电缆敷设在干燥或潮湿土壤中，除实施换土处理等能避免水分迁移的情况外，土壤热阻系数取值不宜小于 2.0K·m/W。
　　2. 水平形排列电缆相互间中心距为电缆外径的 2 倍。

6kV 三芯电力电缆空气中敷设时允许载流量（A）　　表 39-46

绝缘类型		不滴流纸	聚氯乙烯		交联聚乙烯	
钢铠护套		有	无	有	无	有
电缆导体最高工作温度（℃）		80	70		90	
电缆导体截面（mm²）	10	—	40	—	—	—
	16	58	54	—	—	—
	25	79	71	—	—	—
	35	92	85	—	114	—
	50	116	108	—	141	—
	70	147	129	—	173	—
	95	183	160	—	209	—
	120	213	185	—	246	—
	150	245	212	—	277	—
	185	280	246	—	323	—
	240	334	293	—	378	—
	300	374	323	—	432	—
	400	—	—	—	505	—
	500	—	—	—	584	—
环境温度（℃）		40				

注：1. 适用于铝芯电缆，铜芯电缆的允许持续载流量值可乘以 1.29。
　　2. 电缆导体工作温度大于70℃的电缆，计算持续允许载流量时，应符合下列规定：
　　（1）数量较多的该类电缆敷设于未装机械通风的隧道、竖井时，应计入对环境温升的影响。
　　（2）直埋电缆敷设在干燥或潮湿土壤中，除实施换土处理等能避免水分迁移的情况外，土壤热阻系数取值不宜小于 2.0K·m/W。

10kV 三芯电力电缆允许载流量（A） 表 39-47

绝缘类型		不滴流纸		交联聚乙烯			
钢铠护套				无		有	
电缆导体最高工作温度（℃）		65		90			
敷设方式		空气中	直埋	空气中	直埋	空气中	直埋
电缆导体截面（mm²）	16	47	59	—	—	—	—
	25	63	79	100	90	100	90
	35	77	95	123	110	123	105
	50	92	111	146	125	141	120
	70	118	138	178	152	173	152
	95	143	169	219	182	214	182
	120	168	196	251	205	246	205
	150	189	220	283	223	278	219
	185	218	246	324	252	320	247
	240	261	290	378	292	373	292
	300	295	325	433	332	428	328
	400	—	—	506	378	501	374
	500	—	—	579	428	574	424
环境温度（℃）		40	25	40	25	40	25
土壤热阻系数（K·m/W）		—	1.2	—	2.0	—	2.0

注：1. 适用于铝芯电缆，铜芯电缆的允许持续载流量值可乘以 1.29。

2. 电缆导体工作温度大于 70℃ 的电缆，计算持续允许载流量时，应符合下列规定：

(1) 数量较多的该类电缆敷设于未装机械通风的隧道、竖井时，应计入对环境温升的影响。

(2) 直埋电缆敷设在干燥或潮湿土壤中，除实施换土处理等能避免水分迁移的情况外，土壤热阻系数取值不宜小于 2.0K·m/W。

7）敷设条件不同时电缆允许持续载流量的校正系数

① 35kV 及以下电缆在不同环境温度时的载流量校正系数见表 39-48。

35kV 及以下电缆在不同环境温度时的载流量校正系数 表 39-48

敷设位置		空气中				土壤中			
环境温度（℃）		30	35	40	45	20	25	30	35
电缆导体最高工作温度（℃）	60	1.22	1.11	1.0	0.86	1.07	1.0	0.93	0.85
	65	1.18	1.09	1.0	0.89	1.06	1.0	0.94	0.87
	70	1.15	1.08	1.0	0.91	1.05	1.0	0.94	0.88
	80	1.11	1.06	1.0	0.93	1.04	1.0	0.95	0.90
	90	1.09	1.05	1.0	0.94	1.04	1.0	0.96	0.92

② 除表 39-66 以外的其他环境温度下载流量的校正系数 K 可按下式计算：

$$K = \sqrt{\frac{\theta_m - \theta_2}{\theta_m - \theta_1}} \tag{39-2}$$

式中 θ_m —— 电缆导体最高工作温度（℃）；
θ_1 —— 对应于额定载流量的基准环境温度（℃）；
θ_2 —— 实际环境温度（℃）。

③ 空气中单层多根并行敷设时电缆载流量的校正系数见表39-49。

空气中单层多根并行敷设时电缆载流量的校正系数　　　表 39-49

并列根数		1	2	3	4	5	6
电缆中心距	$S=d$	1.00	0.90	0.85	0.82	0.81	0.80
	$S=2d$	1.00	1.00	0.98	0.95	0.93	0.90
	$S=3d$	1.00	1.00	1.00	0.98	0.97	0.96

注：1. S为电缆中心间距，d为电缆外径。
　　2. 按全部电缆具有相同外径条件制定，当并列敷设的电缆外径不同时，d值可近似地取电缆外径的平均值。
　　3. 不适用于交流系统中使用的单芯电力电缆。

④ 电缆桥架上无间距配置多层并列电缆载流量的校正系数见表39-50。

电缆桥架上无间隔配置多层并列电缆载流量的校正系数　　　表 39-50

叠置电缆层数		一	二	三	四
桥架类别	梯架	0.8	0.65	0.55	0.5
	托盘	0.7	0.55	0.5	0.45

注：呈水平状并列电缆数不少于7根。

⑤ 1～6kV电缆户外明敷无遮阳时载流量的校正系数见表39-51。

1～6kV电缆户外明敷无遮阳时载流量的校正系数　　　表 39-51

电缆截面（mm²）			35	50	70	95	120	150	185	240
电压（kV）	1	芯数 三				0.90	0.98	0.97	0.96	0.94
	6	三	0.96	0.95	0.94	0.93	0.92	0.91	0.90	0.88
		单				0.99	0.99	0.99	0.99	0.98

注：运用本表系数校正对应的载流量基础值，是采取户外环境温度的户内空气中电缆载流量。

⑥ 35kV及以下电缆敷设度量时的附加长度见表39-52。

35kV及以下电缆敷设度量时的附加长度　　　表 39-52

项目名称		附加长度（m）
电缆终端的制作		0.5
电缆接头的制作		0.5
由地坪引至各设备的终端处	电动机（按接线盒对地坪的实际高度）	0.5～1
	配电屏	1
	车间动力箱	1.5
	控制屏或保护屏	2
	厂用变压器	3
	主变压器	5
	磁力启动器或事故按钮	1.5

注：对厂区引入建筑物，直埋电缆因地形及埋设的要求，电缆沟、隧道、吊架的上下引接，电缆终端、接头等所需的电缆预留量，可取图纸量出的电缆敷设路径长度的5%。

39.3.1.2 材料质量要求

(1) 35kV 及以下配线工程所需材料必须符合设计要求和规范规定。

(2) 电缆及其附件的产品的技术文件应齐全，电缆型号、规格、长度应符合订货要求，附件应齐全。

(3) 电缆外观完好无损，包装完好，无压扁、扭曲，铠装无松卷；耐热、阻燃的电缆外保护层有明显标识和制造厂标；橡套及塑料电缆外皮及绝缘层无老化及裂纹；绝缘材料的防潮包装及密封应良好。

(4) 油浸电缆应密封良好，无漏油及渗油现象；电缆封端应严密。当外观检查有怀疑时，应进行受潮判断或试验。

(5) 35kV 及以下配线工程电缆终端与接头应符合下列要求：

1) 型式、规格应与电缆类型如电压、芯数、截面、护层结构和环境要求一致。

2) 结构应简单、紧凑，便于安装。

3) 所用材料、部件应符合技术要求。

4) 35kV 及以下电缆终端与接头主要性能应符合现行国家标准《额定电压 1kV (U_m=1.2kV) 到 35kV (U_m=40.5kV) 挤包绝缘电力电缆及附件》GB/T 12706.1~12706.4 及有关其他产品标准的规定。

(6) 钢导管无压扁、内壁光滑。非镀锌钢导管无严重锈蚀，按制造标准油漆出厂的油漆完整；镀锌钢导管镀层覆盖完整、表面无锈斑；绝缘导管及配件不碎裂、表面有阻燃标记和制造厂标。

(7) 各种规格电缆桥架的直线段、弯通、桥架附件及支、吊架等有产品合格证；桥架内外应光滑平整，无棱刺，不应有扭曲、翘边等变形现象。

(8) 各种金属型钢不应有明显锈蚀，管内无毛刺；电缆及其附件安装用的钢制紧固件，除地脚螺栓外，应用热镀锌制品。

39.3.1.3 施工质量技术要求

(1) 电缆规格应符合规定；电缆敷设排列整齐，无机械损伤；标志牌应装设齐全、正确、清晰。

(2) 电缆的固定、弯曲半径、有关距离和单芯电力电缆的金属护层的接线、相序排列等应符合要求。

(3) 电缆放线架应放置稳妥，钢轴的强度和长度应与电缆盘重量和宽度相配合。

(4) 敷设前应按设计和实际路径计算每根电缆的长度，合理安排每盘电缆，减少电缆接头。

(5) 油浸纸绝缘电缆切断后应将端头立即铅封；塑料电缆的封端则可以采用粘合法，一种是用聚氯乙烯胶粘带作为密封包绕层，另一种是用自粘性橡胶带包缠粘合密封。

(6) 电缆终端、电缆接头应安装牢固。

(7) 接地应良好。

(8) 电缆终端的相色应正确，电缆支架等的金属部件防腐层应完好。

(9) 电缆沟内应无杂物，盖板齐全，隧道内应无杂物，照明、通风、排水等设施应符合设计。

(10) 直埋电缆路径标志，应与实际路径相符。路径标志应清晰、牢固，间距适当，且在直线段每隔 50～100m 处、电缆接头处、转弯处、进入建筑物等处，应设置明显的方位标志或标桩。

(11) 水底电缆线路两岸，禁锚区内的标志和夜间照明装置应符合设计。

(12) 防火措施应符合设计，且施工质量合格。

(13) 电缆的最小弯曲半径应符合表 39-53 的规定。

电缆最小弯曲半径　　　　　　　　　　　　　　　　　表 39-53

		电缆外径（mm）	多芯电缆	单芯电缆
塑料绝缘电缆	无铠装		15D	20D
	有铠装		12D	15D
橡皮绝缘电缆			10D	
控制电缆	非铠装型、屏蔽型软电缆		6D	
	铠装型、铜屏蔽型		12D	
	其他		10D	
铝合金导体电力电缆		—	7D	
氧化镁绝缘刚性矿物绝缘电缆		<7		2D
		≥7，且<12		3D
		≥12，且<15		4D
		≥15		6D
其他矿物绝缘电缆		—		15D

注：表中 D 为电缆外径。

(14) 35kV 及以下配电线路电缆敷设可采用人工敷设，也可采用机械牵引敷设。敷设方法参见 39.1 电缆敷设章节相关内容。

(15) 35kV 及以下配电线路电缆终端及接头制作，应由经过培训的熟悉工艺的人员严格遵守制作工艺规程进行；在室外制作 6kV 及以上电缆终端与接头时，其空气相对湿度宜为 70% 及以下；当湿度大时，可提高环境温度或加热电缆。制作塑料绝缘电力电缆终端与接头时，应防止尘埃、杂物落入绝缘层内；严禁在雾或雨中施工。

39.3.1.4　施工常用机具

(1) 电缆牵引机械、滚轮、电缆敷设用支架等；

(2) 电工刀、喷灯、钢锯架、钢锯条、钢卷尺等；

(3) 兆欧表、直流高压试验器等。

39.3.1.5　作业条件

(1) 与电缆线路安装有关的建筑物、构筑物的土建工程质量应符合现行国家标准《建筑工程施工质量验收统一标准》GB 50300 中的有关规定；

(2) 预埋孔、洞和预埋件符合设计要求，预埋件埋置牢固；

(3) 电缆沟、竖井、人孔等处的地坪及抹面工作结束；

(4) 隧道、电缆沟等处的施工临时设施、模板及建筑废料应清理干净，盖板齐备，保持施工道路畅通；

(5) 隧道和电缆沟已按设计和规范要求设置集水井，底部向集水井应有不小于 0.5%

的坡度，以防止积水，保持排水畅通；

(6) 电缆线路敷设的施工方案、施工组织设计已经编制并已经过审批批准。

39.3.2 电缆沟内电缆敷设

电缆在电缆沟内敷设也是 35kV 及以下配线工程常用的一种敷设方式，广泛应用于地下水位较低且无化学腐蚀液体或高温熔化金属溢流的发电厂、变配电所、工厂厂区或城镇人行道，具有检修便捷、容纳电缆较多、可分期敷设的优点，但也具有沟内容易积水、积污、散热条件差等缺点。

电缆沟分为普通电缆沟和充砂电缆沟。根据电缆敷设数量的多少，普通电缆沟可在沟的单侧或双侧装设单层或多层电缆支架，电缆在支架上敷设并固定；在比较干燥或地下水位较低的地区，电缆敷设根数不多（一般不超过 5 根）时，可修建无支架电缆沟；充砂电缆沟内不设支架，主要用于爆炸和火灾危险场所的电缆敷设。

39.3.2.1 适用范围

(1) 在厂区、建筑物内地下电缆数量较多但不需采用隧道时，城镇人行道开挖不便且电缆需分期敷设时，宜用电缆沟。

(2) 有防爆、防火要求的明敷电缆，应采用埋砂敷设的电缆沟。

(3) 有化学腐蚀液体或高温熔化金属溢流的场所，或在载重车辆频繁经过的地段，不得用电缆沟。

(4) 经常有工业水溢流、可燃粉尘弥漫的厂房内，不宜用电缆沟。

39.3.2.2 材料要求

(1) 电缆应选用具有不延燃外护层或裸钢带铠装电缆，以满足防火要求；

(2) 钢板、角钢、圆钢等各类型钢的外观检查；型钢表面无严重锈蚀，无过度扭曲、弯折变形；镀锌钢材的镀锌层覆盖完整、表面无锈斑；

(3) 电焊条包装完整，拆包抽检，焊条尾部无锈斑。

39.3.2.3 施工机具

(1) 电焊机、砂轮切割机、剪冲机、冲击电钻、手电钻；

(2) 电缆倒运机械、电缆牵引机械、滚轮、电缆敷设用支架等；

(3) 电工刀、喷灯、钢锯架、钢锯条、钢卷尺等；

(4) 兆欧表、直流高压试验器等。

39.3.2.4 作业条件

(1) 与电缆线路安装有关的建筑物、构筑物的建筑工程质量应符合国家现行建筑工程施工及验收规范中的有关规定；

(2) 电缆沟及人孔的地坪及抹面工作结束，沟壁沟底已经土建防水处理；

(3) 电缆沟内预埋件符合设计要求，并且埋置牢固；

(4) 电缆沟已按设计要求沿排水方向适当距离设置集水井及其泄水系统，沟内排水畅通；

(5) 电缆沟等处的建筑工程施工临时设施、模板及建筑废料已清理干净，道路畅通。

39.3.2.5 工艺流程

电缆沟验收→支架制作→支架安装→接地线安装→电缆敷设→盖电缆沟盖板。

39.3.2.6 电缆沟验收

电缆沟由土建专业负责按设计图纸施工，一般由砖砌筑而成，沟顶部可用强度较高的钢筋混凝土盖板或钢质盖板盖住。

室外电缆沟分无覆盖和有覆盖断面如图 39-93、图 39-94 所示，尺寸如表 39-54～表 39-56 所示。

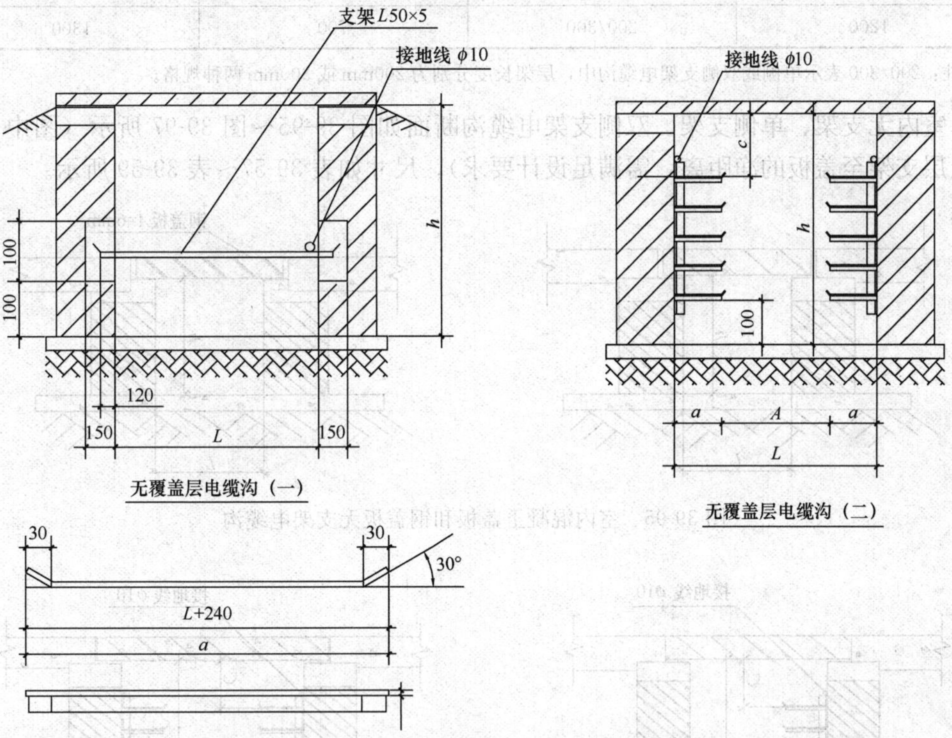

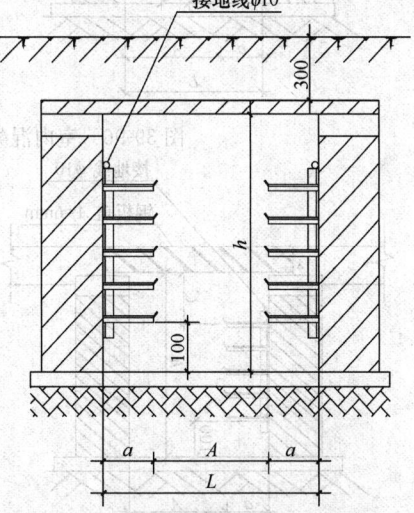

图 39-93 室外无覆盖电缆沟断面
L—沟宽；h—沟深；a—层架；A—通道宽

室外无覆盖电缆沟尺寸（mm）（一） 表 39-54

沟宽（L）	沟深（h）
400	400
600	400

室外无覆盖电缆沟尺寸（mm）（二） 表 39-55

沟宽（L）	层架（a）	通道（A）	沟深（h）
1000	200/300	500	700
1000	200	600	900
1200	300	600	1100
1200	200/300	700	1300

注：200/300 表示单侧或双侧支架电缆沟中，层架长度分别为 200mm 或 300mm 两种规格。

图 39-94 室外有覆盖电缆沟断面
L—沟宽；h—沟深；a—层架；A—通道宽

室外有覆盖电缆沟尺寸（mm） 表 39-56

沟宽（L）	层架（a）	通道（A）	沟深（h）
1000	200/300	500	700
1000	200	600	900
1200	300	600	1100
1200	200/300	700	1300

注：200/300 表示单侧或双侧支架电缆沟中，层架长度分别为 200mm 或 300mm 两种规格。

室内无支架、单侧支架、双侧支架电缆沟断面如图 39-95～图 39-97 所示（图中 C 为最上层支架至盖板的净距离，需满足设计要求），尺寸如表 39-57～表 39-59 所示。

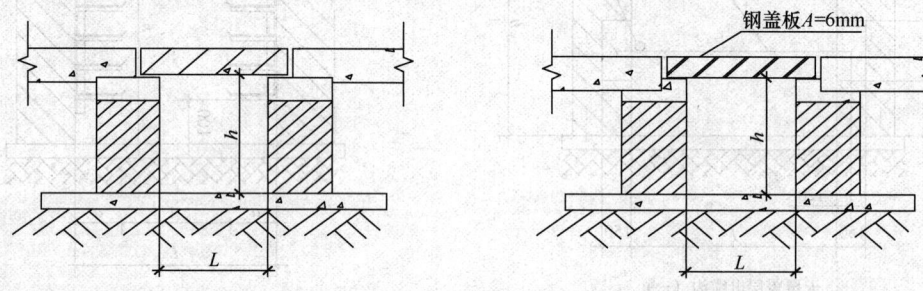

图 39-95 室内混凝土盖板和钢盖板无支架电缆沟

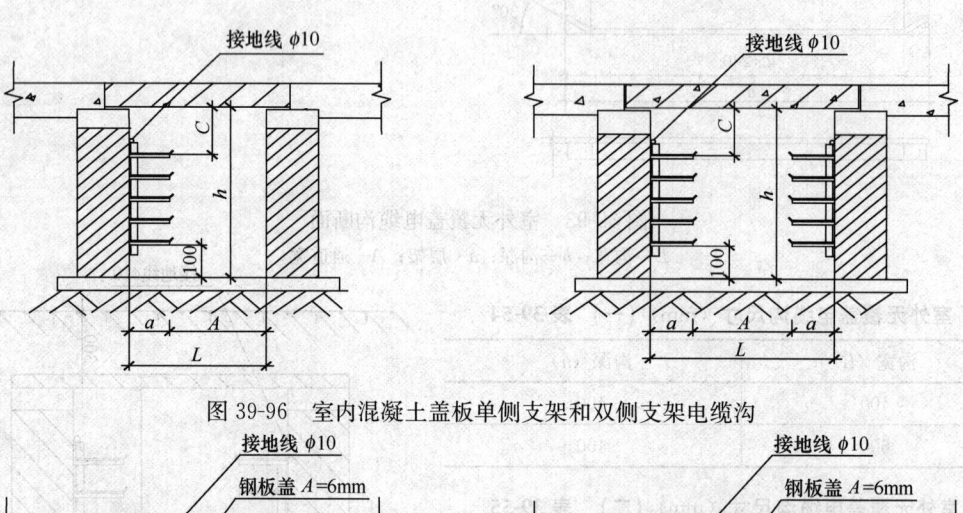

图 39-96 室内混凝土盖板单侧支架和双侧支架电缆沟

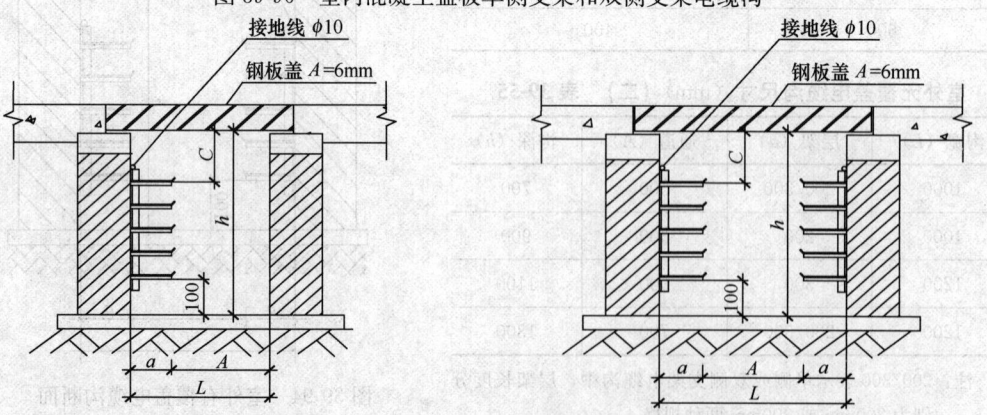

图 39-97 室内钢盖板单侧支架和双侧支架电缆沟

无支架电缆沟尺寸表（mm）   表 39-57

沟宽（L）	沟深（h）
400	200
600	400
800	400

单侧支架电缆沟尺寸表（mm）   表 39-58

沟宽（L）	层架（a）	通道（A）	沟深（h）
600	200	400	500
600	300	300	500
800	200	600	700
800	300	500	700
800	200	600	900
800	300	500	900

双侧支架电缆沟尺寸表（mm）   表 39-59

沟宽（L）	层架（a）	通道（A）	沟深（h）
1000	200/300	500	700
1200	300	600	700
1000	200/300	500	900
1000	200	600	900
1200	300	600	900
1000	200	600	1100
1000	200/300	500	1100
1200	300	600	1100

土建施工完成后，安装施工之前应办理交接验收，复核电缆沟施工质量应符合设计和规范要求。

（1）电缆沟应采取防水措施，底部设置排水沟，沟底向集水井排水坡度应不小于0.5%；电缆沟采取分段排水方式，每隔50m设置一个集水井和排水管，积水可及时经集水井排出；

（2）电缆沟内设计有机械排水系统的，其使用应功能正常，与排水系统相连的，必须采取防止倒灌措施，保持排水畅通。

电缆沟集水坑（井）如图39-98所示，其中图39-98（a）适用于地下水位低于电缆沟且周围土壤容易渗水的地区，但不适用于风化岩石及其他不渗水的黏土地区；图39-98（b）适用于地下水位较高地区；图39-98（c）适用于地下水位较低地区。

39.3.2.7 支架制作

电缆在电缆沟内使用支架固定，常用支架有角钢支架和装配式支架。

角钢支架由主架和层架（横撑）两部分组成，角钢式支架共有7种不同型式，如图39-99

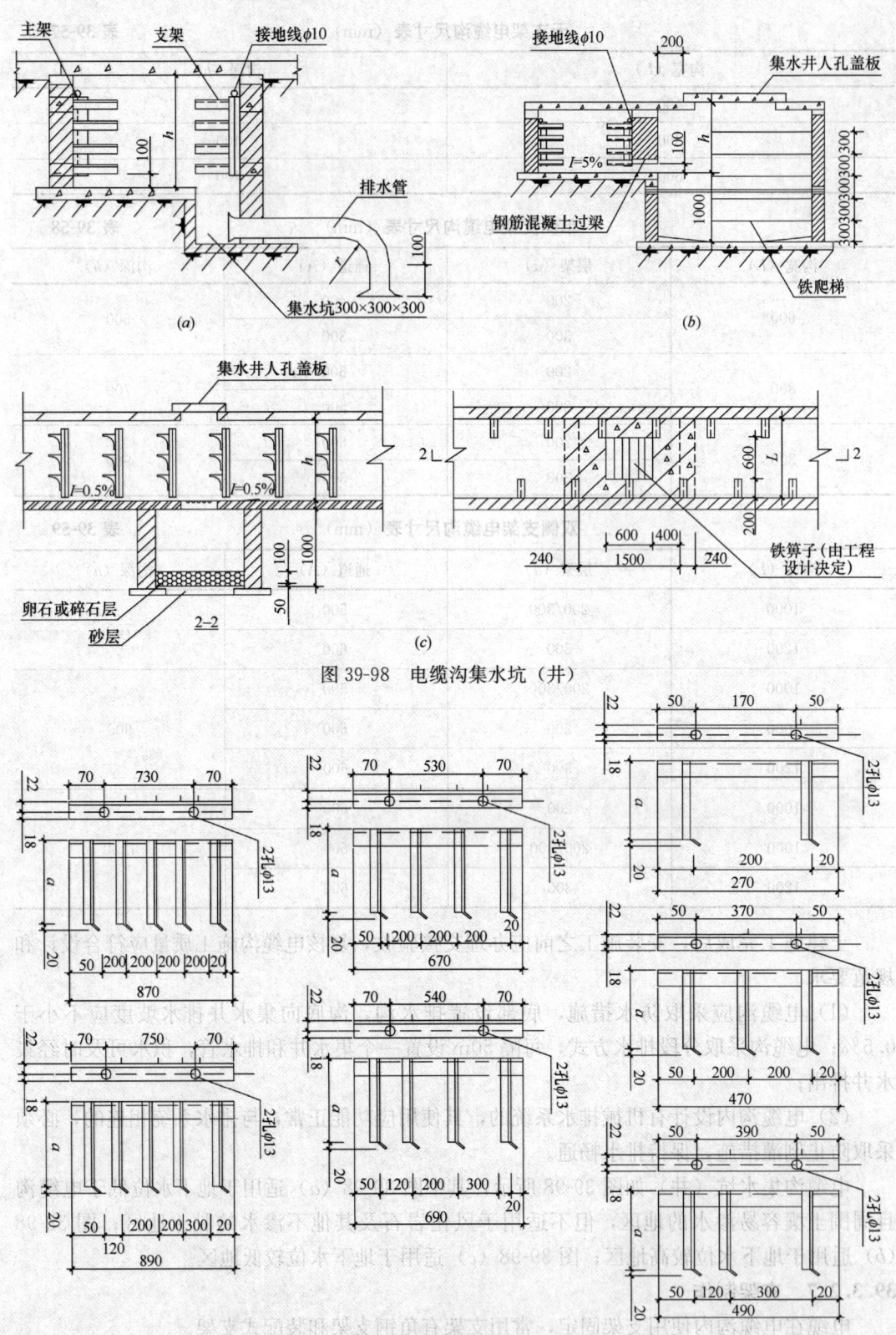

图 39-98 电缆沟集水坑（井）

图 39-99 电缆沟用角钢支架

所示，主架固定在沟壁上可以采用膨胀螺栓固定，或用射钉枪将M8×85螺栓射入沟壁内固定，也可以与沟侧的预埋件焊接连接固定，焊接时，主架上的安装孔取消。支架钻孔严禁用电、气焊割孔。支架的选择由设计确定，电缆沟转角段、分支段、交叉段层架（横撑）长度为直线段层架（横撑）长度加100mm。

在制作角钢支架时，首先根据设计图纸的要求，统计各种角钢的长度、主架的根数、层架（横撑）的根数，然后利用剪冲机或砂轮机进行切割，在剪冲主架角钢之前，应对角钢进行校直。将下好料的主架和层架放在装有样板的平台上进行焊接，焊接时应采用"先点后焊"的方法，以免变形。焊接完毕后将焊渣和焊药清除，并应再次对支架进行校正；最后除锈、刷防锈漆。

角钢支架的加工应符合下列要求：
(1) 钢材应平直，无明显扭曲。下料误差应在5mm范围内，切口应无卷边、毛刺。
(2) 支架应焊接牢固，无显著变形，焊后及时清除焊渣。各横撑间的垂直净距与设计偏差不应大于5mm。
(3) 金属电缆支架必须进行防腐处理，室外支架应为热镀锌材料，或采用刷磷化底漆一道、过氯乙烯漆两道防腐。位于湿热、盐雾以及有化学腐蚀地区时，应根据设计做特殊的防腐处理。

装配式电缆支架的主架和层架（横撑）采用活连接，主架小型槽钢或钢板以60mm为模数冲孔；层架（横撑）采用钢板冲制而成，根部有弯脚。只要将层架弯脚插入主架的插孔后，就能钩住主架而不脱落，根据需要可将层架与主架装配成层间距为120mm、180mm、240mm等多种形式。装配式电缆支架如图39-100所示。

装配式电缆支架的优点是：在制造厂集中加工有效减少现场预制施工的工作量，同时消耗的钢材少，支架轻巧，安装方便；缺点是强度小，特别在电缆沟道有积水的情况下，很容易锈蚀，尤其是格架弯脚挂钩，易锈蚀断裂，不适用于易受腐蚀的环境。

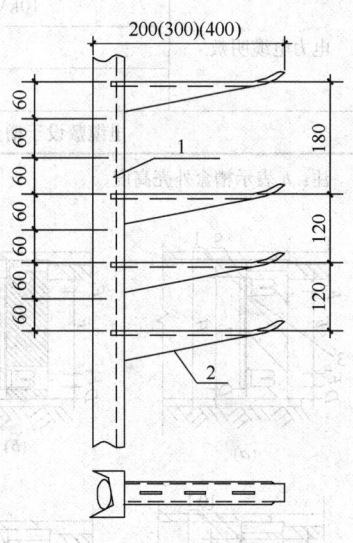

图39-100 装配式电缆支架
1—主架；2—层架

在许多恶劣环境条件下，例如地铁、隧道、化工企业、多雨潮湿或沿海盐雾等场合，使用角铁支架极易锈蚀，设施的维护费用高，使用寿命也较短。为解决这个问题，近年来，各种新型材料的支架应运而生，目前应用较多的主要有玻璃钢、复合材料、工程塑料等几种新型材质电缆支架。

39.3.2.8 支架安装

电缆各支持点间的距离应符合设计规定。当设计无规定时，不应大于表39-60中所列数值。

电缆支架的层间允许最小距离，当设计无规定时，可采用表39-61的规定。但层间净距不应小于两倍电缆外径加10mm，35kV电缆不应小于两倍电缆外径加50mm。

电缆各支持点间的距离（mm） 表 39-60

电缆种类		敷设方式	
		水平	垂直
电力电缆	全塑料型	400	1000
	除全塑料型外的中低压电缆	800	1500
	35kV 高压电缆	1500	2000
	铝合金带连锁铠装的铝合金电缆	1800	1800
控制电缆		800	1000

注：全塑料型电力电缆水平敷设沿支架能把电缆固定时，支持点间的距离允许为 800mm。

电缆支架的层间允许最小距离值（mm） 表 39-61

电缆类型和敷设特征		支（吊）架	桥架
控制电缆		120	200
电力电缆明敷	10kV 交联聚乙烯绝缘	200	300
	35kV 单芯	250	300
	35kV 3 芯	300	350
电缆敷设于槽盒内		$h+80$	$h+100$

注：h 表示槽盒外壳高度。

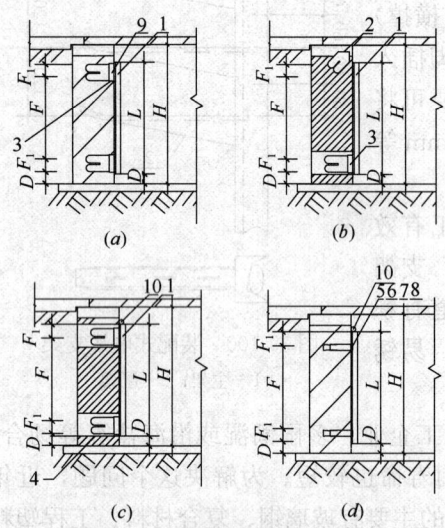

图 39-101　电缆沟主架安装
1—角钢主架；2—护边角钢预埋件；3—预埋件；
4—预制混凝土砌块；5—膨胀螺栓 M10×100；
6—套管；7—螺母 M10；8—垫圈；9—扁钢
接地线 50×6；10—圆钢接地线 10

电缆支架主架与层架（横撑）连接采用焊接，主架固定在沟壁上可以采用膨胀螺栓固定，也可以与沟侧的预埋件焊接连接固定，焊接时，主架上的安装孔取消。土建砌筑电缆沟时，应密切配合土建，将预埋件或预制混凝土砌块预埋件预埋在设计位置上。在安装支架时，应先找好直线段两端支架的准确位置，先安装固定好，然后拉通线再安装中间部位的支架，最后安装转角和分岔处的支架。

1. 支架与预埋件焊接固定

预埋件如图 39-101（a）所示，其预埋水平间距由设计确定，施工时，配合土建预埋，支架安装时，角钢主架与预埋件连接钢板可靠焊接，安装图如图 39-102（a）所示。

电缆沟上部有护边角钢时，支架的主架上部与护边角钢焊接，下部与预埋件钢板焊接，护边角钢预埋件如图 39-101（b）所示，支架安装图如图 39-102（b）所示。

2. 支架用预制混凝土砌块固定

砖墙壁电缆沟内支架固定可采用预制混凝土砌块。砌块内的预埋件预制如图 39-101（c）所示，预制完成后埋设在强度不小于 C15 的混凝土砌块内。在电缆沟墙体砌筑时，应

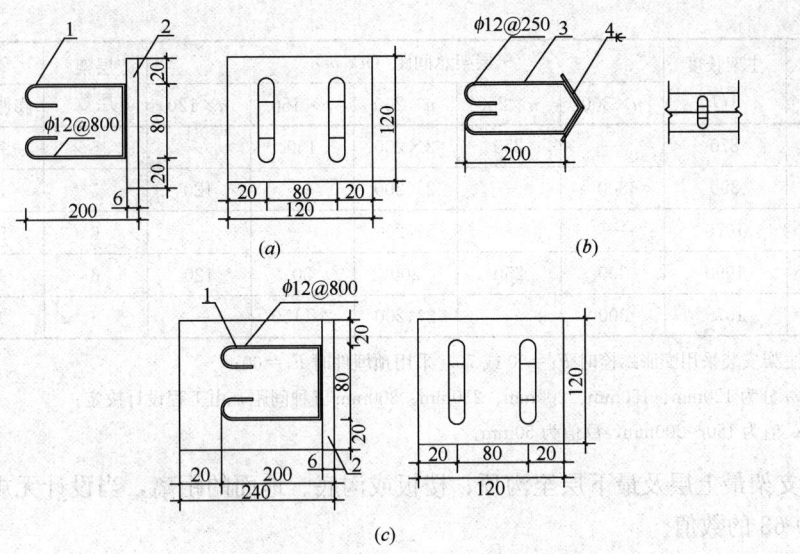

图 39-102 电缆沟主架安装预埋件
(a) 预埋件；(b) 护边角钢预埋件；(c) 预制混凝土砌块
1—ϕ12 圆钢；2—δ＝6mm 钢板；3—ϕ12 圆钢；4—护边角钢 50×5

密切配合土建将预制混凝土砌块砌筑在设计位置。角钢主架安装时，将主架与砌块预埋件的钢板牢固焊接。如图 39-102（c）所示。

3. 用膨胀螺栓固定支架

当电缆沟壁采用 C15 及以上混凝土或钢筋混凝土或强度相当的砖墙时，可采用 M10×100 膨胀螺栓固定支架。施工时，先用冲击钻或电锤在电缆沟壁上设计位置打孔，孔洞大小与膨胀螺栓胀管相当，孔深略长于胀管。清扫孔洞后，将膨胀螺栓轻轻敲入，确认牢后，再将支架用膨胀螺栓紧固在沟壁上，安装图如图 39-101（d）所示。

电缆沟支架组合、主架安装尺寸见表 39-62：

电缆沟支架组合、主架安装尺寸（mm）　　　　　表 39-62

沟深 (h)	主架长度 (l)	层架总间距（$n\times m$）					层架层数	安装间距（F）	
		$n\times 300$	$n\times 250$	$n\times 200$	$n\times 150$	$n\times 120$		膨胀螺栓	预埋件
500	270	—	—	200	—	—	2	170	150
700	470	—	—	2×200	—	—	3	370	350
700	470	—	250	—	150	—	3	370	350
700	450	—	—	—	2×150	120	4	390	370
700	450	300	—	—	—	120	3	390	370
900	670	—	—	3×200	—	—	4	530	550
900	670	—	250	200	150	—	4	530	550
900	670	300	—	—	2×150	—	4	530	550
900	650	—	—	200	2×150	120	5	550	570
1100	870	—	—	4×200	—	—	5	730	750

续表

沟深 (h)	主架长度 (l)	层架总间距 ($n \times m$)					层架层数	安装间距 (F)	
		$n \times 300$	$n \times 250$	$n \times 200$	$n \times 150$	$n \times 120$		膨胀螺栓	预埋件
1100	870	—	250	2×200	150	—	5	730	750
1100	890	300	—	2×200	—	120	5	750	770
1300	1070	—	—	5×200	—	—	6	930	950
1300	1090	300	250	200	50	120	6	950	970
1300	1070	300	—	2×200	2×150	—	6	930	950

注：1. 主架安装采用膨胀螺栓时 $F_1=50$ 或 70，采用预埋件时 $F_1=60$；
2. m 分为 120mm、150mm、200mm、250mm、300mm 五种间距，由工程设计决定；
3. C 值为 150~200mm，D 值为 50mm。

电缆支架最上层及最下层至沟顶、楼板或沟底、地面的距离，当设计无规定时，不宜小于表 39-63 的数值。

电缆支架最上层及最下层至沟顶、楼板或沟底、地面的距离（mm） 表 39-63

敷设方式	电缆隧道及夹层	电缆沟	吊架	桥架
最上层至沟顶或楼板	300~350	150~200	150~200	350~450
最下层至沟底或地面	100~150	50~100	—	100~150

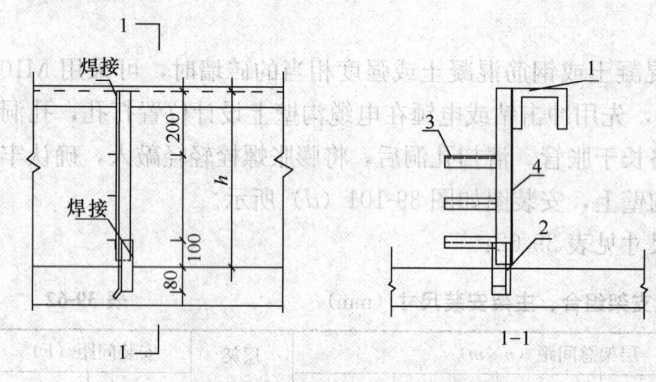

图 39-103 电缆沟过梁支架安装
1—过梁；2—预埋角钢（L50×5，$l=180$）；3—层架；4—主架

层架（横撑）支架应安装牢固，横平竖直，各支架的同层横挡应在同水平面上，其高低偏差不应大于 5mm。电缆沟内安装的电缆支架，应有与电缆沟或建筑物相间的坡度，电缆沟分支段和交叉段处常设置槽钢过梁，过梁尺寸由设计具体确定。支架在过梁处上端与槽钢过梁焊接，下端与预埋的长度为 180mm 的 L50×5 角钢焊接。过梁支架安装如图 39-103 所示。

为保障人身安全，电缆沟支架应可靠接地，全长敷设接地线，并应按设计多处接地。接地线可采用 ϕ10 圆钢沿支架全长敷设并与支架可靠焊接，如图 39-101（a）、（d）。也可利用电缆沟护边角钢或预埋扁钢作接地线，此时，则不再需要敷设专用的接地线，做法如图 39-101（a）、（b）。

接地线的焊接应采用搭接焊，焊接必须牢固无虚焊，其搭接长度必须符合下列规定：
（1）扁钢为其宽度的 2 倍（且至少 3 个棱边焊接）。
（2）圆钢为其直径的 6 倍（且双面施焊）。
（3）圆钢与扁钢连接时，其长度为圆钢直径的 6 倍。
（4）扁钢与钢管、扁钢与角钢焊接时，为了连接可靠，除应在其接触部位两侧进行焊接外,并应焊以由钢带弯成的弧形(成直角形)卡子或直接由钢带本身弯成弧形(或直角形)与钢管(或角钢)焊接。

39.3.2.9 电缆敷设

电力电缆和控制电缆不应配置在同层支架上。高低压电力电缆、强电、弱电控制电缆应按顺序分层配置,一般情况宜由上而下配置;但在含有 35kV 以上高压电缆引入柜盘时,为满足弯曲半径要求,可由下而上配置。

电缆在支架上水平敷设时,电力电缆间净距不应小于 35mm,且不应小于电缆外径。控制电缆间的净距不作规定。1kV 以下电力电缆和控制电缆可并列敷设,当双侧设有支架时,1kV 以下电力电缆和控制电缆,尽可能与 1kV 以上的电力电缆分别敷设于不同侧支架上,当并列明敷时,其净距不应小于 150mm。在电缆沟底敷设时,1kV 以上的电力电缆与控制电缆间净距不应小于 100mm。

交流单芯电力电缆,应布置在同侧支架上。当按紧贴的正三角形排列时,应每隔 1m 用绑带扎牢。

明敷在电缆沟内带有麻护层的电缆,应剥除麻护层,并对其铠装加以防腐。

电缆在支架上水平敷设时,在终端、转弯及接头两侧应加以固定,垂直敷设则在每一支持点处固定。当对电缆的间距有要求时,应每隔 5~10m 处进行固定。

交流系统单芯电缆的固定夹具不应构成闭合磁路。

裸铅(铝)套电缆的固定处,应加软衬垫保护。护层有绝缘要求的电缆,在固定处应加绝缘衬垫。

电缆敷设完毕后,应及时清除杂物,盖好盖板。室内电缆沟盖应与地面平齐,对容易积水的地方,可用水泥砂浆将盖间缝隙填实。室外电缆沟无覆盖时,盖板高出地面不小于 100mm;有覆盖时,盖板在地面下 300mm。盖板搭接应作防水处理。

39.3.3 电缆穿保护管敷设

电缆穿保护管施工简单,投资省,检修方便,可提前预埋,可避免其他管线对电缆本身的影响,因此在目前的工程施工中普遍被采用。

电缆保护管种类主要有四类:

(1)有机高分子材料电缆保护管,如碳素波纹管、PVC 管等。

(2)金属材料类电缆保护管,如涂塑钢管、镀锌钢管等。

(3)树脂基纤维增强复合材料类电缆保护管,如玻璃钢管等。

(4)水泥基纤维增强复合材料类电缆保护管,如低摩擦纤维水泥管、维纶水泥管、海泡石电缆保护管等。

镀锌钢管刚性强度高,但重量大,且管内表面不够光滑,穿电缆时容易划伤,耐水性差、耐热差,同时它又是磁性材料,易产生涡流,因此,不适用于单芯电缆穿管敷设。

玻璃纤维增强塑料电缆保护管(玻璃钢管)具有重量轻、强度高、不变形、内表光滑、摩擦系数小、穿缆轻滑、耐水性好、防火性能优、安装连接方便等优点,且无电腐蚀、非磁性,适用于单芯电缆敷设,但玻璃钢管又有易产生污染、不利于人体健康且易老化的缺点。

硬聚氯乙烯电缆保护管(PVC-U)管材结构上分为双壁波纹及普通管,硬聚氯乙烯管虽排除了镀锌钢管存在的不足，但其刚性强度低，质地较脆，在敷设时的温度不宜低于0℃，最高使用温度不应超过50～60℃，且在易受机械碰撞的地方不宜使用。

氯化聚氯乙烯管（PVC-C）经过材料改性，产品环刚度、耐热、阻燃性能都较普通硬聚氯乙烯电缆保护管高，重量轻、强度高、施工方便、快捷。

聚乙烯（PE）管强度较低，但其断裂伸长率却非常高，延伸性很强，当地面沉降或地壳有变动的情况下，PE管能够产生抗变形性而不断裂，但在40℃以上时力学性能大幅度下降，容易受外力而变形。

近年来出现的改性聚丙烯管（MPP）管，使用热熔焊接，焊接头强度高，可超长度高牵引力拖管，韧性好，具有优良的抗地层沉降、抗震性能。MPP管克服了PE管在40℃以上时力学性能大幅度下降而不能用于电缆排管的弊端，同时还克服了PVC-C管抗地层沉降性能差以及不能高牵引力拖管的弊端，多应用在非开挖技术电力管线敷设上。

电缆保护管有钢筋混凝土包封、纯混凝土包封、直埋以及非开挖拖管敷设等多种使用方法，钢筋混凝土包封、纯混凝土包封多为排管敷设使用，直埋敷设时应充分考虑埋设深度和保护管外压荷载这两个参数之间的相关性。

39.3.3.1 适用范围

（1）在有爆炸危险场所明敷的电缆，露出地坪上需加以保护的电缆，地下电缆与公路、铁道交叉时。

（2）地下电缆通过房屋、广场的区段，电缆敷设在规划将作为道路的地段。

（3）在地下管网较密的工厂区、城市道路狭窄且交通繁忙或道路挖掘困难的通道等电缆数量较多的情况下。

（4）电缆进入建筑物、隧道、穿过楼板及墙壁处。

（5）从沟道引至电杆、设备、墙外表面或屋内行人容易接近处，距地面高度2m以下的一段。

（6）其他可能受到机械损伤的地方。

39.3.3.2 材料要求

（1）电缆保护管不应有穿孔、裂缝和显著的凹凸不平，内壁应光滑，管子圆直。

（2）金属电缆管不应有锈蚀、折扁和裂缝，管内应无铁屑及毛刺，切断口应平整，管口应光滑；镀锌管的镀锌层应完好无损，锌层厚度均匀一致，不得有剥落、气泡等现象。

（3）玻璃纤维增强塑料电缆保护管外表色泽均匀，导管内外表面应无龟裂、分层、针孔、毛边、毛刺、杂质、贫胶区、气泡等缺陷。导管两端面应平齐、无毛边、毛刺；承口、插口两端内外侧边缘均应有倒角，以防止电缆在抽拉时受到损伤。

（4）氯化聚氯乙烯与硬聚氯乙烯电缆导管颜色应均匀一致，内外壁不允许有气泡、裂口和明显痕纹、凹陷、杂质、分解变色线以及颜色不均等缺陷；导管端面应切割平整并与轴线垂直；插口端外壁加工时应有倒角，承口端加工时允许有不大于1°的脱模斜度，且不得有挠曲现象。氯化聚氯乙烯电缆导管的管材插入端应做出明显的插入深度标记。氯化聚氯乙烯与硬聚氯乙烯双壁波纹电缆导管的外壁波纹应规则、均匀，不应有凹陷，导管的内外壁应紧密熔合，不应出现脱开现象。

(5) 硬质塑料管不得用在温度过高或过低的场所。

(6) 在易受机械损伤的地方和在受力较大处直埋时，应采用足够强度的管材。

(7) 敷设于保护管中的电缆，应具有挤塑外套；油浸纸绝缘铅套电缆，尚宜含有钢铠层。

(8) 防火阻燃材料必须有质量合格证、性能检测报告等技术文件。

39.3.3.3 施工机具

1. 保护管制安机具

煨管器、液压煨管器、砂轮锯、扁锉、半圆锉、圆锉、鱼尾钳、手电钻、电锤、台钻、电焊机、气焊工具、扳手等。

2. 电缆敷设机具

电缆倒运机械、电缆牵引机械、放线架、滚轮、电缆敷设用支架、吊链、滑轮、钢丝绳、无线对讲机、手持扩音喇叭、钢锯架、钢锯条、钢卷尺等。

3. 电缆头制安机具

电工刀、剪断钳、电缆剥削器、（液压）压接钳、喷灯等。

4. 检验试验机具

兆欧表、直流高压试验器等。

39.3.3.4 作业条件

(1) 室外埋地保护管的路径、沟槽深度、宽度及垫层处理经检查确认。

(2) 室内外沿构筑物明敷设的保护管，在砌体施工过程应及时准确地将保护管支持预埋件随土建工程正确预埋。

(3) 进入建筑物、穿墙、穿楼板处已按设计要求正确预留孔洞。

(4) 保护管敷设路径的部位障碍物已清除干净。

39.3.3.5 工艺流程

非开挖埋地管地下钻孔→保护管连接→牵引保护管穿孔洞

↓

埋地管管沟开挖→保护管加工制作→保护管安装→电缆穿管敷设

↓

明敷管预埋件预埋→保护管支架制作→支架安装→埋地管沟回填土*

注：*非开挖埋地管不需回填土。

39.3.3.6 电缆保护管加工制作

承插式电缆保护管形状如图39-104所示，氯化聚氯乙烯与硬聚氯乙烯双壁波纹电缆保护管结构如图39-105所示。

电缆管的加工应符合下列要求：

(1) 管口应无毛刺和尖锐棱角，管口宜做成喇叭形，可以减小直埋管在沉陷时管口处对电缆的剪切力。

(2) 电缆管在弯制后，不应有裂缝和显著的凹瘪现象，其弯扁程度不宜大于管子外径的10%；电缆管的弯曲半径应不小于管外径的10倍且不应小于所穿入电缆的最小允许弯曲半径。每根电缆管的弯头不应超过3个，直角弯不应超过2个。

(3) 金属电缆管应在外表涂防腐漆或涂沥青，镀锌管锌层剥落处也应涂以防腐漆。

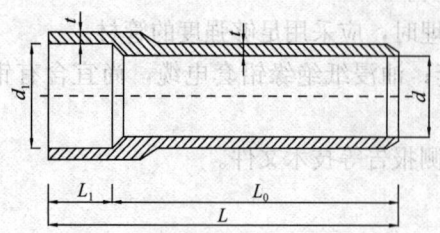

图 39-104 承插式电缆保护管结构形状图
d—公称直径；d_1—承口内径；L_1—承口深度；
t—壁厚；L—总长；L_0—有效长度

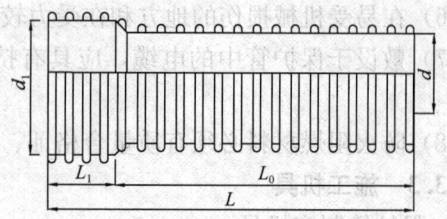

图 39-105 氯化聚氯乙烯与硬聚氯乙烯双壁波纹
电缆保护管结构形状图
d—公称直径；d_1—承口内径；L_1—承口深度；
L—总长；L_0—有效长度

39.3.3.7 电缆保护管连接安装

室外埋地敷设的电缆导管，埋深不应小于 70mm。壁厚小于等于 2mm 的钢电线导管不应埋设于室外土壤内。保护管伸出建筑物散水坡的长度不应小于 250mm。保护罩根部不应高出地面。

电缆管的连接应符合下列要求：

（1）金属电缆管连接应牢固，密封应良好，两管口应对准。套接的短套管或带螺纹的管接头的长度，不应小于电缆管外径的 2.2 倍。因金属电缆管直接对焊可能在接缝内部出现疤瘤，穿电缆时会损伤电缆，故金属电缆管不宜直接对焊。

（2）硬质塑料管在套接或插接时，其插入深度宜为管子内径的 1.1～1.8 倍。在插接面上应涂以胶粘剂粘牢密封；采用套接时，套管长度不小于管内径的 1.5～3 倍，套管两端应封焊。

插接连接时，先将两连接端部管口进行倒角，然后清洁两个端口接触部分的内外面，如有油污则用汽油等溶剂擦净。

敷设在混凝土内的电缆保护管在混凝土浇筑前应按实际安装位置量好尺寸，下料加工。管子敷设后应加以支撑和固定，以防止在浇筑混凝土时受震而移位。保护管敷设或弯制前应进行疏通和清扫，可用钢丝绑上棉纱或破布穿入管内清除污物，检查畅通情况，在保证管内光滑畅通后，将管子两端暂时封堵。

电缆保护管明敷时应符合下列要求：

（1）电缆保护管应安装牢固；电缆保护管支持点间的距离，当设计无规定时，不宜超过 3m。

（2）当塑料管的直线长度超过 30m 时，宜加装伸缩节。

（3）引至设备的电缆保护管管口位置，应便于与设备连接并不妨碍设备拆装和进出。并列敷设的电缆管应排列整齐。

敷设混凝土、陶土、石棉水泥等电缆管时，其地基应坚实、平整，不应有沉陷，且电缆保护管的敷设应符合下列要求：

（1）电缆保护管的埋设深度不应小于 0.7m；在人行道下面敷设时，不应小于 0.5m。

（2）电缆保护管应有不小于 0.1% 的排水坡度。

（3）电缆保护管连接时，管孔应对准，接缝应严密，不得有地下水和泥浆渗入。

纤维水泥电缆导管采用套管套接，其他承插式混凝土预制管、氯化聚氯乙烯及硬聚氯乙烯塑料（双壁波纹）管、玻璃纤维增强塑料导管均采用承插式连接，采用承插式或套管连接的导管，其接头均应用橡胶弹性密封圈密封连接。

氯化聚氯乙烯电缆保护管连接处承插口做法示意图如图39-106所示。

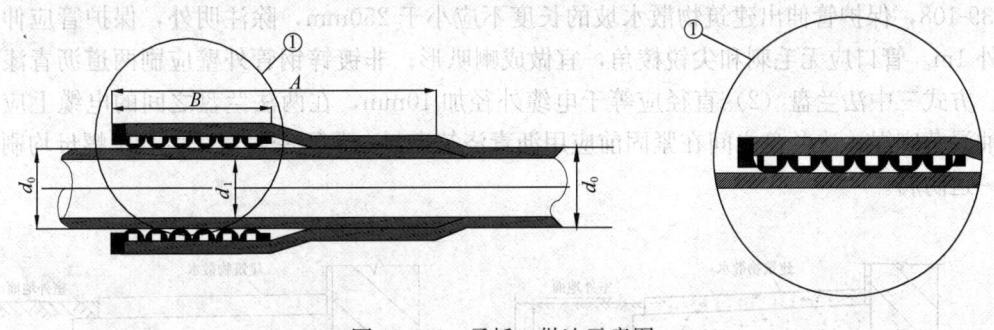

图39-106　承插口做法示意图
A—承口长度；B—承口第一阶长度；d_1—承口第二阶内径；d_0—平均外径

玻璃纤维增强塑料电缆保护管（玻璃钢电缆保护管）的连接采用承插式的连接方式，安装连接方便，接头处加橡胶密封圈，安装于承插口和插口之间，适应热胀冷缩，又可防止砂泥进入，如图39-107所示。

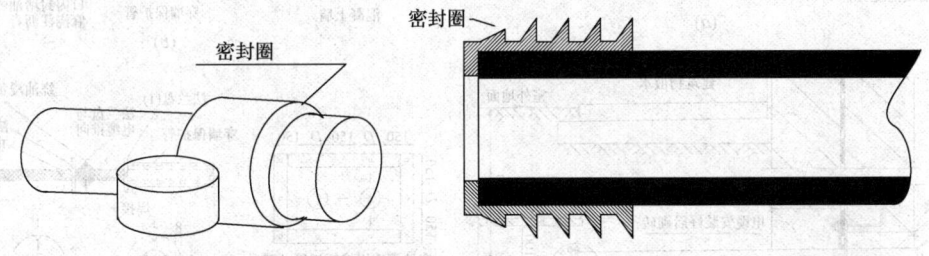

图39-107　玻璃纤维增强塑料电缆保护管接头处设置橡胶密封圈

氯化聚氯乙烯管（PVC-C）在敷设完毕后，管材的外侧均无需用其他材料加固，而直接用砂和泥土回填即可。

利用电缆的保护钢管作接地线时，应先焊好接地线，避免在电缆敷设后焊接地线时烧坏电缆；钢管有螺纹的管接头处，应在接头两侧用跨接线焊接，用圆钢作跨接线时，其直径不宜小于12mm；用扁钢作跨接线时，扁钢厚度不应小于4mm，截面积不应小于100mm^2；当电缆保护钢管采用套管焊接时，不需再焊接地。

39.3.3.8　电缆穿保护管敷设

电缆穿保护管敷设应符合下列规定：

（1）穿入管中电缆的数量应符合设计要求，交流单芯电缆不得单独穿入钢管内。

（2）敷设在混凝土管、陶土管、石棉水泥管内的电缆，宜穿塑料护套电缆。

（3）拐弯、分支处以及直线段每隔50m应设人孔检查井，井盖应高于地面，井内有集水坑且可排水。

（4）电缆管内径与电缆外径之比不得小于1.5；混凝土管、陶土管、石棉水泥管除应满足本条要求外，其内径尚不宜小于100mm。

(5) 电缆穿保护管前,应先清理保护管,电缆保护管内部应无积水,且无杂物堵塞。穿电缆时,可采用无腐蚀性的润滑剂(粉),如滑石粉或黄油等润滑物,以防损伤电缆护层。

直埋电缆进入建筑物内的保护管必须符合防水要求,并有适当的防水坡度,安装见图39-108,保护管伸出建筑物散水坡的长度不应小于250mm,除注明外,保护管应伸出墙外1m。管口应无毛刺和尖锐棱角,宜做成喇叭形;非镀锌钢管外壁应刷两道沥青漆防腐。方式三中法兰盘(2)直径应等于电缆外径加10mm,在两法兰盘之间的电缆上应缠绕油浸黄麻绳,法兰盘之间在紧固前应用沥青浇筑密封。紧固密封后法兰盘及螺母均刷沥青一道防腐。

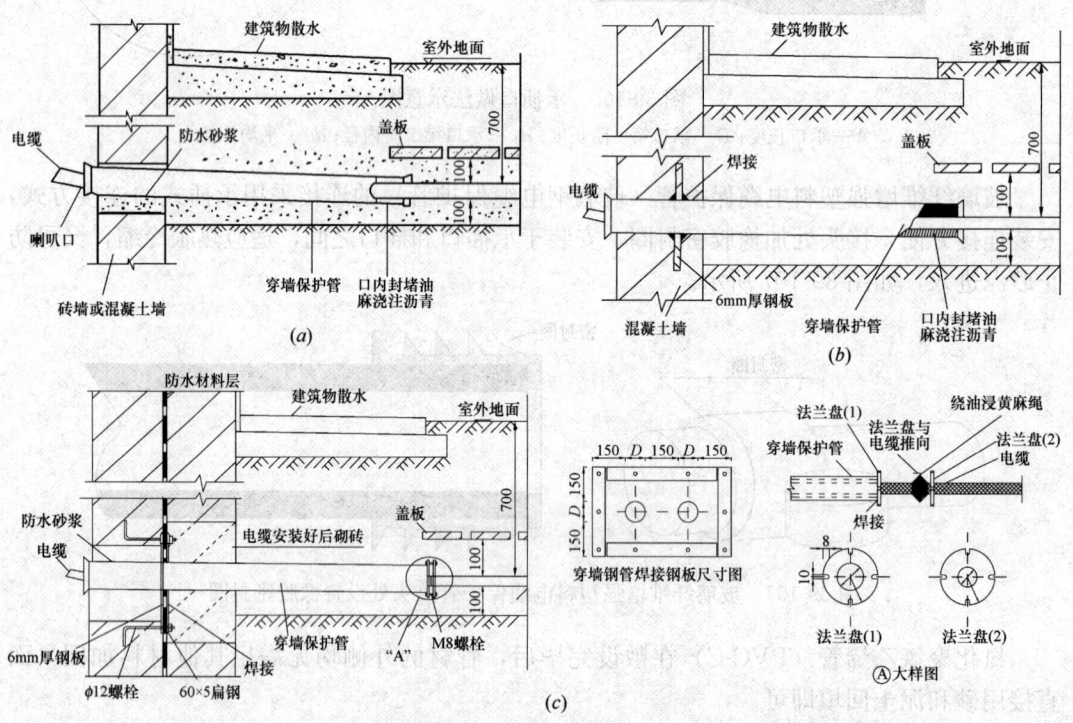

图 39-108 直埋电缆进入建筑物内的保护管安装法
(a) 方式一;(b) 方式二;(c) 方式三
注:D 为穿墙电缆保护管外径。

直埋电缆进入建筑物时,应穿钢管保护,并做好防水处理,保护钢管内径不应小于电缆外径的1.5倍。穿墙钢管与钢板须事先焊好,并应配合土建墙体施工预埋。电缆自室外引入室内做法如图39-109、图39-110所示,方案一适用于电缆自室外引入地下室,方案二适用于电缆自室外引入室内电缆沟,穿墙套管均应向外倾斜小于等于15°;方案三适用于单根电缆引入室内,方案四适用于外防水。

在电缆穿过竖井、墙壁、楼板或进入电气盘、柜的孔洞处,用防火堵料密实封堵,电缆保护管穿墙防火封堵做法如图39-111所示。

电缆保护管穿楼板防火封堵做法如图39-112所示。

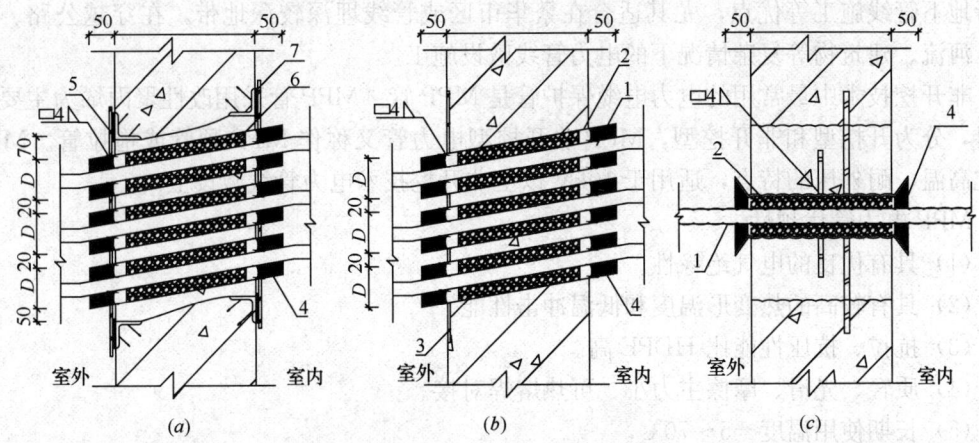

图 39-109　电缆自室外引入室内做法（一）
(a) 方案一；(b) 方案二；(c) 方案三
1—电缆；2—穿墙套管；3—δ=6mm 钢板；4—嵌缝油膏；5—10mm 钢板；6—沥青麻丝；7—护边角钢 L50×5

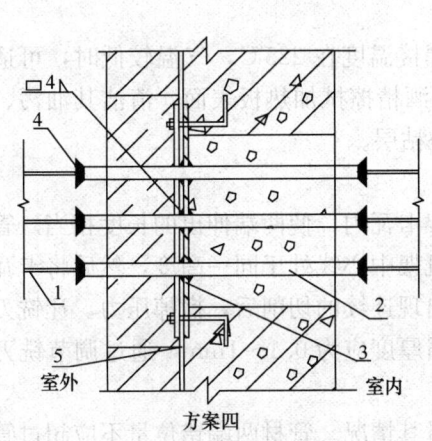

图 39-110　电缆自室外引入室内做法（二）
1—电缆；2—穿墙套管；3—6mm 钢板；
4—嵌缝油膏；5—防水卷材（由土建设计）

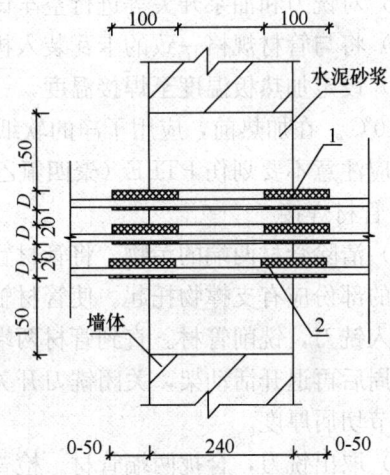

图 39-111　电缆保护管穿墙防火封堵
1—穿墙保护管；2—防火堵料；
D—电缆保护管直径

39.3.3.9　非开挖电力管线敷设

非开挖技术是指利用岩土钻掘、定向测控等技术手段，在地表不挖槽或以最小的地表开挖量进行各种地下管线探测、敷设、更换和修复的施工技术。

与传统的挖槽施工法相比，非开挖技术具有对交通、环境、周边建筑物基础的影响和破坏少、综合成本低，可在不允许开挖施工的场合（如穿越河流、高速公路、铁路、机场跑道、广场、绿地等）

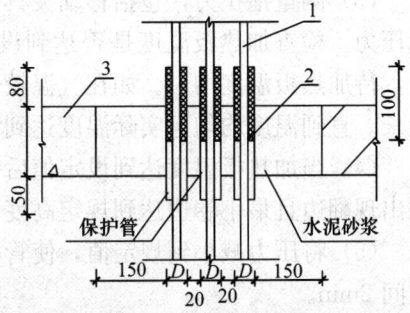

图 39-112　电缆保护管穿楼板防火封堵
1—电缆；2—防火堵料；3—楼板；
D—电缆保护管直径

进行地下管线施工等优点，尤其适合在繁华市区或管线埋深较深地带，在穿越公路、铁路、河流、建筑物等复杂情况下的电力管线敷设施工。

非开挖技术中最常用的电力电缆保护管是 MPP 管。MPP 管采用改性聚丙烯为主要原材料，分为开挖型和非开挖型，MPP 非开挖型电力管又称作 MPP 顶管或拖拉管。MPP 管抗高温、耐外压的特点，适用于 10kV 以上非开挖技术电力管线敷设上。

MPP 电力管优越性：

(1) 具有优良的电气绝缘性。
(2) 具有较高的热变形温度和低温冲击性能。
(3) 抗拉、抗压性能比 HDPE 高。
(4) 质轻、光滑、摩擦主力小、可热熔焊对接。
(5) 长期使用温度 $-5 \sim 70℃$。

MPP 电力管焊接流程：

1. MPP 电力管焊接前的准备

(1) 检查焊机的电源、液压油、加热板等是否满足焊接要求；
(2) 对铣刀和油泵开关等进行空车试运行；
(3) 将与管材规格一致的卡瓦装入机架；
(4) 设定加热板温度至焊接温度，一般的焊接温度在 225℃，气温较低时，可适当提高 $5 \sim 10℃$。在加热前，应用干净的软纸或布蘸酒精擦拭加热板表面，清洁其油污、杂物等，但应注意不要划伤 PTFE（聚四氟乙烯）防粘层。

2. 管材焊接

(1) 清除管材两端的污物。将管材置于机架卡瓦内，使两端伸出的长度相当。管材机架以外的部份应有支撑物托起。使管材轴线与机架中心线处于同一高度，然后将卡瓦固定好。置入铣刀，铣削管材。直到管材两端面均出现连续的切削后，撤掉压力，让铣刀空转两、三周后再退开活动架，关闭铣刀开关。切屑厚度应为 $0.1 \sim 1mm$，通过调节铣刀片的高度调节切屑厚度。

(2) 取出铣刀，合拢两端管材。检查端面对其情况。管材两端错位量不应超过管壁厚的 10%，合拢时管材两端面间没有明显间隙，缝隙宽度应符合下面规定：0.3mm（$DN <$ 225mm）；0.5mm（225mm $\leqslant DN \leqslant$ 400mm）。如不符合要求，应再次铣削，直到满足上述要求为止。

(3) 测量拖拉力，包括移动夹具的摩擦阻力及焊接工艺参数压力。二者叠加，确定实际压力。检查加热板温度是否达到设定值。当温度达到设定温度时，应再保温 10min 以上，待加热板温度均匀。如在气温较低的环境或大风条件下，应有保温措施，保温时间需延长。直到温度均匀且实际温度达到设定值。

(4) 当加热板温度达到设定值后，快速放入机架，施加规定的压力，直到管材两端圆周出现翻边且最小卷边达到规定高度。

(5) 将压力减小到规定值，使管材端面与加热板之间刚好保持接触，继续加热到规定时间 2min。

(6) 吸热时间达到规定值后，退开活动架，迅速取出加热板。然后合拢两管端。其切换时间应尽可能短，不能超过规定值。且合拢时的压力不能过大，否则会将熔融物料挤出，造成焊接质量下降。在首次焊接时，当对接完成后，应立即将其外层翻边去掉观察两对接端面之间熔融物料的多少。应保证两端面间有足够的熔融物料。如熔融物料过多，则适当增加合拢压力。反之，则适当减小合拢压力，直到确定最佳压力为止，以确保焊接质量。

（7）将压力上升至规定值，保压冷却5min。自然冷却到常温后，卸压，松开卡瓦，取出管材，焊接完成。

3. MPP电力管焊接注意事项

（1）焊接面管材错边不超过管材壁厚的10%。

（2）气温低时，应适当提高加热温度和延长吸热时间。

（3）加热压力应分阶段控制，加热时压力稍大，吸热时压力较小。

（4）当环境温度低于5℃或大风天气时，应有保温和防范措施，否则将严重影响焊接质量。

（5）下雨天气不能进行管材焊接。

（6）焊缝冷却时应自然冷却，采用强制冷却时，将影响管材焊接质量。

（7）加热板表面及管端应经常用酒精清洁，确保加热板表面无油污、水及杂质。加热板表面防粘层应不损伤，进行焊接前，应用干净的棉纱或抹布擦拭管材端面的水、杂质和泥土。应保持焊接管材端面清洁。

（8）当待焊接管材端面有水汽时，在加热前，应用加热板烘烤管材端面至水汽完全蒸发为止，然后进行管材加热。

（9）清洁管材端面时，应有人监督，以防管材合拢夹伤手。

（10）操作人员应培训上岗。

（11）管材壁厚低于6mm时，一般不采用热熔对接，否则难以保证管材焊接质量。

只有按以上要求，规范操作，才能确保MPP电力管对高压电缆的有效保护作用，才能确保工程质量。

39.3.4　电缆桥架内电缆敷设

桥架及支吊架安装详见39.5.2梯架、托盘和槽盒安装相关章节。敷设方法可用人力或机械牵引。

（1）在钢制电缆桥架内敷设电缆时，在各种弯头处应加导板，防止电缆敷设时外皮损伤。

（2）电缆沿桥架敷设时，应单层敷设，排列整齐，不得有交叉、绞拧、铠装压扁、护层断裂和表面严重划伤等缺陷，拐弯处应以最大截面电缆允许弯曲半径为准。电力电缆在桥架内横断面的填充率不应大于40%，控制电缆不应大于50%。

（3）不同等级电压的电缆应分层敷设，如受条件限制需安装在同一层桥架上时，应用隔板隔开。高压电缆应敷设在上层。

（4）桥架内电缆敷设固定：

大于45°倾斜敷设的电缆每隔2m处设固定点；水平敷设的电缆，首尾两端、转弯两侧及每隔5～10m处设固定点；敷设于垂直桥架内的电缆固定点间距，不大于表39-64的规定。

垂直桥架内电缆固定点的间距最大值　　　　　　　　表 39-64

电缆种类		固定点的间距（mm）
电力电缆	全塑型	1000
	除全塑型外的电缆	1500
控制电缆		1000

(5) 电缆敷设完毕，应挂标志牌：

1) 标志牌规格应一致，并有防腐功能，挂装应牢固。

2) 标志牌上应注明电缆编号、规格、型号及电压等级。

3) 沿桥架敷设电缆在其两端、拐弯处、交叉处应挂标志牌，直线段应适当增设标志牌。

(6) 电缆出入电缆沟、竖井、建筑物、柜（盘）、台处以及管子管口处等做密封处理。电缆桥架在穿过防火墙及防火楼板时，应采取防火隔离措施，用防火堵料严密封堵，防止火灾沿线路延燃。电缆防火隔离段四种做法如图 39-113～图 39-116 所示。

1) 防火隔离段做法一

施工前要将封堵部位清理干净，防火枕按顺序摆放整齐，摆放厚度应不小于墙的厚度，防火枕与电缆之间空隙应不大于 $1cm^2$，如图 39-113 所示。

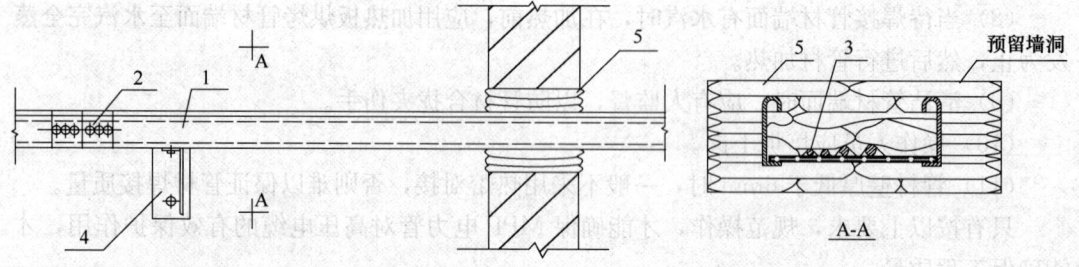

图 39-113　电缆桥架防火隔离段安装做法（一）
1—梯架；2—连接板；3—电缆；4—托臂；5—防火枕

2) 防火隔离段做法二

施工时应配合土建施工预留洞口，在洞口处预埋好护边角钢。施工时根据电缆敷设的根数和层数用 L50×50×5 角钢制作固定框，同时将固定框焊在护边角钢上。电缆穿墙处，放一层电缆即堵一层速固防火堵料，然后用速固防火堵料把洞堵严，小洞再用电缆防火堵料封堵。墙洞两侧应用隔板将速固防火堵料保护起来。在墙的两侧 1m 以内塑料、橡胶电缆上直接涂电缆防火涂料 3～5 次达到厚度 0.5～1mm，铠装油浸纸绝缘电缆先包层玻璃丝布，再涂电缆防火涂料厚度 0.5～1mm 或直接涂电缆防火涂料 1～1.5mm，电缆过墙处应尽量水平敷设，若有困难时，弯曲部分应满足电缆弯曲半径的要求，如图 39-114 所示。

3) 防火隔离段做法三

电缆穿墙处，大面积的地方用速固防火堵料封堵，电缆四周小面积的地方用电缆防火堵料封堵。在墙的两侧 1m 以内电缆涂刷防火涂料处理同做法一，电缆过墙处应尽量水平敷设，若有困难时，弯曲部分应满足电缆弯曲半径的要求，如图 39-115 所示。

4) 防火隔离段做法四

39.3 35kV及以下配线工程

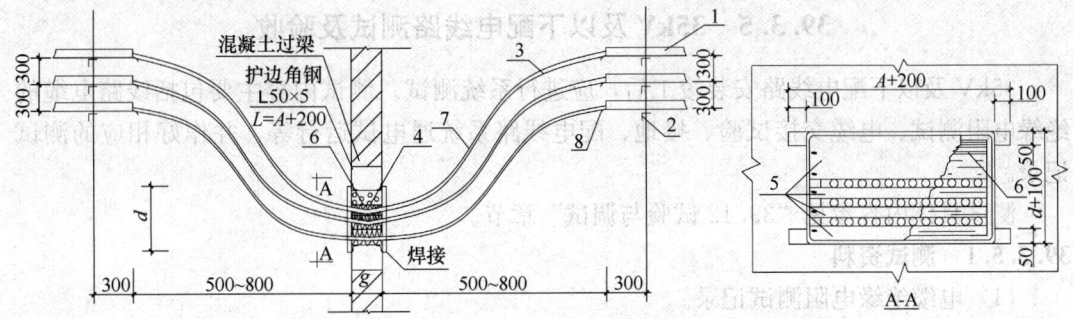

图39-114 电缆桥架防火隔离段安装做法(二)
1—电缆桥架;2—托臂;3—电缆;4—固定框;5—隔板;6—速固防火堵料;7—电缆防火涂料;8—导板

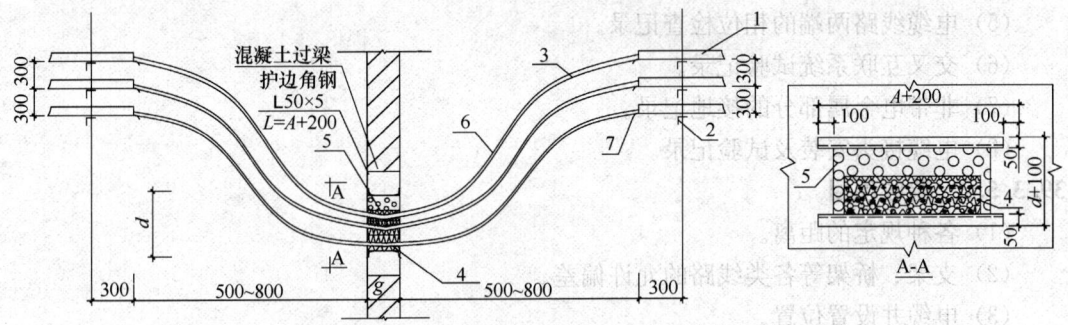

图39-115 电缆桥架防火隔离段安装做法(三)
1—电缆桥架;2—托臂;3—电缆;4—电缆防火堵料;5—速固防火堵料;6—电缆防火涂料;7—导板

施工时应根据电缆根数预埋好钢管,钢管尺寸应根据电缆外径确定,并且预埋钢管外径尺寸应比正常时间外径尺寸大一级,防火枕按顺序摆放整齐,摆放厚度应不小于墙的厚度,防火枕与电缆之间空隙应不大于$1cm^2$,在墙的两侧1m以内电缆涂刷防火涂料处理同做法一,电缆过墙处应尽量水平敷设,若有困难时,弯曲部分应满足电缆弯曲半径的要求,如图39-116所示。

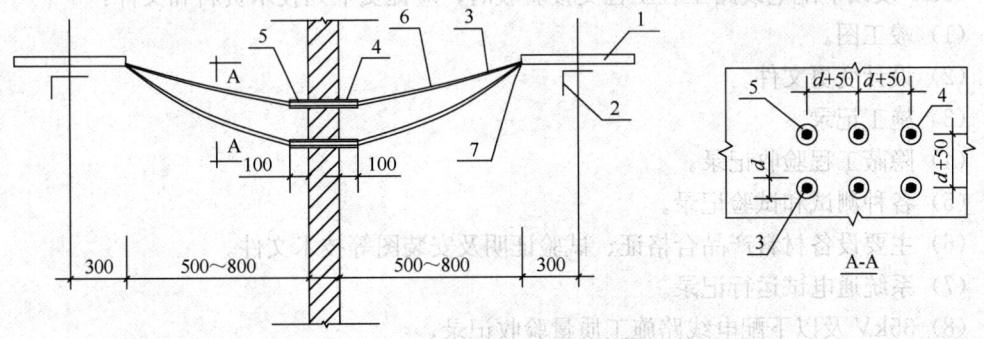

图39-116 电缆桥架防火隔离段安装做法(四)
1—电缆桥架;2—托臂;3—电缆;4—钢管;5—电缆防火堵料;6—电缆防火涂料;7—导板

39.3.5　35kV 及以下配电线路测试及验收

35kV 及以下配电线路安装竣工后，应进行系统测试。测试内容主要包括线路电缆的绝缘电阻测试、电缆交接试验、接地、配电线路系统通电试运行等，并作好相应的测试记录。

测试具体内容参见"39.12 试验与调试"章节。

39.3.5.1　测试资料
（1）电缆绝缘电阻测试记录。
（2）直流耐压试验及泄漏电流测量记录。
（3）交流耐压试验记录。
（4）金属屏蔽层电阻和导体电阻比测量记录。
（5）电缆线路两端的相位检查记录。
（6）交叉互联系统试验记录。
（7）非带电金属部分的接地记录。
（8）电缆接头安装及试验记录。

39.3.5.2　验收项目
（1）各种规定的距离。
（2）支架、桥架等各类线路的允许偏差。
（3）电缆井设置位置。
（4）电缆沟、隧道等构筑物的坡度及排水设施。
（5）各种支持件的固定。
（6）电缆弯曲半径。
（7）电缆保护管弯曲半径。
（8）金属支架附件的防腐处理。
（9）配电线路阻燃及防火封堵处理。

39.3.5.3　35kV 及以下配电线路工程交接验收
35kV 及以下配电线路工程工程交接验收时，应提交下列技术资料和文件：
（1）竣工图。
（2）设计变更文件。
（3）施工记录。
（4）隐蔽工程验收记录。
（5）各种测试和试验记录。
（6）主要设备材料产品合格证、试验证明及安装图等技术文件。
（7）系统通电试运行记录。
（8）35kV 及以下配电线路施工质量验收记录。

39.4　电气照明装置安装

电气照明装置工程包括了建筑物内的灯具（普通、专用、重型）安装、室外灯具（路灯、航标灯）安装、艺术照明灯具（潜水灯、草坪灯、泛光、广告照明、景观照明等）安装，以及插座、开关、风扇（换气扇）安装工程。

39.4.1 普通灯具的安装

39.4.1.1 一般规定

（1）灯具的灯头及接线应符合下列规定：

1）灯头绝缘外壳不应有破损或裂纹等缺陷；带开关的灯头，开关手柄不应有裸露的金属部分；

2）连接吊灯灯头的软线应做保护扣，两端芯线应搪锡压线；当采取螺口灯头时，相线应接于灯头中间触点的端子上。

（2）成套灯具的带电部分对地绝缘电阻值不应小于2MΩ。

（3）引向单个灯具的电线线芯截面积应与灯具功率相匹配，电线线芯最小允许截面积详见表39-91。

（4）灯具表面及其附件等高温部位靠近可燃物时，应采取隔热、散热等防火保护措施。以卤钨灯为光源时，其吸顶灯、槽灯、嵌入灯应采用瓷质灯头，引入线应采用瓷管、矿棉等不燃材料作隔热保护。

（5）变电所内，高低压配电设备及裸母线的正上方不应安装灯具，灯具与裸母线的水平净距不应小于1m。

（6）当设计无要求时，室外墙上安装的灯具，灯具底部距地面的高度不应小于2.5m。

（7）安装在公共场所的大型灯具的玻璃罩，应防止玻璃罩坠落或碎裂后向下溅落伤人的措施。

（8）聚光灯和类似灯具出光口面与被照物体的最短距离应符合产品技术文件要求。

（9）卫生间照明灯具不宜安装在便器或浴缸正上方。

（10）当镇流器、触发器、应急电源等灯具附件与灯具分离安装时，应固定可靠；在顶棚内安装时，不得直接固定在顶棚上；灯具附件与灯具本体之间的连接电线应穿导管保护，电线不得外露。触发器至光源的线路长度不应超过产品的规定值。

（11）露天安装的灯具及其附件、紧固件、底座和与其相连的导管、接线盒等应有防腐蚀和防水措施。

（12）Ⅰ类灯具的不带电的外露可导电部分必须与保护接地线（PE）可靠连接，且应有标识。

（13）因特定条件而采用的非定型灯具在尚未由第三方检测其安全、光学及电气性能合格前，不应使用。

（14）成排安装的灯具中心线偏差不应大于5mm。

（15）质量大于10kg的灯具，其固定装置应按5倍灯具重量的恒定均布载荷全数作强度试验，历时15min，固定装置的部件应无明显变形。

（16）带有自动通、断电源控制装置的灯具，动作应准确、可靠。

39.4.1.2 灯具的固定

（1）灯具的固定应符合下列规定：

1）灯具固定应牢固可靠，在砌体和混凝土结构上严禁使用木楔、尼龙塞或塑料塞固定。质量大于10kg的灯具，固定装置及悬吊装置应按灯具重量的5倍恒定均布载荷做强度试验，且持续时间不得少于15min。

2) 悬吊式灯具带升降器的软线吊灯在吊线展开后，灯具下沿应高于工作台面0.3m；质量大于0.5kg的软线吊灯，灯具的电源线不应受力；质量大于3kg的悬吊灯具，固定在螺栓或预埋吊钩上，螺栓或预埋吊钩的直径不应小于灯具挂销直径，且不应小于6mm。

3) 当采用钢管作灯具吊杆时，其内径不应小于10mm，壁厚不应小于1.5mm。

4) 灯具与固定装置及灯具连接件之间采用螺纹连接的，螺纹啮合扣数不应少于5扣。

5) 吸顶或墙面上安装的灯具，其固定用的螺栓或螺钉不应少于2个，灯具应紧贴饰面。

(2) 当设计无要求时，灯具的安装高度和使用电压等级应符合下列规定：

一般敞开式灯具，灯头对地面距离不小于下列数值（采用安全电压时除外）：室外：2.5m（室外墙上安装）；厂房：2.5m；室内：2m；软吊线带升降器的灯具在吊线展开后：0.8m。危险性较大及特殊危险场所，当灯具距地面高度小于2.4m时：使用额定电压为36V及以下的照明灯具，或有专用保护措施；灯具的可接近裸露导体必须接地（PE）可靠，并应有专用接地螺栓，且有标识。

39.4.2 专用灯具安装

39.4.2.1 景观灯具、航空障碍标志灯及庭院灯具的安装

1. 施工准备

(1) 技术准备

根据施工图纸完成图纸会审，熟悉灯具厂家提供的各种灯具的安装的特殊技术要求；对灯具的各部件、配件及组装图纸进行熟悉；按现场的实际情况编写好施工方案及技术交底。

(2) 材料准备

1) 景观照明灯、航空障碍标志灯和庭院灯等灯具及其附件，绝缘电线完备，外观无损坏。

2) 各种灯具有合格证、3C认证及备案证等相关证明。

(3) 主要机具

1) 安装机具：一字形和十字形螺丝刀、冲击电钻、组合木梯、常用电动工具、电笔、手电钻、线锤、锡锅、电焊机。

2) 检测机具：万用表、兆欧表。

2. 材料控制

(1) 灯具的型号、规格必须符合设计要求和国家现行技术标准的规定。灯具配件齐全，无机械损伤、变形、涂膜剥落、灯罩破裂、灯箱歪翘等现象。应有产品质量合格证。

(2) 金属附件应为镀锌制品标准件，镀膜应完好无损。其型号、规格必须与灯具匹配。

(3) 灯罩的型号、规格应符合设计要求，灯罩玻璃无破裂、几何形状正常。

(4) 对成套灯具的绝缘电阻、内部接线等性能应进行现场抽样检测，绝缘电阻值应不小于2MΩ；水下灯具按批进行见证取样，送有资质的试验单位进行检测。

(5) 开关、控制器、漏电保护装置的型号、规格必须符合设计要求和国家现场技术标准的规定。实行安全认证制度的产品应有安全认证标志；接线盒盒体完整，无碎裂，零件齐全。

3. 施工工艺

(1) 景观灯具安装

1) 工艺流程

组装灯具→安装灯具→调试→通电试运行。

2) 施工要点

① 组装灯具

首先，将灯具拼装成整体，并用螺栓固定连成一体，然后按设计要求把各个灯口装好。根据已确定的出线和走线的位置，将端子用螺栓固定牢固，根据已固定好的端子至各灯口的距离放线，把放好的导线削出线芯，进行涮锡，再压入各个灯口，理顺各灯头的相线和零线，用线卡子分别固定，按供电相序要求压入端子进行连接紧固。

建筑物景观照明灯具构架应固定可靠，地脚螺栓拧紧，备帽齐全；灯具的螺栓紧固、无遗漏，灯具外露的电线或电缆应有柔性金属导管保护。

② 安装灯具

a. 建筑物彩灯安装应符合下列规定（主控项目）

(a) 建筑物顶部彩灯采用有防雨性能的专用灯具，灯罩要拧紧；

(b) 彩灯配线管路按明配管敷设，且有防雨功能。管路间、管路与灯头盒间螺纹连接，金属导管及彩灯的构架、钢索等可接近裸露导体接地（PE）可靠；

(c) 垂直彩灯悬挂挑臂采用不小于 10 号的槽钢。端部吊挂钢索用的吊钩螺口直径不小于 10mm，螺栓在槽钢上固定，两侧有螺帽，且加平垫及弹簧垫圈紧固；

(d) 悬挂钢丝绳直径不小于 4.5mm，底把圆钢直径不小于 16mm，地锚采架空外线用拉线盘，埋设深度大于 1.5m；

(e) 垂直彩灯采用防水吊线灯头，下端灯头距离地面高于 3m。

b. 霓虹灯安装应符合下列规定（主控项目）

(a) 霓虹灯管完好，无破裂；

(b) 灯管采用专用的绝缘支架固定，且牢固可靠。灯管固定后，与建筑物、构筑物表面的距离不小于 20mm；

(c) 霓虹灯专用变压器采用双圈式，所供灯管长度不大于允许负载长度，露天安装的有防雨措施；

(d) 霓虹灯专用变压器的二次电线和灯管间的连接线采用额定电压大于 15kV 的高压绝缘电线。二次电线与建筑物、构筑物表面的距离不小于 20mm。

c. 建筑物景观照明灯具安装应符合下列规定（主控项目）

(a) 每套灯具的导电部分对地绝缘电阻值大于 2MΩ；

(b) 在人行道等人员来往密集场所安装的落地式灯具，无围栏防护，安装高度距地面 2.5m 以上；

(c) 金属构架和灯具的可接近裸露导体及金属软管的接地（PE）应可靠，且有标识。

d. 建筑物彩灯安装应符合下列规定（一般项目）

(a) 建筑物顶部彩灯灯罩完整，无碎裂；

(b) 彩灯电线导管防腐完好，敷设平整、顺直。

e. 霓虹灯安装应符合下列规定（一般项目）

(a) 当霓虹灯变压器明装时，高度不小于 3m；低于 3m 采取防护措施；

(b) 霓虹灯变压器的安装位置应方便检修，且隐蔽在不易被非检修人触及的场所，不装在吊平顶内；

(c) 当橱窗内装有霓虹灯时，橱窗门与霓虹灯变压器一次侧开关有联锁装置，确保开门不接通霓虹灯变压器的电源；

(d) 霓虹灯变压器二次侧的电线采用玻璃制品绝缘支持物固定，支持点距离不大于下列数值：水平线段：0.5m；垂直线段：0.75m。

(2) 航空障碍标志灯具安装

1) 工艺流程

灯具制作与组装→灯架安装→灯具接线→灯具安装。

2) 施工要点

① 灯架制作与组装

a. 钢材的品种、型号、规格、性能等，必须符合设计要求和国家现行技术标准的规定。

b. 切割。按设计要求尺寸测尺划线要准确，必须采取机械切割的切割面应平直，确保平整光滑，无毛刺。

c. 焊接应采用与母材材质相匹配焊条施焊。焊缝表面不得有裂纹、焊瘤、气孔、夹渣、咬边、未焊满、根部收缩等缺陷。

d. 制孔。螺栓孔的孔壁应光滑，孔的直径必须符合设计要求。

e. 组装。型钢拼缝要控制接缝的间距，确保其规整、几何尺寸准确，结构造型符合设计要求。

② 灯架安装

a. 灯架的连接件和配件必须是镀锌件，各部结构件规格应符合设计要求。

b. 承重结构的定位轴线和标高、预埋件、固定螺栓（锚栓）的规格和位置、紧固符合设计要求。

c. 安装灯架时，定位轴线应从承重结构体控制轴线直接引上，不得从下层的轴线引上。

d. 紧固件连接时，应设置防松动装置，紧固必须牢固可靠。

③ 灯具接线

配电线路导线绝缘检验合格，才能与灯具连接；导线相位与灯具相位必须相符，灯具内预留余量应符合规范的规定；灯具线不许有接头，绝缘良好，严禁有涌电现象，灯具配线不得外露；穿入灯具的导线不得承受压力和磨损，导线与灯具的端子螺栓拧牢固。

④ 灯具安装

a. 航空障碍标志灯安装应符合下列规定（主控项目）

(a) 灯具装设在建筑物或构筑物的最高部位。当最高部位平面面积较大或为建筑群时，除在最高端装设外，还在其外侧转角的顶端分别装设灯具。

(b) 当灯具在烟囱顶上装设时,安装在低于烟囱口 1.5~3m 的部位且呈正三角形水平排列。

(c) 灯具的选型根据安装高度决定:低光强的(距地面 60m 以下装设时采用)为红色光,其有效光强大于 1600cd。高光强的(距地面 150m 以上装设时采用)为白色光,有效光强随背景亮度而定。

(d) 灯具的电源按主体建筑中最高负荷等级要求供电。

(e) 灯具安装牢固可靠,且设置维修和更换光源的措施。

b. 航空障碍标志灯安装应符合下列规定(一般项目):

(a) 同一建筑物或建筑群灯具间的水平、垂直距离不大于 45m;

(b) 灯具的自动通、断电源控制装置动作准确。

(3) 庭院灯具安装

1) 庭院灯安装应符合下列规定(主控项目)

① 每套灯具的导电部分对地绝缘电阻值大于 2MΩ。

② 立柱式路灯、落地式路灯、特种园艺灯等灯具与基础固定可靠,地脚螺栓备帽齐全。灯具的接线盒或熔断器盒,盒盖的防水密封垫完整。

③ 金属立柱及灯具可接近裸露导体接地(PE)应可靠。接地线单设干线,干线沿庭院灯布置位置形成环网状,且不少于 2 处与接地装置引出线连接。由干线引出支线与金属灯柱及灯具的接地端子连接,且有标识。

2) 庭院灯安装应符合下列规定(一般项目)

① 灯具的自动通、断电源控制装置动作准确,每套灯具熔断器盒内熔丝齐全,规格与灯具适配;

② 架空线路电杆上的路灯,固定可靠,紧固件齐全、拧紧,灯位正确;每套灯具配有熔断器保护;路灯照明器安装的高度(表 36-65)和纵向间距是道路照明设计中需要确定的重要依据。

路灯安装高度(m)　　　　　　　　　　　　　　表 39-65

灯具	安装高度	灯具	安装高度
125~250W 荧光高压彩灯	≥5	50~80W 荧光高压彩灯	≥4~6
250~400W 高压钠灯	≥6		

39.4.2.2 智能照明系统的安装

智能照明是指利用计算机、无线通信数据传输、扩频电力载波通信技术、计算机智能化信息处理及节能型电器控制等技术组成的分布式无线遥测、遥控、遥信控制系统。具有灯光亮度的强弱调节、灯光软启动、定时控制、场景设置等功能。

1. 智能照明系统灯具安装施工要求

其灯具安装要求和普通灯具的安装要求相同,详见 39.4.1。

2. 智能照明系统灯具控制装置施工要求

以西门子 Instabus KNX/EIB 欧洲安装总线系统为例进行说明:

Instabus EIB 系统为分布式控制系统,采用模块化结构。其内部通信协议按照 EIB 标准协议，可通过网管与各种楼宇系统进行连接。Instabus EIB 系统只需要 1 条 EIB 总线可将各楼层各区域连接在一起，实现智能控制。每个楼层、每间区域可以独立运行，也可通过就地的智能面板控制，不需要控制主机进行干预，也可将 Instabus EIB 总线拉到设备房间通过通信接口/网关与酒店平台系统进行连接，即可对客房系统进行集中监视和远程控制，也可以查看所有区域的设备运行情况，并可在电脑上进行各种控制。

(1) 工艺流程

施工准备→电管预留预埋→KNX 总线线缆的敷设→设备开箱、检验，材料检验→开关执行器主模块设备安装→保护管敷设→终端机房设备安装接线→子系统调试→联调→系统集成调试。

(2) 施工工艺描述及 KNX/EIB 布线要求

1) EIB 线为 24V 低压信号线，需要单独配管，且与强电管之间的间距应大于等于 50mm，可与强电管平行敷设。

2) 各个 EIB 开关、执行器元件都需使用标准 EIB 线缆连接，EIB 线缆由厂商统一供应。

3) EIB 线的连接结构形式多种多样，可选用星形、环形、总线形、网络形等多种连接形式，也可以互相混合使用，只需将 EIB 线连接到每个开关、感应器元件即可。具体连接方式可从施工的简便性与房屋具体结构的限制等多方面因素来考虑、选择。

4) 如需连接两根或以上的 EIB 信号线，必须通过 EIB 智能面板上的总线连接端子或添购的总线连接端子连接。每个连接端子由分别为红色"＋"和深灰色"－"的两个端子部件组成，每个部件均带有 4 个适用于实心导线（直径 0.8mm）。

5) 在实际施工中，可以在有开关、感应器的底座中预留一段 EIB 线缆。到设备安装时，直接打断，连接于 EIB 设备的连接端子上。

6) 所有用 EIB 控制的灯光、电气设备电源控制线，都必须通过配管或桥架，拉到指定的 EIB 配电箱；并且每条线路必须严格按施工图纸标明回路号或者直接标明该回路灯光所属类型、区域，以及火、零、接地线。

7) 其他接入 EIB 系统的用电设备，以及各种外接感应器（如红外报警探测器或微光感应器等）也都需明确标注线型以及所属区域。

8) 以上对控制线路的标注要求，主要是为了方便 EIB 智能系统的编程以及此后的系统维护与电路检修。

(3) KNX/EIB 配电箱要求

1) EIB 配电箱可与强电配电箱混合使用，也可以单独另置一个 EIB 专用电箱，具体依照业主与施工需求确定。EIB 配电箱的尺寸大小，由 EIB 执行器设备量以及空开断路器数量的多少确定。

2) EIB 配电箱中，EIB 信号线进线孔应与电气设备控制信号严格分开。最理想情况为 EIB 线缆与电源控制线分别于左、右两边进线或者上、下分开进线。

3) EIB 执行器设备多数均采用 DIN 导轨安装方式安装，高度与厚度均同普通空开断路器尺寸相同。由于 EIB 执行器输出端需连接大量用电器控制线，各 DIN 导轨之间的间距应不小于 160mm。

(4) KNX/EIB 输入设备安装要求

1) 一般 EIB 智能控制面板均为欧标 75 底盒安装（也可使用普通 86 底盒安装），无需另外加装任何设备。考虑到安装的便捷与美观，建议使用配套 75 底盒安装。

2) 遇到 2 个或以上智能控制面板并列安装，以及多联面板安装，建议使用专用配套 75 底盒安装。这样能使智能开关底座与面板、边框完美结合，达到更好的安装效果。

3) 注意特殊 EIB 设备的安装，DELTA i-system 系列面板均有各种不同的材质边框、嵌条，各种材质边框大小不同，底盒预埋时要考虑中间间隔尺寸大小。

4) EIB 面板的安装高度，如设计师没有特殊要求，一律为距本楼层地面 1300mm（以边框下延据地高度为准）。床头的 EIB 面板高度视床体的高度确定，一般情况下为距本楼层地面 700mm（以边框下延据地高度为准）。

5) 注意吸顶式安装的移动感应器和光线感应器的安装，应避免将两者安装于灯光正下方或斜下方，防止夜间因为灯光直接照射引起感应器的误动作。

39.4.2.3 应急照明灯具安装

1. 应急照明灯具

应急照明包括疏散照明、安全照明、备用照明。

应急照明应选用能快速点亮的光源，如荧光灯、发光二极管灯等。对于疏散标志灯可采用发光二极管灯等。

2. 消防应急灯具

(1) 消防应急照明灯具应选择采用节能光源的灯具，光源色温不应低于 2700K；应急照明灯具必须采用经消防检测中心检测合格的产品。消防灯具要有消防认证标志。

(2) 灯具的电源应由主电源和蓄电池电源组成，且蓄电池电源的供电方式分为集中电源供电方式和灯具自带电池供电方式。当灯具采用集中电源供电时，灯具的主电源和蓄电池电源应由集中电源提供，灯具主电源和蓄电池电源在集中电源内部实现输出转换后应由同一配电回路为灯具供电；当灯具采用自带蓄电池供电时，灯具的主电源应通过应急照明配电箱一级分配电后为灯具供电，应急照明配电箱的主电源输出断开后，灯具应自动转入自带蓄电池供电。

(3) 应急照明配电箱或集中电源的输入及输出回路中不应装设剩余电流动作保护器，输出回路严禁接入系统以外的开关装置、插座及其他负载。

(4) 消防应急照明和疏散指示系统的应急工作时间不应小于 90min，且不小于灯具本身标称的应急工作时间。

(5) 设置在距地面 8m 及以下的灯具：应选择 A 型灯具（主电源和蓄电池电源额定工作电压均不大于 DC36V 的消防应急灯具）；地面上设置的标志灯应选择集中电源 A 型灯具；未设置消防控制室的住宅建筑，疏散走道、楼梯间等场所可选择自带电源 B 型灯具。

(6) 标志灯的规格：室内高度大于 4.5m 的场所，应选择特大型或大型标志灯；室内高度为 3.5~4.5m 的场所，应选择大型或中型标志灯；室内高度小于 3.5m 的场所，应选择中型或小型标志灯。

(7) 火灾状态下，灯具光源应急点亮、熄灭的响应时间：高危险场所灯具光源应急点亮的响应时间不应大于 0.25s；其他场所灯具光源应急点亮的响应时间不应大于 5s；具有两种及以上疏散指示方案的场所，标志灯光源点亮、熄灭的响应时间不应大于 5s。

(8) 应急照明灯具安装完毕，应检验灯具电源转换时间，其值为：备用照明不应大于

5s；金融商业交易场所不应大于1.5s；疏散照明不应大于5s；安全照明不应大于0.25s。应急照明最少持续供电时间应符合设计要求。

（9）应急照明灯的回路应按照防火分区独立布置，而不应从一个防火分区穿越到另一个防火分区。

3. 消防应急灯具的安装

（1）灯具应固定安装在不燃性墙体或不燃性装修材料上，不应安装在门、窗或其他可移动的物体上。当靠近可燃物时，应采取隔热、散热等防火措施。

（2）灯具安装后不应对人员正常通行产生影响，灯具周围应无遮挡物，并应保证灯具上的各种状态指示灯易于观察。

（3）灯具在顶棚、疏散走道或通道的上方安装时，应符合下列规定：

1）照明灯可采用嵌顶、吸顶和吊装式安装；

2）标志灯可采用吸顶和吊装式安装；室内高度大于3.5m的场所，特大型、大型、中型标志灯宜采用吊装式安装；

3）灯具采用吊装式安装时，应采用金属吊杆或吊链，吊杆或吊链上端应固定在建筑构件上。

（4）灯具在侧面墙或柱上安装时，应符合下列规定：

1）可采用壁挂式或嵌入式安装；

2）安装高度距地面不大于1m时，灯具表面凸出墙面或柱面的部分不应有尖锐角、毛刺等突出物，凸出墙面或柱面最大水平距离不应超过20mm。

（5）非集中控制型系统中，自带电源型灯具采用插头连接时，应采用专用工具方可拆卸。

（6）照明灯宜安装在顶棚上。

（7）当条件限制时，照明灯可安装在走道侧面墙上，并应符合下列规定：

1）安装高度不应在距地面1～2m之间；

2）在距地面1m以下侧面墙上安装时，应保证光线照射在灯具的水平线以下。

（8）照明灯不应安装在地面上。

（9）标志灯的标志面宜与疏散方向垂直。

（10）出口标志灯的安装应符合下列规定：

1）应安装在安全出口或疏散门内侧上方居中的位置；受安装条件限制标志灯无法安装在门框上侧时，可安装在门的两侧，门完全开启时标志灯不能被遮挡；

2）室内高度不大于3.5m的场所，标志灯底边离门框距离不应大于200mm；室内高度大于3.5m的场所，特大型、大型、中型标志灯底边距地面高度不宜小于3m，且不宜大于6m；

3）采用吸顶或吊装式安装时，标志灯距安全出口或疏散门所在墙面的距离不宜大于50mm。

（11）方向标志灯的安装应符合下列规定：

1）应保证标志灯的箭头指示方向与疏散指示方案一致。

2）安装在疏散走道、通道两侧的墙面或柱面上时，标志灯底边距地面的高度应小于1m。

3) 安装在疏散走道、通道上方时：

① 室内高度不大于 3.5m 的场所，标志灯底边距地面的高度宜为 2.2~2.5m；

② 室内高度大于 3.5m 的场所，特大型、大型、中型标志灯底边距地面高度不宜小于 3m，且不宜大于 6m。

4) 当安装在疏散走道、通道转角处的上方或两侧时，标志灯与转角处边墙的距离不应大于 1m。

5) 当安全出口或疏散门在疏散走道侧边时，在疏散走道增设的方向标志灯应安装在疏散走道的顶部，且标志灯的标志面应与疏散方向垂直、箭头应指向安全出口或疏散门。

6) 当安装在疏散走道、通道的地面上时，应符合下列规定：

① 标志灯应安装在疏散走道、通道的中心位置；

② 标志灯的所有金属构件应采用耐腐蚀构件或做防腐处理，标志灯配电、通信线路的连接应采用密封胶密封；

③ 标志灯表面应与地面平行，高于地面距离不应大于 3mm，标志灯边缘与地面垂直距离高度不应大于 1mm。

④ 地面上的疏散指示标志灯，应有防止被重物或外力损坏的措施。

(12) 楼层标志灯应安装在楼梯间内朝向楼梯的正面墙上，标志灯底边距地面的高度宜为 2.2~2.5m。

(13) 多信息复合标志灯的安装应符合下列规定：

1) 在安全出口、疏散出口附近设置的标志灯，应安装在安全出口、疏散出口附近疏散走道、疏散通道的顶部；

2) 标志灯的标志面应与疏散方向垂直、指示疏散方向的箭头应指向安全出口、疏散出口。

4. 消防配电线路的选择及敷设

(1) 系统线路应选择铜芯导线或铜芯电缆。

(2) 系统线路电压等级的选择：额定工作电压等级为 50V 以下时，应选择电压等级不低于交流 300/500V 的线缆；额定工作电压等级为 220/380V 时，应选择电压等级不低于交流 450/750V 的线缆。

(3) 地面上设置的标志灯的配电线路和通信线路应选择耐腐蚀橡胶线缆。

(4) 集中控制型系统中，除地面上设置的灯具外，系统的配电线路应选择耐火线缆，系统的通信线路应选择耐火线缆或耐火光纤。

(5) 非集中控制型系统中，除地面上设置的灯具外，系统配电线路的选择应符合下列规定：

1) 灯具采用自带蓄电池供电时，系统的配电线路应选择阻燃或耐火线缆；

2) 灯具采用集中电源供电时，系统的配电线路应选择耐火线缆。

(6) 同一工程中相同用途电线电缆的颜色应一致；线路正极"+"线应为红色，负极"—"线应为蓝色或黑色，接地线应为黄色绿色相间。

(7) 消防配电线路明敷时（包括敷设在吊顶内），应穿金属导管或采用封闭式金属槽盒保护，金属导管或封闭式金属槽盒应采取防火保护措施。暗敷时，应穿管并应敷设在不燃性结构内且保护层厚度不应小于 30mm。

39.4.2.4 太阳能灯具的安装

太阳能灯具的应用越来越广泛，太阳能灯具为光伏发电系统在国内的主要应用模式被越来越多的人所认识并接受，现在太阳能灯具被广泛地运用到路灯设施当中。

1. 太阳能灯具的工作原理

太阳能灯具是利用太阳能电池的伏特效应原理，在白天太阳能电池吸收太阳能光子能量，通过控制器向蓄电池组充电，在夜晚蓄电池提供电力给直流灯负载。直流控制器在阳光充足或者长期阴雨天气下，能确保蓄电池不因为过充或过放而发生破坏，同时具备光控、声控、温度补偿、防雷、反极性保护等功能。

2. 太阳能灯具的安装要求

太阳能灯具安装应符合下列规定：

（1）灯具表面应平整光洁，色泽均匀；产品无明显的裂纹、划痕、缺损、锈蚀及变形；表面漆膜不应有明显的流挂、起泡、橘皮、针孔、咬底、渗色和杂质等缺陷。

（2）灯具内部短路保护、负载过载保护、反向放电保护、极性反接保护功能应齐全、正确。

（3）太阳能灯具应安装在光照充足、无遮挡的地方，应避免靠近热源。

（4）太阳能电池组件应根据安装地区的纬度，调整电池板的朝向和仰角，使受光时间最长。迎光面上无遮挡物阴影，上方不应有直射光源。电池组件与支架连接时应牢固可靠，组件的输出线不应裸露，并用扎带绑扎固定。

（5）蓄电池在运输、安装过程中不得倒置，不得放置在潮湿处，且不应暴晒于太阳光下。

（6）系统接线顺序应为蓄电池—电池板—负载；系统拆卸顺序应为负载—电池板—蓄电池。

（7）灯具与基础固定可靠，地脚螺栓应有防松措施，灯具接线盒盖的防水密封垫应完整。

39.4.2.5 防爆灯具的安装

（1）防爆灯具铭牌上应有防爆标志和防爆合格证号。防爆灯具须严格按照设计要求选用产品，不得用非防爆产品代替。当设计无要求时，爆炸危险环境的灯具保护级别应按照爆炸性环境内电气设备保护级别选择（表39-66）。

爆炸性环境内电气设备保护级别的选择　　　　　表39-66

危险区域	设备保护级别（EPL）	危险区域	设备保护级别（EPL）
0区	Ga	20区	Da
1区	Ga 或 Gb	21区	Da 或 Db
2区	Ga、Gb 或 Gc	22区	Da、Db 或 Dc

（2）防爆灯具安装应符合下列规定：

1）检查灯具的防爆标志、外壳防护等级和温度组别应与爆炸危险环境相适配；

2）灯具的外壳应完整，无损伤、凹陷变形，灯罩无裂纹，金属护网无扭曲变形，防爆标志清晰；

3）灯具的紧固螺栓应无松动、锈蚀现象，密封垫圈完好；

4) 灯具附件应齐全，不得使用非防爆零件代替防爆灯具配件；

5) 灯具的安装位置应离开释放源，且不得在各种管道的泄压口及排放口上方或下方；

6) 导管与防爆灯具、接线盒之间连接应紧密，密封完好；螺纹啮合扣数应不少于5扣，螺纹加工光滑、完整、无锈蚀，并应在螺纹上涂以电力复合酯或导电性防锈酯；灯具开关安装高度1.3m，牢固可靠，位置便于操作；

7) 防爆弯管工矿灯应在弯管处用镀锌链条或型钢拉杆加固。

(3) 爆炸性环境照明线路的选择应符合下列规定：

1) 在爆炸性环境内，低压照明线路采用的绝缘导线和电缆的额定电压应高于或等于工作电压，且 U_0/U 不应低于工作电压。中性线的额定电压应与相线电压相等，并应在同一护套或保护管内敷设。

2) 在1区内应采用铜芯电缆；除本质安全电路外，在2区内宜采用铜心电缆，当采用铝芯电缆时，其截面不得小于 $16mm^2$，凡与电气设备的连接应采用铜—铝过渡接头。敷设在爆炸性粉环境20区、21区以及在22区内有剧烈振动区域的回路，均应采用铜芯绝缘导线或电缆。

3) 爆炸性环境配线的技术要求应符合表39-67规定。

爆炸性环境钢管配线的技术要求 表39-67

区域	钢管配线用绝缘导线的最小截面积（mm^2）			管子连接要求
	电力	照明	控制	
1、20、21区	铜芯2.5	铜芯2.5	铜芯2.5	钢管螺纹旋合不应少于5扣
2、22区	铜芯2.5	铜芯1.5	铜芯1.5	

39.4.2.6 手术台无影灯的安装

手术台无影灯重量较大，且经常调节，所以其固定和防松是安装的关键。手术台无影灯安装应符合下列规定：

(1) 固定灯座的螺栓数量不应少于灯具法兰底座上的固定孔数，螺栓直径应与孔径匹配，螺栓应采用双螺母锁紧。

(2) 固定无影灯基座的金属构架应与楼板内的预埋件焊接连接，不应采用膨胀螺栓固定。底座紧贴顶板，四周无缝隙；在混凝土结构上螺栓与主筋相焊接或将螺栓末端弯曲与主筋绑扎锚固。

(3) 开关至灯具的电线应采用额定电压不低于450V/750V的铜芯多股绝缘电线。配电箱内装有专用总开关及分路开关，电源分别接在两条专用的回路上。表面保持整洁、无污染，灯具镀、涂层完整无划伤。

39.4.2.7 其他专用灯具的安装

(1) 紫外线杀菌灯的安装位置不得随意变更，以防止紫外线灼伤人的眼睛，危及人身健康。其控制开关应有明显标识，且与普通照明开关位置分开设置。

(2) 洁净场所灯具安装应符合下列规定：

1) 灯具安装时，灯具与顶棚之间的间隙应用密封胶条和衬垫密封。密封胶条和衬垫应平整，不得扭曲、折叠；

2) 灯具安装完毕后，应清除灯具表面的灰尘。

（3）游泳池和类似场所用灯具，安装前应检查其防护等级。自电源引入灯具的导管必须采用绝缘导管，严禁采用金属或有金属护层的导管。游泳池和类似场所用灯具的等电位联结应可靠，且有明显标识，其电源的专用漏电保护装置全部检测合格。游泳池和类似场所用灯具，按防尘防水分类：与池、槽的水接触的那部分应为加压水密型（IPX8），不接触的那部分至少为防尘和防溅型（IP54）；按防触电保护形式应为Ⅲ类灯具，其外部和内部线路的工作电压应不超过12V。

（4）防水灯的安装，应符合以下要求：

1）防水软线吊灯，常规有两种组合形式：一是带台吊线盒可以和胶木防水灯座组合；另一种是由瓷质吊线盒和瓷座防水软线灯座组合而成。

2）普通的安装木（塑料）台时，与建筑物顶棚表面相接触部位应加设2mm厚的橡胶垫。

3）安装瓷质吊线盒及防水软线灯时，先将吊线盒与灯座及木（塑料）台组装连接，并应严格控制灯位盒内开关线与工作零线的连接。

4）安装胶木吊线盒时，应把吊线盒与木（塑料）台先固定在一起，把灯位盒内的电源线通过橡胶垫及木（塑料）台和吊线盒组装好以后固定在灯位盒上。

5）防水软线灯做直线路连接时，两个接线头应上、下错开30~40mm。开关线连接于与防水灯座中心触点相连接的软线上，工作零线连接于与防水软线灯座螺口相连接的软线上。

6）埋地灯安装应符合下列规定：

① 埋地灯防护等级应符合设计要求；

② 埋地灯光源的功率不应超过灯具的额定功率；

③ 埋地灯接线盒应采用防水接线盒，盒内电线接头应做防水、绝缘处理。

39.4.3 插座、开关、吊扇、壁扇安装

39.4.3.1 施工准备

1. 技术准备

开关、插座、风扇施工前，应复核其安装地点及安装方式有无吊顶、有无与其他专业相互交叉矛盾、是否符合设计要求，并现场确定安装实际高度。

2. 材料准备

开关、插座、风扇、塑料（台）板、辅助材料等。

材料质量控制内容如下：

（1）开关、插座、接线盒和风扇及其附件应符合下列规定：

1）查验合格证，防爆产品防爆标志和防爆合格证；外观检查：开关、插座的面板及接线盒盒体完整、无碎裂、零件齐全，风扇无损坏，涂层完整，调速器等附件适配。

2）开关、插座的电气和机械性能应进行现场抽样检测。检测规定如下：

不同极性带电部件的电气间隙和爬电距离不小于3mm；绝缘电阻值不小于5MΩ；用自攻锁紧螺钉或自切螺钉安装的，螺钉与软塑固定件旋合长度不小于8mm，软塑固定件在经受10次拧紧退出试验后，无松动或掉渣，螺钉及螺纹无损坏现象；金属间相旋合的螺钉螺母，拧紧后完全退出，反复5次仍能正常使用。

(2) 辅助材料。附属配件其中金属铁件（膨胀螺栓、木螺栓、机螺栓等）均应是镀锌标准件。其规格、型号应符合设计要求，与组合件必须匹配。

3. 主要机具

安装机具：一字形和十字形螺丝刀、圆头锤、电工刀、钢锯、钢丝钳、剥线钳、压接钳、电笔、锡锅；测试工具：万用表。

39.4.3.2 施工工艺

1. 工艺流程

清理→接线→安装。

2. 施工要点

(1) 清理

器具安装之前，将预埋盒子内残存的灰块、杂物剔掉清除干净，再用湿布将盒内灰尘擦净。若盒子有锈蚀，需除锈刷漆。

(2) 接线

1) 插座接线：

对于单相两孔插座，面对插座的右孔或上孔应与相线连接，左孔或下孔应与中性导体（N）连接；对于单相三孔插座，面对插座的右孔应与相线连接，左孔应与中性导体（N）连接。单相三孔、三相四孔及三相五孔插座的保护接地导体（PE）应接在上孔；插座的保护接地导体端子不得与中性导体端子连接；同一场所的三相插座，其接线的相序应一致。保护接地导体（PE）在插座之间不得串联连接。相线与中性导体（N）不应利用插座本体的接线端子转接供电。

2) 开关接线，应符合以下要求：

同一建筑物、构筑物内，开关的通断位置应一致，操作灵活，接触可靠。同一室内安装的开关控制有序不错位，相线应经开关控制。

(3) 安装

1) 插座的安装应符合下列规定：

① 住宅建筑所有电源插座底边距地 1.8m 及以下时，必须选用带安全门的产品；分体式空调、排油烟机、排风机、电热水器电源插座底边距地不宜低于 1.8m；厨房电炊具、洗衣机电源插座底边距地宜为 1.0～1.3m；柜式空调、冰箱及一般电源插座底边距地宜为 0.3～0.5m。幼儿园插座应采用安全型，安装高度不应低于 1.8m。老年人专用电源插座应采用安全型电源插座。居室的电源插座高度距地宜为 0.60～0.80m；供老年人使用的电炊操作台的电源插座高度距地宜为 0.90～1.10m。

② 暗装的插座面板紧贴墙面或装饰面，四周无缝隙，安装牢固，表面光滑整洁，无碎裂、划伤，装饰帽（板）齐全；接线盒应安装到位，接线盒内干净整洁，无锈蚀。暗装在装饰面上的插座，电线不得裸露在装饰层内。

③ 地面插座应紧贴地面，盖板固定牢固，密封良好。地面插座应用配套接线盒。插座接线盒内应干净整洁，无锈蚀。

④ 同一室内相同标高的插座高度差不宜大于 5mm；并列安装相同型号的插座高度差不宜大于 1mm。

⑤ 应急电源插座应有标识。

⑥ 当设计无要求时，有触电危险的家用电器和频繁插拔的电源插座，宜选用能断开电源的带开关的插座，开关断开相线；插座回路应设置剩余电流动作保护装置；每一回路插座数量不宜超过 10 个；用于计算机电源的插座数量不宜超过 5 个（组），并应采用 A 型剩余电流动作保护装置；潮湿场所应采用防溅型插座，安装高度不应低于 1.5m。

2) 开关的安装应符合下列规定：

① 开关的安装位置应便于操作，同一建筑物内开关边缘距门框（套）的距离宜为 0.15～0.2m。

② 同一室内相同规格相同标高的开关高度差不宜大于 5mm；并列安装相同规格的开关高度差不宜大于 1mm；并列安装不同规格的开关宜底边平齐；并列安装的拉线开关相邻间距不小于 20mm。

③ 当设计无要求时，开关安装高度应符合下列规定：

a. 开关面板底边距地面高度宜为 1.3～1.4m；

b. 拉线开关底边距地面高度宜为 2～3m，距顶板不小于 0.1m，且拉线出口应垂直向下；

c. 无障碍场所开关底边距地面高度宜为 0.9～1.1m；

d. 老年人生活场所开关宜选用宽板按键开关，开关底边距地面高度宜为 1.0～1.2m。

④ 暗装的开关面板应紧贴墙面或装饰面，四周应无缝隙，安装应牢固，表面应光滑整洁，无碎裂、划伤，装饰帽（板）齐全；接线盒应安装到位，接线盒内干净整洁，无锈蚀。安装在装饰面上的开关，其电线不得裸露在装饰层内。

3) 吊扇组装要求（现在基本为成品，参考验收规范）：

① 吊扇挂钩安装应牢固，吊扇挂钩的直径不应小于吊扇挂销直径，且不应小于 8mm；挂钩销钉应有防振橡胶垫；挂销的防松零件应齐全、可靠。

② 吊扇扇叶距地高度不应小于 2.5m。

③ 吊扇组装不应改变扇叶角度，扇叶的固定螺栓防松零件应齐全。

④ 吊杆间、吊杆与电机间螺纹连接，其啮合长度不应小于 20mm，且防松零件应全紧固。

⑤ 吊扇应接线正确，运转时扇叶应无明显颤动和异常声响。

⑥ 吊扇开关安装标高应符合设计要求。

4) 壁扇安装：

① 壁扇底座应采用膨胀螺栓或焊接固定，固定应牢固可靠；膨胀螺栓的数量不应少于 3 个，且直径不应小于 8mm。

② 防护罩应扣紧、固定可靠，当运转时扇叶和防护罩应无明显颤动和异常声响。

5) 换气扇安装应紧贴安装面，固定可靠。无专人管理场所的换气扇宜设置定时开关。

39.4.4　电气照明装置调试运行及验收

39.4.4.1　施工准备

1. 技术准备

试运行前编制照明通电试运行方案，并报相关主管部门审批。对调试人员进行技术交底及安全交底；检查巡视整个照明系统，全线无障碍，能够满足送电要求。

2. 主要机具

一字形和十字形螺丝刀、组合木梯、圆头锤、电工刀、扳手、钢丝钳、剥线钳、压接钳、铁水平尺、塞尺、电笔、摇表、万用表、兆欧表、交流钳形电流表。

39.4.4.2 作业条件

灯具、开关、插座的安装已按批准的设计进行施工完毕,并且安装质量已符合现行的施工及验收规范中的有关规定;照明配电箱的安装已按批准的设计进行施工完毕,并且安装质量已符合现行的施工及验收规范中的有关规定。

39.4.4.3 通电试运行技术要求

(1) 每一回路的线路绝缘电阻不小于 $0.5M\Omega$,关闭该回路上的全部开关,测量调试电压值是否符合要求,符合要求后,选用经试验合格的 5~6mA 漏电保护器接电逐一测试,通电后应仔细检查和巡视,检查灯具的控制是否灵活、准确;开关与灯具控制顺序相对应,电扇的转向及调速开关是否正常,如果发现问题必须先断电,然后查找原因进行修复,合格后,再接通正式电路试亮。

(2) 全部回路灯具试验合格后开始照明系统通电试运行。

(3) 照明系统通电试运行检验方法:

1) 灯具、导线、电缆和继电保护系统的调整试验结果,查阅试验记录或试验时旁站。

2) 空载试运行和负荷试运行结果,查阅试运行记录或试运行时旁站。

3) 绝缘电阻和接地电阻的测试结果,查阅测试记录或测试时旁站或用适配仪表进行抽测。

4) 漏电保护器动作数据值和插座接线位置准确性测定,查阅测试记录或用适配仪表进行抽测。

5) 螺栓紧固程度用适配工具作拧动试验;有最终拧紧力矩要求的螺栓用扭力扳手抽测。

39.4.4.4 运行中的故障预防

(1) 避免某一回路灯具线路发生短路故障,先测量其线路绝缘电阻;

(2) 减少故障损坏范围,采用开关逐一打开的方法;

(3) 降低故障损伤程度,灯具试验线路上采用小容量、灵敏度很高的漏电保护器;

(4) 派专人时刻观察电压表和电流表的指示情况,发现问题及时处理,最大限度地减少损失;

(5) 根据配电设置情况,安排专人反复观察小开关有无异常,测量 100A 以上的开关端子温度变化情况,如开关端子有异常立即关闭开关,及时处理。

39.4.4.5 绿色照明检测及评价标准

1. 照明质量检测

(1) 各类场所照明质量检测项目应按表 39-68 确定。

各类场所照明质量检测项目 表 39-68

场所类型	照明质量检测项目
居住建筑	照度、显色指数、相关色温、频闪比、采光系数
公共建筑	照度、照度均匀度、亮度、显色指数、相关色温、眩光值、频闪比、反射比、采光系数、窗的不舒适炫光指数、年曝光量*

续表

场所类型	照明质量检测项目
工业建筑	照度、照度均匀度、显色指数、相关色温、眩光值、频闪比、采光系数、窗的不舒适炫光指数
室外作业场地	照度、照度均匀度、亮度、显色指数、相关色温、眩光值、频闪比
城市道路	路面亮度、亮度均匀度、路面照度、照度均匀度、相关色温、阈值增量、环境比、垂直照度、半柱面照度
城市夜景	亮度、照度、照度均匀度、半柱面照度

注：1. 公共建筑包括办公建筑、图书馆建筑、商店建筑、观演建筑、旅馆建筑、医疗建筑、教育建筑、博览建筑、会展建筑、金融建筑、交通建筑、体育建筑等；
   2. 表中*为博物馆建筑中应测量的项目。

(2) 检测抽样应符合下列规定：

1) 建筑照明和室外作业场所照明检测应依据现行国家标准《建筑照明设计标准》GB/T 50034 和《室外作业场地照明设计标准》GB 50582 中规定的场所类型，对典型场所进行随机抽样测量，同类场所测量的数量不应少于5%，且不应少于2个，不足2个时应全部检测。

2) 道路照明的检测应符合下列规定：

① 评价对象范围内相同照明条件的同类道路测量的随机抽样数量总数不超过200条时抽样数量不应少于10%，且不应少于1条道路；当总数超过200条时抽样数量不应少于20条。

② 每条道路应选择在灯具安装间距、高度、悬挑、仰角和光源的一致性等方面能代表被测道路的典型路段进行检测。

3) 夜景照明的检测应符合下列规定：

① 单体建（构）筑物应选择整体进行检测，群体建筑应选择典型单体建筑和典型区域进行检测；

② 开放空间应选择典型区域进行检测。

(3) 照度测量应符合下列规定：

1) 照度测量应采用不低于一级的光照度计。

2) 照度应按中心点法均匀布点进行测量。

3) 体育场馆照明的测点布置应符合现行行业标准《体育场馆照明设计及检测标准》JGJ 153 的规定。

4) 道路照明的测点布置方式应与道路亮度测量的测点布置方式一致。

(4) 现场的相关色温和显色指数测量应采用光谱辐射计，每个场地测量点的数量不应少于9个，住宅单个房间可不少于3个，取其算术平均值作为该被测照明现场的相关色温和显色指数。

(5) 亮度测量应符合下列规定：

1) 亮度测量应采用不低于一级的亮度计，且选用的亮度计应符合现行国家标准《照明测量方法》GB/T 5700 的相关规定。

2) 室内工作区亮度测量应选择工作面或主要视野面，同一测量面测点数不应少于

3个。

3) 道路亮度测量应符合下列规定：

① 道路亮度测量区域应为同一侧两根灯杆之间的区域；对交错布灯，测量区域应为观测方向左侧灯下开始的两根灯杆之间的区域；道路横向应为整条路宽。

② 亮度计的观测点高度应距地面 1.5m；亮度计的观测点的纵向位置应距第一排测点 60m；亮度计的观测点的横向位置，对平均亮度和亮度总均匀度的测量，应位于观测方向路右侧路缘内侧 1/4 路宽处；对亮度纵向均匀度的测量，应位于每条车道的中心线上。

4) 建筑夜景亮度测量应根据建筑高度和体量确定下列测量视点位置：

① 近（正）视点位置：距被测建筑 10~30m 或 2 倍建筑高度；

② 中（正）视点位置：距被测建筑 30~100m 或 3 倍建筑高度；

③ 远（正）视点位置：距被测建筑 100~300m 或 5 倍建筑高度。

(6) 照明眩光的检测应符合下列规定：

1) 室内一般照明应对计算统一眩光值（UGR）的参数进行检测，观测位置应取纵向和横向两面墙的中点，视线应处于正前方水平方向，观测者眼睛高度坐姿应取 1.2m，站姿应取 1.5m，其计算方法应符合现行国家标准《建筑照明设计标准》GB/T 50034 的规定。

2) 体育场馆及室外作业场地照明应对计算眩光指数（GR）的参数进行检测，计算方法应符合国家现行标准《室外作业场地照明设计标准》GB 50582 和《体育场馆照明设计及检测标准》JGJ 153 的规定。

(7) 频闪比的检测应选择采样频率不低于 2kHz 或信号带宽 2 倍以上的光源频闪分析仪，并应在人员长时间停留的区域和可触及危险操作的工作区域进行测量。

(8) 采光系数测量应在全阴天条件下进行。

(9) 采光达标面积比测量可按下列步骤进行：

1) 对房间或场所的采光系数进行测量；

2) 将房间各测量点的采光系数值按降序排列 $C = [C_1, C_2, C_3, \cdots, C_n]$，并按顺序相加求前 j（$j \leqslant n$）个值的平均值 C_{ave}（j）；

3) 当 $C_{ave}(n) \geqslant C_{aveb}$（$C_{aveb}$ 为标准值），则房间的采光达标面积比为 100%；当 $C_{ave}(j) \geqslant C_{aveb}$，且 $C_{ave}(j+1) < C_{aveb}$，则 j 即为房间采光系数达标的测点数。

(10) 公共建筑和工业建筑应对计算窗的不舒适眩光的参数进行检测，计算方法应符合现行国家标准《建筑采光设计标准》GB 50033 的规定。

2. 照明节能检测

(1) 照明节能检测项目应包括照明功率密度、照明耗电量、电源电压、工作电流、功率、功率因数、谐波含量等。

(2) 照明节能检测抽样应符合下列规定：

1) 应与照明质量检测的抽样场所一致；

2) 应在相应配电箱中对抽样场所涉及的全部照明配电回路进行检测；

3) 应对道路照明抽样检测路段涉及的灯具全部检测。

(3) 检测用电气仪表准确度不应低于 1.5 级，并可自动记录电压、电流、电能量、有功功率、功率因数和谐波等数据。

(4) 照明功率密度的检测应按下列方法进行：

1) 供电回路中混有其他用电设备时，测量时应断开其他用电设备；当其他用电设备无法断开时，可分别测量开启全部设备和只开启非照明设备时的功率，两次测量的差值为被测照明系统的功率。

2) 当供电回路为多个房间或场所的照明系统供电时，各房间或场所照明系统的功率可在关闭其他房间或场所照明系统的情况下对该房间或场所的功率进行测量，也可根据其照明安装功率占所在回路总安装功率的比例，乘以回路的实测功率得到。

3) 在上述测量方式无法实现时，可采用单灯法逐一测试房间或场所内单个或一组的灯具功率，再累加计算房间或场所的照明总功率。

(5) 照明耗电量的检测应符合下列规定：

1) 建筑照明耗电量的检测应按下列步骤进行：

① 应连续监测并累计正常工作状态下至少两周的照明耗电量；

② 应根据各场所的照明设备工作时间统计累计的照明时数。

2) 道路照明耗电量的检测应按下列步骤进行：

① 应连续监测正常工作状态下不少于 24h 的照明耗电量；

② 应记录开关灯时间，统计总的开灯时数；

③ 年累计照明时数（t_0）应按当地实际情况取值。

3. 照明控制检测

(1) 各类场所的照明控制检测项目应按表 39-69 所列项目进行。

各类场所的照明控制检测项目　　　　表 39-69

类型	照明控制检测项目
居住建筑	控制装置、控制方式、控制回路、调光系统
公共建筑	控制装置、控制回路、控制方式、控制系统、照度设定值、调光系统
工业建筑	
室外作业场地	
城市道路	控制装置、控制回路、控制方式、控制系统、照度设定值、监控系统
城市夜景	照明模式、控制装置、控制回路、控制方式、控制系统

(2) 照明控制系统应按控制点总数的 20% 抽样检测，不足 5 个时应全部检测。

(3) 照明控制的检测应符合下列规定：

1) 应根据系统结构，在系统中央工作站、控制器与主系统接口处或照明灯具自带控制器处等适宜的位置，采用改变参数设定值或输入参数值，检查控制系统在线率，检测控制系统功能。

2) 应对照明控制系统的手动控制、定时控制、光感控制、人体感应控制等照明控制方式实施操作或模拟输入量，检查相应照明回路的响应情况，并测试现场照明水平。

3) 进行照明控制系统监测功能的检测时，应对监测的各项参数进行现场测试，并应计算与系统监测实时反馈数据的偏差。

4. 照明环保检测

(1) 照明环保的检测应包括室外照明光污染和玻璃幕墙光污染的检测。

(2) 检测仪器的要求应符合现行国家标准《绿色照明检测及评价标准》GB/T 51268 第 4.2 节的相关规定。

(3) 室外照明光污染的检测应符合下列规定：

1) 室外照明设施对居住建筑窗户外表面产生的垂直照度的测量，应对所有可能存在光污染影响的窗户进行测量，并应在居室窗外表面上均匀取 6～9 个点作为测点，应取其照度平均值作为测量值。

2) 建筑立面和标识面亮度的测量应选取可能造成光污染的位置作为观测点，并应在立面或标识的最大亮度条件下进行测量。建筑立面的亮度测量应取亮度高的部位作为被测区域，并取其平均亮度作为测量值；标识面亮度的测量应根据标识面面积合理选取测点，超过 $10m^2$ 时宜取不少于 6 个测点。

3) 灯具上射光通比的测量应根据灯具布置和灯具配光测算灯具所处位置水平面以上的光通量与灯具总光通量之比。

4) 城市道路的非道路照明设施对机动车驾驶员产生的阈值增量的测量，应在非道路照明设施正常运行条件下进行，测点的布置应与道路照明亮度的测量相同。

(4) 玻璃幕墙光污染的测量应符合下列规定：

1) 玻璃幕墙反射比和反射色差的检测应以 2 片幕墙玻璃作为一个测量组，每组应选取 5 个测量点。色差分组检测时，有色差问题的玻璃幕墙部位均应包含在测量组内。检测方法应按现行国家标准《玻璃幕墙光热性能》GB/T 18091 的规定执行。

2) 玻璃幕墙反射光对周边居住建筑、医院、中小学及幼儿园和道路影响的测算，应建立玻璃幕墙、被影响建筑和道路的模型，并应通过玻璃幕墙光污染分析软件选取典型日进行模拟分析计算，得出周边建筑的影响时段及道路上造成的连续有害反射光。

5. 照明评价

(1) 一般规定

1) 绿色照明应根据不同场所的特点，对评价项目的各项指标进行综合评价。

2) 申请评价方应对项目进行技术和经济分析，对产品、设计、施工、验收、运行进行全过程控制，并应提交相应设计文件、产品测试报告和竣工验收报告等。

3) 评价机构应对申请评价方提交的检测报告、文件进行审查，现场考察，出具评价报告，确定评价等级。

4) 绿色照明评价时的照明条件应与照明检测时一致。

(2) 评价与等级划分

1) 绿色照明评价指标体系应由照明质量、照明安全、照明节能、照明环保、照明控制和运维管理指标组成。照明安全可仅设置控制项，其他每类指标均应包括控制项和评分项，并应统一设置加分项。

2) 控制项的评定结果应为满足或不满足，应在控制项全部满足时对评分项和加分项进行评价；评分项和加分项的评定结果应为分值。

3) 绿色照明评价应按总得分确定等级。

4) 评价指标体系中，各类指标的总分均应为 100 分。各类指标评分项得分应按参评项目该类指标的评分项实际得分值除以适用于该项目的评分项总分值再乘以 100 分计算。

5) 加分项的附加得分应为各加分项得分之和。

6) 绿色照明应分为一星级、二星级、三星级 3 个等级。3 个等级的绿色照明均应满足所有控制项的要求，且每类指标的评分项得分不应低于 40 分。当绿色照明评价总得分分别达到 50 分、60 分、80 分时，绿色照明等级应分别为一星级、二星级、三星级。

39.4.4.6 工程交接验收

（1）工程交接验收时，应对下列项目进行检查：

1）成排安装的灯具、并列安装的开关、插座，其中心轴线、垂直偏差、距地面高度；

2）盒（箱）周边的间隙，交流、直流及不同电压等级电源插座安装的准确性；

3）大型灯具的安装牢固度，吊扇、壁扇的防松措施；

4）室外灯具及接线盒的防水措施；

5）室外灯具紧固件的防锈蚀措施；

6）照明配电箱（板）回路编号及其接线的准确性；

7）灯具控制性能及试运行情况；

8）保护导体（PE）连接的可靠性。

（2）验收检查的数量应符合下列规定：

1）规范中强制性条文规定的应全数检查；

2）规范中非强制性条文规定的应抽查 5%。

（3）工程交接验收时，应提交下列技术资料和文件：

1）竣工图。

2）设计变更、洽商记录文件及图纸会审记录。

3）产品合格证、3C 认证证书，照明设备电磁兼容检测报告；进口设备的商检证和中文的质量合格证明文件、检测报告等技术文件。

4）检测记录。包括灯具的绝缘电阻检测记录；照度、照明功率密度检测记录；剩余电流动作保护装置的测试记录。

5）试验记录。包括照明系统通电试运行记录；有自控要求的照明系统的程序控制记录和质量大于 10kg 的灯具固定装置的载荷强度试验记录。

（4）验收时提交的文件资料，可为书面纸质资料或电子文档，也可按合同约定。

39.5 电气设备安装

电气设备安装主要包括变压器、高低压成套配电柜、母线、配电箱、变配电监控系统、漏电火灾报警系统等的安装与调试。电气设备负责对整个建筑进行供配电，在整个建筑电气中处于核心地位。电气设备安装应在电气设计方案确定、施工方案已审批及建筑和其他专业具备安装条件的基础上进行，必须保证电气设备安装质量，确保运行的可靠，并注意安装完成后的成品保护。

电气设备、器具和材料的额定电压区段划分应符合表 39-70 的规定。

额定电压区段划分 表 39-70

额定电压区段	交流	直流
特低压	50V 及以下	120V 及以下
低压	50V～1.0kV（含 1.0kV）	120V～1.5kV（含 1.5kV）
高压	1.0kV 以上	1.5kV 以上

本章节适用范围电压等级为 35kV 及以下建筑电气设备安装。

39.5.1 施工准备

39.5.1.1 常用器具

(1) 安全防护用具。安全带、安全帽、安全网、高压验电器、高压绝缘靴、绝缘手套、编织接地线及干粉灭火器等。所有安全防护用品必须有合格证,有安全认证的必须符合认证要求。

(2) 仪器仪表。万用表、钳流表、接地电阻测试仪、直流电桥、兆欧表、高低压试验仪器,以及水准仪、经纬仪、高压测试仪器等。

(3) 施工机具。运输工具、吊装工具、电(气)焊工具、气切工具、台钻、手电钻、电动砂轮机、电锤、活动扳手、电工常用工具、台虎钳、塞尺、锉刀、钢卷尺、水平尺、线坠、试电笔等。

39.5.1.2 作业条件

(1) 施工所需要的图纸、技术资料齐全,其他有关的部门规定的相关报审文件已审批完成。技术(安全)交底已做完,各项安全保障措施已到位。

(2) 建筑工程进程不影响电气设备进场安装,室内顶棚、楼板施工完毕,不得渗漏,门窗安装完毕,有可能损坏已安装设备或安装后不能再进行施工的装饰工作全部结束。设备基础的标高、尺寸、结构和预埋件均应符合设计要求和施工质量验收规范的规定,已通过工序交接验收。

(3) 施工现场具备作业面,设备及材料进场运输通道畅通。

(4) 设备安装所需的配件、材料齐全,并运至施工现场。

39.5.1.3 一般规定

(1) 安装电工、焊工、起重工和电力系统调试等人员应持证上岗。

(2) 安装和调试用各类计量器具应检定合格,且使用时应在检定有效期内。

(3) 高压的电气设备、布线系统以及继电保护系统必须交接试验合格。

(4) 除设计要求外,承力建筑钢结构构件上,不得采用熔焊连接固定电气线路、设备和器具的支架、螺栓等部件,且严禁热加工开孔。

(5) 电气设备的外露可导电部分应单独与保护导体相连接,不得串联连接,连接导体的材质、截面积应符合设计要求。

(6) 测量绝缘电阻时,采用兆欧表的电压等级,设备电压等级与兆欧表的选用关系应符合表 39-71 的规定;用于极化指数测量时,兆欧表短路电流不应低于 2mA。

设备电压等级与兆欧表的选用关系   表 39-71

序号	设备电压等级(V)	兆欧表电压等级(V)	兆欧表最小量程(MΩ)
1	$U<100$	250	50
2	$100 \leqslant U<500$	500	100
3	$500 \leqslant U<3000$	1000	2000
4	$3000 \leqslant U<10000$	2500	10000
5	$U \geqslant 10000$	2500 或 5000	10000

(7) 主要设备、材料、成品和半成品进场验收:

1) 主要设备、材料、成品和半成品应进场验收合格,并应做好验收记录和验收资料归档。当设计有技术参数要求时，应核对其技术参数，并应符合设计要求。

2）实行生产许可证或强制性认证（CCC认证）的产品，应有许可证编号或CCC认证标志，并应抽查生产许可证或CCC认证证书的认证范围、有效性及真实性。

39.5.2 变压器安装通用部分

39.5.2.1 设备及材料进场验收

（1）查验合格证和随带技术文件：变压器应有出厂试验记录。

（2）变压器的容量、规格及型号，必须符合设计要求。

（3）外观检查：设备应有铭牌，表面涂层应完整，附件应齐全，绝缘件应无缺损、裂纹，充油部分不应渗漏，充气高压设备气压指示应正常。

（4）常用变压器的分类：变压器按冷却方式来分为油浸式和干式变两种。常用有10kV级SG（B）干式变压器、10kV级S9型油浸变压器及35kV级SZ9系列变压器等。

1）变压器型号含义

变压器的型号通常由表示相数、冷却方式、调压方式、绕组线芯等材料的符号，以及变压器容量、额定电压、绕组连接方式组成。变压器的型号和符合含义见表39-72。

变压器的型号和符号含义　　　　表39-72

型号中符号排列顺序	含义		代表符号
	内容	类别	
1（或放在末数）	线圈耦合方式	自耦降压（或自耦升压）	O
2	相数	单相	D
		三相	S
3	冷却方式	油浸自冷	J
		干式空气自冷	G
		干式浇注绝缘	C
		油浸风冷	F
		油浸水冷	S
		强迫油循环风冷	FP
		强迫油循环水冷	SP
4	线圈数	双线圈	—
		三线圈	S
5	线圈导线材质	铜	—
		铝	L
6	调压方式	无励磁调压	—
		有载调压	Z
7		加强干式	Q
		干式防火	H
		移动式	D
		成套	T

注：电力变压器后面的数字部分：斜线左边表示额定容量（kVA）；斜线右边表示一次侧额定电压（kV）。

2）设备铭牌（图39-117、图39-118）

图 39-117　干式变压器铭牌

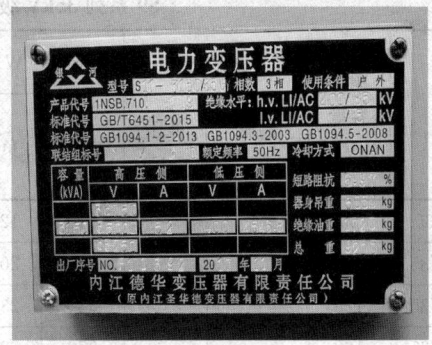
图 39-118　油浸变压器铭牌

铭牌及其意义：例如 S91000/10

S：三相（相数）；

9：性能水平代号；

1000：额定容量 1000kVA；

10：电压 10kV；

Y：一次侧星形接线（D：三角形接线）；

Yn：二次侧带中性线星形接线（d：三角形接线）；

0：数字采用时钟表示法，用来表示一、二次侧线电压的相位关系，一次侧线电压相量作为分针，固定指在时钟 12 点的位置，二次侧的线电压相量作为时针。0 表示二次侧的线电压 U_{ab} 与一次侧的 U_{AB} 同相角。

3）常用变压器参数表（表 39-73～表 39-76）

10kV 级 S9 型变压器技术参数表　　　　　　　　　　　表 39-73

型号	额定容量 (kVA)	损耗 空载(W)	损耗 负载(W)	阻抗电压 (%)	空载电流 (%)	重量（kg） 器身	重量（kg） 油重	重量（kg） 总重
S910/10	10	65	260		2.8	105	45	180
S920/10	20	100	480		2.4	140	55	230
S930/10	30	130	600		2.1	180	70	300
S950/10	50	170	870		2	245	80	390
S963/10	63	200	1040		1.9	275	90	440
S983/10	80	250	1250		1.8	325	100	500
S9100/10	100	290	1500		1.6	360	110	560
S9125/10	125	340	1800	4	1.5	415	120	650
S9160/10	160	400	2200		1.4	490	135	740
S9200/10	200	480	2600		1.3	570	160	880
S9250/10	250	560	3050		1.2	705	190	1070
S9315/10	315	670	3650		1.1	840	220	1250
S9400/10	400	800	4300		1	975	290	1510
S9500/10	500	960	5100		1	1140	335	1760
S9630/10	630	1200	6200		0.6	1310	385	2030
S9800/10	800	1400	7500		0.8	1665	450	2550
S91000/10	1000	1700	10300		0.7	1820	525	2910
S91250/10	1250	1950	12000	4.5	0.6	2160	605	3460
S91600/10	1600	2400	145000		0.6	2560	700	4060
S92000/10	2000	2800	17800		0.6	2840	760	4490

S9 系列 35kV 级电力变压器参数表 表 39-74

型号	额定容量 (kVA)	电压组合 高压 (kV)	电压组合 低压 (kV)	损耗 (W) 空载	损耗 (W) 负载	短路阻抗 (%)	空载电流 (%)	联结组标号	重量 (kg) 器身	重量 (kg) 油重	重量 (kg) 总重
S950/35	50			210	1220		2		393	300	790
S9100/35	100			290	2030		1.8		530	330	1000
S9125/35	125			330	2380		1.75		680	500	1355
S9165/35	160			370	2830		1.65		750	465	1410
S9200/35	200			440	3330		1.55		830	530	1630
S9250/35	250			510	3960		1.4		980	580	1980
S9315/35	315			610	4770		1.4		1260	610	2180
S9400/35	400		0.4	730	5760	6.5	1.3	Yyn0	1285	645	2265
S9500/35	500			860	6950		1.3		1530	720	2810
S9630/35	630			1050	8300		1.25		1790	790	3020
S9800/35	800			1230	9900		1.05		2070	925	3620
S91000/35	1000			1440	12150		1		2635	1215	4600
S91250/35	1250			1760	14650		0.85		2820	1280	5060
S91600/35	1600			2120	17550		0.75		3160	1370	5550
S92000/35	2000	38.5 35±5 或 ±2% ×2.50%		2650	19500		0.7		3990	1430	6560
S9800/35	800		11	1230	9900		1.05		2310	1121	4260
S91000/35	1000		10.5	1440	12200		1		2425	1250	4380
S91250/35	1250		10	1760	14650		0.9		2675	1315	4825
S91600/35	1600		6.3	210	17550	6.5	0.85		3150	1370	5535
S92000/35	2000			2700	17800		0.75	Yd11	3510	1350	5980
S92500/35	2500			3200	20700		0.75		4295	1520	7005
S93150/35	3150			3800	24300		0.7		4900	1780	8190
S94000/35	4000			4500	28800	7	0.7		5722	1922	9616
S95000/35	5000			5400	33000		0.6		6795	2095	10970
S96300/35	6300			6550	37000		0.6		8430	2800	14220
S98000/35	8000		6	9000	40500	7.5	0.55		10880	3900	18170
S910000/35	10000			10850	47500		0.55		11920	4960	21800
S912500/35	12500			12500	56500		0.5		13750	5630	23600
S916000/35	16000			15500	69500		0.5	YNd1	14100	5810	24100
S920000/35	20000			18000	83500	8	0.5		19320	6480	32100
S925000/35	25000			21500	99000		0.4		25410	7310	39850
S931500/35	31500			25000	119000		0.4		31100	8150	48930

35kV级SZ9系列双绕组有载调压器技术参数表　　表39-75

额定容量 (kVA)	电压组合			联结组标号	空载损耗 (kW)	负载损耗 (kW)	空载电流 (%)	阻抗电压 (%)
	高压 (kV)	高压分接范围 (%)	低压 (kV)					
2000	35	±3×2.5%	6.3	Yd11	2.88	18.72	1.4	6.5
2500			10.5		3.40	21.74	1.4	
3150	35		—		4.04	26.01	1.3	7
4000	38.5				4.84	30.69	1.2	
5000	—				5.80	36.00	1.2	
6300					7.04	38.70	1.2	
8000	35	±3×2.5%	6.3	YN, d11	9.84	42.75	1.1	7.5
10000	38.5		6.6		11.60	50.58	1.1	
12500	—		10.5/11		13.68	59.85	1	8

10kV级SG（B）干式变压器技术参数表　　表39-76

型号	容量 (kVA)	空载损耗 (W)	负载损耗 (W)	空载电流 (%)	阻抗电压 (%)	重量 (kg)	尺寸 (mm)		
							长	宽	高
SG10-30/10	30	225/280	820/959	3.1	4	250	820	480	900
SG10-50/10	50	290/360	1265/1480	2.7		400	870	480	950
SG10-80/10	80	370/460	1825/2098	2.5		480	950	480	1050
SG10-100/10	100	400/500	2165/2490	2.1		520	1000	630	1200
SG10-125/10	125	480/580	2590/2980	2.1		550	1050	630	1250
SG10-160/10	160	560/670	3100/3565	1.9		610	1100	630	1250
SG10-200/10	200	655/770	3980/4580	1.9		950	1200	740	1280
SG10-250/10	250	760/900	4675/5376	1.7		1020	1200	740	1290
SG10-315/10	315	880/1100	5610/6451	1.7		1200	1260	740	300
SG10-400/10	400	1040/1210	6630/7624	1.65		1480	1400	740	1410
SG10-500/10	500	1200/1450	7950/9142	1.60		1650	1640	740	1430
SGB10-630/10	630	1400/1610	9260/10649	1.50		1820	1470	741	1470
SGB10630/10	630	1340/1610	9770/11235	1.50	6	1850	1490	740	1520
SGB10800/10	800	1690/1900	11560/13294	1.40		2300	1500	900	1600
SGB101000/10	1000	1980/2200	13340/15340	1.40		2650	1550	900	1670
SGB101250/10	1250	2380/2600	15640/17986	1.35		3000	1570	900	1790
SGB101600/10	1600	2730/3050	18100/20815			3800	1600	900	1950
SGB102000/10	2000	3320/4150	21250/24440	1.10		4600	1850	900	2050
SGB102500/10	2500	4000/5000	24730/28540	1.10		5200	2050	900	2050

39.5.2.2 作业条件

变压器、箱式变电所安装前，室内顶棚、墙体的装饰面应完成施工，无渗漏水，地面的找平层应完成施工，门窗封闭完好，地面清理干净，具有足够的施工用场地，道路通畅，所有受电后无法进行的装饰工作及影响运行安全的工作施工完毕。基础应验收合格，埋入基础的导管和变压器进线、出线预留孔及相关预埋件等经检查应合格，其标高、尺寸符合设计及规范要求，焊件强度均符合设计要求，达到承载力要求。

39.5.2.3 安装前检查测试

变压器安装之前应进行各种外观及性能测试，必须保证各检测项目均合格之后再行安装。

39.5.3 干式变压器的安装

建筑电气设备终端用电大都是以干式变压器为主，现对干式变压器的安装作以下介绍。

39.5.3.1 工艺流程

施工准备→变压器二次搬运→变压器本体安装→附件安装→电压切换装置的安装→变压器联线→交接试验→送电前检查→送电试运行→竣工验收。

39.5.3.2 施工准备

1. 技术准备

工程施工前，应具备以下技术文件：变压器基础图、变压器平面布置图、变压器本体图、设备质量合格证及安装技术文件。没有施工蓝图的可以参照图集《干式变压器安装》99D201-2，按规程、生产厂家安装说明书、图纸、设计要求及施工措施对施工人员进行技术交底，交底要有针对性。

2. 机具的准备

测试仪器：钢卷尺、钢板尺、水平仪、塞尺、磁力线坠、兆欧表、玻璃温度计、钳形电流表、万用表、电桥及试验仪器等已准备好。按施工要求准备机具，并对其性能及状态进行检查和维护。

39.5.3.3 变压器二次搬运

编制设备吊装与运输专项方案。

39.5.3.4 本体安装

1. 变压器型钢基础的安装

（1）型钢金属构架的几何尺寸应符合设计基础配制图的要求与规定，如设计对型钢构架高出地面无要求，施工时可将其顶部高出地面10mm。

（2）型钢基础构架与接地扁钢连接不宜少于两点，符合设计、规范要求。

2. 变压器本体安装

（1）变压器到达现场之后可以使用叉车或吊车将设备卸到安装地点，取下固定垫木的螺栓，小心开箱取出设备，拆包装时应防止损坏外壳或顶部安装的套管，使用叉车时应注意使叉车对准变压器底部的槽钢处，以避免损坏外壳。

（2）变压器就位时，应按设计要求的方位和距墙尺寸就位。

（3）变压器固定采用设计要求连接方式，并固定可靠。

（4）装有滚轮的变压器，滚轮应转动灵活，变压器就位后，应将滚轮用能拆卸的制动装置固定，或者将滚轮拆下保存好。

(5) 变压器的安装应设置抗震装置，如图 39-119、图 39-120 所示。

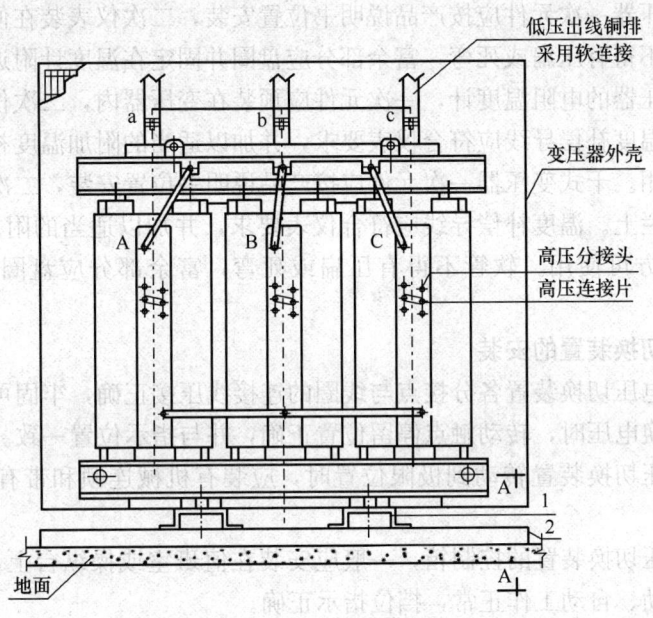

图 39-119 正视图

注：1. 变压器安装时要拆除滚轮，就位后焊接牢固。
2. 内部线圈牢固固定在变压器外壳的支撑结构上。
3. 对接入和接出的柔性导体留出位移空间。
4. 当变压器容量小于 630kVA 时，可采用图 39-120 Ⅰ 详图-1 安装方案；当变压器容量小于 630kVA 时，可采用图 39-120 Ⅰ 详图-2 安装方案。
5. 变压器基础的两段平行槽钢之间需增加支撑槽钢，防止变压器基础槽钢在横向地震力作用下侧滚。

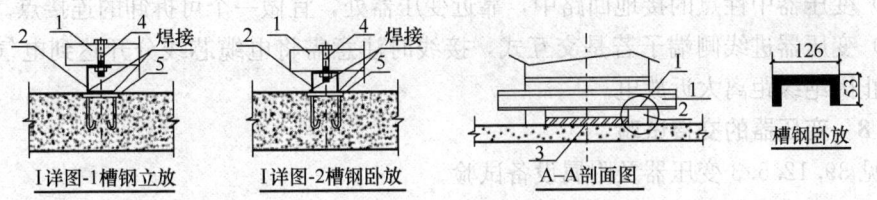

图 39-120 变压器柜体抗震做法

注：1～5 指代内容见表 39-77。

变压器柜体抗震做法参数　　　　表 39-77

序号	名称	型号及规格	单位	数量	备注
1	变压器底座	—	—	—	变压器自带
2	基础槽钢	C12.6	根	2	变压器设备基础
3	横向支撑槽钢	C10	根	2	基础间的横向支撑
4	螺栓	M16	个	—	现场定
5	预埋件	钢板厚度 8×100×100	块	—	—
干式变压器基础安装做法			图集号		《干式变压器安装》99D201-2

39.5.3.5 附件安装

（1）干式变压器一次元件应按产品说明书位置安装，二次仪表装在便于观测的变压器护网栏上。软管不得有压扁或死弯，富余部分应盘圈并固定在温度计附近。

（2）干式变压器的电阻温度计，一次元件应预装在变压器内，二次仪表应安装在值班室或操作台上。温度补偿导线应符合仪表要求，并加以适当的附加温度补偿电阻，校验调试合格后方可使用。干式变压器一次元件应按产品说明书位置安装，二次仪表装在便于观测的变压器护网栏上。温度补偿导线应符合仪表要求，并加以适当的附加温度补偿电阻，校验调试合格后方可使用。软管不得有压扁或死弯，富余部分应盘圈并固定在温度计附近。

39.5.3.6 电压切换装置的安装

（1）变压器电压切换装置各分接点与线圈的连接线压接正确，牢固可靠，其接触面接触紧密良好。切换电压时，转动触点停留位置正确，并与指示位置一致。

（2）有载调压切换装置转动到极限位置时，应装有机械连锁和带有限位开关的电气连锁。

（3）有载调压切换装置的控制箱，一般应安装在值班室或操纵台上，联线正确无误，并应调整好，手动、自动工作正常，挡位指示正确。

39.5.3.7 变压器联线

（1）变压器的一次、二次联线、地线、控制管线均应符合现行国家施工验收规范规定。

（2）变压器的一次、二次引线连接，不应使变压器的套管直接承受应力。

（3）变压器中性线在中性点处与保护接地线同接在一起，并应分别敷设，中性线宜用绝缘导线，保护地线宜采用黄/绿相间的双色绝缘导线。

（4）变压器中性点的接地回路中，靠近变压器处，宜做一个可拆卸的连接点。

（5）变压器进线侧端子若是交互式，接线时注意需将电缆芯线分开达到电气绝缘要求，防止因绝缘距离太近放电。

39.5.3.8 变压器的交接试验

详见 39.12.5.3 变压器及附属设备试验。

39.5.3.9 变压器送电前检查

（1）变压器试运行前应做全面检查，确认各项数据均符合试运行条件时方可投入运行。

（2）变压器试运行前，做好各种防护措施，并做好应急预案。

（3）变压器安装应位置正确，附件齐全。

（4）变压器中性点的接地连接方式及接地电阻值应符合设计要求。

（5）变压器箱体、干式变压器的支架、基础型钢及外壳应分别单独与保护导体可靠连接。

（6）变压器及高压的电气设备、布线系统以及继电保护系统必须交接试验合格。

（7）绝缘件应无裂纹、缺损和瓷件瓷釉损坏等缺陷，外表应清洁，温度仪表指示应准确。

（8）装有滚轮的变压器就位后，应将滚轮用能拆卸的制动部件固定。

(9) 试运行作业防触电发生,变压器上应设明显的警示牌。试运行周围设置护栏或警戒线。

(10) 严禁踩踏变压器冷却风机。

39.5.3.10　变压器送电试运行验收

(1) 全电压冲击合闸,高压侧投入,低压侧全部断开,受电持续时间应不少于10min,经检查应无异常。

(2) 变压器受电无异常,每隔5min进行冲击一次。连续进行3~5次全电压冲击合闸,励磁涌流不应引起保护装置误动作,最后一次进行空载运行。

(3) 变压器空载运行的检查方法:主要是听声音进行辨别变压器空载运行情况,正常时发出嗡嗡声;异常时有以下几种情况发生:声音比较大而均匀时,可能是外加电压偏高;声音比较大而嘈杂时,可能是芯部有松动;有滋滋放电声音,可能套管有表面闪络,应严加注意,并应查出原因及时进行处理,或是更换变压器。

(4) 做冲击试验中应注意观测冲击电流、空载电流、一次二次侧电压、变压器温度等,做好详细记录。

39.5.3.11　竣工验收

变压器开始带电起,24h后无异常情况,即可办理验收手续。

39.5.4　油浸变压器安装

建筑电气设备用电油浸变压器大都是35kV变压器居多,现以35kV变压器为例对油浸变压器的安装作以下介绍。本方法适用额定容量6300kVA及以下,电压等级35kV及以下的油浸式电力变压器的安装。

39.5.4.1　工艺流程

施工准备→设备点件检查→变压器二次搬运→变压器就位→变压器附件安装→器身检查→变压器的内部安装、连接→注油→交接试验→送电前检查→运行验收。

39.5.4.2　施工准备

(1) 施工图及技术资料齐全。

(2) 土建工程施工完毕,交付安装。

(3) 对施工人员进行详细的技术交底和安全交底。

(4) 工器具准备齐全,起重机械准备齐全,并经试验合格。

(5) 现场施工用电源布设完毕,施工场地清理干净,平整工作结束。

(6) 储油罐车运达现场,摆放稳固,滤油机经试验合格,能正常运行。

(7) 制造厂技术指导人员到达现场,对施工人员进行技术交底和现场指导。

(8) 土建基础施工达到要求强度,基础中心线标注清晰及符合要求并移交安装。

39.5.4.3　设备点件检查

(1) 设备清点检查应由安装单位、供货单位、建设单位代表及监理单位共同进行,并做好录。

(2) 变压器出厂资料清点检查。

(3) 按照设备清单、施工图纸及设备技术文件核对变压器本体及附件备件的规格型号是否符合设计图纸要求,是否齐全,有无丢失及损坏。

(4) 变压器本体外观检查无损伤及变形，油漆完好无损伤。

(5)（整体到货的变压器）油箱封闭是否有漏油、渗油现象，油标处油面是否正常，发现问题应立即处理。

(6) 绝缘部件表面应无裂缝，无剥落或破损，绝缘应良好。

(7) 散热器外观检查及压力试验。

39.5.4.4 变压器二次搬运

(1) 变压器二次搬运应编制设备吊装与运输专项方案。产品在运输过程中，其倾斜度不得大于产品技术要求，如无要求不得大于15°。变压器吊装时，索具必须检查合格，钢丝绳必须挂在油箱的吊钩上，要用两根钢绳，同时着力四处，并注意产品重心的位置，两根钢绳的起吊夹角不要大于60°。若因吊高限制不能符合条件，用横梁辅助提升。上盘的吊环仅作吊芯用，不得用此吊环吊装整台变压器。

(2) 变压器搬运过程中，不应有冲击或严重振动情况，利用机械牵引时，牵引的着力点应在变压器重心以下，以防倾斜，运输倾斜角不得超过15°，防止内部结构变形。

39.5.4.5 变压器就位

(1) 变压器的安装方向正确，高低压套管出线方位与设计一致，变压器各位置中心线尺寸符合设计要求。

(2) 变压器基础检查用水平尺或水平仪检查基础的平整度误差不大于3mm，用尺子检查基础中心线偏差不大于5mm。

(3) 本体就位变压器本体横向中心线偏差小于等于20mm，铁芯接地套管的接地线连接应牢固，导通良好，本体要求两点接地。

(4) 变压器基础的轨道应水平，轨道与轮距应配合；核验变压器基础的强度和轨道安装的牢固性、可靠性。基础轨距应与变压器轮距相吻合。装有气体继电器的变压器，应使其顶盖沿气体继电器气流方向有1.0%～1.5%的升高坡度（制造厂规定不需安装坡度者除外）。当与封闭母线连接时，其套管中心应与封闭母线中心线相符。装有滚轮的变压器、电抗器，其滚轮应能灵活转动，在设备就位后，应将滚轮用能拆卸的制动装置加以固定。

(5) 变压器就位可用汽车吊直接甩进变压器室内，或用道木搭设临时轨道，用捯链吊至临时平台上，然后用捯链拉入室内合适位置。因变压器基础台面高于室外地坪，所以在变压器就位时，应在室外搭设一个与室内基础台面等高的平台，平台必须牢固可靠，具有一定的刚度和强度，确保平台的稳定性，变压器就位之前，应将变压器平稳地吊到平台上，然后缓慢地将变压器推入室内至就位的位置。

(6) 在变压器的接地螺栓上均需可靠地接地。低压侧零线端子必须可靠接地。变压器基础轨道应和接地干线可靠连接，确保接地可靠性。

(7) 用千斤顶顶升大型变压器时，应将千斤顶放置在油箱千斤顶支架部位，升降操作应统一指挥，各点受力均匀，并及时垫好垫块。

(8) 变压器的安装应采取抗地震措施，可以参照干式变压器的做法，变压器基础槽钢与基础预埋件焊接牢固。

39.5.4.6 附件安装

1. 附件清扫及检查

(1) 高压A、B、C相升高座检查及互感器试验。

(2) 高压 A、B、C 相套管检查及试验。
(3) 低压 A、B、C 相套管检查。
(4) 压力释放阀检查。
(5) 温度计、温度控制器、气体继电器检查及校验。
(6) 冷却装置的清扫和检查。
(7) 连通管检查及清洗。
(8) 以上器件安装人员检查完后交由试验人员做电气试验（试验项目有：铁芯对地绝缘测试；套管试验、互感器试验；高压侧挡位切换接触电阻等）。

2. 气体继电器安装

(1) 气体继电器应作密封试验、轻瓦斯动作容积试验、重瓦斯动作流速试验，经检验鉴定合格后才能安装。
(2) 气体继电器安装应水平，观察窗安装方向便于检查，箭头指向储油箱（油枕），应与连通管连接密封良好，其内部应擦拭干净，截油阀位于油枕和气体继电器之间。
(3) 打开放气嘴，放出空气，直到有油溢出时将放气嘴关上，以免有空气使继电保护器误动作。
(4) 当操作电源为直流时，必须将电源正极接到水银侧的接点上，以免接点断开时产生飞弧。
(5) 事故喷油管的安装方位，应注意到事故排油时不致危及其他电气设备；喷油管口应换为割划有"十"字线的玻璃，以便发生故障时气流能顺利冲破玻璃。

3. 冷却装置的安装

(1) 冷却装置在安装前应按制造厂规定的压力值用气压或油压进行密封试验，其中散热器、强迫油循环风冷却器，持续 30min 应无渗漏；强迫油循环水冷却器，持续 1h 应无渗漏。
(2) 冷却装置安装前应用合格的绝缘油经净油机循环冲洗干净，并将残油排尽。冷却装置安装完毕后应立即注满油。
(3) 风扇电动机及叶片应安装牢固，并应转动灵活、无卡阻，试转时应无振动、过热；叶片应无扭曲变形或与风筒碰擦等情况，转向应正确；电动机的电源配线应采用具有耐油性能的绝缘导线。
(4) 管路中的阀门应操作灵活，开闭位置应正确，阀门及法兰连接处应密封良好。
(5) 油泵转向应正确，转动时应无异常噪声、振动或过热现象；其密封应良好，无渗油或进气现象。
(6) 差压继电器、流速继电器应经校验合格，且密封良好，动作可靠。

4. 储油柜的安装

(1) 储油柜安装前，应清洗干净。
(2) 胶囊式储油柜中的胶囊或隔膜式储油柜中的隔膜应完整无破损；胶囊在缓慢充气胀开后检查应无漏气现象。
(3) 胶囊沿长度方向应与储油柜的长轴保持平行，不应扭偏，胶囊口的密封应良好，呼吸应通畅。
(4) 油位表动作应灵活，油位表或油标管的指示必须与储油柜的真实油位相符，不得出现假油位。油位表的信号接点应位置正确,绝缘良好。

(5) 所有法兰连接处应用耐油密封垫(圈)密封。密封垫(圈)必须无扭曲、变形、裂纹和毛刺,密封垫(圈)应与法兰面的尺寸相配合。法兰连接面应平整、整洁,密封垫应擦拭干净,安装位置应准确,其搭接处的厚度应与其原厚度相同,橡胶密封垫的压缩量不宜超过其厚度的1/3。

5. 防潮呼吸器的安装

(1) 储油柜所附呼吸器完好无损坏,呼吸器内的硅胶(或活性氧化铝)应呈蓝色(或白色),防潮呼吸器安装之前,应检查硅胶是否失效。如已失效,应在115～120℃温度烘烤8h或按产品说明书规定执行,使其复原或更新。

(2) 安装时,必须将呼吸器盖子上橡皮垫去掉,使其通畅,在隔离器具中装适量变压器油,以过滤灰尘。

6. 温度计安装

变压器使用的温度计有玻璃液面温度计、压力式信号温度计、电阻温度计。温度计装在箱顶表座内,表座内注入变压器油(留空气层约20mm)并密封,玻璃液面温度计应装在低压侧。压力式信号温度计安装前应经过准确度检验,并按运行部门的要求整定电接点,信号温度计的导管不应有压扁和死弯,弯曲半径不得小于100mm。控制线应接线正确,绝缘良好。电阻式温度计主要是供远方监视变压器上层油温,与比率计配合使用。

7. 电压切换装置安装

(1) 变压器电压切换装置各分接点与线圈的联线压接应正确,并接触紧密牢固。转动点停留位置正确,并与指示位置一致。

(2) 电压切换装置的小轴销子、分接头的凸轮、拉杆等应确保完好无损。转动盘应动作灵活,密封良好。

(3) 有载调压切换装置调换开关的触头及连接线应完整无损,触头间应有足够的压力(常规为80～100N)。

(4) 电压切换装置的传动装置固定应牢固,传动机构的摩擦部分应有足够的润滑油。

(5) 连锁安装。有载调压切换装置转动到极限位置时,应装有机械连锁与带有限位开关的电气连锁。

(6) 有载调压切换装置的控制箱应安装在操作台上,联线应正确无误,并应调整好,手动、自动工作正常,挡位指示正确。

(7) 调压切换装置吊出检查调整时,暴露在空气中的时间应符合表39-78规定。

调压切换装置露空时间　　　　表39-78

环境温度(℃)	>0	>0	>0	<0
空气相对湿度(%)	65以下	65～75	75～85	不控制
持续时间不大于(h)	24	16	10	8

(8) 变压器连线

1) 变压器外部引线的施工,不应使变压器的套管直接承受应力。

2) 变压器中性点的接地回路中,靠近变压器处,应做一个可拆卸的连接点。

3) 接地装置从地下引出的接地干线以最近的路径直接引至变压器,绝不允许经其他电气装置接地后串联连接起来。

4）变压器中性点接地线与工作零线应分别敷设。工作零线应用绝缘导线。

5）油浸变压器附件的控制导线，应采用具有耐油性能的绝缘导线。靠近箱壁的导线，应用金属软管保护，并排列整齐，接线盒应密封良好。

8. 压力释放阀安装

帽盖下锁片应切除，与油箱之间的蝶阀应打开，电接点动作正确，绝缘良好。

39.5.4.7 器身检查

（1）变压器、电抗器到达现场后，当满足下列条件之一时，可不进行器身检查：

1）制造厂说明可不进行器身检查者。

2）容量为1000kVA及以下，运输过程中无异常情况者。

3）就地生产仅作短途运输的变压器、电抗器，当事先参加了制造厂的器身总装，质量符合要求，且在运输过程中进行了有效的监督，无紧急制动、剧烈振动、冲撞或严重颠簸等异常情况者。

（2）进入油箱内部检查应以制造厂服务人员为主，现场施工人员配合；进行内检的人员不宜超过3人，内检人员应明确内检的内容、要求及注意事项。

（3）运输支撑和器身各部位应无移动现象，运输用的临时防护装置及临时支撑应予拆除，并经过清点做好记录以备查。

（4）所有螺栓应紧固，并有防松措施；绝缘螺栓应无损坏，防松绑扎完好。

（5）铁芯检查：

1）铁芯应无变形，铁轭与夹件间的绝缘垫应良好；

2）铁芯应无多点接地；

3）铁芯外引接地的变压器，拆开接地线后铁芯对地绝缘应良好。

（6）绕组检查

1）绕组绝缘层应完整，无缺损、变位现象。

2）各绕组应排列整齐，间隙均匀，油路无堵塞。

3）绕组的压钉应紧固，防松螺母应锁紧。

4）绝缘围屏绑扎牢固，围屏上所有线圈引出处的封闭应良好。

5）引出线绝缘应包扎牢固，无破损、拧弯现象；引出线绝缘距离应合格，固定支架应紧固；引出线的裸露部分应无毛刺或尖角，其焊接应良好；引出线与套管的连接应牢靠，接线正确。

39.5.4.8 变压器的内部安装、连接

（1）变压器的内部安装、连接，应按照产品说明书及合同约定执行。

（2）内部安装、连接记录签证应完整。

（3）引线连接螺栓必须齐全、紧固，紧固力矩值符合表39-79要求：

引线连接螺栓紧固力矩值　　　　表39-79

螺栓直径（mm）	紧固力矩（N·m）	螺栓直径（mm）	紧固力矩（N·m）
8	8.8～10.8	14	51.0～60.8
10	17.7～22.6	16	78.5～98.1
12	31.4～39.2	18	98.0～127.4

(4) 低压套管安装连接：
1) 各连接法兰面应无杂物和尘土。
2) 安装时，注意所有附件和工具不得掉入油箱内。
(5) 高压套管安装连接：
1) 各连接法兰面应无杂物和尘土，可有少量油迹。
2) 升高座的各垫圈应齐全，放正，各螺栓应紧固均匀，接线端子及电流互感器铭牌应统一朝外。
3) 注意检查接线头部位各密封部件应齐全完好。
4) 高压套管与引出线接口的密封波纹盘结构的安装应严格按制造厂的规定进行，与升高座连接的法兰处密封垫应齐全、放正，各螺栓应均匀紧固，防止安装后渗油。
5) 引线连接牢固，所用螺栓为铜材质，法兰面无渗漏，穿心杆与瓷套压接紧固。
6) 安装时，注意所有附件和工具不得掉入油箱内。
7) 电流互感器备用线圈短接并接地，接地小套管接地连接线可靠。

39.5.4.9 注油

(1) 绝缘油必须经试验合格后，方可注入变压器。
(2) 打开滤油机注油，同时保持变压器本体内的氮气。注油时一定要把管路内空气放净，注油要自下而上，用注油管连接滤油机与油罐、变压器本体下部阀门处，在大气压力下，利用滤油机油泵把合格的变压器油注入油箱。在注油时为了减少空气混入，应从油箱底部放油阀缓慢注油，同时打开所有放气塞，以排出油箱内氮气，油面距箱顶 60~80mm 时停止注油。
(3) 不同牌号的绝缘油或同牌号的新油与运行过的油混合使用前，必须做混合试验。
(4) 新安装的变压器不宜使用混合油。
(5) 向变压器、电抗器内加注补充油时，应通过储油柜上专用的添油阀，并经净油机注入，注油至储油柜额定油位。注油时应排放本体及附件内的空气。
(6) 具有胶囊或隔膜的储油柜的变压器、电抗器，应按照产品技术文件要求的顺序进行注油、排气及油位计加油。
(7) 补油
1) 解除氮气，自下而上逐步打开各连接蝶阀和所有放气塞。
2) 在储油柜注油阀处联接补油管路，并缓慢注油，直到油位指针相应环境温度的油位高度。
3) 补油前将皮囊内空气排净并打开放气塞，补油过程中注意监视油位，防止造成假油位现象。
4) 将散热器及储油柜的蝶阀门板打开，注入合格变压器油至储油柜正常油面高度（视其环境温度定其油面高度）。注油时所有放气塞必须打开，冒油时再密封好。
5) 注入变压器油后，将散油器、气体继电器、套管等的放气塞密封好，并检查所有密封面，停放 24h 后，检查其是否有漏油现象，并再次放出气体继电器内的气体。
(8) 注油完毕应开始做密封试验。试验方法如下：
气压静压试验：利用储油柜上之通气孔，用 24.5kPa 干净干燥的压缩空气做静压试验，保持 3h 应无渗油现象。

试验注意事项：各套管内均充满变压器油；气体继电器放气。

(9) 试漏静放：

注油完毕后，变压器绝缘试验应该在待气泡消除后静置 24h 以上方可进行。

39.5.4.10 变压器交接试验

变压器交接试验的内容：

(1) 测量绕组连同套管的直流电阻；

(2) 检查所有分接头的变压比；

(3) 检查变压器的三相结线组别和单相变压器引出线的极性；

(4) 测量绕组连同套管的绝缘电阻、吸收比或极化指数；

(5) 测量绕组连同套管的介质损耗角正切值 tgδ；

(6) 测量绕组连同套管的直流泄漏电流；

(7) 绕组连同套管的交流耐压试验；

(8) 绕组连同套管的局部放电试验；

(9) 测量与铁芯绝缘的各紧固件及铁芯接地线引出套管对外壳的绝缘电阻；

(10) 绝缘油试验；

(11) 有载调压切换装置的检查和试验；

额定电压下的冲击合闸试验；检查相位；测量噪声。

试验方法详见本章 39.12 及《电气装置安装工程 电气设备交接试验标准》GB 50150—2016。

39.5.4.11 变压器送电前的检查

变压器试运行前应做全面检查，确认各项数据均符合试运行条件时方可投入运行。

39.5.4.12 变压器送电试运行验收

1. 送电试运行

(1) 变压器第一次投入时，可由高压侧投入全压冲击合闸。

(2) 变压器第一次受电后，持续时间应大于 10min，无异常情况。

(3) 变压器进行 5 次全压冲击合闸，应无异常情况，励磁涌流不应引起保护装置误动作。

(4) 油浸变压器带电后，油系统不应有渗油现象。

(5) 变压器试运行要注意冲击电流、空载电流、一次电压、二次电压、温度，并做好详细记录。

(6) 变压器并联运行前，相位核对应正确。

(7) 变压器空载运行 24h，无异常情况，方可投入负荷运行。

2. 验收

(1) 变压器带电运行 24h 后无异常情况，应办理验收手续。

(2) 验收时，应移交有关资料和文件。

39.5.5 箱式变电站（预装式变电站）安装

箱式变电站（箱变）又称户外成套变电站、组合式变电站、预装式变电站。其产品应该符合《高压/低压预装式变电站》GB/T 17467—2020 标准要求。

箱式变电站（简称箱变）是一种高压开关设备、配电变压器和低压配电装置，按一定接线方案将高压受电、变压器降压、低压配电等功能有机地组合在一起，安装在一个防潮、防锈、防尘、防鼠、防火、防盗、隔热、全封闭、可移动的钢结构箱体内，全封闭运行，由于它具有组合灵活，便于运输、迁移、安装方便，施工周期短、运行费用低、无污染、免维护等优点，受到电力工作者的重视。特别适用于城网建设与改造，是继土建变电站之后崛起的一种崭新的变电站。

39.5.5.1 设备及材料进场验收要求

（1）查验箱式变电站合格证和随带技术文件，箱式变电站应有出厂试验记录。

（2）外观检查。箱体不应发生变形。有铭牌，箱门内侧应有主回路线路图、控制线路图、操作程序及使用说明。附件齐全、绝缘件无损伤、裂纹，箱内接线无脱落脱焊，箱体完好无损，表面涂膜应完整。箱壳应有防晒、防雨、防锈、防小动物进入等措施或装置。对于有通风口的，其风口防护网应完好。箱壳门应向外开，应有把手、暗闩和锁，暗闩和锁应防锈。箱体金属框架均应有良好的接地，有接地端子，并标明接地符号。

（3）外观检查：有铭牌，附件齐全，绝缘件无缺损、裂纹，充油部分不渗漏，充气高压设备气压指示正常，涂层完整。

39.5.5.2 常用技术数据

1. 箱式变电站（预装式变电站）型号含义

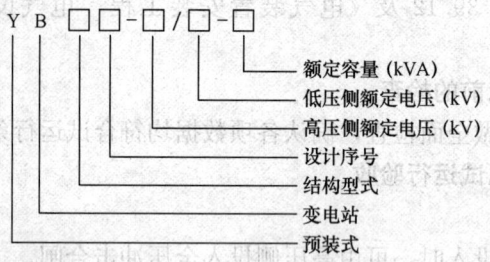

2. 箱式变电站按结构划分

（1）拼装式：将高、低压成套装置及变压器装入金属箱体，高、低压配电装置间留有操作走廊。

（2）组合装置型：这种型式的高、低压配电装置不使用现有的成套装置，而是将高、低压控制，保护电器设备直接装入箱内，使之成为一个整体。

（3）一体型：是在简化高、低压控制，保护装置的基础上，将高、低压配电装置与变压器主体一齐装入变压器箱，使之成为一个整体。

（4）箱式变电站配备低损耗油浸变压器和环氧树脂浇筑干式变压器两种。低压配电装置侧一般不设隔离开关；回路出线不宜超过9路。中性母线截面应不小于主母线截面1/20，主母线截面在50mm以下时，中性母线与主母线截面相同。

39.5.5.3 工艺流程

测量定位→基础型钢安装→接地装置安装→箱式变电站就位安装→试验→验收。

39.5.5.4 箱式变电站安装步骤

1. 测量定位

按设计施工图纸所标定位置及坐标方位尺寸、标高进行测量放线，确定箱式变电站安装位置及地脚螺栓的位置。箱式变电站的基础应高于室外地坪,周围排水通畅。

2. 基础型钢安装

(1) 电缆室内壁及基础平台用 1∶25 混凝土砂浆抹面,厚度为 20mm,表面需平整。

(2) 基础型钢应严格按图纸和规范要求敷设,并作防腐处理。

(3) 设备安装用的紧固件应全部采用镀锌制品。

(4) 设备基础型钢安装其允许偏差见表 39-80。

基础型钢安装允许偏差　　　　　　　　　　　　表 39-80

项目	允许偏差	
	(mm/m)	(mm/全长)
不直度	1.0	5
水平度	1	5
不平行度	—	5

(5) 基础型钢安装后,其顶部宜高出抹平地面 10mm,基础型钢应有不少于 2 处的可靠接地。

(6) 箱式变电站底座与基础之间要用水泥砂浆抹封,以免雨水进入箱式变电站;电缆进箱式变电站后,电缆与穿管间的缝隙需密封防水;箱式变电站底面需向外围略倾斜,避免积水。箱式变电站及其落地式配电箱的基础应高于室外地坪,周围排水通畅。用地脚螺栓固定的螺帽应齐全,拧紧牢固;自由安放的应垫平放正。对于金属箱式变电站及落地式配电箱,箱体应与保护导体可靠连接,且有标识。

(7) 配电间隔和静止补偿装置栅栏门应采用裸编织铜线与保护导体可靠连接,其截面积不应小于 $4mm^2$。

(8) 箱式变电站的基础验收合格,且对埋入基础的线、缆导管和进、出线预留孔及相关预埋件进行检查,才能安装箱式变电站。

3. 接地装置安装

(1) 接地网敷设:接地装置应符合设计的要求。

(2) 变压器中性点接地连接方式及接地电阻值应符合设计要求。

(3) 接地:变压器箱体、干式变压器的支架、基础型钢及外壳应分别单独与保护导体可靠连接,接地用镀锌螺栓连接处应有防松装置,连接紧固可靠,紧固件齐全。

(4) 电气设备的外露可导电部分应单独与保护导体相连接,不得串联连接,连接导体的材质、截面积应符合设计要求。

4. 箱式变电站就位与安装

(1) 就位。就位前要确保作业场地清洁、通道畅通。吊装时,应严格按产品说明书要求的吊点吊装,确保箱体安全、平稳、准确地就位。

(2) 按设计布局的顺序组合排列箱体,逐一吊装就位。调整箱体使其箱体正面垂直平顺,再将箱与箱用镀锌螺栓连接牢固,并有防松措施。

(3) 箱式变电站,用地脚螺栓固定的弹垫、平垫、螺帽齐全,拧紧牢固,自由安放的应垫平放正。

(4) 箱壳内的高、低压室均应装设照明灯具。

(5) 箱式变电站及其落地式配电箱的基础应高于室外地坪,周围排水通畅。用地脚螺栓固定的螺帽应齐全,拧紧牢固;自由安放的应垫平放正。对于金属箱式变电站及落地式配电箱,箱体应与保护导体可靠连接,且有标识。

(6) 配电间隔和静止补偿装置栅栏门应采用裸编织铜线与保护导体可靠连接,其截面积不应小于 $4mm^2$。

(7) 箱式变电站参考布置图见图 39-121～图 39-123。

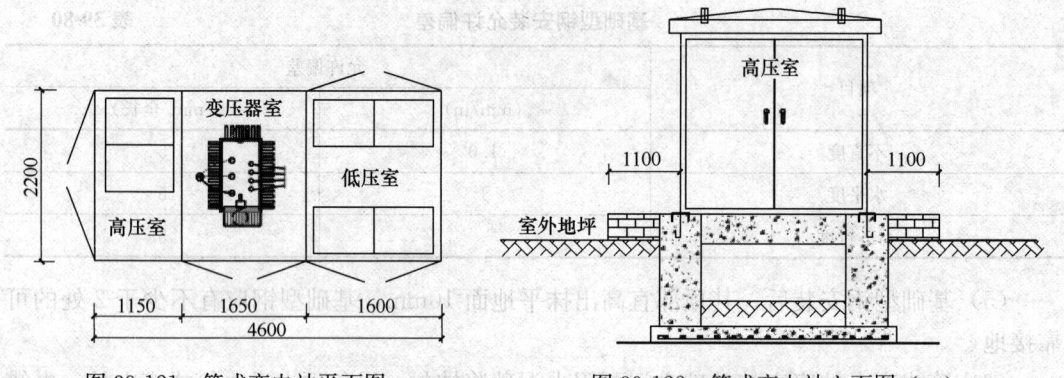

图 39-121 箱式变电站平面图　　　图 39-122 箱式变电站立面图(一)

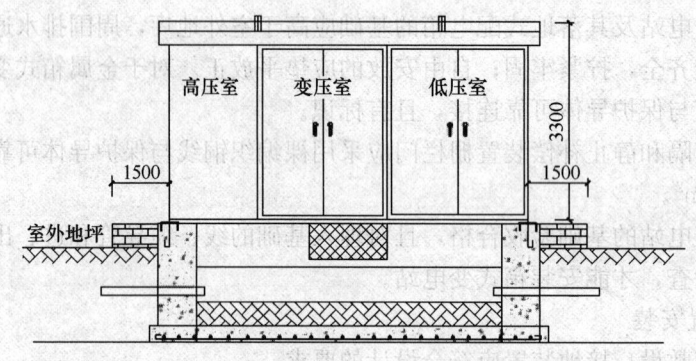

图 39-123 箱式变电站立面图(二)

注: 1. 箱式变电站四周留有 1.5m 以上的操作通道并水平于箱式变电站。
　　2. 抗震的处理:将箱式变电站底部型钢与基础槽钢及预埋件焊接牢固。变压器出进线与母线槽采用软连接。

(8) 箱式变电站内、外涂层应完整、无损伤,对于有通风口的,其风口防护网应完好。

(9) 将箱变底部型钢与基础槽钢及预埋件焊接牢固。对于油浸变压器顶盖,沿气体继电器的气流方向应有 1.0%～1.5% 的升高坡度。除与母线槽采用软连接外,变压器的套管中心线应与母线槽中心线在同一轴线上。

(10) 接线:

1) 接线的接触面应连接紧密,附件齐全,连接螺栓或压线螺钉紧固必须牢固。与母线连接时紧固螺栓时应采用力矩扳手紧固。

2) 相序排列符合设计及规范要求,排列整齐、平整、美观。按相位涂刷相色涂料。

3) 箱式变电站的高压和低压配电柜内部接线应完整，低压输出回路标记应清晰，回路名称应准确。

(11) 安装完毕后，要对箱式变电站各柜室进行全面检查，主要内容如下：
1) 核对图纸，查看设备元件、接线等是否与设计相符。
2) 检查相序是否正确。
3) 调整五防机械闭锁装置，要求灵活、可靠。
4) 调整开关、接地刀闸，要求快速、可靠、接触良好。
5) 箱式变电站的一、二次接线，控制线均应接线正确。

5. 试验

(1) 对于高压开关、熔断器等与变压器组合在同一个密闭油箱内的箱式变电站，交接试验应按产品提供的技术文件要求执行。

(2) 低压成套配电柜和馈电线路的每路配电开关及保护装置的相间和相对地间的绝缘电阻值不应小于 0.5MΩ；当国家现行产品标准未作规定时，电气装置的交流工频耐压试验电压应为 1000V，试验持续时间应为 1min，当绝缘电阻值大于 10MΩ 时，宜采用 2500V 兆欧表摇测。

(3) 箱式变电站电气交接试验。变压器应按变压器相关规定进行试验。高低压开关及其母线等按相关规定进行试验。

(4) 低压配电装置的电气交接试验：
1) 对每路配电开关及保护装置核对规格、型号，必须符合设计要求。
2) 测量线间和线对地间绝缘电阻值大于 0.5MΩ。当绝缘电阻值大于 10MΩ 时，用 2500V 兆欧表做交流耐压试验 1min，无闪络击穿现象。当绝缘电阻值在 0.5～10MΩ 之间时，有 1000V 交流工频耐压试验，时间 1min，不击穿为合格。

6. 验收

(1) 变压器带电运行 24h 后无异常情况，应办理验收手续。
(2) 验收时，应移交有关资料和文件。

39.5.6　成套配电柜（盘）安装

39.5.6.1　设备及材料进场验收

(1) 主要设备、材料、成品和半成品应进场验收合格，并应做好验收记录和验收资料归档。当设计有技术参数要求时，应核对其技术参数，并应符合设计要求。

(2) 实行生产许可证或强制性认证（CCC 认证）的产品，应有许可证编号或 CCC 认证标志，并应抽查生产许可证或 CCC 认证证书的认证范围、有效性及真实性。

(3) 新型电气设备、器具和材料进场验收时应提供安装、使用、维修和试验要求等技术文件。

(4) 进口电气设备、器具和材料进场验收时应提供质量合格证明文件、性能检测报告以及安装、使用、维修、试验要求和说明等技术文件；对有商检规定要求的进口电气设备，尚应提供商检证明。

(5) 外观检查：包装及密封应良好。开箱检查清点、型号、规格应符合设计要求，柜（盘）本体外观检查应无损伤及变形，油漆完整无损，有铭牌，柜内元器件无损坏丢失、无裂纹等缺陷。接线无脱落脱焊,充油、充气设备无泄漏,涂层完整,无明显碰撞凹陷,附件、备件齐全。装有电器的活动盘、柜门,应以裸铜软线与接地的金属构架可靠接地。

(6) 柜、屏、台、箱、盘的金属框架及基础型钢必须接地(PE)或接零(PEN)可靠;装有电器的可开启门,门和框架的接地端子间应用裸编织铜线连接,且有标识。

(7) 低压成套配电柜、控制柜(屏、台)和动力、照明配电箱(盘)应有可靠的电击保护。柜(屏、台、箱、盘)内保护导体应有裸露的连接外部保护导体的端子,当设计无要求时,柜(屏、台、箱、盘)内保护导体最小截面积 S_p 不应小于表 39-81 的规定。

保护导体的最小截面积　　　　　　　　表 39-81

相线的截面积 S （mm²）	相应保护导体的最小截面积 S_p （mm²）	相线的截面积 S （mm²）	相应保护导体的最小截面积 S_p （mm²）
$S\leqslant16$	S	$400<S\leqslant800$	200
$16<S\leqslant35$	16	$S>800$	$S/4$
$35<S\leqslant400$	$S/2$		

注:S 指柜(屏、台、箱、盘)电源进线相线截面积,且两者(S、S_p)材质相同。

(8) 基础型钢规格型号符合设计要求,并且无明显锈蚀。

(9) 其他材料。涂料(面漆、相色、防锈)、焊条、绝缘胶垫、锯条等均应符合相关质量标准规定。

(10) 低压开关柜技术参数如表 39-82～表 39-88 所示。

MNS 型低压抽出式开关柜技术参数　　　　　　　　表 39-82

额定工作电压（V）		380,660
额定绝缘电压（V）		660
额定工作电流（A）	水平母线	630～5000
	垂直母线	800,2000
额定短时耐受电流有效值（I_s）/峰值（kA）	水平母线	50、100/105、250
	垂直母线	60/130、150
外壳防护等级		IP30,IP40
外形尺寸宽×深×高（W×D×H）(mm)		2200×600(800,1000)×600(1000)

GGD 配电柜型技术参数表(一)　　　　　　　　表 39-83

型号	额定电压 （V）	额定电流 （A）	额定短路 开断电流 （kA）	额定短时 耐受电流 （kA）	额定峰值 耐受电流 （kA）
GGD1	380	1000 600（630） 400	15	15	30
GGD2	380	1500（1600） 1000	30	30	63
GGD3	380	3200 2500 2000	50	50	105

39.5 电气设备安装

GGD 配电柜型技术参数表（二）　　　　表 39-84

项目	数值
额定工作电压（V）	400
额定绝缘电压（V）	690
额定冲击耐受电压（kV）	8
安装类别	Ⅲ、Ⅳ
水平母线额定电流（A）	3200
垂直母线额定电流（A）	1250
水平母线和垂直母线额定短时耐受电流（kA）	15、30、50
水平母线和垂直母线额定峰值耐受电流（kA）	30、63、105
外形尺寸宽×深×高（$W \times D \times H$）（mm）	600×600（800）×2200 800×600（800）×2200 1000×600（800）×2200 1200×800×2200

GCK、GCL 配电柜技术参数表　　　　表 39-85

主要电气特性		参数
标准	国际标准	《低压成套开关设备和控制设备》IEC 439—1
	国家标准	《低压成套开关设备和控制设备》GB/T 7251 《外壳防护等级（IP 代码）》GB/T 4208
	行业标准	《低压抽出式成套开关设备》JB/T 9661
额定工作电压（V_{AC}）		380
额定绝缘电压（V_{AC}）		660
工作频率（Hz）		50/60
主母线额定工作电流（A）		3150、2500、2000、1600、1250、1000、800
主母线额定峰值耐受电流（kA）		363、80、105、176
主母线额定短时耐受电流（kA）		30、40、50、80
外壳防护等级		IP30
柜体宽度（mm）		600×800×1000
柜体高度（mm）		2200
柜体深度（mm）		800、1000

MNS 配电柜技术参数表　　　　表 39-86

1	额定绝缘电压（V）	660
2	额定工作电压（V）	660
3	主母线最大工作电流	5500A（JP00 4700A IP30）
4	主母线短时耐受电流（kA）	100（有效值）
5	主母线短时峰值电流（kA）	250（最大值）
6	配电母线（垂直母线）最大工作电流（A）	1000A
7	配电母线（垂直母线） 短时峰值电流（kA）	标准型 90（最大值） 加强型 130（最大值）

PGL 配电柜技术参数 表 39-87

额定工作电压	AC380V		
额定绝缘电压	500V	外形尺寸（mm）	高：2200
额定分断能力	PGL1：15kA PGL2：30kA（均为有效值）		深：600 宽：400、600、800、1000
辅助电路额定电压	AC220V、380V、DC110V、220V		

GDL（UKK）配电柜技术参数 表 39-88

额定频率（Hz）			50（60）
额定绝缘电压（V）			660、1000
额定工作电压（V）	主电路		400、690
	辅助电路	AC	380、220
		DC	220、110
额定工作电流（A）	水平母线		630、2500（4000）
	垂直母线		630、1600
额定短时耐受电流（kA）			65、80
额定峰值耐受电流（kA）			143、176
外壳防护等级			IP30、IP40、IP50
符合标准			《低压成套开关设备和控制设备》GB/T 7251 《低压成套开关设备和控制设备》IEC-439-1 《低压抽出式成套开关设备》JB/T 9661

39.5.6.2 作业条件

成套配电柜（台）、控制柜安装前，室内顶棚、墙体的装饰工程应完成施工，无渗漏水，室内地面的找平层应完成施工，基础型钢和柜、台、箱下的电缆沟等经检查应合格，落地式柜、台、箱的基础及埋入基础的导管应验收合格。

39.5.6.3 施工工艺流程

基础测量放线→基础型钢制安

设备开箱验收→设备搬运→柜（盘、台）吊装就位→母线安装→二次回路检查接线→盘柜调整调试→送电验收

39.5.6.4 盘柜安装步骤

1. 基础测量放线

按施工图纸标定的坐标方位、尺寸进行测量放线，确定型钢基础安装的边界线和中心线。

2. 基础型钢制作安装

（1）基础型钢制作。将有弯的型钢先调直，再按施工图纸要求的尺寸下料，组焊基础型钢架。组焊时应注意槽钢口朝内，型钢架顶面要在一个平面上，焊接时要对称焊，避免扭曲变形，焊缝要满焊。按柜（盘）底脚固定孔的位置尺寸，在型钢架的顶面上打好安装

孔，也可在组立柜（盘）时再打孔。在定孔位时，应使柜（盘）底面与型钢立面对齐，并应刷好防锈漆。

(2) 基础型钢架安装。将已预制好的基础型钢架放在测量放线确定的位置的预埋铁件上，用水准仪或水平尺找平、找正，安装允许偏差如表 39-89。

基础型钢架安装允许偏差　　　　表 39-89

项目	允许偏差	
	(mm/m)	(mm/全长)
不直度	1.0	5
水平度	1	5
不平行度	—	5

基础型钢上表面应处于同一水平面。找平过程中，用垫铁垫在型钢架与预埋件之间找平，但每组垫铁不得超过三块。然后，将基础型钢架、预埋件、垫铁用电焊焊牢。基础型钢架的顶部应高出地面 5～10mm（型钢是否需要高出地面，应根据设计及产品技术文件要求而定）。

(3) 基础型钢架的接地。在型钢结构架的两端与引进室内的接地扁钢焊牢，焊接面为扁钢宽度的二倍，三面满焊，焊接处除去焊渣，做好防腐处理。然后，将基础型钢架涂刷二道面漆。

(4) 基础型钢安装后，其顶部宜高出最终地面 10～20mm；手车式成套柜应按产品技术要求执行。

(5) 室外安装的落地式配电（控制）柜、箱的基础应高于地坪，周围排水应通畅，其底座周围应采取封闭措施。

3. 设备开箱检查

(1) 安装单位、供货单位或建设单位共同进行，并做好检查记录。

(2) 按照设备清单、施工图纸及设备技术资料，核对设备本体及附件、备件的规格型号应符合设计图纸要求；附件、备件齐全；产品合格证件、技术资料、说明书齐全。

(3) 柜（盘）本体外观检查应无损伤及变形，油漆完整无损。

(4) 柜（盘）内部检查：电气装置及元件、绝缘瓷件齐全、无损伤、裂纹等缺陷。

4. 设备搬运

(1) 运输。首先应确保运输通道平整畅通。

在搬运和安装时应采取防振、防潮、防止框架变形和漆面受损等安全措施。

(2) 设备吊装。柜（盘）顶部有吊环时，吊点应为设备的吊环；无吊环时，应将吊索挂在四角的主要承重结构处（注意不得损坏箱体），不得将吊索吊在设备部件上。

5. 柜（盘、台）吊装就位安装

(1) 盘、柜安装的通用要求

1) 柜、台、箱、盘应安装牢固，且不应设置在水管的正下方。柜（盘）安装应按施工图纸依次将柜平稳、安全、准确就位在基础型钢架上。单独的柜（盘）只保证柜面和侧面的垂直度。

2) 首先根据设计的尺寸拉好整排屏柜的直线。按设计位置和尺寸把第一块盘用线锤和水平尺进行找正，按规范盘柜垂直度误差应小于每米1.5mm，如达不到要求可在柜底垫垫块，每组垫片不能超过三片。

3) 成排柜（盘）的安装，首先将第一面开关柜安装好后，其他开关柜就按第一个柜作为标准拼装起来。通常35kV、10kV配电盘柜以主变压器进线盘柜为第一面柜开始安装，然后分别向两侧拼装。如发现基础槽钢的水平误差较大，应选主变压器进线柜第一面柜的安装位置。

4) 依次将盘逐块找正靠紧。检查盘间螺栓孔应相互对应，如位置不对可用圆锉修整。带上盘间螺栓不要拧紧，以第一块盘为准，用撬棍对盘进行统一调整，调整垫铁的厚度及盘间螺栓松紧，使每块盘达到规定要求，依次将各盘固定。最后要求成列柜顶水平高差不大于5mm，成列柜面不平度小于5mm，柜间缝隙小于2mm，见表39-90。

5) 调整后在开关柜的四个底角用卡具连接或钻孔用螺栓将其固定（高压柜可焊接固定），根据柜的固定螺孔尺寸，用手电钻在基础型钢架上钻孔，分别用M12或M16镀锌螺栓固定。紧固时要避免局部受力过大，以免变形，受力要均匀，并应有防松措施。

盘、柜安装的允许偏差　　　　　　　　　　　表39-90

项目		允许偏差（mm）
垂直度（每米）		<1.5
水平偏差	相邻两盘顶部	<2
	成列盘顶部	<5
盘面偏差	相邻两盘边	<1
	成列盘面	<5
盘间接缝		<2

6) 固定。柜（盘）就位，用水平尺或水平仪将柜找正、找平后，应将柜体与柜体、柜体与侧挡板均用镀锌螺栓连接为整体，且应有防松措施。

7) 接地。成列盘柜基础型钢应有明显且不少于两点的可靠接地，每台柜（盘）单独与基础型钢架连接，严禁串联连接接地。所有接地连接螺栓处应有防松装置。

8) 柜、台、箱的金属框架及基础型钢应与保护导体可靠连接；对于装有电器的可开启门，门和金属框架的接地端子间应选用截面积不小于$4mm^2$的黄绿色绝缘铜芯软导线连接，并应有标识。

9) 柜、台、箱、盘等配电装置应有可靠的防电击保护；装置内保护接地导体（PE）排应有裸露的连接外部保护接地导体的端子，并可靠连接。

10) 盘柜孔洞及电缆管应封堵严密，可能结冰的地区还应采取防止电缆管内积水结冰的措施。

11) 盘柜的正面及背面各电器、端子排等应标明编号、名称、用途及操作位置，且字迹清晰、工整，不宜褪色。

12) 当设计有防火要求时，柜、台、箱的进出口应做防火封堵，并应封堵严密。

(2) 断路器及隔离开关的调整

1) 断路器的调整（小车式、固定式开关均适用）：高压开关柜内真空断路器生产厂家已调整好，在现场不准自行解体调整，如检查到有些断路器的机械特性参数不符合要求，应立即通知生产厂家到现场调整。

2) 隔离开关的调整（固定式开关适用）：检查隔离开关是否满足规范要求，如达不到要求，应通知生产厂家到现场调整。隔离开关的具体检查项目：三相同期性，触头是否偏心，触头与触指的接触情况。

注：小车式无上、下隔离开关，只有接地开关，调整方法与上述类同。

3) 高压柜安装完后，要全面地进行检查，清理工作现场的工具。

(3) 抽屉式配电柜的安装检查

1) 抽屉推拉应轻便灵活，并应无卡阻、碰撞现象，同型号、规格的抽屉应能互换。

2) 抽屉的机械闭锁或电气闭锁装置应动作可靠。

3) 抽屉与柜体的二次回路连接插件接触良好。

(4) 手车式柜的安装检查

1) 机械闭锁、电气闭锁应动作准确、可靠。

2) 手车推拉应轻便灵活，并应无卡阻、碰撞现象，相同型号、规格的手车应能互换。

3) 手车和柜体间二次回路连接插件接触良好。

4) 安全隔离板随手车的进出而相应动作开启灵活。

5) 柜内控制电缆不应妨碍手车的进出，并应固定牢固。

6) 盘柜的漆层完整，无损伤；固定电器的支架等应采取防锈蚀措施。

7) 真空断路器与操动机构联动应正常、无卡阻；分合闸指示正确；辅助开关动作应准确、可靠。

8) 高压开关柜应具备防止电气误操作的"五防"功能。

(5) 照明配电箱（盘）

1) 箱（盘）内配线应整齐、无绞接现象；导线连接应紧密、不伤线芯、不断股；垫圈下螺栓两侧压的导线截面积应相同，同一电气器件端子上的导线连接不应多于2根，防松垫圈等零件应齐全。

2) 箱（盘）内开关动作应灵活可靠。

3) 箱（盘）内宜分别设置中性导体（N）和保护接地导体（PE）汇流排，汇流排上同一端子不应连接不同回路的 N 或 PE。

4) 箱体开孔应与导管管径适配，暗装配电箱箱盖应紧贴墙面，箱（盘）涂层应完整。

5) 箱（盘）内回路编号应齐全，标识应正确。

6) 箱（盘）应安装牢固、位置正确、部件齐全，安装高度应符合设计要求，垂直度允许偏差不应大于 1.5‰。

(6) 母线安装

1) 柜（盘）骨架上方的母线安装必须按设计施工，母线规格型号必须与设计相符，相序、间距与设计一致，绝缘达到设计及规范相关要求的规定。

2) 绝缘端子与接线端子间距合理，排列有序，安装牢固，规格与母带截面相匹配。所有连接螺栓应采用镀锌螺栓，并应有防松措施，连接牢固。

3) 母线应设有防止异物坠落其上而使母带短路的措施。

4) 开关柜内母线安装：

① 柜内母线厂家已配备。柜体间联络母线安装应按分段图、相序、编号、方向和标

志正确放置；母线的搭接面应连接紧密，并应在接触面上涂一层电力复合脂。连接螺栓用力矩扳手紧固，其紧固力矩值应符合如表39-91所示的规定。

钢制螺栓的紧固力矩值表　　　　　　　　　　表 39-91

螺栓规格（mm）	力矩值（N·m）	螺栓规格（mm）	力矩值（N·m）
M8	8.8～10.8	M16	78.5～98.1
M10	17.7～22.6	M18	98.0～127.4
M12	31.4～39.2	M20	156.9～196.2
M14	51.0～60.8	M24	274.6～343.2

② 封闭母线桥由生产厂家到现场实测尺寸并在厂制作好后再送往现场安装，安装前先搭设好脚手架，根据母线桥安装高度搭设至合适高度，根据安装图纸将母线箱逐个抬上脚手架摆放，拼装连接时从两端往中间靠拢连接，用短木方调整母线箱安装高度，在设有吊杆处用吊杆调整母线箱高度及水平度，拼接过程中不宜将两个母线箱之间的螺栓紧固，应留有一定的间隙，以便统一调整母线桥的间隙分布，整个母线箱拼接完成后检查整体水平度和拼装间隙的分布，调整后逐步将螺栓紧固，并让吊杆处于适当的受力状态。

5）母线安装应符合下列要求：

① 交流母线的固定金具或其他支持金具不应成闭合磁路。

② 当母线平置时，母线支持夹板的上部应与母线保持1～1.5mm的间隙；当母线立置时，上部压板应与母线保持1.5～2mm的间隙。

③ 母线对地及相与相之间最小电气距离应符合规程中的规定：10kV不小于125mm，35kV不小于300mm。

④ 母线桥安装时应注意母线桥体的美观，保证横平竖直，桥体与桥体、柜体驳接处的缝隙应小于2mm。

⑤ 母线安装完成后进行核相。

⑥ 母线对地及相与相之间最小电气距离应符合规程中的规定：10kV不小于125mm。

⑦ 柜内一次接地母线必须明显可靠接地。

⑧ 在母线验收合格后应对所有螺栓进行紧固检查，确认达标的用油性笔画上记号，防止个别螺栓没有紧固。

（7）二次回路检查接线

1）按柜（盘）工作原理图及接线图逐台检查柜（盘），电气元件与设计是否相符，其额定电压和控制、操作电源电压必须一致，接线应正确，整齐美观，绝缘良好，连接牢固，且不得有中间接头。

2）多油设备的二次接线不得采用橡皮线，应采用塑料绝缘线或其他耐油导线。

3）控制线校线后，将每根芯线理顺直敷在线槽内，用镀锌螺丝、平垫圈、弹簧垫连接在每个端子板上，每侧一般一端子压一根线，最多不得超过两根，而且必须在两根线间应加垫圈。多股线应搪锡，严禁产生断股缺股现象。

4）电流互感器二次回路中性点应分别一点接地，接地线截面积不应小于4mm^2。

5）二次回路连线应成束绑扎，不同电压等级、交流、直流线路及计算机控制线路应分别绑扎，且应有标识；固定后不应妨碍手车开关或抽出式部件的拉出或推入。

6) 连接导线应采用多芯铜芯绝缘软导线，敷设长度应留有适当裕量。

7) 线束宜有外套塑料管等加强绝缘保护层。

8) 可转动部位的两端应采用卡子固定。

9) 回路中的电子元件不应参加交流工频耐压试验，50V及以下回路可不做交流工频耐压试验。

10) 低压电器组合：

① 发热元件应安装在散热良好的位置；

② 熔断器的熔体规格、断路器的整定值应符合设计要求；

③ 切换压板应接触良好，相邻压板间应有安全距离，切换时不应触及相邻的压板；

④ 信号回路的信号灯、按钮、光字牌、电铃、电笛、事故电钟等动作和信号显示应准确；

⑤ 金属外壳需做电击防护时，应与保护导体可靠连接；

⑥ 端子排应安装牢固，端子应有序号，强电、弱电端子应隔离布置，端子规格应与导线截面积大小适配。

11) 二次回路的电气间隙和爬电距离：应符合现行国家标准《低压成套开关设备和控制设备 第1部分：总则》GB/T 7251.1 的有关规定。屏顶上小母线不同相或不同级别的裸露载流部分之间，以及裸露载流部分与未经救援队金属体之间，其电气间隙不得小于12mm，爬电距离不得小于20mm。

12) 柜、箱、盘内电涌保护器（SPD）安装应符合下列规定：

① SPD的型号规格及安装布置应符合设计要求。

② 电源线路的各级浪涌保护器应分别安装在线路进入建筑物的入口、防雷区的界面和靠近被保护设备处。各级浪涌保护器连接导线应短直，其长度不宜超过0.5m，并固定牢靠。浪涌保护器各接线端应在本级开关、熔断器的下桩头分别与配电箱内线路的同名端相线连接，浪涌保护器的接地端应以最短距离与所处防雷区的等电位接地端子板连接。配电箱的保护接地线（PE）应与等电位接地端子板直接连接。

③ 带有接线端子的电源线路浪涌保护器应采用压接；带有接线柱的浪涌保护器采用接线端子与接线柱连接。

39.5.6.5 调试

柜（盘）调试应符合以下规定：

(1) 高压试验应由供电部门认定有资质的试验单位进行。高压试验结果必须符合国家现行技术标准的规定和柜（盘）的技术资料要求。

(2) 手车、抽出式成套配电柜推拉应灵活，无卡阻碰撞现象。动触头与静触头的中心线应一致，且触头接触紧密，投入时，接地触头先于主触头接触；退出时，接地触头后于主触头脱开。

(3) 高低压成套配电柜必须按规定做交接试验合格，且应符合下列规定：

1) 继电保护元器件、逻辑元件、变送器和控制用计算机等单体校验合格，整组试验动作正确，整定参数符合设计要求；

2) 按产品技术文件要求进行交接试验；

3) 试验内容：高低压柜框架、高低压开关、母线、电压互感器、电流互感器、避雷器、电容器、高压瓷瓶等，详见本章 39.12 及《电气装置安装工程　电气设备交接试验标准》GB 50150—2016。

4）继电保护元器件、逻辑元件、变送器和控制用计算机等单体校验应合格，整组试验动作应正确，整定参数应符合设计要求。

5）真空断路器主要技术指标见表 39-92。

真空断路器的主要技术指标　　　　　　　　　　　　　　　表 39-92

主要指标	标准值	主要指标	标准值
触头开距（mm）	国产泡 11±1 进口泡 8±1	接触行程（mm）	4±1
油缓冲行程（mm）	7～10	三相不同期性（ms）	小于 2

注：断路器在出厂时生产厂家已经调整好，现场只需进行检查，如有问题须联系生产厂家到场处理。

6）隔离开关的具体检查项目：三相同期性误差不得大于 5mm，触头不偏心，触头与触指的接触情况、插入深度等应符合制造厂规定。

7）高压开关柜安装后表面应保护油漆完好，表面无剥落生锈、划痕、碰损等。柜内应干净，无积尘。

8）断路器操动机构各部件工作正常，隔离开关操作灵活、无卡阻现象。"五防"闭锁功能良好无损坏。

新型高压电气设备和继电保护装置投入使用前，应按产品技术文件要求进行交接试验。

（4）低压成套配电柜交接试验应符合的规定：

1）对于低压成套配电柜、箱及控制柜（台、箱）间线路的线间和线对地间绝缘电阻值，馈电线路不应小于 0.5MΩ，二次回路不应小于 1MΩ；二次回路的耐压试验电压应为 1000V，当回路绝缘电阻值大于 10MΩ 时，应采用 2500V 兆欧表代替，试验持续时间应为 1min 或符合产品技术文件要求。检查方法：用绝缘电阻测试仪测试或试验、测试时观察检查或查阅绝缘电阻测试记录。

2）直流柜试验时，应将屏内电子器件从线路上退出，主回路线间和线对地间绝缘电阻值不应小于 0.5MΩ，直流屏所附蓄电池组的充、放电应符合产品技术文件要求；整流器的控制调整和输出特性试验应符合产品技术文件要求。检查方法：用绝缘电阻测试仪测试，调整试验时观察检查或查阅试验记录。

39.5.6.6　送电试运行

1. 送电前准备工作

（1）设备和工作场所必须彻底清扫干净，所有电器、仪表元件清洁完成（清扫时注意不要用液体），不得有灰尘和杂物，尤其母线上和设备上不能留有工具、金属材料及其他物件，可再次对相间、相对地、相对零进行绝缘电阻测试，测试值必须符合要求。

（2）应备齐试验合格的绝缘防护用品（绝缘防护装备、胶垫，以及接地编织铜线）和应急物资（灭火器材），以及测试工具等，做好应急预案。

（3）试运行的组织工作。明确试运行指挥者、操作者和监护者。监护者必须由有经验的工程师担任。

(4) 各试验项目全部合格，有试验报告单，并经监理工程师签字认可后，方可进行送电。

(5) 各种保护装置（如继电保护）动作灵活可靠，控制、连锁（电气连锁、机械连锁）、信号等动作准确无误。

2. 送电规定

(1) 送电流程

送电准备完成→经供电部门检查合格→进线接通→相位测试符合→高压进线开关→高压电压检测→合变压器柜开关→合低压柜进线开关→低压电压检查→低压柜逐台送电，以上流程必须依次执行，每一步合格以后，才能进行下一步的操作。

(2) 同相校核

在开关断开状态下进行同相校核。用万用表或电压表电压挡测量两路的同相，此时电压表无读数，表示两路电同相。

39.5.6.7 验收

(1) 送电运行24h，配电柜运行正常，无异常现象，方可办理验收手续，交建设单位使用。

(2) 验收提交各种文件资料。

39.5.7 变配电室内外母线安装

母线分为裸母线和封闭母线、插接母线。

39.5.7.1 材料进场验收

1. 查验合格证和随带安装技术文件

2. 外观检查

防潮密封应良好，各段编号应标志清晰，附件应齐全、无缺损，外壳应无明显变形，母线螺栓搭接面应平整，镀层覆盖应完整，无起皮和麻面；插接母线槽上的静触头应无缺损、表面光滑、镀层完整；对有防护等级要求的母线槽尚应检查产品及附件的防护等级与设计的符合性，其标识应完整。

3. 封闭母线、插接母线

(1) 查验合格证和随带安装技术文件。

(2) 外观检查：防潮密封良好，各段编号标志清晰，附件齐全，外壳不变形，母线螺栓搭接面平整、镀层覆盖完整、无起皮和麻面；插接母线上的静触头无缺损、表面光滑、镀层完整。

(3) 母线分段标志清晰齐全，绝缘电阻符合设计要求，每段大于20MΩ。

(4) 根据母线排列图和装箱单，检查封闭插接母线、进线箱、插接开关箱及附件，其规格、数量应符合要求。

4. 裸母线、裸导线规定

(1) 查验合格证；

(2) 外观检查：包装完好，裸母线平直，表面无明显划痕，测量厚度和宽度符合制造标准；裸导线表面无明显损伤，不松股、扭折和断股（线），测量线径符合制造标准。

39.5.7.2 母线常用参数

母线常用参数如表 39-93～表 39-96 及图 39-124、图 39-125 所示。

母线搭接螺栓的拧紧力矩值   表 39-93

序号	螺栓规格	力矩值（N·m）	序号	螺栓规格	力矩值（N·m）
1	M8	8.8～10.8	5	M16	78.5～98.1
2	M10	17.7～22.6	6	M18	98.0～127.4
3	M12	31.4～39.2	7	M20	156.9～196.2
4	M14	51.0～60.8	8	M24	274.6～343.2

母线螺栓搭接尺寸   表 39-94

搭接形式	类别	序号	连接尺寸（mm）			钻孔要求		螺栓规格
			b_1	b_2	a	ϕ（mm）	个数	
	直线连接	1	125	125	b_1 或 b_2	21	4	M20
		2	100	100	b_1 或 b_2	17	4	M16
		3	80	80	b_1 或 b_2	13	4	M12
		4	63	63	b_1 或 b_2	11	4	M10
		5	50	50	b_1 或 b_2	9	4	M8
		6	45	45	b_1 或 b_2	9	4	M8
	直线连接	7	40	40	80	13	2	M12
		8	31.5	31.5	63	11	2	M10
		9	25	25	50	9	2	M8
	垂直连接	10	125	125	—	21	4	M20
		11	125	100～80	—	17	4	M16
		12	125	63	—	13	4	M12
		13	100	100～80	—	17	4	M16
		14	80	80～63	—	13	4	M12
		15	63	63～50	—	11	4	M10
		16	50	50	—	9	4	M8
		17	45	45	—	9	4	M8
	垂直连接	18	125	50～40	—	17	2	M16
		19	100	63～40	—	17	2	M16
		20	80	63～40	—	15	2	M14
		21	63	50～40	—	13	2	M12
		22	50	45～40	—	11	2	M10
		23	63	31.5～25	—	11	2	M10
		24	50	31.5～25	—	9	2	M8

39.5 电气设备安装

续表

搭接形式	类别	序号	连接尺寸（mm）			钻孔要求		螺栓规格
			b_1	b_2	a	ϕ（mm）	个数	
（图示）	垂直连接	25	125	31.5～25	60	11	2	M8
		26	100	31.5～25	50	9	2	M10
		27	80	31.5～25	50	9	2	M8
（图示）	垂直连接	28	40	40～31.5	—	13	1	M12
		29	40	25	—	11	1	M10
		30	31.5	31.5～25	—	11	1	M10
		31	25	22	—	9	1	M8

室内裸母线最小安全净距（mm） 表 39-95

符号	适用范围	图号	额定电压（kV）			
			0.4	1～3	6	10
A_1	1. 带电部分至接地部分之间 2. 网状和板状遮栏向上延伸线距地 2.3m 处与遮栏上方带电部分之间	图 39-124	20	75	100	125
A_2	1. 不同相的带电部分之间 2. 断路器和隔离开关的断口两侧带电部分之间	图 39-124	20	75	100	125
B_1	1. 栅状遮栏至带电部分之间 2. 交叉的不同时停电检修的无遮栏带电部分之间	图 39-124、图 39-125	800	825	850	875
B_2	网状遮栏至带电部分之间	图 39-124	100	175	200	225
C	无遮栏裸导体至地（楼）面之间	图 39-124	2300	2375	200	2425
D	平行的不同时停电检修的无遮栏裸导体之间	图 39-124	1875	1875	1900	1925
E	通向室外的出线套管至室外通道的路面	图 39-125	3650	4000	4000	4000

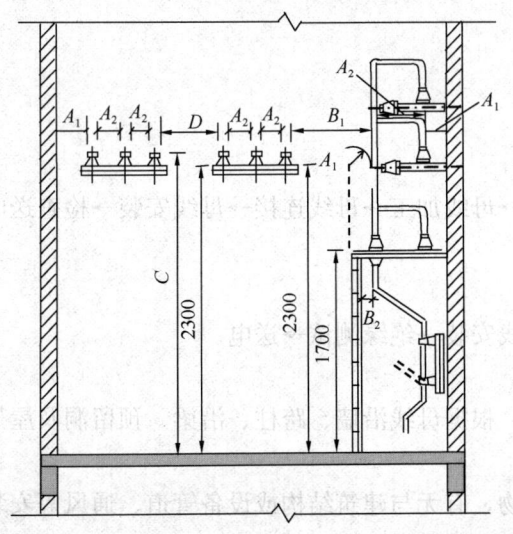

图 39-124 室内 A_1、A_2、B_1、B_2、C、D 值校验

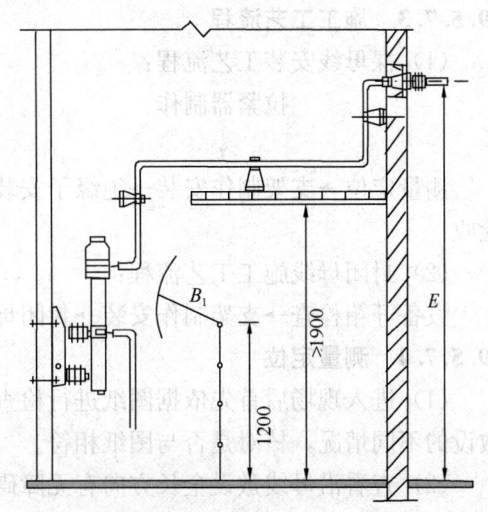

图 39-125 室内 B_1、E 值校验

室内配电装置的安全净距（mm）　　　　表 39-96

符号	适用范围	额定电压（kV）									
		0.4	1~10	15~20	35	60	110J	110	220J	330J	500J
A_1	1. 带电部分至接地部分之间 2. 网状遮栏向上延伸距地面 2.5m 处遮栏上方带电部分之间	75	200	300	400	650	900	1000	1800	2500	3800
A_2	1. 不同相的带电部分之间 2. 断路器和隔离开关的断口两侧引线带电部分之间	75	200	300	400	650	1000	1100	2000	2800	4300
B_1	1. 设备运输时，其外廓至无遮栏带电部分之间 2. 交叉的不同时停电检修的无遮栏带电部分之间 3. 栅状遮栏至绝缘体和带电部分之间 4. 带电作业时的带电部分至接地部分之间	825	950	1050	1150	1400	1650	1750	2550	3250	4550
B_2	网状遮栏至带电部分之间	175	300	400	500	750	1000	1100	1900	2600	3900
C	1. 无遮栏裸导体至地面之间 2. 无遮栏裸导体至建筑物、构筑物、构筑物顶部之间	2500	2700	2800	2900	3100	3400	3500	4300	5000	7500
D	1. 平行的不同时停电检修的无遮栏带电部分之间 2. 带电部分与建筑物、构筑物的边沿部分之间	2000	2200	2300	2400	2600	2900	3000	3800	4500	5800

注：1. 110J、220J、330J、500J 系指中性点直接接地电网。
2. 栅状遮栏至绝缘体和带电部分之间，对于 220kV 及以上电压，可按绝缘体电位的实际分布，采用相应的 B 值检验，此时允许栅状遮栏与绝缘体的距离小于 B_1 值。当无给定的分布电位时，可按线性分布计算。500kV 相间通道的安全净距，亦可用此原则。
3. 带电作业时的带电部分至接地部分之间（110J、500J），带电作业时，不同相或交叉的不同回路带电部分之间，其 B_1 值可取 A_2+750mm。
4. 500kV 的 A_1 值，双分裂软导线至接地部分之间可取 3500mm。
5. 海拔超过 1000m 时，A 值应进行修正。
6. 本表所列各值不适用于制造厂生产的成套配电装置。

39.5.7.3 施工工艺流程

（1）裸母线安装工艺流程：

拉紧器制作
↓
测量定位→支架制作安装→绝缘子安装→母线加工→母线连接→母线安装→检查送电验收

（2）封闭母线施工工艺流程：

设备开箱检查→支架制作安装→封闭母线安装→绝缘测试→送电。

39.5.7.4 测量定位

（1）进入现场后首先依据图纸进行检查，根据母线沿墙、跨柱、沿梁、预留洞及屋架敷设的不同情况，核对是否与图纸相符。

（2）查看沿母线敷设全长方向有无障碍物，有无与建筑结构或设备管道、通风等安装部件交叉现象。

(3) 检查预留孔洞、预埋铁件的尺寸、标高、方位,是否符合要求。

(4) 配电柜内安装母线,测量与设备上其他部件安全距离是否符合要求。

(5) 放线测量:放线测量出各段母线加工尺寸、支架尺寸,并划出支架安装距离及剔洞或固定件安装位置。

(6) 检查安装支架平台是否符合安全及操作要求。

39.5.7.5 裸母线预制加工

1. 母线下料要求

(1) 对弯曲不平的母线的矫直应采用母带调直器进行调直。人工作业时,先选一段表面平直、光滑、洁净的大型槽钢或工字钢,将母线放在钢面上用木制手锤进行击打平整顺直,严禁使用铁锤。如母线弯曲过大,在弯曲部位放上木板等垫板,然后敲打矫直。

(2) 母线下料可用手锯或无齿砂轮切割机进行切割,严禁用电焊或气焊进行切割。

(3) 母线下料时应注意:

1) 根据母线来料长度合理切割,以免浪费。

2) 为便于日久检修拆卸,长母线应在适当的部位分段,并用螺栓连接,但接头不宜过多。

3) 下料时母线要留适当裕量,避免弯曲时产生误差,造成整根母线报废。

4) 下料时,母线的切断面应平整。

2. 母线的弯曲

(1) 冷弯法。矩形母线应进行冷弯,不得进行热弯。母线制弯应用专用工具。弯曲处不得有裂纹及显著的皱折。母线开始弯曲处距最近绝缘子的母线支持夹板边缘不应大于 0.25 倍的母线两支持点的距离,但不得小于 50mm。

(2) 弯曲半径。母线开始弯曲处距母线连接位置不应小于 50mm,如图 39-126。母线平弯和立弯的弯曲半径(R)值,不得小于表 39-97 的规定,多片母线的弯曲度应一致。

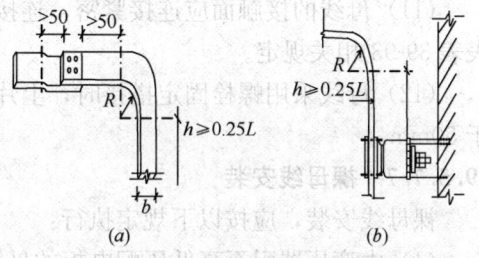

图 39-126 母线弯曲处示意图
(a) 母线立弯示意图;(b) 母线平弯示意图
b—母线宽度;L—母线两支持点间的距离

(3) 扭弯。母线扭转部分的长度不得小于母线宽度的 2.5~5 倍。

母线弯曲半径表　　　　　　　表 39-97

母线种类	弯曲方式	母线断面尺寸 (mm)	最小弯曲半径 (mm)		
			铜	铝	钢
矩形母线	平弯	50×5	2h	2h	2h
		125×10	2h	2.5h	2h
棒形母线	立弯	50×5	1b	1.5b	0.5b
		125×10	1.5b	2b	1b
		直径为 16 及以下	50	70	50
		直径为 30 及以下	150	150	150

39.5.7.6 裸母线连接

硬母线的连接应采用焊接、贯穿螺栓连接或夹板及夹持螺栓搭接；管形和棒形母线应用专用线夹连接，严禁用内螺纹管接头或锡焊连接。

1. 母线与母线或母线与电器接线端子的螺栓搭接面的安装，应符合下列要求：

(1) 母线接触面加工后必须保持清洁，并涂以电力复合脂。

(2) 铜与铜：室外、高温且潮湿的室内，搭接面搪锡；干燥的室内，不搪锡。

(3) 铝与铝：搭接面不做涂层处理。

(4) 钢与钢：搭接面搪锡或镀锌。

(5) 铜与铝：在干燥的室内，铜导体搭接面搪锡；在潮湿场所，铜导体搭接面搪锡，且采用铜铝过渡板与铝导体连接。

(6) 钢与铜或铝：钢搭接面应采用热镀锌，铜搭接面必须搪锡。

(7) 母线钻孔尺寸及螺栓规格应符合相关规定。

(8) 母线平置时，贯穿螺栓应由下往上穿，其余螺母应置于维护侧，螺栓长度宜露出螺母 2～3 扣。

(9) 贯穿螺栓连接的母线两外侧均应有平垫圈，相邻螺栓垫圈间应有 3mm 以上的净距，螺母侧应装有弹簧垫圈或锁紧螺母。

(10) 螺栓受力应均匀，不应使电器的接线端子受到额外应力。

(11) 母线的接触面应连接紧密，连接螺栓应用力矩扳手紧固，其紧固力矩值应符合表表 39-93 相关规定。

(12) 母线采用螺栓固定搭接时，上片母线端头与下片母线平弯开始处的距离不应小于 50mm。

39.5.7.7 裸母线安装

裸母线安装，应按以下规定执行：

(1) 由变压器引至高低压配电柜的母线必须在变压器、高低压成套柜、穿墙套管及支持绝缘子等全部安装就位，经检查合格后才能安装。

(2) 母线安装。室内裸母线的最小安全距离应符合表 39-95 相关规定要求。母线支持点的间距，对低压母线不得大于 900mm，对高压母线不得大于母线支持点的误差，水平段，二支持点高度误差不大于 3mm，全长不大于 10mm，垂直段，二支持点垂直误差不大于 2mm，全长不大于 5mm。母线间距，平行部分间距应均匀一致，误差不大于 5mm。

(3) 母线搭接连接，螺栓受力应均匀，不应使电器的接线端子受到额外应力。

(4) 除固定点外，当母线平置时，母线支持夹板的上部压板与母线间有 1～1.5mm 的间隙；当母线立置时，上部压板与母线间有 1.5～2mm 的间隙。

(5) 母线的固定点，每段设置 1 个，设置于全长或两母线伸缩节的中点。

(6) 穿墙套管的安装应符合下列要求：

1) 装穿墙套管的孔径应比嵌入部分大 5mm 以上，混凝土安装板的最大厚度不得超过 50mm。

2) 额定电流在 1500A 及以上的穿墙套管直接固定在钢板上时，套管周围不应成闭合磁路。

3) 穿墙套管垂直安装时，法兰应向上，水平安装时，法兰应在外。

4) 600A 及以上母线穿墙套管端部的金属夹板（紧固件除外）应采用非磁性材料，其与母线之间应有金属相连，接触应稳固，金属夹板厚度不应小于 3mm，当母线为两片及以上时，母线本身间应予固定。

5) 充油套管水平安装时，其储油柜及取油样管路应无渗漏，油位指示清晰，注油和取样阀位置应装设于巡回监视侧，注入套管内的油必须合格。

6) 套管接地端子及不用的电压抽取端子应可靠接地。

7) 母线采用螺栓搭接时，连接处距绝缘子的支持夹板边缘不小于 50mm。

(7) 母线的相序排列必须符合设计要求，如设计无要求按表 39-98 排列。安装应平整、整齐、美观。

母线的相序排列顺序 表 39-98

母线的相位排列	三线时	四线时
水平（由盘后向盘面）	A—B—C	A—B—C—0
垂直（由上向下）	A—B—C	A—B—C—0
引下线（由左至右）	A—B—C	A—B—C—0

(8) 母线安装完后按表 39-99 给母线涂色。

母线的涂色要求 表 39-99

母线相位	颜色	母线相位	颜色
A 相	黄	中性（不接地）	紫色
B 相	绿	中性（接地）	带黑色条纹
C 相	红	正极	赤色
		负极	蓝色

注：在连接处或支持件边缘两侧 10mm 以内不涂色。

(9) 母线连接接触面间应保持清洁，并应涂以电力复合脂。

(10) 平置时，螺栓应由下往上穿，螺母应在上方，其余情况下，螺母应置于维护侧，螺栓长度宜露出螺母 2～3 扣。

(11) 螺栓与母线紧固面间均应有平垫圈，母线多颗螺栓连接时，相邻螺栓垫圈间应有 3mm 以上的净距，螺母侧应装有弹簧垫圈或锁紧螺母。

(12) 母线接触面应连接紧密，连接螺栓应用力矩扳手紧固，钢制螺栓紧固力矩值应符合表 39-100 的规定，非钢制螺栓紧固力矩值符合产品技术文件要求。

钢制螺栓的紧固力矩值 表 39-100

序号	螺栓规格	力矩值（N·m）
1	M8	8.8～10.8
2	M10	17.7～22.6
3	M12	31.4～39.2
4	M14	51.0～60.8
5	M16	78.5～98.1
6	M18	98.0～127.4
7	M20	156.9～196.2
8	M24	274.6～343.2

(13) 母线与螺杆形接线端子连接时，母线的孔径不应大于螺杆形接线端子直径1mm。丝扣的氧化膜应除净，螺母接触面应平整，螺母与母线间应加铜质搪锡平垫圈，并应有锁紧螺母，不得加弹簧垫。

39.5.7.8 母线在支柱绝缘子上固定时的要求

(1) 母线固定金具与支柱绝缘子间的固定应平整牢固，不应使其所支持的母线受到额外应力。

(2) 交流母线的固定金具或其他支持金具不应成闭合铁磁回路。

(3) 当母线平置时，母线支持夹板的上部压板应与母线保持1～1.5mm的间隙；当母线立置时，上部压板应与母线保持1.5～2mm的间隙。

(4) 母线在支柱绝缘子上的固定死点，每一段应设置1个并宜位于全长或两母线伸缩节中点。

(5) 母线固定装置应无棱角和毛刺。

(6) 多片矩形母线间，应保持不小于母线厚度的间隙；相邻的间隔垫边缘间距离不应大于5mm。

(7) 母线伸缩节不得有裂纹、断股和折皱现象；母线伸缩节的总截面不应小于母线截面的1.2倍。

39.5.7.9 绝缘子与穿墙套管安装

(1) 绝缘子与穿墙套管安装前应进行检查，瓷件、法兰应完整无裂纹，胶合处填料完整，结合应牢固。

(2) 安装在同一平面或垂直平面上的支柱绝缘子或穿墙套管的顶面，应位于同一平面上；其中心线位置应符合设计要求。母线直线段的支柱绝缘子的安装中心线应在同一直线上。

(3) 支柱绝缘子和穿墙套管安装时，其底部座或法兰盘不得埋入混凝土或抹灰层内，且紧固件应齐全，固定应牢固；支柱绝缘子叠装时，中心线应一致。

(4) 安装穿墙套管的孔径应比嵌入部分大5mm以上，混凝土安装板的最大厚度不得超过穿墙套管，直接固定在钢板上时，套管周围不得形成闭合磁路。

(5) 穿墙套管垂直安装时，其法兰应在上方，水平安装时法兰应在外侧。

(6) A及以上母线穿墙套管端部的金属夹板（紧固件除外）应采用非磁性材料，其与母线之间应有金属相连，接触应稳固，金属夹板厚度不应小于3mm，当母线为两片及以上时，母线与母线应与固定。

(7) 套管接地端子及不用的电压抽取端子应可靠接地。

39.5.7.10 封闭母线支吊架制作安装

见39.1.6。

39.5.7.11 封闭插接母线安装

见39.1.6。

39.5.7.12 接地

绝缘子的底座、套管的法兰、保护网（罩）、封闭、插接式母线的外壳及母线支架等可接近裸露导体应接地（PE）或接零（PEN）可靠，其接地电阻值应符合设计要求和规范的规定。不应作为接地（PE）或接零（PEN）的接续导体。

39.5.7.13 防火封堵

封闭母线在穿防火分区时必须对母线与建筑物之间的缝隙做防火处理,用防火堵料将母线与建筑物间的缝隙填满,防火堵料厚度不低于结构厚度,防火堵料必须符合设计及国家有关规定。封闭母线防火封堵如图 39-127 所示。

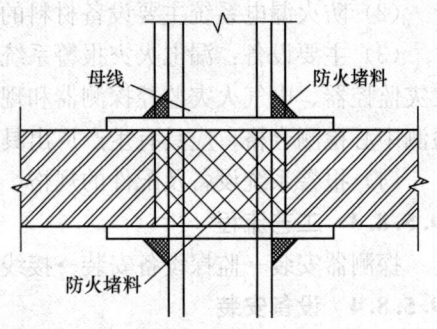

图 39-127 封闭母线防火封堵

39.5.7.14 试运行验收

(1) 母线安装完后,要全面进行检查,清理工作现场的工具、杂物,并与有关单位人员协商好,请无关人员离开现场。

(2) 母线进行绝缘电阻测试和交流工频耐压试验合格后,才能通电。

(3) 封闭插接母线的接头必须连接紧密,相序正确,外壳接地良好。

(4) 送电程序为先高压、后低压;先干线、后支线;先隔离开关、后负荷开关。停电时与上述顺序相反。

(5) 车间母线送电前应先挂好有电标志牌,并通知有关单位及人员,送电后应有指示灯。

(6) 试运行,送电空载运行 24h,无异常现象为合格,方可办理验收手续。

(7) 提交各种验收资料。

39.5.8 电气火灾监控系统安装

电气火灾监控系统:当被保护电气线路中的被探测参数超过报警设定值时,能发出报警信号、控制信号并能指示报警部位的系统,由电气火灾监控设备和电气火灾监控探测器组成。

电气火灾监控系统是基于防火漏电报警器(即现场监控设备)的报警、监视、控制、管理的运行于计算机的工业级软件/硬件系统,可以对配电主回路和用电设备的漏电、过电流、短路、过电压等状况进行实时监控和管理,减少这些故障所带来的危害,防止电气火灾的发生。

电气火灾监控系统应由下列部分或全部设备组成:电气火灾监控设备、电气火灾监控显示单元、剩余电流式探测器、测温式探测器、故障电弧探测器、故障电弧保护器。

电气火灾监控系统作为火灾自动报警系统的子系统,承担火灾发生前电力系统自身可能引发火灾的监控报警任务。

39.5.8.1 作业条件

(1) 漏电火灾监控报警系统的施工应按设计要求编写施工方案。

(2) 漏电火灾自动报警系统的施工,应按照批准的工程设计文件和施工技术标准进行施工,不得随意更改。

39.5.8.2 设备及材料进场验收

监控设备、探测器应符合以下要求:

(1) 设备、材料及配件进入施工现场应有清单、使用说明书、质量合格证明文件、国家法定质检机构的检验报告等文件。

(2) 防火漏电系统主要设备材料的选用应通过 3C 认证。

(3) 主要设备：漏电火灾报警系统组件包括剩余电流互感器、电气火灾探测器、电气火灾监控器、电气火灾监控探测器和现场监控器件等。这些系统组件均应经国家质量监督检测中心检测合格，应具有生产厂出具的同批产品检验报告。

(4) 报警系统设备及配件的规格、型号应符合设计要求。

39.5.8.3 工艺流程

探测器安装→监探设备安装→接线→调试。

39.5.8.4 设备安装

1. 现场器件的安装

(1) 探测器与裸带电导体应保证安全距离，金属外壳的探测器应有安全接地。

(2) 禁止在不切断电源的情况下安装探测器。

(3) 探测器输出回路的连接线，应使用截面积不小于 $1.0mm^2$ 的双绞铜芯导线。

(4) 探测器的安装不应破坏被监控线路的完整性，不应增加线路接点。

(5) 配电回路的相线和中性线应按同一正方向均匀穿过剩余电流传感器；温度传感器应分别直接固定在线缆、铜排或重点发热部件上，并确保接触良好。

(6) 对于适用剩余电流探测的系统，电气火灾监控探测器负载侧的 N 线（即穿过探测器的工作零线）只能作为该路供电的中性线，不得与其他回路共用；必须严格区分 N 线和 PE 线，PE 线不能穿入探测器。

(7) 剩余电流式电气火灾监控探测器在投入使用前，应测量其监控线路的固有泄漏电流，且配电系统和设备的正常泄漏电流应以实测值为准。

2. 电气火灾监控设备的安装

(1) 落地式电气火灾监控设备宜与火灾自动报警系统机柜并排安装，壁挂式电气火灾监控设备宜安装于便于观察和操作的墙面上。

(2) 电气火灾监控设备电源引入线严禁使用电源插头；主电源应有明显标志。

(3) 电气火灾监控设备的接地（PE）线应牢固，并有明显标志。

3. 布线要求

(1) 系统布线应依据下列图纸进行：监控系统图、监控系统各层布线平面图、电气火灾监控设备安装接线图。

(2) 系统总线均应采用不小于 $2×1.5mm^2$ 阻燃屏蔽双绞线，当敷设在强电环境中时应穿金属管以屏蔽电磁干扰，同时对金属管作防火处理。所有线缆两头均应做好线标，标示所要连接设备的名称和位置以及线缆的具体型号。

(3) 系统总线的接线器等配件在公共场所安装时，宜设于吊顶上方或距地 2.2m 以上的侧墙上。

(4) 在管内或线槽内的穿线，应在建筑抹灰及地面工程结束后进行。在穿线前，应将管内或线槽内的积水及杂物清除干净。

(5) 导线在管内或线槽内，不应有接头或扭结；导线的接头，应在接线盒内焊接或用端子连接。

(6) 敷设在多尘或潮湿场所管路的管口和管子连接处，均应作密封处理。

(7) 电气火灾监控系统的布线应符合现行国家标准《建筑电气工程施工质量验收规

范》GB 50303 的要求，导线的种类、电压等级应符合现行国家标准《火灾自动报警系统设计规范》GB 50116 的规定。

4. 漏电火灾监控报警系统安装中应注意的问题

(1) 不同接地保护方式中剩余电流监控设置：

1) 电气火灾监控系统中的剩余电流保护（剩余电流监控）应与电力系统接地保护相配合。

2) TN-S 系统可直接装设剩余电流监控探测器。

3) TN-C 接地系统不应装设剩余电流监控探测器。

4) TN-C-S 接地系统中，监控系统的剩余电流动作保护应使用在 PE 线与 N 线分开以后的部分。

(2) 漏电火灾报警系统的电流互感探测器在配电柜（箱）内安装，要特别注意施工安全，要在断电情况下施工，并注意强弱电分开走线，单独敷设电流互感探测器信号线，并应使用带屏蔽的多芯控制线。特别注意防止接错线或搭线，造成强电串入火灾监控探测器中烧毁火灾监控探测器或联网的多个火灾监控探测器。

39.5.8.5 试验与检查

1. 系统调试

(1) 一般规定

电气火灾监控系统的调试，应在施工结束后进行。调试完成后应有详细监控点的报警值参数设置记录，相应监控点的地址及对应安装位置信息记录。

(2) 电气火灾监控设备和现场探测器的调试项目

系统组成部件安装完成后，应先分别对探测器和监控设备逐个进行单机通电检查，正常后方可进行系统调试。应对电气火灾监控设备和现场探测器按《电气火灾监控设备》GB 14287 的相关规定进行下列功能的调试：

1) 电气火灾监控设备与探测器的电源及接线端子的联接状况；

2) 电气火灾监控设备与探测器的自检和试验功能；

3) 电气火灾监控设备与探测器的消声和复位功能；

4) 电气火灾监控设备与探测器中剩余电流监控报警功能；

5) 电气火灾监控设备对探测器的远程设定功能（选择任意 2 点检查）；

6) 系统故障报警功能（人为断开任意 2 处总线）；

7) 电气火灾监控设备的主、备电源自动转换功能。

2. 调试准备

(1) 确认现场监控探测器安装紧固，位置合适。

(2) 确认电力线穿过现场探测器（电流互感器穿一根相线，漏电互感器穿 A、B、C、N 四根线），并且方向正确。

(3) 确认探测器与监控器之间信号线的连接正确、紧固。

(4) 确认有 AC220V 电源可正常供给监控探测器工作。

(5) 确认总线绝缘良好，连接正确（区分极性）、紧固。

(6) 确认监控设备安装紧固，连线正确。

3. 调试步骤

(1) 检查总线，确认无断路和短路现象。
(2) 方法：
1) 总线一端开路，用万用表检查线路中无短路现象。
2) 总线一端闭路，用万用表检查线路中无断路现象。
3) 在每一条总线的分支处，重复1)、2) 步骤，确认所有的总线均无断路和短路现象。
(3) 对每个互感器进行试验。
(4) 分别给每个监控探测器通电，使其正常工作。
正常工作的标志为：启动时各个指示灯亮一次，5s 后通信指示灯常亮，其他指示灯常亮或常灭，故障指示灯不能常亮，如故障指示灯常亮，则需重新上电启动。
(5) 启动监控设备，按以下步骤调试：
1) 界面应正常显示。
2) 在节点显示页面上应显示各个监控点的 ID 地址，如没有，先检查总线连接是否正确，再调节总线调节电位器（一边调，一边观察是否有 ID 上线），调节到所有的监控点 ID 均一次上线为止（不能是一个一个的上线）。
3) 进入功能界面，各个监控点的属性均能正常显示。
4) 为每个监控点人为制造一个报警，监控设备均能正常反应。
5) 调试后应按规范提出调试报告。

39.5.8.6 试运行与验收
(1) 系统验收时，应检验以下项目：
1) 按照设计要求检验电气火灾监控系统的设置。
2) 电气火灾监控系统中的监控设备应逐台进行功能试验，包括系统监控报警功能、控制输出功能、故障报警功能、自检功能、电源功能。应对独立设置的电气火灾监控探测器的报警信号进行测试，报警信号应符合设计要求。
(2) 系统验收合格、运行正常后，方可投入使用。
(3) 正常运行 24h 后，应办理验收手续，移交甲方验收。

39.6 应急备用电源安装

建筑物的用电负荷可分为以下三类：
第一类为保安型负荷，即保证大楼内人身及设备安全和可靠运行的负荷，如消防水泵、消防电梯、防排烟设备、应急照明、通信设备、重要的计算机及相关设备等；
第二类保障型负荷，即保障大楼运行的基本设备负荷，主要是工作区照明、部分电梯、通道照明；
第三类为一般负荷，即除了上述负荷以外的其他负荷，如空调、水泵及其他一般照明、动力设备。
在以上三类负荷中，第一类负荷必须保证用电，所以必须设置应急备用电源。
应急备用电源系统包括柴油发电机组系统和 UPS/EPS 系统，高层建筑中的应急备用电源，常用柴油发电机组；应急照明负载及设备/动力负载，常采用 EPS 应急电源系统；

计算机类负载（重要弱电机房），常采用 UPS 不间断电源系统。

39.6.1 柴油发电机组安装

39.6.1.1 一般规定

（1）柴油发电机组安装时施工现场要满足一定的作业条件。安装前，机房内土建及粉刷工作应完成，照明设施施工完成，与相关单位办理交接手续后方可进行施工。

（2）柴油发电机组及元器件的型号、规格及性能、工作精度，必须符合设计要求和国家现行技术标准的规定。

（3）柴油发电机组应符合下列规定：

1）依据装箱单，核对主机、附件、专用工具、备品备件和随带技术文件，检查合格证和出厂试运行记录，发电机及其控制柜有出厂试验记录；

2）外观件检查：有铭牌，机身无缺件，涂层完整。

（4）柴油发电机组安装应按以下程序进行：

1）基础验收合格，才能安装机组；

2）地脚螺栓固定的机组经初平、螺栓孔灌浆、精平、紧固地脚螺栓、二次灌浆等机械安装程序；安放式的机组将底部垫平、垫实；

3）油、气、水冷、风冷、烟气排放等系统和隔振防噪声设施安装完成；按设计要求配置的消防器材齐全到位；发电机静态试验、随机配电盘控制柜接线检查合格，才能空载试运行；

4）发电机空载试运行和试验调整合格，才能负荷试运行；

5）在规定时间内，连续无故障负荷试运行合格，才能投入备用状态。

（5）发电机组至低压配电柜馈电线路的相间，相对地间的绝缘电阻值应大于 $0.5M\Omega$；塑料绝缘电缆馈电线路直流耐压试验为 2.4kV，时间 15min，泄漏电流稳定，无击穿现象。

（6）柴油发电机馈电线路连接后，两端的相序必须与原供电系统的相序一致。

（7）发电机中性线（工作零线）应与接地干线直接连接，螺栓防松零件齐全，有标识。

（8）柴油发电机组空载试运行前，油气水冷风冷烟气排放等系统和隔振防噪声设施应安装完成，按设计要求配置的消防器材齐全到位，发电机静态试验完成，随机配电盘控制柜接线应检查合格。

39.6.1.2 柴油发电机组安装

1. 工艺流程

施工准备→基础验收→主机安装排气、燃油、冷却系统安装→电气设备安装→地线安装→机组接线→机组调试→试运行验收。

2. 主要施工方法及技术要求

（1）施工准备

1）技术准备

施工必须按施工图和已批准的施工组织设计及施工方案进行，明确施工工艺、操作方法、质量标准、防护安全技术措施等。

2) 材料、设备准备

① 柴油发电机规格、型号应符合设计要求。

② 各种规格的型钢应符合设计要求,型钢无明显的锈蚀,并有材质证明。

③ 除发电机稳装用螺栓外,均采用镀锌螺栓,并配相应的镀锌螺母平垫圈、弹簧垫。

④ 绝缘带、电焊条、防锈漆、调和漆、润滑脂等均应有产品合格证。

3) 主要施工机具准备

① 手动工具:电工工具、台虎钳、油压钳、板锉、鎯头、圆钢套丝板、真空泵、千斤顶;

② 电动工具:电焊机、卷扬机、台钻、砂轮机、手电钻、电锤;

③ 测量器具:水平尺、条式水平仪、水准仪、转速表、相序表、兆欧表、万用表、钳形电流表、试电笔、电子点温计、核相仪;

④ 其他工具:联轴节顶器、龙门架、汽车吊、液压叉车、捯链、钢丝绳等。

4) 作业条件

① 机房土建施工完毕,结构、预埋件及焊接强度符合设计要求,柴油发电机房的房门应满足机组运输与就位要求,作业现场的通道必须满足机组的运输与起吊就位。

② 发电机安装场地应清理干净、道路畅通、门窗及玻璃安装完毕。

③ 发电机的基础、地脚螺栓孔、沟道,基础的强度、标高、中心线、几何尺寸,必须符合设计要求。

④ 供电线出入孔(预埋套管)、排气管预留孔(套管)的标高、几何尺寸等,必须符合设计要求。

5) 技术准备

① 柴油发电机、油罐、散热器混凝土基础标高、几何尺寸、强度等级必须符合设计要求,设备安装前,应对设备基础进行验收,验收遵循以下原则:

a. 基础强度达到设计强度的70%以上;

b. 基础标高符合设计图纸要求;

c. 基础中心线定位尺寸符合设计要求;

d. 预留螺栓孔(或预埋铁件)中心线定位尺寸符合设计要求;

e. 所有标高线及中心线已做出标记;

f. 设备基础表面平整度符合设计及设备安装手册要求;

g. 对交接手续做出"工序交接验收记录";

h. 设备基础各部分的允许偏差见表39-101的规定。

设备基础各部分的允许偏差 表39-101

序号	项目名称	偏差
1	基础外形尺寸(mm)	±30
2	基础坐标位置(纵、横向中心线)(mm)	±20
3	基础上平面标高(mm)	0
4	中心线间的距离(mm)	1
5	基准点标高对零点标高(mm)	±3

续表

序号	项目名称		偏差
6	地脚孔	相互中心位置（mm）	±10
		深度（mm）	+20
		垂直度	5/1000
7	预埋钢板	标高（mm）	+10
		中心标高（mm）	±5
		水平度	1/1000
		平行度	10/1000

② 控制室的电气布置

a. 单机容量小于或等于500kW的集装箱式单台机组可不设控制室；单机容量大于500kW的多台机组宜设控制室。

b. 控制室的位置应便于观察、操作和调度，通风、采光良好，进出线方便。

c. 控制室内的控制屏（台）的安装距离和通道宽度应符合下列规定：

（a）控制屏正面操作宽度，单列布置时，不宜小于1.5m；双列布置时，不宜小于2.0m。

（b）离墙布置时，屏后维护通道不宜小于0.8m。

（c）当控制室长度大于7m时，应设有两个出口，出口宜在控制室两端。控制室的门应向外开启。

d. 当不需设控制室时，控制屏和配电屏宜设在发电机端或发电机侧，其操作维护通道应符合下列规定：

a）屏前距发电机端不宜小于2.0m。

b）屏前距发电机侧不宜小于1.5m。

（2）设备开箱检查

1）机组的搬运与存放

① 机组及其他电气设备都有包装箱，搬运时注意将起吊的钢索结扎在机器的适当部位，轻吊轻放。

② 机组运至目的地后，需存放在库房内。露天存放时，应将箱体垫高，防止雨水浸蚀，加盖防雨篷布。

2）开箱检查

① 设备开箱检查由建设单位、监理工程师、施工单位和设备生产厂家共同进行，并做好检查记录。

② 开箱之前将箱上的灰尘泥土扫除干净，并查看箱体有无损伤，核实箱号和数量。

③ 开箱时切勿碰伤机件。

④ 按设备技术资料文件及装箱清单、施工图纸核对柴油发电机及附件、备件及专用工具是否齐全，并认真填写"设备开箱检查记录"。

a. 检查随机文件，如装箱清单、出厂合格证明材书、安装说明书、安装图等。

b. 核实设备及附件的名称、规格、数量，并核实设备的方位、规格、各接口位置是否与图纸相符。

  c. 进行外观质量检查，不得有破损、变形、锈蚀等缺陷。

  d. 随机的专用工具是否齐全，设备开箱检验后，做好开箱检验记录，检验中发现的问题，与厂家协商解决。

  e. 柴油发电机及其辅助设备的铭牌齐全，外观检查无损伤及变形。

  f. 柴油发电机的容量、规格、型号必须符合设计要求，并具有出厂合格证和出厂技术文件。

  ⑤ 暂时不能安装的设备和零部件要放入临时厂库并建档挂牌，零部件的表面要涂防锈剂和采取防潮措施。随机的电气仪表元件要放置在防潮防尘的库房内。

  ⑥ 机组在开箱后要注意保管，法兰及各种接口必须封盖、包扎，防止雨水及灰沙浸入。

  （3）发电机设备就位、安装、固定、找平找正

  1）划线定位

  按照平面布置图所标注的各机组与墙或柱中心之间，机组与机组之间的关系尺寸，划定机组安装地点的纵、横基准线。机组中心与墙、柱的允许偏差为20mm，机组与机组之间的允许偏差为10mm。

  2）测量地基和机组的纵横中心线

  在发电机组就位前，应依据事先设计好的图纸"放线"，找出地基和机组的纵、横中心线及减振器的定位线。对基础施工质量和防振措施进行检查，保证满足设计要求。

  3）吊装机组

  ① 在机组安装前必须对现场进行详细的考察，并根据现场实际情况编制详细的运输、吊装及安装方案。

  ② 根据机组安装位置、机组重量选用适当的起重设备和索具，将设备吊装就位，机组运输、吊装须由起重工操作，电工配合进行。

  ③ 吊装时要使用有足够强度的钢丝绳索套在机组的起吊部位，按机组吊装和安装的技术规程将机组吊起，对准基础中心线和机组减振器，将机组吊放到规定的位置并垫平。

  4）安装固定，找平找正

  发电机就位后，进行机组固定，按照设备制造商技术要求，设备采用地脚螺栓固定。

  ① 地脚螺栓预留孔按设计要求施工，发电机与基础中心线对正，然后将地脚螺栓置于孔内与设备做无负荷连接，地脚螺栓上端露出螺母2～3丝，下端离孔底不小于15mm。

  ② 灌浆时必须保证地脚螺栓垂直，在操作中要把适量的浆料灌入孔中，多次灌捣，严禁一次性满料灌捣。

  ③ 待灌浆料强度达到70%以上后，才能进行设备精平，并进行基础抹面。

  ④ 机组找平：利用垫铁将机组调至水平。检查机组是否垫平的方法是：把发动机的气缸盖打开，将水平仪放在气缸上部端面（即加工基准面）上进行检查。也可以在柴油飞轮基准面或曲轴伸出端利用水平仪进行检查。其安装精度是纵向和横向水平偏差每米不超过0.1mm。垫铁和机座底之间不能有间隔，以使其受力均匀。

  ⑤ 发电机设备基础图及隔离减振安装效果图见图39-128～图39-131。

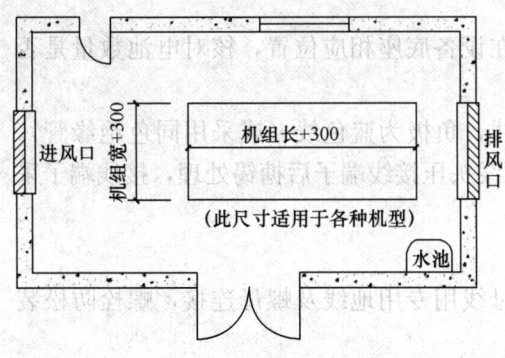 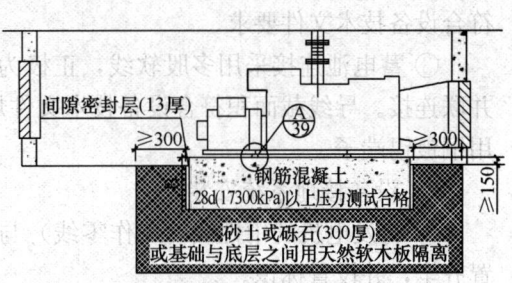

图 39-128 发电机组基础安装平面图　　图 39-129 发电机基础隔离减振基础剖面图

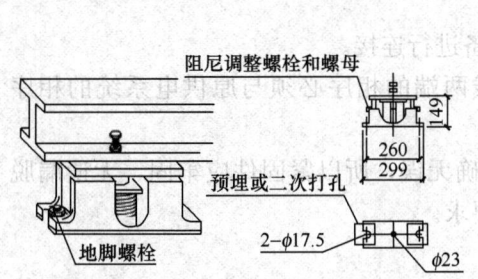 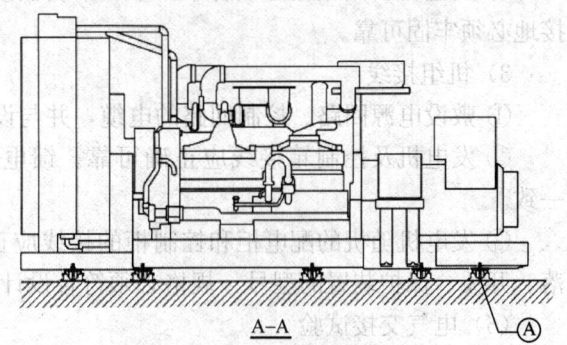

图 39-130 减振器安装大样图　　图 39-131 带外置弹簧减振器的机组安装示意图（1600kW）

(4) 电气系统安装

1) 高、低压柜、控制盘安装

① 发电机控制箱（屏）是发电机的配套设备，主要是控制发电机送电和调压。根据现场的实际情况，小容量发电机的控制箱直接安装在机组上，大容量的发电机控制屏则固定在机房的地面基础上，或安装在与机组隔离的控制室内，具体安装方法详见高、低压柜、控制箱（屏）安装相关章节内容。

② 对于500kW以下的柴油发电机组，随机组配有配套的控制箱（屏）和励磁箱，对于500kW以上的机组，订货时可向机组生产商提出控制屏的订货要求。

2) 桥架、线槽安装

详见桥架、线槽编制相关章节内容。

3) 电缆敷设、电缆头制作安装

详见电缆敷设、电缆头制作编制相关章节内容。

4) 照明：储油间采用防爆灯具，配电箱建议安装至储油间外。

(5) 蓄电池安装、设备接地系统安装

1) 蓄电池安装

① 蓄电池组提供直流电源供发电机设备启动控制用，同时也作为高压开关柜断路器操作电源，随机器配套至现场，开箱检查应核对数量并检查电池外观有无破损，蓄电池存

放及安装过程中不得接触水等导电介质。

② 按照设备技术文件要求将蓄电池组安装在设备底座相应位置，核对电池数量是否符合设备技术文件要求。

③ 蓄电池连接采用多股软线，正极为棕色线，负极为蓝色线（或采用同色绝缘管），并联连接。导线截面积符合设备技术文件规定，线头压接线端子后搪锡处理，接线端子采用铜镀锡端子。

2) 设备接地系统安装

① 将发电机的中性线（工作零线）与接地母线用专用地线及螺母连接，螺栓防松装置齐全，并设置标识。

② 将发电机本体和机械部分的可接近导体均应进行可靠接地连接。

③ 发电机、调相机必须有不少于 2 个明显接地点，并应分别引入接地网的不同位置，接地必须牢固可靠。

3) 机组接线

① 敷设电源回路、控制回路的电缆，并与设备进行连接。

② 发电机及控制箱接线应正确可靠。馈电线两端的相序必须与原供电系统的相序一致。

③ 发电机随机的配电柜和控制柜的接线应正确无误，所以紧固件应牢固，无遗漏脱落、开关、保护装置的型号、规格必须符合设计要求。

(6) 电气交接试验

详见电气交接试验编制章节相关内容。

(7) 燃油系统、冷却系统、烟气系统安装

烟气系统的安装：柴油发电机组的排气系统由法兰连接的管道、支撑件、波纹管和消声器组成，将随机法兰与排烟管焊接，注意法兰之间的配对关系。机组与排烟管之间的连接常规使用波纹管，所有排烟管道重量不允许压在波纹管上，波纹管应保持自由状态，排烟管外侧宜包一些隔热材料。

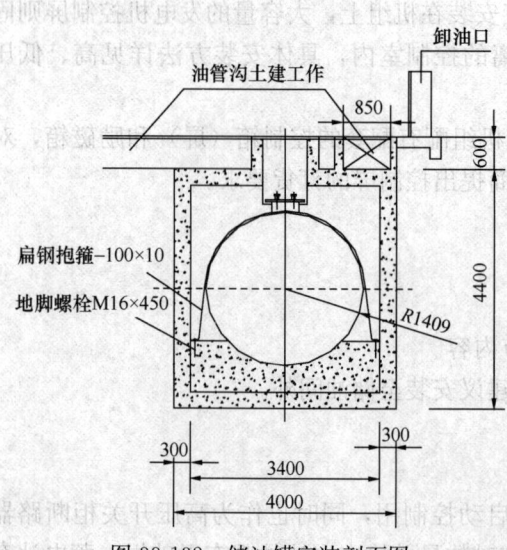

图 39-132 储油罐安装剖面图

燃油、冷却、烟气排放系统的安装：主要包括蓄油罐、机油箱、冷却水箱、电加热器、泵、烟囱、仪表和管路的安装。

1) 静设备、容器安装：

柴油发电机系统工程中储油罐、日用油箱、板式热交换器属于静设备。

① 储油罐安装固定：采用与油罐外径相符合的抱箍，抱箍采用 100mm×100mm 扁钢制作（或按照设计要求），对应每个支墩一只抱箍固定（共四只），抱箍与支墩固定采用预埋地脚螺栓，地脚螺栓拧紧后，抱箍应与罐体贴合紧密，所有的罐体人孔、仪表孔及管道接管法兰位置正确，法兰面保证水平或垂直方向。安装剖面图见图 39-132。

② 设备灌水、基础抗压试验：罐体安装完毕后，将罐体下部法兰采用盲板封堵并预留一初排放阀门，由人孔向罐体内注满水，进行基础抗压试验，存水时间24h，以罐体不发生沉降变形为合格，灌水试验完毕，由预留排水阀门将水排出，注意水应就近排至现场排水管网，不可随意排放。排放不净的存水可采用人工清理，待罐内自然干燥后封闭人孔待用。罐体进油前，采用人工除锈的方式进行除锈清理。罐基础施工完毕，能达到防雨防水条件后方可进行填砂工作，要求使用普通干砂，在填充时要确保密实，填砂时间要选在晴天，并要求一次填完。

③ 其余静设备安装：详见静设备安装编制相关章节。

2）动设备安装包括：燃油供油泵、回油泵、循环水泵等，详见动设备安装编制相关章节内容。

3）管道、阀门安装：详见管道、阀门安装编制章节内容。

4）管道静电接地：

柴油管道，法兰连接必须采用铜片进行静电接地跨接，在每只法兰上焊接M8螺栓作为接地连接端子，采用螺母将铜片压接跨接于每对法兰两侧，静电跨接完毕必须采用电桥测试跨接电阻，跨接电阻符合设计要求。

5）烟气管道保温：

① 保温工作应在管道安装检查合格后进行，预制场地的管道可以先刷一道防腐漆，但必须留出焊缝部位及相关标记。

② 垂直烟道的保温应自上而下的进行，防潮层、保温层搭接时，其宽度应为30～50mm。

③ 阀门及法兰处的保温，应易于拆装，法兰一侧应留有螺栓长度加25mm的空隙，阀门的保温层应不妨碍填料的更换。

④ 金属保护壳应压边、箍紧，不得有凹凸不平，其环、纵缝应搭接，缝口朝下，自攻螺丝间距不应大于200mm，保护层端头封闭。

6）油罐及柴油管道防腐：

① 采用环氧煤沥青及玻璃丝布作为防腐材料，工艺采用三布四油防腐。

② 管道到现场后，手工除锈后进行防腐，管道两端预留100mm便于焊接操作，试压合格后进行防腐补口处理。

③ 防腐层施工完毕，采用测厚仪进行测厚，管道安装完毕采用电火花检漏仪检漏，检测电压15kV。

7）管道系统试压、吹扫、单机调试：详见管道系统试压、吹扫、单机调试编制章节内容。

8）应急柴油发电机机房下列导电金属应做等电位联结（图39-133）：①应急柴油发电组的底座；②日用油箱支架（若有时）；③金属管，如水管、采暖器、通风管等；④在墙上固有消声材料的金属材料框架；⑤配电系统PE线。

图39-133 发电机等电位联结示意图

9）下列金属部件与 PE 可靠连接：①发电机的外壳；②电气控制箱（屏、台）体；③电缆桥架、敷线钢管、固有电器支架等。

39.6.2 UPS/EPS 安装

39.6.2.1 一般规定

（1）盘、柜装置及二次回路接线的安装工程应按已批准的设计进行施工。

（2）蓄电池柜、不间断电源柜应符合下列规定：

1）查验合格证和随带技术文件，实行生产许可证和安全认证制度的产品，有许可证编号和安全认证标志。不间断电源柜有出厂试验记录。

2）外观检查：有铭牌，柜内元器件无损坏、接线无脱落脱焊，蓄电池柜内电池壳体无碎裂、漏油、充油，充气设备无泄漏，涂层完整，无明显碰撞凹陷。

（3）设备安装用的紧固件，除地脚螺栓外，应用镀锌制品，并宜采用标准件。

（4）不间断电源应按产品技术要求试验调整，应检查确认，才能接至馈电网路。

（5）不间断电源安装时施工现场要满足一定的作业条件。

（6）蓄电池的安装及电池连线的安装应该同步进行。蓄电池安装前，首先检查随机配套的电池规格和数量是否与蓄电池容量相匹配，然后检查随机配套的电池连接导线数量是否满足需要。

39.6.2.2 不间断电源 UPS

为计算机类负载（重要弱电机房）提供不间断、不受外部干扰的交流电连续供电电源。

（1）UPS 安装

1）开箱检查

① UPS 电源设备完整无损，设备型号与种类与设计图纸、合同相符。

② 按装箱清单逐项检查，设备附件及备件型号及数量与设计图纸、合同相符。随机专用工具齐全。

③ 随机资料齐全。（出厂检查合格证、产品性能说明书、出厂测试记录、产品安装说明书、保修卡等）

④ 蓄电池检查：

a. 外观完整无损。

b. 电解液无外渗现象。

c. 各接线柱和接线连线装置牢靠。

d. 单个蓄电池的空载电压和加负载电压符合蓄电池的技术性能要求。

e. 多组蓄电池的串并联接法符合要求。各组蓄电池的电压差在控制范围内。

2）UPS 安装

UPS 电源的主机柜和蓄电池柜安装详见高压开关柜安装编制相关章节内容。

3）电缆敷设与接线

详见电缆敷设与接线相关章节内容。

4）蓄电池安装、接线

详见 EPS 蓄电池组安装、接线编制相关章节内容。

(2) UPS 调试

1) 调试前的检查

① 接线方式是否正确,接线端子是否紧固。

② UPS 电源主机和蓄电池柜接地线是否完善,可靠。柜内及周围无污物。

③ 蓄电池组的连接是否正确可靠,电池到电池开关、电池开关到主机的连接极性是否正确。

④ 各组件(充电器、逆变器等)外观情况,是否正常,接线及插头处紧固,可靠。

⑤ 放电时用的用电设备准备完毕。

2) 调试用仪器、仪表

① 三用表、高阻表、示波器、频率表、相序表、交流电流测量仪表灯。

② 放电时,用电设备负载要求:

a. 放电负载为阻性(电阻丝或水电阻),不使用容性负载。

b. 负载要有逐级增加的控制开关,避免大电流通断。

c. 负载要有良好的户外散热措施,不要将热量放在机房内。

d. 有效的安全防护措施。

3) UPS 调试

详见本章电气调试部分。

39.6.2.3 应急电源 EPS

1. EPS 电源装置的规格分类和 EPS、UPS 和柴油发电机适用场合(表 39-102、表 39-103)

EPS 电源装置的规格分类   表 39-102

分类依据	EPS 类型
所带负载类型	照明类(对应现行国家标准《消防应急照明和疏散指示系统》GB 17945); 电力设备类(对应现行国家标准《消防联动控制系统》GB 16806)
输出电源类型	直流输出型; 交流输出型
控制方式	集中控制型; 非集中控制型
工作方式	热后备; 冷后备
转换时间	安全照明用的电源装置时,不应大于 0.25s; 疏散照明用的电源装置时,不应大于 5s; 备用照明用的电源装置时,不应大于 5s; 金融、商业交易场所不应大于 1.5s
安装方式	落地式; 悬挂式(明装); 嵌入式(暗装)

EPS、UPS 和柴油发电机适用场合 表 39-103

电源类型	适用场合
EPS	EPS 电源装置对环境要求不高，启动时间较短，带载能力强，适合电感性、电容性及综合性负载等设备，如应急照明、电梯、水泵、风机等
UPS	UPS 电源装置是一种双变换结构的不间断电源，能为负载提供稳定的高质量电能，不受市电电网波动影响，且其转换时间一般在 10ms 以内；UPS 电源装置通常被广泛应用于计算机、程控交换机、医疗设备及精密电子仪器等不能中断供电的场所。但因 UPS 电源装置的逆变器一直处于连续工作状态，其使用寿命相对较短
柴油发电机组	柴油发电机组的特点是容量较大，适应负载范围广，可并机运行且连续供电时间长，但是其启动时间较长

注：EPS 如用于水泵和风机时，应选择电力设备类，并满足使用时间等要求。

2. 施工方法

(1) EPS 装置安装注意事项：

1) 15kW 以上（含 15kW）的 EPS 装置由主机柜和电池柜两部分组成，15kW 以下的 EPS 装置主机和电池安装在一个配电箱（柜）内。

2) 由于蓄电池较重，若为壁挂安装 EPS 箱，要求固定设备的墙面应有足够强度以承担设备的重量，因此在 0.5～2kW 的 EPS 装置既可壁挂安装也可落地安装，3kW 以上的 EPS 装置只能落地安装，落地安装的 EPS 装置应先安装在槽钢底座。

(2) EPS 具体安装方法详见高低压柜、控制箱（屏）安装相关章节内容。

1) EPS 装置蓄电池的安装及接线

① 准备

蓄电池的安装及电池连线的安装应该同步进行。蓄电池安装之前，首先检查随机配套的电池规格和数量是否与蓄电池容量相匹配，然后检查随机配套的电池连接线数量是否满足需要。

随设备配套的电池连接线的配置按照类别一般均有标示，大致分为：红色导线为电池组正极连接导线；黑色或蓝色为电池组负极连接导线；同层电池连接导线；层间电池连接导线；保险丝连接导线。

② 蓄电池的安装

a. 将连接 1 号电池负极的导线（黑色或蓝色）一端做好绝缘处理（暂时自由端），另一端牢固压接在电池的负极端子上，然后将电池按照图示位置安装。

b. 将连接 2 号电池负极的导线一端做好绝缘处理（暂时自由端），另一端牢固压接在电池的负极端子上，然后将电池按照图示位置安装。

c. 将连接 2 号电池负极导线的暂时自由端除去绝缘保护，压在 1 号电池的正极端子上。

d. 以相同的方法将 3 号、4 号电池安装完毕。层间蓄电池的连接导线（黄色长线）应从电池仓隔板两端的穿线孔中穿过。

e. 将连接最高位电池正极的导线（红色）的暂时自由端做好绝缘保护，另一端压接在该电池的"+"极上。

现以 8kW 的 EPS 为例，介绍电池安装以及电池连接线的安装，EPS 装置蓄电池摆放及接线示意见图 39-134。

f. 确认该 EPS 装置的电池断路器处于"关 OFF"状态，将电池组正极导线（红色）的暂时自由端除去保护，压接在 EPS 装置的断路器"电池+"接线端子上。

g. 同时，将电池组负极导线（黑色或蓝色）的暂时自由端子除去保护，压接在 EPS 装置的断路器"电池-"接线端子上。

h. 查各接线端子是否压接良好，有无短路危险，用直流电压表检查 EPS 装置"电池+"和"电池-"端子电压是否正常。

i. 对电池组正负极导线作适当绑扎固定。

③ 蓄电池电池检测线的连接

电池检测线和电池连线应该同时进行安装。在连接电池连线的同时，在每节电池的"+"极均压接一根电池检测线；在电池组的总负极"-"引出端子处压接一根电池检测线。

将装置内已经准备好的电池检测线缆按照标号分别与相应的电池"+"极和总"-"极连接。

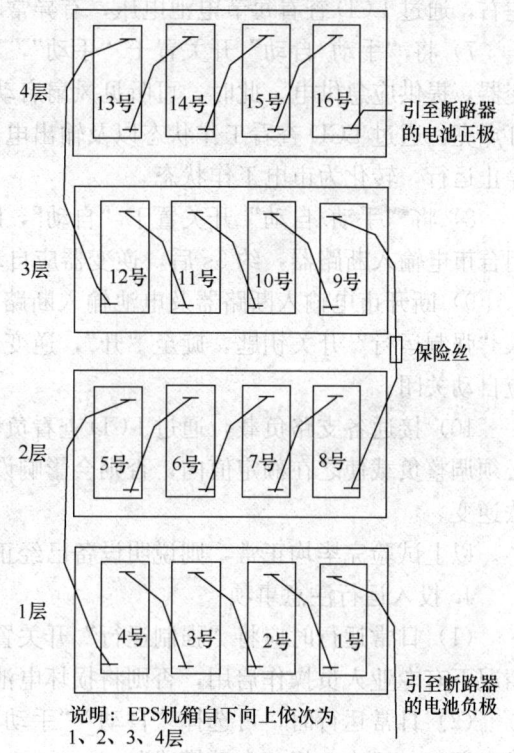

图 39-134 EPS 装置蓄电池摆放及接线示意图

3. EPS 装置调试检测

（1）EPS 装置控制及显示功能介绍

1）设备操作开关及断路器包括电池断路器、市电输入断路器、输出支路断路器、强制运行开关、自动/手动开关、启动及停止按钮、消声按钮。

2）在 EPS 装置箱体面板上的指示灯包括绿色市电指示灯、红色充电指示灯、红色应急指示灯、黄色障碍指示灯、黄色过载指示灯。

（2）调试检测方法及步骤

1）检查 EPS 装置主机柜和电源柜之间的连接线缆，检查电池安装以及接线，确认正确无误；确认设备上所有断路器处于"关"状态；确认 EPS 装置负荷之路均可以送电。

2）绝缘遥测完毕，确认无误。

3）确认带 EPS 电源装置的配电箱（柜）内已经带电，然后将负责 EPS 装置送电的断路器（市电输入）闭合，用电压表检查 EPS 装置内的市电输入端子的电压，确认正常（此时，EPS 装置内的市电输入断路器处于开启状态）。

4）将 EPS 装置"强制运行"开关置于"关"状态。

5）闭合装置内的市电输入断路器，装置发出音响警报，按"消声按钮"消声，察看 LCD 应有显示，"主电"指示灯应点亮，闭合电池输入断路器，"充电"指示灯点亮。

6）按动翻屏按键，查看各项指示内容是否正常。按动"电池查询"按钮察看电池电压，若电池为满量，则显示的电池组电压为充电器浮动电压，应为额定电池电压的 115%

左右，通过 LCD 查看每节电池电压，有异常时会报警。

7) 将"手动/自动"开关置于"手动"，在手动模式下，按下启动按钮约 2s，可以逆变器，提供应急供电。此时，可听见风扇启动运转，表明逆变器已经启动，"应急"指示灯点亮，通过 LCD 查看工作状态以及输出电压是否正常；按下"停止"按钮 2s，逆变器停止运行，转化为市电工作状态。

8) 将"手动/自动"开关置于"自动"，断开市电输入断路器，逆变器立即自动启动；闭合市电输入断路器，约 5s 后，逆变器应自动关闭，表明自动功能正常。

9) 断开市电输入断路器及电池输入断路器，等待约 10s 后合上电池输入断路器，插入"强制运行"开关钥匙，旋至"开"，逆变器应启动，再旋至"关"，约 5s 后，逆变器应自动关闭。

10) 接通各支路负载，通过 LCD 查看负责电流不应超过额定值。若超过额定电流值，必须调整负载使之在额定值内，否则会影响设备的正常工作，严重时会导致市电掉电时无法逆变。

以上试验完毕均正常，则说明设备已经正常安装，可投入运行。

4. 投入运行注意事项

(1) 日常运行时应将"强制运行"开关置于"关"状态。强制运行模式一般仅在紧急情况下有专业人员操作启用，否则将损坏电池。

(2) 日常运行时，可选择"自动""手动"模式。为保证市电异常时 EPS 自动提供正常电源，一般应选择"自动模式"。

(3) 投入运行时，市电输入断路器、电池充电断路器、需要送电的输出支路断路器均必须接通。

(4) 若要停止设备运行，应将设备上各断路器均断开；如果需要人为为蓄电池充电，应闭合市电输入断路器和电池断路器，并选择"手动模式"；正常充电 20h 以上，即可保证标准的放电时间。

(5) 设备安装后，除非操作需要，应将门锁关闭，乙方非专业人员误操作。

5. EPS 装置安装质量控制措施

(1) 设备在无市电供应情况下停机存放 3 个月以上，需要接通市电，闭合市电输入断路器和电池断路器，将设备置于"手动"模式，充电 20h 以上，以保持电池电量，延长电池寿命。

(2) 设备超过 3 个月不发生停电，应人为切断设备市电供应，启动逆变器进行放电，以活化电池组极板，检验并确保电池组能可靠工作。放电时，应在接通负载的情况下进行，50%以上负载放电 1h 左右即可，放电后应及时恢复市电进行充电。不要采用"强制运行"模式放电，以防发生过放电，损坏电池。

(3) 设备出现任何故障报警后，均需要断开所有断路器并等待 10s 后重新开机，否则设备将一直处于故障保护状态而无法正常工作，严重时会导致市电掉电时设备无法自动逆转。

(4) 蓄电池的正常使用应定期更换。更换蓄电池前必须先将设备上的各断路器全部断开。

6. 应急电源装置的交流输入电源的要求

(1) EPS 宜采用两路电源供电，交流输入电源的总相对谐波含量不宜超过 10%；

(2) EPS 系统的交流电源，不宜与其他冲击性负荷由同一变压器及母线段供电。

39.7 电动机、电加热器及电动执行机构检查接线

39.7.1 电动机的分类

电动机根据电机工作电源的不同，分为交流和直流两大类，其中交流电动机用的较多。在交流电动机中又分异步电动机和同步电动机两种，其中异步电动机用的较多。在交流异步电动机中又有鼠笼式和绕线式两种形式，另外，交流电动机中有三相和单相两类。因普通三相鼠笼型异步电动机负载平稳，对启动、制动无特殊要求用的最多。本节主要阐述三相鼠笼式异步电动机。

39.7.1.1 按机壳防护形式分类

电动机防护等级由两种防护性能共同决定：一种是防固体物进入机内，其防护等级及防护性能如表 39-104 所示。另一种是防水性能，防水性能及防护等级如表 39-105 所示。

电动机防固体进入的防护等级 表 39-104

防护等级	防护物规格	防护性能
0	无防护电机	无专门防护
1	>50mm 固体	能防止直径大于 50mm 的固体异物进入壳内。能防止人体（如手）偶然或意外地触及、接近壳内带电或转动部件（但不能防止故意触接）
2	>12mm 固体	能防止直径大于 12mm 的固体异物进入壳内。能防止手指或长度不超过 80mm 的类似物体触及或接近壳内带电或转动部件
3	>2.5mm 固体	能防止直径大于 2.5mm 的固体异物进入壳内。能防止直径大于 2.5mm 的工具或导线触及或接近壳内带电或转动部件
4	>1mm 固体	能防止直径大于 1mm 的固体异物进入壳内。能防止直径或厚度大于 1mm 的导线或片条触及或接近壳内带电或转动部件
5	防尘	能防止触及或接近壳内带电或转动部件；虽不能完全防止灰尘进入，单进尘量不足以影响电机的正常运行
6	尘密	能完全防止灰尘进入壳内，完全防止触及壳内带电或运动部分

电动机防水性能的防护等级 表 39-105

防护等级	简称	防水性能
0	无防护电机	无专门防护
1	防滴	垂直滴水应无有害影响
2	15°防滴	当电机从正常位置向任何方向倾斜至 15°以内任一角度时，垂直滴水应无有害影响
3	防淋水	与铅垂线成 60°角范围内的淋水应无有害影响
4	防溅水	承受任何方向的溅水对电机应无有害的影响
5	防喷水	承受任何方向的喷水对电机应无有害的影响
6	防海浪	承受猛烈的海浪冲击或强烈喷水时，电机的进水量应不达到有害的程度
7	防浸水	当电机浸入规定压力的水中经规定时间后，电机的进水量应不达到有害的程度
8	持续潜水	电机在制造厂规定的条件下能长期潜水
9	耐高温高压喷水电机	当高温高压水流从任意方向喷射在电机外壳时，应无有害影响

电动机防护形式用"IP"表示,它是国际防护通用标记,按防止固体异物进入机内而分7个防护等级,而防水性能则有10个等级。如Y系列封闭式电动机的防护等级表示为:

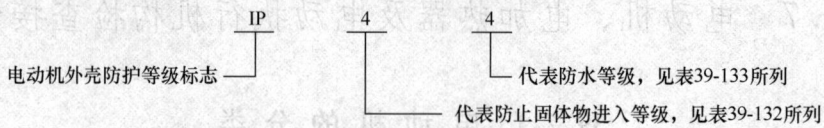

由此查表可知,IP44标志该系列电动机机壳是按能防止直径大于1mm的固体异物进入壳内及防水溅而设计的。

39.7.1.2 按照电机中心高或定子铁芯外径尺寸大小分类

大型电机:16号机座以上中心高为630mm或定子铁心外径大于990mm。

中型电机:11~15号机座中心高为355~630mm或定子铁心外径在560~990mm之间。

小型电机:10号机座以下中心高为80~315mm或定子铁心外径在125~560mm之间。

39.7.2 三相异步电动机的型号组成及主要技术数据

39.7.2.1 型号

三相异步电动机的型号一律采用汉语拼音大写字母和阿拉伯数字来表示。三相异步电动机的型号一般有三部分组成,排列顺序及含义如下:

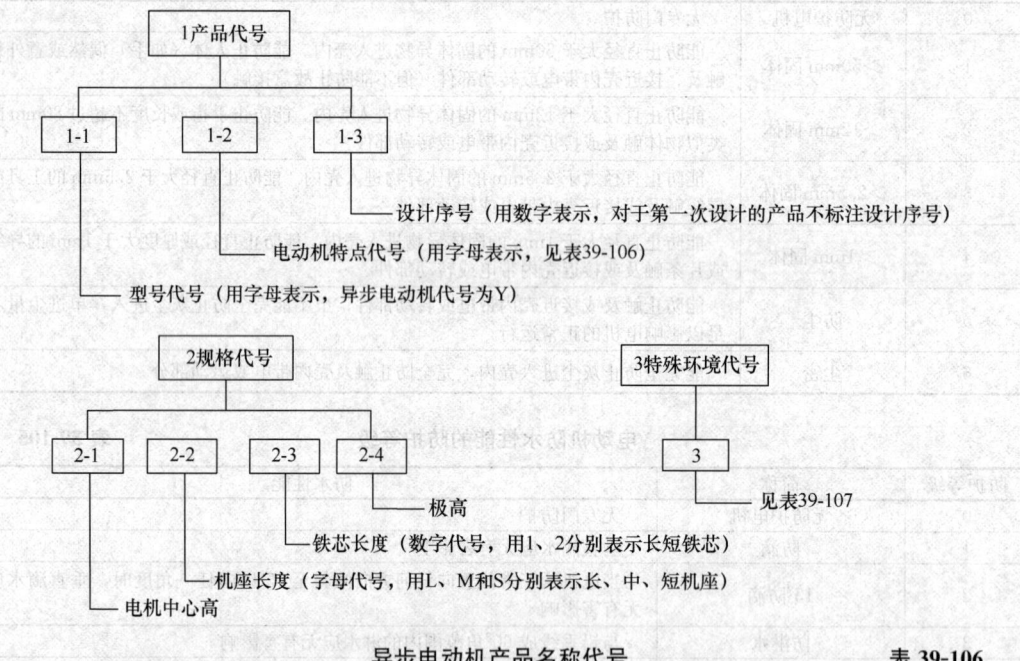

异步电动机产品名称代号　　　　　　　　　　　　　　　　表39-106

产品名称	代号	产品名称	代号
异步电动机	Y	防爆型异步电动机	YB
绕线式异步电动机	YR	高启动转矩异步电动机	YQ

特殊环境代号　　　　　　　　　　　　　　　　表39-107

特殊环境条件	代号	特殊环境条件	代号
高原用	G	户外用	W
船用	H	化工防腐用	F

三相异步电动机的型号示例：

Y100L2-4—三相异步电动机，中心高为100mm、长机座、2号铁芯长、4极。

Y2-132S-6—三相异步电动机，第二次系列设计、中心高为132mm、短机座、6极。

39.7.2.2 主要技术数据

1. 额定功率

异步电动机的额定功率，又称额定容量，指电动机在铭牌规定的额定运行状态下工作时，从转轴上输出的机械功率，单位为W或kW。

2. 额定电压

额定电压指电动机在额定运行状态下，定子绕组应接的线电压，单位为V或kV，通常在铭牌上标有两种电压值，这对应于定子绕组采用三角形连接时应加的电压值。例如220/380V，这表示电动机定子绕组采用三角形连接时需加220V的线电压，星形连接时则加380V的线电压。

3. 额定电流

额定电流指电动机在额定运行状态下工作时，定子绕组的线电流。单位为A。

4. 额定转速

额定转速指电动机在额定状态下工作时，转子每分钟的转数，单位为r/min。一般异步电动机的额定转速比旋转磁场转速（同步转速）低2%～5%，故从额定转速也可知道电动机的极数和同步转速。电动机在运行中的转速与负载有关。空载时，转速略高于额定转速；过载时，转速略低于额定转速。

5. 额定频率

额定频率指电动机所使用的交流电源频率，单位为Hz。我国规定电力系统的工作频率为50Hz。

6. 绝缘等级

绝缘等级是按电动机绕组所用的绝缘材料在使用时允许的极限温度来分级。所谓极限温度，是指电机绝缘结构中最热点的最高允许温度。电动机的绝缘等级分类见表39-108。

电动机的绝缘等级分类　　　　　　　　　表39-108

绝缘等级	A	E	B	F	H
极限温度（℃）	105	120	130	155	180

39.7.3　电动机、电加热器及电动执行机构检查接线

电动机、电加热器及电动执行机构的外露可导电部分必须与保护导体可靠连接。

39.7.3.1　电动机、电加热器及电动执行机构检查接线施工工艺及流程

1. 电动机、电加热器及电动执行机构检查接线施工工艺

（1）施工准备：专业技术（安全）交底及记录、人员及工器具配备齐全。

（2）外观检查：电气设备安装应牢固，设备外壳有无损伤、风罩、风叶是否完好，螺栓及防松零件齐全，不松动，并用工具拧紧检查，手动盘车无异常情况，铭牌是否符合设计要求，做好施工记录。

（3）线盒内检查：打开接线盒，检查盒内接线图及引出线接法是否符合设计要求、引

出线鼻子焊接或压接是否牢固，编号齐全，裸露带电部分间隙符合国家标准规定或采取绝缘防护措施。用万用表测定法判别定子绕组首尾端是否正确。

(4) 绝缘测示：用500V摇表分别进行相间（绕组）、相（绕组）地（外壳）绝缘测试，绝缘电阻值不应小于0.5MΩ。

(5) 电源的相序应与电机引出线相序应为一致，与电机引出线连接牢固紧密、无松动，紧固时不要损伤电动机引出线套管，零线与外壳接地耳连接牢固，外露可导电部分与接地系统可靠连接。

(6) 接线盒封盖：接线完毕后，检查上盖。电气设备在室外或潮湿场所时，其接线口或接线盒应采取防水防潮措施。无防水措施的电机接线盒应加装防雨罩。

2. 电动机检查接线施工工艺流程

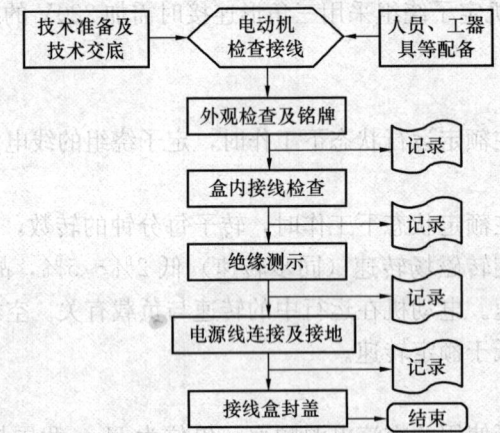

(1) 盒内的接线

电动机是由三相对称绕组组成并按一的空间角度依次嵌放在定子槽内。三相绕组的首端分别用1、2、3或U1、V1、W1表示，三相绕组的尾端分别用4、5、6或U2、V2、W2表示。三相异步电动机定子绕组按电源电压的不同和电动机铭牌上的要求，可接成星形（Y）或三角形（△）两种形式。

星形连接：将三相绕组的尾端U2、V2、W2短接在一起，首端U1、V1、W1分别接三相电源，如图39-135所示。

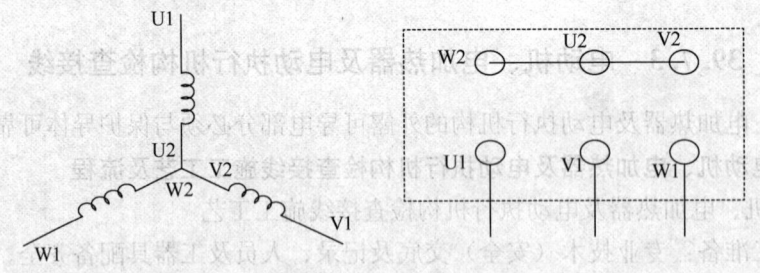

图39-135 星形连接图

三角形连接：将第一相绕组的尾端U2与第二相绕组的首端V1相连接，再接入一相电源；第二相绕组的尾端V2与第三相绕组的首端W1相连接，再接入第二相电源；第三

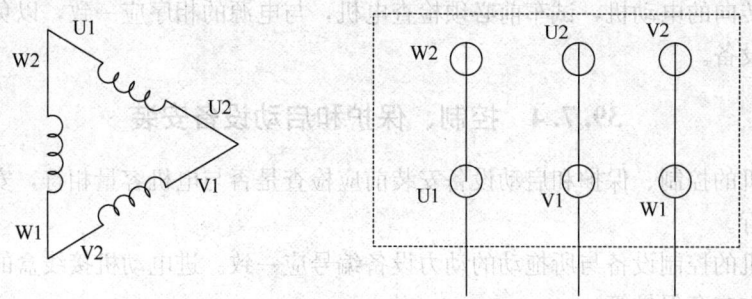

图 39-136 三角形连接

相绕组的首端 W2 与第一相绕组的首端 U1 相连接，再接入第三相电源。即在接线板上将接线柱 V1 和 U2、W1 和 V2、U1 和 W2 分别用铜片连接起来，再分别接入三相电源，如图 39-136 所示。

(2) 定子绕组首尾端的判别

1) 用万用表判别首尾

首先用万用表的电阻挡判别出每相绕组的两个出线端，然后用万用表的直流 mA 挡接到如图 39-137 所示的线路。用手转动电动机的转子，如果万用表指针不动，如图 39-137 (a) 所示，说明三相绕组首尾端的区分是正确的，如果指针动了，如图 39-137 (b) 所示，说明有一相绕组的首尾端接反了，应一相一相分别对，对调后重新实验，直到万用表指针不动为止。

2) 指示灯法判别首尾

先用万用表或兆欧表测出每相绕组的引出线端，再将任意两相绕组串联相接，另两端接于电压较低的单相交流电源，电压约为电动机额定电压的 40% 左右，另一相绕组的两根引出线上接一个白炽灯或交流电压表。

通电后，若灯亮或电压表有指示，说明两相绕组电磁感应方向相同，即表示第一相绕组的尾端和第二相绕组的首端连接，见图 39-138 (a)，若灯不亮或电压表无指示，说明两相绕组的电磁感应方向相反，即表示第一相绕组的尾端和第二相绕组的尾端连接，见图 39-138 (b)。然后在第一相和第二相绕组的首端和尾端做好标志，再用同样方法找出第三相绕组的首端和尾端。

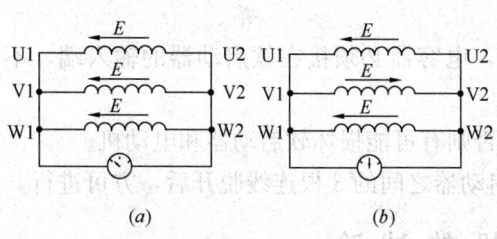

图 39-137 用万用表判别首尾
(a) 万用表指针不动；(b) 万用表指针摆动

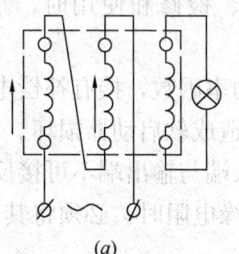 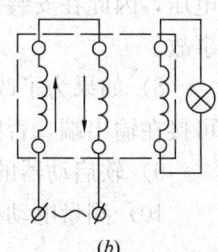

图 39-138 指示灯法判别三相绕组的首尾端
(a) 第一项绕组的终端和第二项绕组的首端连接；
(b) 第一项绕组的终端和第二项绕组的终端连接

有固定转向的电动机，试车前必须检查电机，与电源的相序应一致，以免反转时损坏电机或机械设备。

39.7.4 控制、保护和启动设备安装

（1）电机的控制、保护和启动设备安装前应检查是否与电机容量相符，安装应按图纸设计要求进行。

（2）电机的控制设备与所拖动的动力设备编号应一致。进电动机接线盒的导线易受机械损伤的地方应套保护管。

（3）操作开关，应安装在最便于操作又不易为人体和工件等触碰产生误动作的位置上。开关装在墙上时，宜装在电动机的右侧。如果开关需要装在远离电动机的地方，则必须在电动机附近加装紧急时切断电源用的应急开关；同时还要加装开关合闸前的预示警告装置，以便处于电动机及被拖动机械周围的人得到警告。

（4）电动机应装设过流和短路保护装置，并应根据设备需要装设相序断相和低电压保护装置。

（5）电动机保护元件的选择：
1) 采用热元件时一般按电动机额定电流的 1.1～1.25 倍来选择。
2) 采用熔丝（片）时一般按电动机额定电流的 1.5～2.5 倍来选择。

（6）软启动器的安装：

软启动器有壁挂式和柜式两种，安装的一般要求如下：
1) 安装前应清洁箱（柜）体及内部元件，坚固螺钉，检查接线。
2) 软启动器应按外壳防护等级（一般为 IP20）要求安装在室内。
3) 应垂直安装，在软启动器的上方和下方应留足 200mm 以上的空间，以利散热。
4) 如果控制柜内装有热继电器，应采用隔板来防止强冷或热气流吹到热继电器上，避免影响热继电器的动作整定值。
5) 认真阅读使用说明书，弄清每个接线端子的功能，正确接线。
6) 通常不用兆欧测示试软启动器相间和相对地的绝缘电阻。如果一定要测试，必须先将三相输入与输出端短路，并拔掉控制板上的所有插头后，方可进行。
7) 当软启动器输入端接通电源后，在负载开路或断相时，输出端会带有很高的感应电压，因此在安装调试、检修和使用时，禁止接触软启动器的输出端，以免造成触电事故。
8) 如果为了改善功率因数，接有补偿电容，电容器必须接在软启动器的输入端，不可接在输出端，否则将造成软启动器损坏。
9) 软启动器的输入端与输出端不可接反，否则有可能损坏软启动器和电动机。
10) 测量电动机绝缘电阻时，必须将其与启动器之间的 3 根连线脱开后，方可进行。

39.7.5 电动机的试验

见39章12节相关内容。凡吸收比小于1.2的电动机，都先干燥后再进行交流耐压试验。

电动机干燥时，周围环境应清洁，电动机内的灰尘、脏物可用干燥的压缩空气吹净。

电动机外壳应接地,为防止干燥时的热损失,可采用保温措施,但应有通风口,以便排出电动机绝缘层中的潮气。

(1) 电机干燥烘干法:其烘干温度应缓慢上升,升温速率应按制造厂技术要求,一般可为每小时升 5~8℃;铁芯和绕组的最高允许温度,应根据绝缘等级确定,一般控制在 70~80℃ 的范围之内;带转子进行干燥的电机当温度达到 70℃ 以后,应至少每隔 2h 将转子转动 180°。在干燥过程中,应定时测量绝缘电阻值,当吸收比及绝缘电阻达到规定要求,并在同一温度下经过 5h 稳定不变时,干燥便可结束。在干燥过程中应特别注意安全,现场不得进行电气焊或其他明火发生,值班人员不得离开工作岗位,必须严密监视温度及绝缘情况的变化,严防损坏电动机绕组和发生火灾。干燥现场应有防火措施及灭火器具。

(2) 烘干工作应根据作业环境和电机受潮的程度而确定,选择干燥方法。可分别采用循环热风干燥、灯泡干燥、电流干燥等方法。

39.7.6 电动机的试运行及验收

39.7.6.1 电动机启动前的检查

(1) 电动机的铭牌所示电压、频率与使用的电源是否一致,接法是否正确,电源容量与电动机的容量及启动方式是否合适。

(2) 使用的电线规格是否合适,电动机引出线与线路连接是否牢固,接线有无错误,端子有无松脱。

(3) 开关和接触器的容量是否合适,触点的接触是否良好。

(4) 熔断器和热继电器的额定电流与电动机容量是否匹配,热继电器是否复位。

(5) 用手盘车应均匀、平稳、灵活,窜动不应超过规定值。

(6) 传动带不得过紧或过松,连接要可靠,无裂痕迹象。联轴器螺钉及销子应完整、紧固,不得松动少缺。

(7) 电动机外壳有无裂纹,接地要可靠,地脚螺栓、端盖螺母不得松动。

(8) 对不可逆运转的电动机,应检查电动机的旋转方向与电动机所标出的箭头运动方向是否一致。

(9) 电动机绕组相间和绕组对地绝缘是否良好,测量绝缘电阻应符合规定要求。

(10) 电动机内部有无杂物,可用干燥、清洁的压缩空气或风机吹净。保持电动机周围的清洁,不准堆放煤灰,不得有水汽、油污、金属导线、棉纱头等无关的物品,以免卷入电动机内。

(11) 要求电动机的定子绕组、绕线转子异步电动机的转子绕组的三相直流电阻偏差应小于 2%。

39.7.6.2 电动机的试运行

(1) 交流电动机在空载状态下可启动次数及间隔时间应符合产品技术条件的要求;无要求时,连续启动 2 次的时间间隔不应小于 5min。再次启动应在电动机冷却至常温下。空载状态运行,应记录电流、电压、温度、运行时间等有关数据,且应符合建筑设备或工艺装置的空载状态运行要求。

(2) 电动机宜在空载情况下做第一次启动,空载运行时间宜为 2h。当电动机与其机械部分的连接不易拆开时,可连在一起进行空载转动检查试验。如中途发现速度变化或声音不正常时,应立即断电找出原因。

(3) 多台电动机试车,不能同时启动,应先启动大功率电动机,后启动小功率电动机。

(4) 交流电动机的带负荷启动次数,应符合产品技术条件的规定;当产品技术条件无规定时,可符合下列规定:

1) 在冷态时,可启动2次。每次间隔时间不得小于5min。

2) 在热态时,可启动1次。当在处理事故以及电动机启动时间不超过3s时,可再启动1次。

(5) 电动机试运行中的检查应符合下列要求:

1) 电动机的旋转方向符合要求,无异声;

2) 换向器、集电环及电刷的工作情况正常;

3) 检查电动机各部温度,不应超过产品技术条件的规定;

4) 滑动轴承温度不应超过80℃,滚动轴承温度不应超过95℃;

5) 电动机振动的双倍振幅值不应大于表39-109的规定。

电动机振动的双倍振幅值最大值　　　　表39-109

同步转速(r/min)	3000	1500	1000	750及以下
双倍振幅值(mm)	0.05	0.085	0.10	0.12

39.7.6.3　电动机的验收

(1) 建筑工程全部结束,现场清扫整理完毕。

(2) 电动机本体安装检查结束,启动前应进行的试验项目已试验合格。

(3) 冷却、调速、润滑、水、密封油等附属系统安装完毕,验收合格,水质、油质质量符合要求,分部试运行情况良好。

(4) 电动机的保护、控制、测量、信号、励磁等回路调试完毕后,其动作正常。

(5) 测量电动机定子绕组、转子及励磁回路的绝缘电阻,应符合要求;有绝缘的轴承座的绝缘板、轴承座及台板的接触面应清洁干燥,应使用1000V兆欧表测量,绝缘电阻值不得小于0.5MΩ。

(6) 电动机在验收时,应提交下列资料和文件:

1) 设计变更的证明文件和竣工资料;

2) 制造厂提供的产品说明书、检查及实验记录、合格证件及安装使用图纸等技术文件;

3) 安装验收技术记录、签证和电机抽芯检查记录及干燥记录等;

4) 调整试验记录及报告;

5) 设备空载及负载运行记录;

6) 分项工程施工质量验收记录。

39.8　建筑物的防雷与接地装置

防雷接地按建筑物重要性、使用性质、发生雷电事故的可能性和后果,分为三类,见

表 39-110。

防雷等级的划分　　　　　　　　　　　　　　　　表 39-110

项目	内容
第一类防雷建筑物	1. 凡制造、使用或贮存炸药、火药、起爆药、火工品等大量爆炸物质的建筑物，因电火花而引起爆炸，会造成巨大破坏和人身伤亡者。 2. 具有 0 区或 20 区爆炸危险场所的建筑物。 3. 具有 1 区或 21 区爆炸危险环境的建筑物，因电火花而引起爆炸，会造成巨大破坏和人身伤亡者。
第二类防雷建筑物	1. 国家级重点文物保护的建筑物。 2. 国家级的会堂、办公建筑物、大型展览和博览建筑物、大型火车站和飞机场、国宾馆、国家级档案馆、大型城市的重要给水水泵房等特别重要的建筑物。 3. 国家级计算中心、国际通信枢纽等对国民经济有重要意义的建筑物。 4. 国家特级和甲级大型体育馆。 5. 制造、使用或贮存火炸药及其制品的危险建筑物，且电火花不易引起爆炸或不致造成巨大破坏和人身伤亡者。 6. 具有 1 区或 21 区爆炸危险场所的建筑物，且电火花不易引起爆炸或不致造成巨大破坏和人身伤亡者。 7. 具有 2 区或 22 区爆炸危险场所的建筑物。 8. 有爆炸危险的露天钢质封闭气罐。 9. 预计雷击次数大于 0.05 次/a 的部级、省级办公建筑物及其他重要或人员密集的公共建筑物以及火灾危险场所。 10. 预计雷击次数大于 0.25 次/a 的住宅、办公楼等一般性民用建筑物或一般性工业建筑物
第三类防雷建筑物	1. 省级重点文物保护的建筑物及省级档案馆。 2. 预计雷击次数大于或等于 0.01 次/a，且小于或等于 0.05 次/a 的部级、省级办公建筑物及其他重要或人员密集的公共建筑物，以及火灾危险场所。 3. 预计雷击次数大于 0.05 次/a，且小于或等于 0.25 次/a 的住宅、办公楼等一般性民用建筑物或一般性工业建筑物。 4. 在平均雷暴日大于 15d/a 的地区，高度在 15m 及以上的烟囱、水塔等孤立的高耸建筑物；在平均雷暴日小于或等于 15d/a 的地区，高度在 20m 及以上的烟囱、水塔等孤立的高耸建筑物

39.8.1　一　般　规　定

39.8.1.1　技术要求

（1）不同类防雷的技术措施（表 39-111）：

建筑物防直击雷装置的要求　　　　　　　　　　表 39-111

防雷建筑物类别	接闪网网格（m×m）	引下线间距（m）	接地电阻（Ω）
第一类防雷建筑物	≤5×5 或≤6×4	≤12	≤10
第二类防雷建筑物	≤10×10 或≤12×8	≤18	≤10
第三类防雷建筑物	≤20×20 或≤24×16	≤25	≤30

1) 第一类防雷建筑物防直击雷的措施要求：

① 应装设独立接闪器或架空接闪带（网），使被保护的建筑物及风帽、放散管等突出屋面的物体均处于接闪器的保护范围内。架空接闪网的网格尺寸不应大于5m×5m或6m×4m。

② 排放爆炸危险气体、蒸气或粉尘的放散管、呼吸阀、排风管等的管口外的下列空间应处于接闪器的保护范围内：

a. 当有管帽时应按表39-112的规定确定。

b. 当无管帽时，应为管口上方半径5m的半球体。

c. 接闪器与雷闪的接触点应设在本款第①项或第②项所规定的空间之外。

有管帽的管口外处于接闪器保护范围内的空间　　　　表39-112

装置内的压力与周围空气压力的压力差（kPa）	排放物对比于空气	管帽以上的垂直距离（m）	距管口处的水平距离（m）
<5	重于空气	1	2
5~25	重于空气	2.5	5
≤25	轻于空气	2.5	5
>25	重或轻于空气	5	5

注：相对密度小于或等于0.75的爆炸性气体规定为轻于空气的气体；相对密度大于0.75的爆炸性气体规定为重于空气的气体。

③ 排放爆炸危险气体、蒸气或粉尘的放散管、呼吸阀、排风管等，当其排放物达不到爆炸浓度、长期点火燃烧、一排放就点火燃烧时，发生事故时排放物才打到爆炸浓度的通风管、安全阀，接闪器的保护范围可仅保护到管帽，无管帽时可仅保护到管口。

④ 独立接闪杆的杆塔、架空接闪线的端部和架空接闪网的每根支柱处应至少设一根引下线。对用金属制成或有焊接、绑扎连接钢筋网的杆塔、支柱，宜利用金属杆塔或钢筋网作为引下线。

⑤ 室外低压线路应全线采用电缆直接埋地敷设，在入户端应将电缆的金属外皮、钢管接到等电位联结带或防闪电感应的接地装置上。当全线采用电缆有困难时，应采用钢筋混凝土杆和铁横担的架空线，并应使用一段金属铠装电缆或护套电缆穿钢管直接埋地引入。架空线与建筑物的距离不应小于15m。

在电缆与架空线连接处，尚应装设户外型电涌保护器。电涌保护器、电缆金属外皮、钢管和绝缘子铁脚、金具等应连在一起接地，其冲击接地电阻符合设计要求。

⑥ 架空金属管道，在进出建筑物处，应与防闪电感应的接地装置相连。距离建筑物100m内的管道，应每隔25m左右接地一次，其冲击接地电阻符合设计要求，并应利用金属支架或钢筋混凝土支架的焊接、绑扎钢筋网作为引下线，其钢筋混凝土基础宜作为接地装置。

⑦ 埋地或地沟内的金属管道，在进出建筑物处亦应等电位联结到等电位联结带或防闪电感应的接地装置上。

⑧ 当难以装设独立的外部防雷装置时，可将接闪杆或网格不大于5m×5m或6m×4m的接闪网或由其混合组成的接闪器直接装在建筑物上，接闪网应按规范规定沿屋角、屋脊、屋檐和檐角等易受雷击的部位敷设；当建筑物高度超过30m时，首先应沿屋顶周边敷设接闪带，接闪带应设在外墙外表面或屋檐边垂直面上，也可设在外墙外表面或屋檐垂直面外，并必须符合下列规定：

a. 接闪器之间应互相连接。

b. 引下线不应少于两根,并应沿建筑物四周和内庭院四周均匀或对称布置,其间距沿周长计算不宜大于12m。

c. 排放爆炸危险气体、蒸汽或粉尘的管道应装设独立接闪器和防雷引下线。

d. 建筑物应装设等电位联结环,环间垂直距离不应大于12m,所有引下线、建筑物的金属结构和金属设备均应连到环上。等电位联结环可利用电气设备的等电位联结干线环路。

e. 外部防雷的接地装置应围绕建筑物敷设成环形接地体,每根引下线的冲击接地电阻符合设计要求,并应和电气和电子系统等接地装置及所有进入建筑物的金属管道相连,此接地装置可兼作防雷电感应接地之用。

f. 当建筑物高于30m时,尚应采取以下防侧击的措施:

（a）从30m起每隔不大于6m沿建筑物四周设水平接闪带并与引下线相连。

（b）30m及以上外墙上的栏杆、门窗等较大的金属物应与防雷装置连接。

（c）在电源引入的总配电箱处宜装设电涌保护器。

⑨当树木邻近建筑物且不在接闪器保护范围之内时,树木与建筑物之间的净距不应小于5m。

2）第二类防雷建筑物防直击雷的措施要求:

①宜采用装设在建筑物上的接闪网（带）或接闪杆或由其混合组成的接闪器。接闪网（带）应按规定沿屋角、屋脊、屋檐和檐角等易受雷击的部位敷设,并应在整个屋面组成不大于10m×10m或12m×8m的网格。当建筑物高度超过45m时,首先应沿屋顶周边敷设接闪带,接闪带应设在外墙外表面或屋檐边垂直面上,也可设在外墙外表面或屋檐边垂直面外。接闪器之间应相互连接。

②排放爆炸危险气体、蒸汽或粉尘的放散管、呼吸阀、排风管等管道应符合装设独立接闪器和防雷引下线。

③排放无爆炸危险气体、蒸汽或粉尘的放散管、烟囱、1区、21区、2区和22区爆炸危险场所的自然通风管,0区和20区爆炸危险场所的装有阻火器的放散管、呼吸阀、排风管,按规范所规定的管、阀及煤气和天然气放散管等,其防雷保护应符合下列规定:

a. 金属物体可不装接闪器,但应和屋面防雷装置相连（图39-139）；

b. 在屋面接闪器保护范围之外的非金属物体应装接闪器,并和屋面防雷装置相连（图39-140）。

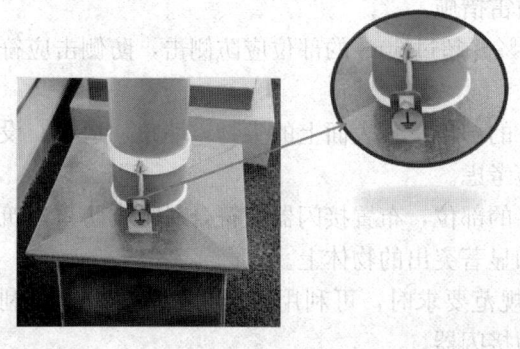 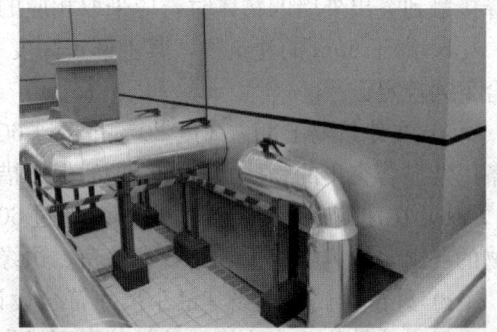

图39-139 屋面金属管道与屋面防雷装置连接　　图39-140 屋面非金属物体与屋面防雷装置连接

④ 专设引下线不应少于2根，并应沿建筑物四周和内庭院四周均匀或对称布置，其间距沿周长计算不宜大于18m。当仅利用建筑物的跨度较大，无法在跨距中间设引下线时，应在跨距两端设引下线并减小其他引下线的间距，专设引下线的平均间距不应大于18m。

外部防雷装置的接地应和防雷电感应、内部防雷装置、电气和电子系统等接地共用接地装置，并应与引入的金属管线做等电位联结。外部防雷装置的专设接地装置宜围绕建筑物敷设成环形接地体。

⑤ 每根引下线的冲击接地电阻符合设计要求。防直击雷接地宜和防雷电感应、电气设备、信息系统等接地共用同一接地装置，并宜与埋地金属管道相连；当不共用、不相连时，两者间在地中的距离应符合下列表达式的要求，但不应小于2m：

$$S_{ed} \geqslant 0.3 K_c R_i \tag{39-3}$$

式中 S_{ed}——防雷接地网与各种接地网或埋地各种电缆和金属管道间的地下距离（m）；

K_c——分流系数；

R_i——防雷接地网的冲击接地电阻值（Ω）。

⑥ 利用建筑物的钢筋作为防雷装置时应符合下列规定：

a. 建筑物宜利用钢筋混凝土屋面、梁、柱、基础内的钢筋作为引下线。按设计规范所规定当其女儿墙以内的屋顶钢筋网以上的防水和混凝土层允许不保护时，宜利用屋顶钢筋网作为接闪器；当建筑物为多层建筑，且周围很少有人停留时，宜利用女儿墙压顶板内或檐口内的钢筋作为接闪器。

b. 当基础采用硅酸盐水泥和周围土壤的含水量不低于4％及基础的外表面无防腐层或有沥青质的防腐层时，宜利用基础内的钢筋作为接地装置。当基础的外表面有其他类的防腐层且无桩基可利用时，宜在基础防腐层下面的混凝土垫层内敷设人工环形基础接地体。

c. 敷设在混凝土中作为防雷装置的钢筋或圆钢，当仅一根时，其直径不应小于10mm。被利用作为防雷装置的混凝土构件内有箍筋连接的钢筋时，其截面积总和不应小于一根直径为10mm钢筋的截面积。

⑦ 利用基础内钢筋网作为接地体时，在周围地面以下距地面不小于0.5m，每根引下线所连接的钢筋表面积总和应符合设计的要求。

⑧ 高度超过45m的建筑物，屋顶的外部防雷装置还应符合以下规定：

a. 对水平突出外墙的物体，当滚球半径45m球体从屋顶周边接闪带外向地面垂直下降接触到突出外墙的物体时，应采取相应的防雷措施。

b. 高于60m的建筑物，其上部占高度20％并超过60m的部位应防侧击，防侧击应符合下列规定：

a) 在建筑物上部占高度20％并超过60m的部位，各表面上的尖物、墙角、边缘、设备以及显著突出的物体，应按屋顶的保护措施考虑。

b) 在建筑物上部占高度20％并超过60m的部位，布置接闪器应符合对本类防雷建筑物的要求，接闪器应重点布置在墙角、边缘和显著突出的物体上。

c) 外部金属物，当其最小尺寸符合设计规范要求时，可利用其作为接闪器，还可利用布置在建筑物垂直边缘处的外部引下线作为接闪器。

d) 符合设计规范的钢筋混凝土和建筑物金属框架，当作为引下线或与引下线连接时，均可利用其作为接闪器。

3）第三类防雷建筑物防直击雷的措施要求：

① 宜采用装设在建筑物上的接闪网（带）或接闪杆或由这两种混合组成的接闪器。接闪网（带）应按防雷规定沿屋角、屋脊、屋檐和檐角等易受雷击的部位敷设，并应在整个屋面组成（图39-141）。不大于 20m×20m 或 24m×16m 网格，所有接闪器应采用接闪带相互连接。

图 39-141　屋面通过接闪带相互连接成接闪网

② 专设引下线不少于 2 根，并应沿建筑物四周和内庭院四周均匀对称布置，其间距沿周长计算不宜大于 25m。当建筑物的跨度较大，无法在跨距中间设引下线时，应在跨距两端设引下线并减小其他引下线的间距，专设引下线的平均间距不应大于 25m。

③ 每根引下线的冲击接地电阻符合设计要求。其接地装置宜与电气设备等接地装置共用。防雷的接地装置宜与埋地金属管道相连，共用接地电阻符合设计要求。当不共用、不相连时，两者间在地中的距离不应小于 2m。在共用接地装置与埋地金属管道相连的情况下，接地装置宜围绕建筑物敷设成环形接地体。

④ 建筑物宜利用钢筋混凝土屋面板、梁、柱和基础的钢筋作为接闪器、引下线和接地装置，并应符合设计规定。

高度超过 60m 的建筑物，尚应符合下列规定：

a. 对水平突出外墙的物体，当滚球半径 60m 球体从屋面周边接闪带外向地面垂直下降接触到突出外墙的物体时，应采取相应的防雷措施。

b. 高于 60m 的建筑物，其上部占高度 20% 并超过 60m 的部位，各表面上的尖物、墙角、边缘、设备以及显著突出的物体，应按屋顶的保护措施考虑。

c. 在建筑物上部占高度 20% 并超过 60m 的部位，布置接闪器应符合对本类防雷建筑物的要求，接闪器应重点布置在墙角、边缘和显著突出的物体上。

d. 外部金属物当其符合设计规定时，可利用其作为接闪器，还可利用布置在建筑物垂直边缘处的外部引下线作为接闪器。

e. 符合规范的钢筋混凝土内的钢筋和建筑物金属框架，当其作为引下线或与引下线连接时均可利用作为接闪器。

（2）接地装置安装工程应按已批准的设计进行施工，按照已批准的施工组织设计（施工方案）进行技术交底。

（3）电气装置的下列部位（金属），均应接地。

1）屋内外配电装置的金属以及靠近带电部分的金属遮栏和金属门窗。

2）配电、控制、保护用的屏（柜、箱）及操作台、电机及其电器等的金属框架和底座。

3）电缆的接线盒、终端头和电缆的金属保护层、可触及的电缆金属保护管和穿线钢管。

4) 电缆桥架、支架；封闭母线的外壳及其他裸露的金属部分。

5) 电力线路杆塔；装在配电线路杆上的电力设备。

6) 电热设备的金属外壳；封闭式组合电器和箱式变电站的金属箱体。

7) 卫生间各个金属部件及金属管道等。

(4) 在中性点直接接地的配电线路中，所有用电设备的金属外壳应作接地保护。

(5) 保护接地及中性点直接接地装置的接地电阻不应大于 4Ω。但供给这些配电线路中的变压器或发电机的容量在 100kVA 及以下时，接地电阻可在 30Ω 以下。

(6) 电力电源线（电缆）在引入建筑物处，室内的配电箱（屏）有接地装置，可将中性线直接连接到接地装置上。

(7) 电气装置所设接地，每个接地部分应以单独的接地线与接地干线相连接；电气装置中有移动式或携带式电气用电设备的工作场所和住宅、托儿所、幼儿园、学校，应装有短路、过载功能的漏电保护装置；电气装置的接地系统分 TN、TT、IT 三种形式：

1) TN 系统分为三种形式

① TN-S 系统

在全系统内 N 线和 PE 线是分开的，具体原理见图 39-142：

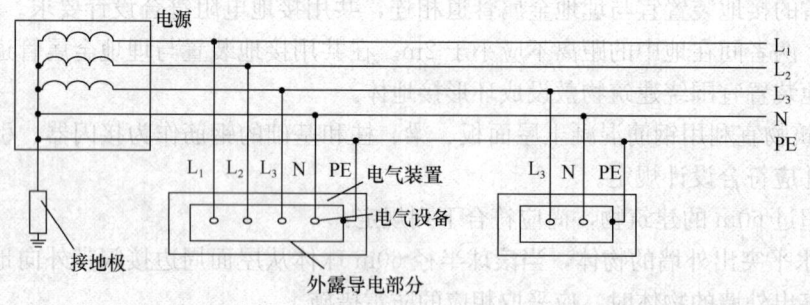

图 39-142　TN-S 系统

② TN-C 系统

在全系统内 N 线和 PE 线合为一根线（PEN 线），具体原理见图 39-143：

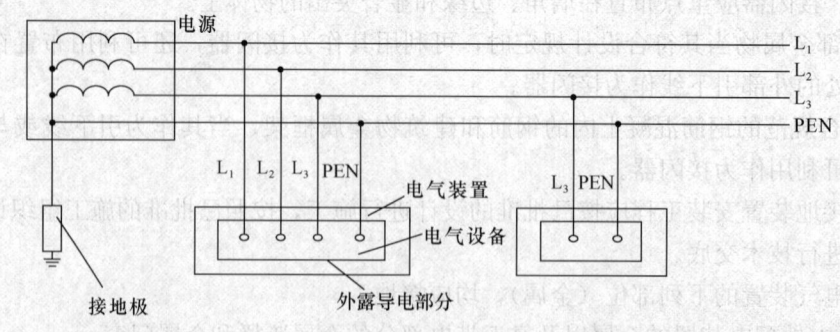

图 39-143　TN-C 系统

③ TN-C-S 系统

在全系统内仅在前一部分 N 线和 PE 线合为一根线，具体原理见图 39-144：

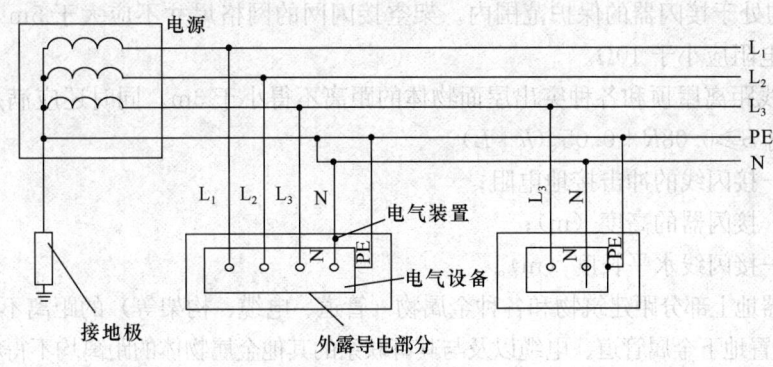

图 39-144　TN-C-S 系统

2）TT 系统

电源端直接接地，外露导电部分直接接地，与电源的接地无关，具体原理见图 39-145：

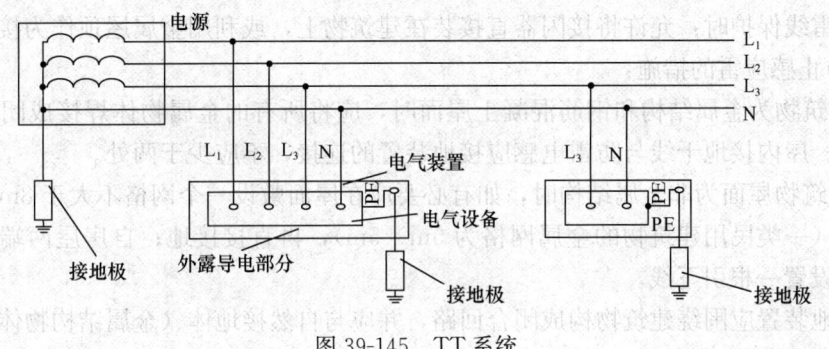

图 39-145　TT 系统

3）IT 系统

电源端不接地或一点经阻抗接地，外露导电部分直接接地，具体原理见图 39-146：

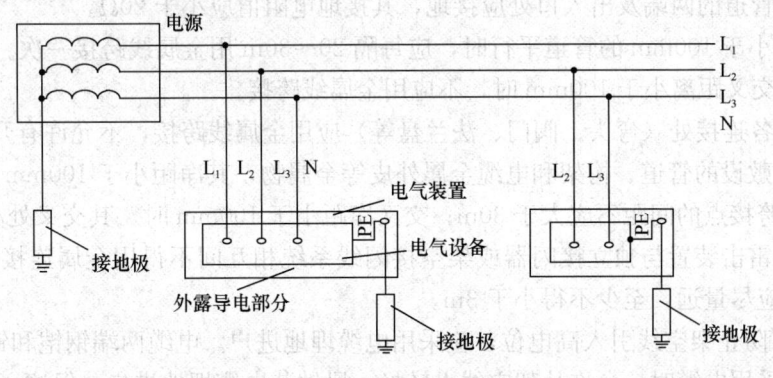

图 39-146　IT 系统

(8) 防雷保护要求：

1) 防止直击雷的保护措施：

① 应装设独立接闪器或架空接闪线（网），使被保护的建筑物及风帽、放空管等突出

屋面的物体均处于接闪器的保护范围内。架空接闪网的网格尺寸不应大于 5m×5m 或 6m×4m。接地电阻应小于 10Ω。

② 接闪线距离屋顶和各种突出屋面物体的距离不得小于 3m。同时还应满足下列公式的规定：距离 $S \geqslant 0.08R + 0.05(h+L)$ (39-4)

式中　R ——接闪线的冲击接地电阻；
　　　h ——接闪器的高度（m）；
　　　L ——接闪线水平长度（m）。

③ 接闪器地上部分距建筑物和各种金属物（管道、电缆、构架等）的距离不得小于 3m。接闪器接地装置地下金属管道、电缆以及与其有联系的其他金属物体的距离均不得小于 3m。

④ 独立接闪器的杆塔、架空接闪线端部和架空接闪线的各支柱处应至少设一根引下线。对用金属制成或焊接、绑扎连接钢筋网的杆塔、支柱，宜利用其作为引下线。

⑤ 独立接闪器、架空接闪线或架空接闪网应用独立的接地装置，每一引下线的冲击接地电阻不宜大于 10Ω。在土壤电阻率高的地区，可适当增大冲击接地电阻。

2) 当建筑物太高或由于建筑艺术造型的要求，很难设置与建筑物隔开的独立避雷针或架空避雷线保护时：允许将接闪器直接装在建筑物上，或利用金属屋顶作为接闪器。

3) 防止感应雷的措施：

① 建筑物为金属结构和钢筋混凝土屋面时，应将所有的金属物体焊接成闭合回路后直接接地。屋内接地干线与防雷电感应接地装置的连接，不应少于两处。

② 建筑物屋面为非金属结构时，如有必要应在屋面敷设一个网格不大于 8m×10m 的金属网格（一类民用建筑物的金属网格为 5m×5m），再直接接地；自房屋两端起，每隔 18～24m 设置一根引下线。

③ 接地装置应围绕建筑物构成闭合回路，并应与自然接地体（金属结构物体）全部连接在一起，以降低接地电阻和均衡电位。

④ 室内外一切金属设置，包括外墙上设置的金属栏杆、金属门窗、金属管道均应与防止感应雷击的接地装置相连。

a. 金属管道的两端及出入口处应接地，其接地电阻值应小于 20Ω。
b. 相距小于 100mm 的管道平行时，应每隔 20～30m 用金属线跨接一次。
c. 管道交叉距离小于 100mm 时，不应用金属线跨接。
d. 管道各连接处（弯头、阀门、法兰盘等）应用金属线跨接，不允许有开口环路。

⑤ 平行敷设的管道、构架和电缆金属外皮等金属物，其净距小于 100mm 时应采用金属线跨接，跨接点的间距不应大于 30m；交叉净距小于 100mm 时，其交叉处亦应跨接。

⑥ 感应雷击装置与独立接闪器或架空接闪线系统相互间不得用金属连接，其地下相互间的距离应尽量远，至少不得小于 3m。

4) 为了防止架空线引入高电位，应采用电缆埋地进户。电缆两端钢铠和铅皮应接地。当难于全线采用电缆时，允许从架空线上转换一段铠装电缆埋地进户，但这一段电缆的长度不应小于 50～100m，且在换线杆处必须装设接闪器。

39.8.1.2　材料要求

(1) 主要材料：热镀锌的扁钢、角钢、圆钢、钢管等。
(2) 常用辅材：

1) 铅丝、紧固件（螺栓、垫片、弹簧垫圈、U形螺栓、元宝螺栓等）和支架等，均应采用镀锌制品；

2) 电焊条、氧气、乙炔、混凝土支承块、预埋铁件、水泥、砂子、塑料管、铜线等。

(3) 接闪器常用材料应符合以下要求：

1) 接闪器和接地装置，均应采用热镀锌钢管和圆钢、扁钢、角钢等制成，其型号、规格应符合设计要求，并有产品质量合格证和试验报告。

接闪器的材料、结构和最小截面积应符合表39-113要求。

接闪线（带）、接闪杆和引下线的材料、结构与最小截面积　　　表39-113

材料	结构	最小截面（mm²）	备注
铜，镀锡铜①	单根扁铜	50	厚度2mm
	单根圆铜②	50	直径8mm
铜，镀锡铜①	铜绞线	50	每股线直径1.7mm
	单根圆铜③④	176	直径15mm
铝	单根扁铝	70	厚度3mm
	单根圆铝	50	直径8mm
	铝绞线	50	每股线直径1.7mm
铝合金	单根扁形导体	50	厚度2.5mm
	单根圆形导体	50	直径8mm
	绞线	50	每股线直径1.7mm
	单根圆形导体	176	直径15mm
	外表面镀铜的单根圆形导体	50	直径8mm，径向镀铜厚度至少70μm，铜纯度99.9%
热浸镀锌钢	单根扁钢	50	厚度2.5mm
	单根圆钢⑦	50	直径8mm
	绞线	50	每股线直径1.7mm
	单根圆根③④	176	直径15mm
不锈钢	单根扁钢⑤	50⑥	厚度2mm
	单根圆钢⑥	50⑥	直径8mm
	绞线	70	每股线直径1.7mm
	单根圆钢③④	176	直径15mm
外表面镀铜的钢	单根圆钢（直径8mm）	50	镀铜厚度至少70μm，铜纯度99.9%
	单根扁钢（厚2.5mm）		

注：① 热浸或电镀锡的锡层最小厚度为1μm；
② 镀锌层宜光滑连贯、无焊剂斑点，镀锌层圆钢至少22.7g/m²、扁钢至少32.4g/m²；
③ 仅应用于接闪杆，当应用于机械应力没达到临界值之处，可采用直径10mm、最长1m的接闪杆，并增加固定；
④ 仅应用于入地之处；
⑤ 对埋于混凝土中以及与可燃材料直接接触的不锈钢，其最小尺寸宜增大至直径10mm的78mm²（单根圆钢）和最小厚度3mm的75mm²（单根扁钢）；
⑥ 当温升和机械受力是重点考虑之处，50mm²加大至75mm²；
⑦ 避免在单位能量10MJ/Ω下熔化的最小截面是铜为16mm²、铝为25mm²、钢为50mm²、不锈钢为50mm²。

2) 接闪杆，一般采用圆钢或钢管制成，其杆体直径应符合表39-114的规定。接闪杆的接闪端宜做成半球状，其弯曲半径最小宜为4.8mm，最大宜为12.7mm。

接闪杆直径规格　　　　　　　　　　　　　　　　表 39-114

针体长度（m）或应用位置	针体直径（mm）	
	热镀锌圆钢	热镀锌钢管
1m 以下	12	20
1~2m	16	25
烟囱上的杆	20	40

3) 接闪网、接闪带及其引下线，常规为扁钢或圆钢，其规格应符合表 39-115 的规定。

接闪网（带）、引下线品种与规格　　　　　　　　表 39-115

项目或应用位置	材料品种与规格	
	热镀锌圆钢	热镀锌扁钢（截面×厚度）
接闪网（带）	φ10	25mm×4mm
烟囱接闪环	φ12	40mm×4mm
引下线	φ10	25mm×4mm
烟囱引下线	φ12	40mm×4mm

4) 架空接闪线和接闪网宜采用截面积不小于 $50mm^2$ 的热镀锌钢绞线或铜绞线。

5) 防雷接地体：一般采用热镀锌角钢、钢管、圆钢等；水平埋设的接地体，一般采用热镀锌扁钢、圆钢等。其接地体的材料、结构和最小尺寸满足表 39-116 的规定。

接地体材料、结构和最小尺寸　　　　　　　　表 39-116

材料品种	规格	材料品种	规格
热镀锌圆钢	φ10	热镀锌角钢（厚度）	4mm
热镀锌扁钢（截面×厚度）	$100mm^2$×4mm	热镀锌钢管（壁厚）	3.5mm

39.8.1.3 主要机具

(1) 主要安装机具：手锤、电焊机、钢锯、气焊工具、压力案子、铁锹、铁镐、大锤、夯、捯链、紧线器、电锤、冲击钻、常用电工工具等。

(2) 主要检测机具：线坠、卷尺、接地电阻测试仪等。

39.8.1.4 作业条件

施工图纸等资料应齐全，已按审批的施工组织设计或施工方案的要求，进行了技术交底。施工现场已清理干净，土建钢筋已绑扎验收完毕。

39.8.2　接地装置安装

39.8.2.1　接地装置的划分

接地装置一般分为建筑物基础接地体、人工接地体、接地模块等。

(1) 建筑物基础接地体：

底板钢筋与柱筋连接，桩基内钢筋与柱筋连接见图 39-147。

(2) 人工接地体按照设计图纸，进行放线，开挖接地体沟槽，开挖深度达到地表层

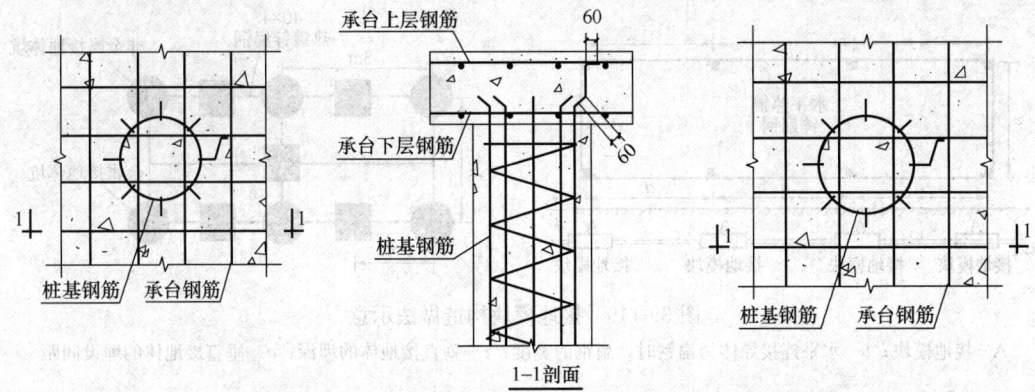

图 39-147　利用钢筋混凝土基础中的钢筋作接地极

注：1. 当基础底有桩基时，宜按本图施工。
　　2. 本图适用于现场浇筑的桩基和承台。

0.6m 以下、圆钢、角钢及钢管接地极应垂直埋入地下，间距不应小于 5m。接地装置的焊接应采用搭接焊，搭接长度应符合下列规定：

1) 扁钢与扁钢搭接为扁钢宽度的 2 倍，不少于三面施焊；

2) 圆钢与圆钢搭接为直径的 6 倍，双面施焊；

3) 圆钢与扁钢搭接为直径的 6 倍，双面施焊；

4) 扁钢与钢管。扁钢与角钢焊接，紧贴角钢外侧两面，或紧贴 3/4 钢管表面，上下两侧施焊；经检查确认后，打入接地体和敷设连接接地极的热镀锌扁钢。接地体宜埋设在土层电阻率较低和不常到达的地方（图 39-148）。

(3) 接地模块：

按照设计图纸，进行放线，开挖接地模块坑槽，开挖深度达到地表层 0.6m 以下，接地模块间距不应小于模块长度的 3~5 倍。接地模块埋设基坑，一般为模块

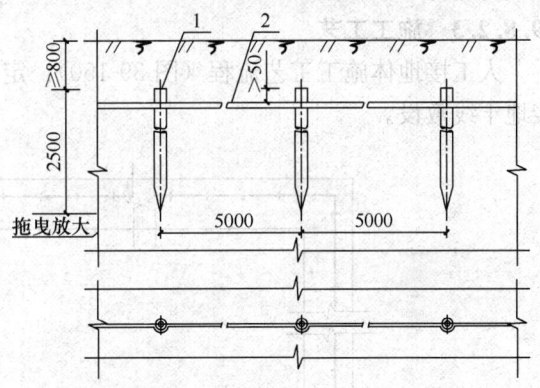

图 39-148　常见的敷设人工接地极示意

注：1. 钢管接地极尖端的做法：在距管口 120mm 长的一段，锯成四块锯齿形，尖端向内打合焊接面成。
　　2. 接地极、接地线及卡篷规格有特殊要求时，由工程设计确定。

外形尺寸的 1.2~1.4 倍，经检查确认后，放置接地模块（一般已在现场预制完成）、接地模块应垂直或水平就位，不应倾斜设置，保持与原土层接触良好，敷设连接接地模块的热镀锌扁钢，接地模块应集中引线，用干线把接地模块并联焊接成一个环路，干线的材质与接地模块焊接点的材质应相同，钢制的采用热镀锌扁钢，引出线不少于 2 处（图 39-149）。

39.8.2.2　施工要求

防雷接地装置的位置与道路或建筑物的出入口等的距离不宜小于 3m；若小于 3m，为降低跨步电压应采取以下措施：

(1) 水平接地体局部埋置深度不小于 1m，并在局部上部覆盖一层绝缘物（50~

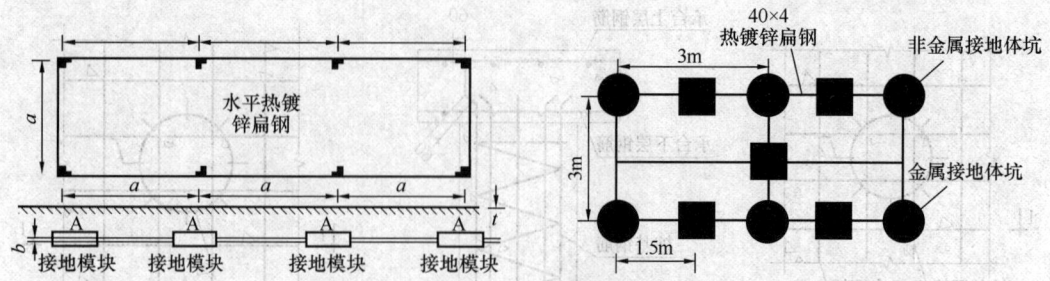

图 39-149 接地模块构造做法示意

A—接地模块；b—水平连接导体为扁钢时，扁钢的宽度；t—垂直接地体的埋深；a—垂直接地体的埋设间距

80mm 厚的沥青层）。

（2）采用沥青碎石地面或在接地装置上面敷设 50～80mm 厚的沥青层，其宽度应超过接地装置边 2m，敷设沥青层时，其基底须用碎石夯实。

（3）接地体上部装设用圆钢或扁钢焊成的 500mm×500mm 的"栅格"，其边缘距接地体不得小于 2.5m。

（4）根据设计标高挖接地体沟，挖沟时如附近有建筑物或构筑物，沟的中心线与建筑物或构筑物的基础距离不宜小于 2m。

39.8.2.3 施工工艺

人工接地体施工工艺流程（图 39-150）：定位放线→人工接地体制作→接地体敷设→接地干线敷设。

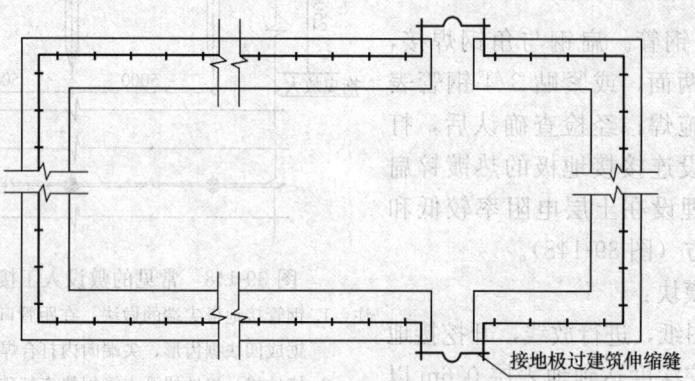

图 39-150 人工接地体敷设示意图

引下线施工工艺流程：定位放线→引下线敷设→变配电室接地干线敷设→断接卡子制作安装。

39.8.2.4 定位放线

接地体的定位按照设计要求和经业主、监理联合验收确认的要求定位放线。

39.8.2.5 人工接地体制作

（1）垂直接地体的加工制作：制作垂直接地体材料一般采用镀锌钢管 DN50、镀锌角钢 L50mm×50mm×5mm 或镀锌圆钢 ϕ20，长度不应小于 2.5m，端部锯成斜口或锻造成锥形，角钢的一端应加工成尖头形状，尖点应保持在角钢的角脊线上并使斜边对称制成接地体。

(2) 水平接地体的加工制作：一般使用—40mm×4mm 的镀锌扁钢。

(3) 铜接地体常用 900m×900mm×1.5mm 的铜板制作：

1) 在铜接地板上打孔，用单股 ϕ1.3mm～ϕ2.5mm 铜线将铜接地线（绞线）绑扎在铜板上，在铜纹线两侧用气焊焊接。

2) 在铜接地板上打孔，将铜接地绞线分开拉直，搪锡后分四处用单股 ϕ1.3mm～ϕ2.5mm 铜线绑扎在铜板上，用锡逐根与铜板焊好。

3) 将铜接地线与接线端子连接，接线端部与铜端子的接触面处搪锡，用 ϕ5mm×6mm 的铜铆钉将端子与铜板铆紧，在接线端子周围进行锡焊，铜端子规格为—30mm×1.5mm，长度为 750mm。

4) 使用—25mm×1.5mm 的扁铜板与铜接地板进行铜焊固定。

39.8.2.6 自然接地体安装

1. 利用钢筋混凝土桩基基础做接地体

在作为防雷引下线的柱子或者剪力墙内钢筋做引下线位置处，将桩基础的抛头钢筋与承台梁主筋焊接，再与上面作为引下线的柱或剪力墙中钢筋焊接。

2. 利用钢筋混凝土板式基础做接地体

(1) 利用无防水层底板的钢筋混凝土板式基础做接地时，将利用作为防雷引下线符合规定的柱主筋与底板的钢筋进行焊接连接。

(2) 利用有防水层板式基础的钢筋做接地体时，将符合规格和数量的可以用来做防雷引下线的柱内钢筋，在室外自然地面以下的适当位置处，利用预埋连接板与外引的 ϕ12mm 镀锌圆钢或—40mm×4mm 的镀锌扁钢相焊接做连接线，同有防水层的钢筋混凝土板式基础的接地装置连接。

3. 利用独立柱基础、箱形基础做接地体

(1) 利用钢筋混凝土独立柱基础及箱形基础做接地体，将用作防雷引下线的现浇混凝土柱内符合要求的主筋，与基础底层钢筋网做焊接连接。

(2) 钢筋混凝土独立柱基础如有防水层时，应将预埋的铁件和引下线连接应跨越防水层将柱内的引下线钢筋、垫层内的钢筋与接地线相焊接。

4. 利用钢柱钢筋混凝土基础作为接地体

(1) 仅有水平钢筋网的钢柱钢筋混凝土基础做接地时，每个钢筋混凝土基础中有两个地脚螺栓通过连接导体（≥ϕ12mm 钢筋或圆钢）与水平钢筋网进行焊接连接。地脚螺栓与连接导体与水平钢筋网的搭接焊接长度不应小于 6 倍，并应在钢桩就位后，将地脚螺栓及螺母和钢柱焊为一体。

(2) 有垂直和水平钢筋网的基础，垂直和水平钢筋网的连接，应将与地脚螺栓相连接两根垂直钢筋焊到水平钢筋网上，当不能焊接时，采用≥ϕ12mm 钢筋或圆钢跨接焊接。如果四根垂直主筋能接触到水平钢筋同时，将垂直的四根钢与水平钢筋网进行绑扎连接。

(3) 当钢柱钢筋混凝土基础底部有柱基时，宜将每一桩基的两根主筋同承台钢筋焊接。

5. 钢筋混凝土杯型基础预制柱做接地体

(1) 当仅有水平钢筋的杯型基础做接地体时，将连接导体（即连接基础内水平钢筋网与预制混凝土柱预埋连接板的钢筋或圆钢）引出位置是在杯口一角的附近，与预制混凝土柱上的预埋连接板位置相对应，连接导体与水平钢筋网采用焊接。

（2）当有垂直和水平钢筋网的杯型基础做接地体时，与连接导体相连接的垂直钢筋应与水平钢筋相焊接。如不能焊接时，采用不小于φ10mm的钢筋或圆钢跨接焊，如果四根垂直主筋都能接触到水平钢筋网时，应将其绑扎连接。

（3）连接导体外露部分应做水泥砂浆保护层，厚度50mm，当杯形钢筋混凝土基础底下有桩基时，宜将每一根桩基的两根主筋同承台梁钢筋焊接。如不能直接焊接时，可用连接导体进行跨接。

39.8.2.7 人工接地体的安装

1. 垂直接地体的安装

（1）施工方法

安装时先将接地体放在沟内中心线上，用大锤将接地体垂直打入地中，然后将预留镀锌扁钢调直置入沟内，将扁钢与接地体焊接。扁钢应侧放而不可平放，扁钢与钢管连接的位置距接地体顶端100mm，焊接时将扁钢拉直，焊好后清除药皮，刷沥青漆做防腐处理，接地线引出至需要的位置。

（2）接地体安装要求

接地体顶端距自然地面的距离，须符合设计要求；当无具体规定时，不宜小于600mm，防止接地体受机械损伤及受到腐蚀。接地体植入接地体沟时，两垂直接地体之间的间距不宜小于接地体长度的2倍。

2. 水平接地体的安装

水平接地体多用于绕建筑四周的联合接地。接地体一般采用-40mm×4mm的热镀锌扁钢。水平接地体宜侧放敷设在地沟内（不应平放），获得较小的散流电阻。

（1）水平接地体的顶部埋设深度距地面不应小于600mm。

（2）水平接地体之间的间距应符合设计要求；当设计无规定时，不宜小于5m。

（3）水平接地体环绕建筑物设置，可设置在建筑物基础的底部，在基槽挖好后，将水平接地体置于地槽底边，同时按设计引下线的间距预留外引接地的接点。

（4）如基槽底有灰土层时，必须持水平接地体埋入素土内。

（5）在多岩石地区，接地体可以水平敷设，埋设深度通常不小于600mm。在地下的接地体严禁涂刷防腐涂料。

3. 铜板接地体安装

铜板接地体应侧放安装，顶部距地面的距离不小于0.6m，接地极间的距离不小于5m。

如异种金属接地极之间连接时接头处应采取防止电化学腐蚀的措施。

39.8.2.8 接地干线安装

接地干线（即接地母线），连接多个设备、器件与引下线、接地体与接地体之间、接闪器与引下线之间和连接垂直接地体之间的连接线。接地干线一般使用镀锌扁钢制作。接地干线分为室内和室外连接两种，具体的安装方法如下：

1. 室外接地干线敷设

（1）根据设计图纸要求进行定位放线，挖土。

（2）将接地干线进行调直、测位、煨弯，并将断接卡子及接线端子装好。然后将扁钢放入地沟内，扁钢应保持侧放，依次将扁钢在距接地体顶端大于 50mm 处与接地体用电焊焊接。焊接时应将扁钢拉直，将扁钢弯成弧形与接地钢管（或角钢）进行焊接。敷设完毕经隐蔽验收后，进行回填并夯实。

2. 室内接地干线敷设

（1）室内接地线是供室内的电气设备接地使用，多数是明敷设，但也可以埋设在混凝土内。明敷设的接地线大多数敷设在墙壁上，或敷设在母线架和电缆的构架上。

（2）保护套管埋设：在配合土建墙体及地面施工时，在设计要求的位置上，预留保护套管或预留出接地干线保护套管孔。保护套管孔为方形，其规格应能保证接地干线顺利穿入。

（3）接地支持件固定：按照设计要求的位置进行定位放线，固定支持件无设计要求时，距地面 250～300mm 的高度处固定支持件。支持件的间距必须均匀，水平直线部分为 0.5～1.5m，垂直部分 1.5～3m，弯曲部分为 0.3～0.5m，固定支持件的方法有预留固定钩或托板法、预留支架洞口后安装支架法、膨胀螺栓及射钉直接固定接地线法等。

（4）水平接地干线离墙控制的几种方式：接地干线离墙距离的控制，应以安装固定简便，离墙距离易于控制，不影响墙面粉刷效果为原则。有框套式、铝方管式、型钢底座、离墙码式、绝缘子式等（图 39-151～图 39-155）。

图 39-151　框套式

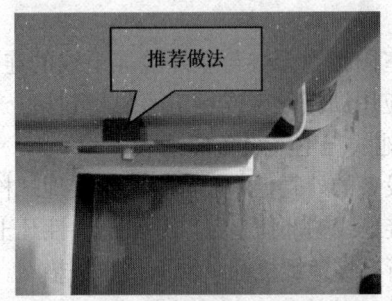

图 39-152　铝方管式

图 39-153　型钢底座式

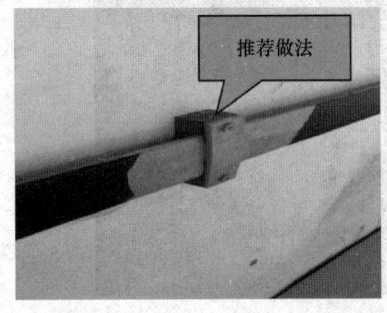

图 39-154　离墙码式

（5）接地线的敷设：将接地扁钢事先调直、煨弯加工后，将扁钢沿墙吊起，在支持件一端将扁钢固定，接地线距墙面间隙应为 10～20mm，过墙时穿保护套管，钢制套管必须与接地线做电气连通，接地干线在连接处进行焊接，末端预留或连接应符合设计规定。

（6）接地干线经过建筑物的伸缩（沉降）缝时，应设置补偿器。如采用焊接固定，应将接地干线在过伸缩（沉降）缝的一段做成弧形，或用 φ12mm 圆钢弯出弧形与扁钢焊接，也可以在接地线断开处用 50mm² 裸铜软绞线连接。

(7) 为了连接临时接地线,在接地干线上需安装一些临时接地线柱(也称接地端子),临时接地线柱的安装,应根据接地干线的敷设形式不同采用不同的安装形式。

(8) 配电室接地干线等明敷接地线的表面应涂以用 15~100mm 宽度相等的绿色和黄色相间的条纹。在每个接地导体的全部长度上或只在每个区间或每个可接触到的部位上宜作出标识。中性线宜涂淡蓝色标识,在接地线引向建筑物的入口处和在检修用临时接地点处,均应刷白色底漆并标以黑色接地标识(图 39-156)。

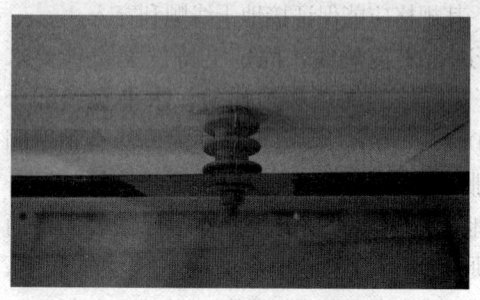
图 39-155 绝缘子式

图 39-156 接地干线上备用接地点

(9) 室内接地干线与室外接地干线的连接应使用螺栓连接以便检测,接地干线穿过套管或洞口应用沥青丝麻或建筑密封膏封堵。

3. 接地线与电气设备的连接

电气设备的外壳上一般都有专用接地螺栓。将接地线与接地螺栓的接触面擦净至发出金属光泽,接地线端部挂上锡,并涂上中性凡士林油,然后穿入螺栓并将螺帽拧紧,在有振动的地方,所有接地螺栓都必须加垫弹簧垫圈。接地线如为扁钢,其孔眼必须用机械钻孔。

电气装置的接地必须单独与接地母线或接地网相连接,严禁在一条接地线中串接两个及两个以上需要接地的电气装置(图 39-157、图 39-158)。

图 39-157 接地线与风机柜、电源管连接

图 39-158 接地线与配电箱屏连接

4. 接地体连接母线敷设

(1) 接地体连接母线(接地母线即连接垂直接地体之间的热镀锌扁钢),一般采用 $-40mm\times4mm$ 热镀锌扁钢,最小截面积不宜小于 100mm²,厚度不宜小于 4mm。

(2) 热镀锌扁钢敷设前,先调直,然后将扁钢垂直放置于地沟内,依次将扁钢在距接地体顶端大于 50mm 处,与接地体用电(气)焊焊接牢固。

(3) 为使接地扁钢与接地体接触连接严密，先按接地体外形制成弧形，用卡具将连接扁钢与接地体相互接触部位固定后，再焊接。

(4) 焊接的焊缝应饱满并有足够的机械强度，不得有夹渣、咬肉、裂纹、虚焊和气孔等缺陷。

39.8.2.9 需注意的其他问题

1. 接地线的选择

接地线和接地体连接为一体称为接地装置。安装的基本原则和要求：利用自然接地体为主，若自然接地体接地电阻值达不到设计要求时，增加安装人工接地装置，直至接地电阻值达到设计要求。

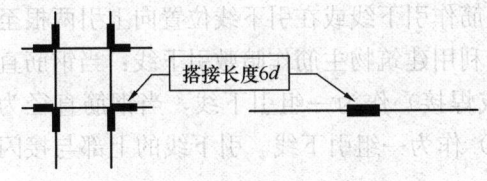

图 39-159　圆钢接地线与接地体连接的焊接长度

2. 接地线的安装要求

(1) 接地线一般采用热镀锌扁钢或圆钢。其与接地体的连接采用搭接法焊接，其焊接长度为：

1) 圆钢接地线与接地体连接的焊接长度不得小于圆钢直径的 6 倍，须双面焊接（d—圆钢直径），如图 39-159。

2) 扁钢接地线与钢管、角钢接地体的连接焊接，须将扁钢弯成弧形与钢管、角钢焊接，长度不小于扁钢宽度的 2 倍，并对接地体进行围焊，焊接三个棱边。

3) 圆钢与扁钢连接时，其焊接长度不小于圆钢直径的 6 倍，须两面焊接。

(2) 接地线裸露部位应设置钢管、角钢等进行保护，以防止机械损伤。接地线穿越墙壁时应预埋钢管作保护套管。

(3) 室内明敷设的接地线应用螺栓或卡子牢固地固定在支持件上。支持件的距离：水平敷设时为 800～1000mm；垂直敷设时为 1200～1500mm；转弯部分为 500mm。

(4) 明敷设的接地线按设计要求位置数设，应装在便于检查的地方。

(5) 在接地测试点箱盒上，需做接地标识。

3. 人工接地体安装

参见防雷接地装置人工接地体安装。

39.8.3　引下线及均压环安装

39.8.3.1　引下线安装

引下线一般可分为明敷和暗敷两种。其材质要求可为热镀锌扁钢或圆钢（利用混凝土中钢筋作引下线除外）。其规格应不小于下列数值：热镀锌圆钢直径为 10mm；热镀锌扁钢截面为—25mm×4mm。

1. 防雷引下线明敷

(1) 引下线沿外墙面明敷时，首先将引下线调直，然后根据设计的位置定位，在墙表面进行弹线或吊铅垂线测量，根据测量的长度，上端为 250～300mm，均分支架间距，并确保其垂直度。安装支持件（固定卡子），支持件（固定卡子）应随土建主体施工预埋。一般在距室外护坡 2m 高处，预埋第一个支持卡子，卡子间距 1.5～2m，但必须均匀。卡子应突出墙装饰面 15mm，将调直的引下线由上到下安装。用绳子提升到屋顶，将引下线固定到支持卡子上。上部与接闪带焊接，下部与接地体焊接，依次安装完毕。引下线的路径尽量短而直，不能直线引下时，应做成弯曲半径为圆钢直径 10 倍的圆弧（图 39-160）。

（2）引下线的连接应采用搭接焊接，其搭接长度须符合国家规范要求。引下线应沿最短路线引至接地体，拐弯处应制成大于 90°的弧状。

（3）固定引下线，一般采用扁钢支架，支持件用膨胀螺栓固定在墙面上，支架与引下线之间可采用焊接或套箍固定。引下线离墙面距离宜为 10～20mm。

（4）直接从基础接地体或人工接地体引出明敷的引下线，先埋设或安装支架，然后敷设引下线。

2. 引下线暗敷要求

（1）引下线暗敷，一般利用混凝土柱内主钢筋作引下线或在引下线位置向上引两根至女儿墙上，钢筋在屋面与女儿墙上接闪带连接。利用建筑物主筋作暗敷引下线：当钢筋直径为 16mm 及以上时，应利用两根钢筋（绑扎或焊接）作为一组引下线，当钢筋直径为 10mm 及以上时，应利用四根钢筋（绑扎或焊接）作为一组引下线。引下线的上部与接闪器焊接，下部与接地体焊接。

（2）利用建筑物柱内主筋作引下线，柱内主筋绑扎后，按设计要求施工，经检查确认，才能支模。

（3）引下线沿墙或混凝土构造柱暗敷设：应使用不小于 ϕ12mm 镀锌圆钢或不小于 －25mm×4mm 的镀锌扁钢。施工时配合土建主体外墙（或构造柱）施工。将钢筋（或扁钢）调直后与接地体（或断接卡子）连接好，由下到上展放钢筋（或扁钢）并加以固定，敷设路径要尽量短而直，可直接通过挑檐或女儿墙与接闪带焊接（图 39-161）。

图 39-160　防雷引下线与接闪带的连接

图 39-161　屋面女儿墙上接闪带的敷设

（4）直接从基础接地体或人工接地体暗敷埋入粉刷层内的引下线，经检查确认不外露，才能贴面砖或刷涂料等。

（5）引下线的根数及断接卡（测试点）的位置、数量按表 39-117 安装。

防雷引下线的数量及间距选择　　　　　表 39-117

建筑物防雷分类	防雷引下线间距	防雷引下线数量	备注
一类	12m	大于 2 根	—
二类	18m	大于 2 根	—
三类	25m	大于 2 根	40m 以下建筑除外

3. 断接卡（测试点）制作、安装

当利用混凝土内钢筋、钢柱作为自然引下线并采用基础钢筋接地体时，不宜设置断接卡，但应在室外墙体上留出供测量用的测接地电阻孔洞及与引下线相连的测试点接头。

在易受机械损伤之处，地面上 1.7m 至地面下 0.3m 的一段接地应采用暗敷保护，也可采用镀锌角钢、改性塑料管或橡胶等保护，并应在每一根引下线上距地面不低于 0.3m 处设置断接卡连接。

断接卡有明装和暗装，断接卡可利用不小于－40mm×4mm 或－25mm×4mm 的镀锌扁钢制作。断接卡子应用两根镀锌螺栓拧紧，上下端至螺栓孔中心各为 20mm，两螺栓孔中心距离为 40mm，总长度为 80mm。搭接处固定螺栓应为镀锌件，钻孔 11mm，螺栓规格为 M10×25，平垫片、弹簧垫片应齐全。固定时，螺栓应由里向外穿，螺母在外侧。断接卡的接地线至地下 0.3m 处须有钢管或角钢保护。保护管上下两端须有固定管卡，地面上保护管长度宜为 1.5m，地下不应小于 0.3m。高层建筑断接卡暗装时可按设计要求，从引下线上引出接地干线至接地电阻测试箱（图 39-162）。

图 39-162　测试点的制作、安装

39.8.3.2　均压环安装

均压环是用扁钢或圆钢水平与接地引下线等连接，使各连接点处电位相同。高层建筑物应按规范设计要求装设均压环，自 30m 起，向上环间垂直距离不宜大于 12m。

（1）在 30m 及以上的建筑物的外金属窗、金属栏杆处附近的均压环上，焊出接地干线到金属窗、金属栏杆端部。也可在金属窗、金属栏杆端部预留接地钢板。

（2）30m 及以上的建筑物的外金属窗、金属栏杆须通过引出的接地干线电气连接并与防雷装置连接。在金属窗加工制作时应按规定的要求甩出 300mm 的－25mm×4mm 扁钢 2 处，如框边长超过 3m 时，就需要做 3 处连接，以便于进行压接或焊接。甩出的扁钢等与均压环引出线连接一体。

（3）外金属窗、金属栏杆与接地干线或预留接地钢板连接可用螺栓连接或焊接，连接必须可靠（图 39-163）。

图 39-163　金属窗接地

39.8.4 接闪器安装

39.8.4.1 弯件制作

当加工立弯时,严禁采用加热方法引弯,应用手工冷弯或机械加工的方式进行,以免损伤镀锌层,且加工后扁钢的厚度应基本不变。

39.8.4.2 支持件安装

在接闪带(网)(扁钢或圆钢)敷设前,应先测量弹线定位把支持件预埋、固定好。当扁钢为-25mm×4mm或圆钢为ϕ12mm时,从转角中心至支持件的两端宜为250~300mm,且应对称设置,如扁钢为-40×4时,则距离可适当放大些。然后在每一直线段上从转角处的支持件开始进行测量并平均分配,相邻之间的支持件距离小于等于1m左右为宜。支持件的高度宜不小于支持件与女儿墙外墙边的距离。

明敷接闪器应为热镀锌、宜为不锈钢材质制品,宜采用顶卡式支撑方式;套管支撑、支架夹等非焊接固定方式,支架根部做装饰收口处理。目的:(1)减少焊点;(2)利于温度伸缩变化(图39-164~图39-166)。

图39-164 明敷接闪器采用套管式固定

图39-165 明敷接闪器采用支架卡固定安装

图39-166 屋面女儿墙上接闪带及支持件穿孔支撑板固定安装

39.8.4.3 接闪带、接闪网安装

1. 沿屋脊、屋檐、女儿墙明敷

(1)焊接连接时的要求

明敷接闪杆和接闪带可采用焊接。采用热镀锌圆钢或不锈钢圆钢搭接焊时宜呈"乙"

字形搭接（图 39-167），搭接倍数应为圆钢直径的 6 倍，双面施焊；扁钢与扁钢搭接不小于扁钢宽度的 2 倍，三面施焊；圆钢与扁钢搭接不应小于圆钢直径的 6 倍，双面施焊。保证导通面积与连接强度。采用支架卡子固定不得 T 焊。

扁钢与支持件（扁钢）的焊接，扁钢宜高出支持件约 5mm，这样焊接后上端可以平整。

图 39-167 明敷接闪带采用"乙"字形搭接

焊接处焊缝应平整，发现有夹渣、咬边、焊瘤现象，应返工重焊。焊接后应及时清除焊渣，并在焊接处刷防锈漆一遍，饰面漆两遍。

（2）非焊接连接方式

明敷接闪器间可采用卡接器、绝缘穿刺线夹、并沟线夹、螺栓（扁铁）连接固定，屋面水平接闪网固定支架可采用 MV 夹等支撑方式固定（图 39-168、图 39-169）。

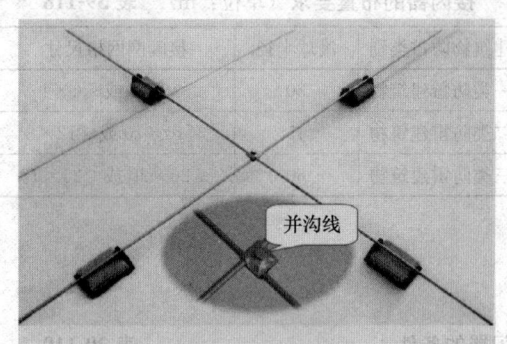

图 39-168 明敷接闪器采用并沟线夹方式固定

图 39-169 明敷接闪器采用绝缘穿刺线夹方式固定

扁钢或圆钢沿屋脊、屋檐或女儿墙明敷之前，支持件必须已按设计位置预埋，无松动现象，然后，进行校平校直。一般是利用一段约 2m 左右长度的 10 号槽钢将扁钢或圆钢放平在槽钢上，用木槌对不平直部位进行敲打校平直。

接闪带敷设安装的要求：

（1）高层建筑小屋面机房、设备房等墙面与女儿墙相连时，女儿墙上接闪网带应与墙面明敷引下线连成一体；当引下线为主筋暗敷时，应从墙内主筋引下线焊接热镀锌钢筋引出与女儿墙扁钢（圆钢）搭接连成一体（图 39-170）。

（2）接闪带的搭接焊焊缝应有加强高度。

（3）接闪带沿屋脊、屋檐、女儿墙应平直散设，在转角处弯曲弧度宜统一。

（4）接闪带在女儿墙敷设时，一般宜敷设在女儿墙的中间，并且离女儿墙的外侧距离不小于接闪带的高度为宜；接闪带在经过沉降（伸缩）缝时须弯成较大弧状（图 39-171）。

（5）对于镀锌层被破坏的部分如焊口处等须涂樟丹涂料一遍和银粉两遍。

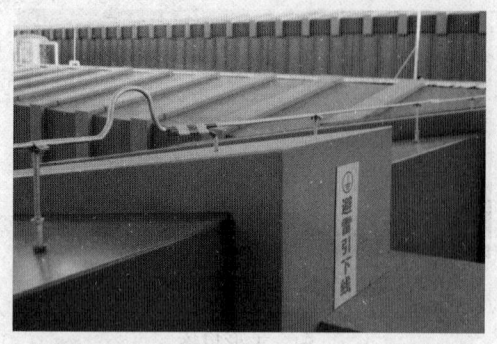
图 39-170 女儿墙上接闪网、带与引下线连成一体

图 39-171 接闪带经过沉降（伸缩）缝弯成弧状

图 39-172 屋顶接闪网敷设

2. 接闪器的布置要求

屋面网格应按照设计要求敷设，若设计未明确时，一般屋面上敷设接闪网的要求见表 39-118，示例见图 39-172。

接闪器的布置要求（单位：m） 表 39-118

建筑物防雷类别	滚球半径	接闪网网格尺寸
一类防雷建筑物	30	≤5×5 或 ≤6×4
二类防雷建筑物	45	≤10×10 或 ≤12×8
三类防雷建筑物	60	≤20×20 或 ≤24×16

3. 金属屋面做接闪器的条件

金属屋面做接闪器的条件见表 39-119。

金属屋面做接闪器的条件　　　　　表 39-119

条件	材料	规格		备注
金属屋面下无易燃物时	钢板	厚度不应小于 0.5mm		当金属屋面不符合上述规格时，应在金属屋面上做接闪网保护。金属屋面上可刷油漆或 0.5mm 以下的沥青或 1mm 以下的聚氯乙烯保护层，作防锈蚀之用
金属屋面下有易燃物时	钢板	厚度不应小于 4mm	搭接长度不应小于 100mm	
	铜板	厚度不应小于 5mm		
	铝板	厚度不应小于 7mm		

4. 接闪杆

（1）接闪杆按设计采用热镀锌圆钢或钢管制作，接闪杆顶端按设计或标准图制成尖状。采用钢管时管壁的厚度不得小于 3mm，接闪杆端部除锈后涂锡，涂锡长度不得小于 200mm。

专用接闪杆应能承受 $0.7kN/m^2$ 的基本风压，在经常发生台风和大于 11 级大风的地区，宜增大接闪杆的尺寸。专用接闪杆位置应正确，焊接固定的焊缝应饱满无遗漏，焊接部分防腐应完整。接闪导线应位置正确、平正顺直、无急弯。焊接的焊缝应饱满无遗漏，螺栓固定的应有放松零件。

(2) 接闪杆安装必须垂直、牢固，其倾斜度不得大于 5‰。其各节的尺寸见表 39-120。

接闪杆组装尺寸　　　　　　　表 39-120

接闪杆高度（m）	1	2	3	4	5	6	7	8	9	10	11	12
第一节尺寸（m）$\phi25$（mm）	1	2	1.5	1	1.5	1.5	2	1	1.5	2	2	2
第二节尺寸（m）$\phi40$（mm）	—	—	1.5	1.5	1.5	2	2	2	1.5	2	2	2
第三节尺寸（m）$\phi50$（mm）	—	—	—	1.5	2	2.5	3	2	2	2	2	2
第四节尺寸（m）$\phi100$（mm）	—	—	—	—	—	—	—	—	—	4	4	4

注：接闪杆高度多段组合时，直径小的在上部。

39.8.5 试验与调试

1. 接地电阻测试要求

交流工作接地，接地电阻符合设计要求；安全工作接地，接地电阻符合设计要求；直流工作接地，接地电阻应按计算机系统具体要求确定；防雷保护接地的接地电阻符合设计要求（图 39-173）。

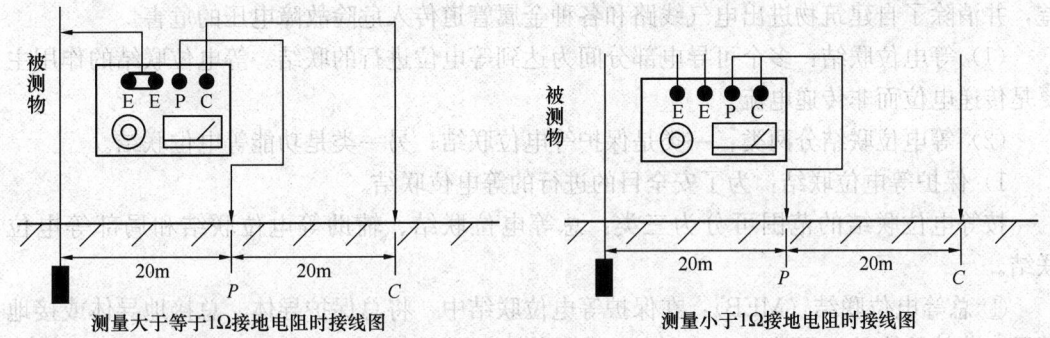

图 39-173　接地电阻测试示意图

对于屏蔽系统如果采用联合接地时，接地电阻不应大于 1Ω。

2. 接地电阻测试仪

接地电阻测试仪是检验测量接地电阻的常用仪表，比较常用的有 ZC 系列的摇表指针式，稳定性更高的数字接地电阻仪。法国 CA 公司 6412、6415 单钳口式地阻仪也是当前较为常用的一种地阻测试仪，国内生产同类产品的有 ET2000 型等。

MODEL4012 接地电阻测试仪：

MODEL4012 是用来测定配电线、屋内配线、电机机电设备等接地阻抗测试仪。测量时，按下×1 挡，接好线，不用把接地端子打入地下，只要把线路拉开到规定距离，在端子处倒两瓶水就可以了。一按按钮，测试值就显示，比较方便，尤其是高层建筑使用比较好。

MODEL4012 使用注意事项：

(1) 测试前请先确认量程选择开关已设定在适当挡位。测试导线的连接插头已紧密插入端子内。

(2) 主机潮湿状态下，请勿接线。各挡位中，请勿加载超于该量程额定值的电量。

(3) 当与被测物在线连接时，请勿切换量程选择开关。测试端子间请勿加载超过 200A 的交流或直流电压。

(4) 请勿在易燃性场所测试，火花可能会引起爆炸。若仪器出现破损或测试导线发生龟裂而造成金属外露等异常情况时，请停止使用。

(5) 更换电池，请务必确定测试导线已从测试端子拆除。主机潮湿状态下请勿更换电池。

(6) 使用后请务必将量程选择开关切于 OFF 位置。

(7) 请勿于高温潮湿，有结露的场所及日光直射下长时间放置。

(8) 本测试器请勿存放于超过 60℃ 的场所。

(9) 长时间不使用，请取出电池后保存。

(10) 主机潮湿时，请干燥后保存。

39.9 等电位联结

等电位联结降低了建筑物内人们间接接触电击的接触电压和相邻金属部件间的电位差，并消除了自建筑物进出电气线路和各种金属管道传入危险故障电压的危害。

(1) 等电位联结：多个可导电部分间为达到等电位进行的联结。等电位联结的作用主要是传递电位而非传递电流。

(2) 等电位联结分两类：一类是保护等电位联结；另一类是功能等电位联结。

1) 保护等电位联结：为了安全目的进行的等电位联结。

按等电位联结的范围可分为三类：总等电位联结、辅助等电位联结和局部等电位联结。

① 总等电位联结（MEB）：在保护等电位联结中，将总保护导体、总接地导体或接地端子、建筑物内的金属管道和可利用的建筑物金属结构等可导电部分连接到一起。

② 辅助等电位联结（SEB）：在导电部分间用导线直接连通，使其电位相等或接近，而实施的保护等电位联结。

③ 局部等电位联结（LEB）：在一局部范围内将各导电部分连通而实施的保护等电位联结。

2) 功能等电位联结：为保证正常运行进行的等电位联结。

39.9.1 总等电位联结

39.9.1.1 建筑物内的总等电位联结

建筑物内的总等电位联结，应符合下列规定：

(1) 每个建筑物中的下列可导电部分，应做总等电位联结。

1) 总保护导体（保护接地导体、保护接地中性导体）。

2) 电气装置总接地导体或总接地端子板。

3) 建筑物内的水管、燃气管、供暖和空调管道等各种金属干管。

4) 可接用的建筑物金属结构部分。

(2) 通信电缆的金属外护层在做等电位联结时，应征得设计或相关部门的同意。

39.9.1.2 保护等电位联结线截面的选取原则

见表39-121。

保护等电位联结线截面　　　　　　表39-121

取值	类别			
	总等电位联结线	局部等电位联结线	辅助等电位联结线	
一般值	不能小于配电线路最大保护接地导体（PE）导体截面积的1/2	其导电不应小于局部场所的最大保护接地导体（PE）截面积的1/2的导体所具有的电导	两个外露可导电部分间	其导电不应小于接到外露可导电部分的较小的保护接地导体（PE）导体的电导
			外露可导电部分和装置外可导电部分间	其导电不应小于相应保护接地导体（PE）截面积1/2的导体所具有的电导
最小值	6mm² 铜导体	同右	单独敷设，有机械防护时	铜导体不应小于2.5mm²
	16mm² 铝导体			铝导体不应小于16mm²
	50mm² 铜导体		单独敷设，无机械防护时	铜导体不应小于4mm²
最大值	25mm² 铜导体或按截流量与其相同的铝或钢导体	同左	—	

注：等电位联结端子板应采用铜质材料，等电位联结端子板的截面应满足机械强度要求，并不得小于所接联结线截面。等电位联结线不宜采用铝线，且不允许下列金属部分当作联结线：
金属水管；含有可能引燃的气体、液体、粉末等物质的金属管道；正常使用中承受机械应力的结构部分；柔性可弯曲的金属导管（用于保护联结导体目的而特别设计的除外）；支撑线、电缆桥架（梯架、托盘和槽盒）。

39.9.1.3 总等电位联结的方法

(1) 总等电位联结端子板已设置在电源进线或进线配电柜（箱）附近，并应加防护罩或装在端子箱内，以防止无关人员触动。

(2) 总等电位联结端子板应直接与该建筑物用作防雷和接地的金属结构金属构件及室外接地体（如有）联结。

(3) 由总等电位联结端子箱始，沿建筑物外墙做内部环形导体，在需联结设置所在的房间内设等电位联结端子箱，需要联结的设施与该等电位端子箱内的端子板联结，从而实现整个建筑物的总等电位联结，该总等电位端子板同时与就近结构体内的钢筋联结（图39-174）。

(4) 内部环形导体：

1) 内部环形导体可理解为总等电位联结的干线或延长线，兼有接地导体的功能。如设计无特别要求，内部环形导体及总等电位联结线可采用25mm² 铜导线（需套管）或40×4热镀锌扁钢（通常焊接）。

2) 内部环形导体的辐射方式如设计无特别要求，可根据实际情况选用明敷（或暗敷）。

① 有条件时宜通常明装，高度等由设计根据工程具体情况确定。此方案优点在于联结线可视，易于检修维护。内部环形导体明装时（当采用40mm×4mm 热镀锌扁钢），在支撑点处或过墙处为了防腐应有绝缘保护。

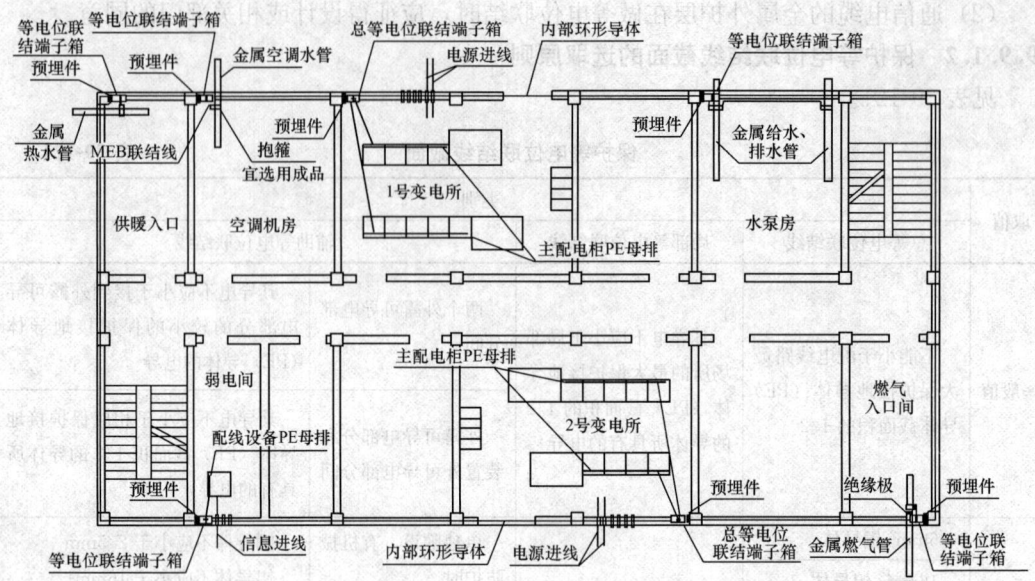

图 39-174 总等电位联结

② 明装确有困难时,允许采用局部暗装或通长暗装的形式,在结构基础内、墙内或地面内暗敷,内部环形导体不应利用正常使用中承受机械应力的结构钢筋,如利用正常使用中不承受机械应力的钢筋,其截面不应小于 40mm×4mm 扁钢的截面,且应通长焊接。

3) 内部环形导体与等电位联结端子箱的连接,有以下两种连接方式:

① 连接方式一:内部环形导体在各个等电位联结端子箱内断开,分别接至等电位联结端子板的不同端子,此种方式可分段测量内部环形导体的电阻,针对各段情况分别维护(图 39-175)。

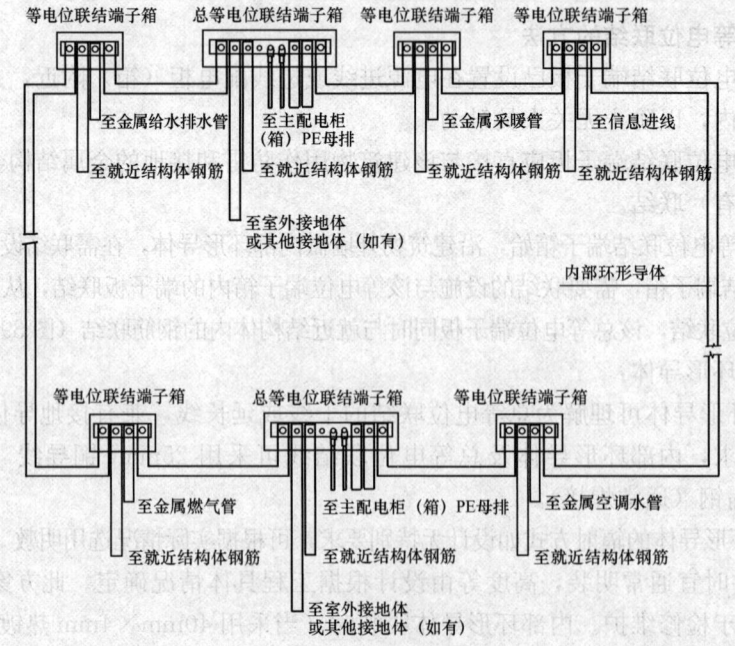

图 39-175 连接方式(一)

② 连接方式二：内部环形导体通常敷设，在各个等电位联结端子箱附近"T"接引出联合导体，分别接至各个等电位联结端子板，"T"接处焊接连接（图 39-176）。

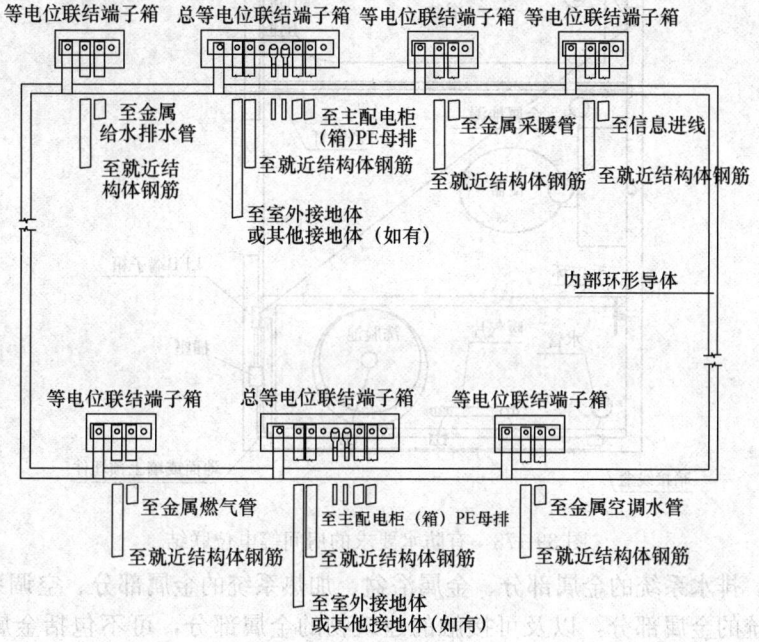

图 39-176　连接方式（二）

39.9.2　辅助等电位联结

辅助等电位联结按设计要求施工。例如：当电气装置或电气装置某一部分发生接地故障后间接接触的保护电器不能满足自动切换电源要求时，尚应在局部范围内将前述总等电位联结所列出的可导电部分再做一次局部等电位联结，亦可将伸臂范围内能同时触及的两个导电部分之间做辅助等电位联结（图 39-177）。

39.9.3　局部等电位联结

当需在一局部场所内作多个辅助等电位联结时，可通过局部等电位联结端子板将下列部分互相连通，实现该局部范围内的多个辅助等电位联结，被称作局部等电位联结。

39.9.3.1　卫生间、浴室等有防水要求的房间等电位联结

卫生间、浴室等有防水要求的房间等电位联结见图 39-178。

（1）应将浴室内的外露可导电部分和可接近的外界可导电部分做局部等电位联结，外界可导电部

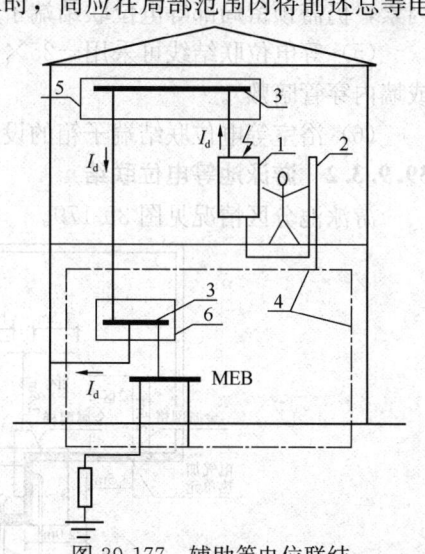

图 39-177　辅助等电位联结
1—电气设备；2—暖气片；3—保护接地导体（PE）；4—结构钢筋；5—末端配电箱；6—进线配电箱；I_d—故障电流

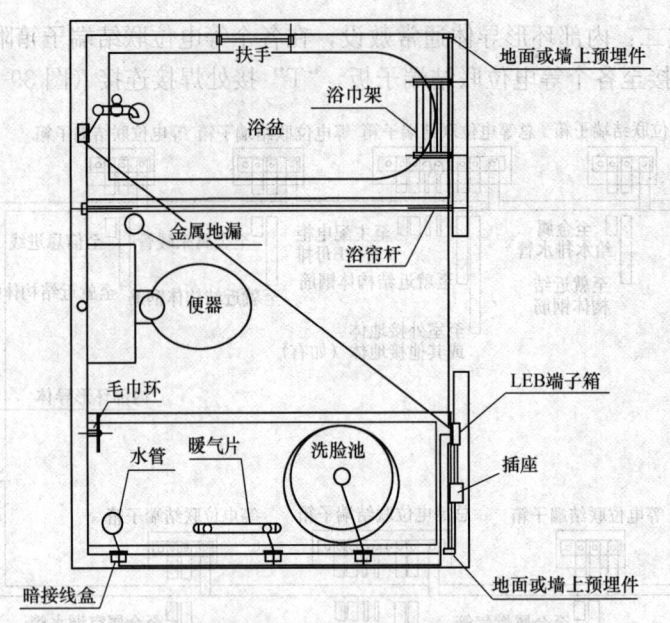

图 39-178 有防水要求的房间等电位联结

分包括给水、排水系统的金属部分、金属浴盆、加热系统的金属部分、空调系统的基础部分、燃气系统的金属部分，以及可接触的建筑物的金属部分，可不包括金属扶手、浴巾架、肥皂盒等孤立金属物。

(2) 地面内钢筋网应做等电位联结，墙内如有钢筋网也宜与等电位联结线连通。

(3) 浴室内的等电位联结不得与浴室外的 PE 线相连，以防故障时引入危险电位。如浴室内有 PE 线，则必须以该 PE 线做连接（例如插座的 PE 端子或接线盒里的 PE 线）。

(4) 目前住宅卫生间多采用铝塑管、PPR 等非金属管，但考虑二次装修管材更换等因素，仍需预留局部等电位联结端子箱。

(5) 等电位联结线可采用 -25×4 镀锌扁钢或不小于 BVR-1×2.5mm² 导线（地面内或墙内穿管暗敷）。

(6) 浴室等电位联结端子箱的设置位置应方便检测。

39.9.3.2　游泳池等电位联结

游泳池分区情况见图 39-179。

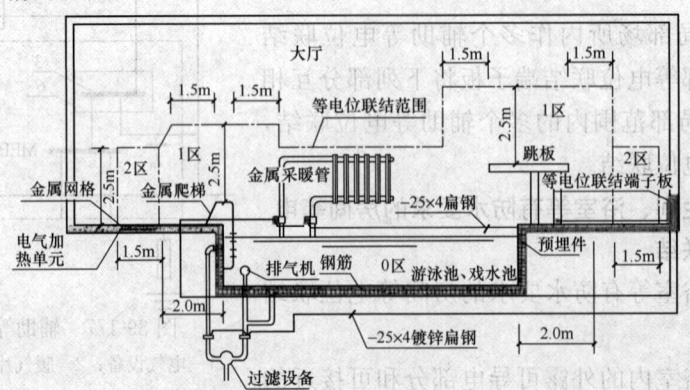

图 39-179　游泳池分区情况

(1) 在 0 区、1 区、2 区内的所有装置外可导电部分和这些区域内外露可导电部分的保护接地导体做等电位联结。装置外可导电部分包括：淡水、废水、气体、加热、温控用的金属管；建筑物结构的金属构件；水池结构的金属构件；非绝缘地面内的钢筋；混凝土水池的钢筋。

(2) 区域内无 PE 线，则不引入 PE 线，以防故障时引入危险电位。

(3) 装设于 2 区内的电气加热单元，应覆盖以金属网格，并连接到等电位系统，金属网格的做法见图 39-180。

(4) 等电位联结线根据实际情况也可以通过导线连接器敷设布线，见图 39-181。

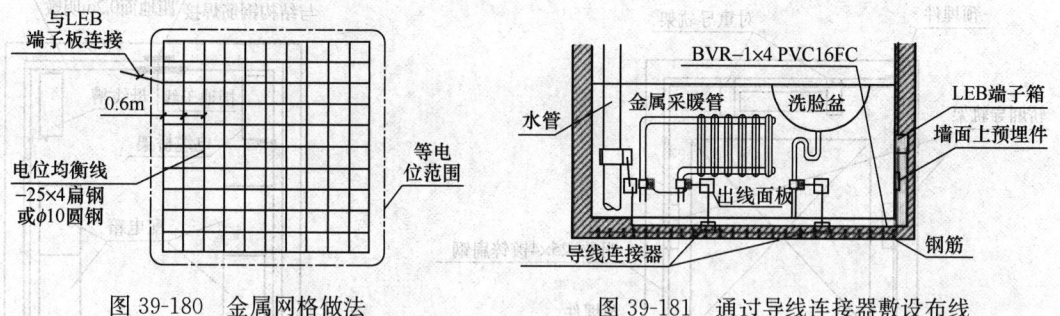

图 39-180 金属网格做法　　图 39-181 通过导线连接器敷设布线

39.9.3.3 典型医疗场所等电位联结

(1) 在每个 1 类和 2 类医疗场所内，应安装局部等电位联结导体，并将其连接到位于"患者区域"内的等电位联结母线上，以实现下列部分之间等电位：保护接地导体、外界可导电部分、抗电磁干扰的屏蔽物（如有）、导电地板网格（如有）、隔离变压器的金属外壳（如有）。其中固定安装的可导电的患者非电支撑物，诸如手术台、理疗椅和牙科治疗椅，宜与等电位联结导体连接，除非这些部分要求与地绝缘。

(2) 在 2 类医疗场所内，电源插座的保护接地导体端子、固定电气设备的保护接地导体端子和任何外界可导电部分，这些部分和等电位联结母线之间的导体的电阻（包括接头的电阻在内）不应超过 0.2Ω。

(3) 等电位联结线根据实际情况也可以通过导线连接器敷设布线。典型医疗场所等电位联结见图 39-182。

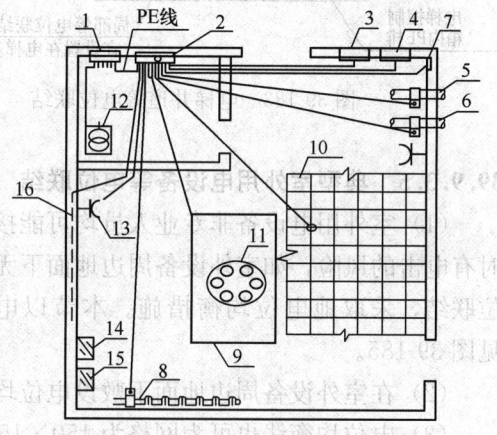

图 39-182 典型医疗场所等电位联结
1—TN 系统分配电箱（柜）；2—LEB 端子板；
3—无影灯控制箱；4—手术台控制箱；5—金属水管；
6—金属氧气管、真空管等；7—预埋件；8—金属采暖管；
9—非电手术台；10—导电地板的金属网格；
11—特低电压手术灯；12—隔离变压器；13—带接地
端子的 LT 系统插座；14—冰箱；15—保温箱；
16—抗电磁干扰的屏蔽物

39.9.3.4 电梯井道和配电间等电位联结

1. 电梯井道等电位联结（图 39-183）

(1) 电梯井道等电位联结采用 $-25\text{mm}\times 4\text{mm}$ 镀锌扁钢或 $\text{BRV}-1\times 4\text{mm}^2$ 连接电梯井

道内的金属导轨,以实现轿厢和金属件的等电位联结。采用异形钢构件抱箍连接或焊接。

(2)局部等电位端子箱应于井道侧墙和地面内钢筋网以电梯控制箱的PE排连通。

2. 配电间等电位联结(图39-184)

(1)配电间或电气竖井内配电装置较多,为确保运行维护人员的安全。

(2)局部等电位端子箱应与本层地面内钢筋网连通。

(3)将配电箱、电缆桥架、母线槽等设备设施的金属外壳与配电间内的等电位联结线做联结。

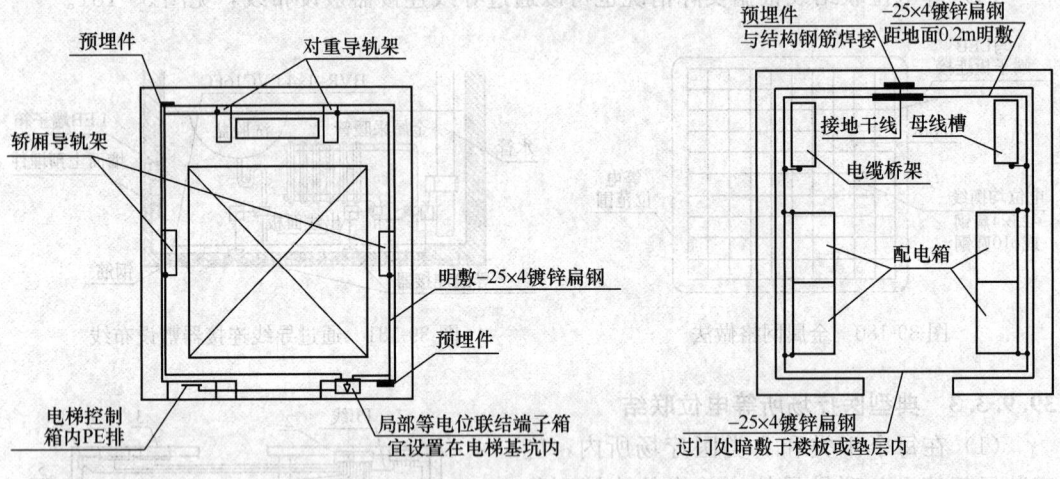

图39-183 电梯井道等电位联结　　　　图39-184 配电间等电位联结

39.9.3.5 典型室外用电设备等电位联结

(1)室外用电设备非专业人员均可能接触到,易出现绝缘老化,或者当引入故障电压时有电击的风险,如室外设备周边地面下无钢筋时,室外用电设备周围局部范围内做等电位联结,采取地电位均衡措施。本节以电动伸缩门和空调室外机为例做等电位联结,见图39-185。

(2)在室外设备周边地面下敷设电位均衡线,间距为0.6m不少于2处做横向连接。

(3)电位均衡线也可为网格为150×150,$\phi 3$的铁丝网,相铁丝网之间应互相焊接。

(4)电位均衡线做在地面防护层下,宜接近地表面。

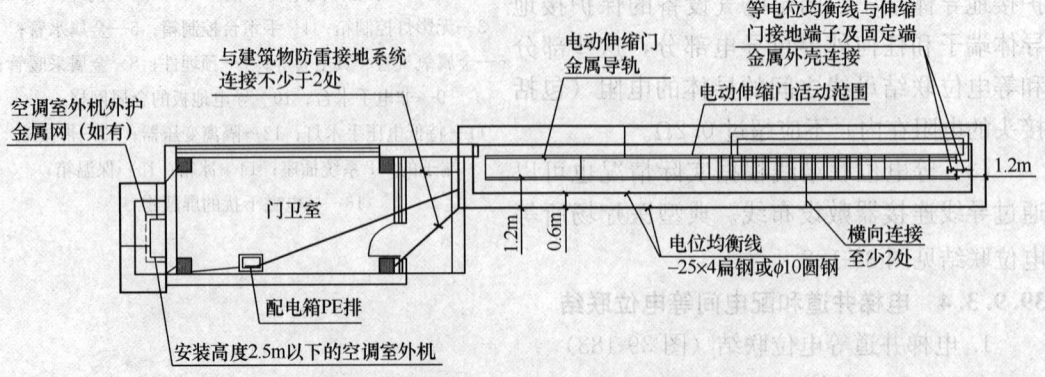

图39-185 典型室外用电设备等电位联结

39.9.3.6 功能等电位联结

配电箱及用电设备的等电位联结,利用保护接地导体连接的星形网络见图39-186。

本类型网络适用于使用有限量电子设备的住宅和小型商业建筑,相互间没有信号电缆连接。

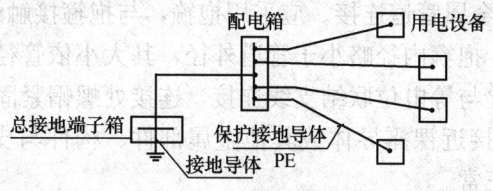

图 39-186 功能等电位联结

39.9.4 等电位联结的安装要求

(1) 金属管道的连接处一般不需要加跨接接线。

(2) 给水系统的水表需加接跨接线,以保证水管的等电位联结和接地的有效;装有金属外壳排风机、空调器的金属门、窗框或靠近电源插座的金属门、窗框以及距外露可导电部分范围内的金属栏杆,天花龙骨等金属体需要做等电位联结。

(3) 为避免用燃气管道做接地极,燃气管入户后应插入一绝缘段(例如在法兰盘间插入绝缘板)以与户外埋地的燃气管隔离。为防止雷电流在燃气管道内产生电火花,在此绝缘段两端应跨接火花放电间隙,此项工作由燃气公司确定。

(4) 一般场所离人站立处不超过 10m 的距离内,如有地下金属管道或结构即可认为满足地面等电位的要求,否则应在地下加埋等电位联结,游泳池之类特殊电击危险场所需增大地下金属导体密度。

(5) 等电位联结内各联结导体间的连接可采用焊接、压接或熔接;当等电位联结采用钢材焊接时,应采用搭接焊,焊接处不应有夹渣、咬边、气孔及未焊透情况,并满足如下要求:

扁钢的搭接长度不应小于其宽度的二倍,三面施焊(当扁钢宽度不同时,搭接长度以最窄的为准)。

圆钢的搭接长度不应小于其直径的六倍,双面施焊(当直径不同时,搭接长度以直径小的为准)。

圆钢与扁钢连接时,其连接长度应不小于圆钢直径的六倍,双面施焊。

扁钢与钢管、扁钢与角钢焊接时,应紧贴 3/4 钢管表面,或紧贴角钢外侧两面,上下两侧施焊。

除埋设在混凝土中的焊接接头外,应有防腐措施。

(6) 等电位联结线采用不同材质的导体连接时,可采用熔接法进行连接,也可采用压接法,压接时压接处应进行热搪锡处理,注意接触面的光洁、足够的接触压力和接触面积。

(7) 在腐蚀性场所应采取防腐措施,如热镀锌或加大导线截面积等;等电位联结端子板应采取螺栓连接,以便拆卸进行定期检测。

(8) 建筑物等电位联结干线应从与接地装置有不少于2处直接连接的接地干线或总等电位箱引出，等电位连接干线或局部等电位箱间的连接线构成环形网络，环形网络应就近与等电位连接干线或局部等电位箱连接。支线间不应串联连接。

(9) 等电位联结，应符合以下要求：

1) 等电位联结线与金属管道连接。应采用抱箍，与抱箍接触的管道表面须刮拭干净，安装完毕后刷防护涂料，抱箍内径略小于管道外径，其大小依管径大小而定。金属部件或零件，应有专用接线螺栓与等电位联结支线连接，连接处螺帽紧固，防松件齐全。

2) 等电位联结的可接近裸露导体或其他金属部件、构件与支线连接应可靠，熔焊、钎焊或机械紧固应导通正常。

3) 等电位联结经测试导电的连续性，导电不良的连接处需作跨接线。

4) 等电位联结端子板与插座保护线端子的连接线的电阻包括连接点的电阻不大于 0.2Ω。

5) 等电位联结线应有黄绿相间的色标，在等电位联结端子板上刷或喷黄色底漆，并做接地标识。

(10) 等电位联结端子板应采用铜质材料；等电位联结端子板的截面应满足机械强度要求，并不得小于所接联结线截面；等电位联结端子板应采用螺栓连接，以便拆卸进行定期检测。

(11) 对于暗敷的等电位联结线及其连接处，电气施工人员应做好隐蔽记录，对于隐蔽部分的等电位联结线及其连接处，应在竣工图上注明其实际走向和部位。为保证等电位联结的顺利施工和安全运行，电气、土建、水、暖等施工和管理人员需密切配合。管道检修时，应由电气人员在断开管道前预先接通跨接线，以保证等电位联结的始终导通。

39.9.5 等电位联结的导通性测试

等电位联结安装完毕后应用专用的测试仪表（例如等电位电阻测试仪）进行导通性测试，测试用电源可采用空载电压为4～24V 直流或交流电源，测试电流不应小于0.2A，当测得等电位联结端子板与等电位联结范围内的金属管道等金属体末端之间的电阻不超过 3Ω 时，可认为等电位联结是有效的。如发现导通不良的管道连接处，应作跨接线，在投入使用后应定期作导通性测试。

等电位联结进行导通性测试，是对等电位用的管夹、端子板、联结线、有关接头进行检验，等电位联结的有效性必须通过测定来证实。测量等电位联结端子板与等电位联结范围内的金属管道末端之间的电阻，有时是较困难的，因为一般距离较远。可进行分段测量，然后电阻值相加。如发现导通不良的连接处，应做跨接线。

39.10 建筑一体化光伏电站的安装

39.10.1 准备工作

(1) 施工之前确认现场是否具备施工条件。如果不具备需要考虑如何搬运地基，施工材料和设备的方案，包括人工搬运，自备水桶、发电机等。

(2) 施工安装之前,施工单位应会同主体结构施工单位检查现场情况,确认脚手架和起重运输设备等是否具备安装施工使用条件。

(3) 建筑光伏组件与主体结构连接的预埋件,应在主体结构施工时按设计要求埋设,预埋件为钢板的,其中心线位置偏差不应大于 3mm;预埋件为螺栓的,其中心线位置偏差不应大于 2mm。

(4) 预埋件的位置偏差过大或未设预埋件时,应制定补救措施,经相关方面确认后,方可实施。

(5) 构件安装前应进行检验和校正,不合格的构件不得安装。安装前应根据建筑光伏组件参数进行合格证检查,并进行抽检测试,其参数值应符合相关标准规定。

(6) 同一光伏子方阵中建筑光伏组件的工作参数应接近。

(7) 施工前应对设备进行开箱检查,合格证、说明书、测量记录、附件、备件等应齐全。

(8) 建筑光伏组件的型号、规格、数量和完好程度应符合设计施工要求。

(9) 建筑光伏系统安装前应进行安全技术交底。

39.10.2 施工工艺流程

(1) 根据图纸在楼顶屋面放线;

(2) 根据放线位置及设计规格要求敷设地网槽钢(浇筑水泥墩或放置立腿);

(3) 按图尺寸放出前后立腿位置线,并按设计规格要求拼接安装立腿;

(4) 按要求安装前后立腿上的斜梁导轨,并用角度仪调节至设计规定角度,且保持每排整齐美观;

(5) 按设计规格要求安装横梁导轨,并保持每排整齐美观;

(6) 按照设计太阳能组件排布图安装太阳能组件;

(7) 按照图纸要求在相应位置安装相对应的汇流箱;

(8) 按照太阳能组件组串图,对太阳能方阵进行组串,不得组串短路、不得多串少串;

(9) 按照设计规格要求敷设过线桥架,按要求在特定位置开洞预留光伏线、直流线、信号线的进出点,并在预留端口处接波纹管,长度按实际情况来定;

(10) 按照直流侧图纸要求,进行光伏线放线,保证线路走向与图纸设计一致,并标注每路线号及正负极,且每根线两端同时要标注并相同;

(11) 按照要求在组件侧,做光伏线接插件正负极接头;

(12) 按照要求在汇流箱侧将光伏线接入汇流箱,接线前应把内部熔丝拉出,防止正负极接反造成汇流箱损坏报废,在每路线上套上相应标号的号码管以便日后线路维修,光伏线进线处防水端子要拧紧,并保证美观不松动;

(13) 汇流箱端光伏线接线完成后,组件侧光伏线接插件接插完成;

(14) 按要求光伏线扎线;

(15) 在汇流箱侧按规格要求接入接地线,另一端接在支架上,非标准接地线情况下一定要套黄绿热缩管,防水端子拧紧,并保证美观不松动;

(16) 按设计要求及具体位置安装直流柜、逆变器、交流柜、并网柜;

(17) 按设计规格要求放直流电缆,线号应在两端标出;

(18) 按设计要求接直流电缆、直流柜与逆变器跨接电缆、逆变器与交流柜跨接电缆、交流柜与并网柜跨接电缆,并做好线路标牌;

(19) 依次检测汇流箱、直流柜、逆变器直流电正负极是否正确;检测交流线接线是否正确;

(20) 并网前测试。相关内容见图 39-187、图 39-188。

绿化屋面混凝土基础　　面砖屋面混凝土基础　　前立柱与斜梁、下横梁的连接　　后立柱与斜梁、上横梁的连接

光伏阵列端头斜拉固定　　防雷汇流箱　　分散设置逆变器　　集中设置逆变器

图 39-187　屋面光伏组件安装

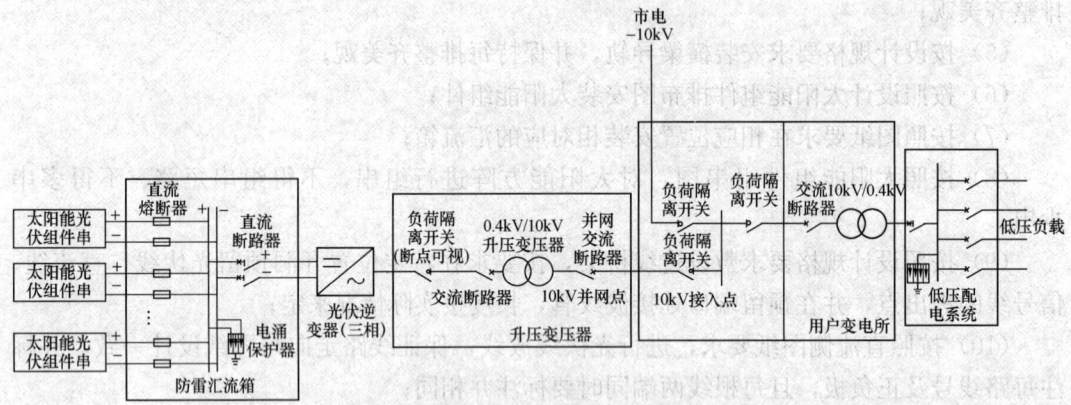

图 39-188　太阳能光伏发电并网系统

39.10.3　设备基础

建筑光伏组件与承重结构连接部位的施工,一般包括后锚固型、配重型、预埋件型等施工工艺。

39.10.3.1　后锚固型施工要求

(1) 收集原屋面相关技术资料,制定拆开方案,拆开面积不应大于设计计算面积;

(2) 依据测量基准线,确定固定点位置;

（3）对拆开部位的防水层及保温层应做防护措施，裸露钢筋不应破坏；

（4）后置埋构件及连接件应与受力点可靠连接，连接部位应清理干净，并做二次防锈处理；

（5）钻孔深度及孔径应与锚栓规格相匹配，孔洞应清理干净，废孔应用高强填充料填埋；

（6）后置钢板与孔洞应同心，螺母应拧紧；

（7）安装完成后，应进行拉拔试验，必要时应进行基材（混凝土）破坏试验；

（8）修补原防水层、保温层，并进行闭水实验；

（9）采取清理保护措施。

39.10.3.2 配重型施工要求

（1）根据设计尺寸、强度、配筋等要求，制作混凝土配重；

（2）根据屋顶条件、配重尺寸、施工工艺，选择配重制作场地；

（3）配重成品与光伏支架连接；

（4）配重所用的钢筋规格、形状、尺寸、数量、锚固长度应符合设计及施工规范要求；

（5）混凝土配合比、原材料计量、养护和施工缝的处理，应符合施工规范的要求；

（6）混凝土强度的试块取样、制作、养护和试验，应符合现行国家标准《混凝土强度检验评定标准》GB/T 50107的要求；

（7）混凝土应振捣密实，不得有蜂窝、孔洞、露筋、裂隙、夹层等现象；

（8）在混凝土配重放置在屋面前，应在混凝土块区域涂抹一层M5.0水泥砂浆找平；

（9）顶部预埋件与钢支架支腿焊接前，基础混凝土养护应达到100%强度。

39.10.4 支 架 安 装

39.10.4.1 光伏支架结构

（1）不少光伏系统工程采用预制支架支座，直接放置在建筑屋面上，易对屋面构造造成损害，应附加防水层和保护层。

（2）对外露的金属预埋件应进行防腐防锈处理，防止预埋件受损而失去强度。

（3）连接件与支座之间的空隙，多为金属构件，为避免此部位锈蚀损坏，安装完毕后应采用细石混凝土填捣密实。

（4）支架在支座上的安装位置不正确将造成支架偏移，影响主体结构的受力。

（5）光伏构件或方阵的防风主要是通过支架实现的。由于现场条件不同，防风措施也不同。

（6）为防止漏电伤人，钢结构支架应与建筑接地系统可靠连接。

（7）光伏构件应按设计要求可靠地固定在支架上，防止脱落、变形，影响发电功能。

（8）为抑制光伏构件使用期间产生温升，屋面或墙面基层与光伏构件之间应留有通风间隙，从施工方便角度，通风间隙不宜小于100mm。

（9）墙面光伏构件的安装应符合国家现行标准《玻璃幕墙工程技术规范》JGJ 102和《建筑装饰装修工程质量验收标准》GB 50210等的相关规定。

39.10.4.2 光伏支架的安装（金属屋面）

(1) 施工工序：

施工准备→测量放线→夹具定位→检验→组件安装。

(2) 施工准备：

1) 要熟悉图纸和安装工艺；要检查墙体的伸缩缝位置并做好记录。

2) 施工过程中人员不能集中在一处施工，每个施工点约有 2~3 人。

(3) 放线：首先按图纸尺寸实测屋顶长度，刨除边缘距离后，根据余长划分每个阵列所需空间，要在各方阵第一块起点位置划好线并标出尺寸，并保证各阵列，纵横成直线。然后测量斜面长度，根据每个阵列所组成的板数确定支架的数量。

(4) 夹具安装：据放线尺寸确定的夹具安装位置，将夹具安装在彩钢瓦上，按尺寸把全部的夹具放好后，再检查一次看是否纵横整齐，夹具要保证和屋面垂直。

39.10.4.3 光伏支架的安装（水泥屋面）

(1) 施工工序

施工准备→测量放线→基础施工→支架安装→组件安装。

(2) 施工准备

1) 要熟悉图纸和安装工艺；要检查墙体的伸缩缝位置并做好记录。

2) 先检查各屋顶面是否有破损的地方，若有要修补好无漏水现象后才能施工。

(3) 工具准备

1) 切割机。用于角钢、槽钢、圆钢、钢管、C 型钢等现场下料切割。

2) 电钻。用于钢材现场开孔及机制钉配孔作业。

3) 各种型号的扳手。用于各种螺栓、螺钉的安装作业。

4) 测量放线工具。根据施工队伍情况自定，用于现场测量、排尺及自检等。

(4) 测量放线

按图纸尺寸计算安装面积后现场核对实测楼面面积，刨除边缘距离后，根据余长划分每个阵列所需空间，要在各方阵第一块起点位置划好线并标出尺寸，并保证各阵列，纵横成直线。然后测量斜面长度，根据每个阵列所组成的板数确定地网的数量。

(5) 基础施工

独立底座基础：独立底座为前后支架分开放置在混凝土平面屋顶上，独立底座按柱体形状分为方形柱、圆形柱。

1) 方形柱基座按连接方式分为：支架与水泥基础基座螺栓连接、支架连同水泥基础一起浇筑、支架直接压在混凝土基础凹槽下、混凝土直接放置在支架上。

2) 圆形柱基座按连接方式分为：支架与混凝土基础基座螺栓连接、支架连同水泥基础一起浇筑。

(6) 支架安装

按照设计要求及相关规定安装好支架，再检查一次看是否纵横整齐，支架安装位置允许偏差要符合表 39-122 的要求。

支架安装位置允许偏差 表39-122

项目		允许偏差（mm）
中心线偏差		≤2
垂直度（/m）		≤1
水平偏差	相邻横梁间	≤1
	轴向全长（相同标高）	≤10
立柱面偏差	相邻立柱间	≤1
	轴向全长（相同轴线）	≤5

39.10.4.4 光伏支架的安装（幕墙）

（1）构件式光伏幕墙立柱的安装应符合下列要求：

1）立柱安装标高偏差不应大于3mm，轴线前后偏差不应大于2mm，左右偏差不应大于3mm。

2）相邻两根立柱安装标高偏差不应大于3mm，同层立柱的最大标高偏差不应大于5mm，相邻两根立柱的距离偏差不应大于2mm。

（2）构件式光伏幕墙横梁安装应符合下列要求：

1）横梁两端连接件及垫片应安装在立柱的预定位置，并应安装牢固，接缝应严密；

2）相邻两根横梁的水平标高偏差不应大于1mm，当一幅幕墙宽度小于或等于35m时，同层标高偏差不应大于5mm，当幅幕墙宽度大于35m时，同层标高偏差不应大于7mm。

（3）光伏构件安装应符合下列要求：

1）横竖连接件应进行检查、测量、调整；

2）光伏构件安装时，左右、上下的偏差不应大于1.5mm；

3）光伏构件空缝安装时，必须有防水措施，并有符合设计要求的排水出口。

（4）钢构件施焊后，表面应采取有效的防腐措施。

（5）竖向和横向光伏构件的组装允许偏差应符合表39-123的要求。

竖向和横向光伏构件的组装允许偏差（mm） 表39-123

项目	尺寸范围	允许偏差	检查方法
相邻两竖向组件间尺寸（固定端头）	—	±2.0	钢卷尺
两块相邻的组件	—	±1.5	靠尺
相邻两横向组件的间距尺寸	间距≤2000时	±1.5	钢卷尺
	间距>2000时	±2.0	
分割对角线差	对角线长≤2000时	≤2.0	钢卷尺（伸缩尺）
	对角线长>2000时	≤2.0	
相邻两横向组件的水平标高差	—	≤2	钢板尺（水平仪）
横向组件水平度	构件长≤2000时	≤2	水平仪（水平尺）
	构件长>2000时	≤3	
竖向板材直线度	—	2.5	2m靠尺
组件下连接托板水平夹角允许向上倾斜，不准向下倾斜	—	0～2.0°	塞规
组件上连接托板水平夹角允许向下倾斜	—	0～2.0°	

39.10.5 光伏组件安装

39.10.5.1 施工流程

施工准备→组件线缆连接→组件定位→中压块或边压块固定→组串检测→光伏电缆敷设。

39.10.5.2 光伏组件安装准备工作

(1) 检查光伏组件：目测光伏组件是否有结构损伤，玻璃、电池片、边框有无破损。

(2) 安装时人员不能集中在一处施工，每个施工点约有2~3人；材料不能集中堆放，要分散，以便减少屋面的承重量。

(3) 根据施工图纸，确定安装顺序，安装光伏组件属于贵重物品，要求安装时轻取轻放，防止组件被摔坏，严禁把组件背板直接顶在支架上防止出现电池片破裂或隐裂。

39.10.5.3 光伏组件的安装要求

(1) 安装时严格控制好组件与组件的空隙，做到横平竖直，注意电缆线的正负极的方向和位置。

(2) 用中压块或边压块进行初步定位，再次检查组件是否与其他组件位置协调无误后拧紧压块螺栓将组件固定于支架上或导流斜撑上，并且必须加上防滑垫片，拧紧螺母时必须采用专用工具如扳手，拧紧力度应合理，不得损坏螺纹螺杆和组件特别是玻璃。

(3) 电池板安装必须作到横平竖直，同方阵内的电池板间距保持一致，并注意电池板接线盒的方向，保证各通道要平齐。

(4) 安装完成后各部分应配合牢固无松动现象。

(5) 组件不能跨越有屋面的伸缩缝位置的地方。

(6) 组件之间接线，每组件带有光伏专用直流电缆，每根末端带有MC4兼容母接头。正极为公接头，负极为母接头，与同一组串的下一块组件正负公母头相连接。

(7) 检查电池板：用万用表测量电池板在阳光下的开路电压及短路电流是否在正常范围内。注意不能用手直接触摸电池板组件出线接头，更不能直接短路组件正负两极。

(8) 组件串联后电压会对人体有很大危险，严禁用手接触到带电体。

(9) 光伏组件安装允许偏差应符合表39-124规定。

光伏组件安装允许偏差 表39-124

项目		允许偏差
倾斜角度偏差		±1°
光伏组件边缘高差	相邻光伏组件间	≤2mm
	同组光伏组件间	≤5mm

(10) 严禁触摸光伏组件串的金属带电部位。

(11) 严禁在雨中进行光伏组件的连线工作。

39.10.6 汇流箱安装

39.10.6.1 施工准备

(1) 进行装饰时有可能损坏已安装的设备或设备安装后不能再进行装饰的工作应全部

结束。

(2) 汇流箱内元器件应完好，连接线应无松动。

(3) 汇流箱的所有开关和熔断器应处于断开状态。

(4) 汇流箱进线端及出线端与汇流箱接地端绝缘电阻不应小于20MΩ（DC1000V）。

39.10.6.2 汇流箱的安装

(1) 支架和固定螺栓应为防锈件。

(2) 屋面悬挂式汇流箱安装的垂直度允许偏差应小于1.5mm。

(3) 汇流箱基础型钢安装的允许偏差应符合表39-125要求。

汇流箱基础型钢安装的允许偏差　　　　　表39-125

项目	允许偏差	
	mm/m	mm/全长
不直度	<1	<3
水平度	<1	<3
位置误差及不平行度	—	<3

39.10.6.3 汇流箱的接线

(1) 输入接线：具体输入路数由所用机型决定。注意正负极不能接反，否则后级设备可能无法正常工作甚至损坏其他设备。

(2) 输出连线：将光伏防雷汇流箱按原理及安装接线框图接入光伏发电系统中后，应将防雷箱接地端与防雷地线或汇流排进行可靠连接，连接导线应尽可能短直，且连接导线截面积不小于16mm^2。接地电阻值应不大于4Ω。

(3) 汇流箱内光伏组件串的电缆接引前，必须确认光伏组件侧和逆变器侧均有明显断开点。

39.10.7 逆变器安装

39.10.7.1 施工准备

(1) 屋顶、楼板应施工完毕，不得渗漏。

(2) 进行装饰时有可能损坏已安装的设备或设备安装后不能再进行装饰的工作应全部结束。

(3) 检查安装逆变器的型号、规格应正确无误。

(4) 逆变器外观检查完好无损。

(5) 运输及就位的机具应准备就绪，且满足荷载要求。

39.10.7.2 逆变器的安装

(1) 采用基础型钢固定的逆变器，逆变器基础型钢安装的允许偏差应符合表39-125的规定。

(2) 基础型钢应有明显的可靠接地。

39.10.7.3 逆变器的接线

(1) 逆变器直流侧电缆接线前必须确认汇流箱侧有明显断开点，电缆极性正确、绝缘良好。

(2) 逆变器交流侧电缆接线前应检查电缆绝缘，校对电缆相序。

(3) 电缆接引完毕后，逆变器本体的预留孔洞及电缆管口应做好封堵。

(4) 输入接线，具体直流输入路数由所用机型决定。直流接线时正负极不得反接，电缆与铜鼻子压线应牢固、可靠，螺栓紧固到位。

(5) 输出连线，逆变器输出有 A/B/C 三相，逆变器与变压器接线相序无误。电缆与铜鼻子压线应牢固、可靠，螺栓紧固到位。

(6) 通信监控接线，通信接口通过 RS485 或光纤将逆变器实时功率、电压、电流、无功功率、发电量传送至监控中心。

39.10.8 线路敷设

在太阳能光伏发电项目建设过程中，电力电缆的敷设是一个很重要的环节，电缆的敷设方式直接影响到建设的费用和经济效益，所以必须要在科学的环境下合理规划电缆敷设方式。

39.10.8.1 光伏（直流）电缆敷设

(1) 施工流程：施工准备→MC4 防水接头现场制作→电缆连接→测试（电压、电流）。

(2) 施工准备：电缆到货后进行进场验收，检查电缆型号、规格是否满足设计要求，检查电缆线盘及保护层是否完好；各组件方阵检测合格。

(3) 各组串编号和逆变器编号要与设计图纸编号相同。

(4) 公母插头接线，用专用的压线钳压紧公接头的光伏线，然后与母插头连接。

(5) 电缆的固定、弯曲半径、有关距离等要符合设计要求。

(6) 电缆连接头应符合国家的有关规范。

(7) 电缆在终端头与接头附近宜留有备用长度。

(8) 标志牌规格宜统一。标志牌应能防腐，挂装应牢固。

39.10.8.2 光伏（交流）电缆敷设

(1) 施工流程

施工准备→桥架安装→电缆敷设→电缆整理→挂电缆标识牌→电缆终端头制作及线路测试→防火封堵→结束。

(2) 施工准备

1) 要熟悉图纸和安装工艺。

2) 工具准备：电动工具、电缆架、黄油、电缆滚轮、转向导轮、滑轮、大麻绳、钢锯、皮尺、手锤、扳手、电工胶、尼龙扎带、钢扎带、绝缘摇表、无线电对讲机。

(3) 敷设电缆

1) 电缆水平敷设时沿桥架或托盘敷设时，应单层敷设，排列整齐，不得有交叉，拐弯处应以最大截面电缆允许弯曲半径为准。

2) 电缆垂直敷设时，在桥架内需用电缆卡固定，应放一根固定一根，固定间距不得大于 2m。

3) 在桥架内敷设电缆时须在桥架端口处垫上一层布料防止电缆划伤。

4) 敷设时，要特别注意同截面电缆应先敷设低层，后敷设高层。

39.10.9 光伏系统防雷与接地

建设于屋顶或以幕墙等形式出现的光伏发电项目,其防雷与接地是十分重要的施工环节。过程中防雷与接地的施工节点主要包括:组件与组件间的金属边框连接、组件边框与支架横梁的连接、相邻两组支架之间的连接、支架横梁与主接地网的连接、汇流箱或逆变器等设备外壳与主接地网的连接、电缆桥架与主接地网的连接等。

39.10.9.1 施工准备

(1) 按照设计图纸要求准备相应部位的接地材料。

(2) 工器具准备:电焊机、电动扳手、黄绿漆、施工防护用品、接地电阻摇表。

39.10.9.2 施工要求

(1) 光伏发电站防雷系统的施工应按照设计文件的要求进行。

(2) 光伏发电站接地系统的施工工艺及要求除应符合现行国家标准《电气装置安装工程 接地装置施工及验收规范》GB 50169 的相关规定外,还应符合设计文件要求。

(3) 屋面光伏发电站光伏方阵各组件之间的金属支架应相互连接形成网络状,其边缘应就近与屋面接闪带连接。

(4) 幕墙光伏系统、屋顶光伏系统的金属支架应与建筑物接地系统可靠连接或单独设置接地。

(5) 屋面光伏发电站可利用屋面永久性金属物作为接闪器,但其各部件之间均应电气连接。

(6) 建筑物屋面光伏发电站所在建筑物的钢梁、钢柱、消防梯等技术构件以及幕墙的金属立柱可作为引下线,但各部件之间均应电气连接。

(7) 带边框的光伏组件应将边框可靠接地;不带边框的光伏组件,其接地做法应符合设计要求。

(8) 汇流箱、逆变器等电气设备的接地应牢固可靠、导通良好,其接地做法应符合设计要求。

(9) 光伏电站接地系统施工完成后,应使用接地电阻摇表对接地系统进行多点测试,整个光伏电站接地系统的接地电阻阻值应满足设计要求。

39.10.10 设备和系统调试

39.10.10.1 光伏组件串调试

光伏组件串的检测应符合下列要求:

(1) 汇流箱内测试光伏组件串的极性应正确。

(2) 相同测试条件下的相同光伏组件串之间的开路电压偏差不应大于 2%,但最大偏差不应超过 5V。

(3) 在发电情况下应使用钳形万用表对汇流箱内光伏组件串的电流进行检测。相同测试条件下且辐照度不低于 $700W/m^2$ 时,相同光伏组件之间的电流偏差不应大于 5%。

(4) 光伏组件串电缆温度应无超常温等异常情况。

39.10.10.2 汇流箱调试

(1) 逆变器投入运行前,宜将接入此逆变单元内的所有汇流箱完成测试。

(2) 汇流箱的总开关具备灭弧功能时，其投、退应按下列步骤执行：
1) 先投入光伏组件串小开关或熔断器，后投入汇流箱总开关。
2) 先退出汇流箱总开关，后退出光伏组件串小开关或熔断器。
3) 熔断器调试：检查负荷情况是否与熔体的额定值相匹配；检查熔丝管外观有无破损、变形现象，瓷绝缘部分有无破损或闪络放电痕迹；检查熔丝管与插座的连接处有无过热现象，接触是否紧密，内部是否烧损碳化现象；检查熔断器的底座有无松动，各部位压接螺母是否坚固；用万用表检测熔体是否符合要求。
(3) 汇流箱总输出采用熔断器，分支回路光伏组件串的开关具备灭弧功能时，其投、退应按下列步骤执行：
1) 先投入汇流箱总输出熔断器，后投入光伏组件串小开关。
2) 先退出箱内所有光伏组件串小开关，后退出汇流箱总输出熔断器。
3) 汇流箱总输出和分支回路的光伏组件串均采用熔断器时，则投、退熔断器前，均应将逆变器解列。
4) 防雷装置调试：检测防雷箱接地端与防雷地线或汇流排是否可靠连接，连接导线应尽可能短直，且连接导线截面积不小于 $16mm^2$ 多股铜芯。
5) 检测箱体接地电阻：接地电阻值应不大于 4Ω。

39.10.10.3 逆变器调试

逆变器调试应符合下列要求：
(1) 逆变器控制回路带电时，应对其做下列检查：
1) 工作状态指示灯、人机界面屏幕显示应正常。
2) 人机界面上各参数设置应正确。
3) 散热装置工作应正常。
(2) 逆变器直流侧带电而交流侧不带电时，应进行下列工作：
1) 测量直流侧电压值和人机界面显示值之间偏差应在允许范围内。
2) 检查人机界面显示直流侧对地阻抗值应符合要求。
(3) 逆变器直流侧带电、交流侧带电，具备并网条件时，应进行下列工作：
1) 测量交流侧电压值和人机界面显示值之间偏差应在允许范围内；交流侧电压及频率应在逆变器额定范围内，且相序正确。
2) 具有门限位闭锁功能的逆变器，逆变器盘门在开启状态下，不应作出并网动作。
(4) 逆变器并网后，在下列测试情况下，逆变器应跳闸解列：
1) 具有门限位闭锁功能的逆变器，开启逆变器盘门。
2) 逆变器交流侧掉电。
3) 逆变器直流侧对地阻抗低于保护设定值。
4) 逆变器直流输入电压高于或低于逆变器的整定值。
5) 逆变器直流输入过电流。
6) 逆变器交流侧电压超出额定电压允许范围。
7) 逆变器交流侧频率超出额定频率允许范围。
8) 逆变器交流侧电流不平衡超出设定范围。

逆变器停运后，需打开盘门进行检测时，必须切断直流、交流和控制电源，并确认无电压残留后,在有人监护的情况下进行。

39.10.10.4　二次系统调试

二次系统的调试内容主要可包括:计算机监控系统、继电保护系统、远动通信系统、电能量信息管理系统、不间断电源系统、二次安防系统等。

39.10.10.5　计算机监控系统调试

应符合下列规定:

(1) 计算机监控系统设备的数量、型号、额定参数应符合设计要求,接地应可靠。

(2) 遥信、遥测、遥控、遥调功能应准确、可靠。

(3) 计算机监控系统防误操作功能应完备可靠。

(4) 计算机监控系统定值调阅、修改和定值组切换功能应正确。

(5) 计算机监控系统主备切换功能应满足技术要求。

(6) 站内所有智能设备的运行状态和参数等信息均应准确反映到监控画面上,对可远方调节和操作的设备,远方操作功能应准确、可靠。

39.10.10.6　继电保护系统调试

应符合下列要求:

(1) 调试时可按照现行行业标准《继电保护和电网安全自动装置检验规程》DL/T 995 的相关规定执行。

(2) 继电保护装置单体调试时,应检查开入、开出、采样等元件功能正确;开关在合闸状态下模拟保护动作,开关应跳闸,且保护动作应准确、可靠,动作时间应符合要求。

(3) 保护定值应由具备计算资质的单位出具,且应在正式送电前仔细复核。

(4) 继电保护整组调试时,应检查实际继电保护动作逻辑与预设继电保护逻辑策略一致。

(5) 站控层继电保护信息管理系统的站内通信、交互等功能实现应正确;站控层继电保护信息管理系统与远方主站通信、交互等功能实现应正确。

39.10.10.7　远动通信系统调试

应符合下列要求:

(1) 远动通信装置电源应稳定、可靠。

(2) 站内远动装置至调度方远动装置的信号通道应调试完毕,且稳定、可靠。

(3) 调度方遥信、遥测、遥控、遥调功能应准确、可靠。

(4) 远动系统主备切换功能应满足技术要求。

39.10.10.8　电能量信息采集系统调试

应符合下列要求:

(1) 光伏发电站关口计量的主、副表,其规格、型号及准确度应符合设计要求,且应通过当地电力计量检测部门的校验,并出具报告。

(2) 光伏发电站关口表的电流互感器、电压互感器应通过当地电力计量检测部门的校验,并出具报告。

(3) 光伏发电站投入运行前,电能表应由当地电力计量部门施加封条、封印。

(4) 光伏发电站的电量信息应能实时、准确地反映到后台监控。

39.10.10.9 不间断电源系统调试

应符合下列要求：

（1）不间断电源的主电源、旁路电源及直流电源间的切换功能应准确、可靠，异常告警功能应正确。

（2）计算机监控系统应实时、准确地反映不间断电源的运行数据和状况。

39.10.10.10 二次系统安全防护调试

应符合下列要求：

（1）二次系统安全防护应主要由站控层物理隔离装置和防火墙构成，应能够实现自动化系统网络安全防护功能。

（2）二次系统安全防护相关设备运行功能与参数应符合要求。

（3）二次系统安全防护运行情况应与预设安防策略一致。

39.10.10.11 其他电气设备调试

（1）其他电气设备的试验标准应符合现行国家标准《电气装置安装工程 电气设备交接试验标准》GB 50150 的相关规定。

（2）无功补偿装置的补偿功能应能满足设计文件的技术要求。

（3）电气调试是重要的施工步骤，过程中需要专业的调试单位进行调试。

39.10.11 并入电网

并网启动步骤：

（1）检查逆变器、逆变器直流侧开关、逆变器交流侧开关、直流柜去逆变器的直流开关、升压变压器、升压变压器高压侧开关及其回路均符合送电条件。

（2）检查逆变器直流侧开关、逆变器交流侧开关、直流柜去逆变器的直流开关、升压变压器高压侧开关均在断开状态。

（3）使用专用摇把将净化站高压配电房光伏进线高压柜开关由"实验"位置移到"工作"位置。

（4）使用子站的监控系统在远方合上进线高压柜断路器，由"分闸"移到"合闸"位置，检查升压变压器和升压变压器高压侧开关空载运行无异常。没有公司分管领导批准并做好安全措施，禁止用高压柜上的合闸按钮合上升压变压器高压侧开关。

（5）合上逆变器交流侧开关，并再次确认开关已合闸。（逆变器控制板使用采用交流供电）。

（6）合上汇流箱内的直流断路器，并再次确认断路器已合闸。观测监控系统，查看各线路是否正常，如有异常，断开开关，重新检查设备及接线，直到正常为止。

（7）再合上直流配电柜去逆变器的直流开关，并再次确认断路器已合闸，查看电压电流大小是否偏高或偏低。

（8）合上逆变器直流侧开关，并再次确认开关已合闸。

（9）检查逆变器能否在并网前完成自检，并在直流侧电压高于设定电压时完成并网发电。

（10）检查逆变器并网运行后参数有无异常。

（11）检查逆变器直流侧开关、逆变器交流侧开关、直流柜去逆变器的直流开关及其回路均无异常。

39.11 防火封堵

39.11.1 电缆穿墙防火封堵施工

1. 采用耐火隔板和阻火包封堵施工

(1) 电缆穿墙采用耐火隔板和阻火包封堵施工方法

电缆穿墙采用耐火隔板和阻火包封堵,可按图 39-189 施工。

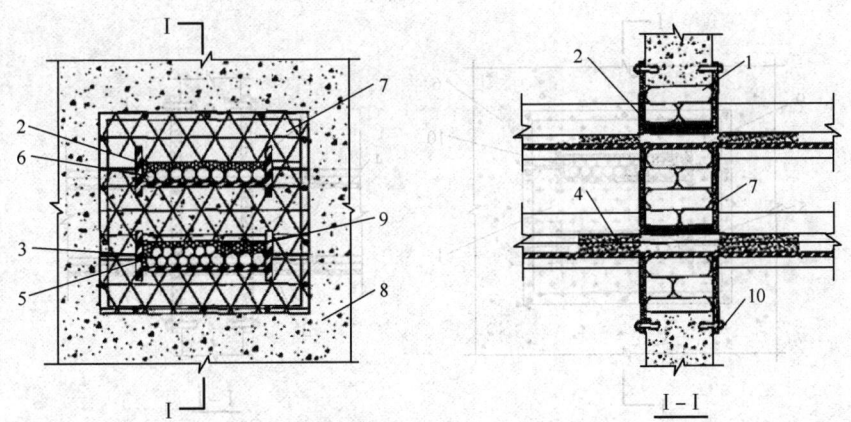

图 39-189 电缆穿墙采用耐火隔板和阻火包封堵示意图
1—阻火包;2—柔性有机堵料;3—柔性有机堵料或防火密封胶;4—防火涂料;5—电缆桥架;
6—电缆;7—耐火隔板;8—混凝土墙或砖墙;9—备用电缆通道;10—膨胀螺栓

(2) 电缆穿墙采用耐火隔板和阻火包封堵施工流程

清理封堵部位→电缆间隙中填充柔性有机堵料或防火密封胶→电缆束外围包绕柔性有机堵料→堆砌阻火包→测量封堵孔洞尺寸→切割耐火隔板→拼装、固定耐火隔板→缝隙处填充柔性有机堵料密封→涂刷电缆防火涂料→清理现场。

(3) 电缆穿墙采用耐火隔板和阻火包封堵施工工艺要求

1) 将电缆孔洞处的建筑垃圾、施工遗留物及电缆表面清理干净。

2) 将电缆束打开,采用柔性有机堵料或防火密封胶填充电缆间的缝隙,并及时整理电缆束。

3) 用柔性有机堵料包绕应封堵的电缆束外围,其包绕厚度不小于 20mm。

4) 采用交叉错缝方式堆砌阻火包,阻火包堆砌应整齐、稳固,其厚度与墙体平齐。同时在紧靠电缆处贯穿墙体每层预置柔性有机堵料作为备用电线通道;阻火包与电缆及墙体间的缝隙应用柔性有机堵料严密封堵。

5) 测量待封堵的孔洞及电缆桥架的尺寸,按现场实际形状切割耐火隔板,切割时,耐火隔板尺寸比孔洞大 80~100mm,同时在耐火隔板上预留备用电缆孔洞。

6) 拼装、固定耐火隔板时,按实际尺寸钻孔,间距不大于 240mm,用膨胀螺栓将耐火隔板固定在电缆孔洞墙体上。

7) 将耐火隔板拼缝间、耐火隔板与墙体及与电缆间的缝隙、耐火隔板上备用电缆通道用柔性有机堵料密封整形。增敷电缆完毕,应及时恢复防火封堵。

8) 封堵部位应无缝隙、外观平整。

9) 在电缆封堵墙体的两侧电缆表面均匀涂刷电缆防火涂料,厚度不小于1mm,长度不小于1500mm。

10) 将施工作业区的施工遗留物、垃圾、杂物清理干净。

2. 采用防火复合板封堵施工

(1) 电缆穿墙采用防火复合板封堵施工方法

电缆穿墙采用防火复合板封堵,可按图39-190施工。

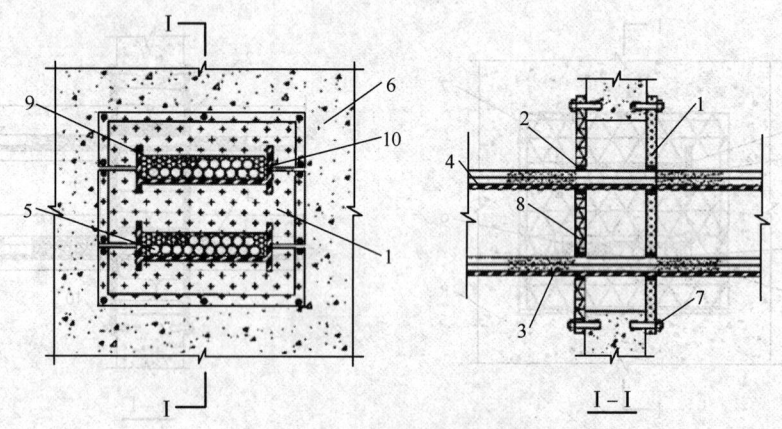

图39-190 电缆穿墙采用防火复合板封堵示意图
1—防火复合板;2—柔性有机堵料;3—防火涂料;4—电缆桥架;5—电缆;6—混凝土墙或砖墙;
7—膨胀螺栓;8—耐火隔板;9—备用电缆通道;10—柔性有机堵料或防火密封胶

(2) 电缆穿墙采用防火复合板封堵施工流程

清理封堵部位→电缆间隙中填充柔性有机堵料或防火密封胶→测量封堵孔洞及电缆桥架尺寸→切割防火复合板、耐火隔板→拼装、固定防火复合板和耐火隔板→缝隙处填充柔性有机堵料或防火密封胶→涂刷电缆防火涂料→清理现场。

(3) 电缆穿墙采用防火复合板封堵施工工艺要求

1) 将电缆孔洞处的建筑垃圾、施工遗留物及电缆表面清理干净。

2) 将电缆束打开,采用柔性有机堵料或防火密封胶填充电缆间的缝隙,并及时整理电缆束。

3) 测量待封堵孔洞及电缆桥架尺寸,按现场实际形状切割防火复合板和耐火隔板。切割时,在每层桥架内紧靠电缆处预留备用电缆通道,备用电缆通道在墙体两侧防火复合板和耐火隔板上的位置应对应一致。

4) 拼装、固定防火复合板、耐火隔板时,按实际尺寸钻孔,间距不大于240mm,用膨胀螺栓将防火复合板和耐火隔板分别固定在电缆孔洞的墙体两侧。

5) 用柔性有机堵料将备用电缆通道封堵严密,并用柔性有机堵料或防火密封胶填充电缆间、电缆与桥架间、电缆与防火复合板间等的缝隙。增敷电缆完毕,应及时恢复防火封堵。

6) 封堵部位应无缝隙、外观平整。

7) 在电缆封堵部位的两侧电缆表面均匀涂刷电缆防火涂料，厚度不小于1mm，长度不小于1500mm。

8) 将施工作业区的施工遗留物、垃圾、杂物清理干净。

3. 采用防火涂层板封堵施工

(1) 电缆穿墙采用防火涂层板封堵施工方法

电缆穿墙采用防火涂层板封堵，可按图39-191施工。

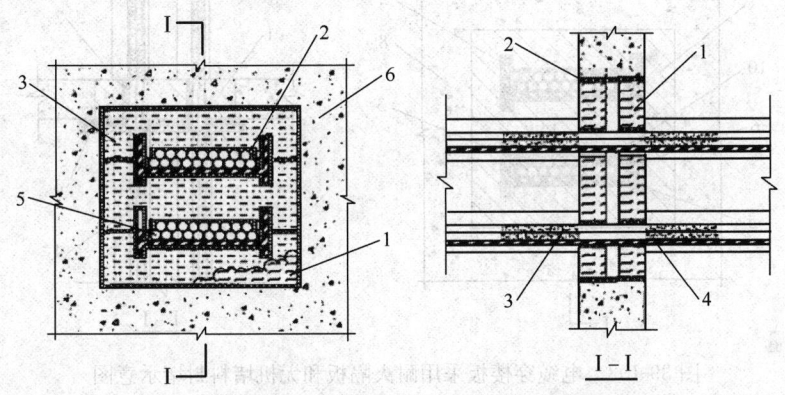

图39-191 电缆穿墙采用防火涂层板封堵示意图
1—防火涂层板；2—防火密封胶；3—防火涂料；4—电缆桥架；5—电缆；6—混凝土墙或砖墙

(2) 电缆穿墙采用防火涂层板封堵施工流程

清理封堵部位→电缆间隙中填充防火密封胶→测量封堵孔洞及电缆桥架尺寸→切割防火涂层板→涂防火密封胶→拼装、镶嵌防火涂层板→缝隙处填充防火密封胶→涂刷电缆防火涂料→清理现场。

(3) 电缆穿墙采用防火涂层板封堵施工工艺要求

1) 将电线孔洞处的建筑垃圾、施工遗留物及电缆表面清理干净。

2) 将电缆束打开，采用柔性有机堵料或防火密封胶填充电缆间的缝隙，并及时整理电缆束。

3) 测量待封堵孔洞及电缆桥架尺寸，按实际形状切割防火涂层板。

4) 在防火涂层板周边涂防火密封胶，将两层防火涂层板镶进穿墙孔洞内，两侧与墙面平齐。

5) 用柔性有机堵料或防火密封胶填充电缆间、电缆与桥架间、电缆与防火涂层板及防火涂层板间的缝隙。

6) 封堵部位应无缝隙、外观平整。

7) 防火涂层板安装后，在防火涂层板表面均匀涂刷电缆防火涂料。

8) 在电缆封堵部位的两侧电缆表面均匀涂刷电缆防火涂料，厚度不小于1mm，长度不小于1500mm。

9) 将施工作业区的施工留物、垃圾、杂物清理干净。

10) 增敷电缆时，防火涂层板可采用开孔器开孔，敷设完毕按封堵工艺及时严密封堵。

39.11.2 电缆穿楼板防火封堵施工

1. 采用耐火隔板和无机堵料封堵施工

(1) 电缆穿楼板采用耐火隔板和无机堵料封堵施工方法

电缆穿楼板采用耐火隔板和无机堵料封堵,可按图39-192施工。

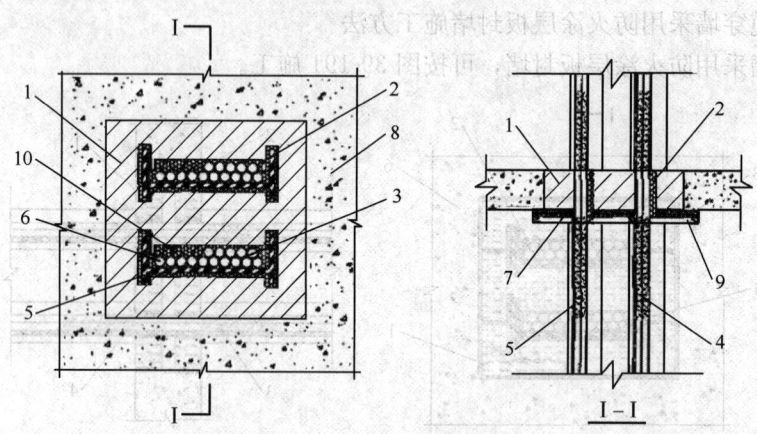

图39-192 电缆穿楼板采用耐火隔板和无机堵料封堵示意图
1—无机堵料;2—柔性有机堵料;3—柔性有机堵料或防火密封胶;4—防火涂料;
5—电缆桥架;6—电缆;7—耐火隔板;8—楼板;9—支架;10—备用电缆通道

(2) 电缆穿楼板采用耐火隔板和无机堵料封堵施工流程

清理封堵部位→电缆间隙中填充柔性有机堵料或防火密封胶→电缆束外围包绕柔性有机堵料→安装承托支架→测量待封堵的孔洞及电缆桥架尺寸→切割耐火隔板→在楼板下部拼装固定耐火隔板→将混合好的无机堵料填注孔洞→勾缝抹平→涂刷电缆防火涂料→清理现场。

(3) 电缆穿楼板采用耐火隔板和无机堵料封堵施工工艺要求

1) 将电缆孔洞处的建筑垃圾及电缆表面清理干净。

2) 将电缆束打开,采用柔性有机堵料或防火密封胶填充电缆间的缝隙,并及时整理电缆束。

3) 用柔性有机堵料包绕电线束外围,其包绕厚度不小于20mm。

4) 安装承托支架,当孔口与孔内桥架间隙大于300mm时,应在楼板孔洞中间设置承托无机堵料的支架,承受自重载荷的支架间距不大于240mm,承受作业巡视人员载荷的支架间距不大于200mm。

5) 测量待封堵的孔洞及电缆桥架的尺寸,按现场实际形状切割耐火隔板,切割时,耐火隔板尺寸比孔洞大80~100mm,同时在每层紧靠电缆处预留备用电缆通道。

6) 拼装、固定耐火隔板时,按实际尺寸钻孔,间距不大于240mm,用膨胀螺栓将耐火隔板及其固定支架固定在电缆孔洞的楼板下部。

7) 在备用电缆通道位置贯穿楼板层预置柔性有机堵料;增敷电缆完毕,应及时恢复防火封堵。

8) 将混合好的无机堵料紧密填注至耐火隔板上,填注密实厚度符合设计,无设计时填注至楼板厚度。

9) 封堵部位表面平整、无裂缝。

10) 在封堵处两侧的电缆表面均匀涂刷电缆防火涂料，厚度不小于1mm，长度不小于1500m。

11) 将施工作业区的施工遗留物、垃圾、杂物清理干净。

2. 采用耐火隔板和阻火包封堵施工

(1) 电缆穿楼板采用耐火隔板和阻火包封堵施工方法

电缆穿楼板采用耐火隔板和阻火包封堵，可按图39-193施工。此组件形式同样适用于盘孔楼板封堵及临时封堵。

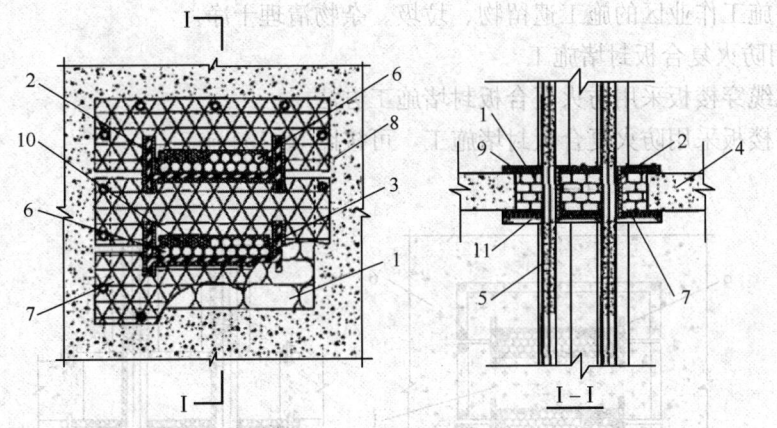

图39-193 电缆穿楼板采用耐火隔板和阻火包封堵示意图
1—阻火包；2—柔性有机堵料；3—柔性有机堵料或防火密封胶；4—防火涂料；5—电缆桥架；
6—电缆；7—耐火隔板；8—楼板；9—膨胀螺栓；10—备用电缆通道；11—支架

(2) 电缆穿楼板采用耐火隔板和阻火包封堵施工流程

清理封堵部位→电缆间隙中填充柔性有机堵料或防火密封胶→电缆束外围包绕柔性有机堵料→测量待封堵孔洞及电缆桥架尺寸→安装底部承托支架→切割耐火隔板→拼装、固定楼板下部耐火隔板→堆砌阻火包→安装楼板上部耐火隔板→缝隙处填充柔性有机堵料→涂刷电缆防火涂料→清理现场。

(3) 电缆穿楼板采用耐火隔板和阻火包封堵施工工艺要求

1) 将电缆孔洞处的建筑垃圾及电缆表面清理干净。

2) 将电缆束打开，采用柔性有机堵料或防火密封胶填充电缆间的缝隙，并及时整理电缆束。

3) 用柔性有机堵料包绕电缆束外围，其包绕厚度不小于20mm。

4) 测量待封堵孔洞及电缆桥架的尺寸，孔口与桥架间隙大于300mm时，应在耐火隔板下安装承托支架。

5) 按现场实际形状切割耐火隔板，切割时，耐火隔板尺寸比孔洞大80～100mm，同时在每层桥架内紧靠电缆处预留备用电缆通道。

6) 拼装、固定耐火隔板时，按实际尺寸钻孔，间距不大于240mm，用膨胀螺栓将耐火隔板及其固定支架固定在电缆孔洞的楼板下部。同时在备用电缆通道的位置贯穿楼板层预置柔性有机堵料。

7) 在待封堵孔洞内采用交叉错缝方式堆砌阻火包，阻火包堆砌应整齐、稳固，厚度与楼板平齐，阻火包与电缆及楼板的间隙采用柔性有机堵料严密封堵。

8) 阻火包上部安装耐火隔板，上、下耐火隔板备用电缆通道位置应一致。

9) 在耐火隔板拼缝间、耐火隔板与楼板、耐火隔板与电缆间的缝隙及备用电缆通道，采用柔性有机堵料密封。增敷电缆完毕，应及时恢复防火封堵。

10) 封堵部位表面无缝隙，外观平整。

11) 在封堵处两侧的电缆表面均匀涂刷电缆防火涂料，厚度不小于1mm，长度不小于1500mm。

12) 将施工作业区的施工遗留物、垃圾、杂物清理干净。

3. 采用防火复合板封堵施工

(1) 电缆穿楼板采用防火复合板封堵施工方法

电缆穿楼板采用防火复合板封堵施工，可按图39-194施工。

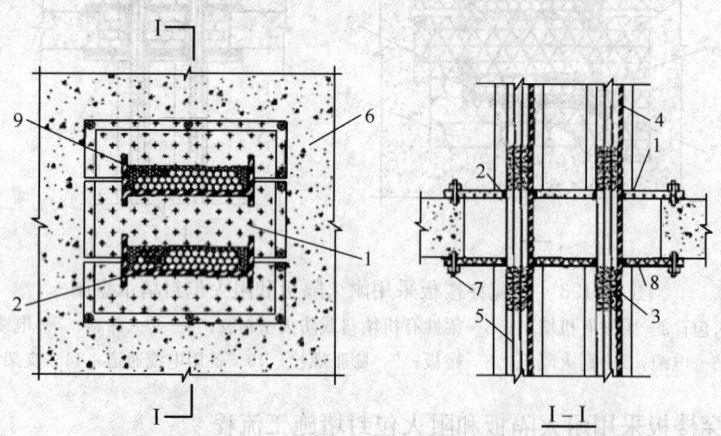

图 39-194　电缆穿楼板采用防火复合板封堵示意图
1—防火复合板；2—柔性有机堵料或防火密封胶；3—防火涂料；4—电缆桥架；5—电缆；
6—楼板；7—膨胀螺栓；8—耐火隔板；9—备用电缆通道

(2) 电缆穿楼板采用防火复合板封堵施工流程

清理封堵部位→电缆间隙中填充柔性有机堵料或防火密封胶→测量封堵孔洞及电缆桥架尺寸→切割防火复合板、耐火隔板→拼装固定防火复合板、耐火隔板→缝隙处填充柔性有机堵料或防火密封胶→涂刷电缆防火涂料→清理现场。

(3) 电缆穿楼板采用防火复合板封堵施工工艺要求

1) 将电缆孔洞处的建筑垃圾及电缆表面清理干净。

2) 将电缆束打开，采用柔性有机堵料或防火密封胶填充电缆间的缝隙，并及时整理电缆束。

3) 测量待封堵孔洞及电缆桥架尺寸，按现场实际形状切割防火复合板和耐火隔板。切割时，在每层桥架内紧靠电缆处预留备用电缆通道，备用电缆通道在楼板上下两侧的防火复合板和耐火隔板上位置应对应一致。

4) 拼装、固定防火复合板和耐火隔板时，按实际尺寸钻孔，间距不大于240mm，用膨胀螺栓将防火复合板和耐火隔板分别固定在电缆孔洞的楼板上下两侧。

5)用柔性有机堵料将备用电缆通道封堵严密,用柔性有机堵料或防火密封胶填充电缆间、电缆与桥架间、电缆与防火复合板间等的缝隙。增敷电缆完毕,应及时恢复防火封堵。

6)封堵部位应无缝隙、外观平整。

7)在电缆封堵部位两侧的电缆表面均匀涂刷电缆防火涂料,厚度不小于1mm,长度不小于1500mm。

8)将施工作业区的施工遗留物、垃圾、杂物清理干净。

4. 采用防火涂层板封堵施工

(1)电缆穿楼板采用防火涂层板封堵施工方法

电缆穿楼板采用防火涂层板封堵施工,可按图39-195施工。本组件型式适用于非承重的楼板孔封堵。

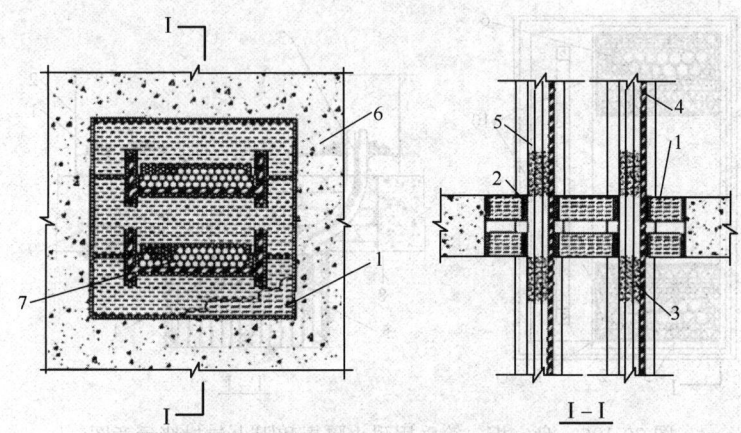

图39-195 电缆穿楼板采用防火涂层板封堵示意图
1—防火涂层板;2—柔性有机堵料;3—防火涂料;4—电线桥架;5—电缆;
6—楼板;7—柔性有机堵料或防火密封胶

(2)电缆穿楼板采用防火涂层板封堵施工流程

清理封堵部位→电缆间隙中填充防火密封胶→测量封堵孔洞及电缆桥架尺寸→切割防火涂层板→涂抹固定用防火密封胶→拼装、镶嵌防火涂层板→缝隙处填充防火密封胶→涂刷电缆防火涂料→清理现场。

(3)电缆穿楼板采用防火涂层板封堵施工工艺要求

1)将电缆孔洞处的建筑垃圾及电缆表面清理干净。

2)将电缆束打开,采用柔性有机堵料或防火密封胶填充电缆间的缝隙,并及时整理电缆束。

3)测量待封堵孔洞及电缆桥架尺寸,按现场实际形状切割防火涂层板。

4)在防火涂层板周边涂防火密封胶,将两层防火涂层板镶进孔洞内,两侧与楼板平齐。

5)用柔性有机堵料或防火密封胶填充电缆间、电缆与桥架间、电缆与防火涂层板间等的缝隙。

6)封堵部位应无缝隙、外观平整。

7)在防火涂层板表面均匀涂刷电缆防火涂料。

8) 在电缆封堵楼板上下两侧的电缆表面均匀涂刷电缆防火涂料,厚度不小于1mm,长度不小于1500mm。

9) 将施工作业区的施工遗留物、垃圾、杂物清理干净。

10) 增敷电缆时,防火涂层板可采用开孔器开孔,电缆敷设完毕,按封堵工艺及时严密封堵。

39.11.3 电缆进盘、柜、箱防火封堵施工

1. 采用耐火隔板和阻火包封堵施工

(1) 电缆进盘、柜、箱采用耐火隔板和阻火包封堵,可按图39-196施工。

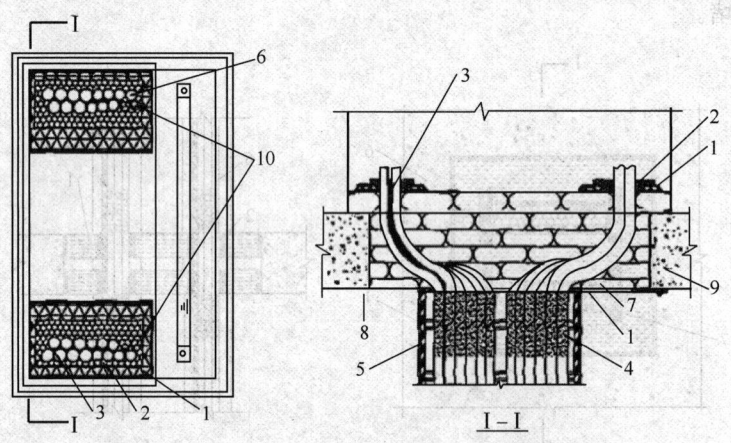

图39-196 盘、柜、箱采用耐火隔板和阻火包封堵示意图
1—耐火隔板;2—柔性有机堵料;3—柔性有机堵料或防火密封胶;4—防火涂料;
5—电缆桥架;6—电缆;7—阻火包;8—膨胀螺栓;9—楼板;10—备用电缆通道

(2) 电缆进盘、柜、箱采用耐火隔板和阻火包封堵,可按下列流程进行:

清理封堵部位→电缆间隙中填充柔性有机堵料或防火密封胶→电缆束外围包绕柔性有机堵料→测量待封堵盘孔尺寸→切割耐火隔板→拼装、固定楼板下部耐火隔板→堆砌阻火包→缝隙处填充柔性有机堵料→拼装盘、柜、箱底部耐火隔板→密封整形→涂刷电缆防火涂料→清理现场。

(3) 电缆进盘、柜、箱采用耐火隔板和阻火包封堵,应符合下列工艺要求:

1) 将待封堵处建筑垃圾、施工遗留物及电缆表面清理干净。

2) 将电缆束打开,采用柔性有机堵料或防火密封胶填充电缆间的缝隙,并及时整理电缆束。

3) 用柔性有机堵料包绕电缆束外围,包绕厚度不小于20mm。

4) 测量待封堵孔洞尺寸,按实际形状切割耐火隔板。切割时,楼板下部耐火隔板尺寸比楼板孔洞大80~100mm;盘、柜、箱底部耐火隔板尺寸比盘、柜、箱孔尺寸大50mm;预留备用电缆通道。

5) 拼装、固定楼板下部耐火隔板时,按实际尺寸钻孔,间距不大于240mm,用膨胀螺栓固定。

6) 在孔洞内交叉错缝堆砌阻火包至盘、柜、箱底板。用柔性有机堵料封堵所有缝隙

及备用电缆通道。

7) 拼装、固定盘、柜、箱底部电缆孔洞处的耐火隔板。

8) 电缆与耐火隔板间隙、耐火隔板周边及拼缝采用柔性有机堵料密封，柔性有机堵料应高出耐火隔板表面20mm。

9) 对封堵部位进行整形，形状宜规则，表面无缝隙，外观平整。增敷电缆完毕，应及时恢复防火封堵。

10) 在封堵孔洞下方电缆表面均匀涂刷电缆防火涂料，厚度不小于1mm，长度不小于1500mm。

11) 将施工作业区的施工遗留物、垃圾、杂物清理干净。

2. 采用耐火隔板和无机堵料封堵施工

(1) 电缆进盘、柜、箱时，采用耐火隔板、无机堵料封堵，可按图39-197施工。

(2) 电缆进盘、柜、箱时，采用耐火隔板、无机堵料封堵，可按下列流程进行：

清理封堵部位→电缆间隙中填充柔性有机堵料或防火密封胶→电缆束外围包绕柔性有机堵料→测量待封堵盘孔尺寸→切割耐火隔板→拼装固定楼板下部耐火隔板→缝隙处填充柔性有机堵料→将混合好的无机堵料填注孔洞→拼装盘、柜、箱底部耐火隔板→密封整形→涂刷电缆防火涂料→清理现场。

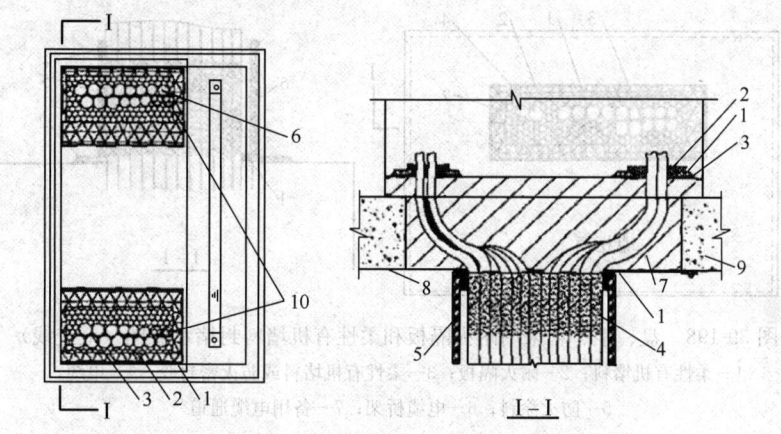

图39-197 盘、柜、箱采用耐火隔板和无机堵料封堵示意图
1—耐火隔板；2—柔性有机堵料；3—柔性有机堵料或防火密封胶；4—防火涂料；
5—电缆桥架；6—电缆；7—无机堵料；8—膨胀螺栓；9—楼板；10—备用电缆通道

(3) 盘、柜、箱采用耐火隔板和无机堵料封堵，应符合下列工艺要求：

1) 将待封堵孔洞周围建筑垃圾、施工遗留物及电缆表面清理干净。

2) 将电缆束打开，采用柔性有机堵料或防火密封胶填充电缆间的缝隙，并及时整理电缆束。

3) 用柔性有机堵料包绕电缆束外围，包绕厚度不小于20mm。

4) 测量待封堵孔洞尺寸，按实际形状切割耐火隔板。切割时，楼板下部耐火隔板尺寸比楼板孔洞大80～100mm；盘、柜、箱底部耐火隔板尺寸比盘、柜、箱孔尺寸大50mm；预留备用电缆通道。

5) 拼装、固定楼板下部耐火隔板时，按实际尺寸钻孔，间距不大于240mm，用膨胀螺栓固定。

6）在备用电缆通道位置处预置柔性有机堵料；同时采用柔性有机堵料将楼板下部耐火隔板拼缝、耐火隔板与电缆、耐火隔板与楼板的缝隙封堵严密。

7）填注混合好的无机堵料，填注密实。填注厚度符合设计设计未要求时，封堵与盘、柜、箱底板平齐。

8）拼装固定盘、柜、箱底部电缆孔洞处耐火隔板。

9）电缆与耐火隔板间隙、耐火隔板周边及拼缝采用柔性有机堵料密封，柔性有机堵料应高出耐火隔板表面20mm。

10）对封堵部位进行整形，形状宜规则，表面无缝隙，外观平整。增敷电缆完毕，应及时恢复防火封堵。

11）在电缆封堵孔洞下方电缆表面均匀涂刷电缆防火涂料，厚度不小于1mm，长度不小于1500mm。

12）将施工作业区的施工遗留物、垃圾、杂物清理干净。

3. 采用耐火隔板和柔性有机堵料封堵施工

（1）电缆进盘、柜、箱采用耐火隔板和柔性有机堵料封堵，盘、柜、箱上进线可按图39-198施工；盘、柜、箱侧进线可按图39-199施工；盘、柜、箱下进线可按图39-200施工。

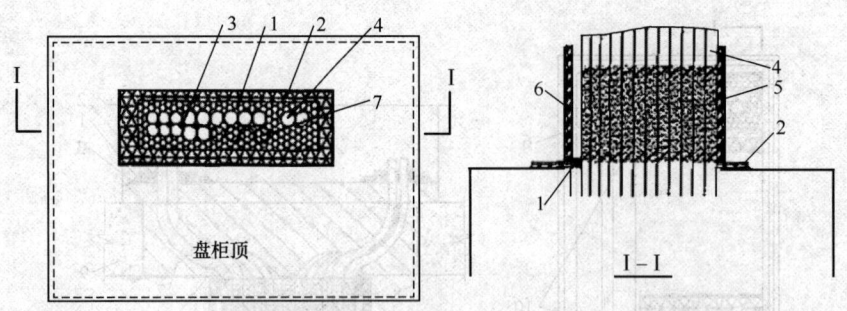

图39-198 盘、柜、箱采用耐火隔板和柔性有机堵料封堵示意图（上进线）
1—柔性有机堵料；2—耐火隔板；3—柔性有机堵料或防火密封胶；4—电缆；
5—防火涂料；6—电缆桥架；7—备用电缆通道

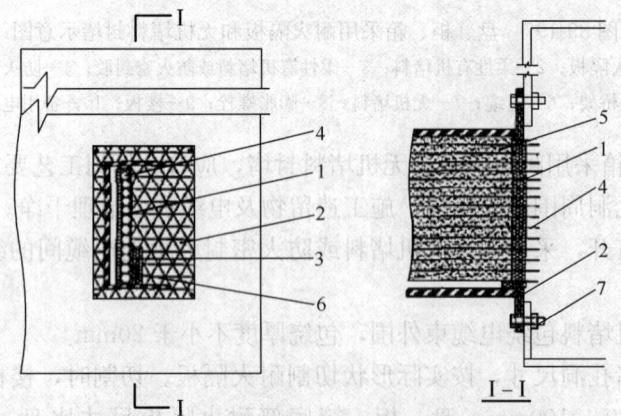

图39-199 盘、柜、箱采用耐火隔板和柔性有机堵料封堵示意图（侧进线）
1—柔性有机堵料；2—耐火隔板；3—柔性有机堵料或防火密封胶；
4—电缆；5—防火涂料；6—备用电缆通道；7—螺栓

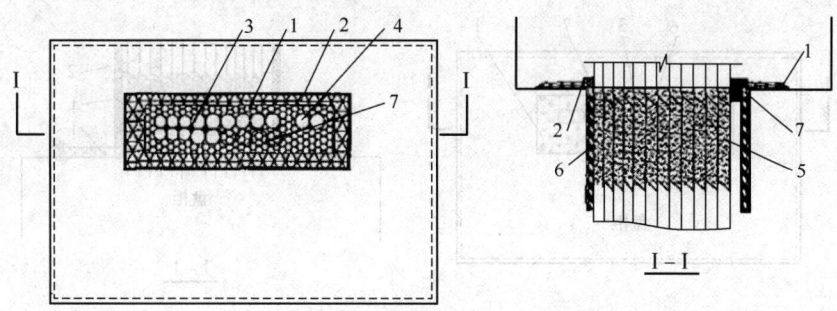

图 39-200 盘、柜、箱采用耐火隔板和柔性有机堵料封堵示意图（下进线）
1—柔性有机堵料；2—耐火隔板；3—柔性有机堵料或防火密封胶；
4—电缆；5—防火涂料；6—电缆桥架；7—备用电缆通道

(2) 电缆进盘、柜、箱采用耐火隔板和柔性有机堵料封堵，可按下列流程进行：

清理封堵部位→电缆间隙中填充柔性有机堵料或防火密封胶→电缆束外围包绕柔性有机堵料→测量封堵孔洞及电缆桥架尺寸→切割耐火隔板→拼装、固定耐火隔板→缝隙处填充柔性有机堵料→密封整形→涂刷电缆防火涂料→清理现场。

(3) 电缆进盘、柜、箱采用耐火隔板和柔性有机堵料封堵，应符合下列工艺要求：

1) 将待封堵孔洞周围建筑垃圾、施工遗留物及电缆表面清理干净。

2) 将电缆束打开，采用柔性有机堵料或防火密封胶填充电缆间的缝隙，并及时整理电缆束。

3) 用柔性有机堵料包绕电缆束外围，其包绕厚度不小于20mm。

4) 测量待封堵孔洞尺寸，按实际形状切割耐火隔板。耐火隔板尺寸比盘、柜、箱孔尺寸大50mm；预留备用电缆通道。

5) 拼装、固定耐火隔板，上进线、下进线的耐火隔板采用柔性有机堵料或防火密封胶粘结固定在盘、柜、箱孔处；侧进线耐火隔板按现场实际，确定钻孔位置，钻孔后用螺栓将耐火隔板固定在盘、柜、箱的侧面盘孔位置，螺栓间距不大于240mm。

6) 电缆与耐火隔板间隙、耐火隔板拼缝以及备用电缆通道，填充柔性有机堵料密封。上进线时，柔性有机堵料高出耐火隔板表面不小于50mm；侧进线时，采用防火密封胶密封；下进线时，柔性有机堵料高出耐火隔板表面不小于20mm。

7) 对封堵部位进行整形，形状宜规则，表面无缝隙，外观平整。增敷电缆完毕，应及时恢复防火封堵。

8) 在封堵部位外侧的电缆表面均匀涂刷电缆防火涂料，厚度不小于1mm，长度不小于1500mm。

9) 将施工作业区的施工遗留物、垃圾、杂物清理干净。

4. 采用防火复合板封堵施工

(1) 电缆进盘、柜、箱采用防火复合板封堵，上进线可按图39-201施工；侧进线可按图39-202施工；下进线可按图39-203施工。

(2) 电缆进盘、柜、箱采用防火复合板封堵，可按下列流程进行：

清理封堵部位→电缆间隙中填充柔性有机堵料或防火密封胶→电缆束外围包绕柔性有机堵料→测量待封堵盘孔尺寸→切割防火复合板→拼装、固定防火复合板→缝隙处填充柔

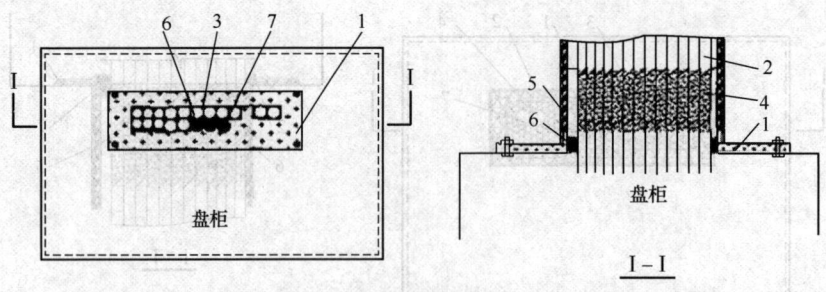

图 39-201 盘、柜、箱采用防火复合板封堵示意图（上进线）
1—防火复合板；2—电缆；3—柔性有机堵料或防火密封胶；4—防火涂料；
5—电线桥架；6—柔性有机堵料；7—备用电缆通道

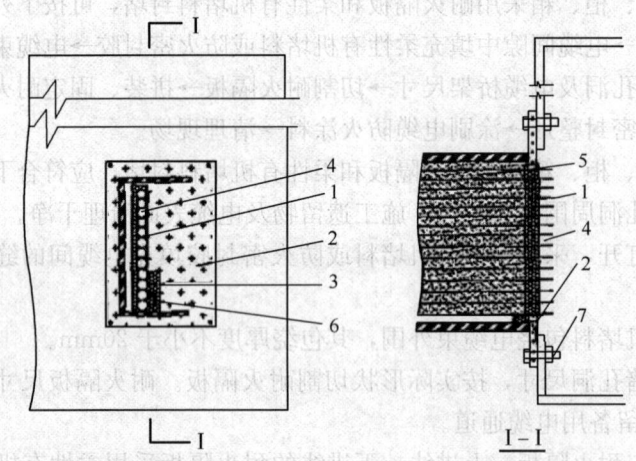

图 39-202 盘、柜、箱采用防火复合板封堵示意图（侧进线）
1—柔性有机堵料；2—防火复合板；3—柔性有机堵料或防火密封胶；
4—电缆；5—防火涂料；6—备用电缆通道；7—螺栓

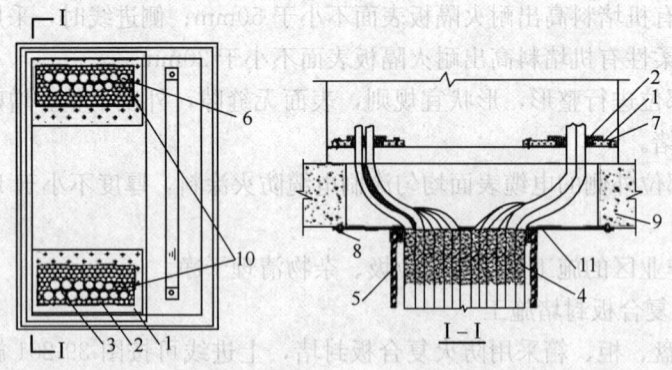

图 39-203 盘、柜、箱采用防火复合板封堵示意图（下进线）
1—防火复合板；2—柔性有机堵料；3—柔性有机堵料或防火密封胶；4—防火涂料；5—电缆桥架；
6—电缆；7—螺栓；8—膨胀螺栓；9—楼板；10—备用电缆通道；11—耐火隔板

性有机堵料或防火密封胶→涂刷电缆防火涂料→清理现场。

(3) 盘、柜、箱采用防火复合板封堵，应符合下列工艺要求：

1) 将待封堵处的建筑垃圾、施工遗留物及电缆表面清理干净。

2) 将电缆束打开，采用柔性有机堵料或电缆防火密封胶填充电缆间的缝隙，并及时整理电缆束。

3) 用柔性有机堵料包绕电缆束外围，包绕厚度不小于20mm。

4) 测量待封堵孔洞尺寸，按实际形状切割防火复合板，防火复合板比盘、柜、箱孔尺寸大50mm；下进线封堵时，楼板下部耐火隔板比楼板孔洞大80~100m；预留备用电缆通道。

5) 拼装、固定防火复合板和耐火隔板时，按实际尺寸钻孔，间距不大于240mm，将防火复合板固定在盘、柜、箱进线孔处，并将耐火隔板用膨胀螺栓固定在对应楼板孔下侧。

6) 在备用电缆通道位置处预置柔性有机堵料，同时采用柔性有机堵料或防火密封胶填充电缆间、电缆与桥架间、电缆与防火复合板及防火复合板间、电缆与耐火隔板间等的缝隙。

7) 对封堵部位进行整形，形状宜规则，表面无缝隙，外观平整。增敷电缆完毕，应及时恢复防火封堵。

8) 在电缆封堵部位外侧电缆表面均匀涂刷电缆防火涂料，厚度不小于1mm，长度不小于1500mm。

9) 将施工作业区的施工遗留物、垃圾、杂物清理干净。

5. 采用防火涂层板封堵施工

(1) 电缆进盘、柜、箱采用防火涂层板封堵，可按图39-204施工，本组件形式适用于盘、柜、箱上进线。

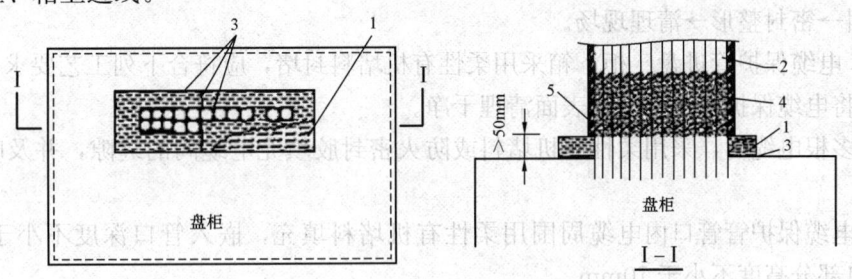

图39-204 盘、柜、箱采用防火涂层板封堵示意图
1—防火涂层板；2—电缆；3—防火密封胶；4—防火涂料；5—电缆桥架

(2) 电缆进盘、柜、箱采用防火涂层板封堵，可按下列流程进行：

清理封堵部位→电缆间隙中填充防火密封胶→测量封堵孔洞及电缆尺寸→切割防火涂层板→涂抹防火密封胶→拼装、固定防火涂层板→缝隙处填充防火密封胶→涂刷电缆防火涂料→清理现场。

(3) 电缆进盘、柜、箱采用防火涂层板封堵，应符合下列工艺要求：

1) 将待封堵处的建筑垃圾、施工遗留物及电缆表面清理干净。

2) 将电缆束打开，采用防火密封胶填充电缆间的缝隙，并及时整理电缆束。

3) 测量待封堵盘孔及电缆桥架尺寸，按实际形状切割防火涂层板。

4) 在防火涂层板周边涂防火密封胶，将防火涂层板拼装固定在盘、柜、箱顶。

5) 用防火密封胶填充电缆间、电缆与桥架间、电缆与防火涂层板间等的缝隙。

6) 抹平防火密封胶。

7) 封堵部位应无缝隙、外观平整。

8) 在防火涂层板表面均匀涂刷电缆防火涂料。

9) 在电缆封堵部位外侧电缆表面均匀涂刷电缆防火涂料,厚度不小于1mm,长度不小于1500mm。

10) 将施工作业区的施工遗留物、垃圾、杂物清理干净。

11) 增敷电缆时,防火涂层板可采用开孔器开孔,敷设完毕,按封堵工艺及时严密封堵。

6. 采用柔性有机堵料封堵施工

(1) 电缆保护管进盘、柜、箱采用柔性有机堵料封堵,可按图39-205施工。

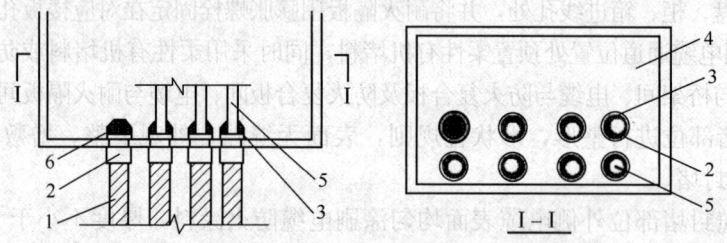

图39-205 电缆保护管进盘、柜、箱采用柔性有机堵料封堵示意图
1—电缆保护管;2—管接头;3—柔性有机堵料;4—盘、柜、箱;5—电缆;6—备用电缆通道

(2) 电缆保护管进盘、柜、箱采用柔性有机堵料封堵,可按下列流程进行:

清理封堵部位→电缆间缝隙填充柔性有机堵料或防火密封胶→电缆保护管口填充柔性有机堵料→密封整形→清理现场。

(3) 电缆保护管进盘、柜、箱采用柔性有机堵料封堵,应符合下列工艺要求:

1) 将电缆保护管口及电缆表面清理干净。

2) 多根电缆时,采用柔性有机堵料或防火密封胶填充电缆间的缝隙,并及时整理电缆束。

3) 电缆保护管管口内电缆周围用柔性有机堵料填充,嵌入管口深度不小于40mm;露出管口部分高度不小于10mm。

4) 封堵部位密封整形一致,无缝隙。

5) 将施工作业区的施工遗留物、垃圾、杂物清理干净。

39.11.4 电缆竖井防火封堵施工

1. 采用耐火隔板和堵料封堵施工

(1) 电缆竖井采用耐火隔板和无机堵料封堵,砖混竖井可按图39-206施工,钢制竖井可按图39-207施工。

(2) 电缆竖井采用耐火隔板和无机堵料封堵,可按下列流程进行:

清理封堵部位→电缆间隙中填充柔性有机堵料或防火密封胶→电缆束外围包绕柔性有机堵料→安装承托支架→测量竖井及电缆尺寸→切割耐火隔板→拼装、固定耐火隔板→填注无机堵料→密封整形→安装人孔耐火隔板盖板→用柔性有机堵料封堵人孔耐火隔板缝隙

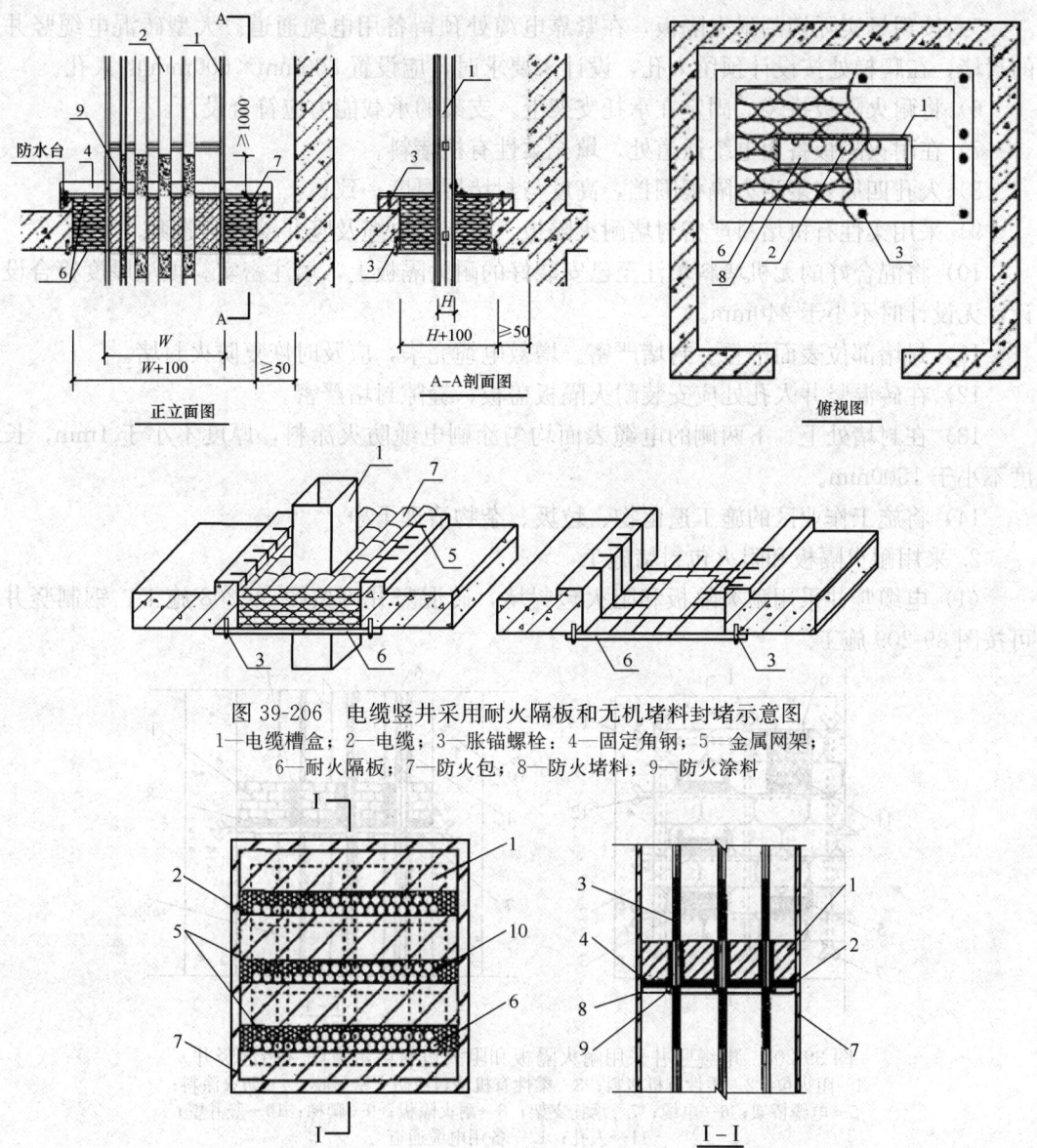

图 39-206 电缆竖井采用耐火隔板和无机堵料封堵示意图
1—电缆槽盒；2—电缆；3—胀锚螺栓；4—固定角钢；5—金属网架；
6—耐火隔板；7—防火包；8—防火堵料；9—防火涂料

图 39-207 电缆竖井采用耐火隔板和无机堵料封堵示意图（钢制竖井）
1—无机堵料；2—柔性有机堵料；3—防火涂料；4—耐火隔板；5—备用电缆通道；6—电缆；
7—钢制竖井；8—钢制竖井内主骨架；9—承托支架；10—柔性有机堵料或防火密封胶

→涂刷电缆防火涂料→清理现场。

(3) 电缆竖井采用耐火隔板和无机堵料封堵，应符合下列工艺要求：

1) 将待封堵处的建筑垃圾、施工遗留物及电缆表面清理干净。

2) 将电缆束打开，采用柔性有机堵料或防火密封胶填充电缆间的缝隙，并及时整理电缆束。

3) 用柔性有机堵料包绕电缆束外围，其包绕厚度不小于20mm。

4) 在封堵部位，可利用竖井内预埋件或竖井内的钢支撑，安装承托支架，间距不大于400mm。

5）按现场实际切割耐火隔板，在紧靠电缆处预留备用电缆通道。大型砖混电缆竖井的封堵，在爬梯处按设计预留人孔，设计未要求时，应设置800mm×600mm的人孔。

6）将耐火隔板拼装、固定在承托支架上，支架的承载能力应符合设计。

7）在耐火隔板备用电缆通道处，填充柔性有机堵料。

8）人孔四周安装耐火隔板围挡，高度与封堵层厚度一致。

9）采用柔性有机堵料严密封堵耐火隔板、桥架、电缆及竖井壁间的缝隙。

10）将混合好的无机堵料填注至已安装好的耐火隔板上，填注密实。填注厚度符合设计，无设计时不小于240mm。

11）封堵部位表面平整、封堵严密。增敷电缆完毕，应及时恢复防火封堵。

12）在砖混竖井人孔处应安装耐火隔板盖板，缝隙封堵严密。

13）在封堵处上、下两侧的电缆表面均匀涂刷电缆防火涂料，厚度不小于1mm，长度不小于1500mm。

14）将施工作业区的施工遗留物、垃圾、杂物清理干净。

2. 采用耐火隔板和阻火包封堵施工

(1) 电缆竖井采用耐火隔板和阻火包封堵，砖混竖井可按图39-208施工；钢制竖井可按图39-209施工。

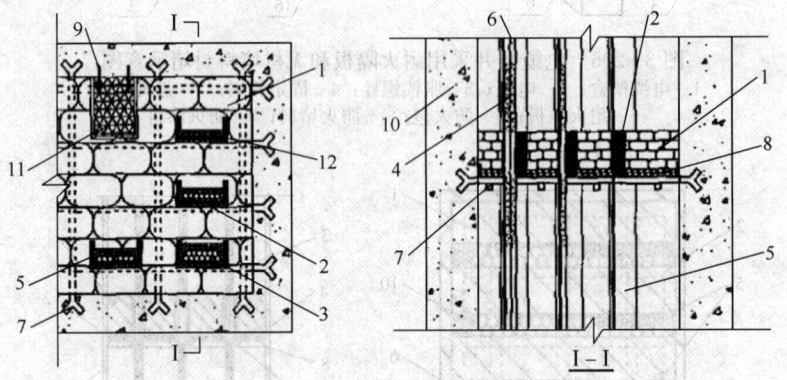

图39-208 电缆竖井采用耐火隔板和阻火包封堵示意图（砖混竖井）
1—阻火包；2—柔性有机堵料；3—柔性有机堵料或防火密封胶；4—防火涂料；
5—电缆桥架；6—电缆；7—承托支架；8—耐火隔板；9—爬梯；10—竖井壁；
11—人孔；12—备用电缆通道

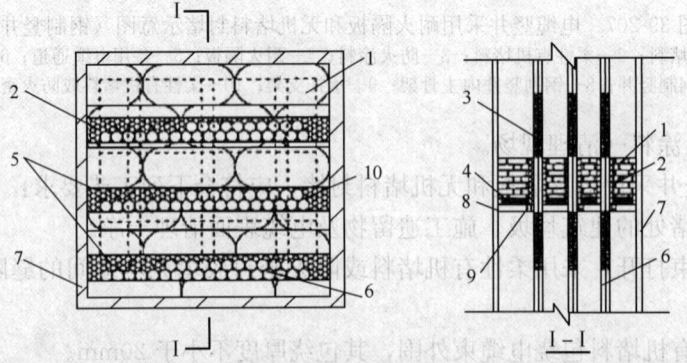

图39-209 电缆竖井采用耐火隔板和阻火包封堵示意图（钢制竖井）
1—阻火包；2—柔性有机堵料；3—防火涂料；4—耐火隔板；5—备用电缆通道；6—电缆；
7—钢制竖井；8—钢竖井内主骨架；9—承托支架；10—柔性有机堵料或防火密封胶

(2) 电缆竖井采用耐火隔板和阻火包封堵,可按下列流程进行:

清理封堵部位→电缆间隙中填充柔性有机堵料或防火密封胶→电缆束外围包绕柔性有机堵料→安装承托支架→测量竖井及电缆尺寸→切割耐火隔板→拼装、固定下部耐火隔板→堆砌阻火包→拼装阻火包上部耐火隔板→密封整形→安装人孔耐火盖板→封堵人孔盖板缝隙→涂刷电缆防火涂料→清理现场。

(3) 电缆竖井采用耐火隔板和阻火包封堵,应符合下列工艺要求:

1) 将待封堵处的建筑垃圾、施工遗留物及电缆表面清理干净。

2) 将电缆束打开,采用柔性有机堵料或防火密封胶填充电缆间的缝隙,并及时整理电缆束。

3) 用柔性有机堵料包绕电线束外围,其包绕厚度不小于20mm。

4) 在封堵部位,利用竖井内预埋件或钢竖井内支撑安装承托支架,间距不大于400mm。

5) 按现场实际切割耐火隔板,在紧靠电缆处预留备用电缆通道,将耐火隔板固定在承托支架上。

6) 大型砖混电缆竖井,在爬梯处按设计预留人孔,设计未要求时,应设置800mm×600mm的人孔。人孔四周安装耐火隔板围挡,其高度与封堵层厚度一致。

7) 采用交叉错缝方式堆砌阻火包,预留备用电缆通道,阻火包与电缆及竖井壁的间隙采用柔性有机堵料严密封堵。

8) 安装上部耐火隔板,上、下耐火隔板备用电缆通道位置应一致。同时用柔性有机堵料将耐火隔板、桥架、电缆和竖井壁间的缝隙封堵严密。

9) 对封堵部位进行整形,形状规则、表面无缝隙,外观平整。增敷电缆完毕,应及时恢复防火封堵。

10) 在人孔处安装耐火隔板盖板,用柔性有机堵料封堵人孔隔板的缝隙。

11) 在封堵处电缆两侧涂刷电缆防火涂料,厚度不小于1mm,长度不小于1500mm。

12) 将施工作业区的施工遗留物、垃圾、杂物清理干净。

3. 采用防火复合板封堵施工

(1) 电缆竖井采用防火复合板封堵,砖混竖井可按图39-210施工,钢制竖井可按图39-211施工:

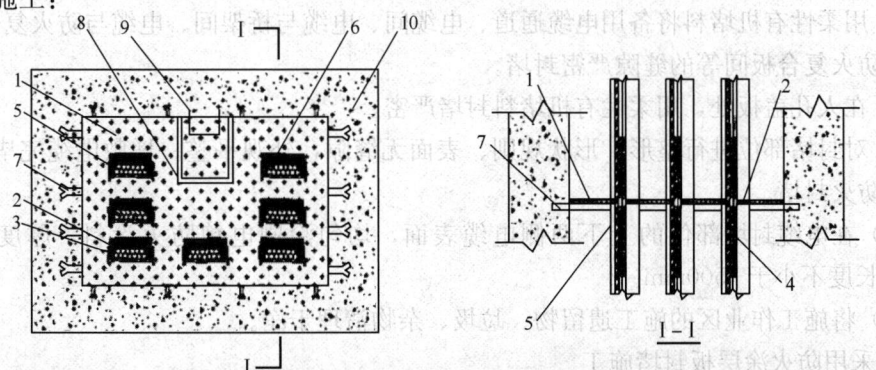

图39-210 电缆竖井采用防火复合板封堵示意图(砖混竖井)
1—防火复合板;2—柔性有机堵料;3—柔性有机堵料或防火密封胶;4—防火涂料;
5—电缆桥架;6—电缆;7—承托支架;8—人孔;9—爬梯;10—竖井壁

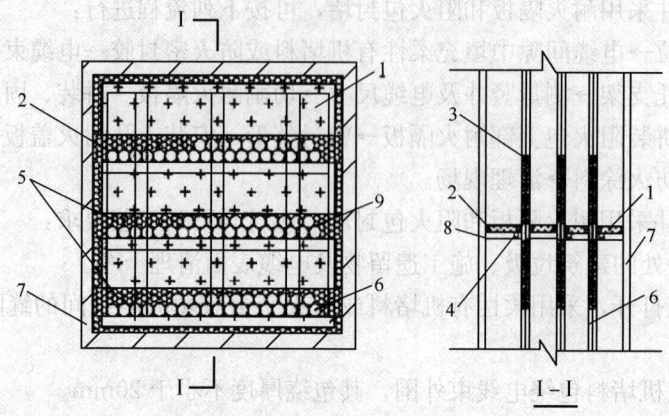

图 39-211 电缆竖井采用防火复合板封堵示意图（钢制竖井）
1—防火复合板；2—柔性有机堵料；3—防火涂料；4—承托支架；5—备用电缆通道；
6—电缆；7—钢制竖井；8—钢制竖井内主骨架；9—柔性有机堵料或防火密封胶

(2) 电缆竖井采用防火复合板封堵，可按下列流程进行：

清理封堵部位→电缆间隙中填充柔性有机堵料或防火密封胶→制作安装承托支架→测量竖井及电缆尺寸→切割防火复合板→拼装、固定防火复合板→缝隙处填充柔性有机堵料或防火密封胶→涂刷电缆防火涂料→清理现场。

(3) 电缆竖井采用防火复合板封堵，应符合下列工艺要求：

1) 将待封堵处的建筑垃圾、施工遗留物及电缆表面清理干净。

2) 将电缆束打开，采用柔性有机堵料或防火密封胶填充电缆间的缝隙，并及时整理电缆束。

3) 制作安防火复合板承杆支架，间距不大于 400mm。

4) 按现场实际切割耐火隔板，在紧靠电缆处预留备用电缆通道，将耐火隔板固定在承托支架上。

5) 大型砖混电缆竖井，在爬梯处按设计预留人孔，设计未要求时，应设置 800mm×600mm 的人孔。

6) 将防火复合板安装在竖井内承托支架上。

7) 用柔性有机堵料将备用电缆通道、电缆间、电缆与桥架间、电缆与防火复合板间、竖井与防火复合板间等的缝隙严密封堵。

8) 在人孔盖板处，用柔性有机堵料封堵严密。

9) 对封堵部位进行整形，形状规则、表面无缝隙，外观平整。增敷电缆完毕，应及时恢复防火封堵。

10) 在电缆封堵部位的上下两侧电缆表面，均匀涂刷电魏防火涂料，厚度不小于 1mm，长度不小于 1500mm。

11) 将施工作业区的施工遗留物、垃圾、杂物清理干净。

4. 采用防火涂层板封堵施工

(1) 电缆竖井采用防火涂层板封堵，仅适用于非承重的电缆竖井，可按图 39-212 施工。

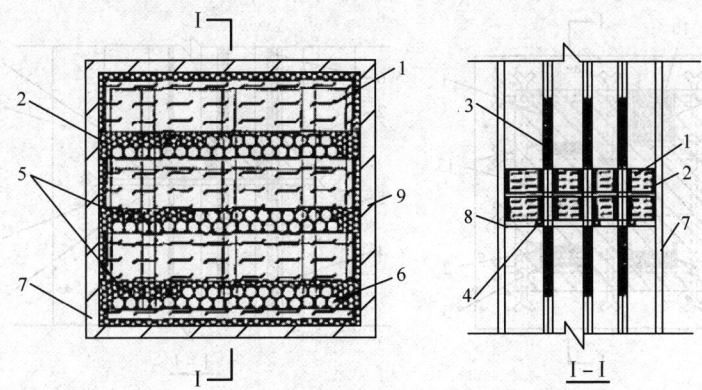

图 39-212 电缆竖井采用防火涂层板封堵示意图（钢制竖井）
1—防火涂层板；2—柔性有机堵料取防火密封胶；3—防火涂料；4—承托支架；5—备用电缆通道；
6—电缆；7—钢制竖井；8—钢制竖井内主骨架；9—防火密封胶

（2）电缆竖井采用防火涂层板封堵，可按下列流程进行：

清理封堵部位→电缆间隙中填充柔性有机堵料或防火密封胶→固定承托支架→测量竖井及电缆尺寸→切割防火涂层板→涂抹防火密封胶→拼装固定防火涂层板→缝隙处填充防火密封胶涂刷电缆防火涂料→清理现场。

（3）电缆竖井采用防火涂层板封堵，应符合下列工艺要求：

1）将待封堵处的建筑垃圾、施工遗留物及电缆表面清理干净。

2）将电缆束打开，采用柔性有机堵料或防火密封胶填充电缆间的缝隙，并及时整理电缆束。

3）在封堵部位，安装防火涂层板承托支架，间距不大于400mm。

4）测量待封堵的竖井、电缆实际尺寸，按实际切割上下两层的防火涂层板。

5）在防火涂层板周边涂防火密封胶，将防火涂层板安装在承托支架上。

6）用柔性有机堵料或防火密封胶填充电缆间、电缆与竖井电缆与防火涂层板间、防火涂层板与竖井间等的缝隙。

7）封堵部位应无缝隙、外观平整。

8）在防火涂层板表面均匀涂刷电缆防火涂料。

9）在封堵部位两侧电缆表面均匀涂刷电缆防火涂料，厚度不小于1mm，长度不小于1500mm。

10）将施工作业区的施工遗留物、垃圾、杂物清理干净。

11）增敷电缆时，防火涂层板可采用开孔器开孔，敷设完毕，按封堵工艺及时严密封堵。

5. 采用无机堵料封堵施工

（1）电缆竖井采用无机堵料封堵，砖混竖井可按图 39-213 施工；钢制竖井可按图 39-214 施工。

（2）电缆竖井采用无机堵料封堵，可按下列流程进行：

清理封堵部位→电缆间隙中填充柔性有机堵料或防火密封胶→电缆束外围包绕柔性有机堵料→固定承托支架→封堵部位支模→无机堵料和水按比例混合→填注无机堵料→拆模

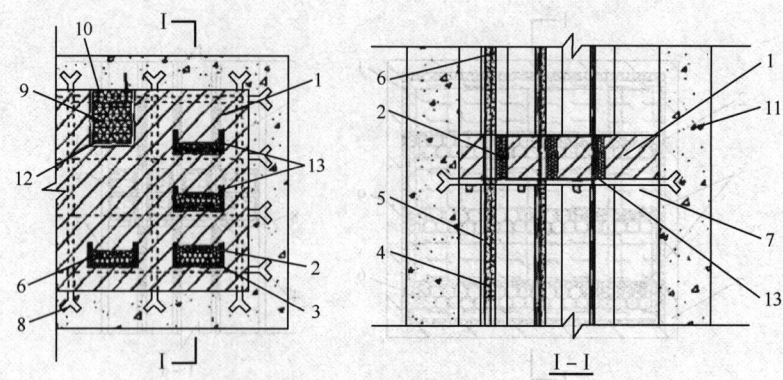

图 39-213 电缆竖井采用无机堵料封堵示意图（砖混竖井）
1—无机堵料；2—柔性有机堵料；3—柔性有机堵料或防火密封胶；4—防火涂料；5—电缆桥架；6—电缆；
7—承托支架；8—预埋件；9—耐火隔板；10—爬梯；11—竖井壁；12—人孔；13—备用电缆通道

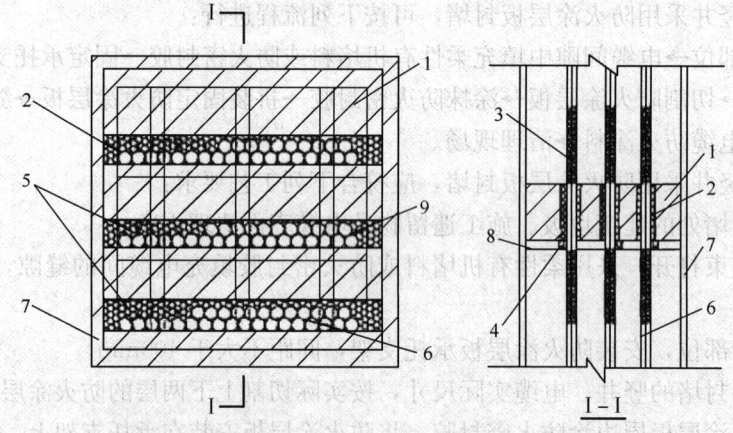

图 39-214 电缆竖井采用无机堵料封堵示意图（钢制竖井）
1—无机堵料；2—柔性有机堵料；3—防火涂料；4—承托支架；5—备用电缆通道；6—电缆；
7—钢制竖井；8—竖井内主骨架；9—防火密封胶或柔性有机堵料

→密封整形→安装人孔耐火隔板盖板→用柔性有机堵料封堵人孔耐火隔板盖板缝隙→涂刷电缆防火涂料→清理现场。

(3) 电缆竖井采用无机堵料封堵，应符合下列工艺要求：

1) 将待封堵处的建筑垃圾、施工遗留物及电缆表面清理干净。

2) 将电缆束打开，采用柔性有机堵料或防火密封胶填充电缆间的缝隙，并及时整理电缆束。

3) 用柔性有机堵料包绕电缆束外围，其包绕厚度不小于20mm。

4) 在封堵部位，可利用竖井内预埋件或竖井内的钢支护，安装承托无机堵料的支架，间距不大于200mm。

5) 按现场实际切割模板，切割时预留备用电缆通道。大型电缆竖井，在爬梯处按设计预留人孔，设计未要求时，应设置800mm×600mm的人孔。

6) 在承托无机堵料支架下支模，支模时在模板上备用电缆通道处预置柔性有机堵料；

人孔四周采用模板拼装围挡，其高度与封堵层厚度一致。

7) 将混合好的无机堵料填注在已支好的模板上，填注密实，填注厚度应不小于240mm或符合设计要求。

8) 待无机堵料凝固后拆除模板，做好成品保护，对不易拆卸的模板可用耐火隔板做模板。

9) 拆模后，整形封堵部位。增敷电缆完毕，应及时恢复防火封堵。

10) 在人孔处安装耐火隔板盖板，用柔性有机堵料封堵严密。

11) 在封堵部位两侧电缆表面均匀涂刷电缆防火涂料，厚度不小于1mm，长度不小于1500m。

12) 将施工作业区的施工遗留物、垃圾、杂物清理干净。

39.11.5 电缆隧（沟）道防火封堵施工

1. 采用无机堵料封堵施工

(1) 电缆沟道采用无机堵料封堵，可按图39-215施工。本组件形式适用于电缆沟道内防火封堵。

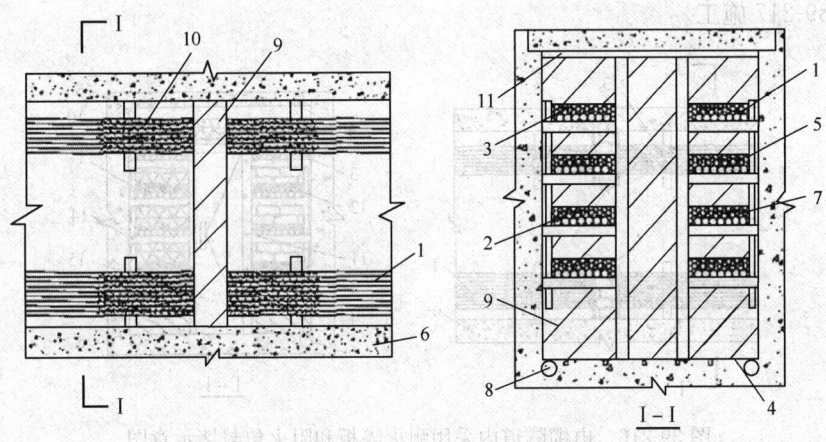

图39-215 电缆沟道内采用无机堵料封堵示意图
1—电缆；2—柔性有机堵料或防火密封胶；3—柔性有机堵料；4—膨胀螺栓；5—电缆桥（支）架；
6—电缆沟道壁；7—备用电缆通道；8—排水孔；9—无机堵料；10—防火涂料；11—承托支架

(2) 电缆沟道采用无机堵料浇注阻火墙封堵，可按下列流程进行：

清理封堵部位→电缆间隙中填充柔性有机堵料或防火密封胶→电缆束外围包绕柔性有机堵料→固定承托支架→预留备用电缆通道和排水孔→阻火墙支模→填注无机堵料→拆模→密封整形→涂刷电缆防火涂料→清理现场。

(3) 电缆沟道采用无机堵料封堵，应符合下列工艺要求：

1) 将待封堵处的建筑垃圾、施工遗留物及电缆表面清理干净。

2) 将电缆束打开，采用柔性有机堵料或防火密封胶填充电缆间的缝隙，并及时整理电缆束。

3) 用柔性有机堵料包绕电缆外围，其包绕厚度不小于20mm。

4) 在封堵部位用预埋件和膨胀螺栓安装承托支架。阻火墙厚度应符合设计要求，设计无要求时应不小于240mm。

5）在每层电缆桥（支）架电缆上部，用柔性有机堵料预置备用电缆通道。

6）按设计预留排水孔，无设计时在两个底角预留排水孔。

7）按现场实际切割模板，切割时在两侧模板上预留备用电缆通道和排水孔。

8）在承托无机堵料的支架两侧支模，采用柔性有机堵料严密封堵备用电缆通道。

9）将混合好的无机堵料填注模板内，填注密实。

10）待无机堵料凝固后拆除模板，做好成品保护，对不易拆卸的模板可用耐火隔板做模板。

11）拆模后，整形封堵部位，并将阻火墙与电缆沟盖板间避障严密封堵。增敷电缆完毕，应及时恢复防火封堵。

12）在封堵部位两侧电缆表面均匀涂刷电缆防火涂料，厚度不小于1mm，长度不小于1500mm。

13）将施工作业区的施工遗留物、垃圾、杂物清理干净。

2. 采用耐火隔板和阻火包封堵施工

（1）电缆隧（沟）道采用耐火隔板和阻火包封堵，隧道内可按图39-216施工；沟道内可按图39-217施工。

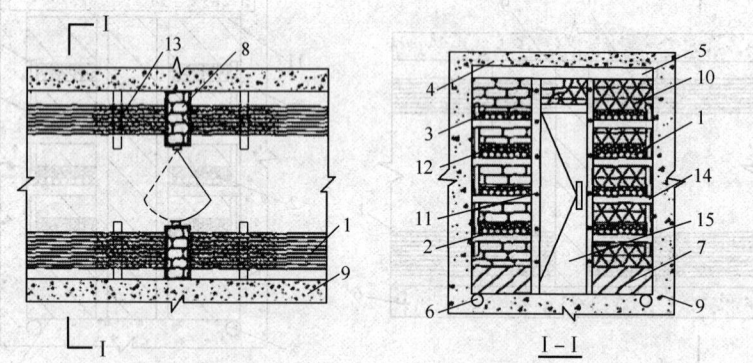

图39-216 电缆隧道内采用耐火隔板和阻火包封堵示意图

1—电缆；2—柔性有机堵料或防火密封胶；3—柔性有机堵料；4—膨胀螺栓；5—承托支架；6—排水孔；7—耐火模块基础；8—阻火包；9—电缆隧道壁；10—耐火隔板；11—螺栓；12—备用电缆通道；13—防火涂料；14—电缆桥（支）架；15—防火门

（2）电缆隧（沟）道采用耐火隔板和阻火包封堵，可按下列流程进行：

清理封堵部位→电缆间隙中填充柔性有机堵料或防火密封胶→电缆束外围包绕柔性有机堵料→安装固定阻火墙防火门→砌筑耐火模块基础→堆砌阻火包→制作耐火隔板支架→安装耐火隔板→缝隙处填充柔性有机堵料或防火密封胶→密封整形→涂刷电缆防火涂料→清理现场。

（3）电缆隧（沟）道采用耐火隔板和阻火包封堵，应符合下列工艺要求：

1）将待封堵处的建筑垃圾、施工遗留物及电缆表面清理干净。

2）将电缆束打开，采用柔性有机堵料或防火密封胶填充电缆间的缝隙，并及时整理电缆束。

3）用柔性有机堵料包绕电缆束外围，其包绕厚度不小于20mm。

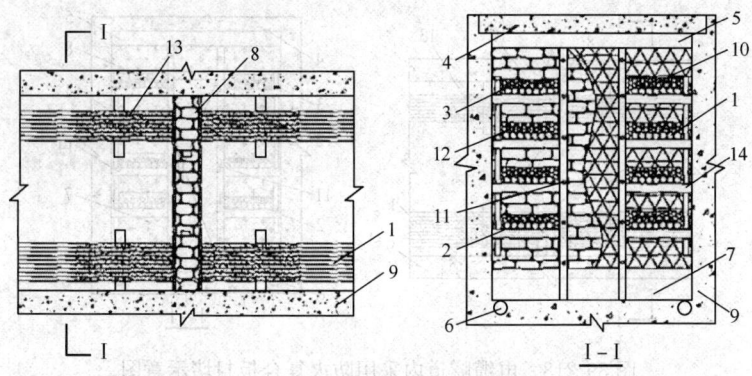

图 39-217 电缆沟道内采用耐火隔板和阻火包封堵示意图
1—电缆；2—柔性有机堵料或防火密封胶；3—柔性有机堵料；4—膨胀螺栓；5—承托支架；6—排水孔；
7—耐火梭块基础；8—阻火包；9—电缆沟壁；10—耐火隔板；11—螺栓；12—备用电缆通道；
13—防火涂料；14—电缆桥（支）架

4）采用耐火模块砌筑阻火墙基础，阻火墙厚度应符合设计要求，设计未要求时，应不小于240mm。砌筑时在阻火墙底部预留排水孔。

5）在阻火墙基础上交叉错缝堆砌阻火包。堆砌时，在每层电缆桥（支）架内电缆上部用柔性有机堵料预置备用电缆通道；堆砌结束后，在阻火包与电缆、电缆桥架、电缆隧（沟）道壁及顶部间、防火门的缝隙处采用柔性有机堵料严密封堵。

6）按现场实际加工、制作、安装阻火墙两侧耐火隔板支架，并用膨胀螺栓将组装好的支架安装固定在电缆隧（沟）道壁上。

7）按现场实际切割耐火隔板，切割时在两侧耐火隔板上对应预留备用电缆通道，将切割好的耐火隔板拼装到耐火隔板支架上。

8）在耐火隔板拼缝间、耐火隔板与隧（沟）道壁及顶部间、电缆以及防火门的缝隙用柔性有机堵料或防火密封胶密封，备用电缆通道位置采用柔性有机堵料严密封堵。

9）对封堵部位进行整形，表面无缝隙，外观平整。增敷电缆完毕，应及时恢复防火封堵。

10）在封堵部位两侧电缆表面均匀涂刷电缆防火涂料，厚度不小于1mm，长度不小于1500mm。

11）将施工作业区的施工遗留物、垃圾、杂物清理干净。

3. 采用防火复合板封堵施工

（1）电缆隧（沟）道用防火复合板封堵，隧道内可按图 39-218 施工，沟道内可按图 39-219 施工。

（2）电缆隧（沟）道采用防火复合板封堵，可按下列流程进行：

清理封堵部位→电缆间隙中填充柔性有机堵料或防火密封胶→电缆束外围包绕柔性有机堵料→安装固定阻火墙防火门→制作安装防火复合板固定支架→切割防火复合板→安装防火复合板→缝隙处填充柔性有机堵料或防火密封胶→涂刷电缆防火涂料→清理现场。

（3）电缆隧（沟）道采用防火复合板封堵应符合下列工艺要求：

1）将待封堵处的建筑垃圾、施工遗留物及电缆表面清理干净。

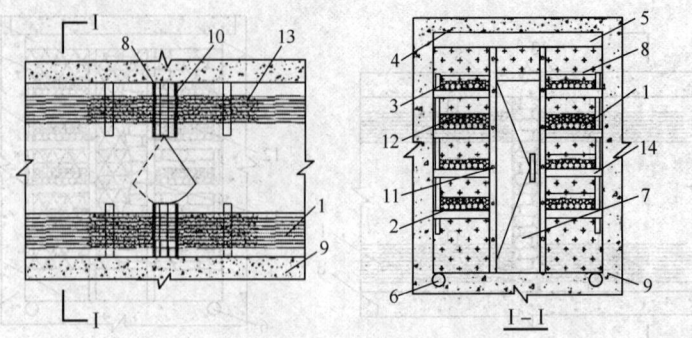

图 39-218 电缆隧道内采用防火复合板封堵示意图
1—电缆；2—柔性有机堵料或防火密封胶；3—柔性有机堵料；4—膨胀螺栓；
5—承托支架；6—排水孔；7—防火门；8—防火复合板；9—电缆隧道壁；
10—耐火隔板；11—螺栓；12—备用电缆通道；13—防火涂料；14—电缆桥（支）架

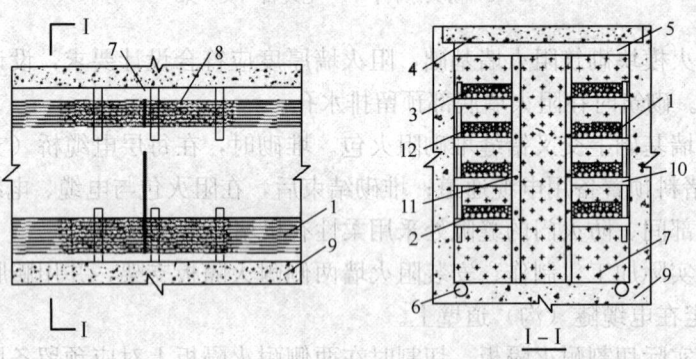

图 39-219 电缆沟道内采用防火复合板封堵示意图
1—电缆；2—柔性有机堵料或防火密封胶；3—柔性有机堵料；4—膨胀螺栓；5—承托支架；6—排水孔；
7—防火复合板；8—防火涂料；9—电缆沟壁；10—电缆桥（支）架；11—螺栓；12—备用电缆通道

2) 将电缆束打开，采用柔性有机堵料或电缆防火密封胶填充电缆间的缝隙，并及时整理电缆束。

3) 用柔性有机堵料包绕电缆束外围，其包绕厚度不小于20mm。

4) 按现场实际尺寸，制作安装防火复合板固定支架。

5) 按实际形状切割防火复合板和耐火隔板，每层预留备用电缆通道，备用电缆通道在墙两侧的防火复合板和耐火隔板上位置应对应一致。

6) 拼装、固定防火复合板、耐火隔板时，按现场实际确定固定孔位置，钻孔后将防火复合板和耐火隔板分别固定在电缆隧（沟）道的墙体两侧，固定孔间距不大于240mm。

7) 用柔性有机堵料将备用电缆通道封堵严密，用柔性有机堵料或防火密封胶填充电缆间、电缆与桥架间、电缆与防火复合板间等的缝隙。增敷电缆完毕，应及时恢复防火封堵。

8) 封堵部位应无缝隙、外观平整。

9) 在电缆封堵部位的两侧电缆表面均匀涂刷电缆防火涂料，厚度不小于1mm，长度不小于1500mm。

10) 将施工作业区的施工遗留物、垃圾、杂物清理干净。

39.11.6　电缆穿保护管防火封堵施工

(1) 电缆穿保护管采用柔性有机堵料封堵，垂直方向电缆保护管封堵，可按图 39-220 施工；水平方向电缆保护管封堵，可按图 39-221 施工。

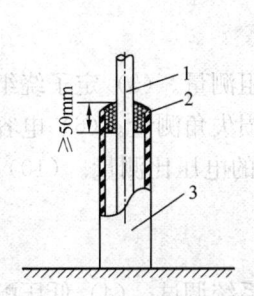
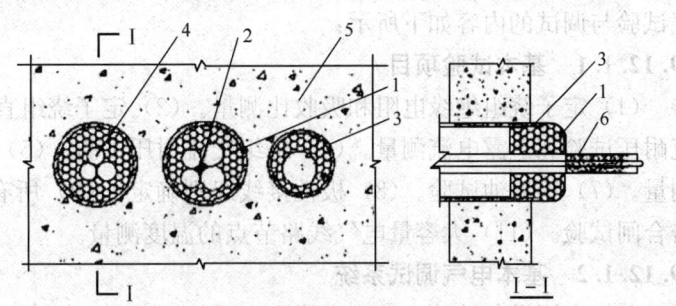

图 39-220　垂直方向电缆保护管采用柔性有机堵料封堵示意图
1—电缆；2—柔性有机堵料；3—电缆保护管

图 39-221　水平方向电缆保护管采用柔性有机堵料封堵示意图
1—柔性有机堵料；2—柔性有机堵料或防火密封胶；3—电缆保护管；4—电缆束；5—混凝土或砖墙；6—防火涂料

(2) 电缆保护管采用柔性有机堵料封堵，可按下列流程进行：清理封堵部位→电缆间隙中填充柔性有机堵料或防火密封胶→管口采用防坍落措施后填充柔性有机堵料→密封整形→涂刷电缆防火涂料→清理现场。

(3) 电缆保护管采用柔性有机堵料封堵，应符合下列工艺要求：
1) 将封堵部位的电缆保护管及电缆表面清理干净。
2) 多根电缆时，用柔性有机堵料或防火密封胶填充电缆间缝隙。
3) 电缆保护管管口内电缆周围首先采取防坍落措施，然后用柔性有机堵料填充，嵌入管口深度不小于 40mm；露出管口部分高度不小于 10mm。
4) 对柔性有机堵料进行整形，封堵部位无缝隙，形状规则，外观平整。
5) 在电缆保护管封堵处外侧电缆表面均匀涂刷电缆防火涂料，厚度不小于 1mm，长度不小于 1500mm。
6) 将施工作业区的施工遗留物、垃圾、杂物清理干净。

39.12　试验与调试

建筑电气工程中，电气设备投入运行前，所有安装完成的电气设备必须进行电气参数和机械参数的测试，试验合格后，才能投入运行。一般建筑电气工程中所需调试的电气设备包括：高压配电柜、高压开关、避雷器、电流互感器、电压互感器、各种测量及保护用仪表、电力变压器、封装母线、裸母线、绝缘子及套管、电抗器、电力电容器、电力电缆、接地装置、低压配电柜、各种继电器、继电保护系统、低压断路器及隔离器、接近开关、各种泵及风机、各种类型起重设备、各种电动机、各种变频器、各种型号PLC、各种软启动器、各型开关、照明系统、接地系统等新建、改建工程中安装的电气设备。此类设备主要位于建筑高低压变配电所（室）和各类型的设备机房之中。

39.12.1　建筑电气试验项目与调试的系统

根据《电气装置安装工程　电气设备交接试验标准》GB 50150—2016 中的规定，电气试验与调试的内容如下所示：

39.12.1.1　基本试验项目

（1）定子绕组绝缘电阻和吸收比测量。（2）定子绕组直流电阻测量。（3）定子绕组直流耐压试验和泄露电流测量。（4）绕组交流耐压试验。（5）介质损失角测量。（6）电容比测量。（7）绝缘油试验。（8）极性接线组别确定。（9）所有分接的电压比测量。（10）冲击合闸试验。（11）大容量电气线路节点的温度测量。

39.12.1.2　基本电气调试系统

（1）高压设备试验。（2）高压配电系统调试。（3）高压传动系统调试。（4）低压配电系统调试。（5）低压传动系统调试。（6）计算机系统调试。（7）单体调试。（8）系统调试。

39.12.2　准　备　工　作

39.12.2.1　技术准备工作

（1）学习和审查图纸资料，熟悉图纸中需要试验调试的设备类型、数量、位置、系统组成、一次和二次接线原理等内容；

（2）编制试验调试方案（包括安全措施）：方案的编制应具有针对性，不同的工程编制内容应符合工程本身的特点，方案在实施前必须经过主管部门和现场监理、业主的审核、批准；

（3）了解系统基本工艺：参加试验调试的工程师和所有操作人员，必须充分了解需要试验、调试的设备在整个工艺系统中的作用和功能，对于系统中的各个技术参数应熟悉。

39.12.2.2　仪器仪表与工机具的准备

电工仪器仪表是调试人员完成电气试验、调试、调整的主要工具。为满足工程试验的需要，现场的仪器仪表应注意精心使用与保管，并应设专门人员进行保管、维护与检修，保证仪器仪表处于完好状态，设备在检定、校准合格期内。对于高压电气试验设备，为避免搬运频繁和保证现场系统的安全，应存放于现场，确保存放场所符合设备、仪器的相关存放要求，并设专人进行保管和维护。

1. 电气试验设备、仪器仪表、材料的一般要求

（1）电气试验设备、仪器仪表、材料进场检验结论应有记录，确认符合《电气装置安装工程　电气设备交接试验标准》GB 50150—2016 和《建筑电气工程施工质量验收规范》GB 50303—2015 的规定，方可使用。

（2）依照法定程序批准进入市场的新设备、新仪器仪表、新材料进行验收时，除符合《建筑电气工程施工质量验收规范》GB 50303—2015 规定外，尚应提供安装、使用、维修和试验要求等技术文件。

（3）进口电气设备、仪器仪表和材料进场验收，除符合《建筑电气工程施工质量验收

规范》GB 50303—2015规定外，尚应提供商检证明文件和中文的质量合格证明文件、规格、型号、性能检测报告以及中文的安装、使用、维修和试验要求等技术文件。

（4）电气设备上计量仪表和与电气保护有关的仪表应检定、校准合格，标识清晰，当投入试运行时应在有效期内。

（5）如有异议应送具有相应资质试验室进行抽样检测，试验室应出具检验报告，确认符合《建筑电气工程施工质量验收规范》GB 50303—2015规定和相关技术标准规定，才能在工程中使用。

2. 建筑电气工程中经常使用的主要仪器仪表、工机具。

主要仪器仪表、工机具见表39-126和表39-127。

电气设备交接试验常用仪器仪表一览表 表39-126

序号	名称	用途
1	示波器	测量电压、电流、频率、相位波形和各种参数用
2	交直流稳压器	做稳压电源用
3	数字式频率仪	测量频率用
4	钳形交流电流电压表	测量交流电源的电压和电流
5	相位表	测量单相交流电压与电流之间的相位角
6	三相相序表	测量三相相序用
7	直流电阻测试仪	测量发电机、变压器线圈等直流电阻
8	开关接触电阻测试仪	测量开关导电回路接触电阻
9	抗干扰介质自动测试仪	测量介质损耗角
10	全自动变比测试仪	测量变压器变压比、极性
11	高压直流发生器	用于电缆、发电机、避雷器的直流泄露和直流耐压试验
12	工频耐压试验变压器	用于变压器、开关等设备的工频耐压试验
13	互感器综合特性测试仪	测量互感器的变比、误差、励磁特性曲线
14	绝缘油介电强度测试仪	测量变压器油的击穿电压
15	开关参数测试仪	测量断路器分、合闸时间及同期性
16	电容测试仪	电容器电容量测量
17	继电保护测试仪	用于微机继电保护装置的测试
18	携带式电度表	检验电度表用
19	交直流电流表	作为标准表校验电表及电流测量
20	交直流电压表	作为标准表校验电表及电压测量
21	接地电阻测定仪	测量各种接地装置的接地电阻用
22	兆欧表	测量电气线路、设备的绝缘电阻
23	秒表	测量时间（s）
24	线路试验器	测量导体直流电阻和电缆的故障点
25	自耦调压器	调节电压用
26	万用表	测量交、直流电压，直流电流和电阻
27	转速表	测量电机或其他设备的转速
28	点温计	测量一个很小面积的温度，特别适宜测量触头、触点等部位的温度
29	低压验电笔	低压验电用

常用工机具一览表 表39-127

序号	名称	用途
1	克丝钳	用于截断线径较大的导线或加紧线径较大的多股导线
2	尖嘴钳	用于截断线径较小的导线或操作单股导线的盘圈、多股软线加
3	剥线钳	用于接线工序中剥除单股绝缘导线的外绝缘
4	组合螺丝刀	用于各种扁口、十字口的螺钉、螺栓的紧固
5	电工刀	用于电缆头制作工序中剥除、切断电缆较大长度的内、外绝缘，或剥除绝缘导线较大长度的绝缘
6	活络扳手	用于紧固设备固定用螺栓
7	数显力矩扳手	用于紧固有紧固力矩要求的接线端子螺栓
8	压线钳	用于压接多股导线的UT型、OT型接线端子
9	液压压线钳	用于电缆头制作工序中导线与接线端子的压接

39.12.2.3 调试现场条件的准备

1. 电气系统的完善

（1）所有试验、调试的电气设备已安装完毕，整个电气系统继电保护、供电线路、负荷用电末端均已全部完善。

（2）外部电源已具备送电条件，随时可以供电。

（3）无法断开且不能空载运行的设备，负载端已具备条件。

2. 外部环境的准备

（1）高低压变配电室（所）、各配电间内部土建工作全部完成，门窗齐全，内部环境干净清洁，温度不低于5℃且环境湿度不高于80%。

（2）高低压变配电室（所）、各配电间的附属设备已安装完毕，如通风机、消防灭火装置、电气照明、系统接地等。

39.12.3 建筑电气试验与调试一般要求

39.12.3.1 建筑电气试验的要求

（1）从事电气调试的人员应能熟练掌握常用的测量仪器仪表及电气设备的基本性能，对变配电系统、电气传动系统和电气控制系统应有全面的了解，同时应取得相应的资格。

（2）在试验开始前应进行充分的准备工作。准备工作主要是：学习和审查图纸资料；现场编制调试方案及安全措施；组织所有参与调试的工作人员学习调试方案和新技术并进行技术交底；准备试验用仪器仪表和工具材料，所使用的设备具有周期内的合格检定证书；人员分工明确。

（3）根据图纸仔细检查设备、元件、各类接线的型号规格以及各元件的接点容量、动作时行程大小及接触情况。

（4）准确检查现场施工的各类线缆线路，所有线路的型号、规格、回路编号等必须符合图纸。

（5）所有控制设备的二次接线必须经过端子排，且压接应紧固，一个接线端子上压线不得接3个及以上。

(6) 线路两端必须挂上线号、回路编号,要求号码清晰、准确。

(7) 电气试验用的仪表应符合规范、设计的要求。

(8) 容易受外部磁场影响的仪器、仪表,应注意测量位置距离大电流的导线 1m 以外放置;在强磁场区域测量时,应对仪器仪表采取磁场隔离措施。

(9) 在进行与温度及湿度有关的各种试验时,应同时测量被试物周围的温度及湿度。绝缘试验应在良好天气且被试物及仪器周围温度不低于5℃,空气相对湿度不高于80%的条件下进行。

(10) 进行交流耐压试验的项目,在耐压试验前后均应检查其被测设备、线路绝缘电阻,如无特殊说明,交流耐压试验时升至试验标准电压后持续时间规定为1min。

(11) 在测量变压器的介质损失角、电容比以及进行耐压试验的项目时,应将被试物线圈所有能连接的抽头都相互连接在一起。进行升压试验时应将未试的线圈全部接地(测介质损失角与电容时,对未试线圈不应接地)。

(12) 进行绝缘试验时,除制造厂装配的成套设备外宜将连接在一起的各种设备分离,单独试验。同一试验标准的设备可连在一起试验。无法单独试验时,已有出厂试验报告的同一电压等级不同试验标准的电气设备,也可连在一起进行试验。试验标准应采用连接的各种设备中的最低标准。

(13) 油浸式变压器及电抗器的绝缘试验应在充满合格油,静置一定时间,待气泡消除后方可进行。静置时间应按制造厂规定执行,当制造厂无规定时,110kV 及以下油浸式变压器及电抗器充油后静置时间应不小于24h。

(14) 对于在出厂资料中提出了特殊要求电气设备和元件,除按规定的项目进行试验外,还应按厂家规定的项目进行试验,试验数据应符合厂家的特殊要求。

(15) 在绘制各种试验数据的特性曲线时,测定点数一般应描绘成平滑的曲线。

(16) 对于试验测量数据不符合规范或设计要求的设备、线路、元件,在经过调整后仍达不到技术要求的,一律不得投入正常使用,必须进行更换。

(17) 凡能分相进行试验测量的设备应分相进行试验测量,以便各相之间进行相互比较。

(18) 调整试验完后,应复查所有端子连接处,拆开的应重新接好,应保证良好的接触;拆除临时接线。

(19) 测试过程应做好原始记录,对可疑之处应立即复查,得出正确结论。对原设计有修改之处应注明。记录并整理完整的技术文件。

(20) 测试完后应清理现场、清点工器具及所用设备,任何测试用的物件不得遗留在柜、箱及电气设备之内。

39.12.3.2 建筑电气系统调试的要求

(1) 调试前,应检查所有二次回路和电气设备的绝缘情况,全部合格后方可进行调试的下道工序。

(2) 调试前,全面检查整个电气系统的所有接点,清除各临时短接线和各种障碍物。

(3) 恢复所有进行电气试验时被临时拆开的线头,对照图纸处于正常状态,并逐一检查有无松动或脱落现象。

(4) 在各阶段的调试前,都必须对系统控制、保护与信号回路做重复检查,保证所有设备与元件的可动部分应动作灵活可靠。

（5）检查备用电源线路与备用系统设备及其自动装置，应处于良好状态。

（6）检查行程开关和极限开关的接点位置应正确，转动应灵活；打开元器件检修盖板，检查内部应无异物存在，并将其复位。

（7）在电机空载运行前应首先进行手动盘车，转动应灵活，并仔细检查内部是否有障碍物存在。

（8）通电试运行前必须确认被调试的设备周围工作人员处于安全区域，悬挂安全标志牌，做到安全第一。

（9）在调试启动电流过大的电机时，如果启动电流对内部电网有较大影响，则在启动之前调整变电所下口的其他负荷，如果对外电网产生较大影响，则应通知上级变电所工作人员或相关供电部门。

（10）对大型变电所及大型电机在送电之前应制定送电调试方案（包括安全措施）。送电前应取得相关部门的批准。

（11）带机械试车时，均应听从机装指定的专人指挥。

（12）在送电时，正确的送电顺序是：先送主电源，再送操作电源，切断时相反。

（13）所调试的电机为驱动风机、水泵类的负载机械时，应关闭管道阀门后启动。

（14）电气调试人员应进行分工，并配齐必须的安全用具。

（15）调试人员必须配备必要通信设备，确保调试过程中各个岗位联系畅通。

（16）调试过程中，各操作人员必须坚守岗位，准备随时紧急停车。

（17）电气调试过程中必须准确记录各项参数，做好调试记录。

39.12.4　建筑电气试验工序和调试工序

39.12.4.1　建筑电气试验的工序

建筑电气试验工作是在建筑施工的过程中随施工进度的进展依次完成的，它贯穿整个电气施工的全过程。一般建筑电气的各类试验项目的工序如下：

接地系统试验→低压设备及线路试验→成套高压设备及线路试验→变压器及附属设备试验→成套低压设备及线路试验→备用电源及线路试验。

39.12.4.2　建筑电气调试的工序

建筑电气调试是整个建筑电气工程全部安装完成后，进入正式使用运行的最后一道工序，也是整个电气工程的关键工序。电气系统调试从整个供电系统环节上可分为三大部分：高低压配电室（所）的调试、低压分配电系统送电调试、负荷端用电设备运行调试；从工序时段上可分为三个阶段：单体调试、分系统调试、联动系统调试。

（1）建筑电气调试工序

各系统单体调试→各分系统联合调试→整个电气系统联动调试。

（2）高压电气系统调试工序

高压设备的调试→高压系统传动的调试→高压配电系统的调试。

（3）低压电气系统调试工序

低压系统传动调试→低压配电系统调试→备用电源系统调试→低压系统设备调试。

39.12.5 建筑电气试验项目工作内容

39.12.5.1 接地系统的试验项目

1. 电气设备和防雷设施的接地装置试验项目

（1）接地阻抗；（2）接地网电气完整性测试。

2. 接地网电气完整性测试相关规定

（1）应测量同一接地网的各相邻设备接地线之间的电气导通情况，以直流电阻值表示；

（2）直流电阻值不宜大于 0.05Ω。

3. 接地阻抗测量应符合设计文件规定。

4. 接地电阻测试基本要求

（1）试验电源的选择

宜采用异频电流法测试接地装置的工频接地阻抗。试验电流频率宜在 $40\sim60Hz$ 范围，标准正弦波波形，电流幅值通常不宜小于 0.1A。

（2）测试回路的布置

测试接地装置接地电阻的电流极应布置得尽量远，通常电流极与被试接地装置中心的距离 d_{CG} 应为被试接地装置最大对角线长度 D 的 $2\sim3$ 倍。

测试回路应尽量避开河流、湖泊、道路口；尽量远离地下金属管路和运行中的输电线路，避免与之长段并行，当与之交叉时应垂直跨越。

任何一种测试方法，电流线和电位线之间都应保持尽量远距离，以减小电流线与电位线之间互感的影响。

（3）电流极和电位极

按下列要求设置电流极和电位极：

1）电流极的接地电阻值应尽量小，以保证整个电流回路阻抗足够小，设备输出的测试电流足够大。

2）可采用人工接地极作为电流极。

3）如电流极接地电阻偏高，可采用多个电流极并联或向其周围泼水的方式降阻。

4）电位极应紧密而不松动地插入土壤中 20cm 以上。

5）试验过程中电流线和电位线均应保持良好绝缘，接头连接可靠，避免裸露、浸水。

5. 接地阻抗的测试方法

（1）直线法

电流线和电位线同方向（同路径）放设称为三极法中的直线法，见图 39-222。放线如 4.(2) 的要求，d_{PG} 通常为 $0.5\sim0.6$ 倍 d_{CG}。电位极 P 应在被测接地装置 G 与电流极 C 连线方向移动三次，每次移动的距

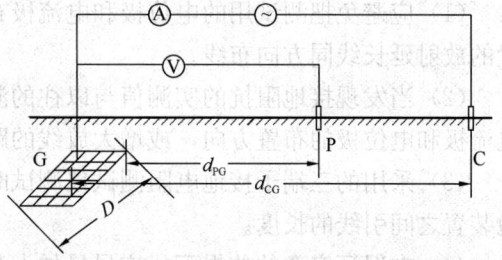

图 39-222 电流-电压表三极法
测试接地阻抗示意图

G—被试接地装置；C—电流极；P—电位极；
D—被试接地装置最大对角线长度；
d_{CG}—电流极与被试接地装置中心的距离；
d_{PG}—电位极与被试接地装置边缘的距离

离为 d_{CG} 的 5%左右，如三次测试的结果误差在 5%以内即可。

一般在放线路径狭窄困难和土壤电阻率均匀的情况下，接地阻抗测试才采用直线法，应尤其注意使电流线和电位线保持尽量远的距离，以减小互感耦合对测试结果的影响。

(2) 30°夹角法

如果土壤电阻率均匀，可采用 d_{CG} 和 d_{PG} 相等的等腰三角形布线，此时使 θ 约为 30°，$d_{CG} = d_{PG} = 2D$。

(3) 远离夹角法

通常情况下接地装置接地阻抗的测试宜采用电流和电位线夹角布置的方式。放线如 4.(2) 的要求，θ 通常为 45°以上，一般不宜小于 30°，d_{PG} 的长度与 d_{CG} 相近。接地阻抗可用式（39-5）修正。

$$Z = \frac{Z'}{1 - \frac{D}{2}\left[\frac{1}{d_{PG}} + \frac{1}{d_{CG}} - \frac{1}{\sqrt{d_{PG}^2 + d_{CG}^2 - 2 d_{PG} d_{CG} \cos\theta}}\right]} \qquad (39\text{-}5)$$

式中　θ——电流线和电位线的夹角；
　　　Z'——接地阻抗的测试值。

(4) 反向法

反向法是远离夹角法的特殊形式，即电位线和电流线之间的夹角约为 180°，有利于尽可能地减小电位线电流线之间的互感，布线要求和修正公式与远离夹角法相同。

6. 测试步骤

(1) 根据图纸和现场确定地网的结构和尺寸；
(2) 现场踏勘，确定电位极和电流极位置；
(3) 现场布线及接地极布置；
(4) 测试回路调试，包括线路绝缘状况测试、干扰测试、回路阻抗测试；
(5) 接地阻抗测试；
(6) 测试数据准确性的验证；
(7) 收线及恢复现场。

7. 注意事项

(1) 应避免把测试用的电位极和电流极布置在接地装置的射线上面，且不宜与接地装置的放射延长线同方向布线。
(2) 当发现接地阻抗的实测值与以往的测试结果相比有明显的增大或减小时，应改变电流极和电位极的布置方向，或增大放线的距离，重新进行测试。
(3) 采用的三端子接地电阻测试仪测试时，应尽量缩短接地极接线端子 C_2 和 P_2 与接地装置之间引线的长度。
(4) 在保证安全的前提下，应尽量加大测试电流，保证测试准确性。并可采用不同电流大小，不同挡位多次测试，数据应稳定可重复。

39.12.5.2　高压成套设备及线路试验项目

(1) 高压试验应由当地供电部门许可的试验单位进行，试验标准应符合国家规范，当地供电部门的规定及产品技术资料的要求。
(2) 试验内容包括高压柜、母线、避雷器、高压瓷瓶、高压互感器、电流互感器、高压开关等，可参见表 39-128。

高压成套设备及线路试验项目及内容　　　　　　　　　　表 39-128

序号	高压设备及线路	试验内容
1	母线	外观检查、绝缘电阻、交流耐压
2	互感器	绝缘电阻、交流耐压、直流电阻、绕组组别和极性、误差和变比、特性曲线
3	断路器	绝缘电阻、回路电阻、交流耐压、分合闸时间、线圈电阻
4	避雷器	绝缘电阻、工频参考电压和持续电流、直流参考电压和 0.75 倍电压下的泄漏电流、工频放电电压
5	隔离开关	绝缘电阻、熔丝的直流电阻、回路电阻、耐压试验
6	电力电缆	绝缘电阻、直流耐压及泄露电流测量、交流耐压试验、线路两端的相位

（3）调整的内容包括过流继电器的调整、时间继电器的调整、信号继电器的调整和机械连锁的调整。试验数据应符合《电气装置安装工程　电气设备交接试验标准》GB 50150—2016 的要求。

（4）绝缘电阻、吸收比的测量

绝缘电阻的测量是建筑电气设备及线路系统中最常见的一种试验项目，需要进行绝缘电阻测量的设备及线路包括：低压动力及照明系统的电缆（母线）、导线，低压配电箱、柜内一、二次回路，电动机定子绕组，高压配电柜，变压器，高压电缆等。测量所用的仪表为兆欧表，根据量程不同有多种类型。兆欧表有三个接线柱，上端两个较大的接线柱上分别标有"接地"（E）和"线路"（L），在下方较小的一个接线柱上标有"保护环"（或"屏蔽"）（G）。

1）测量方法

① 测量导线线路的绝缘电阻

a. 将兆欧表的"接地"接线柱（即 E 接线柱）可靠地接地（一般接到某一接地体上），将"线路"接线柱（即 L 接线柱）接到被测线路上，如图 39-223（a）所示。连接好后，顺时针摇动兆欧表，转速逐渐加快，保持在约 120 转/min 后匀速摇动，当转速稳定，

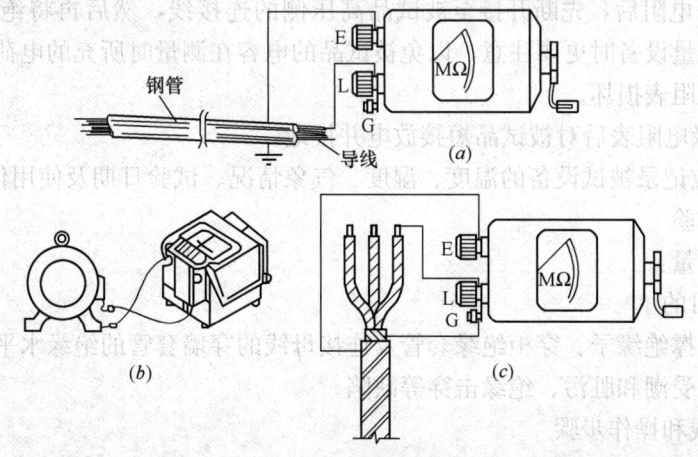

图 39-223　兆欧表接线图
(a) 测量线路的绝缘电阻；(b) 测量电动机绝缘电阻；(c) 测量电缆绝缘电阻

表的指针也稳定后，指针所指示的数值即为被测物的绝缘电阻值。

b. 实际使用中，E、L 两个接线柱也可以任意连接，即 E 可以与被测物相连接，L 可以与接地体连接（即接地），但 G 接线柱决不能接错。

② 测量电动机的绝缘电阻

将兆欧表 E 接线柱接机壳（即接地），L 接线柱接到电动机某一相的绕组上，如图 39-223（b）所示，测出的绝缘电阻值就是某一相的对地绝缘电阻值。

③ 测量电缆（母线）线路的绝缘电阻

测量电缆的导电线芯与电缆外壳的绝缘电阻时，将接线柱 E 与电缆外壳相连接，接线柱 L 与线芯连接，同时将接线柱 G 与电缆壳、芯之间的绝缘层相连接，如图 39-323（c）所示。

④ 绝缘电阻表测试绝缘电阻及吸收比操作步骤

a. 断开被试品的电源，拆除或断开对外的一切连线，将被试品接地放电。对电容量较大者应充分放电。放电时应用绝缘棒等工具进行，不得用手碰触放电导线。

b. 用干燥清洁柔软的布擦去被试品外绝缘表面的脏污，必要时用适当的清洁剂洗净。

c. 绝缘电阻表上的接线端子"E"是接被试品的接地端的，"L"是接高压端的，"G"是接屏蔽端的。将绝缘电阻表水平放稳，当绝缘电阻表转速尚在低速旋转时，用导线瞬间短接"L"和"E"端子，其指针应指零。开路时，绝缘电阻表转速达到额定转速，其指针应指"∞"。然后使绝缘电阻表的接地端与被试品的地线连接，绝缘电阻表的高压端接上屏蔽连接线，连接线的另一端悬空（不接被试品），再次驱动绝缘电阻表或接通电源，绝缘电阻表的指示应无明显差异。然后将绝缘电阻表停止转动，将屏蔽连接到被试品测量部位。如遇表面泄露电流较大的被试品（如高压电机、变压器等）还要接上屏蔽护环。

d. 驱动绝缘电阻表达额定转速，或接通绝缘电阻表电缆，待指针稳定后（或 60s），读取绝缘电阻值。

e. 测量吸收比和计划指数时，先驱动绝缘电阻表至额定转速，待指针指"∞"时，用绝缘工具将高压端立即接至被试品上，同时记录时间，分别读取 15s 和 60s（或 1min 和 10min）时的绝缘电阻值。

f. 读取绝缘电阻后，先断开接至被试品高压侧的连接线，然后再将绝缘电阻表停止运转。测试大容量设备时更要注意，以免被试品的电容在测量时所充的电荷经绝缘电阻表放电而使绝缘电阻表损坏。

g. 断开绝缘电阻表后对被试品短接放电并接地。

h. 测量时应记录被试设备的温度、湿度、气象情况、试验日期及使用仪表等。

(5) 母线试验

绝缘电阻测量：

① 测量的目的

检测母线支撑绝缘子、穿柜绝缘套管及连接母线的穿墙套管的绝缘水平，发现影响绝缘的异物、绝缘受潮和脏污、绝缘击穿等缺陷。

② 试验接线和操作步骤

采用 2500V 兆欧表，试验接线和操作详见绝缘电阻、吸收比的测量内容。

(6) 互感器试验项目及操作

① 互感器的绝缘电阻和 tanδ 的测量

a. 试验目的

互感器的绝缘电阻和 tanδ 试验用来检查互感器的绝缘状况，检查其是否存在绝缘受潮或老化等缺陷。

b. 试验接线和操作步骤

试验接线和操作详见绝缘电阻、吸收比的测量内容。

② 极性和变比试验

电流互感器的极性和变比多采用互感器校验仪进行测试。其方法是采用大电流发生器对电流互感器一次侧通入一个额定电流，同时测定二次侧电流，计算出变流比是否与铭牌标志相符。不能施加足够大的额定电流时，也可以施加一个比额定电流小很多的电流，同样也可以核对电流互感器的电流比。在测量互感器变比的同时测量互感器的极性。

a. 试验目的：

检查各相接头的电压与设备铭牌值相比，不应有显著差别，且极性为负。

b. 其操作步骤如下：

(a) 在被试电流互感器拆除外部所有接线后，将电流互感器一次端子的首尾（L_1、L_2），二次端子的首尾（K_1、K_2）分别接入互感器校验的相应端子。

(b) 将调压器退回至零位，然后合上电源。

(c) 调压器逐渐升压，电流上升。一次电流升到等于或小于额定电流的某一设定数值后，试验结束。

(d) 读取结果并和电流互感器的铭牌进行比对。

③ 互感器励磁特性试验

a. 试验目的

电流互感器的内部结构具有线圈和铁芯，分别构成电路和磁路。通过励磁特性试验，可以画出励磁特性曲线，求其饱和电压。饱和电压是反应电流互感器负载能力的一个重要参数。根据饱和电压是否比出厂值低，可以及时发现电流互感器的电路或者磁路是否存在局部短路缺陷。

b. 试验接线和操作步骤

(a) 按照设备使用说把需检测的电流互感器二次绕组介入互感器校验仪；

(b) 调压器回零，合上互感器校验仪电源开关；

(c) 调节调压器升高电压，同时读取电压和电流读数并做好记录；

(d) 根据绘制伏安特性曲线需要，试验时一般测量多点电流、电压值，特别是伏安特性接近饱和的曲线弯曲处应多测几点；

(e) 画出电流互感器励磁特性曲线，也称伏安特性曲线。

④ 互感器耐压试验

互感器耐压试验是考核其绝缘强度的重要手段。由于互感器的绝缘结构多样性，因此其试验方法也各有特点。全绝缘互感器一般采取工频耐压。串级式电压互感器由于一次绕组为分级绝缘，不能进行外施工频耐压试验，必须采取倍频感应耐压试验。

a. 试验目的

考核电气设备是否具备规程规定的绝缘裕度。

b. 仪器选择

进行耐压试验的设备，可根据情况采用工频试验变压器或串联谐振耐压装置。

互感器交流耐压试验仪器选择与被试设备的电压等级、容量大小，以及耐受试验的方法有关。例如外施工频耐压试验应选择足够高电压等级、足够试验容量的升压试验变压器、试验电源和调压装置、高压测量装置、试验操作控制设备。此外，还需要备齐电压表、电流表、短路接地线、接地放电棒、安全围栏等各种仪表和安全用具。

(a) 工频试验变压器

a) 电压选择。根据被试品的试验电压，选择合适电压等级的工频试验变压器。

b) 电流选择。电流按式（39-6）计算

$$I = \omega C_X U \tag{39-6}$$

式中　I ——试验变压器高压侧输出的电流，mA；

　　　ω ——角频率，$\omega = 2\pi f$；

　　　C_X ——被试品电容量，μF；

　　　U ——试验电压，kV。

c) 容量选择。相应求出试验所需电源容量：

$$P = \omega C_X U^2 \times 10^{-3} \tag{39-7}$$

试验时，按 P 值选择试验变压器容量，不得超载运行。

(b) 变频串联谐振耐压试验装置的选择。根据被试品试验电压值及电容量选择串联谐振耐压试验装置、电抗器及试验电源。

c. 试验步骤

(a) 任何被试品交流耐压实验前，应先进行其他绝缘试验，合格后在进行耐压试验。充油设备若经滤油或运输，耐压试验前还应将试品静置一段时间，以排除内部可能残存的空气。通常在耐压实验前后测量绝缘电阻。

(b) 有绕组的被试品进行耐压试验时，应将被试绕组自身的两个端子短接，非被试绕组亦应短接并与外壳连接后接地。

(c) 工频耐压试验的试验电压数值严格按照有关规程规定执行。工频耐压试验时加至试验标准电压后的持续时间，凡无特殊说明者，均为 1min。

(d) 接上试品，接通电源，开始升压进行试验。升压必须从零开始，切不可冲击合闸。升压速度在 75％试验电压以前，可以是任意的，自 75％电压开始应均匀升压，约为每秒 2％试验电压的速率升压。

(e) 升压过程中应密切监视高压回路，监听被试品有何异常声响，并密切监视仪表读数，电压、电流读数都应符合要求。升至试验电压，开始计时并读取试验电压。时间到后，迅速均匀将电压到零（或 1/3 试验电压以下），然后切断电源。

(f) 试验中如未发生破坏行放电，则认为通过耐压试验。

(g) 耐压试验后测量绝缘电阻，与耐压试验前比较应无明显变化。

(7) 真空断路器试验项目及操作

断路器是变电所中的重要设备。常用的有真空断路器和 SF_6 断路器。断路器操作机构（不包括液压操作机构）的试验，应符合相应规定。

① 断路器的绝缘试验及耐压试验

对于真空断路器和 SF_6 断路器按照规程规定测量整体绝缘电阻、断口和有机物制成的提升杆的绝缘电阻，按照规程要求判断其是否合格。

a. 试验目的

断路器进行耐压试验的目的是为了检查断路器的安装质量，考核断路器的绝缘强度。

b. 工频耐压试验仪器的选择及试验操作

进行断路器耐压试验的设备，可根据情况采用工频试验变压器或串联谐振耐压装置。

断路器的工频耐压试验应在分、合闸状态下分别进行，以便使断路器主回路对地断口及相间都能经受试验电压考验。对于 SF_6 断路器，应在 SF_6 气压为额定值时进行。

试验变压器的选择及操作见互感器耐压试验。

② 断路器回路电阻和分合闸时间的测定

a. 触头接触电阻测定：

断路器是用来分、合电路的。在合闸位置时流过负荷电流，当负荷侧发生短路事故时，会有巨大的短路电流流过。因此要求断路器动、静触头在合闸位置时接触必须良好。测量断路器在合闸位置时触头的接触电阻时十分重要的项目。测试断路器触头接触电阻时流过的电流必须是直流 100A。因此必须使用专门用于测量开关接触电阻的"开关接触电阻测试仪"。

b. 使用开关接触电阻测试仪测试开关接触电阻时应注意如下几点：

（a）接线时电压测试线和电流输出线不要缠绕在一起，相互之间应尽量远离，并且电压测量线接线端应接在电流输出线内侧，与被测物连接要紧密，否则会影响测量精度。

（b）在没有完成全部接线时，不允许在测试接线开路的情况下通电，否则会损坏仪器；被试品不允许带电。

（c）在测试时，接好线后，按下电源开关，调节电流至 100A，电流稳定后，即可读数。读完数后，将输出电流调至最小，切断电源开关。

c. 断路器分、合闸时间测定：

断路器的分闸时间是指分闸控制回路接通电源起到灭弧触头刚分离的一段时间；断路器合闸时间则是指由合闸回路接通到灭弧触头刚接触为止的一段时间。测试分合闸时间使用专用的开关特性测试仪器。

（8）避雷器

避雷器是变配电装置过电压保护的重要设备。

① 金属氧化锌避雷器的试验操作

无间隙金属氧化物避雷器进行绝缘电阻测试、测量直流参考电压和 0.75 倍直流参考电压下的泄露电流。

a. 测试绝缘电阻

要求应按照《电气装置安装工程　电气设备交接试验标准》GB 50150—2016 相关规定执行。

b. 测量直流参考电压和 0.75 倍直流参考电压下的泄露电流。

（a）试验的目的

通过施加规程规定的直流试验电压来考核被试品的耐电强度。

（b）仪器设备选择

选用直流高压发生器,根据被试避雷器的直流参考电压选择有足够输出直流电压的直流高压发生器。若整流回路中波纹系数大于1.5%,则必须加装0.01~0.1μF的滤波电容。试验电压和泄露电流都应在高压侧测量。

c. 操作步骤

(a) 电压从零逐渐升高,当泄露电流指示1000μA=1mA时,读取高压直流电压数值。此即为直流参考电压U_{1mA}。

(b) 读完U_{1mA}后,将电压逐渐降低到$0.75U_{1mA}$下读取通过避雷器的电流值,此即为0.75倍直流参考电压下的泄露电流。

(c) 试验结果判断。根据规程规定:U_{1mA}的实测值与制造厂提供的规定值相差不应大于±5%;U_{1mA}下的泄露电流值不应大于50μA。

② 放电计数器试验

放电计数器是避雷器动作时记录动作次数的设备,为在雷电侵袭时判明避雷器是否动作提供依据。

a. 试验目的:

检查放电计数器动作是否正常。

b. 试验设备选择:

放电计数器测试仪。

c. 操作步骤

(a) 将仪器输出端与避雷器计数器两端相连(连接线要尽量短),红色端接上端,黑色端接地端。

(b) 将电源线接好后,检查仪器及接线是否正确,确认无误后即可开始试验。

(c) 合上电源开关(电源灯亮),待电压稳定(600V左右)后,即可开始校验。

(d) 按下核验键,输出电压立即下降,此时可观察计数器的动作情况。

(e) 如需多次试验,可待输出电压达到稳定值时,再按校验键,并观察计数器的动作情况。

(f) 检验完毕后,立即关掉电源,待输出电压完全回零时,才能拆除接线。

(g) 如按检验键输出电压没有下降,应关掉电源,待电压指示回零后,检查是否回路有断点,或者是放电计数器不适合技术指标中规定的型号。

(9) 二次回路

1) 二次回路的试验项目,应包括下列内容:

① 测量绝缘电阻;

② 交流耐压试验。

2) 测量绝缘电阻,应符合下列规定:

① 根据电压等级选择兆欧表;

② 小母线在断开所有其他并联支路时,不应小于10MΩ;

③ 二次回路的每一支路和断路器、隔离开关的操作机构的电源回路等,均不应小于1MΩ。在比较潮湿的地方,不可小于0.5MΩ。

3) 交流耐压试验,应符合下列规定:

① 试验电压应为1000V。当回路绝缘电阻值在10MΩ以上时,可采用2500V兆欧表

代替，试验持续时间应为 1min，尚应符合产品技术文件规定；

② 48V 及以下电压等级回路可不做交流耐压试验；

③ 回路中有电子元器件设备的，试验时应将插件拔出或将其两端短接。

4) 二次控制线路的调整及模拟试验：

① 成套高压设备安装完毕后，将所有的接线端子螺丝再做一次全面检查和紧固。

② 用 500V 的兆欧表在端子板处测试每条回路的绝缘电阻，绝缘电阻的阻值必须大于 $0.5M\Omega$。

③ 二次回路如有晶体管、集成电路、电子元件时，该部分回路不许采用兆欧表测试，应使用万用表测试回路是否接通。

④ 接通临时的控制电源和操作电源，将高压柜内的控制、操作电源回路熔断器上端的相线摘掉，接上临时电源。

⑤ 按照图纸要求，分别模拟试验控制、连锁、操作、继电保护和信号动作，模拟试验动作应准确无误，灵敏可靠。如发现试验存在故障，应仔细查找问题原因，排除故障，直至试验无误为止。

⑥ 拆除临时电源，复位拆下的电源相线。

(10) 线路的试验

应按《电气装置安装工程 电气设备交接试验标准》GB 50150—2016 中的电力电缆、母线进行试验。

① 测量绝缘电阻

a. 绝缘电阻表选择应根据电缆的电压等级按照《电气装置安装工程 电气设备交接试验标准》GB 50150—2016 相关要求选择适用的兆欧表。

b. 试验接线：

电力电缆测量绝缘电阻的几种接线方式：

(a) 测量对地绝缘；

(b) 测量线芯间和对地绝缘；

(c) 外护套、内护层的绝缘测量。

② 操作步骤

试验接线和操作详见绝缘电阻、吸收比的测量内容。

③ 电力电缆注意事项

a. 在正式试验之前应首先弄清被试电缆的有关情况，例如电缆的长短、电缆的走向。电缆长短不同，电容量不同，测量绝缘电阻时的充电电流衰减时间长短不同，因此绝缘电阻表达到指示稳定值所需时间也不同，测试人员必须对此有充分准备。

b. 根据电缆走向，知道电缆的对端在什么地方，以便在被试电缆的两端都布置好安全措施，派人看守，避免被局外人误碰出现意外情况。

c. 被试电缆两端线芯露出的导电部位应保持足够的相间距离和对地距离，以免杂散电流影响绝缘电阻数值。

④ 直流耐压试验

a. 试验目的

电力电缆的直流耐压试验能最直观的反应电缆内部缺陷。

b. 仪器选择

直流泄露电流试验使用的仪器设备为直流高压发生器、测量仪表和操作控制箱，包括电源开关、过流保护、调压设备等。根据试验电压高低选择适宜的直流高压发生器。

c. 操作步骤

（a）将被试电缆测试端其中一相与直流高压发生器的高压输出端连接，另外两相短接接地，电缆另一端三相分开且保持有足够的安全距离。

（b）直流高压发生器接好线后，检查调压器回到零位，检查微安表接线是否正确。微安表应接在高压侧。

（c）检查接线正确无误、试验现场做好安全措施。防止人员走动，避免误入高压现场。设置安全围栏，派人主责警戒。

（d）由专人操作，并有人监护。一切妥当后，准备升压。这时，试验工作负责人大声发出命令，禁止现场人员随意走动，并宣布开始升压。操作人员得到命令后，合上试验电源开关，发出警铃响声，以引起在场人员注意，并开始升压。升压时应边升压边读数，升到规定试验电压时，向试验工作负责人打招呼，等到微安表指示数稳定后即可读数。一般读取 1min 时的泄露电流值。

（e）读数完毕后，即用调压器将电压回零，断开电源。

（f）试验结束后放电。在放电时要把微安表短路开关合上。如果试验接线有滤波电容，在放电时应先在电容上放电，然后再对被试物放电。

注意防止微安表被放电电流烧坏。

⑤ 电力电缆相位测定

a. 试验目的

电缆相位测定一是防止在线路进行并列时发生相间短路，二是在线路自动装置动作时，造成对下级三相用电设备的冲击。

b. 试验仪器

兆欧表或万用表。

c. 试验操作

检查电缆两端导体的相位标记应一致，并且与所连接的电网相位符合。再核对 A 相电缆芯相位时，兆欧表 L 端子与 A 相电缆芯相连，电缆另一端三根缆芯轮流接地，当绝缘电阻表对地测量通路时，两端即为同一根缆芯。总共测试 9 次，即完成三芯电缆的定相工作。

⑥ 铜屏蔽层与导体电阻比测试

进行铜屏蔽层与导体电阻比测试的目的是为了积累资料，对日后运行中分析电缆铜屏蔽层有无被腐蚀，或者电缆附件中的导体接头接触电阻有无增大提供参考依据。

测量铜屏蔽层与导体电阻应该在相同温度下测量，测量数据存档。如果以后运行中再测量两者的电阻比，发现铜屏蔽层电阻相对比较，比导体电阻增大，则有可能铜屏蔽层被腐蚀，反之则有可能电缆附件中导体连接接触电阻增大。

（11）交流电动机测量

① 绕组的绝缘电阻和吸收比的测量：

试验接线和操作详见绝缘电阻、吸收比的测量内容。

② 绕组的直流电阻测量：

a. 试验目的

通过对电动机绕组测量直流电阻，可以达到以下目的：

（a）检查绕组导线的焊接质量；

（b）检查绕组有无匝间短路；

（c）检查多股导线并绕的绕组有无断股；

（d）检查各线圈引出线与接线端子的连接是否紧固，有无接触松动。

b. 仪器选择

根据直流电阻的大小，可以分别选择采用单臂电桥、双臂电桥或直流电阻速测仪进行测量。如果直流电阻数值小于 10Ω，为了保证测量准确度，必须采用双臂电桥或直流电阻速测仪进行测量，不能采用单臂电桥进行测量。

c. 试验方法

（a）试验步骤

试验接线和操作步骤与采用的电桥类型有关。按照直流电阻速测仪的使用方法（根据各厂家使用说明书的规定执行）举例说明。

a）接线方法。在仪器面板上有连接试验引线的电缆插座。试验引线有四根，两根为电流线，标有 I_+ 和 I_-，另外两根是电压线，标有 U_+ 和 U_-，接到被试电阻上。

b）接好后，接入交流 220V，合上电源开关，仪器预热。

c）选择测量电流。根据被试电阻的阻值大小合理选择测试电流。

d）按下面板上"测量"健，仪器即自动进入测量状态。这时，屏幕数字显示测试电流值，待电流达到规定之后，屏幕显示测试电阻值。

e）测量结束后，仪器自动进入消弧状态，将被试品上的残余电荷放掉。消弧结束后，关机，拆除试验引线。

（b）测试结果的判断

直流电阻测试结果请经过温度换算，然后与出厂值（或上一次）测试结果进行比较，其相差不得超过规定数值，确定定子绕组是否正常。

d. 电动机定子绕组极性测量

（a）试验仪器的选择：试验所需仪表有万用表、毫伏表、电池。

（b）试验步骤：电动机三相绕组的首尾两端全部引出，试验前首先要记录下绕组的连接情况，一般绕组的首端都标有记号 U1、V2、W3，尾部标有 U2、V2、W2，然后将绕组拆开，用万用表的欧姆挡测试 U1U2、V1V2、W1W2 是否是同一个绕组的首尾两端，检查无误后，把一块毫伏表的正极性端与绕组 V1V2 的 V1 端连接，负极性端与绕组的 V2 端连接。再把绕组 U1U2 的 U2 端与电池的负极端连接好，把绕组 U1 端与电池正极端瞬时短接，如果毫伏表的指针反偏，则说明 U1 和 V2 是同名端。同样测试其他绕组，三相绕组的首尾两端确定以后，可以判断出电动机三相绕组连接的正确与否。

39.12.5.3 变压器及附属设备试验

测试前应检查变压器的外观有无不妥，如套管有无裂纹，油阀、散热器有无漏油及漏油痕迹，外壳有无损伤等。

1）绝缘电阻和吸收比试验

① 试验目的

通过绝缘电阻和吸收比试验可以及时发现电力变压器整体受潮或出现贯穿性的集中性缺陷。

② 试验方法

a. 试验接线。测量绕组连同套管的绝缘电阻试验接线分数次进行，如高压侧对地、低压侧对地、高压侧对低压侧。

b. 试验时注意事项。在对刚停运的变压器进行绝缘电阻测试时，在测量前应将变压器绕组短接接地，使其充分放电。变压器瓷套管应该擦拭干净，去除污垢，拆除引线。对于刚停运的变压器，待其上、下层油温基本一致后，在进行测量，这样才能根据上层油温进行绝缘电阻温度换算。测量时，被测绕组的引线端子应短接，非被测试的绕组引线端子均应短路接地。

c. 操作步骤和试验结果判断。绝缘电阻和吸收比测试方法操作步骤间绝缘电阻表测试绝缘电阻操作步骤。试验结果判断如下：按《电气装置安装工程 电气设备交接试验标准》GB 50150—2016 的规定执行。

d. 测量铁芯以及各紧固件的绝缘电阻：

（a）交接试验在变压器器身检查时，测量穿心螺栓、轭铁夹件及绑扎钢带对铁轭、铁芯、油箱及绕组压环的绝缘电阻。当轭铁梁及穿心螺栓一端与铁芯连接时，应将连接片断开后进行试验。

（b）铁芯必须为一点接地。

2）介质损耗角正切值测量

① 试验目的

测量变压器介质损耗角正切值（$\tan\delta$）对判断变压器整体绝缘状况十分灵敏，因此是 35kV 及以上变压器交接试验和预防性试验时必须进行的项目。另外，对于变压器的非纯磁套管能灵敏地检测其是否存在整体缺陷或局部缺陷。因此，对于非纯磁套管，$\tan\delta$ 试验是检测其有无缺陷十分关键的项目。

② 试验接线

a. 变压器整体 $\tan\delta$ 试验时的试验接线。因变压器外壳直接接地，如果用西林电桥应采用反接法，测量变压器高压绕组对地及低压绕组的 $\tan\delta$。测量应进行两次，另一次是测量变压器低压绕组对地及对高压绕组的 $\tan\delta$。在测量 $\tan\delta$ 的同时，也测得有关绕组相关之间和对地之间的电容分布。

b. 测试非纯磁套管 $\tan\delta$ 时的试验接线。在套管靠近下部法兰处有一小套管，在测试套管 $\tan\delta$ 时，将小套管的接地连片拆下，套管按正接线接入西林电桥的桥臂。套管高压出线端子与标准电容 C_n 的高压套管相连后接到试验变压器的高压出线端。套管下部的小套管引出端子则与电桥桥体的引出线 C_x 相连。

③ 试验步骤

a. 通常应在绝缘电阻等测量之后进行。

b. 按照现场被试设备的具体条件选择适宜的接线方式。

c. 试验时每个绕组的各相应短接后再进行测量接线，当有中性点时，也应与三相一起短接，以免影响测量或增大误差。

d. 检查接线是否正确，安全措施是否正确完备。

e. 合上装置电源，按照装置操作步骤操作。
f. 试验电压升到规定值。
g. 试验结束后记录试验数据。
3) 直流电阻测量
① 试验目的
通过对变压器各相绕组测量直流电阻，可以达到以下目的：
a. 检查绕组导线的焊接质量。
b. 检查绕组有无匝间短路。
c. 检查调压分接开关各个位置接触是否良好，以及分接开关实际位置与指示位置是否相符。
d. 检查多股导线并绕的绕组有无断股。
e. 检查各绕组引出线与出现套管的连接是否紧固，有无接触松动。
② 仪器选择和试验步骤
试验仪器选择和试验步骤参考电动机绕组测量直流电阻部分。
4) 极性、组别和变压器变比试验
① 试验目的
a. 检查变压器的极性和连接组别号是否符合铭牌标志规定。
b. 检查变压器变压比的误差是否在规范规定的合格范围内。
② 仪器选择
a. 首先采用变比电桥，优先选用全自动变比速测仪，在测量变压器变压比的同时也校验了极性和接线组别。
b. 干电池和万用表也可以测量极性和接线组别。
c. 三相交流电源和电压表通过测量端子之间的电位差，画相量图，判断变压器的接线组别。目前，在现场测试变压器的接线组别和变压比时一般都采用变比电桥。
③ 试验方法
a. 试验接线
采用变比电桥。采用变比电桥试验变压比和极性、组别时，只需将变压器的一、二次套管出现端子与电桥上的同名端子相连。在连接时要特别注意高压、低压不要接错。如果接反，则会出现高电压引入电桥内，不仅损坏仪器，而且危及人身安全。
b. 试验步骤（以自动变比测试仪为例）
（a）仪器接通电源，电源指示正常。
（b）将被测变压器断开电源，拆除一、二次侧所有引线后，与仪器连接。必须注意，被试变压器的高压侧和低压侧不可接反。
（c）测量操作按设备具体操作程序进行。
（d）记录测量数据。
c. 交流耐压试验
（a）试验目的
电力变压器的交流耐压试验是检验电力变压器的绝缘结构耐受过电压能力的主要手段。电气设备在运行中除了要承受正常运行时系统工作电压的作用外，有时还可能遇到各种过电压的作用，例如雷电过电压、暂时过电压和操作过电压等的作用。因此电气设备必须具备足够的绝缘裕度，以减少绝缘击穿事故的发生。电力变压器的交流耐压试验就是检验电力变压器是否具备国家标准所要求的足够的绝缘裕度，以保证安全运行。

（b）仪器选择及试验步骤

试验仪器选择和试验步骤见互感器耐压试验部分。

5）变压器油击穿电压试验

① 试验目的

变压器油的质量好坏直接影响变压器器身绕组的绝缘状况，变压器油的击穿电压是衡量变压器油被水和悬浮质污染程度的重要指标；油的击穿电压越低，变压器的整体绝缘性能越差，直接影响变压器的安全运行，是检验变压器油性能好坏的主要手段。

② 仪器设备

变压器油击穿电压试验仪器设备包括油杯和升压装置，升压装置的操作控制回路具有继电保护零秒跳闸功能。

③ 试验步骤

a. 变压器油取样。

b. 将油样注入油杯中。

c. 在测试装置上，对盛有试样的电极两端施加 50Hz 的交流电压，升压速度控制在 2～3kV/s，直到油击穿为止。油击穿，应自动跳闸。记下击穿电压值。

d. 重复试验 6 次。每次击穿后要用玻璃棒对电极间的油搅动数次，但不可触动间隙距离，并静止 5min 后方可作下一次试验。

e. 记录 6 次放电电压。若 6 次测量之中的任何一值与平均值的差超过±25%时，应重新进行试验，直到获得满意结果为止。

④ 注意事项

a. 取样瓶应贴有标签，内容包括单位、油样名称、设备名称和编号、取样日期和气候等；

b. 取样瓶先用溶剂汽油或四氟化碳进行清洗，然后用蒸馏水洗净，经烘干、冷却后塞紧瓶塞；

c. 采样前用被采集的油冲洗取样瓶 2～3 次。

39.12.5.4　低压成套设备及线路试验项目

低压电器在电气系统中是最常见、最普通，也是人们接触最多的。电气故障的发生大多是因为低压电器故障而引起的，为了保证低压系统的安全、可靠运行，为了保证杜绝触电事故和电气事故的发生，保证低压系统电气工程和产品的质量即安全性能，对低压电器的测试和试验就显得尤为重要。低压成套设备及线路试验项目和内容参见表 39-129。

低压成套设备及线路试验项目和内容　　　表 39-129

序号	高压设备及线路	试验内容
1	母线	外观检查、绝缘电阻、交流耐压

续表

序号	高压设备及线路	试验内容
2	电缆	绝缘电阻、检查线路两端的相位、交流耐压
3	二次回路	绝缘电阻
4	接触器	接触电阻、通电检查

1. 低压电器的测试方法

(1) 绝缘电阻的测量一般应用 500V 的兆欧表。应测试相与相、相与地（外壳金属部位）及开关断开状态下，上触头与下触头的绝缘电阻以及吸合线圈的绝缘电阻。

(2) 低压电器，动作情况及电压线圈动作值的校验（包括一般常用的低压继电器，如电流继电器、时间继电器、热继电器等）。

1) 接触器的试验：用绝缘导线将接触器线圈的两端接好，检查无误后，即可将单相开关合上，接触器立即吸合。检查触头接触请抗可用万用表或直流电桥，测量闭合后的动触头和静触头间的直流电阻，其组织应为零，否则说明接触不好。

再用万用表测量所有辅助触头的接触电阻，线圈通电前，常开触头应为无穷大，常闭触头为0；通电后，常开触头应为0，常闭触头为无穷大，否则说明接触不好，应调整。

将闸拉掉，接触器应立即释放，再合闸应立即吸合，否则说明有阻卡或铁心粘连，应找出阻卡的位置修复，用汽油或酒精将铁心截面擦洗干净。线圈通电后，接触应无声响或声响微小。

主触头的通电试验，主触头的连接应使用带接线端子的软铜线，其规格应按接触器的额定电流来选择。线路中所有的连接应紧密可靠，接好线并检查无误后即可通电。先合上接触器线圈的电源，使接触器主触头闭合；然后再合升流器的电源开关，缓慢调节升流器，使电流升至接触器的额定电流。随着电流的递增，仔细观察触头的情况，当达到额定电流的额定值时，停止升流。观察并用点式温度计测量温度，小于室温说明触头接触良好。

2) 电流继电器的试验：通电试验并测试触电的动作情况。测试触电的动作情况。调节升流器，使继电器动作，即可测定继电器的额定电流，并说明继电器具有过流保护的功能。

3) 热继电器的试验：热继电器应用升流器通以试验电流进行试验。热继电器的整定电流是按元件额定电流整定的。热继电器的整定是通过调节手轮实现的。热继电器通电后的试验，可按实际整定值进行，同时观察触点的变化情况，时间可用秒表测量。热继电器过载动作后，可按动复位按钮，使其复位，否则延时自然冷却后，才能重新试验。试验数据应符合《电气装置安装工程 电气设备交接试验标准》GB 50150—2016 的要求。

2. 母线及绝缘子、套管

(1) 外观检查：外观整洁光滑无裂痕，母线连接螺栓紧固，夹板及套管处母线能活动。

(2) 绝缘电阻：用 500V 兆欧表分相测量母线连同套管及绝缘子的对地及相间绝缘电阻。

(3) 交流耐压试验：分别做 A-B、C 及地，B-A、C 及地，C-A、B 及地的交流耐压。

3. 二次回路

(1) 二次回路的试验项目，应包括下列内容：

1) 测量绝缘电阻；

2) 交流耐压试验。

(2) 测量绝缘电阻，应符合下列规定：

1) 根据电压等级选择兆欧表；

2) 小母线在断开所有其他并联支路时，不应小于10MΩ；

3) 二次回路的每一支路和断路器、隔离开关的操动机构的电源回路等，均不应小于1MΩ。在比较潮湿的地区，不可小于0.5MΩ。

(3) 交流耐压试验，应符合下列规定：

1) 试验电压应为1000V。当回路绝缘电阻值在10MΩ以上时，可采用2500V兆欧表代替，试验持续时间应为1min，尚应符合产品技术文件规定；

2) 48V及以下电压等级回路可不做耐压试验。

(4) 回路中有电子元器件设备的，试验时应将插件拔出或将其两端短接。

(5) 具体试验的测试方法：

1) 成套低压设备安装完毕后，将所有的接线端子螺钉再做一次全面检查和紧固。

2) 用500V的兆欧表在端子板处测试每条回路的绝缘电阻，绝缘电阻的阻值必须大于0.5MΩ。

3) 二次回路如有晶体管、集成电路、电子元件时，该部分回路不许采用兆欧表测试，应使用万用表测试回路是否接通。

4) 接通临时的控制电源和操作电源，将低压柜内的控制、操作电源回路熔断器上端的相线摘掉，接上临时电源。

5) 按照图纸要求，分别模拟试验控制、连锁、操作、继电保护和信号动作模拟试验动作应准确无误，灵敏可靠。如发现试验存在故障，应仔细查找问题原因，排除故障，直至试验无误为止。

6) 拆除临时电源，复位拆下的电源相线。

4. 低压线路的试验

低压等级配电装置和馈电线路的试验项目，应包括以下内容：

1) 测量绝缘电阻；2) 动力配电装置的交流耐压试验；3) 相位检查。

操作及要求应按《电气装置安装工程 电气设备交接试验标准》GB 50150—2016中的电力电缆、1kV及以下的馈电线路中的要求进行试验。

5. UPS电源柜及蓄电池组的试验

UPS电源柜及蓄电池组的充放电指标应符合产品技术条件及国家相关规范的规定。电池组母线对地绝缘电阻应符合以下要求：110V蓄电池不小于0.1MΩ，220V蓄电池不小于0.2MΩ，UPS的输入端、输出端对地间绝缘电阻值不应小于2MΩ，UPS及EPS连线及出线的线间、线对地间绝缘不应小于0.5MΩ。

6. 漏电电流的测量

在建筑电气工程中，为保证用电安全，一般规定电气动力和照明回路中带有漏电保护装置的均要进行漏电开关模拟试验。漏电保护装置的电流试验采用漏电开关检测仪，一般目前市面常见的是数字式漏电开关检测仪,仪器的使用方法严格按照仪表使用说明书进行。试验所测数值,应符合现行国家标准《民用建筑电气设计标准》GB 51348 的要求。试验时应会同工程的业主、监理共同进行,并做好记录。

7. 大容量电气线路接点的温度测量

大容量线路接点是指电流在 630A 及以上的导线、母线连接处。在建筑电气工程中,一般大容量线路接点大多位于建筑配电室(所)的成套低压配电柜出线母排或接线端子处,所以常常把此项试验纳入高低压配电室(所)的试验内容里。大容量电气线路接点的温度测量一般采用远红外测温仪测试,测量方法是将仪器的红外线测点对准需要测量的大容量线路接点处,稳定读数后,仪表显示的数值即为接点的温度。连接点的测温数据的温升值应稳定且不大于设计的要求值。如果设计未提供温升值,应参照的依据为:导线应符合现行国家标准《额定电压 450/750V 及以下聚氯乙烯绝缘电缆》GB/T 5023 生产标准的设计温度;电缆应符合《电力工程电缆设计标准》GB 50217—2018 中附录 A 的设计温度。测试时,应会同工程业主、监理共同进行,并做好记录。

39.12.6　建筑电气系统调试工作内容

39.12.6.1　建筑电气系统调试基本内容和过程划分

1. 电气调试工作的基本内容

对全部电气设备(一次设备及二次回路)在安装过程中及安装结束后的调整试验,按照生产工艺的要求对电气设备进行空载和带负荷的调整试验。其目的是为了保证投入运行的设备在适应设计要求的同时,还要适应国家有关电力法规的规定,以确保设备可靠、安全地运行。

2. 建筑电气系统调试过程划分

建筑电气工程调试的全过程可分为以下三个阶段:

(1) 单体调试

单体调试是电气调试的首要阶段,是指电气设备及元件的本体试验和调整。如变电器、电动机、开关装置、继电器、仪表、电缆、绝缘子等元件的本体绝缘、耐压和特性等试验和调校。

(2) 分系统调试

单体调试合格后,可以进行分系统调试,是指可以独立运行的一个小电气系统的调试。如一台变压器的分系统调试包括该系统中的一次开关装置、变压器和二次开关装置等主回路调试以及它的控制保护回路的系统调试。

(3) 整体调试

各分系统调试全部完成合格后,可以进行整体调试,是指整个电气设备系统的整体启动运行调试。如一个变压所的整体调试,一条送电线路的整体调试等。

39.12.6.2　高低压变配电所(室)的调试

高低压变配电所(室)的调试应由有资质的试验调试单位进行,试验标准应符合国家规范,当地供电部门的规定及产品技术资料的要求。

1. 调试前的检查

一般应首先对整个站二次综自系统设备进行全面了解。包括综自装置的安装方式、控制保护屏、公用屏、电度表屏、交流屏、直流屏的数量和主要功能；了解一次主接线，各间隔实际位置及运行状态；进行二次设备外观检查，主要有装置外观是否损坏，屏内元件是否完好，接线有无折断、脱落等；检查各屏电源接法是否准确无误，无误后对装置逐一上电，注意观察装置反应是否正确，然后根据软件组态查看、设置装置地址；连好各设备之间通信线，调试至所有装置通信正常，在后台机可观察装置上述数据。

2. 调试阶段

这个阶段包括一次、二次系统的电缆连接、保护、监控等功能的全面校验和调试。首先检查调试一次、二次系统的电缆连接，主要有以下内容。

（1）开关控制回路的调试。

（2）断路器本身信号和操动机构信号在后台机上的反映。

开关操作回路的控制开关在无短路、无接地的情况下投入；开关在操作前确认开关位置。

开关操作回路检查：开关分合，检查开关是否正常；开关辅助接点是否正常；检查保护装置的防跳是否与开关的跳合线圈匹配；检查各转换开关，指示信号的正确性；检查电气五防的正确性。

（3）主变压器本体信号的检查：

变压器本体保护及告警信号（瓦斯继电器、气体继电器、油位异常、油温高等）在后台机上的反应是否正常。

（4）二次交流部分的检查：

电压回路要保证电压相位、相序、组别正确，电压回路不短路；电流回路互感器组别、变比、极性正确，电流回路不开路。

电压回路试验：在二次加模拟电压，校验采集电压位置电压、相序的正确性。

电流回路试验：校验CT极性的正确性；检查各绕组接地是否符合要求；模拟一次电流试验。

（5）保护测控装置调试：

检查保护装置的精度，带方向的保护要注意极性的检查，保护逻辑功能完整性。

保护装置调试：馈线保护、母联保护、电容保护、变压器保护，不同的保护装置其闭锁条件、逻辑均有所不同，调试时要根据装置说明进行，确保每个保护动作的正确性。

保护带开关传动试验：保护带开关跳、合闸校验保护装置跳、合闸回路正确性。

保护开出回路试验：保护动作时有很多作为闭锁、启动、联跳等作用的接点输出正确。

保护开入回路试验：外部回路开入量接点动作时，保护装置应动作正常。

遥信输入检查：短接开关量输入端子，核对开关量名称与装置显示开关量名称是否一致。

遥控接点检查：在后台装置模拟遥控信号，用万用表测量各输出接点是否正确。

（6）电气连锁回路检查：

电气连锁要符合设计要求，确认电气连锁的合理性、正确性。

电气连锁回路检查：检查电气闭锁功能是否符合规程规范及设计的相关要求；电气闭锁操作对象是否闭锁正确。

(7) 后台联调。

数据采集和处理功能：在监控元件各模拟量通道分别按规范加量，后台显示应正确，同时加入电压和电流，检查电压、电流相角是否正确，功率及功率因数显示是否正确。

控制与操作功能调试：模拟遥控功能，后台控制的设备编号与现场实际的设备相对应。

3. 试运行阶段

试运行阶段要详细观察系统的运行状态，以便及时发现存在的隐患。一般包括以下内容：

(1) 差动保护极性校验。

(2) 带方向保护的方向校验。

(3) 后台机的显示调试。

4. 调试收尾阶段

试运行结束后，针对试运行期间反映出的问题进行消项处理。最后，做好计算机监控软件的数据备份和变电所资料的整理交接。

39.12.6.3 低压配电系统的调试

在一般建筑电气工程中，低压配电系统的调试是指供电末端的动力、照明配电设备以及供电线路的调试。对于大型的建筑工程或者有重要政治、经济、社会影响的工程中，低压配电系统的调试除上述调试外，还包括：动力、照明配电设备的调试，柴油发电机组的调试，备用不间断电源（UPS）的调试等。

以下主要讲述动力、照明配电设备的调试：

动力、照明配电设备的调试是指供电末端的动力、照明配电柜、箱、盘的调试，也包括供电线路中间的层配电间（分配电室）配电柜、箱、盘的调试。

(1) 调试工艺流程

进出线路的接线检查→进出线路的绝缘摇测→柜、箱、盘内配线检查→柜、箱、盘内校验调整→柜、箱、盘通电试运行。

(2) 调试技术要求

1) 进出线的线路绝缘电阻摇测合格，各压接端子固定牢固，柜、箱内的进出线排列整齐、顺畅，与箱、柜接触处无应力影响。

2) 柜、箱、盘内的二次线路排列整齐，线路标记（线号）清晰齐全，绝缘摇测满足要求。

3) 柜箱盘内的继电保护器件、逻辑控制单元、互感器、电压电流表、指示灯、漏电保护器等应单独进行校验调整合格。

4) 各项检查无误后方可进行通电试运行，通电后，应检查各元器件的电压、电流、温度等指标，一般应空载运行 24h 视为合格。

5) 设备的送电、断电必须按照程序由专人执行，以防止误操作造成安全事故。

(3) 照明设备送电及试运

送电时先合总闸，在合分闸，最后合支路开关；试灯时先试支路负载，再试分路，最后试总回路；使用熔丝做保护的开关，其熔丝应按负载额定电流的 1.1 倍选择；送电前应将总闸、分闸、支路开关全都断掉。

1) 将总闸合上,用万用表测量总开关下闸口及各分路开关上闸口的电压,相电压为220V,线电压为380V,同时观察总电能表是否转动,如转动,则电能表接线有误或分路开关没断开或接线有误,使负载直接接入系统。

2) 将第一分路开关合上,观察分电能表是否转动,且下闸口及分路开关上闸口的电压应正常。

将第一分路的第一支路的第一只(组)灯的开关闭合,应亮且发光正常,这时该支路的电能表应正转,其他表应停止;然后将开关断开,灯应熄灭,电能表停转。

用同样的方法将第一支路所有的灯都一一试过,应正常。试灯过程中如有短路跳闸或熔丝熔断、不亮、发生不正常等,及时在该灯的回路上查找,且能将故障范围缩小,便于处理。

将第一支路所有灯的开关闭合,应正常,用万用表测试所有插座的电压应与设计相符,220V或380V;用试电笔测试左零右相是否正确;如果单相电动机设备,应闭合其开关,使其运转,用钳形表测试电流应正常,调速开关转速时调速正常。当第一支路所有的负载都投入运行时,应测量其回路的总电流。全负载运行结束后将所有的开关断掉。再把第二支路及其所有支路按上述方式试验,应正常。

3) 用上述方法把第二分路及其他分路试完,应正常。

4) 将总开关、各分路开关、支路开关及其他开关都按顺序一一合上,应正常。测试总开关三相电流应近似平衡,观察电能表运转情况,用点温计测试开关的主触头有无发热现象。然后把所有开关按合闸相反的顺序一一断开,把所有的接线端子再紧一次。最后再将所有的开关按顺序合上,试运行8h,应正常。

39.12.6.4 负荷端电气设备的调试

负荷端电气设备的调试泛指一切采用电能作为能源的各类用电负荷设备的调试。在建筑电气工程中,最常见的用电负荷设备是电动机、电动执行机构和电加热器,该部分调试的内容具体包括控制箱、柜的调试,电动机的空载试运转调试,电动执行机构的通电试运行,电加热器的通电试运行。

1. 调试工艺流程

控制箱、柜进出线的检查及绝缘测试→控制箱、柜内二次回路检查及绝缘测试→控制箱、柜内部元器件的校验与调整→电动机、执行机构、电加热器的通电检查→设备试运行。

2. 调试技术要求

(1) 控制箱、柜的进出线路绝缘电阻摇测合格,各压接端子固定牢固,柜、箱内的进出线排列整齐、顺畅,与箱、柜接触处无应力影响。

(2) 柜、箱、盘内的二次线路排列整齐,线路标记(线号)清晰齐全,绝缘摇测满足要求。

(3) 箱内的断路器、接触器、继电器、软启动器、自耦变压器、变频器等电器元件应单独进行校验和调整合格。

(4) 电动机按规范试验项目试验合格,外表无损伤,盘动转子应轻快无卡阻,并无异常声响;电动执行机构本体完整无损伤;电加热器的电阻丝无断路和短路现象。

(5) 各项检查无误后可对电动机、执行机构及电加热器等设备进行通电调试。通电后,电动机应检查转向是否正常,如转向不正确,调整任意两相的相序压接;执行机构的指示标尺应有动作,且动作顺畅无卡阻,输出端有信号输出;电加热器无异常,升温稳定。

(6) 通电检查全部合格后,可以进行试运行。电动机能够空载运行的尽量空载运行,无法空载可带载联动。试运行时间在产品说明书中有要求的按要求时间,无时间要求的一般为 2h。测量运行的各项参数并做好记录。

3. 几种常见电动机启动调试

电动机的启动方式与电动机本身的容量、电源端变压器的容量以及所带负荷的性质、要求都有关系。可以直接启动的电动机的容量主要取决于电源端变压器的容量,可以根据设计要求或规范要求计算得出。对于建筑电气工程来说,如没有设计要求,一般常见容量在 10kW 以下的电动机可以直接启动,10kW 及以上的电动机需要降压启动。降压启动的目的主要是为了减少因电动机的启动电流过大造成对电网的冲击。常见的降压启动方式有 3 种,分别是:星—角启动、软启动器启动、变频器启动(变频器一般不是专门作为启动器使用,而为了节能或系统控制的需要,但它具有降压启动的功能)。

(1) 星—角启动方式的调试

星—角启动方式是建筑电气工程最常见的一种减压启动方式,它是通过接触器的开、闭,改变电动机绕星形组的接法和三角形接法来起到减压启动的目的。原理如图 39-224 所示。

星—角启动是利用图中的三个接触器 KM_1、KM_2、KM_3 的打开、闭合来改变电动机的星形和三角形接法。当电机启动时,KM_1、KM_3 首先闭合,此时电动机为星形接法,电动机每个绕组的电压是线电压的 $1/\sqrt{3}$,此时电动机为星形降压启动状态,经过延时继电器的延时,打开 KM_3 的主触点,然后闭合 KM_2 的主触点,此时电动机为三角形接法,电动机每个绕组的电压都是线电压,此时电动机为正常运行状态。

由此可见星—角减压启动的调试实际就是调试以接触器为主的二次回路。其调试的主要内容为:二次原理线路的接线检查试验、接触器的检查、接触器的动作试验、时间继电器的整定。

1) 二次原理线路的接线检查试验

对照二次原理图检查二次接线的元器件是否正确、安装是否牢固,各接线端子压接是否牢固、线号是否清晰完整。然后测量二次线路的绝缘电阻,测量值应满足规范规定。

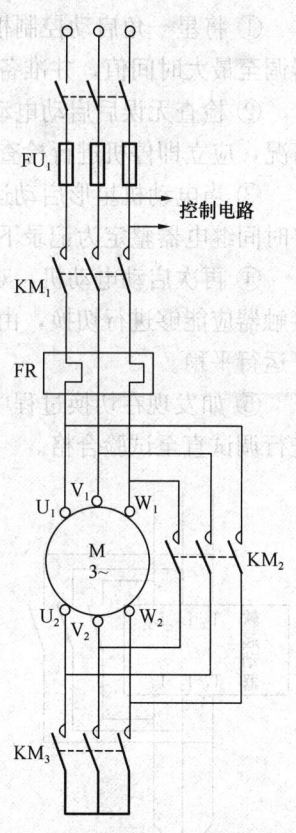

图 39-224 星—角主接线图

2) 接触器的检查

① 接触器的各部件应完整,衔铁等可动部件应动作灵活,不得有卡阻或闭合时存在迟滞现象。

② 接触器开放或断电后,可动部分应完全回到原位,当动触点与静触点、可动铁芯与静铁芯相互接触(闭合)时,应相互吻合,不得偏斜。

③ 铁芯与衔铁的接触面应平整清洁,当接触面涂有防锈黄油时,应清理干净。

④ 接触器在分闸时,动、静触点间的空气距离,以及合闸时动触头的压力,触头压缩弹簧的压缩度和压缩后的剩余间隙,均应符合产品技术说明或国家规范的规定。

⑤ 采用万用表或电桥测量接触器线圈的电阻应与其铭牌上的电阻值相符。用绝缘兆欧表测量线圈及接点等导电部分对地之间的电阻应良好。

3)接触器的动作试验

① 接触器线圈两端接上可调电源,调升电压直到衔铁完全吸合时,所测的电压为接触器的吸合电压。其值一般不应低于85%的线圈额定电压,最好不要高于该相数值。

② 将可调电源的电压调降直到衔铁能完全释放,此时的电压为接触器的释放电压,一般接触器的释放电压约为线圈额定电压的35%及以下,最好不超过35%。

③ 调升调试电源电压直至线圈额定电压,测量线圈的电流,计算线圈在正常工作时所需的功率,并与铭牌数据比较,应相差不大。

④ 观察衔铁的吸合情况,此时不应产生强烈的振动和噪声。

4)时间继电器的整定

① 将星—角启动控制柜与电动机连线接好,并使电动机处于额定负荷,将时间继电器调至最大时间值,并准备好秒表备用。

② 检查无误后启动电动机,并同时按下秒表,观察电动机的启动状态,如发现异常情况,应立即停机进行检查,并排除故障。

③ 当电动机星形启动运行刚好到达平稳时,此时按下秒表,记录下时间,然后停机将时间继电器整定为记录下的时间值。

④ 再次启动电动机,观察启动情况,在到达时间继电器的整定值时,此时控制箱的接触器应能够进行切换,由星形接法改为三角形接法,此时电动机的转速将进一步增加直至运行平稳。

⑤ 如发现在切换过程中出现异常或无法实现切换,应立即停机检查,排除故障后再进行调试直至试验合格。

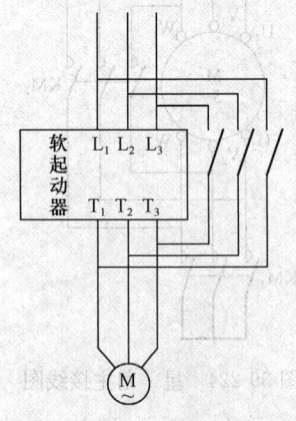

图 39-225 软启动器主接线

(2)软启动器启动的调试

电动机软启动器启动方式是对于启动要求比较高方式,机主接线回路中串入软启动器起到平稳启动电动机的目的。其原理接线如图 39-225 所示。

启动器的调试要先了解生产工艺传动控制系统的设计原理、性能参数和各种指标,掌握系统中各个元器件及控制单元的性能。同时,要控制定的调试计划进行调试。

1)软启动器的调试和测试

① 通电检查和参数预置

先进行通电前的一般性检查,之后再做通风后检查。然后做参数预置。

a. 通电后的检查要检查输入电压正确与否、三相是否平衡;变压器、电抗器是否有异常的响声或怪味;冷却风扇通风有无异常声音或异常振动,进排气口有无堵塞;装置内部电器元件动作时,不可造成同一装置内或相邻装置内电器元件的误动作。

b. 参数预置。新的软启动器在通电时,输出端先不接电动机,进行各种功能检查和参数设置。一是熟悉软启动器的各功能,了解键盘上的各键功能,进行试操作,并观察显示的变化状况。二是把外接输入的控制线接好,再逐项检查各个外接控制功能的执行状况。三是按说明书的操作,观察软启动器的工作状况是否正常。四是进行参数初步设置,根据功能参数设置的方法和步骤在产品说明书中的介绍进行设置(电动机额定电流、选择控制方式、负载状况),注意容易观察的项目检查软启动器的执行状况是否与设置符合。

② 空载试验

将软启动器的输出端接上电动机,电动机尽量与负载机械脱开,进行通电试验,这是为了观察软启动配上电动机后的工作状况,并校正电动机的旋转方向。试验按步骤进行:合上电源,先设置较小的电动电压,启动电机,确认电机旋转方向是否正确,若方向相反,要立即纠正;观察和校准软启动器的电流测量和显示值;选择控制方式,设置相关参数,启动电动机使其运行一段时间;判断机组的运行是否正常,并采取措施;若正常再进行重复试验。

软启动器参数的设定会影响软启动器的功能,所以要根据实际应用环境去调试,注意事项:

(a) 大多数软启动器可调初始电压,由于初始电压决定初始转矩,根据负载转矩设定初始电压,设置太小,无法启动或启动时间过长;设置太高,启动造成机械冲击,且启动电流过大;空载启动,设置起始电压为10%~15%额定电压,可设置起始电压为额定电压的40%~70%。

(b) 启动时间及停车时间设置:启动时间设置根据具体设备情况设定。

(c) 其他参数设置:有的软启动器可设置启动力矩曲线,用调节电压方式,使转矩按规定的力矩曲线启动及停车;有的软启动器有起动电流限流的设置,调整电流为10%~50%额定起动电流。

(3) 变频器的调试

1) 调试前的准备

① 掌握和熟悉变频器面板操作键和操作使用说明书

变频器都有操作面板,品牌不同,功能大同小异。变频器操作面板由四位 LED 数码管监视器、发光二极管指示灯、操作按键组成。在开始调试前,现场人员首先要结合操作手册,掌握和熟悉变频器操作面板各功能键的作用。

② 通电前检查

变频器调试前首先要认真阅读产品技术手册。

a. 对照技术手册,检查它的输入、输出端是否符合技术手册要求;

b. 检查接线是否正确和紧固,绝对不能接错与互相接反;

c. 屏蔽线的屏蔽部分是否按照技术手册规定正确连接。

③ 通电检查与调试

变频器在断电检查无误的基础上,确立变频器通电检查和调试的内容、步骤。应采取的基本步骤有:

a. 带电源空载测试;

b. 带电机空载运行；

c. 带负载试运行；

d. 与上位机联机统调等。

2）带电源空载通电

① 将变频器的接地端子接地；

② 将变频器的电源输入端经过漏电保护开关接到电源上；

③ 检查变频器显示是否正常；

④ 熟悉变频器的操作。

3）接通电源空载试运行

首先将电机电源线自变频器下口拆卸开，然后在主开关合闸接入三相交流电源后，设置电机的参数（功率、电流等）；设置变频器的最大输出频率、转矩等；根据负载的性质选择合适的 V/f 曲线；选择键盘操作模式，观察电机是否能正常启停。

4）带负载试运行

① 设置电机的极数、额定功率、额定转速、额定电流，要综合考虑变频器的工作电流。

② 选择参数自整定功能的执行方式：

a. 静止参数自整定，在电机不能脱开负载的情况下进行参数自整定；

b. 旋转参数自整定，在电机可脱开负载的情况下进行参数自整定。

注：启动参数自整定时，请确保电机处于静止状态，自整定过程中若出现过流过压故障，可适当延长加减速时间。

③ 设定变频器的上限输出频率、下限输出频率、基频、设置转矩特性。

④ 将变频器设置为自带的键盘操作模式，按手动键、运行键、停止键，观察电机是否反转，是否能正常地启动、停止。

⑤ 熟悉变频器发生故障时的保护代码，观察热保护继电器的出厂值，观察过载保护的设定值，需要时可以进行修改。

5）系统调试

① 手动操作变频器面板的运行、停止键，观察电机运行、停止过程以及变频器的显示窗口，看是否有异常现象。如果有应相应的改变预定参数后再运行。

② 如果启动、停止电机过程中变频器出现过流保护动作，应重新设定加速、减速时间。电机在加、减速时的加速度取决于加速转矩，而变频器在启、制动过程中的频率变化率是用户设定的。若电机转动惯量或电机负载变化，按预先设定的频率变化率升速或减速时，有可能出现加速转矩不够，从而造成电机失速，即电机转速与变频器输出频率不协调，从而造成过电流或过电压。因此，需要根据电机转动惯量和负载合理设定加、减速时间，使变频器的频率变化率能与电机转速变化率相协调。

检查此项设定是否合理的方法是先按经验选定加、减速时间进行设定，若在启动过程中出现过流，则可适当延长加速时间；若在制动过程中出现过流，则适当延长减速时间。另一方面，加、减速时间不宜设定太长，时间太长将影响生产效率，特别是频繁启动、制动的场合。

③ 如果变频器在限定的时间内仍然保护，应改变启动/停止的运行曲线，从直线改为

S形、U形线或反S形、反U形线。电机负载惯性较大时,应该采用更长的启动停止时间,并且根据其负载特性设置运行曲线类型。

④ 如果变频器仍然存在运行故障,应尝试增大电流限定的保护值,但是不能取消保护,应留有至少5%、10%的保护余量,此功能对速度或负载急剧变化的场合尤其适用。

⑤ 如果变频器带动电机在启动过程中达不到预设速度,可能有两种情况:

a. 系统发生机电共振,可以从电机运转的声音进行判断。采用设置频率跳跃值的方法,可以避开共振点。一般变频器能设定三级跳跃点。V/f控制的变频器驱动异步电机时,在某些频率段,电机的电流、转速会发生振荡,严重时系统无法运行,甚至在加速过程中出现过电流保护使得电机不能正常启动,在电机轻载或转动惯量较小时更为严重。普通变频器均备有频率跨跳功能,用户可以根据系统出现振荡的频率点,在V/f曲线上设置跨跳点及跨跳宽度。当电机加速时可以自动跳过这些频率段,保证系统能够正常运行。

b. 电机的转矩输出能力不够,不同品牌的变频器出厂参数设置不同,在相同的条件下,带载能力不同,也可能因变频器控制方法不同,造成电机的带载能力不同;或因系统的输出效率不同,造成带载能力会有所差异。对于这种情况,可以增大转矩提升值。如果达不到,可用手动转矩提升功能,不要设定过大,电机这时的温升会增加。如果仍然不行,应改用新的控制方法,比如采用V/f比值恒定的方法,启动达不到要求时,改用无速度传感器矢量控制方法,它具有更大的转矩输出能力。对于风机和泵类负载,应减少转矩的曲线值。

6) 变频器与上位机进行系统调试

在自动化系统中,变频器与上位机串行通信的应用越来越广泛,通过与远程控制系统的连接,可以实现:

① 变频器控制参数的调整;

② 变频器的控制及监控;

③ 变频器的故障管理及其故障后重新启动。

因而,许多用户在选择变频器时,对变频器的通信功能提出了更多严格的要求,需要变频器与上位机控制系统、PLC控制器、文本显示器人机界面和触摸屏人机界面等设备实现快速准确的数据交换,以保证控制系统功能的完整。

7) 进行系统调试的注意事项

① 在手动的基本设定完成后,如果系统中有上位机,将变频器的控制线直接与上位机控制线相连,要考虑并将变频器的操作模式改为上位机运行命令给定。根据上位机系统的需要,调定变频器接收频率信号端子的量程4～20mA或0～10V,以及变频器对模拟频率信号采样的响应速度。如果需要另外的监视表头,应选择模拟输出的监视量,并调整变频器输出监视量端子的量程。

② 变频器与上位机联机调试时可能会遇到的问题:

a. 上位机给出控制信号后,变频器不执行或不接收指令;

b. 上位机给出控制信号后,变频器能执行指令但有误差或不精确。

原因:有的上位机(如PLC)一般输出的是24V的直流信号,而变频器的主控板端子只接收无源信号,如果直接从PLC端子放线到变频器的主控板端子,变频器是不会有动作的,这时应考虑外加24V直流继电器,输出一个开关信号到变频器的主控板端子,同时也能提高抗干扰能力。同时检查变频器的支持协议与接口方式是否正确。

c. 以上是变频器—交流电动机 V/f 控制模式的基本调试过程。系统能否安全可靠运行，变频器及带载的整个安装调试过程十分重要。这里要特别提醒的是，首先要认真阅读产品技术手册，对照手册——检查变频器的结构，掌握其特点，然后按以上建议的步骤，分步调试。

39.12.7 电气安全技术

39.12.7.1 试验有关的安全规定

由于电气调试工作大多在带电的情况下进行，因此，安全工作显得格外重要，它包括人身安全和设备安全两个方面。在实际的调试工作中，必须满足以下要求：

(1) 电气调试人员应定期学习《电业安全工作规程 第1部分：热力和机械》GB 26164.1，并考试合格。

(2) 在现场每周应进行一次安全活动。

(3) 电气调试人员要学会急救触电人员的方法，并能进行实际操作。

(4) 现场工作要认真执行工作票制度。

(5) 高压试验工作不得少于两人。试验前试验负责人应对全体试验人员详细布置试验中的安全注意事项。

(6) 工作任务不明确、试验设备地点或周围环境不熟悉、试验项目和标准不清楚以及人员分工不明确的，都不得开展工作。

(7) 调试人员使用的电工工具必须绝缘良好，金属裸露部分应尽可能短小，以免碰触接地或短路。

(8) 任何电气设备、回路和装置，未经检查试验不得送电投运，第一次送电时，电气安装和机务人员要一起参加。

(9) 与调试工作有关的设备、盘屏、线路等，应挂上警告指示牌，如"有电""有人工作、禁止合闸""高压危险"等。

(10) 试验导线应绝缘良好，容量足够；试验电源不允许直接接在大容量母线上，并且要判明电压数值和相别。

(11) 在已运行或已移交的电气设备区域内调试时，必须遵守运行单位的要求和规定，严防走错间隔或触及运行设备。

(12) 试验设备的容量、仪表的量程必须在试验开始前考虑合适；仪表的转换开关、插头和调压器及滑杆电阻的转动方向，必须判明且正确无误。

(13) 进行高压试验时，试验人员必须分工明确，听从指挥，试验期间要有专人监护。

(14) 试验前，电源开关应断开，调压器置零位；试验过程中发生了问题或试验结束后，应立即将调压器退回零位，并拉开电源开关；若试验过程中发生了问题，须待问题查清后，方可继续进行试验。

(15) 各种试验设备的接地必须完善，接地线的容量应足够；试验人员应有良好的绝缘保安措施，以防触电。

(16) 高压试验结束后，应对设备进行放电，对电容量较大的设备如电力电缆等，更需进行较长时间的放电，放电时先经放电电阻，然后再直接接地。

(17) 高压试验和较复杂回路的试验，接好线路后，应先经工作负责人复查，无误后方可进行试验，并应在接入被试物之前先进行一次空试。

(18) 进行耐压试验时，必须从零开始均匀升压，禁止带电冲击或升压。

(19) 进行调整试验时，被试物必须与其他设备隔开且保持一定的安全距离，或用绝缘物进行隔离；装设栅栏或悬挂警告牌时，应设专人看守。

(20) 在电流互感器二次回路上带电工作时，应严防开路，短路时应用专用的短路端子或短路片，且必须绝对可靠；在电压互感器二次回路上带电工作时，应严防短路，电压二次回路须确证无短路故障时，才允许接入电压互感器二次侧。

39.12.7.2 试验工作中的安全注意事项

(1) 试验工作必须执行工作票制度。签发工作票必须符合现场实际情况。工作票上所列安全措施应能保证试验人员的工作安全。

(2) 试验工作开始前，变电所当班负责人和试验班组负责人必须共同检查试验现场所采取的安全措施是否完备，是否与工作票上所要求的相符。

(3) 开始试验前，试验工作负责人必须向班组人员详细交代安全措施、带电部位、工作进行中应注意的事项。在试验工作开始后，工作负责人必须对班组人员的安全进行监护。

(4) 试验工作由工作负责人统一指挥，没有工作负责人的命令，绝对禁止擅自合上试验电源开关。

(5) 在进行高压试验时，要防止试验人员本身和其他人员因误碰试验电压而受到触电伤害。为此应注意如下事项：

1) 被试电缆的两侧终端头与周围的其他物体应保持足够的安全距离。并且要设专人看守，防止局外人员靠近误碰造成触电。

2) 耐压试验现场应设置安全围栏，挂上警告牌，并随时做好监视，防止人员误入高压试验现场。

3) 在耐压试验时，禁止其他人员在被试设备旁工作或逗留。

(6) 在进行对被试高压设备连接试验引线的操作时，被试设备可能来电的各侧必须有明显断开点，并保证与带电设备之间有足够的安全距离。

39.12.8 质量验收移交与资料整理

39.12.8.1 质量验收移交

1. 主要控制项目

电气设备试验项目应符合《电气装置安装工程 电气设备交接试验标准》GB 50150—2016；设备试运行前，相关电气设备和线路应按《建筑电气工程施工质量验收规范》GB 50303—2015 的规定试验合格。

(1) 电气装置的绝缘电阻应符合要求；

(2) 动力配电装置的交流工频耐压试验应符合要求；

(3) 配电装置内不同电源的馈线间或馈线两侧的相位应一致；

(4) 各类开关和控制保护动作正确；

(5) 各设备单体试验检测合格。

2. 一般控制项目

(1) 高低压变配电所内的设备试验运行应符合相关规范和当地供电部门的要求。

(2) 各低压电气动力装置、设备的运行试验应符合要求，其试验要求见表 39-130 所示。

低压电气动力装置、设备运行试验内容和标准　　　　表 39-130

序号	运行试验项目	试验内容	试验标准或条件
1	成套配电（控制）柜、箱、台	运行电压、电流，各种仪表指示	检测有关仪表的指示，并做记录，对照电气设备的铭牌标示值是否有超标，以判断试运行的设备是否正常
2	电动机的空载试运行	检查转向和机械转动	应无异常情况。转向符合要求，换向器、集电环及电刷工作正常
		空载电流	第一次启动宜在空载状态下进行，空载运行时间不超过 2h，并做好记录
		机身和轴承的温升	检查温升不超过产品技术条件的规定，一般滑动轴承不超过 80℃，滚动轴承不超过 95℃
		声响和异味	应无异声无异味。声音均匀，无撞击声或噪声过大；无焦糊味
		可启动次数及间隔时间	应符合产品技术条件的要求；如无要求时，连续第一、二次启动的间隔不小于 5min，第三次启动应在电动机冷却至常温时进行
		有关数据的记录	应记录电流、电压、温度、运行时间等数据
3	主回路导体连接质量的检查	大容量导线或母线连接处的温度抽测	在设计的计算负荷下，应做温度抽测记录，温升值稳定且不大于设计值
4	电动执行机构的检查	动作方向和指示	在手动或点动时确认与工艺装置要求一致；联动试运行时，仍需进行检查

39.12.8.2 资料整理

质量验收资料的整理如下：

(1) 电气接地电阻测试记录。

(2) 电气绝缘电阻测试记录。

(3) 高压柜及系统试验记录。

(4) 漏电开关模拟试验记录。

(5) 大容量电气线路接点测温记录。

(6) 电度表检定记录。

(7) 交接检查记录。

(8) 电气设备空载试运行记录。

参 考 文 献

[1] 建筑施工手册(第五版)编委会.建筑施工手册[M].5版.北京:中国建筑工业出版社.2012.
[2] 马荣全.建筑电气工程施工技术标准[M].北京:中国建筑工业出版社.2017.
[3] 张太清,梁波.建筑电气工程施工工艺[M].北京:中国建筑工业出版社.2018.
[4] 国家能源局电力业务资质管理中心.电工进网作业许可考试参考教材[M].杭州:浙江人民出版社.2012.
[5] 戴瑜兴,黄铁兵,梁志超.民用建筑电气设计手册[M].2版.北京:中国建筑工业出版社.2007.
[6] 计鹏.工业电气安装工程实用技术手册[M].北京:中国电力出版社,2004.
[7] 唐海.建筑电气设计与施工[M].北京:中国建筑工业出版社,2000.
[8] 朱成.建筑电气工程施工质量验收规范应用图解[M].北京:机械工业出版社,2009.
[9] 白玉岷.电气工程安装及调试技术手册[M].北京:机械工业出版社,2009.
[10] 吕光大.建筑电气安装工程图集[M].北京:中国电力出版社,1994.
[11] 刘劲辉,刘劲松.建筑电气分项工程施工工艺标准手册[M].北京:中国建筑工业出版社,2003.
[12] 北京照明学会照明设计专业委员会照明设计手册[M].北京:中国电力出版社,2016.
[13] 中国建筑标准设计研究院.柴油发电机组设计与安装 15D202-2[M].北京:中国计划出版社.2015.
[14] 中国建筑标准设计研究院.UPS与EPS电源装置的设计与安装 15D202-3[M].北京:中国计划出版社.2015.
[15] 卢晓华,谭荣伟.建筑电气技术细节与要点[M].北京:化学工业出版社.2011.
[16] 胡笳,韩兵.安装工程施工技术交底手册[M].北京:中国建筑工业出版社.2013.

40 智能建筑工程

40.1 智能建筑工程总体概述

40.1.1 智能建筑工程的定义

使用电子信息技术，为现代建筑提供高度的自动控制功能、提供方便有效地现代通信与信息服务，使建筑物成为高效率运营并具有高度综合管理功能的大楼所需的工程建设项目集合。

工程项目以建筑物为平台，包含信息设施系统、信息化应用系统、建筑设备管理系统、公共安全系统等，集结构、系统、服务、管理及其优化集成为一体，向人们提供安全、高效、便捷、节能、环保、健康的建筑环境。

工程项目按建筑特性，可分为两大类，一类是以公共建筑为主的智能建筑项目，如写字楼、综合楼、宾馆、饭店、医院、机场航站、城市轨道交通车站、体育场馆和电视台等；一类是住宅智能化小区项目。

工程项目按实现功能，主要分为：智能化集成系统项目、智能化系统项目、机房工程项目。

智能化集成系统——通过统一的信息平台实现集成，以形成具有信息汇集、资源共享及优化管理等综合功能的系统。其系统集成内容包括：建筑设备管理系统、火灾自动报警系统、公共安全系统（含安全防范综合管理系统、入侵报警系统、视频安防监控系统、出入口控制系统、电子巡查管理系统、停车场（库）管理系统）、信息设施系统（含信息网络系统、公共广播系统、会议系统、信息导引及发布系统）、信息化应用系统等。其中：

（1）建筑设备管理系统一般包括：空调系统、给水排水系统、照明系统、电力监控系统、电梯检测系统等。

（2）信息设施系统一般包括：通信接入系统、电话交换系统、信息网络系统、综合布线系统、室内移动通信覆盖系统、卫星通信系统、有线电视及卫星电视接收系统、广播系统、会议系统、信息导引及发布系统、时钟系统、其他相关的信息通信系统。

（3）信息化应用系统一般包括：办公工作业务系统、物业运营管理系统、公共服务管理系统、公共信息服务系统、智能卡应用系统、信息网络安全管理系统、其他业务功能所需求的应用系统等。

（4）公共安全系统一般包括：火灾自动报警系统、安全技术防范系统、安全防范综合管理系统、入侵报警系统、视频监控系统、出入口控制系统、电子巡查管理系统、汽车库（场）管理系统、其他特殊要求技术防范系统、应急指挥系统等。

机房工程可分为：工程信息中心设备机房、程控电话交换机系统设备机房、通信系统总配线设备机房、智能化系统设备总控室、消防监控中心机房、安防监控中心机房、通信接入设备机房、有线电视前端设备机房、弱电间（电信间）、应急指挥中心机房、其他智能化系统设备机房等。

40.1.2 主要标准与规范

《智能建筑设计标准》GB 50314—2015
《智能建筑工程施工规范》GB 50606—2010
《智能建筑工程质量验收规范》GB 50339—2013
《民用建筑电气设计标准》GB 51348—2019
《用户电话交换系统工程设计规范》GB/T 50622—2010
《用户电话交换系统工程验收规范》GB/T 50623—2010
《有线电视广播系统技术规范》GY/T 106—1999
《有线数字电视系统技术要求和测量方法》GY/T 221—2006
《有线电视网络工程施工与验收标准》GB/T 51265—2018
《火灾自动报警系统设计规范》GB 50116—2013
《火灾自动报警系统施工及验收标准》GB 50166—2019
《厅堂扩声系统声学特性指标》GYJ 25—1986
《电气装置安装工程 接地装置施工及验收规范》GB 50169—2016
《爆炸性环境 第1部分：设备 通用要求》GB/T 3836.1—2021
《爆炸性环境 第2部分：由隔爆外壳"d"保护的设备》GB/T 3836.2—2021
《数据中心基础设施施工及验收标准》GB 50462—2024
《厅堂扩声系统设计标准（2024年版）》GB/T 50371—2006
《会议电视会场系统工程施工及验收规范》GB 50793—2012
《会议电视会场系统工程设计规范》GB 50635—2010
《电子会议系统工程施工与质量验收规范》GB 51043—2014
《红外线同声传译系统工程技术规范》GB 50524—2010
《视频显示系统工程技术规范》GB 50464—2008
《剧场、电影院和多用途厅堂建筑声学技术规范》GB/T 50356—2005
《电磁兼容 试验和测量技术 电快速瞬变脉冲群抗扰度试验》GB/T 17626.4—2018
《现场设备、工业管道焊接工程施工规范》GB 50236—2011
《建筑装饰装修工程质量验收标准》GB 50210—2018
《建筑地面工程施工质量验收规范》GB 50209—2010
《木结构工程施工质量验收规范》GB 50206—2012
《钢结构工程施工质量验收标准》GB 50205—2020

40.1.3 施工与管理的通用性要求

40.1.3.1 施工准备

施工准备的工作内容通常包括：技术准备、物资与器材准备、劳动组织准备、施工现场与场外协调准备。

1. 技术准备

（1）施工前，应进行深化设计，并完成施工图，使深化设计在质量、功能、技术等方面均能适合建设单位的需求，适应当前技术与设备的发展水平。

（2）应审查施工图纸是否完整、齐全，与设计说明在内容上是否一致，施工图纸及其各组成部分间有无矛盾和错误。

（3）应确认施工图经建设单位、设计单位、施工单位会审会签。

（4）编制的施工组织设计，以及需编制的专项施工方案应报监理工程师批准。

（5）施工人员应熟悉施工图、施工方案、施工流程、技术要求及有关资料，并进行培训及安全、技术交底。

（6）施工必须按已审批的施工图、设计文件实施。

（7）应按照施工图纸所确定的工程量和制定的施工组织设计，拟定施工方法、建筑工程预算定额和有关费用定额，编制施工预算。

2. 物资与器材准备

物资与器材准备工作内容是：编制各种物资需要量计划；签订物资供应合同；确定物资运输方案和计划；组织物资按计划进场和保管。工作符合下列要求：

（1）根据施工计划，编制材料需求计划，为施工备料、确定仓库以及组织运输提供依据。

（2）根据施工计划对所需配件和制品加工要求，编制相应计划，为组织运输和确定堆场面积提供依据。

（3）材料、设备应附有产品合格证、质检报告，设备应有安装及使用说明书等。若为进口产品，则需提供原产地证明和商检证明，配套提供的质量合格证明，检测报告及安装、使用、维护说明书的中文文本。

（4）检查线缆、设备的品牌、产地、型号、规格、数量等主要技术参数、性能应符合设计要求，线缆、设备外表有无变形、撞击等损伤痕迹等，填写进场检验记录，并封存相关线缆、器件样品。

（5）安装的设备和装置均应开箱检验，应检查设备和装置的外观、名称、品牌、型号和数量，附件、备件及技术档案应齐全，并应做检查记录。建设单位或监理单位代表应参与检查。

（6）有源设备应通电检查，确定各项功能正常。

（7）对不具备现场检测条件的产品，要求工厂出具检测报告。

（8）机具、仪器等施工机具准备。

（9）工程所用材料、设备和装置的装运方式及储存环境应符合产品说明书的规定。在现场对其应分类存放、进行标识，并应做记录。

3. 劳动组织准备

（1）根据工程规模、结构特点和复杂程度，确定施工项目领导机构的人选和名额；遵循合理分工与密切协作、因事设职与因职选人的原则，建立有施工经验、有开拓精神和工作效率高的施工项目领导机构。

（2）施工人员须持证上岗，施工前应对施工人员做好技术交底，并有书面记录。

(3) 根据采用的施工组织方式，确定合理的劳动组织，建立相应的专业或混合工作队组。

(4) 按照开工日期和劳动力需要量计划，组织工人进场，安排好职工生活，并进行安全、防火和文明施工等教育。

(5) 组织施工机具进场，按规定地点和方式存放，并进行相应的保养和试运转等项工作。

(6) 根据施工器材需要量计划，组织其进场，按规定地点和方式储存或堆放。

(7) 有室外施工时，认真落实冬施、雨施和高温季节施工项目的施工设施和技术组织措施。

(8) 根据各项资源需要量计划，同建材加工和设备制造部门或单位取得联系，签订供货合同，保证按时供应。

(9) 对于本单位缺少且需用的施工机具，应根据需要量计划，同有关单位签订租赁合同或订购合同。

(10) 做好分包或劳务安排，保证合同实施。

(11) 落实施工计划和技术责任制，按项目组织架构逐级进行交底。交底内容，通常包括：工程施工进度计划和月、旬作业计划；各项安全技术措施、降低成本措施和质量保证措施；质量标准和验收规范要求；设计变更和技术核定事项等，都应详细交底，必要时进行现场示范；同时健全各项规章制度，加强遵纪守法教育。

4. 施工现场与场外协调的准备

(1) 按照建筑总平面图要求，进行施工场地控制网测量。

(2) 按照施工平面图和施工设施需要量计划，为正式开工准备好临建设施。

(3) 做好智能建筑工程与建筑结构、建筑装饰装修、建筑给水排水及供暖、通风与空调、建筑电气和电梯等专业的工序交接和接口确认。

(4) 施工现场具备满足正常施工所需的用水、用电条件。

(5) 施工用电须有安全保护装置，接地可靠，符合安全用电接地标准。

(6) 建筑物防雷与接地施工基本完成。

(7) 打扫、规整施工现场，使施工现场整洁。

40.1.3.2 施工管理

1. 施工现场管理

施工现场管理应符合下列要求：

(1) 各专业之间如有交叉作业，应进行协调配合，保证施工进度和质量。

(2) 智能建筑工程的实施应全程接受专业监理工程师的监理。

(3) 未经专业监理工程师确认同意，不得实施隐蔽工程作业。隐蔽工程的过程检查记录，应经专业监理工程师签字，并填写隐蔽工程验收表。

2. 施工技术管理要求

(1) 在技术负责人的主持下，项目部应建立适应本工程的施工技术交底制度。

(2) 技术交底必须在作业前进行。

(3) 技术交底资料和记录应由交底人或资料员进行收集、整理并保存。

(4) 当设计图纸不符合现场实际情况时，经业主、使用方、监理、设计协商确认，按要求填写设计变更审核表并经签认之后，方能实施。

3. 施工质量管理要求

(1) 对每个项目应确定质量目标。

(2) 应建立质量保证体系和质量控制程序。

(3) 应对施工使用的器材、设备、安装、调试、检测、产品保护与质量记录。

4. 施工安全管理要求

(1) 应建立安全管理机构。

(2) 应建立安全生产制度和安全操作规程。

(3) 应符合国家及相关行业对安全生产的要求。

(4) 作业前应对班组进行安全生产交底。

5. 现场质量管理

现场质量管理应包括现场质量管理制度、施工安全技术措施、主要专业和工程技术人员的操作上岗证书、分包单位资质确认及管理制度、施工图审查报告、施工组织设计及施工方案审批、施工所采用的技术标准、工程质量检查制度、现场设备及材料的存放及管理、检测设备与计量仪表的检验与确认和已批准的开工报告等。

(1) 材料、器具、设备进场质量检测应符合下列要求：

需要进行质量检查的产品应包括智能建筑工程各系统中使用的材料、设备、软件产品和工程中应用的各种系统接口。列入《中华人民共和国实施强制性产品认证的产品目录》或实施生产许可证和上网许可证管理的产品必须进行产品质量检查，未列入的产品也应按规定程序通过产品质量检测后方可使用。

1) 材料及主要设备的检测应符合下列要求：

按照合同文件和工程设计文件进行进场验收，进场验收应有书面记录和参加人签字，并经专业监理工程师或建设单位验收人员确认。

对材料、设备的外观、规格、型号、数量及产地等进行检查复核。

主要设备、材料应有生产厂家的质量合格证明文件及性能的检测报告。

2) 设备及材料的质量检查应包括安全性、可靠性及电磁兼容性等项目，并由生产厂家出具相应检测报告。

(2) 各系统安装质量保证应符合《建筑工程施工质量验收统一标准》GB 50300—2013 第 3.0.1 条规定，并且尚应符合下列要求：

作业人员应经培训合格并持有上岗证。

调试人员应具有相应的专业资格或专项资格。

仪器仪表及计量器具应具有在有效期内的检验、校验合格证。

(3) 各系统安装质量的检测应符合下列要求：

1) 各子分部系统的安装质量检测应按国家现行标准和行业及地方的有关法规执行。

2) 施工单位在安装完成后，应对系统进行自检，自检时应对检测项目逐项检测并做好记录。

3) 采用现场观察、抽查测试等方法，根据施工图对工程设备安装质量进行检查和观感质量验收。检验批要求按《建筑工程施工质量验收统一标准》GB 50300—2013 第 4.0.5 和 5.0.5 条的规定进行。检验时应按规定填写质量验收记录。

(4) 智能建筑系统的检测应符合下列要求：

各系统的接口的质量应按下列要求检查:
1) 所有接口必须由接口供应商提交接口规范和接口测试大纲。
2) 接口规范和接口测试大纲宜在合同签订时由合同签订双方审定。
3) 应由施工单位根据测试大纲予以实施,并保证系统接口的安装质量。

施工单位应依据合同技术文件和设计文件,以及《智能建筑工程质量验收规范》GB 50339—2013 的相应规定,制定系统检测方案。
1) 检测结论应分为合格和不合格。
2) 主控项目有一项不合格,则系统检测不合格;一般项目两项或两项以上不合格,则系统检测不合格。
3) 系统检测不合格应限期整改,然后重新检测,直至检测合格。重新检测时抽检数量应加倍;系统检测合格,但存在不合格项,应对不合格项进行整改,直到整改合格,并应在竣工验收时提交整改结果报告。

(5) 软件产品质量检查应符合下列要求:
1) 应核查使用许可证及使用范围。
2) 对由系统承包商编制的用户应用软件、软件组态及接口软件等,应进行功能测试和系统测试。
3) 所有定制开发的软件均应提供完整的文档(包括程序结构说明、安装调试说明、使用和维护说明书等)。

(6) 施工现场质量管理中,对于关键环节、关键步骤,应留下相关的质量记录。(检查记录参考《智能建筑工程质量验收规范》GB 50339—2013 附录中相关内容)

6. 产品质量检查

对智能建筑工程各智能化子系统中所使用的材料、硬件设备、软件产品和工程中应用的各种系统接口进行产品质量检测。

产品质量检查应包括列入《中华人民共和国实施强制性产品认证的产品目录》或实施生产许可证和上网许可证管理的产品应按规定程序通过产品检测后方可使用。

产品功能、性能等项目的检测应按相应的国家现行产品标准进行;供需双方有特殊要求的产品可按合同规定或设计要求进行。

对不具备现场检测条件的产品,可要求进行厂检测并出具检测报告。

硬件设备及材料的质量检测可参考生产厂家出具的可靠性检测报告。

软件产品质量应按下列内容检查。内容包括:
1) 商业化的软件如操作系统、数据库管理系统,应用系统软件、信息安全软件和网管软件等应做好使用许可证及使用范围的检查。
2) 由系统集成商编制的用户应用软件,用户组合软件接口软件等应用软件,除进行功能测试和系统测试之外,还应根据需要进行容量、可靠性、安全性、可恢复性、兼容性、自诊断等多项功能测试,并保证软件的可维护性。
3) 所有定制开发的软件应提供完整的文档(包括软件资料、程序结构说明、安装调试说明,使用和维护说明书等)。

系统接口的质量应按下列要求检查:
1) 系统承包商应提交接口规范,接口规范应在合同签订时由合同签订机构负责审定。

2) 系统承包商应根据接口规范制定接口测试方案,接口测试方案经建设单位或监理单位批准后实施,系统接口测试应保证接口性能符合设计要求,实现接口规范中规定的各项功能,不发生兼容性及通信瓶颈问题,并保证系统接口的制造和安装质量。

7. 成品保护

成品保护是施工单位与建设单位为保护施工成果、保证施工质量而必须进行的工程管理工作,是保证如期竣工、降低损耗、坚持文明施工、实现安全生产、实现合格工程的管理过程。

成品保护工作除需要制定相关现场成品保护管理规定外,还要组织人力进行现场监控管理,要深入到每个智能化系统的细节并尽量采用技术手段用于成品保护工作。

成品保护管理的基本原则:

(1) 成品就位后,需移动、拆改、维护的,应持有关负责人的批条,交成品保护人员后方可施工。

(2) 在施工和安装过程,谁施工谁负责成品保护工作;成品保护人员只负责监督、检查、管理并做好值班记录。

(3) 成品保护人员接收成品需坚持施工工序完毕后,在甲方的监督下,由施工方向成品保护人员分项书面交底,填好交接清单,经验收确认后,双方签字生效。

(4) 坚持配合协调原则:乙方现场负责人应主动向甲方有关负责人汇报工作,互通情况,统一认识,求得甲方支持;甲方应对乙方实行统一领导,统一布置指挥,共同完成成品保护实施目标。

(5) 应对成品保护人员进行岗前培训,包括:法规、职业道德、安全教育,针对性的对进住工程的详细交底,使成保员明确工作内容。

(6) 应组成成品保护工作队,履行成品和半成品看护责任,并对文明施工、安全施工监督和提供宣传。

成品保护的范围一般包括:楼内的机械设备、水暖设备、通风系统、强弱电缆电线、墙壁、吊顶、地面等。灯具照明系统、电信终端、消防配套产品及工程内应加以保护的成品。

制定并落实成品保护的"六防一维护"工作:防火、防水、防盗、防破坏、防自然灾害、防污染。"一维护":维护好施工现场的环境卫生。

制定并落实成品保护的措施,落实勤巡视、勤观察、勤提示、勤汇报、勤记录等工作。

智能建筑各子系统的成品保护有其特点,必须注意以下几点:

安装的器材、设备的成品保护:

(1) 应针对不同系统设备的特点,制定成品保护措施,并落实到位。

(2) 对现场已安装的设备,应采取包裹、遮盖、隔离等必要的防护措施,避免碰撞及损坏。

(3) 在施工现场存放的设备,应采取防水、防尘、防潮、防碰、防砸、防压及防盗等措施。

(4) 在雷雨、阴雨潮湿天气或者长时间停用设备时,应关闭设备电源总闸。

(5) 在施工过程中,应注意保护建筑、装修、暖通及电气等其他专业的成品。

软件和系统配置的保护应符合下列要求:
(1) 应制定信息网络系统管理制度,更改配置工作必须符合管理制度要求。
(2) 在调试过程中应每天对软件进行备份,备份内容应包括系统软件、数据库、配置参数。
(3) 备份文件应保存在独立的存储设备上。
(4) 系统设备的登录密码必须有专人管理,严禁泄露。
(5) 计算机无人操作时应锁定。

8. 系统检测

工程中各系统检测分为:施工单位自检自验、竣工验收的系统检测。

自检自验工作要点:
(1) 由施工单位自己组织技术队伍,按照《智能建筑工程质量验收规范》GB 50339—2013 中对各系统测试内容、测试条件、测试强度和检测方法的规定,对其施工的各智能建筑子系统,进行系统测试和试运行,并记录其测试过程与结果。施工单位也将根据测试结果进行改进、完善的工作,直至各系统可以达到竣工验收的状况。
(2) 发现系统调试后可能存在的问题,进行改进,满足竣工验收的要求。

竣工验收的系统检测主要的工作要点:
(1) 系统检测时应具备的条件:系统安装调试完成后,已进行了规定时间的试运行;已提供了相应的技术文件和实施过程质量记录。
(2) 建设单位应组织有关人员,依据合同技术文件、设计文件及《智能建筑工程质量验收规范》GB 50339—2013 规定的检测项目、检测数量和检测方法,制定系统检测方案并经检测机构批准实施。
(3) 检测机构应按系统检测方案所列检测项目进行检测。
(4) 检测结论与处理:

检测结论分为合格与不合格。

主要项目有一项不合格,则系统检测不合格,一般项目两项或两项以上不合格,则系统检测不合格。

系统检测不合格应限期整改,然后重新检测,直至检测合格,重新检测时抽检数量应加倍;系统检测合格,但存在不合格项,应对不合格项进行整改,直到整改合格,并应在竣工验收时提交整改结果报告。

检测机构应按照《智能建筑工程质量验收规范》GB 50339—2013 附录 C 中各表填写系统检测记录和系统检测汇总表。

9. 安全环保节能措施

安全施工、文明施工工作需要制定相关现场管理规定,还要有持有上岗证的专业人员进行现场监控管理。

安全措施应符合下列要求:
(1) 施工前及施工期间应进行安全交底。
(2) 施工现场用电必须按照临时用电相关规范的规定执行。
(3) 搬运设备、器材应保证人身及器材安全。
(4) 采用光功率计测量光缆,不应用肉眼直接观测。

(5) 登高作业，脚手架和梯子应安全可靠，梯子应有防滑措施，严禁两人同梯作业。
(6) 风力大于四级或雷雨天气，不得进行高空或户外安装作业。
(7) 进入施工现场，应戴安全帽。高空作业时，必须系好安全带或采取必要的安全措施。
(8) 施工现场应注意防火，并配备有效的消防器材。
(9) 在安装、清洁有源设备前，必须先将设备断电，不得用液体、潮湿的布料清洗或擦拭带电设备。
(10) 设备必须放置稳固，并防止水或湿气进入有源硬件设备。
(11) 确认工作电压同有源设备额定电压一致。
(12) 硬件设备工作时不得打开外壳。
(13) 在更换插接板时宜使用防静电手套。
(14) 应避免践踏和拉拽电源线。

环保措施在按照《建设工程施工现场环境与卫生标准》JGJ 146—2013 的规定执行的基础上，还应符合下列要求：
(1) 现场垃圾和废料应堆放在指定地点，及时清运或回收，严禁随意抛撒。
(2) 现场施工机具噪声应采取相应措施，最大限度降低噪声。
(3) 应采取措施控制施工过程中的粉尘污染。

节能措施应符合下列要求：
(1) 应节约用料，降低消耗，提高宏观节能意识。
(2) 应选用高效、节能型照明灯具，降低照明电耗，提高照明质量。
(3) 应对施工用电动工具进行维护、检修、监测、保养及更新置换，并及时清除系统故障，降低能耗。

10. 智能建筑各系统工程的竣工验收

智能建筑工程质量验收应贯彻"验评分离、强化验收、完善手段、过程控制"的方针，按"先产品，后系统和先子系统，后系统集成"的顺序进行，并根据验收项目的重要性划分为"主要项目"和"一般项目"。并符合《智能建筑工程质量验收规范》GB 50339—2013 和《建筑工程施工质量验收统一标准》GB 50300—2013 的有关规定。

在填写各验收表格时，请注意按照《建筑工程资料管理规程》JGJ/T 185—2009 规定的分部、子分部分类填写项目名称。在实际的智能建筑工程中，时常出现智能建筑分部项目由几个施工单位分别实施，分部项目中某一个"子分部"由几个施工单位分别实施的情况。

智能建筑工程质量验收必须对验收工作有一个整体把握：注意《智能建筑工程质量验收规范》GB 50339—2013 中以下的规定：
(1) 智能建筑工程质量验收应包括工程实施及质量控制、系统检测和竣工验收。
(2) 智能建筑工程质量验收应按"先产品，后系统；先各系统，后系统集成"的顺序进行。
(3) 智能建筑分部工程应包括智能化各子分部工程中的各分项工程（子系统）。
(4) 火灾自动报警及消防联动系统、安全防范系统、通信网络系统的检测验收应按相关国家现行标准和国家及地方的相关法律法规执行；其他系统的检测应由省市级以上的建设行政主管部门或质量技术监督部门认可的专业检测机构组织实施。

（5）在智能建筑分部工程质量验收时，主要原则必须遵循《建筑工程施工质量验收统一标准》GB 50300—2013 的规定。

在检测、检验中，相关规范未包括的技术标准和技术要求时，可按有关设计文件的要求进行处理。由于智能建筑的各子系统的专业技术规范内容经常修改和补充，因此在智能建筑的各子系统工程施工与检测、检验时，应注意使用最新的技术标准。

智能建筑工程竣工验收必须完成以下的具体工作：

（1）工程实施及质量控制检查。
（2）系统检测合格。
（3）运行管理队伍组建完成，管理制度健全。
（4）运行管理人员已完成培训，并具备独立上岗能力。
（5）竣工验收文件资料完整。
（6）系统检测项目的抽检和复核应符合设计要求。
（7）观感质量验收应符合要求。
（8）根据《智能建筑设计标准》GB/T 50314—2015 的规定，智能建筑的等级符合设计的等级要求。

竣工验收结论与处理：

（1）竣工验收结论分合格和不合格。
（2）《智能建筑工程质量验收规范》GB 50339—2013 第 3.3 节规定的各款全部符合要求，为各系统竣工验收合格，否则为不合格。
（3）各系统竣工验收合格，为智能建筑工程竣工验收合格。
（4）竣工验收发现不合格的系统或子系统时，建设单位应责成责任单位限期整改，直到重新验收合格；整改后仍无法满足安全使用要求的系统不得通过竣工验收。

竣工验收时应按《智能建筑工程质量验收规范》GB 50339—2013 附录 D 中表 D.0.1～表 D.0.3 的要求填写资料审查结果和验收结论。

40.2 综合管线

本节主要针对建筑的智能化系统使用的管路及线缆的工程实施、质量控制和自检自验要求进行简要说明。其中：

（1）电力线缆和信号线缆严禁在同一线管路内敷设，防止电力线路与信号线路形成回路，危及人员或设备安全；避免电力线路的电磁场对信号线路的干扰，保障信号线路正常工作。
（2）综合布线系统的线缆施工应参照本章 40.3 "综合布线系统"的描述。

40.2.1 施工准备

施工前应将各系统的桥架、线管进行综合布置、安排，应完成施工图深化设计、产品安装说明等技术文件。

水平管路必须特别注意与其他专业管路的相互避让与配合。水平管路在预埋前，应认真作好图纸会审工作，可利用CAD绘出三维大样图或BIM建模方式，注明其他专业管路的走向、标高以及各种管路的规格型号，制定出最优敷设管路的施工方案，尽量避免与其他专业管路交叉重叠，使管线路由尽量短，便于安装。向施工人员做好技术交底。

施工准备应符合本章40.2.1"施工准备"的要求，材料准备还应符合下列要求：

(1) 桥架、线管、线缆规格和型号应符合设计要求，并有产品合格证、检测报告。

(2) 桥架、线管部件应齐全，表面光滑、涂层完整、无锈蚀。

(3) 金属导管无裂纹、毛刺、飞边、沙眼、气泡等缺陷，壁厚均匀、管口平整。绝缘导管及配件完好、使用阻燃材料导管并且表面有阻燃标记。

(4) 线缆宜进行通、断及线间的绝缘检查。

40.2.2 施工工序流程

40.2.2.1 桥架安装

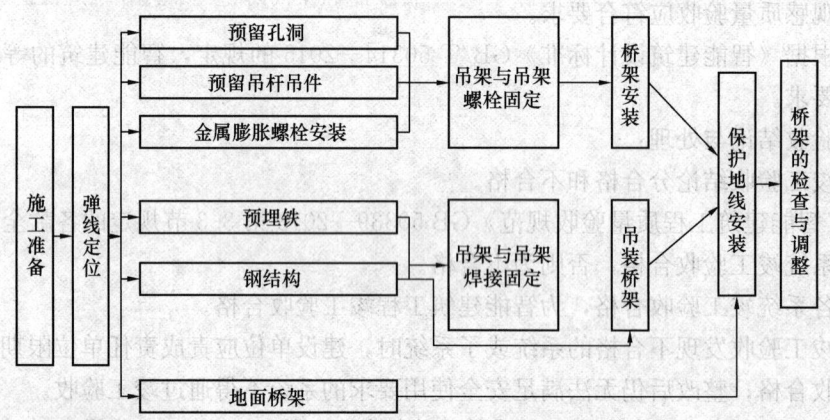

40.2.2.2 管路敷设

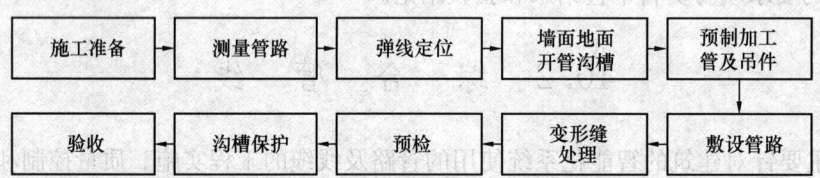

40.2.2.3 线缆敷设

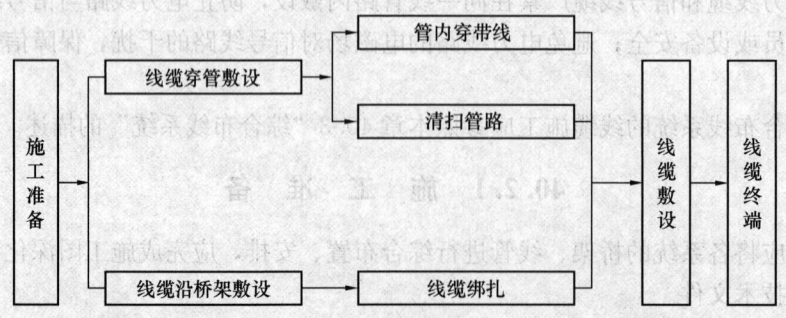

40.2.3 综合管线安装要求

1. 桥架安装要求

(1) 桥架切割和钻孔后创伤处，应采取防腐措施。

(2) 桥架应平整，无扭曲变形，内壁无毛刺，各种附件应安装齐备，紧固件的螺母应在桥架外侧。桥架接口应平直、严密，盖板应齐全、平整。

(3) 桥架经过建筑物的变形缝（包括沉降缝、伸缩缝、抗震缝等）处应设置补偿装置。保护地线和桥架内线缆应留补偿余量。

(4) 桥架与盒、箱、柜等连接处应采用抱脚或翻边连接，并用螺钉固定，末端应封堵。

(5) 水平桥架底部与地面距离不宜小于 2.2m，顶部距楼板不宜小于 0.3m，与梁的距离不宜小于 0.05m，桥架与电力电缆间距不应小于 0.5m。

(6) 桥架与各种管道平行或交叉时，其最小净距应符合《建筑电气工程施工质量验收规范》GB 50303—2015 的规定。

(7) 敷设在竖井内和穿越不同防火分区的桥架及管路孔洞，应有防火封堵。

(8) 对于弯头、三通等配件，由于现场加工自制配件很难满足桥架安装质量要求，故宜采用桥架生产厂家制作的成品。

2. 支吊架安装要求

(1) 支吊架安装直线段间距宜为 1.5~2m，同一直线段上的支吊架间距应均匀。

(2) 在桥架端口、分支、转弯处不大于 0.5m 内，应安装支吊架。

(3) 支吊架应平直，无明显扭曲，焊接牢固，无显著变形、焊缝均匀平整。切口处应无卷边、毛刺。

(4) 支吊架采用膨胀螺栓连接固定应紧固，须配装弹簧垫圈。

(5) 支吊架应做防腐处理。

(6) 采用圆钢作为吊架时，桥架转弯处及直线段每隔 30m 应安装防晃支架，以避免桥架晃动，消除不安全因素。

3. 线管安装要求

(1) 导管敷设应保持管内清洁干燥，管口应有保护措施和进行封堵处理。

(2) 明配线管应横平竖直、排列整齐。

(3) 明配线管应设管卡固定，管卡应安装牢固。管卡设置应符合下列要求：

1) 在终端、弯头中点处的 150~500mm 范围内应设管卡。

2) 在距离盒、箱、柜等边缘的 150~500mm 范围内应设管卡。

3) 在中间直线段应均匀设置管卡。管卡间的最大距离应符合《建筑电气工程施工质量验收规范》GB 50303—2015 第 12.2.6 条中表 12.2.6 的规定。

(4) 线管转弯的弯曲半径应不小于所穿入线缆的最小允许弯曲半径，并且应不小于该管外径的 6 倍，暗管外径大于 50mm 时，应不小于 10 倍。

(5) 砌体内暗敷线管埋深应不小于 15mm，现浇混凝土楼板内暗敷线管埋深应不小于 25mm，并列敷设的线管间距应不小于 25mm。

(6) 线管与控制箱、接线箱、接线盒等连接时应采用锁母，并将管口固定牢固。

(7) 线管穿过墙壁或楼板时应加装保护套管，穿墙套管应与墙面平齐，穿楼板套管上口宜高出楼面 10~30mm，套管下口应与楼面平齐。

(8) 与设备连接的线管引出地面时，管口距地面不宜小于 200mm。当从地下引入落地式箱、柜时，宜高出箱、柜内底面 50mm。

(9) 线管两端应设有标志，管内不应有阻碍，并穿带线。当线路较长或弯曲较多，应加装拉线盒（箱）或加大管径，便于线缆布放。

(10) 吊顶内配管，宜使用单独的支吊架固定，支吊架不得架设在龙骨或其他管道上。

(11) 配管通过建筑物的变形缝时，应设置补偿装置。

(12) 镀锌钢管应采用螺纹连接，严禁熔焊，以免破坏镀锌层。镀锌钢管的连接处应采用专用接地线卡固定跨接线，跨接线截面不小于 $4mm^2$。

(13) 非镀锌钢管严禁对口熔焊连接，应采用套管焊接，套管长度应为管径的 1.5~3 倍。

(14) 焊接钢管不得在焊接处弯曲，弯曲处不得有折皱等现象，镀锌钢管不得加热弯曲。

(15) 套接紧定式钢管连接应符合下列要求：
1) 钢管外壁镀层完好，管口应平整、光滑、无变形。
2) 套接紧定式钢管连接处应采取密封措施。
3) 当套接紧定式钢管管径大于或等于 32mm 时，连接套管每端的紧定螺钉不应少于 2 个。

(16) 室外线管敷设应符合下列要求：
1) 室外埋地敷设的线管，埋深不宜小于 0.7m，壁厚须大于等于 2mm。埋设于硬质路面下时，应加钢套管，人手孔井应有排水措施。
2) 进出建筑物线管应做防水坡度，坡度不宜大于 15‰。
3) 同一段线管短距离不宜有 S 弯。
4) 线管进入地下建筑物，应采用防水套管，并做密封防水处理。

4. 线盒安装要求

(1) 钢导管进入盒（箱）时应一孔一管，管与盒（箱）的连接应采用爪形螺纹接头管连接，且应锁紧，内壁光洁便于穿线。

(2) 由于智能建筑各系统使用的各种传输线比较脆弱，而其电气性能又要求严格，穿线施工中要避免线缆的损伤与用力过大，故线管路有下列情况之一者，中间应增设拉线盒或接线盒，其位置应便于穿线：
1) 管路长度每超过 30m，无弯曲。
2) 管路长度每超过 20m，有一个弯曲。
3) 管路长度每超过 15m，有两个弯曲。
4) 管路长度每超过 8m，有三个弯曲。
5) 线缆管路垂直敷设时管内绝缘线缆截面应小于 $50mm^2$，长度每超过 30m，应增设固定用拉线盒。
6) 一根线管一般配一个预埋盒。一根线管配 2 个预埋盒时，之间增设一个过线盒，由过线盒左右连接信息点预埋盒。信息点预埋盒不宜同时兼作过线盒。

5. 地面金属线槽安装要求

地面线槽暗敷设法适用于有大开间办公室或大开间需要打隔断的智能建筑，它的投资比较大，工艺要求高。地面金属线槽分为单槽、多槽等多种规格，施工要求如下：

地面金属线槽敷设需在土建模板或地面垫层完成后，电气专业应与土建专业密切配合，结合施工图和设备具体位置确定并标记出线口、分线盒位置及线槽的走向。

线槽在交叉、转弯或分支处应设置分线盒，线槽的长度超过6m时，应加分线盒。设备间配线架、集线器、配电箱等设备引至线槽的线路，用终端变形连接器与线槽连接。

线槽每隔1.0～1.5m处设置固定支架和调整支撑，支架底座可采用焊接或螺栓固定，支架上带有配合螺栓，可调整水平高低，对于多槽面沿线槽铺设钢丝网保护，以防地面开裂。

调整线槽整体标高：调整时应以结构层标高为基准，用水准仪测量出线栓、分线盒上表面标高，通过调整支架螺栓，出线栓升降套、分线盒上调整螺栓等来调整地面线槽的水平高度，调整结果应使出线栓、分线盒上铜盖安装完后与地面平，并使线槽上表面至少覆盖20mm以上的混凝土。如果出现混凝土层调整变化（铺大理石、地砖、地毯），则通过在出线栓、分线盒上加设调高圈、水平微调圈来调节。

连接器、分线盒、线槽接口处应用专用密封胶密封，防止砂浆渗入腐蚀线槽内壁。

在连接线槽过程中，出线口、分线盒应加防水保护盖，待底板的混凝土强度达到50%时，取下保护盖换上标识盖。

施工中，应用钢锉对金属线槽的毛刺锉平，否则会划伤双绞线的外皮，使系统的抗干扰性、数据保密性、数据传输速度降低，甚至导致系统不能顺利开通。

6. 接地要求

桥架、线管及接线盒应可靠接地，当采用联合接地时，接地电阻不应大于1Ω。

40.2.4 施工质量控制

40.2.4.1 施工质量控制要点

（1）在施工质量方面，需要着重以下几个方面的质量控制：

1）敷设在竖井内和穿越不同防火分区的桥架及线管的孔洞，应有防火封堵。

2）桥架、管道内线缆间不应拧绞，不得有接头。

3）桥架、线管经过建筑物的变形缝处应设置补偿装置，线缆应留余量。

4）线缆两端应有防水、耐摩擦的永久性标签，标签书写应清晰、准确。

5）桥架、线管及接线盒应可靠接地，当采用联合接地时，接地电阻不应大于1Ω。

（2）在施工工艺方面，需要着重处理好以下几个方面的工艺细节：

1）桥架切割和钻孔后，应采取防腐措施，支吊架应做防腐处理。

2）线管两端应设有标志，并穿带线。

3）线管与控制箱、接线箱、拉线盒等连接时应采用锁母，并将管固定牢固。

4）吊顶内配管，宜使用单独的支吊架固定，支吊架不得架设在龙骨或其他管道上。

5）套接紧定式钢管连接处应采取密封措施。

6）桥架应安装牢固、横平竖直，无扭曲变形。

（3）器材的质量检查控制：

1）缆线布放前应核对型号规格、程式、路由及位置与设计规定相符。

2）施工使用的管槽、缆线等器材应按照本章40.2.1"施工准备"中要求的内容进行器材的质量检查。

(4) 隐蔽工程施工质量检查：

1) 隐蔽工程施工完毕，应填写《检查记录》。

2) 隐蔽工程验收合格后填写桥架、线管及线缆的《检验批质量验收记录表》。

3) 应检测桥架、线管的接地电阻，并填写《接地电阻测量记录》。

40.2.4.2 质量记录

1. 质量记录程序

综合管线系统质量记录应执行《智能建筑工程质量施工规范》GB 50339—2013 第3.7节的规定。

2. 质量记录表格

综合管线系统质量记录应符合《智能建筑工程质量验收规范》GB 50339—2013 的质量记录表格。

40.2.5 检　　验

40.2.5.1 检测验收

建筑的智能化系统使用的管路（桥架、线管）、线缆的检测验收应符合以下要求：

(1) 桥架和线管应检查其规格、位置、弯扁度、弯曲半径、连接、跨接地线、防腐、管盒固定、管口处理、保护层、焊接质量等。弯曲的管材及连接附件弧度应呈均匀状，且不应有折皱、凹陷、裂缝、弯扁、死弯等缺陷，管材焊缝应处于外侧。

(2) 应根据智能化系统的深化设计，检查线缆的规格型号、标识、可靠接续、跨接、开路、短路，为设备安装做好准备。

(3) 隐蔽工程施工完毕，应填写《检查记录》。

(4) 隐蔽工程验收合格后填写桥架、线管及线缆的《检验批质量验收记录表》。

(5) 应检测桥架、线管的接地电阻，并填写《接地电阻测量记录》。

(6) 隐蔽工程检查记录应填写《智能建筑工程质量验收规范》GB 50339—2013 附录B 表 B.0.2。

40.2.5.2 资料整理与归档

(1) 工程竣工图纸，包括系统结构图、各子系统监控原理图、施工平面图、设备电气端子接线图、中央控制室设备布置图、接线图、设备清单等。

(2) 系统的产品说明书、操作手册和维护手册。

(3) 工程检测记录，包括隐蔽工程检测记录，施工质量检测记录、设备功能检查记录、系统检测报告等。

40.3　综 合 布 线 系 统

40.3.1　综合布线系统结构

40.3.1.1　系统组成

建筑物与建筑群综合布线系统（简称 PDS：Premises Distribution System），是建筑物或建筑群内进行信号传输的线路网络。包括建筑物或建筑群到外部电话网络与计算机网络的连接线路，建筑物或建筑群内通信机房直到工作区的电话和计算机网络终端之间的所有电缆及相关联的布线连接部件。该系统使语音和数据通信设备、交换设备和其他信息管理系统彼此相连，也使这些设备与外部通信网络相连接。

综合布线系统由 6 个相对独立的子系统所组成。这 6 个子系统是：

1. 工作区子系统（Work Location）

使信息设备终端通过布线连接到信息网络的器材组成，包括：信息插座、插座盒与插座面板、连接软线（跳线）、适配器等。

2. 水平子系统（Horizontal）

水平系统是布置在同一楼层上的，功能是将干线子系统线路延伸到用户工作区的子系统。其一端接在工作区信息插座上，另一端接在楼层配线间的跳线架上。水平子系统主要采用 4 对非屏蔽双绞线，支持大多数现代通信设备；在某些特殊带宽传输要求时，可采用"光纤到桌面"的方式。当水平区面积相当大时，水平子系统可能涵盖多个接线间。

3. 干线子系统（Backbone）

由主设备间（如计算机房、程控电话交换机房）至各楼层配线间，采用大对数的电缆馈线或光缆连接的子系统，两端分别接在设备间和配线间的跳线架上。

4. 管理子系统（Administration）

是干线子系统和水平子系统的桥梁，可为同层组网提供条件。其包括双绞线跳线架、跳线（有快接式跳线和简易跳线）、光纤跳线架和光纤跳线。当终端设备位置或局域网的结构变化时，通过改变跳线方式解决。

5. 设备间子系统（Equipment）

由设备间的配线架、电缆、连接跳线及相关的支撑硬件、防雷电保护装置等构成。

6. 建筑群子系统（Campus）

是将多个建筑物的语音、数据通信连接一体的布线系统。铜缆和光缆采用架空、地下电缆管道、直埋敷设，入楼处配置过流过压电气保护装置。

这 6 个子系统采用星形结构，可使任何一个子系统独立地进入 PDS 系统中（图 40-1）。

40.3.1.2 系统的应用

PDS 是一套综合式的系统，因此综合布线可以使用相同的电缆与配线端子板，以及相同的插头与模块化插孔以供话音与数据的传递，可不必顾虑各种设备的兼容性问题。

PDS 采用模块化设计，采用星形拓

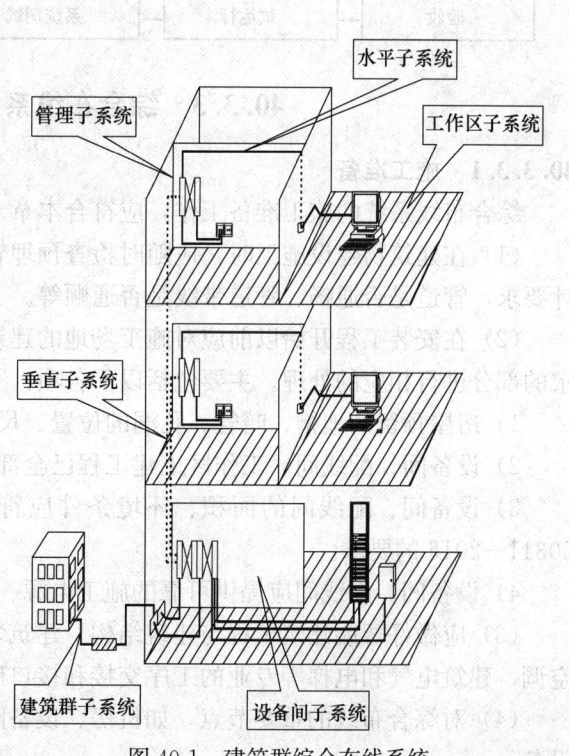

图 40-1 建筑群综合布线系统

扑结构，与电信运营以及 EIA/TIA568 所遵循的建筑物配线方式相同。

对建筑物进行配置综合布线系统有许多优越性，其主要表现在以下几个方面：

（1）兼容性：综合布线系统将语音信号、数据信号与监控信号的配线经过统一的规划和设计，采用相同的布线器材。

（2）开放性：综合布线系统由于采用标准的、开放式的体系结构，对所有主要厂商、对几乎所有的通信协议也是开放的。

（3）灵活性：综合布线系统中，由于所有信息系统皆采用相同的传输介质、星形拓扑结构，因此所有的信息通道都是通用的。设备的开通及更改均不需改变系统布线，只需增减相应的网络设备以及进行必要的跳线管理即可。

（4）可靠性：综合布线系统采用高品质的材料和组合压接的方式构成一套高标准的信息通道，所有器件均通过 UL、CSA 及 ISO 认证；每条信息通道都采用物理星形拓扑结构，任何一条线路故障均不影响其他线路的运行。

（5）先进性：综合布线系统采用光纤与双绞线混布方式，构成一套完整的布线系统。通过超 5 类、6 类或超 6 类双绞线支持千兆到桌面。对于特殊用户需求可把光纤铺到桌面，可支持 10G 带宽。

40.3.2 施工工序流程

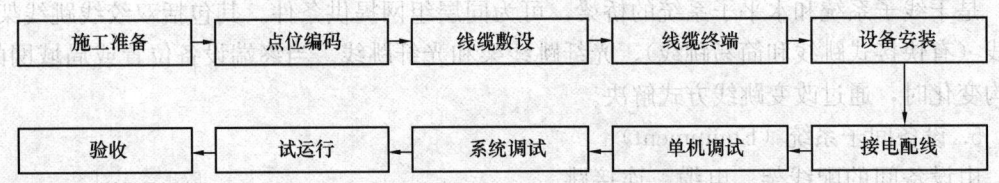

40.3.3 综合布线系统的安装要求

40.3.3.1 施工准备

综合布线系统的施工准备工作，应符合本章 40.1.3 的要求，还应符合下列要求：

（1）在建筑物建设施工时，应随时检查预埋管道的敷设情况：位置、尺寸是否符合设计要求，管道是否通畅、管道带线是否通顺等。

（2）在安装工程开始以前应对施工场地的建筑和环境条件进行检查，对不符合设计要求的部分进行相应的处理。主要包括以下各项：

1）房屋预留的地槽、暗管、孔洞的位置、尺寸应符合设计要求。

2）设备间、配线间，工作区土建工程已全部竣工。

3）设备间、配线间的面积、环境条件应符合《综合布线系统工程设计规范》GB 50311—2016 的要求。

4）设备间、配线间应提供可靠的施工电源、工作电源、接地装置。

（3）应做好智能建筑工程与建筑结构、建筑装饰装修、建筑给水排水及供暖、通风与空调、建筑电气和电梯等专业的工序交接和接口确认。

（4）对综合布线的重要节点，如机房、设备间、配线间等，配备门锁和钥匙后再安装设备。

(5) 综合布线系统工程中使用的器材进场时必须进行现场检测验收，在符合 40.1.3 的要求外，还应符合下列要求：

1) 应抽检超五类、六类双绞线的电气性能指标，并记录；线缆的电气性能抽验应从批量电缆中的任意三盘中各截出 100m 长度，加上工程中所选用的接插件进行抽样测试。

2) 应抽检光缆（可测试光纤衰减和光纤长度）的光纤性能指标，并记录，测试要求如下：

① 衰减测试：宜采用光纤测试仪进行测试。测试结果如超出标准或与出厂测试数值相差太大，应用光功率计测试并进行比较，断定是测试误差还是光纤衰减过大。

② 长度测试：要求对每根光纤进行测试，测试结果应一致，如果在同一盘光缆中，光纤长度差异较大，则应从另一端进行测试或通过检查以判定是否有断纤现象存在。

3) 光纤接插软线（光跳线）检验应符合下列规定：

① 光纤接插软线，两端的活动连接器（活接头）端面应装配有合适的保护盖帽。

② 每根光纤接插软线中光纤的类型应有明显的标记，选用应符合设计要求。

4) 接插件的检验验收要求如下：

① 配线模块和信息插座及其他接插件的部件应完整，检查塑料材质是否满足设计要求。

② 保安单元过压、过流保护各项指标应符合有关规定。

40.3.3.2 主干线缆的敷设

主干子系统的布线是把电缆、光缆从设备间敷设至竖井的各层配线间。

1. 建筑物内主干电缆布线

在一个建筑的竖井中敷设主干缆有两种选择：向下垂放或向上牵引。通常向下垂放比向上牵引容易，但如果将线缆卷轴抬到高层上去很困难，则使用由下向上牵引。

(1) 向下垂放线缆方法：首先把线缆卷轴放到顶层，在竖井楼板预留孔洞附近安装线缆卷轴，并从卷轴顶部馈线；视卷轴尺寸及线缆重量，相应安排所需要的布线施工人员，每层上要有一个工人以便引导下垂的线缆；开始旋转卷轴，将线缆从卷轴上拉出；将拉出的线缆引导进竖井中的孔洞，慢速地从卷轴上放缆并进入孔洞向下垂放；放线到下一层使布线工人能将线缆引到下一孔洞；按前面的步骤，继续慢速地放线，并将线缆引入各层的孔洞。

(2) 向上牵引线缆方法：按照线缆的重量选定电动牵引绞车型号，并按照绞车制作厂家的说明书进行操作。首先往绞车中穿一条绳子，启动绞车并往下垂放拉绳直到安放线缆的地层；将绳子连接到电缆拉眼上，再次启动绞车慢速地将线缆通过各层的孔向上牵引；当线缆的末端到达顶层时停止绞车，用夹具将线缆固定；当所有的连接制作好之后，从绞车上释放线缆的末端。

2. 主干光缆的敷设

(1) 光缆的主要技术参数（表 40-1、表 40-2）

多模光缆的主要技术参数　　表 40-1

光纤类型	光纤直径（μm）	最小模式带宽（MHz·km）		
		过量发射带宽		有效光发射带宽
		波长		
		850nm	1300nm	850nm
OM1	50 或 62.5	200	500	—

续表

光纤类型	光纤直径（μm）	最小模式带宽（MHz·km）		
		过量发射带宽		有效光发射带宽
		波长		
		850nm	1300nm	850nm
OM2	50 或 62.5	500	500	—
OM3	50	1500	500	2000
OM4	50	—	—	4700

单模光缆的主要技术参数 表 40-2

特性		单位	G652		G653		G654	G655
			1310nm	1550nm	1310nm	1550nm	1550nm	1550nm
衰减	A级	dB/km	≤0.35	≤0.22	≤0.40	≤0.22	≤0.19	≤0.22
	B级	dB/km	≤0.40	≤0.25	≤0.45	≤0.25	≤0.22	≤0.25
	C级	dB/km	≤0.45	≤0.30	≤0.55	≤0.35	—	≤0.30
色散特性		nm	零色散波长范围为 1300~1324		零色散波长最大容差 $\Delta\lambda_{0max} \leq 50$		—	非零色散区 1530 ≤λ_{min}≤λ_{max}≤1565
		ps/(nm²·km)	零色散的最大值为 0.093		零色散斜率最大值 $S_{max} \leq 0.085$		—	非零色散区色散系数绝对值 $0.1 \leq D_{min}$ ≤D_{max}≤6.0
		ps/(nm·km)	1288~1339nm 色散系数最大值为 3.5		—		—	—
			1271~1360nm 色散系数最大值为 5.3		—		—	—
			1550nm 色散系数最大值为 18		1525~1575nm 色散系数最大值为 $D_{max}=3.5$		1550nm 色散系数最大值为 20	—
模场直径		μm	(8.6~9.5)±0.7 1310nm		(7.8~8.5)±0.7 1550nm		(9.5~10.5)±0.7 1550nm	(8.0~11.0)±0.7 1550nm
包层直径		μm	125±1		125±1		125±1	125±1
包层不圆度		%	≤1.0		≤1.0		≤1.0	≤1.0

(2) 光缆敷设的特殊要求

由于光缆的缆芯很脆弱，在敷设光缆特殊要求有：弯曲光缆时不能超过相关规范规定的最小的弯曲半径；敷设光缆的牵引力不要超过最大的敷设张力。

布放光缆的牵引力应不超过光缆允许张力的80%，一般为150~200kg，瞬时最大牵引力不得大于光缆允许张力，主要牵引力应加在光缆的加强构件上，光纤不应直接承受拉力。

(3) 建筑物内主干光缆的敷设方法

1) 向下垂放光缆：在离竖井槽孔1~2m处安放光缆卷轴，放置卷轴时要使光缆的末端在其顶部，然后从卷轴顶部牵引光缆；使光缆卷轴开始转动，将光缆从其顶部牵出，牵引光缆时要保证不超过最小弯曲半径和最大张力的规定；引导光缆进入槽孔中。如果是一个小孔，则首先要安装一个塑料导向板，以防止光缆与混凝土边侧产生摩擦导致光缆的损坏，如果通过大的开孔下放光缆，则在孔的中心安装上一个滑轮，把光缆拉出绕到滑轮上去；慢慢地从光缆卷抽上牵引光缆，直到下一层楼上的人能将光缆引入下一个槽孔中去；在每一层楼要重复上述步骤，当光缆达到最底层时，要使光缆松弛地盘在这里。

2) 利用绞车牵引光缆的步骤：将拉绳穿过去绞车，启动绞车上的发动机，通过楼层的开孔向下放绳子直到楼底；关掉绞车，将光缆连到拉绳的拉眼上去，慢慢地将光缆向上拉；当光缆末端牵引到顶层时，关掉牵引的机器；根据需要，利用分离缆夹或缆带来将光缆固定到顶部楼层和底部楼层；当所有的连接完成后，从绞车上释放光缆的末端。

3. 建筑群间线缆布线

在建筑群间布线，一般有排管敷设和架空敷设两类方法，具体按设计文件技术要求执行。无具体技术要求时，参照通信管道、架空线路和管道线路敷设施工的相关规范执行。

40.3.3.3 水平线缆的敷设

1. 双绞线缆的敷设

同一回路的所有双绞线缆可在同一线槽内敷设。强、弱电线缆应分槽敷设，两种线路交叉处应设置有屏蔽分线板的分线盒。线缆不得有接头，接头应在分线盒或线槽出线盒内处理。

综合布线系统所选用的线缆、信息插座、跳线、连接线等部件，必须与选择的类型一致，如选用 5 类（6 类）标准，则线缆、信息插座、跳线、连接线等部件必须为 5 类（6 类）；否则不能保证 5 类（6 类）标准的测试指标。

2. 水平布线子系统对接地的要求

当水平布线采用屏蔽系统时，除了要达到上述要求外，还必须做到：

综合布线系统所用屏蔽层必须保持连续性，并保证线缆的相对位置不变，屏蔽层的配线设备端应接地。

各层配线架应单独布线到接地体，信息插座的接地利用电缆屏蔽层与各楼层配线架相连接，工作站弱电设备的金属外壳与专用接地体单独连接。

综合布线系统有关的有源设备的正极或金属外壳，干线电缆屏蔽层均应接地。

若同层内有均压环时，应与之连接，使整个建筑物的接地系统组成一个笼式均压网。

3. 水平布线子系统的长度限制

水平布线子系统要求在 90m 的长度范围内，这个长度范围是指从楼层接线间的配线架到工作区的信息点的实际长度，包括配线架上的跳线和工作区的连线总共不应超过 90m。一般配线架上的跳线长度小于 5m。

40.3.3.4 工作区器材的安装与连接

信息插座的安装：

（1）终接时，每对对绞线应保持扭绞状态，扭绞松开长度对于 3 类电缆不应大于 75mm；对于 5 类电缆不应大于 13mm；对于 6 类及以上类别的电缆不应大于 6.4mm。

（2）对绞线与 8 位模块式通用插座相连时，必须按色标和线对顺序进行卡接。插座类型、色标和编号应符合图 40-2 的规定。两种连接方式均可采用，但在同一布线工程中两种连接方式不应混合使用。

(3) 7类布线系统采用非用45方式终接时,连接图应符合相关标准规定。

(4) 屏蔽对绞电缆的屏蔽层与连接器件终接处屏蔽罩应通过紧固器件可靠接触,缆线屏蔽层应与连接器件屏蔽罩:360°圆周接触,接触长度不宜小于10mm。屏蔽层不应用于受力的场合。

(5) 对不同的屏蔽对绞线或屏蔽电缆,屏蔽层应采用不同的端接方法。应对编织层或金属箔与汇流导线进行有效的端接。

(6) 每个2口86面板底盒宜终接2条对绞电缆或1根2芯/4芯光缆,不宜兼作过路盒使用。

(7) 对绞线与模块接线图示见图40-2~图40-4。

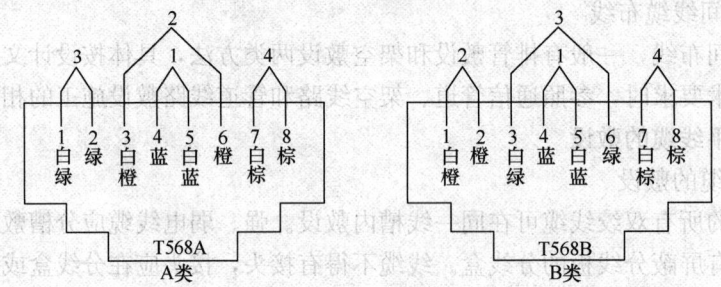

图40-2 T568A与T568B模块式插座连接图

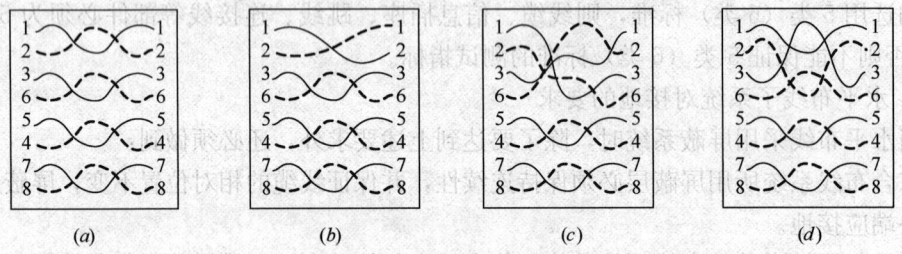

图40-3 几种连线方式
(a) 正确连线;(b) 反向线对;(c) 交叉线对;(d) 串对

(8) 34对对绞电缆与非RJ45模块终接时,应按线序号和组成的线对进行卡接。

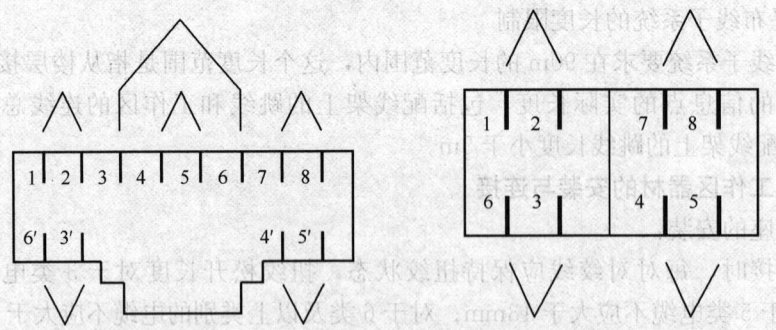

图40-4 7类和7类模块插座连接(正视)方式1和方式2

40.3.3.5 管理子系统的安装与端接

(1) 光缆交接箱、光纤接口：

1) 光缆终接与接续应采用下列方式：

① 光纤与连接器件连接可采用尾纤熔接和机械连接方式。

② 光纤与光纤接续可采用熔接和光连接子（机械）连接方式。

2) 光缆芯线终接应符合下列要求：

① 采用光纤连接盘对光纤进行连接、保护，在连接盘中光纤的弯曲半径应符合安装工艺要求。

② 光纤熔接处应加以保护和固定。

③ 光纤连接盘面板应有标志。

④ 光纤连接损耗值，应符合表 40-3 的规定。

光纤连接损耗值（dB） 表 40-3

连接类别	多模		单模	
	平均值	最大值	平均值	最大值
熔接	0.15	0.30	0.15	0.30
机械连接	—	0.30	—	0.30

(2) 各类跳线缆线和连接器件间接触应良好，接线无误，标志齐全。跳线选用类型应符合系统设计要求。

40.3.3.6 综合布线系统的施工要求

(1) 线缆安装、敷设应符合下列常规要求：

1) 线缆两端应有防水、耐摩擦的永久性标签，标签书写应清晰、准确。

2) 管内线缆间不应拧绞，不得有接头。

3) 线缆的最小允许弯曲半径应符合《建筑电气工程施工质量验收规范》GB 50303—2015 第 12.2.1 条的规定。

4) 线管出线口与设备接线端子之间，必须采用金属软管连接的，金属软管长度不宜超过 2m，不得将线裸露。

5) 桥架内线缆应排列整齐，不拧绞。在线缆进出桥架部位、转弯处应绑扎固定。垂直桥架内线缆绑扎固定点间隔不宜大于 1.5m。

6) 线缆穿越建筑物变形缝（包括沉降缝、伸缩缝、抗震缝等）时应留补偿余量。

7) 线缆敷设还应符合《建筑电气工程施工质量验收规范》GB 50303—2015 和《安全防范工程技术标准》GB 50348—2018 的规定。

(2) 双绞线安装、敷设的要求：

1) 线缆布放应自然平直，不应受外力挤压和损伤，这是因为要保护五类线、六类线等网络线不受到损伤，不影响其传输性能。

2) 线缆布放宜留不小于 15cm 余量，以便使线缆留有多次端接的长度。

3) 从配线间引向工作区各信息点双绞线的长度不应大于 90m。

4) 线缆的布放路由中不得出现线缆线接头。

5) 缆线弯曲半径宜符合下列规定：

① 非屏蔽4对双绞线弯曲半径宜不小于电缆外径4倍;

② 屏蔽4对双绞线弯曲半径宜不小于电缆外径4倍。

6) 综合布线系统线缆与其他管线的间距应符合《综合布线系统工程验收规范》GB/T 50312—2016第6.1.1条的规定。

7) 线缆敷设施工时,现场应安装较稳固的临时线号标签,线缆上配线架、打模块前应安装永久线号标签。

8) 线缆经过桥架、管线拐弯处,应保证线缆紧贴底部,不悬空,不受牵引力。在桥架的拐弯处应采取绑扎或其他形式固定。

9) 机柜、机架安装要求如下:

① 机柜、机架安装位置应符合设计要求,安装完毕后,垂直偏差度应不大于3mm。

② 机柜、机架上的各种零件不得脱落或碰坏,漆面如有脱落应予以补漆,各种标志应完整、清晰。

③ 机柜、机架的安装应牢固,如有抗震要求时,应按施工图的抗震设计进行加固。

④ 机柜不宜直接安装在活动地板上,宜接设备的底平面尺寸制作底座,底座直接与地面固定,机柜固定在底座上、底座高度应与活动地板高度相同,然后铺设活动地板。

⑤ 安装机构面板,架前应预留800mm空间,机架背面离墙距离应大于600mm,背板式配线架可直接由背板固定于墙面上。

⑥ 公共场所安装配线箱时,壁嵌式箱体底边距地不宜小于1.5m,墙挂式箱体底面距地不宜小于1.8m。

(3) 配线设备的使用应符合下列要求:

1) 光、电缆交接设备的形状、规格应符合设计要求;

2) 光、电缆交接设备的编排及标志名称应与设计相符;各类标志名称应统一、标准位置正确、清晰。

(4) 配线架的安装要求如下:

1) 卡入配线架连接模块内的单根线缆色标应和线缆的色标相一致,大对数电缆按标准色谱的组合规定排序。

2) 端接于RJ45口的配线架的线序及排列方式按有关国际标准规定的两种端接标准之一(T568A或T568B)进行端接,但必须与信息插座模块的线序排列使用同一种标准。

3) 各直列垂直倾斜误差不应大于3mm,底座水平误差每米不应大于2mm。

4) 接线端子各种标志应齐全。

5) 背架式跳线架应经配套的金属背板及线管理架安装在可靠的墙壁上,金属背板与墙壁应紧固。

(5) 信息插座安装标高应符合设计要求,其插座与电源插座安装的水平距离应符合《综合布线系统工程验收规范》GB/T 50312—2016的规定。当设计无标注要求时,其插座宜与电源插座安装标高相同。

(6) 机柜内应设置专用的PDU电源插座,其插座板上的插座孔数应满足日后设备插座使用的需求,并应留有一定的余量。

(7) 配线间内应设置局部等电位端子板,机柜应可靠接地。

(8) 空间较小的配线间宜安装开放式机架。

(9) 小区布线宜采用壁挂式配线箱，壁挂式配线箱的箱底高度不宜小于1.5m。

(10) 机柜内布线的整理

1) 机柜内线缆应分别绑扎在机柜两侧理线架上，排列整齐、美观，捆扎合理，配线架应固定牢固，每个配线架应配置一个理线器，配线架上的每个信息点位的标识应准确。

2) 光纤配线架（盘）宜安装在机柜顶部，交换机宜安装在铜配线架和光纤配线架（盘）之间。在预计的电话数量和网络数量都很多时，预计的电话点和网络点宜分开机柜安装。

3) 在完成线缆绑扎后，机柜应牢固固定在地面上，不能随意移动。

4) 跳线应通过理线架与相关设备相连接，理线架内、外线缆宜整理整齐。

40.3.4 施工质量控制

综合布线的工程质量，需要在系统设计阶段就加以注意，要依据《综合布线系统工程设计规范》GB 50311—2016 进行设计，依据《综合布线系统工程验收规范》GB/T 50312—2016 及相关标准，制定综合布线系统工程的质量管理计划。

综合布线系统中，施工中质量控制的重点（即：施工中质量控制中的主控项目）是对器材质量的控制：线缆、配线设备等产品有合格证和质量检验报告，且符合设计要求。

双绞线中间不得有接头，不得拧绞、打结。

线缆两端应有永久性标签，标签书写应清晰、准确。

综合布线系统中，施工中质量控制还需要注意的是：从配线间引向工作区各信息点双绞线的长度不应大于90m；线缆标识一致性，其终接处必须牢固且接触良好；线管和桥架中线缆的占空比不宜大于50%；壁挂式配线箱的安装标高不应小于1.5m；屏蔽电缆的屏蔽层端到端应保持完好的导通性。

40.3.5 系统的检测与检验

40.3.5.1 系统检测

综合布线系统的检测主要是线缆的通道测试，线缆敷设、配线设备安装检验，接地的检验。

(1) 须采用符合系统设计要求的合格的测试设备进行测试。

(2) 电缆电气性能测试及光纤系统性能测试应符合布线信道或链路的设计等级和布线系统的类别要求。

(3) 线缆永久链路的技术指标应符合现行国家标准《综合布线系统工程设计规范》GB 50311 的规定。

(4) 电缆布线系统性能测试及光纤布线系统性能测试应符合《综合布线系统工程验收规范》GB/T 50312—2016 的规定。

(5) 光纤到用户单元系统工程中，应检测用户接入点至用户单元信息配线箱之间的每一条光纤链路，衰减指标宜采用插入损耗法进行测试。

(6) 布线系统现场测试仪功能应满足《综合布线系统工程验收规范》GB/T 50312—2016 第 8.0.6 条的规定。

(7) 线缆敷设、配线设备安装检验应包括表 40-4 的内容：

线缆敷设、配线设备检验项目及内容　　　　　　　　　　　　　　　表 40-4

阶段	检验项目	检验内容	检验方式
设备安装	配线间、设备机柜	1. 规格、外观； 2. 安装垂直、水平度； 3. 油漆不得脱落，标志完整齐全； 4. 各种螺丝必须紧固； 5. 抗震加固措施； 6. 接地措施； 7. 供电措施； 8. 散热措施； 9. 照明措施	随工检验
	配线设备	1. 规格、位置、质量； 2. 各种螺丝必须拧紧； 3. 标识齐全； 4. 安装符合工艺要求； 5. 屏蔽层可靠连接	随工检验
线缆布放（楼内）	缆线暗敷（包括暗管、线槽、地板等方式）	1. 缆线规格、路由、位置； 2. 符合布放缆线工艺要求； 3. 管槽安装符合工艺要求； 4. 接地措施	隐蔽工程签证
线缆布放（楼间）	管道线缆	1. 使用管孔孔位、孔径； 2. 线缆规格； 3. 线缆的安装位置、路由； 4. 线缆的防护设施	隐蔽工程签证
	隧道线缆	1. 线缆规格； 2. 线缆安装位置、路由； 3. 线缆安装固定方式	隐蔽工程签证
	其他	1. 线缆路由与其他专业管线的间距； 2. 设备间设备安装、施工质量	随工检验或隐蔽工程签证
缆线端接	信息插座	符合工艺要求	随工检验
	配线部件	符合工艺要求	
	光纤插座	符合工艺要求	
	各类跳线	符合工艺要求	

（8）综合布线系统测试应包括表 40-5 的内容：

系统测试项目及内容　　　　　　　　　　　　　　　表 40-5

检验项目	检验内容	检验方式
电缆基本电气性能测试	1. 连接图； 2. 长度； 3. 衰减； 4. 近端串扰（两端都应测试）； 5. 电缆屏蔽层连通情况； 6. 其他技术指标	自检
光纤特性测试	1. 衰减； 2. 长度	自检

(9) 综合布线系统接地的结构及性能测试应符合《综合布线系统工程验收规范》GB/T 50312—2016 的规定。

(10) 综合布线系统质量记录还应执行《综合布线系统工程验收规范》GB/T 50312—2016 的相关规定。

40.3.5.2 资料整理
(1) 工程竣工图纸，包括布置图、接线图、设备清单等。
(2) 主要材料和设备的产品合格证、相关检测报告等。
(3) 工程检测记录，包括隐蔽工程检测记录、施工质量检测记录、设备功能检查记录、系统检测报告等。

40.3.6 综合布线新术介绍

40.3.6.1 电缆新技术介绍
使用铜缆双绞线支持 10~100G 传输：

目前，我们处理高速的数据传输通常是使用光缆，而新的研究证明，未来在一个房间或一栋大楼里，用铜缆来连接服务器进行 10~100G 的高速数据传输是可能的。这一技术将利用铜缆双绞线（如七类线）加配套的收发器来实现，该配套的收发器将运用纠错和均衡补偿的方法来消减干扰，这个通信技术将比传统的技术更为优越。

7 类电缆比 5 类电缆的线径要粗，由 4 对屏蔽绞合线组成，以减少信息串扰，其配套的收发器还使用均衡补偿的方法改善信号的质量。

新的 IEEE802.3 标准对于 10GBase-T 仍旧使用 IEEE802.3 以太网帧（Frame）格式以及 CSMA/CD（载波监听/冲突检测）机制，向前兼容 10M/100M/1000M 以太网。10GBase-T 将采用 PAM16（16 级脉冲调幅技术）以及 "1A00DSQ (double square)" 的组合编码方式。

40.3.6.2 配线管理新技术介绍
随着建筑中综合布线系统的点数增加、应用增多、使用中配线的更改也在增多，对于配线管理的要求大大提高；虽然配线管理《商业及建筑物电信基础结构的管理标准》EIA/TIA-606 为综合布线系统提供了一套完整的综合布线色标管理方法，在该标准中对线缆、面板、路由、空间、配线等如何标示都进行了明确的描述，意在进行完整有效的标识。但是，在实际应用中，网络应用的变化会导致大量连接移动、增加和变化，这时往往由于标示描述方式的限制或系统的庞大，使用户维护困难。

新的、智能化配线管理系统，以提高综合布线系统维护管理的工作效率为目的，采用基于端口的实时监控技术，无需特殊跳线，采用软硬件结合方式，可视、可听、可触、可读，四位一体的导航帮助，为网络管理员提供准确地从桌面到配线架，实时的、自动地记录和管理整个配线系统，称之"实时配线管理系统"。

40.4 通信网络系统

通信网络系统应适应城镇建设的发展，促进民用建筑中语音、数据等业务通信网络系统建设，满足用户对通信多业务的需求，实现资源共享，避免重复施工。

通信网络系统包括信息接入系统、用户电话交换系统等。

40.4.1 通信系统组成与功能

40.4.1.1 通信系统组成

1. 程控交换机的基本构成

程控电话交换机的主要任务是实现用户间通话的转接。它有两大部分：话路设备和控制设备。话路设备包括各种接口电路（如用户线接口和中继线接口电路等）和交换设备；控制设备则为计算机及其接口、存储设备。程控交换机也称数字程控交换机实质上是采用计算机进行"存储程序控制"的交换机，它将各种控制功能编成程序，存入存储器，对外部状态的巡检数据使用存储程序来控制、管理整个交换系统的工作。

2. 接入系统

提供上级通信交换局到本地程控交换机的连接，此连接一般是以单模光缆实现。

40.4.1.2 通信系统功能

智能建筑的通信网络是以数字程控交换机为核心，以语音信号为主并兼有数据信号、传真、图像资料传输的图像网络。

通信网络系统是保证智能建筑的语音、数据、图像传输的基础，它同时与外部通信网（如公共电话网、数据通信网、计算机网络、卫星以及广电网等）相连，提供建筑物内外的有效信息服务。

1. 程控交换机的特点

程控数字交换机是现代数字通信技术、计算机技术与大规模集成电路结合的产物。先进的硬件与日臻完美的软件综合于一体，赋予程控交换机以众多的功能和特点：

（1）体积小，重量轻，功耗低，节省了费用。

（2）能灵活的向用户提供众多的新服务功能。可以通过软件方便地增加或修改交换机功能，向用户提供新型服务，如缩位拨号、呼叫等待、呼叫传递、呼叫转移、遇忙回叫、热线电话、会议电话，给用户带来很大的方便。系统还可方便地提供自动计费，话务量记录，服务质量自动监视，超负荷控制等功能。

（3）工作稳定可靠，维护方便，借助故障诊断程序对故障自动进行检测和定位，以及时地发现与排除故障。

（4）适于采用先进的7号信令或DDSI信令方式，使信令传送容量大、效率高，并为实现综合业务网ISDN创造必要的条件。

（5）易于与数字终端，数字传输系统连接。

2. 程控交换机的类型

程控交换机从使用方面进行分类，可分为通用型和专用型两类。通用型适用于一般企事业单位、学校等以语音业务为主的单位，容量一般在几百门以下，且其内部话务量所占比重较大。目前国内生产的500门以下的程控交换机均属此种类型，其特点是系统结构简单，使用方便，维护量少。专用型则根据各单位专门的需要提供各种特殊的功能。下面分别说明几种专用型程控用户交换机：

（1）酒店型：酒店型程控用户交换机出入局话务量大，不需要直接拨入功能，话务台功能强。为满足客人打长途电话的需要，具有计费功能。为满足宾馆客房管理需要，提供了以下功能：

1) 房间控制：客人离店结账电话自动闭锁。
2) 留言中心：对临时外出的客人的来话呼叫，提供留言服务。
3) 客房状态：随时提供客房占用，空闲，是否打扫的情况。
4) 自动叫醒：按客人需要，准时叫醒客人。
5) 请勿打扰：为客人提供安静环境，客人在电话输入指令后，在一定时限内电话不能呼入。
6) 综合语音和数据系统：办公人员可通过个人计算机从远处服务器取得资料。

(2) 医院型：这是装有医院特点软件的专用程控交换机。软件功能中除具有宾馆功能外，还具有呼叫寄存、呼叫转移、病房紧急呼叫、热线电话及配合救护车的移动通信接口的功能。

(3) 银行型：银行型专用软件包括总行和分行间的通信联络、呼叫代答、警卫线路、外线保留等。同时具备办公自动化PABX的功能。

(4) 办公自动化型：需要快速语音通道程控完成高质量语音通信。呼出要求快速自动直拨，即缩位拨号功能。呼入要求全自动呼入功能，避免话务员介入，提高效率。具有办公微机通过程控交换机使用内部的数据资源的功能，目前一般传输速率为144kbit/s，先进的程控交换机可提供2Mbit/s的传输通路，可开展宽带非话业务，传输动态图像和电视电话等，还具有语音邮递和电子邮箱等功能。

(5) 专网型：具有组网汇接功能的程控用户交换机应具有多位号码存储，转发能力、直达优先路由选择、自动迂回、外线呼叫等级限制、等位拨号、功能透明、远端集中维护管理及话务台集中设置等。对专网型程控交换机应着重考虑其中继接口，信令方式与传输系统的配合能力。还可能要求具有汇接、长途甚至与农话业务配合功能。

40.4.2 施工工序流程

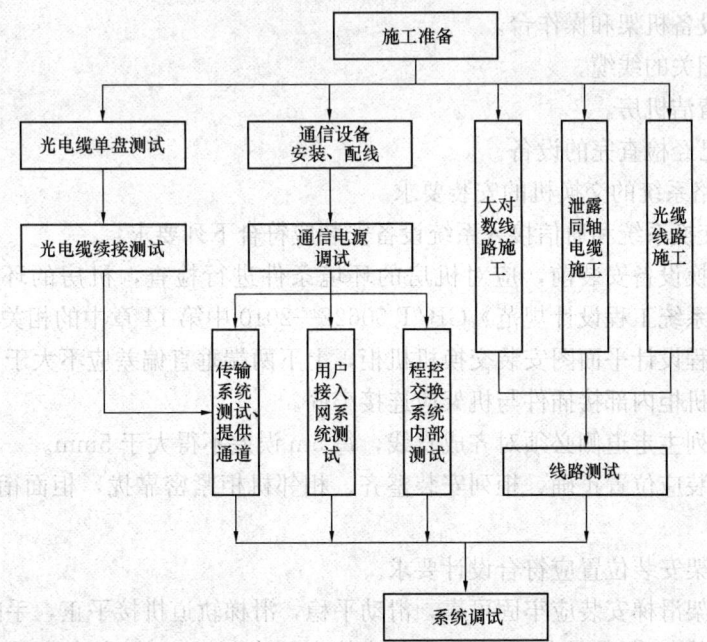

40.4.3 通信网络系统的安装施工

40.4.3.1 通信网络系统的施工准备

施工单位应取得国家相关职能部门或本行业或本专业职能部门颁发的程控交换机安装工程施工资质。

（1）通信系统安装施工前的准备工作，应符合本章40.2.1"施工准备"的要求，应进行相关的技术准备、设备与材料的检查、系统安装场地检查。

（2）施工单位应根据设计文件要求，完成各个系统的规划和配置方案，并经建设单位、使用单位会审批准。

（3）施工单位应对前序工作以及配电系统情况进行检查，并当其符合信息设施系统施工条件方可施工。

（4）通信网络系统的安装场地检查：程控交换设备安装前，应对机房的环境条件进行检查，机房的环境条件应满足《用户电话交换系统工程设计规范》GB/T 50622—2010中第14章的相关规定。

40.4.3.2 通信网络系统的安装施工

1. 通信网络系统的交换机的安装工作

（1）交换机安装前的前置工作有：

1）布置工作场地：其中包括：测量定位，安排好放置机柜、机架的位置，安排放置工作台的位置以及放置工具的位置等。

2）相关工具的准备：安排好施工使用的工具。

3）安排好电缆走线孔、墙洞、门窗等土木施工。

4）处理机房地面。

（2）安装缆线机架。

（3）安装设备机架和操作台。

（4）安装相关的线缆。

（5）彻底清洁机房。

（6）安装已经检查完的设备。

2. 通信网络系统的交换机的安装要求

（1）电话交换系统和通信接入系统设备安装应符合下列要求：

1）电话交换设备安装前，应对机房的环境条件进行检查，机房的环境条件应满足《用户电话交换系统工程设计规范》GB/T 50622—2010中第14章中的相关规定。

2）应按工程设计平面图安装交换机机柜，上下两端垂直偏差应不大于3mm。

3）交换机机柜内部接插件与机架应连接牢固。

4）机柜大列主走道侧必须对齐成直线，每5m误差不得大于5mm。

5）机柜安装应位置正确、柜列安装整齐、相邻机柜紧密靠拢，柜面衔接处无明显高低不平。

6）总配线架安装位置应符合设计要求。

7）总配线架滑梯安装应牢固可靠，滑动平稳，滑梯轨道拼接平正，手闸灵敏。

8）各种配线架各直列上下两端垂直偏差应不大于3mm，底座水平误差每米不大于2mm。

9) 配线架盲列告警装置及总告警装置设备应安装齐全，告警标示清楚。

10) 各种文字和符号标志应正确、清晰、齐全。

11) 终端设备应配备完整，安装就位，标志齐全、正确。

12) 机架、列架、配线架必须按施工图的抗震要求进行加固。

13) 直流电源线连同所接的电源线，应使用500V兆欧表测试正负线间和负线对地间的绝缘电阻，均不得小于1MΩ。

14) 交换系统使用的交流电源线两端腾空时，应使用500V兆欧表测试芯线间和芯线对地的绝缘电阻，均不得小于1MΩ。

15) 交换系统用的交流电源线必须有接地保护线。

16) 交换机设备通电前，应对下列内容进行检查，并符合下列要求：

① 各种电路板数量、规格、接线及机架的安装位置应与施工图设计文件相符且标识齐全正确。

② 各机架所有的熔断器规格应符合要求，检查各功能单元电源开关应处于关闭状态。

③ 设备的各种选择开关应置于初始位置。

④ 设备的供电电源线、接地线规格应符合设计要求，并端接正确、牢固。

17) 应测量机房主电源输入电压，确定正常后，方可进行通电测试。

3. 通信网络系统的线缆与光缆的安装施工

通信网络系统的线缆与光缆的安装施工应符合本章40.2"综合管线"和40.3"综合布线系统"的要求。

4. 通信网络系统的电源、接地与防雷的安装施工

通信网络系统的支持电源的安装施工应符合本章40.2"综合管线"的要求。

40.4.4 通信网络系统的质量控制

通信网络系统的工程质量，需要在系统设计阶段就加以注意，要依据《用户电话交换系统工程设计规范》GB/T 50622—2010进行设计，依据《用户电话交换系统工程验收规范》GB/T 50623—2010及相关标准，制定通信网络系统工程的质量管理计划。

在通信网络系统工程的施工阶段，一定要注意以下的施工要点，以便保证施工质量。

通信网络系统中，施工中质量控制的重点（即：施工中质量控制中的主控项目）是：

(1) 电话交换系统和通信接入系统的检测阶段、检测内容、检测方法及性能指标要求应符合《用户电话交换系统工程验收规范》GB/T 50623—2010等的要求。

(2) 通信系统连接公用通信网信道的传输率、信号方式、物理接口和接口协议应符合设计要求。

通信网络系统中，施工中质量控制还需要注意的是：

(1) 设备、线缆标识应清晰、明确。

(2) 电话交换系统安装各种业务板及业务板电缆，信号线和电源应分别引入。

(3) 各设备、器件、盒、箱、线缆等的安装应符合设计要求，布局合理，排列整齐，牢固可靠，线缆连接正确，压接牢固。

(4) 馈线连接头应牢固安装，接触良好，并采取防雨、防腐措施。

40.4.5 通信网络系统的调试与检验

《用户电话交换系统工程验收规范》GB/T 50623—2010 通信网络系统的检测验收见《智能建筑工程质量验收规范》GB 50339—2013 相关内容。

通信系统的硬件设备安装施工完毕后，综合布线系统施工完成。又经过了跳线，分机终端已经和系统连接完成，则应进行中继接入，即程控用户交换机作为公众电话网的终端设备应与公众电话网相连。

由于中继方式涉及有关端口局、站，故中继接入常应有关市话局人员参加，通常程控用户交换机生产单位也派人，用户单位负责人和操作维修人员参加，接通电源，则通信系统进入试运行。试运行时发生的问题，由双方现场协商解决，解决后通信系统正式投入运行。

40.4.5.1 通信网络系统调试

（1）通信网络系统调试准备应符合下列要求：

1）各系统调试前，施工单位应制定调试方案、测试计划，并经会审批准。

2）设备规格、安装应符合设计要求，安装稳固，外壳无损伤。

3）使用 500V 兆欧表对电源电缆进行测量，其线芯间，线芯与地线间的绝缘电阻不应小于 1MΩ。

4）设备及线缆应标志齐全、准确，符合设计要求与本章 40.2 "综合管线" 和 40.3 "综合布线系统" 的要求。

5）机柜、控制箱、支架、设备及需要接地的屏蔽线缆和同轴电缆应良好接地。

6）各系统供配电的电压与功率应符合设计要求。

（2）通信网络系统的调试应符合下列要求：

1）系统的安装环境、设备安装应符合设计要求。

2）逐级对设备进行加电，设备通电后，检查所有机架为设备供电的输出电压应符合设计要求。

3）电话交换系统自检正常、时钟同步、时钟等级和性能参数应符合设计要求。

4）安装电话交换机服务系统、联机计费系统、交换集中监控系统，对设备进行测试、调试应达到系统无故障，并提供相应的测试报告。

（3）通信网络系统的功能调试应符合下列要求：

1）各系统内的设备应能够对系统软件指令作出及时响应。

2）系统调试中，应及时记录并检查软件的工作状态和运行日志，并修改错误。

3）系统调试中，应及时记录并检查系统设备对系统软件指令的响应状态，并修改错误。

4）应先进行功能测试，然后进行性能测试。

5）调试过程中出现运行错误、系统功能或性能不能满足设计要求时，应填写系统调试问题报告表，并对问题进行处理、填写处理记录。

40.4.5.2 通信网络系统检验

（1）系统检验应符合下列要求：

1）应对各系统进行检测，并填写检测记录和编制检测报告。

2)设备及软件的配置参数和配置说明应文档齐全。

(2)电话交换系统的检验应符合下列要求:

1)系统的交换功能应达到局内、局间、异地、国际通话正常,并计费准确。

2)系统的维护管理功能应达到系统提供的功能均可检测、可管理、可修复。

3)系统的信号方式及网络网管功能应达到信令正确,网管功能符合设计要求。

(3)接入网系统的检验符合下列要求:

1)通信系统接入公用通信网信道的传输率、信号方式、物理接口和接口协议应符合设计要求。

2)外线的呼入、呼出运行应正常。

40.4.5.3 资料整理与归档

(1)工程竣工图纸,包括系统结构图、各子系统监控原理图施工平面图、设备电气端子接线图、中央控制室设备布置图、接线图、设备清单等。

(2)系统的产品说明书、操作手册和维护手册。

(3)工程检测记录,包括隐蔽工程检测记录、施工质量检测记录、设备功能检查记录、系统检测报告等。

40.4.6 通信网络发展动向和趋势介绍

在信息技术发展迅速的今天,任何业务的发展,都是建立在技术革新的基础上来进行的,作为通信技术中的主要组成部分,程控交换技术呈现出了良好的发展前景,并且在未来的发展中将会更加广泛地应用在人们的生产生活当中,而分散控制、软交换技术和综合交换技术将会是程控交换技术未来发展中的主要方向。

(1)分散控制方式

程控数字交换机的控制方式是从集中控制逐渐发展为分散控制方式的,目前市场上的程控数字交换机虽然还保留着一定的集中控制,但是由于集中控制具有一定的风险性。

分散控制的程度主要体现在中央处理机功能的弱化程度,一般情况下主要包括分级控制和分布式控制两种控制方式,其中,分级控制是将整个处理机系统分为两级或者三级,其中的一级属于中央处理机控制,所执行的操作是对较为集中的高层呼叫进行处理,而其他的外围处理机需要受到中央处理机的控制,在不同程度的呼叫管理当中,主要依靠中央处理机来完成。

(2)软交换技术

软交换技术既能够执行传统程控交换机相同的功能,同时也能够对IP通信进行处理,同时还能够有效降低网络成本。作为下一代网络的核心设备之一,一般情况下软交换技术主要是对实时业务进行处理,针对业务种类的不同,可以将呼叫控制、承载建立和业务逻辑进行相互区分,并且在之间建立相应的通信通道,这种方式能够更好地开展新业务。

(3)电路交换技术和分组交换技术的结合

这样的技术也被称为综合交换机技术,从以上叙述可以看出,软交换技术能够对电路交换和分组交换进行整合,而综合交换机技术可以同时支持宽带交换、电路交换和IP交换,在未来信息网络的发展当中,IP电话技术也是在综合交换技术的基础上,在IP网上进行实时传送语音信息的应用。

40.5 卫星电视及有线电视系统

40.5.1 卫星电视及有线电视系统结构

40.5.1.1 电视系统组成

有线电视系统也称为闭路电视系统CATV,是用射频电缆、光缆、多频道微波分配系统（缩写MMDS）或其组合来传输、分配和交换声音、图像及数据信号的电视系统。所谓闭路，指的是不向空间辐射电磁波。

近些年随着有线电视技术的不断进步,CATV呈现出了光纤化、数字化、双向传输的趋势。同时,在有线电视光纤网上架构IP宽带网,构成"三网合一"的宽带综合信息网已经得以实现。

卫星电视接收系统,首先是由接收天线收集广播卫星转发的电磁波信号,并由馈源送给高频头；室外单元的高频头将天线接收的射频信号进行放大、同时变频至第一中频频率f1F1（970～1470MHz）,再由同轴电缆将此信号送给室内单元的接收机,接收机从中选出所需接收的某一固定的电视调频载波,再变频至解调前的固定第二中频频率f1F2（通常为400MHz）,由解调器解调出复合基带信号,最后经视频处理和伴音解调电路输出图像和伴音信号。

通常由接收天线、高频头和卫星接收机三大部分组成。

卫星电视及有线电视系统它由前端设备、干线传输和用户分配三部分组成。

卫星电视及有线电视系统的组成如图40-5所示。

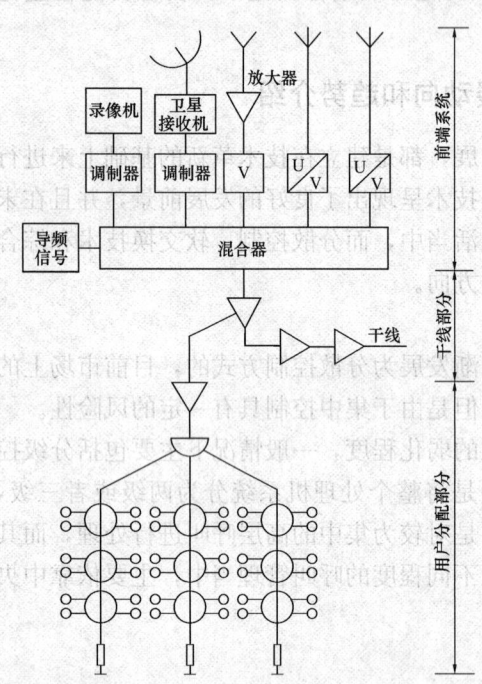

图40-5 卫星电视及有线电视系统的组成

1. 电视系统前端系统

(1) 卫星电视接收的主要组成,宜包括天线系统（抛物面天线反射面、馈源）、高频头、卫星接收机等部分。其中：

1) 天线系统：天线系统由抛物线天线反射面和馈源组成,根据不同的卫星转发器功率大小不同,地面采用的天线尺寸也不一样,天线反射面一般为铝合金、玻璃纤维增强型SMC材料的玻璃钢天线、玻璃纤维制成的FRP一体成型卫星天线,馈源采用后馈或前馈。

2) 高频头：高频头又称"低噪声降频器"或"低噪声下变频器"（LNB）。其内部电路包括低噪声变频器和下变频器,低噪声变频器将天线接收到的微弱的卫星信号进行放大和变频,即把馈源输出的4GHz信号放大,再降频为950～2150MHz中频信号。目前使用的有C频段和Ku频段两种。

3) 卫星接收机：现在使用的主要是数字卫星接收机，又称接收解码器（IRD），它主要由调谐器、QPSK 解调、去扰码、纠错、解复用、解码，再进行 PAL 编码，形成全电视信号输出。

(2) 有线电视接收的主要组成：

有线电视光接收器：在有线电视系统 HFC（光纤同轴混合结构）中，是把接收到的有线电视 RF 射频光信号转换为电信号的设备。

2. 电视系统的干线传输

有线电视网络主要有 HFC 网络（光纤同轴混合结构）、FTTH 接入分配网络。

传输部分是一个传输网，其作用是把前端送出的（宽带复合）电视信号传输到用户分配系统。用户分配网络是整个系统的最后部分，它以广泛的分布把来自干线的信号，分配传送到用户终端（电视机）。

(1) 同轴干线传输方式

同轴干线传输主要由干线双向放大器、干线分配器、干线分支器、用户分支器、75Ω 系列射频同轴电缆组成。

同轴组网方式：垂直主干线和水平干线采用 SYV75-9 国产优质屏蔽电缆；分支器到终端电视插座采用 SYV75-5 国产优质屏蔽电缆。主干线距离长，信号衰减大，则采用 500 号合金铝皮电缆来满足系统要求。

(2) 有线电视系统 FTTH 接入分配网

根据三网合一趋势，目前住宅较多采用 FTTH 方案，FTTH 接入分配网络由 OLT、ODN 和 ONT、光缆、光缆交接箱、网线组成，通过网管系统实现对三部分的统一管理。OLT 设置于接入节点机房，光缆交接箱设置于楼层弱电间，ONT 设置于用户家中。

局端（OLT）与用户（ONT）之间仅有光纤、光分路器等光无源器件。

从 OLT 输出到楼内光配线箱之间应采用 G.652D 层绞光缆，室外部分应采用地下通信管道敷设方式。

EPON 的 ODN 宜采用 32 路分光，GPON 的 ODN 宜采用 64 路分光。

ODN 网络宜采用树形结构，采用一级分光或二级分光方式。

3. 电视系统的用户分配

(1) 同轴用户分配网

用户分配系统的设计包括进线口的设置、电缆分配网络的结构、分配放大器设计、供电电源、分配器，分支器的设计、用户终端的设计、同轴电缆选择及穿管管径、放大箱、分配箱、过路箱、终端盒的设计、器材选用。

电视系统的用户分配部分使用带反向平台、双向传输、870MHz 带宽的线路放大器、5~1000MHz 高隔离度分支分配器和 SYWV（Y）-75 系列优质物理发泡射频同轴电缆组成，以分支分配方式将电视信号送入各个用户终端。放大器采用就近供电的方式。

分支分配系统：有线电视信号放大后的 RF 信号，应高质量地传送到各用户终端、系统分支分配器、用户盒。应选用工作频率为 5~1000MHz 高隔离度产品，以免产品质量不好引入噪声，使系统性能指标降低，电视机图像出现各种干扰、噪声，甚至扭曲现象。特别是反向信号极易受到干扰的影响，性能明显变坏，这就是常见的系统反向信号做不好的重要原因（图 40-6）。

(2) 有线电视系统 FTTH 接入分配网络

从楼内光配线箱到用户家庭配线箱之间宜采用 G657A 蝶形光缆，进入每户家庭配线箱的光纤应为 1 芯或 2 芯。

光缆在局端成端及室外接续时应采用熔接方式，在光分配点成端应根据安装环境采用熔接或冷接方式。

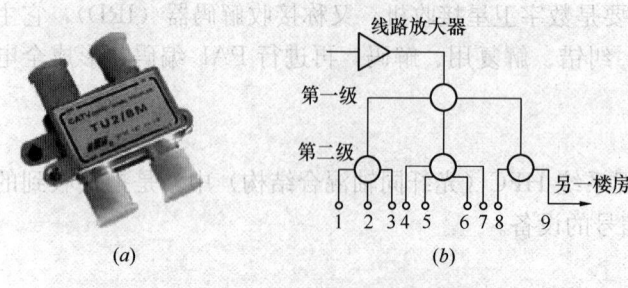

图 40-6　卫星电视接收的分支分配器连接图
(a) 分支分配器；(b) 分支分配连接

居民住宅区到用户家庭配线箱之间光纤光缆的配置、接续和光交接箱、配线箱设置应符合现行国家标准《住宅区和住宅建筑内光纤到户通信设施工程设计规范》GB 50846 的规定。

40.5.1.2　电视系统应用

卫星电视系统，通过卫星地面站可直接接收广播电视的卫星信号。

有线电视（含卫星电视系统）接收系统向用户提供多种电视节目源。近些年随着有线电视技术的不断进步，CATV 呈现出了光纤化、数字化、双向传输的趋势。同时，在有线电视光纤网上架构 IP 宽带网，构成"三网合一"的宽带综合信息网已经得以实现。

传输系统的规划应符合当地有线电视网络的要求。根据建筑物的功能需要，按照国家相关部门管理规定，配置卫星广播电视接收和传输系统，根据各类建筑内部的功能需要配置电视终端。

40.5.2　施工工序流程

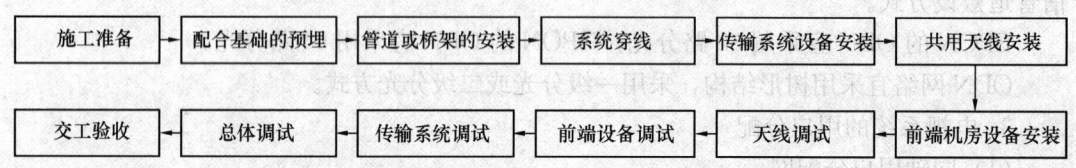

40.5.3　电视系统安装施工

40.5.3.1　电视系统的施工准备

卫星接收及有线电视系统工程施工前应进行如下的准备工作：

（1）工程施工前应具备相应的现场勘察、设计文件及图纸等资料，并应按照设计图纸施工。

（2）准备工作应符合本章 40.2.1 "施工准备"的要求，尚应符合下列要求：

1）有源设备均应通电检查。

2）主要设备和器材，应选用具有国家广播电影电视总局或有资质检测机构颁发的有效认定标识的产品。

（3）建筑物内暗管敷设施应符合《有线电视网络工程施工与验收标准》GB/T 51265—

2018 第 6.5.2 条的规定。

40.5.3.2 卫星电视的安装施工

安装天线的顺序为：场地选择，确定天线的仰角、方位角和高频头的极化角，安装天线，安装高频头，调整天线的仰角、方位角、固定天线，防雷接地，安装馈线。

1. 场地选择

安装天线的场地应选择结构坚实、地面平整的场地，应充分考虑安装的地点要便于架设铁塔、钢架、水泥基座等天线支撑物，并保证长期稳定可靠。由于微波通信易受干扰，对天线场地需要进行测试，选择信号场干净、防风、易于防雷的场地，并且在天线指向卫星的方向上没有明显遮挡物，天线指向周围遮挡物的连线与天线指向卫星的连线之间的角度应大于 5°。要求有足够视野的空旷地面或楼顶上，地面应平整，并有牢靠的地基和可靠的接地装置。天线与卫星接收机之间的距离要尽可能的近。

2. 天线指向的确定

接收天线在实施安装之前，须根据卫星的经度和接收站的地理经纬度确定天线的仰角、方位角，以便使天线对准卫星。要计算接收天线的仰角与方位角，需知道卫星的定点位置、接收点的地理位置（经度和维度）。仰角、方位角的计算公式如下：

根据算出的仰角和方位角进行天线方向的调试，使之对准所要接收的卫星的电视信号，这是粗调。然后进行细调，使所收的信号最佳。

在工程上常用指南针定向。由于磁南北极与地理南北极之间存在磁偏角，因此以磁南为 0°时，上述求出的方位角必须用磁偏角修正后才是天线的方位角。在城市中由于各种建筑物中的钢筋的影响，指南针的定向并不十分准确，只作为参考值。

实用计算天线参数的软件，只要输入当地地名或周边大城市的名称，即可计算出所有同步卫星的参数，实用方便。

3. 安装天线

天线组装后，安装前不要放在楼顶上，以防止雷击和大风的损坏。

卫星天线基座的安装应根据设计图纸的位置、尺寸，在土建浇筑混凝土层面的同时进行基座制作，基座中的地脚螺栓应与楼房顶面钢筋焊接连接，并与地网连接，天线底座接地电阻应小于 4Ω。

安装卫星天线，把卫星天线对准卫星：亚洲二号卫星，位于经度为 100.5°的赤道上空。

卫星接收天线安装最大的难点在天线的方位、仰角和高频头的位置及极化角度的调整，需要一定的经验。

将天线连同支架安装在天线座架上，天线的方位通常有一定的调整范围，应保证在接收方向的左右有足够的调整余地。对于具有方位度盘和俯仰度盘的天线，应使方位度盘的 0°与正北方向、俯仰度盘的 0°与水平面保持一致。正北方向的确定，一般采用指北针测出地磁北极。再根据当地的磁偏角值进行修正，也可利用北极星或太阳确定。

较大的天线一般都采用分瓣包装运输，应将各部分重新组装起来。天线组装后，型面的误差、主面与副面之间的相对位置、馈源与副面的相对位置，均应用专用工具进行校验，保证误差在允许的范围内。校验完毕，应固紧螺栓。

天线馈源安装时，对于前馈天线，应使馈源的相位中心与抛物面焦点重合；对于后馈天线，应将馈源固定于抛物面顶部锥体的安装孔上，并调整副发射面的距离，使抛物面能聚焦于馈源相位中心上。天线的极化器安装于馈源之后。对于线极化（水平极化和垂直极化），应使馈源输出口的矩形波导窄边与极化方向平行；对于圆极化波（如左旋圆极化波），应使矩形导波口的两窄边垂直线与移相器内的螺钉或介质片所在平面相交成45°角的位置。

4. 馈源一体化双极性高频头（LNBF）的安装与位置的调整

当地面卫星接收天线安装完毕后安装高频头，具体步骤如下：

（1）安装馈源并根据天线参数F/D值，将馈源盘凸缘端面对准LNBF侧面的F/D相应刻度上。

（2）使LNBF频端面上"0"刻度垂直水平面。

（3）紧固馈源等各安装件。

（4）把LNBF的IF输出电缆与接收机的LNBF输入端连接好。

当接收天线波束已调整对准某颗卫星后，便可使用卫星信号测试仪调整LNBF的位置，此时应将LNBF的输出电缆改接至卫星信号测试仪的输入端，其步骤如下：

1）首先应检查馈源是否处于抛物面天线的中心，焦点是否正确，否则可以稍微调整馈源支撑杆；使之对准（以信号最大为准）。

2）检查LNBF侧面的F/D刻度是否按天线所给参数F/D对准，为此可略微前后调整，使卫星信号测试仪信号显示最大。

3）卫星发射的电视信号，只有在卫星所在经度的子午线上，其极化方向才完全是水平或垂直的，而在其他地区接收时，会略有偏差，在实际接收的情况下，应稍微旋转LNBF的方向，以使信号最大，这时LNBF顶端面上的刻度"0"可能不完全是垂直水平面。

4）按动卫星接收机H/V键，这时另一极化方向的信号亦应是最佳的。

5. 天线角度调整

在对准卫星的操作中，可以使用寻星仪。如果没有寻星仪，可以使用数字接收机，来对准电视卫星进行天线角度调整。接收天线确定好最优方位后，应安装牢固（图40-7）。

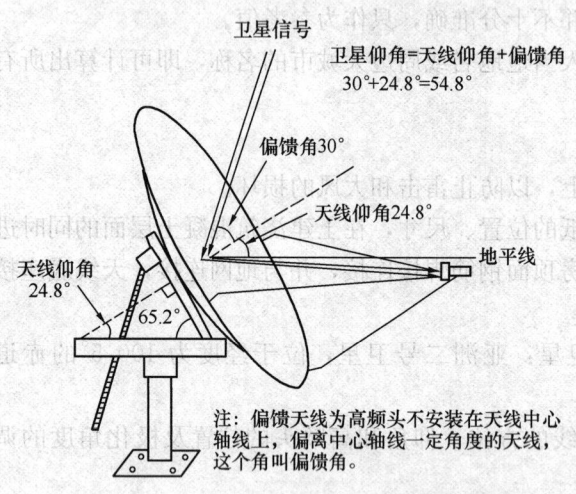

图40-7 方位角和仰角的示意图

6. 避雷与接地

将天线的支架与高楼或铁塔的接地线连接起来，连接前应确定原接地线是否合理、可靠，否则应另埋设接地装置。

根据接收天线附近的环境条件安装避雷针。如果在天线附近已有较高的铁塔或已架设避雷针，则首先应判断这些已有的铁塔或避雷针是否能对天线起保护作用。

单独制作防雷接地时，避雷针的接地应单独走线，应使避雷针接地体的接地电阻值小于10Ω。

为了防止雷电在输入电源线上感应产生的高压进入设备,应在电源入线安装市电防雷保安器。

7. 天线与卫星接收机之间的馈线

天线与卫星接收机之间的馈线要尽可能短,应根据馈线的长度增加其线径,以便保证衰减不致太大。

40.5.3.3 电视系统布线与设备的安装

系统安装施工前,应进行现场情况调查,还应对系统使用的材料、部件进行检查。

1. 前端设备的安装

前端设备的安装主要是指接收机、工作站、调制器、放大器、混合器等部件的安装,需按照机房平面布置图进行设备机架与播控台定位,然后统一调整机架和播控台,达到竖直平稳,设备安装要牢固、整体美观。

射频信号的输入,输出电缆避免平行布线,射频电缆采用高屏蔽性、反射损耗小的电缆,以减少干扰和泄漏,尽量缩短信号连接电缆的长度。选择优质的连接头,并严格控制连接接头制作质量,在信号连接中,适当地留有备份,以使增容和维护。设备、连线设置标识,以方便测试和维修。

电源线、信号线要分开布置。连接线应有序排列并用扎带固定,保证可靠、增加美观,线两端应写好节目来源和去向的编号,做好永久性记号以方便调试与维修。

在接地线处理上,应注意到前端机房的地线直接从接地总汇集线上单独引入,距离不是太远,采用扁钢、铜线、机房内地线结构以一点接地,星形连接,连接到设备机架上的地线选用截面积 6mm² 以上的多股铜线,并保证接触良好。

2. 干线传输系统的安装

(1) 光缆敷设请参见本章 40.2 "综合管线" 和 40.3 "综合布线系统" 描述和要求。

(2) 大口径铜缆敷设请参见本章 40.2 "综合管线" 和 40.3 "综合布线系统" 描述和要求。

干线 SYV75-9 电缆沿弱电竖井的桥架敷设,支干线 SYV75-7 电缆沿走廊吊顶内槽道敷设,分支器到终端电视插座的支线 SYV75-5 电缆敷设在管内。

在弱电竖井间安装分配放大器箱,放大器和分支分配器安装在铁箱内,铁箱要接地。放大器箱内配有 220V 电源插座。有分支器铁箱的地方,吊顶要留检修孔,以便安装器件和维修。

3. 分配网络的安装

(1) 电视系统的分配网络安装中线缆敷设,请参见本章 40.2 "综合管线" 和 40.3 "综合布线系统" 描述和要求。另外,还应注意以下各点:

1) 架空电视电缆应用钢绳敷设,采用挂钩时,其间距应为 1m 左右。架空对中间不应有接头,不能打圈。跨越距离不大于 35m。

2) 沿墙设电缆路应横平竖直,电缆距地面应大于 2.5m,转弯处半径不得小于电缆外径的 6 倍。沿墙水平走向电缆线卡距离一般为 0.4~0.5m,竖直线的线卡距离一般为 0.5~0.6m。电缆的接头应严格按照步骤和要求进行,放大器与分支器、分配器的安装要有统一性、稳固、美观、便于调试,整个电缆敷设应做到横平竖直、间距均匀、牢固、美观、调试方便等。

(2) 电视系统的分配网络安装中放大器、分配器和分支器的安装：在每栋楼房的进线处设一个放大器箱，箱内用来安装均衡器、衰减器、分配器、放大器等部件。各位支电缆通过安装的穿线管道向每个用户终端。

(3) 用户终端盘的安装：用户终端盒通过电缆与有线电视网络终端机如电视机、机顶盒、PC 接收卡等的有线电视信号输入端相连。用终端盒面板分单孔、双孔和三孔等，面板接好分配电缆，安装在底盒上。

40.5.3.4 电视系统安装的施工要求

(1) 卫星接收天线的安装要求：

1) 卫星天线基座的安装应根据设计图纸的位置、尺寸，在土建浇筑混凝土层面的同时进行基座制作，基座中的地脚螺栓应与楼房顶面钢筋焊接连接，并与地网连接。

2) 在天线收视的前方应无遮挡，所需收视频率应无微波干扰。

3) 接收天线确定好最优方位后，必须安装牢固。

4) 天线调节机构应灵活、连续，锁定装置应方便牢固，并有防锈蚀措施和防灰沙的护套。

5) 卫星接收天线应在避雷针保护范围内，避雷装置应有良好接地系统，天线底座接地电阻应小于 4Ω。

6) 避雷装置的接地应独立走线，严禁将防雷接地与接收设备的室内接地线共用。

(2) 光工作站的安装要求：

1) 前端设备应牢固安装在机房或设备间内的专用设备箱体内。

2) 前端设备的供电装置应采用交流（220V）电源专线供电，供电装置应固定良好。

3) 前端设备、设备箱体和供电装置按设计要求应良好接地，箱内应设有接地端子。

(3) 放大器的安装要求：

1) 放大器宜安装在建筑物设备间或弱电室（含竖井）的放大器箱内，放大器箱室内安装高度不宜小于 1.2m，放大器箱应安装牢固。

2) 放大箱及放大器等有源设备应做良好接地，箱内应设有接地端子。

3) 干线放大器输入、输出的电缆，应留有不小于 1m 的余量。

4) 在放大器不用的端口处，应接入一个 75Ω 终端电阻，并可靠连接。

(4) 分支器、分配器安装要求：

1) 分支器、分配器的安装位置和型号应符合设计文件要求。

2) 分支器、分配器应固定在分支分配箱体底板上。

3) 分支器、分配器与同轴电缆相连，其连接器应与电缆型号相匹配，并连接可靠，防止松动、防止信号泄露。

4) 电缆在分支器、分配器箱内应留有不小于箱体周长一半的余量。

5) 系统所有支路的末端及分配器、分支器的空置输出均应接 75Ω 终端电阻。

(5) 安装在设备间、竖井以外的放大箱、分支分配箱、过路箱和终端盒应采用墙壁嵌入式安装方式。每条缆线应连接可靠，并做好标识。

(6) 缆线敷设请参见本章 40.2 "综合管线"，此外，施工中还应符合下列要求：

1) 有线电视同轴电缆不得与电力系统电力线共穿于同一暗管内，暗管内孔截面积的利用率应不大于 40%。

2) 管与其他管线的最小间距应符合《有线电视网络工程施工与验收标准》GB/T 51265—2018 第 6.5.4 条的规定。

3) 缆线弯曲度不应小于缆线规定的弯曲半径，在拐弯处要留有余量。

4) 缆线在布放前两端应贴有标签，以表明起始和终端位置，标签书写应清晰和正确。

5) 在缆线整个铺设过程中，不应造成缆线挤压而引起变形、缆线撞击和猛拉、扭转或打结。

(7) 同轴电缆连接器安装应符合下列规定：

1) 同轴电缆连接器安装应保证电缆的内、外导体分别连接可靠。

2) 同轴电缆连接器与设备接口连接时，应防止紧固过度。

3) 同轴电缆的内外导体与连接器的针芯、壳体接触应良好。

4) 同轴电缆连接器安装尚应符合《有线电视网络工程施工与验收标准》GB/T 51265—2018 第 6.7.2 条的规定。

(8) 用户室内终端的安装应符合下列要求：

1) 用于暗装的终端盒必须符合设计文件要求。

2) 暗装的终端盒面板应紧贴墙面，四周无缝隙，安装应端正、牢固。

3) 明装的终端盒和面板配件应齐全，与墙面的固定螺丝钉不得少于 2 个。

4) 终端盒安装高度不小于 300mm。

(9) 卫星接收及有线电视系统防雷、接地系统应符合《有线电视网络工程施工与验收标准》GB/T 51265—2018 和《建筑物电子信息系统防雷技术规范》GB 50343—2012 的规定。

40.5.4 施工质量控制

电视系统的工程质量，依据国家现行标准《有线电视广播系统技术规范》GY/T 106、《有线数字电视系统技术要求和测量方法》GY/T 221、《有线电视网络工程施工与验收标准》GB/T 51265 和《有线电视网络工程施工与验收标准》GB/T 51265—2018 及其他相关规范及相关标准，制定电视系统工程的质量管理计划。

电视系统施工中质量控制的重点（即：施工中质量控制中的主控项目）是：

(1) 天线系统的接地与避雷系统的接地应分开，设备接地与防雷系统接地应分开。

(2) 卫星天线馈电端、阻抗匹配器、天线避雷器、高频连接器和放大器应连接牢固，并采取防雨、防腐措施。

(3) 卫星接收天线应在避雷针保护范围内，天线底座接地电阻应小于 4Ω。

(4) 卫星接收天线应安装牢固。

电视系统中，施工中质量控制还需要注意的是：

(1) 有线电视系统各设备、器件、盒、箱、电缆等的安装应符合设计要求，布局合理，排列整齐，牢固可靠，线缆连接正确，压接牢固。

(2) 放大器箱体内门板内侧应贴箱内设备的接线图，并标明电缆的走向及信号输入、输出电平。

(3) 暗装的用户盒面板应紧贴墙面，四周无缝隙，安装应端正、牢固。

(4) 分支分配器与同轴电缆应连接可靠。

40.5.5 卫星电视有线电视调试与检验

40.5.5.1 卫星电视有线电视系统调试

1. 系统统调

在前端、干线系统、分配网络进行调试结束之后对系统全面进行统调，调整各部分的电平。调试的顺序是从前端开始，逐条干线、逐台放大器进行调试。统调在短时间被连续进行，统调工作最好在10～15℃的温度下进行，记录每个频道电平并要记准日期和温度，把记录资料存档。卫星接收天线及系统调试应符合下列要求：

（1）应根据所接收的卫星参数调整卫星接收天线的方位角和仰角。

（2）卫星接收机上的信号强度和信号质量应达到信号最强的位置。

（3）应测试天线底座接地电阻值。

2. 干线调试

作用是将前端系统输出的各种信号，不失真，且稳定可靠地传输到分配系统，传输到各用户。调试的程序是：先调试供电系统，后调试放大器的电平。前端系统调试应符合下列要求：

（1）前端系统调试在机房接地系统、供电系统和防雷系统检测合格之后进行。

（2）调制器的频道应避开同频干扰场强。

（3）应调整调制器的输出电平至该设备的标称电平值。

调整供电系统时，先安装调整好供电器和电源插入器，特别要注意供电器功率，后调试每个放大器的本身供电部分。对于挡位电源的放大器必须对放大器的电源进行调整。

对放大器的电源调试后，从前端出口第一台放大器开始逐级调试放大器的输入电平、输出电压和斜率。在调试过程中对输入、输出、斜率三个量掌握不好，会使系统指标劣化。

3. 电缆线路和分配网络系统调试

（1）调试范围包括光工作站、各级放大器等有源设备和电缆、分支、分配器直至用户终端盒等无源器材。整个调试应进行正向调试和反向调试。

（2）正向调试测量有源设备正向输入、输出技术指标以及输出斜率，并适当调整衰减、均衡片等部件使测量值与设计值一致。

（3）反向调试应符合现行行业标准《HFC网络上行传输物理通道技术规范》GY/T 180有关规定。测量有源设备反向输入、输出技术指标以及输出斜率，并适当调整衰减、均衡片等部件使测量值与设计值一致。检测指标结果应符合设计文件要求。

（4）干线放大器输出电平值应符合设计要求。

（5）分配器、放大器的输出电平值应符合设计要求。

40.5.5.2 卫星电视有线电视检测

（1）卫星接收电视系统的检验应按照《卫星数字电视接收站通用技术要求》GY/T 147—2000和《卫星数字电视接收站测量方法 室外单测量》GY/T 151—2000进行。检测指标结果应符合设计文件要求。

（2）系统质量的主观评价应符合《数字电视接收设备图像和声音主观评价方法》GB/

(3) 有线数字电视系统下行测试应符合《有线电视广播系统技术规范》GY/T 106—1999 和《有线数字电视系统技术要求和测量方法》GY/T 221—2006 的规定，主要技术要求见表 40-6。

系统下行输出口技术要求　　　　　　　　　　　　　　　表 40-6

序号	测试内容		技术要求
1	模拟频道输出口电平		60~80dBμV
2	数字频道输出口电平		50~75dBμV
3	频道间电平差	相邻频道电平差	≤3dB
		任意模拟/数字频道间	≤10dB
		模拟频道与数字频道间电平差	0~10dB
4	MER（关均衡）	64QAM	≥24dB
5	BER	24h，RS解码后（短期测量可采15min，应不出现误码）	≤1×10^{-11}
		参考《城市有线广播电视网络设计规范》GY 5075	≤1×10^{-6}
6	C/N（模拟频道）		≥43dB
7	载波交流声比（HUM）（模拟）		≤3%
8	数字射频信号与噪声功率比 SD，RF/N		≥26dB（64QAM）
9	载波复合二次差拍比（C/CSO）		≥54dB
10	载波复合三次差拍比（C/CTB）		≥54dB

(4) 有线数字电视系统的上行测试应符合《HFC 网络上行传输物理通道技术规范》GY/T 180—2001 有关规定，主要技术要求见表 40-7。

系统上行技术要求　　　　　　　　　　　　　　　　　表 40-7

序号	测试内容	技术要求
1	上行通道频率范围	5~65MHz
2	标称上行端口输入电平	100dBμV
3	上行传输路由增益差	≤10dB
4	上行通道频率响应	≤10dB（7.4~61.8MHz）
		≤1.5dB（7.4~61.8MHz 任意 3.2MHz 范围内）
5	信号交流声调制比	≤7%
6	载波/汇集噪声	≥20dB（Ra 波段）
		≥26dB（Rb、Rc 波段）

(5) 系统的工程施工质量应符合《卫星广播电视地球站系统设备安装调试验收规范》GY 5040—2009 的规定，见表 40-8。

工程施工质量检查　　　　　　　　　　　　　　表 40-8

项目		质量检查
卫星天线	天线	1. 天线支座和反射面安装牢固 2. 天线支座的安装方位对着南方，天线方位角可调范围符合标准 3. 天线调节机构应灵活、连续，锁定装置应方便牢固，有防锈蚀、灰沙措施 4. 天线反射面应有防腐蚀措施
	馈源	5. 馈源的极化转换结构方便，转换时不影响性能 6. 水平极化面相对地平面能微调±45° 7. 馈源口有密封措施，防止雨水进入波导 8. 法兰盘连接处和电缆插接处应有防水措施
	避雷针及接地	9. 避雷针安装高度正确 10. 接地线符合要求 11. 各部位电气连接良好 12. 接地电阻不大于 4Ω
前端机房（含设备间的质量检查）		13. 机房通风、空调散热等设备应按照设计要求安装 14. 机房应有避雷防护措施、接地措施 15. 机房供电方式、供电路数 16. 机房供电有备用电源（采用 UPS 电源），需测试电源备份切换，供电中断后能保证多长时间供电不间断 17. 设备及部件安装地点正确 18. 按设计留足预留长度光缆，按合适的曲率半径盘留 19. 光缆终端盒安装应平稳，远离热源 20. 从光缆终端盒引出单芯光缆或尾巴光缆所带的联结器，按设计要求插入 ODF/ODP 的插座。暂时不用的插头和插座均应盖上防尘防侵蚀的塑料帽 21. 光纤在终端盒内的接头应稳妥固定，余纤在盒内盘绕的弯曲半径应大于规定值 22. 连线正确、美观、整齐 23. 进、出缆线符合要求，标识齐全、正确
传输设备		24. 所用设备（光工作站/放大器）型号与设计一致 25. 光站光接收模块备份切换 26. 各连接点正确、牢固、防水 27. 空余端正确处理、外壳接地 28. 有避雷防护措施（接地），并接地电阻不大于 4Ω 29. 箱内缆线排列整齐，标识准确醒目
分支分配器		30. 分支分配器箱齐全，位置合理 31. 分支分配器安装型号与设计型号相符 32. 端口输入/输出连接正确 33. 空余端口安装终接电阻 34. 电缆长度预留适当，箱内电缆排列整齐
缆线及接插件		35. 缆线走向、布线和敷设合理、美观；标识齐全、正确 36. 缆线弯曲、盘接符合要求 37. 缆线与其他管线间距符合要求 38. 电缆接头的规格、程式与电缆完全匹配 39. 电缆接头与电缆的配合紧密（压线钳压接牢固程度），无脱落、松动等 40. 电缆接头与分支分配器 F 座/设备接头配合紧密，无松动等 41. 接头屏蔽良好，无屏蔽网外露，铝管电缆接头制作过程中无外屏蔽变形或折断 42. 电缆接头制作完成后，电缆的芯线留驻长度应适当，其长度范围应改是高出接头端面 0～2mm 43. 敷设的安装附件选用符合要求 44. 接插部件牢固、防水防腐蚀
供电器、电源线		45. 符合设计、施工要求；有防雷措施
用户设备		46. 布线整齐、美观、牢固 47. 用户盒安装位置正确、安装平整 48. 用户接地盒、避雷器安装符合要求

40.5.5.3 资料整理与归档

(1) 工程竣工图纸,包括系统结构图,各子系统监控原理图施工平面图、设备电气端子接线图、中央控制室设备布置图、接线图、设备清单等。

(2) 系统的产品说明书、操作手册和维护手册。

(3) 工程检测记录,包括隐蔽工程检测记录、施工质量检测记录、设备功能检查记录、系统检测报告等。

40.6 公共广播系统

40.6.1 广播系统结构

40.6.1.1 广播系统组成

智能建筑工程中的广播系统包括公共广播、背景音乐和火灾事故广播等功能。

公共广播:起到宣传、播放通知、找人、紧急情况下广播疏散等作用。该功能要求扩声系统的声场强度略高于背景音乐,以不影响两人对面讲话为原则。

背景音乐:背景音乐的主要作用是掩盖噪声并创造一种轻松和谐的听觉气氛。由于扬声器分散均匀布置,无明显声源方向性,且音量适宜,不影响人群正常交谈,是优化环境的重要手段之一,在现代智能化多功能建筑中广泛应用。

火灾事故广播:火灾事故广播功能作为火灾报警及联动系统在紧急状态下用以指挥、疏散人群的广播设施,在建筑弱电的设计中有举足轻重的作用。该功能要求公共广播系统能达到需要的声扬强度,以保证在紧急情况发生时,可以利用其提供足以使建筑物内可能涉及的区域的人群能清晰的听到警报、疏导的语音。

一个广播系统通常划分成若干个区域,系统常按每栋楼、每楼层分一个广播区,以便分区广播,这样有利于消防应急广播合用,节省费用。

集合为一体的公共广播系统应具备两个主要功能:平时为各广播区域提供背景音乐、业务广播或寻呼广播服务,火灾发生时则提供消防报警紧急广播。消防报警信号在系统中具有优先权。

40.6.1.2 广播系统结构

智能建筑工程中的广播系统分为:节目设备(信号源)、智能广播控制设备、处理设备及信号放大、传输线路和扬声器系统。

智能建筑工程中广播系统的选择主要有以下考虑因素:

(1) 信号源:传统的如数字调谐器、多媒体播放机等,智能的如数字节目控制中心、校园广播播放机、数字音源播控机、数控 MP3 播放机等,以上都是内置数字音源,并且可以对相关系统进行控制的设备。

(2) 信号处理部分:由辅助输出模块、节目选择模块、放大模块、功放等设备组成。操作人员可根据需要选择采用不同的节目信号进行广播,并进行监听等。

设备具有优先输入端,紧急广播的信号接入该端,在紧急事件时,紧急广播通过强插可将功放的输出强制转为事故广播。

(3) 传输线路:传输线路分为四种,模拟音频线路、数字双绞线线路、流媒体(IP

数据网络线路、数控光纤线路。

模拟音频线路：礼堂、剧场等地方功率放大器与扬声器的距离不远，一般采用低阻大电流的直接馈送方式，传输线要求用专用喇叭线。而对广播系统服务区域广、距离长的，为减少传输线路引起的损耗，往往采用高压传输方式，由于传输电流小，故对传输线要求不高，一般采用普通音频线，属于模拟音频线路。

数字双绞线线路：数字可寻址广播系统一般采用数字双绞线来进行传输，将音频信号和控制信号集中在一条两芯的双绞线上传输。

流媒体（IP）数据网络线路：流媒体（IP）广播系统在局域网线路基础上，只需添加流媒体（IP）广播系统设备，直接采用原有流媒体（IP）数据网络线路来进行传输，不需再另行布线。

数控光纤线路：广播区域面积较大、传输线路较远，可选用数控光纤线路来进行传输，传输距离可达到 20~200km，解决了以往广播系统无法进行远距离传输的弊端。

（4）扬声器系统：扬声器系统要求整个系统匹配，同时其位置的选择也要切合实际。室内一般用天花喇叭、室内音柱、壁挂音箱或悬挂式音箱，室外可采用室外音柱、草坪专用音箱、号角等。

大型会议室音质要求高，扬声器一般用大功率音箱；而广播系统，一般用 3~6W 室内吸顶音箱或室内壁挂音箱，3~6W 的额定功率可使每个扬声器覆盖约 20~30m^2 的面积。

40.6.1.3 广播系统功能

无消防信号时，各分区独立操作，将相应回路切换成普通广播回路，而当无普通广播控制信号时，则处于背景音乐或客房音响状态。当有消防控制触发信号抵达时，通过启动各分区的逻辑控制模块将相应的负载回路切换成对应的紧急广播回路。

广播系统主要提供以下服务功能：

(1) 在公共场所离地 1.5m 处能达到声压级不低于 90dB。

(2) 根据需要可向任意广播区域播放多个音源中的一个。

(3) 系统分为多个优先等级，紧急广播为最高优先权。

(4) 当选择分区广播时，其他广播的音乐不受影响。

(5) 广播系统具有负载检测功能，当线路或扬声器有短路时，设备会发出报警。

(6) 系统分区模块能方便地与消防报警信号联动，实现消防报警广播。

(7) 电视、电话广播系统：系统通过视讯自动转接模块形成电视、电话会议广播。

(8) 紧急广播部分：一旦紧急事故发生时，可先进行确认，确定后立即进行大楼音乐广播与紧急广播的切换，采用话筒和报警信号发生器进行紧急广播。

(9) 消防联动：消防系统提供每个广播区回路的控制触点，当广播接收到来自消防系统的报警信号后，根据预先设定的联动程序，自动进行分区紧急广播。

(10) 后备保全措施：系统设计有后备功放，工作时一旦有某台功放故障，自动切换为备用功放；系统具备综合检查功能，可对扬声器回路进行各种功能的动作检测，每天 24h 不间断对设备及扬声器回路的状态检测，通过指示灯显示，同时中文屏幕上显示故障内容及设备。

40.6.2 施工工序流程

```
施工准备
  ├──→ 主设备安装        现场安装
  │      ↓                ↓
  │    主设备调试        穿线、装喇叭
  │      └──────┬─────────┘
  │             ↓
  │           机房调试
  │             ↓
  │           总体调试
  │             ↓
  │           交工验收
```

40.6.3 公共广播系统的安装

40.6.3.1 公共广播系统的施工准备

公共广播系统的施工准备的主要内容见本章40.2.1"施工准备",还应符合下列要求:

(1) 设备规格、数量应符合设计要求,产品应有合格证及国家强制产品认证"CCC"标识。

(2) 有源部件均应通电检查,应确认其实际功能和技术指标与标称相符。

(3) 硬件设备及材料应重点检查安全性、可靠性及电磁兼容性等项目。

(4) 影响公共广播传输线缆及广播扬声器架设的障碍物应提前处理。

(5) 进口产品除应符合规范规定外,尚应提供进口商检证明、配套提供的质量合格证明及安装、使用、维护说明书等文件资料。

(6) 对不具备现场检测条件的产品,可要求原厂出具检测报告。

40.6.3.2 公共广播系统的安装施工

公共广播系统的安装施工应符合下列要求:

(1) 公共广播系统的线路施工的主要内容见本章40.2"综合管线",此外广播系统使用的桥架、管线敷设还应符合下列要求:

1) 室外广播传输线缆应穿管埋地或在电缆沟内敷设,室内广播传输线缆应穿管或用线槽敷设。

2) 广播系统的功率传输线线缆应用专用线槽和线管敷设。

3) 当广播系统具备消防应急广播功能时,应采用阻燃线槽和阻燃线管敷设。

4) 广播传输线缆应尽量减少接驳。如要接驳,则接头应妥善包扎并放在检查盒内。

5) 广播系统功率传输线路,其绝缘电压等级应与其额定传输电压相容,其接头不得

裸露，电位不等的接头应分别进行绝缘处理。

6) 易燃易爆区域内的公共广播系统，必须符合现行国家标准《爆炸性环境 第1部分：设备 通用要求》GB/T 3836.1 和《爆炸性环境 第2部分：由隔爆外壳"d"保护的设备》GB/T 3836.2 的有关规定。

(2) 广播扬声器的安装应符合下列要求：

1) 根据声场设计及现场情况确定广播扬声器的高度及其水平指向和垂直指向，广播扬声器的声辐射应指向广播服务区；当周围有高大建筑物和高大地形地物时，应避免由于广播扬声器的安装不当而产生回声。

2) 广播扬声器与广播传输线路之间的接头必须接触良好，不同电位的接头应分别绝缘；接驳宜用压接套管和压接工具进行施工。冷热端有别的接头应正确予以区分。

3) 广播扬声器的安装固定必须安全可靠。安装广播扬声器的路杆、桁架、墙体、棚顶和紧固件必须具有足够的承载能力。

4) 室外安装的广播扬声器应采取防潮、防雨和防霉措施，在有盐雾、硫化物等污染区安装时，还要采取防腐蚀措施。

(3) 除广播扬声器外的其他设备宜安装在监控室（或机房）内的控制台、机柜或机架之上；如无监控室（或机房），则控制台、机柜或机架应安装在安全和便于操控的位置上。

(4) 机柜、机架内设备的布置应使值班人员在值班座位上能看清大部分设备的正面，能方便迅速地对各设备进行操作和调节，监视各设备的运行显示信号。

(5) 控制台与机架间应有较宽的通道，与落地式广播设备的净距不宜小于 1.5m，设备与设备并列布置时，间隔不宜小于 1m。

(6) 设备的安装应平稳、牢固。

(7) 广播设备安装在装修地板的室内时，设备应固定在预理基础型钢上，并用螺栓紧固。线缆宜敷设在地板下的线槽中。

(8) 制台或机柜、机架应有良好的接地，接地线不应与供电系统的零线直接相接。

(9) 设备的安装尚应符合《民用闭路监视电视系统工程技术规范》GB 50198—2011 的规定。

40.6.4 施工质量控制

为保证公共广播系统的工程质量，在系统详细设计与施工阶段要依据本节前面提到的相关规范标准及相关标准，制定广播系统工程的质量管理计划。

在广播系统工程的施工阶段，要注意以下的施工要点，作为质量控制的重点：

(1) 扬声器、控制器、插座等设备安装应牢固可靠，导线连接排列整齐，线号正确清晰。

(2) 系统的输入、输出不平衡度，音频线的敷设，放声系统的分布、接地形式及安装质量均应符合设计要求，设备之间阻抗匹配合理。

(3) 最高输出电平、输出信噪比、声压级和频宽的技术指标应符合设计要求。

(4) 紧急广播与公共广播系统共用设备时，其紧急广播由消防分机控制，具有最高优先权，在火灾和突发事故发生时，应能强制切换为紧急广播并以最大音量播出。系统应能在手动或警报信号触发的 10s 内，向相关广播区播放警示信号（含警笛）、警报语声文件或实时指挥语声。以现场环境噪声为基准，紧急广播的信噪比应大于15dB。

（5）公共广播系统应按设计要求分区控制，分区的划分应与消防分区的划分一致。

公共广播系统中，施工中质量控制还需要注意的是：

（1）同一室内的吸顶扬声器应排列均匀。扬声器箱、控制器、插座等标高应一致，平整牢固。扬声器周围不应有破口现象，装饰罩不应有损伤，并且应平整。

（2）各设备导线连接正确、可靠、牢固。箱内电缆（线）应排列整齐，线路编号正确清晰。线路较多时应绑扎成束，并在箱（盒）内留有适当空间。

40.6.5 公共广播系统的调试与测试

40.6.5.1 公共广播系统调试

1. 调试准备要求

（1）公共广播系统设备与第三方联动系统设备接口已完成并符合设计要求。

（2）设备的各种选择开关应置于指定位置。

（3）设备通电前，检查所有供电电源变压器的输出电压，均应符合设备说明书的要求。

（4）各级硬件设备按设备说明书的操作程序，逐级通电，自检正常。

（5）调试资料齐全，应包括系统网络结构图、设备接线图和设备操作、安装、维护说明书等。

2. 设备调试要求

（1）通电调试时，应先将所有设备的旋钮旋到最小位置，并且按由前级到后级的次序，逐级通电开机。

（2）将所有音源的输入都调节到适当的大小，并对各个广播分区进行音质试听，根据检查结果进行初步调试。

（3）广播扬声器安装完毕后，应逐个广播分区进行检测和试听。

（4）应对各个广播分区以及整个系统进行功能检查，并根据检查结果进行调整，使系统的应备功能符合设计要求。

（5）应有计划地反复模拟正常的运行操作，操作结果应符合设计要求。

（6）系统调试持续加电时间不应少于24h。

（7）应对系统电声性能指标进行测试，并在测试的基础上进行调整，系统电声性能指标符合设计要求。

（8）系统调试应做好记录。

40.6.5.2 公共广播系统的检测与检验

1. 传输线路检验要求

（1）各路传输配线应正确，无短路、断路、混线等故障。

（2）接线端子编号应齐全、正确。

2. 绝缘电阻测定要求

（1）将广播线的两头接线端子断开，测量线间和线与地间的绝缘电阻。

（2）应对每一回路的电阻进行分回路测量。

（3）绝缘电阻应不小于$0.5M\Omega$。

3. 接地电阻测量要求
(1) 广播功率放大器、避雷器等的工频接地电阻不应大于10Ω。
(2) 联合接地电阻不应大于1Ω，并应设置专用接地干线。
4. 电源试验要求
(1) 应在电源开关上做通断操作试验，检查电源显示信号。
(2) 应对备用电源切换装置进行检查试验，检测蓄电池的输出电压。
(3) 应对整流充电装置进行检查测量。
(4) 应做模拟停电试验。
5. 质量记录
(1) 公共广播系统工程电声性能测量记录应填写《智能建筑工程施工规范》GB 50606—2010 附录B表B.0.11。
(2) 工程竣工图纸，包括系统结构图，各子系统监控原理图施工平面图、设备电气端子接线图、中央控制室设备布置图、接线图、设备清单等。
(3) 系统的产品说明书、操作手册和维护手册。
(4) 工程检测记录，包括隐蔽工程检测记录、施工质量检测记录、设备功能检查记录、系统检测报告等。

40.7 信息网络系统

信息网络系统是应用计算机、通信、多媒体、信息安全和等先进技术和设备构成的传输信息网络平台。

信息网络系统的基础是计算机网络，是指将处于不同地理位置的多台计算机及其计算机外部设备，通过网络路由器、交换机、通信线路连接起来，在网络操作系统、网络管理软件及网络通信协议的管理和协调下，实现信息传递和资源共享的计算机系统。

40.7.1 信息网络系统结构

40.7.1.1 计算机网络组成

1. 计算机网络的种类

计算机网络的分类方式有多种，可以按地理范围、拓扑结构、传输速率和传输介质等分类。

(1) 按地理范围分类

局域网（LAN，Local Area Network）局域网地理范围一般数十米到数千米，是小范围内将计算机设备连接成一个网络的模式。如一个建筑物内、一个学校内网等。

城域网（MAN，Metropolitan Area Network）城域网地理范围可从几千米到几十千米，覆盖一个城市或地区。

广域网（WAN，Wide Area Network）广域网地理范围一般没有限制，是大范围联网。如几个城市或几个国家，如国际性的Internet网络。

(2) 按网络传输速率分类

一般将传输速率在 kbit/s～Mbit/s 范围的网络称低速网，在 Mbit/s～Gbit/s 范围的网称高速网。也可以将 kbit/s 网称低速网，将 Mbit/s 网称中速网，将 Gbit/s 网称高速网。

（3）按传输介质分类

传输介质是指数据传输系统中发送装置和接收装置间的物理媒体。按物理形态划分为两类：一类是采用有线介质连接的有线网，常用的有线传输介质为双绞线和光缆，偶尔使用同轴电缆；另一类是采用无线介质连接的无线网，如微波通信、地球同步卫星、无线路由器以微波连接计算机网络。

（4）按拓扑结构分类

计算机网络的物理连接方式叫作网络的物理拓扑结构。连接在网络上的各种设备均可看做是网络上的一个节点，也称为工作站、网络单元。计算机网络中常用的网络拓扑结构以下几类：总线型、星型、环型、树型、网型、混合型拓扑结构。

2. 局域网

局域网是在某一区域内由多台计算机连接组成的计算机网络，可以由办公室内的几台计算机组成，也可以由一个单位、一个园区内的几千台计算机组成。局域网的用户可以彼此联系，实现各种网络功能服务。目前在局域网中最为常用的网络拓扑结构是星型结构或树型结构。

基本特点主要有如下几点：

（1）容易实现：它的传输介质一般是采用双绞线，少量使用光缆；传输介质价廉物美。

（2）节点扩展、移动方便：节点扩展时只需从交换机等集中设备中拉一条线即可，而移动一个节点只需把相应节点设备移到新节点即可。

（3）维护容易：一个节点出现故障不会影响其他节点的连接，可任意拆走故障节点。

（4）采用广播传送方式：任何一个节点的发送请求在整个网中的节点都可以收到。

（5）网络传输数据快：目前的设备已经达到 1000Mbit/s～100Gbit/s。

3. 互联网

我们常使用的互联网（Internet）则是由很多的 LAN 和 WAN 共同组成的。互联网 Internet 仅是提供了它们之间的连接，但却没有专门的人进行管理（除了维护连接和制定使用标准外）。

4. 计算机网络为其间接入的计算机提供的主要功能

（1）用户间信息交换：计算机网络为网络间各个计算机之间互相进行信息的传递；用户可以通过计算机网络传送电子邮件、发布新闻消息和进行电子商务活动。

（2）硬件资源共享：可以在全网范围内提供对处理资源、存储资源、输入输出资源等设备的共享。

（3）软件资源共享：允许互联网上的用户远程访问各类大型数据库，可以得到网络文件传送服务、远地进程管理服务和远程文件访问服务。

（4）分布处理功能：通过网络可以把一件较大工作分配给网络上多台计算机去完成；目前，"网格计算"（Grid Computing）是互联网应用的新发展，又称为虚拟计算环境，让用户分享网上计算机的资源，感觉如同个人通过计算机网络在使用一台超级计算机一样。

40.7.1.2 网络设备和网络连接

计算机网络的连接需要使用专用的连接设备，常用的有：

1. 网关（Gateway）

网关又称为协议转换器，它是实现应用系统网络互联的设备，可以用于广域网—广域网、局域网—广域网、局域网—主机互联。网桥和路由器都是属于通信网范畴的网间互联设备，与应用系统无关。

2. 路由器（Router）

主要用于局域网—广域网互联，路由器上有多个端口，每个路由器的端口可以分别连接到不同网段上，或者连接到另一台路由器。路由器中保存了一个可路由信息的路由表，路由器通过可传输的数据包中的逻辑地址（IP 地址）与路由器中路由表的的地址信息决定传输数据包的最佳路径。

3. 交换机（Switch）

以太网由于其灵活、易于实现等优点，已成为目前最重要的局域网组网技术，以太网交换机也就成为最普及的交换机。下边讲的网络交换机，主要就是以太网交换机。

（1）核心层交换机

网络主干部分称为核心层，核心层的主要目的在于通过高速转发通信，提供优化、可靠的骨干传输结构，因此核心层交换机应具备更高的可靠性、极高的交换效率，还要具有多种接口能力。核心层交换机通常具有很强的路由功能。

（2）汇聚层交换机

汇聚层交换机处于核心层与接入层之间，它汇聚多台接入层交换机的通信量，提供到核心层的上行链路，因此也需要高的性能和高的交换速率。

（3）接入层交换机

接入层交换机将众多终端用户、交互设备连接到网络，有数个向上的连接汇聚层交换机的 1000M/10G 光缆或铜缆接口，有数十个向下的连接终端用户的 10M/100M/1000M 端口。

（4）交换机的协议层次

按照 OSI 的七层网络模型，基于 MAC 地址工作的第二层交换机用于网络接入层和汇聚层；基于 IP 地址和协议进行交换的第三层交换机普遍应用于网络的核心层，也少量用于汇聚层。部分第三层交换机也同时具有第四层交换功能，可以根据数据帧的协议端口信息进行目标端口判断。

（5）交换机的可管理性

按照交换机的可管理性，又可把交换机分为可管理型交换机和不可管理型交换机，它们的区别在于对 SNMP、RMON 等网管协议的支持。可管理型交换机便于网络监控、流量分析，但成本较高。大中型网络在汇聚层应该选择可管理型交换机，在接入层视应用需要而定，核心层交换机则全部是可管理型交换机。

（6）交换机与路由器的区别

路由器与交换机的主要区别体现在以下几个方面：

1）工作层次不同：多数的交换机是工作在 OSI 开放体系结构的数据链路层，即第二层；路由器一开始就设计工作在 OSI 模型的网络层，即第三层，则容纳了更多的协议信息,可以做出更加智能的转发决策。

2)数据转发所依据的对象不同:交换机是利用物理地址或者说 MAC 地址来确定转发数据的目的地址。而路由器则是利用不同网络的 IP 地址来确定数据转发的地址。

3)传统的交换机只能分割冲突域,不能分割广播域;而路由器可以分割广播域:由交换机连接的网段仍属于同一个广播域,广播数据包会在交换机连接的所有网段上传播,在某些情况下会导致通信拥挤和安全漏洞。连接到路由器上的网段会被分配成不同的广播域,广播数据不会穿过路由器。第三层以上交换机具有 VLAN 功能,也可以分割广播域,但是各子广播域之间是不能通信交流的,它们之间的交流需要路由功能。

4)路由器提供了防火墙的服务:路由器仅仅转发特定地址的数据包,不传送不支持路由协议的数据包和未知目标网络数据包,从而可以防止广播风暴。

4. 网络防火墙

网络防火墙是网络通信之间执行安全控制策略的一种设备。在网络通信时,它是按照制定好的控制策略有选择的以做通过与隔离来进行访问控制,常用于在内部网和互联网之间建立起一个安全网关,保护内部网络资源不被外部非授权用户使用。

防火墙的软件系统主要由服务访问规则、验证工具、包过滤和应用网关 4 个部分组成。

防火墙主要具有如下的功能:

(1)作为网络安全的屏障:它保护有明确边界的一个网络。所有进出该网络的信息,都必须经过防火墙,防火墙的屏障作用是双向进行内外网络之间的访问控制,限制外界用户对内部网络的访问,同时也管理内部用户访问外界的权利。

(2)记录互联网上的活动:作为内外网访问的必经点,防火墙非常适合收集关于系统和网络使用、误用的信息,对网络存取和访问进行监控,监视网络的安全性并产生警报。

(3)防止攻击性故障蔓延和内部信息的泄露:防火墙能够隔开一个网络与另一个网络,因而能有效地防止攻击性故障蔓延和内部信息的泄露。

(4)防火墙具有一定的局限,不能防备全部的威胁,一旦防火墙被攻击者击穿或绕过,防火墙将丧失防卫能力。防火墙也不能防止数据驱动式的攻击。

5. 网络之间互联

(1)局域网与局域网互联

在两个局域网之间具有物理链路时,互联的可用的设备为网桥、路由器和交换机;在选择设备时,要注意设备的接口需要与其间的链路相匹配。

(2)局域网与广域网互联

使用路由器或路由交换机作为局域网与广域网互联的主要设备,它进行路由选择、流量控制、差错控制以及网络管理等工作。

(3)广域网与广域网互联

广域网的互联是在网络层上进行的,使用的互联设备也主要是路由器或者路由交换机。在整个网络范围内使用一个统一的互联网协议,互联网协议完成转发和路由的选择。

40.7.2 施工工序流程

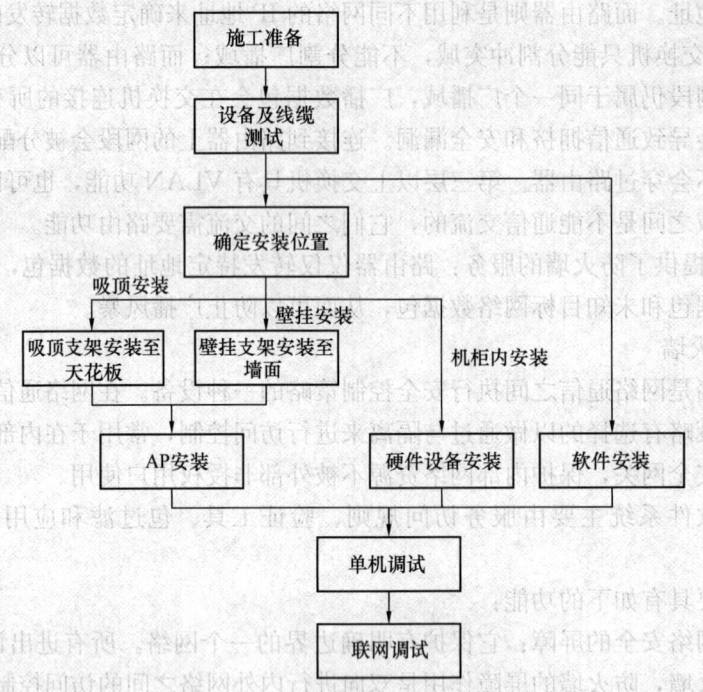

40.7.3 网络设备与软件安装

40.7.3.1 网络设备安装前的准备工作

进行网络系统的施工时,准备工作的主要内容见本章40.2.1"施工准备",在网络设备安装之前,必须对其进行认真检查,确认其符合网络设备的安装条件。

1. 信息网络设备安装、调试前的技术准备工作

在信息网络设备安装、调试之前,需要进行下列技术准备工作:

(1) 施工单位应进行施工组织设计和编制专项施工方案,并报审查批准。

(2) 信息网络系统机房、配线间应装修完毕。

(3) 综合布线系统应施工完毕。

(4) 配电系统、防雷与接地应施工完毕。

(5) 楼板、抗静电地板与设备基座应满足设备的承重要求。

(6) 施工人员应熟悉施工图、施工方案及有关资料,并进行培训及安全、技术交底,并有书面记录。

(7) 应该对需要进场的材料、设备进行检验,进场的材料、设备必须附有产品合格证、质检报告、安装及使用说明书等。如果是进口产品,则需提供原产地证明和商检证明,配套提供的质量合格证明,检测报告及安装、使用、维护说明书的中文文本。对于在信息网络系统安全专用产品必须具有公安部计算机管理监察部门审批颁发的计算机信息系统安全专用产品销售许可证。

(8) 应按照本章40.1.3的要求检查线缆、配线设备,填写进场检验记录,并封存相

关线缆、器件样品。

2. 机房、设备间工程检查

机房、设备间工程的检查应按照以下的要求来实行：

(1) 机房、设备间工程的检查必须以工程合同、设计方案、设计修改变更为依据。

(2) 工程检查的内容和方法，应按《数据中心基础设施施工及验收标准》GB 50462—2024 的规定执行。

(3) 对设备间需要重点检查的主要内容有：设备间（机房）的供配电系统、电气装置、配线及敷设、照明装置、防雷与接地系统、空气调节系统、给水排水系统、布线系统、安全防范与自控系统、消防系统、室内装饰装修、电磁屏蔽系统等。

(4) 施工环境应符合下列要求：

1) 应做好智能建筑工程与建筑结构、建筑装饰装修、建筑给水排水及供暖、通风与空调、建筑电气和电梯等专业的工序交接和接口确认。

2) 施工现场具备满足正常施工所需的用水、用电条件。

3) 施工用电须有安全保护装置，接地可靠，符合安全用电接地标准。

4) 建筑物防雷与接地施工基本完成。

5) 施工现场整洁。

3. 检查布线系统

综合布线系统工程的检查应按照以下的要求来实行：对于计算网络的综合布线系统工程，其验收内容可以参考本章第 40.3 节的描述，应按照《智能建筑工程质量验收规范》GB 50339—2013 和《综合布线系统工程验收规范》GB/T 50312—2016 来验收。

综合布线系统要注意布线中的标识、接地与屏蔽的检查：

(1) 综合布线系统工程中布线中的标识：按照标准，对于整个网络要考虑以下几种标识：电缆、光缆、配线设备、端接点、接地装置、敷设管线的标示。

1) 机柜/机架标识：标识符的格式为：nnXXYY，nn＝楼层号，XX＝地板网格列号，YY＝地板网格行号。

2) 线缆和跳线标识：连接的线缆上需要在两端都贴上标签标注其远端和近端的地址。线缆和跳线的管理标识：p1n/p2n；p1n＝近端机架或机柜、配线架次序和指定的端口；p2n＝远端机架或机柜、配线架次序和指定的端口。

3) 配线架标识：格式：nnXXYY-A-mmm，nn＝楼层号，XX＝地板网格列号，YY＝地板网格行号，A＝配线架号（A-Z，从上至下），mmm＝线对/芯纤/端口号。

4) 资产和设备标识：资产和设备标识，通过标签的方式来具体标明设备或资产的位置及负责人等。

5) 对于大于 5000 点的网络，建议使用必要的电子化的网络文档管理软件，减少停机时间，增加信息存储，极大地缩短查找和解决问题所需的时间。

(2) 综合布线系统接地的要求：综合布线系统接地的结构包括接地线，接地母线（层接地端子）、接地干线、主接地母线（总接地端子）、接地引入线、接地体六部分。在进行系统接地的设计时，可按上述 6 个要素分层次地进行检验（详细要求请参见本章 40.3 "综合布线系统"一节的相关内容）。

(3) 综合布线系统采用屏蔽措施时，应注意所有屏蔽层应保持连续性，并应注意保证导线间相对位置不变。屏蔽层的配线设备〔FD（楼层配线设备）或 BD（建筑物配线设备）〕端应接地，用户终端视具体情况直接地，两端的接地应尽量连接至同一接地体。当接地系统中存在两个不同的接地体时，其接地电位差应不大于 1Vrms（有效值）。

40.7.3.2 信息网络系统的设备与软件安装

1. 网络设备机柜的安装

计算机网络的主要设备、网络的布线系统的配线架均安装在网络设备机柜、综合布线机柜中。

对于综合布线机柜安装以及机柜中连接线、跳线、理线器安装，参见本章 40.3 "综合布线"中的要求，对于网络设备机柜等工程施工，还要注意以下工作：

(1) 安装网络设备及布线器材的机柜安装位置应符合设计要求，安装应平稳牢固。

(2) 机柜前面和后面留足够的空间以便进行操作、维护。

(3) 机柜内应安装通风散热装置，保持机柜良好的通风、照明及温度环境。

(4) 按照国家相关标准安装电源插座，并固定在机柜内的合适位置，不影响其他设备的安装，连接电源线方便安全。

(5) 承重要求大于 $600kg/m^2$ 的设备应单独制作设备基座，不应直接安装在抗静电地板上。

2. 信息网络网络系统的设备与软件的安装

软件安装必须要有逻辑次序，防止系统服务功能的问题和网络安全的问题。

必须在网络安全检验后，服务器才可以在安全系统的保护下与互联网相连，并对操作系统、防病毒软件升级及更新相应的补丁程序；不能将服务器先行联网，对操作系统、防病毒软件进行升级更新，再以这个可能受到"污染"的"不干净"的服务器对于全网络进行"服务"。

(1) 信息网络系统的设备安装应符合下列要求：

1) 对有序列号的设备必须登记设备的序列号。

2) 对有源设备开箱后，设备应通电进行自检，设备应工作正常。

3) 跳线连接牢固，走向清楚明确，线缆上应有正确的标签。

(2) 软件系统的安装应符合下列要求：

1) 应按设计文件为设备安装相应的软件系统，系统安装应完整。

2) 提供软件系统相关的技术手册（安装手册、使用手册及技术手册）。

3) 服务器不应安装与本系统无关的软件。

4) 操作系统、防病毒软件应设置为自动更新方式。

5) 软件系统安装后应能够正常启动、运行和退出。

6) 必须在网络安全检验后，服务器才可以在安全系统保护下与互联网相连，并对操作系统、防病毒软件升级及更新相应的补丁程序。

7) 网络安全系统的安装应按这里描述的要求执行。

8) 信息网络系统应安装防病毒系统，与互联网连接的网络安全系统必须安装防火墙和防病毒系统。

(3) 软件安装的安全措施应符合下列要求：

1) 服务器和工作站上必须安装防病毒软件，应使其始终处于启用状态。

2）操作系统、数据库、应用软件的用户密码长度不应少于8位，密码宜为大写字母、小写字母、数字、标点符号的组合。

3）多台服务器与工作站之间或多个软件之间不得使用完全相同的用户名和密码组合。

4）应定期对服务器和工作站进行病毒查杀和恶意软件查杀操作。

（4）安装后的检查工作应符合下列要求：

1）检查设备安装位置是否正确，安装是否应平稳牢固，并便于操作维护。

2）检查机柜内安装的设备的电源连接状况、通风散热状况、内部接插件安装是否牢固。

3）检查、确认登记的设备序列号。

4）检查软件系统是否在指定设备上安装完整，并能够正常工作。

5）检查是否在指定设备上安装了防火墙和防病毒系统，并且操作系统、防病毒软件处于自动更新方式。

6）对检查的问题及时处理，并进行复查。

7）对检查结果进行记录。

8）跳线连接牢固，走向清楚明确，线缆上应有正确的标签。

40.7.3.3 网络连接器材的安装

所有网络设备的每个接口均有明确的接口制式，网络连接就是按照网络连接图、接口配置，使用光纤跳线、铜缆跳线进行连接。在网络设备安装后，需要使用与彼此连接的设备接口箱匹配的光纤跳线或铜缆跳线进行连接。

1. 光纤跳线连接

网络设备中光纤接口需要按照各接口安装的光纤接口适配器，相匹配的使用多模光纤跳线或单模光纤跳线连接，并且要与设计图、配置表进行核对。约定光纤模式、长度、两边各自的接口模式。

光纤跳线的接头常有如下几种模式：LC头、ST头、SC头、FC头、MT-RJ头。

（1）LC型光纤跳线：连接SFP模块的连接器，采用模块化插孔（RJ）闩锁机理制成。

（2）ST型光纤跳线：外壳呈圆形，紧固方式为螺丝扣。

（3）SC型光纤跳线：连接GBIC光模块的连接器，外壳呈矩形，紧固方式是采用插拔销闩式，不须旋转。

（4）FC型光纤跳线：外部加强方式是采用金属套，紧固方式为螺丝扣。

（5）MT-RJ型光纤跳线：收发一体的方形光纤连接器，一头双纤收发一体。

2. 铜缆跳线连接

（1）RJ-45端口应尽可能使用工厂生产的制式跳线，以便保证端接可靠、理线方便且美观，需注意与设计图、配置表核对双绞线的型号。

（2）自制时注意接线线序，符合《国际综合布线标准》EIA/TIA-568。

3. 理线工作与理线器配备

机柜从侧面或后面留出线缆穿出位置，理线器或理线环一般从侧面穿线，也有从后面穿线的理线器，机柜侧面空间大小满足方便穿线。

理线时，光纤跳线不能打折，多余部分成因环盘起来，以免光纤折断；光纤跳线环盘时需按照该跳线的说明书要求的弯曲半径。理线应横平竖直并圆滑过渡，用扎节捆绑牢固。

4. 标示并记录跳线

必须对安装的跳线进行标示并记录跳线的种类、走向、路由、测试数据。

40.7.4　网络设备与软件调试

40.7.4.1　网络调试的准备工作

计算机网络在调试前，施工单位应根据设计文件要求，对网络设计进行深化设计，并完成信息网络系统的规划和配置方案，并经设计单位、建设单位、使用单位会审批准。

信息网络系统调试准备应做如下的工作：

（1）应完成硬、软件的安装与连接工作的检查，并设备通电工作正常。

（2）应完成网络规划和配置方案，并经会审批准。

（3）应完成网络安全方案的制定，并经会审批准。

（4）应完成计算机网络系统、应用软件和信息安全系统的联调方案的制定，并经会审批准。

（5）系统调试前应准备好进行信息网络系统调试的有关数据、攻击性软件样本等的准备工作。

40.7.4.2　网络设备与软件的调试

（1）网络系统调试应符合下列要求：

1）应在网络管理工作站安装网络管理系统软件，并配置最高管理权限。

2）应根据网络规划和配置方案划分各个网段与路由，对网络设备进行配置并连通。

3）应每天检查系统运行状态、运行效率和运行日志，并修改错误。

4）应检查各在网设备的地址，符合规范和配置方案。不宜由网管软件直接自动搜寻并建立地址。

5）每个智能化子系统宜独立分配一个网段。

6）应依据网络规划和配置方案进行检查，并符合设计要求。

（2）应用软件的调试和测试应符合下列要求：

1）应按照配置计划、功能说明书、使用说明书进行应用软件参数配置，检测软件功能并记录。

2）应测试软件的可靠性、安全性、可恢复性及自检功能等内容，并记录。

3）应以系统使用的实际案例、实际数据进行调试，系统处理结果应正确。

4）应用软件系统测试时应符合下列要求，并记录测试结果：

① 应进行功能性测试，包括：能否成功安装，使用实例逐项测试各使用功能。

② 应进行性能测试，包括：响应时间、吞吐量、内存与辅助存储区、各应用功能的处理精度。

③ 应进行文档测试，包括：检测用户文档的清晰性和准确性。

④ 应进行可靠性测试。

⑤ 应进行互联性测试，检验多个系统之间的互联性。

⑥ 软件修改后，应进行一致性测试，软件修改后应满足系统的设计要求。

5）应根据需要对应用软件进行操作界面、数据容量、可扩展性、可维护性测试，对测试过程与结果进行记录。

（3）网络安全系统调试和测试应符合下列要求：

1）应检查网络安全系统的软件配置，并符合设计要求。

2）应依据网络安全方案进行攻击测试并记录。

3）应检查场地、配电、接地、布线、电磁泄漏、门禁管理等，要求符合系统设计规定。

4）网络层安全调试和测试应符合下列要求：

① 应对防火墙进行模拟攻击测试。

② 应使用代理服务器进行互联网访问的管理与控制。

③ 应按设计配置网段并进行测试，达到设计要求的互联与隔离。

④ 应使用防病毒系统进行常驻检测，并使用流行的攻击技术模拟病毒传播，做到正确检测并执行杀毒操作为合格。

⑤ 使用入侵检测系统时，应以流行的攻击技术进行模拟攻击；入侵检测系统能发现并执行阻断为合格。

⑥ 使用内容过滤系统时，应做到对受限网址或内容的访问能阻断，而对未受限网址或内容的访问能正常进行。

5）系统层安全调试和测试应符合下列要求：

① 操作系统、文件系统的配置应满足设计要求。

② 应制定系统管理规定，严格执行并适时改进管理规定。

③ 应使用审计系统记录侵入尝试，并适时检查审计日志的记录情况并及时处理。

6）应用层安全调试和测试应符合下列要求：

① 应制定符合网络安全方案要求的身份认证、口令传送的管理规定与技术细则。

② 应在身份认证的基础上，制定并适时改进资源授权表；达到用户能正确访问具有授权的资源，不能访问未获授权的资源。

③ 应检查数据在存储、使用、传输中的完整性与保密性，并根据检测情况进行改进。

④ 对应用系统的访问应进行记录。

（4）信息网络系统调试过程中，应及时填写相应的记录，并符合下列要求：

1）每次重新配置或进行参数修改时，应填写变更计划。重新配置或进行参数修改后，应更新相应的记录。

2）设备、软件参数配置完毕并正常运行后，应按照功能计划、设计表格进行检查、修正与完善，达到设计要求。

（5）网络设备、服务器、软件系统参数配置完成后，应检查系统的联通状况、安全测试，并应符合下列要求：

1）操作系统、防病毒软件、防火墙软件等软件应设置为自动下载并安装更新的运行方式。

2）对网络路由、网段划分、网络地址应明确填写，应为测试用户配置适当权限。

3）对应用软件系统的配置、实现功能、运行状况必须明确填写，并为测试用户配置适当权限。

(6) 信息网络系统安全的调试与检测应符合以下列要求：

1) 在施工过程中，应每天对系统软件进行备份，备份文件应保存在独立的存储设备上。

2) 非本系统配置人员，不得更改本系统的安装与配置。

40.7.5 计算机网络管理系统

40.7.5.1 网络管理系统的功能与模式

1. 网络管理系统的作用

网络管理系统（简称 NMS）用于配置、管理计算机网络，使网络据具有极好的监察、管理能力，达到可用性好、性能高和安全性好的目标。网络系统中的网络设备支持国际标准的 MIB（管理信息库）和 RMON、SMON（网络监测），网络管理系统通过 SNMP 协议获取这些信息，达到网络管理的能力。

2. 网络管理功能

国际标准化组织（ISO）定义了如下五种类型的网络管理功能，网络管理应全面采用：配置管理（Configuration Management）；故障管理（Fault Management）；性能管理（Performance Management）；安全管理（Security Management）；记账管理（Account Management）。

3. 网络管理结构

（1）被管理设备是收集和存储管理信息的网络节点，可以是任何一个网络设备。

（2）代理是驻留在被管理设备上的网络管理软件，它跟踪本地管理信息，使用 SNMP 向 NMS 发送报文。

（3）网络管理系统（NMS）运行管理应用程序，显示管理数据，监控和控制管理设备，并与代理通信。一个 NMS 通常是一个具有高级图形、内存、外存和处理能力的工作站（图 40-8）。

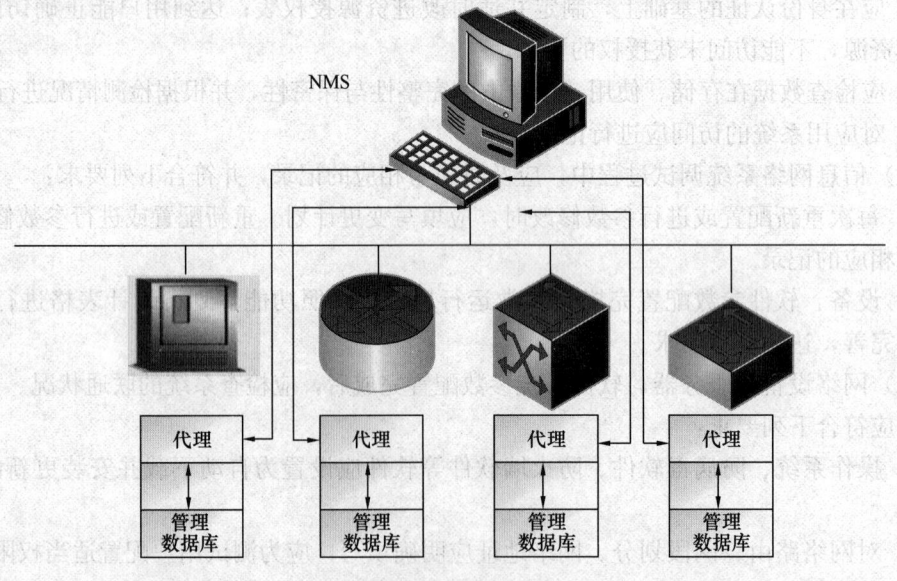

图 40-8 网络管理系统结构图

40.7.5.2 网络管理系统安装

网络管理系统软件安装请参照本章 40.7.3 "网络设备与软件安装"中的要求。同时，还应符合下列要求：

1. 网络管理系统软件

网络管理软件经常采用与所使用的主要网络设备配套的办法来做，也可以使用比较通用的网络管理系统。

2. 网络管理系统的接入位置与安装环境

（1）集中式的网络管理系统或者分布—集中式的一级网络管理系统可以安装在一台专用的工作站。该工作站根据其管理的网络规模大小，决定所需计算机的型号、性能等技术指标。

（2）网络管理工作站的接入在核心交换机上，便于将该网络管理工作站以最小的网络资源占用，设置成最高权限的网络终端。

（3）分布—集中式的二级网管工作站的接入连接在所在网络的汇聚交换机上。工作站根据管理的网络规模的大小来决定所需计算机的型号、性能等技术指标。

（4）使用何种网络管理系统软件时，应注意与操作系统、网络设备相协调。

40.7.5.3 网络管理系统调试

网络管理系统调试参照本章 40.7.4 "网络设备与软件调试"中的要求。同时，还应符合下列要求：

（1）网络管理系统调试应符合下列要求：

1）网络管理工作站应独立安装网络管理系统软件，并配置最高管理权限。

2）应每天检查系统运行状态、运行效率和运行日志，并修改错误。

（2）网络管理软件功能测试：

根据项目建设目标、内容，以及设计文件要求，网管系统应实现下列全部或部分功能，并进行功能测试：

1）配置管理功能：系统和网络配置的收集、监视和修改；建立名称和资源的映射；设置和修改系统的属性或常用参数；检测系统配置的变更情况；管理配置信息库；表达系统之间的各种关系，如直接关系、间接关系、同步关系等。

2）故障管理功能：故障类型、故障原因、故障严重程度的报告；对事件报告初始化、终止、挂起、恢复、修改、检索等；修改登录规则，提供登录控制机制；进行内部资源、连接、数据完整性、协议完整性测试，实现对故障的快速处理。

3）性能管理功能：工作负荷过重告警；报告的扫描、统计、暂存、激活；本地时钟、时间服务等；软件的完整性检查、安装、删除、升级等。

4）安全管理功能：信息完整性、操作、物理资源、时间等违章告警；告警级别的制定；服务的请求、响应、拒绝、恢复等；访问控制规则制定，访问者身份确认，访问授权。

5）记账管理功能：统计、计费参数调整、提供计费、账单等功能。

40.7.6 施工质量控制

（1）质量控制要点

为保证信息网络系统的工程质量，在系统详细设计与施工阶段要依据本节前面提到的相关规范标准及相关标准,制定信息网络系统工程的质量管理计划。

在信息网络系统工程的施工阶段,一定要注意以下的施工要点,作为质量控制的重点:

1) 计算机网络系统的检验应符合《智能建筑工程质量验收规范》GB 50339—2013 中第7.2节的规定。

2) 网络安全系统的检验应符合《智能建筑工程质量验收规范》GB 50339—2013 中第7.3节的规定。

3) 系统测试、检验的样本数量应符合信息网络系统的设计要求。

4) 系统配置应符合经审核批准的规划和配置方案,并完整记录。

信息网络系统中,施工中质量控制还需要注意的是:

应使用网络管理软件配合人为设置的方式,对网络进行容错功能、自动恢复功能、故障隔离功能、自动切换功能和切换时间进行检验。

(2) 网络管理功能应符合下列要求:

1) 应对网络进行远程配置并对网络进行性能分析。

2) 应对发生故障的网络设备或线路及时进行定位与报警。

3) 应对关键的部件进行冗余设置,并在出现故障时可自动切换。

(3) 应检验软件系统的操作界面,操作命令不得有二义性。

(4) 应检验软件系统的可扩展性、可容错性和可维护性。

(5) 应检验网络安全管理制度、机房的环境条件、防泄露与保密措施。

(6) 质量记录:信息网络系统子分部工程检测记录应填写《智能建筑工程质量验收规范》GB 50339—2013 附录 C 表 C.0.4。

40.7.7 信息网络系统的检测和验收

信息网络系统检测主要分为网络安全系统调试和检测、应用层安全调试和检测。

40.7.7.1 网络安全系统检测

网络安全系统检测时,应该按照网络的层次,先网络物理层,再网络层,再系统层,由低向上分层来进行:

(1) 网络物理层调试和测试应符合下列要求:

1) 应检查场地、配电、接地、布线、电磁泄漏、门禁管理等,要求符合系统设计规定。

2) 应检查网络安全系统的软件配置,并符合设计要求。

3) 应检查网络安全方案进行攻击测试并记录。

(2) 网络层安全检测应符合下列要求:

1) 应对防火墙进行模拟攻击测试。

2) 应使用代理服务器进行互联网访问的管理与控制。

3) 应按设计配置网段并进行测试,达到设计要求的互联与隔离。

4) 应使用防病毒系统进行常驻检测,并使用流行的攻击技术模拟病毒传播,做到正确检测并执行杀毒操作为合格。

5) 使用入侵检测系统时,应以流行的攻击技术进行模拟攻击;入侵检测系统能发现并执行阻断为合格。

6) 使用内容过滤系统时，应做到对受限网址或内容的访问能阻断，而对未受限网址或内容的访问能正常进行。

(3) 系统层安全检测时，应符合下列要求：

1) 操作系统、文件系统的配置应满足设计要求。
2) 应制定系统管理规定，严格执行并适时改进管理规定。
3) 应使用审计系统记录侵入尝试，并适时检查审计日志的记录情况并及时处理。

40.7.7.2 应用层安全检测

应用层安全检测应符合下列要求：

(1) 应检测身份认证，达到用户能正确访问具有授权的资源，不能访问未获授权的资源。

(2) 应检查数据在存储、使用、传输中的完整性与保密性，并根据检测情况进行改进。

(3) 对应用系统的访问应进行记录。

40.7.7.3 资料整理与归档

(1) 工程竣工图纸，包括系统结构图、各子系统监控原理图施工平面图、设备电气端子接线图、中央控制室设备布置图、接线图、设备清单等。

(2) 系统的产品说明书、操作手册和维护手册。

(3) 工程检测记录，包括隐蔽工程检测记录、施工质量检测记录、设备功能检查记录、系统检测报告等。

信息网络系统的检验应符合《智能建筑工程质量验收规范》GB 50339—2013规定要求。

网络系统的配置方案、网络元素参数配置、连接检验记录应文档齐全。
应用软件的配置方案、配置说明、检验记录应文档齐全。
安全系统的配置方案、攻击检测纪录、检验记录应文档齐全。
进行网络安全系统检测的攻击性软件及其载体必须妥善保管。

40.8 视频会议系统

视频会议系统主要包括电视电话会议系统和本地会议室的电子会议系统。

40.8.1 视频会议系统结构

40.8.1.1 视频会议系统组成

视频会议系统是集计算机网络、通信、图像处理技术、电视等技术于一体的会务自动化管理系统。系统将会议报到、发言、表决、翻译、摄像、音箱、显示、网络接入等各自独立的子系统有机地连接成一体，由中央控制计算机根据会议议程协调各子系统工作。为各种远程会议等提供最准确、即时的信息和服务。

电视电话会议系统设备包括MCU多点控制器、会议室终端、PC桌面型终端、电话接入网关（PSTNGateway）、网闸（Gatekeeper）等几个部分。各种不同的终端都连入

MCU 进行集中交换，组成一个视频会议网络。此外，语音会议系统可以让所有桌面用户通过 PC 参与语音会议，这些是在视频会议基础上的衍生（图 40-9）。

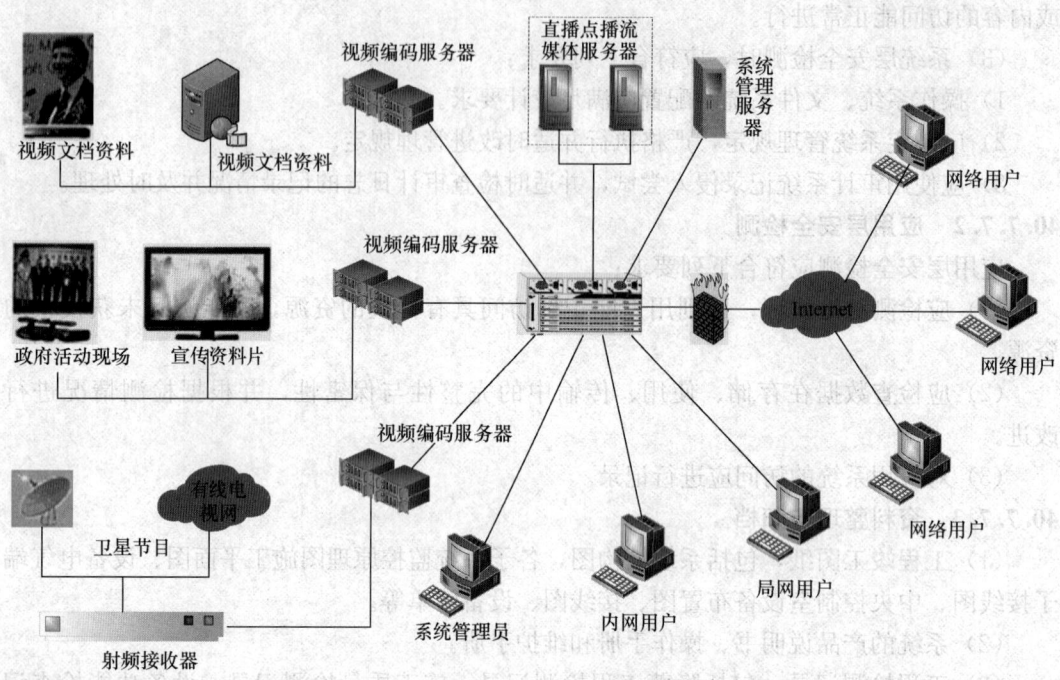

图 40-9 视频会议系统组成图

40.8.1.2 视频会议系统结构

电子会议系统可包括会议讨论系统、同声传译系统、表决系统、扩声系统、显示系统、摄像系统、录制和播放系统、集中控制系统和会场出入口签到管理系统等。

所有系统以计算机网络为平台，共享数据和控制信息，分散操作，集中控制。使设备操控人员可方便、快捷地实现对所有设备的监视和控制。网络接入利用普通的通信网或计算机网络为运行环境，连接主会场和分会场的中央控制设备，实现局部和广域范围里的多点数字会议功能。视讯网络接入方式不同，所采用的技术和传输速度也不相同。

1. 会议讨论系统

会议讨论系统可根据信号传输方式分为有线会议讨论系统和无线会议讨论系统；有线会议讨论系统可分为菊花链式会议讨论系统和星型式会议讨论系统；无线会议讨论系统可分为红外线式和射频式。

菊花链式会议讨论系统可由会议系统控制主机、有线会议单元、连接线缆和会议管理软件系统组成（图 40-10）。

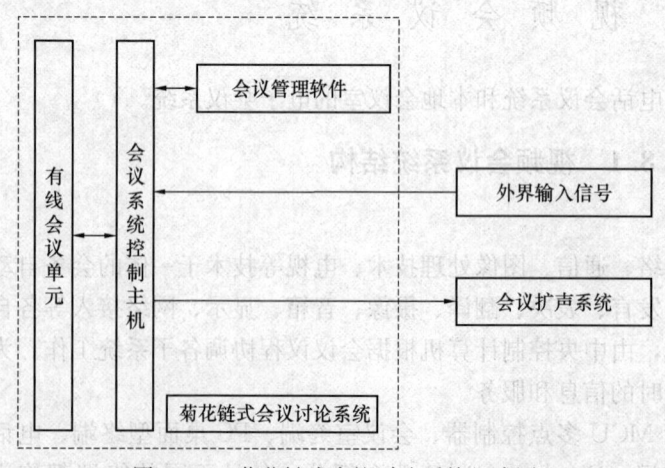

图 40-10 菊花链式会议讨论系统组成图

星型式会议讨论系统可由传声器控制处理装置、传声器和连接线缆组成（图 40-11）。

无线会议讨论系统可由会议系统控制主机、无线会议单元、信号收发器、连接主机与信号收发器的线缆和会议管理软件等组成（图 40-12）。

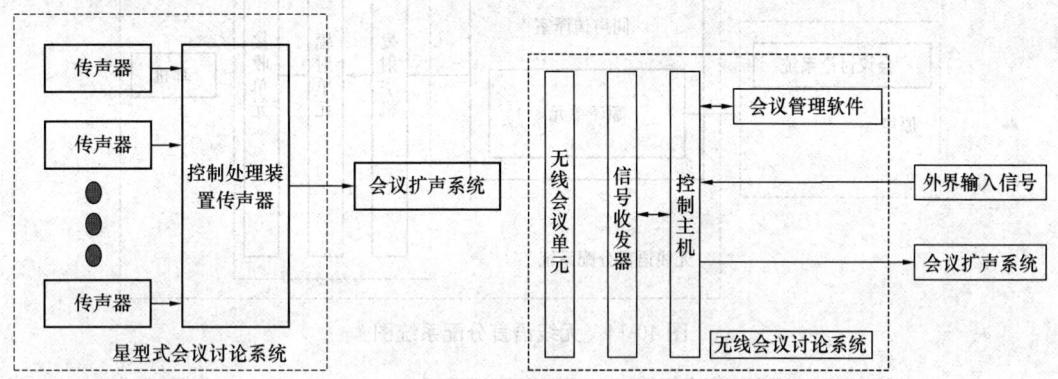

图 40-11　星型式会议讨论系统组成图　　　图 40-12　无线会议讨论系统组成图

2. 同声传译系统

会议同声传译系统宜由翻译单元、语言分配系统、耳机以及同声传译室组成。

语言分配系统可根据信号传输方式分为有线语言分配系统和无线语言分配系统；无线语言分配系统可分为红外线语言分配系统和射频语言分配系统。

（1）语言分配系统的分类见表 40-9。

语言分配系统分类　　　　　　　　　　表 40-9

信号传输方式		有线	无线（红外线式）	无线（射频式）
音频传输方式	模拟	模拟有线语音分配系统	模拟红外语音分配系统	模拟射频语音分配系统
	数字	数字有线语音分配系统	数字红外语音分配系统	数字射频语音分配系统

（2）有线语言分配系统可由会议系统控制主机和通道选择器组成，如图 40-13 所示；无线语言分配系统可由发射主机、辐射单元和接收单元组成，如图 40-14 所示。

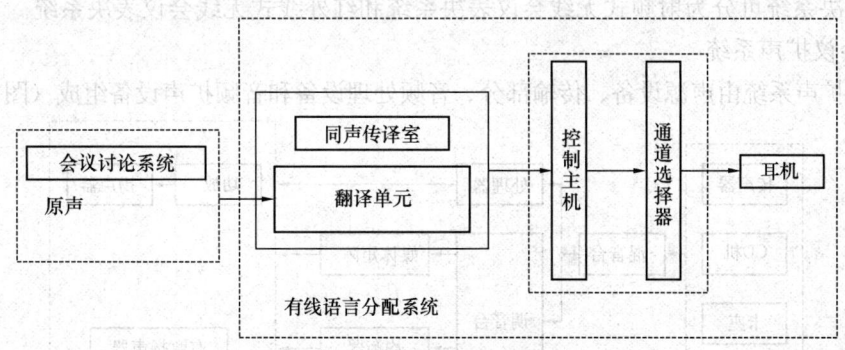

图 40-13　有线语言分配系统图

3. 会议表决系统

会议表决系统宜由表决系统主机、表决器、表决管理软件等组成（图 40-15）。

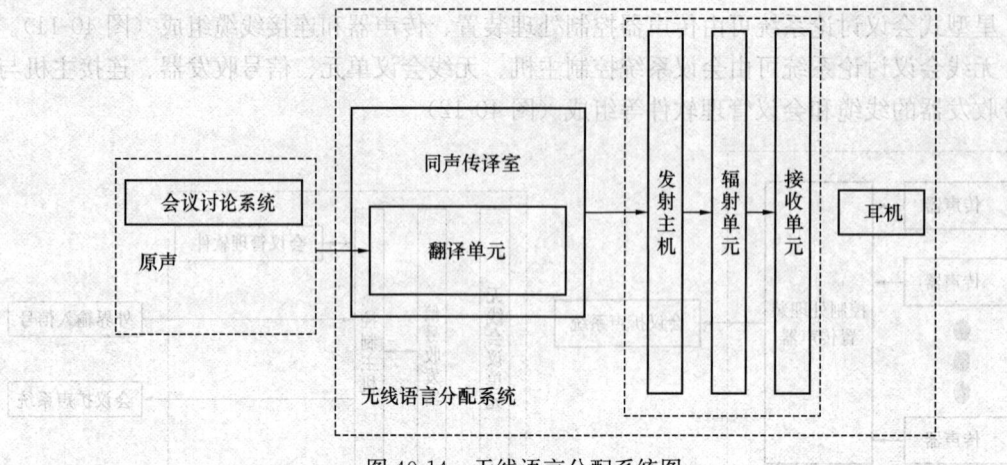

图 40-14 无线语言分配系统图

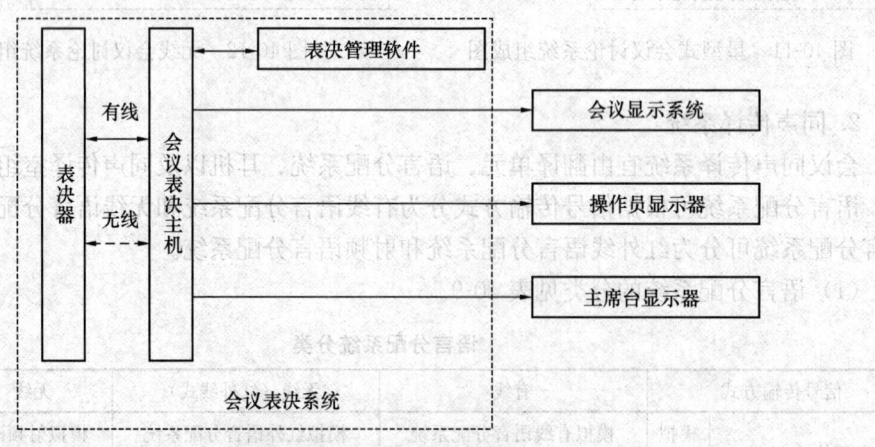

图 40-15 会议表决系统图

会议表决系统可根据设备的连接方式分为有线会议表决系统和无线会议表决系统。有线会议表决系统可根据表决速度分为普通有线会议表决系统和高速有线会议表决系统。无线会议表决系统可分为射频式无线会议表决系统和红外线式无线会议表决系统。

4. 会议扩声系统

会议扩声系统由声源设备、传输部分、音频处理设备和音频扩声设备组成（图 40-16）。

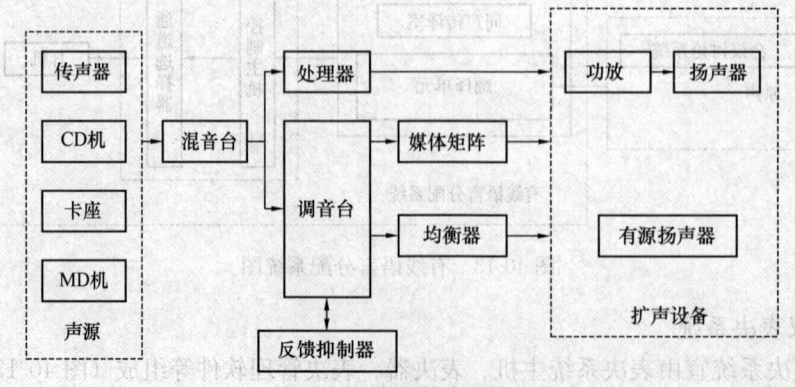

图 40-16 会议扩声系统图

会议扩声系统可分为数字会议扩声系统和模拟会议扩声系统。

声源设备可包括传声器、CD 机、卡座、MD 机等。

传输部分可包括各种音频传输线缆和光端机等。

音频处理设备宜包括调音台、自动混音台、自动反馈抑制器、均衡器、数字音频处理器和媒体矩阵等。

音频扩声设备应包括功率放大器和扬声器系统。

厅堂会议扩声系统宜包括观众厅扩声系统和主席台返送系统。

5. 显示系统

显示系统可由信号源、传输路由、信号处理设备和显示终端组成（图 40-17）。

会议显示系统可分为交互式电子显示白板显示系统、发光二极管显示系统、投影显示系统、等离子显示系统和液晶显示系统等。根据会场需要，可将交互式电子显示白板显示系统、发光二极管显示系统、投影显示系统、等离子显示系统和液晶显示系统等示方式进行组合使用。

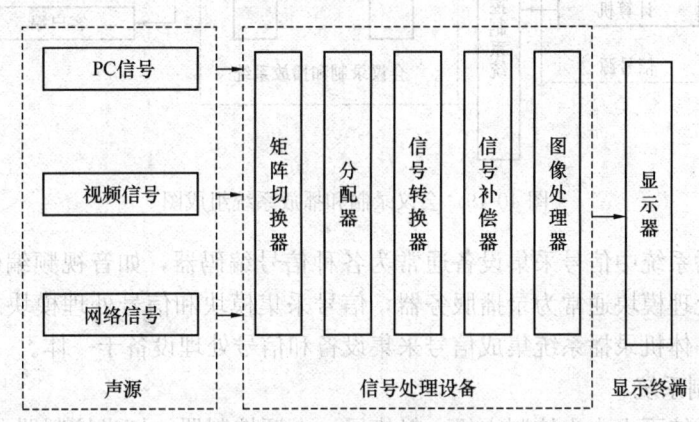

图 40-17　显示系统架构图

信号源包括计算机信号、视频信号和网络信号。

传输路由可由视频同轴电缆、对绞电缆、光缆和专用 VGA、DVI 连接线等组成。

信号处理设备包括分配器、信号补偿器、信号转换器、矩阵切换器和图像处理器等。

显示终端按显示器件的不同可分为交互式电子白板、发光极管显示屏、投影幕布、等离子显示器和液晶显示器。

6. 会议摄像系统

会议摄像系统可由图像采集、传输路由、图像处理和图像显示部分组成（图 40-18）。

会议摄像系统可分为会场摄像系统和跟踪摄像系统。

图像采集部分可由摄像机（含镜头）、摄像机云台、摄像机解码器、摄像机支架等组成。

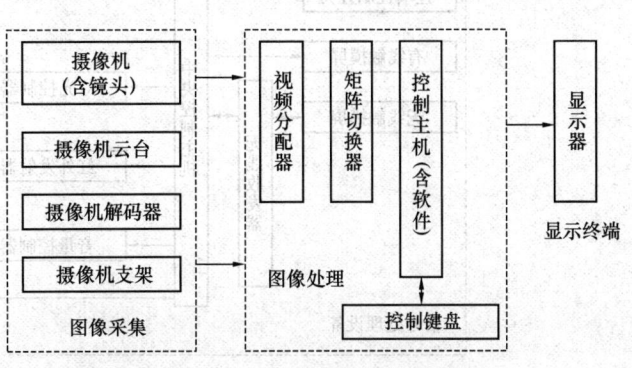

图 40-18　会议摄像系统组成图

图像传输部分可由传输线缆组成。

图像处理部分可由视频分配器、矩阵切换器、控制主机（含软件）、控制键盘等组成。

图像显示部分可由各种显示设备组成。

7. 会议录制和播放系统

会议录制及播放系统应由信号采集设备和信号处理设备组成（图40-19）。会议录制及播放系统可分为分布式录播系统和一体机录播系统。

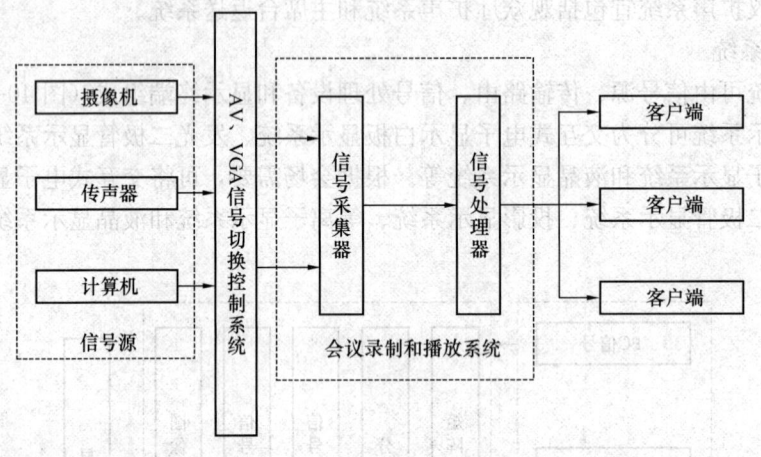

图 40-19　会议录制和播放系统组成图

分布式录播系统中信号采集设备通常为各种信号编码器，如音视频编码器、VGA编码器等，信号处理模块通常为录播服务器，信号采集模块和信号处理模块之间通过IP网络进行通信。一体机录播系统集成信号采集设备和信号处理设备于一体。

8. 集中控制系统

集中控制系统可由中央控制主机、触摸屏、电源控制器、灯光控制器、挂墙控制开关等设备组成（图40-20）。

集中控制系统可根据控制及信号传输方式的不同，分为无线单向控制、无线双向控制、有线控制等。

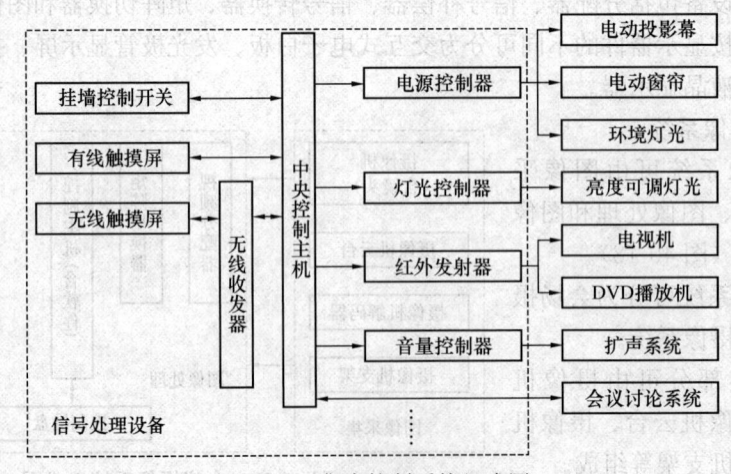

图 40-20　集中控制系统组成图

中央控制系统：中央控制设备是整个视频会议系统的核心。通过它实现自动会议控制，也可以通过电脑操纵，实现更复杂的会议管理。中央控制设备主要对发言设备、同声传译、电子表决、视像跟踪、数字音视频通道及数据通道进行控制。

9. 会场出入口管理系统

会场出入口签到管理系统，宜由会议签到主机、门禁天线、IC卡发卡器、IC卡、会议签到管理软件及管理计算机组成（图40-21）。

会场出入口签到管理系统可分为远距离会场出入口签到管理系统和近距离会场出入口签到管理系统。

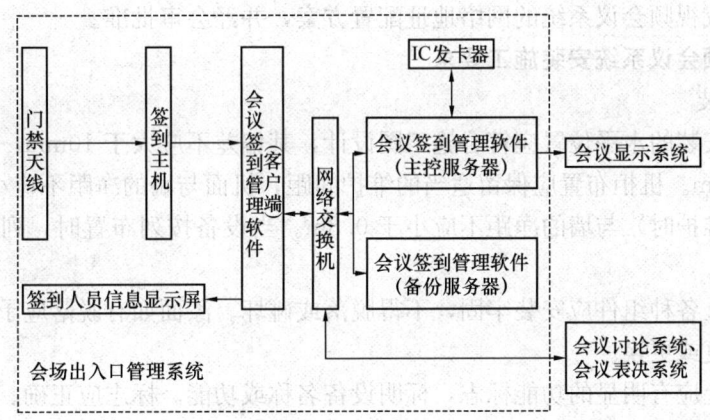

图40-21 会场出入口管理系统组成图

会议签到管理软件包括服务器端模块和客户端模块。管理计算机内应内置双屏显卡。

40.8.2 施工工序流程

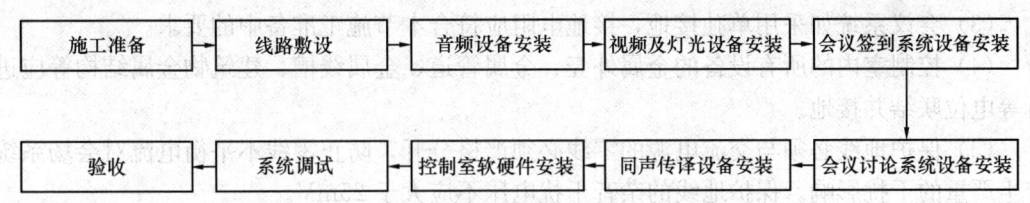

40.8.3 视频会议系统的安装施工

系统工程的施工范围包括施工准备、管线施工、设备安装、会议室及控制室施工安装、系统调试、系统试运行，工程质量检测和竣工验收。

40.8.3.1 施工准备

在会议系统施工前，需要做如下的准备工作。

（1）施工环境应符合下列要求：

1）所需的会议室、控制室、传输室等相关房间的土建工程已经全部竣工，且符合视频会议系统的各项要求。

2）电源、接地、照明、插座以及温、湿度等环境要求，已按设计文件的规定准备就绪，且验收合格。

3) 为会议系统各种缆线所需的预埋暗管、地槽预埋件完毕, 孔洞等的数量、位置、尺寸均已按设计要求施工完毕且验收合格。

4) 检查会场建声装修, 房间表面各部分装修材料应与装修设计一致, 并符合会议系统声场技术指标要求。

5) 控制室地线应安装完毕, 并引入接线端子上, 检测接地电阻值。单独接地体电阻值不应大于 4Ω; 联合接地体电阻值不应大于 1Ω。

6) 施工现场具备进场条件, 应能保证施工安全和安全用电。

(2) 施工准备除应满足上述要求外, 还应符合本章 40.1.3 的要求。

(3) 应完成视频会议系统的网络地址配置方案, 并经会审批准。

40.8.3.2 视频会议系统安装施工要求

1. 机柜安装

(1) 机柜安装的水平位置应符合施工图设计, 其偏差不应大于 10mm, 机柜的垂直偏差不应大于 3mm。机柜布置应保留适当的维护间距, 机面与墙的净距不应小于 1.5m, 机背和机侧 (需维护时) 与墙的净距不应小于 0.8m。当设备按列布置时, 列间净距不应小于 1m。

(2) 机柜上各种组件应安装牢固, 不得脱落或碰坏。漆面如有脱落应予以补漆; 组件如有伤残应修复或更换。

(3) 机柜上应有明显的功能标志, 标明设备名称或功能。标志应正确、清晰、齐全。

2. 设备的供电与接地

设备的供电与接地应符合相关的国家规范的规定, 还应符合以下要求:

(1) 在会议室系统应设置专用分路配电盘, 每路容量应根据实际情况确定, 并预留余量。

(2) 会议室系统音视频设备 (包括流动使用的摄像机、监视器等设备附近设置的专用电源插座等), 并应采用同一相电源。

(3) 会议系统如采用单独接地, 接地电阻应符合本节施工准备中的要求。

(4) 控制室内的所有设备的金属外壳、金属管道、金属线槽、建筑物金属结构等应进行等电位联结并接地。

(5) 保护地线必须与交流电源的零线必须严格分开, 防止零线不平衡电流对会场系统产生严重的干扰影响。保护地线的杂音干扰电压不应大于 25mV。

(6) 会议室灯光照明设备 (含调光设备)、会场音频和视频系统设备供电, 宜采用不间断电源系统分路供电方式。

(7) 控制室宜采取防静电措施, 防静电接地与系统的工作接地可合用。

(8) 直流工作接地与交流工作接地, 不采用共同接地时, 两者之间的电差不应超过 0.5V。

(9) 线缆敷设时, 外皮、屏蔽层以及芯线不应有破损, 并应做好明显的标识。

3. 电缆管路、线槽及线缆敷设

应符合本章 40.2 "综合管线"的要求, 还应符合以下要求:

(1) 安装电缆管路应符合下列要求:

1) 吊顶内管路进入控制室后, 应就近沿墙面垂直进入静电地板下, 沿地面进入机柜底部线槽。

2) 地面管路应贴地进入控制室静电地板下，进入机柜底部线槽。
3) 信号线与强电的线管必须分开敷设，最小距离应不小于 200mm。
4) 控制室静电地板下，必须敷设机柜到控制台的地下线槽。
5) 电缆管路穿越楼板孔或墙洞的位置，应加装保护设施。
6) 安装沿墙单边或双边电缆管路时，在墙上埋设的支持物应牢固可靠，支点的间隔应均匀整齐一致。

(2) 线缆敷设应符合下列规定：
1) 音频线缆应满足连接设备的输入和输出参数指标。
2) 视频线缆应根据需要传输的内容格式和距离选择。
3) VGA 信号线缆应根据传输信号的分辨率、最长传输距离进行选择。当信号源为视频或简单的文字内容时，插入损耗（即传输衰减）控制在 -6dB；当信号源是精密图形文件时，插入损耗控制在 -3dB 的范围。
4) 在对信号质量要求比较高的设计中，应采用光纤系统实现信号的传输。

4. 会议发言系统的安装
(1) 有线会议单安装应符合下列规定：
1) 嵌入式会议单元安装
① 应向家具厂家提供产品说明、安装手册及具体开孔位置、尺寸、深度和走线方式。
② 应提供桌面、座椅后背或扶手内的具体安装要求。
2) 移动式安装的有线会议单元之间连接线缆长度应留有一定余量，并应做好线缆的固定。
3) 菊花链式会议讨论系统中，会议单元的安装应符合下列规定：
① 会议单元之间线缆的应牢固可靠。
② 每路线缆连接的会议单元总功耗及延长线功率损耗之和应符合设计要求。
③ 单条延长线缆长度应小于设备的规定长度。超过规定长度，应在规定长度以内设置中继器。

(2) 无线会议单元、信号收发器的安装应符合下列规定：
1) 信号收发器的供电电压应稳定。
2) 信号收发器安装的高度和方向应符合设计要求，不应有接收盲区。
3) 采用红外线会议讨论系统，红外线信号收发器的安装还应符合下列规定：
① 红外线信号收发器的安装位置应避免墙壁、柱子及其他障碍物对信号的发射和接收形成遮挡。
② 同一会场内的各个红外线信号收发器到会议控制主机之间的线缆长度应等长。
③ 各红外线信号收发器到会议控制主机之间的线缆长度不应超过设备的规定长度，与电力线缆平行敷设时，其间距应大于或等于 0.3m。
4) 射频会议讨论系统的设备安装应符合下列规定：
① 应确保会场附近没有与本系统相同或相近频段的射频设备工作。
② 射频会议单元和射频信号收发器的安装位置周围应避免有大面积金属物品和电气设备的干扰。
5) 信号收发器进行初步安装后，应通电检测各项功能，音频接收质量应符合设计要求，固定应牢固可靠。

6）所有要求及所提供的相关技术资料，应由相关单位签字确认并记录存档。

（3）控制室设备的安装包括会议系统控制主机、自动混音台、媒体矩阵等，应符合下列规定：

1）所有控制室设备应按设计布局要求，安装于控制室的标准机柜内或置放于操作台面上，安装应牢固可靠。安装位置根据现场条件，以便于使用操作为准。

2）机柜或操作台内线缆应绑扎成束，排列整齐，并宜留有余芯。线缆标识应清晰、准确、耐久。

（4）系统管理软件应按设计要求安装于控制主机内，可靠工作。

5. 同声传译设备的安装

（1）有线会议同声传译系统设备的安装应符合下列规定：

1）翻译单元的安装应符合下列要求：

① 翻译单元的安装应符合设计要求。

② 翻译单元应置放于同声传译室内操作台面上，其安装应稳定可靠，并应易于翻译员现场操作。

2）会议系统控制主机、通道选择器的安装应符合《电子会议系统工程施工与质量验收规范》GB 51043—2014 第 6.2.4 条、第 6.2.6 条的有关规定。

3）耳机的连接应符合现行国家标准《红外线同声传译系统工程技术规范》GB 50524 的有关规定。

4）同声传译室的设备安装除应按现行国家标准《红外线同声传译系统工程技术规范》GB 50524 的有关规定执行外，尚应符合下列规定：

① 翻译员应清楚地看到主席台和观众席的主要部分，并宜看清发言人的口型和节奏变化以及发言者使用会议显示设备显示的内容。固定式同声传译室的观察窗宜采用双层中空玻璃隔声窗。

② 同声传译室与机房间应设有联络信号，同声传译室室外应设置译音工作指示信号。

③ 同声传译室内的背景噪声和隔声应符合现行国家标准《红外线同声传译系统工程技术规范》GB 50524 的有关规定。

④ 同声传译室的空调设施消声处理应符合设计要求。

（2）红外线同声传译系统的设备安装除应按现行国家标准《红外线同声传译系统工程技术规范》GB 50524 的有关规定外，尚应符合下列规定：

1）红外辐射单元的安装应符合下列规定：

① 应避免阳光直射。

② 应远离照明设备。

③ 应避免墙壁、柱子及其他障碍物形成红外的遮挡。

④ 宜使每个红外接收单元与一个以上辐射单元通信。

⑤ 安装在代表座位上方的天花板或支撑结构上，固定应牢固可靠。

⑥ 壁挂式安装时，应先在墙壁上进行定位，再将安装支架固定在墙壁上，安装固定应牢固可靠。

⑦ 吸顶式安装时，应先在天花板上进行定位，再将安装支架固定在天花板上。

⑧ 红外辐射单元的光辐射面不应有损伤，其安装固定应牢固可靠。

2) 翻译单元的安装应符合《电子会议系统工程施工与质量验收规范》GB 51043—2014 第 6.3.4 条第 1 款的要求。

3) 耳机的连接应符合《电子会议系统工程施工与质量验收规范》GB 51043—2014 第 6.3.4 条第 3 款的要求。

4) 同声传译室的安装应符合《电子会议系统工程施工与质量验收规范》GB 51043—2014 第 6.3.4 条第 4 款的要求。

6. 表决系统设备的安装

表决系统设备（包括表决器、会议表决主机）的安装应符合设计要求；系统管理软件的安装，软件安装参照 40.7.3.2 要求。

7. 会场出入口签到管理设备的安装

会场出入口签到管理系统设备的安装包括会议签到主机、门禁天线、发卡器、会议签到管理软件、管理计算机及签到信息显示屏等的安装。

（1）会议签到主机和门禁天线的安装应符合设计要求，会议签到门的宽度应符合设计要求。

（2）发卡器宜安装在会务管理中心或控制室内的操作台面上，并应方便操作人员的操作与管理。

（3）签到管理计算机的主机安装应符合《电子会议系统工程施工与质量验收规范》GB 51043—2014 第 6.2.6 条的要求。

（4）签到管理软件应按设计要求分别安装在签到主机和签到管理计算机中。会议签到管理软件分客户端软件和服务器端软件。客户端软件安装在签到主机中，服务器端软件安装在签到管理计算机中。

（5）签到信息显示屏的安装应按设计要求安装在会场出入口处，安装应牢固可靠。

8. 会议扩声系统设备的安装

会议扩声系统设备的安装应包括声源设备、音频处理设备和扩声设备的安装。

（1）音箱的安装应符合下列规定：

1) 音箱的安装应符合设计要求。固定应牢固可靠，水平角、俯仰角应在设计要求的范围内灵活调整。安装应与设计一致，应满足全场覆盖及声场均匀度要求。

2) 音箱在建筑结构上的固定安装必须检查建筑结构的承重能力，建筑的设计单位同意方可施工，本条款为强制性条款。

3) 施工现场应设有良好的照明条件，并应做好安全防护措施。

4) 暗装音箱正面透声结构应符合设计要求，同时应与相关专业施工单位进行工序交接和接口关系核实与确认，并应填写《电子会议系统工程施工与质量验收规范》GB 51043—2014 表 A.0.4。

5) 以建筑装饰物为掩体暗装的音箱，其正面不得直接接触装饰物。建筑装饰物为网孔材料，通过网孔向外透声。音箱的正面应尽可能地靠近装饰物，但不能接触装饰物，防止产生共振或共鸣。

6) 音箱采用支架或吊杆明装应牢固可靠，音频指向和覆盖范围应符合设计要求。

7) 安装音箱时，可不做减振处理，有减振设计要求除外。

8) 吸顶式音箱安装在石膏板或者矿棉板等轻软质板材上时，应在背面加衬厚度 3～

5mm 的硬质板材，并应采用固定吊点吊牢。

9）安装在组合架上的音箱，固定应牢固可靠，螺栓、螺母不得有松动现象。集中式音箱组合吊装在会议室中央时，固定牢固，安全可靠。

10）用于火灾隐患区的扬声器应由阻燃材料制成（或具有阻燃后罩），广播扬声器在短期喷淋的条件下应能工作。

(2) 箱体的安装

1）各类箱、盒、控制板等安装应符合设计要求，箱体面板和框架应与建筑物表面配合严密。安装在地面预留洞内的箱体应能使地面盖板遮盖严密、开启方便。箱体与管口不宜采用电焊或气焊，宜采用管口螺母锁紧。

2）扩声机房内输出线路接线箱暗设在墙内时，箱体底边应离地面 1.2m。

3）机房内扩声设备等电位连接端子箱与接地极之间应采用接地干线相互连通，设备保护接地和工作接地应以各自单独的接地线与等电位连接端子箱连接，不得以串接的方式连接至等电位连接端子箱。

(3) 功放设备宜安装在控制台的操作人员能直接监视的部位，中音源设备、调音台、周边设备、功率放大器等宜放在同一个房间内。

9. 会议显示系统设备的安装

会议显示系统设备的安装应包括信号源、信号处理设备和显示设备的安装。显示设备可有交互式电子白板、显示器、投影机、投影幕等。

(1) 会议显示系统设备的安装应符合设计要求，并应符合现行国家标准《视频显示系统工程技术规范》GB 50464 的有关规定。

(2) 会议显示设备安装前，现场的温度、湿度和洁净度应符合设计要求和产品安装说明书的要求。

(3) 会议显示设备安装时，安装人员应使用专用工具和佩戴专用手套，安装过程中不得污染、摩擦、撞击显示屏幕。使用专用手套可以保持显示屏幕的光洁。

(4) 会议显示设备安装前，应按显示设备的承重要求对底座和支架进行承重测试。

(5) 会议显示设备和显示屏幕的安装位置应符合设计要求，并根据现场座椅实际摆放位置进行微调整，满足观看的要求。

(6) 投影型视频显示系统的投影幕安装应符合下列规定：

1）投影软幕安装在暗盒内时，暗盒的尺寸应比投影幕尺寸略大；投影硬幕应在屏框上为变形和热胀冷缩留出余量，并固定牢固。

2）室内投影幕宜在限定空间居中安装。

3）两个或多个硬幕拼接安装时，幕与幕的连接处应进行对接缝合。

4）屏框的装饰宜与室内装饰风格协调一致。

(7) 投影型视频显示系统的投影机安装应按下列规定：

1）应根据镜头焦距、屏幕尺寸和反射次数计算出安装位置。

2）投影机距投影幕的距离应取安装距离范围的中值，若遇障碍物可适当调整。

3）投影机的水平方向安装位置应与投影幕水平方向居中对称。

4）投影机吊装时应避开灯具和消防喷淋设施。

5）外露式背投影显示系统的投影机、投影幕和反射镜应固定牢固，支架应直接固定在天花板、承重墙体或地面上。

6) 安装投影机的背投间，墙面、天花、地面应避免光线干涉。

7) 投影幕前 1.5m 范围内灯光回路应独立可控，灯光不宜直接照射在投影屏幕上。

(8) 会议显示设备的固定结构设计应可实现水平、垂直方向调整。

(9) LED 视频显示系统安装除应符合现行国家标准《视频显示系统工程技术规范》GB 50464 的有关规定外，尚应符合下列规定：

1) LED 显示系统在一个显示平面内，应选用同一批次的产品，防止面板出现色差。

2) LED 模组之间的拼缝应符合设计要求和产品安装说明书的要求。

3) LED 显示屏表面平整度应符合现行国家标准《视频显示系统工程技术规范》GB 50464 的有关规定。

4) LED 显示屏屏体底座应固定在水平的地面或其他牢固的基座上，墙面支架应安装在建筑或墙面的承重结构上，且底座和墙面支架的承重应符合设计要求和产品安装说明书的要求。

(10) 会议显示设备采用桌面升降式安装应符合下列规定：

1) 应按设计要求对会议桌面进行开孔作业。

2) 桌面升降器和显示设备的安装均应牢固。

3) 应向会议桌提供商提供产品说明、安装手册，预留具设备安装、检修和升降的线缆余留空间。

4) 显示屏幕收合后，桌面升降系统应与桌面平齐，不得有凹陷或凸起现象。

5) 显示设备安装完毕后，应有调整角度的余地。

(11) 电视型显示设备安装时应符合下列规定：

1) 电视型显示设备的安装应符合设计要求。

2) 电视型显示设备进行移动安装时，移动支架的配重应均衡，移动过程中不应倾覆。

3) 电视型显示设备进行墙面安装时，应与墙面之间留有维护和散热间距。

(12) 控制室内的监视器安装位置应符合设计要求，安装固定应牢固可靠，摆放应整齐。

(13) 信号处理设备在机柜内或控制台上安装应牢固可靠，设备之间应留有合理间隙，并应按要求接地。

(14) 会议显示系统安装完成后，应对显示平面和玻璃器件采取必要的保护和防尘措施。

(15) 需要定期更换易耗品的会议显示设备，安装时应将维护口外露。

(16) 信号源到显示设备之间的连接应尽量直接，减少中间设备和接插件对显示效果的影响。

(17) 会议显示系统的显示设备，从室外或其他温度及湿度差异较大的空间搬入安装空间时，不得立即打开设备的包装。显示设备应存放 6h 后，再进行设备安装作业。拼接显示系统的显示单元在打开包装后，应存放 1h 后，再进行设备安装作业。

10. 会议摄像系统设备的安装

会议摄像系统设备的安装可包括图像采集设备和图像处理设备的安装。

(1) 摄像机的安装应符合下列规定：

1) 摄像机的安装应符合设计要求。

2) 摄像机安装应牢固；运转应灵活。

3) 在强电磁干扰环境下，摄像机安装应与地绝缘隔离。

4）摄像机宜采集中供电方式。

5）摄像机吊顶安装时，应预留检修孔。

6）摄像机连接线缆外露部分应采用软管保护。

（2）编码器宜安装在摄像机附近或吊顶内；摄像机距离控制室或弱电竖井的距离不超过20m时，可以将编码器放在控制室或者固定在竖井内。

（3）云台的安装应符合下列规定：

1）云台安装应牢固，转动应灵活无晃动。

2）应检查云台的旋转范围是否符合设计要求。

3）应检查云台运动时是否存在碰擦物和阻挡物。

（4）图像处理设备的安装应符合下列规定：

1）控制键盘、监视器等设备的安装应平稳，便于操作。监视器屏幕应避免环境光直射。

2）在控制台、机柜（架）内安装的设备内部接插件与设备连接应牢固。

3）控制室内线缆应根据设备安装位置设置线缆槽盒和进线孔，线缆排列、捆扎应整齐，并应有长效用途和编号标识。

11. 会议录播系统设备的安装

会议录播系统设备的安装包括录播信号采集设备和录播信号处理设备的安装。

（1）录播信号采集设备的安装应靠近信号输出设备。

（2）各种信号设备接口之间的连接应使用专用线缆。

（3）录播信号处理设备的网络布线应符合设计要求。

12. 集中控制系统设备的安装

集中控制系统设备的安装可包括中央控制主机、触摸屏、控制器和控制开关等设备的安装。

（1）集中控制系统的控制器在进行墙面安装时，应确保牢靠稳固。

（2）集中控制设备的电源应按设计要求，采用单独回路单独供电。

（3）有线控制器宜安装在桌面上或墙面上，无线控制系统的收发器应安装在会场内无线信号覆盖区域最大、无遮挡的位置。

（4）集中控制设备安装在机柜上部，便于无线控制信号的传输。

40.8.4 施工质量控制

设备的声学、视觉调试与安装时，需要注意的质量控制事项：

（1）会议场地应具有较高的语言清晰度，适当的混响时间。当会场容积在 $200m^2$ 以下时，混响时间宜为 0.4~0.6s；当视频会议室还作为其他功能使用时混响时间不宜大于0.8s；当会场容积在 $500m^2$ 以上时，按《剧场、电影院和多用途厅堂建筑声学技术规范》GB/T 50356—2005 执行。

（2）应检测会场建声指标，混响时间、隔声量、本底噪声应符合会议系统设计技术指标要求。

（3）应保证机柜内设备安装的水平度，严禁在有尘、不洁环境下施工。

（4）保证显示设备承重机构的承重能力，对轻质墙体、吊顶等须采取可靠的加固措施，安装完毕应及时检查安装的牢固度，严禁出现松动、坠落等倾向。

(5) 信号电缆长度严禁超过设计要求。
(6) 电缆布放前应作整体通路检测，穿管过程中不得用力强拉，避免损伤和影响电气性能。
(7) 设备安装位置与设计相符，扬声器的变更必须满足音箱设计的要求并有变更洽商的手续。

40.8.5 会议系统的调试与检测

40.8.5.1 会议系统的调试

系统调试前应完成现场设备接线图、控制逻辑说明的制作。

1. 系统调试准备

(1) 应检查接地系统测试记录，如不符合设计要求严禁加电调试。
(2) 技术人员应熟悉控制逻辑，准备好调试记录表。
(3) 系统调试前应确认各个设备本身不存在质量问题，方可通电。
(4) 各类设备的型号及安装位置应符合设计要求。
(5) 各类设备标注的使用电源电压应与使用场地的电源电压相符合。
(6) 应检查设备连线的线缆规格与型号，线缆连接应正确，无松动和虚焊现象。
(7) 依据调试要求调整设备安装状态，扬声器定位后应固定，并加装保险装置。
(8) 在通电以前，各设备的开关旋钮应置于初始位置。
(9) 应检查系统中具有网络接口的设备是否按照网络地址配置方案进行配置。

2. 音频设备调试

(1) 应按照会议系统不同功能开启相应设备电源，确认设备工作正常。
(2) 应确认记录系统相关设备、数据库运行正常。
(3) 应确认系统设备工作正常，调整设备参数。
(4) 应确认系统运行正常，并根据设计功能要求进行细调，满足系统使用要求，达到最佳整体效果。
(5) 系统指标应满足现行国家标准《厅堂扩声系统设计标准》GB/T 50371 扩声系统声学特性指标要求。
(6) 系统经调试后，主观试听，应语言清晰、音乐丰满、声场均匀、定位准确。

3. 视频设备调试

(1) 打开视频设备电源，将视频信号、计算机信号分别接入显示设备，图像应清晰，无拖尾等失真现象。
(2) 应按照幕布的位置调整投影机，调试到合适的位置后进行定位。调整投影的焦点、梯度等直至图像清晰、端正。
(3) 会议摄像跟踪摄像机应自动跟踪发言者，并自动对焦放大，联动视频显示设备，显示发言者图像。
(4) 会议信息处理系统通过矩阵可对多路视频信号、数据信号实现快速切换，图像应稳定可靠。
(5) 会议记录系统应能将会场实况进行存储，并能随意调用播放。
(6) 经调试后，系统的图像清晰度、图像连续性、图像色调及色饱和度应达到设计指标要求。

4. 会议单元调试

（1）通电前应将各设备开关、旋钮置于规定位置。按设备要求完成软件的安装、参数设置及其调整。

（2）设备初次通电时应预热，并观察无异常现象后方可进行正常操作。

（3）应确认与主机通信良好，功能运行正常。每只会议单元语言扩声应清晰。

（4）按照设备使用说明书和设计文件验证会议单元的各项功能。

5. 视频会议系统调试要求

（1）图像清晰度、图像帧速率应符合国家相关标准。

（2）声音应清晰、连续，无杂声和回声。

（3）图像、声音的延时应小于 0.6s。

（4）唇、音应同步。

（5）并发用户增加时效果应无明显失真。

（6）在带宽波动情况下，以上指标的表现效果应保持不变。

6. 同声传译系统调试

（1）系统应具备自动转接现场语言功能。当现场发言与传译员为同一语言时，宜关闭传译器的传声器，传译控制主机自动将该传译通道自动切换到现场语言中。

（2）二次或接力传译功能，传译器应能接收到包括现场语、翻译后语言、多媒体信号源等所有的语音，当翻译员听不懂现场语种时，系统自动将设定的翻译后语种接入，供翻译员进行二次翻译。

（3）呼叫和技术支持功能，每个传译台都有呼叫主席和技术员的独立通道。

（4）系统传译通道应具有锁定功能，防止不同的翻译语种占用同一通道。

（5）独立语音监听功能，传译控制主机可以对各通道和现场语言进行监听，并带独立的音量控制功能。

7. 中控设备调试

（1）应按照控制逻辑图编写控制软件，逐个测试设备控制的有效性。应能使用各种有线、无线触摸屏，实现远距离控制音频、视频、灯光、幕布，以及会场环境所有功能，并填写调试记录。

（2）调试后，中控系统应具有以下功能：

1）音量控制功能。

2）与会议讨论系统连接通信正常，应控制音视频自由切换和分配。

3）通过多路 RS-232 控制端口，应能够控制串口设备。

4）应通过红外线遥控控制 DVD、电视机等设备。

5）应通过多路数字 I/O 控制端口控制电动投影幕、电动窗帘、投影机升降等设备。

6）应能够扩展连接多台电源控制器、灯光控制器、无线收发器、挂墙面板等外围设备。

（3）系统应具有自定义场景存贮及场景调用功能。

（4）通过中控系统实现对会场内系统的智能化管理和操作。

40.8.5.2 会议系统的检测与检验

（1）音频扩声、同声传译及表决记录功能检验应符合下列要求：

1) 应配置多路音频信号，并应能播放、切换人声、音乐等各种信号。
2) 音乐播放声音应饱满、层次清晰、响度足够。
3) 有线传声器、会议传声器应正常使用。
4) 讲话主观试听时，语言扩声应清晰，声压级足够，无啸叫产生。
5) 人声演唱主观试听时，语言清晰，音乐丰满，声压级足够，声像一致，无啸叫产生。
6) 客观测量指标应达到语言清晰度 STPA 的要求和相应设计指标要求。
7) 在观众席位置应无明显可闻的本底噪声。
8) 表决记录正确率应达到 100%。
(2) 视频、音频切换和显示系统检验应符合下列要求：
1) 应能在各类显示设备上显示设计要求的不同种类的图像信号。
2) 图像信号应清晰稳定、无抖动、无闪烁。
(3) 集中控制系统检验应符合下列要求：
1) 应能控制不同种类图像信号在各类显示设备上的切换。
2) 应能控制音频信号切换。
3) 应能控制音量大小，多种工作模式的快捷变换。
4) 应能控制显示系统模式切换及多种图像调用。
5) 应能控制灯光系统调光和开关及模式选择。
6) 应能控制电动设备的开关及各项功能操作。

40.8.5.3 资料整理与归档

(1) 工程竣工图纸，包括系统结构图，各子系统监控原理图施工平面图、设备电气端子接线图、中央控制室设备布置图、接线图、设备清单等。
(2) 系统的产品说明书、操作手册和维护手册。
(3) 工程检测记录，包括隐蔽工程检测记录、施工质量检测记录、设备功能检查记录、系统检测报告等。

40.9 时钟系统

40.9.1 时钟系统组成与结构

40.9.1.1 时钟系统组成

时钟系统也称为"时钟服务系统"，该系统要对一个建筑各楼层或者用户整个单位内部提供统一的标准时间信号，还具有向整个楼宇智能化管理的其他弱电系统提供同步时间信号的功能。

时钟服务系统主要由：GPS 卫星信号接收单元、中心母钟（双机热备份）、时钟服务系统的监控终端、NTP 网络时间服务器、传输通道及各楼层区域子钟设备组成。

系统构成框图如图 40-22 所示。

40.9.1.2 时钟系统的结构

系统采用分布式系统结构，该系统具有接收 GPS 标准时间信号的功能，采用了母钟

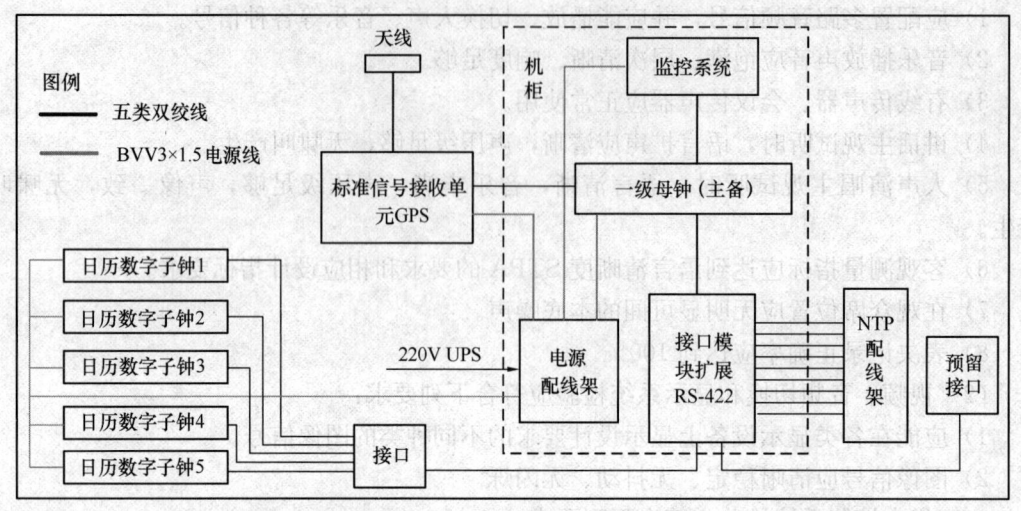

图 40-22 时钟系统的各部分的构成

热备份、自动切换保护、反馈控制、抗干扰及冗余等技术,组成高精度、高可靠性的多时间服务系统。

时钟服务系统主要由:GPS 卫星信号接收单元、中心母钟(双机热备份)、时钟服务系统的监控终端、NTP 网络时间服务器、传输通道及各楼层区域子钟设备组成。系统常用的接口方式分为以太网接口方式、RS-422 接口方式等。

(1) 中心母钟

中心母钟主要由以下几部分组成:GPS 标准时间信号接收单元、主备母钟模块(双机热备份)、分路输出接口箱、电源模块。

(2) 标准时间信号接收单元

GPS 接收单元通过 GPS 天线接收卫星时标信号给时钟服务系统提供校准时间信号,正常情况下 GPS 接收单元至少可同时接收 6 颗卫星的信号。GPS 接收单元可向中心母钟输出标准时间信号,用标准时间信号校准和修改中心母钟的时间。

(3) 子钟

在办公区、交易大厅、医院等场所设置子钟,接收母钟发出的时间信号,产生标准时间信号进行时间信息显示,其显示方式可为模拟式和数字式两种。子钟脱离母钟时能够单独运行。

(4) 计算机信息监控中心

时钟监测系统为一台高性能的计算机加监控软件,通过数据传输通道,实时监测全楼时钟服务系统的运行状态。发现故障立即自动拨传呼通知维管人员,并发出声光报警信息。

在时钟监控主机上可以查看本系统任何一个子钟的运行状况并进行必要的操作校对、停止、复位、追时、倒计时时间的设置等。

(5) 时间同步服务器(NTP 服务器)

NTP 服务器支持对安装 UNIX、WINDOWS、LINUX 等常见操作系统的服务器或计算机设备进行网络校时。

NTP服务器与其他系统计算机之间的数据交换支持UDP广播式和C/S访问式网络时间发送协议。

40.9.1.3 时钟系统的功能

1. 同步校对

系统通过信号接收单元不断接收GPS发送的时间码及其相关代码，并对接收到的数据进行分析、校对。GPS接收机将标准时间信号输出给中心各母钟作为外部时间源。时间源经过切换装置后通过RS-485/422方式将0183格式的时间码输出给各个子网中的NTP时间服务器，每个子网由一台NTP时间服务器来接收，供每个子网内的计算机、网络设备和串口子钟进行时间同步。

2. 时间显示

安装方式采用壁挂式和吊挂式。可以采用高亮度白色或单面和双面时间子钟，建议采用数字式子钟，时间显示建议采用"时：分"显示。

3. 时间发送

向整个楼宇智能化管理的其他弱电系统以及建筑用户提供同步时间信号，使建筑内部所有的电子设备有标准的时间依据。

4. 系统监测功能

在控制中心设置时间服务系统管理终端设备，具有自诊断功能，可进行故障管理、性能管理、配置管理、安全管理。

中心级设备能够检测到区级设备的运行状态信息，对时间服务系统的工作状态、故障状态进行显示，能实时地、详细地反映系统内部各模块的状态，并能够对全系统时钟进行点对点的控制，其主要监控及显示的内容包括：各种主要设备、子钟及传输通道的工作状态，对时间服务系统的控制（复位、停止、校对、追时等），各种主要设备、子钟及传输通道的工作状态，对时间服务系统的控制（复位、停止、校对、追时等），倒计时时间长短设置，故障记录及打印输出等。

系统出现故障时能够发出声光报警，指示故障部位。告警信号出能引至有关值班室，通过传呼通知有关人员。

40.9.2 施工工序流程

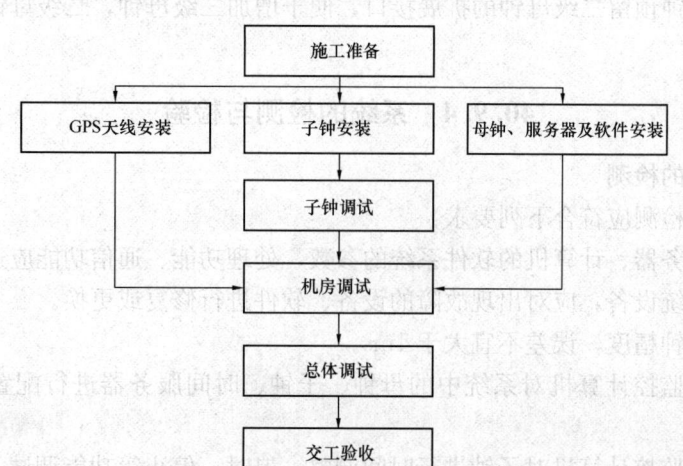

40.9.3 系统的安装要求

(1) 时钟系统安装应符合下列要求：
1) 按设计及设备安装图进行分路输出接口箱与子钟等的连接。
2) 中心母钟机柜安装位置与 GPS 天线距离不宜大于 300m。
3) 时间服务器、监控计算机的安装应符合本章 40.7.3 "网络设备与软件安装"的要求。

(2) 子钟安装应牢固。壁挂式子钟的安装高度宜为 2.3~2.7m。吊挂式子钟的安装高度宜为 2.1~2.7m。

(3) 天线应安装于室外，至少三面无遮挡，且在建筑物避雷区域内。

(4) 天线应固定在墙面或屋顶上的金属底座上。

(5) 大型室外钟的安装应符合下列要求：
1) 应根据室外钟的尺寸，考虑风力影响做室外钟支撑架。
2) 对于钢结构的建筑，应以焊接的方式安装室外钟支撑架。
3) 对于混凝土结构的建筑应以预埋钢架的方式安装室外钟支撑架。
4) 应按设计要求安装防雷击装置。
5) 应做好防漏、防雨的密封措施。

(6) 设备接地

时钟系统所有设备需可靠接地，接地电阻小于 1Ω。具体接地如下：
1) 工作接地：母钟设备和子钟设备的工作基准地浮空，采用多点接地。
2) 安全接地：母钟设备的地线接至机柜的地线端子上，引至机房等电位端子箱后引至建筑物综合接地体，接地电阻小于 1Ω。子钟采用外壳保护接地引至等电位端子箱。
3) 电磁兼容接地：母钟设备将信号电缆线的屏蔽层、电源地线接地，抑制变化电场的干扰，接地点选在信号源侧。
4) 子钟电源电缆线地线接大地；信号电缆线的地线与系统地相连。

(7) 时钟系统的综合布线采用 BVV3×1.5 线缆连接时钟设备的电源，五类及其以上双绞线连接时钟设备的通信，中心母钟或接口与每个子钟的通信距离超过 1200m，需增加中继器。中心母钟预留二级母钟的扩展接口，便于增加二级母钟，二级母钟与中心母钟为点对点连接。

40.9.4 系统的检测与检验

40.9.4.1 系统的检测

时钟系统的检测应符合下列要求：

(1) 配置服务器、计算机的软件系统的参数，处理功能、通信功能应达到设计要求。

(2) 调试系统设备，应对出现故障的设备、软件进行修复或更换。

(3) 调试时钟精度，误差不宜大于 1ms。

(4) 应通过监控计算机对系统中的母钟、子钟、时间服务器进行配置管理、性能管理、故障管理。

(5) 应通过监控计算机对子钟进行时间调整、追时、停止等功能调试，并达到对全部时钟的网络连接与控制。

（6）应调试母钟与时标信号接收器的同步、母钟对子钟同步，并达到全部时钟与GPS同步。

（7）应调试双母钟系统的主备切换功能、自动恢复功能。

（8）应对所有设备进行144h不间断的功能、性能连续试验，并符合下列要求：

1）试验期间，不得出现时钟系统性或可靠性故障，计时必须准确；否则，修复或更换后重新开始144h试验。

2）记录试验过程、修复措施与试验结果。

（9）144h试验成功后，应进行与其他系统接口功能测试和联调测试，并符合下列要求：

1）时钟系统应与其他系统接口正确。

2）时钟系统应按设计要求向其他子系统提供基准时间。

（10）时钟系统联调：联调是指通信系统和机场其他系统的联合调试。在144h试验成功后，设备将进入联调。联调包括与其他系统的所有接口功能测试和综合联调测试两个阶段。

1）接口功能测试是证明本（子）系统所有与其他系统的接口功能正确。

2）检查其接口的正确性，负责处理通信系统与其他系统的接口出现的问题。

3）时钟系统按合同要求应向其他子系统提供正确标准时间信息。

40.9.4.2 系统的检验

时钟系统的检验应符合下列要求：

（1）系统应具有监测功能：监控系统母钟、子钟、时间服务器、授时等的运行状况。

（2）系统应具有控制功能：母钟与时标信号接收器同步、母钟对子钟进行同步校时。

（3）系统断电后应具有自动恢复功能。

（4）系统应具有对其他弱电系统主机校时和授时功能。

（5）母钟独立计时精度、子母钟同步误差等主要技术参数应符合设计要求。

40.9.4.3 资料整理与归档

（1）工程竣工图纸，包括系统结构图、各子系统监控原理图施工平面图、设备电气端子接线图、中央控制室设备布置图、接线图、设备清单等。

（2）系统的产品说明书、操作手册和维护手册。

（3）工程检测记录，包括隐蔽工程检测记录、施工质量检测记录、设备功能检查记录、系统检测报告等。

40.10 信息导引及发布系统

40.10.1 信息导引及发布系统组成与结构

40.10.1.1 信息导引及发布系统组成

信息导引及发布系统是完全基于IP网络的多媒体和流媒体应用系统的专业级系统平台。该系统能够在同一平台上编辑、处理和发布视频、图片、数据（文本/PPT）、动画、网页等多种媒体格式文件和播放，可以做到对不同终端的分别控制，同时可以在多种显示终端（如：液晶、等离子电视机、CRT显示器、视频监视器、背投式投影机、LED屏幕、DLP拼接墙等）发布通知、公告、图片、广告等信息和播放视频、动画等等（图40-23）。

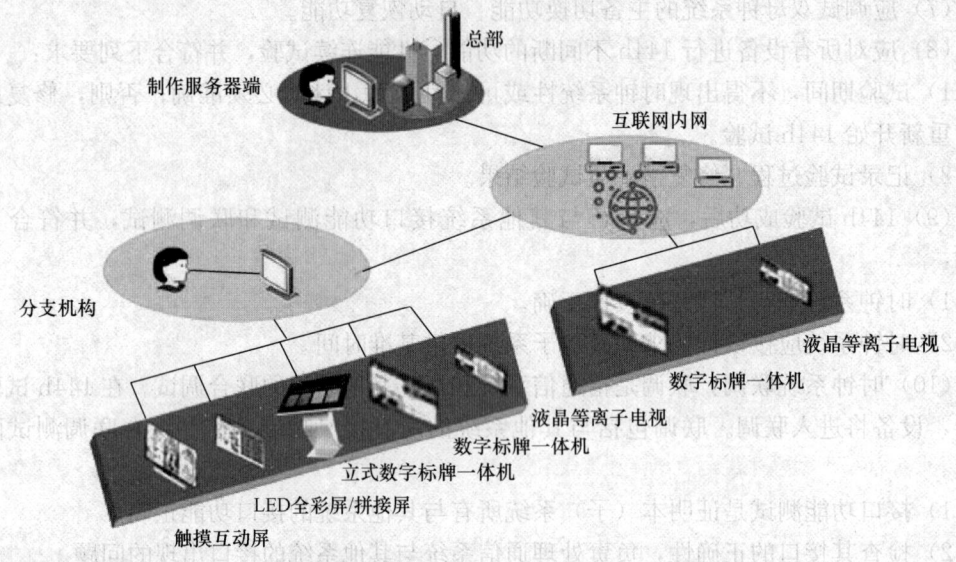

图40-23 信息导引及发布系统示意图

40.10.1.2 信息导引及发布系统结构

1. 信息导引及发布系统网络结构

多媒体信息发布系统主要包括三个部分：中心控制系统、终端显示系统和网络平台。信息导引及发布系统功能结构示意图见图40-24。

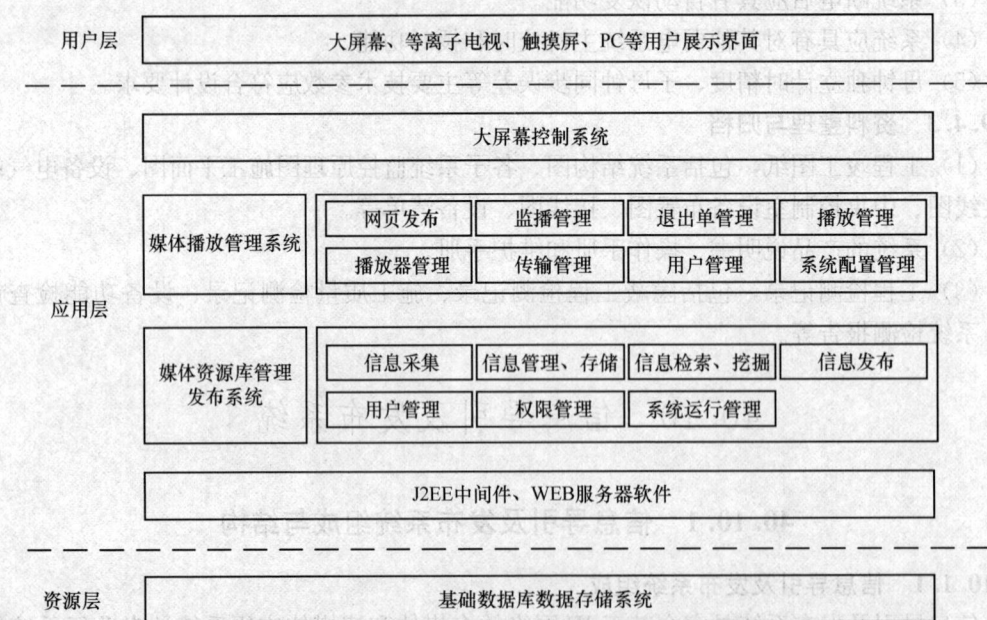

图40-24 信息导引及发布系统功能结构示意图

中心管理系统软件安装于管理与控制服务器上，具有资源管理、播放设置、终端管理及用户管理等主要功能模块，可对播放内容进行编辑、审核、发布、监控等，对所有播放机进行统一管理和控制。

网络可以利用工程中已有的网络系统，无需另外搭建专用网络。

2. 信息导引及发布系统架构分类

信息导引及发布系统架构可采用 C/S 结构或 B/S 结构。

（1）C/S 结构

C/S 结构，即 Client/Server（客户机/服务器）结构，它是软件系统体系结构，通过它可以充分利用两端硬件环境的优势，将任务合理分配到 Client 端和 Server 端，降低了系统的通信开销，需要安装客户端才可进行管理操作。

（2）B/S 结构

B/S 结构，即 Browser/Server（浏览器/服务器）结构，是随着 Internet 技术的兴起，对 C/S 结构的一种变化或者改进的结构。在这种结构下，用户界面完全通过 WWW 浏览器实现，一部分事务逻辑在前端实现，但是主要事务逻辑在服务器端实现，形成所谓 3-tier 结构。

B/S 结构采用星形拓扑结构建立企业内部通信网络或利用 Internet 虚拟专网（VPN）。

40.10.1.3　信息导引及发布系统功能

1. 网络功能

实时信息发布：滚动字幕、图片、视频插播等；网络更新播放内容，无需人工更换；通过网络可集中或分布式管理播放终端，支持分级、分区管理；远程升级播放器固件，无需技术人员到播放器终端进行操作。

2. 专业功能

监播室功能：灵活实现插播、选播、跳播、轮播、循环播和播放、停止、暂停、休眠、音量控制、节目更新等。

媒体管理功能：视音频、图片、字幕等组合多媒体内容实时预览、编辑、转换、发布等。

节目单编辑功能：多种编辑视图，使用方便。

显示模板管理功能：模板编辑、保存、效果实时预览等。

播放器管理功能：各种参数配置。

权限管理功能：分级、分区、分功能。

分布式传输管理功能：实现大容量内容传输。

播出统计报表功能：提供存档、审核、计费的依据。

方便实现与其他信息系统的集成，如广告合同管理子系统、非线性编辑子系统、媒体发布子系统等。

支持标准的协议与接口。

安全内容时分推送技术。

可播放多种视频格式，可播放多种音频格式。

3. 智能功能

远程分布式节目传输及管理，实时监控播放器状态并获取播出记录。

由节目单控制节目播放顺序及播放方式。

支持本地及远程硬盘播放模式。

定时传输素材和节目单，节目单可根据编辑策略自动生成。

播放器开机自动播放指定节目单，支持定时休眠和恢复。

40.10.2 施工工序流程

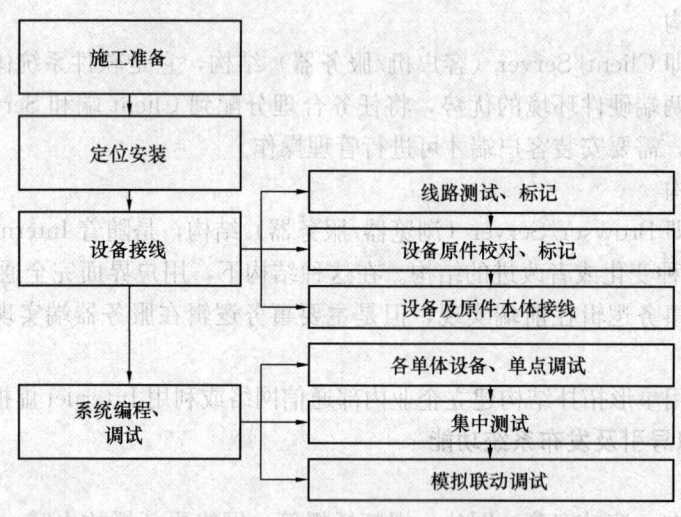

40.10.3 系统的安装

40.10.3.1 系统的施工准备

系统的施工准备的主要内容见本章40.1.3"施工与管理的通用性要求"，还应符合下列要求：

（1）设备规格、数量应符合设计要求，产品应有合格证及国家强制产品认证"CCC"标识。

（2）有源部件均应通电检查，应确认其实际功能和技术指标与标称相符。

（3）硬件设备及材料应重点检查安全性、可靠性及电磁兼容性等项目。

（4）影响大屏幕等架设的障碍物应提前处理。

（5）对不具备现场检测条件的产品，可要求原厂出具检测报告。

40.10.3.2 系统的安装

信息导引及发布系统安装应符合下列要求：

（1）系统服务器、监控计算机应安装于机房的机柜内。

（2）触摸屏与显示屏的安装位置应对人行通道无影响。

（3）触摸屏、显示屏应安装在没有强电磁辐射源及不潮湿的地方。

（4）落地式显示屏宜安装在钢架上，钢架的承重能力宜大于显示屏重量的5倍，地面支撑能力宜大于$300kg/m^2$。

（5）室外安装的显示屏应做好防漏电、防雨措施，应满足IP65防护等级标准。关于IP65防护等级标准可以参考国家标准《外壳防护等级（IP代码）》GB/T 4208—2017。

40.10.4 施工质量控制

为了使系统建设的同时能够产生经济效益,需要合理的计划资源,施工前需要对工程做周密的计划与安排。针对安装的环境进行分析,充分考虑好以下方面:

显示屏安装位置:根据不同的功能要求,信息发布显示屏安装位置根据现场情况进行放置。

控制器放置位置:根据项目情况,一般放在弱电机房,距离不允许的,可以放置在天花板上或者在电视机后,需要布线系统预留端口。

显示器与控制器之间的距离:VGA 线传输距离不超过 28m,RS-232 线传输距离最大不超过 50m,RJ-45 网线距离最大不超过 100m。

电源管理:在设备选型过程中,充分考虑电源自动管理的功能,控制器电源管理与显示器的电源管理,预留 220V 电源线。

线材选型:视频线一般采用 3+4 芯的 VGA 线,网络线采用 6 类线,跟厂家产品配套。

显示屏支架选型:在支架选型方面,一般要求显示屏厂家配套相应安装支架,或者根据现场环境定制。

建立工程档案,主要记录:IP 地址、MAC 地址、技术参数指标、运行记录、设备型号、安装日期等工程档案。

40.10.5 系统的检测与检验

40.10.5.1 系统的检测

信息导引及发布系统的调试和测试应符合下列要求:

(1) 配置服务器、监控计算机的软件系统参数,处理功能、通信功能应达到设计要求。

(2) 对系统的显示设备进行单机调试,使各显示屏应达到正确的亮度、色彩显示。

(3) 加载文字内容、图像内容,调试、检测各终端机正确显示发布的内容。

(4) 调试、检测软件系统的各功能,应达到设计要求。主要功能如下:

1) 权限管理模块

超级管理员、域、操作员、审核员等;超级管理员创建域,创建操作员,创建审核员;超级管理员将一组播放器(区/群组)分配给域,将一组素材目录/素材服务器分配给域,域与域之间完全独立。

用策略的方式来实现权限控制和审核控制:选择操作员用户,选择域即可生成一个权限策略;选择一个部门/用户名/角色;选择审核员用户,选择域即可生成一个审核策略。

各类型用户登录、密码修改等。

2) 素材管理模块

按素材类别建立与管理素材库目录,对素材进行文件管理操作。

3) 传输管理模块

获取播放器文件列表:通过取"播放器文件列表"操作,取得播放器储存介质中的播放内容,实时更新播放内容。

获取播放器硬盘使用情况：通过网络远程查看播放器储存介质的使用情况，及时更新停播的播放文件。

获取取播放器当前时间：通过网络可以远程取得播放器当前播放的时间。

文件的传输、备份和删除：用户在播放管理服务器端可以通过网络传送播放文件到播放器（可对单个播放器进行文件传输、可对一组播放器进行文件传输），并对播放器中的播放内容进行备份和删除。

传输状态显示、重传和停止传输：在素材文件传输时，可查看传输时的素材文件名、播放器 IP、传输方向、开始时间、结束时间和传输状态，并对传输条目进行重新传输和停止传输操作。

4）播出单管理模块

播出单目录的新建、编辑和删除：用户在播出单目录下可以按时间等类别建立播出单目录，对播出单目录进行编辑和删除。

播出单的新建、编辑和删除：用户可随时新建播出单，并对播出单执行编辑和删除操作，用户可设置播出单的使用有效性。

播出单的节目编辑：在播出单建立好后，可在播出单中添加和删除节目，对节目的顺序进行编排；在播出单中会显示节目名、文件名、文件长度、修改用户和上传时间。

实时可视化编辑播放：任意编辑视频、图片、文字等素材的组合进行播放，重新定义视频区域的大小，定制模板和自定义模板。

任意对播出单中的内容选择播放。

（5）播放器管理控制模块

创建播放器区域：用户可按需要建立播放器区域，实现播放器划分区域进行管理。

播放器分组管理：用户可将多个播放器放到一个播放组内进行统一管理，并对这个组内的所有播放器统一发送播出单。

播放器的添加、删除：用户可随时对某个区域或组添加和删除播放器，并编辑播放器名称、放置位置、当前状态等。

播放器的属性设置：在播放器的属性设置中，可对播放器的现实模式、输出模式、音量、播放频道及休眠时间进行设置。

（6）系统维护模块

用户管理：实现添加和删除不同身份的用户，及用户管理员口令与密码的修改。添加、删除、编辑用户。

权限管理：实现权限策略的管理。

系统日志：播出日志、传输日志、操作日志和故障日志。在系统日志界面可以显示各种情况下的日志文件以方便用户进行维护和管理。

系统设置：素材设置、登录、频道设置、传输配置。

（7）日志管理模块

信息发布最广大的用户为广告媒体用户，根据行业客户的需求，广告的发布是按照发布时间段和次数来收费的，软件具备日志记录和查询功能，以便客户做出相应的播放记录查询，同时管理人员可以调用任何时间段的播放记录供客户进行校对。

（8）测试终端机的音、视频播出质量，应达到全部合格。

(9) 系统调试后,应进行24h不间断的功能、性能连续试验,并符合下列要求:

1) 试验期间,不得出现系统性或可靠性故障,显示屏不应出现盲点;否则,修复或更换后重新开始24h试验。

2) 记录试验过程、修复措施与试验结果。

40.10.5.2 系统的检验

信息导引及发布系统的检验应符合下列要求:

(1) 应对系统的本机软件功能进行逐项检验:主要内容为操作界面所有菜单项,显示准确性、显示有效性。

(2) 应对系统联网功能进行逐项检验,主要检验内容为网络播放控制、系统配置管理、日志信息管理。

(3) 应对系统显示设备的安装、供电传输线路进行检验。

40.10.5.3 资料整理与归档

(1) 工程竣工图纸,包括系统结构图、各子系统监控原理图施工平面图、设备电气端子接线图、中央控制室设备布置图、接线图、设备清单等。

(2) 系统的产品说明书、操作手册和维护手册。

(3) 工程检测记录,包括隐蔽工程检测记录、施工质量检测记录、设备功能检查记录、系统检测报告等。

40.10.6 设备安装

40.10.6.1 施工准备

由于建筑设备监控系统使用的设备、器材繁多,涉及的施工面广,故施工前,需要做好充分的准备工作。准备工作的要求主要参见本章40.1.3"施工与管理的通用性要求"的要求,应考虑到针对建筑设备监控系统的情况,还应符合以下要求:

(1) 设备规格、数量应符合设计要求,产品应有合格证及国家强制产品认证"CCC"标识。

(2) 有源部件均应通电检查,应确认其实际功能和技术指标与标称相符。

(3) 硬件设备及材料应重点检查安全性、可靠性及电磁兼容性等项目。

(4) 对不具备现场检测条件的产品,可要求原厂出具检测报告。

(5) 对于电动阀需要进行重点检查,其内容是:

1) 电动阀的型号、材质必须符合设计要求,阀体强度、阀芯泄漏试验必须满足产品说明书的规定。

2) 电动阀输入电压、输出信号和接线方式应符合设计要求和产品说明书的规定。

3) 电动阀门驱动器行程、压力和最大关闭力应符合设计要求和产品说明书的规定。

(6) 对于温度、压力、流量、电量等计量器具、传感器应按相关规定进行校验,必要时宜由第三方检测机构进行监测。

(7) 对于相关环境进行检查:

1) 建筑设备监控系统控制室、弱电间及相关设备机房土建装修完毕。机房已提供可靠的电源和接地端子排。

2) 空调机组、新风机组、送排风机、冷水机组、冷却塔、换热器、水泵、管道及阀门等安装完毕。

3) 变配电设备、高低压配电柜、动力配电箱、照明配电箱等安装完毕。

4) 给水排水、消防水泵、管道及阀门等安装完毕。

5) 电梯及自动扶梯安装完毕。

40.10.6.2 技术准备

1. 建筑设备监控系统与其他专业间的配合

必须明确建筑设备监控系统施工与其他工程（包括设备、电气、结构等）施工之间的施工界面，需要明确各阶段划分界面的原则，使施工界面规范化。

(1) 工程的接口界面的定义和基本内容

建筑设备监控系统工程的接口界面就是各系统及设备之间的接口与界面的划分，是不同系统和设备之间的接口。通信、信息的规范化，在工程实施过程中应包括：工程各方职责和工作界面的确认，各子系统设备、材料、软件供应界面的确认，系统的技术接口界面的确认，系统施工界面的确认。

(2) 工程各方职责和工作界面的划分

在工程实施过程中，工程各方应明确各自的职责并确认工作界面的，工作界面包括(1)中描述的各个界面，并且以书面的形式予以明确。

2. 建筑设备监控系统的接口

技术界面的确定贯彻于设备选型、系统设计、施工、系统调试、工程管理及系统维护的全过程，是确保工程顺利实施和工程质量的基本保证。

(1) 工程接口界面应该做到技术界面标准化，施工界面规范化。

(2) 系统的技术接口界面的确定：各子系统硬件接口、信息传输、通信类软件的确定，其中包括：计算机与带有通信接口设备之间数据通信协议；控制及监控信号及 AO、AI、DO、DI、脉冲等的类型、量程、接点容量方面的匹配。

40.10.6.3 建筑设备监控系统的安装

本小节的内容针对建筑设备监控系统的控制台、网络控制器、服务器、工作站等控制中心设备；温度、湿度、压力、压差、流量、空气质量等各类监测感知装置；电动风阀、电动水阀、电磁阀等控制输出装置；现场控制器等设备的安装。

1. 控制中心设备的安装要求

(1) 设备及各构件间应安装牢固、安装用的坚固件应有防锈处理。

(2) 控制台内机架、配线、接地应符合设计要求；控制台前应有 1.5m 的操作距离，控制台及显示大屏幕离墙布置时，其后应有大于 1m 的检修距离，并注意避免阳光直射。

(3) 当 BAS 中央控制室和其他系统控制室合用，控制台并列排放时，应在两端各留大于 1m 的通道。

(4) 中央控制室宜采用抗静电架空活动地板，应满足"机房工程"相关技术标准。

(5) 有底座设备、较大型的设备安装的技术要求，应满足"机房工程"相关技术标准。

(6) 中央控制室专用配电箱（盘）安装要求，应满足"机房工程"相关技术标准。

(7) 控制台安装位置应符合设计要求，安装应平稳牢固，便于操作维护。

(8) 网络控制器宜安装在控制台内机架上，安装应牢固。

(9) 线缆应进行校线，并按图纸要求编号。

(10) 服务器、工作站、不间断电源、打印机等设备应按施工图纸要求进行排列，安装整齐、稳固，安装完成后要检查连接正确性，确认无误后再进行通电试验。

(11) 服务器、工作站、不间断电源、打印机及网络控制器等设备的电源线缆、通信线缆及控制线缆的连接应符合设计要求，并理线整齐，避免交叉，做好标识。

2. 传输网络的安装要求

(1) 如果建筑设备监控系统使用的传输网络是计算机网络（IP 网络），则传输网络的安装、检验等，应按照下列要求来进行：

1) 应按照本章 40.2 "综合管线"的要求，来进行管线的施工、检验。

2) 应按照本章 40.3 "综合布线系统"的要求，来进行网络线路的施工、检验。

3) 网络设备的安装、调试、检验等，应按照本章 40.7 "信息网络系统"的要求来进行。

(2) 如果建筑设备监控系统使用的传输网络是楼宇自控设备的专用总线，则传输网络设备的安装、调试、检验等，应按照下列要求来进行：

1) 应按照本章 40.2 "综合管线"的要求，来进行管线的施工、检验。

2) 应按照本章 40.5 "卫星电视及有线电视系统"的要求，来进行传输线路的施工、检验。

3) 传输接口设备的安装、调试、检验等，应按照该类设备的说明书的要求来进行。

3. 现场控制箱的安装要求

(1) 现场控制器箱的安装位置宜靠近被控设备电控箱。

(2) 现场控制器箱安装位置准确、部件齐全，箱体开孔与导管管径适配；安装牢固，不应倾斜；安装在轻质墙上时，应采取加固措施。

(3) 现场控制器箱的高度不大于 1m 时，宜采用壁挂安装，底边距地面的高度不应小于 1.4m。

(4) 现场控制器箱的高度大于 1m 时，宜采用落地式安装，并应制作底座。

(5) 现场控制器箱侧面与墙或其他设备的净距离不应小于 0.8m，正面操作距离不应小于 1m。

(6) 现场控制箱的安装位置要远离输水、蒸汽管道，以免管道、阀门跑水，使控制柜受损；在潮湿，有蒸汽的场所，应采取防潮，防结露水的措施；要离电机、大电流缆线 1.5m 以上，可采取可靠的屏蔽和接地措施防止电磁干扰。

(7) 现场控制器接线应按照接线图和设备说明书进行，配线应整齐，不宜交叉，并固定牢靠，端部均应标明回路编号。

(8) 控制箱内各回路编号必须齐全、标识正确，编号应清晰、工整、不易脱色，编号应与线号表一致。

(9) 现场控制器箱体内门板内侧应贴箱内设备的接线图。

(10) 控制箱的金属框架及基础型钢（落地柜式安装）必须接地（PE）或按零（PEN）可靠，装有电器的可开启门，门和框架的接地端子间应用裸编织制线连接，并有标识。

(11) 端子排安装可靠，端子有序号，强电、弱电端子隔离布置，端子规格与芯线截面积匹配。

(12) 现场控制器安装后应做好保成工作，在调试前应妥善保管并采取防尘、防潮和防腐蚀措施。

4．室内外温湿度传感器的安装要求

(1) 室内温湿度传感器的安装位置应尽可能远离窗、门和出风口。

(2) 在同一区域内安装的室内温湿度传感器，距地高度应一致，高度差不应大于10mm。

(3) 温湿度传感器不应安装在阳光直射的位置，尽量远离有较强振动、较强电磁干扰、潮湿的区域。

(4) 室外温湿度传感器应有防风、防雨措施。

(5) 传感器安装位置不应破坏建筑物外观的美观与完整性。

5．风管型与风道型温湿度传感器的安装要求

(1) 传感器应安装在便于调试和维修，并且风速平稳，能反映风温风湿的位置。

(2) 传感器应安装在风速平稳的风道直管段，避开风道死角和冷热管的位置。

(3) 风管型温湿度传感器应安装在应安装在管道的下半部。

(4) 风管型温、湿度传感器应在风速平稳的直管段。

6．水管温度传感器的安装要求

(1) 水管温度传感器的安装位置应在介质温度变化具有代表性的地方，不宜选择在阀门、流量计等阻力件附近，应避开水流流速死角和振动较大的位置。

(2) 安装水管温度传感器的开孔与焊接工作，必须在工艺管道的防腐、管内清扫和压力试验前进行。

(3) 水管温度传感器的感温段大于管道口径的1/2时，可安装在管道的顶部，如感温段小于管道口径的1/2时，应安装在管道的侧面或底部。

(4) 接线盒进线处应密封，避免进水或潮气侵入，以免损坏传感器电路。

(5) 水管型温度传感器应与管道相互垂直安装，轴线应与管道轴线垂直相交。

(6) 在系统需注水，而传感器安装滞后时，应将传感器底管先安装于水管上，传感器安装时，将传感器插入充满导湿介质的管中。

7．风管型压力传感器的安装要求

(1) 压力传感器安装点应选择在介质平稳而无涡流的直管段上，应避开各种局部阻力，如阀门、弯头、分叉管和其他突出物（如温度传感器套管等）。

(2) 风管型压力传感器应装在管道的上半部；对于蒸气，传感器应装在管道的两侧。

(3) 风管型压力传感器应安装在温、湿度传感器测温点的上游管段。

8．水管型压力与压差传感器的安装要求

(1) 压力测点应选择在介质平稳而无涡流的直管段上。

(2) 水管型压力与压差传感器应安装在温、湿度传感器的管道位置的上游管段。

(3) 水管型压力与压差传感器的取压段小于管道口径的2/3时应安装在管道的侧面或底部。

9．风压压差开关安装要求

(1) 安装压差开关时，宜将受压薄膜处于垂直于平面的位置。

(2) 风压压差开关安装完毕后应做密闭处理。

(3) 风压压差开关安装离地高度不宜小于0.5m。

10. 水流开关安装

水流开关应垂直安装在水平管段上。水流开关上标识的箭头方向应与水流方向一致，水流叶片的长度应大于管径的1/2。

11. 水流量传感器的安装要求

(1) 水管流量传感器的取样段小于管道口径的1/2时应安装在管道的侧面或底部。

(2) 水管流量传感器的安装位置距阀门、管道缩径、弯管距离应不小于10倍的管道内径。

(3) 水管流量传感器应安装在测压点上游并距测压点3.5~5.5倍管内径的位置。

(4) 水管流量传感器应安装在温度传感器测温点的上游，距温度传感器6~8倍管径的位置。

(5) 流量传感器信号的传输线宜采用屏蔽和带有绝缘护套的线缆，线缆的屏蔽层宜在现场控制器侧一点接地。

12. 室内空气质量传感器的安装要求

(1) 探测气体比重轻的空气质量传感器应安装在房间的上部，安装高度不宜小于1.8m。

(2) 探测气体比重重的空气质量传感器应安装在房间的下部，安装高度不宜大于1.2m。

13. 风管式空气质量传感器的安装要求

(1) 风管式空气质量传感器应安装在风管管道的水平直管段。

(2) 探测气体比重轻的空气质量传感器应安装在风管的上部。

(3) 探测气体比重重的空气质量传感器应安装在风管的下部。

14. 风阀执行器的安装要求

(1) 风阀执行器上的开闭箭头的指向应与风门方向一致。

(2) 风阀执行器与风阀轴的连接应固定牢固。

(3) 风阀的机械机构开闭应灵活，无松动或卡涩现象。

(4) 风阀执行器不能直接与风门挡板轴相连接时，则可通过附件与挡板轴相连，但其附件装置必须保证风阀执行器旋转角度的调整范围。

(5) 风阀执行器的输出力矩必须与风阀所需的力矩相匹配并符合设计要求。

(6) 风阀执行器的开闭指示位应与风阀实际状况一致，风阀执行器宜面向便于观察的位置。

15. 电动阀、电磁阀的安装要求

(1) 阀体上箭头的指向应与水流方向一致，并应垂直安装于水平管道上。

(2) 阀门执行机构应安装牢固，传动应灵活，无松动或卡涩现象。阀门应处于便于操作的位置。

(3) 有阀位指示装置的阀门，阀位指示装置面向便于观察的位置。

40.10.7 施工质量控制

建筑设备监控系统的工程质量，需要在系统设计与施工阶段都加以注意，要依据《智能建筑工程质量验收规范》GB 50339—2013、《建筑电气工程施工质量验收规范》GB

50303—2015 及其他相关规范及相关标准，制订建筑设备监控系统工程的质量管理计划。

在建筑设备监控系统工程的施工阶段，一定要注意以下的施工要点，以便保证施工质量。

建筑设备监控系统施工中质量控制的重点（即：施工中质量控制中的主控项目）是：

（1）监测感知装置安装需进行焊接时，应符合《现场设备、工业管道焊接工程施工规范》GB 50236—2011 的规定。

（2）监测感知装置、控制输出装置应安装在方便操作的位置，并应与管道保持一定距离。避免安装在有振动、潮湿、易受机械损伤、有强电磁场干扰、高温的位置，避开阀门、法兰、过滤器等管道器件。

（3）监测感知装置、控制输出装置安装过程中不应敲击、振动，安装应牢固、平正。安装的各种构件间应连接牢固，受力均匀，并作防锈处理。

（4）监测感知装置、控制输出装置接线盒的引入口不宜朝上，当不可避免时，应采取密封措施。

（5）监测感知装置、控制输出装置的安装应严格按照说明书的要求进行，接线应按照接线图和设备说明书进行，配线应整齐，不宜交叉，并固定牢靠，端部均应标明编号。

（6）水管型温度传感器、蒸汽压力传感器、水管压力传感器、水流开关、水管流量计应安装在水流平稳的直管段，避开水流流束死角，不宜安装在管道焊缝处。

（7）风管型温、湿度传感器、室内温度传感器、压力传感器、空气质量传感器的应安装在风管的直管段且气流流束稳定的位置，避开风管内通风死角，应避开蒸汽放空口及出风口处。

（8）水管温度传感器，水管型压力、压差传感器，蒸汽压力传感器不宜安装在阀门等阻力件附近和振动较大的位置。

（9）流量传感器应安装在水流平稳的直管段，上游应留 10 倍管内径长度的直管段，下游应留 5 倍管内径长度的直管段，安装要水平，流体的流动方向必须与传感器壳体上所示的流向标志一致。

（10）电动风门驱动器上的开闭箭头的指向应与风门开闭方向一致，与风阀门轴垂直安装。

（11）电动阀阀体上箭头的指向应与水流方向一致。

（12）在建筑设备监控系统施工中，施工中质量控制还需要注意的是：

1）现场设备如监测感知装置、控制输出装置、控制箱柜的安装质量应符合设计要求。

2）控制器箱接线端子板的每个接线端，接线不得超过两根。

3）现场控制器箱至少应留有 10% 的卡件安装空间和 10% 的备用接线端子。

4）温湿度传感器的安装位置不应安装在阳光直射处，室外型温、湿度传感器有防风雨的防护罩，室内温、湿度传感器的安装位置与门窗距离应大于 2m，与出风口位置距离应大于 2m。

5）压力、压差传感器应安装在温、湿度传感器的上游侧。测压段大于管道口径的 2/3 时，安装在管道顶部，测压段小于管道口径 2/3 时，应安装在管道的侧面或底部。

6）风管压力、温度、湿度、空气质量、空气速度等传感器和压差开关应在风管保温完成后安装。

7) 水管型温度传感器、水管型压力传感器、蒸汽压力传感器、水流开关的安装宜与工艺管道安装同时进行。

8) 水管型压力、压差、蒸汽压力传感器，水流开关，水管流量计的开孔与焊接，必须在工艺管道的防腐、衬里、吹扫和压力试验前进行。

9) 风机盘管温控器与其他开关并列安装时，高度差应小于1mm，在同一室内，其高度差应小于5mm。

10) 安装于室外的阀门及执行器应有防晒、防雨措施。

40.10.8 建筑设备监控系统调试

40.10.8.1 系统调试准备

（1）控制中心设备、软件应安装完毕，线缆敷设和接线应符合设计要求和产品说明书的规定。

（2）现场控制器应安装完毕，线缆敷设和接线应符合设计要求和产品说明书的规定。

（3）各种监控感知装置、控制输出装置等应安装完毕，线缆敷设和接线应符合设计要求和产品说明书的规定。

（4）建筑设备监控系统设备与子系统（设备）间的通信接口及线缆敷设应符合设计要求。

（5）受控设备及其自身的系统应安装完毕，且调试合格，并正常运行。

（6）建筑设备监控系统设备的供电与接地应符合设计要求。

（7）网络控制器的电源应连接到不间断电源上，保证调试期间网络控制器电源正常供应。

（8）现场控制器程序应编写完毕，并符合设计要求。

（9）应完成设备监控系统的网络地址配置方案，并经会审批准。

（10）按照网络地址配置方案配置，网络控制器与服务器、工作站应正常通信。

40.10.8.2 系统调试

1. 现场控制器的调试要求

（1）测量接地脚与全部I/O口接线端间的电阻，电阻应大于10kΩ。

（2）应确认接地脚与全部I/O口接线端间无交流电压。

（3）调试仪器与现场控制器应能正常通信，并应能查看总线上其他现场控制器的各项参数。

（4）应采用手动方式对全部数字量输入点进行测试，并记录。

（5）应采用手动方式测试全部数字量输出点，受控设备应运行正常，并记录。

（6）模拟量输入、输出的类型、量程、设定值应符合设计要求和设备说明书的规定。

（7）应按不同信号的要求，用手动方式测试全部模拟量输入，并记录测试数值。

（8）应采用手动方式测试全部模拟量输出，受控设备应运行正常，并记录测试数值。

2. 冷热源系统的群控调试要求

（1）自动控制模式下，系统设备的启动、停止和自动退出顺序应符合设计和工艺要求。

（2）应能根据冷、热负荷的变化自动控制冷、热机组投入运行的数量。

(3) 模拟一台机组或水泵故障，系统应能自动启动备用机组或水泵投入运行。

(4) 应能根据冷却水温度变化自动控制冷却塔风机投入运行的数量及控制相关进水蝶阀的开关。

(5) 应能根据供/回水的压差变化自动调节旁通阀。

(6) 水流开关状态的显示应能判断水泵的运行状态。

(7) 应能自动累计设备启动次数、运行时间，并自动定期提示检修设备。

(8) 建筑设备监控系统应与冷水机组控制装置通信正常，冷水机组各种参数应能正常采集。

3. 空调机组的调试要求

(1) 监测温、湿度，风压等模拟量输入值，数值应准确。风压开关和防冻开关等数字量输入的状态应正常，并记录。

(2) 改变数字量输出参数，相关的风机、风门、阀门等设备的开、关动作应正常。改变模拟量输出参数，相关的风阀、电动调节阀的动作应正常及其位置调节应跟随变化，并记录。

(3) 当过滤器压差超过设定值，压差开关应能报警。

(4) 模拟防冻开关送出报警信号，风机和新风阀应能自动关闭，并记录。

(5) 应能根据二氧化碳浓度的变化自动控制新风阀开度。

(6) 新风阀与风机和水阀应能自动连锁控制。

(7) 手动更改湿度设定值，系统应能自动控制加湿器的开关。

(8) 系统应能根据季节转换自动调整控制程序。

4. 风机盘管的调试要求

(1) 改变温度控制器的温度设定值和模式设定，风机及风机盘管的电动阀应正常工作。

(2) 风机盘管控制器与现场控制器相连时，现场控制器应能修改温度定值、控制启停风机和监测运行参数等。

5. 送排风机的调试要求

(1) 机组应能按控制时间表自动控制风机启停。

(2) 应能根据 CO、CO_2 浓度及空气质量自动启停风机。

(3) 排烟风机由消防系统和建筑设备监控系统同时控制时，应采用消防控制优先方式。

6. 给水排水系统的调试要求

(1) 应对液位、压力等参数进行监测及水泵运行状态的监控和报警进行测试，并记录。

(2) 应能根据水箱水位自动启停水泵。

7. 变配电系统的调试要求

(1) 检查工作站读取的数据和现场测量的数据，对电压、电流、有功（无功）功率、功率因数、电量等各项参数的图形显示功能进行验证。

(2) 检查工作站读取的数据，对变压器、发电机组及配电箱、柜等的报警信号进行验证。

8. 照明系统的调试要求

(1) 通过工作站控制照明回路，每个照明回路的开关和状态应正常。

(2) 应能根据时间表和室内外照度自动控制照明回路的开关。

9. 电梯监控系统的调试

应通过工作站对电梯的运行各项参数的图形显示功能进行验证。

10. 系统联调要求

(1) 控制中心服务器、工作站、打印机、网络控制器、通信接口（包括与其他子系统）、不间断电源等设备之间的连接、传输线型号规格应正确无误。

(2) 通信接口的通信协议、数据传输格式、速率等应符合设计要求，并能正常通信。

(3) 建筑设备监控系统服务器、工作站管理软件及数据库软件并配置正常，软件功能符合设计要求。

(4) 建筑设备监控系统监控性能和联动功能应符合设计要求。

40.10.9 系统的检测与检验

40.10.9.1 系统检测

1. 空调与通风系统的检测

(1) 风机手/自动转换状态；

(2) 风机的启停控制、风机运行状态、风机是否正常开启；

(3) 热继电器状态、过载等情况下进行报警和提示；

(4) 初效过滤器淤塞报警状态；

(5) 测量盘管温度、触发报警并联动；

(6) 空调机新风温、湿度监测；空调机回风温、湿度监测；

(7) 送风机出口风温、湿度监测；

(8) 防冻报警；送风机、回风机状态显示及故障报警；电动调节水阀、加湿阀开度显示；

(9) 风机与消防联动控制：火灾时，以消防强制切电形式或消防优先控制方式统一控制；

(10) 空调机组启动顺序控制：送风机启动→新风阀开启→回风机启动→排风阀开启→调节水阀开启→加湿阀开启；

(11) 空调机组停机顺序控制：送风机停机→关加湿阀→关调节水阀→停回风机→新风阀、排风阀全关→回风阀全开。

2. 冷冻和冷却水系统空的检测

(1) 冷水机组的监控：机组运行状态、故障报警、手/自动状态、启停控制、冷冻水供水水流开关状态、冷冻水供水蝶阀开关状态、冷冻水供水蝶阀控制、冷却水供水水流开关状态、冷却水供水蝶阀开关状态、冷却水供水蝶阀控制。

(2) 冷冻水泵的监控：变频器电源状态、变频器频率监测、变频器故障报警、变频器电源控制、变频器控制、运行状态、故障报警、手/自动状态、启停控制、冷冻水回水蝶阀控制、冷冻水回水蝶阀开关状态、冷冻水供回水总管温度、冷冻水供回水总管压力、冷冻水回水总管流量、冷冻水供回水总管压差、压差旁通阀开度、压差旁通阀调节。

(3) 冷却水泵的监控：运行状态、故障报警、手/自动状态、启停控制、冷却水回水蝶阀控制、冷却水回水蝶阀开关状态、冷却水供回水总管温度、冷却水供回水总管压力、冷却水回水总管流量、冷却水供回水总管压差、冷却水温控旁通阀开度、冷却水温控旁通阀调节、机组蒸发器冷媒压力、机组蒸发器冷媒温度、机组蒸发器趋近温度、机组冷凝器冷媒压力、机组冷凝器冷媒温度、机组冷凝器趋近温度、油压差、油温、电动机运行电流百分比、压缩机排气温度、压缩机冷媒压力、压缩机三相运行电流、压缩机三相电压、机组运行电流限定、机组出水温度限定。

（4）冷冻水补水装置的监控：电源运行状态、电源故障报警、水箱液位。

（5）机房空调水补水装置的监控：电源运行状态、电源故障报警。

（6）真空抽气机的监控：运行状态、故障报警、手自动状态、启停控制、电动阀开度、电动阀调节。

（7）板热式换热器的监控：冷冻水供水蝶阀控制、冷冻水供水蝶阀开关状态、冷冻水供水温度、冷却水供水三通阀调节、冷却水供水三通阀开度、冷却水供水温度、冷却水供水蝶阀控制、冷却水供水蝶阀开关状态。

（8）冷却塔的监控：监测冷却塔风机启停控制、运行状态、故障报警、手自动状态、供水回水蝶阀状态、供水回水蝶阀控制、水流开关状态、室外温湿度；冷却塔的控制是利用冷却水回水温度来控制相应的冷却塔风机（风机作台数控制或变速控制），与冷水机组运行状态无关。

3. 热源与热交换系统的检测

（1）供暖热水锅炉的监控

监测排烟温度、监测排烟含氧、监测热风温度、监测燃烧风压；控制炉排速度、控制挡煤板高度、控制鼓风机风量、控制引风机风量。

（2）电锅炉的监控

1）监测锅炉出口热水温度、压力、流量；监测锅炉回水干管温度、压力；监测锅炉用电量计量；监测电锅炉、给水泵的工作状态、显示及故障报警；利用供、回水温差和热水流量测量值，计算锅炉供热量，用以考核锅炉的热效率；监测电锅炉、给水泵的状态显示及故障报警。

2）电锅炉运行控制

回水压力以及回水压力上下限设定值；依据压力传感器测量的锅炉回水压力以及回水压力上下限设定值，对锅炉补水泵进行自动控制；指令 DDC 现场控制器启动或停止补水泵给水，当工作泵出现故障，自动启用备用泵。

锅炉供暖时，根据分水器、集水器的供、回水温度及回水干管的流量测量值，计算所需热负荷，按实际热负荷自动启停电锅炉及给水泵的台数。

锅炉的连锁控制启动顺序：给水泵→电锅炉；停机顺序控制：电锅炉→给水泵。

（3）热交换站的监控

1）热交换站运行参数的监测

一次网供水温度、一次网回水温度；热交换器一次水出口温度；分水器供水温度；二次网回水流量，二次网供、回水压差；膨胀水箱液位；电动调节阀的阀位显示；二次水循环泵及补水泵运行状态显示及故障报警。

2）热交换站运行参数的自动控制

热交换站一次网回水调节，根据热交换站二次网供水温度测量值与给定值的比较，调节一次网回水调节阀，使二次网供水温度保持在设计要求范围内。

二次网供、回水压差控制，压差超过限定值时，根据压差传感器测量值，调节二次网分水器与集水器之间连通管上的电动调节阀，部分水经旁通阀回集水器，减少系统的压差，使得压差恢复到设定值以下。

二次网补水泵的控制，利用液位开关测量膨胀水箱水位，当水位降到下限值时，低液位开关接点闭合，启动补水泵；当水箱水位回升至上限值时，高液位开关接点闭合，停止补水泵。

热交站节能控制，利用二次侧供、回水温度和回水流量测量值，实时计算二次侧热负荷，根据热负荷自动启、停热交换器及二次水循环泵的台数。

4. 给水排水系统的检测

(1) 生活水泵手/自动状态启停；

(2) 生活水泵的运行状态、故障报警监测，并累计设备运行时间；

(3) 按照溢流水位、最低水位、停泵水位和启泵水位启停生活水泵；

(4) 中水变频泵组运行状态、故障报警监测；

(5) 集水坑溢流报警液位监测；

(6) 污水泵手/自动启停；

(7) 污水泵运行状态、故障报警监测。

5. 变配电监测系统检测

(1) 三相电量参数监测。

(2) 电气设备运行状态监测：包括高低压进线断路器、主线联络断路器等各种类型开关的当前合、分状态；提供电气主接线图开关状态画面；发现故障自动报警，并显示故障位置。

(3) 变压器温度监测。

(4) 应急柴油发电机组监测，应包括电压、电流等参数，机组运行状态、故障报警和油箱液位等。

(5) 对蓄电池组的监测包括电后监视，过流过压保护及报警。

(6) 低压线路（220V）的电压及电流监测。

(7) 支路电流监测。

(8) 开关通断状态监测。

(9) 电源防雷器监测（要求防雷器有开关量输出，即遥信触点）。

6. 公共照明系统的检测

(1) 划分照明区、组：将建筑物内外照明设备按位置、按需要分成若干区、组；每个区组接通一路控制开关；

(2) 在管理系统（软件）为每一个区、组设定启停时间；

(3) 在管理系统（软件）为每一个区、组设定程序（自动）管理的条件，指令每一个区组设定启停控制的条件；

(4) 当有突发事件发生时，照明设备组应作出相应的联动配合。

40.10.9.2 系统检验

1. 服务器、工作站的检验要求

(1) 检查服务器、工作站、网络控制器及附属设备安装应符合设计图纸要求。

(2) 在工作站上观察现场各项参数的变化,状态数据应不断被刷新。

(3) 通过工作站控制模拟输出量或数字输出量,现场执行机构或受控对象应动作正确、有效。

(4) 模拟现场控制器的输入侧故障时,在工作站应有报警故障数据登录,并发出声响提示。

(5) 模拟服务器、工作站失电,重新恢复送电后,服务器、工作站应能自动恢复全部监控管理功能。

(6) 服务器设置软件应对进行操作的人员赋予操作权限和角色。

(7) 软件功能齐全,人机界面应汉化,操作应方便、直观。

(8) 服务器应能以报表、图形及趋势图方式打印设备运行的时间、区域、编号和状态的信息。

2. 现场控制器的检验要求

(1) 现场控制器箱安装应规范、合理,便于维护。

(2) 人为制造服务器、工作站停机,现场控制器应能正常工作。

(3) 改变被控设备的设定值,其相应执行机构动作的顺序/趋势应符合设计要求。

(4) 人为制造现场控制器失电,重新恢复送电后,控制器应能自动恢复失电前设置的运行状态。

(5) 人为制造现场控制器与服务器通信网络中断,现场设备应能保持正常的自动运行状态,且工作站应有控制器离线故障报警信号。

(6) 启停被控设备,相关设备及执行机构动作的顺序应符合设计要求。

(7) 现场控制器时钟应与服务器时钟保持同步。

3. 监测感知装置、控制输出装置的检验要求

(1) 检查现场的监测感知装置、控制输出装置安装应规范、合理,便于维护。

(2) 监测工作站所显示的数据、状态应与现场的读数、状态一致。

(3) 监测执行机构的动作或动作顺序应与设计的工艺相符。

(4) 执行机构的动作范围、动作顺序应与设计要求相符。

(5) 当参数超过允许范围时,应产生报警信号。

(6) 在工作站控制执行机构,应能正常动作。

4. 冷热源系统的群控检验要求

(1) 冷热源系统应能实现负荷调节、预定时间表自动启停和节能优化控制。

(2) 改变时间程序或通过工作站手动启停冷热源系统,机组应通按联动控制顺序正常运行。

(3) 在不改变机组运行台数时,降低部分空调设备的负荷,系统应能通过调节旁通阀,保持集水器和分水器之间的压差稳定在设计允许范围内。

(4) 在工作站上应能显示冷热源系统设备的运行参数,并自动记录。

5. 空调与通风系统的检验要求

(1) 在工作站或现场检查温湿度测量值应与便携式温湿度仪测量值一致。

(2) 检查风压差开关、防冻开关等参数的状态,手动改变设定值,核对报警信号的准确性。

(3) 检查风机、水阀、风阀的工作状态、控制稳定性、响应时间、控制效果等。

(4) 在站改变预定时间表，监测系统自动启停功能。

(5) 在工作站改变温、湿度设定值，记录温度控制过程，检查联动控制程序的正确性、系统稳定性、系统响应时间以及控制效果，并检查系统运行的历史记录。

(6) 人为设置故障，包括过滤器压差开关报警、风机故障报警、温度传感器超限报警，在工作站监测报警信号的正确性和反应时间。

(7) 应对送、排风机的运行状态进行监测和控制，并可按空气环境参数要求自动控制启停。

6. 给水排水系统的检验要求

(1) 通过工作站应能远程控制给水排水系统设备。

(2) 人为提高水位或降低水位、液位开关正常动作，并能按照控制工艺联动水泵启动或停止。

(3) 通过工作站应对给水排水系统的液位、运行状态与故障报警实行监测、记录。

7. 变配电系统的检验要求

(1) 应对变配电系统电压、电流、有功（无功）功率、功率因数、电量等参数进行现场测量与工作站读取数据对比，进行准确性和真实性检查。

(2) 应对高、低压开关柜、变压器、发电机组的工作状态和故障进行监测。

(3) 工作站上各参数的动态图形应能比较准确的反应参数变化。

8. 公共照明系统的检验要求

(1) 应以室外光照度、时间表等为控制依据，对照明设备进行监控，监测控制动作的正确性。

(2) 检查通过工作站对所有照明回路的手动开关功能。

9. 电梯、自动扶梯系统的检验要求

(1) 在工作站上应设置电梯动态模拟图，显示电梯当前所在位置，运行状态与故障报警。

(2) 检查图形工作站监测电梯系统的运行参数，并与实际状态核实。

10. 系统实时性、可靠性检验要求

(1) 使用秒表等监测仪器记录报警信号，监测系统采样速度和响应时间，应满足设计要求。

(2) 使系统中的一个或多个现场控制器失电，工作站应输出正确的报警。

(3) 切断系统电网电源，应自动转为不间断电源供电，系统运行不得中断。

(4) 模拟服务器、工作站掉电，通信总线及现控制器应能正常工作，不得影响受控设备正常运行。

11. 质量记录

应执行《智能建筑工程施工规范》GB 50606—2010。

40.10.9.3 资料整理与归档

(1) 工程竣工图纸，包括系统结构图、各子系统监控原理图施工平面图、设备电气端子接线图、中央控制室设备布置图、接线图、设备清单等。

(2) 系统的产品说明书、操作手册和维护手册。

(3) 工程检测记录，包括隐蔽工程检测记录、施工质量检测记录、设备功能检查记录、系统检测报告等。

40.11 火灾自动报警及消防联动控制系统

40.11.1 火灾自动报警及消防联动控制系统结构

40.11.1.1 系统组成

消防工程范围包括：消防灭火剂瓶、消防管线、控制设备、消防泵、喷淋泵、正压风机、排烟风机、消防广播系统、火警对讲、报警系统及消防联动控制等设备的安装与调试。本节只涉及其中的火灾自动报警系统及消防联动控制部分。

消防广播系统参见本章40.6"公共广播系统"。

40.11.1.2 火灾自动报警及消防联动控制

1. 火灾报警系统（FAS）的组成

按照我国现行的规范要求，火灾报警系统应自成一个独立的系统。它由感烟探测器、感温探测器、火焰探测器、手动报警按钮、消防栓手动报警按钮、报警电话、报警控制器、输入模块、输出模块、火警楼层显示器、中央主机组成。

各种探测器和报警按钮通过总线串联相接，再与控制主机相连，各种设备的地址和类型通过数据码分开。

控制中心监控系统原理框图如图40-25所示。

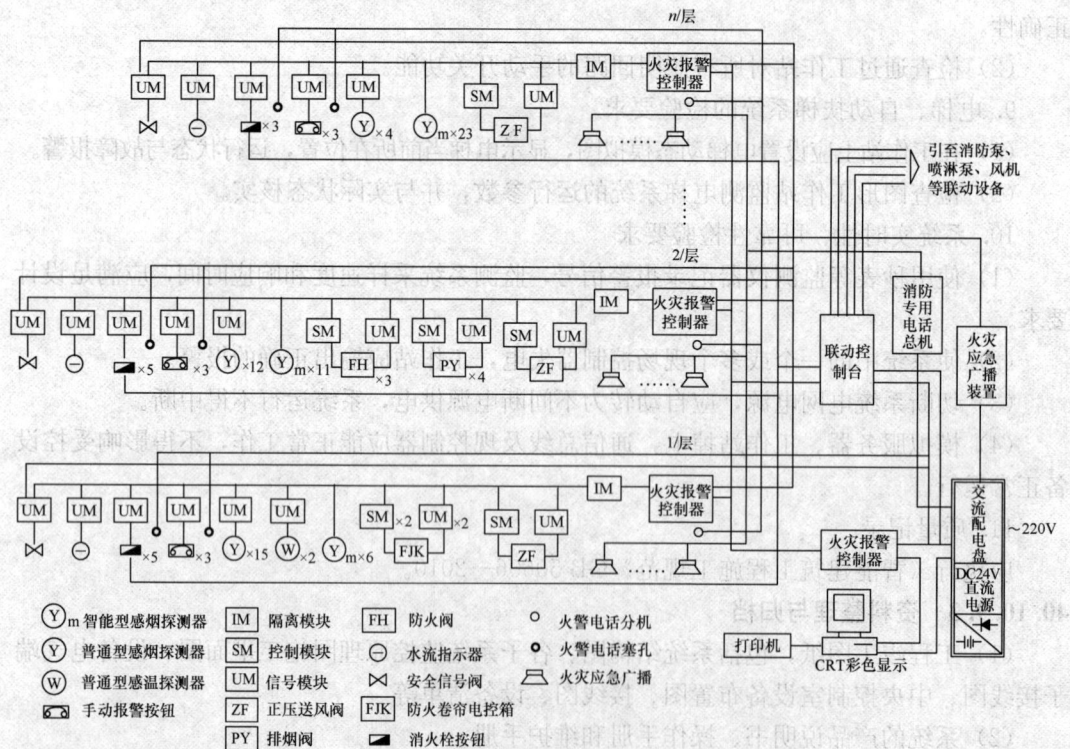

图40-25 控制中心监控系统原理框图

2. 消防联动

(1) 消防联动：综合安防系统联动

根据综合安防系统各个分系统设备的特点，包括总系统传来的消防报警、楼宇控制等系统的联动要求，具体的联动包括以下各子系统之间的相互控制逻辑。

1) 发生消防报警时，消防报警系统→保安监控系统：发生消防报警时，发生消防报警时，闭路电视监控子系统自动将火警相近区域的摄像机的摄像画面切向保安主监视屏（或消控中心显示器），并重点监录这些摄像机的摄像内容。

2) 发生消防报警时，消防报警系统→出入口控制系统：确认发生消防报警时，出入口控制系统中与火警部位有关的各管制门（重要核心部位的管制门可单独设置）应自动处于开启状态，以便内部人员疏散撤出和消防人员进入。

3) 发生消防报警时，消防报警系统→车库管理系统：确认消防报警发生于底层或地下层时，车库管理系统应将车库控制闸门置于开放状态，便于车库内车辆撤离火场（此时车库有关的摄像机应处于工作和录像状态）。

4) 发生消防报警时，相关安装门禁区域将根据需要自动打开或关闭。

(2) 消防联动：背景音乐及紧急广播系统

1) 消防报警系统→音乐/广播系统：发生消防报警时，相应楼层的公共广播系统将被强行切换至消防紧急广播。

2) 正常情况下，公共广播向公共场所提供背景音乐和语音广播，当发生火灾时，公共广播和客房音箱可同时作为事故报警广播，引导疏散，指挥事故处理。

3) 广播系统分区与消防系统分区一致，各分区、各楼层及宾馆客房分别设有分区音量控制器、客房控制器和紧急广播切换装置。

4) 消防联动，可同时分区设定不同的广播内容，广播系统与火灾报警系统联动。根据不同的报警区域，系统自动将该区域及相邻区域切换到紧急广播状态，同时向上述区域发出预录在数字语音合成器里的广播内容。

5) 广播源有优先级之分，紧急广播具有最高优先权。

(3) 消防联动：建筑设备监控系统

1) 消防报警系统→建筑设备监控系统：当消防报警系统自动确认消防报警发生后，立即要求建筑设备监控系统，做出相应动作，同时向大楼主管部门报警。

2) 建筑设备监控系统→保安监控系统：当建筑设备监控系统有异报警或事故时，保安监控系统可自动将报警相近区域的摄像机的摄像画面切向保安中心主监视屏，并重点监录这些摄像机的摄像内容，以供事后分析事故原因等。

40.11.2 系统的安装施工

40.11.2.1 系统安装施工准备

(1) 火灾自动报警系统的施工必须由具有相应资质等级的施工单位承担。

(2) 在系统施工前，施工准备除应满足本章 40.1.4 的要求，还应符合本小节的针对性要求。

1) 火灾自动报警系统与应急指挥系统和智能化集成系统进行集成时，应互相提供通信接口和通信协议。

2) 材料与设备准备要求：

① 火灾自动报警系统的主要设备和材料选用应符合设计要求，并符合《火灾自动报警系统施工及验收标准》GB 50166—2019 的规定。

② 消防应急广播与公共广播系统共用一套系统时，公共广播系统的设备应是通过国家认证或认可的产品。产品名称、型号、规格应与检验报告一致。

③ 桥架、线缆、钢管、金属软管、防火涂料以及安装附件等应符合防火设计要求。

④ 应根据《火灾自动报警系统设计规范》GB 50116—2013 的规定，对线缆的种类、电压等级进行检查。

40.11.2.2　系统安装施工要求

1. 管线及线缆安装施工要求：

（1）桥架、管线、钢管等敷设施工除应执行《火灾自动报警系统施工及验收标准》GB 50166—2019 第 3.2 节的规定和本章 40.2 "综合管线" 的要求外，还应符合下列要求：

1) 火灾自动报警系统的线缆应使用桥架和专用线管敷设。

2) 报警线缆连接应在端子箱或分支盒内进行，导线连接应采用可靠压接或焊接。

3) 桥架、金属线管应作保护接地。

（2）线缆安装除应执行《火灾自动报警系统施工及验收标准》GB 50166—2019 第 3.3~3.10 节的规定外，还应符合下列要求：

1) 端子箱和模块箱宜设置在专用的竖井内，应根据设计高度固定在墙壁上，安装时应端正牢固。

2) 控制中心引出的干线和火灾报警器及其他的控制线路应分别绑扎成束，汇集在端子板两侧，左侧为干线，右侧为控制线路。

2. 控制器类设备的安装

控制器包括火灾报警控制器、可燃气体报警控制器、区域显示器、消防联动控制器等控制器类设备。

（1）在墙上安装时，其底边距地（楼）面高度宜为 1.3~1.5m，其靠近门轴的侧面距墙不应小于 0.5m，正面操作距离不应小于 1.2m；落地安装时，其底边宜高出地（楼）面 0.1~0.2m。

（2）控制器应安装牢固，不应倾斜；安装在轻质墙上时，应采取加固措施。

（3）引入控制器的电缆或导线，应符合下列要求：

1) 配线应整齐，不宜交叉，并应固定牢靠；

2) 电缆芯线和所配导线的端部，均应标明编号，并与图纸一致，字迹应清晰且不易褪色；

3) 端子板的每个接线端，接线不得超过 2 根；

4) 电缆芯和导线，应留有不小于 200mm 的余量；

5) 导线应绑扎成束；

6) 导线穿管、线槽后，应将管口、槽口封堵。

（4）控制器的主电源应有明显的永久性标志，并应直接与消防电源连接，严禁使用电源插头。控制器与其外接备用电源之间应直接连接。

(5) 控制器的接地应牢固,并有明显的永久性标志。

3. 火灾探测器安装

(1) 点型感烟、感温火灾探测器的安装,应符合下列要求:

1) 探测器至墙壁、梁边的水平距离,不应小于 0.5m;

2) 探测器周围水平距离 0.5m 内,不应有遮挡物;

3) 探测器至空调送风口最近边的水平距离,不应小于 1.5m;至多孔送风顶棚孔口的水平距离,不应小于 0.5m;

4) 在宽度小于 3m 的内走道顶棚上安装探测器时,宜居中安装。点型感温火灾探测器的安装间距,不应超过 10m;点型感烟火灾探测器的安装间距,不应超过 15m;探测器至端墙的距离,不应大于安装间距的一半;

5) 探测器宜水平安装,当确需倾斜安装时,倾斜角不应大于 45°。

(2) 线型红外光束感烟火灾探测器的安装,应符合下列要求:

1) 当探测区域的高度不大于 20m 时,光束轴线至顶棚的垂直距离宜为 0.3~1.0m;当探测区域的高度大于 20m 时,光束轴线距探测区域的地(楼)面高度不宜超过 20m;

2) 发射器和接收器之间的探测区域长度不宜超过 100m;

3) 相邻两组探测器的水平距离不应大于 14m;探测器至侧墙水平距离不应大于 7m,且不应小于 0.5m;

4) 发射器和接收器之间的光路上应无遮挡物或干扰源;

5) 发射器和接收器应安装牢固,并不应产生位移。

(3) 缆式线型感温火灾探测器在电缆桥架、变压器等设备上安装时,宜采用接触式布置;在各种皮带输送装置上敷设时,宜敷设在装置的过热点附近。

(4) 敷设在顶棚下方的线型差温火灾探测器,至顶棚距离宜为 0.1m,相邻探测器之间水平距离不宜大于 5m;探测器至墙壁距离宜为 1~1.5m。

(5) 可燃气体探测器的安装应符合下列要求:

1) 安装位置应根据探测气体密度确定。若其密度小于空气密度,探测器应位于可能出现泄漏点的上方或探测气体的最高可能聚集点上方;若其密度大于或等于空气密度,探测器应位于可能出现泄漏点的下方。

2) 在探测器周围应适当留出更换和标定的空间。

3) 在有防爆要求的场所,应按防爆要求施工。

4) 线型可燃气体探测器在安装时,应使发射器和接收器的窗口避免日光直射,且在发射器与接收器之间不应有遮挡物,两组探测器之间的距离不应大于 14m。

(6) 通过管路采样的吸气式感烟火灾探测器的安装应符合下列要求:

1) 采样管应固定牢固。

2) 采样管(含支管)的长度和采样孔应符合产品说明书的要求。

3) 非高灵敏度的吸气式感烟火灾探测器不宜安装在天棚高度大于 16m 的场所。

4) 高灵敏度吸气式感烟火灾探测器在设为高灵敏度时可安装在天棚高度大于 16m 的场所,并保证至少有 2 个采样孔低于 16m。

5) 安装在大空间时,每个采样孔的保护面积应符合点型感烟火灾探测器的保护面积要求。

(7) 点型火焰探测器和图像型火灾探测器的安装应符合下列要求：
1) 安装位置应保证其视场角覆盖探测区域；
2) 与保护目标之间不应有遮挡物；
3) 安装在室外时应有防尘、防雨措施。

(8) 探测器的底座应安装牢固，与导线连接必须可靠压接或焊接。当采用焊接时，不应使用带腐蚀性的助焊剂。

(9) 探测器底座的连接导线，应留有不小于 150mm 的余量，且在其端部应有明显标志。

(10) 探测器底座的穿线孔宜封堵，安装完毕的探测器底座应采取保护措施。

(11) 探测器报警确认灯应朝向便于人员观察的主要入口方向。

(12) 探测器在即将调试时方可安装，在调试前应妥善保管并应采取防尘、防潮、防腐蚀措施。

4. 手动火灾报警按钮安装

(1) 手动火灾报警按钮应安装在明显和便于操作的部位。当安装在墙上时，其底边距地（楼）面高度宜为 1.3~1.5m。

(2) 手动火灾报警按钮应安装牢固，不应倾斜。

(3) 手动火灾报警按钮的连接导线应留有不小于 150mm 的余量，且在其端部应有明显标志。

5. 消防电气控制装置安装

(1) 消防电气控制装置在安装前，应进行功能检查，不合格者严禁安装。

(2) 消防电气控制装置外接导线的端部，应有明显的永久性标志。

(3) 消防电气控制装置箱体内不同电压等级、不同电流类别的端子应分开布置，并应有明显的永久性标志。

(4) 消防电气控制装置应安装牢固，不应倾斜；安装在轻质墙上时，应采取加固措施。消防电气控制装置在消防控制室内安装时，还应符合《火灾自动报警系统施工及验收标准》GB 50166—2019 第 3.3.1 条要求。

6. 模块安装

(1) 同一报警区域内的模块宜集中安装在金属箱内。

(2) 模块（或金属箱）应独立支撑或固定，安装牢固，并应采取防潮、防腐蚀等措施。

(3) 模块的连接导线应留有不小于 150mm 的余量，其端部应有明显标志。

(4) 隐蔽安装时在安装处应有明显的部位显示和检修孔。

7. 火灾应急广播扬声器和火灾警报装置安装

(1) 火灾应急广播扬声器和火灾警报装置安装应牢固可靠，表面不应有破损。

(2) 火灾光警报装置应安装在安全出口附近明显处，距地面 1.8m 以上。光警报器与消防应急疏散指示标志不宜在同一面墙上，安装在同一面墙上时，距离应大于 1m。

(3) 扬声器和火灾声警报装置宜在报警区域内均匀安装。

8. 消防专用电话安装

(1) 消防电话、电话插孔、带电话插孔的手动报警按钮宜安装在明显、便于操作的位置；当在墙面上安装时，其底边距地（楼）面高度宜为1.3~1.5m。

(2) 消防电话和电话插孔应有明显的永久性标志。

9. 消防设备应急电源安装

(1) 消防设备应急电源的电池应安装在通风良好地方，当安装在密封环境中时应有通风装置。

(2) 酸性电池不得安装在带有碱性介质的场所，碱性电池不得安装在带酸性介质的场所。

(3) 消防设备应急电源不应安装在靠近带有可燃气体的管道、仓库、操作间等场所。

(4) 单相供电额定功率大于30kW、三相供电额定功率大于120kW的消防设备应安装独立的消防应急电源。

10. 系统接地

(1) 设备接地除应执行《火灾自动报警系统施工及验收标准》GB 50166—2019中有关规定外，还应符合下列要求：

1) 工作接地线应采用铜芯绝缘导线或电缆，不得利用镀锌扁铁或金属软管。

2) 消防控制设备的外壳及基础应可靠接地，接地线引入接地端子箱。

3) 消防控制室应根据设计要求设置专用接地箱作为工作接地。当采用独立工作接地时接地电阻不应大于4Ω；当采用联合接地时，接地电阻不应大于1Ω。

4) 保护接地线与工作接地线必须分开，不得利用金属软管作保护接地导体。

(2) 交流供电和36V以上直流供电的消防用电设备的金属外壳应有接地保护，接地线应与电气保护接地干线（PE）相连接。

(3) 接地装置施工完毕后，应按规定测量接地电阻，并作记录。

40.11.3 施工质量控制

火灾自动报警及消防联动控制系统设备、管线与监控屏幕在安装、调试和检测时，需要特别注意以下的事项，以便保障对于该系统安装、调试的质量控制。

(1) 设备与材料必须有质量合格证明和检验报告，不合格的不得进场。

(2) 探测器、模块、报警按钮等类别、型号、位置、数量、功能等应符合设计要求。

(3) 火灾报警电话及火警电话插孔型号、位置、数量、功能等应符合设计要求。

(4) 消防广播位置、数量、功能等应符合设计要求。应能在火灾发生时迅速切断背景音乐广播，播出火警广播。

(5) 火灾报警控制器功能、型号应符合设计要求，并符合《火灾自动报警系统施工及验收标准》GB 50166—2019的有关规定。

(6) 火灾自动报警系统与消防设备的联动逻辑关系应符合设计要求。

(7) 火灾自动报警系统的施工过程质量控制应符合《火灾自动报警系统施工及验收标准》GB 50166—2019中第2.1.6条规定。

(8) 还应注意以下的事项：

1) 探测器、模块、报警按钮等安装应牢固、配件齐全，无损伤变形和破损。

2) 探测器、模块、报警按钮等导线连接应可靠压接或焊接，并应有标志，外接导线应留余量。

3）探测器安装位置应符合保护半径、保护面积要求。

40.11.4　系统的调试、测试与检验

40.11.4.1　系统调试

1. 调试的系统及准备工作

系统中的火灾报警控制器、可燃气体报警控制器、消防联动控制器、气体灭火控制器、消防电气控制装置、消防设备应急电源、消防应急广播设备、消防电话、传输设备、消防控制中心图形显示装置、消防电动装置、防火卷帘控制器、区域显示器（火灾显示盘）、消防应急灯具控制装置、火灾警报装置等设备分别进行单机通电检查。

2. 火灾报警控制器调试

（1）调试前应切断火灾报警控制器的所有外部控制连线，并将任一个总线回路的火灾探测器以及该总线回路上的手动火灾报警按钮等部件连接后，方可接通电源。

（2）按现行国家标准《火灾报警控制器》GB 4717 的有关要求对控制器进行下列功能检查并记录，控制器应满足标准要求：

1）检查自检功能和操作级别；

2）使控制器与探测器之间的连线断路和短路，控制器应在 100s 内发出故障信号（短路时发出火灾报警信号除外）；在故障状态下，使任一非故障部位的探测器发出火灾报警信号，控制器应在 1min 内发出火灾报警信号，并应记录火灾报警时间；再使其他探测器发出火灾报警信号，检查控制器的再次报警功能；

3）检查消声和复位功能；

4）使控制器与备用电源之间的连线断路和短路，控制器应在 100s 内发出故障信号；

5）使总线隔离器保护范围内的任一点短路，检查总线隔离器的隔离保护功能；

6）使任一总线回路上不少于 10 只的火灾探测器同时处于火灾报警状态，检查控制器的负载功能；

7）检查主、备电源的自动转换功能，并在备电工作状态下重复以上 6）检查；

8）检查控制器特有的其他功能。

（3）依次将其他回路与火灾报警控制器相连接，重复以上火灾报警控制器调试中第（2）中 2）、6）、7）项检查。

3. 点型感烟、感温火灾探测器调试

（1）采用专用的检测仪器或模拟火灾的方法，逐个检查每只火灾探测器的报警功能，探测器应能发出火灾报警信号。

（2）对于不可恢复的火灾探测器应采取模拟报警方法逐个检查其报警功能，探测器应能发出火灾报警信号。当有备品时，可抽样检查其报警功能。

4. 线型感温火灾探测器调试

（1）在不可恢复的探测器上模拟火警和故障，探测器应能分别发出火灾报警和故障信号。

（2）可恢复的探测器可采用专用检测仪器或模拟火灾的办法使其发出火灾报警信号，并在终端盒上模拟故障，探测器应能分别发出火灾报警和故障信号。

5. 红外光束感烟火灾探测器调试

(1) 调整探测器的光路调节装置,使探测器处于正常监视状态。

(2) 用减光率为 0.9dB 的减光片遮挡光路,探测器不应发出火灾报警信号。

(3) 用产品生产企业设定减光率(1.0～10.0dB)的减光片遮挡光路,探测器应发出火灾报警信号。

(4) 用减光率为 11.5dB 的减光片遮挡光路,探测器应发出故障信号或火灾报警信号。

6. 通过管路采样的吸气式火灾探测器调试

(1) 在采样管最末端(最不利处)采样孔加入试验烟,探测器或其控制装置应在 120s 内发出火灾报警信号。

(2) 根据产品说明书,改变探测器的采样管路气流,使探测器处于故障状态,探测器或其控制装置应在 100s 内发出故障信号。

7. 点型火焰探测器和图像型火灾探测器调试

采用专用检测仪器和模拟火灾的方法在探测器监视区域内最不利处检查探测器的报警功能,探测器应能正确响应。

8. 手动火灾报警按钮调试

(1) 对可恢复的手动火灾报警按钮,施加适当的推力使报警按钮动作,报警按钮应发出火灾报警信号。

(2) 对不可恢复的手动火灾报警按钮应采用模拟动作的方法使报警按钮发出火灾报警信号(当有备用启动零件时,可抽样进行动作试验),报警按钮应发出火灾报警信号。

9. 消防联动控制器调试

(1) 将消防联动控制器与火灾报警控制器、任一回路的输入输出模块及该回路模块控制的受控设备相连接,切断所有受控现场设备的控制连线,接通电源。

(2) 按现行国家标准《消防联动控制系统》GB 16806 的有关规定检查消防联动控制系统内各类用电设备的各项控制、接收反馈信号(可模拟现场设备启动信号)和显示功能。

(3) 使消防联动控制器分别处于自动工作和手动工作状态,检查其状态显示,并按现行国家标准《消防联动控制系统》GB 16806 的有关规定进行下列功能检查并记录,控制器应满足相应要求:

1) 自检功能和操作级别。

2) 消防联动控制器与各模块之间的连线断路和短路时,消防联动控制器能在 100s 内发出故障信号。

3) 消防联动控制器与备用电源之间的连线断路和短路时,消防联动控制器应能在 100s 内发出故障信号。

4) 检查消声、复位功能。

5) 检查屏蔽功能。

6) 使总线隔离器保护范围内的任一点短路,检查总线隔离器的隔离保护功能。

7) 使至少 50 个输入输出模块同时处于动作状态(模块总数少于 50 个时,使所有模块动作),检查消防联动控制器的最大负载功能。

8) 检查主、备电源的自动转换功能,并在备电工作状态下重复 7) 的检查。

（4）接通所有启动后可以恢复的受控现场设备。

（5）使消防联动控制器的工作状态处于自动状态，按现行国家标准《消防联动控制系统》GB 16806 的有关规定和设计的联动逻辑关系进行下列功能检查并记录：

1）按设计的联动逻辑关系，使相应的火灾探测器发出火灾报警信号，检查消防联动控制器接收火灾报警信号情况、发出联动信号情况、模块动作情况、受控设备的动作情况、受控现场设备动作情况、接收反馈信号（对于启动后不能恢复的受控现场设备，可模拟现场设备启动反馈信号）及各种显示情况；

2）检查手动插入优先功能。

（6）使消防联动控制器的工作状态处于手动状态，按现行国家标准《消防联动控制系统》GB 16806 的有关规定和设计的联动逻辑关系依次手动启动相应的受控设备，检查消防联动控制器发出联动信号情况、模块动作情况、受控设备的动作情况、受控现场设备动作情况、接收反馈信号（对于启动后不能恢复的受控现场设备，可模拟现场设备启动反馈信号）及各种显示情况。

（7）对于直接用火灾探测器作为触发器件的自动灭火控制系统除符合本节有关规定外，尚应按现行国家标准《火灾自动报警系统设计规范》GB 50116 规定进行功能检查。

10. 区域显示器（火灾显示盘）调试

将区域显示器（火灾显示盘）与火灾报警控制器相连接，按现行国家标准《火灾显示盘》GB 17429 的有关要求检查其下列功能并记录，控制器应满足标准要求：

（1）区域显示器（火灾显示盘）能否在 3s 内正确接收和显示火灾报警控制器发出的火灾报警信号。

（2）消声、复位功能。

（3）操作级别。

（4）对于非火灾报警控制器供电的区域显示器（火灾显示盘），应检查主、备电源的自动转换功能和故障报警功能。

11. 可燃气体报警控制器调试

（1）切断可燃气体报警控制器的所有外部控制连线，将任一回路与控制器相连接后，接通电源。

（2）控制器应按现行国家标准《可燃气体报警控制器》GB 16808 的有关要求进行下列功能试验，并应满足标准要求。

1）自检功能和操作级别。

2）控制器与探测器之间的连线断路和短路时，控制器应在 100s 内发出故障信号。

3）在故障状态下，使任一非故障探测器发出报警信号，控制器应在 1min 内发出报警信号，并应记录报警时间；再使其他探测器发出报警信号，检查控制器的再次报警功能。

4）消声和复位功能。

5）控制器与备用电源之间的连线断路和短路时，控制器应在 100s 内发出故障信号。

6）高限报警或低、高两段报警功能。

7）报警设定值的显示功能。

8）控制器最大负载功能，使至少 4 只可燃气体探测器同时处于报警状态（探测器总数少于4只时，使所有探测器均处于报警状态)。

  9) 主、备电源的自动转换功能，并在备电工作状态下重复本条8)的检查。

 (3) 依次将其他回路与可燃气体报警控制器相连接重复以上（2）的检查。

12. 可燃气体探测器调试

 (1) 依次逐个将可燃气体探测器按产品生产企业提供的调试方法使其正常动作，探测器应发出报警信号。

 (2) 对探测器施加达到响应浓度值的可燃气体标准样气，探测器应在30s内响应。撤去可燃气体，探测器应在60s内恢复到正常监视状态。

 (3) 对于线型可燃气体探测器除符合本节规定外，尚应将发射器发出的光全部遮挡，探测器相应的控制装置应在100s内发出故障信号。

13. 消防电话调试

 (1) 在消防控制室与所有消防电话、电话插孔之间互相呼叫与通话，总机应能显示每部分机或电话插孔的位置，呼叫铃声和通话语音应清晰。

 (2) 消防控制室的外线电话与另外一部外线电话模拟报警电话通话，语音应清晰。

 (3) 检查群呼、录音等功能，各项功能均应符合要求。

14. 消防应急广播设备调试

 (1) 以手动方式在消防控制室对所有广播分区进行选区广播，对所有共用扬声器进行强行切换；应急广播应以最大功率输出。

 (2) 对扩音机和备用扩音机进行全负荷试验，应急广播的语音应清晰。

 (3) 对接入联动系统的消防应急广播设备系统，使其处于自动工作状态，然后按设计的逻辑关系，检查应急广播的工作情况，系统应按设计的逻辑广播。

 (4) 使任意一个扬声器断路，其他扬声器的工作状态不应受影响。

15. 系统备用电源调试

检查系统中各种控制装置使用的备用电源容量，电源容量应与设计容量相符。使各备用电源放电终止，再充电48h后断开设备主电源，备用电源至少应保证设备工作8h，且应满足相应的标准及设计要求。

16. 消防设备应急电源调试

 (1) 切断应急电源应急输出时直接启动设备的连线，接通应急电源的主电源。

 (2) 按下述要求检查应急电源的控制功能和转换功能，并观察其输入电压、输出电压、输出电流、主电工作状态、应急工作状态、电池组及各单节电池电压的显示情况，做好记录，显示情况应与产品使用说明书规定相符，并满足要求。

 1) 手动启动应急电源输出，应急电源的主电和备用电源应不能同时输出，且应在5s内完成应急转换；

 2) 手动停止应急电源的输出，应急电源应恢复到启动前的工作状态；

 3) 断开应急电源的主电源，应急电源应能发出声提示信号，声信号应能手动消除；接通主电源，应急电源应恢复到主电工作状态；

 4) 给具有联动自动控制功能的应急电源输入联动启动信号，应急电源应在5s内转入到应急工作状态，主电源和备用电源应不能同时输出；输入联动停止信号，应急电源应恢复到主电工作状态；

5) 具有手动和自动控制功能的应急电源处于自动控制状态，然后手动插入操作，应急电源应有手动插入优先功能，且应有自动控制状态和手动控制状态指示。

(3) 断开应急电源的负载，按下述要求检查应急电源的保护功能，并做好记录。

1) 使任一输出回路保护动作，其他回路输出电压应正常；

2) 使配接三相交流负载输出的应急电源的三相负载回路中的任一相停止输出，应急电源应能自动停止该回路的其他两相输出，并应发出声、光故障信号；

3) 使配接单相交流负载的交流三相输出应急电源输出的任一相停止输出，其他两相应能正常工作，并应发出声、光故障信号。

(4) 将应急电源接上等效于满负载的模拟负载，使其处于应急工作状态，应急工作时间应大于设计应急工作时间的 1.5 倍，且不小于产品标称的应急工作时间。

(5) 使应急电源充电回路与电池之间、电池与电池之间连线断线，应急电源应在 100s 内发出声、光故障信号，声故障信号应能手动消除。

17. 消防控制中心图型显示装置调试

(1) 将消防控制中心图型显示装置与火灾报警控制器和消防联动控制器相连，接通电源。

(2) 操作显示装置使其显示完整系统区域覆盖模拟图和各层平面图，图中应明确指示出报警区域、主要部位和各消防设备的名称和物理位置，显示界面应为中文界面。

(3) 使火灾报警控制器和消防联动控制器分别发出火灾报警信号和联动控制信号，显示装置应在 3s 内接收，准确显示相应信号的物理位置，并能优先显示火灾报警信号相对应的界面。

(4) 使具有多个报警平面图的显示装置处于多报警平面显示状态，各报警平面应能自动和手动查询，并应有总数显示，且应能手动插入使其立即显示首火警相应的报警平面图。

(5) 使显示装置显示故障或联动平面，输入火灾报警信号，显示装置应能立即转入火灾报警平面的显示。

18. 气体灭火控制器调试

(1) 切断气体灭火控制器的所有外部控制连线，接通电源。

(2) 给气体灭火控制器输入设定的启动控制信号，控制器应有启动输出，并发出声、光启动信号。

(3) 输入启动设备启动的模拟反馈信号，控制器应在 10s 内接收并显示。

(4) 检查控制器的延时功能，延时时间应在 0~30s 内可调。

(5) 使控制器处于自动控制状态，再手动插入操作，手动插入操作应优先。

(6) 按设计控制逻辑操作控制器，检查是否满足设计的逻辑功能。

(7) 检查控制器向消防联动控制器发送的启动、反馈信号是否正确。

19. 防火卷帘控制器调试

(1) 防火卷帘控制器应与消防联动控制器、火灾探测器、卷门机连接并通电，防火卷帘控制器应处于正常监视状态。

(2) 手动操作防火卷帘控制器的按钮，防火卷帘控制器应能向消防联动控制器发出防火卷帘启、闭和停止的反馈信号。

(3) 用于疏散通道的防火卷帘控制器应具有两步关闭的功能,并应向消防联动控制器发出反馈信号。防火卷帘控制器接收到首次火灾报警信号后,应能控制防火卷帘自动关闭到中位处停止;接收到二次报警信号后,应能控制防火卷帘继续关闭至全闭状态。

(4) 用于分隔防火分区的防火卷帘控制器在接收到防火分区内任一火灾报警信号后,应能控制防火卷帘到全关闭状态,并应向消防联动控制器发出反馈信号。

20. 其他受控部件调试

对系统内其他受控部件的调试应按相应的产品标准进行,在无相应国家标准或行业标准时,宜按产品生产企业提供的调试方法分别进行。

40.11.4.2 系统的检测与检验

1. 系统自检自验准备要求

(1) 应在建筑物内部装修和系统安装调试完成后进行。

(2) 各回路接线应正确,检查所有回路和电气设备绝缘情况,检查有无松动、虚焊、错线或脱落现象并处理,做记录。

(3) 系统自检自验应与相关专业配合进行,且相关专业设备已处于正常工作状态。

2. 系统自检自验要求

(1) 应先分别对器件及设备逐个进行单机通电检查(包括报警控制器、联动控制盘、消防广播等),正常后方可进行系统检验。

(2) 火灾自动报警系统通电后,应按现行国家标准《消防联动控制系统》GB 16806 的要求对设备进行功能检测。

(3) 单机检测和各子系统检测完毕,应进行系统联动检测。

(4) 消防应急广播与公共广播系统共用时,应能在火灾发生时迅速切换,播放火警广播。

3. 质量记录

火灾自动报警系统质量记录除应执行《火灾自动报警系统施工及验收标准》GB 50166—2019 的相关规定。

40.11.4.3 资料整理与归档

资料应包括以下内容:

(1) 工程竣工图纸,包括系统结构图、各子系统监控原理图施工平面图、设备电气端子接线图、中央控制室设备布置图、接线图、设备清单等。

(2) 系统的产品说明书、操作手册和维护手册。

(3) 工程检测记录,包括隐蔽工程检测记录、施工质量检测记录、设备功能检查记录、系统检测报告等。

40.12 安全防范系统

40.12.1 安全防范系统的组成

安全防范系统是多个相对独立的、涉及在建筑物内和周边通过采用各种技术防范设备和防护设施实现的对人员、建筑、设备提供安全防范的各(子)系统的统称。

安全防范系统包括如下各子系统：

(1) 入侵报警系统：它通常包括周界防护、建筑物内区域及空间防护和对实物目标的防护。

(2) 视频安防监控系统：是对建筑物内及周边的公共场所、通道和重要部位进行实时监视、录像，通常和入侵报警系统和出入口控制系统实现联动。

(3) 出入口控制系统：也称门禁系统，它是指在建筑物内采用电子与信息技术，对人员的进出实施放行、拒绝、记录和报警等操作的一种电子自动化系统。

(4) 电子巡更系统：通过预先编制的巡逻软件，对保安人员巡逻的运动状态（是否准时、遵守顺序等）进行记录、监督，并对意外情况及时报警。

(5) 停车场（库）管理系统：对停车场（库）内车辆的通行实施出入控制、监视以及行车指示、停车计费等的综合管理。

(6) 可视对讲系统：提供访客与业主之间双向可视通话，达到图像、语音双重识别从而增加安全可靠性。

(7) 安全防范综合管理系统：安全防范综合管理系统是对上述各个（子）系统进行统一汇总、查看、显示、设置的管理系统。该系统在网络与各种通信接口的支持下工作。

40.12.2　安全防范系统工序流程

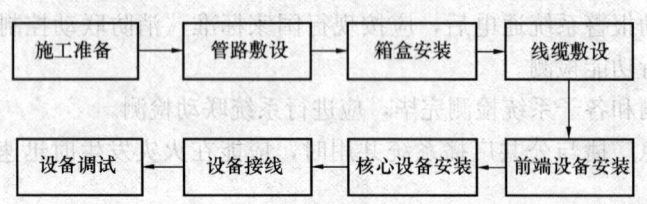

40.12.3　系统安装、调试与检测

40.12.3.1　施工准备

安全防范系统的施工准备材料、设备准备的主要内容见本章40.1.3"施工与管理的通用性要求"，此外还应符合下列要求：

(1) 在进行安全防范系统的施工前，需要对工程中使用的设备进行检验，诸如：网络交换机、摄像机、控制器、报警探头、存储设备、显示设备等设备应有强制性产品认证证书和"CCC"标志，或入网许可证等文件资料。产品名称、型号、规格应与检验报告一致。

(2) 有源部件均应通电检查，应确认其实际功能和技术指标与标称相符。

(3) 硬件设备及材料应重点检查安全性、可靠性及电磁兼容性等项目。

(4) 施工对象已基本具备进场条件，如作业场地、安全用电等均符合施工要求。

(5) 施工区域内建筑物的现场情况和预留管道、预留孔洞、地槽及预埋件等应符合设计要求。

(6) 使用道路及占用道路（包括横跨道路）情况符合施工要求。

(7) 允许同杆架设的杆路及自立杆杆路的情况清楚，符合施工要求。

(8) 敷设管道电缆和直埋电缆的路由状况清楚，并已对各管道标出路由标志。

(9) 当施工现场有影响施工的各种障碍物时，已提前清除。

40.12.3.2 入侵报警系统

1. 探测器的安装

(1) 探测器的探测面至墙壁、梁边的水平距离，应大于 0.5m；

(2) 在宽度小于 3m 的内走道顶棚上设置探测器时，宜居中布置；

(3) 探测器宜水平安装；

(4) 探测器的底座应安装牢固，导线连接必须可靠压接或焊接；为防止接头处腐蚀脱开或增加线路电阻，影响正常报警，焊接时使用的助焊剂不得含有腐蚀性；

(5) 探测器底座的外接导线，应留不小于 15cm 的余量，入端处应有明显标志，以便于维修；

(6) 探测器底座的穿线孔宜封堵，防止潮气、灰尘进入影响绝缘；安装完毕后的探测器底座应采取保护措施，避免其他工种施工时损坏底座；

(7) 探测器的确认灯应该面向便于观察的主要入口方向，以使值班人员尽快掌握报警探测器的确切位置，进行事故处理；

(8) 为防止探测器在其他工种施工时碰坏以及潮湿、灰尘的影响，探测器应在即将调试前方可安装；在安装前应妥善保管，并应采取防尘、防潮、防腐蚀措施；

(9) 人脸识别、模式识别、行为分析等视频探测器及视频移动报警探测器的安装还必须遵循视频安防监控系统的安装要求；

(10) 红外对射探测器安装时接收端应避开太阳直射光，避开其他大功率灯光直射，应顺光方向安装。

2. 报警按钮的安装

(1) 报警按钮应安装在墙上距地（楼）面高度 1.5m 处；

(2) 报警按钮应安装牢固，不得倾斜；

(3) 报警按钮的外接导线，应留有不小于 10cm 的余量，其端部应有明显标志，便于调试、维修。

3. 报警主机的安装

(1) 报警主机安装在控制室内，安装牢固，不得倾斜。

(2) 引入报警主机的电缆或导线，应符合下列要求：

1) 配线应整齐，避免交叉，并应固定牢靠；

2) 电缆芯线和所配导线的端部，均应标明编号，并与图纸一致，字迹清晰不易褪色；

3) 端子板的每个接线端，接线不得超过 2 根；

4) 电缆芯和导线，应留有不小于 20cm 的余量；

5) 导线应绑扎成束；

6) 导线引入线穿线后，在进线管处应封堵。

(3) 报警主机的主电源引入线，应直接与消防电源连接，严禁使用电源插头。主电源应有明显标志。

(4) 报警主机的接地应牢固，并有明显标志。

4. 入侵报警系统的调试与检测

对于入侵报警系统的设计、施工、验收工作，国家有相关的国家标准，在施工的各个环节应认真遵照执行。

一个基本原则是：漏报警是不允许的，误报警应降低到可以接受的限度。

(1) 入侵报警系统调试的要求

1) 入侵报警系统调试应执行《安全防范工程技术标准》GB 50348—2018 第 6.4 节的规定。

2) 按照《入侵报警系统工程设计规范》GB 50394—2007 的规定，要求检查探测器的探测范围、灵敏度、误报警、漏报警、报警状态后的恢复、防拆保护等功能与指标，检查结果应符合设计要求。

3) 检查报警联动功能，电子地图显示功能及从报警到显示、录像的系统反应时间，检查结果应符合设计要求。

4) 检查控制器的本地、异地报警、防破坏报警、布撤防、报警优先、自检及显示等功能，应符合设计要求。

5) 入侵报警系统的检验还应执行《智能建筑工程质量验收规范》GB 50339—2013 第19.0.7 条的规定，并且，还应检验视频报警探测器的图像异动报警功能、背景变化报警功能、行为分析、模式识别报警功能等，功能应符合设计要求。

6) 检查紧急报警时系统的响应时间，应符合设计要求。

(2) 入侵报警系统的检测内容

1) 系统电源的检测

按设计检测系统前端控制（驱动）器的直流电源以及所有探测器的电源；电源自带的充电器应能对蓄电池进行充电，并能达到蓄电池能支持工作 8h 以上。市电供电掉电、直流欠压时，能给系统发出警报。

2) 入侵报警功能检测

① 各类入侵探测器报警功能

各类入侵探测器应按相应标准规定的检验方法检验探测器灵敏度及覆盖范围。在设防状态下，当探测到有入侵发生，应能发出报警信息。防盗报警控制设备上应显示出报警发生的区域，并发出声、光报警，报警信息应能保持到手动复位，防范区域应在入侵探测器的有效探测范围内，防范区域内应无盲区。

② 紧急报警功能

系统在任何状态下触动紧急报警装置，在防盗报警控制设备上应显示出报警发生地址，并发出声、光报警。报警信息应能保持到手动复位。紧急报警装置应有防误触发措施，被触发后应自锁。当同时触发多路紧急报警装置时，应在防盗报警控制设备上依次显示出报警发生区域，并发出声、光报警信息。报警信息应能保持到手动复位，报警信号应无丢失。

③ 多路同时报警功能

当多路探测器同时报警时，在防盗报警控制设备上应显示出报警发生地址，并发出声光报警信息。报警信息应能保持到手动复位，报警信息应无丢失。

④ 报警后的恢复功能

报警发生后，入侵报警系统应能手动复位。在设防状态下，探测器的入侵探测与报警功能应正常；在撤防状态下，对探测器的报警信息应不发出报警。

3) 防破坏及故障报警功能检测

① 入侵探测器或防盗报警控制器防拆报警功能

在任何状态下,当探测器机壳或防盗报警控制器机盖被打开,在防盗报警控制设备上应显示出探测器地址,并发出声、光报警信息,报警信息应能保持到手动复位。

② 防盗报警控制器信号线防破坏报警功能

在有线传输系统中,当报警信号传输线被开路、短路及并接其他负载时,防盗报警控制器应发出声、光报警信息,应显示报警信息。

③ 入侵探测器电源线防破坏功能

在有线传输系统中,当探测器电源线被切断,防盗报警控制设备应发出声、光报警信息,应显示线路故障信息,该信息应能保持到手动复位。

4) 记录、显示功能检测

显示信息检测:系统应具体显示和记录开机、关机时间,报警、故障、被破坏、设防时间,撤防时间,更改时间等信息的功能。

记录内容检测:应记录报警发生时间、地点、报警信息性质、故障信息性质等信息。见表 40-10。

入侵报警系统检测表 表 40-10

检测项目	检测内容	技术要求	检测记录							
			1	2	3	4	5	6	7	8	…
报警管理检测	布防										
	撤防										
	防破坏报警										
	自检功能										
	巡检功能										
	报警延时										
	报警信息查询										
	手触/自动触发报警										
报警信息处理检测	报警信息存储与打印										
	声、光报警显示										
	电子地图/区域显示										
	接警时间										
	报警接通率										
	监听、对讲功能										
	报警确认时间										
	查询、统计、报表打印										

5) 系统自检功能检测

① 自检功能检测

系统应具有自检或巡检功能,当系统中入侵探测器或报警控制设备发生故障、被破坏,都应有声光报警,报警信息应保持到手动复位。

② 设防/撤防、旁路功能检测

系统应能手动/自动设防/撤防，应能按时间在全部及部分区域任意设防和撤防；设防、撤防状态应有显示，并有明显区别。

6）系统的联动功能检测

控制器的输出接点与当地输出的联动、入侵报警系统与视频安防监控系统、出入口控制系统等相关系统的联动功能的检测。检测内容包括：报警点相关电视监视画面的自动调入、开/关相关的出入口管理系统，事件录像联动等。

7）系统软件功能检测

入侵报警系统管理软件能提供：系统设置、组编制、系统地图和防区设置、时间表设置、布撤防设置显示等的可视化操作界面。

入侵报警系统的登录和密码功能检测。

系统软件的参数设置、时间表编制、对报警输入/输出点的设定、编组，编制报警地图等功能的检测。

入侵报警系统管理软件（含电子地图）功能检测。

① 系统可接收 bmp/dwg 等文件。

② 与开放数据库的连接。

③ 可按用户的需要随时进行布防图的配置和修改。

④ 可通过屏幕上的图标进行发送指令或对其进行设置。

⑤ 在布防图中报警点的相关数据和状态的显示。

软件对所定义的联动控制与联动效果的检测。

软件对所定义的报警输出和检测。

40.12.3.3 视频安防监控系统

视频安防监控系统，利用视频探测技术、监视设防区域并实时显示、记录现场图像的电子系统或网络。它是对建筑物内重要公共场所、通道和重要部位，以及建筑物周边进行监视、录像的系统。它除具备实时监视功能外，还具有图像复核功能，与防盗报警系统、出入口控制系统等的联动功能。

视频安防监控系统的安装主要有以下的技术要求：

1. 金属线槽、钢管及线缆的敷设

应执行《民用闭路监视电视系统工程技术规范》GB 50198—2011 规定。未作规定部分，应符合现行国家标准、规范的有关规定。

2. 视频安防监控系统的安装

（1）要求

1）监控中心内设备安装和线缆敷设应执行《民用闭路监视电视系统工程技术规范》GB 50198—2011 的规定。

2）监控中心的强、弱电电缆不得交叉，并有明显的永久性标志。

3）大型视频安防监控系统的控制室应铺设抗静电活动地板。

4）大型显示设备的安装应按设计要求进行。

5）摄像机、云台和解码器的安装除应执行《安全防范工程技术标准》GB 50348—2018 第 7.2.5 条和《民用闭路监视电视系统工程技术规范》GB 50198—2011 第 3.2 节规定外，还应符合下列规定：
① 摄像机及镜头安装前应通电检测，工作应正常。
② 确定摄像机的安装位置时应考虑设备自身安全，其视场应不被遮挡。
③ 架空线入云台时，应做滴水弯，其弯度不小于电（光）缆的最小弯曲半径。
④ 安装室外摄像机、解码器应采取防雨、防腐、防雷措施。
6) 光端机、编码器和设备箱的安装应符合下列要求：
① 光端机或编码器应安装在摄像机附近的设备箱内。
② 设备箱应防尘、防水、防盗。
③ 视频编码器安装前应加电测试，图像传输与数据通信正常后方可安装。
④ 设备箱内设备排列应整齐、走线应有标识和线路图。

3. 视频安防监控系统的安装与调试
(1) 前端设备安装前的检查
1) 将摄像机逐一加电检查，并进行粗调，在摄像机工作正常时才能安装。
2) 检查室外摄像机的防护罩套、雨刷等功能是否正常。
3) 检查摄像机在护罩内紧固情况。
4) 检查摄像机与支架、云台的安装孔径和位置。
5) 在搬动、架设摄像机过程中，不应打开摄像机镜头盖。
(2) 前端设备的安装
1) 摄像机的安装

摄像机应安装在监视目标附近不易受外界损伤、无障碍遮挡的地方，安装位置不影响现场设备工作和人员的正常活动。

摄像机安装对环境的要求：
① 在带电设备附近架设摄像机时，应保证足够的安全距离。
② 摄像机镜头应从光源方向对准监视目标，应避免逆光安装，否则易造成图像模糊或产生光晕；必须进行逆光安装时，应将监视区域的对比度压缩至最低限度。室内安装的摄像机不得安装在有可能淋雨或易沾湿的地方；室外使用的摄像机必须选用相应的型号。不要将摄像机安装在空调机的出风口附近或充满烟雾和灰尘的地方，易因湿度的变化而使镜头凝结水气，污染镜头。不要使摄像机长时间对准暴露在光源下的地方，如射灯等点光源。
③ 安装高度：室内离地不宜低于 2.5m；室外离地不宜低于 3.5m。
④ 摄像机及其配套装置，如镜头、防护罩、支架、雨刷等，安装应牢固，运转应灵活，应注意防破坏，并与周边环境相协调。
⑤ 摄像机安装时露在护罩外的线缆要用软管包裹，不得用电缆插头去承受电缆自重。
2) 护罩摄像机的安装
摄像机安装的注意事项有：
① 一般在天花板上顶装，要求天花板的强度能承受摄像机的 4 倍重量。
② 将摄像机接好视频输出线和电源线，并固定在防护罩内，再安装在护罩支架上。
③ 根据现场条件选择摄像机的出线方式，通常有从侧面引出。
3) 云台摄像机的安装

① 墙装时将云台支架固定于墙上；吊装时则将云台倒装在吊架上。

② 根据最佳视场角设定云台的限位位置。安装高度：室内以 2.5~5m 为宜；室外以 3.5~10m 为宜，不得低于 3.5m。

③ 根据云台的控制方式选用交流或直流驱动电源；一般转动速度固定的多采用交流驱动；转动速度可变的则采用直流驱动。

4) 电梯轿厢内摄像机安装

① 电梯轿厢内摄像机的安装位置及方向应能满足对乘员有效监视的要求。

② 摄像机的光轴与电梯的两面壁成 45°角，且与电梯天花板成 45°俯角为宜。

5) 摄像机的连接线

① 云台摄像机的视频输出线、控制线应留有 1m 的余量，以保证云台正常工作。

② 摄像机的视频输出线中间不得有接头，以防止松动和使图像信号衰减。

③ 摄像机的电源线应有足够的导线截面，防止长距离传输时产生电压损失而使工作不可靠。

④ 支架、球罩、云台的安装要可靠接地。

6) 户外摄像机的安装

户外安装的摄像机除按上述规定施工外，要特别注意避免摄像机镜头对着阳光和其他强光源方向安装；此外还要对视频信号线、控制线、电源线分别加装不同型号的避雷器。

(3) 监控中心设备的安装

1) 监控中心设备的安装原则参照《计算机场地通用规范》GB/T 2887—2011 执行。

2) 监控中心设备的连接按照设计的系统图连接。

4. 系统的调试与检测

视频安防监控系统的调试准备工作，单机调试和系统调试等步骤进行。

视频安防监控系统的调试流程见图 40-26。

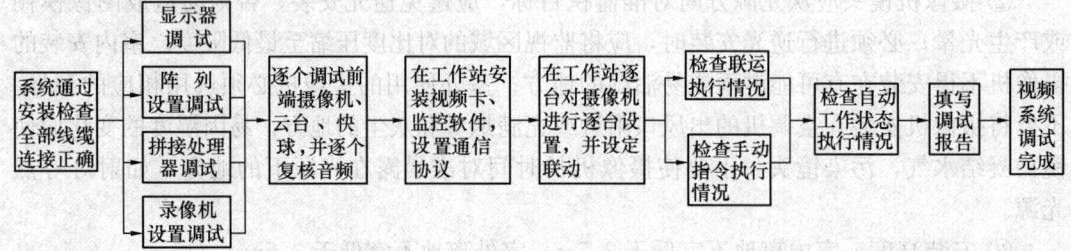

图 40-26 视频安防监控系统调试流程图

(1) 调试准备工作

1) 电源检测

① 监控台、电视柜总电源交流电压检测。

② 监控台、电视柜各分路交流电压检测。

③ 摄像机用总电源和各分路电压检测。

④ 有直流电源输出时，要检测输出极性。

2) 线路检查

按施工图进行校线。

用500V兆欧表检查电源电缆的绝缘,其芯线与芯线、芯线与地线的绝缘电阻不应小于0.5MΩ。

用250V兆欧表检查控制电缆的绝缘,其芯线与芯线、芯线与地线的绝缘电阻不应小于0.5MΩ。

3) 接地电阻的测量

系统中所有接地极的接地电阻均应测量,并做好记录。

系统接地电阻不大于1Ω。

4) 数字硬盘录像机、电脑、互动式多媒体矩阵管理系统软件等嵌装在多功能控制台内,要求安装在控制内的设备应牢固、端正。

(2) 单机调试

应按摄像机产品说明书对摄像机进行设置和功能检查。下面以云台摄像机为例作一介绍,这些调试通常包括:

1) 摄像机的设置

摄像机的设置内容包括:

对云台摄像机的位置设定;对镜头的变焦、聚焦的位置进行设置。

预置摄像机的ID码。

设定摄像机在每个机位上的停留时间。

2) 摄像机控制功能调试

调整控制器遥控旋钮,检查云台的摇动(水平旋转)、俯仰(垂直旋转)角度是否满足要求;旋转速度是否均匀;自、停控制是否灵敏;有无噪声等。

若旋转角度不能满足要求,可调整设置和云台的限位开关。

3) 摄像机防护罩功能调试

对摄像机防护罩的加热器功能调试。

对摄像机防护罩的雨刷功能调试。

对摄像机防护罩的排风扇功能调试。

检查防护罩的保护电路。

4) 摄像机功能调试

调试前首先应检查云台和摄像机处的电缆量,在云台旋转过程中插头尾部是否承受有拉力;摄像机附近50cm处不应有障碍物;摄像机防护罩各种功能应正常、防护玻璃、镜头应擦拭干净等。

依次开通控制器电源、监视器电源、摄像机电源、监视器应显示图像。

检查摄像机、镜头、监视器等设备,各设备的状态是否良好,摄像机图像是否清晰、监视器显示图像是否合格等。

图像清晰时,可遥控变焦、自动光圈、观察变焦过程中的图像清晰度;自动光圈能否随光线自动调节等,对异常情况做好记录。

遥控电动云台,带动摄像机旋转在静止和旋转过程中图像的清晰度应变化不大。云台应运转平稳、无噪声、不发热、速度均匀。

检查录像机是否可正常录像。

(3) 系统调试

1) 开通总电源,分别在监控室和监视现场通过对讲机联络逐一开通摄像机回路,调整监视方向,使摄像机能准确对准监视目标或监视范围。

2) 遥控变焦、自动光圈、遥控云台旋转、观察监视范围的变化。

3) 操作控制器进行图像切换,并进行定时连续切换功能试验,再进行数字、年、月、日显示调整和进行录像试验。

4) 当图像发黑或发暗时,应对监视区域的照明灯具的方位进行调整,以提高图像质量。监视图像质量不应低于《民用闭路监视电视系统工程技术规范》GB 50198—2011 中表 5.4.1-1 规定的 4 级,回放图像质量不应低于表 5.4.1-1 规定的 3 级,或至少能辨别人的面部特征。

5) 当摄像机调试时,如屏幕出现干扰杂波,应检查摄像机附近是否有强电磁场,并检查视频接头接触是否牢靠。

6) 视频服务器部分应参照产品技术资料进行调试。

(4) 视频监控系统的测试

视频监控系统的测试是检测各种不同类型的设备是否可达到设计说明中指标,运行是否正常,为系统整体运行创造条件。系统功能检测通常采用主观评价法检测,检测结果按《民用闭路监视电视系统工程技术规范》GB 50198—2011 中的五级损伤制评定,主观评价应不低于四级。

1) 系统功能检测:云台转动,镜头、光圈弧调节、调焦、变倍,图像切换、防护罩功能的检测。

2) 图像质量检测:在摄像机的标准照度下进行,进行图像的清晰度及抗干扰能力等检测。

3) 系统整体功能检测:

根据系统设计方案进行功能检测。包括:视频安防监控系统的监控范围、现场设备的接入率及完好率;开通稳定运行时间;矩阵监控主机的切换、控制、编程、巡检、记录等功能;系统跟踪时的随动效果等。

对数字式视频监控系统应检查主机死机的记录、图像显示和记录速度、图像质量、对前端设备的控制功能以及通信接口功能、远端联网功能等。

对数字式视频监控系统除检测其记录速度外,还应检测记录的检索、查找等功能。

4) 系统联动功能检测:

对视频安防监控系统与安全防范系统其他子系统的联动功能进行检测,包括出入口控制系统、入侵报警系统、巡更系统、停车场(库)管理系统等的联动控制功能。

5) 视频安防监控系统的图像记录保存时间应符合合同的规定。

40.12.3.4 出入口控制(门禁)系统

1. 出入口控制系统设备安装

(1) 安装要求

1) 识读设备的安装位置应避免强电磁辐射辐射源、潮湿、有腐蚀性等恶劣环境,识读设备的安装高度离地不宜高于 1.5m,安装应牢固。

2) 一体型系统,识读设备的安装应保证使用的连贯性和畅通性,并应保证系统维修方便。

  3) 控制器、读卡器不应与其他大电流设备共用电源插座。
  4) 控制器宜安装在弱电井等便于维护的地点。
  5) 设备完成后应加防护结构面，并能防御破坏性攻击和技术开启。
  6) 门禁控制器与读卡机间的距离，不宜大于50m。
  7) 锁具安装应牢固，启闭应灵活。
  8) 红外光电装置应安装牢固，收、发装置应相互对准，并应避免太阳光直射。
  9) 信号灯控制系统安装时，警报灯与检测器的距离应为10～15m。

（2）前端设备的安装

  出入口控制（门禁）系统前端设备安装示意图如图40-27所示。

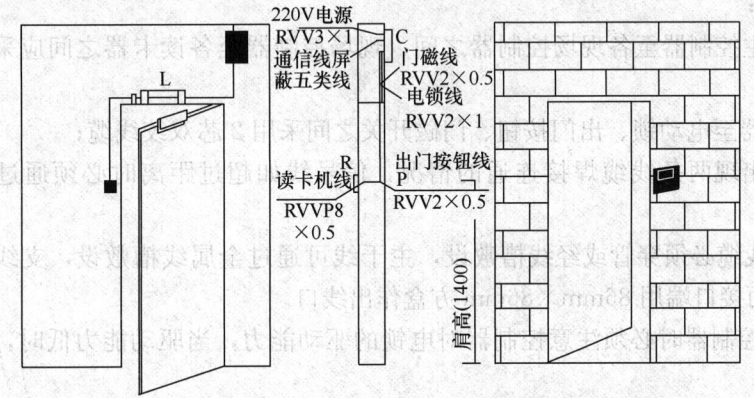

图40-27　出入口控制（门禁）系统前端设备安装示意图
P—读卡机；R—出门按钮；C—门禁控制器；L—电锁

  本系统施工时对设备的安装应充分重视信号抗干扰能力，以确保数据传输的准确性和响应时间。

  1) 读卡器的安装

  ① 读卡器的选择由设计确定。常用的读卡器有：

  a. 磁卡读卡器：通过磁卡刷卡读入数据，通常配有键盘和显示屏。

  b. IC卡读卡器：通过插卡读入数据，通常配有键盘和显示屏。

  c. 感应卡读卡器：通过非接触式的读卡方式读入数据，可根据对读卡距离的要求选用不同的读卡器。

  d. 指纹识别器：通过对通行人指纹的扫描读取指纹图像和特征数据，通常配有键盘和显示屏，适用于安全保密要求较高的场所。

  e. 掌形识别器：通过对通行人掌形的扫描读取掌形图像和特征数据，通常配有键盘和显示屏，适用于安全保密要求较高的场所。

  ② 读卡器的安装应按产品说明书要求安装：

  a. 读卡器应安装在靠门处，并有足够空间，且高低位置合适以方便人员刷卡。

  b. 读卡器用螺钉固定在墙上。

  c. 读卡器的安装还应使读卡器与控制器之间的电缆连接方便。

2) 控制器的选择和安装

① 控制器的选择由系统设计确定。

② 控制器的安装应保证设备的正常工作以及可靠性、工艺性、实用性。

③ 控制器安装在受控门内的上方或放在公众不易接近，而又易于工程技术人员维修的地方（如竖井内），与该控制器连接的读卡机安装在门外方便刷卡的地方。控制器用紧固件或螺钉固定在墙上。控制器旁应有交流电源插座。出门按钮安装在门内。

④ 控制器与各部件的连线：

a. 控制器与读卡机之间的信号线采用 $0.5mm^2$ 或以上规格的带护套的铜芯屏蔽导线连接，最长距离不应超过 100m；

b. 控制器与键盘间的信号线采用 $0.5mm^2$ 或以上规格的屏蔽导线连接，最长距离不应超过 100m；

c. 系统主控制器至各现场控制器之间、现场控制器至各读卡器之间应采用屏蔽双绞线缆；

d. 控制器至电动锁、出门按钮、门磁开关之间采用 2 芯双绞线缆；

e. 不应出现两条线缆焊接连通的情况，信号线如超过距离时必须通过转换器进行连接；

f. 所有线缆必须穿管或经线槽敷设，主干线可通过金属线槽敷设，支线采用金属管敷设到位，两接口端用 86mm×86mm 方盒作出线口。

⑤ 安装控制器时必须注意控制器对电锁的驱动能力，当驱动能力低时，必须选配辅助电源。

3) 锁具的选择和安装

① 应根据装修要求，并按门的材质（如玻璃门、木门、铁门等）、装置（如单门、或双门）和开门的要求。

a. 电磁锁：利用电磁铁通电产生磁吸力的原理制成。断电开启，符合消防对门锁的要求。适合于单向开门的玻璃门、木门和铁门。

b. 插销锁：断电开启，适用于双向开门的木门、铝合金门和有框玻璃门，特别适用于需 180°开启的门。使用插销锁时，要求插销总能对准门上的锁孔，安装精度要求较高。

c. 阴锁：通电开启。适用于单开门的木门上安装，是一种与传统锁具配套使用的新型电控制锁。在安装完传统锁具的锁头后，把阴锁安装在原来要安装锁舌匣（或称锁扣）的地方。当阴锁被通电后，阴锁的翻板部分能因人力的推动而被翻开，使锁舌从锁舌匣中脱出从而打开门。

② 锁具的安装应按产品说明书要求安装。

4) 门磁开关的选择和安装

门磁开关是用于检测门的开关状态。

① 门磁开关有暗埋式和明装式两种，应根据装修要求选用。

② 门磁开关的安装应按产品说明书要求安装。

5) 门禁系统前端设备安装检测 门禁系统的前端设安装完成后，可参照表 40-11 进行检测：

门禁系统前端设备安装质量检测 表 40-11

项目	内容	抽查百分比（%）	检测记录								
			1	2	3	4	5	6	7	8	…
读卡器	安装位置										
	安装质量及外观										
出门按钮	安装位置										
	电缆接线状况										
	接地状况										
电磁锁	安装位置										
	安装质量及外观										
	开关性能										
电源	安装位置										
	电缆接线状况										
	接地状况										

2. 出入口控制系统的调试

门禁系统的调试按照门禁硬件调试和系统调试进行。

（1）硬件调试

门禁系统硬件调试流程如图 40-28 所示。

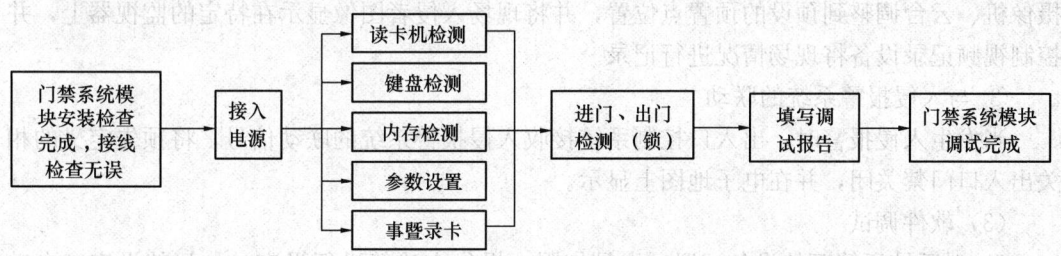

图 40-28　门禁硬件与系统调试流程

门禁控制器调试：

① 连接控制器、读卡机、锁及附件。

② 对控制器进行初始化。

③ 设置单元号。

④ 登录/删除一张用户卡。

⑤ 判别门禁工作是否正常。

（2）系统功能调试

门禁系统调试流程如图 40-29 所示。

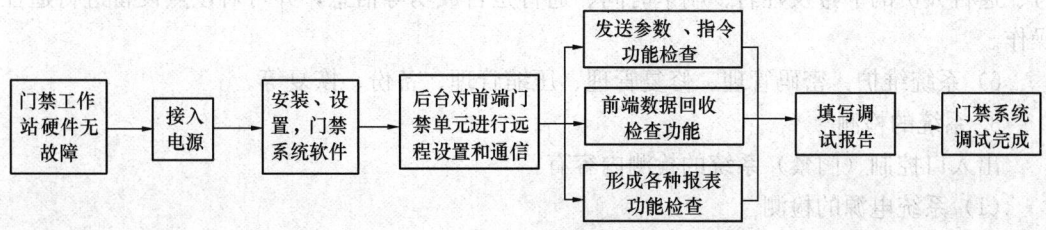

图 40-29　门禁系统调试流程

1) 按《出入口控制系统工程设计规范》GB 50396—2007等国家相关标准的规定，检查并调试系统设备，如读卡机、控制器等，系统应正常工作。

2) 对各种读卡机在使用不同类型的卡（如通用卡、定时卡、失效卡、黑名单卡、加密卡、防劫持卡等）时，调试其开门、关门、提示、记忆、统计、打印等判别与处理功能。

3) 对采用各种生物识别技术装置（如掌形、指纹、视网膜、人脸、声控及复合技术）的出入口控制系统的调试，应按系统设计文件及产品说明书进行。

4) 联动功能调试：

门禁系统中每一道受控的门禁控制器均能接收系统软件的指令，无须读卡而可开锁或闭锁。

① 与消防报警系统的联动

当火灾发生时，出入口控制系统能够在工作站的屏幕上显示该区的分区图及报警位置，按照预设程序来定义疏散线路，根据火灾发生的地理位置，将紧急疏散门打开或将防火隔离门关闭。

② 与视频安防监控系统的联动

出入口控制系统发生报警时，向视频安防监控系统发出联动指令将位于报警点附近的摄像机、云台调整到预设的预置点位置，并将现场入侵者图像显示在特定的监视器上，并控制视频记录设备将现场情况进行记录。

③ 与入侵报警系统的联动

当发生入侵报警时，出入口控制系统接收入侵报警系统的联动信号，将预先定义的相关出入口门禁关闭，并在电子地图上显示。

(3) 软件调试

1) 对系统所管理的设备配置、人员权限、操作方式等进行设定，如门禁设定、自动读取卡信息、自动读入卡号等。

2) 在联网的系统中通过软件对控制器进行设置，如增加卡、删除卡、设定时间表、级别、日期、时间、布/撤防等功能的设置；在控制器独立工作时，可通过控制器面板进行以上编程。

3) 实时或定时读取存放于现场控制器中的事件数据。

4) 按各种方式查询系统参数和事件记录，查询方式可按部门、日期、人员名称、门禁名称等查询。

5) 可在电子地图上定义事件发生的地理位置、门、锁位置等。并在电子地图上点出各门禁设备的活动图标可以查看相应监测点的详细信息，包括：门禁状态、报警信息、门号、通行人员的卡号及姓名、刷卡时间、通行是否成功等信息，并可对该点设备进行遥控操作。

6) 系统维护：密码管理、修复管理、压缩管理、备份、恢复等。

3. 系统的检测

出入口控制（门禁）系统的检测内容有：

(1) 系统电源的检测

1) 按设计检测系统前端控制器的电源以及所有读卡器的电源。

2) 电源自带的充电器能对蓄电池进行充电,并能达到蓄电池能支持工作 8h 以上。

3) 市电供电掉电、直流欠压时,能给系统发出警报。

(2) 读卡器和控制器功能监测

1) 读卡器和控制器的防破坏功能检测,包括:防拆卸、防撬功能;信号线断开、短路;剪断电源线等情况的报警。

2) 控制器的输出信号是否为无压接点(平接点)开关信号。

3) 控制器前端响应时间(从接收到读卡信息到做出判断时间)小于 0.5s。确保门对有效卡可立即被打开。

4) 非接触式感应读卡机读卡距离检测,应符合设计标准。

(3) 系统功能的检测

1) 系统主机在离线的情况下,控制器独立工作的准确性、实时性和储存信息的功能。

2) 系统主机与控制器在线控制时,控制器工作的准确性、实时性和储存信息的功能。

3) 系统主机与控制器在线控制时,系统主机和控制器之间的信息传输功能及数据加密功能。

4) 系统对控制器通信回路的自动检测。当通信线路故障时,系统给出报警信号。

5) 通过系统主机、控制器及其他控制终端,实时监控出入控制点的人员情况,并防止"反折返"出入的功能及控制开闭的功能。

6) 系统对非法强行入侵时报警的能力。

7) 检测本系统与其他系统的联动功能,如与消防系统报警时的联动功能等。

8) 现场设备的接入率及完好率测试。

9) 出入口控制系统应保存至少 1 个月(或按合同规定)的数据存储记录。

(4) 系统的软件检测

1) 演示软件的所有功能,以证明软件功能与任务书或合同书要求一致。

2) 根据需求说明书中规定的性能要求,包括时间、适应性、稳定性、安全性以及图形化界面友好程度,对所验收的软件逐项进行测试,或检查已有的测试结果。

3) 对软件系统操作的安全性进行测试,如:系统操作人员的分级授权、系统操作人员操作信息的详细只读存储记录等。

4) 在软件测试的基础上,对被验收的软件进行综合评审,给出综合评价,包括:软件设计与需求的一致性、程序与软件设计的一致性、文档(含软件培训、教材和说明书)描述与程序的一致性、完整性、准确性和标准化程序等。

门禁系统检测的记录表格见表 40-12。

门禁系统检测 表 40-12

检测项目		检查评定记录	备注
控制器独立工作时	准确性		
	实时性		
	信息存储		
系统主机接入时	控制器工作情况		
	信息传输功能		

续表

检测项目		检查评定记录	备注
备用电源启动	准确性		
	实时性		
	信息的存储和恢复		
系统报警功能	非法强行入侵报警		
现场设备状态	接入率		
	完好率		
出入口管理系统	软件功能		
	数据存储记录		
系统性能要求	实时性		
	稳定性		
	图形化界面		
系统安全性	分级授权		
	操作信息记录		
软件综合评审	需求一致性		
	文档资料标准化		
联动功能	是否符合设计要求		

40.12.3.5 巡更（电子巡查）系统

巡更管理系统也称为电子巡查系统。巡更系统是为加强对巡更工作的管理，防止巡更的差错和保护巡更人员的安全、记录巡更过程的数字式的自动化系统。该系统可以设定多条巡更路线的功能，可对巡更路线和巡更时间进行预先编程。

1. 前端设备的安装

在线巡查或离线巡查的信息采集点（巡更点）的数目应符合设计与使用要求，其安装高度离地 1.3~1.5m。

巡更点的巡更钮、IC 卡等应埋入非金属物内，并固定安装在巡更点，安装应隐蔽安全、牢固，不宜遭到破坏。

2. 系统控制设备的安装

（1）控制台、机柜（架）安装位置应符合设计要求，安装应平稳牢固、便于操作维护。机架背面和侧面与墙的净距离不应小于 0.8m。

（2）所有控制、显示、记录等终端设备的安装应平稳，便于操作。其中监视器应避免外来光直射，当不可避免时，应采取避光措施。在控制台、机柜内安装的设备应有通风散热措施，内部接插件与设备连接应牢靠。

（3）控制室内所有线缆应根据设备安装位置设置电缆槽和进线孔，排列、捆扎整齐，编号，并有永久性标志。

3. 系统的调试

（1）巡更系统调试的流程

巡更系统调试的流程如图 40-30 所示。

40.12 安全防范系统

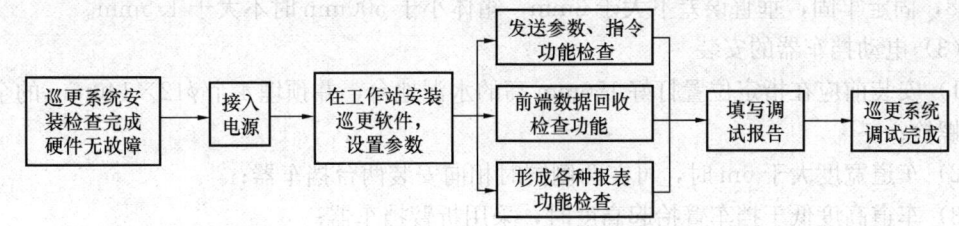

图 40-30 巡更系统调试流程

(2) 巡更系统的调试

1) 系统设置功能的调试：包括日期、时间、巡更员、巡更路线、班次设置、状态设置等。

2) 检查离线式电子巡查系统，确保信息钮的信息正确，数据的采集、统计、打印等功能正常。

3) 检查在线式信息采集点读值的可靠性、实时巡查与预置巡查的一致性，并查看记录、存储信息以及在发生不到位时的即时报警功能。

(3) 巡更系统的检测

1) 按照巡更路线图检查系统的巡更终端、读卡器的响应功能。

2) 检查现场设备的完好率。

3) 检查巡更系统按巡更路线、巡更时间进行任意编程、修改的功能以及启动、中止的功能。

4) 检查系统的运行状态、信息传输、故障报警和指示故障位置的功能。

5) 检查巡更系统对巡更人员的监督和记录情况和对意外情况及时报警的功能。

6) 检查电子地图上的信息显示功能，故障时的报警信号等。

7) 检查巡更系统发出报警时，应能按定义的事件联动向视频安防监控系统、出入口控制（门禁）系统和火灾报警系统发出的联动信号。

40.12.3.6 停车场（库）管理系统

停车场管理系统通常由入口管理系统、出口管理系统、收费管理系统、车牌识别系统、车位引导及反向寻车系统的管理中心等部分组成。

1. 安装要求

停车场管理系统安装应执行《安全防范工程技术标准》GB 50348—2018 第 7.2.5 条的规定，还应符合下列规定：

(1) 感应线圈应埋在车道的中间，距车道边 300mm；将长边对准车辆运行方向，并尽可能防止周围的电磁场干扰；线圈槽应足够大于线圈尺寸，以免放入线圈时影响线圈的几何形状和尺寸；线圈槽的四个角要切成 45°，以减少槽壁对线圈的损坏；线圈在槽内放设应层叠敷设。

线圈槽埋设的路面如有钢筋时，应尽量离开钢筋 150mm 以上，如无法避开时，应使线圈的圈数增加 2 圈，并将槽的深度变浅，以防止探测灵敏度的降低但必须保证线圈槽填充密封后线圈及馈线不外露。

(2) 控制器要安装在防风雨的地方；控制柜安装固定螺栓直径应符合设备要求，不小于 M8，固定牢固，垂直误差不大于 3mm，箱体小于 500mm 时不大于 1.5mm。

(3) 电动挡车器的安装

1) 安装前应在指定位置打好 150mm 高的水泥地台，并预埋 4 个 $\phi 12\times 140$mm 的金属膨胀螺栓；

2) 车道宽度大于 6m 时，可在两侧同时相向安装两台挡车器；

3) 车道高度低于挡车臂抬起高度时，采用折臂挡车器；

4) 挡车臂在挡车器功能调试完毕后再安装；

5) 挡车横杆上可装臂警灯、频闪灯作警示用。

(4) 满位显示器的安装

1) 满位指示器灯箱安装在停车场（库）入口处明显位置；

2) 安装前应在指定位置打好 150mm 高的地台，并预埋 4 支 $\phi 12\times 120$mm 的金属膨胀螺栓。

2. 系统的安装

(1) 停车场管理系统的部件安装按照制造厂家的技术资料安装；

(2) 对感应式读卡机要防止周围环境对读卡机的影响；

(3) 车辆检测器安装时，需要注意检查车辆检测器的感应线圈上是否有车辆通过的正确响应；当车辆通过感应线圈时，车辆检测器能发出车辆到达信号和车辆离开信号。

3. 系统调试

(1) 停车场管理系统的调试要求

1) 停车库管理系统调试应执行《安全防范工程技术标准》GB 50348—2018 第 7.3.5 节的规定。

2) 停车库管理系统调试还应符合下列要求：

① 感应线圈的位置和响应速度应符合设计要求。

② 系统对车辆进出的信号指示、计费、保安等功能应符合设计要求。

③ 出、入口车道上各设备应工作正常。IC 卡的读/写、显示、自动闸机起落控制、出入口图像信息采集以及与收费主机的实时通信功能应符合设计要求。

④ 收费管理系统的参数设置、IC 卡发售、挂失处理及数据收集、统计、汇总、报表打印等功能应符合设计要求。

(2) 系统的调试

1) 系统部件调试

① 读卡机的调试

a. 具体调试内容应参照所用设备的技术资料，应重点检查读卡功能，发卡功能；检查磁卡和读出显示是否相符，发卡是否准确等；对卡的有效性进行检查：挡车器抬起横杆是否准确等。

b. 出口读卡机调试：具体调试内容应参照产品技术资料，调试内容与入口读卡机基本相同。

② 控制器的调试

a. 控制器的电源调试。

b. 控制器各种控制模式调试。

对卡的有效性判断：当卡有效时，指令挡车器抬起横杆；当卡无效时，向系统发出报警。

c. 控制器接收指令功能的调试：接收来自计算机的指令，以及通过键盘进行就地操作，这些操作包括：系统设置为系统初始化设置主卡、设定地址、设置参数和时间设置等。

d. 对挡车器控制作出的调试。

③ 电动挡车器的调试

a. 砸车系统调试，在横杆下落过程中检测器碰到阻碍时，能自动将横杆抬起，避免横杆砸坏车辆。

b. 火灾报警信号联动功能的调试，挡车器接到火灾报警信号后能立即将横杆抬起放行车辆；火灾警报解除后，经人工复位后，通过控制器控制，挡车器才能恢复正常工作状态。

挡车器调试应先调试挡车头的动作，先不安装横杠，待动作正常后再安装挡车横杆。

④ 车辆检测器的调试

a. 用一辆车或一根铁棍（$\phi 10 \times 200mm$ 左右）压在感应线圈上以检测感应线圈的反应。具体调试内容应参照产品技术资料，但应重点调试车辆检测器的灵敏度和工作频率，以取得较高的灵敏度、并适应现场的工作环境。

b. 调试工作完成后将感应线圈槽用符合环保要求的环氧树脂、热沥青树脂或水泥等进行封闭。

满位显示器的调试：通过辆辆检测器或红外对射检测器计数检查满位显示器显示的"剩余车位数"。

2) 软件调试

① 对操作卡的发行功能以及对系统的查询、报表管理、备份数据等所有的操作；

② 在操作人员的权限内的操作卡功能；

③ 系统的设置功能调试；

④ 收费功能的调试：对临时停车户的计费、显示、收费、打印票据等功能调试；

⑤ 车辆图像对比系统功能的调试：图像清晰度；出口车辆的图像信息与所持卡、调用的入口车辆的图像信息是否一致；图像一致时的放行功能；图像不一致时的报警功能；

⑥ 系统查询、统计调试；

⑦ 数据维护功能调试。

3) 管理中心系统调试

① 对系统的入口管理站、出口管理站和收费站管理功能的调试；

② 停车状况和收费等的日报、月报、年报表功能调试；

③ 各种票卡的数据库，包括贵宾卡、首长卡、固定用户卡等持有人个人资料的调试。

(3) 系统的检测

停车场（库）管理系统功能检测应分别对入口管理系统、出口管理系统和管理中心的功能进行检测。

1) 出入口管理系统

① 车辆探测器对出入车辆的探测灵敏度检测、车辆检测信号的正确性和信号的响应

时间。

② 挡车器升降功能检测，防晒车功能检测。

③ 读卡机功能检测，对无效卡的识别功能；对非接触IC卡读卡机还应检测读卡距离和灵敏度是否与设计指标相符。

④ 满位显示器功能是否正常。

⑤ 出/入口管理工作站及与管理中心站的通信是否正常。

⑥ 对具图像对比功能的停车库管理系统应分别检测出/入口车牌和车辆图像记录的清晰度、调用图像信息的符合情况，以及系统反应速度。

⑦ 入口站的入库车辆数、临时停车卡发卡数、挡车器开启情况等；出口站的出库车辆数、临时停车卡回收数、挡车器开启情况等。

⑧ 发卡（票）机功能检测，吐卡功能是否正常，入场日期、时间等记录是否正确。

2) 中央管理工作站

① 工作站的计费、显示、收费、统计、信息储存等功能的检测。

② 工作站的其他功能，如"防折返"功能检测。

③ 停车场（库）管理系统与入侵报警系统、火灾报警系统的联动控制功能检测。

④ 工作站应保存至少1个月（或按合同规定）的车辆出入数据记录。

40.12.3.7 可视对讲系统

可视对讲系统用于住宅小区、办公楼的对讲系统，也称为"楼宇对讲系统"。楼宇对讲系统是在各单元口安装防盗门，总控中心设置管理员总机、楼宇出入口有对讲主机、电控锁、闭门器及用户家中的可视对讲分机。可实现住户凭卡进入，而访客需要在单元门口与住户对讲，住户同意后可遥控开启防盗门，从而实现遥控门禁。本系统还有联防报警等功能，可以将红外报警，紧急按钮甚至燃气报警器等接到对讲分机上，若需要援助时，可通过该系统通知保安人员以得到及时的支援和处理。

"楼宇对讲系统"主要由非可视（或可视）直按门口主机、门禁一体机、层间分配器、住户室内分机、系统不间断电源以及系统服务软件组成。

1. 系统的安装

可视对讲系统的安装应符合下列要求：

(1) 对讲系统安装应执行《安全防范工程技术标准》GB 50348—2018 第 7.2.5 条规定。

(2) 供电、防雷与接地系统施工应执行《安全防范工程技术标准》GB 50348—2018 第 7.2.7 条，还应符合下列要求：

1) 电源系统、信号传输线路、天线锁线以及进入设备机房的架室电缆入室端均应采取防雷电过压、过电流措施。电涌保护器接地端和防雷接地装置应做等电位联结。

2) 接地母线应铺放在地槽或电缆走道中央，并固定在架槽的外侧。母线应平整，不得有歪斜、弯曲，母线与机架或机顶的连接应牢固、端正。接地母线的表面应完整，无明显损伤和残余焊剂渣，铜带母线光滑无毛刺，绝缘线的绝缘层不得有老化、龟裂现象。

(3) 楼宇对讲系统的安装应符合下列要求：

1) 室外呼叫对讲终端的安装高度宜大于 1.2m。

2) 室外呼叫对讲终端应做好防漏电、防雨措施。

3) 信号集中器安装位置应临近呼叫主机。

2. 系统的调试与检测

(1) 可视对讲系统调试前的准备工作

可视对讲系统调试准备工作应符合下列要求：

1) 各系统调试前，施工单位应制定调试方案、测试计划，并经会审批准。

2) 设备规格、安装应符合设计要求，安装稳固，外壳无损伤。

3) 采用 500V 兆欧表对电源电缆进行测量，其线芯间、线芯与地线间的绝缘电阻不应小于 1MΩ，另有规定的除外。

4) 设备及线缆应标志齐全、准确，符合设计要求与《安全防范工程技术标准》GB 50348—2018 第 7 章的规定。

5) 机柜、控制箱、支架、设备及需要接地的屏蔽线缆和同轴电缆应良好接地。

6) 各系统供配电的电压与功率应符合设计要求。

(2) 可视对讲系统的调试和测试应符合下列要求

1) 配置服务器、计算机、呼叫对讲主机的软件系统参数，处理功能、通信功能应达到设计要求。

2) 对各设备进行调试，达到正确的使用状态。

3) 对系统的各终端进行编码并在该软件系统中记录其位置。

4) 逐个、双向调试呼叫对讲主机与呼叫对讲终端机响应状态，应达到响应正确，信号灯闪亮正确明晰。

5) 调试、测试系统的无线寻呼功能，应达到在设计的覆盖区良好传输与准确响应。

6) 调试、测试系统的显示功能，各显示屏显示的信息应准确、明晰。

7) 调试、测试系统终端的图像、语音，应使失真达到设计要求。

8) 调试、测试系统门禁的开启功能，应使门禁正确响应开启请求。

9) 调测与测试中，如应用软件系统出现错误，应检查、修改软件并重新开始配置与调试。

10) 系统调试后，应进行 24h 不间断的功能、性能连续试验，并符合下列要求：

试验期间，不得出现系统性或可靠性故障，否则，应修复或更换后重新开始 24h 试验；

记录试验过程、修复措施与试验结果。

(3) 系统的检验

1) 呼叫对讲主机与每个呼叫对讲终端机应响应及时、正确。

2) 应对呼叫对讲系统的音频效果进行检验。

3) 应通过采用声压计检验呼叫对讲系统的广播、呼叫性能。

4) 呼叫对讲系统的图像、语音应清晰。

40.12.3.8 安全检测系统

它是对建筑物或建筑物内一些特定通道实现 X 射线、电磁等检查，以保障建筑物、公共活动场所的安全。

根据安全检测系统的使用场合的不同，它通常可分成：

(1) 防爆安检系统，对进入待定场合的人员进行入口检查，防止携带枪支、刀具、爆炸物（包括隐藏在某些物体如半导体收音机、录音机等中的爆炸物）进入公共场所。它一般设在入口处。

（2）防盗安全检测系统：这是对从博物馆、造币厂、首饰厂、计算机元器件厂、超市、商场、图书馆等出门的人员进行的一种检测，它既可以探测磁性材料，又可探测非铁磁性材料，以及稀有金属制品和计算机集成电路块等，以防止展品、货物、商品和图书的流失，它一般设在出口处。

1. 系统的安装

因为安全检测系统是带有高压电与X射线的设备，其安装与检验时，必须遵守以下要求：

（1）只用经过适当培训的人才安装安检机。

（2）在任何时候都必须严格遵守辐射安全规则，避免辐射伤害。

（3）只有技术人员在维修时才能拆除盖板或者防护部件。

（4）不应在户外使用X射线安全检查设备。

（5）安检机使用前必须检查使用的电压，设备必须在规定的工作电压下工作。

（6）安检机必须有良好的接地。安装现场使用的设备插座必须有接地端子。

（7）如有电压波动超过规定的地区，建议使用交流稳压器。

（8）不要把任何不属于X射线安全检查设备的电子部件接到X射线安全检查设备的电源分配器上。

（9）任何不恰当的修改可能会损坏X射线安检设备，禁止用户对设备进行不恰当的改动。

（10）安检机只能用于检查物品，严禁用于检查人体或动物。

（11）超过6个月没有使用的设备请不要开机，必须由专业人员对射线发生器进行重新启动。

（12）严禁坐或站在传送带上，也不要接触输送带的边缘和滚筒。

（13）当设备运行时，身体的任何部分都不要进入检查通道。

（14）确保行李在检测通道内或出口端没有被堆叠，如果行李阻塞了检查通道，在清理之前应首先关机。

（15）设备不能在有损坏的铅门帘的情况下运行。

（16）防止各种液体流入设备，如发生这种情况，请立即关机。

2. 系统的调试

（1）探测区灵敏度调整，使探测区的灵敏度分布均匀，且无盲区。

（2）对环境干扰状况，所探测信号进行定性定量测定和显示。

（3）调整每个探测区的灵敏度，并进行定性定量测定，验证和显示结果的一致性。

（4）干扰抑制功能的调试。

（5）报警功能调试：调节报警信号音量、音调；报警区域显示；远程报警显示等。

3. 系统的检测

测试主要根据产品的功能进行，包括：

（1）检测有无探测盲区。

（2）探测灵敏度的测试。

(3) 工作频率调节功能的测试。
(4) 抗外界干扰能力的模拟测试。
(5) 报警信号音量、音调调节功能的测试，以及报警部位的指示。
(6) 有自诊断功能的应在显示器上指示故障的代码。
(7) 通过检测人数和报警人数的统计功能。
(8) 软件功能测试（包括探测程序、界面、联网等功能）。

40.12.4　施工质量控制

安全防范系统设备、管线与监控屏幕在安装、调试和检测时，需要特别注意以下的事项，以便保障对于该系统安装、调试的质量控制。

(1) 重点控制的施工内容：
1) 各系统设备安装应安装牢固，接线正确，并应采取有效的抗干扰措施。
2) 应检查系统的互联互通，子系统之间的联动应符合设计要求。
3) 监控中心系统记录的图像质量和保存时间应符合设计要求。
4) 监控中心接地应做等电位联结，接地电阻应符合设计要求。

(2) 还应注意以下的事项：
1) 各设备、器件的端接应规范。
2) 视频图像应无干扰纹。
3) 防雷施工应符合《建筑物电子信息系统防雷技术规范》GB 50343—2012 等国家相关规范的规定。

40.12.5　安全防范系统检测

1. 施工阶段检测

(1) 检测的主要内容：管、线槽、接地等隐蔽工程的检测。
(2) 检测者：建设方、监理和施工方共同参加，采用随工检测。
(3) 检测结果：应由检测者签字的检测报告，以及不合格项的处理和补检的报告。

2. 安装阶段检测

(1) 检测时间：在安装完毕进入调试阶段前进行。
(2) 检测的主要内容：穿线、支架、设备的施工质量检测。
(3) 检测者：建设方、监理和施工方共同参加。
(4) 检测结果：应由检测者签字的检测报告，以及不合格项的处理和补检报告。

3. 自检阶段检测

(1) 检测时间：在系统调试完毕进入系统试运行阶段前进行。
(2) 检测的主要内容：对部件、系统的电性能、功能和指标的全面检测，要求 100% 进行自检。
(3) 检测者：建设方、监理和施工方共同参加。
(4) 检测结果：应由检测者签字的检测报告，以及不合格项的处理和补检报告。

4. 验收前的检测

(1) 检测时间：在系统经试运行后，进入验收前进行。

(2) 检测的主要内容：对部件、系统的电性能、功能和指标检测，采用抽检的方法进行。

(3) 检测者：除建设方、监理和施工方外，可聘请有关质量技术监督机构和同行专家组成检测小组进行检测。

(4) 检测结果：应由检测者签字的检测报告，以及不合格项的处理和补检报告。本检测结果将作为验收的文件之一。

5. 资料整理与归档

资料应包括以下内容：

(1) 工程竣工图纸，包括系统结构图、各子系统监控原理图施工平面图、设备电气端子接线图、中央控制室设备布置图、接线图、设备清单等。

(2) 系统的产品说明书、操作手册和维护手册。

(3) 工程检测记录，包括隐蔽工程检测记录、施工质量检测记录、设备功能检查记录、系统检测报告等。

40.13 机 房 工 程

机房是一项综合了强电、弱电，装修、安防等系统综合科目的专业场地系统，它的建设质量和功能是否完善对核心的信息处理系统软、硬件设备是否可靠运行起着十分重要的作用。

本节以下简要介绍各个系统相关内容（以机房建设中的通用系统为主线，涉及级别时，再作具体说明），机房各系统设计和验收测试主要依据《数据中心设计规范》GB 50174—2017、《数据中心工程设计与安装》18DX009 设计图集及《数据中心基础设施施工及验收标准》GB 50462—2024 等相关规范标准结合场地建设经验进行全面阐述。

机房工程主要包括以下几项内容：

(1) 机房装修：机房装修主要考虑吊顶、隔断墙、地面、活动地板、内墙、顶棚、柱面和门窗等。

(2) 供电系统：供电系统是建设重点之一，由于机房内的大量设备需要极大的电力功率，所以供电系统的可靠性建设、扩展性是极其重要的。对于 A 类机房供电系统建设主要有：供电功率、UPS 建设（$n+1$ 方式）、配电柜、电线、插座、照明系统、接地系统、防雷和自发电系统等。

(3) 空调系统：主要考虑机房的温湿度、通风方式和空气环境等。

(4) 网络与布线系统：机房网络包括互联网络、前端网络、后端网络和运营网络。机房应有完整的综合布线系统，包括骨干光、铜缆数据布线、语音布线、终端布线、布线管理。

(5) 安全防范系统：视频安防监控系统、入侵报警系统、出入口控制系统等。

(6) 场地集中监控系统：机房环境、设施与各种设备的监控。

(7) 消防系统：气体灭火。

(8) 屏蔽系统：抗干扰、防泄漏、屏蔽体建设等。

本节仅针对机房工程中的机房场地集中监测系统、机房电磁屏蔽系统，进行安装、调试部分的说明,其他部分参照本书中相关系统的描述。

40.13.1 系统的安装工序流程

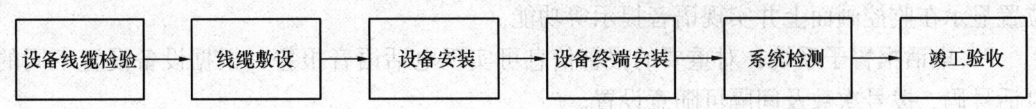

40.13.2 系统的安装、调试

40.13.2.1 施工前准备

由于机房系统使用的设备、器材繁多,涉及的施工面广,故施工前,需要做好充分的准备工作。准备工作的要求主要参见本章40.1.3的要求,还应考虑到针对机房系统要符合以下要求:

1. 施工环境要求

(1) 所需的机房、控制室、配线间等相关房间的结构工程、土建工程已经施工完毕,且符合机房系统的各项要求。

(2) 机房等相关房间内干净整洁。照明、插座以及温、湿度等环境要求,已按设计文件的规定准备就绪,且验收合格。

(3) 系统各种缆线所需的预埋暗管、地槽预埋件完毕,孔洞等的数量、位置、尺寸均已按设计要求施工完毕,并有准确的相关图纸。

(4) 电源、接地可保证施工安全和安全用电。

2. 重要设备需要进行重点检查

(1) 机柜的型号、材质必须符合设计要求。

(2) 配电柜的各项性能指标应符合设计要求和产品说明书的规定。

(3) UPS的各项性能指标应符合设计要求和产品说明书的规定。

(4) 空调机的各项性能指标应符合设计要求和产品说明书的规定。

40.13.2.2 场地集中监控系统安装调试

(1) 场地集中监测系统需要对如下机房设施进行实时监测

1) 供配电子系统、UPS系统、机房专用精密空调系统,温湿度、漏水、消防报警子系统。

2) 应配备机房集中监测管理系统,对各种设备运行状态和参数应具有:监测设施的汇集、显示、判别、记录、管理等功能,还需具有:多媒体语音报警、电话或手机报警功能。

(2) 场地集中监测系统各子系统要求内容如下:

1) 供配电监控子系统:监控机房电力参数,三相电压、电流、功率、频率等;检测机房市电、UPS电源等重要开关的状态。

2) UPS监控子系统:实时检测UPS工作状态、运行参数以及UPS的报警等。

3) 空调监控子系统:实时监控空调的运行状态及参数、报警等。

4) 温湿度监测子系统:实时监测机房内温湿度情况,并可在机房直接查看温湿度值等。

5) 漏水监测子系统：实现机房内漏水报警，包括机房空调下水管道漏水报警，漏水时告知发现漏水，并把机房漏水位置显示在监控画面上等功能。

6) 消防报警子系统：实现烟感报警，突发浓烟时告知发现火灾，并把机房突发浓烟位置显示在监控画面上并实现语音提示等功能。

7) 电话报警子系统：对重要的报警信息可实现电话语音报警，根据设备设置不同的电话号码、拨号次数及间隔可随意设置。

8) 手机短信报警子系统：对重要的报警信息可实现手机短信报警，可根据设备设置不同的手机号码。

9) 多媒体语音系统子系统：对机房内相应的设备报警可实现语音报警功能。

40.13.2.3 机房电磁屏蔽系统安装调试

对涉及国家秘密或企业对商业信息有保密要求的机房，应设置电磁屏蔽室或采取其他电磁泄漏防护措施，电磁屏蔽室的性能指标应按国家现行有关标准执行。

应按照《数据中心设计规范》GB 50174—2017 第 5.2.2 条要求的机房的环境条件进行检查，如环境条件达不到要求，应采取电磁屏蔽措施：

(1) 电磁屏蔽室的结构形式和相关的屏蔽件应根据电磁屏蔽室的性能指标和规模选择。

(2) 设有电磁屏蔽室的机房，建筑结构应满足屏蔽结构对荷载的要求。

(3) 电磁屏蔽室与建筑（结构）墙之间宜预留维修通道或维修口。

(4) 电磁屏蔽室的壳体应对地绝缘，接地宜采用共用接地装置和单独接地线的型式。

用于保密目的的电磁屏蔽室，其结构可分为可拆卸式和焊接式。焊接式可分为自撑式和直贴式，其相关的要求：

(1) 建筑面积小于 $50m^2$、日后需搬迁的电磁屏蔽室，结构宜采用可拆卸式。

(2) 电场屏蔽衰减指标大于 120dB、建筑面积大于 $50m^2$ 的屏蔽室，结构宜采用自撑式。

(3) 电场屏蔽衰减指标大于 60dB 的屏蔽室，结构宜采用直贴式，屏蔽材料可选择镀锌钢板，钢板的厚度应根据屏蔽性能指标确定。

(4) 电场屏蔽衰减指标大于 25dB 的屏蔽室，结构宜采用直贴式，屏蔽材料可选择金属丝网，金属丝网的目数应根据被屏蔽信号的波长确定。

用于保密目的的电磁屏蔽室的屏蔽件的要求：

(1) 屏蔽门、滤波器、波导管、截止波导通风窗等屏蔽件，其性能指标不应低于电磁屏蔽室的性能要求，安装位置应便于检修。

(2) 屏蔽门可分为旋转式和移动式。一般情况下，宜采用旋转式屏蔽门。当场地条件受到限制时，可采用移动式屏蔽门。

(3) 所有进入电磁屏蔽室的电源线缆应通过电源滤波器进行处理。电源滤波器的规格、供电方式和数量应根据电磁屏蔽室内设备的用电情况确定。

(4) 所有进入电磁屏蔽室的信号电缆应通过信号滤波器或进行其他屏蔽处理。

(5) 进出电磁屏蔽室的网络线宜采用光缆或屏蔽缆线，光缆不应带有金属加强芯。

(6) 截止波导通风窗内的波导管宜采用等边六角形，通风窗的截面积应根据室内换气次数进行计算。非金属材料穿过屏蔽层时应采用波导管，波导管的截面尺寸和长度应满足电磁屏蔽的性能要求。

40.13.3 施工质量控制

机房工程质量控制，要依据《数据中心设计规范》GB 50174—2017、《数据中心基础设施施工及验收标准》GB 50462—2024、《建筑电气工程施工质量验收规范》GB 50303—2015、《施工现场临时用电安全技术规范》JGJ 46—2005 和《智能建筑工程质量验收规范》GB 50339—2013 及其他相关规范及相关标准，制定机房系统工程的质量管理计划。

（1）在机房系统工程的施工阶段，一定要注意以下的施工要点，也是质量控制的主控项，以便保证施工质量：

1）机房内的给水排水管道安装不应渗漏。

2）给水排水干管不宜穿过机房。若要穿过时，应设套管，套管内的管道不应有接头，管子和套管间应采用阻燃的材料密封。

3）机房内的冷热管道的保温应采用阻燃材料；保温层应平整、密实，不应有裂缝、空隙；防潮层应紧贴在保温层上，密闭良好；保护层表面应光滑平整，不起尘。

4）电气装置应安装牢固、整齐，标识明确，内外清洁。

5）电气接线盒内不应有残留物，盖板应整齐、严密、紧贴墙面。

6）接地装置的安装及其接地电阻值应符合设计要求，并连接正确。

（2）在机房系统的施工中，施工中质量控制还需要注意的是：

1）吊顶内电气装置应安装在便于维修处。

2）配电装置应有明显标志，并应注明容量、电压、频率等。

3）落地式电气装置的底座与楼地面应安装牢固。

4）机房内的电源线、信号线和通信线应分别铺设，排列整齐，捆扎固定，长度留有余量。

5）成排安装的灯具应平直、整齐。

40.13.4 机房的系统测试与检验

40.13.4.1 系统的调试

（1）网络及综合布线系统的调试应执行《数据中心基础设施施工及验收标准》GB 50462—2024 第 9 章和本章 40.3 "综合布线" 的要求。

（2）安全防范系统的调试应执行《数据中心基础设施施工及验收标准》GB 50462—2024 第 10 章和本章 40.12 "安全防范系统" 的要求。

（3）消防系统的调试应执行本章 40.11 "火灾自动报警及消防联动" 的要求，还应符合下列要求：

1）气体灭火系统的调试，每个保护区进行模拟喷气试验和备用灭火剂储存容器切换操作试验。

2）进行调试试验时，应采取可靠的安全措施，确保人员安全和避免灭火剂的误喷射。

3）试验采用的贮存容器应为防护区实际使用的容器总数的 10%，且不得少于一个。

4）模拟喷气试验宜采用自动控制模式。

5）模拟喷气试验的结果，应符合下列规定：

① 试验气体能喷出被试防护区内，且能从被试防护区的每个喷嘴喷出。
② 阀门控制应正常。
③ 声光报警器信号应正确。
④ 储瓶间内的设备和对应防护区的灭火剂输送管道应无明显晃动和机械性损坏。

6）进行备用灭火剂储存容器切换操作试验时可采用手动操作，并执行《气体灭火系统施工及验收规范》GB 50263—2007 的规定。

40.13.4.2　系统的检测与检验

1. 机房综合测试条件的要求
（1）测试区域所含分部、分项工程的质量均应验收合格；
（2）测试前应对整个机房和空调系统进行清洁处理，空调系统运行不应少于48h。
测试项目和测试方法应符合《计算机场地通用规范》GB/T 2887—2011 和《数据中心基础设施施工及验收标准》GB 50462—2024 的有关规定。

2. 测试仪器、仪表的要求
（1）测试仪器、仪表应符合《计算机场地通用规范》GB/T 2887—2011 和《数据中心基础设施施工及验收规标准》GB 50462—2024 的有关规定；
（2）测试仪器、仪表应通过国家认定的计量机构鉴定，并应在有效期内使用。
机房综合测试应由建设单位主持，并应会同施工、监理等单位或部门进行。
机房综合测试后应按《数据中心基础设施施工及验收标准》GB 50462—2024 附录 H 填写《数据中心综合测试记录表》，参加测试人员应确认签字。

3. 机房综合测试的各项内容与指标的要求
（1）温度、湿度的检验应符合下列要求：
1）面积不大于 $50m^2$，测点应在对角线布置 5 点，每增加 $20 \sim 50m^2$ 增加 $3 \sim 5$ 个测点，测点距地面 0.8m，距墙不小于 1m，并应避开送回风口处。
2）机房内温、湿度应满足温度 $18 \sim 28 ℃$，相对湿度 $40\% \sim 70\%$。
（2）空气含尘浓度的检验应符合下列要求：
1）测试仪器应为每次采样量不小于 1L/min 的尘埃粒子计数器。
2）空气含尘浓度每升空气中大于或等于 $0.5\mu m$ 的尘粒数应少于 18000 粒。
（3）噪声的检验应符合下列要求：
1）测点应在主要操作员的位置上距地面 $1.2 \sim 1.5m$ 布置。
2）机房应远离噪声源，当不能避免时，应采取消声和隔声措施。
3）机房内不宜设置高噪声的设备，当必须设置时，应采取有效的隔声措施。
（4）供配电系统的检验应符合下列要求：
1）测试仪器应符合下列要求：
① 电压测试仪表精度应为 $\pm 0.1V$；
② 频率测试仪表精度应为 $\pm 0.15Hz$；
③ 波形畸变率测试使用失真度测量仪，精度应为 $\pm 3\% \sim \pm 5\%$（满刻度）。
2）应在配电柜（盘）的输出端测量电压、频率和波形畸变率。
3）电源质量应满足下列要求：
① 稳态电压偏移范围：$-13\% \sim +7\%$；

② 稳态频率偏移范围：±1Hz；
③ 电压波形畸变率：8%～10%；
④ 允许断电持续时间：200～1500ms。

(5) 风量检验应符合下列要求：
1) 测试仪器应为风速仪，量程在 0～30m/s 时，精度应为±0.3%。
2) 机房总送风量、总回风量、新风量的测试，应按《通风与空调工程施工质量验收规范》GB 50243—2016 的方法进行。

(6) 机房室内正压检验应符合下列要求：
1) 测试仪器应为微压计，量程在 0～1kPa 时，精度应为±5%。
2) 测试方法应符合下列要求：
① 测试时应关闭室内所有门窗；
② 微压计的界面不应迎着气流方向；
③ 测点位置应在室内气流扰动较小的地方。

(7) 照度的检验应符合下列要求：
1) 测点应按 2～4m 间距布置，并距墙面 1m，距地面 0.8m。
2) 机房的照度应符合《建筑照明设计标准》GB/T 50034—2024 的规定。

(8) 电磁屏蔽的检验应符合下列要求：
1) 在频率为 0.15～1000MHz 时，无线电干扰场强不应大于 126dB。
2) 磁场干扰场强不应大于 800A/m。
3) 地面及工作台面的静电泄漏电阻，应符合《防静电活动地板通用规范》GB/T 36340—2018 的规定。

(9) 接地电阻的检验应符合下列要求：
1) 测试仪表的要求：
① 测试前应将设备电源的接地引线断开。
② 测试仪表应为接地电阻测试仪，量程在 0.001～100Ω 时，精度应为±2%。
2) 交流、直流各自的工作接地电阻，独立接地不大于 4Ω，联合接地不大于 1Ω。
3) 保护接地电阻不大于 4Ω。
4) 防雷接地电阻不大于 1Ω。

(10) 不间断电源系统（UPS）的检验应符合下列要求：
1) 对 UPS 的各功能单元进行试验测试，全部合格后方可进行 UPS 的试验和检测。
2) 采用后备式和方波输出的 UPS 电源时，其负载不能是容感性负载（变频器、交流电机、风扇、吸尘器等）；不允许在 UPS 工作时用与 UPS 相连的插座接通容感性负载。
3) UPS 的输入输出连线的线间、线对地间的绝缘电阻值应大于 0.5Ω；接地电阻符合要求。
4) 按要求正确设定蓄电池的浮充电压和均充电压，对 UPS 进行通电带负载测试。
5) 按 UPS 使用说明书的要求，按顺序启动 UPS 和关闭 UPS。
6) 对 UPS 进行稳态测试和动态测试。稳态测试时主要应检测 UPS 的输入、输出、各级保护系统；测量输出电压的稳定性、波形畸变系数、频率、相位、静态开关的动作是否符合技术文件和设计要求；动态测试应测试系统接上或断开负载时的瞬间工作状态，包括突加或突减负载、转移特性测试;其他的常规测试还应包括过载测试、输入电压的过压和欠压保护测试、蓄电池放电测试等。

7) 通过 SCADA/BAS 系统检测 UPS 的功能。

8) 按接口规范检测接口的通信功能。

9) 检查连锁控制,确保因故障引起的断路器跳闸不会导致备用断路器闭合(对断路器手动恢复除外),反之亦然。

10) 采用试验用开关模拟电网故障,测试转换顺序。

11) 用辅助继电器设置故障,检测系统的自动转换动作和转移特性。

12) 正常电源与备用电源的转换测试:通过带有可调时间延迟装置的三相感应电路实现正常和备用电源电压的监控。当正常电源故障或其电压降到额定值的 70% 以下时,计时器开始计时,若超过设定的延时时间(0~15s)故障仍存在,则备用电源电压已达到其额定值的 90% 的前提下,转换开关开始动作,由备用电源供电;一旦正常电源恢复,经延时后确认电压已稳定,转换开关必须能够自动切换到正常电源供电,同时通过手动切换恢复正常供电的功能也必须具备。

13) 检查声光报警装置的报警功能。

14) 检查系统对 UPS 运行状况的检测和显示情况。

15) 检测 UPS 的噪声:输出额定电流为 5A 及以下的小型 UPS,其噪声不应大于 30dB,大型 UPS 的噪声不应大于 45dB。

(11) 防雷及接地系统检测应按照《智能建筑工程质量验收规范》GB 50339—2013 中的规定执行。

主要内容如下:

1) 智能建筑中智能化系统的防雷、接地,原则上纳入建筑物防雷系统。当设计文件未指明智能化系统主机房接地线截面时,采用绝缘铜导线不小于 25mm^2;采用镀锌扁钢不小于 25×4mm^2 机房接地应符合设计要求。

2) 智能化系统的单独接地装置的检测,应执行《建筑电气工程施工质量验收规范》GB 50303—2015 的规定。

3) 智能化系统接地与建筑物等电位联结,从电气安全观点分析是一种最经济实用的措施。不宜利用 TN-C 系统中的 PEN 线或 TN-S 系统中的 N 线,作为智能化系统接地引线,当利用 TN-S 系统中的 PE 线作为智能化系统接地引线时,PE 线截面积应符合设计要求;应执行《建筑电气工程施工质量验收规范》GB 50303—2015 中第 25.1 节主控项目(建筑物等电位联结)的规定。

4) 智能化系统的防雷及接地系统应连接依照《建筑电气工程施工质量验收规范》GB 50303—2015 要求验收合格的建筑物公用接地装置。采用联合接地装置时,接地电阻不应大于 1Ω。

5) 智能化系统的单独接地装置的检测应按上述规定执行,并且接地电阻不应大于 4Ω。

6) 智能化系统的防过流和过压元件的接地装置、防电磁干扰屏蔽的接地装置及防静电接地装置的检测,其设置应符合设计要求,连接可靠。

7) 一般项目的检验:

① 智能化系统的单独接地装置、防过流和防过压元件的接地装置、防电磁干扰屏蔽

的接地位置及防静电接地装置的检测,应执行《建筑电气工程施工质量验收规范》GB 50303—2015 中的规定。

② 智能化系统与建筑物等电位联结的检测,应执行《建筑电气工程施工质量验收规范》GB 50303—2015 中的规定。

③ 防雷及接地系统检测应按照《智能建筑工程质量验收规范》GB 50339—2013 的规定执行。

40.13.4.3 资料整理与归档

资料应包括以下内容:

(1) 工程竣工图纸,包括系统结构图、各子系统监控原理图施工平面图、设备电气端子接线图、中央控制室设备布置图、接线图、设备清单等。

(2) 系统的产品说明书、操作手册和维护手册。

(3) 工程检测记录,包括隐蔽工程检测记录、施工质量检测记录、设备功能检查记录、系统检测报告等。

40.14 智能化集成系统

40.14.1 智能化集成系统组成与结构

40.14.1.1 智能化集成系统组成

在智能建筑中,智能化集成系统(IIS,Intelligented Integration System)将不同功能的建筑智能化系统,通过统一的信息平台实现集成,以形成具有信息汇集、资源共享及优化管理等综合功能的系统。在智能建筑中,智能化集成系统分为两个层次:

其基础层次为建筑设备监控系统(BAS)、安全防范系统(SAS)和火灾自动报警及消防联动系统(FAS)等系统的集成,形成楼宇管理系统(BMS)。这个层面上系统集成的特点是将智能建筑中以实时数据为基础的控制系统集成在一起,形成楼宇的综合实时监控和管理系统。

其高级层次则是将 BMS 与信息网络系统(INS)、通信网络系统(CXS),以及管理信息系统(MIS)等进行进一步的系统集成,形成建筑物的 Intranet。并在此基础上,将智能建筑与办公、管理、网络连接(包括互联网 Internet 的连接),整个工作的服务范围可以视需要集成进来,这种系统集成被称为智能化集成系统(IIS)。

智能化系统集成的目标是:根据智能化系统工程原理,结合在智能建筑工程建设的实践经验,将工程设置的各个智能化子系统进行系统集成,建立统一的智能化集成管理平台(IBMS 平台)。

智能化集成平台集成范围:视频监控系统、入侵报警系统、无线对讲系统、广播系统、信息发布系统、门禁系统、巡更系统、能源管理系统、计算机网络系统、楼宇自控系统、停车场系统、机房监控系统等,系统配备资产管理功能模块、维保计划功能模块、知识库管理功能模块、人员绩效考核功能模块、巡检管理功能模块、短信报警模块、报警预案智能模块、报警分级管理功能模块、能源管理模块、手机 APP 功能、电视墙显示融合智能模块等,集成平台预留其他系统接口功能,以便大楼系统内其他的分站接入主系统。

智能化集成平台集成范围如图 40-31 所示。

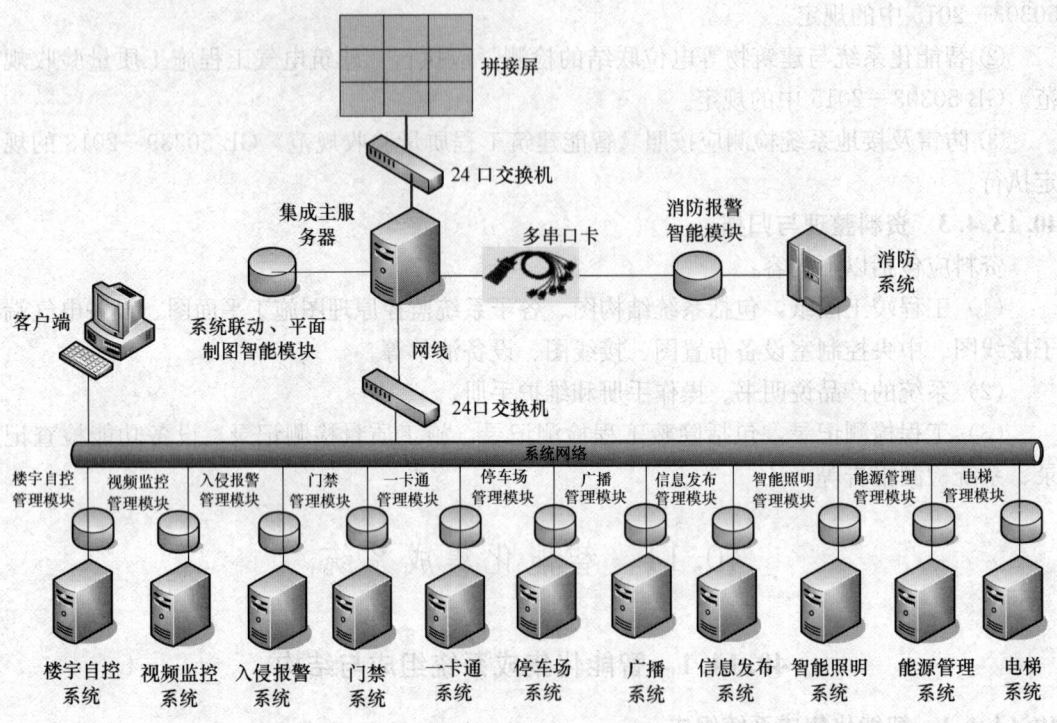

图 40-31　智能化集成平台集成范围图

40.14.1.2　智能化集成系统结构

　　智能化集成管理系统由被集成的智能化子系统组成，它们相对独立，各自完成相应的监测、控制和管理功能。智能化集成管理系统是一个采用分层分布式结构的集散监控系统，总体分为三层。最上层为监控管理中心，负责整个系统协调运行和综合管理；中间监控层即各分系统，具有独立运行能力，实现各系统的监测和控制；下层为现场设备层，包括各类传感器、探测器、仪表和执行机构等（图 40-32）。

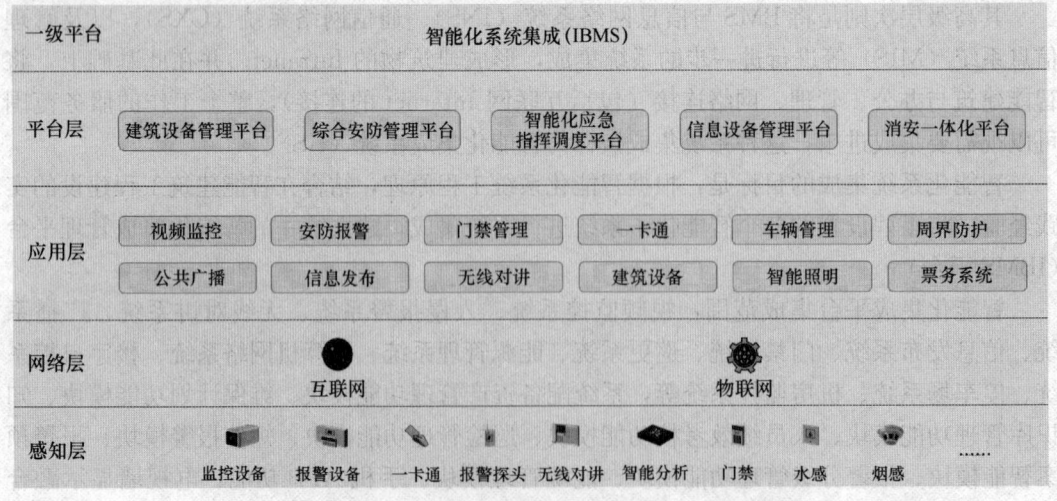

图 40-32　智能化集成系统结构

40.14.2 信息集成系统施工工艺流程

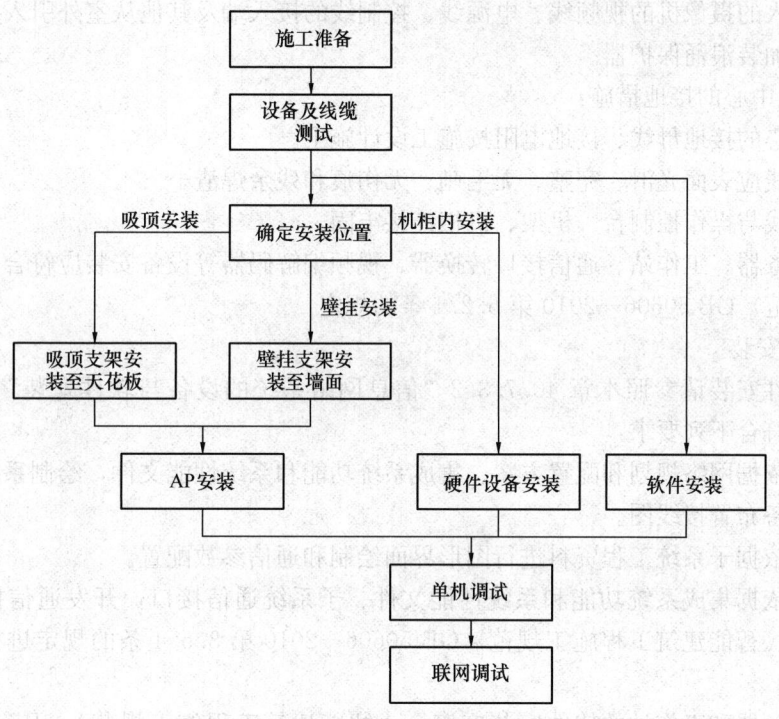

40.14.3 智能化集成系统的安装

40.14.3.1 系统安装前期准备工作

(1) 要求建筑物的电力供应、防雷、接地等场地建设的安装、检测等工作已经完成。

(2) 要求计算机网络建设的安装、调试、安全配置、测试等工作已经基本完成,网络安全得到保障。

(3) 要求各个将要被集成的楼宇智能化系统的安装、调试、安全配置、测试等工作已经基本完成。

(4) 要求将要被作为楼宇智能化系统控制中心的机房、楼层设备间、楼层配线间等场地建设的安装、调试、测试等工作已经基本完成。

(5) 应完成系统集成的专项设计或实施方案,并经会审批准。

40.14.3.2 系统的安装

1. 硬件安装

安装请参见本章40.2"综合管线"和40.3"综合布线系统"的要求。

(1) 系统服务器的安装:

这部分的安装请参见本章40.7"信息网络系统"的要求。

(2) 监控中心的电源、防雷与接地:

1) 对监控中心的重要负荷,如控制主机等应采用不间断电源供电。

2) 电源箱、不间断电源的进线端均应加装浪涌保护器,吸收浪涌电流。

3) 如有从监控中心长距离取电时,应使用防雷插座。

4) 监控中心的防雷措施,除在电源箱、不间断电源的进线端应加装浪涌保护器外,在从室外引入的摄像机的视频线、电源线、控制线的接入端及其他从室外引入的探测器的接入端均需加装浪涌保护器。

5) 监控中心的接地措施:

监控中心的接地母线、接地电阻按施工设计施工。

接地母线应表面光滑、完整、无毛刺、无伤痕和残余焊渣。

接地母线与操作控制台、机架、机柜连接牢固。

(3) 服务器、工作站、通信接口转换器、视频编解码器等设备安装应符合《智能建筑工程施工规范》GB 50606—2010 第 6.2.1 条的规定。

2. 软件安装

系统软件安装请参照本章 40.7.3.2 "信息网络系统的设备与软件安装"中的要求。同时,还应符合下列要求:

(1) 应依据网络规划和配置方案、集成系统功能和系统性能文件,绘制系统图、网络拓扑图、设备布置接线图。

(2) 应依据子系统工程资料进行图形界面绘制和通信参数配置。

(3) 应依据集成系统功能和系统性能文件、子系统通信接口,开发通信接口转换软件,并应按《智能建筑工程施工规范》GB 50606—2010 第 3.5.4 条的规定进行应用软件的质量检查。

(4) 服务器和工作站的软件安装应符合《智能建筑工程施工规范》GB 50606—2010 第 6.2.2 条的规定。

(5) 通信接口软件调试和修改工作应在专用计算机上进行,并进行版本控制。

(6) 应将集成系统的服务端软件配置为开机自动运行方式。

(7) 集成的楼宇智能化系统通信协议统一到现代计算机网络协议(或者称之为"TCP/IP 通信协议")。

(8) 信息集成系统对各个子系统,配置专用的接口和部分专用软件,包括:楼宇设备自控系统、消防报警系统、综合保安管理系统等。

(9) 信息集成系统向下提供标准通信接口,向上提供标准数据库,可实现与 ActiveX、DDE、ODBC、API、Access 等标准技术的无缝连接,从而实现有关的联动控制以及方便物业管理和系统集成。

40.14.4 系统施工质量控制

系统施工质量控制请参照本章 40.7.4 的要求。同时,还应符合下列要求:

(1) 智能化集成系统的设备与软件在安装、调试和检测时,需要特别注意以下事项,以便保障对于该系统安装、调试的质量控制。

1) 应为操作系统、数据库、防病毒软件安装最新版本的补丁程序。

2) 软件和设备在启动、运行和关闭过程中不应出现运行时错误。

3) 通信接口软件修改后,应通过系统测试和回归测试。

4) 应根据子系统的通信接口、工程资料和设备实际运行情况,对采集的子系统运行数据进行核对。

(2) 智能化集成系统在安装、调试和检测时，还需注意以下的事项：

1) 应依据网络规划和配置方案，配置服务器、工作站、通信接口转换器、视频编解码器等设备的网络地址。

2) 操作系统、数据库等基础平台软件、防病毒软件必须具有正式软件使用（授权）许可证。

3) 服务器、工作站的操作系统应设置为自动更新的运行方式。

4) 服务器、工作站上应安装防病毒软件，并设置为自动更新的运行方式。

5) 应记录服务器、工作站、通信接口转换器、视频编解码器等设备的配置参数。

40.14.5　智能化集成系统的调试与检验

40.14.5.1　系统调试

(1) 各子系统应分别调试、检测完成。

(2) 各子系统与系统应正确联通，其通信内容应正确。

(3) 系统基本功能的调试：

1) 操作界面的配置

系统的图形化的、彩色、中文界面操作界面，应具有易于使用、界面亲切的形式。

2) 全局化的事件管理

全局化的事件管理包括对各个子系统的集中管理，并与办公自动化系统的信息集成。

3) 及时通报系统报警

所有报警都被记录在系统的事件数据库作日后检查，如报警/事件报表。

4) 组态工具配置

可以方便、快捷地按照用户的应用环境形成用户应用的组态画面。

5) 生成报表

报表可自动或依照操作人员指令印出，由系统中预设的报表打印机，或由操作人员控制打印，以及传送到其他计算机系统。

6) 趋势分析

实时准确地分析历史数据及由历史数据推演的数据，作出趋势评估。

7) 视频系统集成

对视频图像进行传输、对摄像设备进行控制，又可以以文件的方式对视频信息记录，便于今后分析。

8) 设备维护与管理

设备维护与管理包括建筑设备监控系统中所提供设备的运行状态（如启动/停止），监控工艺参数值，累计运行时间，还包括设备的制造商、供应商、产品型号、安装地点、运行状况等一系列数据。

9) 一卡通综合管理

统计持卡人的个人信息、可以活动的区域等功能；考勤记录、班次表、各种报表、迟到、早退等出勤情况、各部门出勤表。

10) 停车场管理系统集成

停车场管理系统的运行状况，分析车辆进出的流量、车辆的平均停放时间，有无碰撞意外等统计。

11) 与物业管理系统的集成

统计智能化系统的运行资料、日程管理设备运行（如建筑设备监控系统所控制的设备启停），自动生成运行报告。

12) 综合监控系统

实现综合监视、协调运行和优化控制、统计管理等功能；发生紧急或报警事件时，及时传输报警和联动信息。

(4) 联动功能调试

1) 消防系统与安保系统、建筑设备监控系统联动、停车场系统的联动、楼宇自动化系统、停车场系统、视频监控系统、防盗报警系统、车库管理系统、通信系统的联动及响应。

2) 建筑设备监控系统与视频监控系统的联动及响应。

3) 车库管理系统与视频监控系统的联动。

4) 保安系统与停车场系统、筑设备监控系统的联动。

5) 物业管理系统与建筑设备监控系统、保安系统的联动。

(5) 智能化系统集成中的信息安全

使用应用开发平台等提供的各种安全服务，以及在开发应用系统时结合具体应用而开发的各种安全服务。

40.14.5.2 系统检测

(1) 统集成的检测应在建筑设备监控系统、安全防范系统、火灾自动报警及消防联动系统、通信网络系统、信息网络系统和综合布线系统检测完成，系统集成完成调试并经过一个月试运行后进行。

(2) 检测前应按《智能建筑工程质量验收规范》GB 50339—2013 第 3.3 条的规定编写系统集成检测方案，检测方案应包括检测内容、检测方法、检测数量等。

(3) 系统集成检测的技术条件应依据合同技术文件、设计文件及相关产品技术文件。

(4) 系统集成检测时应提供以下过程质量记录：硬件和软件进场检验记录、系统测试记录、系统试运行记录。

(5) 系统集成的检测应包括接口检测、软件检测、系统功能及性能检测、安全检测等内容。

(6) 子系统之间的串行通信连接、专用网关（路由器）接口连接等应符合设计文件、产品标准和产品技术文件或接口规范的要求，检测时应全部检测，100%合格为检测合格。计算机网卡、通用路由器和交换机的连接测试可按照《智能建筑工程质量验收规范》GB 50339—2013 第 7.2 条有关内容进行。

(7) 检查系统数据集成功能时，应在服务器和客户端分别进行检查，各系统的数据应在服务器统一界面下显示，界面应汉化和图形化，数据显示应准确，响应时间等性指标应符合设计要求。对各子系统应全部检测，100%合格为检测合格。

(8) 系统集成的整体指挥协调能力：

系统的报警信息及处理、设备连锁控制功能应在服务器和有操作权限的客户端检测。

对各子系统应全部检测,每个子系统检测数量为子系统所含设备数量的20%,抽检项目100%合格为检测合格。

应急状态的联动逻辑的检测方法为:

1)在现场模拟火灾信号,在控制台观察报警和做出判断情况,记录视频监控系统、门禁系统、公共广播系统、空调系统、通风系统和电梯及自动扶梯系统的联动逻辑是否符合设计文件要求;

2)在现场模拟非法侵入(越界或入户),在控制台观察报警和做出判断情况,记录视频监控系统、门禁系统、公共广播系统和照明系统的联动逻辑是否符合设计文件要求;

3)系统集成商与用户商定的其他方法。

以上联动情况应做到安全、正确、及时和无冲突。符合设计要求的为检测合格,否则为检测不合格。

(9)系统集成的综合管理功能、信息管理和服务功能的检测应符合《智能建筑工程质量验收规范》GB 50339—2013第7章的规定,并根据合同技术文件的有关要求进行。检测的方法,应通过现场实际操作使用,运用案例验证满足功能需求的方法来进行。

(10)视频图像接入时,显示应清晰,图像切换应正常,网络系统的视频传输应稳定、无拥塞。

(11)系统集成的冗余和容错功能(包括双机备份及切换、数据库备份、备用电源及切换和通信链路冗余切换)、故障自诊断、事故情况下的安全保障措施的检测应符合设计文件要求。

(12)系统集成不得影响火灾自动报警及消防联动系统的独立运行,应对其系统相关性进行连带测试。

(13)系统集成商应提供系统可靠性维护说明书,包括可靠性维护重点和预防性维护计划,故障查找及迅速排除故障的措施等内容。可靠性维护检测,应通过设定系统故障,检查系统的故障处理能力和可靠性维护性能。

(14)系统集成安全性,包括安全隔离身份认证、访问控制、信息加密和解密、抗病毒攻击能力等内容的检测,按《智能建筑工程质量验收规范》GB 50339—2013第7.3节有关规定进行。

(15)对工程实施及质量控制记录进行审查,要求真实、准确完整。

40.14.5.3 资料整理与归档

资料应包括以下内容:

(1)工程竣工图纸,包括系统结构图、各子系统监控原理图施工平面图、设备电气端子接线图、中央控制室设备布置图、接线图、设备清单等。

(2)系统的产品说明书、操作手册和维护手册。

(3)工程检测记录,包括隐蔽工程检测记录、施工质量检测记录、设备功能检查记录、系统检测报告等。

41 电梯安装工程

41.1 概　　述

电梯是服务于建筑物内若干特定的楼层，在垂直方向做间歇性运行，运送乘客或货物的升降设备。广义的电梯概念包括载人（货）电梯、自动扶梯、自动人行道等，狭义的电梯是指服务于规定楼层、有轿厢的垂直或微倾斜升降设备，不包括自动扶梯和自动人行道。

本章依据《电梯工程施工质量验收规范》GB 50310—2002 及相关的国家规范和标准编写，包括曳引电梯、液压电梯、自动扶梯和人行道的安装。

41.1.1 电梯的分类

根据现行国家标准《电梯主参数及轿厢、井道、机房的型式与尺寸》GB/T 7025 规定电梯类型要求如下：

(1) Ⅰ类：为运送乘客而设计的电梯。
(2) Ⅱ类：主要为运送乘客，同时也可运送货物而设计的电梯。
(3) Ⅲ类：为运送病床（包括病人）及医疗设备而设计的电梯。
(4) Ⅳ类：主要为运输通常由人伴随的货物而设计的电梯。
(5) Ⅴ类：杂物电梯。
(6) Ⅵ类：为适应交通流量和频繁使用而特别设计的电梯，如速度为 2.5m/s 以及更高速度的电梯。

注：Ⅱ类电梯与Ⅰ、Ⅲ和Ⅵ类电梯的本质区别在于轿厢内的装饰。

41.1.2 电梯的主参数

电梯的主参数包括额定载重量和额定速度。

(1) 额定载重量是指电梯正常运行时预期运载的载荷，可以包括装卸装置，单位为 kg。电梯的额定载重量主要有以下几种：320，400，450，600，630，750，800，1000，1050，1150，1275，1350，1600，1800，2000，2500。

(2) 额定速度是指电梯设计所规定的轿厢运行速度，单位为 m/s。电梯的额定速度常见的有以下几种：0.4，0.5/0.63/0.75，1.0，1.5/1.6，1.75，2.0，2.5，3.0，3.5，4.0，5.0，6.0，8.0，10.0。

(3) 速度 0.5~10.0m/s 常用于电力驱动电梯，速度 0.4~1.0m/s 常用于液压电梯。

41.1.3 电梯的基本构成

从空间站位看,电梯一般由机房、井道、轿厢、层站四大部位组成。从系统功能分,电梯通常由曳引系统、导向系统、轿厢系统、门系统、重量平衡系统、驱动系统、控制系统、安全保护系统等八大系统构成。

41.1.4 自动扶梯与自动人行道的基本构成

41.1.4.1 自动扶梯的基本构成

自动扶梯一般由梯级、牵引链条、梯路导轨系统、驱动装置、张紧装置、扶手装置和金属桁架等组成。

41.1.4.2 自动人行道的基本构成

自动人行道有踏步式、钢带式和双线式三种结构。踏步式自动人行道与自动扶梯的最大区别在于梯级改为普通平板式踏步,且各踏步间形成的不是阶梯,而是平坦的路面,其由平板踏步、牵引链条、导轨系统、驱动装置、张紧装置、扶手装置和金属桁架等组成。

41.1.5 其他电梯的特点

(1) 液压电梯

液压电梯采用液压传动,机房占用面积小,设置灵活,一般没有平衡重,井道利用率高;轿厢负荷由液压缸支撑,对井道的结构与强度要求低。液压传动使电梯运行平稳,乘坐舒适,故障率低,维修方便,节能显著。

(2) 小机房电梯、无机房电梯

小机房电梯,机房仅为传统电梯机房的1/3,节约空间;无机房电梯没有独立机房,一般在井道顶部安装永磁同步无齿曳引机,安装简便,结构紧凑、节省空间,运行平稳。

41.1.6 电梯安装的要求

41.1.6.1 电梯安装前具备的条件

电梯安装前,建设单位(或监理单位)、土建施工单位、电梯安装单位应共同对电梯井道和机房进行检查,对电梯安装条件进行确认,符合现行国家标准《电梯技术条件》GB/T 10058 的要求。

(1) 机房内部、井道结构及布置必须符合电梯土建布置图的要求。

(2) 主电源开关必须符合下列规定:

1) 主电源开关应能够切断电梯正常使用情况下最大电流;

2) 该开关应能从机房入口处方便地接近。

(3) 井道必须符合下列规定及要求:

1) 电梯安装之前,所有层门预留孔必须设有高度≥1200mm 的安全保护围挡(安全防护门),并应保证足够的强度,保护围挡下部应有高度≥100mm 的踢脚板,并应采用左右开启方式。

2) 当相邻两层门地坎间的距离>11m 时,其间必须设置井道安全门,井道安全门严禁向井道内开启,且必须装有安全门处于关闭时电梯才能运行的电气安全装置。当相邻轿厢间有相互救援用轿厢安全门时,可不执行本款。

3) 在上述1) 或2) 均不能满足的情况下,应充分考虑上部层门（或安全门）地坎与轿顶间的距离,使人员能够安全地到达和离开轿顶,可采取以下措施之一:

① 当相邻层门（或安全门）地坎间的距离不大于18m时,可采用在现场可获得的消防用防坠落装备（见现行行业标准《消防用防坠落装备》XF 494）,消防安全绳的长度与相邻地坎间的距离相适应。如果采用消防用防坠落装备,在上部层门（或安全门）附近的井道外建筑结构上设置安全固定点,其承载能力不应小于22kN。

② 采用设置在井道内的固定式钢斜梯（见现行国家标准《固定式钢梯及平台安全要求 第2部分：钢斜梯》GB 4053.2）或具有安全护笼的固定式钢直梯（见现行国家标准《固定式钢梯及平台安全要求 第1部分：钢直梯》GB 4053.1）,并提供在上部层门（或安全门）、所设置的钢斜梯（或钢直梯）以及轿顶之间安全进出的措施（例如：采用符合现行行业标准《消防用防坠落装备》XF 494的消防安全绳成套系统等）。

针对上述3),制造单位（或安装单位）应与建筑业主（建筑设计单位或施工单位）就救援组织、救援程序、救援设备以及被授权人员的培训和演练等内容达成一致。

4) 井道最小净空尺寸应和土建布置图要求的一致。井道壁应垂直,用铅垂法的最小净空尺寸允许偏差值为：提升高度≤30m的井道,0～+25mm；30m＜提升高度≤60m的井道,0～+35mm；60m＜提升高度≤90m的井道,0～+50mm；当提升高度＞90m时,符合土建布置图的要求。

5) 井道内应设置永久安装的电气照明装置,井道照明电源宜采用36V安全电压。当所有的门关闭,轿厢位于井道内整个行程的任何位置时,轿厢垂直投影范围内轿顶以上1.0m处的照度至少为50lx；底坑地面人员可以站立、工作以上1.0m处的照度至少为50lx；上述规定的区域之外,照度至少为20lx,但轿厢或部件形成的阴影除外。为达到该要求,井道内应设置足够数量的灯,必要时在轿顶可设置附加的灯,作为井道照明系统的组成部分。

6) 底坑内应有良好的防渗、防漏水保护,底坑内不得有积水。轿厢缓冲器支座下的底坑地面应能承受满载轿厢静载4倍的作用力。当底坑底面下有人员能到达的空间存在时,对重（或平衡重）上应设置安全钳装置。

7) 每层楼面应有最终完成地面基准标识,多台并列和相对电梯应提供层门口装饰基准标识。

(4) 机房应符合下列规定及要求：

1) 机房应有良好的防渗、防漏水保护。机房门窗应装配齐全并应防雨、防盗,机房门应为外开防火门。

2) 机房内应当设置永久性电气照明,在人员需要工作的任何地方,地板表面的照度不应低于200lx。在工作区域之间供人员移动的地面照度不应低于50lx。在机房内靠近入口处的适当高度处设置开关,控制机房照明。机房内应至少设置一个2P+PE型电源插座。应当在主开关旁设置控制井道照明、轿厢照明和插座电路电源的开关。

3) 检验现场的温度、湿度、电源、环境空气条件等应当符合电梯设计文件的规定。

41.1.6.2 电梯电源和电气设备接地、绝缘的要求

电梯电源接地宜采用TN-S系统（三相五线制）；采用TN-C-S系统（三相四线制）

供电的电梯，应符合如下要求：

（1）所有电气设备及线管，线槽的外露可导电部分应当与保护线（PE）可靠连接。接地支线应分别直接接至接地干线的接线柱上，不得互相连接后再接地。机房、井道、地坑、轿厢接地装置的接地电阻值不应大于 4Ω。

（2）导体之间和导体对地之间的绝缘电阻必须大于 $1000\Omega/V$，且其值不得小于：

1）动力电路和电气安全装置电路：$0.5M\Omega$。

2）其他电路（控制、照明、信号等）：$0.25M\Omega$。

41.2 曳引电梯安装

本章适用于额定载重量 2500kg 及以下，额定速度为 6.0m/s 及以下各类曳引电梯安装工程（超高速电梯除外）。

41.2.1 井道测量

41.2.1.1 常用工具及机具

水平尺、钢直尺、钢卷尺、铅笔、錾子、扳手、木工锯、墨斗、线坠、电钻、电锤等。

41.2.1.2 施工条件

（1）电梯井道的土建工程符合建筑工程质量要求，土建施工单位已提供有关的轴线、标高线。

（2）电梯安装施工过程中，电梯安装单位应当服从建筑施工总承包单位对施工现场的安全及环保管理，并订立合同，明确各自的安全环保责任。结合工程特点和工艺要求，以书面形式向作业班组交代各项工序应遵守的安全操作规程及现场的安全环保制度。

（3）井道内脚手架应使用钢管搭设，搭设标准必须符合安装单位提出的使用要求。井道内脚手架搭设完毕，必须经搭设、使用单位的施工技术、安全负责人共同验收，方准交付使用。

1）脚手架立管最高位于井道顶板下 1500~1700mm 处为宜，以便稳放样板。顶层脚手架立管最好用四根短管，拆除此短管后，余下的立管顶点应在最高层层门平面下 500mm 处，以便轿厢安装，见图 41-1 (a)。

2）脚手架排管挡距应根据井道布置图灵活设置，便于安装作业。每层层门平面下面 500~700mm 处应设一挡横管，两挡横管之间应加装一挡横管，便于上下攀登，脚手架应满铺脚手板，板厚不应小于 50mm，所留的出入孔要相互错开，留孔一侧要搭设一道护身栏杆，以预防坠落。脚手板两端伸出排管 150~200mm，两端宜设置直径不小于 4mm 的镀锌钢丝箍两道，见图 41-1 (b)。

3）脚手架在井道内的布置应结合轿厢、轿厢导轨、对重导轨、层门等之间的相对位置，以及电线槽管、接线盒等位置，在这些位置前面留出适当的空隙，供吊挂铅垂线之用，不能影响层门组装工作。横挡间距应为 800mm 左右，每个层门地坎下 500mm 左右搭设工作平台。

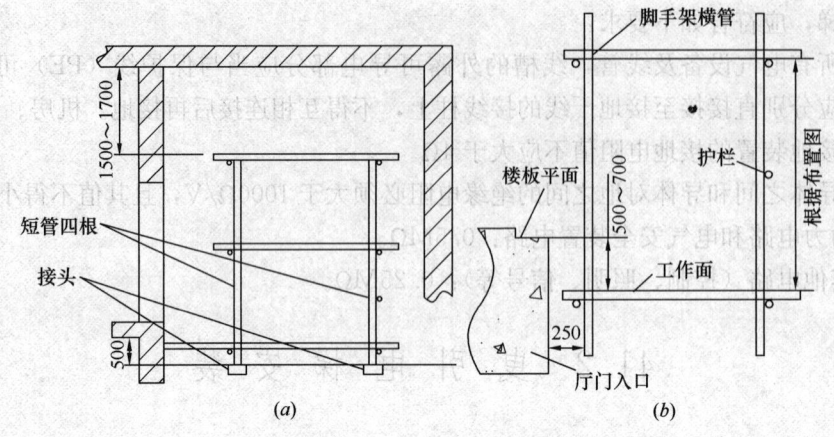

图 41-1　脚手架搭设示意图

41.2.1.3　施工工艺流程

样板架制作 → 层门放线及井道测量 → 机房样线的测量定位

1. 样板架制作

（1）样板架的制作材料可选用 30mm 宽的钢板条，取一段用于层门，两段用于轿厢导轨，两段用于对重导轨，见图 41-2。

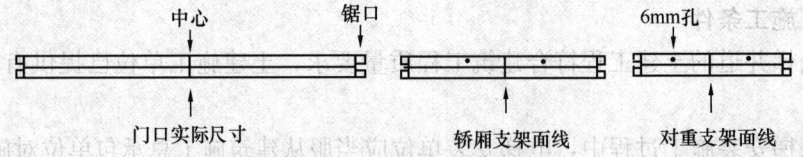

图 41-2　样板架制作示意图

（2）样板架制作好后，根据机房布置图的尺寸在机房内地面放置好样板架，并在样架上（或弹线上）标出轿厢中心线、门口中心线、门口净宽线、轿厢和对重导轨中心线，各位置线偏差不应超过 0.2mm。

2. 层门放线及井道测量

样板架固定在机房内地面上，用卷尺大致测量好层门面线的位置，门面线离门口最佳尺寸为 80～130mm（部分电梯以实际要求为准），左右尺寸要分中。用电锤或水钻 22mm 以上的钻头打两个孔，先把门面样线放至底坑，吊上重锤，必须每层层门口都测量，并记录所测量的尺寸，算出偏差（与原设计图比较），作为基准样线，再算出其他样线的位置。测量时必须在井道层门护栏外进行，见图 41-3（以对重后置为例）。

放线测量主要确定两个点六条线的距离：A、B、C、D、E、F。

A 线和 B 线确定门口距离及层门是否分中。
C 线和 D 线测量主轨位置。

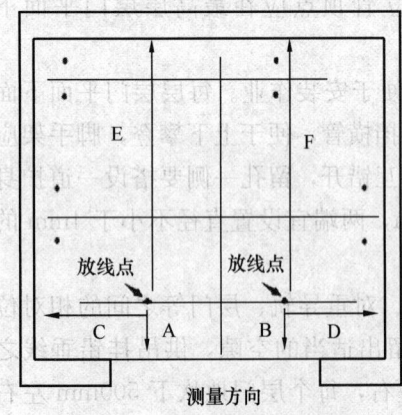

图 41-3　放线测量示意图

E 线和 F 线测量井道是否有部分凸出，能否满足安装要求及对重位置。

3. 机房样线的测量定位

（1）根据已经测定的门面线，参照图纸在机房楼面标出轿厢中心线和对重中心线，见图 41-4（以对重后置，有反绳轮设计为例）。当电梯为并列或是面对面的，井道层门口平面线应参照土建提供的参考基准线施测。

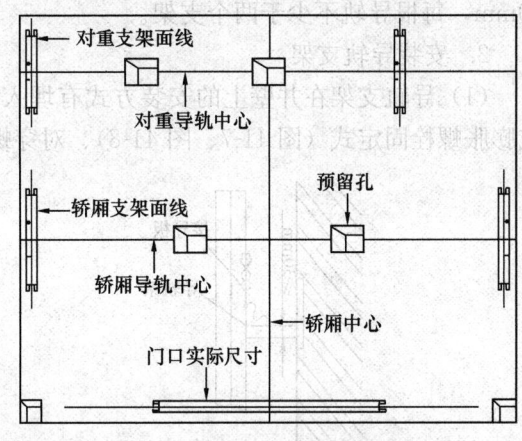

图 41-4 机房样线示意图

（2）当样线位置定位好后，用 6mm 膨胀螺栓固定样板架，然后固定下样板架，下样板选用导轨支架固定在井道壁上，当样线吊锤静止后，用螺栓和扁钢把样线固定在样架上。

（3）用同样的方法进行轿厢、对重轨道的放线。

41.2.1.4 施工中安全注意事项

（1）进入施工现场，必须遵守现场的所有安全规章制度。操作人员必须持证上岗，并按规定穿戴个人防护用品。现场施工临时用电必须符合现行行业标准《施工现场临时用电安全技术规范》JGJ 46 的要求。

（2）焊接作业应办理动火证，备好灭火器材，派专人监护。

41.2.1.5 质量要求

样板架的安装应符合下列要求：

（1）按照井道内的实际净空尺寸来安装；

（2）水平度偏差不应大于 1mm；

（3）顶部和底部样板架间的水平偏移不应大于 1mm。

41.2.2 导轨支架和导轨的安装

41.2.2.1 常用工具及机具

水平尺、线坠、直尺、塞尺、錾子、钢锉、活扳手、梅花扳手、电锤、钢丝绳索、滑轮、导轨刨刀、导轨校正器、找道尺、手砂轮、油石、对讲机、小型卷扬机（0.5t）、电气焊器具、砂轮切割机等。

41.2.2.2 施工条件

（1）电梯井墙面施工完毕，其宽度、深度（进深）、垂直度均符合施图纸工要求。

（2）底坑已按设计标高要求做好地面。

（3）将导轨用煤油擦洗油污后，整齐码放在底层端站门口合适位置。

41.2.2.3 施工工艺流程

确定导轨支架安装位置 → 安装导轨支架 → 安装导轨 → 调整导轨

1. 确定导轨支架的安装位置

没有导轨支架预埋钢板的电梯井壁，按照图纸要求设置导轨支架，中间导轨架间距不大于 2500mm，且均匀布置，如与接导板位置相遇，间距可以调整，错开的距离不小于

30mm，每根导轨不少于两个支架。

2. 安装导轨支架

(1) 导轨支架在井壁上的安装方式有埋入式、焊接式（图41-5、图41-6）、预埋螺栓或膨胀螺栓固定式（图41-7、图41-8）、对穿螺栓固定式（图41-9）四种。

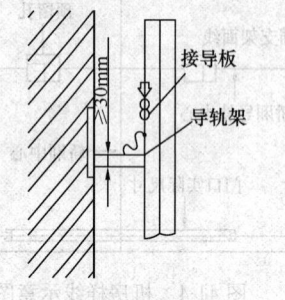

图41-5 导轨支架预埋铁焊接式示意图（一）

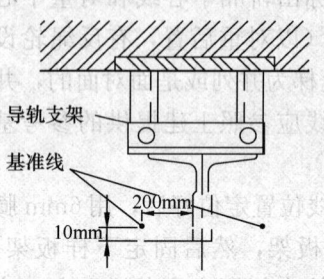

图41-6 导轨支架预埋铁焊接式示意图（二）

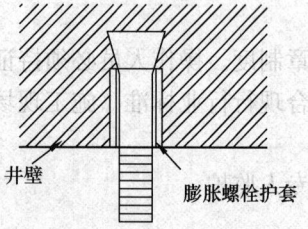

图41-7 用膨胀螺栓固定式示意图

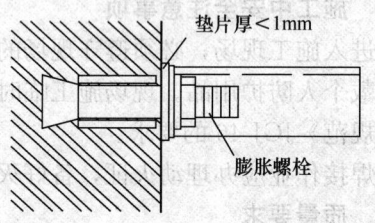

图41-8 用膨胀螺栓固定式示意图

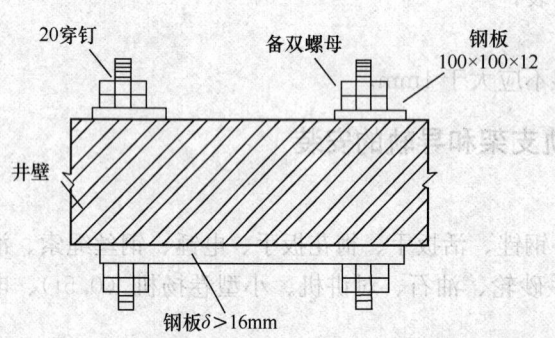

图41-9 对穿螺栓固定式示意图

(2) 有导轨支架预埋件的电梯井壁，可采用焊接式导轨支架，导轨支架在井道壁上的安装应牢固可靠，位置正确，横平竖直。焊接时，三面焊牢，焊缝饱满。底坑架设导轨基础座，必须找平垫实，导轨支架水平度偏差≤1.5‰。基础座位置用导轨基准线找正后，用混凝土将其四周灌实抹平。

(3) 导轨支架安装前要复核基准线。例如其中一条为导轨中心线，另一条为导轨支架安装辅助线。一般导轨中心线距导轨端面10mm，与辅助线间距为80~100mm。

(4) 若采用自升法安装导轨支架，其基准线为两条，基准线距导轨中心线300mm，距导轨端面10mm，以不影响导靴的上下滑动为宜，见图41-6。

(5) 用膨胀螺栓固定导轨支架：混凝土电梯井壁应采用电锤打孔，膨胀螺栓直接固定导轨支架的方法。按电梯图纸规格要求使用的膨胀螺栓直径≥12mm。膨胀螺栓孔位置要准确，其深度一般以膨胀螺栓被固定后，护套外端面稍低于墙面为宜，见图41-7。如果墙面垂直偏差较大，可局部剔凿，然后用垫片垫平，见图41-8。

(6) 对于可调式导轨支架，调节定位后，紧固螺栓，并在可调部位焊接两处，焊缝长度≥20mm，防止位移。垂直方向紧固导轨支架的螺栓应螺帽朝上，便于查看其松紧。

(7) 用对穿螺栓紧固导轨支架：若井壁较薄，墙厚<150mm，又没有预埋件时，不宜使用膨胀螺栓固定，应采用对穿螺栓固定，见图41-9。

3. 安装导轨

(1) 复核基准线与导轨的位置，见图41-10（a）；若采用自升法安装，其位置关系如图41-10（b）。

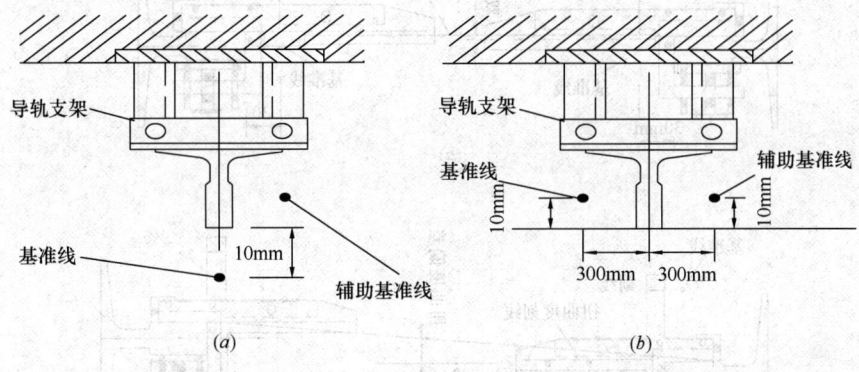

图41-10 基准线与导轨位置示意图

(2) 事先在平整的场所，检查导轨的直线度偏差，单根导轨全长偏差≤0.6mm，不符合要求的导轨可用导轨校正器校正或由厂家更换。

(3) 在井道顶层楼板下挂一滑轮，提升导轨用卷扬机安装在顶层门口，见图41-11。

(4) 吊装导轨时应用U形卡固定住导轨连接板，吊钩应采用可旋转式，以消除导轨在提升过程中的转动，见图41-12。

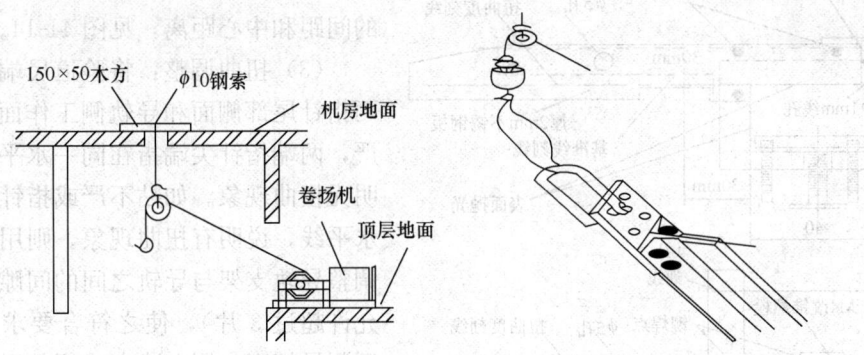

图41-11 人力吊装导轨示意图　　图41-12 导轨吊装示意图

(5) 顶层末端导轨与井道顶距离50～100mm，将导轨截断后吊装。电梯导轨严禁焊接，不允许用气焊切割。

(6) 调整导轨时，为了保证调整精度，要在导轨支架处及相邻的两导轨支架中间的导轨处设置测量点。每列导轨工作面（包括侧面和顶面）对安装基准线每5m的偏差均应不大于下列数值；轿厢导轨和设有安全钳的对重导轨为0.6mm；不设安全钳的T形对重导轨为1.0mm。在有安装基准线时，每列导轨应相对安装基准线整列检测，取最大偏差值。

电梯安装完成后检验导轨时,可对每5m铅垂线分段连续检验(至少测3次),取测量值的相对最大偏差应不大于上述规定值的2倍。

4. 调整导轨

(1) 用验道尺检查时,调整验道尺两端尺头部位至一条直线,拧紧固定螺栓,见图41-13。

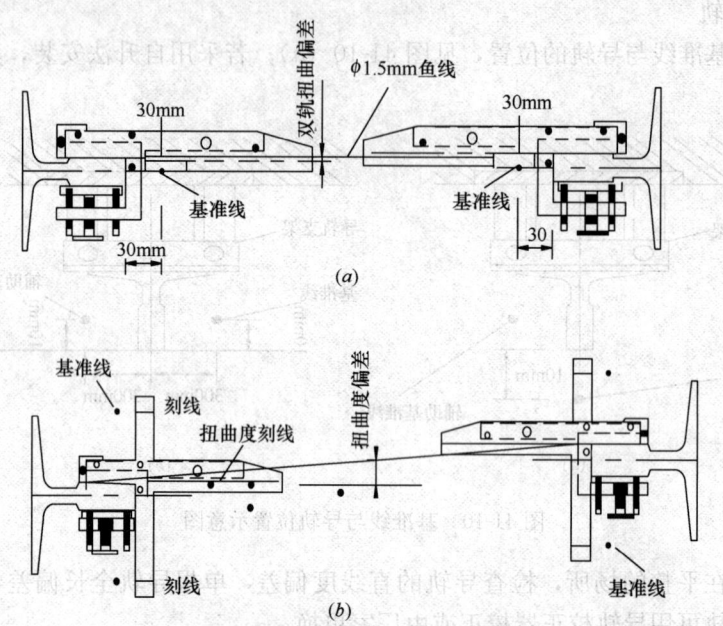

图 41-13　用验道尺检查示意图
(a) 脚手架施工;(b) 自升法施工

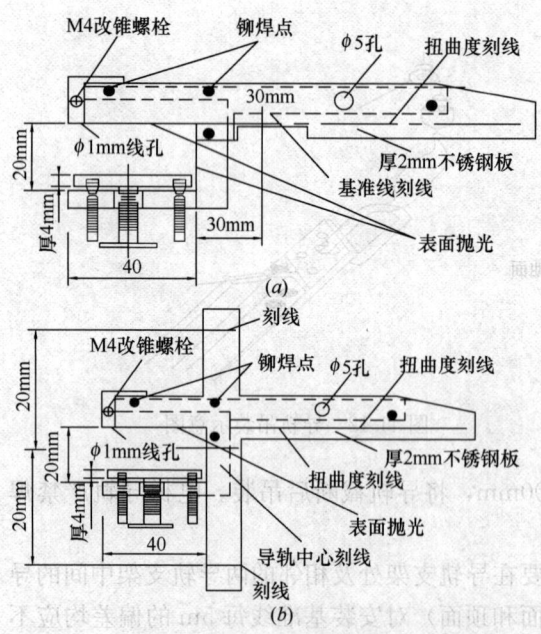

图 41-14　用钢板尺检查示意图
(a) 脚手架施工;(b) 自升法施工

(2) 用钢板尺检查导轨端面与基准线的间距和中心距离,见图41-14。

(3) 扭曲调整:将验道尺端平,并使两指针尾部侧面和导轨侧工作面贴平、贴严,两端指针尖端指在同一水平线上,说明无扭曲现象。如贴不严或指针偏离相对水平线,说明有扭曲现象,则用专用垫片调整导轨支架与导轨之间的间隙(垫片不允许超过3片),使之符合要求。为了保证测量精度,用上述方法调整以后,将验道尺反向180°,用同一方法再进行测量调整,直至符合要求。

(4) 导轨支架和导轨背面间的衬垫厚度以3mm以下为宜,超过3mm小于7mm时,在衬垫间点焊,当超过7mm要垫入与导轨支架宽度相等的钢板垫片后,再用较薄的衬垫调整。

(5) 用尺校验导轨间距 L，见图 41-15。调整导轨自下而上进行，应先从下面第 3 根向下开始校正到底，然后接着向上校，最后校正连接板。导轨间距及扭曲度符合表 41-1 的要求。

导轨间距及扭曲度允许偏差　　　　　　　　　　　表 41-1

电梯速度	2m/s 以上		2m/s 以下	
导轨用途	轿厢	对重	轿厢	对重
轨距偏差（mm）	0～+0.8	0～+1.5	0～0.8	0～1.5
扭曲度偏差（mm）	1	1.5	1	1.5

(6) 对楼层高的电梯，因风吹或其他原因造成基准线摆动时，可分段校正导轨后将此处基准线定位，之后将定位拆除再进行精校导轨。

(7) 修正导轨接头处的工作面：

1) 导轨接头处，导轨工作面直线度可用 500mm 钢板尺靠在导轨工作面，接头处对准钢板尺 250mm 处，用塞尺检查 a、b、c、d 处，见图 41-16，均应不大于表 41-2 的规定。导轨接头处的全长不应有连续缝隙，局部缝隙≤0.5mm。

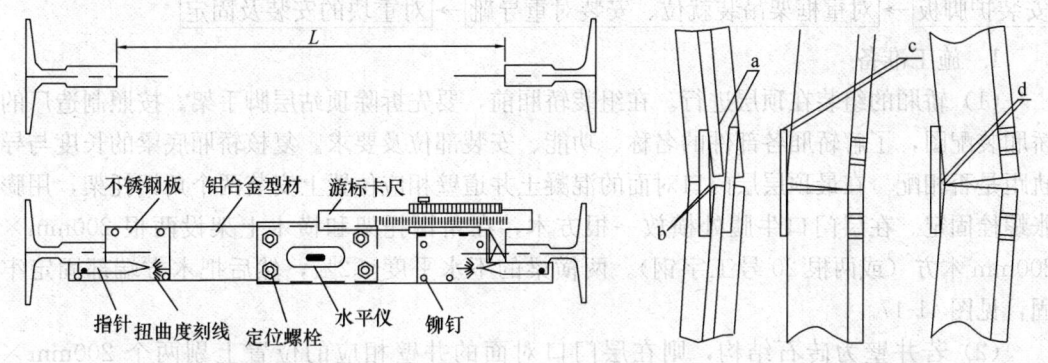

图 41-15　用尺校验导轨间距示意图　　　图 41-16　导轨工作面直线度检查示意图

导轨直线度允许偏差　　　　　　　　　　　表 41-2

导轨连接处	a	b	c	d
尺寸，不大于（mm）	0.15	0.06	0.15	0.06

2) 两导轨的侧工作面和端面接头处台阶应≤0.05mm。台阶处应沿斜面用专用刨刀刨平，磨修长度≥200mm（2.5m/s 以下）；磨修长度≥300mm（2.5m/s 以上）。

41.2.2.4　施工中安全注意事项

(1) 层门口应有围挡和警示标志。吊装工作必须由专人统一指挥，信号要清晰、规范，操作者分工明确，认真执行指挥指令。

(2) 吊装导轨时，导轨下方禁止站人。

(3) 导轨未固定好时，不得摘下吊装卡具；导轨入榫时操作要稳，防止挤伤。

41.2.2.5　质量要求

(1) 导轨运输时避免碰撞，不可拖动或滚动运输，以免损伤工作面。

(2) 导轨及其他附件在露天放置时必须有防雨雪措施。下面必须垫起，以防受潮。

(3) 导轨支架焊接要一次完成，不可在调整轨道后再补焊，以防影响调整精度。

41.2.3 轿厢及对重安装

41.2.3.1 常用工具及机具

水平尺、钢板尺、塞尺、螺丝刀、钢丝钳、梅花扳手、活扳手、线坠、手电钻、电锤、钢丝绳扣、捯链（3t 以上）等。

41.2.3.2 施工条件

（1）机房已装好门窗上锁，机房地面无杂物，严禁非作业人员出入。

（2）最底层脚手架已拆除，有足够作业空间；导轨安装、调整完毕；相关的设备已安装好。

（3）按照装箱单将轿厢设备吊到顶层，开箱核对数量，检查外观，做好开箱记录。

41.2.3.3 施工工艺流程

施工准备 → 安装底梁 → 安装立柱、上梁 → 安装轿厢底盘、导靴 → 安装轿壁、轿顶、撞弓 → 安装门机和轿门 → 安装轿内、顶装置 → 安装、调整超载满载开关，安装护脚板 → 对重框架吊装就位、安装对重导靴 → 对重块的安装及固定

1. 施工准备

（1）轿厢的组装在顶层进行。在组装轿厢前，要先拆除顶站层脚手架。按照制造厂的轿厢装配图，了解轿厢各部件的名称、功能、安装部位及要求。复核轿厢底梁的长度与导轨距是否相配。在最顶层层门口对面的混凝土井道壁相应位置上安装两个角钢托架，用膨胀螺栓固定。在层门口牛腿处横放一根方木，在角钢托架和横木上架设两根 200mm×200mm 木方（或两根 20 号工字钢）。两横梁的不水平度≤2‰，然后把木方端部固定牢固，见图 41-17。

（2）若井壁为砖石结构，则在层门口对面的井壁相应的位置上剔两个 200mm×200mm 与木方大小相适应、深度超过墙体中心 20mm 且≥75mm 的洞，用以支撑木方一端，见图 41-18。

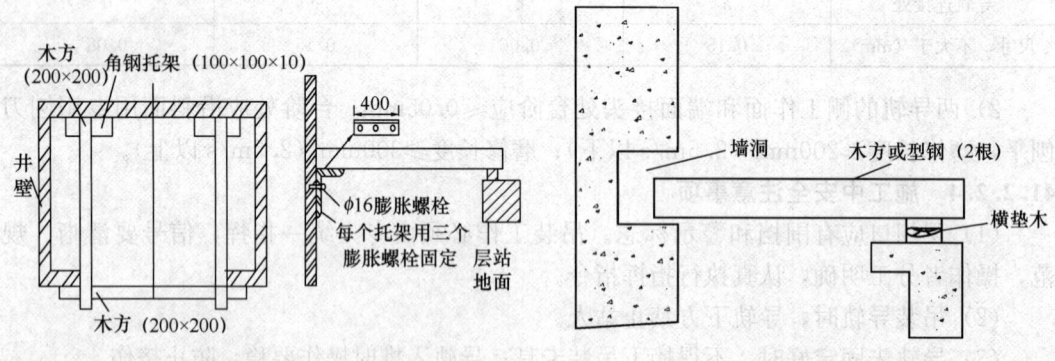

图 41-17　角钢托架、木方安装示意图　　　图 41-18　砖石结构井壁

（3）在顶层以上的适当位置固定一根不小于 $\phi 75\times 4$ 的钢管，由轿厢中心绳孔处放下钢丝绳扣（直径≥13mm），并挂一个 3t 捯链，以备安装轿厢使用。

2. 安装底梁

(1) 用捯链将轿厢底梁放在架设好的组装平台上，调整安全钳口与导轨面间隙，见图41-19，同时调整底梁水平度，使其横、纵向不水平度均小于等于1‰。具体调整要求详见电梯厂家的安装指导书。

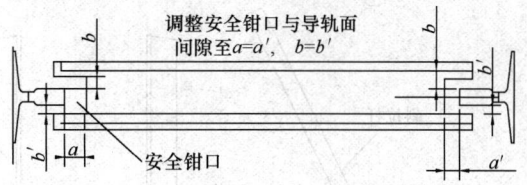

图41-19 安全钳口与导轨面间隙示意图

(2) 安全钳的安装要求规定如下：

1) 安全钳的定位固定可以放在组装平台上进行，也可采用钳块动作锁紧在导轨上来进行。

2) 定位基准偏差要求见表41-3。

定位基准偏差要求　　　　　　　　　　表 41-3

水平度差（mm）	定位差（mm）		参考图
	$a-a'$方向	$b-b'$方向	—
前后方向≤0.5	$\|a-a'\|\leq 2$	$\|b-b'\|\leq 2$	图41-19

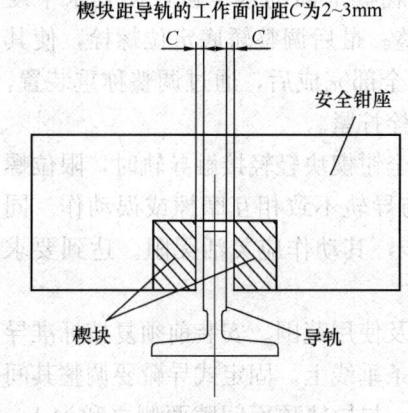

图41-20 安装安全钳楔块示意图

3) 安装安全钳楔块，安全钳楔块面与导轨侧面间隙应为2～3mm，各间隙相互差值≤0.5mm（如厂家有要求时，应按要求进行调整）。四个楔块距导轨工作面间隙应一致。用厚垫片塞于导轨侧面与楔块之间，使其固定，同时把安全钳和导轨端面用木楔塞紧，见图41-20。

3. 安装立柱、上梁

(1) 将立柱与底梁连接，连接后应使立柱垂直，其不垂直度偏差在整个高度上≤1.5mm，不得有扭曲，若达不到要求则用垫片进行调整。

(2) 用捯链将上梁吊起与立柱相连接，顺序安装所有的连接螺栓，但不要拧死。

(3) 调整上梁的横、纵向不水平度，使不水平度≤0.5‰，同时再次校正立柱使其不垂直度偏差≤1.5mm。装配后的轿厢不应有扭曲应力存在，然后分别紧固连接螺栓。

(4) 如果上梁上有绳轮，要调整绳轮与上梁间隙，其相互尺寸偏差≤1mm，绳轮自身不垂直度偏差≤0.5mm。

4. 安装轿厢底盘、导靴

(1) 用捯链将轿厢底盘吊起，放于相应位置。同时依据基准线进行前后左右位置的调整。调整完成后，将轿厢底盘与立柱、底梁用螺栓连接但不要把螺栓拧紧。装上斜拉杆并进行调整，使轿厢底盘平面的水平度≤3‰，之后先将斜拉杆用双螺母拧紧，再把各连接螺栓紧固，见图41-21。

(2) 若轿底为活动结构时，则先按上述要求将轿厢底盘托架安装并调好，再将减震器及称重装置安装在轿厢底盘托架上。然后用捯链将轿厢底盘吊起，缓缓就位，使减震器上

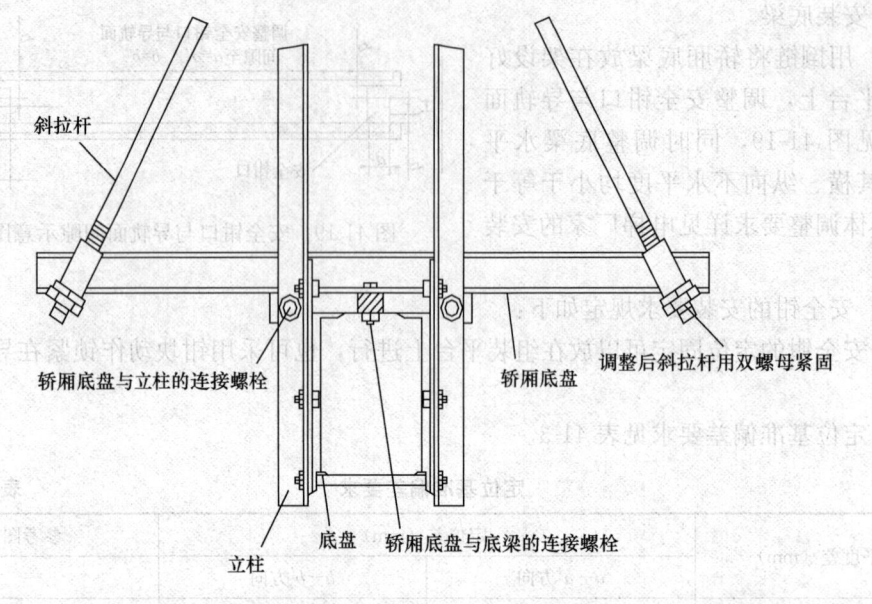

图 41-21 安装轿厢底盘示意图

的螺栓逐个插入轿厢底盘相应的螺栓孔中，调整轿厢底盘平面的水平度，使其水平度≤3‰。若达不到要求则在减震器的部位加垫片进行调整。最后调整轿底定位螺栓，使其在电梯满载时与轿底保持1~2mm的间隙。当电梯安装全部完成后，通过调整称重装置，使其能在规定范围内正常工作。调整完毕，将各连接螺栓拧紧。

(3) 安装调整安全钳拉杆。拉起安全钳拉杆，使安全钳楔块轻轻接触导轨时，限位螺栓应略有间隙，以保证电梯正常运行时，安全钳楔块与导轨不致相互摩擦或误动作。同时，进行模拟动作试验，保证左右安全钳拉杆动作同步，其动作应灵活无阻。达到要求后，拉杆顶部用双螺母紧固。

(4) 安装导靴前，应先按制造厂要求检查导靴型号及使用范围。安装前须复核标准导靴间距。要求上、下导靴中心与安全钳中心三点在同一条垂线上。固定式导靴要调整其间隙一致，则内衬与导轨两侧工作面间隙各为0.5~1mm，与导轨顶面间隙两侧之和为1~2.5mm，与导轨顶面间隙偏差<3mm。弹簧式导靴应随电梯的额定载重量变化调整b尺寸，见表41-4和图41-22，使内部弹簧受力相同，保持轿厢平衡，调整$a=b=2$mm。

b 尺寸的调整　　　　　　表 41-4

电梯额定载重量 (kg)	b (mm)	电梯额定载重量 (kg)	b (mm)
400	42	1000	30
750	34	2000~2500	23

(5) 安装滚轮导靴，根据使用情况调整各滚轮的限位螺栓，使侧面方向两滚轮的水平移动量为1mm，顶面滚轮水平移动量为2mm，导轨顶面与滚轮外圆间保持间隙≤1mm，各滚轮轮缘与导轨工作面保持相互平行无歪斜，见图41-23。

(6) 轿厢组装完成后，松开导靴（尤其是滚轮导靴），调整轿厢底的补偿块，使轿厢静平衡符合设计要求，然后再回装导靴。

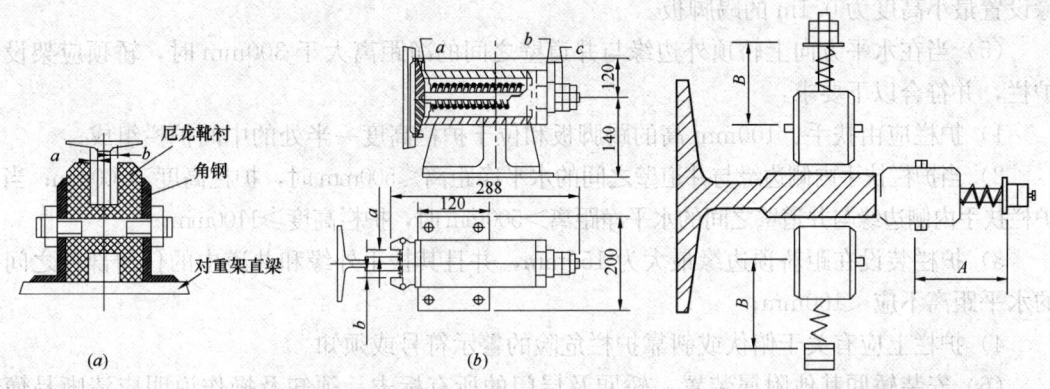

图 41-22　固定式弹簧导靴间距调整图
(a) 固定式导靴（a 与 b 偏差＜0.3mm）；(b) 弹簧滑动导靴

图 41-23　滚轮导靴间距调整图
A、B—限位螺栓的调整距离

5．安装轿壁、轿顶、撞弓

(1) 安装前对撞弓进行检查，如有扭曲、弯曲现象应调整。撞弓采用加弹簧垫圈的螺栓固定。要求撞弓不垂直度≤1‰，相对铅垂线最大偏差≤3mm（撞弓的斜面除外）。

(2) 先将轿顶组装好用绳索悬挂在轿厢架上梁下方，作临时固定。

(3) 轿壁安装后将轿顶放下，穿好连接螺栓后先不要紧固，待调整轿壁不垂直度≤1‰的情况下再逐个将螺栓紧固。

(4) 采用玻璃轿壁的，轿壁上的玻璃固定件，在两个方向运行时受到的所有冲击（包括安全装置动作）期间，应保证玻璃不能脱出。如果轿壁在距轿厢地板 1.10m 高度以下使用了玻璃，应在高度 0.90～1.10m 之间设置扶手，该扶手的固定应与玻璃无关。

6．安装门机和轿门

(1) 门机的安装应按照厂家要求进行，并应做到位置正确，底座牢固，且运转时无颤动、异响及剐蹭。

(2) 轿门安装要求参见层门安装的有关条文。玻璃轿门应符合《电梯制造与安装安全规范　第 1 部分：乘客电梯和载货电梯》GB/T 7588.1—2020 中第 5.3.6 条及第 5.3.5 条的规定。

(3) 在门关闭过程中，人员通过入口时，保护装置应自动使门重新开启。该保护装置的作用可在关门最后 20mm 的间隙时被取消。

(4) 轿门扇和开关机构安装调整完毕后安装开门刀。开门刀端面和侧面的垂直偏差全长均小于等于 0.5mm，并且达到厂家规定的其他要求。

7．安装轿内、轿顶装置

(1) 为便于检修和维护，应在轿顶安装轿顶检修盒。检修盒上或近旁的停止开关的操作装置应是红色非自动复位的，并标以"停止"字样加以识别。

(2) 按厂家安装图安装轿顶平层感应器、到站钟、接线盒、线槽、电线管、安全保护开关等。

(3) 安装、调整开门机构和传动机构，并符合厂家的有关设计要求。

(4) 当在水平方向上轿顶外边缘与井道壁之间的净距离≤0.30m 时，应在轿顶外边缘设置最小高度为 0.1m 的踢脚板。

（5）当在水平方向上轿顶外边缘与井道壁之间的净距离大于 300mm 时，轿顶应架设护栏，并符合以下要求：

1）护栏应由扶手、100mm 高的踢脚板和位于护栏高度一半处的中间护栏组成；

2）当护栏扶手内侧边缘与井道壁之间的水平净距离≤500mm 时，护栏高度≥700mm；当护栏扶手内侧边缘与井道壁之间的水平净距离>500mm 时，护栏高度≥1100mm；

3）护栏装设在距轿顶边缘最大为 150mm，并且其扶手外缘和井道中的任何部件之间的水平距离不应<100mm；

4）护栏上应有关于俯伏或斜靠护栏危险的警示符号或须知。

（6）安装轿厢其他附属装置，轿厢及层门的所有标志、须知及操作说明应清晰易懂（必要时借助符号或信号），并采用不能撕毁的耐用材料制成，安装在明显位置。轿厢内的扶手、装饰镜、灯具、风扇、应急灯等应按照厂家图纸要求准确安装，确认牢固有效。

8. 安装、调整超载满载开关，安装护脚板

调整满载开关，应在轿厢额定载重量时可靠动作。调整超载开关，应最迟在轿厢的额定载重量 110% 时可靠动作。如果采用其他形式的称重装置，则应按厂家要求进行安装、调整，确保功能可靠，动作灵活。每一轿厢地坎均须装设护脚板，护脚板为 1.5mm 厚的钢板，其宽度等于相应层站入口净宽，护脚板垂直部分的高度≥750mm，并向下延伸一个斜面，与水平面夹角应>60°，该斜面在水平上的投影深度不得<20mm。护脚板的安装应垂直、平整、光滑、牢固。必要时增加固定支撑，以保证在电梯运行时不抖动，防止与其他部件摩擦撞击。

9. 对重框架吊装就位、安装对重导靴

（1）在井道上部安装对重框架时，在相应位置搭设操作平台，以方便吊装对重框架和装入对重块。在机房预留孔洞上方放置一工字钢（可用曳引机承重梁临时代替），拴上钢丝绳扣，在钢丝绳扣中央悬挂捯链。在井道下部首层安装时，钢丝绳扣要固定在相对的两个导轨架上，不可直接挂在导轨上，以免导轨受力后移位或变形。对重缓冲器两侧各支一根 100mm×100mm 木方，木方高度 $C=A+B+$ 越程距离，其中 A 为缓冲器底座高度；B 为缓冲器高度，见图 41-24。

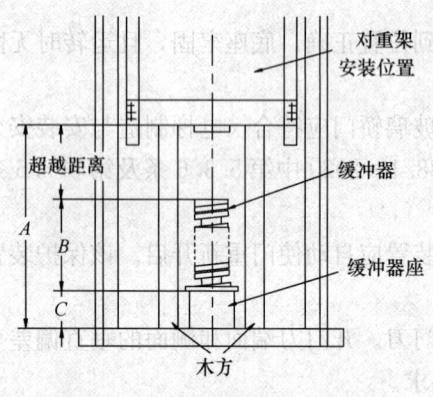

图 41-24 对重框架吊装就位

（2）安装对重导靴时，若为弹簧式或固定式的，要将同一侧的两导靴拆下，将对重框架推入导轨内再安装另一侧对重导靴。若导靴为滚轮式的，要将四个导靴都拆下，安装临时靴衬。待电梯快车运行时，拆除临时靴衬，使用滚轮导靴。

10. 对重块的安装及固定

（1）对重块数量应根据下列公式求出：

装入的对重块数 =[轿厢自重+额定荷重×(0.4～0.5)—对重架重]/ 单块重量

（2）放置对重具体数量应在做完平衡载荷实验后确定。按厂家设计要求装上对重块压

紧装置，并上紧螺母，防止对重块在电梯运行时发出撞击声。待挂好钢丝绳与轿厢连接好后，撤下支撑木方。

(3) 如果有滑轮固定在对重装置上，应设置防护罩。对重如设有安全钳，应在对重装置未进入井道前，将有关安全钳的部件装好。

41.2.3.4 施工中安全注意事项

(1) 长形部件及材料，如立柱、门框、门扇、型钢等不允许立放，防止倾倒伤人。

(2) 在轿厢全部装好，且钢丝绳安装完毕后，必须先将限速器、限速钢丝绳、张紧装置、安全钳拉杆、安全钳开关等装接完成，才能拆除上端站所架设的支撑轿厢的横梁和对重的支撑。

41.2.3.5 质量要求

(1) 轿厢的拼装质量直接影响观感质量，因此必须做到横平竖直、组装牢固，轿壁结合处应平整，开门侧壁的不垂直度≤1‰。轿厢洁净、门扇平整、洁净、无损伤，启闭轻快、平稳。中分式门关闭时上、下部同时合拢，门缝一致。

(2) 开门刀与各层层门地坎以及各层门开门装置的滚轮与轿厢地坎间的间隙均必须在5～10mm范围以内。

(3) 轿厢地坎与各层层门地坎距离偏差为0～+3mm（在整个地坎长度范围内）。

(4) 检查满载开关应在电梯额定载重量时动作，超载开关最迟应在电梯额定载重量110%时动作。

(5) 应注意的事项：

1) 轿厢组件应放置于防雨、非潮湿处。安装立柱时应使其自然垂直，达不到要求时，要在上、下梁和立柱间加垫片进行调整，不可强行安装。

2) 轿厢底盘调整水平后，轿厢底盘与底盘座之间，底盘座与下梁之间的连接处要接触严密，各螺栓紧固。

3) 轿厢的保护膜在交工前不要撕下，使用薄木板对轿厢进行保护。

41.2.4 层 门 安 装

41.2.4.1 常用工具及机具

水平尺、钢板尺、直角尺、钢卷尺、斜塞尺、线坠、活扳手、手电钻、电锤、电气焊器具等。

41.2.4.2 施工条件

(1) 各层脚手架横杆应不妨碍层门安装。脚手板上干净、无杂物。

(2) 各层层门口应装防护门和警告牌。

(3) 各层层门口建筑结构墙壁上，应有土建提供并确认的楼层地坪标高线装修高度和墙面装饰高度或书面提供。

(4) 对层门各部件进行检查，规格、数量无误，外观良好。

41.2.4.3 施工工艺流程

| 安装地坎 | → | 安装门立柱、门上坎、门套 | → | 安装层门扇、调整层门 | → | 安装门锁 |

1. 安装地坎

(1) 使用样板放两根层门安装基准线。

(2) 若层门无混凝土牛腿，采用 M14 以上的膨胀螺栓，安装电梯厂家提供的地坎托架。

2. 安装门套、门立柱、门上坎

将左右层门立柱、门上坎用螺栓组装成框架，立柱下端与地坎固定，门套与门头临时固定，确定门上坎支架的安装位置，然后用膨胀螺栓将门上坎支架固定在井道墙壁上。

用螺栓固定门上坎和门上坎支架，按要求调整门套、门立柱、门上坎的水平度、垂直度和相应位置。

3. 安装层门扇、调整层门

将门吊板上的偏心轮调到最大值，然后将门吊轮挂到门导轨上，调小偏心轮与导轨间的距离，防止门吊板坠落。将门地脚滑块装在门扇上，在门扇和地坎间垫上 6mm 厚的支撑物，将门地脚滑块放入地坎槽内。门吊轮和门扇之间使用专用垫片进行调整，保证门缝尺寸和门扇垂直度符合要求。将门吊轮与门扇的连接螺栓紧固。层门导轨及吊门滚轮按电梯制造厂技术要求调整，将偏心轮调到与滑道间距<0.5mm，撤掉门扇和地坎间所垫之物，进行门滑行试验，应运行轻快、平稳。

4. 层门门锁、副门锁、强迫关门装置及紧急开锁装置安装

(1) 调整层门锁和副门锁开关，使其达到：只有当两扇门或多扇门关闭达到有关要求后才能使门锁电触点和副门锁开关接通，一般应使副门锁开关先接通，层门门锁电触点再接通。

(2) 层门锁钩必须动作灵活，在证实锁紧的电气安全装置动作之前，锁紧元件的最小啮合长度为 7mm。

(3) 在门扇装完后应将强迫关门装置装上，层门强迫关门装置必须动作可靠，使层门具有自闭能力，被打开的层门在无外力作用时，层门应能自动关闭。采用重锤式的层门自闭装置，重锤导管或滑道的下端应有封闭措施。关门时无撞击声，接触良好。

(4) 层门手动紧急开锁装置应灵活可靠，门开启后三角锁应能自动复位。每层必须能够用三角钥匙正常开启。当一个层门或轿门（在多扇门中任何一扇门）非正常打开时，电梯严禁启动或继续运行。

41.2.4.4 施工中安全注意事项

动用电、气焊时应有防火措施，设专人监护。乙炔瓶必须直立使用。氧气瓶、乙炔瓶相互距离不得<5m，与明火之间距离不得<10m。

41.2.4.5 质量要求

(1) 开门刀与各层层门地坎、各层层门开门装置与门锁滚轮间隙应均匀，尺寸应符合电梯厂的要求。

(2) 层门扇不垂直度偏差≤2mm，在门下端用 150N 的力扒开时：中分门间隙应≤45mm；旁开门间隙≤30mm；偏心轮对滑道间隙≤0.5mm。

(3) 门扇安装、调整应达到：门扇平整、洁净、无损伤。启闭轻快平稳，无噪声，无摆动、撞击和阻滞。中分门关闭时上下部同时合拢，门缝一致。

(4) 层门框架立柱的垂直偏差和层门导轨的不水平度均不应超过 1‰。

(5) 层门关好后，门锁应立即将门锁住，锁钩电气触点刚接触，电梯能够启动时，锁紧件啮合长度至少为 7mm。应由重力、弹簧或永久磁铁来产生并保持锁紧动作，而不得由于该装置的功能失效，造成层门锁紧装置开启。

(6) 层门门扇下端与地坎面的间隙、门套与门扇的间隙、门扇与门扇的间隙为：客梯

1~6mm，货梯 1~8mm。由于磨损，间隙值允许达到 10mm。如果有凹进部分，间隙应从凹底处测量。

(7) 层门地坎及门套安装的尺寸要求、允许偏差和检验方法应符合《电梯制造与安装安全规范 第1部分：乘客电梯和载货电梯》GB/T 7588.1—2020 的第 5.3.1 条、第 5.3.3 条及第 5.3.5 条的规定。

(8) 应注意的事项

1) 凡是需埋入混凝土中部件，要经建设单位或监理检查验收合格后，办理隐蔽工程手续，才能浇灌混凝土。

2) 层门调好后，应将层门与井道固定的可调式连接件长孔处的垫圈焊接固定，以防移位。

41.2.5 机房曳引装置及限速器装置安装

41.2.5.1 常用工具及机具

水平尺、钢直尺、钢卷尺、弹簧秤、磁力线坠、钢丝钳、压线钳、螺丝刀、扳手、电锤、撬杆、捯链、电气焊器具等。

41.2.5.2 施工条件

土建的预留洞口符合图纸设计要求；机房吊钩符合要求；将机房设备箱吊到机房，开箱核对数量、核查质量，做好开箱记录。开箱后的所有设备必须放进机房，钥匙专人保管。

41.2.5.3 施工工艺流程

安装承重梁及绳头板 → 安装曳引机及导向轮 → 安装限速器

1. 安装承重梁及绳头板

1) 根据样板架和曳引机安装图画出承重梁位置。承重梁中心与样板架中心的位置允许偏差≤±2.0mm。承重梁在墙内的架设量：承重梁的两端在墙内的架设量应≥75mm，并且应超过墙厚中心 20 mm。承重梁组的水平度偏差在曳引机安装位置范围内＜2‰，梁相互的水平差≤2.0mm。承重梁安装找平找正后，与垫铁焊牢。承重梁在墙内的一端及在地面上袒露的一端用混凝土灌实抹平，见图 41-25。

2) 受条件所限和设计要求，一些电梯承重梁并非贯穿整个机房作用于承重墙或承重梁上，而有一端架设于楼板上的混凝土台。这时要求机房楼板为加厚承重型楼板，或混凝土台位置有反梁设计。混凝土台必须按设计要求加钢筋，且钢筋通过地脚螺栓等方式与楼板相联生根，与钢梁接触面加垫厚度 $\delta \geq 16$mm 的钢板，见图 41-26。

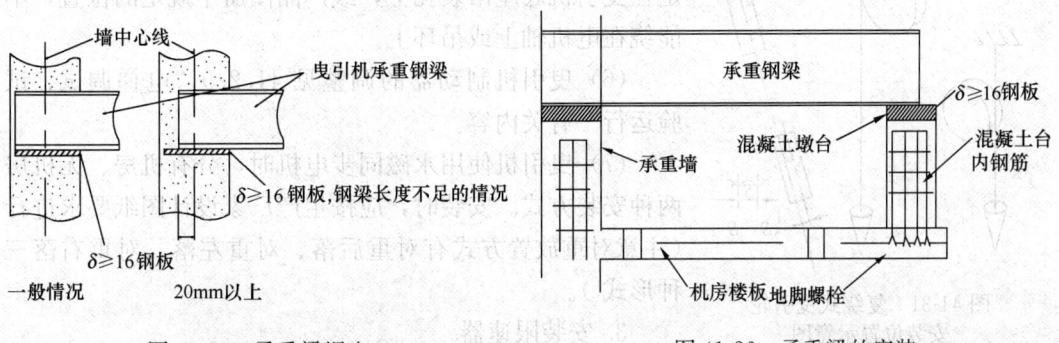

图 41-25 承重梁埋入　　　　图 41-26 承重梁的安装

2. 安装曳引机及导向轮

(1) 曳引机及导向轮的安装位置偏差：有导向轮时，见图41-27；无导向轮时，见图41-28。

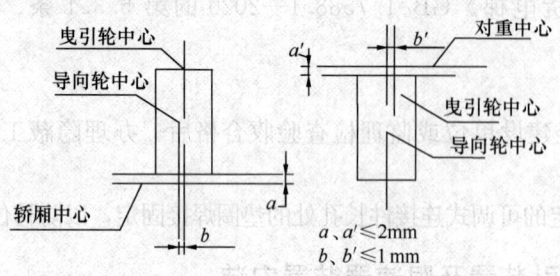

图 41-27　曳引机及导向轮的安装示意图
a—轿厢中心与曳引轮中心的最大公差尺寸；b—轿厢侧曳引轮中心与导向轮中心的最大公差尺寸；
a'—对重中心与导向轮中心的最大公差尺寸；b'—对重侧曳引轮中心与导向轮中心的最大公差尺寸

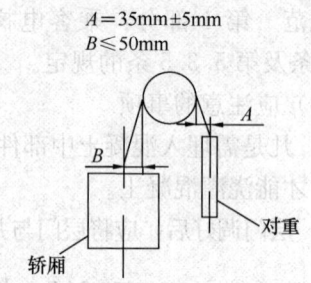

图 41-28　无导向轮曳引机安装示意图
A、B—曳引轮外沿与对重中心和轿厢中心的位置尺寸

(2) 按厂家要求布置安装减振胶垫，减振胶垫需严格按规定找平垫实。

(3) 单绕式曳引轮和导向轮的安装位置确定方法，见图41-29。

(4) 复绕式曳引轮和导向轮的安装位置确定方法，见图41-30、图41-31。

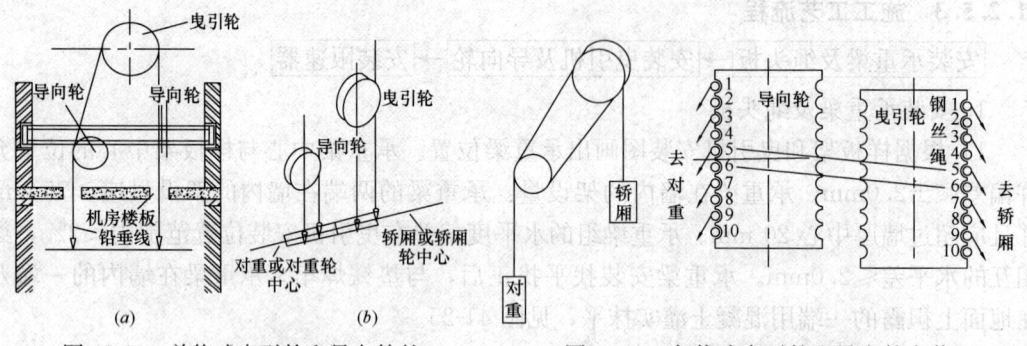

图 41-29　单绕式曳引轮和导向轮的安装位置示意图

图 41-30　复绕式曳引轮和导向轮安装位置示意图

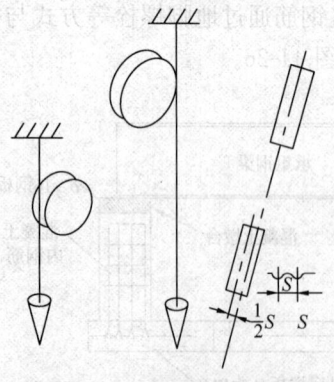

图 41-31　复绕式曳引轮安装位置示意图
S—曳引轮钢丝绳槽距

(5) 曳引机吊装：在吊装曳引机时，吊装钢丝绳应固定在曳引机底座吊装孔上，或产品图册中规定的位置，不能绕在电机轴上或吊环上。

(6) 曳引机制动器的调整见41.2.9"电梯调试、试验运行"有关内容。

(7) 曳引机使用永磁同步电机时，分有机房、无机房两种安装方式。安装时，应按生产厂家设计图纸要求进行（注意对重放置方式有对重后落、对重左落、对重右落三种形式）。

3. 安装限速器

(1) 限速器动作速度整定封记必须完好，且无拆动痕迹。

(2) 限速器应是可接近的，以便于检查和维修。轿厢无论在什么位置，钢丝绳和导管的内壁面均应有最小为 5mm 的间隙。

(3) 用规定的地脚螺栓将限速器固定在机房地面上。限速器安装后与安全钳做联动动作试验时（用手按压限速器连杆涂黄色安全漆的端部使限速器动作），限速器应运转平稳，无颤动现象。

41.2.5.4 施工中安全注意事项

(1) 其他专业人员进入机房施工时必须有专人陪同。机房门在施工人员离开时及时锁好。

(2) 捯链、电动工具、电气焊器具，在使用前应认真检查。

(3) 机房应有紧急救援操作说明及平层标记表，必须贴于易见处。在盘车手轮上应明显标出轿厢升降方向的标志，盘车装置上电气安全装置动作可靠。停电或电梯故障时应有轿厢慢速移动措施，如采用手动紧急操作装置，由持证操作人员紧急放人。

(4) 检修时轿厢顶上总荷载（包括检修人员）不得超过 2kN。

41.2.5.5 质量要求

(1) 曳引机承重梁安装前要除锈并刷防锈漆，交工前再刷与机器颜色一致的油漆。

(2) 为了不影响保养管理，限速器（GOV）离墙面的距离要确保≥100mm。限速器铭牌装在墙壁一侧看不到时，要换装到限速器另一侧。

(3) 在通往电梯机房门的外侧，应由客户设置下列简短字句的须知："机房重地，闲人莫入。"

(4) 在机房顶承重梁和吊钩上应标明最大允许载荷。

(5) 曳引机承重梁安装必须符合设计要求和施工规范规定，并由建设单位代表参加隐蔽验收。

(6) 曳引轮和导向轮轮缘端面相对水平面的垂直度在空载和满载工况下均不宜大于 4/1000。设计上要求倾斜的除外。

(7) 限速器绳轮、钢带轮、导向轮安装必须牢固，转动灵活，限速器绳轮轮缘端面相对水平面的垂直度偏差不宜大于 2/1000。

(8) 制动器应动作灵活，工作可靠。制动时两侧闸瓦应紧密，均匀地贴合在制动轮的工作面上，松闸时应同时离开，制动器闸瓦平均间隙应符合电梯使用说明书的规定。

(9) 每根曳引绳的张力相对于平均值的偏差≤5%。

(10) 钢丝绳上应做平层标志，在停电时能确认轿厢所在楼层和平层位置。

(11) 机房内钢丝绳与楼板孔洞边缘间隙为 20~40mm，通向井道的孔洞四周应设置高度≥50mm 的台阶。

41.2.6 井道机械设备安装

41.2.6.1 常用机具及工具

钢直尺、水平尺、磁力线坠、套筒扳手、钢丝钳、电气焊工具、捯链等。

41.2.6.2 施工条件

电梯井道土建施工完毕，符合设计要求。各层层门安装调试全部结束，门锁装置安全有效。

41.2.6.3 施工工艺流程

安装缓冲器底座和缓冲器 → 安装限速器张紧装置及限速绳 → 安装补偿链或补偿绳装置 → 安装井道内的防护隔障

1. 安装缓冲器底座和缓冲器

安装前测量底坑深度，按缓冲器数量全面考虑布置。安装时，缓冲器的中心位置、垂直偏差、水平度偏差等指标要同时考虑。无问题时方可将缓冲器底座安装在导轨底座上。没有导轨底座时，可采用混凝土基座或加工型钢基座。用水平尺测量缓冲器顶面，要求其水平偏差<2‰。油压缓冲器在使用前按要求加油，将附带的机械油加至油位指示器上符号位置。

2. 安装限速绳张紧装置和限速绳

张紧装置底面与底坑地面的距离见表41-5。

张紧装置底面与底坑地面的距离（mm）　　　表 41-5

类别	高速梯	快速梯	低速梯
张紧装置底面与底坑地面的距离	750±50	550±50	400±50

3. 安装补偿链或补偿绳装置

（1）应使用专业设备放补偿链，以避免补偿链产生扭曲应力。

（2）补偿绳（链）端固定应当可靠。

（3）应当使用电气安全装置来检查补偿绳的最小张紧位置。

（4）若电梯额定速度>3.5m/s，除满足《电梯制造与安装安全规范　第1部分：乘客电梯和载货电梯》GB/T 7588.1—2020中第5.5.6.2款的规定外，还应增设一个防跳装置。防跳装置动作时，一个符合《电梯制造与安装安全规范　第1部分：乘客电梯和载货电梯》GB/T 7588.1—2020中第5.5.6.1款规定的电气安全装置应使电梯驱动主机停止运转。

4. 安装井道内的防护隔障

对重的运行区域应采用隔障防护。如果隔障是网孔型的应符合相关标准规定，达到防止触及危险区的目的。隔障应从对重完全压缩缓冲器的位置起延伸到底坑地面以上最小2.0m处。从底坑地面到隔障的最低部分不应大于0.3m，宽度应至少等于对重宽度。如果对重导轨与井道壁的间距超过0.3m，则该区域也应进行防护。隔障应具有足够的刚度，防止因变形导致与对重碰撞。

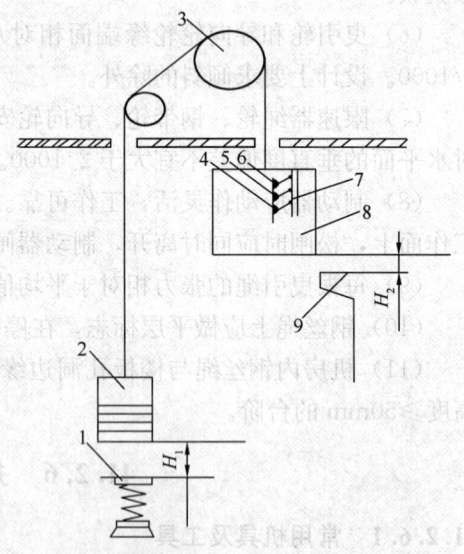

图 41-32　极限开关越程与缓冲距离
1—缓冲器；2—对重；3—曳引轮；
4—缓速开关；5—限位开关；6—极限开关；
7—撞板；8—轿厢；9—端站地平面

41.2.6.4 施工中安全注意事项

注意极限开关越程与缓冲越程距离应匹配。图41-32是极限开关越程与缓冲越程距离关系的示意图，图中 H_1 表示对重缓冲越程距离，H_2 表示极限开关越程距离。$H_1 > H_2$ 时才能满足《电梯制造与安装安全规范 第1部分：乘客电梯和载货电梯》GB/T 7588.1—2020 要求："极限开关应在轿厢或对重接触缓冲器之前起作用……"。例如使用弹簧缓冲器时，必须确保对重或轿厢碰到缓冲器之前，UOT（上限位）和 DOT（下限位）已经起作用。

41.2.6.5 质量要求

（1）缓冲器底座必须按要求安装在混凝土或型钢基础上，接触面平整严实，如采用金属垫片找平，其面积不小于底座的1/2。

（2）如采用混凝土底座，应保证不破坏井道底的防水层，避免渗水。

41.2.7 钢丝绳安装

41.2.7.1 常用工具及机具

活扳手、断线钳、盒尺、钢凿、管形测力计、钢丝绳断绳器、成套气焊器具、砂轮切割机等。

41.2.7.2 施工条件

安装钢丝绳前，应首先确认轿厢框架已经组装完成，绳头板也已安装到位；对重框架已经组装完成，对重绳头板已安装到位；机房机械设备安装结束；底坑缓冲器安装完毕。

41.2.7.3 施工工艺流程

确定钢丝绳长度 → 放、断钢丝绳 → 挂钢丝绳、做绳头 → 调整钢丝绳

1. 确定钢丝绳长度

确定实际钢丝绳长度：按轿厢位于顶层站，对重框架位于最底层距缓冲器 S_1 值的地方，见图41-33。根据曳引方式（曳引比、有无导向轮、复绕轮、反绳轮等）进行计算。

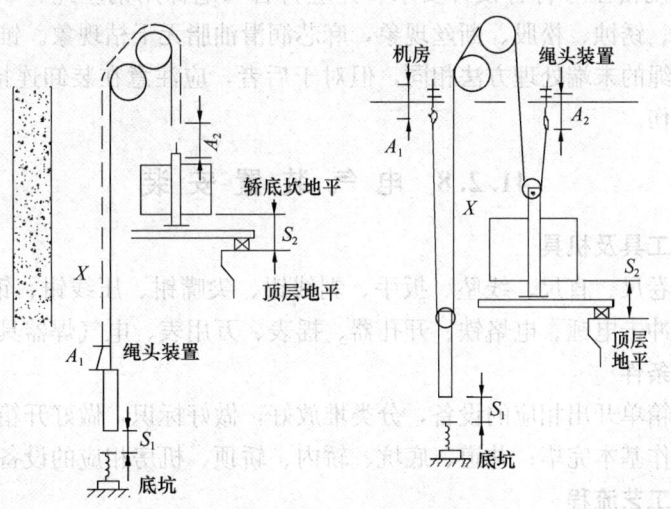

图41-33 确定实际钢丝绳长度（L）示意

A_1、A_2—做绳头长度；S_1—对重底撞板与缓冲器距离；S_2—轿厢地坎高出顶层站地坎距离；X—轿厢绳头锥体出口至对重绳头锥体出口的长度；L—实际钢丝绳长度，单绕式钢丝绳长度：$L = 0.996 \times (X + A_1 + A_2 + S_2)$，复绕式钢丝绳长度：$L = 0.996 \times (X + A_1 + A_2 + 2 \times S_2)$

2. 放、断钢丝绳

在清洁宽敞的地方放开钢丝绳，检查钢丝绳，应无死弯、锈蚀、断丝情况。按上述方法确定钢丝绳长度后，从距剁口两端5mm处将钢丝绳用铅丝绑扎成15mm的宽度，然后留出钢丝绳在锥体内长度，再按要求进行绑扎。用钢丝绳断绳器或钢凿、砂轮切割机等工具切断钢丝绳。

3. 挂钢丝绳、做绳头

（1）在做绳头、挂绳之前，应将钢丝绳用专用设备放开，以消除内应力的产生。

（2）挂绳顺序：根据不同的曳引比和绕绳方式，根据电梯厂家安装指引进行。

（3）绳头做法，可以采用自锁紧楔形绳套、套管压制绳环或柱形压制的端接装置，或者具有同等安全性能的其他装置。

4. 调整钢丝绳

绳头全部装好后，加载轿厢和对重的全部重量，此时钢丝绳和楔块受到拉力将升高。调整钢丝绳张力有如下两种方法：

（1）测量调整绳头弹簧高度，使其一致，其高度偏差≤2mm。采用此法应事先对所有弹簧进行挑选，使同一个绳头板装置上的弹簧高度一致。

（2）在井道2/3处，人站轿顶，采用等距离拉力法，使用150N测力计，测量每根钢丝绳等距离状态下的力。（比如，将钢丝绳水平方向拉离原位150mm，记录每根钢丝绳受力大小值。）全部曳引绳张力差相对于平均值不应超过5%。各钢丝绳的张力偏差最好控制在2%以内。

41.2.7.4 质量要求

（1）绳头组合必须安全可靠，且每个绳头组合必须安装防螺母松动和脱落的装置。

（2）钢丝绳规格型号符合设计要求，并应符合《电梯用钢丝绳》GB/T 8903—2024的规定，无死弯、锈蚀、松股、断丝现象，麻芯润滑油脂无干枯现象。锥套有整体式和销子式两种，钢丝绳的末端处理方法相同，但对于后者，应注意在装卸连接销和开口销时，避免发生变形损伤。

41.2.8 电气装置安装

41.2.8.1 常用工具及机具

水平尺、钢卷尺、直尺、线坠、扳手、剥线钳、尖嘴钳、压线钳、钢丝钳、螺丝刀、弯管器、电钻、冲击电锤、电烙铁、开孔器、摇表、万用表、电气焊器具等。

41.2.8.2 施工条件

（1）按照装箱单开出相应的设备，分类堆放好，做好标识，做好开箱记录。

（2）土建工作基本完毕；井道、底坑、轿内、轿顶、机房相应的设备已安装好。

41.2.8.3 施工工艺流程

电气配线安装 → 机房电气装置安装 → 井道电气装置安装 → 轿厢电气装置安装 → 层门装置电气安装

1. 电气配线安装

电线管、槽、构架防腐处理良好。电气配线安装工程要符合《电梯工程施工质量验收规范》GB 50310—2002 中第 4.10 节电气装置有关规定，安装后应横平竖直，接口严密。槽盖齐全、平整无翘角。管、槽、构架水平和垂直偏差应符合下列要求：①机房内不应＞2‰，井道内不应＞5‰，全长不应＞50mm。金属软管安装应符合下列规定：无机械损伤和松散，与箱盒设备连接处使用接头，安装应平直，固定点均匀，间距不应＞1m。端头固定牢固，固定点距离端头≤100mm。

2. 机房电气安装

控制柜的安装应布局合理、固定牢固，安装位置应符合下列规定：工作区域的净高度不应小于 2.10m，且在控制柜（控制屏）前应有一块水平净面积，该面积的深度，从控制柜（控制屏）的外表面测量时不应小于 0.7m；宽度，取 0.5m 或控制柜（控制屏）全宽的较大值。

控制柜过线盒要按安装图的要求，用膨胀螺栓固定在机房地面上。若无控制柜过线盒，则要用 10 号槽钢制作控制柜底座或混凝土底座，底座高度为 50～100mm。控制柜底座安装前，应先除锈、刷防锈漆、装饰漆。控制柜、控制柜底座与机房地面固定牢靠。多台柜并列安装时，其间应无明显缝隙且柜面应在同一平面上。同一机房有数台曳引机时，应对曳引机、控制屏、电源开关、变压器等对应设备配套编号标识，便于区分所对应的电梯。

3. 井道电气安装

(1) 随行电缆架应安装在电梯正常提升高度的 1/2 加 1.5m 处的井道壁上。随行电缆架位置应保证随行电缆在运行中不与物品发生碰触及卡阻。轿底电缆架的安装位置与井道随缆架一致，并使电梯电缆位于井道底部时，能避开缓冲器且保持≥200mm 的距离。安装随行电缆前，必须预先自由悬吊，消除扭曲。扁平型随行电缆可重叠安装，重叠根数不宜超过 3 根，每两根间应保持 30～50mm 的活动间距。扁平型随行电缆固定应使用楔形插座或卡子，见图 41-34。

(2) 在井道的两端各有一组终端开关，当电梯失速冲向端站时，首先要碰撞一级强迫减速开关，该开关在正常换速点相应位置动作，以保证电梯有足够的换速距离。当电梯继续失速冲向端站，超过端站平层 30～50 mm 时，碰撞二级保护的限位开关，切断控制回路；超过平层 100～150mm 时，（在轿厢或对重接触缓冲器之前）碰撞第三级极限开关，切断主电源回路。

终点开关的安装与调整应按安装说明书要求进行，见图 41-35。

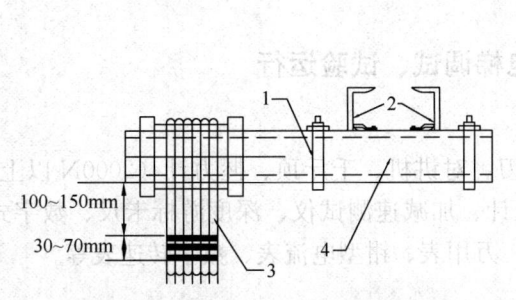

图 41-34 轿底电缆架随行电缆安装图
1—轿底电缆架；2—电梯底梁；3—随行电缆；4—电缆架钢管

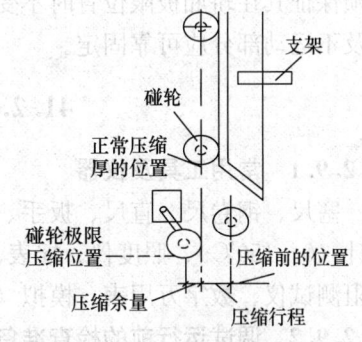

图 41-35 终点开关安装图

(3) 在底坑应装设井道照明开关，在机房、底坑两处均能控制井道照明。底坑停止装置应在打开门进入底坑时和在底坑地面上可见且容易接近。位置应符合下列规定：1) 底坑深度小于等于 1.6m 时，应设置在底层端站地面以上最小垂直距离 0.4m 且距底坑地面最大垂直距离 2.0m；距层门框内侧边缘最大水平距离 0.75m。2) 底坑深度大于 1.6m 时，应设置两个停止装置：上部的停止装置设置在底层端站地面以上最小距离 1.0m 且距层门框内侧边缘最大水平距离 0.75m；下部的停止装置设置在距底坑地面以上最大垂直距离 1.2m 的位置，并且从其中一个避险空间能够操作。

4. 轿厢电气安装

(1) 平层装置安装与调整按厂家安装说明书要求进行。

(2) 轿内应急照明要有可自动再充电的紧急电源，在正常照明电源中断的情况下，其容量应能提供至少 5lx 持续 1h。

(3) 操纵盘的安装：操纵盘面板的固定方法有用螺钉固定和搭扣夹住固定的形式。操纵盘面板与操纵盘轿壁间的最大间隙应在 1mm 以内。指示灯、按钮、操纵盘的指示信号应清晰明亮准确，遮光罩良好，不应有漏光和串光现象。按钮应灵活可靠，不应有阻卡现象。

5. 层门电气安装

呼梯按钮盒应装在层门距地 1~1.2m 的墙上。群控、集选电梯的召唤盒应装在两台电梯的中间位置。指示信号清晰明亮，按（触）钮动作准确无误。墙面和按钮盖的间隙应在 1.0mm 以内。消防开关盒应安装于召唤盒的上方，其底边距地面高度为 1.6~1.8m。层门、门套、按钮、显示器上的保护膜留到正式使用时才能撕掉。必要时施工期间不安装按钮、楼层显示器，待大楼装修好以后正式使用前装上，插件、电缆用塑料袋包好，防止被污染和受潮，最好临时固定在井道内壁上。

41.2.8.4 施工中安全注意事项

使用电焊机时，应设专用接地线，直接放在焊件上。接地线不得接在建筑物、机械设备、各种管道、金属架上使用，防止接触火花造成火灾事故。

41.2.8.5 质量要求

机房内的配电箱、控制柜盘按图纸设计和《电梯工程施工质量验收规范》GB 50310—2002 要求安装。电梯的随行电缆必须绑扎牢固、排列整齐、无扭曲，其敷设长度必须保证其在轿厢极限位置时不受力、不拖地。多根并列时，长度应一致。随行电缆两端以及不运动部分应可靠固定。

41.2.9 电梯调试、试验运行

41.2.9.1 常用工具及仪器

塞尺、钢卷尺、直尺、扳手、螺丝刀、对讲机、千斤顶、握力计（2000N 以上）、点温计（0~150℃）、照度仪、摇表、声级计、加减速测试仪、深度游标卡尺、数字式绝缘电阻测试仪、数字万用表、模拟（指针）万用表、钳型电流表、数字转速表等。

41.2.9.2 调试运行前的检查准备工作

(1) 调试前的准备。电梯图纸、调试安装说明书齐全；在挂曳引绳和拆除脚手架前，对于不同型号的电梯，按说明书要求，选择马达绝缘测试、马达通电试验，曳引机无载模

拟试车等前期测试。

(2) 电气线路检查。检查控制屏内电气元件应外观良好，安装牢固，标志齐全，接线接触良好，继电器、接触器动作灵活可靠；所有插件逐一检查，曳引电机过电流短路等保护装置的整定值应符合设计和产品要求；检查层门的机械锁、电锁及各种安全开关是否正常；拆除安全回路短接线；将控制柜，轿厢上所有自动/手动（检修）开关拨到手动侧。

(3) 静态测试调整

1) 通电试验。将机械部分各部件按厂家要求进行一次全面细致的检查，螺栓是否紧固；按照图纸逐一检查电气线路接线是否正确；测量端子间电压是否在规定范围；通电试验应在电气系统接线正常无误的前提下进行，应切断曳引电机负荷线、制动器线路，对控制柜和电气线路进行持续几分钟通电试验，确认无异常后，才能进行下一步无载模拟试车。

2) 制动器试验调整。使用专用设备，单独给制动器线圈送电，打开抱闸，观察闸瓦与制动轮间隙应均匀，符合电梯使用说明书要求，不得有摩擦；线圈的接头应可靠无松动，线圈外部必须绝缘良好。

3) 曳引主机试验。在不挂曳引绳情况下（或支起对重后吊起轿厢，曳引绳离开曳引轮），用手盘动电机使其旋转，应确认电机旋转方向与轿厢运行方向一致。如无卡阻及响声正常时，启动电机使之慢速运行。5min 后改为快速运行，继续检查各部件运行情况及电机轴承温升情况。减速器油的温升应不超过 60℃ 且最高温度不超过 85℃。如情况正常，正反向连续运行各 2.5h 后，试运行结束。试车时，要对电机空载电流进行测量，应符合规范要求。机房二人手动盘车，轿内、轿顶各一人检查开门刀与各层门坎间隙、各层门锁轮与轿厢地坎间隙，对不符合要求的及时调整，保证轿厢及对重在井道全程运行无任何卡阻碰撞现象，安全距离满足规范要求。

41.2.9.3 电梯的整机运行调试

1. 曳引机试运转

无载模拟试车：在制动器线圈未接、曳引电机负荷线不连接情况下，对电梯电气控制程序进行试验。模拟试验应由有经验电气技术人员进行，机房、轿内、轿顶各一人，通电后，机房负责人通过对讲机分别对轿顶、轿内操作人发出指令，操作人按机房指挥的指令操作按钮或开关，按电梯运行程序进行模拟操作。首先试验各急停开关，然后试验选层、开关门按钮，观察控制柜上的信号显示、继电器、接触器的吸合状况，分析各电器元件动作是否正常、顺序是否正确。如发现问题应及时找出原因，予以解决。问题排除后应重新试验，直至所有故障完全解决，全部达到规范要求。

2. 慢车试运行

整机安装全部结束，手动盘车上下行正常后，将电梯轿厢停于中间层，将轿门和层门都关闭好，然后将 DOOR 开关拨到 OFF 位置；所有自动/手动（检修）开关拨到手动侧。慢车运行应先在机房紧急电动运行控制装置运行正常后，才能在轿顶上开慢车。在机房控制柜手动开车先单层，后多层，上下往返多次（暂不到上下端站）。如无问题，试车人员进入轿顶进行实际操作。检查轿顶优先权的问题：确认当轿顶在检修状况下，机房紧急电动运行控制装置无法开慢车。试运行时，仍由三人进行，负责人改在轿顶指挥操作，轿内、机房各一人。慢车试运行时，负责人在轿顶操作，机房人员负责观察曳引机运行是否正常，控制柜上的信号显示、电器元件动作是否正常，观察机房机械设备运行是否正常。负责人在轿顶上除负责操作外，还应检查各种安全装置和机械装置是否符合要求，观察导靴与导轨、各感应器安装位置是否准确，与遮磁板间隙是否符合厂家标准，各双稳态开关与磁环间隙是否符合要求。轿内一人检查开门刀与各层门坎间隙，各层门锁轮与轿厢地坎间隙，层门与轿门地坎间隙是否全部达标，调整到符合规范要求为止。对所有层门、轿门进行认真检查，精调整厅、轿门，确保门锁装置达到规范要求。拆除厅、轿门锁的短接线；每层层门必须能够用三角钥匙正常开启；上、下行点动是否正常；点动正常后，将DOOR 开关拨到 ON 位置，将电梯手动开到平层区域，检查开关门是否正常。对上、下终端开关进行调整，终端开关与撞弓位置正确后，试验强迫减速开关、限位开关、极限开关全部动作准确、安全可靠。

3. 快车试运行

在慢车带负载试运行正常后，将机房、轿厢开关全拨到"正常"位置，进行快车试运行。在机房控制柜上按不同型号的电梯要求，进行楼层高度测量运行（以慢速将轿厢从最下端站中途不停移到上端站直至轿厢将上端站限位开关 UL 撞开，电梯停车后，楼层显示器显示最高楼层层数）。层高基准数据输入结束。输写开关拨到正常位置。在控制柜上操作快车试运行，试车中对电梯的信号系统、控制系统、驱动系统进行测试、调整，使之全部正常。运行控制功能达到设计要求：指令、召唤、定向、程序转换，开车、截车、停车平层等准确无误，声光信号显示清晰、正确。

4. 自动门调整

(1) 调整门杠杆，应使门关好后，其两臂所成的角度<180°，以便必要时，人在轿厢内可以将门打开。

(2) 在轿顶用手盘门，调整控制门速行程开关的位置。

(3) 通电进行开门、关门试验，调整门机控制系统使开关门的速度符合要求；开门时间一般调整在 2.5～4s；关门时间一般调整在 3～5s；关门保护装置应功能可靠。

41.2.9.4 试验运行

1. 安全装置检查试验

(1) 过负荷及短路保护

1) 电源主开关应具有切断电梯正常使用情况下最大电流的能力，其电流整定值、熔体规格应符合负荷要求，开关的零部件应完整无损伤；开关的接线应正确可靠，位置标高及编号标志应符合规范要求。

2) 在机房中，每台电梯应单独装设主电源开关而且应当加锁，仅在断开位置才能有效锁住。该开关不应切断轿厢照明、通风、机房照明、电源插座（机房、轿顶、底坑）、井道照明、报警装置等供电电路。

(2) 相序保护装置

每台电梯应当具有断相、错相保护功能；电梯运行与相序无关时，可以不装设错相保护装置。

(3) 曳引电机过电流及短路保护装置

一般电机绕组埋设了热敏元件，以检测温升。当温升大于规定值即就近平层开门，使其停止运行；当温度下降至规定值以下时，则自动接通控制电路，电梯又可启动运行。

(4) 方向接触器及开关门继电器机械连锁保护应灵活可靠。

(5) 强迫缓速装置：开关的安装位置应按电梯的额定速度、减速时间及制停距离而定，具体安装位置应按制造厂的安装说明书及规范要求而确定。试验时置电梯于端站的前一层站，使端站的正常平层减速失去作用，当电梯快车运行，撞弓接触开关碰轮时，电梯应减速运行到端站平层停靠。

(6) 安全（急停）开关

1) 电梯应在机房、轿顶及底坑设置使电梯立即停止的安全开关；

2) 安全开关应是双稳态的，需手动复位，无意的动作不应使电梯恢复服务；

3) 该开关在轿顶或底坑中，距检修人员进入位置不应超过1m，开关上或近旁应标出"停止"字样。

(7) 层门与轿厢连锁试验

层门与轿门的试验必须符合下列规定：

1) 在正常运行或轿厢未停止在开锁区域内时，层门应不能打开；

2) 如果一个层门或轿门（在多扇门中任何一扇门）打开，电梯应不能正常启动或继续正常运行。

(8) 紧急电动运行装置及救援措施

1) 电梯的紧急操作装置：当电梯因发生故障而停止运行，若轿厢停在层距较大的两层之间或蹾底冲顶时，乘客将被困在轿厢中。为救援乘客，电梯均设有紧急操作装置，通过专业人员检查短接故障点，可使轿厢慢速移动，从而达到救援被困乘客的目的。该装置在现场应有详细的使用说明。

2) 紧急电动运行开关及操作按钮应设置在易于直接观察到曳引机的地点，该开关本身或通过另一个电气安全装置可以使限速器、安全钳、缓冲器、极限开关的电气安全装置失效，轿厢移动速度不应超过0.3m/s。如用紧急操作装置，制动器松闸开关应能在蓄电池状态有效打开。该装置不应使层门锁的电气安全保护失效。

(9) 电梯报警装置和电梯远程监控

1) 根据《电梯制造与安装安全规范 第1部分：乘客电梯和载货电梯》GB/T 7588.1—2020紧急报警装置相关规定和《电梯远程报警系统》GB/T 24475—2023电梯运程报警系统具体要求如下：

轿厢中至少有下列标志：

① 轿厢内有报警系统和与救援服务组织连接的标志；

② 报警触发装置标志。

2) 为使乘客在需要时能有效向外求援，轿内应装设易于识别和触及的报警装置。该装置应采用警铃、对讲系统、外部电话或类似装置。建筑物内的管理机构应能及时有效地应答紧急呼救。该装置在正常电源一旦发生故障时，应自动接通能够自动充电的应急电源。如果在井道中工作的人员存在被困危险，而又无法通过轿厢或井道逃脱，应在存在该危险处设置远程报警装置并且可在避险空间操作该装置。如果电梯行程>30m，在轿厢和机房之间应设置《电梯制造与安装安全规范 第1部分：乘客电梯和载货电梯》GB/T 7588.1—2020中第5.12.3.2款述及的紧急电源供电的对讲系统或类似装置。

3) 闭路电视监视系统：为了准确统计客流量和及时地解救乘客突发疾病的意外情况

以及监视轿厢内的犯罪行为,可在轿厢顶部装设闭路电视摄像机,摄像机镜头的聚焦应包括整个轿厢面积,摄像机信号经屏蔽电缆与保安部门或管理值班室的监视屏连接。

4) 电梯运程监视系统是将智能数据采集与电梯控制系统连接,可对电梯运行过程中的各种信号实时采集、分析、报警、储存,并直观地得到电梯运行状态,实现运程监视。被监视电梯发生故障,系统可自动拨打报警电话,以便及时排除故障。系统可随时检索、打印电梯故障列表,方便电梯管理。

5) 根据《特种设备安全监察条例》,对电梯关人故障处罚作了明确规定,从而对电梯运行状态实时监视、故障信息迅速传达、主管人员快速反应等提出了更高的要求,电梯运程监视将逐步推广实施。

6) 电梯关人救援系统：电梯关人救援系统通过实时监测人体感应探头、平层传感器以及门开关传感器来判断电梯是否发生关人故障。如果发生关人故障,则给系统内设定的电梯维保人员、电梯维保公司管理软件、市场监督管理局管理软件发送短信,并在故障解除后发送故障解除短信。电梯维保公司管理软件和市场监督管理局管理软件记录电梯的故障情况以及处理情况。

(10) 无机房电梯附件检验项目

1) 紧急操作与动态试验装置

① 用于紧急操作和动态试验（如制动试验、曳引力试验、限速器 安全钳动作试验、缓冲器试验及轿厢上行超速保护试验等）的装置应当能在井道外操作；在停电或停梯故障造成人员被困时,相关人员能够按照操作屏上的应急救援程序及时解救被困人员。

② 应当能够直接或者通过显示装置观察到轿厢的运行方向、速度以及是否位于开锁区。

③ 装置上应当设置永久照明和照明开关、停止装置。

2) 附件检修控制装置

如果需要在轿厢内、底坑或者平台上移动轿厢,则应当在相应位置上设置附加检修控制装置,并且符合以下要求：

① 每台电梯只能设置一个附加检修装置；附加检修控制装置的型式要求与轿顶检修控制装置相同；

② 如果一个检修控制装置被转换到"检修",则通过持续按压该按钮装置上的按钮能够移动轿厢；如果两个检修控制装置均被转换到"检修"位置,则从任何一个检修控制装置都不可能移动轿厢,或者当同时按压两个检修控制装置上相同方向的按钮时才能够移动轿厢。

2. 载荷试验

(1) 按《电梯安装验收规范》GB/T 10060—2023 进行静载、空载、满载、超载试验；运行试验必须达到下列要求：

1) 电梯启动、运行和停止,轿厢内无较大的振动和冲击,制动器可靠；

2) 超载试验必须达到下列要求：①电梯能安全启动、运行和停止；②曳引机工作正常。

(2) 满载超载保护：当轿厢内载有 90% 以上的额定载荷时,满载开关应动作,此时电梯顺向截梯功能取消。当轿内载荷大于额定载荷时,超载开关动作,操纵盘上超载灯亮铃响，且不能关门，电梯不能启动运行。

（3）运行试验：轿厢分别以空载、50%额定载荷和额定载荷三个工况，并在通电持续率40%情况下，到达全行程范围，按120次/h，每天不少于8h，往复升降各1000次。

（4）超载试验：轿厢加入110%额定载荷，断开超载保护电路，通电持续率40%情况下，到达全行程范围。往复运行30次，电梯应能可靠地启动、运行和停止，制动可靠，曳引机工作正常。

3. 功能试验

（1）轿厢上行超速保护装置试验：轿厢上行超速保护装置的型式不同，其动作试验方法亦不相同。应按照电梯整机制造单位规定的方法进行试验。

试验内容与要求：当轿厢空载以检修速度上行时，人为使超速保护装置的速度监控部件动作，模拟轿厢上行速度失控现象，此时轿厢上行超速保护装置应当动作，使轿厢制停或者至少使其速度降低至对重缓冲器的设计范围；该装置动作时，应当使一个电气安全装置同步动作。

（2）缓冲器试验

缓冲器在现场安装后，应进行交付使用前的检验和试验。

1) 蓄能型弹簧缓冲器仅适用于额定速度≤1m/s的电梯。蓄能型弹簧缓冲器，可按下列方法进行试验：将载有额定载荷的轿厢放置在底坑中缓冲器上，钢丝绳放松，检查弹簧的压缩变形是否符合规定的变形特性要求。

2) 耗能型液压缓冲器可适于各种速度的电梯。对耗能型缓冲器需作如下几方面的检验和试验：

① 检查液压缓冲器的底座是否紧固，油位是否在规定的范围内，柱塞是否清洁无污；

② 将限位开关、极限开关短接，以检修速度下降空载轿厢，将缓冲器压缩，观察电气安全装置动作情况；

③ 将限位开关、极限开关和相关的电气安全装置短接，以检修速度下降空载轿厢，将缓冲器完全压缩，检查从轿厢开始离开缓冲器一瞬间起，直到缓冲器回复到原状的情况。缓冲器动作后，回复至其正常伸长位置电梯才能正常运行；缓冲器完全复位的最大时间限度为120s。

（3）轿厢限速器安全钳联动试验

瞬时式安全钳试验时在轿厢装有均匀分布的额定载荷，渐进式安全钳试验在轿厢装有均匀分布的125%额定载荷。在机房内以检修速度下行、人为使限速器动作时，限速绳应被卡住，安全钳拉杆被提起、安全钳开关和楔块动作、安全回路断开，曳引机停止运行。短接限速器、安全钳电气开关，在机房以慢车下行，此时轿厢应停于导轨上，曳引绳应在绳槽内打滑后立即停车。检查轿底相对原位置倾斜度应不超过5%。在机房开慢车上行使轿厢上升，限速器与安全钳复位，拆除短接线，人为恢复限速器、安全钳电气开关，电梯正常开慢车。检查导轨受损情况并及时修复，判断安全钳楔块与导轨间隙是否符合要求。试验的目的是检查安装调整是否正确，以及轿厢组装、导轨与建筑物连接的牢固程度。当安全钳可调节时，整定封记应完好，且无拆动痕迹。

（4）对重（平衡重）限速器—安全钳联动试验：短接限速器和安全钳的电气安全装置，轿厢空载以检修速度向下运行，人为动作限速器，观察对重应可靠制停。

(5) 平衡系数测试

1) 轿厢以空载和额定载重的 30%、40%、45%、50%、60% 五个工况做上、下运行，当轿厢对重运行到同一水平位置时，分别记录电机定子的端电压、电流和转速三个参数；

2) 利用上述测量值分别绘制上、下行电流——负荷曲线或速度（电压）——负荷曲线，以上、下运行曲线的交点所对应的负荷百分数即为电梯的平衡系数，该值应符合厂家要求。

(6) 空载曳引力试验

将上限位开关、极限开关和缓冲器柱塞复位开关短接，以检修速度将空载轿厢提升，当对重压在缓冲器上后，继续使曳引机按上行方向旋转，观察是否出现曳引轮与曳引绳产生相对滑动现象，或者曳引机停止旋转。

(7) 消防返回功能试验

如果电梯设有消防返回功能，应当符合以下要求：

1) 消防开关应当设在基站或者撤离层，防护玻璃应当完好，并且标有"消防"字样；

2) 消防功能启动后，取消已登记的呼梯信号，电梯不再响应外呼和内选信号，轿厢直接返回指定撤离层，开门待命。

(8) 额定速度试验：当电源为额定频率，电机施以额定电压，轿厢加入 50% 额定载荷，向下运行至行程中部的速度不应超过额定速度的 92%～105%，符合《电梯监督检验和定期检验规则》TSG T7001—2023 要求。

(9) 上行制动试验：轿厢空载以正常运行速度上行至行程上部时，断开主开关，检查轿厢制停和变形损坏情况。

(10) 下行制动试验：轿厢装载 1.25 倍额定载重量，以正常运行速度下行至行程下部，切断电机与制动器供电，曳引机应当停止运转，轿厢应当完全停止，并且无明显变形和损坏。

(11) 工况噪声检验

1) 运行中轿厢内噪声测试：额定速度≤2.5m/s 的电梯，运行中轿内噪声不应＞55dB（A）；额定速度＞2.5m/s 且小于 6m/s 的电梯，不应＞60dB（A）。乘客电梯开关门过程噪声不应＞65dB（A）。

2) 机房噪声测试：额定速度≤2.5m/s 的电梯，不应＞80dB（A）；额定速度＞2.5m/s 且小于 6m/s 电梯，不应＞85dB（A）。

(12) 启动加速度、制动减速度和 A95 加速度、A95 减速度

试验方法：试验开始前，应按照《乘运质量测量 第 1 部分：电梯》GB/T 24474.1—2020 中第 6.1 节的要求做好准备工作，振动测量传感器应按照《乘运质量测量 第 1 部分：电梯》GB/T 24474.1—2020 中第 6.2 节的要求定位在轿厢地板中心半径为 100mm 的圆形范围内，声音测量传感器的位置应在轿厢地板该区域的上方 1.5m±0.1m 处，且应沿水平位置直接对着轿门。仪器应放置在正常使用的地板表面上，如地板表面未达到正常使用状态，则测量时也不应增加其他覆盖物。仪器支脚应给地板施加一个不小于 60kPa 的压强，该压强近似于人脚产生的压强，在整个测量过程中仪器应与地板始终保持稳定接触。

试验时轿厢内应不超过2人，如果测量期间有2人在轿厢内，他们不宜站在造成轿厢明显不平衡的位置。在测量过程中，每个人都应保持静止和安静。为防止轿厢地板表面的局部变形而影响测量，任何人都不能把脚放在距离传感器150mm的范围内。为避免引起被测声音声级的改变，人员不应站在距声音测量传感器300mm范围内；人员也不应站在声音测量传感器与轿门之间。

（13）空载曳引力试验：将上限位开关、极限开关和缓冲器柱塞复位开关短接，以检修速度将空载轿厢提升。当对重压在缓冲器上后，继续使曳引机按上行方向旋转，观察是否出现曳引轮与曳引绳产生相对滑动的现象，或者曳引机停止旋转。

（14）轿厢平层准确度测试：在空载和额定载荷的工况下分别测试，一般以达到额定速度的最小间隔层站为间距作向上、向下运行，测量全部层站。电梯平层准确度：交流双速电梯，应在±30mm的范围内；其他调速方式的电梯，应在±10mm的范围内。

41.2.10　自导式无脚手架安装

电梯的自导式无脚手架安装方法，是利用电梯轿厢作为施工平台安装导轨等部件。由于省去了在井道中搭设满堂脚手架的工序，大幅降低了电梯安装成本，在近年来电梯安装尤其是超高层建筑的电梯安装中大量使用，适用于有机房对重后置电梯安装施工。

41.2.10.1　常用工机具及仪器

主要设备：开孔水钻、校导轨尺、2t 捯链、4m 长 3t 吊索、卷扬机、全身式安全带、安全网、层门防护栏、生命线、记号笔、錾子、木工锯、墨斗、线坠、水平尺、钢卷尺、直尺、盒尺、活扳手、断线钳、管形测力计、锡锅、成套气焊器具、剥线钳、尖嘴钳、压线钳、钢丝钳、螺丝刀、冲击电锤、砂轮切割机、电烙铁、开孔器、摇表、万用表、电气焊器具等。

41.2.10.2　施工条件

（1）检查电梯底坑、井道、机房土建结构参数及相关预留预埋孔洞位置、数量是否符合设计图纸要求。

（2）检查和准备安装过程所需的专用安装工具、普通安装工具及安全防护用品。

（3）做好井道层门安全防护。层门防护栏高度为1800mm，底部应设置200mm高的踢脚板，护栏应有足够的强度（可承受1kN外力）。电梯层门防护网选用有一定强度的尼龙安全网制作；高2500mm，宽1800mm，可把整个层门遮住，固定要平整、牢固，下端必须粘连地面，并与层门护栏固定好。

41.2.10.3　施工工艺流程

井道测量 → 安装机房设备 → 安装底坑设备 → 安装轿厢 → 搭设顶层操作平台 → 安装对重架 → 安装曳引绳和限速器绳 → 加对重块 → 安装轿顶护栏及头顶保护 → 悬挂随行电缆和轿顶检修盒 → 安装导轨 → 安装层门 → 安装电气装置 → 调试运行

1. 井道测量

见 41.2.1 "井道测量"。

2. 机房曳引装置及限速器装置安装

见 41.2.5.3 中 1～3 条（1. 安装承重梁及绳头板；2. 安装曳引机及导向轮；3. 安装

限速器)。按照机房布置图确定控制柜的位置，使用膨胀螺栓将其固定在地面上，安装线槽并布线。

3. 安装底坑设备

(1) 见41.2.6.3中1、2条(1. 安装缓冲器底座和缓冲器；2. 安装限速绳张紧装置和限速绳)。

(2) 安装底坑第一根导轨。安装底坑第一根导轨时，底坑内应无积水、无垃圾。利用操作平台或梯子先将导轨支架安装好，然后安装第一根导轨。安装时，在导轨的下方垫一块50mm厚的砖块，安装校正好后，把砖块敲碎，然后安装导轨底座。导轨底座和导轨底部应有20～30mm的间隙，以防楼房变形和温度变化，影响导轨正常工作，见图41-36。

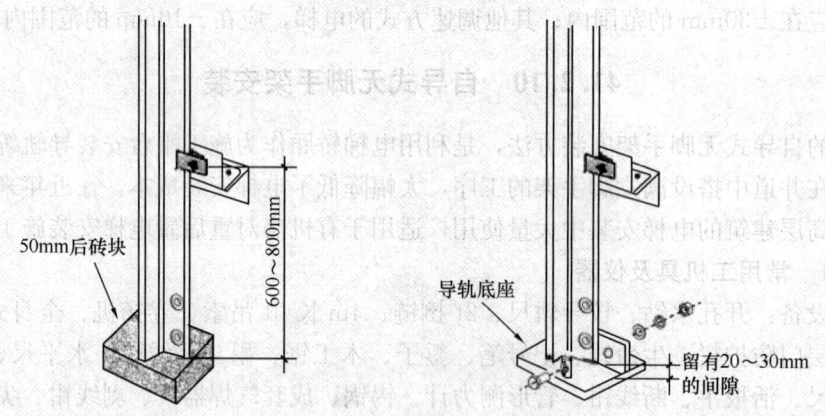

图41-36 导轨下方示意图

4. 安装轿厢

(1) 龙门架安装见41.2.3.3中2～4条(2. 安装底梁；3. 安装立柱、上梁；4. 安装轿厢底盘、导靴)。

(2) 拼装轿厢见41.2.3.3中5～8条(5. 安装轿壁、轿顶、撞弓；6. 安装门机和轿门；7. 安装轿内、轿顶装置；8. 安装、调整超载满载开关，安装护脚板)。

5. 搭设顶层操作平台

(1) 将工作平台所需的槽钢、扁钢、角钢材料准备好，按设计图纸尺寸下料、钻孔。

(2) 从机房吊钩处悬挂一条安全绳；安装人员佩戴安全带，用自锁器悬挂在安全绳上；在层门口侧面离地面60mm和1550mm的高度，在墙的中心各打入一颗膨胀螺栓。将扁铁中间孔洞穿入膨胀螺栓，把槽钢固定在膨胀螺栓上，此工作须内外两人配合进行。

(3) 当两根槽钢安装好后，用铁丝捆扎横木板、竖木板和踢脚板；然后安装软绳做平台护栏，在井道壁吊环的上方安装承重支架，用钢丝绳和花篮螺栓固定，做二次保护，见图41-37。

6. 安装对重架

(1) 工作平台安装好后，安装对重架。把对重架和适量的对重块搬运到最顶层，对于复绕曳引比2:1的电梯，需要在对重架上安装导向轮。

(2) 在机房承重梁上安装一个2t的捯链，把对重架抬到层门口，挂好捯链，慢慢提

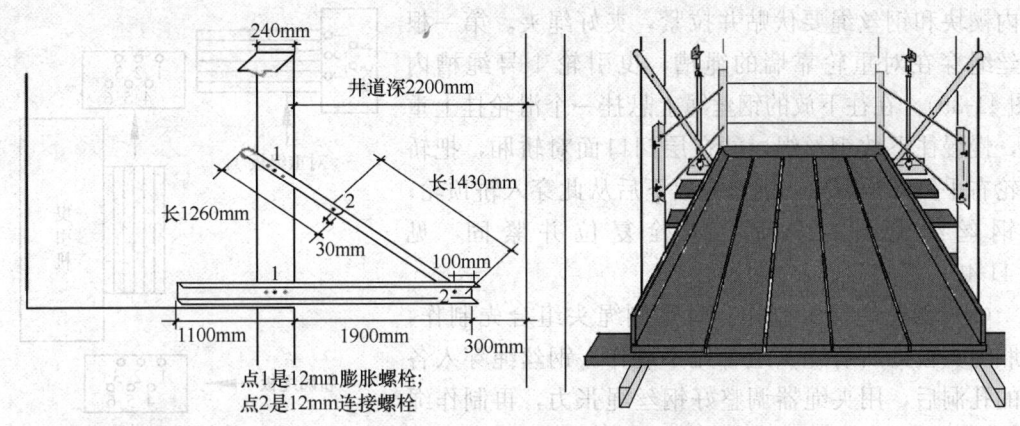

图 41-37 顶层操作平台安装示意图

升对重架,将对重架吊入井道内,见图 41-38 (a)。

计算出对重架准确的摆放高度后,慢慢提升对重架进行安装就位,见图 41-38 (b)。

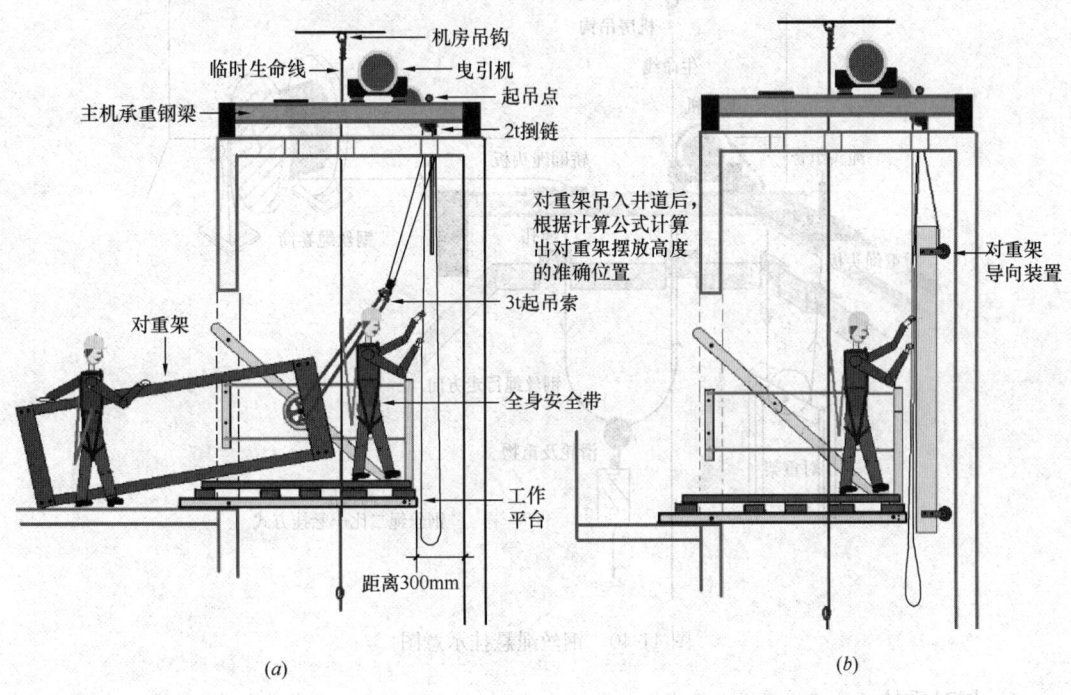

(a) (b)

图 41-38 对重架安装示意图
(a) 对重架吊入井道内;(b) 对重架吊就位

7. 安装曳引绳和限速器绳

(1) 悬挂钢丝绳之前应将对重绳板、轿厢绳板及曳引钢丝绳位置进行统一编号,见图 41-39。

(2) 钢丝绳的安装根据编号顺序分别进行。取一筒钢丝绳架在架子上,释放出钢丝绳,将绳头从轿厢绳头板 1 号绳孔放下,穿过轿厢滑轮从曳引轮孔返回机房;再从导向轮绳孔放下,穿入对重轮返回机房做好一个绳头组件,穿入对重绳头板上 1 号绳孔。绳头组件内楔块和钢丝绳要伏贴并拉紧，夹好绳夹。第一根钢丝绳穿在对重轮靠墙的绳槽，曳引轮 1 号绳槽内（图 41-39）。在往下放的钢丝绳上悬挂一个滑轮挂上重物，慢慢往下放钢丝绳，站在层门口面对轿厢，把轿顶轮右手侧螺栓拆除，钢丝绳放下后从此穿入轿顶轮；当钢丝绳全部穿入后，螺栓复位并紧固，见图 41-40。

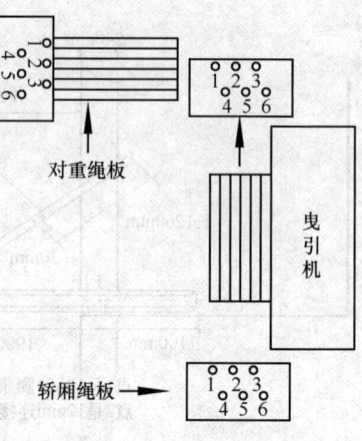

(3) 钢丝绳绳头制作。对重侧绳头组合先制作，轿厢绳头板处所有绳头组合先不制作。钢丝绳穿入各自的孔洞后，用夹绳器调整好钢丝绳张力，再制作绳头组合，确保张力一致，钢丝绳悬挂完毕。

图 41-39 钢丝绳编号示意

(4) 安装限速器绳。曳引绳安装好后，调整电梯轿顶反绳轮和桥架。安装限速绳的顺序和方法与曳引绳的安装一致。

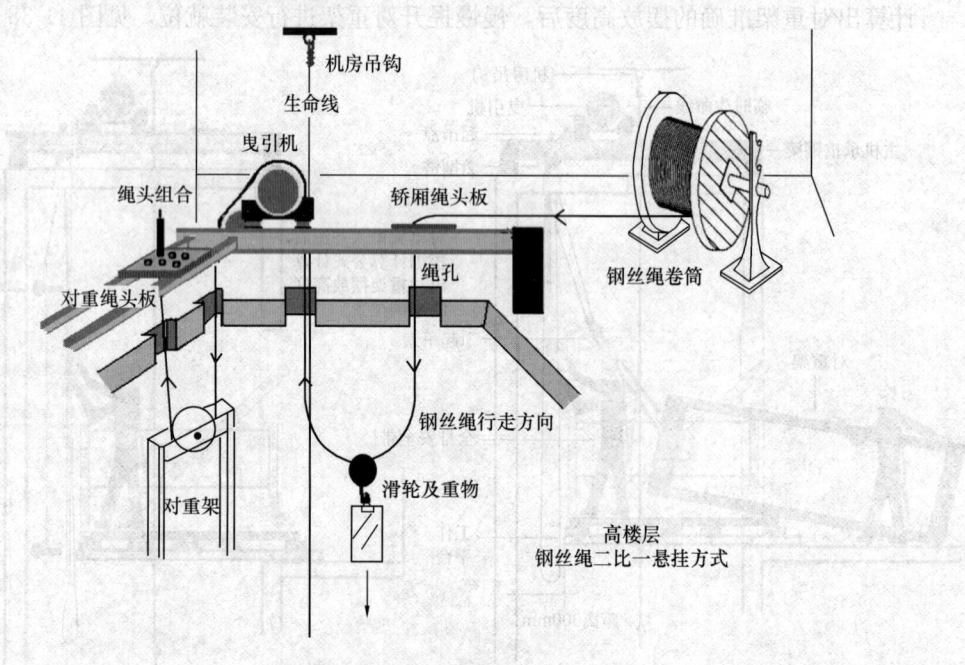

图 41-40 钢丝绳悬挂示意图

8. 加对重块

(1) 待曳引绳悬挂好后，加对重块。

(2) 加入对重块的数量是根据轿厢重量来计算的。在安装阶段和快车运行前必须保证轿厢与对重平均或略微偏重一些。对重块加装完毕，用压紧装置上的压紧螺栓牢固顶住对重块，同时紧固螺栓，见图 41-41。

(3) 在导轨未安装完成之前，补偿链可以先不安装，导轨安装完成后，第一时间安装补偿链。安装方法见 41.2.6.3 中 3 条"安装补偿链或补偿绳装置"。

9. 安装轿顶护栏及头顶保护

(1) 轿顶护栏安装。平台四周安装护栏，护栏与轿顶平台连接。安装好后将传感器的接收装置安装在护栏上，再用木板铺满轿顶平台。

（2）头顶保护安装。利用角钢自行制作轿顶头顶保护，头顶保护与轿顶护栏连接，顶部采用木模板封闭好，给安装人员提供额外的保护，见图41-42。

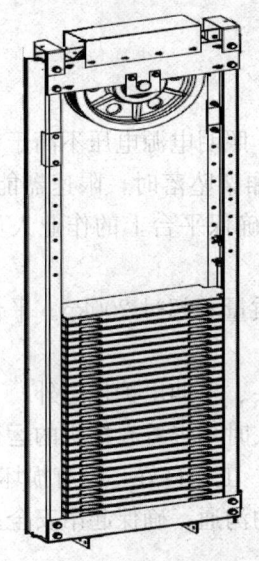

图41-41 加对重块示意图

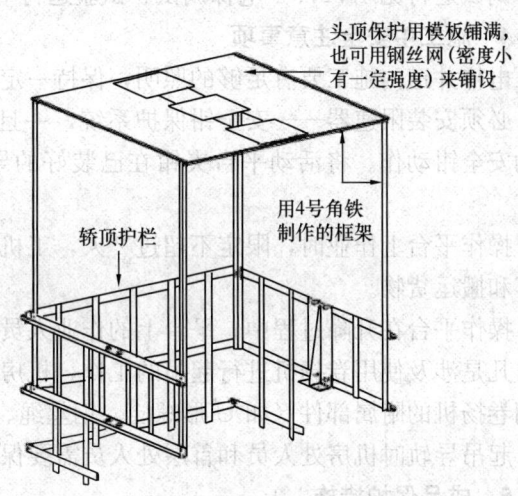

图41-42 轿顶护栏及头顶保护示意图

10. 悬挂随行电缆和轿顶检修盒

（1）随行电缆捆绑在钢管上临时固定在机房内。

（2）轿底随行电缆固定处可以安装到位，见图41-43。

（3）轿顶检修盒固定在防护栏上，固定好后用塑料膜包裹住。

11. 安装导轨

（1）施工人员站在轿顶操作平台内，安装第二根导轨的支架，安装完成后用卷扬机起吊第二根导轨，并安装到支架上固定。

（2）导轨安装好后，把电梯开到指定位置，断开急停开关，安装上一挡支架，此时不要压紧压板。

（3）电梯往下开，仔细校正导轨，同时拧紧所有螺栓（膨胀螺栓、支架连接螺栓、压导板螺栓）。

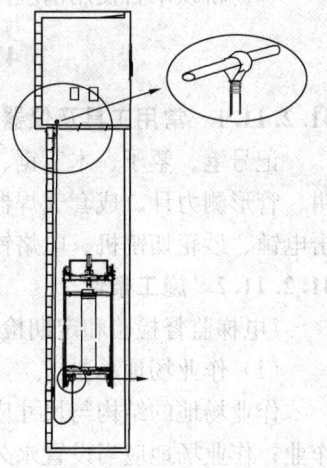

图41-43 悬挂随行电缆示意图

（4）电梯往上开校正上一挡支架，第二根导轨安装校正完毕。

（5）剩余导轨依次置于层门口，用卷扬机起吊。

（6）导轨及支架参照41.2.2.3中2～4条（2. 安装导轨支架；3. 安装导轨；4. 调整导轨）。

12. 安装层门

见41.2.4"层门安装"。

13. 安装电气装置

见41.2.8电气装置安装。

14. 调试运行

(1) 开慢车之前轿厢缓冲器、第二根导轨要安装完成，安全钳全部连动机构要起作用。

(2) 调试运行见41.2.9"电梯调试、试验运行"。

41.2.10.4 施工中安全注意事项

(1) 电梯井道内施工要有足够的照明，保持一定的亮度。照明电源电压不高于36V。

(2) 必须安装限速器——安全钳保护系统，一旦发生轿厢架坠落时，限速器能动作，并能带动安全钳动作。将活动平台夹钳在已装好的导轨上，确保平台上的作业人员万无一失。

(3) 操作平台上作业时，限定不超过2人，工机具的总质量不超过200kg。平台不得用于乘客和搬运货物。

(4) 操作平台在升降过程中，平台上的作业人员不得将头、手伸出护栏之外。

(5) 凡是涉及使用卷扬机进行起吊的工作，机房必须有人时刻查看卷扬机的运行，并保证使用卷扬机的附属部件（如U形螺栓、钢丝绳、吊环等）工作良好，没有损坏。

(6) 起吊导轨时机房处人员和首层处人员需要保持良好的沟通，确保起吊安全。

41.2.10.5 成品保护措施

(1) 限速绳张紧装置及轿顶检修盒安装完成后，及时用塑料薄膜包裹住。

(2) 轿顶平台使用前应用木板满铺。

41.2.11 曳引无机房电梯安装

41.2.11.1 常用工具及仪器

记号笔、錾子、木工锯、墨斗、线坠、水平尺、钢卷尺、直尺、盒尺、活扳手、断线钳、管形测力计、成套气焊器具、剥线钳、尖嘴钳、压线钳、钢丝钳、螺丝刀、电钻、冲击电锤、砂轮切割机、电烙铁、开孔器、摇表、万用表、电气焊器具等。

41.2.11.2 施工条件

《电梯监督检验和定期检验规则》TSG T 7001—2023对无机房电梯附加检验项目：

(1) 作业场地总要求

作业场地的结构与尺寸应当保证工作人员能够安全、方便地进出和进行维护（检查）作业；作业场地应当设置永久性电气照明，在靠近工作场地入口处应当设置照明开关。

(2) 对轿顶上或轿厢内作业场地要求

检查、维修驱动主机、控制屏的作业场地设在轿顶上或轿内时，应当具有以下安全措施：设置防止轿厢移动的机械锁定装置；设置检查机械锁定装置工作位置的电气安全装置，当该机械锁定装置处于非停放位置时，能防止轿厢的所有运行；（如果有）检修门窗不得向轿厢打开，在打开情况下不能进行轿厢移动运行。

(3) 对底坑内作业场地要求

检查、维修驱动主机、控制屏的作业场地设在底坑时，应当具有以下安全措施：设置防止轿厢移动的机械锁定装置，使作业场地内地面与轿厢最低部件之间距离≥2m；设置检查机械锁定装置工作位置的电气安全工作装置，当该机械锁定装置处于停止位置时，能防止轿厢的所有运行；当机械锁定装置进入工作位置时，仅能通过检修装置来控制轿厢电动运行。在井道外设置电气复位装置，只有通过操纵该装置才能使电梯恢复到正常工作状态，该装置只能由工作人员操作。

41.2.11.3　施工工艺流程

1 搭设样板架、测量井道、确定基准线、挂基准线 → 2 确定导轨支架位置、安装导轨支架 → 3 安装导轨支架和导轨 → 4 安装曳引装置及限速器装置 → 5 安装无机房控制柜 → 6 安装无机房松闸装置 → 7 安装无机房检修安全销 → 8 安装轿厢及对重 → 9 安装层门 → 10 安装井道机械设备 → 11 安装钢丝绳 → 12 安装电气装置

（1）步骤 1：见 41.2.1.3 中 1～3 条（1. 样板架制作；2. 层门放线及井道测量；3. 机房样线的测量定位）。

（2）步骤 2：见 41.2.2 "导轨支架和导轨的安装"。

（3）步骤 3：见 41.2.2.3 "施工工艺流程" 的 2、3 条（2. 安装导轨支架；3. 安装导轨）。

在安装曳引机侧的最上面的一根轿厢导轨时，应先将曳引机吊上搁机梁，用螺栓固定在搁机梁上，然后安装导轨。

（4）步骤 4：见 41.2.5 "机房曳引装置及限速器装置安装"。

确认井道的顶层高度、搁机梁预留孔位置以及底坑深度是否和土建图一致。无机房电梯搁机梁架设在顶层预留孔上（个别厂家在导轨顶部固定主机，详见各厂家电梯土建及安装布置图），确认两预留孔的高度差（水平差）小于等于 5mm。搁机梁梁底至层门地坪的距离：对于速度 1m/s 的无机房电梯，不小于 2.6m；对于速度 1.6m/s（或 1.75m/s）的电梯，不小于 2.8m（具体参照厂家设计要求）。在满足上述条件的前提下，搁机梁梁底到井道顶的最小距离为 1.2m。搁机梁架设时，两端深入基础内＞75mm，且超过基础中心 20mm 以上。

1）无机房曳引机吊装前准备工作。

① 井道脚手架根据曳引机吊装要求进行调整，拆除多余部件。

② 安装承重梁及绳头板。

a. 根据样板架和曳引机安装图画出承重梁位置。承重梁中心与样板架中心的位置允许偏差在±2.0mm 以内。

b. 搁机梁组的水平度偏差在曳引机安装位置范围内＜2‰，梁相互的水平差≤2.0mm。搁机梁安装找平找正后，与垫铁焊牢，搁机梁在墙内的一端用混凝土灌实抹平。

c. 调整好搁机梁以后，安装曳引机座板和对重轨撞板。先安装曳引机座板，待曳引机就位调整后再调整对重轨撞板，确保此根对重轨稳固地顶住搁机梁。

2）无机房曳引机吊装

① 电梯曳引机的整机外包装，必须在电梯吊装到顶层井道内才能拆除。

② 将曳引机搬进顶层脚手架内，通过井道顶部的吊钩用捯链吊起曳引机，置于搁机梁上。起吊时应注意：

a. 曳引机可通过机架上的吊环螺钉吊装，不能利用制动器部分起吊。

b. 起吊时，曳引机底座应保持水平，避免碰撞，防止损坏曳引机。

③ 无机房电梯曳引机布置情况，安装前仔细阅读电梯制造厂的土建总体布置图，按图施工。

3）曳引机的校正：

① 校正曳引轮的垂直度，在曳引轮的外侧置一铅垂线，要求上沿与下沿的垂直偏差小于 2/1000，超差可用垫片调整。

② 在曳引轮轮缘的中线置一铅垂线，该铅垂线必须与曳引轮轮缘中线和节径交点重合，将该铅垂线延伸至样板架上的轿底轮轮缘中心，与轿厢轿底轮轮缘中线和节径交点的相对偏差小于 1mm。

③ 无机房曳引轮与对重轮轮缘中线的相对偏差<1mm。

④ 在确认校正到位后，紧固所有紧固件，并再一次复查，确认无误后，用 C25 混凝土灌实抹平，在浇筑混凝土前，先将搁机梁与枕头钢、枕头钢与预料钢板的接触部分点焊，焊缝长度为 20~30mm，要求无虚焊，并清除焊渣。

4）井道导轨安装调整后，安装轿厢绳头板安装座（曳引绳复绕无机房专用）。

5）曳引机配有防跳绳架，安装好钢丝绳后，调整防跳绳架，使钢丝绳和防跳绳架的间距不超过 1.5mm。

6）完成上述安装校正后，在电机的机壳上及曳引轮轮缘处贴上轿厢运行方向标示。

(5) 步骤 5：无机房电梯主开关的设置还应当符合以下要求：

1）当控制柜不在井道内安装时，主开关应当安装在控制柜内，如果控制柜安装在井道内，主开关应当设置在紧急操作屏上；

2）如果从控制柜处不容易直接操作主开关，该控制柜应当设置能分断主电源的断路器；

3）在电梯驱动主机附近 1m 之内，应当有可以接近的主开关或者符合要求的停止装置，且能够方便地进行操作。

无机房电梯控制柜安装在顶层层门侧，控制柜安装后应不妨碍层门开关。控制柜框体与装修后外墙面对齐，门扇凸出在墙外，使门扇开关自如。

(6) 步骤 6：无机房电梯手动松闸装置的安装：

无机房电梯手动松闸装置有两种，一种是通过机械方式（如通过手柄经过钢丝绳软轴开启制动器）实现；另外一种是通过电气方法（如通过按钮控制电磁铁）实现。当电梯主电源停电时，电气方法的手动松闸装置应由自动充电的应急电源供电。

(7) 步骤 7：安装无机房检修安全销：

在轿厢架上梁侧面安装检修安全销装置。检修安全销的使用：轿厢上梁安装检修箱，检修箱上设检修开关。进入轿顶前，先打开控制柜内的应急运行检修开关，检修运行轿厢，同步观察轿厢位置，直至可方便进入轿厢顶。将轿顶检修开关拨到"检修"挡，电梯以检修速度向上运行直至机器设备常规检修点自动停下（轿厢顶距离井道顶 2m）。此时检修人员站立在轿厢顶上，转动上梁中部的连杆机构，打开安全销锁定位置，控制系统进入机器设备检修状态，此时电梯系统不能作任何方向的运行或点动。站在轿厢顶上，能方便安全地对曳引机作检修或保养。安装安全销座板，使安全销插入安全销座板的孔中，安全销伸出座板 25mm，用压导板将安全销座板固定在轿厢导轨上。安装限位开关，使连动机构转动时切断电梯控制回路，保持检修状态。连动机构复位时，电梯控制回路要确保恢复，使电梯能够投入正常使用。安装检修平层开关，使电梯能够自动运行到机器设备常规检修点停下来。无机房电梯曳引机附近应设置一个急停开关,但不在控制柜内。

(8) 步骤8:见41.2.3"轿厢及对重安装"。

(9) 步骤9:见41.2.4"层门安装"。

(10) 步骤10:见41.2.6"井道机械设备安装"。

(11) 步骤11:见41.2.7"钢丝绳安装"。

无机房电梯曳引比为2:1。

(12) 步骤12:见41.2.8.3中1.电气配线安装;3.井道电气安装;4.轿厢电气安装;5.层门电气安装。

41.2.11.4　施工中安全注意事项

(1) 为了人身及设备安全,旋转编码器保护罩不能取下,只能松开蝶形螺栓,旋转适当角度。

(2) 无机房电梯由于占用空间少而备受用户欢迎,但目前的无机房电梯紧急操作装置普遍采用手动松闸,靠轿厢对重不平衡力矩的作用而移动。当两者重量相当,不平衡力矩差较少时,疏散乘客比较困难。由于井道顶部空间小,无法实现人工手动盘车,无机房电梯应配置紧急电动运行的电气操作装置,以便于电梯停电或发生故障对乘客救援。

(3) 无机房轿厢、对重的越程宜尽量偏下限值。

(4) 为了安全,在制动器间隙调整过程中,松闸时勿将两个制动器同时松开。应采取必要措施,杜绝油及油脂与制动盘接触。

41.2.11.5　质量要求

(1) 无机房曳引轮与对重轮轮缘中线的相对偏差小于1mm。

(2) 限速器绳轮轮缘端面相对水平面的垂直度不宜大于2/1000,曳引轮和导向轮轮缘端面相对水平面的垂直度在空载或满载工况下均不宜大于4/1000。设计要求倾斜安装者除外。

41.2.12　能量回馈装置安装

电梯能量回馈装置基本原理:在具有变频器的垂直电梯中,其在不平衡载(轻载上行、重载下行)运行或制动时,曳引机此时相当于发电机,产生的电能通过变频器逆变成直流电,再通过电梯能量回馈装置回收、整流、逆变、滤波后,变成与局域电网同频、同相、同压的交流电返回到电网,供局域电网中有负载的设备使用,从而达到节能、降低电梯机房温度、改善电梯运行环境的作用。

41.2.12.1　接线示意图

主回路端子、接地端子接线说明见表41-6,接线示意图见图41-44。

主回路端子、接地端子接线说明　　　　　　　　表41-6

端子符号	端子名称	功能说明
A、B、C	主回路电源端子	连接变频器的三相交流输入电源,无相序要求
IN1	直流母线正端子	连接变频器的直流母线正
IN2	直流母线负端子	连接变频器的直流母线负
IN3	不接	—
PE	保护地接线端子(非零线)	接保护地保护人身安全,在散热器上
X4	电梯电能回馈控制端子	触点控制方式,断开时电能回馈装置工作,闭合时停止工作
JP1、JP2	并联均流(不接)	

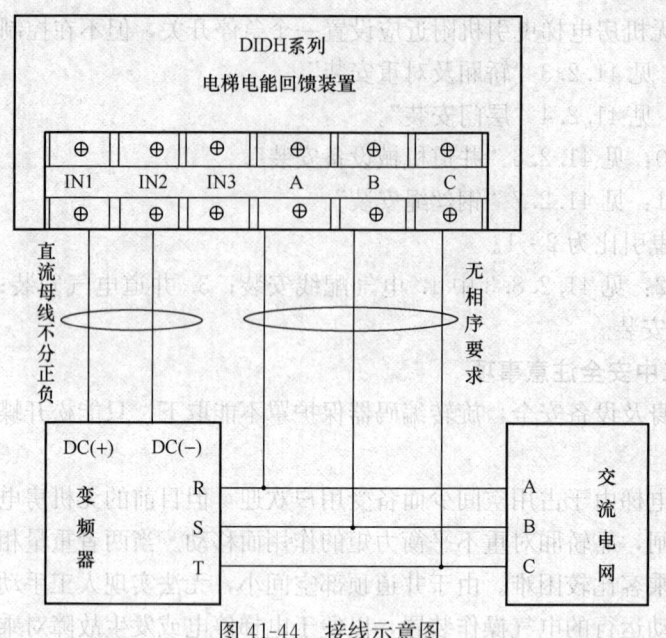

图 41-44 接线示意图

41.2.12.2 安装前测量数据

（1）测试变频器相关参数，确保与电能回馈装置匹配。

（2）测试直流母线电压：主要有静止，空载上行启动、运行、制动、空载下行启动、运行、制动几种情况的直流母线电压值，确保此电压值与阈值匹配。

（3）测试空载上、下行变频器输入、输出电流，供安装前后比较和安装电表参考。

41.2.12.3 接线及注意事项

（1）在维保公司协助下，确认电梯内无人并以检修模式停梯，切断该电梯总电源，挂上"有人操作，禁止合闸"的警示牌。

（2）根据现场情况，尽量使用现场已有的穿线孔、线槽等。如要开孔，应注意线缆和其他设备的保护。布线尽量避免与电梯控制部分接触；如不可避免可采取单独走线槽，电缆线绞接等措施，最大限度减少干扰。

（3）电梯电能回馈装置的 A、B、C 接线端子不用与电网的 A、B、C 或变频器的输入 R、S、T 一一对应。

（4）电梯电能回馈装置主板上面的 X4 端子用来控制电能回馈装置是否工作，现场安装时可以用运行或抱闸接触器的常开触点进行控制，使电梯电能回馈装置与电梯运行同步工作。

（5）电能回馈装置的 IN1、IN2 是直流母线（不分正负），这两根电缆线建议采用软电缆，并且绞合连接，以减少辐射。

（6）电能回馈装置设计为自然冷却方式，因此要求电能回馈装置的上下 100mm 内、左右 30mm 内不能有其他遮挡物影响空气流动。

41.2.12.4 调节阈值电压

确认安装完工正确无误后，拆开上盖，接通电源，根据测试的直流母线电压，用一字螺丝刀在主板上面 RV1 的可调电阻器处调整阈值，一般比静止高 30~50V，比空载上行低 10~20V。具体要根据现场电梯情况而定，以运行一段时间内发热电阻不再发热为原则，然后再按安装现场记录单测试相关参数并记录。

41.2.13 双层轿厢安装

双层轿厢电梯有别于普通轿厢电梯，它由同一井道内两个叠加在一起的轿厢组成。上轿厢服务偶数楼层，下轿厢服务奇数楼层，乘客根据自己想去的楼层选择相应的轿厢。30层以上的超高层办公楼、公寓楼等对人流高峰时间交通处理能力有着较高要求的建筑适合采用双层轿厢电梯。

世界上第一台双层轿厢电梯于1931年诞生于美国的纽约城市服务大楼。现代双层轿厢电梯发展至今出现可调的层间距离，还有集成了功能强大的计算机电梯群控系统，有的还应用了交通流量模拟、目的选层系统等。

采用双层轿厢电梯，可以节省多达35%的建筑核心筒内空间，从而可增加可租用面积3%~4%。对于交通流量，一次可运输两倍的客流量，增强了大楼电梯系统的运输能力，提高电梯的使用效率。但是，电梯设备投资成本较高，首层和二层之间需要由自动扶梯或楼梯相连，乘坐上轿厢的乘客需要到达二层进入电梯。

双层轿厢安装顺序为，先安装底层轿厢，再安装两层轿厢之间的连接件，最后安装上层轿厢。轿厢的安装可参照41.2.3的内容。

41.3 液压电梯安装

41.3.1 井道测量

见本章41.2.1相关内容。

41.3.2 导轨支架和导轨（轿厢导轨、油缸导轨）的安装

见本章41.2.2相关内容。

41.3.3 油缸的安装

41.3.3.1 常用工具及机具

水平尺、线坠、盒尺、直尺、塞尺、钢锉、活扳手、梅花扳手、记号笔、錾子、电锤、钢丝绳索、手砂轮、油石、对讲机、捯链、吊索、电气焊器具、砂轮切割机等。

41.3.3.2 施工条件

（1）电梯井及油缸井道结构施工完毕，其宽度、深度、垂直度均符合规范要求。油缸基础的土建工程应符合设计及规范要求。电梯液压油缸应与轿厢在同一井道内。土建与安装的交接经过三方会签。

（2）施工方案或作业指导书经过审批；施工技术人员已向班组进行质量、安全技术交底；参与施工的人员熟悉各安装内容及流程、质量要求、工期安排、施工中的危险源及防护方法等。

（3）设备零部件已开箱并作记录，设备及零部件数量符合图纸要求，合格证齐全，外观质量完好。

(4) 井道的安全防护措施齐备。

41.3.3.3 施工工艺流程

施工准备 → 安装油缸底座 → 安装油缸 → 安装破裂阀（如有）→ 安装漏油装置

1. 施工准备

(1) 油缸支架按图纸固定好。在导轨支架适当高度横放两根钢管，拴上吊索和捯链。

(2) 用手推车配合人力把缸体运到电梯井道门口，注意缸体中心不能受力，搬运时应使用搬运护具，以确保运输途中不磕碰、扭曲，见图41-45。

(3) 在层门口铺上木板或木方，拆除缸体上的护具，将油缸体按吊装方向慢慢移入梯井内，用捯链将油缸慢慢吊入底坑，放入两导轨之间并临时固定，注意吊点要使用油缸的吊装环，见图41-46。

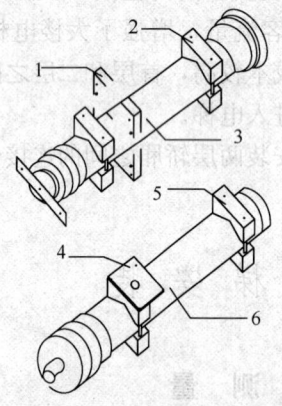
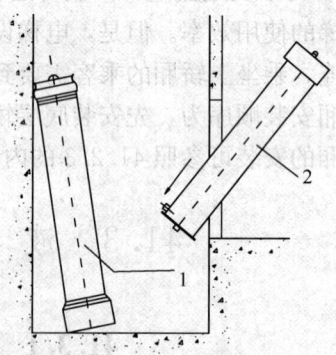

图 41-45　搬运时的防护
1—中置底板；2—搬运护具；3—上段油缸；
4—边置底板；5—搬运护具；6—下段油缸

图 41-46　油缸吊装示意图
1—上段油缸；2—下段油缸

2. 安装油缸底座

(1) 油缸底座用配套的膨胀螺栓固定在基础上，中心位置与图纸尺寸相符，油缸底座的中心与油缸中心线的偏差小于等于1mm，见图41-47。油缸底座立柱的垂直偏差（正、侧面两个方向测量）全高小于等于0.5mm，见图41-48。

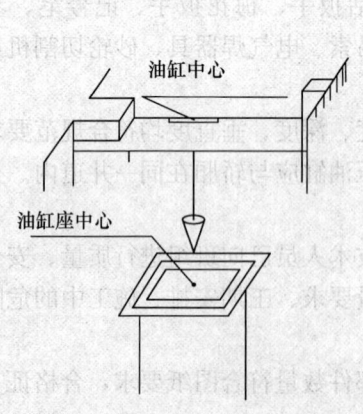
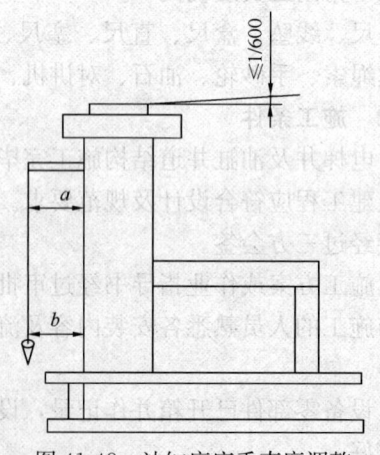

图 41-47　油缸底座定位

图 41-48　油缸底座垂直度调整

(2) 油缸底座垂直度可用垫片配合调整。如果油缸和底座不是用螺栓连接的,采用下述方法固定:油缸在底座平台上前后左右四个方向用四块挡铁三面焊接,以防油缸移动。

3. 安装油缸

(1) 在设计规定的油缸中心位置的顶部固定捯链。

(2) 用捯链慢慢地将油缸吊起,当油缸底部超过油缸底座 200mm 时停止起吊,缓松捯链使油缸慢慢下落,并轻轻转动缸体,对准安装孔,然后穿上固定螺栓。用 U 形螺栓把油缸固定在相应的油缸支架上,但不要把 U 形螺栓拧紧(以便调整),调整油缸中心,使之与样板基准线前后、左右偏差小于 2mm,见图 41-49。

(3) 用通长的线坠、钢板尺测量油缸的垂直度。正面、侧面分别进行测量;测量点在离油缸端点或接口 15~20mm 处,全长垂直度偏差不大于 0.4/1000。按上述所规定的要求找好后,上紧螺栓,然后再进行校

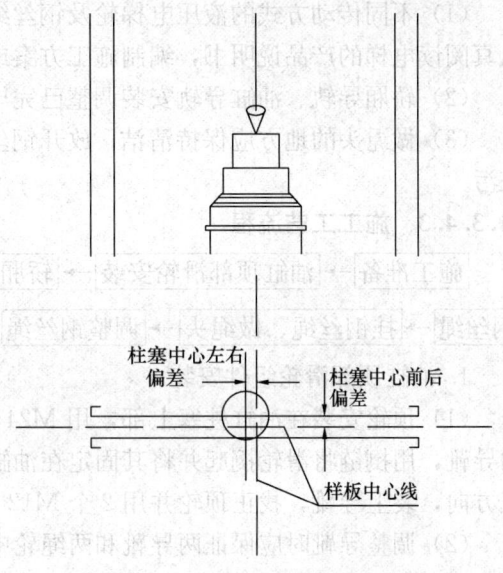

图 41-49　油缸定位

验,直到合格为止;油缸找好固定后,应把支架可调部分焊接以防位移。

(4) 压板及吊环的拆除:该板及吊环是油缸搬运过程中的保护装置、吊装点,使用前必须拆除,一般在油缸就位找正找平固定后立即拆除。拆除时先拆除 M24 的螺钉,再用开口扳手抵住长螺栓拆下六角头螺钉,以防长螺栓松动。压板及六角头螺钉为更换配件时的工具,应保存备用。

(5) 油缸安装完毕,柱塞与缸体结合处必须进行防护,严禁进入杂质。

41.3.3.4　施工中安全注意事项

见本章 41.2 相关内容。

41.3.3.5　质量要求

(1) 应严格按照施工图纸及液压电梯施工规范、规程的规定施工,及早核对制造说明书与土建图纸是否一致。特别是不可拆卸的单节液压缸,在土建施工阶段,应考虑液压缸进入井道的时机和方法,防止在土建主体结构完成后,液压缸难以运至井道。

(2) 油缸底座的中心与油缸中心线的偏差小于等于 1mm,立柱的垂直偏差(正、侧面两个方向测量)全高小于等于 0.5mm。油缸与样板基准线前后、左右偏差小于 2mm,全长垂直度偏差严禁大于 0.4/1000。两油缸对接部位应连接平滑,丝扣旋转到位,无台阶,否则必须在厂方技术人员的指导下方可处理,不能擅自打磨。油缸抱箍与油缸接合处,应使油缸自由垂直,不得使缸体产生拉力变形。

41.3.4　轮及钢丝绳的安装

41.3.4.1　常用工具及机具

水平尺、线坠、盒尺、直尺、塞尺、钢锉、活扳手、梅花扳手、记号笔、电锤、钢丝

绳索、钢丝钳、手砂轮、对讲机、捯链、吊索、电气焊器具、砂轮切割机等。

41.3.4.2 施工条件

（1）不同传动方式的液压电梯轮及钢丝绳布置方式及安装部位差异较大。在施工前应认真阅读电梯的产品说明书，编制施工方案或作业指导书。

（2）轿厢导轨、油缸导轨安装调整已完毕。

（3）做绳头的地方应保持清洁；放开钢丝绳场地应洁净、宽敞，保证钢丝绳表面不受脏污。

41.3.4.3 施工工艺流程

施工准备→油缸顶部滑轮安装→轿厢底部滑轮安装→确定钢丝绳长度→放、断钢丝绳→挂钢丝绳、做绳头→调整钢丝绳。

1. 油缸顶部滑轮组件安装

（1）顶轮安装在油缸柱塞上部，用 M24 螺栓将固定支承板紧固在柱塞上，拆下顶轮的导靴，用捯链将滑轮捯起并将其固定在油缸柱塞顶部，然后将梁两侧导靴嵌入导轨，找正方向，装上导靴，找正顶轮并用 2 个 M12 螺栓拧紧（图 41-50）。

（2）调整导靴时应保证两导靴和两绳轮中心在同一中心平面上，导靴和导轨顶面的间隙应两边相同且在 1mm 左右，绳轮的铅垂度≤0.5mm。梁找平调整后将所有紧固件紧固。如果油缸距离结构墙较近，在油缸调整垂直度之前，应先把滑轮组件装上。然后先调整油缸的垂直度并固定，再按照上述方法固定调整顶轮。

2. 轿厢底轮安装

在轿底与轿厢架安装结束后，将轿底轮组安装在轿底下面两块底板上，并用 M24 螺栓连接（图 41-51）。调整轿底轮组中心平面与下梁中心，应平行偏差＜1mm，调整后将 M24 螺栓紧固固定好。

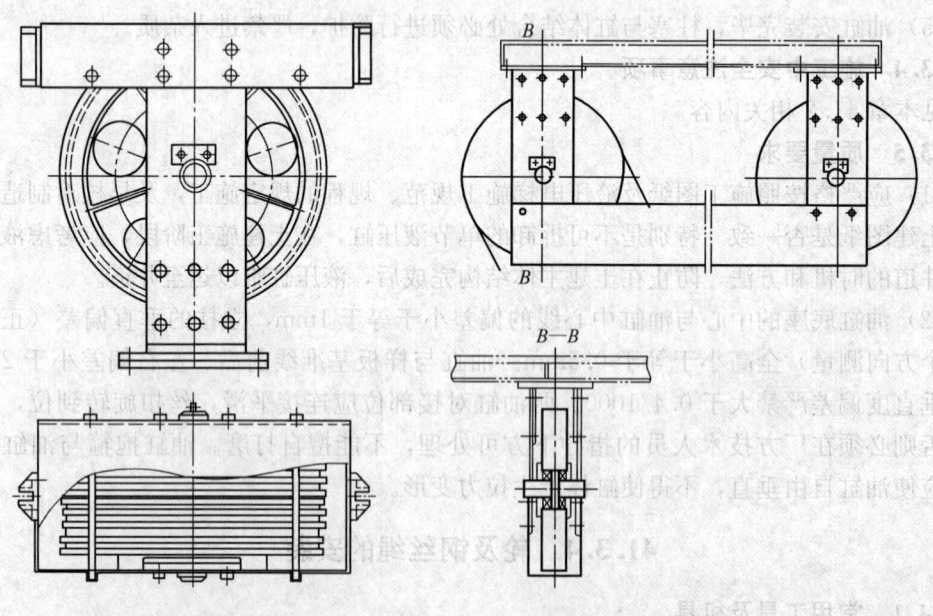

图 41-50 顶轮安装图　　　图 41-51 轿厢底轮安装

3. 放钢丝绳、切断钢丝绳

参见本章 41.2.7 相关内容。

4. 挂钢丝绳、做绳头

参见本章 41.2.7 相关内容。

5. 安装钢丝绳

钢丝绳缠绕的方式见图 41-52，一端固定在上部绳头架梁上，另一端固定在油缸支架的绳头板上。在安装过程中要注意钢丝绳的长度，太长了将影响油缸的提升高度，太短了轿厢未压倒缓冲器，油缸就到了下死点，不利于保护油缸。

6. 调整钢丝绳张力

参见本章 41.2.7 相关内容。

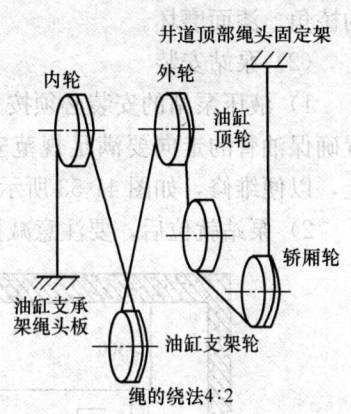

图 41-52 钢丝绳缠绕的方式示意图

41.3.4.4 施工中安全注意事项

参见本章 41.2.7 相关内容。

41.3.4.5 质量要求

参见本章 41.2.7 相关内容。

41.3.5 轿厢安装

参见本章 41.2.3 相关内容。

41.3.6 机房设备及油管的安装

41.3.6.1 常用工具及机具

捯链、扳手、水平尺、盒尺、电锤、线坠、直角尺、钢板尺、墨斗、电焊机、撬杠、钢锯、钢丝绳扣。

41.3.6.2 施工条件

(1) 机房土建工作完毕，门窗齐全封闭。按照液压电梯机房土建布置图，预留孔洞的位置及尺寸应符合图纸要求及规范要求，其结构必须符合承载要求。

(2) 机房设计与建造符合现行国家标准《电梯制造与安装安全规范》GB/T 7588 及相关规范的规定。

(3) 液压站、电控柜及其附属设备应设置在一个专用的房间里，该房间应有由实体材料制成的墙壁、房顶、门和地面，不允许使用带孔或栅格的材料。

41.3.6.3 施工工艺流程

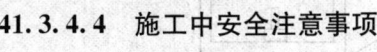

施工准备 → 控制柜安装 → 泵站（冷却塔）安装 → 油管连接

1. 控制柜安装

见本章 41.2.8 相关内容。

2. 泵站（冷却器）安装

液压电梯的电机、油箱及相应的附属设备集中在同一箱体内，成为泵站。

(1) 泵站运输及吊装：泵站运输要避免磕碰和剧烈的振动。吊装时用吊索拴住相应的吊装环，在钢丝绳与箱体棱角接触处要垫上布、纸板等细软物，以防吊起后钢丝绳将箱体的棱角、漆面磨坏。

(2) 泵站安装

1) 液压泵站的安装必须按土建布置图进行，现场要考虑布局的合理性，泵站安装位置确保油管的走向要满足规范安装的要求。当设计无规定时，泵站箱体距墙 500mm 以上，以便维修，如图 41-53 所示。

2) 泵站就位后，要注意减振垫要垂直压下，不可有搓、滚现象，见图 41-54。

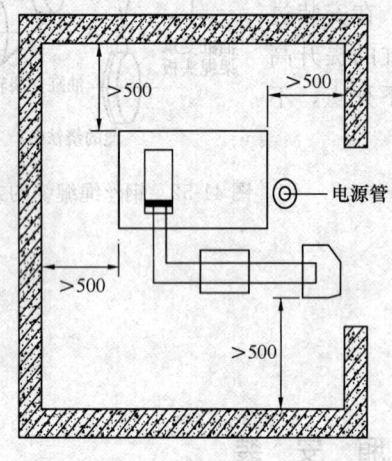

图 41-53　机房布置示意图

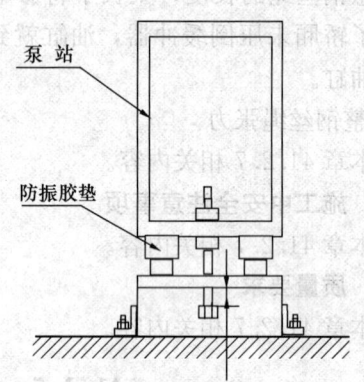

图 41-54　减振垫安装示意图

3) 无底座、无减振垫的泵站可按厂家规定直接安放在地面上，找平找正后用膨胀螺栓固定，其不水平度小于 3/1000。液压泵站油位显示、显示系统工作压力的压力表应清晰、准确。与泵站相连的液压管按规定固定，与泵站相连的线槽的走向要合理。

3. 油管的安装

(1) 安装前必须清除现场的污物及尘土，保持环境清洁，以免影响安装质量。胶管在安装时，应保证不发生扭曲变形，为便于安装可沿管长涂以色彩以便于检查。

(2) 根据现场实际情况核对配用油管的规格尺寸，若有不符应及时解决。拆开油管口的密封带，用煤油或机油清洗管口，然后用细布将锈沫清除。

(3) 油管路的安装应可靠，无渗漏现象。油管口端部和橡胶封闭圈里面用干净白绸布擦干净以后，涂上润滑油。将密封圈轻轻套入后露出管口，把要组对的两管口对接严密，把密封圈轻轻推向两管接口处，使密封圈封住的两管长度相等。用手在密封圈的顶部及两侧均匀地轻压，使密封圈和油管头接触严密。在橡胶密封圈外均匀地涂上液压油，用两个管钳一边固定，一边用力紧固螺母。

(4) 在要固定的部位包上专用的齿型胶皮，使齿在外边。然后用卡子加以固定。对于沿地面固定的油管，直接用 Ω 形卡打胀塞固定，固定间距为 1000~1200mm 为宜。

(5) 胶管安装时，应避免处于拉紧状态。在直线使用情况下要考虑长度上有余量使其松弛，不要使端部接头和软管受拉伸。胶管弯曲半径应不小于表 41-7 中数值，胶管与管接头处应留有一段直线部分，此段长度不得小于管外径的两倍。

软管的弯曲同软管接头的安装及其运动平面应尽量在同一平面内，以防止扭转；同时尽可能使软管以最短距离或沿设备轮廓安装，且尽可能平行排列。安装异径管接头应按零件上打印的规格及所示方向安装。

钢丝编织胶管最小弯曲半径（mm） 表41-7

胶管内径	22	25	32	38	51
最小弯曲半径	350	280	450	500	600

（6）回油管的安装，考虑在轿厢连续运行时柱塞的反复升降，会有部分液压油从油缸顶部密封处压出。为了减少油的损失和环境污染，在油缸顶部装有接油盘，接油盘里的油通过回油管送回到储油箱。回油管头和油盘的连接应细致严密，回油管固定要整齐、合理，固定在不易碰撞、踩踏的地方。

（7）对于金属管道，应采用厚壁无缝钢管，氩弧焊打底，电弧焊盖面，保证管内干净。

（8）液压泵站以外的管道连接应采用焊接、焊接法兰或螺纹管接头，不得采用压紧装配或扩口装配。所有油管接口处必须严密，严禁漏油。

41.3.6.4 施工中安全注意事项

（1）泵站吊装过程中，施工人员应站在安全位置上进行操作，准确选定吊挂捯链位置，避免吊物摇晃。

（2）严禁将油箱等作为电焊导体，机房内禁止烟火，并应设有适用于扑灭电气和油液火灾的灭火器。

41.3.6.5 质量要求

（1）控制柜质量要求见本章电气装置安装部分内容。

（2）泵站水平度偏差小于3/1000。用于机房液压站到油缸之间的高压软管上应印有制造厂名（或商标）、试验压力和试验日期，且固定软管时软管的弯曲半径应不小于制造厂规定的最小弯曲半径。

（3）液压管路及其附件，应可靠固定并易于检修人员的接近。如果管路在敷设时需穿墙或地板，则在穿墙或地板处加金属套管，套管内应无接头。液压系统的液压管路应尽量短，长度应控制在7m以内。油箱内壁应经除锈处理，并涂耐油防锈涂料。

41.3.7 平衡重及安全钳限速器安装

见本章41.2.3相关内容。

41.3.8 层门的安装

见本章41.2.4相关内容。

41.3.9 电气装置安装

见本章41.2.8相关内容。

41.3.10 调试运行

41.3.10.1 常用工具及机具

塞尺、钢卷尺、直尺、扳手、螺丝刀、千斤顶、加减速测试仪、深度游标卡尺、绝缘电阻测试仪、数字万用表、模拟（指针）万用表、钳型电流表、数字转速表、测温仪、噪声仪、秒表、对讲机等。

41.3.10.2 施工条件

液压电梯安装完毕，部件安装合格（细调部件除外）。液压缓冲器按要求加油，泵站油箱内油量已达要求，油缸临时支撑件已拆除。各安全开关、层门门锁功能正常。

41.3.10.3 施工工艺流程

施工准备 → 电气线路检查试验 → 液压系统性能检查试验 → 快车运行试验 → 各安全装置检查试验 → 载荷试验 → 功能试验

1. 施工准备

调试人员必须掌握电梯调试运行方案的内容，熟悉该电梯的性能特点和测试仪表的使用方法。随机文件的有关图纸、说明书应齐全。对导轨、层门导轨等机械电气设备进行清洁除尘。全部机械设备的润滑系统均应按规定加好润滑油。油缸的排气装置畅通，漏油收集装置按规定安装到位。

2. 电气线路检查试验

主要程序及方法参照本章41.2电梯安装工程部分内容。

3. 液压系统性能检查试验

(1) 试车前检查：

1) 对液压泵站部分的检查：控制柜中接线点必须接入到位，防止因接触不良导致电机断相运行。根据泵站接线盒中的资料检查星三角启动装置是否正确。做好电机侧和电源的断相、逆相及过载保护。在加注液压油前，确认油箱内无水和其他污物。确认熔丝开关或接触器的容量和电机的功率匹配。

2) 对油缸部分检查：电梯运行前，再次检查油缸的垂直度。油缸柱塞首次伸出后，安装人员需要检查油缸柱塞表面是否生锈或有毛刺，如有，可用砂纸进行打磨。

(2) 液压系统试运行

1) 检查油箱内实际油量，液面位于液位计最高和最低油面之间，初次一般将液压油加注到距盖板40mm处。

2) 反复点动电梯控制主开关，直到液压系统有一定压力。

3) 卸掉电磁阀插头，打开球形阀。

4) 拧松油缸上的放气螺钉一圈，在机房点动电机直至油缸上部出现液压油为止，多余的油可由漏油收集装置回收。当不再有气排出时拧紧油缸上的放气螺钉。补充液压油到距盖板40mm处。

(3) 液压系统性能检测试验：

1) 额定速度试验：在液压电梯平稳运行区段（不包括加、减速度区段），事先确定一个不少于2m的试验距离。电梯启动以后，用行程开关或接近开关和电秒表分别测出通过上述试验距离时，空载轿厢向上运行所耗费的时间和额定载重量向下运行所耗费的时间，并按速度 $V=$ 试验距离 $L/$ 通过时间 T 计算数据取三次平均值。再计算空载轿厢上行速度对于上行额定速度的相对偏差以及额定载重量轿厢下行速度相对于下行额定速度的相对偏差，要求均不超过8%。液压电梯的运行速度可在轿顶上使用线速度表直接测得，也可使用电梯专用测试仪在轿内测量。

2) 液压泵站耐压试验与调速特性试验：将压力管路的压力调至系统压力的 1.5 倍，运转 10min，检查系统各处有无渗漏现象。根据系统的压力、流量的要求，测定启动、加速、运行、减速、平层、停止的特性参数。

3) 液压油缸压力试验：①最低启动压力试验：在液压油缸柱塞杆头部不受力的情况下（油缸可横置），调节压力阀是系统压力逐渐上升，直至柱塞杆均匀向前运动时，记录其压力值，应符合产品说明书要求。②超压试验：将液压油缸加压至额定工作压力的 1.5 倍，保压 5min，各处应无明显变形，无渗漏现象。③稳定性试验：在油缸柱塞头部加载至额定值，测量柱塞杆中部挠度在加载前后的变化值，应无明显残余变形。

4) 破裂阀试验：①耐压试验：在额定工作压力 1.5 倍的情况下，保压 5min，阀体及接头无渗漏现象。②限速性能试验：在额定工作压力和流量的情况下，突然降低阀入口处的压力，试验阀芯关闭液压油缸中的逆流回油所需时间，应符合设计要求。

5) 电动单向阀试验：①耐压试验：在额定工作压力 1.5 倍的情况下，保压 5min，阀体及接头无渗漏现象，单向阀处应无渗漏。②启闭特性试验：在额定工作压力和流量的情况下，分别测定背压为零及背压为额定压力时单向阀主阀芯的开启和关闭时间，应符合设计要求。

6) 手动下降阀试验：①内泄漏试验：在额定工作压力的 1.5 倍的情况下，保压 5min，检查应无泄漏。②调节特性试验：在额定工作压力和流量的情况下，开启阀芯，测量通过阀的流量，应符合产品设计要求。

4. 快车运行试验

见本章 41.2.9 相关内容。

各项规定测试合格，液压电梯各项性能符合要求，则液压电梯运行试验即结束。

5. 安全装置检查试验

见本章 41.2.8 相关内容。

6. 载荷试验

见本章 41.2.9 相关内容。

7. 功能试验

液压电梯的功能试验根据电梯的类型、控制方式的特点，按照产品说明书逐项进行。

调试检验严格按照现行行业标准《电梯监督检验和定期检验规则》TSG T 7001 进行，全部结束后，应符合现行国家标准《电梯制造与安装安全规范》GB/T 7588、《电梯安装验收规范》GB/T 10060、《电梯试验方法》GB/T 10059、《特种设备安全监察条例》等要求。

41.3.10.4　施工中安全注意事项

液压电梯调试运行是电梯施工的最终环节，施工时应严格按照施工方案执行，做好成品的防护。由于电梯初次调试运行，状态不稳定，施工的程序应严格参照说明书，注意调试人员安全保护。其余参见本章设备调试章节的安全事项。

41.3.10.5　质量要求

(1) 钢丝绳严禁有死弯。当轿厢悬挂在两根钢丝绳或链条上，其中一根钢丝绳或链条发生异常相对伸长时，为此装设的电气安全装置必须动作可靠。对具有两个或多个液压顶升机构的液压电梯,每一组悬挂钢丝绳均应符合上述要求。

(2) 液压泵站溢流阀压力检查应符合下列规定:

液压泵站上的溢流阀应设定在系统压力为满载压力的140%～170%时动作。

(3) 压力试验应符合下列规定:

轿厢停靠在最高层站,在液压顶升机构和截止阀之间施加200%的满载压力,持续5min后,液压系统应完好无损。

液压电梯监督检验内容要求与方法见现行国家标准《电梯制造与安装安全规范》GB/T 7588相关规定。

41.4 自动扶梯及自动人行道安装工程

41.4.1 土建测量

41.4.1.1 常用机具

钢卷尺、磁力线坠、水准仪、水平尺。

41.4.1.2 施工条件

土建工程已验收合格并办理了交接手续;现场有土建单位提供的明确的标高基准点;自动扶梯或自动人行道上、下支撑面预埋钢板符合设计要求;基坑内必须清理干净,基坑周边和运输线路周围不得堆放物品。

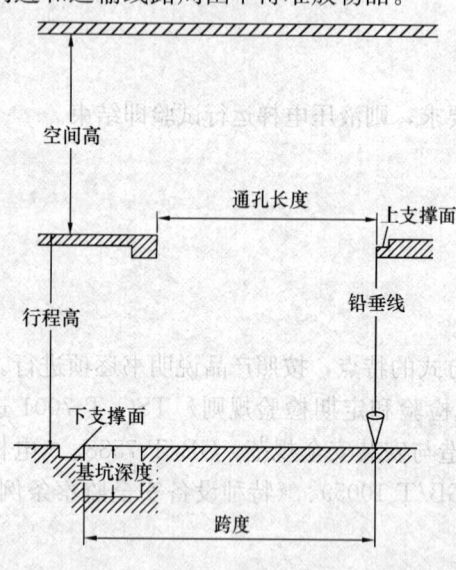

图 41-55 自动扶梯人行道土建测量示意图

41.4.1.3 施工方法

(1) 提升高度测量(图 41-55):用水准仪配合钢卷尺测量上支撑面预埋钢板与下支撑面预埋钢板的垂直距离。

(2) 跨度测量:从上支撑面预埋钢板边沿垂下一线坠,用钢卷尺测量该垂线与下支撑面预埋钢板内沿的水平距离,安装口左右两侧各测一次。通孔长度宽度及支承间的对角检验:钢卷尺检查。

(3) 基坑深度、长度:用卷尺现场测量土建提供的下支承最终楼面的标高与基坑之间的垂直距离来确定基坑深度。用卷尺现场测量下支承边线的铅垂线到对面基坑边线垂线间的水平距离。

(4) 自动扶梯或自动人行道中间支撑基础的检验:用卷尺测量中间支撑与下支承的水平距离及基础的高度,应符合土建布置图的要求。

(5) 垂直净高度:钢卷尺测量。自动扶梯或自动人行道支承水平度的检验:用水平尺置于预埋铁板上测量。运输通道尺寸:钢卷尺测量。

41.4.1.4 施工中安全注意事项

自动扶梯或自动人行道安装口及基坑四周必须使用脚手架管做好临边防护，高度不小于 1.2m，且应在明显位置悬挂警示牌；在测量定位时施工人员应正确有效地使用安全带，防止摔伤。

41.4.1.5 质量要求

(1) 支承间距离偏差为 0～+15mm。

(2) 提升高度的尺寸偏差为±15mm。

(3) 基坑深度和长度不得小于土建布置图规定的数值。支承间对角线相差不得超过 10mm；支承梁预埋铁应保持水平，其不水平度不大于 1/1000。

(4) 上、下支承梁与自动扶梯或自动人行道端部配合的侧面应垂直，不垂直度偏差应不大于 5mm；自动扶梯或自动人行道支承不水平度应不大于 1/1000；自动扶梯的梯级或自动人行道的踏板或胶带上空垂直净高度不小于 2.3m（装饰后净空尺寸）。

(5) 运输通道尺寸：满足产品资料所提供的运输尺寸要求。

41.4.1.6 成品保护

做好土建单位所提供的各种基准线的标识保护；各洞口防护良好，避免非工作人员随意出入。

41.4.2 桁架的组装

41.4.2.1 常用机具

卷扬机（钢丝绳手扳牵引机）、捯链、搬运小坦克（自制滚轮小车）。

41.4.2.2 施工条件

安装尺寸复核完毕，运输路线保持畅通。

41.4.2.3 施工方法

(1) 桁架的水平运输

自动扶梯或自动人行道设备一般堆放在施工现场附近的简易库房内，为方便运输，在组装前一般分段运到楼房安装位置附近。运输路线要根据现场勘察情况，考虑通道畅通、地面载荷、锚固点设置等综合确定。

在安装位置附近（如柱脚）固定卷扬机，要求有足够的强度，能承受水平移动自动扶梯或自动人行道桁架的拉力。为了提高运输效率，施工单位可使用搬运小坦克或制作滚轮小车，采用卷扬机或钢丝绳手扳牵引机牵引，见图 41-56。

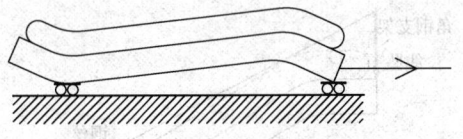

图 41-56 自动扶梯水平运输示意图

(2) 桁架组装

对于分段进场的桁架，需要在安装位置进行拼装，拼装可以在地面进行，也可以悬在半空中进行。拼接时先用定位销钉确定两金属结构段的位置，然后穿入厂家提供的专用高强度螺栓，使用扭力扳手拧紧（力矩按照说明书要求）。

(3) 桁架吊装

1) 自动扶梯或自动人行道吊挂点：自动扶梯或自动人行道两个端部各有两支吊挂螺栓作为吊装受力点，起吊自动扶梯或自动人行道必须使用该起吊螺栓，不得使其他部位受力。在使用这些螺栓时，需要掀开自动扶梯或自动人行道上下端部盖板，并配用专用吊具使用该螺栓，如图41-57所示。

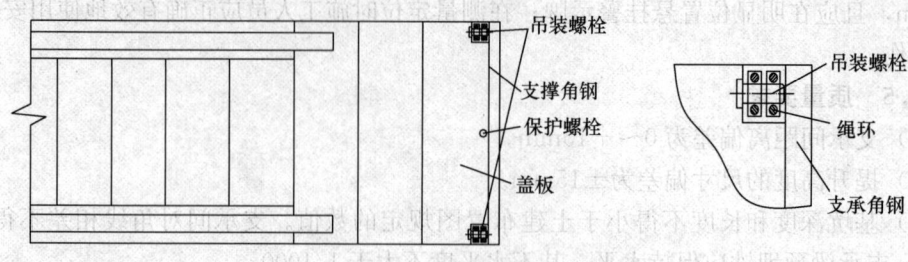

图 41-57　桁架吊装点

2) 桁架吊装：一般单部自动扶梯或自动人行道自重约6t，可以利用上部楼板预留吊装洞作为承载点（需要土建设计复核或简单加固），机头部分用卷扬机、滑轮、滑轮组垂直牵引，机尾部分用捯链垂直起吊，并在机尾也用卷扬机拉引，防止机头提起桁架突然前移，做到"一提一放"。对于大跨度自动扶梯或自动人行道为防止桁架长度过长变形，一般要加设中间辅助吊点，但该点不能拉力过大，只承受桁架部位自重，且吊挂点必须符合桁架受力点要求。在桁架机头高于上支承位置后，机尾部分先落入下支承安装垫板上，机头部分缓缓落在上支承安装垫板上，并且上下支承搭接长度应基本相等。

41.4.2.4　施工中安全注意事项

(1) 选用的吊装机具和索具必须与起重设备重量相符，并考虑动载荷。

(2) 正式吊装前应先进行试吊装，应将起吊物吊离地面10～15cm，停滞5～10min，检查所有捆绑点及吊索具工作状况，确认无误后，进行正式吊装。在吊装区域内应设安全警戒线，非工作人员严禁入内，同时起吊过程应由专人指挥，统一行动。重物下严禁站人。起吊过程中注意设备不要与其他物体刮碰。

41.4.3　桁架的定中心

41.4.3.1　施工方法

(1) 自动扶梯或自动人行道中心线（图41-58）：在自动扶梯或自动人行道两端架设两个支架（可用角钢自制），其高度应使连线位置不低于自动扶梯或自动人行道扶手高度为宜。支架竖起后，在近自动扶梯或自动人行道的中心位置上空，从两支架上放一条钢丝线，并在此线近自动扶梯或自动人行道两端处放两线坠，将线调至线坠中心与端部定位块上标记重合，此线即为自动扶梯或自动人行道中心线。

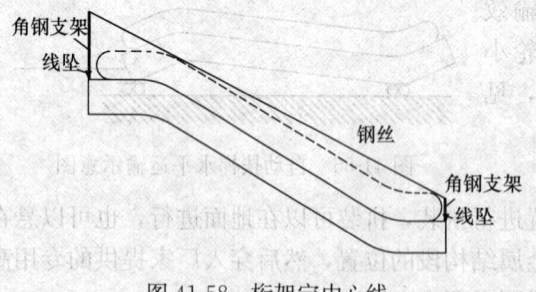

图 41-58　桁架定中心线

(2) 平面位置对中：吊装前，根据土建提供尺寸，在预埋钢板上划出井道安装中心线。吊装就位时，事先在自动扶梯或自动人行道支撑角钢和预埋钢板间垫入DN20小钢管作为滚杠。使用撬杠或千斤顶水平调整，使自动扶梯或自动人行道中心线与预埋件上的划线对齐。使用自动扶梯或自动人行道上高度调整螺栓卸下滚杠。调整自动扶梯或自动人行道高度（图 41-59）：调整桁架之前在支撑板上放置垫片，调整自动扶梯或自动人行道高度调整螺栓，视情况增减垫片，但垫片数量不得超过 5 片，若多于 5 片时可用钢板代替适量的垫片，使梳齿板与完工地面高度持平（使用水平尺测量）。如安装时建筑完工地面尚未完成，则应事先在自动扶梯或自动人行道出入口处提供一块相当于完工地面的基准面。

（3）调整自动扶梯或自动人行道水平度（图 41-60）：将水平尺放置在梳齿板上，调整两端高度调整螺栓，使梳齿板不平度小于 1.0/1000。重复第二步和第三步，使自动扶梯或自动人行道高度和水平度均满足要求。

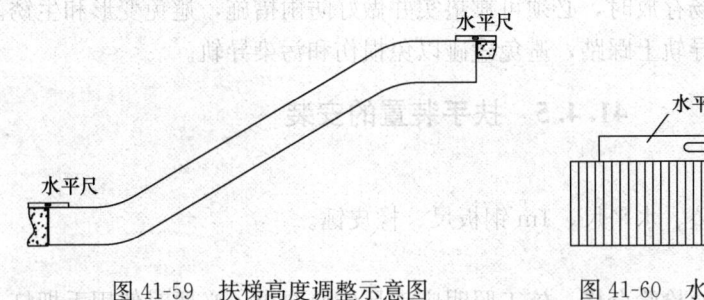

图 41-59　扶梯高度调整示意图　　　　图 41-60　水平度调整示意图

（4）拧紧中间的几个高度调节螺栓，但不能改变已调好的高度和水平度。

（5）桁架的固定：将桁架位置及水平调试垫对以后，将桁架支撑角钢上的两侧调节螺栓松开，并将桁架两端支承角钢与承重梁上安装垫板中的上层钢板焊接牢固。（注意：不能与预埋铁焊接）前后方向的固定：桁架前后方向与支承基座的间隙，可用减震橡胶或胶泥进行填充。

41.4.3.2　质量要求

自动扶梯或自动人行道就位调整后边框表面与地板的水平线标记高低偏差小于 2mm，上下部水平调整偏差小于 0.5/1000。桁架调整垫板与预埋钢板间点焊固定。

41.4.4　导轨类的安装

41.4.4.1　常用工具

扳手、水平仪、锤子、线坠、钢板尺、塞尺、钢卷尺等。

41.4.4.2　施工条件

桁架就位调整完毕。

41.4.4.3　施工方法

（1）由于各导轨、反轨之间几何关系复杂，为避免位置偏差，通常在各段金属结构内的上下端内侧安装附加板，将同一侧的各导轨和反轨固定在该板上，再整体安装到金属结构的固定位置。

（2）现场需要连接的轨道有专用件和垫片，把专用件螺栓穿入相应的孔洞（长孔），轻轻敲动专用件使其与两节轨道贴严，如不平可用垫片进行调整直至缝隙严密无台阶，最后将螺栓拧紧。

（3）导轨安装就位后，对其位置进行复核，必要时进行调整。以自动扶梯或自动人行道中心线为基准,测量调整两个主轨及两个副轨的轨间距。用调整垫片及水平尺分别调整两主轨及两副轨的水平度。

41.4.4.4 施工中安全注意事项

搬运安装导轨时要防止导轨段坠落伤人。防止人员从桁架上滑落摔伤。

41.4.4.5 质量要求

主副轨间距尺寸偏差不大于 0~0.5mm。导轨高差间距偏差不大于 0~0.5mm。导轨接头错口不大于 0.5mm。

41.4.4.6 成品保护

(1) 散装导轨在现场存放时,必须可靠垫实并做好防雨措施,避免变形和生锈。

(2) 安装时不得在导轨上踩踏,避免磕碰以免损伤和污染导轨。

41.4.5 扶手装置的安装

41.4.5.1 常用机具

扳手、螺丝刀、线坠、水平尺、1m 钢板尺、橡皮锤。

41.4.5.2 施工条件

导轨安装调整完毕,检验合格。施工照明应满足作业要求,必要时使用手把灯。

41.4.5.3 施工方法

自动扶梯或自动人行道扶手支撑系统一般分为两种:全透明无支撑扶手装置(即玻璃+扶手型材)、不透明支撑装置(即扶手支撑+不锈钢内敷板装置)。

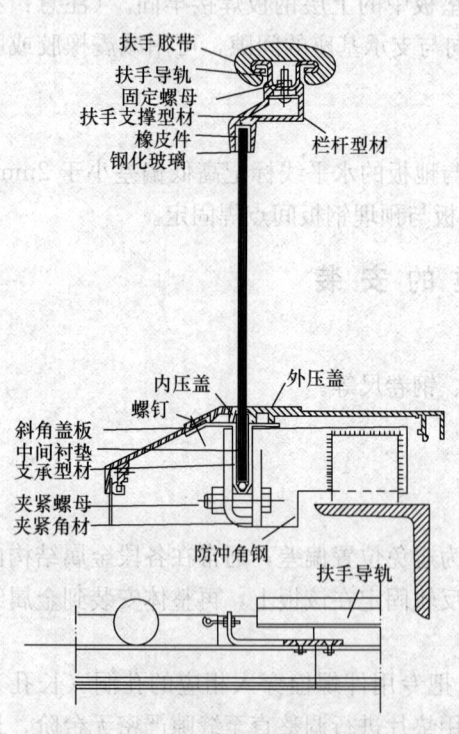

图 41-61 透明无支撑扶手安装

(1) 透明无支撑扶手装置的安装、调整(图 41-61)。

1) 扶手系统的安装一般从转向站圆弧处开始,按照标记用吸盘将转向站圆弧段玻璃慢慢放入主承座凹槽内,内、外和底面均垫塑料衬板,防止硬接触,将夹紧螺母预固定。

2) 安装扶手带回转滚轮支架:扶手带滚轮支架按装配图要求,加入塑料衬板插入圆弧段玻璃的顶面,并预固定螺栓。在滚轮支架预固定后要检查其与圆弧玻璃的配合程度,在生产过程中厂家一般留有很小余量,需用手工打磨(钢锉加油石修磨),不可过紧顶住圆弧段玻璃顶部,也不可使玻璃过分晃动。

3) 同时检查左右两侧回转装置的平行度,使其不平行度偏差不要超过±1mm。

4) 待第一块玻璃装上后,接着按支承座上标记第二块、第三块玻璃进行安装,并在相邻两块玻璃之间,装入柔性填充物。

5) 在安装玻璃的同时,用塑料衬板调整相邻两块玻璃的高度、间隙及端面平整度,使相邻两块玻璃的错位小于 2mm,各玻璃之间的间隙基本相等，符合厂家设计要求，待全部玻璃调整完毕，用扳手小心地将全部螺母锁紧。

6) 上部转向端回转滚轮支架安装方法与下部相同，并检查其不平行度偏差不要超过±1mm。装入扶手型材，将厂家配置的橡皮件按尺寸要求安装在玻璃板的上端，在玻璃的全长范围内，用橡皮锤（或木质打入工具）以适当的力将扶手型材嵌入玻璃，并砸实。

7) 装入扶手导轨，并将其揩净。扶手导轨连接处，必须光滑无尖棱，必要时用手工修磨平整，扶手导轨装完后，将其固定螺钉紧固。

(2) 不透明支撑扶手装置（即不锈钢内敷板包覆）（图41-62）。

1) 不透明支撑装置的支架一般采用角钢制作，其安装一般也从机头开始，从支撑支架的第一标记开始安装支架。（标记在桁架内）

2) 检查机头扶手回转滚轮支架，左右两侧不水平度偏差不得大于±1mm。第一根扶手支撑支架安装完毕，按规定标记依次装入其余支架。上部扶手回转滚轮支架与下部相同，检查左右不平行度偏差不得大于±1mm。

3) 支架全部安装完毕，将角钢支架（自制）放在上下前沿板处，挂钢丝吊线，检查扶手支撑支架与桁架中心线对称度及高低位置。

4) 支架全部调整完毕，将扶手承型材装入，固定。装入扶手导轨，并揩净，扶手导轨连接处必须光滑无尖棱，必要时可用手工修磨平整。扶手导轨装完后，紧固其螺钉，见图41-63。

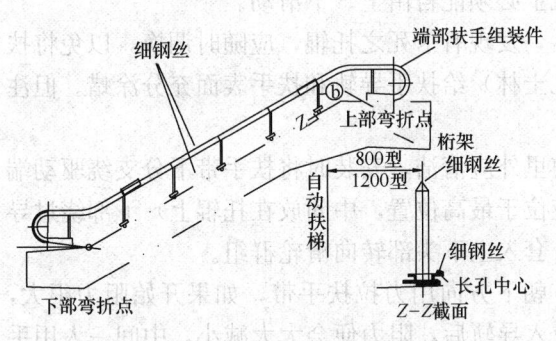

图41-62 不锈钢内敷板包覆扶手安装

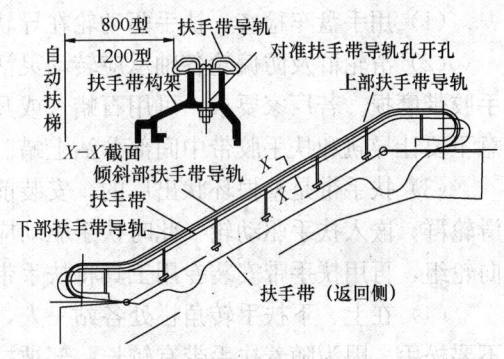

图41-63 扶手导轨安装

(3) 照明装置的安装

1) 按灯管的排列要求，先装好灯座连接板，灯罩托架板，日光灯应先从弧形灯管装起，再由上下一起往中间装，两端部也同时装，应注意上弧灯管较长直线段一端应在30°(35°)倾斜区段内。

2) 灯脚可边接线边固定在灯座连接板上，该连接板预放入支架槽中的螺栓与支架固定，灯罩托板架也是利用预放入支架槽中的螺栓与支架固定。

3) 日光灯装好后，应通电检验，待一切正常后可装上灯罩，灯罩的一边嵌入玻璃压板槽内，另一边搁在灯罩托架上。所有电线均在扶手支架中间凹槽内接入到控制箱整流器板架上。

41.4.5.4 施工中安全注意事项

施工中防止滑落摔伤。搬运玻璃时要注意安全，应配戴防滑手套，并保证通道畅通。

41.4.5.5 质量要求

(1) 扶壁板支架上下端圆弧段支架导轨的法线位置应与基准法线一致重合。

(2) 扶手导轨连接处各平面贴合严密，接缝处凸台不应大于 0.5mm。安装后，螺钉的上表面必须低于减摩片。朝向梯级一侧的扶手装置应是光滑的，压条或镶条的装设方向与运行方向不一致时，其凸出高度不应超过 3mm，且应坚固和具有圆角和倒角的边缘。

(3) 扶手护壁板边缘应是倒圆或倾角，钢化玻璃之间的间隙不允许大于 4mm，玻璃间隙上下一致。不锈钢护壁板拼缝间隙不大于 0.5mm。相邻两块玻璃之间的错位必须小于 2mm。

41.4.5.6 成品保护

各导轨散件等存放时必须可靠垫实并做好防雨措施，避免变形和生锈。安装扶壁板时要轻拿轻放，避免磕碰，扶手护壁板及玻璃表面的保护纸应保持到向业主移交前撕去。整个安装场地采用栏杆隔离，避免无关人员登梯或进入。在玻璃上粘贴"小心玻璃"等字样。

41.4.6 挂扶手带

41.4.6.1 常用机具

螺丝刀、撬板、橡皮锤。

41.4.6.2 施工条件

扶手支架和导轨安装调整完毕，导轨连接处光滑无棱角。

41.4.6.3 施工方法

(1) 用手盘车检查，扶手驱动轮在导轨上必须能自由上、下滑动。

(2) 滑轮群及防偏轮各轴承应转动灵活，发现有卡死之托辊，应随时调换，以免将扶手胶带磨损。若厂家要求，可用石蜡（或凡士林）给扶手导轨和扶手表面充分涂蜡。但注意不要让导轨和扶手胶带中间部分沾上蜡。

(3) 扶手带是整根环状出厂的，安装前里外应清洁，安装时将扶手带下分支绕驱动端滑轮群，嵌入扶手驱动轮（此时扶手驱动应位于最高位置，中间放在托辊上）下部绕过导向轮组，再用扶手带安装专用工具将扶手带套入上下头部转向滑轮群组。

(4) 在上、下扶手转角栏处各站一人，朝下方向用力拉扶手带，如果开始阻力很大，不要松手，因为随着扶手带有较长一部被拉入导轨后，阻力便会大大减小，中间一人用手将扶手带移动到扶手导轨系统上。

(5) 适当调节扶手驱动滑轮及扶手压紧带托轮及张紧装置，然后反复上、下盘车，调节滑轮群组、导向轮组及张紧弹簧，使扶手带能顺利通过而不碰擦，扶手带自身张紧力适当，不可过紧或过松。调整传动辊与扶手内侧间的间隙每边在 0.5mm 以上。

(6) 测试运行扶手带：沿上行和下行方向多次运行扶手带，注意观察其运行轨迹和松紧度，并通过相应的部件进行调整，使其经过摩擦轮时应尽可能地对中；扶手带的运行中心与扶手带导轨型材的中心应对齐；用小于 70kg 的力人为地拉住下行中的扶手带时，扶手带应照常运行；当改变运行方向后，扶手带几乎不跑偏。

41.4.6.4 施工中安全注意事项

扶手带在抬运时用力要统一，防止扶手带滑落造成手部扭伤。安装时防止挤夹手指。

41.4.6.5 质量要求

扶手带应光滑无划伤。全部扶手带必须嵌入扶手带导轨。扶手带的运行中心与扶手带导轨的中心应对齐。扶手带张紧装置调整合适，扶手带转动灵活。

41.4.6.6 成品保护

扶手带存放应避开有机溶剂,同时避免与硬物接触,以免损伤,不得扭曲存放,避免形成不可恢复的变形。扶手带在最后约 150mm 部分装入时,受力比较大,可采用专用工具将其撬入扶手导轨。注意不要用螺丝刀,因为这样容易损坏和刮伤抛光栏杆表面。

41.4.7 裙板及内外盖板的组装

41.4.7.1 常用机具

螺丝刀、扳手、曲线锯、板锉、橡皮锤。

41.4.7.2 施工条件

扶手、扶手带安装完毕。

41.4.7.3 施工方法

(1) 安装裙板时应先装上、下两头,然后再装中间段。

(2) 将裙板背面的夹具卡入围裙角钢,裙板与角钢面贴牢,且无松动现象。

(3) 拼装裙板时,接缝处应严密平整,裙板与角钢面平直,不得有凹凸不平和弯曲的现象。装裙板时,应用橡皮锤将裙板敲正。

(4) 调整裙板与梯级的间隙:

1) 梯级(停止状态)的侧面和裙板表面的间隙左右尺寸的安装调试标准如下:单边间隙 1~4mm,两边间隙之和不大于 7mm。

2) 标准规定的尺寸范围内,微调裙板安装尺寸,以便扶梯运行时,使梯级无论靠近导轨哪一部分,与裙板的间隙均不至于有超越《自动扶梯和自动人行道的制造与安装安全规范》GB 16899—2011 的部分,而且保证梯级与裙板不产生接触和摩擦的现象。

3) 调试时可用移动围裙角钢的方法来进行调整。

(5) 安装、调整完裙板后应手动盘车至少一周,以保证无刮蹭、异响。

(6) 安装内、外盖板:

1) 不锈钢盖板是自动扶梯的装饰部分,在安装时要特别注意各接缝处,要求严密平整,不应有凹凸和弯曲。

2) 首先装内盖板封条,并找好位置,在裙板上钻攻螺丝孔,以便将内、外盖板用螺钉固定在裙板和封条上。

3) 在装好转角处扶手栏杆后,先装转角部分盖板和弯曲部分的内、外盖板,然后装中部的盖板,保证盖板的水平夹角不小于 25°。

41.4.7.4 施工中安全注意事项

现场切割围裙板时要避免毛刺划伤手。使用曲线锯锯割时,向前的推力不能过猛,转角半径不宜小于 50mm。若卡住,则应立即切断电源,退出锯条,再进行锯割。

41.4.7.5 质量要求

裙板固定牢固,表面平整,不应有凹凸不平或有毛刺划伤的现象;连接处接口平整,接缝处凸台不大于 0.5mm,上下间隙一致,并与梯级外侧间隙一致(3mm 左右)且与梯级踏步侧面垂直。对围裙板的最不利部位,垂直施加一个 1500N 的力于 25cm^2 的面积上,其凹陷不应大于 4mm,且不应由此而导致永久变形。

41.4.7.6 成品保护

裙板现场存放要避免磕碰,安装后要避免污染,在最终交工前,包装物不要去掉。

41.4.8 梯级链的引入

41.4.8.1 常用机具

锤子、扳手、铜棒、紧线器、钢丝绳套、卡簧钳。

41.4.8.2 施工条件

驱动机组、驱动主轴、张紧链轮安装调整完毕。

41.4.8.3 施工方法

(1) 梯级链一般在厂内连接完毕,分节到场,只有分节处需要现场拼接,现场拼装的部位应使用该部位的连接件,不能换用其他位置的连接件,以保证达到出厂前厂家调准的状态。

(2) 梯级链为散装发货的自动扶梯或自动人行道,可先使用人力将第一个 3~4 个梯级长度的梯级链段引入到梯级导轨上,然后连接好第二段,连接两相邻链节时应在外侧链节上进行,使用钢丝绳套和紧线器配合拖拉链条引入导轨,再连接其后的链段,将此动作持续进行,最终可完成循环状态。

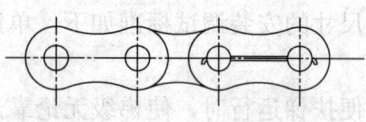

图 41-64 链条连接示意图

(3) 对于梯级链已装好的分段运输的自动扶梯或自动人行道,吊装定位后,拆除用于临时固定牵引链条和梯级的钢丝绳,将两段链条对接,使用铜棒将链销轴铆入,用钢丝销(也有用开口弹簧挡圈的)将牵引链条销轴连接(图 41-64)。

41.4.8.4 施工中安全注意事项

链条连接时,应将链条垫实垫稳,防止滑脱砸伤手指。引入链条长度较长时,重量较大,必须使用钢丝绳牵引,不得使用麻绳或铁丝,避免绳子拉断后链条滑落伤人。

41.4.8.5 质量要求

安装后的梯级链应润滑完好,运转自如。链条张紧适度。销轴安装时应使用铜棒顶入,不许用铁锤直接敲击。散装链条存放运输时应有防雨、防腐蚀措施。对装好的梯级链禁止蹬踏。

41.4.9 配管、配线

41.4.9.1 常用机具

电工工具、万用表、剥线钳、电钻、开孔器、钢卷尺、手锯、扳手、钢板尺、线坠等。

41.4.9.2 施工条件

各机械机构、控制柜、驱动马达、操纵板及各安全装置开关均已安装完毕。施工现场有良好、安全的照明。

41.4.9.3 施工方法

配管配线主要是解决电源与控制柜、控制柜与驱动主机、操纵板及各种安全装置的开关与控制柜之间连接及照明式扶手的灯具电源供给。施工中按照随机接线图所示在桁架上的线槽内布线并与各装置连接。线号与图纸要一致,不得随意变更。对没有线槽的配线要通过线管或蛇皮管加以保护。
41.4.9.4 施工中安全注意事项
在桁架上布线时防止脚下打滑摔伤。
41.4.9.5 质量要求
（1）电气照明、插座应与自动扶梯或自动人行道的主电路包括控制电路的电源分开。自动扶梯或自动人行道的电缆及其他导线必须绑扎牢固，排列整齐。

（2）自动扶梯或自动人行道配电控制屏的安装应布局合理，横竖端正。配电盘柜、箱、盒及设备配线应连接牢固、接触良好、包扎紧密、绝缘可靠、标志清楚、绑扎整齐美观。

（3）电线管、槽安装应牢固、无损伤、槽盖齐全、无翘角，与箱、盒及设备连接正确。电线管槽固定间距不大于500mm；金属软管固定间距不大于1000mm，端头固定牢固。

41.4.9.6 成品保护
施工现场要有安全防范措施，以免设备被盗或被破坏。安装口周围清理干净，以免杂物落入安装口砸伤设备或影响电气设备功能。控制柜等要做好覆盖，避免灰尘等进入。

41.4.10 梯级梳齿板的安装

41.4.10.1 常用机具
扳手、螺丝刀、斜塞尺。

41.4.10.2 施工条件
梯级导轨、扶手带、各安全开关安装完毕。电源与控制柜、控制柜与驱动主机、操纵板及各安全装置开关与控制柜间的接线完成。梯级链已引入并连接好。围裙板全部安装完毕。

41.4.10.3 施工方法
（1）梯级的装入：将需要安装梯级的空缺处，运行到转向导轨的装卸口，在此处，先将梯级辅助轮装入，后将整个梯级徐徐装入装卸口（图41-65）。

（2）梯级的调整固定：梯级装入后，将梯级的两个固定装置推向梯级牵引轴，并卡在牵引轴上，调整梯级左右位置，将踏板中心线调至与自动扶梯中心线重合，调试好后用内六角扳手旋紧螺栓（图41-66）。

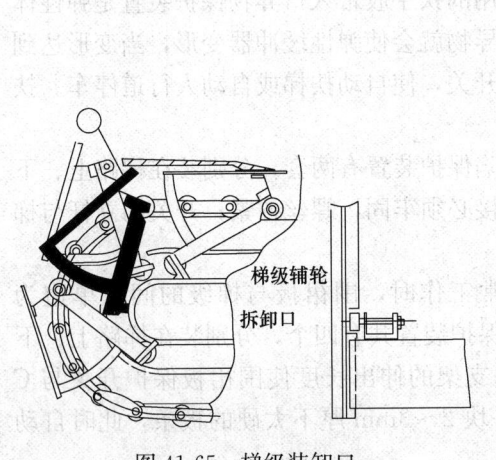

图41-65 梯级装卸口　　　　　　图41-66 梯级调整示意图

(3) 梯级要能平滑通过末端回转部分，接触终端导轨时梯级滚轮的噪声和振动应很小。牵引轴通过末端环形导轨时应平稳，停止运行，用手拉梯级，查看有无间隙（若有间隙，证明准确性好）；若无间隙，可用手转动辅轮，如不能转动，则需重新调整，然后认真检查另一个梯级。全部梯级的安装，应分几次进行。先装入半数稍多些，其余梯级根据各工序进行情况安装。

41.4.10.4 施工中安全注意事项

在梯级安装盘车时，一定要口令、动作一致，防止回转梯级挤伤、夹伤施工人员。

41.4.10.5 质量要求

两个相邻梯级的间隙应不超过6mm。梯级与围裙板之间的间隙单边不大于4mm，双边间隙总和不应小于7mm。梳齿板梳齿与梯级齿槽的啮合深度不大于6mm。扶梯口踏板至梳齿板梳齿槽根部的垂直距离应≥4mm。

41.4.10.6 成品保护

多数的梯级为整体铸造，在安装、搬运过程中要轻拿、轻放，不能用力敲击、摔打，尤其防止梯级表面的损坏。在梯级安装后防止硬物坠落，砸坏梯级。梯级调整时，切不可用金属榔头敲击，防止敲坏梯级两侧硬塑料的黄色警告边缘块。

41.4.11 安全装置安装

自动扶梯或自动人行道的安全装置包括：速度监控装置、驱动链条伸长或断裂保护装置、梳齿板保护装置、扶手胶带入口防异物保护装置、梯级塌陷保护装置、裙板保护装置、急停按钮等。

(1) 速度监控装置：速度监控装置作用是当自动扶梯或自动人行道的运行速度超过额定速度或低于额定速度时，及时切断电源。

(2) 驱动链条伸长或断裂保护装置的安装：驱动链条伸长或断裂保护装置安装在链条张紧弹簧的端部，当链条因磨损或其他原因变长或断裂时，此开关动作。驱动链条伸长或断裂保护装置的工作距离为2～3mm。

(3) 梳齿板保护装置的安装：梳齿板受到一定的水平力时（980N），安全开关应能动作，梳齿板安全开关的闭合距离约为2～3.5mm，可用梳齿板下方的螺杆调节。

(4) 扶手胶带入口异物保护装置的安装：常用的扶手胶带入口异物保护装置是弹性体套圈防异物保护装置。如果有异物进入入口处，异物就会使弹性缓冲器变形，当变形达到一定程度时，缓冲器销钉就能触动装在入口处的开关，使自动扶梯或自动人行道停车。扶手胶带入口异物保护装置是可自动复位的。

(5) 梯级塌陷保护装置的安装：一般梯级塌陷保护装置有两套，分别装在梯路上、下曲线段处。安装时注意：连杆、角形件、开关连接必须牢固，螺丝拧紧；开关的立杆与梯级的距离为10～15mm。

(6) 围裙板保护装置的安装：自动扶梯正常工作时，围裙板与梯级的间隙单边为0.5～4mm，两边之和不大于7mm。通常围裙板保护装置共有四个，分别装在梯路上、下水平与曲线的交汇区段处，调节围裙板保护开关支架的伸出长度使围裙板保护开关与C形钢间隙为0.5mm。在围裙板和梯级之间插入一块2～3mm厚不太硬的板条，此时自动扶梯应停止运行。

(7) 急停按钮的安装：一般急停按钮位于驱动站、转向站、上出入口、下出入口。

41.4.12 调 试、调 整

41.4.12.1 常用机具

绝缘电阻测试仪、接地电阻测试仪、数字万用表、钢板尺、钢卷尺、塞尺、斜塞尺、组合螺丝刀、扳手、钢丝钳、电工工具、手电筒等。

41.4.12.2 施工条件

(1) 桁架、扶手系统、梯级、围裙板、盖板、电气装置等均已安装完毕，具备运转条件，并进行了分项验收。驱动站、转向站、梯级系统等已清理完毕。

(2) 各安全保护装置功能齐全有效。输入电源正常可靠，电压波动应在±7%范围内。

(3) 自动扶梯或自动人行道及其周边，特别是在梳齿板的附近应有足够的照明。

41.4.12.3 施工方法

(1) 对照随机发放的电气图纸仔细检查各处接线以及本系统连接的外部接线。

(2) 电磁制动器的调整。

电磁制动器的制动力矩在出厂时已调试好，若空载或有载下行的停止距离不在固定范围内时，应重新调整。松螺母，然后转动调整螺栓调整转距，顺时针方向：力矩增加；逆时针方向：力矩减少。尽可能以相等距离按同一方向转动每一只调整螺栓，使每一只弹簧的作用尽可能等同。重复上述调整，使停止距离在 200～1000mm 范围内（名义速度 0.5/m 的自动扶梯或自动人行道）。特别注意：如果每一只弹簧的作用力由于反复调整而不等同，应完全旋开每一只调整螺栓（使弹簧瓦和芯体接触）；然后尽可能以相等距离，旋足每一螺栓，使每一只弹簧的作用力相等。

(3) 驱动装置的调整：一般自动扶梯或自动人行道驱动装置在出厂时已调好，在调试时，可采用人力驱动方法，先将人力松闸杆安装在制动器上，然后站在驱动装置侧面，脚踏松闸杆，松开制动器，然后用手转动装在电机轴上的飞轮，这样就可以用手动方式启动自动扶梯或自动人行道了，在操作完成后，松开松闸杆。

(4) 裙板和梯级间隙的调整：梯级（停止状态）的侧面和裙板表面的间隙左右尺寸的安装调试标准。在标准规定的尺寸范围内，微调裙板安装尺寸，以便升降梯级时，使梯级无论靠近导轨哪一部分，与裙板的间隙均不至于有超越标准的部分，而且保证梯级与裙板不产生接触和摩擦的现象。调试时可用移动围裙角钢的方法来进行调整。

(5) 扶手带速度的调整。

张紧装置：调节张紧装置的弹簧的长度使扶手带的张力符合厂家设计要求。压紧装置：调节摩擦带与扶手带的摩擦力，使左、右两根扶手带速度相等，偏差不超过 0～2%。

(6) 梳齿板与梯级间隙的调整：打开梳齿板两侧的内盖板，调节梳齿板连杆及每块梳齿的倾角，使梳齿板与梯级的间隙符合下列要求：梳齿板的齿应与梯级的齿槽相啮合，啮合深度不应小于 4mm，间隙不超过 4mm，在梳齿板踏面位置测量梳齿板的宽度不超过 2.5mm。

(7) 参照随机文件的润滑总表，通过加油装置给各部件加油。用控制柜上的检修开关手动一点一点地试转动后，作长达十多个梯级距离的试运转，仍然没有异常时方可转入正式运行。

41.4.12.4 施工中安全注意事项

调试前,必须在自动扶梯或自动人行道上、下、出入口应封闭并设立明显的警示标志,以防非专业人员误入。试运转时,如两人以上配合,操作人必须听到有人的准备完毕的信号后才可运转自动扶梯或自动人行道。检查电压后,注意盖好电源的保护盖板,防止触电。自动扶梯或自动人行道运行前,专业人员听到警告铃声后要注意安全。

41.4.12.5 质量要求

所有梯级与裙板不得发生摩擦现象,运行平稳,无异常声音发生。相邻两梯级之间的整个啮合过程无摩擦现象。在额定频率和额定电压下,梯级沿运行方向空载时的实际速度与名义速度之间的允许偏差为±5%。扶手带的运行速度相对梯级的实际速度允许偏差为0～+2%。对各种安全装置和开关的作用逐个进行检查,动作应灵活可靠。制动器制动距离符合要求。

41.4.12.6 成品保护

自动扶梯或自动人行道周围应干净整洁,不放置与调试无关的物品,并且对自动扶梯或自动人行道进行经常性的保洁。

41.4.13 试验运行

正常运行测试:断开检修开关盒与控制屏的连接;将检修开关拨到检修位置,按上(下)按钮,自动扶梯或自动人行道应按指令上行(下行)。注意自动扶梯或自动人行道有无异常现象,如有应立即切断电源,排除故障后,方可运行。将检修开关拨到正常位置,用钥匙将运行开关拨到上行(下行)位置,自动扶梯或自动人行道应按指令上行(下行)分别上行 15min 及下行 15min,观察运行过程中及运行后是否有异常情况:各运转零部件是否有擦碰现象。各机械安全保护装置是否安全有效。挑选不同的梯级站立,感觉梯级滚轮(主/副轮)在导轨上运行是否平稳。站在梯级踏板上上行或者下行,测试(感觉)梯级在水平段从圆弧段过渡到直线段瞬间,人是否有向后倾倒的感觉。查看梯级在转向壁时是否有跳动。在空载情况下,自动扶梯或自动人行道正反转 2h,电机减速器温升小于 60℃。各部件运转正常,不得有任何故障发生。自动扶梯或自动人行道空载和有载向下运行的制停距离应符合表 41-8 规定。

自动扶梯和自动人行道制停距离　　　　　　　　表 41-8

名义速度 (m/s)	制停距离范围 (m)
0.50	0.20～1.00
0.65	0.30～1.30
0.75	0.40～1.50

41.5 电梯物联网技术

电梯的物联网系统是利用物联网技术,采用设置在电梯上的智能装置感知电梯的实时运行状态,通过网络发送至应用平台,并对所采集的数据进行分析处理的系统。将传统电梯行业与移动通信、云计算、互联网、卫星通信、智能终端、智能分析、服务集成等技术融合发展,为实时准确地掌握电梯设备的运行状态,便于对电梯设备的精细化和预防性维护保养提供了有力的技术支撑。

科技的迅猛发展，在电梯的梯控和乘坐体验中也得到了充分的体现，如：梯控访客联动系统、物联网云端控梯（如派送快件、外卖等）、办公大楼电梯的人脸识别（可与腾讯、IBM 等公司合作）等。

根据《电梯物联网　企业应用平台基本要求》GB/T 24476—2023，电梯安全监管系统组网结构如图 41-67 所示。

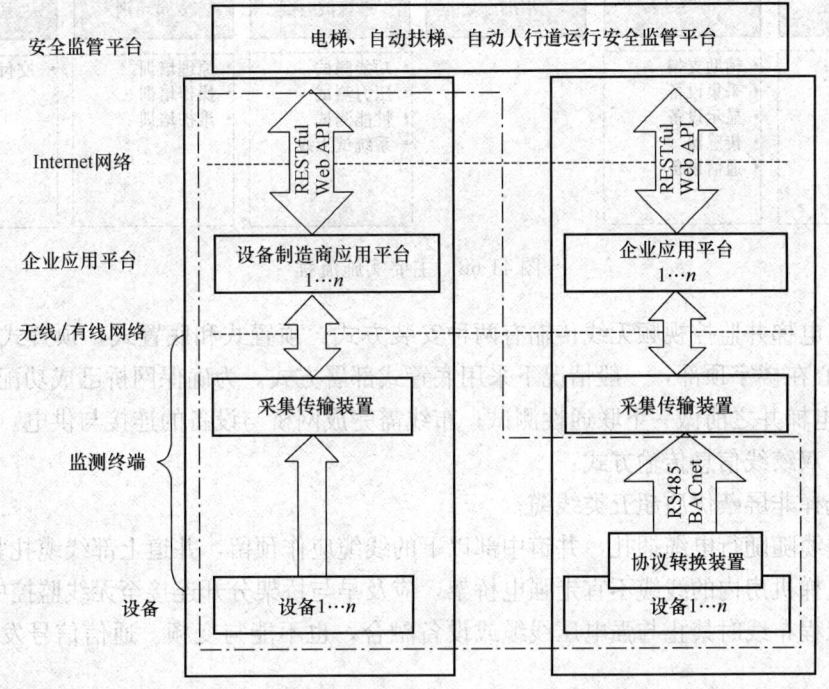

图 41-67　电梯安全监管系统的组网结构

(1) 企业应用平台：设备远程安全检测应用平台，用于接收设备的故障、事件、报警数据或查询设备实时运行状态、统计信息等。

(2) 电梯运行安全监督平台：以保证公共安全为目的的所设立的对设备进行安全监督管理的应用平台，通过企业应用平台接收或查询相关数据信息。

(3) 采集传输装置：与设备、协议转换装置或外加的传感器链接，采集、处理、储存和传输设备故障、事件或报警等信息，接收企业应用平台发送的访问、同步指令，使应用平台与设备间通过网络实现交互的装置。

(4) 监测终端：协议装换装置、外加的传感器、采集传输装置的统称。监测终端可以集成在设备中。

(5) 电梯运行安全监管系统：由设备、监测终端、企业应用平台、电梯运行安全监管平台通过网络连接组成的综合系统。

(6) 常见的监测终端包括噪声采集器、温湿度采集器、电梯振动分析仪、测速装置、上下平层感应器、门开关感应器、红外人体感应器、基站感应器、上下极限感应器、视频摄像机、数字硬盘录像机等设备，具体安装方法见相关厂家的说明书。

(7) 部分厂家采用了电梯运行安全监测终端及电梯运行安全显示终端的集成设计，安全监测终端一般安装于电梯轿厢顶上，电梯运行安全显示终端安装于电梯内，安装时需根据标识进行接线。

（8）一般分阶段实施计划为：前期准备（现场勘查、环境准备、备件准备）→项目实施→维护运营（平台维护、设备更新、增量建设）。

（9）主要实施流程如图41-68所示。

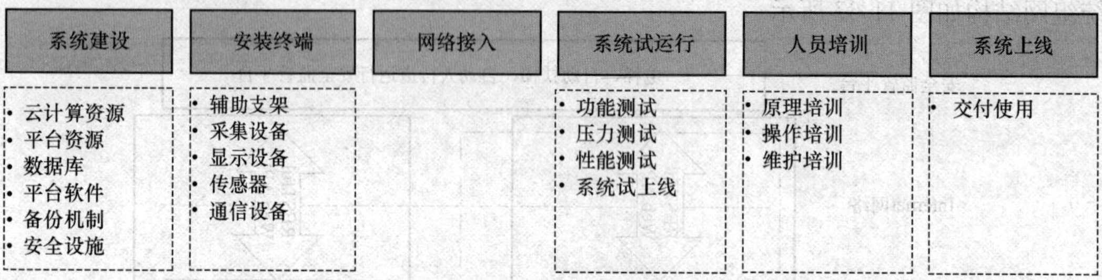

系统建设	安装终端	网络接入	系统试运行	人员培训	系统上线
·云计算资源 ·平台资源 ·数据库 ·平台软件 ·备份机制 ·安全设施	·辅助支架 ·采集设备 ·显示设备 ·传感器 ·通信设备		·功能测试 ·压力测试 ·性能测试 ·系统试上线	·原理培训 ·操作培训 ·维护培训	·交付使用

图41-68　主要实施流程

（10）电梯井监控视频无线传输有两种安装方式：顶置式和底置式，顶置式部署适合于监控中心在楼宇顶部，一般情况下采用底置式部署方式。为确保网桥已成功配对，需要在安装到电梯井之前做一下联通性测试；布线需完成网桥与设备的连接与供电。

（11）双绞线信息传输方式：
1）选择非屏蔽优质超五类线缆；
2）线缆随随行电缆捆扎，井道中部以下的线缆应作预留，井道上部线缆扎紧；
3）电梯机房内的线缆不宜走强电桥架，应及早与桥架分开连接至无线监控中心；
4）工程布线时禁止与强电压线缆或设备融合，也不能与变频、通信信号发射器放在一起。

41.6　电梯安装监督检验

根据《中华人民共和国特种设备安全法》，电梯须经监督检验合格后方可投入使用。电梯的安装监督检验应符合《电梯监督检验和定期检验规则》TSG T7001—2023有关规定。

41.6.1　电梯安装前的告知

安装单位应当在电梯安装前到规定的监督机构办理告知手续，所需资料如下（根据要求提供原件或者加盖公章的复印件）：
（1）电梯制造单位相关资质文件；
（2）安装委托书；
（3）施工单位安装资质文件；
（4）电梯购买及安装合同；
（5）特种设备作业人员证；
（6）开工告知书；
（7）施工组织方案；

(8) 电梯合格证；

(9) 电梯各型式试验合格证及报告书；

(10) 土建布置图。

41.6.2 电梯的验收取证

电梯安装完毕经自检合格后，通知当地检验机构验收电梯，电梯整机验收应当具备的条件：

(1) 机房或者机器设备间的空气温度保持在 5~40℃ 之间；机房内应通风，井道顶部的通风口面积至少为井道截面积的 1%，从建筑物其他部分抽出的陈腐空气，不得排入机房内。环境空气中没有腐蚀性和易燃性气体及导电尘埃；应保护诸如电机、设备以及电缆等，使它们尽可能不受灰尘、有害气体和湿气的损害。

(2) 电源输入电压波动在额定电压值 $\pm 7\%$ 的范围内。

(3) 电梯检验现场（主要指机房或机器设备间、井道、轿顶、底坑）清洁，没有与电梯工作无关的物品和设备。

(4) 对井道进行了必要的封闭。

同时提交以下资料：

1) 曳引驱动有（无）机房电梯监督检验原始记录；

2) 电梯安装自检报告。

41.6.3 电梯使用注册登记

电梯在正式投用前，应由使用单位办理注册登记，所需资料如下（根据要求提供原件或加盖公章的复印件）：

(1) 特种设备使用登记信息表；

(2) 特种设备（普查）注册登记表及电梯登记卡（基本信息）；

(3) 电梯合格证、电梯各型式试验合格证；

(4) 电梯维保合同、维保单位资质文件；

(5) 使用单位提供电梯安全管理人员证；

(6) 开工告知书。

参 考 文 献

[1] 建筑施工手册(第五版)编委会. 建筑施工手册[M]. 5版. 北京：中国建筑工业出版社. 2012.

[2] 程一凡，等. 电梯结构与原理[M]. 北京：化学工业出版社，2016.

[3] 陈继文，杨红娟，崔嘉嘉，等. 现代电梯结构、制造及检测[M]. 北京：化学工业出版社，2017.

[4] 马幸福. 电梯法规与标准[M]. 北京：化学工业出版社，2016.

[5] 史信芳，蒋庆东，李春雷. 自动扶梯[M]. 北京：机械工业出版社，2014.

[6] 李乃夫. 电梯结构与原理[M]. 北京：机械工业出版社，2014.

[7] 陈家盛. 电梯结构原理及安装维修[M]. 5版. 北京：机械工业出版社，2018.

[8] 冯志坚，李清海. 电梯结构原理与安装维修(任务驱动模式)[M]. 北京：机械工业出版社，2015.

[9] 周瑞军，张梅. 电梯技术与管理[M]. 北京：机械工业出版社，2015.